Inhaltsverzeichnis

Tabellenverzeichnis

1 Arithmetik

1.1 Elementare Rechenregeln

1.1.1 Zahlen

1. Rationale Zahlen

Alle ganzen und gebrochenen Zahlen, die positiven und negativen sowie die Null, werden *rationale Zahlen* genannt. In diesem Zusammenhang verwendet man die folgenden Bezeichnungen:

- Menge der natürlichen Zahlen: $\mathbb{N}=\{1,2,3,\ldots\}$,
- Menge der ganzen Zahlen: $\mathbb{Z}=\{\ldots,-2,-1,0,1,2,\ldots\}$,
- Menge der rationalen Zahlen: $\mathbb{Q}=\{x|x=\frac{p}{q}$ mit $p\in\mathbb{Z}$ und $q\in\mathbb{N}.\}$

Die natürlichen Zahlen sind aus dem Bedürfnis des Abzählens bzw. des Ordnens entstanden. Man unterscheidet daher *Kardinalzahlen* $1,2,3,\ldots$ und Ordinalzahlen.

1. Eigenschaften der Menge der rationalen Zahlen
- Die Menge der rationalen Zahlen ist unendlich.
- Die Menge ist *geordnet*, d.h., für je zwei verschiedene rationale Zahlen a und b kann man angeben, welche von beiden kleiner als die andere ist.
- Die Menge ist *überall dicht*, d. h., zwischen je zwei verschiedenen rationalen Zahlen a und b $(a<b)$ existiert wenigstens eine rationale Zahl c $(a<c<b)$. Daraus folgt, daß zwischen zwei verschiedenen rationalen Zahlen unendlich viele weitere rationale Zahlen liegen.

2. Arithmetische Operationen Die arithmetischen Operationen (Addition, Subtraktion, Multiplikation und Division) mit zwei beliebigen rationalen Zahlen sind stets möglich und liefern im Ergebnis wieder eine rationale Zahl. Eine Ausnahme davon ist die *Division durch Null*, die *unmöglich* ist: Die Schreibweise $a:0$ hat keinen bestimmten Sinn, da es keine bestimmte rationale Zahl b gibt, die der Gleichung $b\cdot 0=a$ mit $a\neq 0$ genügt. Für $a=0$ kann b eine beliebige rationale Zahl sein. Die oft verwendete Schreibweise $a:0=\infty$ (unendlich) bedeutet nicht, daß diese Division möglich ist; es ist lediglich eine Abkürzung für die Aussage: Wenn sich der Nenner Null nähert, wächst der Quotient absolut genommen über alle Grenzen.

3. Dezimalbruch und Kettenbruch Jede rationale Zahl a kann in der Form eines endlichen oder unendlichen periodischen Dezimalbruches oder auch in der Form eines Kettenbruches dargestellt werden.

4. Geometrische Darstellung Wenn auf der Geraden g ein Anfangspunkt 0 *(Nullpunkt)*, eine positive Richtung *(Orientierung)* und eine Längeneinheit l *(Maßstab)* festgelegt worden sind **(Abb.1.1)**, dann entspricht jeder rationalen Zahl a ein bestimmter Punkt dieser Geraden. Er hat die Koordinate a und ist ein sogenannter *rationaler Punkt*. Die Gerade g wird *Zahlengerade* genannt. Da die Menge der rationalen Zahlen überall dicht ist, gibt es zwischen je zwei beliebigen rationalen Punkten unendlich viele weitere rationale Punkte.

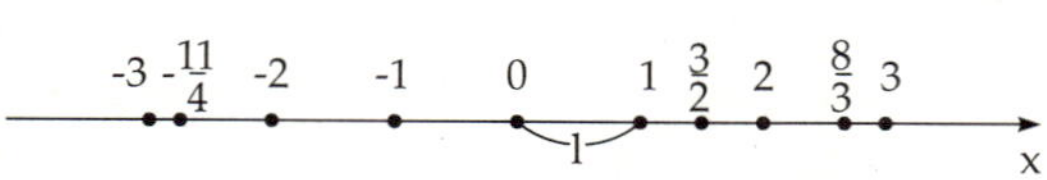

Abbildung 1.1

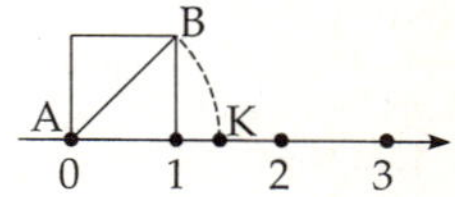

Abbildung 1.2

2. Irrationale Zahlen

Für die Analysis reicht die Menge der rationalen Zahlen nicht aus. Obgleich sie überall dicht ist, füllt sie nicht die gesamte Zahlengerade aus. Wenn man z.B. die Diagonale AB des Einheitsquadrats um A dreht, so daß B in den Punkt K der Zahlengeraden übergeht **(Abb.1.2)**, dann hat K keine rationale Koordinate. Erst die Einführung der *irrationalen Zahlen* ermöglicht es, jedem Punkt der Zahlengeraden eine Zahl zuzuordnen.
In den Lehrbüchern der Analysis wird eine exakte Definition der irrationalen Zahlen gegeben, z.B. durch Intervallschachtelung. Für die Anschauung genügt die Feststellung, daß die irrationalen Zahlen auf der Zahlengeraden die Punkte einnehmen, die als Lücken zwischen den rationalen Zahlen vorhanden sind, und daß jede irrationale Zahl durch einen nichtperiodischen unendlichen Dezimalbruch dargestellt werden kann.
Zu den irrationalen Zahlen gehören insbesondere die nicht ganzzahligen reellen Wurzeln der algebraischen Gleichungen der Form $x^n + a_{n-1}x^{n-1} + \cdots + a_1x + a_0 = 0$ mit $n > 1$ und ganzzahligen Koeffizienten. Ein Beispiel ist die Gleichung $x^3 - 9x + 4 = 0$. Man nennt solche Wurzeln *algebraische Irrationalitäten*. Einfachste Beispiele für algebraische Irrationalitäten sind die Wurzeln der binomischen Gleichungen $x^n - a = 0$ oder die Zahlen der Form $\sqrt[n]{a}$, wenn sie nicht rational sind.

■ $\sqrt[2]{2} = 1,414\ldots$, $\sqrt[3]{10} = 2,154\ldots$.

Irrationale Zahlen, die keine algebraischen Irrationalitäten sind, nennt man *transzendent*. Zu ihnen gehören $\pi = 3,141592\ldots$, $e = 2,718281\ldots$, die dekadischen Logarithmen der ganzen Zahlen mit Ausnahme von Zahlen der Form 10^n sowie die meisten Werte der trigonometrischen Funktionen eines Winkels.

3. Reelle Zahlen

Alle rationalen und irrationalen Zahlen werden zu den reellen Zahlen zusammengefaßt. Sie bilden die *Menge der reellen Zahlen*, die mit $\mathbb{R}$bezeichnet wird. .

1. Haupteigenschaften Die reellen Zahlen besitzen die folgenden Haupteigenschaften:

- Die Menge der reellen Zahlen ist unendlich.
- Die Menge der reellen Zahlen ist *geordnet* (s. S. 1).
- Die Menge der reellen Zahlen ist *überall dicht* (s. S. 1).
- Die Menge der reellen Zahlen ist *stetig*, d.h., jedem Punkt der Zahlengeraden entspricht eine reelle Zahl, was für die Menge der rationalen Zahlen nicht gilt.

2. Arithmetische Operationen Die arithmetischen Operationen sind mit reellen Zahlen stets durchführbar und ergeben stets wieder eine reelle Zahl. Eine Ausahme ist die Division durch Null (s. S. 1). Das Potenzieren und seine Umkehrung sind ebenfalls im System der reellen Zahlen möglich; aus jeder positiven reellen Zahl lassen sich beliebige Wurzeln ziehen; zu jeder positiven reellen Zahl gibt es einen Logarithmus mit beliebiger positiver Basis, ausgenommen die Eins als Basis.
Eine weitergehende Verallgemeinerung des Zahlbegriffs in der Analysis führt zu den *komplexen Zahlen* (s. S. 23).

4. Zahlenintervall

Eine zusammenhängende Menge reeller Zahlen mit den Endpunkten a und b, wobei $a < b$ ist und a gleich $-\infty$ und b gleich $+\infty$ gesetzt werden kann, wird *Zahlenintervall mit den Endpunkten a und b* genannt. Wenn der Endpunkt nicht selbst zum Intervall gehört, spricht man vom *offenen Intervallende*, im entgegengesetzten Falle vom *abgeschlossenen Intervallende*.
Die Angabe eines Zahlenintervalls erfolgt durch seine Endpunkte a und b, indem diese in Klammern gesetzt werden. Eine eckige Klammer steht für ein geschlossenes Intervallende, eine runde für ein offenes. Es wird zwischen beiderseits *offenen Intervallen* (a, b), *halboffenen Intervallen* $[a, b)$ bzw. $(a, b]$ und *abgeschlossenen Intervallen* $[a, b]$ unterschieden. In der graphischen Darstellung wird ein offenes Intervall auf der Zahlengeraden durch einen Pfeil, ein abgeschlossenes durch einen Punkt gekennzeichnet.

5. Kettenbrüche

Kettenbrüche sind ineinandergeschachtelte Brüche, mit deren Hilfe rationale und irrationale Zahlen dargestellt werden können. Kettenbrüche rationaler Zahlen sind endlich. Für positive rationale Zahlen größer Eins haben sie die Form

$$\frac{a_0}{a_1} = q_1 + \cfrac{1}{q_2 + \cfrac{1}{q_3 + \cfrac{1}{\ddots + \cfrac{1}{q_{n-1} + \cfrac{1}{q_n}}}}}, \qquad (1.1)$$

wobei die Zahlen $q_k (k = 1, 2, \ldots, n)$ mit Hilfe des EUKLIDischen *Algorithmus* wie folgt ermittelt werden können:

$$\frac{a_0}{a_1} = q_1 + \frac{a_2}{a_1} \text{ mit } 0 < \frac{a_2}{a_1} < 1, \qquad (1.2a)$$

$$\frac{a_1}{a_2} = q_2 + \frac{a_3}{a_2} \text{ mit } 0 < \frac{a_3}{a_2} < 1, \qquad (1.2b)$$

$$\ldots$$

$$\frac{a_{n-2}}{a_{n-1}} = q_{n-1} + \frac{a_n}{a_{n-1}} \text{ mit } 0 < \frac{a_n}{a_{n-1}} < 1. \qquad (1.2c)$$

Dabei wird vorausgesetzt, daß die Zahlen $a_k (k = 0, 1, 2, \ldots, n)$ natürliche Zahlen sind. Kettenbrüche werden abkürzend durch die Angabe $[q_1; q_2, q_3, \ldots]$ symbolisch dargestellt, wobei die Forderung $q_k \geq 1$ erfüllt sein muß.
Kettenbrüche irrationaler Zahlen brechen nicht ab. Sie heißen daher unendliche Kettenbrüche.

■ **A:** $\frac{61}{27} = 2 + \frac{7}{27} = 2 + \cfrac{1}{3 + \cfrac{6}{7}} = 2 + \cfrac{1}{3 + \cfrac{1}{1 + \cfrac{1}{6}}} = [2; 3, 1, 6].$

■ **B:** $\sqrt{2} = [1; 2, 2, 2, \ldots] = 1,4142135\ldots$. ■ **C:** Im gleichmäßigen Fünfeck, dem *Pentagramm*, sei die Länge der Seiten mit s, die der Diagonalen mit d bezeichnet. Dann gilt

$$\frac{d}{s} = \frac{1}{2}(1 + \sqrt{5}), \quad \text{mit } \sqrt{5} = [2; 4, 4, 4, \ldots]. \qquad (1.3)$$

Man sieht, daß das Verhältnis $d : s$ dem des Goldenen Schnittes entspricht (s. S. 17).

6. Kommensurabilität

Zwei Größen oder Strecken a und b heißen *kommensurabel*, wenn

$$a = xb \quad (x \text{ rational}) \qquad (1.4)$$

gilt, d.h., es gibt eine dritte Größe c, die ganzzahlig sowohl in a als auch in b enthalten ist. Im entgegengesetzten Falle sind a und b *inkommensurabel.*

■ **A:** Im regelmäßigen Fünfeck, dem Pentagramm, sind die Seite und die Diagonale wegen (1.3 inkommensurable Strecken. Man geht heute davon aus, daß HIPPASOS von Metapontum (450 v. u. Z.) an diesem Beispiel die irrationalen Zahlen entdeckt hat.

■ **B:** Die Länge der Seite und der Diagonale eines Quadrates sind inkommensurabel, weil sie die irrationale Zahl $\sqrt{2}$ zum Quotienten haben.

1.1.2 Summen und Produkte

1.1.2.1 Summen

1. Definition

Zur abkürzenden Schreibweise verwendet man für Summen das *Summenzeichen* $\sum$:

$$a_1 + a_2 + \ldots + a_n = \sum_{k=1}^{n} a_k. \qquad (1.5)$$

Durch (1.5) wird eine Summe von n Summanden $a_k (k = 1, 2, \ldots, n)$ bezeichnet. Man nennt k *Laufindex* oder *Summationsvariable.*

2. Rechenregeln

1. Summe gleicher Summanden , d.h., $a_k = a$ für $k = 1, 2, \ldots, n$:

$$\sum_{k=1}^{n} a_k = na \tag{1.6a}$$

2. Multiplikation mit einem konstanten Faktor

$$\sum_{k=1}^{n} ca_k = c\sum_{k=1}^{n} a_k \tag{1.6b}$$

3. Aufspalten einer Summe

$$\sum_{k=1}^{n} a_k = \sum_{k=1}^{m} a_k + \sum_{k=m+1}^{n} a_k, \quad 1 < m < n. \tag{1.6c}$$

4. Addition von Summen gleicher Länge

$$\sum_{k=1}^{n}(a_k + b_k + c_k + \ldots) = \sum_{k=1}^{n} a_k + \sum_{k=1}^{n} b_k + \sum_{k=1}^{n} c_k + \ldots. \tag{1.6d}$$

5. Umnumerierung

$$\sum_{k=1}^{n} a_k = \sum_{k=m}^{m+n-1} a_{k-m+1}. \tag{1.6e}$$

6. Vertauschen der Summationsfolge bei Doppelsummen

$$\sum_{i=1}^{n}\sum_{k=1}^{m} a_{ik} = \sum_{k=1}^{m}\sum_{i=1}^{n} a_{ik} \tag{1.6f}$$

1.1.2.2 Produkte

1. Definition

Zur abkürzenden Schreibweise verwendet man für Produkte das *Produktzeichen* $\prod$:

$$a_1 a_2 \ldots a_n = \prod_{k=1}^{n} a_k. \tag{1.7}$$

Durch (1.7) wird ein Produkt von n Faktoren $a_k (k = 1, 2, \ldots, n)$ bezeichnet, wobei k *Laufindex* genannt wird.

2. Rechenregeln

1. Produkt gleicher Faktoren , d. h.,$a_k = a$ für $(k = 1, 2, \ldots, n)$:

$$\prod_{k=1}^{n} a_k = a^n. \tag{1.8a}$$

2. Vorziehen konstanter Faktoren

$$\prod_{k=1}^{n}(ca_k) = c^n \prod_{k=1}^{n} a_k. \tag{1.8b}$$

3. Aufspalten in Teilprodukte

$$\prod_{k=1}^{n} a_k = \prod_{k=1}^{m} a_k \prod_{k=m+1}^{n} a_k, 1 < m < n. \tag{1.8c}$$

4. Umfaktorisierung

$$\prod_{k=1}^{n} a_k b_k c_k \ldots = \prod_{k=1}^{n} a_k \prod_{k=1}^{n} b_k \prod_{k=1}^{n} c_k \ldots . \qquad (1.8d)$$

5. Vertauschen des Produktzeichens bei Doppelprodukten

$$\prod_{i=1}^{n} \prod_{k=1}^{m} a_{ik} = \prod_{k=1}^{m} \prod_{i=1}^{n} a_{ik}. \qquad (1.8e)$$

1.1.3 Potenzen, Wurzeln, Logarithmen

1. Potenzen

Die Schreibweise a^x wird für die algebraische Operation des *Potenzierens* verwendet. Man bezeichnet a als *Basis*, x als *Exponent* und a^x als *Potenz*. Potenzen sind gemäß **Tabelle 1.1** definiert. Für die

Tabelle 1.1 Definition der Potenzen

Basis a	*Exponent x*	*Potenz* a^x
beliebig reell, $\neq 0$	0	1
	$n = 1, 2, 3, \ldots$	$a^n = \underbrace{a \cdot a \cdot a \cdot \ldots \cdot a}_{n \text{ Faktoren}}$ (a hoch n)
	$n = -1, -2, -3, \ldots$	$a^n = \frac{1}{a^{-n}}$
positiv reell	rational: $\frac{p}{q}$ (p, q ganz, $q > 0$)	$a^{\frac{p}{q}} = \sqrt[q]{a^p}$ (q-te Wurzel aus a hoch p)
	irrational: $\lim\limits_{k\to\infty} \frac{p_k}{q_k}$	$\lim\limits_{k\to\infty} a^{\frac{p_k}{q_k}}$
0	positiv	0

Potenzen gelten bei Beachtung der Definitionsbereiche für Basis und Exponent die folgenden **Rechenregeln:**

$$a^x \cdot a^y = a^{x+y}, a^x : a^y = \frac{a^x}{a^y} = a^{x-y}, \qquad (1.9)$$

$$a^x \cdot b^x = (a \cdot b)^x, a^x : b^x = \frac{a^x}{b^x} = \left(\frac{a}{b}\right)^x, \qquad (1.10)$$

$$(a^x)^y = (a^y)^x = a^{x \cdot y}, \qquad (1.11)$$

$$a^x = e^{x \ln a} \quad (a > 0); \; e = 2,718281828459\ldots . \qquad (1.12)$$

Dabei ist $\ln a$ der natürliche Logarithmus von a und e seine Basis. Eine spezielle Potenz ist

$$(-1)^n = \begin{cases} +1, \text{ falls } n \text{ gerade} \\ -1, \text{ falls } n \text{ ungerade.} \end{cases} \qquad (1.13)$$

Man beachte besonders: $a^0 = 1$ für $a \neq 0$.

2. Wurzeln

In Übereinstimmung mit **Tabelle 1.1** wird als n-te Wurzel aus a die positive Zahl

$$\sqrt[n]{a} \quad (a > 0, \text{ reell}; \; n > 0, \text{ ganz}) \qquad (1.14a)$$

bezeichnet. Man spricht bei der Berechnung dieser Zahl vom *Radizieren* oder *Wurzelziehen* und nennt a den *Radikanden* und n den *Wurzelexponenten.*
Für die Lösung der Gleichung

$$x^n = a \quad (a \text{ reell oder komplex; } n > 0, \text{ ganz}) \tag{1.14b}$$

wird häufig auch die Schreibweise $x = \sqrt[n]{a}$ verwendet, aber dann repräsentiert diese Darstellung n Werte $x_k (k = 1, 2, \ldots, n)$, die im Falle eines negativen oder komplexen Wertes von a gemäß (1.99b, s. S 26) zu berechnen sind.

■ Die Gleichung $x^3 = -8$ hat die drei Wurzeln $x_1 = 1 + \mathrm{i}\sqrt{3}, x_2 = -2$ und $x_3 = 1 - \mathrm{i}\sqrt{3}$.

3. Logarithmen

1. Definition Unter dem *Logarithmus* einer Zahl $x > 0$ zur *Basis* $b > 0$, $\neq 1$, oder als Formel geschrieben $u = \log_b x$, wird der Exponent der Potenz verstanden, in die b zu erheben ist, um die Zahl x zu erhalten. Folglich ergibt sich aus der Gleichung

$$b^u = x \quad (1.15\text{a}) \qquad \text{die Gleichung} \qquad \log_b x = u \tag{1.15b}$$

und umgekehrt folgt aus der zweiten die erste Gleichung. Speziell gilt

$$\log_b 1 = 0, \log_b b = 1, \log_b 0 = \begin{cases} -\infty \text{ ist } b > 1, \\ +\infty \text{ ist } b < 1. \end{cases} \tag{1.15c}$$

Zur Ausdehnung des Logarithmus auf negative Argumentwerte bedarf es der komplexen Zahlen.
Logarithmieren einer gegebenen Größe bedeutet das Aufsuchen ihres Logarithmus. Man versteht darunter auch die Umwandlung logarithmischer Ausdrücke gemäß (1.16a, 1.16b). Das Aufsuchen einer Größe aus ihrem Logarithmus wird *Potenzieren* genannt.

2. Einige Eigenschaften der Logarithmen

1. Jede positive Zahl besitzt für jede beliebige positive Basis ihren Logarithmus, ausgenommen zur Basis $b = 1$.

2. Logarithmen einer gemeinsamen Basis b unterliegen den folgenden Rechenregeln:

$$\log(xy) = \log x + \log y, \quad \log\left(\frac{x}{y}\right) = \log x - \log y \tag{1.16a}$$

$$\log x^n = n \log x, \quad \text{speziell gilt } \log \sqrt[n]{x} = \frac{1}{n} \log x. \tag{1.16b}$$

Um mit (1.16a, 1.16b) Summen und Differenzen zu logarithmieren, sind diese vorher, falls möglich, in Produkte oder Quotienten umzuwandeln.

■ Logarithmieren des Ausdrucks $\dfrac{3x^2\sqrt[3]{y}}{2zu^3}$: $\quad \log \dfrac{3x^2\sqrt[3]{y}}{2zu^3} = \log\left(3x^2\sqrt[3]{y}\right) - \log 2zu^3$
$= \log 3 + 2\log x + \dfrac{1}{3}\log y - \log 2 - \log z - 3\log u.$

Oft wird die inverse Umformung benötigt, d. h. die Darstellung eines Ausdrucks mit einigen Logarithmen verschiedener Größen in den Logarithmus eines einzigen Ausdrucks.

■ $\log 3 + 2\log x + \dfrac{1}{3}\log y - \log 2 - \log z - 3\log u = \log \dfrac{3x^2\sqrt[3]{y}}{2zu^3}.$

3. Logarithmen verschiedener Basis sind zueinander proportional, so daß sich die Logarithmen zu einer Basis a über die Logarithmen zur Basis b berechnen lassen:

$$\log_a x = M \log_b x \text{ mit } M = \log_a b = \frac{1}{\log_b a}. \tag{1.17}$$

Man nennt M auch den Transformationsmodul.

4. Spezielle Logarithmen

1. Logarithmen zur Basis 10 heißen *dekadische* oder BRIGGS*sche Logarithmen.* Es gilt

$$\log_{10} x = \lg x, \quad \lg x 10^\alpha = \alpha + \lg x. \tag{1.18}$$

2. Logarithmen zur Basis e heißen *natürliche* oder NEPER*sche Logarithmen.* Es gilt

$$\log_e x = \ln x. \tag{1.19}$$

Der Modul zur Überführung der natürlichen in dekadische Logarithmen ist

$$M = \lg e = \frac{1}{\ln 10} = 0,434\ 294\ 4819, \tag{1.20}$$

der zur Überführung der dekadischen in natürliche

$$M_1 = \frac{1}{M} = \ln 10 = 2,302\ 585\ 0930. \tag{1.21}$$

3. Logarithmen zur Basis 2 heißen *Duallogarithmen.* Es gilt

$$\log_2 x = \operatorname{lb} x. \tag{1.22}$$

4. Die dekadischen und die natürlichen Logarithmen stehen in vielen, vor allem älteren Lehr- und Nachschlagebüchern der elementaren Mathematik sowie in speziellen Tafelwerken mehr oder weniger ausführlich tabellarisch in *Logarithmentafeln* zur Verfügung. Sie können mit Vorteil bei der numerischen Bildung von Potenzen oder zur Vereinfachung numerischer Multiplikationen und Divisionen verwendet werden. Am häufigsten wurden die dekadischen Logarithmen dazu benutzt. Heute sind sie durch die Taschenrechner und Personalcomputer weitgehend aus der rechnerischen Praxis verdrängt. Jede Dezimalzahl, also jede reelle Zahl, in diesem Zusammenhang auch *Numerus* genannt, kann durch Vorziehen einer Zehnerpotenz 10^k mit ganzzahligem k in der Form

$$x = \hat{x}10^k \quad \text{mit} \quad 1 \leq \hat{x} < 10 \tag{1.23a}$$

halblogaritmisch hingeschrieben werden. Dabei ist $\hat{x}$ durch die Ziffernfolge von x bestimmt, während 10^k die Größenordnung von x angibt. Somit wird

$$\lg x = k + \lg \hat{x} \quad \text{mit} \quad 0 \leq \lg \hat{x} < 1, \quad \text{d. h.} \quad \lg \hat{x} = 0, \ldots . \tag{1.23b}$$

Man nennt k die *Kennzahl* und die Ziffernfolge hinter dem Komma von $\lg \hat{x}$ die *Mantisse.* Letztere wird der Logarithmentafel entnommen.

■ $\lg 324 = 2,5105$, also Kennzahl 2, Mantisse $0,5105$. Für die durch Multiplikation oder Division mit 10^n entstandenen Zahlen, z. B. 3240; 324000; $3,24$; $0,0324$, haben die Logarithmen die gleiche Mantisse, hier $0,5105$, aber verschiedene Kennzahlen. Daher sind es die Mantissen, die in den *Logarithmentafeln* tabelliert sind. Beim Ablesen der Mantisse braucht weder auf die Stelle des Kommas noch auf die links oder rechts von der Zahl stehenden Nullen einschließlich der Null vor dem Komma geachtet zu werden. Diese gehen in die Bestimmung der Kennzahl k für einen bestimmten Numerus x ein.

Neben den Logarithmen war der *Rechenschieber* eines der wichtigsten Hilfsmittel in der rechnerischen Praxis. Das Prinzip des Rechenschiebers beruht auf der Anwendung der Formel (1.16a), die es ermöglicht, Multiplikationen und Divisionen mit Hilfe von Additionen und Subtraktionen auszuführen. Daher sind auf dem Rechenschieber die Strecken im logarithmischen Maßstab abgetragen (s. S. 6), so daß die genannten Rechenoperationen auf die Addition und Subtraktion von Strecken zurückgeführt werden können.

1.1.4 Algebraische Ausdrücke

1. Definitionen

1. Algebraischer Ausdruck oder *Term* werden eine oder mehrere algebraische Größen, wie Zahlen oder Buchstabensymbole, genannt, die durch Zeichen wie $+$, $-$, $\cdot$, $:$, $\sqrt{\ }$ usw. sowie verschiedene Arten von Klammern zur Festlegung der Operationsfolge der algebraischen Operationen miteinander verknüpft sind.

2. Idendität ist eine Gleichheitsbeziehung zwischen zwei algebraischen Ausdrücken, die bei Einsetzen beliebiger Zahlenwerte anstelle der darin aufgeführten Buchstabensymbole erhalten bleibt.

3. Gleichung nennt man eine Gleichheitsbeziehung zwischen zwei algebraischen Ausdrücken, wenn sich im Unterschied zur Idendität nur einige spezielle Werte einsetzen lassen. So wird z. B. eine Gleichheitsbeziehung

$$F(x) = f(x) \tag{1.24}$$

zwischen zwei Funktionen ein und derselben Veränderlichen als *Gleichung mit einer Unbekannten* bezeichnet, wenn sie nur für bestimmte Werte dieser Veränderlichen richtig ist. Bleibt die Gleichheitsbeziehung für beliebige Werte der Variablen x erhalten, dann nennt man sie eine Idendität bzw. man sagt, die Gleichung ist identisch erfüllt.

4. Identische Umformungen werden durchgeführt, um einen algebraischen Ausdruck in einen anderen, ihm identisch gleichen zu überführen. Solche Umformungen können je nach dem Ziel, das dabei verfolgt wird, verschieden aussehen. Sie sind z. B. zur Gewinnung kürzerer Ausdrücke zweckmäßig, damit das Einsetzen von Zahlen oder weitere Rechnungen bequemer werden. Außerdem sind oft Ausdrücke gewünscht, die besonders gut zur Lösung von Gleichungen, zum Logarithmieren, zum Differenzieren, zum Integrieren usw. geeignet sind.

2. Einteilung der algebraischen Ausdrücke

1. Hauptgrößen werden die allgemeinen Zahlen (Buchstabensymbole) genannt, nach denen die algebraischen Ausdrücke klassifiziert werden; sie sind in jedem Einzelfall festzulegen. Im Falle von Funktionen sind die unabhängigen Variablen die *Hauptgrößen.* Die übrigen weniger wichtigen Größen sind die *Parameter* des Ausdrucks. Ein Ausdruck gehört zu der einen oder anderen Klasse in Abhängigkeit davon, welche Operationen an seinen Hauptgrößen auszuführen sind. In den folgenden Beispielen sind die Hauptgrößen meist mit den letzten Buchstaben des Alphabets $x, y, z, \ldots$ bezeichnet, die Parameter mit den ersten Buchstaben $a, b, c, \ldots$ bzw. mit den mittleren $m, n, p, \ldots$, die dann allerdings nur ganzzahlige positive Werte annehmen sollen.

2. Ganzrationale Ausdrücke zeichnen sich dadurch aus, daß in ihnen Additionen, Subtraktionen und Multiplikationen der Hauptgrößen vorgenommen werden, wobei das Potenzieren mit ganzzahligen positiven Exponenten eingeschlossen ist.

3. Gebrochen rationale Ausdrücke enthalten neben den für ganzrationale Ausdrücke genannten Operationen noch Divisionen durch Hauptgrößen, einschließlich des Potenzierens mit negativen ganzzahligen Exponenten, sowie gegebenenfalls Divisionen durch ganzrationale Ausdrücke in den Hauptgrößen.

4. Irrationale Ausdrücke zeichnen sich durch das Radizieren, also das Potenzieren mit gebrochenen Exponenten aus, d.h. durch das Radizieren ganz- oder gebrochen rationaler Ausdrücke, die ihrerseits aus Hauptgrößen bestehen.

5. Transzendente Ausdrücke, d.h. Exponentialausdrücke, logarithmische und trigonometrische Ausdrücke, enthalten algebraische Ausdrücke mit Hauptgrößen im Exponenten, unter dem Logarithmuszeichen oder als Argument von Winkelfunktionen.

1.1.5 Ganzrationale Ausdrücke

1. Darstellung in Form eines Polynoms

Jeder ganzrationale Ausdruck kann mit Hilfe elementarer Umformungen, also durch Zusammenziehen gleichnamiger Glieder, Addition, Subtraktion und Multiplikation von Monomen und Polynomen, in Form eines Polynoms dargestellt werden.

■ $(-a^3 + 2a^2x - x^3)(4a^2 + 8ax) + (a^3x^2 + 2a^2x^3 - 4ax^4) - (a^5 + 4a^3x^2 - 4ax^4)$
$= -4a^5 + 8a^4x - 4a^2x^3 - 8a^4x + 16a^3x^2 - 8ax^4 + a^3x^2 + 2a^2x^3 - 4ax^4 - a^5 - 4a^3x^2 + 4ax^4$
$= -5a^5 + 13a^3x^2 - 2a^2x^3 - 8ax^4.$

2. Zerlegung eines Polynoms in Faktoren

Polynome lassen sich in vielen Fällen als Produkte von Monomen und Polynomen darstellen. Als Hilfsmittel stehen hierzu das *Ausklammern* und *Gruppieren*, spezielle Formeln sowie die *allgemeinen Eigenschaften von Gleichungen* zur Verfügung.

3. Spezielle Formeln

$$(x \pm y)^2 = x^2 \pm 2xy + y^2 \tag{1.25}$$

$$(x + y + z)^2 = x^2 + y^2 + z^2 + 2xy + 2xz + 2yz \tag{1.26}$$

$$(x + y + z + \cdots + t + u)^2 = x^2 + y^2 + z^2 + \cdots + t^2 + u^2 + \\ +2xy + 2xz + \cdots + 2xu + 2yz + \cdots + 2yu + \cdots + 2tu \tag{1.27}$$

$$(x \pm y)^3 = x^3 \pm 3x^2y + 3xy^2 \pm y^3 \tag{1.28}$$

$(x \pm y)^n$ wird nach dem binomischen Satz berechnet (s. S. 9)

$$(x + y)(x - y) = x^2 - y^2 \tag{1.29}$$

$$\frac{x^n - y^n}{x - y} = x^{n-1} + x^{n-2}y + \cdots + xy^{n-2} + y^{n-1} \tag{1.30}$$

$$\frac{x^n + y^n}{x + y} = x^{n-1} - x^{n-2}y + \cdots - xy^{n-2} + y^{n-1} \tag{1.31}$$

(nur für ungerade n)

$$\frac{x^n - y^n}{x + y} = x^{n-1} - x^{n-2}y + \cdots + xy^{n-2} - y^{n-1} \tag{1.32}$$

(nur für n gerade)

■ **A: Ausklammern:** $8ax^2y - 6bx^3y^2 + 4cx^5 = 2x^2(4ay - 3bxy^2 + 2cx^3)$

■ **B: Gruppieren:** $6x^2 + xy - y^2 - 10xz - 5yz = 6x^2 + 3xy - 2xy - y^2 - 10xz - 5yz = 3x(2x + y) - y(2x + y) - 5z(2x + y) = (2x + y)(3x - y - 5z)$.

■ **C: Anwendung von Gleichungseigenschaften:** (s. auch S. 31) $P(x) = x^6 - 2x^5 + 4x^4 + 2x^3 - 5x^2$. **a)** Ausklammern von x^2, **b)** Feststellung, daß $\alpha_1 = 1$ und $\alpha_2 = -1$ Wurzeln der Gleichung $P(x) = 0$ sind. Division von $P(x)$ durch $x^2(x - 1)(x + 1) = x^4 - x^2$ liefert als Quotienten $x^2 - 2x + 5$. Dieser Ausdruck läßt sich nicht weiter in reelle Faktoren zerlegen, da $p = -2$, $q = 5$, $\frac{p^2}{4} - q < 0$, so daß man erhält:

$$x^6 - 2x^5 + 4x^4 + 2x^3 - 5x^2 = x^2(x - 1)(x + 1)(x^2 - 2x + 5). \tag{1.33}$$

4. Binomischer Satz

1. Die Formel

$$(a + b)^n = a^n + na^{n-1}b + \frac{n(n-1)}{2!}a^{n-2}b^2 + \frac{n(n-1)(n-2)}{3!}a^{n-3}b^3 + \\ + \cdots + \frac{n(n-1)\ldots(n-m+1)}{m!}a^{n-m}b^m + \cdots + nab^{n-1} + b^n \tag{1.34a}$$

wird *Binomischer Satz* genannt, wobei a und b reell und n positiv und ganz sind. Zur Verkürzung der Schreibweise sind spezielle *Koeffizienten*, die *Binomialkoeffizienten*, eingeführt worden:

$$(a+b)^n = \binom{n}{0}a^n + \binom{n}{1}a^{n-1}b + \binom{n}{2}a^{n-2}b^2 + \binom{n}{3}a^{n-3}b^3 + \cdots + \binom{n}{n-1}ab^{n-1} + \binom{n}{n}b^n \tag{1.34b}$$

bzw.

$$(a + b)^n = \sum_{k=0}^{n} \binom{n}{k} a^{n-k}b^k. \tag{1.34c}$$

2. Binomialkoeffizienten

Die Definition lautet mit n und k positiv und ganz

$$\binom{n}{k} = \frac{n!}{(n-k)!k!}, \tag{1.35a}$$

wobei $n!$ das Produkt der ganzen positiven Zahlen von 1 bis n *Fakultät* genannt wird.

$$n! = 1 \cdot 2 \cdot 3 \cdot \ldots \cdot n, \quad 0! = 1 \tag{1.35b}$$

Die Werte der Binomialkoeffizienten können aus dem sogenannten PASCAL*schen Dreieck* abgelesen werden:

n	Koeffizienten
0	1
1	1 1
2	1 2 1
3	1 3 3 1
4	1 4 6 4 1
5	1 5 10 10 5 1
6	1 6 15 20 15 6 1
7	1 7 21 35 35 21 7 1
...	. . . .

Die erste und die letzte Zahl in jeder Zeile ist definitionsgemäß gleich Eins, jede andere Zahl eines Koeffizienten in dem Schema ergibt sich als Summe der beiden links und rechts oberhalb von ihr stehenden Zahl. Die Berechnung der Binomialkoeffizienten kann mit Hilfe der folgenden Formeln erfolgen:

$$\binom{n}{k} = \binom{n}{n-k} = \frac{n!}{k!(n-k)!} \tag{1.36a}$$

$$\binom{n+1}{k+1} = \binom{n}{k} + \binom{n-1}{k} + \binom{n-2}{k} + \cdots + \binom{k}{k} \tag{1.36b}$$

$$\binom{n+1}{k} = \frac{n+1}{n-k+1}\binom{n}{k} \tag{1.36c}$$

$$\binom{n}{k+1} = \frac{n-k}{k+1}\binom{n}{k} \tag{1.36d}$$

$$\binom{n+1}{k+1} = \binom{n}{k+1} + \binom{n}{k} \tag{1.36e}$$

3. Eigenschaften der Binomialkoeffizienten

- Die Binomialkoeffizienten wachsen bis zur Mitte der Binomischen Formel (1.34a) an, um danach wieder abzunehmen.
- Die Binomialkoeffizienten der Glieder, die gleichen Abstand vom Anfang bzw. vom Ende der Binomischen Formel haben, sind einander gleich.
- Die Summe der Binomialkoeffizienten in der Binomischen Formel n-ten Grades beträgt 2^n.
- Die Summe der Binomialkoeffizienten, die an den ungeraden Stellen stehen, ist gleich der Summe der auf den geraden Stellen stehenden.

4. Potenz einer Differenz

$$(a-b)^n = a^n - na^{n-1}b + \frac{n(n-1)}{2!}a^{n-2}b^2 - \frac{n(n-1)(n-2)}{3!}a^{n-3}b^3 + \\ + \cdots + (-1)^m \frac{n(n-1)\ldots(n-m+1)}{m!}a^{n-m}b^m + \cdots + (-1)^n b^n \tag{1.37}$$

5. Verallgemeinerung für eine beliebige Potenz Die Formel (1.34ac) für den binomischen Satz kann auch auf negative und gebrochene Exponenten ausgedehnt werden. Für $|b| < a$ ergibt $(a+b)^n$

eine *konvergente unendliche Reihe*:

$$(a+b)^n = a^n + na^{n-1}b + \frac{n(n-1)}{2!}a^{n-2}b^2 + \frac{n(n-1)(n-2)}{3!}a^{n-3}b^3 + \cdots \tag{1.38}$$

5. Bestimmung des größten gemeinsamen Teilers zweier Polynome

Zwei Polynome $P(x)$ vom Grade n und $Q(x)$ vom Grade m mit $n \geq m$ können gemeinsame Faktoren haben, die x enthalten. Das Produkt aller dieser Faktoren wird *größter gemeinsamer Teiler* des Polynoms genannt. Wenn $P(x)$ und $Q(x)$ keine gemeinsamen Faktoren besitzen, dann nennt man sie *teilerfremd* oder *relativ prim*, weil ihr größter gemeinsamer Teiler dann eine Konstante ist.
Der größte gemeinsame Teiler zweier Polynome $P(x)$ und $Q(x)$ kann mit Hilfe des EUKLID*ischen Algorithmus* ohne Faktorenzerlegung ermittelt werden:

1. Division von $P(x)$ durch $Q(x)$ führt auf den Quotienten $T_1(x)$ und den Rest $R_1(x)$:

$$P(x) = Q(x)T_1(x) + R_1(x) \tag{1.39a}$$

2. Division von $Q(x)$ durch $R_1(x)$ führt auf den Quotienten $T_2(x)$ und den Rest $R_2(x)$:

$$Q(x) = R_1(x)T_2(x) + R_2(x), \tag{1.39b}$$

usw. Der größte gemeinsame Teiler der beiden Polynome ist dann der letzte von 0 verschiedene Rest $R_k(x)$. Die Methode ist aus der Arithmetik mit natürlichen Zahlen bekannt.
Die Ermittlung des größten gemeinsamen Teilers wird bei der Lösung von Gleichungen eingesetzt, z. B. bei der Abspaltung mehrfacher Wurzeln, der Anwendung der STURM*schen Methode* (s. S. 32) sowie bei anderen Problemen.

1.1.6 Gebrochen rationale Ausdrücke

1. Rückführung auf die einfachste Form

Jeder gebrochen rationale Ausdruck kann auf die Form eines Quotienten zweier teilerfremder Polynome gebracht werden. Dazu werden nur elementare Umformungen benötigt wie Addition, Subtraktion, Multiplikation und Division von Polynomen und Brüchen sowie Kürzen von Brüchen.

■ Der folgende Ausdruck ist auf die einfachste Form zu bringen:

$$\frac{3x + \dfrac{2x+y}{z}}{x\left(x^2 + \dfrac{1}{z^2}\right)} - y^2 + \frac{x+z}{z} = \frac{(3xz+2x+y)z^2}{(x^3z^2+x)z} + \frac{-y^2z+x+z}{z}$$

$$= \frac{3xz^3 + 2xz^2 + yz^2 + (x^3z^2+x)(-y^2z+x+z)}{x^3z^3+xz}$$

$$= \frac{3xz^3 + 2xz^2 + yz^2 - x^3y^2z^3 - xy^2z + x^4z^2 + x^2 + x^3z^3 + xz}{x^3z^3+xz}$$

2. Bestimmung des ganzrationalen Anteils

Ein Quotient zweier Polynome mit gemeinsamer Hauptgröße x wird ein *echter Bruch* genannt, wenn das Polynom im Zähler von niedrigerem Grade ist, als das Polynom im Nenner. Im entgegengesetzten Falle spricht man von einem *unechten Bruch*. Jeder unechte Bruch kann in eine Summe aus einem echten Bruch und einem Polynom zerlegt werden, indem das Zählerpolynom durch das Nennerpolynom dividiert, d.h. der ganzrationale Anteil abgespalten wird.

■ Im folgenden Ausdruck ist der ganzrationale Anteil zu bestimmen:

$$R(x) = \frac{3x^4 - 10ax^3 + 22a^2x^2 - 24a^3x + 10a^4}{x^2 - 2ax + 3a^2}$$

$$
\begin{array}{l}
(3x^4-10ax^3+22a^2x^2-24a^3x+10a^4) : (x^2-2ax+3a^2) = 3x^2-4ax+5a^2 \\
\underline{3x^4-\ 6ax^3+\ 9a^2x^2} \\
\quad -4ax^3+13a^2x^2-24a^3x \\
\quad \underline{-4ax^3+\ 8a^2x^2-12a^3x} \\
\qquad\qquad 5a^2x^2-12a^3x+10a^4 \\
\qquad\qquad \underline{5a^2x^2-10a^3x+15a^4} \\
\qquad\qquad\qquad -2a^3x-\ 5a^4
\end{array}
$$

$$R(x) = 3x^2 - 4ax + 5a^2 + \frac{-2a^3x - 5a^4}{x^2 - 2ax + 3a^2}.$$

3. Partialbruchzerlegung

Jeder echte Bruch, bei dem *Zähler und Nenner* teilerfremd sind,

$$R(x) = \frac{P(x)}{Q(x)} = \frac{a_n x^n + a_{n-1}x^{n-1} + \cdots + a_1 x + a_0}{b_m x^m + b_{m-1}x^{m-1} + \cdots + b_1 x + b_0} \tag{1.40}$$

kann eindeutig in eine Summe von Partialbrüchen zerlegt werden. In (1.40) sind die Koeffizienten a_0, $a_1,\ldots,a_n$, b_0, $b_1,\ldots,b_m$ beliebige reelle Zahlen; der Koeffizient der höchsten Potenz im Nenner, also b_m, wird auf den Wert 1 gebracht, indem Zähler und Nenner des Bruches durch den ursprünglichen Koeffizienten dieses Gliedes dividiert werden. Die Partialbrüche haben die Form

$$\frac{A}{(x-\alpha)^k}, \quad (1.41\text{a}) \qquad \frac{Dx+E}{(x^2+px+q)^l} \quad (1.41\text{b}) \qquad \text{mit} \quad \left(\frac{p}{2}\right)^2 - q < 0. \quad (1.41\text{c})$$

Bei Beschränkung auf reelle Zahlen sind folgende vier Fälle 1, 2, 3 und 4 möglich. Fällt diese Beschränkung weg, dann treten nur zwei Fälle auf, da die Fälle 1 und 3 sowie 2 und 4 zusammenfallen. So betrachtet kann jeder Bruch $R(x)$ in Brüche der Form (1.41a) zerlegt werden, wobei A und α komplexe Zahlen sind. Bei der Lösung linearer Differentialgleichungen wird davon Gebrauch gemacht.

Fall 1: Die Gleichung $Q(x) = 0$ für das Nennerpolynom $Q(x)$ besitzt nur einfache reelle Wurzeln $\alpha_1,\ldots \alpha_m$. Die Zerlegung hat dann die Form

$$\frac{P(x)}{Q(x)} = \frac{a_n x^n + \cdots + a_0}{(x-\alpha_1)(x-\alpha_2)\ldots(x-\alpha_m)} = \frac{A}{x-\alpha_1} + \frac{B}{x-\alpha_2} + \cdots + \frac{C}{x-\alpha_m}, \tag{1.42a}$$

mit den Koeffizienten

$$A = \frac{P(\alpha_1)}{Q'(\alpha_1)}, \quad B = \frac{P(\alpha_2)}{Q'(\alpha_2)}, \ldots, C = \frac{P(\alpha_m)}{Q'(\alpha_m)}, \tag{1.42b}$$

wobei in den Nennern die Werte der Ableitungen $\frac{dQ}{dx}$ für $x = \alpha_1$, $x = \alpha_2,\ldots$ stehen.

■ **A:** $\frac{6x^2 - x + 1}{x^3 - x} = \frac{A}{x} + \frac{B}{x-1} + \frac{C}{x+1}$, $\alpha_1 = 0$, $\alpha_2 = +1$ und $\alpha_3 = -1$; $P(x) = 6x^2 - x + 1$, $Q'(x) = 3x^2 - 1$, $A = \frac{P(0)}{Q'(0)} = -1$, $B = \frac{P(1)}{Q'(1)} = 3$ und $C = \frac{P(-1)}{Q'(-1)} = 4$, $\frac{P(x)}{Q(x)} = -\frac{1}{x} + \frac{3}{x-1} + \frac{4}{x+1}$.

Eine andere Möglichkeit zur Bestimmung der Koeffizienten A, $B,\ldots$, C auch in den folgenden Fällen bietet der *Koeffizientenvergleich*, auch *Methode der unbestimmten Koeffizienten* genannt.

■ **B:** $\frac{6x^2 - x + 1}{x^3 - x} = \frac{A}{x} + \frac{B}{x-1} + \frac{C}{x+1} = \frac{A(x^2-1) + Bx(x+1) + Cx(x-1)}{x(x^2-1)}$. Gleichsetzen der Koeffizienten vor gleichen Potenzen von x im Zähler der linken und der rechten Seite der Gleichung führt auf das Gleichungssystem $6 = A + B + C$, $-1 = B - C$, $1 = -A$, dessen Lösung die gleichen Werte von A, B und C ergibt wie in Beispiel **A**.

Fall 2: Wenn die Gleichung $Q(x) = 0$ für das Polynom des Nenners reelle Wurzeln besitzt, diese aber mehrfach auftreten, dann erfolgt die Zerlegung nach der Formel

$$\frac{P(x)}{Q(x)} = \frac{a_n x^n + a_{n-1}x^{n-1} + \cdots + a_0}{(x-\alpha_1)^{k_1}(x-\alpha_2)^{k_2}\dots(x-\alpha_i)^{k_i}} = \frac{A_1}{x-\alpha_1} + \frac{A_2}{(x-\alpha_1)^2} + \cdots$$
$$+ \frac{A_{k_1}}{(x-\alpha_1)^{k_1}} + \frac{B_1}{x-\alpha_2} + \frac{B_2}{(x-\alpha_2)^2} + \cdots + \frac{B_{k_2}}{(x-\alpha_2)^{k_2}} + \cdots + \frac{L_{k_i}}{(x-\alpha_i)^{k_i}}. \quad (1.43)$$

■ $\frac{x+1}{x(x-1)^3} = \frac{A_1}{x} + \frac{B_1}{x-1} + \frac{B_2}{(x-1)^2} + \frac{B_3}{(x-1)^3}$. Die Koeffizienten A_1, B_1, B_2, B_3 werden mit der Methode der unbestimmten Koeffizienten bestimmt.

Fall 3: Wenn die Gleichung $Q(x) = 0$ für das Polynom des Nenners auch komplexe einfache Wurzeln besitzt, hat die Zerlegung die Form

$$\frac{P(x)}{Q(x)} = \frac{a_n x^n + a_{n-1}x^{n-1} + \cdots + a_0}{(x-\alpha_1)^{k_1}(x-\alpha_2)^{k_2}\dots(x^2+p_1x+q_1)(x^2+p_2x+q_2)\dots}$$
$$= \frac{A_1}{x-\alpha_1} + \frac{A_2}{(x-\alpha_1)^2} + \cdots + \frac{Dx+E}{x^2+p_1x+q_1} + \frac{Fx+G}{x^2+p_2x+q_2} + \cdots \quad (1.44)$$

Die quadratischen Nenner $x^2 + px + q$ ergeben sich aus der Tatsache, daß mit einer komplexen Wurzel auch die zugehörige konjugiert komplexe Zahl eine Wurzel der betreffenden Polynomgleichung ist.

■ $\frac{3x^2-2}{(x^2+x+1)(x+1)} = \frac{A}{x+1} + \frac{Dx+E}{x^2+x+1}$. Die Koeffizienten A, D, E werden mit der Methode der unbestimmten Koeffizienten bestimmt.

Fall 4: Wenn die Gleichung $Q(x) = 0$ für das Polynom des Nenners komplexe mehrfache Wurzeln besitzt, dann erfolgt die Zerlegung nach der Formel

$$\frac{P(x)}{Q(x)} = \frac{a_n x^n + a_{n-1}x^{n-1} + \cdots + a_0}{(x-\alpha_1)^{k_1}(x-\alpha_2)^{k_2}\dots(x^2+p_1x+q_1)^{l_1}(x^2+p_2x+q_2)^{l_2}\dots}$$
$$= \frac{A_1}{x-\alpha_1} + \frac{A_2}{(x-\alpha_1)^2} + \cdots + \frac{D_1x+E_1}{x^2+p_1x+q_1} + \frac{D_2x+E_2}{(x^2+p_1x+q_1)^2} + \cdots$$
$$+ \frac{D_{l_1}x+E_{l_1}}{(x^2+p_1x+q_1)^{l_1}} + \frac{F_1x+G_1}{x^2+p_2x+q_2} + \cdots + \frac{F_{l_2}x+G_{l_2}}{(x^2+p_2x+q_2)^{l_2}} + \cdots \quad (1.45)$$

■ $\frac{5x^2-4x+16}{(x-3)(x^2-x+1)^2} = \frac{A}{x-3} + \frac{D_1x+E_1}{x^2-x+1} + \frac{D_2x+E_2}{(x^2-x+1)^2}$. Die Koeffizienten A, D_1, E_1, D_2, E_2 werden mit der Methode der unbestimmten Koeffizienten bestimmt.

4. Umformung von Proportionen

Aus der Proportion

$$\frac{a}{b} = \frac{c}{d} \quad (1.46a) \qquad \text{folgt} \qquad ad = bc, \quad \frac{a}{c} = \frac{b}{d}, \quad \frac{d}{b} = \frac{c}{a}, \quad \frac{b}{a} = \frac{d}{c} \quad (1.46b)$$

sowie die abgeleiteten Proportionen

$$\frac{a \pm b}{b} = \frac{c \pm d}{d}, \quad \frac{a \pm b}{a} = \frac{c \pm d}{c}, \quad \frac{a \pm c}{c} = \frac{b \pm d}{d}, \quad \frac{a+b}{a-b} = \frac{c+d}{c-d}. \quad (1.46c)$$

Aus der Gleichheit der Proportionen

$$\frac{a_1}{b_1} = \frac{a_2}{b_2} = \cdots = \frac{a_n}{b_n} \quad (1.47a) \qquad \text{folgt} \qquad \frac{a_1 + a_2 + \cdots + a_n}{b_1 + b_2 + \cdots + b_n} = \frac{a_1}{b_1}. \quad (1.47b)$$

1.1.7 Irrationale Ausdrücke

Jeder irrationale Ausdruck kann in der Regel auf eine einfachere Form gebracht werden, und zwar durch 1. Kürzen des Exponenten, 2. Vorziehen vor das Wurzelzeichen und 3. Beseitigen der Irrationalität im Nenner.
Eine *Kürzung des Exponenten* wird erreicht, indem der Radikand in Faktoren zerlegt wird und danach der Wurzelexponent sowie die Exponenten aller Faktoren im Radikanden durch ihren größten gemeinsamen Teiler geteilt werden.

■ $\sqrt[6]{16(x^{12}-2x^{11}+x^{10})} = \sqrt[6]{4^2 \cdot x^{5\cdot 2}(x-1)^2} = \sqrt[3]{4x^5(x-1)}$. Zur *Beseitigung der Irrationalität* im Nenner gibt es verschiedene Methoden.

■ **A:** $\sqrt{\dfrac{x}{2y}} = \sqrt{\dfrac{2xy}{4y^2}} = \dfrac{\sqrt{2xy}}{2y}$, ■ **B:** $\sqrt[3]{\dfrac{x}{4yz^2}} = \sqrt[3]{\dfrac{2xy^2z}{8y^3z^3}} = \dfrac{\sqrt[3]{2xy^2z}}{2yz}$,

■ **C:** $\dfrac{1}{x+\sqrt{y}} = \dfrac{x-\sqrt{y}}{\left(x+\sqrt{y}\right)\left(x-\sqrt{y}\right)} = \dfrac{x-\sqrt{y}}{x^2-y}$,

■ **D:** $\dfrac{1}{x+\sqrt[3]{y}} = \dfrac{x^2-x\sqrt[3]{y}+\sqrt[3]{y^2}}{\left(x+\sqrt[3]{y}\right)\left(x^2-x\sqrt[3]{y}+\sqrt[3]{y^2}\right)} = \dfrac{x^2-x\sqrt[3]{y}+\sqrt[3]{y^2}}{x^3+y}$.

Auch Potenzen und Wurzeln werden meist auf die einfachste Form gebracht.

■ **A:** $\sqrt[4]{\dfrac{81x^6}{(\sqrt{2}-\sqrt{x})^4}} = \sqrt{\dfrac{9x^3}{(\sqrt{2}-\sqrt{x})^2}} = \dfrac{3x\sqrt{x}}{\sqrt{2}-\sqrt{x}} = \dfrac{3x\sqrt{x}(\sqrt{2}+\sqrt{x})}{2-x} = \dfrac{3x\sqrt{2x}+3x^2}{2-x}$,

■ **B:** $\left(\sqrt{x}+\sqrt[3]{x^2}+\sqrt[4]{x^3}+\sqrt[12]{x^7}\right)\left(\sqrt{x}-\sqrt[3]{x}+\sqrt[4]{x}-\sqrt[12]{x^5}\right) = (x^{1/2}+x^{2/3}+x^{3/4}+x^{7/12})(x^{1/2}-x^{1/3}+x^{1/4}-x^{5/12}) = x+x^{7/6}+x^{5/4}+x^{13/12}-x^{5/6}-x-x^{13/12}-x^{11/12}+x^{3/4}+x^{11/12}+x+x^{5/6}-x^{11/12}-x^{13/12}-x^{7/6}-x = x^{5/4}-x^{13/12}-x^{11/12}+x^{3/4} = \sqrt[4]{x^5}-\sqrt[12]{x^{13}}-\sqrt[12]{x^{11}}+\sqrt[4]{x^3}$.

1.2 Endliche Reihen

1.2.1 Arithmetische Reihen

1. Definition

Unter einer endlichen Reihe wird die Summe

$$s_n = a_0 + a_1 + a_2 + \cdots + a_n = \sum_{i=0}^{n} a_i, \tag{1.48}$$

verstanden, deren Summanden in der Regel nach einem bestimmten Gesetz gebildet werden. Die Summanden a_i $(i = 0, 1, 2, \ldots, n)$ sind Zahlen und heißen Glieder der Reihe.

2. Arithmetische Reihe 1. Ordnung

heißt die Reihe (1.48), wenn die Differenz von je zwei aufeinanderfolgenden Summanden konstant ist, d. h. wenn

$$\Delta a_i = a_{i+1} - a_i = d = \text{const}, \quad \text{also} \quad a_i = a_0 + id. \tag{1.49a}$$

Somit wird

$$s_n = a_0 + (a_0+d) + (a_0+2d) + \cdots + (a_0+nd) \tag{1.49b}$$

$$s_n = \frac{a_0+a_n}{2}(n+1) = \frac{n+1}{2}(2a_0+nd). \tag{1.49c}$$

3. Arithmetische Reihe k-ter Ordnung

heißt eine Reihe, wenn die k-ten Differenzen $\Delta^k a_i$ der Folge $a_0, a_1, a_2, \ldots, a_n$ konstant sind. Die Differenzen höherer Ordnung werden rekursiv durch

$$\Delta^\nu a_i = \Delta^{\nu-1}a_{i+1} - \Delta^{\nu-1}a_i \quad (\nu = 2, 3, \ldots, k) \tag{1.50a}$$

gebildet. Sie ergeben sich bequem aus dem folgenden *Dreiecksschema*:

$$
\begin{array}{llllllll}
a_0 & & & & & & & \\
 & \Delta a_0 & & & & & & \\
a_1 & & \Delta^2 a_0 & & & & & \\
 & \Delta a_1 & & \Delta^3 a_0 & & & & \\
a_2 & & \Delta^2 a_1 & & \ddots & \Delta^k a_0 & & \\
 & \Delta a_2 & & \Delta^3 a_1 & & & & \\
a_3 & & \Delta^2 a_2 & & \ddots & \Delta^k a_1 & \ddots & \\
 & \vdots & & \vdots & & \vdots & & \Delta^n a_0 \\
\vdots & & \vdots & & & \Delta^k a_{n-k} & \iddots & \\
 & & & \Delta^3 a_{n-3} & \iddots & & & \\
 & & \Delta^2 a_{n-2} & & & & & \\
 & \Delta a_{n-1} & & & & & & \\
a_n & & & & & & &
\end{array}
\qquad (1.50b)
$$

Es gilt dann für die Glieder und für die Summe

$$a_i = a_0 + \binom{i}{1}\Delta a_0 + \binom{i}{2}\Delta^2 a_0 + \cdots + \binom{i}{k}\Delta^k a_0 \quad (i = 1, 2, \ldots, n), \qquad (1.50c)$$

$$s_n = \binom{n+1}{1} a_0 + \binom{n+1}{2}\Delta a_0 + \binom{n+1}{3}\Delta^2 a_0 + \cdots + \binom{n+1}{k+1}\Delta^k a_0. \qquad (1.50d)$$

1.2.2 Geometrische Reihe

Die Summe (1.48) wird *geometrische Reihe* genannt, wenn der Quotient von zwei aufeinanderfolgenden Gliedern konstant ist, d. h. wenn

$$\frac{a_{i+1}}{a_i} = q = \text{const}, \quad \text{also} \quad a_i = a_0 q^i. \qquad (1.51a)$$

Somit wird

$$s_n = a_0 + a_0 q + a_0 q^2 + \cdots + a_0 q^n = a_0 \frac{q^{n+1} - 1}{q - 1} \qquad (1.51b)$$

für $q \neq 1$ (für $q = 1$ wird $s_n = (n+1)a_0$).

1.2.3 Spezielle endliche Reihen

Siehe **Tabelle 1.2**

1.2.4 Mittelwerte

(S. auch 636 und 649)

1. Arithmetisches Mittel

zweier Größen a und b wird die Hälfte ihrer Summe genannt:

$$x = \frac{a+b}{2}; \qquad (1.52)$$

die Größen a, x und b bilden eine arithmetische Folge.
Das *arithmetische Mittel* von n Größen $a_1, a_2, \ldots, a_n$ ist

$$x = \frac{a_1 + a_2 + \cdots + a_n}{n}. \qquad (1.53)$$

Tabelle 1.2 Einige numerische Reihen

1.	$1+2+3+\cdots+(n-1)+n=\frac{n(n+1)}{2}$
2.	$p+(p+1)+(p+2)+\cdots+(q-1)+q=\frac{(q+p)(q-p+1)}{2}$
3.	$1+3+5+\cdots+(2n-3)+(2n-1)=n^2$
4.	$2+4+6+\cdots+(2n-2)+2n=n(n+1)$
5.	$1^2+2^2+3^2+\cdots+(n-1)^2+n^2=\frac{n(n+1)(2n+1)}{6}$
6.	$1^3+2^3+3^3+\cdots+(n-1)^3+n^3=\frac{n^2(n+1)^2}{4}$
7.	$1^2+3^2+5^2+\cdots+(2n-1)^2=\frac{n(4n^2-1)}{3}$
8.	$1^3+3^3+5^3+\cdots+(2n-1)^3=n^2(2n^2-1)$
9.	$1^4+2^4+3^4+\cdots+n^4=\frac{n(n+1)(2n+1)(3n^2+3n-1)}{30}$
10.	$1+2x+3x^2+\cdots+nx^{n-1}=\frac{1-(n+1)x^n+nx^{n+1}}{(1-x)^2}$ $(x\neq 1)$

2. Quadratisches Mittel

von n Größen $a_1, a_2, \ldots, a_n$, die positiv oder negativ sein können, wird der Ausdruck

$$+\sqrt{\frac{1}{n}({a_1}^2+{a_2}^2+\cdots+{a_n}^2)} \tag{1.54}$$

genannt. Das *quadratische Mittel* ist von großer Bedeutung für die Theorie der Beobachtungsfehler.

3. Geometrisches Mittel

zweier Größen a und b wird der Ausdruck

$$x=\sqrt{ab} \tag{1.55}$$

genannt. Hier bilden a, x und b eine geometrische Folge. Wenn a und b gegebene Strecken sind, dann kann eine Strecke von der Länge $x=\sqrt{ab}$ mit Hilfe der in **Abb.1.3a** oder **Abb.1.3b** angegebenen Konstruktionen ermittelt werden.

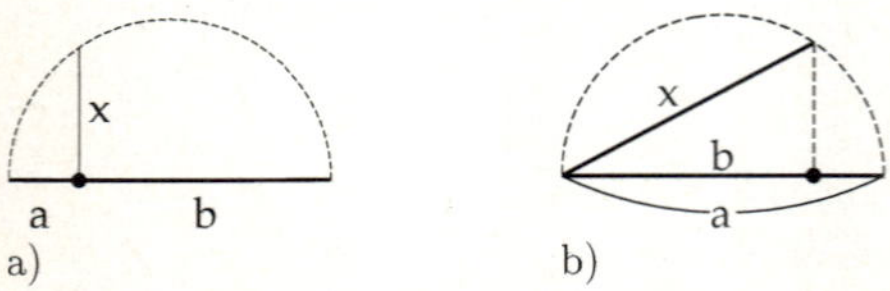

Abbildung 1.3

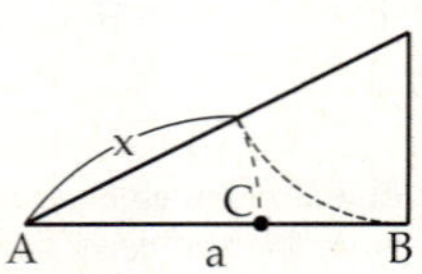

Abbildung 1.4

4. Goldener Schnitt

oder *stetige Teilung* einer Größe a wird ihre Zerlegung in zwei Teile x und $a - x$ genannt, wenn sich der Teil x zur Gesamtgröße a verhält wie der Teil $a - x$ zum Teil x:

$$\frac{x}{a} = \frac{a - x}{x}. \tag{1.56a}$$

In diesem Falle ist x das geometrische Mittel von a und $a - x$, und es gilt:

$$x = \sqrt{a(a - x)}, \tag{1.56b}$$

$$x = \frac{a(\sqrt{5} - 1)}{2} \approx 0,618 \cdot a. \tag{1.56c}$$

Wenn a eine Strecke ist, dann kann x mit Hilfe der in **Abb 1.4** angegebenen Konstruktion ermittelt werden. Diese Größe x ist gleichzeitig die Seitenlänge eines regelmäßigen Zehnecks mit einem Umkreis vom Radius a.

1.2.5 Zinseszins- und Rentenrechnung

Die Veränderung eines Kapitals durch Zinseszinsen und Rentenzahlungen kann durch einige grundlegende Formeln, die im folgenden angegeben sind, beschrieben werden. Das ganze Spektrum der Renten-, Tilgungs-, Kurs- und Investitionsrechnung wird in der *Finanzmathematik* behandelt (s. Lit. [1.2], [1.3]). Es gelten die folgenden Bezeichnungen:

- $p/\%$ Zinssatz, z. B. $p = 3,5$ % pro Jahr • $i = p/100$ Zinsfuß • $q = 1 + i$ Aufzinsungsfaktor
- K Anfangskapital
- K_n Endwert eines Kapitals K nach n festen Zeitabschnitten
- n Anzahl der Zeitabschnitte (in der Regel Anzahl der Jahre)

1. Zinseszins

Bei jährlichem Zinszuschlag wächst ein Kapital K nach n Jahren auf den Endwert K_n. Am Ende des n-ten Jahres gilt:

$$K_n = Kq^n = K(1 + p/100)^n \tag{1.57}$$

2. Rente

Eine in gleicher Höhe R periodisch erfolgende Zahlung heißt *Rente*. Wird die Zahlung zu Beginn bzw. am Ende einer Periode geleistet, im einfachsten Falle eines Jahres, dann spricht man von einer *vorschüssigen* (praenumerando) Rente bzw. einer *nachschüssigen* (postnumerando) Rente.
Für den Endwert K_n, den ein Anfangskapital K am Ende des n-ten Jahres erreicht, wenn jährlich Zahlungen in der gleichen Höhe R geleistet werden, gilt:

1. bei vorschüssiger Zahlung:

$$K_n = Kq^n \pm R\frac{q(q^n - 1)}{q - 1}. \tag{1.58a}$$

2. bei nachschüssiger Zahlung:

$$K_n = Kq^n \pm R\frac{q^n - 1}{q - 1}. \tag{1.58b}$$

In den Formeln (1.58a) und (1.58b) gilt das positive Vorzeichen für Einzahlungen, das negative für Abhebungen.

3. Rentenformel

Für das sogenannte Ablösekapital K, das erforderlich ist, um eine Rente R n-mal entnehmen zu können, gilt die Rentenformel:

1. bei vorschüssiger Zahlung:

$$K = R\frac{q}{q^n}\frac{q^n - 1}{q - 1} = R\frac{q}{q - 1}(1 - 1/q^n). \tag{1.59a}$$

2. bei nachschüssiger Zahlung:

$$K = \frac{R}{q^n}\frac{q^n - 1}{q - 1} = R\frac{1 - 1/q^n}{q - 1}. \tag{1.59b}$$

4. Tilgung eines Kredits

Im Zusammenhang mit der Tilgung eines Kredits K kann man aus der Rentenformel die Laufzeit n, die Höhe R der Ratenzahlung oder den Aufzinsungsfaktor q, also auch den Zinssatz p bestimmen, wenn die jeweiligen übrigen Größen in der Rentenformel (1.59a) und (1.59b) gegeben sind. Dabei erfordert die

Bestimmung von q die Lösung einer nichtlinearen Gleichung, die nur näherungswseise gelöst werden kann (s. S. 746).

5. Beispiele

■ **A:** Ein Kapital von 5000.– DM, das mit einem Zinssatz von 7, 2 % pro Jahr verzinst wird, wächst in 6 Jahren
a) bei jährlicher Verzinsung auf $K_6 = 5000(1 + 0,072)^6 = 7588,20$ DM,
b) bei monatlicher Verzinsung auf $K_{72} = 5000(1 + 0,072/12)^{72} = 7691,40$ DM.

■ **B:** Ein Kredit von 20000.– DM ist mit 6 % pro Jahr zu verzinsen und im Rahmen von monatlich 400.– DM zu tilgen. Zins und Tilgung sind jeweils am Ende eines Monats zu entrichten.
Aus der Rentenformel für nachschüssige Zahlung erhält man:
$20000 = (400/0,005) \cdot (1 - 1/1,005^n)$. Daraus folgt $1,005^n = 1,333333$, $n = \dfrac{\ln 1,333333}{\ln 1,005} \approx 58$, d. h. nach 58 Monaten, also nach knapp 5 Jahren ist der Kredit zurückgezahlt.

1.3 Ungleichungen

1.3.1 Reine Ungleichungen

1. Definitionen

1. Ungleichungen sind Verknüpfungen zweier algebraischer Ausdrücke durch eins der folgenden Zeichen:

1.	$>$	(„größer“)	2.	$<$	(„kleiner“)
3.	$\neq$	(„verschieden von, ungleich“)	3a.	$<>$	(„größer oder kleiner“)
4.	$\geq$	(„größer oder gleich“)	4a.	$\not<$	(„nicht kleiner“)
5.	$\leq$	(„kleiner oder gleich“)	5a.	$\not>$	(„nicht größer“)

Die Zeichen 3 und 3a, 4 und 4a sowie 5 und 5a besitzen jeweils die gleiche Bedeutung, so daß sie sich gegenseitig ersetzen lassen. Wenn sich das Zeichen 3a auf Größen bezieht, für die die Begriffe „größer“ oder „kleiner“ nicht definiert sind, z. B. bei komplexen Zahlen oder Vektoren, dann läßt es sich durch das Zeichen 3 ersetzen. In diesem Abschnitt werden nur reelle Zahlen benutzt.

2. Identische Ungleichungen zeichnen sich durch ihre Gültigkeit für alle Werte der in ihnen enthaltenen Buchstabensymbole aus.

3. Ungleichungen können ebenso wie Gleichungen unbekannte Größen enthalten, die gewöhnlich durch die letzten Buchstaben des Alphabets bezeichnet werden. Die *Lösung einer Ungleichung* oder eines Systems von Ungleichungen zu suchen, bedeutet zu bestimmen, innerhalb welcher Grenzen sich die unbekannten Größen bewegen dürfen, damit die Ungleichung oder alle Ungleichungen des Systems richtig bleiben.
Lösungen können für alle fünf Typen von Ungleichungen gesucht werden; meistens treten die *reinen Ungleichungen* vom Typ 1 und 2 auf.

4. Gleichsinnige Ungleichungen liegen vor, wenn von zwei Ungleichungen beide zum Typ 1 oder beide zum Typ 2 gehören, *ungleichsinnige Ungleichungen*, wenn die eine zum Typ 1, die andere zum Typ 2 gehört. Von *äquivalenten Ungleichungen* wird gesprochen, wenn zwei Ungleichungen mit denselben Unbekannten für die gleichen Werte der Unbekannten richtig sind.

2. Eigenschaften der Ungleichungen vom Typ 1 und 2

1. Sinnänderung des Ungleichheitszeichens:

$$\text{Ist} \quad a > b, \quad \text{dann ist} \quad b < a, \tag{1.60a}$$

$$\text{ist} \quad a < b, \quad \text{dann ist} \quad b > a. \tag{1.60b}$$

2. Transitivität:

$$\text{Ist} \quad a > b \quad \text{und} \quad b > c, \quad \text{dann ist} \quad a > c; \tag{1.61a}$$

$$\text{ist}\quad a < b \quad\text{und}\quad b < c, \quad\text{dann ist}\quad a < c. \tag{1.61b}$$

3. Addition und Subtraktion einer Ungleichung und einer Größe:

$$\text{Ist}\quad a > b, \quad\text{dann ist}\quad a \pm c > b \pm c; \tag{1.62a}$$

$$\text{ist}\quad a < b, \quad\text{dann ist}\quad a \pm c < b \pm c. \tag{1.62b}$$

Durch Addition oder Subtraktion ein und derselben Größe auf beiden Seiten ändert sich der Sinn der Ungleichung nicht.

4. Addition von Ungleichungen:

$$\text{Ist}\quad a > b \quad\text{und}\quad c > d, \quad\text{dann ist}\quad a + c > b + d; \tag{1.63a}$$

$$\text{ist}\quad a < b \quad\text{und}\quad c < d, \quad\text{dann ist}\quad a + c < b + d. \tag{1.63b}$$

Zwei gleichsinnige Ungleichungen können seitenweise addiert werden.

5. Subtraktion von Ungleichungen:

$$\text{Ist}\quad a > b \quad\text{und}\quad c < d, \quad\text{dann ist}\quad a - c > b - d; \tag{1.64a}$$

$$\text{ist}\quad a < b \quad\text{und}\quad c > d, \quad\text{dann ist}\quad a - c < b - d. \tag{1.64b}$$

Von einer Ungleichung kann eine andere ihr ungleichsinnige Ungleichung glied- oder seitenweise subtrahiert werden, wobei das Ungleichheitszeichen der ersten Ungleichung erhalten bleibt. Im Unterschied dazu lassen sich gleichsinnige Ungleichungen nicht gliedweise subtrahieren.

6. Multiplikation und Division von Ungleichungen:

$$\text{Ist}\quad a > b \quad\text{und}\quad c > 0, \quad\text{dann ist}\quad ac > bc \quad\text{und}\quad \frac{a}{c} > \frac{b}{c}, \tag{1.65a}$$

$$\text{ist}\quad a < b \quad\text{und}\quad c > 0, \quad\text{dann ist}\quad ac < bc \quad\text{und}\quad \frac{a}{c} < \frac{b}{c}, \tag{1.65b}$$

$$\text{ist}\quad a > b \quad\text{und}\quad c < 0, \quad\text{dann ist}\quad ac < bc \quad\text{und}\quad \frac{a}{c} < \frac{b}{c}, \tag{1.65c}$$

$$\text{ist}\quad a < b \quad\text{und}\quad c < 0, \quad\text{dann ist}\quad ac > bc \quad\text{und}\quad \frac{a}{c} > \frac{b}{c}. \tag{1.65d}$$

7. Ungleichung bezüglich des Kehrwertes:

$$\text{Ist}\quad 0 < a < b \quad\text{oder}\quad a < b < 0, \quad\text{dann ist}\quad \frac{1}{a} > \frac{1}{b}. \tag{1.66}$$

8. Multiplikation einer Ungleichung mit einer positiven oder negativen Zahl: Wenn eine Ungleichung beidseitig mit einer positiven Zahl multipliziert oder dividiert wird, dann bleibt der Sinn der Ungleichung erhalten; wird sie dagegen beiderseitig mit einer negativen Zahl multipliziert, dann muß der Sinn des Ungleichheitszeichens umgekehrt werden.

1.3.2 Spezielle Ungleichungen

1. Dreiecksungleichung

$$|a + b| \leq |a| + |b|; \quad |a_1 + a_2 + \cdots + a_n| \leq |a_1| + |a_2| + \cdots + |a_n|. \tag{1.67}$$

Der Absolutbetrag der Summe zweier oder mehrerer Zahlen ist kleiner oder gleich der Summe der Absolutbeträge der einzelnen Summanden. Das Gleichheitszeichen gilt nur dann, wenn alle Summanden gleiches Vorzeichen besitzen.

2. $$|a| + |b| \geq |a - b| \geq |a| - |b|. \tag{1.68}$$

Der Absolutbetrag der Differenz zweier Zahlen ist kleiner oder gleich der Summe, bzw. größer oder gleich der Differenz der Absolutbeträge dieser Zahlen.

3. $$\frac{a_1 + a_2 + \cdots + a_n}{n} \geq \sqrt[n]{a_1 a_2 \cdots a_n} \quad \text{für} \quad a_i > 0. \tag{1.69}$$

Das arithmetische Mittel von n positiven Zahlen ist größer oder gleich dem geometrischen Mittel dieser Zahlen. Das Gleichheitszeichen gilt nur, wenn alle n Zahlen gleich sind.

4.
$$\left|\frac{a_1 + a_2 + \cdots + a_n}{n}\right| \leq \sqrt{\frac{a_1{}^2 + a_2{}^2 + \cdots + a_n{}^2}{n}}. \tag{1.70}$$

Der Absolutbetrag des arithmetischen Mittels mehrerer Zahlen ist kleiner oder gleich dem quadratischen Mittel (s. S. 16).

5. CAUCHY–SCHWARZsche Ungleichung

$$a_1b_1 + a_2b_2 + \cdots + a_nb_n \leq \sqrt{a_1{}^2 + a_2{}^2 + \cdots + a_n{}^2}\sqrt{b_1{}^2 + b_2{}^2 + \cdots + b_n{}^2} \tag{1.71a}$$

oder

$$(a_1b_1 + a_2b_2 + \cdots + a_nb_n)^2 \leq (a_1{}^2 + a_2{}^2 + \cdots + a_n{}^2)(b_1{}^2 + b_2{}^2 + \cdots + b_n{}^2). \tag{1.71b}$$

Für zwei endliche Zahlenfolgen mit jeweils n Zahlen ist die Summe ihrer paarweisen Produkte kleiner oder gleich dem Produkt der beiden Quadtratwurzeln aus den Summen der Quadrate dieser Wurzeln. Das Gleichheitszeichen gilt nur für $a_1 : b_1 = a_2 : b_2 = \cdots = a_n : b_n$.
Wenn $n = 3$ ist und $\{a_1, a_2, a_3\}$ und $\{b_1, b_2, b_3\}$ als rechtwinklige kartesische Koordinaten von Vektoren aufgefaßt werden, dann besagt die Ungleichung von CAUCHY–SCHWARZ, daß das skalare Produkt zweier Vektoren kleiner oder gleich dem Produkt der Beträge dieser Vektoren ist. Wenn $n > 3$ ist, dann kann diese Aussage auf Vektoren im n–dimensionalen euklidischen Raum ausgedehnt werden.
Ein Analogon dazu ist die CAUCHY–SCHWARZsche Ungleichung für konvergente unendliche Reihen sowie für bestimmte Integrale

$$\left(\sum_{n=1}^{\infty} a_nb_n\right)^2 \leq \sum_{n=1}^{\infty} a_n{}^2 \sum_{n=1}^{\infty} b_n{}^2 \tag{1.72}$$

$$\left[\int_a^b f(x)\,\varphi(x)\,dx\right]^2 \leq \left(\int_a^b [f(x)]^2\,dx\right)\left(\int_a^b [\varphi(x)]^2\,dx\right) \tag{1.73}$$

6. TSCHEBYSCHEFFsche Ungleichung

Wenn $a_1, a_2, \ldots, a_n, b_1, b_2, \ldots, b_n$ positive Zahlen sind, dann gilt

$$\left(\frac{a_1 + a_2 + \cdots + a_n}{n}\right)\left(\frac{b_1 + b_2 + \cdots + b_n}{n}\right) \leq \frac{a_1b_1 + a_2b_2 + \cdots + a_nb_n}{n} \tag{1.74a}$$

für $a_1 \leq a_2 \leq \ldots \leq a_n$ und $b_1 \leq b_2 \leq \ldots \leq b_n$
oder $a_1 \geq a_2 \geq \ldots \geq a_n$ und $b_1 \geq b_2 \geq \ldots \geq b_n$

sowie

$$\left(\frac{a_1 + a_2 + \cdots + a_n}{n}\right)\left(\frac{b_1 + b_2 + \cdots + b_n}{n}\right) \geq \frac{a_1b_1 + a_2b_2 + \cdots + a_nb_n}{n} \tag{1.74b}$$

für $a_1 \leq a_2 \leq \ldots \leq a_n$ und $b_1 \geq b_2 \geq \ldots \geq b_n$.

Für zwei endliche Zahlenfolgen mit n positiven Zahlen ist das Produkt der arithmetischen Mittel dieser Folgen kleiner oder gleich bzw. größer oder gleich dem arithmetischen Mittel der paarweisen Produkte, wenn beide Zahlenfolgen entweder ab- oder zunehmen oder die eine Folge zu- und die andere abnimmt.

7. Verallgemeinerte TSCHEBYSCHEFFsche Ungleichung

Wenn $a_1, a_2, \ldots, a_n, b_1, b_2, \ldots, b_n$ positive Zahlen sind, dann gilt

$$\sqrt[k]{\frac{a_1{}^k + a_2{}^k + \cdots + a_n{}^k}{n}}\ \sqrt[k]{\frac{b_1{}^k + b_1{}^k + \cdots + b_n{}^k}{n}} \leq \sqrt[k]{\frac{(a_1b_1)^k + (a_2b_2)^k + \cdots + (a_nb_n)^k}{n}} \tag{1.75a}$$

für $a_1 \leq a_2 \leq \ldots \leq a_n$ und $b_1 \leq b_2 \leq \ldots \leq b_n$
oder $a_1 \geq a_2 \geq \ldots \geq a_n$ und $b_1 \geq b_2 \geq \ldots \geq b_n$

sowie

$$\sqrt[k]{\frac{{a_1}^k + {a_2}^k + \cdots + {a_n}^k}{n}} \; \sqrt[k]{\frac{{b_1}^k + {b_1}^k + \cdots + {b_n}^k}{n}} \geq \sqrt[k]{\frac{(a_1b_1)^k + (a_2b_2)^k + \cdots + (a_nb_n)^k}{n}} \quad (1.75b)$$

$$\text{für} \quad a_1 \leq a_2 \leq \ldots \leq a_n \quad \text{und} \quad b_1 \geq b_2 \geq \ldots \geq b_n.$$

8. BERNOULLIsche Ungleichung

Für $a \geq -1$ und ganzes $n \geq 1$ ist

$$(1+a)^n \geq 1 + n \cdot a. \quad (1.76)$$

Das Gleichheitszeichen gilt für $n = 1$.

9. HÖLDERsche Ungleichung

1. HÖLDERsche Ungleichung für Reihen Wenn p und q zwei reelle Zahlen sind, für die $\frac{1}{p} + \frac{1}{q} = 1$ gilt und wenn $x_1, x_2, \ldots, x_n$ und $y_1, y_2, \ldots, y_n$ beliebige $2n$ Zahlen sind, dann gilt:

$$\sum_{k=1}^{n} |x_k y_k| \leq \left[\sum_{k=1}^{n} |x_k|^p\right]^{\frac{1}{p}} \left[\sum_{k=1}^{n} |y_k|^q\right]^{\frac{1}{q}}. \quad (1.77a)$$

Diese Ungleichung gilt auch für abzählbar unendlich viele Zahlenpaare:

$$\sum_{k=1}^{\infty} |x_k y_k| \leq \left[\sum_{k=1}^{\infty} |x_k|^p\right]^{\frac{1}{p}} \left[\sum_{k=1}^{\infty} |y_k|^q\right]^{\frac{1}{q}}, \quad (1.77b)$$

wobei aus der Konvergenz beider Reihen auf der rechten Seite die Konvergenz der Reihe auf der linken Seite folgt.

2. HÖLDERsche Ungleichung für Integrale Wenn $f(x)$ und $g(x)$ zwei meßbare Funktionen auf dem Maßraum $(\mathrm{X}, \mathcal{A}, \mu)$ sind (s. S.518), dann gilt:

$$\int \mathrm{X}|f(x)g(x)|d\mu \leq \left[\int \mathrm{X}|f(x)|^p \, d\mu\right]^{\frac{1}{p}} \left[\int \mathrm{X}|g(x)|^q \, d\mu\right]^{\frac{1}{q}} \quad (1.77c)$$

10. MINKOWSKIsche Ungleichung

1. MINKOWSKIsche Ungleichung für Reihen Wenn $p \geq 1$ ist und $\{x_k\}_k^{k=\infty}$ sowie $\{y_k\}_{k=1}^{k=\infty}$ zwei Zahlenfolgen sind, dann gilt:

$$\left[\sum_{k=1}^{k=\infty} |x_k + y_k|^p\right]^{\frac{1}{p}} \leq \left[\sum_{k=1}^{k=\infty} |x_k|^p\right]^{\frac{1}{p}} + \left[\sum_{k=1}^{k=\infty} |y_k|^p\right]^{\frac{1}{p}}. \quad (1.78a)$$

2. MINKOWSKIsche Ungleichung für Integrale Wenn $f(x)$ und $g(x)$ zwei meßbare Funktionen auf X(s. S. 518)sind, dann gilt:

$$\left[\int \mathrm{X}|f(x) + g(x)|^p d\mu\right]^{\frac{1}{p}} \leq \left[\int \mathrm{X}|f(x)|^p d\mu\right]^{\frac{1}{p}} + \left[\int \mathrm{X}|g(x)|^p d\mu\right]^{\frac{1}{p}}. \quad (1.78b)$$

1.3.3 Auflösung von Ungleichungen 1. und 2. Grades

1. Allgemeines

Eine Ungleichung wird gelöst, indem man sie schrittweise in äquivalente Ungleichungen umformt. Wie bei der Lösung einer Gleichung werden die Summanden von der einen Seite auf die andere gebracht, wobei jeweils das Vorzeichen zu wechseln ist. Weiter können beide Seiten der Ungleichung mit ein und derselben Zahl, die ungleich Null sein muß, multipliziert oder dividiert werden, wobei der Sinn des Ungleichheitszeichens erhalten bleibt, wenn diese Zahl positiv ist, sich aber ändert, wenn sie negativ ist. Eine Ungleichung 1. Grades kann auf diese Weise immer auf die Form

$$ax > b \quad (1.79)$$

gebracht werden, eine Ungleichung 2. Grades im einfachsten Falle auf die Form

$$x^2 > m \quad (1.80a) \qquad \text{oder} \qquad x^2 < m \quad (1.80b)$$

und im allgemeinen Falle auf die Form

$$ax^2 + bx + c > 0 \quad (1.81a) \qquad \text{oder} \qquad ax^2 + bx + c < 0. \quad (1.81b)$$

2. Ungleichungen 1. Grades

besitzen die Lösung

$$x > \frac{b}{a} \text{ für } a > 0 \quad (1.82a) \qquad \text{und} \qquad x < \frac{b}{a} \text{ für } a < 0. \quad (1.82b)$$

■ $5x + 3 < 8x + 1, \quad 5x - 8x < 1 - 3, \quad -3x < -2, \quad x > \frac{2}{3}.$

3. Ungleichungen 2. Grades

$$x^2 > m \quad (1.83a) \qquad \text{und} \qquad x^2 < m \quad (1.83b)$$

besitzen die Lösungen

a) $x^2 > m$: für $m \geq 0$ ist die Lösung $x > \sqrt{m}$ und $x < -\sqrt{m}$ $\quad (|x| > \sqrt{m})$; (1.84a)

für $m < 0$ ist die Ungleichung identisch erfüllt. (1.84b)

b) $x^2 < m$: Für $m > 0$ ist die Lösung $-\sqrt{m} < x < +\sqrt{m}$ $\quad (|x| < \sqrt{m})$ (1.85a)

für $m \leq 0$ gibt es keine Lösung. (1.85b)

4. Allgemeiner Fall der Ungleichung 2. Grades

$$ax^2 + bx + c > 0 \quad (1.86a) \qquad \text{oder} \qquad ax^2 + bx + c < 0. \quad (1.86b)$$

Die Ungleichung wird durch a dividiert, wobei sich das Vorzeichen im Falle $a < 0$ ändert, so daß sie auf die Form

$$x^2 + px + q < 0 \quad (1.86c) \qquad \text{oder} \qquad x^2 + px + q > 0. \quad (1.86d)$$

gebracht wird. Durch quadratische Ergänzung folgt

$$\left(x + \frac{p}{2}\right)^2 < \left(\frac{p}{2}\right)^2 - q \quad (1.86e) \qquad \text{oder} \qquad \left(x + \frac{p}{2}\right)^2 > \left(\frac{p}{2}\right)^2 - q. \quad (1.86f)$$

Bezeichnet man nun $x + \frac{p}{2}$ mit z und $\left(\frac{p}{2}\right)^2 - q$ mit m, dann ergibt sich die Ungleichung

$$z^2 < m \quad (1.87a) \qquad \text{oder} \qquad z^2 > m. \quad (1.87b)$$

Nachdem diese gelöst ist, kann x bestimmt werden.

■ **A:** $-2x^2+14x-20 > 0,\ x^2-7x+10 < 0,\ \left(x - \frac{7}{2}\right)^2 < \frac{9}{4},\ -\frac{3}{2} < x-\frac{7}{2} < \frac{3}{2},\ -\frac{3}{2}+\frac{7}{2} < x < \frac{3}{2}+\frac{7}{2}.$
Die Lösung ist $2 < x < 5$.

■ **B:** $x^2 + 6x + 15 > 0,\ (x + 3)^2 > -6,$ die Ungleichung ist identisch erfüllt.

■ **C:** $-2x^2 + 14x - 20 < 0,\ \left(x - \frac{7}{2}\right)^2 > \frac{9}{4},\ x - \frac{7}{2} > \frac{3}{2}$ und $x - \frac{7}{2} < -\frac{3}{2},$ die Lösung ist $x > 5$ und $x < 2$.

1.4 Komplexe Zahlen

1.4.1 Imaginäre und komplexe Zahlen

1. Imaginäre Einheit

Als imaginäre Einheit wird eine Zahl i eingeführt, deren Quadrat „−1“ist. In der Elektrotechnik wird meist anstelle von i der Buchstabe j verwendet, um Verwechslungen mit der Stromstärke i zu vermeiden. Die Einführung der *imaginären Einheit* führt zu einer *Verallgemeinerung des Zahlbegriffs*, zu den *komplexen Zahlen*, die in der Algebra und Analysis eine große Rolle spielen und in Geometrie und Physik eine Reihe konkreter Interpretationen bzw. neuer Beschreibungsmöglichkeiten ergaben.

2. Komplexe Zahlen

Die *allgemeine Form einer komplexen Zahl* lautet

$$z = a + \mathrm{i}b. \tag{1.88a}$$

Wenn a und b alle möglichen reellen Werte durchlaufen, dann werden alle möglichen komplexen Zahlen z erzeugt. Die Zahl a wird *Realteil*, die Zahl b *Imaginärteil* der Zahl z genannt:

$$a = \mathrm{Re}(z), \quad b = \mathrm{Im}(z). \tag{1.88b}$$

Für $b = 0$ wird $z = a$, so daß die reellen Zahlen zum Spezialfall der komplexen Zahlen werden. Für $a = 0$ wird $z = \mathrm{i}b$ eine „rein imaginäre Zahl“.
Die komplexen Zahlen bilden die Menge der komplexen Zahlen, die mit $\mathbb{C}$bezeichnet wird.

1.4.2 Geometrische Veranschaulichung

1. Vektordarstellung

In Analogie zur Darstellung der reellen Zahlen auf der Zahlengeraden können die komplexen Zahlen als Punkte einer Ebene, der sogenannten GAUSSschen Zahlenebene , dargestellt werden: Eine Zahl $z = a + \mathrm{i}b$ ist dann ein Punkt mit der Abszisse a und der Ordinate b (**Abb.1.5**). Die reellen Zahlen liegen auf der Abszissenachse, die auch reelle Achse genannt wird, die imaginären auf der Ordinatenachse, der imaginären Achse. In der so vorgegebenen Ebene ist jeder Punkt durch einen *Radiusvektor* eindeutig bestimmt (s. S. 150), so daß jeder komplexen Zahl ein bestimmter Vektor entspricht, der in dieser Ebene liegt und vom Koordinatenursprung zu dem betreffenden Punkt führt (**Abb.1.6**). Die komplexen Zahlen können also sowohl durch Punkte als auch durch Vektoren dargestellt werden.

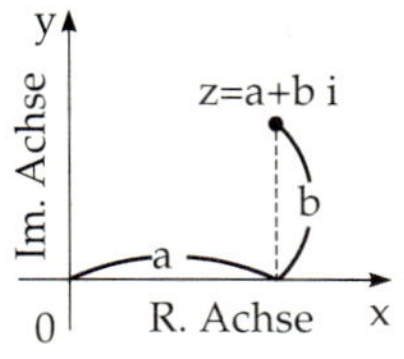

Abbildung 1.5

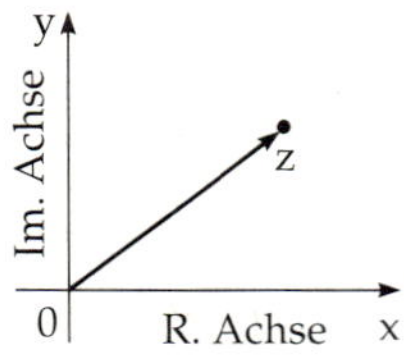

Abbildung 1.6

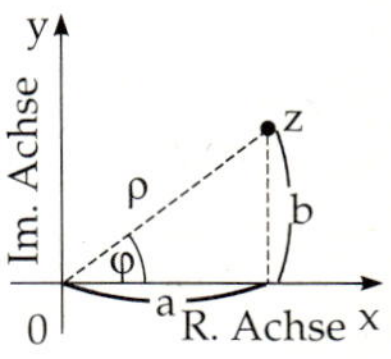

Abbildung 1.7

2. Gleichheit komplexer Zahlen

Zwei komplexe Zahlen sind definitionsgemäß gleich, wenn ihre *Realteile* und *Imaginärteile* für sich einander gleich sind. Geometrisch betrachtet sind zwei komplexe Zahlen gleich, wenn die zu ihrer Darstellung benötigten Vektoren gleich sind. Im entgegengesetzten Falle sind die komplexen Zahlen ungleich. Die Begriffe „größer“ und „kleiner“ sind für komplexe Zahlen nicht definiert.

3. Trigonometrische Form der komplexen Zahlen

Die Darstellung einer komplexen Zahl

$$z = a + \mathrm{i}b \tag{1.89a}$$

wird algebraische Form genannt. Wenn Polarkoordinaten anstelle der kartesischen Koordinaten verwendet werden **(Abb.1.7)**, dann ergibt sich die *trigonometrische Form* der Darstellung der *komplexen Zahlen*

$$z = \varrho(\cos\varphi + \mathrm{i}\sin\varphi). \tag{1.89b}$$

Die Länge des Radiusvektors eines Punktes $\varrho = |z|$ wird *Modul* oder Absolutbetrag der *komplexen Zahl* genannt, der Winkel φ, gemessen im Bogenmaß, das *Argument der komplexen Zahl* oder in Zeichen $\arg z$:

$$\varrho = |z|, \quad \omega = \arg z = \varphi + 2k\pi \ \text{ mit } \ 0 \le \varrho < \infty, \quad -\pi < \varphi \le +\pi, \quad k = 0, \pm 1, \pm 2, \ldots \tag{1.89c}$$

Im Intervall $-\pi < \varphi \le \pi$ spricht man vom *Hauptwert der komplexen Zahl.* Der Zusammenhang zwischen ϱ, φ und a, b für einen Punkt ist derselbe wie der zwischen den kartesischen Koordinaten und den Polarkoordinaten dieses Punktes (s. S. 160):

$$\alpha = \varrho\cos\varphi, \quad (1.90a) \qquad \beta = \varrho\sin\varphi \quad (1.90b)$$

$$\varrho = \sqrt{\alpha^2 + \beta^2}, \quad (1.91a) \qquad \varphi = \begin{cases} \arctan\dfrac{\beta}{\alpha} & \text{für } \alpha > 0 \\ +\dfrac{\pi}{2} & \text{für } \alpha = 0,\ \beta > 0 \\ -\dfrac{\pi}{2} & \text{für } \alpha = 0,\ \beta < 0 \\ \arctan\dfrac{\beta}{\alpha} + \pi & \text{für } \alpha < 0,\ \beta \ge 0 \\ \arctan\dfrac{\beta}{\alpha} - \pi & \text{für } \alpha < 0,\ \beta < 0 \end{cases}. \quad (1.91b)$$

Die komplexe Zahl $z = 0$ hat den Modul Null, während das Argument $\arg 0$ unbestimmt ist.

4. Exponentialform einer komplexen Zahl

wird die Darstellung

$$z = \varrho e^{\mathrm{i}\varphi} \tag{1.92}$$

genannt, wobei ϱ der Modul und φ das Argument sind.

■ $z = 1 + \mathrm{i}\sqrt{3}$ (algebraische Form), $z = 2\left(\cos\dfrac{\pi}{3} + \mathrm{i}\sin\dfrac{\pi}{3}\right)$ (trigonometrische Form),

$z = 2\,e^{\frac{\mathrm{i}\pi}{3}}$ (Exponentialform), oder ohne Beschränkung auf den Hauptwert

$$z = 1 + \mathrm{i}\sqrt{3} = 2\left[\cos\left(\frac{\pi}{3} + 2k\pi\right) + \mathrm{i}\ \sin\left(\frac{\pi}{3} + 2k\pi\right)\right] = 2e^{\mathrm{i}\left(\frac{\pi}{3} + 2k\pi\right)} \quad (k = 0, \pm 1, \pm 2, \ldots).$$

5. Konjugiert komplexe Zahlen

werden zwei komplexe Zahlen z und z^* genannt, wenn ihre Realteile gleich sind, ihre Imaginärteile sich aber durch das Vorzeichen unterscheiden: $\mathrm{Re}(z^*) = \mathrm{Re}(z)$, $\mathrm{Im}(z^*) = -\mathrm{Im}(z)$. Geometrisch interpretiert liegen Punkte, die *konjugiert komplexen Zahlen* entsprechen, symmetrisch zur reellen Achse. Die Moduln konjugiert komplexer Zahlen sind einander gleich, während sich ihre Argumente nur durch das Vorzeichen unterscheiden:

$$z = a + \mathrm{i}b = \varrho(\cos\varphi + \mathrm{i}\sin\varphi) = \varrho e^{\mathrm{i}\varphi}, \tag{1.93a}$$

$$z^* = a - \mathrm{i}b = \varrho(\cos\varphi - \mathrm{i}\sin\varphi) = \varrho e^{-\mathrm{i}\varphi}. \tag{1.93b}$$

1.4.3 Rechnen mit komplexen Zahlen

1. Addition und Subtraktion

zweier oder mehrerer komplexer Zahlen sind in der algebraischen Schreibweise durch die Formel

$$\begin{aligned} z_1 + z_2 - z_3 + \cdots &= (a_1 + \mathrm{i}b_1) + (a_2 + \mathrm{i}b_2) - (a_3 + \mathrm{i}b_3) + \cdots \\ &= (a_1 + a_2 - a_3 + \cdots) + \mathrm{i}(b_1 + b_2 - b_3 + \cdots) \end{aligned} \tag{1.94}$$

definiert. In der geometrischen Interpretation werden zur Summen- bzw. Differenzbildung die Vektoren der betreffenden komplexen Zahlen addiert bzw. subtrahiert **(Abb.1.8)**. Dabei werden die üblichen Regeln der Vektorrechnung angewendet (s. S. 149).

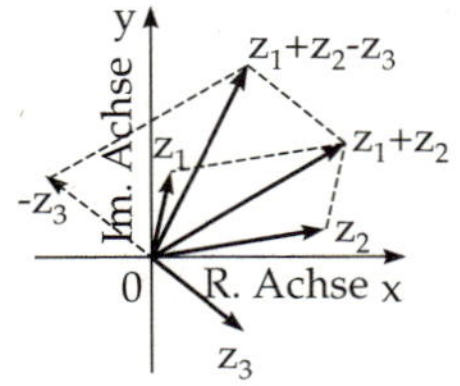

Abbildung 1.8

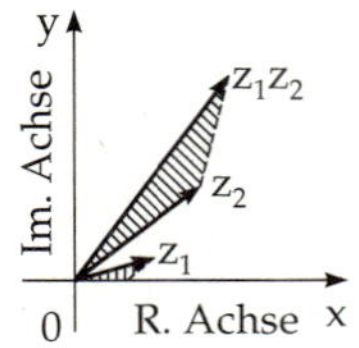

Abbildung 1.9

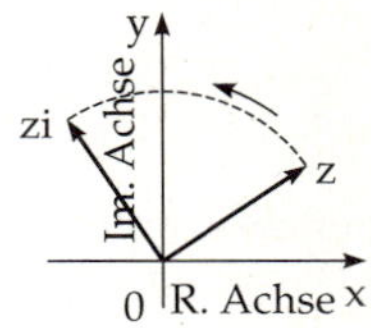

Abbildung 1.10

2. Die Multiplikation

zweier komplexer Zahlen z_1 und z_2 in der algebraischen Schreibweise sind durch die Formel

$$z_1 z_2 = (a_1 + \mathrm{i}b_1)(a_2 + \mathrm{i}b_2) = (a_1a_2 - b_1b_2) + \mathrm{i}(a_1b_2 + b_1a_2) \tag{1.95a}$$

definiert. In der trigonometrischen Schreibweise gilt

$$[\varrho_1(\cos\varphi_1 + \mathrm{i}\sin\varphi_1)][\varrho_2(\cos\varphi_2 + \mathrm{i}\sin\varphi_2)] = \varrho_1\varrho_2[\cos(\varphi_1 + \varphi_2) + \mathrm{i}\sin(\varphi_1 + \varphi_2)], \tag{1.95b}$$

d. h., der Betrag des Produkts ist gleich dem Produkt der Beträge der Faktoren, während das Argument des Produkts gleich der Summe der Argumente der Faktoren ist. In der geometrischen Interpretation wird der Produktvektor, der das Produkt von z_1 und z_2 darstellt, durch Drehung des Vektors z_1 im entgegengesetzten Uhrzeigersinn um den Winkel, der dem Argument von z_2 entspricht, gedreht und durch Multiplikation dieses Vektors mit dem Faktor $|z_2|$ gestreckt. Das Produkt z_1z_2 kann auch durch Konstruktion eines ähnlichen Dreiecks gewonnen werden **(Abb.1.9)**. Dabei ist zu berücksichtigen, daß die Multiplikation einer komplexen Zahl z mit i eine Drehung ihres Vektors um den Winkel $\pi/2$ bedeutet, während der Modul konstant bleibt **(Abb.1.10)**.

3. Die Division

zweier komplexer Zahlen wird als die zur Multiplikation inverse Operation definiert. In algebraischer Schreibweise ergibt sich

$$\frac{z_1}{z_2} = \frac{a_1 + \mathrm{i}b_1}{a_2 + \mathrm{i}b_2} = \frac{a_1a_2 + b_1b_2}{{a_2}^2 + {b_2}^2} + \mathrm{i}\frac{a_2b_1 - a_1b_2}{{a_2}^2 + {b_2}^2} \tag{1.96a}$$

und in trigonometrischer Schreibweise

$$[\varrho_1(\cos\varphi_1 + \mathrm{i}\sin\varphi_1)] : [\varrho_2(\cos\varphi_2 + \mathrm{i}\sin\varphi_2)] = \frac{\varrho_1}{\varrho_2}[\cos(\varphi_1 - \varphi_2) + \mathrm{i}\sin(\varphi_1 - \varphi_2)], \tag{1.96b}$$

d. h., der Betrag der Quotienten ist gleich dem Quotienten aus den Beträgen des Dividenden und des Divisors, während das Argument des Quotienten gleich der Differenz der beiden Argumente ist.
In der geometrischen Definition ergibt sich der Vektor, der den Quotienten z_1/z_2 darstellt, durch Drehung des die Zahl z_1 darstellenden Vektors um den Winkel $\arg z_2$ im Uhrzeigerdrehsinn sowie durch Kontraktion dieses Vektors mit dem Faktor $|z_2|$.
Eine Division durch Null ist nicht möglich.

4. Allgemeine Regeln für die vier Grundrechenarten

Formal betrachtet wird mit komplexen Zahlen $z = a + ib$ in der gleichen Weise gerechnet wie mit gewöhnlichen Binomen, nur daß $i^2 = -1$ zu berücksichtigen ist. Bei Divisionen komplexer Zahlen durch eine andere komplexe Zahl wird zuerst der Imaginärteil des Nenners beseitigt, indem Zähler und Nenner mit der konjugiert komplexen Zahl des Nenners multipliziert werden. Das ist möglich, weil

$$(a + ib)(a - ib) = a^2 + b^2 \tag{1.97}$$

eine reelle Zahl liefert.

■ $$\frac{(3-4i)(-1+5i)^2}{1+3i} + \frac{10+7i}{5i} = \frac{(3-4i)(1-10i-25)}{1+3i} + \frac{(10+7i)i}{5ii}$$
$$= \frac{-2(3-4i)(12+5i)}{1+3i} + \frac{7-10i}{5} = \frac{-2(56-33i)(1-3i)}{(1+3i)(1-3i)} + \frac{7-10i}{5}$$
$$= \frac{-2(-43-201i)}{10} + \frac{7-10i}{5} = \frac{1}{5}(50+191i) = 10 + 38{,}2i.$$

5. Potenzieren einer komplexen Zahl

in die n-te Potenz wird mit Hilfe der Formel von MOIVRE ausgeführt :

$$[\varrho(\cos\varphi + i\sin\varphi)]^n = \varrho^n(\cos n\varphi + i\sin n\varphi) \tag{1.98a}$$

d. h., der Betrag wird in die n-te Potenz erhoben, während das Argument mit n multipliziert wird. Besonders zu berücksichtigen ist, daß gilt:

$$i^2 = -1, \quad i^3 = -i, \quad i^4 = +1, \tag{1.98b}$$

und allgemein

$$i^{4n+k} = i^k. \tag{1.98c}$$

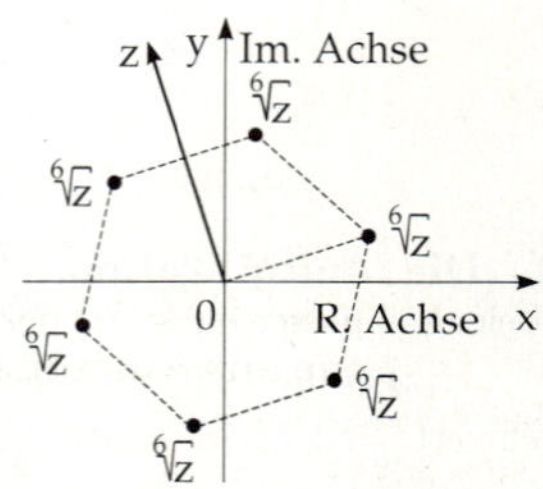

Abbildung 1.11

6. Radizieren oder Ziehen der n-ten Wurzel aus einer komplexen Zahl

ist eine zum Potenzieren inverse Operation. Für $z = \varrho(\cos\varphi + i\sin\varphi)$ ist

$$z^{1/n} = \sqrt[n]{z} \quad \text{mit} \quad n > 0, \text{ ganz,} \tag{1.99a}$$

die abkürzende Bezeichnung für die n Werte

$$\omega_k = \sqrt[n]{\varrho}\left(\cos\frac{\varphi + 2k\pi}{n} + i\sin\frac{\varphi + 2k\pi}{n}\right), \quad (k = 0, 1, 2, \ldots, n-1). \tag{1.99b}$$

Während Addition, Subtraktion, Multiplikation, Division und Potenzieren mit ganzzahligen Exponenten zu eindeutigen Ergebnissen führen, liefert das Ziehen der n-ten Wurzel stets n verschiedene Lösungen ω_k.

Geometrisch interpretiert sind die Punkte ω_k die Eckpunkte eines regelmäßigen n–Ecks mit dem Mittelpunkt im Koordinatenursprung In **Abb 1.11** sind die 6 Werte für $\sqrt[6]{z}$ dargestellt.

7. Funktionen $w = f(z)$ mit einer komplexen Variablen $z = x + iy$

werden in der Funktionentheorie (s. S. 551) behandelt.

1.5 Algebraische und transzendente Gleichungen

1.5.1 Umformung algebraischer Gleichungen auf die Normalform

1. Definition

Die in der Gleichung

$$F(x) = f(x) \tag{1.100}$$

enthaltene Veränderliche x wird Unbekannte genannt, die speziellen Werte $x_1, x_2, \ldots, x_n$ der Veränderlichen, für die die Gleichung erfüllt wird, sind die *Wurzeln* oder *Lösungen* der Gleichung. Zwei Gleichungen sind äquivalent, wenn sie genau die gleichen Wurzeln besitzen.
Eine *algebraische Gleichung* liegt vor, wenn jede der darin enthaltenen Funktionen $F(x)$ und $f(x)$ algebraisch, d. h. rational oder irrational ist; eine von ihnen kann auch eine Konstante sein. Jede algebraische Gleichung kann durch algebraische Umformungen auf die *Normalform*

$$P(x) = a_n x^n + a_{n-1}x^{n-1} + \cdots + a_1 x + a_0 = 0 \tag{1.101}$$

gebracht werden, die die gleichen Wurzeln wie die Ausgangsform besitzt, aber unter Umständen einige überzählige. Der Koeffizient a_n wird oft auf den Wert 1 gebracht; im übrigen werden die Koeffizienten $a_n, \ldots, a_0$ hier und im weiteren als reell vorausgesetzt, im entgegengesetzten Falle wird besonders darauf aufmerksam gemacht.
Der Exponent n wird der *Grad der Gleichung* genannt.

■ Die Gleichung $\dfrac{x-1+\sqrt{x^2-6}}{3(x-2)} = 1 + \dfrac{x-3}{x}$ ist auf die Normalform zu bringen. Dazu werden schrittweise folgende Umformungen durchgeführt:

$$\begin{aligned} x(x-1+\sqrt{x^2-6}) &= 3x(x-2) + 3(x-2)(x-3) \\ x^2 - x + x\sqrt{x^2-6} &= 3x^2 - 6x + 3x^2 - 15x + 18 \\ x\sqrt{x^2-6} &= 5x^2 - 20x + 18 \\ x^2(x^2-6) &= 25x^4 - 200x^3 + 580x^2 - 720x + 324 \end{aligned}$$

$$24x^4 - 200x^3 + 586x^2 - 720x + 324 = 0 \qquad \text{(Normalform)}$$

Das Ergebnis ist eine Gleichung vierten Grades in der Normalform.

2. Systeme aus n algebraischen Gleichungen

sind Systeme aus n Gleichheitsbeziehungen, die nur für bestimmte Wertesysteme $(x_i, y_i, z_i, \ldots)$ der Unbekannten $(x, y, z, \ldots)$ erfüllt werden können. Jedes dieser Wertensysteme heißt eine Lösung des Gleichungssystems. Jedes *algebraische Gleichungssystem* kann auf die Normalform, d.h. auf eine polynomiale Darstellung gebracht werden:

$$P_1(x,y,z,\ldots) = 0, \quad P_2(x,y,z,\ldots) = 0, \quad \ldots, \quad P_n(x,y,z,\ldots) = 0. \tag{1.102}$$

Die P_i $(i = 1, 2, \ldots, n)$ sind Polynome in $x, y, z, \ldots$.

■ Das folgende System aus drei Gleichungen ist auf die Normalform zu bringen:

$$1.\ \frac{x}{\sqrt{y}} = \frac{1}{z}, \quad 2.\ \frac{x-1}{y-1} = \sqrt{z}, \quad 3.\ xy = z.$$

Die Normalform lautet:

$$1.\ x^2z^2 - y = 0, \quad 2.\ x^2 - 2x + 1 - y^2z + 2yz - z = 0, \quad 3.\ xy - z = 0.$$

3. Überzählige Wurzeln

Nach der Umformung einer algebraischen Gleichung auf die Normalform kann es vorkommen, daß $P(x) = 0$ Lösungen besitzt, die keine Lösungen der Ausgangsgleichung sind. Es sind zwei Fälle möglich:

1. Verschwinden des Nenners Wenn eine Gleichung die Form eines Bruches

$$\frac{P(x)}{Q(x)} = 0 \tag{1.103a}$$

mit den Polynomen $P(x)$ und $Q(x)$ hat, dann ergibt sich die Normalform durch Multiplikation mit dem Nenner:

$$P(x) = 0; \tag{1.103b}$$

ihre Wurzeln stimmen mit denen von (1.103a) überein, ausgenommen die Fälle, in denen eine Wurzel $x = \alpha$ der Gleichung $P(x) = 0$ zugleich auch Wurzel der Gleichung $Q(x) = 0$ ist. In diesen Fällen ist der Bruch zuerst durch $x - \alpha$ zu kürzen, eventuell durch $(x-\alpha)^k$, falls das möglich ist. Im entgegengesetzten Falle würde (1.103b) eine Wurzel $x = \alpha$ enthalten, die entweder keine Wurzel von (1.103a) ist oder in

(1.103a) als Wurzel geringerer Vielfalt auftritt (s. S. 31).

■ **A:** $\frac{x^3}{x-1} = \frac{1}{x-1}$ oder $\frac{x^3-1}{x-1} = 0$ (1′)

Wenn nicht mit $x-1$ gekürzt wird, dann genügt die Wurzel $x_1 = 1$ der Gleichung $x^3 - 1 = 0$, nicht aber der Gleichung (1′), weil sie auch den Nenner zu Null macht.

■ **B:** $\frac{x^3 - 3x^2 + 3x - 1}{x^2 - 2x + 1} = 0$ (2′)

Wenn nicht mit $(x-1)^2$ gekürzt wird, dann ergibt sich die Gleichung $(x-1)^3 = 0$ mit der dreifachen Wurzel $x_1 = 1$; (2′) besitzt aber nur die einfache Wurzel $x = 1$.

2. Irrationale Gleichungen Wenn in einer gegebenen Gleichung die Unbekannte auch in einem Radikanden auftritt, dann kann die zugehörige Normalform Wurzeln enthalten, die der Ausgangsgleichung nicht genügen. Daher ist nach der Lösung der Gleichung in Normalform eine Probe durch Einsetzen der gefundenen Wurzel in die Ausgangsgleichung erforderlich

■ $\sqrt{x+7} + 1 = 2x$ oder $\sqrt{x+7} = 2x - 1$, (1″)
$x + 7 = (2x-1)^2$ oder $4x^2 - 5x - 6 = 0$. (2″)

Die Lösungen von (2″) sind $x_1 = 2$, $x_2 = -3/4$. Die Lösung x_1 erfüllt (1″), x_2 aber nicht.

1.5.2 Gleichungen 1. bis 4. Grades

1. Gleichungen 1. Grades (lineare Gleichungen)

1. Normalform:

$$ax + b = 0 \quad (1.104)$$

2. Anzahl der Lösungen: Es existiert stets eine reelle Lösung

$$x_1 = -\frac{b}{a}. \quad (1.105)$$

2. Gleichungen 2. Grades (quadratische Gleichungen)

1. Normalform:

$$ax^2 + bx + c = 0 \ (1.106a) \qquad \text{oder nach Division durch } a: \quad x^2 + px + q = 0 \quad (1.106b)$$

2. Anzahl der reellen Lösungen: In Abhängigkeit vom Vorzeichen der Diskriminante

$$D = 4ac - b^2 \quad \text{oder} \quad D = q - \frac{p^2}{4} \quad (1.107)$$

ergibt sich:
- $für D < 0$ gibt es 2 reelle Lösungen (2 reelle Wurzeln),
- $für D = 0$ gibt es 1 reelle Lösung (2 zusammenfallende Wurzeln),
- $für D > 0$ gibt es keine reelle Lösung (2 komplexe Wurzeln).

3. Lösung quadratischer Gleichungen:
Methode 1: Faktorenzerlegung führt von

$$ax^2 + bx + c = a(x-\alpha)(x-\beta) \ (1.108a) \qquad \text{oder} \quad x^2 + px + q = (x-\alpha)(x-\beta), \quad (1.108b)$$

falls sie gelingt, direkt auf die Wurzeln

$$x_1 = \alpha, \quad x_2 = \beta. \quad (1.109)$$

■ $x^2 + x - 6 = 0$, $x^2 + x - 6 = (x+3)(x-2)$, $x_1 = -3$, $x_2 = 2$.

Methode 2: Anwendung von Lösungsformeln führt
a) für die Form (1.106a) auf die Lösungen

$$x_{1,2} = \frac{-b \pm \sqrt{b^2 - 4ac}}{2a} \quad (1.110a) \qquad \text{oder} \qquad x_{1,2} = \frac{-\frac{b}{2} \pm \sqrt{\left(\frac{b}{2}\right)^2 - ac}}{a} \quad (1.110b)$$

wobei die zweite Formel bei geradzahligem b vorteilhaft ist;
b) für die Form (1.106b) auf die Lösungen

$$x_{1,2} = -\frac{p}{2} \pm \sqrt{\frac{p^2}{4} - q}. \quad (1.111)$$

4. Eigenschaften der Wurzeln der quadratischen Gleichung

$$x_1 + x_2 = -\frac{b}{a} = -p, \quad x_1 \cdot x_2 = \frac{c}{a} = q. \quad (1.112)$$

3. Gleichungen 3. Grades (kubische Gleichungen)

1. Normalform:

$$ax^3 + bx^2 + cx + d = 0 \quad (1.113a)$$

oder nach Division durch a und Substitution von $y = x + \frac{b}{3a}$

$$y^3 + 3py + 2q = 0 \quad (1.113b) \qquad \text{mit } 2q = \frac{2b^3}{27a^3} - \frac{bc}{3a^2} + \frac{d}{a} \text{ und } 3p = \frac{3ac - b^2}{3a^2} \quad (1.113c)$$

2. Anzahl der Lösungen: In Abhängigkeit vom Vorzeichen der Diskriminante

$$D = q^2 + p^3 \quad (1.114)$$

ergibt sich :
• $für D > 0$ eine reelle Lösung (eine reelle und zwei komplexe Wurzeln),
• $für D < 0$ drei reelle Lösungen (drei verschiedene reelle Wurzeln),
• $für D = 0$ eine reelle Lösung, falls $p = q = 0$ (eine Dreifachwurzel $x_1 = x_2 = x_3 = 0$), und zwei reelle Lösungen, falls $p^3 = -q^2 \neq 0$, wobei von den drei reellen Wurzeln zwei gleich sind.

3. Lösung der kubischen Gleichungen:

Methode 1: Faktorenzerlegung auf der linken Seite der Gleichung führt, falls sie gelingt, direkt von

$$ax^3 + bx^2 + cx + d = a(x - \alpha)(x - \beta)(x - \gamma) \quad (1.115a)$$

auf die Wurzeln der Gleichung

$$x_1 = \alpha, \quad x_2 = \beta, \quad x_3 = \gamma. \quad (1.115b)$$

■ $x^3 + x^2 - 6x = 0,\ x^3 + x^2 - 6x = x(x+3)(x-2), \quad x_1 = 0,\ x_2 = -3,\ x_3 = 2.$

Methode 2: Anwendung der Formel von CARDANO auf die Form (1.113b) führt auf

$$y_1 = u + v, \quad (1.116a) \qquad y_2 = \varepsilon_1 u + \varepsilon_2 v, \quad (1.116b) \qquad y_3 = \varepsilon_2 u + \varepsilon_1 v \quad (1.116c)$$

$$\text{mit } u = \sqrt[3]{-q + \sqrt{q^2 + p^3}}, \quad (1.116d) \qquad v = \sqrt[3]{-q - \sqrt{q^2 + p^3}} \quad (1.116e)$$

und mit

$$\varepsilon_1 = -\frac{1}{2} + \mathrm{i}\frac{\sqrt{3}}{2} \quad (1.116f) \qquad \varepsilon_2 = -\frac{1}{2} - \mathrm{i}\frac{\sqrt{3}}{2} \quad (1.116g)$$

als Lösungen der Gleichung

$$x^2 + x + 1 = 0. \quad (1.116h)$$

Für $D = q^2 + p^3 < 0$ werden die drei reellen Wurzeln durch komplexe Größen ausgedrückt, so daß es bequemer wird, die dritte Methode anzuwenden.

■ $y^3 + 6y + 2 = 0$ mit $p = 2$, $q = 1$ und $q^2 + p^3 = 9$ und $u = \sqrt[3]{-1+3} = \sqrt[3]{2} = 1,2599$, $v = \sqrt[3]{-1-3} = \sqrt[3]{-4} = -1,5874$. Die reelle Wurzel ist $y_1 = u + v = -0,3275$, die komplexen Wurzeln sind $y_{2,3} = -\frac{1}{2}(u+v) \pm \mathrm{i}\frac{\sqrt{3}}{2}(u-v) = 0,1638 \pm \mathrm{i} \cdot 2,4659$.

Methode 3: Verwendung von *Hilfsgrößen*, wie sie in **Tabelle1.3** angegeben sind. In Gleichung (1.113b) wird

$$r = \pm\sqrt{|p|} \tag{1.117}$$

eingesetzt, wobei das Vorzeichen von r mit dem von q übereinstimmen muß. Daraufhin werden die Hilfsgrößen φ und mit ihrer Hilfe die Wurzeln y_1, y_2 und y_3 in Abhängigkeit von den Vorzeichen von p und $D = q^2 + p^3$ aus der Tabelle bestimmt.

Tabelle 1.3 Hilfsgrößen zur Lösung von kubischen Gleichungen

$p < 0$		$p > 0$
$q^2 + p^3 \le 0$	$q^2 + p^3 > 0$	
$\cos\varphi = \frac{q}{r^3}$	$\cosh\varphi = \frac{q}{r^3}$	$\sinh\varphi = \frac{q}{r^3}$
$y_1 = -2r\cos\frac{\varphi}{3}$ $y_2 = +2r\cos\left(60^\circ - \frac{\varphi}{3}\right)$ $y_3 = +2r\cos\left(60^\circ + \frac{\varphi}{3}\right)$	$y_1 = -2r\cosh\frac{\varphi}{3}$ $y_2 = r\cosh\frac{\varphi}{3} + \mathrm{i}\sqrt{3}\,r\sinh\frac{\varphi}{3}$ $y_3 = r\cosh\frac{\varphi}{3} - \mathrm{i}\sqrt{3}\,r\sinh\frac{\varphi}{3}$	$y_1 = -2r\sinh\frac{\varphi}{3}$ $y_2 = r\sinh\frac{\varphi}{3} + \mathrm{i}\sqrt{3}\,r\cosh\frac{\varphi}{3}$ $y_3 = r\sinh\frac{\varphi}{3} - \mathrm{i}\sqrt{3}\,r\cosh\frac{\varphi}{3}$

■ $y^3 - 9y + 4 = 0$.
$p = -3$, $q = 2$, $q^2 + p^3 < 0$,
$r = \sqrt{3} = 1,7321$, $\cos\varphi = \frac{2}{3\sqrt{3}} = 0,3849$, $\varphi = 67°22'$,
$y_1 = -2\sqrt{3}\cos 22°27' = -3,4641 \cdot 0,9242 = -3,201$,
$y_2 = 2\sqrt{3}\cos(60° - 22°27') = 3,4641 \cdot 0,7929 = 2,747$,
$y_3 = 2\sqrt{3}\cos(60° + 22°27') = 3,4641 \cdot 0,1314 = 0,455$.
Eine Probe ergibt $y_1 + y_2 + y_3 = 0,001$, anstelle von 0.

Methode 4: Näherungslösung s. S. 748.

4. Eigenschaften der Wurzeln der kubischen Gleichung:

$$x_1 + x_2 + x_3 = -\frac{b}{a}, \quad \frac{1}{x_1} + \frac{1}{x_2} + \frac{1}{x_3} = -\frac{c}{d}, \quad x_1x_2x_3 = -\frac{d}{a}. \tag{1.118}$$

4. Gleichungen 4. Grades

1. Normalform:

$$ax^4 + bx^3 + cx^2 + dx + e = 0. \tag{1.119}$$

Die Anzahl der verschiedenen reellen Lösungen (0 bis 4).

2. Spezielle Formen: Wenn $b = d = 0$ ist, dann können die Wurzeln von

$$ax^4 + cx^2 + e = 0 \tag{1.120a}$$

mit Hilfe der Formeln

$$x_{1,2,3,4} = \pm\sqrt{y}, \quad y = \frac{-c \pm \sqrt{c^2 - 4ac}}{2a} \tag{1.120b}$$

berechnet werden. Für $a = e$ und $b = d$ werden die Wurzeln der Gleichung

$$ax^4 + bx^3 + cx^2 + bx + a = 0 \tag{1.120c}$$

mit Hilfe der Formeln

$$x_{1,2,3,4} = \frac{y \pm \sqrt{y^2 - 4}}{2}, \quad y = \frac{-b \pm \sqrt{b^2 - 4ac + 8a^2}}{2a} \tag{1.120d}$$

berechnet.

3. Lösung der allgemeinen Gleichung 4. Grades:

Methode 1: Faktorenzerlegung der linken Seite von

$$ax^4 + bx^3 + cx^2 + dx + e = 0 = a(x-\alpha)(x-\beta)(x-\gamma)(x-\delta) \tag{1.121a}$$

führt, falls das gelingt, direkt auf die Wurzeln

$$x_1 = \alpha, \quad x_2 = \beta, \quad x_3 = \gamma, \quad x_4 = \delta. \tag{1.121b}$$

■ $x^4 - 2x^3 - x^2 + 2x = 0$, $x(x^2-1)(x-2) = x(x-1)(x+1)(x-2)$, $x_1 = 0$, $x_2 = 1$, $x_3 = -1$, $x_4 = 2$.

Methode 2: Die Wurzeln der Gleichung (1.121a) stimmen für $a = 1$ mit den Wurzeln der Gleichung

$$x^2 + (b + A)\frac{x}{2} + \left(y + \frac{by - d}{A}\right) = 0 \tag{1.122a}$$

überein, wobei $A = \pm\sqrt{8y + b^2 - 4c}$ und y irgend eine reelle Wurzel der kubischen Gleichung

$$8y^3 - 4cy^2 + (2bd - 8e)y + e(4c - b^2) - d^2 = 0 \tag{1.122b}$$

ist.

Methode 3: Näherungslösung s. S. 748.

5. Gleichungen 5. und höheren Grades

lassen sich im allgemeinen nicht mehr mit Hilfe von Wurzeln lösen.

1.5.3 Gleichungen n-ten Grades

1. Allgemeine Eigenschaften der algebraischen Gleichungen

1. Wurzeln Die linke Seite der Gleichung

$$x^n + a_{n-1}x^{n-1} + \ldots + a_0 = 0 \tag{1.123a}$$

wird Polynom $P_n(x)$ vom Grade n genannt, eine Lösung von (1.123a) eine Wurzel des Polynoms $P_n(x)$. Wenn α eine Wurzel des Polynoms ist, dann ist $P_n(x)$ durch $(x - \alpha)$ teilbar. Im allgemeinen Falle gilt

$$P_n(x) = (x - \alpha)P_{n-1}(x) + P_n(\alpha). \tag{1.123b}$$

Dabei ist $P_{n-1}(x)$ ein Polynom vom Grade $n - 1$. Wenn $P_n(x)$ durch $(x - \alpha)^k$, aber nicht mehr durch $(x-\alpha)^{k+1}$ teilbar ist, dann wird a eine k*-fache Wurzel* der Gleichung $P_n(x) = 0$ genannt. In diesem Falle ist α gemeinsame Wurzel des Polynoms $P_n(x)$ und seiner Ableitungen bis einschließlich der $(k-1)$-ten Ordnung.

2. Fundamentalsatz der Algebra Jede Gleichung n-ten Grades, deren Koeffizienten reelle oder komplexe Zahlen sind, besitzt n reelle oder komplexe Wurzeln, wobei die k–fachen Wurzeln k–mal gezählt werden. Wenn die Wurzeln von $P(x)$ mit $\alpha, \beta, \gamma, \ldots$ bezeichnet werden und diese jeweils die Vielfachheiten $k, l, m, \ldots$ besitzen, dann gilt

$$P(x) = (x - \alpha)^k (x - \beta)^l (x - \gamma)^m \ldots \tag{1.124a}$$

Die Lösung einer Gleichung $P(x) = 0$ kann stets durch Zurückführen auf eine Gleichung vereinfacht werden, die die gleichen Wurzeln wie die Ausgangsgleichung hat, aber jeweils nur noch mit der Vielfachheit 1. Dazu wird das Polynom in zwei Faktoren derart zerlegt, daß

$$P(x) = Q(x)T(x), \tag{1.124b}$$

$$Q(x) = (x-\alpha)^{k-1}(x-\beta)^{l-1}\ldots,\quad T(x) = (x-\alpha)(x-\beta)\ldots \tag{1.124c}$$

gilt. Dann wird $Q(x)$ als größter gemeinsamer Teiler (s. S.11) der Polynome $P(x)$, $P'(x)$ und $T(x)$ durch Division von $P(x)$ durch $Q(x)$ bestimmt , wobei $P'(x)$ die Ableitung von $P(x)$ ist.

3. Wurzelsatz von VIETA Der Zusammenhang zwischen den n Wurzeln $x_1, x_2, \ldots, x_n$ und den Koeffizienten der Gleichung (1.123a) ist gegeben durch:

$$\begin{aligned} x_1 + x_2 + \ldots + x_n &= \sum_{i=1}^{n} x_i = -a_{n-1},\\ x_1x_2 + x_1x_3 + \ldots + x_{n-1}x_n &= \sum_{\substack{i,j=1\\ i<j}}^{n} x_ix_j = a_{n-2},\\ x_1x_2x_3 + x_1x_2x_4 + \ldots + x_{n-2}x_{n-1}x_n &= \sum_{\substack{i,j,k=1\\ i<j<k}}^{n} x_ix_jx_k = -a_{n-3},\\ &\ldots\\ x_1x_2\ldots x_n &= (-1)^n a_0. \end{aligned} \tag{1.125}$$

2. Gleichungen mit reellen Koeffizienten

1. Komplexe Wurzeln können auch als Lösungen von Polynomengleichungen mit reellen Koeffizienten auftreten, aber nur paarweise konjugiert komplex, d.h., wenn $\alpha = a + ib$ eine Wurzel ist, dann ist auch $\beta = a - ib$ eine, und zwar mit der gleichen Vielfachheit. Mit $p = -(\alpha+\beta) = -2a$ und $q = \alpha\beta = a^2 + b^2$, woraus $\left(\frac{p}{2}\right)^2 - q < 0$ folgt, gilt

$$(x-\alpha)(x-\beta) = x^2 + px + q. \tag{1.126}$$

Wird in (1.124a) das Produkt eines jeden Paares derartiger Faktoren gemäß (1.126) ersetzt, dann ergibt sich eine Zerlegung des Polynoms mit reellen Koeffizienten in *reelle Faktoren* gemäß

$$P(x) = (x-\alpha_1)^{k_1}(x-\alpha_2)^{k_2}\ldots, \tag{1.127}$$

in der alle Zahlen α_i, p_i, q_i reell sind und $\left(\frac{p_i}{2}\right)^2 - q_i < 0$ ist.

2. Anzahl der Wurzeln einer Gleichung mit reellen Koeffizienten Aus den Darlegungen zu (1.126) folgt, daß jede Gleichung ungeraden Grades mindestens eine reelle Wurzel besitzt. Die Anzahl weiterer reeller Wurzeln der Gleichung (1.123a) zwischen zwei beliebigen reellen Zahlen a und b, wobei $a < b$ ist, kann folgendermaßen bestimmt werden:

a) Abspaltung der mehrfachen Wurzeln: Zuerst werden die mehrfachen Wurzeln von $P(x) = 0$ abgespalten, so daß sich eine Gleichung ergibt, die alle Wurzeln, aber nur noch mit der Vielfachheit 1 enthält. Dazu kann, wie oben erläutert, verfahren werden. Praktischer ist es jedoch, gleich nach der STURM*schen Methode* mit der Bestimmung der STURM*schen Kette* (der STURM*schen Funktionen*) zu beginnen. Wenn P_m nicht konstant ist, dann besitzt $P(x)$ mehrfache Wurzeln, die abzuspalten sind. Auf jeden Fall ist danach $P(x) = 0$ eine Gleichung ohne Mehrfachwurzeln.

b) Bildung der Folge der STURMschen Funktionen:

$$P(x), P'(x), P_1(x), P_2(x), \ldots, P_m = \text{const} \tag{1.128}$$

Hier ist $P(x)$ die linke Seite der gegebenen Funktion, $P'(x)$ ist die erste Ableitung von $P(x)$, $P_1(x)$ der Rest der Division von $P(x)$ durch $P'(x)$, aber genommen mit entgegengesetztem Vorzeichen, $P_2(x)$ der ebenfalls mit entgegengesetztem Vorzeichen genommene Rest der Division von $P'(x)$ durch $P_1(x)$ usw.; $P_m = \text{const}$ ist der letzte, aber konstante Rest. Zur Vereinfachung der Rechnung kann man die gefundenen Reste mit konstanten positiven Faktoren multiplizieren, ohne daß sich das Ergebnis ändert.

c) Theorem von STURM: Wenn A die Anzahl der Vorzeichenwechsel, d.h. die Anzahl der Übergänge von „+“ nach „−“ und umgekehrt der Folge (1.128) für $x = a$ ist und B die Anzahl der Vorzeichenwechsel in der Folge (1.128) für $x = b$, dann ist die Differenz $A - B$ gleich der Anzahl der reellen

Wurzeln der Gleichung $P(x) = 0$ im Intervall $[a, b]$. Sind in der Zahlenfolge einige Zahlen gleich Null, dann werden diese bei der Abzählung der Vorzeichenwechsel ausgelassen.

■ Für die Gleichung $x^4 - 5x^2 + 8x - 8 = 0$ ist die Anzahl der Wurzeln im Intervall $[0, 2]$ zu bestimmen. Die Berechnung der STURM*schen Funktion* ergibt $P(x) = x^4 - 5x^2 + 8x - 8$; $P'(x) = 4x^3 - 10x + 8$; $P_1(x) = 5x^2 - 12x + 16$; $P_2(x) = -3x + 284$; $P_3 = -1$. Einsetzen von $x = 0$ liefert die Folge $-8, +8, +16, +284, -1$ mit zwei Wechseln, Einsetzen von $x = 2$ liefert $+4, +20, +12, +278, -1$ mit einem Wechsel, so daß $A - B = 2 - 1 = 1$, d. h., zwischen 0 und 2 liegt eine Wurzel.

d) DESCARTESsche Regel: Die Anzahl der positiven Wurzeln der Gleichung $P(x) = 0$ ist nicht größer als die Anzahl der Vorzeichenwechsel in der Koeffizientenfolge des Polynoms $P(x)$ und kann sich von dieser nur um eine gerade Zahl unterscheiden.

■ Was kann über die Wurzeln der Gleichung $x^4 + 2x^3 - x^2 + 5x - 1 = 0$ ausgesagt werden? Die Koeffizienten der Gleichung haben nacheinander die Vorzeichen $+, +, -, +, -$, d. h., das Vorzeichen wechselt dreimal. Die Gleichung besitzt in Übereinstimmung mit der Regel von DESCARTES entweder eine oder drei positive Wurzeln. Da beim Ersetzen von x durch $-x$ die Wurzeln der Gleichung ihre Vorzeichen ändern, sich aber bei der Substitution von x durch $x + h$ um h verringern, kann gemäß der Regel von Descartes auch die Anzahl der negativen Wurzeln sowie die Anzahl der Wurzeln, die größer sind als h, abgeschätzt werden. Im vorliegenden Beispiel führt das Ersetzen von x durch $-x$ auf die Gleichung $x^4 - 2x^3 - x^2 - 5x - 1 = 0$, d.h., die Gleichung besitzt eine negative Wurzel. Substituiert man x durch $x + 1$, dann ergibt sich $x^4 + 6x^3 + 11x^2 + 13x + 6 = 0$, d. h., alle positiven Wurzeln der Gleichung (eine oder drei) sind kleiner als 1.

3. Lösung von Gleichungen n-ten Grades Im allgemeinen sind Gleichungen mit $n > 4$ nur noch näherungsweise lösbar. In der Praxis werden aber auch schon zur Lösung von Gleichungen 3. und 4. Grades Näherungsmethoden angewendet. Eine näherungsweise Lösung von Gleichungen n-ten Grades zur Ermittlung aller Wurzeln einer algebraischen Gleichung n-ten Grades, einschließlich der komplexen, ist mit der Methode von BRODETSKY-SMEAL möglich (s. Lit. [19.8], [19.33]). Die Berechnung einzelner reeller Wurzeln algebraischer Gleichungen kann auch mit Hilfe der allgemeinen Näherungsmethoden zur Lösung nichtlinearer Gleichungen erfolgen (s. S. 746). Zur Bestimmung komplexer Nullstellen algebraischer Gleichungen wird das BAIRSTOW–Verfahren angewendet (s. Lit. [19.19]).

1.5.4 Rückführung transzendenter Gleichungen auf algebraische

1. Definition

Eine Gleichung $F(x) = f(x)$ ist transzendent, wenn wenigstens eine der Funktionen $F(x)$ oder $f(x)$ nicht algebraisch ist.

■ **A:** $3^x = 4^{x-2} \cdot 2^x$, **B:** $2\log_5(3x - 1) - \log_5(12x + 1) = 0$, **C:** $3\cosh x = \sinh x + 9$,

■ **D:** $2^{x-1} = 8^{x-2} - 4^{x-2}$, **E:** $\sin x = \cos^2 x - \frac{1}{4}$, **F:** $x\cos x = \sin x$.

In manchen Fällen kann die Lösung transzendenter Gleichungen z. B. durch geeignete Substitutionen auf die Lösung algebraischer Gleichungen zurückgeführt werden. Im allgemeinen können transzendente Gleichungen jedoch nur näherungsweise gelöst werden. Im folgenden werden einige Fälle betrachtet, die sich auf algebraische Gleichungen zurückführen lassen.

2. Exponentialgleichungen

können in den folgenden zwei Fällen auf algebraische Gleichungen zurückgeführt werden, wenn die Unbekannte x oder ein Polynom $P(x)$ nur im Exponenten einiger Größen $a, b, c, \cdots$ steht:

1. Sind die Potenzen $a^{P_1(x)}, b^{P_2(x)}, \cdots$ nicht durch Additionen oder Subtraktionen miteinander verbunden, dann wird die Gleichung zu beliebiger Basis logarithmiert.

■ $3^x = 4^{x-2} \cdot 2^x$; $x\log 3 = (x - 2)\log 4 + x\log 2$; $x = \dfrac{2\log 4}{\log 4 - \log 3 + \log 2}$.

2. Sind $a, b, c, \cdots$ ganze oder gebrochene Potenzen ein und derselben Zahl k, d. h. ist $a = k^n$, $b = k^m$, $c = k^l, \cdots$, dann kann unter Umständen mit Hilfe des Ansatzes $y = k^x$ eine algebraische Gleichung in y erhalten werden, nach deren Lösung x aus dem Verhältnis $x = \dfrac{\log y}{\log k}$ zahlenmäßig zu bestimmen ist.

■ $2^{x-1} = 8^{x-2} - 4^{x-2}$; $\frac{2^x}{2} = \frac{2^{3x}}{64} - \frac{2^{2x}}{16}$. Substitution von $y = 2^x$ liefert $y^3 - 4y^2 - 32y = 0$ und $y_1 = 8$, $y_2 = -4$, $y_3 = 0$; $2^{x_1} = 8$, $2^{x_2} = -4$, $2^{x_3} = 0$, so daß daraus folgt $x_1 = 3$. Weitere reelle Wurzeln gibt es nicht.

3. Logarithmische Gleichungen

können in den folgenden zwei Fällen auf algebraische Gleichungen zurückführt werden, wenn die Unbekannte x oder ein Polynom $P(x)$ nur unter dem Logarithmuszeichen vorkommt:
1. Ist in der Gleichung nur der Logarithmus ein und desselben Ausdrucks enthalten, dann kann dieser als neue Unbekannte eingeführt und die Gleichung nach ihr aufgelöst werden. Die ursprüngliche Unbekannte wird über den Logarithmus berechnet.

■ $m[\log_a P(x)]^2 + n = a\sqrt{[\log_a P(x)]^2 + b}$. Die Substitution $y = \log_a P(x)$ liefert die Gleichung $my^2 + n = a\sqrt{y^2 + b}$. Auflösung nach y ergibt für x die Gleichung $P(x) = a^y$.

2. Liegt die Gleichung in der Form einer Linearkombination von Logarithmen mit ganzzahligen Koeffizienten $m, n, \ldots$ zur gleichen Basis a von Ausdrücken vor, die ihrerseits Polynome von x sind, also in der Form $m \log_a P_1(x) + n \log_a P_2(x) + \ldots = 0$, dann können beide Seiten der Gleichung, jede für sich, auf den Logarithmus ein und desselben Ausdrucks zurückgeführt werden.

■ $2\log_5(3x-1) - \log_5(12x+1) = 0$, $\log_5 \frac{(3x-1)^2}{12x+1} = \log_5 1$; $\frac{(3x-1)^2}{12x+1} = 1$, $x_1 = 0$, $x_2 = 2$. Für $x_1 = 0$ ergibt sich beim Einsetzen in die Ausgangsgleichung der Logarithmus einer negativen Zahl, d. h. eine imaginäre Größe, die unberücksichtigt bleibt.

4. Trigonometrische Gleichungen

können auf algebraische Gleichungen zurückgeführt werden, wenn die Unbekannte x oder der Ausdruck $nx + a$ mit ganzzahligem n nur im Argument der trigonometrischen Funktionen steht. Unter Verwendung der trigonometrischen Formeln wird die Gleichung so umgeformt, daß sie nur noch eine einzige Funktion von x enthält, die gleich y gesetzt wird. Nach der Lösung der so erhaltenen Gleichung wird x bestimmt. Zu beachten ist hierbei die Mehrdeutigkeit der Lösungen.

■ $\sin x = \cos^2 x - \frac{1}{4}$ oder $\sin x = 1 - \sin^2 x - \frac{1}{4}$. Substitution von $y = \sin x$ liefert $y^2 + y - \frac{3}{4} = 0$ und $y_1 = \frac{1}{2}$, $y_2 = -\frac{3}{2}$. Die Lösung y_2 ergibt wegen $|\sin x| \le 1$ keine reellen Lösungen der Ausgangsgleichung; $y_1 = \frac{1}{2}$ ergibt $x = \frac{\pi}{6} + 2k\pi$ und $x = \frac{5\pi}{6} + 2k\pi$ mit $k = 1, 2, 3, \ldots$.

5. Hyperbolische Gleichungen

können auf algebraische Gleichungen zurückgeführt werden, wenn die Unbekannte x nur im Argument der Hyperbelfunktionen steht. Dazu werden die Hyperbelfunktionen durch Exponentialausdrücke ersetzt und $y = e^x$ und $\frac{1}{y} = e^{-x}$ substituiert, so daß sich eine algebraische Gleichung für y ergibt. Nach deren Lösung ist noch $x = \ln y$ zu berechnen.

■ $3\cosh x = \sinh x + 9$; $\frac{3(e^x + e^{-x})}{2} = \frac{e^x - e^{-x}}{2} + 9$; $e^x + 2e^{-x} - 9 = 0$; $y + \frac{2}{y} - 9 = 0$, $y^2 - 9y + 2 = 0$; $y_{1,2} = \frac{9 \pm \sqrt{73}}{2}$; $x_1 = \ln \frac{9 + \sqrt{73}}{2} \approx 2,1716$, $x_2 = \ln \frac{9 - \sqrt{73}}{2} \approx -1,4784$.

2 Funktionen und ihre Darstellung

2.1 Funktionsbegriff

2.1.1 Definition der Funktion

1. Funktion

Wenn x und y zwei variable Größen sind und wenn sich einem gegebenen x–Wert genau ein y–Wert zuordnen läßt, dann nennt man y eine Funktion von x und schreibt

$$y = f(x). \tag{2.1}$$

Die veränderliche Größe x heißt *unabhängige Variable* oder *Argument* der Funktion y. Alle x–Werte, denen sich y–Werte zuordnen lassen, bilden den *Definitionsbereich* D der Funktion $f(x)$. Die veränderliche Größe y heißt *abhängige Variable*; alle y–Werte bilden den *Wertebereich* W der Funktion $f(x)$.

2. Reelle Funktion

Wenn Definitions- und Wertebereich nur reelle Zahlen enthalten, dann nennt man $y = f(x)$ eine *reelle Funktion* einer *reellen Veränderlichen.*

■ **A:** $y = x^2$ mit D: $-\infty < x < \infty$, W: $0 \le y < \infty$
B: $y = \sqrt{x}$ mit D: $0 \le x < \infty$, W: $0 \le y < \infty$

3. Funktion von mehreren Veränderlichen

Hängt die Variable y von mehreren unabhängigen Variablen $x_1, x_2, \ldots, x_n$ ab, dann bezeichnet man

$$y = f(x_1, x_2, \ldots, x_n) \tag{2.2}$$

als Funktion von mehreren Veränderlichen (s. S. 100).

4. Komplexe Funktion

Wenn die unabhängige Variable eine *komplexe Zahl* z ist, dann wird durch $w = f(z)$ eine *komplexe Funktion* einer *komplexen Veränderlichen* beschrieben, zu deren Behandlung die Funktionentheorie (s. S. 551) benötigt wird.

2.1.2 Methoden zur Definition einer reellen Funktion

1. Angabe einer Funktion

Man kann eine Funktion auf unterschiedliche Weise angeben oder definieren, z.B. durch eine Wertetabelle, eine graphische Darstellung oder Kurve, eine Formel, auch *analytischer Ausdruck* genannt, oder abschnittsweise durch verschiedenen Formeln. In den *Definitionsbereich* eines analytischen Ausdrucks können nur solche Werte des Arguments einbezogen werden, für die die Funktion einen Sinn ergibt, d.h. eindeutig bestimmte endliche reelle Werte annimmt.

■ Abschnittsweise gegebene Funktionen:

$$\textbf{A}: \quad y = \begin{cases} -1 \text{ für } x < 0, \\ 0 \text{ für } x = 0, \\ +1 \text{ für } x > 0, \end{cases} \qquad \textbf{B}: \quad y = \begin{cases} x \text{ für } x \le 0, \\ x^2 \text{ für } x \ge 0, \end{cases}$$

C: $y = [x] = n$ für $n \le x < n + 1$, n ganz,
wobei $E(x)$ oder auch $[x]$ „entier x “ bedeutet, d.h. größte ganze Zahl kleiner gleich x.

Die **Abb.2.1** zeigt die dazugehörigen graphischen Darstellungen, wobei die Pfeilspitzen darauf hinweisen sollen, daß ihre Endpunkte nicht zum Kurvenbild gehören.

2. Analytische Darstellung reeller Funktionen

In der Regel werden die folgenden drei Formen genutzt:

1. Explizite Darstellung: $y = f(x)$. (2.3)

■ $y = \sqrt{1 - x^2}$, $-1 \le x \le 1$, $y \ge 0$. Hierbei handelt es sich um die obere Hälfte des Einheitskreises mit dem Mittelpunkt im Koordinatenursprung.

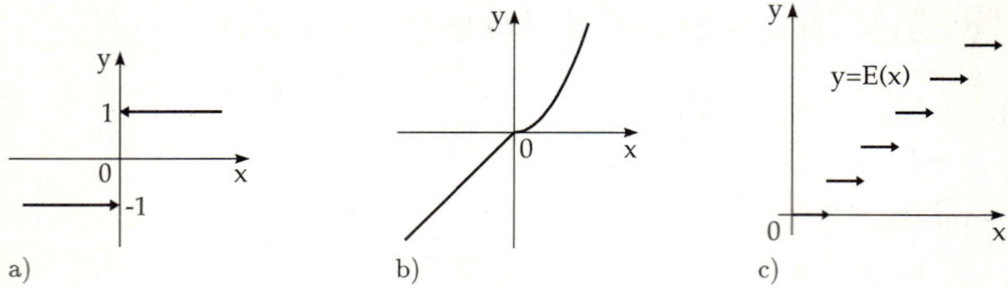

Abbildung 2.1

2. Implizite Darstellung: $F(x,y) = 0,$ (2.4)
falls sich diese Gleichung eindeutig nach y auflösen läßt.

■ $x^2 + y^2 - 1 = 0, \quad -1 \leq x \leq +1, \quad y \geq 0$. Hierbei handelt es sich ebenfalls um die obere Hälfte des Einheitskreises. Man beachte, daß mit $x^2 + y^2 + 1 = 0$ keine reelle Funktion definiert wird.

3. Parameterdarstellung: $x = \varphi(t), \quad y = \psi(t).$ (2.5)
Die Werte von x und y werden als Funktion einer Hilfsveränderlichen t angegeben, die *Parameter* genannt wird. Die Funktionen $\varphi(t)$ und $\psi(t)$ müssen denselben Definitionsbereich haben.

■ $x = \varphi(t), \quad y = \psi(t)$ mit $x = \cos t$ und $y = \sin t, \quad 0 \leq t \leq \pi$. Hierbei handelt es sich abermals um die Darstellung der oberen Hälfte des Einheitskreises mit dem Mittelpunkt im Koordinatenursprung.

2.1.3 Einige Funktionstypen

1. Monotone Funktionen

Wenn eine Funktion im Definitionsbereich für beliebige Argumente x_1 und x_2 mit $x_2 > x_1$ der Bedingung

$$f(x_2) \geq f(x_1) \tag{2.6}$$

genügt, wird sie *monoton wachsende Funktion* genannt **(Abb.2.2a)**. Ist

$$f(x_2) \leq f(x_1), \tag{2.7}$$

spricht man von einer *monoton fallenden Funktion* **(Abb.2.2b)**. Wenn diese Bedingung nicht für alle

Abbildung 2.2

x–Werte erfüllt ist, die dem Definitionsbereich angehören, sondern lediglich in einem Teil desselben, z.B. in einem Intervall oder auf einer Halbachse, dann nennt man die Funktion *monoton in diesem Gebiet.* Funktionen, die der Bedingung

$$f(x_2) > f(x_1) \quad \text{oder} \quad f(x_2) < f(x_1) \tag{2.8}$$

genügen, d.h., das Gleichheitszeichen in (2.6) und (2.7) ist nicht zugelassen, nennt man *eigentlich* oder *streng monoton wachsend* bzw. *fallend.* In **Abb.2.2a** ist eine eigentlich monoton wachsende Funktion dargestellt, in **Abb.2.2b** eine monoton fallende Funktion, die zwischen x_1 und x_2 konstant ist.

■ $y = e^{-x}$ ist streng monoton fallend, $\quad y = \ln x$ ist streng monoton wachsend.

2. Beschränkte Funktionen

heißen *nach oben beschränkt*, wenn ihre Werte eine bestimmte Zahl nicht übertreffen, und *nach unten beschränkt*, wenn ihre Werte nicht kleiner als eine bestimmte Zahl sind. Ist eine Funktion nach oben und nach unten beschränkt, dann nennt man sie schlechthin *beschränkt.*

■ **A** : $y = 1 - x^2$ ist nach oben beschränkt $(y \leq 1)$
B : $y = e^x$ ist nach unten beschränkt $(y > 0)$
C : $y = \sin x$ ist beschränkt $(-1 \leq y \leq +1)$
D : $y = \dfrac{4}{1+x^2}$ ist beschränkt $(0 < y \leq 4)$

3. Gerade Funktionen

(Abb.2.3a) genügen der Bedingung

$$f(-x) = f(+x) \tag{2.9}$$

■ **A** : $y = \cos x$, **B** : $y = x^4 - 3x^2 + 1$.

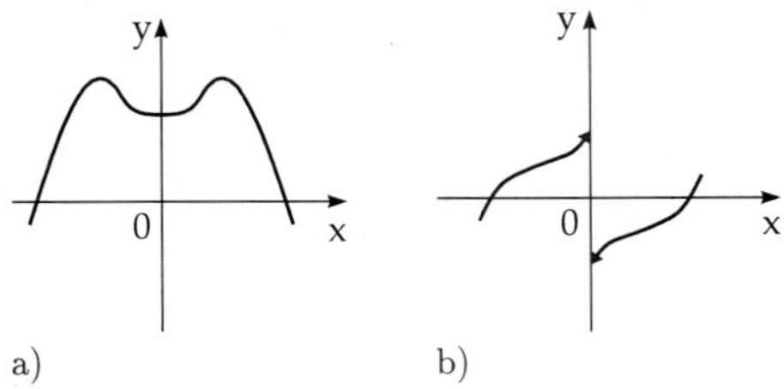

Abbildung 2.3

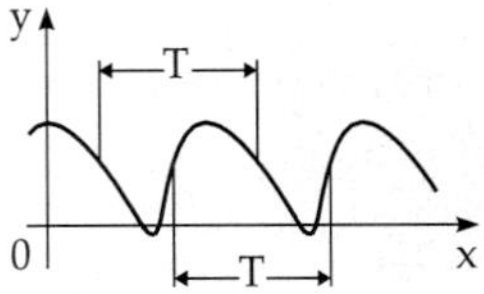

Abbildung 2.4

4. Ungerade Funktionen

(Abb.2.3b) genügen der Bedingung

$$f(-x) = -f(+x) \tag{2.10}$$

■ **A** : $y = \sin x$, **B** : $y = x^3 - x$.

5. Periodische Funktionen

genügen der Bedingung

$$f(x+T) = f(x), \quad T = \text{const.} \tag{2.11}$$

Die kleinste positive Zahl T, die dieser Bedingung genügt, heißt *Periode* **(Abb.2.4)**.

6. Inverse oder Umkehrfunktionen

Wenn die Funktion $y = f(x)$ mit dem Definitionsbereich D und dem Wertebereich W streng monoton ist, dann gibt es eine Funktion $y = \varphi(x)$, die für jedes Wertepaar (a, b), das der Bedingung $b = f(a)$ genügt, die Auflösung $a = \varphi(b)$ ermöglicht und für jedes Wertepaar, das der Bedingung $a = \varphi(b)$ genügt, die Zuordnung $b = f(a)$. Die Funktionen

$$y = \varphi(x) \quad \text{und} \quad y = f(x) \tag{2.12}$$

werden zueinander *inverse* oder *Umkehrfunktionen* genannt. Das Kurvenbild der inversen Funktion $y = \varphi(x)$ entsteht durch Spiegelung der Kurve von $y = f(x)$ an der Winkelhalbierenden $y = x$ **(Abb. 2.5)**. Um von einer Funktion $y = f(x)$ zur Umkehrfunktion zu gelangen, werden x und y vertauscht und die Gleichung $x = f(y)$ nach y aufgelöst, so daß sich $y = \varphi(x)$ ergibt. Die Darstellungen $y = f(x)$ und $x = \varphi(y)$ sind äquivalent. Daraus folgen die beiden wichtigen Formeln

$$f(\varphi(y)) = y \quad \text{und} \quad \varphi(f(x)) = x. \tag{2.13}$$

■ Umkehrfunktionen:

A :	$y = f(x) = x^2$	mit	D :	$x \geq 0$,	W :	$y \geq 0$;
	$y = \varphi(x) = \sqrt{x}$	mit	D :	$x \geq 0$,	W :	$y \geq 0$.
B :	$y = f(x) = e^x$	mit	D :	$-\infty < x < \infty$,	W :	$y > 0$;
	$y = \varphi(x) = \ln x$	mit	D :	$x > 0$,	W :	$-\infty < y < \infty$.

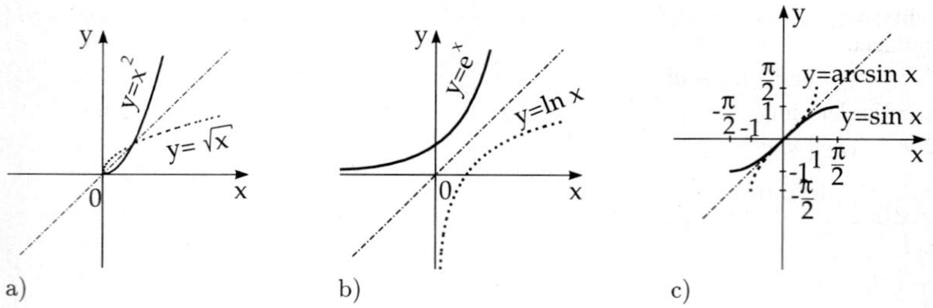

Abbildung 2.5

C :	$y = f(x) = \sin x$	mit	D :	$-\pi/2 \leq x \leq \pi/2,$	W :	$-1 \leq y \leq 1;$
	$y = \varphi(x) = \arcsin x$	mit	D :	$-1 \leq x \leq 1,$	W :	$-\pi/2 \leq y \leq \pi/2.$

2.1.4 Grenzwert von Funktionen

1. Definition

Die Funktion $y = f(x)$ besitzt an der Stelle $x = a$ den *Grenzwert*

$$\lim_{x \to a} f(x) = A \quad \text{oder} \quad f(x) \to A \quad \text{für} \quad x \to a, \tag{2.14}$$

wenn sich die Funktion $f(x)$ bei unbegrenzter Annäherung von x an a unbegrenzt an A nähert. Die Funktion $f(x)$ braucht an der Stelle $x = a$ den Wert A nicht anzunehmen und braucht an dieser Stelle auch nicht definiert zu sein.

Exakte Formulierung: Der Grenzwert (2.14) existiert, wenn sich nach Vorgabe einer beliebig kleinen positiven Zahl ε eine zweite positive Zahl η derart finden läßt, daß für alle x mit

$$|x - a| < \eta \quad \text{gilt} \quad |f(x) - A| < \varepsilon, \tag{2.15}$$

eventuell mit Ausnahme des Punktes a **(Abb.2.6)**.

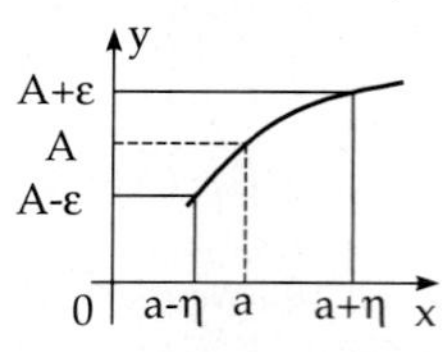

Abbildung 2.6

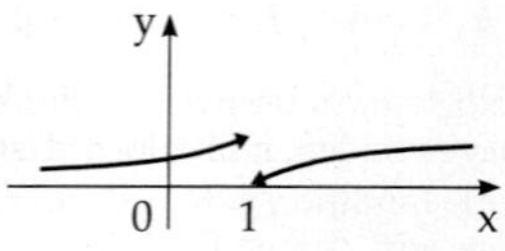

Abbildung 2.7

Wenn a Randpunkt eines zusammenhängenden Gebietes ist, reduziert sich die Ungleichung $|x - a| < \varepsilon$ zu einer der beiden einfachen Ungleichungen $a - \varepsilon < x$ oder $x < a + \varepsilon$.

2. Zurückführung auf den Grenzwert einer Folge (s. S. 298)

Eine Funktion $f(x)$ besitzt dann an der Stelle $x = a$ den Grenzwert A, wenn für jede Folge von x–Werten $(x_1, x_2, \ldots, x_n, \ldots)$, die innerhalb des Definitionsbereiches liegen und gegen a konvergieren, die zugehörige Folge der Funktionswerte $(f(x_1), f(x_2), \ldots, f(x_n), \ldots)$ gegen A konvergiert.

3. Konvergenzkriterium von Cauchy

Damit eine Funktion $f(x)$ an der Stelle $x = a$ einen Grenzwert besitzt, ist es notwendig und hinreichend, daß sich die Funktionswerte $f(x_1)$ und $f(x_2)$ für zwei beliebige Werte x_1 und x_2 der unabhängigen Variablen, die zum Definitionsbereich gehören und in hinreichender Nähe von a liegen, beliebig wenig voneinander unterscheiden.

Exakte Formulierung: Damit eine Funktion$f(x)$ an der Stelle $x = a$ einen Grenzwert besitzt, ist es notwendig und hinreichned, daß sich nach Vorgabe einer beliebig kleinen positiven Zahl ε eine zweite positive Zahl η angeben läßt, so daß für zwei beliebige Werte x_1 und x_2 aus dem Definitionsbereich, die den Bedingungen

$$|x_1 - a| < \eta \quad \text{und} \quad |x_2 - a| < \eta \tag{2.16a}$$

genügen, die Ungleichung

$$|f(x_1) - f(x_2)| < \varepsilon \tag{2.16b}$$

erfüllt ist.

4. Unendlicher Grenzwert einer Funktion

Das Symbol

$$\lim_{x \to a} |f(x)| = \infty \tag{2.17}$$

bezeichnet den Fall, daß die Funktion an der Stelle $x = a$ nicht existiert, weil bei Annäherung von x an die Stelle a die Funktion $f(x)$ über alle Grenzen wächst.

Exakte Formulierung: Die Gleichung (2.17) gilt, wenn sich nach Vorgabe einer beliebig großen positiven Zahl K eine positive Zahl η derart angeben läßt, daß für beliebige x–Werte im Intervall

$$a - \eta < x < a + \eta \tag{2.18a}$$

der entsprechende Wert von $|f(x)|$ größer ist als K:

$$|f(x)| > K. \tag{2.18b}$$

Wenn dabei alle Werte von $f(x)$ im Intervall

$$a - \eta < x < a + \eta \tag{2.18c}$$

positiv sind, dann schreibt man

$$\lim_{x \to a} f(x) = +\infty, \tag{2.18d}$$

sind sie negativ, dann gilt

$$\lim_{x \to a} f(x) = -\infty. \tag{2.18e}$$

5. Linksseitiger und rechtsseitiger Grenzwert einer Funktion

Eine Funktion $f(x)$ hat an der Stelle $x = a$ einen *linksseitigen Grenzwert* A^-, wenn sie sich für unbegrenzt gegen die Zahl a nähernde x–Werte ihrerseits unbegrenzt dem Wert A^- nähert:

$$A^- = \lim_{x \to a-0} f(x) = f(a - 0). \tag{2.19a}$$

In Analogie dazu besitzt eine Funktion einen *rechtsseitigen Grenzwert* A^+, wenn sie sich dem Wert A^+ bei abnehmenden, sich unbegrenzt der Zahl a nähernden x–Werten unbegrenzt dem Wert A^+ nähert:

$$A^+ = \lim_{x \to a+0} f(x) = f(a + 0). \tag{2.19b}$$

■ Die Funktion $f(x) = \dfrac{1}{1 + e^{\frac{1}{x-1}}}$ geht für $x \to 1$ gegen verschiedene Grenzwerte von links und von rechts: $f(1 - 0) = 1, \quad f(1 + 0) = 0$ **(Abb.2.7)**.

$\lim f(x) = A$ verlangt, daß der links- und rechtsseitige Grenzwert übereinstimmen:

$$A^+ = A^- = A. \tag{2.19c}$$

6. Grenzwert einer Funktion für $x \to +\infty$ und $x \to -\infty$

Eine Zahl

$$A = \lim_{x \to +\infty} f(x) \tag{2.20a}$$

wird Grenzwert einer Funktion $f(x)$ für $x \to +\infty$ genannt, wenn sich nach Vorgabe einer positiven Zahl ε eine Zahl $N > 0$ derart angeben läßt, daß für beliebige $x > N$ die zugehörigen Werte von $f(x)$ im Intervall $A - \varepsilon < f(x) < a + \varepsilon$ liegen. In Analogie dazu ist

$$A = \lim_{x \to -\infty} f(x) \tag{2.20b}$$

der Grenzwert einer Funktion $f(x)$ für $x \to -\infty$, wenn sich nach Vorgabe einer beliebig kleinen Zahl ε eine Zahl $-N < 0$ angeben läßt, derart, daß für beliebige $x < -N$ die zugehörigen Werte von $f(x)$ im Intervall $a - \varepsilon < f(x) < a + \varepsilon$ liegen.

■ **A**: $\lim\limits_{x\to+\infty} \frac{x+1}{x} = 1$, **B**: $\lim\limits_{x\to-\infty} \frac{x+1}{x} = 1$, **C**: $\lim\limits_{x\to-\infty} e^x = 0$.

Wenn allerdings bei unbegrenztem Wachsen oder unbegrenztem Abnehmen von x die Funktion absolut genommen über alle Grenzen wächst, dann existiert für $x \to +\infty$ bzw. $x \to -\infty$ kein Grenzwert. Dafür schreibt man dann

$$\lim_{x\to-\infty} f(x) = \infty, \quad \lim_{x\to+\infty} f(x) = \infty. \tag{2.20c}$$

■ **A**: $\lim\limits_{x\to+\infty} \frac{x^3-1}{x^2} = +\infty$, **B**: $\lim\limits_{x\to-\infty} \frac{x^3-1}{x^2} = -\infty$,

C: $\lim\limits_{x\to+\infty} \frac{1-x^3}{x^2} = -\infty$, **D**: $\lim\limits_{x\to-\infty} \frac{1-x^3}{x^2} = +\infty$.

7. Sätze über Grenzwerte von Funktionen

1. Grenzwert einer konstanten Größe Der Grenzwert einer konstanten Größe ist dieser Größe selbst gleich:

$$\lim A = A. \tag{2.21}$$

2. Grenzwert einer Summe oder Differenz Der Grenzwert einer Summe oder Differenz endlich vieler Funktionen ist gleich der Summe bzw. Differenz der entsprechenden Grenzwerte dieser Funktionen, falls die Einzelgrenzwerte existieren:

$$\lim_{x\to a} [f(x) + \varphi(x) - \psi(x)] = \lim_{x\to a} f(x) + \lim_{x\to a} \varphi(x) - \lim_{x\to a} \psi(x). \tag{2.22}$$

3. Grenzwert eines Produktes Der Grenzwert eines Produktes aus endlich vielen Funktionen ist gleich dem Produkt der Grenzwerte dieser Funktionen, falls die Einzelgrenzwerte existieren:

$$\lim_{x\to a} [f(x) \cdot \varphi(x) \cdot \psi(x)] = \lim_{x\to a} f(x) \cdot \lim_{x\to a} \varphi(x) \cdot \lim_{x\to a} \psi(x). \tag{2.23}$$

4. Grenzwert eines Quotienten Der Grenzwert des Quotienten zweier Funktionen ist gleich dem Quotienten der Grenzwerte dieser Funktionen:

$$\lim_{x\to a} \frac{f(x)}{\varphi(x)} = \frac{\lim\limits_{x\to a} f(x)}{\lim\limits_{x\to a} \varphi(x)}, \tag{2.24}$$

wenn die Einzelgrenzwerte existieren und $\lim\limits_{x\to a} \varphi(x) \neq 0$ ist.

5. Einschließung Wenn die Werte einer Funktion $f(x)$ zwischen den Werten zweier anderer Funktionen $\varphi(x)$ und $\psi(x)$ eingeschlossen sind, wenn also $\varphi(x) < f(x) < \psi(x)$ ist, und wenn $\lim\limits_{x\to a} \varphi(x) = A$ sowie $\lim\limits_{x\to a} \psi(x) = A$, dann ist auch

$$\lim_{x\to a} f(x) = A. \tag{2.25}$$

8. Berechnung von Grenzwerten

Zur Berechnung von Grenzwerten werden die aufgeführten 5 Sätze sowie eine Reihe von Umformungen benutzt:

1. Geeignete Form Die Funktion wird auf eine Form gebracht, die für diese Berechnung gut geeignet ist.

■ **A**: $\lim\limits_{x\to1} \frac{x^3-1}{x-1} = \lim\limits_{x\to1} (x^2+x+1) = 3$;

B: $\lim\limits_{x\to0} \frac{\sqrt{1+x}-1}{x} = \lim\limits_{x\to0} \frac{(\sqrt{1+x}-1)(\sqrt{1+x}+1)}{x(\sqrt{1+x}+1)} = \lim\limits_{x\to0} \frac{1}{\sqrt{1+x}+1} = \frac{1}{2}$;

$$\mathbf{C}: \quad \lim_{x\to 0} \frac{\sin 2x}{x} = \lim_{x\to 0} \frac{2(\sin 2x)}{2x} = 2 \lim_{2x\to 0} \frac{\sin 2x}{2x} = 2 \qquad \text{usw.}$$

2. **BERNOULLI–L'HOSPITALsche Regel** Treten unbestimmte Ausdrücke der Form $\frac{0}{0}$, $\frac{\infty}{\infty}$, $0 \cdot \infty$, $\infty - \infty$, 0^0, ∞^0, 1^∞ auf, dann wird die BERNOULLI–L'HOSPITAL*sche Regel* verwendet.

a) Unbestimmte Ausdrücke der Form $\frac{0}{0}$ oder $\frac{\infty}{\infty}$: Wenn für $f(x) = \frac{\varphi(x)}{\psi(x)}$

$$\lim_{x\to a} \varphi(x) = 0 \quad \text{und} \quad \lim_{x\to a} \psi(x) = 0 \qquad \left(\text{unbestimmter Ausdruck } \frac{0}{0}\right) \tag{2.26a}$$

oder

$$\lim_{x\to a} \varphi(x) = \infty \quad \text{und} \quad \lim_{x\to a} \psi(x) = \infty \qquad \left(\text{unbestimmter Ausdruck } \frac{\infty}{\infty}\right) \tag{2.26b}$$

gilt, dann gilt

$$\lim_{x\to a} f(x) = \lim_{x\to a} \frac{\varphi'(x)}{\psi'(x)}, \tag{2.26c}$$

falls dieser Grenzwert existiert (*Regel von* BERNOULLI–L'HOSPITAL). Sollte der Ausdruck $\lim_{x\to a} \frac{\varphi'(x)}{\psi'(x)}$ wieder einen unbestimmten Ausdruck der Form $\frac{0}{0}$ oder $\frac{\infty}{\infty}$ ergeben, dann wird das Verfahren wiederholt.

■ $$\lim_{x\to 0} \frac{\ln \sin 2x}{\ln \sin x} = \lim_{x\to 0} \frac{\frac{2\cos 2x}{\sin 2x}}{\frac{\cos x}{\sin x}} = \lim_{x\to 0} \frac{2\tan x}{\tan 2x} = \lim_{x\to 0} \frac{\frac{2}{\cos^2 x}}{\frac{2}{\cos^2 2x}} = \lim_{x\to 0} \frac{\cos^2 2x}{\cos^2 x} = 1.$$

b) Unbestimmte Ausdrücke der Form $0 \cdot \infty$: Wenn unter gleichen Bedingungen wie im Falle **a)** $f(x) = \varphi(x) \cdot \psi(x)$ und $\lim_{x\to a} \varphi(x) = 0$ sowie $\lim_{x\to a} \psi(x) = \infty$ ergeben, dann wird die Funktion zur Berechnung des Grenzwertes $\lim_{x\to a} f(x)$ auf die Form $\lim_{x\to a} \frac{\varphi(x)}{\frac{1}{\psi(x)}}$ oder $\lim_{x\to a} \frac{\psi(x)}{\frac{1}{\varphi(x)}}$ gebracht, so daß die Berechnung des Grenzwertes auf den Fall $\frac{0}{0}$ oder $\frac{\infty}{\infty}$ zurückgeführt ist.

■ $$\lim_{x\to \pi/2} (\pi - 2x) \tan x = \lim_{x\to \pi/2} \frac{\pi - 2x}{\cot x} = \lim_{x\to \pi/2} \frac{-2}{-\frac{1}{\sin^2 x}} = 2.$$

c) Unbestimmte Ausdrücke der Form $\infty - \infty$: Wenn unter den gleichen Bedingungen wie im Falle **a)** $f(x) = \varphi(x) - \psi(x)$ und $\lim_{x\to a} \varphi(x) = \infty$ sowie $\lim_{x\to a} \psi(x) = \infty$ ergeben, dann wird zur Berechnung des Grenzwertes $\lim_{x\to a} f(x)$ die Differenz auf die Form $\frac{0}{0}$ oder $\frac{\infty}{\infty}$ gebracht, was auf verschiedene Weise erreicht werden kann, z.B. ist $\varphi - \psi = \left(\frac{1}{\psi} - \frac{1}{\varphi}\right) \Big/ \frac{1}{\varphi\psi}$.

■ $$\lim_{x\to 1} \left(\frac{x}{x-1} - \frac{1}{\ln x}\right) = \lim_{x\to 1} \left(\frac{x\ln x - x + 1}{x\ln x - \ln x}\right) = „\frac{0}{0}“.$$

Zweimalige Anwendung der L'HOSPITALschen Regel führt auf

$$\lim_{x\to 1}\left(\frac{x\ln x - x + 1}{x\ln x - \ln x}\right) = \lim_{x\to 1}\left(\frac{\ln x}{\ln x + 1 - \dfrac{1}{x}}\right) = \lim_{x\to 1}\left(\frac{\dfrac{1}{x}}{\dfrac{1}{x} + \dfrac{1}{x^2}}\right) = \frac{1}{2}.$$

d) Unbestimmte Ausdrücke der Form 0^0, ∞^0, 1^∞: Wenn $f(x) = \varphi(x)^{\psi(x)}$ und $\lim\limits_{x\to a}\varphi(x) = 0$ sowie $\lim\limits_{x\to a}\psi(x) = 0$ ergeben, dann wird zunächst der Grenzwert A des Ausdrucks $\ln f(x) = \psi(x)\ln\varphi(x)$ berechnet, der die Form $0\cdot\infty$ hat (Fall **b)**), und dann e^A.

■ $\lim\limits_{x\to 0} x^x = X,\quad \ln x^x = x\ln x,\quad \lim\limits_{x\to 0} x\ln x = \lim\limits_{x\to 0}\dfrac{\ln x}{\dfrac{1}{x}} = \lim\limits_{x\to 0}(-x) = 0,\ d.h.,$

$\ln X = 0,\ \text{ also }\ X = 1,\ \text{ und somit }\ \lim\limits_{x\to 0} x^x = 1.$

Analog wird in den Fällen ∞^0 und 1^∞ verfahren.

3. TAYLOR–**Entwicklung** Neben der L'HOSPITALschen Regel wird zur Berechnung von Grenzwerten unbestimmter Ausdrücke auch die Entwicklung in eine TAYLOR–Reihe verwendet.

■ $$\lim_{x\to 0}\frac{x - \sin x}{x^3} = \lim_{x\to 0}\frac{x - \left(x - \dfrac{x^3}{3!} + \dfrac{x^5}{5!} - \cdots\right)}{x^3} = \lim_{x\to 0}\left(\frac{1}{3!} - \frac{x^2}{5!} + \cdots\right) = \frac{1}{6}.$$

9. Größenordnung von Funktionen

Beim Vergleich zweier Funktionen kommt es häufig auf ihr gegenseitiges Verhalten für bestimmte Argumente $x = a$ an. Das hat zur Einführung der folgenden Größenordnungsbeziehungen geführt.

1. Eine Funktion $f(x)$ wird von höherer Ordnung unendlich groß als eine Funktion $g(x)$, wenn beim Grenzübergang $x \to a$ ihre Absolutbeträge sowie der Absolutbetrag ihres Quotienten $\left|\dfrac{f(x)}{g(x)}\right|$ über alle Grenzen wachsen.

2. Eine Funktion $f(x)$ wird von höherer Ordnung unendlich klein als eine Funktion $g(x)$, d.h., sie verschwindet von höherer Ordnung, wenn beim Grenzübergang $x \to a$ ihre Absolutbeträge sowie der Quotient $\dfrac{f(x)}{g(x)}$ gegen null gehen.

3. Zwei Funktionen $f(x)$ und $g(x)$ gehen gegen null oder unendlich von der gleichen Größenordnung, wenn der Absolutbetrag des Quotienten $\left|\dfrac{f(x)}{g(x)}\right|$ beim Grenzübergang $x \to a$ einem endlichen Grenzwert zustrebt.

4. LANDAU–**Symbole** Das gegenseitige Verhalten zweier Funktionen bezüglich einer beliebigen Stelle $x = a$ wird durch die LANDAU–*Symbole* O („groß O"), bzw. o („klein o") wie folgt beschrieben: Es bedeutet für $x \to a$

$$f(x) = O(g(x)):\quad \lim_{x\to a}\frac{f(x)}{g(x)} = A \neq 0,\quad A = \text{const},\tag{2.27a}$$

und

$$f(x) = o(g(x)):\quad \lim_{x\to a}\frac{f(x)}{g(x)} = 0,\tag{2.27b}$$

wobei $a = \infty$ zugelassen ist. Die LANDAU–Symbole haben nur Sinn bei gleichzeitiger Vorgabe der Bewegungsrichtung $x \to a$.

■ **A:** $f(x)$ wird von höherer Ordnung unendlich als $g(x)$ für

$$f(x) = x^2,\quad g(x) = x - 1:\quad \lim_{x\to\infty}\left|\frac{f(x)}{g(x)}\right| = \lim_{x\to\infty}\frac{x^2}{|x-1|} = \infty.$$

■ **B:** $f(x)$ verschwindet von höherer Ordnung als $g(x)$ für

$$f(x) = 1 - \cos x, \quad g(x) = \sin x \quad : \quad \lim_{x\to 0}\left|\frac{f(x)}{g(x)}\right| = \lim_{x\to 0}\left|\frac{1-\cos x}{\sin x}\right| = 0.$$

C: $f(x)$ und $g(x)$ verschwinden von gleicher Ordnung für

$$f(x) = 1 - \cos x, \quad g(x) = x^2 \quad : \quad \lim_{x\to 0}\left|\frac{f(x)}{g(x)}\right| = \lim_{x\to 0}\left|\frac{1-\cos x}{x^2}\right| = \frac{1}{2}.$$

5. Die Größenordnung von ganzen rationalen Funktionen kann durch den Grad der Funktion ausgedrückt werden. So hat die Funktion $f(x) = x$ die Größenordnung 1, ein Polynom mit dem Grad $n + 1$ hat eine um 1 höhere Ordnung als ein Polynom mit n. Allerdings gilt diese Regel nicht für alle elementaren Funktionen.

6. Die Exponentialfunktion wird stärker unendlich als jede noch so hohe Potenz x^n (n — feste natürliche Zahl):

$$\lim_{x\to\infty}\left|\frac{e^x}{x^n}\right| = \infty. \tag{2.28a}$$

Durch Anwendung der L'HOSPITALschen Regel ergibt sich nämlich

$$\lim_{x\to\infty}\frac{e^x}{x^n} = \lim_{x\to\infty}\frac{e^x}{nx^{n-1}} = \ldots = \lim_{x\to\infty}\frac{e^x}{n!} = \infty. \tag{2.28b}$$

7. Der Logarithmus wird schwächer unendlich als jede noch so niedrige positive Potenz $x^{1/n}$ (n — feste natürliche Zahl):

$$\lim_{x\to\infty}\left|\frac{\log x}{x^{1/n}}\right| = 0. \tag{2.29}$$

Der Beweis wird ebenfalls mit der Regel von L'HOSPITAL geführt.

2.1.5 Stetigkeit einer Funktion

1. Begriff der Stetigkeit und Unstetigkeitsstelle

Die meisten Funktionen, die in den Anwendungen vorkommen, sind stetig, d.h., bei kleinen Änderungen des Arguments x einer *stetigen Funktion* $y(x)$ ändert sich diese auch nur geringfügig. Die graphische Darstellung einer solchen Funktion ergibt eine zusammenhängende Kurve. Ist dagegen die Kurve an verschiedenen Stellen unterbrochen, dann heißt die zugehörige Funktion *unstetig*, und die Werte des Arguments, an denen die Unterbrechung auftritt, heißen *Unstetigkeitsstellen*. In **Abb.2.8** ist das Kurvenbild einer Funktion dargestellt, die *stückweise stetig* ist. Die Unstetigkeitsstellen befinden sich bei A, B, C, D, E, F und G. Die Pfeile stehen für die Aussage, daß ihre Endpunkte nicht mehr zur Kurve gehören.

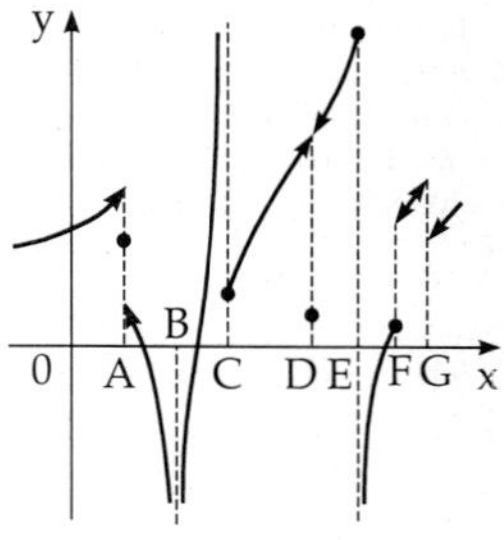

Abbildung 2.8

2. Definition

Eine Funktion $y = f(x)$ heißt an der Stelle $x = a$ *stetig*, wenn **1.** $f(x)$ an der Stelle a definiert ist und **2.** der Grenzwert $\lim\limits_{x\to a} f(x)$ existiert und gleich $f(a)$ ist. Das ist genau dann der Fall, wenn es zu jedem vorgegebenen $\varepsilon > 0$ ein $\delta(\varepsilon) > 0$ gibt, so daß

$$|f(x) - f(a)| < \varepsilon \quad \text{für alle } x \text{ mit} \quad |x - a| < \delta \tag{2.30}$$

gilt. Man spricht von *einseitiger* (*links-* oder *rechtsseitiger*) *Stetigkeit*, wenn anstelle von $\lim\limits_{x\to a} f(x) = f(a)$ nur einer der beiden Grenzwerte $f(a-0)$ oder $f(a+0)$ existiert.

Wenn eine Funktion für alle Werte x in einem gegebenen Intervall von a bis b stetig ist, dann wird die Funktion *stetig in diesem Intervall* genannt, das offen, halboffen oder abgeschlossen sein kann (s. S. 2). Ist eine Funktion für alle Punkte der Zahlengerade definiert und stetig, dann heißt sie *überall stetig.*
Eine Funktion besitzt für den Wert $x = a$, der sich im Inneren oder auf dem Rande des Definitionsbereiches befindet, eine *Unstetigkeitsstelle*, wenn dort die Funktion nicht definiert ist oder wenn $f(a)$ nicht mit dem Grenzwert $\lim\limits_{x\to a} f(x)$ übereinstimmt bzw. dieser Grenzwert nicht existiert. Wenn die Funktion nur auf einer Seite von $x = a$ definiert ist, z.B. $+\sqrt{x}$ für $x = 0$ und $\arccos x$ für $x = 1$, dann wird nicht von einer Unstetigkeitsstelle, sondern von einem Abbrechen der Funktion gesprochen.
Eine Funktion $f(x)$ wird *stückweise stetig* genannt, wenn sie in allen Punkten eines Intervalls mit Ausnahme endlich vieler einzelner Punkte stetig ist und in ihren Unstetigkeitsstellen endliche Sprünge besitzt.

3. Häufig auftretende Arten von Unstetigkeiten

1. Funktionsverlauf ins Unendliche ist die am häufigsten auftretende Unstetigkeit (Punkte B, C und E in **Abb.2.8**).

■ $$\textbf{A}: \quad f(x) = \tan x, \quad f\left(\frac{\pi}{2} - 0\right) = +\infty, \quad f\left(\frac{\pi}{2} + 0\right) = -\infty.$$

Die Kurve ist auf Seite 62 dargestellt; die Unstetigkeit ist von der Art des Punktes E in **Abb.2.8**. Die symbolische Bezeichnung $f(a - 0)$, $f(a + 0)$ ist auf Seite 39 erklärt.

$$\textbf{B}: \quad f(x) = \frac{1}{(x-1)^2}, \quad f(1 - 0) = +\infty, \quad f(1 + 0) = +\infty.$$

Die Unstetigkeitsstelle ist von der Art des Punktes B in **Abb.2.8** .

$$\textbf{C}: \quad f(x) = e^{\frac{1}{x-1}}, \quad f(1 - 0) = 0, \quad f(1 + 0) = \infty.$$

Die Unstetigkeitsstelle ist von der Art des Punktes C in **Abb.2.8**, aber mit dem Unterschied, daß die Funktion $f(x)$ im Punkt $x = 1$ nicht definiert ist.

2. Endlicher Sprung Die Funktion $f(x)$ springt beim Durchlaufen des Punktes $x = a$ von einem auf einen anderen endlichen Wert (Punkte A, F, G in **Abb.2.8**): Der Wert der Funktion $f(x)$ für $x = a$ braucht dabei nicht definiert zu sein, wie es für den Punkt G der Fall ist; er kann auch mit dem Wert $f(a - 0)$ oder $f(a + 0)$ übereinstimmen (Punkt F) oder aber sowohl von $f(a - 0)$ und $f(a + 0)$ verschieden sein (Punkt A).

■ $$\textbf{A}: \quad f(x) = \frac{1}{1 + e^{\frac{1}{x-1}}}, \quad f(1 - 0) = 1, \quad f(1 + 0) = 0 \qquad \textbf{(Abb.2.7)}$$

$$\textbf{B}: \quad f(x) = E(x) \quad \textbf{(Abb. 2.1c)} \quad f(a - 0) = a - 1, \quad f(a + 0) = a$$

$$\textbf{C}: \quad f(x) = \lim_{n\to\infty} \frac{1}{1 + x^{2n}}, \quad f(1 - 0) = 1, \quad f(1 + 0) = 0, \quad f(1) = \frac{1}{2}.$$

3. Hebbare Unstetigkeit Es existiert der $\lim\limits_{x\to a} f(x)$, d.h., es ist $f(a - 0) = f(a + 0)$, aber die Funktion ist für $x = a$ entweder nicht definiert oder es ist $f(a) \neq \lim\limits_{x\to a} f(x)$ (Punkt D in **Abb.2.8**). Diese Unstetigkeit wird *hebbar* genannt, weil in dem Moment, da $f(a)$ den Wert $\lim\limits_{x\to a} f(x)$ zugeordnet bekommt, die Funktion $f(x)$ für $x = a$ wieder stetig wird. Dem Kurvenbild wird gewissermaßen ein Punkt hinzugefügt, oder der abgesprungene Punkt D wird wieder auf die Kurve gebracht. Die verschiedenen unbestimmten Ausdrücke, die mit der Regel von L'HOSPITAL oder mit anderen Methoden untersucht werden können und endliche Grenzwerte liefern, sind Beispiele für hebbare Unstetigkeiten.

■ $f(x) = \dfrac{\sqrt{1+x} - 1}{x}$, für $x = 0$ ergibt sich der unbestimmte Ausdruck $\dfrac{0}{0}$, aber $\lim\limits_{x\to 0} f(x) = \dfrac{1}{2}$; die

Funktion $f(x) = \begin{cases} \dfrac{\sqrt{1+x}-1}{x} & \text{für } x \neq 0 \\ \dfrac{1}{2} & \text{für } x = 0 \end{cases}$ wird dadurch stetig.

4. Stetigkeit und Unstetigkeitspunkte elementarer Funktionen

Die elementaren Funktionen sind in ihrem Definitionsbereich stetig; Unstetigkeitsstellen gehören nicht zum Definitionsbereich. Es können die folgenden allgemeinen Aussagen gemacht werden:

1. Ganze rationale Funktionen oder Polynome sind auf der gesamten Zahlengerade stetig.

2. Gebrochen rationale Funktionen $\boldsymbol{\dfrac{P(x)}{Q(x)}}$ mit den Polynomen $P(x)$ und $Q(x)$ sind überall stetig, ausgenommen die x–Werte, für die $Q(x) = 0$ ist, aber $P(x) \neq 0$ bleibt. An solchen Stellen besitzt die Funktion eine Unstetigkeitsstelle mit einem Verlauf ins Unendliche, die *Pol* genannt wird. Ist der Wert a sowohl Nullstelle des Nenners als auch des Zählers, dann gibt es nur dann einen Pol, wenn die Vielfachheit (s. S. 31) der Nullstelle des Nenners größer ist als die des Zählers. Anderenfalls ist die Unstetigkeit hebbar.

3. Irrationale Funktionen Wurzeln aus Polynomen mit ganzzahligen Wurzelexponenten sind für alle x–Werte, die zum Definitionsbereich gehören, stetige Funktionen. Auf dem Rande der Definitionsbereiche können sie mit einem endlichen Wert abbrechen, wenn der Radikand von positiven zu negativen Werten überwechselt. Wurzeln aus gebrochenen Funktionen sind für solche x–Werte unstetig, für die der Radikand eine Unstetigkeitsstelle besitzt.

4. Trigonometrische Funktionen Die Funktionen $\sin x$ und $\cos x$ sind überall stetig, $\tan x$ und $\sec x$ besitzen an den Stellen $x = \dfrac{(2n+1)\pi}{2}$ einen unendlichen Sprung, $\cot x$ und $\operatorname{cosec} x$ besitzen bei $x = n\pi$, mit n ganzzahlig, unendliche Sprünge.

5. Inverse trigonometrische Funktionen Die Funktionen $\arctan x$ und $\operatorname{arccot} x$ sind überall stetig, $\arcsin x$ und $\arccos x$ brechen an den Grenzen ihres Definitionsbereiches wegen $-1 \leq x \leq +1$ ab.

6. Exponentialfunktion $\boldsymbol{e^x}$ oder $\boldsymbol{a^x}$ mit $\boldsymbol{a > 0}$ Sie ist überall stetig.

7. Logarithmische Funktion $\boldsymbol{\log x}$ mit beliebiger positiver Basis Die Funktion ist für alle positiven x–Werte stetig und bricht an der Stelle $x = 0$ wegen $\lim\limits_{x \to 0} \log x = -\infty$, einem rechtsseitigen Grenzwert, ab.

8. Zusammengesetzte elementare Funktionen Die Stetigkeit muß für alle x–Werte der einzelnen elementaren Funktionen, die in dem zusammengesetzten Ausdruck enthalten sind, entsprechend den oben angeführten Fällen untersucht werden (siehe auch „mittelbare Funktionen" auf Seite 46).

■ Es sind die Unstetigkeitsstellen der Funktion $y = \dfrac{e^{\frac{1}{x-2}}}{x \sin \sqrt[3]{1-x}}$ zu ermitteln. Der Exponent $\dfrac{1}{x-2}$ besitzt an der Stelle $x = 2$ einen unendlichen Sprung; für $x = 2$ hat auch $e^{\frac{1}{x-2}}$ einen unendlichen Sprung:

$$\left(e^{\frac{1}{x-2}}\right)_{x=2-0} = 0, \quad \left(e^{\frac{1}{x-2}}\right)_{x=2+0} = \infty.$$

Die Funktion y hat bei $x = 2$ einen endlichen Nenner. Folglich gibt es für $x = 2$ einen unendlichen Sprung vom gleichen Typ, wie im Punkt C der **Abb.2.8**.

Für $x = 0$ wird der Nenner zu null, ebenso für die x–Werte, für die $\sin \sqrt[3]{1-x}$ zu null wird. Letztere entsprechen den Wurzeln der Gleichung $\sqrt[3]{1-x} = n\pi$ oder $x = 1 - n^3\pi^3$, wobei n eine beliebige ganze Zahl ist. Der Zähler wird für keinen dieser Werte zu null, so daß die Funktion an den Stellen $x = 0$,

$x = 1$, $x = 1 \pm \pi^3$, $x = 1 \pm 8\pi^3$, $x = 1 \pm 27\pi^3$,... Unstetigkeitsstellen der gleichen Art hat wie der Punkt E in **Abb.2.8**.

5. Eigenschaften stetiger Funktionen

1. Stetigkeit von Summen, Differenzen, Produkten und Quotienten stetiger Funktionen

Sind $f(x)$ und $g(x)$ auf einem Intervall $[a, b]$ stetig, dann sind dort auch $f(x) \pm g(x)$, $f(x) \cdot g(x)$, $\dfrac{f(x)}{g(x)}$ stetige Funktionen, falls $g(x) \neq 0$ sowie $|f(x)|$ und $|g(x)|$ stetige Funktionen sind.

2. Stetigkeit mittelbarer Funktionen $y = f(u(x))$ Wenn $f(u)$ eine stetige Funktion bezüglich u ist und $u(x)$ eine stetige Funktion bezüglich x und der Wertebereich von $u(x)$ im Definitionsbereich von $f(u)$ enthalten ist, dann ist auch die mittelbare Funktion $y = f(u(x))$ stetig bezüglich x, und es gilt

$$\lim_{x \to a} f(u(x)) = f\left(\lim_{x \to a} u(x)\right) = f(u(a)). \tag{2.31}$$

Das bedeutet, daß jede stetige Funktion von einer stetigen Funktion einer Variablen wieder stetig ist.

3. Satz von BOLZANO Wenn eine Funktion $f(x)$ in einem abgeschlossenen Intervall $[a, b]$ definiert und stetig ist und die Funktionswerte in den Endpunkten des Intervalls $f(a)$ und $f(b)$ verschiedene Vorzeichen besitzen, dann existiert mindestens ein Wert c, für den $f(x)$ zu null wird:

$$f(c) = 0 \quad \text{mit} \quad a < c < b. \tag{2.32}$$

Geometrisch gedeutet, schneidet die Kurve einer stetigen Funktion beim Übergang von der einen Seite der x–Achse auf die andere dabei wenigstens einmal die x–Achse.

4. Zwischenwertsatz Wenn eine Funktion $f(x)$ in einem zusammenhängenden Gebiet definiert und stetig ist und in zwei Punkten a und b dieses Gebietes, wobei $a < b$ ist, verschiedene Werte A und B annimmt, d.h.

$$f(a) = A, \quad f(b) = B, \quad A \neq B, \tag{2.33a}$$

dann existiert zu jeder zwischen A und B gelegenen Zahl C wenigstens ein Punkt c zwischen a und b, für den

$$f(c) = C, \quad (a < c < b, \quad A < C < B \text{ oder } A > C > B) \tag{2.33b}$$

gilt. Anders ausgedrückt: Die Funktion $f(x)$ nimmt jeden Wert zwischen A und B wenigstens einmal an.

5. Existenz einer inversen Funktion Wenn eine Funktion $f(x)$ in einem zusammenhängenden Gebiet I definiert und stetig ist und in diesem Gebiet streng monoton wächst oder fällt, dann existiert eine zu dieser Funktion stetige, ebenfalls streng monoton wachsende bzw. fallende inverse Funktion $\varphi(x)$ (siehe auch Seite 37), die im Gebiet II für die Werte, die von der Funktion $f(x)$ angenommen werden, definiert ist **(Abb.2.9)**.

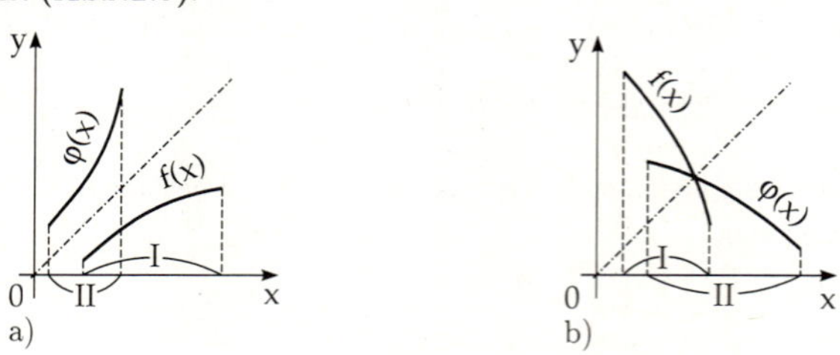

Abbildung 2.9

6. Satz über die Beschränktheit einer Funktion Wenn eine Funktion $f(x)$ in einem abgeschlossenen Intervall $[a, b]$ definiert und stetig ist, dann ist sie in diesem Intervall auch beschränkt, d.h., es lassen sich zwei Zahlen m und M finden, für die

$$m \leq f(x) \leq M \quad \text{in} \quad a \leq x \leq b \tag{2.34}$$

ist.

7. Satz von WEIERSTRASS Wenn eine Funktion $f(x)$ auf einem abgeschlossenen Intervall $[a, b]$ definiert und stetig ist, dann besitzt $f(x)$ dort ein absolutes Maximum M und ein absolutes Minimum m, d.h., es existiert in diesem Intervall wenigstens ein Punkt c und wenigstens ein Punkt d, so daß für alle x mit $a \leq x \leq b$ gilt:

$$m = f(d) \leq f(x) \leq f(c) = M. \tag{2.35}$$

Die Differenz zwischen dem kleinsten und dem größten Wert einer stetigen Funktion wird ihre *Schwankung* in dem gegebenen Intervall genannt. Der Begriff der Schwankung einer Funktion kann auch auf Funktionen ausgedehnt werden, die keinen größten oder kleinsten Funktionswert besitzen (s. Lit. [22.15, Band III]).

2.1.6 Elementare Funktionen

Elementare Funktionen sind durch Formeln definiert, die nur endlich viele Operationen mit der unabhängigen Variablen sowie mit Konstanten vorschreiben. Unter Operationen versteht man hier die vier Grundrechenarten, das Potenzieren und Radizieren, das Aufsuchen einer Exponential- oder Logarithmusfunktion sowie das Aufsuchen trigonometrischer oder invers trigonometrischer Funktionen. Man teilt die elementaren Funktionen im wesentlichen in *algebraische* und *transzendente* ein.
Im Unterschied zu den elementaren können auch *nichtelementare Funktionen* definiert werden (s. z.B. S. 350).

1. Algebraische Funktionen

zeichnen sich durch eine Verknüpfung des Arguments x mit der Funktion y über eine *algebraische Gleichung* der Form

$$p_0(x) + p_1(x)y + p_2(x)y^2 + \ldots + p_n(x)y^n = 0 \tag{2.36}$$

aus, wobei $p_0, p_1, \ldots, p_n$ Polynome in x sind.

■ $3xy^3 - 4xy + x^3 - 1 = 0$, d.h. $p_0(x) = x^3 - 1$, $p_1(x) = -4x$, $p_2(x) = 0$, $p_3(x) = 3x$.

Wenn es gelingt, die Gleichung (2.36) algebraisch nach y aufzulösen, dann liegt einer der folgenden Typen der einfachsten algebraischen Funktionen vor:

1. Ganze rationale Funktionen (Polynome) Das Argument x wird nur den Operationen Addition, Subtraktion und Multiplikation unterworfen.

$$y = a_0x^n + a_1x^{n-1} + \ldots + a_n. \tag{2.37}$$

Insbesondere bezeichnet man $y = a$ als *Konstante*, $y = ax + b$ als *lineare Funktion* und $y = ax^2 + bx + c$ als *quadratische Funktion*.

2. Gebrochene rationale Funktionen Das Argument x wird nur den Operationen Addition, Subtraktion, Multiplikation und Division unterworfen. Die gebrochen rationale Funktion kann immer als Quotient zweier ganzer rationaler Funktionen dargestellt werden:

$$y = \frac{a_0x^n + a_1x^{n-1} + \ldots + a_n}{b_0x^m + b_1x^{m-1} + \ldots + b_m}. \tag{2.38a}$$

Insbesondere bezeichnet man

$$y = \frac{ax + b}{cx + d} \tag{2.38b}$$

als *gebrochen lineare Funktion*.

3. Irrationale Funktionen Außer den bei den gebrochen rationalen Funktionen genannten Operationen tritt hier das Argument x zusätzlich unter dem Wurzelzeichen auf.

■ **A:** $y = \sqrt{2x + 3}$, **B:** $y = \sqrt[3]{(x^2 - 1)\sqrt{x}}$.

2. Transzendente Funktionen

können nicht durch eine algebraische Gleichung vom Typ (2.36) beschrieben werden. Die einfachsten elementaren transzendenten Funktionen werden im folgenden aufgeführt.

1. Exponentialfunktionen (s. S. 57) Das Argument x oder eine algebraische Funktion von x befindet sich im Exponenten.

■ **A**: $y = e^x$, **B**: $y = a^x$, **C**: $y = 2^{3x^2-5x}$.

2. Logarithmische Funktionen (s. S. 57) Das Argument x oder eine algebraische Funktion von x befindet sich unter dem Logarithmuszeichen.

■ **A**: $y = \ln x$, **B**: $y = \lg x$, **C**: $y = \log_2(5x^2 - 3x)$.

3. Trigonometrische Funktionen Das Argument x oder eine algebraische Funktion von x befinden sich hinter dem Zeichen sin, cos, tan, cot, sec, cosec.

■ **A**: $y = \sin x$, **B**: $y = \cos(2x + 3)$, **C**: $y = \tan\sqrt{x}$.

Dabei ist zu beachten, daß man allgemein betrachtet unter dem Argument einer trigonometrischen Funktion nicht unmittelbar einen Winkel oder einen Kreisbogen, wie bei der geometrischen Definition, sondern eine beliebige Größe versteht. Die trigonometrischen Funktionen können auch ohne Heranziehen geometrischer Vorstellungen rein analytisch definiert werden. Das wird z.B. bei der Darstellung dieser Funktionen mit Hilfe einer Reihenentwicklung deutlich oder bei der Lösung der Differentialgleichung $\frac{d^2y}{dx^2} + y = 0$ mit den Anfangsbedingungen $x = 0$, $y = 0$ und $\frac{dy}{dx} = 1$. Das Argument der trigonometrischen Funktionen ist bei dieser Deutung zahlenmäßig gleich dem *Bogen* in Einheiten des Radianten. Daher kann man bei der Berechnung der trigonometrischen Funktionen vom *Argument im Bogenmaß* ausgehen.

4. Inverse trigonometrische Funktionen (s. S. 70) Die Variable x oder ihre algebraische Funktion befindet sich im Argument des arcsin, arccos usw.

■ **A**: $y = \arcsin x$, **B**: $y = \arccos\sqrt{1 - x}$.

5. Hyperbelfunktionen (s. S. 74)

6. Inverse Hyperbelfunktionen (s. S. 78)

3. Zusammengesetzte Funktionen

Zusammengesetzte Funktionen entstehen durch alle möglichen Kombinationen der aufgeführten algebraischen und transzendenten Funktionen, wenn eine Funktion als Argument einer anderen dient.

■ **A**: $y = \ln\sin x$, **B**: $y = \frac{\ln x + \sqrt{\arcsin x}}{x^2 + 5e^x}$.

Solche Kombinationen elementarer Funktionen ergeben endlich oft angewandt wieder elementare Funktionen.

2.2 Polynome

1. Lineare Funktion

Die *lineare Funktion*

$$y = ax + b \tag{2.39}$$

ergibt graphisch dargestellt eine *Gerade* **(Abb.2.10a)**.

Für $a > 0$ wächst die Funktion monoton an, für $a < 0$ nimmt sie monoton ab; für $a = 0$ ist sie konstant. Die Achsenschnitte liegen bei $A(-b/a, 0)$ und $B(0, b)$ (ausführlicher s. S. 162). Mit $b = 0$ ergibt sich die *direkte Proportionalität*

$$y = ax, \tag{2.40}$$

graphisch eine Gerade durch den Koordinatenursprung **(Abb.2.10b)**.

2. Quadratisches Polynom

Die *ganze rationale Funktion 2. Grades*

$$y = ax^2 + bx + c \tag{2.41}$$

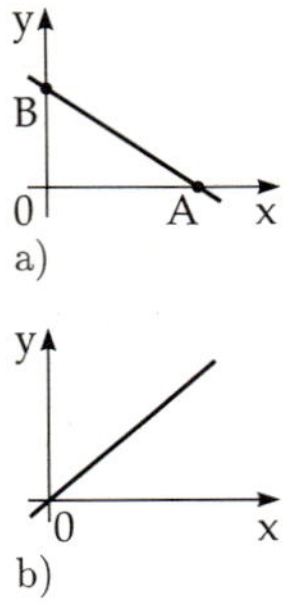

Abbildung 2.10

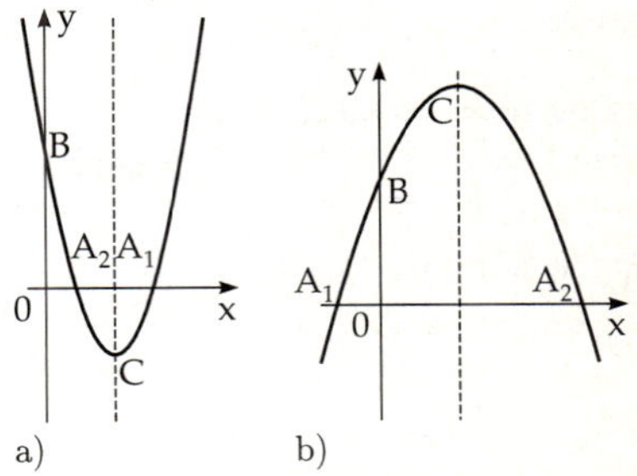

Abbildung 2.11

liefert graphisch dargestellt als Kurve eine *Parabel* mit einer vertikalen Symmetrieachse bei $x = -b/2a$ **(Abb 2.11)**. Die Funktion nimmt für $a > 0$ zunächst ab, erreicht ein Minimum und nimmt dann wieder zu. Für $a < 0$ steigt sie an, erreicht ein Maximum und fällt danach wieder ab. Die Schnittpunkte liegen auf der x–Achse bei $A_1, A_2\left(\frac{-b \pm \sqrt{b^2 - 4ac}}{2a}, 0\right)$, auf der y–Achse bei $B(0, c)$. Das Extremum liegt bei $C\left(-\frac{b}{2a}, \frac{4ac - b^2}{4a}\right)$ (ausführlicher über die Parabel s. S. 171).

3. Polynom 3.Grades

Die *ganze rationale Funktion 3. Grades*

$$y = ax^3 + bx^2 + cx + d \tag{2.42}$$

beschreibt in der graphischen Darstellung eine *kubische Parabel* **(Abb.2.12a,b,c)**.

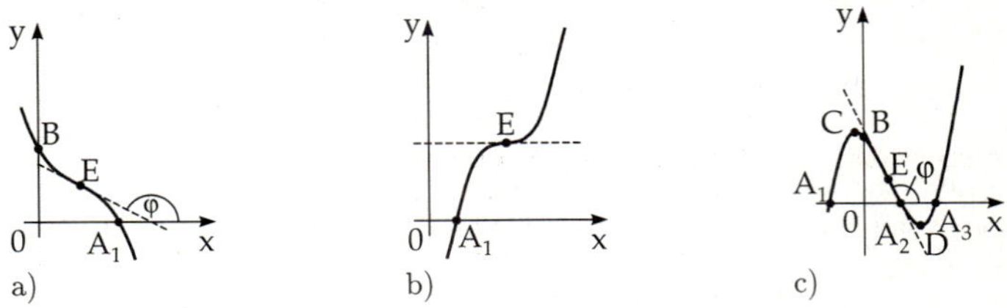

Abbildung 2.12

Das Verhalten der Funktion hängt von a und der Diskriminante $\Delta = 3ac - b^2$ ab. Wenn $\Delta \geq 0$ ist **(Abb.2.12a,b)**, dann nimmt die Funktion für $a > 0$ monoton zu, für $a < 0$ monoton ab. Die Funktion besitzt ein Maximum und ein Minimum, wenn $\Delta < 0$ ist **(Abb.2.12c)**: Für $a > 0$ nimmt sie von $-\infty$ bis zum Maximum zu, dann fällt sie bis zum Minimum ab, um danach bis $+\infty$ anzusteigen; für $a < 0$ nimmt sie von $+\infty$ bis zum Minimum ab, steigt danach bis zum Maximum an, um schließlich bis $-\infty$ abzufallen. Die Schnittpunkte mit der x–Achse lassen sich als reelle Wurzeln von (2.42) für $y = 0$ berechnen. Es kann eine reelle Wurzel geben, zwei (dann gibt es in einem Punkt eine Berührung) oder drei: A_1, A_2 und A_3. Der Schnittpunkt mit der y–Achse liegt bei $B(0, d)$, die Extrema C und D bei $\left(-\frac{b \pm \sqrt{-\Delta}}{3a}, \frac{d + 2b^3 - 9abc \pm (6ac - 2b^2)\sqrt{-\Delta}}{27a^2}\right)$. Der Wendepunkt, der zugleich Symmetriepunkt der Kurve ist, liegt bei $E\left(-\frac{b}{3a}, \frac{2b^3 - 9abc}{27a^2} + d\right)$. Die Tangente besitzt in diesem Punkt den

Richtungskoeffizienten $\tan\varphi = \left(\frac{dy}{dx}\right)_E = \frac{\Delta}{3a}$.

4. Polynom n-ten Grades

Die *ganze rationale Funktion n-ten Grades*

$$y = a_n x^n + a_{n-1}x^{n-1} + \ldots + a_1 x + a_0 \quad (2.43)$$

stellt eine *Kurve n-ter Ordnung* (s. S. 162) vom *parabolischen Typ* dar **(Abb.2.13)**.

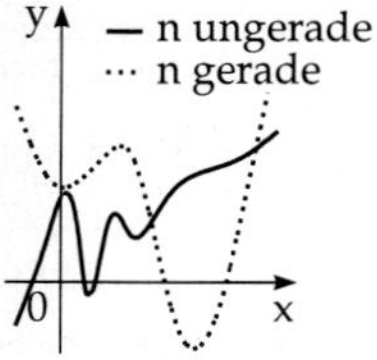

Abbildung 2.13

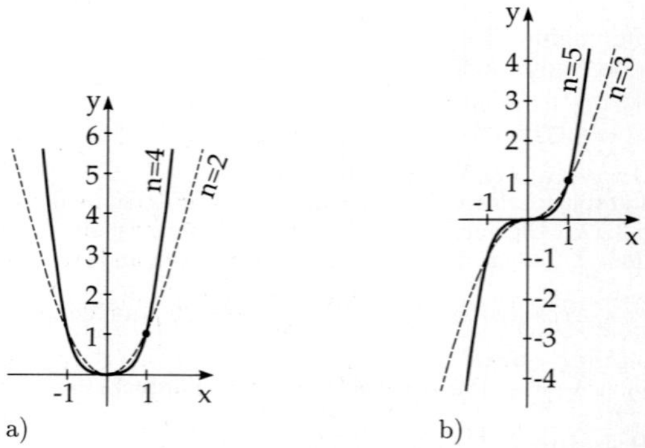

Abbildung 2.14

Fall 1: n ungerade Für $a_n > 0$ verläuft y stetig von $-\infty$ bis $+\infty$ und für $a_n < 0$ von $+\infty$ bis $-\infty$. Die x–Achse kann von der Kurve bis zu n mal geschnitten bzw. berührt werden (zur Lösung einer Gleichung n-ten Grades s. S. 31ff. und S. 748). Die Funktion (2.43) besitzt entweder keine oder eine gerade Anzahl von bis zu $n-1$ Extremwerten, wobei Minima und Maxima einander abwechseln; die Zahl der Wendepunkte ist ungerade und liegt zwischen 1 und $n-2$. Asymptoten oder singuläre Punkte gibt es nicht.

Fall 2: n gerade Für $a_n > 0$ hat y einen stetigen Verlauf von $+\infty$ über ein Minimum bis $+\infty$ und für $a_n < 0$ von $-\infty$ über ein Maximum nach $-\infty$. Die Kurve schneidet oder berührt die x–Achse entweder nicht oder 1 bis n mal; Maxima und Minima wechseln einander ab; die Anzahl der Wendepunkte ist gerade. Asymptoten oder singuläre Punkte existieren nicht.

Vor dem Zeichnen der Kurven empfiehlt es sich, zuerst Extremwerte, Wendepunkte und die Werte der ersten Ableitung in diesen Punkten zu bestimmen, dann die Kurventangenten einzuzeichnen, um schließlich alle diese Punkte stetig miteinander zu verbinden.

Darstellung: Wenn Polynome 4.Grades

$$y = ax^4 + bx^3 + cx^2 + dx + e \quad (2.44a)$$

mit konstantem a oft darzustellen sind, dann ist es vorteilhaft, zuerst die Kurve von $y = ax^4$ zu zeichnen **(Abb.2.14)**, den Koordinatenursprung in Punkt $\left(-\frac{b}{4a}, 0\right)$ zu verlegen und die Gleichung (2.44a) auf die Form

$$Y = aX^4 + a'X^2 + b'X + c' \quad (2.44b)$$

zu bringen, um daraufhin die Ordinaten der Kurve $Y = aX^4$ und der Parabel

$$Y = a'X^2 + b'X + c' \quad (2.45)$$

geometrisch zu addieren.

5. Parabel n-ter Ordnung

Die Funktion

$$y = ax^n \tag{2.46}$$

mit $n > 0$, ganzzahlig, liefert als Kurve eine *Parabel n-ter Ordnung* **(Abb.2.14)**.

1. Spezialfall $a = 1$: Die Kurve $y = x^n$ geht durch die Punkte $O(0,0)$ und $A(1,1)$ und berührt oder schneidet die x–Achse im Koordinatenursprung. Für gerades n ergibt sich eine zur y–Achse symmetrische Kurve mit einem Minimum im Koordinatenursprung. Für ungerades n ergibt sich eine zentralsymmetrische Kurve zum Koordinatenursprung, der zugleich Wendepunkt ist. Asymptoten gibt es keine.

2. Allgemeiner Fall $a \neq 0$: Man erhält man die Kurve $y = ax^n$ aus der zu $y = x^n$ gehörenden Kurve durch Streckung der Abszissen mit dem Faktor $|a|$. Für $a < 0$ spiegelt man $y = |a|x^n$ an der x–Achse.

2.3 Gebrochen rationale Funktionen

1. Umgekehrte Proportionalität

Die Funktion

$$y = \frac{a}{x} \tag{2.47}$$

liefert eine *gleichseitige Hyperbel*, deren Asymptoten die Koordinatenachsen sind **(Abb.2.15)**. Die Unstetigkeitsstelle mit $y = \pm\infty$ liegt bei $x = 0$. Wenn $a > 0$ ist, dann nimmt die Funktion von 0 bis $-\infty$ und von $+\infty$ bis 0 ab (ausgezogene Kurve im 1. und 3. Quadranten). Ist $a < 0$, dann wächst die Funktion von 0 bis $+\infty$ und von $-\infty$ bis 0 (gestrichelte Kurve im 2. und 4. Quadranten). Die Scheitelpunkte A und B liegen bei $\left(\pm\sqrt{|a|}, +\sqrt{|a|}\right)$ und $\left(\pm\sqrt{|a|}, -\sqrt{|a|}\right)$ mit gleichen Vorzeichen für $a > 0$ und unterschiedlichen Vorzeichen für $a < 0$. Extrema gibt es keine (ausführlicher über die Hyperbel s. S. 168).

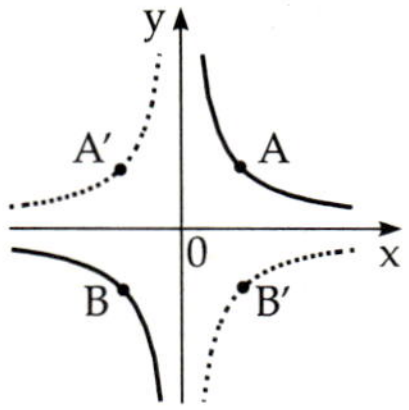

Abbildung 2.15

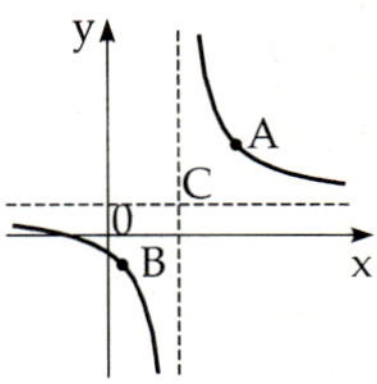

Abbildung 2.16

2. Gebrochen lineare Funktion

Die Funktion

$$y = \frac{a_1 x + b_1}{a_2 x + b_2} \tag{2.48}$$

liefert eine *gleichseitige Hyperbel*, deren Asymptoten parallel zu den Koordinatenachsen verlaufen **(Abb. 2.16)**. Der Mittelpunkt liegt bei $C\left(-\frac{b_2}{a_2}, \frac{a_1}{a_2}\right)$. Dem Parameter a in Gleichung (2.47) entspricht $-\frac{\Delta}{{a_2}^2}$ mit $\Delta = \begin{vmatrix} a_1 & b_1 \\ a_2 & b_2 \end{vmatrix}$. Die Scheitelpunkte der Hyperbel liegen bei $A\left(-\frac{b_2 \pm \sqrt{|\Delta|}}{a_2}, \frac{a_1 + \sqrt{|\Delta|}}{a_2}\right)$ und $B\left(-\frac{b_2 \pm \sqrt{|\Delta|}}{a_2}, \frac{a_1 - \sqrt{|\Delta|}}{a_2}\right)$, wobei für $\Delta < 0$ gleiche Vorzeichen genommen werden, für $\Delta > 0$ verschiedene. Die Unstetigkeitsstelle liegt bei $x = -\frac{b_2}{a_2}$. Die Funktion nimmt für $\Delta < 0$ von $\frac{a_1}{a_2}$ bis $-\infty$ und von $+\infty$ bis $\frac{a_1}{a_2}$ ab. Für $\Delta > 0$ wächst die Funktion von $\frac{a_1}{a_2}$ bis $+\infty$ und von $-\infty$ bis $\frac{a_1}{a_2}$. Extrema gibt es keine.

3. $$y = a + \frac{b}{x} + \frac{c}{x^2} \quad \left(= \frac{ax^2 + bx + c}{x^2}\right), \qquad b \neq 0, \quad c \neq 0, \tag{2.49}$$

(Abb.2.17) ist eine Funktion, die für $b = 0$ die Funktion $y = \frac{a}{x^n}$ (2.52) ergibt und für $c = 0$ die *gebrochen lineare Funktion* (2.48). Graphisch dargestellt liefert sie eine *Kurve 3. Ordnung* mit je einer Asymptote bei $x = 0$ und $y = a$ und zwei Ästen, von denen der eine einer monotonen Änderung von y zwischen a und $+\infty$ bzw. $-\infty$ entspricht, während der andere drei charakteristische Punkte durchläuft: einen Schnittpunkt mit der Asymptote bei $A\left(-\frac{c}{b}, a\right)$, ein Extremum bei $B\left(-\frac{2c}{b}, a - \frac{b^2}{4c}\right)$ und einen Wendepunkt bei $C\left(-\frac{3c}{b}, a - \frac{2b^2}{9c}\right)$. Die vier Fälle des möglichen Verlaufs dieser Äste hängen von den Vorzeichen von b und c ab **(Abb.2.17)**. Die Schnittpunkte mit der x–Achse D, E liegen bei $\left(\frac{-b \pm \sqrt{b^2 - 4ac}}{2a}, 0\right)$; ihre Anzahl kann zwei, eins (Berührung) oder null betragen, je nachdem, welches Vorzeichen $b^2 - 4ac$ hat.

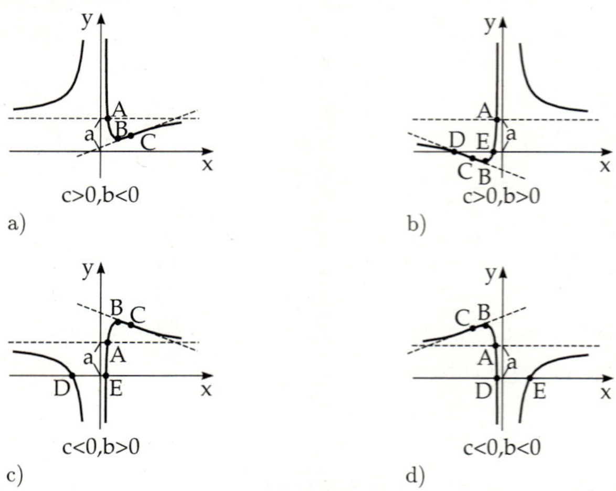

Abbildung 2.17

4. $$y = \frac{1}{ax^2 + bx + c} \tag{2.50}$$

ist eine Funktion, die eine *Kurve 3. Ordnung* beschreibt, die symmetrisch zu der vertikalen Geraden bei $x = -\frac{b}{2a}$ verläuft und die die x–Achse zur Asymptote hat **(Abb.2.18)**. Ihr Verhalten hängt von den Vorzeichen von a und $\Delta = 4ac - b^2$ ab. Von den zwei Fällen $a > 0$ und $a < 0$ wird hier nur der erste betrachtet, da der zweite durch Spiegelung von $y = \dfrac{1}{-ax^2 - bx - c}$ an der x–Achse erhalten werden kann.

a) $\Delta > 0$: Die Funktion ist für beliebiges x positiv und stetig und wächst von 0 bis zum Maximum, um dann wieder gegen 0 zu fallen. Das Maximum liegt bei $A\left(-\dfrac{b}{2a}, \dfrac{4a}{\Delta}\right)$, die Wendepunkte B und C bei $\left(-\dfrac{b}{2a} \pm \dfrac{\sqrt{\Delta}}{2a\sqrt{3}}, \dfrac{3a}{\Delta}\right)$; die zugehörigen Tangentensteigungen (Richtungskoeffizienten) berechnen sich zu $\tan\varphi = \mp a^2\left(\dfrac{3}{\Delta}\right)^{3/2}$ **(Abb.2.18a)**.

b) $\Delta = 0$: Die Funktion ist für beliebiges x positiv, wächst von 0 bis $+\infty$, besitzt bei $x = -\dfrac{b}{2a}$ eine Unstetigkeitsstelle mit $+\infty$ und nimmt von hier wieder auf 0 ab **(Abb.2.18b)**.

c) $\Delta < 0$: Die Funktion wächst von 0 bis $+\infty$, springt an der Unstetigkeitsstelle auf $-\infty$, um von hier über ein Maximum wieder nach $-\infty$ zu verlaufen, von wo es einen zweiten Sprung nach $+\infty$ gibt, auf den schließlich ein Abfall gegen 0 hin folgt. Das Maximum liegt bei $A\left(-\dfrac{b}{2a}, \dfrac{4a}{\Delta}\right)$, die Unstetigkeitsstellen bei $x = \dfrac{-b \pm \sqrt{-\Delta}}{2a}$ **(Abb.2.18c)**.

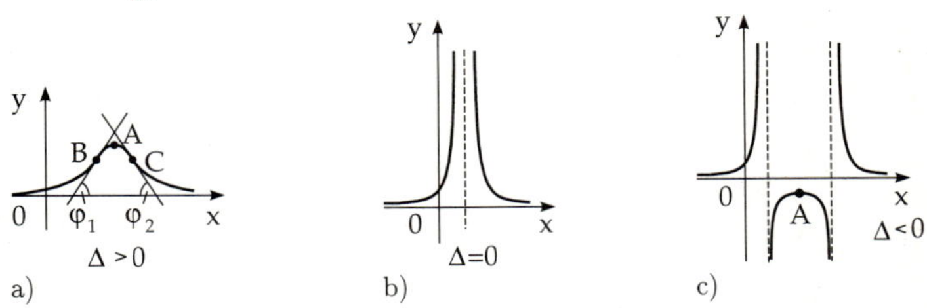

Abbildung 2.18

5. $$y = \frac{x}{ax^2 + bx + c} \tag{2.51}$$

ist eine Funktion, die eine *Kurve 3. Ordnung* durch den Koordinatenursprung mit der x–Achse als Asymptote **(Abb.2.19)** beschreibt. Der Verlauf der Funktion hängt von den Vorzeichen von a und $\Delta = 4ac - b^2$ sowie von den Vorzeichen der Wurzeln α und β der Gleichung $ax^2 + bx + c = 0$ ab, wenn $\Delta < 0$ ist, vom Vorzeichen von b, wenn $\Delta > 0$ ist. Von den zwei Fällen $a > 0$ und $a < 0$ wird hier nur der erste betrachtet, da sich der zweite durch Spiegelung der Kurve für $y = \dfrac{x}{(-a)x^2 - bx - c}$ an der x–Achse ergibt.

a) $\Delta > 0$: Die Funktion verläuft stetig, nimmt von 0 bis zum Minimum ab, steigt dann bis zum Maximum an, um danach wieder auf 0 abzufallen. Die Extremwerte liegen bei A und B $\left(\pm\sqrt{\dfrac{c}{a}}, \dfrac{-b \pm 2\sqrt{ac}}{\Delta}\right)$; es gibt drei Wendepunkte **(Abb.2.19a)**.

b) $\Delta = 0$: Der Verlauf hängt vom Vorzeichen von b ab:

•$b > 0$: Die Funktion nimmt von 0 bis $-\infty$ ab, durchläuft eine Unstetigkeitsstelle, nach der sie bis zum Maximum anwächst, um danach gegen 0 zu streben **(Abb.2.19b$_1$)**. Das Maximum liegt bei

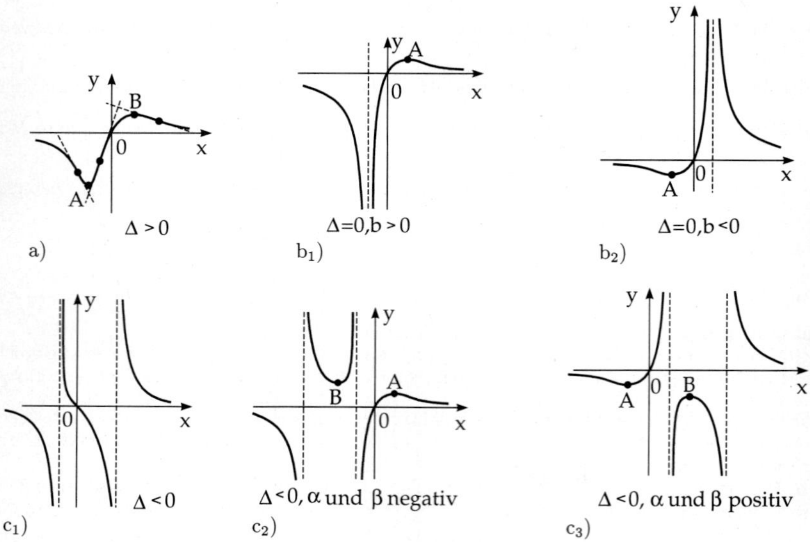

Abbildung 2.19

$A\left(+\sqrt{\dfrac{c}{a}}, \dfrac{1}{2\sqrt{ac}+b}\right)$.

•$b < 0$: Die Funktion fällt von 0 bis zum Minimum ab, durchläuft danach den Koordinatenursprung, steigt dann von 0 bis $+\infty$, wo sich eine Unstetigkeitsstelle befindet, von wo sie auf 0 abfällt **(Abb. 2.19b₂)**. Das Minimum liegt bei $A\left(-\sqrt{\dfrac{c}{a}}, -\dfrac{1}{2\sqrt{ac}-b}\right)$. Die Unstetigkeitsstellen liegen in beiden Fällen bei $x = -\dfrac{b}{2a}$, beide Kurven besitzen je einen Wendepunkt.

c) $\Delta < 0$: Die Funktion besitzt zwei Unstetigkeitsstellen bei $x = \alpha$ und $x = \beta$; ihr Verlauf hängt von den Vorzeichen von α und β ab.

• Die Vorzeichen von α und β sind verschieden: Die Funktion nimmt von 0 bis $-\infty$ ab, springt auf $+\infty$, nimmt wieder von $+\infty$ bis $-\infty$ ab, wobei sie durch den Koordinatenursprung verläuft, erfährt einen zweiten Sprung nach $+\infty$, von wo sie gegen 0 abfällt **(Abb.2.19c₁)**.

• Die Vorzeichen von α und β sind beide negativ: Die Funktion nimmt von 0 bis $-\infty$ ab, springt auf $+\infty$, durchläuft von hier ein Minimum bis auf $+\infty$, springt abermals auf $-\infty$, steigt dann bis zum Maximum an, um danach asymptotisch gegen 0 abzufallen **(Abb.2.19c₂)**. Die Extremwerte A und B berechnen sich wie im Fall 2.

• Die Vorzeichen von α und β sind beide positiv: Die Funktion nimmt von 0 bis zum Minimum ab, wächst dann auf $+\infty$ an, springt auf $-\infty$, durchläuft ein Maximum, um wieder $-\infty$ zu erreichen, springt abermals auf $+\infty$ und verläuft von hier gegen 0 **(Abb.2.19c₃)**. Die Extremwerte A und B werden mit den gleichen Formeln wie im Fall 2. berechnet.

In allen drei Fällen besitzt die Kurve einen Wendepunkt.

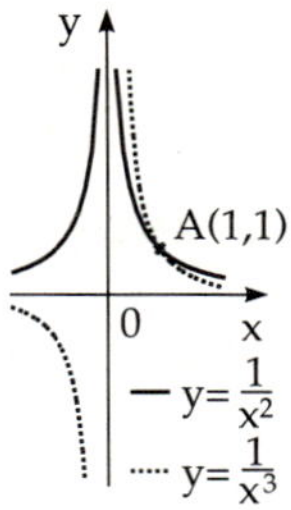

Abbildung 2.20

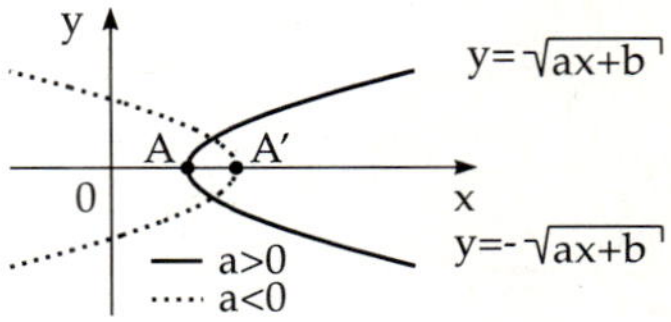

Abbildung 2.21

6. Reziproke Potenz

Die Funktion

$$y = \frac{a}{x^n} = ax^{-n}, \quad n > 0, \quad \text{ganzzahlig}, \tag{2.52}$$

beschreibt eine *Kurve vom hyperbolischen Typ* mit den Koordinatenachsen als Asymptoten. Die Unstetigkeitsstelle liegt bei $x = 0$ **(Abb.2.20)**.

a) Für $\boldsymbol{a > 0}$ wächst die Funktion bei geradem n von 0 bis $+\infty$, um dann auf 0 abzufallen, wobei sie stets positiv bleibt. Bei ungeradem n fällt sie von 0 auf $-\infty$ ab, springt auf $+\infty$, um dann wieder gegen 0 hin abzunehmen.

b) Für $\boldsymbol{a < 0}$ fällt die Funktion bei geradem n von 0 auf $-\infty$ ab, um von hier gegen 0 zu streben, wobei sie stets negativ bleibt. Bei ungeradem n wächst sie von 0 bis $+\infty$, springt auf $-\infty$, um danach bis 0 anzusteigen.

Extrema hat die Funktion keine. Die Kurve nähert sich um so schneller asymptotisch der x–Achse, und um so langsamer der y–Achse, je größer n ist. Für gerades n ist sie symmetrisch zur y–Achse, für ungerades n zentralsymmetrisch zum Koordinatenursprung. Die **Abb.2.20** zeigt die Fälle $n = 2$ und $n = 3$ für $a = 1$.

2.4 Irrationale Funktionen

1. Quadratwurzel aus einem linearen Binom

Die zwei Funktionen

$$y = \pm\sqrt{ax + b} \tag{2.53}$$

beschreiben eine *Parabel* mit der x–Achse als Symmetrieachse. Der Scheitel liegt bei $A\left(-\frac{b}{a}, 0\right)$, der *Parameter* ist $p = \frac{a}{2}$. Definitionsbereich und Verlauf der Kurve hängen vom Vorzeichen von a ab **(Abb.2.21)** (ausführlicher über die Parabel s. S. 171).

2. Quadratwurzel aus einem quadratischen Polynom

Die zwei Funktionen

$$y = \pm\sqrt{ax^2 + bx + c} \tag{2.54}$$

liefern für $a < 0$ eine *Ellipse*, für $a > 0$ eine *Hyperbel* **(Abb.2.22)**. Von den zwei Achsen stimmt eine mit der x–Achse überein, die andere ist eine Gerade durch $x = -\frac{b}{2a}$. Die Scheitel liegen bei $A, C\left(-\frac{b \pm \sqrt{-\Delta}}{2a}, 0\right)$ und $B, D\left(-\frac{b}{2a}, \pm\sqrt{\frac{\Delta}{4a}}\right)$, wobei $\Delta = 4ac - b^2$.

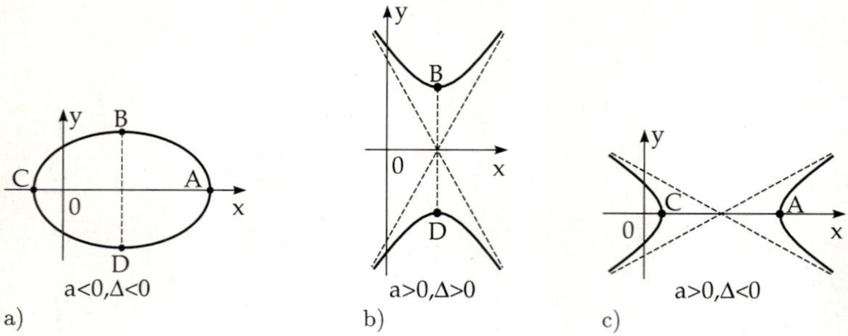

Abbildung 2.22

Definitionsbereich und Verlauf der Funktionen hängen von den Vorzeichen von a und Δ ab **(Abb.2.22)**. Für $a < 0$ und $\Delta > 0$ besitzen die Funktionen nur imaginäre Werte, so daß hier keine Kurven existieren (ausführlich über Ellipse und Hyperbel s. S. 166 und 168).

3. Potenzfunktion

$$y = ax^k = ax^{\pm m/n}, \quad m \quad \text{und} \quad n \quad \text{ganzzahlig, positiv,} \qquad (2.55)$$

ist für $k > 0$ und $k < 0$ getrennt zu betrachten **(Abb.2.23)**. Dabei reicht eine Beschränkung auf den Fall $a = 1$ aus, weil die Kurven für $a \neq 1$ gegenüber den von $y = x^k$ in Richtung der y–Achse mit dem Faktor a gestreckt und bei negativem a an der x–Achse zu spiegeln sind.

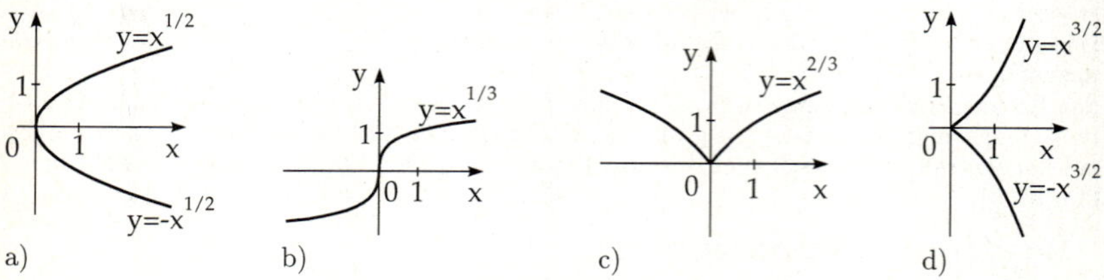

Abbildung 2.23

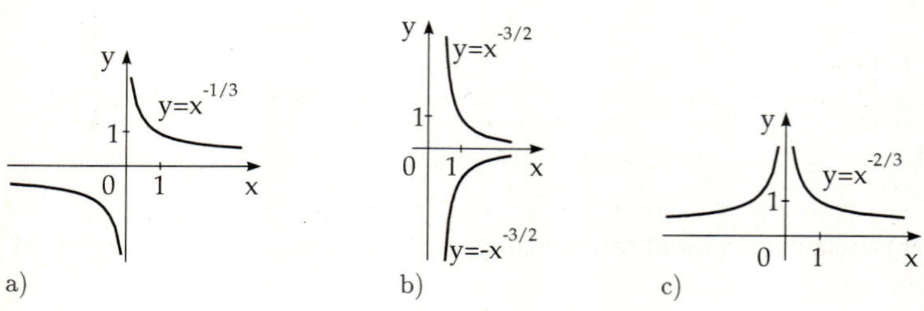

Abbildung 2.24

a) $\boldsymbol{k > 0}$, $\boldsymbol{y = x^{m/n}}$: Die Kurve verläuft durch die Punkte $(0,0)$ und $(1,1)$. Für $k > 1$ berührt sie die x–Achse im Koordinatenursprung **(Abb.2.23d)**, für $k < 0$ ebenfalls im Koordinatenursprung die y–Achse **(Abb.2.23a,b,c)**. Für n gerade gibt es wegen der Zweideutigkeit der Funktion zwei zur x–Achse symmetrische Zweige **(Abb.2.23a,d)**, für m gerade zwei zur y–Achse symmetrische Zweige **(Abb.2.23c)**. Für m und n ungerade ist die Kurve zentralsymmetrisch zum Koordinatenursprung

(Abb.2.23b). Die Kurve kann somit im Koordinatenursprung einen Scheitel, einen Wendepunkt oder einen Rückkehrpunkt besitzen **(Abb.2.23)**. Asymptoten hat sie keine.

b) $\boldsymbol{k < 0, y = x^{-m/n}}$: Die Kurve ist vom hyperbolischen Typ, wobei die Asymptoten mit den Koordinatenachsen zusammenfallen **(Abb.2.24)**. Die Unstetigkeitsstelle befindet sich bei $x = 0$. Die Kurve nähert sich der x–Achse asymptotisch um so schneller und der y–Achse um so langsamer, je größer $|k|$ ist. Der Kurvenverlauf und die Symmetrie hinsichtlich der Koordinatenachsen bzw. des Koordinatenursprungs hängen wie im Falle $k > 0$ davon ab, ob m und n gerade oder ungerade sind. Extrema gibt es keine.

2.5 Exponentialfunktionen und logarithmische Funktionen

1. Exponentialfunktion

Die Funktion

$$y = a^x = e^{bx}, \quad a > 0, \quad b = \ln a \tag{2.56}$$

liefert das graphische Bild der *Exponentialkurve* **(Abb.2.25)**. Für $a = e$ ergibt sich die *natürliche Exponentialkurve*

$$y = e^x. \tag{2.57}$$

Die Funktion besitzt nur positive Werte. Für $a > 1$, d.h. für $b > 0$, steigt sie monoton von 0 bis ∞ an. Für $a < 1$, d. h. für $b < 0$, nimmt sie um so schneller monoton von ∞ bis 0 ab, je größer $|b|$ ist. Die Kurve verläuft durch den Punkt $A(0, 1)$ und nähert sich asymptotisch der x–Achse für $b > 0$ nach rechts und für $b < 0$ nach links, und zwar um so schneller, je größer $|b|$ ist. Die Funktion $y = a^{-x} = \left(\frac{1}{a}\right)^x$ wächst für $a < 1$ und fällt für $a > 1$.

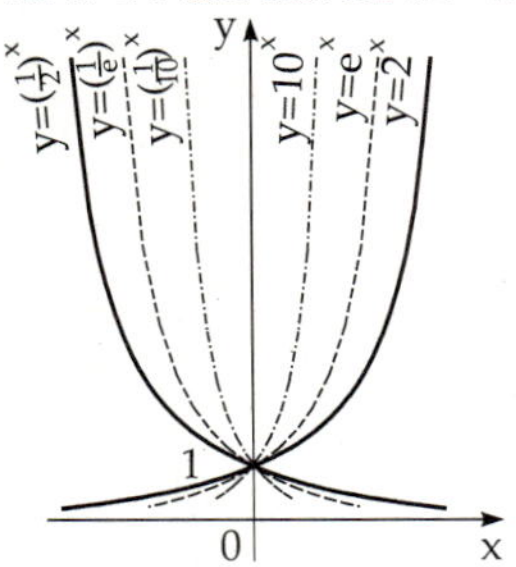

Abbildung 2.25

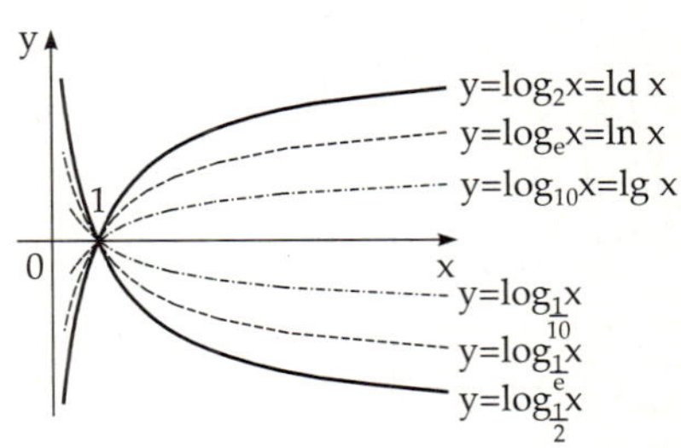

Abbildung 2.26

2. Logarithmische Funktionen

Die Funktion

$$y = \log_a x, \quad a > 0, \quad a \neq 1 \tag{2.58}$$

liefert die *logarithmische Kurve* **(Abb.2.26)**; sie stellt die an der Winkelhalbierenden $y = x$ des 1. Quadranten gespiegelte Exponentialkurve dar. Für $a = e$ ergibt sich das Kurvenbild des *natürlichen Logarithmus*

$$y = \ln x. \tag{2.59}$$

Die logarithmische Funktion ist im Reellen nur für $x > 0$ definiert. Für $a > 1$ wächst sie von $-\infty$ bis $+\infty$ monoton an, für $a < 1$ fällt sie von $+\infty$ auf $-\infty$ monoton ab, und zwar beide Male um so schneller, je größer $|\ln a|$ ist. Die Kurve geht durch den Punkt $A(1, 0)$ und nähert sich asymptotisch der y–Achse für $a > 1$ unten, für $a < 1$ oben, und das wieder um so schneller, je größer $|\ln a|$ ist.

3. Die Gaussche Glockenkurve

$$y = e^{-(ax)^2} \tag{2.60}$$

(Abb.2.27) hat die y–Achse zur Symmetrieachse und nähert sich der x–Achse asymptotisch um so schneller, je größer a ist. Das Maximum liegt bei $A(0,1)$, die Wendepunkte bei $B, C\left(\pm\frac{1}{a\sqrt{2}}, \frac{1}{\sqrt{e}}\right)$.

Die zugehörigen Tangentensteigungen ergeben sich zu $\tan\varphi = \mp a\sqrt{\frac{2}{e}}$.

Eine wichtige Anwendung der Gausss*chen Glockenkurve* (2.60) ist die Beschreibung des *Normalverteilungsgesetzes der Beobachtungsfehler* (Graphische Darstellung und Anwendung in der Wahrscheinlichkeitsrechnung s.S. 632ff.):

$$y = \varphi(x) = \frac{1}{\sigma\sqrt{2\pi}} e^{-\frac{x^2}{2\sigma^2}} \tag{2.61}$$

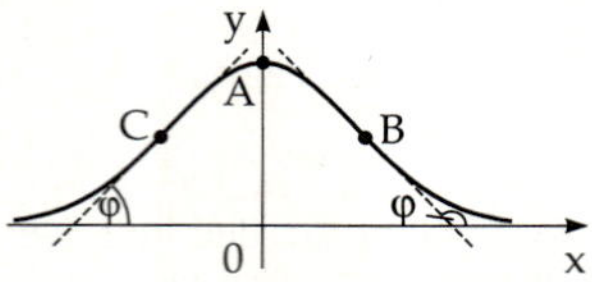

Abbildung 2.27

4. Die Exponentialsumme

$$y = ae^{bx} + ce^{dx} \tag{2.62}$$

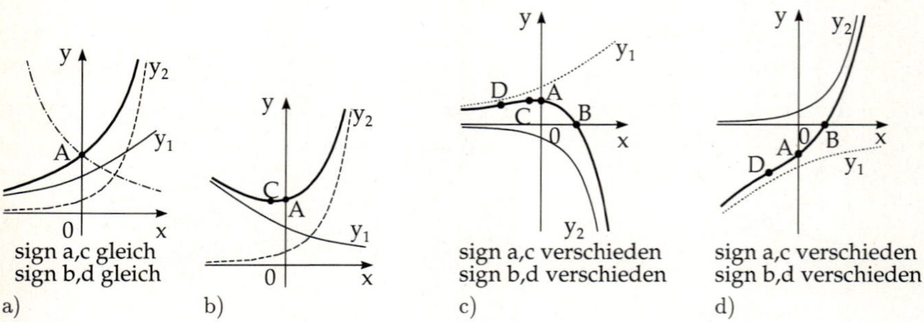

Abbildung 2.28

liefert eine Kurve **(Abb.2.28)**, deren Konstruktion am besten über die graphische Addition der Ordinaten der Kurven der beiden Summanden $y_1 = ae^{bx}$ und $y_2 = ce^{dx}$ **(in Abb.2.25** gestrichelt dargestellt) gelingt. Die Funktion ist stetig. Wenn keine der Zahlen a, b, c, d gleich 0 ist, besitzt die Kurve eine der vier in **Abb.2.28** dargestellten Formen, wobei die Kurvenbilder in Abhängigkeit von den Vorzeichen der Parameter an den Koordinatenachsen gespiegelt sein können.

a) a und c bzw. b und d besitzen gleiches Vorzeichen: Die Funktion erfährt keinen Vorzeichenwechsel; sie ändert sich von 0 bis $+\infty$ (bzw. $-\infty$) oder von $+\infty$ (bzw. $-\infty$) bis 0. Wendepunkte gibt es keine, Asymptote ist die x–Achse **(Abb.2.28a)**.

b) a und c haben gleiche, b und d verschiedene Vorzeichen: Die Funktion ändert sich ohne Vorzeichenwechsel von $+\infty$ bis $+\infty$, wobei sie ein Minimum durchläuft, bzw. von $-\infty$ bis $-\infty$, dabei ein Maximum durchlaufend. Wendepunkte gibt es keine **(Abb.2.28b)**.

c) a und c haben verschiedene, b und d gleiche Vorzeichen: Die Funktion ändert sich von 0 bis $+\infty$ (bzw. $-\infty$) oder von $+\infty$ (bzw. $-\infty$) bis 0, wobei sie einmal ihr Vorzeichen wechselt und ein Extremum C

und einen Wendepunkt D durchläuft. Die x–Achse ist Asymptote (**Abb.2.28c**).
d) a und c, als auch b und d besitzen unterschiedliche Vorzeichen: Die Funktion ändert sich monoton zwischen $-\infty$ und $+\infty$ bzw. zwischen $+\infty$ und $-\infty$, sie besitzt keine Extrema, aber einen Wendepunkt D (**Abb.2.28d**).

Der Schnitt mit der y–Achse liegt bei $A(0, a+c)$, der mit der x–Achse bei $B\left[x = \frac{1}{d-b}\ln\left(-\frac{a}{c}\right)\right]$, das Extremum bei $C\left[x = \frac{1}{d-b}\ln\left(-\frac{ab}{cd}\right)\right]$ und der Wendepunkt bei $D\left[x = \frac{1}{d-b}\ln\left(-\frac{ab^2}{cd^2}\right)\right]$.

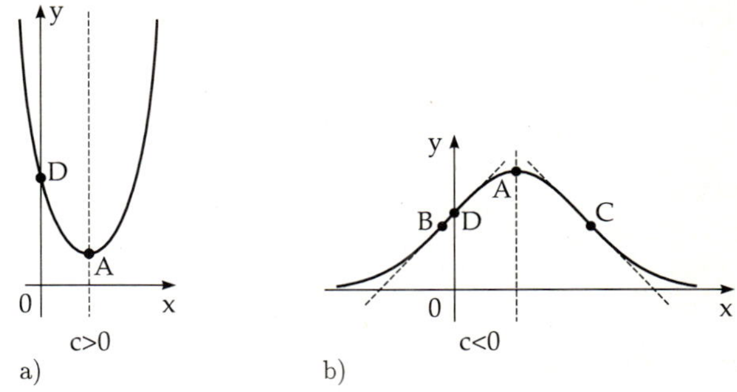

Abbildung 2.29

5. $\quad y = ae^{bx+cx^2}$ (2.63)

ist eine Funktion, die als Verallgemeinerung der GAUSS*schen Glockenkurve* (2.60) aufgefaßt werden kann; sie liefert eine symmetrische Kurve zur vertikalen Geraden durch $x = -\frac{b}{2c}$, wobei die x–Achse nicht geschnitten wird und der Schnitt mit der y–Achse bei $D(0, a)$ liegt (**Abb.2.29a,b**).
Der Verlauf der Funkiton hängt von den Vorzeichen von a und c ab. Hier wird nur der Fall $a > 0$ betrachtet, da die Kurve zu $a < 0$ durch Spiegelung an der x–Achse erhalten werden kann.
a) $c > 0$: Die Funktion nimmt von $+\infty$ bis zum Minimum ab, um dann wieder bis gegen $+\infty$ anzuwachsen. Dabei bleibt sie stets positiv. Das Minimum liegt bei $A\left(-\frac{b}{2c}, ae^{-\frac{b^2}{4c}}\right)$; Wendepunkte und Asymptoten gibt es nicht (**Abb.2.29a**).

b) $c < 0$: Die x–Achse ist Asymptote. Das Maximum liegt bei $A\left(-\frac{b}{2c}, ae^{-\frac{b^2}{4c}}\right)$, die Wendepunkte bei $B, C\left(\frac{-b \pm \sqrt{-2c}}{2c}, ae^{\frac{-(b^2+2c)}{4c}}\right)$ (**Abb 2.29b**).

6. $\quad y = ax^b e^{cx}$ (2.64)

ist eine Funktion, die hier nur für den Fall $a > 0$ betrachtet wird, da sich die Kurve zu $a < 0$ aus einer Spiegelung an der x–Achse ergibt, und nur für positive x–Werte, so daß sie stets positiv bleibt (**Abb.2.30**). Für $b > 0$ verläuft die Kurve durch den Koordinatenursprung. Tangente ist in diesem Punkt für $b > 1$ die x–Achse, für $b = 1$ die Winkelhalbierende $y = x$ des ersten Quadranten und für $0 < b < 1$ die y–Achse. Für $b < 0$ ist die y–Achse Asymptote. Für $c > 0$ steigt die Funktion mit x über alle Grenzen, für $c < 0$ geht sie asymptotisch gegen 0. Für verschiedene Vorzeichen von b und c besitzt die Funktion ein Extremum bei $A\left(x = -\frac{b}{c}\right)$. Die Kurve besitzt entweder keinen, einen oder zwei Wendepunkte C und D $\left(x = -\frac{b \pm \sqrt{b}}{c}\right)$ **(Abb.2.30c,e,f,g)**.

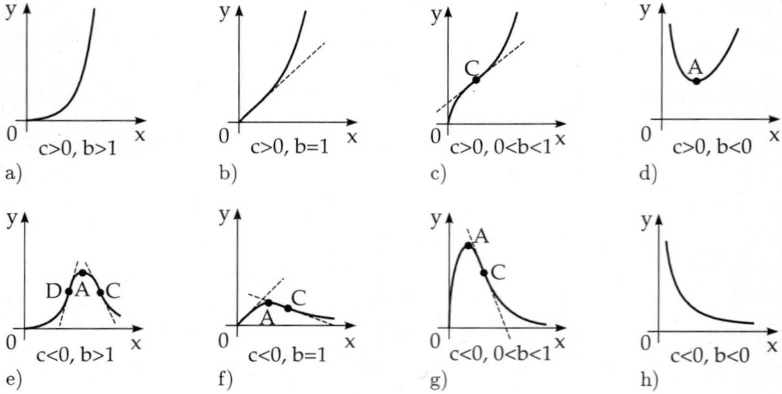

Abbildung 2.30

2.6 Trigonometrische Funktionen

2.6.1 Grundlagen

2.6.1.1 Definition und Darstellung

1. Definition

Die trigonometrischen Funktionen werden über geometrische Betrachtungen hergeleitet.Daher wird ihre Definition sowie die Angabe des Arguments im Grad- oder Bogenmaß im Kapitel Geometrie besprochen (s. S. 108).

2. Sinus

Die *allgemeine Sinusfunktion*

$$y = A\sin(\omega x + \varphi_0) \tag{2.65}$$

mit der Amplitude $|A|$, der Frequenz ω und der Anfangsphase φ_0 ist in **Abb.2.31a** als*gewöhnliche Sinusfunktion*

$$y = \sin x \tag{2.66}$$

mit $A = \omega = 1$ und $\varphi_0 = 0$ dargestellt. Es ist eine stetige Kurve mit der Periode $T = 2\pi$. Die

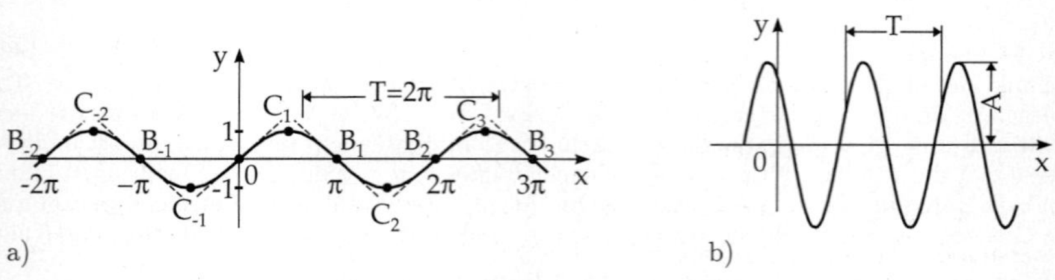

Abbildung 2.31

Schnittpunkte O, B_1, B_{-1}, B_2, B_{-2}, ..., mit $B_k = (k\pi, 0)$, $(k = 0, \pm 1, \pm 2, \ldots)$ der gewöhnlichen Sinuskurve mit der x–Achse, sind die Wendepunkte der Kurve. Der Neigungswinkel der Kurventangenten gegeüber der x–Achse beträgt hier $\pm\frac{\pi}{4}$. Die Extremwerte befinden sich bei C_1, C_{-1}, C_2, $C_{-2}, \ldots$ mit $C_k = \left[\left(k + \frac{1}{2}\right)\pi, (-1)^k\right]$. Gegenüber der gewöhnlichen ist die allgemeine Sinuskurve **(Abb.2.31b)** in y–Richtung um den Faktor $|A|$ gedehnt, in der x–Richtung um den Faktor $\frac{1}{\omega}$ zusammengedrückt und um die Strecke $\frac{\varphi_0}{\omega}$ nach links verschoben. Periode: $T = \frac{2\pi}{\omega}$; Schnittpunkte mit der x–Achse: $B_k = \left(\frac{k\pi - \varphi_0}{\omega}, 0\right)$;

Extrema $C_k = \left(\frac{\left(k + \frac{1}{2}\right)\pi - \varphi_0}{\omega}, (-1)^k A\right)$. (Die Addition von Sinusfunktionen s. S. 67)

3. Kosinus

Die *allgemeine Kosinusfunktion*

$$y = A\cos(\omega x + \varphi_0) \tag{2.67a}$$

läßt sich auch in der Form

$$y = A\sin\left(\omega x + \varphi_0 + \frac{\pi}{2}\right), \tag{2.67b}$$

d.h. als eine *Sinusfunktion mit der Phasenverschiebung* $\varphi = 90°$ schreiben **(Abb.2.32)**. Die *gewöhnliche Kosinuskurve*

$$y = \cos x = \sin\left(x + \frac{\pi}{2}\right) \tag{2.67c}$$

hat ihre Schnittpunkte mit der x–Achse bei B_1, B_2, ..., $B_k = \left[\left(k + \frac{1}{2}\right)\pi, 0\right]$; sie sind zugleich die Wendepunkte mit dem Tangentenneigungswinkel $\pm\frac{\pi}{4}$. Extrema: $C_0, C_1, \ldots, C_k = (k\pi, (-1)^k)$.

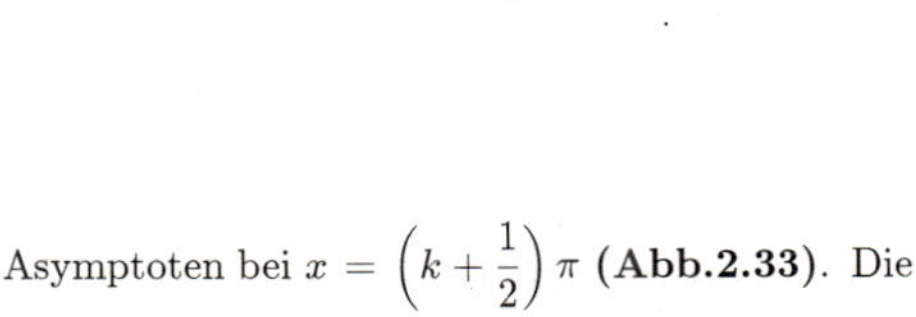

Abbildung 2.32

4. Tangens

Die *Tangensfunktion*

$$y = \tan x \tag{2.68}$$

hat die Periode $T = \pi$, Asymptoten bei $x = \left(k + \frac{1}{2}\right)\pi$ **(Abb.2.33)**. Die Funktion wächst für x im Intervall von $-\frac{\pi}{2}$ bis $+\frac{\pi}{2}$ monoton zwischen $-\infty$ bis $+\infty$; für größere Werte von x wiederholt sich dieser Verlauf periodisch. Die Schnittpunkte mit der x–Achse bei O, A_1, A_{-1} A_2, $A_{-2}, \ldots, A_k = (k\pi, 0)$ sind zugleich Wendepunkte mit dem Tangentenneigungswinkel $\frac{\pi}{4}$.

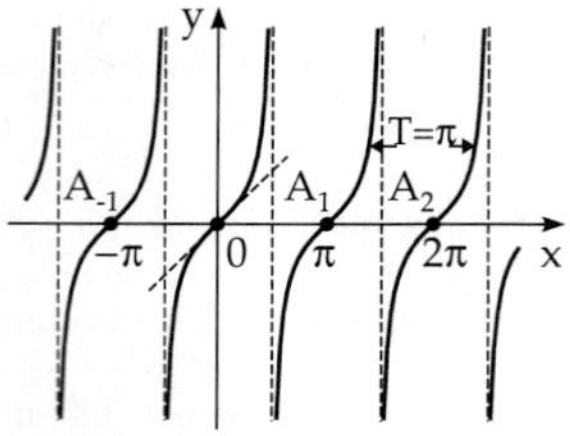

Abbildung 2.33

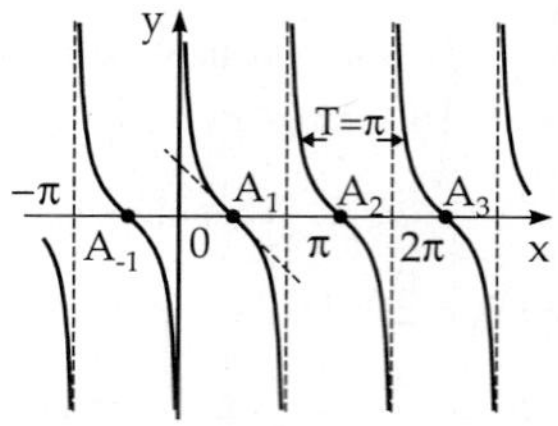

Abbildung 2.34

5. Kotangens
Die *Kotangensfunktion*

$$y = \cot x = -\tan\left(\frac{\pi}{2} + x\right) \tag{2.69}$$

ergibt eine an der x–Achse gespiegelte und um die Strecke $\frac{\pi}{2}$ nach links verschobene Tangenskurve **(Abb.2.34)**. Die Asymptoten liegen bei $x = k\pi$. Wenn x von 0 bis π läuft, fällt y monoton von $+\infty$ bis $-\infty$; für größere Werte von x wiederholt sich dieser Verlauf periodisch. Die Schnittpunkte mit der x–Achse bei A_1, A_{-1} A_2, $A_{-2}, \ldots$ mit $A_k = \left[\left(k + \frac{1}{2}\right)\pi, 0\right]$ sind zugleich Wendepunkte mit dem Tangentenneigungswinkel $\frac{\pi}{4}$.

6. Sekans
Die *Sekansfunktion*

$$y = \sec x = \frac{1}{\cos x} \tag{2.70}$$

hat die Periode $T = 2\pi$, die Asymptoten liegen bei $x = \left(k + \frac{1}{2}\right)\pi$; außerdem ist stets $|y| \geq 1$. Die Maxima liegen bei $A_1, A_2, \ldots$ mit $A_k = [(2k+1)\pi, -1]$, die Minima bei $B_1, B_2, \ldots$ mit $B_k = (2k\pi, +1)$ **(Abb.2.35)**.

7. Kosekans
Die *Kosekansfunktion*

$$y = \operatorname{cosec} x = \frac{1}{\sin x} \tag{2.71}$$

stellt graphisch eine um die Strecke $x = \frac{\pi}{2}$ nach rechts verschobene Sekanskurve dar. Die Asymptoten liegen bei $x = k\pi$, die Maxima bei $A_1, A_2, \ldots$ mit $A_k = \left(\frac{4k+3}{2}\pi, -1\right)$ und die Minima bei $B_1, B_2, \ldots$ mit $B_k = \left(\frac{4k+1}{2}\pi, +1\right)$ **(Abb.2.36)**.

2.6.1.2 Wertebereiche und Funktionsverläufe

1. Winkelbereich $\leq 360°$
Die sechs trigonometrischen Funktionen sind in **Abb.2.37** in allen vier Quadranten für einen vollen Winkelbereich von 0° bis 360° bzw. einen vollen Bogenbereich von 0 bis 2π gemeinsam dargestellt. In **Tabelle2.1** ist ein Überblick über die Definitions- und Wertebereiche der Funktionen gegeben. Die

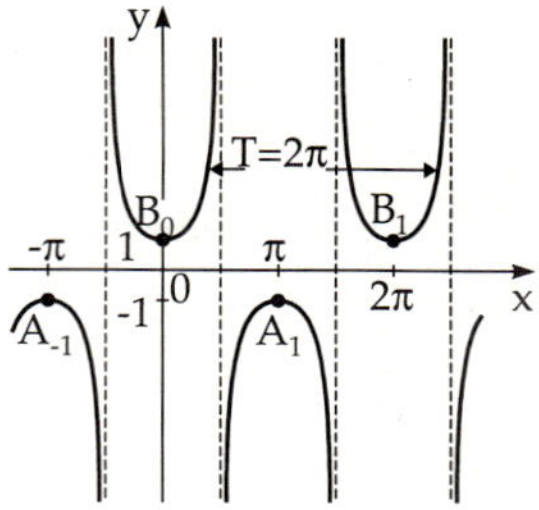

Abbildung 2.35

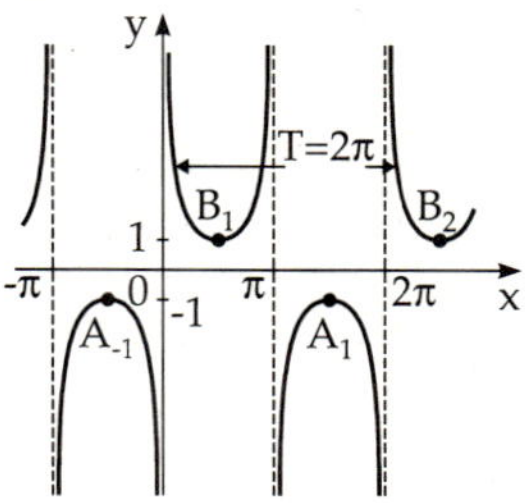

Abbildung 2.36

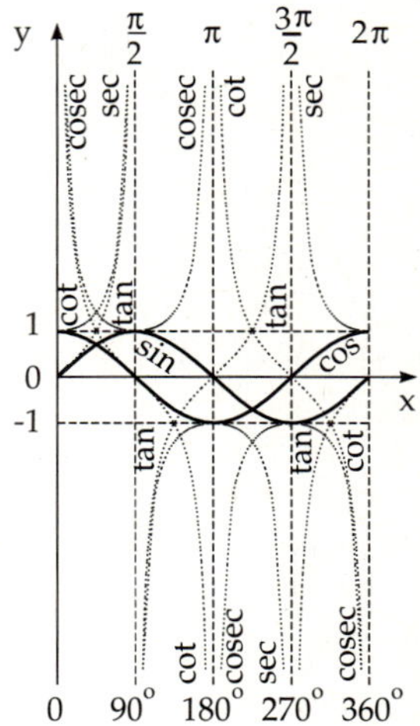

Abbildung 2.37

Tabelle2.2 enthält die Funktionswerte für bestimmte feste Winkelargumente im *Grad-* bzw. *Bogenmaß.* Das Funktionsvorzeichen, das vom Quadranten abhängt, in dem das Funktionsargument liegt, kann aus **Tabelle2.3** entnommen werden.

Tabelle 2.1 Definitions- und Wertebereich der trigonometrischen Funktionen

Definitionsbereich	Wertebereich	Definitionsbereich	Wertebereich
$-\infty < x < \infty$	$-1 \leq \sin x \leq 1$ $-1 \leq \cos x \leq 1$	$x \neq (2k+1)\frac{\pi}{2}$ $x \neq k\pi$ $(k = 0, \pm 1, \pm 2, \ldots)$	$-\infty < \tan x < \infty$ $-\infty < \cot x < \infty$

2. Beliebige Winkel

Entsprechend ihrer geometrischen Definition (s. S. 108) können die trigonometrischen Funktionen für beliebige Winkelwerte angegeben werden. Da jeder Winkel auf einen Wert in den vier Quadranten zurückgeführt werden kann, nehmen die trigonometrischen Funktionen periodisch mit 360° oder mit 2π immer wieder die gleichen Werte an. Die Ermittlung der Funktionswerte für beliebige Winkel erfolgt nach den folgenden Regeln:

1. Wenn der Winkel größer als 360° ist, dann werden die Funktionen in Übereinstimmung mit den folgenden Formeln auf Winkel von 0° bis 360° zurückgeführt (für Tangens und Kotangens auf 0° bis 180°), wobei die Zahl n ganzzahlig ist:

$$\sin(360° \cdot n + \alpha) = \sin\alpha \qquad (2.72)$$

$$\cos(360° \cdot n + \alpha) = \cos\alpha \qquad (2.73)$$

Tabelle 2.2 Werte der trigonometrischen Funktionen für Winkel, die Vielfache der Winkel von 30° und 45° $\left(\frac{\pi}{6}\text{ und }\frac{\pi}{4}\right)$ sind

Funk-	Winkel; I.Quadrant					Winkel; II.Quadrant				Winkel; III.Quadrant				Winkel; IV.Quadrant			
	0°	30°	45°	60°	90°	120°	135°	150°	180°	210°	225°	240°	270°	300°	315°	330°	360°
tion	0	$\frac{1}{6}\pi$	$\frac{1}{4}\pi$	$\frac{1}{3}\pi$	$\frac{1}{2}\pi$	$\frac{2}{3}\pi$	$\frac{3}{4}\pi$	$\frac{5}{6}\pi$	π	$\frac{7}{6}\pi$	$\frac{5}{4}\pi$	$\frac{4}{3}\pi$	$\frac{3}{2}\pi$	$\frac{5}{3}\pi$	$\frac{7}{4}\pi$	$\frac{11}{6}\pi$	2π
sin	0	$\frac{1}{2}$	$\frac{\sqrt{2}}{2}$	$\frac{\sqrt{3}}{2}$	1	$\frac{\sqrt{3}}{2}$	$\frac{\sqrt{2}}{2}$	$\frac{1}{2}$	0	$-\frac{1}{2}$	$-\frac{\sqrt{2}}{2}$	$-\frac{\sqrt{3}}{2}$	-1	$-\frac{\sqrt{3}}{2}$	$-\frac{\sqrt{2}}{2}$	$-\frac{1}{2}$	0
cos	1	$\frac{\sqrt{3}}{2}$	$\frac{\sqrt{2}}{2}$	$\frac{1}{2}$	0	$-\frac{1}{2}$	$-\frac{\sqrt{2}}{2}$	$-\frac{\sqrt{3}}{2}$	-1	$-\frac{\sqrt{3}}{2}$	$-\frac{\sqrt{2}}{2}$	$-\frac{1}{2}$	0	$\frac{1}{2}$	$\frac{\sqrt{2}}{2}$	$\frac{\sqrt{3}}{2}$	1
tan	0	$\frac{\sqrt{3}}{3}$	1	$\sqrt{3}$	$\pm\infty$	$-\sqrt{3}$	-1	$-\frac{\sqrt{3}}{3}$	0	$\frac{\sqrt{3}}{3}$	1	$\sqrt{3}$	$\pm\infty$	$-\sqrt{3}$	-1	$-\frac{\sqrt{3}}{3}$	0
cot	$\mp\infty$	$\sqrt{3}$	1	$\frac{\sqrt{3}}{3}$	0	$-\frac{\sqrt{3}}{3}$	-1	$-\sqrt{3}$	$\mp\infty$	$\sqrt{3}$	1	$\frac{\sqrt{3}}{3}$	0	$-\frac{\sqrt{3}}{3}$	-1	$-\sqrt{3}$	$\mp\infty$
sec	1	$\frac{2\sqrt{3}}{3}$	$\sqrt{2}$	2	$\pm\infty$	-2	$-\sqrt{2}$	$-\frac{2\sqrt{3}}{3}$	-1	$-\frac{2\sqrt{3}}{3}$	$-\sqrt{2}$	-2	$\mp\infty$	2	$\sqrt{2}$	$\frac{2\sqrt{3}}{3}$	1
csc	$\mp\infty$	2	$\sqrt{2}$	$\frac{2\sqrt{3}}{3}$	1	$\frac{2\sqrt{3}}{3}$	$\sqrt{2}$	2	$\pm\infty$	-2	$-\sqrt{2}$	$-\frac{2\sqrt{3}}{3}$	-1	$-\frac{2\sqrt{3}}{3}$	$-\sqrt{2}$	-2	$\mp\infty$

Tabelle 2.3 Vorzeichen der trigonometrischen Funktionen

Quadrant	Größe des Winkels	sin	cos	tan	cot	sec	cosec
I	von 0° bis 90°	+	+	+	+	+	+
II	von 90° bis 180°	+	−	−	−	−	+
III	von 180° bis 270°	−	−	+	+	−	−
IV	von 270° bis 360°	−	+	−	−	+	−

$$\tan(180° \cdot n + \alpha) = \tan\alpha \qquad (2.74)$$

$$\cot(180° \cdot n + \alpha) = \cot\alpha \qquad (2.75)$$

2. Wenn der Winkel negativ ist, dann werden die Funkionen mit den folgenden Formeln auf positive Werte zurückgeführt:

$$\sin(-\alpha) = -\sin\alpha \qquad (2.76)$$

$$\cos(-\alpha) = \cos\alpha \qquad (2.77)$$

$$\tan(-\alpha) = -\tan\alpha \qquad (2.78)$$

$$\cot(-\alpha) = -\cot\alpha \qquad (2.79)$$

3. Wenn $90° < \alpha < 360°$ ist, dann werden die Funktionen mit Hilfe der *Reduktionsformeln* in **Tabelle2.4** auf Funktionen eines spitzen Winkels zurückgeführt.

Tabelle 2.4 Reduktionsformeln

Funktion	$\beta = 90° \pm \alpha$	$\beta = 180° \pm \alpha$	$\beta = 270° \pm \alpha$	$\beta = 360° - \alpha$
$\sin\beta$	$+\cos\alpha$	$\mp\sin\alpha$	$-\cos\alpha$	$-\sin\alpha$
$\cos\beta$	$\mp\sin\alpha$	$-\cos\alpha$	$\pm\sin\alpha$	$+\cos\alpha$
$\tan\beta$	$\mp\cot\alpha$	$\pm\tan\alpha$	$\mp\cot\alpha$	$-\tan\alpha$
$\cot\beta$	$\mp\tan\alpha$	$\pm\cot\alpha$	$\mp\tan\alpha$	$-\cot\alpha$

4. Wenn ein spitzer Winkel vorliegt ($0° < \alpha < 90°$), dann wurden die Funktionswerte früher Tabellen entnommen, heute werden sie vom Rechner abgefragt.

■ $\sin(-1000°) = -\sin 1000° = -\sin(360° \cdot 2 + 280°) = -\sin 280° = +\cos 10° = +0,9848$.

Funktionswerte in der *Einheit Radiant* können leicht berechnet werden (s. S. **??**). Für größere Winkel werden die gleichen Regeln und Reduktionsformeln angewendet wie für Winkel im *Gradmaß*.

2.6.2 Wichtige Formeln für trigonometrische Funktionen

1. Funktionen eines Winkels

$$\sin^2\alpha + \cos^2\alpha = 1, \qquad (2.80)$$

$$\sec^2\alpha - \tan^2\alpha = 1, \qquad (2.81)$$

$$\mathrm{cosec}^2\alpha - \cot^2\alpha = 1, \qquad (2.82)$$

$$\sin\alpha \cdot \mathrm{cosec}\,\alpha = 1, \qquad (2.83)$$

$$\cos\alpha \cdot \sec\alpha = 1, \qquad (2.84)$$

$$\tan\alpha \cdot \cot\alpha = 1, \qquad (2.85)$$

$$\frac{\sin\alpha}{\cos\alpha} = \tan\alpha, \qquad (2.86)$$

$$\frac{\cos\alpha}{\sin\alpha} = \cot\alpha. \qquad (2.87)$$

2. Beziehungen zwischen den trigonometrischen Funktionen für den gleichen Winkel

Die entsprechenden Formeln sind der Übersichlichkeit wegen in einer Tabelle (**Tabelle2.5**) zusammengefaßt. In ihnen ist vor dem Wurzelzeichen ein positives oder negatives Vorzeichen zu setzen, je nachdem, in welchem Quadranten sich der Winkel befindet.

Tabelle 2.5 Beziehungen zwischen den trigonometrischen Funktionen gleichen Arguments im Intervall $0 < \alpha < \frac{\pi}{2}$

α	$\sin\alpha$	$\cos\alpha$	$\tan\alpha$	$\cot\alpha$
$\sin\alpha$	–	$\sqrt{1-\cos^2\alpha}$	$\frac{\tan\alpha}{\sqrt{1+\tan^2\alpha}}$	$\frac{1}{\sqrt{1+\cot^2\alpha}}$
$\cos\alpha$	$\sqrt{1-\sin^2\alpha}$	–	$\frac{1}{\sqrt{1+\tan^2\alpha}}$	$\frac{\cot\alpha}{\sqrt{1+\cot^2\alpha}}$
$\tan\alpha$	$\frac{\sin\alpha}{\sqrt{1-\sin^2\alpha}}$	$\frac{\sqrt{1-\cos^2\alpha}}{\cos\alpha}$	–	$\frac{1}{\cot\alpha}$
$\cot\alpha$	$\frac{\sqrt{1-\sin^2\alpha}}{\sin\alpha}$	$\frac{\cos\alpha}{\sqrt{1-\cos^2\alpha}}$	$\frac{1}{\tan\alpha}$	–

3. Trigonometrische Funktionen der Summe und der Differenz zweier Winkel

$$\sin(\alpha \pm \beta) = \sin\alpha\cos\beta \pm \cos\alpha\sin\beta, \tag{2.88}$$

$$\cos(\alpha \pm \beta) = \cos\alpha\cos\beta \mp \sin\alpha\sin\beta, \tag{2.89}$$

$$\tan(\alpha \pm \beta) = \frac{\tan\alpha \pm \tan\beta}{1 \mp \tan\alpha\tan\beta}, \tag{2.90}$$

$$\cot(\alpha \pm \beta) = \frac{\cot\alpha\cot\beta \mp 1}{\cot\beta \pm \cot\alpha}; \tag{2.91}$$

$$\sin(\alpha+\beta+\gamma) = \sin\alpha\cos\beta\cos\gamma + \cos\alpha\sin\beta\cos\gamma + \cos\alpha\cos\beta\sin\gamma - \sin\alpha\sin\beta\sin\gamma, \tag{2.92}$$

$$\cos(\alpha+\beta+\gamma) = \cos\alpha\cos\beta\cos\gamma - \sin\alpha\sin\beta\cos\gamma - \sin\alpha\cos\beta\sin\gamma - \cos\alpha\sin\beta\sin\gamma. \tag{2.93}$$

4. Trigonometrische Funktionen für Winkelvielfache

$$\sin 2\alpha = 2\sin\alpha\cos\alpha, \tag{2.94}$$

$$\sin 3\alpha = 3\sin\alpha - 4\sin^3\alpha, \tag{2.95}$$

$$\cos 2\alpha = \cos^2\alpha - \sin^2\alpha, \tag{2.96}$$

$$\cos 3\alpha = 4\cos^3\alpha - 3\cos\alpha, \tag{2.97}$$

$$\sin 4\alpha = 8\cos^3\alpha\sin\alpha - 4\cos\alpha\sin\alpha, \tag{2.98}$$

$$\cos 4\alpha = 8\cos^4\alpha - 8\cos^2\alpha + 1, \tag{2.99}$$

$$\tan 2\alpha = \frac{2\tan\alpha}{1-\tan^2\alpha}, \qquad (2.100)$$

$$\tan 3\alpha = \frac{3\tan\alpha - \tan^3\alpha}{1-3\tan^2\alpha}, \qquad (2.101)$$

$$\tan 4\alpha = \frac{4\tan\alpha - 4\tan^3\alpha}{1-6\tan^2\alpha+\tan^4\alpha} \qquad (2.102)$$

$$\cot 2\alpha = \frac{\cot^2\alpha - 1}{2\cot\alpha}, \qquad (2.103)$$

$$\cot 3\alpha = \frac{\cot^3\alpha - 3\cot\alpha}{3\cot^2\alpha - 1}, \qquad (2.104)$$

$$\cot 4\alpha = \frac{\cot^4\alpha - 6\cot^2\alpha + 1}{4\cot^3\alpha - 4\cot\alpha}. \qquad (2.105)$$

Für große Werte von n ermittelt man $\sin n\alpha$ und $\cos n\alpha$ vorteilhafterweise mit der Formel von MOIVRE für trigonometrische Funktionen mit komplexen Zahlen und mit den Binomialkoeffizienten $C = \binom{n}{m}$ (s. S. 578 und 9).

$$\cos n\alpha + i\sin n\alpha = (\cos\alpha + i\sin\alpha)^n = \cos^n\alpha + in\cos^{n-1}\alpha\sin\alpha - \binom{n}{2}\cos^{n-2}\alpha\sin^2\alpha$$
$$-i\binom{n}{3}\cos^{n-3}\alpha\sin^3\alpha + \binom{n}{4}\cos^{n-4}\alpha\sin^4\alpha + \ldots, \qquad (2.106)$$

woraus folgt

$$\cos n\alpha = \cos^n\alpha - \binom{n}{2}\cos^{n-2}\alpha\sin^2\alpha + \binom{n}{4}\cos^{n-4}\alpha\sin^4\alpha - \binom{n}{6}\cos^{n-6}\alpha\sin^6\alpha + \ldots, \qquad (2.107)$$

$$\sin n\alpha = n\cos^{n-1}\alpha\sin\alpha - \binom{n}{3}\cos^{n-3}\alpha\sin^3\alpha + \binom{n}{5}\cos^{n-5}\alpha\sin^5\alpha - \ldots . \qquad (2.108)$$

5. Trigonometrische Funktionen des halben Winkels

In den folgenden Formeln, auch Halbwinkelsätze genannt, ist vor dem Wurzelzeichen ein positives oder negatives Vorzeichen zu setzen, je nachdem, in welchem Quadranten sich der Winkel befindet.

$$\sin\frac{\alpha}{2} = \sqrt{\frac{1}{2}(1-\cos\alpha)}, \qquad (2.109)$$

$$\cos\frac{\alpha}{2} = \sqrt{\frac{1}{2}(1+\cos\alpha)}, \qquad (2.110)$$

$$\tan\frac{\alpha}{2} = \sqrt{\frac{1-\cos\alpha}{1+\cos\alpha}} = \frac{1-\cos\alpha}{\sin\alpha} = \frac{\sin\alpha}{1+\cos\alpha}, \qquad (2.111)$$

$$\cot\frac{\alpha}{2} = \sqrt{\frac{1+\cos\alpha}{1-\cos\alpha}} = \frac{1+\cos\alpha}{\sin\alpha} = \frac{\sin\alpha}{1-\cos\alpha}. \qquad (2.112)$$

6. Summen und Differenzen zweier trigonometrischer Funktionen (Additionstheoreme)

$$\sin\alpha + \sin\beta = 2\sin\frac{\alpha+\beta}{2}\cos\frac{\alpha-\beta}{2}, \qquad (2.113)$$

$$\sin\alpha - \sin\beta = 2\cos\frac{\alpha+\beta}{2}\sin\frac{\alpha-\beta}{2}, \qquad (2.114)$$

$$\cos\alpha + \cos\beta = 2\cos\frac{\alpha+\beta}{2}\cos\frac{\alpha-\beta}{2}, \qquad (2.115)$$

$$\cos\alpha - \cos\beta = -2\sin\frac{\alpha+\beta}{2}\sin\frac{\alpha-\beta}{2}, \qquad (2.116)$$

$$\tan\alpha \pm \tan\beta = \frac{\sin(\alpha \pm \beta)}{\cos\alpha\cos\beta}, \quad (2.117)$$

$$\cot\alpha \pm \cot\beta = \pm\frac{\sin(\alpha \pm \beta)}{\sin\alpha\sin\beta}, \quad (2.118)$$

$$\tan\alpha + \cot\beta = \frac{\cos(\alpha - \beta)}{\cos\alpha\sin\beta}, \quad (2.119)$$

$$\cot\alpha - \tan\beta = \frac{\cos(\alpha + \beta)}{\sin\alpha\cos\beta}. \quad (2.120)$$

7. Produkte trigonometrischer Funktionen

$$\sin\alpha\sin\beta = \frac{1}{2}[\cos(\alpha - \beta) - \cos(\alpha + \beta)], \quad (2.121)$$

$$\cos\alpha\cos\beta = \frac{1}{2}[\cos(\alpha - \beta) + \cos(\alpha + \beta)], \quad (2.122)$$

$$\sin\alpha\cos\beta = \frac{1}{2}[\sin(\alpha - \beta) + \sin(\alpha + \beta)], \quad (2.123)$$

$$\sin\alpha\sin\beta\sin\gamma = \frac{1}{4}[\sin(\alpha + \beta - \gamma) + \sin(\beta + \gamma - \alpha) + \sin(\gamma + \alpha - \beta) - \sin(\alpha + \beta + \gamma)], \quad (2.124)$$

$$\sin\alpha\cos\beta\cos\gamma = \frac{1}{4}[\sin(\alpha + \beta - \gamma) - \sin(\beta + \gamma - \alpha) + \sin(\gamma + \alpha - \beta) + \sin(\alpha + \beta + \gamma)], \quad (2.125)$$

$$\sin\alpha\sin\beta\cos\gamma = \frac{1}{4}[-\cos(\alpha + \beta - \gamma) + \cos(\beta + \gamma - \alpha) + \cos(\gamma + \alpha - \beta) - \cos(\alpha + \beta + \gamma)], \quad (2.126)$$

$$\cos\alpha\cos\beta\cos\gamma = \frac{1}{4}[\cos(\alpha + \beta - \gamma) + \cos(\beta + \gamma - \alpha) + \cos(\gamma + \alpha - \beta) + \cos(\alpha + \beta + \gamma)]. \quad (2.127)$$

8. Potenzen trigonometrischer Funktionen

$$\sin^2\alpha = \frac{1}{2}(1 - \cos 2\alpha), \quad (2.128)$$

$$\sin^3\alpha = \frac{1}{4}(3\sin\alpha - \sin 3\alpha), \quad (2.129)$$

$$\cos^2\alpha = \frac{1}{2}(1 + \cos 2\alpha), \quad (2.130)$$

$$\cos^3\alpha = \frac{1}{4}(\cos 3\alpha + 3\cos\alpha), \quad (2.131)$$

$$\sin^4\alpha = \frac{1}{8}(\cos 4\alpha - 4\cos 2\alpha + 3), \quad (2.132)$$

$$\cos^4\alpha = \frac{1}{8}(\cos 4\alpha + 4\cos 2\alpha + 3). \quad (2.133)$$

Für große Werte von n ermittelt man $\sin^n\alpha$ und $\cos^n\alpha$, indem die Formeln für $\cos n\alpha$ und $\sin n\alpha$ von Seite 67 nacheinander angewendet werden.

2.6.3 Beschreibung von Schwingungen

1. Problemstellung

In der Technik und der Physik kommen oft zeitabhängige Größen der Form

$$u = A\sin(\omega t + \varphi) \quad (2.134)$$

vor. Sie werden manchmal auch *sinusoidale Größen* genannt. Ihre zeitabhängige Änderung beschreibt eine *harmonische Schwingung*. Die graphische Darstellung von (2.134) liefert eine *allgemeine Sinuskurve*, wie sie **Abb.2.38** zeigt.

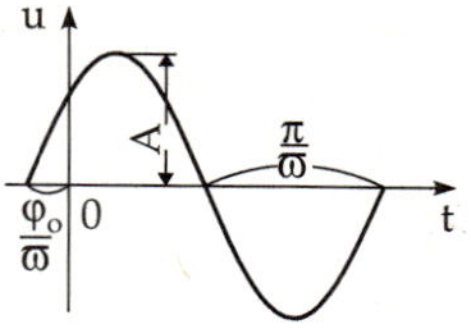

Abbildung 2.38

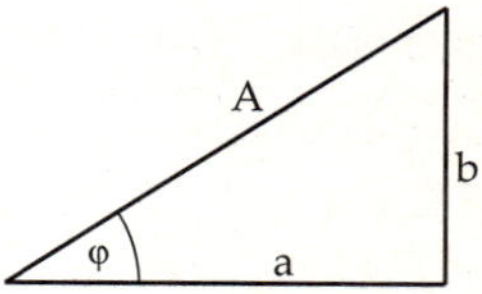

Abbildung 2.39

Die allgemeine Sinuskurve unterscheidet sich von der gewöhnlichen $y = \sin x$ durch die folgenden Merkmale:

a) ihre *Amplitude*, d.h. ihre größte Auslenkung von der Zeitachse t, beträgt A,

b) ihre *Periode* T, die der *Wellenlänge* entspricht, ist gleich $\frac{2\pi}{\omega}$ mit ω als *Schwingungsfrequenz*, in der Schwingungslehre als *Kreisfrequenz* bezeichnet, und

c) durch ihre *Anfangsphase* oder *Phasenverschiebung* mit dem Anfangswinkel $\varphi \neq 0$. Die Größe $u(t)$ kann auch in der Form

$$u = a \sin \omega t + b \cos \omega t \tag{2.135}$$

dargestellt werden, mit $A = \sqrt{a^2 + b^2}$ und $\tan \varphi = \frac{b}{a}$. Die Größen a, b, A und φ lassen sich gemäß **Abb.2.39** als Bestimmungsstücke eines rechtwinkligen Dreiecks darstellen.

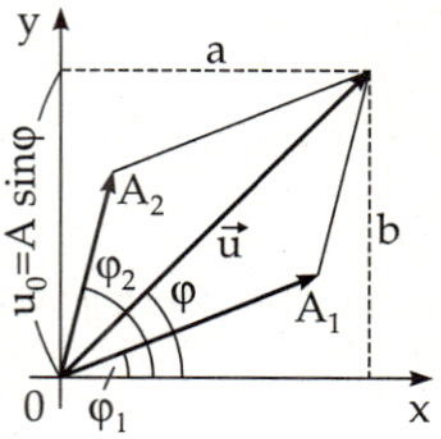

Abbildung 2.40

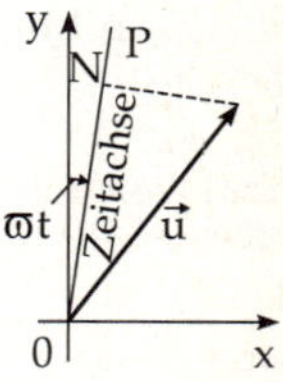

Abbildung 2.41

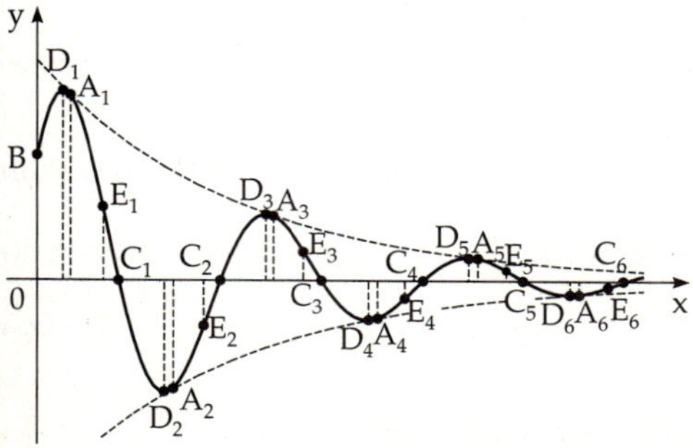

Abbildung 2.42

2. Superposition oder Überlagerung von Schwingungen
nennt man im einfachsten Falle die *Addition zweier Schwingungen* mit gleicher Frequenz. Sie führt wieder auf eine harmonische Schwingung mit eben derselben Frequenz:

$$A_1 \sin(\omega t + \varphi_1) + A_2 \sin(\omega t + \varphi_2) = A \sin(\omega t + \varphi), \tag{2.136a}$$

mit $A = \sqrt{A_1{}^2 + A_2{}^2 + 2A_1A_2\cos(\varphi_2 - \varphi_1)}$ (2.136b) und $\tan\varphi = \dfrac{A_1\sin\varphi_1 + A_2\sin\varphi_2}{A_1\cos\varphi_1 + A_2\cos\varphi_2}$. (2.136c)

Auch eine *Linearkombination* mehrerer allgemeiner Sinusfunktionen gleicher Frequenz führt wieder auf eine allgemeine Sinusfunktion (harmonische Schwingung) mit der gleichen Frequenz:

$$\sum_i c_i A_i \sin(\omega t + \varphi_i) = A \sin(\omega t + \varphi), \tag{2.137}$$

wobei die Größen A und φ mit Hilfe eines Vektordiagramms (**Abb.2.40**) und **Abb.2.41**) bestimmt werden können.

3. Vektordiagramm für Schwingungen
Die allgemeine Sinusfunktion (2.134, 2.135) kann bequem mit den Polarkoordinaten $\varrho = A, \varphi$ und den kartesischen Koordinaten $x = a, y = b$ (s. S. 160) in einer Ebene dargestellt werden. Die Summe zweier solcher Größen ergibt sich dann als Summe der zwei Summandenvektoren (**Abb.2.40**). Entsprechend liefert die Summe mehrerer solcher Vektoren die *Linearkombination* mehrerer allgemeiner Sinusfunktionen. Diese Darstellung wird *Vektordiagramm* genannt.
Die Größe u erhält man im Vektordiagramm für einen gegebenen Zeitpunkt t folgendermaßen: Zuerst legt man durch den Koordinatenursprung O die Zeitachse $OP(t)$, die mit konstanter Winkelgeschwindigkeit ω um O im Uhrzeigersinn rotiert. Zum Anfangszeitpunkt $t = 0$ fallen y– und t–Achse zusammen. Danach ist in jedem Zeitpunkt t die Projektion ON des Vektors auf die Zeitachse gleich dem Betrag der allgemeinen Sinusfunktion $u = A\sin(\omega t + \varphi)$. Zur Zeit $t = 0$ ist $u_0 = A\sin\varphi$ die Projektion auf die y–Achse (**Abb.2.41**).

4. Dämpfung von Schwingungen
Die Funktion

$$y = Ae^{-ax}\sin(\omega x + \varphi_0) \tag{2.138}$$

liefert die *Kurve einer gedämpften Schwingung* (**Abb.2.42**). Die Schwingung erfolgt um die x–Achse, wobei sich die Kurve asymptotisch der x-Achse nähert. Dabei wird die Sinuskurve von den beiden Exponentialkurven $y = \pm Ae^{-ax}$ eingehüllt, indem sie diese in den Punkten $A_1, A_2, \ldots$ $\left(\dfrac{\left(k+\frac{1}{2}\right)\pi - \varphi_0}{\omega},\right.$ $\left.(-1)^k A\exp\left(-a\dfrac{\left(k+\frac{1}{2}\right)\pi - \varphi_0}{\omega}\right)\right)$ berühren. Die Schnittpunkte mit den Koordinatenachsen liegen bei $B(0, A\sin\varphi_0), C_1, C_2, \ldots \left(\dfrac{k\pi - \varphi_0}{\omega}, 0\right)$, die Extrema $D_1, D_2, \ldots$ bei $x = \dfrac{k\pi - \varphi_0 + \alpha}{\omega}$ und die Wendepunkte $E_1, E_2, \ldots$ bei $x = \dfrac{k\pi - \varphi_0 + 2\alpha}{\omega}$ mit $\tan\alpha = \dfrac{\omega}{a}$. Als *logarithmisches Dekrement* der Dämpfung wird $\delta = \ln\left|\dfrac{y_i}{y_{i+1}}\right| = a\dfrac{\pi}{\omega}$ bezeichnet, wobei y_i und y_{i+1} die Ordinaten zweier benachbarter Extrema sind.

2.7 Zyklometrische Funktionen (Arkusfunktionen)

Die zyklometrischen Funktionen sind die Umkehrfunktionen der trigonometrischen Funktionen. Sie werden auch *inverse trigonometrische* und *Arkusfunktionen* genannt. Zu ihrer eindeutigen Definition wird der Definitionsbereich der trigonometrischen Funktionen in Monotonieintervalle zerlegt, so daß für jedes Monotonieintervall eine Umkehrfunktion erhalten wird. Diese wird entsprechend dem zugehörigen Monotonieintervall mit dem Index k gekennzeichnet.

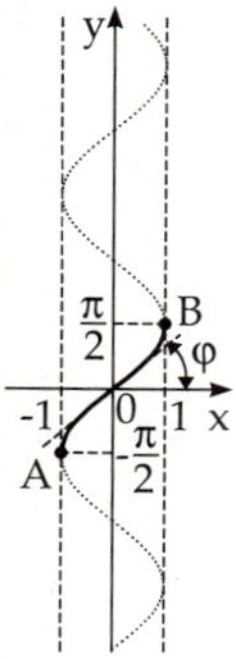

Abbildung 2.43

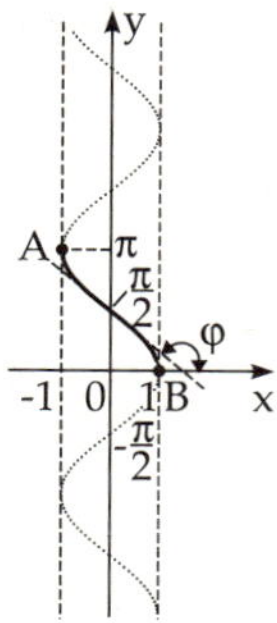

Abbildung 2.44

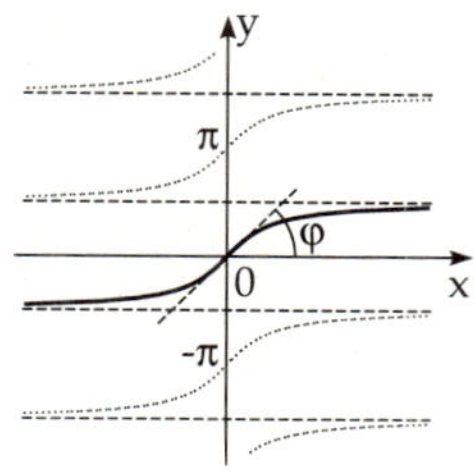

Abbildung 2.45

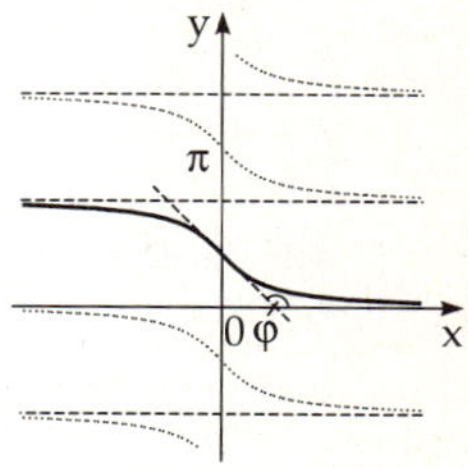

Abbildung 2.46

1. Definition der zyklometrischen Funktionen

Die Vorgehensweise wird am Beispiel der Arkusfunktion gezeigt, die in **Abb.2.43** dargestellt ist. Der Definitionsbereich von $y = \sin x$ wird in die Monotonieintervalle $k\pi - \frac{\pi}{2} \le x \le k\pi + \frac{\pi}{2}$, mit $k = 0, \pm 1, \pm 2, \ldots$ zerlegt. Durch Spiegelung von $y = \sin x$ an der Winkelhalbierenden $y = x$ erhält man die Umkehrfunktionen

$$y = \operatorname{arc}_k \sin x \tag{2.139a}$$

mit den Definitions- und Wertebereichen

$$-1 \le x \le +1 \quad \text{bzw.} \quad k\pi - \frac{\pi}{2} \le y \le k\pi + \frac{\pi}{2}, \quad \text{wobei} \quad k = 0, \pm 1, \pm 2, \ldots . \tag{2.139b}$$

Die Schreibweise $y = \operatorname{arc}_k \sin x$ ist gleichbedeutend mit $x = \sin y$. Analog erhält man die übrigen Arkusfunktionen, die in den **Abb.2.44** bis **Abb.2.46** dargestellt sind. Die Definitions- und Wertebereiche der Arkusfunktionen und die gleichbedeutenden trigonometrischen Funktionen sind in **Tabelle2.6** aufgeführt.

2. Zurückführung auf die Hauptwerte

Die Arkusfunktionen haben in den Definitions- und Wertebereichen mit $k = 0$ ihren sogenannten *Hauptwert*, der ohne den Index k geschrieben wird, z.B. $\arcsin x \equiv \operatorname{arc}_0 \sin x$. Den Hauptwert der Arkusfunktion zeigt die **Abb.2.47**. Die Zurückführung auf den Hauptwert erfolgt mit Hilfe der folgenden Formeln:

$$\operatorname{arc}_k \sin x = k\pi + (-1)^k \arcsin x\ , \tag{2.140}$$

$$\operatorname{arc}_k \cos x = \begin{cases} (k+1)\pi - \arccos x & (k \text{ ungerade}) \\ k\pi + \arccos x & (k \text{ gerade}) \end{cases} , \tag{2.141}$$

$$\operatorname{arc}_k \tan x = k\pi + \arctan x\ , \tag{2.142}$$

$$\operatorname{arc}_k \cot x = k\pi + \operatorname{arccot} x\ . \tag{2.143}$$

Taschenrechner geben die Hauptwerte an.

■ **A** : $\arcsin 0 = 0, \quad \operatorname{arc}_k \sin 0 = k\pi$

B : $\arccos \frac{1}{2} = \frac{\pi}{3}, \quad \operatorname{arc}_k \cos \frac{1}{2} = -\frac{\pi}{3} + (k+1)\pi$ für k ungerade

$\qquad = \frac{\pi}{3} + k\pi$ für k gerade.

Tabelle 2.6 Definitions- und Wertebereiche der zyklometrischen Funktionen

Arkusfunktion	Definitionsbereich	Wertebereich	Gleichbedeutende trigonometrische Funktion
Arkussinus $y = \mathrm{arc}_k \sin x$	$-1 \leq x \leq 1$	$k\pi - \frac{\pi}{2} \leq y \leq k\pi + \frac{\pi}{2}$	$x = \sin y$
Arkuskosinus $y = \mathrm{arc}_k \cos x$	$-1 \leq x \leq 1$	$k\pi \leq y \leq (k+1)\pi$	$x = \cos y$
Arkustangens $y = \mathrm{arc}_k \tan x$	$-\infty < x < \infty$	$k\pi - \frac{\pi}{2} < y < k\pi + \frac{\pi}{2}$	$x = \tan y$
Arkuskotangens $y = \mathrm{arc}_k \cot x$	$-\infty < x < \infty$	$k\pi < y < (k+1)\pi$	$x = \cot y$
$k = 0, \pm 1, \pm 2, \ldots$. Für $k = 0$ erhält man den *Hauptwert* der jeweiligen zyklometrischen Funktion, der ohne Index geschrieben wird (z. B. $\arcsin x \equiv \mathrm{arc}_0 \sin x$).			

C : $\mathrm{arccot}\, 1 = \frac{\pi}{4}, \quad \mathrm{arc}_k \cot 1 = \frac{\pi}{4} + k\pi.$

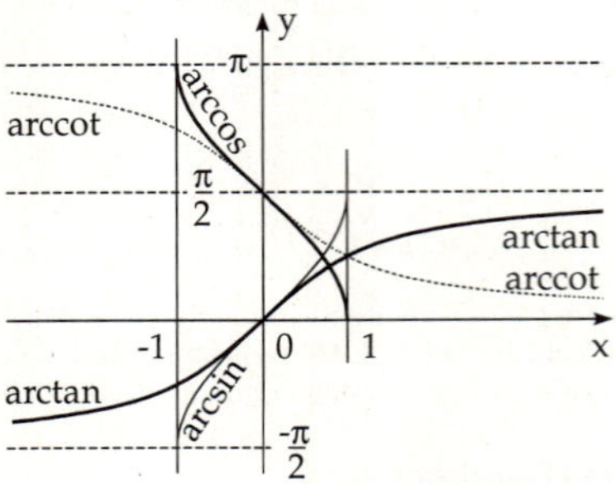

Abbildung 2.47

3. Beziehungen zwischen den Hauptwerten

$$\arcsin x = \frac{\pi}{2} - \arccos x = \arctan \frac{x}{\sqrt{1-x^2}}$$
$$= \begin{cases} -\arccos \sqrt{1-x^2} & (-1 \leq x \leq 0), \\ \arccos \sqrt{1-x^2} & (0 \leq x \leq 1), \end{cases} \tag{2.144}$$

$$\arccos x = \frac{\pi}{2} - \arcsin x = \mathrm{arccot} \frac{x}{\sqrt{1-x^2}}$$
$$= \begin{cases} \pi - \arcsin \sqrt{1-x^2} & (\pi - 1 \leq x \leq 0), \\ \arcsin \sqrt{1-x^2} & (0 \leq x \leq 1), \end{cases} \tag{2.145}$$

$$\arctan x = \frac{\pi}{2} - \mathrm{arccot}\, x = \arcsin \frac{x}{\sqrt{1+x^2}}, \tag{2.146}$$

$$\arctan x = \begin{cases} \operatorname{arccot} \dfrac{1}{x} - \pi & (x < 0) \\ \operatorname{arccot} \dfrac{1}{x} & (x > 0) \end{cases} = \begin{cases} -\arccos \dfrac{1}{\sqrt{1+x^2}} & (x \leq 0), \\ \arccos \dfrac{1}{\sqrt{1+x^2}} & (x \geq 0), \end{cases} \tag{2.147}$$

$$\operatorname{arccot} x = \frac{\pi}{2} - \arctan x = \arccos \frac{x}{\sqrt{1+x^2}}, \tag{2.148}$$

$$\operatorname{arccot} x = \begin{cases} \arctan \dfrac{1}{x} + \pi & (x < 0) \\ \arctan x & (x > 0) \end{cases} = \begin{cases} \pi - \arcsin \dfrac{1}{\sqrt{1+x^2}} & (x \leq 0) \\ \arcsin \dfrac{1}{\sqrt{1+x^2}} & (x \geq 0). \end{cases} \tag{2.149}$$

4. Formeln für negative Argumente

$$\arcsin(-x) = -\arcsin x, \tag{2.150}$$
$$\arctan(-x) = -\arctan x, \tag{2.151}$$
$$\arccos(-x) = \pi - \arccos x, \tag{2.152}$$
$$\operatorname{arccot}(-x) = \pi - \operatorname{arccot} x. \tag{2.153}$$

5. Wichtige Beziehungen zwischen den Arkusfunktionen

$$\arcsin x + \arcsin y = \arcsin\left(x\sqrt{1-y^2} + y\sqrt{1-x^2}\right) \tag{2.154a}$$
$$[xy \leq 0 \quad \text{oder} \quad x^2 + y^2 \leq 1]$$
$$= \pi - \arcsin\left(x\sqrt{1-y^2} + y\sqrt{1-x^2}\right) \tag{2.154b}$$
$$[x > 0,\ y > 0 \quad \text{und} \quad x^2 + y^2 > 1]$$
$$= -\pi - \arcsin\left(x\sqrt{1-y^2} + y\sqrt{1-x^2}\right) \tag{2.154c}$$
$$[x < 0, y < 0 \ \text{und}\ x^2 + y^2 > 1]$$

$$\arcsin x - \arcsin y = \arcsin\left(x\sqrt{1-y^2} - y\sqrt{1-x^2}\right) \tag{2.155a}$$
$$[xy \geq 0 \quad \text{oder} \quad x^2 + y^2 \leq 1]$$
$$= \pi - \arcsin\left(x\sqrt{1-y^2} - y\sqrt{1-x^2}\right) \tag{2.155b}$$
$$[x > 0,\ y < 0 \quad \text{und} \quad x^2 + y^2 > 1]$$
$$= -\pi - \arcsin\left(x\sqrt{1-y^2} - y\sqrt{1-x^2}\right) \tag{2.155c}$$
$$[x < 0,\ y > 0 \quad \text{und} \quad x^2 + y^2 > 1],$$

$$\arccos x + \arccos y = \arccos\left(xy - \sqrt{1-x^2}\sqrt{1-y^2}\right) \quad [x + y \geq 0] \tag{2.156a}$$
$$= 2\pi - \arccos\left(xy - \sqrt{1-x^2}\sqrt{1-y^2}\right) \quad [x + y < 0], \tag{2.156b}$$

$$\arccos x - \arccos y = -\arccos\left(xy + \sqrt{1-x^2}\sqrt{1-y^2}\right) \quad [x \geq y] \tag{2.157a}$$

$$= \arccos\left(xy + \sqrt{1-x^2}\sqrt{1-y^2}\right) \quad [x < y], \tag{2.157b}$$

$$\arctan x + \arctan y = \arctan\frac{x+y}{1-xy} \quad [xy < 1] \tag{2.158a}$$

$$= \pi + \arctan\frac{x+y}{1-xy} \quad [x > 0,\, xy > 1] \tag{2.158b}$$

$$= -\pi + \arctan\frac{x+y}{1-xy} \quad [x < 0,\, xy > 1] \tag{2.158c}$$

$$\arctan x - \arctan y = \arctan\frac{x-y}{1+xy} \quad [xy > -1] \tag{2.159a}$$

$$= \pi + \arctan\frac{x-y}{1+xy} \quad [x > 0,\, xy < -1] \tag{2.159b}$$

$$= -\pi + \arctan\frac{x-y}{1+xy} \quad [x < 0,\, xy < -1], \tag{2.159c}$$

$$2\arcsin x = \arcsin\left(2x\sqrt{1-x^2}\right) \quad \left[|x| \le \frac{1}{\sqrt{2}}\right] \tag{2.160a}$$

$$= \pi - \arcsin\left(2x\sqrt{1-x^2}\right) \quad \left[\frac{1}{\sqrt{2}} < x \le 1\right] \tag{2.160b}$$

$$= -\pi - \arcsin\left(2x\sqrt{1-x^2}\right) \quad \left[-1 \le x < -\frac{1}{\sqrt{2}}\right], \tag{2.160c}$$

$$2\arccos x = \arccos(2x^2-1) \quad [0 \le x \le 1] \tag{2.161a}$$

$$= 2\pi - \arccos(2x^2-1) \quad [-1 \le x < 0], \tag{2.161b}$$

$$2\arctan x = \arctan\frac{2x}{1-x^2} \quad [\,|x| < 1] \tag{2.162a}$$

$$= \pi + \arctan\frac{2x}{1-x^2} \quad [x > 1] \tag{2.162b}$$

$$= -\pi + \arctan\frac{2x}{1-x^2} \quad [x < -1], \tag{2.162c}$$

$$\cos(n\arccos x) = 2^{n-1}T_n(x) \quad (n \ge 1), \tag{2.163a}$$

wobei $n \ge 1$ auch gebrochene Werte annehmen kann und $T_n(x)$ über die Gleichung

$$T_n(x) = \frac{\left(x+\sqrt{x^2-1}\right)^n + \left(x-\sqrt{x^2-1}\right)^n}{2^n} \tag{2.163b}$$

bestimmt ist. Für ganzzahliges n ist $T_n(x)$ ein Polynom von x (ein TSCHEBYSCHEFF*sches Polynom*).

2.8 Hyperbelfunktionen

2.8.1 Definition der Hyperbelfunktionen

Hyperbelsinus, *Hyperbelkosinus* und *Hyperbeltangens* sind durch die folgenden Formeln definiert:

$$\sinh x = \frac{e^x - e^{-x}}{2} \qquad \textit{(Sinus hyperbolicus)} \tag{2.164}$$

$$\cosh x = \frac{e^x + e^{-x}}{2} \qquad \textit{(Kosinus hyperbolicus)} \tag{2.165}$$

$$\tanh x = \frac{e^x - e^{-x}}{e^x + e^{-x}} \qquad \textit{(Tangens hyperbolicus)} \tag{2.166}$$

Die geometrische Definition im Kapitel Geometrie (s. S. 109) ist eine Analogie zu den trigonometrischen Funktionen.
Hyperbelkotangens, *Hyperbelsekans* und *Hyperbelkosekans* sind als reziproke Werte der anderen drei Hyperbelfunktionen definiert:

$$\coth x = \frac{1}{\tanh x} = \frac{e^x + e^{-x}}{e^x - e^{-x}} \qquad \textit{(Kotangens hyperbolicus)} \tag{2.167}$$

$$\operatorname{sech} x = \frac{1}{\cosh x} = \frac{2}{e^x + e^{-x}} \qquad \textit{(Sekans hyperbolicus)} \tag{2.168}$$

$$\operatorname{cosech} x = \frac{1}{\sinh x} = \frac{2}{e^x - e^{-x}} \qquad \textit{(Kosekans hyperbolicus)} \tag{2.169}$$

Den Verlauf der Hyperbelfunktionen zeigt die **Abb.2.48**.

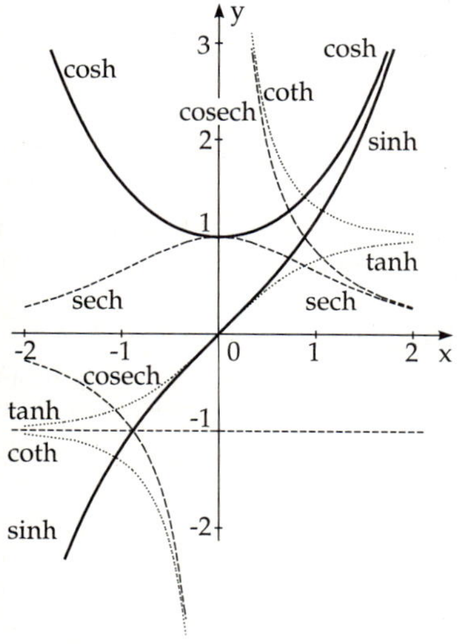

Abbildung 2.48

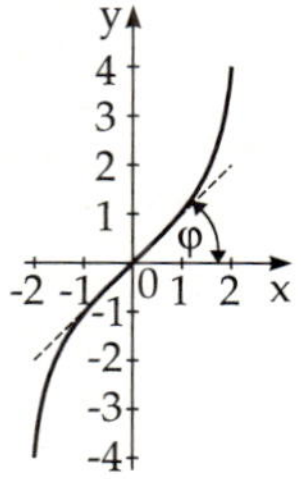

Abbildung 2.49

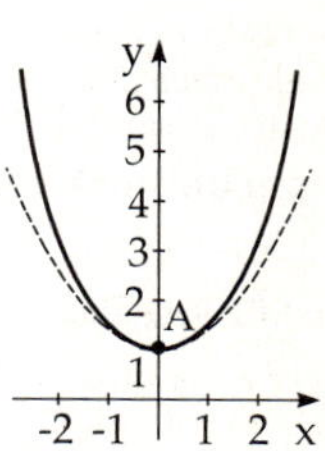

Abbildung 2.50

2.8.2 Graphische Darstellung der Hyperbelfunktionen

1. Hyperbelsinus

$y = \sinh x$ (2.164) ist eine ungerade, zwischen $-\infty$ und $+\infty$ monoton wachsende Funktion (**Abb.2.49**). Der Koordinatenursprung ist zugleich Symmetriemittel- und Wendepunkt mit dem Tangentenneigungswinkel $\varphi = \frac{\pi}{4}$. Asymptoten gibt es nicht.

2. Hyperbelkosinus
$y = \cosh x$ (2.165) ist eine gerade Funktion, die für $x < 0$ von $+\infty$ auf 1 monoton fällt und für $x > 0$ von 1 bis $+\infty$ monoton wächst **(Abb.2.50)**. Das Minimum liegt bei $A(0,1)$; Asymptoten gibt es keine. Die Kurve verläuft symmetrisch hinsichtlich der y–Achse und bleibt mit ihren Werten oberhalb der quadratischen Parabel $y = 1 + \frac{x^2}{2}$ (gestrichelt gezeichnete Kurve). Da die Funktion eine *Kettenlinie* beschreibt, nennt man die Kurve auch *Katenoide* (s. S. 92).

3. Hyperbeltangens
$y = \tanh x$ (2.166) ist eine ungerade, für x von $-\infty$ bis $+\infty$ monoton von -1 auf $+1$ anwachsende Funktion **(Abb.2.51)**. Der Koordinatenursprung ist zugleich Symmetriemittel- und Wendepunkt mit dem Tangentenneigungswinkel $\varphi = \frac{\pi}{4}$. Die Asymptoten liegen bei $y = \pm 1$.

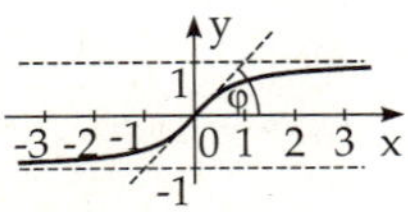

Abbildung 2.51

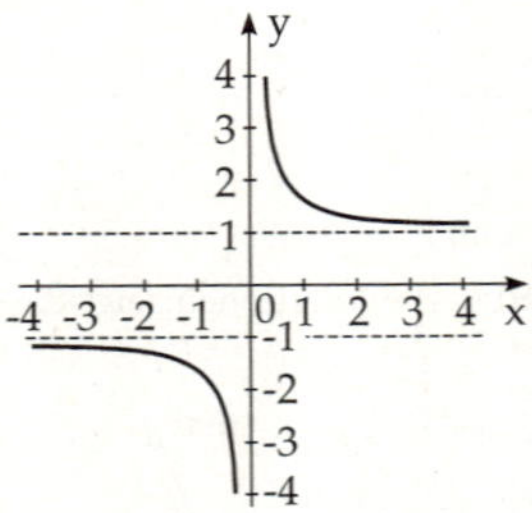

Abbildung 2.52

4. Hyperbelkotangens
$y = \coth x$ (2.167) ist eine ungerade Funktion mit einer Unstetigkeit bei $x = 0$ **(Abb.2.52)**. Für $-\infty < x < 0$ fällt sie monoton von -1 auf $-\infty$, für $0 < x < +\infty$ von $+\infty$ auf $+1$. Extremwerte und Wendepunkte gibt es nicht. Die Asymptoten liegen bei $y = \pm 1$.

2.8.3 Wichtige Formeln für Hyperbelfunktionen

Hyperbelfunktionen sind durch Formeln miteinander verknüpft, deren Analogon von den trigonometrischen Funktionen bekannt ist. Daher lassen sie sich aus den entsprechenden trigonometrischen Formeln mit Hilfe der Zusammenhänge (2.197) bis (2.204) herleiten.

1. Hyperbelfunktionen einer Variablen

$$\cosh^2 x - \sinh^2 x = 1, \qquad (2.170)$$
$$\coth^2 x - \operatorname{cosech}^2 x = 1, \qquad (2.172)$$
$$\operatorname{sech}^2 x + \tanh^2 x = 1, \qquad (2.171)$$
$$\tanh x \cdot \coth x = 1, \qquad (2.173)$$
$$\frac{\sinh x}{\cosh x} = \tanh x, \qquad (2.174)$$
$$\frac{\cosh x}{\sinh x} = \coth x. \qquad (2.175)$$

2. Darstellung einer Hyperbelfunktion durch eine andere mit dem gleichen Argument

Die entsprechenden Formeln sind der Übersichtlichkeit wegen in **Tabelle2.7** zusammengefaßt dargestellt.

3. Formeln für negative Argumente

Tabelle 2.7 Beziehungen zwischen den Hyperbelfunktionen gleichen Arguments für $x > 0$

	$\sinh x$	$\cosh x$	$\tanh x$	$\coth x$
$\sinh x$	–	$\sqrt{\cosh^2 x - 1}$	$\dfrac{\tanh x}{\sqrt{1-\tanh^2 x}}$	$\dfrac{1}{\sqrt{\coth^2 x - 1}}$
$\cosh x$	$\sqrt{\sinh^2 x + 1}$	–	$\dfrac{1}{\sqrt{1-\tanh^2 x}}$	$\dfrac{\coth x}{\sqrt{\coth^2 x - 1}}$
$\tanh x$	$\dfrac{\sinh x}{\sqrt{\sinh^2 x + 1}}$	$\dfrac{\sqrt{\cosh^2 x - 1}}{\cosh x}$	–	$\dfrac{1}{\coth x}$
$\coth x$	$\dfrac{\sqrt{\sinh^2 x + 1}}{\sinh x}$	$\dfrac{\cosh x}{\sqrt{\cosh^2 x - 1}}$	$\dfrac{1}{\tanh x}$	–

$$\sinh(-x) = -\sinh x, \quad (2.176)$$
$$\tanh(-x) = -\tanh x, \quad (2.177)$$
$$\cosh(-x) = \cosh x, \quad (2.178)$$
$$\coth(-x) = -\coth x. \quad (2.179)$$

4. Hyperbelfunktionen der Summe und der Differenz zweier Argumente (Additionstheoreme)

$$\sinh(x \pm y) = \sinh x \cosh y \pm \cosh x \sinh y, \quad (2.180)$$
$$\cosh(x \pm y) = \cosh x \cosh y \pm \sinh x \sinh y, \quad (2.181)$$
$$\tanh(x \pm y) = \frac{\tanh x \pm \tanh y}{1 \pm \tanh x \tanh y}, \quad (2.182)$$
$$\coth(x \pm y) = \frac{1 \pm \coth x \coth y}{\coth x \pm \coth y}. \quad (2.183)$$

5. Hyperbelfunktionen des doppelten Arguments

$$\sinh 2x = 2 \sinh x \cosh x, \quad (2.184)$$
$$\cosh 2x = \sinh^2 x + \cosh^2 x, \quad (2.185)$$
$$\tanh 2x = \frac{2 \tanh x}{1 + \tanh^2 x}, \quad (2.186)$$
$$\coth 2x = \frac{1 + \coth^2 x}{2 \coth x}. \quad (2.187)$$

6. Formel von Moivre für Hyperbelfunktionen

$$(\cosh x \pm \sinh x)^n = \cosh nx \pm \sinh nx. \quad (2.188)$$

7. Hyperbelfunktionen des halben Arguments

$$\sinh \frac{x}{2} = \pm\sqrt{\frac{1}{2}(\cosh x - 1)}, \quad (2.189)$$
$$\cosh \frac{x}{2} = \sqrt{\frac{1}{2}(\cosh x + 1)}, \quad (2.190)$$
$$\tanh \frac{x}{2} = \frac{\cosh x - 1}{\sinh x} = \frac{\sinh x}{\cosh x + 1}, \quad (2.191)$$
$$\coth \frac{x}{2} = \frac{\sinh x}{\cosh x - 1} = \frac{\cosh x + 1}{\sinh x}. \quad (2.192)$$

Das Vorzeichen vor der Wurzel ist positiv für $x > 0$ und negativ für $x < 0$ zu nehmen.

8. Summen und Differenzen von Hyperbelfunktionen

$$\sinh x \pm \sinh y = 2 \sinh \frac{x \pm y}{2} \cosh \frac{x \mp y}{2}, \quad (2.193)$$

$$\cosh x + \cosh y = 2\cosh\frac{x+y}{2}\cosh\frac{x-y}{2}, \tag{2.194}$$

$$\cosh x - \cosh y = 2\sinh\frac{x+y}{2}\sinh\frac{x-y}{2}, \tag{2.195}$$

$$\tanh x \pm \tanh y = \frac{\sinh(x \pm y)}{\cosh x \cosh y}. \tag{2.196}$$

9. Zusammenhang zwischen den Hyperbel- und den trigonometrischen Funktionen mit Hilfe komplexer Zahlen z

$$\sin z = -\mathrm{i}\sinh \mathrm{i}z, \tag{2.197}$$
$$\cos z = \cosh \mathrm{i}z, \tag{2.198}$$
$$\tan z = -\mathrm{i}\tanh \mathrm{i}z, \tag{2.199}$$
$$\cot z = \mathrm{i}\coth \mathrm{i}z, \tag{2.200}$$
$$\sinh z = -\mathrm{i}\sin \mathrm{i}z, \tag{2.201}$$
$$\cosh z = \cos \mathrm{i}z, \tag{2.202}$$
$$\tanh z = -\mathrm{i}\tan \mathrm{i}z, \tag{2.203}$$
$$\coth z = \mathrm{i}\cot \mathrm{i}z. \tag{2.204}$$

Jede Formel, die Hyperbelfunktionen von x oder ax, nicht aber von $ax + b$ miteinander verbindet, läßt sich aus der entsprechenden Formel, die die trigonometrischen Funktionen von α miteinander verbindet, herleiten, indem $\sin\alpha$ durch $\mathrm{i}\sinh x$ und $\cos\alpha$ durch $\cosh x$ ersetzt wird.

■ **A** : $\cos^2\alpha + \sin^2\alpha = 1, \quad \cosh^2 x + \mathrm{i}^2\sinh^2 x = 1$ oder $\cosh^2 x - \sinh^2 x = 1$,
B : $\sin 2\alpha = 2\sin\alpha\cos\alpha, \quad \mathrm{i}\sinh 2x = 2\mathrm{i}\sinh x\cosh x$
oder $\sinh 2x = 2\sinh x\cosh x$.

2.9 Areafunktionen

1. Definitionen

Die *Areafunktionen* sind die Umkehrfunktionen der Hyperbelfunktionen, also die *inversen Hyperbelfunktionen*. Die Funktionen $\sinh x$, $\tanh x$ und $\coth x$ sind streng monoton, so daß jede von ihnen genau eine Umkehrfunktion besitzt; anders die Funktion $\cosh x$, die zwei Monotonieintervalle besitzt und deshalb auch zwei Umkehrfunktionen . Die Bezeichnung *area* (Fläche) hängt mit der geometrischen Definition der Funktion als Fläche eines Hyperbelsektors zusammen (s. S. 109).

Tabelle 2.8 Definitions- und Wertebereiche der Areafunktionen

Areafunktion	Definitionsbereich	Wertebereich	Gleichbedeutende Hyperbelfunktion
Areasinus $y = \operatorname{Arsinh} x$	$-\infty < x < \infty$	$-\infty < y < \infty$	$x = \sinh y$
Areakosinus $y = \operatorname{Arcosh} x$ $y = -\operatorname{Arcosh} x$	$1 \le x < \infty$	$0 \le y < \infty$ $-\infty < y \le 0$	$x = \cosh y$
Areatangens $y = \operatorname{Artanh} x$	$\lvert x\rvert < 1$	$-\infty < y < \infty$	$x = \tanh y$
Areakotangens $y = \operatorname{Arcoth} x$	$\lvert x\rvert > 1$	$-\infty < y < 0$ $0 < y < \infty$	$x = \coth y$

1. Areasinus (Abb.2.53):

$$y = \operatorname{Arsinh} x \tag{2.205}$$

ist eine ungerade, streng monoton wachsende Funktion, mit den in **Tabelle2.8** angegebenen Definitions- und Wertebereichen. Die Schreibweise ist gleichbedeutend mit $x = \sinh y$. Die Funktion besitzt im Koordinatenursprung einen Wendepunkt mit dem Steigungswinkel $\varphi = \frac{\pi}{4}$.

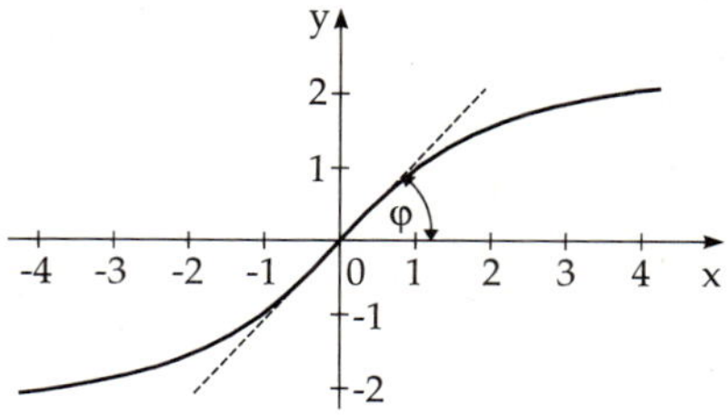

Abbildung 2.53

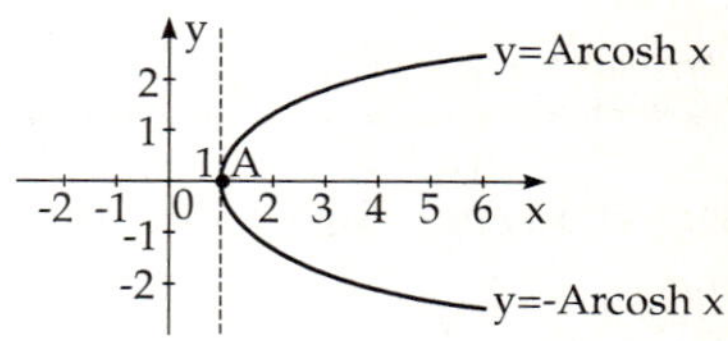

Abbildung 2.54

2. Areakosinus (Abb.2.54):

$$y = \operatorname{Arcosh} x \qquad (2.206a) \qquad \text{und } y = -\operatorname{Arcosh} x \qquad (2.206b)$$

oder $x = \cosh y$ ist eine Funktion mit den in **Tabelle 2.8** angegebenen Definitions- und Wertebereichen, die nur für $x \geq 1$ definiert ist. Der Funktionsverlauf beginnt im Punkt $A(1, 0)$, wo es eine senkrechte Tangente gibt, und wächst bzw. fällt dann streng monoton.

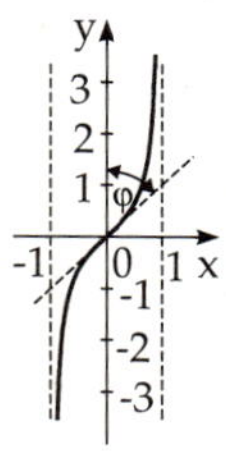

Abbildung 2.55

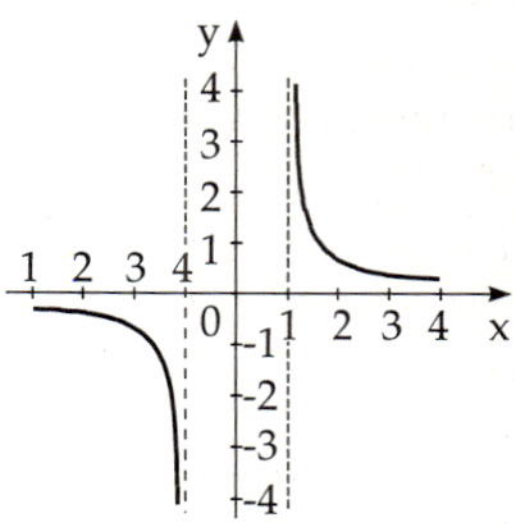

Abbildung 2.56

3. Areatangens (Abb.2.55):

$$y = \operatorname{Artanh} x \qquad (2.207)$$

oder $x = \tanh y$ ist eine ungerade und nur für $|x| < 1$ definierte Funktion mit den in **Tabelle 2.8** angegebenen Definitions- und Wertebereichen, wobei der Koordinatenursprung gleichzeitig Wendepunkt mit dem Neigungswinkel $\varphi = \frac{\pi}{4}$ ist. Die Asymptoten liegen bei $x = \pm 1$.

4. Areakotangens (Abb.2.56):

$$y = \operatorname{Arcoth} x \qquad (2.208)$$

oder $x = \coth y$ ist eine ungerade und nur für $|x| > 1$ definierte Funktion mit den in **Tabelle 2.8** angegebenen Definitions- und Wertebereichen. Für $-\infty < x < -1$ fällt sie streng monoton von 0 bis $-\infty$, für $1 < x < +\infty$ fällt sie streng monoton von $+\infty$ auf 0 ab. Sie besitzt drei Asymptoten bei $y = 0$ und $x = \pm 1$.

2. Darstellung der Areafunktionen durch den natürlichen Logarithmus

Mit Hilfe der Hyperbelfunktionen ((2.164) bis (2.169), s. S. 74) können die Areafunktionen über die Logarithmusfunktion ausgedrückt werden:

$$\operatorname{Arsinh} x = \ln\left(x + \sqrt{x^2+1}\right), \tag{2.209}$$

$$\operatorname{Arcosh} x = \ln\left(x + \sqrt{x^2-1}\right) = \ln\left(\frac{1}{x - \sqrt{x^2-1}}\right) \qquad (x \geq 1), \tag{2.210}$$

$$\operatorname{Artanh} x = \frac{1}{2}\ln\frac{1+x}{1-x} \qquad (|x| < 1), \ (2.211) \qquad \operatorname{Arcoth} x = \frac{1}{2}\ln\frac{x+1}{x-1} \qquad (|x| > 1). \tag{2.212}$$

3. Beziehungen zwischen den verschiedenen Areafunktionen

$$\operatorname{Arsinh} x = (\operatorname{sign} x)\operatorname{Arcosh}\sqrt{x^2+1} = \operatorname{Artanh}\frac{x}{\sqrt{x^2+1}} = \operatorname{Arcoth}\frac{\sqrt{x^2+1}}{x}, \tag{2.213}$$

$$\operatorname{Arcosh} x = \operatorname{Arsinh}\sqrt{x^2-1} = \operatorname{Artanh}\frac{\sqrt{x^2-1}}{x} = \operatorname{Arcoth}\frac{x}{\sqrt{x^2-1}}, \tag{2.214}$$

$$\operatorname{Artanh} x = \operatorname{Arsinh}\frac{x}{\sqrt{1-x^2}} = \operatorname{Arcoth}\frac{1}{x} = (\operatorname{sign} x)\operatorname{Arcosh}\frac{1}{\sqrt{1-x^2}} \qquad (|x| < 1), \tag{2.215}$$

$$\operatorname{Arcoth} x = \operatorname{Artanh}\frac{1}{x} = (\operatorname{sign} x)\operatorname{Arsinh}\frac{1}{\sqrt{x^2-1}}$$
$$= (\operatorname{sign} x)\operatorname{Arcosh}\frac{|x|}{\sqrt{x^2-1}} \qquad (|x| > 1). \tag{2.216}$$

4. Summen und Differenzen von Areafunktionen

$$\operatorname{Arsinh} x \pm \operatorname{Arsinh} y = \operatorname{Arsinh}\left(x\sqrt{1+y^2} \pm y\sqrt{1+x^2}\right), \tag{2.217}$$

$$\operatorname{Arcosh} x \pm \operatorname{Arcosh} y = \operatorname{Arcosh}\left(xy \pm \sqrt{(x^2-1)(y^2-1)}\right), \tag{2.218}$$

$$\operatorname{Artanh} x \pm \operatorname{Artanh} y = \operatorname{Artanh}\frac{x \pm y}{1 \pm xy}. \tag{2.219}$$

5. Formeln für negative Werte

$$\operatorname{Arsinh}(-x) = -\operatorname{Arsinh} x, \tag{2.220}$$

$$\operatorname{Artanh}(-x) = -\operatorname{Artanh} x, \tag{2.221}$$

$$\operatorname{Arcoth}(-x) = -\operatorname{Arcoth} x. \tag{2.222}$$

2.10 Kurven dritter Ordnung

Eine ebene Kurve heißt algebraische Kurve der Ordnung n, wenn sie durch eine Polynomengleichung der Form $F(x, y) = 0$ in zwei Variablen vom Gesamtgrad n beschrieben werden kann.

■ Die Kardioide mit der Gleichung $(x^2+y^2)(x^2+y^2-2ax) - a^2y^2 = 0$, $a > 0$ (s.S. 83), ist eine Kurve 4. Ordnung. Die bekannten Kegelschnitte (s. S. 173) stellen Kurven 2. Ordnung dar.

1. Semikubische Parabel

Die Gleichung *

$$y = ax^{3/2} \tag{2.223a}$$

*Von hier an sowie im weiteren Text dieses Kapitels gelte $a > 0$.

oder in Parameterform

$$x = t^2, \quad y = at^3 \tag{2.223b}$$

liefert die *semikubische Parabel* (**Abb.2.57**). Im Koordinatenursprung gibt es einen Rückkehrpunkt, Asymptoten gibt es keine. Die Krümmung $K = \frac{6a}{\sqrt{x}(4+9a^2x)^{3/2}}$ durchläuft alle Werte von ∞ bis 0. Der Kurvenbogen hat zwischen dem Koordinatenursprung und einem Punkt M die Länge $L = \frac{1}{27a^2}[(4+9a^2x)^{3/2} - 8]$.

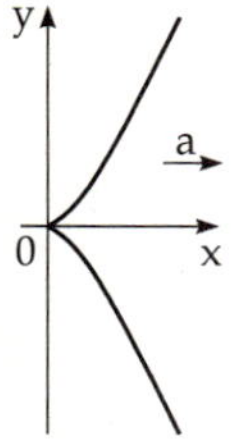

Abbildung 2.57

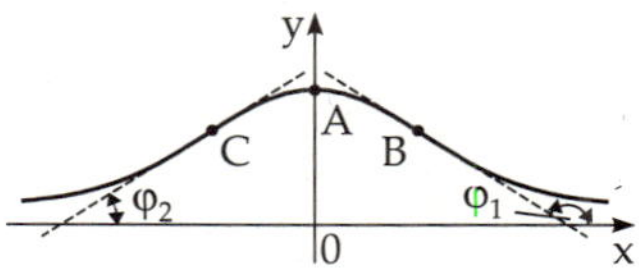

Abbildung 2.58

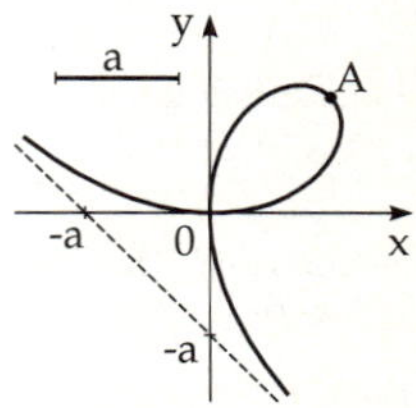

Abbildung 2.59

2. Versiera der Agnesi

Die Gleichung

$$y = \frac{a^3}{a^2 + x^2} \tag{2.224a}$$

liefert die in **Abb.2.58** dargestellte *Versiera der Agnesi*. Sie besitzt eine Asymptote mit der Gleichung $y = 0$, bei $A(0, a)$ ein Maximum, der dazugehörige Krümmungsradius beträgt $r = \frac{a}{2}$. Die Wendepunkte befinden sich bei $B, C\left(\pm\frac{a}{\sqrt{3}}, \frac{3a}{4}\right)$, die Tangentenneigungen betragen dort $\tan\varphi = \mp\frac{3\sqrt{3}}{8}$. Die Fläche zwischen der Kurve und der Asymptote beträgt $S = \pi a^2$. Die Funktion (2.224a) stellt einen Spezialfall der LORENTZ–Kurve

$$y = \frac{a}{b^2 + (x-c)^2} \tag{2.224b}$$

dar (s. auch S. 611).

3. Kartesisches Blatt

Die Gleichnung

$$x^3 + y^3 = 3axy \tag{2.225a}$$

oder in Parameterform

$$x = \frac{3at}{1+t^3}, \quad y = \frac{3at^2}{1+t^3} \qquad (t = \tan \sphericalangle MOx) \tag{2.225b}$$

ergibt graphisch dargestellt das *kartesische Blatt* (**Abb.2.59**). Der Koordinatenursprung ist infolge zweier ihn durchlaufender Kurvenzweige ein Doppelpunkt, in dem beide Koordinatenachsen Tangenten sind. Der Krümmungsradius ist für beide Kurvenzweige im Koordinatenursprung $r = \frac{3a}{2}$. Die Asymptote berechnet sich aus $x + y + a = 0$, der Scheitelpunkt hat die Koordinaten $A\left(\frac{3}{2}a, \frac{3}{2}a\right)$. Der

Flächeninhalt der Schleife ist $S_1 = \frac{3a^2}{2}$, der Flächeninhalt S_2 zwischen der Kurve und der Asymptote hat den gleichen Wert.

4. Zissoide

Die Gleichung der *Zissoide* **(Abb.2.60)**

$$y^2 = \frac{x^3}{a-x}, \tag{2.226a}$$

in Parameterform

$$x = \frac{at^2}{1+t^2}, \quad y = \frac{at^3}{1+t^2}, \qquad (t = \tan \sphericalangle MOx) \tag{2.226b}$$

und in Polarkoordinaten

$$\varrho = \frac{a \sin^2 \varphi}{\cos \varphi}, \tag{2.226c}$$

ist der geometrische Ort aller Punkte M für die gilt

$$\overline{OM} = \overline{PQ}, \tag{2.227}$$

wobei P ein beliebiger Punkt auf dem erzeugenden Kreis mit dem Radius $\frac{a}{2}$ ist und Q der Schnittpunkt der Geraden OM mit der Asymptote bei $x = a$. Der Flächeninhalt zwischen der Kurve und der Asymptote berechnet sich zu $S = \frac{3}{4}\pi a^2$.

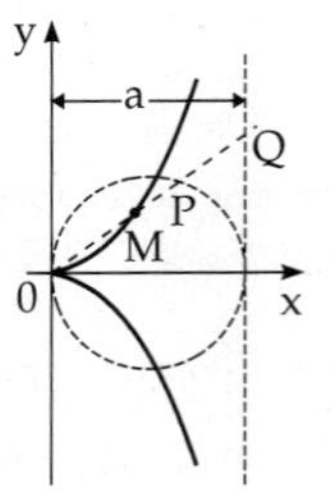

Abbildung 2.60

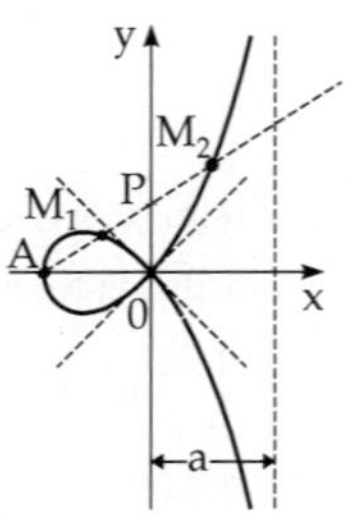

Abbildung 2.61

5. Strophoide

ist der geometrischer Ort aller Punkte M_1 und M_2, die auf einem beliebigen Strahl durch A liegen. A liegt auf der negativen x-Achse und für M_1, M_2 gilt

$$\overline{PM}_1 = \overline{PM}_2 = \overline{OP}. \tag{2.228}$$

Dabei ist P der Schnittpunkt des Strahles mit der y-Achse **(Abb.2.61)**. Die Gleichung der *Strophoide* lautet

$$y^2 = x^2\left(\frac{a+x}{a-x}\right), \tag{2.229a}$$

in Parameterform

$$x = a\frac{t^2-1}{t^2+1}, \quad y = at\frac{t^2-1}{t^2+1}, \qquad (t = \tan \sphericalangle MOx) \tag{2.229b}$$

und in Polarkoordinaten

$$\varrho = -a\frac{\cos 2\varphi}{\cos \varphi}. \tag{2.229c}$$

Der Koordinatenursprung ist ein Doppelpunkt mit den Tangenten $y = \pm x$, die Asymptote hat die Gleichung $x = a$ und der Scheitel ist $A(-a, 0)$. Der Flächeninhalt der Schleife beträgt $S_1 = 2a^2 - \frac{1}{2}\pi a^2$, der zwischen der Kurve und der Asymptote $S_2 = 2a^2 + \frac{1}{2}\pi a^2$.

2.11 Kurven vierter Ordnung

1. Konchoide des Nikomedes

(Abb.2.62) nennt man den geometrischen Ort aller Punkte M, für die mit P als Schnittpunkt der Verbindungslinie zwischen OM_1 und OM_2 mit der Asymptote bei $x = a$ die Bedingung

$$\overline{OM} = \overline{OP} \pm l \tag{2.230}$$

erfüllt ist, wobei das Vorzeichen „+“ für den äußeren und „−“ für den inneren Kurvenzweig gilt. Die Gleichung der *Konchoide des Nikomedes* lautet

$$(x-a)^2(x^2+y^2) - l^2x^2 = 0, \tag{2.231a}$$

oder in Parameterform

$$x = a + l\cos\varphi, \quad y = a\tan\varphi + l\sin\varphi \tag{2.231b}$$

und in Polarkoordinaten

$$\varrho = \frac{a}{\cos\varphi} \pm l. \tag{2.231c}$$

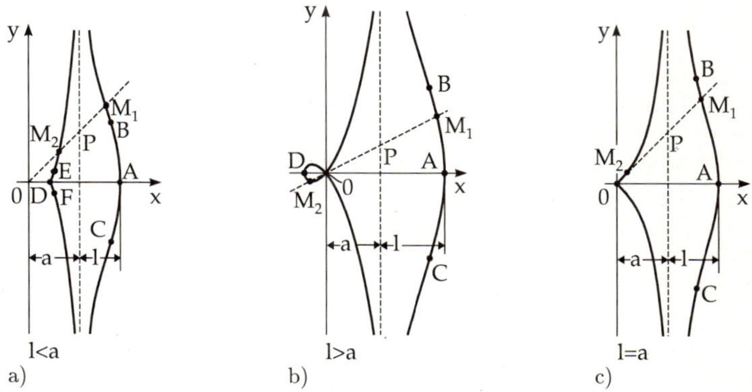

Abbildung 2.62

2. Allgemeine Konchoide

Die *Konchoide des Nikomedes* ist ein Spezialfall der *allgemeinen Konchoide.* Diese ergibt sich, wenn man den Radiusvektor zu jedem Punkt einer gegebenen Kurve um eine konstante Strecke $\pm l$ verlängert. Wenn die Gleichung der Kurve in Polarkoordinaten $\varrho = f(\varphi)$ lautet, dann ist die Gleichung ihrer Konchoide

$$\varrho = f(\varphi) \pm l. \tag{2.232}$$

Die Konchoide des Nikomedes ist dann die *Konchoide der Geraden.*

1. Äußerer Zweig: Die Asymptote liegt bei $x = a$, der Scheitelpunkt bei $A(a + l, 0)$, die Wendepunkte B, C haben als x–Wert die größte Wurzel der Gleichung $x^3 - 3a^2x + 2a(a^2 - l^2) = 0$. Die Fläche zwischen dem Zweig und der Asymptote ist $S = \infty$.

2. Innerer Zweig: Die Asymptote liegt bei $x = a$, der Scheitelpunkt bei $D(a - l, 0)$. Der Ursprung ist ein Doppelpunkt, dessen Charakter von a und l abhängt:

a) Für $l < a$ ist es ein isolierter Punkt (**Abb.2.62a**). Die Kurve hat dann zwei weitere Wendepunkte E und F, deren Abszisse sich als zweitgrößte Wurzel der Gleichung $x^3 - 3a^2x + 2a(a^2 - l^2) = 0$ ergibt.
b) Für $l > a$ ist der Koordinatenursprung ein Knoten- bzw. Doppelpunkt (**Abb.2.62b**). Die Kurve besitzt ein Maximum und ein Minimum an der Stelle $x = a - \sqrt[3]{al^2}$. Die Tangentenneigung beträgt im Koordinatenursprung $\tan\alpha = \pm\sqrt{\dfrac{l^2 - a^2}{a}}$, der Krümmungsradius ist hier $r_0 = \dfrac{l\sqrt{l^2 - a^2}}{2}$.
c) Für $l = a$ wird der Koordinatenursprung zum Rückkehrpunkt (**Abb.2.62c**).

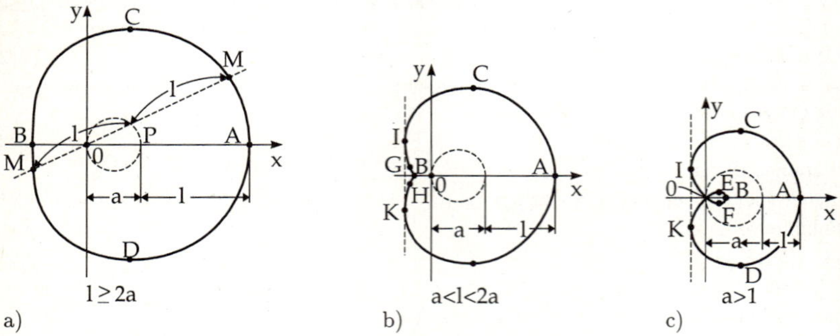

Abbildung 2.63

3. Pascalsche Schnecke

(**Abb.2.63**) nennt man die *Konchoide des Kreises*, einen weiteren Spezialfall der *allgemeinen Konchoide* (s. S. 83) mit der Bedingung (2.230), wobei der Pol auf dem Kreis liegt. Die Gleichung lautet

$$(x^2 + y^2 - ax)^2 = l^2(x^2 + y^2), \qquad (2.233a)$$

in Parameterform (s. auch S. 90)

$$x = a\cos^2\varphi + l\cos\varphi, \quad y = a\cos\varphi\sin\varphi + l\sin\varphi \qquad (2.233b)$$

und in Polarkoordinaten

$$\varrho = a\cos\varphi + l, \qquad (2.233c)$$

mit a als Durchmesser des Kreises. Der Scheitel liegt bei A, $B(a \pm l, 0)$. Die Form der Kurve hängt von den Größen a und l ab, wie man aus **Abb.2.63** und **Abb.2.64** erkennen kann.

a) Für $a > l$ hat die Kurve vier Extremwerte, für $a \le l$ zwei; sie liegen bei $C, D, E, F\left(\cos\varphi = \dfrac{-l \pm \sqrt{l^2 + 8a^2}}{4a}\right)$. Für $a < l < 2a$ existieren zwei Wendepunkte bei G und H $\left(\cos\varphi = -\dfrac{2a^2 + l^2}{3al}\right)$.

b) Für $l < 2a$ gibt es in den Punkten I und K $\left(-\dfrac{l^2}{4a}, \pm\dfrac{l\sqrt{4a^2 - l^2}}{4a}\right)$ eine Doppeltangente. Der Koordinatenursprung ist ein Doppelpunkt: Für $a < l$ ist er ein isolierter Punkt, für $a > l$ ein Knotenpunkt mit den Tangentenrichtungen $\tan\alpha = \pm\dfrac{\sqrt{a^2 - l^2}}{l}$ und dem Krümmungsradius $r_0 = \dfrac{1}{2}\sqrt{a^2 - l^2}$.
c) Für $a = l$ handelt es sich um einen Rückkehrpunkt; die Kurve nennt man *Kardioide*.

Der Flächeninhalt der Schnecke beträgt $S = \dfrac{\pi a^2}{2} + \pi l^2$, wobei im Falle $a > l$ (**Abb.2.63c**) der Flächeninhalt der inneren Schleife mit dieser Formel doppelt gerechnet wird.

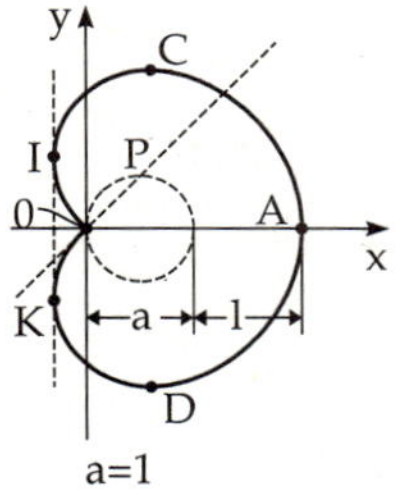

Abbildung 2.64

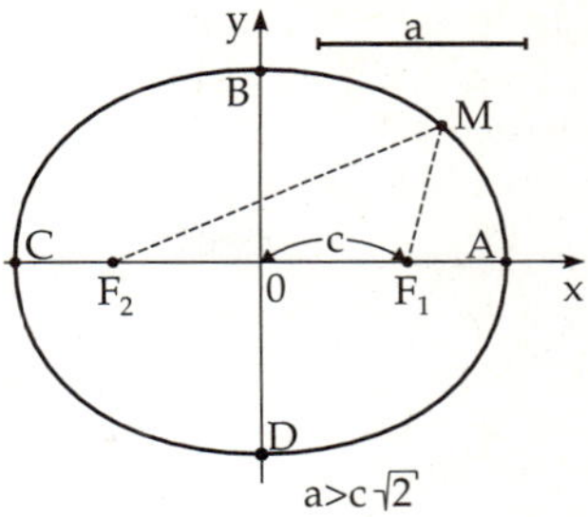

a)

Abbildung 2.65

4. Kardioide

Die *Kardioide* **(Abb.2.64)** kann auf zweierlei Weise definiert werden: 1. als Spezialfall der *Pascalschen Schnecke* mit

$$\overline{OM} = \overline{OP} \pm a, \tag{2.234}$$

wobei a der Durchmesser des Kreises ist und 2. als *Epizykloide* mit gleich großem Durchmesser a des festen und des beweglichen Kreises. Die Gleichung lautet

$$(x^2 + y^2)^2 - 2ax(x^2 + y^2) = a^2y^2, \tag{2.235a}$$

in Parameterform

$$x = a\cos\varphi(1 + \cos\varphi), \quad y = a\sin\varphi(1 + \cos\varphi) \tag{2.235b}$$

und in Polarkoordinaten

$$\varrho = a(1 + \cos\varphi) \tag{2.235c}$$

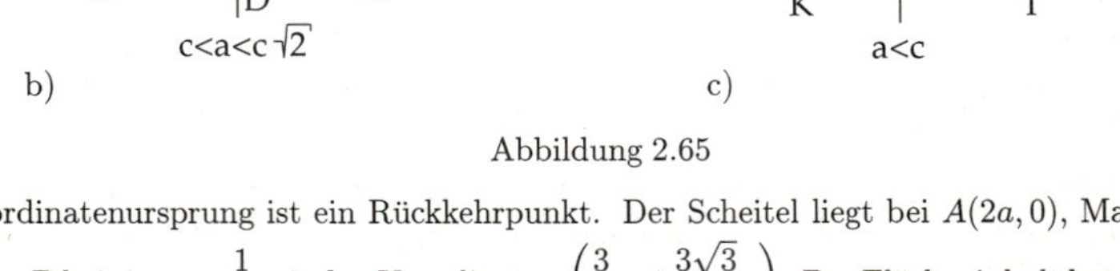

Abbildung 2.65

Der Koordinatenursprung ist ein Rückkehrpunkt. Der Scheitel liegt bei $A(2a, 0)$, Maximum C und Minimum D bei $\cos\varphi = \frac{1}{2}$ mit den Koordinaten $\left(\frac{3}{4}a, \pm\frac{3\sqrt{3}}{4}a\right)$. Der Flächeninhalt beträgt $S = \frac{3}{2}\pi a^2$, d.h. die sechsfache Fläche des Kreises mit dem Durchmesser a. Die Kurvenlänge ist $L = 8a$.

5. Cassinische Kurven

(Abb.2.65) nennt man den geometrischen Ort aller Punkte M, für die das Produkt der Abstände von zwei festen Punkten $F_1(c, 0)$ und $F_2(-c, 0)$, den Fixpunkten, konstant gleich a^2 ist:

$$\overline{F_1M} \cdot \overline{F_2M} = a^2. \tag{2.236}$$

Die Gleichung lautet

$$(x^2+y^2)^2 - 2c^2(x^2+y^2) = a^4 - c^4, \tag{2.237a}$$

und in Polarkoordinaten

$$\varrho^2 = c^2\cos 2\varphi \pm \sqrt{c^4\cos^2 2\varphi + (a^4 - c^4)} \tag{2.237b}$$

Die Form der Kurve hängt von den Größen a und c ab:

1. Für $a > c\sqrt{2}$ ist die Kurve ein ellipsenförmiges Oval **(Abb.2.65a)**. Die Schnittpunkte mit der x–Achse liegen bei A, $C(\pm\sqrt{a^2+c^2}, 0)$, mit der y–Achse bei B, $D(0, \pm\sqrt{a^2-c^2})$. Für den Fall $a = c\sqrt{2}$ ergibt sich eine Kurve des gleichen Typs mit A, $C(\pm c\sqrt{3}, 0)$ und B, $D(0, \pm c)$, wobei die Krümmung in den Punkten B und D gleich 0 ist, d.h., es gibt eine enge Berührung mit den Geraden $y = \pm c$.

2. Für $c < a < c\sqrt{2}$ ist die Kurve ein eingedrücktes Oval **(Abb.2.65b)**. Die Achsenschnitte gleichen denen des 1. Falles, ebenso das Maximum und das Minimum B, D, während die Extrema E, G, K, I bei $\left(\pm\frac{\sqrt{4c^4-a^4}}{2c}, \pm\frac{a^2}{2c}\right)$ liegen und die vier Wendepunkte bei P, L, M, N $\left(\pm\sqrt{\frac{1}{2}(m-n)}, \pm\sqrt{\frac{1}{2}(m+n)}\right)$ mit $n = \frac{a^4-c^4}{3c^2}$ und $m = \sqrt{\frac{a^4-c^4}{3}}$.

3. Für $a = c$ ergibt sich die *Lemniskate.*

4. Für $a < c$ ergeben sich zwei Ovale **(Abb.2.65c)**. Die Schnittpunkte mit der x–Achse liegen bei A, $C(\pm\sqrt{a^2+c^2}, 0)$ und P, $Q(\pm\sqrt{c^2-a^2}, 0)$, die Maxima und Minima bei E, G, K, I $\left(\pm\frac{\sqrt{4c^4-a^4}}{2c}, \pm\frac{a^2}{2c}\right)$. Der Krümmungsradius beträgt $r = \frac{2a^2\varrho^3}{c^4 - a^4 + 3\varrho^4}$, wobei ϱ der Radiusvektor ist.

6. Lemniskate

(Abb.2.66) nennt man den Spezialfall $a = c$ der *Cassinischen Kurven*, die der Bedingung genügen

$$\overline{F_1M}\cdot\overline{F_2M} = \left(\frac{\overline{F_1F_2}}{2}\right)^2, \tag{2.238}$$

wobei die Fixpunkte F_1, F_2 bei $(\pm a, 0)$ liegen. Die Gleichung lautet

$$(x^2+y^2)^2 - 2a^2(x^2-y^2) = 0 \tag{2.239a}$$

und in Polarkoordinaten

$$\varrho = a\sqrt{2\cos 2\varphi}. \tag{2.239b}$$

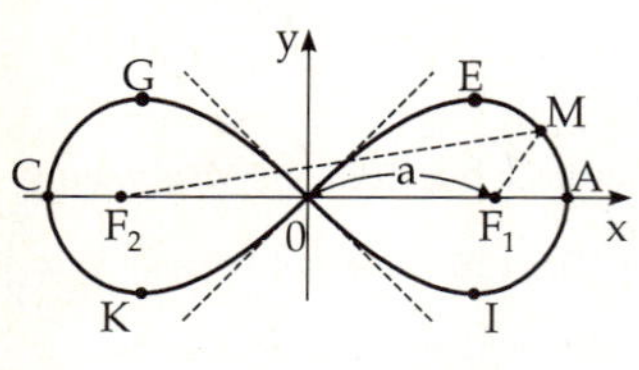

Abbildung 2.66

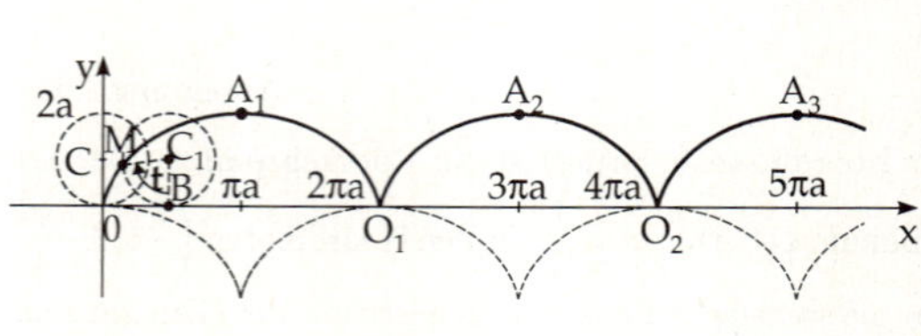

Abbildung 2.67

Der Koordinatenursprung ist Knotenpunkt und Wendepunkt zugleich, wobei die Tangenten bei $y = \pm x$ liegen. Der Schnittpunkt mit der x–Achse liegt bei A, $C(\pm a\sqrt{2}, 0)$, die Maxima und Minima bei E,

$G, K, I\left(\pm\frac{a\sqrt{3}}{2}, \pm\frac{a}{2}\right)$; der Polarwinkel beträgt in diesem Punkten $\varphi = \pm\frac{\pi}{6}$. Der Radiusvektor ergibt sich zu $r = \frac{2a^2}{3\varrho}$ und der Flächeninhalt jeder Schleife zu $S = a^2$.

2.12 Zykloiden

1. Gewöhnliche Zykloide

wird eine Kurve genannt, die von einem Peripheriepunkt eines Kreises beschrieben wird, der auf einer Geraden abrollt, ohne zu gleiten **(Abb.2.67)**. Die Gleichung der *gewöhnlichen Zykloide* lautet in Parameterform

$$x = a(t - \sin t), \quad y = a(1 - \cos t), \tag{2.240a}$$

wobei a der Radius des Kreises und t der Wälzwinkel $\sphericalangle MC_1B$ sind, und in kartesischen Koordinaten

$$x + \sqrt{y(2a - y)} = a \arccos\frac{a - y}{a}. \tag{2.240b}$$

Die Kurve ist periodisch mit der Periode (*Basis der Zykloide*) $\overline{OO_1} = 2\pi a$. Die Rückkehrpunkte liegen bei $O, O_1, O_2, \ldots, O_k = (2k\pi a)$, die Scheitelpunkte bei $A_k = [(2k+1)\pi a, 2a]$. Die Länge des Bogens OM ist $L = 8a\sin^2\frac{1}{4}t$, die Länge eines Zweiges $L_{OA_1O_1} = 8a$; der Flächeninhalt beträgt $S = 3\pi a^2$. Der Krümmungsradius ist $r = 4a\sin\frac{1}{2}t$, in den Scheiteln $r_A = 4a$. Die Evolvente einer Zykloide (s. S. 205) ist eine *kongruente Zykloide*, die in der **Abb.2.67** gestrichelt gezeichnet ist.

2. Verlängerte und verkürzte Zykloiden oder Trochoiden

werden von einem Punkt beschrieben, der sich 1. außerhalb oder 2. innerhalb eines Kreises auf einem vom Kreismittelpunkt ausgehenden und mit dem Kreis fest verbundenen Strahl befindet, während der Kreis ohne zu gleiten auf einer Geraden abrollt **(Abb.2.68)**.

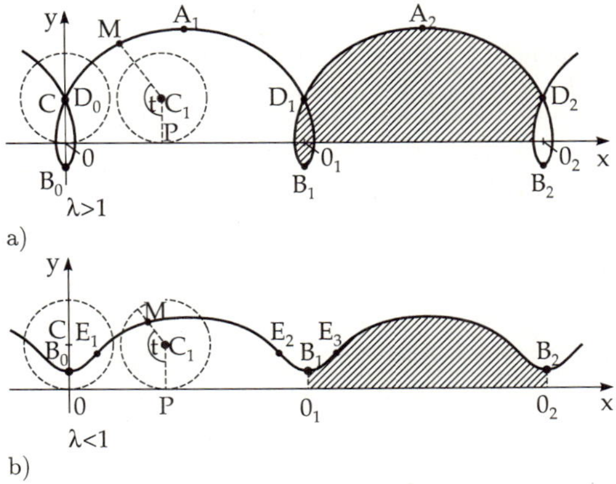

Abbildung 2.68

Die Gleichung der Trochoiden in Parameterform lautet mit a als Radius des Kreises

$$x = a(t - \lambda\sin t), \quad y = a(1 - \lambda\cos t), \tag{2.241}$$

wobei t der Winkel $\sphericalangle MC_1P$ ist. Wegen $\lambda a = \overline{C_1M}$ bestimmt $\lambda > 1$ für die verlängerte Zykloide und $\lambda < 1$ für die verkürzte die Punktlage außerhalb bzw. innerhalb des Kreises auf dem Radiusstrahl. Die

Periode der Kurven ist $\overline{OO_1} = 2\pi a$, die Maxima $A_1, A_2, \ldots, A_k = [(2k+1)\pi a, (1+\lambda)a]$, die Minima $B_0, B_1, B_2, \ldots, B_k = [2k\pi a, (1-\lambda)a]$. Die verlängerte Zykloide besitzt bei $D_0, D_1, D_2, \ldots, D_k = \left[2k\pi a, a\left(1 - \sqrt{\lambda^2 - {t_0}^2}\right)\right]$ Doppelpunkte, wobei t_0 die kleinste positive Wurzel der Gleichung $t = \lambda \sin t$ ist. Die verkürzte Zykloide besitzt Wendepunkte bei $E_1, E_2, \ldots, E_k = \left[a\left(\arccos\lambda - \lambda\sqrt{1-\lambda^2}\right), a(1-\lambda^2)\right]$. Die Länge eines Zyklus berechnet sich zu $L = a\int_0^{2\pi} \sqrt{1+\lambda^2 - 2\lambda\cos t}\, dt$. Die in **Abb.2.68** schraffiert gezeichnete Fläche beträgt $S = \pi a^2(2+\lambda^2)$. Für den Krümmungsradius erhält man $r = a\dfrac{(1+\lambda^2-2\lambda\cos t)^{3/2}}{\lambda(\cos t - \lambda)}$, in den Maxima $r_A = -a\dfrac{(1+\lambda)^2}{\lambda}$ und in den Minima $r_B = a\dfrac{(1-\lambda)^2}{\lambda}$.

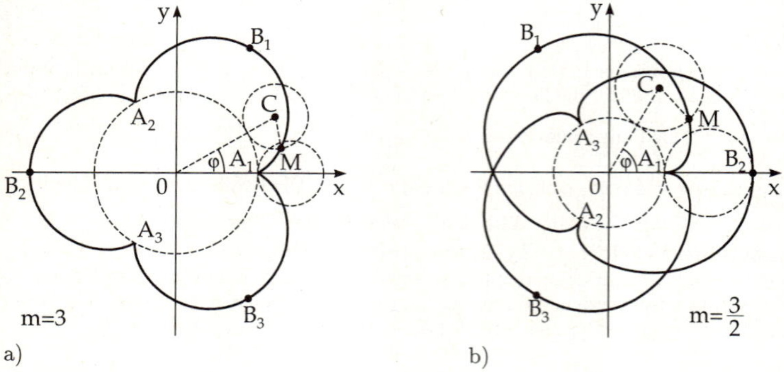

Abbildung 2.69

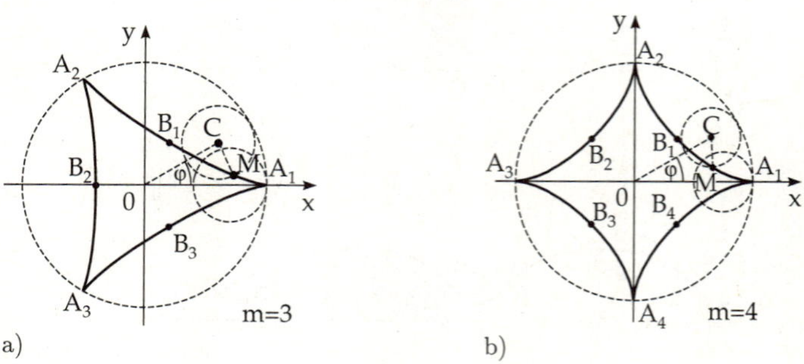

Abbildung 2.70

3. Epizykloide

wird eine Kurve genannt, die von einem Peripheriepunkt eines Kreises beschrieben wird, wenn dieser ohne zu gleiten auf der Außenseite eines anderen Kreises abrollt **(Abb.2.69)**. Die Gleichung der *Epizykloide* lautet in Parameterform mit A als Radius des festen und a als Radius des rollenden Kreises

$$x = (A+a)\cos\varphi - a\cos\frac{A+a}{a}\varphi, \quad y = (A+a)\sin\varphi - a\sin\frac{A+a}{a}\varphi, \tag{2.242}$$

wobei $\varphi = \sphericalangle COx$. Die Form der Kurve hängt vom Quotienten $m = \dfrac{A}{a}$ ab. Für $m = 1$ erhält man die *Kardioide.*

1. Für m ganzzahlig besteht die Kurve aus m, den feststehenden Kreis umgebenden Kurvenzweigen **(Abb.2.69a)**.Die Rückkehrpunkte liegen bei $A_1, A_2, \ldots, A_m \left(\varrho = A, \ \varphi = \dfrac{2k\pi}{m} \ (k = 0, 1, \ldots, m-1) \right)$, die Scheitelpunkte bei $B_1, B_2, \ldots, B_m$, $\left[\varrho = A + 2a, \quad \varphi = \dfrac{2\pi}{m} \left(k + \dfrac{1}{2} \right) \right]$.

2. Für m gebrochen rational überdecken sich die Zweige gegenseitig, der sich bewegende Punkt M kehrt aber nach einer endlichen Zahl von Durchläufen in die Anfangslage zurück **(Abb.2.69b)**.

3. Für m irrational ist die Anzahl der Durchläufe unendlich, und der Punkt M kehrt nicht in die Anfangslage zurück.

Die Länge des Zweiges beträgt $L_{A_1B_1A_2} = \dfrac{8(A+a)}{m}$, bei ganzzahligem m ist die Länge der gesamten Kurve $L = 8(A+a)$. Die Fläche des Sektors $A_1B_1A_2A_1$ beträgt ohne den Sektor des festen Kreises $S = \pi a^2 \left(\dfrac{3A + 2a}{A} \right)$. Der Krümmungsradius ist $r = \dfrac{4a(A+a)}{2a+A} \sin \dfrac{A\varphi}{2a}$, in den Scheiteln $r_B = \dfrac{4a(A+a)}{2a+A}$.

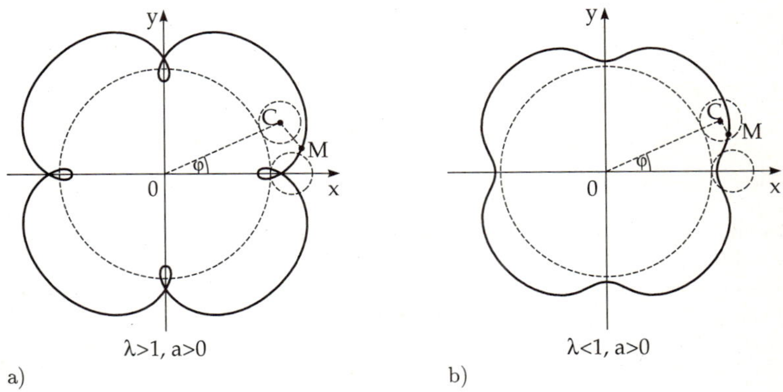

Abbildung 2.71

4. Hypozykloide und Astroide

wird eine Kurve genannt, die von einem Peripheriepunkt eines Kreises beschrieben wird, wenn dieser ohne zu gleiten auf der Innenseite eines anderen Kreises abrollt **(Abb.2.70)**. Die Gleichung der *Hypozykloide*, die Koordinaten der Scheitel- und Rückkehrpunkte, die Formeln für die Bogenlängen, die Flächeninhalte und die Krümmungsradien gleichen denen der Epizykloide, es ist jedoch „$+a$“ durch „$-a$“ zu ersetzen. Die Anzahl der Rückkehrpunkte entspricht für m ganzzahlig, rational oder irrational (stets ist $m > 1$) der von der Epizykloide bekannten.

1. Für $m = 2$ entartet die Kurve in den Durchmesser des unbeweglichen Kreises.

2. Für $m = 3$ besitzt die Hypozykloide drei Zweige **(Abb.2.70a)** mit der Gleichung:

$$x = a(2\cos\varphi + \cos 2\varphi), \quad y = a(2\sin\varphi - \sin 2\varphi), \tag{2.243a}$$

Es gilt $L = 16a$, $S_{\text{gesamt}} = 2\pi a^2$.

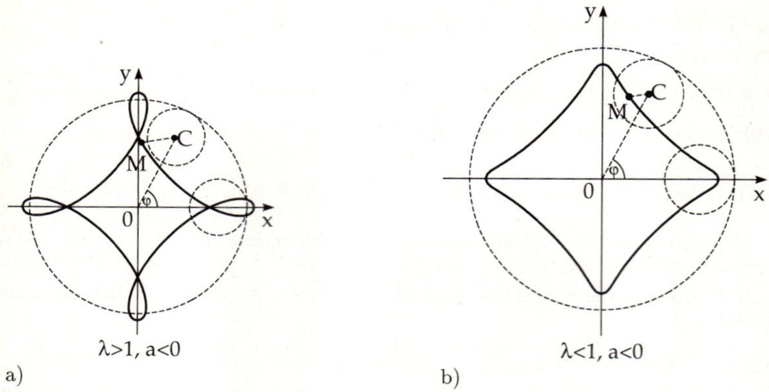

Abbildung 2.72

3. Für $m = 4$ (Abb.2.70b) besitzt die Hypozykloide vier Zweige und wird *Astroide* genannt. Ihre Gleichung lautet

$$x = A\cos^3\varphi, \quad y = A\sin^3\varphi \tag{2.243b}$$

und in kartesischen Koordinaten

$$x^{2/3} + y^{2/3} = A^{2/3} \tag{2.243c}$$

Es ist $L = 24a = 6A$, $S = \dfrac{3}{8}\pi A^2$.

5. Verlängerte und verkürzte Epi- und Hypozykloide oder Epi- und Hypotrochoide

sind Kurven **(Abb.2.71** bzw. **Abb.2.72)**, die von einem entweder außerhalb oder innerhalb eines Kreises befindlichen Punkt beschrieben werden, der sich auf einem vom Kreismittelpunkt ausgehenden und mit dem Kreis fest verbundenen Strahl befindet, während der Kreis an einem anderen Kreis entweder außen (Epitrochoide) oder innen (Hypotrochoide) abrollt, ohne dabei zu gleiten. Die Gleichung der *Epi-* und *Hypotrochoide* lautet in Parameterform

$$x = (A+a)\cos\varphi - \lambda a\cos\left(\frac{A+a}{a}\varphi\right),$$

$$y = (A+a)\sin\varphi - \lambda a\sin\left(\frac{A+a}{a}\varphi\right), \tag{2.244a}$$

wobei A der Radius des festen Kreises ist und a der des rollenden; für die Hypozykloide ist „$+a$“ durch „$-a$“ zu ersetzen. Über $\lambda a = CM$ wird mit $\lambda > 1$ bzw. $\lambda < 1$ bestimmt, ob es sich um die verkürzte oder verlängerte Kurve handelt. Für $A = 2a$, λ beliebige Zahl, wird die Hypozykloide mit der Gleichung

$$x = a(1+\lambda)\cdot\cos\varphi, \quad y = a(1-\lambda)\cdot\sin\varphi \tag{2.244b}$$

zur Ellipse mit den Halbachsen $a(1+\lambda)$ und $a(1-\lambda)$. $A = a$ liefert die *Pascalsche Schnecke*:

$$x = a(2\cos\varphi - \lambda\cos 2\varphi), \quad y = a(2\sin\varphi - \lambda\sin 2\varphi). \tag{2.244c}$$

In (3.) auf Seite 84 wurde mit a eine Größe bezeichnet, die hier $2\lambda a$ heißt und mit l der Durchmesser $2a$. Außerdem ist das Koordinatensystem geändert.

2.13 Spiralen

1. ARCHIMEDische Spirale

heißt eine Kurve (**Abb.2.73**), die durch Bewegung eines Punktes mit konstanter Geschwindigkeit v auf einem Strahl entsteht, der mit konstanter Winkelgeschwindigkeit ω den Koordinatenursprung umkreist. Die Gleichung der archimedischen Spirale lautet in Polarkoordinaten

$$\varrho = a\varphi, \quad a = \frac{v}{\omega}. \tag{2.245}$$

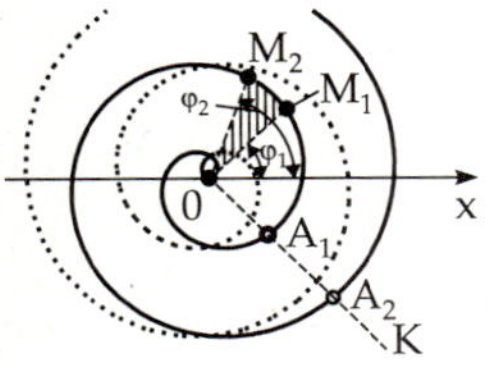

Abbildung 2.73

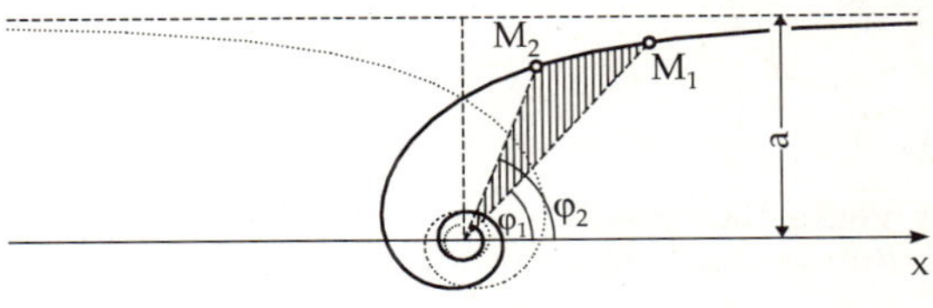

Abbildung 2.74

Die Kurve besitzt zwei Zweige, die symmetrisch zur y–Achse verlaufen. Jeder Strahl OK schneidet die Kurve in den Punkten O, A_1, A_2, …, A_n, …, die voneinander den Abstand $A_iA_{i+1} = 2\pi a$ haben. Die Länge des Bogens OM ist $L = \frac{a}{2}\left(\varphi\sqrt{\varphi^2+1} + \operatorname{Arsinh}\varphi\right)$, wobei für große φ der Ausdruck $\frac{2L}{a\varphi^2}$ gegen 1 geht. Der Flächeninhalt des Sektors M_1OM_2 beträgt $S = \frac{a^2}{6}({\varphi_2}^3 - {\varphi_1}^3)$. Der Krümmungsradius ist $r = a\frac{(\varphi^2+1)^{3/2}}{\varphi^2+2}$ und im Koordinatenursprung $r_0 = \frac{a}{2}$.

2. Hyperbolische Spirale

In Polarkoordinaten lautet die Gleichung

$$\varrho = \frac{a}{\varphi}. \tag{2.246}$$

Die Kurve der *hyperbolischen Spirale* (**Abb.2.74**) besteht aus zwei Zweigen, die symmetrisch zur y–Achse verlaufen. Für beide Zweige ist die Gerade $y = a$ Asymptote und der Koordinatenursprung asymptotischer Punkt. Der Flächeninhalt des Sektors M_1OM_2 beträgt $S = \frac{a^2}{2}\left(\frac{1}{\varphi_1} - \frac{1}{\varphi_2}\right)$, wobei $\lim\limits_{\varphi_2\to\infty} S = \frac{a^2}{2\varphi}$. Der Krümmungsradius ist $r = \frac{a}{\varphi}\left(\frac{\sqrt{1+\varphi^2}}{\varphi}\right)^3$.

3. Logarithmische Spirale

heißt eine Kurve (**Abb.2.75**), die alle Strahlen, die vom Koordinatenursprung O ausgehen, unter dem gleichen Winkel α schneidet. Die Gleichung der *logarithmischen Spirale* lautet in Polarkoordinaten

$$\varrho = ae^{k\varphi}, \tag{2.247}$$

wobei $k = \cot\alpha$. (Für $\alpha = \frac{\pi}{2}$ ist $k = 0$ und die Kurve wird zum Kreis). Der Pol der Kurve bei 0 ist gleichzeitig ihr asymptotischer Punkt. Die Länge des Bogens M_1M_2 beträgt $L = \frac{\sqrt{1+k^2}}{k}(\varrho_2 - \varrho_1)$, der Grenzwert des Bogens OM, berechnet vom Koordinatenursprung aus, $L_0 = \frac{\sqrt{1+k^2}}{k}\varrho$. Der Krümmungsradius ist $r = \sqrt{1+k^2}\,\varrho = L_0k$.

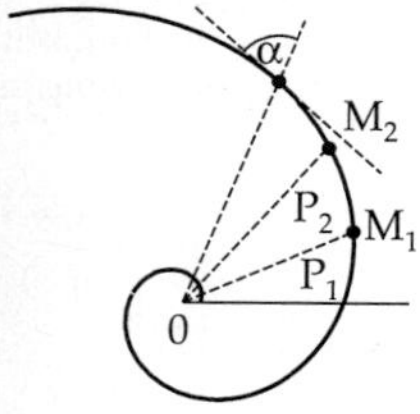

Abbildung 2.75

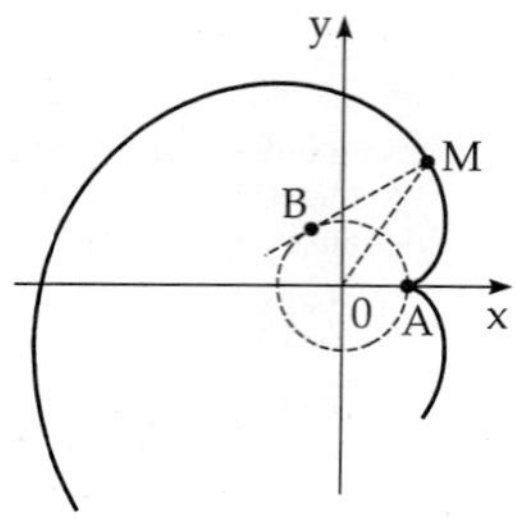

Abbildung 2.76

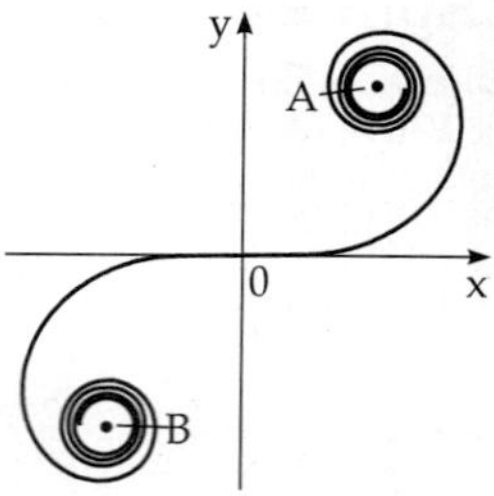

Abbildung 2.77

4. Evolvente des Kreises

heißt eine Kurve **(Abb.2.76)**, die vom Endpunkt eines fest gespannten Fadens beschrieben wird, wenn dieser von einem Kreis abgewickelt wird, so daß $\overset{\frown}{AB} = \overline{BM}$. Die Gleichung der *Evolvente des Kreises* lautet in Parameterform

$$x = a\cos\varphi + a\varphi\sin\varphi, \quad y = a\sin\varphi - a\varphi\cos\varphi, \tag{2.248}$$

wobei a der Radius des Kreises ist und $\varphi = \sphericalangle BOx$. Die Kurve besitzt zwei Zweige symmetrisch zur x–Achse. Der Rückkehrpunkt liegt bei $A(a, 0)$, die Schnittpunkte mit der x–Achse bei $x = \dfrac{a}{\cos\varphi_0}$, wobei φ_0 die Wurzeln der Gleichung $\tan\varphi = \varphi$ sind. Die Länge des Bogens AM beträgt $L = \dfrac{1}{2}a\varphi^2$. Der Krümmungsradius ist $r = a\varphi = \sqrt{2aL}$; der Krümmungsmittelpunkt B liegt auf dem Kreis.

5. Klotoide

heißt eine Kurve **(Abb.2.77)**, die sich aus der umgekehrten Proportionalität ihres Krümmungsradius zur Länge des Bogens ergibt:

$$r = \frac{a^2}{s} \tag{2.249a}$$

Die Gleichung der *Klotoide* lautet in Parameterform

$$x = a\sqrt{\pi}\int_0^t \cos\frac{\pi t^2}{2}\,dt, \quad y = a\sqrt{\pi}\int_0^t \sin\frac{\pi t^2}{2}\,dt, \tag{2.249b}$$

$$\text{mit} \quad t = \frac{s}{a\sqrt{\pi}}, \quad s = \overset{\frown}{OM}\,.$$

Die Integrale können nicht durch elementare Funktionen ausgedrückt werden. Die Kurve ist zentralsymmetrisch zum Koordinatenursprung, der gleichzeitig Wendepunkt ist, sie hat die x–Achse zur Asymptote und bei $A\left(+\dfrac{a\sqrt{\pi}}{2}, +\dfrac{a\sqrt{\pi}}{2}\right)$ und $B\left(-\dfrac{a\sqrt{\pi}}{2}, -\dfrac{a\sqrt{\pi}}{2}\right)$ je einen asymptotischen Punkt.

2.14 Verschiedene andere Kurven

1. Kettenlinie oder Katenoide

nennt man eine Kurve, in **(Abb.2.78)** durchgehend gezeichnet, die von einem homogenen, nicht dehnbaren und an beiden Enden aufgehängten Faden gebildet wird. Die Gleichung der *Katenoide* lautet

$$y = a\cosh\frac{x}{a} = a\frac{e^{x/a} + e^{-x/a}}{2}. \tag{2.250}$$

Der Parameter a, die Höhe der Katenoide, bestimmt den Scheitelpunkt $A(0,a)$. Die Kurve verläuft symmetrisch zur y–Achse, und zwar höher, als die Parabel $y = a + \frac{x^2}{2a}$, die in der **Abb.2.78** gestrichelt dargestellt ist. Die Länge $\overline{AM}$ des Bogens L beträgt $L = a \sinh \frac{x}{a} = a\frac{e^{x/a} - e^{-x/a}}{2}$, der Krümmungsradius $r = \frac{y^2}{a} = a\cosh^2\frac{x}{a} = a + \frac{L^2}{a}$.

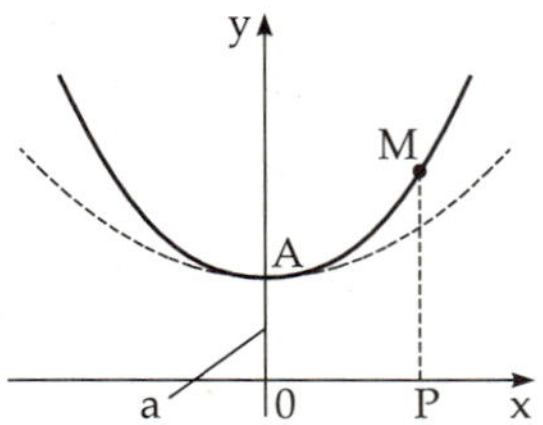

Abbildung 2.78

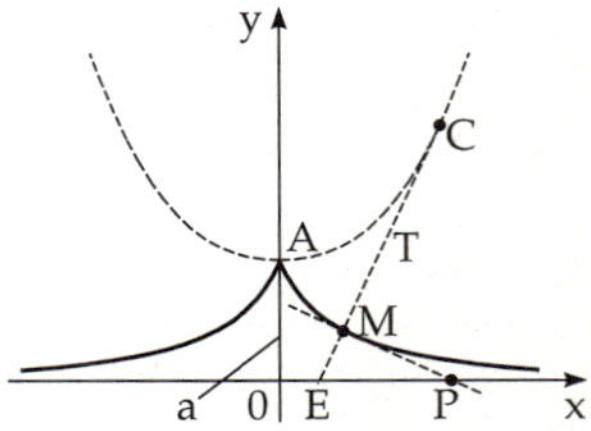

Abbildung 2.79

Die Katenoide ist die Evolute (s. S. 205) der Traktrix mit dem Scheitelpunkt $A(0,a)$, wobei a die Höhe der Traktrix ist. Die Traktrix ist ihrerseits die Evolvente (s. S. 206) der Katenoide mit dem Scheitelpunkt $A(0,a)$2..

2. Schleppkurve oder Traktrix

(in **Abb.2.79**) durchgehend gezeichnet, nennt man den geometrischen Ort aller Punkte mit der Eigenschaft, daß das Tangentenstück $\overline{MP}$ zwischen Berührungspunkt M und Schnittpunkt der Tangente mit einer Leitlinie, hier mit der x-Achse, die konstante Länge a besitzt. Die Traktrix wird von einem Punkt M, *Schleppunkt* genannt, beschrieben, der an einem Ende eines nicht dehnbaren Fadens mit der Länge a befestigt ist, wenn das andere Ende P entlang der Leitlinie, hier entlang der x-Achse, bewegt wird. Die Gleichung der *Traktrix* lautet

$$x = a \operatorname{Arcosh}\frac{a}{y} \pm \sqrt{a^2 - y^2} \left(= a \ln \frac{a \pm \sqrt{a^2 - y^2}}{y} \mp \sqrt{a^2 - y^2} \right). \qquad (2.251)$$

Die x–Achse ist Asymptote. Scheitelpunkt und Rückkehrpunkt mit vertikaler Tangente ist der Punkt $A(0,a)$. Die Kurve verläuft symmetrisch zur y–Achse. Die Länge des Bogens $\overline{AM}$ ist $L = a \ln \frac{a}{y}$. Bei wachsender Länge des Bogens L nähert sich die Differenz $L - x$ dem Wert $a(1 - \ln 2) \approx 0{,}307\,a$, wobei x hier die Abszisse des Punktes M ist. Der Krümmungsradius ist $r = a \cot \frac{x}{y}$. Krümmungsradius MC und Normalenabschnitt $\overline{ME} = b$ sind zueinander umgekehrt proportional: $rb = a^2$.
Die Evolute (s. S. 205) der Traktrix, d.h., der geometrische Ort ihrer Krümmungsmittelpunkte C, in **Abb.2.79** gestrichelt dargestellt, ist die Katenoide (2.250).

2.15 Aufstellung empirischer Kurven

2.15.1 Verfahrensweise

1. Kurvenbildervergleiche

Die Aufstellung einer Näherungsformel für eine Funktion $y = f(x)$, für die nur empirisch ermittelte Daten vorliegen, kann in zwei Schritte eingeteilt werden. Zuerst wird die Art der Näherungsformel ausgewählt, die in der Regel einige freie Parameter enthält. Danach erfolgt die numerische Bestimmung der Parameterwerte. Wenn es für die Wahl der Formel keine theoretischen Überlegungen gibt, dann wird unter den einfachsten dafür in Frage kommenden Funktionen eine Näherungsformel ausgesucht, indem ihre Kurvenbilder mit der Kurve der empirischen Daten verglichen werden. Die Entscheidung über die Ähnlichkeit der Kurvenbilder nach Augenmaß kann trügerisch sein. Daher ist nach der Wahl einer Näherungsfunktion vor der Bestimmung der Parameterwerte mit Hilfe der *Abgleichmethode* zu prüfen, ob die gewählte Formel anwendbar ist.

2. Abgleichmethode

Vorausgesetzt, zwischen x und y besteht eine bestimmte Abhängigkeit, dann werden in der gewählten Näherungsformel zwei Funktionen $X = \varphi(x, y)$ und $Y = \psi(x, y)$ derart substituiert, daß eine lineare Beziehung der Form $Y = AX + B$ entsteht, wobei A und B Konstante sind. Lautet z.B. die Näherungsformel $y = \frac{x}{ax+b}$, dann kann $X = x$, $Y = \frac{x}{y}$ gesetzt werden, und man erhält $Y = a + bX$. Es wäre auch die Substitution $X = \frac{1}{x}$, $Y = \frac{1}{y}$ möglich. Dann erhielte man $Y = aX + b$. Werden nun für die gegebenen x– und y–Werte die zugehörigen X– und Y–Werte berechnet und graphisch dargestellt, dann kann leicht erkannt werden, ob die zugehörigen Punkte annähernd auf einer Geraden liegen. Danach kann entschieden werden, ob die gewählte Formel geeignet ist oder nicht.
Zur Entscheidung, ob empirische Daten einer linearen Beziehung $Y = AX + B$ genügen, kann die *lineare Regression* und *Korrelation* (s. S. 645) herangezogen werden. Die Zurückführung eines funktionalen Zusammenhangs auf eine lineare Beziehung wird auch *Rektifizierung* genannt. Beispiele für die Rektifizierung einiger Formeln werden in 2.15.2 (s. S. 94) gegeben, ein vollständig durchgerechnetes Beispiel s. S. 99.

3. Parameterbestimmung

Die wichtigste Methode zur Bestimmung der Parameterwerte ist die *Methode der kleinsten Quadrate* (s. S. 646). In vielen Fällen können jedoch noch einfachere Methoden mit Erfolg eingesetzt werden, z.B. die *Mittelwertmethode*. Bei der Mittelwertmethode wird die lineare Abhängigkeit der „rektifizierten" Variablen X und Y, d.h. $Y = AX + B$ wie folgt ausgenutzt: Die Bedingungsgleichungen $Y_i = AX_i + B$ für die vorliegenden Wertepaare Y_i, X_i werden in zwei gleich große bzw. nahezu gleich große Gruppen eingeteilt und nach zunehmenden Werten Y_i und X_i geordnet. Durch Addition der Gleichungen jeder der beiden Gruppen ergeben sich zwei Gleichungen, aus denen A und B bestimmt werden können. Wenn nun X und Y wieder durch die Ausgangsvariablen x und y ausgedrückt werden, dann ist die gesuchte Abhängigkeit zwischen x und y gefunden. Sollten noch nicht alle Parameter bestimmt worden sein, dann ist die Mittelwertmethode erneut anzuwenden, wobei jetzt die Rektifizierung mit anderen Größen $\overline{X}$ und $\overline{Y}$ durchzuführen ist (s. z.B. S. 99).
Rektifizierung und Mittelwertmethode werden vor allem dann angewendet, wenn in der Näherungsformel gewisse Parameter nichtlinear auftreten, wie z.B. in den Formeln (2.264b, 2.264c). Die *Fehlerquadratmethode* führt in solchen Fällen auf *nichtlineare Ausgleichsaufgaben*, deren Lösung einen erhöhten numerischen Aufwand sowie gute Startnäherungen erfordert. Letztere können durch Rektifizierung und Mittelwertmethode bestimmt werden.

2.15.2 Gebräuchlichste empirische Formeln

In diesem Abschnitt werden einige der einfachsten Formeln für die Anpassung an empirische funktionelle Abhängigkeiten aufgeführt und die dazugehörigen Kurvenbilder dargestellt. Auf jeder der Abbildungen sind mehrere Kurven für verschiedene Werte der in die Formeln eingehenden Parameter eingezeichnet worden. Der Einfluß der Parameterwerte auf die Form der Kurven wird in den folgenden Abschnitten untersucht. Bei der Auswahl einer geeigneten Funktion ist zu berücksichtigen, daß meist nur ein Teil der dazugehörigen Kurve zur Reproduktion der empirischen Daten benötigt wird, und zwar meist beschränkt auf ein bestimmtes Intervall der unabhängigen Variablen. Daher wäre es z.B. falsch anzunehmen, die Formel $y = ax^2 + bx + c$ ist nur dann gut geeignet, wenn die Kurve der empirischen Daten ein Maximum oder Minimum besitzt.

1. Potenzfunktionen

1. $y = ax^b$. (2.252a)

Typische Kurvenverläufe für unterschiedliche Varianten des Exponenten b von (2.252a) zeigt die **Abb. 2.80**. Für die verschiedenen Varianten des Exponenten sind die Kurven in den **Abb.2.14, 2.20, 2.23, 2.24 und 2.25** dargestellt, die Funktionen werden an Hand der Formel (2.46) als *Parabel n–ter Ordnung*, (2.47) als *umgekehrte Proportionalität*, (2.52) als *reziproke Potenzfunktion* auf den Seiten 51, 55 und 56 diskutiert. Rektifiziert wird durch Logarithmieren gemäß

$$X = \log x, \quad Y = \log y: \qquad Y = \log a + bX. \tag{2.252b}$$

2. $\quad y = ax^b + c.$ (2.253a)

Hier handelt es sich um die gleichen Kurven wie für (2.252a), aber in y–Richtung um c verschoben **(Abb.2.82)**. Wenn b gegeben ist, dann wird rektifiziert gemäß

$$X = x^b, \quad Y = y: \qquad Y = aX + c \tag{2.253b}$$

Ist b unbekannt, dann wird zunächst c bestimmt und danach gemäß

$$X = \log x, \quad Y = \log(y - c): \qquad Y = \log a + bX \tag{2.253c}$$

rektifiziert. Zur Bestimmung von c werden drei Punkte mit den Abszissen- und Ordinatenwerten x_1, x_2 beliebig, $x_3 = \sqrt{x_1 x_2}$ und y_1, y_2, y_3 gewählt, so daß $c = \dfrac{y_1 y_2 - {y_3}^2}{y_1 + y_2 - 2y_3}$ gilt. Nachdem a und b bestimmt worden sind, kann c korrigiert und als Mittelwert der Größen $y - ax^b$ gewählt werden.

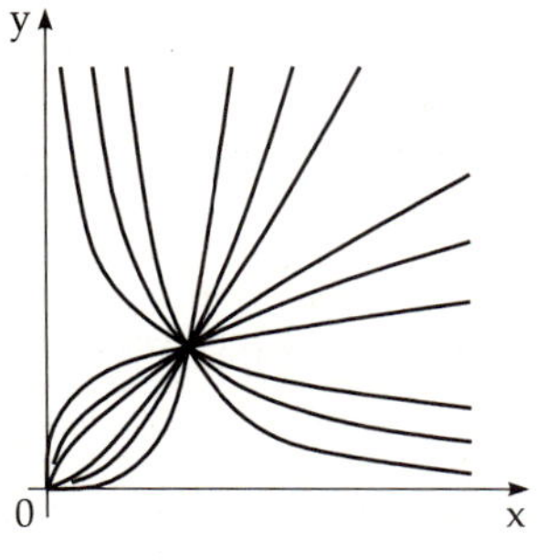

Abbildung 2.80

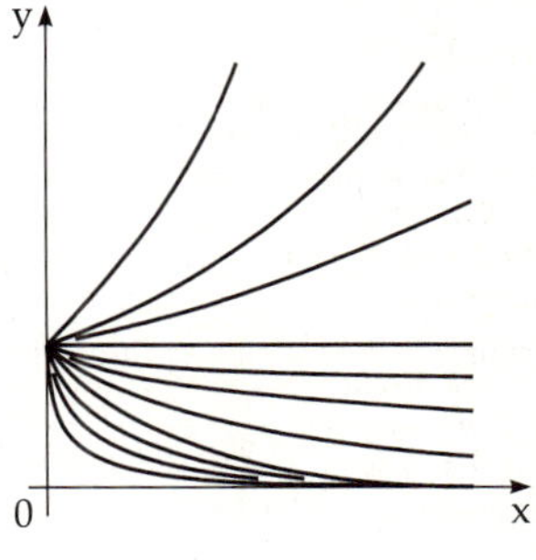

Abbildung 2.81

2. Exponentialfunktionen

1. $\quad y = ae^{bx}.$ (2.254a)

Typische Kurvenverläufe von (2.254a) zeigt die **Abb.2.81**. Die *Exponentialfunktion* (2.56) und ihre Kurvenverläufe **(Abb.2.25)** sind auf Seite 57 diskutiert worden. Rektifiziert wird durch Logarithmieren gemäß

$$X = x, \quad Y = \log y: \qquad Y = \log a + b \log e \cdot X \tag{2.254b}$$

2. $\quad y = ae^{bx} + c.$ (2.255a)

Hier handelt es sich um die gleichen Kurven wie für (2.254a), aber in y–Richtung um c verschoben **(Abb.2.83)**. Es wird c bestimmt und durch Logarithmieren rektifiziert gemäß

$$Y = \log(y - c), \quad X = x: Y = \log a + b \log e \cdot X \tag{2.255b}$$

Zur Bestimmung von c werden drei Punkte mit den Abszissen- und Ordinatenwerten x_1, x_2 beliebig, $x_3 = \dfrac{x_1 + x_2}{2}$ und y_1, y_2, y_3 gewählt, so daß $c = \dfrac{y_1 y_2 - {y_3}^2}{y_1 + y_2 - 2y_3}$ gilt. Nach der Bestimmung von a und b kann c nachträglich als Mittelwert der Größen $y - ae^{bx}$ erneut bestimmt werden.

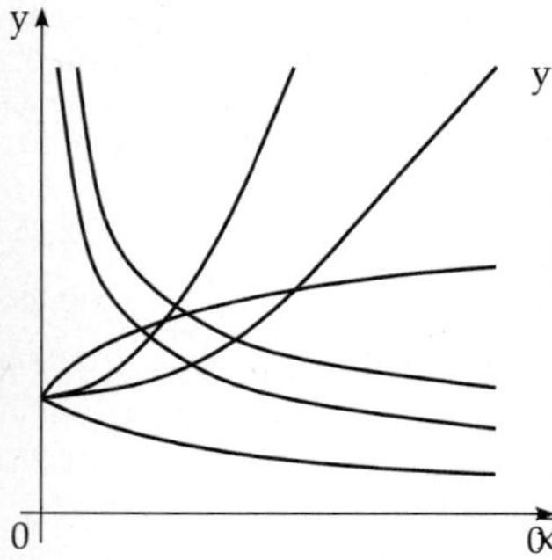

Abbildung 2.82

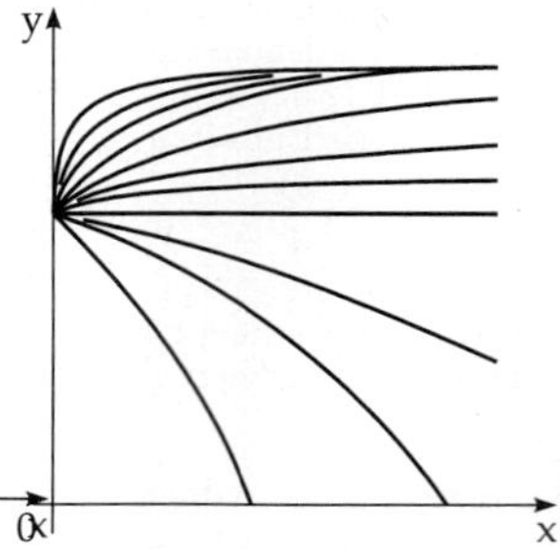

Abbildung 2.83

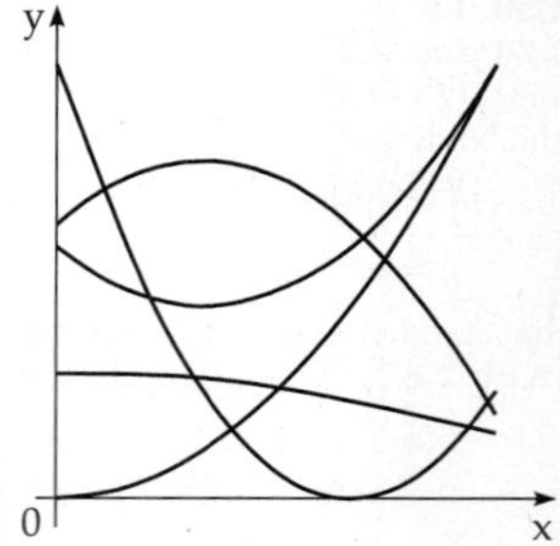

Abbildung 2.84

3. Quadratisches Polynom

$$y = ax^2 + bx + c. \tag{2.256a}$$

Mögliche Kurvenverläufe von (2.256a) zeigt die **Abb.2.84**. Das *quadratische Polynom* (2.41) und seine Kurven **(Abb.2.11)** wurden auf Seite 48 diskutiert. Die Koeffizienten a, b und c werden in der Regel nach der Fehlerquadratmethode bestimmt; aber auch hier ist eine Rektifizierung möglich. Nach der Wahl irgendeines Datenpunktes (x_1, y_1) wird rektifiziert gemäß

$$X = x, \quad Y = \frac{y - y_1}{x - x_1}: \qquad Y = (b + ax_1) + aX. \tag{2.256b}$$

Wenn die gegebenen x–Werte eine arithmetische Folge mit der Differenz h bilden, dann rektifiziert man gemäß

$$Y = \Delta y, \quad X = x: \qquad Y = (bh + ah^2) + 2ahX. \tag{2.256c}$$

In beiden Fällen wird nach der Ermittlung von a und b aus der Gleichung

$$\sum y = a \sum x^2 + b \sum x + nc \tag{2.256d}$$

c berechnet, wobei n die Anzahl der gegebenen x–Werte ist, über die summiert wird.

4. Gebrochen lineare Funktion

$$y = \frac{ax + b}{cx + d}. \tag{2.257a}$$

Die *gebrochen lineare Funktion* (2.257a) wurde in 2.3 als (2.48) mit den Kurven in **Abb.2.16** (s. S. 51) besprochen. Nach der Wahl irgendeines Datenpunktes (x_1, y_1) wird gemäß

$$Y = \frac{x - x_1}{y - y_1}, \quad X = x: \qquad Y = A + BX \tag{2.257b}$$

rektifiziert. Nach der Bestimmung von A und B wird die gewonnene Formel in der Form

$$y = y_1 + \frac{x - x_1}{A + Bx} \tag{2.257c}$$

hingeschrieben. Manchmal reicht auch die Form

$$y = \frac{x}{cx + d} \quad \text{oder} \quad y = \frac{1}{cx + d}. \tag{2.257d}$$

Dann wird $X = \frac{1}{x}$ und $Y = \frac{1}{y}$ rektifiziert oder $X = x$ und $Y = \frac{x}{y}$ im ersten Falle und $X = x$ sowie $Y = \frac{1}{y}$ im zweiten.

5. Quadratwurzel aus einem quadratischen Polynom

$$y^2 = ax^2 + bx + c. \tag{2.258}$$

Mehrere mögliche Kurvenverläufe von (2.258) sind in **Abb.2.85** dargestellt. Die Funktion und ihre Kurvenverläufe wurden auf Seite 55 als (2.54) und an Hand von **Abb.2.22** untersucht. Wenn die neue Variable $Y = y^2$ eingeführt wird, dann läßt sich die weitere Rechnung auf den Fall 3. zurückführen.

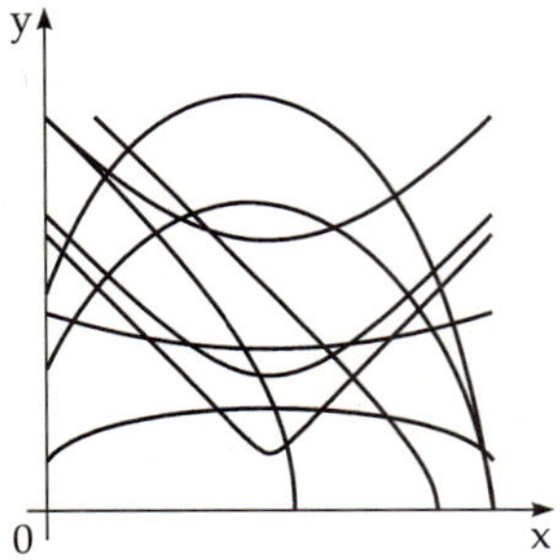

Abbildung 2.85

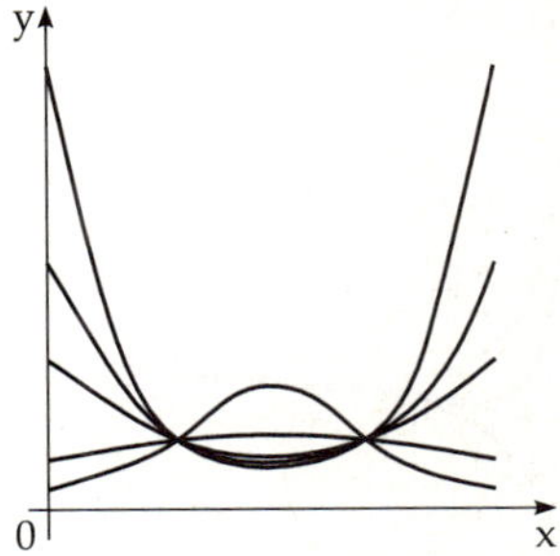

Abbildung 2.86

6.

$$y = ae^{bx+cx^2} \quad \text{oder} \quad \log y = \log a + bx \log e + cx^2 \log e. \tag{2.259}$$

In **Abb.2.86** sind mehrere Kurvenverläufe von (2.259) dargestellt. Die Funktion und ihre Kurvenverläufe wurden auf Seite 59 an Hand von (2.63) und **Abb.2.29** untersucht. Die gestellte Aufgabe wird durch Einführung der neuen Variablen $Y = \log y$ auf den Fall 3. zurückgeführt.

Abbildung 2.87

Abbildung 2.88

7.

$$y = \frac{1}{ax^2 + bx + c}. \tag{2.260}$$

In **Abb.2.87** sind mögliche Kurvenverläufe von (2.260) dargestellt. Dabei handelt es sich um die Funktion 3. Ordnung (2.50), **Abb.2.18** (s.S. 52). Auch diese Aufgabe kann durch Einführung einer neuen Veränderlichen $Y = \frac{1}{y}$ auf den Fall 3. zurückgeführt werden.

8.

$$y = \frac{x}{ax^2 + bx + c}. \tag{2.261}$$

Typische Kurvenverläufe von (2.261) sind in **Abb.2.88** gezeigt. Dabei handelt es sich um die Kurve 3. Ordnung von (2.51), **Abb.2.19** (s.S. 53). Durch Einführung der neuen Variablen $Y = \frac{x}{y}$ wird die Aufgabe auf den Fall 3. zurückgeführt.

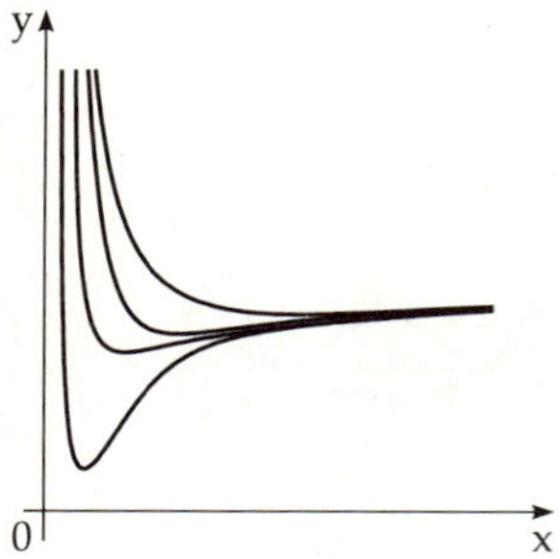

Abbildung 2.89

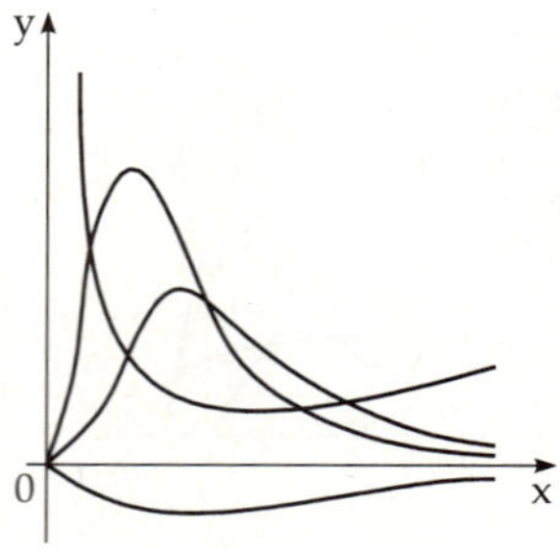

Abbildung 2.90

9.

$$y = a + \frac{b}{x} + \frac{c}{x^2}. \tag{2.262}$$

Typische Kurvenverläufe von (2.262) zeigt die **Abb.2.89**. Die Funktion (2.262) oder (2.49) liefert die Kurven 3: Ordnung von **Abb.2.17** (s.S. 52). Hier kann die Aufgabe ebenso wie die vorangehenden auf den Fall 3. zurückgeführt werden, diesmal durch Einführung der neuen Variablen $X = \frac{1}{x}$.

10.

$$y = ax^b e^{cx}. \tag{2.263a}$$

Typische Kurvenverläufe von (2.263a) zeigt die **Abb.2.90**. Die Funktion (2.263a) oder (2.64) und ihre Kurven (**Abb.2.30**) werden auf Seite 59 diskutiert. Wenn die empirischen x–Werte eine arithmetische Folge mit der Differenz h bilden, dann wird gemäß

$$Y = \Delta \log y, \quad X = \Delta \log x: \qquad Y = hc \log e + bX \tag{2.263b}$$

rektifiziert. Dabei wird mit $\Delta \log y$ bzw. $\Delta \log x$ die Differenz zweier aufeinanderfolgender Werte von $\log y$ bzw. $\log x$ bezeichnet. Bilden jedoch die x–Werte eine geometrische Folge mit dem Quotienten q, dann erfolgt die Rektifizierung gemäß

$$X = x, \quad Y = \Delta \log y: \qquad Y = b \log q + c(q-1)X \log e. \tag{2.263c}$$

Nachdem b und c bestimmt sind, wird die gegebene Gleichung logarithmiert, um $\log a$ ebenso zu bestimmen wie in (2.256d). Wenn die gegebenen x–Werte keine geometrische Folge bilden, sich aber jeweils zwei x–Werte so auswählen lassen, daß ihr Quotient den konstanten Wert q ergibt, dann gilt für die Rektifizierung die gleiche Formel wie im Falle einer geometrischen Folge der x–Werte, wenn $Y = \Delta_1 \log y$

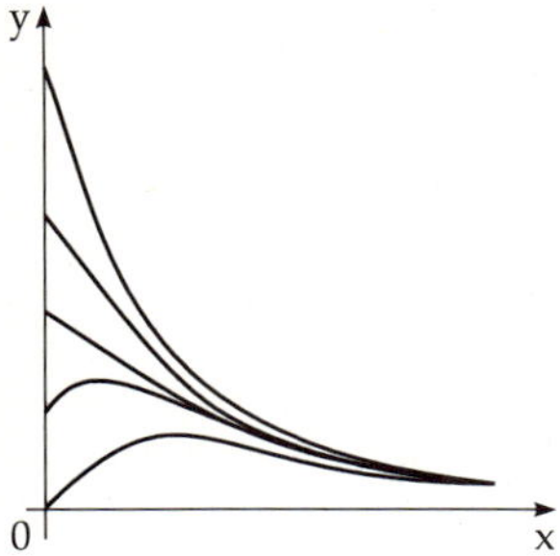

Abbildung 2.91

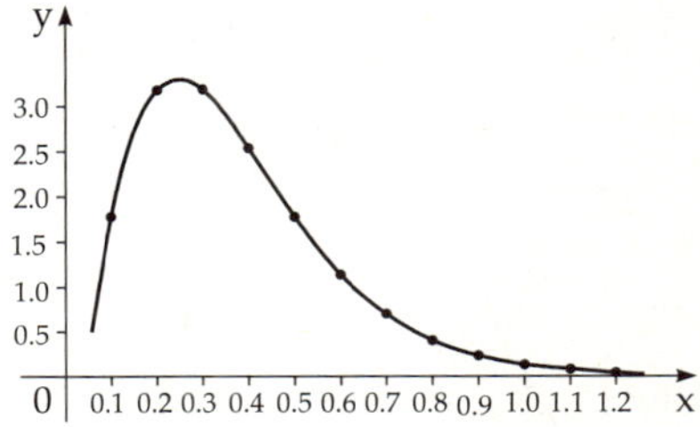

Abbildung 2.92

gesetzt wird. Dabei ist mit $\Delta_1 \log y$ die Differenz zweier Werte von $\log y$ bezeichnet, deren zugehörige x–Werte den konstanten Quotienten q ergeben (siehe Beispiel).

11.

$$y = ae^{bx} + ce^{dx}. \tag{2.264a}$$

Typische Kurvenverläufe von (2.264a) zeigt die **Abb.2.92**. Es handelt sich um die *Exponentialsumme* (2.62) mit **Abb.2.28** (s.S. 58). Wenn die x–Werte eine arithmetische Folge mit der Differenz h bilden und y, y_1, y_2 irgend drei aufeinanderfolgende Werte der gegebenen Funktion sind, dann rektifiziert man gemäß

$$Y = \frac{y_2}{y}, \quad X = \frac{y_1}{y}: \qquad Y = (e^{bh} + e^{dh})X - e^{bh} \cdot e^{dh}. \tag{2.264b}$$

Nachdem b und d mit Hilfe dieser Gleichung bestimmt sind, wird wieder rektifiziert gemäß

$$\overline{Y} = ye^{-dx}, \quad \overline{X} = e^{(b-d)x}: \qquad \overline{Y} = a\overline{X} + c. \tag{2.264c}$$

■ Es ist eine empirische Formel für die in **Tabelle2.9** vorgegebene Abhängigkeit zwischen x und y zu suchen.

Tabelle 2.9 Tabelle zur Annäherung empirischer Daten

x	y	$\frac{x}{y}$	$\Delta\frac{x}{y}$	$\lg x$	$\lg y$	$\Delta \lg x$	$\Delta \lg y$	$\Delta_1 \lg y$	$y_{err.}$
0,1	1,78	0,056	0,007	−1,000	0,250	0,301	0,252	0,252	1,78
0,2	3,18	0,063	0,031	−0,699	0,502	0,176	+0,002	−0,097	3,15
0,3	3,19	0,094	0,063	−0,523	0,504	0,125	−0,099	−0,447	3,16
0,4	2,54	0,157	0,125	−0,398	0,405	0,097	−0,157	−0,803	2,52
0,5	1,77	0,282	0,244	−0,301	0,248	0,079	−0,191	−1,134	1,76
0,6	1,14	0,526	0,488	−0,222	0,057	0,067	−0,218	−1,455	1,14
0,7	0,69	1,014	0,986	−0,155	−0,161	0,058	−0,237	–	0,70
0,8	0,40	2,000	1,913	−0,097	−0,398	0,051	−0,240	–	0,41
0,9	0,23	3,913	3,78	−0,046	−0,638	0,046	−0,248	–	0,23
1,0	0,13	7,69	8,02	0,000	−0,886	0,041	−0,269	–	0,13
1,1	0,07	15,71	14,29	0,041	−1,155	0,038	−0,243	–	0,07
1,2	0,04	30,0	–	0,079	−1,398	–	–	–	0,04

Ein Vergleich der Kurve in **Abb.2.92**, die auf der Grundlage der Daten von **Tabelle2.9** erhalten wurde, mit den Kurven auf den Seiten 95 bis 99 zeigt, daß die Formeln (2.261) oder (2.263a) geeignet sein könn-

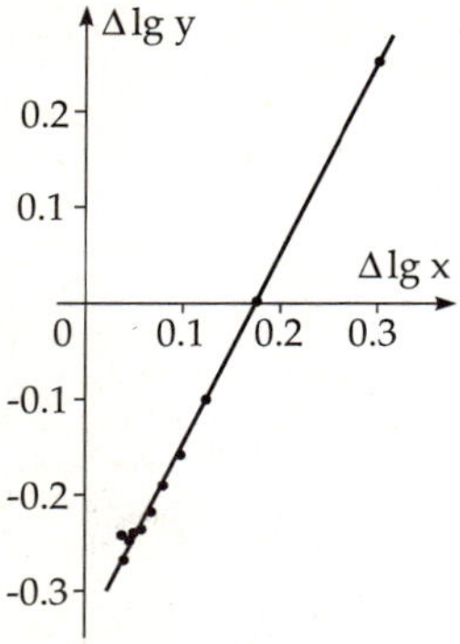

Abbildung 2.93

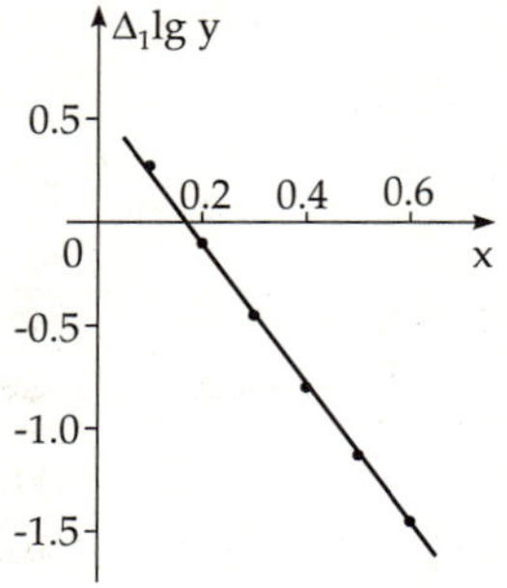

Abbildung 2.94

ten. Nimmt man Formel (2.261), dann sind $\Delta\frac{x}{y}$ und x zu rektifizieren. Die Rechnung zeigt aber, daß die Abhängigkeit zwischen x und $\Delta\frac{x}{y}$ weit entfernt von Linearität ist. Zur Überprüfung der Eignung von Formel (2.263a) wird die Kurve der Abhängigkeit $\Delta\log x$ und $\Delta\log y$ für $h = 0,1$ erzeugt **(Abb.2.93)** sowie die für $\Delta_1 \log y$ und x für $q = 2$ **(Abb.2.94)**. In beiden Fällen ist die Übereinstimmung mit einer Geraden ausreichend, so daß die Formel $y = ax^b e^{cx}$ für die Näherung geeignet ist.
Zur Bestimmung der Konstanten a, b und c wird eine lineare Abhängigkeit zwischen x und $\Delta_1 \log y$ mit der Mittelwertmethode gesucht. Addition der Bedingungsgleichungen

$$\Delta_1 \log y = b \log 2 + cx \log e$$

in zwei Gruppen zu je drei Gleichungen führt auf

$$-0,292 = 0,903b + 0,2606c,$$

$$-3,392 = 0,903b + 0,6514c,$$

woraus sich $b = 1,966$ und $c = -7,932$ ergibt. Zur Bestimmung von a werden alle Gleichungen vom Typ $\log y = \log a + b \log x + c \log e \cdot x$ addiert, was

$$-2,670 = 12 \log a - 6,529 - 26,87$$

ergibt, so daß aus $\log a = 2,561$ folgt $a = 364$. Die mit der Formel

$$y = 364x^{1,966}e^{-7,032x}$$

berechneten y–Werte sind in der letzten Spalte der **Tabelle2.9** als y_{err} angegeben.

2.16 Funktionen von mehreren Veränderlichen

2.16.1 Definition und Darstellung

1. Darstellung

Eine veränderliche Größe u wird eine Funktion von n *unabhängigen Variablen* $x_1, x_2, \ldots, x_n$ genannt, wenn u für gegebene Werte der unabhängigen Veränderlichen einen eindeutig bestimmten Wert annimmt. Je nachdem, ob es sich um eine Funktion von zwei, drei oder n veränderlichen Größen handelt, schreibt man

$$u = f(x,y); \quad u = f(x,y,z); \quad u = f(x_1, x_2, \ldots, x_n) \tag{2.265}$$

Setzt man für die n unabhängigen Variablen feste Zahlen ein, dann entsteht ein Wertesystem der Variablen, das als *Punkt des n–dimensionalen Raumes* (auch *mehrdimensionaler Raum*) interpretiert werden kann. Die einzelnen unabhängigen Variablen werden auch Argumente genannt; manchmal nennt man zusammenfassend das gesamte n–*Tupel* der unabhängigen Variablen das Argument der Funktion.

■ **A:** Funktion zweier Variabler: $u = f(x, y) = xy^2$; für das Wertesystem $x = 2$, $y = 3$ nimmt die Funktion den Wert $f(2, 3) = 2 \cdot 3^2 = 18$ an.

B: Funktion von vier Variablen: $u = f(x, y, z, t) = x \cdot \ln(y - zt)$; für das Wertesystem $x = 3$, $y = 4$, $z = 3$, $t = 1$ nimmt die Funktion den Wert $f(3, 4, 3, 1) = 3 \ln(4 - 3 \cdot 1) = 0$ an.

2. Geometrische Darstellungen

1. Darstellung des Wertesystems der Variablen Das Wertesystem eines Arguments aus zwei Variablen x und y kann als Punkt der Ebene mit den kartesischen Koordinaten x und y dargestellt werden; einem Wertesystem aus drei Variablen x, y, z entspricht ein Punkt mit drei kartesischen Koordinaten x, y, z im dreidimensionalen Raum. Systeme aus vier und mehr Koordinaten kann man sich nicht mehr anschaulich vorstellen. In Analogie zum dreidimensionalen Raum spricht man aber bei Systemen aus n Variablen x_1, x_2,…,x_n von einem Punkt im n–dimensionalen Raum mit den kartesischen Koordinaten x_1, x_2,…,x_n. Im oben betrachteten Beispiel **B** mit vier Variablen ist das Wertesystem ein Punkt im vierdimensionalen Raum mit den Koordinaten $x = 3$, $y = 4$, $z = 3$ und $t = 1$.

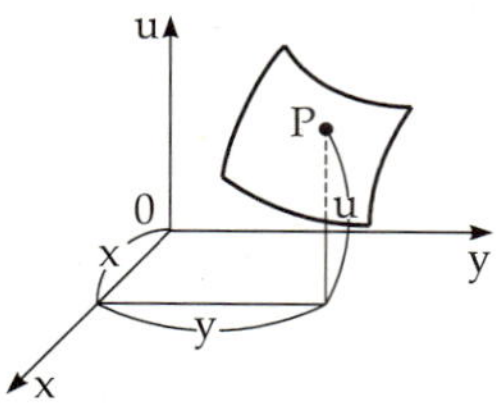

Abbildung 2.95

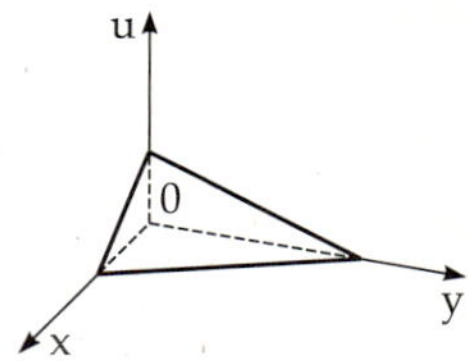

a)

Abbildung 2.96

2. Darstellung einer Funktion $u = f(x, y)$ von zwei Variablen Eine Funktion von zwei unabhängigen Veränderlichen läßt sich in Analogie zum ebenen Kurvenbild einer Funktion von einer unabhängigen Veränderlichen als Fläche im Raum darstellen (**Abb.2.95**, s. auch S. 212). Dazu wird der Funktionswert $f(x, y)$ senkrecht über dem Punkt (x, y) des Definitionsbereiches abgetragen. Die Endpunkte dieser Strecken bilden eine Fläche im dreidimensionalen Raum.

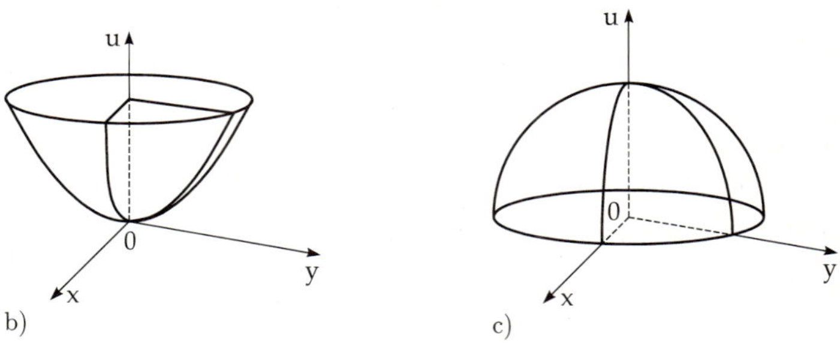

Abbildung 2.96

■ **A:** $u = 1 - \dfrac{x}{2} - \dfrac{y}{3}$: Darstellung durch eine Ebene (**Abb.2.96a**, s. auch S. 182).

B: $u = \dfrac{x^2}{2} + \dfrac{y^2}{4}$: Darstellung durch ein elliptisches Paraboloid (**Abb.2.96b**, s. auch S. 190).

C: $u = \sqrt{16 - x^2 - y^2}$: Darstellung durch eine Halbkugel mit $r = 4$ (**Abb.2.96c**).

Das Bild der Funktion $u = f(x, y)$ kann auch mit Hilfe von Schnittkurven ermittelt werden, die durch Schnitte parallel zu den Koordinatenebenen entstehen. Die Schnittkurven u = const werden auch *Höhen-* oder *Niveaulinien* genannt.

■ In den **Abb.2.96b,c** sind die Höhenlinien konzentrische Kreise (nicht eingezeichnet).

Funktionen mit Argumenten aus drei oder mehr Variablen können nicht mehr im dreidimensionalen Raum dargestellt werden. Ausgehend von der Fläche im dreidimensionalen Raum wird in Analogie dazu der Begriff der *Hyperfläche* im n–dimensionalen Raum gebraucht.

2.16.2 Verschiedene ebene Definitionsbereiche

1. Definitionsbereich einer Funktion

wird die *Menge der Wertesysteme* oder Punkte genannt, die bei der betrachteten Funktion von den Variablen des Arguments durchlaufen werden können. Die sich so ergebenden Definitionsbereiche können sehr unterschiedlich sein. Meistens treten beschränkte oder unbeschränkte zusammenhängende *Punktmengen* auf. In Abhängigkeit davon, ob der Rand mit zum Definitionsbereich gehört oder nicht, ist dieser abgeschlossen oder offen. Eine offene zusammenhängende Punktmenge wird *Gebiet* genannt. Wenn der Rand in ein Gebiet einbezogen ist, dann handelt es sich um ein *abgeschlossenes Gebiet*, ist dies nicht der Fall, dann wird vom *offenen Gebiet* gesprochen.

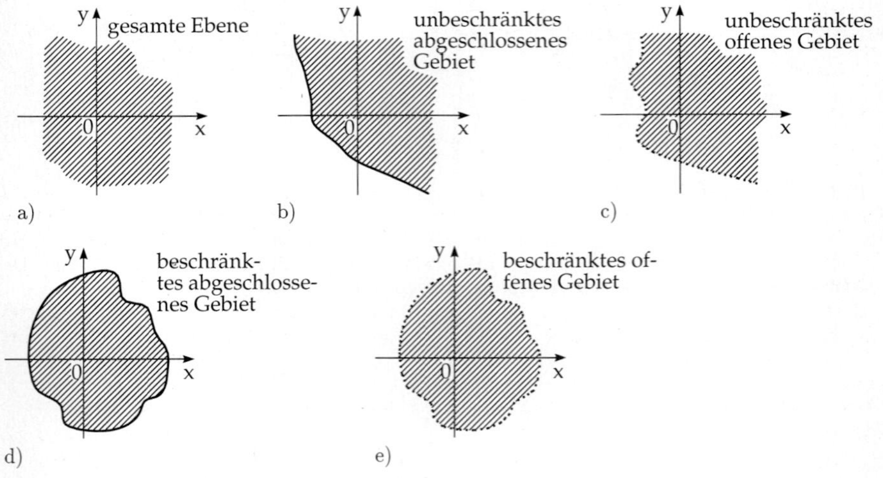

Abbildung 2.97

2. Zweidimensionale Gebiete

Die **Abb.2.97** zeigt die einfachsten Fälle zusammenhängender Punktmengen mit zwei Veränderlichen und deren Bezeichnung. Gebiete sind hier schraffiert dargestellt; abgeschlossene Gebiete, also Gebiete, deren Rand in die Punktmenge des Definitionsbereiches einbezogen ist, sind durch ausgezogene Kurven um das Gebiet gekennzeichnet, offene Gebiete durch gestrichelt gezeichnete Kurven. Einschließlich der gesamten Ebene handelt es sich in allen Fällen der **Abb.2.97** um *einfach zusammenhängende Gebiete.* Wenn im Innern eines betrachteten Ebenenstücks ein Punkt oder eine beschränkte, einfach zusammenhängende Punktmenge aus dem Definitionsbereich ausgeschlossen ist, wie es die **Abb.2.98** zeigt, dann wird von einem *zweifach zusammenhängenden Gebiet* gesprochen. *Mehrfach zusammenhängende Gebiete* sind in **Abb.2.99** dargestellt. Ein *nicht zusammenhängendes Gebiet* zeigt die **Abb.2.100**.

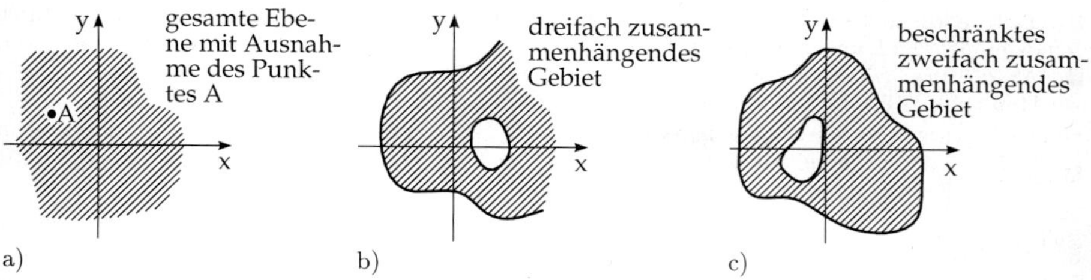

Abbildung 2.98

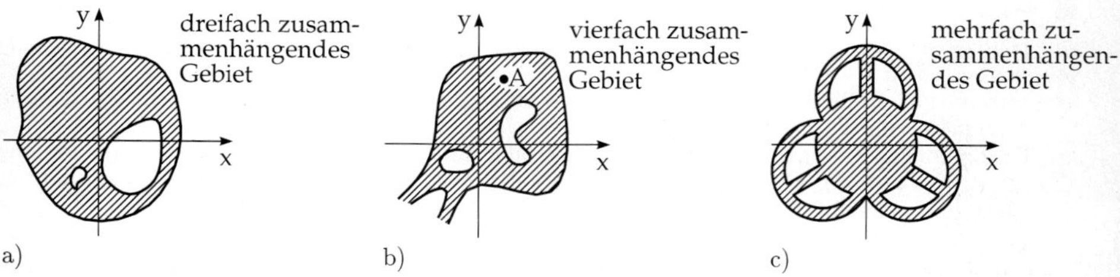

Abbildung 2.99

3. Drei- und mehrdimensionale Gebiete

werden analog zum zweidimensionalen Fall behandelt. Das betrifft auch die Unterscheidung zwischen einfach und mehrfach zusammenhängenden Gebieten. Funktionen von mehr als drei Veränderlichen werden in den entsprechenden n–dimensionalen Räumen geometrisch gedeutet.

4. Methoden zur Definition einer Funktion

1. Definition mittels Tabelle Funktionen von mehreren Veränderlichen können mit Hilfe von Wertetabellen definiert werden. Ein Beispiel für Funktionen von zwei unabhängigen Veränderlichen sind die Wertetabellen der elliptischen Integrale (s. S. 944). Dort sind die Werte der unabhängigen Variablen am oberen und linken Rand der Tabelle eingetragen. Ein gesuchter Funktionswert kann als Schnittpunkt der zugehörigen Zeilen und Spalten aufgesucht werden. Man spricht von *Tabellen mit doppeltem Eingang.*

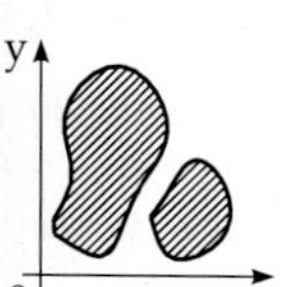

Abbildung 2.100

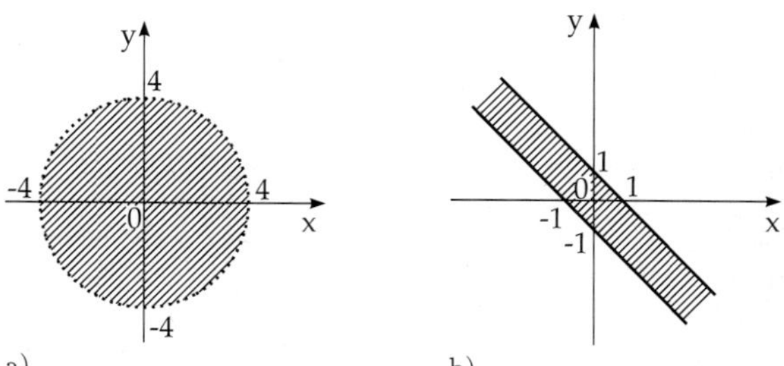

Abbildung 2.101

2. Definition mittels Formeln Funktionen von mehreren Veränderlichen lassen sich auch durch eine oder mehrere Formeln definieren.

■ **A:** $u = xy^2$;
B: $u = x \cdot \ln(y - zt)$;

■ **C:** $u = \begin{cases} x+y & \text{bei } x \geq 0,\ y \geq 0, \\ x-y & \text{bei } x \geq 0,\ y < 0, \\ -x+y & \text{bei } x < 0,\ y \geq 0, \\ -x-y & \text{bei } x < 0,\ y < 0, \end{cases}$.

5. Definitionsbereich einer Funktion

In der Analysis werden meistens Funktionen betrachtet, die mit Hilfe von Formeln definiert sind. Dabei werden alle die Wertesysteme der unabhängigen Variablen in den Definitionsbereich einbezogen, für die der analytische Ausdruck der Funktion Sinn hat, d.h. für die er eindeutig bestimmte endliche und reelle Werte annimmt.

■ **A:** $u = x^2 + y^2$: Der Definitionsbereich ist die gesamte Ebene.

B: $u = \dfrac{1}{\sqrt{16 - x^2 - y^2}}$: Den Definitionsbereich bilden alle Wertesysteme x, y, die die Ungleichung $x^2 + y^2 < 16$ erfüllen. Geometrisch betrachtet stellt dieser Definitionsbereich das in **Abb.2.101a** dargestellte offene Gebiet im Innern eines Kreises dar.

C: $u = \arcsin(x + y)$: Den Definitionsbereich bilden alle Wertesysteme x, y, die die Ungleichung $-1 \leq x + y \leq +1$ erfüllen, d.h., der Definitionsbereich ist ein abgeschlossenes Gebiet, das aus einem umrandeten Streifen zwischen zwei Parallelen besteht **(Abb.2.101b)**.

D: $u = \arcsin(2x - 1) + \sqrt{1 - y^2} + \sqrt{y} + \ln z$: Der Definitionsbereich besteht aus allen Wertesystemen, die die Ungleichungen $0 \leq x \leq 1$, $0 \leq y \leq 1$, $z > 0$ erfüllen, d.h., er besteht aus allen Punkten, die über einem Quadrat mit der Seitenlänge 1 gelegen sind **(Abb.2.101c)**.

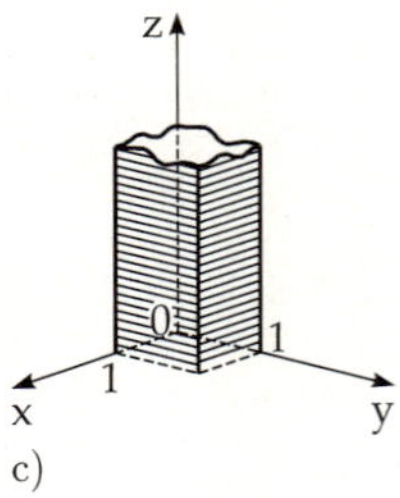

Abbildung 2.101

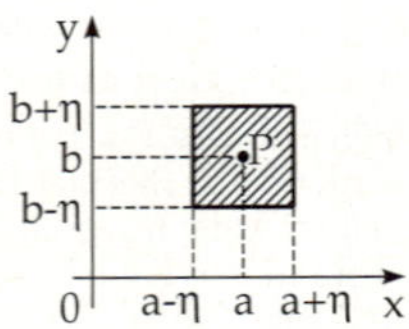

Abbildung 2.102

6. Formen der analytischen Definition einer Funktion

Funktionen von mehreren Veränderlichen können ebenso wie Funktionen von einer Veränderlichen auf verschiedene Weise angegeben werden.

1. Explizite Darstellung Eine Funktion ist explizit dargestellt oder definiert, wenn sie durch ihre unabhängige Variablen gemäß

$$u = f(x_1, x_2, \ldots, x_n) \tag{2.266}$$

hingeschrieben werden kann.

2. Implizite Darstellung Eine Funktion ist implizit dargestellt oder definiert, wenn die Argumente und die Funktion durch eine Gleichung der Art

$$F(x_1, x_2, \ldots, x_n, u) = 0 \tag{2.267}$$

miteinander verknüpft sind.

3. Parameterdarstellung Eine Funktion ist in Parameterform dargestellt, wenn die n Argumente und die Funktion durch n neue Veränderliche, die Parameter, explizit ausgedrückt sind, so daß für eine Funktion zweier Veränderlicher gilt

$$x = \varphi(r,s), \quad y = \psi(r,s), \quad u = \chi(r,s), \tag{2.268a}$$

für eine Funktion dreier Veränderlicher

$$x = \varphi(r,s,t), \quad y = \psi(r,s,t), \quad z = \chi(r,s,t), \quad u = \kappa(r,s,t) \tag{2.268b}$$

usw.

4. Homogene Funktion wird eine Funktion $f(x_1, x_2, \ldots, x_n)$ von mehreren Veränderlichen genannt, wenn sie die Bedingung

$$f(\lambda x_1, \lambda x_2, \ldots, \lambda x_n) = \lambda^m f(x_1, x_2, \ldots, x_n) \tag{2.269}$$

für beliebige λ erfüllt. Die Zahl m wird *Homogenitätsgrad* genannt.

■ $u = x^2 - 3xy + y^2 + x\sqrt{xy + \dfrac{x^3}{y}}$ $(m = 2)$; $\quad u = \dfrac{x+z}{2x-3y}$ $(m = 0)$.

7. Abhängigkeit von Funktionen

1. Spezieller Fall zweier Funktionen Zwei Funktionen zweier Veränderlicher $u = f(x,y)$ und $v = \varphi(x,y)$, die beide in demselben Gebiet definiert sind, werden als *abhängige Funktionen* bezeichnet, wenn die eine durch die andere gemäß $u = F(v)$ ausgedrückt werden kann. Für jeden Punkt des Definitionsbereiches gilt dann die Idendität

$$f(x,y) = F[\varphi(x,y)] \quad \text{oder} \quad \Phi(f,\varphi) = 0. \tag{2.270}$$

Wenn keine solche Funktion $F[\varphi]$ oder $\Phi(f,\varphi)$ existiert, dann spricht man von *unabhängigen Funktionen* .

■ $u = (x^2 + y^2)^2$, $v = \sqrt{x^2 + y^2}$, definiert im Gebiet $x^2 + y^2 \geq 0$, sind abhängige Funktionen, da $u = v^4$.

2. Allgemeiner Fall mehrerer Funktionen In Analogie zum Fall zweier Fuktionen gilt, daß m Funktionen $u_1, u_2, \ldots, u_m$ von n Veränderlichen $x_1, x_2, \ldots, x_n$ in einem gemeinsamen Definitionsbereich abhängig sind, wenn irgendeine von ihnen als Funktion der anderen ausdrückbar ist, d.h., wenn es für jeden Punkt des Gebietes eine Idendität der Art

$$u_i = f(u_1, u_2, \ldots, u_{i-1}, u_{i+1}, \ldots, u_m) \quad \text{oder} \quad \Phi(u_1, u_2, \ldots, u_m) = 0 \tag{2.271}$$

gibt. Wenn keine solche Funktion existiert, dann spricht man von unabhängigen Funktionen.

■ $u = x_1 + x_2 + \cdots + x_n, \quad v = {x_1}^2 + {x_2}^2 + \cdots + {x_n}^2,$
$w = x_1x_2 + x_1x_3 + \cdots + x_1x_n + x_2x_3 + \cdots + x_{n-1}x_n$, sind abhängig, da $v = u^2 - 2w$ gilt.

3. Analytische Bedingung für die Unabhängigkeit Im Falle zweier Funktionen $u = f(x,y)$ und $v = \varphi(x,y)$ darf ihre *Funktionaldeterminante*

$$\begin{vmatrix} \dfrac{\partial f}{\partial x} & \dfrac{\partial f}{\partial y} \\ \dfrac{\partial \varphi}{\partial x} & \dfrac{\partial \varphi}{\partial y} \end{vmatrix}, \quad \text{abgekürzt} \quad \frac{D(f,\varphi)}{D(x,y)} \quad \text{oder} \quad \frac{D(u,v)}{D(x,y)}, \tag{2.272a}$$

in dem betrachteten Gebiet nicht identisch verschwinden. Analog gilt im Fall von n Funktionen mit n Veränderlichen $u_1 = f_1(x_1, \ldots, x_n), \ldots, u_n = f_n(x_1, \ldots, x_n)$:

$$\begin{vmatrix} \dfrac{\partial f_1}{\partial x_1} & \dfrac{\partial f_1}{\partial x_2} & \cdots & \dfrac{\partial f_1}{\partial x_n} \\ \dfrac{\partial f_2}{\partial x_1} & \dfrac{\partial f_2}{\partial x_2} & \cdots & \dfrac{\partial f_2}{\partial x_n} \\ \cdots & \cdots & \cdots & \cdots \\ \dfrac{\partial f_n}{\partial x_1} & \dfrac{\partial f_n}{\partial x_2} & \cdots & \dfrac{\partial f_n}{\partial x_n} \end{vmatrix} \equiv \frac{D(f_1, f_2, \ldots, f_n)}{D(x_1, x_2, \ldots, x_n)} \neq 0. \tag{2.272b}$$

Wenn die Anzahl m der Funktionen $u_1, u_2, \ldots, u_m$ kleiner ist als die Anzahl der Veränderlichen $x_1, x_2, \ldots, x_n$, dann sind diese Funktionen unabhängig, sofern wenigstens eine Unterdeterminante m-ter Ordnung der Matrix

$$\begin{pmatrix} \frac{\partial u_1}{\partial x_1} & \frac{\partial u_1}{\partial x_2} & \cdots & \frac{\partial u_1}{\partial x_n} \\ \frac{\partial u_2}{\partial x_1} & \frac{\partial u_2}{\partial x_2} & \cdots & \frac{\partial u_2}{\partial x_n} \\ \cdots & \cdots & \cdots & \cdots \\ \frac{\partial u_m}{\partial x_1} & \frac{\partial u_m}{\partial x_2} & \cdots & \frac{\partial u_m}{\partial x_n} \end{pmatrix} \tag{2.272c}$$

nicht verschwindet. Die Anzahl der unabhängigen Funktionen ist gleich dem Rang r der Matrix (2.272c, s. S. 225. Hierbei werden diejenigen Funktionen unabhängig sein, deren Ableitung als Elemente in der nicht identisch verschwindenten Unterdeterminante r-ter Ordnung stehen. Wenn $m > n$ ist, dann können von den gegebenen m Funktionen höchstens n unabhängig sein.

2.16.3 Grenzwerte

1. Definition

Eine Funktion von zwei Veränderlichen $u = f(x, y)$ besitzt einen Grenzwert A für das Wertesystem $x = a$, $y = b$, wenn sich die Funktion $f(x, y)$ bei beliebiger Annäherung von x gegen a und von y gegen b dem Wert A beliebig nähert:

$$\lim_{\substack{x\to a\\ y\to b}} f(x, y) = A. \tag{2.273}$$

Dabei braucht die Funktion für das Wertesystem $x = a$, $y = b$, d.h. im Punkt (a, b) selbst, den Wert A weder anzunehmen noch definiert zu sein.

2. Exakte Formulierung

Eine Funktion von zwei Veränderlichen $u = f(x, y)$ besitzt einen Grenzwert $A = \lim\limits_{\substack{x\to a\\ y\to b}} f(x, y)$, wenn sich nach Vorgabe einer beliebig kleinen positiven Zahl ε eine zweite positive Zahl η angeben läßt, so daß gilt

$$|f(x, y) - A| < \varepsilon \tag{2.274a}$$

für alle Punkte (x, y) des Quadrats

$$|x - a| < \eta, \quad |y - b| < \eta \tag{2.274b}$$

(Abb.2.102).

3. Verallgemeinerung auf mehrere Veränderliche

a) Der Begriff des Grenzwertes einer Funktion von mehreren Veränderlichen wird analog zum Fall der Funktion von zwei Veränderlichen definiert.

b) Kriterien für die Existenz eines Grenzwertes einer Funktion von mehreren Veränderlichen werden durch Verallgemeinerung der Kriterien erhalten, die für Funktionen von einer Veränderlichen gelten, also durch Zurückführung auf den Grenzwert einer Folge sowie über das Konvergenzkriterium von CAUCHY (s.S. 38).

4. Iterierte Grenzwerte

Wenn für eine Funktion zweier Veränderlicher $f(x, y)$ zuerst der Grenzwert für $x \to a$, d.h. $\lim\limits_{x\to a} f(x, y)$ für konstantes y bestimmt wird und darauf von der so gewonnenen Funktion, die dann nur noch von y abhängt, der Grenzwert $y \to b$ gebildet wird, dann heißt die gefundene Zahl

$$B = \lim_{y\to b}[\lim_{x\to a} f(x, y)] \tag{2.275a}$$

ein *iterierter Grenzwert*. Eine Änderung der Reihenfolge liefert in der Regel einen anderen Grenzwert

$$C = \lim_{x\to a}[\lim_{y\to b} f(x, y)]. \tag{2.275b}$$

Im allgemeinen ist $B \neq C$, auch wenn beide Grenzwerte existieren. Wenn jedoch die Funktion $f(x, y)$ einen Grenzwert $A = \lim\limits_{\substack{x \to a \\ y \to b}} f(x, y)$ besitzt, dann ist $B = C = A$. Aus der Gleichheit der Grenzwerte $B = C$ folgt noch nicht die Existenz des Grenzwertes A.

■ Die Funktion $f(x, y) = \dfrac{x^2 - y^2 + x^3 + y^3}{x^2 + y^2}$ liefert für $x \to 0$, $y \to 0$ die Werte $B = -1$ und $C = +1$.

2.16.4 Stetigkeit

1. Definition

Eine Funktion von zwei Veränderlichen $f(x, y)$ wird an der Stelle $x = a$, $y = b$, d.h. im Punkt (a, b), stetig genannt, wenn 1. der Punkt (a, b) dem Definitionsbereich der Funktion angehört und wenn 2. der Grenzwert für $x \to a$, $y \to b$ existiert und

$$\lim_{\substack{x \to a \\ y \to b}} f(x, y) = f(a, b) \qquad (2.276)$$

ist. Anderenfalls besitzt die Funktion an der Stelle $x = a$, $y = b$ eine Unstetigkeit. Wenn eine Funktion in allen Punkten eines zusammenhängenden Gebietes definiert und stetig ist, dann wird sie stetig in diesem Gebiet genannt.

In Analogie dazu wird die Stetigkeit einer Funktion von mehr als zwei Veränderlichen definiert.

2.16.5 Eigenschaften stetiger Funktionen

1. Nullstellensatz von Bolzano

Wenn eine Funktion $f(x, y)$ in einem zusammenhängenden Gebiet definiert und stetig ist und wenn in zwei verschiedenen Punkten (x_1, y_1) und (x_2, y_2) dieses Gebietes die zugehörigen Funktionswerte unterschiedliche Vorzeichen besitzen, dann existiert mindestens ein Punkt (x_3, y_3) in diesem Gebiet, für den $f(x, y)$ Null wird:

$$f(x_3, y_3) = 0, \quad \text{wenn} \quad f(x_1, y_1) > 0 \quad \text{und} \quad f(x_2, y_2) < 0. \qquad (2.277)$$

2. Zwischenwertsatz

Wenn eine Funktion $f(x, y)$ in einem Gebiet definiert und stetig ist und wenn sie in zwei Punkten (x_1, y_1) und (x_2, y_2) verschiedene Werte $A = f(x_1, y_1)$ und $B = f(x_2, y_2)$ annimmt, dann gibt es für jede Zahl C, die zwischen A und B liegt, einen Punkt (x_3, y_3) derart, daß

$$f(x_3, y_3) = C, \quad A < C < B \quad \text{oder} \quad B < C < A \qquad (2.278)$$

gilt.

3. Satz über die Beschränktheit einer Funktion

Wenn eine Funktion $f(x, y)$ in einem abgeschlossenen beschränkten Gebiet stetig ist, dann ist sie in diesem Gebiet auch beschränkt, d.h., es existieren zwei Zahlen m und M derart, daß für jeden Punkt (x, y) in diesem Gebiet gilt

$$m \leq f(x, y) \leq M. \qquad (2.279)$$

4. Satz von Weierstrass über die Existenz des größten und kleinsten Funktionswertes

Wenn eine Funktion $f(x, y)$ in einem abgeschlossenen und beschränkten Gebiet stetig ist, dann existiert in diesem Gebiet mindestens ein Punkt (x', y') derart, daß der Wert $f(x', y')$ größer als alle übrigen Werte von $f(x, y)$ in diesem Gebiet ist. Außerdem existiert dann mindestens ein Punkt (x'', y''), für den der Wert $f(x'', y'')$ kleiner als alle übrigen Werte von $f(x, y)$ in diesem Gebiet ist: Für einen beliebigen Punkt (x, y) dieses Gebietes gilt

$$f(x', y') \geq f(x, y) \geq f(x'', y''). \qquad (2.280)$$

3 Geometrie

3.1 Planimetrie

3.1.1 Winkel im Gradmaß und im Bogenmaß

Das in der Geometrie verwendete Gradmaß zur Messung von Winkeln beruht auf einer Einteilung des *ebenen Vollwinkels* in 360 gleiche Teile (wegen des Neugrades s. S 119). Man spricht von *Sexagesimaleinteilung* . Neben dem Gradmaß, wird auch das Bogenmaß zur quantitativen Angabe von Winkeln verwendet. Die Größe des *Mittelpunkts- oder Zentriwinkels* α in einem beliebigen Kreis **(Abb.3.1a)** wird hierbei durch das Verhältnis des zugehörigen Kreisbogens l zum Radius r des Kreises angegeben:

$$\alpha = l/r\ . \tag{3.1}$$

Die Einheit des Bogenmaßes ist der *Radiant* (rad), d.h. der Zentriwinkel, dessen Bogen gleich dem Radius ist. Es gilt: $1\,\text{rad} = 57^\circ\,17'\,44,8'' = 57,2958^\circ$,

$$1^\circ = 0,017453\,\text{rad},$$
$$1' = 0,000291\,\text{rad},$$
$$1'' = 0,000005\,\text{rad}.$$

Ist α° der in Grad und α der in Radiant gemessene Winkel, dann gilt für die Umrechnung von einer Maßeinheit in die andere

$$\alpha^\circ = 180^\circ \frac{\alpha}{\pi}\,, \qquad \alpha = \frac{\pi}{180^\circ}\alpha^\circ\ . \tag{3.2}$$

Insbesondere ist $360^\circ = 2\pi$, $180^\circ = \pi$, $90^\circ = \pi/2$, $270^\circ = 3\pi/2$ usw. Mit (3.2) erhält man ein dezimalisiertes Ergebnis, während die folgenden Beispiele eine Umrechnung unter Berücksichtigung von Minuten und Sekunden zeigen.

■ **A:** Umrechnung eines Winkels im Gradmaß in das Bogenmaß rad:

$$52^\circ\,37'\,23'' = 52 \cdot 0.017453 + 37 \cdot 0,000291 + 23 \cdot 0,000005 = 0,918447\,\text{rad}$$

B: Umrechnung eines Winkels im Bogenmaß in einen Winkel im Gradmaß:

$$5,645 = 323 \cdot 0,017453 + 26 \cdot 0,000291 + 5 \cdot 0,000005 = 323^\circ\,26'\,5''$$

Entstanden aus: $5,645 : 0,017453 = 323 + 0,007611$

$$0,007611 : 0,000291 = 26 + 0,000025$$
$$0,000025 : 0,000005 = 5$$

3.1.2 Geometrische Definition der Kreis- und Hyperbel-Funktionen

3.1.2.1 Definition der Kreis- oder trigonometrischen Funktionen

1. **Definition am Einheitskreis** Die trigonometrischen Funktionen eines Winkels α werden entweder am Einheitskreis mit dem Radius $R = 1$ oder für spitze Winkel am rechtwinkligen Dreieck **(Abb.3.1a,b)** mit Hilfe der Bestimmungsstücke Ankathete b, Gegenkathete a und Hypotenuse c definiert. Am Einheitskreis erfolgt die Messung des Winkels von einem festen Radius $\overline{OA}$ bis zu einem beweglichen Radius $\overline{OC}$ im entgegengesetzten Drehsinn des Uhrzeigers (positive Richtung):

Sinus : $\sin\alpha = \overline{BC} = \dfrac{a}{c}\,,$ (3.3) *Kosinus* : $\cos\alpha = \overline{OB} = \dfrac{b}{c}\,,$ (3.4)

Tangens : $\tan\alpha = \overline{AD} = \dfrac{a}{b}\,,$ (3.5) *Kotangens* : $\cot\alpha = \overline{EF} = \dfrac{b}{a}\,,$ (3.6)

Sekans : $\sec\alpha = \overline{OD} = \dfrac{c}{b}\,,$ (3.7) *Kosekans* : $\csc\alpha = \overline{OF} = \dfrac{c}{a}\,.$ (3.8)

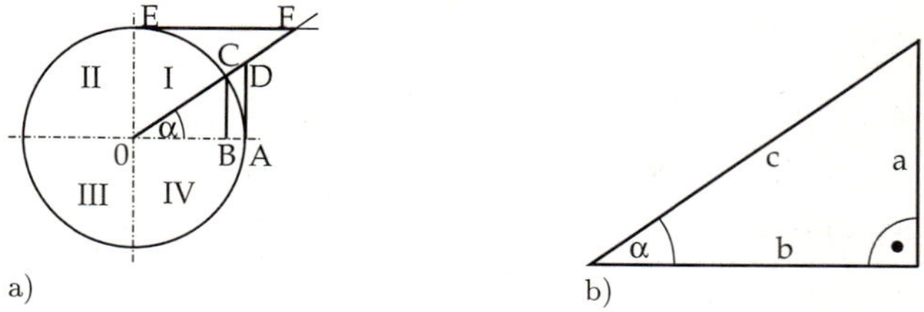

Abbildung 3.1

2. Vorzeichen der trigonometrischen Funktionen Je nachdem in welchem Quadranten des Einheitskreises **(Abb.3.1a)** der bewegliche Radius $\overline{OC}$ liegt, haben die Funktionen ein ganz bestimmtes Vorzeichen, das aus **Tabelle2.3** (s. S. 65) entnommen werden kann.

3. Definition der trigonometrischen Funktionen mit Hilfe einer Kreissektorfläche Die Funktionen $\sin\alpha$, $\cos\alpha$, $\tan\alpha$, $\cot\alpha$ sind über die Strecken $\overline{BC}$, $\overline{OB}$, $\overline{AD}$ am Einheitskreis mit $R = 1$ definiert **(Abb.3.2)**, wobei als Argument der Zentriwinkel $\alpha = \sphericalangle AOC$ dient. Zu dieser Definition hätte auch die Fläche x des Sektors COK benutzt werden können, die in **Abb.3.2** schraffiert gezeichnet ist. Mit dem Zentriwinkel 2α, gemessen in Radianten, ergibt sich für $R = 1$ gerade $x = \frac{1}{2}R^2 2\alpha = \alpha$. Somit ergeben sich die gleichen Definitionsgleichungen wie in (3.3, 3.4, 3.5) zu $\sin x = \overline{BC}$, $\cos x = \overline{OB}$, $\tan x = \overline{AD}$.

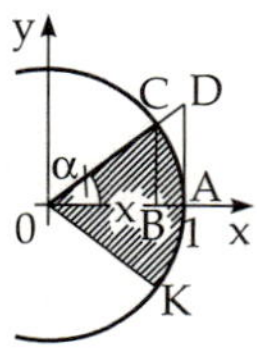

Abbildung 3.2

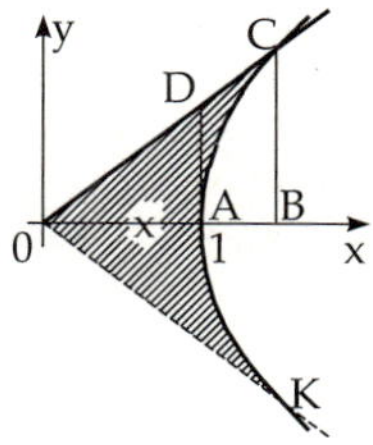

Abbildung 3.3

3.1.2.2 Geometrische Definition der Hyperbel- oder hyperbolischen Funktionen

In Analogie zur Definition der trigonometrischen Funktionen gemäß (3.3, 3.4, 3.5) wird anstelle der Kreissektorfläche mit der Gleichung $x^2 + y^2 = 1$ die entsprechende Sektorfläche der Hyperbel mit der Gleichung $x^2 - y^2 = 1$ (rechter Zweig in **Abb.3.3**) betrachtet. Mit der Bezeichnung x für diese Fläche COK, die in **Abb.3.3** schraffiert gezeichnet ist, lauten die Definitionsgleichungen der Hyperbelfunktionen

$$\sinh x = \overline{BC}\,, \quad (3.9) \qquad \cosh x = \overline{OB}\,, \quad (3.10) \qquad \tanh x = \overline{AD}\,. \quad (3.11)$$

Berechnung der Fläche x durch Integration und Ausdrücken des Ergebnisses mit $\overline{BC}$, $\overline{OB}$ und $\overline{AD}$ liefert

$$x = \ln(\overline{BC} + \sqrt{\overline{BC}^2 + 1}) = \ln(\overline{OB} + \sqrt{\overline{OB}^2 - 1}) = \frac{1}{2}\ln\frac{1 + \overline{AD}}{1 - \overline{AD}}\,, \quad (3.12)$$

so daß die Hyperbelfunktionen nunmehr mit Hilfe von Exponentialfunktionen darstellbar sind:

$$\overline{BC} = \frac{e^x - e^{-x}}{2} = \sinh x\,, \quad (3.13a) \qquad \overline{OB} = \frac{e^x + e^{-x}}{2} = \cosh x\,, \quad (3.13b)$$

$$\overline{AD} = \frac{e^x - e^{-x}}{e^x + e^{-x}} = \tanh x \; . \qquad (3.13c)$$

Das sind die Definitionsgleichungen der Hyperbelfunktionen, so daß die Bezeichnung Hyperbelfunktionen offenkundig ist.

3.1.3 Ebene Dreiecke

3.1.3.1 Bestimmungsgrößen von ebenen Dreiecken

1. Summe zweier Seiten Im Dreieck ist die Summe zweier Seiten **(Abb.3.4)** stets größer als die dritte Seite:

$$b + c > a \; . \qquad (3.14)$$

2. Summe der Winkel Die Summe der Winkel beträgt im Dreieck

$$\alpha + \beta + \gamma = 180° \; . \qquad (3.15)$$

3. Vollständige Bestimmung des Dreiecks Ein Dreieck ist durch die folgenden Bestimmungsstücke vollständig bestimmt:
• durch drei Seiten oder
• zwei Seiten und den zwischen ihnen eingeschlossenen Winkel bzw.
• durch eine Seite und die beiden anliegenden Winkel. Wenn zwei Seiten gegeben sind sowie der einer Seite gegenüberliegende Winkel, dann können mittels dieser Bestimmungsstücke entweder zwei, ein oder kein Dreieck konstruiert werden **(Abb.3.5)** (s. auch Tabelle3.1).

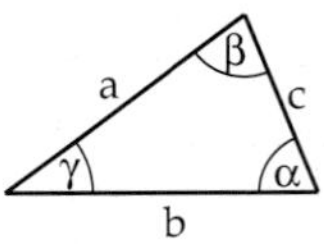

Abbildung 3.4

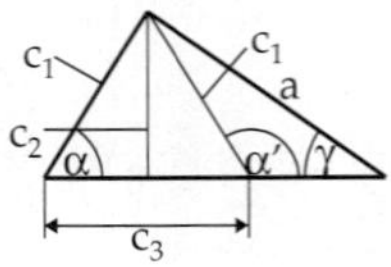

Abbildung 3.5

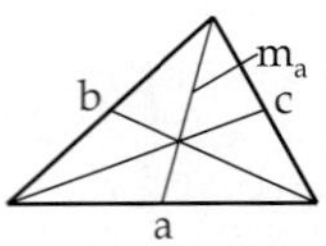

Abbildung 3.6

4. Seitenhalbierende des Dreiecks wird die Gerade genannt, die einen Eckpunkt des Dreiecks mit dem Mittelpunkt der gegenüberliegenden Dreiecksseite verbindet. Die Seitenhalbierenden des Dreiecks schneiden sich in einem Punkt, dem *Schwerpunkt* des Dreiecks **(Abb.3.6)**, der sie vom Scheitel des Winkels aus gerechnet im Verhältnis 2 : 1 teilt.

5. Winkelhalbierende des Dreiecks wird die Gerade genannt, die einen der drei inneren Winkel des Dreiecks in zwei gleiche Teile teilt.

6. Inkreis wird der in das Dreieck einbeschriebene Kreis genannt. Sein Mittelpunkt ist der gemeinsame Schnittpunkt der Winkelhalbierenden des Dreiecks **(Abb.3.7)**.

7. Umkreis wird der das Dreieck umschreibende Kreis genannt **(Abb.3.8)**. Sein Mittelpunkt ist der gemeinsame Schnittpunkt der drei *Mittelsenkrechten* des Dreiecks.

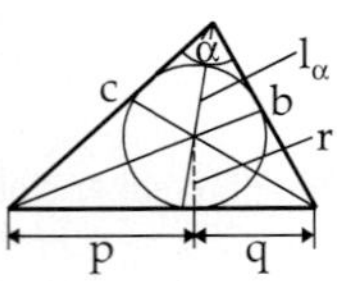

Abbildung 3.7

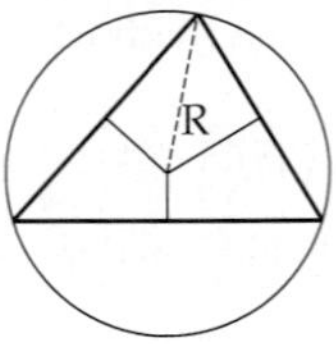

Abbildung 3.8

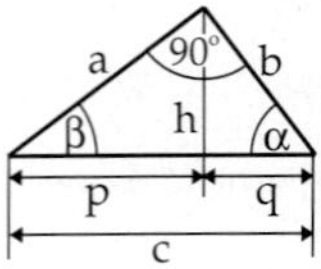

Abbildung 3.9

8. Höhe des Dreiecks wird das Lot genannt, das vom Scheitelpunkt eines der drei Dreieckswinkel auf die gegenüberliegende Seite gefällt wird. Die Höhen des Dreiecks schneiden sich im sogenannten *Orthozentrum.*

9. Gleichschenkliges Dreieck Im *gleichschenkligen Dreieck* sind zwei Dreiecksseiten gleich lang. Höhe, Seiten- und Winkelhalbierende der dritten Seite sind identisch. Für die Gleichschenkligkeit des Dreiecks ist die Gleichheit je zweier dieser Seiten eine hinreichende Bedingung.

10. Gleichseitiges Dreieck Im *gleichseitigen Dreieck* mit $a = b = c$ fallen die Mittelpunkte des In- und des Umkreises mit dem Schwerpunkt und dem Orthozentrum zusammen.

11. Mittellinie wird eine Gerade genannt, die die Mittelpunkte zweier Dreiecksseiten verbindet; sie liegt parallel zur dritten Seite und ist halb so lang wie diese.

12. Rechtwinkliges Dreieck wird ein Dreieck genannt, das sich durch einen rechter Winkel von 90° in einer der Dreiecksecken auszeichnet **(Abb.3.9)**.

13. Ähnliche Dreiecke und ähnliche Vielecke zeichnen sich dadurch aus, daß die entsprechenden Winkel gleich und die entsprechenden Seiten zueinander proportional sind. Für die Ähnlichkeit von Dreiecken ist es hinreichend, wenn eine der folgenden Bedingungen erfüllt ist:
- die drei Seiten des einen Dreiecks sind proportional zu den entsprechenden Seiten des anderen Dreiecks;
- zwei Winkel des einen Dreiecks sind zwei Winkeln des anderen Dreiecks gleich;
- zwei Seiten des einen Dreiecks sind proportional zu zwei Seiten des anderen Dreiecks, während die von ihnen eingeschlossenen Winkel gleich sind.

Die *Flächeninhalte ähnlicher ebener Figuren* sind proportional zum Quadrat einander entsprechender linearer Elemente, wie Seiten, Höhen, Diagonalen usw.

3.1.4 Ebene Vierecke

3.1.4.1 Parallelogramm

Parallelogramm wird ein Viereck genannt **(Abb.3.10)**, das die folgenden Haupteigenschaften besitzt:
- die einander gegenüberliegenden Seiten sind gleich lang;
- die einander gegenüberliegenden Seiten sind parallel;
- die Diagonalen halbieren einander im Schnittpunkt;
- einander gegenüberliegende Winkel sind gleich groß.

Bei einem Viereck folgen aus dem Vorhandensein einer dieser Eigenschaften oder aus der Gleichheit und Parallelität eines Paares gegenüberliegender Seiten alle anderen Eigenschaften.
Für den Zusammenhang zwischen Diagonalen und Seiten und für den Flächeninhalt gilt:

$$d_1^2 + d_2^2 = 2(a^2 + b^2)\ . \qquad (3.16) \qquad\qquad S = ah\ . \qquad (3.17)$$

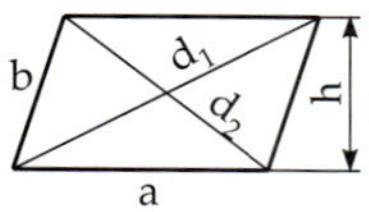

Abbildung 3.10

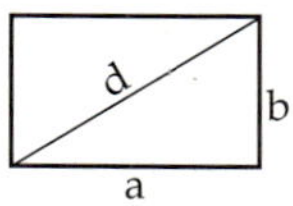

Abbildung 3.11

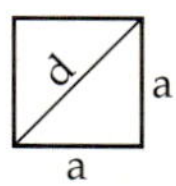

Abbildung 3.12

3.1.4.2 Rechteck und Quadrat

Ein Parallelogramm ist ein Rechteck **(Abb.3.11)**, wenn es:
- nur rechte Winkel enthält oder
- zwei gleich lange Diagonalen besitzt, wobei die eine Eigenschaft die andere zur Folge hat.

Der Flächeninhalt beträgt

$$S = ab\ . \qquad (3.18)$$

Wenn $a = b$ ist **(Abb.3.12)**, wird ein Rechteck Quadrat genannt, und es gelten dann die Formeln

$$d = a\sqrt{2} \approx 1,4142a\ , \quad (3.19) \qquad a = d\frac{\sqrt{2}}{2} \approx 0,707d\ , \quad (3.20) \qquad S = a^2 = \frac{d^2}{2}\ . \quad (3.21)$$

3.1.4.3 Rhombus

Ein Rhombus **(Abb.3.13)** ist ein Parallelogramm, in dem
- alle Seiten gleich lang sind,
- die Diagonalen senkrecht aufeinander stehen und
- die Winkel des Parallelogramms von den Diagonalen halbiert werden.

Das Vorhandensein einer dieser Eigenschaften hat die zwei anderen zur Folge. Es gelten die Beziehungen

$$d_1 = 2a\cos\frac{\alpha}{2}\ ; \quad (3.22) \qquad d_2 = 2a\sin\frac{\alpha}{2}\ ; \quad (3.23) \qquad d_1^2 + d_2^2 = 4a^2\ . \quad (3.24)$$

$$S = ah = a^2\sin\alpha = \frac{d_1 d_2}{2}\ . \quad (3.25)$$

3.1.4.4 Trapez

Trapez wird ein Viereck genannt, bei dem zwei Seiten zueinander parallel sind **(Abb.3.14)**. Mit den Bezeichnungen a und b für die beiden *Grundlinien* des Trapezes, h für die *Höhe* und m für die *Mittellinie*, die die Mittelpunkte der beiden nicht parallelen Seiten miteinander verbindet, ergibt sich

$$m = \frac{a+b}{2} \quad (3.26) \qquad S = \frac{(a+b)h}{2} = mh\ . \quad (3.27)$$

Im *gleichschenkligen Trapez* mit $d = c$ ist : $S = (a - c\cos\gamma)c\sin\gamma = (b + c\cos\gamma)c\sin\gamma\ .$ (3.28)

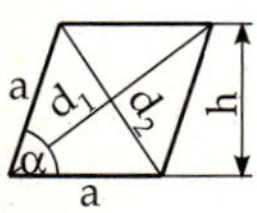

Abbildung 3.13

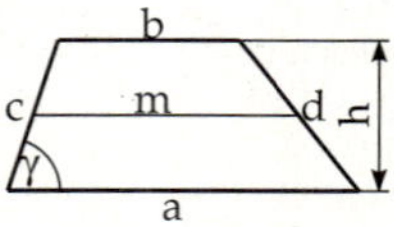

Abbildung 3.14

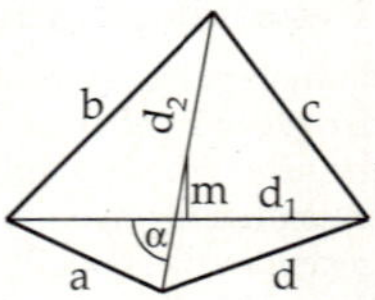

Abbildung 3.15

3.1.4.5 Allgemeines Viereck

In jedem konvexen Viereck **(Abb.3.15)** ist die Summe der Innenwinkel 360°:

$$\sum_{i=1}^{4} \alpha_i = 360°\ . \quad (3.29)$$

Außerdem ist $a^2 + b^2 + c^2 + d^2 = d_1^2 + d_2^2 + 4m^2\ ,$ (3.30)

wobei m die Strecke ist, die die Mittelpunkte der Diagonalen miteinander verbindet.
Der Flächeninhalt beträgt

$$S = \frac{1}{2}d_1 d_2 \sin\alpha\ . \quad (3.31)$$

In ein Viereck kann ein Kreis dann und nur dann einbeschrieben werden, wenn

$$a + c = b + d \quad (3.32)$$

ist; man spricht dann von einem *Tangentenviereck* **(Abb.3.16a)**. Mit einem Umkreis umbeschrieben werden kann ein Viereck dann und nur dann, wenn

$$\alpha + \gamma = \beta + \delta = 180° \quad (3.33)$$

ist; in diesem Falle spricht man vom *Sehnenviereck* **(Abb.3.16b)**. Für das Sehnenviereck gilt

$$ac + bd = d_1 d_2 \,. \tag{3.34}$$

Mit dem halben Umfang des Vierecks $s = \frac{1}{2}(a + b + c + d)$ ist sein Flächeninhalt

$$S = \sqrt{(s-a)(s-b)(s-c)(s-d)} \,. \tag{3.35}$$

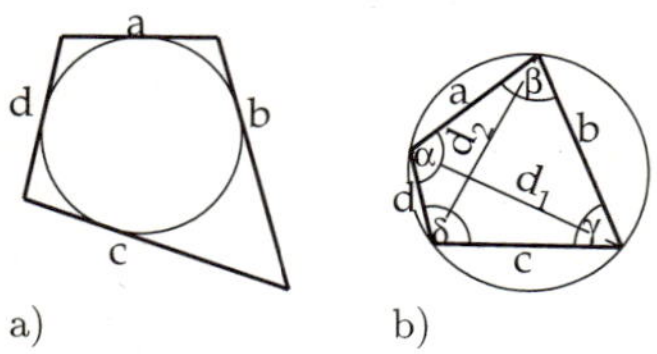

Abbildung 3.16

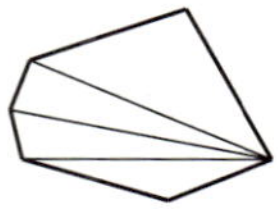

Abbildung 3.17

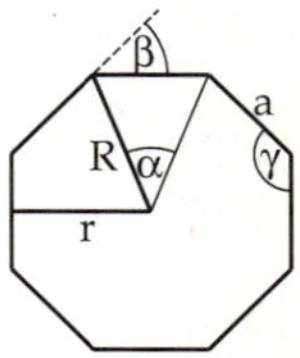

Abbildung 3.18

3.1.5 Ebene Vielecke

Wenn n die Zahl der Seiten eines Vielecks ist **(Abb.3.17)**, dann ist die Summe der Innenwinkel

$$\sum_{i=1}^{n} \alpha_i = 180°(n-2) \,, \tag{3.36}$$

die der Außenwinkel gleich 360°. Der Flächeninhalt wird durch Zerlegen in Dreiecke berechnet. *Regelmäßige Vielecke* zeichnen sich durch die Gleichheit aller Seiten und aller Winkel aus. Für regelmäßige n–Ecke, d.h. für regelmäßige Vielecke mit n Seiten **(Abb.3.18)**, gilt:

1. **Zentriwinkel:** $\alpha = \dfrac{360°}{n}$, (3.37)

2. **Außenwinkel:** $\beta = \dfrac{360°}{n}$, (3.38)

3. **Innenwinkel:** $\gamma = 180° - \beta$, (3.39)

4. **Seitenlänge:** $a = 2\sqrt{R^2 - r^2} = 2R\sin\dfrac{\alpha}{2} = 2r\tan\dfrac{\alpha}{2}$, (3.40)

5. **Flächeninhalt:** $S = \dfrac{1}{2}nar = nr^2\tan\dfrac{\alpha}{2} = \dfrac{1}{2}nR^2\sin\alpha = \dfrac{1}{4}na^2\cot\dfrac{\alpha}{2}$, (3.41)

wobei R der Umkreis– und r der Inkreisradius sind.

3.1.6 Ebene Kreisfiguren

3.1.6.1 Kreis

Kreise werden mit dem Radius r, dem Durchmesser d sowie mit einer Reihe von Winkeln beschrieben, die hier nicht im Bogenmaß, sondern im Gradmaß des dazugehörigen Zentriwinkels φ gemessen werden **(Abb.3.24)**:

1. **Peripheriewinkel (Abb.3.19):** $\alpha = \dfrac{1}{2}\,\widehat{BC} = \dfrac{1}{2}\varphi$, (3.42)

2. **Sehnentangentenwinkel:** $\beta = \dfrac{1}{2}\,\widehat{AC}$, (3.43)

3. **Sehnenwinkel (Abb.3.20):** $\gamma = \dfrac{1}{2}(\widehat{CB} + \widehat{ED})$, (3.44)

4. Sekantenwinkel (Abb.3.21): $\alpha = \frac{1}{2}(\overset{\frown}{DE} - \overset{\frown}{BC})$, (3.45)

5. Sekantentangentenwinkel: $\beta = \frac{1}{2}(\overset{\frown}{TE} - \overset{\frown}{TB})$, (3.46)

6. Tangentenwinkel (Abb.3.22): $\alpha = \frac{1}{2}(\sphericalangle BDC - \sphericalangle BEC)$. (3.47)

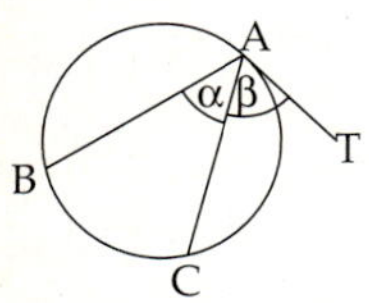

Abbildung 3.19

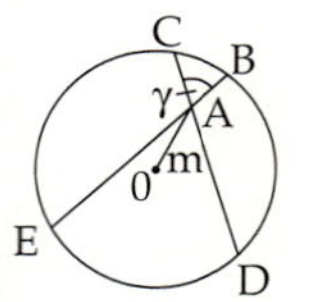

Abbildung 3.20

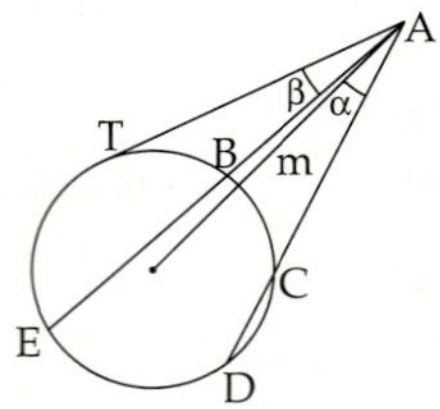

Abbildung 3.21

Zu den weiter zu bestimmenden Größen des Kreises gehören

7. Schneidende Sehnen (Abb.3.20): $AC \cdot AD = AB \cdot AE = r^2 - m^2$, (3.48)

8. Sekanten (Abb.3.21): $AB \cdot AE = AC \cdot AD = AT^2 = m^2 + r^2$, (3.49)

9. Umfang: $U = 2\pi r \approx 6,283r$, $U = \pi d \approx 3,142d$, $U = 2\sqrt{\pi S} \approx 3,545\sqrt{S}$, (3.50)

10. Flächeninhalt: $S = \pi r^2 \approx 3,142r^2$, $S = \frac{\pi d^2}{4} \approx 0,785d^2$,

$$S = \frac{Ud}{4} = 0,25Cd , \quad (3.51)$$

11. Radius: $r = \frac{U}{2\pi} \approx 0,159U$, (3.52)

12. Durchmesser: $d = 2\sqrt{\frac{S}{\pi}} \approx 1,128\sqrt{S}$, (3.53)

13. Die Zahl $\pi = \frac{U}{d} = 3,141\,592\,653\,589\,793$. (3.54)

3.1.6.2 Kreisabschnitt (Kreissegment) und Kreisausschnitt (Kreissektor)

Kenngrößen sind der Radius r und der Zentriwinkel α **(Abb.3.23)**. Zu berechnende Größen sind:

1. Sehne: $a = 2\sqrt{2hr - h^2} = 2r \sin\frac{\alpha}{2}$, (3.55)

2. Zentriwinkel: $\alpha = 2 \arcsin\frac{a}{2r}$, gemessen in Grad, (3.56)

3. Höhe des Kreisabschnitts: $h = r - \sqrt{r^2 - \frac{a^2}{4}} = r\left(1 - \cos\frac{\alpha}{2}\right) = \frac{a}{2}\tan\frac{\alpha}{4}$, (3.57)

4. **Länge des Bogens:** $l = \frac{2\pi r\alpha}{360} \approx 0{,}01745 r\alpha\ ,$ (3.58a)

und näherungsweise $l = \frac{8b - a}{3}$ oder $l = \sqrt{a^2 + \frac{16}{3}h^2}\ ,$ (3.58b)

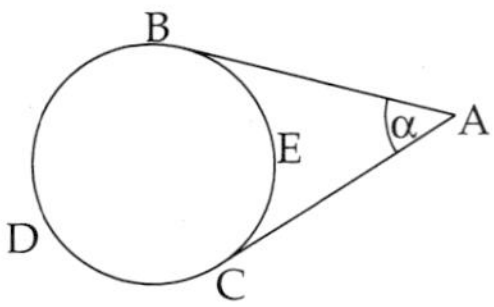

Abbildung 3.22

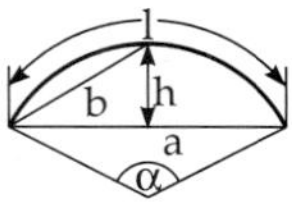

Abbildung 3.23

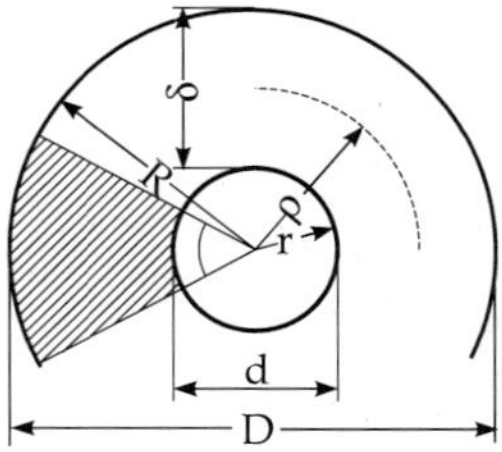

Abbildung 3.24

5. **Flächeninhalt des Sektors:** $S = \frac{\pi r^2 \alpha}{360} \approx 0{,}00873 r^2\alpha\ ,$ (3.59)

6. **Flächeninhalt des Kreisabschnitts:** $S_1 = \frac{r^2}{2}\left(\frac{\pi\alpha}{180} - \sin\alpha\right) = \frac{1}{2}[lr - a(r-h)]\ .$ (3.60a)

Näherungsweise gilt : $S_1 = \frac{h}{15}(6a + 8b)\ .$ (3.60b)

3.1.6.3 Kreisring

Kenngrößen des Kreisringes **(Abb.3.24)** sind neben dem äußeren Radius R, dem inneren Radius r und dem Zentriwinkel φ

1. **Äußerer Durchmesser** $D = 2R\ ,$ (3.61)
2. **Innerer Durchmesser** $d = 2r\ ,$ (3.62)
3. **Mittlerer Radius** $\varrho = \frac{R + r}{2}\ ,$ (3.63)
4. **Breite des Ringes** $\delta = R - r\ ,$ (3.64)
5. **Flächeninhalt des Ringes** $S = \pi(R^2 - r^2) = \frac{\pi}{4}(D^2 - d^2) = 2\pi\varrho\delta\ ,$ (3.65)
6. **Flächeninhalt eines Ringteiles über** φ (in **Abb.3.24** schraffiert dargestellt)

$$S_\varphi = \frac{\varphi\pi}{360}\left(R^2 - r^2\right) = \frac{\varphi\pi}{1440}\left(D^2 - d^2\right) = \frac{\varphi\pi}{180}\varrho\delta\ . \qquad (3.66)$$

3.2 Ebene Trigonometrie

3.2.1 Dreiecksberechnungen

3.2.1.1 Berechnungen in rechtwinkligen ebenen Dreiecken

Es werden die folgenden Bezeichnungen verwendet: a, b – Katheten, c – Hypotenuse; α bzw. β – die den Seiten a bzw. b gegenüberliegenden Winkel, h – Höhe, p, q – Hypotenusenabschnitte, **(Abb.3.9)**, S – Flächeninhalt.

1. **Grundbeziehungen** $a = c\sin\alpha = c\cos\beta = b\tan\alpha = b\cot\beta\ ,$ (3.67)

2. **Satz des PYTHAGORAS** $a^2 + b^2 = c^2$ **(s.Abb.3.9)**, (3.68)

3. **Sätze des EUKLID** $h^2 = pq, \quad a^2 = pc, \quad b^2 = qc$ **(s.Abb.3.9)**, (3.69)

4. **Flächeninhalt** $S = \frac{ab}{2} = \frac{a^2}{2} \tan\beta = \frac{c^2}{4} \sin 2\beta$ **(s.Abb.3.9)**. (3.70)

Tabelle 3.1 Bestimmungsgrößen ebener rechtwinkliger Dreiecke

Gegeben	Formeln zur Ermittlung der übrigen Größen		
c, α	$\beta = 90° - \alpha$	$a = c \sin\alpha$	$b = c \cos\alpha$
a, α	$\beta = 90° - \alpha$	$b = a \cot\alpha$	$c = \frac{a}{\sin\alpha}$
a, c	$\sin\alpha = \frac{a}{c}$	$b = c \cos\alpha$	$\beta = 90° - \alpha$
a, b	$\tan\alpha = \frac{a}{b}$	$c = \frac{a}{\sin\alpha}$	$\beta = 90° - \alpha$

3.2.1.2 Berechnungen in schiefwinkligen ebenen Dreiecken

Es werden die folgenden Bezeichnungen verwendet: a, b, c – Seiten, α, β, γ – die ihnen gegenüberliegenden Winkel, S – Flächeninhalt, R – Radius des Umkreises, r – Radius des Inkreises, $s = \frac{a+b+c}{2}$ – halber Dreiecksumfang **(Abb.3.25)**.

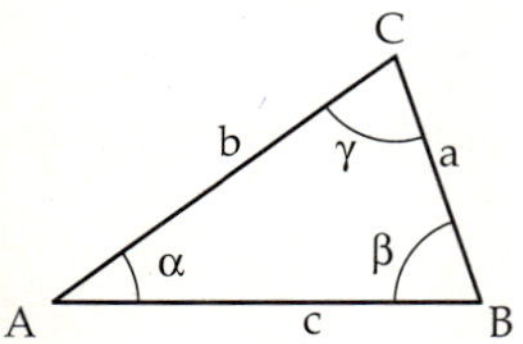

Abbildung 3.25

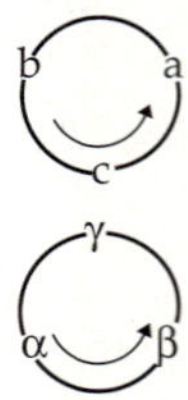

Abbildung 3.26

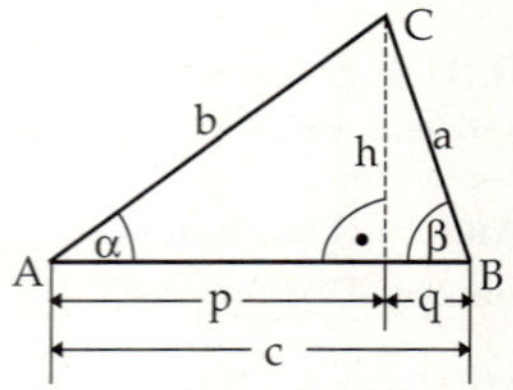

Abbildung 3.27

1. Zyklische Vertauschungen Da im schiefwinkligen Dreieck alle Seiten gleichberechtigt sind, ebenso alle Winkel, können aus jeder für bestimmte Seiten und Winkel bewiesenen Formel zwei weitere gewonnen werden, wenn Seiten und Winkel gemäß **Abb.3.26** zyklisch vertauscht werden.

■ Sinussatz: $\frac{a}{b} = \frac{\sin\alpha}{\sin\beta}, \quad \frac{b}{c} = \frac{\sin\beta}{\sin\gamma}, \quad \frac{c}{a} = \frac{\sin\gamma}{\sin\alpha}$.

2. **Sinussatz** $\frac{a}{\sin\alpha} = \frac{b}{\sin\beta} = \frac{c}{\sin\gamma} = 2R$. (3.71)

3. **Projektionssatz** (**Abb.3.27**) $c = a\cos\beta + b\cos\alpha$ (3.72)

4. **Kosinussatz oder Satz des PYTHAGORAS im schiefwinkligen Dreieck**

$c^2 = a^2 + b^2 - 2ab\cos\gamma$. (3.73)

5. MOLLWEIDEsche Gleichungen

$$(a+b)\sin\frac{\gamma}{2} = c\cos\left(\frac{\alpha-\beta}{2}\right), \quad (3.74a) \qquad (a-b)\cos\frac{\gamma}{2} = c\sin\left(\frac{\alpha-\beta}{2}\right). \quad (3.74b)$$

6. Tangenssatz

$$\frac{a+b}{a-b} = \frac{\tan\frac{\alpha+\beta}{2}}{\tan\frac{\alpha-\beta}{2}}, \quad (3.75)$$

7. Halbwinkelsatz

$$\tan\frac{\alpha}{2} = \sqrt{\frac{(s-b)(s-c)}{s(s-a)}}. \quad (3.76)$$

Tabelle 3.2 Bestimmungsgrößen ebener schiefwinkliger Dreiecke

Gegeben	Formeln zur Berechnung der übrigen Größen
1. 1 Seite und 2 Winkel (a, α, β)	$\gamma = 180° - \alpha - \beta, \quad b = \frac{a\sin\beta}{\sin\alpha},$ $c = \frac{a\sin\gamma}{\sin\alpha}, \quad S = \frac{1}{2}\, a\, b\sin\gamma$
2. 2 Seiten und der eingeschlossene Winkel (a, b, γ)	$\tan\frac{\alpha-\beta}{2} = \frac{a-b}{a+b}\cot\frac{\gamma}{2}, \quad \frac{\alpha+\beta}{2} = 90° - \frac{1}{2}\gamma$ α und β werden aus $\alpha+\beta$ und $\alpha-\beta$ berechnet, $c = \frac{a\sin\gamma}{\sin\alpha}, \quad S = \frac{1}{2}\, a\, b\sin\gamma$
3. 2 Seiten und der einer von ihnen gegenüberliegende Winkel (a, b, α)	$\sin\beta = \frac{b\sin\alpha}{a},$ Für $a \geq b$ ist $\beta < 90°$ und eindeutig bestimmt. Für $a < b$ sind folgende Fälle möglich: 1. β hat für $b\sin\alpha < a$ zwei Werte $(\beta_2 = 180° - \beta_1)$; 2. β hat genau einen Wert $(90°)$ für $b\sin\alpha = a$; 3. Für $b\sin\alpha > a$ ist eine Dreieckskonstruktion unmöglich $\gamma = 180° - (\alpha+\beta), \quad c = \frac{a\sin\gamma}{\sin\alpha}, \quad S = \frac{1}{2}\, a\, b\sin\gamma$
4. 3 Seiten (a, b, c)	$r = \sqrt{\frac{(s-a)(s-b)(s-c)}{s}},$ $\tan\frac{\alpha}{2} = \frac{r}{s-a}, \quad \tan\frac{\beta}{2} = \frac{r}{s-b}, \quad \tan\frac{\gamma}{2} = \frac{r}{s-c}$ $S = r\, s = \sqrt{s\,(s-a)(s-b)(s-c)}$

8. Tangensformeln $\tan\alpha = \dfrac{a\sin\beta}{c - a\cos\beta} = \dfrac{a\sin\gamma}{b - a\cos\gamma}\,.$ (3.77)

9. Zusätzliche Beziehungen

$$\sin\frac{\alpha}{2} = \sqrt{\frac{(s-b)(s-c)}{bc}}\,, \quad (3.78a) \qquad \cos\frac{\alpha}{2} = \sqrt{\frac{s(s-a)}{bc}}\,. \quad (3.78b)$$

10. Strecken im Dreieck

a) **Höhe der Seite a:** $h_a = b\sin\gamma = c\sin\beta\,,$ (3.79)

b) **Seitenhalbierende der Seite a:** $m_a = \dfrac{1}{2}\sqrt{b^2 + c^2 + 2bc\cos\alpha}\,,$ (3.80)

c) **Winkelhalbierende des Winkels α:** $l_\alpha = \dfrac{2bc\cos\frac{\alpha}{2}}{b+c}\,,$ (3.81)

d) **Radius des Umkreises:** $R = \dfrac{a}{2\sin\alpha} = \dfrac{b}{2\sin\beta} = \dfrac{c}{2\sin\gamma}\,,$ (3.82)

e) **Radius des Inkreises:** $r = \sqrt{\dfrac{(s-a)(s-b)(s-c)}{s}} = s\tan\dfrac{\alpha}{2}\tan\dfrac{\beta}{2}\tan\dfrac{\gamma}{2}$ (3.83)

$$= 4R\sin\frac{\alpha}{2}\sin\frac{\beta}{2}\sin\frac{\gamma}{2}\,. \quad (3.84)$$

11. Flächeninhalt $S = \dfrac{1}{2}ab\sin\gamma = 2R^2\sin\alpha\sin\beta\sin\gamma = rs = \sqrt{s(s-a)(s-b)(s-c)}\,.$ (3.79)

Die Formel 3.79 wird HERON*ische Flächenformel* genannt .

3.2.2 Geodätische Anwendungen

3.2.2.1 Geodätische Koordinaten

Zur Bestimmung von Punkten werden in der Geometrie gewöhnlich *rechtshändige Koordinatensysteme* verwendet **(Abb.3.149)**. Im Unterschied dazu sind in der Geodäsie *linkshändige Koordinatensysteme* üblich.

1. Geodätische rechtwinklige Koordinaten

Im ebenen linkshändigen rechtwinkligen Koordinatensystem **(Abb.3.28)**, ist die x-Achse die nach oben weisende Abszisse, die y-Achse die nach rechts weisende Ordinate. Ein Punkt P besitzt die Koordinaten y, x. Die Ausrichtung der x-Achse erfolgt nach praktischen Erwägungen. Bei Messungen über größere Distanzen, für die meist das SOLDNER– oder das GAUSS–KRÜGER–Koordinatensystem verwendet wird (s.S.134), zeigt die positive x-Achse nach *Gitter–Nord*, die nach rechts weisende y-Achse nach Osten. Die Zählung der Quadranten erfolgt im Gegensatz zu der in der Geometrie sonst üblichen Praxis im Uhrzeigersinn **(Abb.3.29,Abb.3.30)**

Wenn neben der Punktlage in der Ebene auch Höhen anzugeben sind, kann ein dreidimensionales linkshändiges rechtwinkliges Koordinatensystem (y, x, z) verwendet werden, in dem die z-Achse in den *Zenit* zeigt **(Abb.3.28)**.

2. Geodätische Polarkoordinaten

Im linkshändigen System ebener Polarkoordinaten der Geodäsie **(Abb.3.30)** wird ein Punkt P durch den Richtungswinkel t zwischen der Abszisse und der Strecke s sowie durch die Länge der Strecke s zwischen dem Punkt und dem Koordinatenursprung, Pol genannt, festgelegt. Die positive Richtung der Winkelangabe ist in der Geodäsie der Uhrzeigersinn.

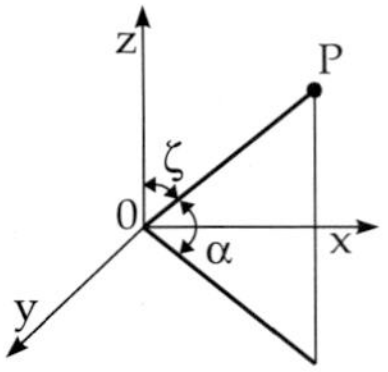

Abbildung 3.28

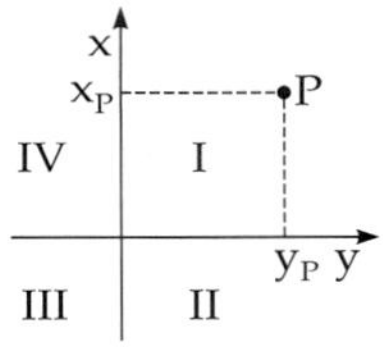

Abbildung 3.29

Abbildung 3.30

Zur Bestimmung von Höhen werden der *Zenitwinkel* ξ oder der *Höhenwinkel* bzw. der Neigungswinkel α verwendet. Die Darstellung im rechtwinkligen dreidimensionalen linkshändigen Koordinatensystem **(Abb.3.28)** zeigt, daß der Zenitwinkel zwischen der Zenitachse z und der Strecke s gemessen wird, der Neigungswinkel zwischen der y, x–Ebene und der Strecke s.

3. Maßstab

Maßstab M nennt man im Karten- und Zeichenwesen das Verkleinerungsverhältnis von Strecken s_{K1} in einem Koordinatensystem (Karte) relativ zu einer Strecke s_{K2} in einem anderen Koordinatensystem (Natur).

1. Maßstabsumrechnung für Strecken Mit m als *Modul* oder *Maßzahl* und N als Index für Natur gilt:

$$M = 1 : m = s_{K1} : s_N \qquad (3.80a)$$

Für zwei Strecken s_{K1}, s_{K2} mit verschiedenem Modul m_1, m_2 gilt

$$s_{K1} : s_{K2} = m_2 : m_1. \qquad (3.80b)$$

2. Maßstabsumrechnung für Flächen Wenn die Flächen gemäß $F_K = a_K b_K$, $F_N = a_N b_N$ berechnet werden gilt

$$F_N = F_K m^2. \qquad (3.81a)$$

Für zwei Flächen F_1, F_2 mit verschiedenem Modul m_1, m_2 gilt

$$F_{K1} : F_{K2} = m_2^2 : m_1^2. \qquad (3.81b)$$

3.2.2.2 Winkel in der Geodäsie

1. Sexagesimale und zentesimale Winkelteilung

Im Rahmen der in der Geometrie üblichen *Sexagesimaleinteilung* wird der ebene Vollwinkel in 360^0 (Grad) geteilt (s. S. 108). In der Geodäsie wird die *Zentesimalteilung* verwendet. Der Vollwinkel entspricht hier 400 gon (Gon), früher Neugrade. Auf Taschenrechnern findet man die Angaben degree (DEG) = Grad, grad (GRAD) = Gon und RAD = rad. Die Umrechnung zwischen Graden und Gon kann gemäß der folgenden Beziehungen erfolgen:

1Vollwinkel $= 2\pi$rad $=$ 400gon
1rechter Winkel $= \frac{\pi}{2}$rad $=$ 100gon
1gon $= \frac{\pi}{200}$rad $=$ 1000 mgon

2. Richtungswinkel, Zenitwinkel und Drehsinn

1. Der Richtungswinkel t in einem Punkt P gibt die Richtung einer orientierten Strecke bezüglich einer durch den Punkt P verlaufenden Parallelen zur x-Achse an **(Abb.3.31)**. Da die Messung des Winkels in der Geodäsie im Uhrzeigersinn erfolgt **(Abb.3.29, Abb.3.30)**, sind die Quadranten in umgekehrter Reihenfolge nummeriert als im rechtshändigen kartesischen Koordinatensystem der ebenen Trigonometrie **(Tabelle 3.3)**. Die Formeln der ebenen Trigonometrie können aber ohne Änderung verwendet werden.

2. Berechnung von Polarkoordinaten aus rechtwinkligen Koordinaten Für zwei Punkte $A(y_A, x_A)$ und $B(y_B, x_B)$ in einem rechtwinkligen Koordinatensystem **(Abb.3.31)** mit der von A nac

B orientierten Strecke s_{AB} und den Richtungswinkeln t_{AB}, t_{BC} gilt

$$\frac{y_B - y_A}{x_B - x_A} = \frac{\Delta y_{AB}}{\Delta x_{AB}} \quad (3.82a) \qquad s_{AB} = \sqrt{\Delta y_{AB}^2 + \Delta x_{AB}^2} \quad (3.82b)$$

$$\tan t_{AB} = \frac{\Delta y_{AB}}{\Delta x_{AB}}\,, \quad (3.82c) \qquad t_{BA} = t_{AB} \pm 200\,\text{gon}\,. \quad (3.82d)$$

Der Quadrant des Winkels t hängt von den Vorzeichen von Δy_{AB} und Δx_{AB} ab. Wird bei Rechnungen mit dem Taschenrechner $\frac{\Delta y}{\Delta x}$ mit vorzeichentreuen Werten Δy und Δx eingegeben, dann erhält man mit den Tasten arctan oder $\tan^{-1}$ einen Winkel t_0, zu dem je nach Quadrant die in der **Tabelle 3.3** angegebenen Gon-Werte zu addieren sind.

Tabelle 3.3 Richtungswinkel bei vorzeichentreuer Streckeneingabe über arctan oder $\tan^{-1}$

$\frac{\Delta y}{\Delta x}$	+	−	−	+
Quadrant	I	II	III	IV
Anzeige im Rechner	$\tan > 0$	$\tan < 0$	$\tan > 0$	$\tan < 0$
Richtungswinkel t	t_0 gon	$t_0 + 200$ gon	$t_0 + 200$ gon	$t_0 + 400$ gon

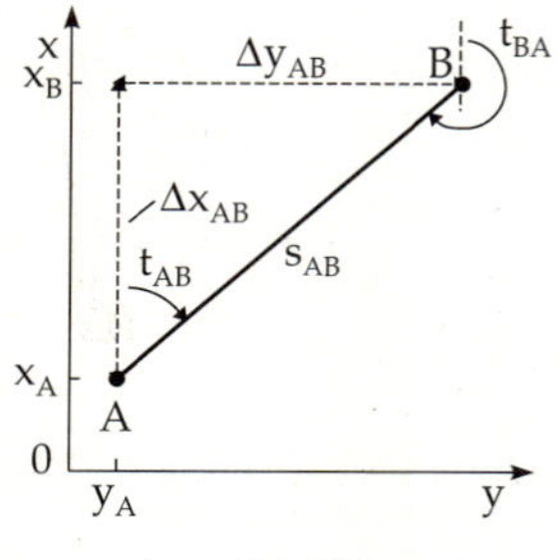

Abbildung 3.31

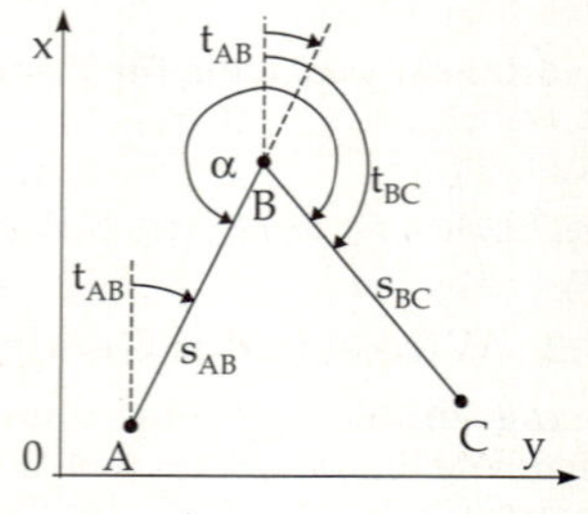

Abbildung 3.32

3. Berechnung von rechtwinkligen aus polaren Koordinaten beim polaren Anhängen eines Punktes Im rechtwinkligen Koordinatensystem sind die Koordinaten eines Neupunktes C durch Messungen im polaren örtlichen System zu ermitteln **(Abb.3.32)**.
Gegeben: $y_A, x_A; y_B, x_B$. **Gemessen:** α, s_{BC}. **Gesucht:** y_C, x_C.
Lösung:

$$\tan t_{AB} = \frac{\Delta y_{AB}}{\Delta x_{AB}}, \quad (3.83a) \qquad t_{BC} = t_{AB} + \alpha \pm 200\,\text{gon}, \quad (3.83b)$$

$$y_C = y_B + s_{BC} \sin t_{BC}, \quad (3.83c) \qquad x_C = x_B + s_{BC} \cos t_{BC}\,. \quad (3.83d)$$

Sollte s_{AB} auch gemessen worden sein, dann wird der Unterschied zwischen der örtlich gemessenen Strecke und der aus den Koordinaten berechneten Strecke wird mit dem *Maßstabsfaktor* q berücksichtigt:

$$q = \frac{\text{berechnete Strecke}}{\text{gemessene Strecke}} = \frac{\sqrt{\Delta y_{AB}^2 + \Delta x_{AB}^2}}{s_{AB}}. \quad (3.84a)$$

$$y_C = y_B + s_{BC} q \sin t_{BC}, \quad (3.84b) \qquad x_C = x_B + s_{BC} q \cos t_{BC}. \quad (3.84c)$$

4. Koordinatentransformation Bei der Einbindung örtlich bestimmter Punkte in eine Landeskarte macht sich die Transformation des örtlichen Systems y', x' in das Landessystem y, x erforderlich **(Abb.3.33)**. Das System y', x' ist gegen das System y, x um den Winkel φ gedreht und um y_0, x_0 parallel verschoben. Die Richtungswinkel im System y', x' sind mit ϑ bezeichnet. Gegeben sind die Koordinaten von A und B in beiden Systemen und die Koordinaten winws Punktes C im x, y–System. Die Transformation erfolgt mit den folgenden Beziehungen:

$$s_{AB} = \sqrt{\Delta y_{AB}^2 + \Delta x_{AB}^2}\,, \quad (3.85a) \qquad s'_{AB} = \sqrt{\Delta y_{AB}'^2 + \Delta x_{AB}'^2}\,, \quad (3.85b) \qquad q = \frac{s_{AB}}{s'_{AB}}\,, \quad (3.85c)$$

$$\varphi = t_{AB} - \vartheta_{AB}\,, \quad (3.85d) \qquad \tan t_{AB} = \frac{\Delta y_{AB}}{\Delta x_{AB}}\,, \quad (3.85e) \qquad \tan \vartheta_{AB} = \frac{\Delta y'_{AB}}{\Delta x'_{AB}}\,, \quad (3.85f)$$

$$y_0 = y_A - q x_A \sin\varphi - q y_A \cos\varphi\,, \quad (3.85g) \qquad x_0 = x_A + q y_A \sin\varphi - q x_A \cos\varphi\,, \quad (3.85h)$$

$$y_C = y_A + q\sin\varphi(x'_C - x'_A) + q\cos\varphi(y'_C - y'_A)\,, \quad (3.85i)$$

$$x_C = x_A + q\cos\varphi(x'_C - x'_a) - q\sin\varphi(y'_C - y'_A)\,, \quad (3.85j)$$

Hinweis: Die folgenden zwei Formeln können zur Probe verwendet werden.

$$y_C = y_A + q s'_{AC} \sin(\varphi + \vartheta_{AC})\,, \quad (3.85k) \qquad x_C = x_A + q s'_{AC} \cos(\varphi + \vartheta_{AC})\,. \quad (3.85l)$$

Wenn die Strecke AB auf der x'-Achse liegt, vereinfachen sich die Formeln zu

$$a = \frac{\Delta y_{AB}}{y'_B} = q\sin\varphi\,, \quad (3.86a) \qquad b = \frac{\Delta x_{AB}}{x'_B} = q\cos\varphi\,, \quad (3.86b)$$

$$y_C = y_A + a x'_C + b y'_C\,, \quad (3.86c) \qquad x_C = x_A + b x'_C - a y'_C\,, \quad (3.86d)$$

$$y'_C = \Delta y_{AC} b - \Delta x_{AC} a\,, \quad (3.86e) \qquad x'_C = \Delta x_{AC} b + \Delta y_{AC} a\,. \quad (3.86f)$$

3.2.2.3 Vermessungstechnische Anwendungen

In der Geodäsie ist die Ermittlung der Koordinaten eines Neupunktes P im Rahmen der *Triangulierung* eine oft auftretende vermessungstechnische Aufgabe. Verfahren zu ihrer Lösung sind Vorwärtseinschneiden, Rückwärtseinschneiden, Bogenschnitt, Freie Stationierung und Polygonierung . Auf die letzten beiden Verfahren wird hier nicht eingegangen.

1. Vorwärtseinschneiden

1. Vorwärtseinschneiden durch zwei Strahlen oder 1. Hauptaufgabe der Triangulierung: Bestimmung eines Neupunktes N von zwei gegebenen Punkten A und B mit Hilfe eines Dreiecks ABP **(Abb.3.34)**:
Gegeben: $y_A, x_A; y_B, x_B$. **Gemessen:** α, β, möglichst auch γ oder $\gamma = 200\text{ gon} - \alpha - \beta$.
Gesucht: y_N, x_N.
Lösung:

$$\tan t_{AB} = \frac{\Delta y_{AB}}{\Delta x_{AB}}\,, \quad (3.87a) \qquad s_{AB} = \sqrt{\Delta y_{AB}^2 + \Delta x_{AB}^2} = |\Delta y_{AB} \sin t_{AB}| + |\Delta x_{AB} \cos t_{AB}|\,, \quad (3.87b)$$

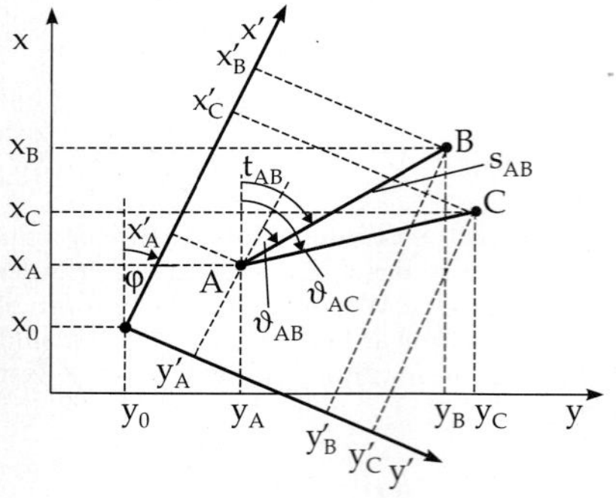

Abbildung 3.33

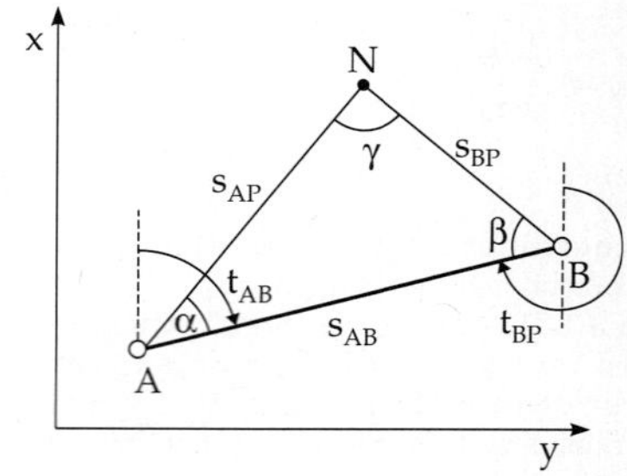

Abbildung 3.34

$$s_{BN} = s_{AB}\frac{\sin\alpha}{\sin\gamma} = s_{AB}\frac{\sin\alpha}{\sin(\alpha+\beta)}, \quad (3.87c)$$

$$s_{AN} = s_{AB}\frac{\sin\beta}{\sin\gamma} = s_{AB}\frac{\sin\beta}{\sin(\alpha+\beta)}, \quad (3.87d)$$

$$t_{AN} = t_{AB} - \alpha\,, \quad (3.87e)$$

$$t_{BN} = t_{BA} + \beta = t_{AB} + \beta \pm 200\,\text{gon}\,, \quad (3.87f)$$

$$y_N = y_A + s_{AN}\sin t_{AN} = y_B + s_{BN}\sin t_{BN}\,, \quad (3.87g)$$

$$y_N = x_A + s_{AN}\cos t_{AN} = x_B + s_{BN}\cos t_{BN}\,. \quad (3.87h)$$

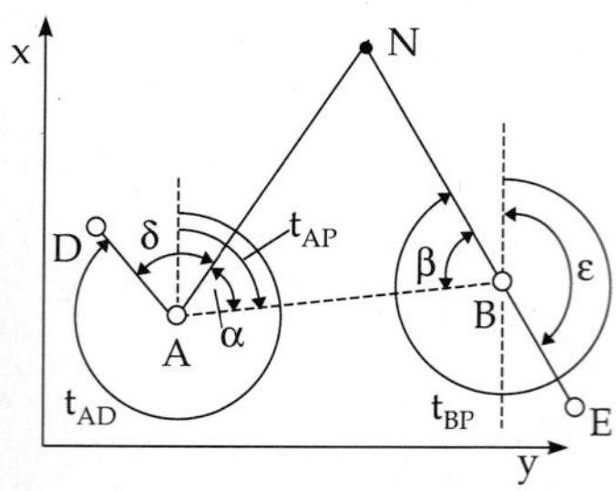

Abbildung 3.35

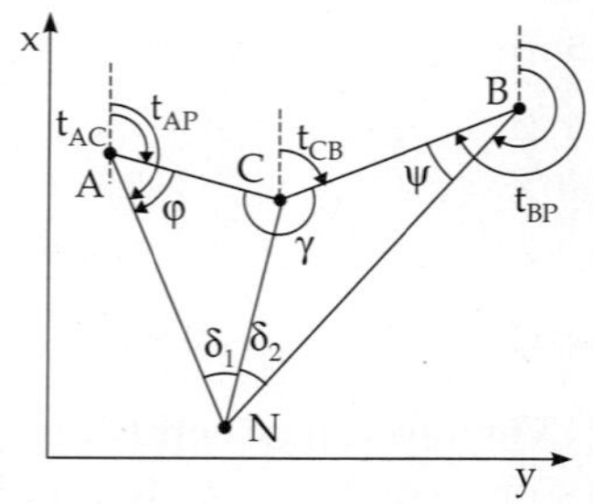

Abbildung 3.36

2. Vorwärtseinschneiden ohne Visier Wenn Punkt B nicht von Punkt A eingesehen werden kann, bestimmt man die Richtungswinkel t_{AP} und t_{BP} über Anschlußrichtungen zu anderen sichtbaren und koordinierten Punkten D und E **(Abb.3.35)**.
Gegeben: $y_A, x_A; y_B, x_B; y_D, x_D; y_E, x_E$. **Gemessen:** δ in A, ϵ in B, möglichst auch γ.
Gesucht: y_P, x_P.
Lösung: Zurückführung auf die 1. Hauptaufgabe, Berechnung von $\tan t_{AB}$, gemäß (3.87a) und:

$$\tan t_{AD} = \frac{\Delta y_{AD}}{\Delta x_{AD}}\,, \quad (3.88)$$

$$\tan t_{BE} = \frac{\Delta y_{EB}}{\Delta x_{EB}}\,, \quad (3.89)$$

$$t_{AN} = t_{AD} + \delta\,, \quad (3.90)$$

$$t_{BN} = t_{BE} + \epsilon\,, \quad (3.91)$$

$$\alpha = t_{AB} - t_{AN}\,, \quad (3.92) \qquad \beta = t_{BN} - t_{BA}\,, \quad (3.93)$$

$$\tan t_{AN} = \frac{\Delta y_{NA}}{\Delta x_{NA}}\,, \quad (3.94) \qquad \tan t_{BN} = \frac{\Delta y_{NB}}{\Delta x_{NB}}\,, \quad (3.95)$$

$$x_N = \frac{\Delta y_{BA} + x_A \sin t_{AN} - x_B \tan t_{BN}}{\tan t_{AN} - \tan t_{BN}}\,, \quad (3.96) \qquad y_N = y_B + (x_N - x_B)\tan t_{BN}\,. \quad (3.97)$$

2. Rückwärtseinschneiden

1. **Snelliussche Aufgabe des Rückwärtseinschneidens** oder Rüchwärtseinschneiden eines Neupunktes N über drei gegebene Punkte A, B, C, auch 2. Hauptaufgabe der Triangulierung genannt **(Abb.3.36)**:
Gegeben: $y_A, x_A; y_B, x_B; y_C, x_C$. **Gemessen:** δ_1, δ_2 in N. **Gesucht:** y_N, x_N.
Lösung:

$$\tan t_{AC} = \frac{\Delta y_{AC}}{\Delta x_{AC}}\,, \quad (3.88a) \qquad \tan t_{BC} = \frac{\Delta y_{BC}}{\Delta x_{BC}}\,, \quad (3.88b)$$

$$a = \frac{\Delta y_{AC}}{\sin t_{AC}} = \frac{\Delta x_{AC}}{\cos t_{AC}}\,, \quad (3.88c) \qquad b = \frac{\Delta y_{BC}}{\sin t_{BC}} = \frac{\Delta x_{BC}}{\sin t_{BC}}\,, \quad (3.88d)$$

$$\gamma = t_{CA} - t_{CB} = t_{AC} - t_{BC}\,, \quad (3.88e)$$

$$\frac{\varphi + \psi}{2} = 180^0 - \frac{\gamma + \delta_1 + \delta_2}{2}\,, \quad (3.88f) \qquad \tan\lambda = \frac{a\sin\delta_2}{b\sin\delta_1}\,, \quad (3.88g)$$

$$\tan\frac{\varphi - \psi}{2} = \tan\frac{\varphi + \psi}{2}\cot(45^0 + \lambda)\,, \quad (3.88h) \qquad s_{AN} = \frac{a}{\sin\delta_1}\sin(\delta_1 + \varphi)\,, \quad (3.88i)$$

$$s_{BN} = \frac{b}{\sin\delta_2}\sin(\delta_2 + \psi)\,, \quad (3.88j) \qquad s_{CN} = \frac{a}{\sin\delta_1}\sin\varphi = \frac{b}{\sin\delta_2}\sin\psi\,, \quad (3.88k)$$

$$x_N = x_A + s_{AN}\cos t_{AN} = x_B + s_{BN}\cos t_{BN}\,, \quad (3.88l)$$

$$y_N = y_A + s_{AN}\sin t_{AN} = y_B + s_{BN}\sin t_{BN}\,, \quad (3.88m)$$

2. Rückwärtseinschneiden nach Cassini
Gegeben: $y_A, x_A; y_B, x_B; y_C, x_C$. **Gemessen:** δ_1, δ_2 in N. **Gesucht:** y_N, x_N.
Bei diesem Rechenverfahren werden zwei Hilfspunkte P und Q verwendet, die je auf einem Hilfskreis durch A, C, P bzw. B, C, Q sowie beide auf einer Geraden durch N liegen **(Abb.3.37)**. Die Kreismittelpunkte H_1 bzw. H_2 sind die Schnittpunkte der Mittelsenkrechten von $\overline{AC}$ bzw. $\overline{BC}$ mit den Verbindungslinien PC bzw. QC. Die in N gemessenen Winkel δ_1, δ_2 erscheinen wieder in P bzw. Q (Peripheriewinkel).
Lösung:

$$y_P = y_A + (x_C - x_A)\cot\delta_1\,, \quad (3.89a) \qquad x_P = x_A + (y_C - y_A)\cot\delta_1\,, \quad (3.89b)$$

$$y_Q = y_B + (x_B - x_C)\cot\delta_2\,, \quad (3.89c) \qquad x_Q = x_B + (y_B - y_C)\cot\delta_2\,, \quad (3.89d)$$

$$t_{PQ} = \frac{\Delta y_{PQ}}{\Delta x_{PQ}}\,, \quad (3.89e) \qquad x_N = x_P + \frac{y_C - y_P + (x_C - x_P)\cot t_{PQ}}{\tan t_{PQ} + \cot t_{PQ}}\,, \quad (3.89f)$$

$$y_N = y_P + (x_N - x_P)\tan t_{PQ} \qquad (\tan t_{PQ} < \cot t_{PQ})\,, \tag{3.89g}$$

$$y_N = y_C - (x_N - x_C)\cot t_{PQ} \qquad (\cot t_{PQ} < \tan t_{PQ})\,, \tag{3.89h}$$

Gefährlicher Kreis: Bei der Punktauswahl ist dafür zu sorgen, daß die vier betrachteten Punkte nicht auf einem Kreis liegen, weil es dann keine Lösung gibt; man spricht vom *gefährlichen Kreis* . In dem Maße, in dem die Punkte in die Nähe eines gefährlichen Kreises zu liegen kommen, nimmt die Genauigkeit des Verfahrens ab.

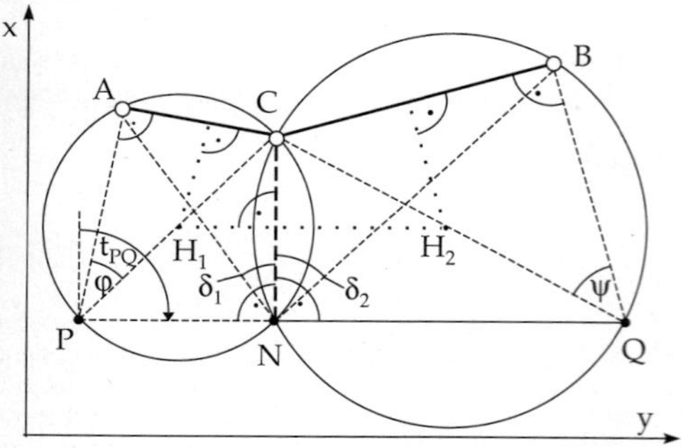

Abbildung 3.37

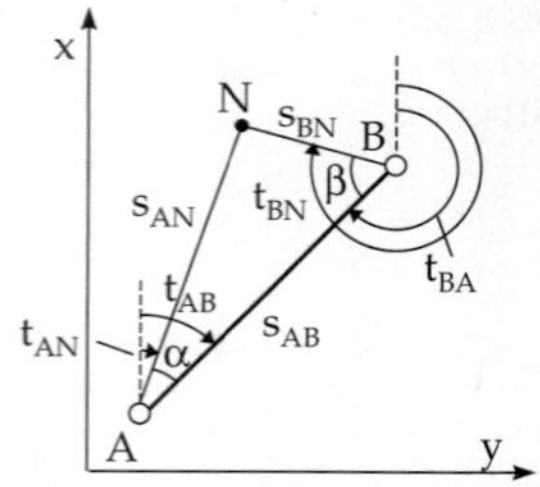

Abbildung 3.38

3. Bogenschnitt

Der Neupunkt N ergibt sich als Schnittpunkt zweier Bögen mit den gemessenen Radien s_{AN} und s_{BN} um die zwei Punkte A und B mit bekannten Koordinaten **(Abb.3.38)**. Berechnet wird die unbekannte Länge s_{AB} und aus den nun bekannten drei Seiten im Dreieck ABN die Winkel. Eine zweite hier nicht betrachtete Lösung geht von einer Zerlegung des schiefwinkligen Dreieckes in zwei rechtwinklige Dreiecke aus.

Gegeben: $y_A, x_A : y_B, x_B$. **Gemessen:** $s_{AN}; s_{BN}$. **Gesucht:** s_{AB}, y_N, x_N.

Lösung:

$$s_{AB} = \sqrt{\Delta y_{AB}^2 + \Delta x_{AB}^2}, \text{ (3.90a)} \qquad \tan t_{AB} = \frac{\Delta y_{AB}}{\Delta x_{AB}}, \text{ (3.90b)} \qquad t_{BA} = t_{AB} + 200\,\text{gon}, \text{ (3.90c)}$$

$$\cos\alpha = \frac{s_{AC}^2 + s_{AB}^2 - s_{BN}^2}{2 s_{AN} s_{AB}}\,, \text{ (3.90d)} \qquad \cos\beta = \frac{s_{BC}^2 + s_{AB}^2 - s_{AN}^2}{2 s_{BC} s_{AB}}\,, \text{ (3.90e)}$$

$$t_{AC} = t_{AB} - \alpha\,, \text{ (3.90f)} \qquad t_{BC} = t_{BA} - \beta\,, \text{ (3.90g)}$$

$$y_C = y_A + s_{AN}\sin t_{AC}\,, \text{ (3.90h)} \qquad x_N = x_A + s_{AC}\cos t_{AN}\,, \text{ (3.90i)}$$

$$y_C = y_B + s_{BN}\sin t_{BN}\,, \text{ (3.90j)} \qquad x_N = x_B + s_{BN}\cos t_{BN}\,, \text{ (3.90k)}$$

3.3 Stereometrie

3.3.1 Geraden und Ebenen im Raum

1. Zwei Geraden Zwei Geraden in ein und derselben Ebene haben entweder einen oder keinen gemeinsamen Punkt. Im letzteren Falle sind sie *parallel.* Wenn sich durch zwei Geraden keine Ebene legen läßt, wird von *windschiefen* oder *kreuzenden Geraden* gesprochen. Als *Winkel zwischen zwei windschiefen Geraden* wird der Winkel zwischen zwei zu ihnen parallelen Geraden bezeichnet, die durch einen Punkt gehen **(Abb.3.39)**. Der Abstand zweier windschiefer Geraden voneinander ist definiert als die Strecke, die auf beiden Geraden senkrecht steht.

2. Zwei Ebenen Zwei Ebenen können sich entweder in einer Geraden schneiden, oder sie haben keinen gemeinsamen Punkt. Im letzteren Falle sind sie parallel. Wenn zwei Ebenen senkrecht auf ein und derselben Geraden stehen, oder wenn es auf jeder von ihnen je zwei sich schneidende Geraden gibt, die ihrerseits parallel zueinander sind, dann sind die Ebenen parallel zueinander.

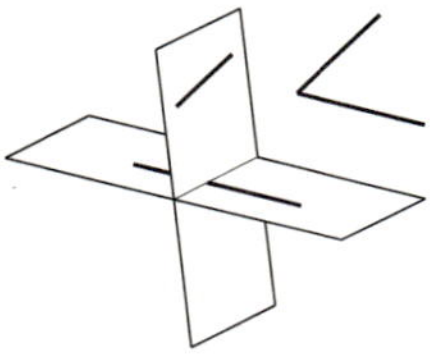

Abbildung 3.39

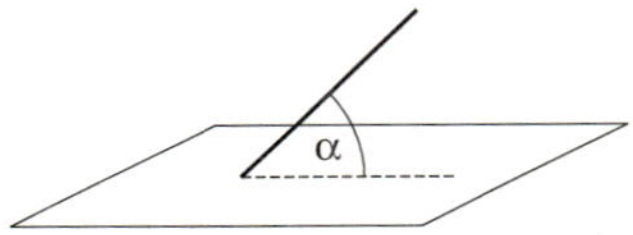

Abbildung 3.40

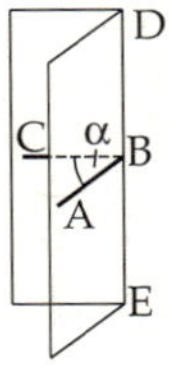

Abbildung 3.41

3. Gerade und Ebene. Eine Gerade kann gänzlich in einer gegebenen Ebene liegen, sie kann mit ihr einen gemeinsamen Punkt haben oder gar keinen. Im letzten Fall ist die Gerade parallel zur Ebene. Der Winkel zwischen einer Geraden und einer Ebene wird zwischen der Geraden und ihrer Orthogonalprojektion auf die Ebene gemessen **(Abb.3.40)**. Wenn eine Gerade senkrecht auf zwei in einer Ebene liegenden und sich schneidenden Geraden liegt, dann steht sie auf jeder beliebigen Geraden in dieser Ebene senkrecht, d.h., sie steht *senkrecht* zur Ebene.

3.3.2 Kanten, Ecken, Raumwinkel

1. Kante *(Zweiflach)* wird eine Figur genannt, die aus zwei, einer Geraden entspringenden Halbebenen gebildet wird **(Abb.3.41)**. Im täglichen Sprachgebrauch versteht man im Unterschied zu dieser Definition unter einer Kante die Schnittgerade zweier Halbebenen. Als Kantenmaß dient der *ebene Kantenwinkel ABC* , den zwei im Innern der Ebenen senkrecht auf die Schnittgerade DE in den Punkt B gefällte Lote miteinander bilden.

2. Ecke *(Vielflach)* $OABCDE$ **(Abb.3.42)** ist eine Figur, die von mehreren Ebenen, den *Seitenflächen* , gebildet wird, die ihrerseits einen gemeinsamen Punkt, die Spitze, haben und sich von hier ausgehend in den Geraden OA, OB, ... schneiden. Zwei Geraden, die eine Seitenfläche der Ecke begrenzen, schließen einen *ebenen Winkel* ein, während zwei benachbarte Seitenflächen eine Kante bilden. Ecken sind einander gleich, d.h., sie sind *kongruent*, wenn sie sich zur Deckung bringen lassen. Dazu müssen die einander entsprechenden Elemente, d.h. die Kanten und ebenen Winkel der Ecken gleich sein. Wenn die einander entsprechenden Elemente von Ecken gleich, aber in umgekehrter Reihenfolge angeordnet sind, dann lassen sich die Ecken zwar nicht zur Deckung bringen, sie werden aber *symmetrische Ecken* genannt, weil sie in die in **Abb.3.43** eingezeichnete symmetrische gegenseitige Lage zueinander gebracht werden können. Eine *konvexe Ecke* liegt vollständig auf einer Seite jeder ihrer Kanten. Die Summe der ebenen Winkel $AOB + BOC + \ldots + EOA$ **(Abb.3.42)** jeder beliebigen konvexen Ecke ist kleiner als 360°.

3. Dreiseitige Ecken sind kongruent, wenn sie in den folgenden Elementen übereinstimmen:
- in zwei Seiten und dem zugehörigen Kantenwinkel,
- in einer Seite und den beiden anliegenden Kantenwinkeln,
- in drei einander entsprechenden und in der gleichen Reihenfolge angeordneten Seiten,
- in drei einander entsprechenden und in der gleichen Reihenfolge angeordneten Kantenwinkeln.

4. Raumwinkel wird der Teil des Raumes genannt, den die von einem Punkt, der Spitze, in Richtung einer geschlossenen Kurve ausgehenden Geraden einschließen **(Abb.3.44)**. Er bildet den *Sehwinkel*, unter dem von der Spitze aus die geschlossene Kurve gesehen wird. Das Maß des Raumwinkels ist die Fläche, die der Raumwinkel auf der Oberfläche der Einheitskugel mit der Spitze als Mittelpunkt herausschneidet. So ist der Raumwinkel eines Kegels mit einem Öffnungswinkel von 120° gerade gleich π (s.S. 114).

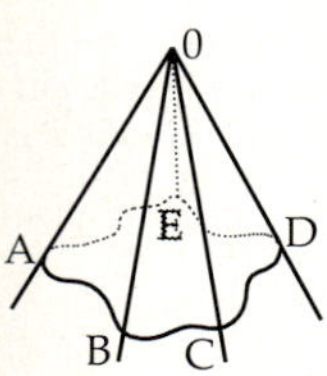

Abbildung 3.42

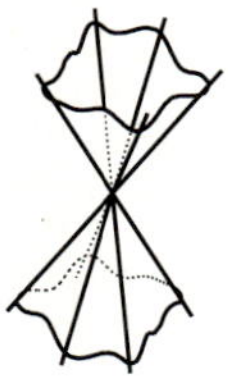

Abbildung 3.43

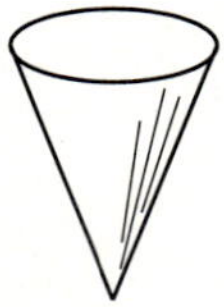

Abbildung 3.44

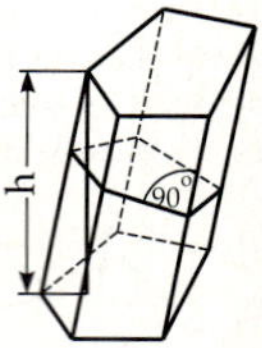

Abbildung 3.45

3.3.3 Polyeder

In diesem Abschnitt werden die folgenden Bezeichnungen benutzt: V – Volumen, S – Gesamtoberfläche, M – Mantelfläche, h – Höhe, A_G – Grundfläche.

1. Polyeder wird ein Körper genannt, der von Ebenen begrenzt wird.

2. Prisma (Abb.3.45) ist ein Polyeder, das gleiche Grundflächen und Parallelogramme als Seitenflächen besitzt. Ein *gerades Prisma* zeichnet sich durch senkrecht auf der Grundfläche stehende Kanten aus, ein *reguläres Prisma* dadurch, daß es gerade ist und ein regelmäßiges Vieleck zur Grundfläche hat. Für das Polyeder gilt

$$V = A_G h\,, \quad (3.91) \qquad M = pl\,, \quad (3.92) \qquad S = M + 2A_G\,. \quad (3.93)$$

wobei p der Umfang eines zu den Kanten senkrechten ebenen Schnittes und l die Kantenlänge sind. Für ein dreiseitiges Prisma, dessen Grundflächen nicht parallel zueinander liegen **(Abb.3.46)**, gilt

$$V = \frac{(a+b+c)Q}{3}\,, \tag{3.94}$$

wobei Q ein senkrechter Querschnitt, a, b und c die Längen der parallelen Kanten sind. Für ein n-seitiges Prisma mit nicht parallel zur Grundfläche abgeschnittener Deckfläche ist

$$V = lQ\,, \tag{3.95}$$

wobei l die Länge der Geraden $\overline{BC}$ ist, die die Schwerpunkte der Grundflächen miteinander verbindet und Q der zu dieser Linie senkrechte Querschnitt.

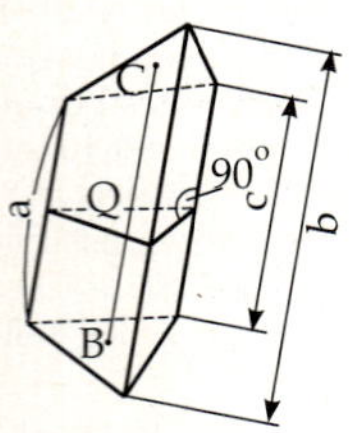

Abbildung 3.46

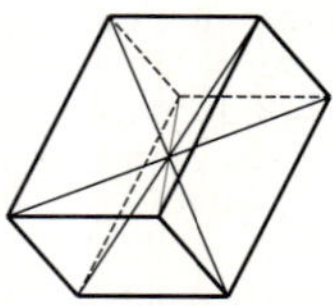

Abbildung 3.47

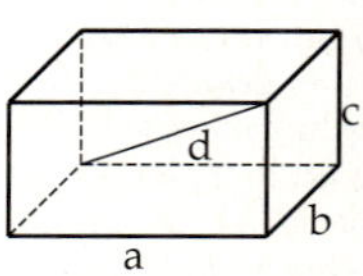

Abbildung 3.48

3. Parallelepiped (Abb.3.47) werden Prismen mit Parallelogrammen als Grundfläche genannt. In einem Parallelepiped schneiden sich alle vier Raumdiagonalen in einem Punkt und halbieren einander.

4. Quader sind gerade Parallelepipede mit rechteckigen Grundflächen. Im Quader **(Abb.3.48)** sind die Raumdiagonalen gleich lang. Wenn a, b und c die Kantenlängen des Quaders sind und d die Diagonallänge, dann gilt

$d^2 = a^2 + b^2 + c^2$, (3.96) $V = abc$, (3.97) $S = 2(ab + bc + ca)$. (3.98)

5. Würfel sind Quader mit gleichen Kantenlängen: $a = b = c$,

$d^2 = 3a^2$, (3.99) $V = a^3$, (3.100) $S = 6a^2$. (3.101)

6. Pyramide (Abb.3.49) wird ein Polyeder genannt, dessen Grundfläche ein Vieleck ist und dessen Seitenflächen Dreiecke sind, die in einem Punkt, der Spitze, zusammenlaufen. Pyramiden heißen *gerade*, wenn das Lot von der Spitze auf die Grundfläche A_G in deren Mittelpunkt, *regulär*, wenn die Grundfläche ein regelmäßiges Vieleck ist **(Abb.3.50)** und *n-seitig* , wenn die Grundfläche ein n-Eck ist. Zusammen mit der Grundfläche hat die Pyramide $(n + 1)$ Flächen. Es gilt

$$V = \frac{A_G h}{3} . \tag{3.102}$$

Für die reguläre Pyramide ist

$$M = \frac{1}{2} p h_s , \tag{3.103}$$

mit p als Umfang der Grundfläche und h_s als Höhe einer Seitenfläche.

7. Pyramidenstumpf wird eine Pyramide genannt, deren Spitze durch eine Ebene parallel zur Grundfläche abgeschnitten ist **(Abb.3.49, Abb.3.51)**. Mit $\overline{SO}$ als Höhe der Pyramide, d.h. als Lot von der Spitze auf die Grundfläche, gilt:

$$\frac{\overline{SA_1}}{\overline{A_1A}} = \frac{\overline{SB_1}}{\overline{B_1B}} = \frac{\overline{SC_1}}{\overline{C_1C}} = \ldots = \frac{\overline{SO_1}}{\overline{O_1O}} , \tag{3.104}$$

$$\frac{\text{Fläche } ABCDEF}{\text{Fläche } A_1B_1C_1D_1E_1F_1} = \left(\frac{\overline{SO}}{\overline{SO_1}}\right)^2 . \tag{3.105}$$

Wenn A_D und A_G die obere und untere Grundfläche sind, h die Höhe des Pyramidenstumpfes, also der Abstand zwischen den Grundflächen, a_D und A_G die einander entsprechenden Seiten der Grundflächen, dann gilt

$$V = \frac{1}{3} h \left[A_G + A_D + \sqrt{A_G A_D}\right] = \frac{1}{3} h A_G \left[1 + \frac{a_D}{a_G} + \left(\frac{a_D}{a_G}\right)^2\right] . \tag{3.106}$$

Die Mantelfläche des regulären Pyramidenstumpfes ist

$$M = \frac{p_D + p_G}{2} h_s , \tag{3.107}$$

wobei p_D und p_G die Umfänge der Grundflächen sind und h_s die Höhe der Seitenflächen.

8. Tetraeder wird eine dreieckige Pyramide genannt **(Abb.3.52)**. Mit den Bezeichnungen $\overline{OA} = a$, $\overline{OB} = b$, $\overline{OC} = c$, $\overline{CA} = q$, $\overline{BC} = p$ und $\overline{AB} = r$ gilt

$$V^2 = \frac{1}{288} \begin{vmatrix} 0 & r^2 & q^2 & a^2 & 1 \\ r^2 & 0 & p^2 & b^2 & 1 \\ q^2 & p^2 & 0 & c^2 & 1 \\ a^2 & b^2 & c^2 & 0 & 1 \\ 1 & 1 & 1 & 1 & 0 \end{vmatrix} . \tag{3.108}$$

9. Obelisk wird ein Polyeder genannt, dessen Seitenflächen sämtlich Trapeze sind. In dem hier betrachteten Spezialfall sind die parallelen Grundflächen Rechtecke **(Abb.3.53)**, einander gegenüberliegende Kanten haben die gleiche Neigung gegenüber der Grundfläche, laufen aber nicht in einem Punkt zusammen. Wenn a, b und a_1, b_1 die Seiten der Grundflächen sind und h die Höhe des Obelisken, dann gilt:

$$V = \frac{h}{6} \left[(2a + a_1) b + (2a_1 + a) b_1\right] = \frac{h}{6} \left[ab + (a + a_1)(b + b_1) + a_1 b_1\right] . \tag{3.109}$$

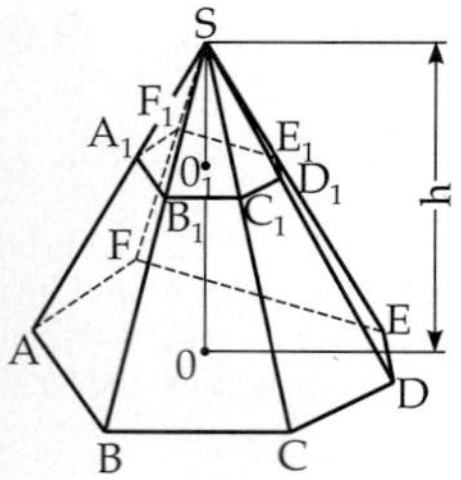

Abbildung 3.49

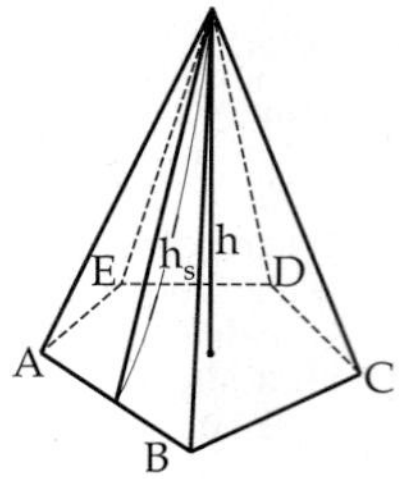

Abbildung 3.50

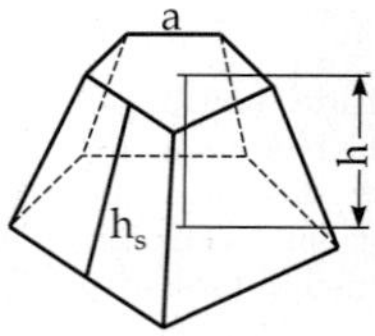

Abbildung 3.51

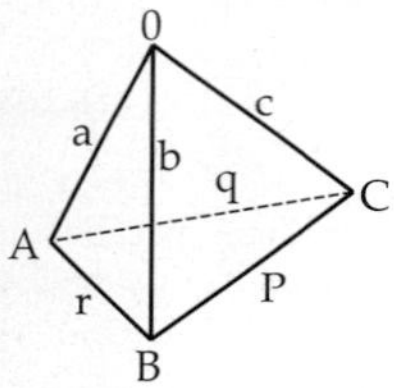

Abbildung 3.52

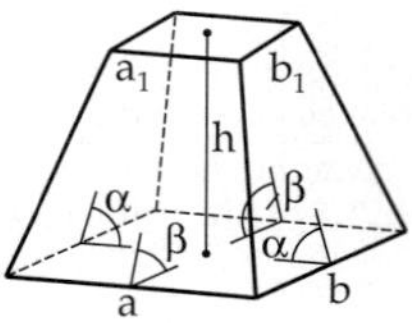

Abbildung 3.53

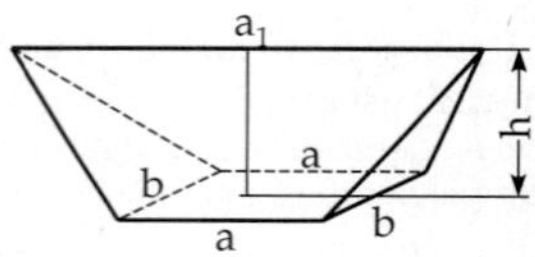

Abbildung 3.54

10. Keil wird ein Polyeder genannt, dessen Grundfläche ein Rechteck, dessen Seitenflächen je zwei gegenüberliegende gleichschenklige Dreiecke bzw. Trapeze sind (**Abb.3.54**). Für das Volumen gilt

$$V = \frac{1}{6}(2a + a_1)\,bh\,. \tag{3.110}$$

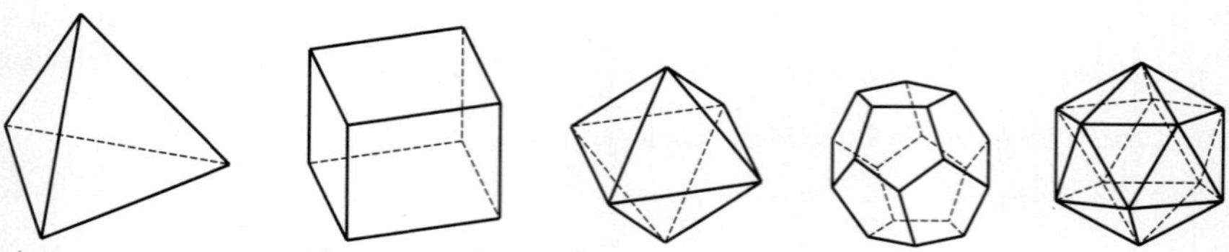

Abbildung 3.55

11. Reguläre Polyeder zeichnen sich durch kongruente reguläre Vielecke als Begrenzungsflächen und kongruente reguläre Ecken aus. Die fünf möglichen regulären Polyeder sind in **Abb.3.55** dargestellt; in **Tabelle3.4** sind Angaben dazu aufgeführt.

12. EULERscher Polyedersatz Wenn e die Anzahl der Ecken, f die Anzahl der Flächen und k die Anzahl der Kanten sind, dann ist

$$e - k + f = 2 \tag{3.111}$$

für ein konvexes Polyeder oder ein Polyeder, das sich durch stetige Deformation in ein konvexes Polyeder überführen läßt. Beispiele sind in **Tabelle3.4** angegeben.

3.3.4 Körper, die durch gekrümmte Flächen begrenzt sind

In diesem Abschnitt werden die folgenden Bezeichnungen benutzt: V – Volumen, S – Gesamtoberfläche, M – Manteloberfläche, h – Höhe, A_G – Grundfläche.

Tabelle 3.4 Elemente der regulären Polyeder mit der Kantenlänge a

Bezeichnung	Anzahl und Form der Begrenzungsflächen	Anzahl der		Gesamtfläche	Volumen
		Kanten	Ecken	F/a^2	V/a^3
Tetraeder	4 Dreiecke	6	4	$\sqrt{3}= 1,7321$	$\frac{\sqrt{2}}{12}= 0,1179$
Würfel	6 Quadrate	12	8	$6= 6,0$	$1= 1,0$
Oktaeder	8 Dreiecke	12	6	$2\sqrt{2}= 3,4641$	$2\sqrt{3}= 0,4714$
Dodekaeder	12 Fünfecke	30	20	$3\sqrt{5(5+2\cdot\sqrt{5})}= 20,6457$	$\frac{15+7\cdot\sqrt{5}}{7}= 7,6631$
Ikosaeder	20 Dreiecke	30	12	$5\sqrt{3}= 8,6603$	$\frac{5(3+\sqrt{5})}{12}= 2,1817$

1. Zylinderfläche wird eine gekrümmte Fläche genannt, die durch Parallelverschiebung einer Geraden, der *Erzeugenden*, längs einer Kurve, der *Leitkurve*, entsteht **(Abb.3.56)**.

2. Zylinder wird ein Körper genannt, der von einer Zylinderfläche mit geschlossener Leitkurve umgrenzt wird sowie von zwei parallelen Grundflächen, die die Zylinderfläche aus zwei parallelen Ebenen ausschneidet. Für jeden beliebigen Zylinder **(Abb.3.57)** mit dem Grundflächenumfang p, dem Umfang des zur Erzeugenden senkrechten Querschnitts s, dessen Flächeninhalt Q und der Länge l der Erzeugenden gilt:

$$V = A_G h = Ql \,, \qquad (3.112) \qquad\qquad M = ph = sl \,. \qquad (3.113)$$

3. Gerade Kreiszylinder zeichnen sich durch einen Kreis als Grundfläche und senkrecht auf der Kreisebene stehende Erzeugende aus **(Abb.3.58)**. Mit R als Grundflächenradius gilt

$$V = \pi R^2 h \,, \quad (3.114) \qquad M = 2\pi R h \,, \quad (3.115) \qquad S = 2\pi R(R+h) \,. \quad (3.116)$$

4. Schräg abgeschnittener Kreiszylinder (Abb.3.59)

$$V = \pi R^2 \frac{h_1 + h_2}{2} \,, \qquad (3.117) \qquad\qquad M = \pi R\,(h_1 + h_2) \,, \qquad (3.118)$$

$$S = \pi R \left[h_1 + h_2 + R + \sqrt{R^2 + \left(\frac{h_2 - h_1}{2}\right)^2} \right] . \qquad (3.119)$$

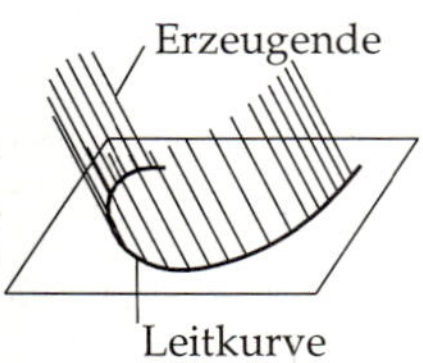

Abbildung 3.56

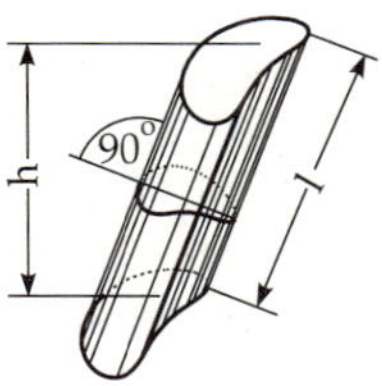

Abbildung 3.57

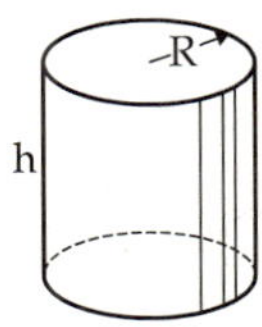

Abbildung 3.58

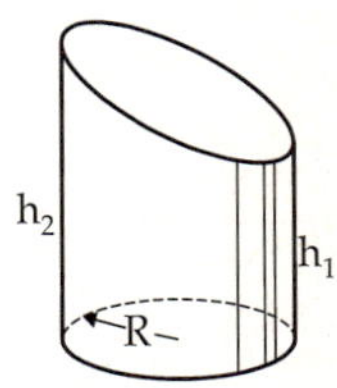

Abbildung 3.59

5. Zylinderabschnitt, auch Zylinderhuf Mit den Bezeichnungen von **Abb.3.60** sowie $\alpha = \varphi/2$ in rad gilt

$$V = \frac{h}{3b}\left[a(3R^2 - a^2) + 3R^2(b-R)\alpha\right] = \frac{hR^3}{b}\left(\sin\alpha - \frac{\sin^3\alpha}{3} - \alpha\cos\alpha\right) , \qquad (3.120)$$

$$M = \frac{2Rh}{b}\left[(b-R)\alpha + a\right] , \tag{3.121}$$

wobei die Formeln auch im Falle $b > R$, $\varphi > \pi$ ihre Gültigkeit behalten.

6. Hohlzylinder Mit den Bezeichnungen R für den äußeren Radius und r für den inneren, $\delta = R - r$ für die Radiendifferenz und $\varrho = \frac{R+r}{2}$ für den mittleren Radius **(Abb.3.61)** gilt

$$V = \pi h(R^2 - r^2) = \pi h\delta(2R - \delta) = \pi h\delta(2r + \delta) = 2\pi h\delta\varrho . \tag{3.122}$$

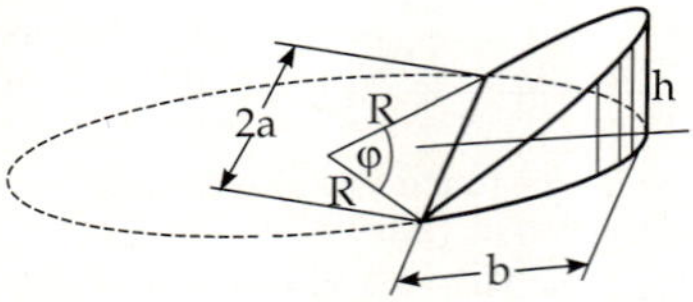

Abbildung 3.60

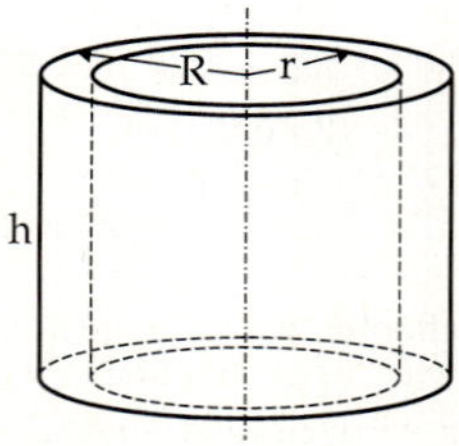

Abbildung 3.61

7. Kegelflächen entstehen durch die Bewegung einer Geraden, der Erzeugenden, die durch einen festen Punkt, die Spitze, geht und längs einer Kurve, der Leitkurve, geführt wird **(Abb.3.62)**.

8. Kegel (Abb.3.63) werden von einer Kegelfläche mit geschlossener Leitkurve und einer ebenen Grundfläche, die von der Kegelfläche ausgeschnitten wird, begrenzt. Für beliebige Kegel gilt

$$V = \frac{hA_G}{3} . \tag{3.123}$$

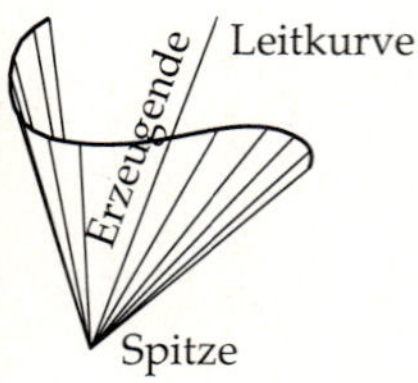

Abbildung 3.62

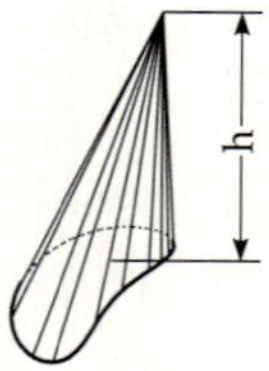

Abbildung 3.63

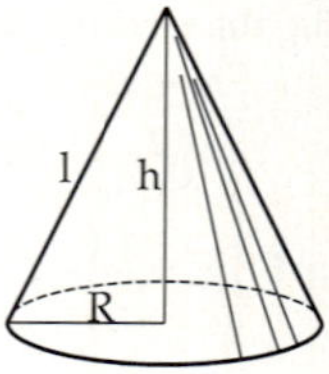

Abbildung 3.64

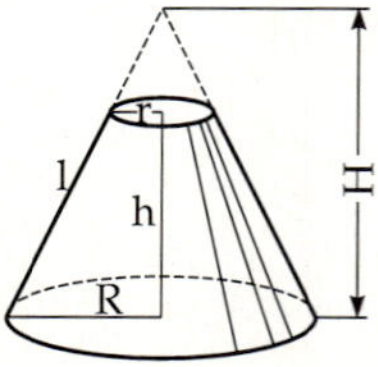

Abbildung 3.65

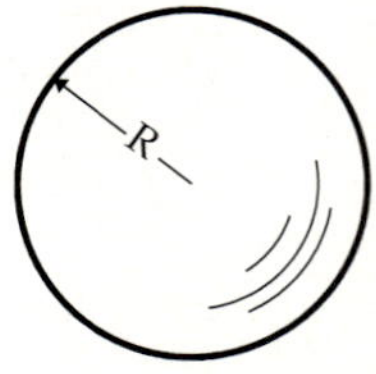

Abbildung 3.66

9. Gerade Kreiskegel zeichnen sich durch einen Kreis als Grundfläche und eine Spitze über dem Kreismittelpunkt aus**(Abb.3.64)**. Mit l als Länge der Mantellinie und R als Grundflächenradius gilt

$$V = \frac{1}{3}\pi R^2 h \,, \quad (3.124) \qquad M = \pi R l = \pi R\sqrt{R^2 + h^2} \,, \quad (3.125) \qquad S = \pi R(R + l) \,. \quad (3.126)$$

10. Gerader Kegelstumpf (Abb.3.65)

$$l = \sqrt{h^2 + (R - r)^2} \,, \quad (3.127) \qquad M = \pi l(R + r) \,, \quad (3.128)$$

$$V = \frac{\pi h}{3}\left(R^2 + r^2 + Rr\right) \,, \quad (3.129) \qquad H = h + \frac{hr}{R - r} \,. \quad (3.130)$$

11. Kegelschnitte s.S. 173.

12. Kugel (Abb.3.66) mit dem Radius R und dem Durchmesser $D = 2R$. Jeder ebene Kugelschnitt ergibt einen Kreis. Ein ebener Schnitt durch den Kugelmittelpunkt ergibt einen Großkreis mit dem Radius R. Durch je zwei nicht diametral gegenüberliegende Kugeloberflächenpunkte kann immer nur ein Großkreis gelegt werden. Die kürzeste Verbindungslinie zwischen zwei Kugeloberflächenpunkten auf der Kugeloberfläche ist der Bogen des Großkreises (s. S. 132).
Formeln für die Kugeloberfläche und das Kugelvolumen:

$$S = 4\pi R^2 \approx 12{,}57R^2 \,, \quad (3.131a) \qquad S = \pi D^2 \approx 3{,}142D^2 \,, \quad (3.131b)$$

$$S = \sqrt[3]{36\pi V^2} \approx 4{,}836\sqrt[3]{V^2} \,, \quad (3.131c) \qquad V = \frac{4}{3}\pi R^3 \approx 4{,}189R^3 \,, \quad (3.132a)$$

$$V = \frac{\pi D^3}{6} \approx 0{,}5236D^3 \,, \quad (3.132b) \qquad V = \frac{1}{6}\sqrt{\frac{S^3}{\pi}} \approx 0{,}09403\sqrt{S^3} \,, \quad (3.132c)$$

$$R = \frac{1}{2}\sqrt{\frac{S}{\pi}} \approx 0{,}2821\sqrt{S} \,, \quad (3.133a) \qquad R = \sqrt[3]{\frac{3V}{4\pi}} \approx 0{,}6204\sqrt[3]{V} \,. \quad (3.133b)$$

13. Kugelausschnitt (Abb.3.67)

$$S = \pi R(2h + a) \,, \quad (3.134) \qquad V = \frac{2\pi R^2 h}{3} \,. \quad (3.135)$$

14. Kugelabschnitt (Abb.3.68)

$$a^2 = h(2R - h) \,, \quad (3.136) \qquad V = \frac{1}{6}\pi h\left(3a^2 + h^2\right) = \frac{1}{3}\pi h^2(3R - h) \,, \quad (3.137)$$

$$M = 2\pi Rh = \pi\left(a^2 + h^2\right) \,, \quad (3.138) \qquad S = \pi\left(2Rh + a^2\right) = \pi\left(h^2 + 2a^2\right) \,. \quad (3.139)$$

15. Kugelschicht (Abb.3.69)

$$R^2 = a^2 + \left(\frac{a^2 - b^2 - h^2}{2h}\right)^2 \,, \quad (3.140) \qquad V = \frac{1}{6}\pi h\left(3a^2 + 3b^2 + h^2\right) \,, \quad (3.141)$$

$$M = 2\pi Rh \,, \quad (3.142) \qquad S = \pi\left(2Rh + a^2 + b^2\right) \,. \quad (3.143)$$

Wenn V_1 das Volumen eines Kegelstumpfes ist, der in eine Kugelschicht einbeschrieben ist **(Abb.3.70)** und l die Länge seiner Mantellinie ist, dann gilt

$$V - V_1 = \frac{1}{6}\pi h l^2 \,. \quad (3.144)$$

16. Torus oder Kreisring (Abb.3.71) wird ein Körper genannt, der durch die Drehung eines Kreises um eine in der Kreisebene außerhalb des Kreises liegende Achse entsteht.

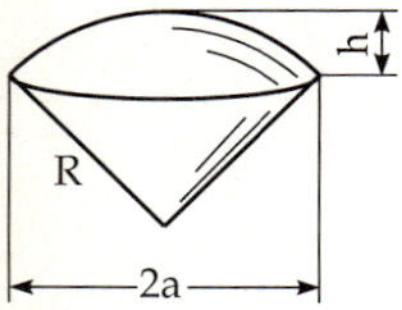

Abbildung 3.67

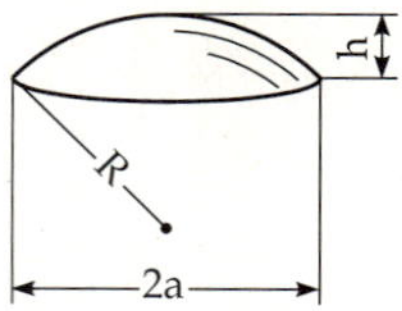

Abbildung 3.68

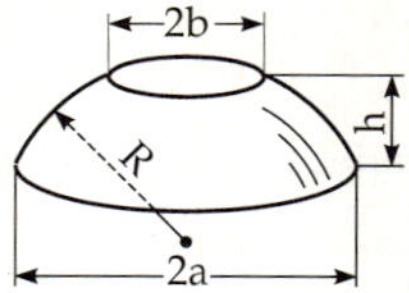

Abbildung 3.69

$$S = 4\pi^2 Rr \approx 39,48Rr\ , \qquad (3.145a)$$

$$V = 2\pi^2 Rr^2 \approx 19,74Rr^2\ , \qquad (3.146a)$$

$$S = \pi^2 Dd \approx 9,870Dd\ , \qquad (3.145b)$$

$$V = \frac{1}{4}\pi^2 Dd^2 \approx 2,467Dd^2\ . \qquad (3.146b)$$

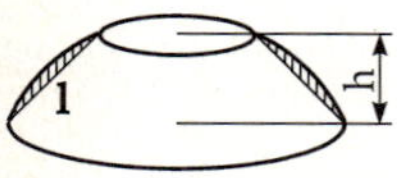

Abbildung 3.70

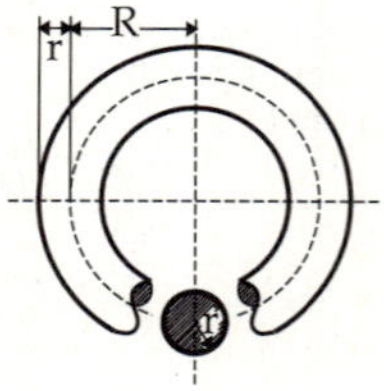

Abbildung 3.71

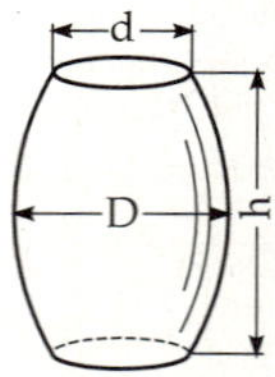

Abbildung 3.72

17. Tonnenkörper (Abb.3.72) enstehen durch Drehung einer Erzeugenden mit entsprechender Krümmung; *Kreistonnenkörper* durch Drehung eines Kreisegments, *parabolische Tonnenkörper* durch Drehung eines Parabelausschnittes. Es gilt näherungsweise für den Kreistonnenkörper

$$V = 0,262h\left(2D^2 + d^2\right) \qquad (3.147a) \qquad \text{oder} \qquad V = 0,0873h(2D + d)^2\ ; \qquad (3.147b)$$

für den parabolischen Tonnenkörper

$$V = \frac{\pi h}{15}\left(2D^2 + Dd + \frac{3}{4}d^2\right) = 0,05236h\left(8D^2 + 4Dd + 3d^2\right)\ . \qquad (3.148)$$

3.4 Sphärische Trigonometrie

Bei geodätischen Messungen, die sich über größere Entfernungen erstrecken, muß die Kugelgestalt der Erde berücksichtigt werden. Dazu ist eine Geometrie auf der Kugel erforderlich. Insbesondere werden Formeln zur Berechnung sphärischer Dreiecke benötigt, also für Dreiecke, die auf einer Kugel liegen. Das wurde schon im alten Griechenland erkannt, und so kam es neben der Entwicklung der ebenen Trigonometrie zur Entwicklung der sphärischen Trigonometrie, als deren Begründer HIPPARCH (um 150 v. u. Zeit) anzusehen ist.

3.4.1 Grundbegriffe der Geometrie auf der Kugel

3.4.1.1 Kreise, Bogen und Winkel auf der Kugel

1. Großkreis und Kleinkreis

Wird eine Kugel mit dem Radius R von einer Ebene (K) geschnitten **(Abb.3.73)**, die vom Kugelmittelpunkt O den Abstand h hat, dann gilt für den Radius r des Schnittkreises

$$r = \sqrt{R^2 - h^2} \quad (0 \le h \le R)\ . \qquad (3.149)$$

Für $h = 0$ verläuft die Schnittebene durch den Kugelmittelpunkt und r nimmt den größten Wert an. Der so entstehende Schnittkreis g in der Ebene (Γ) heißt *Großkreis*. Jeder andere Schnittkreis, für den dann $0 \leq h \leq R$ gilt, wird *Kleinkreis* genannt, z. B. der Kreis (k). Für $h = R$ berührt die Ebene (K) die Kugel in einem Punkt. Sie wird zu einer sogenannten *Tangentialebene*.

■ Auf der Erdkugel stellen der *Äquator* und die *Meridiane* Großkreise dar. Die Breitenkreise sind Kleinkreise (s.auch S. 134).

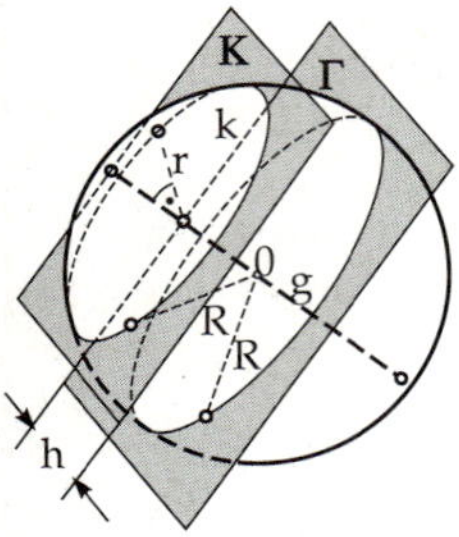

Abbildung 3.73

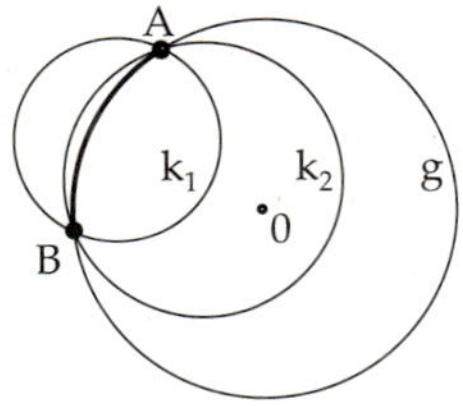

Abbildung 3.74

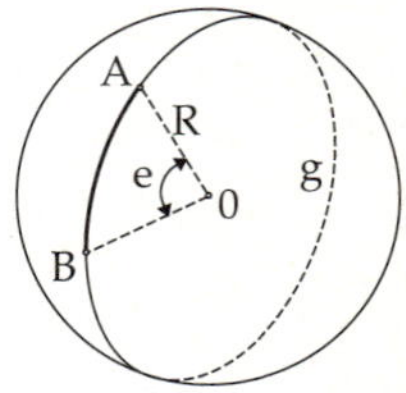

Abbildung 3.75

2. Spärischer Abstand

Durch zwei Punkte A und B der Kugeloberfläche, die nicht Endpunkte eines Durchmessers sind, lassen sich unendlich viele Kleinkreise, aber nur ein Großkreis (mit der Großkreisebene g) legen. Durch A und B seien zwei Kleinkreise k_1, k_2 gelegt und in die Ebenen des durch A, B gehenden Großkreises geklappt **(Abb.3.74)**. Der Großkreis hat den größten Radius und damit die kleinste Krümmung; daher stellt der Großkreisbogen zwischen A und B die kürzeste Verbindung beider Punkte dar. Der kleinere der beiden Großkreisbögen, d. h. die kürzeste Verbindung zwischen den Punkten A und B auf der Kugeloberfläche, wird *sphärischer Abstand* genannt.

3. Geodätische Linien

Geodätische Linien heißen diejenigen Kurven auf einer beliebigen Fläche, auf denen die kürzeste Verbindung zwischen zwei Punkten der Fläche gemessen wird (s. S. 219). In der Ebene sind die Geraden, auf der Kugel die Großkreise die geodätischen Linien (s. auch S. 134).

4. Messung des sphärischen Abstandes

Der sphärische Abstand zweier Punkte kann im Längenmaß oder im Winkelmaß ausgedrückt werden **(Abb.3.75)**.

1. Sphärischer Abstand im Winkelmaß ist der Winkel zwischen den Radien $\overline{OA}$ und $\overline{OB}$, gemessen im Kugelmittelpunkt O. Dieser Winkel ist dem sphärischen Abstand eindeutig zugeordnet und wird im folgenden mit kleinen lateinischen Buchstaben bezeichnet. Die Bezeichnung kann am Kugelmittelpunkt oder auf dem Großkreisbogen angegeben werden.

2. Sphärischer Abstand im Längenmaß ist die Länge des Großkreisbogens zwischen A und B. Sie wird im folgenden mit $\widehat{AB}$ (Bogen $\widehat{AB}$)) bezeichnet.

3. Umrechnungen von Winkelmaß in Längenmaß und umgekehrt erfolgen gemäß

$$\widehat{AB}\ . = R\ \text{arc} e = R\frac{e}{\varrho}\,, \quad (3.150\text{a}) \qquad e = \widehat{AB}\ .\frac{\varrho}{R}\,, \quad (3.150\text{b})$$

Dabei ist e der in Grad und arc e der in Radiant (s. Bogenmaß S.108) gemessene Winkel. Für den Umrechnungsfaktor ϱ gilt

$$\varrho = 1\text{rad} = \frac{180^\circ}{\pi} = 57{,}2958^\circ = 3438' = 206265''\,. \quad (3.150\text{c})$$

Die Angaben im Längen- oder Winkelmaß sind gleichwertig, aber in der sphärischen Trigonometrie werden die sphärischen Abstände in der Regel im Winkelmaß angegeben.

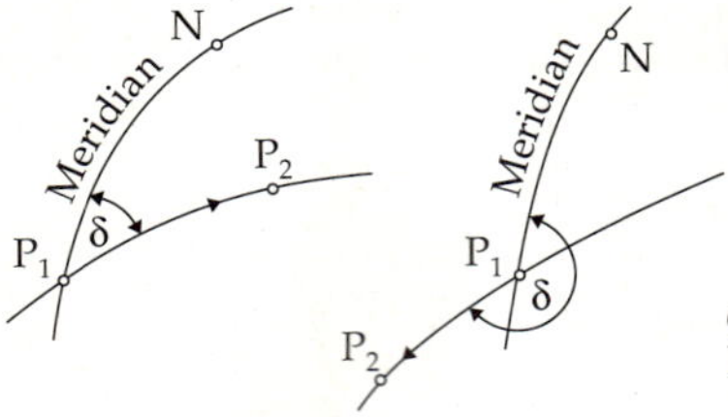

Abbildung 3.76

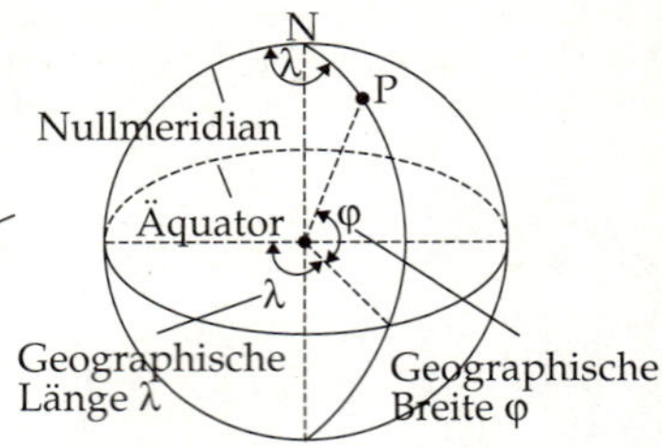

Abbildung 3.77

5. Azimut

Bei geodätischen Rechnungen auf der Kugel verwendet man das *Azimut*, ein anderer Ausdruck für den *Kurswinkel* in der Navigation. Unter dem *Azimut* δ der Richtung von P_1 nach P_2 im Punkt P_1 versteht man den mathematisch negativ, also im Uhrzeigersinn, gemessenen Winkel zwischen dem nach Norden weisenden Meridian durch P_1 und dem Großkreis durch P_1 und P_2. Dieser Großkreis ist in Richtung von P_1 nach P_2 orientiert **(Abb.3.76)**.

■ **A:** Bei sphärischen Berechnungen auf der Erdoberfläche wird von einer Kugel ausgegangen, die das gleiche Volumen wie das zweiachsige Referenzellipsoid von KRASSOWSKI hat. Dieser Erdkugelradius beträgt $R = 6371,110$ km, woraus folgt $1° \triangleq 111{,}2$ km, $1' \triangleq 1853{,}3$ m $= 1$ Seemeile. Früher war 1 Seemeile $= 1852$ m.

■ **B:** Der sphärische Abstand zwischen Dresden und St.Petersburg beträgt $\widehat{AB} = 1433$ km oder $e = \dfrac{1433\text{km}}{6371\text{km}} 57,3° = 12,89° = 12°53'$.

3.4.1.2 Spezielle Koordinatensysteme

1. Geographische Koordinaten

Zur Bestimmung von Punkten P auf der Erdoberfläche werden *geographische Koordinaten* benutzt **(Abb.3.77)**, d. h. Kugelkoordinaten mit dem Radius der Erdkugel, der *geographischen Länge* λ und der *geographischen Breite* φ . Zur Längengradzählung ist die Erdoberfläche in halbe, vom Nordpol zum Südpol verlaufende Großkreise, die *Meridiane*, eingeteilt. Der Nullmeridian verläuft durch die Sternwarte *Greenwich*. Von ihm aus erfolgt die Zählung mit Hilfe von 180 ganzzahligen Meridianen östlicher Länge (ö. L.) und 180 ganzzahligen Meridianen westlicher Länge (w. L.), die am Äquator einen gegenseitigen Abstand von 111 km haben. Zur Breitengradzählung ist die Erdoberfläche in parallel zum Äquator verlaufende Kleinkreise, die Breitengrade, eingeteilt. Vom Äquator aus, einem Großkreis, zählt man 90 ganzzahlige Breitengrade nördlicher Breite (n. Br.) und 90 südlicher Breite (s. Br.).

2. SOLDNER- Koordinaten

Für großräumige Vermessungen sind die rechtwinkligen SOLDNER-*Koordinaten* und GAUSS–KRÜGER-*Koordinaten* von Bedeutung. Um Teile der gekrümmten Erdoberfläche in Ordinatenrichtung längentreu auf ein ebenes rechtwinkliges Koordinatensystem abzubilden, legt man nach SOLDNER die x-Achse auf einen Meridian und den Koordinatenursprung in einen gut vermessenen Zentralpunkt **(Abb.3.78a)**. Die Ordinate y und die Abszisse x eines Punktes P sind durch die Strecken von den Fußpunkten der sphärischen Lote auf den durch den Zentralpunkt verlaufenden Hauptmeridian und auf den durch den Zentralpunkt verlaufenden Hauptbreitenkreis gegeben **(Abb.3.78b)**. Bei der Übertragung der sphärischen Abszissen und Ordinaten in das ebene Koordinatensystem werden Strecken Δx gedehnt und Richtungen verschwenkt. Der *Dehnungsfaktor a* in der Abszissenrichtung beträgt

$$a = \frac{\Delta x}{\Delta x'} = 1 + \frac{y^2}{2R^2}, \quad R = 6371\text{km}. \tag{3.151}$$

Zur Begrenzung der Dehnung des Systems darf die Ausdehnung zu beiden Seiten des Hauptmeridians nicht größer als 64 km betragen. Eine 1 km lange Strecke besitzt dann bei $y = 64$ km eine Dehnung von 0,05 m.

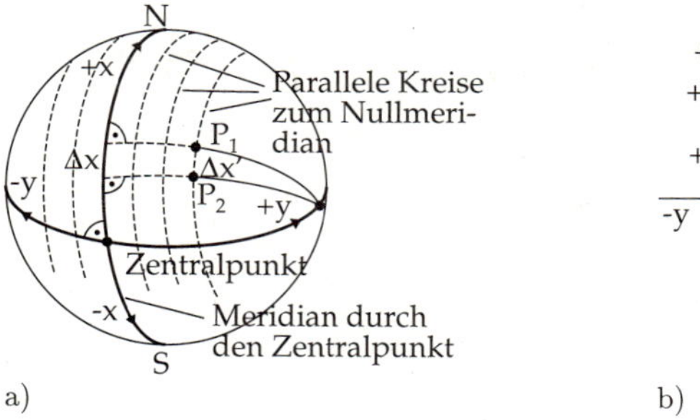

Abbildung 3.78

3. GAUSS-KRÜGER-**Koordinaten**

Um Teile der gekrümmten Erdoberfläche winkeltreu (konform) auf eine Ebene abzubilden, geht man beim GAUSS–KRÜGER–*System* von einer Einteilung in Meridianstreifen aus. Für Deutschland liegen die Mittelmeridiane bei $6°, 9°, 12°$ und $15°$ ö. L. **(Abb.3.79a)**. Der Koordinatenursprung jedes Meridianstreifensystems ist der Schnittpunkt des Meridians mit dem Äquator. In der Nord–Süd–Richtung gehen die Systeme über das gesamte Gebiet hinweg, in der Ost–West–Richtung sind die Gebiete beidseitig auf $1°40'$ begrenzt. In Deutschland sind das etwa ± 100 km. Die Überlappung von etwa $20'$ entspricht hier ca. 20 km.

Der Dehnungsfaktor a in der Abszissenrichtung **(Abb.3.79b)** ist der gleiche wie im SOLDNER–System (3.151). Damit die Abbildung winkeltreu bleibt, sind die Ordinaten an den Lotenden durch Addition eines Betrages b zu verlängern:

$$b = \frac{y^3}{6R^2} \tag{3.152}$$

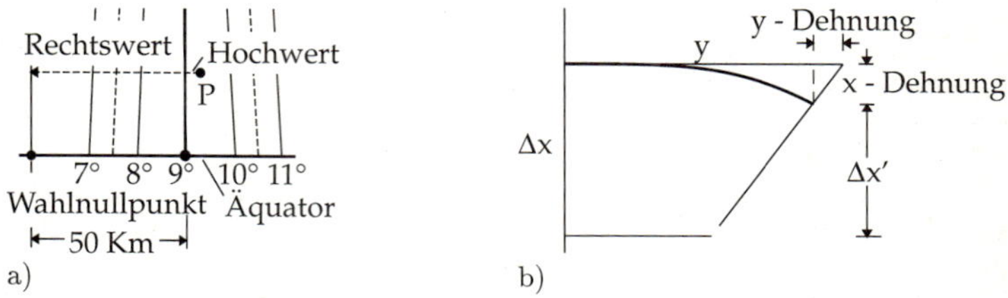

Abbildung 3.79

3.4.1.3 Sphärisches Zweieck

Durch die Endpunkte A und B eines Kugeldurchmessers sollen zwei Ebenen Γ_1 und Γ_2 verlaufen, die den Winkel α miteinander einschließen **(Abb.3.80)** und zwei Großkreishälften g_1 und g_2 definieren. Der von zwei Großkreishälften begrenzte Teil der Kugeloberfläche wird *sphärisches Zweieck* oder *Kugelzweieck* genannt. Als Seiten des sphärischen Zweiecks werden die sphärischen Abstände zwischen den Punkten A und B auf den Großkreisen definiert. Jede Seite beträgt daher 180°.

Als Winkel des sphärischen Zweiecks werden die Winkel zwischen den Tangenten an die Großkreise g_1

und g_2 in den Punkten A und B definiert. Sie sind gleich und stimmen mit dem sogenannten *Keilwinkel* α zwischen den Ebenen Γ_1 und Γ_2 überein. Sind C und D die Halbierungspunkte der beiden Großkreisbogen durch A und B, dann kann der Winkel α auch als sphärischer Abstand der Punkte C und D aufgefaßt werden. Die Fläche A_z des Kugelzweiecks verhält sich zur Kugelfläche wie der Winkel α zu 360°. Daraus folgt

$$A_z = \frac{4\pi R^2\alpha}{360^\circ} = \frac{2R^2\alpha}{\rho} = 2R^2 \operatorname{arc}\alpha \,. \tag{3.153}$$

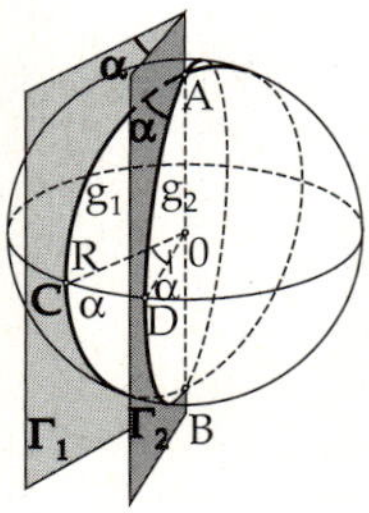

Abbildung 3.80

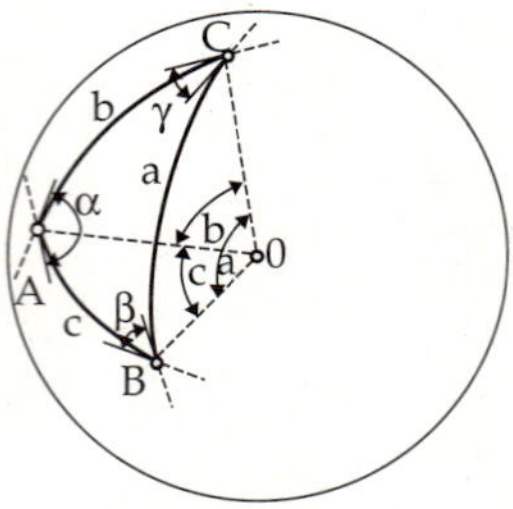

Abbildung 3.81

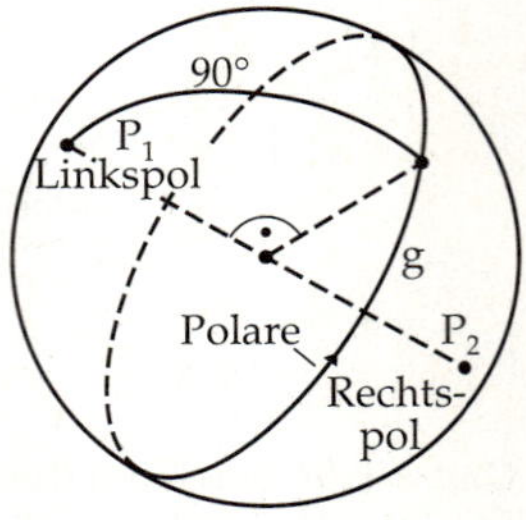

a)

Abbildung 3.82

3.4.1.4 Sphärisches Dreieck

Es seien A, B und C drei Punkte auf einer Kugelfläche, die nicht auf einem Großkreis liegen. Werden jeweils zwei dieser Punkte durch einen Großkreis verbunden (**Abb.3.81**), so entsteht das *sphärische Dreieck ABC*.

Als Seiten des sphärischen Dreiecks werden die sphärischen Abstände der Dreieckspunkte definiert, d.h., sie stellen die im Kugelmittelpunkt gemessenen Winkel zwischen je zwei Radien $\overline{OA}$, $\overline{OB}$ und $\overline{OC}$ dar. Sie werden mit a, b und c bezeichnet und im folgenden im Winkelmaß angegeben, unabhängig davon, ob sie in der Zeichnung als Winkel im Kugelmittelpunkt oder als Großkreisbogen auf der Kugelfläche eingetragen sind. Die Winkel des sphärischen Dreiecks sind die Winkel zwischen je zwei der drei Großkreisebenen. Sie werden mit α, β und γ bezeichnet.

Die Reihenfolge der Bezeichnung der Punkte, Seiten und Winkel des sphärischen Dreiecks erfolgt in Analogie zum ebenen Dreieck. Ein sphärisches Dreieck, bei dem mindestens eine Seite 90° beträgt, heißt rechtsseitiges Dreieck. Es stellt eine Analogie zum rechtwinkligen Dreieck der Planimetrie dar.

3.4.1.5 Polardreieck

1. Pole und Polare Die Endpunkte P_1 und P_2 eines Kugeldurchmessers, der senkrecht zur Ebene eines Großkreises g, *Polare* genannt, errichtet ist (**Abb.3.82**), werden *Pole* genannt. Der sphärische Abstand von einem Pol bis zu einem beliebigen Punkt des Großkreises g beträgt stets 90°. Die Richtung der Polaren wird von außen festgelegt: Beim Durchlaufen der Polaren in der gewählten Richtung heißt der links liegende Pol *Linkspol*, der rechts liegende *Rechtspol*.

2. Polardreieck $A'B'C'$ zu einem gegebenen sphärischen Dreieck A, B, C heißt ein sphärisches Dreieck, für dessen Seiten die Eckpunkte des gegebenen Dreiecks Pole sind (**Abb.3.83**). Zu jedem sphärischen Dreieck ABC existiert ein Polardreieck $A'B'C'$. Ist das Dreieck $A'B'C'$ das Polardreieck des sphärischen Dreiecks ABC, dann ist auch das Dreieck ABC das Polardreieck des Dreiecks $A'B'C'$.
Die Winkel eines sphärischen Dreiecks und die entsprechenden Seiten seines Polardreiecks sind Supplementwinkel, und die Seiten des sphärischen Dreiecks und die Winkel des Polardreiecks sind Supplementwinkel:

$$a' = 180^\circ - \alpha \,, \qquad b' = 180^\circ - \beta \,, \qquad c' = 180^\circ - \gamma \tag{3.154a}$$

$$\alpha' = 180° - a\,, \qquad \beta' = 180° - b\,, \qquad \gamma' = 180° - c \tag{3.154b}$$

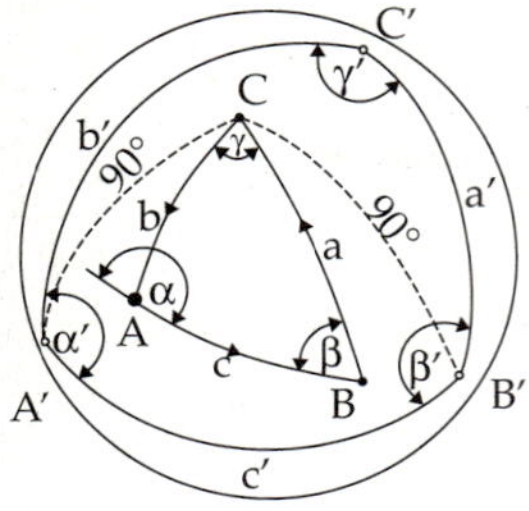

b)

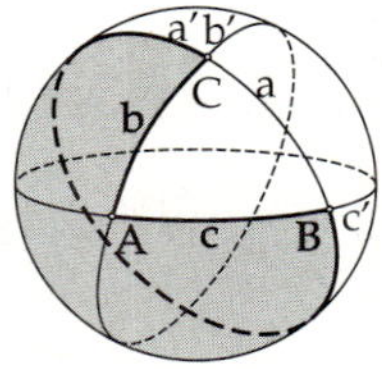

a)

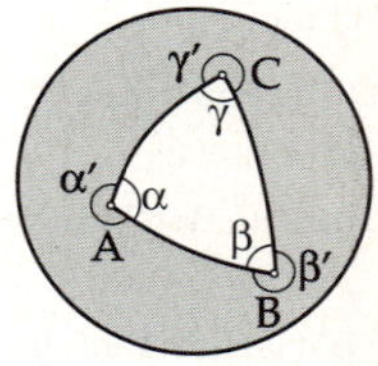

b)

Abbildung 3.83 Abbildung 3.84

3.4.1.6 Eulersche und Nicht–Eulersche Dreiecke

Die Eckpunkte A, B, C des sphärischen Dreiecks teilen jeden Großkreis durch zwei Eckpunkte im allgemeinen in zwei ungleiche Teile. Dadurch entstehen mehrere verschiedene sphärische Dreiecke, z. B. auch das sphärische Dreieck mit den Seiten a', b, c und der in **Abb.3.84a** schattierten Fläche. Gemäß einer Festsetzung von EULER werden für die Seiten des sphärischen Dreiecks nur die Großkreisbogen gewählt, die kleiner als 180° sind. Das entspricht der Definition der Seiten als sphärische Abstände zwischen den Dreieckspunkten. In diesem Zusammenhang bezeichnet man sphärische Dreiecke, bei denen jede Seite und jeder Winkel kleiner als 180° ist, als EULERsche Dreiecke , anderenfalls als Nicht–EULERsche Dreiecke. Die **Abb.3.84b** zeigt ein EULERsches und ein Nicht–EULER sches Dreieck.

3.4.1.7 Dreikant

oder *Triederecke* wird eine dreiseitige körperliche Ecke genannt, die von drei, von einem Scheitelpunkt O ausgehenden Strahlen s_a, s_b, s_c (**Abb.3.85a**), den Kanten, gebildet wird. Als Seiten des Dreikants definiert man die Winkel a, b und c, die von je zwei der Kanten eingeschlossen sind. Die Gebiete zwischen zwei Kanten heißen Seitenflächen des Dreikants. Die Winkel des Dreikants sind die Keilwinkel α, β und γ, die von je zwei der drei Seitenflächen eingeschlossen werden. Ein Dreikant schneidet aus einer Kugel um den Scheitelpunkt O ein sphärisches Dreieck aus (**Abb.3.85b**). Die Seiten und Winkel des sphärischen Dreiecks und des zu ihm gehörenden Dreikants sind einander gleich. Deshalb gelten Sätze, die für den Dreikant hergeleitet wurden, auch für das zugehörige sphärische Dreieck und umgekehrt.

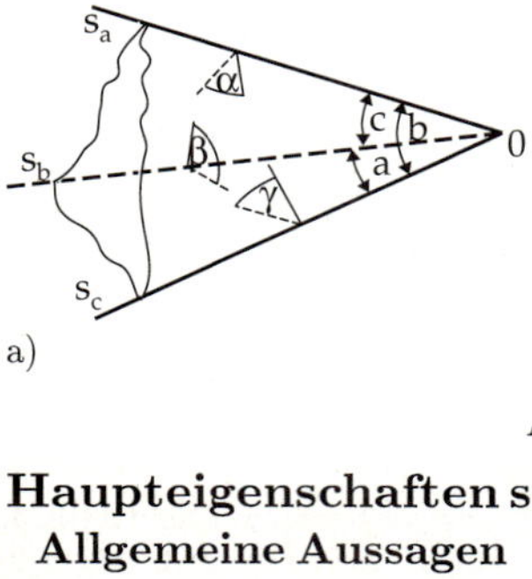

a)

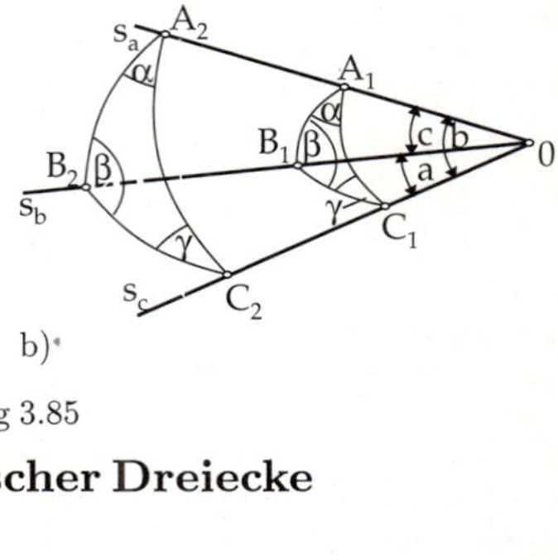

b)

Abbildung 3.85

3.4.2 Haupteigenschaften sphärischer Dreiecke

3.4.2.1 Allgemeine Aussagen

Für ein EULERsches Dreieck mit den Seiten a, b und c, denen die Winkel α, β und γ gegenüberliegen, gilt:

1. Summe der Seiten Die Summe der Seiten liegt zwischen 0° und 360°:

$$0^\circ < a + b + c < 360^\circ \,. \tag{3.155}$$

2. Summe zweier Seiten Die Summe zweier Seiten ist größer als die dritte, z. B.

$$a + b > c \,. \tag{3.156}$$

3. Differenz zweier Seiten Die Differenz zweier Seiten ist kleiner als die dritte Seite, z. B.

$$|a - b| < c \,. \tag{3.157}$$

4. Summe der Winkel Die Summe der Winkel liegt zwischen 180° und 540°:

$$180^\circ < \alpha + \beta + \gamma < 540^\circ \,. \tag{3.158}$$

5. Spärischer Exzeß Die Differenz $\epsilon = \alpha + \beta + \gamma - 180^\circ$ wird *sphärischer Exzeß* genannt. Aus ϵ und dem Kugelradius R läßt sich der Flächeninhalt A_D berechnen:

$$A_D = \frac{\pi R^2 \epsilon}{180^\circ} = \frac{R^2 \epsilon}{\varrho} = R^2 \operatorname{arc} \epsilon \,. \tag{3.159}$$

6. Summe zweier Winkel Die Summe zweier Winkel ist kleiner als der um 180° vergrößerte dritte Winkel, z. B.

$$\alpha + \beta < \gamma + 180^\circ \,. \tag{3.160}$$

7. Gegenüberliegende Seite und Winkel Der größeren Seite liegt der größere Winkel gegenüber und umgekehrt.

3.4.2.2 Grundformeln und Anwendungen

Die Bezeichnungen der Größen dieses Abschnittes entsprechen denen von **Abb.3.81**.

1. Sinussatz

$$\frac{\sin a}{\sin b} = \frac{\sin \alpha}{\sin \beta}\,, \quad (3.161\text{a}) \qquad \frac{\sin b}{\sin c} = \frac{\sin \beta}{\sin \gamma}\,, \quad (3.161\text{b}) \qquad \frac{\sin c}{\sin a} = \frac{\sin \gamma}{\sin \alpha}\,, \quad (3.161\text{c})$$

Die Gleichungen (3.161a) bis (3.161c) lassen sich auch als fortlaufende Proportionen schreiben, d.h., im sphärischen Dreieck verhalten sich die Sinus der Seiten wie die Sinus der Gegenwinkel:

$$\frac{\sin a}{\sin \alpha} = \frac{\sin b}{\sin \beta} = \frac{\sin c}{\sin \gamma} \tag{3.161d}$$

Der Sinussatz der sphärischen Trigonometrie entspricht dem Sinussatz der ebenen Trigonometrie.

2. Kosinussatz oder Seitenkosinussatz

$$\cos a = \cos b \cos c + \sin b \sin c \cos \alpha \,, \quad (3.162\text{a}) \qquad \cos b = \cos c \cos a + \sin c \sin a \cos \beta, \quad (3.162\text{b})$$

$$\cos c = \cos a \cos b + \sin a \sin b \cos \gamma \,. \tag{3.162c}$$

Der Seitenkosinussatz der sphärischen Trigonometrie entspricht dem Kosinussatz der ebenen Trigonometrie. Die Bezeichnung Seitenkosinussatz bringt zum Ausdruck, daß dieser Satz die drei Seiten des sphärischen Dreiecks enthält.

3. Sinus–Kosinussatz

$$\sin a \cos \beta = \cos b \sin c - \sin b \cos c \cos \alpha, \tag{3.163a}$$

$$\sin a \cos \gamma = \cos c \sin b - \sin c \cos b \cos \alpha. \tag{3.163b}$$

Vier weitere Gleichungen können durch zyklische Vertauschung gewonnen werden **(Abb.3.26)**.
Der Sinus-Kosinussatz entspricht dem Projektionssatz der ebenen Trigonometrie. Da er fünf Größen des sphärischen Dreiecks enthält, wird er nicht unmittelbar zur Auflösung sphärischer Dreiecke benutzt, sondern hauptsächlich zur Ableitung weiterer Gleichungen.

4. Winkelkosinussatz oder polarer Kosinussatz

$$\cos\alpha = -\cos\beta\cos\gamma+\sin\beta\sin\gamma\cos a, \quad (3.164a) \qquad \cos\beta = -\cos\gamma\cos\alpha+\sin\gamma\sin\alpha\cos b, \quad (3.164b)$$

$$\cos\gamma = -\cos\alpha\cos\beta + \sin\alpha\sin\beta\cos c\,. \quad (3.164c)$$

Der Winkelkosinussatz enthält die drei Winkel des sphärischen Dreiecks und jeweils eine der drei Seiten. Mit ihm können aus einer Seite und den beiden anliegenden Winkeln der dritte Winkel bzw. aus den drei Winkeln eine Seite des Dreiecks oder alle drei Seiten berechnet werden. Im Unterschied dazu ergibt sich beim ebenen Dreieck der dritte Winkel aus der Winkelsumme von 180°. Aus drei gegebenen Winkeln läßt sich beim ebenen Dreieck keine Seite berechnen, da sich damit unendlich viele, einander ähnliche Dreiecke ergeben.

5. Polarer Sinus–Kosinussatz

$$\sin\alpha\cos b = \cos\beta\sin\gamma + \sin\beta\cos\gamma\cos a, \quad (3.165a)$$

$$\sin\alpha\cos c = \cos\gamma\sin\beta + \sin\gamma\cos\beta\cos a. \quad (3.165b)$$

Vier weitere Gleichungen können durch zyklische Vertauschung gewonnen werden **(Abb.3.26)**. Wie der Winkel–Kosinussatz werden auch die Formeln des Polaren Sinus–Kosinussatzes weniger zur unmnittelbaren Dreiecksberechnung verwendet, als vielmehr zur Herleitung weiterer Formeln.

6. Halbwinkelsatz

Zur Berechnung eines Winkels eines sphärischen Dreiecks aus seinen drei Seiten kann der Seiten–Kosinussatz verwendet werden. Der Halbwinkelsatz bietet in Analogie zum Halbwinkelsatz der ebenen Trigonometrie die Möglichkeit, den Winkel aus der numerisch günstigeren Tangensfunktion zu berechnen.

$$\tan\frac{\alpha}{2} = \sqrt{\frac{\sin(s-b)\sin(s-c)}{\sin s\sin(s-a)}}, \quad (3.166a) \qquad \tan\frac{\beta}{2} = \sqrt{\frac{\sin(s-c)\sin(s-a)}{\sin s\sin(s-b)}}, \quad (3.166b)$$

$$\tan\frac{\gamma}{2} = \sqrt{\frac{\sin(s-a)\sin(s-b)}{\sin s\sin(s-c)}}\,. \quad (3.166c)$$

Wenn aus drei Seiten eines sphärischen Dreiecks alle drei Winkel zu berechnen sind, kann die folgende Berechnung günstiger sein:

$$k = \sqrt{\frac{\sin(s-a)\sin(s-b)\sin(s-c)}{\sin s}}, \quad (3.167a) \qquad s = \frac{a+b+c}{2}, \quad (3.167b)$$

$$\tan\frac{\alpha}{2} = \frac{k}{\sin(s-a)}, \quad (3.167c) \quad \tan\frac{\beta}{2} = \frac{k}{\sin(s-b)}, \quad (3.167d) \quad \tan\frac{\gamma}{2} = \frac{k}{\sin(s-c)}, \quad (3.167e)$$

7. Halbseitensatz

Mit dem Halbseitensatz kann die Aufgabe, aus den drei Winkeln des sphärischen Dreiecks eine Seite oder alle drei Seiten zu berechnen, gelöst werden:

$$\cot\frac{a}{2} = \sqrt{\frac{\cos(\sigma-\beta)\cos(\sigma-\gamma)}{-\cos\sigma\cos(\sigma-\alpha)}}, \quad (3.168a) \qquad \cot\frac{b}{2} = \sqrt{\frac{\cos(\sigma-\gamma)\cos(\sigma-\alpha)}{-\cos\sigma\cos(\sigma-\beta)}}, \quad (3.168b)$$

$$\cot\frac{c}{2} = \sqrt{\frac{\cos(\sigma-\alpha)\cos(\sigma-\beta)}{-\cos\sigma\cos(\sigma-\gamma)}}, \quad (3.168c)$$

oder

$$k' = \sqrt{\frac{\cos(\sigma-\alpha)\cos(\sigma-\beta)\cos(\sigma-\gamma)}{-\cos\sigma}}\,, \quad (3.168d) \qquad \sigma = \frac{\alpha+\beta+\gamma}{2}\,, \quad (3.168e)$$

$$\cot\frac{a}{2} = \frac{k'}{\cos(\sigma-\alpha)}\,, (3.168f) \qquad \cot\frac{b}{2} = \frac{k'}{\cos(\sigma-\beta)}\,, (3.168g) \qquad \cot\frac{c}{2} = \frac{k'}{\cos(\sigma-\gamma)}\,. (3.168h)$$

Für die Winkelsumme des sphärischen Dreiecks gilt gemäß (3.158):

$$180° < 2\sigma < 540° \quad \text{oder} \quad 90° < \sigma < 270°\,, \tag{3.169}$$

so daß stets $\cos\sigma < 0$ sein muß. Außerdem sind wegen der Festlegungen über EULERsche Dreiecke alle vorkommenden Wurzeln reell.

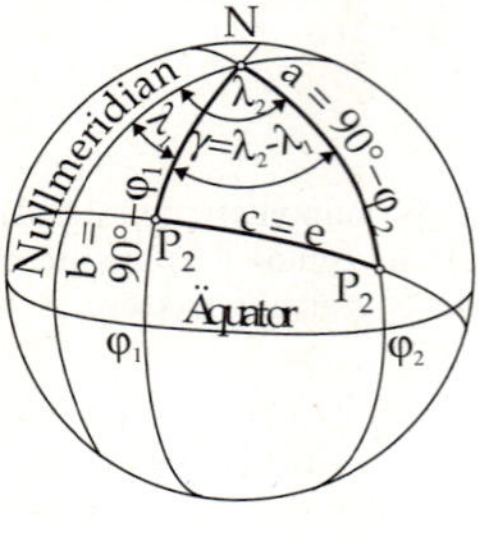

Abbildung 3.86

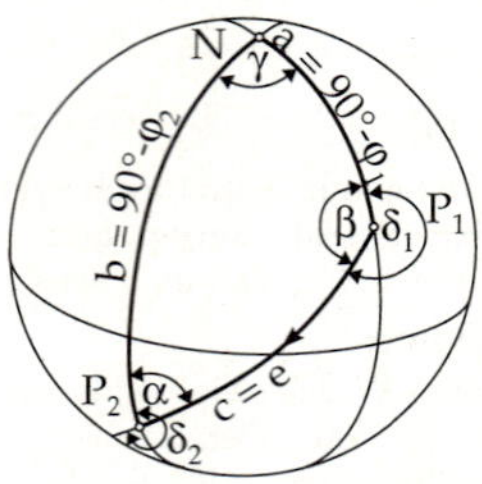

Abbildung 3.87

8. Anwendungen

Mit Hilfe der angegebenen Grundformeln können z. B. Entfernungen und Azimute (Kurswinkel) auf der Erde bestimmt werden.

■ **A:** Es ist die kürzeste Entfernung zwischen Dresden ($\lambda_1 = 13°46'$ ö.L., $\varphi_1 = 51°16'$ n.Br.) und Alma Ata ($\lambda_2 = 76°55'$ ö.L., $\varphi_2 = 43°18'$ n.Br.) zu berechnen.

Lösung: Die geographischen Koordinaten (λ_1, φ_1), und (λ_2, φ_2) und der Nordpol N **(Abb.3.86)** liefern zwei auf Meridianen liegende Seiten $a = 90° - \varphi_2$ und $b = 90° - \varphi_1$ des Dreiecks P_1P_2N sowie den eingeschlossenen Winkel $\gamma = \lambda_2 - \lambda_1$. Für $c = e$ folgt aus dem Kosinussatz (3.162a)

$$\cos c = (\cos a \cos b + \sin a \sin b \cos c),$$

$$\cos e = \cos(90° - \varphi_1)\cos(90° - \varphi_2) + \sin(90° - \varphi_1)\sin(90° - \varphi_2)\cos(\lambda_2 - \lambda_1)$$
$$= \sin\varphi_1 \sin\varphi_2 + \cos\varphi_1 \cos\varphi_2 \cos(\lambda_2 - \lambda_1)\,, \tag{3.170}$$

also $\cos e = 0,53498 + 0,20567 = 0,74065, e = 42°12,8'$. Der Großkreisabschnitt P_1P_2 hat gemäß (3.150a) die Länge 4694 km. Liegen P_1, P_2 auf der südlichen Halbkugel, dann sind wegen der südlichen Breite negative Vorzeichen einzusetzen. Die geographischen Längen erhalten für östliche Länge das positive Vorzeichen, für westliche Länge das negative.

■ **B:** Berechnung der Kurswinkel δ_1 und δ_2 bei Abfahrt und Ankunft sowie Entfernung in Seemeilen für eine Schiffsreise auf einem Großkreis von Bombay ($\lambda_1 = 72°48'$ ö.L., $\varphi_1 = 19°00'$ n.Br.) nach Dar es Saalam ($\lambda_2 = 39°\,28'$ ö.L.$\varphi_2 = 6°49'$ s.Br.).

Lösung: Berechnung der zwei Seiten $a = 90° - \varphi_1 = 71°00', b = 90° - \varphi_2 = 96°49'$ sowie des eingeschlossenen Winkels $\gamma = \lambda_1 - \lambda_2 = 33°20'$ im spärischen Dreieck P_1P_2N mit den geographischen Koordinaten $(\lambda_1, \varphi_1), (\lambda_2, \varphi_2)$ **(Abb.3.87)**: Der Kosinussatz (3.162c) liefert P_1P_2 gemäß $\cos c = \cos e = \cos a \cos b + \sin a \sin b \cos\gamma = -0,03864 + 0,78438 = 074574, e = 41°47'$ und da $1' \mathrel{\hat{=}} 1$ sm ist $P_1P_2 = 2507$ sm.

Für die Dreieckswinkel α, β liefert der Sinussatz (3.161a) bis (3.161c) wegen der Sinusfunktion je zwei Winkel: $\dfrac{\sin a \sin\gamma}{\sin c} = 0,77986, \alpha_1 = 51°15', \alpha_2 = 128°45'$ **(A.1)**, $\sin\beta = \dfrac{\sin b \sin\gamma}{\sin c} = 0,81897, \beta_1 =$

$54°59', \beta_2 = 125°01'$ **(A.2)**.

Entscheidung über die zu verwendenden Winkel gemäß Kosinussatz: $\cos\alpha = \frac{\cos a - \cos b \cos c}{\sin b \sin c}$ **(A.3)**; für $\cos\alpha > 0$ bzw. $\cos\alpha < 0$ liegt α im I. bzw. II. Quadranten; da $\sin b \sin c$ stets positiv ist, reicht es aus, den Zähler in **(A.3)** zu berechnen, und zwar nur so genau, wie es die Bestimmung des Vorzeichens erfordert: $\cos a - \cos b \cos c = 0,41 > 0$, d. h. $\cos\alpha > 0$. Somit ist der im I. Quadranten liegende Winkel $\alpha = \alpha_1$ zu wählen: $\alpha = 51°15'$.
Für β ergibt sich analog: Wegen $b > c$ ist $\beta > \gamma$, so daß β_1 und β_2 möglich sind. Die 2. Gleichung des Seitenkosinussatzes (3.162a) liefert $\cos\beta = \frac{\cos b - \cos c \cos a}{\sin c \sin a}$, $\cos b - \cos c \cos a = -0,36 < 0$. Wegen $\cos\beta < 0$ ist β_2 zu wählen: $\beta = 125°01'$. Somit ist $\delta_1 = 360° - \beta = 234°59'$ und $\delta_2 = 180° + \alpha = 231°15'$.

3.4.2.3 Weitere Formeln

1. DELAMBREsche Gleichungen

In Analogie zu den MOLLWEIDEschen Formeln der ebenen Trigonometrie sind von DELAMBRE die entsprechenden Formeln für sphärische Dreiecke angegeben worden.

$$\frac{\cos\frac{\alpha-\beta}{2}}{\sin\frac{\gamma}{2}} = \frac{\sin\frac{a+b}{2}}{\sin\frac{c}{2}}, \quad (3.171a) \qquad \frac{\sin\frac{\alpha-\beta}{2}}{\cos\frac{\gamma}{2}} = \frac{\sin\frac{a-b}{2}}{\sin\frac{c}{2}}, \quad (3.171b)$$

$$\frac{\cos\frac{\alpha+\beta}{2}}{\sin\frac{\gamma}{2}} = \frac{\cos\frac{a+b}{2}}{\cos\frac{c}{2}}, \quad (3.171c) \qquad \frac{\sin\frac{\alpha+\beta}{2}}{\cos\frac{\gamma}{2}} = \frac{\cos\frac{a-b}{2}}{\cos\frac{c}{2}}, \quad (3.171d)$$

Da bei Anwendung der zyklischen Vertauschung jede Gleichung zwei weitere ergibt, sind insgesamt 12 DELAMBREsche Gleichungen möglich.

2. NEPERsche Gleichungen und Tangenssatz

$$\tan\frac{\alpha-\beta}{2} = \frac{\sin\frac{a-b}{2}}{\sin\frac{a+b}{2}}\cot\frac{\gamma}{2}, \quad (3.172a) \qquad \tan\frac{\alpha+\beta}{2} = \frac{\cos\frac{a-b}{2}}{\cos\frac{a+b}{2}}\cot\frac{\gamma}{2}, \quad (3.172b)$$

$$\tan\frac{a-b}{2} = \frac{\sin\frac{\alpha-\beta}{2}}{\sin\frac{\alpha+\beta}{2}}\tan\frac{c}{2}, \quad (3.172c) \qquad \tan\frac{a+b}{2} = \frac{\cos\frac{\alpha-\beta}{2}}{\cos\frac{\alpha+\beta}{2}}\tan\frac{c}{2}, \quad (3.172d)$$

Diese Gleichungen heißen auch NEPERsche Analogien. Aus ihnen werden die zum Tangenssatz der ebenen Trigonometrie analogen Formeln hergeleitet.

$$\frac{\tan\frac{a-b}{2}}{\tan\frac{a+b}{2}} = \frac{\tan\frac{\alpha-\beta}{2}}{\tan\frac{\alpha+\beta}{2}}, \quad (3.173a) \qquad \frac{\tan\frac{b-c}{2}}{\tan\frac{b+c}{2}} = \frac{\tan\frac{\beta-\gamma}{2}}{\tan\frac{\beta+\gamma}{2}}, \quad (3.173b)$$

$$\frac{\tan\frac{c-a}{2}}{\tan\frac{c+a}{2}} = \frac{\tan\frac{\gamma-\alpha}{2}}{\tan\frac{\gamma+\alpha}{2}}. \quad (3.173c)$$

3. L'HUILIERsche Gleichungen

Die Berechnung der Fläche eines sphärischen Dreiecks aus seinen drei Seiten kann gemäß (3.167a) bis (3.167e) erfolgen, indem zunächst die Winkel und danach der sphärische Exzeß berechnet werden. Die L'HUILIERsche Gleichung ermöglicht jedoch die unmittelbare Berechnung von ϵ aus den Seiten:

$$\tan\frac{\epsilon}{4} = \sqrt{\tan\frac{s}{2}\tan\frac{s-a}{2}\tan\frac{s-b}{2}\tan\frac{s-c}{2}}\,. \tag{3.174}$$

Die Gleichung entspricht der HERONischen Flächenformel der ebenen Trigonometrie.

3.4.3 Berechnung sphärischer Dreiecke

3.4.3.1 Grundaufgaben, Genauigkeitsbetrachtungen

Die verschiedenen Fälle, die bei der Berechnung sphärischer Dreiecke auftreten können, werden in sogenannte Grundaufgaben eingeordnet. Für jede Grundaufgabe des schiefwinklig sphärischen Dreiecks sind mehrere Lösungswege möglich, je nachdem, ob die Lösung nur mit den Grundformeln (3.161a) bis (3.165b) oder auch mit den Formeln (3.166a) bis (3.174) erfolgt und ob nur eine Größe im Dreieck oder mehrere Größen gesucht sind.
Formeln, die die Tangensfunktion enthalten, liefern numerisch genauere Ergebnisse, besonders im Vergleich zur Berechnung eines Bestimmungsstückes aus der Sinusfunktion, wenn dessen Wert in der Nähe von 90° liegt, und aus der Kosinusfunktion, wenn der Wert des Bestimmungsstückes in der Nähe von 0° oder 180° liegt. Für EULERsche Dreiecke ergeben sich außerdem die aus der Sinusfunktion berechneten Stücke zweideutig, da die Sinusfunktion in den beiden ersten Quadranten positiv ist, während die aus den übrigen Funktionen berechneten Stücke eindeutig erhalten werden.

3.4.3.2 Rechtwinklig sphärisches Dreieck

1. Spezielle Formeln

Im rechtwinklig sphärischen Dreieck ist einer der drei Winkel gleich 90°. Die Seiten und Winkel werden analog zum ebenen rechtwinkligen Dreieck bezeichnet. Wenn wie in **Abb.3.88** γ ein rechter Winkel ist, dann heißt die Seite c Hypotenuse, a und b heißen Katheten und α und β sind die Kathetenwinkel. Aus den Gleichungen (3.161a) bis (3.174) folgt für $\gamma = 90°$:

$$\sin a = \sin\alpha\sin c \quad (3.175a) \qquad \sin b = \sin\beta\sin c \quad (3.175b)$$

$$\cos c = \cos a\cos b \quad (3.175c) \qquad \cos c = \cot\alpha\cot\beta \quad (3.175d)$$

$$\tan a = \cos\beta\tan c \quad (3.175e) \qquad \tan b = \cos\alpha\tan c \quad (3.175f)$$

$$\tan b = \sin a\tan\beta \quad (3.175g) \qquad \tan a = \sin b\tan\alpha \quad (3.175h)$$

$$\cos\alpha = \sin\beta\cos a \quad (3.175i) \qquad \cos\beta = \sin\alpha\cos b \quad (3.175j)$$

Treten bei bestimmten Aufgaben andere Seiten und Winkel auf, z. B. anstelle von α, β, γ die Größen

Abbildung 3.88

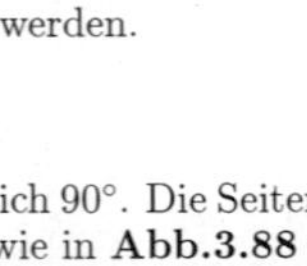

Abbildung 3.89

b, γ, α, dann können die erforderlichen Gleichungen durch zyklische Vertauschung gewonnen werden. Für Berechnungen in rechtwinklig sphärischen Dreiecken geht man im allgemeinen von 3 gegebenen Größen aus, dem Winkel $\gamma = 90°$ und zwei weiteren Stücken. Es ergeben sich dann 6 Grundaufgaben, die in **Tabelle 3.5** zusammengestellt sind.

Tabelle 3.5 Bestimmungsgrößen sphärischer rechtwinkliger Dreiecke

Grund-aufgabe	Gegebene Bestimmungsgrößen	Nummern der Formeln zur Bestimmung der übrigen Größen
1.	Hypotenuse und eine Kathete c, a	α (3.175a), β (3.175e), b (3.175c)
2.	Zwei Katheten a, b	α (3.175h), β (3.175g), c (3.175c)
3.	Hypotenuse und ein Winkel c, α	a (3.175a), b (3.175f), β (3.175d)
4.	Kathete und der anliegende Winkel a, β	c (3.175e), b (3.175j), α (3.175i)
5.	Kathete und der gegenüberliegende Winkel a, α	b (3.175h), c (3.175a), β (3.175i)
6.	Zwei Winkel α, β	a (3.175i), b (3.175j), c (3.175d)

2. NEPERsche Regel

Die NEPERsche Regel faßt die Gleichungen (3.175a) bis (3.175j) zusammen. Wenn die 5 Elemente eines rechtwinklig sphärischen Dreiecks ohne Berücksichtigung des rechten Winkels in einem Kreis in der gleichen Reihenfolge angeordnet werden wie im Dreieck und wenn dabei die Katheten a, b durch ihre Komplementwinkel $90° - a$ und $90° - b$ ersetzt werden **(Abb.3.89)**, dann gilt:

1. Der Kosinus jedes Bestimmungsstücks ist gleich dem Produkt der Kotangensfunktionen seiner beiden anliegenden Bestimmungsstücke.

2. Der Kosinus jedes Bestimmungsstücks ist gleich dem Produkt aus den Sinus der nicht anliegenden Bestimmungsstücke.

■ **A:** $\cos\alpha = \cot(90° - b)\cot c = \dfrac{\tan b}{\tan c}$ (s.(3.175a);

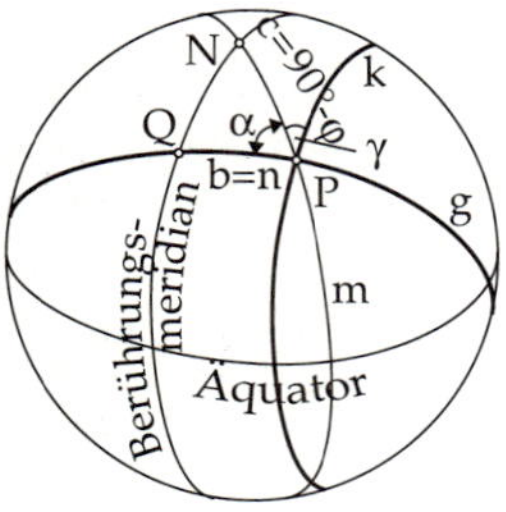

a)

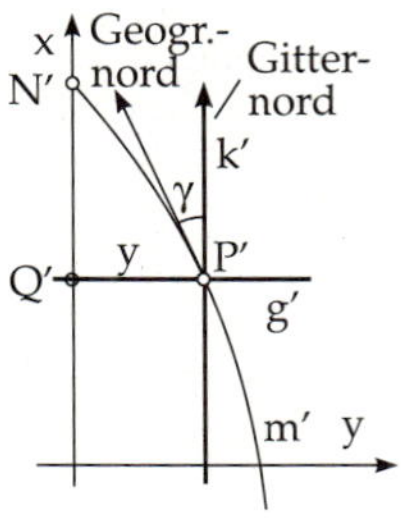

b)

Abbildung 3.90

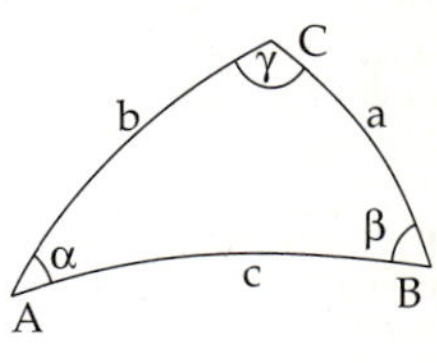

Abbildung 3.91

■ **B:** $\cos(90° - a) = \sin c \sin\alpha = \sin a$ (s.3.175f).

■ **C:** Das Gradnetz einer Kugel ist auf einen Zylinder abzubilden, der die Kugel in einem Meridian berührt. Der Berührungsmeridian und der Äquator bilden die Achsen eines GAUSS–KRÜGER–Systems **(Abb.3.90a,b)**.

Lösung: Ein Punkt P der Kugeloberfläche wird zu P' der Ebene. Der Großkreis g durch P senkrecht zum Berührungsmeridian bildet sich als Gerade g' senkrecht zur x-Achse und der Kleinkreis k durch P parallel zum Berührungsmeridian als Gerade k' parallel zur x-Achse ab. Der Meridian m durch P hat als Bild keine Gerade, sondern eine Kurve m'. Die nach oben zeigende Richtung der Tangente von m' in P gibt die *geographische Nordrichtung* an, die nach oben zeigende Richtung von k' die *geodätische Nordrichtung* . Der Winkel γ zwischen beiden Nordrichtungen heißt *Meridiankonvergenz.*
Im rechtwinklig sphärischen Dreieck QPN mit $c = 90° - \varphi$, und $b = \eta$ ergibt sich γ aus $\alpha = 90° - \gamma$.
Nach der NEPERschen Regel ist $\cos\alpha = \dfrac{\tan b}{\tan c}$ oder $\cos(90° - \gamma) = \dfrac{\tan\eta}{\tan(90° - \varphi)}$, $\sin\gamma = \tan\eta\tan\varphi$.
Da γ und η meist klein sind, folgt mit $\sin\gamma \approx \gamma, \tan\eta \approx \eta$ daraus $\gamma = \eta\tan\varphi$. Die Längenverzerrung γ dieses Zylinderentwurfes ist bei kleinen Abständen η gering, und es kann $\eta = \dfrac{y}{R}$ gesetzt werden, wobei y der Rechtswert von P ist. Man erhält $\gamma = \dfrac{y}{R}\tan\varphi$. Die Umrechnung von γ aus dem Bogen- ins Gradmaß ergibt für $\varphi = 50°, y = 100$ km eine Meridiankonvergenz von $\gamma = 0,018706$ und $\gamma = 1°04'19''$.

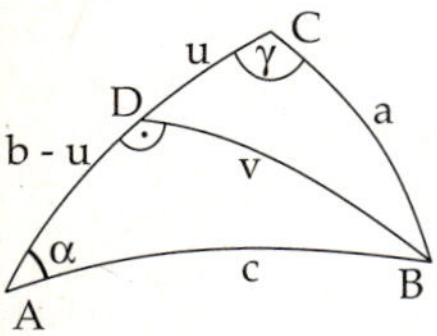

Abbildung 3.92

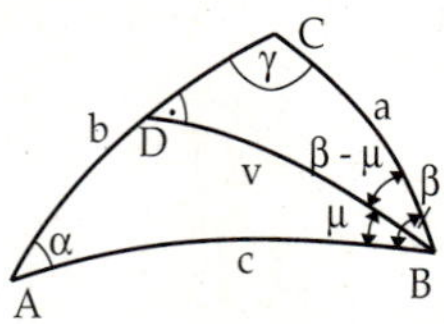

Abbildung 3.93

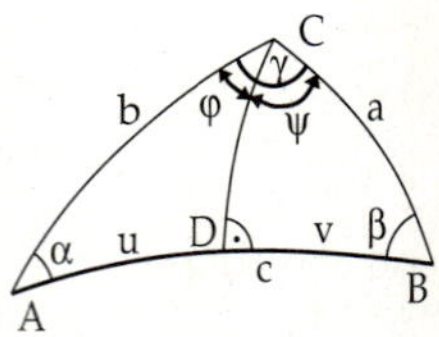

Abbildung 3.94

3.4.3.3 Schiefwinklig sphärisches Dreieck

Bei 3 gegebenen Stücken unterscheidet man wie im Falle der rechtwinklig sphärischen Dreiecke 6 Grundaufgaben. Die Bezeichnungen für die Winkel sind α, β, γ und a, b, c für die ihnen gegenüberliegenden Seiten **(Abb.3.91)**. In den **Tabellen 3.6, 3.7 und 3.8** ist zusammenfassend dargestellt, mit welchen Formeln welche Bestimmungsstücke im Rahmen der 6 Grundaufgaben über verschiedene Lösungswege bestimmt werden können. Die Lösung der 3., 4., 5. und 6. Grundaufgabe kann auch durch Zerlegung des vorliegenden schiefwinklig sphärischen Dreiecks in zwei rechtwinklig sphärische Dreiecke herbeigeführt werden. Dazu wird für die 3. und 4. Grundaufgabe **(Abb.3.92, Abb.3.93)** von B das *sphärische Lot* auf AC bis D gefällt und für die 5. und 6. Grundaufgabe **(Abb.3.94)** von C auf AB bis D. Im Spaltenkopf der **Tabellen3.6, 3.7 und 3.8** sind die für die jeweilige Grundaufgabe gegebenen Seiten und Winkel mit S bzw. W gekennzeichnet. So bedeutet z. B. SWS: Zwei Seiten und der eingeschlossene Winkel sind gegeben.

■ **A:** Eine dreiseitige Pyramide hat die Grundfläche ABC und die Spitze S **(Abb.3.95)**. Die Seitenflächen ABS und BCS schneiden sich unter $74°18'$, BCS und CAS unter $63°40'$ und CAS und ABS unter $80°00'$. Wie groß sind die Winkel, unter denen sich je zwei der Kanten AS, BS und CS schneiden?

Lösung: Aus einer Kugelfläche um die Spitze S der Pyramide schneidet das Dreikant **(Abb.3.95)** ein sphärisches Dreieck mit den Seiten a, b, c aus. Die Winkel zwischen den Seitenflächen sind die Winkel des sphärischen Dreiecks, die gesuchten Winkel zwischen den Kanten sind seine Seiten. Die Bestimmung der Winkel a, b, c entspricht der 2. Grundaufgabe. Die 2. Lösung in **Tabelle 3.6** liefert:
$\sigma = 108°59'$, $\sigma - \alpha = 28°59'$, $\sigma - \beta = 34°41'$, $\sigma - \gamma = 45°19'$, $k' = 1,246983$, $\cot\dfrac{a}{2} = 1,425514$, $\cot\dfrac{b}{2} = 1,516440$, $\cot\dfrac{c}{2} = 1,773328$.

Tabelle 3.6 Grundaufgaben 1 bis 3 für sphärische schiefwinklige Dreiecke

<table>
<tr><td>1. Grundaufgabe
geg.: 3 Seiten a, b, c SSS</td><td>2. Grundaufgabe
geg.: 3 Winkel α, β, γ WWW</td></tr>
<tr><td>$0^\circ < a+b+c < 360^\circ$
$a+b>c,\ a+c>b,\ b+c>a$</td><td>$180^\circ < \alpha+\beta+\gamma < 540^\circ$
$\alpha+\beta < 180^\circ+\gamma; \alpha+\gamma < 180^\circ+\beta$
$\beta+\gamma < 180^\circ+\alpha$</td></tr>
<tr><td>1. Lösung: gesucht: α
$\cos\alpha = \dfrac{\cos a - \cos b\cos c}{\sin b\sin c}$ oder
$\tan\dfrac{\alpha}{2} = \sqrt{\dfrac{\sin(s-b)\sin(s-c)}{\sin s\sin(s-a)}}$
$s = \dfrac{a+b+c}{2}$
2. Lösung: gesucht: α, β, γ
$k = \sqrt{\dfrac{\sin(s-a)\sin(s-b)\sin(s-c)}{\sin s}}$
$\tan\dfrac{\alpha}{2} = \dfrac{k}{\sin(s-a)}$
$\tan\dfrac{\beta}{2} = \dfrac{k}{\sin(s-b)}$
$\tan\dfrac{\gamma}{2} = \dfrac{k}{\sin(s-c)}$
Proben: $(s-a)+(s-b)+(s-c) = s$
$\tan\dfrac{\alpha}{2}\tan\dfrac{\beta}{2}\tan\dfrac{\gamma}{2}\sin s = k$</td><td>1. Lösung: gesucht: a
$\cos a = \dfrac{\cos\alpha + \cos\beta\cos\gamma}{\sin\beta\sin\gamma}$ oder
$\cot\dfrac{a}{2} = \sqrt{\dfrac{\cos(\sigma-\beta)\cos(\sigma-\gamma)}{-\cos\sigma\cos(\sigma-\alpha)}}$
$\sigma = \dfrac{\alpha+\beta+\gamma}{2}$
2. Lösung: gesucht: a, b, c
$k' = \sqrt{\dfrac{\cos(\sigma-\alpha)\cos(\sigma-\beta)\cos(\sigma-\gamma)}{-\cos\sigma}}$
$\cot\dfrac{a}{2} = \dfrac{k'}{\cos(\sigma-\alpha)}$
$\cot\dfrac{b}{2} = \dfrac{k'}{\cos(\sigma-\beta)}$
$\cot\dfrac{c}{2} = \dfrac{k'}{\cos(\sigma-\gamma)}$
Proben: $(\sigma-\alpha)+(\sigma-\beta)+(\sigma-\gamma) = \sigma$
$\cot\dfrac{a}{2}\cot\dfrac{b}{2}\cot\dfrac{c}{2}(-\cos\sigma) = k'$</td></tr>
<tr><td colspan="2">3. Grundaufgabe
geg.: 2 Seiten und der eingeschlossene Winkel, z. B. a, b, γ SWS</td></tr>
<tr><td colspan="2">keine Bedingung</td></tr>
<tr><td>1. Lösung: gesucht: c bzw. c und α
$\cos c = \cos a\cos b + \sin a\sin b\cos\gamma$
$\sin\alpha = \dfrac{\sin a\sin\gamma}{\sin c}$
α kann im I. oder II. Quadranten liegen. Entscheidung durch Satz: Der größeren Seite liegt der größere Winkel gegenüber oder Kontrollrechnung:
$\cos a - \cos b\cos c \gtrless 0 \rightarrow$ α im I.Q. / α im II.Q.
2.Lösung: gesucht: α bzw. α und c
$\tan u = \tan a\cos\gamma$
$\tan\alpha = \dfrac{\tan\gamma\sin u}{\sin(b-u)}$
$\tan c = \dfrac{\tan(b-u)}{\cos\alpha}$
3. Lösung: gesucht: α und(oder) β
$\tan\dfrac{\alpha+\beta}{2} = \dfrac{\cos\frac{a-b}{2}}{\cos\frac{a+b}{2}}\cot\dfrac{\gamma}{2}$</td><td>$\tan\dfrac{\alpha-\beta}{2} = \dfrac{\sin\frac{a-b}{2}}{\sin\frac{a+b}{2}}\cot\dfrac{\gamma}{2}$
$\left(-90^\circ < \dfrac{\alpha-\beta}{2} < 90^\circ\right)$
$\alpha = \dfrac{\alpha+\beta}{2} + \dfrac{\alpha-\beta}{2} \quad \beta = \dfrac{\alpha+\beta}{2} - \dfrac{\alpha-\beta}{2}$
4.Lösung: gesucht: α, β, c
$\tan\dfrac{\alpha+\beta}{2} = \dfrac{\cos\frac{a-b}{2}\cos\frac{\gamma}{2}}{\cos\frac{a+b}{2}\sin\frac{\gamma}{2}} = \dfrac{Z}{N}$
$\tan\dfrac{\alpha-\beta}{2} = \dfrac{\sin\frac{a-b}{2}\cos\frac{\gamma}{2}}{\sin\frac{a+b}{2}\sin\frac{\gamma}{2}} = \dfrac{Z'}{N'}$
$\left(-90^\circ < \dfrac{\alpha+\beta}{2} < 90^\circ\right)$
$\alpha = \dfrac{\alpha+\beta}{2} + \dfrac{\alpha-\beta}{2} \quad \beta = \dfrac{\alpha+\beta}{2} - \dfrac{\alpha-\beta}{2}$
$\cos\dfrac{c}{2} = \dfrac{Z}{\sin\frac{\alpha+\beta}{2}} \quad \sin\dfrac{c}{2} = \dfrac{Z'}{\sin\frac{\alpha-\beta}{2}}$
Probe: doppelte Berechnung von c</td></tr>
</table>

Tabelle 3.7 Grundaufgabe 4 für sprärisch schiefwinklige Dreiecke

4. Grundaufgabe geg.: 1 Seite und die zwei anliegenden Winkel, z. B. α, β, c WSW	
keine Bedingung	
1. Lösung: gesucht: γ bzw. γ und a $\cos\gamma = -\cos\alpha\cos\beta + \sin\alpha\sin\beta\cos c$ $\sin a = \frac{\sin c \sin\alpha}{\sin\gamma}$ a kann im I. oder II. Quadranten liegen. Entscheidung durch Satz: Dem größeren Winkel liegt die größere Seite gegenüber oder Kontrollrechnung: $\cos\alpha + \cos\beta\cos\gamma \gtrless 0 \rightarrow \begin{matrix} \alpha \text{ im I.Q.} \\ \alpha \text{ im II.Q.} \end{matrix}$ 2. Lösung gesucht: a bzw. a und γ $\cot\mu = \tan\alpha\cos c$ $\tan a = \frac{\tan c\cos\mu}{\cos(\beta-\mu)}$ $\tan\gamma = \frac{\cot(\beta-\mu)}{\cos a}$ 3. Lösung gesucht: a und (oder) b $\tan\frac{a+b}{2} = \frac{\cos\frac{\alpha-\beta}{2}}{\cos\frac{\alpha+\beta}{2}}\tan\frac{c}{2}$	$\tan\frac{a-b}{2} = \frac{\sin\frac{\alpha-\beta}{2}}{\sin\frac{\alpha+\beta}{2}}\tan\frac{c}{2}$ $(-90^\circ < \frac{a-b}{2} < 90^\circ)$ $a = \frac{a+b}{2} + \frac{a-b}{2} \quad b = \frac{a+b}{2} - \frac{a-b}{2}$ 4. Lösung: gesucht: a, b, γ $\tan\frac{a+b}{2} = \frac{\cos\frac{\alpha-\beta}{2}\sin\frac{c}{2}}{\cos\frac{\alpha+\beta}{2}\cos\frac{c}{2}} = \frac{Z}{N}$ $\tan\frac{a-b}{2} = \frac{\sin\frac{\alpha-\beta}{2}\sin\frac{c}{2}}{\sin\frac{\alpha+\beta}{2}\cos\frac{c}{2}} = \frac{Z'}{N'}$ $(90^\circ < \frac{a-b}{2} < 90^\circ)$ $a = \frac{a+b}{2} + \frac{a-b}{2} \quad b = \frac{a+b}{2} - \frac{a-b}{2}$ $\sin\frac{\gamma}{2} = \frac{Z}{\sin\frac{a+b}{2}} \quad \cos\frac{\gamma}{2} = \frac{Z'}{\sin\frac{a-b}{2}}$ Probe: doppelte Berechnung von γ

■ **B Funkpeilung:** Durch Funkpeilung von zwei festen Stationen $P_1(\lambda_1, \varphi_1)$ und $P_2(\lambda_2, \varphi_2)$ wurden die Azimute δ_1 und δ_2 der von einem Schiff ausgesandten Funkwellen gepeilt **(Abb.3.96)**. Gesucht sind die geographischen Koordinaten des Standortes P_0 des Schiffes. Die in der *Nautik* unter dem Namen *Fremdpeilung* bekannte Aufgabe stellt einen *Vorwärtseinschnitt auf der Kugel* dar und wird ähnlich dem Vorwärtseinschnitt in der Ebene gelöst (s.121).

1. Berechnung im Dreieck P_1P_2N: Im Dreieck P_1P_2N sind die Seiten $P_1N = 90^\circ - \varphi_1$, $P_2N = 90^\circ - \varphi_2$ und der Winkel $< P_1NP_2 = \lambda_2 - \lambda_1 = \Delta\lambda$ gegeben. Berechnung der Winkel ϵ_1, ϵ_2 und der Strecke $P_1P_2 = e$ gemäß 3. Grundaufgabe.

2. Berechnung im Dreieck $P_1P_2P_0$: Da $\xi_1 = \delta_1 - \epsilon_1$, $\xi_2 = 360^\circ - (\delta_2 + \epsilon_2)$, sind in $P_1P_0P_2$ die Seite e und die anliegenden Winkel ξ_1 und ξ_2 bekannt. Berechnung der Seiten e_1 und e_2 gemäß 4. Grundaufgabe, 3. Lösung. Die Koordinaten des Punktes P_0 sind aus dem Azimut und der Entfernung gegen P_1 oder P_2, also doppelt berechenbar.

3. Berechnung im Dreieck NP_1P_0: Im Dreieck NP_1P_0 sind die zwei Seiten $NP_1 = 90^\circ - \varphi_1$, $P_1P_0 = e_1$ und der eingeschlossene Winkel δ_1 gegeben. Nach der 3. Grundaufgabe, 1. Lösung, werden die Seiten $NP_0 = 90^\circ - \varphi_0$ und der Winkel $\Delta\lambda_1$ berechnet. Zur Kontrolle werden im Dreieck NP_0P_2 ein zweites Mal $NP_0 = 90^\circ - \varphi_0$ und der Winkel $\Delta\lambda_2$ berechnet. Damit sind die Länge $\lambda_0 = \lambda_1 + \Delta\lambda_1 = \lambda_2 - \Delta\lambda_2$ und die Breite φ_0 des Punktes P_0 bekannt.

3.4.3.4 Orthodrome und Loxodrome

Ein wichtiges Einsatzgebiet der sphärischen Trigonometrie ist die *Navigation.* Eine Aufgabe ist die Wahl von Kurswinkeln, die optimale Wegstrecken ermöglichen. Optimierungsgrößen sind Weglänge und *Kurswinkel.* Der Kurswinkel α ist positiv östlich und negativ westlich von den Meridianen.

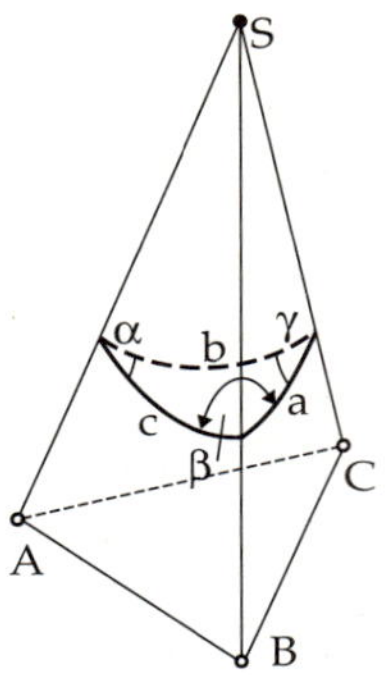

Abbildung 3.95

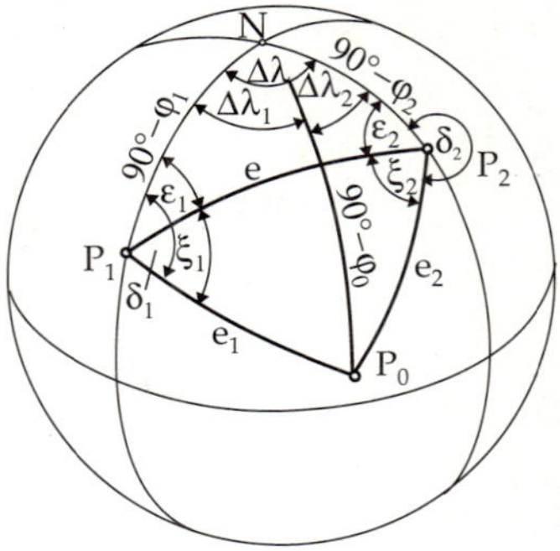

Abbildung 3.96

1. Orthodrome heißt in der Navigation die kürzeste Verbindung zwischen zwei Punkten A und B auf der Erdkugel (ein Großkreis). Bewegung auf Orthodromen in östlicher oder westlicher Richtung ist – den Äquator ausgenommen – mit der Notwendigkeit einer ständigen Kursänderung verbunden.

2. Loxodrome Eine Kurve, die die Meridiane unter konstantem Kurswinkel schneidet, heißt *Loxodrome.* Breitenkreise sind Loxodrome für den Kurswinkel $\alpha = 90°$, Meridiane für $\alpha = 0°$. Für beliebige Kurswinkel α, geographische Breite φ und geographische Länge λ wird die Loxodrome durch eine transzendente Gleichung beschrieben. Für gegebene geographische Koordinaten des Abfahrtsortes $A(\varphi_A, \lambda_A)$ und des Zielortes (*gegißter Ort*) $B(\varphi_B, \lambda_B)$ lautet die Gleichung der Loxodrome mit variablem Zielpunkt B :

$$\lambda_B(\varphi_B) = \lambda_A + \tan\alpha \ln \frac{\tan(\frac{\varphi_B}{2} + \frac{\pi}{4})}{\tan(\frac{\varphi_A}{2} + \frac{\pi}{4})}, \quad (\alpha \neq \pm\frac{\pi}{2}) \tag{3.176a}$$

$$\lambda_B = \lambda_A\,, \quad (\alpha = \frac{\pi}{2}). \tag{3.176b}$$

In Abhängigkeit von der Entfernung $l_{A,B} = Rs_{A,B}$ auf der Loxodrome gilt:

$$\lambda_B = \lambda_A + \frac{s_{A,B}\sin\alpha}{\cos\dfrac{\varphi_A + \varphi_B}{2}}, \tag{3.177a}$$

$$\varphi_B = \varphi_A + s_{A,B}\cos\alpha, \tag{3.177b}$$

Für den Kurswinkel α sind bei gegebenen geographischen Koordinaten zwei Fälle zu unterscheiden:

1. $\varphi_A \neq \varphi_B$

$$\alpha = \arctan \frac{\lambda_B - \lambda_A}{\ln\dfrac{\tan(\dfrac{\varphi_B}{2} + \dfrac{\pi}{4})}{\tan(\dfrac{\varphi_A}{2} + \dfrac{\pi}{4})}} + \operatorname{sgn}(\lambda_B - \lambda_A)\,(1 - \operatorname{sgn}(\varphi_B - \varphi_A))\,\frac{\pi}{2}\,, \tag{3.178a}$$

$$l_{A,B} = R\left|\frac{\varphi_B - \varphi_A}{\cos\alpha}\right|\,, \tag{3.178b}$$

2. $\varphi_A = \varphi_B$

$$\alpha = \frac{\pi}{2}\operatorname{sgn}(\lambda_B - \lambda_A)\,, \tag{3.179a}$$

$$l_{A,B} = R\,|\lambda_B - \lambda_A|\cos\varphi_A\,. \tag{3.179b}$$

Tabelle 3.8 Grundaufgaben 5 und 6 für sphärisch schiefwinklige Dreiecke

5. Grundaufgabe geg.: 2 Seiten und der einer Seite gegenüberliegende Winkel, z. B. a, b, α **WWW**		6. Grundaufgabe geg.: 2 Winkel und die einem Winkel gegenüberliegende Seite, z. B. a, α, β **WWS**
siehe Fallunterscheidung	Formeln zur 5. und 6. Grundaufgabe	siehe Fallunterscheidung
Lösung: gesucht: beliebige fehlende Größe $\sin\beta = \frac{\sin b \sin\alpha}{\sin a}$ 2 Werte β_1, β_2 möglich. Es sei β_1 spitz und $\beta_2 = 180° - \beta_1$ stumpf. Fallunterscheidung: 1. $\frac{\sin b \sin\alpha}{\sin a} > 1$ 0 Lsgn. 2. $\frac{\sin b \sin\alpha}{\sin a} = 1$ 1.Lsg. $\beta = 90°$ 3. $\frac{\sin b \sin\alpha}{\sin a} < 1$ 3.1. $\sin a > \sin b$ 3.1.1. $b < 90°$ 1 Lsg.: β_1 3.1.2. $b < 90°$ 1 Lsg.: β_2 3.2. $\sin a < \sin b$ 3.2.1. $a < 90°, \alpha < 90°$; $a > 90°, \alpha > 90°$ } 2 Lsgn. β_1, β_2 3.2.2. $a < 90°, \alpha > 90°$; $a > 90°, \alpha < 90°$ } 0 Lsgn. Weitere Berechnung mit einem Winkel oder 2 Winkeln β	1. Weg: $\tan u = \tan b \cos\alpha$ $\tan v = \tan a \cos\beta$ $c = u + v$ $\cot\varphi = \cos b \tan\alpha$ $\cot\psi = \cos a \tan\beta$ $\gamma = \varphi + \psi$ 2. Weg: $\tan\frac{c}{2} = \tan\frac{a+b}{2}\frac{\cos\frac{\alpha+\beta}{2}}{\cos\frac{\alpha-\beta}{2}}$ $= \tan\frac{a-b}{2}\frac{\sin\frac{\alpha+\beta}{2}}{\sin\frac{\alpha-\beta}{2}}$ $\tan\frac{\gamma}{2} = \cot\frac{\alpha+\beta}{2}\frac{\cos\frac{a-b}{2}}{\sin\frac{a+b}{2}}$ $= \cot\frac{\alpha-\beta}{2}\frac{\sin\frac{a-b}{2}}{\sin\frac{a+b}{2}}$ Probe: Doppelte Berechnung von $\frac{c}{2}$ und $\frac{\gamma}{2}$	Lösung: gesucht: beliebige fehlende Größe $\sin b = \frac{\sin a \sin\beta}{\sin\alpha}$ 2 Werte b_1, b_2 möglich. Es sei b_1 spitz und $b_2 = 180° - \beta_1$ stumpf. Fallunterscheidung: 1. $\frac{\sin a \sin\beta}{\sin\alpha} > 1$ 0 Lsgn. 2. $\frac{\sin a \sin\beta}{\sin\alpha} = 1$ 1.Lsg. $b = 90°$ 3. $\frac{\sin a \sin\beta}{\sin\alpha} < 1$ 3.1. $\sin\alpha > \sin\beta$ 3.1.1. $\beta < 90°$ 1 Lsg.: b_1 3.1.2. $\beta < 90°$ 1 Lsg.: b_2 3.2. $\sin\alpha < \sin\beta$ 3.2.1. $a < 90°, \alpha < 90°$; $a > 90°, \alpha > 90°$ } 2 Lsgn. b_1, b_2 3.2.2. $a < 90°, \alpha > 90°$; $a > 90°, \alpha < 90°$ } 0 Lsgn. Weitere Berechnung mit einer Seite oder 2 Seiten β

3.5 Vektoralgebra und analytische Geometrie

3.5.1 Vektoralgebra

3.5.1.1 Definition des Vektors, Rechenregeln

1. Skalare und Vektoren

Größen, deren Werte reelle Zahlen sind, werden *Skalare* genannt. Beispiele sind Masse, Temperatur, Energie und Arbeit (wegen der skalaren Invarianz s. S. 153, 180 und S. 239). Im Unterschied dazu werden Größen, zu deren vollständiger Charakerisierung sowohl eine Maßzahl als auch eine Richtung und manchmal ein Drehsinn im Raum erforderlich sind, *Vektoren* genannt. Beispiele sind Kraft, Geschwindigkeit, Beschleunigung, Winkelgeschwindigkeit, Winkelbeschleunigung sowie elektrische und magnetische Feldstärke. Zur Darstellung von Vektoren werden gerichtete Strecken im Raum verwendet.
In diesem Buch werden Vektoren im dreidimensionalen EUKLIDischen Raum durch $\vec{\mathbf{a}}$ gekennzeichnet, im Rahmen der Matrizenrechnung durch $\underline{\mathbf{a}}$.

2. Polare und axiale Vektoren

Polare Vektoren dienen der Darstellung von Größen mit Maßzahl und Raumrichtung, wie Geschwindigkeit und Beschleunigung, *axiale Vektoren* dagegen der Darstellung von Größen mit Maßzahl, Raumrichtung und Drehsinn, wie Winkelgeschwindigkeit und Winkelbeschleunigung. In der zeichnerischen Wiedergabe werden sie durch einen polaren bzw. axialen Pfeil unterschieden **(Abb.3.97)**. In der mathematischen Behandlung besteht zwischen ihnen kein Unterschied.

3. Modul und Raumrichtung

Zur quantitativen Beschreibung von Vektoren $\vec{\mathbf{a}}$ oder $\underline{\mathbf{a}}$ als Strecke zwischen Anfangs- und Endpunkt A bzw. B, dienen der *Modul*, d.h. der *Absolutbetrag* $|\vec{\mathbf{a}}|$, der die Länge der Strecke angibt sowie die *Raumrichtung*, die durch einen Satz von Winkeln angegeben wird.

4. Gleichheit von Vektoren

Zwei Vektoren $\vec{\mathbf{a}}$ und $\vec{\mathbf{b}}$ gelten als gleich, wenn ihre Beträge gleich sind und ihre Richtungen übereinstimmen, d.h., wenn sie parallel und gleich orientiert sind.
Entgegengesetzt gleiche Vektoren zeichnen sich durch gleiche Beträge, aber entgegengesetzte Richtungen aus:

$$\overrightarrow{AB} = \vec{\mathbf{a}}\,, \quad \overrightarrow{BA} = -\vec{\mathbf{a}} \qquad \text{oder} \qquad |\overrightarrow{AB}| = |\overrightarrow{BA}|\,. \tag{3.179c}$$

Axiale Vektoren besitzen in diesem Falle entgegengesetzt gleichen Drehsinn.

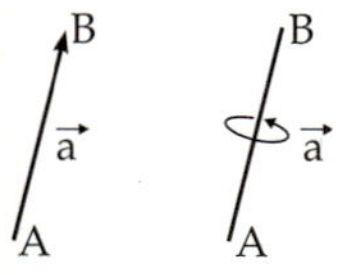

Abbildung 3.97

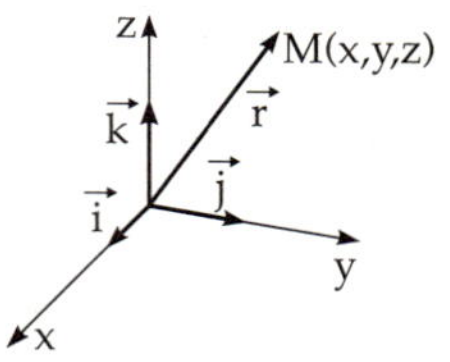

Abbildung 3.98

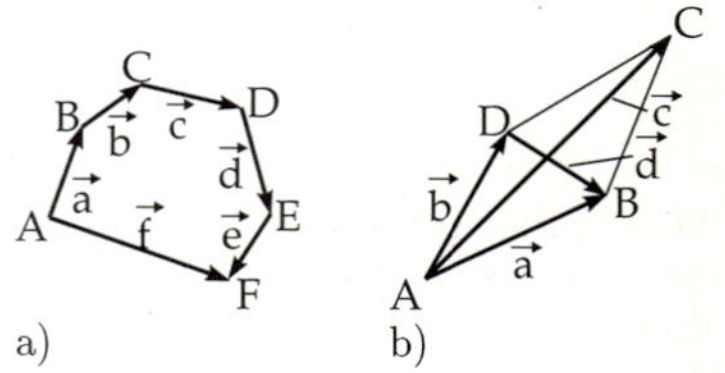

Abbildung 3.99

5. Freie, gebundene und linienflüchtige Vektoren

Ein *freier Vektor* ändert seine Eigenschaften Modul und Richtung nicht, wenn er parallel zu sich selbst derart verschoben wird, daß sein Anfangspunkt in einem beliebigen Raumpunkt fällt. Wenn die Eigenschaften eines Vektors an einen bestimmten Anfangspunkt gebunden sind, dann spricht man von einem *gebundenem Vektor*. Ein *linienflüchtiger Vektor* darf nur längs der Geraden verschoben werden, in die er weist.

6. Spezielle Vektoren

a) Einheitsvektor $\underline{a}^0 = \vec{e}$, wird ein Vektor genannt, dessen Länge oder Absolutbetrag gleich 1 ist. Mit seiner Hilfe kann ein Vektor $\vec{a}$ durch das Produkt aus Einheitsvektor und Modul gemäß

$$\vec{a} = \vec{e}\,|\vec{a}| \tag{3.179d}$$

angegeben werden. Zur Beschreibung der drei Koordinatenachsen in Richtung wachsender Koordinatenwerte werden oft die Einheitsvektoren $\vec{i}$, $\vec{j}$, $\vec{k}$ oder $\vec{e}_i$, $\vec{e}_j$, $\vec{e}_k$ verwendet.

b) Nullvektor heißt ein Vektor mit dem Absolutbetrag 0, also mit zusammenfallendem Anfangs- und Endpunkt sowie mit unbestimmter Richtung im Raum.

c) Radiusvektor $\vec{r}$ eines Punktes M wird ein Vektor $\overrightarrow{OM}$ genannt, dessen Anfangspunkt sich im Koordinatenursprung befindet **(Abb.3.98)**. In diesem Falle heißt Koordinatenursprung *Pol.* Der Punkt M ist durch seinen Radiusvektor eindeutig bestimmt.

d) Kollineare Vektoren verlaufen parallel zu ein und derselben Geraden.

e) Komplanare Vektoren verlaufen parallel zu ein und derselben Ebene. Für sie gilt (3.206).

7. Linearkombinationen von Vektoren

a) Die Summe mehrerer Vektoren $\vec{a}, \vec{b}, \vec{c}, \ldots, \vec{e}$ ist ein Vektor $\vec{f} = \overrightarrow{AF}$, der den Polygonzug schließt, den die Vektoren $\vec{a}$ bis $\vec{e}$ bilden **(Abb.3.99a)**. Die Summe zweier Vektoren $\overrightarrow{AB} = \vec{a}$ und $\overrightarrow{AD} = \vec{b}$ **(Abb.3.99b)** ist ein Vektor $\overrightarrow{AC} = \vec{c}$, der die Diagonale des Parallelogramms $ABCD$ bildet. Die wichtigsten Eigenschaften der Summe zweier Vektoren sind:

$$\vec{a} + \vec{b} = \vec{b} + \vec{a}\,, \quad (\vec{a} + \vec{b}) + \vec{c} = \vec{a} + (\vec{b} + \vec{c})\,, \quad |\vec{a} + \vec{b}| \le |\vec{a}| + |\vec{b}|\,. \tag{3.180a}$$

b) Die Differenz zweier Vektoren $\vec{a} - \vec{b}$ kann als Summe der Vektoren $\vec{a}$ und $-\vec{b}$ aufgefaßt werden, so daß

$$\vec{a} - \vec{b} = \vec{a} + (-\vec{b}) = \vec{d} \tag{3.181a}$$

die Diagonale in **Abb.3.99b** ergibt. Die wichtigsten Eigenschaften der Differenz zweier Vektoren sind:

$$\vec{a} - \vec{a} = \vec{0} \qquad \text{(Nullvektor)}\,, \qquad |\vec{a} - \vec{b}| \ge |\vec{a}| - |\vec{b}|\,. \tag{3.181b}$$

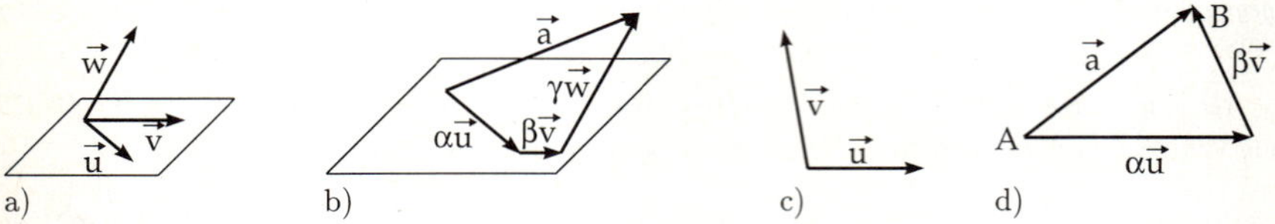

Abbildung 3.100

8. Multiplikation eines Vektors mit einem Skalar

Die Produkte $\alpha\vec{a}$ und $\vec{a}\alpha$ sind gleich und kollinear zum Vektor $\vec{a}$. Die Länge des Produktvektors, sein Betrag, ist $|\alpha||\vec{a}|$, seine Richtung stimmt für $\alpha > 0$ mit der von $\vec{a}$ überein, für $\alpha < 0$ ist sie entgegengesetzt. Die wichtigsten Eigenschaften des Produkts eines Skalars mit einem Vektor sind:

$$\alpha\vec{a} = \vec{a}\alpha\,, \quad \alpha\beta\vec{a} = \beta\alpha\vec{a}\,, \quad (\alpha + \beta)\vec{a} = \alpha\vec{a} + \beta\vec{a}\,, \quad \alpha(\vec{a} + \vec{b}) = \alpha\vec{a} + \alpha\vec{b}\,. \tag{3.182}$$

Eine Linearkombination der Vektoren $\vec{a}, \vec{b}, \vec{c}, \ldots, \vec{d}$ mit den Skalaren $\alpha, \beta, \ldots, \delta$ ist ein Vektor der Form

$$\vec{k} = \alpha\vec{a} + \beta\vec{b} + \cdots + \delta\vec{d}\,. \tag{3.183}$$

Jeder beliebige Vektor $\vec{a}$ kann eindeutig in eine Summe aus drei Vektoren zerlegt werden, die parallel zu drei gegebenen nichtkomplanaren Vektoren $\vec{u}, \vec{v}, \vec{w}$ sind **(Abb.3.100a,b)**:

$$\vec{a} = \alpha\vec{u} + \beta\vec{v} + \gamma\vec{w}\,. \tag{3.184}$$

Die Summanden $\alpha\vec{\mathbf{u}}$, $\beta\vec{\mathbf{v}}$ und $\gamma\vec{\mathbf{w}}$ werden die *Komponenten* der Vektorzerlegung genannt, die skalaren Faktoren α, β und γ die *Koeffizienten.* Vektoren, die parallel zu einer Ebene liegen, können durch zwei nichtkollineare Vektoren $\vec{\mathbf{u}}$ und $\vec{\mathbf{v}}$ in die Form

$$\vec{\mathbf{a}} = \alpha\vec{\mathbf{u}} + \beta\vec{\mathbf{v}} \tag{3.185}$$

gebracht werden **(Abb.3.100c,d)**.

9. Koordinaten eines Vektors

1. Kartesische Koordinaten Gemäß (3.184) kann jeder Vektor $\overrightarrow{AB} = \vec{\mathbf{a}}$ eindeutig in eine Summe von Vektoren zerlegt werden, die parallel zu den Grundvektoren des Koordinatensystems $\vec{\mathbf{i}}, \vec{\mathbf{j}}, \vec{\mathbf{k}}$ oder $\vec{\mathbf{e}}_i, \vec{\mathbf{e}}_j, \vec{\mathbf{e}}_k$ stehen:

$$\vec{\mathbf{a}} = a_x\vec{\mathbf{i}} + a_y\vec{\mathbf{j}} + a_z\vec{\mathbf{k}} = a_x\vec{\mathbf{e}}_i + a_y\vec{\mathbf{e}}_j + a_z\vec{\mathbf{e}}_k\ , \tag{3.186a}$$

wobei die Skalare a_x, a_y und a_z die *kartesischen Koordinaten* des Vektors $\vec{\mathbf{a}}$ im System mit den Einheitsvektoren des Koordinatensystems $\vec{\mathbf{e}}_i$, $\vec{\mathbf{e}}_j$ und $\vec{\mathbf{e}}_k$ sind. Man schreibt dafür auch

$$\vec{\mathbf{a}} = \{a_x, a_y, a_z\}\,. \tag{3.186b}$$

Die durch die drei Einheitsvektoren festgelegten Richtungen bilden ein senkrechtes *Richtungstripel.* Die kartesischen Koordinaten eines Vektors sind die Projektionen dieses Vektors auf die Koordinatenachsen **(Abb.3.101)**. Wird ein Vektor parallel zu oder entlang einer der Koordinatenachsen verschoben, dann ändern sich seine Koordinaten in den anderen beiden Richtungen nicht.
Die Koordinaten einer Linearkombination mehrerer Vektoren ergeben sich als gleichgestaltete Linearkombination der Koordinaten dieser Vektoren, so daß die Vektorgleichung (3.183) drei skalaren Komponentengleichungen entspricht:

$$\begin{aligned} k_x &= \alpha a_x + \beta b_x + \cdots + \delta d_x\ ,\\ k_y &= \alpha a_y + \beta b_y + \cdots + \delta d_y\ ,\\ k_z &= \alpha a_z + \beta b_z + \ldots + \delta d_z\ . \end{aligned} \tag{3.187}$$

Für die Koordinaten der Summe und der Differenz zweier Vektoren

$$\vec{\mathbf{c}} = \vec{\mathbf{a}} \pm \vec{\mathbf{b}} \tag{3.188a}$$

gilt insbesondere

$$c_x = a_x \pm b_x\ , \quad c_y = a_y \pm b_y\ , \quad c_z = a_z \pm a_z\ . \tag{3.188b}$$

Der Radiusvektor $\vec{\mathbf{r}}$ eines Punktes $M(x, y, z)$ hat die kartesischen Koordinaten dieses Punktes:

$$r_x = x\ , \quad r_y = y\ , \quad r_z = z\ ; \quad \vec{\mathbf{r}} = x\vec{\mathbf{i}} + y\vec{\mathbf{j}} + z\vec{\mathbf{k}}\ . \tag{3.189}$$

2. Affine Koordinaten sind eine Verallgemeinerung der kartesischen Koordinaten auf ein System aus drei linear unabhängigen, also auch nicht mehr zwingend rechtwinklig aufeinander stehenden nichtkomplanaren Grundvektoren $\vec{\mathbf{e}}_1, \vec{\mathbf{e}}_2, \vec{\mathbf{e}}_3$ mit drei Koeffizienten a^1, a^2, a^3, wobei die oberen Indizes keinesfalls als Exponenten aufzufassen sind. In Analogie zu (3.186a,b) ergibt sich $\vec{\mathbf{a}}$ zu

$$\vec{\mathbf{a}} = a^1\vec{\mathbf{e}}_1 + a^2\vec{\mathbf{e}}_2 + a^3\vec{\mathbf{e}}_3 \quad (3.190\text{a}) \qquad \text{oder} \qquad \vec{\mathbf{a}} = \left\{a^1, a^2, a^3\right\}\ . \quad (3.190\text{b})$$

Diese Schreibweise ist insofern vorteilhaft, als die Skalare a^1, a^2, a^3 die kontravarianten Koordinaten (s. S. 156) eines Vektors sind. Für $\vec{\mathbf{e}}_1 = \vec{\mathbf{i}}$, $\vec{\mathbf{e}}_2 = \vec{\mathbf{j}}$, $\vec{\mathbf{e}}_3 = \vec{\mathbf{k}}$ gehen die Formeln (3.190a,b) in (3.186a,c) über. Für die Linearkombination der Vektoren (3.183) sowie für die Summe und die Differenz zweier Vektoren (3.188a,b) gelten in Analogie zu (3.187) die Komponentengleichungen

$$\begin{aligned} k^1 &= \alpha a^1 + \beta b^1 + \cdots + \delta d^1\ ,\\ k^2 &= \alpha a^2 + \beta b^2 + \cdots + \delta d^2\ ,\\ k^3 &= \alpha a^3 + \beta b^3 + \cdots + \delta d^3\ ; \end{aligned} \tag{3.191}$$

$$c^1 = a^1 \pm b^1\ , \quad c^2 = a^2 \pm b^2\ , \quad c^3 = a^3 \pm b^3\ . \tag{3.192}$$

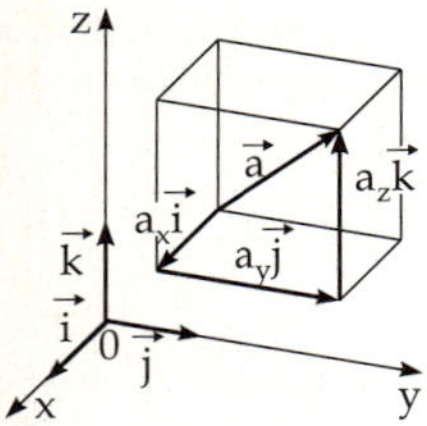

Abbildung 3.101

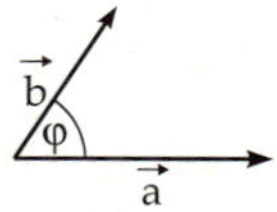

Abbildung 3.102

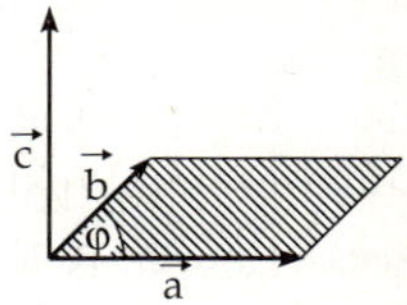

Abbildung 3.103

10. Richtungskoeffizient oder Entwicklungskoeffizient des Vektors $\vec{\mathbf{a}}$ in Richtung oder entlang des Einheitsvektors $\vec{\mathbf{a}}^0 = \vec{\mathbf{e}}$ nennt man die Projektion von $\vec{\mathbf{a}}$ auf $\vec{\mathbf{a}}^0 = \vec{\mathbf{e}}$, d.h. das Skalarprodukt

$$a_0 = \vec{\mathbf{a}}\vec{\mathbf{a}}^0 = |\vec{\mathbf{a}}| \cos\varphi, \tag{3.193a}$$

wobei φ der Winkel zwischen $\vec{\mathbf{a}}$ und $\vec{\mathbf{a}}^0$ ist.

Für den Richtungskoeffizienten des Vektors $\vec{\mathbf{a}}$ entlang eines Vektors $\vec{\mathbf{b}}$ gilt:

$$a_0 = \vec{\mathbf{a}}\vec{\mathbf{b}}^0 \text{mit} \vec{\mathbf{b}}^0 = \frac{\vec{\mathbf{b}}}{|\vec{\mathbf{b}}|} (\text{Einheitsvektor in Richting von } \vec{\mathbf{b}}). \tag{3.193b}$$

Im kartesischen Koordinatensystem sind die Richtungskoeffizienten von $\vec{\mathbf{a}}$ die Komponenten $\{a_x, a_y, a_z\}$ entlang der $x-, y-, z-$ Achse. In einem nicht-orthonormierten Koordinatensystem gilt diese Aussage nicht.

3.5.1.2 Skalarprodukt und Vektorprodukt

1. Skalare Multiplikation Das *Skalarprodukt* zweier Vektoren $\vec{\mathbf{a}}$ und $\vec{\mathbf{b}}$, auch *Punktprodukt* genannt, ist durch die Gleichung

$$\vec{\mathbf{a}} \cdot \vec{\mathbf{b}} = \vec{\mathbf{a}}\vec{\mathbf{b}} = (\vec{\mathbf{a}}\vec{\mathbf{b}}) = |\vec{\mathbf{a}}||\vec{\mathbf{b}}| \cos\varphi \,, \tag{3.194}$$

definiert, wobei φ der zwischen $\vec{\mathbf{a}}$ und $\vec{\mathbf{b}}$ eingeschlossene Winkel, bezogen auf den gemeinsamen Anfangspunkt, ist **(Abb.3.102)**. Das Skalarprodukt ergibt einen Skalar.

2. Vektorielle Multiplikation ist eine Operation, die zum *Vektorprodukt* zweier Vektoren $\vec{\mathbf{a}}$ und $\vec{\mathbf{b}}$, auch *Kreuzprodukt* genannt, führt. Dieses ergibt einen Vektor $\vec{\mathbf{c}}$, der auf $\vec{\mathbf{a}}$ und $\vec{\mathbf{b}}$ senkrecht steht, derart, daß die Vektoren $\vec{\mathbf{a}}$, $\vec{\mathbf{b}}$ und $\vec{\mathbf{c}}$ ein Rechtssystem bilden **(Abb.3.103)**. Vorausgesetzt, die Anfangspunkte der drei Vektoren sind in einem Punkt zusammengeführt, dann ist das der Fall, wenn ein Beobachter, der auf die durch $\vec{\mathbf{a}}$ und $\vec{\mathbf{b}}$ aufgespannte Ebene und gleichzeitig in die Richtung von $\vec{\mathbf{c}}$ blickt, $\vec{\mathbf{a}}$ durch die kürzeste Drehung im Uhrzeigersinn nach $\vec{\mathbf{b}}$ überführen kann *(Rechte–Hand–Regel)*. Quantitativ liefert das Vektorprodukt

$$\vec{\mathbf{a}} \times \vec{\mathbf{b}} = [\vec{\mathbf{a}}\vec{\mathbf{b}}] = \vec{\mathbf{c}} \tag{3.195a}$$

einen Vektor der Länge

$$|\vec{\mathbf{c}}| = |\vec{\mathbf{a}}||\vec{\mathbf{b}}| \sin\varphi \,, \tag{3.195b}$$

wobei φ der zwischen $\vec{\mathbf{a}}$ und $\vec{\mathbf{b}}$ eingeschlossene Winkel ist. Zahlenmäßig ist die Länge von $\vec{\mathbf{c}}$ gleich dem Flächeninhalt des von $\vec{\mathbf{a}}$ und $\vec{\mathbf{b}}$ aufgespannten Parallelogramms.

3. Eigenschaften der Produkte von Vektoren

a) Das Skalarprodukt genügt dem Kommutativgesetz :

$$\vec{a}\vec{b} = \vec{b}\vec{a}. \tag{3.196}$$

b) Das Vektorprodukt ändert beim Vertauschen der Faktoren das Vorzeichen:

$$\vec{a} \times \vec{b} = -\vec{b} \times \vec{a}. \tag{3.197}$$

c) Die Multiplikation mit einem Skalar genügt dem Assoziativgesetz :

$$\alpha(\vec{a}\vec{b}) = (\alpha\vec{a})\vec{b}, \tag{3.198a}$$
$$\alpha(\vec{a} \times \vec{b}) = (\alpha\vec{a}) \times \vec{b}. \tag{3.198b}$$

d) Das Assoziativgesetz gilt nicht für das doppelte Skalar- und Vektorprodukt:

$$\vec{a}(\vec{b}\vec{c}) \neq (\vec{a}\vec{b})\vec{c}, \tag{3.199a}$$

$$\vec{a} \times (\vec{b} \times \vec{c}) \neq (\vec{a} \times \vec{b}) \times \vec{c}. \tag{3.199b}$$

e) Das Distributivgesetz gilt:

$$\vec{a}(\vec{b} + \vec{c}) = \vec{a}\vec{b} + \vec{a}\vec{c}, \tag{3.200a}$$

$$\vec{a} \times (\vec{b} + \vec{c}) = \vec{a} \times \vec{b} + \vec{a} \times \vec{c}. \tag{3.200b}$$

f) Orthogonalität zweier Vektoren liegt vor ($\vec{a} \perp \vec{b}$), wenn gilt:

$\vec{a}\vec{b} = 0$, und weder $\vec{a}$ noch $\vec{b}$ gleich dem Nullvektor sind. (3.201)

g) Kollinearität zweier Vektoren liegt vor, wenn gilt:

$$\vec{a} \times \vec{b} = \vec{0}\,, \qquad \text{wenn} \quad \vec{a} \| \vec{b}\,. \tag{3.202}$$

h) Multiplikation gleicher Vektoren:

$$\vec{a}\vec{a} = \vec{a}^2 = a^2\,, \qquad \text{jedoch} \quad \vec{a} \times \vec{a} = \vec{0}\,. \tag{3.203}$$

i) Linearkombinationen von Vektoren können auf die gleiche Art multipliziert werden wie skalare Polynome, allerdings ist dabei zu beachten, daß bei der vektoriellen Multiplikation Faktorenvertauschungen, z.B. beim Zusammenziehen gleichnamiger Glieder, Vorzeichenänderungen zur Folge haben.

■ **A** : $(3\vec{a} + 5\vec{b} - 2\vec{c})(\vec{a} - 2\vec{b} - 4\vec{c}) = 3\vec{a}^2 + 5\vec{b}\vec{a} - 2\vec{c}\vec{a} - 6\vec{a}\vec{b} - 10\vec{b}^2 + 4\vec{c}\vec{b} - 12\vec{a}\vec{c} - 20\vec{b}\vec{c} + 8\vec{c}^2$

$= 3\vec{a}^2 - 10\vec{b}^2 + 8\vec{c}^2 - \vec{a}\vec{b} - 14\vec{a}\vec{c} - 16\vec{b}\vec{c}\,.$

■ **B:** $(3\vec{a} + 5\vec{b} - 2\vec{c}) \times (\vec{a} - 2\vec{b} - 4\vec{c}) = 3\vec{a} \times \vec{a} + 5\vec{b} \times \vec{a} - 2\vec{c} \times \vec{a} - 6\vec{a} \times \vec{b} - 10\vec{b} \times \vec{b}$
$+ 4\vec{c} \times \vec{b} - 12\vec{a} \times \vec{c} - 20\vec{b} \times \vec{c} + 8\vec{c} \times \vec{c} = \vec{0} - 5\vec{a} \times \vec{b} + 2\vec{a} \times \vec{c} - 6\vec{a} \times \vec{b} + \vec{0} - 4\vec{b} \times \vec{c} - 12\vec{a} \times \vec{c} - 20\vec{b} \times \vec{c} + \vec{0}$
$= -11\vec{a} \times \vec{b} - 10\vec{a} \times \vec{c} - 24\vec{b} \times \vec{c} = 11\vec{b} \times \vec{a} + 10\vec{c} \times \vec{a} + 24\vec{c} \times \vec{b}\,.$

j) Skalare Invariante heißt ein Skalar, der bei Verschiebung und Drehung des Koordinatensystems den gleichen Wert behält. Das skalare Produkt zweier Vektoren ist eine skalare Invariante.

■ **A:** Die Komponenten eines Vektors $\vec{a} = \{a_1, a_2, a_3\}$, sind keine skalaren Invarianten, da sie in verschiedenen Koordinatensystemen unterschiedliche Werte annehmen können.

■ **B:** Die Länge eines Vektors $\vec{a} = \{a_1, a_2, a_3\}$, d.h. die Größe $\sqrt{a_1^2 + a_2^2 + a_3^2}$, ist eine skalare Invariante, da sie in verschiedenen Koordinatensystemen den gleichen Wert besitzt.

■ **C:** Das Skalarprodukt eines Vektors mit sich selbst ist eine skalare Invariante, d.h. $\vec{a}\vec{a} = a^2 = |a|^2 \cos\varphi = |a^2|$, da $\varphi = 0$.

3.5.1.3 Mehrfache multiplikative Verknüpfungen

1. Das doppelte Vektorprodukt $\vec{a} \times (\vec{b} \times \vec{c})$

ergibt einen neuen, zu $\vec{b}$ und $\vec{c}$ komplanaren Vektor:

$$\vec{a} \times (\vec{b} \times \vec{c}) = \vec{b}(\vec{a}\vec{c}) - \vec{c}(\vec{a}\vec{b})\,. \tag{3.204}$$

2. Das gemischte Produkt $(\vec{\mathbf{a}} \times \vec{\mathbf{b}})\,\vec{\mathbf{c}}$
auch *Spatprodukt* genannt, ergibt einen Skalar, der zahlenmäßig gleich dem Volumen des von den drei Vektoren gebildeten Parallelepipeds ist; das Ergebnis ist positiv, wenn $\vec{\mathbf{a}}$, $\vec{\mathbf{b}}$ und $\vec{\mathbf{c}}$ ein Rechtssystem bilden, negativ im entgegengesetzten Falle. Die Klammern und das Multiplikationskreuz können beim gemischten Produkt weggelassen werden:

$$(\vec{\mathbf{a}} \times \vec{\mathbf{b}})\vec{\mathbf{c}} = \vec{\mathbf{a}}\vec{\mathbf{b}}\vec{\mathbf{c}} = \vec{\mathbf{b}}\vec{\mathbf{c}}\vec{\mathbf{a}} = \vec{\mathbf{c}}\vec{\mathbf{a}}\vec{\mathbf{b}} = -\vec{\mathbf{a}}\vec{\mathbf{c}}\vec{\mathbf{b}} = -\vec{\mathbf{b}}\vec{\mathbf{a}}\vec{\mathbf{c}} = -\vec{\mathbf{c}}\vec{\mathbf{b}}\vec{\mathbf{a}}\,. \tag{3.205}$$

Im Unterschied zu einer zyklischen Vertauschung aller drei Faktoren im gemischten Produkt führt eine Vertauschung zweier Faktoren zu seiner Vorzeichenänderung.

Für *komplanare Vektoren*, d. h. Vektoren $\vec{\mathbf{a}}$, die parallel zu einer von den Vektoren $\vec{\mathbf{b}}$ und $\vec{\mathbf{c}}$ definierten Ebene orientiert sind, gilt:

$$\vec{\mathbf{a}} \cdot (\vec{\mathbf{b}} \times \vec{\mathbf{c}}) = 0\,. \tag{3.206}$$

3. Formeln für mehrfache Produkte

a) LAGRANGEsche Idendität: $(\vec{\mathbf{a}} \times \vec{\mathbf{b}})(\vec{\mathbf{c}} \times \vec{\mathbf{d}}) = (\vec{\mathbf{a}}\vec{\mathbf{c}})(\vec{\mathbf{b}}\vec{\mathbf{d}}) - (\vec{\mathbf{b}}\vec{\mathbf{c}})(\vec{\mathbf{a}}\vec{\mathbf{d}})$ (3.207)

b) $$\vec{\mathbf{a}}\vec{\mathbf{b}}\vec{\mathbf{c}} \cdot \vec{\mathbf{e}}\vec{\mathbf{f}}\vec{\mathbf{g}} = \begin{vmatrix} \vec{\mathbf{a}}\vec{\mathbf{e}} & \vec{\mathbf{a}}\vec{\mathbf{f}} & \vec{\mathbf{a}}\vec{\mathbf{g}} \\ \vec{\mathbf{b}}\vec{\mathbf{e}} & \vec{\mathbf{b}}\vec{\mathbf{f}} & \vec{\mathbf{b}}\vec{\mathbf{g}} \\ \vec{\mathbf{c}}\vec{\mathbf{e}} & \vec{\mathbf{c}}\vec{\mathbf{f}} & \vec{\mathbf{c}}\vec{\mathbf{g}} \end{vmatrix} \tag{3.208}$$

4. Formeln für Produkte in kartesischen Koordinaten
Wenn die Vektoren $\vec{\mathbf{a}}$, $\vec{\mathbf{b}}$, $\vec{\mathbf{c}}$ in kartesischen Koordinaten gemäß

$$\vec{\mathbf{a}} = \{a_x, a_y, a_z\}\,, \quad \vec{\mathbf{b}} = \{b_x, b_y, b_z\}\,, \quad \vec{\mathbf{c}} = \{c_x, c_y, c_z\} \tag{3.209}$$

gegeben sind, dann werden die Produkte nach den folgenden Formeln berechnet:

1. Skalares Produkt $$\vec{\mathbf{a}}\vec{\mathbf{b}} = a_x b_x + a_y b_y + a_z b_z \tag{3.210}$$

2. Vektorprodukt $$\vec{\mathbf{a}} \times \vec{\mathbf{b}} = (a_y b_z - a_z b_y)\,\vec{\mathbf{i}} + (a_z b_x - a_x b_z)\,\vec{\mathbf{j}} + (a_x b_y - a_y b_x)\,\vec{\mathbf{k}} = \begin{vmatrix} \vec{\mathbf{i}} & \vec{\mathbf{j}} & \vec{\mathbf{k}} \\ a_x & a_y & a_z \\ b_x & b_y & b_z \end{vmatrix} \tag{3.211}$$

3. Spatprodukt $$\vec{\mathbf{a}}\vec{\mathbf{b}}\vec{\mathbf{c}} = \begin{vmatrix} a_x & a_y & a_z \\ b_x & b_y & b_z \\ c_x & c_y & c_z \end{vmatrix} \tag{3.212}$$

5. Formeln für Produkte in affinen Koordinaten

1. Metrische Koeffizienten und reziproke Grundvektoren Wenn die affinen Koordinaten zweier Vektoren $\vec{\mathbf{a}}$ und $\vec{\mathbf{b}}$ im System $\vec{\mathbf{e}}_1$, $\vec{\mathbf{e}}_2$, $\vec{\mathbf{e}}_3$ bekannt sind, so daß

$$\vec{\mathbf{a}} = a^1\vec{\mathbf{e}}_1 + a^2\vec{\mathbf{e}}_2 + a^3\vec{\mathbf{e}}_3\,, \quad \vec{\mathbf{b}} = b^1\vec{\mathbf{e}}_1 + b^2\vec{\mathbf{e}}_2 + b^3\vec{\mathbf{e}}_3 \tag{3.213}$$

gegeben sind, dann müssen zur Berechnung des skalaren Produkts

$$\vec{\mathbf{a}}\vec{\mathbf{b}} = a^1b^1\vec{\mathbf{e}}_1\vec{\mathbf{e}}_1 + a^2b^2\vec{\mathbf{e}}_2\vec{\mathbf{e}}_2 + a^3b^3\vec{\mathbf{e}}_3\vec{\mathbf{e}}_3 \tag{3.214}$$

$$+ \left(a^1b^2 + a^2b^1\right)\vec{\mathbf{e}}_1\vec{\mathbf{e}}_2 + \left(a^2b^3 + a^3b^2\right)\vec{\mathbf{e}}_2\vec{\mathbf{e}}_3 + \left(a^3b^1 + a^1b^3\right)\vec{\mathbf{e}}_3\vec{\mathbf{e}}_1 \tag{3.215}$$

oder des Vektorprodukts

$$\vec{\mathbf{a}} \times \vec{\mathbf{b}} = \left(a^2b^3 - a^3b^2\right)\vec{\mathbf{e}}_2 \times \vec{\mathbf{e}}_3 + \left(a^3b^1 - a^1b^3\right)\vec{\mathbf{e}}_3 \times \vec{\mathbf{e}}_1 + \left(a^1b^2 - a^2b^1\right)\vec{\mathbf{e}}_1 \times \vec{\mathbf{e}}_2\,, \tag{3.216a}$$

letzteres mit $\quad \vec{\mathbf{e}}_1 \times \vec{\mathbf{e}}_1 = \vec{\mathbf{e}}_2 \times \vec{\mathbf{e}}_2 = \vec{\mathbf{e}}_3 \times \vec{\mathbf{e}}_3 = 0\,,$ (3.216b) die paarweisen Produkte der Koordinatenvektoren bekannt sein. Für das skalare Produkt sind das die sechs *metrischen Koeffizienten* (Zahlen)

$$g_{11} = \vec{e}_1\vec{e}_1\,, \quad g_{22} = \vec{e}_2\vec{e}_2\,, \quad g_{33} = \vec{e}_3\vec{e}_3\,,$$
$$g_{12} = \vec{e}_1\vec{e}_2 = \vec{e}_2\vec{e}_1\,, \quad g_{23} = \vec{e}_2\vec{e}_3 = \vec{e}_3\vec{e}_2\,, \quad g_{31} = \vec{e}_3\vec{e}_1 = \vec{e}_1\vec{e}_3 \tag{3.217}$$

und für das Vektorprodukt die drei Vektoren

$$\vec{e}^{\,1} = \Omega\,(\vec{e}_2 \times \vec{e}_3)\,, \quad \vec{e}^{\,2} = \Omega\,(\vec{e}_3 \times \vec{e}_1)\,, \quad \vec{e}^{\,3} = \Omega\,(\vec{e}_1 \times \vec{e}_2)\,, \tag{3.218a}$$

genauer die drei *reziproken Vektoren* bezüglich $\vec{e}_1$, $\vec{e}_2$, $\vec{e}_3$, wobei der Koeffizient

$$\Omega = \frac{1}{\vec{e}_1\vec{e}_2\vec{e}_3}\,, \tag{3.218b}$$

der gleich dem gemischten Produkt der Koordinatenvektoren ist, lediglich einer kürzeren Schreibweise in weiteren Formeln dient. Mit Hilfe der Multiplikationstabellen 3.9 und 3.10 für die Grundvektoren wird das Arbeiten mit den Koeffizienten übersichtlicher.

Tabelle 3.9 Skalare Multiplikation von Grundvektoren

	$\vec{e}_1$	$\vec{e}_2$	$\vec{e}_3$
$\vec{e}_1$	g_{11}	g_{12}	g_{13}
$\vec{e}_2$	g_{21}	g_{22}	g_{23}
$\vec{e}_3$	g_{31}	g_{32}	g_{33}

$(g_{ki} = g_{ik})$

Tabelle 3.10 Vektorielle Multiplikation von Grundvektoren

Multiplikanden \ Multiplikatoren	$\vec{e}_1$	$\vec{e}_2$	$\vec{e}_3$
$\vec{e}_1$	0	$\frac{\vec{e}^{\,3}}{\Omega}$	$-\frac{\vec{e}^{\,2}}{\Omega}$
$\vec{e}_2$	$-\frac{\vec{e}^{\,3}}{\Omega}$	0	$\frac{\vec{e}^{\,1}}{\Omega}$
$\vec{e}_3$	$\frac{\vec{e}^{\,2}}{\Omega}$	$-\frac{\vec{e}^{\,1}}{\Omega}$	0

2. Anwendung auf kartesische Koordinaten Die kartesischen Koordinaten sind ein Spezialfall der affinen Koordinaten. Aus den **Tabellen3.11 und 3.12** ergibt sich für

die Grundvektoren $\vec{e}_1 = \vec{i}\,,\quad \vec{e}_2 = \vec{j}\,,\quad \vec{e}_3 = \vec{k}\,,$ (3.219a)

die metrischen Koeffizienten $g_{11} = g_{22} = g_{33} = 1\,,\quad g_{12} = g_{23} = g_{31} = 0\,,$

$$\Omega = \frac{1}{\vec{i}\vec{j}\vec{k}} = 1 \tag{3.219b}$$

und die reziproken Gundvektoren $\vec{e}^{\,1} = \vec{i}\,,\quad \vec{e}^{\,2} = \vec{j}\,,\quad \vec{e}^{\,3} = \vec{k}\,.$ (3.219c)

Somit stimmen die reziproken Grundvektoren mit den Grundvektoren des Koordinatensystems überein, oder anders ausgedrückt, in kartesischen Koordinaten sind die Grundvektorensysteme zu sich selbst reziprok.

3. Skalares Produkt in Koordinatendarstellung

$$\vec{a}\vec{b} = \sum_{m=1}^{3}\sum_{n=1}^{3} g_{mn}a^m b^n = g_{\alpha\beta}a^\alpha b^\beta\,. \tag{3.220}$$

Für kartesische Koordinaten geht (3.220) in (3.210) über.

Nach dem zweiten Gleichheitszeichen in (3.220) wurde die in der Tensorrechnung übliche abkürzende Schreibweise für Summen verwendet (s. S. 231): Anstelle der gesamten Summe wird nur ein typisches Glied hingeschrieben, so daß über alle doppelt auftretenden Indizes dieses Gliedes zu summieren ist,

Tabelle 3.11 Skalare Multiplikation von reziproken Grundvektoren

	$\vec{i}$	$\vec{j}$	$\vec{k}$
$\vec{i}$	1	0	0
$\vec{j}$	0	1	0
$\vec{k}$	0	0	1

Tabelle 3.12 Vektorielle Multiplikation von reziproken Grundvektoren

Multiplikanden \ Multiplikatoren	$\vec{i}$	$\vec{j}$	$\vec{k}$
$\vec{i}$	0	$\vec{k}$	$-\vec{j}$
$\vec{j}$	$-\vec{k}$	0	$\vec{i}$
$\vec{k}$	$\vec{j}$	$-\vec{i}$	0

d.h. über alle einmal unten und einmal oben auftretenden Indizes. Manchmal werden die Summationsindizes mit griechischen Buchstaben bezeichet; hier durchlaufen sie die Zahlen 1 bis 3. Es gilt also

$$g_{\alpha\beta}a^\alpha b^\beta = g_{11}a^1b^1 + g_{12}a^1b^2 + g_{13}a^1b^3 + g_{21}a^2b^1 + g_{22}a^2b^2 + g_{23}a^2b^3 \tag{3.221}$$

$$+ g_{31}a^3b^1 + g_{32}a^3b^2 + g_{33}a^3b^3 \,. \tag{3.222}$$

4. Vektorprodukt in Koordinatendarstellung In Übereinstimmung mit (3.216a) gilt

$$\vec{\mathbf{a}} \times \vec{\mathbf{b}} = \vec{\mathbf{e}}_1\vec{\mathbf{e}}_2\vec{\mathbf{e}}_3 \begin{vmatrix} \vec{\mathbf{e}}^1 & \vec{\mathbf{e}}^2 & \vec{\mathbf{e}}^3 \\ a^1 & a^2 & a^3 \\ b^1 & b^2 & b^3 \end{vmatrix}$$

$$= \vec{\mathbf{e}}_1\vec{\mathbf{e}}_2\vec{\mathbf{e}}_3 \left[a^2b^3 - a^3b^2)\vec{\mathbf{e}}^1 + (a^3b^1 - a^1b^3)\vec{\mathbf{e}}^2 + (a^1b^2 - a^2b^1)\vec{\mathbf{e}}^3\right] \,. \tag{3.223}$$

Für kartesische Koordinaten geht (3.223) in (3.211) über.

5. Spatprodukt in Koordinatendarstellung In Übereinstimmung mit (3.216a) ergibt sich

$$\vec{\mathbf{a}}\vec{\mathbf{b}}\vec{\mathbf{c}} = \vec{\mathbf{e}}_1\vec{\mathbf{e}}_2\vec{\mathbf{e}}_3 \begin{vmatrix} a^1 & a^2 & a^3 \\ b^1 & b^2 & b^3 \\ c^1 & c^2 & c^3 \end{vmatrix} \,. \tag{3.224}$$

Für rechtwinklige kartesische Koordinaten geht (3.224) in (3.212) über.

3.5.1.4 Vektorielle Gleichungen

Die **Tabelle3.13** enthält eine Zusammenstellung der einfachen vektoriellen Gleichungen. Darin sind $\vec{\mathbf{a}}$, $\vec{\mathbf{b}}$, $\vec{\mathbf{c}}$ die bekannten Vektoren, $\vec{\mathbf{x}}$ der gesuchte Vektor, α, β, γ die bekannten Skalare und x, y, z die gesuchten.

3.5.1.5 Kovariante und kontravariante Koordinaten eines Vektors

1. Definitionen Die affinen Koordinaten a^1, a^2, a^3 eines Vektors $\vec{\mathbf{a}}$ in einem System mit den Grundvektoren $\vec{\mathbf{e}}_1$, $\vec{\mathbf{e}}_2$, $\vec{\mathbf{e}}_3$, definiert durch die Formel

$$\vec{\mathbf{a}} = a^1\vec{\mathbf{e}}_1 + a^2\vec{\mathbf{e}}_2 + a^3\vec{\mathbf{e}}_3 = a^\alpha\vec{\mathbf{e}}_\alpha \,, \tag{3.225}$$

werden auch *kontravariante Koordinaten* dieses Vektors genannt. Im Gegensatz dazu entsprechen seine *kovarianten Koordinaten* den Koeffizienten einer Vektorzerlegung zu den Grundvektoren $\vec{\mathbf{e}}^1$, $\vec{\mathbf{e}}^2$, $\vec{\mathbf{e}}^3$, d.h. zu den reziproken Grundvektoren von $\vec{\mathbf{e}}_1$, $\vec{\mathbf{e}}_2$, $\vec{e}_3$ (s. Lit. [22.17, Bd. 11]. Mit den kovarianten Koordinaten a_1, a_2, a_3 des Vektors $\vec{\mathbf{a}}$ ergibt sich

$$\vec{\mathbf{a}} = a_1\vec{\mathbf{e}}^1 + a_2\vec{\mathbf{e}}^2 + a_3\vec{\mathbf{e}}^3 = a_\alpha\vec{\mathbf{e}}^\alpha \,. \tag{3.226}$$

Im System der kartesischen Koordinaten stimmen die kovarianten Koordinaten eines Vektors mit seinen kontravarianten Koordinaten überein.

Tabelle 3.13 Vektorielle Gleichungen

$\vec{\mathbf{x}}$ unbekannter Vektor, $\vec{\mathbf{a}}$, $\vec{\mathbf{b}}$, $\vec{\mathbf{c}}$, $\vec{\mathbf{d}}$ bekannte Vektoren
x, y, z unbekannte Skalare, α, β, γ bekannte Skalare

	Gleichung	Lösung
1.	$\vec{\mathbf{x}} + \vec{\mathbf{a}} = \vec{\mathbf{b}}$	$\vec{\mathbf{x}} = \vec{\mathbf{b}} - \vec{\mathbf{a}}$
2.	$\alpha\vec{\mathbf{x}} = \vec{\mathbf{a}}$	$\vec{\mathbf{x}} = \dfrac{\vec{\mathbf{a}}}{\alpha}$
3.	$\vec{\mathbf{x}}\,\vec{\mathbf{a}} = \alpha$	Die Gleichung ist unbestimmt; trägt man alle Vektoren $\vec{\mathbf{x}}$, die dieser Gleichung genügen, von einem Punkt aus ab, so liegen ihre Endpunkte auf einer Ebene, die auf dem Vektor $\vec{\mathbf{a}}$ senkrecht steht. Die Gleichung (3) nennt man die *vektorielle Gleichung* dieser *Ebene.*
4.	$\vec{\mathbf{x}} \times \vec{\mathbf{a}} = \vec{\mathbf{b}} \quad (\vec{\mathbf{b}} \perp \vec{\mathbf{a}})$	Die Gleichung ist unbestimmt; trägt man alle Vektoren $\vec{\mathbf{x}}$, die dieser Gleichung genügen, von einem Punkt aus ab, so liegen ihre Endpunkte auf einer dem Vektor $\vec{\mathbf{a}}$ parallelen Geraden. Die Gleichung (4) nennt man die *vektorielle Gleichung* dieser *Geraden.*
5.	$\begin{cases} \vec{\mathbf{x}}\,\vec{\mathbf{a}} = \alpha \\ \vec{\mathbf{x}} \times \vec{\mathbf{a}} = \vec{\mathbf{b}} \quad (\vec{\mathbf{b}} \perp \vec{\mathbf{a}}) \end{cases}$	$\vec{\mathbf{x}} = \dfrac{\alpha\vec{\mathbf{a}} + \vec{\mathbf{a}} \times \vec{\mathbf{b}}}{a^2}$
6.	$\begin{cases} \vec{\mathbf{x}}\,\vec{\mathbf{a}} = \alpha \\ \vec{\mathbf{x}}\,\vec{\mathbf{b}} = \beta \\ \vec{\mathbf{x}}\,\vec{\mathbf{c}} = \gamma \end{cases}$	$\vec{\mathbf{x}} = \dfrac{\alpha(\vec{\mathbf{b}} \times \vec{\mathbf{c}}) + \beta(\vec{\mathbf{c}} \times \vec{\mathbf{a}}) + \gamma(\vec{\mathbf{a}} \times \vec{\mathbf{b}})}{\vec{\mathbf{a}}\vec{\mathbf{b}}\vec{\mathbf{c}}} = \alpha\tilde{\vec{\mathbf{a}}} + \beta\tilde{\vec{\mathbf{b}}} + \gamma\tilde{\vec{\mathbf{c}}}$, wobei $\tilde{\vec{\mathbf{a}}}$, $\tilde{\vec{\mathbf{b}}}$, $\tilde{\vec{\mathbf{c}}}$ die zu $\vec{\mathbf{a}}$, $\vec{\mathbf{b}}$, $\vec{\mathbf{c}}$ reziproken Vektoren sind (vgl. S. 155).
7.	$\vec{\mathbf{d}} = x\vec{\mathbf{a}} + y\vec{\mathbf{b}} + z\vec{\mathbf{c}}$	$x = \dfrac{\vec{\mathbf{d}}\vec{\mathbf{b}}\vec{\mathbf{c}}}{\vec{\mathbf{a}}\vec{\mathbf{b}}\vec{\mathbf{c}}}, \quad y = \dfrac{\vec{\mathbf{a}}\vec{\mathbf{d}}\vec{\mathbf{c}}}{\vec{\mathbf{a}}\vec{\mathbf{b}}\vec{\mathbf{c}}}, \quad z = \dfrac{\vec{\mathbf{a}}\vec{\mathbf{b}}\vec{\mathbf{d}}}{\vec{\mathbf{a}}\vec{\mathbf{b}}\vec{\mathbf{c}}}$
8.	$\vec{\mathbf{d}} = x(\vec{\mathbf{b}} \times \vec{\mathbf{c}})$ $+y(\vec{\mathbf{c}} \times \vec{\mathbf{a}}) + z(\vec{\mathbf{a}} \times \vec{\mathbf{b}})$	$x = \dfrac{\vec{\mathbf{d}}\vec{\mathbf{a}}}{\vec{\mathbf{a}}\vec{\mathbf{b}}\vec{\mathbf{c}}}, \quad y = \dfrac{\vec{\mathbf{d}}\vec{\mathbf{b}}}{\vec{\mathbf{a}}\vec{\mathbf{b}}\vec{\mathbf{c}}}, \quad z = \dfrac{\vec{\mathbf{d}}\vec{\mathbf{c}}}{\vec{\mathbf{a}}\vec{\mathbf{b}}\vec{\mathbf{c}}}$

2. Darstellung der Koordinaten mit Hilfe von Skalarprodukten
Die kovariante Koordinate eines Vektors $\vec{\mathbf{a}}$ ist gleich dem skalaren Produkt dieses Vektors mit dem zugehörigen Grundvektor des Koordinatensystems:

$$a_1 = \vec{\mathbf{a}}\vec{\mathbf{e}}_1\,, \quad a_2 = \vec{\mathbf{a}}\vec{\mathbf{e}}_2\,, \quad a_3 = \vec{\mathbf{a}}\vec{\mathbf{e}}_3\,. \qquad (3.227)$$

Die kontravariante Koordinate eines Vektors $\vec{\mathbf{a}}$ ist gleich dem skalaren Produkt dieses Vektors mit dem zugehörigen reziproken Grundvektor:

$$a^1 = \vec{\mathbf{a}}\vec{\mathbf{e}}^1\,, \quad a^2 = \vec{\mathbf{a}}\vec{\mathbf{e}}^2\,, \quad a^3 = \vec{\mathbf{a}}\vec{\mathbf{e}}^3\,. \tag{3.228}$$

In kartesischen Koordinaten stimmen die Formeln (3.227) und (3.228) überein:

$$a_x = \vec{\mathbf{a}}\vec{\mathbf{i}}\,, \quad a_y = \vec{\mathbf{a}}\vec{\mathbf{j}}\,, \quad a_z = \vec{\mathbf{a}}\vec{\mathbf{k}}\,. \tag{3.229}$$

3. Darstellung des Skalarprodukts mit Hilfe von Koordinaten
Die Darstellung eines skalaren Produkts zweier Vektoren durch seine kontravarianten Koordinaten liefert Formel (3.220). Die entsprechende Formel für kovariante Koordinaten lautet

$$\vec{\mathbf{a}}\vec{\mathbf{b}} = g^{\alpha\beta} a_\alpha b_\beta\,, \tag{3.230}$$

wobei $g^{mn} = \vec{\mathbf{e}}^m\vec{\mathbf{e}}^n$ die metrischen Koeffizienten im System mit den reziproken Vektoren sind. Ihr Zusammenhang mit den Koeffizienten g_{mn} lautet

$$g^{mn} = \frac{(-1)^{m+n} A^{mn}}{\begin{vmatrix} g_{11} & g_{12} & g_{13} \\ g_{21} & g_{22} & g_{23} \\ g_{31} & g_{32} & g_{33} \end{vmatrix}}\,, \tag{3.231}$$

wobei A^{mn} die Unterdeterminante der im Nenner stehenden Determinate ist; sie entsteht durch Streichen der Zeile und Spalte des Elements g_{mn}.

Wenn der Vektor $\vec{\mathbf{a}}$ durch kovariante Koordinaten gegeben ist, der Vektor $\vec{\mathbf{b}}$ dagegen durch kontravariante Koordinaten, dann ist ihr Skalarprodukt gleich

$$\vec{\mathbf{a}}\vec{\mathbf{b}} = a^1 b_1 + a^2 b_2 + a^3 b_3 = a^\alpha b_\alpha \tag{3.232}$$

und analog gilt

$$\vec{\mathbf{a}}\vec{\mathbf{b}} = a_\alpha b^\alpha\,. \tag{3.233}$$

3.5.1.6 Geometrische Anwendungen der Vektoralgebra

In **Tabelle 3.14** sind einige geometrische Anwendungen der Vektoralgebra aufgeführt. Andere Anwendungen aus der analytischen Geometrie wie die Vektorgleichungen der Ebene und der Geraden werden auf S. 157 und 182ff. behandelt.

3.5.2 Analytische Geometrie der Ebene

3.5.2.1 Grundlegende Begriffe und Formeln, ebene Koordinatensysteme

1. Koordinaten Die Lage jedes Punktes P einer Ebene kann mit Hilfe beliebiger *Koordinatensysteme* beschrieben werden. Die Zahlen, die die Lage des Punktes bestimmen, heißen die *Koordinaten.* Meistens werden die kartesischen Koordinaten und die Polarkoordinaten benutzt.

2. Kartesische oder DESCARTESsche Koordinaten eines Punktes P sind die mit einem bestimmten Vorzeichen behafteteten und in einem bestimmten Maßstab angegebenen Entfernungen dieses Punktes von zwei senkrecht aufeinander stehenden *Koordinatenachsen* (**Abb.3.104**). Der Schnittpunkt 0 der Koordinatenachsen wird *Koordinatenursprung* oder *Koordinatenanfangspunkt* genannt. Die horizontale Koordinatenachse, meist die *x–Achse*, wird gewöhnlich *Abszissenachse* genannt, die vertikale Koordinatenachse, meist die *y–Achse*, *Ordinatenachse.* Auf diesen Achsen wird die positive Richtung festgelegt: für die x–Achse gewöhnlich nach rechts weisend, für die y–Achse nach oben. Die Koordinaten eines Punktes P sind dann positiv oder negativ, je nachdem, auf welche Halbachse die Projektion des Punktes fällt (**Abb.3.105**). Die Kordinaten x bzw. y werden die *Abszisse* bzw. die *Ordinate* des Punktes P genannt. Mit der Schreibweise $P(a, b)$ wird ein Punkt mit der Abszisse a und der Ordinate b angegeben. Durch die Koordinatenachsen wird die x, y–Ebene in vier *Quadranten* I, II, III und IV zerlegt **Abb.(3.105,a)**.

3. Polarkoordinaten eines Punktes P (**Abb.3.106**) bestehen aus dem *Radius* ϱ, d.h. dem Abstand des Punktes von einem gegebenen Nullpunkt, dem *Pol* O, und dem *Polarwinkel* φ, d.h. dem Winkel

Tabelle 3.14 Geometrische Anwendungen der Vektoralgebra

Bezeichnung	Vektorielle Formel	Koordinatenformel (in rechtwinkligen kartesischen Koordinaten)
Länge des Vektors $\vec{\mathbf{a}}$	$a = \sqrt{\vec{\mathbf{a}}^2}$	$a = \sqrt{a_x^2 + a_y^2 + a_z^2}$
Flächeninhalt des von den Vektoren $\vec{\mathbf{a}}$ und $\vec{\mathbf{b}}$ aufgespannten Parallelogramms	$S = \left\lvert\vec{\mathbf{a}} \times \vec{\mathbf{b}}\right\rvert$	$S = \sqrt{\begin{vmatrix} a_y & a_z \\ b_y & b_z \end{vmatrix}^2 + \begin{vmatrix} a_z & a_x \\ b_z & b_x \end{vmatrix}^2 + \begin{vmatrix} a_x & a_y \\ b_x & b_y \end{vmatrix}^2}$
Volumen des von den Vektoren $\vec{\mathbf{a}}$, $\vec{\mathbf{b}}$, $\vec{\mathbf{c}}$ aufgespannten Parallelepipeds	$V = \left\lvert\vec{\mathbf{a}}\vec{\mathbf{b}}\vec{\mathbf{c}}\right\rvert$	$V = \begin{vmatrix} a_x & a_y & a_z \\ b_x & b_y & b_z \\ c_x & c_y & c_z \end{vmatrix}$
Winkel zwischen den Vektoren $\vec{\mathbf{a}}$ und $\vec{\mathbf{b}}$	$\cos\varphi = \dfrac{\vec{\mathbf{a}}\vec{\mathbf{b}}}{\sqrt{\vec{\mathbf{a}}^2\vec{\mathbf{b}}^2}}$	$\cos\varphi = \dfrac{a_xb_x + a_yb_y + a_zb_z}{\sqrt{a_x^2 + a_y^2 + a_z^2}\sqrt{b_x^2 + b_y^2 + b_z^2}}$

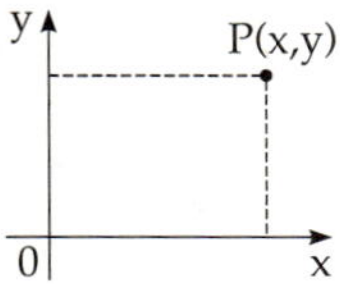

Abbildung 3.104

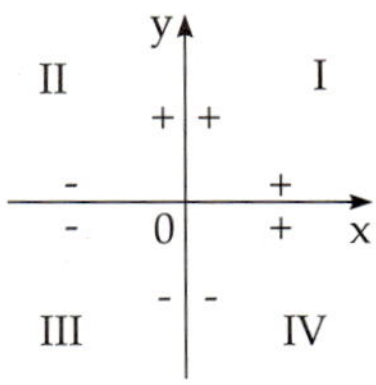

a)

	I	II	III	IV
x	+	-	-	+
y	+	+	-	-

b)

Abbildung 3.105

zwischen der Geraden OP und einem gegebenen, durch den Pol hindurchgehenden orientierten Strahl, der *Polarachse.* Der Nullpunkt kann auch Koordinatenursprung genannt werden. Der Polarwinkel ist positiv, wenn er im entgegengesetzten Drehsinn des Uhrzeigers von der Polarachse aus gemessen wird; im entgegengesetzten Falle ist er negativ.

4. Krummlinige Koordinaten bestehen aus zwei einparametrigen Kurvenscharen in der Ebene, den Koordinatenlinien-Scharen (**Abb.3.107**). Durch jeden Punkt der Ebene geht dabei jeweils nur eine Kurve jeder Schar hindurch, die sich in diesem Punkt schneiden. Die Parameter, die diesem Punkt entsprechen, sind seine *krummlinigen Koordinaten.* In **Abb.3.107** besitzt der Punkt M die krummlinigen Koordinaten $u = a_1$ und $v = b_3$. Im Unterschied zu den krummlinigen Koordinaten sind im kartesischen Koordinatensystem die Koordinatenlinien Geraden, die parallel zu den Koordinatenachsen liegen, im Polarkoordinatensystem sind es konzentrische Kreise um den Pol und die vom Pol ausgehenden Strahlen.

5. Koordinatentransformationen Beim Übergang von einem kartesischen Koordinatensystem zu einem anderen ändern sich die Koordinaten nach den folgenden Regeln:

1. Parallelverschiebung der Koordinatenachsen um den Abszissen- bzw. Ordinatenabschnitt a, b (**Abb.3.108**), so daß für die Koordinaten x, y vor der Verschiebung, x', y' nach der Verschiebung und für die Koordinaten a, b des neuen Koordinatenursprungs $0'$ im alten Koordinatensystem vor der

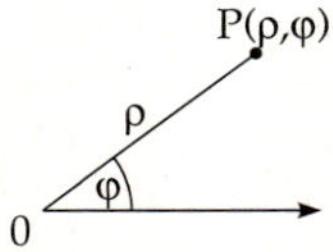

Abbildung 3.106

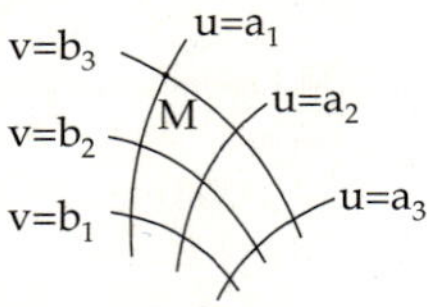

Abbildung 3.107

Verschiebung gilt:

$$x = x' + a\,, \quad y = y' + b\,, \tag{3.234a}$$

$$x' = x - a\,, \quad y' = y - b\,. \tag{3.234b}$$

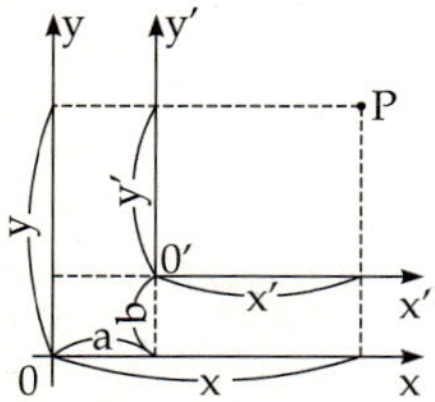

Abbildung 3.108

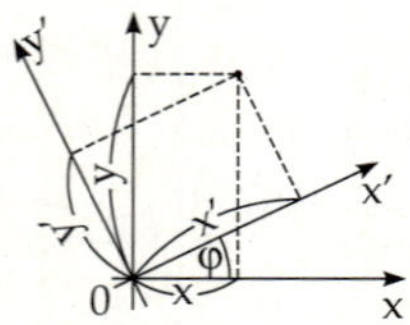

Abbildung 3.109

2. Drehung der Koordinatenachsen um den Winkel φ **(Abb. 3.109)**, so daß gilt:

$$x = x'\cos\varphi - y'\sin\varphi\,, \quad y = x'\sin\varphi + y'\cos\varphi\,, \tag{3.235a}$$

$$x' = x\cos\varphi + y\sin\varphi\,, \quad y' = -x\sin\varphi + y\cos\varphi\,. \tag{3.235b}$$

Allgemein betrachtet läßt sich ein Übergang von einem Koordinatensystem in ein anderes durch eine Transformation durchführen, die aus einer Translation und einer Drehung der Koordinatenachsen besteht. Die zum System (3.235a,b) gehörende Koeffizientenmatrix

$$\begin{pmatrix} \cos\varphi & -\sin\varphi \\ \sin\varphi & \cos\varphi \end{pmatrix} \tag{3.235c}$$

wird *Drehungsmatrix* genannt.

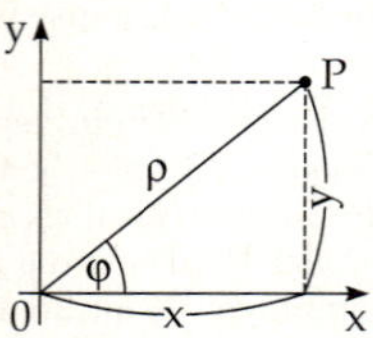

Abbildung 3.110

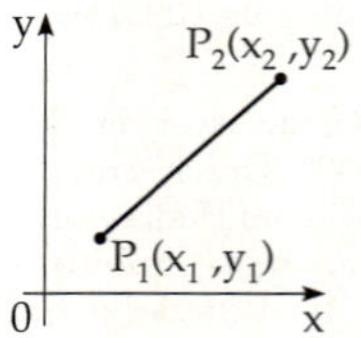

Abbildung 3.111

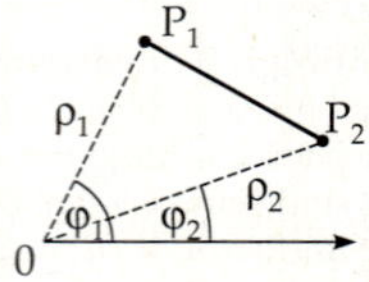

Abbildung 3.112

6. Übergang von kartesischen Koordinaten zu Polarkoordinaten und umgekehrt Er wird mit den folgenden Formeln vollzogen, wobei Koordinatenursprung und Pol sowie Abszissenachse und Polarachse zusammenfallen sollen **(Abb.3.110)**:

$$x = \varrho\cos\varphi \quad y = \varrho\sin\varphi \quad (0 \le \varphi < 2\pi, \quad \varrho \ge 0); \tag{3.236a}$$

$$\varrho = \sqrt{x^2 + y^2}\,, \qquad (3.236b) \qquad \varphi = \begin{cases} \arctan \dfrac{y}{x} + \pi & \text{für } x < 0, \\ \arctan \dfrac{y}{x} & \text{für } x > 0, \\ \dfrac{\pi}{2} & \text{für } x = 0 \text{ und } y > 0, \\ -\dfrac{\pi}{2} & \text{für } x = 0 \text{ und } y < 0, \\ \text{unbestimmt} & \text{für } x = y = 0. \end{cases} \qquad (3.236c)$$

7. Abstand zwischen zwei Punkten Sind die Punkte in kartesischen Koordinaten $P_1\,(x_1, y_1)$ und $P_2\,(x_2, y_2)$ gegeben **(Abb.3.111)**, dann ist

$$d = \sqrt{(x_2 - x_1)^2 + (y_2 - y_1)^2}\,, \qquad (3.237)$$

sind sie als $P_1\,(\varrho_1, \varphi_1)$ und $P_2\,(\varrho_2, \varphi_2)$ in Polarkoordinaten gegeben **(Abb.3.112)**, dann gilt

$$d = \sqrt{\varrho_1^2 + \varrho_2^2 - 2\varrho_1\varrho_2 \cos(\varphi_2 - \varphi_1)}\,. \qquad (3.238)$$

8. Teilung einer Strecke im gegebenen Verhältnis Die Koordinaten des Punktes P mit dem Teilungsverhältnis $\dfrac{\overline{P_1P}}{\overline{PP_2}} = \dfrac{m}{n} = \lambda$ **(Abb.3.113a)** werden mit den Formeln

$$x = \frac{nx_1 + mx_2}{n+m} = \frac{x_1 + \lambda x_2}{1+\lambda}\,, \qquad (3.239a) \qquad y = \frac{ny_1 + my_2}{n+m} = \frac{y_1 + \lambda y_2}{1+\lambda}\,. \qquad (3.239b)$$

berechnet. Für den *Mittelpunkt* der Strecke P_1P_2 erhält man wegen $\lambda = 1$

$$x = \frac{x_1 + x_2}{2}\,, \qquad (3.239c) \qquad y = \frac{y_1 + y_2}{2}\,. \qquad (3.239d)$$

Wenn den Strecken $\overline{P_1P}$ und $\overline{PP_2}$ ein positives oder negatives Vorzeichen in Abhängigkeit davon zugeordnet wird, ob ihre Richtung mit der von $\overline{P_1P_2}$ übereinstimmt oder nicht, dann können die Formeln (3.239a,b,c,d) für $\lambda < 0$ zur Bestimmung eines Punktes dienen, der die Strecke $\overline{P_1P_2}$ im vorgegebenen Verhältnis äußerlich teilt (*äußere Teilung*), d.h. außerhalb der Strecke $\overline{P_1P_2}$ liegt. Liegt P innerhalb der Strecke $\overline{P_1P_2}$, dann spricht man von *innerer Teilung.* Man definiert
a) $\lambda = 0$, wenn $P = P_1$,
b) $\lambda = \infty$, wenn $P = P_2$ und
c) $\lambda = -1$, wenn P Fernpunkt oder uneigentlicher Punkt der Geraden g ist, d. h. wenn sich P unendlich weit von P_1P_2 auf g befindet . Den Verlauf von λ zeigt die **Abb.3.113b**.

■ Für einen Punkt P, für den P_2 in der Mitte der Strecke $\overline{P_1P}$ liegt, ist $\lambda = \dfrac{\overline{P_1P}}{\overline{PP_2}} = -2$.

9. Koordinaten des Massenmittelpunktes (Schwerpunktes) Die Koordinaten des Massenmittelpunktes eines Systems materieller Punkte $M_i\,(x_i, y_i)$ mit den Massen m_i $(i = 1, 2, \ldots, n)$ werden mit den Formeln

$$x = \frac{\sum m_i x_i}{\sum m_i}\,, \quad y = \frac{\sum m_i y_i}{\sum m_i} \qquad \text{berechnet.} \qquad (3.240)$$

10. Flächeninhalt eines Dreiecks Sind die Eckpunkte durch $P_1\,(x_1, y_1)$, $P_2\,(x_2, y_2)$ und $P_3\,(x_3, y_3)$ **(Abb.3.114)** gegeben, dann ergibt sich der Flächeninhalt gemäß

$$S = \frac{1}{2}\begin{vmatrix} x_1 & y_1 & 1 \\ x_2 & y_2 & 1 \\ x_3 & y_3 & 1 \end{vmatrix} = \frac{1}{2}\left[x_1(y_2 - y_3) + x_2(y_3 - y_1) + x_3(y_1 - y_2)\right]$$

$$= \frac{1}{2}\left[(x_1 - x_2)(y_1 + y_2) + (x_2 - x_3)(y_2 + y_3) + (x_3 - x_1)(y_3 + y_1)\right]\,. \qquad (3.241)$$

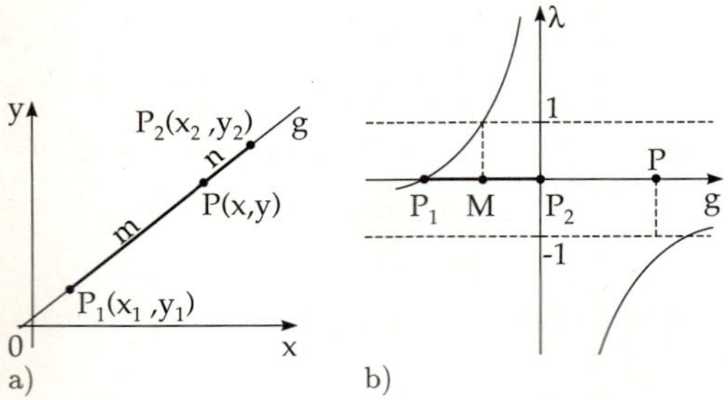

Abbildung 3.113

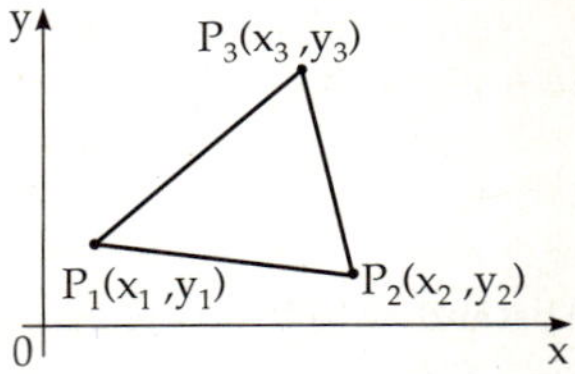

Abbildung 3.114

Drei Punkte liegen auf einer Geraden, wenn

$$\begin{vmatrix} x_1 & y_1 & 1 \\ x_2 & y_2 & 1 \\ x_3 & y_3 & 1 \end{vmatrix} = 0\,. \tag{3.242}$$

11. Flächeninhalt eines Vielecks
Sind die Eckpunkte durch $P_1\,(x_1, y_1)$, $P_2\,(x_2, y_2)$, ..., $P_n\,(x_n, y_n)$ gegeben, dann ist

$$S = \frac{1}{2}\left[(x_1 - x_2)\,(y_1 + y_2) + (x_2 - x_3)\,(y_2 + y_3) + \cdots + (x_n - x_1)\,(y_n + y_1)\right]\,. \tag{3.243}$$

Die Formeln (3.241) und (3.243) liefern einen positiven Flächeninhalt, wenn die Eckpunkte in einer Reihenfolge durchnummeriert sind, die dem entgegengesetzten Drehsinn des Uhrzeigers entspricht. Anderenfalls ist der Flächeninhalt negativ.

12. Gleichung einer Kurve Jeder Gleichung $F(x, y) = 0$ für die Koordinaten x und y entspricht eine Kurve, die die Eigenschaft hat, daß die Koordinaten jedes beliebigen Kurvenpunktes P der Gleichung genügen und daß umgekehrt jeder Punkt, dessen Koordinaten diese Gleichung erfüllen, auf der Kurve liegt. Die Menge dieser Punkte wird auch *geometrischer Ort* genannt. Wenn die Gleichung $F(x, y) = 0$ von keinem reellen Punkt der Ebene erfüllt wird, dann gibt es keine reelle Kurve.

■ **A:** $x^2 + y^2 + 1 = 0$, **B:** $y = \ln\left(1 - x^2 - \cosh x\right)$.

Man spricht von einer *algebraischen Kurve* $F(x, y) = 0$, wenn $F(x, y)$ ein Polynom ist, und nennt ihren Grad die *Ordnung der Kurve* (s. S. 50). Wenn die Gleichung der Kurve nicht auf die Form $F(x, y) = 0$ mit $F(x, y)$ als Polynom gebracht werden kann, dann spricht man von einer *transzendenten Kurve*. Die Gleichungen von Kurven in anderen Koordinatensystemen können in analoger Weise betrachtet werden. Im weiteren werden aber, falls nicht ausdrücklich darauf hingewiesen wird, nur die kartesischen Koordinaten verwendet.

3.5.2.2 Gerade

1. Gleichung der Geraden

Jede in den Koordinaten lineare Gleichung definiert eine Gerade und umgekehrt ist die Gleichung jeder beliebigen Geraden eine lineare Gleichung ersten Grades.

1. Allgemeine Geradengleichung

$$Ax + By + C = 0\,. \tag{3.244}$$

Für $A = 0$ **(Abb.3.115)** ist die Gerade eine Parallele zur x–Achse, für $B = 0$ eine Parallele zur y–Achse, für $C = 0$ verläuft die Gerade durch den Koordinatenursprung.

2. Geradengleichung mit Richtungskoeffizient Jede Gerade, die nicht parallel zur y–Achse verläuft, kann durch eine Gleichung der Form

$$y = kx + b \tag{3.245}$$

dargestellt werden. Die Größe k wird *Richtungskoeffizient* der Geraden genannt; er ist gleich dem Tangens des Winkels, den die Gerade mit der positiven Richtung der x–Achse einschließt **(Abb.3.116)**. Die Strecke b wird von der Geraden auf der y–Achse abgeschnitten. Sie kann ebenso wie der Tangens je nach Lage unterschiedliches Vorzeichen besitzen.

3. Geradengleichung durch einen vorgegebenen Punkt Die Gleichung einer Geraden, welche durch einen vorgegebenen Punkt $P_1(x_1, y_1)$ in vorgegebener Richtung verläuft **(Abb.3.117)**, lautet

$$y - y_1 = k(x - x_1) \,, \quad \text{mit} \quad k = \tan\delta \,. \tag{3.246}$$

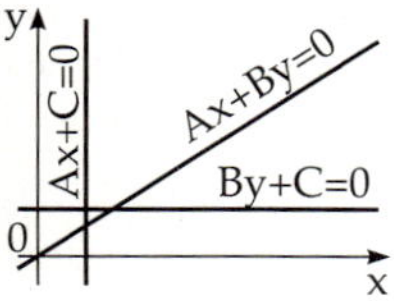

Abbildung 3.115

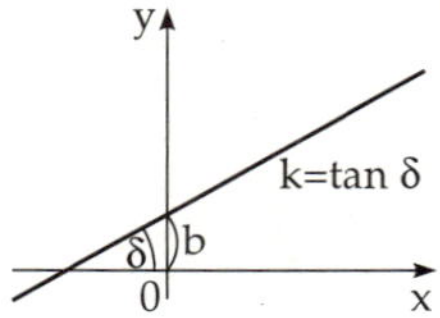

Abbildung 3.116

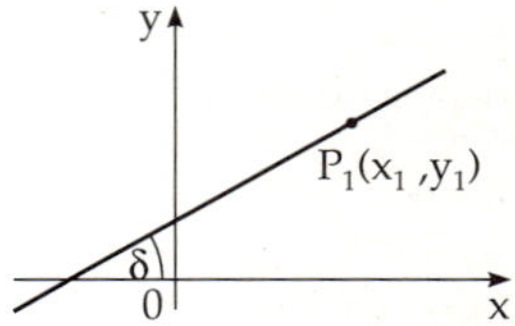

Abbildung 3.117

4. Geradengleichung für zwei vorgegebene Punkte Sind zwei Geradenpunkte $P_1(x_1, y_1)$, $P_2(x_2, y_2)$ vorgegeben **(Abb.3.118)**, dann lautet die Geradengleichung

$$\frac{y - y_1}{y_2 - y_1} = \frac{x - x_1}{x_2 - x_1} \,. \tag{3.247}$$

5. Geradengleichung in Achsenabschnittsform Wenn eine Gerade auf den Achsen jeweils die Strecken a und b abschneidet, wobei das Vorzeichen zu berücksichtigen ist, dann lautet ihre Gleichung **(Abb.3.119)**

$$\frac{x}{a} + \frac{y}{b} = 1 \,. \tag{3.248}$$

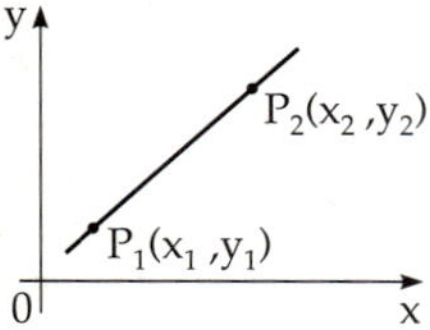

Abbildung 3.118

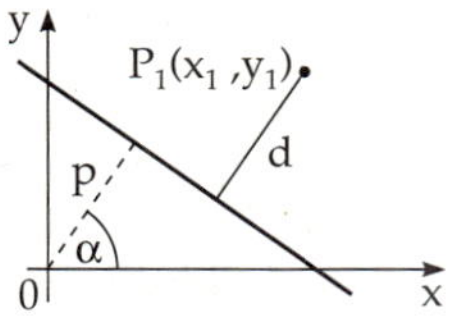

Abbildung 3.119

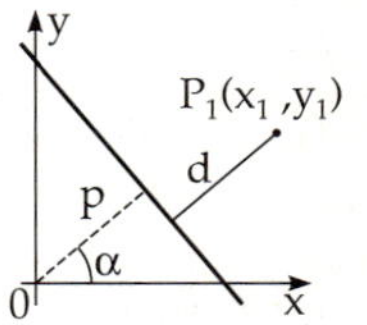

Abbildung 3.120

6. Normalform der Geradengleichung (auch HESSE*sche Normalform*) Mit p als Abstand der Geraden vom Koordinatenursprung und α als der Winkel, den die x-Achse und die vom Koordinatenursprung auf die Gerade gefällte Normale einschließen **(Abb.3.120)**, mit $p > 0$ und $0 \leq \alpha < 2\pi$ lautet die HESSEsche Normalform

$$x\cos\alpha + y\sin\alpha - p = 0 \,. \tag{3.249}$$

Man kann die HESSEsche Normalform aus der allgemeinen Geradengleichung durch Multiplikation mit dem *Normierungsfaktor*

$$\mu = \pm\frac{1}{\sqrt{A^2 + B^2}} \tag{3.250}$$

herleiten. Das Vorzeichen von μ muß entgegengesetzt zu dem von C gewählt werden.

7. Geradengleichung in Polarkoordinaten (Abb.3.121) Mit p als Abstand vom Pol zur Geraden (Normalenstrecke vom Pol zur Geraden) und α als Winkel zwischen Polarachse und der vom Pol auf die Gerade gefällten Normalen gilt

$$\varrho = \frac{p}{\cos(\varphi - \alpha)} . \tag{3.251}$$

2. Abstand eines Punktes von einer Geraden

Man erhält den Abstand d eines Punktes $P_1(x_1, y_1)$ von einer Geraden **(Abb.3.120)** aus der HESSEschen Normalform durch Einsetzen der Koordinaten des gegebenen Punktes in die linke Seite von (3.249):

$$d = x_1 \cos\alpha + y_1 \sin\alpha - p . \tag{3.252}$$

Wenn P_1 und der Koordinatenursprung auf verschiedenen Seiten der Geraden liegen, ist $d > 0$, anderenfalls ist $d < 0$.

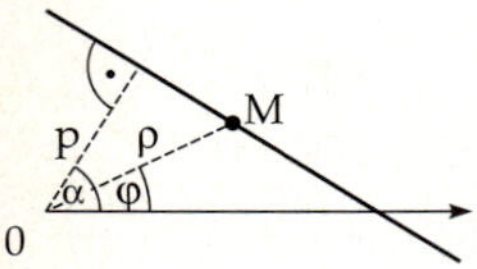

Abbildung 3.121

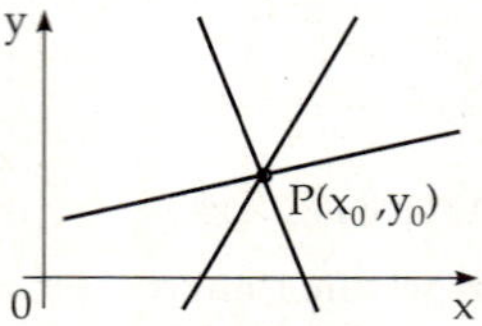

Abbildung 3.122

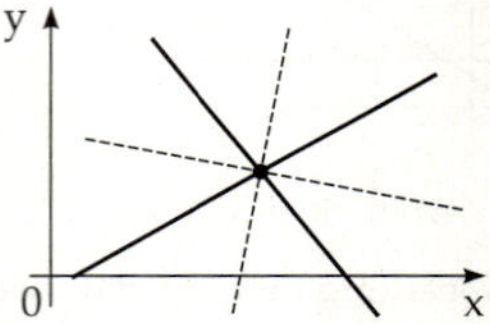

Abbildung 3.123

3. Schnittpunkt von Geraden

1. Schnittpunkt zweier Geraden Um die Koordinaten (x_0, y_0) des Schnittpunktes zweier Geraden zu berechnen, ist die Lösung des aus ihren Gleichungen zu bildenden Gleichungssystems zu berechnen. Wenn die Geraden durch die Gleichungen

$$A_1x + B_1y + C_1 = 0 , \quad A_2x + B_2y + C_2 = 0 \tag{3.253a}$$

gegeben sind, dann gilt

$$x_0 = \frac{\begin{vmatrix} B_1 & C_1 \\ B_2 & C_2 \end{vmatrix}}{\begin{vmatrix} A_1 & B_1 \\ A_2 & B_2 \end{vmatrix}} , \quad y_0 = \frac{\begin{vmatrix} C_1 & A_1 \\ C_2 & A_2 \end{vmatrix}}{\begin{vmatrix} A_1 & B_1 \\ A_2 & B_2 \end{vmatrix}} . \tag{3.253b}$$

Wenn $\begin{vmatrix} A_1 & B_1 \\ A_2 & B_2 \end{vmatrix} = 0$ ist, dann sind die Geraden parallel. Ist $\frac{A_1}{A_2} = \frac{B_1}{B_2} = \frac{C_1}{C_2}$, dann fallen die Geraden zusammen.

2. Geradenbüschel Wenn eine dritte Gerade mit der Gleichung

$$A_3x + B_3y + C_3 = 0 \tag{3.254a}$$

durch den Schnittpunkt der ersten beiden Geraden gehen soll **(Abb.3.122)**, dann muß die Bedingung

$$\begin{vmatrix} A_1 & B_1 & C_1 \\ A_2 & B_2 & C_2 \\ A_3 & B_3 & C_3 \end{vmatrix} = 0 \tag{3.254b}$$

erfüllt sein. Die Gleichung einer Geraden, die durch den Schnittpunkt zweier anderer Geraden hindurchgeht, die Gleichung des Geradenbüschels mit dem Parameter λ, lautet

$$(A_1x + B_1y + C_1) + \lambda(A_2x + B_2y + C_2) = 0 . \tag{3.254c}$$

Für die Werte von λ zwischen $-\infty$ und $+\infty$ können alle Geraden des Büschels erhalten werden. Wenn die Gleichungen der ersten beiden Geraden in Normalform gegeben sind, dann erhält man für $\lambda = \pm 1$ die Gleichungen der Winkelhalbierenden der von den beiden Geraden eingeschlossenen Winkel **(Abb.3.123)**.

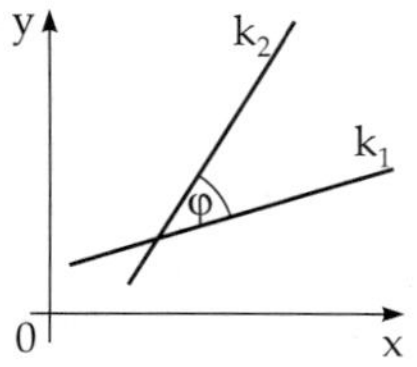

Abbildung 3.124

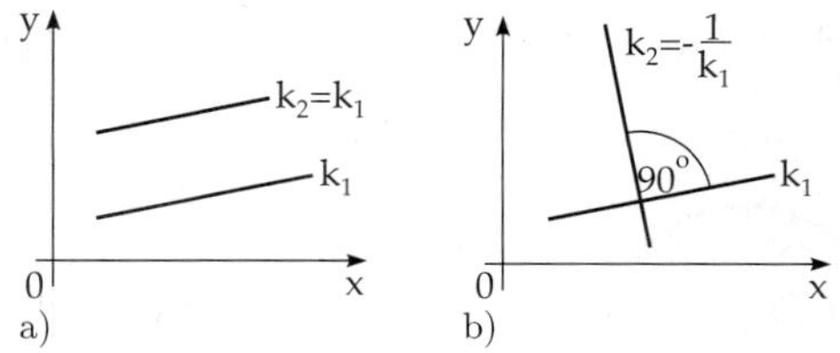

Abbildung 3.125

4. Winkel zwischen zwei Geraden

Die sich kreuzenden Geraden sind in **Abb.3.124** dargestellt. Wenn die beiden Geradengleichungen in der allgemeinen Form

$$A_1x + B_1y + C_1 = 0 \quad \text{und} \quad A_2x + B_2y + C_2 = 0 \tag{3.255a}$$

gegeben sind, dann gilt

$$\tan\varphi = \frac{A_1B_2 - A_2B_1}{A_1A_2 + B_1B_2}\,, \tag{3.255b}$$

$$\cos\varphi = \frac{A_1A_2 + B_1B_2}{\sqrt{A_1^2 + B_1^2}\sqrt{A_2^2 + B_2^2}}\,, \quad (3.255\text{c}) \qquad \sin\varphi = \frac{A_1B_2 - A_2B_1}{\sqrt{A_1^2 + B_1^2}\sqrt{A_2^2 + B_2^2}}\,. \quad (3.255\text{d})$$

Mit den Richtungskoeffizienten k_1 und k_2 ergibt sich

$$\tan\varphi = \frac{k_2 - k_1}{1 + k_1k_2}\,, \tag{3.255e}$$

$$\cos\varphi = \frac{1 + k_1k_2}{\sqrt{1 + k_1^2}\sqrt{1 + k_2^2}}\,, \quad (3.255\text{f}) \qquad \sin\varphi = \frac{k_2 - k_1}{\sqrt{1 + k_1^2}\sqrt{1 + k_2^2}}\,. \quad (3.255\text{g})$$

Dabei wird der Winkel φ von einer Geraden zur zweiten im entgegengesetzten Drehsinn des Uhrzeigers gemessen.

Für *parallele Geraden* (**Abb.3.125a**) ist $\dfrac{A_1}{A_2} = \dfrac{B_1}{B_2}$ oder $k_1 = k_2$. Für *senkrechte Geraden* (**Abb.3.125b**) ist $A_1A_2 + B_1B_2 = 0$ oder $k_2 = -1/k_1$.

3.5.2.3 Kreis

1. Gleichung des Kreises in kartesischen Koordinaten Die Gleichung des Kreises lautet in kartesischen Koordinaten für den Fall (**Abb.3.126a**), daß der Kreismittelpunkt im Koordinatenursprung liegt

$$x^2 + y^2 = R^2\,. \tag{3.256a}$$

Liegt der Mittelpunkt im Punkt $C(x_0, y_0)$ **Abb.3.126b**, dann ergibt sich

$$(x - x_0)^2 + (y - y_0)^2 = R^2\,. \tag{3.256b}$$

Die allgemeine Gleichung zweiten Grades

$$ax^2 + 2bxy + cy^2 + 2dx + 2ey + f = 0 \tag{3.257a}$$

liefert dann und nur dann einen Kreis, wenn $b = 0$ und $a = c$. Für diesen Fall kann die Gleichung stets auf die Form

$$x^2 + y^2 + 2mx + 2ny + q = 0 \tag{3.257b}$$

gebracht werden. Für den Radius und die Koordinaten des Mittelpunktes gilt dann

$$R = \sqrt{m^2 + n^2 - q}\,, \quad (3.258\text{a}) \qquad x_0 = -m\,, \quad y_0 = -n\,. \quad (3.258\text{b})$$

Für $q > m^2 + n^2$ liefert die Gleichung keine reelle Kurve, für $q = m^2 + n^2$ ergibt sich ein einziger Punkt $M\,(x_0, y_0)$.

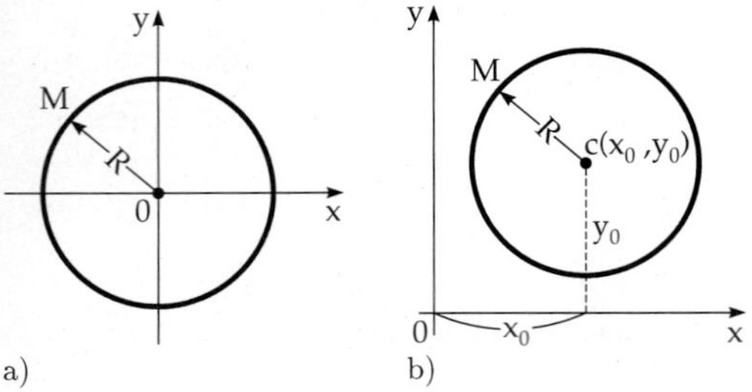

Abbildung 3.126

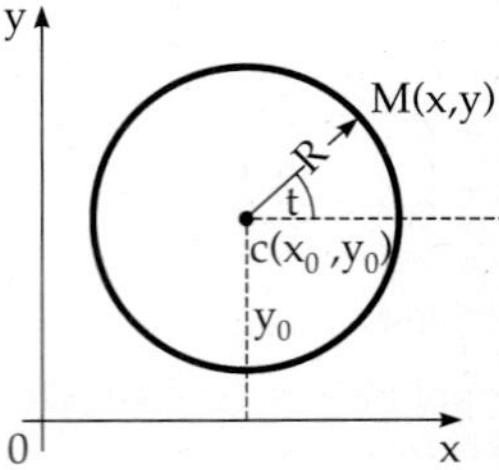

Abbildung 3.127

2. Parameterdarstellung des Kreises

$$x = x_0 + R\cos t\,, \quad y = y_0 + R\sin t\,, \tag{3.259}$$

wobei t der Winkel zwischen dem beweglichen Radius und der positiven Richtung der x–Achse ist **(Abb.3.127)**.

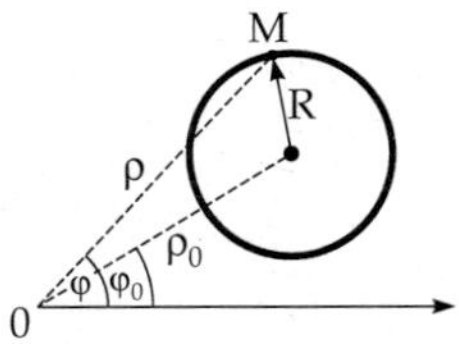

Abbildung 3.128

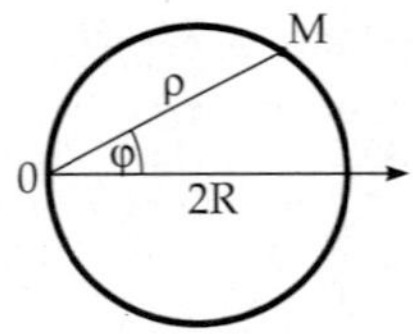

Abbildung 3.129

3. Kreisgleichung in Polarkoordinaten ganz allgemein gemäß **Abb.3.128**

$$\varrho^2 - 2\varrho\varrho_0\cos(\varphi - \varphi_0) + \varrho_0^2 = R^2\,. \tag{3.260a}$$

Wenn der Kreismittelpunkt auf der Polarachse liegt und der Kreis durch den Koordinatenursprung verläuft **(Abb.3.129)**, dann vereinfacht sich die Gleichung zu

$$\varrho = 2R\cos\varphi\,. \tag{3.260b}$$

3.5.2.4 Ellipse

1. Elemente der Ellipse Es sind in **Abb.3.130** $\overline{AB} = 2a$ die *große Achse*, $\overline{CD} = 2b$ die *kleine Achse*, A, B, C, D die *Scheitel* , F_1, F_2 die *Brennpunkte* mit dem Abstand $c = \sqrt{a^2 - b^2}$ auf beiden Seiten des Mittelpunktes, $\epsilon = c/a < 1$ die *numerische Exzentrizität* und $p = b^2/a$ der *Halbparameter*, d.h. die halbe Länge der durch einen Brennpunkt parallel zur kleinen Achse gezogenen Sehne.

2. Gleichung der Ellipse Die Ellipsengleichung lautet in der Normalform, d.h. für zusammenfallende Koordinaten- und Ellipsenachsen

$$\frac{x^2}{a^2} + \frac{y^2}{b^2} = 1\,, \tag{3.261a}$$

in der Parameterform $\quad x = a\cos t\,, \quad y = b\sin t$ $\hfill$ (3.261b)

und in Polarkoordinaten s.S. 174.

3. Brennpunktseigenschaften der Ellipse, Definition der Ellipse Die Ellipse ist der geometrische Ort aller Punkte, für die die Summe der Abstände von zwei gegebenen festen Punkten, den

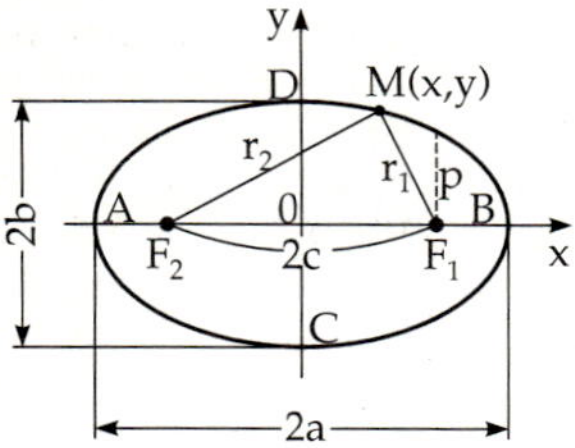

Abbildung 3.130

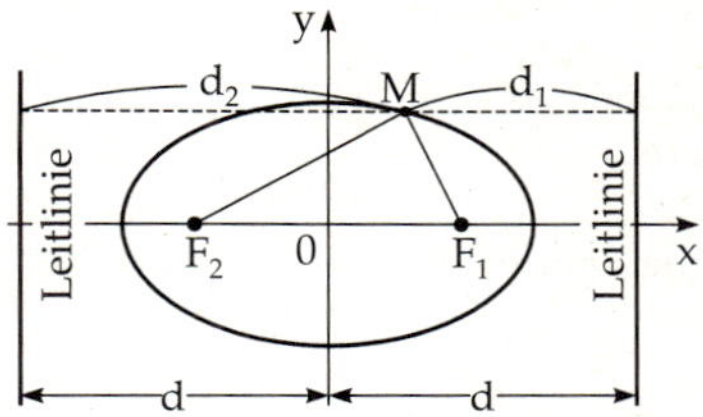

Abbildung 3.131

Brennpunkten, konstant gleich $2a$ ist. Jeder dieser Abstände, die auch Brennpunktradiusvektor eines Ellipsenpunktes genannt werden, berechnet sich als Funktion von der Abszissenkoordinate x gemäß

$$r_1 = MF_1 = a - ex\ , \quad r_2 = MF_2 = a + ex\ , \quad r_1 + r_2 = 2a\ . \tag{3.262}$$

In dieser und in den weiteren Formeln mit kartesischen Koordinaten wird angenommen, daß die Ellipse in der Normalform gegeben ist.

4. Leitlinien der Ellipse sind Geraden parallel zur kleinen Achse im Abstand $d = a/e$ **(Abb.3.131)**. Jeder beliebige Ellipsenpunkt $M(x, y)$ unterliegt der *Leitlinieneigenschaft der Ellipse* (s.S. 173)

$$\frac{r_1}{d_1} = \frac{r_2}{d_2}\ . \tag{3.263}$$

5. Durchmesser der Ellipse werden Sehnen genannt, die durch den Ellipsenmittelpunkt gehen und von diesem halbiert werden **(Abb.3.132)**. Der geometrische Ort der Mittelpunkte aller Sehnen, die zu einem Ellipsendurchmesser parallel sind, ist wieder ein Durchmesser, ein *konjugierter Durchmesser* zum ersten. Für k und k' als Richtungskoeffizienten zweier konjugierter Durchmesser gilt

$$kk' = \frac{-b^2}{a^2}\ . \tag{3.264}$$

Wenn $2a_1$ und $2b_1$ die Längen zweier konjugierter Durchmesser sind und α sowie β die spitzen Winkel zwischen den Durchmessern und der großen Achse, wobei $k = -\tan\alpha$ und $k' = \tan\beta$ ist, dann gilt der *Satz des* APOLLONIUS in der Form

$$a_1 b_1 \sin(\alpha + \beta) = ab\ , \qquad a_1^2 + b_1^2 = a^2 + b^2\ . \tag{3.265}$$

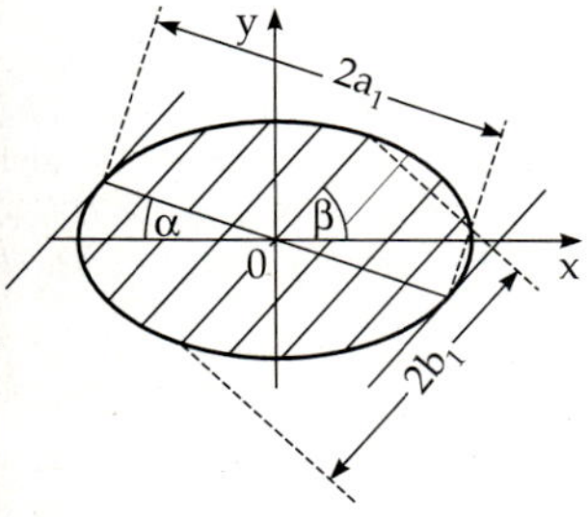

Abbildung 3.132

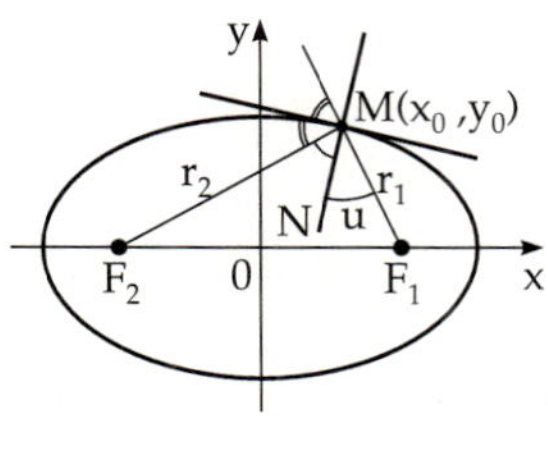

Abbildung 3.133

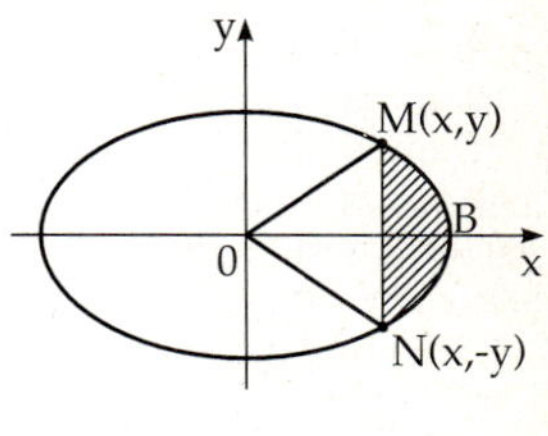

Abbildung 3.134

6. Tangenten an die Ellipse im Punkt $M(x_0, y_0)$ beschreibt die Gleichung

$$\frac{xx_0}{a^2} + \frac{yy_0}{b^2} = 1\ . \tag{3.266}$$

Normale und Tangente an die Ellipse **(Abb.3.133)** sind jeweils Winkelhalbierende des inneren und äußeren Winkels zwischen den von den Brennpunkten zum Berührungspunkt M weisenden Radiusvektoren. Die Gerade $Ax + By + C = 0$ ist eine Tangente an die Ellipse, wenn die Gleichung

$$A^2a^2 + B^2b^2 - C^2 = 0 \qquad (3.267)$$

erfüllt ist.

7. Krümmungsradius der Ellipse (Abb.3.133) Mit u als Winkel zwischen der Tangente und dem Radiusvektor des Berührungspunktes $M(x_0, y_0)$ gilt

$$R = a^2b^2\left(\frac{x_0^2}{a^4} + \frac{y_0^2}{b^4}\right)^{\frac{3}{2}} = \frac{(r_1r_2)^{\frac{3}{2}}}{ab} = \frac{p}{\sin^3 u}\,. \qquad (3.268)$$

In den Scheiteln A und B **(Abb.3.130)** sowie C und D ist $R = \frac{b^2}{a} = p$ bzw. $R = \frac{a^2}{b}$.

8. Flächeninhalte der Ellipse (Abb.3.134)

Ellipse: $S = \pi ab$ (3.269a)

Sektor: $BOM = \frac{ab}{2}\arccos\frac{x}{a}$ (3.269b)

Abschnitt: $MBN = ab\arccos\frac{x}{a} - xy$ (3.269c)

9. Ellipsenumfang Mit dem vollständigen elliptischen Integral zweiter Gattung $E(e) = E\left(e, \frac{\pi}{2}\right)$ erhält man

$$L = 4aE(e) = 2\pi a\left[1 - \left(\frac{1}{2}\right)^2 e^2 - \left(\frac{1\cdot 3}{2\cdot 4}\right)^2\frac{e^4}{3} - \left(\frac{1\cdot 3\cdot 5}{2\cdot 4\cdot 6}\right)^2\frac{e^6}{5} - \cdots\right]. \qquad (3.270a)$$

Setzt man $\lambda = \frac{(a-b)}{(a+b)}$, dann ist

$$L = \pi(a+b)\left[1 + \frac{\lambda^2}{4} + \frac{\lambda^4}{64} + \frac{\lambda^6}{256} + \frac{25\lambda^8}{16384} + \cdots\right] \qquad (3.270b)$$

und in Näherung

$$L = \pi\left[1{,}5(a+b) - \sqrt{ab}\right]\;;\quad L = \pi(a+b)\frac{64 - 3\lambda^4}{64 - 16\lambda^2}\,. \qquad (3.270c)$$

3.5.2.5 Hyperbel

1. Elemente der Hyperbel Es sind in **Abb.3.135** $AB = 2a$ die reelle Achse; A, B die *Scheitel* ; 0 der Mittelpunkt; F_1 und F_2 die *Brennpunkte* im Abstand $c > a$ auf der *reellen Achse* zu beiden Seiten vom Mittelpunkt; $CD = 2b = 2\sqrt{c^2 - a^2}$ die *imaginäre Achse*; $p = b^2/a$ der *Halbparameter der Hyperbel*, d.h. die halbe Länge der durch einen der Brennpunkte senkrecht zur rellen Achse gelegten Sehne; $\varepsilon = c/a > 1$ die *numerische Exzentrizität* .

2. Gleichung der Hyperbel Die Hyperbelgleichung lautet in der *Normalform*, d.h. für zusammenfallende $x-$ und reelle Achse

$$\frac{x^2}{a^2} - \frac{y^2}{b^2} = 1\,, \qquad (3.271a)$$

in Parameterform $x = a\cosh t = a\sec t\,,\quad y = b\sinh t = b\tan t$ (3.271b)

und in Polarkoordinaten s.S. 174.

3. Brennpunktseigenschaften der Hyperbel, Definition der Hyperbel Die Hyperbel ist der geometrische Ort aller Punkte, für die die Differenz der Abstände von zwei gegebenen festen Punkten, den Brennpunkten, konstant gleich $2a$ ist. Punkte, mit $r_1 - r_2 = 2a$ gehören einem Zweig an (in

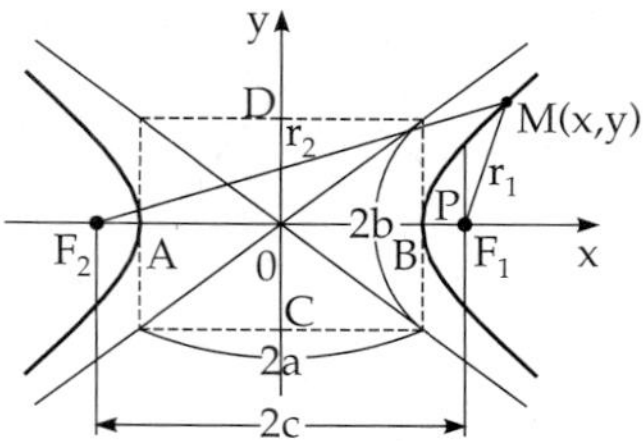

Abbildung 3.135

Abb.3.135 dem linken), andere mit $r_2 - r_1 = 2a$ dem zweiten (in **Abb.3.135** dem rechten). Jeder dieser Abstände, die auch *Brennpunktradiusvektor* genannt werden, berechnet sich aus

$$r_1 = \pm(ex - a)\ ; \quad r_2 = \pm(ex + a)\ ; \quad r_2 - r_1 = \pm 2a\ , \tag{3.272}$$

wobei das obere Vorzeichen für den linken, das untere für den rechten Zweig gilt. In diesen und den folgenden Hyperbelformeln, mit kartesischen Koordinaten, wird angenommen, daß die Hyperbel in der Normalform angegeben ist.

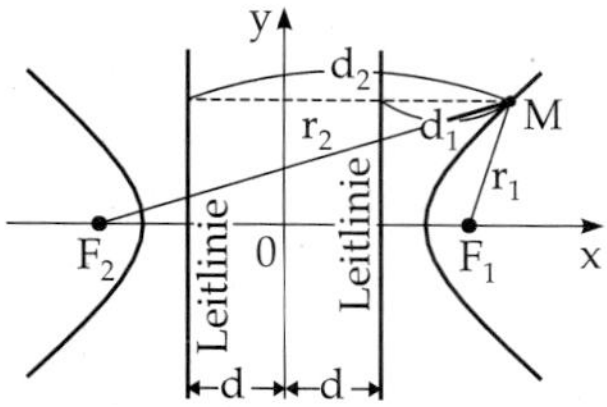

Abbildung 3.136

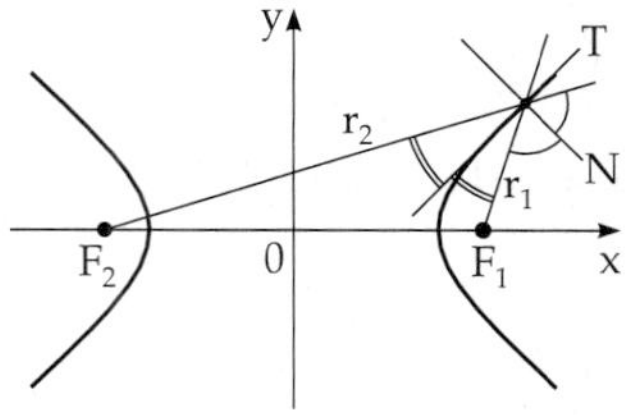

Abbildung 3.137

4. Leitlinien der Hyperbel sind senkrecht auf der rellen Achse im Abstand $d = a/c$ vom Mittelpunkt stehende Geraden **(Abb.3.136)**. Jeder beliebige Hyperbelpunkt $M(x, y)$ unterliegt der Leitlinieneigenschaft der Hyperbel (s.S. 173)

$$\frac{r_1}{d_1} = \frac{r_2}{d_2} = e\ . \tag{3.273}$$

5. Tangenten an die Hyperbel im Punkt $M(x_0, y_0)$ beschreibt die Gleichung

$$\frac{xx_0}{a_2} - \frac{yy_0}{b_2} = 1\ . \tag{3.274}$$

Normale und Tangente an die Hyperbel **(Abb.3.137)** sind jeweils Winkelhalbierende des inneren bzw. äußeren Winkels zwischen den von den Brennpunkten zum Berührungspunkt M weisenden Radiusvektoren. Die Gerade $Ax + By + C = 0$ ist eine Tangente, wenn die Gleichung

$$A^2a^2 - B^2b^2 - C^2 = 0 \tag{3.275}$$

erfüllt ist.

6. Asymptoten der Hyperbel sind Geraden **(Abb.3.138)**, die sich den Hyperbelzweigen für $x \to \infty$ unbegrenzt nähern (Definition der Asymptoten s. S. 203). Der Richtungskoeffizient der Asymptoten ist $k = \pm\tan\delta = \pm b/a$. Die Gleichung beider Asymptoten lautet

$$y = \pm\left(\frac{b}{a}\right)x\ . \tag{3.276}$$

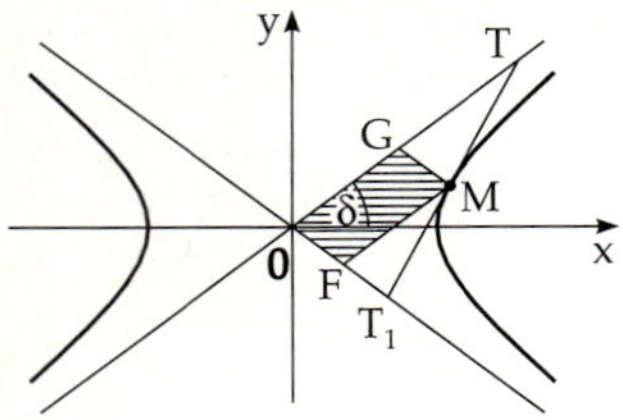

Abbildung 3.138

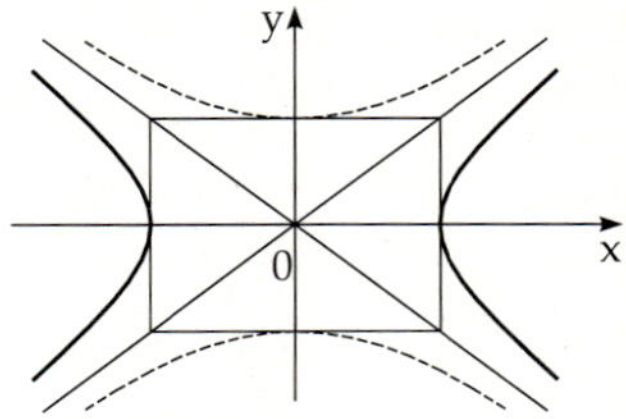

Abbildung 3.139

Die Asymptoten bilden gemeinsam mit der Tangente an einen Punkt M das *Tangentenstück der Hyperbel*, d.h. die Strecke $\overline{TT_1}$ **(Abb.3.138)**. Das Tangentenstück wird durch den Berührungspunkt M halbiert, so daß $\overline{TM} = \overline{T_1M}$ ist. Den Flächeninhalt des Dreiecks TOT_1 zwischen der Tangente und beiden Asymptoten berechnet man für jeden Berührungspunkt M gemäß

$$S_D = ab\ . \tag{3.277}$$

Der Flächeninhalt des Parallelogramms $\overline{OFFM}$, das von den Asymptoten und zwei zu ihnen vom Punkt M ausgehenden Parallelen gebildet wird, beträgt

$$S_P = \frac{(a^2+b^2)}{4} = \frac{c^2}{4}\ . \tag{3.278}$$

7. Konjugierte Hyperbeln (Abb.3.139) haben die Gleichungen

$$\frac{x^2}{a^2} - \frac{y^2}{b^2} = 1 \quad \text{und} \quad \frac{y^2}{b^2} - \frac{x^2}{a^2} = 1\ , \tag{3.279}$$

wobei die zweite in **Abb.3.139** gestrichelt dargestellt ist, und besitzen gemeinsame Asymptoten derart, daß die reelle Achse der einen die imaginäre Achse der anderen ist und umgekehrt.

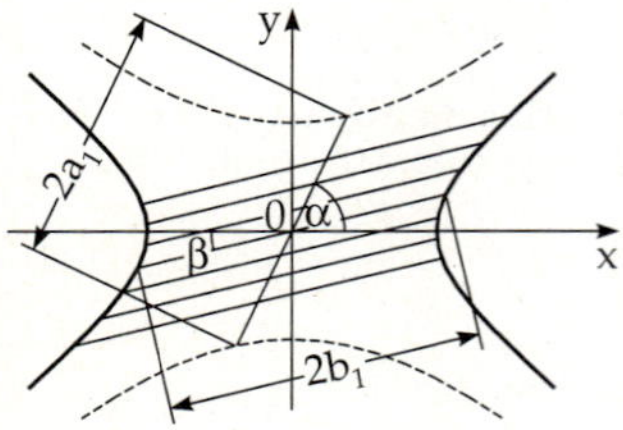

Abbildung 3.140

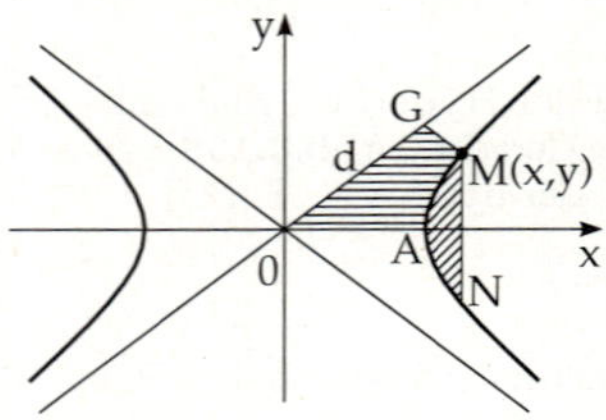

Abbildung 3.141

8. Durchmesser der Hyperbel (Abb.3.140) werden alle *Sehnen* zwischen den zwei Ästen einer Hyperbel genannt, die durch den gemeinsamen Mittelpunkt verlaufen, der sie halbiert. Zwei Durchmesser, die zu einer Hyperbel und ihrer konjugierten Hyperbel gehören, mit den Richtungskoeffizienten k und k' werden konjugiert genannt, wenn $kk' = b^2/a^2$ ist. Von jedem der beiden *konjugierten Durchmesser* werden die Sehnen der gegebenen bzw. der zu ihr konjugierten Hyperbel, die parallel zu dem anderen Durchmesser verlaufen, in zwei gleiche Teile geteilt **(Abb.3.140)**. Von zwei konjugierten Durchmessern schneidet nur der mit $|k| < b/a$ die Hyperbel. Die dabei entstehende Sehne, ein Durchmesser im engeren Sinne des Wortes, wird im Hyperbelmittelpunkt halbiert. Wenn $2a_1$ bzw. $2b_1$ die Längen zweier konjugierter Durchmesser sind und α bzw. $\beta < \alpha$ die spitzen Winkel, die diese Durchmesser mit der reellen Achse bilden, dann gilt

$$a_1^2 - b_1^2 = a^2 - b^2\ ; \quad ab = a_1 b_1 \sin(\alpha - \beta)\ . \tag{3.280}$$

9. Krümmungsradius der Hyperbel Im Punkt $M(x_0, y_0)$ hat die Hyperbel den Krümmungsradius

$$R = a^2b^2\left(\frac{x_0^2}{a^4} + \frac{y_0^2}{b^4}\right)^{3/2} = \frac{r_1 r_2{}^{3/2}}{ab} = \frac{p}{\sin^3 u}\,, \tag{3.281a}$$

wobei u der Winkel zwischen der Tangente und dem Radiusvektor des Berührungspunktes ist. In den Scheiteln A und B gilt

$$R = p = \frac{b^2}{a}\,. \tag{3.281b}$$

10. Flächeninhalte in der Hyperbel
Hyperbelsegment AMN **(Abb.3.141)**:

$$S_{AMN} = xy - ab\ln\left(\frac{x}{a} + \frac{y}{b}\right) = xy - ab\,\mathrm{Arcosh}\,\frac{x}{a}\,. \tag{3.282a}$$

Fläche $OAMG$, wobei die Strecke $\overline{MG}$ parallel zur unteren Asymptote verläuft, c der Brennpunktsabstand und $d = \overline{OG}$ ist:

$$S_{OAMG} = \frac{ab}{4} + \frac{ab}{2}\ln\frac{2d}{c}\,. \tag{3.282b}$$

11. Gleichseitige Hyperbeln zeichnen sich durch gleich große Achsen $a = b$ aus, so daß ihre Gleichung lautet

$$x^2 - y^2 = a^2\,. \tag{3.283a}$$

Die Asymptoten der gleichseitigen Hyperbel stehen senkrecht aufeinander. Wenn die Asymptoten mit den Koordinatenachsen zusammenfallen **(Abb.3.142)**, dann lautet die Gleichung

$$xy = \frac{a^2}{2}\,. \tag{3.283b}$$

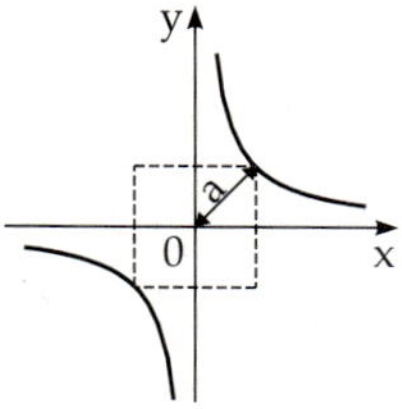

Abbildung 3.142

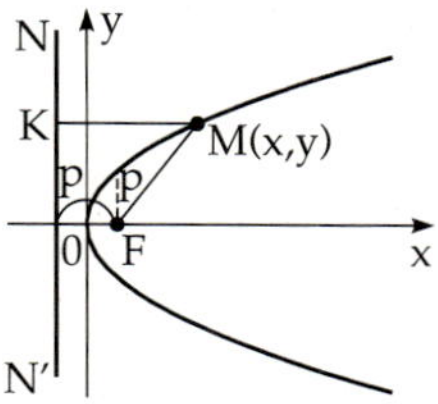

Abbildung 3.143

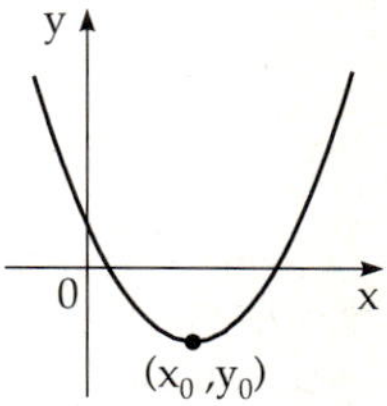

Abbildung 3.144

3.5.2.6 Parabel

1. Elemente der Parabel In **Abb.3.143** ist die x–Achse mit der *Parabelachse* identisch, O ist der *Scheitel der Parabel*, F der *Brennpunkt der Parabel*, der sich im Abstand $p/2$ vom Koordinatenursprung auf der x–Achse befindet, wobei p *Halbparameter der Parabel* genannt wird, NN' ist die *Leitlinie*, d.h. eine Gerade, die senkrecht auf der Parabelachse steht und diese im Abstand $p/2$ auf der dem Brennpunkt entgegengesetzten Seite schneidet. Somit ist der Halbparameter auch gleich der halben Länge der Sehne, die im Brennpunkt senkrecht auf der Achse steht. Die *numerische Exzentrizität der Parabel* ist gleich eins (s. S. 173).

2. Gleichung der Parabel Wenn der Koordinatenursprung in den Scheitel der Parabel gelegt wird, die x–Achse mit der Parabelachse zusammenfällt und der Parabelscheitel nach links weisen soll, dann lautet die *Normalform der Parabelgleichung*

$$y^2 = 2px\,. \tag{3.284}$$

Die Gleichung der Parabel in Polarkoordinaten s.S. 174. Für Parabeln mit vertikaler Achse **(Abb.3.144)** lautet die Parabelgleichung

$$y = ax^2 + bx + c\,. \tag{3.285a}$$

Der Parameter dieser so gegebenen Parabel ist $p = \dfrac{1}{2|a|}$. (3.285b)

Ist $a > 0$, so ist die Parabel nach oben geöffnet, für $a < 0$ ist sie nach unten geöffnet. Die Koordinaten des Scheitels sind

$$x_0 = -\frac{b}{2a}, \quad y_0 = \frac{4ac - b^2}{4a}\,. \tag{3.285c}$$

3. Haupteigenschaft der Parabel (Definition der Parabel) Die Parabel ist der geometrische Ort aller Punkte $M(x, y)$, die von einem festen Punkt, dem Brennpunkt, und einer festen Geraden, der Leitlinie, gleich große Entfernung besitzen **(Abb.3.143)**. Hier und in den folgenden Formeln in kartesischen Koordinaten wird die Normalform der Parabelgleichung angenommen. Dann ist

$$\overline{MF} = \overline{MK} = x + \frac{p}{2}, \tag{3.286}$$

wobei $\overline{MF}$ der vom Brennpunkt ausgehende Radiusvektor des Parabelpunktes ist.

4. Durchmesser der Parabel wird eine Gerade genannt, die parallel zur Parabelachse liegt **(Abb. 3.145)**. Ein *Parabeldurchmesser* halbiert die Sehnen, die zur Tangente im Endpunkt des Durchmessers parallel liegen **(Abb.3.145)**. Mit dem Richtungskoeffizienten k der Sehnen lautet die Gleichung des Durchmessers

$$y = \frac{p}{k}\,. \tag{3.287}$$

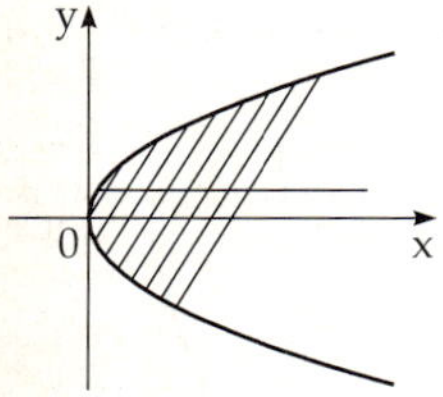

Abbildung 3.145

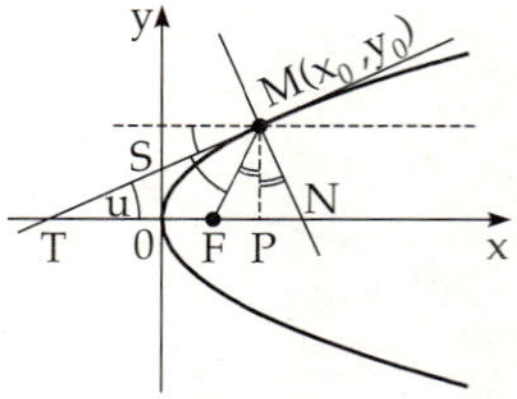

Abbildung 3.146

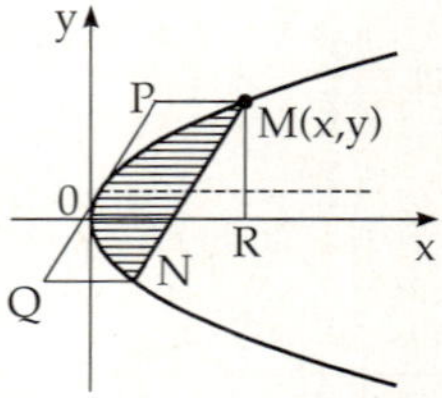

Abbildung 3.147

5. Tangente an die Parabel (Abb.3.146) Die Gleichung der Tangente an die Parabel im Punkt $M(x_0, y_0)$ lautet

$$yy_0 = p\,(x + x_0)\,. \tag{3.288}$$

Tangente und Normale der Parabel sind Winkelhalbierende für die Winkel zwischen dem vom Brennpunkt ausgehenden Radiusvektor und dem Durchmesser des Berührungspunktes. Die Strecke auf der Parabeltangente zwischen dem Berührungspunkt und dem Schnittpunkt mit der Parabelachse auf der x–Achse wird durch die Tangente im Parabelscheitel, d.h. durch die y–Achse halbiert:

$$\overline{TS} = \overline{SM}\,; \quad \overline{TO} = \overline{OP} = x_0\,; \quad \overline{PN} = p\,. \tag{3.289}$$

Eine Gerade mit der Gleichung $y = kx + b$ ist eine Tangente an die Parabel, wenn

$$p = 2bk\,. \tag{3.290}$$

6. Krümmungsradius der Parabel im Punkt $M(x_1, y_1)$ mit l_n als Normalenlänge $\overline{MN}$ **(Abb.-3.146)** allgemein

$$R = \frac{(p + 2x_1)^{3/2}}{\sqrt{p}} = \frac{p}{\sin^3 u} = \frac{l_n^3}{p^2} \tag{3.291a}$$

und im Scheitel $O \quad R = p\,.$ (3.291b)

7. Flächeninhalte in der Parabel
Fläche des Parabelsegments MON ist gleich zwei Drittel der Fläche des Parallelogramms $PQNM$ **(Abb.3.147)**:

$$S_{OMN} = \frac{2}{3} S_{PQNM}\,. \tag{3.292a}$$

Parabelfläche OMR: $\quad S_{OMR} = \frac{2xy}{3}\,.$ (3.292b)

8. Länge des Parabelbogens vom Scheitel O bis zum Punkt $M(x, y)$

$$l_{OM} = \frac{p}{2}\left[\sqrt{\frac{2x}{p}\left(1+\frac{2x}{p}\right)} + \ln\left(\sqrt{\frac{2x}{p}} + \sqrt{1+\frac{2x}{p}}\right)\right] \tag{3.293a}$$

$$= -\sqrt{x\left(x+\frac{p}{2}\right)} + \frac{p}{2}\,\mathrm{Arsinh}\sqrt{\frac{2x}{p}}\,. \tag{3.293b}$$

Für kleine Werte von $\frac{x}{y}$ gilt näherungsweise

$$l_{OM} \approx y\left[1 + \frac{2}{3}\left(\frac{x}{y}\right)^2 - \frac{2}{5}\left(\frac{x}{y}\right)^4\right]\,. \tag{3.293c}$$

3.5.2.7 Kurven zweiter Ordnung (Kegelschnitte)

1. Allgemeine Gleichung der Kurven zweiter Ordnung Mit der allgemeinen Gleichung der Kurven 2. Ordnung

$$ax^2 + 2bxy + cy^2 + 2dx + 2ey + f = 0 \tag{3.294a}$$

werden die Ellipse, ihr Spezialfall, der Kreis, die Hyperbel, die Parabel oder ein Geradenpaar als zerfallende Kurve 2. Ordnung definiert. Die Rückführung auf die Normalform kann mit Hilfe der in **Tabelle 3.15** angegebenen Koordinatentransformationen erreicht werden.

2. Invariante einer Kurve zweiter Ordnung sind die drei Größen

$$\Delta = \begin{vmatrix} a & b & d \\ b & c & e \\ d & e & f \end{vmatrix}\,, \quad \delta = \begin{vmatrix} a & b \\ b & c \end{vmatrix}\,, \quad S = a + c\,. \tag{3.294b}$$

Bei Drehungen des Koordinatensystems bleiben sie erhalten, d.h., wenn nach einer Koordinatentransformation die Kurvengleichung die Form

$$a'x'^2 + 2b'x'y' + c'y'^2 + 2d'x' + 2e'y' + f' = 0 \tag{3.294c}$$

hat, dann liefert die Berechnung dieser drei Größen Δ, δ und S aus den neuen Konstanten die ursprünglichen Werte.

3. Gestalt der Kurven 2. Ordnung (Kegelschnitte) Wenn ein gerader Kreiskegel von einer Ebene geschnitten wird, dann entsteht auf ihr ein Kegelschnitt. Geht die schneidende Ebene nicht durch die Spitze, dann ergibt sich eine Hyperbel, Parabel oder Ellipse in Abhängigkeit davon, ob die Ebene parallel zu zwei, nur zu einer oder zu keiner Erzeugenden des Kegels verläuft. Geht die schneidende Ebene durch die Kegelspitze, dann entstehen *zerfallende Kegelschnitte* mit $\Delta = 0$. Als Kegelschnitt eines in einen Zylinder *entarteten Kegels*, dessen Spitze sich im Unendlichen befindet, ergeben sich zwei parallele Geraden. Der Bestimmung der Gestalt der Kegelschnitte dient die **Tabelle3.15**.

4. Leitlinieneigenschaft der Kurven zweiter Ordnung Der geometrische Ort aller Punkte M **(Abb.3.148)** mit einem konstanten Verhältnis e der Abstände zu einem festen Punkt F, dem Brennpunkt, und zu einer gegebenen Geraden, der Leitlinie, ist eine Kurve zweiter Ordnung mit der *nume-*

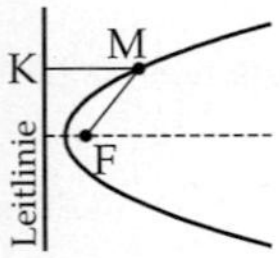

Abbildung 3.148

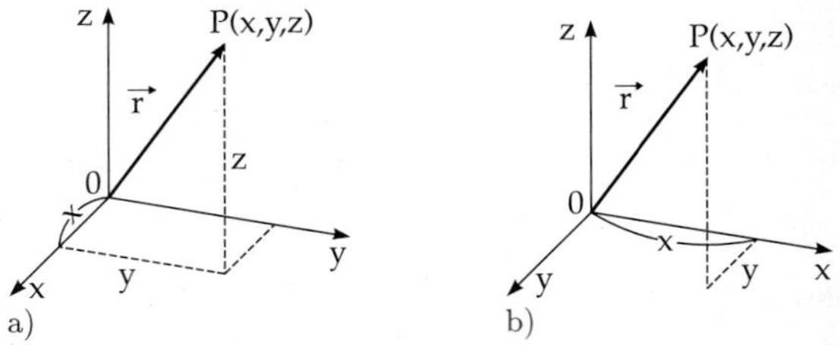

Abbildung 3.149

rischen Exzentrizität e. Für $e < 1$ ergibt sich eine Ellipse, für $e = 1$ eine Parabel und für $e > 1$ eine Hyperbel.

5. Bestimmung der Kurve durch fünf Punkte Durch fünf vorgegebene Punkte kann eine und nur eine Kurve 2. Ordnung gehen. Wenn drei dieser Punkte auf einer Geraden liegen, dann ergibt sich ein *zerfallender Kegelschnitt.*

6. Polargleichung der Kurven zweiter Ordnung Alle Kurven 2. Ordnung werden mit der einen Polargleichung

$$\varrho = \frac{p}{1 + e\cos\varphi} \tag{3.295}$$

beschrieben, wobei p der Halbparameter und e die Exzentrizität sind. Dabei liegt der Pol im Brennpunkt, während die Polarachse vom Brennpunkt nach dem nächstgelegenen Scheitelpunkt hin gerichtet ist. Für die Hyperbel definiert diese Gleichung nur einen Ast.

3.5.3 Analytische Geometrie des Raumes

indexGeometrie!analytische, des Raumes

3.5.3.1 Grundlegende Begriffe und Formeln, räumliche Koordinatensysteme

1. Koordinaten

Jeder beliebige Punkt P im Raum kann mit Hilfe eines Koordinatensystems festgelegt werden. Die gebräuchlichsten sind 1. kartesische Koordinaten, 2. Zylinderkoordinaten und 3. Kugelkoordinaten.

1. Kartesische Koordinaten eines Punktes P werden die mit einem bestimmten Vorzeichen des Abstandes und in einer bestimmten Maßeinheit angegebenen Abstände von drei rechtwinklig aufeinanderstehenden Koordinatenebenen genannt oder, was dassselbe ist, die Projektionen des Radiusvektors $\vec{\mathbf{r}}$ zum Punkt P (s.S. 150) auf drei rechtwinklig aufeinanderstehende Koordinatenachsen **(Abb.3.149)**.

2. Rechts- und Linkshändigkeit In Abhängigkeit von der gegenseitigen Aufeinanderfolge der positiven Koordinatenachsen unterscheidet man *rechtshändige* **(Abb.3.149a)** und *linkshändige* **(Abb. 3.149b)** *Koordinatensysteme*. Im rechtshändigen kartesischen Koordinatensystem gilt

$$\vec{\mathbf{e}}_i \times \vec{\mathbf{e}}_j = \vec{\mathbf{e}}_k, \quad \vec{\mathbf{e}}_j \times \vec{\mathbf{e}}_k = \vec{\mathbf{e}}_i, \quad \vec{\mathbf{e}}_k \times \vec{\mathbf{e}}_i = \vec{\mathbf{e}}_j, \tag{3.296a}$$

d.h., es gilt die Rechte-Hand-Regel (s. S.152). Im linkshändigen kartesischen Koordinatensystem gilt

$$\vec{\mathbf{e}}_i \times \vec{\mathbf{e}}_j = -\vec{\mathbf{e}}_k, \quad \vec{\mathbf{e}}_j \times \vec{\mathbf{e}}_k = -\vec{\mathbf{e}}_i, \quad \vec{\mathbf{e}}_k \times \vec{\mathbf{e}}_i = -\vec{\mathbf{e}}_j, \tag{3.296b}$$

Es ist zu beachten, daß in beiden Fällen gilt:

$$\vec{\mathbf{e}}_i \times \vec{\mathbf{e}}_i = \vec{\mathbf{e}}_j \times \vec{\mathbf{e}}_j = \vec{\mathbf{e}}_k \times \vec{\mathbf{e}}_k = \vec{\mathbf{0}}. \tag{3.296c}$$

Im allgemeinen werden, wie auch in diesem Buch, rechtshändige Koordinatensysteme verwendet; die Formeln sind allerdings nicht von dieser Wahl abhängig. Der Schnittpunkt O der Koordinatenachsen wird *Koordinatenursprung* oder *Koordinatenanfangspunkt* genannt. Die Koordinaten x, y und z heißen

Tabelle 3.15 Transformation der Kurvengleichungen 2. Ordnung auf die Normalform

			Gestalt der Kurve
Mittelpunktskurven $\delta \neq 0$	$\delta > 0$	$\Delta \neq 0$	*Ellipse* a) für $\Delta \cdot S < 0$ – reell, b) für $\Delta \cdot S > 0$ – imaginär*
		$\Delta = 0$	Ein *Paar imaginärer* Geraden* mit reellem gemeinsamen Punkt
	$\delta < 0$	$\Delta \neq 0$	*Hyperbel*
		$\Delta = 0$	Ein *Paar schneidender Geraden*
Parabolische Kurven** $\delta = 0$		$\Delta \neq 0$	*Parabel*
		$\Delta = 0$	*Geradenpaar* Parallele Geraden für $d^2 - af > 0$, Doppelgerade für $d^2 - af = 0$, Imaginäre* Geraden für $d^2 - af < 0$.

* Der Kurvengleichung entspricht eine imaginäre Kurve.
** Im Falle $\delta = 0$ wird vorausgesetzt, daß keiner der Koeffizienten a, b, c verschwindet.

Notwendige Koordinatentransformation	Normalform der Gleichung nach Transformation
1. Verschiebung des Koordinatenursprungs in den Kurvenmittelpunkt, dessen Koordinaten $x_0 = \frac{be - cd}{\delta}$, $y_0 = \frac{bd - ae}{\delta}$ sind. 2. Drehung der Koordinatenachsen um den Winkel α mit $\tan 2\alpha = \frac{2b}{a - c}$. Das Vorzeichen von $\sin 2\alpha$ muß mit dem Vorzeichen von $2b$ übereinstimmen. Hierbei ist der Richtungskoeffizient der neuen x'-Achse $k = \frac{c - a + \sqrt{(c-a)^2 + 4b^2}}{2b}$.	$a'x'^2 + c'y'^2 + \frac{\Delta}{\delta} = 0$ $a' = \frac{a + c + \sqrt{(a-c)^2 + 4b^2}}{2}$ $c' = \frac{a + c - \sqrt{(a-c)^2 + 4b^2}}{2}$ a' und c' sind Wurzeln der quadratischen Gleichung $u^2 - Su + \delta = 0$.
1. Verschiebung des Koordinatenursprungs in den Scheitel der Parabel, dessen Koordinaten x_0 und y_0 durch die Gleichungen $ax_0 + by_0 + \frac{ad + be}{S} = 0$ und $\left(d + \frac{dc - be}{S}\right) x_0 + \left(e + \frac{ae - bd}{S}\right) y_0 + f = 0$ definiert werden. 2. Drehung der Koordinatenachsen um den Winkel α mit $\tan \alpha = -\frac{a}{b}$; das Vorzeichen von $\sin \alpha$ muß dem Vorzeichen von a entgegengesetzt sein.	$y'^2 = 2px'$ $p = \frac{ae - bd}{S\sqrt{a^2 + b^2}}$
Drehung der Koordinatenachsen um den Winkel α mit $\tan \alpha = -\frac{a}{b}$; das Vorzeichen von $\sin \alpha$ muß dem Vorzeichen von a entgegengesetzt sein.	$Sy'^2 + 2\frac{ad + be}{\sqrt{a^2 + b^2}}y' + f = 0$ ist auf die Form $(y' - y'_0)(y' - y'_1) = 0$ transformierbar.

Sind zwei Koeffizienten (a und b oder b und c) $= 0$, so reduzieren sich die notwendigen Koordinatentransformationen auf eine Verschiebung der Koordinatenachsen; die Gleichung $cy^2 + 2dx + 2ey + f = 0$ erhält die Form $(y - y_0)^2 = 2p(x - x_0)$, die Gleichung $ax^2 + 2dx + 2ey^2 + f = 0$ die Form $(x - x_0)^2 = 2p(y - y_0)$.

Abszisse, *Ordinate* und *Applikate*. Die Schreibweise $P(a, b, c)$ bedeutet, daß der Punkt P die Koordinaten $x = a$, $y = b$, $z = c$ hat. Die Vorzeichen der Koordinaten richten sich nach dem Oktanten **Abb. 3.150)**, in dem sich der Punkt P befindet **(Tabelle 3.16)**.

Tabelle 3.16 Koordinatenvorzeichen in den Oktanten

Oktant	I	II	III	IV	V	VI	VII	VIII
x	+	−	−	+	+	−	−	+
y	+	+	−	−	+	+	−	−
z	+	+	+	+	−	−	−	−

Koordinatenflächen zeichnen sich durch eine konstant gehaltene Koordinate aus, so daß sie im System der rechtwinkligen kartesischen Koordinaten parallel zu der von den zwei anderen Koordinatenachsen aufgespannten Ebene liegen. Durch die drei Koordinatenflächen $x = 0$, $y = 0$ bzw. $z = 0$ wird der dreidimensionale Raum in 8 Oktanten zerlegt **(Abb.3.150)**. *Koordinatenlinien* sind Kurven, auf denen sich nur eine Koordinate ändert, in kartesischen Koordinatensystemen also Geraden, die parallel zu den Koordinatenachsen verlaufen. Die Koordinatenflächen schneiden einander in den Koordinatenlinien.

3. Krummlinige dreidimensionale Koordinaten entstehen, wenn drei Scharen irgendwelcher Flächen derart vorgegeben werden, daß durch jeden Raumpunkt genau eine Fläche jeder der drei Scharen verläuft. Die Position eines Punktes wird in solchen Koordinatensystemen durch die Parameterwerte der drei durch diesen Punkt hindurchgehenden Koordinatenflächen bestimmt. Zu den gebräuchlichsten krummlinigen Koordinatensystemen gehören die Zylinder- und die Kugelkoordinaten.

4. Zylinderkoordinaten (Abb.3.151) beschreiben die Projektion des Punktes P auf die Haupt-, meist die x, y–Ebene, mit Hilfe der Polarkoordinaten ϱ und φ und den Abstand des Punktes P von der Hauptebene mit Hilfe der Applikate z.

Die Koordinatenflächen des Zylinderkoordinatensystems sind die zur z–Achse senkrechten Ebenen mit $z =$ const, die von der z–Achse ausgehenden Halbebenen mit $\varphi =$ const und die Zylinderflächen mit dem Radius $\varrho =$ const. Die Schnittflächen dieser Koordinatenebenen sind die Koordinatenlinien.

Den Übergang zwischen den Zylinderkoordinaten und den rechtwinkligen kartesischen Koordinaten vermitteln die folgenden Formeln:

$$x = \varrho \cos\varphi\,, \quad y = \varrho \sin\varphi\,, \quad z = z\,; \tag{3.297a}$$

$$\varrho = \sqrt{x^2 + y^2}\,, \quad \varphi = \arctan\frac{y}{x} = \arcsin\frac{y}{\varrho} \quad \text{für} \quad x > 0. \tag{3.297b}$$

Die notwendige Fallunterscheidung bezüglich φ s.(3.236c).

5. Kugel- oder räumliche Polarkoordinaten bestehen aus der Länge r des Radius- oder Aufpunktvektors r, dem Winkel ϑ zwischen der z-Achse und dem Aufpunktvektor $\vec{\mathbf{r}}$. Der Polabstand ϑ ist der Komplementwinkel zur geographischen Breite φ bezüglich 90°. Die positiven Richtungen **(Abb.3.152)** weisen hier für $\vec{\mathbf{r}}$ vom Koordinatenursprung zum Punkt P, für φ von der x–Achse zur Projektion von $\vec{\mathbf{r}}$ auf die x, y–Ebene und für ϑ von der z–Achse nach $\vec{\mathbf{r}}$. Mit den Wertebereichen $0 \leq r < \infty$, $-\pi < \varphi \leq \pi$, $0 \leq \vartheta \leq \pi$ werden alle Punkte des Raumes erfaßt.

Koordinatenflächen sind die Kugeln mit dem Pol 0 als Koordinatenursprung und dem Radius $r =$ const, die von der z–Achse ausgehenden Halbebenen mit $\varphi =$ const sowie die Kegel mit $\vartheta =$ const, der Spitze im Koordinatenursprung und der z–Achse als Achse. Die Schnittlinien dieser Flächen sind die Koordinatenlinien.

Den Übergang zwischen den Kugelkoordinaten und den kartesischen Koordinaten liefern die folgenden Formeln:

$$x = r \sin\vartheta \cos\varphi\,, \quad y = r \sin\vartheta \sin\varphi\,, \quad z = r\cos\vartheta\,, \tag{3.298a}$$

$$r = \sqrt{x^2 + y^2 + z^2}\,, \quad \vartheta = \arctan\frac{\sqrt{x^2 + y^2}}{z}\,, \quad \varphi = \arctan\frac{y}{x}\,,. \tag{3.298b}$$

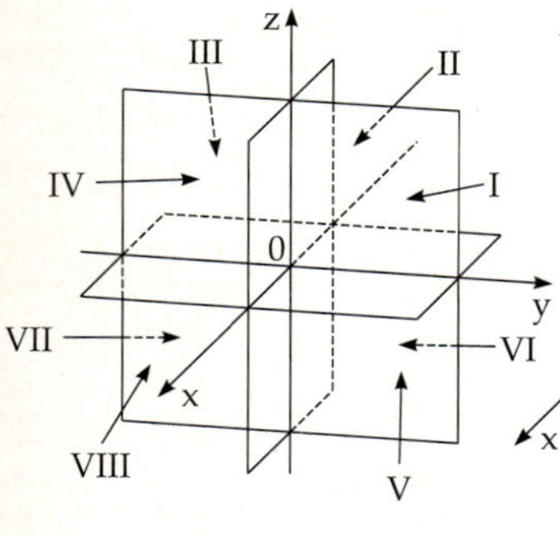

Abbildung 3.150

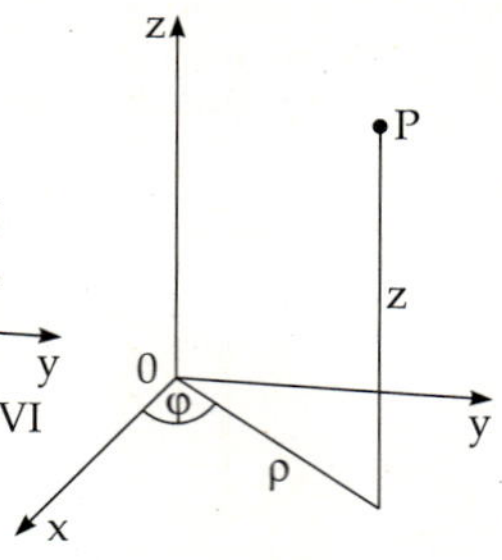

Abbildung 3.151

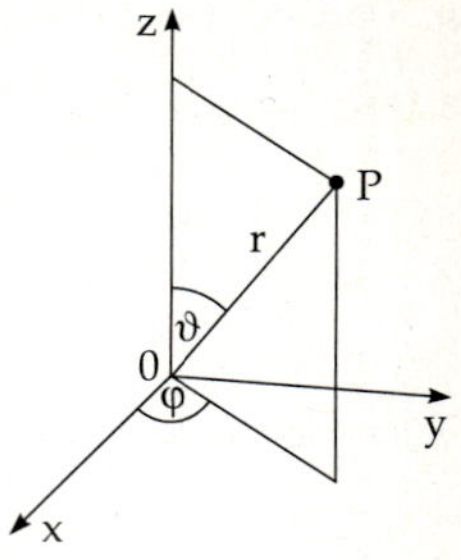

Abbildung 3.152

Die notwendige Fallunterscheidung bezüglich φ s.(3.236c), Analoges gilt bezüglich ϑ.

2. Richtung im Raum

Eine Richtung im Raum wird mit Hilfe eines Einheitsvektors $\vec{\mathbf{t}}^{\,0}$ festgelegt (s.S. 150), dessen Koordinaten die *Richtungskosinus* sind, d.h. die Kosinus der Winkel zwischen der zu beschreibenden Richtung und den positiven Koordinatenachsen (**Abb.3.153**)

$$l = \cos\alpha\,, \quad m = \cos\beta\,, \quad n = \cos\gamma\,, \quad l^2 + m^2 + n^2 = 1\,. \tag{3.299a}$$

Der Winkel φ zwischen zwei durch ihre Richtungskosinus l_1, m_1, n_1 und l_2, m_2, n_2 bestimmte Richtungen berechnet sich gemäß

$$\cos\alpha = l_1 l_2 + m_1 m_2 + n_1 n_2\,. \tag{3.299b}$$

Zwei Richtungen stehen aufeinander senkrecht, wenn gilt

$$l_1 l_2 + m_1 m_2 + n_1 n_2 = 0\,. \tag{3.299c}$$

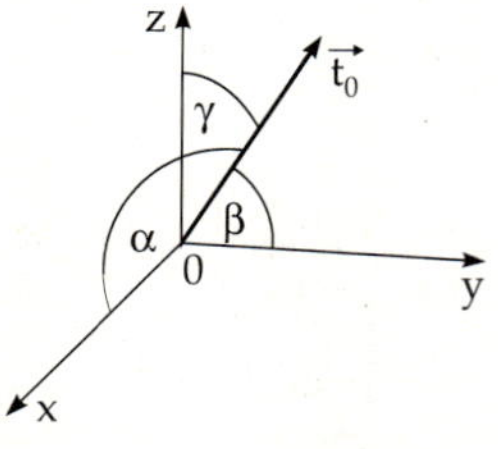

Abbildung 3.153

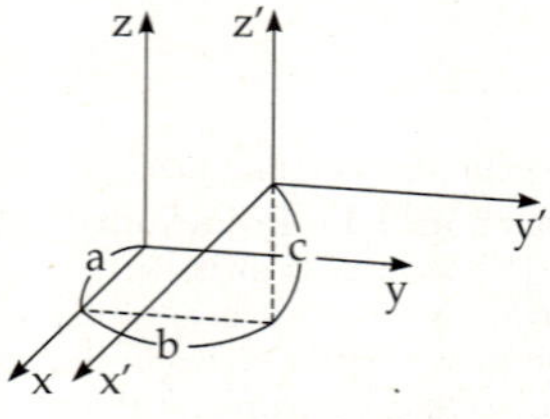

Abbildung 3.154

3. Transformation rechtwinkliger Koordinaten

1. Parallelverschiebung Wenn die ursprünglichen Koordinaten x, y, z sind und die neuen x', y', z' und a, b, c die Koordinaten des neuen Koordinatenursprungs im ursprünglichen Koordinatensystem (**Abb.3.154**), dann gilt

$$x = x' + a\,, \quad y = y' + b\,, \quad z = z' + c\,, \quad x' = x - a\,, \quad y' = y - b\,, \quad z' = z - c\,. \tag{3.300}$$

2. Drehung der Koordinatenachsen Wenn die Richtungskosinus der neuen Achsen in Übereinstimmung mit den Angaben in **Tabelle 3.17** bezeichnet sind (**Abb.3.155**), dann gilt

$$x = l_1x' + l_2y' + l_3z'\,, \quad y = m_1x' + m_2y' + m_3z'\,, \quad z = n_1x' + n_2y' + n_3z'\,; \tag{3.301a}$$

$$x' = l_1x + m_1y + n_1z\,, \quad y' = l_2x + m_2y + n_2z\,, \quad z' = l_3x + m_3y + n_3z\,. \tag{3.301b}$$

Die Koeffizientenmatrix des Systems (3.301a)

$$\begin{pmatrix} l_1 & l_2 & l_3 \\ m_1 & m_2 & m_3 \\ n_1 & n_2 & n_3 \end{pmatrix} \tag{3.301c}$$

wird *Drehungsmatrix* genannt.

Tabelle 3.17 Bezeichnungen der Richtungskosinus bei Koordinatentransformation

In bezug auf die alten Achsen	Richtungskosinus der neuen Achsen		
	x'	y'	z'
x	l_1	l_2	l_3
y	m_1	m_2	m_3
z	n_1	n_2	n_3

Die Transformationsdeterminante ergibt sich zu $\Delta = \begin{vmatrix} l_1 & l_2 & l_3 \\ m_1 & m_2 & m_3 \\ n_1 & n_2 & n_3 \end{vmatrix}$. (3.301d)

3. Eigenschaften der Transformationsdeterminante

a) $\Delta = \pm 1$, mit positivem Vorzeichen, wenn die Links- bzw. Rechtshändigkeit erhalten bleibt, mit negativem Vorzeichen, wenn sich die Händigkeit ändert.

b) Die Summe der Quadrate einer Zeile oder einer Spalte ist immer gleich eins.

c) Die Summe der Produkte der entsprechenden Elemente zweier verschiedener Zeilen oder Spalten ist gleich Null (s. S. 226).

d) Jedes Element ergibt sich als Produkt aus ($\Delta = \pm 1$) und seiner Adjunkte (s. S. 228).

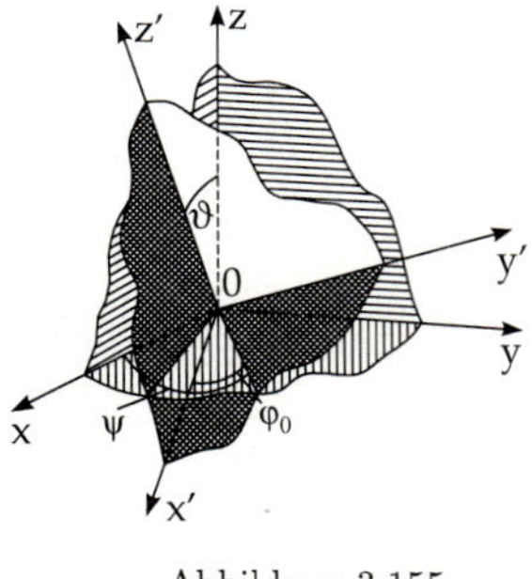

Abbildung 3.155

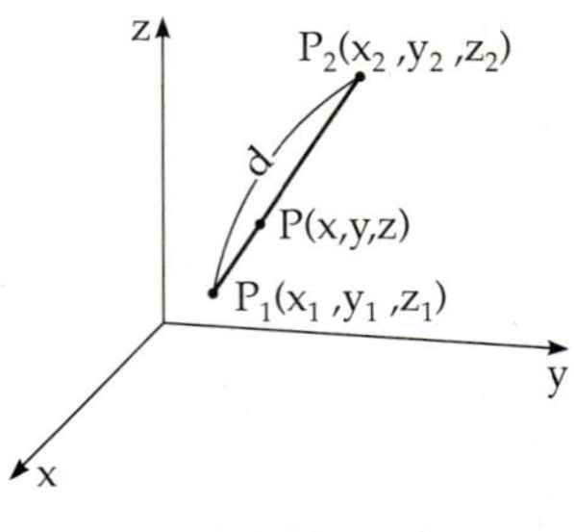

Abbildung 3.156

4. EULERsche Winkel Die Lage des neuen Koordinatensystems relativ zum alten kann mit Hilfe von drei Winkeln, die EULER eingeführt hat, vollständig bestimmt werden **(Abb.3.155)**.

a) *Nutationswinkel* ϑ wird der Winkel zwischen den positiven Richtungen der z– und der z'–Achse genannt; er liegt in den Grenzen $0 \leq \vartheta < \pi$;

b) *Präzessionswinkel* ψ wird der Winkel zwischen der positiven Richtung der x–Achse und der Schnittgeraden OA zwischen der x, y– und x', y'– Ebene genannt. Die positive Richtung von ϑ wird derart gewählt, daß die z–Achse, die z'–Achse sowie OA ein Richtungstripel (s.S. 151) mit der gleichen Orientierung bilden wie die Koordinatenachsen. Die Messung von ψ erfolgt von der x–Achse aus in Richtung y–Achse; die Grenzen sind $0 \leq \psi < \pi$;
c) *Drehungswinkel* φ wird der Winkel zwischen der positiven x'–Richtung und der Schnittgeraden OA genannt; er liegt in den Grenzen $0 \leq \varphi < 2\pi$.
Wenn anstelle der Winkelfunktionen zur Abkürzung gesetzt wird

$$\begin{aligned} &\cos\vartheta = c_1\,, \quad \cos\psi = c_2\,, \quad \cos\varphi = c_3\,,\\ &\sin\vartheta = s_1\,, \quad \sin\psi = s_2\,, \quad \sin\varphi = s_3\,, \end{aligned} \tag{3.302a}$$

dann gilt

$$\begin{aligned} l_1 &= c_2c_3 - c_1s_2s_3\,, & m_1 &= s_2c_3 + c_1c_2s_3\,, & n_1 &= s_1s_3\,;\\ l_2 &= -c_2s_3 - c_1s_2c_3\,, & m_2 &= -s_2s_3 + c_1c_2c_3\,, & n_2 &= s_1c_3\,;\\ l_3 &= s_1s_2\,, & m_3 &= -s_1c_2\,, & n_3 &= c_1\,. \end{aligned} \tag{3.302b}$$

5. Skalare Invariante heißt ein Skalar, der bei Verschiebung und Drehung des Koordinatensystems den gleichen Wert behält. Das skalare Produkt zweier Vektoren ist eine *skalare Invariante* (s. S. 153).

■ **A:** Die Komponenten eines Vektors $\vec{\mathbf{a}}\{a_1, a_2, a_3\}$ sind keine skalaren Invarianten, da sie bei Verschiebung und Drehung des Koordinatensystems unterschiedliche Werte annehmen.

■ **B:** Die Länge eines Vektors $\vec{\mathbf{a}}\{a_1, a_2, a_3\}$, d.h. die Größe $\sqrt{a_1^2 + a_2^2 + a_3^2}$, ist eine skalare Invariante.

■ **C:** Das Skalarprodukt eines Vektors mit sich selbst ist eine skalare Invariante, d.h. $\vec{\mathbf{a}}\vec{\mathbf{a}} = \vec{\mathbf{a}}^2 = |\vec{\mathbf{a}}|^2\cos\varphi = |\vec{\mathbf{a}}^2|$, da $\varphi = 0$.

4. Abstand zwischen zwei Punkten

Zwischen den Punkten $P_1\,(x_1, y_1, z_1)$ und $P_2\,(x_2, y_2, z_2)$ in **Abb.3.156** beträgt der Abstand

$$d = \sqrt{(x_2 - x_1)^2 + (y_2 - y_1)^2 + (z_2 - z_1)^2}\,. \tag{3.303a}$$

Die Richtungskosinus der Strecke zwischen beiden Punkten berechnen sich gemäß

$$\cos\alpha = \frac{x_2 - x_1}{d}\,, \quad \cos\beta = \frac{y_2 - y_1}{d}\,, \quad \cos\gamma = \frac{z_2 - z_1}{d}\,. \tag{3.303b}$$

5. Teilung einer Strecke

Die Koordinaten eines Punktes $P(x, y, z)$, der eine Strecke zwischen den Punkten $P_1\,(x_1, y_1, z_1)$ und $P_2\,(x_2, y_2, z_2)$ im vorgegebenen Verhältnis

$$\frac{\overline{P_1P}}{\overline{PP_2}} = \frac{m}{n} = \lambda \tag{3.304}$$

teilen soll, werden mit den Formeln

$$x = \frac{nx_1 + mx_2}{n+m} = \frac{x_1 + \lambda x_2}{1+\lambda}\,, \tag{3.305a}$$

$$y = \frac{ny_1 + my_2}{n+m} = \frac{y_1 + \lambda y_2}{1+\lambda}\,, \tag{3.305b}$$

$$z = \frac{nz_1 + mz_2}{n+m} = \frac{z_1 + \lambda z_2}{1+\lambda}\,. \tag{3.305c}$$

bestimmt. Der *Mittelpunkt* der Strecke ergibt sich aus

$$x_m = \frac{x_1 + x_2}{2}\,, \quad y_m = \frac{y_1 + y_2}{2}\,, \quad z_m = \frac{z_1 + z_2}{2}\,. \tag{3.306}$$

Die Koordinaten des *Massenmittelpunktes* (oft unkorrekterweise *Schwerpunkt* genannt) eines Systems aus n materiellen Punkten mit den Massen m_i werden mit den folgenden Formeln berechnet, wobei die Summation über alle i von 1 bis n zu erfolgen hat:

$$\bar{x} = \frac{\sum m_i x_i}{\sum m_i}\,, \quad \bar{y} = \frac{\sum m_i y_i}{\sum m_i}\,, \quad \bar{z} = \frac{\sum m_i z_i}{\sum m_i}\,. \tag{3.307}$$

6. System aus vier Punkten

Vier Punkte $P(x, y, z)$, $P_1(x_1, y_1, z_1)$, $P_2(x_2, y_2, z_2)$ und $P_3(x_3, y_3, z_3)$ können entweder einen Tetraeder **(Abb.3.157)** bilden oder in einer Ebene liegen. Der Rauminhalt eines Tetraeders kann über

$$V = \frac{1}{6}\begin{vmatrix} x & y & z & 1 \\ x_1 & y_1 & z_1 & 1 \\ x_2 & y_2 & z_2 & 1 \\ x_3 & y_3 & z_3 & 1 \end{vmatrix} = \frac{1}{6}\begin{vmatrix} x-x_1 & y-y_1 & z-z_1 \\ x-x_2 & y-y_2 & z-z_2 \\ x-x_3 & y-y_3 & z-z_3 \end{vmatrix}, \qquad (3.308)$$

berechnet werden, wobei sich nur dann ein positiver Wert $V > 0$ ergibt, wenn die Orientierung des Vektorentripels $\overrightarrow{PP}_1$, $\overrightarrow{PP}_2$, $\overrightarrow{PP}_3$ mit der des Koordinatensystems übereinstimmt (s.S. 151). Im entgegengesetzten Falle ergibt sich ein negativer Wert.
In einer Ebene liegen die vier Punkte genau dann, wenn die Bedingung

$$\begin{vmatrix} x & y & z & 1 \\ x_1 & y_1 & z_1 & 1 \\ x_2 & y_2 & z_2 & 1 \\ x_3 & y_3 & z_3 & 1 \end{vmatrix} = 0 \quad \text{erfüllt ist.} \qquad (3.309)$$

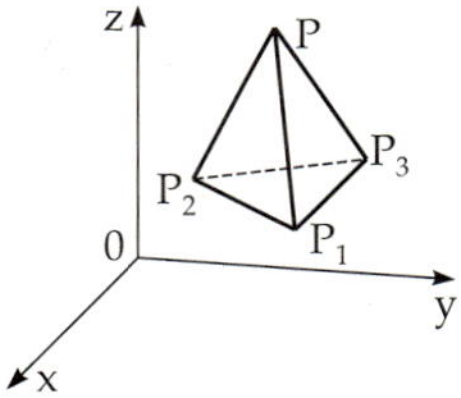

Abbildung 3.157

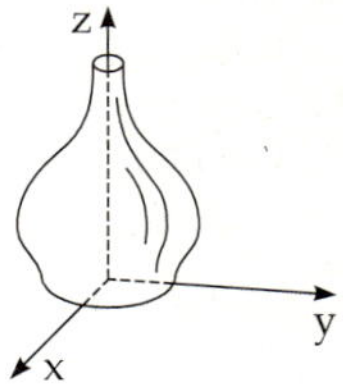

Abbildung 3.158

7. Gleichung einer Fläche

Jeder Gleichung $\quad F(x, y, z) = 0 \qquad (3.310)$

entspricht eine Fläche, deren Eigenschaft es ist, daß die Koordinaten jedes beliebigen ihrer Punkte P dieser Gleichung genügen. Umgekehrt ist jeder Punkt, dessen Koordinaten der Gleichung genügen, ein Punkt auf dieser Fläche. Die Gleichung (3.310) wird die Gleichung dieser Fläche genannt.

1. Die Gleichung einer Zylinderfläche (s.S. 129)**,** deren Erzeugende parallel zur x–Achse verlaufen, enthält keine x–Koordinate: $F(y, z) = 0$. Entsprechend enthalten die Gleichungen von Zylinderflächen, deren Erzeugende parallel zur y– bzw. zur z–Achse verlaufen keine y– bzw. z–Koordinate: $F(x, z) = 0$ bzw. $F(x, y) = 0$. Die Gleichung $F(x, y) = 0$ beschreibt die Schnittkurve zwischen der Zylinderfläche und der x, y–Ebene. Wenn die Richtungskosinus oder ihnen proportionale Größen l, m, n der Erzeugenden einer Zylinderfläche gegeben sind, dann hat die Gleichung die Form

$$F(nx - lz, ny - mz) = 0\,. \qquad (3.311)$$

2. Die Gleichung einer Rotationsfläche, d.h. einer Fläche, die durch Rotation einer gegebenen Kurve in der x, z– Ebene mit der Gleichung $z = f(x)$ erzeugt wird **(Abb.3.158)**, ergibt sich allgemein zu

$$z = f\left(\sqrt{x^2 + y^2}\right)\,. \qquad (3.312)$$

In Analogie dazu werden die Gleichungen von Flächen erhalten, die durch Rotation einer gegebenen Kurve um eine andere Koordinate entstehen.
Die Gleichung einer *Kegelfläche*, deren Spitze im Koordinatenursprung liegt (s.S. 130), ist von der Gestalt $F(x, y, z) = 0$, wobei F eine homogene Funktion der Koordinaten ist (s. S. 105).

8. Gleichung einer Raumkurve

Eine Kurve im Raum kann durch drei Parametergleichungen

$$x = \varphi_1(t)\,, \quad y = \varphi_2(t)\,, \quad z = \varphi_3(t) \tag{3.313}$$

festgelegt werden. Jedem Wert des Parameters t, dem nicht immer eine unmittelbare geometrische Bedeutung zugemessen werden kann, entspricht ein bestimmter Punkt der Kurve.
Eine andere Methode der Festlegung einer Raumkurve geht von der Angabe zweier Gleichungen

$$F_1(x, y, z) = 0\,, \quad F_2(x, y, z) = 0 \tag{3.314a}$$

aus. Jede von ihnen definiert eine Fläche. Eine Raumkurve ergibt sich für alle die Punkte, die beiden Gleichungen genügen, d.h., die Raumkurve ist die Schnittkurve der beiden Flächen. Allgemein liefert jede Gleichung der Form

$$F_1 + \lambda F_2 = 0 \tag{3.314b}$$

für beliebiges λ eine Fläche, die durch die betrachtete Kurve hindurchgeht, so daß sie eine der beiden Gleichungen (3.314a) ersetzt.

3.5.3.2 Gerade und Ebene im Raum

1. Gleichung einer Ebene

Jede in den Koordinaten lineare Gleichung definiert eine Ebene, und umgekehrt ist die Gleichung jeder Ebene vom ersten Grade.

1. Allgemeine Ebenengleichung

a) in Komponentenschreibweise: $\quad Ax + By + Cz + D = 0\,,$ (3.315a)

b) in Vektorschreibweise (s.S. 152 und S. 157): $\quad \vec{\mathbf{r}}\vec{\mathbf{N}} + D = 0\,,$ (3.315b)

wobei der Vektor $\vec{\mathbf{N}}(A, B, C)$ senkrecht auf der Ebene steht **(Abb.3.159)**. Man spricht vom *Normalenvektor der Ebene.* Seine Richtungskosinus sind

$$\cos\alpha = \frac{A}{\sqrt{A^2 + B^2 + C^2}}\,, \quad \cos\beta = \frac{B}{\sqrt{A^2 + B^2 + C^2}}\,, \quad \cos\gamma = \frac{C}{\sqrt{A^2 + B^2 + C^2}}\,. \tag{3.315c}$$

Wenn $D = 0$, dann geht die Ebene durch den Koordinatenursprung, für $A = 0$ bzw. $B = 0$ oder $C = 0$ ist die Ebene parallel zur x–Achse, bzw. zur y– oder z–Achse. Wenn $A = B = 0$, bzw. $A = C = 0$ oder $B = C = 0$, dann liegt die Ebene parallel zur x, y–Ebene, bzw. zur x, z– oder y, z– Ebene.

2. HESSEsche Normalform der Ebenengleichung

a) in Komponentenschreibweise: $\quad x\cos\alpha + y\cos\beta + z\cos\gamma - p = 0\,,$ (3.316a)

b) in Vektorschreibweise: $\quad \vec{\mathbf{r}}\vec{\mathbf{N}}^{\,0} - p = 0\,,$ (3.316b)

wobei $\vec{\mathbf{N}}^{\,0}$ der Normaleneinheitsvektor der Ebene ist und p der Abstand der Ebene vom Koordinatenursprung. Die HESSEsche Normalform geht aus der allgemeinen Gleichung (3.315a) durch Multiplikation mit dem Normierungsfaktor

$$\pm\mu = \frac{1}{N} = \frac{1}{\sqrt{A^2 + B^2 + C^2}} \tag{3.316c}$$

hervor. Dabei muß das Vorzeichen von μ entgegengesetzt zu dem von D gewählt werden.

3. Achsenabschnittsform der Ebenengleichung Mit den Strecken a, b, c, die unter Berücksichtigung des Vorzeichens von der Ebene auf den Koordiantenachsen abgeschnitten werden **(Abb.3.159)**, gilt dann

$$\frac{x}{a} + \frac{y}{b} + \frac{z}{c} = 1\,. \tag{3.317}$$

4. Gleichung einer Ebene, die durch drei Punkte $P_1(x_1, y_1, z_1)$, $P_2(x_2, y_2, z_2)$, $P_3(x_3, y_3, z_3)$ geht

a) in Komponentenschreibweise: $$\begin{vmatrix} x - x_1 & y - y_1 & z - z_1 \\ x_2 - x_1 & y_2 - y_1 & z_2 - z_1 \\ x_3 - x_1 & y_3 - y_1 & z_3 - z_1 \end{vmatrix} = 0\,, \tag{3.318a}$$

b) in Vektorschreibweise: $$(\vec{\mathbf{r}} - \vec{\mathbf{r}}_1)\,(\vec{\mathbf{r}} - \vec{\mathbf{r}}_2)\,(\vec{\mathbf{r}} - \vec{\mathbf{r}}_3) = 0^*\,. \tag{3.318b}$$

5. Gleichung einer Ebene, die durch zwei Punkte $P_1(x_1, y_1, z_1)$, $P_2(x_2, y_2, z_2)$ geht und parallel zu einer Geraden mit dem Richtungsvektor $\vec{\mathbf{R}}(l, m, n)$ liegt

a) in Komponentenschreibweise: $$\begin{vmatrix} x - x_1 & y - y_1 & z - z_1 \\ x_2 - x_1 & y_2 - y_1 & z_2 - z_1 \\ l & m & n \end{vmatrix} = 0\,, \tag{3.319a}$$

b) in Vektorschreibweise: $$(\vec{\mathbf{r}} - \vec{\mathbf{r}}_1)\,(\vec{\mathbf{r}} - \vec{\mathbf{r}}_2)\,\vec{\mathbf{R}} = 0^*\,. \tag{3.319b}$$

6. Gleichung einer Ebene, die durch einen Punkt geht und parallel zu zwei Geraden mit den Richtungsvektoren $\vec{\mathbf{R}}_1(l_1, m_1, n_1)$ und $\vec{\mathbf{R}}_2(l_2, m_2, n_2)$ ist

a) in Komponentenschreibweise: $$\begin{vmatrix} x - x_1 & y - y_1 & z - z_1 \\ l_1 & m_1 & n_1 \\ l_2 & m_2 & n_2 \end{vmatrix} = 0\,, \tag{3.320a}$$

b) in Vektorschreibweise: $$(\vec{\mathbf{r}} - \vec{\mathbf{r}}_1)\,\vec{\mathbf{R}}_1\vec{\mathbf{R}}_2 = 0^*\,. \tag{3.320b}$$

7. Gleichung einer Ebene, die durch einen Punkt $P_1(x_1, y_1, z_1)$ geht und senkrecht zu einer Geraden mit dem Richtungsvektor $\vec{\mathbf{N}}(A, B, C)$ ist

a) in Komponentenschreibweise: $$A\,(x - x_1) + B\,(y - y_1) + C\,(z - z_1) = 0\,, \tag{3.321a}$$

b) in Vektorschreibweise: $$(\vec{\mathbf{r}} - \vec{\mathbf{r}}_1)\,\vec{\mathbf{N}} = 0^*\,. \tag{3.321b}$$

8. Gleichung einer Ebene, die durch die Schnittlinie zweier Ebenen mit den Gleichungen $A_1x + B_1y + C_1z + D_1 = 0$ und $A_2x + B_2y + C_2z + D_2 = 0$ verläuft
(Gleichung eines Ebenenbüschels, s. **Abb.3.160**)
a) in Komponentenschreibweise:

$$A_1x + B_1y + C_1z + D_1 + \lambda\,(A_2x + B_2y + C_2z + D_2) = 0\,. \tag{3.322}$$

Wenn λ die Werte zwischen $-\infty$ und $+\infty$ durchläuft, erhält man alle Ebenen des Büschels. Für $\lambda = \pm 1$ erhält man die Gleichungen der Ebenen, die die Winkel zwischen den beiden gegebenen Ebenen halbieren, wenn deren Gleichungen in der Normalform gegeben sind.

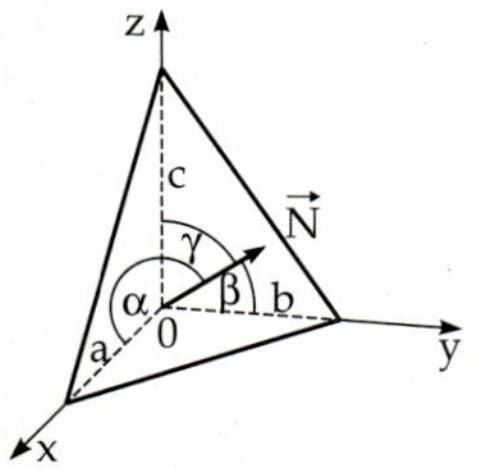

Abbildung 3.159

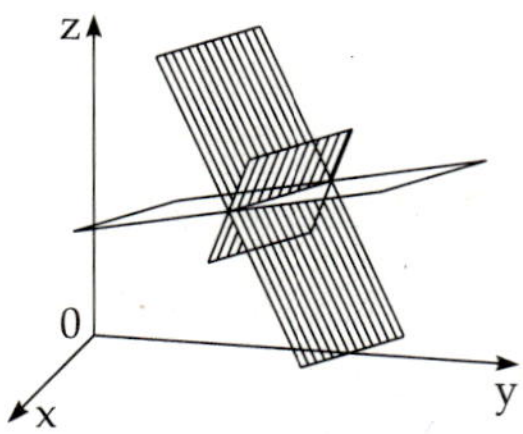

Abbildung 3.160

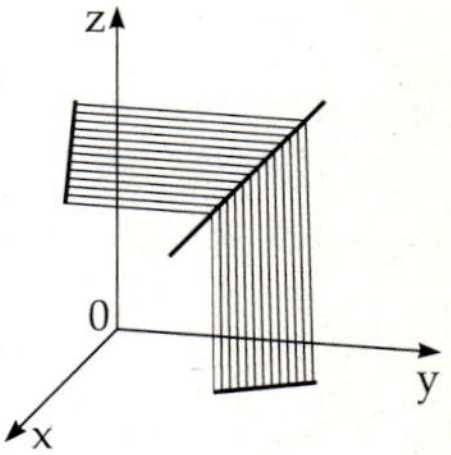

Abbildung 3.161

*Zum gemischten Produkt dreier Vektoren s.S. 154

2. Winkel zwischen zwei Ebenen (s.S. 188)

3. Schnittpunkt dreier Ebenen (s.S. 186)

4. Abstand zweier paralleler Ebenen

Wenn die Parallelitätsbedingung **(Tab. 3.19)** erfüllt ist und die Gleichungen der Ebenen gegeben sind durch

$$Ax + By + Cz + D_1 = 0\,, \quad Ax + By + Cz + D_2 = 0\,, \tag{3.323}$$

dann beträgt der Abstand

$$\delta = \frac{|D_1 - D_2|}{\sqrt{A^2 + B^2 + C^2}}\,. \tag{3.324}$$

5. Abstand eines Punktes von der Ebene

Einsetzen der Koordinaten des Punktes $M(a, b, c)$ in die HESSEsche Normalform der Ebenengleichung

$$x\cos\alpha + y\cos\beta + z\cos\gamma - p = 0 \tag{3.325a}$$

liefert

$$\delta = a\cos\alpha + b\cos\beta + c\cos\delta - p = 0\,. \tag{3.325b}$$

Wenn M und der Koordinatenursprung auf verschiedenen Seiten der Ebene liegen, ist $\delta > 0$, im entgegengesetzten Falle ist $\delta < 0$.

6. Gleichung einer Geraden im Raum

Da eine Gerade im Raum als Schnitt zweier Ebenen definiert werden kann, ist sie analytisch durch ein System zweier linearer Gleichungen darstellbar.

1. Allgemeine Gleichungen der Geraden in Komponentenschreibweise

$$A_1x + B_1y + C_1z + D_1 = 0\,, \quad A_2x + B_2y + C_2z + D_2 = 0\,; \tag{3.326a}$$

2. In Vektorschreibweise der Geraden

$$\vec{\mathbf{r}}\vec{\mathbf{N}}_1 + D_1 = 0\,, \quad \vec{\mathbf{r}}\vec{\mathbf{N}}_2 + D_2 = 0\,. \tag{3.326b}$$

3. Gleichung der Geraden in zwei projizierenden Ebenen

Die zwei Gleichungen $\quad y = kx + a\,, \quad z = hx + b \quad$ (3.327)

definieren je eine Ebene, die durch die Gerade hindurchgehen und auf der x, y– bzw. x, z–Ebene senkrecht stehen **(Abb.3.161)**. Man nennt sie projizierende Ebenen. Auf Geraden, die parallel zur y, z–Ebene verlaufen, ist diese Form der Darstellung nicht anwendbar, so daß hier die Projektionen auf ein anderes Koordinatenebenenpaar zu beziehen sind.

4. Gleichung einer Geraden durch einen Punkt $P_1\,(x_1, y_1, z_1)$ und parallel zum Richtungsvektor $\vec{\mathbf{R}}(l, m, n)$ (Abb.3.162)

a) in Komponentendarstellung und in Vektorschreibweise:

$$\frac{x - x_1}{l} = \frac{y - y_1}{m} = \frac{z - z_1}{n}\,, \quad (3.328a) \qquad (\vec{\mathbf{r}} - \vec{\mathbf{r}}_1) \times \vec{\mathbf{R}} = 0\,, \quad (3.328b)$$

b) in Parameterform und Vektorschreibweise:

$$x = x_1 + lt\,, \quad y = y_1 + mt\,, \quad z = z_1 + nt\,; \quad (3.328c) \qquad \vec{\mathbf{r}} = \vec{\mathbf{r}}_1 + \vec{\mathbf{R}}t\,. \quad (3.328d)$$

Die Darstellung (3.328a) ergibt sich aus (3.326a) mit Hilfe von

$$l = \begin{vmatrix} B_1 & C_1 \\ B_2 & C_2 \end{vmatrix}\,, \quad m = \begin{vmatrix} C_1 & A_1 \\ C_2 & A_2 \end{vmatrix}\,, \quad n = \begin{vmatrix} A_1 & B_1 \\ A_2 & B_2 \end{vmatrix}\,, \tag{3.329a}$$

oder in Vektorschreibweise $\quad \vec{\mathbf{R}} = \vec{\mathbf{N}}_1 \times \vec{\mathbf{N}}_2\,, \quad$ (3.329b)

wobei die Zahlen x_1, y_1, z_1 so gewählt werden, daß die Gleichungen (3.326a) erfüllt werden.

5. Gleichung einer Geraden durch zwei Punkte $P_1\,(x_1, y_1, z_1)$ und $P_2\,(x_2, y_2, z_2)$ (Abb.3.16
in Komponenten- und Vektorschreibweise (Produkte von Vektoren s.S. 152):

a) $\dfrac{x-x_1}{x_2-x_1}=\dfrac{y-y_1}{y_2-y_1}=\dfrac{z-z_1}{z_2-z_1}$, (3.330a) b) $(\vec{\mathbf{r}}-\vec{\mathbf{r}}_1)\times(\vec{\mathbf{r}}-\vec{\mathbf{r}}_2)=0$. (3.330b)

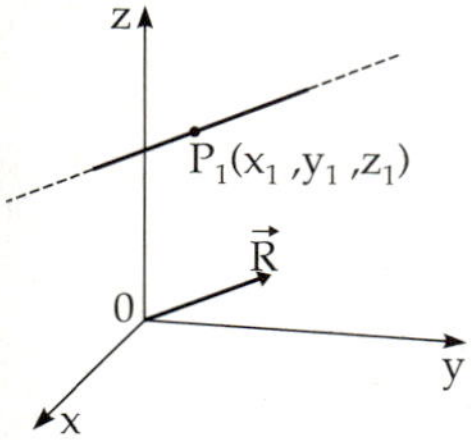

Abbildung 3.162

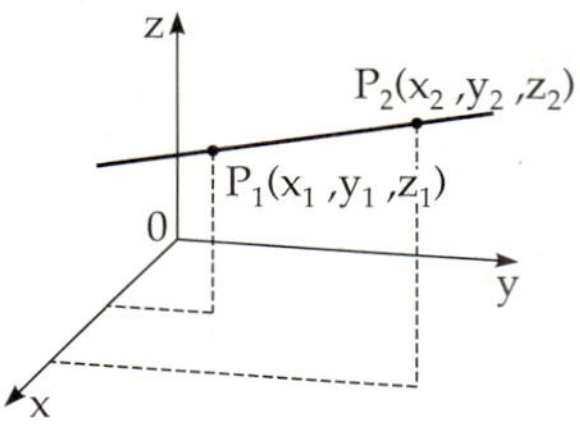

Abbildung 3.163

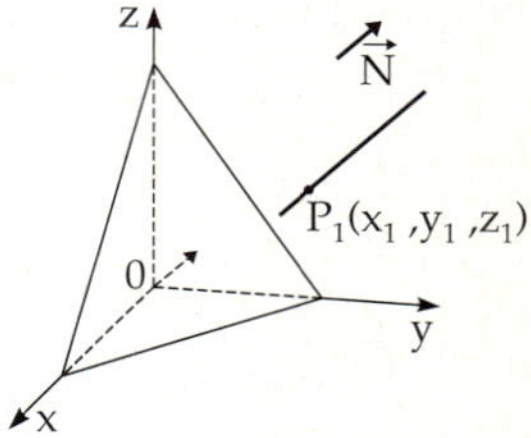

Abbildung 3.164

6. Gleichung einer Geraden durch einen Punkt $P_1\,(x_1, y_1, z_1)$ senkrecht zur Ebene $Ax+By+Cz+D=0$ oder $\vec{\mathbf{r}}\vec{\mathrm{N}}+D=0$ (Abb.3.164) in Komponenten- und in Vektorschreibweise:

a) $\dfrac{x-x_1}{A}=\dfrac{y-y_1}{B}=\dfrac{z-z_1}{C}$, (3.331a) b) $(\vec{\mathbf{r}}-\vec{\mathbf{r}}_1)\times\vec{\mathrm{N}}=0$. (3.331b)

7. Abstand δ eines Punktes $M(a,b,c)$ von einer Geraden, die gemäß (3.328a) gegeben ist

$$\delta^2=\frac{[(a-x_1)\,m-(b-y_1)\,l]^2+[(b-y_1)\,n-(c-z_1)\,m]^2+[(c-z_1)\,l-(a-x_1)\,n]^2}{l^2+m^2+n^2}\,. \tag{3.332}$$

8. Kürzester Abstand zwischen zwei Geraden, die gemäß (3.328a) gegeben sind

$$\delta=\frac{\pm\begin{vmatrix}x_1-x_2 & y_1-y_2 & z_1-z_2\\ l_1 & m_1 & n_1\\ l_2 & m_2 & n_2\end{vmatrix}}{\sqrt{\begin{vmatrix}l_1 & m_1\\ l_2 & m_2\end{vmatrix}^2+\begin{vmatrix}m_1 & n_1\\ m_2 & n_2\end{vmatrix}^2+\begin{vmatrix}n_1 & l_1\\ n_2 & m_2\end{vmatrix}^2}}\,. \tag{3.333}$$

Wenn die im Zähler stehende Determinante verschwindet, dann ist die Bedingung dafür erfüllt, daß sich die beiden Geraden im Raum schneiden.

9. Schnittpunkte von Ebenen und Geraden

Siehe **(Tabelle3.18)**

10. Winkel zwischen Ebenen und Geraden

Sieh **(Tabelle3.19)**

3.5.3.3 Flächen zweiter Ordnung, Gleichungen in Normalform

1. Mittelpunktsflächen Die im folgenden angegebenen Gleichungen, auch Normalform der Gleichungen für die Flächen 2. Ordnung genannt, ergeben sich aus der allgemeinen Gleichung der Flächen 2. Ordnung (s.S. 192) für den Fall, daß Mittelpunkt- und Koordinatenursprung zusammenfallen. Dabei halbiert der Mittelpunkt die durch ihn verlaufenden Sehnen, die Koordinatenachsen liegen in den Symmetrieachsen der Flächen, so daß die Koordinatenebenen gleichzeitig Symmetrieebenen sind.

2. Ellipsoide Mit den Halbachsen a, b, c **(Abb.3.165)** lautet die Gleichung

$$\frac{x^2}{a^2}+\frac{y^2}{b^2}+\frac{z^2}{c^2}=1\,. \tag{3.334}$$

Es werden die folgenden Spezialfälle unterschieden:

1. $a=b>c$: zusammengedrücktes Rotationsellipsoid (*Linsenform*) **(Abb.3.166)**,

Tabelle 3.18 Schnittpunkte von Ebenen und Geraden

Die Koordinaten des Schnittpunktes	gegeben durch die Gleichungen	werden berechnet nach den Formeln	Anmerkungen
dreier Ebenen	$A_1x + B_1y + C_1z + D_1 = 0$ $A_2x + B_2y + C_2z + D_2 = 0$ $A_3x + B_3y + C_3z + D_3 = 0$	$\bar{x} = \frac{-\Delta x}{\Delta}, \quad \bar{y} = \frac{-\Delta y}{\Delta}, \quad \bar{z} = \frac{-\Delta z}{\Delta},$ mit $\Delta = \begin{vmatrix} A_1 & B_1 & C_1 \\ A_2 & B_2 & C_2 \\ A_3 & B_3 & C_3 \end{vmatrix}, \quad \Delta x = \begin{vmatrix} D_1 & B_1 & C_1 \\ D_2 & B_2 & C_2 \\ D_3 & B_3 & C_3 \end{vmatrix},$ $\Delta y = \begin{vmatrix} A_1 & D_1 & C_1 \\ A_2 & D_2 & C_2 \\ A_3 & D_3 & C_3 \end{vmatrix}, \quad \Delta z = \begin{vmatrix} A_1 & B_1 & D_1 \\ A_2 & B_2 & D_2 \\ A_3 & B_3 & D_3 \end{vmatrix}.$	Drei Ebenen schneiden sich in einem Punkt, wenn $\Delta \neq 0$ ist; ist $\Delta = 0$ und wenigstens eine Unterdeterminante zweiter Ordnung $\neq 0$, dann sind die Ebenen einer Geraden parallel; sind alle Unterdeterminanten $= 0$, dann gehen die Ebenen durch eine Gerade hindurch.
vierer Ebenen	$A_1x + B_1y + C_1z + D_1 = 0$ $A_2x + B_2y + C_2z + D_2 = 0$ $A_3x + B_3y + C_3z + D_3 = 0$ $A_4x + B_4y + C_4z + D_4 = 0$	Man bestimmt den Schnittpunkt dreier beliebiger Ebenen (s. o.). In diesem Falle ($\delta = 0$) ist die vierte Gleichung eine Folge der übrigen drei Gleichungen.	Vier Ebenen gehen nur dann durch einen Punkt, wenn $\delta = \begin{vmatrix} A_1 & B_1 & C_1 & D_1 \\ A_2 & B_2 & C_2 & D_2 \\ A_3 & B_3 & C_3 & D_3 \\ A_4 & B_4 & C_4 & D_4 \end{vmatrix} = 0$ ist.

einer Ebene und einer Geraden	1. $Ax + By + Cz + D = 0$, $\frac{x - x_1}{l} = \frac{y - y_1}{m} = \frac{z - z_1}{n}$ 2. $Ax + By + Cz + D = 0$, $y = kx + a$, $z = hx + b$	1. $\bar{x} = x_1 - l\rho$, $\bar{y} = y_1 - m\rho$, $\bar{z} = z_1 - n\rho$, mit $\rho = \frac{Ax_1 + By_1 + Cz_1 + D}{Al + Bm + Cn}$; 2. $\bar{x} = -\frac{Ba + Cb + D}{A + Bk + Ch}$, $\bar{y} = k\bar{x} + a$, $\bar{z} = h\bar{x} + b$	Ist $Al + Bm + Cn = 0$ $(A + Bk + Ch = 0)$, dann ist die Gerade der Ebene parallel; wenn außerdem $Ax_1 + By_1 + Cz_1 + D = 0$ $(Ba + Cb + D = 0)$, dann liegt die Gerade in der Ebene.
zweier Geraden	$y = k_1x + a_1$, $z = h_1x + b_1$; $y = k_2x + a_2$, $z = h_2x + b_2$.	$\bar{x} = \frac{a_2 - a_1}{k_1 - k_2} = \frac{b_2 - b_1}{h_1 - h_2}$; $\bar{y} = \frac{k_1a_2 - k_2a_1}{k_1 - k_2}$; $\bar{z} = \frac{h_1b_2 - h_2b_1}{h_1 - h_2}$	Einen Schnittpunkt liefern diese Formeln nur unter der Bedingung $(a_1 - a_2)(h_1 - h_2)$ $= (b_1 - b_2)(k_1 - k_2)$; im entgegengesetzten Falle schneiden die Geraden einander nicht.

Tabelle 3.19 Winkel zwischen Ebenen und Geraden

Winkel zwischen	gegeben durch die Gleichungen	werden berechnet nach der Formel
zwei Ebenen	$A_1x + B_1y + C_1z + D_1 = 0,$ $A_2x + B_2y + C_2z + D_2 = 0$	$\cos\varphi = \dfrac{A_1A_2 + B_1B_2 + C_1C_2}{\sqrt{(A_1^2 + B_1^2 + C_1^2)(A_2^2 + B_2^2 + C_2^2)}}$
vektoriell	$\vec{\mathbf{r}}\,\vec{\mathbf{N}}_1 + D_1 = 0,$ $\vec{\mathbf{r}}\,\vec{\mathbf{N}}_2 + D_2 = 0$	$\cos\varphi = \dfrac{\vec{\mathbf{N}}_1\vec{\mathbf{N}}_2}{N_1N_2}$
zwei Geraden	$\dfrac{x - x_1}{l_1} = \dfrac{y - y_1}{m_1} = \dfrac{z - z_1}{n_1},$ $\dfrac{x - x_2}{l_2} = \dfrac{y - y_2}{m_2} = \dfrac{z - z_2}{n_2}$	$\cos\varphi = \dfrac{l_1l_2 + m_1m_2 + n_1n_2}{\sqrt{(l_1^2 + m_1^2 + n_1^2)(l_2^2 + m_2^2 + n_2^2)}}$
vektoriell	$(\vec{\mathbf{r}} - \vec{\mathbf{r}}_1) \times \vec{\mathbf{R}}_1 = 0,$ $(\vec{\mathbf{r}} - \vec{\mathbf{r}}_2) \times \vec{\mathbf{R}}_2 = 0$	$\cos\varphi = \dfrac{\vec{\mathbf{R}}_1\vec{\mathbf{R}}_2}{R_1R_2}$
einer Geraden und einer Ebene	$\dfrac{x - x_1}{l} = \dfrac{y - y_1}{m} = \dfrac{z - z_1}{n},$ $Ax + By + Cz + D = 0$	$\sin\varphi = \dfrac{Al + Bm + Cn}{\sqrt{(A^2 + B^2 + C^2)(l^2 + m^2 + n^2)}}$
vektoriell	$(\vec{\mathbf{r}} - \vec{\mathbf{r}}_1) \times \vec{\mathbf{R}} = 0,$ $\vec{\mathbf{r}}\,\vec{\mathbf{N}} + D = 0$	$\sin\varphi = \dfrac{\vec{\mathbf{R}}\vec{\mathbf{N}}}{RN}$

	Parallelitätsbedingung	Orthogonalitätsbedingung
für zwei Ebenen:	$\dfrac{A_1}{A_2} = \dfrac{B_1}{B_2} = \dfrac{C_1}{C_2}$ oder $\vec{\mathbf{N}}_1 \times \vec{\mathbf{N}}_2 = 0;$	$A_1A_2 + B_1B_2 + C_1C_2 = 0$ oder $\vec{\mathbf{N}}_1\vec{\mathbf{N}}_2 = 0;$
für zwei Geraden:	$\dfrac{l_1}{l_2} = \dfrac{m_1}{m_2} = \dfrac{n_1}{n_2}$ oder $\vec{\mathbf{R}}_1 \times \vec{\mathbf{R}}_2 = 0;$	$l_1l_2 + m_1m_2 + n_1n_2 = 0$ oder $\vec{\mathbf{R}}_1\vec{\mathbf{R}}_2 = 0;$
für eine Gerade und eine Ebene:	$Al + Bm + Cn = 0$ oder $\vec{\mathbf{R}}\,\vec{\mathbf{N}} = 0.$	$\dfrac{A}{l} = \dfrac{B}{m} = \dfrac{C}{n}$ oder $\vec{\mathbf{R}} \times \vec{\mathbf{N}} = 0.$

2. $a = b < c$: langgestrecktes Rotationsellipsoid (*Zigarrenform*) **(Abb.3.167)**,
3. $a = b = c$: Kugel mit der Gleichung $x^2 + y^2 + z^2 = a^2$.
Die zwei Formen des Rotationsellipsoids entstehen durch Rotation einer Ellipse in der x, z–Ebene mit den Achsen a und c um die z–Achse, die Kugel durch Rotation eines Kreises um eine der Achsen. Die Schnittfigur einer durch ein Ellipsoid gehenden Ebene ist eine Ellipse, im Spezialfall ein Kreis. Der Rauminhalt des Ellipsoids beträgt

$$V = \frac{4\pi abc}{3} . \tag{3.335}$$

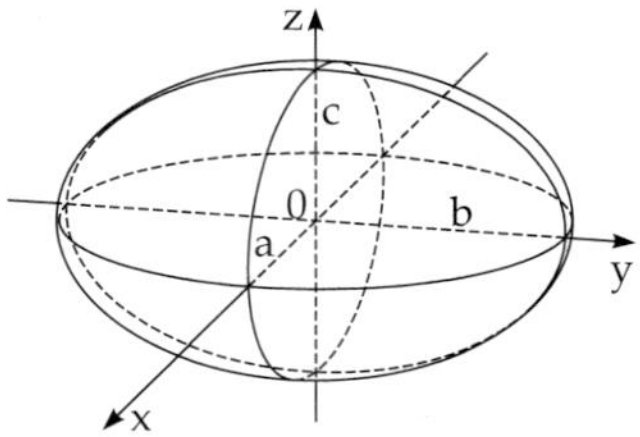

Abbildung 3.165

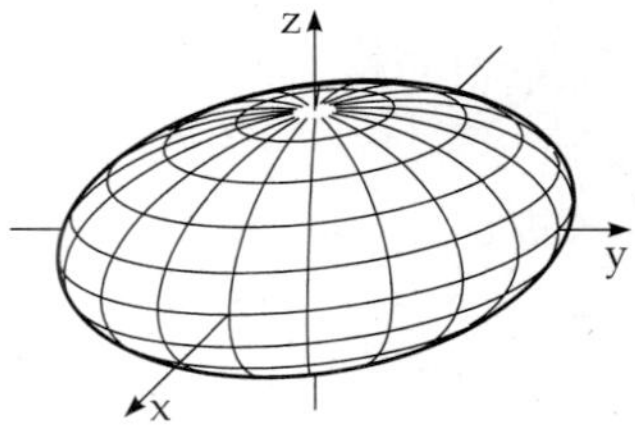

Abbildung 3.166

3. Hyperboloide
1. *Einschaliges Hyperboloid* **(Abb.3.168)** Mit a und b als reelle und c als imaginäre Halbachsen gilt:

$$\frac{x^2}{a^2} + \frac{y^2}{b^2} - \frac{z^2}{c^2} = 1 . \tag{3.336}$$

(Zur geradlinigen Erzeugenden s.S. 191)

2. *Zweischaliges Hyperboloid* **(Abb.3.169)** Mit c als reeller und a, b als imaginäre Halbachsen gilt:

$$\frac{x^2}{a^2} + \frac{y^2}{b^2} - \frac{z^2}{c^2} = -1 . \tag{3.337}$$

Die Schnittfiguren von Ebenen parallel zur z–Achse sind für beide Hyperboloide Hyperbeln. Im Falle des einschaligen Hyperboloids können es auch zwei einander schneidende Geraden sein. Ebenenschnitte parallel zur x, y–Ebene sind Ellipsen .
Für $a = b$ kann das Hyperboloid durch Rotation einer Hyperbel mit den Halbachsen a und c um die Achse $2c$ erzeugt werden. Diese ist im Falle des einschaligen Hyperboloids imaginär, im Falle des zweischaligen reell.

4. Kegel (Abb.3.170) Liegt die Spitze im Koordinatenursprung, dann gilt:

$$\frac{x^2}{a^2} + \frac{y^2}{b^2} - \frac{z^2}{c^2} = 0 . \tag{3.338}$$

Als Leitkurve kommt eine Ellipse mit den Halbachsen a und b in Betracht, deren Ebene senkrecht zur z–Achse in einer Entfernung c vom Koordinatenursprung liegt. Der Kegel kann in dieser Darstellung als Asymptotenkegel mit der Gleichung

$$\frac{x^2}{a^2} + \frac{y^2}{b^2} - \frac{z^2}{c^2} = \pm 1 \tag{3.339}$$

aufgefaßt werden, dessen Erzeugende sich beiden Hyperboloiden im Unendlichen unbegrenzt nähert. Für $a = b$ ergibt sich ein gerader Kreiskegel (s.S. 130).

5. Paraboloide Da Paraboloide keinen Mittelpunkt besitzen, wird in den folgenden Gleichungen davon ausgegangen, daß der Scheitel des Paraboloids im Koordinatenursprung liegt, die z–Achse zur Symmetrieachse wird und die x, z– sowie die y, z–Ebenen Symmetrieebenen sind.

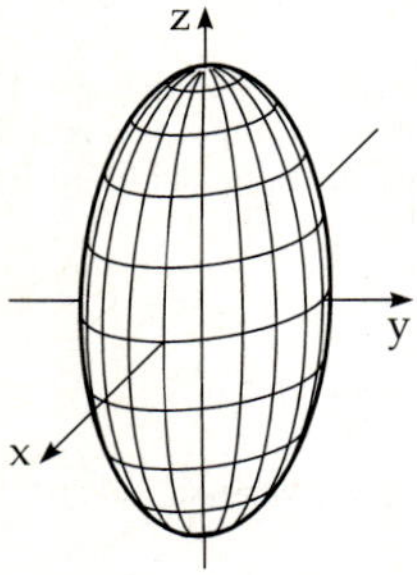

Abbildung 3.167

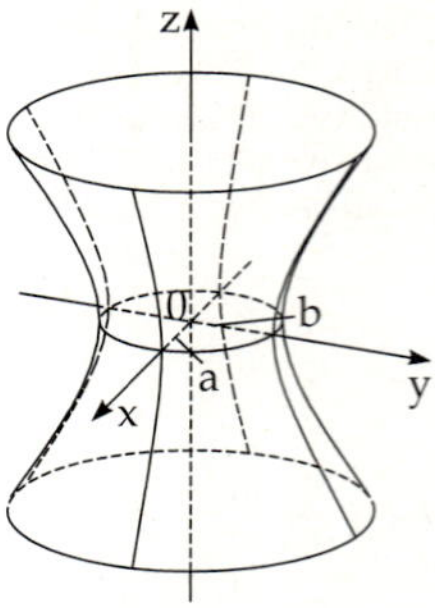

Abbildung 3.168

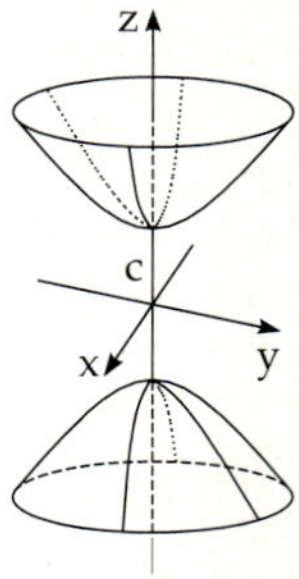

Abbildung 3.169

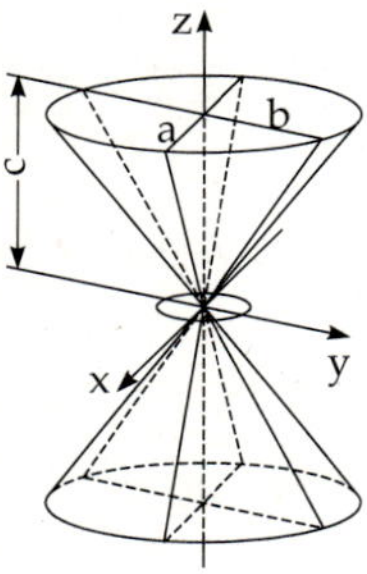

Abbildung 3.170

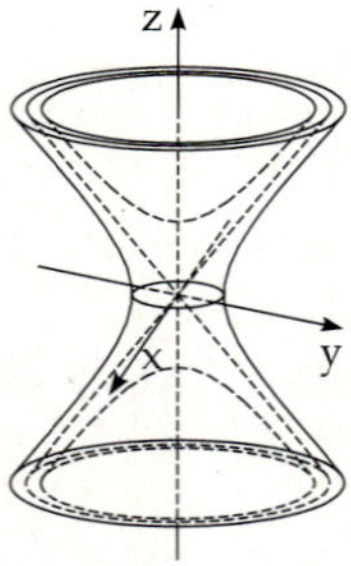

Abbildung 3.171

1. *Elliptisches Paraboloid* **(Abb.3.172)**:

$$z = \frac{x^2}{a^2} + \frac{y^2}{b^2}\,. \tag{3.340}$$

Ebenenschnitte parallel zur z–Achse liefern als Schnittfiguren Parabeln, parallel zur x, y–Ebene Ellipsen.

2. *Rotationsparaboloid* Für $a = b$ erhält man ein Rotationsparaboloid, das man sich durch Rotation einer Parabel mit $z = x^2/a^2$ um ihre in der x, z–Ebene liegende Achse entstanden denken kann.

Der Rauminhalt eines Paraboloidschale, die von einer Ebene senkrecht zur z–Achse in der Höhe h abgeschnitten wird, ist

$$V = \frac{1}{2}\pi abh\,, \tag{3.341}$$

d.h., halb so groß wie der Rauminhalt des elliptischen Zylinders mit der gleichen Deckfläche und Höhe.

3. *Hyperbolisches Paraboloid* **(Abb.3.173)**:

$$z = \frac{x^2}{a^2} - \frac{y^2}{b^2}\,. \tag{3.342}$$

Schnitte parallel zur y, z–Ebene und zur x, z–Ebene liefern kongruente Parabeln als Schnittfiguren, Schnitte parallel zur x, y–Ebene Hyperbeln sowie ein Paar einander schneidender Geraden.

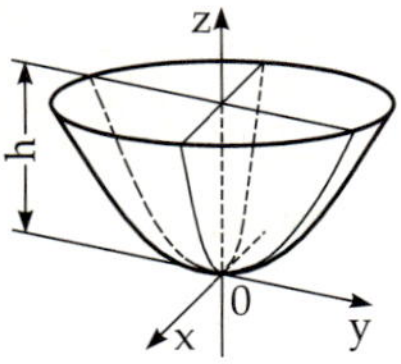

Abbildung 3.172

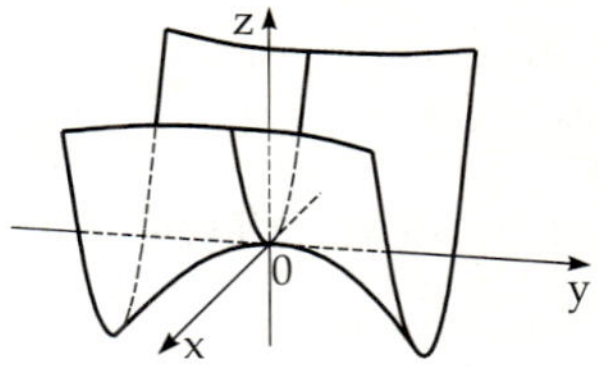

Abbildung 3.173

6. Geradlinige Erzeugende einer Fläche sind Geraden, die ganz in dieser Fläche liegen. Beispiele sind die Erzeugenden der Kegel- und der Zylinderfläche.
Das *einschalige Hyperboloid* **(Abb.3.174)**

$$\frac{x^2}{a^2} + \frac{y^2}{b^2} - \frac{z^2}{c^2} = 1 \tag{3.343}$$

besitzt zwei Scharen geradliniger Erzeugender mit den Gleichungen

$$\frac{x}{a} + \frac{z}{c} = u\left(1 + \frac{y}{b}\right), \quad u\left(\frac{x}{a} - \frac{z}{c}\right) = 1 - \frac{y}{b}\,; \tag{3.344a}$$

$$\frac{x}{a} + \frac{z}{c} = v\left(1 - \frac{y}{b}\right), \quad v\left(\frac{x}{a} - \frac{z}{c}\right) = 1 + \frac{y}{b}\,; \tag{3.344b}$$

wobei u und v beliebige Größen sind.
Das *hyperbolische Hyperboloid* **(Abb.3.175)**

$$z = \frac{x^2}{a^2} - \frac{y^2}{b^2} \tag{3.345}$$

besitzt ebenfalls zwei Scharen von Erzeugenden mit den Gleichungen

$$\frac{x}{a} + \frac{y}{b} = u\,, \quad u\left(\frac{x}{a} - \frac{y}{b}\right) = z\,; \tag{3.346a}$$

$$\frac{x}{a} - \frac{y}{b} = v\,, \quad v\left(\frac{x}{a} + \frac{y}{b}\right) = z\,. \tag{3.346b}$$

Wieder sind u und v beliebige Größen. In beiden Fällen gehen durch jeden Flächenpunkt zwei Geraden, und zwar von jeder Schar je eine Erzeugende, von denen in den **Abb.3.174, 3.175** jeweils nur eine eingezeichnet ist.

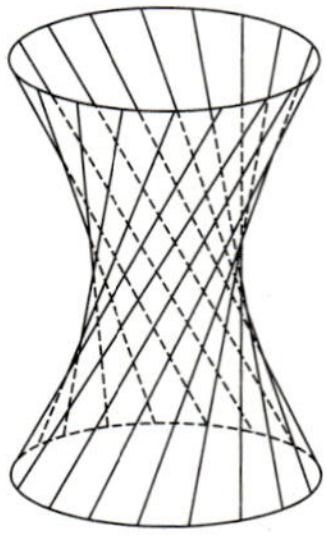

Abbildung 3.174

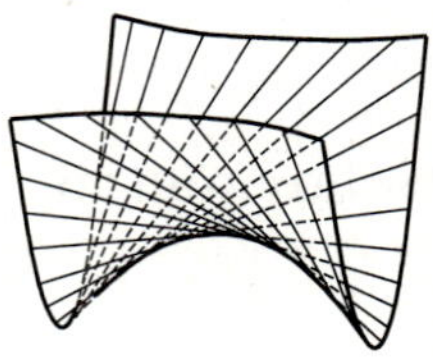

Abbildung 3.175

7. Zylinder

1. *Elliptische Zylinder* (**Abb.3.176**): $$\frac{x^2}{a^2} + \frac{y^2}{b^2} = 1 \qquad (3.347)$$

2. *Hyperbolische Zylinder* (**Abb.3.177**): $$\frac{x^2}{a^2} - \frac{y^2}{b^2} = 1 \qquad (3.348)$$

3. *Parabolische Zylinder* (**Abb.3.178**): $$y^2 = 2px \qquad (3.349)$$

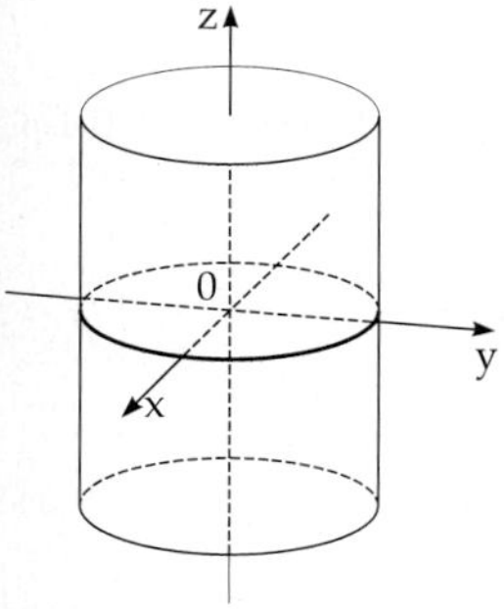

Abbildung 3.176

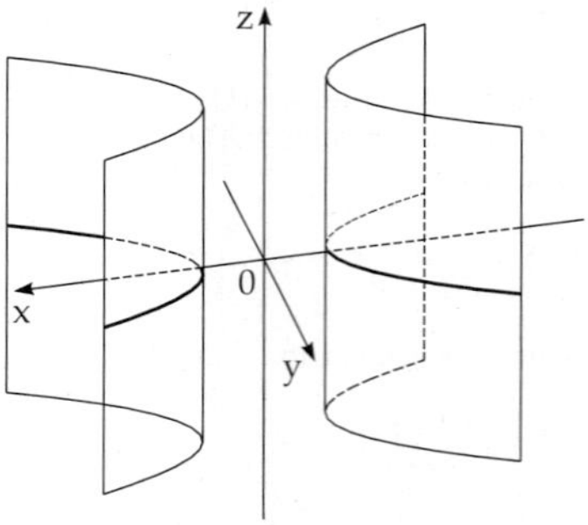

Abbildung 3.177

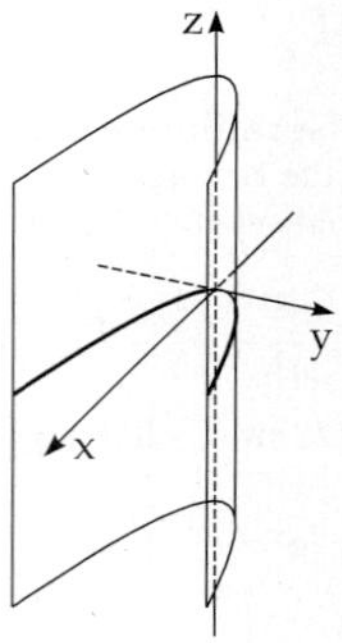

Abbildung 3.178

3.5.3.4 Flächen zweiter Ordnung, allgemeine Theorie

1. Allgemeine Gleichung einer Fläche zweiter Ordnung

$$a_{11}x^2 + a_{22}y^2 + a_{33}z^2 + 2a_{12}xy + 2a_{23}yz + 2a_{31}zx + 2a_{14}x + 2a_{24}y + 2a_{34}z + a_{44} = 0\,. \qquad (3.350)$$

2. Invariante einer Fläche zweiter Ordnung
Setzt man die $a_{ik} = a_{ki}$, dann gilt

$$\Delta = \begin{vmatrix} a_{11} & a_{12} & a_{13} & a_{14} \\ a_{21} & a_{22} & a_{23} & a_{24} \\ a_{31} & a_{32} & a_{33} & a_{34} \\ a_{41} & a_{42} & a_{43} & a_{44} \end{vmatrix}\,; \qquad (3.351a) \qquad \delta = \begin{vmatrix} a_{11} & a_{12} & a_{13} \\ a_{21} & a_{22} & a_{23} \\ a_{31} & a_{32} & a_{33} \end{vmatrix}\,; \qquad (3.351b)$$

$$S = a_{11} + a_{22} + a_{33}\,; \qquad (3.351c)$$

$$T = a_{22}a_{33} + a_{33}a_{11} + a_{11}a_{22} - a_{23}^2 - a_{31}^2 - a_{12}^2\,. \qquad (3.351d)$$

Bei einer Verschiebung oder Drehung der Koordinatenachsen ändern sich diese Größen nicht.

3. Gestalt der Fläche zweiter Ordnung auf Grund ihrer Gleichung Man ermittelt die Gestalt einer Fläche 2. Ordnung bei bekannter Gleichung nach dem Vorzeichen ihrer Invarianten D, d, S und T aus der **Tabelle 3.20**. Hier steht neben der Bezeichnung der Fläche ihre Gleichung in der Normalform, auf die sich eine gegebene Gleichung umformen läßt. Mit den Gleichungen der sogenannten imaginären Flächen können für keinen reellen Punkt die Koordinaten berechnet werden, mit Ausnahme der Spitze des imaginären Kegels und der Schnittgeraden zweier imaginärer Ebenen.

3.6 Differentialgeometrie

In der Differentialgeometrie werden ebene und räumliche Kurven und Flächen mit den Methoden der Differentialrechnung untersucht. Daher wird von den Funktionen, die in die Kurven- bzw. Flächengleichungen eingehen, vorausgesetzt, daß sie stetig sind und stetige Ableitungen bis zu der Ordnung besitzen, die gemäß dem Charakter des zu untersuchenden Problems erforderlich ist. Nur in einzelnen Punkten der Kurve oder Fläche darf diese Bedingung gestört sein. Man spricht dann von *singulären*

Tabelle 3.20 Gestalt der Flächen 2. Ordnung

I. $\delta \neq 0$ (Mittelpunktsflächen)

	$S \cdot \delta > 0, \quad T > 0$	$S \cdot \delta$ und T nicht beide > 0
$\Delta < 0$	Ellipsoid $\frac{x^2}{a^2} + \frac{y^2}{b^2} + \frac{z^2}{c^2} = 1$	Zweischaliges Hyperboloid $\frac{x^2}{a^2} + \frac{y^2}{b^2} - \frac{z^2}{c^2} = -1$
$\Delta > 0$	Imaginäres Ellipsoid $\frac{x^2}{a^2} + \frac{y^2}{b^2} + \frac{z^2}{c^2} = -1$	Einschaliges Hyperboloid $\frac{x^2}{a^2} + \frac{y^2}{b^2} - \frac{z^2}{c^2} = 1$
$\Delta = 0$	Imaginärer Kegel (mit reeller Spitze) $\frac{x^2}{a^2} + \frac{y^2}{b^2} + \frac{z^2}{c^2} = 0$	Kegel $\frac{x^2}{a^2} + \frac{y^2}{b^2} - \frac{z^2}{c^2} = 0$

II. $\delta = 0$ (Paraboloide, Zylinder und Ebenenpaare)

	$\Delta < 0$ (hierbei $T > 0$)	$\Delta > 0$ (hierbei $T < 0$)
$\Delta \neq 0$	Elliptisches Paraboloid $\frac{x^2}{a^2} + \frac{y^2}{b^2} = \pm z$	Hyperbolisches Paraboloid $\frac{x^2}{a^2} - \frac{y^2}{b^2} = \pm z$
$\Delta = 0$	Zylinderfläche mit einer Kurve 2. Ordnung als Leitkurve, deren Gestalt verschiedene Zylinder nach sich zieht: Für $T > 0$ imaginäre elliptische, für $T < 0$ hyperbolische und für $T = 0$ parabolische Zylinder, wenn die Fläche nicht in zwei reelle, imaginäre oder zusammenfallende Ebenen zerfällt. Die Bedingung für das Zerfallen lautet: $\begin{vmatrix} a_{11} & a_{12} & a_{14} \\ a_{21} & a_{22} & a_{24} \\ a_{41} & a_{42} & a_{44} \end{vmatrix} + \begin{vmatrix} a_{11} & a_{13} & a_{14} \\ a_{31} & a_{33} & a_{34} \\ a_{41} & a_{43} & a_{44} \end{vmatrix} + \begin{vmatrix} a_{22} & a_{23} & a_{24} \\ a_{32} & a_{33} & a_{34} \\ a_{42} & a_{43} & a_{44} \end{vmatrix} = 0$	

Punkten. Bei der Untersuchung geometrischer Gebilde auf der Grundlage ihrer Gleichungen wird zwischen solchen Eigenschaften unterschieden, die von der Wahl des Koordinatensystems abhängen, wie Schnittpunkte von Kurven oder Flächen mit den Koordinatenachsen, Tangentensteigungen, Maxima und Minima, und solchen invarianten Eigenschaften, die unabhängig sind von Koordinatentransformationen, wie Wendepunkte, Scheitel, Krümmungen. Außerdem werden noch lokale Eigenschaften, die nur für sehr kleine Teile der Kurven oder Flächen zutreffen, wie Krümmung und Linienelement von Flächen, von Eigenschaften unterschieden, die Kurven und Flächen im Ganzen betreffen, wie die Anzahl der Scheitel oder die Länge einer geschlossenen Kurve.

3.6.1 Ebene Kurven

3.6.1.1 Möglichkeiten, eine ebene Kurve zu definieren

1. Gleichung einer Kurve Eine ebene Kurve kann analytisch auf eine der folgenden Arten definiert werden.

1. *In kartesischen Koordinaten*:

a) implizit: $0 = F(x, y)$, (3.352)

b) explizit: $y = f(x)$, (3.353)

c) in Parameterform: $x = x(t)$, $y = y(t)$. (3.354)

2. *In Polarkoordinaten*: $\varrho = f(\varphi)$. (3.355)

2. Positive Richtung auf einer Kurve Wenn eine Kurve in der Form (3.354) gegeben ist, dann wird auf ihr als positiv die Richtung definiert, in der sich ein Kurvenpunkt $M[x(t), y(t)]$ für zunehmende Werte des Parameters t bewegt. Ist die Kurve in der Form (3.353) gegeben, dann kann die Abszisse $[x = x, y = f(x)]$ als Parameter aufgefaßt werden, so daß die positive Richtung die mit wachsender Abszisse ist. Für die Form (3.355) dient der Winkel $\varphi[x = f(\varphi)\cos\varphi, y = f(\varphi)\sin\varphi]$ als Parameter, so daß die positive Richtung der Zunahme von φ entspricht, d.h. entgegengesetzt zum Drehsinn des Uhrzeigers.

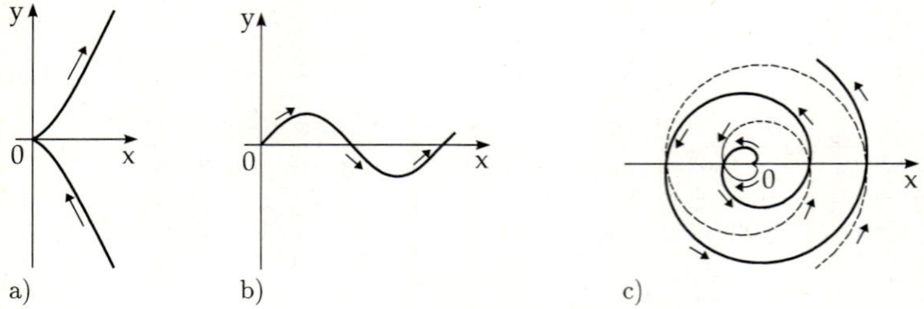

Abbildung 3.179

■ **(Abb.3.179)**: **A:** $x = t^2$, $y = t^3$; **B:** $y = \sin x$; **C:** $\varrho = a\varphi$.

3.6.1.2 Lokale Elemente einer Kurve

In Abhängigkeit davon, ob ein variabler Punkt M auf der Kurve in der Form (3.353), (3.354) oder (3.355) gegeben ist, wird seine Position durch x, t oder φ bestimmt. Mit N sei ein beliebig nahe bei M gelegener Punkt mit den Parameterwerten $x + dx$, $t + dt$ oder $\varphi + d\varphi$ bezeichnet.

1. Bogenelement

Wenn s die Länge der Kurve von einem festen Punkt A bis zum Punkt M ist, dann kann der infinitesimale Zuwachs $\Delta s = \widehat{MN}$ angenähert durch das Differential ds der Bogenlänge, das *Bogenelement* , ausgedrückt werden:

$$\Delta s \approx ds \begin{cases} = \sqrt{1 + \left(\frac{dy}{dx}\right)^2}\, dx & \text{für die Form (3.353)}, \quad (3.356) \\ = \sqrt{x'^2 + y'^2}\, dt & \text{für die Form (3.354)}, \quad (3.357) \\ = \sqrt{\varrho^2 + \varrho'^2}\, d\varphi & \text{für die Form (3.355)}. \quad (3.358) \end{cases}$$

■ **A:** $y = \sin x$, $ds = \sqrt{1 + \cos^2 x}\, dx$;

B: $x = t^2$, $y = t^3$, $ds = t\sqrt{4 + 9t^2}\, dt$;

C: $\varrho = a\varphi$, $ds = a\sqrt{1 + \varphi^2}\, d\varphi$.

2. Tangente und Normale

1. Tangente im Punkt M wird die Sekante MN in ihrer Grenzlage für $N \to M$ genannt, *Normale* eine Gerade, die im Punkt M senkrecht auf der Tangente steht **(Abb.3.180)**.

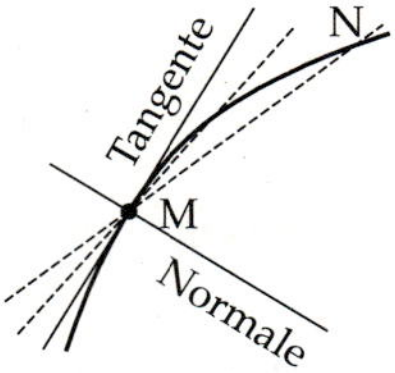

Abbildung 3.180

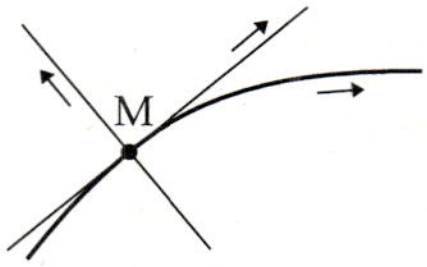

Abbildung 3.181

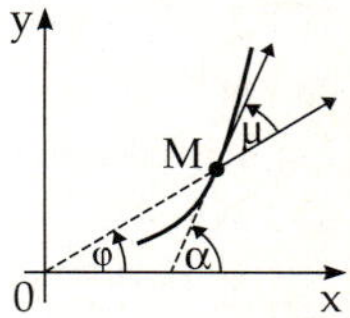

Abbildung 3.182

2. Die Gleichungen der Tangente und der Normalen sind in Tabelle 3.21 für die drei Fälle (3.352), (3.353) und (3.354) angegeben. Dabei sind x, y die Koordinaten des Punktes M und X, Y die Koordinaten der Tangenten- und Normalenpunkte. Die Werte der Ableitungen sind für den Punkt M zu berechnen.

Tabelle 3.21 Tangenten- und Normalengleichungen

Art der Gleichung	Gleichung der Tangente	Gleichung der Normale
(3.352)	$\frac{\partial F}{\partial x}(X-x)+\frac{\partial F}{\partial y}(Y-y)=0$	$\frac{X-x}{\frac{\partial F}{\partial x}}=\frac{Y-y}{\frac{\partial F}{\partial y}}$
(3.353)	$Y-y=\frac{dy}{dx}(X-x)$	$Y-y=-\frac{1}{\frac{dy}{dx}}(X-x)$
(3.354)	$\frac{Y-y}{y'}=\frac{X-x}{x'}$	$x'(X-x)+y'(Y-y)=0$

■ Für folgende Kurven sind die Gleichungen der Tangente und der Normalen zu bestimmen:

A: Kreis mit $x^2+y^2=25$ und Punkt $M(3,4)$:

a) Tangentengleichung: $2x(X-x)+2y(Y-y)=0$ oder $Xx+Yy=25$;
(unter Berücksichtigung der Kreisgleichung)
im Punkt M: $3X+4Y=25$;

b) Normalengleichung: $\frac{X-x}{2x}=\frac{Y-y}{2y}$ oder $Y=\frac{y}{x}X$;

im Punkt M: $Y=\frac{4}{3}X$;

B: Sinuslinie $y=\sin x$ im Punkt $0(0,0)$:

a) Tangentengleichung: $Y-\sin x=\cos x(X-x)$ oder $Y=X\cos x+\sin x-x\cos x$;
im Punkt 0: $Y=X$;

b) Normalengleichung: $Y-\sin x=-\frac{1}{\cos x}(X-x)$ oder $Y=-X\sec x+\sin x+x\sec x$;

im Punkt 0: $Y=-X$;

C: Kurve mit $x=t^2$, $y=t^3$ im Punkt $M(4,-8)$, $t=-2$:

a) Tangentengleichung: $\dfrac{Y-t^3}{3t^2}=\dfrac{X-t^2}{2t}$ oder $Y=\dfrac{3}{2}tX-\dfrac{1}{2}t^3$;

im Punkt M: $Y=-3X+4$;

b) Normalengleichung: $2t\,(X-t^2)+3t^2\,(Y-t^3)=0$ oder $2X+3tY=t^2\,(2+3t^2)$;

im Punkt M: $X-3Y=28$.

3. Positive Richtung von Kurventangente und Kurvennormale Wenn die Kurve in einer der Formen (3.353), (3.354), (3.355) gegeben ist, dann sind die positiven Richtungen auf der Tangente und der Normalen festgelegt. Die positive Richtung auf der Tangente stimmt mit der positiven Richtung der Kurve im Berührungspunkt überein, während sich die positive Richtung auf der Normalen aus der positiven Richtung der Tangente durch deren Drehung um den Punkt M um 90° im entgegengesetzten Drehsinn des Uhrzeigers ergibt **(Abb.3.181)**. Die Tangente und die Normale werden durch den Punkt M jeweils in eine positive und eine negative Halbgerade geteilt.

4. Die Steigung der Tangente wird bestimmt
a) durch den Winkel α, zwischen den positiven Richtungen der Abszissenachse und der Tangente, oder **b)**, wenn die Kurve in Polarkoordinaten gegeben ist, durch den Winkel μ, zwischen der Richtung des Radiusvektors $\overline{OM}=\varrho$ und der positiven Richtung der Tangente **(Abb.3.182)**. Für die Winkel α und μ gelten die folgenden Formeln, wobei ds gemäß (3.356) bis (3.358) berechnet wird:

$$\tan\alpha=\frac{dy}{dx},\quad \cos\alpha=\frac{dx}{ds},\quad \sin\alpha=\frac{dy}{ds}; \tag{3.359a}$$

$$\tan\mu=\frac{\varrho}{\dfrac{d\varrho}{d\varphi}},\quad \cos\mu=\frac{d\varrho}{ds},\quad \sin\mu=\varrho\frac{d\varphi}{ds}. \tag{3.359b}$$

■ **A:** $y=\sin x$, $\tan\alpha=\cos x$, $\cos\alpha=\dfrac{1}{\sqrt{1+\cos^2x}}$, $\sin\alpha=\dfrac{\cos x}{\sqrt{1+\cos^2x}}$;

B: $x=t^2$, $y=t^3$, $\tan\alpha=\dfrac{3t}{2}$, $\cos\alpha=\dfrac{2}{\sqrt{4+9t^2}}$, $\sin\alpha=\dfrac{3t}{\sqrt{4+9t^2}}$;

C: $\varrho=a\varphi$, $\tan\mu=\varphi$, $\cos\mu=\dfrac{1}{\sqrt{1+\varphi^2}}$, $\sin\mu=\dfrac{\varphi}{\sqrt{1+\varphi^2}}$.

5. Abschnitte der Tangente und Normale, Subtangente und Subnormale (Abb.3.183)
1. *In kartesischen Koordinaten* für eine Definition gemäß (3.353), (3.354):

$$\overline{MT}=\left|\frac{y}{y'}\sqrt{1+y'^2}\right| \quad (\textit{Tangentenabschnitt}), \tag{3.360}$$

$$\overline{MN}=\left|y\sqrt{1+y'^2}\right| \quad (\textit{Normalenabschnitt}), \tag{3.361}$$

$$\overline{PT}=\left|\frac{y}{y'}\right| \quad (\textit{Subtangente}), \tag{3.362}$$

$$\overline{PN}=|yy'| \quad (\textit{Subnormale}). \tag{3.363}$$

2. *In Polarkoordinaten* für eine Definition gemäß (3.355):

$$\overline{MT'}=\left|\frac{\varrho}{\varrho'}\sqrt{\varrho^2+\varrho'^2}\right| \quad (\textit{Abschnitt der Polartangente}), \tag{3.364}$$

$$\overline{MN'}=\left|\sqrt{\varrho^2+\varrho'^2}\right| \quad (\textit{Abschnitt der Polarnormalen}), \tag{3.365}$$

$$\overline{OT'} = \left|\frac{\varrho^2}{\varrho'}\right| \qquad (Polarsubtangente), \tag{3.366}$$

$$\overline{ON'} = |\varrho'| \qquad (Polarsubnormale). \tag{3.367}$$

■ **A:** $y = \cosh x$, $y' = \sinh x$, $\sqrt{1+y'^2} = \cosh x$;
$\overline{MT} = |\cosh x \coth x|$, $\overline{MN} = |\cosh^2 x|$, $\overline{PT} = |\coth x|$, $\overline{PN} = |\sinh x \cosh x|$.

B: $\varrho = a\varphi$, $\varrho' = a$, $\sqrt{\varrho^2+\varrho'^2} = a\sqrt{1+\varphi^2}$;
$\overline{MT'} = \left|a\varphi\sqrt{1+\varphi^2}\right|$, $\overline{MN'} = \left|a\sqrt{1+\varphi^2}\right|$, $\overline{OT'} = \left|a\varphi^2\right|$, $\overline{ON'} = a$.

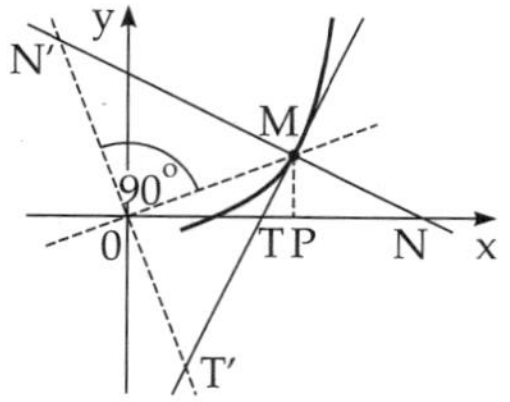

Abbildung 3.183

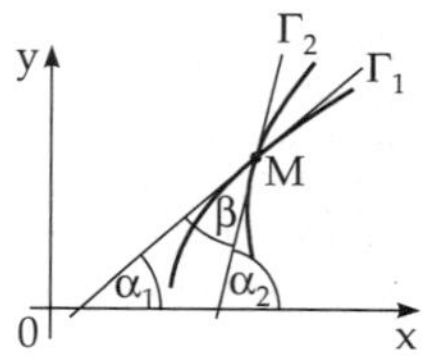

Abbildung 3.184

6. Winkel zwischen zwei Kurven Unter dem *Winkel* β *zwischen zwei Kurven* Γ_1 und Γ_2, die sich im Punkt M schneiden, wird der Winkel zwischen den Tangenten an diese Kurven im Punkt M verstanden **(Abb.3.184)**. Die Berechnung des Winkels β ist damit auf die Berechnung des Winkels zwischen zwei Geraden mit den Richtungskoeffizienten

$$k_1 = \tan\alpha_1 = \left(\frac{df_1}{dx}\right)_M, \tag{3.368a}$$

$$k_2 = \tan\alpha_2 = \left(\frac{df_2}{dx}\right)_M \tag{3.368b}$$

zurückgeführt, wobei $y = f_1(x)$ die Gleichung von Γ_1 und $y = f_2(x)$ die Gleichung von Γ_2 ist und die Ableitungen für den Punkt M zu berechnen sind.

■ Es ist der Winkel zwischen den Parabeln $y = \sqrt{x}$ und $y = x^2$ im Punkt $M(1,1)$ zu bestimmen:

$$\tan\alpha_1 = \left(\frac{d\sqrt{x}}{dx}\right)_{x=1} = \frac{1}{2}, \quad \tan\alpha_2 = \left(\frac{d\,(x^2)}{dx}\right)_{x=1} = 2, \quad \tan\beta = \frac{\tan\alpha_2 - \tan\alpha_1}{1+\tan\alpha_1\tan\alpha_2} = \frac{3}{4}.$$

3. Konvexe und konkave Seite einer Kurve

Wenn eine Kurve in der expliziten Form $y = f(x)$ gegeben ist, dann kann für einen kleinen Teil der Kurve, der den Punkt M enthält, angegeben werden, ob die Kurve mit ihrer konkaven Seite nach oben oder nach unten zeigt. Ausgenommen ist der Fall, daß M ein Wendepunkt oder ein singulärer Punkt ist (s.S. 199). Ist die zweite Ableitung $f''(x) > 0$, dann zeigt die Kurve mit ihrer konkaven Seite nach oben, d.h. nach der positiven y–Richtung (Punkt M_2 in **Abb.3.185**), ist $f''(x) < 0$ (Punkt M_1), dann ist die Kurve nach unten konkav. Im Falle $f''(x) = 0$ ist das Problem bei der Betrachtung des Wendepunktes eingehender zu untersuchen.

■ $y = x^3$ **(Abb.2.14,b)**; $y'' = 6x$, für $x > 0$ ist die Kurve konkav nach oben, für $x < 0$ konkav nach unten.

4. Krümmung und Krümmungsradius

1. Krümmung einer Kurve Die Krümmung K einer Kurve im Punkt M ist der Grenzwert des Verhältnisses des Winkels δ zwischen den positiven Tangentenrichtungen in den Punkten M und N

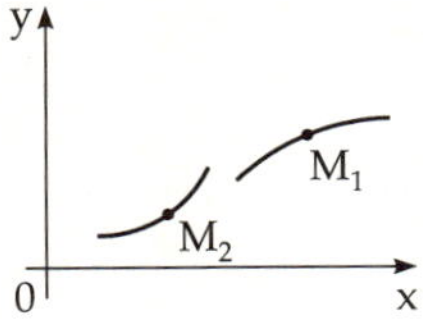

Abbildung 3.185

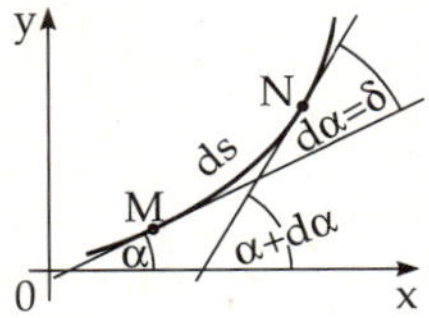

Abbildung 3.186

(Abb.3.186) zur Bogenlänge $\overset{\frown}{MN}$ für $\overset{\frown}{MN} \to 0$:

$$K = \lim_{\overset{\frown}{MN} \to 0} \frac{\delta}{\overset{\frown}{MN}} . \tag{3.369}$$

Das Vorzeichen der Krümmung K gibt an, ob die Kurve mit ihrer konkaven Seite nach der positiven ($K > 0$) oder negativen ($K < 0$) Seite der Kurvennormalen zeigt (s.S. 196). Anders ausgedrückt liegt der Krümmungsmittelpunkt für $K > 0$ auf der positiven Seite der Kurvennormalen, für $K < 0$ auf der negativen. Manchmal wird die Krümmung K prinzipiell als positive Größe aufgefaßt. Dann ist immer der Absolutbetrag des Grenzwertes zu nehmen.

2. Krümmungsradius einer Kurve Der Krümmungsradius R einer Kurve im Punkt M ist der reziproke Wert des Betrags der Krümmung: $R = |1/K|$. Die Krümmung K ist in einem Punkt M um so größer, je kleiner der Krümmungsradius R ist.

■ **A:** Für einen Kreis mit dem Radius a sind Krümmung $K = 1/a$ und Krümmungsradius $R = a$ für alle Punkte konstant.

B: Für die Gerade ist $K = 0$ und $R = \infty$.

3. Formeln für Krümmung und Krümmungsradius Mit $\delta = d\alpha$ und $\overset{\frown}{MN} = ds$ **(Abb.3.186)** gilt allgemein

$$K = \frac{d\alpha}{ds}, \quad R = \left| \frac{ds}{d\alpha} \right| . \tag{3.370}$$

Daraus ergeben sich für die unterschiedlichen Definitionsformen der Kurvengleichungen auf S. 194 verschiedene Ausdrücke für K und R.

Definition gemäß (3.353): $$K = \frac{\dfrac{d^2y}{dx^2}}{\left[1 + \left(\dfrac{dy}{dx}\right)^2\right]^{3/2}}, \qquad R = \left| \frac{\left[1 + \left(\dfrac{dy}{dx}\right)^2\right]^{3/2}}{\dfrac{d^2y}{dx^2}} \right| , \tag{3.371}$$

Definition gemäß (3.354): $$K = \frac{\begin{vmatrix} x' & y' \\ x'' & y'' \end{vmatrix}}{\left(x'^2 + y'^2\right)^{3/2}}, \qquad R = \left| \frac{\left(x'^2 + y'^2\right)^{3/2}}{\begin{vmatrix} x' & y' \\ x'' & y'' \end{vmatrix}} \right| , \tag{3.372}$$

Definition gemäß (3.352): $$K = \frac{\begin{vmatrix} F''_{xx} & F''_{xy} & F'_x \\ F''_{yx} & F''_{yy} & F'_y \\ F'_x & F'_y & 0 \end{vmatrix}}{\left(F'^2_x + F'^2_y\right)^{3/2}}, \qquad R = \left| \frac{\left(F'^2_x + F'^2_y\right)^{3/2}}{\begin{vmatrix} F''_{xx} & F''_{xy} & F'_x \\ F''_{yx} & F''_{yy} & F'_y \\ F'_x & F'_y & 0 \end{vmatrix}} \right| , \tag{3.373}$$

Definition gemäß (3.355): $K = \dfrac{\varrho^2 + 2\varrho'^2 - \varrho\varrho''}{(\varrho^2 + \varrho'^2)^{3/2}}\,, \qquad R = \left|\dfrac{(\varrho^2 + \varrho'^2)^{3/2}}{\varrho^2 + 2\varrho'^2 - \varrho\varrho''}\right|\,.$ (3.374)

■ **A:** $y = \cosh x\,, \quad K = \dfrac{1}{\cosh^2 x}\,;$ **B:** $x = t^2\,, \quad y = t^3\,, \quad K = \dfrac{6}{t(4 + 9t^2)^{3/2}}\,;$

C: $y^2 - x^2 = a^2\,, \quad K = \dfrac{a^2}{(x^2 + y^2)^{3/2}}\,;$ **D:** $\varrho = a\varphi\,, \quad K = \dfrac{1}{a} \cdot \dfrac{\varphi^2 + 2}{(\varphi^2 + 1)^{3/2}}\,.$

5. Krümmungskreis und Krümmungsmittelpunkt

1. Krümmungskreis im Punkt M wird die Grenzlage eines Kreises genannt, der durch M und zwei benachbarte Punkte N und P der Kurve geht, wenn $N \to M$ und $P \to M$ gehen **(Abb.3.187)**. Der Krümmungskreisradius ist gleich dem Krümmungsradius in dem betreffenden Punkt, der mit den Formeln (3.371) bis (3.374) berechnet wird.

2. Krümmungsmittelpunkt Der Mittelpunkt C des Krümmungskreises ist der Krümmungsmittelpunkt des Punktes M. Er liegt auf der konkaven Seite der Kurve und auf der zugehörigen Kurvennormalen.

3. Koordinaten des Krümmungsmittelpunktes Die Berechnung der Koordinaten (x_C, y_C) des Krümmungsmittelpunktes kann je nach der Definitionsform der Kurvengleichung von S. 194 mit Hilfe der folgenden Formeln erfolgen.

Definition gemäß (3.353): $x_C = x - \dfrac{\dfrac{dy}{dx}\left[1 + \left(\dfrac{dy}{dx}\right)^2\right]}{\dfrac{d^2y}{dx^2}}\,, \qquad y_C = y + \dfrac{1 + \left(\dfrac{dy}{dx}\right)^2}{\dfrac{d^2y}{dx^2}}\,;$ (3.375)

Definition gemäß (3.354): $x_C = x - \dfrac{y'(x'^2 + y'^2)}{\begin{vmatrix} x' & y' \\ x'' & y'' \end{vmatrix}}\,, \qquad y_C = y + \dfrac{x'(x'^2 + y'^2)}{\begin{vmatrix} x' & y' \\ x'' & y'' \end{vmatrix}}\,;$ (3.376)

Definition gemäß (3.355): $x_C = \cos\varphi - \dfrac{(\varrho^2 + \varrho'^2)(\varrho\cos\varphi + \varrho'\sin\varphi)}{\varrho^2 + 2\varrho'^2 - \varrho\varrho''}$

$$y_C = \varrho\sin\varphi - \frac{(\varrho^2 + \varrho'^2)(\varrho\sin\varphi - \varrho'\cos\varphi)}{\varrho^2 + 2\varrho'^2 - \varrho\varrho''}\,; \qquad (3.377)$$

Definition gemäß (3.352): $x_C = x + \dfrac{F'_x\left(F'^2_x + F'^2_y\right)}{\begin{vmatrix} F''_{xx} & F''_{xy} & F'_x \\ F''_{yx} & F''_{yy} & F'_y \\ F'_x & F'_y & 0 \end{vmatrix}}\,, \qquad y_C = y + \dfrac{F'_y\left(F'^2_x + F'^2_y\right)}{\begin{vmatrix} F''_{xx} & F''_{xy} & F'_x \\ F''_{yx} & F''_{yy} & F'_y \\ F'_x & F'_y & 0 \end{vmatrix}}\,.$ (3.378)

Diese Formeln können auch in der Form

$$x_C = x - R\sin\alpha\,, \quad y_C = y + R\cos\alpha \quad \text{oder} \qquad (3.379)$$

$$x_C = x - R\frac{dy}{ds}\,, \quad y_C = y + R\frac{dx}{ds} \qquad (3.380)$$

hingeschrieben werden **(Abb.3.188)**, wobei R gemäß (3.371) bis (3.374) berechnet wird.

3.6.1.3 Ausgezeichnete Kurvenpunkte und Asymptoten

Es werden nur Punkte betrachtet, die invariant sind gegenüber Koordinatentransformationen. Zur Bestimmung von Maxima und Minima s. S. 286.

1. Wendepunkte und Regeln zu ihrer Bestimmung

Wendepunkte sind Kurvenpunkte, in denen die Krümmung der Kurve das Vorzeichen ändert **(Abb. 3.189)**. Dabei liegt die Kurve in der unmittelbaren Nähe des Punktes nicht auf einer Seite der Tan-

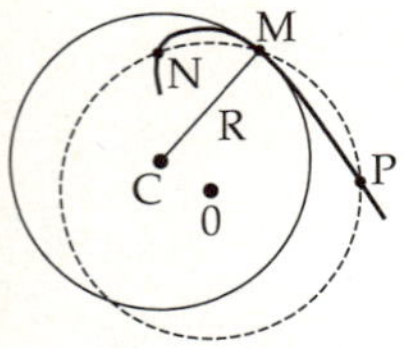

Abbildung 3.187

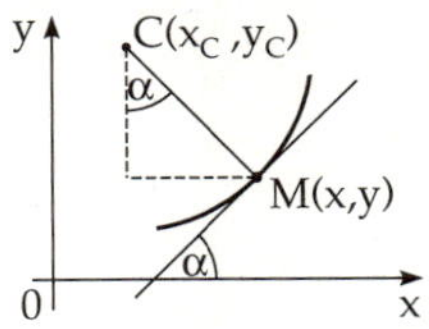

Abbildung 3.188

Abbildung 3.189

gente, sondern wird von dieser durchsetzt. Im Wendepunkt ist $K = 0$ und $R = \infty$.

1. Explizite Definitionsform (3.353) der Kurve $y = f(x)$
Notwendige Bedingung für die Existenz eines Wendepunktes ist das Verschwinden der 2. Ableitung

$$f''(x) = 0 \tag{3.381}$$

im Wendepunkt, falls sie existiert (den Fall nicht existierender 2. Ableitung s. unten). Die Bestimmung der Wendepunkte für den Fall existierender 2. Ableitungen erfordert das Aufsuchen aller Wurzeln der Gleichungen $f''(x) = 0$ mit den Werten $x_1, x_2, \ldots x_i \ldots, x_n$, wobei jeder Wert x_i nacheinander in die darauffolgenden Ableitungen einzusetzen ist. Ein Wendepunkt liegt vor, wenn die erste an der Stelle x_i nicht verschwindende Ableitung von ungerader Ordnung ist. Wenn der betrachtete Punkt kein Wendepunkt ist, weil sich die erste nicht verschwindende Ableitung k–ter Ordnung für geradzahliges k ergibt, dann weist die Kurve für $f^{(k)}(x) < 0$ mit der konkaven Seite nach oben; für $f^{(k)}(x) > 0$ nach unten.

■ **A:** $y = \dfrac{1}{1+x^2}$, $\quad f''(x) = -2\dfrac{1-3x^2}{(1+x^2)^3}$, $\quad x_{1,2} = \pm\dfrac{1}{\sqrt{3}}$, $\quad f'''(x) = 24x\dfrac{1-x^2}{(1+x^2)^4}$,

$f'''(x_{1,2}) \neq 0$; Wendepunkte $A\left(\dfrac{1}{\sqrt{3}}, \dfrac{3}{4}\right)$, $B\left(-\dfrac{1}{\sqrt{3}}, \dfrac{3}{4}\right)$.

■ **B:** $y = x^4$, $\quad f''(x) = 12x^2$, $\quad x_1 = 0$, $\quad f'''(x) = 24x$, $\quad f'''(x_1) = 0$, $\quad f^{IV}(x) = 24$;

Wendepunkte sind nicht vorhanden.

Hinreichende Bedingung für die Existenz eines Wendepunktes ist die Änderung des Vorzeichens der 2. Ableitung $f''(x)$ beim Übergang von der links- zur rechtsseitigen Umgebung des Punktes x_i. Daher kann die Frage, ob ein gefundener x_i–Wert Abszisse eines Wendepunktes ist, aus der Betrachtung des Vorzeichens der 2. Ableitung beim Durchgang durch den zugehörigen Punkt ermittelt werden: wenn sich das Vorzeichen bei diesem Durchgang ändert, liegt ein Wendepunkt vor. Dieses Verfahren ist auch für den Fall $y'' = \infty$ anwendbar.

■ $y = x^{\frac{5}{3}}$, $\quad y' = \dfrac{5}{3}x^{\frac{2}{3}}$, $\quad y'' = \dfrac{10}{9}x^{-\frac{1}{3}}$; $\quad$ für $x = 0$ ist $y'' = \infty$.

Beim Übergang von negativen zu positiven x–Werten wechselt die 2. Ableitung das Vorzeichen von „–" zu „+", so daß die Kurve bei $x = 0$ einen Wendepunkt besitzt.
Wenn in der Praxis aus dem Kurvenverlauf folgt, daß ein Wendepunkt vorhanden sein muß, z.B. beim Übergang von einem Minimum zu einem Maximum bei einer Kurve mit stetiger Ableitung, dann beschränkt man sich auf die Bestimmung der x_i und läßt die Untersuchung der höheren Ableitungen weg.

2. Andere Definitionsformen Die notwendige Bedingung (3.381) für die Existenz eines Wendepunktes im Falle der Kurvenvorgabe über die Definitionsform (3.353) wird bei Vorgaben mit den anderen Formen durch die folgenden analytischen Formulierungen der notwendigen Bedingung ersetzt:
1. Definition in Parameterform gemäß (3.354):

$$\begin{vmatrix} x' & y' \\ x'' & y'' \end{vmatrix} = 0\,; \tag{3.382}$$

2. Definition als Polargleichung gemäß (3.355):

$$\varrho^2 + 2\varrho'^2 - \varrho\varrho'' = 0 \; ; \qquad (3.383)$$

3. Definition in impliziter Form gemäß (3.352):

$$F(x,y) = 0 \quad \text{und} \quad \begin{vmatrix} F''_{xx} & F''_{xy} & F'_x \\ F''_{yx} & F''_{yy} & F'_y \\ F'_x & F'_y & 0 \end{vmatrix} = 0 \, . \qquad (3.384)$$

In diesen Fällen liefert das Lösungssystem die Koordinaten der möglichen Wendepunkte.

■ **A:** $x = a\left(t - \frac{1}{2}\sin t\right)$, $y = a\left(1 - \frac{1}{2}\cos t\right)$ (verkürzte Zykloide (**Abb.2.68b**, S. 87) ;

$$\begin{vmatrix} x' & y' \\ x'' & y'' \end{vmatrix} = \frac{a^2}{4}\begin{vmatrix} 2-\cos t & \sin t \\ \sin t & \cos t \end{vmatrix} = \frac{a^2}{4}(2\cos t - 1) \; ;$$

$$\cos t_i = \frac{1}{2} \; ; \quad t_i = \pm\frac{\pi}{3} + 2k\pi \; ;$$

Die Kurve hat unendlich viele Wendepunkte für die Parameterwerte t_i.

■ **B:** $\varrho = \frac{1}{\sqrt{\varphi}}$; $\varrho^2 + 2\varrho'^2 - \varrho\varrho'' = \frac{1}{\varphi} + \frac{1}{2\varphi^3} - \frac{3}{4\varphi^3} = \frac{1}{4\varphi^3}(4\varphi^2 - 1)$.

Der Wendepunkt liegt bei dem Winkel $\varphi = 1/2$.

■ **C:** $x^2 - y^2 = a^2$ (Hyperbel). $\begin{vmatrix} F'' & \cdot & \cdot \\ \cdot & \cdot & \cdot \\ \cdot & \cdot & \cdot \end{vmatrix} = \begin{vmatrix} 2 & 0 & 2x \\ 0 & -2 & -2y \\ 2x & -2y & 0 \end{vmatrix} = 8x^2 - 8y^2$.

Die Gleichungen $x^2 - y^2 = a^2$ und $8(x^2 - y^2) = 0$ widersprechen einander, so daß die Hyperbel keinen Wendepunkt besitzt.

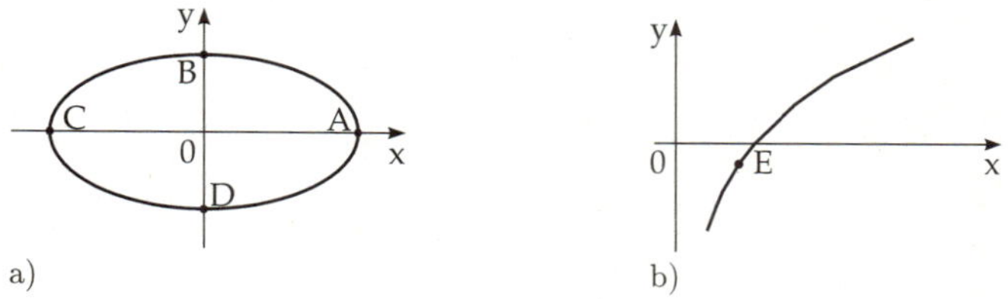

Abbildung 3.190

2. Scheitel

sind Kurvenpunkte, in denen die Krümmung ein Maximum oder ein Minimum besitzt. Die Ellipse hat z.B. die vier Scheitel A, B, C, D, die Kurve des Logarithmus nur einen bei E (**Abb.3.190**). Die Ermittlung der Scheitelpunkte wird auf die Bestimmung der Extremwerte von K oder, wenn das einfacher ist, auf die von R zurückgeführt, die mit den Formeln (3.371) bis (3.374) berechnet werden können.

3. Singulärer Punkt

ist der allgemeine Begriff für verschiedene spezielle Kurvenpunkte.

1. Arten singulärer Punkte:

a) In *Doppelpunkten* schneidet sich die Kurve selbst (**Abb.3.191a**);
b) *isolierte Punkte* genügen der Kurvengleichung, befinden sich aber außerhalb der Kurve (**Abb. 3.191b**);
c) in *Rückkehrpunkten* ändert sich der Durchlaufsinn; man unterscheidet je nach der Lage der Tangente zu den Kurvenzweigen Rückkehrpunkte 1. und 2. Art (**Abb.3.191c,d**);

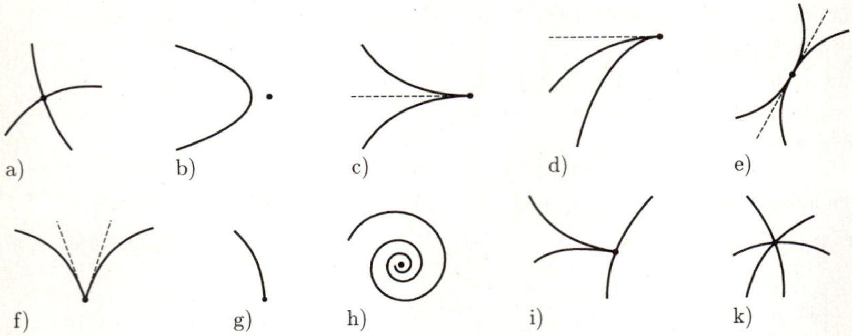

Abbildung 3.191

d) in *Selbstberührungspunkten* berührt sich die Kurve selbst **(Abb.3.191e)**;
e) in *Knickpunkten* ändert die Kurve sprunghaft ihre Richtung, aber im Unterschied zum Rückkehrpunkt gibt es zwei verschiedene Tangenten für die zwei Kurvenzweige **(Abb.3.191f)**;
f) in *Abbrechpunkten* bricht die Kurve ab **(Abb.3.191g)**;
g) um *asymptotische Punkte* windet sich die Kurve unendliche Male herum, wobei sie sich ihm beliebig nähert **(Abb.3.191h)**. **h)** Es können auch zwei oder drei derartige Singularitäten in einem Punkt auftreten **(Abb.3.191i,k)**.

2. Bestimmung der Punkte von der Art e) bis g) Singularitäten dieser Art treten nur bei Kurven transzendenter Funktionen auf (s.S. 162). Den Knickpunkten entspricht ein endlicher Sprung der Ableitung $\frac{dy}{dx}$. Punkten, in denen die Kurve abbricht, entsprechen Unstetigkeitsstellen der Funktion $y = f(x)$ mit endlichem Sprung oder ein direkter Abbruch. Asymptotische Punkte lassen sich am einfachsten für Kurven bestimmen, die in Polarkoordinaten gemäß $\varrho = f(\varphi)$ gegeben sind. Wenn für $\varphi \to \infty$ oder $\varphi \to -\infty$ der Grenzwert $\lim \varrho = 0$ wird, ist der Pol ein asymptotischer Punkt.

■ **A:** Der Koordinatenursprung ist für die Kurve $y = \dfrac{x}{1+e^{\frac{1}{x}}}$ **(Abb.6.2c)** ein Knickpunkt.

■ **B:** Die Punkte $(1,0)$ und $(1,1)$ der Funktion $y = \dfrac{1}{1+e^{\frac{1}{x-1}}}$ **(Abb.2.7)** sind Unstetigkeitsstellen.

■ **C:** Die logarithmische Spirale $\varrho = ae^{\varrho\varphi}$ **(Abb.2.75)** besitzt einen asymptotischen Punkt.

3. Bestimmung der Punkte von der Art a) bis d) und h) sowie i) , die unter der Bezeichnung *Mehrfachpunkte* (Doppelpunkte, Dreifachpunkte usw.) zusammengefaßt werden. Die Kurve wird ausgehend von der Gleichungsform $F(x,y) = 0$ untersucht. Ein Punkt A mit den Koordinaten (x_1, y_1), die gleichzeitig die drei Gleichungen $F = 0$, $F'_x = 0$ und $F'_y = 0$ erfüllen, ist ein Doppelpunkt, wenn von den drei Ableitungen 2. Ordnung F''_{xx}, F''_{xy} und F''_{yy} wenigstens eine nicht verschwindet. Im entgegengesetzten Falle ist A ein Dreifachpunkt oder ein Punkt mit höherer Mehrfachheit. Die Eigenschaften eines Doppelpunktes hängen vom Vorzeichen der Funktionaldeterminante ab:

$$\Delta = \begin{vmatrix} F''_{xx} & F''_{xy} \\ F''_{yx} & F''_{yy} \end{vmatrix}_{\begin{pmatrix} x=x_1 \\ y=y_1 \end{pmatrix}} . \tag{3.385}$$

1. Für $\Delta < 0$ schneidet sich die Kurve selbst im Punkt A; die Richtungskoeffizienten der Tangenten in A ergeben sich als Wurzeln der Gleichung

$$F''_{yy}k^2 + 2F''_{xy}k + F''_{xx} = 0 . \tag{3.386}$$

2. Für $\Delta > 0$ ist A ein isolierter Punkt.
3. Für $\Delta = 0$ ist A entweder ein Rückkehr- oder ein Selbstberührungspunkt; der Richtungskoeffizient der Tangente ist

$$\tan\alpha = -\frac{F''_{xy}}{F''_{yy}} . \tag{3.387}$$

Zur genaueren Untersuchung des Mehrfachpunktes empfiehlt es sich, das Koordinatensystem in den Punkt A zu verlegen und so zu drehen, daß die x–Achse zur Kurventangente im Punkt A wird. Aus der Gestalt der Gleichung kann dann erkannt werden, ob es sich um einen Rückkehrpunkt 1. oder 2. Art handelt oder um einen Selbstberührungspunkt.

■ **A:** $F(x,y) \equiv (x^2+y^2)^2 - 2a^2(x^2-y^2) = 0$ (Lemniskate, **Abb.2.66**); $F'_x = 4x(x^2+y^2-a^2)$, $F'_y = 4y(x^2+y^2+a^2)$; das Gleichungssystem $F'_x = 0$, $F'_y = 0$ liefert die drei Lösungen $(0,0)$, $(\pm a, 0)$, von denen nur die erste der Bedingung $F = 0$ genügt. Einsetzen von $(0,0)$ in die 2. Ableitungen ergibt $F''_{xx} = -4a^2$, $F''_{xy} = 0$, $F''_{yy} = +4a^2$; $\Delta = -16a^4 < 0$, d.h., im Koordinatenursprung schneidet sich die Kurve selbst; die Richtungskoeffizienten der Tangenten ergeben sich zu $\tan\alpha = \pm 1$, ihre Gleichungen lauten $y = \pm x$.

■ **B:** $F(x,y) \equiv x^3 + y^3 - x^2 - y^2 = 0$; $F'_x = x(3x-2)$, $F'_y = y(3y-2)$; von den Punkten $(0,0)$, $\left(0,\frac{2}{3}\right)$, $\left(\frac{2}{3},0\right)$ und $\left(\frac{2}{3},\frac{2}{3}\right)$ liegt nur der erste auf der Kurve; weiter ist $F''_{xx} = -2$, $F''_{xy} = 0$, $F''_{yy} = -2$, $\Delta = 4 > 0$, d.h., der Koordinatenursprung ist ein isolierter Punkt.

■ **C:** $F(x,y) \equiv (y-x^2)^2 - x^5 = 0$. Die Gleichungen $F'_x = 0$, $F'_y = 0$ liefern nur die eine Lösung $(0,0)$, die auch die Gleichung $F = 0$ erfüllt. Außerdem ist $\Delta = 0$ und $\tan\alpha = 0$, so daß der Koordinatenursprung ein Rückkehrpunkt 2. Art ist, was auch aus der expliziten Form der Gleichung $y = x^2(1 \pm \sqrt{x})$ erkannt werden kann. Für $x < 0$ ist y nicht definiert, während für $0 < x < 1$ beide y–Werte positiv sind; im Koordinatenursprung verläuft die Tangente horizontal.

4. Algebraische Kurven vom Typ $F(x,y) = 0$, wobei $F(x,y)$ ein Polynom in x und y ist
Wenn die Gleichung keine konstanten Glieder und keine Glieder ersten Grades enthält, dann ist der Koordinatenursprung ein Doppelpunkt. Die Gleichung zur Bestimmung der zugehörigen Tangenten erhält man durch Nullsetzen der Summe der Glieder 2. Grades. Für die Lemniskate z.B. **(Abb.2.66)** ergibt sich die Gleichung $y = \pm x$ aus $x^2 - y^2 = 0$. Wenn die Gleichung auch keine quadratischen Glieder enthält, dann ist der Koordinatenursprung ein Dreifachpunkt.

4. Asymptoten

1. Definition Eine Asymptote ist eine Gerade, die sich einer Kurve bei deren immer größer werdender Entfernung vom Koordinatenursprung unbegrenzt nähert **(Abb.3.192)**. Dabei kann die Annäherung von einer Seite der Kurve her erfolgen **(Abb.3.192a)** oder die Gerade schneidet die Kurve dauernd **(Abb.3.192b)**. Nicht jede sich unbegrenzt vom Koordinatenursprung entfernende Kurve (unendlicher Kurvenzweig) muß eine Asymptote besitzen.

2. Vorgabe der Funktion in Parameterform $x = x(t)$, $y = y(t)$ Zur Bestimmung der Asymptotengleichung sind die Werte zu ermitteln, für die bei $t \to t_i$ entweder $x(t) \to \pm\infty$ oder $y(t) \to \pm\infty$ geht.
Folgende Fälle sind zu unterscheiden:

1. $x(t_i) \to \infty\,, \quad \text{aber} \quad y(t_i) = a \neq \infty : \quad y = a$ (3.388a)

Die Asymptote ist eine horizontale Gerade.

2. $y(t_i) \to \infty\,, \quad \text{aber} \quad x(t_i) = a \neq \infty : \quad x = a$ (3.388b)

Die Asymptote ist eine vertikale Gerade.

3. Wenn sowohl $y(t_i)$ als auch $x(t_i)$ gegen unendlich gehen, dann sind die Grenzwerte $k = \lim\limits_{t \to t_i} \frac{y(t)}{x(t)}$ und $b = \lim\limits_{t \to t_i}[y(t) - k \cdot x(t)]$ zu bilden. Existieren sie beide, dann liefern sie die Konstanten für die

Geradengleichung der Asymptote:

$$y(t_i) \to \infty \quad \text{und} \quad x(t_i) \to \infty : \quad y = kx + b . \tag{3.388c}$$

3. Vorgabe der Funktion in expliziter Form $y = f(x)$ Die vertikalen Asymptoten werden als Unstetigkeitspunkte beim unendlichem Sprung der Funktion $f(x)$ ermittelt (s. S. 44), die horizontalen und geneigten Asymptoten als Gerade mit den entsprechenden Grenzwerten:

$$x = a ; \quad y = kx + b , \quad k = \lim_{x\to\infty} \frac{f(x)}{x} , \quad b = \lim_{x\to\infty} [f(x) - kx] . \tag{3.389}$$

a) b)

Abbildung 3.192

■ $x = \frac{m}{\cos t}, \quad y = n(\tan t - t) , \quad t_1 = \frac{\pi}{2}, \quad t_2 = -\frac{\pi}{2}$ usw.

Aufsuchen der Asymptote bei t_1: $x(t_1) = y(t_1) = \infty$, $k = \lim\limits_{t\to\frac{\pi}{2}} \frac{n}{m}(\sin t - t\cos t) = \frac{n}{m}$,

$$b = \lim_{t\to\frac{\pi}{2}} \left[n(\tan t - t) - \frac{n}{m}\frac{m}{\cos t} \right] = n \cdot \lim_{t\to\frac{\pi}{2}} \frac{\sin t - t\cos t - 1}{\cos t} = -\frac{n\pi}{2} ,$$

$$y = \frac{n}{m}x - \frac{n\pi}{2} .$$

Für die zweite Asymptote usw. erhält man in Analogie dazu $y = \frac{n}{m}x - \frac{n\pi}{2}$.

4. Vorgabe der Funktion in impliziter Form $F(x, y) = 0$

1. Zur Bestimmung der horizontalen und vertikalen Asymptoten werden von dem vorliegenden Polynom in x und y die Glieder mit dem höchsten Grad m ausgewählt, als Gruppe $\Phi(x, y) = 0$ abgespalten und nach x und y aufgelöst:

$$\Phi(x, y) = 0 \quad \text{liefert} \quad x = \varphi(y) , \quad y = \Psi(x) . \tag{3.390}$$

Die Werte $y_1 = a$ für $x \to \infty$ ergeben die horizontalen Asymptoten $y = a$, die Werte $x_1 = b$ für $y \to \infty$ die vertikalen $x = b$.

2. Zur Bestimmung der geneigten Asymptoten wird in $F(x, y)$ die Geradengleichung $y = kx + b$ eingesetzt und das so gewonnene Polynom nach Potenzen von x geordnet:

$$F(x, kx + b) \equiv f_1(k, b)x^m + f_2(k, b)x^{m-1} + \cdots \tag{3.391}$$

Die Parameter k und b ergeben sich, falls sie existieren, aus den Gleichungen

$$f_1(k) = 0 , \quad f_2(k, b) = 0 . \tag{3.392}$$

■ $x^3 + y^3 - 3axy = 0$ (Kartesisches Blatt, **Abb.2.59**). Aus den Gleichungen $F(x, kx + b) \equiv (1 + k^3)x^3 + 3(k^2b - ka)x^2 + \cdots$, $1 + k^3 = 0$ und $k^2b - ka = 0$ ergeben sich die Lösungen $k = -1$, $b = -a$, so daß sich die Gleichung der Asymptote zu $y = -x - a$ ergibt.

3.6.1.4 Allgemeine Untersuchung einer Kurve nach ihrer Gleichung

Kurven, gegeben durch eine der Gleichungen (3.352) bis (3.355), werden meist mit dem Ziel untersucht, ihr Verhalten oder ihre Form kennenzulernen.

1. Kurvenkonstruktion von explizit gegebenen Funktionen $y = f(x)$

a) Ermittlung des Definitionsbereiches (s. S. 35). **b) Ermittlung der Symmetrie** der Kurve hinsichtlich des Koordinatenursprungs und der y–Achse aus der Geradheit oder Ungeradheit der Funktion (s. S. 37). **c) Ermittlung des Verhaltens der Funktion im Unendlichen** durch Bestimmung

der Grenzwerte $\lim\limits_{x\to-\infty} f(x)$ und $\lim\limits_{x\to+\infty} f(x)$ (s. S. 40). **d) Bestimmung der Unstetigkeitsstellen** (s. S. 44). **e) Bestimmung der Schnittpunkte mit der y–Achse bzw. mit der x–Achse** durch Berechnung von $f(0)$ bzw. von $f(x) = 0$. **f) Bestimmung der Maxima und Minima** und Ermittlung der Monotonieintervalle mit Zu- bzw. Abnahme der Funktion. **g) Bestimmung der Wendepunkte** und ihrer Tangentengleichungen (s.S. 199).
Mit den so gefundenen Angaben kann die Kurve skizziert und, wo es nötig ist, durch Berechnung einzelner Punkte präzisiert werden.

■ Es ist die Kurve der Funktion $y = \dfrac{2x^2 + 3x - 4}{x^2}$ zu konstruieren:

1. Die Funktion ist für alle x–Werte außer für $x = 0$ definiert.
2. Es gibt keinerlei Symmetrie.
3. Für $x \to -\infty$ strebt $y \to 2$, so daß $y = 2 - 0$ Annäherung von unten bedeutet, während sich für $x \to \infty$ zwar ebenfalls $y \to 2$ ergibt, aber $y = 2 + 0$ Annäherung von oben bedeutet.
4. Bei $x = 0$ gibt es eine Unstetigkeitsstelle derart, daß die Kurve von links und von rechts nach $-\infty$ verläuft, da y für kleine x–Werte negativ ist.
5. Da $f(0) = \infty$ ist, gibt es keinen Schnittpunkt mit der y–Achse, während $f(x) = 2x^2 + 3x - 4 = 0$ die Schnittpunkte mit x–Achse bei $x_1 \approx 0,85$ und $x_2 \approx -2,35$ liefert.
6. Ein Maximum liegt bei $x = 8/3 \approx 2,66$ und $y \approx 2,56$.
7. Ein Wendepunkt befindet sich bei $x = 4$, $y = 2,5$ mit $\tan\alpha = -1/16$.
8. Nach der Skizzierung der Funktion auf Grund der gewonnen Daten **(Abb.3.193)** wird der Schnittpunkt der Kurve mit der Asymptote bei $x = 4/3 \approx 1,33$ und $y = 2$ berechnet.

2. Kurvenkonstruktion von implizit gegebenen Funktionen $F(x, y) = 0$

Die Angabe allgemeiner Regeln ist nicht zu empfehlen, da sich damit oft umständliche Rechnungen ergeben. Nach Möglichkeit sollten die folgenden Elemente ermittelt werden: **a) Bestimmung aller Schnittpunkte** mit den Koordinatenachsen. **b) Ermittlung der Symmetrien der Kurven**, indem x durch $-x$ und y durch $-y$ ersetzt wird. bf c) Bestimmung der Maxima und Minima bezüglich der x–Achse und nach Vertauschen von x und y auch bezüglich der y–Achse (s. S. 286). **d) Bestimmung der Wendepunkte und der Tangentenneigungen** (s. S. 199). **e) Bestimmung der singulären Punkte** (s. S. 201). **f) Bestimmung der Scheitelpunkte** (s. S. 201) und der zuhörigen Krümmungskreise (s.S. 199). Die Kurvenbogenstücke sind oft auf einem relativ großen Abschnitt nur schwer von den Krümmungskreisabschnitten zu unterscheiden.

1. Bestimmung der Asymptotengleichungen (s. S. 203) und der Lage der Kurvenzweige relativ zu den Asymptoten.

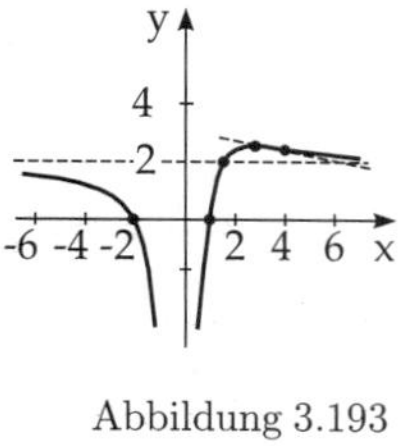

Abbildung 3.193

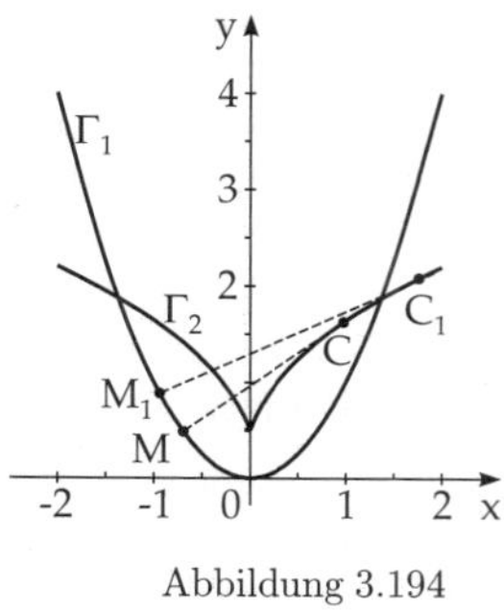

Abbildung 3.194

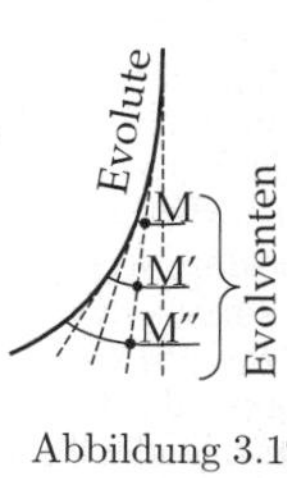

Abbildung 3.195

3.6.1.5 Evoluten und Evolventen

1. Evolute einer gegebenen Kurve wird eine zweite Kurve genannt, die aus den Krümmungsmittelpunkten der ersten Kurve besteht (s.S. 199); sie ist gleichzeitig Einhüllende der Normalen dieser ersten

Kurve. Die Einhüllende wird auch Enveloppe genannt. Die Parameterform der Evolute erhält man aus der Gleichung (3.377) für die Krümmungsmittelpunkte, wenn x_C und y_C als laufende Koordinaten aufgefaßt werden. Wenn es gelingt, aus diesen Gleichungen den Parameter (x, t oder φ) zu eliminieren, dann kann die Evolutengleichung in kartesischen Koordinaten hingeschrieben werden.

■ Es ist die Evolute der Parabel $y = x^2$ **(Abb.3.194)** zu bestimmen. Aus

$$X = x - \frac{2x(1+4x^2)}{2} = -4x^3\,, \quad Y = x^2 + \frac{1+4x^2}{2} = \frac{1+6x^2}{2}\,,$$

folgt mit X und Y als laufende Koordinaten der Evolute $Y = \frac{1}{2} + 3\left(\frac{X}{4}\right)^{2/3}$.

2. Evolvente oder Involute einer Kurve Γ_2 heißt eine Kurve Γ_1, die für Γ_2 eine Evolute ist. Daher ist jede Normale MC der Evolvente eine Tangente an die Evolute **(Abb.3.194)** und die Bogenlänge $\overset{\frown}{CC_1}$ der Evolute ist gleich dem Zuwachs des Krümmungsradius der Evolvente:

$$\overset{\frown}{CC_1} = \overline{M_1C_1} - \overline{MC}\,.$$

Diese Eigenschaften berechtigen für die Evolvente zu der Bezeichnung „Abwickelkurve" der Kurve Γ_2, da sie aus Γ_2 durch Abwickeln eines gespannten Fadens erhalten werden kann. Einer gegebenen Evolute entspricht eine Schar von Evolventen, die jeweils durch die ursprüngliche Länge des gespannten Fadens bestimmt werden **(Abb.3.195)**. Die Gleichung der Evolute ergibt sich durch Integration eines Systems von Differentialgleichungen, das die Gleichung der Evolute darstellt. Die Gleichung der Kreisevolvente s. S. 92.

Abbildung 3.196

■ Die Katenoide ist die Evolute der Traktrix, die Traktrix die Evolvente der Katenoide (s. S. 206).

3.6.1.6 Einhüllende von Kurvenscharen

1. Charakteristische Punkte Es sei eine einparametrige Kurvenschar durch die Gleichung

$$F(x, y, \alpha) = 0 \tag{3.393}$$

gegeben. Dann besitzen zwei unendlich benachbarte Kurven dieser Schar mit den Parameterwerten α und $\alpha + \Delta\alpha$ *Punkte K der größten Annäherung*. Dabei handelt es sich entweder um Schnittpunkte der Kurven (α) und ($\alpha + \Delta\alpha$) oder um Punkte auf (α), deren Abstand zu ($\alpha + \Delta\alpha$), gemessen auf der Normalen, eine infinitesimale Größe höherer Ordnung von $\Delta\alpha$ ist **(Abb.3.196a,b)**. Für $\Delta\alpha \to 0$ strebt die Kurve ($\alpha + \Delta\alpha$) gegen die Kurve (α), wobei sich in manchen Fällen der Punkt K einer Grenzlage, dem *Grenzpunkt*, nähern kann.

2. Geometrischer Ort der charakteristischen Punkte einer Kurvenschar mit der Gleichung (3.393) können eine oder mehrere Kurven sein. Sie bestehen entweder aus den Punkten der größten Annäherung bzw. aus den Grenzpunkten der Schar **(Abb.3.197a)** oder sie bilden die Einhüllende (Enveloppe) der Schar, d.h. eine Kurve, die jede Kurve der Schar berührt **(Abb.3.197b)**. Auch Kombinationen beider Arten sind möglich **(Abb.3.197c,d)**.

3. Gleichung der Einhüllenden Die Gleichung der Einhüllenden wird aus (3.393) berechnet, indem α aus dem Gleichungssystem

$$F = 0\,, \qquad \frac{\partial F}{\partial \alpha} = 0 \qquad \text{eliminiert wird.} \tag{3.394}$$

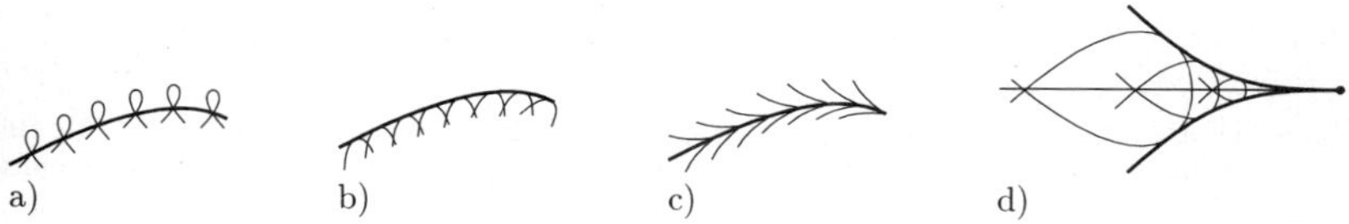

Abbildung 3.197

■ Es ist die Gleichung der Geradenschar zu bestimmen, die dadurch entsteht, daß die Enden einer Strecke $AB = l$ entlang der Koordinatenachsen gleiten **(Abb.3.198a)**. Die Gleichung der Kurvenschar lautet

$$\frac{x}{l\sin\alpha} + \frac{y}{l\cos\alpha} = 1 \quad \text{oder} \quad F \equiv x\cos\alpha + y\sin\alpha - l\sin\alpha\cos\alpha = 0\,,$$

$$\frac{\partial F}{\partial\alpha} = -x\sin\alpha + y\cos\alpha - l\cos^2\alpha + l\sin^2\alpha = 0\,.$$

Durch Eliminierung von α ergibt sich mit $x^{2/3}+y^{2/3} = l^{2/3}$ als Einhüllende eine Astroide **(Abb.3.198b**, siehe auch S. 88).

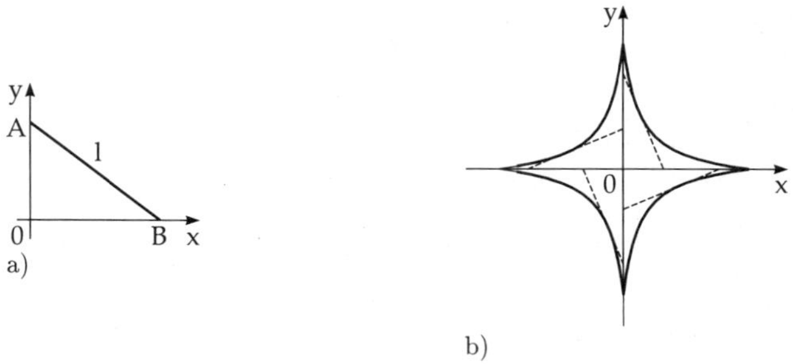

Abbildung 3.198

3.6.2 Raumkurven

3.6.2.1 Möglichkeiten, eine Raumkurve zu definieren

1. Koordinatengleichungen Zur Definition einer Raumkurve gibt es die folgenden Möglichkeiten:

1. Schnitt zweier Flächen: $F(x,y,z) = 0\,, \quad \Phi(x,y,z) = 0\,.$ (3.395)

2. Parameterform: $x = x(t)\,, \quad y = y(t)\,, \quad z = z(t)\,,$ (3.396)

mit t als beliebigem Parameter, meist ist $t = x$, y oder z.

3. Parameterform: $x = x(s)\,, \quad y = y(s)\,, \quad z = z(s)\,,$ (3.397a)

mit der Bogenlänge s zwischen einem festen Punkt A und dem laufenden Punkt M :

$$s = \int_{t_0}^{t} \sqrt{\left(\frac{dx}{dt}\right)^2 + \left(\frac{dy}{dt}\right)^2 + \left(\frac{dz}{dt}\right)^2}\, dt \qquad (3.397b)$$

2. Vektorgleichungen Mit $\vec{\mathbf{r}}$ als Radiusvektor eines beliebigen Kurvenpunktes (s.S. 150) kann die Gleichung (3.396) in der Form

$$\vec{\mathbf{r}} = \vec{\mathbf{r}}(t)\,, \quad \text{wo} \quad \vec{\mathbf{r}}(t) = x(t)\vec{\mathbf{i}} + y(t)\vec{\mathbf{j}} + z(t)\vec{\mathbf{k}} \qquad (3.398)$$

geschrieben werden und die Gleichung (3.397a) in der Form

$$\vec{\mathbf{r}} = \vec{\mathbf{r}}(s)\,, \quad \text{wo} \quad \vec{\mathbf{r}}(s) = x(s)\vec{\mathbf{i}} + y(s)\vec{\mathbf{j}} + z(s)\vec{\mathbf{k}}\,. \tag{3.399}$$

3. Positive Richtung ist bei Angabe einer Kurve in der Schreibweise (3.396) und (3.398) die Richtung wachsender Parameterwerte t, bei (3.397a) und (3.399) die Richtung, in der die Bogenlängenmessung erfolgt.

3.6.2.2 Begleitendes Dreibein

1. Definitionen

In jedem Punkt M einer Raumkurve, mit Ausnahme der singulären Punkte, können drei Geraden und drei Ebenen definiert werden, die sich im Punkt M schneiden und senkrecht aufeinander stehen (**Abb.3.199**):

1. Tangente ist die Grenzlage der Sekante MN für $N \to M$ (**Abb.3.200**).

2. Normalebene ist eine Ebene, die senkrecht auf der Tangente steht. Alle durch M verlaufenden und in dieser Ebene liegenden Geraden werden die Normalen der Kurve im Punkt M genannt.

3. Schmiegungsebene wird die Grenzlage einer Ebene genannt, die durch drei benachbarte Kurvenpunkte M, N und P verläuft, für die $N \to M$ und $P \to M$ geht. In der Schmiegungsebene befindet sich die Kurventangente.

4. Hauptnormale nennt man die Schnittgerade von Normalen- und Schmiegungsebene, d.h., es ist die Normale, die in der Schmiegungsebene liegt.

5. Binormale wird die Senkrechte auf die Schmiegungsebene genannt.

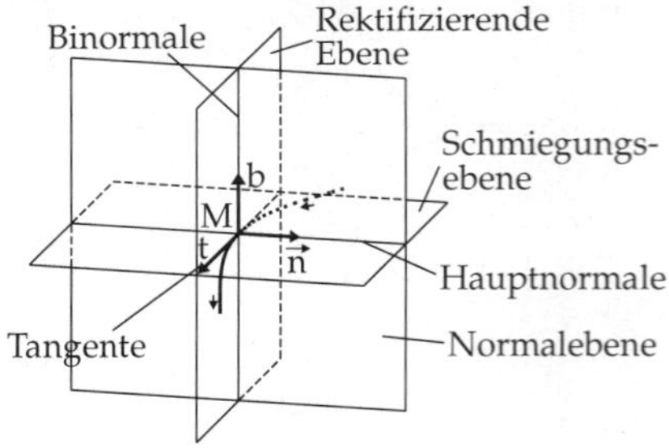

Abbildung 3.199

Abbildung 3.200

6. Rektifizierende Ebene heißt die von der Tangente und der Binormalen aufgespannte Ebene. Die positiven Richtungen werden auf den drei Geraden (1), (4) und (5) folgendermaßen festgelegt:

a) Auf der Tangente ist es die positive Richtung der Kurve, die durch den Tangenteneinheitsvektor $\vec{\mathbf{t}}$ festliegt.

b) Auf der Hauptnormalen ist es die Richtung der Kurvenkrümmung, festgelegt durch den Normaleneinheitsvektor $\vec{\mathbf{n}}$.

c) Auf der Binormalen ist sie durch den Einheitsvektor

$$\vec{\mathbf{b}} = \vec{\mathbf{t}} \times \vec{\mathbf{n}} \tag{3.400}$$

definiert, wobei die drei Vektoren $\vec{\mathbf{t}}$, $\vec{\mathbf{n}}$ und $\vec{\mathbf{b}}$ ein rechtshändiges Koordinatensystem bilden, das *begleitendes Dreibein* der Raumkurve genannt wird.

2. Lage der Kurve relativ zum begleitenden Dreibein

Für die gewöhnlichen Kurvenpunkte liegt die Raumkurve in der Umgebung des Punktes M auf einer Seite der Rektifizierungsebene und schneidet sowohl die Normal- als auch die Schmiegungsebene (**Abb.3.201a**). Die Projektionen eines kleinen Kurvenabschnitts um den Punkt M auf die drei Ebenen haben dabei näherungsweise die folgende Gestalt:

1. auf die Schmiegungsebene die einer quadratischen Parabel **(Abb.3.201b)**;
2. auf die Rektifizierungsebene die einer kubischen Parabel **(Abb.3.201c)**;
3. auf die Normalebene die einer semikubischen Parabel **(Abb.3.201d)**.
Wenn die Krümmung oder die Windung der Kurve im Punkt M gleich 0 sind oder wenn M ein singulärer Punkt ist, also wenn $x'(t) = y'(t) = z'(t) = 0$ ist, dann kann die Kurve auch eine andere Gestalt haben [22.2, Band 2 (Teil 7)].

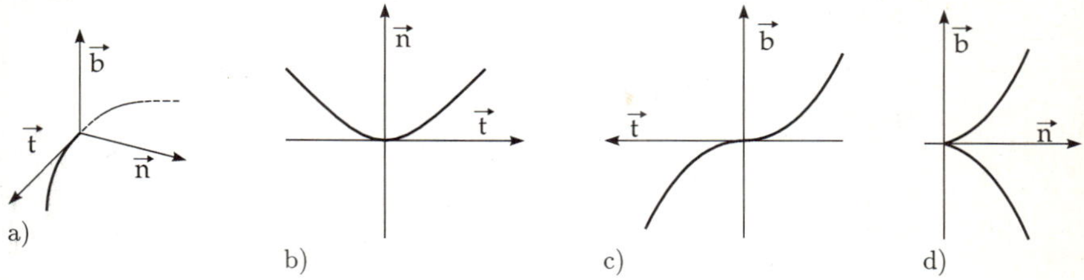

Abbildung 3.201

3. Gleichungen der Elemente des begleitenden Dreibeins

1. Definition der Kurve in der Form (3.395)

1. Tangente:
$$\frac{X-x}{\begin{vmatrix}\frac{\partial F}{\partial y} & \frac{\partial F}{\partial z}\\ \frac{\partial \Phi}{\partial y} & \frac{\partial \Phi}{\partial z}\end{vmatrix}} = \frac{Y-y}{\begin{vmatrix}\frac{\partial F}{\partial z} & \frac{\partial F}{\partial x}\\ \frac{\partial \Phi}{\partial z} & \frac{\partial \Phi}{\partial x}\end{vmatrix}} = \frac{Z-z}{\begin{vmatrix}\frac{\partial F}{\partial x} & \frac{\partial F}{\partial y}\\ \frac{\partial \Phi}{\partial x} & \frac{\partial \Phi}{\partial y}\end{vmatrix}}; \qquad (3.401)$$

2. Normalebene:
$$\begin{vmatrix} X-x & Y-y & Z-z\\ \frac{\partial F}{\partial x} & \frac{\partial F}{\partial y} & \frac{\partial F}{\partial z}\\ \frac{\partial \Phi}{\partial x} & \frac{\partial \Phi}{\partial y} & \frac{\partial \Phi}{\partial z}\end{vmatrix} = 0\,. \qquad (3.402)$$

Dabei sind (x, y, z) die Koordinaten des Kurvenpunktes M und X, Y, Z die laufenden Koordinaten der Tangente bzw. der Normalebene; die partiellen Ableitungen beziehen sich auf den Punkt M.

2. Definition der Kurve in der Form (3.396, 3.398) In der **Tabelle3.22** sind die Koordinaten- und Radiusvektorgleichungen des Punktes M mit x, y, z sowie $\vec{\mathbf{r}}$ angegeben. X, Y, Z und $\vec{\mathbf{R}}$ sind die laufenden Koordinaten und der Radiusvektor eines Dreibeinelements. Die Ableitungen nach dem Parameter t beziehen sich auf den Punkt M.

3. Definition der Kurve in der Form (3.397a, 3.399) Wenn als Parameter die Bogenlänge s gewählt wird, dann gelten für die Tangente und die Binormale sowie für die Normal- und Schmiegungsebene dieselben Gleichungen wie in Fall 2, es ist lediglich t durch s zu ersetzen. Die Gleichungen der Hauptnormalen und der rektifizierenden Ebene werden einfacher **(Tabelle3.23)**.

3.6.2.3 Krümmung und Windung

1. Krümmung einer Kurve

im Punkt M wird eine Zahl genannt, die die Abweichung der Kurve in der unmittelbaren Umgebung dieses Punktes von einer Geraden angibt. Die exakte Definition lautet **(Abb.3.202)**:

$$K = \lim_{\widehat{MN}\to 0}\left|\frac{\Delta\vec{\mathbf{t}}}{\widehat{MN}}\right| = \left|\frac{d\vec{\mathbf{t}}}{ds}\right|\,. \qquad (3.403)$$

Tabelle 3.22 Vektor- und Koordinatengleichungen von Raumkurvengrößen

Vektorgleichung	Koordinatengleichung
Tangente:	
$\vec{\mathbf{R}} = \vec{\mathbf{r}} + \lambda \dfrac{d\vec{\mathbf{r}}}{dt}$	$\dfrac{X-x}{x'} = \dfrac{Y-y}{y'} = \dfrac{Z-z}{z'}$
Normalebene:	
$(\vec{\mathbf{R}} - \vec{\mathbf{r}})\dfrac{d\vec{\mathbf{r}}}{dt} = 0$	$x'(X-x) + y'(Y-y) + z'(Z-z) = 0$
Schmiegungsebene:	
$(\vec{\mathbf{R}} - \vec{\mathbf{r}})\dfrac{d\vec{\mathbf{r}}}{dt}\dfrac{d^2\vec{\mathbf{r}}}{dt^2} = 0$	$\begin{vmatrix} X-x & Y-y & Z-z \\ x' & y' & z' \\ x'' & y'' & z'' \end{vmatrix} = 0$
Binormale:	
$\vec{\mathbf{R}} = \vec{\mathbf{r}} + \lambda \left(\dfrac{d\vec{\mathbf{r}}}{dt} \times \dfrac{d^2\vec{\mathbf{r}}}{dt^2}\right)$	$\dfrac{X-x}{\begin{vmatrix} y' & z' \\ y'' & z'' \end{vmatrix}} = \dfrac{Y-y}{\begin{vmatrix} z' & x' \\ z'' & x'' \end{vmatrix}} = \dfrac{Z-z}{\begin{vmatrix} x' & y' \\ x'' & y'' \end{vmatrix}}$
rektifizierende Ebene:	
$(\vec{\mathbf{R}} - \vec{\mathbf{r}})\dfrac{d\vec{\mathbf{r}}}{dt}\left(\dfrac{d\vec{\mathbf{r}}}{dt} \times \dfrac{d^2\vec{\mathbf{r}}}{dt^2}\right) = 0$	$\begin{vmatrix} X-x & Y-y & Z-z \\ x' & y' & z' \\ l & m & n \end{vmatrix} = 0,$ wo $l = y'z'' - y''z',\ m = z'x'' - z''x',\ n = x'y'' - x''y'$
Hauptnormale:	
$\vec{\mathbf{R}} = \vec{\mathbf{r}} + \lambda \dfrac{d\vec{\mathbf{r}}}{dt} \times \left(\dfrac{d\vec{\mathbf{r}}}{dt} \times \dfrac{d^2\vec{\mathbf{r}}}{dt^2}\right)$	$\dfrac{X-x}{\begin{vmatrix} y' & z' \\ m & n \end{vmatrix}} = \dfrac{Y-y}{\begin{vmatrix} z' & x' \\ n & l \end{vmatrix}} = \dfrac{Z-z}{\begin{vmatrix} x' & y' \\ l & m \end{vmatrix}}$

1. Der Krümmungsradius ist der Kehrwert $\varrho = |1/K|$. (3.404)

2. Formeln zur Berechnung von K und ϱ
a) bei Definition gemäß (3.397a):

$$K = \left|\frac{d^2\vec{\mathbf{r}}}{ds^2}\right| = \sqrt{x''^2 + y''^2 + z''^2}\,, \tag{3.405}$$

wobei es sich um Ableitungen nach s handelt.
b) bei Definition gemäß (3.396):

$$K^2 = \frac{\left(\dfrac{d\vec{\mathbf{r}}}{dt}\right)^2 \left(\dfrac{d^2\vec{\mathbf{r}}}{dt^2}\right)^2 - \left(\dfrac{d\vec{\mathbf{r}}}{dt}\dfrac{d^2\vec{\mathbf{r}}}{dt^2}\right)^2}{\left|\left(\dfrac{d\vec{\mathbf{r}}}{dt}\right)^2\right|^3}$$

Tabelle 3.23 Vektor- und Koordinatengleichungen von Raumkurvengrößen als Funktion von der Bogenlänge

Element des Dreibeins	Vektorgleichung	Koordinatengleichung
Hauptnormale	$\vec{\mathbf{R}} = \vec{\mathbf{r}} + \lambda \frac{d^2\vec{\mathbf{r}}}{ds^2}$	$\frac{X-x}{x''} = \frac{Y-y}{y''} = \frac{Z-z}{z''}$
Rektifizierende Ebene	$(\vec{\mathbf{R}} - \vec{\mathbf{r}})\frac{d^2\vec{\mathbf{r}}}{ds^2} = 0$	$x''(X-x) + y''(Y-y) + z''(Z-z) = 0$

$$= \frac{(x'^2 + y'^2 + z'^2)(x''^2 + y''^2 + z''^2) - (x'x'' + y'y'' + z'z'')^2}{(x'^2 + y'^2 + z'^2)^3} \,. \tag{3.406}$$

Die Ableitungen sind hier nach t zu nehmen.

3. Schraubenlinie Die Gleichungen $x = a\cos t\,, \quad y = a\sin t\,, \quad z = bt$ (3.407)
definiert die sogenannte Schraubenlinie **(Abb.3.203)** als *Rechtsschraube*. Wenn ein Beobachter in die positive Richtung der z–Achse blickt, die gleichzeitig Schraubenachse sein soll, dann windet sich die Schraube beim Steigen im Drehsinn des Uhrzeigers. Eine Schraubenlinie, die sich im entgegengesetzten Drehsinn windet, wird *Linksschraube* genannt.

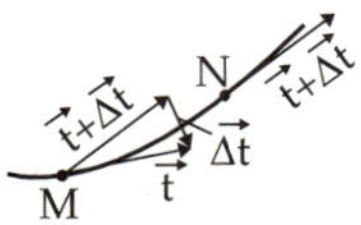

Abbildung 3.202

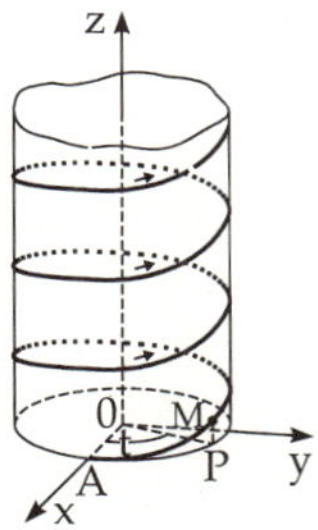

Abbildung 3.203

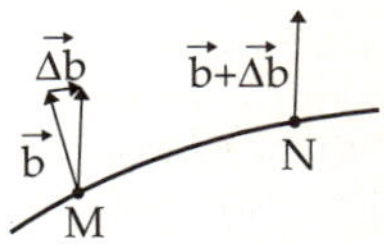

Abbildung 3.204

■ Es ist die Krümmung der Schraubenlinie (3.407) zu bestimmen. Wird der Parameter t durch $s = t\sqrt{a^2+b^2}$ ersetzt, dann ergibt sich

$$x = a\cos\frac{s}{\sqrt{a^2+b^2}}\,, \quad y = a\sin\frac{s}{\sqrt{a^2+b^2}}\,, \quad z = \frac{bs}{\sqrt{a^2+b^2}}\,,$$

und gemäß (3.405) $K = \frac{a}{a^2+b^2}\,, \quad \varrho = \frac{a^2+b^2}{a}\,.$

Beide Größen K und ϱ sind konstant. Ein anderer Weg ohne Parametertransformation über (3.406) hätte zu dem gleichen Ergebnis geführt.

2. Windung einer Kurve

im Punkt M wird eine Zahl genannt, die die Abweichung der Kurve in der unmittelbaren Nähe dieses Punktes von einer ebenen Kurve angibt. Die exakte Definition lautet **(Abb.3.204)**:

$$T = \lim_{\widehat{MN}\to 0}\left|\frac{\Delta\vec{\mathbf{b}}}{\widehat{MN}}\right| = \left|\frac{d\vec{\mathbf{b}}}{ds}\right| \,. \tag{3.408}$$

1. Der Windungsradius ist der Kehrwert $\tau = 1/T$. (3.409)

2. Formeln zur Berechnung von T und τ
a) bei Definition der Kurve gemäß (3.397a):

$$T = \frac{1}{\tau} = \varrho^2 \left(\frac{d\vec{\mathbf{r}}}{ds} \frac{d^2\vec{\mathbf{r}}}{ds^2} \frac{d^3\vec{\mathbf{r}}}{ds^3} \right) = \frac{\begin{vmatrix} x' & y' & z' \\ x'' & y'' & z'' \\ x''' & y''' & z''' \end{vmatrix}}{(x''^2 + y''^2 + z''^2)}, \tag{3.410}$$

wobei die Ableitungen nach s zu nehmen sind.
b) bei Definition der Kurve gemäß (3.396):

$$T = \frac{1}{\tau} = \varrho^2 \frac{\frac{d\vec{\mathbf{r}}}{dt} \frac{d^2\vec{\mathbf{r}}}{dt^2} \frac{d^3\vec{\mathbf{r}}}{dt^3}}{\left| \left(\frac{d\vec{\mathbf{r}}}{dt} \right)^2 \right|^3} = \varrho^2 \frac{\begin{vmatrix} x' & y' & z' \\ x'' & y'' & z'' \\ x''' & y''' & z''' \end{vmatrix}}{(x'^2 + y'^2 + z'^2)^3}, \tag{3.411}$$

wobei ϱ gemäß (3.406) zu berechnen ist.
Die mit (3.410, 3.411) berechnete Windung kann positiv oder negativ sein. Im Falle $T > 0$ sieht ein Beobachter, der auf der Hauptnormalen parallel zur Binormalen steht, die Windung der Kurve im Rechtsdrehsin, im Falle $T < 0$ im Linksdrehsinn.

■ Die Windung einer Schraubenlinie sei konstant. Für die Rechtsschraube ist sie dann

$$T = \left(\frac{a^2 + b^2}{a} \right)^2 \frac{\begin{vmatrix} -a\sin t & a\cos t & b \\ -a\cos t & -a\sin t & 0 \\ a\sin t & -a\cos t & 0 \end{vmatrix}}{[(-a\sin t)^2 + (a\cos t)^2 + b^2]^3} = \frac{b}{a^2 + b^2}, \quad \tau = \frac{a^2 + b^2}{b},$$

für die Linksschraube erhält man $T = -\dfrac{b}{a^2 + b^2}$.

3. FRENETsche Formeln
Man kann die Ableitungen der Vektoren $\vec{\mathbf{t}}$, $\vec{\mathbf{n}}$ und $\vec{\mathbf{b}}$ mit Hilfe der FRENETschen Formeln ausdrücken:

$$\frac{d\vec{\mathbf{t}}}{ds} = \frac{\vec{\mathbf{n}}}{\varrho}, \quad \frac{d\vec{\mathbf{n}}}{ds} = \frac{\vec{\mathbf{t}}}{\varrho} - \frac{\vec{\mathbf{b}}}{\tau}, \quad \frac{d\vec{\mathbf{b}}}{ds} = -\frac{\vec{\mathbf{n}}}{\tau}. \tag{3.412}$$

Dabei ist ϱ der Krümmungs- und τ der Windungsradius.

3.6.3 Flächen

3.6.3.1 Möglichkeiten, eine Fläche zu definieren

1. Gleichung einer Fläche Flächen können unterschiedlich definiert werden:

1. Implizite Form: $F(x, y, z) = 0$, (3.413)

2. Explizite Form: $z = f(x, y)$, (3.414)

3. Parameterform: $x = x(u, v)$, $y = y(u, v)$, $z = z(u, v)$, (3.415)

4. Vektorform: $\vec{\mathbf{r}} = \vec{\mathbf{r}}(u, v)$ oder $\vec{\mathbf{r}} = x(u, v)\vec{\mathbf{i}} + y(u, v)\vec{\mathbf{j}} + z(u, v)\vec{\mathbf{k}}$. (3.416)

Wenn die Parameter u und v alle erlaubten Werte durchlaufen, ergeben sich über (3.415) und (3.416) Koordinaten und Radiusvektor aller Flächenpunkte. Elimination von u und v aus der Parameterform der Definition (3.415) liefert die implizite Form (3.413). Die explizite Form (3.414) ist ein Spezialfall der Parameterform für $u = x$ und $v = y$.

■ Die Gleichung der Kugel lautet

$$x^2 + y^2 + z^2 - a^2 = 0 \qquad (3.417a)$$

oder in Parameterform bzw. Vektorform **(Abb.3.206)**

$$x = a \cos u \sin v\,, \quad y = a \sin u \sin v\,, \quad z = a \cos v\,; \qquad (3.417b)$$

$$\vec{\mathbf{r}} = a(\cos u \sin v \vec{\mathbf{i}} + \sin u \sin v \vec{\mathbf{j}} + \cos v \vec{\mathbf{k}})\,. \qquad (3.417c)$$

2. Krummlinige Koordinaten auf einer Fläche Für eine in der Form (3.415) oder (3.416) gegebene Fläche erhält man durch Variieren des Parameters u bei gleichzeitigem Festhalten von $v = v_0$ die Punkte $\vec{\mathbf{r}}(x, y, z)$ einer Kurve $\vec{\mathbf{r}} = \vec{\mathbf{r}}(u, v_0)$ auf der Fläche. Werden für v nacheinander verschiedene, aber feste Werte $v = v_1, v = v_2, \ldots, v = v_n$ eingesetzt, dann ergibt sich eine Kurvenschar auf der Fläche. Da bei der Bewegung längs einer solchen Kurve mit $v =$ const nur u geändert wird, nennt man diese Kurven die *u–Linien* **(Abb.3.205)**. In Analogie dazu erhält man beim Variieren von v und gleichzeitigem Festhalten von $u =$ const für $u_1, u_2, \ldots, u_n$ eine zweite Kurvenschar und spricht von *v–Linien*. Auf diese Weise kann man auf der Fläche (3.415) ein Netz von Koordinatenlinien entstehen lassen, in dem zwei feste Zahlen $u = u_i$ und $v = v_k$ die *krummlinigen* oder GAUSS*schen Koordinaten* des Flächenpunktes M sind. Wenn eine Fläche in der Form (3.414) gegeben ist, stellen die Koordinaten Schnitte der Fläche mit den Ebenen $x =$ const und $y =$ const dar. Mit Gleichungen der impliziten Form $F(u, v) = 0$ oder mit den Parametergleichungen $u = u(t)$ und $v = v(t)$ zwischen diesen Koordinaten werden Kurven auf der Fläche beschrieben.

■ Die Parametergleichungen der Kugel (3.417b,c) ergeben für u die *geographische Länge* eines Punktes M und v seinen *Polabstand* oder seine *geographische Breite* . Die v–Linien sind hier die *Meridiane* AMB, die u–Linien die *Parallelkreise* CMD **(Abb.3.206)**.

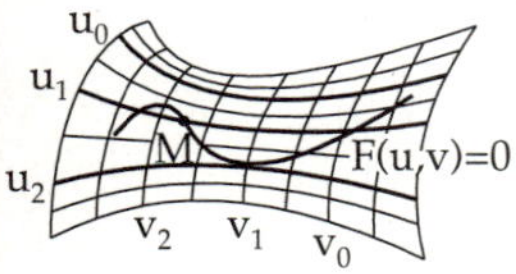

Abbildung 3.205

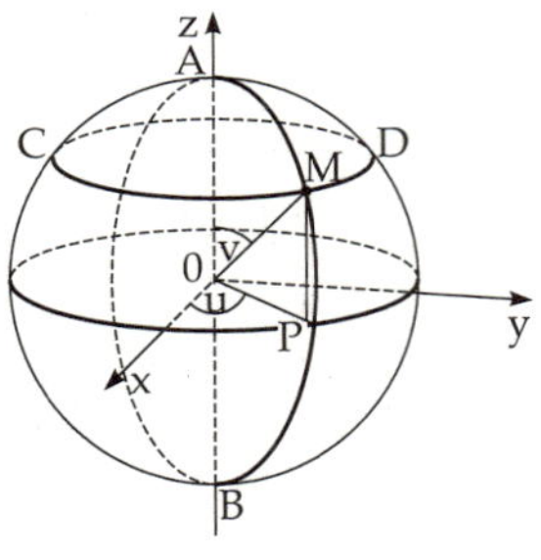

Abbildung 3.206

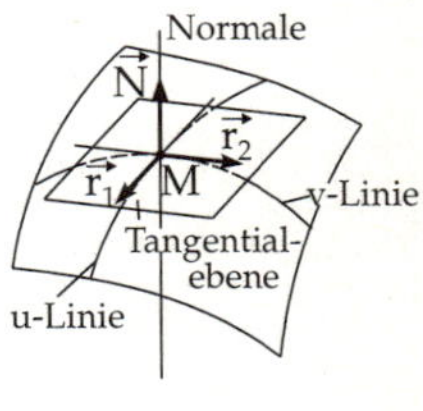

Abbildung 3.207

3.6.3.2 Tangentialebene und Flächennormale

1. Definitionen

1. Tangentialebene Wenn durch einen Flächenpunkt $M(x, y, z)$ alle auf dieser Fläche möglichen Flächenkurven hindurchlaufen, dann liegen in der Regel alle zugehörigen Kurventangenten im Punkt M in ein und derselben Ebene, der *Tangentialebene* der Fläche des Punktes M. Ausgenommem davon sind die sogenannten *Kegelpunkte* (s. S. 215).

2. Flächennormale Eine Gerade, die senkrecht auf der Tangentialebene steht und durch den Punkt M verläuft, heißt *Flächennormale* im Punkt M **(Abb.3.207)**.

3. Normalenvektor Die Tangentialebene wird von zwei Vektoren aufgespannt, den Tangentialvektoren

$$\vec{\mathbf{r}}_u = \frac{\partial \vec{\mathbf{r}}}{\partial u}\,, \quad \vec{\mathbf{r}}_v = \frac{\partial \vec{\mathbf{r}}}{\partial v} \qquad (3.418a)$$

der u– und der v–Linie. Das Vektorprodukt der beiden Tangentialvektoren $\vec{\mathbf{r}}_1 \times \vec{\mathbf{r}}_2$ ist ein Vektor, der in die Richtung der Flächennormalen weist. Sein Einheitsvektor

$$\vec{\mathbf{N}}_0 = \frac{\vec{\mathbf{r}}_1 \times \vec{\mathbf{r}}_2}{|\vec{\mathbf{r}}_1 \times \vec{\mathbf{r}}_2|} \qquad (3.418b)$$

wird Normalenvektor genannt. Seine Richtung nach der einen oder anderen Seite der Fläche ist dadurch festgelegt, ob u oder v erste oder zweite Koordinate ist.

2. Gleichungen der Tangentialebene und der Flächennormalen

Tabelle 3.24 Gleichungen der Tangentialebene und der Flächennormalen

Gleichung der Tangentialebene und der Flächennormalen		
Art der Gleichung	Tangentialebene	Flächennormale
(3.413)	$\frac{\partial F}{\partial x}(X-x) + \frac{\partial F}{\partial y}(Y-y) + \frac{\partial F}{\partial z}(Z-z) = 0$	$\frac{X-x}{\frac{\partial F}{\partial x}} = \frac{Y-y}{\frac{\partial F}{\partial y}} = \frac{Z-z}{\frac{\partial F}{\partial z}}$
(3.414)	$Z - z = p(X-x) + q(Y-y)$	$\frac{X-x}{p} = \frac{Y-y}{q} = \frac{Z-z}{-1}$
(3.415)	$\begin{vmatrix} X-x & Y-y & Z-z \\ \frac{\partial x}{\partial u} & \frac{\partial y}{\partial u} & \frac{\partial z}{\partial u} \\ \frac{\partial x}{\partial v} & \frac{\partial y}{\partial v} & \frac{\partial z}{\partial v} \end{vmatrix} = 0$	$\frac{X-x}{\begin{vmatrix} \frac{\partial y}{\partial u} & \frac{\partial z}{\partial u} \\ \frac{\partial y}{\partial v} & \frac{\partial z}{\partial v} \end{vmatrix}} = \frac{Y-y}{\begin{vmatrix} \frac{\partial z}{\partial u} & \frac{\partial x}{\partial u} \\ \frac{\partial z}{\partial v} & \frac{\partial x}{\partial v} \end{vmatrix}} = \frac{Z-z}{\begin{vmatrix} \frac{\partial x}{\partial u} & \frac{\partial y}{\partial u} \\ \frac{\partial x}{\partial v} & \frac{\partial y}{\partial v} \end{vmatrix}}$
(3.416)	$(\vec{\mathbf{R}} - \vec{\mathbf{r}})\vec{\mathbf{r_1}}\vec{\mathbf{r_2}} = 0$ oder $(\vec{\mathbf{R}} - \vec{\mathbf{r}})\vec{\mathbf{N}} = 0$	$\vec{\mathbf{R}} = \vec{\mathbf{r}} + \lambda(\vec{\mathbf{r_1}} \times \vec{\mathbf{r_2}})$ oder $\vec{\mathbf{R}} = \vec{\mathbf{r}} + \lambda\vec{\mathbf{N}}$
x, y, z und r sind in dieser Tabelle die Koordinaten und der Radiusvektor des Kurvenpunktes M; X, Y, Z und $\vec{\mathbf{R}}$ sind die laufenden Koordinaten und der Radiusvektor des Punktes der Tangentialebene oder der Flächennormalen im Punkt M; außerdem ist $p = \frac{\partial z}{\partial x}$, $q = \frac{\partial z}{\partial y}$ und $\vec{\mathbf{N}}$ ist der Normalenvektor.		

■ **A:** Für die Kugel mit der Gleichung (3.417a) ergibt sich
1. als Tangentialebene:

$$2x(X-x) + 2y(Y-y) + 2z(Z-z) = 0 \quad \text{oder} \quad xX + yY + zZ - a^2 = 0\,, \qquad (3.419a)$$

2. als Flächennormale: $$\frac{X-x}{2x} = \frac{Y-y}{2y} = \frac{Z-z}{2z} \quad \text{oder} \quad \frac{X}{x} = \frac{Y}{y} = \frac{Z}{z}\,. \qquad (3.419b)$$

■ **B:** Für die Kugel mit der Gleichung (3.417b) ergibt sich
1. als Tangentialebene: $$X\cos u \sin v + Y \sin u \sin v + Z \cos v = a\,, \qquad (3.419c)$$
2. als Flächennormale: $$\frac{X}{\cos u \sin v} = \frac{Y}{\sin u \sin v} = \frac{Z}{\cos v}\,. \qquad (3.419d)$$

3. Singuläre Flächenpunkte (Kegelpunkte)

Wenn für einen Flächenpunkt mit den Koordinaten $x = x_1$, $y = y_1$, $z = z_1$ und der Gleichung (3.413) gleichzeitig die Beziehungen

$$\frac{\partial F}{\partial x} = \frac{\partial F}{\partial y} = \frac{\partial F}{\partial z} = F(x, y, z) = 0 \tag{3.420}$$

erfüllt sind, d.h. wenn die Ableitungen 1. Ordnung verschwinden, dann ist der Punkt $M(x_1, y_1, z_1)$ ein *singulärer Punkt* oder *Kegelpunkt*. Alle Tangenten, die durch ihn verlaufen, liegen nicht in einer Ebene, sondern bilden einen Kegel zweiter Ordnung mit der Gleichung

$$\frac{\partial^2 F}{\partial x^2}(X - x) + \frac{\partial^2 F}{\partial y^2}(Y - y) + \frac{\partial^2 F}{\partial z^2}(Z - z) + \frac{\partial^2 F}{\partial x \partial y}(X - x)(Y - y) \\ + 2\frac{\partial^2 F}{\partial y \partial z}(Y - y)(Z - z) + 2\frac{\partial^2 F}{\partial z \partial x}(Z - z)(X - x) = 0\,, \tag{3.421}$$

in der die Ableitungen im Punkt M zu bilden sind. Wenn auch alle Ableitungen 2. Ordnung verschwinden, dann handelt es sich um einen singulären Punkt von komplizierterer Art, also um Kegel dritter oder höherer Ordnung.

3.6.3.3 Linienelement auf einer Fläche

1. Differential des Bogens

Eine Fläche sei in der Form (3.415) oder (3.416) gegeben. Auf der Fläche seien $M(u, v)$ ein beliebiger Punkt und $N(u + du, v + dv)$ ein in der Nähe von M liegender zweiter Punkt. Die Länge des Bogens $\overset{\frown}{MN}$ auf der Fläche läßt sich dann angenähert durch das *Differential des Bogens* oder das *Linienelement der Fläche* mit der Formel

$$ds^2 = Edu^2 + 2Fdudv + Gdv^2 \tag{3.422a}$$

berechnen, wobei die drei Koeffizienten

$$E = \vec{\mathbf{r}}_1^2 = \left(\frac{\partial x}{\partial u}\right)^2 + \left(\frac{\partial y}{\partial u}\right)^2 + \left(\frac{\partial z}{\partial u}\right)^2, \quad F = \vec{\mathbf{r}}_1\vec{\mathbf{r}}_2 = \frac{\partial x}{\partial u}\frac{\partial x}{\partial v} + \frac{\partial y}{\partial u}\frac{\partial y}{\partial v} + \frac{\partial z}{\partial u}\frac{\partial z}{\partial v}\,,$$

$$G = \vec{\mathbf{r}}_2^2 = \left(\frac{\partial x}{\partial v}\right)^2 + \left(\frac{\partial y}{\partial v}\right)^2 + \left(\frac{\partial z}{\partial v}\right)^2 \tag{3.422b}$$

für den Punkt M zu bilden sind. Die rechte Seite von (3.422a) wird *erste quadratische Fundamentalform der Fläche* genannt.

■ **A:** Für die Kugel gemäß (3.417c) ergibt sich:

$$E = a^2 \sin^2 v\,, \quad F = 0\,, \quad G = a^2\,, \quad ds^2 = a^2(sin^2 v du^2 + dv^2)\,; \tag{3.423}$$

■ **B:** Für eine gemäß (3.414) gegebene Fläche ergibt sich

$$E = 1 + p^2\,, \quad F = pq\,, \quad G = 1 + q^2\,, \quad \text{mit} \quad p = \frac{\partial z}{\partial x}\,, \quad q = \frac{\partial z}{\partial y}\,. \tag{3.424}$$

2. Messungen auf der Fläche

1. **Die Länge des Bogens** einer Kurve $u = u(t)$, $v = v(t)$ wird für $t_0 \leq t \leq t_1$ über

$$L = \int_{t_0}^{t_1} ds = \int_{t_0}^{t_1} \sqrt{E\left(\frac{du}{dt}\right)^2 + 2F\frac{du}{dt}\frac{dv}{dt} + G\left(\frac{dv}{dt}\right)^2}\,dt \qquad \text{berechnet.} \tag{3.425}$$

2. **Der Winkel zwischen zwei Kurven** , d.h. zwischen ihren Tangenten, die sich im Punkt M schneiden und in diesem Punkt die durch die Vektoren $d\vec{\mathbf{r}}(du, dv)$ und $\delta\vec{\mathbf{r}}(\delta u, \delta v)$ vorgegebene Richtung

haben **(Abb. 3.208)**, wird mit der Formel

$$\cos\alpha = \frac{d\vec{\mathbf{r}}\,\delta\vec{\mathbf{r}}}{\sqrt{(d\vec{\mathbf{r}})^2\,(\delta\vec{\mathbf{r}})^2}} = \frac{E\,du\,\delta u + F(du\,\delta v + dv\,\delta u) + G\,dv\,\delta v}{\sqrt{E\,du^2 + 2F\,du\,dv + G\,dv^2}\sqrt{E\,\delta u^2 + 2F\,\delta u\,\delta v + G\,\delta v^2}} \tag{3.426}$$

berechnet. Die Koeffizienten E, F und G sind für den Punkt M zu bestimmen. Wenn der Zähler von (3.426) verschwindet, stehen beide Kurven senkrecht aufeinander. Die Orthogonalitätsbedingung für die Koordinatenlinien $v = \text{const}$ für $\delta v = 0$ und $u = \text{const}$ für $\delta u = 0$ lautet $F = 0$.

3. Der Flächeninhalt eines Flächenstücks S, das von einer beliebigen, auf der Fläche liegenden Kurve begrenzt wird, kann über das Doppelintegral

$$S = \int_{(S)} dS \quad (3.427\text{a}) \qquad \text{mit} \qquad dS = \sqrt{EG - F^2}\,du\,dv \quad (3.427\text{b})$$

berechnet werden.

Die Berechnung von Längen, Winkeln und Flächeninhalten auf Flächen ist mit Hilfe der Formeln (3.425, 3.426, 3.427a,b) möglich, wenn die Koeffizienten E, F und G der ersten quadratischen Fundamentalform bekannt sind. Somit definiert die erste quadratische Fundamentalform die *Metrik auf der Fläche.*

3. Übereinanderlegen von Flächen bei Verbiegung

Wenn eine Fläche ohne Zerrung oder Einschnitt verbogen wird, ändert sich ihre Gleichung, aber ihre Metrik bleibt erhalten. Mit anderen Worten, die erste quadratische Fundamentalform ist bei solchen reinen Verbiegungen eine Invariante. Daher können zwei unterschiedliche Flächen mit gleicher erster quadratischer Fundamentalform aufeinander abgewickelt werden.

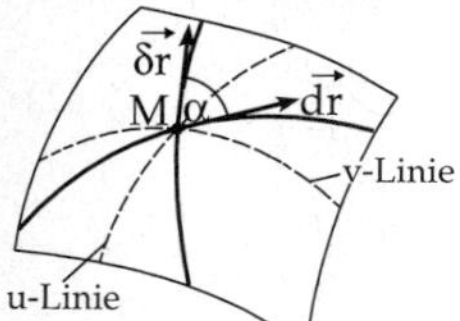

Abbildung 3.208

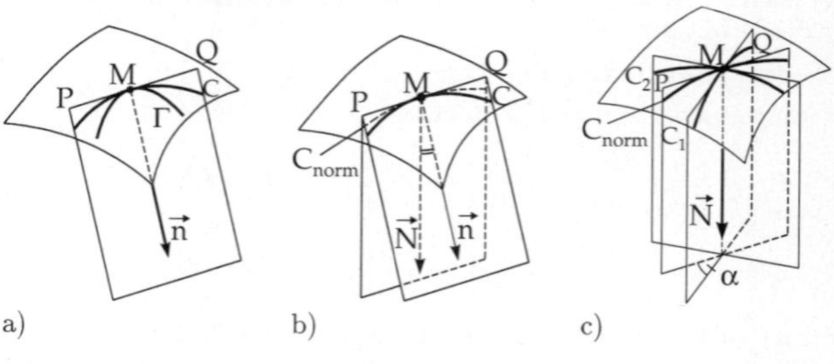

Abbildung 3.209

3.6.3.4 Krümmung einer Fläche

1. Krümmung von Kurven auf einer Fläche

Wenn durch einen Flächenpunkt M verschiedene Kurven Γ auf dieser Fläche gezogen werden **(Abb. 3.209)**, dann stehen ihre Krümmungsradien ϱ im Punkt M in den folgenden drei Beziehungen zueinander:

1. Der Krümmungsradius ϱ einer Kurve Γ im Punkt M ist gleich dem Krümmungsradius einer Kurve C, die sich als Schnitt der Fläche mit der Schmiegungsebene der Kurve Γ im Punkt M ergibt **(Abb. 3.209a)**.

2. Satz von Meusnier Für jeden ebenen Schnitt C durch eine Fläche berechnet man den Krümmungsradius über

$$\varrho = R\cos(\vec{\mathbf{n}}, \vec{\mathbf{N}})\,. \tag{3.428}$$

Dabei ist R der Krümmungsradius des Normalschnittes C_{norm}, der durch die gleiche Tangente PQ geht wie C sowie durch den Einheitsvektor $\vec{\mathbf{N}}$ der Flächennormalen; (n, N) ist der Winkel zwischen dem

Einheitsvektor $\vec{\mathbf{n}}$ der Hauptnormalen der Kurve C und dem Einheitsvektor $\vec{\mathbf{N}}$ der Flächennormalen. Das Vorzeichen von ϱ in (3.428) ist positiv, wenn $\vec{\mathbf{N}}$ auf der konkaven Seite der Kurve C_{norm} liegt und negativ im umgekehrten Falle.

3. EULERsche Formel Die Krümmung einer Fläche im Punkt M kann für jeden Normalschnitt C_{norm} mit der Formel von EULER

$$\frac{1}{R} = \frac{\cos^2\alpha}{R_1} + \frac{\sin^2\alpha}{R_2} \tag{3.429}$$

berechnet werden, wobei R_1 und R_2 die *Hauptkrümmungsradien* sind (s. (3.431a) und α der Winkel zwischen den Ebenen der Schnitte C und C_1 **(Abb.3.209c)**.

2. Hauptkrümmungsradien

sind die Radien einer Fläche mit dem Minimal- und dem Maximalwert. Sie können mit Hilfe der *Hauptnormalschnitte* C_1 und C_2 **(Abb. 3.209c)** ermittelt werden. Die Ebenen von C_1 und C_2 stehen senkrecht aufeinander, ihre Richtungen sind durch den Wert von $\frac{dy}{dx}$ festgelegt, der über die quadratischen Gleichung

$$[tpq - s(1+q^2)]\left(\frac{dy}{dx}\right)^2 + [t(1+p^2) - r(1+q^2)]\frac{dy}{dx} + [s(1+p^2) - rpq] = 0 \tag{3.430}$$

bestimmt werden kann.
Wenn die Fläche in der expliziten Form (3.413) gegeben ist, dann lassen sich R_1 und R_2 als Wurzeln der quadratischen Gleichung

$$(rt - s^2)R^2 + h[2pqs - (1+p^2)t - (1+q^2)r]R + h^4 = 0 \quad \text{mit} \tag{3.431a}$$

$$p = \frac{\partial z}{\partial x}, \quad q = \frac{\partial z}{\partial y}, \quad r = \frac{\partial^2 z}{\partial x^2}, \quad s = \frac{\partial^2 z}{\partial x \partial y}, \quad t = \frac{\partial^2 z}{\partial y^2} \quad \text{und} \quad h = \sqrt{1+p^2+q^2} \tag{3.431b}$$

berechnen. Die Vorzeichen von R, R_1 und R_2 werden nach der gleichen Regel wie in (3.428) bestimmt. Wenn die Fläche in der Vektorform (3.416) gegeben ist, dann treten an die Stelle von (3.430) und (3.431a) entsprechend die Gleichungen

$$(GM - FN)\left(\frac{dv}{du}\right)^2 + (GL - EN)\frac{dv}{du} + (FL - EM) = 0\,, \tag{3.432a}$$

$$(LN - M^2)R^2 - (EN - 2FM + GL)R + (EG - F^2) = 0\,, \tag{3.432b}$$

mit den Koeffizienten L, M, N der *zweiten quadratischen Fundamentalform*, die über die Gleichungen

$$L = \vec{\mathbf{r}}_{11}\vec{\mathbf{R}} = \frac{d}{\sqrt{EG-F^2}}, \quad M = \vec{\mathbf{r}}_{12}\vec{\mathbf{R}} = \frac{d'}{\sqrt{EG-F^2}}, \quad N = \vec{\mathbf{r}}_{22}\vec{\mathbf{R}} = \frac{d''}{\sqrt{EG-F^2}} \tag{3.432c}$$

berechnet werden. Dabei sind die Vektoren $\vec{\mathbf{r}}_{11}$, $\vec{\mathbf{r}}_{12}$ und $\vec{\mathbf{r}}_{22}$ die partiellen Ableitungen zweiter Ordnung des Radiusvektors $\vec{\mathbf{r}}$ nach den Parametern u und v. In den Zählern stehen die Determinanten

$$d = \begin{vmatrix} \frac{\partial^2 x}{\partial u^2} & \frac{\partial^2 y}{\partial u^2} & \frac{\partial^2 z}{\partial u^2} \\ \frac{\partial x}{\partial u} & \frac{\partial y}{\partial u} & \frac{\partial z}{\partial u} \\ \frac{\partial x}{\partial v} & \frac{\partial y}{\partial v} & \frac{\partial z}{\partial v} \end{vmatrix}, \quad d' = \begin{vmatrix} \frac{\partial^2 x}{\partial u \partial v} & \frac{\partial^2 y}{\partial u \partial v} & \frac{\partial^2 z}{\partial u \partial v} \\ \frac{\partial x}{\partial u} & \frac{\partial y}{\partial u} & \frac{\partial z}{\partial u} \\ \frac{\partial x}{\partial v} & \frac{\partial y}{\partial v} & \frac{\partial z}{\partial v} \end{vmatrix}, \quad d'' = \begin{vmatrix} \frac{\partial^2 x}{\partial v^2} & \frac{\partial^2 y}{\partial v^2} & \frac{\partial^2 z}{\partial v^2} \\ \frac{\partial x}{\partial u} & \frac{\partial y}{\partial u} & \frac{\partial z}{\partial u} \\ \frac{\partial x}{\partial v} & \frac{\partial y}{\partial v} & \frac{\partial z}{\partial v} \end{vmatrix}. \tag{3.432d}$$

Als zweite quadratische Fundamentalform, die die Krümmungseigenschaften der Fläche enthält, wird der Ausdruck

$$L\,du^2 + 2M\,du\,dv + N\,dv^2 \tag{3.432e}$$

bezeichnet.
Krümmungslinien nennt man die Linien auf der Fläche, die in jedem Punkt die Richtung der Hauptnormalschnitte haben. Ihre Gleichungen ergeben sich durch Integration von (3.430) oder (3.432a).

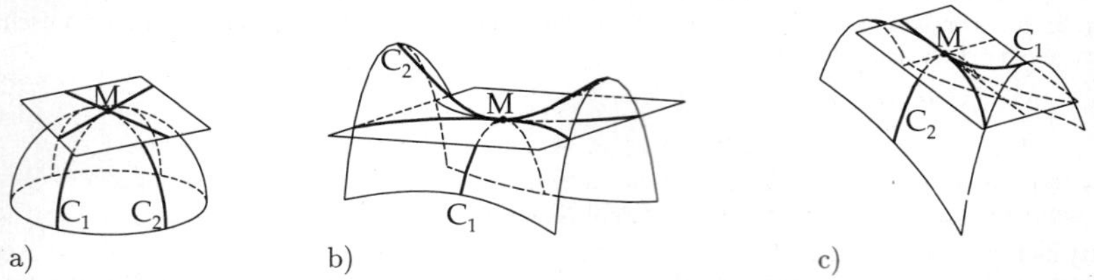

Abbildung 3.210

3. Klassifizierung der Flächenpunkte

1. Elliptischer und Kreis- Flächenpunkt Besitzen die Hauptkrümmungsradien R_1 und R_2 im Flächenpunkt M gleiches Vorzeichen, dann liegen in der Umgebung von M alle Flächenpunkte auf einer Seite der Tangentialebene, und man spricht vom *Elliptischen Flächenpunkt* **(Abb.3.210a)**. Sein analytisches Merkmal ist die Bedingung

$$LN - M^2 > 0\,. \tag{3.433a}$$

2. Kreis- oder Nabelpunkt wird ein Flächenpunkt M genannt, wenn die Hauptkrümmungsradien in diesem Punkt die Bedingung

$$R_1 = R_2 \tag{3.433b}$$

erfüllen. Seine Normalschnitte zeichnen sich durch $R = \text{const}$ aus.

3. Hyperbolischer Flächenpunkt Im Falle unterschiedlicher Vorzeichen der Hauptkrümmungsradien R_1 und R_2 weisen die konkaven Seiten der Hauptnormalenschnitte nach entgegengesetzten Richtungen. Die Tangentialebene durchsetzt dann die Fläche, so daß diese in der Nähe des Punktes M sattelartig geformt ist. M wird *hyperbolischer Punkt* genannt **(Abb.3.210b)**; sein analytisches Merkmal ist die Bedingung

$$LN - M^2 < 0\,. \tag{3.433c}$$

4. Parabolischer Flächenpunkt Ist einer der beiden Hauptkrümmungsradien R_1 oder R_2 gleich ∞, dann besitzt der eine Hauptnormalenschnitt entweder einen Wendepunkt oder er ist eine Gerade. Bei M handelt es sich dann um einen *parabolischen Punkt* **(Abb. 3.210c)** mit dem analytischen Merkmal

$$LN - M^2 = 0\,. \tag{3.433d}$$

■ Alle Punkte eines Ellipsoids sind elliptisch, eines einschaligen Hyperboloids hyperbolisch und eines Zylinders parabolisch.

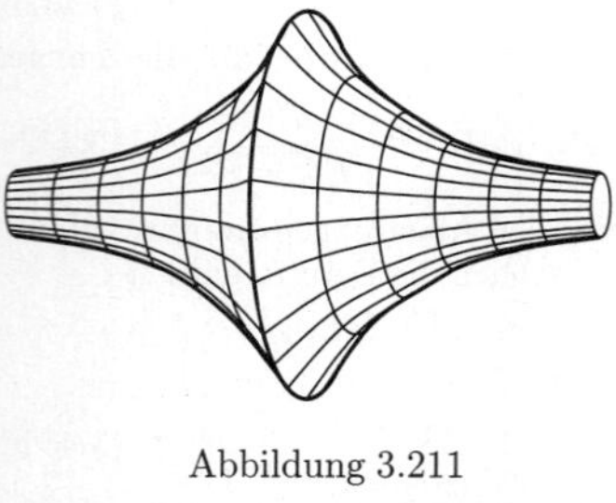

Abbildung 3.211

4. Krümmung einer Fläche

Zur numerischen Charakterisierung der Krümmung einer Fläche werden hauptsächlich zwei Größen benutzt:

1. Mittlere Krümmung einer Fläche im Punkt M $\quad H = \frac{1}{2}\left(\frac{1}{R_1} + \frac{1}{R_2}\right)\,;$ (3.434a)

2. GAUSSsche Krümmung einer Fläche im Punkt M $\quad K = 1/R_1R_2$. (3.434b)

■ **A:** Für den Kreiszylinder mit dem Radius a ist $H = 1/2a$ und $K = 0$.
B: Für elliptische Punkte ist $K > 0$, für hyperbolische $K < 0$ und für parabolische $K = 0$.

3. Berechnung von H und K, wenn die Fläche gemäß $z = f(x, y)$ vorgegeben ist:

$$H = \frac{r(1+q^2) - 2pqs + t(1+p^2)}{2(1+p^2+q^2)^{3/2}}, \quad (3.435a) \qquad K = \frac{rt - s^2}{(1+p^2+q^2)^2}. \quad (3.435b)$$

Die Bedeutung von p, q, r, s, t siehe (3.431b).

4. Klassifizierung der Flächen nach ihrer Krümmung

1. *Minimalflächen* sind Flächen, deren mittlere Krümmung H in allen Punkten Null ist, d.h. für die $R_1 = -R_2$ gilt.

2. *Flächen konstanter Krümmung* zeichnen sich durch konstante GAUSSsche Krümmung K = const aus.

■ **A:** $K > 0$, z.B. die Kugel;
B: $K < 0$, z.B. die Pseudosphäre **(Abb.3.211)**, d.h. die Rotationsfläche der Traktrix **(Abb.2.79)** bei Rotation um die Symmetrieachse.

3.6.3.5 Regelflächen und abwickelbare Flächen

1. Regelfläche Eine Fläche heißt *regelmäßig*, *geradlinig* oder *Regelfläche*, wenn sie durch Bewegung einer Geraden im Raum erzeugt werden kann.

2. Abwickelbare Fläche Wenn eine Regelfläche auf einer Ebene abgewickelt werden kann, nennt man sie *abwickelbare Fläche*. Nicht jede Regelfläche ist abwickelbar. Charakteristisch für abwickelbare Flächen ist, daß **a)** für alle Punkte die GAUSSsche Krümmung verschwinden muß und **b)** bei Vorgabe der Fläche in der expliziten Form $z = f(x, y)$ die Abwickelbarkeitsbedingung erfüllt ist:

$$\text{a)} \quad K = 0, \qquad \text{b)} \quad rt - s^2 = 0. \qquad (3.436)$$

Die Bedeutung von r, t und s siehe Gleichungen (3.431b).

■ **A:** Kegel **(Abb.3.170)** und Zylinder **(Abb.3.176)** sind abwickelbare Flächen.
B: Einschaliges Hyperboloid **(Abb.3.174)** und hyperbolisches Paraboloid **(Abb.3.175)** sind zwar
Regelflächen, können aber nicht auf einer Ebene abgewickelt werden.

3.6.3.6 Geodätische Linien auf einer Fläche

1. Begriff der geodätischen Linien (s. S. 133). Durch jeden Punkt einer Fläche $M(u, v)$ kann in jeder durch den Differentialquotienten $\frac{dv}{du}$ bestimmten Richtung auf der Fläche eine gedachte Kurve verlaufen, die *geodätische Linie* genannt wird. Sie spielt auf der Fläche die gleiche Rolle, wie die Gerade auf der Ebene und zeichnet sich durch die folgenden Eigenschaften aus:

1. Die geodätischen Linien sind die Linien der kürzesten Entfernung zwischen zwei Punkten auf einer Fläche.

2. Wenn ein materieller Punkt, der gezwungen ist, auf einer vorgegebenen Fläche zu bleiben, von einem anderen auf der gleichen Fläche befindlichen materiellen Punkt angezogen wird, dann bewegt er sich in Abwesenheit anderer äußerer Kräfte auf einer geodätischen Linie.

3. Wird ein elastischer Faden über eine vorgegebene Fläche gespannt, dann nimmt er die Form einer geodätischen Linie an.

2. Definition Eine geodätische Linie ist eine Kurve auf einer Fläche, deren Hauptnormale in jedem Flächenpunkt in die Richtung der Flächennormalen fällt.

■ Auf einem Kreiszylinder sind die geodätischen Linien Schraubenlinien.

3. Gleichung der geodätischen Linie Wenn eine Fläche in der expliziten Form $z = f(x, y)$ vorgegeben ist, dann lautet die Differentialgleichung der geodätischen Linien

$$(1+p^2+q^2)\frac{d^2y}{dx^2} = pt\left(\frac{dy}{dx}\right)^3 + (2ps - qt)\left(\frac{dy}{dx}\right)^2 + (pr - 2qs)dydx - qr. \qquad (3.437)$$

Ist die Fläche in der Parameterform (3.415) vorgegeben, dann ist die Differentialgleichung der geodätischen Linien von komplizierterer Art. Die Bedeutung von p, q, r, s und t siehe Gleichungen (3.431b).

4 Lineare Algebra

4.1 Matrizen

4.1.1 Begriff der Matrix

1. Matrizen A vom Typ (m,n) oder kurz $\mathbf{A}_{(m,n)}$

nennt man Systeme von m mal n Elementen, z. B. Zahlen, darunter auch komplexe Zahlen, oder Funktionen, Differentialquotienten, Vektoren, die in m Zeilen und n Spalten angeordnet sind:

$$\mathbf{A} = (a_{ij}) = \begin{pmatrix} a_{11} & a_{12} & \cdots & a_{1n} \\ a_{21} & a_{22} & \cdots & a_{2n} \\ \vdots & \vdots & \vdots & \vdots \\ a_{m1} & a_{m2} & \cdots & a_{mn} \end{pmatrix} \begin{matrix} \leftarrow & \text{1. Zeile} \\ \leftarrow & \text{2. Zeile} \\ & \vdots \\ \leftarrow & m\text{-te Zeile} \end{matrix} \tag{4.1}$$

$$\begin{matrix} \uparrow & \uparrow & & \uparrow \\ 1. & 2. & & n\text{-te Spalte}\ . \end{matrix}$$

Mit dem Begriff *Typ einer Matrix* werden die Matrizen entsprechend ihrer Zeilenzahl m und ihrer Spaltenzahl n klassifiziert. Eine erste Einteilung in *quadratische* und *rechteckige Matrizen* ergibt sich, je nachdem, ob die Zahl der Zeilen und Spalten gleich groß ist oder nicht.

2. Reelle und komplexe Matrizen

Reelle Matrizen bestehen aus reellen Elementen, *komplexe Matrizen* aus komplexen Elementen. Man kann eine Matrix, die aus den komplexen Elementen

$$a_{\mu\nu} + \mathrm{i}b_{\mu\nu} \tag{4.2a}$$

besteht, in zwei Matrizen **A** und **B** der Form

$$\mathbf{A} + \mathrm{i}\mathbf{B} \tag{4.2b}$$

aufspalten, die beide nur relle Zahlen enthalten.
Zwischen den Elementen einer komplexen Matrix **A** und der zu ihr *konjugiert komplexen Matrix* $\mathbf{A}^*$ besteht die Beziehung

$$a^*_{\mu\nu} = \mathrm{Re}\,(a_{\mu\nu}) - \mathrm{i}\mathrm{Im}\,(a_{\mu\nu}). \tag{4.2c}$$

3. Transponierte oder gestürzte Matrizen $\mathbf{A}^{\mathrm{T}}$

Aus der Matrix **A** vom Typ (m,n) entsteht durch Vertauschen der Zeilen und Spalten die transponierte Matrix $\mathbf{A}^{\mathrm{T}}$. Sie ist vom Typ (n,m). Für sie gilt:

$$(a_{\nu\mu})^{\mathrm{T}} = (a_{\mu\nu}). \tag{4.3}$$

4. Adjungierte Matrizen

Zu einer komplexen Matrix **A** erhält man die *adjungierte Matrix* $\mathbf{A}_{\mathrm{adj}}$, indem man die zugehörige konjugiert komplexe Matrix $\mathbf{A}^*$ transponiert:

$$\mathbf{A}_{\mathrm{adj}} = (\mathbf{A}^*)^{\mathrm{T}}. \tag{4.4}$$

5. Nullmatrix 0

wird eine Matrix genannt, deren sämtliche Elemente gleich Null sind:

$$\mathbf{0} = \begin{pmatrix} 0 & 0 & \cdots & 0 \\ 0 & 0 & \cdots & 0 \\ \vdots & \vdots & \vdots & \vdots \\ 0 & 0 & \cdots & 0 \end{pmatrix}. \tag{4.5}$$

4.1.2 Quadratische Matrizen

1. Definition

Quadratische Matrizen besitzen die gleiche Anzahl von Zeilen und Spalten, d. h. $m = n$:

$$\mathbf{A} = \mathbf{A}_{(n,n)} = \begin{pmatrix} a_{11} & \cdots & a_{1n} \\ \vdots & \ddots & \vdots \\ a_{n1} & \cdots & a_{nn} \end{pmatrix}. \tag{4.6}$$

Die Elemente $a_{\mu\nu}$ der Matrix $\mathbf{A}$, die sich in der Diagonalen von links oben nach rechts unten befinden, werden *Hauptdiagonalelemente* genannt. Sie tragen die Bezeichnung $a_{11}, a_{22}, \ldots, a_n n$, d.h., es sind alle Elemente $a_{\mu\nu}$ mit $\mu = \nu$.

2. Diagonalmatrizen

sind quadratische Matrizen $\mathbf{D}$, in denen alle außerhalb der Hauptdiagonalen liegenden Elemente gleich Null sind:

$$a_{\mu\nu} = 0 \qquad \text{für} \qquad \mu \neq \nu. \tag{4.7}$$

3. Skalarmatrix S

wird eine spezielle Diagonalmatrix genannt, in der alle Diagonalelemente gleich einer reellen oder komplexen Konstanten c sind:

$$\mathbf{S} = \begin{pmatrix} c & 0 & \cdots & 0 \\ 0 & c & \cdots & 0 \\ \vdots & \vdots & \vdots & \vdots \\ 0 & 0 & \cdots & c \end{pmatrix}. \tag{4.8}$$

4. Spur einer Matrix

Für eine quadratische Matrix wird der Begriff der *Spur* als Summe ihrer Hauptdiagonalelemente definiert:

$$\mathrm{Sp}\,(\mathbf{A}) = a_{11} + a_{22} + \ldots + a_{nn} = \sum_{\mu=1}^{n} a_{\mu\mu}. \tag{4.9}$$

5. Symmetrische Matrizen

sind quadratische Matrizen $\mathbf{A}$, die gleich ihrer transponierten Matrix sind:

$$\mathbf{A} = \mathbf{A}^{\mathrm{T}}. \tag{4.10}$$

Für Elemente, die spiegelbildlich zur Hauptdiagonalen liegen, gilt

$$a_{\mu\nu} = a_{\nu\mu}. \tag{4.11}$$

6. Normale Matrizen

genügen der Gleichung

$$\mathbf{A}^{\mathrm{T}}\mathbf{A} = \mathbf{A}\mathbf{A}^{\mathrm{T}}. \tag{4.12}$$

7. Antisymmetrische oder schiefsymmetrische Matrizen

sind quadratische Matrizen $\mathbf{A}$ mit der Eigenschaft:

$$\mathbf{A} = -\mathbf{A}^{\mathrm{T}}. \tag{4.13a}$$

Für die Elemente $a_{\mu\nu}$ einer antisymmetrischen Matrix gilt

$$a_{\mu\nu} = -a_{\nu\mu}, \quad a_{\mu\mu} = 0, \tag{4.13b}$$

so daß die Spur einer antisymmetrischen Matrix verschwindet:

$$\mathrm{Sp}\,(\mathbf{A}) = 0. \tag{4.13c}$$

Elemente, die spiegelbildlich zur Hauptdiagonale liegen, unterscheiden sich nur durch ihr Vorzeichen. Jede quadratische Matrix **A** kann in eine Summe aus einer symmetrischen Matrix $\mathbf{A_s}$ und einer antisymmetrischen Matrix $\mathbf{A_{as}}$ zerlegt werden:

$$\mathbf{A} = \mathbf{A_s} + \mathbf{A_{as}} \qquad \text{mit} \qquad \mathbf{A_s} = \frac{1}{2}(\mathbf{A} + \mathbf{A}^{\mathrm{T}});\ \mathbf{A_{as}} = \frac{1}{2}(\mathbf{A} - \mathbf{A}^{\mathrm{T}}). \qquad (4.13\mathrm{d})$$

8. HERMITE**sche Matrizen oder selbstadjungierte Matrizen**
sind quadratische Matrizen **A**, die gleich ihrer Adjungierten sind:

$$\mathbf{A} = \mathbf{A}_{\mathrm{adj}} = (\mathbf{A}^*)^{\mathrm{T}}. \qquad (4.14)$$

Im Reellen fallen die Begriffe symmetrische und hermitesche Matrix zusammen. Die Determinante einer hermiteschen Matrix ist reell.

9. Antihermitesche oder schiefhermitesche Matrix
wird eine quadratische Matrix genannt, die gleich ihrer negativen Adjungierten ist:

$$\mathbf{A} = -(\mathbf{A}^*)^{\mathrm{T}}. \qquad (4.15\mathrm{a})$$

Für die Elemente $a_{\mu\nu}$ und die Spur einer schiefhermiteschen Matrix gilt

$$a_{\mu\nu} = -a^*_{\mu\nu},\ a_{\mu\mu} = 0;\ \mathrm{Sp}\,(\mathbf{A}) = 0. \qquad (4.15\mathrm{b})$$

Man kann jede quadratische Matrix **A** als Summe aus einer hermiteschen Matrix $\mathbf{A_h}$ und einer antihermiteschen Matrix $\mathbf{A_{ah}}$ darstellen:

$$\mathbf{A} = \mathbf{A_h} + \mathbf{A_{ah}} \qquad \text{mit} \qquad \mathbf{A_h} = \frac{1}{2}(\mathbf{A} + \mathbf{A}_{\mathrm{adj}});\ \mathbf{A_{ah}} = \frac{1}{2}(\mathbf{A} - \mathbf{A}_{\mathrm{adj}}). \qquad (4.15\mathrm{c})$$

10. Einheitsmatrix E
heißt eine quadratische Matrix, in der jedes Hauptdiagonalelement den Wert Eins besitzt, während alle anderen Elemente den Wert Null haben:

$$\mathbf{E} = \begin{pmatrix} 1 & 0 & \cdots & 0 \\ 0 & 1 & \cdots & 0 \\ \vdots & \vdots & \vdots & \vdots \\ 0 & 0 & \cdots & 1 \end{pmatrix} = (\delta_{\mu\nu}) \qquad \text{mit} \qquad \delta_{\mu\nu} = \begin{cases} 0 \text{ für } \mu \neq \nu, \\ 1 \text{ für } \mu = \nu. \end{cases} \qquad (4.16)$$

Das Zeichen $\delta_{\mu\nu}$ wird KRONECKER- *Symbol* genannt.

11. Dreiecksmatrix

1. Rechte oder obere Dreiecksmatrix R (im Englischen **U** von upper) ist eine Matrix, in der alle Elemente unterhalb der Hauptdiagonale den Wert Null besitzen:

$$\mathbf{R} = (r_{\mu\nu}) \quad \text{mit} \quad r_{\mu\nu} = 0 \quad \text{für alle} \quad \mu > \nu. \qquad (4.17)$$

2. Linke oder untere Dreiecksmatrix L (im Englischen **L** von lower) ist eine Matrix, in der alle Elemente oberhalb der Hauptdiagonale den Wert Null besitzen:

$$\mathbf{L} = (l_{\mu\nu}) \quad \text{mit} \quad l_{\mu\nu} = 0 \quad \text{für alle} \quad \mu < \nu. \qquad (4.18)$$

4.1.3 Vektoren

Matrizen vom Typ $(n, 1)$ heißen einspaltige Matrizen oder *Spaltenvektoren* der Dimension n; Matrizen vom Typ $(1, n)$ heißen einzeilige Matrizen oder *Zeilenvektoren* der Dimension n:

$$\textbf{Spaltenvektor: } \underline{\mathbf{a}} = \begin{pmatrix} a_1 \\ a_2 \\ \vdots \\ a_n \end{pmatrix}, \quad (4.19\mathrm{a}) \qquad \textbf{Zeilenvektor: } \underline{\mathbf{a}}^{\mathrm{T}} = (a_1, a_2, \ldots, a_n). \quad (4.19\mathrm{b})$$

Mit Hilfe der Transponierung kann ein Spaltenvektor in einen Zeilenvektor umgewandelt werden und umgekehrt. Durch einen Zeilen- bzw. Spaltenvektor der Dimension n kann ein Punkt im n–dimensionalen

euklidischen Raum beschrieben werden.
Der Nullvektor wird durch $\underline{\mathbf{o}}$ bzw. $\underline{\mathbf{0}}^{\mathrm{T}}$ gekennzeichnet.

4.1.4 Rechenoperationen mit Matrizen

1. Gleichheit von Matrizen

Zwei Matrizen $\mathbf{A} = (a_{\mu\nu})$ und $\mathbf{B} = (b_{\mu\nu})$ sind gleich, wenn sie vom gleichen Typ sind und wenn ihre gleichgestellten Elemente einander gleich sind:

$$\mathbf{A} = \mathbf{B}, \quad \text{wenn} \quad a_{\mu\nu} = b_{\mu\nu} \quad \text{für} \quad \mu = 1, \ldots, m; \; \nu = 1, \ldots, n. \tag{4.20}$$

2. Addition und Subtraktion

von Matrizen ist möglich, wenn sie vom gleichen Typ sind. Die Addition bzw. Subtraktion erfolgt elementweise für jeweils gleichgestellte Elemente:

$$\mathbf{A} \pm \mathbf{B} = (a_{\mu\nu}) \pm (b_{\mu\nu}) = (a_{\mu\nu} \pm b_{\mu\nu}). \tag{4.21a}$$

■ $\begin{pmatrix} 1 & 3 & 7 \\ 2 & -1 & 4 \end{pmatrix} + \begin{pmatrix} 3 & -5 & 0 \\ 2 & 1 & 4 \end{pmatrix} = \begin{pmatrix} 4 & -2 & 7 \\ 4 & 0 & 8 \end{pmatrix}.$

Es gelten das Kommutativ- und das Assoziativgesetz der Matrizenaddition und -subtraktion :

Kommutativgesetz: $\mathbf{A} \pm \mathbf{B} = \mathbf{B} \pm \mathbf{A}.$ (4.21b)

Assoziativgesetz: $(\mathbf{A} \pm \mathbf{B}) \pm \mathbf{C} = \mathbf{A} \pm (\mathbf{B} \pm \mathbf{C}).$ (4.21c)

3. Multiplikation einer Matrix mit einer Zahl

Eine Matrix **A** vom Typ (m, n) wird mit einer reellen oder komplexen Zahl α multipliziert, indem jedes Element von **A** mit α multipliziert wird:

$$\alpha\mathbf{A} = \alpha\,(a_{\mu\nu}) = (\alpha a_{\mu\nu}). \tag{4.22a}$$

■ $3\begin{pmatrix} 1 & 3 & 7 \\ 0 & -1 & 4 \end{pmatrix} = \begin{pmatrix} 3 & 9 & 21 \\ 0 & -3 & 12 \end{pmatrix}.$

Mit (4.22a) wird auch ausgesagt, daß ein konstanter Faktor, der in allen Elementen einer Matrix enthalten ist, ausgeklammert werden kann.
Die *Division einer Matrix durch einen Skalar* wird als Multiplikation mit $\alpha = 1/\gamma$ durchgeführt, wobei $\gamma \neq 0$ sein muß.
Es gelten das *Kommutativ-, Assoziativ- und Distributivgesetz der Multiplikation* einer Matrix mit einem Skalar :

Kommutativgesetz: $\alpha\mathbf{A} = \mathbf{A}\alpha;$ (4.22b)

Assoziativgesetz: $\alpha(\beta\mathbf{A}) = (\alpha\beta)\mathbf{A};$ (4.22c)

Distributivgesetz: $(\alpha \pm \beta)\mathbf{A} = \alpha\mathbf{A} \pm \beta\mathbf{A}; \quad \alpha(\mathbf{A} \pm \mathbf{B}) = \alpha\mathbf{A} \pm \alpha\mathbf{B}.$ (4.22d)

4. Multiplikation zweier Matrizen

1. Das Produkt AB zweier Matrizen **A** und **B**, auch *skalares Matrixprodukt* genannt, läßt sich nur bilden, wenn die Spaltenanzahl des linken Faktors **A** gleich der Zeilenanzahl des rechten Faktors **B** ist. Wenn **A** eine Matrix vom Typ (m, n) ist, dann muß die Matrix **B** vom Typ (n, p) sein, und das Produkt **AB** ist eine Matrix $\mathbf{C} = (c_{\mu\lambda})$ vom Typ (m, p). Hierbei ist $(c_{\mu\lambda})$ gleich dem Skalarprodukt der μ-ten Zeile des linken Faktors **A** mit der λ-ten Spalte des rechten Faktors **B**:

$$\mathbf{AB} = \Big(\sum_{\nu=1}^{n} a_{\mu\nu} b_{\nu\lambda}\Big) = (c_{\mu\lambda}) = \mathbf{C} \qquad (\mu = 1, 2, \ldots, m; \; \lambda = 1, 2, \ldots, p). \tag{4.23}$$

2. Ungleichheit der Produktmatrizen Falls die beiden Produkte **AB** und **BA** gebildet werden können, ist im allgemeinen $\mathbf{AB} \neq \mathbf{BA}$, d.h., das Kommutativgesetz der Multiplikation gilt im allgemeinen nicht. Gilt aber $\mathbf{AB} = \mathbf{BA}$, dann heißen **A** und **B** miteinander vertauschbar.

3. FALKsches Schema Für die praktische Durchführung der Matrixmultiplikation gemäß $\mathbf{AB} = \mathbf{C}$ verwendet man der größeren Übersichtlichkeit halber das FALK*sche Schema* **(Abb.4.1)**. Das Element

$c_{\mu\lambda}$ der Produktmatrix $\mathbf{C}$ erscheint genau im Kreuzungspunkt der μ-ten Zeile von $\mathbf{A}$ mit der λ-ten Spalte von $\mathbf{B}$.

■ Multiplikation zweier Matrizen $\mathbf{A}_{(3,3)}$ und $\mathbf{B}_{(3,2)}$ in **Abb.4.2** mit Hilfe des FALKschen Schemas.

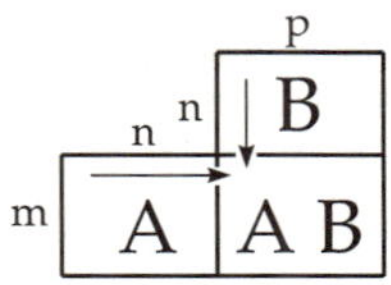

Abbildung 4.1

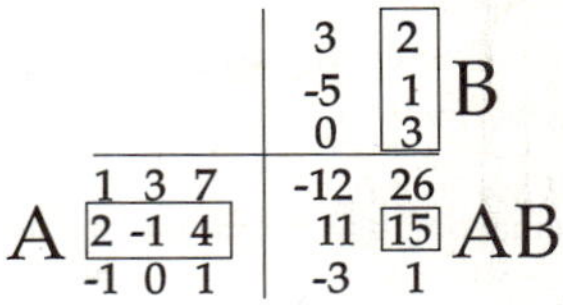

Abbildung 4.2

4. Multiplikation zweier Matrizen $\mathbf{K}_1$ und $\mathbf{K}_2$ mit komplexen Elementen Bei der Multiplikation zweier Matrizen mit komplexen Elementen kann die Möglichkeit der Aufspaltung in Real- und Imaginärteil gemäß (4.2b) genutzt werden: $\mathbf{K}_1 = \mathbf{A}_1 + \mathrm{i}\mathbf{B}_1$, $\mathbf{K}_2 = \mathbf{A}_2 + \mathrm{i}\mathbf{B}_2$. Dabei sind $\mathbf{A}_1, \mathbf{A}_2, \mathbf{B}_1, \mathbf{B}_2$ reelle Matrizen. Nach der Zerlegung liefert die Multiplikation eine Summe, deren Glieder als Produkte von Matrizen mit reellen Elementen berechnet werden können.

■ : $(\mathbf{A} + \mathrm{i}\mathbf{B})(\mathbf{A} - \mathrm{i}\mathbf{B}) = \mathbf{A}^2 + \mathbf{B}^2 + \mathrm{i}(\mathbf{BA} - \mathbf{AB})$. Auch bei der Multiplikation derart zerlegter Matrizen ist zu berücksichtigen, daß das Kommutativgesetz der Multiplikation im allgemeinen nicht gilt, d. h., daß $\mathbf{A}$ und $\mathbf{B}$ nicht vertauschbar sind.

5. Skalares und dyadisches Produkt zweier Vektoren

Für zwei Vektoren $\underline{\mathbf{a}}$ und $\underline{\mathbf{b}}$, die als einspaltige bzw. einzeilige Matrizen dargestellt werden können, gibt es bei der Matrizenmultiplikation die folgenden zwei Möglichkeiten der Produktbildung:
Ist $\underline{\mathbf{a}}$ vom Typ $(1, n)$ und $\underline{\mathbf{b}}$ vom Typ $(n, 1)$, dann ist das Produkt vom Typ $(1, 1)$, also eine Zahl. Man spricht dann vom *Skalarprodukt* zweier Vektoren. Ist dagegen $\underline{\mathbf{a}}$ vom Typ $(n, 1)$ und $\underline{\mathbf{b}}$ vom Typ $(1, m)$, dann ist das Produkt vom Typ (n, m), also eine Matrix. Man spricht in diesem Falle vom *dyadischen Produkt* zweier Vektoren.

1. Skalarprodukt zweier Vektoren Unter dem Skalarprodukt eines Zeilenvektors $\underline{\mathbf{a}}^{\mathrm{T}} = (a_1, a_2, \dots, a_n)$ mit einem Spaltenvektor $\underline{\mathbf{b}} = (b_1, b_2, \dots, b_n)^{\mathrm{T}}$ von je n Elementen versteht man die Zahl

$$\underline{\mathbf{a}}^{\mathrm{T}}\underline{\mathbf{b}} = \underline{\mathbf{b}}^{\mathrm{T}}\underline{\mathbf{a}} = a_1b_1 + a_2b_2 + \cdots + a_nb_n = \sum a_\mu b_\mu, \qquad (\mu \text{ von } 1 \text{ bis } n). \tag{4.24}$$

Das Kommutativgesetz der Multiplikation gilt hier im allgemeinen nicht. Daher ist die Reihenfolge von $\underline{\mathbf{a}}^{\mathrm{T}}$ und $\underline{\mathbf{b}}$ exakt einzuhalten. Bei Vertauschung der Reihenfolge, also $\underline{\mathbf{b}}\underline{\mathbf{a}}^{\mathrm{T}}$ würde sich ein dyadisches Produkt ergeben.

2. Dyadisches Produkt oder Tensorprodukt zweier Vektoren Unter dem *dyadischen Produkt* eines Spaltenvektors $\underline{\mathbf{a}} = (a_1, a_2, \dots, a_n)^{\mathrm{T}}$ der Dimension n mit einem Zeilenvektor $\underline{\mathbf{b}}^{\mathrm{T}} = (b_1, b_2, \dots, b_m)$ der Dimension m versteht man die Matrix

$$\underline{\mathbf{a}}\underline{\mathbf{b}}^{\mathrm{T}} = \begin{pmatrix} a_1b_1 & a_1b_2 & \cdots & a_1b_m \\ a_2b_1 & a_2b_2 & \cdots & a_2b_m \\ \vdots & \vdots & \vdots & \vdots \\ a_nb_1 & a_nb_2 & \cdots & a_nb_m \end{pmatrix} \tag{4.25}$$

vom Typ (n, m). Auch hier gilt das Kommutativgesetz der Multiplikation im allgemeinen nicht.

3. Hinweis zum Begriff des Vektorprodukts zweier Vektoren Im Bereich der Multivektoren oder vollständig alternierenden Tensoren, die hier nicht vorgestellt werden können, gibt es das sogenannte progressive, alternierende oder äußere Produkt, das im klassischen dreidimensionalen Falle das bekannte *Vektorprodukt* (s. S. 152 ff) darstellt.

6. Rang einer Matrix

1. Definition In einer Matrix $\mathbf{A}$ ist die größte Anzahl r der linear unabhängigen Spaltenvektoren stets gleich der größten Anzahl der linear unabhängigen Zeilenvektoren. Diese Zahl r heißt *Rang der Matrix*, auch mit $\mathrm{Rg}\,(\mathbf{A}) = r$ bezeichnet.

2. Aussagen zum Rang von Matrizen

a) Da im Vektorraum der Dimension m mehr als m Zeilenvektoren oder Spaltenvektoren der Dimension m linear abhängig sind (s. S. 389), ist der Rang r in einer Matrix $\mathbf{A}$ vom Typ (m,n) höchstens gleich der kleineren der Zahlen m und n:

$$\mathrm{Rg}\,(\mathbf{A}_{(m,n)}) = r \leq \min\,(m,n). \tag{4.26a}$$

b) Für den Rang einer regulären quadratischen Matrix $\mathbf{A}_{(n,n)}$, d. h. $\det \mathbf{A} \neq 0$, gilt

$$\mathrm{Rg}\,(\mathbf{A}_{(n,n)}) = r = n. \tag{4.26b}$$

c) Für den Rang einer singulären quadratischen Matrix $\mathbf{A}_{(n,n)}$, d. h. $\det \mathbf{A} = 0$, gilt

$$\mathrm{Rg}\,(\mathbf{A}_{(n,n)}) = r < n. \tag{4.26c}$$

d) Der Rang der Nullmatrix $\mathbf{0}$ ist

$$\mathrm{Rg}\,(\mathbf{0}) = r = 0. \tag{4.26d}$$

3. Regel zur Ermittlung des Ranges Bei elementaren Umformungen ändert sich der Rang von Matrizen nicht. *Elementare Umformungen* in diesem Zusammenhange sind:

a) Vertauschung zweier Zeilen miteinander oder zweier Spalten miteinander,

b) Multiplikation einer Zeile oder Spalte mit einer Zahl und

c) Addition einer Zeile zu einer Zeile oder einer Spalte zu einer Spalte.

Zur Bestimmung ihres Ranges kann man daher jede Matrix durch geeignete Linearkombinationen der Zeilen so umformen, daß in der μ-ten Zeile ($\mu = 2,3,\ldots,m$) mindestens die ersten $\mu - 1$ Elemente gleich Null werden (Prinzip des GAUSSschen Algorithmus, s. S. 244). Die Anzahl der vom Nullvektor verschiedenen Zeilenvektoren in der so umgeformten Matrix ist dann gleich ihrem Rang r.

7. Inverse oder reziproke Matrix

Eine quadratische Matrix vom Typ (n,n) heißt eine *reguläre Matrix*, wenn ihr Rang gleich n ist. Das ist genau dann der Fall, wenn ihre Determinante $\det \mathbf{A}$ (s. S. 229) von Null verschieden ist. Anderenfalls ist es eine *singuläre Matrix*. Zu einer regulären Matrix $\mathbf{A} = (a_{\mu\nu})$ gibt es immer eine *inverse Matrix* $\mathbf{A}^{-1}$, d.h., die Multiplikation einer Matrix mit ihrer inversen Matrix ergibt immer die Einheitsmatrix:

$$\mathbf{A}\mathbf{A}^{-1} = \mathbf{A}^{-1}\mathbf{A} = \mathbf{E}. \tag{4.27a}$$

Die Elemente von $\mathbf{A}^{-1} = (\beta_{\mu\nu})$ sind

$$\beta_{\mu\nu} = \frac{\mathbf{A}_{\nu\mu}}{\det \mathbf{A}}, \tag{4.27b}$$

wobei $\mathbf{A}_{\nu\mu}$ die zum Element $(a_{\nu\mu})$ der Matrix $\mathbf{A}$ gehörende Adjunkte (s. S. 228) ist. Für die praktische Berechnung von $\mathbf{A}^{-1}$ sollte das auf S. 229 angegebene Verfahren benutzt werden. Im Falle einer quadratischen Matrix vom Typ $(2,2)$ gilt:

$$\mathbf{A} = \begin{pmatrix} a & b \\ c & d \end{pmatrix}, \qquad \mathbf{A}^{-1} = \frac{1}{ad-bc}\begin{pmatrix} d & -b \\ -c & a \end{pmatrix}. \tag{4.28}$$

Warum in der Matrizenrechnung keine Division von Matrizen eingeführt wurde, sondern mit inversen Matrizen gerechnet wird, hängt damit zusammen, daß die Division nicht eindeutig erklärbar ist. Die Lösungen der Gleichung

$$\begin{matrix} \mathbf{B}\mathbf{X}_1 = \mathbf{A} \\ \mathbf{X}_2\mathbf{B} = \mathbf{A} \end{matrix} \quad (\mathbf{B}\ \text{regulär}),\ \text{d. h.} \quad \begin{matrix} \mathbf{X}_1 = \mathbf{B}^{-1}\mathbf{A} \\ \mathbf{X}_2 = \mathbf{A}\mathbf{B}^{-1} \end{matrix} \tag{4.29}$$

sind im allgemeinen verschieden.

8. Orthogonale Matrizen

Gilt für eine quadratische Matrix $\mathbf{A}$ die Beziehung

$$\mathbf{A}^{\mathrm{T}} = \mathbf{A}^{-1} \qquad \text{oder} \qquad \mathbf{A}\mathbf{A}^{\mathrm{T}} = \mathbf{A}^{\mathrm{T}}\mathbf{A} = \mathbf{E}, \tag{4.30}$$

d. h., die Skalarprodukte je zweier verschiedener Spalten oder Zeilen sind gleich null und die Skalarprodukte jeder Zeile oder Spalte mit sich selbst gleich eins, dann nennt man sie eine *orthogonale Matrix*.

Orthogonale Matrizen haben folgende Eigenschaften:

1. Die transponierte und die inverse Matrix einer orthogonalen Matrix **A** sind auch orthogonal; weiterhin gilt

$$\det \mathbf{A} = \pm 1. \tag{4.31}$$

2. Produkte orthogonaler Matrizen sind wieder orthogonal.

■ Die bei der Drehung eines Koordinatensystems verwendete *Drehungsmatrix* **D** mit den Richtungskosinus der neuen Achsenrichtungen (s. S. 178) ist orthogonal.

9. Unitäre Matrix

Gilt für eine Matrix **A** mit komplexen Elementen

$$(\mathbf{A}^*)^{\mathrm{T}} = \mathbf{A}^{-1} \qquad \text{oder} \qquad \mathbf{A}(\mathbf{A}^*)^{\mathrm{T}} = (\mathbf{A}^*)^{\mathrm{T}}\mathbf{A} = \mathbf{E}, \tag{4.32}$$

dann heißt sie eine *unitäre Matrix*. Im Reellen fallen die Begriffe unitär und orthogonal zusammen.

4.1.5 Rechenregeln für Matrizen

Die folgenden Regeln können nur angewendet werden, wenn die darin auftretenden Rechenoperationen durchführbar sind.

1. Multiplikation einer Matrix mit der Einheitsmatrix,

auch *identische Abbildung* genannt:

$$\mathbf{AE} = \mathbf{EA} = \mathbf{A}. \tag{4.33}$$

2. Multiplikationen einer Matrix A mit der Skalarmatrix S oder mit der Einheitsmatrix E

sind kommutativ:

$$\mathbf{AS} = \mathbf{SA} = c\mathbf{A}, \quad \text{mit } \mathbf{S} \text{ gemäß (4.8)}, \tag{4.34a}$$

$$\mathbf{AE} = \mathbf{EA} = \mathbf{A}. \tag{4.34b}$$

3. Multiplikation einer Matrix A mit der Nullmatrix 0

ergibt die Nullmatrix:

$$\mathbf{A0} = \mathbf{0A} = \mathbf{0}. \tag{4.35}$$

Die Umkehrung dieser Regel gilt im allgemeinen nicht, d.h., aus $\mathbf{AB} = \mathbf{0}$ folgt nicht notwendig $\mathbf{A} = \mathbf{0}$ oder $\mathbf{B} = \mathbf{0}$.

4. Verschwindendes Produkt zweier Matrizen

Auch wenn weder **A** noch **B** Nullmatrizen sind, kann ihr Produkt eine Nullmatrix ergeben:

$$\mathbf{AB} = \mathbf{BA} = \mathbf{0}, \qquad \text{obgleich} \qquad \mathbf{A} \neq \mathbf{0},\ \mathbf{B} \neq \mathbf{0}. \tag{4.36}$$

■
$$\begin{array}{cc|cc} & & 1 & 1 \\ & & 0 & 0 \\ \hline 0 & 1 & 0 & 0 \\ 0 & 1 & 0 & 0 \end{array}$$

5. Multiplikation dreier Matrizen

$$(\mathbf{AB})\mathbf{C} = \mathbf{A}(\mathbf{BC}). \tag{4.37}$$

6. Transposition von Summe und Produkt zweier Matrizen

$$(\mathbf{A}+\mathbf{B})^{\mathrm{T}} = \mathbf{A}^{\mathrm{T}} + \mathbf{B}^{\mathrm{T}}, \qquad (\mathbf{AB})^{\mathrm{T}} = \mathbf{B}^{\mathrm{T}}\mathbf{A}^{\mathrm{T}}, \qquad (\mathbf{A}^{\mathrm{T}})^{\mathrm{T}} = \mathbf{A}. \tag{4.38a}$$

Für quadratische Matrizen $\mathbf{A}_{(n,n)}$ gilt außerdem:

$$(\mathbf{A}^{\mathrm{T}})^{-1} = (\mathbf{A}^{-1})^{\mathrm{T}}. \tag{4.38b}$$

7. Inverse eines Produkts aus zwei Matrizen

$$(\mathbf{AB})^{-1} = \mathbf{B}^{-1}\mathbf{A}^{-1}. \tag{4.39}$$

8. Potenzieren von Matrizen

$$\mathbf{A}^p = \underbrace{\mathbf{AA}\ldots\mathbf{A}}_{p\ \text{Faktoren}} \quad \text{mit} \quad (p > 0,\ \text{ganz}), \tag{4.40a}$$

a) $\mathbf{A}^0 = \mathbf{E} \qquad (\det \mathbf{A} \neq 0),$ (4.40b)

b) $\mathbf{A}^{-p} = (\mathbf{A}^{-1})^p \qquad (p > 0,\ \text{ganz}; \det \mathbf{A} \neq 0),$ (4.40c)

c) $\mathbf{A}^{p+q} = \mathbf{A}^p\mathbf{A}^q \qquad (p, q\ \text{ganz}).$ (4.40d)

4.2 Determinanten

4.2.1 Definitionen

1. Determinanten

sind reelle oder komplexe Zahlen, die eindeutig quadratischen Matrizen zugeordnet werden. Eine *Determinante* n-ter Ordnung, die der Matrix $\mathbf{A} = (a_{\mu\nu})$ vom Typ (n, n) zugeordnet ist,

$$\mathrm{D} = \det \mathbf{A} = \det (a_{\mu\nu}) = \begin{vmatrix} a_{11} & a_{12} & \cdots & a_{1n} \\ a_{21} & a_{22} & \cdots & a_{2n} \\ \vdots & \vdots & \vdots & \vdots \\ a_{n1} & a_{n2} & \cdots & a_{nn} \end{vmatrix}, \tag{4.41}$$

wird mit Hilfe des LAPLACE*schen Entwicklungssatzes* rekursiv definiert:

$$\det \mathbf{A} = \sum_{\nu=1}^{n} a_{\mu\nu}\mathbf{A}_{\mu\nu} \qquad (\mu\ \text{fest, Entwicklung nach Elementen der}\ \mu\text{-ten Zeile}), \tag{4.42a}$$

$$\det \mathbf{A} = \sum_{\mu=1}^{n} a_{\mu\nu}\mathbf{A}_{\mu\nu} \qquad (\nu\ \text{fest, Entwicklung nach Elementen der}\ \nu\text{-ten Zeile}). \tag{4.42b}$$

Hierbei ist $\mathbf{A}_{\mu\nu}$ die mit dem Vorzeichenfaktor $(-1)^{\mu+\nu}$ multiplizierte Unterdeterminante des Elements $a_{\mu\nu}$.
Man nennt $\mathbf{A}_{\mu\nu}$ *Adjunkte* oder *algebraisches Komplement*.

2. Unterdeterminanten

Eine *Unterdeterminante* $(n-1)$-ter Ordnung des Elements $a_{\mu\nu}$ einer Determinante n-ter Ordnung heißt diejenige Determinante, die sich aus der gegebenen Determinante durch Streichen der μ-ten Zeile und ν-ten Spalte ergibt.

■ Entwicklung einer Determinante 4. Ordnung nach den Elementen der 3. Zeile:

$$\begin{vmatrix} a_{11} & a_{12} & a_{13} & a_{14} \\ a_{21} & a_{22} & a_{23} & a_{24} \\ a_{31} & a_{32} & a_{33} & a_{34} \\ a_{41} & a_{42} & a_{43} & a_{44} \end{vmatrix} = a_{31} \begin{vmatrix} a_{12} & a_{13} & a_{14} \\ a_{22} & a_{23} & a_{24} \\ a_{42} & a_{43} & a_{44} \end{vmatrix} - a_{32} \begin{vmatrix} a_{11} & a_{13} & a_{14} \\ a_{21} & a_{23} & a_{24} \\ a_{41} & a_{43} & a_{44} \end{vmatrix} + a_{33} \begin{vmatrix} a_{11} & a_{12} & a_{14} \\ a_{21} & a_{22} & a_{24} \\ a_{41} & a_{42} & a_{44} \end{vmatrix} - a_{34} \begin{vmatrix} a_{11} & a_{12} & a_{13} \\ a_{21} & a_{22} & a_{23} \\ a_{41} & a_{42} & a_{43} \end{vmatrix}.$$

4.2.2 Rechenregeln für Determinanten

Wegen des LAPLACEschen Entwicklungssatzes gelten die im folgenden für Zeilen formulierten Aussagen in gleicher Weise für Spalten.

1. Unabhängigkeit des Wertes einer Determinante

Der Wert einer Determinante ist unabhängig von der Auswahl der Entwicklungszeile.

2. Ersetzen von Adjunkten

Ersetzt man bei der Entwicklung einer Determinante nach einer ihrer Zeilen die zugehörigen Adjunkten durch die Adjunkten einer anderen Zeile, so ergibt sich Null:

$$\sum_{\nu=1}^{n} a_{\mu\nu}\mathbf{A}_{\lambda\nu} = 0 \qquad (\mu, \lambda \text{ fest}; \lambda \neq \mu). \tag{4.43}$$

Diese Beziehung und der Entwicklungssatz ergeben zusammengefaßt

$$\mathbf{A}_{\text{adj}}\mathbf{A} = \mathbf{A}\mathbf{A}_{\text{adj}} = (\det \mathbf{A})\mathbf{E}. \tag{4.44}$$

Daraus erhält man für die *inverse Matrix*

$$\mathbf{A}^{-1} = \frac{1}{\det \mathbf{A}}\mathbf{A}_{\text{adj}}, \tag{4.45}$$

wobei als *adjungierte Matrix* $\mathbf{A}_{\text{adj}}$ der Matrix $\mathbf{A}$ die aus den Adjunkten der Elemente von $\mathbf{A}$ gebildete und anschließend transponierte Matrix bezeichnet wird. Diese Matrix $\mathbf{A}_{\text{adj}}$ darf nicht mit der zu einer komplexen Matrix adjungierten Matrix (4.4) verwechselt werden.

3. Nullwerden einer Determinante

Eine Determinante ist gleich Null, wenn

1. eine Zeile aus lauter Nullen besteht oder

2. zwei Zeilen einander gleich sind oder

3. eine Zeile eine Linearkombination anderer Zeilen ist.

4. Vertauschungen und Additionen

Eine Determinante ändert ihren Wert nicht, wenn

1. in ihr die Zeilen mit den Spalten vertauscht werden. Man spricht dann von *Spiegelung an der Hauptdiagonale*, d.h., es gilt

$$\det \mathbf{A} = \det \mathbf{A}^{\mathrm{T}}, \tag{4.46}$$

2. zu irgend einer Zeile eine andere Zeile addiert bzw. subtrahiert wird,

3. zu irgend einer Zeile ein Vielfaches einer anderen Zeile addiert bzw. subtrahiert wird oder

4. zu irgend einer Zeile eine Linearkombination anderer Zeilen addiert bzw. subtrahiert wird.

5. Vorzeichen bei Zeilenvertauschung

Bei Vertauschung zweier Zeilen ändert sich das Vorzeichen einer Determinante.

6. Multiplikation einer Determinante mit einer Zahl

Eine Determinante wird mit einer Zahl α multipliziert, indem die Elemente einer einzigen Zeile mit dieser Zahl multipliztiert werden. Der Unterschied gegenüber der Multiplikation einer Matrix $\mathbf{A}$ vom Typ (n, n) mit einer Zahl α kommt in der Formel

$$\det(\alpha\mathbf{A}) = \alpha^n \det \mathbf{A} \tag{4.47}$$

zum Ausdruck.

7. Multiplikation zweier Determinanten

Die Multiplikation zweier Determinanten wird auf die Multiplikation ihrer Matrizen zurückgeführt:

$$(\det \mathbf{A})(\det \mathbf{B}) = \det(\mathbf{A}\mathbf{B}). \tag{4.48}$$

Wegen $\det \mathbf{A} = \det \mathbf{A}^{\mathrm{T}}$ (s. (4.46)) gilt

$$(\det \mathbf{A})(\det \mathbf{B}) = \det(\mathbf{A}\mathbf{B}) = \det \mathbf{A}\mathbf{B}^{\mathrm{T}} = \det \mathbf{A}^{\mathrm{T}}\mathbf{B} = \det \mathbf{A}^{\mathrm{T}}\mathbf{B}^{\mathrm{T}}, \tag{4.49}$$

d. h., es können entweder Zeilen mit Spalten oder Zeilen mit Zeilen oder Spalten mit Zeilen oder Spalten mit Spalten skalar multipliziert werden.

8. Differentiation einer Determinante

Eine Determinante n-ter Ordnung, deren Elemente differenzierbare Funktionen eines Parameters t sind, d. h. $a_{\mu\nu} = a_{\mu\nu}(t)$, wird nach t differenziert, indem man jeweils eine Zeile differenziert und die so entstehenden n Determinanten addiert.

■ Für eine Determinante vom Typ (3, 3) erhält man:

$$\frac{d}{dt}\begin{vmatrix} a_{11} & a_{12} & a_{13} \\ a_{21} & a_{22} & a_{23} \\ a_{31} & a_{32} & a_{33} \end{vmatrix} = \begin{vmatrix} a'_{11} & a'_{12} & a'_{13} \\ a_{21} & a_{22} & a_{23} \\ a_{31} & a_{32} & a_{33} \end{vmatrix} + \begin{vmatrix} a_{11} & a_{12} & a_{13} \\ a'_{21} & a'_{22} & a'_{23} \\ a_{31} & a_{32} & a_{33} \end{vmatrix} + \begin{vmatrix} a_{11} & a_{12} & a_{13} \\ a_{21} & a_{22} & a_{23} \\ a'_{31} & a'_{32} & a'_{33} \end{vmatrix}.$$

4.2.3 Berechnung von Determinanten

1. Wert einer Determinante zweiter Ordnung

$$\begin{vmatrix} a_{11} & a_{12} \\ a_{21} & a_{22} \end{vmatrix} = a_{11}a_{22} - a_{21}a_{12}. \tag{4.50}$$

2. Wert einer Determinante dritter Ordnung

Nach der *Regel von* SARRUS, die nur für Determinanten dritter Ordnung gilt, erfolgt die Berechnung mit Hilfe des Schemas

$$\left|\begin{matrix} a_{11} & a_{12} & a_{13} \\ a_{21} & a_{22} & a_{23} \\ a_{31} & a_{32} & a_{33} \end{matrix}\right| \begin{matrix} a_{11} & a_{12} \\ a_{21} & a_{22} \\ a_{31} & a_{32} \end{matrix} = a_{11}a_{22}a_{33} + a_{12}a_{23}a_{31} + a_{13}a_{21}a_{32}$$

$$-(a_{31}a_{22}a_{13} + a_{32}a_{23}a_{11} + a_{33}a_{21}a_{12}).$$

Die ersten beiden Spalten werden rechts von der Determinante noch einmal hingeschrieben. Dann wird die Summe der Produkte aller auf den ausgezogenen Schrägzeilen stehenden Elemente gebildet. Davon wird die Summe der Produkte aller auf den gestrichelten Schrägzeilen stehenden Elemente abgezogen.

3. Wert einer Determinante n-ter Ordnung

Die Determinante n-ter Ordnung wird mit Hilfe des Entwicklungssatzes auf n Determinanten $(n-1)$-ter Ordnung zurückgeführt. Zweckmäßigerweise werden die einzelnen Determinanten mit Hilfe der Rechenregeln für Determinanten so umgeformt, daß möglichst viele ihrer Elemente zu Null werden.

■ $$\begin{vmatrix} 2 & 9 & 9 & 4 \\ 2 & -3 & 12 & 8 \\ 4 & 8 & 3 & -5 \\ 1 & 2 & 6 & 4 \end{vmatrix} = \underset{\text{(Regel 4)}}{\begin{vmatrix} 2 & 5 & 9 & 4 \\ 2 & -7 & 12 & 8 \\ 4 & 0 & 3 & -5 \\ 1 & 0 & 6 & 4 \end{vmatrix}} = 3\underset{\text{(Regel 6)}}{\begin{vmatrix} 2 & 5 & 3 & 4 \\ 2 & -7 & 4 & 8 \\ 4 & 0 & 1 & -5 \\ 1 & 0 & 2 & 4 \end{vmatrix}} = 3(-5\underbrace{\begin{vmatrix} 2 & 4 & 8 \\ 4 & 1 & -5 \\ 1 & 2 & 4 \end{vmatrix}}_{=0\ \text{(Regel 3)}} - 7\begin{vmatrix} w2 & 3 & 4 \\ 4 & 1 & -5 \\ 1 & 2 & 4 \end{vmatrix}) =$$

$$= -21\underset{\text{(Regel 4)}}{\begin{vmatrix} 1 & 1 & 0 \\ 4 & 1 & -5 \\ 1 & 2 & 4 \end{vmatrix}} = -21\left(\begin{vmatrix} 1 & -5 \\ 2 & 4 \end{vmatrix} - \begin{vmatrix} 4 & -5 \\ 1 & 4 \end{vmatrix}\right) = 147.$$

Besonders günstig kann eine Determinante n-ter Ordnung berechnet werden, wenn sie in Analogie zur Rangbestimmung von Matrizen (s. S. 225) so umgeformt wird, daß alle Elemente, die unterhalb der Diagonalen $a_{11}, a_{22}, \ldots, a_{nn}$ stehen, zu Null werden. Der Wert der Determinante ist dann gleich dem Produkt der Elemente auf der Hauptdiagonalen der umgeformten Determinante.

4.3 Tensoren

4.3.1 Transformation des Koordinatensystems

1. Lineare Transformation

Durch die lineare Transformation

$$\underline{\tilde{\mathbf{x}}} = \mathbf{A}\underline{\mathbf{x}} \qquad \text{oder} \qquad \begin{aligned} \tilde{x}_1 &= a_{11}x_1 + a_{12}x_2 + a_{13}x_3 \\ \tilde{x}_2 &= a_{21}x_1 + a_{22}x_2 + a_{23}x_3 \\ \tilde{x}_3 &= a_{31}x_1 + a_{32}x_2 + a_{33}x_3 \end{aligned} \tag{4.51}$$

wird im dreidimensionalen Raum eine Koordinatentransformation beschrieben. Dabei sind x_μ und $\tilde{x}_\mu$ $(\mu = 1, 2, 3)$ die Koordinaten ein und desselben Punktes, bezogen auf zwei verschiedene Koordinatensysteme K und $\tilde{K}$.

2. EINSTEINsche Summenkonvention

Anstelle von (4.51) kann man auch

$$\tilde{x}_\mu = \sum_{\nu=1}^{3} a_{\mu\nu} x_\nu \qquad (\mu = 1, 2, 3) \tag{4.52a}$$

oder abkürzend nach EINSTEIN

$$x_\mu = a_{\mu\nu} x_\nu \tag{4.52b}$$

schreiben, d.h., über den doppelt auftretenden Index ν ist zu summieren und das Ergebnis für $\mu = 1, 2, 3$ aufzuschreiben. Die *Summenkonvention* legt allgemein fest: Tritt in einem Ausdruck ein Index zweimal auf, so wird der Ausdruck über alle vorgesehenen Werte dieses Index summiert. Tritt ein Index in den Ausdrücken einer Gleichung nur einmal auf, z.B. μ in der Gleichung (4.52b), so bedeutet das, daß die betreffende Gleichung für alle Werte gilt, die der Index durchlaufen kann.

3. Drehung des Koordinatensystems

Wenn das kartesische Koordinatensystem $\tilde{K}$ aus K durch Drehung hervorgeht, dann gilt in (4.51) für die Transformationsmatrix $\mathbf{A} = \mathbf{D}$. Dabei ist $\mathbf{D} = (d_{\mu\nu})$ die orthogonale *Drehungsmatrix*. Die orthogonale Drehungsmatrix $\mathbf{D}$ hat die Eigenschaft

$$\mathbf{D}^{-1} = \mathbf{D}^{\mathrm{T}}. \tag{4.53a}$$

Elemente $d_{\mu\nu}$ von $\mathbf{D}$ sind die Richtungskosinusse der Winkel zwischen den alten und neuen Koordinatenachsen. Aus der Orthogonalität der Drehungsmatrix $\mathbf{D}$, d.h. aus

$$\mathbf{D}\mathbf{D}^{\mathrm{T}} = \mathbf{E} \qquad \text{und} \qquad \mathbf{D}^{\mathrm{T}}\mathbf{D} = \mathbf{E}, \tag{4.53b}$$

folgt für ihre Elemente:

$$\sum_{i=1}^{3} d_{\mu i} d_{\nu i} = \delta_{\mu\nu}, \qquad \sum_{k=1}^{3} d_{k\mu} d_{k\nu} = \delta_{\mu\nu}. \qquad (\mu, \nu = 1, 2, 3) \tag{4.53c}$$

Die Gleichungen (4.53c) besagen, daß die Zeilen- und Spaltenvektoren der Matrix $\mathbf{D}$ *orthonormiert* sind.

Die Elemente der $d_{\mu\nu}$ der Drehungsmatrix können auch mit Hilfe der EULERschen Winkel (179) dargestellt werden. Zur Drehung in der Ebene s. S. 160, im Raum s. S. 178.

4.3.2 Tensoren in kartesischen Koordinaten

1. Definition

Eine mathematische oder physikalische Größe $\boldsymbol{T}$ läßt sich in einem kartesischen Koordinatensystem K durch 3^n Elemente $t_{ij\cdots m}$, die translationsinvariant sind, beschreiben. Dabei sei die Anzahl der Indizes $i, j, \ldots, m$ genau n $(n \geq 0)$. Die Indizes sind geordnet und jeder Index nimmt die Werte 1, 2 und 3 an. Gilt für die Elemente $t_{ij\cdots m}$ bei einer Transformation des Koordinatensystems K nach $\tilde{K}$ gemäß (4.51)

$$\tilde{t}_{\mu\nu\cdots\rho} = \sum_{i=1}^{3}\sum_{j=1}^{3}\cdots\sum_{m=1}^{3} a_{\mu i} a_{\nu j} \cdots a_{\rho m} t_{ij\cdots m}, \tag{4.54}$$

dann wird $\boldsymbol{T}$ als *Tensor n-ter Stufe* bezeichnet, und die Elemente $t_{ij\cdots m}$ (meist Zahlen) mit geordneten Indizes sind die *Komponenten des Tensors* $\boldsymbol{T}$.

2. Tensor 0. Stufe

Ein *Tensor nullter Stufe* hat nur eine Komponente, d.h., er ist ein Skalar. Da sein Wert in allen Koordinatensystemen gleich ist, spricht man von der *Invarianz des Skalars* oder vom *invarianten Skalar*.

3. Tensor 1. Stufe

Ein *Tensor erster Stufe* hat 3 Komponenten t_1, t_2 und t_3. Das Transformationsgesetz (4.54) lautet

$$\tilde{t}_\mu = \sum_{i=1}^{3} a_{\mu i} t_i \qquad (\mu = 1, 2, 3) \tag{4.55}$$

Das ist aber gerade das Transformationsgesetz für Vektoren, d.h., ein Vektor ist ein Tensor 1. Stufe.

4. Tensor 2. Stufe

Im Falle $n = 2$ hat der Tensor $\boldsymbol{T}$ 9 Komponenten t_{ij}, die sich in der Matrixform

$$\boldsymbol{T} = \mathbf{T} = \begin{pmatrix} t_{11} & t_{12} & t_{13} \\ t_{21} & t_{22} & t_{23} \\ t_{31} & t_{32} & t_{33} \end{pmatrix} \tag{4.56a}$$

anordnen lassen. Das Transformationsgesetz (4.55) lautet dann:

$$\tilde{t}_{\mu\nu} = \sum_{i=1}^{3} \sum_{j=1}^{3} a_{\mu i} a_{\nu j} t_{ij} \qquad (\mu, \nu = 1, 2, 3). \tag{4.56b}$$

Damit läßt sich jeder Tensor 2. Stufe als Matrix darstellen.

■ **A:** Das Trägheitsmoment Θ_g eines Körpers bezüglich einer Geraden g, die durch den Nullpunkt geht und den Richtungsvektor $\vec{a} = \underline{\mathbf{a}}^{\mathrm{T}}$ hat, läßt sich in der Form

$$\Theta_g = \underline{\mathbf{a}}^{\mathrm{T}} \boldsymbol{\Theta}\, \underline{\mathbf{a}} \tag{4.57a}$$

darstellen, wenn man mit

$$\boldsymbol{\Theta} = (\Theta_{ij}) = \begin{pmatrix} \Theta_x & -\Theta_{xy} & -\Theta_{xz} \\ -\Theta_{xy} & \Theta_y & -\Theta_{yz} \\ -\Theta_{xz} & -\Theta_{yz} & \Theta_z \end{pmatrix} \tag{4.57b}$$

den sogenannten *Trägheitstensor* eingeführt. Dabei sind Θ_x, Θ_y und Θ_z die Trägheitsmomente bezüglich der Koordinatenachsen und Θ_{xy}, Θ_{xz} und Θ_{yz} die *Deviationsmomente* bezüglich der Koordinatenachsen.

■ **B:** Der Belastungszustand eines elastisch verformten Körpers wird durch den *Spannungstensor*

$$\boldsymbol{\sigma} = \begin{pmatrix} \sigma_{11} & \sigma_{12} & \sigma_{13} \\ \sigma_{21} & \sigma_{22} & \sigma_{23} \\ \sigma_{31} & \sigma_{32} & \sigma_{33} \end{pmatrix} \tag{4.58}$$

beschrieben. Die Elemente σ_{ik} $(i, k = 1, 2, 3)$ werden wie folgt erklärt: In einem Punkt P des elastischen Körpers wählt man ein kleines ebenes Flächenelement, dessen Normale in Richtung der x_1-Achse eines rechtwinklig kartesischen Koordinatensystems zeigt. Die Kraft pro Flächeneinheit auf dieses Element, die vom Material abhängt, ist ein Vektor mit den Koordinaten σ_{11}, σ_{12} und σ_{13}. Analog werden die Komponenten bezüglich der übrigen zwei Achsenrichtungen erklärt.

5. Rechenregeln

1. Elementare algebraische Operationen Die Multiplikation eines Tensors mit einer Zahl und die Addition und Subtraktion von Tensoren *gleicher Stufe* erfolgen komponentenweise analog zu den entsprechenden Operationen bei Vektoren und Matrizen.

2. Tensorprodukt Die Tensoren $\boldsymbol{A}$ bzw. $\boldsymbol{B}$ mit den Komponenten $a_{ij\ldots}$ bzw. $b_{rs\ldots}$ seien von der Stufe m bzw. n. Dann bilden die 3^{m+n} Skalare

$$c_{ij\cdots rs\cdots} = a_{ij\ldots} b_{rs\ldots} \tag{4.59a}$$

die Komponenten eines Tensors $\boldsymbol{C}$ der Stufe $m + n$. Man schreibt $\boldsymbol{C} = \boldsymbol{AB}$ und spricht vom *Tensorprodukt* von $\boldsymbol{A}$ und $\boldsymbol{B}$. Es gelten Assioziativ- und Distributivgesetz:

$$(\boldsymbol{AB})\,\boldsymbol{C} = \boldsymbol{A}\,(\boldsymbol{BC}), \qquad \boldsymbol{A}\,(\boldsymbol{B} + \boldsymbol{C}) = \boldsymbol{AB} + \boldsymbol{AC} \tag{4.59b}$$

3. Dyadisches Produkt Das Produkt zweier Tensoren 1. Stufe $\boldsymbol{A} = (a_1, a_2, a_3)$ und $\boldsymbol{B} = (b_1, b_2, b_3)$ ergibt einen Tensor 2. Stufe mit den Elementen

$$c_{ij} = a_i b_j \qquad (i, j = 1, 2, 3), \tag{4.60a}$$

d.h., das Tensorprodukt stellt die Matrix

$$\begin{pmatrix} a_1b_1 & a_1b_2 & a_1b_3 \\ a_2b_1 & a_2b_2 & a_2b_3 \\ a_3b_1 & a_3b_2 & a_3b_3 \end{pmatrix} \tag{4.60b}$$

dar. Diese wird auch als *dyadisches Produkt* der beiden Vektoren $\underline{A}$ und $\underline{B}$ bezeichnet.

4. Verjüngung Setzt man in einem Tensor der Stufe m $(m \geq 2)$ zwei Indizes gleich und summiert über sie, so erhält man einen Tensor der Stufe $m - 2$ und spricht von einer *Verjüngung* des Tensors.

■ Der 2stufige Tensor $\boldsymbol{C}$ von (4.60a) mit $c_{ij} = a_i b_j$, der das Tensorprodukt der beiden Vektoren $\underline{A} = (a_1, a_2, a_3)$ und $\underline{B} = (b_1, b_2, b_3)$ darstellt, wird über die Indizes i und j verjüngt, so daß man mit

$$a_i b_i = a_1 b_1 + a_2 b_2 + a_3 b_3 \tag{4.61}$$

einen Skalar, also einen Tensor nullter Stufe erhält. Er stellt das Skalarprodukt der Vektoren $\underline{A}$ und $\underline{B}$ dar.

4.3.3 Tensoren mit speziellen Eigenschaften

4.3.3.1 Tensoren 2. Stufe

1. Rechenregeln

Für Tensoren 2. Stufe gelten dieselben Rechenregeln wie für Matrizen. Insbesondere läßt sich jeder Tensor $\boldsymbol{T}$ als Summe eines symmetrischen und eines schiefsymmetrischen Tensors darstellen:

$$\boldsymbol{T} = \frac{1}{2}\left(\boldsymbol{T} + \boldsymbol{T}^{\mathrm{T}}\right) + \frac{1}{2}\left(\boldsymbol{T} - \boldsymbol{T}^{\mathrm{T}}\right). \tag{4.62a}$$

Ein Tensor $\boldsymbol{T} = (t_{ij})$ heißt *symmetrisch*, wenn

$$t_{ij} = t_{ji} \qquad \text{für alle } i \text{ und } j \tag{4.62b}$$

gilt. Im Falle

$$t_{ij} = -t_{ji} \qquad \text{für alle } i \text{ und } j \tag{4.62c}$$

heißt er *schief- oder antisymmetrisch*. Dabei ist zu beachten, das bei einen antisymmetrischen Tensor die Elemente t_{11}, t_{22} und t_{33} Null sind. Der Begriff der Symmetrie und Antisymmetrie läßt sich auch auf Tensoren höherer Stufe übertragen, wenn man diese Begriffe auf bestimmte Paare von Indizes bezieht.

2. Hauptachsentransformation

Zu einem symmetrischen Tensor $\boldsymbol{T}$, d.h. für $t_{\mu\nu} = t_{\nu\mu}$, gibt es stehts eine orthogonale Transformation $\mathbf{D}$, so daß er nach der Transformation Diagonalform hat:

$$\tilde{\boldsymbol{T}} = \begin{pmatrix} \tilde{t}_{11} & 0 & 0 \\ 0 & \tilde{t}_{22} & 0 \\ 0 & 0 & \tilde{t}_{33} \end{pmatrix} \tag{4.63a}$$

Die Elemente $\tilde{t}_{11}$, $\tilde{t}_{22}$ und $\tilde{t}_{33}$ heißen *Eigenwerte des Tensors* $\boldsymbol{T}$. Sie sind gleich den Wurzeln λ_1, λ_2 und λ_3 der Gleichung 3. Grades in λ:

$$\begin{vmatrix} t_{11} - \lambda & t_{12} & t_{13} \\ t_{21} & t_{22} - \lambda & t_{23} \\ t_{31} & t_{32} & t_{33} - \lambda \end{vmatrix} = 0 \tag{4.63b}$$

Die Spaltenvektoren $\underline{\mathbf{d}}_1$, $\underline{\mathbf{d}}_2$ und $\underline{\mathbf{d}}_3$ der Transformationsmatrix $\mathbf{D}$ heißen die zu den Eigenwerten gehörenden *Eigenvektoren* und genügen den Gleichungen

$$\boldsymbol{T}\,\underline{\mathbf{d}}_\nu = \lambda_\nu \underline{\mathbf{d}}_\nu \qquad (\nu = 1, 2, 3). \tag{4.63c}$$

Ihre Richtungen bezeichnet man als *Hauptachsenrichtungen*, die Transformation von $\boldsymbol{T}$auf die Diagonalform heißt *Hauptachsentransformation.*

4.3.3.2 Invariante Tensoren

1. Definition

Ein kartesischer Tensor heißt *invariant,* wenn seine Komponenten in allen kartesischen Koordinatensystemen identisch sind. Da physikalische Größen wie Skalare und Vektoren, die Spezialfälle von Tensoren sind, nicht vom Koordinatensystem abhängen, in dem sie bestimmt werden, darf sich ihr Wert weder bei Verschiebung des Koordinatenursprunges noch bei Drehung eines Koordinatensystems K ändern. Man spricht von *Translationsinvarianz, Drehungsinvarianz* und allgemein von *Transformationinvarianz.*

2. Deltatensor

Wählt man als Elemente t_{ij} eines 2stufigen Tensors das KRONECKER-Symbol, d.h.

$$t_{ij} = \delta_{ij} = \begin{cases} 1 & \text{für } i = j \\ 0 & \text{sonst} \end{cases}, \tag{4.64a}$$

dann folgt aus dem Transformationsgesetz (4.56b) im Falle einer Drehung des Koordinatensystems unter Beachtung von (4.53c)

$$\tilde{t}_{\mu\nu} = d_{\mu i} d_{\nu j} = \delta_{\mu\nu}, \tag{4.64b}$$

d.h., die Elemente sind *drehungsinvariant.* Paßt man sie so in ein Koordinatensystem ein, daß sie unabhängig von der Wahl des Ursprungs, also auch *translationsinvariant* sind, dann bilden die Zahlen δ_{ij} einen invarianten Tensor 2. Stufe, den sogenannten *Deltatensor.*

3. Epsilontensor

Sind $\vec{e}_i$, $\vec{e}_j$ und $\vec{e}_k$ die Einheitsvektoren in Richtung der Achsen eines rechtwinkligen Koordinatensystems, dann gilt für das Spatprodukt (s. S. 154)

$$\epsilon_{ijk} = \vec{e}_i\,(\vec{e}_j \times \vec{e}_k) = \left\{ \begin{array}{rl} 1, & \text{falls } i, j, k \text{ zyklisch (Rechte-Hand-Regel),} \\ -1, & \text{falls } i, j, k \text{ antizyklisch,} \\ 0, & \text{sonst.} \end{array} \right\} \tag{4.65a}$$

Das sind insgesamt $3^3 = 27$ Elemente, die als Elemente eines 3stufigen Tensors aufgefaßt werden können. Im Falle einer Drehung des Koordinatensystems folgt aus dem Transformationsgesetz (4.54)

$$\tilde{t}_{\mu\nu\rho} = d_{\mu i} d_{\nu j} d_{\rho k} \epsilon_{ijk} = \begin{vmatrix} d_{\mu 1} & d_{\nu 1} & d_{\rho 1} \\ d_{\mu 2} & d_{\nu 2} & d_{\rho 2} \\ d_{\mu 3} & d_{\nu 3} & d_{\rho 3} \end{vmatrix} = \epsilon_{\mu\nu\rho}, \tag{4.65b}$$

d.h., die Elemente sind *drehungsinvariant.* Paßt man sie so in ein Koordinatensystem ein, daß sie unabhängig von der Wahl des Ursprungs, also auch *translationsinvariant* sind, dann bilden die Zahlen ϵ_{ijk} einen invarianten Tensor 3. Stufe, den sogenannten *Epsilontensor.*

4. Tensorinvarianten

Von den invarianten Tensoren muß man die *Tensorinvarianten* unterscheiden. Letztere sind Funktionen von Tensorkomponenten, deren Form und deren Wert bei Drehung des Koordinatensystems gleichbleibt.

■ Für die *Spur* des Tensors $\boldsymbol{T} = (t_{ij})$, der durch Drehung in $\tilde{\boldsymbol{T}} = (\tilde{t}_{ij})$ übergeht, gilt:

$$\mathrm{Sp}(\boldsymbol{T}) = t_{11} + t_{22} + t_{33} = \tilde{t}_{11} + \tilde{t}_{22} + \tilde{t}_{33}. \tag{4.66}$$

Die Spur des Tensors gleich der Summe der Eigenwerte (s. S. 223)

■ Für die Determinante des Tensors $\boldsymbol{T} = (t_{ij})$ gilt:

$$\begin{vmatrix} t_{11} & t_{12} & t_{13} \\ t_{21} & t_{22} & t_{23} \\ t_{31} & t_{32} & t_{33} \end{vmatrix} = \begin{vmatrix} \tilde{t}_{11} & \tilde{t}_{12} & \tilde{t}_{13} \\ \tilde{t}_{21} & \tilde{t}_{22} & \tilde{t}_{23} \\ \tilde{t}_{31} & \tilde{t}_{32} & \tilde{t}_{33} \end{vmatrix} \tag{4.67}$$

Die Determinante des Tensors ist gleich dem Produkt der Eigenwerte.

4.3.4 Tensoren in krummlinigen Koordinatensystemen

4.3.4.1 Kovariante und kontravariante Basisvektoren

1. Kovariante Basis

Durch den variablen Ortsvektor

$$\vec{r} = \vec{r}(u,v,w) = x(u,v,w)\vec{e}_x + y(u,v,w)\vec{e}_y + z(u,v,w)\vec{e}_z \tag{4.68a}$$

werden allgemeine *krummlinige Koordinaten* u, v, w eingeführt. Die zu diesem System gehörenden *Koordinatenflächen* erhält man, indem man in $\vec{r}(u,v,w)$ jeweils eine der unabhängigen Variablen u, v, w festhält. Durch jeden Punkt des in Frage kommenden Raumteils gehen drei Koordinatenflächen, je zwei schneiden sich in *Koordinatenlinien,* die durch den betrachteten Punkt hindurchgehen. Die drei Vektoren

$$\frac{\partial\vec{r}}{\partial u}, \quad \frac{\partial\vec{r}}{\partial v}, \quad \frac{\partial\vec{r}}{\partial w} \tag{4.68b}$$

zeigen in die Richtungen der Koordinatenlinien im betrachteten Punkt. Sie bilden die *kovariante Basis* des krummlinigen Koordinatensystems.

2. Kontravariante Basis

Die drei Vektoren

$$\frac{1}{D}\left(\frac{\partial\vec{r}}{\partial v}\times\frac{\partial\vec{r}}{\partial w}\right), \quad \frac{1}{D}\left(\frac{\partial\vec{r}}{\partial w}\times\frac{\partial\vec{r}}{\partial u}\right), \quad \frac{1}{D}\left(\frac{\partial\vec{r}}{\partial u}\times\frac{\partial\vec{r}}{\partial v}\right), \tag{4.69a}$$

mit der Funktionaldeterminante

$$D = \left(\frac{\partial\vec{r}}{\partial u} \quad \frac{\partial\vec{r}}{\partial v} \quad \frac{\partial\vec{r}}{\partial w}\right) \tag{4.69b}$$

stehen im betrachteten Flächenelement jeweils auf einer der Koordinatenflächen senkrecht und bilden die sogenannte *kontravariante Basis* des krummlinigen Koordinatensystems.

Hinweis: In orthogonalen krummlinigen Koordinaten, für die

$$\frac{\partial\vec{r}}{\partial u}\cdot\frac{\partial\vec{r}}{\partial v} = 0, \quad \frac{\partial\vec{r}}{\partial u}\cdot\frac{\partial\vec{r}}{\partial w} = 0, \quad \frac{\partial\vec{r}}{\partial v}\cdot\frac{\partial\vec{r}}{\partial w} = 0, \tag{4.70}$$

gilt, fallen die Richtungen der kovarianten und kontravarianten Basis zusammen.

4.3.4.2 Kovariante und kontravariante Koordinaten von Tensoren 1. Stufe

Um die EINSTEINsche Summenkonvention anwenden zu können, beschreibt man die kovarianten bzw. kontravarianten Basisvektoren durch

$$\frac{\partial\vec{r}}{\partial u} = \vec{g}_1, \quad \frac{\partial\vec{r}}{\partial v} = \vec{g}_2, \quad \frac{\partial\vec{r}}{\partial w} = \vec{g}_3 \quad \text{bzw.}$$
$$\frac{1}{D}\left(\frac{\partial\vec{r}}{\partial v}\times\frac{\partial\vec{r}}{\partial w}\right) = \vec{g}^{\,1}, \quad \frac{1}{D}\left(\frac{\partial\vec{r}}{\partial w}\times\frac{\partial\vec{r}}{\partial u}\right) = \vec{g}^{\,2}, \quad \frac{1}{D}\left(\frac{\partial\vec{r}}{\partial u}\times\frac{\partial\vec{r}}{\partial v}\right) = \vec{g}^{\,3}. \tag{4.71}$$

Die Darstellung eines Vektors $\vec{v}$ lautet dann

$$\vec{v} = V^1\vec{g}_1 + V^2\vec{g}_2 + V^3\vec{g}_3 = V^k\vec{g}_k \quad \text{bzw.} \quad \vec{v} = V_1\vec{g}^{\,1} + V_2\vec{g}^{\,2} + V_3\vec{g}^{\,3}. \tag{4.72}$$

Die Komponenten V^k werden als kontravariante Koordinaten, die Komponenten V_k als kovariante Koordinaten des Vektors $\vec{v}$ bezeichnet. Zwischen diesen Koordinaten besteht der Zusammenhang

$$V^k = g^{kl}V_l \qquad \text{bzw.} \qquad V_k = g_{kl}V^l \tag{4.73a}$$

mit

$$g_{kl} = g_{lk} = \vec{g}_k\cdot\vec{g}_l \qquad \text{bzw.} \qquad g^{kl} = g^{lk} = \vec{g}^{\,k}\cdot\vec{g}^{\,l}. \tag{4.73b}$$

Weiterhin gilt mit dem KRONECKER-Symbol

$$\vec{g}_k\cdot\vec{g}^{\,l} = \delta_{kl}, \tag{4.74a}$$

und daraus folgt

$$g^{kl}g_{lm} = \delta_{km}. \tag{4.74b}$$

Den Übergang von V^k zu V_k bzw. von V_k zu V^k gemäß (4.73b) beschreibt man als Heraufziehen bzw. Herunterziehen des Index durch *Überschiebung.*

Hinweis: In kartesischen Koordinatensystemen sind kovariante und kontravariante Koordinaten einander gleich.

4.3.4.3 Kovariante, kontravariante und gemischte Koordinaten von Tensoren 2. Stufe

1. Koordinatentransformation

In einem kartesischen Koordinatensystem mit den Basisvektoren $\vec{e}_1$, $\vec{e}_2$ und $\vec{e}_3$ kann ein Tensor 2. Stufe $\boldsymbol{T}$ als Matrix

$$\mathbf{T} = \begin{pmatrix} t_{11} & t_{12} & t_{13} \\ t_{21} & t_{22} & t_{23} \\ t_{31} & t_{32} & t_{33} \end{pmatrix} \tag{4.75}$$

dargestellt werden. Durch

$$\vec{r} = x_1(u_1, u_2, u_3)\vec{e}_1 + x_2(u_1, u_2, u_3)\vec{e}_2 + x_3(u_1, u_2, u_3)\vec{e}_3 \tag{4.76}$$

werden krummlinige Koordinaten u_1, u_2, u_3 eingeführt. Die neue Basis werde mit $\vec{g}_1$, $\vec{g}_2$ und $\vec{g}_3$ bezeichnet. Es gilt

$$\vec{g}_l = \frac{\partial \vec{r}}{\partial u_l} = \frac{\partial x_1}{\partial u_l}\vec{e}_1 + \frac{\partial x_2}{\partial u_l}\vec{e}_2 + \frac{\partial x_3}{\partial u_l}\vec{e}_3 = \frac{\partial x_k}{\partial u_l}\vec{e}_k \tag{4.77}$$

Setzt man $\vec{e}_l = \vec{g}^{\,l}$, dann können $\vec{g}_l$ und $\vec{g}^{\,l}$ als kovariante und kontravariante Basisvektoren aufgefaßt werden.

2. Lineare Vektorfunktion

In einem festgelegten Koordinatensystem wird mit Hilfe des Tensors $\boldsymbol{T}$ gemäß (4.75) durch

$$\vec{w} = \boldsymbol{T}\,\vec{v} \tag{4.78a}$$

mit

$$\vec{v} = V_k\vec{g}^{\,k} = V^k\vec{g}_k, \quad \vec{w} = W_k\vec{g}^{\,k} = W^k\vec{g}_k \tag{4.78b}$$

eine lineare Beziehung zwischen den Vektoren $\vec{v}$ und $\vec{w}$ hergestellt. Deshalb wird (4.78a) auch als *lineare Vektorfunktion* bezeichnet.

3. Gemischte Koordinaten

Beim Übergang zu einem neuen Koordinatensystem geht (4.78a) in

$$\vec{\tilde{w}} = \tilde{\boldsymbol{T}}\,\vec{\tilde{v}} \tag{4.79a}$$

über. Dabei entsteht zwischen den Komponenten von $\boldsymbol{T}$ und $\tilde{\boldsymbol{T}}$ der Zusammenhang

$$\tilde{t}_{kl} = \frac{\partial u_k}{\partial x_m}\frac{\partial x_n}{\partial u_l}t_{mn} \tag{4.79b}$$

Man führt die Bezeichnung

$$\tilde{t}_{kl} = T^k_{\cdot l} \tag{4.79c}$$

ein und spricht von *gemischten Koordinaten* des Tensors, weil der Index k für kontravariant, der Index l für kovariant steht. Für die Komponenten der Vektoren $\vec{v}$ und $\vec{w}$ gilt dann

$$W^k = T^k_{\cdot l}V^l \quad . \tag{4.79d}$$

Ersetzt man die kovariante Basis $\vec{g}_k$ durch die kontravariante Basis $\vec{g}^{\,k}$, dann erhält man analog zu (4.79b) und (4.79c)

$$T_k^{\cdot l} = \frac{\partial x_m}{\partial u_k}\frac{\partial u_l}{\partial x_n}t_{mn}, \tag{4.80a}$$

und (4.79d) geht in

$$W_k = T_k^{\cdot l} V_l \tag{4.80b}$$

über. Zwischen den gemischten Koordinaten $T_k^{\cdot l}$ und $T^k_{\cdot l}$ besteht der Zusammenhang

$$T^k_{\cdot l} = g^{km} g_{ln} T_m^{\cdot n} \quad . \tag{4.80c}$$

4. Rein kovariante und rein kontravariante Koordinaten
Setzt man in (4.80b) für V_l die Beziehung $V_l = g_{lm} V^m$ ein, so ergibt sich

$$W_k = T_k^{\cdot l} g_{lm} V^m = T_{km} V^m, \tag{4.81a}$$

wenn man

$$T_k^{\cdot l} g_{lm} = T_{km} \tag{4.81b}$$

setzt. Die T_{km} heißen rein kovariante Koordinaten des Tensors $\boldsymbol{T}$, weil beide Indizes kovariant stehen. Analog erhält man die rein kontravarianten Koordinaten

$$T^{km} = g^{ml} T^k_{\cdot l} \tag{4.82}$$

Explizite Darstellungen:

$$T_{kl} = \frac{\partial x_m}{\partial u_k} \frac{\partial x_n}{\partial u_l} t_{mn}, \tag{4.83a}$$

$$T^{kl} = \frac{\partial u_k}{\partial x_m} \frac{\partial u_l}{\partial x_n} t_{mn}. \tag{4.83b}$$

4.3.4.4 Rechenregeln

Neben den auf S. 232 und S. 233 bereits formulierten gelten die folgenden Rechenregeln:

1. Addition, Subtraktion Tensoren gleicher Stufe, deren einander entsprechende Indizes beide kovariant oder beide kontravariant stehen, werden koordinatenweise addiert oder subtrahiert und liefern einen Tensor der gleichen Stufe.

2. Multiplikation Die Multiplikation der Koordinaten eines Tensors n-ter Stufe mit denen eines Tensors m-ter Stufe ergibt stets einen Tensor der Stufe $m + n$.

3. Verjüngung Setzt man in einem Tensor n-ter Stufe ($n \geq 2$) einen kovariant und einen kontravariant stehenden Index einander gleich und summiert entsprechend der EINSTEINschen Summenkonvention über diesen Index, dann entsteht ein Tensor der Stufe $n - 2$. Diese Operation heißt *Verjüngung.*

4. Überschiebung Unter *Überschiebung* zweier Tensoren versteht man folgende Operation: Beide Tensoren werden multipliziert, und anschließend wird eine Verjüngung des Ergebnisses derart vorgenommen, daß die Indizes, nach denen verjüngt wird, verschiedenen Faktoren angehören.

5. Symmetrie Ein Tensor heißt symmetrisch bezüglich zweier kovariant oder zweier kontravariant stehender Indizes, wenn er sich bei deren Vertauschung nicht ändert.

6. Schiefsymmetrie Ein Tensor heißt schiefsymmetrisch bezüglich zweier kovariant oder zweier kontravariant stehender Indizes, wenn er sich bei deren Vertauschung mit -1 multipliziert.

■ Der Epsilontensor (s. S. 234) ist schiefsymmetrisch bezüglich zweier beliebiger kovarianter oder kontravarianter Indizes.

4.3.5 Pseudotensoren

In der Physik spielt häufig das Spiegelungsverhalten von Tensoren eine entscheidende Rolle. Wegen ihres unterschiedlichen Spiegelungsverhaltens unterscheidet man zwischen *polaren* und *axialen Vektoren* (s. S. 149), obgleich sie mathematisch sonst völlig gleich zu behandeln sind. In ihrer Beschreibung unterscheiden sich polare und axiale Vektoren dadurch, daß axiale Vektoren neben ihrer Länge und Orientierung durch einen Drehsinn dargestellt werden können. Axiale Vektoren werden auch Pseudovektoren genannt. Da Vektoren als Tensoren aufgefaßt werden können, wurde allgemein der Begriff des Pseudotensors eingeführt.

4.3.5.1 Punktspiegelung am Koordinatenursprung

1. Tensorverhalten bei Rauminversion

1. Begriff der Rauminversion Unter *Koordinateninversion* oder *Rauminversion* versteht man die *Spiegelung der Ortskoordinaten* von Raumpunkten am Koordinatenursprung. In einem dreidimensionalen kartesischen Koordinatensystem bedeutet Rauminversion eine Umkehr der Vorzeichen der Koordinatenachsen:

$$(x, y, z) \to (-x, -y, -z). \tag{4.84}$$

Dadurch wird ein rechtshändiges in ein linkshändiges Koordinatensystem übergeführt. Analoges gilt für andere Koordinatensysteme. In Kugelkoordinaten ergibt sich:

$$(r, \vartheta, \varphi) \to (-r, \pi - \vartheta, \varphi + \pi). \tag{4.85}$$

Bei Spiegelungen dieser Art bleiben die Längen von Vektoren und die Winkel zwischen ihnen unverändert. Der Übergang wird durch eine lineare Transformation vermittelt.

2. Transformationsmatrix Die Transformationsmatrix $\mathbf{A} = (a_{\mu\nu})$ einer linearen Transformation im dreidimensionalen Raum gemäß (4.51) hat bei Rauminversion die folgenden Eigenschaften:

$$a_{\mu\nu} = -\delta_{\mu\nu}, \quad \det \mathbf{A} = -1. \tag{4.86a}$$

Für die Komponenten eines Tensors n-ter Stufe folgt damit aus (4.54)

$$\tilde{t}_{\mu\nu\cdots\rho} = (-1)^n t_{\mu\nu\cdots\rho}. \tag{4.86b}$$

Das bedeutet: Unter einer Punktspiegelung am Koordinatenursprung bleibt ein Tensor 0. Stufe, also ein Skalar, ungeändert, ein Tensor 1. Stufe, also ein Vektor, ändert sein Vorzeichen, ein Tensor 2. Stufe bleibt ungeändert, usw.

2. Geometrische Deutung

Die Realisierung der Rauminversion kann man sich in einem dreidimensionalen kartesischen Koordinatensystem geometrisch betrachtet in zwei Schritten vorstellen **(Abb.4.3)**:

1. Durch Spiegelung an einer Koordinatenebene, z.B. der x, y-Ebene, geht das x, y, z-Koordinatensystem in das x, $-y$, z-Koordinatensystem über. Ein rechtshändig orientiertes System (s.S.174) wird dabei in ein linkshändig orientiertes übergeführt.

2. Durch eine 180°-Drehung des x, y, z-Systems um die y-Achse entsteht das vollständig am Koordinatenursprung gespiegelte Koordinatensystem x, y, z. Es behält im Vergleich zum 1. Schritt seine Linkshändigkeit bei.

Ergebnis: Bei Rauminversion ändert ein polarer Vektor seine Orientierung im Raum um 180°, ein axialer Vektor behält seinen Drehsinn bei.

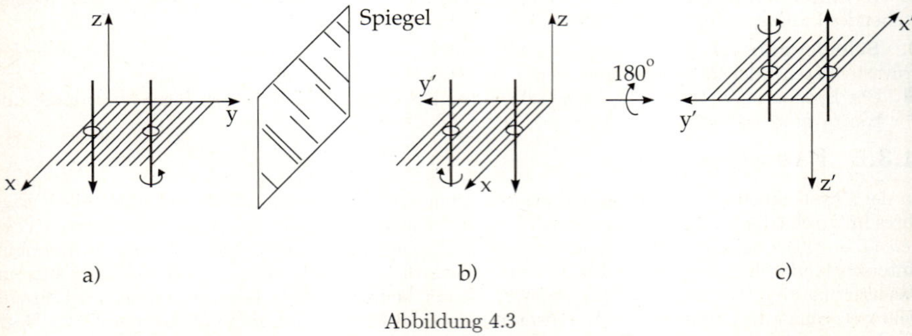

Abbildung 4.3

4.3.5.2 Einführung des Begriffs des Pseudotensors

1. Vektorprodukt bei Rauminversion Durch Rauminversion werden zwei polare Vektoren $\underline{\mathbf{a}}$ und $\underline{\mathbf{b}}$ in $-\underline{\mathbf{a}}$ bzw. $-\underline{\mathbf{b}}$ übergeführt, d.h., ihre Komponenten genügen der Transformationsformel (4.86b) für Tensoren 1. Stufe. Betrachtet man dagegen das Vektorprodukt $\underline{\mathbf{c}} = \underline{\mathbf{a}} \times \underline{\mathbf{b}}$ als Beispiel eines axialen Vektors, dann erhält man bei Spiegelung am Koordinatenursprung $\underline{\mathbf{c}} = \underline{\mathbf{c}}$, d.h. eine Verletzung der Transformationsformel (4.86a) für Tensoren 1. Stufe. Deshalb wird der axiale Vektor $\underline{\mathbf{c}}$ als *Pseudovektor* oder allgemein als *Pseudotensor* bezeichnet.

■ Die Vektorprodukte $\vec{r} \times \vec{v}$, $\vec{r} \times \vec{F}$, $\nabla \times \vec{v} = \operatorname{rot} \vec{v}$ mit dem Ortsvektor $\vec{r}$, dem Geschwindigkeitsvektor $\vec{v}$, dem Kraftvektor $\vec{F}$ und dem Nablaoperator ∇ sind Beispiele für axiale Vektoren, die das „falsche" Spiegelungsverhalten besitzen.

2. Skalarprodukt bei Rauminversion Eine Verletzung der Transformationsformel (4.86b) für Tensoren 1. Stufe ergibt sich auch für die Anwendung der Rauminversion auf ein Skalarprodukt aus einem polaren und einem axialen Vektor. Da das Ergebnis des Skalarprodukts ein Skalar ist und dieser in allen Koordinatensystemen denselben Wert besitzt, handelt es sich hierbei um einen besonderen Skalar, *Pseudoskalar* genannt, der die Eigenschaft besitzt, bei Rauminversion sein Vorzeichen zu ändern. Die *Drehinvarianzeigenschaft* des Skalars besitzt der Pseudoskalar nicht.

■ Das Skalarprodukt aus den polaren Vektoren $\vec{r}$ (Ortsvektor) bzw. $\vec{v}$ (Geschwindigkeitsvektor) mit dem axialen Vektor $\vec{\omega}$ (Vektor der Winkelgeschwindigkeit) ergibt die Skalare $\vec{r} \cdot \vec{\omega}$ und $\vec{v} \cdot \vec{\omega}$, die das „falsche" Spiegelungsverhalten zeigen, also *Pseudoskalar* sind.

3. Spatprodukt bei Rauminversion Das Spatprodukt $(\underline{\mathbf{a}} \times \underline{\mathbf{b}}) \cdot \underline{\mathbf{c}}$ (s. S. 154) aus den polaren Vektoren $\underline{\mathbf{a}}$, $\underline{\mathbf{b}}$ und $\underline{\mathbf{c}}$, ist gemäß (2.) ein *Pseudoskalar,* da derFaktor $(\underline{\mathbf{a}} \times \underline{\mathbf{b}})$ ein axialer Vektor ist. Das Vorzeichen des Spatproduktes ändert sich bei Rauminversion.

4. Pseudovektor und schiefsymmetrischer Tensor 2. Stufe Das Tensorprodukt der axialen Vektoren $\underline{\mathbf{a}} = (a_1, a_2, a_3)^{\mathrm{T}}$ und $\underline{\mathbf{b}} = (b_1, b_2, b_3)^{\mathrm{T}}$ ergibt gemäß (4.59a) einen Tensor 2. Stufe mit den Komponenten $t_{ij} = a_i b_j \quad (i, j = 1, 2, 3)$. Da sich jeder Tensor 2. Stufe als Summe eines symmetrischen und eines schiefsymmetrischen Tensors 2. Stufe darstellen läßt, gilt wegen (4.66)

$$t_{ij} = \frac{1}{2}(a_i b_j + a_j b_i) + \frac{1}{2}(a_i b_j - a_j b_i) \quad (i, j = 1, 2, 3). \tag{4.87}$$

Der schiefsymmetrische Anteil in (4.87) ergibt bis auf den Faktor $\frac{1}{2}$ gerade die Komponenten des Vektorprodukts $(\underline{\mathbf{a}} \times \underline{\mathbf{b}})$, so daß man den axialen Vektor $\underline{\mathbf{c}} = (\underline{\mathbf{a}} \times \underline{\mathbf{b}})$ mit den Komponenten c_1, c_2, c_3 auch als schiefsymmetrischen Tensor 2. Stufe

$$\boldsymbol{C} = \underline{\mathbf{c}} = \begin{pmatrix} 0 & c_{12} & c_{13} \\ -c_{12} & 0 & c_{23} \\ -c_{13} & -c_{23} & 0 \end{pmatrix} \quad (4.88a) \qquad \text{mit} \qquad \begin{aligned} c_{23} &= a_2 b_3 - a_3 b_2 = c_1 \\ c_{31} &= a_3 b_1 - a_1 b_3 = c_2 \\ c_{12} &= a_1 b_2 - a_2 b_1 = c_3 \end{aligned} \quad (4.88b)$$

auffassen kann, dessen Komponenten die Transformationsformel (4.86b) für Tensoren 2. Stufe erfüllen. Damit kann man jeden axialen Vektor (Pseudovektor oder Pseudotensor 1. Stufe) $\underline{\mathbf{c}} = (c_1, c_2, c_3)^{\mathrm{T}}$ als schiefsymmetrischen Tensor 2. Stufe $\boldsymbol{C}$ auffassen, wobei gilt

$$\boldsymbol{C} = \underline{\mathbf{c}} = \begin{pmatrix} 0 & c_3 & -c_2 \\ -c_3 & 0 & c_1 \\ c_2 & -c_1 & 0 \end{pmatrix}. \tag{4.89}$$

5. Pseudotensoren n-ter Stufe In Verallgemeinerung der Begriffe Pseudoskalar und Pseudovektor ist ein Pseudotensor n-ter Stufe dadurch gekennzeichnet, daß er sich unter einer reinen Drehung (Drehungsmatrix $\mathbf{D}$ mit $\det \mathbf{D} = 1$) wie ein Tensor n-ter Stufe verhält, sein Spiegelungsverhalten sich aber um einen Faktor (-1) unterscheidet. Beispiele für Pseudotensoren höherer Stufe s. Lit [4.2].

4.4 Lineare Gleichungssysteme

4.4.1 Lineare Systeme, Austauschverfahren

4.4.1.1 Lineare Systeme

Ein *lineares System* besteht aus den m Linearformen

$$\begin{array}{l} y_1 = a_{11}x_1 + a_{12}x_2 + \cdots + a_{1n}x_n + a_1 \\ y_2 = a_{21}x_1 + a_{22}x_2 + \cdots + a_{2n}x_n + a_2 \\ \cdots\cdots\cdots\cdots\cdots\cdots\cdots\cdots\cdots \\ y_m = a_{m1}x_1 + a_{m2}x_2 + \cdots + a_{mn}x_n + a_m \end{array} \quad \text{bzw.} \quad \underline{\mathbf{y}} = \mathbf{A}\underline{\mathbf{x}} + \underline{\mathbf{a}}. \tag{4.90}$$

Die Elemente $a_{\mu\nu}$ der Matrix $\mathbf{A}$, die vom Typ (m,n) ist, und die Komponenten a_μ $(\mu = 1, 2, \ldots, m)$ des Spaltenvektors $\underline{\mathbf{a}}$ sind konstant. Die Komponenten x_ν $(m = 1, 2, \ldots, n)$ des Spaltenvektors $\underline{\mathbf{x}}$ sind die *unabhängigen*, die Komponenten y_μ $(\mu = 1, 2, \ldots, m)$ des Spaltenvektors $\underline{\mathbf{y}}$ die *abhängigen Variablen.*

4.4.1.2 Austauschverfahren

1. Austauschschema

Wenn in (4.90) ein Element a_{ik} von Null verschieden ist, dann kann in einem sogenannten *Austauschschritt* die Variable y_i zur unabhängigen und die Variable x_k zur abhängigen Variablen gemacht werden. Der Austauschschritt ist das Grundelement des Austauschverfahrens, mit dessen Hilfe z. B. lineare Gleichungssysteme und lineare Optimierungsaufgaben gelöst werden können. Der Austauschschritt wird mit Hilfe der Schemata

	x_1	x_2	$\cdots$	x_k	$\cdots$	x_n	1
y_1	a_{11}	a_{12}	$\cdots$	a_{1k}	$\cdots$	a_{1n}	a_1
y_2	a_{21}	a_{22}	$\cdots$	a_{2k}	$\cdots$	a_{2n}	a_2
$\vdots$	$\cdots$	$\cdots$	$\cdots$	$\cdots$	$\cdots$	$\cdots$	$\cdots$
y_i	a_{i1}	a_{i2}	$\cdots$	$\boxed{a_{ik}}$	$\cdots$	a_{in}	a_i
$\vdots$	$\cdots$	$\cdots$	$\cdots$	$\cdots$	$\cdots$	$\cdots$	$\cdots$
y_m	a_{m1}	a_{m2}	$\cdots$	a_{mk}	$\cdots$	a_{mn}	a_m
x_k	α_{i1}	α_{i2}	$\cdots$	α_{ik}	$\cdots$	α_{in}	α_i

	x_1	x_2	$\cdots$	y_i	$\cdots$	x_n	1
y_1	α_{11}	α_{12}	$\cdots$	α_{1k}	$\cdots$	α_{1n}	α_1
y_2	α_{21}	α_{22}	$\cdots$	α_{2k}	$\cdots$	α_{2n}	α_2
$\vdots$	$\cdots$	$\cdots$	$\cdots$	$\cdots$	$\cdots$	$\cdots$	$\cdots$
x_k	α_{i1}	α_{i2}	$\cdots$	α_{ik}	$\cdots$	α_{in}	α_i
$\vdots$	$\cdots$	$\cdots$	$\cdots$	$\cdots$	$\cdots$	$\cdots$	$\cdots$
y_m	α_{m1}	α_{m2}	$\cdots$	α_{mk}	$\cdots$	α_{mn}	α_m

(4.91)

durchgeführt, wobei das linke Schema dem System (4.90) entspricht.

2. Austauschregeln

Das in dem Schema hervorgehobene Element a_{ik} $(a_{ik} \neq 0)$ wird *Pivotelement* genannt; es steht im Schnittpunkt von *Pivotspalte* und *Pivotzeile*. Die Elemente $\alpha_{\mu\nu}$ und α_μ des neuen rechten Schemas werden nach den folgenden *Austauschregeln* bestimmt.

1. $$\alpha_{ik} = \frac{1}{a_{ik}} \tag{4.92a}$$

2. $$\alpha_{\mu k} = \frac{a_{\mu k}}{a_{ik}} \quad (\mu = 1, \ldots, m; \mu \neq i), \tag{4.92b}$$

3. $$\alpha_{i\nu} = -\frac{a_{i\nu}}{a_{ik}}, \quad \alpha_i = -\frac{a_i}{a_{ik}} \qquad (\nu = 1, 2, \ldots, n; \nu \neq k), \tag{4.92c}$$

4. $$\alpha_{\mu\nu} = a_{\mu\nu} - a_{\mu k}\frac{a_{i\nu}}{a_{ik}} = a_{\mu\nu} + a_{\mu k}\alpha_{i\nu}, \quad \alpha_\mu = a_\mu + a_{\mu k}\alpha_i \quad (\text{für alle } \mu \neq i \text{ und alle } \nu \neq k). \tag{4.92d}$$

Zur Rechenerleichterung (4. Regel) werden die Elemente $\alpha_{i\nu}$ dem Ausgangsschema als $(m+1)$-te Zeile (Kellerzeile) hinzugefügt. Mit Hilfe dieser Austauschregeln können weitere Variable ausgetauscht werden.

4.4.1.3 Lineare Abhängigkeiten

Die Linearformen (4.90) sind genau dann linear unabhängig (s. S. 389), wenn sich sämtliche y_μ gegen unabhängige Variable x_ν austauschen lassen. Die lineare Unabhängigkeit wird z. B. für die Rangbestimmung bei Matrizen benötigt. Anderenfalls läßt sich die Abhängigkeitsbeziehung unmittelbar aus dem Schema ablesen.

■

	x_1	x_2	x_3	x_4	1
y_1	2	1	1	0	−2
y_2	1	−1	0	0	2
y_3	1	5	2	0	0
y_4	0	2	0	1	0

Nach 3 Austauschschritten (z. B. $y_4 \to x_4$, $y_2 \to x_1$, $y_1 \to x_3$) erhält man:

	y_2	x_2	y_1	y_4	1
x_3	−2	−3	1	0	6
x_1	1	1	0	0	−2
y_3	−3	[0]	2	0	10
x_4	0	−2	0	1	0

Wegen α_{32} ist kein weiterer Austausch möglich, und man kann die Abhängigkeitsbeziehung $y_3 = 2y_1 - 3y_2 + 10$ ablesen. Auch bei einer anderen Reihenfolge des Austausches wäre ein nicht austauschbares Paar von Variablen übriggeblieben.

4.4.1.4 Invertierung einer Matrix

Im Falle einer nichtsingulären Matrix $\mathbf{A}$ vom Typ (n, n) erhält man nach n Austauschschritten, angewandt auf das System $\underline{\mathbf{y}} = \mathbf{A}\underline{\mathbf{x}}$, die inverse Matrix $\mathbf{A}^{-1}$.

■ $\mathbf{A} = \begin{pmatrix} 3 & 5 & 1 \\ 2 & 4 & 5 \\ 1 & 2 & 2 \end{pmatrix} \Longrightarrow$

	x_1	x_2	x_3
y_1	3	5	1
y_2	2	4	5
y_3	[1]	2	2

	y_3	x_2	x_3
y_1	3	−1	−5
y_2	2	0	[1]
x_1	1	−2	−2

	y_3	x_2	y_2
y_1	13	[−1]	−5
x_3	−2	0	1
x_1	5	−2	−2

	y_3	y_1	y_2
x_2	13	−1	−5
x_3	−2	0	1
x_1	−21	2	8

Nach dem Ordnen der Elemente erhält man: $\mathbf{A}^{-1} = \begin{pmatrix} 2 & 8 & -21 \\ -1 & -5 & 13 \\ 0 & 1 & -2 \end{pmatrix}$.

4.4.2 Lösung linearer Gleichungssysteme

4.4.2.1 Definition und Lösbarkeit

1. Lineares Gleichungssystem

Ein System von m linearen Gleichungen mit n Unbekannten $x_1, x_2, \ldots, x_n$

$$\begin{array}{l} a_{11}x_1 + a_{12}x_2 + \cdots + a_{1n}x_n = a_1 \\ a_{21}x_1 + a_{22}x_2 + \cdots + a_{2n}x_n = a_2 \\ \dots\dots\dots\dots\dots\dots\dots\dots \\ a_{m1}x_1 + a_{m2}x_2 + \cdots + a_{mn}x_n = a_m \end{array} \quad \text{bzw.} \quad \mathbf{A}\underline{\mathbf{x}} = \underline{\mathbf{a}}, \tag{4.93}$$

heißt ein *lineares Gleichungssystem*. Je nachdem, ob der Spaltenvektor $\underline{\mathbf{a}}$ verschwindet ($\underline{\mathbf{a}} = 0$), oder nicht ($\underline{\mathbf{a}} \neq 0$), spricht man von einem *homogenen* bzw. *inhomogenen Gleichungssystem*. Die Elemente $a_{\mu\nu}$ der sogenannten *Koeffizientenmatrix* $\mathbf{A}$ sind die Koeffizienten des Systems, während die Komponenten a_μ des Spaltenvektors $\underline{\mathbf{a}}$ seine *Absolutglieder* sind.

2. Lösbarkeit eines linearen Gleichungssystems

Ein lineares Gleichungssystem heißt lösbar, wenn wenigstens ein Vektor $\underline{\mathbf{x}} = \boldsymbol{\alpha}$ existiert, der (4.93) zu einer Identität macht. Anderenfalls heißt das System unlösbar. Das Lösungsverhalten hängt vom Rang der erweiterten Matrix $(\mathbf{A}, \underline{\mathbf{a}})$ ab. Letztere entsteht durch Hinzufügen der Komponenten des Vektors $\underline{\mathbf{a}}$ als $(n+1)$-te Spalte zur Matrix $\mathbf{A}$. Es gilt:

1. Allgemeine Regel für das inhomogene System Das inhomogene System $\mathbf{A}\underline{\mathbf{x}} = \underline{\mathbf{a}}$ ist genau dann eindeutig lösbar, wenn

$$\mathrm{Rg}\,(\mathbf{A}) = \mathrm{Rg}\,(\mathbf{A}, \underline{\mathbf{a}}), \tag{4.94a}$$

ist. Für $r = \mathrm{Rg}\,(\mathbf{A})$ gilt die folgende Fallunterscheidung:

a) Für $r = n$ ist die Lösung eindeutig; (4.94b)

b) Für $r < n$ ist die Lösung nicht eindeutig; (4.94c)

d.h., $n - r$ Unbekannte können als Parameter frei gewählt werden.

■ **A:**
$$\begin{aligned} x_1 - 2x_2 + 3x_3 - x_4 + 2x_5 &= 2\\ 3x_1 - x_2 + 5x_3 - 3x_4 - x_5 &= 6\\ 2x_1 + x_2 + 2x_3 - 2x_4 - 3x_5 &= 8 \end{aligned}$$
Die Matrix **A** hat den Rang 2, die erweiterte *Koeffizientenmatrix* $(\mathbf{A}, \underline{\mathbf{a}})$ den Rang 3, d.h., das System ist unlösbar.

B:
$$\begin{aligned} x_1 - x_2 + 2x_3 &= 1\\ x_1 - 2x_2 - x_3 &= 2\\ 3x_1 - x_2 + 5x_3 &= 3\\ -2x_1 + 2x_2 + 3x_3 &= -4 \end{aligned}$$
Die Matrizen **A** und $(\mathbf{A}, \underline{\mathbf{a}})$ haben beide den Rang 3. Wegen $r = n = 3$ ist die Lösung eindeutig. Sie lautet:
$$x_1 = \frac{10}{7}, \quad x_2 = -\frac{1}{7}, \quad x_3 = -\frac{2}{7}.$$

C:
$$\begin{aligned} x_1 - x_2 + x_3 - x_4 &= 1\\ x_1 - x_2 - x_3 + x_4 &= 0\\ x_1 - x_2 - 2x_3 + 2x_4 &= -\frac{1}{2} \end{aligned}$$
Die Matrizen **A** und $(\mathbf{A}, \underline{\mathbf{a}})$ haben beide den Rang 2. Das System ist lösbar, aber wegen $r < n$ nicht eindeutig. Man kann $n - r = 2$ Unbekannte als freie Parameter wählen und erhält z. B.:
$$x_2 = x_1 - \frac{1}{2}, \quad x_3 = x_4 + \frac{1}{2}, \quad (x_1, x_4 \text{ beliebig}).$$

D:
$$\begin{aligned} x_1 + 2x_2 - x_3 + x_4 &= 1\\ 2x_1 - x_2 + 2x_3 + 2x_4 &= 2\\ 3x_1 + x_2 + x_3 + 3x_4 &= 3\\ x_1 - 3x_2 + 3x_3 + x_4 &= 0 \end{aligned}$$
Die Anzahl der Gleichungen stimmt mit der Anzahl der Unbekannten überein, aber das System ist wegen $\mathrm{Rg}(\mathbf{A}) = 2$, $\mathrm{Rg}(\mathbf{A}, \underline{\mathbf{a}}) = 3$ unlösbar.

2. Triviale Lösung und Fundamentalsystem des homogenen Systems

a) Das homogene Gleichungssystem $\mathbf{A}\underline{\mathbf{x}} = \underline{\mathbf{0}}$ besitzt stets die sogenannte triviale Lösung $x_1 = x_2 = \ldots = x_n = 0$.

b) Besitzt es eine nichttriviale Lösung $\underline{\mathbf{x}} = \underline{\boldsymbol{\alpha}} = (\alpha_1, \alpha_2, \ldots, \alpha_n)^{\mathrm{T}}$, d. h. $\underline{\boldsymbol{\alpha}} \neq \underline{\mathbf{o}}$, dann ist auch $\underline{\mathbf{x}} = k\underline{\boldsymbol{\alpha}}$ mit k beliebig und reell eine Lösung des homogenen Gleichungssystems. Besitzt es l nichttriviale, linear unabhängige Lösungen $\underline{\boldsymbol{\alpha}}_1, \underline{\boldsymbol{\alpha}}_2, \ldots, \underline{\boldsymbol{\alpha}}_l$, dann bilden diese ein sogenanntes Fundamentalsystem (s. S. 389), und die allgemeine Lösung des homogenen linearen Gleichungssystems ist von der Form

$$\underline{\mathbf{x}} = k_1\underline{\boldsymbol{\alpha}}_1 + k_2\underline{\boldsymbol{\alpha}}_2 + \cdots + k_l\underline{\boldsymbol{\alpha}}_l \qquad (k_1, k_2, \ldots, k_l \text{ beliebig reell}). \tag{4.95}$$

Gilt für den Rang der Koeffizientenmatrix **A** des homogenen Gleichungssystems $r < n$, wobei n die Anzahl der Unbekannten ist, dann besitzt das homogene Gleichungssystem ein Fundamentalsystem von Lösungen. Im Falle $r = n$ hat das homogene System nur die Triviallösung.
Zur Bestimmung eines Fundamentalsystems im Falle $r < n$ können $n - r$ Unbekannte als freie Parameter gewählt werden, und zwar derart, daß sich die übrigen Unbekannten durch diese ausdrücken lassen, d. h., die entsprechende r-reihige Unterdeterminante darf nicht Null sein. Man kann das durch Umordnen der Gleichungen und Unbekannten erreichen. Erhält man z. B.

$$\begin{aligned} x_1 &= x_1(x_{r+1}, x_{r+2}, \ldots, x_n)\\ x_2 &= x_2(x_{r+1}, x_{r+2}, \ldots, x_n)\\ &\ldots\ldots\ldots\ldots\ldots\ldots\ldots\\ x_r &= x_r(x_{r+1}, x_{r+2}, \ldots, x_n) \end{aligned},$$

dann ergeben sich die Fundamentallösungen z. B. durch die folgende Wahl der freien Parameter:

	x_{r+1}	x_{r+2}	x_{r+3}	$\cdots$	x_n
1. Fundamentallösung	1	0	0	$\cdots$	0
2. Fundamentallösung	0	1	0	$\cdots$	0 .
....					
$(n-r)$-te Fundamentallösung	0	0	0	$\cdots$	1

■
$$\begin{aligned} x_1 - x_2 + 5x_3 - x_4 &= 0 \\ x_1 + x_2 - 2x_3 + 3x_4 &= 0 \\ 3x_1 - x_2 + 8x_3 + x_4 &= 0 \\ x_1 + 3x_2 - 9x_3 + 7x_4 &= 0 \end{aligned}$$

Der Rang der Matrix $\mathbf{A}$ ist gleich 2. Das Gleichungssystem läßt sich nach x_1 und x_2 auflösen, und man erhält $x_1 = -\frac{3}{2}x_3 - x_4$, $x_2 = \frac{7}{2}x_3 - 2x_4$ (x_3, x_4 beliebig). Fundamentallösungen sind $\alpha_1 = (-\frac{3}{2}, \frac{7}{2}, 1, 0)^{\mathrm{T}}$ und $\alpha_2 = (-1, -2, 0, 1)^{\mathrm{T}}$.

4.4.2.2 Anwendung des Austauschverfahrens

1. Zuordnung eines Systems linearer Funktionen

Zur Lösung von (4.93) wird dem linearen Gleichungssystem $\mathbf{A}\underline{\mathbf{x}} = \underline{\mathbf{a}}$ ein System linearer Funktionen $y = \mathbf{A}\underline{\mathbf{x}} - \underline{\mathbf{a}}$ zugeordnet, auf das das Austauschverfahren (s. S. 240) anzuwenden ist:

$$\mathbf{A}\underline{\mathbf{x}} = \underline{\mathbf{a}} \tag{4.96a}$$

ist äquivalent zu

$$\underline{\mathbf{y}} = \mathbf{A}\underline{\mathbf{x}} - \underline{\mathbf{a}} = \underline{\mathbf{o}}. \tag{4.96b}$$

Die Matrix $\mathbf{A}$ ist vom Typ (m, n), $\underline{\mathbf{a}}$ ist ein Spaltenvektor mit m Komponenten, d. h., die Anzahl m der Gleichungen muß nicht mit der Anzahl n der Unbekannten übereinstimmen. Nach Abschluß des Austauschverfahrens wird $\underline{\mathbf{y}} = \underline{\mathbf{o}}$ gesetzt. Das Lösungsverhalten von $\mathbf{A} \cdot \underline{\mathbf{x}} = \underline{\mathbf{a}}$ kann unmittelbar aus dem letzten Austauschschema abgelesen werden.

2. Lösbarkeit des linearen Gleichungssystems

Das lineare Gleichungssystem (4.96a) ist genau dann lösbar, wenn für das zugeordnete System linearer Funktionen (4.96b) einer der folgenden zwei Fälle gilt:

1. Fall: Alle y_μ ($\mu = 1, 2, \ldots, m$) lassen sich gegen gewisse x_ν austauschen. Das bedeutet, das zugehörige System linearer Funktionen ist linear unabhängig.

2. Fall: Mindestens ein y_σ ist nicht mehr gegen ein x_ν austauschbar, d. h., es gilt

$$y_\sigma = \lambda_1 y_1 + \lambda_2 y_2 + \cdots + \lambda_m y_m + \lambda_0, \tag{4.97}$$

und es ist $\lambda_0 = 0$. Das bedeutet, das zugehörige System linearer Funktionen ist linear abhängig.

3. Unlösbarkeit des linearen Gleichungssystems

Das lineare Gleichungssystem ist unlösbar, wenn sich im obigen 2. Fall $\lambda_0 \neq 0$ ergibt. Dann enthält das System einen Widerspruch.

■ $$\begin{aligned} x_1 - 2x_2 + 4x_3 - x_4 &= 2 \\ -3x_1 + 3x_2 - 3x_3 + 4x_4 &= 3 \\ 2x_1 - 3x_2 + 5x_3 - 3x_4 &= -1 \end{aligned}$$

$$\begin{array}{c|ccccc} & x_1 & x_2 & x_3 & x_4 & 1 \\ \hline y_1 & 1 & -2 & 4 & -1 & -2 \\ y_2 & -3 & 3 & -3 & 4 & -3 \\ y_3 & 2 & -3 & 5 & -3 & 1 \end{array}$$

Nach 3 Austauschschritten (z. B. $y_1 \to x_1$, $y_3 \to x_4$, $y_2 \to x_2$) erhält man:

$$\begin{array}{c|ccccc} & y_1 & y_2 & x_3 & y_3 & 1 \\ \hline x_1 & \frac{3}{2} & -\frac{3}{2} & 2 & -\frac{5}{2} & 1 \\ x_2 & -\frac{1}{2} & -\frac{1}{2} & 3 & -\frac{1}{2} & -2 \\ x_4 & \frac{3}{2} & -\frac{1}{2} & 0 & -\frac{3}{2} & 3 \end{array}$$

Das Verfahren endet mit dem 1. Fall: y_1, y_2, y_3 und x_3 sind unabhängige Variable. Man setzt $y_1 = y_2 = y_3 = 0$, und $x_3 = t$ $(-\infty < t < \infty)$ ist ein Parameter. Damit lautet die Lösung $x_1 = 2t + 1$, $x_2 = 3t - 2$, $x_3 = t$, $x_4 = 3$.

4.4.2.3 Cramersche Regel

In dem wichtigen Spezialfall, in dem die Anzahl der Unbekannten mit der Anzahl der Gleichungen des Systems

$$\begin{aligned} a_{11}x_1 + a_{12}x_2 + \cdots + a_{1n}x_n &= a_1 \\ a_{21}x_1 + a_{22}x_2 + \cdots + a_{2n}x_n &= a_2 \\ \cdots\cdots\cdots\cdots\cdots\cdots & \cdots\cdots \\ a_{n1}x_1 + a_{n2}x_2 + \cdots + a_{nn}x_n &= a_n \end{aligned} \tag{4.98a}$$

übereinstimmt und die Koeffizientendeterminante nicht verschwindet, d. h.

$$\det \mathbf{A} \neq 0, \tag{4.98b}$$

kann die Lösung des inhomogenen Gleichungssystems (4.98a) explizit und eindeutig angegeben werden:

$$x_1 = \frac{\mathrm{D}_1}{\mathrm{D}}, \quad x_2 = \frac{\mathrm{D}_2}{\mathrm{D}}, \quad \ldots, \quad x_n = \frac{\mathrm{D_n}}{\mathrm{D}}. \tag{4.98c}$$

Mit D_ν wird die Determinante bezeichnet, die aus D dadurch entsteht, daß die Elemente $a_{\mu\nu}$ der ν-ten Spalte von D durch die Absolutglieder a_μ ersetzt werden, z. B.

$$\mathrm{D}_2 = \begin{vmatrix} a_{11} & a_1 & a_{13} & \cdots & a_{1n} \\ a_{21} & a_2 & a_{23} & \cdots & a_{2n} \\ \cdots & \cdots & \cdots & \cdots & \cdots \\ a_{n1} & a_n & a_{n3} & \cdots & a_{nn} \end{vmatrix}. \tag{4.98d}$$

Ist $\mathrm{D} = 0$ und sind nicht alle $\mathrm{D}_\nu = 0$, dann ist das System (4.98a) unlösbar. Im Falle $\mathrm{D} = 0$ und $\mathrm{D}_\nu = 0$ für alle $\nu = 1, 2, \ldots, n$, d. h. D und alle D_ν sind gleich null, existiert eine Lösung. Diese ist aber nicht eindeutig.

■ $$\begin{aligned} 2x_1 + x_2 + 3x_3 &= 9 \\ x_1 - 2x_2 + x_3 &= -2 \\ 3x_1 + 2x_2 + 2x_3 &= 7 \end{aligned} \qquad \mathrm{D} = \begin{vmatrix} 2 & 1 & 3 \\ 1 & -2 & 1 \\ 3 & 2 & 2 \end{vmatrix} = 13,$$

$$\mathrm{D}_1 = \begin{vmatrix} 9 & 1 & 3 \\ -2 & -2 & 1 \\ 7 & 2 & 2 \end{vmatrix} = -13, \quad \mathrm{D}_2 = \begin{vmatrix} 2 & 9 & 3 \\ 1 & -2 & 1 \\ 3 & 7 & 2 \end{vmatrix} = 26, \quad \mathrm{D}_3 = \begin{vmatrix} 2 & 1 & 9 \\ 1 & -2 & -2 \\ 3 & 2 & 7 \end{vmatrix} = 39.$$

Das System hat die eindeutige Lösung $x_1 = \frac{\mathrm{D}_1}{\mathrm{D}} = -1$, $x_2 = \frac{\mathrm{D}_2}{\mathrm{D}} = 2$, $x_3 = \frac{\mathrm{D}_3}{\mathrm{D}} = 3$.

Für die praktische Lösung von linearen Gleichungssystemen höherer Dimensionen ist die CRAMERsche Regel nicht geeignet. Der Rechenaufwand übersteigt mit wachsender Dimension sehr schnell alle Vorstellungen. Deshalb verwendet man zur numerischen Lösung linearer Gleichungssysteme den GAUSSschen Algorithmus bzw. das Austauschverfahren oder iterative Methoden (s. S. 746).

4.4.2.4 Gaußscher Algorithmus

Zur Lösung des linearen Gleichungssystems $\mathbf{A}\underline{\mathbf{x}} = \underline{\mathbf{a}}$ (4.93) von m Gleichungen mit n Unbekannten kann das GAUSS*sche Eliminationsprinzip* angewendet werden. Es besteht darin, mit Hilfe einer Glei-

chung eine Unbekannte aus den restlichen Gleichungen zu entfernen. Dadurch entsteht ein System von $m-1$ Gleichungen und $n-1$ Unbekannten. Dieses Prinzip wird entsprechend oft angewendet, bis ein sogenanntes *gestaffeltes Gleichungssystem* entstanden ist, aus dem dann die Lösung bzw. das Lösungsverhalten des Ausgangssystems einfach ermittelt bzw. abgelesen werden kann.
Der erste GAUSS-Schritt wird an der erweiterten Koeffizientenmatrix $(\mathbf{A}, \underline{\mathbf{a}})$ demonstriert (s. S. 242): Es sei $a_{11} \neq 0$, wenn nicht, dann werden entsprechende Gleichungen vertauscht. In der Matrix

$$\left(\begin{array}{cccc|c} a_{11} & a_{12} & \cdots & a_{1n} & a_1 \\ a_{21} & a_{22} & \cdots & a_{2n} & a_2 \\ \multicolumn{4}{c}{\dots\dots\dots\dots\dots\dots} \\ a_{m1} & a_{m2} & \cdots & a_{mn} & a_m \end{array}\right) \tag{4.99a}$$

werden die Glieder der 1. Zeile der Reihe nach mit $-\frac{a_{21}}{a_{11}}, -\frac{a_{31}}{a_{11}}, \ldots, -\frac{a_{m1}}{a_{11}}$ multipliziert und die Ergebnisse zur 2., 3.,..., m-ten Zeile addiert. Die umgeformte Matrix hat dann die Form

$$\left(\begin{array}{cccc|c} a_{11} & a_{12} & \cdots & a_{1n} & a_1 \\ 0 & a'_{22} & \cdots & a'_{2n} & a'_2 \\ \multicolumn{4}{c}{\dots\dots\dots\dots\dots\dots} \\ 0 & a'_{m2} & \cdots & a'_{mn} & a'_m \end{array}\right). \tag{4.99b}$$

Die $(r-1)$-malige Anwendung dieses GAUSS-Schrittes liefert

$$\left(\begin{array}{ccccccc|c} a_{11} & a_{12} & a_{13} & \cdots & & a_{1,r+1} & \cdots & a_{1n} & a_1 \\ 0 & a'_{22} & a'_{23} & \cdots & & a'_{2,r+1} & \cdots & a'_{2n} & a'_2 \\ 0 & 0 & a''_{33} & \cdots & & a''_{3,r+1} & \cdots & a''_{3n} & a''_3 \\ \cdots & \cdots & & & & \cdots & \cdots & \cdots & \cdots \\ 0 & 0 & \cdots & & a^{(r-1)}_{r,r} & a^{(r-1)}_{r,r+1} & \cdots & a^{(r-1)}_{rn} & a^{(r-1)}_{r} \\ 0 & 0 & \cdots & & 0 & 0 & \cdots & 0 & a^{(r-1)}_{r+1} \\ 0 & 0 & \cdots & & 0 & 0 & \cdots & 0 & a^{(r-1)}_{m} \end{array}\right)$$

GAUSS-Schritte sind elementare Umformungen, durch die der Rang der Matrix $(\mathbf{A}, \underline{\mathbf{a}})$ und damit auch die Lösung und das Lösungsverhalten des Systems nicht geändert werden. Aus (4.99c) liest man für das zu lösende inhomogene lineare Gleichungssystem ab:

1. Fall: Das System ist unlösbar, wenn eine der Zahlen $a^{(r-1)}_{r+1}, a^{(r-1)}_{r+2}, \ldots, a^{(r-1)}_{m}$ von Null verschieden ist.

2. Fall: Das System ist lösbar, wenn gilt $a^{(r-1)}_{r+1} = a^{(r-1)}_{r+2} = \ldots = a^{(r-1)}_{m} = 0$. Weiterhin ist zu unterscheiden:
a) $r = n$: Die Lösung ist eindeutig.
b) $r < n$: Die Lösung ist nicht eindeutig; $n - r$ Unbekannte sind als Parameter frei wählbar.
Im Falle der Lösbarkeit werden die Unbekannten sukzessiv, mit der letzten Gleichung beginnend, aus dem gestaffelten Gleichungssystem, das zu (4.99c) gehört, bestimmt.

■ **A:**
$$\begin{aligned} x_1 + 2x_2 + 3x_3 + 4x_4 &= -2 \\ 2x_1 + 3x_2 + 4x_3 + x_4 &= 2 \\ 3x_1 + 4x_2 + x_3 + 2x_4 &= 2 \\ 4x_1 + x_2 + 2x_3 + 3x_4 &= -2 \end{aligned}$$

Nach drei GAUSS-Schritten hat die erweiterte Koeffizientenmatrix die Form

$$\begin{pmatrix} 1 & 2 & 3 & 4 & -2 \\ 0 & -1 & -2 & -7 & 6 \\ 0 & 0 & -4 & 4 & -4 \\ 0 & 0 & 0 & 40 & -40 \end{pmatrix}.$$

Die Lösung ist eindeutig, und aus dem zugehörigen gestaffelten linearen Gleichungssystem folgt $x_1 = 0$, $x_2 = 1$, $x_3 = 0$, $x_4 = -1$.

B:
$$\begin{aligned} -x_1 - 3x_2 - 12x_3 &= -5 \\ -x_1 + 2x_2 + 5x_3 &= 2 \\ 5x_2 + 17x_3 &= 7 \\ 3x_1 - x_2 + 2x_3 &= 1 \\ 7x_1 - 4x_2 - x_3 &= 0 \end{aligned}$$

Nach zwei GAUSS-Schritten hat die erweiterte Koeffizientenmatrix die Form

$$\begin{pmatrix} -1 & -3 & -12 & -5 \\ 0 & 5 & 17 & 7 \\ 0 & 0 & 0 & 0 \\ 0 & 0 & 0 & 0 \\ 0 & 0 & 0 & 0 \end{pmatrix}.$$

Eine Lösung existiert, aber sie ist nicht eindeutig. Man kann eine Unbekannte als freien Parameter wählen, z. B. $x_3 = t$ $(-\infty < t < \infty)$, und erhält: $x_1 = \frac{4}{5} - \frac{9}{5}t$, $x_2 = \frac{7}{5} - \frac{17}{5}t$, $x_3 = t$.

4.4.3 Überbestimmte lineare Gleichungssysteme

4.4.3.1 Überbestimmte lineare Gleichungssysteme und lineare Quadratmittelprobleme

1. Überbestimmte Gleichungssysteme

Das lineare Gleichungssystem

$$\mathbf{A}\underline{\mathbf{x}} = \underline{\mathbf{b}} \tag{4.100}$$

besitze eine rechteckige Koeffizientenmatrix $\mathbf{A} = (a_{ij})$ mit $(i = 1, 2, \ldots, m;\ j = 1, 2, \ldots, n;\ m \geq n)$. Die Matrix $\mathbf{A}$und der Vektor $\underline{\mathbf{b}} = (b_1, b_2, \ldots, b_n)^{\mathrm{T}}$ der rechten Seite seien bekannt. Gesucht sei der Vektor $\underline{\mathbf{x}} = (x_1, x_2, \ldots, x_n)^{\mathrm{T}}$. Wegen $m \geq n$ spricht man von einem *überbestimmten System*. Sein Lösungsverhalten und gegebenenfalls seine Lösung können z. B. mit dem Austauschverfahren bestimmt werden.

2. Lineares Quadratmittelproblem

Wenn (4.100) das mathematische Modell eines praktischen Vorganges darstellt, dann werden auf Grund von Meßfehlern oder anderen Fehlern die einzelnen Gleichungen von (4.100) nicht exakt erfüllbar sein, sondern es wird sich ein Restvektor $\underline{\mathbf{r}} = (r_1, r_2, \ldots, r_m)^{\mathrm{T}}$ mit

$$\underline{\mathbf{r}} = \mathbf{A}\underline{\mathbf{x}} - \underline{\mathbf{b}}, \qquad \underline{\mathbf{r}} \neq \underline{\mathbf{o}} \tag{4.101}$$

ergeben. In diesem Falle wird man $\underline{\mathbf{x}}$ so bestimmen, daß

$$\sum_{i=1}^{m} r_i^2 = \underline{\mathbf{r}}^{\mathrm{T}}\underline{\mathbf{r}} = (\mathbf{A}\underline{\mathbf{x}} - \underline{\mathbf{b}})^{\mathrm{T}}(\mathbf{A}\underline{\mathbf{x}} - \underline{\mathbf{b}}) = \mathrm{Min} \tag{4.102}$$

gilt, d.h., daß die *Fehlerquadratsumme* minimal wird. Dieses Prinzip geht auf GAUSS zurück. Man bezeichnet (4.102) auch als *lineares Quadratmittelproblem*. Die *Norm* $||\underline{\mathbf{r}}|| = \sqrt{\underline{\mathbf{r}}^{\mathrm{T}} \cdot \underline{\mathbf{r}}}$ des Restvektors $\underline{\mathbf{r}}$ heißt *Residuum*.

3. GAUSS-Transformation

Der Vektor $\underline{\mathbf{x}}$ ist genau dann eine Lösung von (4.102), wenn der Restvektor $\underline{\mathbf{r}}$ orthogonal zu allen Spalten von $\mathbf{A}$ ist. Das bedeutet:

$$\mathbf{A}^{\mathrm{T}}\underline{\mathbf{r}} = \mathbf{A}^{\mathrm{T}}(\mathbf{A}\underline{\mathbf{x}} - \underline{\mathbf{b}}) = \underline{\mathbf{O}} \qquad \text{oder} \qquad \mathbf{A}^{\mathrm{T}}\mathbf{A}\underline{\mathbf{x}} = \mathbf{A}^{\mathrm{T}}\underline{\mathbf{b}}. \tag{4.103}$$

Die Gleichung (4.103) stellt ein lineares Gleichungssystem mit quadratischer Koeffizientenmatrix dar. Es wird als *System der Normalgleichungen* bezeichnet. Seine Dimension ist n. Den Übergang von (4.100) zu (4.103) nennt man GAUSS-*Transformation*. Die Matrix $\mathbf{A}^{\mathrm{T}}\mathbf{A}$ ist symmetrisch.
Hat die Matrix $\mathbf{A}$ den Rang n (wegen $m \geq n$ spricht man in diesem Falle von *Vollrang*), dann ist die Matrix $\mathbf{A}^{\mathrm{T}}\mathbf{A}$ positiv definit und insbesondere regulär, d. h., das System der Normalgleichungen hat bei Vollrang von $\mathbf{A}$ eine eindeutige Lösung.

4.4.3.2 Hinweise zur numerischen Lösung linearer Quadratmittelprobleme

1. CHOLESKY-Verfahren

Wegen der Symmetrie und positiven Definitheit von $\mathbf{A}^{\mathrm{T}}\mathbf{A}$ im Falle des Vollranges von $\mathbf{A}$ bietet sich zur Lösung des Normalgleichungssystems das CHOLESKY-Verfahren an (s. S. 754). Leider handelt es sich dabei um einen numerisch instabilen Algorithmus, der sich jedoch bei Problemen mit „großem" Residuum $||r||$ und „kleiner" Lösung $||x||$ numerisch gutartig verhält.

2. HOUSEHOLDER-Verfahren

Numerisch gutartige Verfahren zur Lösung linearer Quadratmittelprobleme stellen die *Orthogonalisierungsverfahren* dar, die auf einer Faktorisierung $\mathbf{A} = \mathbf{QR}$ beruhen. Zu empfehlen ist das HOUSEHOLDER-*Verfahren*, bei dem $\mathbf{Q}$ eine orthogonale Matrix vom Typ (m, m) und $\mathbf{R}$ eine Dreiecksmatrix vom Typ (m, n) (s. S. 223) ist.

3. Regularisiertes Problem

Im *rangdefizienten Fall*, d.h., wenn $\mathrm{Rg}\,(\mathbf{A}) < n$ ist, kann das Normalgleichungssystem nicht mehr eindeutig gelöst werden, und auch die Orthogonalisierungsverfahren liefern unbrauchbare Ergebnisse. Dann geht man an Stelle von (4.102) zu dem sogenannten *regularisierten Problem*

$$\underline{\mathbf{r}}^{\mathrm{T}}\underline{\mathbf{r}} + \alpha\underline{\mathbf{x}}^{\mathrm{T}}\underline{\mathbf{x}} = \mathrm{Min.} \tag{4.104}$$

über. Dabei ist $\alpha > 0$ ein *Regularisierungsparameter*. Die Normalgleichungen zu (4.104) lauten:

$$(\mathbf{A}^{\mathrm{T}}\mathbf{A} + \alpha\mathbf{E})\underline{\mathbf{x}} = \mathbf{A}^{\mathrm{T}}\underline{\mathbf{b}}. \tag{4.105}$$

Die Koeffizientenmatrix dieses linearen Gleichungssystems ist für $\alpha > 0$ positiv definit und insbesondere regulär, aber die Wahl eines geeigneten Regularisierungsparameters α ist ein schwieriges Problem (s. Lit. [4.8]). +

4.5 Eigenwertaufgaben bei Matrizen

4.5.1 Allgemeines Eigenwertproblem

$\mathbf{A}$ und $\mathbf{B}$ seien zwei quadratische Matrizen vom Typ (n, n). Ihre Elemente können reelle oder komplexe Zahlen sein. Die Aufgabe, Zahlen λ und zugehörige Vektoren $\underline{\mathbf{x}} \neq \underline{\mathbf{0}}$ mit

$$\mathbf{A}\underline{\mathbf{x}} = \lambda\mathbf{B}\underline{\mathbf{x}}, \tag{4.106}$$

zu bestimmen, wird als *allgemeines Eigenwertproblem* bezeichnet. Die Zahl λ heißt *Eigenwert*, der Vektor $\underline{\mathbf{x}}$ *Eigenvektor*. Ein Eigenvektor ist lediglich bis auf einen Faktor bestimmt, da mit $\underline{\mathbf{x}}$ auch $c\underline{\mathbf{x}}$ ($c = \mathrm{const}$) Eigenvektor zu λ ist. Der Spezialfall $\mathbf{B} = \mathbf{E}$, wobei $\mathbf{E}$ eine n-reihige Einheitsmatrix ist, d. h.

$$\mathbf{A}\underline{\mathbf{x}} = \lambda\underline{\mathbf{x}} \qquad \text{bzw.} \qquad (\mathbf{A} - \lambda\mathbf{E})\underline{\mathbf{x}} = \underline{\mathbf{0}}, \tag{4.107}$$

wird als *spezielles Eigenwertproblem* bezeichnet. Dieses tritt in vielen Anwendungen auf, vorwiegend mit symmetrischer Matrix $\mathbf{A}$, und wird im folgenden ausführlich dargestellt. Bezüglich des allgemeinen Eigenwertproblems muß auf die Spezialliteratur verwiesen werden (s. Lit. [4.1]).

4.5.2 Spezielles Eigenwertproblem

4.5.2.1 Charakteristisches Polynom

Die Eigenwertgleichung (4.107) stellt ein homogenes lineares Gleichungssystem dar, das genau dann nichtriviale Lösungen $\underline{\mathbf{x}} \neq \underline{\mathbf{0}}$ besitzt, wenn gilt

$$\det(\mathbf{A} - \lambda \mathbf{E}) = 0. \tag{4.108a}$$

Durch Entwicklung von $\det(\mathbf{A} - \lambda \mathbf{E}) = 0$ ergibt sich

$$\det(\mathbf{A} - \lambda \mathbf{E}) = \begin{vmatrix} a_{11} - \lambda & a_{12} & a_{13} & \cdots & a_{1n} \\ a_{21} & a_{22} - \lambda & a_{23} & \cdots & a_{2n} \\ \multicolumn{5}{c}{\dotfill} \\ a_{n1} & a_{n2} & a_{n3} & \cdots & a_{nn} - \lambda \end{vmatrix}$$

$$= P_n(\lambda) = (-1)^n \lambda^n + a_{n-1}\lambda^{n-1} + \cdots + a_1\lambda + a_0 = 0. \tag{4.108b}$$

Die Eigenwertbedingung entspricht somit einer Polynomgleichung. Sie wird *charakteristische Gleichung* genannt; das Polynom $P_n(\lambda)$ heißt *charakteristisches Polynom*. Seine Nullstellen sind die Eigenwerte der Matrix $\mathbf{A}$. Damit gilt für eine beliebige quadratische Matrix $\mathbf{A}$ vom Typ (n, n):

1. Fall Die Matrix $\mathbf{A}_{(n,n)}$ besitzt genau n Eigenwerte $\lambda_1, \lambda_2, \ldots, \lambda_n$, denn ein Polynom vom Grade n hat n Nullstellen, wenn diese entsprechend ihrer Vielfachheit gezählt werden. Die Eigenwerte von nichtsymmetrischen Matrizen können komplex sein.

2. Fall Sind die n Eigenwerte der Matrix $\mathbf{A}_{(n,n)}$ sämtlich verschieden, dann existieren genau n linear unabhängige Eigenvektoren $\underline{\mathbf{x}}_i$ als Lösungen des Gleichungssystems (4.107) mit $\lambda = \lambda_i$.

3. Fall Ist λ_i ein n_i-facher Eigenwert und hat die Matrix $\mathbf{A}_{(n,n)} - \lambda_i \mathbf{E}$ den Rang r_i, dann ist die Zahl der linear unabhängigen Eigenvektoren, die zu λ_i gehören, gleich dem sogenannten *Rangabfall* $n - r_i$. Es gilt $1 \leq n - r_i \leq n_i$, d. h., zu einer reellen oder komplexen quadratischen Matrix $\mathbf{A}_{(n,n)}$ gibt es mindestens einen und höchstens n reelle oder komplexe linear unabhängige Eigenvektoren.

■ **A:** $\begin{pmatrix} 2 & -3 & 1 \\ 3 & 1 & 3 \\ -5 & 2 & -4 \end{pmatrix}$, $\quad \det(\mathbf{A} - \lambda \mathbf{E}) = \begin{vmatrix} 2-\lambda & -3 & 1 \\ 3 & 1-\lambda & 3 \\ -5 & 2 & -4-\lambda \end{vmatrix} = -\lambda^3 - \lambda^2 + 2\lambda = 0.$

Die Eigenwerte sind $\lambda_1 = 0$, $\lambda_2 = 1$, $\lambda_3 = -2$. Die Eigenvektoren werden aus den zugehörigen homogenen liearen Gleichungssystemen bestimmt.

$$\lambda_1 = 0: \quad \begin{aligned} 2x_1 - 3x_2 + x_3 &= 0 \\ 3x_1 + x_2 + 3x_3 &= 0 \\ -5x_1 + 2x_2 - 4x_3 &= 0 \end{aligned}$$

Man erhält z. B. nach dem Austauschverfahren x_1 beliebig, $x_2 = \frac{3}{10}x_1$, $x_3 = -2x_1 + 3x_2 = -\frac{11}{10}x_1$. Man wählt $x_1 = 10$ und erhält den Eigenvektor $\underline{\mathbf{x_1}} = C_1 \begin{pmatrix} 10 \\ 3 \\ -11 \end{pmatrix}$, wobei C_1 eine beliebige Konstante ist.

$\lambda_2 = 1$: Das zugehörige homogene System ergibt x_3 beliebig, $x_2 = 0$, $x_1 = 3x_2 - x_3 = -x_3$. Man wählt $x_3 = 1$ und erhält den Eigenvektor $\underline{\mathbf{x_2}} = C_2 \begin{pmatrix} -1 \\ 0 \\ 1 \end{pmatrix}$, wobei C_2 eine beliebige Konstante ist.

$\lambda_3 = -2$: Das zugehörige homogene System ergibt x_2 beliebig, $x_1 = \frac{4}{3}x_2$, $x_3 = -4x_1 + 3x_2 = -\frac{7}{3}x_2$. Man wählt $x_2 = 3$ und erhält den Eigenvektor $\underline{\mathbf{x_3}} = C_3 \begin{pmatrix} 4 \\ 3 \\ -7 \end{pmatrix}$, wobei C_3 eine beliebige Konstante ist.

■ **B:** $\begin{pmatrix} 3 & 0 & -1 \\ 1 & 4 & -1 \\ -1 & 0 & 3 \end{pmatrix}$, $\quad \det(\mathbf{A} - \lambda \mathbf{E}) = \begin{vmatrix} 3-\lambda & 0 & -1 \\ 1 & 4-\lambda & 1 \\ -1 & 0 & 3-\lambda \end{vmatrix} = -\lambda^3 + 10\lambda^2 - 32\lambda + 32 = 0.$

Die Eigenwerte sind $\lambda_1 = 2$, $\lambda_2 = \lambda_3 = 4$.

$\lambda_2 = 2$: Man erhält x_3 beliebig, $x_2 = -x_3$ und wählt z. B. $x_3 = 1$. Damit lautet der erste Eigenvektor $\underline{\mathbf{x_1}} = C_1 \begin{pmatrix} 1 \\ -1 \\ 1 \end{pmatrix}$, wobei C_1 eine beliebige Konstante ist.

$\lambda_2 = \lambda_3 = 4$: Man erhält x_2 beliebig, $x_1 = -x_3$. Zwei linear unabhängige Eigenvektoren ergeben sich z. B. für $x_2 = 1$, $x_3 = 0$ und $x_2 = 0$, $x_3 = 1$: $\underline{\mathbf{x_2}} = C_2 \begin{pmatrix} 0 \\ 1 \\ 0 \end{pmatrix}$, $\underline{\mathbf{x_3}} = C_3 \begin{pmatrix} -1 \\ 0 \\ 1 \end{pmatrix}$, wobei C_2, C_3 beliebige Konstanten sind.

4.5.2.2 Reelle symmetrische Matrizen, Ähnlichkeitstransformationen

Für das spezielle Eigenwertproblem (4.107) gelten im Falle einer reellen symmetrischen Matrix $\mathbf{A}$ die folgenden Aussagen:

1. Anzahl der Eigenwerte Die Matrix $\mathbf{A}$ hat genau n reelle Eigenwerte λ_i $(i = 1, 2, \ldots, n)$, die entsprechend ihrer Vielfachheit zu zählen sind.

2. Orthogonalität der Eigenvektoren Die zu verschiedenen Eigenwerten $\lambda_i \neq \lambda_j$ gehörenden Eigenvektoren $\underline{\mathbf{x}}_i$ und $\underline{\mathbf{x}}_j$ sind orthogonal, d.h., es gilt

$$\underline{\mathbf{x}}_i^{\mathrm{T}} \underline{\mathbf{x}}_j = 0. \tag{4.109}$$

3. Matrix mit p-fachem Eigenwert Zu einem p-fachen Eigenwert $\lambda = \lambda_1 = \lambda_2 = \ldots = \lambda_p$ existieren p linear unabhängige Eigenvektoren $\underline{\mathbf{x}}_1, \underline{\mathbf{x}}_2, \ldots, \underline{\mathbf{x}}_p$. Wegen (4.107) sind auch alle nichttrivialen Linearkombinationen Eigenvektoren zu λ. Davon können p mit Hilfe des GRAM-SCHMIDTschen Orthogonalisierungsverfahrens ausgewählt werden, die orthogonal sind. Insgesamt gilt: Die Matrix $\mathbf{A}$ besitzt genau n reelle orthogonale Eigenvektoren.

■ $\mathbf{A} = \begin{pmatrix} 0 & 1 & 1 \\ 1 & 0 & 1 \\ 1 & 1 & 0 \end{pmatrix}$ $\quad \det(\mathbf{A} - \lambda\mathbf{E}) = -\lambda^3 + 3\lambda + 2 = 0.$

Die Eigenwerte sind $\lambda_1 = \lambda_2 = -1$ und $\lambda_3 = 2$.

$\lambda_1 = \lambda_2 = -1$: Aus dem zugehörigen homogenen Gleichungssystem erhält man x_1 beliebig, x_2 beliebig, $x_3 = -x_1 - x_2$. Man wählt $x_1 = 1$, $x_2 = 0$ und $x_1 = 0$, $x_2 = 1$ und erhält die beiden linear unabhängigen Eigenvektoren $\underline{\mathbf{x}}_1 = C_1 \begin{pmatrix} 1 \\ 0 \\ -1 \end{pmatrix}$ und $\underline{\mathbf{x}}_2 = C_2 \begin{pmatrix} 0 \\ 1 \\ -1 \end{pmatrix}$, wobei C_1 und C_2 beliebige Konstanten sind.

$\lambda_3 = -2$: Man erhält x_1 beliebig, $x_2 = x_1$, $x_3 = x_1$, wählt z. B. $x_1 = 1$ und erhält den Eigenvektor $\underline{\mathbf{x}}_3 = C_3 \begin{pmatrix} 1 \\ 1 \\ 1 \end{pmatrix}$, wobei C_3 eine beliebige Konstante ist. Die Matrix $\mathbf{A}$ ist symmetrisch, die zu den verschiedenen Eigenwerten gehörenden Eigenvektoren sind orthogonal.

4. Hauptachsentransformation Zu jeder reellen symmetrischen Matrix $\mathbf{A}$ gibt es eine orthogonale Matrix $\mathbf{U}$ und eine Diagonalmatrix $\mathbf{D}$ mit

$$\mathbf{A} = \mathbf{U}\mathbf{D}\mathbf{U}^{\mathrm{T}}. \tag{4.110}$$

Dabei sind die Diagonalelemente von $\mathbf{D}$ die Eigenwerte von $\mathbf{A}$, und die Spalten von $\mathbf{U}$ sind die dazugehörigen normierten Eigenvektoren. Aus (4.110) folgt unmittelbar

$$\mathbf{D} = \mathbf{U}^{\mathrm{T}}\mathbf{A}\mathbf{U}. \tag{4.111}$$

Man bezeichnet (4.111) als *Hauptachsentransformation*. Auf diese Weise wird $\mathbf{A}$ in die Diagonalform übergeführt (s. auch S. 222).
Wird die quadratische Matrix $\mathbf{A}$ mit Hilfe der regulären quadratischen Matrix $\mathbf{G}$ nach der Vorschrift

$$\mathbf{G}^{-1}\mathbf{A}\mathbf{G} = \tilde{\mathbf{A}} \tag{4.112}$$

transformiert, dann spricht man von einer *Ähnlichkeitstransformation*. Die Matrizen $\mathbf{A}$ und $\tilde{\mathbf{A}}$ heißen ähnlich, und es gilt:

1. Die Matrizen $\mathbf{A}$ und $\tilde{\mathbf{A}}$ haben dieselben Eigenwerte, d.h., bei einer Ähnlichkeitstransformation ändern sich die Eigenwerte nicht.

2. Ist $\mathbf{A}$ symmetrisch, dann ist auch $\tilde{\mathbf{A}}$ symmetrisch, falls $\mathbf{G}$ orthogonal ist:

$$\tilde{\mathbf{A}} = \mathbf{G}^{\mathrm{T}}\mathbf{A}\mathbf{G} \qquad \text{mit} \qquad \mathbf{G}^{\mathrm{T}}\mathbf{G} = \mathbf{E}. \tag{4.113}$$

Die Beziehung (4.113) heißt *Ähnlichkeitstransformation*. Bei ihr bleiben Eigenwerte und Symmetrie erhalten. In diesem Zusammenhang besagt (4.111), daß eine symmetrische Matrix $\mathbf{A}$ orthogonal ähnlich auf die reelle Diagonalform $\mathbf{D}$ transformiert werden kann.

4.5.2.3 Hauptachsentransformation quadratischer Formen

Eine reelle quadratische Form Q in den Variablen $x_1, x_2, \ldots, x_n$ hat die Gestalt

$$Q = \sum_{i=1}^{n}\sum_{j=1}^{n} a_{ij}x_i x_j = \underline{\mathbf{x}}^{\mathrm{T}}\mathbf{A}\underline{\mathbf{x}}. \tag{4.114}$$

Dabei ist $\underline{\mathbf{x}} = (x_1, x_2, \ldots, x_n)^{\mathrm{T}}$ der Vektor der Variablen, und $\mathbf{A} = (a_{ij})$ ist eine reelle symmetrische Matrix.
Die Form Q heißt *positiv definit* oder *negativ definit*, wenn sie nur positive bzw. nur negative Werte annehmen kann und den Wert Null nur für das einzige Wertesystem $x_1 = x_2 = \ldots = x_n = 0$ annimmt.
Die Form Q heißt *positiv oder negativ semidefinit*, wenn sie nur Werte desselben Vorzeichens, den Wert Null aber auch für ein nicht durchweg verschwindendes Wertesystem annehmen kann.
Entsprechend dem Verhalten von Q wird auch die zugehörige reelle symmetrische Matrix $\mathbf{A}$ als positiv oder negativ definit bzw. semidefinit bezeichnet. Es gilt:

1. In einer reellen positiv definiten quadratischen Form Q sind alle Hauptdiagonalelemente der zugehörigen reellen symmetrischen Matrix $\mathbf{A}$ positiv, d.h., es ist

$$a_{ii} > 0 \qquad (i = 1, 2, \ldots, n). \tag{4.115}$$

Für die positive Definitheit stellt (4.115) eine notwendige Bedingung dar.

2. Eine reelle quadratische Form Q ist genau dann positiv definit, wenn sämtliche Eigenwerte der zugehörigen Matrix $\mathbf{A}$ positiv sind.

3. Eine reelle quadratische Form $Q = \underline{\mathbf{x}}^{\mathrm{T}}\mathbf{A}\underline{\mathbf{x}}$, deren zugehörige Matrix $\mathbf{A}$ den Rang r hat, kann durch die lineare Transformation

$$\underline{\mathbf{x}} = \mathbf{C}\underline{\tilde{\mathbf{x}}} \tag{4.116}$$

in eine Summe rein quadratischer Glieder, die sogenannte *Normalform*

$$Q = \underline{\tilde{\mathbf{x}}}^{\mathrm{T}}\mathbf{K}\underline{\tilde{\mathbf{x}}} = \sum_{i=1}^{r} k_i \tilde{x}_i{}^2 \tag{4.117}$$

mit beliebig vorgegebenen nicht verschwindenden Werten $k_1, k_2, \ldots, k_r$ übergeführt werden.
Die praktische Durchführung der Transformation (4.117) erfolgt über die Hauptachsentransformation (4.111). Anschaulich bedeutet dieses Vorgehen, daß zunächst das Koordinatensystem einer Drehung mit der Orthogonalmatrix $\mathbf{U}$ der Eigenvektoren von $\mathbf{A}$ unterworfen wird, so daß die Form

$$Q = \underline{\tilde{\mathbf{x}}}^{\mathrm{T}}\mathbf{L}\underline{\tilde{\mathbf{x}}} = \sum_{i=1}^{r} \lambda_i \tilde{x}_i{}^2. \tag{4.118}$$

entsteht, in der **L** die Diagonalmatrix von **A** ist. Daran schließt sich eine Drehung mit der Diagonalmatrix **D** an, deren Diagonalelemente $d_i = \sqrt{\frac{k_i}{\lambda_i}}$ lauten. Die Gesamttransformation wird dann durch

$$\mathbf{C} = \mathbf{U}\mathbf{D}. \tag{4.119}$$

beschrieben, und man erhält:

$$Q = \underline{\tilde{\mathbf{x}}}^{\mathrm{T}}\mathbf{A}\underline{\tilde{\mathbf{x}}} = (\mathbf{U}\mathbf{D}\underline{\tilde{\mathbf{x}}})^{\mathrm{T}}\mathbf{A}(\mathbf{U}\mathbf{D}\underline{\tilde{\mathbf{x}}}) = \underline{\tilde{\mathbf{x}}}^{\mathrm{T}}(\mathbf{D}^{\mathrm{T}}\mathbf{U}^{\mathrm{T}}\mathbf{A}\mathbf{U}\mathbf{D})\underline{\tilde{\mathbf{x}}}$$
$$= \underline{\tilde{\mathbf{x}}}^{\mathrm{T}}\mathbf{D}^{\mathrm{T}}\mathbf{L}\mathbf{D}\underline{\tilde{\mathbf{x}}} = \underline{\tilde{\mathbf{x}}}^{\mathrm{T}}\mathbf{K}\underline{\tilde{\mathbf{x}}}. \tag{4.120}$$

4.5.2.4 Hinweise zur numerischen Bestimmung von Eigenwerten

1. Die Eigenwerte könnten als Nullstellen der charakteristischen Gleichung (4.108b) berechnet werden (s. Beispiele auf S. 248). Dazu müssen die Polynomkoeffizienten a_i $(i = 1, 2, \ldots, n-1)$ der Matrix **A** bestimmt werden. Diese Vorgehensweise sollte aber vermieden werden, da sie einen außerordentlich instabilen Algorithmus darstellt, d.h., kleine Änderungen in den Koeffizienten a_i führen zu sehr großen Änderungen der Nullstellen λ_j.

2. Für die numerische Lösung des symmetrischen Eigenwertproblems sind zahlreiche Algorithmen entwickelt worden. Man unterscheidet zwei Verfahrensklassen (s. Lit. [4.8]): **1.** Transformationsverfahren, z.B. JACOBI-Verfahren, HOUSEHOLDER–Tridiagonalisierung, QR–Algorithmus; **2.** Iterationsverfahren, z.B. Vektoriteration, RAYLEIGH–RITZ-Algorithmus , Inverse Iteration, LANCZOS-Verfahren, Bisektionsverfahren.

4.5.3 Singulärwertzerlegung

1. Singulärwerte und Singulärwertvektoren Wenn **A** eine reelle Matrix vom Typ (m, n) mit dem Rang r ist, dann heißen die positiven Wurzeln $d_\nu = \sqrt{\lambda_\nu}$ $(\nu = 1, 2, \ldots, r)$ aus den Eigenwerten λ_ν der Matrix $\mathbf{A}^{\mathrm{T}}\mathbf{A}$ *Singulärwerte* der Matrix **A**. Die zugehörigen Eigenvektoren $\underline{\mathbf{u}}_\nu$ von $\mathbf{A}^{\mathrm{T}}\mathbf{A}$ heißen *Rechtssingulärvektoren* von **A**, die zugehörigen Eigenvektoren $\underline{\mathbf{v}}_\nu$ von $\mathbf{A}\mathbf{A}^{\mathrm{T}}$ *Linkssingulärvektoren* . Dabei besitzt die Matrix $\mathbf{A}\mathbf{A}^{\mathrm{T}}$ dieselben r von Null verschiedenen Eigenwerte λ_ν wie die Matrix $\mathbf{A}^{\mathrm{T}}\mathbf{A}$:

$$\mathbf{A}^{\mathrm{T}}\mathbf{A}\underline{\mathbf{u}}_\nu = \lambda_\nu\underline{\mathbf{u}}_\nu\,, \quad \mathbf{A}\mathbf{A}^{\mathrm{T}}\underline{\mathbf{v}}_\nu = \lambda_\nu\underline{\mathbf{v}}_\nu \quad (\nu = 1, 2, \ldots, r). \tag{4.121a}$$

Außerdem besteht zwischen den Rechts- und Linkssingulärvektoren der Zusammenhang

$$\mathbf{A}\underline{\mathbf{u}}_\nu = d_\nu\underline{\mathbf{v}}_\nu\,, \quad \mathbf{A}^{\mathrm{T}}\underline{\mathbf{v}}_\nu = d_\nu\underline{\mathbf{u}}_\nu\,. \tag{4.121b}$$

Es gilt: Eine Matrix **A** vom Typ (m, n) mit dem Rang r besitzt r positive Singulärwerte d_ν $(\nu = 1, 2, \ldots, r)$. Dazu existieren r orthonormierte Rechtssingulärvektoren $\underline{\mathbf{u}}_\nu$ und r orthonormierte Linkssingulärvektoren $\underline{\mathbf{v}}_\nu$. Darüber hinaus existieren zum Singulärwert Null $n - r$ orthonormierte Rechtssingulärvektoren $\underline{\mathbf{u}}_\nu(\nu = r+1, \ldots, n)$ und $m - r$ orthonormierte Linkssingulärvektoren $\underline{\mathbf{v}}_\nu$ $(\nu = r+1, \ldots, m)$. Eine Matrix vom Typ (m, n) hat demzufolge n Rechtssingulärvektoren und m Linkssingulärvektoren, die man zu den orthogonalen Matrizen (s.S.226)

$$\mathbf{U} = (\underline{\mathbf{u}}_1, \underline{\mathbf{u}}_2, \ldots, \underline{\mathbf{u}}_n)\,, \quad \mathbf{V} = (\underline{\mathbf{v}}_1, \underline{\mathbf{v}}_2, \ldots, \underline{\mathbf{v}}_n) \tag{4.122}$$

zusammenfassen kann.

2. Singulärwertzerlegung Die Darstellung

$$\mathbf{A} = \mathbf{V}\hat{\mathbf{A}}\mathbf{U}^{\mathrm{T}} \quad (4.123a) \quad \text{mit} \quad \hat{\mathbf{A}} = \left(\begin{array}{cccccc|ccc} d_1 & 0 & 0 & \cdots & & 0 & 0 & \cdots & 0 \\ 0 & d_2 & & & & 0 & 0 & & \vdots \\ \vdots & & \ddots & & & \vdots & \vdots & & \\ & & & & & 0 & & & \\ 0 & & & \cdots & 0 & d_r & 0 & \cdots & 0 \\ \hline 0 & 0 & & \cdots & & 0 & 0 & \cdots & 0 \\ 0 & & & & & 0 & \vdots & & \\ \vdots & & & & & \vdots & & & \\ 0 & 0 & & \cdots & & 0 & 0 & \cdots & 0 \end{array}\right) \begin{array}{l} \left.\vphantom{\begin{array}{c}1\\1\\1\\1\\1\end{array}}\right\} r \text{ Zeilen} \\ \left.\vphantom{\begin{array}{c}1\\1\\1\\1\end{array}}\right\} n-r \text{ Zeilen} \end{array} \quad (4.123b)$$

$$\underbrace{\qquad\qquad\qquad}_{r \text{ Spalten}} \quad \underbrace{\qquad}_{n-r \text{ Spalten}}$$

heißt *Singulärwertzerlegung* der Matrix $\mathbf{A}$. Die Matrix $\hat{\mathbf{A}}$ ist wie die Matrix $\mathbf{A}$ vom Typ (m, n) und enthält bis auf die ersten r Diagonalelemente $a_{\nu\nu} = d_\nu \quad (\nu = 1, 2, \ldots, r)$ nur Nullen. Dabei sind die d_ν die Singulärwerte von $\mathbf{A}$.

3. Anwendung Die Singulärwertzerlegung kann zur Rangbestimmung einer Matrix $\mathbf{A}$ vom Typ (m, n) und zur genäherten Lösung überbestimmter linearer Gleichungssysteme $\mathbf{A}\underline{\mathbf{x}} = \underline{\mathbf{b}}$ (s. S. 246) nach dem sogenannten *Regularisierungsverfahren* , d.h. zur Lösung der Aufgabe

$$||\mathbf{A}\underline{\mathbf{u}} - \underline{\mathbf{b}}||^2 + \alpha||\mathbf{x}||^2 = \sum_{i=1}^{m} \left[\sum_{k=1}^{n} a_{ik} x_k - b_i \right]^2 + \alpha \sum_{k=1}^{n} x_k^2 = Min! \,, \tag{4.124}$$

eingesetzt werden, wobei $\alpha > 0$ ein Regularisierungsparameter ist.

5 Algebraische Strukturen

5.1 Logik

5.1.1 Aussagenlogik

1. Aussagen

Eine *Aussage* ist die gedankliche Widerspiegelung eines Sachverhalts in Form eines Satzes einer natürlichen oder künstlichen Sprache. Jede Aussage ist entweder wahr oder falsch: *Prinzip der Zweiwertigkeit* (zur mehrwertigen Logik s. 5.1.3). Man nennt „wahr" bzw. „falsch" den *Wahrheitswert* der Aussage und bezeichnet ihn mit W bzw. F. Die Wahrheitswerte werden auch als *aussagenlogische Konstanten* bezeichnet.

2. Aussagenverbindungen

Die Aussagenlogik untersucht den Wahrheitswert von *Aussagenverbindungen* in Abhängigkeit von den Wahrheitswerten der einzelnen Aussagen. Dabei werden ausschließlich *extensionale* Aussagenverbindungen betrachtet, d.h., der Wahrheitswert der Aussagenverbindung hängt *nur* von den Wahrheitswerten der Teilaussagen und den verbindenden *Junktoren* ab. Dabei wird der Wahrheitswert der Verbindung durch die klassischen Junktoren

„nicht A" $(\neg A)$, (5.1) „A und B" $(A \wedge B)$, (5.2) „A oder B" $(A \vee B)$, (5.3)

„wenn A, dann B" $(A \rightarrow B)$ (5.4) und „A genau dann, wenn B" $(A \leftrightarrow B)$ (5.5)

bestimmt. Dabei ist das „logische oder" immer als „einschließendes oder" zu verstehen. Im Falle der Implikation sind für $A \rightarrow B$ auch die folgenden Sprechweisen üblich:

A impliziert B, B ist notwendig für A sowie A ist hinreichend für B.

3. Wahrheitstafeln

Faßt man A und B als Variable auf, die nur die Werte F und W annehmen können (*Aussagenvariable*), so beschreiben die folgenden *Wahrheitstafeln* die den Junktoren entsprechenden *Wahrheitsfunktionen*:

Negation

A	$\neg A$
F	W
W	F

Konjunktion

A	B	$A \wedge B$
F	F	F
F	W	F
W	F	F
W	W	W

Disjunktion

A	B	$A \vee B$
F	F	F
F	W	W
W	F	W
W	W	W

Implikation

A	B	$A \rightarrow B$
F	F	W
F	W	W
W	F	F
W	W	W

Äquivalenz

A	B	$A \leftrightarrow B$
F	F	W
F	W	F
W	F	F
W	W	W

4. Ausdrücke der Aussagenlogik

Mit diesen einstelligen (Negation) und zweistelligen (Konjunktion, Disjunktion, Implikation und Äquivalenz) Verknüpfungen können aus gegebenen Aussagenvariablen kompliziertere *Ausdrücke der Aussagenlogik* aufgebaut werden. Diese Ausdrücke werden induktiv definiert:

1. Konstanten und Variable sind Ausdrücke. (5.6)

2. Sind A und B Ausdrücke, so sind es auch $(\neg A)$, $(A \wedge B)$, $(A \vee B)$,
$(A \rightarrow B)$ und $(A \leftrightarrow B)$. (5.7)

Zur Vereinfachung der Schreibweise solcher Ausdrücke werden Außenklammern weggelassen und *Vorrangregeln* (Prioritäten) festgelegt: In der folgenden Reihenfolge bindet jeder Junktor stärker als der folgende:

$\neg, \ \wedge, \ \vee, \ \rightarrow, \ \leftrightarrow .$

Häufig wird anstelle von „$\neg A$" auch $\overline{A}$ geschrieben und der Junktor $\wedge$ ganz weggelassen. Durch diese Einsparungen kann man z. B. den Ausdruck $((A \vee (\neg B)) \to ((A \wedge B) \vee C))$ kürzer so notieren: $A \vee \overline{B} \to AB \vee C$.

5. Wahrheitsfunktionen

Ordnet man jeder Aussagenvariablen eines Ausdrucks einen Wahrheitswert zu, so spricht man von einer *Belegung* der Variablen. Mit Hilfe der Wahrheitstafeln für die Junktoren kann man einem Ausdruck für jede Belegung einen Wahrheitswert zuordnen. Der oben angegebene Ausdruck repräsentiert somit eine 3stellige Wahrheitsfunktion (BOOLE*sche Funktion* s. 5.4).

A	B	C	$A \vee \overline{B}$	$AB \vee C$	$A \vee \overline{B} \to AB \vee C$
F	F	F	W	F	F
F	F	W	W	W	W
F	W	F	F	F	W
F	W	W	F	W	W
W	F	F	W	F	F
W	F	W	W	W	W
W	W	F	W	W	W
W	W	W	W	W	W

■ Jeder aussagenlogische Ausdruck repräsentiert auf diese Weise eine n-stellige Wahrheitsfunktion, d.h. eine Funktion, die jedem n–Tupel von Wahrheitswerten wieder einen Wahrheitswert zuordnet. Es gibt 2^{2^n} n-stellige Wahrheitsfunktionen.

6. Grundgesetze der Aussagenlogik

Zwei aussagenlogische Ausdrücke A und B heißen *logisch äquivalent* oder *wertverlaufsgleich*, in Zeichen: $A = B$, wenn sie die gleiche Wahrheitsfunktion repräsentieren. Folglich kann man mit Hilfe von Wahrheitstafeln die logische Äquivalenz aussagenlogischer Ausdrücke überprüfen. So gilt z.B. $A \vee \overline{B} \to AB \vee C = B \vee C$, d.h., der Ausdruck $A \vee \overline{B} \to AB \vee C$ hängt von A explizit nicht ab, was man schon an der obigen Wahrheitstafel erkennt. Insbesondere gelten folgende *Grundgesetze der Aussagenlogik*:

1. Assoziativgesetze

$$(A \wedge B) \wedge C = A \wedge (B \wedge C) \quad (5.8) \qquad (A \vee B) \vee C = A \vee (B \vee C) \quad (5.9)$$

2. Kommutativgesetze

$$A \wedge B = B \wedge A \quad (5.10) \qquad A \vee B = B \vee A \quad (5.11)$$

3. Distributivgesetze

$$(A \vee B)C = AC \vee BC \quad (5.12) \qquad AB \vee C = (A \vee C)(B \vee C) \quad (5.13)$$

4. Absorptionsgesetze

$$A(A \vee B) = A \quad (5.14) \qquad A \vee AB = A \quad (5.15)$$

5. Idempotenzgesetze

$$AA = A \quad (5.16) \qquad A \vee A = A \quad (5.17)$$

6. ausgeschlossener Dritter

$$A\overline{A} = \mathrm{F} \quad (5.18) \qquad A \vee \overline{A} = \mathrm{W} \quad (5.19)$$

7. DE MORGANsche Regeln

$$\overline{AB} = \overline{A} \vee \overline{B} \quad (5.20) \qquad \overline{A \vee B} = \overline{A}\,\overline{B} \quad (5.21)$$

8. Gesetze für W, F

$$A\mathrm{W} = A \quad (5.22) \qquad A \vee \mathrm{F} = A \quad (5.23)$$

$$A\mathrm{F} = \mathrm{F} \quad (5.24) \qquad A \vee \mathrm{W} = \mathrm{W} \quad (5.25)$$

$$\overline{\mathrm{W}} = \mathrm{F} \quad (5.26) \qquad \overline{\mathrm{F}} = \mathrm{W} \quad (5.27)$$

9. doppelte Negation

$$\overline{\overline{A}} = A \quad (5.28)$$

Aus den Wahrheitstafeln für die Implikation und die Äquivalenz kann man erkennen, daß die Implikation und die Äquivalenz mit Hilfe der anderen Junktoren durch die Gleichungen

$$A \to B = \overline{A} \vee B \quad (5.29) \qquad \text{und} \qquad A \leftrightarrow B = AB \vee \overline{A}\,\overline{B} \quad (5.30)$$

ausgedrückt werden können. Diese Gesetze werden zur Umformung (Vereinfachung) aussagenlogischer Ausdrücke verwendet.

■ Die Gleichung

$$A \vee \overline{B} \to AB \vee C = B \vee C$$

kann wie folgt bewiesen werden:

$$A \vee \overline{B} \to AB \vee C = \overline{A \vee \overline{B}} \vee AB \vee C = \overline{A}\,\overline{\overline{B}} \vee AB \vee C = \overline{A}B \vee AB \vee C = (\overline{A} \vee A)B \vee C$$
$$= \mathrm{W}B \vee C = B \vee C.$$

7. Tautologien, mathematische Schlußweisen

Ein aussagenlogischer Ausdruck heißt *allgemeingültig* oder *Tautologie*, wenn er die Wahrheitsfunktion identisch W repräsentiert. Folglich sind zwei Ausdrücke A und B genau dann logisch äquivalent, wenn der Ausdruck $A \leftrightarrow B$ eine Tautologie ist. Mathematische Schlußweisen folgen aussagenlogischen Gesetzen. Als Beispiel sei das *Kontrapositionsgesetz* genannt, d. h. der allgemeingültige Ausdruck

$$A \to B \leftrightarrow \overline{B} \to \overline{A}. \quad (5.31)$$

Dieses Gesetz, das auch in der Form

$$A \to B = \overline{B} \to \overline{A} \quad (5.32)$$

notiert werden kann, läßt sich wie folgt interpretieren: Um zu zeigen, daß B aus A folgt, kann man auch zeigen, daß $\overline{A}$ aus $\overline{B}$ folgt. Der *indirekte Beweis* beruht auf folgendem Prinzip: Um B aus A zu folgern, nimmt man B als falsch an und leitet daraus – unter der Voraussetzung, daß A richtig ist – einen Widerspruch her. Formal läßt sich dieses Prinzip auf verschiedene Weise durch aussagenlogische Gesetze beschreiben:

$$A \to B = A\overline{B} \to \overline{A} \quad (5.33) \qquad \text{oder} \qquad A \to B = A\overline{B} \to B \quad (5.34)$$

$$\text{oder} \qquad A \to B = A\overline{B} \to \mathrm{F}. \quad (5.35)$$

5.1.2 Ausdrücke der Prädikatenlogik

Zur logischen Grundlegung der Mathematik wird eine ausdrucksstärkere Logik als die Aussagenlogik benötigt. Um Eigenschaften von und Beziehungen zwischen (mathematischen) Objekten beschreiben zu können, bedient man sich der Prädikatenlogik.

1. Prädikate

Dabei werden die betrachteten Objekte zu einem *Individuenbereich* X, z.B. Menge $\mathbb{N}$ der natürlichen Zahlen, zusammengefaßt. Eigenschaften der Individuen, z.B. „n ist eine Primzahl", und Beziehungen zwischen Individuen, z.B. „m ist kleiner als n", werden als *Prädikate* bzeichnet. Ein *n-stelliges Prädikat* über dem Individuenbereich X ist eine Abbildung P: $X^n \to \{\mathrm{F,W}\}$, die jedem n–Tupel von Individuen einen Wahrheitswert zuordnet. So sind die oben angeführten Prädikate über den natürlichen Zahlen ein- bzw. zweistellig.

2. Quantoren

Charakteristisch für die Prädikatenlogik ist die Verwendung von *Quantoren*, dem *Allquantor* (Generalisator) $\forall$ und dem *Existenzquantor (Partikularisator)* $\exists$. Ist P ein einstelliges Prädikat, so wird die Aussage „Für jedes x aus X gilt $P(x)$" mit $\forall x\, P(x)$ und die Aussage „Es gibt ein x aus X, für das $P(x)$

gilt“ mit $\exists x\, P(x)$ bezeichnet. Durch die Quantifizierung entsteht aus dem einstelligen Prädikat P eine Aussage. Ist z. B. $\mathbb{N}$ der Individuenbereich der natürlichen Zahlen und bezeichnet P das (einstellige) Prädikat „n ist eine Primzahl“, so ist $\forall n\, P(n)$ eine falsche und $\exists n\, P(n)$ eine wahre Aussage.

3. Ausdrücke des Prädikatenkalküls

Allgemein werden die *Ausdrücke des Prädikatenkalküls* wieder induktiv definiert:
1. Sind $x_1, \ldots, x_n$ Individuenvariable und P eine n-stellige Prädikatenvariable, so ist $P(x_1, \ldots, x_n)$ ein Ausdruck *(Elementarformel)*.
2. Sind A und B Ausdrücke, so sind es auch $(\neg A)$, $(A \wedge B)$, $(A \vee B)$, $(A \rightarrow B)$, $(A \leftrightarrow B)$, $(\forall x\, A)$ und $(\exists x\, A)$.
Betrachtet man Aussagenvariable als nullstellige Prädikatenvariable, so erkennt man die Aussagenlogik als Teil der Prädikatenlogik. Eine Individuenvariable x kommt in einem Ausdruck *gebunden* vor, wenn x Variable eines Quantors $\forall x$, $\exists x$ ist oder im Wirkungsbereich eines Quantors liegt; andernfalls kommt x in diesem Ausdruck *frei* vor. Ein Ausdruck der Prädikatenlogik, der keine freien Variablen enthält, heißt *geschlossene Formel*.

4. Interpretation prädikatenlogischer Ausdrücke

Eine *Interpretation* eines Ausdrucks der Prädikatenlogik besteht aus

- einer Menge (Individuenbereich) und
- einer Zuordnung, die jeder n-stelligen Prädikatenvariablen ein n-stelliges Prädikat zuweist.

Die Interpretation einer geschlossenen Formel liefert somit eine Aussage. Enthält ein Ausdruck der Prädikatenlogik freie Variable, so repräsentiert eine Interpretation dieses Ausdrucks eine Relation (s. 5.2.3) im Individuenbereich.
■ Sei P das zweistellige Prädikat, das im Individuenbereich $\mathbb{N}$ der natürlichen Zahlen die $\leq$-Beziehung beschreibt, so charakterisiert
A: $P(x, y)$ die Menge aller Paare (x, y) natürlicher Zahlen mit $x \leq y$ (zweistellige Relation in $\mathbb{N}$); x, y sind freie Variable.
B: $\forall y\, P(x, y)$ die Teilmenge von $\mathbb{N}$ (einstellige Relation), die nur aus der Zahl 0 besteht; x ist freie, y gebundene Variable.
C: $\exists x \forall y\, P(x, y)$ die Aussage „Es gibt eine kleinste natürliche Zahl“; x und y sind gebundene Variable.
Ein Ausdruck der Prädikatenlogik heißt wahr für eine gegebene Interpretation, wenn für jede Ersetzung der freien Variablen durch Elemente aus dem Individuenbereich eine wahre Aussage entsteht. Ein Ausdruck der Prädikatenlogik heißt *allgemeingültig* oder *Tautologie*, wenn er für alle Interpretationen wahr ist.

5. Tautologien der Prädikatenlogik

Die Verneinung prädikatenlogischer Ausdrücke wird durch folgende Tautologien beschrieben:
$$\neg\forall x\, P(x) = \exists x\, \neg P(x) \quad \text{bzw.} \quad \neg\exists x\, P(x) = \forall x\, \neg P(x). \tag{5.36}$$
Damit sind die Quantoren $\forall$ und $\exists$ durcheinander ausdrückbar:
$$\forall x\, P(x) = \neg\exists x\, \neg P(x) \quad \text{bzw.} \quad \exists x\, P(x) = \neg\forall x\, \neg P(x). \tag{5.37}$$
Weitere Tautologien der Prädikatenlogik sind:
$$\forall x\, \forall y\, P(x, y) = \forall y\, \forall x\, P(x, y), \tag{5.38}$$
$$\exists x\, \exists y\, P(x, y) = \exists y\, \exists x\, P(x, y), \tag{5.39}$$
$$\forall x\, P(x) \wedge \forall x\, Q(x) = \forall x\, (P(x) \wedge Q(x)), \tag{5.40}$$
$$\exists x\, P(x) \vee \exists x\, Q(x) = \exists x\, (P(x) \vee Q(x)). \tag{5.41}$$
Außerdem gelten folgende Implikationen:
$$\forall x\, P(x) \vee \forall x\, Q(x) \rightarrow \forall x\, (P(x) \vee Q(x)), \tag{5.42}$$
$$\exists x\, (P(x) \wedge Q(x)) \rightarrow \exists x\, P(x) \wedge \exists x\, Q(x), \tag{5.43}$$

$$\forall x\,(P(x) \rightarrow Q(x)) \rightarrow (\forall x\, P(x) \rightarrow \forall x\, Q(x)), \tag{5.44}$$

$$\forall x\,(P(x) \leftrightarrow Q(x)) \rightarrow (\forall x\, P(x) \leftrightarrow \forall x\, Q(x)), \tag{5.45}$$

$$\exists x\, \forall y\, P(x,y) \rightarrow \forall y\, \exists x\, P(x,y). \tag{5.46}$$

Die Umkehrungen dieser Implikationen gelten durchweg nicht. Insbesondere muß man beachten, daß verschiedene Quantoren nicht vertauschbar sind (s. letzte Implikation).

6. Beschränkte Quantifizierung

Oft ist es sinnvoll, Quantifizierungen auf die Elemente einer vorgegebenen Menge zu beschränken. Dabei ist

$$\forall x \in X\; P(x) \quad \text{als Abkürzung für} \quad \forall x\,(x \in X \rightarrow P(x)) \quad \text{und} \tag{5.47}$$

$$\exists x \in X\; P(x) \quad \text{als Abkürzung für} \quad \exists x\,(x \in X \wedge P(x)) \tag{5.48}$$

aufzufassen.

5.1.3 Mehrwertige Logik, Fuzzy–Logik

Im Abschnitt 5.1.1 lag der Aussagenlogik das Prinzip der Zweiwertigkeit zugrunde. Es sind aber zwischen den Wahrheitswerten W und F weitere Abstufungen denkbar: Zensurenskala; vielleicht, möglich, unbekannt.

1. Mehrwertige Logik

Es wird eine dreiwertige Logik betrachtet, wie sie z. B. in Datenbanksprachen Eingang gefunden hat. Außer W und F wird noch ein weiterer Wahrheitswert M (unbekannt, möglich) zugelassen. Die Wahrheitstafeln für die Negation, Konjunktion und Disjunktion in dieser Logik sind Erweiterungen der entsprechenden Tafeln im zweiwertigen Fall und gehen auf LUKASIEWICZ zurück:

A	$\overline{A}$
F	W
M	M
W	F

A	B	$A \wedge B$	$A \vee B$
F	F	F	F
F	M	F	M
F	W	F	W
M	F	F	M
M	M	M	M
M	W	M	W
W	F	F	W
W	M	M	W
W	W	W	W

Während die zweiwertige Logik alle Gesetze einer BOOLEschen Algebra (s. 5.4) erfüllt, gehen beim Übergang zu mehreren Wahrheitswerten einige davon verloren. Welche Gesetze das betrifft, hängt von der Definition der logischen Junktoren ab.

2. Fuzzy–Logik

Der Begriff „fuzzy set“ (unscharfe Menge) wurde 1965 von ZADEH eingeführt. Das Anliegen besteht in der Beschreibung in der Realität vorkommender Objekte. Typisch sind solche Adjektive wie „viel“, „groß“, „warm“ usw., die keine scharfen Grenzen zulassen und folglich mit der gewöhnlichen Mengenlehre nicht zu erfassen sind. Quelle der Ungenauigkeit ist nicht nur das Vorhandensein zufälliger Größen (Stochastik), sondern auch die prinzipielle Unmöglichkeit, infolge der Kompliziertheit der Systeme sowie Unschärfe der Beschränkungen und Ziele mit genauen Daten zu operieren. Fuzzy–Algorithmen und –Steuerungsstrategien finden in der Technik vielfältige Anwendungen.

Eine *Fuzzy–Menge* A über einer Grundmenge E ist eine Abbildung von E in das abgeschlossene Intervall $[0,1]$. Dabei heißt $A(x)$ Zugehörigkeitsgrad des Elementes x.

Fuzzy-Logik kann als mehrwertige Logik aufgefaßt werden, deren Variable Wahrheitswerte aus dem Intervall $[0,1]$ annehmen können. Anstelle der Konjunktion, Disjunktion bzw. Negation aus der zweiwertigen Logik verwendet man in der Fuzzy-Logik meistens die Operationen $\min(A,B)$, $\max(A,B)$ bzw. $1 - A$, wobei A und B *Fuzzy–Variable* sind.

5.2 Mengenlehre

5.2.1 Mengenbegriff, spezielle Mengen

Als Begründer der Mengenlehre gilt Georg CANTOR (1845–1918). Die Bedeutung der von ihm verwendeten Begriffsbildungen wurde erst später erkannt. Die Mengenlehre hat nahezu alle Gebiete der Mathematik entscheidend vorangebracht bzw. überhaupt erst ermöglicht und ist heute zu einem unverzichtbaren Handwerkszeug der Mathematik und deren Anwendungen geworden.

1. Elementbeziehung

Der grundlegende Begriff der Mengenlehre ist die Elementbeziehung. Eine *Menge* A ist eine Zusammenfassung bestimmter, wohlunterschiedener Objekte a unserer Anschauung oder unseres Denkens zu einem Ganzen. Diese Objekte heißen *Elemente* der Menge. Für „a ist Element von A" bzw. „a ist nicht Element von A" schreibt man „$a \in \mathrm{A}$" bzw. „$a \notin \mathrm{A}$". Mengen können beschrieben werden durch Aufzählung aller ihrer Elemente in geschweiften Klammern, z.B. $\mathbb{M} = \{a, b, c\}$ oder $\mathbb{U} = \{1, 3, 5, \ldots\}$, oder durch eine definierende Eigenschaft, die genau den Elementen der Menge zukommt, z.B. $\mathbb{U} = \{x \mid$ x ist eine ungerade natürliche Zahl $\}$.
Für die Zahlenbereiche sind folgende Bezeichnungen üblich:

$\mathbb{N} = \{0, 1, 2, \ldots\}$	Menge der natürlichen Zahlen,
$\mathbb{Z} = \{0, 1, -1, 2, -2, \ldots\}$	Menge der ganzen Zahlen,
$\mathbb{Q} = \left\{\frac{p}{q} \,\middle|\, p, q \in \mathbb{Z} \wedge q \neq 0\right\}$	Menge der rationalen Zahlen,
$\mathbb{R}$	Menge der reellen Zahlen und
$\mathbb{C}$	Menge der komplexen Zahlen.

Es gilt das *Extensionalitätsprinzip* für Mengen:
Zwei Mengen A, $\mathbb{B}$ sind genau dann gleich, wenn sie die gleichen Elemente enthalten, d.h.

$$\mathrm{A} = \mathbb{B} \leftrightarrow \forall x\, (x \in \mathrm{A} \leftrightarrow x \in \mathbb{B}). \qquad (5.49)$$

So sind z.B. die Mengen $\{3, 1, 3, 7, 2\}$ und $\{1, 2, 3, 7\}$ gleich.

2. Teilmengen

Es erweist sich als sinnvoll, die *leere Menge* $\emptyset$, die kein Element enthält, einzuführen. Wegen des Extensionalitätsprinzips gibt es nur eine solche Menge.
Beispielsweise ist die Menge $\{x \mid x \in \mathbb{R} \wedge x^2 + 2x + 2 = 0\}$ leer.
Sind A, $\mathbb{B}$ Mengen und gilt $\forall x\, (x \in \mathrm{A} \rightarrow x \in \mathbb{B})$, so heißt A *Teilmenge* von $\mathbb{B}$. Dieser Sachverhalt wird mit $\mathrm{A} \subseteq \mathbb{B}$ bezeichnet. (Damit ist die leere Menge Teilmenge jeder Menge, d.h. $\emptyset \subseteq \mathbb{M}$ für jede Menge $\mathbb{M}$.)
Zwei Mengen sind demnach genau dann gleich, wenn jede Teilmenge der anderen ist:

$$\mathrm{A} = \mathbb{B} \leftrightarrow \mathrm{A} \subseteq \mathbb{B} \wedge \mathbb{B} \subseteq \mathrm{A}. \qquad (5.50)$$

Diese Tatsache wird häufig zum Beweis der Gleichheit zweier Mengen benutzt.
Die Menge aller Teilmengen einer Menge $\mathbb{M}$ nennt man *Potenzmenge* von $\mathbb{M}$ und bezeichnet sie mit $\mathbf{P}(\mathbb{M})$, d.h. $\mathbf{P}(\mathbb{M}) = \{\mathrm{A} \mid \mathrm{A} \subseteq \mathbb{M}\}$. Damit gilt $\emptyset \in \mathbf{P}(\mathbb{M})$ für jede Menge $\mathbb{M}$. Die Anzahl der Elemente einer endlichen Menge $\mathbb{M}$ heißt *Kardinalzahl* von $\mathbb{M}$ und wird mit card $\mathbb{M}$ oder $|\mathbb{M}|$ bezeichnet. Es gilt: Hat eine Menge $\mathbb{M}$ m Elemente, so hat ihre Potenzmenge $\mathbf{P}(\mathbb{M})$ 2^m Elemente.
Auch unendlichen Mengen werden Kardinalzahlen zugeordnet (s. 5.2.5).

5.2.2 Operationen mit Mengen

1. VENN–Diagramm

Zur Veranschaulichung von Mengen und Mengenoperationen benutzt man VENN-*Diagramme*. Dabei werden Mengen durch ebene Figuren dargestellt. So wird durch **Abb.5.1** die Teilmengenbeziehung $\mathrm{A} \subseteq \mathbb{B}$ dargestellt.

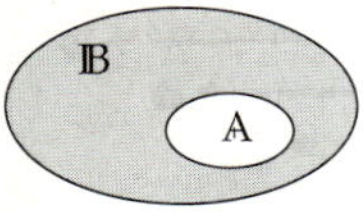

Abbildung 5.1

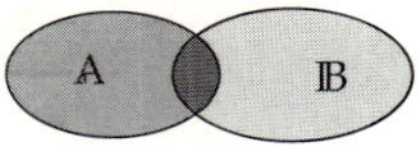

Abbildung 5.2

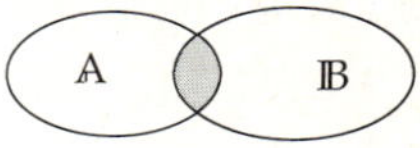

Abbildung 5.3

2. Vereinigung, Durchschnitt, Komplement

Durch *Mengenoperationen* werden aus gegebenen Mengen auf verschiedene Weise neue Mengen gebildet:

Seien A und $\mathbb{B}$ Mengen. Die *Vereinigung* (Bezeichnung $A \cup \mathbb{B}$) bzw. der *Durchschnitt* (Bezeichnung $A \cap \mathbb{B}$) ist durch

$$A \cup \mathbb{B} = \{x \mid x \in A \vee x \in \mathbb{B}\} \quad \text{bzw.} \quad A \cap \mathbb{B} = \{x \mid x \in A \wedge x \in \mathbb{B}\} \tag{5.51}$$

definiert und durch die schattierten Gebiete in **Abb.5.2** bzw. **Abb.5.3** dargestellt.

Die Mengen A und $\mathbb{B}$ heißen *disjunkt*, falls $A \cap \mathbb{B} = \emptyset$.

Betrachtet man nur Teilmengen einer vorgegebenen Grundmenge $\mathbb{M}$, so ist das *Komplement* von A bezüglich $\mathbb{M}$ durch

$$\mathbb{C}_{\mathbb{M}}(A) = \{x \mid x \in \mathbb{M} \wedge x \notin A\} \tag{5.52}$$

definiert; ist die Grundmenge aus dem Zusammenhang klar, wird dafür auch $\overline{A}$ geschrieben. In **Abb.5.4** ist das Komplement $\overline{A}$ schattiert.

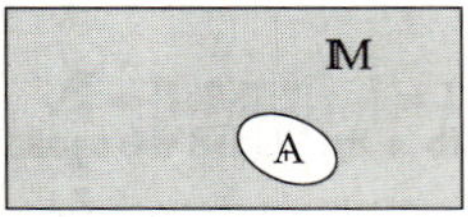

Abbildung 5.4

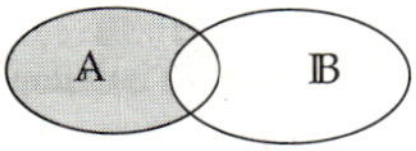

Abbildung 5.5

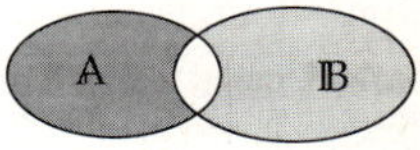

Abbildung 5.6

3. Grundgesetze der Mengenalgebra

Die eingeführten Mengenoperationen haben analoge Eigenschaften wie die Junktoren in der Aussagenlogik. Es gelten folgende *Grundgesetze der Mengenalgebra*:

1. Assoziativgesetze

$$(A \cap \mathbb{B}) \cap \mathbb{C} = A \cap (\mathbb{B} \cap \mathbb{C}) \tag{5.53}$$
$$(A \cup \mathbb{B}) \cup \mathbb{C} = A \cup (\mathbb{B} \cup \mathbb{C}) \tag{5.54}$$

2. Kommutativgesetze

$$A \cap \mathbb{B} = \mathbb{B} \cap A \tag{5.55}$$
$$A \cup \mathbb{B} = \mathbb{B} \cup A \tag{5.56}$$

3. Distributivgesetze

$$(A \cup \mathbb{B}) \cap \mathbb{C} = (A \cap \mathbb{C}) \cup (\mathbb{B} \cap \mathbb{C}) \tag{5.57}$$
$$(A \cap \mathbb{B}) \cup \mathbb{C} = (A \cup \mathbb{C}) \cap (\mathbb{B} \cup \mathbb{C}) \tag{5.58}$$

4. Absorptionsgesetze

$$A \cap (A \cup \mathbb{B}) = A \tag{5.59}$$
$$A \cup (A \cap \mathbb{B}) = A \tag{5.60}$$

5. Idempotenzgesetze

$$A \cap A = A \tag{5.61}$$
$$A \cup A = A \tag{5.62}$$

6.

$$A \cap \overline{A} = \emptyset \tag{5.63}$$
$$A \cup \overline{A} = \mathbb{M} \tag{5.64}$$

7. DE MORGANsche Regeln

$\overline{A \cap B} = \overline{A} \cup \overline{B}$ (5.65) $\overline{A \cup B} = \overline{A} \cap \overline{B}$ (5.66)

8. $A \cap M = A$ (5.67) $A \cup \emptyset = A$ (5.68)

$A \cap \emptyset = \emptyset$ (5.69) $A \cup M = M$ (5.70)

$\overline{M} = \emptyset$ (5.71) $\overline{\emptyset} = M$ (5.72)

9. $\overline{\overline{A}} = A$ (5.73)

Diese Tabelle erhält man unmittelbar aus den Grundgesetzen der Aussagenlogik (s. 5.1.1), wenn man folgende Ersetzungen vornimmt: $\wedge$ durch $\cap$, $\vee$ durch $\cup$, W durch M und F durch $\emptyset$. Auf diesen nicht zufälligen Zusammenhang wird in 5.4 genau eingegangen.

4. Weitere Mengenoperationen

1. Differenz Außer den oben eingeführten Mengenoperationen werden noch die *Differenz* $A \setminus B$ und die *symmetrische Differenz* $A \triangle B$ zweier Mengen A und B erklärt:

$$A \setminus B = \{x \mid x \in A \wedge x \notin B\} \quad \text{und} \quad A \triangle B = \{x \mid (x \in A \wedge x \notin B) \vee (x \in B \wedge x \notin A)\}. \tag{5.74}$$

In den **Abb.5.5 bzw. 5.6** sind die Differenz bzw. die symmetrische Differenz schattiert.

2. Kartesisches Produkt Das *kartesische Produkt* $A \times B$ ist durch

$$A \times B = \{(a, b) \mid a \in A \wedge b \in B\} \tag{5.75}$$

definiert. Die Elemente (a, b) von $A \times B$ heißen *geordnete Paare* und sind durch

$$(a, b) = (c, d) \leftrightarrow a = c \wedge b = d \tag{5.76}$$

charakterisiert.

Entsprechend sind die Elemente des kartesischen Produkts $A_1 \times \ldots \times A_n$ n–Tupel, d.h.

$$A_1 \times \ldots \times A_n = \{(a_1, \ldots, a_n) \mid a_i \in A_i,\ i = 1, \ldots, n\}. \tag{5.77}$$

Das n–fache kartesische Produkt einer Menge A mit sich selbst wird mit A^n bezeichnet.

5.2.3 Relationen und Abbildungen

1. n–stellige Relationen

Relationen beschreiben Beziehungen zwischen den Elementen einer oder verschiedener Mengen. Eine *n–stellige Relation R* zwischen den Mengen $A_1, \ldots, A_n$ ist eine Teilmenge des kartesischen Produkts dieser Mengen, d.h. $R \subseteq A_1 \times \ldots \times A_n$. Sind die Mengen A_i, $i = 1, \ldots, n$, sämtlich gleich der Menge A, so wird $R \subseteq A^n$ und heißt n-stellige Relation in der Menge A. Besondere Bedeutung haben zweistellige *(binäre)* Relationen in einer Menge (s. 5.2.3, **2.**).

Im Falle binärer Relationen ist auch die Schreibweise aRb statt $(a, b) \in R$ üblich.

2. Binäre Relationen

Endliche binäre Relationen R in einer Menge A werden durch *Pfeildiagramme* oder *Relationsmatrizen* dargestellt. Als Beispiel betrachten wir in der Menge $A = \{1, 2, 3, 4\}$ die Teilbarkeitsbeziehung, d.h. die binäre Relation

$$T = \{(a, b) \mid a, b \in A \wedge \ a \text{ teilt } b\}. \tag{5.78}$$

Pfeildiagramm: Die Elemente von A werden als Punkte in der Ebene dargestellt und genau dann ein Pfeil von a nach b gezeichnet, wenn aRb gilt. Die **Abb.5.7** zeigt das Pfeildiagramm der Relation T.

Relationsmatrix: Die Elemente von A werden als Zeilen- und Spalteneingänge einer Matrix (s. 4.1.1) verwendet. Am Schnittpunkt der Zeile zu $a \in A$ mit der Spalte zu $b \in B$ wird eine 1, falls aRb gilt, ansonsten eine 0 notiert. Die Tabelle gibt die Relationsmatrix für T wieder.

3. Relationenprodukt, inverse Relation

Relationen sind spezielle Mengen, so daß zwischen Relationen die üblichen Mengenoperationen (s. 5.2.2) ausgeführt werden können. Für zweistellige Relationen sind darüber hinaus das *Relationenprodukt* und

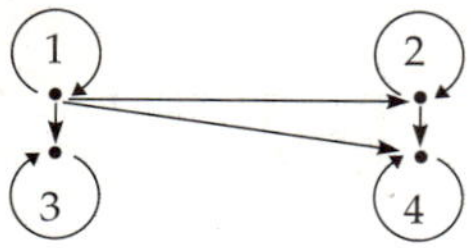

Abbildung 5.7

	1	2	3	4
1	1	1	1	1
2	0	1	0	1
3	0	0	1	0
4	0	0	0	1

Tabelle: Relationsmatrix

die *inverse Relation* von Bedeutung. Es seien $R \subseteq \mathrm{A} \times \mathbb{B}$ und $S \subseteq \mathbb{B} \times \mathbb{C}$ zweistellige Relationen. Dann ist das Produkt $R \circ S$ der Relationen R, S durch

$$R \circ S = \{(a, c) \mid \exists b\,(b \in \mathbb{B} \wedge aRb \wedge bSc)\} \tag{5.79}$$

definiert. Das Relationenprodukt ist assoziativ, aber nicht kommutativ.
Die inverse Relation R^{-1} einer Relation R ist durch

$$R^{-1} = \{(b, a) \mid (a, b) \in R\} \tag{5.80}$$

festgelegt.
Für binäre Relationen in einer Menge A gelten folgende Beziehungen:

$$(R \cup S) \circ T = (R \circ T) \cup (S \circ T), \tag{5.81}$$

$$(R \cap S) \circ T \subseteq (R \circ T) \cap (S \circ T), \tag{5.82}$$

$$(R \cup S)^{-1} = R^{-1} \cup S^{-1}, \tag{5.83}$$

$$(R \cap S)^{-1} = R^{-1} \cap S^{-1}, \tag{5.84}$$

$$(R \circ S)^{-1} = S^{-1} \circ R^{-1}. \tag{5.85}$$

4. Eigenschaften binärer Relationen

Wichtige Eigenschaften einer binären Relation in einer Menge A:

R heißt *reflexiv*, falls $\forall a \in \mathrm{A}\ aRa$, (5.86)

irreflexiv, falls $\forall a \in \mathrm{A}\ \neg aRa$, (5.87)

symmetrisch, falls $\forall a, b \in \mathrm{A}\ (aRb \rightarrow bRa)$, (5.88)

antisymmetrisch, falls $\forall a, b \in \mathrm{A}\ (aRb \wedge bRa \rightarrow a = b)$, (5.89)

transitiv, falls $\forall a, b, c \in \mathrm{A}\ (aRb \wedge bRc \rightarrow aRc)$ und (5.90)

linear, falls $\forall a, b \in \mathrm{A}\ (aRb \vee bRa)$ gilt. (5.91)

Bei endlichen binären Relationen kann man diese Eigenschaften größtenteils leicht aus den Pfeildiagrammen bzw. Relationsmatrizen erkennen.

5. Abbildungen

Eine *Abbildung* (oder Funktion, s. 2.1) f von einer Menge A in eine Menge $\mathbb{B}$ (Bezeichnung $f\colon \mathrm{A} \rightarrow \mathbb{B}$) ist eine Zuordnungsvorschrift, die jedem Element $a \in \mathrm{A}$ eindeutig ein Element $f(a) \in \mathbb{B}$ zuordnet. Man kann eine Abbildung f als zweistellige Relation zwischen A und $\mathbb{B}$, $f \subseteq \mathrm{A} \times \mathbb{B}$, auffassen: $f \subseteq \mathrm{A} \times \mathbb{B}$ heißt Abbildung von A nach $\mathbb{B}$, falls gilt:

$$\forall a \in \mathrm{A}\ \exists b \in \mathbb{B}\ ((a, b) \in f) \qquad \text{und} \tag{5.92}$$

$$\forall a \in \mathrm{A}\ \forall b_1, b_2 \in \mathbb{B}\ ((a, b_1), (a, b_2) \in f \rightarrow b_1 = b_2). \tag{5.93}$$

f heißt *eineindeutig* (oder *injektiv*), falls zusätzlich gilt:

$$\forall a_1, a_2 \in \mathrm{A}\ \forall b \in \mathbb{B}\ ((a_1, b), (a_2, b) \in f \rightarrow a_1 = a_2). \tag{5.94}$$

$f\colon \mathrm{A} \rightarrow \mathbb{B}$ heißt Abbildung von A *auf* $\mathbb{B}$ (oder *surjektiv*), falls

$$\forall b \in \mathbb{B}\ \exists a \in \mathrm{A}\ ((a, b) \in f). \tag{5.95}$$

Eine injektive und surjektive Abbildung heißt *bijektiv.* Für bijektive Abbildungen $f : \mathrm{A} \to \mathbb{B}$ ist die inverse Relation eine Abbildung $f^{-1} : \mathbb{B} \to \mathrm{A}$, die sogenannte *Umkehrabbildung* von f.
Das Relationenprodukt, auf Abbildungen angewandt, charakterisiert die Hintereinanderausführung von Abbildungen: Sind $f : \mathrm{A} \to \mathbb{B}$ und $g : \mathbb{B} \to \mathbb{C}$ Abbildungen, so ist $f \circ g$ eine Abbildung von A nach $\mathbb{C}$, und es gilt

$$(f \circ g)(a) = g(f(a)). \tag{5.96}$$

Man beachte die Reihenfolge von f und g in dieser Gleichung (unterschiedliche Handhabung in der Literatur!).

5.2.4 Äquivalenz- und Ordnungsrelationen

Die wichtigsten Klassen binärer Relationen in einer Menge A sind die Äquivalenz- und Ordnungsrelationen.

1. Äquivalenzrelationen

Eine binäre Relation R in einer Menge A heißt *Äquivalenzrelation*, wenn R reflexiv, symmetrisch und transitiv ist. Für aRb verwendet man in diesem Falle auch die Bezeichnung $a \sim_R b$ oder $a \sim b$, wenn die Äquivalenzrelation R aus dem Zusammenhang bekannt ist, und sagt, a ist äquivalent zu b (bzgl. R).

■ Beispiele für Äquivalenzrelationen:
A: $\mathrm{A} = \mathbb{Z}$, $m \in \mathbb{N} \setminus \{0\}$. $a \sim_R b$ genau dann, wenn a und b bei Division durch m den gleichen Rest lassen (Kongruenzrechnung modulo m).
B: Gleichheitsbeziehung,
C: Ähnlichkeit oder Kongruenz geometrischer Figuren,
D: logische Äquivalenz aussagenlogischer Ausdrücke (s. 5.1.1).

2. Äquivalenzklassen, Zerlegungen

1. Äquivalenzklassen Eine Äquivalenzrelation in einer Menge A bewirkt eine Aufteilung von A in nichtleere paarweise disjunkte Teilmengen, *Äquivalenzklassen.*

$$[a]_R := \{b \mid b \in \mathrm{A} \wedge a \sim_R b\} \tag{5.97}$$

heißt Äquivalenzklasse von a bezüglich R. Für Äquivalenzklassen gilt:

$$[a]_R \neq \emptyset, \quad a \sim_R b \leftrightarrow [a]_R = [b]_R \quad \text{und} \quad a \not\sim_R b \leftrightarrow [a]_R \cap [b]_R = \emptyset. \tag{5.98}$$

Diese Äquivalenzklassen werden zu einer neuen Menge, der *Faktormenge* $\mathrm{A}/_R$, zusammengefaßt:

$$\mathrm{A}/_R = \{[a]_R \mid a \in \mathrm{A}\}. \tag{5.99}$$

Eine Teilmenge $\mathrm{Z} \subseteq P(\mathrm{A})$ heißt *Zerlegung* von A, wenn

$$\emptyset \notin \mathrm{A}, \quad \mathrm{X}, \mathrm{Y} \in \mathrm{Z} \wedge \mathrm{X} \neq \mathrm{Y} \to \mathrm{X} \cap \mathrm{Y} = \emptyset, \quad \bigcup_{\mathrm{X} \in \mathrm{Z}} \mathrm{X} = \mathrm{A}. \tag{5.100}$$

2. Zerlegungssatz . Jede Äquivalenzrelation R in einer Menge A bewirkt eine Zerlegung Z von A, nämlich $\mathrm{Z} = \mathrm{A}/_R$. Umgekehrt bestimmt jede Zerlegung Z einer Menge A eine Äquivalenzrelation R in A:

$$a \sim_R b \leftrightarrow \exists \mathrm{X} \in \mathrm{Z}\, (a \in \mathrm{X} \wedge b \in \mathrm{X}). \tag{5.101}$$

Man kann eine Äquivalenzrelation in einer Menge A als Verallgemeinerung der Gleichheitsbeziehung auffassen, wobei von „unwesentlichen" Eigenschaften der Elemente von A abstrahiert wird und Elemente, die sich bezüglich einer gewissen Eigenschaft nicht unterscheiden, zu einer Äquivalenzklasse zusammengefaßt werden.

3. Ordnungsrelationen

Eine binäre Relation R in einer Menge A heißt *Ordnung(-srelation)*, wenn R reflexiv, antisymmetrisch und transitiv ist. Ist R zusätzlich linear, so heißt R *vollständige Ordnung(-srelation)* oder *Kette.* Die Menge A heißt dann durch R geordnet bzw. vollständig geordnet. In einer vollständig geordneten

Menge sind also je zwei Elemente vergleichbar. Statt aRb verwendet man auch die Bezeichnung $a \leq_R b$ oder $a \leq b$, wenn die Ordnungsrelation R aus dem Zusammenhang bekannt ist.
Anstelle von Ordnung ist auch die Bezeichnung *Halbordnung* oder *partielle Ordnung* üblich.

■ Beispiele für Ordnungsrelationen:

A: Die Zahlenbereiche $\mathbb{N}$, $\mathbb{Z}$, $\mathbb{Q}$, $\mathbb{R}$ sind durch die übliche $\leq$-Beziehung vollständig geordnet.
B: Die Teilmengenbeziehung ist eine Ordnung, die nicht vollständig ist.
C: Die *lexikographische Ordnung* auf den Wörtern der deutschen Sprache ist eine Kette.

4. Hasse–Diagramme

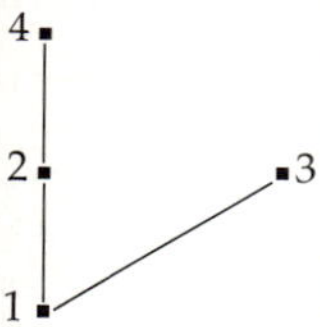

Abbildung 5.8

Endliche geordnete Mengen werden durch Hasse–*Diagramme* dargestellt: Auf einer endlichen Menge A sei eine Ordnungsrelation $\leq$ gegeben. Die Elemente von A werden als Punkte in der Ebene dargestellt, wobei der Punkt zu $b \in$ A oberhalb des Punktes zu $a \in$ A liegen soll, falls $a < b$ gilt. Gibt es außerdem kein $c \in$ A mit $a < c < b$ – man sagt, a und b sind *benachbart* – so werden a und b durch eine Strecke verbunden. Ein Hasse–Diagramm ist also ein „abgerüstetes" Pfeildiagramm, bei dem alle Schlingen, Pfeilspitzen und alle Pfeile, die sich aus der Transitivität der Relation ergeben, weggelassen sind. In **Abb.5.7** ist das Pfeildiagramm zur Teilbarkeitsrelation T auf der Menge A $= \{1, 2, 3, 4\}$ angegeben. T ist eine Ordnungsrelation und wird durch das Hasse-Diagramm in **Abb.5.8** dargestellt.

5.2.5 Mächtigkeit von Mengen

In 5.2.1 wurde die Anzahl der Elemente einer endlichen Menge als Kardinalzahl bezeichnet. Dieser Anzahlbegriff soll auf unendliche Mengen übertragen werden.

1. Mächtigkeit, Kardinalzahl

Zwei Mengen A, $\mathbb{B}$ heißen *gleichmächtig*, falls es zwischen ihnen eine bijektive Abbildung gibt. Jeder Menge A wird eine *Kardinalzahl* |A| oder card A zugordnet, so daß gleichmächtige Mengen die gleiche Kardinalzahl erhalten. Eine Menge ist zu ihrer Potenzmenge niemals gleichmächtig, so daß es keine „größte" Kardinalzahl gibt.

2. Unendliche Mengen

Unendliche Mengen sind dadurch charakterisiert, daß sie echte Teilmengen besitzen, die zur Gesamtmenge gleichmächtig sind. Die „kleinste" unendliche Kardinalzahl ist die Kardinalzahl der Menge $\mathbb{N}$ der natürlichen Zahlen. Eine Menge heißt *abzählbar* (unendliche), wenn sie zu $\mathbb{N}$ gleichmächtig ist, z.B. $\mathbb{Z}$ und $\mathbb{Q}$, und *überabzählbar*, wenn sie unendlich, aber nicht gleichmächtig zu $\mathbb{N}$ ist, z.B. $\mathbb{R}$ und $\mathbb{C}$.

5.3 Klassische algebraische Strukturen

5.3.1 Operationen

1. n–stellige Operationen

Der Strukturbegriff spielt in der Mathematik und ihren Anwendungen eine zentrale Rolle. Hier sollen algebraische Strukturen behandelt werden, d.h. Mengen, auf denen Operationen erklärt sind. Eine *n–stellige Operation* φ in einer Menge A ist eine Abbildung φ : A$^n \to$ A, die jedem n–Tupel von Elementen aus A wieder ein Element aus A zuordnet.

2. Eigenschaften binärer Operationen

Besonders wichtig ist der Fall $n = 2$, wobei man von *binären Operationen* spricht, z.B. Addition und Multiplikation von Zahlen bzw. Matrizen oder Vereinigung und Durchschnitt von Mengen. Eine binäre Operation ist also eine Abbildung $*$: A $\times$ A $\to$ A, wobei man anstelle von „$*(a, b)$" in der Regel die *Infixschreibweise* „$a * b$" benutzt. Eine binäre Operation $*$ in A heißt *assoziativ*, falls

$$(a * b) * c = a * (b * c), \tag{5.102}$$

und *kommutativ*, falls

$$a * b = b * a \tag{5.103}$$

jeweils für alle $a, b, c \in \mathrm{A}$ gilt.
Ein Element $e \in \mathrm{A}$ heißt *neutrales Element* bezüglich einer binären Operation $*$ in A, falls

$$a * e = e * a = a \quad \text{für alle} \quad a \in \mathrm{A} \tag{5.104}$$

gilt.

3. Äußere Operationen
Manchmal werden auch äußere Operationen betrachtet, das sind Abbildungen von $\mathbb{K} \times \mathrm{A}$ in $\mathbb{K}$, wobei $\mathbb{K}$ eine „äußere“, meist auch selbst strukturierte Menge ist (s. 5.3.5, Vektorräume).

5.3.2 Halbgruppen

Oft auftretende algebraische Strukturen haben besondere Namen bekommen. Eine Menge $\mathbf{H}$, versehen mit einer assoziativen binären Operation $*$, heißt *Halbgruppe*; Bezeichnung $H = (\mathbf{H}, *)$.
■ Beispiele für Halbgruppen
A: Zahlenbereiche bezüglich Addition oder Multiplikation,
B: Potenzmenge bezüglich Vereinigung oder Durchschnitt,
C: Matrizen bezüglich Addition oder Multiplikation,
D: Menge A^* aller „Wörter“ (strings) über einem „Alphabet“ A bezüglich Hintereinanderschreibung *(Worthalbgruppe)*.
Bis auf die Multiplikation von Matrizen und die Hintereinanderschreibung von Wörtern sind alle in den Beispielen vorkommenden Operationen kommutativ; man spricht dann von kommutativen Halbgruppen.

5.3.3 Gruppen

1. Definition
Eine Menge $\mathbb{G}$, versehen mit einer binären Operation $*$, heißt *Gruppe*, wenn

- $*$ assoziativ ist,
- $*$ ein neutrales Element e besitzt und
- zu jedem Element $a \in \mathbb{G}$ ein *inverses Element* a^{-1} existiert, mit

$$a * a^{-1} = a^{-1} * a = e\,. \tag{5.105}$$

Eine Gruppe ist also eine spezielle Halbgruppe.
Das neutrale Element einer Gruppe ist eindeutig bestimmt. Außerdem besitzt jedes Gruppenelement genau ein Inverses. Ist die Operation $*$ kommutativ, so spricht man von einer ABEL*schen Gruppe*.
Ist die Gruppenoperation als Addition $+$ geschrieben, so wird das neutrale Element mit 0 und das inverse Element eines Elementes a mit $-a$ bezeichnet.
■ Beispiele für Gruppen
A: Zahlenbereiche (außer $\mathbb{N}$) bezüglich Addition,
B: $\mathbb{Q}\backslash\{0\}$, $\mathbb{R}\backslash\{0\}$ und $\mathbb{C}\backslash\{0\}$ bezüglich Multiplikation,
C: $S_{\mathrm{M}} := \{f : \mathbb{M} \to \mathbb{M} \wedge f \text{ bijektiv }\}$ bezüglich Hintereinanderausführung von Abbildungen (symmetrische Gruppe),
D: alle regulären Matrizen (s. 4.1.4) über den reellen Zahlen bezüglich Multiplikation.
Matrizen spielen in Anwendungen eine besondere Rolle, insbesondere zur Darstellung linearer Transformationen. Lineare Transformationen lassen sich durch Matrizengruppen klassifizieren.

2. Gruppentafeln
Zur Darstellung endlicher Gruppen werden Gruppentafeln verwendet: Man notiert die Gruppenelemente als Zeilen- und Spalteneingänge. An der Kreuzung der Zeile mit dem Eingang a und der Spalte

mit dem Eingang b steht das Gruppenelement $a * b$.
Ist $\mathbb{M} = \{1, 2, 3\}$, so bezeichnet man die symmetrische Gruppe $S_{\mathbb{M}}$ auch mit S_3. Die S_3 besteht also aus allen bijektiven Abbildungen (Permutationen) auf der Menge $\{1, 2, 3\}$ und hat demzufolge $3! = 6$ Elemente (s. 16.1.1). Permutationen werden meist zweizeilig notiert, indem man in die erste Zeile die Elemente von $\mathbb{M}$ und darunter die jeweiligen Bildelemente schreibt. So erhält man die 6 Elemente der S_3 folgendermaßen:

$$\varepsilon = \begin{pmatrix} 1 & 2 & 3 \\ 1 & 2 & 3 \end{pmatrix}, \; p_1 = \begin{pmatrix} 1 & 2 & 3 \\ 1 & 3 & 2 \end{pmatrix}, \; p_2 = \begin{pmatrix} 1 & 2 & 3 \\ 3 & 2 & 1 \end{pmatrix},$$
$$p_3 = \begin{pmatrix} 1 & 2 & 3 \\ 2 & 1 & 3 \end{pmatrix}, \; p_4 = \begin{pmatrix} 1 & 2 & 3 \\ 2 & 3 & 1 \end{pmatrix}, \; p_5 = \begin{pmatrix} 1 & 2 & 3 \\ 3 & 1 & 2 \end{pmatrix}. \qquad (5.106)$$

Mit der Hintereinanderausführung von Abbildungen erhält man daraus für die S_3 folgende Gruppentafel:

$\circ$	ε	p_1	p_2	p_3	p_4	p_5
ε	ε	p_1	p_2	p_3	p_4	p_5
p_1	p_1	ε	p_5	p_4	p_3	p_2
p_2	p_2	p_4	ε	p_5	p_1	p_3
p_3	p_3	p_5	p_4	ε	p_2	p_1
p_4	p_4	p_2	p_3	p_1	p_5	ε
p_5	p_5	p_3	p_1	p_2	ε	p_4

(5.107)

- Aus der Gruppentafel erkennt man, daß die identische Permutation ε das neutrale Element der Gruppe ist.
- In der Gruppentafel kommt jedes Element in jeder Zeile und jeder Spalte genau einmal vor.
- Das Inverse zu einem Gruppenelement ist aus der Tafel leicht ablesbar; so ist das Inverse zu p_4 in der S_3 die Permutation p_5, da an der Schnittstelle der p_4-Zeile mit der p_5-Spalte das neutrale Element ε steht.
- Ist die Gruppenoperation kommutativ (ABELsche Gruppe), so ist die Tafel symmetrisch bezüglich der „Hauptdiagonalen"; die S_3 ist nicht kommutativ, da z. B. $p_1 \circ p_2 \neq p_2 \circ p_1$.
- Das Assoziativgesetz ist aus der Gruppentafel nicht ablesbar.

3. Untergruppen, Normalteiler

1. Untergruppen Es sei $G = (\mathbb{G}, *)$ eine Gruppe und $\mathbb{U} \subseteq \mathbb{G}$. Ist $\mathbb{U}$ bezüglich $*$ wieder eine Gruppe, so heißt $U = (\mathbb{U}, *)$ eine *Untergruppe* von G.
Eine nichtleere Teilmenge $\mathbb{U}$ einer Gruppe $(\mathbb{G}, *)$ ist genau dann Untergruppe von G, wenn für alle $a, b \in \mathbb{U}$ auch $a * b$ und a^{-1} in $\mathbb{U}$ liegen *(Untergruppenkriterium)*.
Die Gruppe G selbst und $\{e\}$ sind Untergruppen von G, die *trivialen Untergruppen.* Außerdem bestimmt jedes Element $a \in \mathbb{G}$ eine Untergruppe, die von a erzeugte *zyklische Untergruppe*

$$< a > = \{\ldots, a^{-2}, a^{-1}, e, a, a^2, \ldots\}. \qquad (5.108)$$

$< a >$ ist die kleinste Untergruppe von G, die a enthält. Gilt $< a > = G$ für ein Element a aus G, so heißt G zyklisch.
Ist die Elementeanzahl einer endlichen Gruppe G eine Primzahl, so ist G stets zyklisch.
Ist U eine Untergruppe einer Gruppe $(\mathbb{G}, *)$ und $a \in \mathbb{G}$, so heißen die Teilmengen

$$a\mathbb{U} := \{a * u | u \in \mathbb{U}\} \quad \text{bzw.} \quad \mathbb{U}a := \{u * a | u \in \mathbb{U}\} \qquad (5.109)$$

von $\mathbb{G}$ *Linksnebenklassen* bzw. *Rechtsnebenklassen* von U in G. Die Links- bzw. Rechtsnebenklassen bilden jeweils eine Zerlegung von $\mathbb{G}$.

2. Normalteiler Für Untergruppen U ist im allgemeinen $a\mathbb{U}$ verschieden von $\mathbb{U}a$ (es gilt jedoch $|a\mathbb{U}| = |\mathbb{U}a|$). Ist aber $a\mathbb{U} = \mathbb{U}a$ für alle $a \in \mathbb{G}$, so heißt U *Normalteiler* von G. Diese speziellen Untergruppen sind die Grundlage für die Bildung von „Faktorgruppen".
Im allgemeinen ist es schwierig, alle Untergruppen einer Gruppe anzugeben. Hilfreich ist im Falle endlicher Gruppen die folgende für die Existenz von Untergruppen notwendige Bedingung:
Satz von LAGRANGE. Die Anzahl der Elemente einer Untergruppe muß immer Teiler der Elementeanzahl der Gruppe sein.

■ Beispiele für Untergruppen und Normalteiler:

A: $\mathbb{R} \setminus \{0\}$, $\mathbb{Q} \setminus \{0\}$ bilden Untergruppen von $\mathbb{C} \setminus \{0\}$ bezüglich der Multiplikation.

B: Die geraden ganzen Zahlen bilden eine Untergruppe von Z bezüglich der Addition.

C: Untergruppen der Gruppe S_3: Wegen des Satzes von LAGRANGE kann die 6 elementige Gruppe S_3 (außer den trivialen Untergruppen) nur Untergruppen mit 2 oder 3 Elementen haben. Tatsächlich hat die Gruppe S_3 folgende Untergruppen: $E = \{\varepsilon\}$, $U_1 = \{\varepsilon, p_1\}$, $U_2 = \{\varepsilon, p_2\}$, $U_3 = \{\varepsilon, p_3\}$, $U_4 = \{\varepsilon, p_4, p_5\}$, S_3. Die nichttrivialen Untergruppen U_1, U_2, U_3 und U_4 sind zyklisch, weil ihre Elementeanzahlen sämtlich Primzahlen sind. Die S_3 ist dagegen nicht zyklisch. Außer den trivialen Normalteilern hat die Gruppe S_3 nur noch die Untergruppe U_4 als Normalteiler.
Alle symmetrischen Gruppen S_{M} und ihre Untergruppen werden *Permutationsgruppen* genannt.

D: Spezielle Untergruppen der Gruppe $GL(n)$ aller regulären Matrizen vom Typ (n, n) bezüglich der Matrizenmultiplikation (s. 4.1.4):

$SL(n)$	Gruppe aller Matrizen A mit der Determinante 1
$O(n)$	Gruppe aller orthogonalen Matrizen
$SO(n)$	Gruppe aller orthogonalen Matrizen mit der Determinante 1

Die Gruppe $SL(n)$ ist Normalteiler von $GL(n)$ (s. 6. dieses Abschnitts) und $SO(n)$ Normalteiler von $O(n)$.

E: Als Untergruppen der Gruppe aller regulären komplexen Matrizen seien erwähnt (s. 4.1.4):

$U(n)$	Gruppe aller unitären Matrizen
$SU(n)$	Gruppe aller unitären Matrizen mit der Determinante 1

4. Homomorphismen

1. Gruppenhomomorphismus Zwischen algebraischen Strukturen werden nicht beliebige, sondern „strukturerhaltende" Abbildungen betrachtet:
Es seien $G_1 = (\mathbb{G}_1, *)$ und $G_2 = (\mathbb{G}_2, \circ)$ Gruppen. Eine Abbildung $h: \mathbb{G}_1 \to \mathbb{G}_2$ heißt *Gruppenhomomorphismus*, wenn für alle $a, b \in \mathbb{G}_1$ gilt:

$$h(a * b) = h(a) \circ h(b) \quad \text{(„Bild des Produktes = Produkt der Bilder")}. \tag{5.110}$$

Als Beispiel sei der Multiplikationssatz für Determinanten (s. 4.2.2) erwähnt:

$$(\det A)(\det B) = \det(AB). \tag{5.111}$$

Dabei ist auf der linken Seite der Gleichung die Multiplikation reeller Zahlen (Determinanten) und auf der rechten Seite die Multiplikation von Matrizen gemeint.

2. Gruppenisomorphismus Ist $h: \mathbb{G}_1 \to \mathbb{G}_2$ ein Gruppenhomomorphismus, so wird die Menge $\ker h$ aller Elemente von $\mathbb{G}_1$, die auf das neutrale Element von $\mathbb{G}_2$ abgebildet werden, *Kern* von h genannt. Der Kern von h erweist sich als Normalteiler von G_1.
Ist ein Gruppenhomomorphismus h darüber hinaus bijektiv, so heißt h *Gruppenisomorphismus*, und die Gruppen G_1 und G_2 heißen zueinander *isomorph*. Isomorphe Gruppen sind von gleicher Struktur, d.h., sie unterscheiden sich nur durch die Bezeichnung ihrer Elemente.

5. Satz von CAYLEY

Der Satz von CAYLEY beinhaltet, daß durch die Permutationsgruppen *alle* Gruppen strukturell beschrieben werden können:
Jede Gruppe ist zu einer Permutationsgruppe isomorph.
Eine zu $(\mathbb{G}, *)$ isomorphe Permutationsgruppe P ist die aus den Permutationen π_g $(g \in \mathbb{G})$, die a auf $a * g$ abbilden, bestehende Untergruppe der $S_{\mathbb{G}}$. Dabei ist ein zugehöriger Isomorphismus $f: \mathbb{G} \to \mathbb{P}$ durch $f(g) = \pi_g$ gegeben.

6. Homomorphiesatz für Gruppen

Die Menge der Nebenklassen eines Normalteilers N in einer Gruppe G wird bezüglich der Operation

$$a\mathbb{N} \circ b\mathbb{N} = ab\mathbb{N} \tag{5.112}$$

zu einer Gruppe, der *Faktorgruppe* von G nach N, die mit G/N bezeichnet wird.
Der folgende Satz beschreibt einen Zusammenhang zwischen homomorphen Bildern und Faktorgrup-

pen einer Gruppe und wird deshalb Homomorphiesatz für Gruppen genannt:
Ein Gruppenhomomorphismus $h : \mathbb{G}_1 \to \mathbb{G}_2$ bestimmt einen Normalteiler von G_1, nämlich $\ker h = \{a \in \mathbb{G}_1 | h(a) = e\}$. Die Faktorgruppe $G_1 / \ker h$ ist isomorph zum homomorphen Bild $h(\mathbb{G}_1) = \{h(a) | a \in \mathbb{G}_1\}$. Umgekehrt bestimmt jeder Normalteiler N von G_1 eine homomorphe Abbildung $nat_N : \mathbb{G}_1 \to \mathbb{G}_1/\mathbb{N}$ mit $nat_N(a) = aN$. Diese Abbildung nat_N wird *natürlicher Homomorphismus* genannt.

■ Weil die Determinantenbildung $\det : GL(n) \to \mathbb{R} \setminus \{0\}$ ein Gruppenhomomorphismus mit dem Kern $SL(n)$ ist, bildet $SL(n)$ einen Normalteiler von $GL(n)$, und es gilt (nach dem Homomorphiesatz): $GL(n)/SL(n)$ ist isomorph zur multiplikativen Gruppe $R \setminus \{0\}$ der reellen Zahlen.

5.3.4 Ringe und Körper

In diesem Abschnitt werden algebraische Strukturen mit zwei binären Operationen betrachtet.

1. Definition

Eine Menge $\mathbb{R}$, versehen mit zwei binären Operationen $+, *$ heißt *Ring* (Bezeichnung: $(\mathbb{R}, +, *)$), wenn

- $(\mathbb{R}, +)$ eine ABELsche Gruppe,
- $(\mathbb{R}, *)$ eine Halbgruppe ist und
- die *Distributivgesetze* gelten:

$$a * (b + c) = (a * b) + (a * c), \quad (b + c) * a = (b * a) + (c * a). \tag{5.113}$$

Ist $(\mathbb{R}, *)$ kommutativ bzw. hat $(\mathbb{R}, *)$ ein neutrales Element, so heißt der Ring $(\mathbb{R}, +, *)$ kommutativ bzw. Ring mit Einselement.
Ein Ring wird *Körper* genannt, wenn $(\mathbb{R} \setminus \{0\}, *)$ eine ABELsche Gruppe ist. Deshalb ist jeder Körper speziell ein kommutativer Ring mit Einselement.

■ Beispiele für Ringe und Körper

A: Die Zahlenbereiche $\mathbb{Z}$, $\mathbb{Q}$, $\mathbb{R}$ und $\mathbb{C}$ sind bezüglich der Addition und Multiplikation kommutative Ringe mit Einselement; $\mathbb{Q}$, $\mathbb{R}$ und $\mathbb{C}$ sogar Körper. Die Menge der geraden ganzen Zahlen ist ein Beispiel für einen Ring ohne Einselement.

B: Die Menge $\mathbb{M}_n$ aller n-reihigen Matrizen über den reellen Zahlen bildet einen nichtkommutativen Ring mit der Einheitsmatrix als Einselement.

C: Die Menge der reellen Polynome $p(x) = a_n x^n + a_{n-1} x^{n-1} + \cdots + a_1 x + a_0$ bildet bezüglich der üblichen Addition und Multiplikation von Polynomen einen Ring, den Polynomring $R[x]$. Allgemeiner kann man anstelle des Polynomringes über R auch Polynomringe über beliebigen kommutativen Ringen mit Einselement betrachten.

D: Beispiele für endliche Ringe sind die *Restklassenringe* $\mathbb{Z}_m$ modulo m : $\mathbb{Z}_m$ besteht aus allen Klassen $[a]_m$ von ganzen Zahlen, die bei der Division durch m den gleichen Rest lassen. ($[a]_m$ ist die durch die ganze Zahl a bestimmte Äquivalenzklasse bezüglich der im Abschnitt 5.2.4 eingeführten Relation $\sim_R$). Dabei sind durch

$$[a]_m \oplus [b]_m = [a + b]_m \quad \text{und} \quad [a]_m \odot [b]_m = [a \cdot b]_m \tag{5.114}$$

Ringoperationen $\oplus, \odot$ auf $\mathbb{Z}_m$ erklärt. Ist die natürliche Zahl m eine Primzahl, so wird $(\mathbb{Z}_m, \oplus, \odot)$ sogar ein Körper.

2. Unterringe, Ideale

Es sei $R = (\mathbb{R}, +, *)$ ein Ring und $\mathbb{U} \subseteq \mathbb{R}$. Ist $\mathbb{U}$ bezüglich $+$ und $*$ wieder ein Ring, so heißt $U = (\mathbb{U}, +, *)$ ein *Unterring* von R.
Eine nichtleere Teilmenge $\mathbb{U}$ eines Ringes $(\mathbb{R}, +, *)$ bildet genau dann einen Unterring von R, wenn für alle $a, b \in \mathbb{U}$ auch $a + (-b)$ und $a * b$ in $\mathbb{U}$ liegen *(Unterringkriterium)*.
Ein Unterring I heißt *Ideal*, wenn für alle $r \in \mathbb{R}$ und $a \in \mathbf{I}$ sowohl $r * a$ als auch $a * r$ in $\mathbf{I}$ liegen. Diese speziellen Unterringe sind die Grundlage für die Bildung von Faktorringen (s. 3. dieses Abschnitts).
Die *trivialen Unterringe* $\{0\}$ und R sind auch stets Ideale von R. Körper haben nur triviale Ideale.

Sämtliche Ideale von Z sind *Hauptideale*, das sind Ideale, die von einem Ringelement „erzeugt" werden können. Sie werden in der Form $m\mathrm{Z} = \{mg|g \in \mathrm{Z}\}$ geschrieben und mit (m) bezeichnet.

3. Homomorphismen, Homomorphiesatz

1. Ringhomomorphismus Es seien $R_1 = (\mathbf{R}_1, +, *)$ und $R_2 = (\mathbf{R}_2, \circ_+, \circ_*)$ Ringe. Eine Abbildung $h: \mathbf{R}_1 \to \mathbf{R}_2$ heißt *Ringhomomorphismus*, wenn für alle $a, b \in \mathbf{R}_1$ gilt:

$$h(a+b) = h(a) \circ_+ h(b) \quad \text{und} \quad h(a*b) = h(a) \circ_* h(b). \tag{5.115}$$

Der *Kern* von h ist die Menge aller Elemente aus $\mathbf{R}_1$, die bei h auf das neutrale Element 0 von $(\mathbf{R}_2, +)$ abgebildet werden, und wird mit $\ker h$ bezeichnet:

$$\ker h = \{a \in \mathbf{R}_1 | h(a) = 0\}. \tag{5.116}$$

$\ker h$ ist ein Ideal von R_1.
Ist h außerdem bijektiv, so heißt h *Ringisomorphismus*, und die Ringe R_1 und R_2 heißen zueinander isomorph.
Ist I ein Ideal eines Ringes $(\mathbf{R}, +, *)$, so wird die Menge der Nebenklassen $\{a + \mathbf{I} | a \in \mathbf{R}\}$ von I in der additiven Gruppe $(\mathbf{R}, +)$ des Ringes R (s. 5.3.3,3.) bezüglich der Operationen

$$(a+\mathbf{I}) \circ_+ (b+\mathbf{I}) = (a+b)+\mathbf{I} \quad \text{und} \quad (a+\mathbf{I}) \circ_* (b+\mathbf{I}) = (a*b)+\mathbf{I} \tag{5.117}$$

zu einem Ring, dem *Faktorring* von R nach I, der mit R/I bezeichnet wird.
Die Hauptideale (m) von Z liefern als Faktorringe gerade die Restklassenringe $Z_m = Z_{/(m)}$ (s. obige Beispiele für Ringe und Körper).

2. Homomorphiesatz für Ringe Ersetzt man im Homomorphiesatz für Gruppen den Begriff Normalteiler durch Ideal, so erhält man den *Homomorphiesatz für Ringe*: Ein Ringhomomorphismus $h: \mathbf{R}_1 \to \mathbf{R}_2$ bestimmt ein Ideal von R_1, nämlich $\ker h = \{a \in \mathbf{R}_1 | h(a) = 0\}$. Der Faktorring $R_1/\ker h$ ist isomorph zum homomorphen Bild $h(\mathbf{R}_1) = \{h(a) | a \in \mathbf{R}_1\}$. Umgekehrt bestimmt jedes Ideal I von R_1 eine homomorphe Abbildung $nat_I: \mathbf{R}_1 \to \mathbf{R}_2/\mathbf{I}$ mit $nat_I(a) = a + \mathbf{I}$. Diese Abbildung nat_I wird *natürlicher Homomorphismus* genannt.

5.3.5 Vektorräume

1. Definition

Ein *Vektorraum* über einem Körper K (K-Vektorraum) besteht aus einer additiv geschriebenen ABELschen Gruppe $V = (\mathrm{V}, +)$ von „Vektoren", einem Körper $K = (\mathbf{K}, +, *)$ von „Skalaren" und einer äußeren Multiplikation $\mathbf{K} \times \mathrm{V} \to \mathrm{V}$, die jedem geordneten Paar (k, v) mit $k \in \mathbf{K}$ und $v \in \mathrm{V}$ einen Vektor $kv \in \mathrm{V}$ zuordnet. Dabei gelten folgende Gesetze:

(V1) $(u+v)+w = u+(v+w)$ für alle $u, v, w \in \mathrm{V}$. (5.118)

(V2) Es gibt einen Vektor $\underline{\mathbf{0}} \in \mathrm{V}$ mit $v + \underline{\mathbf{0}} = v$ für alle $v \in \mathrm{V}$. (5.119)

(V3) Zu jedem Vektor v gibt es einen Vektor $-v$ mit $v + (-v) = \underline{\mathbf{0}}$. (5.120)

(V4) $v + w = w + v$ für alle $v, w \in \mathrm{V}$. (5.121)

(V5) $1v = v$ für alle $v \in \mathrm{V}, 1$ bezeichnet das Einselement von$K$. (5.122)

(V6) $r(sv) = (rs)v$ für alle $r, s \in \mathbf{K}$ und alle $v \in \mathrm{V}$. (5.123)

(V7) $(r+s)v = rv + sv$ für alle $r, s \in \mathbf{K}$ und alle $v \in \mathrm{V}$. (5.124)

(V8) $r(v+w) = rv + rw$ für alle $r \in \mathbf{K}$ und alle $v, w \in \mathrm{V}$. (5.125)

Ist $\mathbf{K} = \mathbf{R}$, so spricht man von einem *reellen Vektorraum*.

■ Beispiele für Vektorräume:

A: Einspaltige bzw. einzeilige reelle Matrizen vom Typ $(n, 1)$ bzw. $(1, n)$ bilden bezüglich der Matrizenaddition und äußerer Multiplikation mit einer reellen Zahl einen reellen Vektorraum R^n (Vektorraum der Spalten- bzw. Zeilenvektoren; s. 4.1.3).
B: Alle reellen Matrizen vom Typ (m, n) bilden einen reellen Vektorraum.
C: Alle auf einem Intervall $[a, b]$ stetigen reellen Funktionen bilden mit den durch

$$(f+g)(x) = f(x) + g(x) \quad \text{und} \quad (kf)(x) = k \cdot f(x) \tag{5.126}$$

definierten Operationen einen reellen Vektorraum. Funktionenräume spielen in der Funktionalanalysis eine wesentliche Rolle.

2. Lineare Abhängigkeit

Es sei V ein K-Vektorraum. Die Vektoren $v_1, v_2, \ldots, v_m \in \mathrm{V}$ heißen *linear abhängig*, falls es $k_1, k_2, \ldots, k_m \in \mathbb{K}$ gibt, die *nicht alle* gleich Null sind, so daß $\underline{\mathbf{0}} = k_1v_1 + k_2v_2 + \cdots + k_mv_m$ gilt, und andernfalls *linear unabhängig*. Lineare Abhängigkeit von Vektoren bedeutet also, daß sich ein Vektor durch die anderen darstellen läßt.
Existiert eine Maximalzahl n linear unabhängiger Vektoren in V, so heißt V *n-dimensional.* Diese Zahl n ist dann eindeutig bestimmt und heißt *Dimension.* Je n linear unabhängige Vektoren in V bilden eine *Basis.* Gibt es eine solche Maximalzahl nicht, so heißt der Vektorraum *unendlichdimensional.* Die Vektorräume aus den obigen Beispielen sind in der angegebenen Reihenfolge n-, $m \cdot n$- bzw. unendlichdimensional.
Aus dem Vektorraum R^n sind n Vektoren genau dann linear abhängig, wenn die Determinante der Matrix, die diese Vektoren als Spalten bzw. Zeilen enthält, gleich 0 ist.
Ist $\{v_1, v_2, \ldots, v_n\}$ eine Basis eines n-dimensionalen K-Vektorraumes, so besitzt jeder Vektor $v \in \mathrm{V}$ eine *eindeutige* Darstellung $v = k_1v_1 + k_2v_2 + \cdots + k_nv_n$ mit $k_1, k_2 \ldots, k_n \in \mathbb{K}$.
Jede Menge linear unabhängiger Vektoren eines Vektorraumes läßt sich zu einer Basis dieses Vektorraumes ergänzen.

3. Lineare Abbildungen

Die mit der Struktur von Vektorräumen verträglichen Abbildungen werden *lineare Abbildungen* genannt: $f : \mathrm{V}_1 \to \mathrm{V}_2$ heißt linear, wenn für alle $u, v \in \mathrm{V}_1$ und alle $k \in \mathbb{K}$ gilt

$$f(u+v) = f(u) + f(v) \quad \text{und} \quad f(ku) = k \cdot f(u). \tag{5.127}$$

Die linearen Abbildungen f von R^n in R^m werden mittels Matrizen $\mathbf{A}$ vom Typ (m, n) durch $f(v) = \mathbf{A}v$ beschrieben.

4. Unterräume, Dimensionsformel

Es sei V ein Vektorraum und $\mathbb{U}$ eine Teilmenge von V_0. Bilder $\mathbb{U}$ bezüglich der Operationen aus V einen Vektorraum, so heißt U ein *Unterraum* von V.
Eine nichtleere Teilmenge $\mathbb{U}$ von V ist genau dann Unterraum, wenn für alle $u_1, u_2 \in \mathbb{U}$ und alle $k \in \mathbb{K}$ auch $u_1 + u_2$ und $k \cdot u_1$ in $\mathbb{U}$ liegen *(Unterraumkriterium).*
Es seien V_1, V_2 K-Vektorräume. Ist $f : \mathrm{V}_1 \to \mathrm{V}_2$ eine lineare Abbildung, so sind die Unterräume *Kern* und *Bild* wie folgt definiert:

$$\text{Kern } f = \{v \in \mathrm{V} | f(v) = \underline{\mathbf{0}}\}, \quad \text{Bild } f = \{f(v) | v \in \mathrm{V}\}. \tag{5.128}$$

So ist zum Beispiel die Lösungsmenge eines homogenen linearen Gleichungssystems $\mathbf{A}\underline{\mathbf{x}} = \underline{\mathbf{0}}$ der Kern der durch die Koeffizientenmatrix $\mathbf{A}$ vermittelten linearen Abbildung.
Die Dimension dim Kern f bzw. dim Bild f werden *Defekt* f bzw. *Rang* f genannt. Zwischen diesen Dimensionen besteht folgender Zusammenhang:

$$\textit{Dimensionsformel} \quad \text{Defekt } f + \text{Rang } f = \dim V. \tag{5.129}$$

Ist speziell Defekt $f = 0$, d. h. Kern $f = \{\underline{\mathbf{0}}\}$, dann ist die lineare Abbildung f injektiv und umgekehrt. Injektive lineare Abbildungen werden *regulär* genannt.

5. EUKLIDische Vektorräume

Um in abstrakten Vektorräumen Begriffe wie Länge, Winkel, Orthogonalität verwenden zu können, werden EUKLID*ische Vektorräume* eingeführt.

Es sei V ein reeller Vektorraum. Ist $\varphi : \mathrm{V} \times \mathrm{V} \to \mathbb{R}$ eine Abbildung mit folgenden Eigenschaften (statt $\varphi(v, w)$ wird $v \cdot w$ geschrieben), dann gilt für alle $u, v, w \in \mathrm{V}$ und für alle $r, s \in \mathbb{R}$

(S1) $$v \cdot w = w \cdot v \, , \tag{5.130}$$

(S2) $$(u + v) \cdot w = u \cdot w + v \cdot w \, , \tag{5.131}$$

(S3) $$r(v \cdot w) = (rv) \cdot w = v \cdot (rw) \, , \tag{5.132}$$

(S4) $$v \cdot v > 0 \text{ genau dann, wenn } v \neq 0 \, , \tag{5.133}$$

und φ heißt *Skalarprodukt* auf V.
Ist auf V ein Skalarprodukt erklärt, so heißt V ein EUKLID*ischer Vektorraum*.
Mit $\|v\| = \sqrt{v \cdot v}$ wird die EUKLID*ische Norm* (Länge) von v bezeichnet. Der Winkel α zwischen v, w aus V wird über die Formel

$$\cos \alpha = \frac{v \cdot w}{\|v\| \cdot \|w\|} \tag{5.134}$$

erklärt. Ist $v \cdot w = 0$, so werden v und w zueinander *orthogonal* genannt.
Im Zusammenhang mit FOURIER–Reihen (s. 7.4.1.1) werden Funktionen der Form $\sin kx$ und $\cos kx$ betrachtet. Diese Funktionen können als Elemente von $C[0, 2\pi]$ aufgefaßt werden. Im Funktionenraum $C[a, b]$ wird durch

$$f \cdot g = \int_a^b f(x)g(x)\, dx \tag{5.135}$$

ein Skalarprodukt erklärt. Wegen

$$\int_0^{2\pi} \sin kx \cdot \sin lx \, dx = 0 \quad (k \neq l); \tag{5.136}$$

$$\int_0^{2\pi} \cos kx \cdot \cos lx \, dx = 0 \quad (k \neq l); \tag{5.137}$$

$$\int_0^{2\pi} \sin kx \cdot \cos lx \, dx = 0 \tag{5.138}$$

sind die Funktionen $\sin kx$ und $\cos kx$ für alle $k, l \in \mathbb{N}$ paarweise zueinander orthogonal. Diese *Orthogonalität trigonometrischer Funktionen* wird zur Berechnung der FOURIER-Koeffizienten bei der harmonischen Analyse (s. 7.4.1.1) ausgenutzt.

5.4 Boolesche Algebren und Schaltalgebra

Die in Abschnitt 5.2.2 festgestellte Analogie der Grundgesetze (Rechenregeln) der Mengenalgebra und der Aussagenlogik (5.1.1) trifft auch auf die Rechenregeln für Operationen mit anderen mathematischen Objekten zu. Die Untersuchung dieser Rechenregeln führt auf den Begriff der BOOLEschen Algebra.

1. Definition

Eine Menge $\mathbb{B}$, versehen mit zwei binären Operationen $\sqcap$ („Konjunktion“) und $\sqcup$ („Disjunktion“), einer einstelligen Operation („Negation“) und zwei ausgezeichneten Elementen 0 und 1 aus $\mathbb{B}$, heißt BOOLE*sche Algebra* $B = (\mathbb{B}, \sqcap, \sqcup, \;\; , 0, 1)$, wenn folgende Gesetze gelten:

1. Assoziativgesetze

$$(a \sqcap b) \sqcap c = a \sqcap (b \sqcap c) \tag{5.139}$$

$$(a \sqcup b) \sqcup c = a \sqcup (b \sqcup c) \tag{5.140}$$

2. Kommutativgesetze

$$a \sqcap b = b \sqcap a \tag{5.141}$$

$$a \sqcup b = b \sqcup a \tag{5.142}$$

3. Absorptionsgesetze

$$a \sqcap (a \sqcup b) = a \tag{5.143}$$

$$a \sqcup (a \sqcap b) = a \tag{5.144}$$

4. Distributivgesetze

$(a \sqcup b) \sqcap c = (a \sqcap c) \sqcup (b \sqcap c)$ (5.145) $(a \sqcap b) \sqcup c = (a \sqcup c) \sqcap (b \sqcup c)$ (5.146)

5. $a \sqcap 1 = 1$ (5.147) $a \sqcup 0 = a$ (5.148)

$a \sqcap 0 = 0$ (5.149) $a \sqcup 1 = 1$ (5.150)

$a \sqcap \overline{a} = 0$ (5.151) $a \sqcup \overline{a} = 1$ (5.152)

Eine Struktur, in der Assoziativ-, Kommutativ- und Absorptionsgesetze gelten, heißt *Verband*. Gelten darüber hinaus die Distributivgesetze, so spricht man von einem *distributiven Verband*. So ist also eine BOOLEsche Algebra ein spezieller distributiver Verband.
Die für BOOLEsche Algebren verwendeten Bezeichnungen der Operationen sind nicht notwendigerweise identisch mit den in der Aussagenlogik verwendeten Operationen mit gleicher Bezeichnung.

2. Dualitätsprinzip

In den obigen „Axiomen"einer BOOLEschen Algebra erkennt man folgende Dualität: Ersetzt man in einem Axiom $\sqcap$ durch $\sqcup$, $\sqcup$ durch $\sqcap$, 0 durch 1 und 1 durch 0, dann erhält man das jeweils andere Axiom auf derselben Zeile. Man sagt, die Axiome einer Zeile sind zueinander *dual* und nennt den Ersetzungsprozeß *Dualisieren*. Durch Dualisieren erhält man aus einer Aussage über BOOLEsche Algebren die dazu *duale Aussage*.
Dualitätsprinzip für BOOLEsche Algebren: Die duale Aussage zu einer wahren Aussage über BOOLEsche Algebren ist wieder eine wahre Aussage über BOOLEsche Algebren, d.h., mit jeder bewiesenen Aussage ist gleichzeitig auch die dazu duale Aussage bewiesen.
Aus den Axiomen folgen z.B. folgende Eigenschaften für BOOLEsche Algebren:

- Die Operationen $\sqcap$ und $\sqcup$ sind *idempotent*, d. h.

$a \sqcap a = a$ (5.153) $a \sqcup a = a$ (5.154)

- DE MORGANsche Regeln:

$\overline{a \sqcap b} = \overline{a} \sqcup \overline{b}$ (5.155) $\overline{a \sqcup b} = \overline{a} \sqcap \overline{b}$ (5.156)

- $\overline{\overline{a}} = a$ (5.157)

Es genügt auch hier, von nebeneinanderstehenden (dualen) Aussagen nur eine zu beweisen, während die dritte Aussage zu sich selbst dual ist.

3. Endliche BOOLEsche Algebren

Alle endlichen BOOLEschen Algebren lassen sich bis auf „Isomorphie" einfach angeben. Es seien B_1, B_2 BOOLEsche Algebren und $f : \mathbb{B}_1 \to \mathbb{B}_2$ eine bijektive Abbildung. f heißt *Isomorphismus*, falls gilt:

$$f(a \sqcap b) = f(a) \sqcap f(b), \quad f(a \sqcup b) = f(a) \sqcup f(b) \quad \text{und} \quad f(\overline{a}) = \overline{f(a)}. \qquad (5.158)$$

Jede endliche BOOLEsche Algebra ist isomorph zur BOOLEschen Algebra der Potenzmenge einer endlichen Menge. Insbesondere hat jede endliche BOOLEsche Algebra 2^n Elemente, und je zwei endliche BOOLEsche Algebren mit gleich vielen Elementen sind isomorph.
Im folgenden wird mit B die zweielementige BOOLEsche Algebra $\{0,1\}$ mit den Operationen

$\sqcap$	0	1
0	0	0
1	0	1

$\sqcup$	0	1
0	0	1
1	1	1

	$-$
0	1
1	0

bezeichnet. Erklärt man auf dem n-fachen kartesischen Produkt $B^n = \{0,1\} \times \cdots \times \{0,1\}$ die Operationen $\sqcap$, $\sqcup$ und $^-$ komponentenweise, so wird B^n mit $0 = (0,\ldots,0)$ und $1 = (1,\ldots,1)$ zu einer BOOLEschen Algebra. Man nennt B^n das *n-fache direkte Produkt* von B. Da B^n 2^n Elemente enthält, erhält man auf diese Weise *alle* endlichen BOOLEschen Algebren (bis auf Isomorphie).

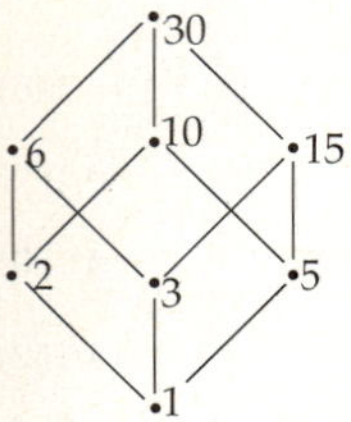

Abbildung 5.9

4. BOOLEsche Algebren als Ordnungen
Jeder BOOLEschen Algebra B läßt sich eine Ordnungsrelation in $\mathbb{B}$ zuordnen: Dabei wird $a \leq b$ genau dann gesetzt, wenn $a \sqcap b = a$ gilt (oder gleichbedeutend dazu, wenn $a \sqcup b = b$ gilt).
Somit läßt sich jede endliche BOOLEsche Algebra durch ein HASSE–Diagramm darstellen (s. 5.2.44.).
■ $\mathbb{B}$ sei die Menge $\{1, 2, 3, 5, 6, 10, 15, 30\}$ der Teiler der Zahl 30. Als zweistellige Operationen werden die Bildung des größten gemeinsamen Teilers bzw. des kleinsten gemeinsamen Vielfachen verwendet und als einstellige Operation die Bildung des Komplements. Die ausgezeichneten Elemente 0 bzw. 1 entsprechen den Zahlen 1 bzw. 30. Das zugehörige HASSE–Diagramm zeigt **Abb.5.9**.

5. BOOLEsche Funktionen, BOOLEsche Ausdrücke

1. BOOLEsche Funktionen Es bezeichnet B wieder die zweielementige BOOLEsche Algebra wie in 3. dieses Abschnitts. Eine *n-stellige BOOLEsche Funktion* f ist eine Abbildung von $\mathbb{B}^n$ in $\mathbb{B}$. Es gibt 2^{2^n} n–stellige BOOLEsche Funktionen. Die Menge $\mathbb{B}\,F_n$ aller $n$stelligen BOOLEschen Funktionen wird mit

$$(f \sqcap g)(b) = f(b) \sqcap g(b) \qquad (5.159) \qquad\qquad (f \sqcup g)(b) = f(b) \sqcup g(b) \qquad (5.160)$$

$$\overline{f}(b) = \overline{f(b)} \qquad (5.161)$$

zu einer BOOLEschen Algebra. Dabei ist b jeweils ein n–Tupel von Elementen aus $\mathbb{B} = \{0, 1\}$, und auf der rechten Seite der Gleichungen werden die Operationen in $\mathbb{B}$ ausgeführt. Die ausgezeichneten Elemente 0 bzw. 1 entsprechen den Funktionen f_0 bzw. f_1 mit

$$f_0(b) = 0, \quad f_1(b) = 1 \quad \text{für alle} \quad b \in \mathbb{B}^n. \qquad (5.162)$$

2. BOOLEsche Ausdrücke BOOLE*sche Ausdrücke* werden induktiv definiert: Sei $X = \{x, y, z, \ldots\}$ eine (abzählbare) Menge BOOLE*scher Variabler* (die nur Werte aus $\{0, 1\}$ annehmen können).

(1.) Die Konstanten 0 und 1 sowie die BOOLEschen Variablen aus X sind BOOLEsche Ausdrücke.

(2.) Sind S und T BOOLEsche Ausdrücke, so auch $\overline{T}$, $(S \sqcap T)$ und $(S \sqcup T)$.

Enthält ein BOOLEscher Ausdruck die Variablen $x_1, \ldots, x_n$, so repräsentiert er eine n–stellige BOOLEsche Funktion f_T: Es sei b eine „Belegung" der BOOLEschen Variablen $x_1, \ldots, x_n$, d.h. $b = (b_1, \ldots, b_n) \in \mathbb{B}^n$. Unter Beachtung der induktiven Definition werden den Ausdrücken T wie folgt BOOLEsche Funktionen zugeordnet:
Ist $T = 0$, so gilt $f_T = f_0$; ist $T = 1$, so gilt $f_T = f_1$;
ist $T = x_i$, so gilt $f_T(b) = b_i$; ist $T = \overline{S}$, so gilt $f_T(b) = \overline{f_S(b)}$;
ist $T = R \sqcap S$, so gilt $f_T(b) = f_R(b) \sqcap f_S(b)$;
ist $T = R \sqcup S$, so gilt $f_T(b) = f_R(b) \sqcup f_S(b)$.
Umgekehrt läßt sich jede BOOLEsche Funktion f durch eine BOOLEschen Ausdruck T darstellen (s. 6. dieses Abschnitts).

3. Wertverlaufsgleiche BOOLEsche Ausdrücke BOOLEsche Ausdrücke S und T heißen *wertverlaufsgleich*, wenn sie die gleiche BOOLEsche Funktion repräsentieren. BOOLEsche Ausdrücke sind genau dann gleich, wenn sie durch „Umformungen" entsprechend den Axiomen einer BOOLEschen Algebra ineinander überführbar sind.
Bei der Umformung BOOLEscher Ausdrücke stehen zwei Aspekte im Vordergrund:

- Umformung in einen möglichst „einfachen" Ausdruck (s. 7. dieses Abschnitts)

- Umformung in eine „Normalform"

6. Normalformen

1. Elementarkonjunktion, Elementardisjunktion Es sei $B = (\mathbb{B}, \sqcap, \sqcup, \bar{\ }, 0, 1)$ eine BOOLEsche Algebra und $\{x_1, \ldots, x_n\}$ eine Menge BOOLEscher Variabler. Jede Konjunktion bzw. Disjunktion, in der jede Variable oder ihre Negation genau einmal vorkommt, heißt *Elementarkonjunktion* bzw. *Elementardisjunktion* (in den Variablen $x_1, \ldots, x_n$).
Es sei $T(x_1, \ldots, x_n)$ ein BOOLEscher Ausdruck. Eine Disjunktion D von Elementarkonjunktionen mit $D = T$ heißt *kanonisch disjunktive Normalform (KDNF)* von T. Eine Konjunktion K von Elementardisjunktionen mit $K = T$ heißt *kanonisch konjunktive Normalform (KKNF)* von T.
Um zu zeigen, daß sich jede BOOLEsche Funktion f durch einen BOOLEschen Ausdruck darstellen läßt, wird zu f die KDNF konstruiert:

x	y	z	$f(x,y,z)$
0	0	0	0
0	0	1	1
0	1	0	0
0	1	1	0
1	0	0	0
1	0	1	1
1	1	0	1
1	1	1	0

Die KDNF zur BOOLEschen Funktion f besteht aus den Elementarkonjunktionen $\overline{x} \sqcap \overline{y} \sqcap z$, $x \sqcap \overline{y} \sqcap z$, $x \sqcap y \sqcap \overline{z}$. Diese Elementarkonjunktionen gehören zu den Belegungen b der Variablen, die bei f den Funktionswert 1 haben. Ist in b eine Variable v mit 1 belegt, so wird v in die Elementarkonjunktion aufgenommen, andernfalls $\overline{v}$. Für das obige Beispiel lautet die KDNF:

$$(\overline{x} \sqcap \overline{y} \sqcap z) \sqcup (x \sqcap \overline{y} \sqcap z) \sqcup (x \sqcap y \sqcap \overline{z}). \tag{5.163}$$

Die „duale" Form zur KDNF ist die KKNF: Die Elementardisjunktionen gehören zu den Belegungen b der Variablen, die bei f den Funktionswert 0 haben. Ist in b eine Variable v mit 0 belegt, so wird v in die Elementarkonjunktion aufgenomen, andernfalls $\overline{v}$. Somit lautet die KKNF für das obige Beispiel:

$$(x \sqcup y \sqcup z) \sqcap (x \sqcup \overline{y} \sqcup z) \sqcap (x \sqcup \overline{y} \sqcup \overline{z}) \sqcap (\overline{x} \sqcup y \sqcup z) \sqcap (\overline{x} \sqcup \overline{y} \sqcup \overline{z}). \tag{5.164}$$

Die KDNF und die KKNF zu f sind eindeutig bestimmt, wenn man eine Reihenfolge der Variablen und eine Reihenfolge der Belegungen vorgibt, z. B. wenn man die Belegungen als Dualzahlen auffaßt und der Größe nach ordnet.

2. Kanonische Normalformen Unter den kanonischen Normalformen eines BOOLEschen Ausdrucks T versteht man die kanonischen Normalformen der zugehörigen BOOLEschen Funktion f_T.
Oft bereitet die Überprüfung der Wertverlaufsgleichheit zweier BOOLEscher Ausdrücke durch Umformung Probleme. Hilfreich sind dann die kanonischen Normalformen: Zwei BOOLEsche Ausdrücke sind genau dann wertverlaufsgleich, wenn die zugehörigen eindeutig bestimmten kanonischen Normalformen Zeichen für Zeichen übereinstimmen. Zum Beispiel sind die Ausdrücke $(\overline{y} \sqcap z) \sqcup (x \sqcap y \sqcap \overline{z})$ und $(x \sqcup ((y \sqcup z) \sqcap (\overline{y} \sqcup z) \sqcap (\overline{y} \sqcup \overline{z}))) \sqcap (\overline{x} \sqcup ((y \sqcup z) \sqcap (\overline{y} \sqcup z)))$ untereinander wertverlaufsgleich, weil beide die kanonisch disjunktive (bzw. konjunktive) Normalform aus obigem Beispiel haben.

7. Schaltalgebra

Eine typische Anwendung der BOOLEschen Algebra ist die Vereinfachung von Reihen-Parallel-Schaltungen (RPS). Dazu wird einer RPS ein BOOLEscher Ausdruck zugeordnet (Transformation). Dieser Ausdruck wird mit den Umformungsregeln der BOOLEschen Algebra „vereinfacht". Anschließend wird diesem Ausdruck wieder eine RPS zugeordnet (Rücktransformation). Im Ergebnis erhält man eine vereinfachte RPS, die das gleiche Schaltverhalten wie die Ausgangsschaltung hat **(Abb.5.10)**.
RPS bestehen aus Grundelementen, den Arbeits- und Ruhekontakten, mit jeweils zwei Zuständen (geöffnet oder geschlossen). Den die Kontakte steuernden Schaltvorrichtungen werden BOOLEsche Variable zugeordnet. Dem Zustand „aus" bzw. „ein" der Schaltvorrichtung entspricht der Wert 0 bzw. 1 der BOOLEschen Variablen. Kontakte, die durch die gleichen Vorrichtungen geschaltet werden, erhalten als Symbol die BOOLEsche Variable dieser Vorrichtung. Der *Schaltwert* einer RPS ist 0 bzw. 1, wenn die Schaltung elektrisch leitend bzw. nichtleitend ist. Der Schaltwert ist abhängig von der Stellung der Kontakte und damit eine BOOLEsche Funktion S *(Schaltfunktion)* der den Schaltvorrichtungen zugeordneten Variablen. In **Abb.5.11** sind Kontakte, Schaltungen, Symbole und die ihnen entsprechenden BOOLEschen Ausdrücke dargestellt. Die BOOLEschen Ausdrücke, die Schaltfunktionen von RPS repräsentieren, sind dadurch ausgezeichnet, daß das Negationszeichen *nur* über Variablen

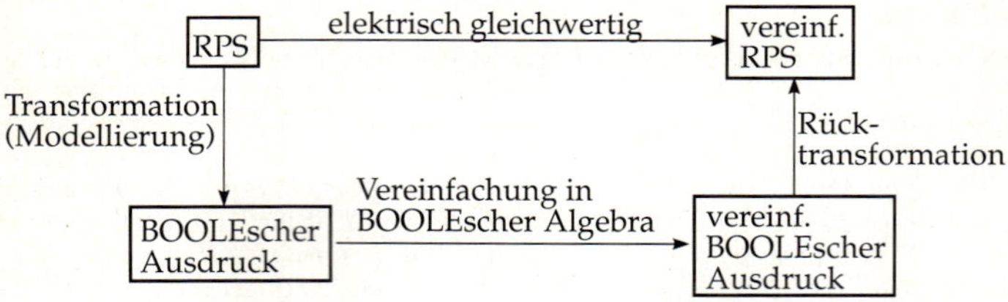

Abbildung 5.10

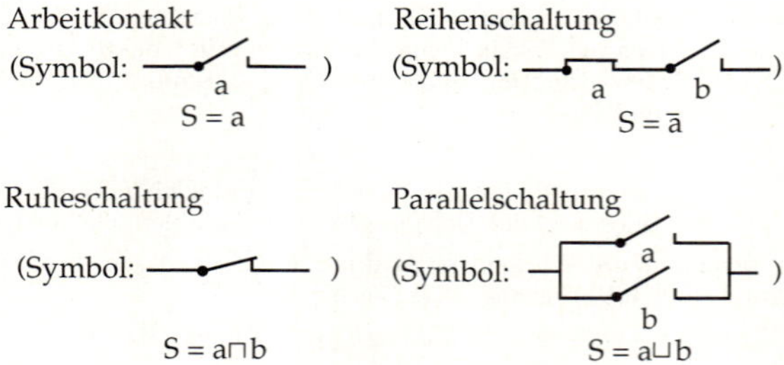

Abbildung 5.11

(nicht über Teilausdrücken) stehen darf.

■ Die RPS aus Abb. 5.12 ist zu vereinfachen. Dieser Schaltung ist der BOOLEsche Ausdruck

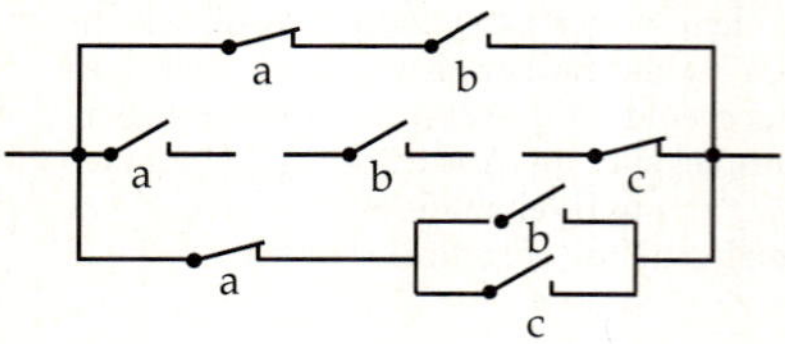

Abbildung 5.12

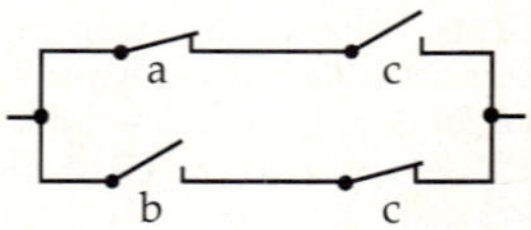

Abbildung 5.13

$$S = (\overline{a} \sqcap b) \sqcup (a \sqcap b \sqcap \overline{c}) \sqcup (\overline{a} \sqcap (b \sqcup c)) \tag{5.165}$$

als Schaltfunktion zugeordnet. Entsprechend den Umformungsregeln der BOOLEschen Algebra ergibt sich:

$$\begin{aligned} S &= (b \sqcap (\overline{a} \sqcup (a \sqcap \overline{c}))) \sqcup (\overline{a} \sqcap (b \sqcup c)) \\ &= (b \sqcap (\overline{a} \sqcup \overline{c})) \sqcup (\overline{a} \sqcap (b \sqcup c)) \\ &= (\overline{a} \sqcap b) \sqcup (b \sqcap \overline{c}) \sqcup (\overline{a} \sqcap c) \\ &= (\overline{a} \sqcap b \sqcap c) \sqcup (\overline{a} \sqcap b \sqcap \overline{c}) \sqcup (b \sqcap \overline{c}) \sqcup (a \sqcap b \sqcap \overline{c}) \sqcup (\overline{a} \sqcap c) \sqcup (\overline{a} \sqcap \overline{b} \sqcap c) \\ &= (\overline{a} \sqcap c) \sqcup (b \sqcap \overline{c}) \end{aligned} \tag{5.166}$$

Dabei ergibt sich $\overline{a} \sqcap c$ aus $(\overline{a} \sqcap b \sqcap c) \sqcup (\overline{a} \sqcap c) \sqcup (\overline{a} \sqcap \overline{b} \sqcap c)$ und $b \sqcap \overline{c}$ aus $(\overline{a} \sqcap b \sqcap \overline{c}) \sqcup (b \sqcap \overline{c}) \sqcup (a \sqcap b \sqcap \overline{c})$. Man erhält die in **Abb.5.13** dargestellte vereinfachte RPS.

Dieses Beispiel veranschaulicht, daß es nicht immer einfach ist, durch Umformung auf den „einfachsten“ BOOLEschen Ausdruck zu kommen. In der Literatur sind dazu Verfahren bereitgestellt.

5.5 Universelle Algebra

Eine (universelle) Algebra besteht aus einer Menge, der Trägermenge, und Operationen auf dieser Menge. Einfache Beispiele sind die in den Abschnitten 5.2, 5.3 und 5.4 behandelten Halbgruppen, Gruppen, Ringe und Körper.
Universelle Algebren (meist mehrsortig, d.h. mit mehreren Trägermengen) werden insbesondere in der theoretischen Informatik betrachtet. Sie dienen dort als Grundlage für die (algebraische) Spezifikation abstrakter *Datentypen* und für *Termersetzungssysteme.*

1. Definition

Es sei Ω eine Menge von Operationssymbolen, die in paarweise disjunkte Teilmengen Ω_n, $n \in \mathbb{N}$, zerfällt. In Ω_0 liegen die Konstanten, in Ω_n, $n > 0$, die n–stelligen Operationssymbole. Die Familie $(\Omega_n)_{n\in\mathbb{N}}$ heißt *Typ* oder *Signatur.* Ist A eine Menge und ist jedem n–stelligen Operationssymbol $\omega \in \Omega_n$ eine n–stellige Operation ω^{A} in A zugeordnet, so heißt $A = (\mathrm{A}, \{\omega^{\mathrm{A}} | \omega \in \Omega\})$ eine Ω*–Algebra* oder Algebra vom Typ (oder der Signatur) Ω.
Ist Ω endlich, $\Omega = \{\omega_1, \ldots, \omega_k\}$, so schreibt man für A auch $A = (\mathrm{A}, \omega_1^{\mathrm{A}}, \ldots, \omega_k^{\mathrm{A}})$.
Faßt man einen Ring (s. 5.3.4) als Ω–Algebra auf, so zerfällt Ω in $\Omega_0 = \{\omega_1\}$, $\Omega_1 = \{\omega_2\}$, $\Omega_2 = \{\omega_3, \omega_4\}$, wobei den Operationssymbolen $\omega_1, \omega_2, \omega_3, \omega_4$ die Konstante 0, Inversenbildung bezüglich Addition, Addition und Multiplikation zugeordnet sind.
Es seien A und B Ω–Algebren. B heißt Ω*–Unteralgebra* von A, falls $\mathbb{B} \subseteq \mathrm{A}$ ist und die Operationen ω^{B} die Einschränkungen der Operationen ω^{A} $(\omega \in \Omega)$ auf die Teilmenge $\mathbb{B}$ sind.

2. Kongruenzrelationen, Faktoralgebren

Um Faktorstrukturen, wie im Falle der Gruppen und Ringe, für universelle Algebren konstruieren zu können, wird der Begriff der Kongruenzrelation benötigt. Eine Kongruenzrelation ist eine mit der Struktur verträgliche Äquivalenzrelation: Es sei $A = (\mathrm{A}, \{\omega^{\mathrm{A}} | \omega \in \Omega\})$ eine Ω–Algebra und R eine Äquivalenzrelation in A. R heißt *Kongruenzrelation* in A, falls für alle $\omega \in \Omega_n$ $(n \in \mathbb{N})$ und alle $a_i, b_i \in \mathrm{A}$ mit $a_i R b_i$ $(i = 1, \ldots, n)$ gilt:

$$\omega^{\mathrm{A}}(a_1, \ldots, a_n) \; R \; \omega^{\mathrm{A}}(b_1, \ldots, b_n). \tag{5.167}$$

Die Menge der Äquivalenzklassen (Faktormenge) bezüglich einer Kongruenzrelation bildet bezüglich repräsentantenweisem Rechnen wieder eine Ω–Algebra: Es sei $A = (\mathrm{A}, \{\omega^{\mathrm{A}} | \omega \in \Omega\})$ eine Ω–Algebra und R eine Kongruenzrelation in A. Die Faktormenge A/R (s. 5.2.4) wird bezüglich folgender Operationen $\omega^{\mathrm{A}/R}$ $(\omega \in \Omega_n, n \in \mathbb{N})$ mit

$$\omega^{\mathrm{A}/R}([a_1]_R, \ldots, [a_n]_R) = [\omega^{\mathrm{A}}(a_1, \ldots, a_n)]_R \tag{5.168}$$

zu einer Ω–Algebra A/R, der *Faktoralgebra* von A nach R.
Die Kongruenzrelationen von Gruppen bzw. Ringen lassen sich durch spezielle Teilstrukturen – Normalteiler (s. 5.3.3) bzw. Ideale (s. 5.3.4) – beschreiben. Im allgemeinen, z.B. bei Halbgruppen, ist eine solche Beschreibung der Kongruenzrelationen nicht möglich.

3. Homomorphismen, Homomorphiesatz

Wie bei den klassischen algebraischen Strukturen besteht auch hier über den Homomorphiesatz ein Zusammenhang zwischen den Homomorphismen und den Kongruenzrelationen.
Es seien A und B Ω–Algebren. Eine Abbildung $h: \mathrm{A} \to \mathbb{B}$ heißt *Homomorphismus*, wenn für jedes $\omega \in \Omega_n$ und alle $a_1, \ldots, a_n \in \mathrm{A}$ gilt:

$$h(\omega^{\mathrm{A}}(a_1, \ldots, a_n)) = \omega^{\mathrm{B}}(h(a_1), \ldots, h(a_n)). \tag{5.169}$$

Ist h darüber hinaus bijektiv, so heißt h *Isomorphismus*; die Algebren A und B heißen dann zueinander isomorph. Das homomorphe Bild $h(A)$ einer Ω-Algebra A erweist sich als Ω–Unteralgebra von B. Bei einem Homomorphismus h entspricht der Zerlegung von A in bildgleiche Elemente eine Kongruenzrelation, die der *Kern* von h genannt wird:

$$\text{Ker } h = \{(a, b) \in \mathrm{A} \times \mathrm{A} | h(a) = h(b)\}. \quad (5.170)$$

4. Homomorphiesatz

Es seien A und B Ω–Algebren und h : A $\to$ $\mathbb{B}$ ein Homomorphismus. h bestimmt eine Kongruenzrelation Ker h in A. Die Faktoralgebra $A/\text{Ker } h$ ist isomorph zum homomorphen Bild $h(A)$.

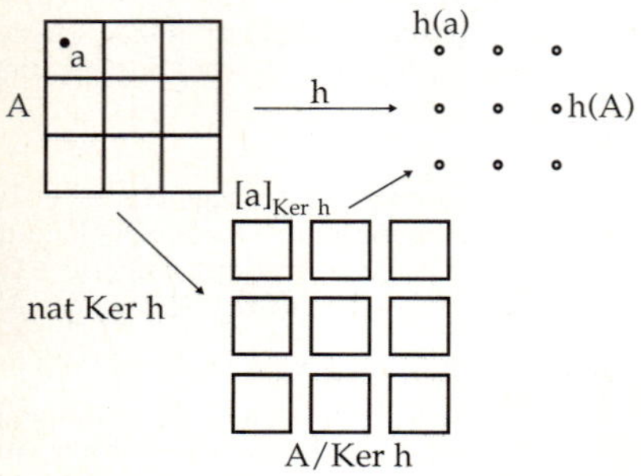

Abbildung 5.14

Umgekehrt bestimmt jede Kongruenzrelation R eine homomorphe Abbildung nat_R : A $\to$ A$/R$ mit $nat_R(a) = [a]_R$. Die **Abb.5.14** soll den Homomorphiesatz veranschaulichen.

5. Varietäten

Eine *Varietät* V ist eine Klasse von Ω–Algebren, die abgeschlossen ist gegenüber der Bildung von Unteralgebren, von homomorphen Bildern und direkten Produkten, d.h., diese Bildungen führen aus V nicht heraus. Dabei sind direkte Produkte folgendermaßen definiert:
Erklärt man auf dem kartesischen Produkt der Trägermengen von Ω–Algebren die Ω entsprechenden Operationen komponentenweise, so erhält man wieder eine Ω-Algebra, das *direkte Produkt* dieser Algebren. Der Satz von BIRKHOFF (s. 5.5, 6.) charakterisiert die Varietäten als diejenigen Klassen von Ω–Algebren, die sich durch „Gleichungen" definieren lassen.

6. Termalgebren, freie Algebren

Es sei $(\Omega_n)_{n \in \mathrm{N}}$ eine Signatur und X eine abzählbare Menge von Variablen. Die Menge $T_\Omega(\mathrm{X})$ der Ω–Terme über X ist induktiv wie folgt definiert:

(1.) $\mathrm{X} \cup \Omega_0 \subseteq T_\Omega(\mathrm{X})$.

(2.) Sind $t_1, \ldots, t_n \in T_\Omega(\mathrm{X})$ und $\omega \in \Omega_n$, so ist auch $\omega t_1 \ldots t_n \in T_\Omega(\mathrm{X})$.

Die so definierte Menge $T_\Omega(\mathrm{X})$ wird Trägermenge einer Ω-Algebra, der *Termalgebra* $T_\Omega(\mathrm{X})$ vom Typ Ω über X, gemäß folgender Operationen: Ist $t_1, \ldots, t_n \in T_\Omega(\mathrm{X})$ und $\omega \in \Omega_n$, so ist $\omega^{T_\Omega(\mathrm{X})}$ durch

$$\omega^{T_\Omega(\mathrm{X})}(t_1, \ldots, t_n) = \omega t_1 \ldots t_n \quad (5.171)$$

erklärt.
Termalgebren sind die „allgemeinsten" Algebren in der Klasse aller Ω-Algebren, d.h., in Termalgebren gelten keine „Gleichungen". Solche Algebren werden *freie Algebren* genannt.
Eine *Gleichung* ist ein Paar $(s(x_1, \ldots, x_n), t(x_1, \ldots, x_n))$ von Ω–Termen in den Variablen $x_1, \ldots, x_n$. Eine Ω-Algebra A *erfüllt* eine solche Gleichung, wenn für alle $a_1, \ldots, a_n \in$ A gilt:

$$s^{\mathrm{A}}(a_1, \ldots, a_n) = t^{\mathrm{A}}(a_1, \ldots, a_n). \quad (5.172)$$

Eine *gleichungsdefinierte Klasse* von Ω-Algebren ist eine Klasse von Ω-Algebren, die eine vorgegebene Menge von Gleichungen erfüllen.
Satz von BIRKHOFF: Die gleichungsdefinierten Klassen sind genau die Varietäten.
■ Varietäten sind zum Beispiel die Klasse aller Halbgruppen, die Klasse aller Gruppen, die Klasse aller ABELschen Gruppen und die Klasse aller Ringe. Andererseits gilt zum Beispiel, daß das direkte Produkt von zyklischen Gruppen keine zyklische Gruppe und das direkte Produkt von Körpern kein Körper ist. Deshalb bilden die zyklischen Gruppen bzw. Körper keine Varietäten und können nicht durch Gleichungen definiert werden.

6 Differentialrechnung

6.1 Differentiation von Funktionen einer Veränderlichen

6.1.1 Differentialquotient

1. Differentialquotient oder Ableitung einer Funktion Die Ableitung einer Funktion $y = f(x)$ ist eine neue Funktion von x, die mit den Symbolen y', $\dot{y}$, Dy, $\frac{dy}{dx}$, $f'(x)$, $Df(x)$ oder $\frac{df(x)}{dx}$ gekennzeichnet wird und die für jeden Wert von x gleich dem Grenzwert des Quotienten aus dem Zuwachs der Funktion Δy und dem entsprechenden Zuwachs Δx für $\Delta x \to 0$ ist:

$$f'(x) = \lim_{\Delta x \to 0} \frac{f(x + \Delta x) - f(x)}{\Delta x}. \tag{6.1}$$

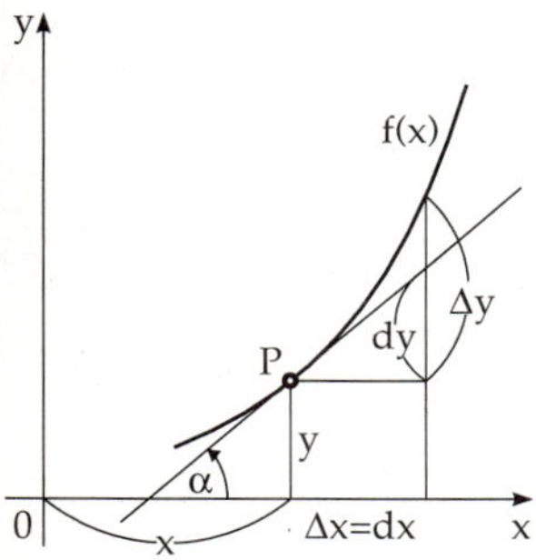

Abbildung 6.1

2. Geometrische Bedeutung der Ableitung Wenn $y = f(x)$ wie in **Abb.6.1** als Kurve in kartesischen Koordinaten dargestellt ist und die x- sowie die y-Achse den gleichen Maßstab haben, dann ist

$$f'(x) = \tan \alpha, \tag{6.2}$$

wobei α der Winkel zwischen der x-Achse und der Tangente an die Kurve in dem betreffenden Punkt ist. Der Winkel wird von der positiven x-Achse zur Tangente im entgegengesetzten Drehsinn des Uhrzeigers gemessen.

3. Differenzierbarkeit Die Existenz der Ableitung einer Funktion $f(x)$ für die Werte der Variablen x ist gegeben, wenn für diese Werte

1. die Funktion definiert und stetig ist und

2. der Differentialquotient (6.2) einen endlichen Wert besitzt.

Existiert in einem Punkt x keine Ableitung, dann hat die Kurve in dem betreffenden Punkt entweder keine bestimmte Tangente oder diese bildet mit der x-Achse einen rechten Winkel. Im zweiten Falle ist der Grenzwert (6.2) unendlich. Man benutzt für diesen Sachverhalt die Schreibweise $f'(x) = \infty$.

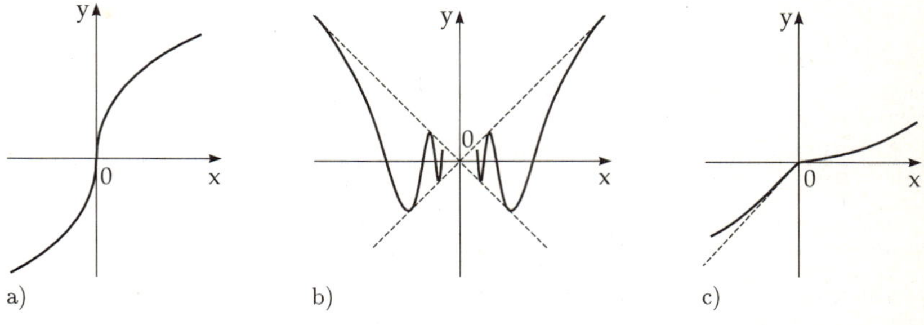

Abbildung 6.2

■ **A:** $f(x) = \sqrt[3]{x}, f'(x) = \frac{1}{3\sqrt[3]{x^2}}, f'(0) = \infty$. Im Punkt 0 geht die Ableitung gegen unendlich (**Abb.6.2a**), d. h., sie existiert nicht.

■ **B:** $f(x) = x \sin \frac{1}{x}$. An der Stelle $x = 0$ existiert kein Grenzwert der Art (6.2) **(Abb.6.2b)**.

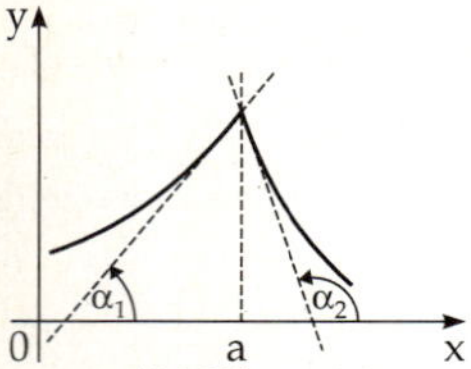

Abbildung 6.3

4. Links- und rechtsseitige Ableitung Wenn für einen Wert $x = a$ kein Grenzwert der Art (6.2) existiert, dafür aber der links- bzw. rechtsseitige Grenzwert, dann wird dieser Grenzwert links- bzw. rechtsseitige Ableitung genannt. Da die Kurve an der Stelle zwei Tangenten

$$f'(a-0) = \tan \alpha_1, \qquad f'(a+0) = \tan \alpha_2 \tag{6.3}$$

besitzt, kennzeichnen die beiden Ableitungen, geometrisch gesehen, einen Knick der Kurve **(Abb.6.2c, Abb.6.3)**.

■ $f(x) = \dfrac{x}{1 + e^{\frac{1}{x}}}$. An der Stelle $x = 0$ existiert kein Grenzwert der Art (6.2), jedoch gibt es einen linksseitigen und einen rechtsseitigen Grenzwert $f'(-0) = 1$ und $f'(+0) = 0$, d.h., die Kurve besitzt hier einen Knick **(Abb.6.2c)**.

6.1.2 Differentiationsregeln für Funktionen einer Veränderlicher

6.1.2.1 Ableitungen elementarer Funktionen

Die elementaren Funktionen besitzen im gesamten Definitionsbereich eine Ableitung, ausgenommen einzelne Punkte, in denen solche Fälle auftreten können, wie sie in **Abb.6.2** dargestellt sind. Eine Zusammenstellung der Ableitungen der elementaren Funktionen enthält **Tabelle 6.1**. Bei der Lösung praktischer Aufgaben ist es zweckmäßig, vor dem Differenzieren einer Funktion diese, sofern das möglich ist, in eine Summe umzuformen, indem Klammerausdrücke aufgelöst (s. S. 8) und ganzrationale Teile abgespaltet werden(s. S. 11) oder der Ausdruck logarithmiert (s. S. 6) wird usw.

■ **A:** $y = \dfrac{2 - 3\sqrt{x} + 4\sqrt[3]{x} + x^2}{x} = \frac{2}{x} - 3x^{-\frac{1}{2}} + 4x^{-\frac{2}{3}} + x;$

$$\frac{dy}{dx} = -2x^{-2} + \frac{3}{2}x^{-\frac{3}{2}} - \frac{8}{3}x^{-\frac{5}{3}} + 1.$$

B: $y = \ln \sqrt{\dfrac{x^2+1}{x^2-1}} = \frac{1}{2}\ln(x^2+1) - \frac{1}{2}\ln(x^2-1);$

$$\frac{dy}{dx} = \frac{1}{2}\left(\frac{2x}{x^2+1}\right) - \frac{1}{2}\left(\frac{2x}{x^2-1}\right) = -\frac{2x}{x^4-1}.$$

6.1.2.2 Grundregeln für das Differenzieren

Im folgenden sind $u, v, w, \ldots, t$ Funktionen der unabhängigen Veränderlichen x und $u', v', w', \ldots, t'$ die Ableitungen dieser Funktionen nach x.

1. Ableitung einer algebraischen Summe Die Ableitung einer algebraischen Summe zweier oder mehrerer Funktionen ist gleich der algebraischen Summe der Ableitungen der einzelnen Funktionen:

$$(u + v - w + \cdots + t)' = u' + v' - w' + \cdots + t'; \tag{6.4}$$

$$d(u + v - w + \cdots + t) = du + dv - dw + \cdots + dt. \tag{6.5}$$

2. Ableitung eines Produkts Die Ableitung des Produkts zweier oder mehrerer Funktionen ist gleich einer Summe aus n Summanden, wobei n die Anzahl der zu multiplizierenden Funktionen ist. Die Summanden bestehen aus den gleichen Faktoren wie das zu differenzierende Produkt, lediglich mit dem Unterschied, daß der Reihe nach jeweils einer der Faktoren durch seine Ableitung zu ersetzen ist. Es ergibt sich

a) *Produktregel* im Falle zweier Funktionen

$$(uv)' = uv' + u'v, \quad d(uv) = udv + vdu; \tag{6.6}$$

b) Produktregel im Falle dreier Funktionen

$$(uvw)' = uvw' + uv'w + u'vw, \quad d(uvw) = uv\,dw + uw\,dv + vw\,du. \tag{6.7}$$

c) Oft ist es vorteilhaft, die Ableitung eines Produkts von Funktionen mit Hilfe der *logarithmischen Ableitung* der zu differenzierenden Funktion zu bilden, d. h. über die Ableitung ihres Logarithmus.

Tabelle 6.1 Ableitungen einiger elementarer Funktionen

Funktion	Ableitung	Funktion	Ableitung
C (Konstante)	0	$\sec x$	$\frac{\sin x}{\cos^2 x} = \tan x \sec x$
x	1	$\operatorname{cosec} x$	$-\frac{\cos x}{\sin^2 x} = -\cot x \operatorname{cosec} x$
x^n	nx^{n-1}	$\arcsin x$	$\frac{1}{\sqrt{1-x^2}}$
$\frac{1}{x}$	$-\frac{1}{x^2}$	$\arccos x$	$-\frac{1}{\sqrt{1-x^2}}$
$\frac{1}{x^n}$	$-\frac{n}{x^{n+1}}$	$\arctan x$	$\frac{1}{1+x^2}$
$\sqrt{x}$	$\frac{1}{2\sqrt{x}}$	$\operatorname{arccot} x$	$-\frac{1}{1+x^2}$
$\sqrt[n]{x}$	$\frac{1}{n\sqrt[n]{x^{n-1}}}$	$\operatorname{arcsec} x$	$\frac{1}{x\sqrt{x^2-1}}$
e^x	e^x	$\operatorname{arccosec} x$	$-\frac{1}{x\sqrt{x^2-1}}$
a^x	$a^x \ln a$	$\sinh x$	$\cosh x$
$\ln x$	$\frac{1}{x}$	$\cosh x$	$\sinh x$
$\log_a x$	$\frac{1}{x}\log_a e = \frac{1}{x\ln a}$	$\tanh x$	$\frac{1}{\cosh^2 x}$
$\lg x$	$\frac{1}{x}\lg e \approx \frac{0,4343}{x}$	$\coth x$	$-\frac{1}{\sinh^2 x}$
$\sin x$	$\cos x$	$\operatorname{Arsinh} x$	$\frac{1}{\sqrt{1+x^2}}$
$\cos x$	$-\sin x$	$\operatorname{Arcosh} x$	$\frac{1}{\sqrt{x^2-1}}$
$\tan x$	$\frac{1}{\cos^2 x} = \sec^2 x$	$\operatorname{Artanh} x$	$\frac{1}{1-x^2}$
$\cot x$	$-\frac{1}{\sin^2 x} = -\operatorname{cosec}^2 x$	$\operatorname{Arcoth} x$	$-\frac{1}{x^2-1}$

■ $y = \sqrt{x^3 e^{4x} \sin x}$; $\ln y = \frac{1}{2}(3 \ln x + 4x + \ln \sin x)$,

$$\frac{d \ln y}{dx} = \frac{\frac{dy}{dx}}{y} = \frac{1}{2}\left(\frac{3}{x} + 4 + \cot\ x\right), \quad \frac{dy}{dx} = \left(\frac{3}{2x} + 2 + \frac{1}{2}\cot\ x\right)\sqrt{x^3 e^{4x} \sin x}.$$

d) Die logarithmische Ableitung läßt sich auf den Fall der Differentiation einer Funktion der Form u^v anwenden.

■ $y = (2x+1)^{3x}$, $\ln y = 3x \ln(2x+1)$, $\frac{y'}{y} = 3\left[\frac{2x}{2x+1} + \ln(2x+1)\right]$,

$$y' = 3\left[\frac{2x}{2x+1} + \ln(2x+1)\right] y = 3\left[\frac{2x}{2x+1} + \ln(2x+1)\right](2x+1)^{3x}.$$

3. Ableitung einer Funktion mit konstantem Faktor Der konstante Faktor kann vor das Differentiationssymbol gezogen werden:

$$(cu)' = cu', \quad d(cu) = cdu. \tag{6.8}$$

4. Ableitung eines Bruches Der Differentialquotient eines Bruches zweier Funktionen wird gemäß der Formel *(Quotientenregel)*

$$\left(\frac{u}{v}\right)' = \frac{vu' - uv'}{v^2}, \quad d\left(\frac{u}{v}\right) = \frac{vdu - udv}{v^2} \tag{6.9}$$

berechnet.

5. Ableitung einer mittelbaren oder zusammengesetzten Funktion Sind $y = f(u)$ und $u = \varphi(x)$ differenzierbare Funktionen, so hat die daraus zusammengesetzte mittelbare Funktion $f[\varphi(x)]$ die Ableitung *(Kettenregel)*

$$\frac{dy}{dx} = f'(u)\varphi'(x) = \frac{df}{du}\frac{du}{dx}, \tag{6.10}$$

und für $y = f(u), u = \varphi(t), t = \psi(x)$ gilt

$$\frac{dy}{dx} = f'(u)\varphi'(t)\psi(x) = \frac{df}{du}\frac{du}{dt}\frac{dt}{dx}, \tag{6.11}$$

wobei der Strich die Ableitung nach dem jeweiligen Argument angibt. Analog verfährt man, wenn die „Kette" aus einer größeren Anzahl von Funktionen mit den entsprechenden *Zwischenveränderlichen* besteht.

■ **A:** $y = e^{\tan\sqrt{x}}$; $\frac{dy}{dx} = e^{\tan\sqrt{x}}\frac{d(\tan\sqrt{x})}{dx} = e^{\tan\sqrt{x}}\frac{1}{\cos^2\sqrt{x}}\frac{d\sqrt{x}}{dx}$

$$= e^{\tan\sqrt{x}}\frac{1}{\cos^2\sqrt{x}}\frac{1}{2\sqrt{x}} = \frac{e^{\tan\sqrt{x}}}{2\sqrt{x}\cos^2\sqrt{x}}$$

B: $f(x) = e^{\sin^2 x} = e^{u^2} = e^v \quad [u(x) = \sin x, v(u) = u^2]$,

$$\frac{df}{dx} = \frac{df}{dv}\frac{dv}{du}\frac{du}{dx} = e^v 2\,u \cos x = 2\,\sin x \cos x\, e^{\sin^2 x}.$$

6. Ableitung einer inversen Funktion Wenn $y = \varphi(x)$ die inverse Funktion zur ursprünglichen Funktion $y = f(x)$ ist, dann gilt

$$\frac{dy}{dx} = \frac{1}{\varphi'(y)}, \quad \frac{d^2y}{dx^2} = -\frac{\varphi''(y)}{[\varphi'(y)]^3}, \quad \frac{d^3y}{dx^3} = \frac{3[\varphi''(y)]^2 - \varphi'(y)\varphi'''(y)}{[\varphi'(y)]^5}, \ldots \tag{6.12}$$

■ Für $y = \arcsin x$ als inverse Funktion zu $y = \sin x$ ergibt sich

$$\frac{dy}{dx} = \frac{1}{(\sin y)'} = \frac{1}{\cos y} = \frac{1}{\sqrt{1 - \sin^2 y}} = \frac{1}{\sqrt{1 - x^2}}.$$

7. Graphische Differentiation Wenn eine differenzierbare Funktion $y = f(x)$ durch ihre Kurve Γ in kartesischen Koordinaten in einem Intervall $a < x < b$ dargestellt ist, kann die Kurve Γ' ihrer Ableitung näherungsweise konstruiert werden. Die Konstruktion einer Tangente in einem gegebenen

Kurvenpunkt nach Augenmaß kann recht ungenau ausfallen. Wenn aber die Richtung der Tangente MN **(Abb.6.4)** bekannt ist, kann der Berührungspunkt A genauer ermittelt werden.

a) Konstruktion des Berührungspunktes einer Tangente Parallel zur gegebenen Tangentenrichtung MN werden zwei Sehnen $\overline{M_1N_1}$ und $\overline{M_2N_2}$ so eingezeichnet, daß die Kurve in nicht weit voneinander liegenden Punkten geschnitten wird. Danach werden die Mittelpunkte der Sehnen ermittelt und durch diese eine Gerade PQ gezogen, die die Kurve im Punkt A schneidet, in dem die Tangente näherungsweise die vorgegebene Richtung MN hat. Um die Genauigkeit zu überprüfen, kann eine dritte Sehne in geringem Abstand von den ersten beiden eingetragen werden, die von der Geraden PQ im Mittelpunkt geschnitten werden muß.

b) Konstruktion der Kurve einer abgeleiteten Funktion

1. Vorgabe einiger Richtungen $l_1, l_2, \ldots, l_n$, die den Tangentenrichtungen der Kurve $y = f(x)$ in dem betrachteten Intervall entsprechen sollen **(Abb.6.5)**, und Ermittlung der dazugehörigen Berührungspunkte $A_1, A_2, \ldots, A_n$, wobei die Tangenten selbst nicht konstruiert werden müssen.
2. Wahl eines Punktes P, eines „Pols", auf der negativen x-Achse, wobei die Strecke $PO = a$ um so größer sein soll, je flacher die Kurve ist.
3. Einzeichnen von Geraden, die parallel zu den Richtungen $l_1, l_2, \ldots$ bzw. l_n verlaufen, durch den Pol P hindurchgehen und die y-Achse in den Punkten $B_1, B_2, \ldots$ bzw. B_n schneiden.
4. Konstruktion horizontaler Geraden $B_1C_1, B_2C_2, \ldots, B_nC_n$ von den Punkten $B_1, B_2, \ldots, B_n$ aus bis zu den Schnittpunkten $C_1, C_2, \ldots, C_n$ mit den aus den Punkten $A_1, A_2, \ldots, A_n$ gefällten Loten.
5. Verbinden der Punkte $C_1, C_2, \ldots, C_n$ mit Hilfe eines Kurvenlineals durch eine Kurve, die der Gleichung $y = af'(x)$ genügt. Wenn die Strecke a so gewählt wird, daß sie der Längeneinheit auf der $y-$Achse entspricht, ist die gewonnene Kurve die der gesuchten Ableitung. Ist das nicht der Fall, dann sind die gefundenen Ordinaten $C_1, C_2, \ldots, C_n$ der Ableitung mit dem Faktor $\frac{1}{a}$ zu multiplizieren. Die sich so ergebenden Punkte $D_1, D_2, \ldots, D_n$ in **Abb.6.5** liegen auf der maßstabsgerechten Ableitungskurve Γ'.

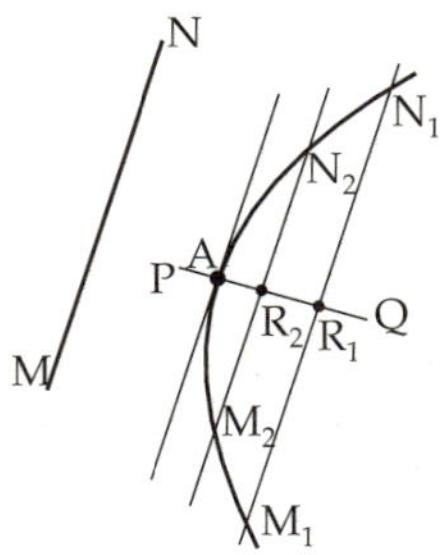

Abbildung 6.4

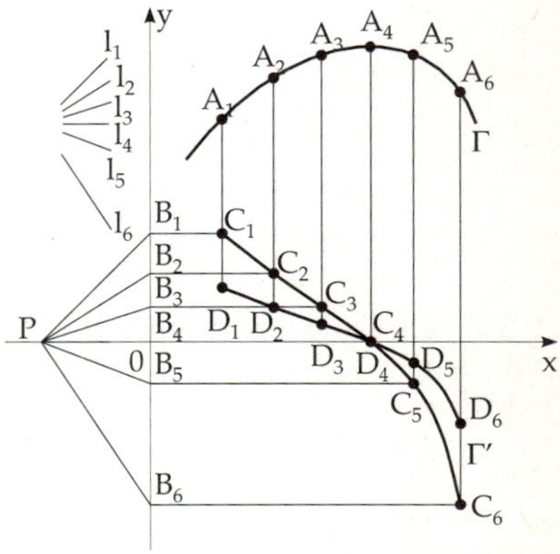

Abbildung 6.5

6.1.3 Ableitungen höherer Ordnung

6.1.3.1 Definition der Ableitungen höherer Ordnung

Die Ableitung von $y' = f'(x)$, also $(y')'$ oder $\frac{d}{dx}\left(\frac{dy}{dx}\right)$, wird als zweite Ableitung der Funktion $y = f(x)$ mit $y'', \ddot{y}, \frac{d^2y}{dx^2}, f''(x)$ oder $\frac{d^2f(x)}{dx^2}$ bezeichnet. Analog werden die Ableitungen höherer Ordnung definiert. Bezeichnungen für die *n-te Ableitung* der Funktion $y = f(x)$ sind:

$$y^{(n)} = \frac{d^n y}{dx^n} = f^{(n)}(x) = \frac{d^n f(x)}{dx^n}. \tag{6.13}$$

6.1.3.2 Ableitungen höherer Ordnung der einfachsten Funktionen

In **Tabelle6.2** sind die n-ten Ableitungen für die einfachsten Funktionen zusammengestellt.

Tabelle 6.2 Ableitungen höherer Ordnung einiger elementarer Funktionen

Funktion	n-te Ableitung
x^m	$m(m-1)(m-2)\ldots(m-n+1)x^{m-n}$ (für ganzzahliges m und $n > m$ ist die n-te Ableitung gleich 0)
$\ln x$	$(-1)^{n-1}(n-1)!\,\frac{1}{x^n}$
$\log_a x$	$(-1)^{n-1}\frac{(n-1)!}{\ln a}\,\frac{1}{x^n}$
e^{kx}	$k^n e^{kx}$
a^x	$(\ln a)^n a^x$
a^{kx}	$(k \ln a)^n a^{kx}$
$\sin x$	$\sin(x + \frac{n\pi}{2})$
$\cos x$	$\cos(x + \frac{n\pi}{2})$
$\sin kx$	$k^n \sin(kx + \frac{n\pi}{2})$
$\cos kx$	$k^n \cos(kx + \frac{n\pi}{2})$
$\sinh x$	$\sinh x$ für gerades n, $\cosh x$ für ungerades n
$\cosh x$	$\cosh x$ für gerades n, $\sinh x$ für ungerades n

6.1.3.3 Leibnizsche Formel

Zur Berechnung der Ableitung n-ter Ordnung für ein Produkt aus zwei Funktionen kann die LEIBNIZsche Formel

$$D^n(uv) = u \cdot D^n v + \frac{n}{1} Du\, D^{n-1}v + \frac{n(n-1)}{2} D^2u\, D^{n-2}v + \cdots$$
$$+ \frac{n(n-1)\ldots(n-m+1)}{m!} D^m u\, D^{n-m}v + \cdots + D^n u \cdot v \tag{6.14}$$

benutzt werden oder, wenn $D^0 u$ durch u und $D^0 v$ durch v ersetzt werden, mit Hilfe der Formel

$$D^n(uv) = \sum_{m=0}^{n} \binom{n}{m} D^m u D^{n-m} v, \tag{6.15}$$

die in ihrer Struktur dem Binomischen Lehrsatz entspricht (s. S. 9).

6.1.4 Ableitung von Funktionen in Parameterdarstellung

Wenn die Funktion $y = f(x)$ in der Parameterform $x = x(t), y = y(t)$ gegeben ist, dann lassen sich die Ableitungen von y nach x über die Ableitungen von y und x nach t berechnen, d. h. mit Hilfe von

$x, y, t, \dots$. Vorausgesetzt werden muß $\dot{x} \neq 0$.

$$\frac{dy}{dx} = \frac{\dot{y}}{\dot{x}} \qquad \textit{(Neigung der Kurventangente)} \tag{6.16}$$

$$\frac{d^2y}{dx^2} = \frac{\dot{x}\ddot{y} - \dot{y}\ddot{x}}{\dot{x}^3}, \tag{6.17}$$

$$\frac{d^3y}{dx^3} = \frac{\dot{x}^2\dddot{y} - 3\dot{x}\ddot{x}\ddot{y} + 3\dot{y}\ddot{x}^2 - \dot{x}\dot{y}\dddot{x}}{\dot{x}^5}, \dots \; . \tag{6.18}$$

Die Ableitungen $\dot{x}, \dot{y}$ sind die Komponenten des Tangentenvektors im Punkt $x(t)$, $y(t)$ der Kurve. Häufig wird mit Vorteil die komplexe Zusammenfassung benutzt:

$$x(t) + \mathrm{i}y(t) = z(t), \quad \dot{x}(t) + \mathrm{i}\dot{y}(t) = \dot{z}(t), \dots \tag{6.19}$$

■ **Kreisbewegung:** $z(t) = re^{\mathrm{i}\omega t} \quad (r = \text{const}), \quad \dot{z}(t) = r\mathrm{i}\omega e^{\mathrm{i}\omega t} = r\omega e^{\mathrm{i}(\omega t + \frac{\pi}{2})}$.
Der Tangentenvektor läuft dem Ortsvektor um $\pi/2$ phasenverschoben voraus.

6.1.5 Hauptsätze der Differentialrechnung

8. Monotoniebedingungen Wenn eine Funktion $f(x)$ in einem zusammenhängenden Intervall definiert und stetig ist und wenn sie in allen inneren Punkten dieses Intervalls eine Ableitung besitzt, dann ist für die Monotonie der Funktion die Bedingung

$$f'(x) \geq 0 \quad \text{für eine monoton wachsende Funktion,} \tag{6.20a}$$

$$f'(x) \leq 0 \quad \text{für eine monoton fallende Funktion} \tag{6.20b}$$

notwendig und hinreichend. Wird gefordert, daß die Funktion im strengen Sinne monoton wachsend oder fallend sein soll, dann darf zusätzlich die Ableitung $f'(x)$ in keinem Teilintervall des oben angegebenen Intervalls identisch verschwinden. In **Abb.6.6b** ist diese Bedingung auf der Strecke $\overline{BC}$ nicht erfüllt.
Die geometrische Deutung der Monotoniebedingung ergibt sich daraus, daß die Kurve einer monoton wachsenden Funktion mit wachsendem Argumentwert an keiner Stelle fällt, d. h., daß sie entweder steigt oder horizontal verläuft **(Abb.6.6a)**. Daher bildet die Tangente in den einzelnen Kurvenpunkten mit der positiven x-Achse entweder einen spitzen Winkel oder sie verläuft parallel zu ihr. Für die monoton fallenden Funktion **(Abb.6.6b)** gilt eine analoge Aussage. Ist die Funktion im strengen Sinne monoton, dann kann die Tangente nur in einzelnen Punkten parallel zur x-Achse verlaufen, z. B. im Punkt A in **Abb.6.6a**, jedoch nicht in einem ganzen Teilintervall, wie $\overline{BC}$ in **Abb.6.6b**.

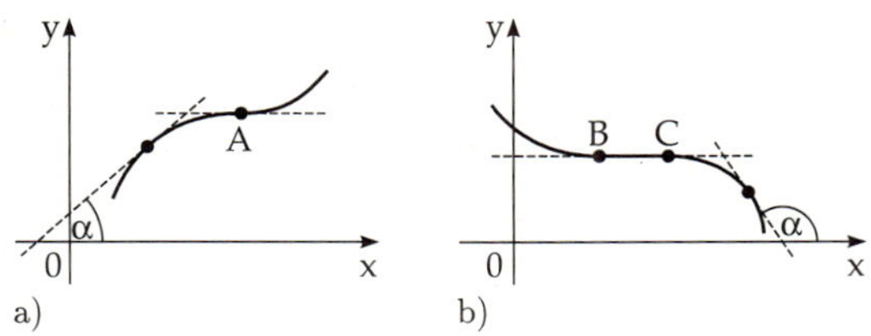

Abbildung 6.6

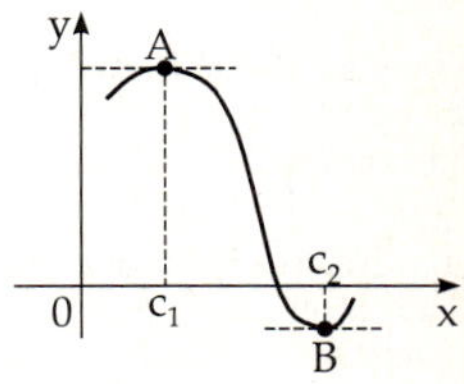

Abbildung 6.7

9. Satz von FERMAT Wenn eine Funktion $y = f(x)$ in einem zusammenhängenden Intervall definiert ist und in irgendeinem inneren Punkt $x = c$ dieses Intervalls ihren größten oder kleinsten Wert besitzt **(Abb.6.7)**, d. h., wenn für alle x dieses Intervalls gilt

$$f(c) > f(x) \quad (6.21a) \qquad \text{oder} \qquad f(c) < f(x), \quad (6.21b)$$

und wenn darüber hinaus ihre Ableitung im Punkt c existiert, dann kann diese dort nur gleich null sein:

$$f'(c) = 0. \quad (6.21c)$$

Die geometrische Bedeutung des Satzes von FERMAT besteht darin, daß eine Funktion, die den Satz erfüllt, in den Punkten A und B der Funktionskurve parallel zur x-Achse verlaufende Tangenten besitzt **(Abb.6.7)**.
Der Satz von FERMAT stellt aber lediglich eine notwendige Bedingung für die Existenz eines Maximal- oder Minimalwertes einer Funktion in einem Intervall dar. Aus **Abb.6.6a** erkennt man, daß die Bedingung nicht hinreichend ist: Im Punkt A ist zwar $f'(x) = 0$ erfüllt, aber es gibt weder einen Maximal- noch einen Minimalwert an der Stelle.
Auch die Bedingung der Differenzierbarkeit im Satz von FERMAT ist wesentlich. So hat die Funktion im Punkt E von **Abb.6.8d** zwar einen Maximalwert, die Ableitung existiert dort aber nicht.

10. Satz von ROLLE Wenn eine Funktion $y = f(x)$ in einem abgeschlossenen Intervall $[a, b]$ stetig ist, wenigstens in dem offenen Intervall (a, b) eine Ableitung besitzt und in den Endwerten des Intervalls den Wert Null annimmt, d.h., wenn

$$f(a) = 0, \quad f(b) = 0 \quad (a < b) \quad (6.22a)$$

ist, dann existiert mindestens ein Wert c zwischen a und b derart, daß gilt

$$f'(c) = 0 \quad (a < c < b). \quad (6.22b)$$

Die geometrische Bedeutung des Satzes von ROLLE besteht darin, daß eine Funktion $y = f(x)$, die die x-Achse in zwei Punkten A und B schneidet, in diesem Intervall stetig ist und in jedem inneren Punkt eine Tangente besitzt, zwischen A und B wenigstens einen Punkt C besitzt, in dem die Kurventangente parallel zur x-Achse verläuft **(Abb.6.8a)**. Es kann auch mehrere derartige Punkte in dem Intervall

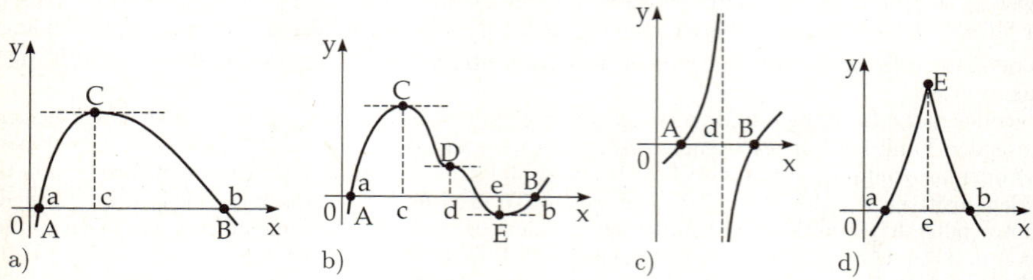

Abbildung 6.8

geben, z. B. die Punkte C, D und E in **Abb.6.8b**. Daß die Forderung nach Stetigkeit und Existenz einer Ableitung in dem Intervall wesentlich ist, kann an Hand von **Abb.6.8c** erkannt werden, wo die Funktion bei $x = d$ eine Unstetigkeitsstelle besitzt, und an Hand von **Abb.6.8d**, wo die Funktion im Punkt $x = e$ keine Ableitung besitzt. In beiden Fällen gibt es keinen Punkt C, in dem $f'(x) = 0$ gilt.

11. Mittelwertsatz der Differentialrechnung Wenn eine Funktion $y = f(x)$ in einem abgeschlossenen Intervall $[a, b]$ stetig ist und im Innern eine Ableitung besitzt, dann existiert zwischen a und b wenigstens eine Zahl c derart, daß gilt

$$\frac{f(b) - f(a)}{b - a} = f'(c) \quad (a < c < b). \quad (6.23a)$$

Setzt man $b = a + h$ und bezeichnet mit Θ eine zwischen 0 und 1 liegende Zahl, dann lautet der Satz in anderer Schreibweise

$$f(a + h) = f(a) + h \cdot f'(a + \Theta h) \quad (0 < \Theta < 1). \quad (6.23b)$$

Die geometrische Bedeutung des Satzes besteht darin, daß eine Funktion $y = f(x)$, die zwischen den Punkten A und B **(Abb.6.9)** stetig ist und in jedem Punkt eine Tangente besitzt, wenigstens einen Kurvenpunkt C hat, in dem die Kurventangente parallel zur Sehne AB liegt. Es kann auch mehrere solcher Punkte geben. Daß die Forderung nach Stetigkeit der Funktion und Existenz ihrer Ableitung wesentlich ist, kann an Hand von Beispielen gezeigt werden, die solche Kurvenverläufe ergeben, wie sie in den **Abb.6.8b,c,d** dargestellt sind. Für den Mittelwertsatz der Differentialrechnung gibt es vielfache Anwendungsmöglichkeiten. Eine Anwendung betrifft die Abschätzung von Fehlern gemäß

$$|f(b) - f(a)| < K|b - a|, \tag{6.24}$$

wobei K eine für alle x in dem Intervall $[a, b]$ gültige obere Grenze von $|f'(x)|$ ist.

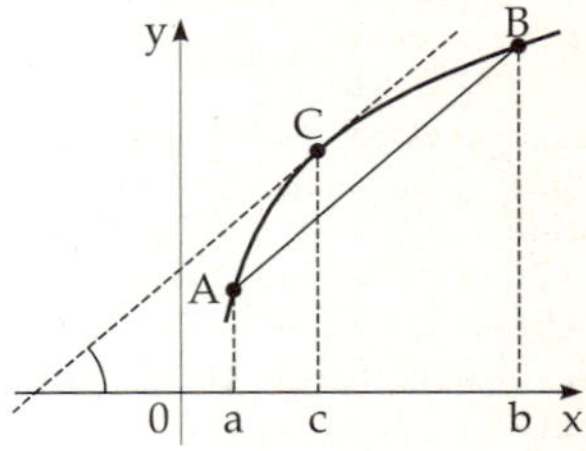

Abbildung 6.9

■ Mit welcher Genauigkeit kann $f(\pi) = \frac{1}{1+\pi^2}$ höchstens angegeben werden, wenn für π der gerundete Wert $\overline{\pi} = 3,14$ eingesetzt wird? Es gilt: $|f(\pi) - f(\overline{\pi})| = \left|\frac{2c}{(1+c^2)^2}\right| |\pi - \overline{\pi}| \leq 0,053 \cdot 0,0016 = 0,000\,085$, so daß $\frac{1}{1+\pi^2} = 0,092\,084 \pm 0,000\,085$.

12. Satz von TAYLOR für Funktionen von einer Veränderlichen Wenn eine Funktion $y = f(x)$ im Intervall $[a, a+h]$ stetig ist und dort stetige Ableitungen bis einschließlich der Ordnung $n-1$ besitzt und wenn im Innern des Intervalls noch die n-te Ableitung existiert, dann gilt die TAYLORsche Formel

$$f(a+h) = f(a) + \frac{h}{1!}f'(a) + \frac{h^2}{2!}f''(a) + \cdots + \frac{h^{n-1}}{(n-1)!}f^{(n-1)}(a) + \frac{h^n}{n!}f^{(n)}(a + \Theta h), \tag{6.25}$$

mit $0 < \Theta < 1$. Die Größe h kann positiv oder negativ sein. Der Mittelwertsatz der Differentialrechnung (6.23a) ist ein Spezialfall dieser TAYLOR–Reihe für $n = 1$.

13. Verallgemeinerter Mittelwertsatz der Differentialrechnung Wenn zwei Funktionen $y = f(x)$ und $y = \varphi(x)$ in einem abgeschlossenen Intervall $[a, b]$ stetig sind und wenigstens im Innern Ableitungen besitzen, wobei $\varphi'(x)$ an keiner Stelle des Intervalls verschwinden darf, dann existiert zwischen a und b wenigstens eine Zahl c derart, daß die Gleichung gilt

$$\frac{f(b) - f(a)}{\varphi(b) - \varphi(a)} = \frac{f'(c)}{\varphi'(c)} \quad (a < c < b). \tag{6.26}$$

Die geometrische Bedeutung des verallgemeinerten Mittelwertsatzes entspricht der des gewöhnlichen Mittelwertsatzes. Geht man z. B. davon aus, daß die Kurve in **Abb.6.9** in der Parameterform $x = \varphi(t), y = f(t)$ gegeben ist, wobei die Punkte A und B den Parameterwerten $t = a$ bzw. $t = b$ entsprechen sollen, dann gilt für den Punkt C

$$\tan\alpha = \frac{f(b) - f(a)}{\varphi(b) - \varphi(a)} = \frac{f'(c)}{\varphi'(c)}. \tag{6.27}$$

Für $\varphi(x) = x$ geht der verallgemeinerte Mittelwertstz in den gewöhnlichen Mittelwertsatz über.

6.1.6 Bestimmung von Extremwerten

1. Definition

Unter relativen Extremwerten versteht man die relativen Maxima und Minima einer Funktion. *Relatives Maximum (M)* bzw. *relatives Minimum (m)* einer Funktion $f(x)$ werden solche Funktionswerte

$f(x_0)$ genannt, die die Ungleichungen

$$f(x_0 + h) < f(x_0) \quad \text{(für das Maximum)} \tag{6.28a}$$

$$f(x_0 + h) > f(x_0) \quad \text{(für das Minimum)} \tag{6.28b}$$

erfüllen, wobei für h beliebig kleine positive oder negative Werte eingesetzt werden können. Im relativen Maximum sind die Werte $f(x_0)$ größer als alle benachbarten Funktionswerte und entsprechend im Minimum kleiner. Den größten bzw. kleinsten Wert, den eine Funktion in einem Intervall annehmen kann, bezeichnet man als ihr *globales oder absolutes Maximum* bzw. *globales oder absolutes Minimum* in bezug auf dieses Intervall.

2. Notwendige Bedingung für die Existenz eines relativen Extremwertes
Ein relatives Maximum oder Minimum kann bei einer stetigen Funktion nur in den Punkten auftreten, in denen die Ableitung entweder verschwindet oder nicht definiert ist. Das bedeutet geometrisch: In den Kurvenpunkten, die relativen Extremwerten entsprechen, verläuft die Tangente entweder parallel zur x-Achse **(Abb.6.10a)** oder parallel zur y-Achse **(Abb.6.10b)** oder sie existiert gar nicht **(Abb.6.10c)**. Allerdings handelt es sich hierbei nicht um hinreichende Bedingungen, was an Hand der Punkte A, B, C in **Abb.6.11** erkennbar ist, für die diese Bedingungen erfüllt sind, in denen es aber keine Extrema gibt.

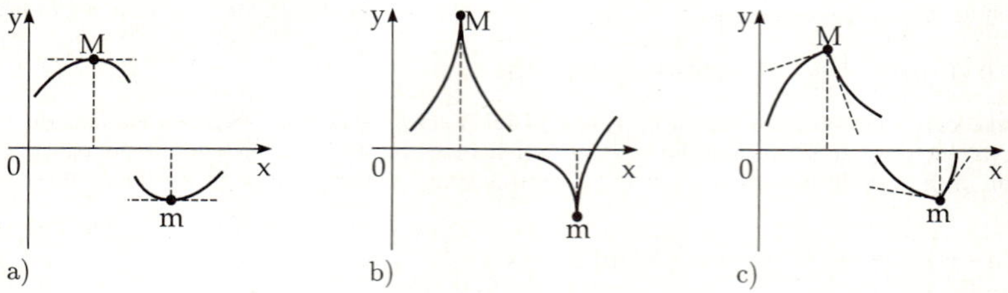

Abbildung 6.10

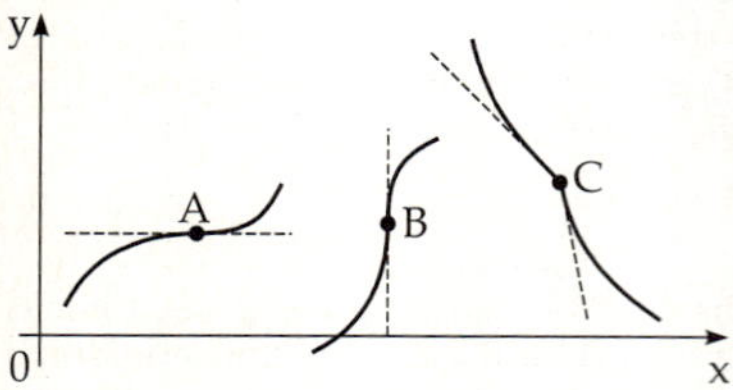

Abbildung 6.11

Wenn eine stetige Funktion relative Extremwerte besitzt, dann wechseln Maxima und Minima einander ab, so daß zwischen zwei benachbarten Maxima stets ein Minimum liegt und umgekehrt.

3. Relative Extremwerte einer differenzierbaren, explizit gegebenen Funktion $y = f(x)$

1. Ermittlung der Extrempunkte Da diese die notwendige Bedingung $f'(x) = 0$ erfüllen, werden nach der Berechnung der Ableitung $f'(x)$ alle reellen Wurzeln $x_1, x_2, \ldots, x_i, \ldots, x_n$ der Gleichung $f'(x) = 0$ bestimmt und jede von ihnen, z. B. x_i, mit einer der folgenden Methoden untersucht.

2. Methode des Vorzeichenvergleichs Für je einen Wert x_- bzw. x_+, der etwas kleiner bzw. etwas größer als x_i ist, wird das Vorzeichen der Ableitung $f'(x)$ festgestellt, wobei zwischen x_i und x_- bzw. x_+ keine weiteren Nullstellen von $f'(x)$ liegen dürfen. Wenn beim Übergang von $f'(x_-)$ zu $f'(x_+)$ das Vorzeichen von $f'(x)$ von „+" nach „−"wechselt, dann befindet sich bei $x = x_i$ ein relatives Maximum der Funktion $f(x)$ **(Abb.6.12a)**; wechselt es umgekehrt von „−" nach „+", dann liegt ein relatives Minimum vor **(Abb.6.12b)**; gibt es keinen Vorzeichenwechsel der Ableitung **(Abb.6.12c)**, dann besitzt die Kurve bei $x = x_i$ kein Extremum, sondern einen Wendepunkt mit einer zur x-Achse parallelen Tangente.

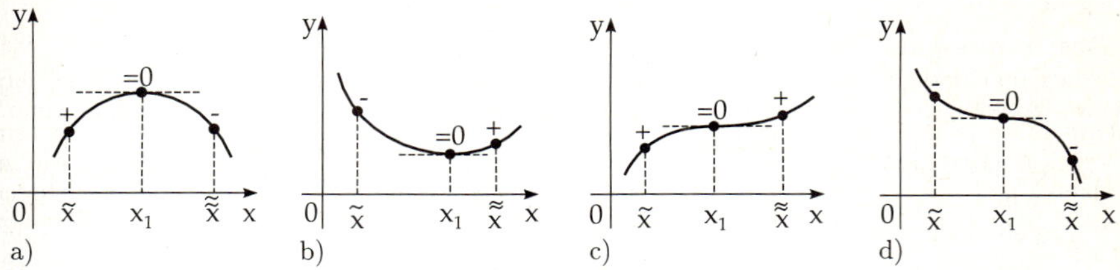

Abbildung 6.12

3. Methode der höheren Ableitungen Wenn die Funktion an der Stelle $x = x_i$ höhere Ableitungen besitzt, wird jede Wurzel x_i in die zweite Ableitung $f''(x)$ eingesetzt. Ist $f''(x_i) < 0$, dann gibt es an der Stelle x_i ein relatives Maximum, ist $f''(x_i) > 0$, ein relatives Minimum, ist $f''(x_i) = 0$, dann wird x_i in die dritte Ableitung $f'''(x)$ eingesetzt. Ergibt sich dabei $f'''(x_i) \neq 0$, dann gibt es bei $x = x_i$ kein Extremum, sondern einen *Wendepunkt*. Erhält man $f'''(x_i) = 0$, dann muß in die vierte Ableitung eingesetzt werden usw.

4. Allgemeine Regel Wenn die Ordnung der Ableitung, die an der Stelle $x = x_i$ erstmalig nicht verschwindet, gerade ist, dann besitzt $f(x)$ dort ein relatives Extremum, und zwar für einen negativen Wert ein relatives Maximum, für einen positiven ein relatives Minimum. Ist die Ordnung dieser Ableitung ungerade, dann besitzt die Funktion an dieser Stelle keinen Extremwert.
Die Methode des Vorzeichenvergleichs kann auch bei nichtexistierender Ableitung wie in **Abb.6.10b,c** und **Abb.6.11** eingesetzt werden.

4. Bestimmung der globalen Extremwerte

Das betreffende Intervall der unabhängigen Variablen wird in Teilintervalle zerlegt, in denen die Funktion differenzierbar ist. Die globalen Extremwerte sind dann unter den relativen Extremwerten der Teilintervalle und den Funktionswerten in den Randpunkten der Teilintervalle zu finden.

■ **A:** $y = e^{-x^2}$ im Intervall $[-1, +1]$. Der größte Wert befindet sich bei $x = 0$ **(Abb.6.13a).**

B: $y = x^3 - x^2$ im Intervall $[-1, +2]$. Der größte Wert befindet sich bei $x = +2$ **(Abb.6.13b**, rechtes Intervallende).

C: $y = \dfrac{1}{1 + e^{\frac{1}{x}}}$ im Intervall $[-3, +3]$. Der größte Wert befindet sich bei $x = 0$; es wird festgelegt $y = 1$ für $x = 0$ **(Abb.6.13c)**

D: $y = 2 - x^{\frac{2}{3}}$ im Intervall $[-1, +1]$. Der größte Wert befindet sich bei $x = 0$ **(Abb.6.13d**, Maximum, unendliche Ableitung)

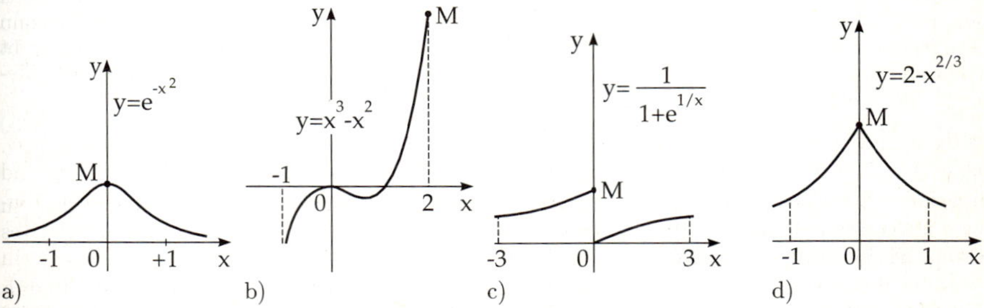

Abbildung 6.13

5. Bestimmung der Extremwerte einer implizit gegebenen Funktion
Wenn die Funktion in der impliziten Form $F(x, y) = 0$ gegeben ist und die Funktion F selbst sowie ihre partiellen Ableitngen F_x, F_y stetig sind, können die Maxima und Minima folgendermaßen bestimmt werden:
1. Lösung des Gleichungssystems $F(x, y) = 0, F_x(x, y) = 0$ und Einsetzen der erhaltenen Werte $(x_1, y_1), (x_2, y_2), \ldots (x_i, y_i), \ldots$ in F_y und F_{xx}.
2. Vorzeichenvergleich für F_y und F_{xx} im Punkt (x_i, y_i): Im Falle verschiedener Vorzeichen besitzt die Funktion $y = f(x)$ bei x_i ein Minimum, im Falle gleicher Vorzeichen von F_y und F_{xx} besitzt sie ein Maximum bei x_i. Wenn entweder F_y oder F_{xx} in (x_i, y_i) verschwindet, dann ist die weitere Untersuchung komplizierter.

6.2 Differentiation von Funktionen von mehreren Veränderlichen

6.2.1 Partielle Ableitungen

1. Partielle Ableitung einer Funktion
$u = f(x_1, x_2, \ldots x_i, \ldots, x_n)$ nach einer ihrer n Veränderlichen, z. B. nach x_1, heißt der durch

$$\frac{\partial u}{\partial x_1} = \lim_{\Delta x_1 \to 0} \frac{f(x_1 + \Delta x_1, x_2, x_3, \ldots, x_n) - f(x_1, x_2, x_3, \ldots, x_n)}{\Delta x_1} \tag{6.29}$$

definierte Differentialquotient, der zum Ausdruck bringt, daß nur eine der n Variablen variiert, während die anderen $n - 1$ dabei als Konstante betrachtet werden. Symbole für die partielle Ableitung sind $\frac{\partial u}{\partial x}, u'_x, \frac{\partial f}{\partial x}, f'_x$. Von einer Funktion mit n Veränderlichen können n partielle Ableitungen erster Ordnung gebildet werden: $\frac{\partial u}{\partial x_1}, \frac{\partial u}{\partial x_2}, \frac{\partial u}{\partial x_3}, \ldots, \frac{\partial u}{\partial x_n}$. Die Berechnung der partiellen Ableitungen erfolgt nach den Regeln, die für die Differentiation von Funktionen von einer Veränderlichen bekannt sind.

■ $u = \frac{x^2 y}{z}, \quad \frac{\partial u}{\partial x} = \frac{2xy}{z}, \quad \frac{\partial u}{\partial y} = \frac{x^2}{z}, \quad \frac{\partial u}{\partial z} = -\frac{x^2 y}{z^2},$

2. Geometrische Bedeutung der partiellen Ableitung einer Funktion von zwei Veränderlichen
Stellt man eine Funktion $u = f(x, y)$ als Fläche in einem kartesischen Koordinatensystem dar und legt man durch den Flächenpunkt P eine Ebene parallel zur x, u–Ebene **(Abb.6.14)**, dann gilt

$$\frac{\partial u}{\partial x} = \tan \alpha. \tag{6.30a}$$

Dabei ist α der Winkel zwischen der positiven x-Achse und der Tangente an die Schnittkurve der Fläche in dem betreffenden Punkt mit einer Ebene, die parallel zur x, u-Ebene verläuft. Die Messung von α erfolgt, ausgehend von der x-Achse zur Tangente an die Schnittkurve, im entgegengesetzten Drehsinn des Uhrzeigers. Dabei ist der Blick von der positiven y-Achse gegen die Schnittebene gerichtet. In Analogie zu α ist β gemäß

$$\frac{\partial u}{\partial y} = \tan \beta \tag{6.30b}$$

definiert.
Bezüglich der Ableitung nach einer gegebenen Richtung (*Richtungsableitung*) bzw. nach einem Volumen (*Volumenableitung*) sei auf die Vektoranalysis (s. S. 530) verwiesen.

3. Begriff des Differentials
Für jede der Variablen $x_1, x_2, \ldots$ läßt sich ein Differential $dx_1, dx_2, \ldots, dx_i, \ldots, dx_n$ bilden. Die Definition fällt unterschiedlich aus, je nachdem, ob es sich um das Differential einer unabhängigen Variablen oder um das einer Funktion handelt:

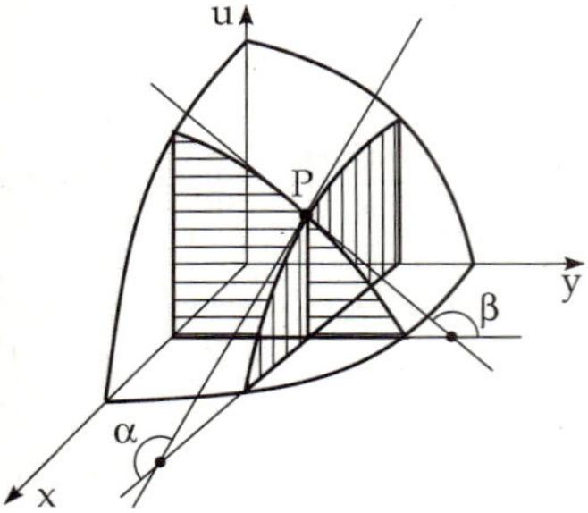

Abbildung 6.14

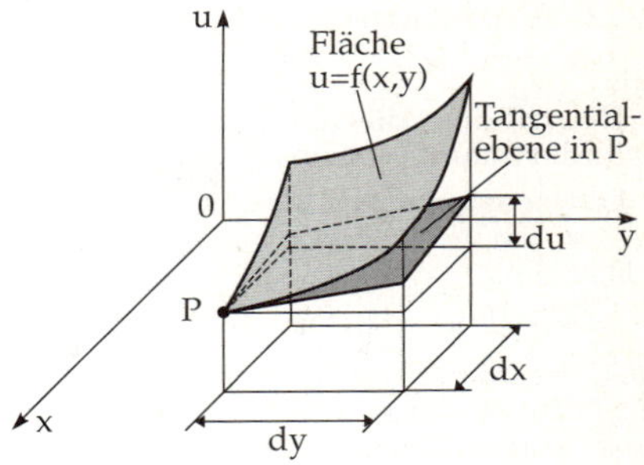

Abbildung 6.15

1. Differential einer unabhängigen Variablen x nennt man den beliebigen Zuwachs der Größe x gemäß

$$dx = \Delta x. \tag{6.31a}$$

Dabei kann man Δx einen beliebigen Wert beimessen.

2. Differential einer Funktion $y = f(x)$ einer Veränderlichen x nennt man für einen gegebenen x-Wert und einen gegebenen Wert des Differentials dx das Produkt

$$dy = f'(x)\,dx. \tag{6.31b}$$

3. Geometrische Bedeutung des Differentials Wenn die Funktion durch eine Kurve in einem kartesischen Koordinatensystem dargestellt ist, dann ist dy der Zuwachs, den die Ordinate der Kurventangente im Punkt x für einen gegebenen Zuwachs dx erfährt **(Abb.6.1)**.

4. Haupteigenschaften des Differentials

1. Invarianz Unabhängig davon, ob x eine unabhängige Variable oder eine Funktion von einer weiteren Variablen t ist, gilt

$$dy = f'(x)\,dx. \tag{6.32}$$

2. Größenordnung Wenn dx eine beliebig kleine Größe ist, dann sind auch dy und $\Delta y = y(x + \Delta x) - y(x)$ beliebig kleine, aber äquivalente Größen, d.h. $\lim\limits_{\Delta x \to 0} \frac{\Delta y}{dy} = 1$. Infolgedessen ist die Differenz zwischen ihnen ebenfalls eine beliebig kleine Größe, aber von höherer Ordnung als dx, dy und Δx. Daraus ergibt sich die Beziehung

$$\lim_{\Delta x \to 0} \frac{\Delta y}{dy} = 1, \quad \Delta y \approx dy = f'(x)\,dx, \tag{6.33}$$

die es gestattet, die Berechnung kleiner *Inkremente* auf die Berechnung ihres Differentials zurückzuführen. So wird oft bei näherungsweisen Berechnungen vorgegangen (s. S. 285, S.656).

5. Partielles Differential

Von einer Funktion von mehreren Veränderlichen $u = f(x, y, \ldots)$ kann das partielle Differential nach einer dieser Veränderlichen, z. B. nach x gebildet werden, was durch die Gleichung

$$d_x u = d_x f = \frac{\partial u}{\partial x} dx \tag{6.34}$$

definiert ist.

6.2.2 Vollständiges Differential und Differentiale höherer Ordnun

1. Begriff des vollständigen Differentials einer Funktion von mehreren Veränderlichen (totales Differential)

1. Differenzierbarkeit Man nennt eine Funktion von mehreren Veränderlichen $u = f(x_1, x_2, \ldots x_i, \ldots, x_n)$ im Punkt $M_0(x_{10}, x_{20}, \ldots, x_{i0}, \ldots, x_{n0})$ differenzierbar, wenn sich der vollständige Zuwachs der Funktion

$$\Delta u = f(x_{10} + dx_1, x_{20} + dx_2, \ldots, x_{i0} + dx_i, \ldots, x_{n0} + dx_n) - f(x_{10}, x_{20}, \ldots, x_{i0}, \ldots, x_{n0}) \quad (6.35a)$$

beim Übergang zu einem beliebig nahe benachbarten Punkt $M(x_{10}+dx_1, x_{20}+dx_2, \ldots, x_{i0}+dx_i, \ldots, x_{n0} + dx_n)$ mit den beliebig kleinen Größen $dx_1, dx_2, \ldots, dx_i, \ldots, dx_n$ von der Summe der partiellen Differentiale der Funktion nach allen Variablen

$$\left(\frac{\partial u}{\partial x_1}dx_1 + \frac{\partial u}{\partial x_2}dx_2 + \ldots + \frac{\partial u}{\partial x_n}dx_n\right)_{x_{10}, x_{20}, \ldots, x_{n0}} \quad (6.35b)$$

um eine beliebig kleine Größe höherer Ordnung unterscheidet, als der Abstand

$$\overline{M_0M} = \sqrt{dx_1^2 + dx_2^2 + \ldots + dx_n^2}. \quad (6.36)$$

Differenzierbar ist jede stetige Funktion von mehreren Variablen, die stetige partielle Ableitungen nach allen ihren Variablen besitzt. Umgekehrt folgt die Differenzierbarkeit einer Funktion nicht aus der bloßen Existenz der partiellen Ableitungen.

2. Vollständiges Differential Wenn u eine differenzierbare Funktion ist, wird die Summe (6.35b) das vollständige Differential der Funktion genannt:

$$du = \frac{\partial u}{\partial x_1}dx_1 + \frac{\partial u}{\partial x_2}dx_2 + \ldots + \frac{\partial u}{\partial x_n}dx_n \quad (6.37a)$$

Mit Hilfe der Vektoren

$$\operatorname{grad} u = \left(\frac{\partial u}{\partial x_1}, \frac{\partial u}{\partial x_2}, \ldots, \frac{\partial u}{\partial x_n}\right)^{\mathrm{T}} \quad (6.37b)$$

$$dr = (dx_1, dx_2, \ldots, dx_n)^{\mathrm{T}} \quad (6.37c)$$

läßt sich das totale Differential als Skalarprodukt

$$du = \operatorname{grad} u \cdot \vec{\mathbf{dr}} \quad (6.37d)$$

darstellen. In (6.37b) handelt es sich um den auf S. 531 definierten Gradienten für den Fall von n unabhängigen Variablen.

3. Die geometrische Bedeutung des vollständigen Differentials einer Funktion von zwei Veränderlichen $u = f(x, y)$, die in einem kartesischen Koordinatensystem als Fläche dargestellt werden kann **(Abb.6.15)**, besteht darin, daß du gleich dem Zuwachs der Applikate der Tangentialebene in dem betrachteten Punkt ist, wenn dx und dy die Inkremente von x und y sind.

Aus der TAYLORschen Formel (s. S. 312) folgt für Funktionen von zwei Variablen

$$f(x, y) = f(x_0, y_0) + \frac{\partial f}{\partial x}(x_0, y_0)(x - x_0) + \frac{\partial f}{\partial y}(x_0, y_0)(y - y_0) + R_1\,. \quad (6.38a)$$

Vernachlässigt man das Restglied R_1, dann stellt

$$u = f(x_0, y_0) + \frac{\partial f}{\partial x}(x_0, y_0)(x - x_0) + \frac{\partial f}{\partial y}(x_0, y_0)(y - y_0) \quad (6.38b)$$

die Gleichung der Tangentialebene an die Fläche $u = f(x, y)$ im Punkt $P_0(x_0, y_0, u_0)$ dar.

4. Haupteigenschaft des vollständigen Differentials wird in Analogie zum Differential einer Funktion von einer Veränderlichen die in (6.32) formulierte Invarianz in bezug auf die enthaltenen Variablen genannt.

5. Anwendung in der Fehlerrechnung Im Rahmen der Fehlerrechnung wird das totale Differential du zur Schätzung des Fehlers Δu (s. 6.35a) verwendet(s. z.B. S. 654). Aus der TAYLORschen Formel (s. S. 312) folgt

$$|\Delta u| = |du + R_1| \leq |du| + |R_1| \approx |du|, \tag{6.39}$$

d.h., der absolute Fehler $|\Delta u|$ kann in erster Näherung durch $|\Delta u|$ ersetzt werden. Damit ist du eine lineare Approximation für Δu.

2. Ableitungen und Differentiale höherer Ordnungen

1. Partielle Ableitung zweiter Ordnung Die partielle Ableitung einer Funktion $u = f(x_1, x_2, \ldots, x_i, \ldots, x_n)$ kann sowohl nach der gleichen Variablen gebildet werden, wie die erste Ableitung, d. h. $\frac{\partial^2 u}{\partial x_1^2}, \frac{\partial^2 u}{\partial x_2^2}, \ldots$, als auch nach einer anderen Variablen, d. h. $\frac{\partial^2 u}{\partial x_1 \partial x_2}, \frac{\partial^2 u}{\partial x_2 \partial x_3}, \frac{\partial^2 u}{\partial x_3 \partial x_1}, \ldots$. Im zweiten Falle spricht man von einer gemischten Ableitung. Der Wert einer gemischten Ableitung $\frac{\partial^2 u}{\partial x_1 \partial x_2} = \frac{\partial^2 u}{\partial x_2 \partial x_1}$ ist für gegebene x_1 und x_2 unabhängig von der Reihenfolge der Ableitungsbildung, wenn die gemischte Ableitung in dem betrachteten Punkt stetig ist (SCHWARZ*scher Vertauschungssatz*). Partielle Ableitungen höherer Ordnung, wie z. B. $(\frac{\partial^3 u}{\partial x^3}, \frac{\partial^3 u}{\partial x \partial y^2}, \ldots)$ sind analog definiert.

2. Differential zweiter Ordnung einer Funktion von einer Veränderlichen $y = f(x)$ mit dem Symbol $d^2y, d^2f(x)$ wird als Differential des ersten Differentials gebildet: $d^2y = d(dy) = f''(x)dx^2$. Diese Symbole sind allerdings nur geeignet, wenn x eine unabhängige Veränderliche ist und nicht geeignet, wenn x z.B. in der Form $x = z(v)$ gegeben ist. Die Differentiale höherer Ordnung werden in analoger Weise definiert. Wenn die Variablen $x_1, x_2, \ldots, x_i, \ldots, x_n$ selbst Funktionen anderer Veränderlicher sind, ergeben sich kompliziertere Formeln (s. S. 293).

3. Vollständiges Differential zweiter Ordnung einer Funktion zweier Veränderlicher $u = f(x, y)$

$$d^2u = d(du) = \frac{\partial^2 u}{\partial x^2}dx^2 + 2\frac{\partial^2 u}{\partial x \partial y}dxdy + \frac{\partial^2 u}{\partial y^2}dy^2 \tag{6.40a}$$

bzw. symbolisch

$$d^2u = \left(\frac{\partial}{\partial x}dx + \frac{\partial}{\partial y}dy\right)^2 u. \tag{6.40b}$$

4. Vollständiges Differential n-ter Ordnung einer Funktion zweier Veränderlicher :

$$d^nu = \left(\frac{\partial}{\partial x}dx + \frac{\partial}{\partial y}dy\right)^n u. \tag{6.41}$$

5. Vollständiges Differential n-ter Ordnung einer Funktion mehrerer Veränderlicher:

$$d^nu = \left(\frac{\partial}{\partial x_1}dx_1 + \frac{\partial}{\partial x_2}dx_2 + \ldots + \frac{\partial}{\partial x_n}dx_n\right)^n u. \tag{6.42}$$

6.2.3 Differentiationsregeln für Funktionen von mehreren Veränderlichen

1. Differentiation von zusammengesetzten Funktionen

1. Mittelbare Funktion von einer unabhängigen Veränderlichen

$$u = f(x_1, x_2, \ldots, x_n), \qquad x_1 = \varphi(\xi), x_2 = \psi(\xi), \ldots, x_n = \chi(\xi) \tag{6.43}$$

$$\frac{\partial u}{\partial \xi} = \frac{\partial u}{\partial x_1}\frac{dx_1}{d\xi} + \frac{\partial u}{\partial x_2}\frac{dx_2}{d\xi} + \ldots + \frac{\partial u}{\partial x_n}\frac{dx_n}{d\xi}. \tag{6.44}$$

2. Mittelbare Funktion von mehreren unabhängigen Veränderlichen

$$u = f(x_1, x_2, \ldots, x_n), \qquad x_1 = \varphi(\xi, \eta, \ldots, \tau), x_2 = \psi(\xi, \eta, \ldots, \tau), \ldots, x_n = \chi(\xi, \eta, \ldots, \tau) \tag{6.45}$$

$$\left.\begin{array}{l} \dfrac{\partial u}{\partial \xi} = \dfrac{\partial u}{\partial x_1}\dfrac{\partial x_1}{\partial \xi} + \dfrac{\partial u}{\partial x_2}\dfrac{\partial x_2}{\partial \xi} + \cdots + \dfrac{\partial u}{\partial x_n}\dfrac{\partial x_n}{\partial \xi}, \\ \dfrac{\partial u}{\partial \eta} = \dfrac{\partial u}{\partial x_1}\dfrac{\partial x_1}{\partial \eta} + \dfrac{\partial u}{\partial x_2}\dfrac{\partial x_2}{\partial \eta} + \cdots + \dfrac{\partial u}{\partial x_n}\dfrac{\partial x_n}{\partial \eta}, \\ \cdots\cdots\cdots\cdots\cdots\cdots\cdots\cdots\cdots\cdots \\ \dfrac{\partial u}{\partial \tau} = \dfrac{\partial u}{\partial x_1}\dfrac{\partial x_1}{\partial \tau} + \dfrac{\partial u}{\partial x_2}\dfrac{\partial x_2}{\partial \tau} + \cdots + \dfrac{\partial u}{\partial x_n}\dfrac{\partial x_n}{\partial \tau}. \end{array}\right\} \tag{6.46}$$

2. Differentiation impliziter Funktionen

1. Eine Funktion mit einer Veränderlichen $y = f(x)$ sei gegeben durch die Gleichung

$$F(x, y) = 0. \tag{6.47a}$$

Durch Differentiation von (6.47a) nach x ergibt sich mit Hilfe von (6.44)

$$F'_x + F'_y y' = 0 \quad \text{und} \quad (6.47b) \qquad y' = -\frac{F'_x}{F'_y} \tag{6.47c}$$

Differentiation von (6.47b) liefert auf die gleiche Weise

$$F''_{xx} + 2F''_{xy}y' + F''_{yy}(y')^2 + F'_y y'' = 0, \tag{6.47d}$$

so daß man unter Berücksichtigung von (6.47b) erhält

$$y'' = \frac{2F'_x F'_y F''_{xy} - (F'_y)^2 F''_{xx} - (F'_x)^2 F''_{yy}}{(F'_y)^3}. \tag{6.47e}$$

Durch analoges Vorgehen berechnet man

$$F'''_{xxx} + 3F'''_{xxy}y' + 3F'''_{xyy}(y')^2 + F'''_{yyy}(y')^3 + 3F''_{xy}y'' + 3F''_{yy}y'y'' + F'_y y''' = 0, \tag{6.47f}$$

was nach y''' aufgelöst werden kann.

2. Eine Funktion von mehreren Veränderlichen $u = f(x_1, x_2, \ldots, x_i, \ldots, x_n)$ sei gegeben durch die Gleichung

$$F(x_1, x_2, \ldots, x_i, \ldots, x_n, u) = 0. \tag{6.48a}$$

Die partiellen Ableitungen

$$\frac{\partial u}{\partial x_1} = -\frac{F'_{x_1}}{F'_u}, \frac{\partial u}{\partial x_2} = -\frac{F'_{x_2}}{F'_u}, \ldots, \frac{\partial u}{\partial x_n} = -\frac{F'_{x_n}}{F'_u} \tag{6.48b}$$

werden in Analogie zum eben demonstrierten Fall ermittelt, aber mit Hilfe der Formeln (6.46). Auf dieselbe Weise werden die partiellen Ableitungen höherer Ordnung berechnet.

3. Zwei Funktionen von einer Veränderlichen $y = f(x)$ und $z = \varphi(x)$ seien gegeben durch das Gleichungssystem

$$F(x, y, z) = 0 \quad \text{und} \quad \Phi(x, y, z) = 0. \tag{6.49a}$$

Durch Differentiation von (6.49a) gemäß (6.44) liefert

$$F'_x + F'_y y' + F'_z z' = 0, \quad \Phi'_x + \Phi'_y y' + \Phi'_z z' = 0 \tag{6.49b}$$

$$y' = \frac{F'_z\Phi'_x - \Phi'_z F'_x}{F'_y\Phi'_z - F'_z\Phi'_y}, \quad z' = \frac{F'_x\Phi'_y - F'_y\Phi'_x}{F'_y\Phi'_z - F'_z\Phi'_y}. \tag{6.49c}$$

Die zweiten Ableitungen y'' und z'' werden in derselben Weise durch Differentiation von (6.49b) unter Berücksichtigung von y' und z' berechnet.

4. n Funktionen von einer Veränderlichen $y_1 = f(x), y_2 = \varphi(x), \ldots, y_n = \psi(x)$ seien gegeben durch ein System von n Gleichungen

$$F(x, y_1, y_2, \ldots, y_n) = 0, \Phi(x, y_1, y_2, \ldots, y_n) = 0, \ldots, \Psi(x, y_1, y_2, \ldots, y_n) = 0. \tag{6.50a}$$

Differentiation von (6.50a) mit Hilfe von (6.44) liefert

$$\left.\begin{array}{l} F'_x + F'_{y_1} y'_1 + F'_{y_2} y'_2 + \cdots + F'_{y_n} y'_n = 0 \\ \Phi'_x + \Phi'_{y_1} y'_1 + \Phi'_{y_2} y'_2 + \cdots + \Phi'_{y_n} y'_n = 0 \\ \cdots\cdots\cdots\cdots\cdots\cdots\cdots\cdots \\ \Psi'_x + \Psi'_{y_1} y'_1 + \Psi'_{y_2} y'_2 + \cdots + \Psi'_{y_n} y'_n = 0 \end{array}\right\}. \tag{6.50b}$$

Auflösen von (6.50b) liefert die gesuchten Ableitungen $y'_1, y'_2, \ldots, y'_n$. Auf die gleiche Weise werden die Ableitungen höherer Ordnung bestimmt.

5. Zwei Funktionen von zwei Veränderlichen $u = f(x, y), v = \varphi(x, y)$ seien gegeben durch das Gleichungssystem

$$F(x, y, u, v) = 0 \quad \text{und} \quad \Phi(x, y, u, v) = 0. \tag{6.51a}$$

Differentiation von (6.51a) nach x und y mit Hilfe von (6.46) liefert

$$\left.\begin{array}{l} \dfrac{\partial F}{\partial x} + \dfrac{\partial F}{\partial u}\dfrac{\partial u}{\partial x} + \dfrac{\partial F}{\partial v}\dfrac{\partial v}{\partial x} = 0, \\ \dfrac{\partial \Phi}{\partial x} + \dfrac{\partial \Phi}{\partial u}\dfrac{\partial u}{\partial x} + \dfrac{\partial \Phi}{\partial v}\dfrac{\partial v}{\partial x} = 0, \end{array}\right\} \ (6.51b) \qquad \left.\begin{array}{l} \dfrac{\partial F}{\partial y} + \dfrac{\partial F}{\partial u}\dfrac{\partial u}{\partial y} + \dfrac{\partial F}{\partial v}\dfrac{\partial v}{\partial y} = 0, \\ \dfrac{\partial \Phi}{\partial y} + \dfrac{\partial \Phi}{\partial u}\dfrac{\partial u}{\partial y} + \dfrac{\partial \Phi}{\partial v}\dfrac{\partial v}{\partial y} = 0. \end{array}\right\} \ (6.51c)$$

Auflösen des Systems (6.51b) nach $\dfrac{\partial u}{\partial x}, \dfrac{\partial v}{\partial x}$ und des Systems (6.51c) nach $\dfrac{\partial u}{\partial y}, \dfrac{\partial v}{\partial y}$ ergibt die partiellen Ableitungen erster Ordnung. Die Ableitungen höherer Ordnung werden auf gleiche Weise berechnet.

6. n Funktionen von m Veränderlichen, gegeben durch ein System von n Gleichungen Die Berechnung der partiellen Ableitungen erster und höherer Ordnung erfolgt nach dem gleichen Schema, wie es in den vorangegangenen Fällen demonstriert wurde.

6.2.4 Substitution von Variablen in Differentialausdrücken und Koordinatentransformationen

1. Funktion von einer Veränderlichen

Gegeben sei eine Funktion sowie ein funktionaler Zusammenhang, der die unabhängige Variable, die Funktion und deren Ableitungen enthält:

$$y = f(x), \quad (6.52a) \qquad H = F\left(x, y, \frac{dy}{dx}, \frac{d^2y}{dx^2}, \frac{d^3y}{dx^3}, \ldots\right). \quad (6.52b)$$

Die Ableitungen können dann bei der Substitution der Variablen auf die folgende Weise berechnet werden:

1. Die Variable x wird durch die Variable t ersetzt, die mit x gemäß

$$x = \varphi(t) \tag{6.53}$$

verknüpft ist. Dann gilt

$$\frac{dy}{dx} = \frac{1}{\varphi'(t)}\frac{dy}{dt}, \quad \frac{d^2y}{dx^2} = \frac{1}{[\varphi'(t)]^3}\left\{\varphi'(t)\frac{d^2y}{dt^2} - \varphi''(t)\frac{dy}{dt}\right\}, \tag{6.54}$$

$$\frac{d^3y}{dx^3} = \frac{1}{[\varphi'(t)]^5}\left\{[\varphi'(t)]^2\frac{d^3y}{dt^3} - 3\,\varphi'(t)\,\varphi''(t)\frac{d^2y}{dt^2} + [3[\varphi''(t)]^2 - \varphi'(t)\,\varphi'''(t)]\frac{dy}{dx}\right\}. \tag{6.55}$$

Wenn die Verknüpfung beider Variabler nicht in expliziter, sondern in der impliziten Form

$$\Phi(x, t) = 0 \tag{6.56}$$

gegeben ist, dann werden die Ableitungen $\frac{dy}{dx}, \frac{d^2y}{dx^2}, \frac{d^3y}{dx^3}$ mit denselben Formeln berechnet, aber die Ableitungen $\varphi'(t), \varphi''(t), \varphi'''(t)$ sind nach den Regeln für implizite Funktionen zu berechnen. In diesem Falle kann es vorkommen, daß der Zusammenhang (6.52b) die Variable x enthält. Zur Eliminierung wird dann die Verknüpfung (6.56) benutzt.

2. Die Funktion y wird durch eine Funktion u ersetzt, die mit y gemäß

$$y = \varphi(u) \tag{6.57}$$

verknüpft ist. Die Berechnung der Ableitungen kann dann mit den folgenden Formeln erfolgen:

$$\frac{dy}{dx} = \varphi'(u)\frac{du}{dx}, \quad \frac{d^2y}{dx^2} = \varphi'(u)\frac{d^2u}{dx^2} + \varphi''(u)\left(\frac{du}{dx}\right)^2, \tag{6.58}$$

$$\frac{d^3y}{dx^3} = \varphi'(u)\frac{d^3u}{dx^3} + 3\varphi''(u)\frac{du}{dx}\cdot\frac{d^2u}{dx^2} + \varphi'''(u)\left(\frac{du}{dx}\right)^3, \ldots . \tag{6.59}$$

3. Die Variablen x und y werden durch die neuen Veränderlichen t und u ersetzt, die mittels der Formeln

$$x = \varphi(t,u), \quad y = \psi(t,u) \tag{6.60}$$

verknüpft sind. Zur Berechnung der Ableitungen können die folgenden Formeln verwendet werden:

$$\frac{dy}{dx} = \frac{\frac{\partial\psi}{\partial t} + \frac{\partial\psi}{\partial u}\frac{du}{dt}}{\frac{\partial\varphi}{\partial t} + \frac{\partial\varphi}{\partial u}\frac{du}{dt}}, \tag{6.61}$$

$$\frac{d^2y}{dx^2} = \frac{d}{dx}\left(\frac{dy}{dx}\right) = \frac{d}{dx}\left[\frac{\frac{\partial\psi}{\partial t} + \frac{\partial\psi}{\partial u}\frac{du}{dt}}{\frac{\partial\varphi}{\partial t} + \frac{\partial\varphi}{\partial u}\frac{du}{dt}}\right] = \frac{1}{\frac{\partial\varphi}{\partial t} + \frac{\partial\varphi}{\partial u}\frac{du}{dt}}\,\frac{d}{dt}\left[\frac{\frac{\partial\psi}{\partial t} + \frac{\partial\psi}{\partial u}\frac{du}{dt}}{\frac{\partial\varphi}{\partial t} + \frac{\partial\varphi}{\partial u}\frac{du}{dt}}\right]$$

$$\frac{1}{B}\frac{d}{dt}\left(\frac{A}{B}\right) = \frac{1}{B^3}\left(B\frac{dA}{dt} - A\frac{dB}{dt}\right), \tag{6.62a}$$

mit $A = \frac{\partial\psi}{\partial t} + \frac{\partial\psi}{\partial u}\frac{du}{dt}$, (6.62b) $\qquad B = \frac{\partial\varphi}{\partial t} + \frac{\partial\varphi}{\partial u}\frac{du}{dt}$. (6.62c)

Die Berechnung der dritten Ableitung $\frac{d^3y}{dx^3}$ geschieht in analoger Weise.

■ Für die Transformation kartesischer in Polarkoordinaten gemäß

$$x = \varrho\cos\varphi, \quad y = \varrho\sin\varphi \tag{6.63}$$

berechnen sich die erste und zweite Ableitung gemäß

$$\frac{dy}{dx} = \frac{\varrho'\sin\varphi + \varrho\cos\varphi}{\varrho'\cos\varphi - \varrho\sin\varphi}, \quad (6.64a) \qquad \frac{d^2y}{dx^2} = \frac{\varrho^2 + 2\varrho'^2 - \varrho\varrho''}{(\varrho'\cos\varphi - \varrho\sin\varphi)^3}. \quad (6.64b)$$

2. Funktion zweier Veränderlicher

Gegeben sei eine Funktion sowie ein funktionaler Zusammenhang, der die unabhängigen Variablen, die Funktion und deren partielle Ableitungen enthält:

$$\omega = f(x,y) \tag{6.65a}$$

$$H = F\left(x, y, \omega, \frac{\partial\omega}{\partial x}, \frac{\partial\omega}{\partial y}, \frac{\partial^2\omega}{\partial x^2}, \frac{\partial^2\omega}{\partial x\partial y}, \frac{\partial^2\omega}{\partial y^2}, \ldots\right). \tag{6.65b}$$

Wenn x und y durch neue Variable u und v, gegeben durch

$$x = \varphi(u,v), \quad y = \psi(u,v), \tag{6.65c}$$

substituiert werden, können die partiellen Ableitungen erster Ordnung aus dem Gleichungssystem

$$\frac{\partial\omega}{\partial u} = \frac{\partial\omega}{\partial x}\frac{\partial\varphi}{\partial u} + \frac{\partial\omega}{\partial y}\frac{\partial\psi}{\partial u}, \quad \frac{\partial\omega}{\partial v} = \frac{\partial\omega}{\partial x}\frac{\partial\varphi}{\partial v} + \frac{\partial\omega}{\partial y}\frac{\partial\psi}{\partial v} \tag{6.66}$$

mit den den neuen Funktionen A, B, C und D von u und v berechnet werden zu

$$\frac{\partial\omega}{\partial x} = A\frac{\partial\omega}{\partial u} + B\frac{\partial\omega}{\partial v}, \quad \frac{\partial\omega}{\partial y} = C\frac{\partial\omega}{\partial u} + D\frac{\partial\omega}{\partial v} \ . \tag{6.67}$$

Die partiellen Ableitungen zweiter Ordnung werden mit denselben Formeln berechnet, aber indem sie nicht auf ω, sondern auf dessen partielle Ableitungen $\frac{\partial\omega}{\partial x}$ und $\frac{\partial\omega}{\partial y}$ angewendet werden, z. B.

$$\frac{\partial^2\omega}{\partial u^2} = \frac{\partial}{\partial x}\left(\frac{\partial\omega}{\partial x}\right) = \frac{\partial}{\partial x}\left(A\frac{\partial\omega}{\partial u} + B\frac{\partial\omega}{\partial v}\right) = A\left(A\frac{\partial^2\omega}{\partial u^2} + B\frac{\partial^2\omega}{\partial u\partial v} + \frac{\partial A}{\partial u}\frac{\partial\omega}{\partial u} + \frac{\partial B}{\partial u}\frac{\partial\omega}{\partial v}\right)$$

$$+B\left(A\frac{\partial^2\omega}{\partial u\partial v} + B\frac{\partial^2\omega}{\partial v^2} + \frac{\partial A}{\partial v}\frac{\partial\omega}{\partial u} + \frac{\partial B}{\partial v}\frac{\partial\omega}{\partial v}\right). \tag{6.68}$$

Die höheren partiellen Ableitungen können in derselben Weise berechnet werden.

■ Der LAPLACE–Operator (s. S. 537) soll in Polarkoordinaten (s. S. 158) ausgedrückt werden:

$$\Delta\omega = \frac{\partial^2\omega}{\partial x^2} + \frac{\partial^2\omega}{\partial y^2} \tag{6.69a}$$

$$x = \varrho\cos\varphi, \quad y = \varrho\sin\varphi. \tag{6.69b}$$

Gang der Rechnung:

$$\frac{\partial\omega}{\partial\varrho} = \frac{\partial\omega}{\partial x}\cos\varphi + \frac{\partial\omega}{\partial y}\sin\varphi, \quad \frac{\partial\omega}{\partial\varphi} = -\frac{\partial\omega}{\partial x}\varrho\sin\varphi + \frac{\partial\omega}{\partial y}\varrho\cos\varphi;$$

$$\frac{\partial\omega}{\partial x} = \cos\varphi\frac{\partial\omega}{\partial\varrho} - \frac{\sin\varphi}{\varrho}\frac{\partial\omega}{\partial\varphi}, \quad \frac{\partial\omega}{\partial y} = \sin\varphi\frac{\partial\omega}{\partial\varrho} + \frac{\cos\varphi}{\varrho}\frac{\partial\omega}{\partial\varphi};$$

$$\frac{\partial^2\omega}{\partial x^2} = \cos\varphi\frac{\partial}{\partial\varrho}\left(\cos\varphi\frac{\partial\omega}{\partial\varrho} - \frac{\sin\varphi}{\varrho}\frac{\partial\omega}{\partial\varphi}\right) - \frac{\sin\varphi}{\varrho}\frac{\partial}{\partial\varphi}\left(\cos\varphi\frac{\partial\omega}{\partial\varrho} - \frac{\sin\varphi}{\varrho}\frac{\partial\omega}{\partial\varphi}\right).$$

Analog wird $\frac{\partial^2\omega}{\partial y^2}$ berechnet, so daß man erhält:

$$\Delta\omega = \frac{\partial^2\omega}{\partial\varrho^2} + \frac{1}{\varrho^2}\frac{\partial^2\omega}{\partial\varphi^2} + \frac{1}{\varrho}\frac{\partial\omega}{\partial\varrho}. \tag{6.70}$$

Wenn Funktionen mit mehreren Veränderlichen substituiert werden sollen, können ähnliche Substitutionsformeln hergeleitet werden.

6.2.5 Extremwerte von Funktionen mit mehreren Veränderlichen

1. Definition

Eine Funktion $u = f(x_1, x_2, \ldots, x_i, \ldots, x_n)$ besitzt im Punkt $P_0(x_{10}, x_{20}, \ldots, x_{i0}, \ldots, x_{n0})$ einen relativen Extremwert, wenn sich eine Zahl ϵ derart angeben läßt, daß das Gebiet $x_{10} - \epsilon < x_1 < x_{10} + \epsilon, x_{20} - \epsilon < x_2 < x_{20} + \epsilon, \ldots, x_{n0} - \epsilon < x_n < x_{n0} + \epsilon$ zum Definitionsbereich der Funktion gehört und für jeden Punkt dieses Gebiets mit Ausnahme von P_0 für ein Maximum die Ungleichung

$$f(x_1, x_2, \ldots, x_n) < f(x_{10}, x_{20}, \ldots, x_{n0}) \tag{6.71a}$$

und für ein Minimum die Ungleichung

$$f(x_1, x_2, \ldots, x_n) > f(x_{10}, x_{20}, \ldots, x_{n0}) \tag{6.71b}$$

gilt. In der Sprache des Begriffs des mehrdimensionalen Raumes (s. S. 100) sind in den Punkten eines relativen Maximums oder relativen Minimums die Funktionswerte größer oder kleiner als in den benachbarten Punkten.

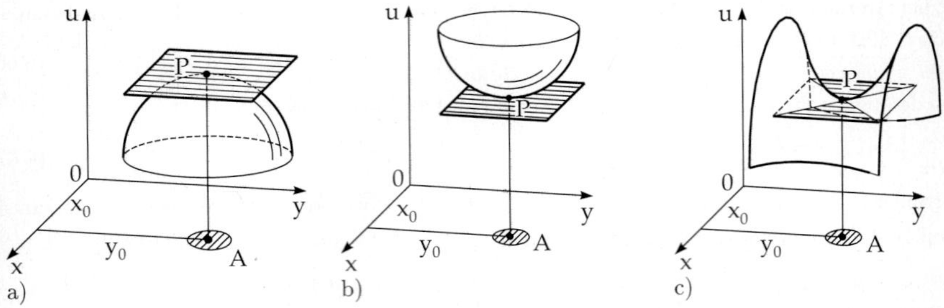

Abbildung 6.16

2. Geometrische Bedeutung

Geometrisch betrachtet entspricht der relative Extremwert einer Funktion zweier Veränderlicher, die in einem kartesischen Koordinatensystem als Fläche dargestellt ist (s. S. 101), einem Punkt A, in dem die Applikate der Fläche größer oder kleiner ist als die Applikate aller beliebigen anderen Punkte in hinreichend kleiner Entfernung vom Punkt A, d. h. in einem Gebiet kleiner Ausdehnung, das den Punkt A enthält **(Abb.6.16)**.

Wenn die Fläche im Punkt P, der ein relatives Extremum darstellt, eine Tangentialebene besitzt, dann verläuft diese parallel zur x, y-Ebene **(Abb.6.16a,b)**. Diese Bedingung ist notwendig, aber nicht hinreichend dafür, daß im Punkt P ein Maximum oder Minimum vorhanden ist. In **(Abb.6.16c)** zeichnet sich die Fläche im Punkt P durch eine horizontale Tangentialebene aus, doch besitzt die Funktion dort kein Extremum, sondern einen Sattelpunkt.

3. Bestimmung der Extremwerte einer Funktion von zwei Veränderlichen

Wenn $u = f(x, y)$ gegeben ist, wird das Gleichungssystem $f'_x = 0, f'_y = 0$ gelöst, damit die erhaltenen Wertepaare $(x_1, y_1), (x_2, y_2), \ldots$ in

$$A = \frac{\partial^2 f}{\partial x^2}, \quad B = \frac{\partial^2 f}{\partial x \partial y}, \quad C = \frac{\partial^2 f}{\partial y^2} \qquad (6.72)$$

eingesetzt werden können. Durch Diskussion des Ausdrucks

$$\Delta = \begin{vmatrix} A & B \\ B & C \end{vmatrix} = AC - B^2 = [f''_{xx} f''_{yy} - (f''_{xy})^2]_{x=x_i, y=y_i} \qquad (6.73)$$

bestimmt man die Art des Extremwertes:

1. Im Falle $\Delta > 0$ hat die Funktion $f(x, y)$ für das Wertesystem (x_i, y_i) und für $f''_{xx} < 0$ ein Maximum und für $f''_{xx} > 0$ ein Minimum (hinreichende Bedingung).

2. Im Falle $\Delta < 0$ hat $f(x, y)$ kein Extremum.

3. Im Falle $\Delta = 0$ ist die Diskussion komplizierter.

4. Bestimmung der Extremwerte einer Funktion von n Veränderlichen

Die notwendige, aber nicht hinreichende Bedingung dafür, daß die Funktion $u = f(x_1, x_2, \ldots, x_n)$ für ein Wertesystem $(x_1, x_2, \ldots, x_n)$ ein Extremum besitzt, besteht darin, daß es die n Gleichungen

$$f'_{x_1} = 0, f'_{x_2} = 0, \ldots, f'_{x_n} = 0 \qquad (6.74)$$

erfüllt. Im allgemeinen Falle sind die hinreichenden Bedingungen von komplizierter Art. Damit man die Frage, ob die Funktion für ein Lösungssystem $x_{10}, x_{20}, \ldots, x_{n0}$ der Gleichung (6.74) ein Extremum besitzt oder nicht, effektiv beantwortet werden kann, untersucht man solche Werte der Funktion, die nahe bei $x_{10}, x_{20}, \ldots, x_{n0}$ liegen.

5. Bestimmung der Extremwerte unter Vorgabe von Nebenbedingungen

Wenn das Extremum einer Funktion $u = f(x_1, x_2, \ldots, x_n)$ mit n Veränderlichen bestimmt werden soll, die voneinander abhängig und durch die Nebenbedingungen

$$\phi(x_1, x_2, \ldots, x_n) = 0, \psi(x_1, x_2, \ldots, x_n) = 0, \ldots, \chi(x_1, x_2, \ldots, x_n) = 0 \quad (6.75a)$$

miteinander verknüpft sind, wobei die Anzahl dieser Verknüpfungen $k < n$ sein muß, dann führt man gemäß der Multiplikatorenmethode von LAGRANGE k unbestimmte Multiplikatoren $\lambda, \mu, \ldots, \kappa$ ein und betrachtet die folgenden Funktionen der $n + k$ Veränderlichen $x_1, x_2, \ldots, x_n, \lambda, \mu, \ldots, \kappa$:

$$\Phi(x_1, x_2, \ldots, x_n, \lambda, \mu, \ldots, \kappa) \quad (6.75b)$$

$$= f(x_1, x_2, \ldots, x_n) + \lambda\varphi(x_1, x_2, \ldots, x_n) + \mu\psi(x_1, x_2, \ldots, x_n) + \ldots + \kappa\chi(x_1, x_2, \ldots, x_n).$$

Die notwendige Bedingung für ein Extremum der Funktion Φ ist ein System von $n + k$ Gleichungen (6.74) mit den Unbekannten $x_1, x_2, \ldots, x_n, \lambda, \mu, \ldots, \kappa$ in der Form

$$\varphi = 0, \psi = 0, \ldots, \chi = 0, \Phi'_{x_1} = 0, \Phi'_{x_2} = 0, \ldots, \Phi'_{x_n} = 0. \quad (6.75c)$$

Als notwendige Bedingung dafür, daß die Funktion f ein Extremum besitzen kann, muß das Wertesystem $x_{10}, x_{20}, \ldots, x_{n0}$ diese Gleichungen erfüllen.

■ Die Extremwerte der Funktion $u = f(x, y)$ mit der Nebenbedingung $\varphi(x, y) = 0$ werden aus den drei Gleichungen

$$\varphi(x, y) = 0, \frac{\partial}{\partial x}[f(x, y) + \lambda\varphi(x, y)] = 0, \frac{\partial}{\partial y}[f(x, y) + \lambda\varphi(x, y)] = 0 \quad (6.76)$$

mit den drei Unbekannten x, y, λ bestimmt.

7 Unendliche Reihen

7.1 Zahlenfolgen

7.1.1 Eigenschaften von Zahlenfolgen

1. Definition Ist eine unendliche Menge von Zahlen

$$a_1, a_2, \ldots, a_n, \ldots \tag{7.1}$$

in einer bestimmten Reihenfolge angeordnet, dann spricht man von einer *unendlichen Zahlenfolge*. Die Zahlen der Zahlenfolge werden *Glieder der Zahlenfolge* genannt. Unter den Gliedern einer Zahlenfolge können auch gleiche Zahlen auftreten. Eine Folge gilt als gegeben, wenn das *Bildungsgesetz der Zahlenfolge*, d. h. eine Regel, bekannt ist, nach der jedes beliebige Glied der Zahlenfolge bestimmt werden kann. Häufig läßt sich sich eine Formel für das allgemeine Glied a_n angeben.

■ **A:** $a_n = n$: $1, 2, 3, 4, 5, \ldots$; **B:** $a_n = 4 + 3(n-1)$: $4, 7, 10, 13, 16, \ldots$;

C: $a_n = 3\left(-\frac{1}{2}\right)^{n-1}$: $3, -\frac{3}{2}, \frac{3}{4}, -\frac{3}{8}, \frac{3}{16}, \ldots$; **D:** $a_n = (-1)^{n+1}$: $1, -1, 1, -1, 1, \ldots$;

E: $a_n = 3 - \frac{1}{2^{n-2}}$: $1, 2, 2\frac{1}{2}, 2\frac{3}{4}, 2\frac{7}{8}, \ldots$; **F:** $a_n = 3\frac{1}{3} - \frac{1}{3}\cdot 10^{\frac{n-1}{2}}$ für ungerades n und $a_n = 3\frac{1}{3} + \frac{2}{3}\cdot 10^{-\frac{n}{2}+1}$ für gerades n: 3, 4, 3,3; 3,4; 3,33; 3,34; 3,333; 3,334; …;

G: $a_n = \frac{1}{n}$: $1, \frac{1}{2}, \frac{1}{3}, \frac{1}{4}, \frac{1}{5}, \ldots$; **H:** $a_n = (-1)^{n+1}n$: $1, -2, 3, -4, 5, -6, \ldots$;

I: $a_n = -\frac{n+1}{2}$ für ungerade n und $a_n = 0$ für gerades n: $-1, 0, -2, 0, -3, 0, -4, 0, \ldots$;

J: $a_n = 3 - \frac{1}{2^{\frac{n}{2}-\frac{3}{2}}}$ für gerades n und $a_n = 13 - \frac{1}{2^{\frac{n}{2}}-2}$ für gerades n: $1, 11, 2, 12, 2\frac{1}{2}, 12\frac{1}{2}, 2\frac{3}{4}, 12\frac{3}{4}, \ldots$

2. Monotone Zahlenfolgen Man nennt eine Folge $a_1, a_2, \ldots, a_n, \ldots$ *monoton wachsend*, wenn gilt

$$a_1 \le a_2 \le a_3 \le \cdots \le a_n \le \cdots, \tag{7.2}$$

und *monoton fallend*, wenn gilt

$$a_1 \ge a_2 \ge a_3 \ge \cdots \ge a_n \ge \cdots. \tag{7.3}$$

Man spricht von einer *streng monoton wachsenden Folge* bzw. *streng monoton fallenden Folge*, wenn in (7.2) bzw. (7.3) die Gleichheitszeichen nicht zugelassen sind.

■ **A:** Von den Folgen **A** bis **J** sind **A, B, E** streng monoton wachsend.
B: Die Folge **G** ist streng monoton fallend.

3. Beschränkte Folgen Eine Folge heißt *beschränkt*, wenn für alle ihre Glieder gilt

$$|a_n| < K, \tag{7.4}$$

wobei $K > 0$ ist. Existiert eine solche Zahl K nicht, dann spricht man von einer *unbeschränkten Folge*.

■ Von den Folgen **A** bis **J** sind die Folgen **C** mit $K = 4$, **D** mit $K = 2$, **E** mit $K = 3$, **F** mit $K = 5$, **G** mit $K = 2$ und **J** mit $K = 13$ beschränkt.

7.1.2 Grenzwerte von Zahlenfolgen

1. Grenzwert einer Zahlenfolge Eine unendliche Zahlenfolge (7.1) hat den Grenzwert A, wenn mit unbegrenzt wachsendem Index n die Differenz $a_n - A$ dem Betrage nach beliebig klein wird. Genauer formuliert bedeutet das: Zu jeder beliebig kleinen Zahl ε läßt sich ein Index $n_0(\varepsilon)$ so bestimmen, daß für alle $n > n_0$ gilt

$$|a_n - A| < \varepsilon. \tag{7.5}$$

2. Konvergenz einer Zahlenfolge Eine Zahlenfolge $\{a_n\}$, die (7.5) erfüllt, heißt *konvergent gegen* A. Man schreibt dann

$$\lim_{n\to\infty} a_n = A \quad \text{bzw.} \quad a_n \to A. \tag{7.6}$$

■ Von den Folgen der vorhergehenden Seite **A** bis **J** sind konvergent: **C** mit $A = 0$, **E** mit $A = 3$, **F** mit $A = 3\frac{1}{3}$, **G** mit $A = 0$.

3. Divergenz einer Zahlenfolge Nichtkonvergente Zahlenfolgen heißen *divergent.* Man spricht von *bestimmter Divergenz,* wenn a_n mit unbegrenzt wachsendem n nach der positiven oder negativen Seite jede vorgegebene Zahl von beliebig großem Betrag überschreitet. Man schreibt dann:

$$\lim_{n\to\infty} a_n = \infty \quad \text{bzw.} \quad \lim_{n\to\infty} a_n = -\infty \tag{7.7}$$

Anderenfalls spricht man von *unbestimmter Divergenz.*

■ **A:** Von den Folgen **A** bis **J** auf der vorhergendenen Seite sind **A** und **B** gegen $+\infty$ bestimmt divergent.

B: Von den Folgen ist **D** unbestimmt divergent.

4. Sätze über Grenzwerte von Zahlenfolgen

a) Wenn die Folgen $\{a_n\}$ und $\{b_n\}$ konvergieren, gilt

$$\lim_{n\to\infty} (a_n + b_n) = \lim_{n\to\infty} a_n + \lim_{n\to\infty} b_n, (7.8) \qquad \lim_{n\to\infty} (a_n b_n) = (\lim_{n\to\infty} a_n)(\lim_{n\to\infty} b_n), \quad (7.9)$$

$$\lim_{n\to\infty} \frac{a_n}{b_n} = \frac{\lim\limits_{n\to\infty} a_n}{\lim\limits_{n\to\infty} b_n}, \quad \text{falls} \quad \lim_{n\to\infty} b_n \neq 0. \tag{7.10}$$

b) Wenn $\lim\limits_{n\to\infty} a_n = \lim\limits_{n\to\infty} b_n = A$ gilt und wenigstens von einem Index n_1 ab stets $a_n \leq c_n \leq b_n$ ist, dann gilt auch

$$\lim_{n\to\infty} c_n = A. \tag{7.11}$$

c) Eine monoton beschränkte Folge besitzt stets einen endlichen Grenzwert. Ist eine monoton wachsende Folge $a_1 \leq a_2 \leq a_3 \leq \ldots$ nach oben beschränkt, d. h. $a_n \leq K_1$ für alle n, bzw. eine monoton fallende nach unten, d. h. $a_n \geq K_2$ für alle n, so konvergiert sie gegen einen Grenzwert, der nicht größer als die *obere Schranke* K_1 bzw. nicht kleiner als die *untere Schranke* K_2 ist.

7.2 Reihen mit konstanten Gliedern

7.2.1 Allgemeine Konvergenzsätze

7.2.1.1 Definitionen

1. Unendliche Reihe und ihre Summe Aus den Gliedern a_k einer *unendlichen Zahlenfolge* $\{a_k\}$ (s. S. 298) kann formal der Ausdruck

$$a_1 + a_2 + \cdots + a_k + \cdots = \sum_{k=1}^{\infty} a_k \tag{7.12}$$

gebildet werden, der eine *unendliche Reihe* genannt wird. Die Summen

$$S_1 = a_1, \quad S_2 = a_1 + a_2, \quad \ldots, \quad S_n = \sum_{k=1}^{n} a_k \tag{7.13}$$

nennt man *Partialsummen.*

2. Konvergente und divergente Reihen Man spricht von einer *konvergenten Reihe* (7.12), wenn die Folge $\{S_n\}$ der Partialsummen konvergiert. Den Grenzwert

$$S = \lim_{n\to\infty} S_n = \sum_{k=1}^{\infty} a_k \tag{7.14}$$

nennt man die *Summe* und a_k das *allgemeine Glied* der Reihe. Wenn der Grenzwert (7.14) nicht existiert, spricht man von einer *divergenten Reihe*. In diesem Falle können die Partialsummen unbegrenzt wachsen oder oszillieren. Die Frage nach der Konvergenz einer unendlichen Reihe wird somit auf die Existenz eines Grenzwertes der Folge $\{S_n\}$ zurückgeführt.

■ **A:** Die *geometrische Reihe*

$$1+\frac{1}{2}+\frac{1}{4}+\frac{1}{8}+\cdots+\frac{1}{2^n}+\cdots \tag{7.15}$$

ist konvergent.

■ **B:** Die *harmonische Reihe*

$$1+\frac{1}{2}+\frac{1}{3}+\cdots+\frac{1}{n}+\cdots \tag{7.16}$$ und die Reihen $$1+1+1+\cdots+1+\cdots \tag{7.17}$$ und

$$1-1+1-\cdots+(-1)^{n-1}+\cdots \tag{7.18}$$

sind divergent. Während für die Reihen (7.16) und (7.17) $\lim\limits_{n\to\infty} S_n = \infty$ ist, oszilliert (7.18).

3. Reihenrest Unter dem *Rest* oder dem *Restglied* einer konvergenten Reihe $S = \sum\limits_{k=1}^{\infty}$ versteht man die Differenz zwischen ihrer Summe S und der Partialsumme S_n:

$$R_n = S - S_n = \sum_{k=n+1}^{\infty} a_k = a_{n+1} + a_{n+2} + \cdots. \tag{7.19}$$

7.2.1.2 Allgemeine Sätze über die Konvergenz von Reihen

1. Weglassen von Anfangsgliedern Werden endlich viele Anfangsglieder einer Reihe weggelassen oder endlich viele Glieder einer Reihe hinzugefügt, dann ändert sich das Konvergenzverhalten der Reihe nicht.

2. Multiplikation aller Glieder Werden alle Glieder einer konvergenten Reihe mit ein und demselben Faktor c multipliziert, dann bleibt die Konvergenz der Reihe ungestört; ihre Summe ist mit dem Faktor c zu multiplizieren.

3. Gliedweise Addition oder Subtraktion Konvergente Reihen dürfen gliedweise addiert oder subtrahiert werden. Aus der Konvergenz der Reihen

$$a_1 + a_2 + \cdots + a_n + \cdots = \sum_{k=1}^{\infty} a_k = S_1 \tag{7.20a}$$ $$b_1 + b_2 + \cdots + b_n + \cdots = \sum_{k=1}^{\infty} b_k = S_2 \tag{7.20b}$$

folgt die Konvergenz und die Summe der Reihe

$$(a_1 \pm b_1) + (a_2 \pm b_2) + \cdots + (a_n \pm b_n) + \cdots = S_1 \pm S_2. \tag{7.20c}$$

4. Notwendiges Kriterium für die Konvergenz einer Reihe Die Folge der Glieder einer konvergenten Reihe muß gegen Null streben:

$$\lim_{n\to\infty} a_n = 0. \tag{7.21}$$

Hierbei handelt es sich um eine *notwendige*, nicht aber um eine *hinreichende Bedingung*.

■ Für die harmonische Reihe (7.16) ist $\lim\limits_{n\to\infty} a_n = 0$, aber $\lim\limits_{n\to\infty} S_n = \infty$.

7.2.2 Konvergenzkriterien für Reihen mit positiven Gliedern

7.2.2.1 Vergleichskriterium

Wenn zwei Reihen

$$a_1 + a_2 + \cdots + a_n + \cdots = \sum_{n=1}^{\infty} a_n \tag{7.22a}$$ $$b_1 + b_2 + \cdots + b_n + \cdots = \sum_{n=1}^{\infty} b_n \tag{7.22b}$$

nur positive Glieder ($a_n > 0$, $b_n > 0$) besitzen und wenn von einem gewissen n an $a_n \geq b_n$ ist, dann folgt aus der Konvergenz der Reihe (7.22a) auch die Konvergenz der Reihe (7.22b). Umgekehrt folgt aus der Divergenz der Reihe (7.22b) auch die Divergenz der Reihe (7.22a).

■ **A:** Aus dem Vergleich der Glieder der Reihe

$$1 + \frac{1}{2^2} + \frac{1}{3^3} + \cdots + \frac{1}{n^n} + \cdots \tag{7.23a}$$

mit denen der geometrischen Reihe (7.15) folgt die Konvergenz der Reihe (7.23a). Von $n = 2$ an sind die Glieder der Reihe (7.23a) kleiner als die der konvergenten Reihe (7.15):

$$\frac{1}{n^n} < \frac{1}{2^{n-1}} \quad (n \geq 2) \tag{7.23b}$$

■ **B:** Aus dem Vergleich der Glieder der Reihe

$$1 + \frac{1}{\sqrt{2}} + \frac{1}{\sqrt{3}} + \cdots + \frac{1}{\sqrt{n}} + \cdots \tag{7.24a}$$

mit denen der harmonischen Reihe (7.16) folgt die Divergenz der Reihe (7.24a). Von $n > 1$ an sind die Glieder der Reihe (7.24a) größer als die der divergenten Reihe (7.16):

$$\frac{1}{\sqrt{n}} > \frac{1}{n} \quad (n > 1) \tag{7.24b}$$

7.2.2.2 Quotientenkriterium von d'Alembert

Wenn für die Reihe

$$a_1 + a_2 + \cdots + a_n + \cdots = \sum_{n=1}^{\infty} a_n \tag{7.25a}$$

von einem gewissen n an alle Quotienten $\frac{a_{n+1}}{a_n}$ kleiner sind als eine Zahl $q < 1$, dann ist die Reihe konvergent:

$$\frac{a_{n+1}}{a_n} < q < 1. \tag{7.25b}$$

Wenn diese Quotienten von einem gewissen n an größer sind als eine Zahl $Q > 1$, dann ist die Reihe divergent. Daraus ergibt sich: Gilt

$$\lim_{n \to \infty} \frac{a_{n+1}}{a_n} = \varrho, \tag{7.25c}$$

dann ist die Reihe für $\varrho < 1$ konvergent und für $\varrho > 1$ divergent.

■ **A:** Die Reihe

$$\frac{1}{2} + \frac{2}{2^2} + \frac{3}{2^3} + \cdots + \frac{n}{2^n} + \cdots \tag{7.26a}$$

konvergiert, denn es gilt

$$\varrho = \lim_{n \to \infty} \left(\frac{n+1}{2^{n+1}} : \frac{n}{2^n} \right) = \lim_{n \to \infty} \frac{1 + \frac{1}{n}}{2} = \frac{1}{2}. \tag{7.26b}$$

■ **B:** Für die Reihe

$$2 + \frac{3}{4} + \frac{4}{9} + \cdots + \frac{n+1}{n^2} + \cdots \tag{7.27a}$$

liefert das Quotientenkriterium wegen

$$\varrho = \lim_{n \to \infty} \left(\frac{n+2}{(n+1)^2} : \frac{n+1}{n^2} \right) = 1 \tag{7.27b}$$

keine Entscheidung über die Konvergenz oder Divergenz der Reihe.

7.2.2.3 Wurzelkriterium von Cauchy

Gilt für eine Reihe

$$a_1 + a_2 + \cdots + a_n + \cdots = \sum_{n=1}^{\infty} a_n \tag{7.28a}$$

von einem gewissen n an für alle Zahlen $\sqrt[n]{a_n}$

$$\sqrt[n]{a_n} < q < 1, \tag{7.28b}$$

dann ist die Reihe konvergent. Sind umgekehrt von einem gewissen n an alle Zahlen größer als eine Zahl Q und ist $Q > 1$, dann divergiert die Reihe. Daraus ergibt sich: Gilt $\lim\limits_{n\to\infty} \sqrt[n]{a_n} = \varrho$, dann ist die Reihe konvergent für $\varrho < 1$ und divergent für $\varrho > 1$

$$\lim_{n\to\infty} \sqrt[n]{a_n} = \varrho < 1 \quad \text{bzw.} \quad > 1. \tag{7.28c}$$

Für $\varrho = 1$ kann keine Aussage über das Konvergenzverhalten gemacht werden.

■ Die Reihe

$$\frac{1}{2} + \left(\frac{2}{3}\right)^4 + \left(\frac{3}{4}\right)^9 + \cdots + \left(\frac{n}{n+1}\right)^{n^2} + \cdots \tag{7.29a}$$

ist konvergent wegen

$$\varrho = \lim_{n\to\infty} \sqrt[n]{\left(\frac{n}{n+1}\right)^{n^2}} = \lim_{n\to\infty} \left(\frac{1}{1+\frac{1}{n}}\right)^n = \frac{1}{e} < 1. \tag{7.29b}$$

7.2.2.4 Integralkriterium von Cauchy

1. Konvergenz Eine Reihe mit dem allgemeinen Glied $a_n = f(n)$ ist konvergent, wenn $f(x)$ eine monoton fallende Funktion ist und das uneigentliche Integral $\int_c^\infty f(x)\,dx$ (s. S. 345) konvergiert.

2. Divergenz Eine Reihe mit dem allgemeinen Glied $a_n = f(n)$ ist divergent, wenn dieses Integral divergiert.

Die untere Integrationsgrenze c ist zwar beliebig, sie ist jedoch so zu wählen, daß die Funktion $f(x)$ für $c < x < \infty$ definiert und frei von Unstetigkeiten ist.

■ Die Reihe (7.27a) ist divergent wegen

$$f(x) = \frac{x+1}{x^2}, \quad \int_c^\infty \frac{x+1}{x^2}\,dx = \left[\ln x - \frac{1}{x}\right]_c^\infty = \infty. \tag{7.30}$$

7.2.3 Absolute und bedingte Konvergenz

7.2.3.1 Definition

Neben der Reihe

$$a_1 + a_2 + \cdots + a_n + \cdots = \sum_{n=1}^{\infty} a_n \tag{7.31a}$$

mit Gliedern, die verschiedene Vorzeichen haben können, wie z. B. in einer alternierenden Reihe, wird auch die Reihe

$$|a_1| + |a_2| + \cdots + |a_n| + \cdots = \sum_{n=1}^{\infty} |a_n| \tag{7.31b}$$

betrachtet, deren Glieder die Absolutbeträge der Glieder der Reihe (7.31a) sind. Wenn die Reihe (7.31b) konvergent ist, dann ist es auch die Reihe (7.31a). In diesem Falle spricht man von der *absoluten Konvergenz* der Reihe (7.31a). Wenn die Reihe (7.31b) divergent ist, dann kann die Reihe

(7.31a) entweder auch divergent oder konvergent sein. Im letzten Falle spricht man von der *bedingten Konvergenz* der Reihe (7.31a).

■ **A:** Die Reihe

$$\frac{\sin\alpha}{2} + \frac{\sin 2\alpha}{2^2} + \cdots + \frac{\sin n\alpha}{2^n} + \cdots, \tag{7.32a}$$

in der α eine beliebige konstante Zahl ist, konvergiert absolut, da die Reihe mit dem absoluten Glied $\left|\frac{\sin n\alpha}{2^n}\right|$ konvergiert. Dies zeigt ein Vergleich mit der geometrischen Reihe (7.15):

$$\left|\frac{\sin n\alpha}{2^n}\right| \leq \frac{1}{2^n}. \tag{7.32b}$$

■ **B:** Die Reihe

$$1 - \frac{1}{2} + \frac{1}{3} - \cdots + (-1)^{n-1}\frac{1}{n} + \cdots \tag{7.33}$$

konvergiert bedingt, wie (7.35b) und ein Vergleich mit der divergenten harmonischen Reihe (7.16) zeigen, die das allgemeine Glied $\frac{1}{n} = |a_n|$ hat.

7.2.3.2 Eigenschaften absolut konvergenter Reihen

1. Vertauschung von Gliedern a) Die Glieder einer absolut konvergenten Reihe können nach Belieben miteinander vertauscht werden: Die Reihensumme ändert sich dadurch nicht.
b) Wenn die Glieder einer bedingt konvergierenden Reihe so umgestellt werden, daß in die Umstellung beliebig viele Glieder einbezogen sind, dann kann dadurch die Reihensumme geändert werden. Der *Satz von* RIEMANN besagt, daß auf diese Weise jede beliebige vorgegebene Zahl zur Reihensumme gemacht werden kann.

2. Addition und Subtraktion Absolut konvergente Reihen können gliedweise addiert oder subtrahiert werden.

3. Multiplikation Absolut konvergente Reihen können wie gewöhnliche Polynome miteinander multipliziert werden. Das Ergebnis ist wieder als Reihe darstellbar, z. B.:

$$\begin{aligned}(a_1 + a_2 + \cdots + a_n + \cdots)&(b_1 + b_2 + \cdots + b_n + \cdots)\\ &= \underbrace{a_1b_1} + \underbrace{a_2b_1 + a_1b_2} + \underbrace{a_3b_1 + a_2b_2 + a_1b_3} + \cdots \\ &+ \underbrace{a_nb_1 + a_{n-1}b_2 + \cdots + a_1b_n} + \cdots .\end{aligned} \tag{7.34a}$$

Wenn die Reihensummen $\sum a_n = S_a$ und $\sum b_n = S_b$ bekannt sind, dann ergibt sich die Summe der multiplizierten Reihen gemäß

$$S = S_aS_b. \tag{7.34b}$$

Wenn zwei Reihen $a_1 + a_2 + \cdots + a_n + \cdots = \sum_{n=1}^{\infty} a_n$ und $b_1 + b_2 + \cdots + b_n + \cdots = \sum_{n=1}^{\infty} b_n$ konvergent sind und wenigstens eine von ihnen absolut konvergiert, dann konvergiert auch die durch Multiplikation aus beiden erhaltene Reihe. Sie ist jedoch nicht notwendig ebenfalls absolut konvergent.

7.2.3.3 Alternierende Reihen

1. LEIBNIZsches Konvergenzkriterium (Satz von LEIBNIZ) Hinreichendes Kriterium für die Konvergenz der alternierenden Reihe

$$a_1 - a_2 + a_3 - \cdots \pm a_n \mp \cdots, \tag{7.35a}$$

in der die a_n positive Zahlen sind, ist die Erfüllung der zwei Bedingungen

$$1.\ \lim_{n\to\infty} a_n = 0 \quad \text{und} \quad 2.\ a_1 > a_2 > a_3 > \cdots > a_n > \cdots . \tag{7.35b}$$

■ Die Reihe (7.33) ist nach diesem Kriterium konvergent.

2. Abschätzung des Restgliedes der alternierenden Reihe Wenn in einer konvergenten alternierenden Reihe nur die ersten n Glieder berücksichtigt werden, dann stimmt das Vorzeichen des

Restgliedes R_n mit dem des ersten weggelassenen Gliedes a_{n+1} überein und es ist absolut genommen kleiner als dieses:

$$\operatorname{sign} R_n = \operatorname{sign}(a_{n+1}) \quad \text{mit } R_n = S - S_n, \tag{7.36a}$$

$$|S - S_n| < |a_{n+1}|. \tag{7.36b}$$

■ Bei der Reihe

$1 - \frac{1}{2} + \frac{1}{3} - \frac{1}{4} + \cdots \pm \frac{1}{n} \mp \cdots = \ln 2$ (7.37a) gilt für das Restglied $|\ln 2 - S_n| < \frac{1}{n+1}$. (7.37b)

7.2.4 Einige spezielle Reihen

7.2.4.1 Summenwerte einiger Reihen mit konstanten Gliedern

Tabelle 7.1 Summenwerte einiger numerischer Reihen

1. $$1 + \frac{1}{1!} + \frac{1}{2!} + \frac{1}{3!} + \cdots + \frac{1}{n!} + \cdots = e\,,$$

2. $$1 - \frac{1}{1!} + \frac{1}{2!} - \frac{1}{3!} + \cdots \pm \frac{1}{n!} \mp \cdots = \frac{1}{e}\,,$$

3. $$1 - \frac{1}{2} + \frac{1}{3} - \frac{1}{4} + \cdots \pm \frac{1}{n} \mp \cdots = \ln 2\,,$$

4. $$1 + \frac{1}{2} + \frac{1}{4} + \frac{1}{8} + \cdots + \frac{1}{2^n} + \cdots = 2\,,$$

5. $$1 - \frac{1}{2} + \frac{1}{4} - \frac{1}{8} + \cdots \pm \frac{1}{2^n} \mp \cdots = \frac{2}{3}\,,$$

6. $$1 - \frac{1}{3} + \frac{1}{5} - \frac{1}{7} + \frac{1}{9} - \cdots \pm \frac{1}{2n-1} \mp \cdots = \frac{\pi}{4}\,,$$

7. $$\frac{1}{1 \cdot 2} + \frac{1}{2 \cdot 3} + \frac{1}{3 \cdot 4} + \cdots + \frac{1}{n(n+1)} + \cdots = 1\,,$$

8. $$\frac{1}{1 \cdot 3} + \frac{1}{3 \cdot 5} + \frac{1}{5 \cdot 7} + \cdots + \frac{1}{(2n-1)(2n+1)} + \cdots = \frac{1}{2}\,,$$

9. $$\frac{1}{1 \cdot 3} + \frac{1}{2 \cdot 4} + \frac{1}{3 \cdot 5} + \cdots + \frac{1}{(n-1)(n+1)} + \cdots = \frac{3}{4}\,,$$

10. $$\frac{1}{3 \cdot 5} + \frac{1}{7 \cdot 9} + \frac{1}{11 \cdot 13} + \cdots + \frac{1}{(4n-1)(4n+1)} + \cdots = \frac{1}{2} - \frac{\pi}{8}\,,$$

11. $$\frac{1}{1 \cdot 2 \cdot 3} + \frac{1}{2 \cdot 3 \cdot 4} + \cdots + \frac{1}{n(n+1)(n+2)} + \cdots = \frac{1}{4}\,,$$

12. $$\frac{1}{1 \cdot 2 \ldots l} + \frac{1}{2 \cdot 3 \ldots (l+1)} + \cdots + \frac{1}{n \ldots (n+l-1)} + \cdots = \frac{1}{(l-1)(l-1)!}\,,$$

13. $$1 + \frac{1}{2^2} + \frac{1}{3^2} + \frac{1}{4^2} + \cdots + \frac{1}{n^2} + \cdots = \frac{\pi^2}{6}\,,$$

14. $$1 - \frac{1}{2^2} + \frac{1}{3^2} - \frac{1}{4^2} + \cdots \pm \frac{1}{n^2} \mp \cdots = \frac{\pi^2}{12}\,,$$

15. $$\frac{1}{1^2} + \frac{1}{3^2} + \frac{1}{5^2} + \cdots + \frac{1}{(2n+1)^2} + \cdots = \frac{\pi^2}{8}\,,$$

16. $$1 + \frac{1}{2^4} + \frac{1}{3^4} + \frac{1}{4^4} + \cdots + \frac{1}{n^4} + \cdots = \frac{\pi^4}{90}\,,$$

17. $$1 - \frac{1}{2^4} + \frac{1}{3^4} - \cdots \pm \frac{1}{n^4} \pm \cdots = \frac{7\pi^4}{720},$$

18. $$\frac{1}{1^4} + \frac{1}{3^4} + \frac{1}{5^4} + \cdots + \frac{1}{(2n+1)^4} + \cdots = \frac{\pi^4}{96},$$

BERNOULLIsche Zahlen B_k

19. $$1 + \frac{1}{2^{2k}} + \frac{1}{3^{2k}} + \frac{1}{4^{2k}} + \cdots + \frac{1}{n^{2k}} + \cdots = \frac{\pi^{2k} 2^{2k-1}}{(2k)!} B_k,$$

20. $$1 - \frac{1}{2^{2k}} + \frac{1}{3^{2k}} - \frac{1}{4^{2k}} + \cdots \pm \frac{1}{n^{2k}} \mp \cdots = \frac{\pi^{2k}(2^{2k-1} - 1)}{(2k)!} B_k,$$

21. $$1 + \frac{1}{3^{2k}} + \frac{1}{5^{2k}} + \frac{1}{7^{2k}} + \cdots + \frac{1}{(2n-1)^{2k}} + \cdots = \frac{\pi^{2k}(2^{2k} - 1)}{2 \cdot (2k)!} B_k,$$

EULERsche Zahlen E_k

22. $$1 - \frac{1}{3^{2k+1}} + \frac{1}{5^{2k+1}} - \frac{1}{7^{2k+1}} + \cdots \pm \frac{1}{(2n-1)^{2k+1}} \mp \cdots = \frac{\pi^{2k+1}}{2^{2k+2}(2k)!} E_k.$$

7.2.4.2 Bernoullische und Eulersche Zahlen

1. Erste Definition der BERNOULLIschen Zahlen Die BERNOULLIschen Zahlen B_k und die EULERschen Zahlen E_k können mit Hilfe von Potenzreihenentwicklungen spezieller Funktionen wie folgt definiert werden:

$$\frac{x}{e^x - 1} = 1 - \frac{x}{2} + B_1 \frac{x^2}{2!} - B_2 \frac{x^4}{4!} \pm \cdots + (-1)^{n+1} B_n \frac{x^{2n}}{(2n)!} \pm \cdots \qquad (|x| < 2\pi), \tag{7.38}$$

$$\sec x = 1 + E_1 \frac{x^2}{2!} + E_2 \frac{x^4}{4!} + \cdots + E_n \frac{x^{2n}}{(2n)!} + \cdots \qquad (|x| < \frac{\pi}{2}). \tag{7.39}$$

Durch Koeffizientenvergleich werden aus diesen Darstellungen die BERNOULLIschen und EULERschen Zahlen ermittelt. Die so gewonnenen Werte sind in den Tabellen 7.2 und 7.3 angegeben.

Tabelle 7.2 Erste Bernoullische Zahlen

k	B_k	k	B_k	k	B_k	k	B_k
1	$\frac{1}{6}$	4	$\frac{1}{30}$	7	$\frac{7}{6}$	10	$\frac{174611}{330}$
2	$\frac{1}{30}$	5	$\frac{5}{66}$	8	$\frac{3617}{510}$	11	$\frac{854513}{138}$
3	$\frac{1}{42}$	6	$\frac{691}{2730}$	9	$\frac{43867}{798}$		

2. Zweite Definition der BERNOULLIschen Zahlen Manche Autoren gehen zur Definition der BERNOULLIschen Zahlen von der folgenden Darstellung aus:

$$\frac{x}{e^x - 1} = 1 + \overline{B_1} \frac{x}{1!} + \overline{B_2} \frac{x^2}{2!} + \cdots + \overline{B_{2n}} \frac{x^{2n}}{(2n)!} + \cdots \qquad (|x| < 2\pi). \tag{7.40}$$

Dadurch erhält man die Rekursionsformel

$$\overline{B_{k+1}} = (\overline{B} + 1)^{k+1} \qquad (k = 1, 2, 3, \ldots), \tag{7.41}$$

Tabelle 7.3 Erste Eulersche Zahlen

k	E_k	k	E_k
1	1	5	50521
2	5	6	2702765
3	61	7	199360981
4	1385		

wobei nach Anwendung des binomischen Satzes (s. S. 9) überall $\overline{B}^\nu$ durch $\overline{B}_\nu$ zu ersetzen ist. Für die ersten Zahlen gilt:

$$\begin{aligned} &\overline{B_1} = -\frac{1}{2}, \quad \overline{B_2} = \frac{1}{6}, \quad \overline{B_4} = -\frac{1}{30}, \quad \overline{B_6} = \frac{1}{42}, \\ &\overline{B_8} = -\frac{1}{30}, \quad \overline{B_{10}} = \frac{5}{66}, \quad \overline{B_{12}} = -\frac{691}{2730}, \quad \overline{B_{14}} = \frac{7}{6}, \\ &\overline{B_{16}} = -\frac{3617}{510}, \qquad \overline{B_3} = \overline{B_5} = \overline{B_7} = \cdots = 0. \end{aligned} \tag{7.42}$$

Es besteht der Zusammenhang

$$B_k = (-1)^{k+1}\overline{B_{2k}} \qquad (k = 1, 2, 3, \ldots). \tag{7.43}$$

3. Definition der EULERschen Zahlen Zur Definition der EULER*schen Zahlen* kann man auch in Analogie zu (7.41) von der Rekursionsformel

$$(\overline{E} + 1)^k + (\overline{E} - 1)^k = 0 \qquad (k = 1, 2, 3, \ldots) \tag{7.44}$$

ausgehen, wobei auch hier nach Anwendung des binomischen Satzes überall $\overline{E^\nu}$ durch $\overline{E_\nu}$ zu ersetzen ist. Für die ersten Zahlen gilt:

$$\begin{aligned} &\overline{E_2} = -1, \quad \overline{E_4} = 5, \quad \overline{E_6} = -61, \quad \overline{E_8} = 1385, \\ &\overline{E_{10}} = -50521, \quad \overline{E_{12}} = 2702765, \quad \overline{E_{14}} = -199360981, \\ &\overline{E_{16}} = 19391512145, \qquad \overline{E_1} = \overline{E_3} = \overline{E_5} = \cdots = 0. \end{aligned} \tag{7.45}$$

Es besteht der Zusammenhang

$$E_k = (-1)^k\overline{E_{2k}} \qquad (k = 1, 2, 3, \ldots). \tag{7.46}$$

7.2.5 Abschätzung des Reihenrestes

1. Abschätzung mittels Majorante Um festzustellen, mit welcher Genauigkeit die Summe einer Reihe durch ihre n-te Teilsumme angenähert wird, versucht man, den Betrag des Restausdrucks

$$|S - S_n| = |R_n| = \left|\sum_{k=n+1}^{\infty} a_k\right| \leq \sum_{k=n+1}^{\infty} |a_k| \tag{7.47}$$

der Reihe $\sum\limits_{k=1}^{\infty} a_k$ abzuschätzen. Dazu benutzt man als *Majorante* für $\sum\limits_{k=n+1}^{\infty} |a_k|$ eine geometrische oder eine andere Reihe, die sich leicht summieren oder abschätzen läßt.

■ Abschätzung des Restes der Reihe $e = \sum\limits_{n=0}^{\infty} \frac{1}{n!}$. Für den Quotienten $\frac{a_{m+1}}{a_m}$ zweier aufeinanderfolgender Glieder dieser Reihe gilt mit $m \geq n + 1$

$$\frac{a_{m+1}}{a_m} = \frac{m!}{(m+1)!} = \frac{1}{m+1} \leq \frac{1}{n+2} = q < 1.$$

Damit kann der Reihenrest

$$R_n = \frac{1}{(n+1)!} + \frac{1}{(n+2)!} + \frac{1}{(n+3)!} + \cdots$$

durch die geometrische Reihe (7.15) mit dem Quotienten $q = \frac{1}{n+2}$ und dem Anfangsglied $a = \frac{1}{(n+1)!}$ majorisiert werden, und es gilt:

$$R_n < \frac{a}{1-q} = \frac{1}{(n+1)!}\frac{n+2}{n+1} < \frac{1}{n!}\frac{n+2}{n^2+2n} = \frac{1}{n \cdot n!}. \tag{7.48}$$

2. Alternierende konvergente Reihen Für eine konvergente alternierende Reihe, deren Glieder dem Betrage nach monoton gegen Null streben, gibt es eine einfache Abschätzung des Reihenrestes (s. S. 303):

$$|R_n| = |S - S_n| < |a_{n+1}|. \tag{7.49}$$

3. Spezielle Reihen Für einige besondere Reihen, z. B. TAYLOR–Reihen, gibt es bestimmte Formeln für den Reihenrest (s. S. 311).

7.3 Funktionenreihen

7.3.1 Definitionen

1. Funktionenreihe wird eine Reihe genannt, deren Glieder Funktionen ein und derselben Variablen x sind:

$$f_1(x) + f_2(x) + \cdots + f_n(x) + \cdots = \sum_{n=1}^{\infty} f_n(x). \tag{7.50}$$

2. Konvergenzbereich der Funktionenreihe (7.50) werden sämtliche Werte $x = a$ genannt, die zum gemeinsamen Definitionsbereich aller Funktionen $f_n(x)$ gehören und für die die Reihen mit konstanten Gliedern

$$f_1(a) + f_2(a) + \cdots + f_n(a) + \cdots = \sum_{n=1}^{\infty} f_n(a) \tag{7.51}$$

konvergieren, d. h. für die der Grenzwert der Partialsummen $S_n(a)$ existiert:

$$\lim_{n\to\infty} S_n(a) = \lim_{n\to\infty} \sum_{k=1}^{n} f_k(a) = S(a). \tag{7.52}$$

3. Summe der Reihe (7.50) heißt die Funktion $S(x)$, und man sagt, die Reihe konvergiert gegen die Funktion $S(x)$.

4. Partialsumme $S_n(x)$ heißt die Summe der ersten n Glieder der Reihe (7.50):

$$S_n(x) = f_1(x) + f_2(x) + \cdots + f_n(x). \tag{7.53}$$

5. Restglied $R_n(x)$ heißt die Differenz zwischen der Summe $S(x)$ einer konvergenten Funktionenreihe und ihrer Partialsumme $S_n(x)$:

$$R_n(x) = S(x) - S_n(x) = f_{n+1}(x) + f_{n+2}(x) + \cdots + f_{n+m}(x) + \cdots. \tag{7.54}$$

7.3.2 Gleichmäßige Konvergenz

7.3.2.1 Definition, Satz von Weierstraß

In Übereinstimmung mit der Definition des Grenzwertes einer Zahlenfolge (s. S. 298 und 299) konvergiert die Reihe (7.50) in einem gegebenen Gebiet, wenn für eine beliebige Zahl $\varepsilon > 0$ eine ganze Zahl N derart angegeben werden kann, daß die Ungleichung $|S(x) - S_n(x)| < \varepsilon$ für alle $n > N$ erfüllt ist. Für Funktionenreihen können dabei zwei Fälle unterschieden werden:

1. Gleichmäßig konvergente Reihe Es kann eine derartige Zahl N gefunden werden, die für alle x–Werte im Konvergenzbereich der Reihe (7.50) gemeinsam gilt. Dann spricht man von einer *gleichmäßig konvergierenden Reihe* in dem betrachteten Gebiet.

2. Ungleichmäßig konvergente Reihe Es kann keine derartige Zahl N gefunden werden, die für alle x–Werte im Konvergenzgebiet gilt. Es gibt dann aber im Konvergenzbereich der Reihe wenigstens eine Zahl x, für die die Ungleichung $|S(x) - S_n(x)| > \varepsilon$ erfüllt ist, egal wie groß n gewählt ist. Man spricht in diesem Falle von einer *ungleichmäßig konvergierenden Reihe.*

■ **A:** Die Reihe

$$1 + \frac{x}{1!} + \frac{x^2}{2!} + \cdots + \frac{x^n}{n!} + \cdots \tag{7.55a}$$

mit der Summe e^x (s. S. 896) konvergiert für alle Werte von x. Die Konvergenz ist hier für jedes beliebige endliche Gebiet von x gleichmäßig, und es gilt für $|x| < a$ und unter Benutzung des Restgliedes nach der Formel von MAC LAURIN (s. S. 311) für die Reihe die Ungleichung

$$|S(x) - S_n(x)| < \left|\frac{x^{n+1}}{(n+1)!}e^{\Theta x}\right| < \frac{a^{n+1}}{(n+1)!}e^a \qquad (0 < \Theta < 1). \tag{7.55b}$$

Da $(n+1)!$ schneller als a^{n+1} wächst, wird der Ausdruck auf der rechten Seite der Ungleichung für hinreichend großes n, das unabhängig von x ist, kleiner als ε. Für die gesamte Zahlengerade gibt es hier allerdings keine gleichmäßige Konvergenz: Wie groß man n auch immer wählt, es wird sich stets eine Zahl x derart finden lassen, daß $\left|\frac{x^{n+1}}{(n+1)!}e^{\Theta x}\right|$ größer ist als ein beliebiges vorgegebenes ε.

■ **B:** Für alle x-Werte im abgeschlossenen Intervall $[0, 1]$ konvergiert die Reihe

$$x + x(1-x) + x(1-x)^2 + \cdots + x(1-x)^n + \cdots, \tag{7.56a}$$

da in Übereinstimmung mit der Schlußfolgerung aus dem *Kriterium von* D'ALEMBERT (s. S. 301) gilt:

$$\varrho = \lim_{n\to\infty}\left|\frac{a_{n+1}}{a_n}\right| = |1-x| < 1 \quad \text{für } 0 < x \le 1 \text{ (für } x = 0 \text{ ist } S = 0). \tag{7.56b}$$

Die Konvergenz ist aber ungleichmäßig, weil

$$S(x) - S_n(x) = x[(1-x)^{n+1} + (1-x)^{n+2} + \cdots] = (1-x)^{n+1} \tag{7.56c}$$

gilt, und wie groß auch immer n gewählt wird, es kann stets ein hinreichend kleines x gefunden werden, für das $(1-x)^{n+1}$ beliebig nahe bei 1 liegt, d. h. nicht kleiner ist als ε. Gleichmäßige Konvergenz liegt im Intervall $a \le x \le 1$ aber mit der Einschränkung $0 < a < 1$ vor.

3. Kriterium von WEIERSTRASS für die gleichmäßige Konvergenz In einem gegebenen Gebiet konvergiert die Reihe

$$f_1(x) + f_2(x) + \cdots + f_n(x) + \cdots \tag{7.57a}$$

gleichmäßig, wenn es eine konvergente Reihe mit konstanten Gliedern

$$c_1 + c_2 + \cdots + c_n + \cdots \tag{7.57b}$$

gibt, so daß für alle x–Werte in diesem Gebiet die Ungleichung

$$|f_n(x)| \le c_n \tag{7.57c}$$

erfüllt werden kann. Man nennt dann (7.57c) eine Majorante zur Reihe (7.57a).

7.3.2.2 Eigenschaften gleichmäßig konvergenter Reihen

1. Stetigkeit Wenn $f_1(x), f_2(x), \cdots, f_n(x), \cdots$ stetige Funktionen in einem Definitionsbereich sind und wenn die Reihe $f_1(x) + f_2(x) + \cdots + f_n(x) + \cdots$ in diesem Gebiet gleichmäßig konvergiert, dann ist ihre Summe $S(x)$ in dem gleichen Gebiet eine stetige Funktion. Wenn die Reihe in einem endlichen Gebiet nicht gleichmäßig konvergiert, dann kann ihre Summe $S(x)$ in diesem Gebiet Unstetigkeitsstellen besitzen.

■ **A:** Die Summe der Reihe (7.56a) ist unstetig: $S(x) = 0$ für $x = 0$ und $S(x) = 1$ für $x > 0$.

■ **B:** Die Summe der Reihe (7.55a) ist eine stetige Funktion: Die Reihe ist ungleichmäßig konvergent, aber nicht in einem endlichen Gebiet, sondern auf der gesamten Zahlengeraden.

2. Integration und Differentiation gleichmäßig konvergenter Reihen Im Gebiet $[a, b]$ der gleichmäßigen Konvergenz darf eine Reihe gliedweise integriert werden. Ebenso darf eine konvergente Reihe gliedweise differenziert werden, wenn die dadurch entstehende Reihe gleichmäßig konvergent ist. Das heißt:

$$\int_{x_0}^{x} \sum_{n=1}^{\infty} f_n(t)\,dt = \sum_{n=1}^{\infty} \int_{x_0}^{x} f_n(t)\,dt, \quad \text{für } x_0, x \in [a, b], \tag{7.58a}$$

$$\left(\sum_{n=1}^{\infty} f_n(x)\right)' = \sum_{n=1}^{\infty} f_n'(x), \quad \text{für } x \in [a, b]. \tag{7.58b}$$

7.3.3 Potenzreihen

7.3.3.1 Definition, Konvergenz

1. Definition Die wichtigsten Funktionenreihen sind die *Potenzreihen* der Gestalt

$$a_0 + a_1 x + a_2 x^2 + \cdots + a_n x^n + \cdots = \sum_{n=0}^{\infty} a_n x^n \tag{7.59a}$$

oder

$$a_0 + a_1(x - x_0) + a_2(x - x_0)^2 + \cdots + a_n(x - x_0)^n + \cdots = \sum_{n=0}^{\infty} a_n (x - x_0)^n, \tag{7.59b}$$

wobei die Koeffizienten a_i und die Entwicklungsstelle x_0 konstante Zahlen sind.

2. Absolute Konvergenz und Konvergenzradius Eine Potenzreihe konvergiert entweder nur für $x = x_0$ oder für alle Werte von x, oder es gibt eine Zahl $\varrho > 0$, den Konvergenzradius, so daß die Reihe für $|x - x_0| < \varrho$ absolut konvergiert und für $|x - x_0| > \varrho$ divergiert **(Abb.7.1)**. Der *Konvergenzradius* kann mittels

$$\varrho = \lim_{n\to\infty} \left|\frac{a_n}{a_{n+1}}\right| \quad \text{oder} \quad \varrho = \lim_{n\to\infty} \frac{1}{\sqrt[n]{|a_n|}} \tag{7.60}$$

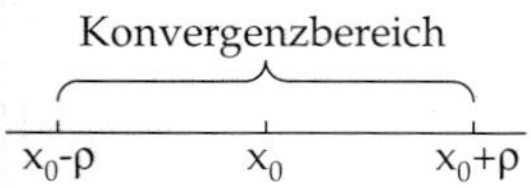

Abbildung 7.1

bestimmt werden, falls die Grenzwerte existieren. In den Endpunkten des Konvergenzintervalls ($x = +\varrho$ und $x = -\varrho$) für die Reihe (7.59a) und ($x = x_0 + \varrho$ und $x = x_0 - \varrho$) für die Reihe (7.59b) kann die Reihe entweder konvergent oder divergent sein. Existieren diese Grenzwerte nicht, dann ist an Stelle des gewöhnlichen Limes (lim) der Limes superior ($\overline{\lim}$) zu nehmen (s. [7.9, Bd. I]).

3. Gleichmäßige Konvergenz Gleichmäßig konvergent ist eine Potenzreihe in jedem abgeschlossenen Teilgebiet $|x - x_0| \leq \varrho_0 < \varrho$ des Konvergenzbereiches. D. h., wenn die Reihe für einen positiven Wert $x = x_1$ konvergiert, dann konvergiert sie im Intervall $(-x_1 + \varepsilon, x_1)$ gleichmäßig *(Satz von* ABEL*)*.

■ Für die Reihe

$$1 + \frac{x}{1} + \frac{x^2}{2} + \cdots + \frac{x^n}{n} + \cdots \quad \text{ist} \quad \frac{1}{\varrho} = \lim_{n\to\infty} \frac{n+1}{n} = 1, \quad \text{d. h.} \quad \varrho = 1. \tag{7.61}$$

Somit konvergiert die Reihe absolut in $-1 < x < +1$, für $x = -1$ ist sie bedingt konvergent (s. Reihe (7.33) auf S. 303) und für $x = 1$ divergiert sie (s. die harmonische Reihe (7.16) auf S. 300). Gemäß dem Satz von ABEL handelt es sich um eine gleichmäßig konvergente Reihe in jedem Intervall $[-x_1, +x_1]$, wobei x_1 eine beliebige Zahl zwischen 0 und 1 ist.

7.3.3.2 Rechnen mit Potenzreihen

1. Summe und Produkt Konvergente Potenzreihen dürfen innerhalb ihres gemeinsamen Konvergenzbereiches gliedweise addiert, miteinander multipliziert und mit einem beliebigen konstanten Zahlenfaktor multipliziert werden. Das Produkt zweier Potenzreihen ergibt sich zu

$$\left(\sum_{n=0}^{\infty} a_n x^n\right) \cdot \left(\sum_{n=0}^{\infty} b_n x^n\right) = a_0 b_0 + (a_0 b_1 + a_1 b_0)x + (a_0 b_2 + a_1 b_1 + a_2 b_0)x^2$$
$$+(a_0 b_3 + a_1 b_2 + a_2 b_1 + a_3 b_0)x^3 + \cdots . \tag{7.62}$$

2. Erste Glieder einiger Potenzreihen siehe **Tabelle7.4**

Tabelle 7.4 Erste Glieder einiger Potenzreihen

$$S = a + bx + cx^2 + dx^3 + ex^4 + fx^5 + \cdots$$
$$S^2 = a^2 + 2abx + (b^2 + 2ac)x^2 + 2(ad + bc)x^3 + (c^2 + 2ae + 2bd)x^4 + 2(af + be + cd)x^5 + \cdots ,$$
$$\sqrt{S} = S^{\frac{1}{2}} = a^{\frac{1}{2}}\left[1 + \frac{1}{2}\frac{b}{a}x + \left(\frac{1}{2}\frac{c}{a} - \frac{1}{8}\frac{b^2}{a^2}\right)x^2 + \left(\frac{1}{2}\frac{d}{a} - \frac{1}{4}\frac{bc}{a^2} + \frac{1}{16}\frac{b^3}{a^3}\right)x^3 + \left(\frac{1}{2}\frac{e}{a} - \frac{1}{4}\frac{bd}{a^2} - \frac{1}{8}\frac{c^2}{a^2} + \frac{3}{16}\frac{b^2c}{a^3} - \frac{5}{128}\frac{b^4}{a^4}\right)x^4 + \cdots\right],$$
$$\frac{1}{\sqrt{S}} = S^{-\frac{1}{2}} = a^{-\frac{1}{2}}\left[1 - \frac{1}{2}\frac{b}{a}x + \left(\frac{3}{8}\frac{b^2}{a^2} - \frac{1}{2}\frac{c}{a}\right)x^2 + \left(\frac{3}{4}\frac{bc}{a^2} - \frac{1}{2}\frac{d}{a} - \frac{5}{16}\frac{b^3}{a^3}\right)x^3 + \left(\frac{3}{4}\frac{bd}{a^2} + \frac{3}{8}\frac{c^2}{a^2} - \frac{1}{2}\frac{e}{a} - \frac{15}{16}\frac{b^2c}{a^3} + \frac{35}{128}\frac{b^4}{a^4}\right)x^4 + \cdots\right],$$
$$\frac{1}{S} = S^{-1} = a^{-1}\left[1 - \frac{b}{a}x + \left(\frac{b^2}{a^2} - \frac{c}{a}\right)x^2 + \left(\frac{2bc}{a^2} - \frac{d}{a} - \frac{b^3}{a^3}\right)x^3 + \left(\frac{2bd}{a^2} + \frac{c^2}{a^2} - \frac{e}{a} - 3\frac{b^2c}{a^3} + \frac{b^4}{a^4}\right)x^4 + \cdots\right],$$
$$\frac{1}{S^2} = S^{-2} = a^{-2}\left[1 - 2\frac{b}{a}x + \left(3\frac{b^2}{a^2} - 2\frac{c}{a}\right)x^2 + \left(6\frac{bc}{a^2} - 2\frac{d}{a} - 4\frac{b^3}{a^3}\right)x^3 + \left(6\frac{bd}{a^2} + 3\frac{c^2}{a^2} - 2\frac{e}{a} - 12\frac{b^2c}{a^3} + 5\frac{b^4}{a^4}\right)x^4 + \cdots\right].$$

3. Quotient zweier Potenzreihen

$$\frac{\sum\limits_{n=0}^{\infty} a_n x^n}{\sum\limits_{n=0}^{\infty} b_n x^n} = \frac{a_0}{b_0}\frac{1 + \alpha_1 x + \alpha_2 x^2 + \cdots}{1 + \beta_1 x + \beta_2 x^2 + \cdots} = \frac{a_0}{b_0}[1 + (\alpha_1 - \beta_1)x + (\alpha_2 - \alpha_1\beta_1 + {\beta_1}^2 - \beta_2)x^2$$
$$+(\alpha_3 - \alpha_2\beta_1 - \alpha_1\beta_2 - \beta_3 - {\beta_1}^3 + \alpha_1{\beta_1}^2 + 2\beta_1\beta_2)x^3 + \cdots]. \tag{7.63}$$

Diese Formel ergibt sich, indem der Quotient als Reihe mit unbestimmten Koeffizienten angesetzt und mit der Nenner–Reihe ausmultipliziert wird, worauf die Koeffizienten der entstehenden Reihe durch Koeffizientenvergleich mit der Zählerreihe bestimmt werden.

4. Umkehrung einer Potenzreihe Ist die Reihe

$$y = f(x) = ax + bx^2 + cx^3 + dx^4 + ex^5 + fx^6 + \cdots \quad (a \neq 0) \tag{7.64a}$$

gegeben, dann versteht man unter ihrer Umkehrung die Reihe

$$x = \varphi(y) = Ay + By^2 + Cy^3 + Dy^4 + Ey^5 + Fy^6 + \cdots. \tag{7.64b}$$

Die Koeffizienten ergeben sich zu

$$\begin{aligned} A &= \frac{1}{a}, \quad B = -\frac{b}{a^3}, \quad C = \frac{1}{a^5}(2b^2 - ac), \quad D = \frac{1}{a^7}(5abc - a^2d - 5b^3), \\ E &= \frac{1}{a^9}(6a^2bd + 3a^2c^2 + 14b^4 - a^3e - 21ab^2c), \\ F &= \frac{1}{a^{11}}(a^3be + 7a^3cd + 84ab^3c - a^4f - 28a^2b^2d - 28a^2bc^2 - 42b^5). \end{aligned} \tag{7.64c}$$

Die Konvergenz der Umkehrreihe muß in jedem Beispiel besonders untersucht werden.

7.3.3.3 Entwicklung in Potenzreihen (Taylor–Reihen)

Für die wichtigsten elementaren Funktionen sind in **Tabelle21.3** (s. S. 894) Potenzreihenentwicklungen zusammengestellt worden. Sie wurden in der Regel durch TAYLOR–Entwicklungen gewonnen.

1. TAYLORsche Reihe für Funktionen von einer Veränderlichen Stetige Funktionen $f(x)$, die für $x = a$ alle Ableitungen besitzen, können oftmals mit Hilfe der TAYLORschen Formel (s. S. 285) als Summe einer Potenzreihe dargestellt werden.

a)Erste Form der Darstellung:

$$f(x) = f(a) + \frac{x-a}{1!}f'(a) + \frac{(x-a)^2}{2!}f''(a) + \cdots + \frac{(x-a)^n}{n!}f^{(n)}(a) + \cdots \tag{7.65a}$$

(TAYLORsche Reihe)

Die Reihenentwicklung (7.65b) ist für die x–Werte richtig, für die das Restglied $R_n = f(x) - S_n$ beim Übergang $n \to \infty$ gegen Null strebt. Dabei ist zu beachten, daß der Begriff Restglied nur dann mit dem auf S. 307 eingeführten Begriff gleichen Namens identisch ist, wenn die Formel (7.65b) zutreffend ist, d. h. angewendet werden darf. Für das Restglied gibt es die folgenden Darstellungen:

$$R_n = \frac{(x-a)^{n+1}}{(n+1)!}f^{(n+1)}(\xi) \quad (a < \xi < x) \qquad \text{(LAGRANGEsche Form)}, \tag{7.65b}$$

$$R_n = \frac{1}{n!}\int_a^x (x-t)^n f^{(n+1)}(t)\,dt. \tag{7.65c}$$

b) Zweite Form der Darstellung:

$$f(a+h) = f(a) + \frac{h}{1!}f'(a) + \frac{h^2}{2!}f''(a) + \cdots + \frac{h^n}{n!}f^{(n)}(a) + \cdots. \tag{7.66a}$$

Die Ausdrücke für das Restglied sind:

$$R_n = \frac{h^{n+1}}{(n+1)!}f^{(n+1)}(a + \Theta h) \qquad (0 < \Theta < 1), \tag{7.66b}$$

$$R_n = \frac{1}{n!}\int_0^h (h-t)^n f^{(n+1)}(a+t)\,dt. \tag{7.66c}$$

2. MACLAURINsche Reihe wird die Entwicklung der Funktion $f(x)$ nach Potenzen von x im Spezialfall der TAYLORschen Reihe für $a = 0$ genannt. Es ergibt sich

$$f(x) = f(0) + \frac{x}{1!}f'(0) + \frac{x^2}{2!}f''(0) + \cdots + \frac{x^n}{n!}f^{(n)}(0) + \cdots \tag{7.67a}$$

mit dem Restglied

$$R_n = \frac{x^{n+1}}{(n+1)!} f^{(n+1)}(\Theta x) \qquad (0 < \Theta < 1), \tag{7.67b}$$

$$R_n = \frac{1}{n!} \int_0^x (x-t)^n f^{(n+1)}(t)\, dt. \tag{7.67c}$$

Die Konvergenz der TAYLORschen und MACLAURINschen Reihe ist entweder durch Untersuchung des Restgliedes R_n nachzuweisen oder durch Bestimmung des Konvergenzradius (s. S. 309). Im zweiten Falle kann es vorkommen, daß die Reihe zwar konvergiert, ihre Summe $S(x)$ aber ungleich $f(x)$ ist.

3. TAYLORsche Reihe für Funktionen von zwei Veränderlichen

a) Erste Form der Darstellung:

$$\begin{aligned} f(x,y) &= f(a,b) + \left.\frac{\partial f(x,y)}{\partial x}\right|_{(x,y)=(a,b)}(x-a) + \left.\frac{\partial f(x,y)}{\partial y}\right|_{(x,y)=(a,b)}(y-b) \\ &+\frac{1}{2}\left\{\left.\frac{\partial^2 f(x,y)}{\partial x^2}\right|_{(x,y)=(a,b)}(x-a)^2 + 2\left.\frac{\partial^2 f(x,y)}{\partial x \partial y}\right|_{(x,y)=(a,b)}(x-a)(y-b) \right. \\ &\left.+\left.\frac{\partial^2 f(x,y)}{\partial y^2}\right|_{(x,y)=(a,b)}(y-b)^2\right\} + \frac{1}{6}\{\ldots\} + \cdots + \frac{1}{n!}\{\ldots\} + R_n. \end{aligned} \tag{7.68a}$$

Dabei ist (a,b) die Entwicklungsstelle und R_n das Restglied. Manchmal verwendet man an Stelle von z. B. $\left.\frac{\partial f(x,y)}{\partial x}\right|_{(x,y)=(x_0,y_0)}$ die kürzere Schreibweise $\frac{\partial f(x,y)}{\partial x}(x_0, y_0)$.

Die Terme höherer Ordnung in (7.68a) können mit Hilfe von Operatoren übersichtlich dargestellt werden:

$$\begin{aligned} f(x,y) &= f(a,b) + \frac{1}{1!}\left\{(x-a)\frac{\partial}{\partial x} + (y-b)\frac{\partial}{\partial y}\right\} f(x,y)\Big|_{(x,y)=(a,b)} \\ &+\frac{1}{2!}\left\{(x-a)\frac{\partial}{\partial x} + (y-b)\frac{\partial}{\partial y}\right\}^2 f(x,y)\Big|_{(x,y)=(a,b)} \\ &+\frac{1}{3!}\{\ldots\}^3 f(x,y)\Big|_{(x,y)=(a,b)} + \cdots + \frac{1}{n!}\{\ldots\}^n f(x,y)\Big|_{(x,y)=(a,b)} + R_n. \end{aligned} \tag{7.68b}$$

Diese symbolische Darstellung bedeutet, daß nach Anwendung des binomischen Satzes die Potenzen der Differentialoperatoren $\frac{\partial}{\partial x}$ bzw. $\frac{\partial}{\partial y}$ als Differentiatonsvorschrift höherer Ordnung für die Funktion $f(x,y)$ zu interpretieren sind. Diese Ableitungen sind dann an der Stelle (a,b) zu nehmen.

b) Zweite Form der Darstellung:

$$\begin{aligned} f(x+h,\ y+k) &= f(x,y) + \frac{1}{1!}\left(\frac{\partial}{\partial x}h + \frac{\partial}{\partial y}k\right) f(x,y) + \frac{1}{2!}\left(\frac{\partial}{\partial x}h + \frac{\partial}{\partial y}k\right)^2 f(x,y) \\ &+\frac{1}{3!}\left(\frac{\partial}{\partial x}h + \frac{\partial}{\partial y}k\right)^3 f(x,y) + \cdots + \frac{1}{n!}\left(\frac{\partial}{\partial x}h + \frac{\partial}{\partial y}k\right)^n f(x,y) + R_n. \end{aligned} \tag{7.68c}$$

Der Ausdruck für das Restglied lautet

$$R_n = \frac{1}{(n+1)!}\left(\frac{\partial}{\partial x}h + \frac{\partial}{\partial y}k\right)^{n+1} f(x+\Theta h, y+\Theta k) \qquad (0 < \Theta < 1). \tag{7.68d}$$

4. TAYLORsche Reihe für Funktionen von m Veränderlichen Die analoge Darstellung mit Differentialoperatoren lautet

$$f(x+h, y+k, \ldots, t+l) = f(x, y, \ldots, t) + \sum_{i=1}^{n} \frac{1}{i!} \left(\frac{\partial}{\partial x} h + \frac{\partial}{\partial y} k + \cdots + \frac{\partial}{\partial t} l \right)^{i} f(x, y, \ldots, t) + R_n\,, \tag{7.69a}$$

wobei das Restglied mit Hilfe von

$$R_n = \frac{1}{(n+1)!} \left(\frac{\partial}{\partial x} h + \frac{\partial}{\partial y} k + \cdots + \frac{\partial}{\partial t} l \right)^{n+1} f(x+\Theta_1 h, y+\Theta_2 k, \ldots, t+\Theta_m l) \tag{7.69b}$$

$$(0 < \Theta_i < 1)$$

berechnet wird.

7.3.4 Näherungsformeln

Unter Beschränkung auf eine hinreichend kleine Umgebung der Entwicklungsstelle sind mit Hilfe der TAYLOR–Entwicklung rationale Näherungsformeln für viele Funktionen hergeleitet worden, deren erste Glieder für einige dieser Funktionen in **Tabelle7.5** wiedergegeben sind. Angaben über die Genauigkeit wurden durch Abschätzung des Restgliedes erhalten. Weitere Möglichkeiten der angenäherten Darstellung von Funktionen, z. B. durch Interpolations- und Ausgleichspolynome oder Spline–Funktionen, findet man in (19.6) und (19.7).

7.3.5 Asymptotische Potenzreihen

Zur Funktionswertberechnung können auch divergente Reihen nützlich sein. Im folgenden werden asymptotische Potenzreihen bezüglich $\frac{1}{x}$ zur Berechnung von Funktionswerten für große Werte von $|x|$ betrachtet.

7.3.5.1 Asymptotische Gleichheit

Zwei Funktionen $f(x)$ und $g(x)$, die für $x_0 < x < \infty$ definiert sind, heißen *asymptotisch gleich* für $x \to \infty$, wenn

$$\lim_{x\to\infty} \frac{f(x)}{g(x)} = 1 \tag{7.70a}$$

bzw. $$f(x) = g(x) + o(g(x)) \quad \text{für} \quad x \to \infty \tag{7.70b}$$

gilt. Dabei wird in $o(g(x))$ das LANDAU–Symbol „klein o“verwendet (s. S. 42). Wenn (7.70b) erfüllt ist, schreibt man auch $f(x) \sim g(x)$.

■ **A:** $\sqrt{x^2+1} \sim x$. **B:** $e^{\frac{1}{x}} \sim 1$. **C:** $\dfrac{3x+2}{4x^3+x+2} \sim \dfrac{3}{4x^2}$.

7.3.5.2 Asymptotische Potenzreihen

1. Begriff der asymptotischen Reihe Eine Reihe $\sum_{\nu=0}^{\infty} \dfrac{a_\nu}{x^\nu}$ heißt *asymptotische Potenzreihe* der Funktion $f(x)$, die für $x > x_0$ definiert ist, wenn

$$f(x) = \sum_{\nu=0}^{n} \frac{a_\nu}{x^\nu} + O\Big(\frac{1}{x^{n+1}}\Big) \tag{7.71}$$

für jedes $n = 0, 1, 2, \ldots$ gilt. Dabei wird in $O\Big(\dfrac{1}{x^{n+1}}\Big)$ das LANDAU–Symbol „groß O“verwendet. Für (7.71) schreibt man auch $f(x) \approx \sum_{\nu=0}^{\infty} \dfrac{a_\nu}{x^\nu}$.

2. Eigenschaften asymptotischer Potenzreihen

a) Eindeutigkeit: Existiert für eine Funktion $f(x)$ die asymptotische Potenzreihe, dann ist sie eindeutig, aber durch eine asymptotische Potenzreihe ist eine Funktion nicht eindeutig bestimmt.

b) Konvergenz: Von einer asymptotischen Potenzreihe muß keine Konvergenz gefordert werden.

■ **A:** $e^{\frac{1}{x}} \approx \sum_{\nu=0}^{\infty} \dfrac{1}{\nu! x^\nu}$. Es handelt sich um eine asymptotische Reihe, die für alle x mit $|x| > x_0$

Tabelle 7.5 Näherungsformeln für einige oft gebrauchte Funktionen

Näherungsformel	Nächstes Glied	Zulässiges Intervall für x bei einem Fehler von					
		0,1%		1%		10%	
		von	bis	von	bis	von	bis
$\sin x \approx x$	$-\frac{x^3}{6}$	$-0,077$ $-4,4°$	$0,077$ $4,4°$	$-0,245$ $-14,0°$	$0,245$ $14,0°$	$-0,786$ $-45,0°$	$0,786$ $45,0°$
$\sin x \approx x - \frac{x^3}{6}$	$+\frac{x^5}{120}$	$-0,580$ $-33,2°$	$0,580$ $33,2°$	$-1,005$ $-57,6°$	$1,005$ $57,6°$	$-1,632$ $-93,5°$	$1,632$ $93,5°$
$\cos x \approx 1$	$-\frac{x^2}{2}$	$-0,045$ $-2,6°$	$0,045$ $2,6°$	$-0,141$ $-8,1°$	$0,141$ $8,1°$	$-0,415$ $-25,8°$	$0,415$ $25,8°$
$\cos x \approx 1 - \frac{x^2}{2}$	$+\frac{x^4}{24}$	$-0,386$ $-22,1°$	$0,386$ $22,1°$	$-0,662$ $-37,9°$	$0,662$ $37,9°$	$-1,036$ $-59,3°$	$1,036$ $59,3°$
$\tan x \approx x$	$+\frac{x^3}{3}$	$-0,054$ $-3,1°$	$0,054$ $3,1°$	$-0,172$ $-9,8°$	$0,172$ $9,8°$	$-0,517$ $-29,6°$	$0,517$ $29,6°$
$\tan x \approx x + \frac{x^3}{3}$	$+\frac{2}{15}x^5$	$-0,293$ $-16,8°$	$0,293$ $16,8°$	$-0,519$ $-29,7°$	$0,519$ $29,7°$	$-0,895$ $-51,3°$	$0,895$ $51,3°$
$\sqrt{a^2+x} \approx a + \frac{x}{2a}$ $= \frac{1}{2}\left(a + \frac{a^2+x}{a}\right)$	$-\frac{x^2}{8a^3}$	$-0,085a^2$	$0,093a^2$	$-0,247a^2$	$0,328a^2$	$-0,607a^2$	$1,545a^2$
$\frac{1}{\sqrt{a^2+x}} \approx \frac{1}{a} - \frac{x}{2a^3}$	$+\frac{3x^2}{8a^5}$	$-0,051a^2$	$0,052a^2$	$-0,157a^2$	$0,166a^2$	$-0,488a^2$	$0,530a^2$
$\frac{1}{a+x} \approx \frac{1}{a} - \frac{x}{a^2}$	$+\frac{x^2}{a^3}$	$-0,031a$	$0,031a$	$-0,099a$	$0,099a$	$-0,301a$	$0,301a$
$e^x \approx 1 + x$	$+\frac{x^2}{2}$	$-0,045$	$0,045$	$-0,134$	$0,148$	$-0,375$	$0,502$
$\ln(1+x) \approx x$	$-\frac{x^2}{2}$	$-0,002$	$0,002$	$-0,020$	$0,020$	$-0,176$	$0,230$

$(x_0 > 0)$ konvergiert.

■ **B:** Durch wiederholte partielle Integration erhält man für das Parameterintegral

$$f(x) = \int_0^\infty \frac{e^{-xt}}{1+t}\, dt \quad (x > 0)\,, \tag{7.72a}$$

das für $x > 0$ konvergiert, die Darstellung

$$f(x) = \frac{1}{x} - \frac{1!}{x^2} + \frac{2!}{x^3} - \frac{3!}{x^4} \pm \cdots + (-1)^{n-1}\frac{(n-1)!}{x^n} + R_n(x) \tag{7.72b}$$

mit

$$R_n(x) = (-1)^n \frac{n!}{x^n} \int_0^\infty \frac{e^{-xt}}{(1+t)^{n+1}}\, dt\,. \tag{7.72c}$$

Wegen $|R_n(x)| \le \frac{n!}{x^n}\int_0^\infty e^{-xt}\,dt \quad = \frac{n!}{x^{n+1}}$ gilt $R_n(x) = O(\frac{1}{x^{n+1}})$ und damit

$$\int_0^\infty \frac{e^{-xt}}{1+t}\,dt \approx \sum_{\nu=0}^{\infty}(-1)^\nu \frac{\nu!}{x^{\nu+1}}\,. \tag{7.72d}$$

Die asymptotische Potenzreihe (7.72d) ist divergent für alle x, da der Betrag des Quotienten aus dem $(n+1)$-ten und dem n-ten Glied den Wert $\frac{n+1}{x}$ hat. Trotzdem ist diese divergente Reihe zur Funktionswertberechnung von $f(x)$ gut geeignet. So erhält man z. B. für $x = 10$ mit Hilfe der Partialsummen $S_4(10)$ und $S_5(10)$ die Abschätzung

$$0,09152 < \int_0^\infty \frac{e^{-10t}}{1+t}\,dt < 0,09164\,. \tag{7.72e}$$

7.4 Fourier–Reihen

7.4.1 Trigonometrische Summe und Fourier–Reihe

7.4.1.1 Grundbegriffe

1. FOURIER–**Darstellung periodischer Funktionen** (FOURIER–**Analyse**) Oft ist es notwendig oder vorteilhaft, eine gegebene periodische Funktion $f(x)$ mit der Periode T exakt oder angenähert durch eine Summe aus trigonometrischen Funktionen in der Form

$$\begin{aligned} s_n(x) = {}& \frac{a_0}{2} + a_1\cos\omega x + a_2\cos 2\omega x + \cdots + a_n\cos n\omega x \\ & + b_1\sin\omega x + b_2\sin 2\omega x + \cdots + b_n\sin n\omega x \end{aligned} \tag{7.73}$$

darzustellen. Dabei gilt für die Kreisfrequenz $\omega = \frac{2\pi}{T}$. Im Falle $T = 2\pi$ ist $\omega = 1$. Die beste Approximation von $f(x)$ in dem auf S. 316 angegebenen Sinne erreicht man mit einer Näherungsfunktion $s_n(x)$, wenn für die Koeffizienten a_k und b_k mit $k = 0, 1, 2, \ldots, n$ die FOURIER–Koeffizienten der gegebenen Funktion gewählt werden. Ihre Bestimmung geschieht analytisch mit Hilfe der EULER*schen Formeln*

$$\begin{aligned} a_k &= \frac{2}{T}\int_0^T f(x)\cos k\omega x\,dx = \frac{2}{T}\int_{x_0}^{x_0+T} f(x)\cos k\omega x\,dx \\ &= \frac{2}{T}\int_0^{T/2}[f(x) + f(-x)]\cos k\omega x\,dx, \end{aligned} \tag{7.74a}$$

und

$$\begin{aligned} b_k &= \frac{2}{T}\int_0^T f(x)\sin k\omega x\,dx = \frac{2}{T}\int_{x_0}^{x_0+T} f(x)\sin k\omega x\,dx \\ &= \frac{2}{T}\int_0^{T/2}[f(x) - f(-x)]\sin k\omega x\,dx, \end{aligned} \tag{7.74b}$$

oder näherungsweise mit Hilfe der *Methode der harmonischen Analyse* (s. S. 784).

2. FOURIER–**Reihe** Wenn für ein System von x–Werten die Funktion $s_n(x)$ beim Übergang $n \to \infty$ gegen einen bestimmten Grenzwert $s(x)$ strebt, dann gibt es für diese x eine *konvergente* FOURIER–*Reihe* der gegebenen Funktion. Sie kann in der Form

$$\begin{aligned} s(x) = {}& \frac{a_0}{2} + a_1\cos\omega x + a_2\cos 2\omega x + \cdots + a_n\cos n\omega x + \cdots \\ & + b_1\sin\omega x + b_2\sin 2\omega x + \cdots + b_n\sin n\omega x + \cdots \end{aligned} \tag{7.75a}$$

und auch in der Form

$$s(x) = \frac{a_0}{2} + A_1\sin(\omega x + \varphi_1) + A_2\sin(2\omega x + \varphi_2) + \cdots + A_n\sin(n\omega x + \varphi_n) + \cdots \tag{7.75b}$$

dargestellt werden, wobei im zweiten Falle gilt:

$$A_k = \sqrt{a_k{}^2 + b_k{}^2}, \quad \tan\varphi_k = \frac{a_k}{b_k}. \tag{7.75c}$$

3. Komplexe Darstellung der FOURIER-Reihe In vielen Fällen hat die komplexe Schreibweise Vorteile:

$$s(x) = \sum_{-\infty}^{+\infty} c_n e^{ik\omega x}, \tag{7.76a}$$

$$c_n = \frac{1}{T}\int_0^T f(x)e^{-ik\omega x}\,dx = \begin{cases} \frac{1}{2}a_0 & \text{für } k = 0 \\ \frac{1}{2}(a_k - ib_k) & \text{für } k > 0 \\ \frac{1}{2}(a_{-k} + ib_{-k}) & \text{für } k < 0. \end{cases} \tag{7.76b}$$

7.4.1.2 Wichtigste Eigenschaften von Fourier–Reihen

1. Mittlerer quadratischer Fehler einer Funktion Wenn eine Funktion $f(x)$ durch eine trigonometrische Summe

$$s_n(x) = \frac{a_0}{2} + \sum_{k=1}^{n} a_k \cos k\omega x + \sum_{k=1}^{n} b_k \sin k\omega x \tag{7.77a}$$

angenähert wird, dann ist der mittlere quadratische Fehler (s. S. 785)

$$\delta^2 = \frac{1}{T}\int_0^T [f(x) - s_n(x)]^2\,dx \tag{7.77b}$$

am kleinsten, wenn für a_k und b_k die FOURIER–Koeffizienten (7.74) der gegebenen Funktion zur Näherung benutzt werden.

2. Konvergenz einer Funktion im Mittel Die FOURIER–Reihe konvergiert im Mittel gegen die gegebene Funktion, d.h., es gilt

$$\int_0^T [f(x) - s_n(x)]^2\,dx \to 0 \quad \text{für} \quad n \to \infty, \tag{7.78a}$$

wenn die Funktion beschränkt und im Intervall $0 < x < T$ stückweise stetig ist. Eine Folge der Konvergenz im Mittel ist die PARSEVAL*sche Gleichung*:

$$\frac{2}{T}\int_0^T [f(x)]^2\,dx = \frac{a_0}{2} + \sum_{k=1}^{\infty}(a_k{}^2 + b_k{}^2). \tag{7.78b}$$

3. DIRICHLETsche Bedingung Wenn die Funktion $f(x)$ die DIRICHLETschen Bedingungen erfüllt, d. h. wenn

a) das Definitionsintervall in endlich viele Intervalle zerlegt werden kann, in denen die Funktion $f(x)$ stetig und monoton ist, und

b) an jeder Unstetigkeitsstelle von $f(x)$ die Werte $f(x+0)$ und $f(x-0)$ definiert sind, dann konvergiert die FOURIER–Reihe dieser Funktion. Der Summenwert der Reihe ist dort, wo $f(x)$ stetig ist, gleich $f(x)$, in den Unstetigkeitsstellen gleich $\dfrac{f(x-0) + f(x+0)}{2}$.

4. Asymptotisches Verhalten der FOURIER-Koeffizienten Wenn eine periodische Funktion $f(x)$ mit ihren Ableitungen bis zur k-ten Ordnung stetig ist, dann streben für $n \to \infty$ auch die Ausdrücke $a_n n^{k+1}$ und $b_n n^{k+1}$ gegen Null.

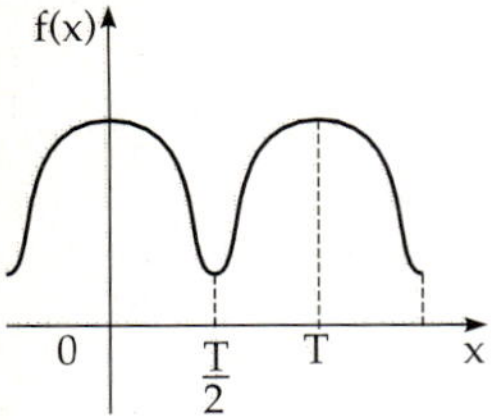

Abbildung 7.2

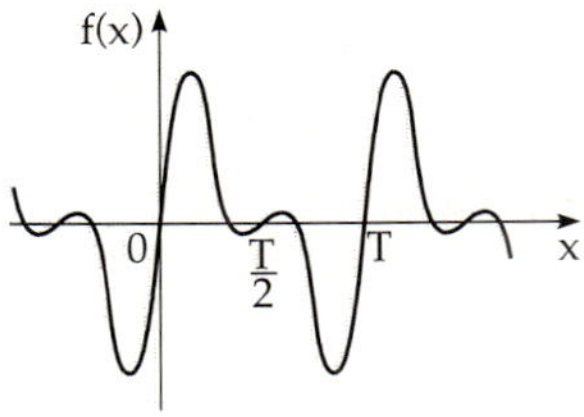

Abbildung 7.3

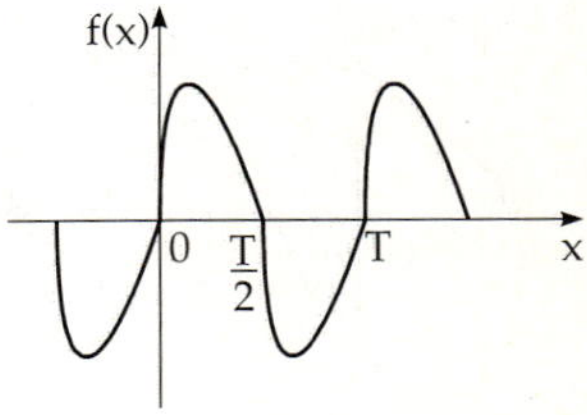

Abbildung 7.4

7.4.2 Koeffizientenbestimmung für symmetrische Funktionen

1. Symmetrie 1. Art Wenn $f(x)$ eine gerade Funktion ist, d. h. wenn $f(x) = f(-x)$ **(Abb.7.2)**, dann gilt für die Koeffizienten

$$a_k = \frac{4}{T}\int_0^{T/2} f(x)\cos k\frac{2\pi x}{T}\,dx, \quad b_k = 0 \qquad (k = 0, 1, 2, \ldots). \tag{7.79}$$

2. Symmetrie 2. Art Wenn $f(x)$ eine ungerade Funktion ist, d. h. wenn $f(x) = -f(-x)$ **(Abb.7.3)**, dann gilt für die Koeffizienten

$$a_k = 0, \quad b_k = \frac{4}{T}\int_0^{T/2} f(x)\sin k\frac{2\pi x}{T}\,dx \qquad (k = 1, 2, \ldots). \tag{7.80}$$

3. Symmetrie 3. Art Wenn für $f(x + T/2) = -f(x)$ gilt **(Abb.7.4)**, dann ergeben sich die Koeffizienten zu

$$a_{2k+1} = \frac{4}{T}\int_0^{T/2} f(x)\cos(2k+1)\frac{2\pi x}{T}\,dx, \quad a_{2k} = 0, \tag{7.81a}$$

$$b_{2k+1} = \frac{4}{T}\int_0^{T/2} f(x)\sin(2k+1)\frac{2\pi x}{T}\,dx, \quad b_{2k} = 0, \quad (k = 0, 1, 2, \ldots). \tag{7.81b}$$

4. Symmetrie 4. Art Wenn die Funktion $f(x)$ ungerade ist und außerdem der Symmetrie 3. Art genügt **(Abb.7.5a)**, dann gilt für die Koeffizienten

$$a_k = b_{2k} = 0, \quad b_{2k+1} = \frac{8}{T}\int_0^{T/4} f(x)\sin(2k+1)\frac{2\pi x}{T}\,dx \quad (k = 0, 1, 2, \ldots). \tag{7.82}$$

Wenn die Funktion $f(x)$ gerade ist und außerdem der Symmetrie 3. Art genügt **(Abb.7.5b)**, dann gilt für die Koeffizienten

$$b_k = a_{2k} = 0, \quad a_{2k+1} = \frac{8}{T}\int_0^{T/4} f(x)\cos(2k+1)\frac{2\pi x}{T}\,dx \quad (k = 0, 1, 2, \ldots). \tag{7.83}$$

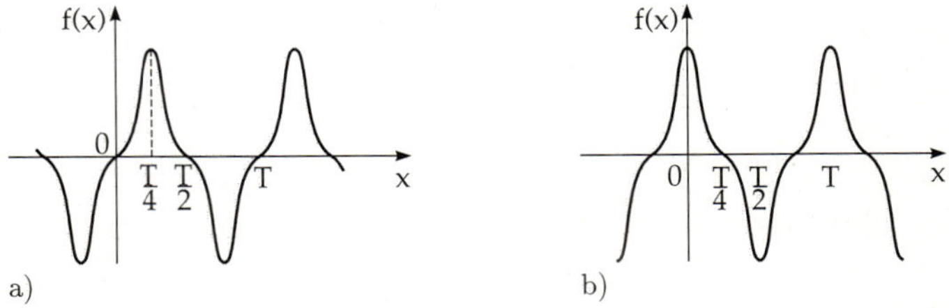

Abbildung 7.5

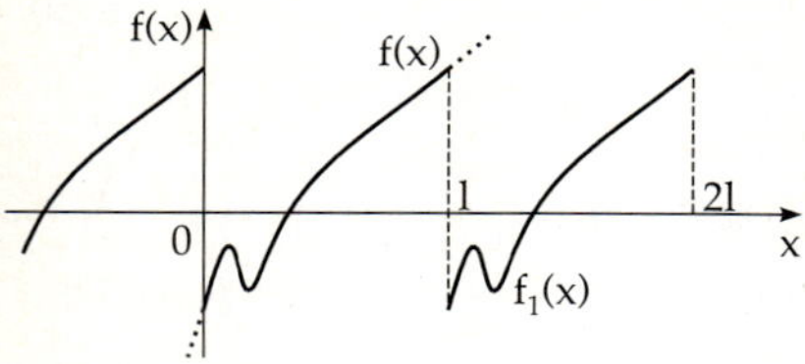

Abbildung 7.6

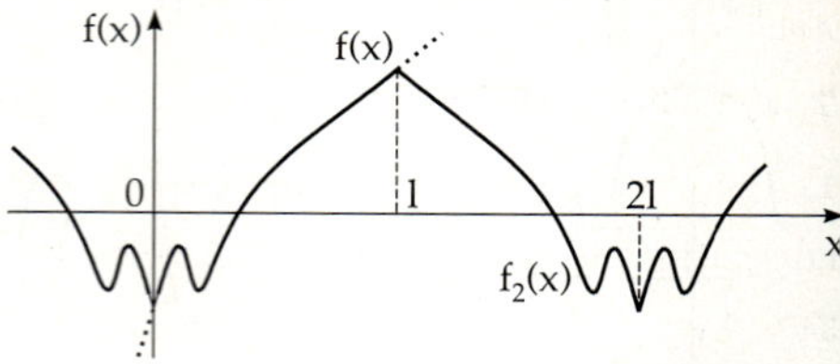

Abbildung 7.7

■ Entwicklung einer periodischen Funktion in eine FOURIER-Reihe.
Jede Funktion $f(x)$, die in einem Intervall $0 \le x \le l$ die DIRICHLETschen Bedingungen erfüllt (s. S. 316) kann in diesem Intervall in konvergente Reihen folgender Formen entwickelt werden:

$$\mathbf{1.}\quad f_1(x) = \frac{a_0}{2} + a_1 \cos\frac{2\pi x}{l} + a_2 \cos 2\frac{2\pi x}{l} + \cdots + a_n \cos n\frac{2\pi x}{l} + \ldots$$
$$+ b_1 \sin\frac{2\pi x}{l} + b_2 \sin 2\frac{2\pi x}{l} + \cdots + b_n \sin n\frac{2\pi x}{l} + \ldots \quad (7.84a)$$

$$\mathbf{2.}\quad f_2(x) = \frac{a_0}{2} + a_1 \cos\frac{\pi x}{l} + a_2 \cos 2\frac{\pi x}{l} + \cdots + a_n \cos n\frac{\pi x}{l} + \cdots \quad (7.84b)$$

$$\mathbf{3.}\quad f_3(x) = b_1 \sin\frac{\pi x}{l} + b_2 \sin 2\frac{\pi x}{l} + \cdots + b_n \sin n\frac{\pi x}{l} + \cdots \quad (7.84c)$$

Die Periode der Funktion $f_1(x)$ ist $T = l$; im Intervall $0 < x < l$ ist $f_1(x)$ identisch mit der Funktion $f(x)$ **(Abb.7.6)**. In den Unstetigkeitsstellen wird $f(x) = \frac{1}{2}[f(x-0) + f(x+0)]$ gesetzt. Die Entwicklungskoeffizienten werden mit Hilfe der EULERschen Formeln für $\omega = \frac{2\pi}{l}$ bestimmt.
Die Periode der Funktion $f_2(x)$ ist $T = 2l$; im Intervall $0 \le x \le l$ ist $f_2(x)$ von der Symmetrie 1. Art und identisch mit $f(x)$ **(Abb.7.7)**. Die Entwicklungskoeffizienten für $f_2(x)$ werden nach den Formeln für den Fall der Symmetrie 1. Art mit $T = 2l$ bestimmt.
Die Periode der Funktion $f_3(x)$ ist $T = 2l$, im Intervall $0 < x < l$ ist $f_3(x)$ von der Symmetrie 2. Art und identisch mit $f(x)$ **(Abb.7.8)**. Die Entwicklungskoeffizienten werden mit den Formeln für den Fall der Symmetrie 2. Art für $T = 2l$ bestimmt.

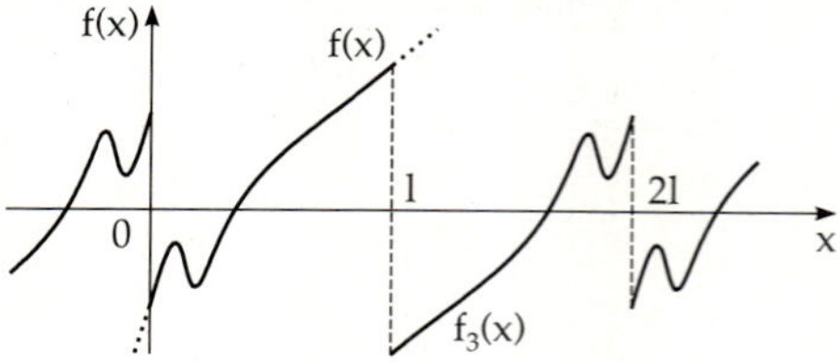

Abbildung 7.8

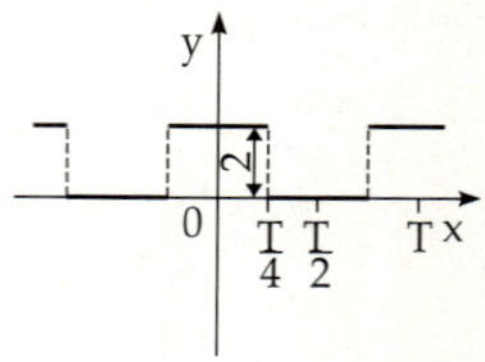

Abbildung 7.9

7.4.3 Koeffizientenbestimmung mit Hilfe numerischer Methoden

Wenn die periodische Funktion $f(x)$ kompliziert ist oder im Intervall $0 \le x < T$ nur für ein diskretes System von Punkten $x_k = \frac{kT}{N}$ mit $k = 0, 1, 2, \ldots, N-1$ bekannt ist, muß die Berechnung der FOURIER-Koeffizienten näherungsweise erfolgen. Dabei kann z. B. bei der Auswertung von Meßergebnissen die

Zahl N sehr groß sein. In diesen Fällen wendet man die Methoden der *numerischen harmonischen Analyse* an (s. S. 784).

7.4.4 Fourier–Reihe und Fourier–Integral

1. FOURIER-Integral Wenn die Funktion $f(x)$ in einem beliebigen endlichen Intervall die DIRICHLETschen Bedingungen erfüllt (s. S. 316) und außerdem das Integral $\int_{-\infty}^{+\infty} |f(x)|\, dx$ konvergiert (s. S. 345), dann gilt für ihre Darstellung das FOURIER–Integral:

$$f(x) = \frac{1}{2\pi}\int_{-\infty}^{+\infty} e^{\mathrm{i}\omega x}\, d\omega \int_{-\infty}^{+\infty} f(t)e^{-\mathrm{i}\omega t}\, dt = \frac{1}{\pi}\int_{0}^{\infty} d\omega \int_{-\infty}^{+\infty} f(t)\cos\omega(t-x)\, dt. \qquad (7.85a)$$

In den Unstetigkeitsstellen setzt man

$$f(x) = \frac{1}{2}[f(x-0) + f(x+0)]. \qquad (7.85b)$$

2. Grenzfall einer nichtperiodischen Funktion Die Formel (7.85a) kann als Grenzfall der Entwicklung einer nichtperiodischen Funktion $f(x)$ in eine trigonometrische Reihe im Intervall $(-l, +l)$ für $l \to \infty$ aufgefaßt werden.
Mit Hilfe der FOURIERschen Reihenentwicklung wird eine periodische Funktion mit der Periode T als Summe harmonischer Schwingungen mit den Frequenzen $\omega_n = n\dfrac{2p}{T}$ mit $n = 1, 2, \ldots$ und den Amplituden A_n dargestellt. Diese Darstellung beruht somit auf einem *diskreten Frequenzspektrum*.
Im Unterschied dazu wird mit Hilfe des FOURIER–Integrals die nichtperiodische Funktion $f(x)$ als Summe unendlich vieler harmonischer Schwingungen mit stetig variierender Frequenz ω dargestellt. Das FOURIER–Integral liefert somit eine Entwicklung der Funktion $f(x)$ in ein *kontinuierliches Frequenzspektrum* . Hierbei entspricht der Frequenz ω die Dichte des Spekrums:

$$g(\omega) = \frac{1}{2\pi}\int_{-\infty}^{+\infty} f(t)e^{-\mathrm{i}\omega t}\, dt. \qquad (7.85c)$$

Das FOURIER–Integral ist von einfacherer Form, wenn die Funktion $f(x)$ entweder a) eine gerade oder b) eine ungerade Funktion ist:

$$\text{a)}\quad f(x) = \frac{2}{\pi}\int_0^{\infty} \cos\omega x\, d\omega \int_0^{\infty} f(t)\cos\omega t\, dt, \qquad (7.86a)$$

$$\text{b)}\quad f(x) = \frac{2}{\pi}\int_0^{\infty} \sin\omega x\, d\omega \int_0^{\infty} f(t)\sin\omega t\, dt. \qquad (7.86b)$$

■ Für die gerade Funktion $f(x) = e^{-|x|}$ ergeben sich die Dichte des Frequenzspektrums und die Darstellung der Funktion zu

$$g(\omega) = \frac{2}{\pi}\int_0^{\infty} e^{-t}\cos\omega t\, dt = \frac{2}{\pi}\frac{1}{\omega^2+1} \quad (7.87a) \qquad \text{und} \qquad e^{-|x|} = \frac{2}{\pi}\int_0^{\infty}\frac{\cos\omega x}{\omega^2+1}\, d\omega. \quad (7.87b)$$

7.4.5 Hinweise zur Tabelle einiger Fourier–Entwicklungen

In **Tabelle21.4** sind die FOURIER–Entwicklungen einiger einfacher Funktionen angegeben, die in einem bestimmten Intervall gegeben sind und darüber hinaus periodisch fortgesetzt werden. Der Kurvenverlauf der entwickelten Funktion ist graphisch dargestellt.

1. Anwendung von Koordinatentransformationen Viele der einfachsten periodischen Funktionen können auf die in der **Tabelle21.4** dargestellten Funktionen zurückgeführt werden, indem man entweder den Maßstab auf den Koordinatenachsen ändert oder den Koordinatenursprung verschiebt.

■ Eine Funktion $f(x) = f(-x)$, die durch die Bedingungen

$$y = \begin{cases} 2 & \text{für } 0 < x < \dfrac{T}{4} \\ 0 & \text{für } \dfrac{T}{4} < x < \dfrac{T}{2} \end{cases} \tag{7.88}$$

gegeben ist (**Abb.8.9**), kann auf die Form 5 in der **Tabelle21.4** gebracht werden, indem $a = 1$ gesetzt wird und die neuen Variablen $Y = y - 1$ und $X = \dfrac{2\pi x}{T} + \dfrac{\pi}{2}$ eingeführt werden. Durch die Variablensubstitution in der Reihe 5 erhält man wegen

$$\sin(2n+1)\left(\frac{2\pi x}{T} + \frac{\pi}{2}\right) = (-1)^n \cos(2n+1)\frac{2\pi x}{T} \tag{7.89}$$

für die darzustellende Funktion (7.88) den Ausdruck

$$y = 1 + \frac{4}{\pi}\left(\cos\frac{2\pi x}{T} - \frac{1}{3}\cos 3\frac{2\pi x}{T} + \frac{1}{5}\cos 5\frac{2\pi x}{T} - \cdots\right). \tag{7.90}$$

2. Nutzung der Reihenentwicklung komplexer Funktionen Viele der in **Tabelle21.4** angegebenen Formeln für die Entwicklung von Funktionen in trigonometrische Reihen können aus Potenzreihenentwicklungen für Funktionen einer komplexen Veränderlichen hergeleitet werden. Die Entwicklung der Funktion

$$\frac{1}{1-z} = 1 + z + z^2 + \cdots \qquad (|z| < 1) \tag{7.91}$$

liefert für

$$z = ae^{i\varphi} \tag{7.92}$$

nach der Trennung von Real- und Imagnärteil

$$1 + a\cos\varphi + a^2\cos 2\varphi + \cdots + a^n\cos n\varphi + \cdots = \frac{1 - a\cos\varphi}{1 - 2a\cos\varphi + a^2},$$

$$a\sin\varphi + a^2\sin 2\varphi + \cdots + a^n\sin n\varphi + \cdots = \frac{a\sin\varphi}{1 - 2a\cos\varphi + a^2} \quad \text{für } |a| < 1. \tag{7.93}$$

8 Integralrechnung

1. Integralrechnung und unbestimmtes Integral Die Integralrechnung stellt im folgenden Sinne die Umkehrung der Differentialrechnung dar: Während bei der Differentialrechnung zu einer gegebenen Funktion $f(x)$ die Ableitung $f'(x)$ zu bestimmen ist, wird in der Integralrechnung zu einer gegebenen Ableitung $f'(x)$ eine Funktion gesucht, deren Ableitung mit der vorgegebenen übereinstimmt. Dieser Prozeß ist nicht eindeutig und führt auf den Begriff des *unbestimmten Integrals.*

2. Bestimmtes Integral Geht man von der anschaulichen Aufgabenstellung der Integralrechnung aus, den Inhalt der Fläche unter der Kurve $y = f(x)$ zu bestimmen, indem man diesen z.B. durch hinreichend schmale Rechtecke approximiert **(Abb.8.1)**, dann kommt man zum Begriff des bestimmten Integrals.

3. Zusammenhang zwischen unbestimmtem und bestimmtem Integral Den Zusammenhang zwischen den genannten Integralarten vermittelt der *Hauptsatz der Integralrechnung* (s. S.334).

8.1 Unbestimmtes Integral

8.1.1 Stammfunktion oder Integral

1. Definition Stammfunktion oder Integral einer gegebenen Funktion $y = f(x)$, die in einem zusammenhängenden Intervall $[a, b]$ definiert ist, wird eine differenzierbare Funktion $F(x)$ genannt, die in demselben Intervall definiert ist und deren Ableitung gleich $f(x)$ ist:

$$F'(x) = f(x). \tag{8.1}$$

Da bei der Differentiation einer Funktion eine additiv auftretende Konstante verschwindet, existieren zu einer gegebenen Funktion unendlich viele Stammfunktionen. Die Differenz zweier Stammfunktionen ist eine Konstante. Daher können die Bilder aller Stammfunktionen $F_1(x), F_2(x), \ldots, F_n(x)$ zu einer gegebenen Funktion durch Parallelverschiebung einer bestimmten Stammfunktion in Richtung der Ordinatenachse erzeugt werden **(Abb.8.2)**.

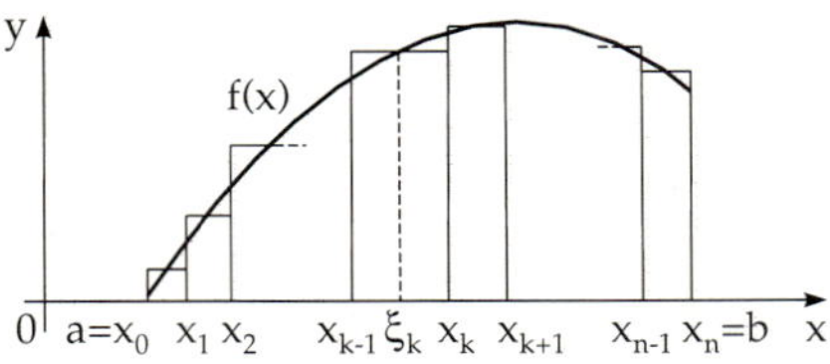

Abbildung 8.1

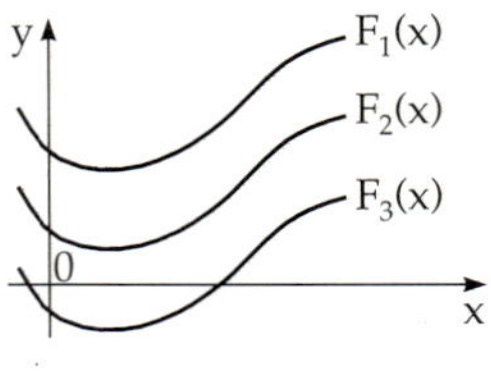

Abbildung 8.2

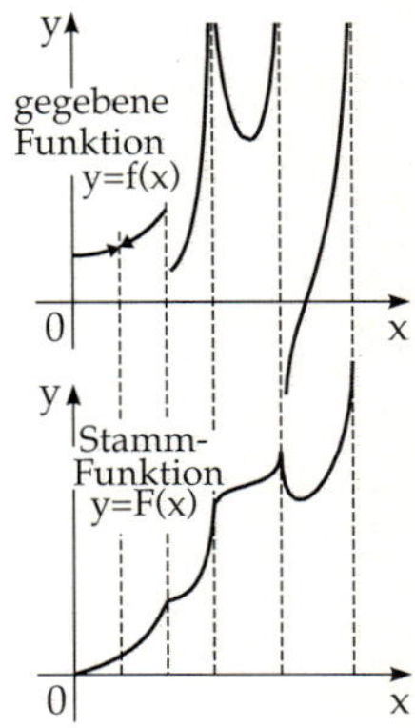

Abbildung 8.3

2. Existenz Jede in einem zusammenhängenden Intervall stetige Funktion besitzt dort eine Stammfunktion. Im Falle von Unstetigkeitsstellen wird das Intervall in Teilintervalle zerlegt, in denen die Ausgangsfunktion stetig ist **(Abb.8.3)**.

3. Unbestimmtes Integral Das unbestimmte Integral einer gegebenen Funktion $f(x)$ ist der allgemeine Ausdruck

$$F(x) + C = \int f(x)\,dx. \tag{8.2}$$

Die Funktion $f(x)$ unter dem Integralzeichen $\int$ heißt *Integrand*, x ist die *Integrationsvariable*, C die *Integrationskonstante*. Es ist auch üblich, vor allem in der Physik, das Differential dx unmittelbar hinter dem Integralzeichen und damit vor $f(x)$ zu setzen.

4. Grundintegrale Die Grundintegrale können unmittelbar aus den Ableitungen bekannter elementarer Funktionen gewonnen werden, da das unbestimmte Integrieren einer Funktion $f(x)$ das Aufsuchen einer Stammfunktion bedeutet. In **Tabelle8.1** sind die Integrale der elementaren Funktionen verzeichnet, wobei die Integrationskonstente C weggelassen worden ist.

Tabelle 8.1 Integrale der elementaren Funktionen

Potenzen	Exponentialfunktionen
$\int x^n\,dx = \frac{x^{n+1}}{n+1} \quad (n \neq -1)$	$\int e^x\,dx = e^x$
$\int \frac{dx}{x} = \ln\lvert x\rvert$	$\int a^x\,dx = \frac{a^x}{\ln a}$
Trigonometrische Funktionen	Hyperbelfunktionen
$\int \sin x\,dx = -\cos x$	$\int \sinh x\,dx = \cosh x$
$\int \cos x\,dx = \sin x$	$\int \cosh x\,dx = \sinh x$
$\int \tan x\,dx = -\ln\lvert\cos x\rvert$	$\int \tanh x\,dx = \ln\lvert\cosh x\rvert$
$\int \cot x\,dx = \ln\lvert\sin x\rvert$	$\int \coth x\,dx = \ln\lvert\sinh x\rvert$
$\int \frac{dx}{\cos^2 x} = \tan x$	$\int \frac{dx}{\cosh^2 x} = \tanh x$
$\int \frac{dx}{\sin^2 x} = -\cot x$	$\int \frac{dx}{\sinh^2 x} = -\coth x$
Gebrochene rationale Funktionen	Irrationale Funktionen
$\int \frac{dx}{a^2+x^2} = \frac{1}{a}\arctan\frac{x}{a}$	$\int \frac{dx}{\sqrt{a^2-x^2}} = \arcsin\frac{x}{a}$
$\int \frac{dx}{a^2-x^2} = \frac{1}{a}\operatorname{Artanh}\frac{x}{a} = \frac{1}{2a}\ln\left\lvert\frac{a+x}{a-x}\right\rvert$ (für $\lvert x\rvert < a$)	$\int \frac{dx}{\sqrt{a^2+x^2}} = \operatorname{Arsinh}\frac{x}{a} = \ln\left\lvert x+\sqrt{x^2+a^2}\right\rvert$
$\int \frac{dx}{x^2-a^2} = -\frac{1}{a}\operatorname{Arcoth}\frac{x}{a} = \frac{1}{2a}\ln\left\lvert\frac{x-a}{x+a}\right\rvert$ (für $\lvert x\rvert > a$)	$\int \frac{dx}{\sqrt{x^2-a^2}} = \operatorname{Arcosh}\frac{x}{a} = \ln\left\lvert x+\sqrt{x^2-a^2}\right\rvert$

8.1.2 Integrationsregeln

Eine allgemeine Regel für die Berechnung eines Integrals mit einem Integranden aus beliebigen elementaren Funktionen kann nicht angegeben werden.Durch Üben kann man sich eine gewisse Routine im Integrieren aneignen.

1. Integrand mit konstantem Faktor

Ein konstanter Faktor im Integranden kann vor das Integralzeichen gezogen werden (*Konstantenregel*):

$$\int a f(x)\, dx = a \int f(x)\, dx. \tag{8.3}$$

2. Integration einer Summe oder Differenz

Das Integral einer Summe oder Differenz kann auf die Integrale der einzelnen Terme zurückgeführt werden (*Summenregel*):

$$\int (u + v - w)\, dx = \int u\, dx + \int v\, dx - \int w\, dx. \tag{8.4}$$

Die Variablen u, v, w sind Funktionen von x.

■ $\int (x+3)^2(x^2+1)\, dx = \int (x^4 + 6x^3 + 10x^2 + 6x + 9)\, dx = \frac{x^5}{5} + \frac{3}{2}x^4 + \frac{10}{3}x^3 + 3x^2 + 9x + C.$

3. Umformung des Integranden

Die Integration eines komplizierten Integranden läßt sich durch algebraische oder trigonometrische Umformung auf einfachere Integrale zurückführen.

■ $\int \sin 2x \cos x\, dx = \int \frac{1}{2}(\sin 3x + \sin x)\, dx.$

4. Lineare Transformation im Argument

Ist $\int f(x)\, dx = F(x)$ bekannt, z. B. aus einer Integraltafel, dann gilt für

$$\int f(ax)\, dx = \frac{1}{a}F(ax) + C, \tag{8.5a}$$

$$\int f(x+b)\, dx = F(x+b) + C, \tag{8.5b}$$

$$\int f(ax+b)\, dx = \frac{1}{a}F(ax+b) + C. \tag{8.5c}$$

■ $\int \sin ax\, dx = -\frac{1}{a}\cos ax + C, \quad \int e^{ax+b}\, dx = \frac{1}{a}e^{ax+b} + C, \quad \int \frac{dx}{1+(x+a)^2} = \arctan(x+a) + C.$

5. Logarithmische Integration

Wenn der Integrand ein Bruch ist, in dem der Zähler die Ableitung des Nenners ist, dann ist das Integral gleich dem Logarithmus des Nenners:

$$\int \frac{f'(x)}{f(x)}\, dx = \int \frac{d\,f(x)}{f(x)} = \ln|f(x)| + C. \tag{8.6}$$

■ $\int \frac{2x+3}{x^2+3x-5}\, dx = \ln(x^2 + 3x - 5) + C.$

6. Substitutionsmethode

Ist $x = \varphi(t)$ bzw. $t = \psi(x)$ die Umkehrfunktion zu $x = \varphi(t)$, dann gilt

$$\int f(x)\, dx = \int f[\varphi(t)]\varphi'(t)\, dt \quad \text{bzw.} \quad \int f(x)\, dx = \int \frac{f(\varphi(t))}{\psi'(\varphi'(t))}\, dt. \tag{8.7}$$

■ **A:** Das Integral $\int \frac{e^x - 1}{e^x + 1}\, dx$ kann mit Hilfe der Substitution $x = \ln t$, $(t > 0)$, $\frac{dx}{dt} = \frac{1}{t}$ mit anschließender Partialbruchzerlegung berechnet werden:

$$\int \frac{e^x - 1}{e^x + 1}\, dx = \int \frac{t-1}{t+1}\frac{dt}{t} = \int \left(\frac{2}{t+1} - \frac{1}{t}\right) dt = 2\ln(e^x + 1) - x + C.$$

■ **B:** Das Integral $\int \frac{x\, dx}{1+x^2}$ kann mit Hilfe der Substitution $1 + x^2 = t$, $\frac{dt}{dx} = 2x$ berechnet werden:

$$\int \frac{x\,dt}{1+x^2} = \int \frac{dt}{2t} = \frac{1}{2}\ln(1+x^2) + C.$$

7. Partielle Integration

$$\int u(x)v'(x)\,dx = u(x)v(x) - \int u'(x)v(x)\,dx, \tag{8.8}$$

wobei $u(x)$ und $v(x)$ stetige Ableitungen besitzen müssen.

■ Das Integral $\int xe^x\,dx$ kann durch partielle Integration gelöst werden, indem man $u = x$ und $v = e^x$ setzt, was auf $u' = 1$ und $v' = e^x$ führt:

$$\int xe^x\,dx = xe^x - \int e^x\,dx = (x-1)e^x + C.$$

8. Integrale elementarer Funktionen,
die sich aus der Umkehrung der wichtigsten Differentiationsformeln von **Tabelle6.1** ergeben, sind in **Tabelle8.1** zusammengestellt. Bei der Lösung von Integralen wird versucht, ein gegebenes Integral durch algebraische und trigonometrische Umformungen bzw. durch Anwendung von Integrationsregeln auf diese Integrale zurückzuführen. Die in 8.1.2 angegebenen Integrationsmethoden ermöglichen die Integration von Funktionen, die eine elementare Stammfunktion besitzen. Die Integrationsergebnisse sind in **Tabelle21.5** zusammengestellt. Folgende Hinweise sind bei der Benutzung zu beachten:
• Die Integrationskonstante wurde meist weggelassen. Ausgenommen sind einige Integrale, die in verschiedener Formen mit verschiedenen beliebigen Konstanten darstellbar sind.
• Tritt in der Stammfunktion ein Ausdruck auf, der $\ln f(x)$ enthält, dann ist darunter stets $\ln|f(x)|$ zu verstehen.
• Wenn die Stammfunktion durch eine Potenzreihe darstellbar ist, kann die Funktion nicht elementar integriert werden.
Eine ausführlichere Zusammenstellung enthalten die „Tabellen unbestimmter Integrale“ dieser Taschenbuchserie (s. Lit. [8.2]).

9. Integrale nichtelementarer Funktionen
sind nicht immer elementare Funktionen. Solche Integrale werden hauptsächlich mit Hilfe der folgenden drei Methoden gelöst, wobei die Stammfunktion in einer bestimmten Näherung berechnet wird:

1. Wertetabellen Integrale von besonderem theoretischen oder praktischen Interesse, die sich nicht durch elementare Funktionen ausdrücken lassen, können durch eine Wertetabelle dargestellt werden. Dabei wird die Integrationskonstante durch Festlegung der unteren Integrationsgrenze bestimmt. Solchen speziellen Funktionen werden meist besondere Namen und Zeichen zugeordnet. Beispiele sind:
Integrallogarithmus:

$$\int_0^x \frac{dx}{\ln x} = \mathrm{Li}(x) \tag{8.9}$$

Elliptisches Integral erster Gattung (s. S. 329):

$$\int_0^{\sin\varphi} \frac{dx}{\sqrt{(1-x^2)(1-k^2x^2)}} = F(k,\varphi) \tag{8.10}$$

2. Integration einer Reihenentwicklung Der Integrand wird in eine Reihe entwickelt, die im Falle ihrer gleichmäßigen Konvergenz gliedweise integriert werden kann.

3. Graphische Integration ist eine dritte Näherungsmethode, die auf S.338 behandelt wird.

8.1.3 Integration rationaler Funktionen

Integrale rationaler Funktionen können stets durch elementare Funktionen ausgedrückt werden.

1. Integrale ganzrationaler Funktionen (Polynome)
werden durch direkte gliedweise Integration berechnet:

$$\int (a_0x^n + a_1x^{n-1} + \cdots + a_{n-1}x + a_n)\,dx = \frac{a_0}{n+1}x^{n+1} + \frac{a_1}{n}x^n + \cdots + \frac{a_{n-1}}{2}x^2 + a_nx + C. \tag{8.11}$$

2. Integrale gebrochen rationaler Funktionen $\int \frac{P(x)}{Q(x)}\,dx$,

wobei $P(x)$ und $Q(x)$ Polynome vom Grade m bzw. n sind, werden algebraisch auf eine leicht integrierbare Form gebracht. Dazu dient die folgende Verfahrensweise:

1. Kürzung des Bruches bis $P(x)$ und $Q(x)$ keine gemeinsamen Teiler mehr enthalten.

2. Abspaltung des ganzrationalen Teiles, wenn $m \geq n$ ist, indem $P(x)$ durch $Q(x)$ geteilt wird. Zu integrieren verbleiben dann ein Polynom und ein Bruch mit $m < n$.

3. Zerlegung des Nenners $Q(x)$ in lineare und quadratische Faktoren (s. S. 32):

$$Q(x) = a_0(x-\alpha)^k(x-\beta)^l \cdots (x^2+px+q)^r(x^2+p'x+q')^s \cdots \tag{8.12a}$$

$$\text{mit} \quad \frac{p^2}{4} - q < 0, \quad \frac{p'^2}{4} - q' < 0, \ldots \tag{8.12b}$$

4. Vorziehen des konstanten Koeffizienten a_0 vor das Integralzeichen.

5. Zerlegung in eine Summe von Partialbrüchen: Der so erhaltene echte Bruch, der nicht mehr gekürzt werden kann und dessen Nenner in seine irreduziblen Faktoren zerlegt ist, wird in eine Summe von Partialbrüchen zerlegt (s. S. 12), die leicht integriert werden können.

3. Vier Fälle bei der Partialbruchzerlegung:

1. Fall: Alle Wurzeln des Nenners sind reell und einfach:

$$Q(x) = (x-\alpha)(x-\beta)\cdots(x-\lambda) \tag{8.13a}$$

a) Form der Zerlegung:

$$\frac{P(x)}{Q(x)} = \frac{A}{x-\alpha} + \frac{B}{x-\beta} + \cdots + \frac{L}{x-\lambda} \tag{8.13b}$$

$$\text{mit} \quad A = \frac{P(\alpha)}{Q'(\alpha)}, \quad B = \frac{P(\beta)}{Q'(\beta)}, \ldots, L = \frac{P(\lambda)}{Q'(\lambda)} \tag{8.13c}$$

b) Die Zahlen $A, B, C, \ldots, L$ können auch mit Hilfe der Methode der unbestimmten Koeffizienten berechnet werden (s. S. 12).

c) Integration gemäß

$$\int \frac{A\,dx}{x-\alpha} = A\ln(x-\alpha). \tag{8.13d}$$

■ $I = \int \frac{(2x+3)\,dx}{x^3+x^2-2x}; \quad \frac{2x+3}{x(x-1)(x+2)} = \frac{A}{x} + \frac{B}{x-1} + \frac{C}{x+2}$

$A = \frac{P(0)}{Q'(0)} = \left(\frac{2x+3}{3x^2+2x-2}\right)_{x=0} = -\frac{3}{2}; \qquad B = \left(\frac{2x+3}{3x^2+2x-2}\right)_{x=1} = \frac{5}{3};$

$C = \left(\frac{2x+3}{3x^2+2x-2}\right)_{x=-2} = -\frac{1}{6};$

$I = \int \left(\frac{-\frac{3}{2}}{x} + \frac{\frac{5}{3}}{x-1} + \frac{-\frac{1}{6}}{x+2}\right) dx = -\frac{3}{2}\ln x + \frac{5}{3}\ln(x-1) - \frac{1}{6}\ln(x+2) + C_1 = \ln\frac{C(x-1)^{5/3}}{x^{3/2}(x+2)^{1/6}}$

2. Fall: Alle Wurzeln des Nenners sind reell, einige von ihnen sind mehrfach:

$$Q(x) = (x-\alpha)^l(x-\beta)^m \cdots \tag{8.14a}$$

a) Form der Zerlegung:

$$\frac{P(x)}{Q(x)} = \frac{A_1}{(x-\alpha)} + \frac{A_2}{(x-\alpha)^2} + \cdots + \frac{A_l}{(x-\alpha)^l} + \frac{B_1}{(x-\beta)} + \frac{B_2}{(x-\beta)^2} + \cdots + \frac{B_m}{(x-\beta)^m} + \cdots \tag{8.14b}$$

b) Berechnung der Konstanten $A_1, A_2, \ldots, A_n, B_1, B_2, \ldots, B_m$ mit Hilfe der Methode der unbestimmten Koeffizienten (s. S. 12).

c) Integration gemäß

$$\int \frac{A_1\,dx}{x-\alpha} = A_1 \ln(x-\alpha), \quad \int \frac{A_k\,dx}{(x-\alpha)^k} = -\frac{A_k}{(k-1)(x-\alpha)^{k-1}} \quad (k>1) \tag{8.14c}$$

■ $I = \int \frac{x^3+1}{x(x-1)^3}\,dx; \quad \frac{x^3+1}{x(x-1)^3} = \frac{A}{x} + \frac{B_1}{x-1} + \frac{B_2}{(x-1)^2} + \frac{B_3}{(x-1)^3}$

Die Berechnung der Konstanten mit Hilfe der Methode der unbestimmten Koeffizienten ergibt
$A + B_1 = 1, \quad -3A - 2B_1 + B_2 = 0, \quad 3A + B_1 - B_2 + B_3 = 0, \quad -A = 1;$
$A = -1, \quad B_1 = 2, \quad B_2 = 1, \quad B_3 = 2.$
Die Integration erfolgt gemäß

$$I = \int \left[-\frac{1}{x} + \frac{2}{x-1} + \frac{1}{(x-1)^2} + \frac{2}{(x-1)^3}\right] dx = -\ln x + 2\ln(x-1) - \frac{1}{x-1} - \frac{1}{(x-1)^2} + C$$
$$= \ln\frac{(x-1)^2}{x} - \frac{x}{(x-1)^2} + C$$

3. Fall: Einige Wurzeln des Nenners sind einfach komplex:

$$P(x) = (x-\alpha)^l (x-\beta)^m \ldots (x^2+px+q)(x^2+p'x+q')\ldots \tag{8.15a}$$

$$\text{mit} \quad \frac{p^2}{4} < q, \quad \frac{p'^2}{4} < q', \ldots \tag{8.15b}$$

a) Form der Zerlegung:

$$\frac{Q(x)}{P(x)} = \frac{A_1}{x-\alpha} + \frac{A_2}{(x-\alpha)^2} + \cdots + \frac{A_l}{(x-\alpha)^l} + \frac{B_1}{x-\beta} + \frac{B_2}{(x-\beta)^2} + \cdots + \frac{B_m}{(x-\beta)^m}$$
$$+ \frac{Cx+D}{x^2+px+q} + \frac{Ex+F}{x^2+p'x+q'} + \cdots \tag{8.15c}$$

b) Berechnung der Konstanten mit Hilfe der Methode der unbestimmten Koeffizienten (s. S. 12).

c) Integration des Ausdrucks $\frac{Cx+D}{x^2+px+q}$ gemäß

$$\int \frac{(Cx+D)\,dx}{x^2+px+q} = \frac{C}{2}\ln(x^2+px+q) + \frac{D - \frac{Cp}{2}}{\sqrt{q-\frac{p^2}{4}}} \arctan\frac{x+\frac{p}{2}}{\sqrt{q-\frac{p^2}{4}}}. \tag{8.15d}$$

■ $I = \int \frac{4\,dx}{x^3+4x}; \quad \frac{4}{x^3+4x} = \frac{A}{x} + \frac{Cx+D}{x^2+4}.$

Die Methode der unbestimmten Koeffizienten liefert
$A + C = 0, \quad D = 0, \quad 4A = 4, \quad A = 1, \quad C = -1, \quad D = 0.$
$I = \int \left(\frac{1}{x} - \frac{x}{x^2+4}\right) dx = \ln x - \frac{1}{2}\ln(x^2+4) + \ln C_1 = \ln\frac{C_1 x}{\sqrt{x^2+4}},$
wobei in diesem Falle das Glied mit der Funktion arctan fehlt.

4. Fall: Einige Wurzeln des Nenners sind mehrfach komplex:

$$P(x) = (x-\alpha)^k (x-\beta)^l \ldots (x^2+px+q)^m (x^2+p'x+q')^n \ldots \tag{8.16a}$$

a) Form der Zerlegung:

$$\frac{P(x)}{Q(x)} = \frac{A_1}{x-\alpha} + \frac{A_2}{(x-\alpha)^2} + \cdots + \frac{B_1}{x-\beta} + \frac{B_2}{(x-\beta)^2} + \cdots + \frac{B_l}{(x-\beta)^l}$$
$$+ \frac{C_1 x + D_1}{x^2+px+q} + \frac{C_2 x + D_2}{(x^2+px+q)^2} + \cdots + \frac{C_m x + D_m}{(x^2+px+q)^m}$$

$$+\frac{E_1x+F_1}{x^2+p'x+q'}+\frac{E_2x+F_2}{(x^2+p'x+q')^2}+\cdots+\frac{E_nx+F_n}{(x^2+p'x+q')^n}. \tag{8.16b}$$

b) Berechnung der Konstanten n mit Hilfe der Methode der unbestimmten Koeffizienten.

c) Integration des Ausdrucks $\frac{C_mx+D_m}{(x^2+px+q)^m}$ mit $m>1$ in folgenden Schritten:

α) Umformung des Zählers gemäß

$$C_mx+D_m=\frac{C_m}{2}(2x+p)+\left(D_m-\frac{C_mp}{2}\right). \tag{8.16c}$$

β) Zerlegung des gesuchten Integrals in zwei Summanden, wobei sich der erste direkt integrieren läßt:

$$\int\frac{C_m}{2}\frac{(2x+p)\,dx}{(x^2+px+q)^m}=-\frac{C_m}{2(m-1)}\frac{1}{(x^2+px+q)^{m-1}}. \tag{8.16d}$$

γ) Der zweite Summand wird ohne den konstanten Faktor mit der folgenden Rekursionsformel berechnet:

$$\int\frac{dx}{(x^2+px+q)^m}=\frac{x+\frac{p}{2}}{2(m-1)\left(q-\frac{p^2}{4}\right)(x^2+px+q)^{m-1}}+\frac{2m-3}{2(m-1)\left(q-\frac{p^2}{4}\right)}\int\frac{dx}{(x^2+px+q)^{m-1}}. \tag{8.16e}$$

■ $I=\int\frac{2x^2+2x+13}{(x-2)(x^2+1)^2}\,dx;\quad \frac{2x^2+2x+13}{(x-2)(x^2+1)^2}=\frac{A}{x-2}+\frac{C_1x+D_1}{x^2+1}+\frac{C_2x+D_2}{(x^2+1)^2}.$

Mit Hilfe der Methode der unbestimmten Koeffizienten ergibt sich das Gleichungssystem

$A+C_1=0,\quad -2C_1+D_1=0,\quad 2A+C_1-2D_1+C_2=2,\quad -2C_1+D_1-2C_2+D_2=2,$
$A-2D_1-2D_2=13,$

woraus folgt

$A=1,\quad C_1=-1,\quad D_1=-2,\quad C_2=-3,\quad D_2=-4$

$I=\int\left(\frac{1}{x-2}-\frac{x+2}{x^2+1}-\frac{3x+4}{(x^2+1)^2}\right)dx.$

Da gemäß (8.16e) gilt

$\int\frac{dx}{(x^2+1)^2}=\frac{x}{2(x^2+1)}+\frac{1}{2}\int\frac{dx}{x^2+1}=\frac{x}{2(x^2+1)}+\frac{1}{2}\arctan x,$

ergibt sich schließlich

$I=\frac{3-4x}{2(x^2+1)}+\frac{1}{2}\ln\frac{(x-2)^2}{x^2+1}-4\arctan x+C.$

8.1.4 Integration irrationaler Funktionen

1. Substitution zur Rückführung auf Integrale rationaler Funktionen

Irrationale Funktionen können nicht immer elementar integriert werden. In den einfachsten Fällen lassen sie sich durch Substitutionen, wie sie in **Tabelle8.2** aufgeführt sind, auf Integrale rationaler Funktionen zurückführen. Das Integral $\int R\,(x,\sqrt{ax^2+bx+c})\,dx$ kann auf eine der drei Formen

$$\int R\,(x,\sqrt{x^2+\alpha^2})\,dx \tag{8.17a}$$

$$\int R\,(x,\sqrt{x^2-\alpha^2})\,dx \tag{8.17b}$$

$$\int R\,(x,\sqrt{\alpha^2-x^2})\,dx \tag{8.17c}$$

gebracht werden, da sich das quadratische Polynom $ax^2 + bx + c$ stets als Quadrat einer Summe oder Differenz darstellen läßt.

■ **A:** $4x^2 + 16x + 17 = 4\left(x^2 + 4x + 4 + \frac{1}{4}\right) = 4\left[(x+2)^2 + \left(\frac{1}{2}\right)^2\right] = 4\left[x_1^2 + \left(\frac{1}{2}\right)^2\right]$
mit $x_1 = x + 2$.

B: $x^2 + 3x + 1 = x^2 + 3x + \frac{9}{4} - \frac{5}{4} = \left(x + \frac{3}{2}\right)^2 - \left(\frac{\sqrt{5}}{2}\right)^2 = x_1^2 - \left(\frac{\sqrt{5}}{2}\right)^2$ mit $x_1 = x + \frac{3}{2}$.

C: $-x^2 + 2x = 1 - x^2 + 2x - 1 = 1^2 - (x-1)^2 = 1^2 - x_1^2$ mit $x_1 = x - 1$.

Tabelle 8.2 Substitutionen zur Integration irrationaler Funktionen I

Integral *	Substitution
$\int R\left(x, \sqrt[n]{\frac{ax+b}{cx+e}}\right) dx$	$\sqrt[n]{\frac{ax+b}{cx+e}} = t$
$\int R\left(x, \sqrt[n]{\frac{ax+b}{cx+e}}, \sqrt[m]{\frac{ax+b}{cx+e}}\right) dx$	$\sqrt[r]{\frac{ax+b}{cx+e}} = t$ wobei r das kleinste gemeinsame Vielfache der Zahlen $m, n, \ldots$ ist
$\int R\left(x, \sqrt{ax^2+bx+c}\right) dx$	Eine der drei EULER*schen Substitutionen*:
1. Für $a > 0$ †	$\sqrt{ax^2+bx+c} = t - \sqrt{a}x$
2. Für $c > 0$	$\sqrt{ax^2+bx+c} = xt + \sqrt{c}$
3. Falls das Polynom ax^2+bx+c verschiedene reelle Wurzeln besitzt $ax^2+bx+c = a(x-\alpha)(x-\beta)$	$\sqrt{ax^2+bx+c} = t(x-\alpha)$

* Das Symbol R bezeichnet eine *rationale* Funktion in den Ausdrücken, vor denen es steht. Die Zahlen $n, m, \ldots$ sind ganz.
† Ist $a < 0$ und hat das Polynom $ax^2 + bx + c$ komplexe Wurzeln, so ist der Integrand für keinen Wert von x definiert, da dann $\sqrt{ax^2+bx+c}$ für alle reellen Werte von x imaginär wird. In diesem Falle ist ein Integrieren nicht von Interesse.

2. Substitutionen zur Rückführung auf Integrale rationaler Ausdrücke, die trigonometrische und Hyperbelfunktionen enthalten

Die in **Tabelle8.3** angegebenen Substitutionen führen auf Integrale rationaler Ausdrücke, die trigonometrische oder Hyperbelfunktionen enthalten (s. S. 330 und S. 332).

3. Integration binomischer Integranden

Binomischer Integrand wird ein Ausdruck der Form

$$x^m(a + bx^n)^p \tag{8.18}$$

genannt, in dem a und b beliebige reelle Zahlen sind und m, n, p beliebige positive oder negative rationale Zahlen. Der *Satz von* TSCHEBYSCHEFF besagt, daß das Integral

$$\int x^m(a + bx^n)^p\, dx \tag{8.19}$$

nur in den folgenden drei Fällen durch Elementarfunktionen ausgedrückt werden kann:

1. Fall: Wenn p eine ganze Zahl ist, kann der Ausdruck $(a + bx^n)^p$ nach dem binomischen Lehrsatz entwickelt werden, so daß der Integrand nach Auflösen der Klammern eine Summe von Gliedern der

Tabelle 8.3 Substitutionen zur Integration irrationaler Funktionen II

Integral	Substitution
$\int R\left(x, \sqrt{x^2+\alpha^2}\right)\,dx$	$x = \alpha\sinh t$ oder $x = \alpha\tan t$
$\int R\left(x, \sqrt{x^2-\alpha^2}\right)\,dx$	$x = \alpha\cosh t$ oder $x = \alpha\sec t$
$\int R\left(x, \sqrt{\alpha^2-x^2}\right)\,dx$	$x = \alpha\sin t$ oder $x = \alpha\cos t$

Form cx^k darstellt, die sich leicht integrieren lassen.

2. Fall: Wenn $\frac{m+1}{n}$ eine ganze Zahl ist, kann das Integral (8.19) durch die Substitution $t = \sqrt[r]{a+bx^n}$, wobei r der Nenner des Bruches p ist, auf ein Integral einer rationalen Funktion zurückgeführt werden.

3. Fall: Wenn $\frac{m+1}{n} + p$ eine ganze Zahl ist, kann das Integral (8.19) durch die Substitution $t = \sqrt[r]{\frac{a+bx^n}{x^n}}$, wobei r der Nenner des Bruches p ist, auf ein Integral einer rationalen Funktion zurückgeführt werden.

■ **A:** $\int \frac{\sqrt[3]{1+\sqrt[4]{x}}}{\sqrt{x}}\,dx = \int x^{-1/2}\left(1+x^{1/4}\right)^{1/3}\,dx;$
$m = -\frac{1}{2},\quad n = \frac{1}{4},\quad p = \frac{1}{3},\quad \frac{m+1}{n} = 2,\quad$ (Fall 2);
Substitution $\quad t = \sqrt[3]{1+\sqrt[4]{x}},\quad x = (t^3-1)^4,\quad dx = 12t^2(t^3-1)^3\,dt;$

$$\int \frac{\sqrt[3]{1+\sqrt[4]{x}}}{\sqrt{x}}\,dx = 12\int (t^6-t^3)\,dt = \frac{3}{7}t^4(4t^3-7)+C$$

■ **B:** $\int \frac{x^3\,dx}{\sqrt[4]{1+x^3}} = \int x^3(1+x^3)^{-1/4}:\quad m=3,\quad n=3,\quad p=-\frac{1}{4};\quad \frac{m+1}{n} = \frac{4}{3},\quad \frac{m+1}{n}+p = \frac{13}{12}$. Da keine der 3 Bedingungen erfüllt ist, kann das Integral keine elementare Funktion sein.

Die **Tabelle21.5** enthält eine ganze Reihe von Integralen irrationaler Funktionen.

4. Elliptische Integrale

sind Integrale der Form

$$\int R\,(x, \sqrt{ax^3+bx^2+cx+e})\,dx,\qquad \int R\,(x, \sqrt{ax^4+bx^3+cx^2+ex+f})\,dx \tag{8.20}$$

Sie lassen sich in der Regel nicht durch elementare Funktionen ausdrücken; wenn dies trotzdem gelingt, nennt man sie pseudoelliptisch. Die Umkehrung der elliptischen Integrale sind die elliptischen Funktionen (s.S.580). Integrale der Art (8.20), die nicht elementar integrierbar sind, können durch eine Reihe von Umformungen auf elementare Funktionen und auf Integrale der folgenden drei Typen zurückgeführt werden (s. Lit. [21.1], [21.2], [21.6]):

$$\int \frac{dt}{\sqrt{(1-t^2)(1-k^2t^2)}}, \tag{8.21a}$$

$$\int \frac{(1-k^2t^2)\,dt}{\sqrt{(1-t^2)(1-k^2t^2)}}, \tag{8.21b}$$

$$\int \frac{dt}{(1+nt^2)\sqrt{(1-t^2)(1-k^2t^2)}}\qquad (0 < k < 1). \tag{8.21c}$$

Mit Hilfe der Substitution $t = \sin\varphi$ $\left(0 < \varphi < \frac{\pi}{2}\right)$ können die Integrale (8.21a,b,c) auf die LEGENDRE-*sche Form* gebracht werden:

1. *Elliptisches Integral 1. Gattung*: $$\int \frac{d\varphi}{\sqrt{1 - k^2\sin^2\varphi}}; \quad (8.22a)$$

2. *Elliptisches Integral 2. Gattung*: $$\int \sqrt{1 - k^2\sin^2\varphi}\, d\varphi; \quad (8.22b)$$

3. *Elliptisches Integral 3. Gattung*: $$\int \frac{d\varphi}{(1 + n\sin^2\varphi)\sqrt{1 - k^2\sin^2\varphi}}. \quad (8.22c)$$

Die dazugehörigen bestimmten Integrale mit der unteren Integrationsgrenze Null haben die folgenden Bezeichnungen erhalten:

I. $$\int_0^\varphi \frac{d\psi}{\sqrt{1 - k^2\sin^2\psi}} = F(k, \varphi), \quad (8.23a)$$

II. $$\int_0^\varphi \sqrt{1 - k^2\sin^2\psi}\, d\psi = E(k, \varphi), \quad (8.23b)$$

III. $$\int_0^\varphi \frac{d\psi}{(1 + n\sin^2\psi)\sqrt{1 - k^2\sin^2\psi}} = \Pi(n, k, \varphi); \qquad (k < 1). \quad (8.23c)$$

Man nennt diese Integrale *unvollständige elliptische Integrale* erster, zweiter und dritter Gattung. Für $\varphi = \frac{\pi}{2}$ heißen die Integrale I und II *vollständig elliptische Integrale*, und man kennzeichnet sie durch

I. $$K = F\left(k, \frac{\pi}{2}\right) = \int_0^{\frac{\pi}{2}} \frac{d\psi}{\sqrt{1 - k^2\sin^2\psi}}, \quad (8.24a)$$

II. $$E = E\left(k, \frac{\pi}{2}\right) = \int_0^{\frac{\pi}{2}} \sqrt{1 - k^2\sin^2\psi}\, d\psi. \quad (8.24b)$$

In **Tabelle21.7** sind für die unvollständigen und vollständigen elliptischen Integrale erster und zweiter Gattung F, E sowie K und E Wertetabellen angegeben.

8.1.5 Integration trigonometrischer Funktionen

1. Substitution

Mit Hilfe der „Universalsubstitution“

$$t = \tan\frac{x}{2}, \quad \text{d.h.} \quad dx = \frac{2\,dt}{1 + t^2}, \quad \sin x = \frac{2t}{1 + t^2}, \quad \cos x = \frac{1 - t^2}{1 + t^2}. \quad (8.25)$$

läßt sich ein Integral der Form

$$\int R(\sin x, \cos x)\, dx \quad (8.26)$$

auf ein Integral einer rationalen Funktion zurückführen, wobei mit R eine rationale Funktion des Ausdrucks bezeichnet ist, vor dem es steht. In einzelnen Fällen können einfachere Substitutionen eingesetzt werden.

■ $$\int \frac{1 + \sin x}{\sin x(1 + \cos x)} dx = \int \frac{\left(1 + \frac{2t}{1 + t^2}\right)\frac{2\,dt}{1 + t^2}}{\frac{2t}{1 + t^2}\left(1 + \frac{1 - t^2}{1 + t^2}\right)} = \frac{1}{2}\int \left(t + 2 + \frac{1}{t}\right) dt = \frac{t^2}{4} + t + \frac{1}{2}\ln t + C$$
$$= \frac{\tan^2\frac{x}{2}}{4} + \tan\frac{x}{2} + \frac{1}{2}\ln\tan\frac{x}{2} + C.$$

Wenn der Integrand in (8.26) nur gerade Potenzen der Funktionen $\sin x$ und $\cos x$ enthält, kann er durch die Substitution $t = \tan x$ wesentlich einfacher auf ein Integral einer rationalen Funktion zurückgeführt werden.

2. Vereinfachte Methoden

1. Fall:

$$\int R(\sin x)\cos x\,dx. \qquad \text{Substitution} \quad t=\sin x, \quad \cos x\,dx = dt. \tag{8.27}$$

2. Fall:

$$\int R(\cos x)\sin x\,dx. \qquad \text{Substitution} \quad t=\cos x, \quad \sin x\,dx = -dt. \tag{8.28}$$

3. Fall:

$$\int \sin^n x\,dx. \tag{8.29a}$$

a) $n = 2m+1$, ungerade:

$$\int \sin^n x\,dx = \int (1-\cos^2 x)^m \sin x\,dx = -\int (1-t^2)^m\,dt, \qquad \text{mit} \quad t=\cos x. \tag{8.29b}$$

b) $n = 2m$, gerade:

$$\int \sin^n x\,dx = \int \left[\frac{1}{2}(1-\cos 2x)\right]^m dx = \frac{1}{2^{m+1}}\int (1-\cos t)^m\,dt, \qquad \text{mit} \quad t=2x. \tag{8.29c}$$

Die Potenz wird auf diese Weise halbiert. Nach Auflösen der Klammer für $(1-\cos t)^m$ wird gliedweise integriert.

4. Fall:

$$\int \cos^n x\,dx. \tag{8.30a}$$

a) $n = 2m+1$, ungerade:

$$\int \cos^n x\,dx = \int (1-\sin^2 x)^m \cos x\,dx = \int (1-t^2)^m\,dt, \qquad \text{mit} \quad t=\sin x. \tag{8.30b}$$

b) $n = 2m$, gerade:

$$\int \cos^n x\,dx = \int \left[\frac{1}{2}(1+\cos 2x)\right]^m dx = \frac{1}{2^{m+1}}\int (1+\cos t)^m\,dt, \qquad \text{mit} \quad t=2x. \tag{8.30c}$$

Die Potenz wird auf diese Weise halbiert. Nach Auflösen der Klammer wird gliedweise integriert.

5. Fall:

$$\int \sin^n x \cos^m x\,dx. \tag{8.31a}$$

a) eine der Zahlen m oder n ist ungerade: Zurückführung auf die Fälle 1 oder 2.

■ **A:** $\int \sin^2 x \cos^5 x\,dx = \int \sin^2 x\,(1-\sin^2 x)^2 \cos x\,dx = \int t^2(1-t^2)^2\,dt \quad \text{mit} \quad t=\sin x.$

B: $\int \frac{\sin x}{\sqrt{\cos x}}dx = -\int \frac{dt}{\sqrt{t}} \quad \text{mit} \quad t=\cos x.$

b) die Zahlen m und n sind beide gerade: Zurückführung auf die Fälle 3 oder 4 durch Halbierung der Potenz und Verwendung der trigonometrischen Formeln

$$\sin x\cos x = \frac{\sin 2x}{2}, \qquad \sin^2 x = \frac{1-\cos 2x}{2}, \qquad \cos^2 x = \frac{1+\cos 2x}{2}. \tag{8.31b}$$

■ $\int \sin^2 x \cos^4 x\,dx = \int (\sin x\cos x)^2 \cos^2 x\,dx = \frac{1}{8}\int \sin^2 2x(1+\cos 2x)\,dx$
$= \frac{1}{8}\int \sin^2 2x\cos 2x\,dx + \frac{1}{16}\int (1-\cos 4x)\,dx = \frac{1}{48}\sin^3 2x + \frac{1}{16}x - \frac{1}{64}\sin 4x + C.$

6. Fall:

$$\int \tan^n x\,dx = \int \tan^{n-2} x(\sec^2 x - 1)\,dx = \int \tan^{n-2} x\,d\tan x - \int \tan^{n-2} x\,dx$$

$$= \frac{\tan^{n-1} x}{n-1} - \int \tan^{n-2} x\,dx. \tag{8.32a}$$

Durch Wiederholung dieses Verfahrens der Potenzverringerung ergibt sich für gerades n bzw. ungerades n schließlich das Integral

$$\int dx = x \qquad \text{bzw.} \qquad \int \tan x\,dx = -\ln\cos x. \tag{8.32b}$$

7. Fall:

$$\int \cot^n x\,dx. \tag{8.33}$$

Lösung durch Integration wie in Fall 6.

8. Hinweis Die **Tabelle21.5** enthält eine ganze Reihe von Integralen mit trigonometrischen Funktionen.

8.1.6 Integration weiterer transzendenter Funktionen

1. Integrale mit Exponentialfunktionen

können in Integrale mit rationalen Funktionen im Integranden überführt werden, wenn sie in der Form

$$\int R\,(e^{mx}, e^{nx}, \ldots, e^{px})\,dx, \tag{8.34a}$$

gegeben sind, wobei $m, n, p, \ldots$ rationale Zahlen sind. Dazu sind zwei Substitutionen erforderlich:

1. Substitution von $t = e^x$ führt auf ein Integral

$$\int \frac{1}{t} R\,(t^m, t^n, \ldots, t^p)\,dt, \tag{8.34b}$$

2. Substitution von $z = \sqrt[r]{t}$, wobei r das kleinste gemeinsame Vielfache der Nenner der Brüche $m, n, \ldots, p$ ist, führt auf ein Integral mit einer rationalen Funktion.

2. Integrale mit Hyperbelfunktionen,

die die Funktionen $\sinh x$, $\cosh x$, $\tanh x$und $\coth x$ im Integranden enthalten, werden gewöhnlich berechnet, indem die Hyperbelfunktionen durch Exponentialfunktionen ersetzt werden. Die meist auftretenden Fälle $\int \sinh^n x\,dx$, $\int \cosh^n x\,dx$, $\int \sinh^n x \cosh^m x\,dx$ werden mit Methoden integriert, wie sie bei den trigonometrischen Funktionen zur Anwendung kommen (s. S. 330).

3. Anwendung der partiellen Integration

Wenn der Integrand Logarithmen, inverse trigonometrische Funktionen, inverse Hyperbelfunktionen oder Produkte von x^m mit $\ln x, e^{ax}, \sin ax$ oder $\cos ax$ enthält, kann die Lösung durch einfache oder mehrfache Anwendung der partiellen Integration herbeigeführt werden.
In einigen Fällen führt die wiederholte Anwendung der partiellen Integration wieder auf das ursprünglich gegebene Integral. Dann wird seine Berechnung auf die Lösung einer algebraischen Gleichung zurückgeführt. Auf diese Weise werden z. B. die Integrale $\int e^{ax}\cos bx\,dx$, $\int e^{ax}\sin bx\,dx$ berechnet, wozu eine zweimalige partielle Integration erforderlich ist. Als Faktor u wird in beiden Fällen die Funktion des gleichen Typs gewählt, also entweder die Exponential- oder die trigonometrische Funktion.
Die partielle Integration wird auch in den Fällen $\int P\,(x)e^{ax}\,dx$, $\int P\,(x)\sin bx\,dx$, $\int P\,(x)\cos bx\,dx$ eingesetzt, wobei $P\,(x)$ ein Polynom ist.

4. Integrale transzendenter Funktionen
Integrale transzendenter Funktionen enthält die **Tabelle21.5**

8.2 Bestimmte Integrale

8.2.1 Grundbegriffe, Regeln und Sätze

8.2.1.1 Definition und Existenz des bestimmten Integrals

1. Definition:
Das bestimmte Integral einer in einem abgeschlossenen Intervall $[a, b]$ definierten und beschränkten Funktion $y = f(x)$ ist eine Zahl, die als Grenzwert einer Summe definiert wird, wobei entweder $a < b$ (Fall A) oder $a > b$ (Fall B) sein kann. Die Forderung nach Abgeschlossenheit des Intervalls bedeutet, daß auch das Integrationsintervall beschränkt sein soll. Bei einer Verallgemeinerung des Begriffs bestimmtes Integral werden auch Funktionen zugelassen, die in einem beliebigen zusammenhängenden Gebiet definiert sind, wie z. B. das offene oder halboffene Intervall, die Zahlenhalbachse oder die ganze Zahlengerade, oder aber auch in einem Gebiet, das nur stückweise zusammenhängend ist, d. h. überall, außer in endlich vielen Punkten. Integrale dieser verallgemeinerten Definition gehören zu den *uneigentlichen Integralen* (s. S.344).
Der Grenzwert, der zum bestimmten Integral führt, wird wie folgt gebildet **(Abb.8.1)**:
1. Schritt: Das Intervall $[a, b]$ wird durch $n - 1$ beliebige Teilpunkte $x_1, x_2, \ldots, x_{n-1}$ in n „Elementarintervalle" zerlegt, die so gewählt sind, daß

$$a = x_0 < x_1 < x_2 < \cdots < x_i < \cdots < x_{n-1} < x_n = b \qquad \text{(Fall A)} \qquad (8.35a)$$

oder

$$a = x_0 > x_1 > x_2 > \cdots > x_i > \cdots > x_{n-1} > x_n = b \qquad \text{(Fall B)} \qquad (8.35b)$$

gilt.
2. Schritt: Im Innern oder auf dem Rande jedes der Elementarintervalle wird in Übereinstimmung mit **Abb.8.4** eine Zahl ξ_i gemäß

$$x_{i-1} \le \xi_i \le x_i \quad \text{(im Fall A)} \qquad \text{oder} \qquad x_{i-1} \ge \xi_i \ge x_i \quad \text{(im Fall B)} \qquad (8.35c)$$

ausgewählt.

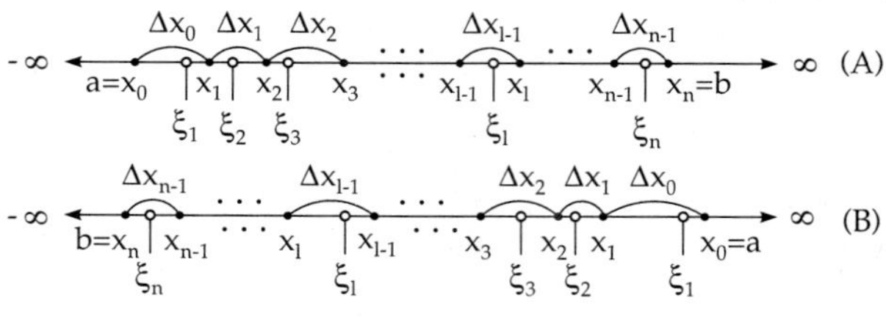

Abbildung 8.4

3. Schritt: Die Werte $f(\xi_i)$ der Funktion $f(x)$ in diesen ausgewählten Punkten werden mit der zugehörigen Differenz $\Delta x_{i-1} = x_i - x_{i-1}$, d. h. mit den Längen der Teilintervalle multipliziert, die im Falle A mit positivem Vorzeichen, im Falle B mit negativem Vorzeichen zu nehmen sind. Auf diese Weise entsteht für den Fall A das Bild der **Abb.8.1**.
4. Schritt: Alle so gewonnenen n Produkte $f(\xi_i)\,\Delta x_{i-1}$ werden addiert.
5. Schritt: Von der auf diese Weise entstehenden Summe

$$\sum_{i=1}^{n} f(\xi_i)\,\Delta x_{i-1} \qquad (8.36)$$

wird der Grenzwert für den Fall berechnet, daß die Länge der Elementarintervalle Δx_{i-1} gegen Null strebt und demzufolge ihre Anzahl gegen ∞. Auf Grund dieser Eigenschaft wird Δx_{i-1} auch als infinitesimale Größe bezeichnet.
Wenn dieser Grenzwert existiert und unabhängig ist von der Wahl der Zahlen x_i und ξ_i, heißt er das bestimmte Integral der betreffenden Funktion in dem gegebenen Intervall. Man schreibt dafür

$$\int_a^b f(x)\,dx = \lim_{\substack{\Delta x_{i-1}\to 0\\ n\to\infty}} \sum_{i=1}^{n} f(\xi_i)\,\Delta x_{i-1}. \tag{8.37}$$

Die beiden Intervallgrenzen werden zu *Integrationsgrenzen*; sie legen das *Integrationsintervall* fest. Man nennt a die *obere*, b die *untere Integrationsgrenze*; x heißt *Integrationsvariable.*

2. Existenz des bestimmten Integrals

Das bestimmte Integral einer im Intervall $[a, b]$ stetigen Funktion ist stets definiert, d.h., der Grenzwert (8.37) existiert und ist unabhängig von der Wahl der Zahlen x_i und ξ_i. Auch für eine beschränkte Funktion, die im Intervall $[a, b]$ endlich viele Unstetigkeitsstellen besitzt, ist das bestimmte Integral definiert. Man nennt eine Funktion, deren bestimmtes Integral in einem gegebenen Intervall existiert, eine in diesem Intervall *integrierbare Funktion.*

8.2.1.2 Eigenschaften bestimmter Integrale

1. Hauptsatz der Integralrechnung

wird die Beziehung

$$\int_a^b f(x)\,dx = \int_a^b dF(x) = F(x)\,\big|_a^b = F(b) - F(a). \tag{8.38}$$

genannt, mit der die Berechnung eines bestimmten Integrals auf die Berechnung des zugehörigen unbestimmten Integrals, d. h. auf die Ermittlung einer Stammfunktion

$$F(x) = \int f(x)\,dx + C \tag{8.39}$$

zurückgeführt wird.

2. Geometrische Interpretation und Vorzeichenregel

Für x in $[a, b]$ sei $f(x) \geq 0$. Dann läßt sich die Summe (8.36) als Gesamtinhalt vieler Rechtecke deuten **(Abb.8.1)**, durch die die Fläche unter der Kurve $y = f(x)$ angenähert wird. Demzufolge ergibt der Grenzwert dieser Summe und damit das bestimmte Integral den Inhalt der Fläche A, die von der Kurve $y = f(x)$, der x-Achse und den Parallelen $x = a$ und $x = b$ zur y-Achse begrenzt wird:

$$A = \int_a^b f(x)\,dx = F(b) - F(a) \qquad (a < b \quad \text{und} \quad f(x) \geq 0 \quad \text{für} \quad a \geq x \geq b). \tag{8.40}$$

Wenn die Funktion $y = f(x)$ im Integrationsintervall abschnittsweise positiv oder negativ ist **(Abb.8.5)**, dann nehmen die Teilintegrale über den betreffenden Teilintervallen, also auch die Teilflächen, positive oder negative Werte an, so daß die Integration über das gesamte Intervall eine Flächendifferenz liefert.

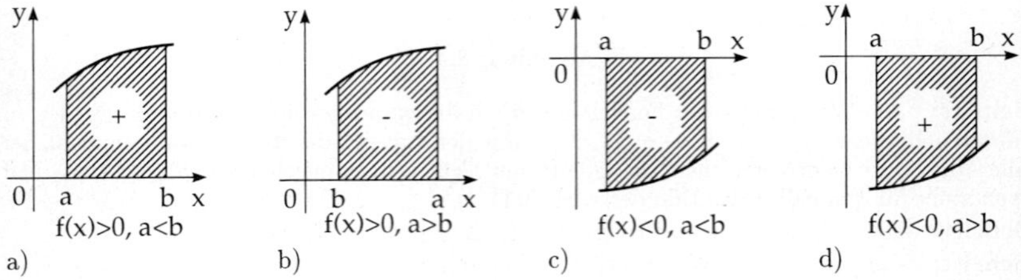

Abbildung 8.5

■ **A:** $\int \sin x\, dx \quad (\text{von } x = 0 \text{ bis } x = \pi) = 2,$

B: $\int \sin x\, dx \quad (\text{von } x = 0 \text{ bis } x = 2\pi) = 0.$

Wenn die obere Grenze des Integrals variabel gelassen wird (**Abb.8.6**, Fläche $ABCD$), dann ist die Fläche eine Funktion der oberen Grenze des Integrals, das dann *Partikulärintegral* genannt wird. In diesem Falle eines variablen Flächeninhalts spricht man von einer Flächenfunktion in der Form

$$S(x) = \int_a^x f(\tilde{x})\, d\tilde{x} = F(x) - F(a) \qquad (a < b \quad \text{und} \quad f(x) \geq 0 \quad \text{für} \quad x \geq a). \tag{8.41}$$

3. Zerlegung des Integrationsintervalls

Das Integrationsintervall $[a, b]$ kann in Teilintervalle zerlegt werden. Der Wert des bestimmten Integrals über das gesamte Intervall wird dann gemäß

$$\int_a^b f(x)\, dx = \int_a^c f(x)\, dx + \int_c^b f(x)\, dx \tag{8.42}$$

berechnet (*Intervallregel*). Besitzt der Integrand eine endliche Zahl von Sprungstellen, dann wird das Intervall durch sie in Teilintervalle aufgespaltet, in denen die Funktion stetig ist, und das Gesamtintegral kann mittels der Zerlegungsformel aus den Integralen über die Teilintervalle zusammengesetzt werden.

4. Unabhängigkeit von der Bezeichnung der Integrationsvariablen

Der Wert eines bestimmten Integrals ist unabhängig von der Bezeichnung der Integrationsvariablen:

$$\int_a^b f(x)\, dx = \int_a^b f(u)\, du = \int_a^b f(t)\, dt. \tag{8.43}$$

5. Gleiche Integrationsgrenzen

Der Wert des bestimmten Integrals ist Null, wenn die Integrationsgrenzen gleich sind:

$$\int_a^a f(x)\, dx = 0 \tag{8.44}$$

6. Vertauschung der Integrationsgrenzen

Eine Vertauschung der Integrationsgrenzen führt auf den negativen Integralwert (*Vertauschungsregel*) :

$$\int_a^b f(x)\, dx = -\int_b^a f(x)\, dx \tag{8.45}$$

7. Mittelwertsatz und Mittelwert

Wenn eine Funktion $f(x)$ im Intervall $[a, b]$ stetig ist, dann gibt es im Innern des Intervalls mindestens einen Wert ξ derart, daß im Falle A mit $a < \xi < b$ und im Falle B mit $a > \xi > b$ gilt

$$\int_a^b f(x)\, dx = (b - a) f(\xi) \tag{8.46}$$

Der geometrische Sinn dieses Satzes besteht darin, daß es zwischen den Punkten a und b einen Punkt ξ gibt, für den der Flächeninhalt der Figur $ABCD$ gleich dem des Rechtecks $AB'C'D$ in **Abb.8.7** ist. Der Wert

$$m = \frac{1}{b - a} \int_a^b f(x)\, dx \tag{8.47}$$

heißt *Mittelwert* oder das *arithmetische Mittel der Funktion* $f(x)$ im Intervall $[a, b]$.

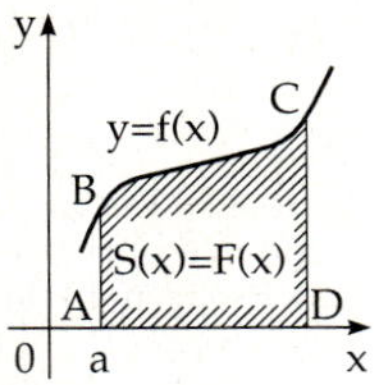

Abbildung 8.6

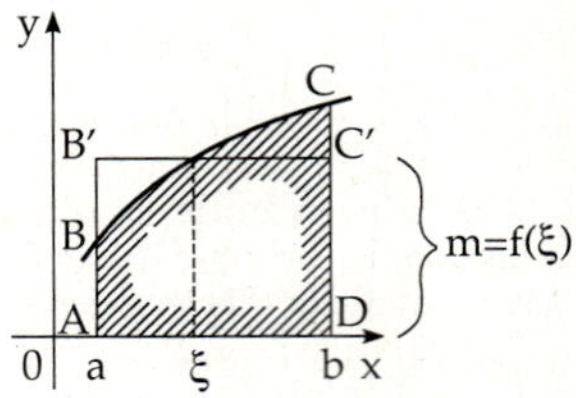

Abbildung 8.7

8. Verallgemeinerter Mittelwertsatz

Sind die Funktionen $f(x)$ und $\varphi(x)$ im abgeschlossenen Intervall $[a,b]$ stetig und ändert $\varphi(x)$ in diesem Intervall sein Vorzeichen nicht, dann gilt

$$\int_a^b f(x)\varphi(x)\,dx = f(\xi)\int_a^b \varphi(x)\,dx \tag{8.48}$$

9. Abschätzung des bestimmten Integrals

Der Wert eines bestimmten Integrals liegt zwischen den Produkten des kleinsten und des größten Funktionswertes m und M des Integranden im Intervall $[a,b]$ mit der Länge des Integrationsintervalls:

$$m(b-a) \le \int_a^b f(x)\,dx \le M(b-a) \tag{8.49}$$

Die geometrische Bedeutung dieses Satzes ist an Hand der **Abb.8.8** zu erkennen.

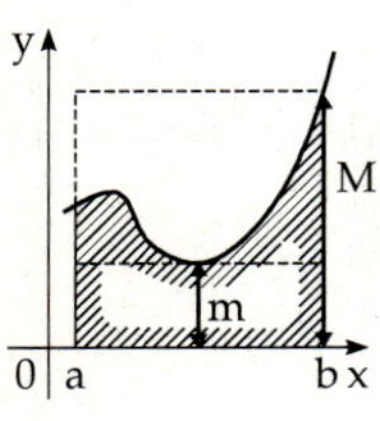

Abbildung 8.8

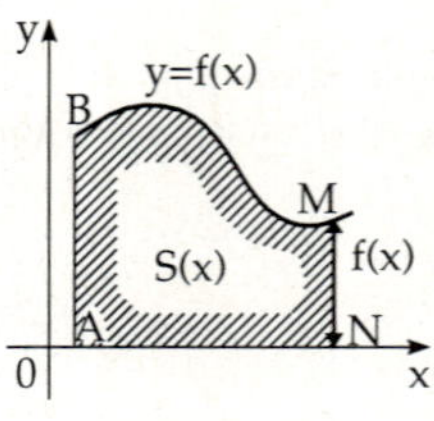

Abbildung 8.9

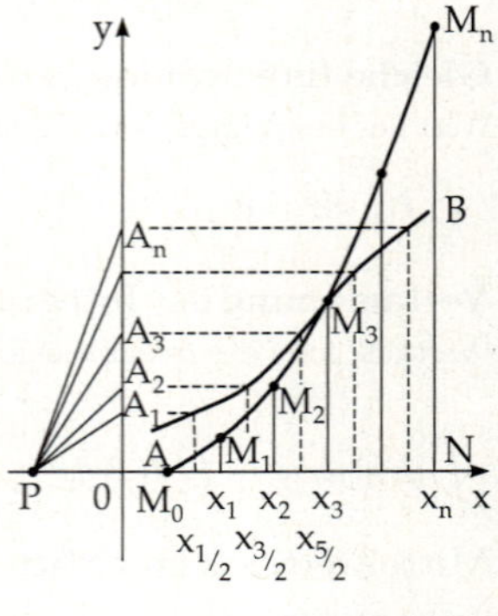

Abbildung 8.10

10. Differentiation des bestimmten Integrals mit variabler oberer Grenze

Ein bestimmtes Integral mit variabler oberer Integrationsgrenze $\int_a^x f(t)\,dt$ ist eine stetige Funktion $F(x)$ dieser Integrationsgrenze, d. h. die Stammfunktion des Integranden. Um Verwechslungen mit der variablen Integrationsgrenze x zu vermeiden, wird hier bei der Darstellung des Integranden die Integrationsvariable mit t bezeichnet:

$$F'(x) = f(x) \qquad \text{oder} \qquad \frac{d}{dx}\int_a^x f(t)\,dt = f(x). \tag{8.50}$$

Die geometrische Bedeutung dieses Satzes besteht darin, daß die Ableitung einer variablen Fläche $A(x)$ gleich der variablen Endordinate NM ist **(Abb.8.9)**, wobei sowohl die Fläche als auch die Ordinate mit Vorzeichen zu nehmen sind **(Abb.8.5)**.

8.2.1.3 Berechnung bestimmter Integrale

1. Hauptmethode

zur Berechnung eines bestimmten Integrals ist der Weg über den Hauptsatz der Integralrechnung, d.h. die Berechnung des unbestimmten Integrals (s. S. 334), z.B. unter Benutzung von **Tabelle21.5**. Dabei ist darauf zu achten, ob beim Einsetzen der Grenzen uneigentliche Integrale entstehen.
Zur analytischen Berechnung bestimmter Integrale können auch Computerprogramme verwendet werden (s. Kapitel Computeralgebrasysteme).

2. Umformung bestimmter Integrale mittels der Substitutionsregel und der Methode der partiellen Integration

■ **A: Anwendung der Substitutionsregel:**
Zu berechnen ist $\int_0^a \sqrt{a^2-x^2}\,dx$.
Als Substitution wird verwendet $x = \varphi(t) = a\sin t,\ t = \psi(x) = \arcsin\frac{x}{a},\ \psi(0) = 0,\ \psi(a) = \frac{\pi}{2}$. Es ergibt sich
$$\int_0^a \sqrt{a^2-x^2}\,dx = \int_{\arcsin 0}^{\arcsin 1} a^2\sqrt{1-\sin^2 t}\cos t\,dt = a^2\int_0^{\frac{\pi}{2}}\cos^2 t\,dt = a^2\int_0^{\frac{\pi}{2}}\frac{1}{2}(1+\cos 2t)\,dt$$
Mit der Substitution $t = \varphi(z) = \frac{z}{2},\ z = \psi(t) = 2t,\ \psi(0) = 0,\ \psi(\frac{\pi}{2}) = \pi$ ergibt sich
$$\frac{a^2}{2}\left[t\right]_0^{\frac{\pi}{2}} + \frac{a^2}{4}\int_0^{\pi}\cos z\,dz = \frac{\pi a^2}{4} + \frac{a^2}{4}\left[\sin z\right]_0^{\pi} = \frac{\pi a^2}{4}.$$

■ **B: Anwendung der Methode der partiellen Integration:**
$$\int_0^1 x\,e^x\,dx = \left[xe^x\right]_0^1 - \int_0^1 e^x\,dx = e-(e-1) = 1.$$

3. Methoden zur Berechnung komplizierter Integrale

Wenn die Berechnung eines unbestimmten Integrals sehr kompliziert ist oder wenn es sich nicht durch elementare Funktionen ausdrücken läßt, dann ist es in einer Reihe von Fällen durch Anwendung verschiedener Methoden (manchmal „Kunstgriffe" genannt) trotzdem möglich, den Wert des Integrals zu berechnen. Dazu gehören die Integration von Funktionen mit komplexen Veränderlichen (s. die Beispiele auf S. 573 und 574 bis 577) oder der Satz über die Differentiation eines Integrals nach einem Parameter (s. S. 349):

$$\frac{d}{dt}\int_a^b f(x,t)\,dx = \int_a^b \frac{\partial f(x,t)}{\partial t}dx. \tag{8.51}$$

■ Das Integral $I = \int_0^1 \frac{x-1}{\ln x}\,dx$ wird durch Einführung des Parameters t umgewandelt in
$F(t) = \int_0^1 \frac{x^t-1}{\ln x}\,dx;\quad F(0) = 0;\quad F(1) = I.$
Durch Anwendung von (8.51) auf $F(t)$ ergibt sich
$$\frac{dF}{dt} = \int_0^1 \frac{\partial}{\partial t}\left[\frac{x^t-1}{\ln x}\right]dx = \int_0^1 \frac{x^t\ln x}{\ln x}\,dx = \int_0^1 x^t\,dx = \left[\frac{1}{t+1}x^{t+1}\right]_0^1 = \frac{1}{t+1}.$$
Integration liefert
$$F(t)-F(0) = \int_0^t \frac{dt}{t+1} = \left[\ln(t+1)\right]_0^t = \ln(t+1),$$
so daß man für das zu bestimmende Integral $I = F(1) = \ln 2$ erhält.

4. Integration durch Reihenentwicklung

Wenn der Integrand $f(x)$ im Integrationsintervall $[a, b]$ in eine gleichmäßig konvergente Reihe

$$f(x) = \varphi_1(x) + \varphi_2(x) + \cdots + \varphi_n(x) + \cdots \tag{8.52}$$

entwickelt werden kann, dann läßt sich das Integral in der Form

$$\int f(x)\,dx = \int \varphi_1(x)\,dx + \int \varphi_2(x)\,dx + \cdots + \int \varphi_n(x)\,dx + \cdots \tag{8.53}$$

schreiben. Auf diese Weise kann das bestimmte Integral als konvergente numerische Reihe dargestellt werden:

$$\int_a^b f(x)\,dx = \int_a^b \varphi_1(x)\,dx + \int_a^b \varphi_2(x)\,dx + \cdots + \int_a^b \varphi_n(x)\,dx + \cdots. \tag{8.54}$$

Im Falle leicht zu integrierender Funktionen $\varphi(x)$, wenn z. B. $f(x)$ in eine Potenzreihe entwickelt werden kann, die im Intervall $[a, b]$ gleichmäßig konvergiert, kann das Integral $\int_a^b f(x)\,dx$ mit beliebiger Genauigkeit berechnet werden.

■ Es ist das Integral $I = \int_0^{1/2} e^{-x^2}\,dx$ mit einer Genauigkeit von 0,0001 zu berechnen. Die Reihe

$e^{-x^2} = 1 - \frac{x^2}{1!} + \frac{x^4}{2!} - \frac{x^6}{3!} + \frac{x^8}{4!} - \cdots$

konvergiert gemäß Satz von ABEL (s. S. 309) in jedem beliebigen endlichen Intervall gleichmäßig, so daß

$$\int e^{-x^2}\,dx = x\left(1 - \frac{x^2}{1!\cdot 3} + \frac{x^4}{2!\cdot 5} - \frac{x^6}{3!\cdot 7} + \frac{x^8}{4!\cdot 9} - \cdots\right)$$

gilt, woraus folgt:

$$I = \int_0^{1/2} e^{-x^2}\,dx = \frac{1}{2}\left(1 - \frac{1}{2^2\cdot 1!\cdot 3} + \frac{1}{2^4\cdot 2!\cdot 5} - \frac{1}{2^6\cdot 3!\cdot 7} + \frac{1}{2^8\cdot 4!\cdot 9} - \cdots\right)$$
$$= \frac{1}{2}\left(1 - \frac{1}{12} + \frac{1}{160} - \frac{1}{2688} + \frac{1}{55296} - \cdots\right).$$

Um bei der Berechnung des Integrals eine Genauigkeit von 0,0001 zu erreichen, genügt es, in Übereinstimmung mit dem Satz von LEIBNIZ über alternierende Reihen (s. S. 303) die ersten vier Glieder der Reihenentwicklung zu berechnen:

$I \approx \frac{1}{2}(1 - 0{,}08333 + 0{,}00625 - 0{,}00037) = \frac{1}{2}\cdot 0{,}92255 = 0{,}46127,$

$\int_0^{1/2} e^{-x^2}\,dx = 0{,}4613.$

5. Graphische Integration

ist eine graphische Verfahrensweise, um die als Kurve AB **(Abb.8.10)** gegebene Funktion $y = f(x)$ zu integrieren, d. h. das Integral $\int_a^b f(x)\,dx$, das die Größe der Fläche M_0ABN angibt, graphisch zu berechnen:

1. Das Kurvenstück M_0N wird durch die Punkte

$$x_{1/2}, x_1, x_{3/2}, x_2, \ldots, x_{n-1}, x_{n-1/2} \tag{8.55a}$$

in $2n$ gleiche Teile eingeteilt, wobei das Ergebnis um so genauer ausfällt, je größer die Anzahl der Teilungspunkte ist.

2. In den Teilungspunkten

$$x_{1/2}, x_{3/2}, \ldots, x_{n-1/2} \tag{8.55b}$$

werden Lote bis zum Schnitt mit der Kurve errichtet. Die Ordinatenwerte der Strecken $OA_1, OA_2, \ldots,$ OA_n werden auf der y-Achse abgetragen.

3. Auf der negativen x-Achse wird eine Strecke OP von beliebiger Länge abgetragen, und der Punkt P wird mit den Punkten $A_1, A_2, \ldots, A_n$ verbunden.

4. Durch den Punkt M_0 wird die Strecke M_0M_1 parallel zu PA_1 bis zum Schnitt mit der zum Teilungspunkt x_1 gehörigen Ordinate gelegt, durch den Punkt M_1 die Strecke M_1M_2 parallel zu PA_2 bis zum Schnitt mit der zum Teilungspunkt x_2 gehörigen Ordinate usw., bis die letzte Ordinate im Punkt M_n erreicht ist.
Zahlenmäßig ist das zu berechnende Integral gleich dem Produkt aus den Längen der Strecken OP und NM_n:

$$\int_a^b f(x)\,dx = OP \cdot NM_n. \tag{8.56}$$

Mit Hilfe der beliebig wählbaren Strecke OP werden die Ausmaße der Zeichnung bestimmt; je kleiner die zulässigen Abmessungen der Zeichnung sind, desto größer ist OP zu wählen. Für $OP = 1$ ergibt sich $\int_a^b f(x)\,dx = NM_n$, und der Polygonzug $M_0, M_1, M_2, \ldots, M_n$ entspricht angenähert dem Kurvenbild der Stammfunktion von $f(x)$, d. h. dem unbestimmten Integral $\int f(x)\,dx$.

6. Planimeter und Integraphen

Planimeter sind Geräte zur Ermittlung des Flächeninhaltes beliebiger geschlossener ebener Kurven, also auch des bestimmten Integrals einer Funktion $y = f(x)$, die durch ihre Kurve gegeben ist. Spezielle Planimeter ermöglichen nicht nur die Berechnung des Integrals $\int y\,dx$, sondern auch der Integrale $\int y^2\,dx$ und $\int y^3\,dx$.
Integraphen sind Geräte, mit deren Hilfe das Kurvenbild einer Stammfunktion

$$Y = \int_a^x f(t)\,dt \tag{8.57}$$

gezeichnet werden kann, wenn das Kurvenbild einer vorgegebenen Funktion $y = f(x)$ bekannt ist (s. Lit. [19.31]).

7. Numerische Integration

Wenn der Integrand eines bestimmten Integrals sehr kompliziert ist, sich nicht elementar integrieren läßt oder nur in Form von diskreten Funktionswerten vorliegt, z. B. als Wertetabelle, dann sind sogenannte Quadraturformeln und andere Methoden der numerischen Mathematik anzuwenden (s. S. 760).

8.2.2 Anwendungen bestimmter Integrale

8.2.2.1 Allgemeines Prinzip zur Anwendung des bestimmten Integrals

1. Zerlegung der zu berechnenden Größe in eine sehr große Anzahl hinreichend kleiner, d. h. inifinitesimaler Größen :

$$A = a_1 + a_2 + \cdots + a_n. \tag{8.58}$$

2. Ersetzen jeder dieser infinitesimalen Größen a_i durch eine Größe $\tilde{a}_i$, die in ihrer Form nur wenig von a_i abweicht und deren Berechnung nach einer bekannten Formel möglich ist. Dabei soll der Fehler $\alpha_i = a_i - \tilde{a}_i$ gegenüber a_i und $\tilde{a}_i$ eine infinitesimale Größe höherer Ordnung sein.

3. Darstellung der Größe $\tilde{a}_i$ durch eine Variable x und eine Funktion $f(x)$, die so gewählt werden, daß $\tilde{a}_i$ die Gestalt $f(x_i)\,\Delta x_i$ annimmt.

4. Berechnung der gesuchten Größe als Grenzwert der Summe

$$A = \lim_{n\to\infty} \sum_{i=1}^{n} \tilde{a}_i = \lim_{n\to\infty} \sum_{i=1}^{n} f(x-i)\Delta x_i = \int_a^b f(x)\,dx, \tag{8.59}$$

wobei $\Delta x_i \leq 0$ für alle i gelten muß. Mit a und b sind die Randwerte von x bezeichnet.

■ Berechnung des Rauminhalts einer Pyramide der Grundfläche S und der Höhe H **(Abb.8.11a-c)**:

1. Zerlegung des zu berechnenden Rauminhaltes V durch ebene Schnitte in Volumina dünner Pyramidenstümpfe **(Abb.8.11a)**: $V = v_1 + v_2 + \cdots + v_n$.
2. Ersetzen eines jeden Pyramidenstumpfes durch ein Prisma $\tilde{v}_i$ mit der gleichen Höhe und einer Grundfläche, die gleich der oberen Grundfläche des Pyramidenstumpfes ist **(Abb.8.11b)**. Die Volumenabweichung ist eine infinitesimale Größe von höherer Ordnung als v_i.

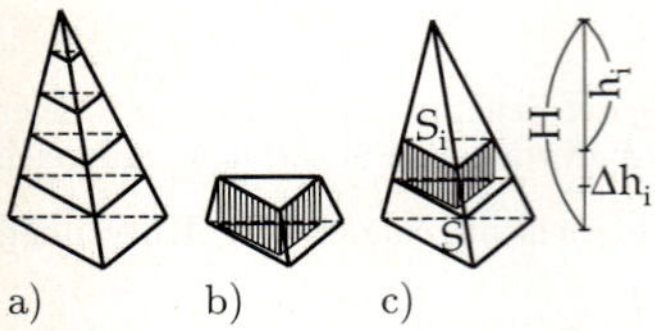

Abbildung 8.11

3. Darstellung der Volumenformel $\tilde{v}_i$ in der Form $\tilde{v}_i = S_i\,\Delta h_i$, wobei h_i **(Abb.8.11c)** der Abstand der oberen Fläche von der Pyramidenspitze ist. Wegen $S_i : S = h_i^2 : H^2$ kann man schreiben: $\tilde{v}_i = \frac{Sh_i^2}{H^2}\,\Delta h_i$.
4. Berechnung des Grenzwertes der Summe
$V = \lim_{n\to\infty}\sum_{i=1}^n \tilde{v}_i = \lim_{n\to\infty}\sum_{i=1}^n \frac{Sh_i^2}{H^2}\,\Delta h_i = \int_0^H \frac{Sh^2}{H^2}\,dh = \frac{SH}{3}$.

8.2.2.2 Anwendungen in der Geometrie

1. Flächeninhalte ebener Flächen

1. Flächeninhalt eines zwischen den Punkten A und B krummlinig begrenzten Trapezes (Abb.8.12a) bei explizit ($y = f(x)$ und $a \le x \le b$) bzw. in Parameterform ($x = \varphi(t),\ y = \psi(t),\ t_1 \le t \le t_2$) gegebener Kurvengleichung:

$$S_{ABCD} = \int_a^b f(x)\,dx = \int_{t_1}^{t_2} \psi(t)\varphi'(t)\,dt. \tag{8.56a}$$

2. Flächeninhalt eines zwischen den Punkten G und H krummlinig begrenzten Trapezes (Abb.8.12b) bei explizit ($x = g(y)$ und $\alpha \le y \le \beta$) bzw. in Parameterform ($x = \varphi(t),\ y = \psi(t),\ t_1 \le t \le t_2$) gegebener Kurvengleichung:

$$S_{EFGH} = \int_\alpha^\beta g(y)\,dy = \int_{t_1}^{t_2} \varphi(t)\psi'(t)\,dt. \tag{8.56b}$$

3. Flächeninhalt eines Kurvensektors (Abb.8.12c), begrenzt durch ein Kurvenstück zwischen den Punkten K und L, das mit einer in Polarkoordinaten gegebenen Kurvengleichung ($\varrho = \varrho(\varphi)$, $\varphi_1 \le \varphi \le \varphi_2$) beschrieben wird:

$$S_{OKL} = \frac{1}{2}\int_{\varphi_1}^{\varphi_2} \varrho^2\,d\varphi. \tag{8.56c}$$

Flächeninhalte von komplizierteren Figuren werden mit Hilfe des Kurvenintegrals (s. S. 353) oder des Doppelintegrals (s. S. 361) berechnet.

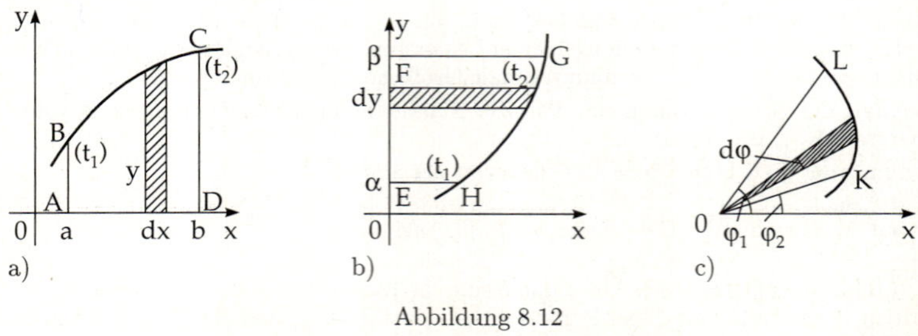

Abbildung 8.12

2. Bogenlängen ebener Kurven

1. Bogenlänge einer Kurve zwischen den Punkten A und B, die explizit ($y = f(x)$ bzw. $x = g(y)$) oder in Parameterform ($x = \varphi(t)$, $y = \psi(t)$) gegeben ist **(Abb.8.13a)**:

$$L_{\overset{\frown}{AB}} = \int_a^b \sqrt{1 + [f'(x)]^2}\, dx = \int_\alpha^\beta \sqrt{[g'(y)]^2 + 1}\, dy = \int_{t_1}^{t_2} \sqrt{[\varphi'(t)]^2 + [\psi'(t)]^2}\, dt \qquad (8.57a)$$

Mit dem Differential der Bogenlänge dl ergibt sich

$$L = \int dl \qquad \text{mit} \qquad dl^2 = dx^2 + dy^2. \qquad (8.57b)$$

2. Bogenlänge einer Kurve zwischen den Punkten C und D, gegeben in Polarkoordinaten ($\varrho = \varrho(\varphi)$) **(Abb.8.13b)**:

$$L_{\overset{\frown}{CD}} = \int_{\varphi_1}^{\varphi_2} \sqrt{\varrho^2 + \left(\frac{d\varrho}{d\varphi}\right)^2}\, d\varphi. \qquad (8.57c)$$

Mit dem Differential der Bogenlänge dl ergibt sich

$$L = \int dl \qquad \text{mit} \qquad dl^2 = \varrho^2 d\varphi^2 + d\varrho^2. \qquad (8.57d)$$

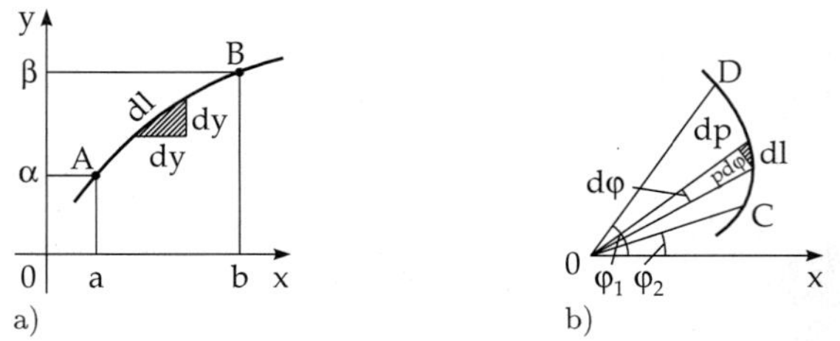

Abbildung 8.13

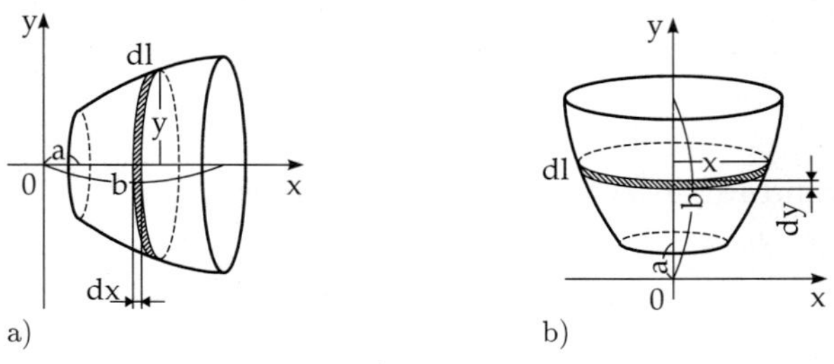

Abbildung 8.14

3. Mantelflächen von Rotationskörpern

1. Flächeninhalt eines durch Rotation der Kurve $y = f(x)$ um die x-Achse entstehenden Mantels **(Abb.8.14a)**:

$$S = 2\pi \int_a^b y\, dl = 2\pi \int_a^b y \sqrt{1 + \left(\frac{dy}{dx}\right)^2}\, dx. \qquad (8.58a)$$

2. Flächeninhalt eines durch Rotation der Kurve $x = f(y)$ um die y-Achse entstehenden Mantels **(Abb.8.14b)**:

$$S = 2\pi \int_a^b x\,dl = 2\pi \int_a^b x\sqrt{\left(\frac{dx}{dy}\right)^2 + 1}\,dy. \tag{8.58b}$$

Zur Berechnung von Flächen, die kompliziertere Körper begrenzen, s. S. 364 und 370.

4. Volumina

1. Volumen eines rotationssymmetrischen Körpers bei Drehung um die x-Achse **(Abb.8.14a)**:

$$V = \pi \int_a^b y^2\,dx. \tag{8.59a}$$

2. Volumen eines rotationssymmetrischen Körpers bei Drehung um die y-Achse **(Abb.8.14b)**:

$$V = \pi \int_a^b x^2\,dy. \tag{8.59b}$$

3. Volumen eines Körpers, wenn der Flächeninhalt seines senkrecht zur x-Achse gelegten Querschnitts **(Abb.8.15)** eine Funktion $S = f(x)$ ist:

$$V = \int_a^b f(x)\,dx. \tag{8.60}$$

Die Berechnung des Volumens komplizierterer Körper ist mit Hilfe des Doppel- oder Dreifachintegrals möglich (s. S. 367 und 364).

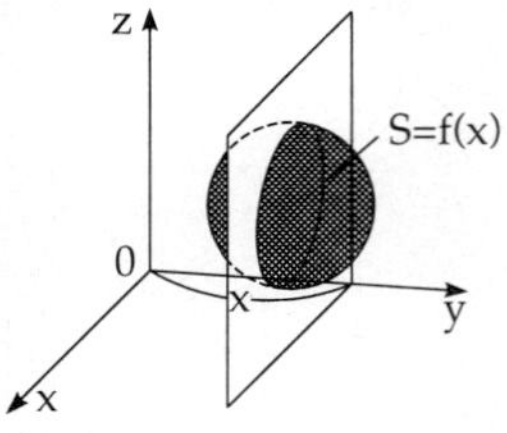

Abbildung 8.15

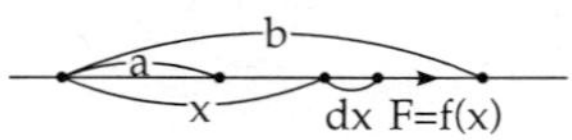

Abbildung 8.16

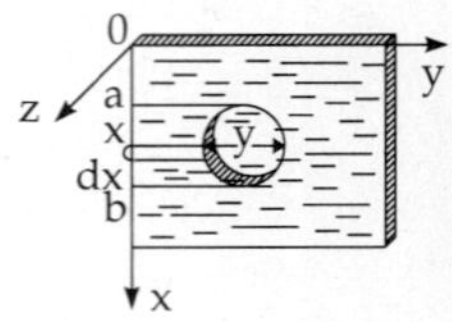

Abbildung 8.17

8.2.2.3 Anwendungen in Mechanik und Physik

1. Weg eines Punktes,

zurückgelegt in der Zeit t_0 bis T bei zeitabhängiger Geschwindigkeit $v = f(t)$:

$$S = \int_{t_0}^T v\,dt. \tag{8.61}$$

2. Arbeit,

verrichtet von einer in Bewegungsrichtung wirkenden veränderlichen Kraft $F = f(x)$ zur Verschiebung eines Körpers längs der x-Achse, die in Kraftrichtung gelegt ist, vom Punkt $x = a$ zum Punkt $x = b$ **(Abb.8.16)**:

$$A = \int_a^b F\,dx. \tag{8.62}$$

Im allgemeinen Fall, wenn die Kraftrichtung nicht mit der Bewegungsrichtung übereinstimmt oder wenn sich der Körper längs einer vorgegebenen Kurve bewegt, wird die Arbeit als Kurvenintegral berechnet (s. S. 353).

3. Druck

auf eine Seite einer vertikal in eine Flüssigkeit mit der Dichte ϱ eingetauchten Platte, wenn die vertikalen Plattenpunkte x von der Oberfläche der Flüssigkeit gerechnet zwischen a und b liegen und $y = f(x)$ die horizontale Breite der Platte ist **(Abb.8.17)**:

$$P = \varrho \int_a^b xy\, dz. \tag{8.63}$$

4. Trägheitsmomente

1. Trägheitsmoment des Bogenstücks einer homogenen Kurve $y = f(x)$ mit der konstanten Dichte ϱ im Intervall $[a, b]$ bezüglich der y-Achse **(Abb.8.18a)**:

$$I_y = \varrho \int_a^b x^2\, dl = \varrho \int_a^b x^2 \sqrt{1 + (y')^2}\, dx. \tag{8.64}$$

Ist die Dichte eine Funktion $\varrho(x)$, dann muß ihr analytischer Ausdruck in die Integration einbezogen werden.

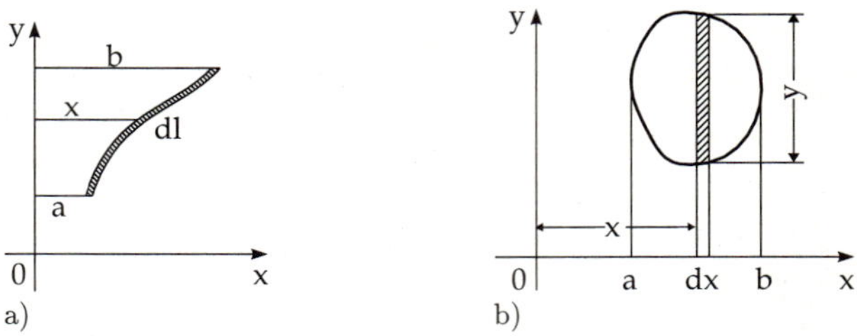

Abbildung 8.18

2. Trägheitsmoment bezüglich der y-Achse, das eine homogene ebene Figur mit der Dichte ϱ besitzt, wobei y gleichzeitig die Länge des zur y-Achse parallelen Schnittes ist **(Abb.8.18b)**:

$$I_y = \varrho \int_a^b x^2 y\, dx \tag{8.65}$$

(s. auch S. 364). Im Falle der Ortsabhängigkeit der Dichte muß der analytische Ausdruck in die Integration einbezogen werden.

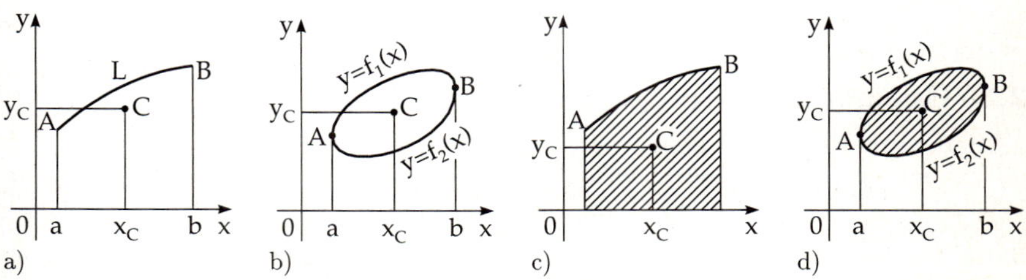

Abbildung 8.19

5. Schwerpunkte

1. Schwerpunkt C des Bogenstückes einer homogenen ebenen Kurve $y = f(x)$ im Intervall $[a, b]$ mit der Länge L **(Abb.8.19a)** unter Berücksichtigung von (8.57a), S. 341:

$$x_C = \frac{\int_a^b x\sqrt{1+y'^2}\,dx}{L}, \qquad y_C = \frac{\int_a^b y\sqrt{1+y'^2}\,dx}{L}. \tag{8.66}$$

Durch Rotation des Kurvenstückes wird eine Mantelfläche mit dem Flächeninhalt S gemäß (8.58a) beschrieben.

2. *Erste* GULDIN*sche Regel* Die Oberfläche eines Körpers S, die bei Rotation eines ebenen Kurvenstückes um eine Achse entsteht, die in der Ebene dieser Kurve liegt und die Kurve nicht schneidet, ist gleich dem Produkt aus dem Umfang des Kreises, den der Schwerpunkt des Kurvenstückes bei der Rotation im Abstand y_C von der Umdrehungsachse beschreibt, also $2\pi y_C$, und der Länge des Kurvenstückes L:

$$S_{\text{rot}} = L \cdot 2\pi y_C. \tag{8.67}$$

3. Schwerpunkt C einer geschlossenen Kurve (Abb.8.19b) mit den Gleichungen $y_1 = f_1(x)$ für den oberen und $y_2 = f_2(x)$ für den unteren Kurventeil und der Gesamtlänge L:

$$x_C = \frac{\int_a^b x\left(\sqrt{1+(y_1')^2} + \sqrt{1+(y_2')^2}\right)dx}{L}, \qquad y_C = \frac{\int_a^b \left(y_1\sqrt{1+(y_1')^2} + y_2\sqrt{1+(y_2')^2}\right)dx}{L}. \tag{8.68}$$

4. Schwerpunkt eines Trapezes Der Schwerpunkt C eines homogenen, zwischen den Kurvenpunkten A und B krummlinig begrenzten Trapezes **(Abb.8.19c)** mit dem Flächeninhalt S des Trapezes und der Gleichung $y = f(x)$ des Kurvenstückes AB:

$$x_C = \frac{\int_a^b xy\,dx}{S}, \qquad y_C = \frac{\frac{1}{2}\int_a^b y^2\,dx}{S}. \tag{8.69}$$

Durch Rotation des krummlinig begrenzten Trapezes wird ein Körper mit dem Volumen V beschrieben.

5. Zweite GULDINsche Regel Der Rauminhalt eines Körpers V, der bei Rotation einer ebenen Figur um eine Achse entsteht, die in der Figurenebene liegt und die Figur nicht schneidet, ist gleich dem Produkt aus dem Umfang des Kreises, den der Schwerpunkt dieser Fläche bei der Rotation beschreibt, also $2\pi y_C$, und dem Flächeninhalt der Figur S:

$$V_{\text{rot}} = S \cdot 2\pi y_C. \tag{8.70}$$

6. Schwerpunkt C einer beliebigen ebenen Figur (Abb.8.19d) mit der Fläche S, oben und unten begrenzt durch Kurventeile mit den Gleichungen $y_1 = f_1(x)$ bzw. $y_2 = f_2(x)$:

$$x_C = \frac{\int_a^b x(y_1 - y_2)\,dx}{S}, \qquad y_C = \frac{\frac{1}{2}\int_a^b (y_1^2 - y_2^2)\,dx}{S}. \tag{8.71}$$

Formeln zur Berechnungen von Schwerpunkten mit Hilfe von Mehrfachintegralen sind in **Tabelle8.4** auf S. 374 und **Tabelle8.5** auf S. 375 angegeben.

8.2.3 Uneigentliche Integrale

1. Allgemeine Betrachtungen

Der Begriff des *bestimmten Integrals* ist auf S. 333 unter der Voraussetzung einer *beschränkten Funktion* $f(x)$ und eines *endlichen Integrationsintervalls* eingeführt worden. Die uneigentlichen Integrale stellen eine Erweiterung dieses Begriffs auf *unbeschränkte Funktionen* und *unbeschränkte Integrationsintervalle* dar. Darüber hinaus gibt es noch andere Verallgemeinerungen, in denen das Integrationsgebiet z.B. eine Menge von Werten irgendeiner anderen Funktion ist (STIELTJES–Integral) (s. Lit. [8.8], [8.15], [8.11]).

2. Integrale mit unendlichen Integrationsgrenzen

1. Definitionen

a) Wenn das Integrationsgebiet die abgeschlossene Halbachse $[a, +\infty)$ ist, und wenn der Integrand dort definiert ist, dann gilt definitionsgemäß

$$\int_a^{+\infty} f(x)\,dx = \lim_{B\to\infty} \int_a^B f(x)\,dx. \tag{8.72}$$

Im Falle der Existenz des Grenzwertes spricht man von einem *konvergenten uneigentlichen Integral.* Im Falle der Nichtexistenz des Grenzwertes wird (8.72) als divergentes Integral bezeichnet.

b) Wenn das Definitionsgebiet einer Funktion die abgeschlossene Halbachse $(-\infty, b]$ oder die gesamte Zahlengerade $(-\infty, +\infty)$ ist, dann definiert man analog

$$\int_{-\infty}^b f(x)\,dx = \lim_{A\to-\infty} \int_A^b f(x)\,dx, \quad (8.73\text{a}) \qquad \int_{-\infty}^{+\infty} f(x)\,dx = \lim_{\substack{A\to-\infty\\ B\to\infty}} \int_A^B f(x)\,dx. \quad (8.73\text{b})$$

c) Beim Grenzübergang (8.73b) streben die Zahlen A und B unabhängig voneinander gegen unendlich. Wenn der Grenzwert (8.73b) dabei nicht existiert, dafür jedoch der Grenzwert

$$\lim_{A\to\infty} \int_{-A}^{+A} f(x)\,dx, \tag{8.73c}$$

dann heißt dieser Grenzwert (8.73c) *Hauptwert des uneigentlichen Integrals.*

2. Geometrische Bedeutung des Integrals mit unendlichen Integrationsgrenzen Die Integrale (8.72), (8.73a) und (8.73b) sind die Flächeninhalte der Figuren, die in den **Abb.8.20** dargestellt sind.

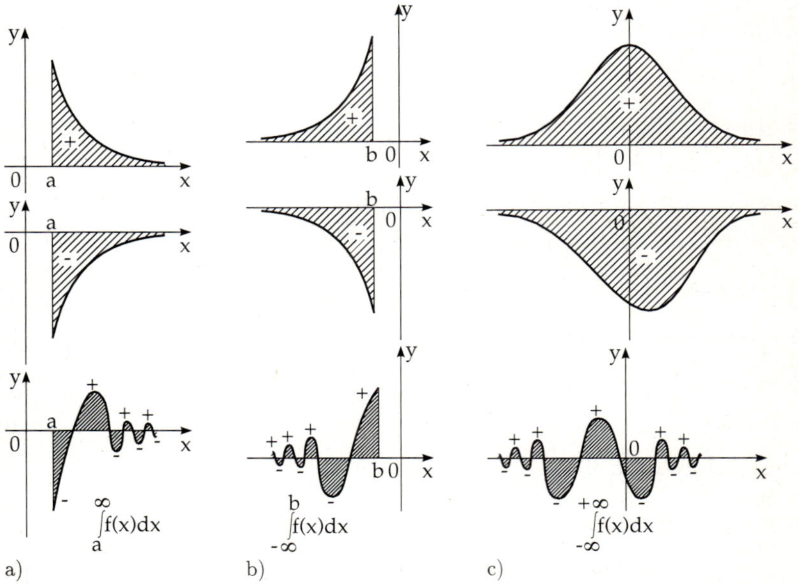

Abbildung 8.20

■ **A:** $\displaystyle\int_1^{\infty} \frac{dx}{x} = \lim_{B\to\infty} \int_1^B \frac{dx}{x} = \lim_{B\to\infty} \ln B = \infty$ (divergent)

■ **B:** $\displaystyle\int_2^\infty \frac{dx}{x^2} = \lim_{B\to\infty}\int_2^B \frac{dx}{x^2} = \lim_{B\to\infty}\left(\frac{1}{2}-\frac{1}{B}\right) = \frac{1}{2}$ (konvergent)

■ **C:** $\displaystyle\int_{-\infty}^{+\infty} \frac{dx}{1+x^2} = \lim_{\substack{A\to-\infty\\ B\to+\infty}}\int_A^B \frac{dx}{1+x^2} = \lim_{\substack{A\to-\infty\\ B\to+\infty}}[\arctan B - \arctan A] = \frac{\pi}{2}-\left(-\frac{\pi}{2}\right) = \pi$
(konvergent)

3. Hinreichende Konvergenzkriterien Wenn sich die unmittelbare Berechnung der Grenzwerte (8.72), (8.73a) und (8.73b) schwierig gestaltet oder wenn lediglich nach der Konvergenz oder Divergenz eines uneigentlichen Integrals gefragt ist, dann kann eines der folgenden hinreichenden Kriterien benutzt werden. Hier wird lediglich das Integral (8.72) betrachtet. Das Integral (8.73a) kann durch Substitution von x durch $-x$ auf das Integral vom Typ (8.72) zurückgeführt werden:

$$\int_{-\infty}^{a} f(x)\,dx = \int_{-a}^{+\infty} f(-x)\,dx. \tag{8.74}$$

Das Integral vom Typ (8.73b) wird in eine Summe aus zwei Integralen vom Typ (8.72) und vom Typ (8.73a) zerlegt:

$$\int_{-\infty}^{+\infty} f(x)\,dx = \int_{-\infty}^{c} f(x)\,dx + \int_{c}^{+\infty} f(x)\,dx, \tag{8.75}$$

wobei c eine beliebige Zahl ist.
1. Kriterium: Wenn das Integral

$$\int_a^{+\infty} |\,f(x)\,|\,dx \tag{8.76}$$

existiert, dann existiert auch das Integral (8.72). Das Integral (8.72) heißt in diesem Falle absolut konvergent und die Funktion $f(x)$ absolut integrierbar auf der Halbachse $[a, +\infty)$.
2. Kriterium: Wenn für die Funktionen $f(x)$ und $\varphi(x)$ mit

$f(x) > 0$ und $\varphi(x) > 0$ (8.77a) die Bedingung $f(x) \le \varphi(x)$ für $a \le x < +\infty$ (8.77b)

gilt, dann darf von der Konvergenz des Integrals

$\displaystyle\int_a^{+\infty} \varphi(x)\,dx$ (8.77c) auf die Konvergenz des Integrals $\displaystyle\int_a^{+\infty} f(x)\,dx$ (8.77d)

geschlossen werden und umgekehrt von der Divergenz des Integrals (8.77d) auf die Divergenz des Integrals (8.77c).
3. Kriterium: Wird

$$\varphi(x) = \frac{1}{x^\alpha} \tag{8.78a}$$

gesetzt und dabei beachtet, daß

$$\int_a^{+\infty} \frac{dx}{x^\alpha} = \frac{1}{(\alpha-1)a^{\alpha-1}} \tag{8.78b}$$

für $\alpha > 1$ konvergiert und für $\alpha \le 1$ divergiert, dann kann aus dem Konvergenzkriterium 2 ein weiteres hergeleitet werden:
Wenn $f(x)$ in $a \le x < \infty$ eine positive Funktion ist und wenn eine Zahl $\alpha > 1$ existiert, so daß für hinreichend große x

$$f(x)\cdot x^\alpha < \infty \tag{8.78c}$$

gilt, dann konvergiert das Integral (8.72); wenn allerdings $f(x)$ positiv ist und eine Zahl $\alpha \leq 1$ existiert, so daß

$$f(x) \cdot x^{\alpha} > c > 0 \tag{8.78d}$$

von einer gewissen Stelle an gilt, dann divergiert das Integral (8.72).

■ $\displaystyle\int_0^{+\infty} \frac{x^{3/2}\,dx}{1+x^2}$.
Setzen wir $\alpha = \frac{1}{2}$, so erhalten wir $\dfrac{x^{3/2}}{1+x^2} \cdot x^{1/2} = \dfrac{x^2}{1+x^2} \to 1$.
Das vorgegebene Integral ist also divergent.

4. Zusammenhang zwischen uneigentlichen Integralen und unendlichen Reihen Wenn $x_1, x_2, \ldots, x_n, \ldots$ eine beliebige, unbegrenzt wachsende unendliche Folge ist, d. h. wenn gilt

$$a < x_1 < x_2 < \cdots < x_n < \cdots, \qquad \lim_{n\to+\infty} x_n = \infty, \tag{8.79a}$$

und wenn die Funktion $f(x)$ positiv für $a \leq x < \infty$ ist, dann kann die Frage nach der Konvergenz des Integrals (8.72) auf die Frage nach der Konvergenz der Reihe

$$\int_a^{x_1} f(x)\,dx + \int_{x_1}^{x_2} f(x)\,dx + \cdots + \int_{x_{n-1}}^{x_n} f(x)\,dx + \cdots \tag{8.79b}$$

zurückgeführt werden. Wenn die Reihe (8.79b) konvergiert, dann konvergiert auch das Integral (8.72) und es ist dann gleich der Summe der Reihe (8.79b). Divergiert die Reihe (8.79b), dann divergiert auch das Integral (8.72). Somit können die Konvergenzkriterien für Reihen auch zur Konvergenzuntersuchung von Integralen eingesetzt werden. Beim Integralkriterium für Reihen (s. S. 302) wird umgekehrt die Konvergenzuntersuchung der Reihen auf die Untersuchung der Konvergenz eines uneigentlichen Integrals zurückgeführt.

3. Integrale mit unbeschränktem Integranden

1. Definition des uneigentlichen Integrals für eine Funktion $f(x)$, die ein rechts offenes Definitionsintervall $[a, b)$ oder ein abgeschlossenes Definitionsintervall $[a, b]$ besitzt, aber im Punkt b sei der Grenzwert $\lim_{x\to b} f(x) = \infty$. In beiden Fällen wird definiert:

$$\int_a^b f(x)\,dx = \lim_{\varepsilon\to 0} \int_a^{b-\varepsilon} f(x)\,dx. \tag{8.80}$$

Wenn dieser Grenzwert existiert, dann existiert bzw. konvergiert auch das Integral (8.72), und man spricht von einem *konvergenten uneigentlichen Integral.* Existiert der Grenzwert nicht, dann existiert bzw. konvergiert auch das Integral nicht, und man spricht von einem *divergenten uneigentlichen Integral.*

2. Definition des uneigentlichen Integrals für eine Funktion $f(x)$, die ein links offenes Definitionsintervall $(a, b]$ oder ein abgeschlossenes Definitionsintervall $[a, b]$ besitzt, aber im Punkt a gelte $\lim_{x\to a} f(x) = \infty$. In Analogie zur Definition (8.80) wird festgelegt:

$$\int_a^b f(x)\,dx = \lim_{\varepsilon\to 0} \int_{a+\varepsilon}^{b} f(x)\,dx. \tag{8.81}$$

3. Definition des uneigentlichen Integrals für eine Funktion $f(x)$, die im gesamten Intervall $[a, b]$ definiert ist, ausgenommen einen inneren Punkt c mit $a < c < b$, d. h., $f(x)$ ist in zwei angrenzenden halboffenen Intervallen $[a, c)$ und $(c, b]$ definiert und im Punkt c gilt $\lim_{x\to c} f(x) = \infty$. Dann definiert man

$$\int_a^b f(x)\,dx = \lim_{\varepsilon\to 0} \int_a^{c-\varepsilon} f(x)\,dx + \lim_{\delta\to 0} \int_{c+\delta}^{b} f(x)\,dx, \tag{8.82a}$$

wobei die Zahlen ε und δ unabhängig voneinander gegen Null streben. Wenn der Grenzwert (8.82a) nicht existiert, wohl aber

$$\lim_{\varepsilon\to 0}\left\{\int_a^{c-\varepsilon} f(x)\,dx + \int_{c+\varepsilon}^b f(x)\,dx\right\}, \tag{8.82b}$$

dann heißt der Grenzwert (8.82b) der *Hauptwert des uneigentlichen Integrals*, auch CAUCHY*scher Hauptwert*.

4. Die geometrische Bedeutung der Integrale unstetiger Funktionen (8.80), (8.81) und (8.82a) besteht darin, daß mit ihnen Flächen von Figuren ermittelt werden, die sich längs einer vertikalen Asymptote ins Unendliche erstrecken, wie sie in **Abb.8.21** dargestellt sind.

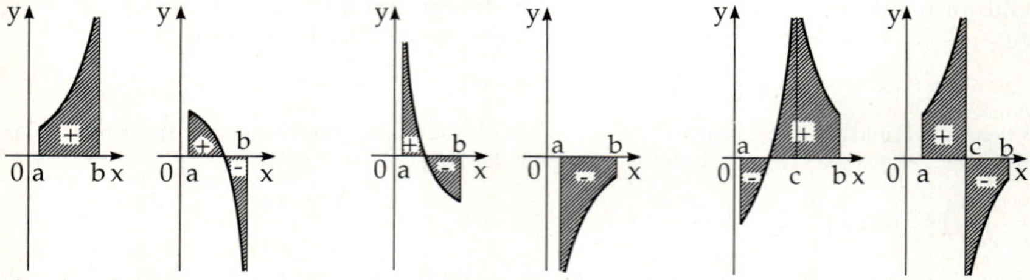

a) s. (8.80) b) s. (8.81) c) s. (8.82a)

Abbildung 8.21

■ **A:** $\int_0^b \frac{dx}{\sqrt{x}}$; Fall(8.81), singulärer Punkt bei $x=0$.

$$\int_0^b \frac{dx}{\sqrt{x}} = \lim_{\varepsilon\to 0}\int_\varepsilon^b \frac{dx}{\sqrt{x}} = \lim_{\varepsilon\to 0}(2\sqrt{b}-2\sqrt{\varepsilon}) = 2\sqrt{b} \quad \text{(konvergent).}$$

■ **B:** $\int_0^{\pi/2} \tan x\,dx$; Fall (8.80), singulärer Punkt bei $x=\frac{\pi}{2}$.

$$\int_0^{\pi/2} \tan x\,dx = \lim_{\varepsilon\to 0}\int_0^{\pi/2-\varepsilon} \tan x\,dx = \lim_{\varepsilon\to 0}\left[\ln\cos 0 - \ln\cos\left(\frac{\pi}{2}-\varepsilon\right)\right] = \infty \quad \text{(divergent).}$$

■ **C:** $\int_{-1}^8 \frac{dx}{\sqrt[3]{x}}$; Fall(8.82a), singulärer Punkt bei $x=0$.

$$\int_{-1}^8 \frac{dx}{\sqrt[3]{x}} = \lim_{\varepsilon\to 0}\int_{-1}^{-\varepsilon} \frac{dx}{\sqrt[3]{x}} + \lim_{\delta\to 0}\int_\delta^8 \frac{dx}{\sqrt[3]{x}}$$
$$= \lim_{\varepsilon\to 0}\frac{3}{2}(\varepsilon^{2/3}-1) + \lim_{\delta\to 0}\frac{3}{2}(4-\delta^{2/3}) = \frac{9}{2} \quad \text{(konvergent).}$$

■ **D:** $\int_{-2}^2 \frac{2x\,dx}{x^2-1}$; Fall(8.82a), singulärer Punkt bei $x=\pm 1$.

$$\int_{-2}^2 \frac{2x\,dx}{x^2-1} = \lim_{\varepsilon\to 0}\int_{-2}^{-1-\varepsilon} + \lim_{\substack{\delta\to 0\\ \nu\to 0}}\int_{-1+\delta}^{1-\nu} + \lim_{\gamma\to 0}\int_{1+\gamma}^2$$
$$= \lim_{\varepsilon\to 0}\ln(x^2-1)\,\Big|_{-2}^{-1-\varepsilon} + \cdots$$
$$= \lim_{\varepsilon\to 0}[\ln(1+2\varepsilon+\varepsilon^2-1)-\ln 3] + \cdots = \infty \quad \text{(divergent).}$$

5. Über die Anwendung des Fundamentalsatzes der Integralrechnung

1. Warnung: Die Berechnung uneigentlicher Integrale vom Typ (8.82a) kann bei mechanischer Anwendung der Formel

$$\int_a^b f(x)\,dx = [F(x)]_a^b \quad \text{mit} \quad F'(x) = f(x) \tag{8.83}$$

(s. S.333) ohne Berücksichtigung der singulären Punkte im Innern des Intervalls $[a, b]$ zu groben Fehlern führen. So erhält man durch Anwendung des Fundamentalsatzes auf Beispiel D

$$\int_{-2}^{2} \frac{2x\,dx}{x^2-1} = \ln(x^2-1)\,|_{-2}^{2} = \ln 3 - \ln 3 = 0,$$

während dieses Integral in Wirklichkeit divergiert.

2. Allgemeine Regel: Der Hauptsatz der Integralrechnung darf auf den Fall (8.82a) nur angewendet werden, wenn die Stammfunktion von $f(x)$ im singulären Punkt stetig ist.

In Beispiel D ist die Funktion $\ln(x^2-1)$ für $x = \pm 1$ unstetig, so daß diese Bedingung nicht erfüllt ist. Hingegen ist in Beispiel C die Funktion $y = \frac{3}{2}x^{2/3}$ für $x = 0$ stetig, so daß der Fundamentalsatz auf Beispiel C angewendet werden kann:

$$\int_{-1}^{8} \frac{dx}{\sqrt[3]{x}} = \frac{3}{2}x^{2/3}\,|_{-1}^{8} = \frac{3}{2}(8^{2/3} - 1^{2/3}) = \frac{9}{2}.$$

6. Hinreichende Bedingung für die Konvergenz eines uneigentlichen Integrals mit unbeschränktem Integranden

1. Wenn das Integral $\int_a^b |\,f(x)\,|\,dx$ existiert, dann existiert auch das Integral $\int_a^b f(x)\,dx$. Man spricht in diesem Falle vom absolut konvergenten Integral und von der absolut integrierbaren Funktion $f(x)$ in dem betreffenden Intervall.

2. Wenn die Funktion $f(x)$ in dem Intervall $[a, b)$ positiv ist, und wenn es eine Zahl $\alpha < 1$ derart gibt, daß für hinreichend nahe bei b gelegene x-Werte gilt

$$f(x)\,(b-x)^{\alpha} < \infty, \tag{8.84a}$$

dann konvergiert das Integral (8.82a). Wenn jedoch $f(x)$ im Intervall $[a, b)$ positiv ist und eine Zahl $\alpha > 1$ derart existiert, daß für hinreichend nahe bei b gelegene x-Werte gilt

$$f(x)\,(b-x)^{\alpha} > c > 0, \tag{8.84b}$$

dann divergiert das Integral (8.82a).

8.2.4 Parameterintegrale

1. Definition

Das bestimmte Integral

$$\int_a^b f(x, y)\,dx = F(y) \tag{8.85}$$

ist eine Funktion der Variablen y, die in diesem Zusammenhang Parameter genannt wird. In vielen Fällen ist die Funktion $F(y)$ nicht mehr elementar. Das Integral (8.85) kann ein gewöhnliches oder ein uneigentliches Integral mit unendlichen Integrationsgrenzen oder unbeschränkter Funktion $f(x, y)$ sein. Theoretische Betrachtungen zur Konvergenz uneigentlicher Integrale, die von einem Parameter abhängen s. z.B. Lit. [8.3]).

■ Gammafunktion oder EULER*sches Integral zweiter Gattung* (s. S. 351):

$$\Gamma(y) = \int_0^{\infty} x^{y-1} e^{-x}\,dx \qquad (\text{konvergent für } y > 0). \tag{8.86}$$

2. Differentiation unter dem Integralzeichen

1. Satz: Wenn die Funktion (8.85) im Intervall $c \le y \le e$ definiert ist und die Funktion $f(x, y)$ im Rechteck $a \le x \le b$, $c \le y \le e$ stetig ist und eine partielle Ableitung nach y besitzt, dann gilt bei beliebigem y im Intervall $[c, e]$

$$\frac{d}{dy}\int_a^b f(x, y)\,dx = \int_a^b \frac{\partial f(x, y)}{\partial y}\,dx \tag{8.87}$$

Man spricht vom *Differenzieren unter dem Integralzeichen.*

■ In einem beliebigen Intervall gilt für $y > 0$

$$\frac{d}{dy}\int_0^1 \arctan\frac{x}{y}\,dx = \int_0^1 \frac{\partial}{\partial y}\left(\arctan\frac{x}{y}\right)dx = -\int_0^1 \frac{x\,dx}{x^2+y^2} = \frac{1}{2}\ln\frac{y^2}{1+y^2}.$$

Probe: $\displaystyle\int_0^1 \arctan\frac{x}{y}\,dx = \arctan\frac{1}{y} + \frac{1}{2}y\ln\frac{y^2}{1+y^2};$

$$\frac{d}{dy}\left(\arctan\frac{1}{y} + \frac{1}{2}y\ln\frac{y^2}{1+y^2}\right) = \frac{1}{2}\ln\frac{y^2}{1+y^2}.$$

Für $y = 0$ ist die Stetigkeitsbedingung nicht erfüllt, so daß hier keine Ableitung existiert.

2. Verallgemeinerung auf parameterabhängige Integrationsgrenzen Die Formel (8.87) kann verallgemeinert werden, wenn die Funktionen $\alpha(y)$ und $\beta(y)$ unter den gleichen Bedingungen, die für (8.87) gefordert werden, im Intervall $[c, e]$ definiert, stetig und differenzierbar sind und wenn die Kurven $x = \alpha(y)$, $x = \beta(y)$ das Rechteck $a \le x \le b$, $c \le y \le e$ nicht verlassen:

$$\frac{d}{dy}\int_{\alpha(y)}^{\beta(y)} f(x,y)\,dx = \int_{\alpha(y)}^{\beta(y)} \frac{\partial f(x,y)}{\partial y}\,dx + \beta'(y)\cdot f(\beta(y),y) - \alpha'(y)\cdot f(\alpha(y),y)\,. \tag{8.88}$$

3. Integration unter dem Integralzeichen

Wenn die Funktion (8.85) im Intervall $[c, e]$ definiert und die Funktion $f(x,y)$ im Rechteck $a \le x \le b$, $c \le y \le e$ stetig ist, dann gilt

$$\int_c^e \left[\int_a^b f(x,y)\,dx\right] dy = \int_a^b \left[\int_c^e f(x,y)\,dy\right] dx. \tag{8.89}$$

Man spricht in diesem Falle von *Integration unter dem Integralzeichen.*

■ **A:** Integration der Funktion $f(x,y) = x^y$ über das Rechteck $0 \le x \le 1$, $a \le y \le b$.
Die Funktion x^y ist bei $x = 0$, $y = 0$ unstetig, für $a > 0$ ist sie stetig. Daher kann die Integrationsreihenfolge gemäß

$$\int_a^b \left[\int_0^1 x^y\,dx\right] dy = \int_0^1 \left[\int_a^b x^y\,dy\right] dx$$

vertauscht werden. Links erhält man $\displaystyle\int_a^b \frac{dy}{1+y} = \ln\frac{1+b}{1+a}$, rechts $\displaystyle\int_0^1 \frac{x^b - x^a}{\ln x}\,dx$. Das unbestimmte Integral kann nicht durch elementare Funktionen ausgedrückt werden. Das bestimmte Integral ist allerdings bekannt, so daß sich ergibt

$$\int_0^1 \frac{x^b - x^a}{\ln x}\,dx = \ln\frac{1+b}{1+a} \qquad (0 < a < b).$$

■ **B:** Integration der Funktion $f(x,y) = \dfrac{y^2 - x^2}{(x^2+y^2)^2}$ über das Rechteck $0 \le x \le 1$, $0 \le y \le 1$.
Die Funktion ist im Punkt $(0,0)$ unstetig, so daß die Formel (8.89) nicht anwendbar ist.
Die Probe ergibt

$$\int_0^1 \frac{y^2 - x^2}{(x^2+y^2)^2}\,dx = \frac{x}{x^2+y^2}\Big|_{x=0}^{x=1} = \frac{1}{1+y^2}; \qquad \int_0^1 \frac{dy}{1+y^2} = \arctan y\,\Big|_0^1 = \frac{\pi}{4};$$

$$\int_0^1 \frac{y^2 - x^2}{(x^2+y^2)^2}\,dy = \frac{y}{x^2+y^2}\Big|_{y=0}^{y=1} = -\frac{1}{x^2+1}; \qquad -\int_0^1 \frac{dx}{x^2+1} = -\arctan x\,\Big|_0^1 = -\frac{\pi}{4}.$$

8.2.5 Integration durch Reihenentwicklung, spezielle nichtelementare Funktionen

1. Allgemeine Bemerkung

Es ist nicht immer möglich, Integrale durch elementare Funktionen auszudrücken, auch wenn der Integrand eine elementare Funktion ist. In vielen Fällen lassen sich für solche *nichtelementaren Integrale*

Reihenentwicklungen angeben. Läßt sich der Integrand in eine im Intervall $[a, b]$ gleichmäßig konvergierende Reihe entwickeln, so erhält man aus dieser durch gliedweise Integration eine ebenfalls gleichmäßig konvergente Reihe für das bestimmte Integral $\int_a^x f(t)\,dt$.

2. Integralsinus ($|x| < \infty$)

$$\operatorname{Si}(x) = \int_0^x \frac{\sin t}{t}\,dt = \frac{\pi}{2} - \int_x^\infty \frac{\sin t}{t}\,dt$$
$$= x - \frac{x^3}{3 \cdot 3!} + \frac{x^5}{5 \cdot 5!} - + \cdots + \frac{(-1)^n x^{2n+1}}{(2n+1)\cdot(2n+1)!} + \cdots \quad (8.90)$$

3. Integralkosinus ($0 < x < \infty$)

$$\operatorname{Ci}(x) = \int_x^\infty \frac{\cos t}{t}\,dt = C + \ln x - \int_0^x \frac{1-\cos t}{t}\,dt$$
$$= C + \ln x - \frac{x^2}{2 \cdot 2!} + \frac{x^4}{4 \cdot 4!} - + \cdots + \frac{(-1)^n x^{2n}}{2n \cdot (2n)!} + \cdots \quad (8.91a)$$

$$C = -\int_0^\infty e^{-t} \ln t\,dt = 0{,}577215665 \qquad (\text{EULERsche Konstante}) \quad (8.91b)$$

4. Integrallogarithmus ($0 < x < 1$, für $1 < x < \infty$ als CAUCHYscher Hauptwert)

$$\operatorname{Li}(x) = \int_0^x \frac{dt}{\ln t} = C + \ln|\ln x| + \ln x + + \frac{(\ln x)^2}{2 \cdot 2!} + \cdots + \frac{(\ln x)^n}{n \cdot n!} + \cdots \quad (8.92)$$

5. Integralexponentialfunktion ($-\infty < x < 0$, für $0 < x < \infty$ als CAUCHYscher Hauptwert)

$$\operatorname{Ei}(x) = \int_{-\infty}^x \frac{e^t}{t}\,dt = C + \ln|x| + x + \frac{x^2}{2 \cdot 2!} + \cdots + \frac{x^n}{n \cdot n!} + \cdots \quad (8.93a)$$

$$\operatorname{Ei}(\ln x) = \operatorname{Li}(x) \quad (8.93b)$$

6. GAUSSsches Fehlerintegral

Das GAUSSsche Fehlerintegral ist auf das Gebiet $|x| < \infty$ beschränkt. Es gelten die folgenden Beziehungen:

$$\operatorname{erf} x = \Phi(\sqrt{2}x) = \frac{2}{\sqrt{\pi}} \int_0^x e^{-t^2}\,dt$$
$$= \frac{2}{\sqrt{\pi}} \left(x - \frac{x^3}{1! \cdot 3} + \frac{x^5}{2! \cdot 5} - + \cdots + \frac{(-1)^n x^{2n+1}}{n! \cdot (2n+1)} + \cdots \right) \quad (8.94a)$$

$$\lim_{x \to \infty} \operatorname{erf} x = 1 \quad (8.94b)$$

$$\int_0^x \operatorname{erf} t\,dt = x \operatorname{erf} x + \frac{1}{\sqrt{\pi}} \left(e^{-x^2} - 1 \right) \quad (8.94c)$$

$$\frac{d \operatorname{erf} x}{dx} = \varphi(x) = \frac{2}{\sqrt{\pi}} e^{-x^2} \quad (8.94d)$$

7. Gammafunktion

1. Definition Die *Gammafunktion*, das EULERsche Integral zweiter Gattung (8.86), ermöglicht eine Ausdehnung des Begriffs der Fakultät auf beliebige Zahlen x, auch auf komplexe Zahlen. Sie kann auf zweierlei Weise definiert werden:

$$\Gamma(x) = \int_0^\infty e^{-t} t^{x-1}\, dt \qquad (x > 0) \tag{8.95a}$$

$$\Gamma(x) = \lim_{n\to\infty} \frac{n^x \cdot n!}{x(x+1)(x+2)\dots(x+n)} \tag{8.95b}$$

2. Eigenschaften der Gammafunktion

$$\Gamma(x+1) = x\Gamma(x), \tag{8.96a}$$

$$\Gamma(n+1) = n! \qquad (n = 0, 1, 2, \dots), \tag{8.96b}$$

$$\Gamma(x)\cdot\Gamma(1-x) = \frac{\pi}{\sin \pi x} \qquad (x \neq 0, \pm 1, \pm 2, \dots), \tag{8.96c}$$

$$\Gamma\left(\frac{1}{2}\right) = 2\int_0^\infty e^{-t^2}\, dt = \sqrt{\pi}, \tag{8.96d}$$

$$\Gamma\left(n+\frac{1}{2}\right) = \frac{(2n)!\sqrt{\pi}}{n!2^{2n}} \qquad (n = 0, 1, 2, \dots), \tag{8.96e}$$

$$\Gamma\left(-n+\frac{1}{2}\right) = \frac{(-1)^n n! 2^{2n}\sqrt{\pi}}{(2n)!} \qquad (n = 0, 1, 2, \dots), \tag{8.96f}$$

Die gleichen Beziehungen gelten bei komplexem Argument z nur für $\mathrm{Re}\,(z) > 0$.

3. Verallgemeinerung des Begriffs der Fakultät Der zunächst nur für ganzzahlige positive n definierte Begriff der *Fakultät* (s. S. 10) erfährt über die Funktion

$$x! = \Gamma(x+1) \tag{8.97a}$$

seine Erweiterung auf beliebige reelle Zahlen. Es gelten die folgenden Beziehungen:

Für ganzzahliges positives x: $\quad x! = 1\cdot 2\cdot 3\cdots x,$ (8.97b)

für $x = 0$: $\quad 0! = \Gamma(1) = 1,$ (8.97c)

für ganzzahliges negatives x: $\quad x! = \pm\infty,$ (8.97d)

für $x = \frac{1}{2}$: $\quad \left(\frac{1}{2}\right)! = \Gamma\left(\frac{3}{2}\right) = \frac{\sqrt{\pi}}{2},$ (8.97e)

für $x = -\frac{1}{2}$: $\quad \left(-\frac{1}{2}\right)! = \Gamma\left(\frac{1}{2}\right) = \sqrt{\pi},$ (8.97f)

für $x = -\frac{3}{2}$: $\quad \left(-\frac{3}{2}\right)! = \Gamma\left(-\frac{1}{2}\right) = -2\sqrt{\pi},$ (8.97g)

Eine näherungsweise Berechnung der Fakultät für beliebig große Zahlen (> 10), auch gebrochene Zahlen n, kann mit Hilfe der STIRLINGSCHEN *Formel* erfolgen:

$$n! \approx \left(\frac{n}{e}\right)^n \sqrt{2\pi n}\left(1 + \frac{1}{12n} + \frac{1}{288n^2} + \cdots\right), \tag{8.97h}$$

$$\ln(n!) \approx \left(n+\frac{1}{2}\right)\ln n - n + \ln\sqrt{2\pi}. \tag{8.97i}$$

Die Kurven der Funktionen $\Gamma(x)$ und $\pi(x)$ sind in **Abb.8.22** dargestellt. In **Tabelle 21.7** sind Zahlenwerte angegeben.

8. Elliptische Integrale

Für die vollständigen elliptischen Integrale (s. S. 330) gelten die folgenden Reihenentwicklungen:

$$K = \int_0^{\frac{\pi}{2}} \frac{d\vartheta}{\sqrt{1-k^2\sin^2\vartheta}} = \frac{\pi}{2}\left[1+\left(\frac{1}{2}\right)^2 k^2 + \left(\frac{1\cdot 3}{2\cdot 4}\right)^2 k^4 + \left(\frac{1\cdot 3\cdot 5}{2\cdot 4\cdot 6}\right)^2 k^6 + \cdots\right], \tag{8.98}$$

$$E = \int_0^{\frac{\pi}{2}} \sqrt{1-k^2\sin^2\vartheta}\, d\vartheta = \frac{\pi}{2}\left[1-\left(\frac{1}{2}\right)^2 \frac{k^2}{1} + \left(\frac{1\cdot 3}{2\cdot 4}\right)^2 \frac{k^4}{3} - \left(\frac{1\cdot 3\cdot 5}{2\cdot 4\cdot 6}\right)^2 \frac{k^6}{5} - \cdots\right], \tag{8.99}$$

mit $k^2 < 1$.

Zahlenwerte für die elliptischen Integrale sind in **Tabelle21.7** angegeben.

8.3 Kurvenintegrale

Der Integralbegriff kann in verschiedene Richtungen verallgemeinert werden. Während das Integrationsgebiet des gewöhnlichen bestimmten Integrals ein Intervall auf der Zahlengeraden ist, wird beim *Kurven-*, auch *Linienintegral* genannt, ein Stück einer ebenen oder räumlichen Kurve als Integrationsgebiet gewählt, d.h., es werden Grenzwerte von Summen betrachtet, deren Summanden von einer Kurve, dem Integrationsweg, abhängen. Ist die Kurve, d.h. der Integrationsweg geschlossen, dann wird das Kurven- zum Umlaufintegral. Man unterscheidet Kurvenintegrale erster und zweiter Art.

8.3.1 Kurvenintegrale erster Art

1. Definitionen

Kurvenintegral erster Art oder *Integral über eine Bogenlänge* wird das bestimmte Integral

$$\int_{(K)} f(x,y)\, ds, \tag{8.100}$$

genannt, wobei $u = f(x,y)$ eine in einem zusammenhängenden Gebiet definierte Funktion von zwei Veränderlichen ist, und die Integration über den Kurvenbogen $K \equiv \overset{\frown}{AB}$ einer ebenen, durch ihre Gleichung vorgegebenen Kurve durchgeführt wird. Das betreffende Bogenstück liegt in dem gleichen Gebiet und wird Integrationsweg genannt. Der Zahlenwert des Kurvenintegrals erster Art wird auf die folgende Weise ermittelt **(Abb.8.23)**

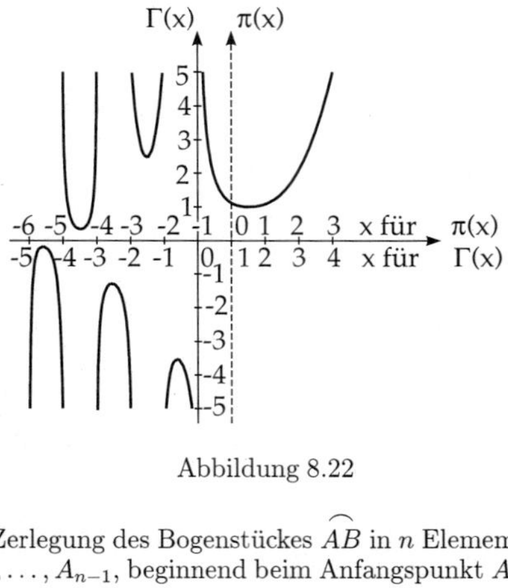

Abbildung 8.22

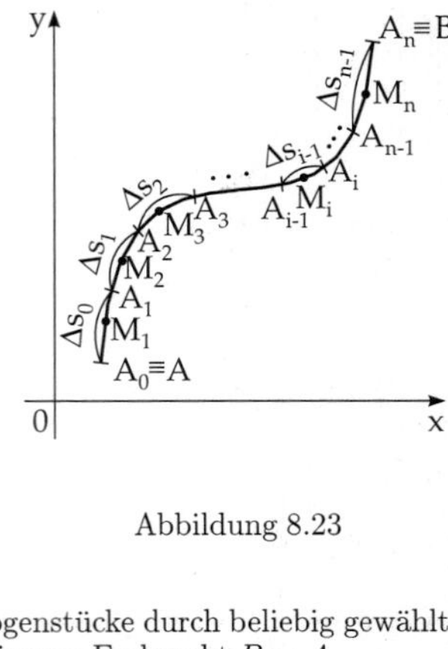

Abbildung 8.23

1. Zerlegung des Bogenstückes $\overset{\frown}{AB}$ in n Elemementarbogenstücke durch beliebig gewählte Punkte $A_1, A_2, \ldots, A_{n-1}$, beginnend beim Anfangspunkt $A \equiv A_0$ bis zum Endpunkt $B \equiv A_n$.

2. Auswahl beliebiger Punkte M_i im Innern oder auf dem Rande eines jeden Elementarbogenstückes $\overset{\frown}{A_{i-1}A_i}$ mit den Koordinaten ξ_i und η_i.

3. Multiplikation der Funktionswerte $f(\xi_i, \eta_i)$ in den gewählten Punkten i mit den positiv zu nehmenden Bogenlängen $\overset{\frown}{A_{i-1}A_i} = \Delta s_i$.

4. Addition aller so gewonnenen n Produkte $f(\xi_i, \eta_i)\Delta s_{i-1}$.

5. Berechnung des Grenzwertes der Summe

$$\sum_{i=1}^{n} f(\xi_i, \eta_i)\Delta s_{i-1} \tag{8.101a}$$

für den Fall, daß die Länge jedes Elementarbogenstückes Δs_{i-1} gegen Null geht, also n gegen ∞. Wenn der Grenzwert (8.101a) existiert und unabhängig ist von der Wahl der Punkte A_i und M_i, so wird er *Kurvenintegral erster Art* genannt und man schreibt

$$\int\limits_{(K)} f(x,y)\,ds = \lim_{\substack{\Delta s_i \to 0 \\ n\to\infty}} \sum_{i=1}^{n} f(\xi_i, \eta_i)\Delta s_{i-1}. \tag{8.101b}$$

In Analogie dazu wird das Kurvenintegral erster Art für eine Funktion $u = f(x,y,z)$ von drei Veränderlichen definiert, dessen Integrationsweg das Bogenstück einer Raumkurve ist:

$$\int\limits_{(K)} f(x,y,z)\,ds = \lim_{\substack{\Delta s_i \to 0 \\ n\to\infty}} \sum_{i=1}^{n} f(\xi_i, \eta_i, \zeta_i)\Delta s_{i-1}. \tag{8.101c}$$

2. Existenzsatz

Das Kurvenintegral erster Art (8.101b) bzw. (8.101c) existiert, wenn die Funktion $f(x,y)$ bzw. $f(x,y,z)$ sowie die Kurve längs des Bogenstückes K stetig sind und die Kurve dort eine stetige Tangente besitzt. Anders formuliert: Es existieren in diesem Falle die genannten Grenzwerte, und sie sind unabhängig von der Wahl der Punkte A_i und M_i. Die Funktion $f(x,y,z)$ heißt in diesem Falle längs der Kurve K integrierbar.

3. Berechnung des Kurvenintegrals erster Art

durch Zurückführung auf die Berechnung des bestimmten Integrals:

1. Vorgabe der Gleichung des Integrationsweges in Parameterform:
Lauten die Gleichungen eines ebenen Integrationsweges $x = x(t)$ und $y = y(t)$, dann gilt

$$\int\limits_{(K)} f(x,y)\,ds = \int_{t_0}^{T} f[x(t), y(t)]\sqrt{[x'(t)]^2 + [y'(t)]^2}\,dt, \tag{8.102a}$$

und im Falle eines räumlichen Integrationsweges mit $z = z(t)$

$$\int\limits_{(K)} f(x,y,z)\,ds = \int_{t_0}^{T} f[x(t), y(t), z(t)]\sqrt{[x'(t)]^2 + [y'(t)]^2 + [z'(t)]^2}\,dt, \tag{8.102b}$$

wobei t_0 der Wert des Parameters t im Punkt A und T sein Wert für den Punkt B ist. Die Punkte A und B werden so gewählt, daß die Bedingung $t_0 < T$ erfüllt ist.

2. Vorgabe der Gleichung des Integrationsweges in expliziter Form:
Lauten die Gleichungen $y = \varphi(x)$ für die ebene Kurve und $y = \varphi(x)$, $z = \psi(x)$ für die Raumkurve und sind a bzw. b die Abszissen der Punkte A und B, dann gilt im Falle (8.101b)

$$\int\limits_{(K)} f(x,y)\,ds = \int_{a}^{b} f[x, \varphi(x)]\sqrt{1 + [\varphi'(x)]^2}\,dx, \tag{8.103a}$$

und im Falle (8.101c)

$$\int_{(K)} f(x,y,z)\,ds = \int_a^b f[x,\varphi(x),\psi(x)]\sqrt{1+[\varphi'(x)]^2+[\psi'(x)]^2}\,dx, \tag{8.103b}$$

wobei die Bedingung $a < b$ erfüllt sein muß. Außerdem wird angenommen, daß jedem Punkt der Projektion des Kurvenstückes K auf die x-Achse dort eindeutig ein Punkt entspricht, d. h., daß jeder Kurvenpunkt eindeutig durch einen Abszissenpunkt bestimmt wird. Wenn das nicht der Fall ist, dann wird das Bogenstück in mehrere Teilintervalle zerlegt, von denen jedes die genannte Eigenschaft besitzt. Das Kurvenintegral über das gesamte Kurvenstück ist dann gleich der Summe der Kurvenintegrale über die Teilintervalle.

4. Anwendungen des Kurvenintegrals erster Art

1. Länge eines Kurvenstückes K:

$$L_{(K)} = \int_{(K)} ds. \tag{8.104}$$

2. Masse eines inhomogenen Kurvenstücks K mit der veränderlichen Dichte $\varrho = f(x,y)$ für die ebene Kurve und $\varrho = f(x,y,z)$ für die Raumkurve:

$$M_{(K)} = \int_{(K)} \varrho\,ds. \tag{8.105}$$

8.3.2 Kurvenintegrale zweiter Art

1. Definitionen

Kurvenintegral zweiter Art oder *Integral über eine Projektion* (auf die x-, y- oder z-Achse) wird das bestimmte Integral

$$\int_{(K)} f(x,y)\,dx \tag{8.106a}$$ oder $$\int_{(K)} f(x,y,z)\,dx \tag{8.106b}$$

genannt, wobei $f(x,y)$ bzw. $f(x,y,z)$ eine in einem zusammenhängenden Gebiet definierte Funktion von zwei bzw. drei Veränderlichen ist und die Integration über die Projektion eines ebenen oder räumlichen durch seine Gleichung vorgegebenen Kurvenbogens $K \equiv \overset{\frown}{AB}$ auf die x-, y-, oder z-Achse durchgeführt wird. Der Integrationsweg liegt in dem gleichen Gebiet. Das Kurvenintegral zweiter Art wird ebenso gewonnen wie das Kurvenintegral erster Art, jedoch mit dem Unterschied, daß beim dritten Schritt die Funktionswerte $f(\xi_i,\eta_i)$ bzw. $f(\xi_i,\eta_i,\zeta_i)$ nicht mit den Längen der Elementarbogenstücke $\overset{\frown}{A_{i-1}A_i}$ multipliziert werden, sondern mit ihren Projektionen auf eine der Koordinatenachsen (**Abb.8.24**, s. S. 358).

1. Projektion auf die x-Achse: Mit

$$\mathrm{Pr}_x\,\overset{\frown}{A_{i-1}A_i} = x_i - x_{i-1} = \Delta x_{i-1} \tag{8.107}$$

ergibt sich

$$\int_{(K)} f(x,y)\,dx = \lim_{\substack{\Delta x_{i-1}\to 0\\ n\to\infty}} \sum_{i=1}^{n} f(\xi_i,\eta_i)\,\Delta x_{i-1}, \tag{8.108a}$$

$$\int_{(K)} f(x,y,z)\,dx = \lim_{\substack{\Delta x_{i-1}\to 0\\ n\to\infty}} \sum_{i=1}^{n} f(\xi_i,\eta_i,\zeta_i)\,\Delta x_{i-1}. \tag{8.108b}$$

2. Projektion auf die y-Achse:

$$\int\limits_{(K)} f(x,y)\,dy = \lim_{\substack{\Delta y_{i-1}\to 0\\ n\to\infty}} \sum_{i=1}^{n} f(\xi_i,\eta_i)\,\Delta y_{i-1}, \tag{8.109a}$$

$$\int\limits_{(K)} f(x,y,z)\,dy = \lim_{\substack{\Delta y_{i-1}\to 0\\ n\to\infty}} \sum_{i=1}^{n} f(\xi_i,\eta_i,\zeta_i)\,\Delta y_{i-1}. \tag{8.109b}$$

3. Projektion auf die z-Achse:

$$\int\limits_{(K)} f(x,y,z)\,dz = \lim_{\substack{\Delta z_{i-1}\to 0\\ n\to\infty}} \sum_{i=1}^{n} f(\xi_i,\eta_i,\zeta_i)\,\Delta z_{i-1}. \tag{8.110}$$

2. Existenzsatz

Das Kurvenintegral zweiter Art (8.108a), (8.109a), (8.108b), (8.109b) und (8.110) existiert, wenn die Funktion $f(x,y)$ bzw. $f(x,y,z)$ sowie die Kurve längs des Bogenstückes K stetig sind und die Kurve dort eine stetige Tangente besitzt.

3. Berechnung der Kurvenintegrale zweiter Art

durch Zurückführung auf die Berechnung des bestimmten Integrals:

1. Vorgabe der Gleichung des Integrationsweges in Parameterform:
Mit den Parametergleichungen des Integrationsweges

$$x = x(t), \quad y = y(t) \quad \text{und (für die Raumkurve)} \quad z = z(t) \tag{8.111}$$

ergeben sich die folgenden Formeln:

Für (8.108a): $$\int\limits_{(K)} f(x,y)\,dx = \int_{t_0}^{T} f[x(t),y(t)]x'(t)\,dt, \tag{8.112a}$$

für (8.109a): $$\int\limits_{(K)} f(x,y)\,dy = \int_{t_0}^{T} f[x(t),y(t)]y'(t)\,dt, \tag{8.112b}$$

für (8.108b): $$\int\limits_{(K)} f(x,y,z)\,dx = \int_{t_0}^{T} f[x(t),y(t),z(t)]x'(t)\,dt, \tag{8.112c}$$

für (8.109b): $$\int\limits_{(K)} f(x,y,z)\,dy = \int_{t_0}^{T} f[x(t),y(t),z(t)]y'(t)\,dt, \tag{8.112d}$$

für (8.110): $$\int\limits_{(K)} f(x,y,z)\,dz = \int_{t_0}^{T} f[x(t),y(t),z(t)]z'(t)\,dt, \tag{8.112e}$$

wobei t_0 bzw. T die Werte des Parameters t für den Anfangspunkt A bzw. den Endpunkt B des Bogenstückes sind. Hier wird im Gegensatz zum Kurvenintegral erster Art die Forderung $t_0 < T$ nicht erhoben.

Achtung: Bei der Umkehrung des Integrationsweges, d.h., beim Vertauschen der Punkte A und B ändern die Integrale ihr Vorzeichen.

2. Vorgabe der Gleichung des Integrationsweges in expliziter Form:
Mit den Gleichungen

$$y = \varphi(x) \qquad \text{bzw.} \qquad y = \varphi(x),\ z = \psi(x) \tag{8.113}$$

für den Integrationsweg im Falle einer ebenen bzw. räumlichen Kurve und mit den Abszissen a und b der Punkte A und B, wobei die Forderung $a < b$ nicht mehr unbedingt zu erfüllen ist, tritt in den Formeln (8.108a) bis (8.110) die Abszisse x an die Stelle des Parameters t.

8.3.3 Kurvenintegral allgemeiner Art

1. Definition

Kurvenintegral allgemeiner Art wird die Summe der Integrale zweiter Art über alle Projektionen einer Kurve genannt. Wenn entlang des vorgegebenen Kurvenstückes K zwei Funktionen $P(x,y)$ und $Q(x,y)$ von zwei Veränderlichen oder drei Funktionen $P(x,y,z)$, $Q(x,y,z)$ und $R(x,y,z)$ von drei Veränderlichen definiert sind und die entsprechenden Kurvenintegrale zweiter Art existieren, dann gilt

1. für eine ebene Kurve:

$$\int_{(K)} (P\,dx + Q\,dy) = \int_{(K)} P\,dx + \int_{(K)} Q\,dy. \tag{8.114a}$$

2. für eine Raumkurve:

$$\int_{(K)} (P\,dx + Q\,dy + R\,dz) = \int_{(K)} P\,dx + \int_{(K)} Q\,dy + \int_{(K)} R\,dz. \tag{8.114b}$$

Die vektorielle Darstellung des Kurvenintegrals allgemeiner Art und eine Anwendung in der Mechanik wird im Kapitel Vektoranalysis (s. S. 540) behandelt.

2. Eigenschaften des Kurvenintegrals allgemeiner Art

1. Die Zerlegung des Integrationsweges mittels eines Teilungspunktes C, der auf der Kurve außerhalb des Bogenstückes $\overset{\frown}{AB}$ liegen kann **(Abb.8.25)**, führt zur Aufteilung des Integrals in zwei Teilintegrale:

$$\int_{\overset{\frown}{AB}} (P\,dx + Q\,dy) = \int_{\overset{\frown}{AC}} (P\,dx + Q\,dy) + \int_{\overset{\frown}{CB}} (P\,dx + Q\,dy).^* \tag{8.115}$$

2. Die Umkehrung der Durchlaufrichtung des Integrationsweges führt zum Vorzeichenwechsel des Integrals:

$$\int_{\overset{\frown}{AB}} (P\,dx + Q\,dy) = -\int_{\overset{\frown}{BA}} (P\,dx + Q\,dy).^* \tag{8.116}$$

3. Wegabhängigkeit Im allgemeinen hängt der Wert des Kurvenintegrals sowohl vom Anfangs- und Endpunkt als auch vom Integrationsweg ab **(Abb.8.26)**:

$$\int_{\overset{\frown}{ACB}} (P\,dx + Q\,dy) \neq \int_{\overset{\frown}{ADB}} (P\,dx + Q\,dy).^* \tag{8.117}$$

■ **A:** $I = \int_{(K)} (xy\,dx + yz\,dy + zx\,dz)$, wobei K ein Gang der Schraubenlinie $x = a\cos t,\ y = a\sin t,$ $z = bt$ (s. S. 211) von t_0 bis $T = 2\pi$ ist.
$I = \int_0^{2\pi} (-a^3 \sin^2 t \cos t + a^2 bt \sin t \cos t + ab^2 t \cos t)\,dt = -\dfrac{\pi a^2 b}{2}.$

■ **B:** $I = \int_{(K)} [y^2\,dx + (xy - x^2)\,dy]$, wobei K ein Bogen der Parabel $y^2 = 9x$ zwischen den Punkten $A(0,0)$ und $B(1,3)$ ist: $\quad I = \int_0^3 \left[\dfrac{2}{9}y^3 + \left(\dfrac{y^3}{9} - \dfrac{y^4}{81}\right)\right] dy = 6\dfrac{3}{20}.$

---

*Für den Fall dreier Veränderlicher gelten analoge Formeln.

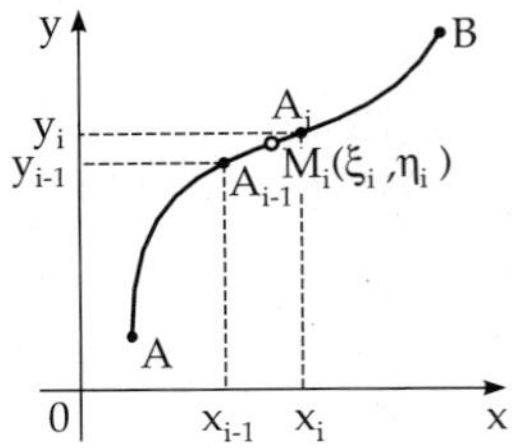

Abbildung 8.24

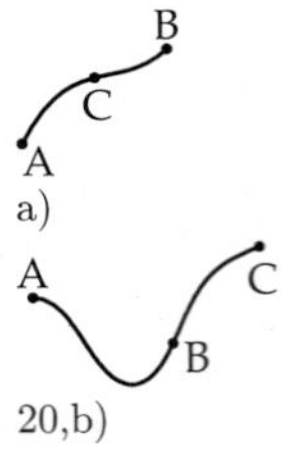

Abbildung 8.25

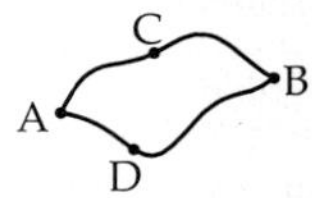

Abbildung 8.26

3. Umlaufintegral

1. Begriff des Umlaufintegrals Ein *Umlauf integral* ist ein Kurvenintegral über einen geschlossenen Integrationsweg K, d. h., der Anfangspunkt A ist mit dem Endpunkt B identisch. Man schreib dafür:

$$\oint_{(K)} (P\,dx + Q\,dy) \qquad \text{oder} \qquad \oint_{(K)} (P\,dx + Q\,dy) + R\,dz. \qquad (8.118$$

Im allgemeinen ist das Umlaufintegral verschieden von Null (s. aber S. 541).

2. Die Berechnung des Flächeninhaltes einer ebenen Figur ist ein typisches Beispiel für di Anwendung des Umlaufintegrals in der Form

$$S = \frac{1}{2} \oint_{(K)} (x\,dy - y\,dx), \qquad (8.119$$

wobei K die Randkurve der ebenen Figur ist. Der Integrationsweg wird positiv gerechnet, wenn e entgegengesetzt zum Drehsinn des Uhrzeigers verläuft.

8.3.4 Unabhängigkeit des Kurvenintegrals vom Integrationsweg

Die Bedingung für die Unabhängigkeit des Kurvenintegrals vom Integrationsweg wird auch *Integrab lität des vollständigen Differentials* genannt.

1. Zweidimensionaler Fall

Wenn das Kurvenintegral

$$\int [P(x,y)\,dx + Q(x,y)\,dy] \qquad (8.12C$$

mit den stetigen Funktionen P und Q, die in einem einfach zusammenhängenden Gebiet definiert sinc nur vom Anfangspunkt A und vom Endpunkt B abhängen soll, nicht aber vom Integrationsweg, de beide Punkte verbindet, d. h. für beliebige A und B und beliebige Integrationswege ACB bzw. AD **(Abb.8.25)** die Gleichung

$$\int_{\widehat{ACB}} (P\,dx + Q\,dy) = \int_{\widehat{ADB}} (P\,dx + Q\,dy) \qquad (8.121$$

gelten soll, dann ist notwendig und hinreichend, daß eine Funktion $U(x,y)$ von zwei Veränderliche existiert, deren vollständiges Differential der Integrand des Kurvenintegrals ist:

$$P\,dx + Q\,dy = dU, \qquad (8.122a) \qquad \text{d.h., es gilt} \quad P = \frac{\partial U}{\partial x}, \qquad Q = \frac{\partial U}{\partial y}. \qquad (8.122b$$

Die Funktion $U(x, y)$ ist dann eine Stammfunktion des vollständigen Differentials (8.122a). Die Deutung als Potential im Vektorfeld s. S. 542.
Notwendiges und hinreichendes Kriterium für die Existenz der *Stammfunktion*, die *Integrabilitätsbedingung* für den Ausdruck $P\,dx + Q\,dy$, ist die Gleichheit der partiellen Ableitungen

$$\frac{\partial P}{\partial y} = \frac{\partial Q}{\partial x}, \qquad (8.123)$$

von denen gefordert werden muß, daß sie stetig sind.

2. Dreidimensionaler Fall

Die Bedingung für die Unabhängigkeit des Kurvenintegrals

$$\int [P(x, y, z)\,dx + Q(x, y, z)\,dy + R(x, y, z)\,dz] \qquad (8.124)$$

vom Integrationsweg **(Abb.8.28)** lautet in Analogie zum zweidimensionalen Fall:
Es wird die Existenz einer Stammfunktion $U(x, y, z)$ gefordert, für die gilt

$$P\,dx + Q\,dy + R\,dz = d\,U, \qquad (8.125a)$$

und damit

$$P = \frac{\partial U}{\partial x}, \quad Q = \frac{\partial U}{\partial y}, \quad R = \frac{\partial U}{\partial z}. \qquad (8.125b)$$

Die Integrabilitätsbedingung besteht in diesem Falle aus den drei gleichzeitig zu erfüllenden Gleichungen

$$\frac{\partial Q}{\partial z} = \frac{\partial R}{\partial y}, \quad \frac{\partial R}{\partial x} = \frac{\partial P}{\partial z}, \quad \frac{\partial P}{\partial y} = \frac{\partial Q}{\partial x} \qquad (8.125c)$$

für die partiellen Ableitungen, die ihrerseits stetig sein müssen.

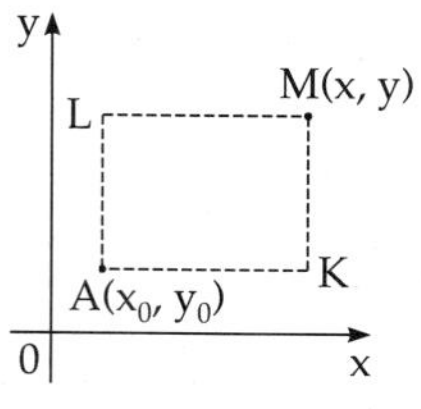

Abbildung 8.27

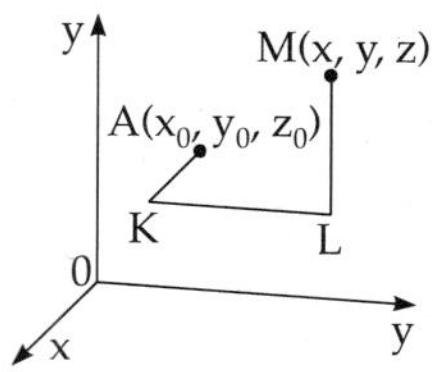

Abbildung 8.28

3. Berechnung der Stammfunktion

1. Zweidimensionaler Fall Wenn die Integrabilitätsbedingung (8.123) erfüllt ist, dann ist über einen beliebigen Integrationsweg innerhalb des Gültigkeitsbereiches von (8.123), der einen beliebigen festen Punkt $A(x_0, y_0)$ mit dem variablen Punkt $M(x, y)$ verbindet **(Abb.8.27)**, die Stammfunktion $U(x, y)$ gleich dem Kurvenintegral:

$$U = \int_{\widehat{AM}} (P\,dx + Q\,dy). \qquad (8.126)$$

Bei praktischen Rechnungen ist es bequem, einen zu den Koordinatenachsen parallelen Integrationsweg zu wählen, d. h. einen der beiden Abschnitte AKM oder ALM, wenn dieser nicht außerhalb des

Gültigkeitsbereiches von (8.123) liegt. Somit gibt es zwei Formeln für die Berechnung der Stammfunktion $U(x,y)$ und des vollständigen Differentials $P\,dx + Q\,dy$:

$$U = U(x_0, y_0) + \int\limits_{\overline{AK}} + \int\limits_{\overline{KM}} = C + \int_{x_0}^{x} P(\xi, y_0)\,d\xi + \int_{y_0}^{y} Q_0(x,\eta)\,d\eta, \tag{8.127a}$$

$$U = U(x_0, y_0) + \int\limits_{\overline{AL}} + \int\limits_{\overline{LM}} = C + \int_{y_0}^{y} Q(x_0,\eta)\,d\eta + \int_{x_0}^{x} P(\xi, y)\,d\xi. \tag{8.127b}$$

2. Dreidimenionaler Fall (Abb.8.28) Ist die Bedingung (8.125c) erfüllt, dann kann die Stammfunktion für den Integrationsweg $AKLM$ mit der Formel

$$U = U(x_0, y_0, z_0) + \int\limits_{\overline{AK}} + \int\limits_{\overline{KL}} + \int\limits_{\overline{LM}}$$

$$= \int_{x_0}^{x} P(\xi, y_0, z_0)\,d\xi + \int_{y_0}^{y} Q(x,\eta,z_0)\,d\eta + \int_{z_0}^{z} R(x,y,\xi)\,d\xi + C \tag{8.128}$$

berechnet werden. Für die anderen fünf möglichen Integrationswege mit Abschnitten, die parallel zu den Koordinatenachsen verlaufen, ergeben sich fünf weitere Formeln.

■ **A:** $P\,dx + Q\,dy = -\dfrac{y\,dx}{x^2+y^2} + \dfrac{x\,dy}{x^2+y^2}$.

Die Bedingung (8.125c) ist erfüllt: $\dfrac{\partial P}{\partial y} = \dfrac{\partial Q}{\partial x} = \dfrac{y^2-x^2}{(x^2+y^2)^2}$. Anwendung der Formel (8.127b) und Einsetzen von $x_0 = 0,\ y_0 = 1$ ($x_0 = 0,\ y_0 = 0$ darf nicht gewählt werden, da die Funktionen P und Q im Punkt $(0,0)$ unstetig sind) liefert

$$U = \int_1^y \frac{0\cdot d\eta}{0^2+\eta^2} + \int_0^x \frac{-y\,d\xi}{\xi^2+y^2} + U(0,1) = -\arctan\frac{x}{y} + C = \arctan\frac{y}{x} + C_1.$$

■ **B:** $P\,dx + Q\,dy + R\,dz = z\left(\dfrac{1}{x^2y} - \dfrac{1}{x^2+z^2}\right)dx + \dfrac{z}{xy^2}\,dy + \left(\dfrac{x}{x^2+z^2} - \dfrac{1}{xy}\right)dz$.

Die Bedingungen (8.125c) sind erfüllt. Anwendung von (8.128) und Einsetzen von $x_0 = 1,\ y_0 = 1,\ z_0 = 1$ liefert

$$U = \int_1^x 0\cdot d\xi + \int_1^y 0\cdot d\eta + \int_0^z \left(\frac{x}{x^2+\zeta^2} - \frac{1}{xy}\right)d\zeta + C = \arctan\frac{z}{x} - \frac{z}{xy} + C.$$

4. Verschwinden des Umlaufintegrals

Das Umlaufintegral über eine ebene geschlossene Kurve, d. h. das Kurvenintegral von $P\,dx + Q\,dy$, ist gleich Null, wenn die Bedingung (8.123) erfüllt ist und wenn innerhalb der geschlossenen Kurve keine Punkte liegen, in denen eine der Funktionen P, Q, $\dfrac{\partial P}{\partial y}$ oder $\dfrac{\partial P}{\partial y}$ unstetig oder nicht definiert ist.

8.4 Mehrfachintegrale

Der Integralbegriff kann im Vergleich zum gewöhnlichen Integral und zum Kurvenintegral erweitert werden, indem die Dimension des Integrationsgebietes erhöht wird. Ist das Integrationsgebiet ein ebenes Flächenstück, dann spricht man vom Flächenintegral, ist es ein beliebiges räumliches Flächenstück vom *Oberflächenintegral*, ist es ein Raumstück, vom *Volumenintegral*. Darüber hinaus sind für die verschiedensten Anwendungen andere spezielle Integralbezeichnungen üblich.

8.4.1 Doppelintegral

8.4.1.1 Begriff des Doppelintegrals

1. Definition

Als Doppelintegral einer Funktion von zwei Veränderlichen $u = f(x, y)$ über ein ebenes Flächenstück S wird der Ausdruck

$$\int_S f(x,y)\,dS = \iint_S f(x,y)\,dS \tag{8.129}$$

bezeichnet. Es handelt sich dabei um einen Zahlenwert, der auf die folgende Weise ermittelt wird **(Abb.8.29)**:

1. Beliebige Zerlegung des Flächenstückes S in n Elementarflächenstücke.

2. Auswahl eines beliebigen Punktes $M_i(x_i, y_i)$ im Innern oder auf dem Rande eines jeden Elementarflächenstückes.

3. Multiplikation des Funktionswertes von $u = f(x_i, y_i)$ in diesem Punkt mit dem Inhalt ΔS_i des entsprechenden Elementarflächenstückes.

4. Addition aller so gewonnenen Produkte $f(x_i, y_i)\Delta S_i$.

5. Berechnung des Grenzwertes der Summe

$$\sum_{i=1}^{n} f(x_i, y_i)\Delta S_i, \tag{8.130a}$$

für den Fall, daß der Inhalt aller Elementarflächenstücke ΔS_i gegen Null geht, also ihre Anzahl n gegen ∞. Dabei ist zu beachten, daß die Forderung, ΔS solle gegen Null streben, allein nicht genügt. Es muß sichergestellt sein, daß auch der Abstand der beiden am weitesten voneinander entfernten Punkte, d. h. der *Durchmesser des Elementarflächenstückes* gegen Null geht, weil der Flächeninhalt eines Rechtecks auch zu Null wird, wenn eine seiner Seiten Null gesetzt wird, der Durchmesser aber endlich bleibt. Wenn dieser Grenzwert existiert und von der Art der Einteilung des Flächenstückes

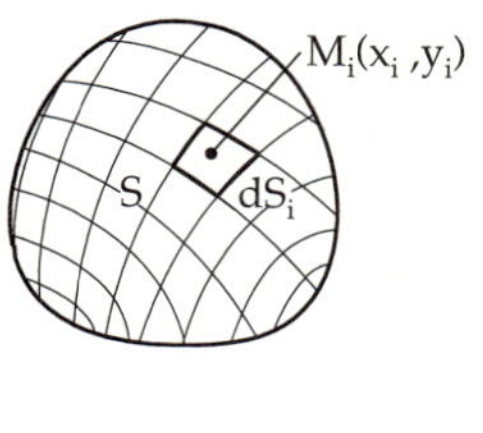

Abbildung 8.29

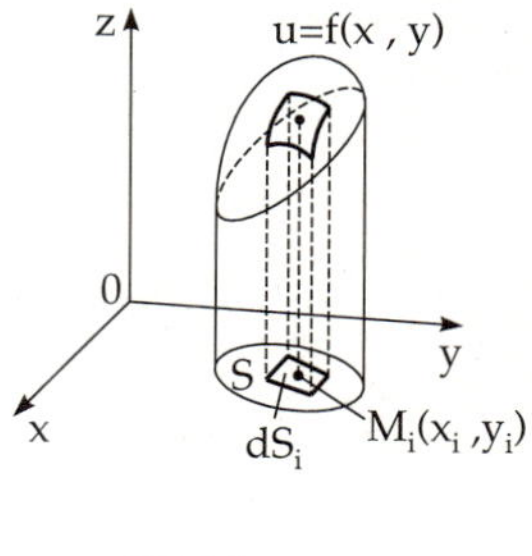

Abbildung 8.30

S in Elementarflächenstücke sowie von der Wahl der Punkte $M_i(x_i, y_i)$ unabhängig ist, dann wird er Doppelintegral der Funktion u über das Flächenstück S, das Integrationsgebiet, genannt, und man schreibt:

$$\int_S f(x,y)\,dS = \lim_{\substack{\Delta S_i \to 0 \\ n \to \infty}} \sum_{i=1}^{n} f(x_i, y_i)\,dS. \tag{8.130b}$$

2. Existenzsatz

Das Doppelintegral (8.130b) existiert, wenn die Funktion $f(x, y)$ im gesamten Integrationsgebiet einschließlich seines Randes stetig ist.

3. Geometrische Bedeutung

Die geometrische Bedeutung des Doppelintegrals liegt neben der Möglichkeit der Berechnung einer Fläche auch darin, daß es die Berechnung des Rauminhaltes eines geraden Körpers ermöglicht, der vom Flächenstück S in der x,y-Ebene,von einer Mantelfläche, die parallel zur z-Achse verläuft, und von einem Teil der Fläche $u = f(x, y)$ begrenzt wird **(Abb.8.30)**. Jedes Glied $f(x_i, y_i)\Delta S_i$ der Summe (8.130b) entspricht der Elementarzelle einer prismatischen Säule mit der Grundfläche ΔS_i und der Höhe $f(x_i, y_i)$. Das Vorzeichen des Gesamtvolumens ist positiv bzw. negativ, je nachdem, ob der betreffende Teil der Fläche $u = f(x, y)$ über oder unter der x,y-Ebene liegt. Wenn er diese Ebene schneidet, dann ist das Volumen eine algebraische Summe der einzelnen Teilvolumina.

8.4.1.2 Berechnung des Doppelintegrals

Die Berechnung des Doppelintegrals wird auf die nacheinanderfolgende Berechnung zweier Integrale zurückgeführt, die je nach dem verwendeten Koordinatensystem verschieden aussieht.

1. Berechnung in kartesischen Koordinaten

Das Integrationsgebiet, das als Flächenstück aufgefaßt wird, teilt man mit Hilfe von Koordinatenlinien in infinitesimale Rechtecke ein **(Abb.8.31 a)**. Darauf erfolgt eine Summation aller Differentiale $f(x, y)dS$, beginnend mit allen Rechtecken längs jedes vertikalen Streifens, danach längs jedes horizontalen Streifens. Die analytische Formulierung lautet:

$$\int_S f(x,y)\,dS = \int_a^b \left[\int_{\varphi_1(x)}^{\varphi_2(x)} f(x,y)\,dy\right] dx = \int_a^b \int_{\varphi_1(x)}^{\varphi_2(x)} f(x,y)\,dy\,dx. \tag{8.131a}$$

Dabei sind $y = \varphi_2(x)$ und $y = \varphi_1(x)$ die Gleichungen der oberen bzw. unteren Randkurve (AmB) und (AnB) des Flächenstückes S. Mit a bzw. b sind die Abszissen der am weitesten links bzw. rechts liegenden Kurvenpunkte bezeichnet. Das Flächenelement in kartesischen Koordinaten berechnet sich gemäß

$$dS = dx\,dy. \tag{8.131b}$$

Bei der Ausführung der ersten Integration wird x konstant gehalten. Die eckigen Klammern in (8.131a) werden üblicherweise weggelassen, indem verabredungsgemäß das innere Integral der inneren Integrationsvariablen zugeordnet wird, das äußere der an zweiter Stelle stehenden Integrationsvariablen. In (8.131a) stehen die Differentialzeichen dx und dy am Ende des Integranden. Ebenso üblich ist es, diese Zeichen gleich hinter den Integralzeichen vor die Funktionen des Integranden zu setzen.

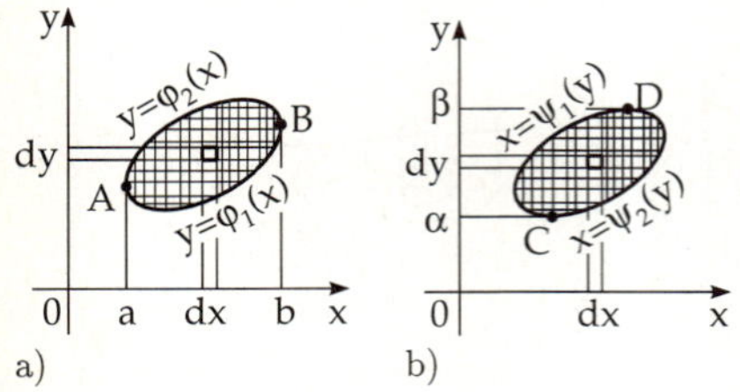

Abbildung 8.31

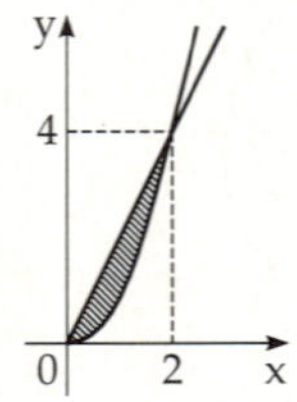

Abbildung 8.32

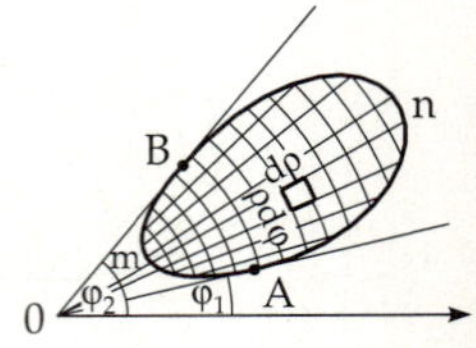

Abbildung 8.33

Man kann die Berechnung in kartesischen Koordinaten **(Abb.8.31b)** auch in der umgekehrten Reihenfolge ausführen :

$$\int_S f(x,y)\,dS = \int_\alpha^\beta \int_{\psi_1(y)}^{\psi_2(y)} f(x,y)\,dx\,dy. \tag{8.131c}$$

■ $A = \int_S xy^2\,dS$, wobei S die Fläche zwischen der Parabel $y = x^2$ und der Geraden $y = 2x$ in **Abb.8.32** ist.

$$A = \int_0^2 \int_{x^2}^{2x} xy^2\,dy\,dx = \int_0^2 x\,dx \left[\frac{y^3}{3}\right]_{x^2}^{2x} = \frac{1}{3}\int_0^2 (8x^4 - x^7)\,dx = \frac{32}{5}, \text{ oder}$$

$$A = \int_0^4 \int_{y/2}^{\sqrt{y}} xy^2\,dx\,dy = \int_0^2 y^2\,dy \left[\frac{x^2}{2}\right]_{y/2}^{\sqrt{y}} = \frac{1}{2}\int_0^4 y^2\left(y - \frac{y^2}{4}\right)dy = \frac{32}{5}.$$

2. Berechnung in Polarkoordinaten

Das Integrationsgebiet, die Fläche, wird durch Koordinatenlinien in infinitesimale Flächenstücke aufgeteilt, die jeweils durch zwei konzentrische Kreisbogen und zwei durch den Pol verlaufende Geraden begrenzt werden **(Abb.8.33)**. Mit einem Integranden in Polarkoordinaten gemäß $w = f(\varrho, \varphi)$, hat das *Flächenelement in Polarkoordinaten* die Form

$$\varrho\,d\varrho\,d\varphi = dS. \qquad (8.132a)$$

Summiert wird zuerst innerhalb jedes Kreissektors, dann über alle Sektoren:

$$\int_S f(\varrho, \varphi)\,dS = \int_{\varphi_1}^{\varphi_2} \int_{\varrho_1(\varphi)}^{\varrho_2(\varphi)} f(\varrho, \varphi)\,\varrho\,d\varrho\,d\varphi, \qquad (8.132b)$$

wobei $\varrho = \varrho_1(\varphi)$ und $\varrho = \varrho_1(\varphi)$ die Gleichungen der inneren bzw. äußeren Randkurve $(\overset{\frown}{AmB})$ bzw. $(\overset{\frown}{AnB})$ der Fläche S sind und φ_1 bzw. φ_2 die Polarwinkel der Tangenten, die das Flächenstück an seinen Rändern berühren. Die umgekehrte Integrationsreihenfolge wird selten verwendet.

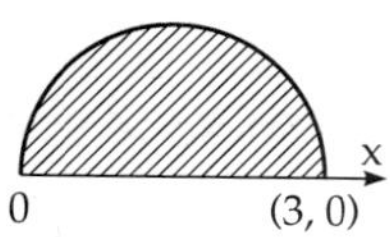

Abbildung 8.34

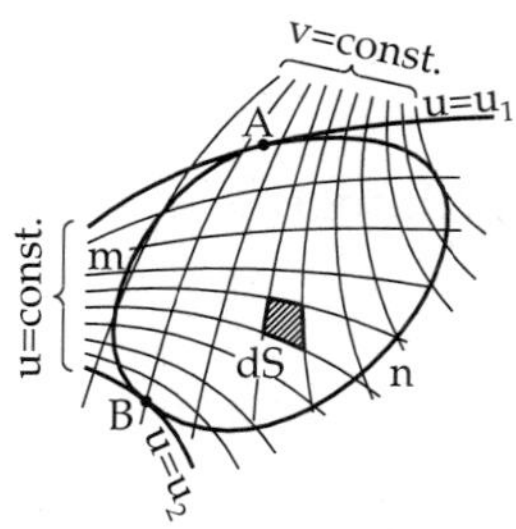

Abbildung 8.35

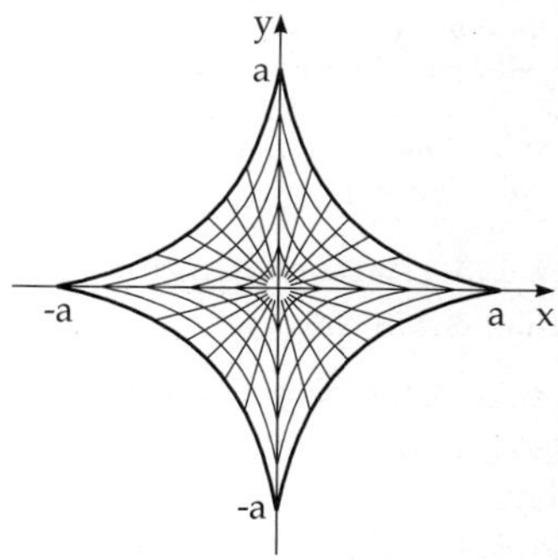

Abbildung 8.36

■ $A = \int_S \varrho \sin^2\varphi\,dS$, wobei S die Fläche des Halbkreises $\varrho = 3\cos\varphi$ ist **(Abb.8.34)**.

$$A = \int_0^{\pi/2} \int_0^{3\cos\varphi} \varrho^2 \sin^2\varphi \cdot d\varrho\,d\varphi = \int_0^{\pi/2} \sin^2\varphi\,d\varphi \left[\frac{\varrho^3}{3}\right]_0^{3\cos\varphi} = 9\int_0^{\pi/2} \sin^2\varphi \cos^3\varphi\,d\varphi = 1\frac{1}{5}.$$

3. Berechnung in beliebigen krummlinigen Koordinaten u und v

Die Koordinaten sind durch die Beziehungen

$$x = x(u, v), \quad y = y(u, v) \qquad (8.133)$$

definiert (s. S. 213). Das Flächenstück wird durch die Koordinatenlinien $u = \text{const}$ und $v = \text{const}$ in infinitesimale Flächenelemente eingeteilt **(Abb.8.35)** und der Integrand in den Koordinaten u und v ausgedrückt. Summiert wird zuerst längs eines Koordinatenstreifens, z. B. längs $v = \text{const}$, danach über alle Streifen:

$$\int_S f(u, v)\,dS = \int_{u_1}^{u_2} \int_{v_1(u)}^{v_2(u)} f(u, v)|D|\,dv\,du. \qquad (8.134)$$

Dabei sind $v = v_1(u)$ bzw. $v = v_2(u)$ die Gleichungen der inneren bzw. äußeren Randkurve $\widehat{AmB}$ und $\widehat{AnB}$ der Fläche S. Mit u_1 und u_2 werden die Koordinaten der beiden äußersten Linienbegrenzungen der Fläche S beschrieben. $|D|$ ist der Absolutbetrag der *Funktionaldeterminante*

$$D = \frac{D(x,y)}{D(u,v)} = \begin{vmatrix} \frac{\partial x}{\partial u} & \frac{\partial x}{\partial v} \\ \frac{\partial y}{\partial u} & \frac{\partial y}{\partial v} \end{vmatrix}, \tag{8.135a}$$

mit deren Hilfe das Flächenelement in krummlinigen Koordinaten beschrieben wird:

$$|D|\,dv\,du = dS. \tag{8.135b}$$

Die Formel (8.132b) ist ein Spezialfall von Formel (8.134) für die Polarkoordinaten $x = \varrho\cos\varphi,\ y = \varrho\sin\varphi$. Die Funktionaldeterminate ergibt sich hier zu $D = \varrho$.
Man wählt die krummlinigen Koordinaten derart, daß die Grenzwerte des Integrals (8.134) möglichst einfach berechnet werden können.

■ $A = \int\limits_S f(x,y)\,dS$
ist für den Fall zu berechnen, daß S der Flächeninhalt der Astroide $x = a\cos^3 t,\ y = a\sin^3 t$ sein soll **(Abb.8.36)**. Zuerst werden die krummlinigen Koordinaten $x = u\cos^3 v,\ y = u\sin^3 v$ eingeführt, deren Koordinatenlinien $u = c_1$ eine Schar ähnlicher Astroiden mit den Gleichungen $x = c_1\cos^3 t$ und $y = c_1\sin^3 t$ darstellen. Die Koordinatenlinien $v = c_2$ sind dann Strahlen mit der Gleichung $y = kx$, wobei $k = \tan^3 c_2$ gilt. Damit ergibt sich
$D = \begin{vmatrix} \cos^3 v & -3u\cos^2 v\sin v \\ \sin^3 v & 3u\sin^2 v\cos v \end{vmatrix} = 3u\sin^2 v\cos^2 v,$
$A = \int_0^a \int_0^{2\pi} f(x(u,v), y(u,v)) \cdot 3u\sin^2 v\cos^2 v\,dv\,du.$

8.4.1.3 Anwendungen von Doppelintegralen

Tabelle8.4, S. 374

8.4.2 Dreifachintegral

Das *Dreifachintegral* ist eine Erweiterung des Integralbegriffs auf ein dreidimensionales Integrationsgebiet. Man spricht daher auch vom *Volumenintegral.*

8.4.2.1 Begriff des Dreifachintegrals

1. Definition

Die Definition des Dreifachintegrals einer Funktion $f(x,y,z)$ von drei Variablen über einen dreidimensionalen Bereich, z. B. den Raumteil V, erfolgt in Analogie zur Definition des Doppelintegrals. Man schreibt

$$\int\limits_V f(x,y,z)\,dV = \iiint\limits_V f(x,y,z)\,dV. \tag{8.136}$$

Das Volumen V **(Abb.8.37)** wird in Elementarvolumina zerlegt, mit denen Produkte der Art $f(x_i, y_i, z_i)\Delta V_i$ gebildet werden, wobei der Punkt $M_i(x_i, y_i, z_i)$ im Innern oder auf dem Rande eines Elementarvolumens liegen kann. Das Dreifachintegral ist dann der Grenzwert der Summe derartiger Produkte aller Elementarvolumina, in die das Volumen V zerlegt wurde, und zwar für den Fall, daß der Rauminhalt jedes Elementarvolumens gegen Null geht, d. h. ihre Anzahl gegen ∞. Dabei ist wie beim Doppelintegral zu beachten, daß der Durchmesser des Elementarvolumens gegen Null strebt und nicht nur eine der möglichen Ausdehnungen. Es gilt dann

$$\int\limits_V f(x,y,z)\,dV = \lim_{\substack{dV_i \to 0 \\ n\to\infty}} \sum_{i=1}^{n} f(x_i, y_i, z_i)\,dV_i. \tag{8.137}$$

2. Existenzsatz

Der Existenzsatz für das Dreifachintegral ist ein vollständiges Analogon zum Existenzsatz für das Doppelintegral.

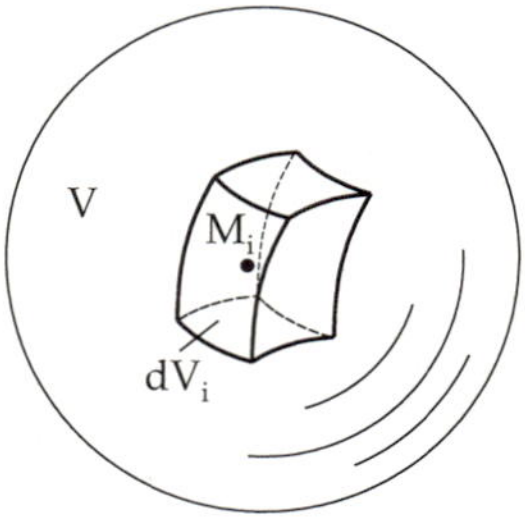

Abbildung 8.37

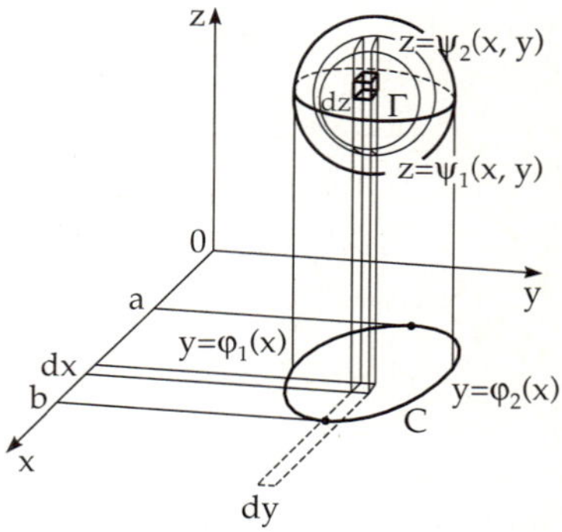

Abbildung 8.38

8.4.2.2 Berechnung des Dreifachintegrals

Die Berechnung des Dreifachintegrals wird auf die nacheinanderfolgende Berechnung dreier Integrale zurückgeführt, die je nach dem verwendeten Koordinatensystem unterschiedlich aussieht.

1. Berechnung in kartesischen Koordinaten

Das Integrationsgebiet, das hier als Volumen V aufgefaßt werden kann, teilt man mit Hilfe von Koordinatenflächen, die in diesem Falle Ebenen sind, in infinitesimale Parallelepipede ein **(Abb.8.38)**. Dabei ist wie im Falle des Doppelintegrals zu bachten, daß der Durchmesser der Elementarzelle beim Grenzübergang gegen Null geht. Auf die Zerlegung folgt die Summation aller Differentiale $f(x, y, z)\,dV$, beginnend bei allen Parallelepipeden längs einer vertikalen Säule, d. h. Summation über z, danach aller Säulen längs jeder der vertikalen Schichten, d. h. Summation über y, und schließlich aller Schichten, d. h. Summation über x. Die analytische Formulierung lautet:

$$\int\limits_V f(x,y,z)\,dV = \int_a^b \left\{ \int_{\varphi_1(x)}^{\varphi_2(x)} \left[\int_{\psi_1(x,y)}^{\psi_2(x,y)} f(x,y,z)\,dz \right] dy \right\} dx$$

$$= \int_a^b \int_{\varphi_1(x)}^{\varphi_2(x)} \int_{\psi_1(x,y)}^{\psi_2(x,y)} f(x,y,z)\,dz\,dy\,dx. \qquad (8.138a)$$

Dabei sind $z = \psi_1(x, y)$ und $z = \psi_2(x, y)$ die Gleichungen der unteren und oberen Oberflächen des Volumens V, gerechnet von der Kurve C aus. Mit $y = \varphi_1(x)$ und $y = \varphi_2(x)$ sind die Funktionen bezeichnet, die die Projektionen C der Kurvenanteile von C auf die x, y-Ebene mit den Begrenzungspunkten $x = a$ und $x = b$ beschreiben. An das Integrationsgebiet müssen die folgenden Forderungen gestellt werden: Die Funktionen $\varphi_1(x)$ und $\varphi_2(x)$ sollen im Intervall $a \leq x \leq b$ existieren, stetig sein und der Ungleichung $\varphi_1(x) \leq \varphi_2(x)$ genügen. Die Funktionen $\psi_1(x, y)$ und $\psi_2(x, y)$ sollen im Gebiet $a \leq x \leq b$, $\varphi_1(x) \leq y \leq \varphi_2(x)$ definiert und stetig sein und der Ungleichung $\psi_1(x, y) \leq \psi_2(x, y)$ genügen. Derart sind alle die Punkte (x, y, z) in V enthalten, die den Bedingungen

$$a \leq x \leq b, \qquad \varphi_1(x) \leq y \leq \varphi_2(x), \qquad \psi_1(x,y) \leq z \leq \psi_2(x,y) \qquad (8.138b)$$

genügen.

■ Berechnung des Integrals $I = \int\limits_V (y^2 + z^2)\,dV$ für eine Pyramide, die von den Koordinatenebenen

und der Ebene $x + y + z = 1$ begrenzt wird:
$I = \int_0^1 \int_0^{1-x} \int_0^{1-x-y} (y^2 + z^2)\, dz\, dy\, dx = \int_0^1 \left\{ \int_0^{1-x} \left[\int_0^{1-x-y} (y^2 + z^2)\, dz \right] dy \right\} dx = \frac{1}{30}.$

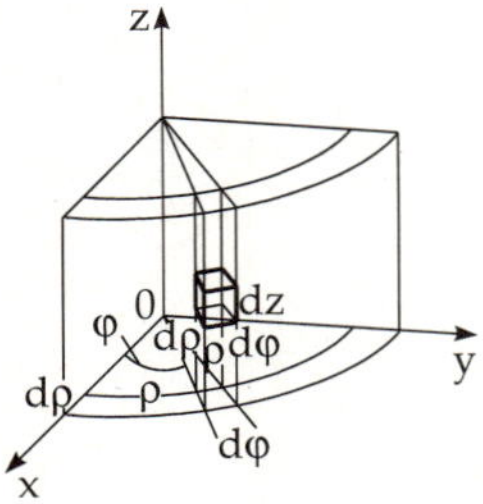

Abbildung 8.39

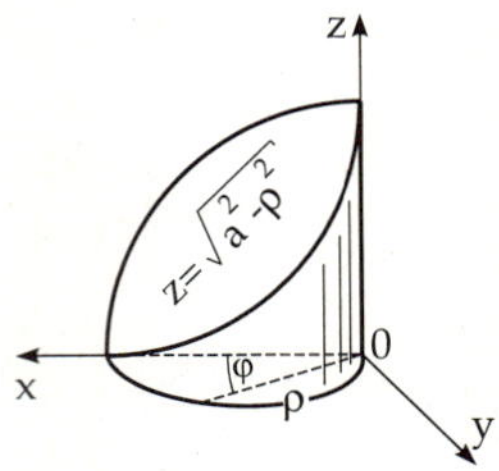

Abbildung 8.40

2. Berechnung in Zylinderkoordinaten

Das Integrationsgebiet wird mit Hilfe der Koordinatenflächen $\varrho = \text{const}$, $\varphi = \text{const}$, $z = \text{const}$ in infinitesimale Elementarzellen eingeteilt **(Abb.8.39)**. Das *Volumenelement in Zylinderkoordinaten* ist

$$dV = \varrho\, dz\, d\varrho\, d\varphi. \tag{8.139a}$$

Nach der Darstellung des Integranden $f(\varrho, \varphi, z)$ lautet das Integral:

$$\int_V f(\varrho, \varphi, z)\, dV = \int_{\varphi_1}^{\varphi_2} \int_{\varrho_1(\varphi)}^{\varrho_2(\varphi)} \int_{z_1(\varrho,\varphi)}^{z_2(\varrho,\varphi)} f(\varrho, \varphi, z)\, \varrho\, dz\, d\varrho\, d\varphi. \tag{8.139b}$$

■ Das Integral $I = \int_V dV$ ist für einen Körper zu berechnen **(Abb.8.40)**, dessen Volumen von der x,y-Ebene, der x,z-Ebene, dem Zylinder $x^2 + y^2 = ax$ und der Kugel $x^2 + y^2 + z^2 = a^2$ begrenzt wird:
$z_1 = 0,\ z_2 = \sqrt{a^2 - x^2 - y^2} = \sqrt{a^2 - \varrho^2}; \qquad \varrho_1 = 0,\ \varrho_2 = a\cos\varphi; \qquad \varphi_1 = 0,\ \varphi_2 = \frac{\pi}{2}.$
$I = \int_0^{\pi/2} \int_0^{a\cos\varphi} \int_0^{\sqrt{a^2-\varrho^2}} \varrho\, dz\, d\varrho\, d\varphi = \int_0^{\pi/2} \left\{ \int_0^{a\cos\varphi} \left[\int_0^{\sqrt{a^2-\varrho^2}} dz \right] \varrho\, d\varrho \right\} d\varphi$
$= \frac{a^3}{18}(3\pi - 4).$
Wegen $f(\varrho, \varphi, z) = 1$ ist das Integral gleich dem Rauminhalt des Körpers.

3. Berechnung in Kugelkoordinaten

Das Integrationsgebiet wird mit Hilfe der Koordinatenflächen $r = \text{const}$, $\varphi = \text{const}$, $\vartheta = \text{const}$ in infinitesimale Elementarzellen eingeteilt **(Abb.8.41)**. Das *Volumenelement in Kugelkoordinaten* ist

$$dV = r^2 \sin\vartheta\, dr\, d\vartheta\, d\varphi. \tag{8.140a}$$

Nachdem der Integrand in Kugelkoordinaten als $f(r, \varphi, \vartheta)$ dargestellt wurde, lautet das Integral:

$$\int_V f(r, \varphi, \vartheta)\, dV = \int_{\varphi_1}^{\varphi_2} \int_{\vartheta_1(\varphi)}^{\vartheta_2(\varphi)} \int_{r_1(\vartheta,\varphi)}^{r_2(\vartheta,\varphi)} f(r, \varphi, \vartheta)\, r^2 \sin\vartheta\, dr\, d\vartheta\, \varphi. \tag{8.140b}$$

■ Das Integral $I = \int_V \frac{\cos\Theta}{r^2}\, dV$ ist für einen Kegel zu berechnen, dessen Spitze sich im Ursprung des Koordinatensystems befindet und der die z-Achse zur Symmetrieachse hat. Der Winkel in der Spitze beträgt 2α, seine Höhe h **(Abb.8.42)**.

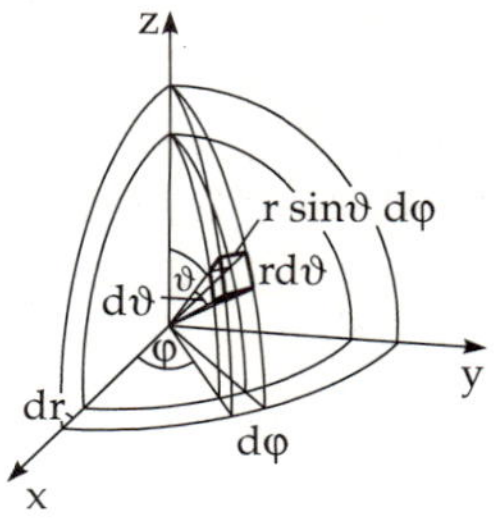

Abbildung 8.41

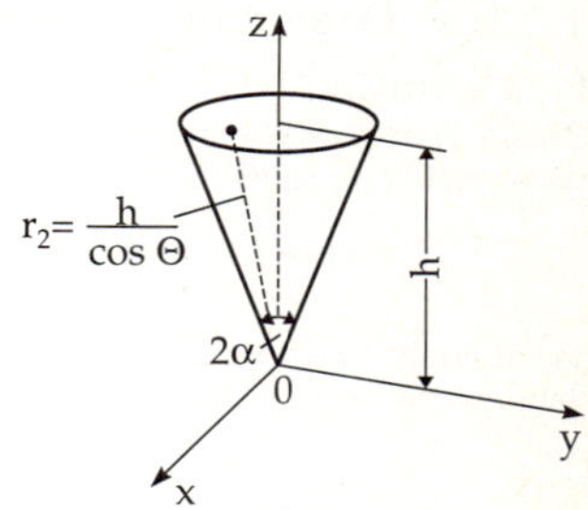

Abbildung 8.42

$$r_1 = 0,\ r_2 = \frac{h}{\cos\Theta};\qquad \Theta_1 = 0,\ \Theta_2 = \alpha;\qquad \varphi_1 = 0,\ \varphi_2 = 2\pi.$$

$$I = \int_0^{2\pi}\int_0^{\alpha}\int_0^{h/\cos\Theta} \frac{\cos\Theta}{r^2} r^2 \sin\Theta\, dr\, d\Theta\, d\varphi$$
$$= \int_0^{2\pi}\left\{\int_0^{\alpha}\cos\Theta\sin\Theta\left[\int_0^{h/\cos\Theta} dr\right] d\Theta\right\} d\varphi = 2\pi h\,(1-\cos\alpha).$$

4. Berechnung in beliebigen krummlinigen Koordinaten u, v und w

Die Koordinaten sind durch die Beziehungen

$$x = x(u,v,w),\qquad y = y(u,v,w),\qquad z = z(u,v,w) \tag{8.141}$$

definiert (s. S. 213). Das Integrationsgebiet wird durch die Koordinatenflächen $u = \text{const}$, $v = \text{const}$, $w = \text{const}$ in infinitesimale *Volumenelemente in beliebigen Koordinaten* eingeteilt:

$$dV = |D|\, du\, dv\, dw, \qquad \text{mit} \qquad D = \begin{vmatrix} \frac{\partial x}{\partial u} & \frac{\partial x}{\partial v} & \frac{\partial x}{\partial w} \\ \frac{\partial y}{\partial u} & \frac{\partial y}{\partial v} & \frac{\partial y}{\partial w} \\ \frac{\partial z}{\partial u} & \frac{\partial z}{\partial v} & \frac{\partial z}{\partial w} \end{vmatrix}, \tag{8.142a}$$

wobei D die Funktionaldeterminante ist. Nach Ausdrücken des Integranden in den Koordinaten u, v, w lautet das Integral:

$$\int_V f(u,v,w)\, dV = \int_{u_1}^{u_2}\int_{v_1(u)}^{v_2(u)}\int_{w_1(u,v)}^{w_2(u,v)} f(u,v,w)\, |D|\, dw\, dv\, du. \tag{8.142b}$$

Die Formeln (8.139b) und (8.140b) sind Spezialfälle von (8.142b). Für Zylinderkoordinaten ist $D = \varrho$, für Kugelkoordinaten ist $D = r^2 \sin\Theta$. Mit Vorteil werden immer die krummlinigen Koordinaten verwendet, die eine möglichst einfache Berechnung der Grenzwerte des Integrals (8.142b) gestatten.

8.4.2.3 Anwendungen von Mehrfachintegralen

Tabelle8.4 und **Tabelle8.5**, S. 374,und S. 375.

8.5 Oberflächenintegrale

8.5.1 Oberflächenintegrale erster Art

Oberflächenintegrale oder *Integrale über ein räumliches Flächenstück* stellen eine Verallgemeinerung des Doppelintegrals dar, ähnlich wie das Kurvenintegral erster Art (s. S. 353) eine Verallgemeinerung des gewöhnlichen bestimmten Integrals ist.

8.5.1.1 Begriff des Oberflächenintegrals erster Art

1. Definition

Oberflächenintegral erster Art einer Funktion von drei Veränderlichen $u = f(x, y, z)$, die in einem zusammenhängenden Gebiet definiert sein muß, nennt man das Integral

$$\int_S f(x, y, z)\, dS, \tag{8.143}$$

das über ein Flächenstück S in dem genannten Gebiet genommen wird. Der Zahlenwert des Oberflächenintegrals erster Art wird auf die folgende Weise ermittelt **(Abb.8.43)**:

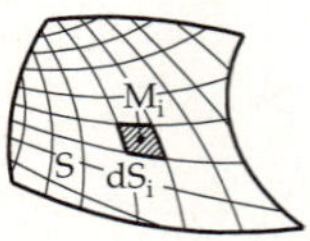

Abbildung 8.43

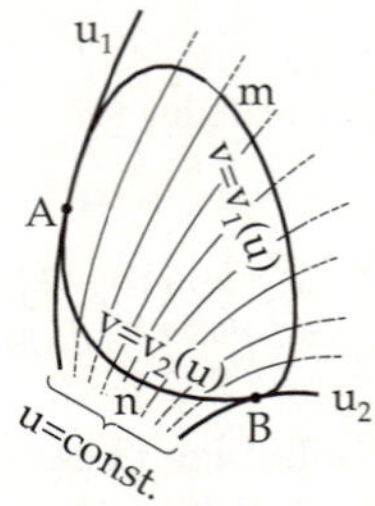

Abbildung 8.44

1. Beliebige Zerlegung des Flächenstückes S in n Elementarflächenstücke.
2. Auswahl eines beliebigen Punktes $M_i(x_i, y_i, z_i)$ im Innern oder auf dem Rande eines jeden Elementarflächenstückes.
3. Multiplikation des Funktionswertes von $f(x_i, y_i, z_i)$ in diesem Punkt mit dem Inhalt von ΔS_i des entsprechenden Elementarflächenstückes.
4. Addition aller so gewonnenen Produkte $f(x_i, y_i, z_i)\Delta S_i$.
5. Berechnung des Grenzwertes der Summe

$$\sum_{i=1}^{n} f(x_i, y_i, z_i)\, dS_i \tag{8.144a}$$

für den Fall, daß der Inhalt aller Elementarflächenstücke ΔS_i gegen Null geht, also ihre Anzahl n gegen ∞. Dabei ist wieder zu beachten, daß der Durchmesser des Elementarflächenstückes gegen Null geht und nicht nur eine Ausdehnung (s. S. 361). Wenn dieser Grenzwert existiert und von der Art der Einteilung des Flächenstückes S in Elementarflächenstücke sowie von der Wahl der Punkte $M_i(x_i, y_i, z_i)$ unabhängig ist, dann wird er Oberflächenintegral erster Art der Funktion u über das Flächenstück S genannt, und man schreibt

$$\int_S f(x, y, z)\, dS = \lim_{\substack{dS_i \to 0 \\ n \to \infty}} f(x_i, y_i, z_i)\, dS_i. \tag{8.144b}$$

2. Existenzsatz

Das Oberflächenintegral erster Art existiert, wenn die Funktion $f(x, y, z)$ in dem betrachteten Gebiet stetig ist und die Funktionen, die in der Gleichung der Fläche auftreten, in diesem Gebiet stetige Ableitungen besitzen.

8.5.1.2 Berechnung des Oberflächenintegrals erster Art

Die Berechnung des Oberflächenintegrals erster Art wird auf die Berechnung des Doppelintegrals über einem ebenen Gebiet zurückgeführt (s. S. 361).

1. Explizite Darstellung der Fläche

Ist die Fläche S durch die Gleichung

$$z = \varphi(x, y) \tag{8.145}$$

explizit vorgegeben, dann gilt

$$\int_S f(x, y, z)\, dS = \iint_{S'} f[x, y, \varphi(x, y)]\sqrt{1 + p^2 + q^2}\, dx\, dy, \tag{8.146a}$$

wobei S' die Projektion von S auf die x,y-Ebene ist und p und q die partiellen Ableitungen $p = \frac{\partial z}{\partial x}$, $q = \frac{\partial z}{\partial y}$ sind. Dabei wird vorausgesetzt, daß jedem Punkt der Fläche S in der x,y-Ebene eindeutig ein Punkt ihrer Projektion S' entspricht, d. h., der Flächenpunkt muß eindeutig durch seine Koordinaten definiert sein. Sollte das nicht der Fall sein, dann wird das Flächenstück S in einige Teilflächenstücke eingeteilt, so daß das Integral über die gesamte Fläche als algebraische Summe der Integrale über die Teilflächenstücke von S dargestellt werden kann. Ist die Fläche in Parameterform gegeben, dann entfällt diese Einschränkung.

Die Gleichung (8.146a) kann auch in der anderen Form

$$\int_S f(x, y, z)\, dS = \iint_{S_{xy}} f[x, y, \varphi(x, y)]\frac{dS_{xy}}{\cos\gamma} \tag{8.146b}$$

dargestellt werden. Das hängt damit zusammen, daß die Gleichung der Flächennormalen von (8.145) die Form $\frac{X - x}{p} = \frac{Y - y}{q} = \frac{Z - z}{-1}$ hat (s. S. 214), so daß für den Winkel zwischen der Normalenrichtung und der z-Achse die Beziehung $\cos\gamma = \frac{1}{\sqrt{1 + p^2 + q^2}}$ besteht. Bei der Berechnung eines Oberflächenintegrals erster Art faßt man diesen Winkel γ stets als spitzen Winkel auf, so daß immer $\cos\gamma > 0$ ist.

2. Parameterdarstellung der Fläche

Ist die Fläche S implizit durch die Gleichungen

$$x = x(u, v), \qquad y = y(u, v), \qquad z = z(u, v) \tag{8.147}$$

in Parameterform vorgegeben **(Abb.8.44)**, dann gilt

$$\int_S f(x, y, z)\, dS = \iint_{\Delta} f[x(u, v), y(u, v), z(u, v)]\sqrt{EG - F^2}\, du\, dv, \tag{8.148a}$$

wobei die Funktionen E, F und G die auf S. 215 angegebene Bedeutung besitzen. Für das *Flächenelement in Parameterform* gilt dann

$$\sqrt{EG - F^2}\, du\, dv = dS, \tag{8.148b}$$

während Δ der Variabilitätsbereich von u und v ist. Zur Berechnung des Integrals werden der Reihe nach die beiden Integrale für v und u gemäß

$$\int_S \Phi(u, v)\, dS = \int_{u_1}^{u_2}\int_{v_1(u)}^{v_2(u)} \Phi(u, v)\sqrt{EG - F^2}\, dv\, du \tag{8.148c}$$

integriert. Dabei sind u_1 und u_2 die Koordinaten der äußersten Koordinatenlinien $u = \text{const}$, zwischen denen das Flächenstück S eingeschlossen ist **(Abb.8.44)**. Mit $v = v_1(u)$ und $v = v_2(u)$ sind die Gleichungen der Kurven AmB und AnB bezeichnet, die das Flächenstück S begrenzen.

Die Formel (8.146a) ist ein Spezialfall von (8.148a) für

$$u = x, \quad v = y, \quad E = 1 + p^2, \quad F = pq, \quad G = 1 + q^2. \tag{8.149}$$

8.5.1.3 Anwendungen des Oberflächenintegrals erster Art

1. Flächeninhalt eines gekrümmten Flächenstücks

$$S = \int_S dS. \tag{8.150}$$

2. Masse eines inhomogenen gekrümmten Flächenstückes S
Mit der koordinatenabhängigen Dichte $\varrho = f(x, y, z)$ gilt:

$$M_S = \int_S \varrho \, dS. \tag{8.151}$$

8.5.2 Oberflächenintegrale zweiter Art

Das *Oberflächenintegral zweiter Art*, auch *Integral über eine Projektion*, ist wie das Oberflächenintegral erster Art eine Erweiterung des Begriffs Doppelintegral.

8.5.2.1 Begriff des Oberflächenintegrals zweiter Art

1. Begriff einer orientierten Fläche
Eine Fläche besitzt gewöhnlich zwei Seiten, von denen man willkührlich eine als Außenseite bezeichnen kann. Nachdem die Außenseite gewählt ist, spricht man von einer *orientierten Fläche.* Flächen, für die sich nicht zwei Seiten angeben lassen, werden hier nicht betrachtet (s. Lit. [8.13]).

2. Projektion eines orientierten Flächenstückes auf eine Koordinatenebene
Wenn ein begrenztes Stück S einer orientierten Fläche auf eine Koordinatenebene projiziert wird, z. B. auf die x,y-Ebene, dann kann dieser Projektion $Pr_{xy}S$ auf die folgende Weise ein Vorzeichen zugeordnet werden **(Abb.8.45)**. Fällt der Blick von der positiven Seite der z- Achse aus auf die x,y- Ebene, und

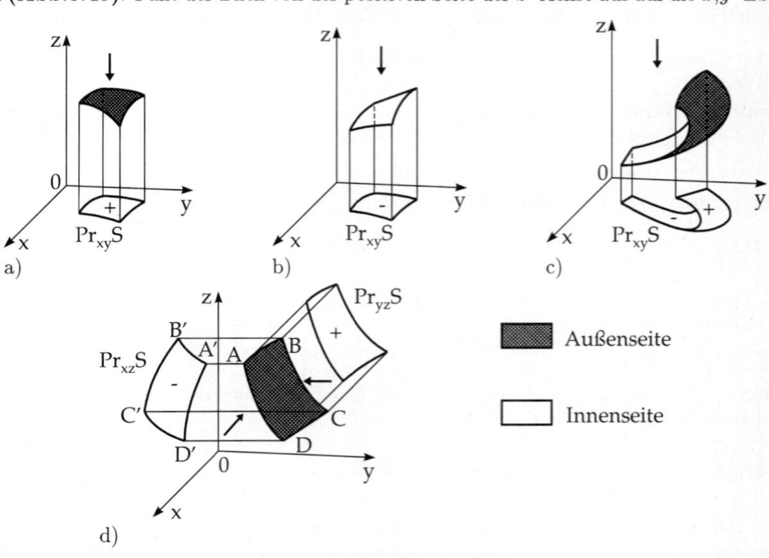

Abbildung 8.45

sieht man dabei die positive Seite des Flächenstückes S, dann gibt man der Projektion $Pr_{xy}S$ das positive Vorzeichen, im entgegengesetzten Falle das negative **(Abb.8.45 a,b)**. Liegt das Flächenstück so, daß man zum Teil seine Innen- und zum Teil seine Außenseite sieht, dann ergibt sich $Pr_{xy}S$ als algebraische Summe der Projektionen dieser Teile, die einmal von der Innen-, zum anderen von der Außenseite zu sehen sind **(Abb.8.45 c)**. Die **Abb.8.45d** zeigt die Projektionen des Flächenstückes S_{xz} und S_{yz} eines Flächenstückes S, von denen die eine negativ, die andere positiv zu nehmen ist. Die Projektion einer geschlossenen orientierten Fläche ist gleich Null.

3. Definition des Oberflächenintegrals zweiter Art über eine Projektion auf eine Koordinatenebene

Oberflächenintegral zweiter Art einer Funktion von drei Veränderlichen $f(x, y, z)$, die in einem zusammenhängenden Gebiet definiert ist, nennt man das Integral

$$\int_S f(x,y,z)\,dx\,dy, \tag{8.152}$$

das über die Projektion auf die x,y-Ebene eines orientierten, in dem gleichen Gebiet liegenden Flächenstückes S genomen wird. Der Zahlenwert des Integrals wird ebenso gewonnen, wie der des Oberflächenintegrals erster Art, ausgenommen den dritten Schritt, bei dem der Funktionswert $f(x_i, y_i, z_i)$ nicht mit dem Flächenelement ΔS_i, sondern mit dessen Projektion $Pr_{xy}\Delta S_i$, orientiert auf die x,y-Ebene, zu multiplizieren ist. Damit ergibt sich:

$$\int_S f(x,y,z)\,dx\,dy = \lim_{\substack{dS_i\to 0\\ n\to\infty}} \sum_{i=1}^{n} f(x_i,y_i,z_i)\,Pr_{xy}dS_i. \tag{8.153a}$$

In Analogie dazu werden die Oberflächenintegrale zweiter Art über die Projektionen des orientierten Flächenstückes S auf die y,z- und die z,x-Ebene wie folgt berechnet:

$$\int_S f(x,y,z)\,dy\,dz = \lim_{\substack{dS_i\to 0\\ n\to\infty}} \sum_{i=1}^{n} f(x_i,y_i,z_i)\,Pr_{yz}dS_i. \tag{8.153b}$$

$$\int_S f(x,y,z)\,dz\,dx = \lim_{\substack{dS_i\to 0\\ n\to\infty}} \sum_{i=1}^{n} f(x_i,y_i,z_i)\,Pr_{zx}dS_i. \tag{8.153c}$$

4. Existenzsatz für das Oberflächenintegral zweiter Art

Die Oberflächenintegrale zweiter Art (8.153a,b,c) existieren, wenn die Funktion $f(x, y, z)$ sowie die Funktionen, die die Gleichung der Fläche bilden, stetig sind und stetige Ableitungen besitzen.

8.5.2.2 Berechnung des Oberflächenintegrals zweiter Art

Als Hauptmethode wird die Zurückführung auf die Doppelintegrale betrachtet.

1. Explizite Vorgabe der Flächengleichung:

Ist die Fläche S durch die Gleichung

$$z = \varphi(x,y) \tag{8.154}$$

explizit vorgegeben, dann wird das Integral (8.153c) nach der Formel

$$\int_S f(x,y,z)\,dx\,dy = \int_{Pr_{xy}S} f[x,y,\varphi(x,y)]\,dS_{xy}, \tag{8.155a}$$

berechnet, wobei gilt $S_{xy} = Pr_{xy}S$. Die Oberflächenintegrale der Funktion $f(x, y, z)$ über die Projektionen des Flächenstückes S auf die anderen Koordinatenebenen werden analog berechnet:

$$\int_S f(x,y,z)\,dy\,dz = \int_{Pr_{yz}S} f[\psi(y,z),y,z]\,dS_{yz}, \tag{8.155b}$$

wobei $x = \psi(y, z)$ die Gleichung der Fläche S nach x aufgelöst ist und $S_{yz} = Pr_{yz}S$ zu setzen ist.

$$\int_S f(x,y,z)\,dz\,dx = \int_{Pr_{zx}S} f[x,\chi(z,x),z]\,dS_{zx}, \tag{8.155c}$$

wobei $y = \chi(z, x)$ die nach y aufgelöste Gleichung der Fläche S ist und $S_{zx} = Pr_{zx}S$ zu setzen ist. Wenn die Orientierung der Fläche geändert wird, d. h., wenn die Außen- mit der Innenseite vertauscht wird, dann ändert das Integral über die Projektion sein Vorzeichen.

2. Implizite Vorgabe der Flächengleichung

Ist die Fläche S durch die Gleichungen

$$x = x(u, v), \qquad y = y(u, v), \qquad z = z(u, v) \tag{8.156}$$

implizit in Parameterform vorgegeben, dann berechnet man die Integrale (8.153a,b,c) nach den folgenden Formeln:

$$\int\limits_S f(x, y, z)\, dx\, dy = \int\limits_\Delta f[x(u, v), y(u, v), z(u, v)] \frac{D(x, y)}{D(u, v)}\, du\, dv, \tag{8.157a}$$

$$\int\limits_S f(x, y, z)\, dy\, dz = \int\limits_\Delta f[x(u, v), y(u, v), z(u, v)] \frac{D(y, z)}{D(u, v)}\, du\, dv, \tag{8.157b}$$

$$\int\limits_S f(x, y, z)\, dz\, dx = \int\limits_\Delta f[x(u, v), y(u, v), z(u, v)] \frac{D(z, x)}{D(u, v)}\, du\, dv. \tag{8.157c}$$

Dabei sind die Quotienten $\dfrac{D(x, y)}{D(u, v)}, \dfrac{D(y, z)}{D(u, v)}, \dfrac{D(z, x)}{D(u, v)}$ die Funktionaldeterminanten der Funktionenpaare aus der Menge x, y, z, die von den Variablen u und v abhängen, D ist der Variabilitätsbereich von u und v des Flächenstückes S.

3. Oberflächenintegral allgemeiner Art

Wenn in einem zusammenhängenden Gebiet drei Funktionen von drei Veränderlichen $P(x, y, z)$, $Q(x, y, z)$, $R(x, y, z)$ und ein orientiertes Flächenstück S gegeben sind, dann wird als Oberflächenintegral allgemeiner Art die Summe der Integrale zweiter Art über alle Projektionen bezeichnet:

$$\int\limits_S (P\, dy\, dz + Q\, dz\, dx + R\, dx\, dy) = \int\limits_S P\, dy\, dz + \int\limits_S Q\, dz\, dx + \int\limits_S R\, dx\, dy. \tag{8.158}$$

Die allgemeine Formel, mit deren Hilfe man das Oberflächenintegral allgemeiner Art auf das gewöhnliche Doppelintegral zurückführt, lautet:

$$\int\limits_S (P\, dy\, dz + Q\, dz\, dx + R\, dx\, dy) = \int\limits_\Delta \left[P\frac{D(y, z)}{D(u, v)} + Q\frac{D(z, x)}{D(u, v)} + R\frac{D(x, y)}{D(u, v)} \right] du\, dv, \tag{8.159}$$

wobei die Größen $\dfrac{D(x, y)}{D(u, v)}, \dfrac{D(y, z)}{D(u, v)}, \dfrac{D(z, x)}{D(u, v)}$ und Δ die oben angegebene Bedeutung besitzen.

Die vektorielle Darlegung der Theorie des Oberflächenintegrals allgemeiner Art ist im Kapitel Feldtheorie enthalten (s. S. 542).

4. Eigenschaften des Oberflächenintegrals

1. Wenn das Integrationsgebiet, d. h. das Flächenstück S auf irgendeine Art in Teilflächenstück S_1 und S_2 eingeteilt ist, dann gilt

$$\int\limits_S (P\, dy\, dz + Q\, dz\, dx + R\, dx\, dy) = \int\limits_{S_1} (P\, dy\, dz + Q\, dz\, dx + R\, dx\, dy) + \int\limits_{S_2} (P\, dy\, dz + Q\, dz\, dx + R\, dx\, dy). \tag{8.160}$$

2. Bei Vertauschung von Außen- und Innenseite der Fläche, d. h. bei Änderung der Orientierung der Fläche, ändert das Integral sein Vorzeichen:

$$\int_{S^+} (P\,dy\,dz + Q\,dz\,dx + R\,dx\,dy) = -\int_{S^-} (P\,dy\,dz + Q\,dz\,dx + R\,dx\,dy), \tag{8.161}$$

wobei mit S^+ und S^- ein und dieselbe Fläche bezeichnet ist, jedoch für entgegengesetzte Orientierung.

3. Im allgemeinen hängt das Oberflächenintegral sowohl von der das Flächenstück S begrenzenden Kurve als auch von der Fläche selbst ab. Daher sind die Integrale über die Flächen S_1 und S_2 für ein und dieselbe Begrenzungskurve C im allgemeinen verschieden **(Abb.8.46)**:

$$\int_{S_1} (P\,dy\,dz + Q\,dz\,dx + R\,dx\,dy) \neq \int_{S} (P\,dy\,dz + Q\,dz\,dx + R\,dx\,dy). \tag{8.162}$$

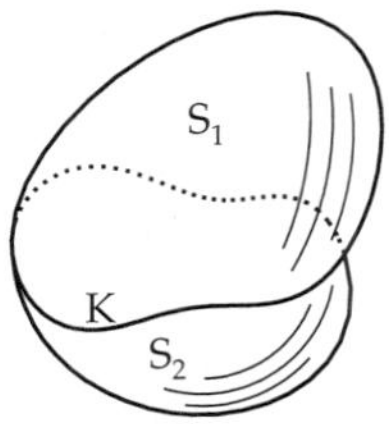

Abbildung 8.46

8.5.2.3 Eine Anwendung des Oberflächenintegrals

Das Volumen V eines Körpers, der von einer geschlossenen Fläche S begrenzt ist, kann als Oberflächenintegral

$$V = \frac{1}{3}\int_{S} (x\,dy\,dz + y\,dz\,dx + z\,dx\,dy) \tag{8.163}$$

berechnet werden, wobei S so orientiert ist, daß die äußere Seite der Fläche positiv genommen wird.

Tabelle 8.4 Anwendung von Doppelintegralen

Größe	Allgemeine Formel	In kartesischen Koordinaten	In Polarkoordinaten
Flächeninhalt einer ebenen Figur	$S = \int_S dS$	$= \iint dydx$	$= \iint \varrho\, d\varrho d\varphi$
Oberfläche	$S_O = \int_S \frac{dS}{\cos\gamma}$	$= \iint \sqrt{1 + \left(\frac{\partial z}{\partial x}\right)^2 + \left(\frac{\partial z}{\partial y}\right)^2}\, dydx$	$= \iint \sqrt{\varrho^2 + \varrho^2 \left(\frac{\partial z}{\partial \varrho}\right)^2 + \left(\frac{\partial z}{\partial \varphi}\right)^2}\, d\varrho d\varphi$
Volumen eines Zylinders	$V = \int_S z\, dS$	$= \iint z\, dydx$	$= \iint z \varrho\, d\varrho d\varphi$
Trägheitsmoment einer ebenen Figur, bezogen auf die x-Achse	$I_x = \int_S y^2\, dS$	$= \iint y^2\, dydx$	$= \iint \varrho^3 \sin^2\varphi\, d\varrho d\varphi$
Trägheitsmoment einer ebenen Figur, bezogen auf den Pol O	$I_0 = \int_S \varrho^2\, dS$	$= \iint (x^2 + y^2)\, dydx$	$= \iint \varrho^3\, d\varrho d\varphi$
Masse einer ebenen Figur mit der Flächendichte δ als Punktfunktion	$M = \int_S \delta\, dS$	$= \iint \delta\, dydx$	$= \iint \delta \varrho\, d\varrho d\varphi$
Die Koordinaten des Schwerpunktes einer homogenen ebenen Figur	$x_C = \frac{\int_S x\, dS}{S}$	$= \frac{\iint x\, dydx}{\iint dydx}$	$= \frac{\iint \varrho^2 \cos\varphi\, d\varrho d\varphi}{\iint \varrho\, d\varrho d\varphi}$
	$y_C = \frac{\int_S y\, dS}{S}$	$= \frac{\iint y\, dydx}{\iint dydx}$	$= \frac{\iint \varrho^2 \sin\varphi\, d\varrho d\varphi}{\iint \varrho\, d\varrho d\varphi}$

Tabelle 8.5 Anwendungen von Dreifachintegralen

Größe	Allgemeine Formel	In kartesischen Koordinaten	In Zylinderkoordinaten	In Kugelkoordinaten
Volumen eines Körpers	$V = \int\limits_V dV$	$= \iiint dz dy dx$	$= \iiint \varrho \, dz d\varrho d\varphi$	$= \iiint r^2 \sin \Theta dr d\Theta d\varphi$
Trägheitsmoment eines Körpers, bezogen auf die z-Achse	$I_z = \int\limits_V \varrho^2 \, dV$	$= \iiint (x^2 + y^2) \, dz dy dx$	$= \iiint \varrho^3 \, dz d\varrho d\varphi$	$= \iiint r^4 \sin^3 \Theta dr d\Theta d\varphi$
Masse eines Körpers mit der Dichte δ (als Punktfunktion)	$M = \int\limits_V \delta \, dV$	$= \iiint \delta \, dz dy dx$	$= \iiint \delta \varrho \, dz d\varrho d\varphi$	$= \iiint \delta r^2 \sin \Theta dr d\Theta d\varphi$
Die Koordinaten des Schwerpunktes eines homogenen Körpers	$x_C = \dfrac{\int\limits_V x \, dV}{V}$	$= \dfrac{\iiint x \, dz dy dx}{\iiint dz dy dx}$		
	$y_C = \dfrac{\int\limits_V y \, dV}{V}$	$= \dfrac{\iiint y \, dz dy dx}{\iiint dz dy dx}$		
	$z_C = \dfrac{\int\limits_V z \, dV}{V}$	$= \dfrac{\iiint z \, dz dy dx}{\iiint dz dy dx}$		

9 Differentialgleichungen

1. Differentialgleichung wird eine Gleichung genannt, in der neben einer oder mehreren unabhängigen Veränderlichen und einer oder mehreren Funktionen dieser Veränderlichen auch noch die Ableitungen dieser Funktionen nach den unabhängigen Veränderlichen auftreten. Die Ordnung einer Differentialgleichung ist gleich der Ordnung der höchsten in ihr auftretenden Ableitung.

2. Gewöhnliche und partielle Differentialgleichungen unterscheiden sich nach der Anzahl der in ihnen enthaltenen unabhängigen Veränderlichen; im ersten Falle tritt nur eine auf, im zweiten mehrere.

■ **A:** $\left(\frac{dy}{dx}\right)^2 - xy^5\frac{dy}{dx} + \sin y = 0;$

B: $xd^2ydx - dy(dx)^2 = e^y(dy)^3;$

C: $\frac{\partial^2 z}{\partial x \partial y} = xyz\frac{\partial z}{\partial x}\frac{\partial z}{\partial y}.$

9.1 Gewöhnliche Differentialgleichungen

1. Allgemeine gewöhnliche Differentialgleichung n–ter Ordnung
in *impliziter Form* nennt man die Gleichung

$$F\left[x, y(x), y'(x), \ldots, y^{(n)}(x)\right] = 0. \tag{9.1}$$

Ist diese Gleichung nach $y^{(n)}(x)$ aufgelöst, dann hat man die *explizite Form* einer gewöhnlichen Differentialgleichung n–ter Ordnung.

2. Lösung oder Integral
einer Differentialgleichung ist jede Funktion, die ihr in einem Intervall $a \le x \le b$, das auch unendlich sein kann, genügt. Eine Lösung, die n willkürliche Konstanten $c_1, c_2, \ldots, c_n$ enthält, so daß ihr noch n zusätzliche Bedingungen auferlegt werden können, heißt *allgemeine Lösung* oder *allgemeines Integral.* Erteilt man jeder dieser Konstanten einen festen Zahlenwert, so erhält man ein *partikuläres Integral* oder eine *partikuläre Lösung* .

■ Die Differentialgleichung $-y' \sin x + y \cos x = 1$ hat die allgemeine Lösung $y = \cos x + c \sin x$. Für $c = 0$ ergibt sich die partikuläre Lösung $y = \cos x$.

9.1.1 Differentialgleichungen 1. Ordnung

9.1.1.1 Existenzsatz, Richtungsfeld

1. Existenz einer Lösung
Nach dem Existenzsatz von CAUCHY existiert für die Differentialgleichung

$$y' = f(x, y), \tag{9.2}$$

wenigstens eine Lösung, die an der Stelle $x = x_0$ den Wert y_0 annimmt und in einem gewissen Intervall um x_0 definiert und stetig ist, wenn die Funktion $f(x, y)$ in einer Umgebung G des Punktes (x_0, y_0), die durch $|x - x_0| < a$ und $|y - y_0| < b$ festgelegt ist, stetig ist.

2. LIPSCHITZ–Bedingung
bezüglich y nennt man die Forderung

$$|f(x, y_1) - f(x, y_2)| \le N|y_1 - y_2|, \tag{9.3}$$

für alle x, y_1, y_2 aus G, wobei N nicht von x, y_1 und y_2 abhängen darf. Ist sie erfüllt, dann ist die Lösung von (9.2) eindeutig und eine stetige Funktion von y_0. Die Erfüllung der LIPSCHITZ–Bedingung ist stets dann gegeben, wenn $f(x, y)$ in dem betrachteten Gebiet eine beschränkte partielle Ableitung $\partial f/\partial y$ besitzt. In 9.1.1.4 sind Fälle angeführt, in denen die Voraussetzungen des CAUCHYschen Existenzsatzes nicht erfüllt sind.

3. Richtungsfeld

Wenn durch den Punkt $M(x, y)$ die Kurve einer Lösung $y = \varphi(x)$ der Differentialgleichung $y' = f(x, y)$ geht, dann kann der Richtungsfaktor dy/dx der Tangente an die Kurve in diesem Punkt unmittelbar aus der Differentialgleichung bestimmt werden. Damit definiert die Differentialgleichung in jedem Punkt die Richtung der Tangente an eine Lösungskurve. Die Gesamtheit dieser Richtungen **(Abb.9.1)** bildet das *Richtungsfeld*. Als Element des Richtungsfeldes bezeichnet man einen Punkt zusammen mit der in

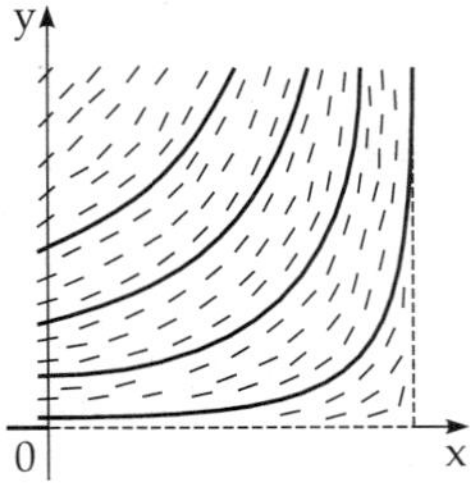

Abbildung 9.1

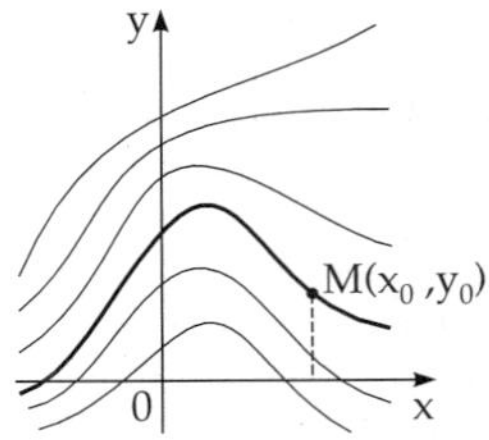

Abbildung 9.2

ihm gegebenen Richtung. Geometrisch betrachtet bedeutet die Integration einer Differentialgleichung erster Ordnung somit die Verbindung der Elemente des Richtungsfeldes zu *Integralkurven*, deren Tangenten in jedem Punkt eine Richtung besitzen, die mit der des Richtungsfeldes in dem betreffenden Punkt übereinstimmt.

4. Vertikale Richtungen

Wenn in einem Feld vertikale Richtungen auftreten, d. h. wenn die Funktion $f(x, y)$ einen Pol besitzt, vertauscht man die Rolle der abhängigen und unabhängigen Variablen und faßt die Differentialgleichung

$$\frac{dx}{dy} = \frac{1}{f(x, y)} \tag{9.4}$$

als äquivalent zur vorgegebenen Differentialgleichung (9.2) auf. In den Gebieten, in denen die Bedingungen des Existenzsatzes für die Differentialgleichungen (9.2) oder (9.4) erfüllt sind, geht durch jeden Punkt $M(x_0, y_0)$ eine eindeutig bestimmte Integralkurve **(Abb.9.2)**.

5. Allgemeines Integral

Die Gesamtheit aller Integralkurven hängt von einem Parameter ab und kann durch die Gleichung

$$F(x, y, C) = 0 \tag{9.5a}$$

der zugehörigen einparametrigen Kurvenschar beschrieben werden. Der Parameter C, die willkürliche Konstante, ist frei wählbar und unbedingter Bestandteil des allgemeinen Integrals jeder Differentialgleichung erster Ordnung. Ein partikuläres Integral $y = \varphi(x)$, das der Bedingung $y_0 = \varphi(x_0)$ genügt, kann aus dem allgemeinen Integral (9.5a) gewonnen werden, indem C aus der Gleichung

$$F(x_0, y_0, C) = 0. \tag{9.5b}$$

bestimmt wird.

9.1.1.2 Wichtige Integrationsmethoden

1. Trennung der Variablen

Wenn eine Differentialgleichung auf die Form

$$M(x)N(y)dx + P(x)Q(y)dy = 0 \tag{9.6a}$$

gebracht werden kann, dann kann sie auch in der Form

$$R(x)dx + S(y)dy = 0 \tag{9.6b}$$

dargestellt werden, in der die Variablen x und y voneinander getrennt in zwei Termen auftreten. Dazu ist die Gleichung (9.6a) durch $P(x)N(y)$ zu dividieren. Für das allgemeine Integral ergibt sich

$$\int \frac{M(x)}{P(x)}dx + \int \frac{Q(y)}{N(y)}dy = C. \tag{9.7}$$

Sollten für irgendwelche Werte $x = \overline{x}$ oder $y = \overline{y}$ die Funktionen $P(x)$ oder $N(y)$ Null werden, dann sind $x = \overline{x}$ und $y = \overline{y}$ ebenfalls Integrale der Differentialgleichung.

■ $xdy + ydx = 0;\quad \int \frac{dy}{y} + \int \frac{dx}{x} = C;\quad \ln y + \ln x = C = \ln c;\quad yx = c.$

2. Homogene Gleichungen oder Ähnlichkeitsdifferentialgleichungen

Wenn $M(x,y)$ und $N(x,y)$ homogene Funktionen gleichen Grades sind (s. S. 105), dann kann in der Gleichung

$$M(x,y)dx + N(x,y)dy = 0 \tag{9.8}$$

die Trennung der Variablen durch die Substitution $u = y/x$ erreicht werden.

■ $x(x-y)y' + y^2 = 0,\quad y = u(x)x,\quad y' = u + u'x$ oder in Differentialschreibweise $y^2dx + x(x-y)dy = 0,$ so daß $y = ux,\quad dy = udx + xdu,$ und $x^2(1-u)u' + x^2u = 0,$ $\int (1-u)/u\,du = \int dx/x$. In Differentialschreibweise folgt $u^2x^2dx + x^2(1-u)(xdu + udx) = 0,$ $\frac{dx}{x} + \frac{(1-u)du}{u} = 0.$ Somit ist $\ln x + \ln u - u = C = \ln c,\quad ux = ce^u,\quad y = ce^{y/x}$. Wie man gemäß Punkt 1 erkennt, ist die Gerade $x = 0$ auch eine Integralkurve.

3. Exakte Differentialgleichung

wird eine Gleichung der Form

$$M(x,y)dx + N(x,y)dy = 0 \quad \text{bzw.} \quad N(x,y)y' + M(x,y) = 0 \tag{9.9a}$$

genannt, wenn eine Funktion $\Phi(x,y)$ existiert, die der Gleichung

$$M(x,y)dx + N(x,y)dy \equiv d\Phi(x,y) \tag{9.9b}$$

genügt, d. h. wenn die linke Seite von (9.9a) das totale Differential einer Funktion $\Phi(x,y)$ ist (s. S. 290). Die notwendige und hinreichende Bedingung dafür, daß die Gleichung (9.9a) eine exakte Differentialgleichung ist, besteht darin, daß die Funktionen $M(x,y)$ und $N(x,y)$ sowie ihre partiellen Ableitungen erster Ordnung in einem einfach zusammenhängenden Gebiet stetig sind und die Bedingung

$$\frac{\partial M}{\partial y} = \frac{\partial N}{\partial x} \tag{9.9c}$$

erfüllen. Das allgemeine Integral von (9.9a) ist in diesem Falle die Funktion

$$\Phi(x,y) = C \quad (C = \text{const}), \tag{9.9d}$$

die gemäß (8.127b), S. 360 als Integral

$$\Phi(x,y) = \int_{x_0}^{x} M(\xi,y)\,d\xi + \int_{y_0}^{y} N(x_0,\eta)\,d\eta \tag{9.9e}$$

berechnet werden kann, wobei x_0 und y_0 beliebig gewählt werden können.

■ Beispiele werden weiter unten behandelt.

4. Integrierender Faktor

wird eine Funktion $\mu(x,y)$ genannt, wenn die Gleichung

$$Mdx + Ndy = 0 \tag{9.10a}$$

durch Multiplikation mit $\mu(x,y)$ in eine exakte Differentialgleichung übergeht. Der integrierende Faktor genügt der Differentialgleichung

$$N\frac{\partial \ln \mu}{\partial x} - M\frac{\partial \ln \mu}{\partial y} = \frac{\partial M}{\partial y} - \frac{\partial N}{\partial x}. \tag{9.10b}$$

Jede beliebige partikuläre Lösung dieser Gleichung ist ein integrierender Faktor. In vielen Fällen ist der integrierende Faktor $\mu(x,y)$ von der speziellen Form $\mu(x)$, $\mu(y)$, $\mu(xy)$ oder $\mu(x^2+y^2)$.

■ Es ist die Differentialgleichung $(x^2+y)dx - xdy = 0$ zu lösen. Die Gleichung für den integrierenden Faktor lautet $-x\dfrac{\partial \ln\mu}{\partial x} - (x^2+y)\dfrac{\partial \ln\mu}{\partial y} = 2$. Ein integrierender Faktor, der von y unabhängig ist, ergibt sich aus $x\dfrac{\partial \ln\mu}{\partial x} = -2$ zu $\mu = \dfrac{1}{x^2}$. Multiplikation der gegebenen Differentialgleichung mit μ liefert $\left(1+\dfrac{y}{x^2}\right)dx - \dfrac{1}{x}dy = 0$. Das allgemeine Integral für $x_0 = 1$, $y_0 = 0$ lautet dann

$$\Phi(x,y) \equiv \int_1^x \left(1+\frac{y}{\xi^2}\right)d\xi - \int_0^y d\eta = C \quad \text{oder} \quad x - \frac{y}{x} = C_1.$$

5. Lineare Differentialgleichung erster Ordnung

wird eine Gleichung der Form

$$y' + P(x)y = Q(x), \tag{9.11a}$$

genannt, in der die unbekannte Funktion und ihre Ableitung nur in der ersten Potenz, d.h. linear auftreten. Der integrierende Faktor ist hier

$$\mu = e^{\int P\,dx}, \tag{9.11b}$$

das allgemeine Integral ergibt sich gemäß

$$y = e^{-\int P\,dx}\left[\int Q e^{\int P\,dx}dx + C\right]. \tag{9.11c}$$

Wenn in dieser Formel das unbestimmte Integral überall durch das bestimmte Integral in den Grenzen x_0 und x ersetzt wird, dann gilt für die Lösung $y(x_0) = C$ (s. S. 334). Ist y_1 irgend eine partikuläre Lösung der Differentialgleichung, dann ergibt sich die allgemeine Lösung nach der Formel

$$y = y_1 + Ce^{-\int P\,dx}. \tag{9.11d}$$

Sind zwei linear unabhängige partikuläre Lösungen $y_1(x)$ und $y_2(x)$ (s. S. 389) bekannt, dann erhält man die allgemeine Lösung ohne Integration gemäß

$$y = y_1 + C(y_2 - y_1). \tag{9.11e}$$

■ Es ist die Differentialgleichung $y' - y\tan x = \cos x$ mit den Anfangsbedingungen $x_0 = 0$, $y_0 = 0$ zu integrieren. Man berechnet $e^{-\int_0^x \tan x\,dx} = \cos x$ und erhält gemäß (9.11c) die Lösung

$$y = \frac{1}{\cos x}\int_0^x \cos^2 x\,dx = \frac{1}{\cos x}\left[\frac{\sin x\cos x + x}{2}\right] = \frac{\sin x}{2} + \frac{x}{2\cos x}.$$

6. BERNOULLIsche Differentialgleichung

wird die Gleichung

$$y' + P(x)y = Q(x)y^n \quad (n \neq 0, n \neq 1) \tag{9.12}$$

genannt, die sich durch Division mit y^n und Einführung der neuen Variablen $z = y^{-n+1}$ auf eine lineare Differentialgleichung zurückführen läßt.

■ Es ist die Differentialgleichung $y' - \dfrac{4y}{x} = x\sqrt{y}$ zu integrieren. Da $n = 1/2$, erhält man durch Division mit $\sqrt{y}$ und Einführung der neuen Variablen $z = \sqrt{y}$ die Gleichung $\dfrac{dz}{dx} - \dfrac{2z}{x} = \dfrac{x}{2}$. Nach der Formel für die Lösung einer linearen Differentialgleichung ist $e^{\int P\,dx} = \dfrac{1}{x^2}$ und $z = x^2\left[\int \dfrac{x}{2}\dfrac{1}{x^2}dx + C\right] = x^2\left[\dfrac{1}{2}\ln x + C\right]$. Somit ergibt sich $y = x^4\left(\dfrac{1}{2}\ln x + C\right)^2$.

7. Riccatische Differentialgleichung
heißt die Gleichung

$$y' = P(x)y^2 + Q(x)y + R(x), \tag{9.13a}$$

die im allgemeinen nicht durch Quadraturen gelöst werden kann, d.h. nicht durch endlich viele aufeinander folgende Integrationen. Ist aber eine partikuläre Lösung y_1 der Riccatischen Differentialgleichung bekannt, dann läßt sich diese durch die Substitution

$$y = y_1 + \frac{1}{z} \tag{9.13b}$$

auf eine lineare Differentialgleichung für z zurückführen. Kennt man noch eine zweite Lösung y_2, so ist

$$z_1 = \frac{1}{y_2 - y_1} \tag{9.13c}$$

eine partikuläre Lösung der linearen Differentialgleichung für die Variable z, so daß sich ihre Integration vereinfacht. Sollten sogar drei Lösungen y_1, y_2 und y_3 bekannt sein, dann ist das allgemeine Integral der Riccatischen Differentialgleichung

$$\frac{y - y_2}{y - y_1} : \frac{y_3 - y_2}{y_3 - y_1} = C. \tag{9.13d}$$

Durch die Substitution

$$y = \frac{u}{P(x)} + \beta(x) \tag{9.13e}$$

läßt sich die Riccatische Differentialgleichung stets in die Normalform

$$\frac{du}{dx} = u^2 + R(x) \tag{9.13f}$$

überführen. Mit der Substitution

$$y = -\frac{v'}{P(x)v} \tag{9.13g}$$

ergibt sich daraus eine lineare Differentialgleichung zweiter Ordnung (s. S. 396)

$$Pv'' - (P' + PQ)v' + P^2Rv = 0. \tag{9.13h}$$

■ Es ist die Differentialgleichung $y' + y^2 + \frac{1}{x}y - \frac{4}{x^2} = 0$ zu lösen. Man setzt $y = z + \beta(x)$, substituiert und erhält für den Koeffizienten der ersten Potenz von z den Ausdruck $2\beta + 1/x$, der zum Verschwinden gebracht wird, indem man $\beta(x) = -1/2x$ setzt. Somit ergibt sich $z' - z^2 - \frac{15}{4x^2} = 0$. Man sucht partikuläre Lösungen der Form $z_1 = \frac{a}{x}$ und findet durch Einsetzen $a_1 = -\frac{3}{2}$, $a_2 = \frac{5}{2}$, d. h. zwei partikuläre Lösungen $z_1 = -\frac{3}{2x}$, $z_2 = \frac{5}{2x}$. Die Substitution $z = \frac{1}{u} + z_1 = \frac{1}{u} - \frac{3}{2x}$ liefert $u' + \frac{3u}{x} = 1$. Durch Einsetzen der partikulären Lösung $u_1 = \frac{1}{z_2 - z_1} = \frac{x}{4}$ ergibt sich die allgemeine Lösung $u = \frac{x}{4} + \frac{C}{x^3} = \frac{x^4 + C_1}{4x^3}$ und hiermit $y = \frac{1}{u} - \frac{3}{2x} - \frac{1}{2x} = \frac{2x^4 - 2C_1}{x^5 + C_1 x}$.

9.1.1.3 Implizite Differentialgleichungen

1. Lösung in Parameterform
Gegeben sei eine Differentialgleichung in der impliziten Form

$$F(x, y, y') = 0. \tag{9.14a}$$

Ein Verfahren, zu einer Auflösung nach y' zu kommen, geht von dem Satz aus, daß durch einen Punkt $M(x_0, y_0)$ genau n Integralkurven verlaufen, wenn die folgenden Bedingungen erfüllt sind:
a) In dem Punkt $M(x_0, y_0)$ besitze die Gleichung $F(x_0, y_0, p) = 0$ mit $p = dy/dx$ n reelle Wurzeln $p_1, \ldots p_n$.
b) Die Funktion $F(x, y, p)$ und ihre ersten Ableitungen seien für $x = x_0$, $y = y_0$, $p = p_i$ stetig, und es gelte $\partial F/\partial p \neq 0$.
Wenn sich eine gegebene Gleichung nach y' auflösen läßt, dann zerfällt sie in n Gleichungen von der eben beschriebenen Form, nach deren Lösung man n Integralkurvenscharen erhält. Sollte sich eine Gleichung in der Form $x = \varphi(y, y')$ oder $y = \psi(x, y')$ darstellen lassen, dann erhält man, indem $y' = p$ gesetzt und p als Hifsveränderliche verstanden wird, durch Differentiation nach y bzw. x eine Gleichung in dp/dy bzw. dp/dx, die nach der Ableitung aufgelöst ist. Ihre Lösung zusammen mit der Ausgangsgleichung (9.14a) ergibt dann die Lösung in Parameterform.

■ Es ist die Differentialgleichung $x = yy' + y'^2$ zu lösen. Man setzt $y' = p$ und erhält $x = py + p^2$. Differentiation nach y und Setzen von $\dfrac{dx}{dy} = \dfrac{1}{p}$ liefert $\dfrac{1}{p} = p + (y + 2p)\dfrac{dp}{dy}$ oder $\dfrac{dy}{dp} - \dfrac{py}{1 - p^2} = \dfrac{2p^2}{1 - p^2}$. Die Auflösung dieser in y linearen Gleichung ergibt $y = -p + \dfrac{c + \arcsin p}{\sqrt{1 - p^2}}$. Einsetzen in die Ausgangsgleichung für x ergibt die Lösung in Parameterform.

2. LAGRANGEsche Differentialgleichung

wird die Gleichung

$$a(y')x + b(y')y + c(y') = 0 \tag{9.15a}$$

genannt. Ihre Lösung kann stets durch die oben angegebene Methode berechnet werden. Wenn für $p = p_0$

$$a(p) + b(p)p = 0 \quad (9.15\text{b}) \qquad \text{gilt, dann ist} \quad a(p_0)x + b(p_0)y + c(p_0) = 0 \quad (9.15\text{c})$$

ein singuläres Integral.

3. CLAIRAUTsche Differentialgleichung

heißt der Spezialfall der LAGRANGEschen Differentialgleichung, der sich für

$$a(p) + b(p)p \equiv 0 \tag{9.16a}$$

ergibt, und der stets auf die Form

$$y = y'x + f(y') \tag{9.16b}$$

gebracht werden kann. Die allgemeine Lösung lautet

$$y = Cx + f(C). \tag{9.16c}$$

Neben der allgemeinen Lösung besitzt die CLAIRAUTsche Differentialgleichung ein singuläres Integral, das man durch Elimination der Konstanten C aus den Gleichungen

$$y = Cx + f(C) \quad (9.16\text{d}) \qquad \text{und} \quad 0 = x + f'(C) \quad (9.16\text{e})$$

erhält, wobei die zweite Gleichung aus der ersten durch Differentiation nach C gewonnen wird. Die geometrische Bedeutung der singulären Lösung besteht darin, daß sie die Einhüllende (s. S. 206) der lösenden Geradenschar darstellt **(Abb.9.3)**.

■ Es ist die Differentialgleichung $y = xy' + y'^2$ zu lösen. Das allgemeine Integral ist $y = Cx + C^2$, das singuläre wird unter Zuhilfenahme der Gleichung $x + 2C = 0$ zur Elimination von C zu $x^2 + 4y = 0$ berechnet. **Abb.9.3** zeigt diesen Fall.

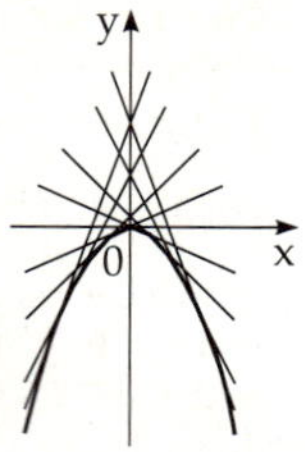

Abbildung 9.3

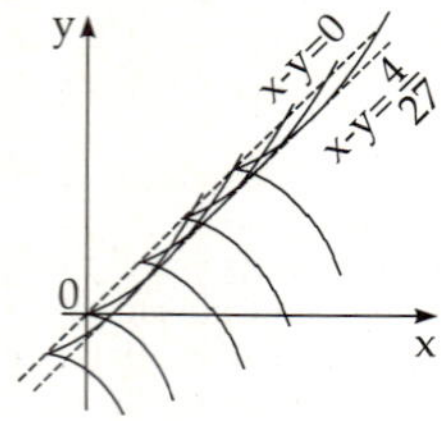

Abbildung 9.4

9.1.1.4 Singuläre Integrale und singuläre Punkte

1. Singuläres Element

Ein Element (x_0, y_0, y_0') wird *singuläres Element* der Differentialgleichung genannt, wenn es außer de Differentialgleichung

$$F(x, y, y') = 0 \qquad (9.17a$$

auch der Gleichung

$$\partial F/\partial y' = 0 \qquad (9.17b$$

genügt.

2. Singuläres Integral

Eine Integralkurve aus singulären Elementen heißt eine *singuläre Integralkurve*, die Gleichung

$$\varphi(x, y) \qquad (9.17c$$

einer singulären Integralkurve wird ein *singuläres Integral* genannt. Die Einhüllenden der Integralkur ven sind singuläre Integralkurven **(Abb.9.3)**; sie bestehen ihrerseits ebenfalls aus singulären Elemen ten.

Die Eindeutigkeit der Lösung (s. Existenzsatz S. 376) geht für alle Punkte einer singulären Integral kurve verloren.

3. Bestimmung singulärer Integrale

Gewöhnlich kann ein singuläres Integral für keinen Wert der beliebigen Konstanten aus dem allgemei nen Integral ermittelt werden. Zur Bestimmung des singulären Integrals einer Differentialgleichung (9.17a) mit $p = y'$ muß die Gleichung

$$\frac{\partial F}{\partial p} = 0 \qquad (9.17d$$

hinzugezogen und p eliminiert werden. Wenn die so gewonnene Beziehung ein Integral der gegebenen Differentialgleichung ist, dann ist sie ein singuläres Integral. Die Gleichung des Integrals ist zuvor auf eine Form zu bringen, die keine mehrdeutigen Funktionen enthält, insbesondere keine Radikale wobei auch die komplexen Funktionswerte zu berücksichtigen sind. *Radikale* sind Ausdrücke, die durch Ineinanderschachtelung von algebraischen Gleichungen auftreten (s. S. 47). Wenn die Gleichung der Integralkurvenschar bekannt ist, d. h. das allgemeine Integral der gegebenen Differentialgleichung dann kann die Bestimmung der Einhüllenden der Kurvenschar, die singuläre Integrale darstellen, mit den Methoden der Differentialgeometrie erfolgen (s. S. 206).

■ **A:** Es ist die Differentialgleichung $x - y - \frac{4}{9}p^2 + \frac{8}{27}p^3 = 0$ zu lösen. Die Berechnung der zusätzlichen Gleichung mit Hilfe von (9.17d) ergibt $-\frac{8}{9}p + \frac{8}{9}p^2 = 0$. Elimination von p liefert a) $x - y = 0$ und b) $x - y = \frac{4}{27}$, wobei a) keine, b) eine singuläre Lösung ist, ein Spezialfall der allgemeinen Lösung

$(y - C)^2 = (x - C)^3$. Die Integral kurven und Linien von a) und b) zeigt die **Abb.9.4**.

■ **B:** Es ist die Differentialgleichung $y' - \ln|x| = 0$ zu lösen. Dazu wird die Gleichung auf die Form $e^p - |x| = 0$ gebracht. Außerdem ist $\frac{\partial F}{\partial p} \equiv e^p = 0$. Das singuläre Integral ergibt sich durch Elimination von p zu $x = 0$.

4. Singuläre Punkte einer Differentialgleichung

sind Punkte, in denen die rechte Seite der Differentialgleichung

$$y' = f(x, y) \tag{9.18a}$$

nicht definiert ist.

1. Die Differentialgleichung

$$\frac{dy}{dx} = \frac{ax + by}{cx + ey} \qquad (ae - bc \neq 0) \tag{9.18b}$$

besitzt im Punkt $(0, 0)$ einen *isolierten singulären Punkt*, da die Bedingungen des Existenzsatzes lediglich in jedem beliebig nahe an $(0, 0)$ gelegenen Punkt gelten, nicht aber in diesem selbst. Streng genommen sind die genannten Bedingungen in diesem Falle für alle Punkte nicht erfüllt, für die $cx + ey = 0$ ist. Die Erfüllung der Bedingungen kann dadurch erzwungen werden, daß die Rolle der abhängigen und unabhängigen Variablen vertauscht und die Gleichung

$$\frac{dx}{dy} = \frac{cx + ey}{ax + by} \tag{9.18c}$$

betrachtet wird.

Das Verhalten der Integralkurven in der Nähe des singulären Punktes hängt von den Wurzeln der *charakteristischen Gleichung*

$$\lambda^2 - (b + c)\lambda + bc - ae = 0 \tag{9.18d}$$

ab. Dabei können die folgenden Fälle unterschieden werden:

Fall 1: Wenn die Wurzeln reell sind und gleiches Vorzeichen besitzen, dann ist der singuläre Punkt ein *Knotenpunkt*. In der Umgebung des singulären Punktes verlaufen alle Integralkurven durch ihn hindurch und verfügen hier, sofern die Wurzeln nicht zusammenfallen, ausgenommen eine Integralkurve, über eine gemeinsame Tangente. Im Falle einer Doppelwurzel haben entweder alle Integralkurven eine gemeinsame Tangente, oder durch den singulären Punkt verläuft in jeder Richtung eine eindeutige Kurve.

■ **A:** Für die Differentialgleichung $\frac{dy}{dx} = \frac{2y}{x}$ lautet die charakteristische Gleichung $\lambda^2 - 3\lambda + 2 = 0$, $\lambda_1 = 2$, $\lambda_2 = 1$. Die Integralkurven gehorchen der Gleichung $y = Cx^2$ (**Abb.9.5**). Die Gerade $x = 0$ ist in der allgemeinen Lösung ebenfalls enthalten, was aus der Form $x^2 = C_1 y$ hervorgeht.

■ **B:** Die charakteristische Gleichung für $\frac{dy}{dx} = \frac{x + y}{x}$ lautet $\lambda^2 - 2\lambda + 1 = 0$, $\lambda_1 = \lambda_2 = 1$. Integralkurven sind $y = x \ln|x| + Cx$ (**Abb.9.6**). Der singuläre Punkt ist ein sogenannter *Knotenpunkt*.

■ **C:** Die charakteristische Gleichung für $\frac{dy}{dx} = \frac{y}{x}$ lautet $\lambda^2 - 2\lambda + 1 = 0$, $\lambda_1 = \lambda_2 = 1$. Integralkurven sind $y = Cx$ (**Abb.9.7**). Der singuläre Punkt ist ein sogenannter *Strahlpunkt*.

Fall 2: Wenn die Wurzeln reell sind und verschiedene Vorzeichen besitzen, ist der singuläre Punkt ein *Sattelpunkt*, durch den zwei Integralkurven verlaufen.

■ **D:** Die charakteristische Gleichung für $\frac{dy}{dx} = -\frac{y}{x}$ lautet $\lambda^2 - 1 = 0$, $\lambda_1 = +1$, $\lambda_2 = -1$. Integralkurven sind $xy = C$ (**Abb.9.8**). Für $C = 0$ gibt es die partikulären Integrale $x = 0$, $y = 0$.

Fall 3: Wenn die Wurzeln konjugiert komplex sind, dann ist der singuläre Punkt ein *Strudelpunkt*, auf den sich die Integralkurven in unendlich vielen Windungen aufwinden.

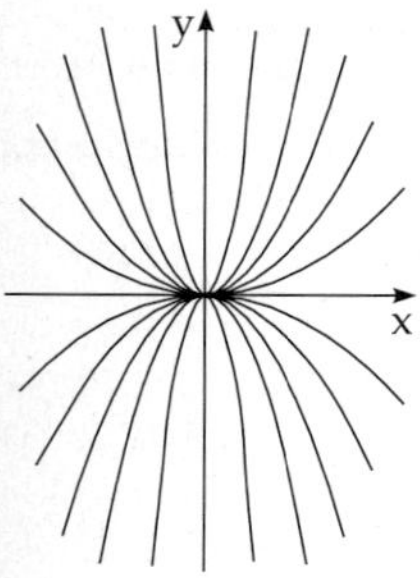

Abbildung 9.5

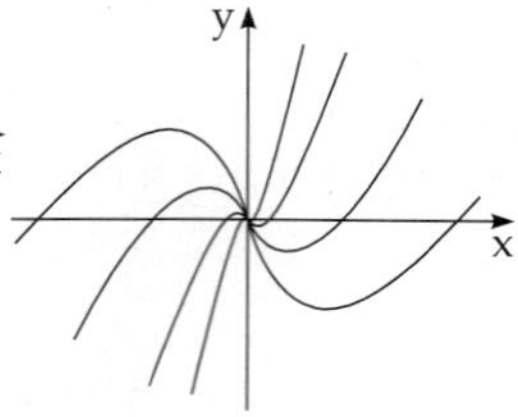

Abbildung 9.6

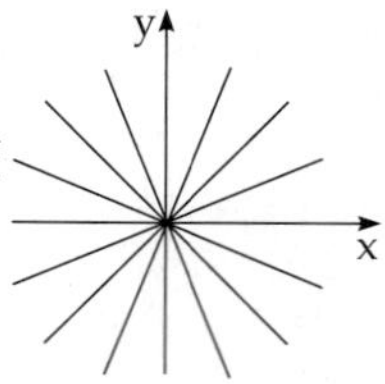

Abbildung 9.7

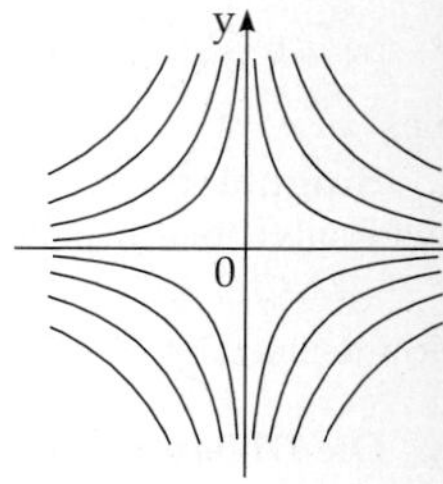

Abbildung 9.8

■ **E:** Die charakteristische Gleichung für $\frac{dy}{dx} = \frac{x+y}{x-y}$ ist $\lambda^2 - 2\lambda + 2 = 0$, $\lambda_1 = 1 + \mathrm{i}$, $\lambda_2 = 1 - \mathrm{i}$ Integralkurven in Polarkoordinaten sind $r = Ce^{\varphi}$ **(Abb.9.9)**.

Fall 4: Wenn die Wurzeln rein imaginär sind, dann ist der singuläre Punkt ein *Wirbelpunkt*, der vo

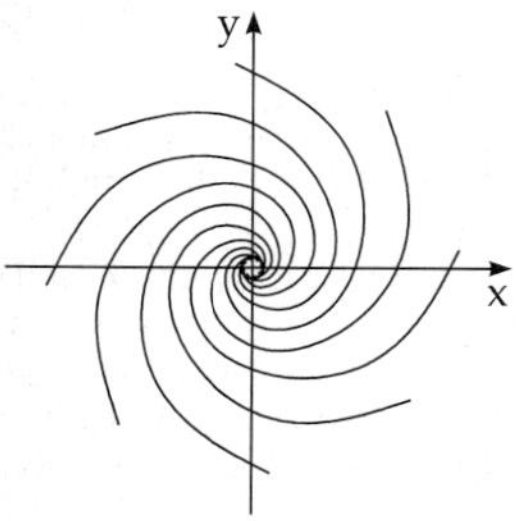

Abbildung 9.9

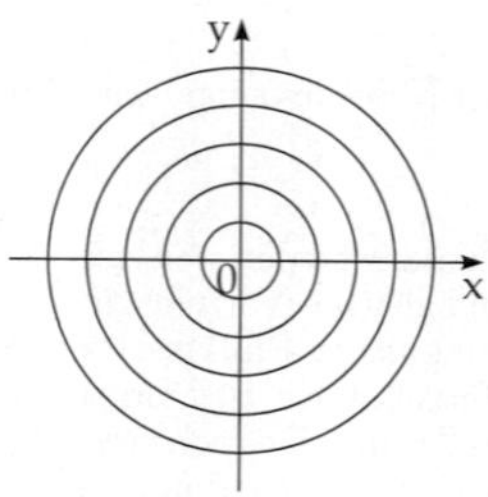

Abbildung 9.10

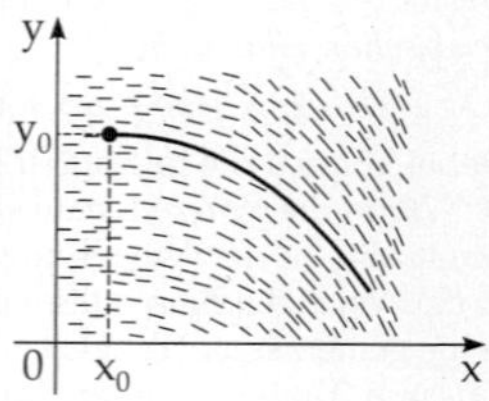

Abbildung 9.11

der Schar geschlossener Integralkurven eingeschlossen wird.

■ **F:** Die charakteristische Gleichung für $\frac{dy}{dx} = -\frac{x}{y}$ ist $\lambda^2 + 1 = 0$, $\lambda_1 = \mathrm{i}$, $\lambda_2 = -\mathrm{i}$. Integralkurven sind $x^2 + y^2 = C$ **(Abb.9.10)**.

2. Die Differentialgleichung

$$\frac{dy}{dx} = \frac{P(x,y)}{Q(x,y)} \tag{9.19a}$$

besitzt singuläre Punkte für Werte der Variablen, für die

$$P(x,y) = Q(x,y) = 0 \tag{9.19b}$$

gilt. Wenn P und Q stetige Funktionen sind, die stetige partielle Ableitungen besitzen, dann kann (9.19a) in der Form

$$\frac{dy}{dx} = \frac{a(x-x_0) + b(y-y_0) + P_1(x,y)}{c(x-x_0) + e(y-y_0) + Q_1(x,y)} \tag{9.19c}$$

dargestellt werden. Dabei sind x_0 und y_0 die Koordinaten des singulären Punktes, und die Werte von $P_1(x,y)$ sowie $Q_1(x,y)$ müssen infinitesimal von höherer Ordnung im Vergleich zum Abstand des Punktes (x,y) zum singulären Punkt (x_0,y_0) sein. Unter diesen Voraussetzungen ist die Art der singulären Punkte der gegebenen Differentialgleichung die gleiche wie für den singulären Punkt der *Näherungsgleichung*, die durch Weglassen von P_1 und Q_1 entsteht. Dazu gibt es die folgenden Ausnahmen:
α) Wenn der singuläre Punkt ein Wirbelpunkt ist, dann ist der singuläre Punkt der Ausgangsgleichung entweder ein Wirbelpunkt oder ein Strudelpunkt;
β) wenn $ae - bc = 0$, d. h. $\frac{a}{c} = \frac{b}{e}$ oder $a = c = 0$ bzw. $a = b = 0$ ist, dann müssen, damit die Art des singulären Punktes bestimmt werden kann, Glieder höherer Ordnung in die Betrachtung einbezogen werden.

9.1.1.5 Näherungsmethoden zur Integration von Differentialgleichungen 1. Ordnung

1. Methode der schrittweisen Näherung nach PICARD

Die Integration der Differentialgleichung

$$y' = f(x,y) \tag{9.20a}$$

mit den Anfangsbedingungen $y = y_0$ für $x = x_0$ liefert

$$y = y_0 + \int_{x_0}^{x} f(x,y)\,dx. \tag{9.20b}$$

Wird in die rechte Seite von (9.20b) anstelle von y eine angemessen ausgewählte Funktion $y_1(x)$ eingesetzt, dann ergibt sich eine neue Funktion $y_2(x)$, die sich von $y_1(x)$ unterscheidet, wenn nicht $y_1(x)$ bereits eine Lösung von (9.20a) ist. Nach Einsetzen von $y_2(x)$ in die rechte Seite von (9.20b) anstelle von y erhält man eine Funktion $y_3(x)$. Die durch Fortsetzen des Verfahrens gewonnene Funktionenfolge $y_1, y_2, y_3, \ldots$ konvergiert gegen die gesuchte Lösung in einem gewissen, den Punkt x_0 enthaltenden Intervall, wenn die Bedingungen des Existenzsatzes erfüllt sind (s. S. 376). Diese PICARD*sche Methode der schrittweisen Approximation* ist ein *Iterationsverfahren* (s. S. 746).

■ Es ist die Differentialgleichung $y' = e^x - y^2$ für die Anfangsbedingungen $x_0 = 0$, $y_0 = 0$ zu lösen. Umschreibung in die Integralform und Anwendung der sukzessiven Approximation, beginnend mit $y_0 = 0$ liefert

$$y_1 = \int_0^x e^x\,dx = e^x - 1, \quad y_2 = \int_0^x \left[e^x - (e^x-1)^2\right] dx = 3e^x - \frac{1}{2}e^{2x} - x - \frac{5}{2} \quad \text{usw.}$$

2. Integration durch Reihenentwicklung

Die TAYLORsche Reihenentwicklung der Lösung einer Differentialgleichung (s. S. 311) ist in der Form

$$y = y_0 + (x-x_0){y_0}' + \frac{(x-x_0)^2}{2}{y_0}'' + \cdots + \frac{(x-x_0)^n}{n!}{y_0}^{(n)} + \cdots \tag{9.21}$$

darstellbar, wenn die Werte ${y_0}'$, ${y_0}''$,$\ldots$ ${y_0}^{(n)}$, $\ldots$ aller Ableitungen der Lösungsfunktion für den Anfangswert x_0 der unabhängigen Variablen bekannt sind. Man kann sie durch sukzessives Differenzieren der Differentialgleichung und Einsetzen der Anfangsbedingungen bestimmen. Wenn die Differentiation der Differentialgleichung beliebig oft möglich ist, konvergiert die so gewonnene Reihe in einer gewissen Umgebung des Anfangswertes der unabhängigen Variablen. Man kann diese Methode auch bei der Lösung von Differentialgleichungen n–ter Ordnung einsetzen.
Häufig ist es vorteilhaft, die Lösung in der Form einer Reihe mit unbestimmten Koeffizienten anzusetzen, die mit Hilfe der Bedingung bestimmt werden, daß die Gleichung erfüllt wird, wenn man die Reihe einsetzt.

■ **A:** Zur Lösung der Differentialgleichung $y' = e^x - y^2$, $x_0 = 0$, $y_0 = 0$ kann $y = a_1x + a_2x^2 + a_3x^3 + \cdots + a_nx^n + \cdots$ gesetzt werden. Einsetzen in die Gleichung liefert unter Berücksichtigung von S^2 in

Tabelle7.4

$$a_1 + 2a_2x + 3a_3x^2 + \cdots + \left[{a_1}^2x^2 + 2a_1a_2x^3 + ({a_2}^2 + 2a_1a_3)x^4 + \cdots\right] = 1 + x + \frac{x^2}{2} + \frac{x^3}{6} + \cdots.$$

Hieraus folgt durch Koeffizientenvergleich $a_1 = 1$, $2a_2 = 1$, $3a_3 + {a_1}^2 = \frac{1}{2}$, $4a_4 + 2a_1a_2 = \frac{1}{6}$ usw. Sukzessive Lösung dieser Gleichungen und Einsetzen der gefundenen Koeffizienten in die Reihe liefert $y = x + \frac{x^2}{2} - \frac{x^3}{6} - \frac{5}{24}x^4 + \cdots$.

■ **B:** Die gleiche Differentialgleichung mit den gleichen Anfangsbedingungen kann auch folgendermaßen gelöst werden: Man setzt in den Gleichungen $x = 0$ und erhält ${y_0}' = 1$. Außerdem ergibt sich $y'' = e^x - 2yy'$, ${y_0}'' = 1$, $y''' = e^x - 2y'^2 - 2yy''$, ${y_0}''' = -1$, $y^{(4)} = e^x - 6y'y'' - 2yy'''$, ${y_0}^{(4)} = -5$. Gemäß dem Satz von TAYLOR folgt $y = x + \frac{x^2}{2!} - \frac{x^3}{3!} - \frac{5x^4}{4!} + \cdots$.

3. Graphische Integration von Differentialgleichungen
ist ein Verfahren, das vom Begriff des Richtungsfeldes ausgeht (s. S. 377). Die Integralkurve wird durch einen vom gegebenen Anfangspunkt ausgehenden Polygonzug dargestellt **(Abb.9.11)**, der aus kurzen Teilstrecken zusammengesetzt wird. Die Richtungen der Teilstrecken stimmen jeweils mit der Richtung des Richtungsfeldes im Anfangspunkt der Teilstrecke überein. Dieser ist seinerseits zugleich Endpunkt der vorhergehenden Teilstrecke.

4. Numerische Integration
Die numerische Integration von Differentialgleichungen wird in Kapitel 19.4 ausführlich behandelt (s. S. 765). Auf die numerische Differentiation der Differentialgleichung $y' = f(x, y)$ ist man vor allem dann angewiesen, wenn sie nicht in den Spezialfällen enthalten ist, deren analytische Lösung in den vorausgehenden Abschnitten beschrieben worden ist, oder wenn $f(x, y)$ zu kompliziert ist. Das wird insbesondere dann der Fall sein, wenn $f(x, y)$ nichtlinear von y abhängt.

9.1.2 Differentialgleichungen höherer Ordnung und Systeme von Differentialgleichungen

9.1.2.1 Grundlegende Betrachtungen

1. Existenz einer Lösung

1. Zurückführung auf ein System von Differentialgleichungen: Jede explizite Differentialgleichung n-ter Ordnung

$$y^{(n)} = f\left(x, y, y', \ldots, y^{(n-1)}\right) \tag{9.22a}$$

kann durch Einführung der neuen Variablen

$$y_1 = y', \quad y_2 = y'', \ldots, y_{n-1} = y^{(n-1)} \tag{9.22b}$$

auf ein System von n Differentialgleichungen 1. Ordnung

$$y_1 = y', \quad \frac{dy_1}{dx} = y_2, \ldots, \frac{dy_{n-1}}{dx} = f(x, y, y_1, \ldots, y_{n-1}) \tag{9.22c}$$

zurückgeführt werden.

2. Existenz eines Lösungssystems: Das im Vergleich zu (9.22c) allgemeinere System von n Differentialgleichungen

$$\frac{dy_i}{dx} = f_i(x, y_1, y_2, \ldots, y_n) \qquad (i = 1, 2, \ldots, n) \tag{9.23a}$$

besitzt ein eindeutig bestimmtes Lösungssystem

$$y_i = y_i(x) \quad (i = 1, 2, \ldots, n), \tag{9.23b}$$

das in einem Intervall $x_0 - h \leq x \leq x_0 + h$ definiert und stetig ist und für $x = x_0$ die vorgegebenen Anfangswerte $y_i(x_0) = y_i^0$ $(i = 1, 2, \ldots, n)$ annimmt, wenn die Funktionen $f_i(x, y_1, y_2, \ldots, y_n)$ bezüglich aller Variablen stetig sind und die folgende LIPSCHITZ–Bedingung erfüllen.

3. LIPSCHITZ–Bedingung: Funktionen f_i müssen für die Werte x, y_i und $y_i + \Delta y_i$, die in einem gewissen Intervall in der Umgebung der gegebenen Anfangswerte liegen, den Ungleichungen

$$|f_i(x, y_1 + \Delta y_1, y_2 + \Delta y_2, \ldots, y_n + \Delta y_n) - f_i(x, y_1, y_2, \ldots, y_n)| \leq K\left(|\Delta y_1| + |\Delta y_2| + \cdots + |\Delta y_n|\right) \quad (9.24)$$

mit einer gemeinsamen Konstanten K genügen (siehe auch S. 376). Daraus folgt, vorausgesetzt die Funktion $f(x, y, y', \ldots, y^{(n-1)})$ ist stetig und erfüllt die LIPSCHITZ–Bedingung (9.24), daß auch die Gleichung

$$y^{(n)} = f\left(x, y, y', \ldots, y^{(n-1)}\right) \quad (9.25a)$$

eine eindeutige Lösung besitzt, die die Anfangsbedingungen $y = y_0$, $y' = y_0{}'$,...,$y^{(n-1)} = y_0{}^{(n-1)}$ für $x = x_0$ erfüllt und zusammen mit ihren Ableitungen bis einschließlich der $(n-1)$-ten Ordnung stetig ist.

2. Allgemeine Lösung

1. Die allgemeine Lösung der Differentialgleichung (9.25a) enthält n unabhängige willkürliche Konstanten:

$$y = y(x, C_1, C_2, \ldots, C_n). \quad (9.25b)$$

2. Geometrisch betrachtet, wird durch die Gleichung (9.25b) eine n–parametrige Schar von Integralkurven definiert. Jede einzelne dieser Integralkurven, d. h. das Kurvenbild der entsprechenden partikulären Lösung, kann durch spezielle Wahl der willkürlichen Konstanten $C_1, C_2, \ldots, C_n$ erhalten werden. Wenn das partikuläre Integral den oben angegebenen Anfangsbedingungen genügen soll, dann müssen die Werte $C_1, C_2, \ldots, C_n$ aus den folgenden Gleichungen ermittelt werden:

$$\begin{aligned} y(x_0, C_1, \ldots, C_n) &= y_0, \\ \left[\frac{d}{dx} y(x, C_1, \ldots, C_n)\right]_{x=x_0} &= y_0{}', \\ \cdots\cdots\cdots\cdots\cdots\cdots & \\ \left[\frac{d^{n-1}}{dx^{n-1}} y(x, c_1, \ldots, C_n)\right]_{x=x_0} &= y_0{}^{(n-1)}. \end{aligned} \quad (9.25c)$$

Sollten diese Gleichungen für die willkürlichen Anfangswerte in einem bestimmten Gebiet einander widersprechen, dann ist die Lösung in diesem Gebiet nicht allgemein, d. h., die willkürlichen Konstanten sind nicht voneinander linear unabhängig.

3. Auch die allgemeine Lösung des Systems (9.23a) enthält n willkürliche Konstanten. Diese allgemeine Lösung läßt sich auf zweierlei Weise darstellen, entweder aufgelöst nach den unbekannten Funktionen

$$y_1 = F_1(x, C_1, \ldots, C_n), \quad y_2 = F_2(x, C_1, \ldots, C_n), \ldots, y_n = F_n(x, C_1, \ldots, C_n) \quad (9.26a)$$

oder aufgelöst nach den willkürlichen Konstanten

$$\varphi_1(x, y_1, \ldots, y_n) = C_1, \quad \varphi_2(x, y_1, \ldots, y_n) = C_2, \ldots, \varphi_n(x, y_1, \ldots, y_n) = C_n. \quad (9.26b)$$

Im Falle von (9.26b) ist jede Beziehung der Art

$$\varphi_i(x, y_1, \ldots, y_n) = C_i \quad (9.26c)$$

ein *erstes Integral* des Systems (9.23a). Das erste Integral kann unabhängig vom allgemeinen Integral als Beziehung der Art (9.26c) definiert werden. Dabei wird davon ausgegangen, daß (9.26c) zur Identität wird, wenn anstelle der $y_1, y_2, \ldots, y_n$ irgendeine partikuläre Lösung des gegebenen Systems mit einer durch diese partikuläre Lösung bestimmten willkürlichen Konstantenen C_i eingesetzt wird. Wenn irgendein erstes Integral der Form (9.26c) bekannt ist, dann genügt die Funktion $\varphi_i(x, y_1, \ldots, y_n)$ der partiellen Differentialgleichung

$$\frac{\partial \varphi_i}{\partial x} + f_1(x, y_1, \ldots, y_n)\frac{\partial \varphi_i}{\partial y_1} + \cdots + f_n(x, y_1, \ldots, y_n)\frac{\partial \varphi_i}{\partial y_n} = 0. \tag{9.26d}$$

Umgekehrt, jede Lösung $\varphi_i(x, y_1, \ldots, y_n)$ der Differentialgleichung (9.26d) liefert ein erstes Integral des Systems (9.23a) in der Form (9.26c). Das allgemeine Integral des Systems (9.23a) kann aus einem System von n ersten Integralen des Systems (9.23a) gebildet werden, für die die zugehörigen Funktionen $\varphi_i(x, y_1, \ldots, y_n)$ $(i = 1, 2, \ldots, n)$ linear unabhängig sind (s. S. 389).

9.1.2.2 Erniedrigung der Ordnung

Eine der wichtigsten Methoden zur Integration von Differentialgleichungen n-ter Ordnung

$$f\left(x, y, y', \ldots, y^{(n)}\right) = 0. \tag{9.27}$$

ist die Substitution der Variablen, die auf einfachere Differentialgleichungen, insbesondere auf solche mit niedrigerer Ordnung führt. Man kann mehrere Fälle unterscheiden.

1. $\boldsymbol{f = f(y, y', \ldots, y^{(n)})}$**, $\boldsymbol{x}$ tritt nicht auf:**

$$f\left(y, y', \ldots, y^{(n)}\right) = 0. \tag{9.28a}$$

Durch die Substitution

$$\frac{dy}{dx} = p, \quad \frac{d^2y}{dx^2} = p\frac{dp}{dy} \tag{9.28b}$$

kann die Ordnung der Differentialgleichung von n auf $(n-1)$ reduziert werden.

■ Die Verringerung der Ordnung um 1 erfolgt für die Differentialgleichung $yy'' - y'^2 = 0$ mit der Substitution $y' = p, p\,dp/dy = y''$, die auf $ypdp/dy - p^2 = 0$ und $y\,dp/dy - p = 0$ führt und damit auf $p = Cy = dy/dx$, $y = C_1e^{Cx}$. Durch Kürzung mit p geht keine Lösung verloren, da $p = 0$ die Lösung $y = C_1$ liefert, die in der allgemeinen Lösung für $C = 0$ enthalten ist.

2. $\boldsymbol{f = f(x, y', \ldots, y^{(n)})}$**, $\boldsymbol{y}$ tritt nicht explizit auf:**

$$f\left(x, y', ..., y^{(n)}\right) = 0. \tag{9.29a}$$

Die Ordnung der Differentialgleichung kann durch die Substitution

$$y' = p \tag{9.29b}$$

von n auf $(n-1)$ verringert werden. Wenn in der Ausgangsgleichung die ersten k Ableitungen fehlen, dann lautet die Substitution

$$y^{(k+1)} = p. \tag{9.29c}$$

■ Die Ordnung der Differentialgleichung $y'' - xy''' + (y''')^3 = 0$ wird durch die Substitution $y'' = p$ erniedrigt, so daß sich die CLAIRAUTsche Differentialgleichung $p - x\dfrac{dp}{dx} + \left(\dfrac{dp}{dx}\right)^3 = 0$ mit der allgemeinen Lösung $p = C_1x + {C_1}^3$ ergibt. Daraus erhält man $y = \dfrac{C_1x^3}{6} - \dfrac{{C_1}^3x^2}{2} + C_2x + C_3$. Aus der singulären Lösung der CLAIRAUTschen Differentialgleichung $p = \dfrac{2\sqrt{3}}{3}x^{3/2}$ erhält man die singuläre Lösung $y = \dfrac{8\sqrt{3}}{315}x^{7/2} + C_1x + C_2$ der zu lösenden Differentialgleichung.

3. $\boldsymbol{f\left(x, y, y', \ldots, y^{(n)}\right)}$ **ist eine homogene Funktion (s. S. 105) in $\boldsymbol{y, y', y'', \ldots, y^{(n)}}$:**

$$f\left(x, y, y', \ldots, y^{(n)}\right) = 0. \tag{9.30a}$$

Eine Erniedrigung der Ordnung kann durch die Substitution

$$z = \frac{y'}{y} \quad \text{d.h.} \quad y = e^{\int z\,dx} \tag{9.30b}$$

erreicht werden.

■ Die Differentialgleichung $yy'' - y'^2 = 0$ wird durch die Substitution $z = y'/y$ mit der Ableitung $\frac{dz}{dx} = \frac{yy'' - y'^2}{y^2}$ umgeformt. Die Ordnung wird dabei um eins erniedrigt. Man erhält $z = C_1$, woraus $\ln y = C_1 x + C_2$ folgt oder $y = Ce^{C_1 x}$ mit $\ln C = C_2$.

4. $f = f(x, y, y', \ldots, y^{(n)})$ ist eine Funktion von x allein:

$$y^{(n)} = f(x). \tag{9.31a}$$

Die allgemeine Lösung erhält man durch n-malige Integration in der Form

$$y = C_1 + C_2 x + C_3 x^2 + \cdots + C_n x^{n-1} + \psi(x) \tag{9.31b}$$

mit

$$\psi(x) = \iint \cdots \int f(x)\,(dx)^n = \frac{1}{(n-1)!} \int_{x_0}^{x} f(t)(x-t)^{n-1}\,dt. \tag{9.31c}$$

Hierbei ist zu beachten, daß x_0 keine zusätzliche willkürliche Konstante ist, denn eine Änderung von x_0 zieht eine Änderung von C_k wegen

$$C_k = \frac{1}{(k-1)!} y^{(k-1)}(x_0) \tag{9.31d}$$

nach sich.

9.1.2.3 Lineare Differentialgleichungen n-ter Ordnung

1. Klassifizierungen

Eine Differentialgleichung der Form

$$y^{(n)} + a_1 y^{(n-1)} + a_2 y^{(n-2)} + \cdots + a_{n-1} y' + a_n y = F, \tag{9.32}$$

heißt lineare Differentialgleichung n-ter Ordnung. Dabei sind F und die a_i Funktionen von x, die in einem gewissen Intervall stetig sein sollen. Wenn die $a_1, a_2, \ldots, a_n$ konstant sind, spricht man von einer *Differentialgleichung mit konstanten Koeffizienten.* Eine *homogene lineare Differentialgleichung* zeichnet sich durch $F \equiv 0$ aus, eine *inhomogene* durch $F \not\equiv 0$.

2. Fundamentalsystem von Lösungen

Ein System von n Lösungen $y_1, y_2, \ldots, y_n$ einer homogenen linearen Differentialgleichung wird *Fundamentalsystem* genannt, falls diese Funktionen in dem betrachteten Intervall *linear unabhängig* sind, also ihre Linearkombination $C_1 y_1 + C_2 y_2 + \cdots + C_n y_n$ für kein Wertesystem der $C_1, C_2, \ldots, C_n$, ausgenommen für $C_1 = C_2 = \cdots = C_n = 0$, identisch verschwindet, d. h. für alle x–Werte in dem betreffenden Intervall. Die Lösungen $y_1, y_2, \ldots, y_n$ einer linearen homogenen Differentialgleichung bilden genau dann ein Fundamentalsystem, wenn ihre WRONSKI–*Determinante*

$$W = \begin{vmatrix} y_1 & y_2 & \cdots & y_n \\ y_1' & y_2' & \cdots & y_n' \\ \cdots & \cdots & \cdots & \cdots \\ y_1^{(n-1)} & y_2^{(n-1)} & \cdots & y_n^{(n-1)} \end{vmatrix} \tag{9.33}$$

von Null verschieden ist. Für jedes Lösungssystem einer homogenen linearen Differentialgleichung gilt die *Formel von* LIOUVILLE:

$$W(x) = W(x_0) e^{-\int_{x_0}^{x} a_1(x)\,dx}. \tag{9.34}$$

Aus (9.34) folgt, daß die WRONSKI–Determinante nur identisch verschwinden kann. Das bedeutet: Die n Lösungen $y_1, y_2, \ldots, y_n$ der homogenen linearen Differentialgleichung sind genau dann linear abhängig, wenn nur an einer einzigen Stelle x_0 des betrachteten Intervalls $W(x_0) = 0$ gilt. Wenn dagegen die Lösungen $y_1, y_2, \ldots, y_n$ ein Fundamentalsystem von Lösungen bilden, dann lautet die allgemeine Lösung der linearen homogenen Differentialgleichung (9.32)

$$y = C_1 y_1 + C_2 y_2 + \cdots + C_n y_n. \quad (9.35)$$

3. Erniedrigung der Ordnung

Wenn eine partikuläre Lösung y_1 einer homogenen Differentialgleichung bekannt ist, dann können die weiteren Lösungen durch den Ansatz

$$y = y_1(x)u(x) \quad (9.36)$$

aus einer homogenen linearen Differentialgleichung der Ordnung $n-1$ für $u'(x)$ bestimmt werden.

4. Superpositionssatz

Wenn y_1 und y_2 zwei Lösungen der Differentialgleichung (9.32) für verschiedene rechte Seiten F_1 und F_2 sind, dann ist ihre Summe $y = y_1 + y_2$ eine Lösung derselben Differentialgleichung mit der rechten Seite $F = F_1 + F_2$. Daraus folgt, daß es zur Berechnung der allgemeinen Lösung einer inhomogenen Differentialgleichung ausreicht, zu irgendeiner ihrer partikulären Lösungen die allgemeine Lösung der zugehörigen homogenen Differentialgleichung zu addieren.

5. Zerlegungssatz

Hat die inhomogene Differentialgleichung (9.32) reelle Koeffizienten und hat ihre rechte Seite die komplexe Form $F = F_1 + \mathrm{i}F_2$ mit den reellen Funktionen F_1 und F_2, dann ist auch die Lösung $y = y_1 + \mathrm{i}y_2$ komplex. Diese komplexe Lösung setzt sich aus den zwei reellen Lösungen y_1 und y_2 der zwei inhomogenen Differentialgleichungen (9.32) mit den zugehörigen rechten Seiten F_1 und F_2 zusammen.

6. Lösung der inhomogenen Differentialgleichung (9.32) mittels Quadraturen

Wenn das Fundamentalsystem von Lösungen der zugehörigen homogenen Differentialgleichung bekannt ist, stehen die folgenden zwei Lösungsverfahren zur Verfügung:

1. Methode der Variation der Konstanten Die gesuchte Lösung wird in der Form

$$y = C_1 y_1 + C_2 y_2 + \cdots + C_n y_n \quad (9.37a)$$

aufgeschrieben. Die $C_1, C_2, \ldots, C_n$ werden nicht als Konstanten aufgefaßt, sondern als Funktionen von x. Danach wird die Erfüllung der Gleichungen

$$\begin{aligned} C_1' y_1 + C_2' y_2 + \cdots + C_n' y_n &= 0, \\ C_1' y_1' + C_2' y_2' + \cdots + C_n' y_n' &= 0, \\ \cdots\cdots\cdots\cdots\cdots \\ C_1' y_1^{(n-2)} + C_2' y_2^{(n-2)} + \cdots + C_n' y_n^{(n-2)} &= 0 \end{aligned} \quad (9.37b)$$

gefordert. Einsetzen von y in (9.32) ergibt

$$C_1' y_1^{(n-1)} + C_2' y_2^{(n-1)} + \cdots + C_n' y_n^{(n-1)} = F. \quad (9.37c)$$

Darauf folgt die Lösung des linearen Gleichungssystems (9.37b) und (9.37c) zur Bestimmung der C_1', $C_2', \ldots, C_n'$, deren Integrale die $C_1, C_2, \ldots, C_n$ liefern.

■ $y'' + \dfrac{x}{1-x} y' - \dfrac{1}{1-x} y = x - 1.$

In den Intervallen $x > 1$ bzw. $x < 1$ sind alle Voraussetzungen über die Koeffizienten erfüllt. Zuerst wird die homogene Gleichung $\overline{y}'' + \dfrac{x}{1-x}\overline{y}' - \dfrac{1}{1-x}\overline{y} = 0$ gelöst. Eine partikuläre Lösung ist $\varphi_1 = e^x$. Der Ansatz $\varphi_2 = e^x u(x)$ ergibt für $u'(x) = v(x)$ die Differentialgleichung $v' + \left(1 + \dfrac{1}{1-x}\right) v = 0$. Eine Lösung dieser Differentialgleichung ist $v(x) = (1-x)e^{-x}$, und somit ist $u(x) = \int v(x)\,dx = \int (1-x)e^{-x}\,dx = xe^{-x}$. Damit ergibt sich die zweite Lösung $\varphi_2 = x$. Die allgemeine Lösung der homogenen Gleichung ist daher $\overline{y}(x) = C_1 e^x + C_2 x$. Variation der Konstanten ergibt jetzt:

$$y(x) = u_1(x)e^x + u_2(x)x,$$
$$y'(x) = u_1(x)e^x + u_2(x) + u_1{}'(x)e^x + u_2{}'(x)x, \quad u_1{}'(x)e^x + u_2{}'(x)x = 0,$$
$$y''(x) = u_1(x)e^x + u_1{}'(x)e^x + u_2{}'(x), \quad u_1{}'(x)e^x + u_2{}'(x) = x - 1,$$

also

$$u_1{}'(x) = xe^{-x}, \; u_2{}'(x) = -1, \quad \text{d. h.} \quad u_1(x) = -(1+x)e^{-x} + C_1, \; u_2(x) = -x + C_2.$$

Damit ist die allgemeine Lösung der inhomogenen Differentialgleichung:

$$y(x) = -(1+x^2) + C_1 e^x + (C_2 - 1)x = -(1+x^2) + C_1{}^* e^x + C_2{}^* x.$$

2. Methode von CAUCHY In der allgemeinen Lösung

$$y = C_1 y_1 + C_2 y_2 + \cdots + C_n y_n \tag{9.38a}$$

der zu (9.32) gehörenden homogenen Differentialgleichung werden die Konstanten derart bestimmt, daß für den beliebigen Parameter α die Gleichungen $y = 0$, $y' = 0, \ldots, y^{(n-2)} = 0$, $y^{(n-1)} = F(\alpha)$ erfüllt sind. Auf diese Weise erhält man eine spezielle Lösung der homogenen Differentialgleichung, die mit $\varphi(x, \alpha)$ bezeichnet werden soll, und

$$y = \int_{x_0}^{x} \varphi(x, \alpha)\, d\alpha \tag{9.38b}$$

ist dann eine partikuläre Lösung der inhomogenen Differentialgleichung (9.32), die an der Stelle $x = x_0$ gemeinsam mit ihren Ableitungen bis zur Ordnung $(n-1)$ einschließlich verschwindet.

■ Für die in **1.** mit der Methode der Variation der Konstanten gelöste Differentialgleichung $y = C_1 e^x + C_2 x$ folgt aus $y(\alpha) = C_1 e^\alpha + C_2 \alpha = 0$, $y'(\alpha) = C_1 e^\alpha + C_2 = \alpha - 1$ und damit $\varphi(x, \alpha) = \alpha e^{-\alpha} e^x - x$, so daß die partikuläre Lösung $y(x)$ der inhomogenen Differentialgleichung mit $y(x_0) = y'(x_0) = 0$ lautet: $y(x) = \int_{x_0}^{x} (\alpha e^{-\alpha} e^x - x)\, d\alpha = (x_0 + 1)e^{x - x_0} + (x_0 - 1)x - x^2 - 1$. Hieraus kann man auch die allgemeine Lösung $y(x) = C_1{}^* e^x + C_2{}^* x - (x^2 + 1)$ der inhomogenen Differentialgleichung gewinnen.

9.1.2.4 Lösung linearer Differentialgleichungen mit konstanten Koeffizienten

1. Operatorenschreibweise

Die Differentialgleichung (9.32) kann symbolisch in der Form

$$P_n(D)y \equiv \left(D^n + a_1 D^{n-1} + a_2 D^{n-2} + \cdots + a_{n-1} D + a_n\right) y = F \tag{9.39a}$$

geschrieben werden, wobei D ein Differentialoperator ist:

$$Dy = \frac{dy}{dx}, \quad D^k y = \frac{d^k y}{dx^k}. \tag{9.39b}$$

Wenn die Koeffizienten a_i konstant sind, dann ist $P_n(D)$ ein gewöhnliches Polynom n-ten Grades hinsichtlich des Operators D.

2. Lösungen der homogenen Differentialgleichung mit konstanten Koeffizienten

Das Aufsuchen der allgemeinen Lösung der homogenen Differentialgleichung (9.39a) mit $F = 0$, d. h.

$$P_n(D)y = 0 \tag{9.40a}$$

erfordert die Bestimmung der Wurzeln $r_1, r_2, \ldots, r_n$ der sogenannten *charakteristischen Gleichung* (s. S. 248)

$$P_n(r) = r^n + a_1 r^{n-1} + a_2 r^{n-2} + \cdots + a_{n-1} r + a_n = 0. \tag{9.40b}$$

Jede Wurzel r_i liefert eine Lösung $e^{r_i x}$ der Gleichung $P_n(D)y = 0$. Tritt eine Wurzel r_i mit der Vielfachheit k auf, dann sind $xe^{r_i x}$, $x^2 e^{r_i x}, \ldots, x^{k-1} e^{r_i x}$ ebenfalls Lösungen. Die Linearkombination dieser aller Lösungen ergibt die allgemeine Lösung der homogenen Differentialgleichung:

$$y = C_1 e^{r_1 x} + C_2 e^{r_2 x} + \cdots + e^{r_i x}\left(C_i + C_{i+1} x + \cdots + C_{i+k-1} x^{k-1}\right) + \cdots. \tag{9.40c}$$

Wenn die Koeffizienten a_i reell sind, können komplexe Wurzeln der charakteristischen Gleichung nur paarweise konjugiert komplex auftreten. In diesem Falle sind z.B. für $r_1 = \alpha + \mathrm{i}\beta$ und $r_2 = \alpha - \mathrm{i}\beta$ in den betreffenden Gliedern der allgemeinen Lösungen die Funktionen $e^{r_1 x}$ und $e^{r_2 x}$ durch $e^{\alpha x}\cos\beta x$ und $e^{\alpha x}\sin\beta x$ zu ersetzen. Die dabei entstehenden Ausdrücke der Form $C_1\cos\beta x + C_2\sin\beta x$ können auch in der Form $A\cos(\beta x + \varphi)$ mit den Konstanten A und φ dargestellt werden.

■ Zur Differentialgleichung $y^{(6)} + y^{(4)} - y'' - y = 0$ gehört die charakteristische Gleichung $r^6 + r^4 - r^2 - 1 = 0$ mit den Wurzeln $r_1 = 1$, $r_2 = -1$, $r_{3,4} = \mathrm{i}$, $r_{5,6} = -\mathrm{i}$. Die allgemeine Lösung kann in zwei Formen angegeben werden:

$$y = C_1 e^x + C_2 e^{-x} + (C_3 + C_4 x)\cos x + (C_5 + C_6 x)\sin x$$

$$y = C_1 e^x + C_2 e^{-x} + A_1\cos(x + \varphi_1) + xA_2\cos(x + \varphi_2).$$

3. Satz von HURWITZ

Bei verschiedenen Anwendungen, z.B. in der Schwingungslehre, ist es wichtig festzustellen, ob eine beliebige Lösung einer homogenen Differentialgleichung mit konstanten Koeffizienten für $x \to +\infty$ gegen Null strebt. Das ist stets dann der Fall, wenn die Realteile aller Wurzeln der charakteristischen Gleichung

$$a_0 + a_1 x + a_2 x^2 + \cdots + a_n x^n = 0 \quad (a_0 > 0) \tag{9.41a}$$

negativ sind. Das wiederum ist nach dem *Satz von* HURWITZ dann und nur dann der Fall, wenn alle Determinanten

$$D_1 = a_1, \quad D_2 = \begin{vmatrix} a_1 & a_0 \\ a_3 & a_2 \end{vmatrix}, \quad D_3 = \begin{vmatrix} a_1 & a_0 & 0 \\ a_3 & a_2 & a_1 \\ a_5 & a_4 & a_3 \end{vmatrix}, \ldots$$

$$D_n = \begin{vmatrix} a_1 & a_0 & 0 & \ldots 0 \\ a_3 & a_2 & a_1 & \ldots 0 \\ \cdots & \cdots & \cdots & \cdots \\ a_{2n-1} & a_{2n-2} & a_{2n-3} & \ldots a_n \end{vmatrix} \qquad (\text{mit } a_m = 0 \quad \text{für} \quad m > n) \tag{9.41b}$$

positiv sind.

4. Lösungen der inhomogenen Differentialgleichung mit konstanten Koeffizienten können durch Variation der Konstanten, mit der Methode von CAUCHY oder mit Hilfe der Operatorenmethode (s. S. 422) ermittelt werden. Eine partikuläre Lösung kann sehr schnell gefunden werden, wenn die rechte Seite von (9.32) eine spezielle Form hat.

1. $F(x) = Ae^{\alpha x}, \quad P_n(\alpha) \neq 0$ (9.42a)

Eine partikuläre Lösung ist

$$y = \frac{Ae^{\alpha x}}{P_n(\alpha)}. \tag{9.42b}$$

Wenn α eine m–fache Wurzel der charakteristischen Gleichung ist, d.h. wenn gilt

$$P_n(\alpha) = P_n{}'(\alpha) = \ldots = P_n{}^{(m-1)}(\alpha) = 0, \tag{9.42c}$$

dann ist $y = \dfrac{Ax^m e^{\alpha x}}{P_n{}^{(m)}(\alpha)}$ eine partikuläre Lösung. Diese Formeln können durch Anwendung des Zerlegungssatzes auch verwendet werden, wenn

$$F(x) = Ae^{\alpha x}\cos\omega x \quad \text{oder} \quad Ae^{\alpha x}\sin\omega x \tag{9.42d}$$

ist. Die zugehörigen partikulären Lösungen ergeben sich als Real- bzw. Imaginärteil der Lösung derselben Differentialgleichung für

$$F(x) = Ae^{\alpha x}(\cos\omega x + \mathrm{i}\sin\omega x) = Ae^{(\alpha + \mathrm{i}\omega)x} \tag{9.42e}$$

auf der rechten Seite.

■ **A:** Für die Differentialgleichung $y'' - 6y' + 8y = e^{2x}$ ergeben sich die Polynome $P(D) = D^2 - 6D + 8$,

$P(2) = 0$ und $P'(D) = 2D - 6$, $P'(2) = 2 \cdot 2 - 6 = -2$, so daß die Lösung lautet $y = -\frac{xe^{2x}}{2}$.

■ **B:** Die charakteristische Gleichung der Differentialgleichung $y'' + y' + y = e^x \sin x$ lautet $(D^2 + D + 1)y = e^{(1+\mathrm{i})x}$. Aus ihrer Lösung

$$y = \frac{e^{(1+\mathrm{i})x}}{(1+\mathrm{i})^2 + (1+\mathrm{i}) + 1} = \frac{e^x(\cos x + \mathrm{i} \sin x)}{2 + 3\mathrm{i}}$$

erhält man die Lösung der Differentialgleichung als Imaginärteil zu $y_1 = \frac{e^x}{13}(2 \sin x - 3 \cos x)$.

2. $F(x) = Q_n(x)e^{\alpha x}$, $Q_n(x)$ ist ein Polynom n-ten Grades: Eine partikuläre Lösung kann immer in der gleichen Form gefunden werden, d. h. als Ausdruck $y = R(x)e^{\alpha x}$. $R(x)$ ist ein mit x^m multipliziertes Polynom n-ten Grades, wenn α eine m-fache Wurzel der charakteristischen Gleichung ist. Geht man von einem Lösungsansatz mit unbestimmten Koeffizienten des Polynoms $R(x)$ aus und fordert man, daß er der gegebenen inhomogenen Differentialgleichung genügt, dann können die unbekannten Koeffizienten aus einem Satz linearer algebraischer Gleichungen bestimmt werden. Die Methode ist besonders in den Fällen $F(x) = Q_n(x)$ für $\alpha = 0$ und $F(x) = Q_n(x)e^{rx} \cos \omega x$ oder $F(x) = Q_n(x)e^{rx} \sin \omega x$ für $\alpha = r \pm \mathrm{i}\omega$ anwendbar. Hier wird eine Lösung der Form $y = x^m e^{rx}[M_n(x) \cos \omega x + N_n(x) \sin \omega x]$ gesucht.

■ Die Wurzeln der zur Differentialgleichung $y^{(4)} + 2y''' + y'' = 6x + 2x \sin x$ gehörenden charakteristischen Gleichung sind $k_1 = k_2 = 0$, $k_3 = k_4 = -1$. Da der Superpositionssatz gilt (s. S. 390), können die partiellen Lösungen der inhomogenen Differentialgleichung für die einzelnen Summanden der rechten Seite der Reihe nach gesucht werden. Für den ersten Summanden liefert das Einsetzen des Ansatzes $y_1 = x^2(ax + b)$ in die rechte Seite $12a + 2b + 6ax = 6x$, woraus folgt: $a = 1$ und $b = -6$. Für den zweiten Summanden liefert das gleiche Vorgehen $y_2 = (cx + d) \sin x + (fx + g) \cos x$. Die Koeffizientenbestimmung ergibt

$$(2g + 2f - 6c + 2fx) \sin x - (2c + 2d + 6f + 2cx) \cos x = 2x \sin x,$$

also $c = 0$, $d = -3$, $f = 1$, $g = -1$. Die allgemeine Lösung lautet folglich

$$y = c_1 + c_2 x - 6x^2 + x^3 + (c_3 x + c_4)e^{-x} - 3 \sin x + (x - 1) \cos x.$$

3. EULERsche Differentialgleichung Die EULERsche Differentialgleichung

$$\sum_{k=0}^{n} a_k (cx + d)^k y^{(k)} = F(x) \tag{9.43a}$$

kann mit Hilfe der Substitution

$$cx + d = e^t \tag{9.43b}$$

auf eine lineare Differentialgleichung mit konstanten Koeffizienten zurückgeführt werden.

■ Die Differentialgleichung $x^2 y'' - 5xy' + 8y = x^2$ ist ein Spezialfall der EULERschen Differentialgleichung für $k = 2$. Sie kann mit Hilfe der Substitution $x = e^t$ in die im Beispiel **A** untersuchte lineare Differentialgleichung $\frac{d^2y}{dt^2} - 6\frac{dy}{dt} + 8y = e^{2t}$ übergeführt werden. Die allgemeine Lösung ergibt sich zu

$$y = C_1 e^{2t} + C_2 e^{4t} - \frac{t}{2} e^{2t} = C_1 x^2 + C_2 x^4 - \frac{x^2}{2} \ln x.$$

9.1.2.5 Systeme linearer Differentialgleichungen mit konstanten Koeffizienten

1. Normalform

nennt man den folgenden einfachen Fall eines Systems linearer Differentialgleichungen erster Ordnung mit konstanten Koeffizienten:

$$\left.\begin{array}{l} y_1{}' = a_{11}y_1 + a_{12}y_2 + \cdots + a_{1n}y_n, \\ y_2{}' = a_{21}y_1 + a_{22}y_2 + \cdots + a_{2n}y_n, \\ \dots\dots\dots\dots\dots\dots\dots\dots \\ y_n{}' = a_{n1}y_1 + a_{n2}y_2 + \cdots + a_{nn}y_n. \end{array}\right\} \tag{9.44a}$$

Das Aufsuchen der allgemeinen Lösung eines derartigen Systems erfordert zuerst die Lösung der charakteristischen Gleichung

$$\begin{vmatrix} a_{11}-r & a_{12} & \dots & a_{1n} \\ a_{21} & a_{22}-r & \dots & a_{2n} \\ \dots & \dots & \dots & \dots \\ a_{n1} & a_{n2} & \dots & a_{nn}-r \end{vmatrix} = 0. \tag{9.44b}$$

Zu jeder einfachen Wurzel r_i dieser Gleichung gehört ein System partikulärer Lösungen

$$y_1 = A_1 e^{r_i x}, \quad y_2 = A_2 e^{r_i x}, \dots, y_n = A_n e^{r_i x}, \tag{9.44c}$$

deren Koeffizienten A_k $(k = 1, 2, \dots, n)$ aus dem System homogener linearer Gleichungen

$$\begin{array}{l} (a_{11} - r_i)A_1 + a_{12}A_2 + \cdots + a_{1n}A_n = 0, \\ \dots\dots\dots\dots\dots\dots\dots\dots \\ a_{n1}A_1 + a_{n2}A_2 + \cdots + (a_{nn} - r_i)A_n = 0 \end{array} \tag{9.44d}$$

zu bestimmen sind. Da auf diese Weise nur die Verhältnisse A_k bestimmt werden können (s. S. 241), ist in dem so gewonnenen System partikulärer Lösungen für jedes r_i eine willkürliche Konstante enthalten. Wenn alle Wurzeln der charakteristischen Gleichung verschieden sind, enthält die Summe aller dieser partikulären Lösungen n voneinander unabhängige willkürliche Konstanten, so daß sich damit die allgemeine Lösung des Systems ergibt. Wenn irgendein r_i eine m-fache Wurzel der charakteristischen Gleichung ist, dann entspricht dieser Wurzel ein System partikulärer Lösungen der Form

$$y_1 = A_1(x)e^{r_i x}, \quad y_2 = A_2(x)e^{r_i x}, \dots, y_n = A_n(x)e^{r_i x}, \tag{9.44e}$$

in dem die $A_1(x), \dots, A_n(x)$ Polynome sind, die maximal den Grad $m - 1$ haben können. Diese Ausdrücke werden mit unbestimmten Koeffizienten in das System von Differentialgleichungen eingesetzt. Danach erfolgt eine Division durch $e^{r_i x}$, und die Koeffizienten gleicher Potenzen von x auf der linken und der rechten Seite werden gleichgesetzt. Dadurch entstehen lineare Gleichungen für die unbekannten Koeffizienten, von denen m frei wählbar sind. Die anderen Koeffizienten lassen sich durch diese ausgedrücken. Auf diese Weise entsteht ein Lösungsanteil mit m beliebigen Konstanten. Der Grad der Polynome kann kleiner als $m - 1$ sein. Wenn speziell das System (9.44a) symmetrisch ist, d. h. wenn $a_{ik} = a_{ki}$ gilt , dann reicht es aus, die $A_i(x) = \text{const}$ zu setzen. Für komplexe Wurzeln der charakteristischen Gleichung können die betreffenden Glieder der allgemeinen Lösung genau so auf eine reelle Form gebracht werden, wie es für den Fall einer Differentialgleichung mit konstanten Koeffizienten gezeigt worden ist (s. S. 391).

■ Für das System $y_1{}' = 2y_1 + 2y_2 - y_3$, $y_2{}' = -2y_1 + 4y_2 + y_3$, $y_3{}' = -3y_1 + 8y_2 + 2y_3$ lautet die charakteristische Gleichung

$$\begin{vmatrix} 2-r & 2 & -1 \\ -2 & 4-r & 1 \\ -3 & 8 & 2-r \end{vmatrix} = -(r-6)(r-1)^2 = 0.$$

Für die einfache Wurzel $r_1 = 6$ erhält man $-4A_1 + 2A_2 - A_3 = 0$, $-2A_1 - 2A_2 + A_3 = 0$, $-3A_1 + 8A_2 - 4A_3 = 0$. Daraus folgt $A_1 = 0$, $A_2 = \frac{1}{2}A_3 = C_1$, $y_1 = 0$, $y_2 = C_1 e^{6x}$, $y_3 = 2C_1 e^{6x}$. Für die mehrfache

Wurzel $r_2 = 1$ erhält man $y_1 = (P_1x + Q_1)e^x$, $y_2 = (P_2x + Q_2)e^x$, $y_3 = (P_3x + Q_3)e^x$. Einsetzen in die Gleichungen liefert

$$P_1x + (P_1 + Q_1) = (2P_1 + 2P_2 - P_3)x + (2Q_1 + 2Q_2 - Q_3)$$
$$P_2x + (P_2 + Q_2) = (-2P_1 + 4P_2 + P_3)x + (-2Q_1 + 4Q_2 + Q_3)$$
$$P_3x + (P_3 + Q_3) = (-3P_1 + 8P_2 + 2P_3)x + (-3Q_1 + 8Q_2 + 2Q_3),$$

woraus folgt $P_1 = 5C_2$, $P_2 = C_2$, $P_3 = 7C_2$, $Q_1 = 5C_3 - 6C_2$, $Q_2 = C_3$, $Q_3 = 7C_3 - 11C_2$. Die allgemeine Lösung lautet somit $y_1 = (5C_2x + 5C_3 - 6C_2)e^x$, $y_2 = C_1e^{6x} + (C_2x + C_3)e^x$, $y_3 = 2C_1e^{6x} + (7C_2x + 7C_3 - 11C_2)e^x$.

2. Homogene Systeme linearer Differentialgleichungen erster Ordnung mit konstanten Koeffizienten

besitzen die allgemeine Form

$$\sum_{k=1}^{n} a_{ik}y_k{}' + \sum_{k=1}^{n} b_{ik}y_k = 0 \quad (i = 1, 2, \ldots, n). \tag{9.45a}$$

Wenn die Determinante nicht verschwindet, d. h.

$$\det(a_{ik}) \neq 0, \tag{9.45b}$$

dann läßt sich das System (9.45a) auf die Normalform (9.44a) bringen.
Der Fall $\det(a_{ik}) = 0$ bedarf zusätzlicher Betrachtungen (s. Lit [9.26]).
Die Lösung kann auch von der allgemeinen Form aus und nach der gleichen Methode ermittelt werden, die bei der Normalform zur Anwendung kommt. Die charakteristische Gleichung hat dann die Form

$$|a_{ik}r + b_{ik}| = 0. \tag{9.45c}$$

Die Koeffizienten A_i in der Lösung (9.44c), die der einfachen Wurzel r_j entsprechen, werden in diesem Falle aus dem Gleichungssystem

$$\sum_{k=1}^{n} (a_{ik}r_j + b_{ik})A_k = 0 \quad (i = 1, 2, \ldots, n) \tag{9.45d}$$

bestimmt. Ansonsten entspricht die Lösungsmethode derselben, die im Falle der Normalform angewendet wurde.

■ Die charakteristische Gleichung des Systems der zwei Differentialgleichungen $5y_1{}' + 4y_1 - 2y_2{}' - y_2 = 0$, $y_1{}' + 8y_1 - 3y_2 = 0$ lautet

$$\begin{vmatrix} 5r+4 & -2r-1 \\ r+8 & -3 \end{vmatrix} = 2r^2 + 2r - 4 = 0, \quad r_1 = 1, \quad r_2 = -2.$$

Die Koeffizienten A_1 und A_2 für $r_1 = 1$ erhält man aus $9A_1 - 3A_2 = 0$, $9A_1 - 3A_2 = 0$ bzw. $A_2 = 3A_1 = 3C_1$. Für $r_2 = -2$ ergibt sich analog $\overline{A}_2 = 2\overline{A}_1 = 2C_2$. Die allgemeine Lösung lautet somit $y_1 = C_1e^x + C_2e^{-2x}$, $y_2 = 3C_1e^x + 2C_2e^{-2x}$.

3. Inhomogene Systeme linearer Differerentialgleichungen 1. Ordnung

haben die allgemeine Form

$$\sum_{k=1}^{n} a_{ik}y_k{}' + \sum_{k=1}^{n} b_{ik}y_k = F_i(x) \quad (i = 1, 2, \ldots, n). \tag{9.46}$$

1. Superpositionssatz: Wenn $y_j{}^{(1)}$ und $y_j{}^{(2)}$ $(j = 1, 2, \ldots, n)$ Lösungen inhomogener Systeme sind, die sich nur durch ihre rechten Seiten $F_i^{(1)}$ bzw. $F_i^{(2)}$ unterscheiden, dann ist $y_j = y_j{}^{(1)} + y_j{}^{(2)}$ $(j = 1, 2, \ldots, n)$ auch eine Lösung dieses Systems, wobei aber für die rechten Seiten $F_i(x) = F_i^{(1)}(x) + F_i^{(2)}(x)$ gilt. Somit reicht es zur Gewinnung der allgemeinen Lösung des inhomogenen Systems aus, zur allgemeinen Lösung des zugehörigen homogenen Systems eine partikuläre Lösung des inhomogenen Systems zu addieren.

2. Die Variation der Konstanten kann z. B. benutzt werden, um eine partikuläre Lösung des inhomogenen Differentialgleichungssystems zu ermitteln. Dazu wird die allgemeine Lösung des homogenen Systems in das inhomogene System eingesetzt. Die Konstanten $C_1, C_2, \ldots, C_n$ werden zu den unbekannten Funktionen $C_1(x), C_2(x), \ldots, C_n(x)$. In den Ausdrücken für die Ableitungen y_k' treten neue Glieder mit Ableitungen der neuen unbekannten Funktionen $C_k(x)$ auf. Beim Einsetzen in das gegebene System bleiben auf der linken Seite nur diese zusätzlichen Glieder übrig, weil sich die anderen gegenseitig kompensieren, denn die $y_1, y_2, \ldots, y_n$ sind voraussetzungsgemäß eine Lösung des homogenen Systems. Man erhält also für die $C_k'(x)$ ein inhomogenes System linearer algebraischer Gleichungen, das es zu lösen gilt. Nach n Integrationen findet man die Funktionen $C_1(x), C_2(x), \ldots, C_n(x)$. Einsetzen in die Lösung des homogenen Systems anstelle der Konstanten liefert die gesuchte partikuläre Lösung des inhomogenen Systems.

■ Für das System aus zwei inhomogenen Differentialgleichungen $5y_1' + 4y_1 - 2y_2' - y_2 = e^{-x}$, $y_1' + 8y_1 - 3y_2 = 5e^{-x}$ lautet die allgemeine Lösung des homogenen Systems (s. S. 395) $y_1 = C_1e^x + C_2e^{-2x}$, $y_2 = 3C_1e^x + 2C_2e^{-x}$. Einsetzen in die gegebenen Gleichungen und Auffassen von C_1 und C_2 als Funktionen von x ergibt $5C_1'e^x + 5C_2'e^{-2x} - 6C_1'e^x - 4C_2'e^{-2x} = e^{-x}$, $C_1'e^x + C_2'e^{-2x} = 5e^{-x}$ oder $C_2'e^{-2x} - C_1'e^{-x} = e^{-x}$, $C_1'e^x + C_2'e^{-2x} = 5e^{-x}$. Daraus folgt $2C_1'e^x = 4e^{-x}$, $C_1 = -e^{-2x} + \text{const}$, $2C_2'e^{-2x} = 6e^{-x}$, $C_2 = 3e^x + \text{const}$. Da eine partikuläre Lösung gesucht ist, werden alle Konstanten gleich Null gesetzt, was auf $y_1 = 2e^{-x}$, $y_2 = 3e^{-x}$ führt. Die allgemeine Lösung lautet somit $y_1 = 2e^{-x} + C_1e^x + C_2e^{-2x}$, $y_2 = 3e^{-x} + 3C_1e^x + 2C_2e^{-2x}$.

3. Die Methode der unbestimmten Koeffizienten ist besonders dann mit Vorteil einsetzbar, wenn die rechten Seiten aus speziellen Funktionen der Form $Q_n(x)e^{\alpha x}$ bestehen. Die Anwendung erfolgt in Analogie zu dem beschriebenen Fall der Differentialgleichungen n-ter Ordnung (s. S. 394).

4. Systeme zweiter Ordnung

Die angeführten Methoden können auch auf Systeme linearer Differentialgleichungen höherer Ordnung übertragen werden. Für das System

$$\sum_{k=1}^{n} a_{ik}y_k'' + \sum_{k=1}^{n} b_{ik}y_k' + \sum_{k=1}^{n} c_{ik}y_k = 0 \quad (i = 1, 2, \ldots, n) \tag{9.47}$$

können insbesondere auch partikuläre Lösungen der Form $y_i = A_ie^{r_ix}$ bestimmt werden. Dazu sind die r_i aus der charakteristischen Gleichung $|a_{ik}r^2 + b_{ik}r + c_{ik}| = 0$ und die A_i aus den zugehörigen linearen homogenen algebraischen Gleichungen zu ermitteln.

9.1.2.6 Lineare Differentialgleichungen zweiter Ordnung

Zu dieser Klasse von Differentialgleichungen gehören viele spezielle Differentialgleichungen, die in den Anwendungen vorkommen und in in diesem Abschnitt behandelt werden. Ausführliche Darstellungen der Eigenschaften dieser Differentialgleichungen und ihrer Lösungsfunktionen s. Lit. [22.1].

1. Allgemeine Methoden

1. Die Differentialgleichung

$$y'' + p(x)y' + q(x)y = F(x) \tag{9.48a}$$

1. Die allgemeine Lösung der zugehörigen homogenen Differentialgleichung, d. h. $F(x) \equiv 0$, lautet

$$y = C_1y_1 + C_2y_2. \tag{9.48b}$$

Dabei sind y_1 und y_2 zwei linear unabhängige partikuläre Lösungen dieser Gleichung (s. S. 389). Wenn eine partikuläre Lösung y_1 bekannt ist, dann kann die zweite y_2 mit der aus der Formel (9.34) von LIOUVILLE folgenden Gleichung

$$y_2 = Ay_1 \int \frac{e^{-\int p\,dx}}{{y_1}^2}\,dx \tag{9.48c}$$

bestimmt werden, wobei A beliebig wählbar ist.

2. Eine partikuläre Lösung der inhomogenen Gleichung kann mit Hilfe der Formel

$$y = \frac{1}{A}\int_{x_0}^{x} F(\xi)e^{\int p(\xi)\,d\xi}[y_2(x)y_1(\xi) - y_1(x)y_2(\xi)]\,d\xi \tag{9.48d}$$

gewonnen werden, wobei y_1 und y_2 zwei partikuläre Lösungen der zugehörigen homogenen Differentialgleichung sind.
3. Eine partikuläre Lösung der inhomogenen Differentialgleichung kann auch durch Variation der Konstanten bestimmt werden (s. S. 390).

2. Die Differentialgleichung

$$s(x)y'' + p(x)y' + q(x)y = F(x) \tag{9.49a}$$

enthalte Funktionen $s(x)$, $p(x)$, $q(x)$ und $F(x)$, die Polynome sind oder Funktionen, die in einem gewissen Gebiet in konvergente Reihen nach Potenzen von $(x - x_0)$ entwickelt werden können, wobei $s(x_0) \neq 0$ sein muß. Die Lösungen dieser Differentialgleichung können dann ebenfalls nach Potenzen von $(x - x_0)$ in Reihen entwickelt werden, die in demselben Gebiet konvergieren. Ihre Bestimmung erfolgt mit Hilfe der Methode der unbestimmten Koeffizienten: Die gesuchte Lösung wird als Reihe der Form

$$y = a_0 + a_1(x - x_0) + a_2(x - x_0)^2 + \cdots \tag{9.49b}$$

angesetzt und in die Differentialgleichung (9.49a) eingesetzt. Gleichsetzen der Koeffizienten gleicher Potenzen von $(x - x_0)$ liefert Gleichungen zur Bestimmung der Koeffizienten $a_0, a_1, a_2, \ldots$.

■ Zur Lösung der Differentialgleichung $y'' + xy = 0$ wird $y = a_0 + a_1x + a_2x^2 + a_3x^3 + \cdots$, $y' = a_1 + 2a_2x + 3a_3x^2 + \cdots$ und $y'' = 2a_2 + 6a_3x + \cdots$ gesetzt. Man erhält $2a_2 = 0$, $6a_3 + a_0 = 0, \ldots$. Die Lösung dieser Gleichungen liefert $a_2 = 0$, $a_3 = -\dfrac{a_0}{2\cdot 3}$, $a_4 = -\dfrac{a_1}{3\cdot 4}$, $a_5 = 0, \ldots$, so daß sich die Lösung zu

$$y = a_0\left(1 - \frac{x^3}{2\cdot 3} + \frac{x^6}{2\cdot 3\cdot 5\cdot 6} - \cdots\right) + a_1\left(x - \frac{x^4}{3\cdot 4} + \frac{x^7}{3\cdot 4\cdot 6\cdot 7} - \cdots\right).$$

ergibt.

3. Die Differentialgleichung

$$x^2y'' + xp(x)y' + q(x)y = 0 \tag{9.50a}$$

kann für den Fall, daß sich die Funktionen $p(x)$ und $q(x)$ in konvergente Reihen von x entwickeln lassen, mit Hilfe der Methode der unbestimmten Koeffizienten gelöst werden. Die Lösungen haben die Form

$$y = x^r(a_0 + a_1x + a_2x^2 + \cdots), \tag{9.50b}$$

deren Exponenten r aus der *definierenden Gleichung*

$$r(r-1) + p(0)r + q(0) = 0 \tag{9.50c}$$

bestimmt werden. Wenn die Wurzeln dieser Gleichung verschieden sind und ihre Differenz nicht ganzzahlig ist, dann ergeben sich zwei unabhängige Lösungen von (9.50a). Anderenfalls liefert die Methode der unbestimmten Koeffizienten nur eine Lösung. Dann kann mit Hilfe von (9.48b) eine zweite Lösung ermittelt werden oder wenigstens eine Form gesucht werden, aus der eine Lösung mittels der Methode der unbestimmten Koeffizienten gewonnen werden kann.

■ Für die BESSELsche Differentialgleichung (9.51a) erhält man mit der Methode der unbestimmten Koeffizienten nur eine Lösung der Form $y_1 = \sum\limits_{k=0}^{\infty} a_k x^{n+2k}$, $(a_0 \neq 0)$, die bis auf einen konstanten Faktor mit $J_n(x)$ übereinstimmt. Als zweite Lösung findet man wegen $e^{-\int p\,dx} = \dfrac{1}{x}$ mit der Formel (9.48b)

$$y_2 = Ay_1 \int \frac{dx}{x\cdot x^{2n}\left(\sum a_k x^{2k}\right)^2} = Ay_1 \int \frac{\sum_{k=0}^{\infty} c_k x^{2k}}{x^{2n+1}}dx = By_1 \ln x + x^{-n}\sum_{k=0}^{\infty} d_k x^{2k}.$$

Die Bestimmung der Koeffizienten c_k und d_k aus den a_k gestaltet sich schwierig. Man kann jedoch den letzten Ausdruck benutzen, um die Lösung mit der Methode der unbestimmten Koeffizienten zu ermitteln. Offensichtlich ist diese Form eine Reihenentwicklung der Funktion $Y_n(x)$ (9.52c).

2. BESSELsche Differentialgleichung

$$x^2y'' + xy' + (x^2 - n^2)y = 0. \tag{9.51a}$$

1. Definierende Gleichung ist in diesem Falle

$$r(r-1)+r-n^2 \equiv r^2-n^2=0. \tag{9.51b}$$

Daraus folgt $r = \pm n$. Einsetzen von

$$y = x^n(a_0 + a_1 x + \cdots) \tag{9.51c}$$

in diese Gleichung liefert für den zu Null gesetzten Koeffizienten x^{n+k} die Bestimmungsgleichung

$$k(2n+k)a_k + a_{k-2} = 0. \tag{9.51d}$$

Für $k = 1$ erhält man $(2n+1)a_1 = 0$. Für die Werte $2, 3, \ldots$ von k ergibt sich

$$a_{2m+1} = 0 \quad (m = 1, 2, \ldots), \quad a_2 = -\frac{a_0}{2(2n+2)},$$

$$a_4 = \frac{a_0}{2 \cdot 4 \cdot (2n+2)(2n+4)}, \ldots \quad a_0 \text{ beliebig.} \tag{9.51e}$$

2. BESSEL– **oder Zylinderfunktionen:** Die für $a_0 = \dfrac{1}{2^n \Gamma(n+1)}$ (Gammafunktion s. S. 351) entstandene Reihe ist eine partikuläre Lösung der BESSELschen Differentialgleichung (9.51a) für ganzzahlige n. Sie definiert die BESSEL– oder *Zylinderfunktion* n-ter Ordnung erster Gattung

$$J_n(x) = \frac{x^n}{2^n\Gamma(n+1)}\left(1 - \frac{x^2}{2(2n+2)} + \frac{x^4}{2\cdot 4\cdot(2n+2)(2n+4)} - \cdots\right)$$

$$= \sum_{k=0}^{\infty} \frac{(-1)^k \left(\dfrac{x}{2}\right)^{n+2k}}{k!\,\Gamma(n+k+1)}. \tag{9.52a}$$

Die Kurvenbilder der Funktionen J_0 und J_1 zeigt die **Abb.9.12**.
Die allgemeine Lösung der BESSELschen Differentialgleichung für nicht ganzzahlige n hat die Form

$$y = C_1 J_n(x) + C_2 J_{-n}(x), \tag{9.52b}$$

wobei $J_{-n}(x)$ eine Reihe darstellt, die aus der Reihe für $J_n(x)$ durch Ersetzen von n durch $-n$ folgt. Für ganzzahliges n gilt $J_{-n}(x) = (-1)^n J_n(x)$. In der allgemeinen Lösung ist in diesem Falle $J_{-n}(x)$ durch die BESSELsche Funktion zweiter Gattung

$$Y_n(x) = \lim_{m\to n} \frac{J_m(x)\cos m\pi - J_{-m}(x)}{\sin m\pi}, \tag{9.52c}$$

auch WEBER*sche Funktion* genannt, zu ersetzen. Die Reihenentwicklung von $Y_n(x)$ s. z.B. Lit. [22.1]. Die Kurvenbilder der Funktionen Y_0 und Y_1 zeigt die **Abb.9.13**. In manchen Anwendungen treten

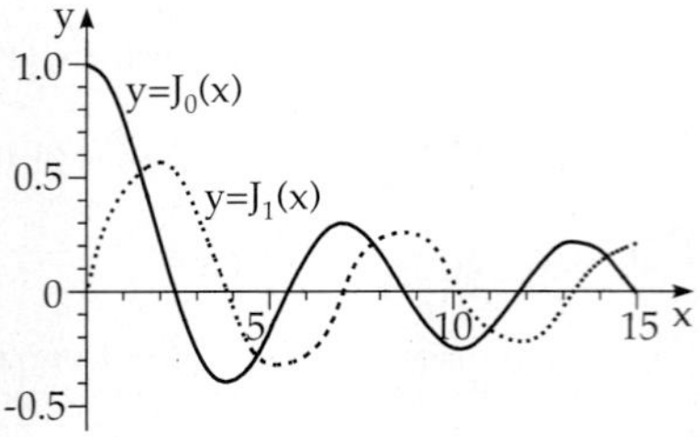

Abbildung 9.12

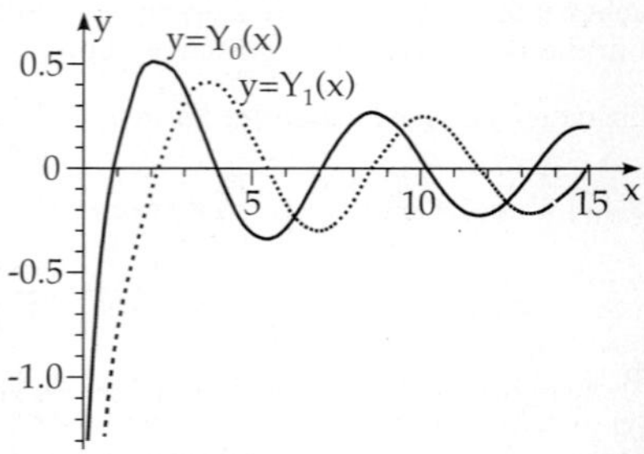

Abbildung 9.13

BESSEL–Funktionen mit einer rein imaginären Variablen auf. Dabei werden gewöhnlich die Produkte $\mathrm{i}^{-n} J_n(\mathrm{i}x)$ betrachtet, die mit $I_n(x)$ bezeichnet werden:

$$I_n(x) = \mathrm{i}^{-n} J_n(\mathrm{i}x) = \frac{\left(\frac{x}{2}\right)^n}{\Gamma(n+1)} + \frac{\left(\frac{x}{2}\right)^{n+2}}{1!\Gamma(n+2)} + \frac{\left(\frac{x}{2}\right)^{n+4}}{2!\Gamma(n+3)} + \cdots . \tag{9.53a}$$

Hierbei handelt es sich um Lösungen der Differentialgleichung

$$x^2y'' + xy' - (x^2 + n^2)y = 0. \tag{9.53b}$$

Eine zweite Lösung dieser Differentialgleichung ist die MACDONALD*sche Funktion*

$$K_n(x) = \frac{\pi}{2} \frac{I_{-n}(x) - I_n(x)}{\sin n\pi}. \tag{9.53c}$$

Wenn n gegen eine ganze Zahl konvergiert, strebt dieser Ausdruck einem Grenzwert zu. Die Kurvenbilder der Funktionen I_0 und I_1 zeigt die **Abb. 9.14**, die der Funktionen K_0 und K_1 die **Abb. 9.15**. Werte der Funktionen $J_0(x)$, $J_1(x)$, $Y_0(x)$, $Y_1(x)$, $I_0(x)$, $I_1(x)$, $K_0(x)$, $K_1(x)$ enthalten die **Tabellen 21.9**.

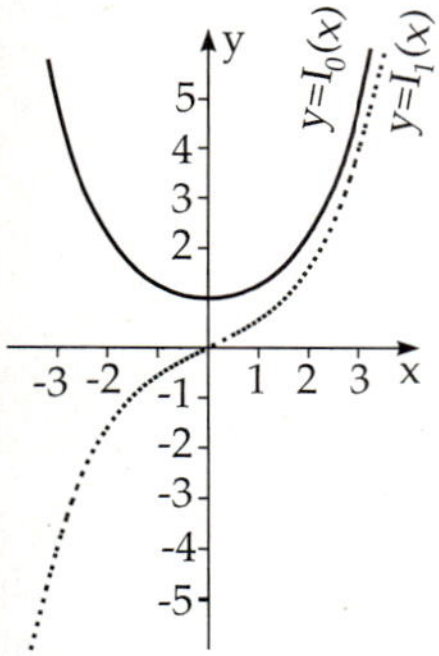

Abbildung 9.14

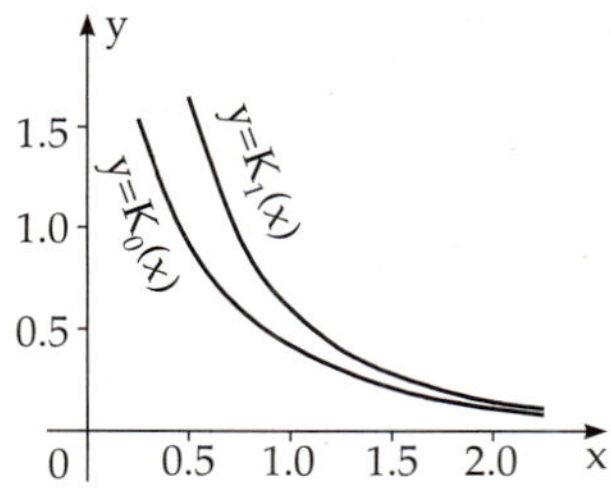

Abbildung 9.15

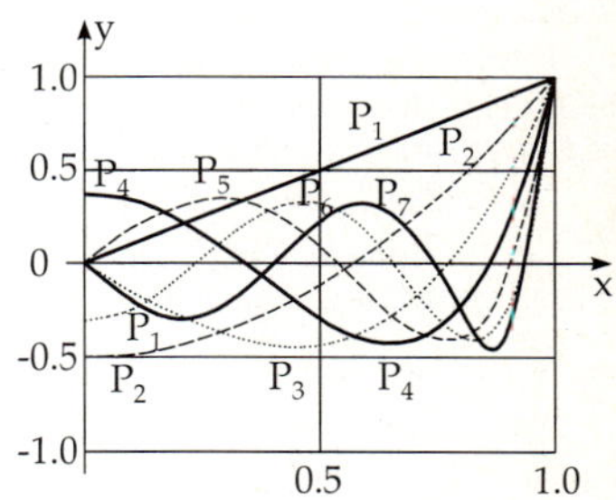

Abbildung 9.16

3. Formeln für BESSEL–Funktionen $J_n(x)$

$$J_{n-1}(x) + J_{n+1}(x) = \frac{2n}{x} J_n(x), \qquad \frac{dJ_n(x)}{dx} = -\frac{n}{x} J_n(x) + J_{n-1}(x). \tag{9.54a}$$

Die gleichen Formeln gelten auch für die WEBER–Funktionen $Y_n(x)$

$$I_{n-1}(x) - I_{n+1}(x) = \frac{2nI_n(x)}{x}, \qquad \frac{dI_n(x)}{dx} I_{n-1}(x) - \frac{n}{x} I_n(x), \tag{9.54b}$$

$$K_{n+1}(x) - K_{n-1}(x) = \frac{2nK_n(x)}{x}, \qquad \frac{dK_n(x)}{dx} = -K_{n-1}(x) - \frac{n}{x} K_n(x). \tag{9.54c}$$

Für ganzzahliges n gilt

$$J_{2n}(x) = \frac{2}{\pi} \int_0^{\pi/2} \cos(x \sin\varphi) \cos 2n\varphi \, d\varphi, \tag{9.54d}$$

$$J_{2n+1}(x) = \frac{2}{\pi} \int_0^{\pi/2} \sin(x \sin\varphi) \sin(2n+1)\varphi \, d\varphi \tag{9.54e}$$

oder, in komplexer Form,

$$J_n(x) = \frac{(-i)^n}{\pi} \int_0^{\pi} e^{ix\cos\varphi} \cos n\varphi \, d\varphi. \tag{9.54f}$$

Die $J_{n+1/2}(x)$ können durch elementare Funktionen ausgedrückt werden. Insbesondere gilt

$$J_{1/2}(x) = \sqrt{\frac{2}{\pi x}}\sin x, \quad (9.55a) \qquad J_{-1/2}(x) = \sqrt{\frac{2}{\pi x}}\cos x. \quad (9.55b)$$

Durch sukzessive Anwendung der Rekursionsformeln (9.54a) bis (9.54f) können die Ausdrücke für $J_{n+1/2}(x)$ für beliebige ganzzahlige n aufgeschrieben werden. Für große Werte von x ergeben sich die folgenden asymptotischen Formeln:

$$J_n(x) = \sqrt{\frac{2}{\pi x}}\left[\cos\left(x - \frac{n\pi}{2} - \frac{\pi}{4}\right) + O\left(\frac{1}{x}\right)\right], \quad (9.56a) \qquad I_n(x) = \frac{e^x}{\sqrt{2\pi x}}\left[1 + O\left(\frac{1}{x}\right)\right], \quad (9.56b)$$

$$Y_n(x) = \sqrt{\frac{2}{\pi x}}\left[\sin\left(x - \frac{n\pi}{2} - \frac{\pi}{4}\right) + O\left(\frac{1}{x}\right)\right], \quad (9.56c) \qquad K_n(x) = \sqrt{\frac{\pi}{2x}}e^{-x}\left[1 + O\left(\frac{1}{x}\right)\right]. \quad (9.56d)$$

Der Ausdruck $O\left(\frac{1}{x}\right)$ bedeutet eine infinitesimale Größe der gleichen Ordnung wie $\frac{1}{x}$ (s. LANDAU–Symole, S. 42).
Weitere Angaben über BESSEL–Funktionen s. Lit. [21.1].

3. LEGENDREsche Differentialgleichung

Bei Beschränkung auf den Fall reeller Veränderlicher und ganzzahliger Parameter $n = 0, 1, 2, \ldots$, hat die LEGENDREsche Differentialgleichung die Gestalt

$$(1 - x^2)y'' - 2xy' + n(n+1)y = 0 \quad \text{oder} \quad ((1 - x^2)y')' + n(n+1)y = 0. \quad (9.57a)$$

1. LEGENDREsche Polynome oder Kugelfunktionen 1. Art heißen die partikulären Lösungen der LEGENDREschen Differentialgleichung für ganzzahlige n, die sich über den Potenzreihenansatz $y = \sum\limits_{\nu=0}^{\infty} a_\nu x^\nu$ ermitteln lassen:

$$P_n(x) = \frac{(2n)!}{2^n(n!)^2}\left[x^n - \frac{n(n-1)}{2(2n-1)}x^{n-2} + \frac{n(n-1)(n-2)(n-3)}{2\cdot 4(2n-1)(2n-3)}x^{n-4} - + \cdots\right] \quad (9.57b)$$

$$(|x| < \infty).$$

Es ist

$$P_n(x) = F\left(n+1, -n, 1; \frac{1-x}{2}\right) = \frac{1}{2^n n!}\frac{d^n(x^2-1)^n}{dx^n}. \quad (9.57c)$$

Die ersten acht Polynome haben die folgende einfache Form (s. S. 949):

$$P_0(x) = 1, (9.57d) \quad P_1(x) = x, (9.57e) \quad P_2(x) = \frac{1}{2}(3x^2 - 1), \ (9.57f) \quad P_3(x) = \frac{1}{2}(5x^3 - 3x), (9.57g)$$

$$P_4(x) = \frac{1}{8}(35x^4 - 30x^2 + 3), \quad (9.57h) \qquad P_5(x) = \frac{1}{8}(63x^5 - 70x^3 + 15x), \quad (9.57i)$$

$$P_6(x) = \frac{1}{16}(231x^6 - 315x^4 + 105x^2 - 5), \ (9.57j) \qquad P_7(x) = \frac{1}{16}(429x^7 - 693x^5 + 315x^3 - 35x). \ (9.57k)$$

Die Kurvenbilder von $P_n(x)$ für Werte von $n = 1$ bis $n = 7$ sind in **Abb.9.16** dargestellt. Zahlenwerte können leicht mit dem Taschenrechner berechnet werden.

2. Eigenschaften der LEGENDREschen Polynome 1. Art

a) $$P_n(x) = \frac{1}{\pi}\int_0^\pi (x \pm \cos\varphi\sqrt{x^2-1})^n\, d\varphi = \frac{1}{\pi}\int_0^\pi \frac{d\varphi}{(x \pm \cos\varphi\sqrt{x^2-1})^{n+1}}. \quad (9.58a)$$

Das Vorzeichen kann in beiden Gleichungen beliebig genommen werden.
b) Rekursionsformel:

$$(n+1)P_{n+1}(x) = (2n+1)xP_n(x) - nP_{n-1}(x) \quad (n \geq 1), \tag{9.58b}$$

$$(x^2-1)\frac{dP_n(x)}{dx} = n[xP_n(x) - P_{n-1}(x)]. \tag{9.58c}$$

c) Orthogonalitätsrelation:

$$\int_{-1}^{1} P_n(x)P_m(x)\,dx = \begin{cases} 0 & \text{für } m \neq n \\ \dfrac{2}{2n+1} & \text{für } m = n. \end{cases} \tag{9.58d}$$

d) Nullstellensatz: Alle n Nullstellen von $P_n(x)$ sind reell und einfach und liegen im Intervall $(-1, 1)$.
e) Erzeugende Funktion: Die LEGENDREschen Polynome 1. Art können auch als Reihenentwicklung der Funktion

$$\frac{1}{\sqrt{1-2rx+r^2}} = \sum_{n=0}^{\infty} P_n(x)r^n \tag{9.58e}$$

erzeugt werden.
Weitere Angaben über die LEGENDREschen Polynome 1. Art s. Lit [21.1].

3. LEGENDREsche Funktionen oder Kugelfunktionen 2. Art Eine zweite partikuläre, von $P_n(x)$ linear unabhängige Lösung $Q_n(x)$ erhält man für $|x| > 1$ durch die Potenzreihenentwicklung $\sum\limits_{\nu=-\infty}^{-(n+1)} b_\nu x^\nu$:

$$Q_n(x) = \frac{2^n(n!)^2}{(2n+1)!}x^{-(n+1)}F\left(\frac{n+1}{2}, \frac{n+2}{2}, \frac{2n+3}{2}; \frac{1}{x^2}\right) \tag{9.59a}$$

Die für $|x| < 1$ gültige Darstellung von $Q_n(x)$ lautet;

$$Q_n(x) = \frac{2^n(n!)^2}{(2n+1)!}\left[x^{-(n+1)} + \frac{(n+1)(n+2)}{2(2n+3)}x^{-(n+3)} + \frac{(n+1)(n+2)(n+3)(n+4)}{2\cdot 4\cdot(2n+3)(2n+5)}x^{-(n+5)} + \cdots\right]. \tag{9.59b}$$

Man bezeichnet die Kugelfunktionen 1. und 2. Art auch als *zugeordnete* oder *assoziierte* LEGENDRE*sche Funktionen.*

4. Hypergeometrische Differentialgleichung

heißt die Gleichung

$$x(1-x)\frac{d^2y}{dx^2} + [\gamma - (\alpha+\beta+1)x]\frac{dy}{dx} - \alpha\beta y = 0, \tag{9.60a}$$

in der die α, β und γ Parameter sind. Sie beinhaltet eine große Zahl wichtiger Spezialfälle.
a) Für $\alpha = n+1$, $\beta = -n$, $\gamma = 1$ und $x = \dfrac{1-z}{2}$ ergibt sich die LEGENDREsche Differentialgleichung.
b) Für $\gamma \neq 0$ oder γ ist keine ganze negative Zahl, ergibt sich als partikuläre Lösung die hypergeometrische Reihe :

$$F(\alpha,\beta,\gamma,x) = 1 + \frac{\alpha\cdot\beta}{1\cdot\gamma}x + \frac{\alpha(\alpha+1)\beta(\beta+1)}{1\cdot 2\cdot\gamma(\gamma+1)}x^2 + \cdots + \frac{\alpha(\alpha+1)\ldots(\alpha+n)\beta(\beta+1)\ldots(\beta+n)}{1\cdot 2\ldots(n+1)\cdot\gamma(\gamma+1)\ldots(\gamma+n)}x^{n+1} + \cdots, \tag{9.60b}$$

die für $|x| < 1$ absolut konvergiert. Die Konvergenz der hypergeometrischen Reihe hängt für $x = \pm 1$ von der Zahl $\delta = \gamma - \alpha - \beta$ ab. Für $x = 1$ konvergiert sie, falls $\delta > 0$ ist, für $\delta \leq 0$ divergiert sie. Für $x = -1$ ergibt $\delta < 0$ absolute Konvergenz, $-1 < \delta \leq 0$ bedingte Konvergenz und $\delta \leq -1$ Divergenz.
c) Für $2 - \gamma \neq 0$ oder ungleich einer ganzen negativen Zahl ergibt sich als partikuläre Lösung die Funktion

$$y = x^{1-\gamma} F(\alpha + 1 - \gamma, \beta + 1 - \gamma, 2 - \gamma, x). \tag{9.60c}$$

d) In einigen Fällen wird die hypergeometrische Reihe zu einer elementaren Funktion, z.B.:

$$F(1, \beta, \beta, x) = F(\alpha, 1, \alpha, x) = \frac{1}{1-x}, \tag{9.61a}$$

$$F(-n, \beta, \beta, -x) = (1+x)^n, \tag{9.61b}$$

$$F(1, 1, 2, -x) = \frac{\ln(1+x)}{x}, \tag{9.61c}$$

$$F\left(\frac{1}{2}, \frac{1}{2}, \frac{3}{2}, x^2\right) = \frac{\arcsin x}{x}, \tag{9.61d}$$

$$\lim_{\beta \to \infty} F\left(1, \beta, 1, \frac{x}{\beta}\right) = e^x. \tag{9.61e}$$

5. LAGUERREsche Differentialgleichung

Bei Beschränkung auf ganzzahlige Parameter ($n = 0, 1, 2, \ldots$) und reelle Veränderliche hat die LAGUERRE*sche Differentialgleichung* die Form

$$xy'' + (\alpha + 1 - x)y' + ny = 0. \tag{9.62a}$$

Als partikuläre Lösungen ergeben sich die LAGUERRE*schen Polynome*

$$L_n^{(\alpha)}(x) = \frac{e^x x^{-\alpha}}{n!} \frac{d^n}{dx^n}(e^{-x} x^{n+\alpha}) = \sum_{k=0}^{n} \binom{n+\alpha}{n-k} \frac{(-x)^k}{k!}. \tag{9.62b}$$

Die Rekursionsformel für $n \geq 1$ lautet:

$$(n+1)L_{n+1}^{(\alpha)}(x) = (-x + 2n + \alpha + 1)L_n^{(\alpha)}(x) - (n+\alpha)L_{n-1}^{(\alpha)}(x), \tag{9.62c}$$

$$L_0^{(\alpha)}(x) = 1, \quad L_1^{(\alpha)} = 1 + \alpha - x. \tag{9.62d}$$

Als Orthogonalitätsrelation gilt für $\alpha > -1$:

$$\int_0^{\infty} e^{-x} x^{\alpha} L_m^{(\alpha)}(x) L_n^{(\alpha)}(x)\, dx = \begin{cases} 0 & \text{für } m \neq n \\ \binom{n+\alpha}{n} \Gamma(1+\alpha) & \text{für } m = n. \end{cases} \tag{9.62e}$$

Mit Γ ist die Gammafunktion bezeichnet.

6. HERMITEsche Differentialgleichung

$$y'' - xy' + ny = 0 \quad (n = 0, 1, 2, \ldots). \tag{9.63a}$$

Partikuläre Lösungen sind die HERMITE*schen Polynome* :

$$He_n(x) = (-1)^n e^{\frac{x^2}{2}} \frac{d^n}{dx^n} \left(e^{-\frac{x^2}{2}}\right) = x^n - \binom{n}{2} x^{n-2} + 1 \cdot 3 \binom{n}{4} x^{n-4} - 1 \cdot 3 \cdot 5 \binom{n}{6} x^{n-6} + \cdots \tag{9.63b}$$

Die Rekursionsformel lautet für $n \geq 1$:

$$He_{n+1}(x) = x He_n(x) - He_{n-1}(x), \tag{9.63c}$$

$$He_0(x) = 1, \quad He_1(x) = x. \tag{9.63d}$$

Als Orthogonalitätsrelation gilt:

$$\int_{-\infty}^{+\infty} e^{-x^2/2} He_m(x) He_n(x)\, dx = \begin{cases} 0 & \text{für } m \neq n \\ n!\sqrt{2\pi} & \text{für } m = n. \end{cases} \tag{9.63e}$$

9.1.3 Randwertprobleme

9.1.3.1 Problemstellung

1. Begriff des Randwertproblems

Differentialgleichungen müssen in verschiedenen Anwendungen, besonders in der mathematischen Physik (s. S. 423), oft als sogenannte *Randwertprobleme* gelöst werden. Darunter versteht man Probleme, bei denen die gesuchte Lösung in den Endpunkten eines Intervalls der unabhängigen Variablen vorgegebenen Bedingungen genügen muß. Eine Spezifizierung ist das lineare Randwertproblem, das vorliegt, wenn eine Lösung einer linearen Differentialgleichung gesucht wird, die linearen Randbedingungen genügt. Im folgenden wird die Betrachtung auf lineare Differentialgleichungen 2. Ordnung beschränkt, für die lineare Randbedingungen vorgegeben sind.

2. Selbstadjungierte Differentialgleichung

wird die folgende wichtige Form der Differentialgleichungen 2. Ordnung genannt:

$$[py']' - qy + \lambda\varrho y = f. \tag{9.64a}$$

Als lineare Randbedingung werden die homogenen Bedingungen

$$A_0y(a) + B_0y'(a) = 0, \quad A_1y(b) + B_1y'(b) = 0 \tag{9.64b}$$

vorgegeben. Die Funktionen $p(x)$, $p'(x)$, $q(x)$, $\varrho(x)$ und $f(x)$ sollen in dem endlichen Intervall $a \leq x \leq b$ stetig sein. Im Falle eines unendlichen Intervalls ändern sich die Ergebnisse ganz wesentlich [8.32]. Außerdem wird verlangt, daß $p(x) > p_0 > 0$, $\varrho(x) > \varrho_0 > 0$ gilt. Die Größe λ, ein Parameter der Differentialgleichung, ist konstant. Für $f = 0$ ergibt sich zum *inhomogenen Randwertproblem* das zugehörige *homogene Randwertproblem* .

Jede Differentialgleichung 2. Ordnung

$$Ay'' + By' + Cy + \lambda Ry = F \tag{9.64c}$$

kann, falls in $[a, b]$ $A \neq 0$ ist, durch Multiplikation mit p/A auf die selbstadjungierte Form (9.64a) gebracht werden. Dazu sind die Substitutionen

$$p = e^{\int \frac{B}{A}\,dx}, \quad q = -\frac{pC}{A}, \quad \varrho = \frac{pR}{A} \tag{9.64d}$$

erforderlich.

Um eine Lösung zu finden, die den inhomogenen Bedingungen

$$A_0y(a) + B_0y'(a) = C_0, \quad A_1y(b) + B_1y'(b) = C_1 \tag{9.64e}$$

genügt, geht man auf eine Aufgabe mit homogenen Bedingungen zurück, ändert aber die rechte Seite $f(x)$, indem die unbekannte Funktion mit Hilfe der Substitution $y = z + u$ ersetzt wird. Dabei ist u eine beliebige, zweimal differenzierbare Funktion, die die inhomogenen Randbedingungen erfüllt, während z eine neue unbekannte Funktion ist, die die zugehörigen homogenen Randbedingungen erfüllt.

3. STURM–LIOUVILLEsches Problem

Für einen festen Wert des Parameters λ gibt es zwei Fälle:

1. Das inhomogene Randwertproblem besitzt eine eindeutige Lösung bei beliebigem $f(x)$, während das zugehörige homogene Problem lediglich die triviale, identisch verschwindende Lösung besitzt, oder

2. das zugehörige homogene Problem besitzt nichttriviale, d. h. nicht verschwindende Lösungen. Dann ist das inhomogene Problem nicht für beliebige rechte Seiten lösbar; im Falle der Existenz einer Lösung ist diese nicht eindeutig bestimmt.

Die Werte des Parameters λ, für die der zweite Fall eintritt, d. h. das homogene Problem hat eine nichttriviale Lösung, werden *Eigenwerte des Randwertproblems* genannt, die zugehörigen nichttrivialen Lösungen, seine *Eigenfunktionen.* Die Aufgabe, die Eigenwerte und Eigenfunktionen der Differentialgleichung (9.64a) zu bestimmen, nennt man das STURM–LIOUVILLE*sche Problem.*

9.1.3.2 Haupteigenschaften der Eigenfunktionen und Eigenwerte

1. Die Eigenwerte eines Randwertproblems bilden eine monoton wachsende Folge reeller Zahlen

$$\lambda_0 < \lambda_1 < \lambda_2 < \cdots < \lambda_n < \cdots, \tag{9.65a}$$

die gegen unendlich strebt.

2. Die Eigenfunktion, die zum Eigenwert λ gehört, besitzt im Intervall $a < x < b$ genau n Nullstellen.

3. Sind $y(x)$ und $z(x)$ zwei Eigenfunktionen, die zu demselben Eigenwert λ gehören, dann unterscheiden sie sich nur durch einen konstanten Faktor c, d. h., es gilt

$$z(x) = cy(x). \tag{9.65b}$$

4. Für zwei Eigenfunktionen $y_1(x)$ und $y_2(x)$, die den verschiedenen Eigenwerten λ_1 und λ_2 entsprechen, gilt die *Orthogonalitätsrelation*

$$\int_a^b y_1(x)\, y_2(x)\, \varrho(x)\, dx = 0, \tag{9.65c}$$

wobei $\varrho(x)$ das *Gewicht der Orthogonalität* genannt wird.

5. Wenn in (9.64a) die Koeffizienten $p(x)$ und $q(x)$ durch $\tilde{p}(x) \geq p(x)$ und $\tilde{q}(x) \geq q(x)$ ersetzt werden, dann werden die Eigenwerte nicht kleiner, sondern es gilt $\tilde{\lambda}_n \geq \lambda_n$, wobei $\tilde{\lambda}_n$ und λ_n die n-ten Eigenwerte der geänderten bzw. ungeänderten Gleichung sind. Wenn jedoch der Koeffizient $\varrho(x)$ durch $\tilde{\varrho}(x) \geq \varrho(x)$ ersetzt wird, dann werden die Eigenwerte nicht größer, sondern es gilt $\tilde{\lambda}_n \leq \lambda_n$. Der n-te Eigenwert hängt hierbei stetig von den Koeffizienten der Gleichung ab, d. h., daß hinreichend kleinen Änderungen der Koeffizienten beliebig kleine Änderungen des n-ten Eigenwertes entsprechen.

6. Verkleinerungen des Intervalls $[a, b]$ ziehen keine Verkleinerung der Eigenwerte nach sich.

9.1.3.3 Entwicklung nach Eigenfunktionen

1. Normierung der Eigenfunktion

Zu jedem λ_n wird eine Eigenfunktion $\varphi_n(x)$ derart gewählt, daß gilt

$$\int_a^b [\varphi_n(x)]^2 \varrho(x)\, dx = 1. \tag{9.66a}$$

Man spricht von einer *normierten Eigenfunktion* .

2. FOURIER–Entwicklung

Jeder im Intervall $[a, b]$ definierten Funktion $g(x)$ kann ihre FOURIER–*Reihe*

$$g(x) \sim \sum_{n=0}^{\infty} c_n \varphi_n(x), \qquad c_n = \int_a^b g(x)\, \varphi_n(x)\, \varrho(x)\, dx \tag{9.66b}$$

nach den Eigenwerten des zugehörigen Randwertproblems zugeordnet werden, sofern die Integrale in (9.66b) sinnvoll sind.

3. Entwicklungssatz

Die FOURIER–Reihe konvergiert absolut und gleichmäßig gegen $g(x)$, wenn die Funktion $g(x)$ eine stetige Ableitung besitzt und den Randbedingungen des zugehörigen Problems genügt.

4. PARSEVALsche Gleichung

Wenn das Integral auf der linken Seite einen Sinn hat, dann gilt stets

$$\int_a^b [g(x)]^2 \varrho(x)\, dx = \sum_{n=0}^{\infty} {c_n}^2. \tag{9.66c}$$

Die FOURIER–Reihe der Funktion $g(x)$ konvergiert in diesem Falle im Mittel gegen $g(x)$, d.h., es gilt

$$\lim_{N\to\infty} \int_a^b \left[g(x) - \sum_{n=0}^{N} c_n \varphi_n(x) \right]^2 \varrho(x)\, dx = 0. \tag{9.66d}$$

5. Singuläre Fälle

Randwertprobleme des betrachteten Typs treten bei Anwendungen der FOURIERschen Methode zur Lösung von Aufgaben der theoretischen Physik häufig auf, aber mit dem Unterschied, daß in den Endpunkten des Intervalls $[a, b]$ Singularitäten der Differentialgleichungen vorkommen können, z. B. das Verschwinden von $p(x)$. In solchen singulären Punkten werden den Lösungen gewisse Einschränkungen auferlegt wie z. B. Stetigkeit oder Endlichkeit oder unbeschränktes Wachstum, nicht höher als von einer bestimmten Ordnung. Solche Bedingungen spielen die Rolle von homogenen Randbedingungen (s. S. 426). Außerdem tritt der Fall auf, daß bei einigen Randwertproblemen homogene Randbedingungen zu untersuchen sind, die die Werte der Funktion und ihrer Ableitung in entgegengesetzten Endpunkten des Intervalls miteinander verknüpfen. Häufig sind dabei die Bedingungen

$$y(a) = y(b), \quad p(a)y'(a) = p(b)y'(b) \tag{9.66e}$$

vertreten, die im Falle $p(a) = p(b)$ Periodizitätsbedingungen darstellen. Für Randwertprobleme mit diesen Bedingungen gilt alles, was oben ausgeführt wurde, ausgenommen die Behauptung (9.65b). Ausführliche Darstellungen der Problematik s. Lit. [9.6].

9.2 Partielle Differentialgleichungen

9.2.1 Partielle Differentialgleichungen 1. Ordnung

9.2.1.1 Lineare partielle Differentialgleichungen 1. Ordnung

1. Lineare und quasilineare partielle Differentialgleichungen

Die Gleichung

$$X_1 \frac{\partial z}{\partial x_1} + X_2 \frac{\partial z}{\partial x_2} + \cdots + X_n \frac{\partial z}{\partial x_n} = Y \tag{9.67a}$$

heißt *lineare partielle Differentialgleichung erster Ordnung.* Mit z wird eine unbekannte Funktion der unabhängigen Variablen $x_1, \ldots, x_n$ bezeichnet, und die $X_1, \ldots, X_n, Y$ sind vorgegebene Funktionen dieser Variablen. Wenn die Funktionen $X_1, \ldots, X_n, Y$ auch noch von z abhängen, spricht man von einer *quasilinearen partiellen Differentialgleichung.* Im Falle

$$Y \equiv 0 \tag{9.67b}$$

heißt die Gleichung homogen.

2. Die Integration der homogenen partiellen linearen Differentialgleichung

ist der Integration des sogenannten *charakteristischen Systems*

$$\frac{dx_1}{X_1} = \frac{dx_2}{X_2} = \cdots = \frac{dx_n}{X_n} \tag{9.68a}$$

äquivalent. Zur Lösung dieses Systems können zwei Wege eingeschlagen werden:

1. Man kann als unabhängige Variable ein beliebiges x_k auswählen, für das $X_k \neq 0$ gilt, so daß das System in die Form

$$\frac{dx_j}{dx_k} = \frac{X_j}{X_k}, \quad (j = 1, \ldots, n) \tag{9.68b}$$

übergeht.

2. Bequemer ist es, unter Beibehaltung der Symmetrie eine neue unabhängige Variable t einzuführen, indem

$$\frac{dx_j}{dt} = X_j \tag{9.68c}$$

gesetzt wird.

Jedes erste Integral des Systems (9.68a) ist eine Lösung der homogenen linearen partiellen Differentialgleichung (9.67b) und umgekehrt, jede Lösung von (9.67b) ist ein erstes Integral von (9.68a) (s. S. 387). Wenn hierbei $n - 1$ erste Integrale

$$\varphi_i(x_i, \ldots, x_n) = 0, \quad (i = 1, 2, \ldots, n - 1) \tag{9.68d}$$

unabhängig sind (s. S. 389), dann gilt

$$z = \Phi(\varphi_1, \ldots, \varphi_{n-1}). \tag{9.68e}$$

Dabei ist Φ eine beliebige Funktion der $n - 1$ Argumente φ_i und eine allgemeine Lösung von (9.67b).

3. Zur Integration der inhomogenen linearen und der quasilinearen partiellen Differentialgleichung (9.67a)

wird die Lösung z in der impliziten Form $V(x_1, \ldots, x_n, z) = C$ gesucht. Die Funktion V ist eine Lösung der homogenen linearen Differentialgleichung mit $n+1$ unabhängigen Veränderlichen

$$X_1 \frac{\partial V}{\partial x_1} + X_2 \frac{\partial V}{\partial x_2} + \cdots + X_n \frac{\partial V}{\partial x_n} + Y \frac{\partial V}{\partial z} = 0, \tag{9.69a}$$

deren charakteristisches System

$$\frac{dx_1}{X_1} = \frac{dx_2}{X_2} = \cdots = \frac{dx_n}{X_n} = \frac{dz}{Y} \tag{9.69b}$$

charakteristisches System der ursprünglichen Gleichung (9.67a) genannt wird.

4. Geometrische Darstellung und Charakteristik des Systems

Im Falle zweier unabhängiger Veränderlicher $x_1 = x$ und $x_2 = y$ mit

$$P(x,y,z)\frac{\partial z}{\partial x} + Q(x,y,z)\frac{\partial z}{\partial y} = R(x,y,z) \tag{9.70a}$$

ist die Lösung $z = f(x,y)$ eine Fläche im x, y, z–Raum, die *Integralfläche* der Differentialgleichung genannt wird. Die Gleichung (9.70a) bedeutet, daß in jedem Punkt der Integralfläche $z = f(x,y)$ der Normalenvektor $\left(\frac{\partial z}{\partial x}, \frac{\partial z}{\partial y}, -1\right)$ orthogonal zu dem in diesem Punkt gegebenen Vektor (P, Q, R) in diesem Punkt ist. Dabei nimmt das System (9.69b) die Form

$$\frac{dx}{P(x,y,z)} = \frac{dy}{Q(x,y,z)} = \frac{dz}{R(x,y,z)} \tag{9.70b}$$

an. Daraus folgt (s. S. 529), daß die *Integralkurven des Systems*, die auch die *Charakteristika des Systems* genannt werden, die Vektoren (P, Q, R) berühren. Daher liegt eine Charakteristik, die mit der Integralfläche $z = f(x,y)$ einen Punkt gemeinsam hat, ganz in dieser Fläche. Unter der Bedingung, daß der Existenzsatz von S. 386 gilt, verläuft durch jeden Punkt des Raumes eine Integralkurve des charakteristischen Systems, so daß die Integralkurven aus Charakteristiken bestehen.

5. CAUCHYsches Problem

Gegeben sind n Funktionen von $n-1$ unabhängigen Variablen $t_1, t_2, \ldots, t_{n-1}$:

$$x_1 = x_1(t_1, t_2, \ldots, t_{n-1}),\; x_2 = x_2(t_1, t_2, \ldots, t_{n-1}), \ldots, x_n = x_n(t_1, t_2, \ldots, t_{n-1}). \tag{9.71a}$$

Das CAUCHYsche Problem für die Differentialgleichung (9.67a) besteht darin, eine Lösung

$$z = \varphi(x_1, x_2, \ldots, x_n) \tag{9.71b}$$

zu bestimmen, die beim Einsetzen von (9.71a) in eine vorgegebene Funktion $\psi(t_1, t_2, \ldots, t_{n-1})$ ergibt:

$$\varphi[x_1(t_1, t_2, \ldots, t_{n-1}), x_2(t_1, t_2, \ldots, t_{n-1}), \ldots, x_n(t_1, t_2, \ldots, t_{n-1})] = \psi(t_1, t_2, \ldots, t_{n-1}). \tag{9.71c}$$

Im Falle zweier Variabler reduziert sich das Problem auf das Aufsuchen einer Integralfläche, die durch eine gegebene Kurve verläuft. Wenn diese Kurve eine stetige Tangente hat und in keinem Punkt eine Charakteristik berührt, dann besitzt das CAUCHYsche Problem in einer gewissen Umgebung dieser Kurve stets eine eindeutige Lösung. Dabei besteht die Integralfläche aus der Menge aller der Charakteristiken, die die gegebene Kurve schneiden. Eine exaktere Formulierung des Satzes über die Existenz der Lösung des CAUCHYschen Problems s. Lit. [9.26].

■ **A:** Für die lineare inhomogene partielle Differentialgleichung erster Ordnung $(mz - ny)\frac{\partial z}{\partial x} + (nx - lz)\frac{\partial z}{\partial y} = ly - mx$ (l, m, n sind konstant) lauten die Gleichungen der Charakteristiken $\frac{dx}{mz - ny} = \frac{dy}{nx - lz} = \frac{dz}{ly - mx}$. Die Integrale dieses Systems lauten $lx + my + nz = C_1$, $x^2 + y^2 + z^2 = C_2$. Als

Charakteristiken ergeben sich Kreise, deren Mittelpunkte auf einer durch den Koordinatenursprung verlaufeneden Geraden liegen, die zu l, m, n proportionale Richtungskosinusse besitzt. Die Integralflächen sind Rotationsflächen mit dieser Geraden als Achse.

■ **B:** Es sind die Integralflächen der linearen inhomogenen Differentialgleichung erster Ordnung $\frac{\partial z}{\partial x} + \frac{\partial z}{\partial y} = z$ zu bestimmen, die durch die Kurve $x = 0$, $z = \varphi(y)$ verläuft. Die Gleichungen der Charakteristiken lauten $\frac{dx}{1} = \frac{dy}{1} = \frac{dz}{z}$. Die durch den Punkt (x_0, y_0, z_0) verlaufenden Charakteristiken sind $y = x - x_0 + y_0$, $z = z_0 e^{x-x_0}$. Als Parameterdarstellung der gesuchten Integralfläche findet man $y = x + y_0$, $z = e^x\varphi(y_0)$, wenn $x_0 = 0$, $z_0 = \varphi(y_0)$ gesetzt wird. Die Elimination von y_0 führt auf $z = e^x\varphi(y - x)$.

9.2.1.2 Nichtlineare partielle Differentialgleichungen 1. Ordnung

1. Allgemeine Form der partiellen Differentialgleichung 1. Ordnung
wird die implizite Gleichung

$$F\left(x_1, \ldots, x_n, z, \frac{\partial z}{\partial x_1}, \ldots, \frac{\partial z}{\partial x_n}\right) = 0 \tag{9.72a}$$

genannt.

1. Vollständiges Integral heißt die Lösung

$$z = \varphi(x_1, \ldots, x_n; a_1, \ldots, a_n), \tag{9.72b}$$

die von n Parametern $a_1, \ldots, a_n$ abhängt und für deren Funktionaldeterminante (s. S. 105) mit den betrachteten Werten von $x_1, \ldots, x_n, z$ gelten muß

$$\frac{\partial\left(\varphi'_{x_1}, \ldots, \varphi'_{x_n}\right)}{\partial(a_1, \ldots, a_n)} \neq 0. \tag{9.72c}$$

2. Charakteristische Streifen Die Integration von (9.72a) wird auf die Integration des charakteristischen Systems

$$\frac{dx_1}{P_1} = \cdots = \frac{dx_n}{P_n} = \frac{dz}{p_1P_1 + \cdots + p_nP_n} = \frac{-dp_1}{X_1 + p_1Z} = \cdots = \frac{-dp_n}{X_n + p_nZ} \tag{9.72d}$$

mit

$$Z = \frac{\partial F}{\partial z},\ X_i = \frac{\partial F}{\partial x_i},\ p_i = \frac{\partial z}{\partial x_i},\ P_i = \frac{\partial F}{\partial p_i} \quad (i = 1, \ldots, n) \tag{9.72e}$$

zurückgeführt. Die Lösungen des charakteristischen Systems, die die zusätzliche Bedingung

$$F(x_1, \ldots, x_n, z, p_1, \ldots, p_n) = 0 \tag{9.72f}$$

erfüllen, heißen *charakteristische Streifen* .

2. Kanonische Systeme von Differentialgleichungen
Manchmal ist es vorteilhafter, Differentialgleichungen zu betrachten, in denen die gesuchte Funktion z nicht explizit enthalten ist. Der Übergang zu einer derartigen Funktion kann durch Einführung einer zusätzlichen unabhängigen Veränderlichen $x_{n+1} = z$ und einer unbekannten Funktion $V(x_1, \ldots, x_n, x_{n+1})$ erreicht werden. Für diese Funktion wird über die Gleichung

$$V(x_1, \ldots, x_n, z) = C \tag{9.73a}$$

die gesuchte Funktion $z(x_1, x_2, \ldots, x_n)$ bestimmt. Dabei setzt man in (9.72a) anstelle von $\frac{\partial z}{\partial x_i}$ die Funktion $-\frac{\partial V}{\partial x_i} \Big/ \frac{\partial V}{\partial x_{n+1}}$, $(i = 1, \ldots, n)$ ein. Dann wird die Differentialgleichung (9.72a) nach einer beliebigen partiellen Ableitung von V aufgelöst. Die dazugehörige unabhängige Veränderliche wird nach entsprechender Änderung der Numerierung der übrigen Variablen mit x bezeichnet. Schließlich bringt man die Gleichung (9.72a) in die Form

$$p + H(x_1, \ldots, x_n, x, p_1, \ldots, p_n) = 0, \quad p = \frac{\partial V}{\partial x}, \quad p_i = \frac{\partial V}{\partial x_i} \quad (i = 1, \ldots, n). \tag{9.73b}$$

Das System der charakteristischen Differentialgleichungen geht so über in

$$\frac{dx_i}{dx} = \frac{\partial H}{\partial p_i}, \quad \frac{dp_i}{dx} = -\frac{\partial H}{\partial x_i} \quad (i = 1, \ldots, n) \tag{9.73c}$$

und

$$\frac{dV}{dx} = p_1 \frac{\partial H}{\partial p_1} + \cdots + p_n \frac{\partial H}{\partial p_n} - H, \quad \frac{dp}{dx} = -\frac{\partial H}{\partial x}. \tag{9.73d}$$

Die Gleichungen (9.73c) stellen ein System von $2n$ gewöhnlichen Differentialgleichungen dar, das einer beliebigen Funktion $H(x_1, \ldots, x_n, x, p_1, \ldots, p_n)$ von $2n + 1$ Variablen entspricht. Man nennt es ein *kanonisches System* oder ein *Normalsystem von Differentialgleichungen.* Viele Aufgaben der Mechanik und der theoretischen Physik führen auf Systeme dieser Art. Bei Kenntnis eines vollständigen Integrals

$$V = \varphi(x_1, \ldots, x_n, x, a_1, \ldots, a_n) + a \tag{9.73e}$$

der Gleichung (9.73b) kann die allgemeine Lösung des Normalsystems (9.73c) bestimmt werden, denn die Gleichungen $\dfrac{\partial \varphi}{\partial a_i} = b_i$, $\dfrac{\partial \varphi}{\partial x_i} = p_i$ $(i = 1, 2, \ldots, n)$ mit $2n$ willkürlichen Parametern a_i und b_i definieren eine $2n$–parametrige Lösung des Normalsystems (9.73c).

3. CLAIRAUTsche Differentialgleichung

Wenn die gegebene Differentialgleichung auf die Form

$$z = x_1 p_1 + x_2 p_2 + \cdots + x_n p_n + f(p_1, p_2, \ldots, p_n), \quad p_i = \frac{\partial z}{\partial x_i} \quad (i = 1, \ldots, n) \tag{9.74a}$$

gebracht werden kann, man spricht dann von CLAIRAUTscher Differentialgleichung, gestaltet sich die Bestimmung des vollständigen Integrals recht einfach, denn ein vollständiges Integral mit den frei wählbaren Parametern $a_1, a_2, \ldots, a_n$ ist

$$z = a_1 x_1 + a_2 x_2 + \cdots + a_n x_n + f(a_1, a_2, \ldots, a_n). \tag{9.74b}$$

■ **Zweikörperproblem** mit HAMILTON–*Funktion*: Die Bewegung zweier materieller Punkte, die der NEWTONschen Gravitationswechselwirkung unterliegen sollen, erfolgt in einer Ebene. Daher ist es vorteilhaft, einen der beiden Punkte in den Koordinatenursprung zu legen, so daß die Bewegungsgleichung die Form

$$\frac{d^2x}{dt^2} = \frac{\partial V}{\partial x}, \quad \frac{d^2y}{dt^2} = \frac{\partial V}{\partial y}; \quad V = \frac{k^2}{\sqrt{x^2 + y^2}} \tag{9.75a}$$

annimmt. Führt man die HAMILTON–Funktion

$$H = \frac{1}{2}(p^2 + q^2) - \frac{k^2}{\sqrt{x^2 + y^2}} \tag{9.75b}$$

ein, dann geht das System (9.75a) in das Normalsystem

$$\frac{dx}{dt} = \frac{\partial H}{\partial p}, \quad \frac{dy}{dt} = \frac{\partial H}{\partial q}, \quad \frac{dp}{dt} = -\frac{\partial H}{\partial x}, \quad \frac{dq}{dt} = -\frac{\partial H}{\partial y} \tag{9.75c}$$

mit

$$x, y, p = \frac{dx}{dt}, \quad q = \frac{dy}{dt} \tag{9.75d}$$

über. Die Differentialgleichung lautet nunmehr

$$\frac{\partial z}{\partial t} + \frac{1}{2}\left[\left(\frac{\partial z}{\partial x}\right)^2 + \left(\frac{\partial z}{\partial y}\right)^2\right] - \frac{k^2}{\sqrt{x^2+y^2}} = 0. \tag{9.75e}$$

Bei Einführung von Polarkoordinaten ϱ, φ geht (9.75e) in eine neue Differentialgleichung über, deren Lösung in der Form

$$z = -at - b\varphi + c - \int_{\varrho_0}^{\varrho} \sqrt{2a + \frac{2k^2}{r} - \frac{b^2}{r^2}}\, dr \tag{9.75f}$$

mit den Parametern a, b, c dargestellt werden kann. Die allgemeine Lösung des Systems (9.75c) ergibt sich aus den Gleichungen

$$\frac{\partial z}{\partial a} = -t_0, \quad \frac{\partial z}{\partial b} = -\varphi_0. \tag{9.75g}$$

4. Differentialgleichungen erster Ordnung mit zwei unabhängigen Veränderlichen

Für $x_1 = x$, $x_2 = y$, $p_1 = p$, $p_2 = q$ kann der charakteristische Streifen (s. S. 407) geometrisch als Kurve gedeutet werden, die sich dadurch auszeichnet, daß in jedem ihrer Punkte (x, y, z) ihre Tangentialebene $p(\xi - x) + q(\eta - y) = \zeta - z$ definiert ist. Dadurch kann die Aufgabe, die Integralfläche der Gleichung

$$f\left(x, y, z, \frac{\partial z}{\partial x}, \frac{\partial z}{\partial y}\right) = 0 \tag{9.76}$$

zu bestimmen, die durch eine gegebene Kurve hindurchgeht, also das CAUCHYsche Problem zu lösen, auf eine andere Aufgabe zurückgeführt werden: Durch die Punkte der Anfangskurve sind die charakteristischen Streifen hindurchzulegen, deren zugehörige Ebene diese Kurve tangiert. Man gewinnt die Werte p und q in den Punkten der Anfangskurve aus den Beziehungen $F(x, y, z, p, q) = 0$ und $pdx + qdy = dz$, die im Falle nichtliearer Differentialgleichungen im allgemeinen mehrere Lösungen besitzen. Damit sich bei Stellung des CAUCHYschen Problems eindeutige Lösungen ergeben, sind entlang der Anfangskurve zwei stetige Funktionen p und q festzulegen, die den beiden Beziehungen genügen.
Die Existenzbedingungen für die Lösung des CAUCHYschen Problems s. Lit. [9.26].

■ **A:** Für die partielle Differentialgleichung $pq = 1$ und die Anfangskurve $y = x^3$, $z = 2x^2$ kann entlang der Kurve $p = x$ und $q = 1/x$ gesetzt werden. Das charakteristische System besitzt die Form

$$\frac{dx}{dt} = q, \quad \frac{dy}{dt} = p, \quad \frac{dz}{dt} = 2pq, \quad \frac{dp}{dt} = 0, \quad \frac{dq}{dt} = 0.$$

Der charakteristische Streifen mit den Anfangswerten x_0, y_0, z_0, p_0 und q_0 für $t = 0$ genügt den Gleichungen $x = x_0 + q_0 t$, $y = y_0 + p_0 t$, $z = 2p_0 q_0 t + z_0$, $p = p_0$, $q = q_0$. Für den Fall $p_0 = x_0$, $q_0 = 1/x_0$ lautet die Gleichung der zum charaketristischen Streifen gehörenden Kurve, die durch den Punkt (x_0, y_0, z_0) der Anfangskurve verläuft

$$x = x_0 + \frac{t}{x_0}, \quad y = {x_0}^3 + t x_0, \quad z = 2t + 2{x_0}^2.$$

Elimination der Parameter x_0 und t liefert $z^2 = 4xy$. Für andere zulässige Werte von p und q längs der Anfangskurve hätte sich eine andere Lösung ergeben.
Die Einhüllende einer einparametrigen Integralflächenschar ist ebenfalls eine Integralfläche. Unter Beachtung dieses Umstandes kann das CAUCHYsche Problem mit Hilfe des vollständigen Integrals gelöst werden. Dazu wird eine einparametrige Schar von Lösungen gesucht, die die Ebenen berühren, die in den Punkten der Anfangskurve gegebenen sind. Dann ist noch die Einhüllende dieser Schar zu bestimmen.

■ **B:** Für die CLAIRAUTsche Differentialgleichung $z - px - qy + pq = 0$ soll die Integralfläche bestimmt werden, die durch die Kurve $y = x$, $z = x^2$ verläuft. Das vollständige Integral der Differentialgleichung lautet $z = ax + by - ab$. Da entlang der Anfangskurve $p = q = x$ gilt, bestimmt man mit der Bedingung

$a = b$ die erforderliche einparametrige Integralflächenschar. Nach Ermittlung der Einhüllenden erhält man $z = \frac{1}{4}(x+y)^2$.

5. Lineare partielle Differentialgleichungen erster Ordnung in vollständigen Differentialen

Gleichungen dieser Art haben die Gestalt

$$dz = f_1 dx_1 + f_2 dx_2 + \cdots + f_n dx_n, \tag{9.77a}$$

wobei die $f_1, f_2, \ldots, f_n$ gegebene Funktionen der Variablen $x_1, x_2, \ldots, x_n, z$ sind. Man spricht von einer *vollständig integrierbaren Differentialgleichung* , wenn sich eine eindeutige Beziehung zwischen den $x_1, x_2, \ldots, x_n, z$ angeben läßt, die einen frei wählbaren konstanten Faktor enthält, und die auf die Gleichung (9.77a) führt. Dann existiert eine eindeutige Lösung $z = z(x_1, x_2, \ldots, x_n)$ von (9.77a), die für die Anfangswerte $x_1{}^0, \ldots, x_n{}^0$ der unabhängigen Veränderlichen einen vorgegebenen Wert z_0 ergibt. Daraus folgt für $n = 2$, $x_1 = x$, $x_2 = y$, daß durch jeden Raumpunkt eine und nur eine Integralfläche verläuft.

Vollständige Integrabilität gibt es für die Differentialgleichung (9.77a) dann und nur dann, wenn die $\frac{n(n-1)}{2}$ Beziehungen

$$\frac{\partial f_i}{\partial x_k} + f_k \frac{\partial f_i}{\partial z} = \frac{\partial f_k}{\partial x_i} + f_i \frac{\partial f_k}{\partial z} \quad (i, k = 1, \ldots, n) \tag{9.77b}$$

in allen Variablen $x_1, x_2, \ldots, x_n, z$ identisch erfüllt sind.

Wenn die Differentialgleichung in der symmetrischen Gestalt

$$f_1 dx_1 + \cdots + f_n dx_n = 0 \tag{9.77c}$$

gegeben ist, dann lautet die Bedingung für die vollständige Integrabilität für alle Kombinationen der Indizes i, j, k

$$f_i\left(\frac{\partial f_k}{\partial x_j} - \frac{\partial f_j}{\partial x_k}\right) + f_j\left(\frac{\partial f_i}{\partial x_k} - \frac{\partial f_k}{\partial x_i}\right) + f_k\left(\frac{\partial f_j}{\partial x_i} - \frac{\partial f_i}{\partial x_j}\right) = 0. \tag{9.77d}$$

Liegt vollständige Integrabilität vor, dann kann die Auflösung der Differentialgleichung (9.77a) auf die Integration einer gewöhnlichen Differentialgleichung mit $n-1$ Parametern zurückgeführt werden.

9.2.2 Lineare partielle Differentialgleichungen 2. Ordnung

9.2.2.1 Klassifikation und Eigenschaften der Differentialgleichungen 2. Ordnung mit zwei unabhängigen Veränderlichen

1. Allgemeine Form

einer linearen partiellen Differentialgleichung 2. Ordnung mit zwei unabhängigen Variablen x, y und einer unbekannten Funktion u heißt eine Gleichung der Gestalt

$$A\frac{\partial^2 u}{\partial x^2} + 2B\frac{\partial^2 u}{\partial x \partial y} + C\frac{\partial^2 u}{\partial y^2} + a\frac{\partial u}{\partial x} + b\frac{\partial u}{\partial y} + cu = f, \tag{9.78a}$$

wobei die Koeffizienten A, B, C, a, b, c und das freie Glied f bekannte Funktionen von x und y sind. Die Form der Lösung dieser Differentialgleichung hängt vom Vorzeichen der *Diskriminante*

$$\delta = AC - B^2 \tag{9.78b}$$

in einem betrachteten Gebiet ab. Man unterscheidet die folgenden Formen:

1. $\delta < 0$: hyperbolischer Typ;

2. $\delta = 0$: parabolischer Typ;

3. $\delta > 0$: elliptischer Typ;

4. δ ändert sein Vorzeichen: gemischter Typ.

Eine wichtige Eigenschaft der Diskriminante δ besteht darin, daß ihr Vorzeichen invariant ist gegen beliebige Transformationen der unabhängigen Variablen, z.B. bei der Einführung neuer Koordinaten in der x, y–Ebene. Somit ist auch der Typ der Differentialgleichung eine Invariante bezüglich der Wahl der unabhängigen Variablen.

2. Charakteristiken

der linearen partiellen Differentialgleichungen 2. Ordnung heißen die Integralkurven der Differentialgleichung

$$A dy^2 - 2B dx dy + C dx^2 = 0 \quad \text{oder} \quad \frac{dy}{dx} = \frac{B \pm \sqrt{-\delta}}{A}. \tag{9.79}$$

Zu den drei Typen von Differentialgleichungen können hinsichtlich der Charakteristiken die folgenden allgemeinen Aussagen getroffen werden:

1. hyperbolischer Typ: Es existieren zwei Scharen reeller Charakteristiken;

2. parabolischer Typ: Es existiert nur eine Schar reeller Charakteristiken;

3. elliptischer Typ: Es existieren keine reellen Charakteristiken.

4. Eine Differentialgleichung, die sich aus (9.78a) durch Koordinatentransformationen ergibt, besitzt die gleichen Charakteristiken wie (9.78a).

5. Wenn die Schar der Charakteristiken mit einer Schar der Koordinatenlinien zusammenfällt, dann fehlt in (9.78a) das Glied mit der zweiten Ableitung der unbekannten Funktion nach der betreffenden unabhängigen Variablen. Im Falle der Differentialgleichung vom parabolischen Typ fehlt hierbei auch noch das Glied mit der gemischten Ableitung.

3. Normalform oder kanonische Form

der linearen partiellen Differentialgleichungen zweiter Ordnung

Zur Transformation von (9.78a) in die Normalform gibt es die folgenden Möglichkeiten:

1. Transformation in die Normalform: Die Differentialgleichung (9.78a) kann durch die Einführung neuer unabhängiger Veränderlicher

$$\xi = \varphi(x, y) \quad \text{und} \quad \eta = \psi(x, y) \tag{9.80a}$$

auf die Normalform gebracht werden, die in Übereinstimmung mit dem Vorzeichen der Diskriminante (9.78b) zu einem der drei betrachteten Typen gehört:

$$\frac{\partial^2 u}{\partial \xi^2} - \frac{\partial^2 u}{\partial \eta^2} + \cdots = 0, \quad \delta < 0, \quad \text{hyperbolischer Typ;} \tag{9.80b}$$

$$\frac{\partial^2 u}{\partial \eta^2} + \cdots = 0, \quad \delta = 0, \quad \text{parabolischer Typ;} \tag{9.80c}$$

$$\frac{\partial^2 u}{\partial \xi^2} + \frac{\partial^2 u}{\partial \eta^2} + \cdots = 0, \quad \delta > 0, \quad \text{elliptischer Typ.} \tag{9.80d}$$

Glieder, die keine partiellen Ableitungen zweiter Ordnung der unbekannten Funktionen enthalten, sind durch Punkte angedeutet.

2. Transformation in die Normalform (9.80b) beim hyperbolischen Typ: Wenn im hyperbolischen Fall zwei Charakteristikenscharen als Koordinatenlinienscharen im neuen Koordinatensystem (9.80a) gewählt werden, d.h., wenn für die Gleichungen der Charakteristikenscharen $\xi_1 = \varphi(x, y)$, $\eta_1 = \psi(x, y)$, mit $\varphi(x, y) = \text{const}$, $\psi(x, y) = \text{const}$ gesetzt wird, dann geht (9.78a) über in

$$\frac{\partial^2 u}{\partial \xi_1 \partial \eta_1} + \cdots = 0. \tag{9.80e}$$

Diese Form heißt auch *Normalform der Differentialgleichung vom hyperbolischen Typ.* Von hier gelangt man zur Normalform (9.80b) mit Hilfe der Substitution

$$\xi = \xi_1 + \eta_1, \quad \eta = \xi_1 - \eta_1. \tag{9.80f}$$

3. Transformation in die Normalform (9.80c) beim parabolischen Typ: Für die Schar $\xi = \text{const}$ wird die einzige in diesem Falle gegebene Charakteristikenschar gewählt, wobei für η ein beliebige Funktion von x und y gewählt werden kann, die aber nicht von ξ abhängen darf.

4. Transformation in die Normalform (9.80d) beim elliptischen Typ: Wenn die Koeffizienten $A(x,y)$, $B(x,y)$, $C(x,y)$ analytische Funktionen (s. S. 552) sind, dann definiert die Gleichung der Charakteristiken im elliptischen Falle zwei konjugiert komplexe Scharen von Kurven $\varphi(x,y) = \text{const.}$, $\psi(x,y) = \text{const.}$ Wird $\xi = \varphi + \psi$, $\eta = i(\varphi - \psi)$ gesetzt, dann geht die Gleichung in die Normalform (9.80d) über.

4. Bezug auf die allgemeine Form

Alle Aussagen zur Klassifizierung und Transformation auf die Normalform gelten auch für Gleichungen der allgemeineren Form

$$A(x,y)\frac{\partial^2 u}{\partial x^2} + 2B(x,y)\frac{\partial^2 u}{\partial x \partial y} + C(x,y)\frac{\partial^2 u}{\partial y^2} + F\left(x, y, u, \frac{\partial u}{\partial x}, \frac{\partial u}{\partial y}\right) = 0, \tag{9.81}$$

in der die gesuchten Funktionen u und ihre partiellen Ableitungen $\partial u/\partial x$ und $\partial u/\partial y$ im Gegensatz zu (9.78a) nicht mehr nur linear auftreten.

9.2.2.2 Klassifikation und Eigenschaften der Differentialgleichungen 2. Ordnung mit mehr als zwei unabhängigen Veränderlichen

1. Allgemeine Form

Eine Differentialgleichung dieser Art hat die Gestalt

$$\sum_{i,k} a_{ik}\frac{\partial^2 u}{\partial x_i \partial x_k} + \cdots = 0, \tag{9.82a}$$

wobei die a_{ik} gegebene Funktionen der unabhängigen Variablen sind und die Punkte in (9.82a) Glieder bedeuten, in denen keine Ableitungen zweiter Ordnung der unbekannten Funktionen enthalten sind. Im allgemeinen kann die Differentialgleichung (9.82a) nicht durch Transformationen der unabhängigen Variablen auf eine einfache Normalform gebracht werden. Es gibt aber eine wichtige Klassifikation, die der in 9.2.2.1 eingeführten ähnlich ist (s. Lit. [9.6]).

2. Lineare partielle Differentialgleichungen 2. Ordnung mit konstanten Koeffizienten

Wenn die Koeffizienten a_{ik} in (9.82a) konstant sind, dann ist durch eine lineare homogene Transformation der unabhängigen Variablen eine Transformation auf die einfachere Normalform

$$\sum_{i} \kappa_i \frac{\partial^2 u}{\partial {x_i}^2} + \cdots = 0 \tag{9.82b}$$

möglich, in der sämtliche Koeffizienten κ_i gleich ± 1 oder 0 sind. Man kann mehrere charakteristische Fälle unterscheiden:

1. Alle Koeffizienten κ_i sind von Null verschieden und haben dasselbe Vorzeichen: Dann handelt es sich um eine *elliptische Differentialgleichung*.

2. Alle Koeffizienten κ_i sind von Null verschieden, aber einer hat ein zu allen übgrigen entgegengesetztes Vorzeichen: Dann handelt es sich um eine *hyperbolische Differentialgleichung* . Treten darüber hinaus von jeder Vorzeichenart wenigstens zwei auf, dann ist es eine *ultrahyperbolische Differentialgleichung* .

3. Einer der Koeffizienten κ_i verschwindet, die übrigen sind verschieden von Null und haben gleiches Vorzeichen: Dann handelt es sich um eine *parabolische Differentialgleichung* .

4. Ein relativ einfach zu lösender Fall liegt vor, wenn nicht nur die Koeffizienten der höchsten Ableitungen der unbekannten Funktionen konstant sind, sondern auch die der ersten Ableitungen. Man kann dann die Glieder mit der ersten Ableitungen durch eine Variablensubstitution eliminieren, für die $\kappa_i \neq 0$ ist. Dazu setzt man

$$u = v e^{-\frac{1}{2}\sum \frac{b_k}{\kappa_k} x_k}, \tag{9.82c}$$

wobei b_k der Koeffizient von $\frac{\partial u}{\partial x_k}$ in (9.82b) ist und die Summation über alle $\kappa_i \neq 0$ zu erfolgen hat. Auf diese Weise können alle elliptischen und hyperbolischen Differentialgleichungen mit konstanten Koeffizienten auf eine einfache Form gebracht werden:

a) elliptischer Fall: $\Delta v + kv = g,$ (9.82d)

b) hyperbolischer Fall: $\frac{\partial^2 v}{\partial t^2} - \Delta v + kv = g.$ (9.82e)

Mit Δ wird der Laplacesche Operator

$$\Delta v = \frac{\partial^2 v}{\partial {x_1}^2} + \frac{\partial^2 v}{\partial {x_2}^2} + \cdots + \frac{\partial^2 v}{\partial {x_n}^2} \tag{9.82f}$$

bezeichnet.

9.2.2.3 Integrationsmethoden für lineare partielle Differentialgleichungen zweiter Ordnung

1. Methode der Variablentrennung

Durch spezielle Substitutionen kann für viele Differentialgleichungen der Physik zwar nicht immer die Gesamtheit, jedoch eine Schar von Lösungen bestimmt werden, die von frei wählbaren Parametern abhängt. Lineare Differentialgleichungen, besonders zweiter Ordnung, können oft mit Hilfe einer Substitution in der Form eines *Produktansatzes*

$$u(x_1, \ldots, x_n) = \varphi_1(x_1)\varphi_2(x_2)\ldots\varphi_n(x_n) \tag{9.83}$$

gelöst werden. Da das Ziel darin besteht, die Funktionen $\varphi_k(x_k)$ getrennt, d. h. jede für sich aus einer gewöhnlichen Differentialgleichung zu bestimmen, in der nur noch die eine Variable x_k enthalten ist, spricht man für (9.83) auch vom *Separationsansatz*. In vielen Fällen gelingt diese *Variablentrennung*, nachdem der Lösungsansatz (9.83) in die gegebene Differentialgleichung eingesetzt wurde. Wenn hierbei die Lösung der gegebenen Differentialgleichung gewissen homogenen Randbedingungen genügen soll, dann kann es ausreichend sein, daß nur ein Teil der Funktionen $\varphi_1(x_1)$, $\varphi_2(x_2), \ldots, \varphi_n(x_n)$ des Separtionsansatzes bestimmte Randbedingungen zu erfüllen braucht.
Aus den so bestimmten Lösungen ergeben sich durch Summation, Differentiationen und Integrationen neue Lösungen. Die Parameter sind dabei so zu wählen, daß auch die restlichen Anfangs- und Randbedingungen erfüllt werden (s. Beispiele). Schließlich muß beachtet werden, daß die mit dieser Methode ermittelte Lösung, sei es in der Gestalt einer Reihe oder eines uneigentlichen Integrals, eine „formale Lösung" ist. Das bedeutet, daß noch zu prüfen ist, ob die Lösung einen physikalischen Sinn ergibt, d. h. z. B., ob sie konvergiert, ob sie die ursprüngliche Differentialgleichung und die Randbedingungen erfüllt, d. h. z. B., ob sie gliedweise differenzierbar ist und ob ein Grenzübergang bei Annäherung an den Rand existiert.
In den in diesem Abschnitt dargelegten Beispielen sind die Reihen und die uneigentlichen Integrale konvergent, wenn die Funktionen, die die Anfangsbedingungen definieren, entsprechenden Einschränkungen unterworfen werden, z. B. der Forderung nach Stetigkeit im ersten und zweiten Beispiel.

■ **A: Saitenschwingungsgleichung** wird die lineare partielle Differentialgleichung zweiter Ordnung vom hyperbolischen Typ

$$\frac{\partial^2 u}{\partial t^2} = a^2 \frac{\partial^2 u}{\partial x^2} \tag{9.84a}$$

genannt, mit deren Hilfe die Schwingungen einer gespannten Saite beschrieben werden. Die Aufgabe besteht darin, diese Gleichung unter den Anfangs- und Randbedingungen

$$u\Big|_{t=0} = f(x), \quad \frac{\partial u}{\partial t}\Big|_{t=0} = \varphi(x), \quad u|_{x=0} = 0, \quad u|_{x=l} = 0 \tag{9.84b}$$

zu lösen.
Mit einem Separationsansatz der Form

$$u = X(x)T(t) \tag{9.84c}$$

liefert Einsetzen in die gegebene Differentialgleichung (9.84a) die zwei Differentialgleichungen

$$\frac{T''}{a^2T} = \frac{X''}{X}. \tag{9.84d}$$

Die Variablen sind getrennt, denn da die linke Seite nicht von x und die rechte nicht von t abhängt, ist jede Seite für sich eine konstante Größe. Die Konstante wird negativ gewählt, da mit positiven Werten die Randbedingungen nicht erfüllt werden können, und mit $-\lambda^2$ bezeichnet. Man erhält die zwei linearen Differentialgleichungen

$$X'' + \lambda^2 X = 0, \quad (9.84e) \qquad T'' + a^2\lambda^2 T = 0. \tag{9.84f}$$

Aus den Randbedingungen folgt $X(0) = X(l) = 0$. Man sieht, daß $X(x)$ eine Eigenfunktion des STURM–LIOUVILLEschen Randwertproblems ist und λ^2 der zugehörige Eigenwert (s. S. 403). Integration der Differentialgleichung (9.84e) für X und Berücksichtigung der Randbedingungen ergibt

$$X(x) = C \sin \lambda x, \quad \text{mit} \quad \sin \lambda l = 0, \quad \text{also mit} \quad \lambda = \frac{n\pi}{l} \quad (n = 1, 2, \ldots). \tag{9.84g}$$

Integration der Gleichung (9.84f) für T liefert eine partikuläre Lösung der ursprünglichen Differentialgleichung (9.84a):

$$u_n = \left(a_n \cos \frac{na\pi}{l}t + b_n \sin \frac{na\pi}{l}t\right) \sin \frac{n\pi}{l}x. \tag{9.84h}$$

Durch die Forderungen, daß für $t = 0$

$$u = \sum_{n=1}^{\infty} u_n \quad (9.84i) \qquad \text{zu } f(x) \text{ wird und} \quad \frac{\partial}{\partial t}\sum_{n=1}^{\infty} u_n \quad \text{zu } \varphi(x), \tag{9.84j}$$

ergibt sich mit Hilfe einer FOURIER–Reihenentwicklung nach Sinusfunktionen (s. S. 315)

$$a_n = \frac{2}{l}\int_0^l f(x) \sin \frac{n\pi x}{l} dx, \quad b_n = \frac{2}{na\pi}\int_0^l \varphi(x) \sin \frac{n\pi x}{l} dx. \tag{9.84k}$$

■ **B: Stabschwingungsgleichung** wird die lineare partielle Differentialgleichung zweiter Ordnung vom hyperbolischen Typ genannt, mit deren Hilfe die longitudinalen Schwingungen eines Stabes beschrieben werden, dessen eines Ende frei ist und auf dessen zweites, eingespanntes Ende im Anfangszeitpunkt eine konstante Kraft p wirkt. Zu lösen ist die gleiche Differentialgleichung wie im Beispiel **A**, d.h.

$$\frac{\partial^2 u}{\partial t^2} = a^2 \frac{\partial^2 u}{\partial x^2}, \tag{9.85a}$$

mit den gleichen Anfangs-, aber nunmehr inhomogenen Randbedingungen:

$$u\Big|_{t=0} = f(x), \quad \frac{\partial u}{\partial t}\Big|_{t=0} = \varphi(x), \quad (9.85b) \qquad \frac{\partial u}{\partial x}\Big|_{x=0} = 0 \quad \text{(freies Ende)}, \tag{9.85c}$$

$$\frac{\partial u}{\partial x}\Big|_{x=l} = kp. \tag{9.85d}$$

Diese Bedingungen können durch die homogenen Bedingungen

$$\frac{\partial z}{\partial x}\Big|_{x=0} = \frac{\partial z}{\partial x}\Big|_{x=l} = 0 \tag{9.85e}$$

ersetzt werden, indem für u die neue unbekannte Funktion

$$z = u - \frac{kpx^2}{2l} \tag{9.85f}$$

eingeführt wird. Allerdings wird dann die Differentialgleichung inhomogen:

$$\frac{\partial^2 z}{\partial t^2} = a^2 \frac{\partial^2 z}{\partial x^2} + \frac{a^2 kp}{l}. \tag{9.85g}$$

Die Lösung wird in Form der Summe $z = v + w$ gesucht. Dabei genügt v der homogenen Differentialgleichung sowie den Rand- und Anfangsbedingungen für z, d. h.

$$z\Big|_{t=0} = f(x) - \frac{kpx^2}{2}, \quad \frac{\partial z}{\partial t}\Big|_{t=0} = \varphi(x), \tag{9.85h}$$

während w der inhomogenen Differentialgleichung genügt und die verschwindenden Anfangs- und Randbedingungen erfüllt. Daraus ergibt sich $w = \dfrac{ka^2pt^2}{2l}$. Eingehen in die Differentialgleichung mit dem Produktansatz

$$v = X(x)T(t) \tag{9.85i}$$

ergibt wie in Beispiel **A** die separierten gewöhnlichen Differentialgleichungen

$$\frac{X''}{X} = \frac{T''}{a^2 T} = -\lambda^2. \tag{9.85j}$$

Integration der Differentialgleichung für X und Einsetzen der Randbedingungen $X'(0) = X'(l) = 0$ liefert die Eigenfunktionen

$$X_n = \cos\frac{n\pi x}{l} \tag{9.85k}$$

sowie die dazugehörigen Eigenwerte

$$\lambda_n{}^2 = \frac{n^2\pi^2}{l^2} \quad (n = 0, 1, 2, \ldots). \tag{9.85l}$$

Durch das gleiche Vorgehen wie in Beispiel **A** erhält man schließlich

$$u = \frac{ka^2pt^2}{2l} + \frac{kpx^2}{2l} + a_0 + \frac{a\pi}{l}b_0 t + \sum_{n=1}^{\infty}\left(a_n \cos\frac{an\pi t}{l} + \frac{b_n}{n}\sin\frac{an\pi t}{l}\right)\cos\frac{n\pi x}{l}, \tag{9.85m}$$

wobei a_n und b_n $(n = 0, 1, 2, \ldots)$ die Koeffizienten der FOURIER–Reihenentwicklung für die Funktionen $f(x) - \dfrac{kpx^2}{2}$ und $\dfrac{l}{a\pi}\varphi(x)$ im Intervall $(0, l)$ sind (s. S. 315).

■ **C: Membranschwingungsgleichung** für Schwingungen einer runden, am Rande eingespannten Membran

Die Differentialgleichung ist linear, partiell und vom hyperbolischen Typ. Sie hat in kartesischen Koordinaten die Form

$$\frac{\partial^2 u}{\partial x^2} + \frac{\partial^2 u}{\partial y^2} = \frac{1}{a^2}\frac{\partial^2 u}{\partial t^2} \tag{9.86a}$$

und in Polarkoordinaten (s. S. 177)

$$\frac{\partial^2 u}{\partial r^2} + \frac{1}{r}\frac{\partial u}{\partial r} + \frac{1}{r^2}\frac{\partial^2 u}{\partial \varphi^2} = \frac{1}{a^2}\frac{\partial^2 u}{\partial t^2}. \tag{9.86b}$$

Die Anfangs- und Randbedingungen lauten

$$u|_{t=0} = f(r,\varphi), \tag{9.86c}$$
$$\frac{\partial u}{\partial t}\Big|_{t=0} = F(r,\varphi), \tag{9.86d}$$
$$u|_{r=R} = 0. \tag{9.86e}$$

Einsetzen des Produktansatzes für die drei Variablen

$$u = U(r)\Phi(\varphi)T(t) \tag{9.86f}$$

in die Differentialgleichung in Polarkoordinaten liefert

$$\frac{U''}{U} + \frac{U'}{rU} + \frac{\Phi''}{r^2\Phi} = \frac{1}{a^2}\frac{T''}{T}. \tag{9.86g}$$

Daraus ergeben sich in Analogie zu den Fällen **A** und **B** drei gewöhnliche Differentialgleichungen

$$T'' + a^2\lambda^2 T = 0, \tag{9.86h}$$

$$\frac{r^2U'' + rU'}{U} + \lambda^2 r^2 = -\frac{\Phi''}{\Phi} = \nu^2 \tag{9.86i}$$

$$\Phi'' + \nu^2\Phi = 0 \tag{9.86j}$$

für die separierten Variablen. Aus den Bedingungen $\Phi(0) = \Phi(2\pi)$, $\Phi'(0) = \Phi'(2\pi)$ folgt

$$\Phi(\varphi) = a_n \cos n\varphi + b_n \sin n\varphi, \quad \nu^2 = n^2 \quad (n = 0, 1, 2, \ldots). \tag{9.86k}$$

Aus $[rU']' - \frac{n^2}{r}U = -\lambda^2 rU$ und $U(R) = 0$ werden U und λ bestimmt. Berücksichtigung der selbstverständlichen Bedingung der Beschränkung von $U(r)$ für $r = 0$ und Substitution von $\lambda r = z$ ergibt

$$z^2U'' + zU' + (z^2 - n^2)U = 0, \quad \text{d. h.} \quad U(r) = J_n(z) = J_n\left(\mu\frac{r}{R}\right), \tag{9.86l}$$

wobei die J_n BESSELschen Funktionen sind (s.S. 398) mit $\lambda = \frac{\mu}{R}$ und $J_n(\mu) = 0$. Das Funktionensystem

$$U_{nk}(r) = J_n\left(\mu_{nk}\frac{r}{R}\right) \quad (k = 1, 2, \ldots) \tag{9.86m}$$

mit μ_{nk} als k-te positive Nullstelle der Funktion $J_n(z)$ ist ein vollständiges System aller Eigenfunktionen des selbstadjungierten Problems vom STURM–LIOUVILLEschen Typ, die orthogonal mit dem Gewicht r sind.

Die Lösung der Aufgabe wird in der Gestalt der Doppelreihe

$$U = \sum_{n=0}^{\infty}\sum_{k=1}^{\infty}\left[(a_{nk}\cos n\varphi + b_{nk}\sin n\varphi)\cos\frac{a\mu_{nk}t}{R} + (c_{nk}\cos n\varphi + d_{nk}\sin n\varphi)\sin\frac{a\mu_{nk}t}{R}\right] J_n\left(\mu_{nk}\frac{r}{R}\right) \tag{9.86n}$$

angesetzt. Aus den Anfangsbedingungen folgt für $t = 0$

$$f(r, \varphi) = \sum_{n=0}^{\infty}\sum_{k=1}^{\infty}(a_{nk}\cos n\varphi + b_{nk}\sin n\varphi)J_n\left(\mu_{nk}\frac{r}{R}\right), \tag{9.86o}$$

$$F(r, \varphi) = \sum_{n=0}^{\infty}\sum_{k=1}^{\infty}\frac{a\mu_{nk}}{R}(c_{nk}\cos n\varphi + d_{nk}\sin n\varphi)J_n\left(\mu_{nk}\frac{r}{R}\right), \tag{9.86p}$$

woraus sich ergibt

$$a_{nk} = \frac{2}{\pi R^2 J_{n-1}^2(\mu_{nk})}\int_0^{2\pi} d\varphi \int_0^R f(r, \varphi)\cos n\varphi J_n\left(\mu_{nk}\frac{r}{R}\right) r\,dr, \tag{9.86q}$$

$$b_{nk} = \frac{2}{\pi R^2 J_{n-1}^2(\mu_{nk})}\int_0^{2\pi} d\varphi \int_0^R f(r, \varphi)\sin n\varphi J_n\left(\mu_{nk}\frac{r}{R}\right) r\,dr. \tag{9.86r}$$

Im Falle $n = 0$ ist die im Zähler stehende 2 durch eine 1 zu ersetzen. Zur Bestimmung der Koeffizienten c_{nk} und d_{nk} wird $f(r, \varphi)$ durch $F(r, \varphi)$ in den Formeln für a_{nk} und b_{nk} ersetzt und mit $\dfrac{R}{a\mu_{nk}}$ multipliziert.

■ **D:** DIRICHLET**sches Problem** (s. S. 549) für das Rechteck $0 \le x \le a$, $0 \le y \le b$ **(Abb.9.17)**
Als Lösung der LAPLACEschen Differentialgleichung vom elliptischen Typ

$$\Delta u = 0 \tag{9.87a}$$

wird eine Funktion $u(x, y)$ gesucht, die auch die Randbedingungen

$$u(0, y) = \varphi_1(y), \quad u(a, y) = \varphi_2(y), \quad u(x, 0) = \psi_1(x), \quad u(x, b) = \psi_2(x) \tag{9.87b}$$

erfüllt.
Als erster Schritt wird eine partikuläre Lösung für die Randbedingungen $\varphi_1(y) = \varphi_2(y) = 0$ bestimmt.
Einsetzen des Produktansatzes

$$u = X(x)Y(y) \tag{9.87c}$$

in (9.87a) ergibt die separierten Differentialgleichungen

$$\frac{X''}{X} = -\frac{Y''}{Y} = -\lambda^2 \tag{9.87d}$$

mit dem Eigenwert λ in Analogie zu den Aufgaben **A** bis **C**. Da $X(0) = X(a) = 0$ gilt, ergibt sich

$$X = C \sin \lambda x, \quad \lambda = \frac{n\pi}{a} \quad (n = 1, 2, \ldots). \tag{9.87e}$$

Im zweiten Schritt wird die allgemeine Lösung der Differentialgleichung

$$Y'' - \frac{n^2\pi^2}{a^2} Y = 0 \tag{9.87f}$$

in der Form

$$Y = a_n \sinh \frac{n\pi}{a}(b - y) + b_n \sinh \frac{n\pi}{a} y \tag{9.87g}$$

hingeschrieben. Daraus ergibt sich für die Randbedingungen $u(0, y) = u(a, y) = 0$ eine partikuläre Lösung von (9.87a) in der Form

$$u_n = \left[a_n \sinh \frac{n\pi}{a}(b - y) + b_n \sinh \frac{n\pi}{a} y \right] \sin \frac{n\pi}{a} x. \tag{9.87h}$$

Im dritten Schritt wird die allgemeine Lösung als Summe

$$u = \sum u_n \tag{9.87i}$$

angesetzt, so daß sich aus den Randbedingungen für $y = 0$ und $y = b$

$$u = \sum_{n=1}^{\infty} \left(a_n \sinh \frac{n\pi}{a}(b - y) + b_n \sinh \frac{n\pi}{a} y \right) \sin \frac{n\pi}{a} x \tag{9.87j}$$

mit den Koeffizienten

$$a_n = \frac{2}{a \sinh \dfrac{n\pi b}{a}} \int_0^a \psi_1(x) \sin \frac{n\pi}{a} x \cdot dx, \quad b_n = \frac{2}{a \sinh \dfrac{n\pi b}{a}} \int_0^a \psi_2(x) \sin \frac{n\pi}{a} x \cdot dx \tag{9.87k}$$

ergibt.
In Analogie dazu wird die Aufgabe für die Randbedingungen $\psi_1(x) = \psi_2(x) = 0$ gelöst, die in der Summe mit (9.87j) die allgemeine Lösung von (9.87a) und (9.87b) bildet.

■ **E: Wärmeleitungsgleichung** Die Wärmeausbreitung in einem homogenen Stab, dessen eines Ende im Unendlichen liegt, während das andere unter konstanter Temperatur gehalten wird, beschreibt die lineare partielle Differentialgleichung zweiter Ordnung vom parabolischen Typ

$$\frac{\partial u}{\partial t} = a^2 \frac{\partial^2 u}{\partial x^2} \tag{9.88a}$$

die im Gebiet $0 \le x < +\infty$, $t \ge 0$ den Anfangs- und Randbedingungen

$$u|_{t=0} = f(x), \quad u|_{x=0} = 0 \tag{9.88b}$$

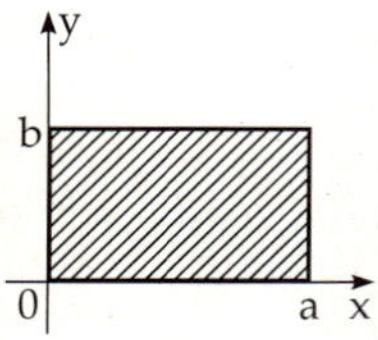

Abbildung 9.17

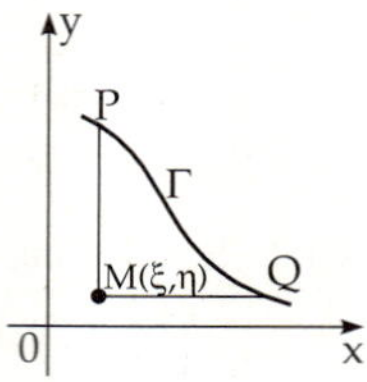

Abbildung 9.18

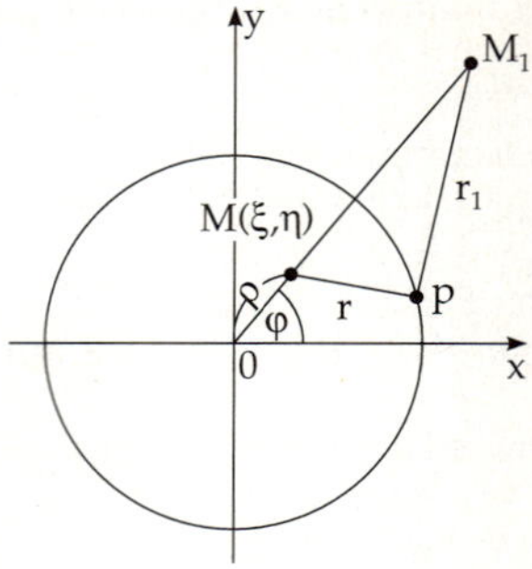

Abbildung 9.19

genügt. Dabei soll angenommen werden, daß die Temperatur im Unendlichen Null beträgt. Der Separationsansatz

$$u = X(x)T(t), \tag{9.88c}$$

eingesetzt in (9.88a), liefert die separierten gewöhnlichen Differentialgleichungen

$$\frac{T'}{a^2T} = \frac{X''}{X} = -\lambda^2, \tag{9.88d}$$

deren Parameter λ in Analogie zu dem Vorgehen in den Beispielen **A** bis **D** eingeführt wird. Als Lösung für $T(t)$ erhält man

$$T(t) = C_\lambda e^{-\lambda^2 a^2 t}. \tag{9.88e}$$

Aus der Bedingung, daß die Lösungen für $T(t)$ und $X(x)$ getrennt sein sollen folgt, daß $\lambda^2 \geq 0$ ist. Für $X(x)$ ergibt sich mit der Randbedingung $X(0) = 0$

$$X(x) = C \sin \lambda x \quad (9.88f) \qquad \text{und somit} \quad u_\lambda = C_\lambda e^{-\lambda^2 a^2 t} \sin \lambda x, \tag{9.88g}$$

wobei λ eine beliebige reelle Zahl sein kann. Die Lösung kann daher in der Form

$$u(x,t) = \int_0^\infty C(\lambda) e^{-\lambda^2 a^2 t} \sin \lambda x \, d\lambda \tag{9.88h}$$

angesetzt werden. Aus der Anfangsbedingung $u|_{t=0} = f(x)$ folgt die Gleichung

$$f(x) = \int_0^\infty C(\lambda) \sin \lambda x \, d\lambda, \tag{9.88i}$$

die erfüllt ist, wenn für die Konstante

$$C(\lambda) = \frac{2}{\pi} \int_0^\infty f(s) \sin \lambda s \, ds \tag{9.88j}$$

gesetzt wird (s. S. 315). Einsetzen in in (9.88i) ergibt

$$u(x,t) = \frac{2}{\pi} \int_0^\infty f(s) \left(\int_0^\infty e^{-\lambda^2 a^2 t} \sin \lambda s \sin \lambda x \, d\lambda \right) ds \tag{9.88k}$$

oder nach Ersetzen des Produkts der Sinus- durch eine Differenz von Kosinusfunktionen (s. S. 66) und unter Benutzung von Formel (11in Tabelle21.6 auf S. 939 schließlich

$$u(x,t) = \int_0^\infty f(s) \frac{1}{2a\sqrt{\pi t}} \left[e^{-\dfrac{(x-s)^2}{4a^2t}} - e^{-\dfrac{(x+s)^2}{4a^2t}} \right] ds. \tag{9.88l}$$

2. RIEMANN**sche Methode zur Lösung des** CAUCHY**schen Problems der hyperbolischen Differentialgleichung**

$$\frac{\partial^2 u}{\partial x \partial y} + a\frac{\partial u}{\partial x} + b\frac{\partial u}{\partial y} + cu = F \tag{9.89a}$$

1. RIEMANN**sche Funktion** heißt die Funktion $v(x, y; \xi, \eta)$, wobei ξ und η als Parameter aufgefaßt werden, die der zu (9.89a) konjugierten homogenen Differentialgleichung

$$\frac{\partial^2 v}{\partial x \partial y} - \frac{\partial (av)}{\partial x} - \frac{\partial (bv)}{\partial y} + cv = 0 \tag{9.89b}$$

und den Bedingungen

$$v(x, \eta; \xi, \eta) = e^{\int_\xi^x b(s,\eta)\,ds}, \quad v(\xi, y; \xi, \eta) = e^{\int_\eta^y a(\xi,s)\,ds} \tag{9.89c}$$

genügt. Allgemein haben lineare Differentialgleichungen zweiter Ordnung und die zu ihnen konjugierten Differentialgleichung die folgende Form:

$$\sum_{i,k} a_{ik}\frac{\partial^2 u}{\partial x_i \partial x_k} + \sum_i b_i \frac{\partial u}{\partial x_i} + cu = f \quad (9.89\text{d}) \qquad \text{und} \qquad \sum_{i,k} \frac{\partial^2 (a_{ik} v)}{\partial x_i \partial x_k} - \sum_i \frac{\partial (b_i v)}{\partial x_i} + cv = 0. \quad (9.89\text{e})$$

2. RIEMANN**sche Formel** wird die Integralformel genannt, mit deren Hilfe die Funktion $u(\xi, \eta)$ bestimmt wird, die der gegebenen Differentialgleichung (9.89a) genügt und die auf der vorgegebenen Kurve Γ (9.18) zusammen mit ihrer Ableitung nach der Richtung der Kurvennormalen (s. S. 194) vorgegebene Werte annimmt:

$$u(\xi, \eta) = \frac{1}{2}(uv)_P + \frac{1}{2}(uv)_Q - \int_{\widehat{QP}} \left[buv + \frac{1}{2}\left(v\frac{\partial u}{\partial x} - u\frac{\partial v}{\partial x}\right)\right] dx$$
$$- \left[auv + \frac{1}{2}\left(v\frac{\partial u}{\partial y} - u\frac{\partial v}{\partial y}\right)\right] dy + \iint_{PMQ} Fv\,dx dy. \tag{9.89f}$$

Die glatte Kurve Γ **(Abb.9.18)**, darf keine zu den Koordinatenachsen parallele Tangenten besitzen, d.h., sie darf die Charakteristiken nicht berühren. Das Kurvenintegral in dieser Formel kann berechnet werden, da aus den Werten der Funktion und ihrer Ableitung nach einer nichttangentialen Richtung längs des Kurvenbogens die Werte beider partieller Ableitungen ermittelbar sind.
Oft werden beim CAUCHYschen Problem anstelle der Normalenableitung auf der Kurve die Werte einer partiellen Ableitung der gesuchten Funktion vorgegeben, z.B. $\dfrac{\partial u}{\partial y}$. Dann wird eine andere Form der RIEMANNschen Formel verwendet:

$$u(\xi, \eta) = (uv)_P - \int_{\widehat{QP}} \left(buv - u\frac{\partial v}{\partial x}\right) dx - \left(auv + v\frac{\partial u}{\partial y}\right) dy + \iint_{PMQ} Fv\,dx dy. \tag{9.89g}$$

■ **Telegrafengleichung** nennt man die lineare partielle Differentialgleichung zweiter Ordnung vom hyperbolischen Typ

$$a\frac{\partial^2 u}{\partial t^2} + 2b\frac{\partial u}{\partial t} + cu = \frac{\partial^2 u}{\partial x^2} \tag{9.90a}$$

mit den Konstanten $a > 0$, b und c, die das Fließen des elektrischen Stromes in Leitungen beschreibt. Sie stellt eine Verallgemeinerung der *Saitenschwingungsgleichung* dar.
Die unbekannte Funktion $u(x, t)$ wird durch die Substitution $u = ze^{-(b/a)t}$ ersetzt, so daß (9.90a) übergeht in

$$\frac{\partial^2 z}{\partial t^2} = m^2\frac{\partial^2 z}{\partial x^2} + n^2 z \quad \left(m^2 = \frac{1}{a},\; n^2 = \frac{b^2 - ac}{a^2}\right). \tag{9.90b}$$

Durch die Substitutionen der unabhängigen Variablen

$$\xi = \frac{n}{m}(mt + x), \quad \eta = \frac{n}{m}(mt - x) \tag{9.90c}$$

erhält man schließlich die Normalform

$$\frac{\partial^2 z}{\partial \xi \partial \eta} - \frac{z}{4} = 0 \tag{9.90d}$$

der linearen partiellen Differentialgleichung vom hyperbolischen Typ (s. S. 411). Dieser Differentialgleichung muß die RIEMANNsche Funktion $v(\xi, \eta; \xi_0, \eta_0)$ genügen und für $\xi = \xi_0$ sowie $\eta = \eta_0$ den Wert Eins annehmen. Wenn für in $v = f(w)$ für w die Gestalt

$$w = (\xi - \xi_0)(\eta - \eta_0) \tag{9.90e}$$

gewählt wird, dann ist $f(w)$ eine Lösung der Differentialgleichung

$$w\frac{d^2 f}{dw^2} + \frac{df}{dw} - \frac{1}{4}f = 0 \tag{9.90f}$$

mit der Anfangsbedingung $f(0) = 1$. Die Substitution $w = \alpha^2$ überführt diese Differentialgleichung in die BESSELsche Differentialgleichung nullter Ordnung (s. S. 397)

$$\frac{d^2 f}{d\alpha^2} + \frac{1}{\alpha}\frac{df}{d\alpha} - f = 0, \tag{9.90g}$$

so daß die Lösung lautet

$$v = I_0\left[\sqrt{(\xi - \xi_0)(\eta - \eta_0)}\right]. \tag{9.90h}$$

Eine Lösung der ursprünglichen Differentialgleichung (9.90a) mit den Anfangsbedingungen

$$z\Big|_{t=0} = f(x), \quad \frac{\partial z}{\partial t}\Big|_{t=0} = g(x) \tag{9.90i}$$

kann erhalten werden, indem man den gefundenen Wert von v in die RIEMANNsche Formel einsetzt und zu den ursprünglichen Variablen zurückkehrt:

$$z(x,t) = \frac{1}{2}[f(x - mt) + f(x + mt)]$$
$$+\frac{1}{2}\int_{x-mt}^{x+mt}\left[g(s)\frac{I_0\left(\frac{n}{m}\sqrt{m^2t^2 - (s-x)^2}\right)}{m} - f(s)\frac{ntI_1\left(\frac{n}{m}\sqrt{m^2t^2 - (s-x)^2}\right)}{\sqrt{m^2t^2 - (s-x)^2}}\right] ds. \tag{9.90j}$$

3. GREENsche Methode zur Lösung von Randwertproblemen für elliptische Differentialgleichungen mit zwei unabhängigen Variablen

Diese Methode zeigt viel Ähnlichkeit mit der RIEMANNschen Methode zur Lösung des CAUCHYschen Problems für hyperbolische Differentialgleichungen.
Bei der Lösung der Aufgabe, eine Funktion $u(x, y)$ zu finden, die in einem vorgegebenen Gebiet der linearen partiellen Differentialgleichung zweiter Ordnung vom elliptischen Typ

$$\frac{\partial^2 u}{\partial x^2} + \frac{\partial^2 u}{\partial y^2} + a\frac{\partial u}{\partial x} + b\frac{\partial u}{\partial y} + cu = f \tag{9.91a}$$

genügt und auf dem Rande dieses Gebiets vorgegebene Werte annimmt, wird als erster Schritt die GREEN*sche Funktion* $G(x, y, \xi, \eta)$ für dieses Gebiet bestimmt, wobei ξ und η als Parameter aufgefaßt werden. Die GREENsche Funktion muß die folgenden Bedingungen erfüllen:

1. Die Funktion $G(x, y; \xi, \eta)$ genügt im gegebenen Gebiet überall, ausgenommen den Punkt $x = \xi$, $y = \eta$ der homogenen konjugierten Differentialgleichung

$$\frac{\partial^2 G}{\partial x^2} + \frac{\partial^2 G}{\partial y^2} - \frac{\partial(aG)}{\partial x} - \frac{\partial(bG)}{\partial y} + cG = 0. \tag{9.91b}$$

2. Die Funktion $G(x, y; \xi, \eta)$ ist von der Form

$$U \ln \frac{1}{r} + V \quad (9.91c) \qquad \text{mit} \quad r = \sqrt{(x-\xi)^2 + (y-\eta)^2}, \quad (9.91d)$$

wobei U im Punkt $x = \xi$, $y = \eta$ den Wert Eins hat und die Funktionen U und V im gesamten Gebiet zusammen mit ihren Ableitungen bis zur zweiten Ordnung einschließlich stetig sein müssen.

3. Die Funktion $G(x, y; \xi, \eta)$ wird auf dem Rande des betrachteten Gebiets gleich Null.

Der zweite Schritt ist die Lösung des Randwertproblems mit Hilfe der GREENschen Funktion nach der Formel

$$u(\xi, \eta) = \frac{1}{2\pi} \int_S u(x, y) \frac{\partial}{\partial n} G(x, y; \xi, \eta)\, ds - \frac{1}{2\pi} \iint_D f(x, y) G(x, y; \xi, \eta)\, dx dy, \tag{9.91e}$$

wobei D das betrachtete Gebiet bedeutet, S dessen Rand, auf dem die Funktion gegeben ist und $\frac{\partial}{\partial n}$ die Ableitung nach der Richtung der Innennormalen des Randes.

Die Bedingung 3 hängt von der Art der zu lösenden Aufgabe ab. Wenn z. B. auf dem Rande des betrachteten Gebiets nicht die gesuchte Funktion selbst gegeben ist, sondern ihre Ableitung nach der Randnormalen, dann muß in Bedingung 3 die Forderung

$$\frac{\partial G}{\partial n} - (a \cos\alpha + b \cos\beta) G = 0 \tag{9.91f}$$

auf dem Rande erhoben werden. Mit α und β werden hierbei die Winkel bezeichnet, die die innere Normale des Randes mit den Koordinatenachsen bildet. Die Lösung lautet in diesem Falle

$$u(\xi, \eta) = -\frac{1}{2\pi} \int_S \frac{\partial u}{\partial n} G\, ds - \frac{1}{2\pi} \iint_D fG\, dx dy. \tag{9.91g}$$

4. GREENsche Methode zur Lösung von Randwertproblemen mit drei unabhängigen Variablen

Die Lösung der Differentialgleichung

$$\Delta u + a \frac{\partial u}{\partial x} + b \frac{\partial u}{\partial y} + c \frac{\partial u}{\partial z} + eu = f. \tag{9.92a}$$

soll auf dem Rande des betrachteten Gebiets vorgegebene Werte annehmen. Dazu wird im ersten Schritt wieder die GREENschen Funktion konstruiert, aber mit dem Unterschied, daß sie nunmehr von den drei Parametern ξ, η und ζ abhängt. Die konjugierte Differentialgleichung, der die GREENsche Funktion genügt, ist von der Gestalt

$$\Delta G - \frac{\partial(aG)}{\partial x} - \frac{\partial(bG)}{\partial y} - \frac{\partial(cG)}{\partial z} + eG = 0. \tag{9.92b}$$

Gemäß Bedingung 2 wird von $G(x, y; \xi, \eta)$ die Form

$$U \frac{1}{r} + V \quad (9.92c) \qquad \text{mit} \quad r = \sqrt{(x-\xi)^2 + (y-\eta)^2 + (z-\zeta)^2} \quad (9.92d)$$

gefordert. Die Lösung der Aufgabe lautet

$$u(\xi, \eta, \zeta) = \frac{1}{4\pi} \iint_S u \frac{\partial G}{\partial n}\, ds - \frac{1}{4\pi} \iiint_D fG\, dx dy dz. \tag{9.92e}$$

Beiden Methoden, der RIEMANNschen und der GREENschen, ist gemein, daß zuerst eine speziel Lösung der Differentialgleichung gesucht wird, mit deren Hilfe danach die Lösungen für beliebige Ar fangs- und Randbedingungen bestimmt werden. Der entscheidende Unterschied zwischen der RIE MANNschen und der GREENschen Funktion besteht darin, daß die erste nur von der Gestalt der linke Seite der Differentialgleichung abhängt, die zweite jedoch auch noch vom betrachteten Gebiet. Di Ermittlung der GREENschen Funktion ist sogar in den Fällen, in denen ihre Existenz gesichert is ziemlich schwierig, so daß die GREENsche Methode vorwiegend zur Untersuchung theoretischer Pro bleme eingesetzt wird.

■ **A:** Konstruktion der GREENschen Funktion für das DIRICHLETsche Problem der LAPLACEsche Differentialgleichung (s. S. 549)

$$\Delta u = 0 \qquad (9.93a)$$

für den Fall, daß das betrachtete Gebiet ein Kreis ist **(Abb.9.19)**.
Die GREENsche Funktion lautet

$$G(x, y; \xi, \eta) = \ln \frac{1}{r} + \ln \frac{\varrho r_1}{R}, \qquad (9.93b)$$

wobei $r = \overline{MP}$, $\varrho = \overline{OM}$, $r_1 = \overline{M_1P}$ und R der Radius des betrachteten Kreises ist **(Abb.9.19)**. Di Punkte M und M_1 liegen in bezug auf den Kreis symmetrisch, d. h., beide Punkte liegen auf demselbe Radiusstrahl, und es gilt

$$\overline{OM} \cdot \overline{OM}_1 = R^2. \qquad (9.93c)$$

Mit der angegebenen Formel (9.91e) zur Lösung des DIRICHLETschen Problems ergibt sich nach Ein setzen der Normalenableitung der GREENschen Funktion und einigen Umformungen das POISSONsch Integral

$$u(\xi, \eta) = \frac{1}{2\pi} \int_0^{2\pi} \frac{R^2 - \varrho^2}{R^2 + \varrho^2 - 2R\varrho\cos(\psi - \varphi)} u(\varphi)\, d\varphi. \qquad (9.93d)$$

Die Bezeichnungen sind die gleichen wie oben. Mit $u(\varphi)$ werden die auf dem Kreisrand vorgegebene Werte von u beschrieben. Für die Koordinaten des Punktes $M(\xi, \eta)$ gilt: $\xi = \varrho\cos\psi$, $\eta = \varrho\sin\psi$.

■ **B:** Konstruktion der GREENschen Funktion für das DIRICHLETsche Problem der LAPLACEsche Differentialgleichung (s. S. 549)

$$\Delta u = 0, \qquad (9.94a)$$

für den Fall, daß das betrachtete Gebiet eine Kugel mit dem Radius R ist. Die GREENsche Funktio hat die Form

$$G(x, y, z; \xi, \eta, \zeta) = \frac{1}{r} - \frac{R}{r_1\varrho}, \qquad (9.94b)$$

mit $\varrho = \sqrt{\xi^2 + \eta^2 + \zeta^2}$ als Abstand des Punktes (ξ, η, ζ) vom Kugelmittelpunkt, r als Abstand zwische den Punkten (x, y, z) und (ξ, η, ζ) und r_1 als Abstand des Punktes (x, y, z) zum symmetrischen Punk des Punktes (ξ, η, ζ), d. h. zum Punkt $\left(\frac{R\xi}{\varrho}, \frac{R\eta}{\varrho}, \frac{R\zeta}{\varrho}\right)$. Das POISSONsche Integral ergibt sich b Beibehaltung der Bezeichnungen von Beispiel **A** zu

$$u(\xi, \eta, \zeta) = \frac{1}{4\pi} \iint_S \frac{R^2 - \varrho^2}{Rr^3} u\, ds. \qquad (9.94c)$$

5. Operatorenmethoden

Operatorenmethoden sind nicht nur zur Lösung gewöhnlicher Differentialgleichungen geeignet, son dern sie werden auch mit Erfolg zur Lösung partieller Differentialgleichungen eingesetzt. Sie beruhe auf einem Übergang von der gesuchten Funktion zu deren Transformierten (s. S. 587). Dazu wir die gesuchte Funktion als Funktion einer der unabhängigen Variablen aufgefaßt, und bezüglich dies Variablen wird die Transformation durchgeführt. Die übrigen Variablen werden dabei als Param ter aufgefaßt. Die Differentialgleichung zur Bestimmung der Transformierten der gesuchten Funktio enthält dann eine unabhängige Variable weniger als die ursprüngliche Differentialgleichung. Im Spezialfall zweier unabhängiger Variabler in der ursprünglichen partiellen Differentialgleichung liefert dieses Verfahren eine gewöhnliche Differentialgleichung. Wenn aus der so gewonnenen Differentialgleichung die Transformierte der gesuchten Funktion bestimmt werden kann, dann ergibt sich die gesuchte Funktion entweder durch Anwendung der Umkehrformel oder durch Aufsuchen der Lösung in einer Tabelle der Transformierten.

6. Näherungsmethoden

Zur Lösung konkreter Aufgaben mit Hilfe partieller Differentialgleichungen werden oft verschiedene Näherungsverfahren eingesetzt. Dabei ist zwischen analytischen und numerischen Methoden zu unterscheiden.

1. Die analytischen Methoden ermöglichen die Bestimmung angenäherter analytischer Ausdrücke für die gesuchte Funktion.

2. Die numerischen Methoden liefern Näherungswerte der gesuchten Funktion für bestimmte Werte der unabhängigen Variablen. Dazu verwendet man folgende Methoden (s. S. 772):

a) Methode der finiten Differenzen, kurz *Differenzenverfahren* genannt: Die Differentialquotienten werden durch Differenzenquotienten ersetzt, so daß die Differentialgleichung einschließlich Anfangs- und Randbedingungen in ein System von algebraischen Gleichungen umgewandelt wird. Eine lineare Differentialgleichung mit linearen Anfangs- und Randbedingungen wird so zu einem System linearer Gleichungen.

b) Methode der finiten Elemente , kurz FEM, für Randwertaufgaben: Der Randwertaufgabe wird eine Variationsaufgabe zugeordnet. Die gesuchte Lösung wird durch einen Spline–Ansatz approximiert, nachdem das Definitionsgebiet der Randwertaufgabe in regelmäßige Teilgebiete zerlegt worden ist. Die Ansatzkoeffizienten werden durch Lösung einer Extremwertaufgabe bestimmt.

c) Randintegralgleichungsmethode für spezielle Randwertaufgaben: Die Randwertaufgabe wird als äquivalentes Integralgleichungsproblem über dem Rand des Definitionsgebietes der Randwertaufgabe formuliert. Dazu werden Integralsätze der Vektoranalysis, z. B. GREENsche Formeln, verwendet. Die verbleibenden Randintegrale werden mit Hilfe geeigneter Quadraturformeln numerisch gelöst.

3. Numerische Lösungen von Differentialgleichungen können auch auf experimentellem Wege ermittelt werden. Dabei macht man von der Tatsache Gebrauch, daß recht unterschiedliche physikalische Erscheinungen mit ein und derselben Differentialgleichung beschrieben werden können. Um ein gegebenes Problem auf diesem Wege zu lösen, wird ein technisches Modell konstruiert, mit dessen Hilfe das gegebene Problem simuliert werden kann und an dem im Experiment Messungen vorgenommen werden, deren Werte die gesuchte Funktion darstellen. Da solche Modelle oft bewußt so konstruiert sind, daß die Parameter in weiten Grenzen eingestellt werden können, ist es möglich, auch die Differentialgleichung in weiten Gebieten der unabhängigen Veränderlichen zu untersuchen.

9.2.3 Partielle Differentialgleichungen aus Naturwissenschaft und Technik

9.2.3.1 Problemstellungen und Randbedingungen

1. Problemstellungen

Die Modellierung und mathematische Erfassung verschiedener physikalischer Erscheinungen im Rahmen der klassischen theoretischen Physik, besonders in modellmäßig strukturlos oder kontinuierlich veränderlich angenäherten Medien, also in Gasen, strukturlos angenommenen Flüssigkeiten sowie Festkörpern und besonders in Feldern der klassischen Physik, führen auf partielle Differentialgleichungen, wie z. B. die Wellengleichung (s. S. 425) und die Wärmeleitungsgleichung (s. S. 426). Auch die nichtklassische theoretische Physik, die Quantenmechanik, die auf der Erkenntnis aufbaut, daß Medien und Felder diskontinuierliche Erscheinungen sind, wird von einer partiellen Differentialgleichung beherrscht, die geradezu eine dominierende Stellung einnimmt, von der SCHRÖDINGER–Gleichung. Besonders häufig treten lineare partielle Differentialgleichungen 2. Ordnung auf, die auch in den modernen Ingenieur- und Naturwissenschaften große Bedeutung erlangt haben.

2. Anfangs- und Randbedingungen

Die Lösung physikalischer, technischer und naturwissenschaftlicher Probleme erfordert gewöhnlich die Erfüllung zweier grundsätzlicher Anforderungen:

1. Die gesuchte Lösung hat nicht nur der Differentialgleichung zu genügen, sondern zusätzlich noch Anfangs- bzw. Randbedingungen. Dabei können Probleme auftreten, bei denen nur Anfangsbedingungen, nur Randbedingungen oder sowohl Anfangs- als auch Randbedingungen vorgegeben sind. Die Gesamtheit aller Bedingungen muß die Lösung der Differentialgleichung eindeutig festlegen.

2. Die gesuchte Lösung muß gegenüber kleinen Änderungen der Anfangs- und Randbedingungen stabil sein, d.h. sich beliebig wenig ändern, wenn die Änderungen dieser Bedingungen, oft auch *Störungen* genannt, hinreichend klein sind. Man sagt dann, daß eine *korrekte Problemstellung* vorliegt.
Erst wenn diese Bedingungen erfüllt sind, kann davon ausgegangen werden, daß das mathematische Modell des gegebenen Problems zur Beschreibung realer Erscheinungen geeignet ist.
Bei den Differentialgleichungen des hyperbolischen Typs, auf die besonders Untersuchungen von Schwingungsvorgängen in kontinuierlichen Medien führen, ist z.B. das CAUCHYsche Problem korrekt gestellt. Dies bedeutet, daß auf einer Anfangsmannigfaltigkeit, d.h. auf einer Kurve oder Fläche, Werte der zu bestimmenden Funktion sowie ihrer Ableitungen in einer nichttangentialen, besonders der Normalenrichtung gegeben sind. Bei den Differentialgleichungen des elliptischen Typs, auf die besonders Untersuchungen von stationären Vorgängen und von Gleichgewichtsproblemen in kontinuierlichen Medien führen, ist die Stellung des Randwertproblems, d. h. die Vorgabe der Werte der zu bestimmenden Funktion auf dem Rande des betrachteten Variabilitätsgebiets der unabhängigen Variablen, korrekt. Wenn das betrachtete Gebiet unbegrenzt ist, dann müssen von der zu bestimmenden Funktion geeignete Verhaltenseigenschaften beim unbegrenzten Wachstum der unabhängigen Variablen gefordert werden.

3. Inhomogene Bedingungen und inhomogene Differentialgleichungen

Die Lösung homogener oder inhomogener linearer partieller Differentialgleichungen bei inhomogenen Anfangs- oder Randbedingungen kann auf die Lösung einer Gleichung zurückgeführt werden, die sich von der gegebenen lediglich durch das die unbekannte Funktion nicht mehr enthaltende freie Glied unterscheidet, jetzt aber bei homogenen Bedingungen. Dazu reicht es aus, die zu bestimmende Funktion durch eine Differenz zwischen ihr und einer beliebigen, zweimal differenzierbaren Funktion zu ersetzen, die die gegebenen inhomogenen Bedingungen erfüllt.
Generell wird von der Erkenntnis Gebrauch gemacht, daß sich die Lösung einer linearen inhomogenen partiellen Differentialgleichung bei gegebenen inhomogenen Anfangs- oder Randbedingungen als Summe der Lösung der gleichen Differentialgleichung bei Nullbedingungen und der Lösung der entsprechenden homogenen Differentialgleichung bei den gegebenen Bedingungen darstellen läßt.
Zur Zurückführung der Lösung der linearen inhomogenen partiellen Differentialgleichung

$$\frac{\partial^2 u}{\partial t^2} - L[u] = g(x,t) \tag{9.95a}$$

bei den homogenen Anfangsbedingungen

$$u\Big|_{t=0} = 0, \quad \frac{\partial u}{\partial t}\Big|_{t=0} = 0 \tag{9.95b}$$

auf die Lösung des CAUCHYschen Problems für die zugehörige homogene Differentialgleichung wird

$$u = \int_0^t \varphi(x,t;\tau)\,d\tau \tag{9.95c}$$

gesetzt. Dabei ist $\varphi(x,t;\tau)$ die Lösung der Differentialgleichung

$$\frac{\partial^2 u}{\partial t^2} - L[u] = 0, \tag{9.95d}$$

die den Randbedingungen

$$u\Big|_{t=\tau} = 0, \quad \frac{\partial u}{\partial t}\Big|_{t=\tau} = g(x,\tau) \tag{9.95e}$$

genügt. In diesen Gleichungen steht x symbolisch für die Gesamtheit der n Variablen $x_1, x_2, \ldots, x_n$ des n-dimensionalen Problems. Mit $L[u]$ wird dabei ein linearer Differentialausdruck bezeichnet, der die Ableitung $\frac{\partial u}{\partial t}$ enthalten darf, nicht aber höhere Ableitungen nach t.

9.2.3.2 Wellengleichung

Die Ausbreitung von Schwingungen als wellenförmige Erscheinung in einem homogenen Medium wird mit der Schwingungsgleichung

$$\frac{\partial^2 u}{\partial t^2} - a^2 \Delta u = Q(x,t) \tag{9.96a}$$

beschrieben, deren rechte Seite $Q(x,t)$ verschwindet, wenn keine Störungskräfte auftreten. Das Symbol x steht für die n Variablen $x_1, \ldots, x_n$ des n-dimensionalen Problems. Der LAPLACE–Operator Δ ist dann wie folgt definiert:

$$\Delta u = \frac{\partial^2 u}{\partial {x_1}^2} + \frac{\partial^2 u}{\partial {x_2}^2} + \cdots + \frac{\partial^2 u}{\partial {x_n}^2}. \tag{9.96b}$$

Die Differentialgleichung (9.96a) ist vom hyperbolischen Typ.

1. Homogenes Problem Die Lösung des homogenen Problems mit $Q(x,t) = 0$ und den Anfangsbedingungen

$$u\Big|_{t=0} = \varphi(x), \quad \frac{\partial u}{\partial t}\Big|_{t=0} = \psi(x), \tag{9.97}$$

wird für die Fälle $n = 1$ bis 3 durch die folgenden Integrale beschrieben.

a) $n = 3$ *(*KIRCHHOFF*sche Formel)*

$$u(x_1,x_2,x_3,t) = \frac{1}{4\pi a^2}\left[\iint\limits_{(S_{at})} \frac{\psi(\alpha_1,\alpha_2,\alpha_3)}{t}\,d\sigma + \frac{\partial}{\partial t}\iint\limits_{(S_{at})} \frac{\varphi(\alpha_1,\alpha_2,\alpha_3)}{t}\,d\sigma\right], \tag{9.98a}$$

wobei die Integration über die Kugeloberfläche S_{at} erfolgt, die mit $(\alpha_1 - x_1)^2 + (\alpha_2 - x_2)^2 + (\alpha_3 - x_3)^2 = a^2t^2$ angesetzt wird;

b) $n = 2$ *(*POISSON*sche Formel)*

$$u(x_1,x_2,t) = \frac{1}{2\pi a}\Bigg[\iint\limits_{(K_{at})} \frac{\psi(\alpha_1,\alpha_2)\,d\alpha_1 d\alpha_2}{\sqrt{a^2t^2 - (\alpha_1 - x_1)^2 - (\alpha_2 - x_2)^2}} + \frac{\partial}{\partial t}\iint\limits_{(K_{at})} \frac{\varphi(\alpha_1,\alpha_2)\,d\alpha_1 d\alpha_2}{\sqrt{a^2t^2 - (\alpha_1 - x_1)^2 - (\alpha_2 - x_2)^2}}\Bigg], \tag{9.98b}$$

wobei die Integration über den Kreis erfolgt, der mit $(\alpha_1 - x_1)^2 + (\alpha_2 - x_2)^2 \le a^2t^2$ angesetzt wird;

c) $n = 1$ *(*D'ALEMBERT*sche Formel)*

$$u(x_1,t) = \frac{\varphi(x_1 + at) + \varphi(x_1 - at)}{2} + \frac{1}{2a}\int_{x_1 - at}^{x_1 - at} \psi(\alpha)\,d\alpha. \tag{9.98c}$$

2. Inhomogenes Problem Wenn $Q(x,t) \neq 0$ ist, sind auf den rechten Seiten der Formeln (9.98a,b,c) Korrekturglieder zu addieren:

a) $n = 3$ *(Retardiertes Potential)* Für ein Gebiet K, das durch $r \le at$ beschrieben wird mit $r =$

$\sqrt{(\xi_1 - x_1)^2 + (\xi_2 - x_2)^2 + (\xi_3 - x_3)^2}$ gilt:

$$\frac{1}{4\pi a^2} \iiint\limits_{(K)} \frac{Q\left(\xi_1, \xi_2, \xi_3, t - \dfrac{r}{a}\right)}{r} \, d\xi_1 d\xi_2 d\xi_3 \tag{9.99a}$$

b) $n = 2$

$$\frac{1}{2\pi a} \iiint\limits_{(K)} \frac{Q(\xi_1, \xi_2, \tau) \, d\xi_1 d\xi_2 d\tau}{\sqrt{a^2(t-\tau)^2 - (\xi_1 - x_1)^2 - (\xi_2 - x_2)^2}}, \tag{9.99b}$$

wobei K ein Gebiet des ξ_1, ξ_2, τ–Raumes ist, das durch die $0 \leq \tau \leq t$, $(\xi_1 - x_1)^2 + (\xi_2 - x_2)^2 \leq a^2(t-\tau)^2$ definiert ist;

c) $n = 1$

$$\frac{1}{2a} \iint\limits_{(T)} Q(\xi, \tau) \, d\xi d\tau, \tag{9.99c}$$

wobei T das Dreieck $0 \leq \tau \leq t$, $|\xi - x_1| \leq a|t - \tau|$ bedeutet. In den angegebenen Formeln steht a für die Ausbreitungsgeschwindigkeit der Störung.

9.2.3.3 Wärmeleitungsgleichung für ein homogenes Medium

Die Ausbreitung der Wärme in einem homogenen Medium wird durch die lineare partielle Differentialgleichung zweiter Ordnung

$$\frac{\partial u}{\partial t} - a^2 \Delta u = Q(x, t) \tag{9.100a}$$

beschrieben, wobei Δ der LAPLACEsche Operator ist, hier beschränkt auf maximal drei Ausbreitungsrichtungen x_1, x_2, x_3. Wenn der Wärmestrom weder Quellen noch Senken besitzt, verschwindet die rechte Seite mit $Q(x, t)$.

Die Differentialgleichung (9.100a) ist eine partielle Differentialgleichung vom parabolischen Typ.

Das CAUCHYsche Problem kann folgendermaßen gestellt werden: Es ist eine für $t > 0$ beschränkte Lösung $u(x, t)$ zu suchen, wobei $u|_{t=0} = f(x)$ sein soll. Die Forderung nach der Beschränktheit sichert gleichzeitig die Eindeutigkeit der Lösung.

Für die homogene Differentialgleichung mit $Q(x, t) = 0$ gilt

$$u(x_1, x_2, x_3, t) = \frac{1}{(2a\sqrt{\pi t})^n} \int_{-\infty}^{+\infty} \int_{-\infty}^{+\infty} \int_{-\infty}^{+\infty} f(\alpha_1, \alpha_2, \alpha_3) \cdot e^{-\dfrac{(x_1 - \alpha_1)^2 + (x_2 - \alpha_2)^2 + (x_3 - \alpha_3)^2}{4a^2 t}} \, d\alpha_1 d\alpha_2 d\alpha_3. \tag{9.100b}$$

Für die inhomogene Differentialgleichung mit $Q(x, t) \neq 0$ ist auf der rechten Seite von (9.100b) der Ausdruck

$$\int_0^t \left[\int_{-\infty}^{+\infty} \int_{-\infty}^{+\infty} \int_{-\infty}^{+\infty} \frac{Q(\alpha_1, \alpha_2, \alpha_3)}{[2a\sqrt{\pi(t-\tau)}]^n} \cdot e^{-\dfrac{(x_1 - \alpha_1)^2 + (x_2 - \alpha_2)^2 + (x_3 - \alpha_3)^2}{4a^2(t-\tau)}} \, d\alpha_1 d\alpha_2 d\alpha_3 \right] d\tau \tag{9.100c}$$

zu addieren.

Die Aufgabe, $u(x, t)$ für $t < 0$ zu bestimmen, wenn die Werte von $u(x, 0)$ gegeben sind, kann so nicht gelöst werden, weil das CAUCHYsche Problem dann nicht mehr korrekt gestellt ist.

9.2.3.4 Potentialgleichung

Potentialgleichung oder POISSON*sche Differentialgleichung* (s. S. 550) wird die lineare partielle Differentialgleichung zweiter Ordnung

$$\Delta u = -4\pi\varrho \tag{9.101a}$$

genannt, die die Bestimmung des Potentials $u(x)$ eines skalaren Feldes ermöglicht, das von einer Punktfunktion $\varrho(x)$ erzeugt wird, wobei x für die Koordinaten x_1, x_2, x_3 steht und Δ der LAPLACE– Operator ist. Die Lösung, das Potential $u_M(x_1, x_2, x_3)$ im Punkt M wird auf S. 550 behandelt.
Für die homogene Differentialgleichung mit $\varrho \equiv 0$ ergibt sich die LAPLACE*sche Differentialgleichung* (s. S. 549)

$$\Delta u = 0 \tag{9.101b}$$

Die Differentialgleichungen (9.101a und (9.101b) sind vom elliptischen Typ.

9.2.3.5 Schrödinger–Gleichung

1. Begriff der SCHRÖDINGER–Gleichung

1. Bestimmung und Abhängigkeiten Die SCHRÖDINGER–Gleichung, deren Lösungen, die Wellenfunktionen Ψ, die Eigenschaften eines quantenmechanischen Systems beschreiben, also die Eigenschaften der Teilchenzustände zu berechnen gestatten, ist eine partielle Differentialgleichung mit Ableitungen der Wellenfunktion zweiter Ordnung für die Raumkoordinaten und erster Ordnung für die Zeitkoordinate:

$$\mathrm{i}\hbar\frac{\partial\Psi}{\partial t} = -\frac{\hbar^2}{2m}\Delta\Psi + U(x_1, x_2, x_3, t)\Psi = \hat{H}\Psi, \tag{9.102a}$$

$$\hat{H} \equiv \frac{\hat{p}^2}{2m} + U(\vec{\mathbf{r}}, t), \quad \hat{p} \equiv \frac{\hbar}{\mathrm{i}}\frac{\partial}{\partial\vec{\mathbf{r}}} \equiv \frac{\hbar}{\mathrm{i}}\nabla\,. \tag{9.102b}$$

Hierbei sind Δ der LAPLACE–Operator, $\hbar = \dfrac{h}{2\pi}$ die reduzierte PLANCKsche Konstante, i die imaginäre Einheit und ∇ der Nablaoperator. Zwischen dem Impuls p des betrachteten Teilchens mit der Masse m und seiner Materiewellenlänge λ besteht die Beziehung $\lambda = h/p$.

2. Besonderheiten

- In der Quantenmechanik werden allen meßbaren Größen Operatoren zugeordnet. Der in (9.102a) und (9.102b) auftretende HAMILTON– Operator („*Hamiltinian*") stellt die Gesamtenergie des Systems dar, die in kinetische und potentielle Energie aufgeteilt wird. Der erste Term in $\hat{H}$ ist der Operator für die kinetische Energie, der zweite der für die potentielle Energie.
- Die imaginäre Einheit tritt in der SCHRÖDINGER–Gleichung explizit auf. Daher sind die Wellenfunktionen komplexe Funktionen. Für die Berechnung der beobachtbaren Größen sind die beiden reellen, in $\psi^{(1)}+\mathrm{i}\psi^{(2)}$, enthaltenen Funktionen erforderlich. Das Quadrat $|\Psi|^2$ der Wellenfunktion, das die Aufenthaltswahrscheinlichkeit dw des Teilchens in jedem beliebigen Raumelement dV des betrachteten Gebietes beschreibt, unterliegt speziellen zusätzlichen Bedingungen.
- Jede spezielle Lösung hängt außer vom Potential der *Wechselwirkung (Kraft)* von den Anfangs- und Randbedingungen des gegebenen Problems ab. Im allgemeinen handelt es sich um lineare Randwertprobleme 2. Ordnung, deren Lösungen nur für die Eigenwerte physikalisch sinnvoll sind. Sinnvolle Lösungen zeichnen sich dadurch aus, daß ihr Betragsquadrat überall eindeutig und regulär ist und im Unendlichen verschwindet.
- Auf Grund des *Welle–Teilchen–Dualismus* besitzen die Mikroteilchen gleichzeitig Wellen- und Teilcheneigenschaften, so daß die SCHRÖDINGER–Gleichung eine Wellengleichung (s. S. 425) für die DE–BROGLIEschen Materie–Wellen ist.
- Die Einschränkung auf nichtrelativistische Probleme bedeutet, daß die Teilchengeschwindigkeit v sehr viel kleiner sein muß als die Lichtgeschwindigkeit c ($v \ll c$).

Ausführliche Darstellungen der Anwendungen der SCHRÖDINGER– Gleichung sind in der Spezialliteratur der theoretischen Physik dargestelt (s. z.B. Lit. [9.21], [9.22], [9.23]. In diesem Kapitel werden lediglich einige wichtige Beispiele betrachtet.

2. Zeitabhängige SCHRÖDINGER–Gleichung

Den allgemeinen nichtrelativistischen Fall eines spinlosen Teilchens mit der Masse m und der Geschwindigkeit v im orts- und zeitabhängigen Potentialfeld $U(x_1, x_2, x_3, t)$ beschreibt die zeitabhängige SCHRÖDINGER–Gleichung (9.102a). Die unter 1. genannten speziellen Bedingungen, denen die Wellenfunktion genügen muß, lauten:

a) Die Ψ–Funktion muß beschränkt und stetig sein.
b) Die partiellen Ableitungen $\partial\Psi/\partial x_1$, $\partial\Psi/\partial x_2$ und $\partial\Psi/\partial x_3$ müssen stetig sein.
c) Die Funktion $|\Psi|^2$ muß integrierbar sein, also muß

$$\iiint_V |\Psi(x_1, x_2, x_3)|^2 \, dV < \infty \tag{9.103a}$$

gelten. Gemäß Normierungsbedingung muß die Wahrscheinlichkeit, das Teilchen im betrachteten Gebiet zu finden, gleich 1 sein. Dazu reicht (9.103a) aus, weil das Integral stets durch einen Faktor vor Ψ auf 1 gebracht werden kann.

Eine Lösung der zeitabhängigen SCHRÖDINGER–Gleichung hat die Form

$$\Psi(x_1, x_2, x_3, t) = \Psi(x_1, x_2, x_3) e^{-\mathrm{i}\frac{E}{\hbar}t}. \tag{9.103b}$$

Der Zustand des Teilchens wird in einem Zeitpunkt t durch eine periodische Funktion von der Zeit mit der Kreisfrequenz $\omega = E/\hbar$ beschrieben. Wenn die Energie des Teilchens in dem Zustand den festen Wert $E =$ const. besitzt, dann hängt die Wahrscheinlichkeit dw, es in einem Raumelement dV zu finden, nicht von der Zeit ab:

$$d\omega = |\Psi|^2 \, dV = \Psi\Psi^* \, dV. \tag{9.103c}$$

Man spricht vom stationären Zustand des Teilchens.

3. Zeitunabhängige SCHRÖDINGER–Gleichung

Wenn das Potential U und die Wellenfunktion Ψ nicht von der Zeit abhängen, d. h. $U = U(x_1, x_2, x_3)$, $\Psi = \Psi(x_1, x_2, x_3)$, dann genügt zur Beschreibung der Zustände die einfachere zeitunabhängige SCHRÖDINGER–Gleichung. Man kann sie aus der zeitabhängigen SCHRÖDINGER– Gleichung (9.102a) mit dem Ansatz (9.103b) herleiten und erhält

$$\Delta\Psi + \frac{2m}{\hbar^2}(E - U)\Psi = 0. \tag{9.104a}$$

In diesem ebenfalls nichtrelativistischen Fall ist

$$E = \frac{p^2}{2m} \tag{9.104b}$$

die Energie des Teilchens. Die Wellenfunktionen Ψ, die diese Differentialgleichung erfüllen, sind ihre *Eigenfunktionen*; sie existieren nur für bestimmte *Energieeigenwerte* E, die sich für das betrachtete Problem aus seinen spezifischen Anfangs- und Randbedingungen ergeben. Die Gesamtheit der Eigenwerte bildet das *Energiespektrum* der Teilchen. Wenn U eine monotone Funktion ist, die im Unendlichen verschwindet, dann bilden die Eigenwerte ein *diskretes Spektrum*.

Ist das betrachtete Gebiet der gesamte Raum, dann kann als Randbedingung gefordert werden, daß Ψ im LEBESGUEschen Sinne [8.10] im gesamten Raum quadratisch integrabel sein muß. Ist das Gebiet endlich, z.B. eine Kugel oder ein Zylinder, dann kann als erste Randwertaufgabe z.B. $\Psi = 0$ für den Rand gefordert werden.

In dem speziellen Fall $U(x) = 0$ ergibt sich die HELMHOLTZ*sche Differentialgleichung*

$$\Delta\Psi + \lambda\Psi = 0 \quad (9.105a) \qquad \text{mit dem Eigenwert} \quad \lambda = \frac{2mE}{\hbar^2}. \quad (9.105b)$$

Als Randbedingung wird hier oft $\Psi = 0$ am Rande gefordert. In einem endlichen Gebiet stellt (9.105a) die mathematische Ausgangsgleichung für akustische Schwingungen in gegebenen räumlichen Begrenzungen dar.

4. Kräftefreie Bewegung eines Teilchens in einem Quader

1. Problemstellung Ein Teilchen mit der Masse m bewege sich kräftefrei in einem Quader mit undurchlässigen Wänden der Kantenlänge a, b, c, so daß es sich in einem Potentialkasten befindet, der in alle drei Raumrichtungen wegen seiner Undurchlässigkeit unendlich hoch ist, d. h., die Aufenthaltswahrscheinlichkeit des Teilchens und damit die Wellenfunktion Ψ verschwinden außerhalb des Kastens. Die SCHRÖDINGER–Gleichung und die Randbedingungen lauten für dieses Problem

$$\frac{\partial^2\Psi}{\partial x^2}+\frac{\partial^2\Psi}{\partial y^2}+\frac{\partial^2\Psi}{\partial z^2}+\frac{2m}{\hbar^2}E\Psi=0, \quad (9.106a) \qquad \Psi=0 \quad \text{für} \quad \begin{cases} x=0, & x=a \\ y=0, & y=b \\ z=0, & z=c. \end{cases} \quad (9.106b)$$

2. Lösungsansatz Mit dem *Separationsansatz*

$$\Psi(x,y,z)=\Psi_x(x)\cdot\Psi_y(y)\cdot\Psi_z(z) \quad (9.107a)$$

zur Variablentrennung ergibt sich nach Einsetzen in (9.106a)

$$\frac{1}{\Psi_x}\frac{d^2\Psi_x}{dx^2}+\frac{1}{\Psi_y}\frac{d^2\Psi_y}{dy^2}+\frac{1}{\Psi_z}\frac{d^2\Psi_z}{dz^2}=-\frac{2m}{\hbar^2}E=-B. \quad (9.107b)$$

Jedes der drei Glieder auf der linken Seite hängt nur von einer unabhängigen Variablen ab. Ihre Summe kann für beliebige x, y, z nur dann konstant gleich $-B$ sein, wenn jedes einzelne Glied für sich konstant ist. In diesem Falle kann die partielle Differentialgleichung in drei gewöhnliche Differentialgleichungen aufgespalten werden:

$$\frac{d^2\Psi_x}{dx^2}=-{k_x}^2\Psi_x, \quad \frac{d^2\Psi_y}{dy^2}=-{k_y}^2\Psi_y, \quad \frac{d^2\Psi_z}{dz^2}=-{k_z}^2\Psi_z. \quad (9.107c)$$

Zwischen den *Separationskonstanten* $-{k_x}^2$, $-{k_y}^2$, $-{k_z}^2$ besteht der Zusammenhang

$${k_x}^2+{k_y}^2+{k_z}^2=B, \quad (9.107d) \qquad \text{womit folgt} \quad E=\frac{\hbar^2}{2m}({k_x}^2+{k_y}^2+{k_z}^2). \quad (9.107e)$$

3. Lösungen der drei Gleichungen (9.107c) sind die Funktionen

$$\Psi_x=A_x\sin k_x x, \quad \Psi_y=A_y\sin k_y y, \quad \Psi_z=A_z\sin k_z z \quad (9.108a)$$

mit den Konstanten A_x, A_y, A_z. Damit erfüllt Ψ die Randbedingungen $\Psi=0$ für $x=0$, $y=0$ und $z=0$. Um die Bedingung $\Psi=0$ auch für $x=a$, $y=b$ und $z=c$ zu erfüllen, muß

$$\sin k_x a=\sin k_y b=\sin k_z c=0 \quad (9.108b)$$

gelten, d. h., es müssen die Beziehungen

$$k_x=\frac{\pi n_x}{a}, \quad k_y=\frac{\pi n_y}{b}, \quad k_z=\frac{\pi n_z}{c} \quad (9.108c)$$

erfüllt sein, in denen n_x, n_y und n_z ganze Zahlen sind.
Für die Gesamtenergie erhält man damit

$$E_{n_x,n_y,n_z}=\frac{\hbar^2}{2m}\left[\left(\frac{n_x}{a}\right)^2+\left(\frac{n_y}{b}\right)^2+\left(\frac{n_z}{c}\right)^2\right]; \quad (n_x,n_y,n_z=\pm1,\pm2,\ldots) \quad (9.108d)$$

woraus folgt, daß Energieänderungen des Teilchens durch Austausch mit der Umgebung nicht kontinuierlich, sondern lediglich in Quanten möglich sind. Die Zahlen n_x, n_y und n_z, die zu den *Eigenwerten* der Energie gerhören, werden *Quantenzahlen* genannt.

Nach der Berechnung des Konstantenprodukts $A_xA_yA_z$ aus der *Normierungsbedingung*

$$(A_xA_yA_z)^2 \int\limits_0^a\int\limits_0^b\int\limits_0^c \sin^2\frac{\pi n_x x}{a}\cdot\sin^2\frac{\pi n_y y}{b}\cdot\sin^2\frac{\pi n_z z}{c}\,dxdydz = 1 \tag{9.108e}$$

ergeben sich die vollständigen *Eigenfunktionen* des durch die drei Quantenzahlen charakterisierten Zustandes zu

$$\Psi_{n_x,n_y,n_z} = \sqrt{\frac{8}{abc}}\sin\frac{\pi n_x x}{a}\cdot\sin\frac{\pi n_y y}{b}\cdot\sin\frac{\pi n_z z}{c}. \tag{9.108f}$$

Die Eigenfunktionen verschwinden an den Wänden, wenn eine der drei Sinusfunktionen gleich Null ist. Außer an den Wänden ist das immer dann der Fall, wenn die Beziehungen

$$\begin{aligned} x &= \frac{a}{n_x},\ \frac{2a}{n_x},\ldots,\ \frac{(n_x-1)a}{n_x} \\ y &= \frac{b}{n_y},\ \frac{2b}{n_y},\ldots,\ \frac{(n_y-1)b}{n_y} \\ z &= \frac{c}{n_z},\ \frac{2c}{n_z},\ldots,\ \frac{(n_z-1)c}{n_z} \end{aligned} \tag{9.108g}$$

erfüllt sind. Somit gibt es n_x-1 bzw. n_y-1 bzw. n_z-1 Ebenen senkrecht zur x- bzw. y- bzw z-Achse, in denen Ψ verschwindet. Diese Ebenen heißen *Knotenebenen.*

4. Spezialfall Würfel Im Spezialfalle des Würfels mit $a=b=c$ kann sich ein Teilchen gleichzeitig in mehreren Zuständen befinden, die durch unterschiedliche linear unabhängige Eigenfunktionen beschrieben werden und die gleiche Energie besitzen. Das ist der Fall, wenn die Summe ${n_x}^2+{n_y}^2+{n_z}^2$ in verschiedenen Zuständen den gleichen Wert hat. Man spricht dann von *entarteten Zuständen* und wenn es i Zustände mit gleicher Energie sind, von *i-facher Entartung.*

Die Quantenzahlen n_x, n_y und n_z können alle ganzen Zahlen durchlaufen, außer der Null. Letzteres würde bedeuten, daß die Wellenfunktion identisch Null ist, d. h., das Teilchen an keinem Ort innerhalb des Kastens existiert. Somit muß die Teilchenenergie endlich bleiben, selbst wenn die Temperatur des absoluten Nullpunktes erreicht ist. Diese *Nullpunktstranslationsenergie* beträgt für den Quader

$$E_0 = \frac{\hbar^2}{2m}\left(\frac{1}{a^2}+\frac{1}{b^2}+\frac{1}{c^2}\right). \tag{9.108h}$$

5. Teilchenbewegung im radialsymmetrischen Zentralfeld

1. Problemstellung Das betrachtete Teilchen wird durch ein radialsymmetrisches Potential $V(r)$ gezwungen, sich ausschließlich auf Kugeloberflächebahnen mit dem konstantem Radius $r=a=\text{const}$ zu bewegen. Dieses Modell reproduziert die Bewegung eines Elektrons unter der elektrostatischen Anziehung eines positiv geladenen Kerns. Da es sich um ein kugelsymmetrisches Problem handelt, ist die Benutzung von Kugelkoordinaten zweckmäßig **(Abb.9.20)**. Es gelten dann die Beziehungen

$$\begin{aligned} r &= \sqrt{x^2+y^2+z^2}, & x &= r\sin\vartheta\cos\varphi \\ \vartheta &= \arccos\frac{z}{r}, & y &= r\sin\vartheta\sin\varphi \\ \varphi &= \arctan\frac{y}{x}, & z &= r\cos\vartheta \end{aligned} \tag{9.109a}$$

wobei r der Radiusvektor ist, ϑ der Winkel zwischen Radiusvektor und z–Achse (Polarwinkel) und φ der Winkel zwischen der Projektion des Radiusvektors auf die x,y–Ebene und der x–Achse (Azimutalwinkel). Für den LAPLACE–Operator ergibt sich

$$\Delta\Psi = \frac{\partial^2\Psi}{\partial r^2}+\frac{2}{r}\frac{\partial\Psi}{\partial r}+\frac{1}{r^2}\frac{\partial^2\Psi}{\partial\vartheta^2}+\frac{\cos\vartheta}{r^2\sin\vartheta}\frac{\partial\Psi}{\partial\vartheta}+\frac{1}{r^2\sin^2\vartheta}\frac{\partial^2\Psi}{\partial\varphi^2}, \tag{9.109b}$$

so daß die zeitunabhängige SCHRÖDINGER–Gleichung dieses *raumfreien starren Rotators* lautet

$$\frac{1}{r^2}\frac{\partial}{\partial r}\left(r^2\frac{\partial\Psi}{\partial r}\right)+\frac{1}{r^2\sin\vartheta}\frac{\partial}{\partial\vartheta}\left(\sin\vartheta\frac{\partial\Psi}{\partial\vartheta}\right)+\frac{1}{r^2\sin^2\vartheta}\frac{\partial^2\Psi}{\partial\varphi^2}+\frac{2m}{\hbar^2}[E-V(r)]\Psi=0 \tag{9.109c}$$

2. Lösungsansätze Eine Lösung wird mit dem Ansatz

$$\Psi(r,\vartheta,\varphi)=R_l(r)Y_l^m(\vartheta,\varphi) \tag{9.110a}$$

angestrebt, in dem R_l die nur vom Radius r abhängige radiale Wellenfunktion ist und $Y_l^m(\vartheta,\varphi)$ eine nur von den beiden Winkeln abhängige Wellenfunktion. Einsetzen von (9.110a) in (9.109c) liefert

$$\frac{1}{r^2}\frac{\partial}{\partial\vartheta}\left(r^2\frac{\partial R_l}{\partial r}\right)Y_l^m+\frac{2m}{\hbar^2}[E-V(r)]R_lY_l^m$$
$$=-\left\{\frac{1}{r^2\sin^2\vartheta}\frac{\partial}{\partial\vartheta}\left(\sin\vartheta\frac{\partial Y_l^m}{\partial\vartheta}\right)R_l+\frac{1}{r^2}\sin^2\vartheta\frac{\partial^2Y_L^m}{\partial\varphi^2}R_l\right\} \tag{9.110b}$$

Division durch $R_lY_l^m$ und Multiplikation mit r^2 ergibt

$$\frac{1}{R}\frac{d}{dr}\left(r^2\frac{dR}{dr}\right)+\frac{2mr^2}{\hbar^2}[E-V(r)]=-\frac{1}{Y_l^m}\left\{\frac{1}{\sin\vartheta}\frac{\partial}{\partial\vartheta}\left(\sin\vartheta\frac{\partial Y_l^m}{\partial\vartheta}\right)+\frac{1}{\sin^2\vartheta}\frac{\partial^2Y_l^m}{\partial\varphi^2}\right\} \tag{9.110c}$$

Die Gleichung (9.110c) kann nur erfüllt werden, wenn eine unabhängige Variation der Radiuskoordinate r auf der linken Seite der Gleichung und der Winkelkoordinaten ϑ, φ auf der rechten dieselbe Separationskonstante ergeben, d.h., wenn die Seiten unabhängig voneinander sind und den gleichen

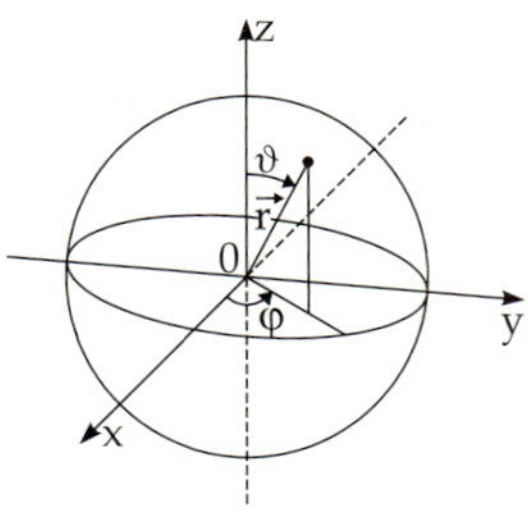

Abbildung 9.20

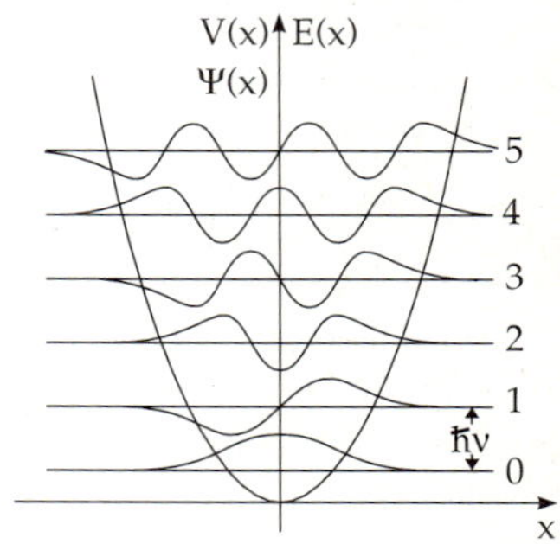

Abbildung 9.21

konstanten Wert ergeben. Aus der partiellen Differentialgleichung ergeben sich dann zwei gewöhnliche Differentialgleichungen. Wird die Separationskonstante praktischerweise gleich $l(l+1)$ gesetzt, dann erhält man die nur von r und vom Potential $V(r)$ abhängige sogenannte *Radialgleichung*:

$$\frac{1}{Rr^2}\frac{d}{dr}\left(r^2\frac{dR}{dr}\right)+\frac{2m}{\hbar^2}\left[E-V(r)-\frac{l(l+1)\hbar^2}{2mr^2}\right]=0 \tag{9.110d}$$

Der winkelabhängige Anteil wird mit Hilfe des Ansatzes

$$Y_l^m(\vartheta,\varphi)=\Theta(\vartheta)\cdot\Phi(\varphi) \tag{9.110e}$$

ebenfalls separiert. Einsetzen von (9.110e) in (9.110c) liefert

$$\sin^2\vartheta\left\{\frac{1}{\Theta\sin\vartheta}\frac{d}{d\vartheta}\left(\sin\vartheta\frac{d\Theta}{d\vartheta}\right)+l(l+1)\right\}=-\frac{1}{\Phi}\frac{d^2\Phi}{d\varphi^2} \tag{9.110f}$$

Bezeichnet man die Separationskonstante zweckmäßigerweise mit m^2, dann lautet die sogenannte *Polargleichung*

$$\frac{1}{\Theta \sin\vartheta}\frac{d}{d\vartheta}\left(\sin\vartheta\frac{d\Theta}{d\vartheta}\right) + l(l+1) - \frac{m^2}{\sin^2\vartheta} = 0 \tag{9.110g}$$

und die *Azimutalgleichung*

$$\frac{d^2\Phi}{d\varphi^2} + m^2\Phi = 0 \tag{9.110h}$$

Beide Gleichungen sind potentialunabhängig, gelten also für jedes zentralsymetrische Potential.
An die Lösung (9.110a) sind drei Forderungen zu stellen: Sie soll für $r \to \infty$ verschwinden, auf der Kugeloberfläche eindeutig sein und sich quadratisch integrieren lassen.

3. Lösung der Radialgleichung Die Radialgleichung (9.110d) enthält neben dem Potential $V(r)$ noch die Separationskonstante $l(l+1)$. Man schreibt deshalb $R(r) = R_l(r)$ und substituiert

$$u(r) = r \cdot R_l(r), \tag{9.111a}$$

weil das Quadrat der Funktion $u(r)$ die letztlich gesuchte Aufenthaltswahrscheinlichkeit $|u(r)|^2 dr = |R_l(r)|^2 r^2 dr$ des Teilchens in einer Kugelschale zwischen r und $r + dr$ angibt. Die Substitution führt auf die eindimensionale SCHRÖDINGER–Gleichung

$$\frac{d^2u(r)}{dr^2} + \frac{2m}{\hbar^2}\left[E - V(r) - \frac{l(l+1)\hbar^2}{2mr^2}\right]u(r) = 0. \tag{9.111b}$$

Diese enthält das effektive Potential

$$V_{eff} = V(r) + V_l(l), \tag{9.111c}$$

das aus zwei Anteilen besteht. Die Rotationsenergie

$$V_l(l) = \frac{l(l+1)\hbar^2}{2mr^2} \tag{9.111d}$$

wird Zentrifugalpotential genannt. Die physikalische Bedeutung von l als *Bahndrehimpuls–Quantenzahl* ergibt sich aus der Analogiebetrachtung zur klassischen Rotationsenergie

$$E_{rot} = \frac{1}{2}\Theta\omega^2 = \frac{(\Theta\omega)^2}{2\Theta} = \frac{\vec{l}^{\,2}}{2\Theta} = \frac{\vec{l}^{\,2}}{2mr^2} \tag{9.111e}$$

eines rotierenden Teilchens mit dem Trägheitsmoment $\Theta = \mu r^2$, dem Bahndrehimpuls $l = \Theta\omega$ und dem Bahndrehimpuls

$$\vec{l}^{\,2} = l(l+1)\hbar^2, \quad \left|\vec{l}^{\,2}\right| = \hbar\sqrt{l(l+1)}. \tag{9.111f}$$

4. Lösung der Polargleichung Die Polargleichung (9.110g), die beide Separationskonstanten $l(l+1)$ und m^2 enthält, ist eine LEGENDREsche Differentialgleichung (9.57a). Ihre Lösung wird mit $\Theta_l^m(\vartheta)$ bezeichnet und kann durch einen Potenzreihenansatz ermittelt werden. Endliche, eindeutige und stetige Lösungen ergeben sich nur für $l(l+1) = 0, 2, 6, 12, \ldots$. Daher gilt für l und m:

$$l = 0, 1, 2, \ldots, \quad |m| \leq l. \tag{9.112a}$$

Somit kann m insgesamt die $(2l+1)$ Werte

$$-l,\ (-l+1),\ (-l+2), \ldots,\ (l-2),\ (l-1),\ l \tag{9.112b}$$

durchlaufen.
Für den Fall $m = 0$ ergeben sich als Lösung die LEGENDREschen Polynome $P_l(\cos\vartheta)$ (s. (9.57c), für $m \neq 0$ die zugeordneten LEGENDREschen Polynome (s. S. 400), die wie folgt definiert sind:

$$P_l^m(\cos\vartheta) = \frac{(-1)^m}{2^l l!}(1 - \cos^2\vartheta)^{m/2}\frac{d^{l+m}(\cos^2\vartheta - 1)}{(d\cos\vartheta)^{l+m}} \tag{9.112c}$$

Die Normierung führt auf

$$\Theta_l^m(\vartheta) = \sqrt{\frac{2l+1}{2}\frac{(l-m)!}{(l+m)!}} \cdot P_L^m(\cos\vartheta) = N_l^m P_l^m(\cos\vartheta). \qquad (9.112d)$$

5. Lösung der Azimutalgleichung Da die Teilchenbewegung auf der Kugeloberfläche auch im Falle der physikalischen Auszeichnung einer Raumrichtung, z. B. durch ein Magnetfeld, unabhängig vom Azimutalwinkel ist, spezifiziert man die allgemeine Lösung $\Phi = \alpha e^{im\varphi} + \beta e^{-im\varphi}$ durch die Festlegung

$$\Phi_m(\varphi) = Ae^{\pm im\varphi}, \qquad (9.113a)$$

für die $|\Phi_m|^2$ unabhängig von φ ist. Aus der Forderung nach Eindeutigkeit

$$\Phi_m(\varphi + 2\pi) = \Phi_m(\varphi) \qquad (9.113b)$$

folgt, daß m nur die Werte $0, \pm 1, \pm 2, \ldots$ annehmen darf.
Aus der Normierung

$$\int_0^{2\pi} |\Phi|^2 \, d\varphi = 1 = |A|^2 \int_0^{2\pi} d\varphi = 2\pi |A|^2 \qquad (9.113c)$$

folgt

$$\Phi_m(\varphi) = \frac{1}{\sqrt{2\pi}} e^{im\varphi}, \quad m = 0, \pm 1, \pm 2, \ldots. \qquad (9.113d)$$

Die Quantenzahl m wird *magnetische Quantenzahl* genannt.

6. Gesamtlösung für die Winkelabhängigkeit In Übereinstimmung mit (9.110e) sind die Lösungen für die Polar- und die Azimutalgleichungen miteinander zu multiplizieren:

$$Y_l^m(\vartheta, \varphi) = \Theta(\vartheta) \cdot \Phi(\varphi) = \frac{1}{\sqrt{2\pi}} N_l^m P_l^m(\cos\vartheta) e^{im\varphi} \qquad (9.114a)$$

Die Funktionen $Y_l^m(\vartheta, \varphi)$ sind die sogenannten *Kugelflächenfunktionen*.
Wenn der Radiusvektor r am Koordinatenursprung gespiegelt wird ($r \to -r$), geht ϑ in $\pi - \vartheta$ über und φ in $\varphi + \pi$, so daß sich das Vorzeichen von Y_l^m ändern kann:

$$Y_l^m(\pi - \vartheta, \varphi + \pi) = (-1)^l Y_l^m(\vartheta, \varphi). \qquad (9.114b)$$

Daraus ergibt sich die *Parität* der betrachteten Wellenfunktion zu:

$$P = (-1)^l. \qquad (9.115a)$$

7. Parität Die Parität dient der Charakterisierung des Verhaltens der Wellenfunktion bei *Rauminversion* $\vec{\mathbf{r}} \to -\vec{\mathbf{r}}$ (s. S. 238). Diese wird mit dem Inversionsoperator $\mathbf{P}$ durchgeführt: $\mathbf{P}\Psi(\vec{\mathbf{r}}, t) = \Psi(-\vec{\mathbf{r}}, t)$. Bezeichnet man den Eigenwert des Operators mit P, dann muß eine zweimalige Anwendung von $\mathbf{P}$, d.h. $\mathbf{PP}\Psi(\vec{\mathbf{r}}, t)$ auf $PP\Psi(\vec{\mathbf{r}}, t) = \Psi(\vec{\mathbf{r}}, t)$ führen, also auf die ursprüngliche Wellenfunktion. Daraus folgt:

$$P^2 = 1, \quad P = \pm 1. \qquad (9.115b)$$

Man spricht von *gerader Wellenfunktion*, wenn sie bei Rauminversion ihr Vorzeichen nicht ändert, von *ungerader Wellenfunktion*, wenn sie es ändert.
Die Parität setzt sich aus zwei Faktoren zusammen, der *inneren Parität* und der *äußeren Parität*. Letztere hängt vom Drehimpuls des beschriebenen Teilchens oder Systems gemäß (9.115a) ab.

6. Linearer harmonischer Oszillator

1. Problemstellung *Harmonische Schwingungen* entstehen, wenn die rücktreibende Kraft im Oszillator dem HOOKEschen Gesetz $F = -kx$ genügt. Für Schwingungsfrequenz, Schwingungskreisfrequenz und potentielle Energie ergeben sich:

$$\nu = \frac{1}{2\pi}\sqrt{\frac{k}{m}}, \quad (9.116a) \qquad \omega = \sqrt{\frac{k}{m}}, \quad (9.116b) \qquad E_{pot} = \frac{1}{2}kx^2 = \frac{\omega^2}{2}x^2. \quad (9.116c)$$

Durch Einsetzen in (9.105a) erhält die SCHRÖDINGER–Gleichung die Form:

$$\frac{d^2\Psi}{dx^2} + \frac{2m}{\hbar^2}\left[E - \frac{\omega^2}{2}mx^2\right]\Psi = 0. \quad (9.117a)$$

Mit Hilfe der Substitutionen

$$y = x\sqrt{\frac{m\omega}{\hbar}}, \quad (9.117b) \qquad \lambda = \frac{2E}{\hbar\omega}, \quad (9.117c)$$

wobei λ ein Parameter und nicht die Wellenlänge ist, kann (9.117a) in die einfachere Form der WEBERschen Differentialgleichung

$$\frac{d^2\Psi}{dy^2} + (\lambda - y^2)\Psi = 0 \quad (9.117d)$$

übergeführt werden.

2. Lösungsansatz und Lösungsgang Für die WEBERsche Differentialgleichung erhält man mit Hilfe des Ansatzes

$$\Psi(y) = e^{-y^2/2}H(y) \quad (9.118a)$$

eine Lösung. Differentiation führt auf

$$\frac{d^2\Psi}{dy^2} = e^{-y^2/2}\left[\frac{d^2H}{dy^2} - 2y\frac{dH}{dy} + (y^2-1)H\right], \quad (9.118b)$$

Einsetzen in die SCHRÖDINGER–Gleichung (9.117d) liefert

$$\frac{d^2H}{dy^2} - 2y\frac{dH}{dy} + (\lambda - 1)H = 0. \quad (9.118c)$$

Eine Lösung wird über den Reihenansatz

$$H = \sum_{i=0}^{\infty} a_i y^i \quad \text{mit} \quad \frac{dH}{dy} = \sum_{i=1}^{\infty} i a_i y^{i-1}, \quad \frac{d^2H}{dy^2} = \sum_{i=2}^{\infty} i(i-1)a_i y^{i-2}. \quad (9.119a)$$

bestimmt: Einsetzen von (9.119a) in (9.118c) ergibt

$$\sum_{i=2}^{\infty} i(i-1)a_i y^{i-2} - \sum_{i=1}^{\infty} 2i a_i y^i + \sum_{i=0}^{\infty} i(\lambda-1)a_i y^i = 0. \quad (9.119b)$$

Durch Vergleich der Koeffizienten von y^j erhält man die Rekursionsformel

$$(j+2)(j+1)a_{j+2} = [2j - (\lambda - 1)]a_j, \quad (j = 0, 1, 2, \ldots) \quad (9.119c)$$

Die Koeffizienten a_j für gerade Potenzen von y werden auf a_0 zurückgeführt, die Koeffizienten für ungerade Potenzen auf a_1. Damit sind a_0 und a_1 frei wählbar.

3. Physikalische Lösungen Gesucht ist die Aufenthaltswahrscheinlichkeit des betrachteten Teilchens in den verschiedenen Zuständen. Diese wird mit Hilfe einer physikalisch sinnvollen, d. h. normierbaren, für große Werte von y gegen null gehenden Eigenfunktion und quadratisch integrierbaren Wellenfunktion $\Psi(x)$ beschrieben.

Die Exponentialfunktion $\exp(-y^2/2)$ im Ansatz (9.118a) sorgt dafür, daß die Lösung $\Psi(y)$ für $y \to \infty$ gegen null strebt, wenn die Funktion $H(y)$ ein Polynom ist. Daher müssen die Koeffizienten a_j in (9.119a), beginnend von einem bestimmten n an, für alle $j > n$ verschwinden: $a_n \neq 0$, $a_{n+1} = a_{n+2} = a_{n+3} = \ldots = 0$. Mit $j = n$ lautet die Rekursionsformel (9.119c) jetzt

$$a_{n+2} = \frac{2n - (\lambda - 1)}{(n+2)(n+1)}a_n. \quad (9.120a)$$

Für $a_n \neq 0$, $a_{n+2} = 0$ kann sie nur erfüllt werden, wenn

$$2n - (\lambda - 1) = 0, \quad \lambda = \frac{2E}{\hbar\omega} = 2n + 1 \quad (9.120b)$$

gesetzt wird. Somit verschwinden durch die angegebene Wahl von λ die Koeffizienten $a_{n+2}, a_{n+4}, \ldots$. Damit auch die Koeffizienten $a_{n+1}, a_{n+3}, \ldots$ verschwinden, muß $a_{n-1} = 0$ sein.
Für die spezielle Wahl $a_n = 2^n$, $a_{n-1} = 0$ erhält man die HERMITE*schen Polynome*. Die ersten sechs lauten:

$$\begin{aligned} &n = 0: \ H_0 = 1; \quad n = 1: \ H_1 = 2y; \quad n = 2: \ H_2 = -2 + 4y^2 \\ &n = 3: \ H_3 = -12y + 8y^3; \quad n = 4: \ H_4 = 12 - 48y^2 + 16y^4 \\ &n = 5: \ H_5 = 120y - 160y^3 + 32y^5. \end{aligned} \tag{9.120c}$$

Die Lösung $\Psi(y)$ für die *Schwingungsquantenzahl* n ergibt sich zu

$$\Psi_n = N_n e^{-y^2/2} H_n(y), \tag{9.121a}$$

wobei N_n der Normierungsfaktor ist. Man erhält ihn aus der Normierungsbedingung $\int {\Psi_n}^2\, dy = 1$ zu

$${N_n}^2 = \frac{1}{2^n n!}\sqrt{\frac{\alpha}{\pi}} \quad \text{mit} \quad \sqrt{\alpha} = \frac{y}{x} = \sqrt{\frac{m\omega}{\hbar}}. \tag{9.121b}$$

Für die Eigenwerte der Schwingungsenergie ergibt sich als *Quantisierungsbedingung* aus der Bedingung für den Abbruch der Reihe mit (9.117c)

$$E_n = \hbar\omega\left(n + \frac{1}{2}\right), \quad (n = 0, 1, 2, \ldots). \tag{9.121c}$$

Das Spektrum der Energiezustände ist äquidistant. Der Summand $+1/2$ in der Klammer bedeutet, daß der quantenmechanische Oszillator im Unterschied zum klassischen auch im tiefsten energetischen Zustand mit $n = 0$ Energie besitzt, die*Nullpunktsschwingungsenergie*.
Die **Abb.9.21** zeigt eine graphische Darstellung des äquidistanten Spektrums der Energiezustände, die zugehörigen Wellenfunktionen Ψ_0 bis Ψ_5 sowie die Funktion der potentiellen Energie (9.116c). Die Punkte auf der Parabel der potentiellen Energie bezeichnen die Umkehrpunkte des klassischen Oszillators, die als Amplitude $a = \frac{1}{\omega}\sqrt{\frac{2E}{m}}$ aus der Energie $E = \frac{1}{2}m\omega^2 a^2$ berechnet werden. Die quantenmechanische Wahrscheinlichkeit, ein Teilchen im Intervall $(x, x + dx)$ zu finden, ist durch $dw_{qu} = |\Psi(x)|^2\, dx$ gegeben. Sie ist auch außerhalb dieser Punkte von 0 verschieden. So liefert z. B. $n = 1$, also $E = (3/2)\hbar\omega$, gemäß $dw_{qu} = 2\sqrt{\frac{\lambda}{\pi}}e^{-\lambda x^2}\, dx$, Maxima der Aufenthaltswahrscheinlichkeit bei

$$x_{max,qu} = \frac{\pm 1}{\sqrt{\lambda}} = \pm\sqrt{\frac{\hbar}{m\omega}}. \tag{9.121d}$$

Für den entsprechenden klassischen Oszillator ergibt sich

$$x_{max,kl} = \pm a = \pm\sqrt{\frac{2E}{m\omega^2}} = \pm\sqrt{\frac{3\hbar}{m\omega}}. \tag{9.121e}$$

Die quantenmechanische Verteilungsdichte nähert sich für große Werte der Quantenzahl n in ihrem Mittelwert der klassischen.

10 Variationsrechnung

10.1 Aufgabenstellung

1. Extremum eines Integralausdrucks In der Differentialrechnung besteht eine wichtige Aufgabe darin, festzustellen, für welche x-Werte eine vorgegebene Funktion $y(x)$ einen Extremwert hat. In der Variationsrechnung lautet die entsprechende Frage: Für welche Funktionen nimmt ein bestimmtes Integral, dessen Integrand von dieser Funktion und deren Ableitungen abhängt, einen Extremwert an? In der Variationsrechnung wird demzufolge ein ganzer Funktionsverlauf $y(x)$ gesucht, der einen Integralausdruck der Form

$$I[y] = \int_a^b F(x, y(x), y'(x), \ldots, y^{(n)}(x))dx \tag{10.1}$$

zum Extremum macht, wenn $y(x)$ eine bestimmte, genau charakterisierte Funktionenklasse durchläuft. Dabei können für die Funktionen $y(x)$ und deren Ableitungen noch zusätzliche Bedingungen, sogenannte *Rand-* und *Nebenbedingungen,* gestellt werden.

2. Integralausdrücke der Variationsrechnung An Stelle der unabhängigen Variablen x können in (10.1) auch mehrere Variablen stehen. Die auftretenden Ableitungen sind dann partielle Ableitungen, und das Integral in (10.1) entspricht einem mehrfachen Integral. Im wesentlichen werden in der Variationsrechnung Aufgaben mit folgenden Integralausdrücken untersucht:

$$I[y] = \int_a^b F(x, y(x), y'(x))dx, \tag{10.2}$$

$$I[y_1, y_2, \ldots, y_n] = \int_a^b F(x, y_1(x), \ldots, y_n(x), y_1'(x), \ldots, y_n'(x))dx, \tag{10.3}$$

$$I[y] = \int_a^b F(x, y(x), y'(x), \ldots, y^{(n)}(x))dx, \tag{10.4}$$

$$I[u] = \iint_\Omega F(x, y, u, u_x, u_y)dxdy. \tag{10.5}$$

Die gesuchte Funktion ist $u = u(x, y)$, und Ω stellt einen ebenen Integrationsbereich dar.

$$I[u] = \iiint_R F(x, y, z, u, u_x, u_y, u_z)dxdydz. \tag{10.6}$$

Die gesuchte Funktion ist $u = u(x, y, z)$, und R stellt einen räumlichen Integrationsbereich dar.
Für die Lösungen eines Variationsproblems können zusätzliche *Randbedingungen* vorgegeben sein, die im eindimensionalen Fall an den Intervallrändern a und b bzw. auf dem Rand des Integrationsgebietes Ω im zweidimensionalen Fall gelten sollen. Darüber hinaus können den Lösungen noch verschiedene Arten von *Nebenbedingungen,* z.B. in Integralform oder als Differentialgleichung vorgeschrieben sein.
Ein Variationsproblem heißt von *erster* bzw. *höherer Ordnung* je nachdem, ob die Funktion F im Integralausdruck der Variationsaufgabe nur die erste Ableitung y' oder höhere Ableitungen $y^{(n)}$ $(n \geq 1)$ der Funktion y enthält.

3. Parameterdarstellung der Variationsaufgabe Ein Variationsproblem kann auch in *Parameterdarstellung* vorliegen. Für die Kurvendarstellung $x = x(t)$, $y = y(t)$ $(\alpha \leq t \leq \beta)$ hat dann z.B. der

Integralausdruck (10.2) die Form

$$I[x, y] = \int_{\alpha}^{\beta} F(x(t), y(t), \dot{x}(t), \dot{y}(t))dt. \tag{10.7}$$

10.2 Historische Aufgaben

10.2.1 Isoperimetrisches Problem

Das *allgemeine isoperimetrische Problem* besteht darin, unter allen ebenen Flächenstücken mit vorgegebenem Umfang das flächengrößte zu bestimmen. Die Lösung dieses Problems (ein Kreis mit dem vorgegebenen Umfang) soll auf die Königin DIDO zurückgehen, die der Sage nach bei der Gründung Karthagos nur soviel Land nehmen durfte, wie sie mit einer Stierhaut umschließen konnte. Sie schnitt die Haut in feine Streifen und legte sie zu einem Kreis zusammen.
Ein Spezialfall des allgemeinen isoperimetrischen Problems besteht in der Aufgabe, in einem kartesischen Koordinatensystem eine Verbindungskurve $y = y(x)$ der Punkte $A(a, 0)$ und $B(b, 0)$ zu finden, die eine vorgegebene Länge l hat und mit der Verbindungsstrecke $\overline{AB}$ die größte Fläche umschließt **(Abb.10.1)**. Die mathematische Formulierung lautet: Man bestimme eine einmal stetig differenzierbare Funktion $y(x)$, für die

$$I[y] = \int_a^b y(x)dx = \text{Max} \tag{10.8a}$$

gilt und die die Nebenbedingung

$$G[y] = \int_a^b \sqrt{1 + y'^2(x)}dx = l \quad \text{(10.8b)} \quad \text{sowie die Randbedingungen} \quad y(a) = y(b) = 0 \quad \text{(10.8c)}$$

erfüllt.

10.2.2 Brachistochronenproblem

Das Brachistochronenproblem wurde 1696 von J. BERNOULLI formuliert und beinhaltet die folgende Aufgabe: Der in einer vertikalen x, y-Ebene liegende Punkt $P_0(x_0, y_0)$ soll mit dem Koordinatenursprung durch eine Kurve $y = y(x)$ so verbunden werden, daß ein längs dieser Kurve sich bewegender Massepunkt allein unter dem Einfluß der Schwerkraft in der kürzesten Zeit von P_0 zum Ursprung gelangt **(Abb.10.2)**. Mit der Formel für die Fallzeit T ergibt sich die folgende mathematische Formulierung: Man bestimme eine einmal stetig differenzierbare Kurve $y = y(x)$, für die

$$T[y] = \int_0^{x_0} \frac{\sqrt{1 + y'^2}}{\sqrt{2g(y_0 - y)}}dx = \text{Min} \tag{10.9}$$

gilt (g Fallbeschleunigung) und die die Randbedingungen

$$y(0) = 0, \qquad y(x_0) = y_0 \tag{10.10}$$

erfüllt. Man beachte, daß in (10.9) für $x = x_0$ eine Singularität auftritt.

10.3 Variationsaufgaben mit Funktionen einer Veränderlichen

10.3.1 Einfache Variationsaufgabe und Extremale

Als *einfache Variationsaufgabe* soll die folgende Aufgabe bezeichnet werden:
Es sind Extremwerte von Integralausdrücken der Form

$$I[y] = \int_a^b F(x, y(x), y'(x))dx, \tag{10.11}$$

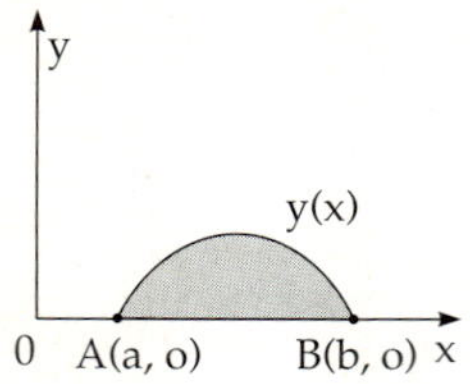

Abbildung 10.1

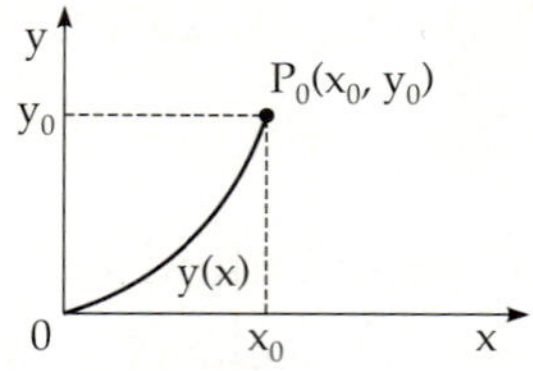

Abbildung 10.2

zu bestimmen, wenn $y(x)$ alle zweimal stetig differenzierbaren Funktionen, die den Randbedingungen $y(a) = A$ und $y(b) = B$ genügen, durchläuft. Die Werte a, b und A, B sowie die Funktion F sind gegeben.

Der Integralausdruck (10.11) ist ein Beispiel für ein sogenanntes *Funktional*, das dadurch gekennzeichnet ist, daß es jeder Funktion $y(x)$ aus einer bestimmten Funktionenklasse eine reelle Zahl zuordnet. Nimmt das Funktional $I[y]$ von (10.11) z.B. für die Funktion $y_0(x)$ ein relatives Maximum an, dann gilt

$$I[y_0] \geq I[y] \tag{10.12}$$

beim Vergleiche mit allen anderen zweimal stetig differenzierbaren Funktionen y, die den Randbedingungen genügen. Die Kurve $y = y_0(x)$ wird als *Extremale* bezeichnet. Manchmal werden auch alle Lösungen der EULERschen Differentialgleichung der Variationsrechnung als Extremalen bezeichnet.

10.3.2 Eulersche Differentialgleichung der Variationsrechnung

Für die Lösung der einfachen Variationsaufgabe erhält man eine notwendige Bedingung auf folgende Weise: Zur Extremalen $y_0(x)$, die durch (10.12) charakterisiert ist, konstruiert man sogenannte *Vergleichsfunktionen*

$$y(x) = y_0(x) + \epsilon\eta(x) \tag{10.13}$$

mit einer zweimal stetig differenzierbaren Funktion $\eta(x)$, die den speziellen Randbedingungen $\eta(a) = \eta(b) = 0$ genügt. Mit ϵ wird ein reller Parameter bezeichnet. Setzt man (10.13) in (10.11) ein, dann erhält man an Stelle des Funktionals $I[y]$ die von ϵ abhängige Funktion

$$I(\epsilon) = \int_a^b F(x, y_0 + \epsilon\eta, y_0' + \epsilon\eta')dx, \tag{10.14}$$

und die Forderung, daß $y(x)$ das Funktional $I[y]$ zu einem Extremum macht, geht in die Bedingung über, daß $I(\epsilon)$ als Funktion von ϵ für $\epsilon = 0$ einen Extremwert hat. Aus einer Variationsaufgabe wird dadurch eine Extremwertaufgabe, für die die notwendige Bedingung

$$\frac{dI}{d\epsilon} = 0 \qquad \text{für} \qquad \epsilon = 0 \tag{10.15}$$

gelten muß.

Unter der Voraussetzung, daß der Integral F als Funktion von drei unabhängigen Variablen entsprechend oft differenzierbar ist, erhält man mit Hilfe seiner TAYLOR–Entwicklung (s. S. 311)

$$I(\epsilon) = \int_a^b \left[F(x, y_0, y_0') + \frac{\partial F}{\partial y}(x, y_0, y_0')\epsilon\eta + \frac{\partial F}{\partial y'}(x, y_0, y_0')\epsilon\eta' + O(\epsilon^2)\right] dx. \tag{10.16}$$

Die notwendige Bedingung (10.15) führt auf

$$\int_a^b \eta \frac{\partial F}{\partial y} dx + \int_a^b \eta' \frac{\partial F}{\partial y'} dx = 0, \tag{10.17}$$

und daraus folgt durch partielle Integration und Berücksichtigung der Randbedingungen für $\eta(x)$:

$$\int_a^b \eta \left(\frac{\partial F}{\partial y} - \frac{d}{dx} \left(\frac{\partial F}{\partial y'} \right) \right) dx = 0. \tag{10.18}$$

Aus Stetigkeitsgründen und da das Integral in (10.18) für jede der in Frage kommenden Funktionen $\eta(x)$ verschwinden soll, muß

$$\frac{\partial F}{\partial y} - \frac{d}{dx} \left(\frac{\partial F}{\partial y'} \right) = 0. \tag{10.19}$$

gelten. Die Gleichung (10.19) stellt eine *notwendige Bedingung für die einfache Variationsaufgabe* dar und heißt EULER*sche Differentialgleichung der Variationsrechnung.* Die Differentialgleichung (10.19) kann man auch in der Form

$$\frac{\partial F}{\partial y} - \frac{\partial^2 F}{\partial x \partial y'} - \frac{\partial^2 F}{\partial y \partial y'} y' - \frac{\partial^2 F}{\partial y'^2} y'' = 0 \tag{10.20}$$

schreiben. Es handelt sich um eine gewöhnliche Differentialgleichung 2. Ordnung, wenn $F_{y'y'} \neq 0$ ist. Die EULERsche Differentialgleichung vereinfacht sich in folgenden Spezialfällen:

1. $F(x, y, y') = F(y')$, d.h. x und y treten nicht auf. Dann erhält man an Stelle von (10.19)

$$\frac{\partial F}{\partial y} = 0 \tag{10.21a}$$ und $$\frac{d}{dx} \left(\frac{\partial F}{\partial y'} \right) = 0\,. \tag{10.21b}$$

2. $F(x, y, y') = F(y', y)$, d.h. x tritt nicht auf. Man betrachtet

$$\frac{d}{dx} \left(F - y' \frac{\partial F}{\partial y'} \right) = \frac{\partial F}{\partial y} y' + \frac{\partial F}{\partial y'} y'' - y'' \frac{\partial F}{\partial y'} - y' \frac{d}{dx} \left(\frac{\partial F}{\partial y'} \right) = y' \left(\frac{\partial F}{\partial y} - \frac{d}{dx} \left(\frac{\partial F}{\partial y'} \right) \right) \tag{10.22a}$$

und erhält wegen (10.19)

$$\frac{d}{dx} \left(F - y' \frac{\partial F}{\partial y'} \right) = 0, \tag{10.22b}$$ d.h. $$F - y' \frac{\partial F}{\partial y'} = c \qquad (c = \text{const.}) \tag{10.22c}$$

als notwendige Bedingung für die Lösung der einfachen Variationsaufgabe im Falle $F = F(y, y')$.

■ **A:** Für die kürzeste Verbindungslinie zweier Punkte $P_1(a, A)$ und $P_2(b, B)$ in der x, y-Ebene muß gelten:

$$I[y] = \int_a^b \sqrt{1 + y'^2}\, dx = \text{Min.} \tag{10.23a}$$

Aus (10.21a) folgt für $F = F(y') = \sqrt{1 + y'^2}$

$$\frac{d}{dx} \left(\frac{\partial F}{\partial y'} \right) = \frac{y''}{\left(\sqrt{1 + y'^2} \right)^3} = 0, \tag{10.23b}$$

also $y'' = 0$, d.h., die kürzeste Verbindungslinie ist die Gerade.

■ **B:** Läßt man einen Kurvenbogen $y(x)$, der die Punkte $P_1(a, A)$ und $P_2(b, B)$ verbindet, um die x-Achse rotieren, dann entsteht eine Mantelfläche mit dem Flächeninhalt

$$I[y] = 2\pi \int_a^b y \sqrt{1 + y'^2}\, dx. \tag{10.24a}$$

Für welche Kurve $y(x)$ ist der Flächeninhalt am kleinsten? Mit $F = F(y, y') = 2\pi y \sqrt{1 + y'^2}$ folgt aus (10.22c): $y = \frac{c}{2\pi} \sqrt{1 + y'^2}$ oder $y'^2 = \left(\frac{y}{c_1} \right)^2 - 1$ mit $c_1 = \frac{c}{2\pi}$. Diese Differentialgleichung läßt sich durch Trennung der Variablen (s. S. 413) lösen, und man erhält

$$y = c_1 \cosh\left(\frac{x}{c_1} + c_2\right) \qquad (c_1,\ c_2 = \text{const.}), \tag{10.24b}$$

die Gleichung der sogenannten *Kettenlinie*(s.S.92). Die Konstanten c_1 und c_2 sind mit Hilfe der Randbedingungen $y(a) = A$ und $y(x) = B$ zu bestimmen. Das erfordert die Lösung eines nichtlinearen Gleichungssystems (s.S.752), für dessen Lösbarkeit weitere Untersuchungen notwendig sind.

10.3.3 Variationsaufgaben mit Nebenbedingungen

Darunter versteht man im wesentlichen isoperimetrische Probleme (s.10.2.1): Der einfachen Variationsaufgabe, die in 10.3.1 beschrieben wird und die durch das Funktional (10.11) gekennzeichnet ist, wird zusätzlich eine *Nebenbedingung* der Form

$$\int_a^b G(x, y(x), y'(x))dx = l \qquad (l = \text{const.}) \tag{10.25}$$

auferlegt, wobei die Konstante l und die Funktion G gegeben sind. Eine Methode zur Lösung solcher Probleme geht auf LAGRANGE zurück. Extremwerte mit Nebenbedingungen in Gleichungsform): Man setzt

$$H(x, y(x), y'(x), \lambda) = F(x, y(x), y'(x)) + \lambda\left(G(x, y(x), y'(x)) - l\right), \tag{10.26}$$

wobei λ ein Parameter ist, und behandelt jetzt die Aufgabe

$$\int_a^b H(x, y(x), y'(x), \lambda) = \text{Extrem!}, \tag{10.27}$$

also eine Extremwertaufgabe ohne Nebenbedingung. Die zugehörige *Euler*sche Differentialgleichung lautet

$$\frac{\partial H}{\partial y} - \frac{d}{dx}\left(\frac{\partial H}{\partial y'}\right) = 0. \tag{10.28}$$

Ihre Lösung $y = y(x, \lambda)$ hängt noch von dem Parameter λ ab, der durch Einsetzen von $y(x, \lambda)$ in die Nebenbedingung (10.25) bestimmt werden kann.

■ Für das isoperimetrische Problem (10.2.1) erhält man

$$H(x, y(x), y'(x), \lambda) = y + \lambda\sqrt{1 + y'^2}. \tag{10.29a}$$

Da in H die Variable x nicht vorkommt, erhält man an Stelle der EULERschen Differentialgleichung (10.28) analog zu (10.22c) die Differentialgleichung

$$y + \lambda\sqrt{1 + y'^2} - \frac{\lambda y'^2}{\lambda\sqrt{1 + y'^2}} = c_1 \qquad \text{bzw.} \quad y'^2 = \frac{\sqrt{\lambda^2 - (c_1 - y)^2}}{c_1 - y} \qquad (c_1 \text{ const.}), \tag{10.29b}$$

deren Lösung die Kreisschar

$$(x - c_2)^2 + (y - c_1)^2 = \lambda^2 \qquad (c_1, c_2, \lambda \text{ const.}) \tag{10.29c}$$

darstellt. Die Werte c_1, c_2 und λ sind aus den Bedingungen $y(a) = 0$, $y(b) = 0$ und der Forderung, daß der Kurvenbogen zwischen A und B die vorgeschriebene Länge l hat, zu bestimmen. Für λ ergibt sich eine nichtlineare Gleichung, die iterativ durch ein geeignetes Näherungsverfahren gelöst werden muß.

10.3.4 Variationsaufgaben mit höheren Ableitungen

Es werden zwei Aufgabenklassen betrachtet.

1. $\boldsymbol{F = F(x, y, y', y'')}$ **:** Die Variationsaufgabe lautet:

$$I[y] = \int_a^b F(x, y, y', y'')dx = \text{Extrem!} \tag{10.30a}$$

mit den Randbedingungen

$$y(a) = A, \quad y(b) = B, \quad y'(a) = A', \quad y'(b) = B', \tag{10.30b}$$

wobei die Zahlenwerte a, b, A, B, A' und B' sowie die Funktion F gegeben sind. Analog zu 10.3.2. werden Vergleichsfunktionen $y(x) = y_0(x) + \epsilon\eta(x)$ mit $\eta(a) = \eta(b) = \eta'(a) = \eta'(b) = 0$ eingeführt, und man erhält die EULERsche *Differentialgleichung*

$$\frac{\partial F}{\partial y} - \frac{d}{dx}\left(\frac{\partial F}{\partial y'}\right) + \frac{d^2}{dx^2}\left(\frac{\partial F}{\partial y''}\right) = 0 \tag{10.31}$$

als notwendige Bedingung für die Lösung des Variationsproblems (10.30a). Die Differentialgleichung (10.31) stellt eine Differentialgleichung 4.Ordnung dar. Ihre allgemeine Lösung enthält 4 willkürliche Konstanten, die mit Hilfe der Randbedingungen (10.30b) bestimmt werden können.

■ Für das Problem

$$I[y] = \int_0^1 (y''^2 - \alpha y'^2 - \beta y^2)dx = \text{Extrem!} \tag{10.32a}$$

mit gegebenen Konstanten α und β gilt $F = F(y, y', y'') = y''^2 - \alpha y'^2 - \beta y^2$. Daraus folgt $F_y = -2\beta y$, $F_{y'} = -2y'$, $F_{y''} = 2y''$, $\frac{d}{dx}(F_{y'}) = -2y''$, $\frac{d^2}{dx^2}(F_{y''}) = -2y^{(4)}$, und die EULERsche Differentialgleichung lautet

$$y^{(4)} + \alpha y'' - \beta y = 0. \tag{10.32b}$$

Das ist eine lineare Differentialgleichung 4. Ordnung mit konstanten Koeffizienten (s. S. 389).

2. $\boldsymbol{F = F(x, y, y', \ldots, y^{(n)})}$ **:** In diesem allgemeinen Fall, bei dem das Funktional $I[y]$ der Variationsaufgabe von den Ableitungen der gesuchten Funktion y bis zur Ordnung n ($n \geq 1$) abhängen soll, lautet die zugehörige EULERsche *Differentialgleichung*

$$\frac{\partial F}{\partial y} - \frac{d}{dx}\left(\frac{\partial F}{\partial y'}\right) + \frac{d^2}{dx^2}\left(\frac{\partial F}{\partial y''}\right) - \cdots + (-1)^n \frac{d^n}{dx^n}\left(\frac{\partial F}{\partial y^{(n)}}\right) = 0, \tag{10.33}$$

deren Lösung Randbedingungen analog zu (10.30b) bis zur Ordnung $n-1$ erfüllen müssen.

10.3.5 Variationsaufgaben mit mehreren gesuchten Funktionen

Das Funktional der Variationsaufgabe habe die Form

$$I[y_1, y_2, \ldots, y_n] = \int_a^b F(x, y_1, y_2, \ldots, y_n, y_1', y_2', \ldots, y_n')dx, \tag{10.34}$$

wobei die gesuchten Funktionen $y_1(x), y_2(x), \ldots, y_n(x)$ für $x = a$ und $x = b$ vorgegebene Werte annehmen sollen. Man wählt n zweimal stetig differenzierbare Vergleichsfunktionen

$$y_i(x) = y_{i0}(x) + \epsilon_i\eta_i(x) \quad (i = 1, 2, \ldots, n), \tag{10.35}$$

wobei die Funktionen $\eta_i(x)$ in den Randpunkten verschwinden sollen. Mit (10.35) geht (10.34) in $I(\epsilon_1, \epsilon_2, \ldots, \epsilon_n)$ über, und aus den notwendigen Bedingungen

$$\frac{\partial I}{\partial \epsilon_i} = 0 \quad (i = 1, 2, \ldots, n), \tag{10.36}$$

für Extremwerte von Funktionen von mehreren Veränderlichen ergeben sich die n EULERschen Differentialgleichungen

$$\frac{\partial F}{\partial y_1} - \frac{d}{dx}\left(\frac{\partial F}{\partial y_1'}\right) = 0, \quad \frac{\partial F}{\partial y_2} - \frac{d}{dx}\left(\frac{\partial F}{\partial y_2'}\right) = 0, \quad \ldots, \quad \frac{\partial F}{\partial y_n} - \frac{d}{dx}\left(\frac{\partial F}{\partial y_n'}\right) = 0, \qquad (10.37)$$

deren Lösungen $y_1(x), y_2(x), \ldots, y_n(x)$ die vorgegebenen Randbedingungen erfüllen müssen.

10.3.6 Variationsaufgaben in Parameterdarstellung

Bei manchen Variationsaufgaben ist es zweckmäßig, die Extremale nicht in der expliziten Form $y = y(x)$ anzugeben, sondern von deren Parameterdarstellung

$$x = x(t), \quad y = y(t) \quad (t_1 \le t \le t_2) \qquad (10.38)$$

auszugehen, wobei t_1 und t_2 die den Punkten (a, A) und (b, B) entsprechenden Parameterwerte sein sollen. Die einfache Variationsaufgabe 22.3.1 (s. S. 437) lautet dann

$$I[x, y] = \int_{t_1}^{t_2} F(x(t), y(t), \dot{x}(t), \dot{y}(t))dt = \text{Extrem!} \qquad (10.39a)$$

mit den Randbedingungen

$$x(t_1) = a, \quad x(t_2) = b, \quad y(t_1) = A, \quad y(t_2) = B. \qquad (10.39b)$$

Mit $\dot{x}$ und $\dot{y}$ werden, wie bei Parameterdarstellung üblich, die Ableitungen von x und y nach dem Parameter t bezeichnet.
Das Variationsproblem (10.39a) ist nur dann sinnvoll, wenn der Wert des Integrals von der Parameterdarstellung der Extremale unabhängig ist. Es gilt: Damit das Integral in (10.39a) von der Parameterdarstellung der Kurve, die die Punkte (a, A) und (b, B) verbindet, unabhängig ist, muß F eine positiv *homogene Funktion* sein, d.h. es muß

$$F(x, y, \mu\dot{x}, \mu\dot{y}) = \mu F(x, y, \dot{x}, \dot{y}) \quad (\mu > 0) \qquad (10.40)$$

gelten.
Da die Variationsaufgabe (10.39a) als Spezialfall von (10.34) aufgefaßt werden kann, lauten die zugehörigen EULERschen Differentialgleichungen

$$\frac{\partial F}{\partial x} - \frac{d}{dt}\left(\frac{\partial F}{\partial \dot{x}}\right) = 0, \quad \frac{\partial F}{\partial y} - \frac{d}{dt}\left(\frac{\partial F}{\partial \dot{y}}\right) = 0. \qquad (10.41)$$

Diese sind nicht unabhängig voneinander, sondern äquivalent der sogenannten WEIERSTRASSschen Form der EULERschen Differentialgleichung:

$$\frac{\partial^2 F}{\partial x \partial \dot{y}} - \frac{\partial^2 F}{\partial \dot{x} \partial y} + M(\dot{x}\ddot{y} - \ddot{x}\dot{y}) = 0 \quad (10.42a) \qquad \text{mit } M = \frac{1}{\dot{y}^2}\frac{\partial^2 F}{\partial \dot{x}^2} = -\frac{1}{\dot{x}\dot{y}}\frac{\partial^2 F}{\partial \dot{x}\partial \dot{y}} = \frac{1}{\dot{x}^2}\frac{\partial^2 F}{\partial \dot{y}^2}. \quad (10.42b)$$

Ausgehend von der Berechnung des Krümmungsradius R einer in Parameterdarstellung gegebenen Kurve (s. S. 194), erfolgt die Berechnung des *Krümmungsradius der Extremalen* unter Berücksichtigung von (10.42a) gemäß

$$R = \left|\frac{(\dot{x}^2 + \dot{y}^2)^{3/2}}{\dot{x}\ddot{y} - \ddot{x}\dot{y}}\right| = \left|\frac{M\,(\dot{x}^2 + \dot{y}^2)^{3/2}}{F_{\dot{x}y} - F_{x\dot{y}}}\right|. \qquad (10.42c)$$

■ Das isoperimetrische Problem (10.8a bis 10.8c) (s.S.437) lautet in Parameterdarstellung

$$I[x, y] = \int_{t_1}^{t_2} y(t)\dot{x}(t)dt = \text{Max} \quad (10.43a) \qquad \text{mit} \quad G[x, y] = \int_{t_1}^{t_2} \sqrt{\dot{x}^2(t) + \dot{y}^2(t)}dt = l. \qquad (10.43b)$$

Diese Variationsaufgabe mit Nebenbedingung geht gemäß (10.26) mit

$$H = H(x, y, \dot{x}, \dot{y}) = y\dot{x} + \lambda\sqrt{\dot{x}^2 + \dot{y}^2} \tag{10.43c}$$

in eine Variationsaufgabe ohne Nebenbedingung über. Man sieht, das H die Bedingung (10.40) erfüllt, also eine positiv homogene Funktion vom Grade 1 ist. Weiterhin gilt

$$M = \frac{1}{\dot{y}^2} H_{\dot{x}\dot{x}} = \frac{\lambda}{(\dot{x}^2 + \dot{y}^2)^{3/2}}, \quad H_{\dot{x}y} = 1, \quad H_{x\dot{y}} = 0, \tag{10.43d}$$

so daß man aus (10.42c) für den Krümmungsradius $R = |\lambda|$ erhält. Da λ konstant ist, sind die Extremalen Kreise.

10.4 Variationsaufgaben mit Funktion von mehreren Veränderlichen

10.4.1 Einfache Variationsaufgabe

Eine der einfachsten Aufgaben mit Funktion von mehreren Variablen stellt das folgende Variationsproblem für ein Doppelintegral dar:

$$I[u] = \iint\limits_{(G)} F(x, y, u(x, y), u_x, u_y)dxdy = \text{Extrem!} \tag{10.44}$$

Dabei soll die gesuchte Funktion $u = u(x, y)$ auf dem Rand Γ des Bereiches G gegebene Werte annehmen. Analog zu 10.3.2. (s. S. 438) werden *Vergleichsfunktionen* der Form

$$u(x, y) = u_0(x, y) + \epsilon\eta(x, y) \tag{10.45}$$

angesetzt, wobei $u_0(x, y)$ eine Lösung der Variationsaufgabe (10.44) ist und die vorgegebenen Randwerte annimmt, während $\eta(x, y)$ die Bedingung

$$\eta(x, y) = 0 \quad \text{auf dem Rand } \Gamma \tag{10.46}$$

erfüllt und wie $u_0(x, y)$ entsprechend oft differenzierbar ist.
Die Größe ϵ ist ein Parameter. Durch $u = u(x, y)$ wird eine Fläche beschrieben, die der Lösungsfläche $u_0(x, y)$ benachbart ist. Mit (10.45) geht $I[u]$ in $I(\epsilon)$ über, d.h., aus der Variationsaufgabe (10.44) wird eine Extremwertaufgabe, die die notwendige Bedingung

$$\frac{dI}{d\epsilon} = 0 \qquad \text{für} \qquad \epsilon = 0 \tag{10.47}$$

erfüllen muß. Daraus folgt die EULER*sche Differentialgleichung*

$$\frac{\partial F}{\partial u} - \frac{\partial}{\partial x}\left(\frac{\partial F}{\partial u_x}\right) - \frac{\partial}{\partial y}\left(\frac{\partial F}{\partial u_y}\right) = 0. \tag{10.48}$$

als notwendige Bedingung für die Lösung der Variationsaufgabe (10.44).

■ Eine unbelastete Membran, die am Rand Γ eines Bereiches G der x, y-Ebene eingespannt ist, überdeckt eine Fläche mit dem Inhalt

$$I_1 = \iint\limits_{(G)} dxdy. \tag{10.49a}$$

Wird die Membran durch eine Belastung so deformiert, daß jeder Punkt eine Auslenkung $u = u(x, y)$ in z-Richtung erfährt, dann wird ihr Flächeninhalt nach der Formel

$$I_2 = \iint\limits_{(G)} \sqrt{1 + u_x^2 + u_y^2}dxdy \tag{10.49b}$$

berechnet. Linearisiert man den Integranden in (10.49b) nach TAYLOR, dann erhält man die Beziehung

$$I_2 \approx I_1 + \frac{1}{2} \iint\limits_{(G)} \left(u_x^2 + u_y^2\right) dxdy. \tag{10.49c}$$

Für die potentielle Energie U der deformierten Membran gilt

$$U = \sigma(I_2 - I_1) = \frac{\sigma}{2} \iint\limits_{(G)} \left(u_x^2 + u_y^2\right) dxdy, \tag{10.49d}$$

wobei die Konstante σ als Spannung der Membran bezeichnet wird. Auf diese Weise entsteht das sogenannte DIRICHLET*sche Variationsproblem:* Die Funktion $u = u(x, y)$ ist so zu bestimmen, daß sie das Funktional

$$I[u] = \iint\limits_{(G)} \left(u_x^2 + u_y^2\right) dxdy \tag{10.49e}$$

zu einem Extremum macht und auf dem Rand Γ des ebenen Gebietes G verschwindet. Die zugehörige EULERsche Differentialgleichung lautet

$$\frac{\partial^2 u}{\partial x^2} + \frac{\partial^2 u}{\partial y^2} = 0. \tag{10.49f}$$

Es handelt sich um die LAPLACEsche Differentialgleichung für Funktionen von zwei Variablen.

10.4.2 Allgemeinere Variationsaufgaben

Es sollen zwei Verallgemeinerungen der einfachen Variationsaufgabe betrachtet werden.

1. $F = F(x, y, u(x, y), u_x, u_y, u_{xx}, u_{xy}, u_{yy})$: Das Funktional der Variationsaufgabe hängt von partiellen Ableitungen höherer Ordnung der gesuchten Funktion $u(x, y)$ ab. Im vorliegenden Fall, in dem die partiellen Ableitungen bis zur 2. Ordnung einschleißlich auftreten, lautet die EULERsche Differentialgleichung:

$$\frac{\partial F}{\partial u} - \frac{\partial}{\partial x}\left(\frac{\partial F}{\partial u_x}\right) - \frac{\partial}{\partial y}\left(\frac{\partial F}{\partial u_y}\right) + \frac{\partial^2}{\partial x^2}\left(\frac{\partial F}{\partial u_{xx}}\right) + \frac{\partial^2}{\partial x \partial y}\left(\frac{\partial F}{\partial u_{xy}}\right) + \frac{\partial^2}{\partial y^2}\left(\frac{\partial F}{\partial u_{yy}}\right) = 0. \tag{10.50}$$

2. $F = F(x_1, x_2, \ldots, x_n, u(x_1, \ldots, x_n), u_{x_1}, \ldots, u_{x_n})$: Im Falle einer Variationsaufgabe, bei der n unabhängige Variablen $x_1, x_2, \ldots, x_n$ auftreten, lautet die EULERsche Differentialgleichung:

$$\frac{\partial F}{\partial u} - \sum_{k=1}^{n} \frac{\partial}{\partial x_k}\left(\frac{\partial F}{\partial u_{x_k}}\right) = 0. \tag{10.51}$$

10.5 Numerische Lösung von Variationsaufgaben

Zur praktischen Lösung von Variationsproblemen werden im wesentlichen zwei Lösungswege verwendet.

1. Lösung der EULERschen Differentialgleichung und Anpassung der gefundenen Lösung an die Randbedingungen. Allerdings wird die exakte Lösung der EULERschen Differentialgleichung nur in den einfachsten Fällen möglich sein, so daß man numerische Methoden zur Lösung von Randwertaufgaben bei gewöhnlichen bzw. partiellen Differentialgleichungen einsetzen muß (s. S. 772 bzw. S. 810).

2. *Direkte Methoden* gehen unmittelbar von der Variationsaufgabe aus und verwenden nicht die EULERsche Differentialgleichung. Das höchstwahrscheinlich älteste und bekannteste Verfahren dieser Art stellt das RITZ-*Verfahren* dar. Es gehört zu den sogenannten Ansatzverfahren, die zur genäherten Lösung von Differentialgleichungen verwendet werden (s. S. 770 bzw. S. 774), und soll an dem folgenden einfachen Beispiel demonstriert werden.

■ Das isoperimetrische Problem

$$\int_0^1 y'^2(x)dx = \text{Extrem.} \quad (10.52a) \qquad \text{bei} \quad \int_0^1 y^2(x)dx = 1 \quad \text{und} \quad y(0) = y(1) = 0 \quad (10.52b)$$

ist numerisch zu lösen. Das zugehörige Variationsproblem ohne Integralnebenbedingung lautet gemäß 10.3.3

$$I[y] = \int_0^1 \left[y'^2(x)dx - \lambda y^2(x)\right] = \text{Extrem!} \tag{10.52c}$$

Als Ansatz für die Näherungslösung wird

$$y(x) = a_1 x(x-1) + a_2 x^2(x-1) \tag{10.52d}$$

gewählt. Die beiden Ansatzfunktionen $x(x-1)$ und $x^2(x-1)$ sind linear unabhängig und erfüllen beide die Randbedingungen. Mit (10.52d) geht (10.52c) in

$$I(a_1, a_1) = \frac{1}{3}a_1^2 + \frac{2}{15}a_2^2 + \frac{1}{3}a_1 a_2 - \lambda\left(\frac{1}{30}a_1^2 + \frac{1}{105}a_2^2 + \frac{1}{30}a_1 a_2\right) \tag{10.52e}$$

über, und die notwendigen Bedingungen $\frac{\partial I}{\partial a_1} = \frac{\partial I}{\partial a_2} = 0$ ergeben das homogene lineare Gleichungssystem

$$\left(\frac{2}{3} - \frac{\lambda}{15}\right)a_1 + \left(\frac{1}{3} - \frac{\lambda}{30}\right)a_2 = 0, \qquad \left(\frac{1}{3} - \frac{\lambda}{30}\right)a_1 + \left(\frac{4}{15} - \frac{2\lambda}{105}\right)a_2 = 0. \tag{10.52f}$$

Dieses System hat nichttriviale Lösungen, wenn die Koeffizientendeterminante verschwindet. Daraus folgt

$$\lambda^2 - 52\lambda + 420 = 0, \quad \text{d.h.} \quad \lambda_1 = 10, \ \lambda_2 = 42. \tag{10.52g}$$

Für $\lambda = \lambda_1 = 10$ erhält man aus (10.52f) $a_2 = 0$, a_1 beliebig, so daß die zu $\lambda_1 = 10$ gehörende, normierte Lösung lautet:

$$y = 5{,}48x(x-1). \tag{10.52h}$$

Zum Vergleich kann man die zur Variationsaufgabe (10.52f) gehörende EULERsche Differentialgleichung aufstellen. Man erhält die Randwertaufgabe

$$y'' + \lambda y = 0 \quad \text{mit} \quad y(0) = y(1) = 0 \tag{10.52i}$$

mit den Eigenwerten $\lambda_k = k^2\pi^2$ $(k = 1, 2, \ldots)$ und den Eigenlösungen $y_k = c_k \sin k\pi x$. Für den Fall $k = 1$, d.h. $\lambda_1 = \pi^2 \approx 9{,}87$, ergibt sich die normierte Eigenlösung

$$y = \sqrt{2}\sin \pi x, \tag{10.52j}$$

deren Verlauf sich nur unwesentlich von dem der Näherungslösung (10.52h) unterscheidet.

Beim heutigen Stand der Computer- und Software-Entwicklung sollte man zur numerischen Lösung von Variationsproblemen vor allem die *Methode der finiten Elemente* (FEM) einsetzen.

Die Grundzüge dieser Methode werden auf S.775 bei der numerischen Behandlung von Differentialgleichungen beschrieben. Dort wird der Zusammenhang zwischen Differential- und Variationsgleichungen, der z.B. durch EULERsche Differentialgleichungen oder Bilinearformen gemäß (19.145) vermittelt wird, ausgenutzt.

Auch die *Gradientenverfahren*, wie sie zur numerischen Behandlung von nichtlinearen Optimierungsaufgaben (s.S.733) verwendet werden, können zur numerischen Lösung von Variationsaufgaben eingesetzt werden.

10.6 Ergänzungen

10.6.1 Erste und zweite Variation

Bei der Herleitung der EULERschen Differentialgleichung mit Hilfe von Vergleichsfunktionen (s.S.438) wurde die TAYLOR–Entwicklung des Integranden von

$$I(\epsilon) = \int_a^b F(x, y_0 + \epsilon\eta, y_0' + \epsilon\eta')dx \tag{10.53}$$

nach den bezüglich ϵ linearen Gliedern abgebrochen. Berücksichtigt man auch die quadratischen Glieder, dann erhält man

$$I(\epsilon) - I(0) = \epsilon\int_a^b \left[\frac{\partial F}{\partial y}(x, y_0, y_0')\eta + \frac{\partial F}{\partial y'}(x, y_0, y_0')\eta'\right] dx \tag{10.54}$$

$$+\frac{\epsilon^2}{2}\int_a^b \left[\frac{\partial^2 F}{\partial y^2}(x, y_0, y_0')\eta^2 + 2\frac{\partial^2 F}{\partial y \partial y'}(x, y_0, y_0')\eta\eta' + \frac{\partial^2 F}{\partial y'^2}(x, y_0, y_0')\eta'^2 + O(\epsilon)\right] dx, \tag{10.55}$$

und man bezeichnet als

1. Variation δI des Funktionals $I[y]$ den Ausdruck

$$\delta I = \int_a^b \left[\frac{\partial F}{\partial y}(x, y_0, y_0')\eta + \frac{\partial F}{\partial y'}(x, y_0, y_0')\eta'\right] dx, \tag{10.56}$$

2. Variation $\delta^2 I$ des Funktionals $I[y]$ den Ausdruck

$$\delta I = \int_a^b \left[\frac{\partial^2 F}{\partial y^2}(x, y_0, y_0')\eta^2 + 2\frac{\partial^2 F}{\partial y \partial y'}(x, y_0, y_0')\eta\eta' + \frac{\partial^2 F}{\partial y'^2}(x, y_0, y_0')\eta'^2\right] dx. \tag{10.57}$$

Mit Hilfe dieser Variationen lassen sich die verschiedenen Optimalitätsbedingungen für das Funktional $I[y]$ formulieren (s. Lit. [10.6]).

10.6.2 Anwendungen in der Physik

Die Variationsrechnung spielt in der Physik eine entscheidende Rolle. So kann man die Grundgleichungen der NEWTONschen Mechanik aus einem Variationsprinzip herleiten und zur JACOBI–HAMILTONschen Theorie gelangen, aber auch in der Atomtheorie und der Quantenphysik hat die Variationsrechnung große Bedeutung. Dabei zeigte sich, daß eine Erweiterung und Verallgemeinerung der klassischen mathematischen Begriffe unbedingt notwendig ist. Deshalb muß heute die Variationsrechnung im Rahmen moderner mathematischer Disziplinen wie z.B. der Funktionalanalysis und der Optimierung betrachtet werden. In den voransstehenden Abschnitten konnte lediglich ein Einblick in den klassischen Teil der Variationsrechnung gegeben werden (s. Lit. [10.3], [10.4], [10.6]).

11 Lineare Integralgleichungen

11.1 Einführung und Klassifikation

1. Definition

Unter einer Integralgleichung versteht man eine Gleichung, bei der eine zu bestimmende Funktion auch im Integranden eines Integrals auftritt. Für die Behandlung von Integralgleichungen gibt es keine einheitliche Vorgehensweise. Lösungsverhalten sowie Lösungsverfahren hängen von der speziellen Gestalt der Integralgleichung ab.

Ist die gesuchte Funktion in allen Termen nur linear enthalten, dann spricht von einer *linearen Integralgleichung.* Die allgemeine Form einer linearen Integralgleichung lautet:

$$g(x)\varphi(x) = f(x) + \lambda \int\limits_{a(x)}^{b(x)} K(x,y)\varphi(y)dy, \quad c \le x \le d. \tag{11.1}$$

Die Funktion $\varphi(x)$ ist zu bestimmen, die Funktion $K(x,y)$ heißt *Kern der Integralgleichung* und $f(x)$ ihre *Störfunktion.* Diese Funktionen können auch komplexe Werte annehmen. Verschwindet die Funktion $f(x)$ in dem betrachteten Bereich, d.h. ist $f(x) \equiv 0$, dann ist es eine *homogene Integralgleichung,* andernfalls eine *inhomogene.* Die Größe λ ist ein im allgemeinen *komplexwertiger Parameter.* Zwei Spezialfälle von (11.1) haben besondere Bedeutung. Sind die Integrationsgrenzen unabhängig von x, also konstante Größen, d.h. $a(x) \equiv a$ und $b(x) \equiv b$, dann handelt es sich um eine FREDHOLMsche Integralgleichung (11.2,11.3). Ist $a(x) \equiv a$ und $b(x) = x$, so spricht man von einer VOLTERRAschen Integralgleichung (11.4, 11.5). Kommt die zu ermittelnde Funktion $\varphi(x)$ nur unter dem Integral vor, d.h. ist $g(x) \equiv 0$, dann liegt eine Integralgleichung *1. Art* vor (11.2,11.4). Eine Integralgleichung *2. Art* ist durch $g(x) \equiv 1$ gekennzeichnet (11.3,11.5).

$$0 = f(x) + \lambda \int\limits_a^b K(x,y)\varphi(y)dy, \tag{11.2}$$

$$\varphi(x) = f(x) + \lambda \int\limits_a^b K(x,y)\varphi(y)dy, \tag{11.3}$$

$$0 = f(x) + \lambda \int\limits_a^x K(x,y)\varphi(y)dy, \tag{11.4}$$

$$\varphi(x) = f(x) + \lambda \int\limits_a^x K(x,y)\varphi(y)dy. \tag{11.5}$$

2. Zusammenhang mit Differentialgleichungen

Es führen relativ wenige physikalische oder mechanische Aufgabenstellungen direkt auf eine Integralgleichung. Häufiger sind derartige Probleme mittels Differentialgleichungen beschreibbar. Die Bedeutung der Integralgleichungen ist in erster Linie darin zu sehen, daß sich eine Reihe von Differentialgleichungen einschließlich der zugehörigen Rand- und Anfangsbedingungen in eine Integralgleichung überführen lassen.

Aus der Anfangswertaufgabe $y'(x) = f(x,y)$ mit $x \ge x_0$ und $y(x_0) = y_0$ entsteht durch Integration in den Grenzen von x_0 bis x

$$y(x) = y_0 + \int\limits_{x_0}^{x} f(\xi, y(\xi))d\xi. \tag{11.6}$$

Die gesuchte Funktion $y(x)$ tritt hier sowohl auf der linken Seite der Gleichung als auch im Integranden auf. Die Integralgleichung (11.6) ist linear, wenn die Funktion $f(\xi, y(\xi))$ die Form
$f(\xi, \eta(\xi)) = a(\xi) \cdot y(\xi) + b(\xi)$
hat, d.h., die zugrundeliegende Differentialgleichung ist ebenfalls linear.

Im weiteren sollen nur Integralgleichungen 1. und 2. Art vom FREDHOLMschen und VOLTERRAschen Typ betrachtet werden.

11.2 Fredholmsche Integralgleichungen 2. Art

11.2.1 Integralgleichungen mit ausgearteten Kernen

Wenn der *Kern* $K(x, y)$ *einer Integralgleichung* eine Summe endlich vieler Produkte zweier Funktione ist, wobei jeweils die eine Funktion nur von x und die andere nur von y abhängt, so spricht man vo einem *ausgearteten Kern* oder einem *Produktkern*.

1. Lösungsansatz im Falle von Produktkernen

Die Auflösung FREDHOLMscher Integralgleichungen 2. Art mit ausgearteten Kernen führt auf ein end lich dimensionales lineares Gleichungssystem. Man betrachte die Integralgleichung

$$\varphi(x) = f(x) + \lambda \int_a^b K(x, y)\varphi(y)\, dy \quad \text{mit} \tag{11.7}$$

$$K(x, y) = \alpha_1(x)\beta_1(y) + \alpha_2(x)\beta_2(y) + \ldots + \alpha_n(x)\beta_n(y). \tag{11.8}$$

Die Funktionen $\alpha_1(x), \ldots, \alpha_n(x)$ und $\beta_1(x), \ldots, \beta_n(x)$ seien in dem Intervall $[a, b]$ definiert und dort al stetig vorausgesetzt. Weiterhin sollen die Funktionen $\alpha_1(x), \ldots, \alpha_n(x)$ voneinander linear unabhängi sein, d.h., die Beziehung

$$\sum_{k=1}^{n} c_k\, \alpha_k(x) \equiv 0$$

mit konstanten Koeffizienten c_k ist nur mit $c_1 = c_2 = \ldots = c_n = 0$ für alle x aus $[a, b]$ erfüllt.
Aus (11.7) und (11.8) folgt:

$$\varphi(x) = f(x) + \lambda\alpha_1(x) \int_a^b \beta_1(y)\varphi(y)\, dy + \ldots + \lambda\alpha_n(x) \int_a^b \beta_n(y)\varphi(y)\, dy. \tag{11.9}$$

Die auftretenden Integrale hängen nicht mehr von der Variablen x ab, sind also gewisse konstant Werte, die mit A_k bezeichnet werden sollen:

$$A_k = \int_a^b \beta_k(y)\varphi(y)\, dy, \qquad k = 1, \ldots, n. \tag{11.10}$$

Die Lösungsfunktion $\varphi(x)$ setzt sich, falls sie existiert, additiv aus der Störfunktion $f(x)$ und eine Linearkombination der Funktionen $\alpha_1(x), \ldots, \alpha_n(x)$ zusammen:

$$\varphi(x) = f(x) + \lambda A_1\alpha_1(x) + \lambda A_2\alpha_2(x) + \ldots + \lambda A_n\alpha_n(x). \tag{11.11}$$

2. Bestimmung der Ansatzkoeffizienten

Die Koeffizienten $A_1, \ldots, A_n$ können auf folgende Weise bestimmt werden. Die Gleichung (11.11) wir mit $\beta_k(x)$ multipliziert und anschließend bezüglich x in den Grenzen von a bis b integriert:

$$\int_a^b \beta_k(x)\varphi(x)\, dx = \int_a^b \beta_k(x)f(x)\, dx + \lambda A_1 \int_a^b \beta_k(x)\alpha_1(x)\, dx + \ldots + \lambda A_n \int_a^b \beta_k(x)\alpha_n(x)\, dx.$$

Die linke Seite dieser Gleichung ist nach (11.10) gleich A_k. Mit den Abkürzungen

$$b_k = \int_a^b \beta_k(x)f(x)\, dx \quad \text{und} \quad c_{kj} = \int_a^b \beta_k(x)\alpha_j(x)\, dx$$

erhält man für $k = 1, \ldots, n$:

$$A_k = b_k + \lambda c_{k1}A_1 + \lambda c_{k2}A_2 + \ldots + \lambda c_{kn}A_n. \tag{11.12}$$

Es ist möglich, daß die Integrale nicht exakt ausgewertet werden können. In diesem Fall muß man eine Näherungsformel (s. S. 760) anwenden. Das lineare Gleichungssystem (11.12) besteht aus n Gleichungen für die Unbekannten $A_1, \ldots, A_n$:

$$\begin{array}{llll} (1-\lambda c_{11})A_1 & -\lambda c_{12}\,A_2 - \ldots & -\lambda c_{1n}\,A_n = b_1 \\ -\lambda c_{21}\,A_1 & +(1-\lambda c_{22})A_2 - \ldots & -\lambda c_{2n}\,A_n = b_2 \\ \ldots\ldots & \ldots\ldots & \ldots\ldots \\ -\lambda c_{n1}\,A_1 & -\lambda c_{n2}\,A_2 - \ldots & +(1-\lambda c_{nn})A_n = b_n . \end{array} \tag{11.13}$$

3. Diskussion der Lösung, Eigenwerte und Eigenfunktionen

Aus der Theorie linearer Gleichungssysteme ist bekannt, daß (11.13) genau dann eine eindeutig bestimmte Lösung für $A_1, \ldots, A_n$ besitzt, wenn die Koeffizientendeterminante nicht verschwindet:

$$\mathrm{D}(\lambda) = \begin{vmatrix} (1-\lambda c_{11}) & -\lambda c_{12} & \ldots & -\lambda c_{1n} \\ -\lambda c_{21} & (1-\lambda c_{22}) & \ldots & -\lambda c_{2n} \\ \ldots & \ldots & \ldots & \ldots \\ -\lambda c_{n1} & -\lambda c_{n2} & \ldots & (1-\lambda c_{nn}) \end{vmatrix} \neq 0.$$

Offenbar ist $\mathrm{D}(\lambda)$ nicht identisch gleich Null, denn es gilt $\mathrm{D}(0) = 1$. Darüber hinaus gibt es eine Zahl $R > 0$ mit

$$D(\lambda) \neq 0 \quad \text{für} \quad |\lambda| < R.$$

Für weitere Untersuchungen sind zwei Fälle zu unterscheiden.

1. $\mathrm{D}(\lambda) \neq 0$:

Es existiert genau eine Lösung der Integralgleichung, die durch (11.11) gegeben ist, wobei sich die Koeffizienten $A_1, \ldots, A_n$ als Lösung des Gleichungssystems (11.13) ergeben. Handelt es sich bei (11.7) um eine homogene Integralgleichung, d.h. ist $f(x) \equiv 0$, dann ist $b_1 = b_2 = \ldots = b_n = 0$. Das dann homogene Gleichungssystem (11.13) hat nur die triviale Lösung $A_1 = A_2 = \ldots = A_n = 0$. Die Integralgleichung ist nur für $\varphi(x) \equiv 0$ erfüllt.

2. $\mathrm{D}(\lambda) = 0$:

$\mathrm{D}(\lambda)$ ist ein Polynom höchstens $n-$ten Grades und hat bekanntlich nicht mehr als n Wurzeln. Für diese Werte von λ hat das homogene Gleichungssystem (11.13) mit $b_1 = b_2 = \ldots = b_n = 0$ außer der trivialen Lösung noch nicht verschwindende Lösungen, so daß auch die homogene Integralgleichung neben der trivialen Lösung $\varphi(x) \equiv 0$ noch weitere Lösungen der Form

$$\varphi(x) = C \cdot (A_1\alpha_1(x) + A_2\alpha_2(x) + \ldots + A_n\alpha_n(x)) \qquad (C \text{ beliebige Konstante})$$

hat. Aufgrund der linearen Unabhängigkeit der Funktionen $\alpha_1(x), \ldots, \alpha_n(x)$ ist $\varphi(x)$ nicht identisch Null. Die Nullstellen von $\mathrm{D}(\lambda)$ nennt man *Eigenwerte* der Integralgleichung. Die zugehörigen, nicht identisch verschwindenden Lösungen der homogenen Integralgleichung heißen die *Eigenfunktionen* zum Eigenwert λ. Zu einem Eigenwert können mehrere linear unabhängige Eigenfunktionen gehören. Für Integralgleichungen mit allgemeineren Kernen werden darüber hinaus alle diejenigen Zahlen λ als Eigenwerte bezeichnet, für die die homogene Integralgleichung nichttriviale Lösungen besitzt. In verschiedenen Arbeiten wird λ mit $\mathrm{D}(\lambda) = 0$ als charakteristische Zahl und $\mu = \dfrac{1}{\lambda}$ als Eigenwert bezeichnet. Dies resultiert aus der Integralgleichungsform $\mu\varphi(x) = \int\limits_a^b K(x,y)\varphi(y)\,dy$.

4. Transponierte Integralgleichung

Es bleibt noch zu untersuchen, unter welchen Bedingungen im Fall $\mathrm{D}(\lambda) = 0$ auch die inhomogene Integralgleichung eine Lösung besitzt. Zu diesem Zweck führt man die zu (11.7) *transponierte Integral-*

gleichung ein:

$$\psi(x) = g(x) + \lambda \int_a^b K(y,x)\psi(y)\,dy. \tag{11.14}$$

Es sei λ ein Eigenwert und $\varphi(x)$ eine Lösung der inhomogenen Integralgleichung (11.7). Dann läßt sich zeigen, daß λ auch Eigenwert der transponierten Gleichung ist. Man multipliziert beide Seiten von (11.7) mit irgendeiner Lösung $\psi(x)$ der homogenen transponierten Integralgleichung und integriert anschließend über x in den Grenzen von a bis b :

$$\int_a^b \varphi(x)\psi(x)\,dx = \int_a^b f(x)\psi(x)\,dx + \int_a^b \left(\lambda \int_a^b K(x,y)\psi(x)\,dx\right) \varphi(y)\,dy.$$

Da $\psi(y) = \lambda \int_a^b K(x,y)\psi(x)\,dx$ vorausgesetzt war, erhält man die Forderung

$$\int_a^b f(x)\psi(x)\,dx = 0.$$

Insgesamt gilt also: Die inhomogene Integralgleichung (11.7) ist für einen Eigenwert λ genau dann lösbar, wenn die Störfunktion $f(x)$ *orthogonal* zu allen nichtverschwindenden Lösungen der homogenen transponierten Integralgleichung mit demselben λ ist. Diese Aussage ist nicht auf Integralgleichungen mit ausgearteten Kernen eingeschränkt, sondern gilt auch für Integralgleichungen mit allgemeineren Kernen.

■ A: $\varphi(x) = x + \int_{-1}^{+1} (x^2y + xy^2 - xy)\varphi(y)\,dy,$

$$\alpha_1(x) = x^2,\ \alpha_2(x) = x,\ \alpha_3(x) = -x, \qquad \beta_1(y) = y,\ \beta_2(y) = y^2,\ \beta_3(y) = y.$$

Die $\alpha_k(x)$ sind linear abhängig. Man formt deshalb die Integralgleichung um:

$$\varphi(x) = x + \int_{-1}^{+1} [x^2y + x(y^2 - y)]\varphi(y)\,dy.$$

Für diese Integralgleichung gilt:

$$\alpha_1(x) = x^2,\ \alpha_2(x) = x, \qquad \beta_1(y) = y,\ \beta_2(y) = y^2 - y.$$

Falls eine Lösung $\varphi(x)$ existiert, hat sie die Darstellung

$$\varphi(x) = x + A_1x^2 + A_2\,x.$$

$$c_{11} = \int_{-1}^{+1} x^3\,dx = 0, \qquad c_{12} = \int_{-1}^{+1} x^2\,dx = \frac{2}{3}, \qquad b_1 = \int_{-1}^{+1} x^2\,dx = \frac{2}{3},$$

$$c_{21} = \int_{-1}^{+1} (x^4 - x^3)\,dx = \frac{2}{5}, \qquad c_{22} = \int_{-1}^{+1} (x^3 - x^2)\,dx = -\frac{2}{3}, \qquad b_2 = \int_{-1}^{+1} (x^3 - x^2)\,dx = -\frac{2}{3}.$$

Damit lautet das System zur Bestimmung von A_1 und A_2 :

$$A_1 - \frac{2}{3}A_2 = \frac{2}{3}, \quad -\frac{2}{5}A_1 + \left(1 + \frac{2}{3}\right) A_2 = -\frac{2}{3}.$$

Daraus ermittelt man $A_1 = \frac{10}{21}$, $A_2 = -\frac{2}{7}$ und $\varphi(x) = x + \frac{10}{21}x^2 - \frac{2}{7}x = \frac{10}{21}x^2 + \frac{5}{7}x$.

■ B: $\varphi(x) = x + \lambda \int_0^\pi \sin(x+y)\varphi(y)\,dy,$ d.h. $K(x,y) = \sin(x+y) = \sin x \cos y + \cos x \sin y,$

$$\varphi(x) = x + \lambda \sin x \int\limits_0^\pi \cos y\, \varphi(y)\, dy + \lambda \cos x \int\limits_0^\pi \sin y\, \varphi(y)\, dy$$

$$c_{11} = \int\limits_0^\pi \sin x \cos x\, dx = 0, \quad c_{12} = \int\limits_0^\pi \cos^2 x\, dx = \frac{\pi}{2}, \quad b_1 = \int\limits_0^\pi x \cos x\, dx = -2,$$

$$c_{21} = \int\limits_0^\pi \sin^2 x\, dx = \frac{\pi}{2}, \quad c_{22} = \int\limits_0^\pi \cos x \sin x\, dx = 0, \quad b_2 = \int\limits_0^\pi x \sin x\, dx = \pi.$$

Das System (11.13) lautet also

$$A_1 - \lambda\frac{\pi}{2}A_2 = -2, \quad -\lambda\frac{\pi}{2}A_1 + A_2 = \pi.$$

Es besitzt eine eindeutige Lösung für alle λ mit

$$\mathrm{D}(\lambda) = \begin{vmatrix} 1 & -\lambda\frac{\pi}{2} \\ -\lambda\frac{\pi}{2} & 1 \end{vmatrix} = 1 - \lambda^2\frac{\pi^2}{4} \neq 0. \text{ Dann ist } A_1 = \frac{\lambda\frac{\pi^2}{2} - 2}{1 - \lambda^2\frac{\pi^2}{4}}, \quad A_2 = \frac{\pi(1-\lambda)}{1 - \lambda^2\frac{\pi^2}{4}},$$

und die Integralgleichung hat die Lösung

$$\varphi(x) = x + \frac{\lambda}{1 - \lambda^2\frac{\pi^2}{4}}\left[\left(\lambda\frac{\pi^2}{2} - 2\right)\sin x + \pi(1-\lambda)\cos x\right].$$

Die Eigenwerte der Integralgleichung sind $\lambda_1 = \frac{2}{\pi}$, $\lambda_2 = -\frac{2}{\pi}$. Die homogene Integralgleichung

$$\varphi(x) = \lambda_k \int\limits_0^\pi \sin(x+y)\varphi(y)\, dy$$

hat somit nichttriviale Lösungen der Form

$$\varphi_k(x) = \lambda_k(A_1 \sin x + A_2 \cos x) \qquad (k = 1, 2).$$

Für $\lambda_1 = \frac{2}{\pi}$ ist $A_1 = A_2$, und mit einer beliebigen Konstanten A erhält man:

$$\varphi_1(x) = A(\sin x + \cos x).$$

Entsprechend ermittelt man für $\lambda_2 = -\frac{2}{\pi}$:

$$\varphi_2(x) = B(\sin x - \cos x)$$

mit einer beliebigen Konstanten B.
Das angegebene Lösungsverfahren ist besonders einfach, bleibt aber auf ausgeartete Kerne beschränkt. Die Methode kann jedoch auch für Integralgleichungen mit allgemeineren Kernen als Näherungsverfahren angewendet werden, indem man den Kern durch einen ausgearteten Kern hinreichend gut approximiert.

11.2.2 Methode der sukzessiven Approximation, Neumann–Reihe

1. Iterationsverfahren

Ähnlich dem PICARD*schen Iterationsverfahren* (s.S. 385) zur Lösung gewöhnlicher Differentialgleichungen soll eine Methode zur iterativen Bestimmung der Lösung einer FREDHOLMschen Integralgleichung 2. Art angegeben werden. Ausgehend von der Gleichung

$$\varphi(x) = f(x) + \lambda \int\limits_a^b K(x,y)\varphi(y)\, dy, \tag{11.15}$$

wird sukzessiv eine Folge von Funktionen $\varphi_0(x)$, $\varphi_1(x)$, $\varphi_2(x), \ldots$ ermittelt. Als erste Iterierte setzt man $\varphi_0(x) = f(x)$. Alle folgenden $\varphi_n(x)$ erhält man mittels der Vorschrift:

$$\varphi_n(x) = f(x) + \lambda \int_a^b K(x,y)\varphi_{n-1}(y)\,dy \quad (n = 1, 2, \ldots; \quad \varphi_0(x) = f(x)).$$

Führt man die Schritte im einzelnen aus, so ist zunächst

$$\varphi_1(x) = f(x) + \lambda \int_a^b K(x,y)f(y)\,dy. \tag{11.16}$$

Nach der angegebenen Iterationsvorschrift ist dieser Ausdruck anstelle von $\varphi(y)$ in die rechte Seite von (11.15) einzusetzen. Zur Vermeidung von Verwechslungen soll in (11.16) die Integrationsvariable y in η umbenannt werden. Man erhält:

$$\begin{aligned}\varphi_2(x) &= f(x) + \lambda \int_a^b K(x,y) \left[f(y) + \lambda \int_a^b K(y,\eta)f(\eta)\,d\eta \right] dy \\ &= f(x) + \lambda \int_a^b K(x,y)f(y)\,dy + \lambda^2 \int_a^b\int_a^b K(x,y)K(y,\eta)f(\eta)\,dy\,d\eta.\end{aligned}$$

Führt man die Bezeichnungen $K_1(x,y) = K(x,y)$ und $K_2(x,y) = \int_a^b K(x,\xi)K(\xi,y)\,d\xi$ ein und nennt η wieder y, so kann $\varphi_2(x)$ geschrieben werden als

$$\varphi_2(x) = f(x) + \lambda \int_a^b K_1(x,y)f(y)\,dy + \lambda^2 \int_a^b K_2(x,y)f(y)\,dy.$$

Mit der Bezeichnung

$$K_n(x,y) = \int_a^b K(x,\xi)K_{n-1}(\xi,y)\,d\xi \qquad (n = 2, 3, \ldots)$$

erhält man auf analoge Weise die Darstellung für die n-te Iterierte $\varphi_n(x)$:

$$\varphi_n(x) = f(x) + \lambda \int_a^b K_1(x,y)f(y)\,dy + \ldots + \lambda^n \int_a^b K_n(x,y)f(y)\,dy.$$

Der Ausdruck $K_n(x,y)$ wird als *n-ter iterierter Kern* von $K(x,y)$ bezeichnet.

2. Konvergenz der NEUMANNschen Reihe

Zur Ermittlung der Lösung $\varphi(x)$ ist die Potenzreihe bezüglich λ

$$f(x) + \sum_{n=1}^{\infty} \lambda^n \int_a^b K_n(x,y)f(y)\,dy, \tag{11.17}$$

die sogenannte NEUMANNsche Reihe, auf Konvergenz zu untersuchen. Sind die Funktionen $K(x,y)$ und $f(x)$ beschränkt, d.h., es gelte

$$|K(x,y)| < M \quad (a \le x \le b, \quad a \le y \le b) \quad \text{und} \qquad |f(x)| < N \quad (a \le x \le b),$$

so bildet die Reihe

$$N \cdot \sum_{n=0}^{\infty} |\lambda \cdot M \cdot (b-a)|^n$$

eine Majorante für die Potenzreihe (11.17). Diese geometrische Reihe konvergiert für

$$|\lambda| < \frac{1}{M(b-a)}. \tag{11.18}$$

Die NEUMANNsche Reihe konvergiert also ebenfalls absolut und gleichmäßig für alle λ, die (11.18) erfüllen. Durch eine schärfere Abschätzung der Glieder der NEUMANNschen Reihe kann das Konvergenzintervall noch genauer angegeben werden. Danach konvergiert die NEUMANNsche Reihe für

$$|\lambda| < \frac{1}{\sqrt{\int\limits_a^b \int\limits_a^b |K(x,y)|^2\,dx\,dy}}. \tag{11.19}$$

Diese Einschränkung an den Parameter λ bedeutet nicht, daß für größere Werte von $|\lambda|$ generell keine Lösung existieren würde, sondern nur, daß die Lösung unter Umständen nicht durch die Neumannsche Reihe angegeben werden kann. Den Ausdruck

$$\Gamma(x,y;\lambda) = \sum_{n=1}^{\infty} \lambda^{n-1} K_n(x,y)$$

bezeichnet man als *Resolvente* oder *lösenden Kern* der Integralgleichung. Die Resolvente ermöglicht eine Lösungsdarstellung durch

$$\varphi(x) = f(x) + \lambda \int\limits_a^b \Gamma(x,y;\lambda) f(y)\,dy. \tag{11.20}$$

■ Für die inhomogene FREDHOLMsche Integralgleichung 2. Art

$$\varphi(x) = x + \lambda \int\limits_0^1 xy\,\varphi(y)\,dy$$

erhält man

$$K_1(x,y) = xy, \quad K_2(x,y) = \int\limits_0^1 x\eta\,\eta y\,dy = \frac{1}{3}xy, \quad K_3(x,y) = \frac{1}{9}xy, \ldots, \quad K_n(x,y) = \frac{xy}{3^{n-1}}$$

und damit

$$\Gamma(x,y;\lambda) = xy\left(\sum_{n=0}^{\infty} \frac{\lambda^n}{3^n}\right). \tag{11.21}$$

Mit der Schranke (11.18) konvergiert die Reihe sicher für $|\lambda| < 1$, wobei $|K(x,y)| \leq M = 1$ ist. Bei (11.21) handelt es sich aber um eine geometrische Reihe, die sogar für $|\lambda| < 3$ konvergiert. Für derartige λ ist:

$$\Gamma(x,y;\lambda) = \frac{xy}{\left(1 - \dfrac{\lambda}{3}\right)}.$$

Damit erhält man aus (11.20) die Lösung

$$\varphi(x) = x + \lambda \int\limits_0^1 \frac{xy^2}{\left(1 - \dfrac{\lambda}{3}\right)}\,dy = \frac{x}{1 - \dfrac{\lambda}{3}}.$$

Ist für ein konkretes λ die Bedingung (11.19) nicht erfüllt, so kann ein stetiger Kern in zwei stetige Kerne zerlegt werden durch

$$K(x,y) = K^1(x,y) + K^2(x,y),$$

wobei $K^1(x,y)$ einen ausgearteten Kern darstellt und $K^2(x,y)$ so klein ist, daß (11.19) für diesen Kern erfüllt ist. Auf diese Weise läßt sich für alle λ, die keine Eigenwerte sind, eine exakte Lösungsmethode herleiten.

11.2.3 Fredholmsche Lösungsmethode, Fredholmsche Sätze

11.2.3.1 Fredholmsche Lösungsmethode

1. Näherungslösung durch Diskretisierung

Eine FREDHOLMsche Integralgleichung 2. Art

$$\varphi(x) = f(x) + \lambda \int_a^b K(x,y)\varphi(y)\,dy \qquad (11.22)$$

kann näherungsweise in Form eines linearen Gleichungssystems dargestellt werden. Es sei vorausgesetzt, daß die Funktionen $K(x,y)$ und $f(x)$ für $a \le x \le b$, $a \le y \le b$ stetig sind.
Das Integral in (11.22) soll durch die sogenannte Rechteckformel angenähert werden. Man könnte aber auch eine beliebige andere Quadraturformel (s.S. 760) anwenden. Mit den äquidistanten Punkten

$$y_k = a + (k-1)h \quad (k = 1, 2, \cdots, n;\ h = \frac{b-a}{n})$$

erhält man die Näherung

$$\varphi(x) \approx f(x) + \lambda h\,[K(x,y_1)\varphi(y_1) + \ldots + K(x,y_n)\varphi(y_n)]\,. \qquad (11.23)$$

Man ersetzt in dieser Beziehung $\varphi(x)$ durch eine Funktion $\overline{\varphi}(x)$, die (11.23) exakt erfüllt:

$$\overline{\varphi}(x) = f(x) + \lambda h\,[K(x,y_1)\overline{\varphi}(y_1) + \ldots + K(x,y_n)\overline{\varphi}(y_n)]\,. \qquad (11.24)$$

Zur Auswertung dieser Näherungslösung benötigt man die Funktionswerte der Funktion $\overline{\varphi}(x)$ in den Stützstellen $x_k = a+(k-1)h$. Setzt man in (11.24) nacheinander $x = x_1$, $x = x_2, \ldots, x = x_n$, so erhält man ein lineares Gleichungssystem für die n gesuchten Funktionswerte $\overline{\varphi}(x_k)$. Mit den Abkürzungen

$$K_{jk} = K(x_j, y_k),\ \varphi_k = \overline{\varphi}(x_k),\ f_k = f(x_k)$$

lautet dieses Gleichungssystem

$$\begin{array}{lllll}
(1-\lambda hK_{11})\varphi_1 & -\lambda hK_{12}\,\varphi_2 - \ldots & & -\lambda hK_{1n}\,\varphi_n & = f_1 \\
-\lambda hK_{21}\,\varphi_1 & +(1-\lambda hK_{22})\varphi_2 - \ldots & & -\lambda hK_{2n}\,\varphi_n & = f_2 \\
\multicolumn{5}{c}{\cdots\cdots\cdots\cdots\cdots\cdots\cdots\cdots\cdots\cdots} \\
-\lambda hK_{n1}\,\varphi_1 & -\lambda hK_{n2}\,\varphi_2 - \ldots & & +(1-\lambda hK_{nn})\varphi_n & = f_n.
\end{array} \qquad (11.25)$$

Das System besitzt die Koeffizientendeterminante

$$\mathrm{D}_n(\lambda) = \begin{vmatrix}
(1-\lambda hK_{11}) & -\lambda hK_{12} & \ldots & -\lambda hK_{1n} \\
-\lambda hK_{21} & (1-\lambda hK_{22}) & \ldots & -\lambda hK_{2n} \\
\cdots & \cdots & \cdots & \cdots \\
-\lambda hK_{n1} & -\lambda hK_{n2} & \ldots & (1-\lambda hK_{nn})
\end{vmatrix}. \qquad (11.26)$$

Diese Determinante hat dieselbe Struktur wie die Koeffizientendeterminante, die bei der Behandlung von Integralgleichungen mit ausgearteten Kernen auftritt. Das Gleichungssystem (11.25) besitzt eine eindeutige Lösung für alle λ mit $\mathrm{D}_n(\lambda) \neq 0$. Diese Lösung besteht aus Näherungen für die Funktionswerte der gesuchten Funktion $\varphi(x)$ in den Stützstellen. Die Zahlen λ mit $\mathrm{D}_n(\lambda) = 0$ sind Näherungen für die Eigenwerte der Integralgleichung. Die Lösung von (11.25) läßt sich als Quotient darstellen (s. CRAMERsche Regel, S. 244):

$$\varphi_k = \frac{\mathrm{D}_n^k(\lambda)}{\mathrm{D}_n(\lambda)} \approx \varphi(x_k), \quad k = 1, \ldots, n. \qquad (11.27)$$

Dabei entsteht $\mathrm{D}_n^k(\lambda)$ aus $\mathrm{D}_n(\lambda)$, indem die k–te Spalte durch $f_1,\ f_2, \ldots,\ f_n$ ersetzt wird.

2. Bestimmung der Resolvente

Läßt man n gegen unendlich gehen, dann erhalten die Determinanten $\mathrm{D}_n^k(\lambda)$ und $\mathrm{D}_n(\lambda)$ unendlich viele Zeilen und Spalten. Die Determinante

$$\mathrm{D}(\lambda) = \lim_{n\to\infty} \mathrm{D}_n(\lambda)$$

wird benutzt, um den lösenden Kern (Resolvente) $\Gamma(x, y; \lambda)$ (vgl. Abschnitt 11.2.2) in der Form

$$\Gamma(x, y; \lambda) = \frac{\mathrm{D}(x, y; \lambda)}{\mathrm{D}(\lambda)} \quad \text{darzustellen.} \tag{11.28}$$

Es gilt die Aussage, daß alle Nullstellen von $\mathrm{D}(\lambda)$ Polstellen von $\Gamma(x, y; \lambda)$ sind. Gleichzeitig sind die λ mit $\mathrm{D}(\lambda) = 0$ genau die Eigenwerte der Integralgleichung (11.22). In diesem Fall besitzt die homogene Integralgleichung nicht verschwindende Lösungen, die Eigenfunktionen zum Eigenwert λ. Die Kenntnis der Resolvente $\Gamma(x, y; \lambda)$ ermöglicht, falls $\mathrm{D}(\lambda) \neq 0$, eine explizite Lösungsdarstellung:

$$\varphi(x) = f(x) + \lambda \int_a^b \Gamma(x, y; \lambda) f(y)\, dy = f(x) + \frac{\lambda}{\mathrm{D}(\lambda)} \int_a^b \mathrm{D}(x, y; \lambda) f(y)\, dy. \tag{11.29}$$

Zur Ermittlung der Resolvente nutzt man für die Funktionen $\mathrm{D}(x, y; \lambda)$ und $\mathrm{D}(\lambda)$ Potenzreihenentwicklungen bezüglich λ :

$$\Gamma(x, y; \lambda) = \frac{\mathrm{D}(x, y; \lambda)}{\mathrm{D}(\lambda)} = \frac{\sum\limits_{n=0}^{\infty} (-1)^n K_n(x, y) \cdot \lambda^n}{\sum\limits_{n=0}^{\infty} (-1)^n d_n \cdot \lambda^n}. \tag{11.30}$$

Es ist dabei

$$d_0 = 1, \quad K_0(x, y) = K(x, y).$$

Die weiteren Koeffizienten lassen sich aus folgenden Rekursionsformeln gewinnen:

$$d_n = \frac{1}{n} \int_a^b K_{n-1}(x, x)\, dx, \quad K_n(x, y) = K(x, y) \cdot d_n - \int_a^b K(x, t) K_{n-1}(t, y)\, dt. \tag{11.31}$$

■ **A:** $\varphi(x) = \sin x + \lambda \int_0^{\frac{\pi}{2}} \sin x \cos y\, \varphi(y)\, dy$. Die exakte Lösung dieser Integralgleichung lautet:

$\varphi(x) = \dfrac{2}{2-\lambda} \sin x$. Für $n = 3$ mit $x_1 = 0,\ x_2 = \dfrac{\pi}{6},\ x_3 = \dfrac{\pi}{3},\ h = \dfrac{\pi}{6}$ erhält man

$$\mathrm{D}_3(\lambda) = \begin{vmatrix} 1 & 0 & 0 \\ -\dfrac{\lambda\pi}{12} & 1 - \dfrac{\sqrt{3}\lambda\pi}{24} & -\dfrac{\lambda\pi}{24} \\ -\dfrac{\sqrt{3}\lambda\pi}{12} & -\dfrac{3\lambda\pi}{24} & 1 - \dfrac{\sqrt{3}\lambda\pi}{24} \end{vmatrix} = \left(1 - \frac{\sqrt{3}\lambda\pi}{24}\right)^2 - \frac{\lambda^2\pi^2}{192} = 1 - \frac{\sqrt{3}\lambda\pi}{12}.$$

$\lambda = \dfrac{12}{\sqrt{3}\pi} \approx 2{,}205$ ist eine Näherung für den exakten Eigenwert $\lambda = 2$. Aus der ersten Gleichung des Systems (11.25) ermittelt man für $f_1 = 0$ das Ergebnis $\varphi_1 = 0$. Nach Einsetzen dieses Resultates lauten die zweite und dritte Gleichung:

$$\left(1 - \frac{\sqrt{3}\lambda\pi}{24}\right)\varphi_2 - \frac{\lambda\pi}{24}\varphi_3 = \frac{1}{2}, \quad -\frac{3\lambda\pi}{24}\varphi_2 + \left(1 - \frac{\sqrt{3}\lambda\pi}{24}\right)\varphi_3 = \frac{\sqrt{3}}{2}.$$

Dieses System hat die Lösung

$$\varphi_2 = \frac{1}{2 - \frac{\sqrt{3}\pi}{6}\lambda}, \qquad \varphi_3 = \frac{\sqrt{3}}{2 - \frac{\sqrt{3}\pi}{6}\lambda}.$$

Speziell für $\lambda = 1$ ist $\varphi_1 = 0$, $\varphi_2 = 0,915$, $\varphi_3 = 1,585$. Die exakten Lösungswerte lauten: $\varphi(0) = 0, \varphi\left(\frac{\pi}{6}\right) = 1, \varphi\left(\frac{\pi}{3}\right) = 1,732$.

Um eine höhere Genauigkeit zu erreichen, muß die Anzahl der Stützstellen vergrößert werden.

■ **B:** $\varphi(x) = x + \lambda \int_0^1 (4xy - x^2)\varphi(y)\,dy;\quad d_0 = 1,\quad K_0(x,y) = 4xy - x^2;$

$$d_1 = \int_0^1 3x^2\,dx = 1,\quad K_1(x,y) = 4xy - x^2 - \int_0^1 (4xt - x^2)(4ty - t^2)\,dt = x + 2x^2y - \tfrac{4}{3}x^2 - \tfrac{4}{3}xy,$$

$$d_2 = \tfrac{1}{2}\int_0^1 K_1(x,x)\,dx = \tfrac{1}{18},\quad K_2(x,y) = \tfrac{1}{18}(4xy - x^2) - \int_0^1 K(x,t)K_1(t,y)\,dt = 0.$$

Damit sind auch d_3, $K_3(x,y)$ und alle folgenden Größen d_k und $K_k(x,y)$ gleich Null.

$$\Gamma(x,y;\lambda) = \frac{4xy - x^2 - \left[x + 2x^2y - \frac{4}{3}x^2 - \frac{4}{3}xy\right]\lambda}{1 - \lambda + \frac{\lambda^2}{18}}.$$

Aus $1 - \lambda + \frac{\lambda^2}{18} = 0$ ermittelt man die 2 Eigenwerte $\lambda_{1,2} = 9 \pm 3\sqrt{7}$. Falls λ kein Eigenwert ist, erhält man als Lösung

$$\varphi(x) = x + \lambda \int_0^1 \Gamma(x,y;\lambda)f(y)\,dy = \frac{3x(2\lambda - 3\lambda x + 6)}{\lambda^2 - 18\lambda + 18}.$$

11.2.3.2 Fredholmsche Sätze

Zur FREDHOLMschen Integralgleichung 2. Art

$$\varphi(x) = f(x) + \lambda \int_a^b K(x,y)\varphi(y)\,dy \tag{11.32}$$

ist durch

$$\psi(x) = g(x) + \lambda \int_a^b K(y,x)\psi(y)\,dy \tag{11.33}$$

eine zugehörige transponierte Integralgleichung gegeben. Zu diesem Paar von Integralgleichungen lassen sich folgende Aussagen treffen (11.2.1).

1. Eine FREDHOLMsche Integralgleichung 2.Art besitzt nur abzählbar viele Eigenwerte, welche sich nur im Unendlichen häufen können, d.h., es existieren für jede reelle Zahl R nur endlich viele Eigenwerte λ mit $|\lambda| < R$.

2. Ist λ kein Eigenwert von (11.32), dann sind beide inhomogene Integralgleichungen für beliebige Störfunktion $f(x)$ bzw. $g(x)$ eindeutig lösbar, und die zugehörigen homogenen Integralgleichungen besitzen nur die triviale Lösung.

3. Ist λ ein Eigenwert von (11.32), dann ist λ auch Eigenwert der transponierten Gleichung (11.33). Beide homogene Integralgleichungen haben dann nicht verschwindende Lösungen, und die Anzahl linear unabhängiger Eigenfunktionen stimmt für beide Gleichungen überein.

4. Eine inhomogene Integralgleichung ist genau dann lösbar, wenn die Störfunktion zu allen Lösungen der homogenen transponierten Integralgleichung orthogonal ist, d.h. falls für alle Lösungen der

Integralgleichung

$$\psi(x) = \lambda \int_a^b K(x,y)\psi(y)\,dy \qquad (11.34a) \qquad \text{gilt} \quad \int_a^b f(x)\psi(x)\,dx = 0. \qquad (11.34b)$$

Aus diesen Sätzen folgt der FREDHOLM*sche Alternativsatz*: Entweder die inhomogene Integralgleichung ist für beliebige Störfunktion $f(x)$ lösbar oder die zugehörige homogene Gleichung besitzt nichttriviale Lösungen.

11.2.4 Numerische Verfahren für Fredholmsche Integralgleichungen 2. Art

Häufig wird eine FREDHOLMsche Integralgleichung 2. Art

$$\varphi(x) = f(x) + \lambda \int_a^b K(x,y)\varphi(y)\,dy \qquad (11.35)$$

mit einem der in 11.2.1, 11.2.2 und 11.2.3 beschriebenen Verfahren entweder gar nicht oder nur mit großem Aufwand exakt gelöst werden können. In einem solchen Fall müssen numerische Näherungsmethoden herangezogen werden. Es sollen im folgenden drei Verfahrensklassen zur numerischen Lösung von Integralgleichungen des Typs (11.35) vorgestellt werden.

11.2.4.1 Approximation des Integrals

1. Semidiskretes Problem

Zur Bearbeitung der Integralgleichung (11.35) wird das Integral durch einen Näherungsausdruck ersetzt. Derartige Näherungen bezeichnet man als *Quadraturformeln*. Sie haben die Form

$$\int_a^b f(x)\,dx \approx Q_{[a,b]}(f) = \sum_{k=1}^{n} \omega_k f(x_k), \qquad (11.36)$$

d.h., anstelle des Integrals steht eine Summe mit Zahlen ω_k gewichteter Funktionswerte an den *Stützstellen* x_k. Die ω_k sind dabei (unabhängig von f) geeignet gewählt. Damit kann (11.35) näherungsweise geschrieben werden:

$$\varphi(x) \approx f(x) + \lambda Q_{[a,b]}(K(x,\cdot)\varphi(\cdot)) = f(x) + \lambda \sum_{k=1}^{n} \omega_k K(x,y_k)\varphi(y_k). \qquad (11.37)$$

Die Quadraturformel $Q_{[a,b]}(K(x,\cdot)\varphi(\cdot))$ hängt dabei noch von der Variablen x ab. Der Punkt im Argument der Funktion deutet an, daß die Quadraturformel bezüglich der unabhängigen Variablen y angewendet worden ist. Man geht über zur Gleichung

$$\overline{\varphi}(x) = f(x) + \lambda \sum_{k=1}^{n} \omega_k K(x,y_k)\overline{\varphi}(y_k). \qquad (11.38)$$

$\overline{\varphi}(x)$ bildet eine Approximation für die exakte Lösung $\varphi(x)$. Man bezeichnet (11.38) als ein *semidiskretes Problem*, da bezüglich der Variablen y zu diskreten Werten übergegangen wurde, während die Variable x noch beliebig wählbar ist.

Wenn für eine Funktion $\overline{\varphi}(x)$ die Gleichung (11.38) für alle $x \in [a,b]$ gilt, ist diese natürlich auch an den Stützstellen $x = x_k$ erfüllt:

$$\overline{\varphi}(x_k) = f(x_k) + \lambda \sum_{j=1}^{n} \omega_j K(x_k,y_j)\overline{\varphi}(y_j), \quad k = 1,2,\ldots,n. \qquad (11.39)$$

Dies ist ein lineares Gleichungssystem, bestehend aus n Gleichungen für die n Unbekannten $\overline{\varphi}(x_k)$. Durch Einsetzen dieser Lösungswerte in (11.38) ist die Lösung des semidiskreten Problems gegeben. Die Genauigkeit und der Rechenaufwand dieses Verfahrens hängen von der Güte der Quadraturformel ab. Benutzt man z.B. die *linksseitige Rechteckregel* mit äquidistanten Stützstellen $y_k = x_k = a + h(k-1)$, $h = (b-a)/n$, $k = 1, \ldots, n$:

$$\int_a^b K(x,y)\overline{\varphi}(y)dy \approx \sum_{k=1}^n hK(x,y_k)\overline{\varphi}(y_k),$$

so erhält das System (11.39) unter Verwendung der Bezeichnungen

$$K_{jk} = K(x_j, y_k), \quad f_k = f(x_k), \quad \varphi_k = \overline{\varphi}(x_k)$$

die Form:

$$\begin{array}{llll}
(1-\lambda hK_{11})\varphi_1 & -\lambda hK_{12}\,\varphi_2 - \ \ldots & -\lambda hK_{1n}\,\varphi_n & = f_1 \\
\quad -\lambda hK_{21}\,\varphi_1 & +(1-\lambda hK_{22}\varphi_2) - \ \ldots & -\lambda hK_{2n}\,\varphi_n & = f_2 \\
\ldots\ldots\ldots & \ldots\ldots\ldots & \ldots\ldots\ldots & \ldots \\
\quad -\lambda hK_{n1}\,\varphi_1 & -\lambda hK_{n2}\,\varphi_2 - \ \ldots & +(1-\lambda hK_{nn})\varphi_n & = f_n.
\end{array}$$

Genau dieses System wurde schon bei der Untersuchung der Fredholmschen Lösungsmethode (11.2.3) hergeleitet. Da die Rechteckregel aber nicht sehr genau ist, müssen für eine gute Approximation des Integrals eine große Anzahl von Stützstellen einbezogen werden, wodurch die Dimension des Gleichungssystems wächst. Es empfielt sich daher, geeignetere Quadraturformeln heranzuziehen.

2. Nyström-Verfahren

Beim sogenannten Nyström-*Verfahren* verwendet man zur Approximation des Integrals die Gaussschen Quadraturformeln. Zu deren Herleitung betrachte man das Integral

$$I = \int_a^b f(x)\,dx. \tag{11.40}$$

Man ersetzt den Integranden durch ein Polynom $p(x)$, welches die Funktion $f(x)$ in den Stützstellen x_k interpoliert:

$$p(x) = \sum_{k=1}^n L_k(x) \cdot f(x_k) \text{ mit } L_k(x) = \frac{(x-x_1)\ldots(x-x_{k-1})(x-x_{k+1})\ldots(x-x_n)}{(x_k-x_1)\ldots(x_k-x_{k-1})(x_k-x_{k+1})\ldots(x_k-x_n)}. \tag{11.41}$$

Für das so definierte Polynom $p(x)$ gilt:

$p(x_k) = f(x_k), \quad k = 1, \ldots, n.$

Die Ersetzung des Integranden $f(x)$ durch $p(x)$ liefert die Quadraturformel

$$\int_a^b f(x)\,dx \approx \int_a^b p(x)\,dx = \sum_{k=1}^n f(x_k)\int_a^b L_k(x)\,dx \quad (11.42a) \qquad \text{mit} \quad \omega_k = \int_a^b L_k(x)\,dx. \quad (11.42b)$$

Für die Gaussschen Quadraturformeln ist die Wahl der Stützstellen nicht willkürlich, sondern erfolgt nach der Vorschrift:

$$x_k = \frac{a+b}{2} + \frac{b-a}{2}t_k, \quad k = 1, 2, \ldots, n.$$

Die n Zahlen t_k sind die n Nullstellen des Legendreschen Polynoms

$$P_n(t) = \frac{1}{2^n \cdot n!}\frac{d^n\left[(t^2-1)^n\right]}{dt^n}. \tag{11.43}$$

Diese Nullstellen liegen alle im Intervall $[-1, +1]$. Die Koeffizienten ω_k können durch die Substitution

$x - x_k = \dfrac{b-a}{2}(t - t_k)$ ermittelt werden:

$$\omega_k = \int_a^b L_k(x)\,dx = (b-a)\cdot\frac{1}{2}\int_{-1}^{1}\frac{(t-t_1)\dots(t-t_{k-1})(t-t_{k+1})\dots(t-t_n)}{(t_k-t_1)\dots(t_k-t_{k-1})(t_k-t_{k+1})\dots(t_k-t_n)}\,dt \tag{11.44}$$

$= (b-a)\cdot A_k$.

In **Tabelle11.1** sind für $n = 1, \dots, 6$ die Nullstellen der LEGENDREschen Polynome sowie die Gewichte A_k aufgeführt.

Tabelle 11.1 Nullstellen der LEGENDREschen Polynome

n	t	A	n	t	A
1	$t_1 = 0$	$A_1 = 1$	5	$t_1 = -0,9062$	$A_1 = 0,1185$
2	$t_1 = -0,5774$	$A_1 = 0,5$		$t_2 = -0,5384$	$A_2 = 0,2393$
	$t_2 = 0,5774$	$A_2 = 0,5$		$t_3 = 0$	$A_3 = 0,2844$
3	$t_1 = -0,7746$	$A_1 = 0,2778$		$t_4 = 0,5384$	$A_4 = 0,2393$
	$t_2 = 0$	$A_2 = 0,4444$		$t_5 = 0,9062$	$A_5 = 0,1185$
	$t_3 = 0,7746$	$A_3 = 0,2778$	6	$t_1 = -0,9324$	$A_1 = 0,0857$
4	$t_1 = -0,8612$	$A_1 = 0,1739$		$t_2 = -0,6612$	$A_2 = 0,1804$
	$t_2 = -0,3400$	$A_2 = 0,3261$		$t_3 = -0,2386$	$A_3 = 0,2340$
	$t_3 = 0,3400$	$A_3 = 0,3261$		$t_4 = 0,2386$	$A_4 = 0,2340$
	$t_4 = 0,8612$	$A_4 = 0,1739$		$t_5 = 0,6612$	$A_5 = 0,1804$
				$t_6 = 0,9324$	$A_6 = 0,0857$

■ Die Integralgleichung $\varphi(x) = \cos\pi x + \frac{x}{x^2+\pi^2}(e^x+1) + \int_0^1 e^{xy}\varphi(y)\,dy$ ist näherungsweise nach dem NYSTRÖM-Verfahren für den Fall $n = 3$ zu lösen.

$n = 3:$ $x_1 = 0,1127$ $x_2 = 0,5$ $x_3 = 0,8873$
$A_1 = 0,2778$ $A_2 = 0,4444$ $A_3 = 0,2778$
$f_1 = 0,96214$ $f_2 = 0,13087$ $f_3 = -0,65251$
$K_{11} = 1,01278$ $K_{22} = 1,28403$ $K_{33} = 2,19746$
$K_{12} = K_{21} = 1,05797,\ K_{13} = K_{31} = 1,10517,\ K_{23} = K_{32} = 1,55838.$

Das Gleichungssystem (11.39) zur Ermittlung von φ_1, φ_2 und φ_3 lautet:

$$\begin{aligned}
0,71864\varphi_1 - 0,47016\varphi_2 - 0,30702\varphi_3 &= 0,96214,\\
-0,29390\varphi_1 + 0,42938\varphi_2 - 0,43292\varphi_3 &= 0,13087,\\
-0,30702\varphi_1 - 0,69254\varphi_2 + 0,38955\varphi_3 &= -0,65251.
\end{aligned}$$

Lösung des Systems: $\varphi_1 = 0,93651$, $\varphi_2 = -0,00144$, $\varphi_3 = -0,93950$. Die Werte der exakten Lösung in den Stützstellen sind: $\varphi(x_1) = 0,93797$, $\varphi(x_2) = 0, \varphi(x_3) = -0,93797$.

11.2.4.2 Kernapproximation

Man ersetzt den Kern $K(x,y)$ durch einen Kern $\overline{K}(x,y)$ mit $\overline{K}(x,y) \approx K(x,y)$ für $a \le x \le b$, $a \le y \le b$. Diesen Kern wählt man so, daß die resultierende Integralgleichung

$$\overline{\varphi}(x) = f(x) + \lambda\int_a^b \overline{K}(x,y)\overline{\varphi}(y)\,dy \tag{11.45}$$

möglichst einfach zu lösen ist.

1. Tensorprodukt–Approximation

Eine häufig verwendete Näherung für den Kern ist die *Tensorproduktapproximation* der Form

$$K(x,y) \approx \overline{K}(x,y) = \sum_{j=0}^{n}\sum_{k=0}^{n} d_{jk}\,\alpha_j(x)\beta_k(y) \tag{11.46}$$

mit linear unabhängigen Funktionen $\alpha_0(x),\ldots,\alpha_n(x)$ bzw. $\beta_0(y),\ldots,\beta_n(y)$. Diese Funktionen werden vorgegeben, und die Koeffizienten d_{jk} können so bestimmt werden, daß die Doppelsumme den Kern in einem gewissen Sinne gut approximiert. Formt man (11.46) etwas um

$$\overline{K}(x,y) = \sum_{j=0}^{n}\alpha_j(x)\left[\sum_{k=0}^{n} d_{jk}\beta_k(y)\right],$$

so hat der Kern mit

$$\delta_j(y) = \sum_{k=0}^{n} d_{jk}\beta_k(y) \text{ die Gestalt } \overline{K}(x,y) = \sum_{j=0}^{n}\alpha_j(x)\delta_j(y)$$

und ist somit ausgeartet. Es kann also das in 11.2.1 vorgestellte Verfahren zur Lösung der Integralgleichung

$$\overline{\varphi}(x) = f(x) + \lambda\int_a^b\left[\sum_{j=0}^{n}\alpha_j(x)\delta_j(y)\right]\overline{\varphi}(y)\,dy \tag{11.47}$$

zur Anwendung kommen. Bei der Auswahl der Funktionen $\alpha_0(x),\ldots\alpha_n(x)$ bzw. $\beta_0(y),\ldots,\beta_n(y)$ sollte beachtet werden, daß die Zahlen d_{jk} in (11.46) einfach zu bestimmen sind und der Rechenaufwand zur Behandlung von (11.47) gering bleibt.

2. Spezieller Spline–Ansatz

Für eine spezielle Kernapproximation auf dem Integrationsintervall $[a,b]=[0,1]$ wählen wir

$$\alpha_k(x) = \beta_k(x) = \begin{cases} 1 - n\left|x - \dfrac{k}{n}\right| & \text{für } \dfrac{k-1}{n} \le x \le \dfrac{k+1}{n}, \\ 0 \text{ sonst.} \end{cases} \tag{11.48}$$

$\alpha_k(x)$ ist nur in dem Intervall, $(\dfrac{k-1}{n}, \dfrac{k+1}{n})$, dem sogenannten *Träger* ungleich Null (**Abb.11.1**).

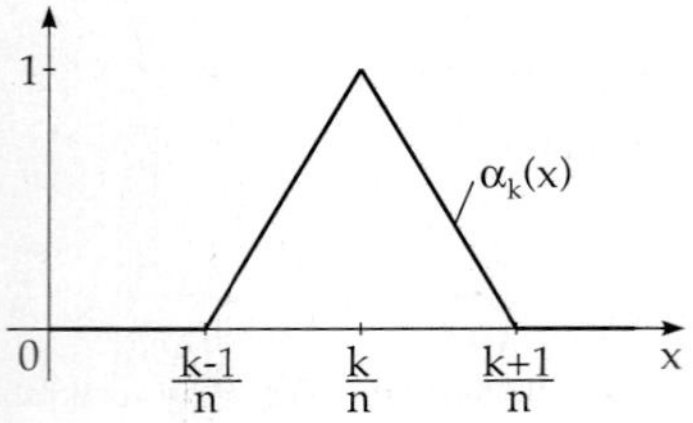

Abbildung 11.1

Zur Bestimmung der Koeffizienten d_{jk} in (11.46) betrachte man $\overline{K}(x,y)$ an den Stellen $x = l/n$, $y = i/n$, $l,i = 0,1,\ldots,n$. Dann gilt $\alpha_j\left(\dfrac{l}{n}\right)\alpha_k\left(\dfrac{i}{n}\right) = \begin{cases} 1 \text{ für } j=l,\ k=i \\ 0 \text{ sonst} \end{cases}$

und folglich $\overline{K}(l/n, i/n) = d_{li}$. Aus diesem Grund setzt man $d_{li} = \overline{K}\left(\frac{l}{n},\frac{i}{n}\right) = K\left(\frac{l}{n},\frac{i}{n}\right)$. Die Gleichung (11.46) hat damit die Form

$$\overline{K}(x,y) = \sum_{j=0}^{n}\sum_{k=0}^{n} K\left(\frac{j}{n},\frac{k}{n}\right)\alpha_j(x)\beta_k(y). \tag{11.49}$$

Die Lösung von (11.47) hat bekanntlich die Darstellung

$$\overline{\varphi}(x) = f(x) + A_0\alpha_0(x) + \ldots + A_n\alpha_n(x). \tag{11.50}$$

Der Ausdruck $A_0\alpha_0(x)+\ldots+A_n\alpha_n(x)$ ist dabei ein Polygonzug, der an der Stelle $x_k = k/n$ den Wert A_k annimmt. Bei der Lösung von (11.47) nach dem Verfahren für ausgeartete Kerne ergibt sich ein lineares Gleichungssystem für die Zahlen $A_0, \ldots, A_n$:

$$\begin{array}{llll} (1-\lambda c_{00})A_0 & -\lambda c_{01}\, A_1 - \;\ldots & -\lambda c_{0n}\, A_n = b_0 \\ -\lambda c_{10}\, A_0 & +(1-\lambda c_{11} A_1) - \;\ldots & -\lambda c_{1n}\, A_n = b_1 \\ \ldots\ldots\ldots & \ldots\ldots\ldots & \ldots\ldots\ldots \\ -\lambda c_{n0}\, A_0 & -\lambda c_{n1}\, A_1 - & \ldots + (1-\lambda c_{nn})A_n = b_n . \end{array} \tag{11.51}$$

Dabei ist

$$c_{jk} = \int\limits_0^1 \delta_j(x)\alpha_k(x)\,dx = \int\limits_0^1 \left[\sum_{i=0}^{n} K\left(\frac{j}{n},\frac{i}{n}\right)\alpha_j(x)\right]\alpha_k(x)\,dx$$

$$= K\left(\frac{j}{n},\frac{0}{n}\right)\int\limits_0^1 \alpha_0(x)\alpha_k(x)\,dx + \ldots + K\left(\frac{j}{n},\frac{n}{n}\right)\int\limits_0^1 \alpha_n(x)\alpha_k(x)\,dx\,.$$

Für die Integrale ergibt sich

$$I_{jk} = \int\limits_0^1 \alpha_j(x)\alpha_k(x)\,dx = \begin{cases} \dfrac{1}{3n} & \text{für } j=0,\ k=0 \text{ und } j=n,\ k=n \\ \dfrac{2}{3n} & \text{für } j=k,\ 1\le j<n \\ \dfrac{1}{6n} & \text{für } j=k+1,\ j=k-1 \\ 0 & \text{sonst.} \end{cases}$$

Die Zahlen b_k in (11.51) sind festgelegt durch

$$b_k = \int\limits_0^1 f(x)\left[\sum_{j=0}^{n} K\left(\frac{k}{n},\frac{j}{n}\right)\alpha_j(x)\right]dx.$$

Werden die Zahlen c_{jk} aus (11.51) zur Matrix $\mathbf{C}$, die Werte $K(j/n, k/n)$ zur Matrix $\mathbf{B}$ und die Werte I_{jk} zur Matrix $\mathbf{A}$ zusammengefaßt, und wird aus den Zahlen $b_0, \ldots, b_n$ der Vektor $\underline{\mathbf{b}}$ und aus den gesuchten Zahlen $A_0, \ldots, A_n$ der Vektor $\underline{\mathbf{a}}$ gebildet, dann hat das Gleichungsystem (11.51) in Matrizenschreibweise die Form

$$(I-\lambda\mathbf{C})\underline{\mathbf{a}} = (I-\lambda\mathbf{BA})\underline{\mathbf{a}} = \underline{\mathbf{b}}. \tag{11.52}$$

Falls die Matrix $(I-\lambda\mathbf{BA})$ regulär ist, hat dieses System eine eindeutige Lösung $\underline{\mathbf{a}} = (A_0, \ldots, A_n)$.

11.2.4.3 Kollokationsmethode

Es werden n auf dem Intervall $[a, b]$ linear unabhängige Funktionen $\varphi_1(x), \ldots, \varphi_n(x)$ vorgegeben. Mit diesen Funktionen bildet man eine Ansatzfunktion $\overline{\varphi}(x)$ für die Lösung $\varphi(x)$:

$$\varphi(x) \approx \overline{\varphi}(x) = a_1\varphi_1(x) + a_2\varphi_2(x) + \ldots + a_n\varphi_n(x). \tag{11.53}$$

Die Aufgabe besteht in der Bestimmung der Koeffizienten $a_1, \ldots, a_n$. Für eine so definierte Funktion $\overline{\varphi}(x)$ wird es im allgemeinen keine Werte $a_1, \ldots, a_n$ geben, so daß damit die exakte Lösung der Integralgleichung (11.35) $\varphi(x) = \overline{\varphi}(x)$ vorliegt. Deshalb gibt man sich im Integrationsintervall n Stützstellen $x_1, \ldots, x_n$ vor und fordert, daß der Ansatz (11.53) die Integralgleichung zumindest an diesen Stellen erfüllt:

$$\overline{\varphi}(x_k) = a_1\varphi_1(x_k) + \ldots + a_n\varphi_n(x_k)$$

$$= f(x_k) + \lambda\int\limits_a^b K(x_k, y)\left[a_1\varphi_1(y) + \ldots + a_n\varphi_n(y)\right]dy, \quad k = 1, \ldots, n. \tag{11.54}$$

Etwas umgeformt hat dieses Gleichungssystem die Gestalt:

$$\left[\varphi_1(x_k) - \lambda \int_a^b K(x_k, y)\varphi_1(y)\,dy\right] a_1 + \ldots + \left[\varphi_n(x_k) - \lambda \int_a^b K(x_k, y)\varphi_n(y)\,dy\right] a_n = f(x_k)$$

mit $k = 1, \ldots, n$.
Definiert man die Matrizen

$$\mathbf{A} = \begin{pmatrix} \varphi_1(x_1) & \cdots & \varphi_n(x_1) \\ \vdots & & \vdots \\ \varphi_1(x_n) & \cdots & \varphi_n(x_n) \end{pmatrix}, \qquad \mathbf{B} = \begin{pmatrix} \beta_{11} & \cdots & \beta_{1n} \\ \vdots & & \vdots \\ \beta_{n1} & \cdots & \beta_{nn} \end{pmatrix} \quad \text{mit} \quad \beta_{jk} = \int_a^b K(x_j, y)\varphi_k(y)\,dy$$

und die Vektoren

$$\underline{\mathbf{a}} = [a_1, \ldots, a_n]^\top, \quad \underline{\mathbf{b}} = [f(x_1), \ldots, f(x_n)]^\top,$$

dann kann das Gleichungssystem zur Bestimmung der Zahlen $a_1, \ldots, a_n$ in Matrizenform angegeben werden:

$$(\mathbf{A} - \lambda\,\mathbf{B})\,\underline{\mathbf{a}} = \underline{\mathbf{b}}. \tag{11.55}$$

■ $\varphi(x) = \dfrac{\sqrt{x}}{2} + \int_0^1 \sqrt{xy}\,\varphi(y)\,dy$. Ansatz: $\overline{\varphi}(x) = a_1x^2 + a_2x + a_3$, $\varphi_1(x) = x^2$, $\varphi_2(x) = x$, $\varphi_3(x) = 1$.
Stützstellen: $x_1 = 0, x_2 = 0,5, x_3 = 1$

$$\mathbf{A} = \begin{pmatrix} 0 & 0 & 1 \\ \frac{1}{4} & \frac{1}{2} & 1 \\ 1 & 1 & 1 \end{pmatrix}, \qquad \mathbf{B} = \begin{pmatrix} 0 & 0 & 0 \\ \frac{\sqrt{2}}{7} & \frac{\sqrt{2}}{5} & \frac{\sqrt{2}}{3} \\ \frac{2}{7} & \frac{2}{5} & \frac{2}{3} \end{pmatrix}, \qquad \underline{\mathbf{b}} = \begin{pmatrix} 0 \\ \frac{1}{2\sqrt{2}} \\ \frac{1}{2} \end{pmatrix}.$$

Das Gleichungssystem lautet:

$$\begin{aligned} a_3 &= 0, \\ \left(\frac{1}{4} - \frac{\sqrt{2}}{7}\right) a_1 + \left(\frac{1}{2} - \frac{\sqrt{2}}{5}\right) a_2 + \left(1 - \frac{\sqrt{2}}{3}\right) a_3 &= \frac{1}{2\sqrt{2}}, \\ \frac{5}{7}\,a_1 \quad + \frac{3}{5}\,a_2 \quad + \frac{1}{3}\,a_3 &= \frac{1}{2}. \end{aligned}$$

Man erhält als Lösung dieses Systems $a_1 = -0,8197, a_2 = 1,8092, a_3 = 0$ und somit

$$\overline{\varphi}(x) = -0,8197\,x^2 + 1,8092\,x, \quad \text{mit } \overline{\varphi}(0) = 0, \quad \overline{\varphi}(0,5) = 0,6997, \quad \overline{\varphi}(1) = 0,9895.$$

Die exakte Lösung der Integralgleichung ist $\varphi(x) = \sqrt{x}$ mit $\varphi(0) = 0, \varphi(0,5) = 0,7071, \varphi(1) = 1$.
Soll in diesem Beispiel die Genauigkeit verbessert werden, empfiehlt es sich nicht, den Grad des Polynomansatzes zu erhöhen, da Polynome höheren Grades numerisch instabil sind. Es sind vielmehr verschiedene Spline–Funktionenansätze vorzuziehen, etwa der stückweise lineare Ansatz

$$\overline{\varphi}(x) = a_1\varphi_1(x) + a_2\varphi_2(x) + \ldots + a_n\varphi_n(x),$$

mit den bereits in 9.2.4.2 angeführten Funktionen

$$\varphi_k(x) = \begin{cases} 1 - n\left|x - \dfrac{k}{n}\right| & \text{für } \dfrac{k-1}{n} \le x \le \dfrac{k+1}{n} \\ 0 & \text{sonst.} \end{cases}$$

Die Lösung $\varphi(x)$ wird in diesem Fall durch einen Polygonzug $\overline{\varphi}(x)$ angenähert.

Die Wahl der Lage der Stützstellen für das Kollokationsverfahren ist prinzipiell ohne Beschränkung. Ist jedoch bekannt, daß die Lösungsfunktion in einem Teilintervall stark oszilliert, sollten in diesem Intervall die Stützstellen dichter gelegt werden.

11.3 Fredholmsche Integralgleichungen 1. Art

11.3.1 Integralgleichungen mit ausgearteten Kernen

1. Formulierung der Aufgabe Zur Behandlung der FREDHOLMschen Integralgleichung 1. Art mit ausgeartetem Kern

$$f(x) = \int_a^b (\alpha_1(x)\beta_1(y) + \ldots + \alpha_n(x)\beta_m(y))\varphi(y)\,dy, \qquad c \le x \le d, \tag{11.56a}$$

werden wie in 11.2.1. die Konstanten

$$A_j = \int_a^b \beta_j(y)\varphi(y)\,dy \quad (j = 1, 2, \ldots, n) \tag{11.56b}$$

eingeführt. Die Gleichung (11.56a) besitzt die Darstellung

$$f(x) = A_1\alpha_1(x) + \ldots + A_n\alpha_n(x), \tag{11.56c}$$

d.h., nur wenn $f(x)$ eine Linearkombination der Funktionen $\alpha_1(x), \ldots, \alpha_n(x)$ ist, hat die Integralgleichung eine Lösung. Ist diese Bedingung erfüllt, dann sind die Konstanten $A_1, \ldots, A_n$ bekannt.

2. Lösungsansatz Der Lösungsansatz

$$\varphi(x) = c_1\beta_1(x) + \ldots + c_n\beta_n(x) \tag{11.57a}$$

mit den unbekannten Koeffizienten $c_1, \ldots, c_n$ führt nach Einsetzen in (11.57a) auf die Beziehungen

$$A_i = c_1 \int_a^b \beta_i(y)\beta_1(y)\,dy + \ldots + c_n \int_a^b \beta_i(y)\beta_n(y)\,dy, \qquad (i = 1, 2, \ldots, n). \tag{11.57b}$$

Nach Einführung der Bezeichnung

$$K_{ij} = \int_a^b \beta_i(y)\beta_j(y)\,dy \tag{11.57c}$$

ergibt sich das folgende lineare Gleichungssystem zur Bestimmung der Koeffizienten $c_1, \ldots, c_n$:

$$\begin{array}{ccccc} K_{11}c_1 & + \ldots + & K_{1n}c_n & = & A_1 \\ \vdots & & \vdots & & \vdots \\ K_{n1}c_1 & + \ldots + & K_{nn}c_n & = & A_n \end{array} \tag{11.57d}$$

3. Lösungen Die Koeffizientenmatrix ist regulär, wenn die linere Unabhängigkeit (s. (12.1.3) der Funktionen $\beta_1, (y), \ldots, \beta_n(y)$ vorausgesetzt wird. Die so ermittelte Lösung (11.57a ist jedoch nicht die einzige Lösung der Integralgleichung. Im Gegensatz zu Integralgleichungen 2. Art mit ausgeartetem Kern ist die homogene Integralgleichung immer lösbar. Ist $\varphi^h(x)$ eine solche Lösung der homogenen Gleichung und $\varphi(x)$ eine Lösung von (11.56a), dann ist auch $\varphi(x) + \varphi^h(x)$ eine Lösung von (11.56a). Um alle Lösungen der homogenen Gleichung zu bestimmen, wird die Gleichung (11.56c) mit $f(x) = 0$ betrachtet. Werden die Funktionen $\alpha_1(x), \ldots, \alpha_n(x)$ als linear unabhängig vorausgesetzt, dann ist die Gleichung genau dann erfüllt, wenn gilt

$$A_j = \int_a^b \beta_j(y)\varphi(y)\,dy = 0, \qquad \text{für } j = 1, 2, \ldots, n, \tag{11.58}$$

d.h., jede zu allen Funktionen $\beta_j(y)$ orthogonale Funktion $\varphi^h(y)$ löst die homogene Integralgleichung.

11.3.2 Begriffe, analytische Grundlagen

1. Lösungsansatz Eine Reihe von Verfahren zur Lösung von FREDHOLMschen Integralgleichungen 1. Art

$$f(x) = \int_a^b K(x,y)\varphi(y)\,dy, \qquad c \le x \le d, \tag{11.59}$$

geht von einer Darstellung der Lösung $\varphi(y)$ als Funktionenreihe bezüglich eines Funktionensystems $(\beta_n(y)) = \{\beta_1(y), \beta_2(y), \ldots\}$ aus, d.h., es wird der Lösungsansatz

$$\varphi(y) = \sum_{j=1}^{\infty} c_j \beta_j(y) \tag{11.60}$$

mit zunächst unbestimmten Koeffizienten c_j gewählt. Bei der Wahl des Funktionensystems $(\beta_n(y))$ ist zu beachten, daß durch diese Funktionen der gesamte Raum der Lösungen erfaßt wird und die Koeffizienten c_j geeignet dargestellt werden können.

Aus Gründen der Übersichtlichkeit werden die nachfolgenden Ausführungen auf reellwertige Funktionen beschränkt. Alle Aussagen sind aber auf komplexwertige übertragbar. Für die Begründung der darzulegenden Lösungsverfahren sind einige Forderungen an die Kernfunktion $K(x,y)$ zu stellen (s. Lit. [11.1],[11.9]). Diese Forderungen werden stets als erfüllt angesehen. Zunächst werden einige Hilfsmittel erläutert.

2. Quadratische Integrierbarkeit Eine Funktion $\psi(y)$ heißt *quadratisch integrierbar* im Intervall $[a,b]$, falls gilt:

$$\int_a^b |\psi(y)|\,dy < \infty. \tag{11.61}$$

Insbesondere ist jede in [a,b] stetige Funktion auch quadratisch integrierbar. Der Funktionenraum aller in [a,b] quadratisch integrierbaren Funktionen wird mit $L^2[a,b]$ bezeichnet.

3. Orthonormalsystem Zwei quadratisch integrierbare Funktionen $\beta_i(y), \beta_j(y), y \in [a,b]$, werden als orthogonal bezeichnet, falls gilt

$$\int_a^b \beta_i(y)\beta_j(y)\,dy = 0. \tag{11.62a}$$

Ein Funktionensystem $(\beta_n(y))$ im Raum $L^2[a,b]$ wird als *Orthonormalsystem* bezeichnet, wenn die Beziehungen

$$\int_a^b \beta_i(y)\beta_j(y)\,dy = \begin{cases} 1 & \text{für} \quad i = j, \\ 0 & \text{für} \quad i \ne j \end{cases} \tag{11.62b}$$

erfüllt sind. Ein Orthonormalsystem ist überdies *vollständig*, wenn in $L^2[a,b]$ keine Funktion $\beta(\tilde{y}) \ne 0$ existiert, die zu allen Funktionen dieses Orthonormalsystems orthogonal ist. Ein vollständiges Orthonormalsystem besteht aus abzählbar vielen Funktionen, die eine *Basis* des Raumes $L^2[a,b]$ bilden. Um aus einem Funktionensystem $(\beta_n(y))$ ein Orthonormalsystem $(\beta_n^*(y))$ zu ermitteln, kann das SCHMIDT*sche Orthogonalisierungsverfahren* verwendet werden. Es bestimmt sukzessive für $n = 1, 2, \ldots$ die Koeffizienten $b_{n1}, b_n2, \ldots, b_{nn}$ derart, daß

$$\beta_n^*(y) = \sum_{j=1}^{\infty} b_{nj}\beta_j(y) \tag{11.62c}$$

normiert und zu allen Funktionen $\beta_1^*(y), \ldots, \beta_{n-1}^*(y)$ orthogonal ist.

4. Fourier–Reihen Ist $(\beta_n(y))$ ein Orthonormalsystem und $\psi(y) \in L^2[a,b]$, dann heißt die Reihe

$$\sum_{j=1}^{\infty} \alpha_j \beta_j(y) = \psi(y) \tag{11.63a}$$

die Fourier–Reihe von $\psi(y)$ bezüglich $(\beta_n(y))$, und die Zahlen d_j sind die zugehörigen Fourier–Koeffizienten. Für diese gilt auf Grund von (11.62b)

$$\int_a^b \beta_k(y)\psi(y)\,dy = \sum_{j=1}^{\infty} d_j \int_a^b \beta_j(y)\beta_k(y)\,dy = d_k. \tag{11.63b}$$

Ist $(\beta_n(y))$ vollständig, dann gilt die Parsevalsche Gleichung

$$\int_a^b |\psi(y)|^2\,dy = \sum_{j=1}^{\infty} |d_j|^2. \tag{11.63c}$$

11.3.3 Zurückführung der Integralgleichung auf ein lineares Gleichungssystem

1. Problemstellung Es soll ein lineares Gleichungssystem zur Berechnung derFourier– Koeffizienten der Lösungsfunktion $\varphi(y)$ bezüglich eines Orthonormalsystems aufgestellt werden. Dazu wird ein vollständiges Orthonormalsystem $(\beta_n(y)), y \in [a,b]$ gewählt. Ein entsprechendes vollständiges Orthonormalsystem $(\alpha_n(x))$ möge auch für das Intervall $x \in [c,d]$ vorliegen. Bezüglich des Systems $(\alpha_n(x))$ besitzt die Funktion $f(x)$ die Fourier–Reihe

$$f(x) = \sum_{j=1}^{\infty} f_i \alpha_i(x) \quad \text{mit} \quad f_i = \int_c^d \alpha_i(x) f(x)\,dx. \tag{11.64a}$$

Die Multiplikation der Integralgleichung (11.62a) mit $\alpha_i(x)$ und die anschließende Integration bezüglich x in den Grenzen von c bis d liefert

$$f_i = \int_c^d \int_a^b K(x,y)\varphi(y)\alpha_i(x)\,dy\,dx$$
$$= \int_a^b \left\{ \int_c^d K(x,y)\alpha_i(x)\,dx \right\} \varphi(y)\,dy, \qquad (i = 1, 2, \ldots). \tag{11.64b}$$

Der Ausdruck in der geschweiften Klammer ist eine Funktion von y und möge die Fourier–Darstellung

$$\int_c^d K(x,y)\alpha_i(x)\,dx = K_i(y) = \sum_{j=1}^{\infty} K_{ij}\beta_j(y) \tag{11.64c}$$

$$\text{mit} \quad K_{ij} = \int_a^b \int_c^d K(x,y)\alpha_i(x)\beta_j(y)\,dx\,dy$$

besitzen. Mit dem Fourier-Reihenansatz

$$\varphi(y) = \sum_{k=1}^{\infty} c_k \beta_k(y) \tag{11.64d}$$

erhält man

$$f_i = \int_a^b \left\{ \sum_{j=1}^{\infty} K_{ij}\beta_j(y) \left(\sum_{k=1}^{\infty} c_k \beta_k(y) \right) \right\} dy$$

$$= \sum_{j=1}^{\infty}\sum_{k=1}^{\infty} K_{ij}c_k \int_a^b \beta_j(y)\beta_k(y)\,dy, \quad (i=1,2,\ldots). \tag{11.64e}$$

Auf Grund der Orthonormaleigenschaft (11.62b) ergibt sich das lineare Gleichungssystem

$$f_i = \sum_{j=1}^{\infty} K_{ij}c_j, \qquad i=1,2,\ldots. \tag{11.64f}$$

Das ist ein System mit unendlich vielen Gleichungen zur Bestimmung der FOURIER–Koeffizienten $c_1, c_2, \ldots$ Die Koeffizientenmatrix

$$K = \begin{pmatrix} K_{11} & K_{12} & K_{13} & \cdots \\ K_{21} & K_{22} & K_{23} & \cdots \\ K_{31} & K_{32} & K_{33} & \cdots \\ \vdots & & \ldots & \vdots \end{pmatrix} \tag{11.64g}$$

wird als *Kernmatrix* bezeichnet. Die Zahlen f_i und K_{ij}, $i,j=1,2,\ldots$, sind bekannte Größen, aber von der Wahl des Orthonormalsystems abhängig.

■ $f(x) = \frac{1}{\pi}\int_0^\pi \frac{\sin y}{\cos y - \cos x}\varphi(y)\,dy$, $0 \le x \le \pi$. Das Integral ist dabei im Sinne des CAUCHYschen Hauptwertes zu verstehen. Als vollständige Orthogonalsysteme verwendet man:

1. $\alpha_0(x) = \frac{1}{\sqrt{\pi}}, \quad \alpha_i(x) = \sqrt{\frac{2}{\pi}}\cos ix \quad i=1,2.\ldots,$

2. $\beta_j(x) = \sqrt{\frac{2}{\pi}}\sin jx, \qquad (j=1,2,\ldots,).$

Nach (11.64c) ergibt sich für die Koeffizienten der Kernmatrix

$$K_{0j} = \frac{1}{\sqrt{\pi}}\frac{1}{\pi}\sqrt{\frac{2}{\pi}}\int_0^\pi\int_0^\pi \frac{\sin y \sin jy}{\cos y - \cos x}\,dx\,dy = 0, \quad (j=1,2,\ldots),$$

$$K_{ij} = \frac{2}{\pi}\frac{1}{\pi}\int_0^\pi\int_0^\pi \frac{\sin y \sin jy \cos ix}{\cos y - \cos x}\,dx\,dy$$

$$= \frac{2}{\pi^2}\int_0^\pi \sin y \sin iy \left\{\int_0^\pi \frac{\cos ix}{\cos y - \cos x}\,dx\right\} dy, \quad (j=1,2,\ldots). \tag{11.65}$$

Für das innere Integral gilt die Beziehung

$$\int_0^\pi \frac{\cos ix}{\cos y - \cos x}\,dx = -\pi\frac{\sin iy}{\sin y}. \quad \text{Daraus folgt} \tag{11.66a}$$

$$K_{ij} = -\frac{2}{\pi}\int_0^\pi \sin jy \sin iy\,dy = \begin{cases} 0 & \text{für} \quad i \ne j, \\ -1 & \text{für} \quad i = j. \end{cases} \tag{11.66b}$$

Die FOURIER–Koeffizienten von $f(x)$ lauten gemäß (11.64a)

$$f_i = \int_0^\pi f(x)\alpha_i(x)\,dx, \qquad (i=0,1,2,\ldots).$$

Das Gleichungssystem lautet

$$\begin{pmatrix} 0 & 0 & 0 & \cdots \\ -1 & 0 & 0 & \cdots \\ 0 & -1 & 0 & \cdots \\ \vdots & & & \vdots \end{pmatrix} \begin{pmatrix} c_1 \\ c_2 \\ c_3 \\ \vdots \end{pmatrix} = \begin{pmatrix} f_1 \\ f_2 \\ f_3 \\ \vdots \end{pmatrix}.$$

Auf Grund der ersten Gleichung besitzt dasSystem nur dann eine Lösung, wenn gilt

$$f_0 = \int_0^\pi f(x)\alpha_0(x)\,dx = \frac{1}{\sqrt{\pi}}\int_0^\pi f(x)\,dx = 0.$$

Es ist dann $c_j = -f_j \quad (j = 1, 2, \ldots)$, und

$$\varphi(y) = -\sqrt{\frac{2}{\pi}}\sum_{j=1}^{\infty} f_j \sin jy = \frac{1}{\pi}\int_0^\pi \frac{\sin y}{\cos y - \cos x} f(x)\,dx.$$

11.3.4 Lösung der homogenen Integralgleichung 1. Art

Sind $\varphi(y)$ bzw. $\varphi^h(y)$ beliebige Lösungen der inhomogenen bzw. homogenen Integralgleichungen

$$f(x) = \int_a^b K(x,y)\varphi(y)\,dy \qquad (11.67\text{a}) \qquad \text{bzw.} \quad 0 = \int_a^b K(x,y)\varphi(y)\,dy, \qquad (11.67\text{b})$$

dann ist auch die Summe $\varphi(y) + \varphi^h(y)$ eine Lösung der inhomogenen Integralgleichung. Deshalb sollen zunächst alle Lösungen der homogenen Integralgleichung bestimmt werden. Diese Aufgabe ist identisch mit der Ermittlung aller nichttrivialen Lösungen des linearen Gleichungssystems

$$\sum_{j=1}^{\infty} K_{ij}c_j = 0, \qquad (i = 1, 2, \ldots). \tag{11.67c}$$

Da dessen Auflösung mitunter schwierig ist, kann das folgende Verfahren zur Berechnung der homogenen Lösungen herangezogen werden.
Liegt ein vollständiges Orthonormalsystem $(\alpha_n(x))$ vor, dann werden die Funktionen

$$K_i(y) = \int_c^d K(x,y)\alpha_i(x)\,dx, \qquad (i = 1, 2, \ldots) \tag{11.67d}$$

gebildet. Ist $\varphi^h(y)$ eine beliebige Lösung der homogenen Gleichung, d.h., es gilt

$$\int_a^b K(x,y)\varphi^h(y)\,dy = 0, \tag{11.67e}$$

dann ergibt sich nach Multiplikation dieser Gleichung mit $\alpha_i(x)$ und anschließender Integration bezüglich x

$$0 = \int_a^b \varphi^h(y)\int_c^d K(x,y)\alpha_i(x)\,dx\,dy = \int_a^b \varphi^h(y)K_i(y)\,dy \quad (i = 1, 2, \ldots), \tag{11.67f}$$

d.h., eine beliebige Lösung $\varphi^h(y)$ der homogenen Gleichung muß orthogonal zu allen Funktionen $K_i(y)$ sein. Wird das System $(K_n(y))$ durch das, mit Hilfe einer Orthonormnierung daraus hervorgehende System $(K_n^*(y))$ ersetzt, dann lautet die Bedingung (11.67f) jetzt

$$\int_a^b \varphi^h(y)K_i^*(y)\,dy = 0. \tag{11.67g}$$

Wird das System $(K_n^*(y))$ zu einem vollständigen Orthonormalsystem ergänzt, dann erfüllt offensichtlich jede Linearkombination der ergänzten Funktionen die Bedingung (11.67g). Ist das Orthonormalsystem $(K_n^*(y))$ bereits vollständig, dann existiert nur die triviale Lösung $\varphi^h(y) = 0$.
In ganz entsprechender Weise kann auch das Lösungssystem der transponierten homogenen Integralgleichung

$$\int_c^d K(x,y)\psi(x)\,dx = 0 \tag{11.67h}$$

bestimmt werden.

■ $\frac{1}{\pi}\int_0^\pi \frac{\sin x}{\cos y - \cos x}\varphi(y)\,dy = 0, \quad 0 \le x \le \pi.$

Orthonormalsystem: $\alpha_i(x) = \sqrt{\frac{2}{\pi}}\sin ix \quad (i = 1, 2, \ldots)$

$$K_i(y) = \sqrt{\frac{2}{\pi}}\frac{1}{\pi}\int_0^\pi \frac{\sin x \sin ix}{\cos y - \cos x}\,dx = \sqrt{\frac{2}{\pi}}\frac{1}{2\pi}\int_0^\pi \frac{\cos(i-1)x - \cos(i+1)x}{\cos y - \cos x}\,dx.$$

Zweimalige Anwendung von (11.66b) ergibt

$$K_i(y) = -\sqrt{\frac{2}{\pi}}\frac{1}{2}\left(\frac{\sin(i-1)y - \sin(1+1)y}{\sin y}\right) = \sqrt{\frac{2}{\pi}}\cos iy \qquad (i = 1, 2, \ldots).$$

Das System $(K_n(y))$ ist bereits orthonormiert. Die Funktion $K_0(y) = \frac{1}{\sqrt{\pi}}$ vervollständigt dieses System. Die homogene Gleichung besitzt also nur die Lösungen

$$\varphi^h(y) = c\frac{1}{\sqrt{\pi}} = \tilde{c}, \qquad (c \text{ beliebig}).$$

11.3.5 Konstruktion zweier spezieller Orthonormalsysteme zu einem gegebenen Kern

1. Prinzipielle Vorgehensweise

Im allgemeinen ist die Auflösung des in 11.3.3. aufgestellten unendlichen linearen Gleichungssystems nicht einfacher als die Lösung des Ausgangsproblems. Durch geeignete Wahl der Orthonormalsysteme $(\alpha_n(x))$ und $(\beta_n(x))$ kann jedoch die Struktur der Kernmatrix $\mathbf{K}$ so beeinflußt werden, daß sich das Gleichungssystem einfach lösen läßt. Das folgende Verfahren konstruiert zwei Orthonormalsysteme, die eine Kernmatrix liefern, deren Koeffizienten K_{ij} nur für $i = j$ und $i = j + 1$ ungleich Null sind.
Mit der Methode des voranstehenden Abschnittes werden zunächst zwei orthonormierte Lösungssysteme $(\beta_n^h(y))$ bzw. $(\alpha_n^h(x))$ der homogenen Integralgleichung bzw. der dazu transponierten homogenen Gleichung bestimmt, d.h., alle Lösungen dieser zwei Integralgleichungen lassen sich durch Linearkombination der Funktionen $\beta_n^h(y)$ bzw. $\alpha_n^h(x)$ darstellen. Diese Orthonormalsysteme sind nicht vollständig. Mit dem folgenden Verfahren werden diese Systeme durch schrittweises Hinzufügen von Funktionen $\alpha_j(x), \beta_j(y),\ j = 1, 2, \ldots$, zu vollständigen Orthonormalsystemen ergänzt.

2. Algorithmus

Bestimmung einer normierten Funktion $\alpha_1(x)$, die zu allen Funktionen aus $(\alpha_n^h(x))$ orthogonal ist. Für $j = 1, 2, \ldots$ werden jeweils die folgenden Schritte durchlaufen:
1. Berechnung der Funktion $\beta_j(y)$ sowie einer Zahl ν_j aus

$$\nu_1\beta_1(y) = \int_c^d K(x,y)\alpha_1(x)\,dx \tag{11.68a}$$

$$\text{bzw.} \qquad \nu_j\beta_j(y) = \int_c^d K(x,y)\alpha_j(x)\,dx - \mu_{j-1}\beta_{j-1}(y), \quad (j \neq 1), \tag{11.68b}$$

wobei ν_j immer ungleich Null ist und so zu bestimmen ist, daß $\beta_j(y)$ normiert ist. $\beta_j(y)$ ist orthogonal zu allen Funktionen $(\beta_n^h(y)), \beta_1(y), \ldots, \beta_{j-1}(y)$.

2. Bestimmung der Funktion $\alpha_{j+1}(x)$ sowie einer Zahl μ_j aus

$$\mu_j\alpha_{j+1}(x) = \int_a^b K(x,y)\beta_j(y)\,dy - \nu_j\alpha_j(x) \tag{11.68c}$$

Es können zwei Fälle eintreten:

a) $\mu_j \neq 0$: Die Funktion $\alpha_{j+1}(x)$ ist orthogonal zu allen Funktionen $(\alpha_n^h(x)), \alpha_1(x), \ldots, \alpha_j(x)$.

b) $\mu = 0$: Die Funktion $\alpha_{j+1}(x)$ ist nicht eindeutig bestimmt. Erneut werden zwei Fälle unterschieden:

b_1) Das System $(\alpha_n^h(x)), \alpha_1(x), \ldots, \alpha_j(x)$ ist vollständig. Dann ist auch das System $(\beta_n^h(y)), \beta_1(y), \ldots,$ $\beta_j(y)$ vollständig, und das Verfahren ist beendet.

b_2) Das System $(\alpha_n^h(x)), \alpha_1(x), \ldots, \alpha_j(x)$ ist nicht vollständig. Dann wird eine beliebige, zu diesen Funktionen orthogonale Funktion $\alpha_{j+1}(x)$ gewählt.

Das Verfahren wird so lange wiederholt, bis die Orthonormalsysteme vollständig sind. Es ist möglich, daß im Algorithmis von einem gewissen Schritt ab auch nach abzählbar unendlich weiteren Schritten nicht der Fall **b)** eintritt. Ist die dabei erzeugte abzählbar unendliche Folge von Funktionen $(\alpha_n^h(x))$, $\alpha_1(x), \ldots$ nicht vollständig, dann kann mit einer zu allen diesen Funktionen orthogonalen Funktion $\tilde{\alpha_1}(x)$ das Verfahren neu gestartet werden.

Werden die durch das Verfahren ermittelten Funktionen $\alpha_j(x), \beta_j(y)$ sowie die Zahlen ν_j, μ_j geeignet umbezeichnet, dann läßt sich die resultierende Kernmatrix $\mathbf{K}$ folgendermaßen darstellen:

$$\mathbf{K} = \begin{pmatrix} 0 & 0 & 0 & \cdots \\ 0 & K^1 & 0 & \cdots \\ 0 & 0 & K^2 & \cdots \\ \vdots & & \ldots & \vdots \end{pmatrix} \qquad \text{mit} \qquad \mathbf{K}^m = \begin{pmatrix} \nu_1^{(m)} & 0 & 0 & \cdots \\ \mu_1^{(m)} & \nu_2^{(m)} & 0 & \cdots \\ 0 & \mu_2^{(m)} & \nu_3^{(m)} & \cdots \\ \vdots & & \ldots & \vdots \end{pmatrix} \tag{11.68d}$$

Die Matrizen $\mathbf{K}^{\mathrm{m}}$,$(m = 1, 2, \ldots)$ sind endlich, wenn im Algorithmus nach endlich vielen Schritten der Fall $\mu_j^{(m)} = 0$ eintritt. Dagegen sind sie endlich, wenn für abzählbar unendlich viele Schritte j gilt $\mu_j^{(m)} \neq 0$. Die Anzahl der Nullzeilen bzw. Nullspalten in $\mathbf{K}$ entspricht der Anzahl der Funktionen in den Systemen $(\alpha_n^h(x))$ bzw. $(\beta_n^h(y))$. Ein besonders einfacher Fall liegt vor, wenn die Matrizen $\mathbf{K}^{\mathrm{m}}$ nur eine Zahl $\nu_1^{(m)} = \nu_m$ enthalten, also alle Zahlen $\mu_j^{(m)}$ gleich Null sind.

Mit den Bezeichnungen aus 11.3.3 ergibt sich für die Lösung des unendlichen Gleichungssystems unter der Voraussetzung von $f_j = 0$ für $\alpha_j(x) \in (\alpha_n^h(x))$:

$$c_j = \begin{cases} \dfrac{f_j}{\nu_j} & \text{für} \quad \beta_j(y) \notin (\beta_n^h(y)), \\ \text{beliebig} & \text{für} \quad \beta_j(y) \in (\beta_n^h(y)). \end{cases} \tag{11.68e}$$

11.3.6 Iteratives Verfahren

Zur Lösung der Integralgleichung

$$f(x) = \int_a^b K(x,y)\varphi(y)\,dy, \qquad c \leq x \leq d, \tag{11.69a}$$

bildet man mit $\alpha_0(x) = f(x)$ für $n = 1, 2, \ldots$ die Funktionen

$$\beta_n(y) = \int_c^d K(x,y)\alpha_{n-1}(x)\,dx \qquad (11.69b) \qquad \text{und} \quad \alpha_n(x) = \int_a^b K(x,y)\beta_n(y)\,dy. \qquad (11.69c)$$

Existiert eine quadratisch integrierbare Lösung $\varphi(y)$ von (11.69a), dann gilt

$$\int_a^b \varphi(y)\beta_n(y)\,dy = \int_a^b\int_c^d \varphi(y)K(x,y)\alpha_{n-1}(x)\,dx\,dy$$
$$= \int_c^d f(x)\alpha_{n-1}(x)\,dx \qquad (n = 1, 2, \ldots). \qquad (11.69d)$$

Durch Orthogonalisierung und Normierung der nach (11.70b,c) ermittelten Funktionensysteme erhält man die Orthonormalsysteme $(\alpha_n^*(x))$ und $(\beta_n^*(y))$. Wird hierzu das SCHMIDTsche Orthogonalisierungsverfahren verwendet, dann besitzt $\beta_n^*(y)$ die Darstellung

$$\beta_n^*(y) = \sum_{j=1}^{n} b_{nj}\beta_j(y) \qquad (n = 1, 2, \ldots). \qquad (11.69e)$$

Es wird nun angenommen, daß die Lösung $\varphi(y)$ der Gleichung (11.70a) die Reihendarstellung

$$\varphi(y) = \sum_{j=1}^{\infty} c_n\beta_n^*(y) \qquad (11.69f)$$

besitzt. In diesem Fall gilt für die Koeffizienten c_n unter Beachtung von (11.69e)

$$c_n = \int_a^b \varphi(y)\beta_n^*(y)\,dy = \sum_{j=1}^{n} b_{nj}\int_a^b \varphi(y)\beta_j(y)\,dy = \sum_{j=1}^{n} b_{nj}\int_c^d f(x)\alpha_{j-1}(x)\,dx. \qquad (11.69g)$$

Für die Existenz einer Lösungsdarstellung (11.69f) sind die folgenden Bedingungen notwendig und hinreichend:

1. $\displaystyle\int_c^d [f(x)]^2\,dx = \sum_{n=1}^{\infty}\left|\int_c^d f(x)\alpha_n^*(x)\,dx\right|^2,$ (11.69h)

2. $\displaystyle\sum_{n=1}^{\infty}|c_n|^2 < \infty.$ (11.69i)

11.4 Volterrasche Integralgleichungen

11.4.1 Theoretische Grundlagen

Eine VOLTERRAsche Integralgleichung 2. Art hat die Gestalt

$$\varphi(x) = f(x) + \int_a^x K(x,y)\varphi(y)\,dy. \qquad (11.70)$$

Die Lösungsfunktion $\varphi(x)$ ist für Argumente x aus dem abgeschlossenen Intervall $I = [a, b]$ bzw. aus dem halboffenen Intervall $I = [a, \infty)$ gesucht. Man kann folgende Aussage über die Lösung der VOLTERRAschen Integralgleichung 2. Art treffen. Sind die Funktionen $f(x)$ für $x \in I$ und $K(x,y)$ auf dem Dreiecksbereich $x \in I$ und $y \in [a, x]$ als stetig vorausgesetzt, dann existiert *genau eine*, für $x \in I$ stetige Lösung $\varphi(x)$ der Integralgleichung. Für diese Lösung gilt:

$$\varphi(a) = f(a). \qquad (11.71)$$

In vielen Fällen können VOLTERRAsche Integralgleichungen 1. Art in Integralgleichungen 2.Art übergeführt werden. Die Aussagen zur Existenz und Eindeutigkeit der Lösung gelten dann in modifizierter Form.

1. Umwandlung durch Differentiation Setzt man $\varphi(x)$, $K(x,y)$ und $K_x(x,y)$ als stetig voraus, dann kann die Integralgleichung 1. Art

$$f(x) = \int_a^x K(x,y)\varphi(y)dy \tag{11.72}$$

durch Differentiation nach dem Parameter x übergeführt werden in

$$f'(x) = K(x,x)\varphi(x) + \int_a^x \frac{\partial}{\partial x} K(x,y)\varphi(y)\,dy. \tag{11.73}$$

Ist $K(x,x) \neq 0$ für alle $x \in I$, dann ist die Division der Gleichung durch $K(x,x)$ möglich, wodurch eine Integralgleichung 2. Art entsteht.

2. Umwandlung durch partielle Integration Unter der Voraussetzung der Stetigkeit von $\varphi(x)$, $K(x,y)$ und $K_y(x,y)$ kann das Integral in (11.72) mittels partieller Integration ausgewertet werden. Mit der Substitution

$$\int_a^x \varphi(y)\,dy = \psi(x) \tag{11.74a}$$

ergibt sich

$$\begin{aligned} f(x) &= [K(x,y)\psi(y)]_{y=a}^{y=x} - \int_a^x \left(\tfrac{\partial}{\partial y} K(x,y)\right) \psi(y)\,dy \\ &= K(x,x)\psi(x) - \int_a^x \left(\tfrac{\partial}{\partial y} K(x,y)\right) \psi(y)\,dy. \end{aligned} \tag{11.74b}$$

Ist $K(x,x) \neq 0$ für $x \in I$, dann führt die Division durch $K(x,x)$ auf die Integralgleichung 2. Art

$$\psi(x) = \frac{f(x)}{K(x,x)} + \frac{1}{K(x,x)} \int_a^x \left(\frac{\partial}{\partial y} K(x,y)\right) \psi(y)\,dy, \tag{11.74c}$$

aus deren Lösung $\psi(x)$ durch Differentiation die Lösung $\varphi(x)$ von (11.72) ermittelt werden kann.

11.4.2 Lösung durch Differentiation

Für einige Klassen VOLTERRAscher Integralgleichungen gelingt es, durch Differentiation der Gleichung nach dem Parameter x das Integral zu beseitigen bzw. geeignet zu substituieren. Wird die Stetigkeit von $K(x,y)$, $K_x(x,y)$ und $\varphi(x)$ sowie im Fall einer Integralgleichung 2. Art die Differenzierbarkeit von $\varphi(x)$ vorausgesetzt, so ergibt die Differentiation von

$$f(x) = \int_a^x K(x,y)\varphi(y)\,dy \qquad \text{bzw.} \qquad \varphi(x) = f(x) + \int_a^x K(x,y)\varphi(y)\,dy$$

nach dem Parameter x : $\quad f'(x) = K(x,x)\varphi(x) + \int_a^x \frac{\partial}{\partial x} K(x,y)\,\varphi(y)\,dy$ bzw.

$$\varphi'(x) = f'(x) + K(x,x)\varphi(x) + \int_a^x \tfrac{\partial}{\partial x} K(x,y)\,\varphi(y)\,dy.$$

Gesucht ist eine Funktion $\varphi(x)$ für $x \in \left[0, \frac{\pi}{2}\right)$ als Lösung von

$$\int_0^x \cos(x-2y)\varphi(y)\,dy = \frac{1}{2} x \sin x. \tag{11.75}$$

Zweimaliges Ableiten nach x liefert

$$\varphi(x)\cos x - \int_0^x \sin(x-2y)\varphi(y)\,dy = \frac{1}{2}(\sin x + x\cos x), \tag{11.76}$$

$$\varphi'(x)\cos x - \int_0^x \cos(x-2y)\varphi(y)\,dy = \cos x - \frac{1}{2}x\sin x.$$

Das in der letzten Zeile auftretende Integral entspricht der linken Seite der Integralgleichung (11.75). Das ergibt $\varphi'(x)\cos x = \cos x$ und, da $\cos x \neq 0$ für $x \in \left[0, \frac{\pi}{2}\right)$, $\varphi'(x) = 1$, also $\varphi(x) = x + C$. Zur Bestimmung der Konstanten C setzt man in (11.76) $x = 0$: $\varphi(0) = 0$. Somit ist $C = 0$, und die Lösung von (11.75) lautet $\varphi(x) = x$.

Ist der Kern einer VOLTERRAschen Integralgleichung ein Polynom, so gelingt es mit der Methode der Differentiation immer, die Integralgleichung in eine lineare Differentialgleichung zu überführen. Ist dabei n der Grad der höchsten im Kern auftretenden x–Potenz, so erhält man durch $n+1$–malige Differenzieren nach x eine Differentialgleichung der Ordnung n im Falle einer Integralgleichung 1. Art bzw. der Ordnung $n+1$ für eine Integralgleichung 2. Art. Dabei wird vorausgesetzt, daß sowohl $\varphi(x)$ als auch $f(x)$ entsprechend oft differenzierbar sind.

■ $\int_0^x [2(x-y)^2 + 1]\varphi(y)\,dy = x^3.$ (11.77) Dreimaliges Differenzieren nach x ergibt

$\varphi(x) + 4\int_0^x (x-y)\varphi(y)\,dy = 3x^2,$ (11.78) $\varphi'(x) + 4\int_0^x \varphi(y)\,dy = 6x\,,$ (11.79)

$\varphi''(x) + 4\varphi(x) = 6\,.$ (11.80) Die allgemeine Lösung dieser Differentialgleichung lautet

$$\varphi(x) = A\sin 2x + B\cos 2x + \frac{3}{2}. \tag{11.81}$$

Setzt man in (11.78) bzw. (11.79) $x = 0$, ein, so erhält man $\varphi(0) = 0$, $\varphi'(0) = 0$ und somit $A = 0$, $B = -1,5$. Die Lösung der Integralgleichung (11.77) ist also

$$\varphi(x) = \frac{3}{2}(1 - \cos 2x).$$

11.4.3 Neumannsche Reihe zur Lösung der Volterraschen Integralgleichungen 2. Art

Die Lösung einer VOLTERRAschen Integralgleichung 2. Art kann mittels der NEUMANNschen Reihe (vgl. 11.2.3) dargestellt werden. Liegt die Gleichung

$$\varphi(x) = f(x) + \lambda\int_a^x K(x,y)\varphi(y)\,dy \tag{11.82}$$

vor, so wird formal gesetzt

$$\overline{K}(x,y) = \begin{cases} K(x,y) & \text{für } y \le x, \\ 0 & \text{für } y > x. \end{cases}$$

Damit ist (11.82) identisch mit der FREDHOLMschen Integralgleichung

$$\varphi(x) = f(x) + \lambda \int_a^b \overline{K}(x,y)\varphi(y)\,dy,$$

wobei auch $b = \infty$ gelten kann. Die Lösung besitzt die Darstellung

$$\varphi(x) = f(x) + \sum_{n=1}^{\infty} \lambda^n \int_a^b K_n(x,y) f(y)\,dy.$$

Die *iterierten Kerne* $K_1, K_2, \ldots$ sind durch die folgenden Gleichungen definiert:

$$K_1(x,y) = \overline{K}(x,y), K_2(x,y) = \int_a^b \overline{K}(x,\eta)\overline{K}(\eta,y)\,d\eta = \int_y^x K(x,\eta)K(\eta,y)\,d\eta, \ldots$$

und allgemein:

$$K_n(x,y) = \int_y^x K(x,\eta)K_{n-1}(\eta,y)\,d\eta. \tag{11.83}$$

Für die iterierten Kerne gilt ebenfalls $K_j(x,y) \equiv 0$ für $y > x$, $(j = 1, 2, \ldots)$. Falls eine Lösung von (11.82) existiert, konvergiert die NEUMANNsche Reihe, im Gegensatz zum Fall einer FREDHOLMschen Integralgleichung, für beliebige Parameter λ stets gegen diese Lösung.

■ $\varphi(x) = 1 + \lambda \int_0^x e^{x-y}\varphi(y)\,dy$. $K_1(x,y) = K(x,y) = e^{x-y}$, $K_2(x,y) = \int_y^x e^{x-\eta}e^{\eta-y}\,d\eta = e^{x-y}(x-y)$, $\ldots, K_n(x,y) = \frac{e^{x-y}}{(n-1)!}(x-y)^{n-1}$.

Damit ist die Resolvente zu ermitteln:

$$\Gamma(x,y;\lambda) = e^{x-y}\sum_{n=0}^{\infty}\frac{\lambda^n}{n!}(x-y)^n = e^{(x-y)(\lambda+1)}. \tag{11.84}$$

Die angegebene Reihe konvergiert bekanntlich für alle Parameter λ. Man erhält

$$\varphi(x) = 1 + \lambda\int_0^x e^{(x-y)(\lambda+1)}\,dy = 1 + \lambda e^{(\lambda+1)x}\int_0^x e^{-(\lambda+1)y}\,dy, \quad \text{speziell für}$$

$$\lambda = -1: \quad \varphi(x) = 1 - x, \quad \lambda \neq -1: \quad \varphi(x) = \frac{1}{\lambda+1}\left(1 + \lambda e^{(\lambda+1)x}\right).$$

11.4.4 Integralgleichungen vom Faltungstyp

Besitzt der Kern einer VOLTERRAschen Integralgleichung die spezielle Form

$$K(x,y) = \begin{cases} K(x-y) & \text{für} \quad 0 \le y \le x \\ 0 & \text{für} \quad 0 \le x < y, \end{cases} \tag{11.85a}$$

dann können zur Lösung der Gleichungen

$$\int_0^x K(x-y)\varphi(y)\,dy = f(x) \quad (11.85\text{b}) \qquad \text{bzw.} \quad \varphi(x) = f(x) + \int_0^x K(x-y)\varphi(y)\,dy \quad (11.85\text{c})$$

die Eigenschaften der LAPLACE–Transformation genutzt werden. Falls die LAPLACE–Transformierten $\mathcal{L}\{\varphi(x)\} = \Phi(p)$, $\mathcal{L}\{f(x)\} = F(p)$ und $\mathcal{L}\{K(x)\} = K(p)$ existieren, dann lauten die transformierten Probleme unter Beachtung des Faltungssatzes (s. S. 593)

$$K(p)\Phi(p) = F(p) \quad (11.85\text{d}) \qquad \text{bzw.} \quad \Phi(p) = F(p) + K(p)\Phi(p). \quad (11.85\text{e})$$

Daraus folgt sofort

$$\Phi(p) = \frac{F(p)}{K(p)} \quad (11.85f) \qquad \text{bzw.} \quad \Phi(p) = \frac{F(p)}{1 - K(p)}. \quad (11.85g)$$

Die Rücktransformation liefert die Lösung $\varphi(x)$ des Ausgangsproblems. Durch Umformung des Ausdrucks für die LAPLACE–Transformierte der Lösung der Integralgleichung 2. Art gemäß

$$\Phi(p) = \frac{F(p)}{1 - K(p)} = F(p) + \frac{K(p)}{1 - K(p)} F(p), \tag{11.85h}$$

falls der Ausdruck

$$\frac{K(p)}{1 - K(p)} = H(p) \tag{11.85i}$$

die Transformierte einer Funktion $h(x)$ ist, die Lösungsdarstellung

$$\varphi(x) = f(x) + \int_0^x h(x-y) f(y)\, dy. \tag{11.85j}$$

Die Funktion $h(x-y)$ ist der lösende Kern der Integralgleichung.

■ $\varphi(x) = f(x) + \int_0^x e^{x-y} \varphi(y)\, dy$: $\Phi(p) = F(p) + \frac{1}{p-1} \Phi(p)$, d.h. $\Phi(p) = \frac{p-1}{p-2} F(p)$. Die Rücktransformation liefert $\varphi(x)$. Aus $H(p) = \frac{1}{p-2}$, folgt $h(x) = e^{2x}$. Nach (11.91j) ergibt sich die Lösungsdarstellung

$$\varphi(x) = f(x) + \int_0^x e^{2(x-y)} f(y)\, dy.$$

11.4.5 Numerische Behandlung Volterrascher Integralgleichungen 2. Art

Gesucht ist die Lösung der Gleichung

$$\varphi(x) = f(x) + \int_a^x K(x,y) \varphi(y)\, dy \tag{11.86}$$

für x aus dem Intervall $I = [a, b]$. Numerische Lösungsansätze bestehen darin, das Integral durch eine Quadraturformel zu approximieren:

$$\int_a^x K(x,y)\varphi(y)\, dy \approx Q_{[a,x]}(K(x,.)\varphi(.)).$$

Das Integrationsintervall und somit die Quadraturformel sind von x abhängig. Das wird durch den Index $[a, x]$ von $Q_{[a,x]}(\cdots)$ zum Ausdruck gebracht. Man erhält als Näherungsausdruck für (11.86)

$$\overline{\varphi}(x) = f(x) + Q_{[a,x]}(K(x,.)\overline{\varphi}(.)). \tag{11.87}$$

Die Funktion $\overline{\varphi}(x)$ ist eine Näherung für die Lösung von (11.86). Die Anzahl und Lage der Stützstellen der Quadraturformel ist von x abhängig, wodurch deren Wahl stark eingeschränkt ist. Ist ξ eine Stützstelle von $Q_{[a,x]}(K(x,.)\overline{\varphi}(.))$, so müssen $(K(x,\xi)\overline{\varphi}(\xi))$ und insbesondere $\overline{\varphi}(\xi)$ bekannt sein. Dies erfordert aber zuvor eine Auswertung der rechten Seite von (11.87) für $x = \xi$, was einer Quadratur über dem Intervall $[a, \xi]$ entspricht. Aus diesem Grund ist die Verwendung der häufig bevorzugten Gaußschen Quadraturformeln nicht möglich. Man löst das Problem durch die Wahl von Stützstellen

$$a = x_0 < x_1 < \ldots < x_k < \ldots$$

und verwendet Quadraturformeln $Q_{[a,x_n]}$ mit Stützstellen $x_0, x_1, \ldots, x_n$. Die Funktionswerte in den Stützstellen werden abkürzend bezeichnet durch

$$\varphi_k = \overline{\varphi}(x_k), \quad k = 0, 1, 2, \ldots$$

Für φ_0 erhält man (vgl. 11.3.1)

$$\varphi_0 = f(x_0) = f(a).$$

Daraus kann φ_1 gewonnen werden:

$$\varphi_1 = f(x_1) + Q_{[a,x_1]}(K(x_1,.)\overline{\varphi}(.)).$$

Dabei hat $Q_{[a,x_1]}$ die Stützstellen x_0 und x_1 und folglich die Gestalt

$$Q_{[a,x_1]}(K(x_1,.)\overline{\varphi}(.) = w_0 K(x_1, x_0)\varphi_0 + w_1 K(x_1, x_1)\varphi_1$$

mit geeigneten Koeffizienten w_0 und w_1. Setzt man dieses Verfahren fort, kann man die φ_k nacheinander aus der allgemeinen Beziehung

$$\varphi_k = f(x_k) + Q_{[a,x_k]}(K(x_k,.)\overline{\varphi}(.)), \quad k = 1, 2, 3, \ldots \tag{11.88}$$

bestimmen. Die Quadraturformeln $Q_{[a,x_k]}$ haben folgende Form:

$$Q_{[a,x_k]}(K(x_k,.)\overline{\varphi}(.) = \sum_{j=0}^{k} w_{jk} K(x_k, x_j)\varphi_j.$$

Damit lautet (11.88)

$$\varphi_k = f(x_k) + \sum_{j=0}^{k} w_{jk} K(x_k, x_j)\varphi_j.$$

Die einfachste Quadraturformel ist die *linksseitige Rechteckregel.* Dabei ist

$$w_{jk} = x_{j+1} - x_j \quad \text{für } j < k \quad \text{und } w_{kk} = 0.$$

Man erhält damit das System

$$\varphi_0 = f(a)$$
$$\varphi_1 = f(x_1) + (x_1 - x_0)K(x_1, x_0)\varphi_0$$
$$\varphi_2 = f(x_2) + (x_1 - x_0)K(x_2, x_0)\varphi_0 + (x_2 - x_1)K(x_2, x_1)\varphi_1$$

und allgemein

$$\varphi_k = f(x_k) + \sum_{j=0}^{k-1}(x_{j+1} - x_j)K(x_k, x_j)\varphi_j. \tag{11.89}$$

Eine etwas genauere Approximation des Integrals gewährleistet die *summierte Trapezregel.* Die Stützstellen seien zur Vereinfachung äquidistant, $x_k = a + k \cdot h, \; k = 0, 1, 2, \ldots$:

$$\int_a^b g(x)\,dx \approx \frac{h}{2}\left[g(x_0) + 2\sum_{j=1}^{k-1} g(x_j) + g(x_k)\right].$$

Angewandt auf (11.88) ergibt das

$$\varphi_0 = f(a) \qquad \text{und}$$

$$\varphi_k = f(x_k) + \frac{h}{2}\left[K(x_k, x_0)\varphi_0 + K(x_k, x_k)\varphi_k + 2\sum_{j=1}^{k-1} K(x_k, x_j)\varphi_j\right].$$

Die jeweils zu berechnende Größe kommt dabei auch auf der rechten Seite vor. Die Gleichungen sind aber leicht nach den gesuchten Funktionswerten umzustellen.
Mit der angeführten Methode können auch nichtlineare Integralgleichungen näherungsweise gelöst werden. In diesem Fall wird bei Anwendung der Trapezregel zur Bestimmung der φ_k jedesmal die Lösung einer nichtlinearen Gleichung erforderlich sein. Dies kann man umgehen, wenn man die summierte

Trapezregel nur auf das Intervall $[a, x_{k-1}]$ anwendet und das Intervall $[x_{k-1}, x_k]$ mit der linksseitigen Rechteckregel behandelt. Ist h genügend klein, wird dieser Quadraturfehler die Lösung nicht sehr beeinflussen.

■ Die Integralgleichung

$$\varphi(x) = 2 + \int_0^x (x - y)\varphi(y)\, dy \tag{11.90}$$

soll nach der Vorschrift (11.88) mit der linksseitigen Rechteckregel näherungsweise gelöst werden. Als Stützstellen werden die äquidistanten Werte $x_k = k \cdot 0,1$ zugrunde gelegt, d.h. $h = 0,1$.

$$\varphi_0 = 2$$
$$\varphi_1 = f(x_1) + hK(x_1, x_0)\varphi_0 = 2 + 0,1 \cdot 0,1 \cdot 2 = 2,02$$
$$\varphi_2 = f(x_2) + h(K(x_2, x_0)\varphi_0 + K(x_2, x_1)\varphi_1) = 2 + 0,1(0,2 \cdot 2 + 0,1 \cdot 2,02) = 2,0602$$

usw.

x	exakt	Rechteckregel	Trapezregel
0,2	2,0401	2,0602	2,0401
0,4	2,1621	2,2030	2,1620
0,6	2,3709	2,4342	2,3706
0,8	2,6749	2,7629	2,6743
1,0	3,0862	3,2025	3,0852

In der Tabelle sind zum Vergleich die Werte der exakten Lösung sowie der Näherungslösungen, die mittels linksseitiger Rechteckregel und summierter Trapezregel ermittelt wurden, aufgeführt. Die Berechnung erfolgte mit der Schrittweite $h = 0,1$.

11.5 Singuläre Integralgleichungen

Eine *singuläre Integralgleichung* liegt vor, wenn der Integrationsbereich des die Gleichung bestimmenden Integrals unbeschränkt ist oder der Kern Singularitäten innerhalb des Integrationsbereiches besitzt. Es wird vorausgesetzt, daß die auftretenden Integrale als uneigentliche Integrale oder als CAUCHYsche Hauptwerte existieren (s. S. 344ff). Singuläre Integralgleichungen unterscheiden sich in Eigenschaften und Lösungsverhalten stark von „gewöhnlichen" Integralgleichungen. In den folgenden Abschnitten werden nur einige spezielle Problemstellungen betrachtet. Umfassendere Darstellungen s. Lit. [11.1], [11.8].

11.5.1 Abelsche Integralgleichung

Eine der ersten Anwendungen von Integralgleichungen auf physikalische Probleme wurde von ABEL untersucht. In einer vertikalen Ebene bewege sich ein Massepunkt entlang einer gewissen Kurve nur unter dem Einfluß der Schwerkraft vom Punkt $P_0(x_0, y_0)$ zum Punkt $P_1(0, 0)$ (**Abb.11.2**).

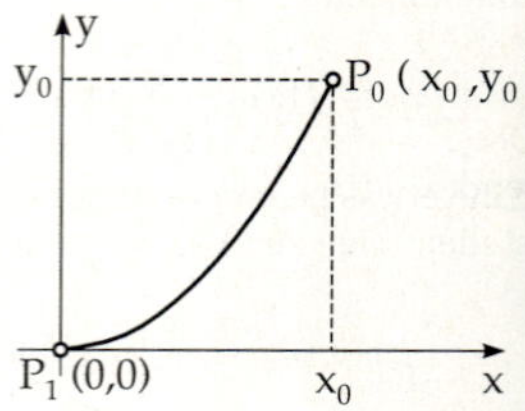

Abbildung 11.2

Die Geschwindigkeit des Teilchens in einem Punkt der Kurve beträgt

$$v = \frac{ds}{dt} = \sqrt{2g(y_0 - y)}\,.$$

Durch Integration ermittelt man die Fallzeit in Abhängigkeit von y_0 :

$$T(y_0) = \int_0^l \frac{ds}{\sqrt{2g(y_0 - y)}}\,.$$

Stellt man s als Funktion von y durch $s = f(y)$ dar, so ist

$$T(y_0) = \int_0^{y_0} \frac{1}{\sqrt{2g}} \cdot \frac{f'(y)}{\sqrt{y_0 - y}}\, dy.$$

Es besteht nun die Aufgabe, zu gegebener Fallzeit die Gestalt der Kurve als Funktion von y_0 zu bestimmen. Mit den Ersetzungen

$$\sqrt{2g} \cdot T(y_0) = F(y_0) \quad \text{und} \quad f'(y) = \varphi(y)$$

erhält man, indem noch die Variable y_0 in x umbenannt wird, die VOLTERRAsche Integralgleichung 1. Art

$$F(x) = \int_0^x \frac{\varphi(y)}{\sqrt{x-y}}\, dy. \tag{11.91}$$

Es soll die etwas allgemeinere Gleichung

$$f(x) = \int_a^x \frac{\varphi(y)}{(x-y)^\alpha}\, dy \qquad \text{mit} \quad 0 < \alpha < 1 \tag{11.92}$$

behandelt werden. Der Kern dieser Gleichung ist für $y = x$ nicht beschränkt. In (11.92) werden formal die Variable y in ξ und die Variable x in y umbenannt. Damit wird erreicht, daß sich die Lösung in der Form $\varphi = \varphi(x)$ ergibt. Die Multiplikation beider Seiten der Gleichung (11.92) mit dem Term $\dfrac{1}{(x-y)^{1-\alpha}}$ und die anschließende Integration nach y in den Grenzen von a bis x führt auf die Gleichung

$$\int_a^x \frac{1}{(x-y)^{1-\alpha}} \left(\int_a^y \frac{\varphi(\xi)}{(y-\xi)^\alpha}\, d\xi \right) dy = \int_a^x \frac{f(y)}{(x-y)^{1-\alpha}}\, dy.$$

Die Vertauschung der Integrationsreihenfolge auf der linken Seite dieser Gleichung ergibt

$$\int_a^x \varphi(\xi)\, dy \left\{ \int_\xi^x \frac{dy}{(x-y)^{1-\alpha}(y-\xi)^\alpha} \right\} d\xi = \int_a^x \frac{f(y)}{(x-y)^{1-\alpha}}\, dy. \tag{11.93}$$

Das innere Integral ist mit der Substitution $y = \xi + (x-\xi)u$ auswertbar:

$$\int_\xi^x \frac{dy}{(x-y)^{1-\alpha}(y-\xi)^\alpha} = \int_0^1 \frac{du}{u^\alpha (1-u)^{1-\alpha}} = \frac{\pi}{\sin(\alpha\pi)}\,.$$

Der gewonnene Ausdruck wird in (11.93) eingesetzt. Die gesuchte Funktion $\varphi(x)$ wird durch anschliessende Differentiation nach x bestimmt:

$$\varphi(x) = \frac{\sin(\alpha\pi)}{\pi} \cdot \frac{d}{dx} \int_a^x \frac{f(y)}{(x-y)^{1-\alpha}}\, dy.$$

■ $$x = \int_0^x \frac{\varphi(y)}{\sqrt{x-y}}\, dy, \qquad \varphi(x) = \frac{1}{\pi} \cdot \frac{d}{dx} \int_0^x \frac{y}{\sqrt{x-y}}\, dy = \frac{2}{\pi}\sqrt{x}.$$

11.5.2 Integralgleichungen mit Cauchy–Kernen

11.5.2.1 Integrale vom Cauchy–Typ

Ist L ein Kurvenzug in der komplexen Zahlenebene, der aus glatten, doppelpunktfreien Kurven besteht, und $\varphi(x)$ eine für $x \in L$ definierte Funktion, dann bezeichnet man das Kurvenintegral

$$I(x) = \frac{1}{2\pi\mathrm{i}} \int_L \frac{\varphi(y)}{y-x}\, dy \tag{11.94}$$

als *Integral vom* CAUCHY–*Typ* bezüglich der Funktion $\varphi(x)$. Das Integral (11.94) existiert für alle $x \notin L$ im RIEMANNschen Sinne. Für $x \in L$ besitzt der CAUCHY–Kern $\frac{1}{y-x}$ eine Singularität. In diesem Falle soll unter (11.94) der CAUCHYsche Hauptwert verstanden werden.
Genügt die Funktion $\varphi(x)$ der HÖLDER–Bedingung

$$|\varphi(x_1) - \varphi(x_2)| < K|x_1 - x_2|^\beta, \qquad 0 < \beta \leq 1, \quad K > 0, \tag{11.95}$$

für beliebige Paare $x_1, x_2 \in L$, dann existiert der CAUCHYsche Hauptwert von (11.94) mit eventueller Ausnahme der Endpunkte von L.

11.5.2.2 Lösung von Integralgleichungen mit Cauchy–Kernen

Mit L werde ein geschlossener Kurvenzug in der komplexen Zahlenebene bezeichnet, der aus glatten doppelpunktfreien Kurven besteht. Gesucht ist die Lösung der Integralgleichung

$$a\varphi(x) = f(x) - \frac{b}{\pi \mathrm{i}} \int\limits_L \frac{\varphi(y)}{y-x}\, dy, \qquad x \in L, \tag{11.96}$$

wobei a und b komplexe Konstanten sind. Speziell ergibt sich für $a = 0$ eine Integralgleichung 1. Art. In (11.96) werden formal y in ξ und x in y umbenannt (s. 11.5). Die resultierende Gleichung wird mit dem Term $\frac{b}{\pi \mathrm{i}} \cdot \frac{1}{y-x}$ multipliziert, und anschließend wird auf beiden Seiten der Gleichung das Kurvenintegral über L bezüglich der Variablen y gebildet:

$$a\frac{b}{\pi \mathrm{i}} \int\limits_L \frac{\varphi(y)}{y-x}\, dy = \frac{b}{\pi \mathrm{i}} \int\limits_L \frac{f(y)}{y-x}\, dy - \left(\frac{b}{\pi \mathrm{i}}\right)^2 \int\limits_L \frac{1}{y-x} \left\{ \int\limits_L \frac{\varphi(\xi)}{\xi - y}\, d\xi \right\} dy. \tag{11.97}$$

Bei der Auswertung des Doppelintegrals auf der rechten Seite von (11.97) kann im allgemeinen die Integrationsreihenfolge nicht vertauscht werden. Gemäß der POINCARÉ–BERTRAND*schen Vertauschungsformel* der Funktionentheorie gilt unter den obigen Voraussetzungen an L für eine HÖLDER–*stetige* Funktion $\varphi(x)$ für $x \in L$:

$$\int\limits_L \frac{1}{y-x} \left\{ \int\limits_L \frac{\varphi(\xi)}{\xi - y}\, d\xi \right\} dy = -\pi^2 \varphi(x). \tag{11.98}$$

Die Zusammenfassung der Gleichungen (11.96), (11.97) und (11.98) liefert:

$$-a^2\varphi(x) + af(x) = \frac{b}{\pi \mathrm{i}} \int\limits_L \frac{f(y)}{y-x}\, dy - b^2\varphi(x). \tag{11.99}$$

Für $a^2 \neq b^2$ lautet die Lösung

$$\varphi(x) = \frac{a}{a^2 - b^2} f(x) - \frac{b}{(a^2 - b^2)\pi \mathrm{i}} \int\limits_L \frac{f(x)}{y-x}\, dy. \tag{11.100}$$

Für den Spezialfall $a = 0$ ist (11.96) eine Integralgleichung 1. Art mit der Lösung

$$\varphi(x) = \frac{1}{b\pi \mathrm{i}} \int\limits_L \frac{f(x)}{y-x}\, dy. \tag{11.101}$$

Für den Fall einer nichtgeschlossenen Kurve L mit den Endpunkten α und β kann die folgende verallgemeinerte Lösungsdarstellung angegeben werden:

$$\varphi(x) = \frac{a}{a^2 + b^2} f(x) + \frac{c}{(x-\alpha)^{1-m}(x-\beta)^m}$$

$$-\frac{b}{(a^2-b^2)\pi\mathrm{i}}\left(\frac{x-\alpha}{x-\beta}\right)^m \int\limits_L \left(\frac{y-\beta}{y-\alpha}\right)^m \frac{f(y)}{y-x}\,dy, \tag{11.102}$$

wobei für die Zahl $m = \dfrac{1}{2\pi\mathrm{i}} \ln \dfrac{a+b}{a-b}$ gilt und c eine beliebige Konstante ist. Für $\alpha = \beta$ und $c = 0$ erhält man daraus die Lösung für die geschlossene Kurve L.

11.5.3 Integralgleichungen vom Hilbert–Typ

Gegeben ist die Integralgleichung vom HILBERT–*Typ*

$$a\varphi(x) = f(x) - \frac{b}{2\pi}\int\limits_0^{2\pi} \cot\left(\frac{y-x}{2}\right)\varphi(y)\,dy, \qquad 0 \le x \le 2\pi. \tag{11.103a}$$

Dabei sind x und y reelle Zahlen, a und b reelle Konstanten. Der HILBERT–Kern

$$K(x,y) = \cot\left(\frac{y-x}{2}\right) \tag{11.103b}$$

ist für $y = x$ unbeschränkt. Ist jedoch $\varphi(y)$ HÖLDER–stetig für $y \in [0, 2\pi]$ (s. 11.5.2.1) und ist $\varphi(0) = \varphi(2\pi)$, dann existiert das Integral auf der rechten Seite von (11.103a) für alle $x \in [0, 2\pi]$ im Sinne des CAUCHYschen Hauptwertes. Daher möge im weiteren $\varphi(0) = \varphi(2\pi)$ und $f(0) = f(2\pi)$ gelten.

Zur Lösung von (11.103a) werden formal die Variable y in ξ und die Variable x in y umbenannt. Beide Seiten der so entstehenden Gleichung werden mit dem Term $\dfrac{b}{2\pi}\cot\dfrac{y-x}{2}$ multipliziert und anschließend bezüglich y in den Grenzen von 0 bis 2π integriert:

$$a\frac{b}{2\pi}\int\limits_0^{2\pi}\cot\left(\frac{y-x}{2}\right)\varphi(y)\,dy = \frac{b}{2\pi}\int\limits_0^{2\pi}\cot\left(\frac{y-x}{2}\right)f(y)\,dy$$
$$-\frac{b^2}{4\pi^2}\int\limits_0^{2\pi}\cot\left(\frac{y-x}{2}\right)\left\{\int\limits_0^{2\pi}\cot\left(\frac{\xi-y}{2}\right)\varphi(\xi)\,d\xi\right\}dy. \tag{11.103c}$$

Die Vertauschung der Integrationsreihenfolge zur Berechnung des Doppelintegrals ist im allgemeinen nicht möglich. Es gilt aber die HILBERT*sche Umkehrformel*:

$$\frac{1}{4\pi^2}\int\limits_0^{2\pi}\cot\left(\frac{y-x}{2}\right)\left\{\int\limits_0^{2\pi}\cot\left(\frac{\xi-y}{2}\right)\varphi(\xi)\,d\xi\right\}dy = -\varphi(x) + \frac{1}{2\pi}\int\limits_0^{2\pi}\varphi(y)\,dy. \tag{11.103d}$$

Wird dieser Ausdruck in (11.103c) substituiert, dann ergibt sich unter Beachtung von (11.104a):

$$(a^2+b^2)\varphi(x) = af(x) - \frac{b}{2\pi}\int\limits_0^{2\pi}\cot\left(\frac{y-x}{2}\right)f(y)\,dy + \frac{b^2}{2\pi}\int\limits_0^{2\pi}\varphi(y)\,dy. \tag{11.103e}$$

Dabei handelt es sich um eine FREDHOLMsche Integralgleichung 2. Art mit dem ausgearteten Kern $K(x,y) = 1$. Zur Lösung dieser Gleichung kann die Methode aus (11.2.1) herangezogen werden. Die Integration von (11.103e) bezüglich x führt auf

$$(a^2+b^2)A = a\int\limits_0^{2\pi} f(x)\,dx - \frac{b}{2\pi}\int\limits_0^{2\pi}\int\limits_0^{2\pi}\cot\left(\frac{y-x}{2}\right)f(y)\,dy\,dx + b^2A \tag{11.103f}$$

mit

$$A = \int\limits_0^{2\pi}\varphi(x)\,dx. \tag{11.103g}$$

Das Doppelintegral ergibt sich nach Vertauschen der Integrationsreihenfolge zu Null. Für $a \neq 0$ erhält man

$$A = \frac{1}{a} \int_0^{2\pi} f(x)\, dx. \tag{11.103h}$$

Für $a = 0$, d.h. bei Vorliegen einer Integralgleichung 1. Art, ist (11.103f) für jedes A erfüllt. Damit lautet die Lösung:

$$a \neq 0: \qquad \varphi(x) = \frac{1}{a^2 + b^2} \left[a f(x) - \frac{b}{2\pi} \int_0^{2\pi} \cot\left(\frac{y-x}{2}\right) f(y)\, dy + \frac{b^2}{2\pi a} \int_0^{2\pi} f(y)\, dy \right]. \tag{11.103i}$$

$$a = 0: \qquad \varphi(x) = -\frac{1}{2\pi b} \int_0^{2\pi} \cot\left(\frac{y-x}{2}\right) f(y)\, dy + C, \qquad C \text{ beliebig.} \tag{11.103j}$$

Im Falle $a = 0$ liefert die Integration der Ausgangsgleichung (11.103a) nach x noch die notwendige Lösungsbedingung

$$\int_0^{2\pi} f(y)\, dy = 0. \tag{11.103k}$$

■ $\varphi(x) = \sin x - \frac{1}{2\pi} \int_0^{2\pi} \cot \frac{y-x}{x} \varphi(y)\, dy$: Es ist $a = b = 1$. Nach (11.103i) ergibt sich die Lösungsdarstellung

$$\varphi(x) = \frac{1}{2} \sin x - \frac{1}{4\pi} \int_0^{2\pi} \cot \frac{y-x}{2} \sin y\, dy + \frac{1}{4\pi} \int_0^{2\pi} \sin y\, dy.$$

Das zweite Integral auf der rechten Seite ergibt sich zu Null. Für das erste Integral erhält man $2\pi \cos x$. Damit lautet die Lösung

$$\varphi(x) = \frac{1}{2}(\sin x - \cos x).$$

12 Funktionalanalysis

1. **Funktionalanalysis** ist ein eigenständiger Zweig der Mathematik. Er entstand, als man erkannte, daß viele Probleme aus verschiedenen Disziplinen, z.B. der Natur- und Technikwissenschaften und der Ökonomie, gemeinsame Strukturen aufweisen. Die Funktionalanalysis entwickelte dafür eine einheitliche Begriffswelt und entdeckte allgemeingültige Prinzipien. Das alles erfolgte und erfolgt vor allem in einer engen und fruchtbaren Wechselwirkung mit Ideen und Methoden der Mathematischen Analysis, der Linearen Algebra, der Geometrie und anderer Gebiete der Mathematik.

2. **Unendlichdimensionale Räume** Viele Probleme, deren mathematische Formulierung auf unendliche Gleichungs- und Ungleichungssysteme, Differential- oder Integralgleichungen, Variations- und Optimierungsprobleme u.a. führt, sprengen den viel zu engen Rahmen des endlichdimensionalen Raumes und verlangen als natürliche Grundlage einen unendlichdimensionalen Raum, in dem sie im allgemeinen mit Hilfe einer Operatorenbeziehung formuliert, untersucht und gelöst werden können.

3. **Lineare und nichtlineare Operatoren** Waren es am Anfang der Formierung der Funktionalanalysis – etwa in der ersten Hälfte dieses Jahrhunderts – vorwiegend lineare oder linearisierte Probleme, die die Entwicklung einer Theorie linearer Operatoren motivierten und stimulierten, so bestimmen in den letzten Jahrzehnten, hauptsächlich aus den Erfordernissen praktischer Anwendungen der Funktionalanalysis resultierend, auch immer mehr nichtlineare Phänomene und ihr Zusammenspiel mit den gut entwickelten linearen Methoden das aktuelle Bild der Funktionalanalysis, was zur Herausbildung der Theorie nichtlinearer Operatoren führte. Charakteristisch ist eine zunehmende Orientierung auf Anwendungen bei der Lösung von Differentialgleichungen, bei den numerischen Methoden, in der Optimierung usw., wodurch Denkweisen und Methoden der Funktionalanalysis für Ingenieure und andere Anwender unverzichtbar werden.

4. **Im vorliegenden Kapitel** können nur die Grundstrukturen umrissen werden: die gebräuchlichsten Typen von Räumen und einige wenige Klassen von Operatoren in diesen Räumen. Hier und da wird die abstrakte Begriffswelt an einigen Beispielen erläutert, die auch in anderen Kapiteln, teilweise eigenständig und ohne Bezug auf die Funktionalanalysis, erörtert worden sind, deren Lösbarkeit oder Eindeutigkeit der Lösung dort aber nur postuliert oder im Einzelfalle speziell gezeigt werden konnte. Es wird ersichtlich, daß die Funktionalanalysis für derartige und weitere Fragestellungen aus ihrem abstrakten Verständnis heraus eine ganze Reihe von allgemeinen Zusammenhängen in der Form mathematischer Sätze zur Verfügung stellt, die den Anwender in die Lage versetzen, die Lösung konkreter Probleme in Angriff zu nehmen.

12.1 Vektorräume

12.1.1 Begriff des Vektorraumes

Eine nichtleere Menge V heißt *Vektorraum* oder *linearer Raum* über dem Körper $\mathbb{K}$ der Skalaren, wenn auf V die beiden Operationen – Addition der Elemente und Vielfachenbildung mit Koeffizienten aus $\mathbb{K}$ – wie folgt erklärt sind:

1. für je zwei Elemente $x, v \in \mathrm{V}$ gibt es ein Element $z = x + y \in \mathrm{V}$, ihre *Summe*,
2. für jedes $x \in \mathrm{V}$ und jeden Skalar (Zahl) $\alpha \in \mathbb{K}$ gibt es ein Element $\alpha x \in \mathrm{V}$, das *Produkt* aus x und dem Skalar α (oder besser, das $\alpha-$Vielfache des Elements x),

so daß die folgenden Eigenschaften, die *Vektorraumaxiome*, für beliebige Elemente $x, y, z \in \mathrm{V}$ und Skalare $\alpha, \beta \in \mathbb{K}$ erfüllt sind:

$$(V1) \quad x + (y + z) = (x + y) + z, \tag{12.1}$$

$$(V2) \quad x + y = y + x, \tag{12.2}$$

$$(V3) \quad \text{es existiert ein Element } \mathbf{0} \in \mathrm{V}, \text{ das Nullelement, so daß } x + \mathbf{0} = x \text{ gilt,} \tag{12.3}$$

$$(V4) \quad \alpha(\beta x) = (\alpha\beta)x, \tag{12.4}$$

$$(V5) \quad 1 \cdot x = x, \qquad 0 \cdot x = \mathbf{0}, \tag{12.5}$$

$$(V6) \quad \alpha(x+y) = \alpha x + \alpha y, \tag{12.6}$$

$$(V7) \quad (\alpha+\beta)x = \alpha x + \beta x. \tag{12.7}$$

V heißt reeller bzw. komplexer Vektorraum, je nachdem, ob $\mathbb{K}$ der Körper $\mathbb{R}$ bzw. $\mathbb{C}$ der rellen bzw. der komplexen Zahlen ist. Die Elemente von V nennt man Punkte oder, in Anlehnung an die Lineare Algebra, auch *Vektoren*, wobei in der Funktionalanalysis, ohne die Verständlichkeit oder die Übersichtlichkeit zu beeinträchtigen, auf die Kennzeichnung $\vec{x}$ oder $\underline{x}$ verzichtet wird.
In einem Vektorraum V gibt es zu jedem $x \in$ V ein eindeutig bestimmtes „gegenüberliegendes" Element $-x \in$ V, so daß $x + (-x) = \mathbf{0}$ gilt, indem man $-x = (-1)x$ setzt. Somit ist auf V auch die Differenz $x - y$ zweier beliebiger Vektoren $x, y \in$ V als $x - y = x + (-y)$ erklärt. Daraus ergibt sich leicht die eindeutige Lösbarkeit der Gleichung $x + y = z$ für vorgegebene Elemente y und z. Die Lösung ist dann gleich $x = z - y$. Aus den Axiomen (V1) bis (V7) ergeben sich die folgenden Eigenschaften:

- das Nullelement ist eindeutig definiert,
- falls $\alpha x = \beta x$ und $x \neq \mathbf{0}$, dann $\alpha = \beta$,
- falls $\alpha x = \alpha y$ und $\alpha \neq 0$, dann $x = y$,
- $-(\alpha x) = \alpha \cdot (-x)$.

12.1.2 Lineare und affin–lineare Teilmengen

1. Lineare Teilmenge Linearer Unterraum, lineare Mannigfaltigkeit oder *linearer Teilraum* eines Vektorraums V heißt eine nichtleere Teilmenge V_0, wenn mit zwei beliebigen Elementen $x, y \in V_0$ und zwei beliebigen Skalaren $\alpha, \beta \in \mathbb{K}$ ihre Linearkombination $\alpha x + \beta y$ in V_0 liegt. V_0 ist selbst wieder ein Vektorraum, genügt also den Axiomen (V1) bis (V7). Der Teilraum V_0 kann auch nur aus dem Nullelement bestehen, in diesem Falle heißt er trivial.

2. Affiner Teilraum Eine Teilmenge eines Vektorraumes V der Gestalt

$$\{x_0 + y : y \in V_0\}, \tag{12.8}$$

wobei $x_0 \in$ V ein fixiertes Element und V_0 ein linearer Teilraum ist, heißt *affin–linearer Teilraum* oder affine Mannigfaltigkeit, die man (im Falle von $x_0 \neq \mathbf{0}$) als Verallgemeinerung einer nicht durch den Nullpunkt verlaufenden Geraden oder Ebene ansehen kann.

3. Lineare Hülle Der Durchschnitt einer beliebigen Anzahl linearer Teilräume in V ist wiederum ein linearer Teilraum. Demzufolge existiert für jede nichtleere Teilmenge $E \subset$ V ein kleinster linearer Teilraum $lin(E)$ oder $[E]$ in V, der E enthält, nämlich der Durchschnitt aller linearen Teilräume, in denen E enthalten ist. Die Menge $lin(E)$ heißt *lineare Hülle* der Menge E. Sie ist mit der Menge aller (endlichen) Linearkombinationen

$$\alpha_1 x_1 + \alpha_2 x_2 + \ldots + \alpha_n x_n, \tag{12.9}$$

die aus Elementen $x_1, x_2, \ldots, x_n \in E$ und Skalaren $\alpha_1, \alpha_2, \ldots, \alpha_n \in \mathbb{K}$ gebildet werden, identisch.

■ **A:** Seien n eine fixierte natürliche Zahl und V die Menge aller n–Tupel, d.h. aller endlichen aus n Gliedern bestehenden Folgen von Skalaren $\{(\xi_1, \ldots, \xi_n) : \ \xi_i \in \mathbb{K}, \ i = 1, \ldots, n\}$. Die Operationen seien komponenten- oder gliedweise erklärt, d.h. sind $x = (\xi_1, \ldots, \xi_n)$ und $y = (\eta_1, \ldots, \eta_n)$ zwei beliebige Elemente aus V und α ein beliebiger Skalar, d.h. $\alpha \in \mathbb{K}$, dann setzt man

$$x + y = (\xi_1 + \eta_1, \ldots, \xi_n + \eta_n) \tag{12.10a}$$

$$\alpha \cdot x = (\alpha\xi_1, \ldots, \alpha\xi_n). \tag{12.10b}$$

Auf diese Weise erhält man den Vektorraum $\mathbb{K}^n$, insbesondere also für $n = 1$ die linearen Räume $\mathbb{R}$ oder $\mathbb{C}$.
Dieses Beispiel kann in zweierlei Hinsicht verallgemeinert werden (Beispiele B und C):

B: Nimmt man als Elemente jetzt unendliche Folgen $x = \{\xi_n\}_{n=1}^{\infty}$, $\xi_n \in \mathbb{K}$ und behält die gliedweise erklärten Operationen gemäß (12.10a) und (12.10b) bei, so erhält man den Vektorraum $\mathbf{s}$ aller Zahlenfolgen.

C: Es sei V die Menge aller Elemente aus $\mathbf{s}$, die nur endlich viele von Null verschiedene Glieder besitzen. Die Anzahl der von Null verschiedenen Glieder ist i.allg. individuell vom Element abhängig. Der so entstehende – wieder mit den gliedweise erklärten Operationen versehene – Vektorraum wird mit φ oder auch mit $\mathbf{c_{00}}$ bezeichnet und heißt Raum aller *finiten* Zahlenfolgen .

D: Raum $\mathbf{m}$ aller *beschränkten* Folgen: Eine Folge $x = \{\xi_n\}_{n=1}^{\infty}$ gehört zu $\mathbf{m}$ genau dann, wenn $\exists C_x > 0$ mit $|\xi_n| \le C_x$, $\forall n = 1, 2, \ldots$. Man trifft häufig auch die Bezeichnung $\mathbf{l}^{\infty}$ für diesen Vektorraum.

E: Raum $\mathbf{c}$ aller *konvergenten* Folgen: Es gilt $x = \{\xi_n\}_{n=1}^{\infty} \in \mathbf{c}$ genau dann, wenn es eine solche Zahl $\xi_0 \in \mathbb{K}$ gibt mit der Eigenschaft, daß für $\forall \varepsilon > 0$ ein Index $n_0 = n_0(\varepsilon)$ existiert, so daß für alle $n > n_0$ gilt $|\xi_n - \xi_0| < \varepsilon$ (s. S. 299).

F: Raum $\mathbf{c_0}$ aller Nullfolgen , d.h. der Teilraum von $\mathbf{c}$, der aus allen zu Null ($\xi_0 = 0$) konvergenten Folgen besteht.

G: Raum $\mathbf{l}^p$, $(1 \le p < \infty)$ aller Folgen $x = \{\xi_n\}_{n=1}^{\infty}$, für die die Reihe $\sum_{n=1}^{\infty} |\xi_n|^p$ konvergiert. Daß die Summe zweier Folgen aus $\mathbf{l}^p$ wieder eine Folge aus $\mathbf{l}^p$ ist, d.h. eine konvergente Reihe aus den p-ten Potenzen der Absolutbeträge ihrer Glieder besitzt, folgt aus der MINKOWSKIschen Ungleichung (s. S.21)

Für die in den Beispielen A bis G eingeführten Vektorräume von Folgen gelten die folgenden Inklusionen

$$\varphi \subset \mathbf{c_0} \subset \mathbf{c} \subset \mathbf{m} \subset \mathbf{s} \quad \text{und} \quad \varphi \subset \mathbf{l}^p \subset \mathbf{l}^q \subset \mathbf{c_0}, \quad \text{wobei} \quad 1 \le p < q < \infty. \tag{12.11}$$

H: Sei V die Menge aller reell- oder komplexwertigen Funktionen auf einer Menge T, wobei für Funktionen die Operationen punktweise erklärt werden, d.h. sind $x = x(t)$ und $y = y(t)$ zwei beliebige Elemente aus V und α ein beliebiger Skalar, d.h. $\alpha \in \mathbb{K}$, dann definiert man die Elemente $x + y$ und $\alpha \cdot x$ wie folgt:

$$x + y = (x + y)(t) = x(t) + y(t) \quad \forall t \in T, \tag{12.12a}$$

$$\alpha \cdot x = (\alpha x)(t) = \alpha \cdot x(t) \quad \forall t \in T. \tag{12.12b}$$

Der auf diese Weise erhaltene Vektorraum wird mit $\mathcal{F}(T)$ bezeichnet.
Teilräume dieses Vektorraumes sind u.a. die folgenden

I: Der Raum $\mathcal{B}(T)$ aller auf der Menge T beschränkten Funktionen. Häufig wird dieser Vektorraum auch mit $\mathcal{M}(T)$ bezeichnet. Im Falle von $T = \mathbb{N}$ erhält man den Raum $\mathcal{M}(\mathbb{N}) = \mathbf{m}$ aus Beispiel D.

J: Die Menge $\mathcal{C}([a, b])$ aller auf dem Intervall $[a, b]$ stetigen Funktionen (s. S. 43), wobei hier $T = [a, b]$ betrachtet wurde.

K: Sei $k \in \mathbb{N}$, $k \ge 1$. Die Menge $\mathcal{C}^{(k)}([a, b])$ aller Funktionen, die auf dem Intervall $[a, b]$ k–mal stetig differenzierbar sind (s. S. 43), ist ein Vektorraum. In den Randpunkten a und b des Intervalls $[a, b]$ sind die Ableitungen als rechts- bzw. linksseitige zu verstehen.

Für die in den Beispielen H bis K bereit gestellten Vektorräume gelten im Falle von $T = [a, b]$ die Teilraumbeziehungen

$$\mathcal{C}^{(k)}([a, b]) \subset \mathcal{C}([a, b]) \subset \mathcal{B}([a, b]) \subset \mathcal{F}([a, b]). \tag{12.13}$$

L: Für einen beliebig fixierten Punkt $t_0 \in [a, b]$ bildet die Menge $\{x \in \mathcal{C}(T)\colon x(t_0) = 0\}$ einen linearen Teilraum von $\mathcal{C}$(T).

12.1.3 Linear unabhängige Elemente

1. Lineare Unabhängigkeit

Eine endliche Teilmenge $\{x_1, \ldots, x_n\}$ eines Vektorraums V heißt *linear unabhängig*, wenn aus

$$\alpha_1 x_1 + \cdots + \alpha_n x_n = \mathbf{0} \quad \text{immer} \quad \alpha_1 = \ldots = \alpha_n = 0 \tag{12.14}$$

folgt. Anderenfalls heißt sie *linear abhängig*. Hat man $\alpha_1 = \ldots = \alpha_n = 0$ und $x_1, \ldots, x_n$ beliebige Vektoren aus V, dann ist aufgrund der Vektorraumaxiome $\alpha_1 x_1 + \cdots + \alpha_n x_n$ trivialerweise das Nullelement von V. Lineare Unabhängigkeit der Vektoren $x_1, \ldots, x_n$ bedeutet die Darstellung des Nullelements $\mathbf{0} = \alpha_1 x_1 + \cdots + \alpha_n x_n$ ausschließlich nur mit $\alpha_1 = \cdots = \alpha_n = 0$. Dieser Begriff ist aus der Linearen Algebra gut bekannt und diente bereits zur Definition eines Fundamentalsystems von Lösungen für homogene Differentialgleichungen (s. S. 281). Eine unendliche Teilmenge $E \subset$ V heißt *linear unabhängig*, wenn jede endliche Teilmenge von E linear unabhängig ist. Anderenfalls heißt E wieder *linear abhängig*.

■ Bezeichnet man mit e_k die Folge, deren Glieder bis auf das k-te alle gleich 0 sind und das k–te Glie gleich 1 ist, dann liegt e_k im Raum φ und demzufolge in jedem Folgenraum. Die Menge $\{e_1, e_2, \ldots\}$ is linear unabhängig in allen diesen Räumen. Im Raum $\mathcal{C}([0,\pi])$ ist z.B. das Funktionensystem

$$1, \ \sin nt, \ \cos nt \quad (n = 1, 2, 3, \ldots)$$

linear unabhängig, wohingegen die Funktionen $1, \cos 2t, \cos^2 t$ linear abhängig sind (s. S 1.).

2. Basis und Dimension eines Vektorraumes

Eine linear unabhängige Teilmengen B aus V, die den gesamten Raum V erzeugt, d.h. für die $lin(B) =$ V gilt, nennt man *(algebraische) Basis* oder HAMEL*sche Basis* des Vektorraumes V. Also ist $B = \{x_\xi \ \xi \in \Xi\}$ genau dann eine Basis von V, wenn sich jeder Vektor $x \in$ V in der Form $x = \sum_{\xi\in\Xi} \alpha_\xi x_\xi$ darstelle läßt, wobei die Koeffizienten α_ξ eindeutig bestimmt sind und lediglich eine endliche (von x abhängige Anzahl von ihnen von Null verschieden ist. Jeder nichttriviale Vektorraum V (d.h. V $\neq \{\mathbf{0}\}$) besitz wenigstens eine algebraische Basis, und zu jeder linear unabhängigen Teilmenge E aus V gibt es ein algebraische Basis von V, die E enthält.

Ein Vektorraum V heißt *m-dimensional* oder von der *Dimension m*, wenn es in ihm eine Basis aus m Vektoren gibt. Das bedeutet, es existieren in V m linear unabhängige Vektoren, und jedes System vo $m + 1$ Vektoren ist linear abhängig.

Ein Vektorraum heißt *unendlichdimensional*, wenn er keine endliche Basis besitzt, d.h., wenn es fü jede natürliche Zahl m in V stets m linear unabhängige Vektoren gibt.

Bis auf den Raum $\mathbb{K}^n$, dessen Dimension gleich n ist, sind alle anderen Vektorräume in den Beispiele B bis L unendlichdimensional. Der Teilraum $lin(\{1, t, t^2\}) \subset \mathcal{C}([a,b])$ ist dreidimensional. Wie im endlichdimensionalen Falle haben auch in einem unendlichdimensionalen Vektorraum V zwei Base stets die gleiche Mächtigkeit (Kardinalzahl), die man mit dim(V) bezeichnet. Die Dimension ist somi eine Invariante des Vektorraumes, hängt also nicht von der konkreten Auswahl einer algebraische Basis ab.

12.1.4 Konvexe Teilmengen und konvexe Hülle

1. Konvexe Mengen

Eine Teilmenge C eines reellen Vektorraumes V heißt *konvex*, wenn für jedes Paar von Vektoren $x, y \in C$ alle Vektoren der Form $\lambda x + (1-\lambda)y, \quad 0 \le \lambda \le 1$ ebenfalls zu C gehören. Mit anderen Worten, di Menge C ist konvex, wenn sie mit je zwei Elementen die gesamte Verbindungsstrecke

$$\{\lambda x + (1-\lambda)y : \ 0 \le \lambda \le 1\}, \qquad (12.15$$

auch Intervall genannt, zwischen x und y enthält (Beispiele konvexer Mengen in $\mathbb{R}^2$ s. die mit A und B bezeichneten Mengen in den **Abb.12.5b,12.5c**).

Der Durchschnitt beliebig vieler konvexer Mengen ist wieder eine konvexe Menge, wobei vereinbarungs gemäß die leere Menge als konvex angesehen wird. Demzufolge existiert zu jeder Teilmenge $E \subset$ V ein kleinste konvexe Menge, die E enthält, nämlich der Durchschnitt aller konvexen und E enthaltende Teilmengen von V. Sie heißt *konvexe Hülle* der Menge E und wird mit $co\,(E)$ bezeichnet. $co\,(E)$ ist mi der Menge aller *konvexen* Linearkombinationen von Elementen aus E identisch, d.h., $co\,(E)$ besteh aus allen Elementen der Form $\lambda_1 x_1 + \cdots + \lambda_n x_n$, wobei $x_1, \ldots, x_n$ beliebige Elemente aus E sind un $\lambda_i \in [0,1]$ der Gleichung $\lambda_1 + \cdots + \lambda_n = 1$ genügen. Lineare und affine Teilräume sind stets konvex.

2. Kegel

Eine nichtleere Teilmenge K eines (reellen) Vektorraums V nennt man einen *(konvexen) Kegel*, wen sie den folgenden Bedingungen genügt:

1. K ist eine konvexe Menge,
2. aus $x \in K$ und $\lambda \ge 0$ folgt $\lambda x \in K$,
3. aus $x \in K$ und $-x \in K$ folgt $x = \mathbf{0}$.

Ein Kegel ist auch durch 3. zusammen mit

$$\text{aus} \quad x, y \in K \quad \text{und} \quad \lambda, \mu \ge 0 \quad \text{folgt} \quad \lambda x + \mu y \in K \qquad (12.16$$

charakterisiert.

■ **A:** Die Menge $\mathbb{R}^n_+$ aller Vektoren $x = (\xi_1, \ldots, \xi_n)$ mit nichtnegativen Komponenten ist ein Kegel in $\mathbb{R}^n$;

B: Die Menge C_+ aller reellen stetigen Funktionen auf $[a, b]$ mit nichtnegativen Werten ist ein Kegel im Raum $\mathcal{C}([a, b])$.

C: Die Menge aller reellen Zahlenfolgen $\{\xi_n\}_{n=1}^{\infty}$ mit nichtnegativen Gliedern (also $\xi_n \geq 0,\ \forall n$) ist ein Kegel in **s**. Analog ergeben sich Kegel in den Vektorräumen der Beispiele C bis G von S. 482, wenn man jeweils die Menge der nichtnegativen Folgen in diesen Räumen betrachtet.

D: Die Menge $C \subset \mathbf{l}^p$, $(1 \leq p < \infty)$, bestehend aus allen Folgen $\{\xi_n\}_{n=1}^{\infty}$, für die

$$\sum_{n=1}^{\infty} |\xi_n|^p \leq a \quad (a > 0) \tag{12.17}$$

gilt, ist eine konvexe Menge in $\mathbf{l}^p$, die offenbar kein Kegel ist.

E: Beispiele aus $\mathbb{R}^2$, **(Abb.12.1)**.

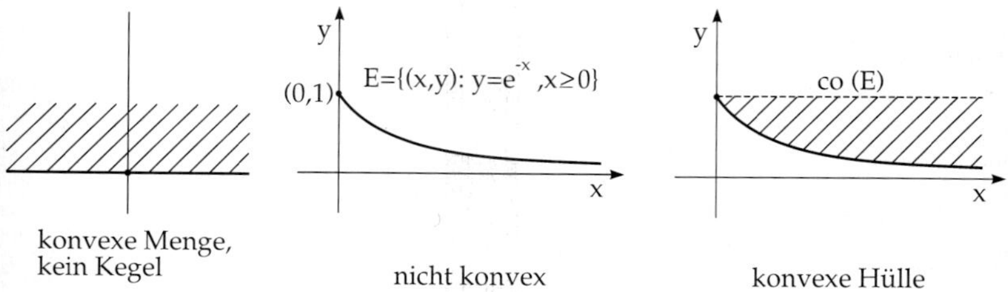

Abbildung 12.1

12.1.5 Lineare Operatoren und Funktionale

Eine Abbildung T: $D \longrightarrow$ Y der Menge $D \subset$ X in die Menge Y heißt

injektiv, wenn

$$T(x) = T(y) \Longrightarrow x = y, \tag{12.18}$$

surjektiv, wenn für

$$\forall y \in \mathrm{Y} \quad \text{ein} \quad x \in D \quad \text{mit} \quad T(x) = y \quad \text{existiert,} \tag{12.19}$$

bijektiv, wenn T sowohl injektiv als auch surjektiv ist.

D wird *Definitionsbereich* des Operators T genannt und mit D_T oder $D(T)$ bezeichnet, während die Teilmenge $\{y \in \mathrm{Y}\colon\ \exists x \in D_T \text{ mit } Tx = y\}$ aus Y *Wertebereich* des Operators T heißt und mit $\mathcal{R}(T)$ oder $Im(T)$ bezeichnet wird.

Seien X und Y zwei Vektorräume über ein und demselben Körper $\mathbb{K}$ und D eine lineare Teilmenge aus X. Eine Abbildung $T: D \longrightarrow$ Y heißt *linear, lineare Transformation, linearer Operator* oder *Homomorphismus,* wenn für beliebige $x, y \in D$ und $\alpha, \beta \in \mathbb{K}$ stets gilt:

$$T(\alpha x + \beta y) = \alpha Tx + \beta Ty\ . \tag{12.20}$$

Für einen linearen Operator T bevorzugt man in Anlehnung an lineare Funktionen die Bezeichnung Tx, während für allgemeine Operatoren $T(x)$ steht. $N(T) = \{x \in \mathrm{X} : Tx = \mathbf{0}\}$ ist der *Nullraum* oder *Kern* des Operators T und wird mit $Ker(T)$ bezeichnet. Als *Endomorphismus* von X bezeichnet man eine lineare Abbildung des Vektorraumes X in sich. Ist T eine injektive lineare Abbildung, so ist die aus $\mathcal{R}(T)$ durch

$$y \longmapsto x,\ \text{so, daß } Tx = y,\ y \in \mathcal{R}(T), \tag{12.21}$$

definierte Abbildung T^{-1}: $\mathcal{R}(T) \longrightarrow$ X linear und heißt *Inverse* oder Umkehrabbildung von T. Ist Y der Vektorraum $\mathbb{K}$, so nennt man eine lineare Abbildung f: X $\longrightarrow \mathbb{K}$ ein *lineares Funktional* oder eine *Linearform.*

Isomorphe Vektorräume Eine bijektive lineare Abbildung $T\colon \mathrm{X} \longrightarrow \mathrm{Y}$ heißt *Isomorphismus* de Vektorräume X und Y. Die Räume nennt man im Falle der Existenz eines Isomorphismus *isomorph.*

12.1.6 Komplexifizierung von reellen Vektorräumen

Jeden reellen Vektorraum V kann man zu einem komplexen Vektorraum $\tilde{\mathrm{V}}$ erweitern. Die Menge $\tilde{\mathrm{V}}$ besteht aus allen Paaren (x, y) mit $x, y \in \mathrm{V}$. Die Operationen (Addition und Vielfaches mit eine komplexen Zahl $a + ib \in \mathbb{C}$) werden für diese Paare wie folgt festgelegt:

$$(x_1, y_1) + (x_2, y_2) = (x_1 + x_2, y_1 + y_2), \tag{12.22a}$$

$$(a + ib)(x, y) = (ax - by, bx + ay). \tag{12.22b}$$

Da insbesondere

$$(x, y) = (x, \mathbf{0}) + (\mathbf{0}, y) \quad \text{und} \quad \mathrm{i}(y, \mathbf{0}) = (0 + \mathrm{i}1)(y, \mathbf{0}) = (0 \cdot y - 1 \cdot \mathbf{0}, 1y + 0 \cdot \mathbf{0}) = (\mathbf{0}, y) \tag{12.23}$$

gilt, kann für das Paar (x, y) nun auch $x + \mathrm{i}y$ geschrieben werden. Die Menge $\tilde{\mathrm{V}}$ ist damit ein komplexe Vektorraum, in dem die Menge V mit dem linearen Teilraum $\tilde{\mathrm{V}}_0 = \{(x, \mathbf{0})\colon x \in \mathrm{V}\}$ identifiziert wird also x als $(x, \mathbf{0})$ oder als $x + \mathrm{i}\mathbf{0}$ aufgefaßt wird.
Die beschriebene Prozedur nennt man *Komplexifikation* des Vektorraums V. Eine linear unabhängig Teilmenge in V ist auch in $\tilde{\mathrm{V}}$ linear unabhängig. Gleiches gilt für eine Basis in V, woraus sich $dim(\mathrm{V}) = dim(\tilde{\mathrm{V}})$ ergibt.

12.1.7 Geordnete Vektorräume

12.1.7.1 Kegel und Halbordnung

Ist in einem reellen Vektorraum V ein Kegel K fixiert, so kann für gewisse Paare von Vektoren au V eine *Ordnungsrelation* eingeführt werden, indem man für $x, y \in \mathrm{V}$ mit $x - y \in K$ einfach $x \geq y$ oder $y \leq x$ schreibt und sagt, daß x *größer oder gleich* y, bzw. y kleiner oder gleich x, ist. Ma nennt V oder genauer des Paar (V, K) einen durch den Kegel K *geordneten* oder *teilweise geordnete Vektorraum.* Ein Element x nennt man dann *positiv*, wenn $x \geq \mathbf{0}$ oder, gleichbedeutend damit, $x \in K$ gilt. Außerdem ist

$$K = \{x \in \mathrm{V}\colon x \geq \mathbf{0}\}. \tag{12.24}$$

Bereits am Beispiel des mit dem ersten Quadranten als Kegel $K (= \mathbb{R}^2_+)$ geordneten Vektorraume $\mathbb{R}^2$ wird eine typische Erscheinung in geordneten Vektorräumen ersichtlich, auf die mit den Begriffe „Halbordnung" oder „teilweise" bereits hingewiesen wurde, nämlich, daß nicht beliebige zwei Vektore vergleichbar sein müssen. Die aus den Vektoren $x = (1, -1)$ und $y = (0, 2)$ gebildeten Differenzen, als die Vektoren $x - y = (1, -3)$ und $y - x = (-1, 3)$ liegen nicht in K, so daß weder $x \geq y$ noch $x \leq y$ gilt. Die durch einen Kegel in einem Vektorraum eingeführte Ordnung ist also lediglich eine teilweis oder partielle. Es läßt sich zeigen, daß die Relation $\geq$ die folgenden Eigenschaften besitzt:

$$(O1) \quad x \geq x \ \forall x \in \mathrm{V} \qquad \text{(Reflexivität)}, \tag{12.25}$$

$$(O2) \quad \text{aus} \quad x \geq y \quad \text{und} \quad y \geq z \quad \text{folgt} \quad x \geq z \quad \text{(Transitivität)}, \tag{12.26}$$

$$(O3) \quad \text{aus} \quad x \geq y \quad \text{und} \quad \alpha \geq 0 \quad \alpha \in \mathbb{R} \quad \text{folgt} \quad \alpha x \geq \alpha y, \tag{12.27}$$

$$(O4) \quad \text{aus} \quad x_1 \geq y_1 \quad \text{und} \quad x_2 \geq y_2 \quad \text{folgt} \quad x_1 + x_2 \geq y_1 + y_2. \tag{12.28}$$

Umgekehrt, ist ein Vektorraum V mit einer Ordnungsrelation versehen, d.h. für gewisse Paare seine Elemente ist eine binäre Operation $\geq$ erklärt, die den Axiomen (O1) bis (O4) genügt, dann setzt ma

$$\mathrm{V}_+ = \{x \in \mathrm{V}\colon x \geq \mathbf{0}\} \tag{12.29}$$

und kann zeigen, daß V_+ ein Kegel ist. Die jetzt durch V_+ in V einführbare Ordnung $\geq_{V_+}$ ist identisc mit der vorhandenen Ordnung $\geq$; folglich sind die beiden aufgezeigten Möglichkeiten der Einführun einer Ordnung in einem Vektorraum äquivalent.
Ein Kegel $K \subset \mathrm{X}$ heißt *erzeugend,* wenn jedes Element $x \in \mathrm{X}$ als $x = u - v$ mit $u, v \in K$ dargestel

werden kann. Man schreibt dafür auch $\mathrm{X} = K - K$.

■ Für alle $n \in \mathbb{N}$ ist der Vektorraum $\mathbb{R}^n$ durch den Kegel $\mathbb{R}^n_+$ auf natürliche Weise (halb-)geordnet. Im Raum **s** bildet die Menge

$$K = \{x = \{\xi_n\}_{n=1}^{\infty} : \xi_n \geq 0 \quad \forall n\} \tag{12.30}$$

einen Kegel, s. Beispiel C aus (12.1.4). Für zwei Folgen $x, y \in \mathbf{s}$ gilt dann offenbar $x \geq y$, wenn für alle ihre Glieder $\xi_n \geq \eta_n$, $\forall n$ erfüllt ist. Somit ist **s** ein geordneter Vektorraum. In den weiteren bereits betrachteten Folgenräumen (s. (12.11), verwendet man zur Einführung der natürlichen Ordnung den Kegel, den man als Durchschnitt von K (s. (12.30)) mit dem jeweiligen Raum, der ja immer ein Teilraum von **s** ist, erhält, also beispielweise die Kegel $c_0^+ = K \cap \mathbf{c_0}$ und $\mathbf{l}^p_+ = K \cap \mathbf{l}^p$ in den Räumen $\mathbf{c_0}$ bzw. $\mathbf{l}^p$ usw. Die positiven Elemente in diesen geordneten Vektorräumen sind dann jeweils die Folgen mit nichtnegativen Gliedern. Selbstverständlich können auch andere Kegel und damit auch von der natürlichen Halbordnung verschiedene Ordnungen in diesen Räumen betrachtet werden (s.Lit. [12.19], [12.21]).

■ In den reellen Funktionenräumen $\mathcal{F}(T)$, $\mathcal{B}(T)$, $\mathcal{C}(T)$ und $\mathcal{C}^{(k)}([a,b])$ erklärt man $x \geq y$ für zwei Funktionen x und y durch $x(t) \geq y(t)$ $\forall t \in T$, bzw. $\forall t \in [a,b]$ die natürliche Ordnung, in der $x \geq \mathbf{0}$ gerade für eine auf T überall nichtnegative Funktion x steht. Die entsprechenden Kegel bezeichnet man üblicherweise wieder mit $\mathcal{F}_+(T)$, $\mathcal{B}_+(T)$ usw. Es ist also beispielsweise $C_+ = C_+(T) = \mathcal{F}_+(T) \cap \mathcal{C}(T)$.

12.1.7.2 Ordnungsbeschränkte Mengen

Sei E eine beliebige nichtleere Menge eines geordneten Vektorraumes V. Ein Element $z \in \mathrm{V}$, für das $x \leq z$, $\forall x \in E$ gilt, heißt *obere Schranke* der Menge E. Eine *untere Schranke* für E ist ein Element $u \in \mathrm{V}$ mit $u \leq x$, $\forall x \in E$. Für zwei Elemente $x, y \in \mathrm{V}$ mit $x \leq y$ definiert man die Menge

$$[x,y] = \{v \in \mathrm{V}\colon x \leq v \leq y\} \tag{12.31}$$

und nennt sie *Ordnungsintervall* oder *(o)–Intervall.* Offenbar sind x bzw. y untere bzw. obere Schranke der Menge $[x,y]$, wobei diese der Menge sogar angehören. Eine Menge $E \subset \mathrm{V}$ heißt nun *ordnungs-* oder einfach *(o)–beschränkt,* wenn E Teilmenge eines Ordnungsintervalls ist, d.h., wenn zwei Elemente $u, z \in \mathrm{V}$ existieren, so daß $u \leq x \leq z$, $\forall x \in E$ oder, was äquivalent dazu ist, $E \subset [u,z]$ gilt. Eine *von oben beschränkte* bzw. *von unten beschränkte* Menge ist eine Menge, für die eine obere bzw. eine untere Schranke in V existiert.

12.1.7.3 Positive Operatoren

Ein linearer Operator (s. Lit.[12.2], [12.19]) $T\colon \mathrm{X} \longrightarrow \mathrm{Y}$ des geordneten Vektorraums $\mathrm{X} = (\mathrm{X}, \mathrm{X}_+)$ in den geordneten Vektorraum $\mathrm{Y} = (\mathrm{Y}, \mathrm{Y}_+)$ heißt *positiv,* wenn gilt:

$$T(\mathrm{X}_+) \subset \mathrm{Y}_+, \quad \text{d.h.} \quad Tx \geq \mathbf{0} \quad \text{für alle} \quad x \geq \mathbf{0}. \tag{12.32}$$

12.1.7.4 Vektorverbände

1. Vektorverband

Im Vektorraum $\mathbb{R}^1$ der reellen Zahlen sind die Begriffe (o)-Beschränktheit und Beschränktheit (im herkömmlichen Sinne) identisch. Es ist bekannt, daß jede von oben beschränkte Menge reeller Zahlen in $\mathbb{R}^1$ ihr Supremum – die kleinste aller oberen Schranken – besitzt. In einem allgemeinen Vektorraum kann die Existenz von Supremum und Infimum i.allg. nicht einmal für endliche Teilmengen nachgewiesen sondern muß per Axiom gefordert werden. Ein geordneter Vektorraum V heißt *Vektorverband* oder *linearer Verband,* in der englischsprachigen Literatur auch RIESZ*scher Raum* (RIESZ space bzw. *vector lattice*) und in der russischsprachigen Literatur auch *K-Lineal,* wenn für zwei beliebige Elemente $x, y \in \mathrm{V}$ ein Element $z \in \mathrm{V}$ mit den folgenden Eigenschaften existiert:

1. $x \leq z$ und $y \leq z$,
2. ist $u \in \mathrm{V}$ mit $x \leq u$ und $y \leq u$, dann gilt $z \leq u$.

Ein solches Element z ist eindeutig bestimmt, wird mit $x \vee y$ bezeichnet und das *Supremum* von x und y (genauer: Supremum der aus den Elementen x und y bestehenden Menge) genannt. In einem Vektorverband existiert zu je zwei Elementen x und y auch stets das Infimum , das mit $x \wedge y$ bezeichnet wird. Zu Anwendungen positiver Operatoren in Vektorverbänden s.u.a. Lit. [12.3].

■ Im Vektorverband $\mathcal{F}([a,b])$ wird das Supremum von zwei Funktionen x, y punktweise nach de Formel

$$(x \vee y)(t) = \max\{x(t), y(t)\} \quad \forall t \in [a,b] \tag{12.33}$$

berechnet. Im Falle von $[a,b] = [0,1]$, $x(t) = 1 - \frac{3}{2}t$ und $y(t) = t^2$ **(Abb.12.2)** ergibt sich für

$$(x \vee y)(t) = \begin{cases} 1 - \frac{3}{2}t, & \text{falls} \quad 0 \le t \le \frac{1}{2} \\ t^2, & \text{falls} \quad \frac{1}{2} \le t \le 1\,. \end{cases} \tag{12.34}$$

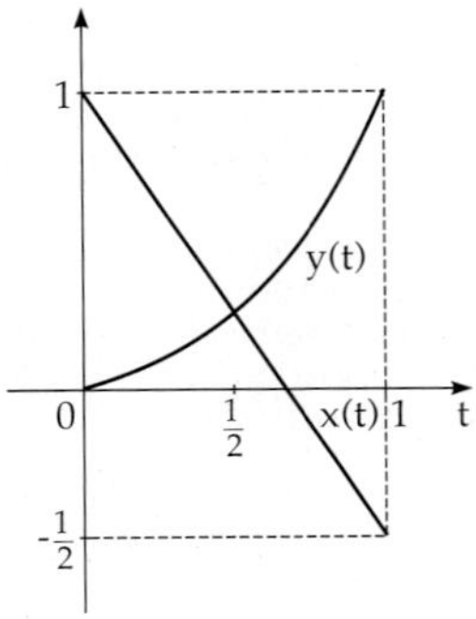

Abbildung 12.2

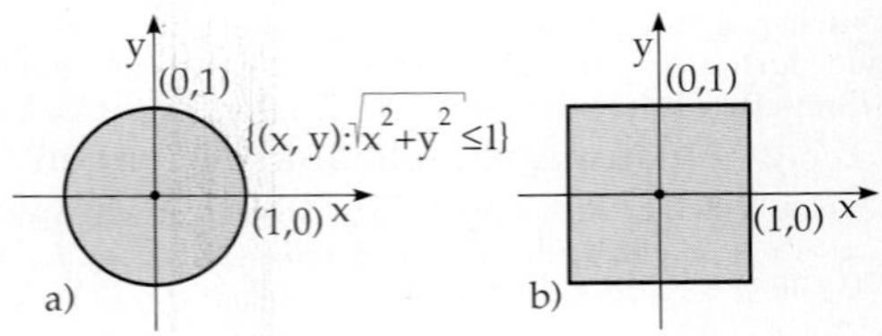

Abbildung 12.3

■ Die Räume $\mathcal{C}([a,b])$ und $\mathcal{B}([a,b])$ sind ebenfalls Vektorverbände, während der geordnete Raur $\mathcal{C}^{(1)}([a,b])$ kein Vektorverband ist, da das Minimum oder Maximum zweier Funktionen i.allg. ein Funktion sein kann, die nicht in jedem Punkt aus $[a,b]$ differenzierbar zu sein braucht.

Ein linearer Operator T: X $\longrightarrow$ Y des Vektorverbandes X in einen Vektorverband Y heißt *Vektorverbandshomomorphismus* oder *Homomorphismus der Vektorverbände,* wenn für alle $x_1, x_2 \in$ X gilt:

$$T(x_1 \vee x_2) = Tx_1 \vee Tx_2 \quad \text{und} \quad T(x_1 \wedge x_2) = Tx_1 \wedge Tx_2 \tag{12.35}$$

2. Positiver und negativer Teil, Modul eines Elements

Für ein beliebiges Element x eines Vektorverbandes V heißen die Elemente

$$x_+ = x \vee \mathbf{0}, \quad x_- = (-x) \vee \mathbf{0} \quad \text{und} \quad |x| = x_+ + x_- \tag{12.36}$$

positiver Teil, negativer Teil und *Modul* des Elements x. Für jedes Element $x \in$ V sind die drei Element $x_+, x_-, |x|$ positiv, wobei die folgenden Beziehungen gelten:

$$x \le x_+ \le |x|, \qquad x = x_+ - x_-, \qquad x_+ \wedge x_- = \mathbf{0}, \qquad |x| = x \vee (-x), \tag{12.37a}$$

$$(x+y)_+ \le x_+ + y_+, \qquad (x+y)_- \le x_- + y_-, \qquad |x+y| \le |x| + |y|, \tag{12.37b}$$

$$\text{aus} \quad x \le y \quad \text{folgen} \quad x_+ \le y_+ \quad \text{und} \quad x_- \ge y_- \tag{12.37c}$$

sowie bei beliebigem $\alpha \ge 0$

$$(\alpha\, x)_+ = \alpha\, x_+, \qquad (\alpha\, x)_- = \alpha\, x_-, \qquad |\alpha\, x| = \alpha |x|. \tag{12.37d}$$

In den Vektorverbänden $\mathcal{F}([a,b])$ und $\mathcal{C}([a,b])$ erhält man für eine Funktion $x(t)$ ihren positiven un negativen Teil sowie ihren Modul mit Hilfe der folgenden Formeln **(Abb.12.4)**:

$$x_+(t) = \begin{cases} x(t), & \text{falls} \quad x(t) \ge 0 \\ 0, & \text{falls} \quad x(t) < 0 \end{cases} \tag{12.38a}$$

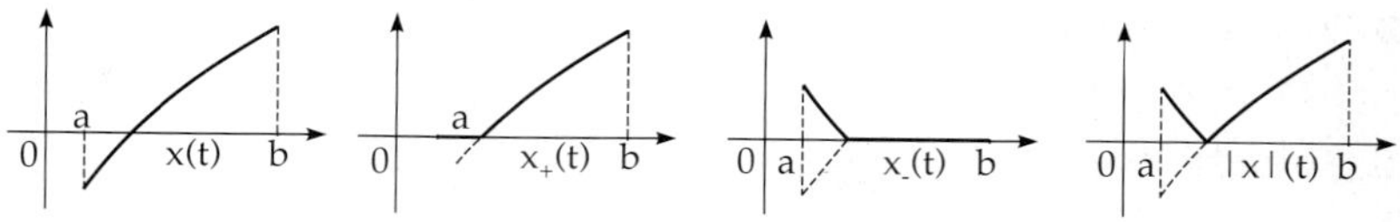

Abbildung 12.4

$$x_-(t) = \begin{cases} 0, & \text{falls} \quad x(t) > 0 \\ -x(t), & \text{falls} \quad x(t) \le 0 \end{cases} \tag{12.38b}$$

$$|x|(t) = |x(t)| \quad \forall t \in [a,b] \,. \tag{12.38c}$$

12.2 Metrische Räume

12.2.1 Begriff des metrischen Raumes

Auf einer Menge X sei jedem Paar von Elementen $x, y \in \mathrm{X}$ eine reelle Zahl $\rho(x,y)$ zugeordnet, so daß für beliebige Elemente $x, y, z \in \mathrm{X}$ die folgenden Eigenschaften, die *Axiome des metrischen Raums*, erfüllt sind:

$(M1)$ $\rho(x,y) \ge 0$ und $\rho(x,y) = 0$ genau dann, wenn $x = y$ (Nichtnegativität), (12.39)

$(M2)$ $\rho(x,y) = \rho(y,x)$ (Symmetrie), (12.40)

$(M3)$ $\rho(x,y) \le \rho(x,z) + \rho(z,y)$ (Dreiecksungleichung). (12.41)

Eine Funktion $\rho: \ \mathrm{X} \times \mathrm{X} \to \mathbb{R}^1_+$ mit den Eigenschaften (M1) bis (M3) heißt *Metrik*, Distanz oder Abstand auf der Menge X, und das Paar $\mathrm{X} = (\mathrm{X}, \rho)$ heißt *metrischer Raum*. Jede Teilmenge Y eines metrischen Raumes $\mathrm{X} = (\mathrm{X}, \rho)$ kann auf natürliche Weise in einen (selbständigen) metrischen Raum verwandelt werden, indem man die Metrik ρ des Raumes X auf die Menge Y einschränkt, d.h. nur auf der Menge $\mathrm{Y} \times \mathrm{Y}$ betrachtet. Der Raum (Y, ρ) heißt *Teilraum* des metrischen Raumes X.

■ **A:** Die Mengen $\mathbb{R}^n$ und $\mathbb{C}^n$, versehen mit der *euklidischen* Metrik

$$\rho(x,y) = \sqrt{\sum_{k=1}^{n} |\xi_k - \eta_k|^2} \tag{12.42}$$

für zwei Punkte $x = (\xi_1, \ldots, \xi_n)$ und $y = (\eta_1, \ldots \eta_n)$ sind metrische Räume.

B: Hat man in der Menge $\mathbb{R}^n$ für einen Wert (d.h.Vektor) x einen Näherungswert, etwa den Vektor $\tilde{x} = (\tilde{\xi_1}, \ldots, \tilde{\xi_n})$, dann ist die Größe oder Abweichung $\max_{1 \le k \le n} |\xi_k - \tilde{\xi_k}|$ von Interesse. Diesen Sachverhalt berücksichtigt die Metrik

$$\rho(x,y) = \max_{1 \le k \le n} |\xi_k - \eta_k|. \tag{12.43}$$

C: Die Metriken (12.42) und (12.43) ergeben für den Fall $n = 1$ jeweils den Absolutbetrag $|x - y|$ in den Mengen $\mathbb{R} = \mathbb{R}^1$ und $\mathbb{C}$ der reellen bzw. der komplexen Zahlen.

D: In der Menge **m** und ihren Teilmengen **c** und $\mathbf{c_0}$ (s. (12.11)) definiert man eine Metrik durch

$$\rho(x,y) = \sup_k |\xi_k - \eta_k|. \tag{12.44}$$

E: In der Menge $\mathbf{l}^p$, $(1 \le p < \infty)$ der Folgen mit absolut konvergenter Reihe $\sum_{n=1}^{\infty} |\xi_n|^p$ betrachtet man die folgende Metrik

$$\rho(x,y) = \sqrt[p]{\sum_{n=1}^{\infty} |\xi_n - \eta_n|^p}. \tag{12.45}$$

■ **F:** In der Menge $\mathcal{C}([a,b])$ betrachtet man die Metrik

$$\rho(x,y) = \max_{t\in[a,b]} |x(t) - y(t)|. \qquad (12.46)$$

G: In der Menge $\mathcal{C}^{(k)}([a,b])$ definiert man als Metrik

$$\rho(x,y) = \sum_{l=0}^{k} \max_{t\in[a,b]} |x^{(l)}(t) - y^{(l)}(t)|. \qquad (12.47)$$

H: In der Menge $L^p(\Omega)$ $(1 \le p < \infty)$ aller Äquivalenzklassen von fast überall auf einem beschränkten Gebiet $\Omega \subset \mathbb{R}^n$ definierten LEBESGUE–meßbaren, zur p–ten Potenz summierbaren Funktionen (s. 12.9) ist durch

$$\rho(x,y) = \sqrt[p]{\int_\Omega |x(t) - y(t)|^p \, d\mu} \qquad (12.48)$$

eine Metrik definiert.

12.2.1.1 Kugeln und Umgebungen

In einem metrischen Raum $\mathrm{X} = (\mathrm{X}, \rho)$, dessen Elemente auch Punkte heißen, nennt man für eine reelle Zahl $r > 0$ und einen fixierten Punkt x_0 die Mengen

$$B(x_0; r) = \{x \in \mathrm{X} : \rho(x, x_0) < r\} \quad (12.49) \qquad \text{und} \qquad \overline{B}(x_0; r) = \{x \in \mathrm{X} : \rho(x, x_0) \le r\} \quad (12.50)$$

offene bzw. *abgeschlossene Kugel* mit dem Radius r und dem Zentrum x_0. Im Vektorraum $\mathbb{R}^2$ ergeben sich mit den Metriken (12.42) und (12.43) für $x_0 = \mathbf{0}$ und $r = 1$ als Kugeln die in den **Abb.12.2a,b** auf S. 488 dargestellten Mengen.

Eine Teilmenge U eines metrischen Raumes $\mathrm{X} = (\mathrm{X}, \rho)$ heißt *Umgebung* des Punktes x_0, wenn x_0 mit einer ganzen offenen Kugel zu U gehört, also es $\exists r > 0$, so daß $B(x_0; r) \subset U$ gilt. Eine Umgebung U des Punktes x bezeichnet man auch mit $U(x)$. Offenbar ist jede Kugel auch Umgebung ihres Zentrums, eine offene Kugel ist sogar Umgebung jedes ihrer Punkte. Man nennt einen Punkt x_0 *inneren Punkt* einer Menge $A \subset \mathrm{X}$, wenn x_0 mit einer Umgebung zu A gehört, also es existiert eine Umgebung U von x_0 mit $x_0 \in U \subset A$. Schließlich heißt eine Teilmenge eines metrischen Raumes *offen*, wenn alle ihre Punkte innere Punkte sind. Die (bisher nur so benannten) offenen Kugeln in jedem beliebigen metrischen Raum, insbesondere alle offenen Intervalle aus $\mathbb{R}$, sind die Prototypen offener Mengen. Die Gesamtheit aller offenen Mengen genügt den folgenden Eigenschaften (*Axiomen der offenen Mengen*):

- sind G_α für $\forall \alpha \in I$ offen, dann ist auch die Menge $\bigcup_{\alpha\in I} G_\alpha$ offen,
- sind $G_1, G_2, \ldots, G_n$ beliebig endlich viele offene Mengen, dann ist auch die Menge $\bigcap_{k=1}^{n} G_k$ offen,
- die leere Menge $\emptyset$ ist vereinbarungsgemäß offen*.

Man nennt eine Teilmenge A eines metrischen Raumes *beschränkt*, wenn für ein gewisses Element x_0 (das nicht unbedingt der Menge A angehören muß) und eine gewisse Zahl $R > 0$ die Menge A in der Kugel $B(x_0; R)$ liegt, wofür man auch $\rho(x, x_0) < R$, $\forall x \in A$ schreibt.

12.2.1.2 Konvergenz von Folgen im metrischen Raum

Seien $\mathrm{X} = (\mathrm{X}, \rho)$ ein metrischer Raum, $x_0 \in \mathrm{X}$ ein Punkt und $\{x_n\}_{n=1}^{\infty}$, $x_n \in \mathrm{X}$ eine Folge von Elementen in X.

Die Folge $\{x_n\}_{n=1}^{\infty}$ heißt zum Punkt x_0 *konvergent*, wenn es zu jeder Umgebung $U(x_0)$ einen Index $n_0 = n_0(U)$ gibt, so daß $\forall n > n_0$ die Beziehung $x_n \in U$ gilt. Man schreibt für diesen Sachverhalt gewöhnlich

$$x_n \longrightarrow x_0 \quad (n \to \infty) \qquad \text{oder} \qquad \lim_{n\to\infty} x_n = x \qquad (12.51)$$

und nennt x_0 den *Grenzwert* der Folge $\{x_n\}_{n=1}^{\infty}$. Der Grenzwert einer Folge ist eindeutig bestimmt. Anstelle einer beliebigen (allgemeinen) Umgebung des Punktes x_0 genügt es, lediglich offene Kugeln mit beliebig kleinem Radius heranzuziehen, so daß (12.51) äquivalent zu Folgendem ist: Für $\forall \varepsilon > 0$ (man hat dabei sofort die offene Kugel $B(x_0; \varepsilon)$ im Sinn) gibt es einen Index $n_0 = n_0(\varepsilon)$, so daß $\forall n > n_0$ die Ungleichung $\rho(x_n, x_0) < \varepsilon$ gilt. Damit bedeutet (12.51) genau $\rho(x_n, x_0) \longrightarrow 0$.

Mit den eingeführten Begriffen hat man die Möglichkeit, in konkreten metrischen Räumen den Abstand zwischen zwei Punkten anzugeben und die Konvergenz von Punktfolgen zu untersuchen, was etwa bei numerischen Verfahren oder bei der Approximation von Funktionen durch solche einer bestimmten Klasse (s. etwa S. 776) von entscheidender Bedeutung ist. Im Raum $\mathbb{R}^n$ erweist sich die mittels einer der angegebenen Metriken festgelegte Konvergenz gerade als die koordinatenweise. In den Räumen $\mathcal{B}([a,b])$ und $\mathcal{C}([a,b])$ ist die durch (12.45) eingeführte Konvergenz genau die gleichmäßige Konvergenz der Funktionenfolge auf der Menge $[a,b]$ (s. Abschnitt 7.3.2). Im Raum $L^2(\Omega)$ ergibt sich die Konvergenz im (quadratischen) Mittel, d.h. $x_n \to x_0$ genau dann, wenn

$$\int_\Omega |x_n - x_0|^2 \, d\mu \longrightarrow 0 \quad \text{für} \quad n \longrightarrow \infty. \tag{12.52}$$

12.2.1.3 Abgeschlossene Mengen und Abschließung

Eine Teilmenge F eines metrischen Raumes X heißt *abgeschlossen*, wenn $X \setminus F$ eine offene Menge ist. Jede abgeschlossene Kugel in einem metrischen Raum, insbesondere jedes Intervall der Typen $[a,b], [a,\infty), (-\infty,a]$ in $\mathbb{R}$, ist eine abgeschlossene Menge.
Dual zu den Axiomen der offenen Mengen erfüllt die Gesamtheit aller abgeschlossenen Mengen eines metrischen Raumes folgende Eigenschaften:

- sind F_α für $\forall\alpha \in I$ abgeschlossen, dann ist auch die Menge $\bigcap_{\alpha\in I} F_\alpha$ abgeschlossen,
- sind $F_1, \ldots, F_n$ beliebig endlich viele abgeschlossene Mengen, dann ist auch die Menge $\bigcup_{k=1}^n F_k$ abgeschlossen,
- die leere Menge $\emptyset$ ist vereinbarungsgemäß abgeschlossen.

Die Mengen $\emptyset$ und X sind sowohl offen als auch abgeschlossen.
Ein Punkt x_0 des metrischen Raumes X heißt *Berührungspunkt* der Menge $A \subset X$, wenn für jede Umgebung $U(x_0)$

$$U(x_0) \cap A \neq \emptyset \tag{12.53}$$

gilt. Besteht dieser Durchschnitt darüber hinaus jeweils nicht nur aus dem einen Punkt x_0, dann heißt x_0 *Häufungspunkt* der Menge A. Ein Berührungspunkt, der kein Häufungspunkt ist, heißt *isolierter* Punkt. Sofort ist klar, daß ein Häufungspunkt von A nicht unbedingt zur Menge A gehören muß, z.B. der Punkt a im Verhältnis zur Menge $A = (a,b]$, während ein isolierter Punkt notwendigerweise zur Menge A gehören muß. Ein Punkt x_0 ist genau dann Berührungspunkt der Menge A, wenn es eine Folge $\{x_n\}_{n=1}^\infty$ von Elementen x_n aus A gibt, die zu x_0 konvergiert, wobei $x_n = x_0$, $\forall n \geq n_0$ im Falle eines isolierten Punktes x_0 gesetzt wird.
Jede Teilmenge A eines metrischen Raumes X liegt offenbar in der abgeschlossenen Menge X. Es existiert immer eine kleinste abgeschlossene Menge, die A enthält, nämlich der Durchschnitt aller abgeschlossenen Mengen aus X, die A enthalten. Diese Menge heißt *abgeschlossene Hülle* oder *Abschließung* der Menge A und wird gewöhnlich mit $\overline{A}$ bezeichnet. $\overline{A}$ ist mit der Menge aller Berührungspunkte von A identisch; man erhält $\overline{A}$ aus der Menge A durch Hinzufügen aller ihrer Häufungspunkte. Abgeschlossene Mengen sind gerade solche Mengen A, für die $A = \overline{A}$ gilt. Demzufolge erlauben sie eine Charakterisierung durch Folgen in folgender Weise: A ist abgeschlossen genau dann, wenn für eine beliebige Folge $\{x_n\}_{n=1}^\infty$ von Elementen aus A, die im Raum X zu einem Element x_0 $(\in X)$ konvergiert, der Grenzwert x_0 zu A gehört.

12.2.1.4 Dichte Teilmengen und separable metrische Räume

Eine Teilmenge A eines metrischen Raumes X heißt *überall dicht*, wenn $\overline{A} = X$ gilt, mit anderen Worten, jeder Punkt $x \in X$ ist Berührungspunkt der Menge A. Das bedeutet, für jedes $x \in X$ gibt es eine Folge $\{x_n\}$ von Elementen aus A mit $x_n \longrightarrow x$. Nach dem bekannten WEIERSTRASSschen Satz kann jede auf einem abgeschlossenem und beschränktem Intervall $[a,b]$ stetige Funktion beliebig genau in der Metrik des Raumes $\mathcal{C}([a,b])$, also gleichmäßig, durch Polynome genähert werden. Diesen Satz kann man nunmehr wie folgt formulieren: Die Menge der Polynome auf $[a,b]$ ist überall dicht in $\mathcal{C}([a,b])$. Weitere Beispiele für überall dichte Mengen im Raum $\mathbb{R}$ sind die Mengen aller rationalen Zahlen $\mathbf{Q}$ und aller irrationalen Zahlen.

Ein metrischer Raum X heißt *separabel,* wenn in X eine abzählbare überall dichte Teilmenge existiert. Eine abzählbare überall dichte Teilmenge in $\mathbf{R}^n$ ist zum Beispiel die Menge aller Vektoren mit rationalen Komponenten. Separabel ist auch der Raum $\mathbf{l} = \mathbf{l}^1$, eine abzählbare überall dichte Teilmenge ist z.B. die Menge aller Elemente der Form $x = (r_1, r_2, \ldots, r_N, 0, 0, \ldots)$, wobei r_i rationale Zahlen und $N = N(x)$ eine beliebige natürliche Zahl ist. Der Raum $\mathbf{m}$ ist nicht separabel.

12.2.2 Vollständige metrische Räume

1. CAUCHY–Folge

Sei X = (X, ρ) ein metrischer Raum. Die Folge $\{x_n\}_{n=1}^{\infty}$ mit $x_n \in$ X, $\forall n$ heißt CAUCHY–*Folge, fundamentale Folge* oder manchmal auch noch *konvergent in sich*, wenn es für $\forall\varepsilon > 0$ einen Index $n_0 = n_0(\varepsilon)$ gibt, so daß $\forall n, m > n_0$ die Ungleichung

$$\rho(x_n, x_m) < \varepsilon \tag{12.54}$$

gilt. Jede CAUCHY–Folge ist eine beschränkte Menge. Weiter gilt, daß jede konvergente Folge eine CAUCHY-Folge ist. Die Umkehrung gilt im allgemeinen **nicht**, wie das folgende Beispiel zeigt.

■ Betrachtet man im Raum $\mathbf{l}^1$ die Metrik (12.44) des Raumes $\mathbf{m}$ sowie die offensichtlich für alle $n = 1, 2, \ldots$ in $\mathbf{l}^1$ liegenden Elemente $x^{(n)} = (1, \frac{1}{2}, \frac{1}{3}, \ldots, \frac{1}{n}, 0, 0, \ldots)$, dann ist die Folge $\{x^{(n)}\}_{n=1}^{\infty}$ eine CAUCHY-Folge in diesem Raum. Würde nun die Folge $\{x^{(n)}\}$ konvergieren, dann müßte sie auch koordinatenweise, und zwar zu dem Element $x^{(0)} = (1, \frac{1}{2}, \frac{1}{3}, \ldots, \frac{1}{n}, \frac{1}{n+1}, \ldots)$, konvergieren. $x^{(0)}$ liegt aber wegen $\sum_{n=1}^{\infty} \frac{1}{n} = +\infty$ (s. S 300, harmonische Reihe) nicht in $\mathbf{l}^1$.

2. Vollständiger metrischer Raum

Ein metrischer Raum heißt *vollständig,* wenn in ihm jede CAUCHY– Folge konvergiert.
Die vollständigen metrischen Räume sind also gerade diejenigen, in denen das von den reellen Zahlen her bekannte CAUCHYsche Prinzip gilt: *Eine Folge konvergiert genau dann, wenn sie eine* CAUCHY-*Folge ist.* Jeder abgeschlossene Teilraum eines vollständigen metrischen Raumes ist (als selbständiger metrischer Raum aufgefaßt) vollständig. In gewisser Weise gilt die Umkehrung: ist ein Teilraum Y eines (nicht notwendigerweise vollständigen) metrischen Raumes X vollständig, so ist die Menge Y in X abgeschlossen.

■ Beispiele vollständiger metrischer Räume sind $\mathbf{m}$, $\mathbf{l}^p$ $(1 \le p < \infty)$, $\mathbf{c}$, $\mathcal{B}(T)$, $\mathcal{C}([a,b])$, $\mathcal{C}^{(k)}([a,b])$, $L^p(a,b)$, $(1 \le p < \infty)$.

12.2.2.1 Einige fundamentale Sätze in vollständigen metrischen Räumen

Die Wichtigkeit vollständiger metrischer Räume resultiert u.a. auch aus der Gültigkeit einer ganzen Reihe bedeutender Sätze und Prinzipien, die aus der reellen Analysis bekannt und nützlich sind und die man gern für den Fall unendlichdimensionaler Räume zur Verfügung haben möchte.

1. Kugelschachtelungssatz Sei X ein vollständiger metrischer Raum. Ist

$$\overline{B}(x_1; r_1) \supset \overline{B}(x_2; r_2) \supset \cdots \supset \overline{B}(x_n; r_n) \supset \cdots \tag{12.55}$$

eine Folge von ineinandergeschachtelten abgeschlossenen Kugeln mit $r_n \longrightarrow 0$, dann ist der Durchschnitt aller dieser Kugeln nichtleer und besteht nur aus einem einzigen Punkt.
Gilt dieser Satz in einem metrischen Raum, so ist dieser vollständig.

2. BAIREscher Kategoriensatz Sei X ein vollständiger metrischer Raum und $\{F_k\}_{k=1}^{\infty}$ eine Folge von abgeschlossenen Mengen in X mit $\bigcup_{k=1}^{\infty} F_k =$ X. Dann existiert mindestens ein Index k_0, für den die Menge F_{k_0} einen inneren Punkt enthält.

3. BANACHscher Fixpunktsatz (Prinzip der kontrahierenden Abbildung) Sei F eine nichtleere abgeschlossene Teilmenge eines vollständigen metrischen Raumes (X, ρ). Sei $T:$ X $\longrightarrow$ X ein kontraktiver Operator auf F, d.h., es existiert eine Konstante $q \in (0,1)$, so daß gilt

$$\rho(Tx, Ty) \le q\,\rho(x, y) \quad \text{für alle} \quad x, y \in F. \tag{12.56}$$

Dann gilt:

1. für einen beliebigen Startpunkt $x_0 \in F$ ist das Iterationsverfahren

$$x_{n+1} := Tx_n \quad (n = 0, 1, 2, \ldots) \tag{12.57}$$

unbeschränkt ausführbar, d.h., für jedes n gilt $x_n \in F$,
2. die Iterationsfolge $\{x_n\}_{n=0}^{\infty}$ konvergiert gegen ein Element $x^* \in F$,
3. es gilt

$$Tx^* = x^*, \quad \text{d.h.,} \quad x^* \text{ ist ein Fixpunkt des Operators } T, \tag{12.58}$$

4. x^* ist der einzige Fixpunkt von T in F, und
5. es gilt die Fehlerabschätzung

$$\rho(x^*, x_n) \leq \frac{q^n}{1-q}\rho(x_1, x_0). \tag{12.59}$$

12.2.2.2 Einige Anwendungen des Kontraktionsprinzips

1. Iterationsverfahren zur Lösung linearer Gleichungssysteme Sei

$$\begin{aligned} x_1 - a_{11}x_1 + a_{12}x_2 + \cdots + a_{1n}x_n &= b_1, \\ x_2 - a_{21}x_1 + a_{22}x_2 + \cdots + a_{2n}x_n &= b_2, \\ \cdots\cdots\cdots\cdots\cdots\cdots\cdots\cdots\cdots\cdots \\ x_n - a_{n1}x_1 + a_{n2}x_2 + \cdots + a_{nn}x_n &= b_n. \end{aligned} \tag{12.60}$$

ein lineares (n, n)-Gleichungssystem, das man etwa aus (19.2.1) durch Umformungen leicht gewinnen kann. Mit dem Operator T: $\mathbb{K}^n \to \mathbb{K}^n$, definiert durch

$$T(x_1, \ldots, x_n) = \left(\sum_{k=1}^{n} a_{1k}x_k + b_k, \ldots, \sum_{k=1}^{n} a_{nk}x_k + b_n\right), \tag{12.61}$$

kann man das System in das Fixpunktproblem

$$x = Tx \tag{12.62}$$

überführen, das im metrischen Raum $\mathbb{K}^n$, versehen mit einer geeigneten Metrik, der euklidischen (12.42), der Metrik (12.43) oder der Metrik $\rho(x, y) = \sum_{k=1}^{n} |x_k - y_k|$ (vgl. mit (12.45)), betrachtet wird. Ist nun eine der Zahlen

$$\sqrt{\sum_{j,k=1}^{n} |a_{jk}|^2}, \qquad \max_{1\leq j\leq n} \sum_{k=1}^{n} |a_{jk}|, \qquad \max_{1\leq k\leq n} \sum_{j=1}^{n} |a_{jk}| \tag{12.63}$$

kleiner als 1, dann erweist sich T als kontrahierender Operator und besitzt nach dem BANACHschen Fixpunktsatz genau einen Fixpunkt, der der komponentenweise Grenzwert der Iterationsfolge mit beliebigem Startpunkt aus $\mathbb{K}^n$ ist.

2. FREDHOLMsche Integralgleichungen Die FREDHOLMsche Integralgleichung (s. 11.2)

$$\varphi(x) - \int_a^b K(x, y)\varphi(y)\,dy = f(x) \quad x \in [a, b] \tag{12.64}$$

mit stetigem Kern und stetiger rechter Seite kann man iterativ lösen, indem sie mit Hilfe des Operators T: $\mathcal{C}([a, b]) \longrightarrow \mathcal{C}([a, b])$, definiert durch

$$T\varphi(x) = \int_a^b K(x, y)\varphi(y)\,dy + f(x) \quad \forall\varphi \in \mathcal{C}([a, b]), \tag{12.65}$$

in ein Fixpunktproblem $T\varphi = \varphi$ im metrischen Raum $\mathcal{C}([a, b])$ (Beispiel J aus Abschnitt 12.1.23.) überführt und der Fixpunktsatz angewendet wird, vorausgesetzt, es gilt $\max_{a\leq x\leq b} \int_a^b |K(x, y)|\,dy < 1$. Die eindeutige Lösung erhält man als gleichmäßigen Grenzwert der Iterationsfolge $\{T^n\varphi_0\}_{n=1}^{\infty}$, beginnend mit einer beliebigen Funktion $\varphi_0(x) \in \mathcal{C}([a, b])$.

3. VOLTERRAsche Integralgleichungen Die VOLTERRAsche Integralgleichung (s. 11.4)

$$\varphi(x) - \int_a^x K(x, y)\varphi(y)\,dy = f(x) \quad x \in [a, b] \tag{12.66}$$

mit stetigem Kern und stetiger rechter Seite kann man mit Hilfe des VOLTERRAschen Integraloperators

$$(V\varphi)(x) := \int_a^x K(x,y)\varphi(y)\,dy \quad \forall\varphi \in \mathcal{C}([a,b]) \tag{12.67}$$

und $T\varphi = f - V\varphi$ als das Fixpunktproblem $T\varphi = \varphi$ im Raum $\mathcal{C}([a,b])$ unter Anwendung des Fixpunktsatzes behandeln.

4. Satz von PICARD–LINDELÖF Es werde die Differentialgleichung

$$\dot{x} = f(t,x) \tag{12.68}$$

mit einer stetigen Abbildung $f\colon I \times G \longrightarrow \mathbb{R}^n$ betrachtet, wobei I ein offenes Intervall aus $\mathbb{R}$ und G eine offene Teilmenge aus $\mathbb{R}^n$ sind. Die Abbildung f genüge bezüglich x einer LIPSCHITZ–Bedingung (s. S. 376), d.h., es gibt eine positive Konstante L mit

$$\varrho(f(t,x_1), f(t,x_2)) \le L\varrho(x_1,x_2), \quad \forall (t,x_1),(t,x_2) \in I \times G, \tag{12.69}$$

wobei ϱ die euklidische Metrik in $\mathbb{R}^n$ bezeichnet (unter Verwendung der Norm, s.12.3.1, gilt die Beziehung (12.78) $\varrho(x,y) = \|x-y\|$, $\forall x, yn\mathbb{R}^n$). Sei $(t_0,x_0) \in I \times G$ ein beliebiger Punkt. Dann gibt es solche Zahlen $\beta > 0$ und $r > 0$ so, daß die Menge $\Omega = \{(t,x) \in \mathbb{R} \times \mathbb{R}^n\colon |t-t_0| \le \beta,\ \varrho(x,x_0) \le r\}$ in $I \times G$ liegt. Seien $M = \max_\Omega \varrho(f(t,x),\mathbf{0})$ und $\alpha = \min\{\beta, \frac{r}{M}\}$. Dann existiert eine Zahl $b > 0$, so daß für jedes $\tilde{x} \in B$ mit $B = \{x \in \mathbb{R}^n\colon \varrho(x,x_0) \le b\}$ das Anfangswertproblem

$$\dot{x} = f(t,x), \quad x(t_0) = \tilde{x} \tag{12.70}$$

genau eine (lokale) Lösung $\varphi(t,\tilde{x})$ besitzt, d.h. $\dot{\varphi}(t,\tilde{x}) = f(t,\varphi(t,\tilde{x}))$ für $\forall t : |t-t_0| \le \alpha$ und $\varphi(t_0,\tilde{x}) = \tilde{x}$. Die Lösung dieses Anfangswertproblems ist äquivalent zur Lösung der Integralgleichung

$$\varphi(t,\tilde{x}) = \tilde{x} + \int_{t_0}^t f(s,\varphi(s,\tilde{x}))\,ds \quad t \in [t_0-\alpha, t_0+\alpha]. \tag{12.71}$$

Bezeichnet jetzt X die abgeschlossene Kugel $\{\varphi(t,x)\colon d(\varphi(t,x),x_0) \le r\}$ des in der Metrik

$$d(\varphi,\psi) = \max_{(t,x)\in\{|t-t_0|\le\alpha\}\times B} \varrho(\varphi(t,x),\psi(t,x))$$

vollständigen metrischen Raumes $\mathcal{C}([t_0-\alpha,t_0+\alpha] \times B; \mathbb{R}^n)$, dann ist X mit der induzierten Metrik selbst ein vollständiger metrischer Raum. Ist $T\colon \mathrm{X} \longrightarrow \mathrm{X}$ der durch

$$T\varphi(t,x) = \tilde{x} + \int_{t_0}^t f(s,\varphi(s,\tilde{x}))\,ds \tag{12.72}$$

definierte Operator, dann ergibt sich die Lösung der Integralgleichung (12.71) als eindeutiger Fixpunkt des Operators T, der sogar iterativ erzeugt werden kann.

12.2.2.3 Vervollständigung eines metrischen Raumes

Jeder beliebige, also i.allg. nicht vollständige metrische Raum X kann vervollständigt werden; genauer, es existiert ein metrischer Raum $\tilde{\mathrm{X}}$ mit folgenden Eigenschaften:

1. $\tilde{\mathrm{X}}$ enthält einen zu X isometrischen (s. 12.2.8) Teilraum Y,

2. Y ist überall dicht in $\tilde{\mathrm{X}}$,

3. $\tilde{\mathrm{X}}$ ist ein vollständiger metrischer Raum,

4. ist Z ein beliebiger metrischer Raum mit den Eigenschaften 1. bis 3., dann sind Z und $\tilde{\mathrm{X}}$ isometrisch. Der dadurch bis auf Isometrie eindeutig bestimmte vollständige metrische Raum heißt die *Vervollständigung* des Raumes X.

12.2.3 Stetige Operatoren

1. Stetige Operatoren

Sei $T\colon \mathrm{X} \longrightarrow \mathrm{Y}$ eine Abbildung des metrischen Raumes $\mathrm{X} = (\mathrm{X},\rho)$ in den metrischen Raum $\mathrm{Y} = (\mathrm{Y},\varrho)$. T heißt *stetig im Punkt* $x_0 \in \mathrm{X}$, wenn für jede Umgebung $V = V(y_0)$ des Punktes $y_0 = T(x_0)$ eine

Umgebung $U = U(x_0)$ existiert, so daß gilt:

$$T(x) \in V \quad \forall x \in U. \tag{12.73}$$

T heißt *stetig auf der Menge* $A \subset$ X, wenn T in jedem Punkt der Menge A stetig ist. Äquivalente Eigenschafte zur Stetigkeit auf X sind:
a) für einen beliebigen Punkt $x \in$ X und eine beliebige Folge $\{x_n\}_{n=1}^{\infty}$ $x_n \in$ X mit $x_n \longrightarrow x$ gilt stets $T(x_n) \longrightarrow T(x)$, also $\rho(x_n, x_0) \to 0$ impliziert $\varrho(T(x_n), T(x_0)) \to 0$,
b) für eine beliebige offene Teilmenge $G \subset$ Y ist das Urbild $T^{-1}(G)$ eine offene Teilmenge in X,
c) für eine beliebige abgeschlossene Teilmenge $F \subset$ Y ist das Urbild $T^{-1}(F)$ eine abgeschlossene Teilmenge in X.,
d) für eine beliebige Teilmenge $A \subset$ X gilt $T(\overline{A}) \subset \overline{T(A)}$.

2. Isometrische Räume

Existiert für zwei metrische Räume X $=$ (X, ρ) und Y $=$ (Y, ϱ) eine bijektive Abbildung T mit der Eigenschaft

$$\rho(x,y) = \varrho(T(x), T(y)) \quad \forall x, y \in \mathrm{X}, \tag{12.74}$$

dann heißen die Räume x und Y *isometrisch* und T eine *Isometrie*.

12.3 Normierte Räume

12.3.1 Begriff des normierten Raumes

1. Axiome des normierten Raumes

Sei X ein Vektorraum über dem Körper $\mathbb{K}$. Eine Funktion $\|\cdot\|$: X $\times$ X $\longrightarrow \mathbb{R}^1_+$ heißt *Norm* auf dem Vektorraum X und das Paar X $=$ (X, $\|\cdot\|$) *normierter Raum* über dem Körper $\mathbb{K}$, wenn für beliebige Elemente $x, y \in$ X und beliebiges $\alpha \in \mathbb{K}$ die folgenden Eigenschaften, die *Axiome des normierten Raums*, erfüllt sind:

$$(N1) \quad \|x\| \geq 0 \quad \text{und} \quad \|x\| = 0 \quad \text{genau dann, wenn } x = \mathbf{0}, \tag{12.75}$$

$$(N2) \quad \|\alpha x\| = |\alpha| \cdot \|x\| \qquad \text{(Homogenität)}, \tag{12.76}$$

$$(N3) \quad \|x + y\| \leq \|x\| + \|y\| \qquad \text{(Dreiecksungleichung)}. \tag{12.77}$$

Mit Hilfe der Festlegung

$$\rho(x,y) = \|x - y\|, \quad x, y \in \mathrm{X} \tag{12.78}$$

kann jeder normierte Raum in einen metrischen so umgewandelt werden, daß die Metrik (12.78) zusätzlich noch die mit der Struktur des Vektorraums verträglichen Eigenschaften

$$\rho(x + z, y + z) = \rho(x, y), \tag{12.79a}$$

$$\rho(\alpha x, \alpha y) = |\alpha| \rho(x, y), \quad \alpha \in \mathbb{K} \tag{12.79b}$$

besitzt. Somit stehen in einem normierten Raum sowohl die Eigenschaften eines Vektorraums als auch die eines metrischen Raumes – durch (12.79a) und (12.79b) *verträglich,* aufeinander abgestimmt – zur Verfügung. Daraus ergeben sich einerseits, daß man die meisten lokalen auf einen Punkt bezogenen Untersuchungen mit den *Einheitskugeln*

$$B(\mathbf{0}; 1) = \{x \in \mathrm{X}\colon \|x\| < 1\} \quad \text{und} \quad \overline{B}(\mathbf{0}; 1) = \{x \in \mathrm{X}: \|x\| \leq 1\} \tag{12.80}$$

vornehmen kann, da sich

$$B(x; r) = \{y \in \mathrm{X}\colon \|y - x\| < r\} = x + rB(\mathbf{0}; 1) \quad \forall x \in X \quad \text{und} \quad \forall r > 0 \tag{12.81}$$

ergibt und andererseits die Stetigkeit der Operationen des zugrunde liegenden Vektorraumes, d.h., aus

$$x_n \to x, \quad y_n \to y, \quad \alpha_n \to \alpha \quad \text{folgen} \quad x_n + y_n \to x + y, \quad \alpha_n x_n \to \alpha x, \quad \|x_n\| \to \|x\|. \tag{12.82}$$

Für konvergente Folgen schreibt man anstelle von (12.51) in normierten Räumen

$$\|x_n - x_0\| \longrightarrow 0 \quad (n \to \infty). \tag{12.83}$$

2. Einige Eigenschaften normierter Räume

In der Klasse aller linearen metrischen Räume sind gerade diejenigen *normierbar,* d.h., mit Hilfe der Metrik kann durch $\|x\| = \rho(x, \mathbf{0})$ eine Norm eingeführt werden, deren Metrik den Bedingungen (12.79a) und (12.79b) genügt.
Zwei normierte Räume X und Y heißen *normisomorph,* wenn es eine bijektive, lineare Abbildung $T\colon \mathrm{X} \longrightarrow Y$ mit $\|Tx\| = \|x\|$ gibt. Seien $\|\cdot\|_1$ und $\|\cdot\|_2$ zwei Normen auf einem Vektorraum X, die X zu dem normierten Raum X_1 bzw. X_2 machen. Die Norm $\|\cdot\|_1$ heißt *stärker* als die Norm $\|\cdot\|_2$, wenn es eine Zahl $\gamma > 0$ mit $\|x\|_2 \le \gamma\|x\|_1 \quad \forall x \in \mathrm{X}$ gibt. In diesem Falle impliziert die Konvergenz einer Folge $\{x_n\}_{n=1}^{\infty}$ zu x im Sinne der Norm $\|\cdot\|_1$, also $\|x_n - x\|_1 \longrightarrow 0$, ihre Konvergenz zu x im Sinne der Norm $\|\cdot\|_2$, also $\|x_n - x\|_2 \longrightarrow 0$. Zwei Normen $\|\cdot\|$ und $|||\cdot|||$ nennt man *äquivalent,* wenn es zwei Zahlen $\gamma_1 > 0, \gamma_2 > 0$ gibt, so daß für $\forall x \in \mathrm{X}$ $\gamma_1\|x\| \le |||x||| \le \gamma_2\|x\|$ gilt. Auf einem endlichdimensionalen Vektorraum sind alle Normen äquivalent.
Unter einem *Teilraum eines normierten Raums* versteht man einen abgeschlossenen linearen Teilraum.

12.3.2 Banach–Räume

Ein vollständiger normierter Raum heißt BANACH*–Raum.* Jeder normierte Raum X kann zu einem BANACH–Raum $\tilde{\mathrm{X}}$ auf der Grundlage der Vervollständigungsprozedur aus 12.2.2.3 und der natürlichen Fortsetzung seiner algebraischen Operationen und der Norm auf $\tilde{\mathrm{X}}$ vervollständigt werden.

12.3.2.1 Reihen in normierten Räumen

In einem normierten Raum kann man *Reihen* von Elementen

$$x_1 + x_2 + \ldots \tag{12.84}$$

betrachten. Eine Reihe heißt *konvergent,* wenn die Folge der Partialsummen einen Grenzwert besitzt,

$$\lim_{k\to\infty} \sum_{n=1}^{k} x_n = s, \quad x_n \in \mathrm{X}. \tag{12.85}$$

Der Grenzwert s heißt dann *Summe* der Reihe, wofür man auch $s = \sum_{n=1}^{\infty} x_n$ schreibt. Eine Reihe $\sum_{n=1}^{\infty} x_n$ heißt *absolut konvergent,* wenn die Zahlenreihe $\sum_{n=1}^{\infty} \|x_n\|$ konvergiert. Im BANACH–Raum ist jede absolut konvergente Reihe konvergent, wobei für ihre Summe $\|s\| \le \sum_{n=1}^{\infty} \|x_n\|$ gilt.

12.3.2.2 Beispiele von Banach–Räumen

■ **A:** $\mathbb{K}^n$ mit $\|x\| = \left(\sum_{k=1}^{n} |\xi_k|^p\right)^{\frac{1}{p}}$, wenn $1 \le p < \infty$

$$\|x\| = \max_{1\le k\le n} |\xi_k|, \text{ wenn } p = \infty. \tag{12.86a}$$

Die so entstehenden normierten Räume auf ein und demselben Vektorraum $\mathbb{K}^n$ bezeichnet man oft mit $\mathbf{l}^p(n)$ $1 \le p \le \infty$ und nennt sie für $1 \le p < \infty$ im Falle von $\mathbb{K} = \mathbb{R}$ *euklidische* und im Falle von $\mathbb{K} = \mathbb{C}$ *unitäre* Räume.

B: $\mathbf{m}$ mit $\|x\| = \sup_k |\xi_k|$. (12.86b)

C: $\mathbf{c}$ und $\mathbf{c_0}$ mit der Norm aus $\mathbf{m}$. (12.86c)

D: $\mathbf{l}^p$ mit $\|x\| = \left(\sum_{n=1}^{\infty} |\xi_n|^p\right)^{\frac{1}{p}} \quad (1 \le p < \infty)$ (12.86d)

E: $\mathcal{C}([a,b])$ mit $\|x\| = \max_{t\in[a,b]} |x(t)|$. (12.86e)

F: $L^p(\Omega) \quad (1 \le p < \infty)$ mit $\|x\| = \left\{\int\limits_a^b |x(t)|^p\right\}^{\frac{1}{p}}$. (12.86f)

G: $\mathcal{C}^{(k)}([a,b])$ mit $\|x(t)\| = \sum_{l=0}^{k} \max_{t\in[a,b]} |x^{(l)}(t)|$. (12.86g)

12.3.2.3 Sobolew–Räume

Sei $\Omega \subset \mathbb{R}^n$ ein beschränktes Gebiet (d.h. eine offene zusammenhängende Menge) mit hinreichend glattem Rand $\partial\Omega$. Für $n = 1$ oder $n = 2, 3$ stelle man sich Ω etwa als ein Intervall (a, b) oder eine konvexe

Menge vor. Eine Funktion $f\colon \overline{\Omega} \longrightarrow \mathbb{R}$ nennt man k-mal stetig differenzierbar in dem abgeschlossenen Gebiet $\overline{\Omega}$, wenn f auf Ω k-mal stetig differenzierbar ist und jede ihrer partiellen Ableitungen einen Grenzwert besitzt, wenn x zu einem beliebigen Randpunkt von Ω konvergiert, mit anderen Worten, jede ihrer partiellen Ableitungen ist stetig auf den Rand von Ω fortsetzbar. In diesem Vektorraum wird (für $p \in [1, \infty)$) und dem LEBESGUE–Maß λ im $\mathbb{R}^n$ (s. S. 518) die folgende Norm eingeführt:

$$\|f\|_{k,p} = \|f\| = \left\{ \int_{\overline{\Omega}} |f(x)|^p \, d\lambda + \sum_{1 \le |\alpha| \le k} \int_{\overline{\Omega}} |D^\alpha f|^p \, d\lambda \right\}^{\frac{1}{p}}, \tag{12.87}$$

und der entstandene normierte Raum mit $\tilde{W}^{k,p}(\Omega)$ (im Unterschied zu dem mit einer ganz anderen Norm versehenen Raum $\mathcal{C}^{(k)}([a,b])$) bezeichnet. Hier bedeutet α einen *Multiindex,* d.h. ein geordnetes n-Tupel $(\alpha_1, \ldots, \alpha_n)$ von nichtnegativen ganzen Zahlen, wobei die Summe der Komponenten von α mit $|\alpha| = \alpha_1 + \alpha_2 + \cdots + \alpha_n$ bezeichnet wird. Für eine Funktion $f(x) = f(\xi_1, \ldots, \xi_n)$ mit $x = (\xi_1, \ldots, \xi_n) \in \overline{\Omega}$ nutzt man – wie in (12.87) – die verkürzte Schreibweise

$$D^\alpha f = \frac{\partial^{|\alpha|} f}{\partial \xi_1^{\alpha_1} \cdots \partial \xi_n^{\alpha_n}} \quad \text{mit} \quad x^\alpha = \xi_1^{\alpha_1} \ldots \xi_n^{\alpha_n}. \tag{12.88}$$

Der normierte Raum $\tilde{W}^{k,p}(\Omega)$ ist nicht vollständig. Seine Vervollständigung wird mit $W^{k,p}(\Omega)$ oder im Falle von $p = 2$ mit $\mathbb{H}^k(\Omega)$ bezeichnet und heißt SOBOLEW–*Raum.*

12.3.3 Geordnete normierte Räume

1. Kegel im normierten Raum

Sei X ein reeller normierter Raum mit der Norm $\|\cdot\|$. Ein Kegel $\mathrm{X}_+ \subset \mathrm{X}$ heißt *solid,* wenn X_+ eine Kugel (mit positivem Radius) enthält. Die üblichen Kegel in den Räumen $\mathbb{R}$, $\mathcal{C}([a,b])$, $\mathbf{c}$ sind solid, die in den Räumen $L^p([a,b])$ und $\mathbf{l}^p$ $(1 \le p < \infty)$ nicht.

Ein Kegel X_+ heißt *normal,* wenn die Norm in X *semimonoton* ist, d.h., es existiert eine Konstante $M > 0$, so daß

$$\mathbf{0} \le x \le y \implies \|x\| \le M\|y\| \tag{12.89}$$

gilt. Ist X ein mit Hilfe eines Kegel X_+ geordneter BANACH–Raum, dann ist jedes (o)-Intervall normbeschränkt genau dann, wenn der Kegel X_+ normal ist. Die Kegel der Vektoren mit nichtnegativen Komponenten und der nichtnegativen Funktionen in den Räumen $\mathbb{R}^n$, $\mathbf{m}$, $\mathbf{c}$, $\mathbf{c_0}$, $\mathcal{C}$, $\mathbf{l}^p$ und L^p sind normal.

Ein Kegel heißt *regulär,* wenn jede monoton wachsende von oben beschränkte Folge

$$x_1 \le x_2 \le \cdots \le x_n \le \cdots \le z \tag{12.90}$$

eine CAUCHY–Folge in X ist. In einem BANACH–Raum ist jeder abgeschlossene reguläre Kegel normal. Die Kegel in $\mathbb{R}^n$, $\mathbf{l}^p$ und L^p für $1 \le p < \infty$ sind regulär, die in $\mathcal{C}$ und $\mathbf{m}$ nicht.

2. Normierte Vektorverbände und BANACH–Verbände

Sei X ein Vektorverband, der gleichzeitig ein normierter Raum ist, X heißt *normierter Verband* oder *normierter Vektorverband* (s. Lit. [12.17], [12.21], [12.24], [12.25]), wenn die Norm der Bedingung

$$|x| \le |y| \quad \text{impliziert} \quad \|x\| \le \|y\| \quad \forall x, y \in \mathrm{X} \qquad \text{(Monotonie der Norm)} \tag{12.91}$$

genügt. Ein vollständiger (bzg. der Norm) normierter Verband heißt BANACH–*Verband.*

■ Die Räume $\mathcal{C}([a,b])$, L^p, $\mathbf{l}^p$ $\mathcal{B}([a,b])$ sind BANACH–Verbände.

12.3.4 Normierte Algebren

Ein Vektorraum X über $\mathbb{K}$ heißt eine *Algebra,* wenn (zusätzlich zu den Operationen, die im Vektorraum X erklärt sind und den Axiomen (V1) bis (V7) (s. Abschnitt 12.1.1) genügen) für je zwei Elemente $x, y \in \mathrm{X}$ ihr *Produkt* $x \cdot y \in \mathrm{X}$ oder in der vereinfachten Schreibweise, xy, erklärt ist, so daß für beliebige $x, y, z \in \mathrm{X}$ und $\alpha \in \mathbb{K}$ die folgenden Eigenschaften erfüllt sind:

$$(A1) \quad x(yz) = (xy)z, \tag{12.92}$$
$$(A2) \quad x(y+z) = xy + xz, \tag{12.93}$$
$$(A3) \quad (x+y)z = xz + yz, \tag{12.94}$$
$$(A4) \quad \alpha(xy) = (\alpha x)y = x(\alpha y). \tag{12.95}$$

Eine Algebra ist *kommutativ*, wenn stets $xy = yx$ gilt.
Ein linearer Operator (s. 12.20) T: X $\longrightarrow$ Y der Algebra X in die Algebra Y heißt *Algebrenhomomorphismus*, wenn für alle $x_1, x_2 \in$ X gilt:

$$T(x_1 \cdot x_2) = Tx_1 \cdot Tx_2. \tag{12.96}$$

Eine Algebra X heißt *normierte Algebra* bzw. eine BANACH–*Algebra*, wenn sie ein normierter Vektorraum bzw. ein BANACH–Raum ist und die Norm die (zusätzliche) Eigenschaft

$$\|x \cdot y\| \leq \|x\| \cdot \|y\| \tag{12.97}$$

besitzt. In einer normierten Algebra sind alle Operationen stetig, d.h., außer (12.82) gilt für $x_n \longrightarrow x$ und $y_n \longrightarrow y$ auch noch $x_n y_n \longrightarrow xy$ (s. Lit. [12.22]).
Jede normierte Algebra kann zu einer BANACH–Algebra vervollständigt werden, indem man das Produkt auf ihre Normvervollständigung unter Berücksichtigung von (12.97) fortsetzt.

■ **A:** $\mathcal{C}([a,b])$ mit der Norm (12.86f) und der für stetige Funktionen üblichen (punktweisen) Multiplikation.

B: Der Vektorraum $W([0, 2\pi])$ aller in eine absolut konvergente Fourierreihe zerlegbaren komplexen auf $[0, 2\pi]$ stetigen Funktionen $x(t)$, d.h.

$$x(t) = \sum_{n=-\infty}^{\infty} c_n e^{int}, \tag{12.98}$$

mit der Norm $\|x\| = \sum_{n=-\infty}^{\infty} |c_n|$ und der gewöhnlichen Multiplikation.

C: Der Raum L(X) aller beschränkten linearen Operatoren auf dem normierten Raum X mit der Operatorennorm und den üblichen algebraischen Operationen (s. 12.5.1.1), wobei unter dem Produkt $T \cdot S$ zweier Operatoren die Nacheinanderausführung, also der durch $TS(x) = T(S(x))$, $x \in$ X definierte Operator verstanden wird.

D: Der Raum $L^1(-\infty, \infty)$ aller absolut summierbaren meßbaren Funktionen auf der reellen Achse (s. 12.9) mit der Norm

$$\|x\| = \int_{-\infty}^{\infty} |x(t)|\, dt, \tag{12.99}$$

wenn man für die Multiplikation von zwei Funktionen die *Faltung* $(x * y)(t) = \int_{-\infty}^{\infty} x(t-s)y(s)\, ds$ verwendet.

12.4 Hilbert–Räume

12.4.1 Begriff des Hilbert–Raumes

12.4.1.1 Skalarprodukt

Ein Vektorraum V über dem Körper $\mathbb{K}$ (meistens wird $\mathbb{K} = \mathbb{C}$ betrachtet) heißt *Raum mit Skalarprodukt* oder *Innenproduktraum* oder Prä–HILBERT–Raum, wenn jedem Paar von Elementen $x, y \in$ V eine Zahl $(x, y) \in \mathbb{K}$, das *Skalarprodukt von* x und y, zugeordnet ist, so daß für beliebige Elemente $x, y, z \in$ V und beliebiges $\alpha \in \mathbb{K}$ die folgenden Bedingungen, die *Axiome des Skalarprodukts*, erfüllt sind:

$$(H1) \quad (x,x) \geq 0, \text{ (insbesondere } (x,x) \text{ reell) und } (x,x) = 0 \text{ genau dann, wenn } x = \mathbf{0}, \tag{12.100}$$

$$(H2)\ (\alpha x, y) = \alpha(x, y), \tag{12.101}$$

$$(H3)\ (x + y, z) = (x, z) + (y, z), \tag{12.102}$$

$$(H4)\ (x, y) = \overline{(y, x)}. \tag{12.103}$$

$\overline{\omega}$ bedeutet die zu ω konjugiert komplexe Zahl (in (1.93b) wurde diese mit ω^* bezeichnet). Im Falle von $\mathbb{K} = \mathbb{R}$, also eines reellen Vektorraums, ist (H4) einfach die Kommutativitätsforderung für das Skalarprodukt. Aus den Axiomen ergeben sich sofort zusätzlich noch die Eigenschaften

$$(x, \alpha y) = \bar{\alpha}(x, y) \quad \text{und} \quad (x, y + z) = (x, y) + (x, z) \tag{12.104}$$

12.4.1.2 Unitäre Räume und einige ihrer Eigenschaften

Mit Hilfe des Skalarprodukts kann man in einem Prä–HILBERT–Raum durch die Festlegung

$$\|x\| = \sqrt{(x, x)} \tag{12.105}$$

eine Norm erzeugen. Ein normierter Raum $\mathbb{H} = (\mathbb{H}, \|\cdot\|)$ heißt *unitär,* wenn man in ihm ein Skalarprodukt einführen kann, das mit der Norm durch (12.105) verknüpft ist. Im unitären Raum gelten aufgrund des Vorhandenseins des Skalarprodukts und der Verknüpfung (12.105) die folgenden bemerkenswerten Eigenschaften:

$$\|x + y\|^2 \le (\|x\| + \|y\|)^2 , \tag{12.106}$$

die CAUCHY–SCHWARZ*sche Ungleichung,* die häufig auch SCHWARZ–BUNJAKOWSKIsche Ungleichung genannt wird

$$|(x, y)| \le \sqrt{(x, x)}\sqrt{(y, y)}, \tag{12.107}$$

die in der Klasse aller normierten Räume die unitären Räume charakterisierende *Parallelogrammgleichung*

$$\|x + y\|^2 + \|x - y\|^2 = 2\left(\|x\|^2 + \|y\|^2\right) \tag{12.108}$$

und die Stetigkeit des Skalarprodukts, d.h. $x_n \to x,\ y_n \to y$ impliziert $(x_n, y_n) \to (x, y)$.

12.4.1.3 Hilbert–Raum

Ein vollständiger unitärer Raum heißt HILBERT–*Raum.* Als BANACH–Räume besitzen die HILBERT–Räume auch deren Eigenschaften (12.3.1, 2., 12.3.2). Hinzu kommen noch die eines unitären Raums (12.4.1.2). Unter einem Teilraum eines HILBERT–Raumes versteht man einen abgeschlossenen linearen Teilraum.

■ **A:** $\mathbf{l}^2(n)$, $\mathbf{l}^2$ und $L^2([a, b])$ mit den Skalarprodukten

$$(x, y) = \sum_{k=1}^{n} \xi_k \overline{\eta_k},\ (x, y) = \sum_{n=1}^{\infty} \xi_k \overline{\eta_k} \quad \text{und} \quad (x, y) = \int_a^b x(t)\overline{y(t)}\, dt \tag{12.109}$$

B: Der Raum $\mathbb{H}^2(\Omega)$ mit dem Skalarprodukt

$$(f, g) = \int_{\Omega} f(x)\overline{g(x)}\, dx + \sum_{1 \le |\alpha| \le k} \int_{\Omega} D^\alpha f(x)\overline{D^\alpha g(x)}\, dx \tag{12.110}$$

C: Sei $\varphi(t)$ eine auf $[a, b]$ meßbare und positive Funktion. Der komplexe Raum $L^2([a, b], \varphi)$ aller meßbaren Funktionen, die auf $[a, b]$ mit dem *Gewicht* φ quadratisch summierbar sind, wird ein HILBERT–Raum, wenn das Skalarprodukt

$$(x, y) = \int_a^b x(t)\overline{y(t)}\varphi(t)\, dt \tag{12.111}$$

betrachtet wird.

12.4.2 Orthogonalität

Zwei Elemente x, y eines HILBERT–Raumes (die Begriffe dieses Abschnitts haben auch in Prä-HILBERT-Räumen bzw. in unitären Räumen Sinn) $\mathbb{H}$ heißen *orthogonal* (man schreibt dafür $x \perp y$), wenn $(x, y) = 0$. Für eine beliebige Teilmenge $A \subset \mathbb{H}$ ist die Menge

$$A^{\perp} = \{x \in \mathbb{H}\colon (x, y) = 0 \quad \forall y \in A\} \tag{12.112}$$

aller Vektoren, die zu jedem Vektor aus A orthogonal sind, ein (abgeschlossener linearer) Teilraum von $\mathbb{H}$ und heißt *Orthogonalraum* zu A oder *orthogonales Komplement* von A. Man schreibt $A \perp B$, wenn $(x, y) = 0 \; \forall x \in A$ und $\forall y \in B$ gilt. Besteht A nur aus dem Element x, dann schreibt man $x \perp B$.

12.4.2.1 Eigenschaften der Orthogonalität

Der Nullvektor ist zu jedem Vektor aus $\mathbb{H}$ orthogonal. $x \perp y$ und $x \perp z$ impliziert $x \perp (\alpha y + \beta z)$. Aus $x \perp y_n$ und $y_n \to y$ folgt $x \perp y$. Es gilt $x \perp A$ genau dann, wenn $x \perp \overline{lin(A)}$, wobei $\overline{lin(A)}$ die abgeschlossene lineare Hülle der Menge A bezeichnet. Ist $x \perp A$ und A eine *fundamentale* Menge, d.h., $\overline{lin(A)}$ ist überall dicht in $\mathbb{H}$, dann ist $x = \mathbf{0}$. Es gilt der *Satz des* PYTHAGORAS: Sind die Elemente $x_1, \ldots, x_n$ paarweise orthogonal, also $x_k \perp x_l$ für $k \neq l$, dann ist

$$\|\sum_{k=1}^{n} x_k\|^2 = \sum_{k=1}^{n} \|x_k\|^2. \tag{12.113}$$

Der *Projektionssatz* besagt: Ist $\mathbb{H}_0$ ein Teilraum von $\mathbb{H}$, dann ist jeder Vektor $x \in \mathbb{H}$ eindeutig in der Form

$$x = x' + x'', \quad x' \in \mathbb{H}_0,\ x'' \perp \mathbb{H}_0 \tag{12.114}$$

darstellbar. Darüber hinaus gilt $\|x'\| = \rho(x, \mathbb{H}_0) = \inf_{y\in\mathbb{H}_0}\{\|x-y\|\}$, mit anderen Worten, das *Approximationsproblem*

$$\|x - y\| \to \inf \quad y \in \mathbb{H}_0 \tag{12.115}$$

ist in $\mathbb{H}_0$ mit x' eindeutig lösbar. $\mathbb{H}_0$ kann dabei sogar durch eine konvexe, abgeschlossene nichtleere Teilmenge aus $\mathbb{H}$ ersetzt werden.

Das Element x' heißt *Projektion* des Elements x auf $\mathbb{H}_0$, besitzt den kleinsten Abstand von x (zu $\mathbb{H}_0$), und der Raum $\mathbb{H}$ ist orthogonal zerlegbar: $\mathbb{H} = \mathbb{H}_0 \oplus \mathbb{H}_0^{\perp}$.

12.4.2.2 Orthogonale Systeme

Eine Menge $\{x_\xi\}\colon \xi \in \Xi\}$ von Vektoren aus $\mathbb{H}$ heißt *orthogonales* System, wenn es den Nullvektor nicht enthält und $x_\xi \perp x_\eta$, $\xi \neq \eta$, also $(x_\xi, x_\eta) = \delta_{\xi\eta}$ gilt, wobei

$$\delta_{\xi\eta} = \begin{cases} 1, & \text{für} \quad \xi = \eta \\ 0, & \text{für} \quad \xi \neq \eta \end{cases} \tag{12.116}$$

das KRONECKER-*Symbol* bezeichnet. Ein orthogonales System heißt *orthonormal* oder *orthonormiert*, wenn auch noch $\|x_\xi\| = 1, \ \forall \xi$ gilt.

In einem separablen HILBERT–Raum kann ein orthogonales System aus höchstens abzählbar vielen Elementen bestehen. Im weiteren ist daher stets $\Xi = \mathbb{N}$.

■ **A:** Das System

$$\frac{1}{\sqrt{2\pi}},\ \frac{1}{\sqrt{\pi}}\cos t,\ \frac{1}{\sqrt{\pi}}\sin t,\ \frac{1}{\sqrt{\pi}}\cos 2t,\ \frac{1}{\sqrt{\pi}}\sin 2t,\ \ldots \tag{12.117}$$

im reellen Raum $L^2([-\pi, \pi])$ und das System

$$\frac{1}{\sqrt{2\pi}}e^{int} \quad n = 0, \pm 1, \pm 2, \ldots \tag{12.118}$$

im komplexen Raum $L^2([-\pi, \pi])$ sind orthonormale Systeme. Diese beiden Systeme heißen *trigonometrisch.*

■ **B:** Die LEGENDREschen Polynome (s. S. 1.)

$$P_n(t) = \frac{d^n}{d\,t^n}[(t^2-1)^n], \quad n = 0, 1, \ldots \tag{12.119}$$

bilden ein orthogonales System von Elementen im Raum $L^2([-1,1])$. Das entsprechende orthonormale System ist dann

$$\tilde{P}_n(t) = \sqrt{n+\frac{1}{2}}\,\frac{1}{(2n)!!}\,P_n(t). \tag{12.120}$$

C: Die HERMITEschen Funktionen (s. S. 6.)

$$H_n(t) = e^{\frac{t^2}{2}}\,\frac{d^n}{dt^n}e^{-t^2}, \quad n = 0, 1, \ldots \tag{12.121}$$

bilden ein orthogonales System im Raum $L^2((-\infty,\infty))$.

D: Im Raum $L^2((0,\infty))$ bilden die LAGUERREschen Funktionen ein orthogonales System (vgl. 5.).

Jedes orthogonale System ist linear unabhängig, denn der Nullvektor war von vornherein ausgeschlossen worden. Umgekehrt, hat man ein System $x_1, x_2, \ldots x_n, \ldots$ von linear unabhängigen Elementen in einem HILBERT–Raum $\mathbb{H}$, dann existieren nach dem GRAM–SCHMIDTschen *Orthogonalisierungsverfahren* Vektoren $e_1, e_2, \ldots, e_n, \ldots$, die ein orthonormales System bilden und die bis auf einen Faktor mit Modul 1 eindeutig bestimmt sind.

12.4.3 Fourier–Reihen im Hilbert–Raum

Seien jetzt $\mathbb{H}$ ein separabler HILBERT–Raum und

$$\{e_n\colon\ n = 1, 2, \ldots\} \tag{12.122}$$

ein fixiertes orthonormales System in $\mathbb{H}$. Für ein Element $x \in \mathbb{H}$ heißen die Zahlen $c_n = (x, e_n)$ FOURIER–*Koeffizienten* des Elements x bezüglich des Sytems (12.122). Die (formale) Reihe

$$\sum_{n=1}^{\infty} c_n e_n \tag{12.123}$$

nennt man FOURIER–*Reihe* des Elements x bezüglich des Systems (12.122), (s. S. 315). Die n-te Partialsumme der FOURIER– Reihe eines Elements x besitzt die Eigenschaft der *Bestapproximation* , d.h., bei festem n ergibt unter allen Vektoren aus $\mathbb{H}_n = lin(\{\alpha_1 e_1 + \alpha_2 e_2 + \ldots + \alpha_n e_n\})$ die n-te Partialsumme der FOURIER–Reihe, also das Element

$$\sigma_n = \sum_{k=1}^{n} (x, e_n) e_n, \tag{12.124}$$

den kleinsten Wert für $\|x - \sum_{k=1}^{n} \alpha_k e_k\|$, σ_n ist orthogonal zu $\mathbb{H}_n$, und es gilt die BESSELsche Ungleichung

$$\sum_{n=1}^{\infty} |c_n|^2 \le \|x\|^2, \quad c_n = (x, e_n), \quad \text{für} \quad n = 1, 2, \ldots. \tag{12.125}$$

Die FOURIER–Reihe eines beliebigen Elements $x \in \mathbb{H}$ konvergiert stets, und zwar zur Projektion des Elements x auf den Teilraum $\mathbb{H}_0 = \overline{lin}(\{e_n\}_{n=1}^{\infty})$. Hat ein Element $x \in \mathbb{H}$ die Darstellung $x = \sum_{n=1}^{\infty} \alpha_n e_n$, dann sind α_n die FOURIER–Koeffizienten von x. Ist $\{\alpha_n\}_{n=1}^{\infty}$ eine beliebige Zahlenfolge mit der Eigenschaft $\sum_{n=1}^{\infty} |\alpha_n|^2 < \infty$, dann existiert in $\mathbb{H}$ genau ein Element x, dessen FOURIER–Koeffizienten gerade die Zahlen α_n sind und für das die *Abgeschlossenheitsrelation* oder PARSEVALsche Gleichung

$$\sum_{n=1}^{\infty} |(x, e_n)|^2 = \sum_{n=1}^{\infty} |\alpha_n|^2 = \|x\|^2 \tag{12.126}$$

gilt (*Satz von* RIESZ–FISCHER).
Ein orthonormales System $\{e_n\}$ in $\mathbb{H}$ heißt *vollständig,* wenn es keinen vom Nullvektor verschiedenen Vektor y gibt, der zu allen Vektoren e_n orthogonal ist; es heißt *Basis,* wenn jeder Vektor $x \in \mathbb{H}$ als $x = \sum_{n=1}^{\infty} \alpha_n e_n$ dargestellt werden kann, d.h. $\alpha_n = (x, e_n)$, und x ist gleich der Summe seiner FOURIER–Reihe. In letzterem Fallen sagt man auch, x hat eine FOURIER–Entwicklung. Die folgenden Aussagen sind äquivalent:
a) $\{e_n\}$ ist eine fundamentale Menge in $\mathbb{H}$,
b) $\{e_n\}$ ist vollständig in $\mathbb{H}$,
c) $\{e_n\}$ ist eine Basis in $\mathbb{H}$,
d) für $\forall x, y \in \mathbb{H}$ mit den entsprechenden FOURIER–Koeffizienten c_n und d_n, $n = 1, 2, \ldots$, gilt

$$(x, y) = \sum_{n=1}^{\infty} c_n \overline{d_n}, \tag{12.127}$$

e) für jeden Vektor $x \in \mathbb{H}$ gilt die PARSEVALsche Gleichung (12.126).

■ **A:** Das trigonometrische System (12.117) ist eine Basis im Raum $L^2([-\pi, \pi])$.

B: das System der normierten LEGENDREschen Polynome (12.120) $\tilde{P}_n(t)$, $n = 0, 1, \ldots$ ist vollständig und bildet demzufolge eine Basis im Raum $L^2([-1, 1])$.

12.4.4 Existenz einer Basis. Isomorphe Hilbert–Räume

In jedem separablen HILBERT–Raum existiert eine Basis. Daraus ergibt sich, daß jedes orthonormale System zu einer Basis ergänzt werden kann.
Zwei HILBERT–Räume $\mathbb{H}_1$ und $\mathbb{H}_2$ heißen *isomorph,* wenn es eine lineare, bijektive Abbildung T: $\mathbb{H}_1 \longrightarrow \mathbb{H}_2$ mit der Eigenschaft $(Tx, Ty)_{\mathbb{H}_1} = (x, y)_{\mathbb{H}_2}$ (also Skalarprodukt erhaltend) gibt. Es gilt: zwei beliebige unendlichdimensionale separable HILBERT–Räume sind isomorph, also insbesondere ist jeder solche Raum isomorph zu dem Raum $\mathbf{l}^2$.

12.5 Stetige lineare Operatoren und Funktionale

12.5.1 Beschränktheit, Stetigkeit und Norm linearer Operatoren

Seien $\mathrm{X} = (\mathrm{X}, \|\cdot\|)$ und $\mathrm{Y} = (\mathrm{Y}, \|\cdot\|)$ normierte Räume. Die Kennzeichnung der Norm im Raum X etwa durch $\|\cdot\|_X$, wird im weiteren weggelassen, da aus dem jeweiligen Kontext klar wird, in welchem Raum die Norm betrachtet wird. Ein beliebiger Operator $T\colon\ \mathrm{X} \longrightarrow \mathrm{Y}$ heißt *beschränkt,* wenn eine reelle Zahl $\lambda > 0$ existiert mit

$$\|T(x)\| \leq \lambda \|x\|, \quad \forall x \in \mathrm{X} \tag{12.128}$$

Ein beschränkter Operator mit der Konstanten λ „dehnt" jeden Vektor höchstens um das λ–fache und überführt jede beschränkte Menge aus X in eine beschränkte Menge aus Y, insbesondere ist das Bild der Einheitskugel aus X in Y beschränkt. Für die Beschränktheit eine linearen Operators ist die letzte Eigenschaft charakteristisch. Ein linearer Operator ist genau dann stetig (12.2.3), wenn er beschränkt ist.
Die kleinste Konstante λ, für die (12.128) noch gilt, heißt *Norm des Operators* T und wird mit $\|T\|$ bezeichnet, d.h.

$$\|T\| := \inf\{\lambda > 0 :\ \|Tx\| \leq \lambda \|x\|,\ x \in \mathrm{X}\}. \tag{12.129}$$

Für einen stetigen linearen Operator gelten

$$\|T\| = \sup_{\|x\| \leq 1} \|Tx\| = \sup_{\|x\| < 1} \|Tx\| = \sup_{\|x\| = 1} \|Tx\| \tag{12.130}$$

und außerdem die Abschätzung

$$\|Tx\| \leq \|T\| \cdot \|x\|, \quad \forall x \in \mathrm{X}. \tag{12.131}$$

■ Im Raum $\mathcal{C}([a,b])$ mit der Norm (12.86e) ist der mittels der auf dem Quadrat $\{a \le s, t \le b\}$ stetigen komplexwertigen Funktion $K(s,t)$ definierte Operator

$$(Tx)(s) = y(s) = \int_a^b K(s,t)x(t)\,dt, \quad s \in [a,b] \tag{12.132}$$

ein beschränkter linearer Operator, der $\mathcal{C}([a,b])$ in $\mathcal{C}([a,b])$ abbildet. Für seine Norm gilt

$$\|T\| = \max_{s\in[a,b]} \int_a^b |K(s,t)|dt. \tag{12.133}$$

12.5.1.1 Raum linearer stetiger Operatoren

Für zwei lineare (stetige) Operatoren $S, T\colon \mathrm{X} \longrightarrow \mathrm{Y}$ sind die Summe $S+T$ und das Vielfache αT punktweise erklärt:

$$U(x) = S(x) + T(x) \qquad (\alpha T)(x) = \alpha \cdot T(x), \quad \forall x \in \mathrm{X}, \quad \forall \alpha \in \mathbb{K}. \tag{12.134}$$

Die Menge $L(\mathrm{X},\mathrm{Y})$, häufig auch mit $B(\mathrm{X},\mathrm{Y})$ bezeichnet, aller linearen stetigen Operatoren T aus X in Y wird so ein Vektorraum, auf dem sich $\|T\|$ (12.129) als Norm erweist. Dadurch wird $L(\mathrm{X},\mathrm{Y})$ ein normierter Raum und, falls Y ein BANACH–Raum ist, sogar ein BANACH–Raum. Insbesondere sind also die Axiome (V1) bis (V7) und (N1) bis (N3) sind erfüllt.

Ist $\mathrm{Y} = \mathrm{X}$, dann kann man für zwei beliebige Elemente $S, T \in L(\mathrm{X},\mathrm{X}) = L(\mathrm{X}) = B(\mathrm{X})$ durch

$$(ST)(x) = S(Tx), \quad \forall x \in \mathrm{X} \tag{12.135}$$

das Produkt definieren, das den Axiomen (A1) bis (A4) aus (12.3.4), der Verträglichkeitsbedingung (12.97) mit der Norm genügt und so $L(\mathrm{X})$ zu einer (i.allg. nichtkommutativen) normierten und, falls X BANACH–Raum ist, zu einer BANACH–Algebra macht. Damit sind für jeden Operator $T \in L(\mathrm{X})$ die Potenzen

$$T^0 = I, \ T^n = T^{n-1}T, \quad n = 1, 2, \ldots \tag{12.136}$$

definiert, wobei I der identische Operator $Ix = x, \quad \forall x \in \mathrm{X}$ ist. Es gilt

$$\|T^n\| \le \|T\|^n, \quad n = 0, 1, \ldots, \tag{12.137}$$

und außerdem existiert stets der (endliche) Grenzwert

$$r(T) = \lim_{n\to\infty} \sqrt[n]{\|T^n\|}, \tag{12.138}$$

der *Spektralradius* des Operators T heißt und den Beziehungen

$$r(T) \le \|T\|, \quad r(T^n) = [r(T)]^n, \quad r(\alpha T) = |\alpha| r(T), \quad r(T) = r(T^*) \tag{12.139}$$

genügt, wobei T^* der zu T adjungierte Operator ist (s. 12.6 und s. 12.156). Im Falle der Vollständigkeit von $L(\mathrm{X})$ hat der Operator $(\lambda I - T)^{-1}$ für $|\lambda| > r(T)$ die Darstellung in Form der NEUMANNschen Reihe

$$(\lambda I - T)^{-1} = \lambda^{-1} I + \lambda^{-2} T + \ldots + \lambda^{-n} T^{n-1} + \ldots, \tag{12.140}$$

die für $|\lambda| > r(T)$ in der Operatornorm von $L(\mathrm{X})$ konvergiert.

Sind $\mathrm{X} = (\mathrm{X}, \mathrm{X}_+, \|\cdot\|)$ und $\mathrm{Y} = (\mathrm{Y}, \mathrm{Y}_+, \|\cdot\|)$ geordnete normierte Räume, wobei X_+ ein erzeugender Kegel ist, dann ist die Menge $L_+(\mathrm{X},\mathrm{Y})$ aller positiven linearen und stetigen Operatoren T, d.h. $T(\mathrm{X}_+) \subset \mathrm{Y}_+$, ein Kegel in $L(\mathrm{X},\mathrm{Y})$. Es gilt der *Satz von* M.G. KREIN, G.J. LOSANOWSKIJ *über die Stetigkeit positiver Operatoren* (s. Lit. [12.19]). Sind X und Y geordnete BANACH–Räume mit abgeschlossenen Kegeln X_+ und Y_+ und erzeugendem X_+, dann folgt aus der Positivität eines linearen Operators seine Stetigkeit.

12.5.1.2 Konvergenz von Operatorenfolgen

Punktweise Konvergenz einer Folge von linearen stetigen Operatoren $T_n\colon \mathrm{X} \longrightarrow \mathrm{Y}$ zu einem Operator $T\colon \mathrm{X} \longrightarrow \mathrm{Y}$ liegt vor, wenn in Y gilt:

$$T_n x \longrightarrow Tx, \quad \forall x \in \mathrm{X}. \tag{12.141}$$

Die übliche Norm–Konvergenz einer Folge von Operatoren $\{T_n\}_{n=1}^{\infty}$ im Raum $L(X, Y)$ zu T, also

$$\|T_n - T\| = \sup_{\|x\|\leq 1} \|T_n x - Tx\| \longrightarrow 0, \qquad n \to \infty \tag{12.142}$$

ist die *gleichmäßige* Konvergenz auf der Einheitskugel von X. Sie impliziert die punktweise Konvergenz während die Umkehrung i.allg. nicht gilt.
Anwendungen: Konvergenz von Quadraturformeln, wenn die Anzahl n der Stützstellen gegen ∞ geht, Permanenzprinzip von Summations- und Limitierungsverfahren u.a.

12.5.2 Lineare stetige Operatoren in Banach–Räumen

Die Räume X und Y seien jetzt als BANACH–Räume vorausgesetzt.

1. Satz von BANACH–STEINHAUS (**Prinzip der gleichmäßigen Beschränkheit**) Er charakterisiert die punktweise Konvergenz einer Folge von linearen stetigen Operatoren zu einem linearen stetigen Operator durch die beiden Bedingungen: a) für jedes Element aus einer überall dichten Teilmenge $D \subset X$ hat die Folge $\{T_n x\}$ einen Grenzwert in X und b) mit einer Konstanten C gilt $\|T_n\| \leq C$, $\forall n$.

2. Satz von der offenen Abbildung Er besagt, daß ein linearer stetiger Operator, der X auf Y abbildet, *offen* ist, d.h., das Bild $T(G)$ ist eine offene Menge in Y für jede offene Menge G aus X.

3. Satz vom abgeschlossenen Graphen (Closed Graph Theorem) Ein Operator $T\colon D_T \longrightarrow Y$ mit $D_T \subset X$ heißt *abgeschlossen*, wenn aus $x_n \in D_T$, $x_n \to x_0$ in X und $Tx_n \to y_0$ in Y stets $x_0 \in D_T$ und $y_0 = Tx_0$ folgen. Notwendig und hinreichend dafür ist die Abgeschlossenheit des Graphen des Operators T im Raum $X \times Y$, d.h. der Menge

$$\Gamma_T = \{(x, Tx)\colon\ x \in D_T\}, \tag{12.143}$$

wobei (x, y) hier die Bezeichnung für ein Element der Menge $X \times Y$ ist. Es gilt: Ist T ein abgeschlossener Operator mit abgeschlossenem Definitionsbereich D_T, dann ist T stetig.

4. Satz von HELLINGER **und** TOEPLITZ Sei T ein linearer Operator in einem HILBERT–Raum $\mathbb{H}$. Wenn $(x, Ty) = (Tx, y)$ für alle $x, y \in \mathbb{H}$ gilt, so ist T stetig.

5. Inverser Operator Seien X und Y beliebige normierte Räume und $T\colon\ X \longrightarrow Y$ ein linearer, nicht unbedingt stetiger Operator. T besitzt einen stetigen Inversen $T^{-1}\colon\ Y \longrightarrow X$, wenn $TX = Y$ und mit einer Konstanten $m > 0$ für alle $x \in X$ die Abschätzung $\|Tx\| \geq m\|x\|$ gilt. Man hat dann sogar $\|T^{-1}\| \leq \frac{1}{m}$.
Im Falle von BANACH–Räumen X, Y gilt der

6. Satz von BANACH **über die Stetigkeit des inversen Operators** Ist T ein linearer stetiger bijektiver Operator von X auf Y, dann ist der inverse Operator T^{-1} stetig. Als wichtige Anwendungen ergeben sich daraus beispielsweise die Stetigkeit von $(\lambda I - T)^{-1}$ bei Injektivität und Surjektivität von $\lambda I - T$, was bei der Untersuchung des Spektrums eines Operators (s. 12.5.3.2) von entscheidender Bedeutung ist, sowie die

7. Stetige Abhängigkeit der Lösung sowohl von der rechten Seite als auch von den Anfangswerten bei Anfangswertproblemen für lineare Differentialgleichungen .

■ Das Anfangswertproblem

$$\ddot{x}(t) + p_1(t)\dot{x}(t) + p_2(t)x(t) = q(t) \quad t \in [a, b] \qquad x(t_0) = \xi,\ \dot{x}(t_0) = \dot{\xi} \quad t_0 \in [a, b] \tag{12.144}$$

mit den Koeffizienten $p_1(t), p_2(t) \in \mathcal{C}([a, b])$ besitzt für jede rechte Seite $q(t) \in \mathcal{C}([a, b])$ und jedes Zahlenpaar $\xi,\ \dot{\xi}$ genau eine Lösung x aus $\mathcal{C}^2([a, b])$, die im folgenden Sinne *stetig* von $q(t)$, ξ und $\dot{\xi}$ abhängt. Sind $q_n(t) \in \mathcal{C}([a, b])$ und gilt für $\forall n$

$$\ddot{x}_n(t) + p_1(t)\dot{x}_n(t) + p_2(t)x_n(t) = q_n(t), \quad x_n(a) = \xi_n,\ \dot{x}_n(a) = \dot{\xi}_n,$$

dann gilt:

$$\left.\begin{array}{r} q_n(t) \to q_0(t) \quad \text{in} \quad \mathcal{C}([a, b]), \\ \xi_n \to \xi \qquad\qquad\qquad \\ \dot{\xi}_n \to \dot{\xi} \qquad\qquad\qquad \end{array}\right\} \quad \text{impliziert } x_n \to x \text{ im Raum } \mathcal{C}^2([a, b]). \tag{12.145}$$

3. **Methode der sukzessiven Approximation** zur Lösung einer Gleichung der Form

$$x - Tx = y \tag{12.146}$$

mit einem stetigen linearen Operator T im BANACH–Raum X bei vorgegebenem y. Sie besteht darin, ausgehend von einer beliebigen Anfangsnäherung x_0, eine Folge $\{x_n\}$ von Näherungslösungen nach der Vorschrift

$$x_{n+1} = y + Tx_n, \qquad n = 0, 1, \ldots \tag{12.147}$$

zu erzeugen, die in X zur Lösung x^* von (12.146) konvergiert. Die Konvergenz der Methode, also $x_n \to x^*$, basiert auf der Konvergenz der Reihe (12.140) mit $\lambda = 1$. Es gelten die folgenden Aussagen:
Sei $\|T\| \leq q < 1$. Dann

a) besitzt der Operator $I - T$ einen stetigen Inversen mit $\|(I-T)^{-1}\| \leq \frac{1}{1-q}$, und die Gleichung (12.146) hat genau eine Lösung für beliebiges y,

b) konvergiert die Reihe (12.140), und ihre Summe ist der Operator $(I - T)^{-1}$,

c) konvergiert das Verfahren, (12.147) für einen beliebigen Anfangswert x_0 zur eindeutigen Lösung x^* der Gleichung (12.146), falls die Reihe (12.140) konvergiert. Dabei gilt die Abschätzung

$$\|x_n - x^*\| \leq \frac{q^n}{1-q}\|Tx_0 - x_0\|, \quad n = 1, 2, \ldots \tag{12.148}$$

Analog, (s. 9.1.4 und Lit. [12.8]), behandelt man Gleichungen der Typen

$$x - \mu Tx = y, \qquad \lambda x - Tx = y, \qquad \mu, \lambda \in \mathbb{K}. \tag{12.149}$$

12.5.3 Elemente der Spektraltheorie linearer Operatoren

12.5.3.1 Resolventenmenge und Resolvente eines Operators

Bei Untersuchungen zur Lösbarkeit von Gleichungen ist man bestrebt, das Problem auf die Form

$$(I - T)x = y \tag{12.150}$$

mit einem Operator T von möglichst kleiner Norm zubringen, da diese wegen (12.139 und 12.140) für eine funktionalanalytische Behandlung besonders zugänglich ist. Um mit der Theorie auch große Werte von $\|T\|$ zu erfassen, untersucht man in einem komplexen BANACH–Raum X die gesamte Schar von Gleichungen

$$(\lambda I - T)x = y, \quad x \in \mathrm{X}, \quad \lambda \in \mathbb{C}. \tag{12.151}$$

Sei T ein linearer, im allgemeinen unbeschränkter Operator im BANACH–Raum X. Die Menge $\varrho(T)$ aller komplexen Zahlen, für die $(\lambda I - T)^{-1} \in B(\mathrm{X}) = L(\mathrm{X})$ gilt, heißt *Resolventenmenge* und der Operator $R_\lambda = R_\lambda(T) = (\lambda I - T)^{-1}$ *Resolvente.* Sei jetzt T ein beschränkter linearer Operator in einem komplexen BANACH-Raum X. Dann gelten die Aussagen:

1. Die Menge $\varrho(T)$ ist offen. Genauer, ist $\lambda_0 \in \varrho(T)$ und genügt $\lambda \in \mathbb{C}$ der Ungleichung

$$|\lambda - \lambda_0| < \frac{1}{\|R_{\lambda_0}\|}, \tag{12.152}$$

dann existiert R_λ, und es gilt

$$R_\lambda = R_{\lambda_0} + (\lambda - \lambda_0)R_{\lambda_0}^2 + (\lambda - \lambda_0)^2 R_{\lambda_0}^3 + \ldots = \sum_{k=1}^{\infty} (\lambda - \lambda_0)^{k-1} R_{\lambda_0}^k. \tag{12.153}$$

2. $\{\lambda \in \mathbb{C} : |\lambda| > \|T\|\} \subset \varrho(T)$. Genauer, für $\forall \lambda \in \mathbb{C}$ mit $|\lambda| > \|T\|$ existiert R_λ und

$$R_\lambda = -\frac{I}{\lambda} - \frac{T}{\lambda^2} - \frac{T^2}{\lambda^3} - \ldots\,. \tag{12.154}$$

3. $\|R_\lambda - R_{\lambda_0}\| \to 0$, wenn $\lambda \to \lambda_0 \quad \lambda, \lambda_0 \in \varrho(T)$ und $\|R_\lambda\| \to 0$ wenn $\lambda \to \infty,\ \lambda \in \varrho(T)$.

4. $\left\|\dfrac{R_\lambda - R_{\lambda_0}}{\lambda - \lambda_0} - R_{\lambda_0}^2\right\| \longrightarrow 0$, wenn $\lambda \to \lambda_0$.

5. Für ein beliebiges Funktional $f \in \mathrm{X}^*$ und beliebiges $x \in \mathrm{X}$ ist $F(\lambda) = f(R_\lambda(x))$ eine holomorphe

Funktion auf $\varrho(T)$.

6. Für beliebige $\lambda, \mu \in \varrho(T)$, $\lambda \neq \mu$ gilt

$$R_\lambda R_\mu = R_\mu R_\lambda = \frac{R_\lambda - R_\mu}{\lambda - \mu}. \qquad (12.155$$

12.5.3.2 Spektrum eines Operators

Die Menge $\sigma(T) = \mathbb{C} \setminus \varrho(T)$ heißt *Spektrum* des Operators T. Da $I - T$ offenbar genau dann einen stetigen Inversen (und demzufolge die Gleichung (12.150) immer eine Lösung, die stetig von der rechten Seite abhängt) besitzt, wenn $1 \in \varrho(T)$, ist eine möglichst umfassende Kenntnis des Spektrums $\sigma(T)$ des Operators erforderlich. Aus den Eigenschaften der Resolventenmenge folgt sofort, daß das Spektrum $\sigma(T)$ eine abgeschlossene Teilmenge von $\mathbb{C}$ ist, die im Kreis $\{\lambda\colon |\lambda| \leq \|T\|\}$ liegt, wobei in vielen Fällen $\sigma(T)$ deutlich kleiner als dieser Kreis ist. Für jeden linearen stetigen Operator auf einem komplexen BANACH–Raum ist das Spektrum nicht leer, und es gilt die Formel

$$r(T) = \sup_{\lambda \in \sigma(T)} |\lambda|. \qquad (12.156$$

Genauere Angaben über das Spektrum sind für viele gebräuchliche Klassen von Operatoren möglich. Ist T ein Operator in einem endlichdimensionalen Raum X und hat die Gleichung $(\lambda I - T)x = 0$ nur die triviale Lösung (d.h. $\lambda I - T$ ist injektiv), dann folgt bereits $\lambda \in \varrho(T)$ (d.h. $\lambda I - T$ ist surjektiv). Hat diese Gleichung in irgendeinem BANACH–Raum eine nichttriviale Lösung, dann ist der Operator $\lambda I - T$ nicht injektiv und $(\lambda I - T)^{-1}$ i.allg. nicht definiert.

Die Zahl $\lambda \in \mathbb{C}$ heißt *Eigenwert* des linearen Operators T, wenn die Gleichung $\lambda x = Tx$ eine nichttriviale Lösung besitzt. Alle diese Lösungen heißen *Eigenvektoren* oder, falls X ein Funktionenraum ist (was in Anwendungen offenbar zutrifft), *Eigenfunktionen* des Operators T zu λ. Der von ihnen aufgespannte Teilraum heißt der *Eigenraum* zu λ. Die Menge $\sigma_p(T)$ aller Eigenwerte von T heißt *Punktspektrum* des Operators T.

Ein wesentlicher Unterschied zwischen dem endlichdimensionalen Fall, der im wesentlichen in der Linearen Algebra betrachtet wird, und der Situation im unendlichdimensionalen Fall, mit dem sich die Funktionalanalysis befaßt, besteht zumindest an dieser Stelle darin, daß in ersterem stets $\sigma(T) = \sigma_p(T)$ gilt, während in letzterem das Spektrum in der Regel Punkte enthält, die keine Eigenwerte von T sind. Ist $\lambda I - T$ injektiv und surjektiv, dann gilt wegen des Satzes über die Stetigkeit des Inversen (s. 504) $\lambda \in \varrho(T)$. Im Kontrast zum endlichdimensionalen Fall, bei dem die Surjektivität automatisch aus der Injektivität folgt, muß im unendlichdimensionalen Falle weitaus differenzierter vorgegangen werden.

Die Menge $\sigma_c(T)$ aller $\lambda \in \sigma(T)$, für die $\lambda I - T$ injektiv und $Im(\lambda I - T)$ dicht in X liegt, heißt *stetiges* oder *kontinuierliches* Spektrum und die Menge $\sigma_r(T)$ aller der λ, mit injektivem $\lambda I - T$ und nichtdichtem Wertebereich, heißt *Rest-* oder *Residualspektrum* des Operators T.

Für einen beschränkten linearen Operator T im komplexen BANACH–Raum X gilt die disjunkte Vereinigung

$$\sigma(T) = \sigma_p(T) \cup \sigma_c(T) \cup \sigma_r(T). \qquad (12.157$$

12.5.4 Stetige lineare Funktionale

Für $\mathrm{Y} = \mathbb{K}$ nennt man eine lineare Abbildung *lineares Funktional* oder *Linearform.* Im weiteren wird in einem HILBERT–Raum der komplexe, in allen anderen Situationen fast ausschließlich der reelle Fall betrachtet. Der BANACH–Raum $L(\mathrm{X}, \mathbb{K})$ aller stetigen linearen Funktionale heißt *Dual, Dualraum* oder *adjungierter Raum* von X und wird mit X^* (manchmal auch mit X') bezeichnet. Der Wert (aus $\mathbb{K}$) eines linearen stetigen Funktionals $f \in \mathrm{X}^*$ auf einem Element $x \in \mathrm{X}$ wird mit $f(x)$, häufig aber auch – um den für die Dualitätstheorie ausschlaggebenden Gedanken der bilinearen Verknüpfung von X und X^* hervorzuheben – mit (x, f) bezeichnet (vgl. auch mit dem Satz von RIESZ über die linearen stetigen Funktionale im HILBERT–Raum im nächsten Abschnitt).

■ **A:** Seien $t_1.t_2, \ldots, t_n$ fixierte Punkte des Intervals $[a, b]$ und $c_1, c_2, \ldots, c_n$ relle Zahlen. Durch

$$f(x) = \sum_{k=1}^{n} c_k x(t_k) \qquad (12.158$$

ist ein lineares stetiges Funktional auf dem Raum $\mathcal{C}([a,b])$ mit der Norm $\|f\| = \sum_{k=1}^{n} |c_k|$ definiert. Ein Spezialfall von (12.158) ist für ein fixiertes $t \in [a,b]$ das $\delta-$Funktional

$$\delta_t(x) = x(t), \quad x \in \mathcal{C}([a,b]). \tag{12.159}$$

■ **B:** Mit einer auf $[a,b]$ summierbaren Funktion $\varphi(t)$ ist

$$f(x) = \int_a^b \varphi(t)x(t)\,dt \tag{12.160}$$

ein lineares stetiges Funktional auf $\mathcal{C}([a,b])$ und auf $\mathcal{B}([a,b])$ jeweils mit der Norm $\|f\| = \int_a^b |\varphi(t)|dt$.

12.5.4.1 Stetige lineare Funktionale im Hilbert–Raum, Satz von Riesz

Im HILBERT–Raum $\mathbb{H}$ definiert jedes Element $y \in \mathbb{H}$ mittels $f(x) = (x,y)$ ein lineares stetiges Funktional mit der Norm $\|f\| = \|y\|$. Andererseits, ist f ein lineares stetiges Funktional auf $\mathbb{H}$, dann existiert genau ein Element $y \in \mathbb{H}$, so daß gilt:

$$f(x) = (x,y) \quad \forall x \in \mathbb{H}. \tag{12.161}$$

Die Räume $\mathbb{H}$ und $\mathbb{H}^*$ sind nach diesem Satz isomorph, weshalb man sie identifiziert.
Der Satz von Riesz enthält einen Hinweis darauf, wie man die *Orthogonalität in einem beliebigen normierten Raum* einführen kann. Seien $A \subset \mathrm{X}$ und $A^* \subset \mathrm{X}^*$. Dann nennt man die Mengen

$$A^{\perp} = \{f \in \mathrm{X}^* \colon f(x) = 0 \quad \forall x \in A\} \quad \text{und} \quad A^{*\perp} = \{x \in \mathrm{X} \colon f(x) = 0 \quad \forall f \in B\} \tag{12.162}$$

jeweils das *orthogonale Komplement* oder den *Annulator* zu A bzw. A^*.

12.5.4.2 Stetige lineare Funktionale in L^p

Sei $p \geq 1$. Man nennt q den zu p *konjugierten Exponenten,* wenn $\frac{1}{p} + \frac{1}{q} = 1$ gilt, wobei man $q = \infty$ im Falle $p = 1$ setzt.

■ Aufgrund der HÖLDERschen Ungleichung für Integrale (s. S. 21) kann das Funktional (12.160) auch auf den Räumen $L^p([a,b])$, $1 \leq p \leq \infty$ (12.9.4) betrachtet werden, falls $\varphi \in L^q([a,b])$, mit $\frac{1}{p} + \frac{1}{q} = 1$ ist. Seine Norm ist dann

$$\|f\| = \|\varphi\| = \begin{cases} \left[\int_a^b |\varphi(t)|^q dt\right]^{\frac{1}{q}}, & \text{falls} \quad 1 < p \leq \infty \\ \operatorname{vrai\,sup}_{t\in[a,b]} |\varphi(t)|, & \text{falls} \quad p = 1 \end{cases} \tag{12.163}$$

(bzgl. der Definition von vrai sup $|\varphi|$ s. 520). Zu jedem linearen stetigen Funktional f im Raum $L^p([a,b])$ gibt es ein (bis auf seine Äquivalenzklasse) eindeutig bestimmtes Element $y \in L^q([a,b])$, so daß

$$f(x) = (x,y) = \int_a^b x(t)\overline{y(t)}dt, \quad x \in L^p \quad \text{und} \quad \|f\| = \|y\|_q = \left(\int_a^b |y(t)|^q dt\right)^{\frac{1}{q}} \tag{12.164}$$

gelten. Für den Fall $p = \infty$ (s. Lit. [12.17]).

12.5.5 Fortsetzung von linearen Funktionalen

1. Halbnorm Eine Abbildung $p\colon \mathrm{X} \longrightarrow \mathbb{R}$ eines Vektorraumes X heißt *Halbnorm,* wenn sie die folgenden Eigenschaften besitzt:

$$(HN1) \quad p(x) \geq 0, \tag{12.165}$$

$$(HN2) \quad p(\alpha x) = |\alpha| p(x), \tag{12.166}$$

$$(HN3) \quad p(x+y) \leq p(x) + p(y). \tag{12.167}$$

Ein Vergleich mit (12.3.1) zeigt, daß eine Halbnorm genau dann eine Norm ist, wenn $p(x) = 0$ nur für $x = \mathbf{0}$ gilt. Sowohl für theoretische innermathematische Fragestellungen als auch für praktische Belange in vielen Anwendungen der Mathematik hat sich das Problem der Erweiterung eines auf einem linearen Teilraum $\mathrm{X}_0 \subset \mathrm{X}$ gegebenen linearen Funktionals auf den gesamten Raum, freilich – um triviale und uninteressante Fälle auszuschließen – unter Beibehaltung gewisser „guter“ Eigenschaften als eines der fundamentalsten Ergebnisse herauskristallisiert. Die Lösung dieses Problems wird garantiert durch den

2. Fortsetzungssatz von HAHN–BANACH (analytische Form) Sei X ein Vektorraum über $\mathbb{K}$ und p eine Halbnorm auf X. Seien X_0 ein linearer (komplexer, falls $\mathbb{K} = \mathbb{C}$ und reeller, falls $\mathbb{K} = \mathbb{R}$) Teilraum von X und f_0 ein lineares (komplexwertiges, falls $\mathbb{K} = \mathbb{C}$ und reellwertiges, falls $\mathbb{K} = \mathbb{R}$) Funktional auf X_0, welches der Bedingung

$$|f_0(x)| \leq p(x) \quad \forall x \in X_0 \tag{12.168}$$

genügt. Dann existiert ein lineares Funktional f auf X, mit folgenden Eigenschaften:

$$f(x) = f_0(x) \quad \forall x \in X_0, \qquad |f(x)| \leq p(x) \quad \forall x \in X. \tag{12.169}$$

f ist also Fortsetzung des Funktionals f_0 auf den gesamten Raum X unter Beibehaltung der Abschätzung (12.168).
Wenn X_0 ein linearer Teilraum eines normierten Raumes X ist und f_0 ein stetiges lineares Funktional auf X_0, dann ist $p(x) = \|f_0\| \cdot \|x\|$ eine Halbnorm auf X mit (12.168), so daß sich sofort die Variante des Satzes von HAHN–BANACH über die Fortsetzung *stetiger* linearer Funktionale ergibt. Zwei wichtige Konsequenzen aus letzterem sind die „Reichhaltigkeit"des dualen zu einem normierten Raum: Für jedes Element $x \neq \mathbf{0}$ gibt es ein Funktional $f \in X^*$ mit $f(x) = \|x\|$ und $\|f\| = 1$ sowie der folgende Sachverhalt: für jeden linearen Teilraum $X_0 \subset X$ und $x_0 \notin X_0$, mit dem Abstand $d = \inf_{x \in X_0} \|x - x_0\| > 0$, gibt es ein $f \in X^*$ mit

$$f(x) = 0, \ \forall x \in X_0, \quad f(x_0) = 1 \quad \text{und} \quad \|f\| = \frac{1}{d}. \tag{12.170}$$

12.5.6 Trennung konvexer Mengen

1. Hyperebenen Eine von X verschiedene lineare Teilmenge L des (reellen) Vektorraumes X heißt *Hyperteilraum* oder Hyperebene durch $\mathbf{0}$, wenn ein $x_0 \in X$ existiert, mit dem $X = lin(x_0, L)$ gilt. Mengen der Gestalt $x + L$ sind affin–lineare Mannigfaltigkeiten (s. Abschnitt 12.1.2). Ist dabei L ein Hyperteilraum, so nennt man sie *Hyperebenen*. Es besteht der folgende enge Zusammenhang zwischen Hyperebenen und linearen Funktionalen: Einerseits ist der Kern $f^{-1}(0) = \{x \in X\colon f(x) = 0\}$ eines linearen Funktionals f auf X ein Hyperteilraum in X, und für jede Zahl $\lambda \in \mathbb{R}$ existiert ein $x_\lambda \in X$ mit $f(x_\lambda) = \lambda$ und $f^{-1}(\lambda) = x_\lambda + f^{-1}(0)$. Andererseits existiert zu einem Hyperteilraum $L \subset X$, einem $x_0 \notin L$ und $\lambda \neq 0$, $\lambda \in \mathbb{R}$ stets ein eindeutig bestimmtes lineares Funktional f auf X mit $f^{-1}(0) = L$ und $f(x_0) = \lambda$. Die Abgeschlossenheit von $f^{-1}(0)$ im Falle eines normierten Raums X ist äquivalent zur Stetigkeit des Funktionals f.

2. Geometrische Form des Satzes von HAHN–BANACH Seien X ein normierter Raum, $x_0 \in X$ und L ein linearer Teilraum von X. Dann gibt es zu jeder nichtleeren konvexen offenen Menge K, die sich mit der affin-linearen Mannigfaltigkeit $\{x_0 + L\}$ nicht schneidet, eine abgeschlossene Hyperebene H mit $\{x_0 + L\} \subset H$ und $H \cap K = \emptyset$.

3. Trennung konvexer Mengen Man nennt zwei Teilmengen A, B eines reellen normierten Raumes X durch eine Hyperebene *trennbar*, wenn ein Funktional $f \in X^*$ existiert, so daß gilt:

$$\sup_{x \in A} f(x) \leq \inf_{y \in B} f(y). \tag{12.171}$$

$f^{-1}(\alpha)$ mit $\alpha = \sup_{x \in A} f(x)$ ist dann die trennende Hyperebene, was nichts anderes besagt, als daß die Mengen in den verschiedenen Halbräumen

$$\{x \in X\colon f(x) \leq \alpha\} \qquad \text{und} \qquad \{x \in X\colon f(x) \geq \alpha\} \tag{12.172}$$

liegen (**Abb.12.5b,c**). Entscheidend für die Trennung zweier Mengen ist weniger ihre Disjunktheit (**Abb.12.5a**), als mehr beider Konvexität, da ja nicht ausgeschlossen ist, daß beide zu trennenden Mengen gemeinsame Punkte besitzen, durch die die Hyperebene verläuft. Es gilt: Ist A eine konvexe Menge eines normierten Raumes X mit nichtleerem Inneren $Int(A)$ und $B \subset X$ eine nichtleere konvexe Menge mit $Int(A) \cap B = \emptyset$, dann sind A und B trennbar. Ein (reelles lineares) Funktional $f \in X^*$ heißt *Stützfunktional* an die Menge A im Punkt $x_0 \in A$, wenn es eine solche Zahl $\lambda \in \mathbb{R}$ gibt, für die $f(x_0) = \lambda$ und $A \subset \{x \in X : f(x) \leq \lambda\}$ gilt. $f^{-1}(\lambda)$ heißt dann *Stützhyperebene* im Punkt x_0 an A. Für eine konvexe Menge K mit nichtleerem Inneren existiert in jedem ihrer Randpunkte ein Stützfunktional. Auf der Trennbarkeit von konvexen Mengen beruhen die Grundlagen der Optimierung (s. 18.2,S. 725).

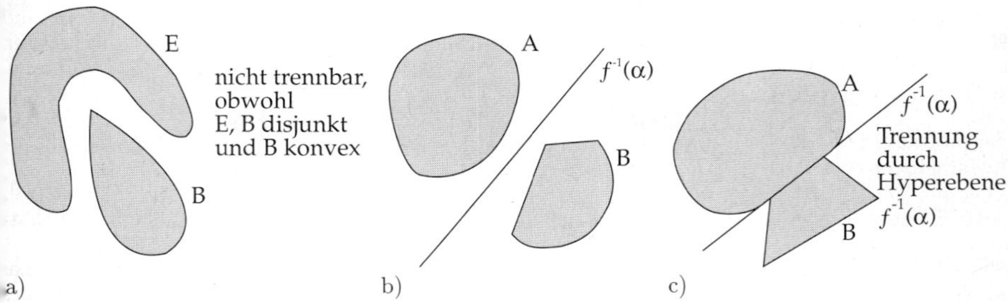

Abbildung 12.5

insbesondere aber der Beweis der KUHN–TUCKER–Bedingungen, aus denen sich praktische Verfahren zur Bestimmung des Minimums eines konvexen Optimierungsproblems herleiten lassen (s. Lit. [12.4]).

12.5.7 Bidualer und reflexive Räume

Der duale Raum X^* eines normierten Raums X ist mit $\|f\| = \sup_{\|x\|\le 1} |f(x)|$ ebenfalls ein normierter Raum, so daß $(X^*)^* = X^{**}$, der *Bidual* oder der *zweite adjungierte* zu X, betrachtet werden kann. Die *kanonische Einbettung*

$$J\colon X \longrightarrow X^{**} \quad \text{mit} \quad Jx = F_x, \text{ wobei } \quad F_x(f) = f(x) \quad \forall f \in X^* \tag{12.173}$$

erweist sich als Normisomorphie (s. 12.3.1), weswegen X mit dem Teilraum $J(X) \subset X^{**}$ identifiziert wird. Ein BANACH–Raum heißt *reflexiv,* wenn $J(X) = X^{**}$ gilt, die kanonische Einbettung also eine surjektive Normisomorphie ist.

■ Alle endlichdimensionalen BANACH–Räume und alle HILBERT–Räume sind reflexiv, ebenso die Räume L^p, $1 < p < \infty$, während $\mathcal{C}([a,b])$, $L^1([0,1])$, $\mathbf{c_0}$ Beispiele nichtreflexiver Räume sind.

12.6 Adjungierte Operatoren in normierten Räumen

12.6.1 Adjungierter Operator zu einem beschränkten linearen Operator

Für einen linearen stetigen Operator $T\colon X \longrightarrow Y$, (X, Y normierte Räume) ordnet man jedem $g \in Y^*$ durch $f(x) = g(Tx)$ $\forall x \in X$ ein Funktional $f \in X^*$ zu. Auf diese Weise entsteht ein linearer stetiger Operator

$$T^*\colon Y^* \longrightarrow X^*, \quad (T^*g)(x) = g(Tx) \quad \forall g \in Y^* \quad \forall x \in X, \tag{12.174}$$

der *adjungierter* Operator zu T heißt und die folgenden Eigenschaften besitzt:
$(T+S)^* = T^* + S^*$, $(ST)^* = S^*T^*$, $\|T^*\| = \|T\|$, wobei für die linearen stetigen Operatoren $T\colon X \to Y$ und $S\colon Y \to Z$, (X, Y, Z normierte Räume) der Operator $ST\colon X \to Z$ auf natürliche Weise durch $ST(x) = S(T(x))$ definiert ist. Mit den in den Abschnitten 12.1.5 und 12.5.4.1 eingeführten Bezeichnungen bestehen für einen Operator $T \in B(X, Y)$ die folgenden Identitäten:

$$\overline{Im(T)} = Ker(T^*)^{\perp}, \quad \overline{Im(T^*)} = Ker(T)^{\perp}, \tag{12.175}$$

wobei die Abgeschlossenheit von $Im(T)$ die Abgeschlossenheit von $Im(T^*)$ impliziert.
Der Operator T^{**}, den man als $(T^*)^*$ aus T^* gewinnt, hat die Eigenschaft: ist $F_x \in X^{**}$, dann ist $T^{**}F_x = F_{Tx} \in Y^{**}$. Der Operator $T^{**}\colon X^{**} \to Y^{**}$ ist also eine Erweiterung von T.
Im HILBERT–Raum $\mathbb{H}$ kann auf Grund des RIESZschen Satzes der adjungierte Operator mit Hilfe des Skalarprodukts $(Tx, y) = (x, T^*y)$, $x, y \in \mathbb{H}$ eingeführt werden, wobei sich wegen der Identifizierung von $\mathbb{H}$ und $\mathbb{H}^{**}$ neben $(\lambda T)^* = \overline{\lambda} T^*$ und $I^* = I$ sogar $T^{**} = T$ ergibt. Ist T bijektiv, so ist es auch T^*, und es gilt $(T^*)^{-1} = (T^{-1})^*$. Für die Resolventen von T und T^* gilt die Beziehung

$$[R_\lambda(T)]^* = R_{\overline{\lambda}}(T^*), \tag{12.176}$$

woraus sich für das Spektrum des adjungierten Operators $\sigma(T^*) = \{\overline{\lambda}\colon \lambda \in \sigma(T)\}$ ergibt.

■ **A:** Sei T ein Integraloperator mit stetigem Kern

$$(Tx)(s) = \int_a^b K(s,t)x(t)\,dt, \tag{12.177}$$

der im Raum $L^p([a,b])$, $1 < p < \infty$ betrachtet wird. Der zu T adjungierte Operator ist ebenfalls ein Integraloperator

$$(T^*g)(t) = \int_a^b K^*(t,s)y_g(s)\,ds \tag{12.178}$$

mit dem Kern $K^*(s,t) = K(t,s)$, wobei y_g das gemäß (12.164) zu $g \in (L^p)^*$ existierende Element aus L^q ist.

B: Im endlichdimensionalen komplexen Raum ist der adjungierte zu einem durch die Matrix $A = (a_{ij})$ representierten Operator gerade durch die Matrix A^* mit $a^*_{ij} = \overline{a_{ji}}$ definiert.

12.6.2 Adjungierter Operator zu einem unbeschränkten Operator

Seien X und Y reelle normierte Räume und T ein linearer (nicht unbedingt beschränkter) Operator mit dem (linearen) Definitionsbereich $D(T) \subset \mathrm{X}$ und Werten in Y. Für ein fixiertes Funktional $g \in \mathrm{Y}^*$ hat dann der Ausdruck $g(Tx)$ Sinn, der offenbar linear von x abhängt, so daß die Frage nach der Existenz eines wohlbestimmten Funktionals $f \in \mathrm{X}^*$ mit der Eigenschaft

$$f(x) = g(Tx) \quad \forall x \in D(T) \tag{12.179}$$

steht. Sei $D^* \subset \mathrm{Y}^*$ die Menge aller der $g \in \mathrm{Y}^*$, für die bei einem gewissen $f \in \mathrm{X}^*$ die Darstellung (12.179) gilt. Ist $\overline{D(T)} = \mathrm{X}$, dann ist f zu vorgegebenem g eindeutig bestimmt, so daß ein linearer Operator $f = T^*g$ mit $D(T^*) = D^*$ als Definitionsbereich entsteht. Für beliebige $x \in D(T)$ und $g \in \mathrm{Y}^*$ gilt dann

$$g(Tx) = (T^*g)(x) \qquad \forall x \in \mathrm{X} \quad \forall g \in D(T^*). \tag{12.180}$$

Der Operator T^* ist sogar abgeschlossen und heißt *adjungiert* zu T. Die Natürlichkeit dieses allgemeinen Zugangs ergibt sich daraus, daß $D(T^*) = \mathrm{Y}^*$ genau dann gilt, wenn T auf $D(T)$ beschränkt ist. In diesem Falle ist $T^* \in B(\mathrm{Y}^*, \mathrm{X}^*)$ und $\|T^*\| = \|T\|$.

12.6.3 Selbstadjungierte Operatoren

Ein Operator $T \in B(\mathbb{H})$ heißt *selbstadjungiert,* wenn $T^* = T$. In diesem Falle ist $\forall x \in \mathbb{H}$ die Zahl (Tx,x) reell. Es gelten

$$\|T\| = \sup_{\|x\|=1} |(Tx,x)| \tag{12.181}$$

und mit $m = m(T) = \inf_{\|x\|=1}(Tx,x)$ und $M = M(T) = \sup_{\|x\|=1}(Tx,x)$

$$m(T)\|x\|^2 \le (Tx,x) \le M(T)\|x\|^2 \quad \text{und} \quad \|T\| = r(T) = \max\{|m|, M\}. \tag{12.182}$$

Das Spektrum eines selbstadjungierten (beschränkten) Operators liegt im Intervall $[m, M]$, wobei $m, M \in \sigma(T)$ gilt.

12.6.3.1 Positiv definite Operatoren

In der Menge aller selbstadjungierten Operatoren aus $B(\mathbb{H})$ kann durch

$$T \ge \mathbf{0} \quad \text{genau dann, wenn} \quad (Tx,x) \ge 0 \quad \forall x \in \mathbb{H}, \tag{12.183}$$

eine partielle Ordnung eingeführt werden, wobei ein Operator T mit $T \ge \mathbf{0}$ *positiv (definit)* heißt. Für einen selbstadjungierten Operator T gilt (mit Hilfe von (H1) aus 12.4.1.1) $(T^2x,x) = (Tx,Tx) \ge 0$, so daß T^2 positiv definit ist. Jeder positiv definite Operator T besitzt seine Wurzel, d.h., es existiert genau ein positiv definiter Operator W mit $W^2 = T$. Darüber hinaus ist der Vektorraum der selbstadjungierten Operatoren ein Vektorverband (s. 12.1.7.4), wobei die Operatoren

$$|T| = \sqrt{T^2}, \quad T^+ = \frac{1}{2}(|T| + T), \quad T^- = \frac{1}{2}(|T| - T) \tag{12.184}$$

für die Spektralzerlegung und Spektral- bzw. Integraldarstellung von selbstadjungierten Operatoren mit Hilfe eines Stieltjesintegrals große Bedeutung erlangen (s. Lit. [12.1], [12.11], [12.12], [12.14], [12.17], [12.20]).

12.6.3.2 Projektoren im Hilbert–Raum

Sei $\mathbb{H}_0$ ein Teilraum eines HILBERT–Raums $\mathbb{H}$. Dann ist nach dem Projektionssatz (12.4.2) für jedes $x \in \mathbb{H}$ seine Projektion x' auf $\mathbb{H}_0$ und demzufolge ein Operator P mit $Px = x'$ von $\mathbb{H}$ auf $\mathbb{H}_0$ definiert. P heißt *Projektor* auf $\mathbb{H}_0$. Offenbar ist P linear, stetig, und es gilt $\|P\| = 1$. Ein stetiger linearer Operator P in $\mathbb{H}$ ist genau dann ein Projektor (auf einen geeigneten Unterrraum), wenn a) $P = P^*$, d.h. P ist selbstadjungiert, und b) $P^2 = P$, d.h. P ist *idempotent,* gilt.

12.7 Kompakte Mengen und kompakte Operatoren

12.7.1 Kompakte Teilmengen in normierten Räumen

Eine Teilmenge A eines normierten Raumes ‡ X heißt

- *kompakt,* wenn jede Folge von Elementen aus A eine konvergente Teilfolge enthält, deren Grenzwert in A liegt,
- *relativkompakt* oder *präkompakt,* wenn ihre Abschließung (s. 12.2.1.3) kompakt ist, d.h., jede Folge von Elementen aus A enthält eine (nicht unbedingt zu einem Element aus A) konvergente Teilfolge.

In der Analysis ist dies gerade der Satz von BOLZANO–WEIERSTRASS, weshalb man sagt, eine solche Menge besitze die BOLZANO–WEIERSTRASS–*Eigenschaft.*

Jede kompakte Menge ist abgeschlossen und beschränkt. Umgekehrt, ist der Raum X endlichdimensional, dann ist jede solche Menge auch kompakt. Die abgeschlossene Einheitskugel im normierten Raum X ist genau dann kompakt, wenn X endlichdimensional ist. Zur Charakterisierung von relativkompakten Mengen in metrischen Räumen (Satz von HAUSDORFF über die Existenz eines endlichen ε–Netzes) sowie in den Räumen $\mathbf{s}$, $\mathcal{C}$ (Satz von ARZELA–ASCOLI) und $\mathbf{L}^p$, $1 < p < \infty$ s. Lit. [12.17].

12.7.2 Kompakte Operatoren

12.7.2.1 Begriff des kompakten Operators

Ein beliebiger Operator $T\colon \mathrm{X} \longrightarrow \mathrm{Y}$ des normierten Raums X in den normierten Raum Y heißt *kompakt,* wenn das Bild $T(A)$ jeder beschränkten Menge $A \subset \mathrm{X}$ eine relativkompakte Menge in Y ist. Ist der Operator T zudem noch stetig, dann heißt er *vollstetig.* Jeder kompakte *lineare* Operator ist beschränkt und demzufolge vollstetig. Für die Kompaktheit eines linearen Operators, genügt es zu fordern, daß er die Einheitskugel aus X in eine relativkompakte Menge in Y überführt.

12.7.2.2 Eigenschaften linearer kompakter Operatoren

Eine sequentielle Charakteristik der Kompaktheit eines Operators aus $B(\mathrm{X}, \mathrm{Y})$ ist die folgende: Für jede beschränkte Folge $\{x_n\}_{n=1}^{\infty}$ aus X enthält die Folge $\{Tx_n\}_{n=1}^{\infty}$ eine konvergente Teilfolge. Eine Linearkombination kompakter Operatoren ist wieder kompakt. Ist einer der Operatoren $U \in B(\mathrm{W}, \mathrm{X})$, $T \in B(\mathrm{X}, \mathrm{Y})$, $S \in B(\mathrm{Y}, \mathrm{Z})$ kompakt, dann sind es auch die Operatoren TU und ST. Falls Y ein BANACH–Raum ist, hat man die folgenden wichtigen Aussagen.

1. Konvergenz Konvergiert eine Folge von kompakten Operatoren $\{T_n\}_{n=1}^{\infty}$ im Raum $B(\mathrm{X}, \mathrm{Y})$, dann ist der Grenzwert ebenfalls ein kompakter Operator.

2. Satz von SCHAUDER Ist T ein linearer stetiger Operator, dann sind T und T^* gleichzeitig kompakt (oder nicht).

‡Für die eingeführten Begriffe genügt es, X als metrischen (oder noch allgemeineren) Raum vorauszusetzen. Diese Allgemeinheit wird im weiteren aber nicht erforderlich sein.

3. Spektraleigenschaften eines kompakten Operators T in einem (unendlichdimensionalen BANACH–Raum X:Die Null gehört zum Spektrum. Jeder von Null verschiedene Punkt des Spektrum $\sigma(T)$ ist ein Eigenwert mit endlichdimensionalem Eigenraum $X_\lambda = \{x \in X\colon (\lambda I - T)x = \mathbf{0}\}$, und fü $\forall\varepsilon > 0$ liegen außerhalb des Kreises $\{|\lambda| \leq \varepsilon\}$ stets nur endlich viele Eigenwerte von T, wobei einzi die Null Häufungspunkt der Menge der Eigenwerte sein kann. Ist $\lambda = 0$ kein Eigenwert von T, dan ist T^{-1} im Falle seiner Existenz unbeschränkt.

12.7.2.3 Schwache Konvergenz von Elementen

Eine Folge $\{x_n\}_{n=1}^{\infty}$ von Elementen des normierten Raumes X heißt *schwach konvergent* zu einem Ele ment x_0, wenn $\forall f \in X^*$ die Beziehung $f(x_n) \rightarrow f(x_0)$ gilt (Schreibweise: $x_n \rightharpoonup x_0$).
Offenbar hat man: $x_n \rightarrow x_0$ impliziert $x_n \rightharpoonup x_0$. Ist Y ein weiterer normierter Raum und $T\colon X \longrightarrow Y$ ein stetiger linearer Operator, dann gelten a) $x_n \rightharpoonup x_0$ impliziert $Tx_n \rightharpoonup Tx_0$, b) ist T kompakt, dan impliziert $x_n \rightharpoonup x_0$ sogar $Tx_n \rightarrow Tx_0$.

■ **A:** Jeder endlichdimensionale Operator ist kompakt. Daraus folgt, daß der identische Operator in einem unendlichdimensionalen Raum nie kompakt sein kann (s. 12.7.1).

■ **B:** Sei $X = \mathbf{l}^2$ und T der durch die unendliche Matrix

$$\begin{pmatrix} t_{11} & t_{12} & t_{13} & \cdots \\ t_{21} & t_{22} & t_{23} & \cdots \\ t_{31} & \cdot & \cdot & \cdots \\ \cdot & \cdot & \cdot & \cdots \\ \cdot & \cdot & \cdot & \cdots \end{pmatrix} \quad \text{mit} \quad Tx = \left(\sum_{k=1}^{\infty} t_{1k}x_k, \ldots, \sum_{k=1}^{\infty} t_{nk}x_k, \ldots\right) \tag{12.185}$$

gegebene Operator in $\mathbf{l}^2$. Gilt $\sum_{k,n=1}^{\infty} |t_{nk}|^2 = M < \infty$, dann ist T ein kompakter Operator vo $\mathbf{l}^2$ in $\mathbf{l}^2$ mit $\|T\| \leq M$.

■ **C:** Der Integraloperator (12.132) erweist sich als kompakter Operator in den Räumen $\mathcal{C}([a,b])$ und $\mathbf{L}^p(a,b)$, $1 < p < \infty$.

12.7.3 Fredholmsche Alternative

Sei T ein kompakter linearer Operator in einem BANACH–Raum X. Es werden die folgenden Gleichun gen zweiter Art mit einem Parameter $\lambda \neq 0$ betrachtet:

$$x - \lambda Tx = y, \qquad x - \lambda Tx = \mathbf{0}, \tag{12.186a}$$

$$f - \lambda T^* f = g, \qquad f - \lambda T^* f = \mathbf{0}. \tag{12.186b}$$

Es gelten:

1. $\dim Ker(I - \lambda T) = \dim Ker(I - \lambda T^*)$, d.h. die homogenen Gleichungen haben stets dieselbe endliche Anzahl von linear unabhängigen Lösungen,

2. $Im(\lambda I - T) = Ker(\lambda I - T^*)^{\perp}$ und [§] $Im(\lambda I - T^*) = Ker(\lambda I - T)^{\perp}$,

3. $Im(\lambda I - T) = X$ genau dann, wenn $Ker(\lambda I - T) = \mathbf{0}$,

4. die FREDHOLMsche *Alternative* (auch RIESZ–SCHAUDER–Theorie genannt), d.h. entweder

a) die homogene Gleichung besitzt nur die triviale Lösung $\lambda \in \varrho(T)$, der Operator $(\lambda I - T)^{-1}$ ist be schränkt und die inhomogene Gleichung besitzt genau eine Lösung $x = (\lambda I - T)^{-1}y$ für beliebiges $y \in X$,, oder

b) die homogene Gleichung besitzt wenigstens eine nichttriviale Lösung, d.h., die inhomogene Glei chung besitzt eine (nicht eindeutige) Lösung genau dann, wenn die rechte Seite y der Bedingung $f(y) = 0$ für jede Lösung f der adjungierten Gleichung $T^*f = \lambda f$ genügt. In letzterem Fall erhält man jede Lösung der inhomogenen Gleichung in der Form $x = x_0 + h$, wobei x_0 eine feste Lösung der inhomo genen Gleichung und $h \in Ker(\lambda I - T)$ ist. Lineare Gleichungen der Gestalt $Tx = y$ mit kompakten Operator T nennt man von erster Art. Ihre Behandlung ist i.allg. etwas schwieriger, (s. Lit. [12.11] [12.20]).

[§] hier ist die Orthogonalität im BANACH–Raum (s. 12.5.4.1) gemeint.

12.7.4 Kompakte Operatoren im Hilbert–Raum

Sei $T : \mathbb{H} \longrightarrow \mathbb{H}$ ein kompakter Operator. Dann ist T Grenzwert (in $B(\mathbb{H})$) einer Folge von endlichdimensionalen Operatoren. Die Nähe zum endlichdimensionalen Fall ersieht man u.a aus folgendem:
Ist C ein endlichdimensionaler Operator und $T = I - C$, dann folgt aus der Injektivität von T die Existenz von T^{-1} und $T^{-1} \in B(\mathbb{H})$.
Ist C ein kompakter Operator, dann sind äquivalent: 1. es $\exists T^{-1}$ und ist stetig, 2. $x \neq \mathbf{0} \Rightarrow Tx \neq \mathbf{0}$, d.h. T ist injektiv, 3. $T(\mathbb{H}) = \mathbb{H}$, d.h. T ist surjektiv.

12.7.5 Kompakte selbstadjungierte Operatoren

Ein kompakter selbstadjungierter Operator $T \neq \mathbf{0}$ besitzt wenigstens einen (von Null verschiedenen) Eigenwert. Genauer, T hat immer einen Eigenwert λ mit $|\lambda| = \|T\|$.
T hat die Darstellung $T = \sum_k \lambda_k P_{\lambda_k}$, wobei λ_k die verschiedenen Eigenwerte von T und P_λ der Projektor auf den Eigenraum $\mathbb{H}_\lambda$ bezeichnen. Man sagt in diesem Zusammenhang auch, daß der Operator T diagonalisiert werden kann. Daraus ergibt sich $Tx = \sum_k \lambda_k (x, e_k) e_k$ für jedes $x \in \mathbb{H}$, wobei $\{e_k\}$ das orthonormierte System der Eigenvektoren von T ist.
Satz von HILBERT–SCHMIDT: Ist T ein kompakter selbstadjungierter Operator im separablen HILBERT–Raum $\mathbb{H}$, dann gibt es in $\mathbb{H}$ eine Basis aus den Eigenvektoren von T.
Die sogenannten Spektral-(abbildungs-)sätze (s. Lit. [12.8], [12.10], [12.12], [12.14], [12.15], [12.20]) kann man als die Verallgemeinerung des Satzes von HILBERT–SCHMIDT auf den nichtkompakten Fall selbstadjungierter (beschränkter oder unbeschränkter) Operatoren auffassen.

12.8 Nichtlineare Operatoren

In der Lösungstheorie nichtlinearer Operatorengleichungen zieht man im wesentlichen Methoden heran, die auf den folgenden Prinzipien beruhen.
1. Prinzip der kontrahierenden Abbildung, BANACH**scher Fixpunktsatz** (siehe 12.2.2.1 und 12.2.2.2. Zu weiteren Modifizierungen und Varianten dieses Prinzips (s. Lit. [12.8], [12.11], [12.14], [12.20]).

2. Verallgemeinerung des NEWTON–**Verfahrens** (s.18.2.5.2 und 19.1.1.2) auf den unendlichdimensionalen Fall.
3. SCHAUDER**sches Fixpunktprinzip**
4. LERAY–SCHAUDER–**Theorie**
Mit Methoden, die auf den Prinzipien 1 und 2 basieren, ergeben sich recht umfassende Informationen über die Lösung, wie Existenz, Eindeutigkeit, Konstruktivität u.a., während die Untersuchungsmethoden, die auf den Prinzipien 3 und 4 basieren, i.allg. „nur“die qualitative Aussage der Existenz einer Lösung gestatten. Bei zusätzlichen Eigenschaften des Operators s. jedoch 12.8.6 und 12.8.7.

12.8.1 Beispiele nichtlinearer Operatoren

Für nichtlineare Operatoren gilt der in 12.5.1 für den linearen Fall erwähnte Zusammenhang zwischen Stetigkeit und Beschränktheit i.allg. nicht mehr. Bei der Behandlung nichtlinearer Operatorengleichungen, z.B. nichtlinearer Randwertprobleme oder Integralgleichungen, treten häufig die folgenden nichtlinearen Operatoren auf.
1. NEMYTSKIJ–**Operator** Seien Ω eine meßbare Teilmenge aus $\mathbb{R}^n$ und $f\colon\ \Omega \times \mathbb{R} \longrightarrow \mathbb{R}$ eine Funktion von zwei Variablen $f(x, s)$, die bezüglich x für fast alle s stetig und bezüglich s für alle x meßbar ist (CARATHEODORY–Bedingungen). Der nichtlineare Operator $\mathcal{N}$ auf $\mathcal{F}(\Omega)$

$$(\mathcal{N}u)(x) = f[x, u(x)], \quad x \in \Omega \tag{12.187}$$

heißt NEMYTSKIJ-*Operator.* Er ist stetig und beschränkt, falls er aus $L^p(\Omega)$ in $L^q(\Omega)$ mit $\frac{1}{p} + \frac{1}{q} = 1$ abbildet. Dies ist zum Beispiel der Fall, wenn

$$|f(x, s)| \leq a(x) + b|s|^{\frac{p}{q}} \quad \text{mit} \quad a(x) \in L^q(\Omega),\ b > 0 \tag{12.188}$$

gilt oder $f\colon\ \Omega \times \mathbb{R} \longrightarrow \mathbb{R}$ stetig ist, gilt. Nur in Ausnahmefällen ist der Operator $\mathcal{N}$ kompakt.

2. HAMMERSTEIN–**Operator** Seien Ω eine kompakte Teilmenge aus $\mathbf{R}^n$, f eine den CARATHEODORY–Bedingungen genügende und $K(x,y)$ eine stetige Funktion auf $\Omega \times \Omega$. Der nichtlineare Operator $\mathcal{H}$ auf $\mathcal{F}(\Omega)$

$$(\mathcal{H}u)(x) = \int_\Omega K(x,y) f[y, u(y)]\, dy, \quad x \in \Omega \tag{12.189}$$

heißt HAMMERSTEIN-*Operator.* Mit dem linearen von K als Kern erzeugten Integraloperator $\mathcal{K}$

$$(\mathcal{K}u)(x) = \int_\Omega K(x,y) u(y)\, dy, \quad x \in \Omega \tag{12.190}$$

kann $\mathcal{H}$ in der Form $\mathcal{H} = \mathcal{K} \cdot \mathcal{N}$ geschrieben werden. Genügt nun der Kern $K(x,y)$ der Bedingung

$$\int_{\Omega\times\Omega} |K(x,y)|^q\, dxdy < +\infty \tag{12.191}$$

und die Funktion f der Bedingung (12.188), dann ist $\mathcal{H}$ ein stetiger und kompakter Operator auf $L^p(\Omega)$.

3. URYSOHN–**Operator** Seien $\Omega \subset \mathbf{R}^n$ meßbar und $K(x,y,s)\colon\ \Omega \times \Omega \times \mathbf{R} \longrightarrow \mathbf{R}$ eine Funktion von drei Variablen, dann heißt der nichtlineare Operator $\mathcal{U}$ auf $\mathcal{F}(\Omega)$

$$(\mathcal{U}u)(x) = \int_\Omega K[x, y, u(y)]\, dy, \quad x \in \Omega \tag{12.192}$$

URYSOHN–Operator. Erfüllt der Kern K die entsprechenden Bedingungen, dann ist $\mathcal{U}$ ein stetiger und kompakter Operator in $\mathcal{C}(\Omega)$ bzw. in $L^p(\Omega)$.

12.8.2 Differenzierbarkeit nichtlinearer Operatoren

Seien X, Y BANACH–Räume, $D \subset$ X eine offene Menge und $T : D \longrightarrow$ Y. Der Operator T heißt FRÉCHET–*differenzierbar* im Punkt $x \in D$, wenn ein (i.allg. von der Stelle x abhängiger, linearer stetiger) Operator $L \in B(\mathrm{X}, \mathrm{Y})$ existiert, so daß

$$T(x+h) - T(x) = Lh + \omega(h) \quad \text{mit} \quad \|\omega(h)\| = o(\|h\|) \tag{12.193}$$

oder in äquivalenter Schreibweise

$$\lim_{\|h\|\to 0} \frac{\|T(x+h) - T(x) - Lh\|}{\|h\|} = 0 \tag{12.194}$$

gilt, d.h. $\forall \varepsilon > 0\ \exists \delta > 0$, so daß $\|h\| < \delta$ die Ungleichung $\|T(x+h) - T(x) - Lh\| \le \varepsilon \|h\|$ impliziert. Der Operator L, den man gewöhnlich mit $T'(x)$, $T'(x,\cdot)$ oder $T'(x)(\cdot)$ bezeichnet, heißt FRÉCHET-*Ableitung* des Operators T im Punkt x. Den Wert $dT(x;h) = T'(x)h$ nennt man FRÉCHET-*Differential* des Operators T im Punkt x (für den Zuwachs h). In jedem Falle ist die Abhängigkeit des Operators von der Stelle x erkennbar, die letzteren Bezeichnungen „weisen den Platz für das Argument aus", auf das der Operator angewendet werden kann. Aus der Differenzierbarkeit eines Operators in einem Punkt folgt seine Stetigkeit in diesem Punkt. Ist $T \in B(\mathrm{X}, \mathrm{Y})$, also selbst bereits linear und stetig, dann ist T in jedem Punkt x differenzierbar, und die Ableitung ist gleich T.

12.8.3 Newton–Verfahren

Seien X, D wie im vorhergehenden Abschnitt und $T\colon D \longrightarrow$ X. Unter der Voraussetzung der Differenzierbarkeit von T in jedem Punkt der Menge D ist ein Operator $T'\colon D \longrightarrow B(\mathrm{X}, \mathrm{Y})$ definiert, der jedem $x \in D$ das Element $T'(x) \in B(\mathrm{X}, \mathrm{Y})$ zuordnet. Der Operator T' sei auf D stetig (in der Operatornorm); in diesem Falle sagt man, T ist stetig differenzierbar auf D. Die Menge D enthalte eine Lösung x^* der Gleichung

$$T(x) = \mathbf{0}. \tag{12.195}$$

Weiter sei vorausgesetzt, daß für $\forall x \in D$ der Operator $T'(x)$ stetig invertierbar ist, also $[T'(x)]^{-1}$ in $B(\mathrm{Y}, \mathrm{X})$ liegt. Für ein beliebiges Element $x_0 \in D$ vermutet man wegen (12.193), daß die Elemente

$T(x_0) = T(x_0) - T(x^*)$ und $T'(x_0)(x_0 - x^*)$ „nahe" beieinander liegen und demzufolge die Lösung der *linearen* Gleichung, also (unter den gemachten Voraussetzungen)

$$x_1 = x_0 - [T'(x_0)]^{-1}T(x_0), \tag{12.196}$$

das gesuchte Element x^* approximiert. Auf diese Weise konstruiert man, ausgehend von x_0, die sogenannte *Newton*sche Näherungsfolge

$$x_{n+1} = x_n - [T'(x_n)]^{-1}T(x_n), \quad n = 0, 1, \ldots . \tag{12.197}$$

Die Begründung für das beschriebene Vorgehen wird durch eine Reihe von Sätzen, die sich im Allgemeinheitsgrad oder in der Anpassung an spezielle Situationen der gemachten Voraussetzungen unterscheiden, geliefert, von denen exemplarisch nur der folgende zitiert werden soll, aus dem die wesentlichen Eigenschaften und Vorteile des Verfahrens erkennbar werden: Es gibt zu $\forall\varepsilon \in (0,1)$ eine Kugel $B = B(x_0;\delta)$, $\delta = \delta(\varepsilon)$, so daß alle x_n in B liegen und die Newtonfolge zur Lösung x^* von (12.195) konvergiert. Darüber hinaus gilt $\|x_n - x_0\| \le \varepsilon^n\|x_0 - x^*\|$.
Das *modifizierte* Newtonverfahren erhält man, wenn man in der Formel (12.197) stets den Operator $[T'(x_0)]^{-1}$ anstelle von $[T'(x_n)]^{-1}$ benutzt. Für weitere Abschätzungen der Konvergenzgeschwindigkeit, und zur (i.allg. sensiblen) Abhängigkeit des Verfahrens vom Startpunkt x_0 (s. Lit. [12.6], [12.12], [12.14], [12.20]).

12.8.4 Schaudersches Fixpunktprinzip

Sei T ein nichtlinearer Operator, der auf einer Menge D eines BANACH–Raumes X definiert ist und in X abbildet. Die nichttriviale Frage nach der Existenz wenigstens einer Lösung der Gleichung $x = T(x)$ wird wie folgt beantwortet: Ist $\mathrm{X} = \mathbb{R}$ und $D = [-1,1]$, dann hat bekanntlich jede stetige Funktion, die D in D abbildet, einen Fixpunkt in D. Ist X ein beliebiger *endlichdimensionaler* normierter Raum ($\dim\mathrm{X} \ge 2$), dann gilt der BROUERsche Fixpunktsatz.

1. BROUWERscher Fixpunktsatz Sei D eine nichtleere abgeschlossene beschränkte konvexe Menge eines endlichdimensionalen normierten Raumes. Ist T ein stetiger Operator, der D in sich abbildet, dann hat T (wenigstens) einen Fixpunkt in D. Die Antwort im Falle eines beliebigen unendlichdimensionalen BANACH–Raumes gibt der SCHAUDERsche Fixpunktsatz.

2. SCHAUDERscher Fixpunktsatz Sei D eine nichtleere abgeschlossene beschränkte konvexe Menge eines BANACH–Raumes. Ist der Operator $T\colon D \longrightarrow \mathrm{X}$ stetig und kompakt (also vollstetig) und bildet D in sich ab, dann hat T (wenigstens) einen Fixpunkt in D.
Mit Hilfe dieses Satzes kann man beispielsweise zeigen, daß das Anfangswertproblem (12.68) für $t \ge 0$ immer noch eine lokale Lösung besitzt, wenn die rechte Seite lediglich als stetig vorausgesetzt wird.

12.8.5 Leray–Schauder–Theorie

Für die Existenz von Lösungen der Gleichungen $x = T(x)$ und $(I+T)(x) = y$, mit jeweils vollstetigem Operator T, ist auf der Grundlage tiefliegender Eigenschaften des Abbildungsgrades ein weiteres Prinzip entdeckt worden, das etwa für Existenzbeweise bei nichtlinearen Randwertproblemen erfolgreich eingesetzt wird. Die hier angeführten Resultate dieser Theorie sind für praktische Belange vielfach die geeignetsten, wobei Formulierungen gewählt wurden, die ohne Erwähnung des Abbildungsgrades auskommen.

1. Satz von LERAY–SCHAUDER Seien D eine offene beschränkte Menge eines rellen BANACH–Raumes X und $T\colon \overline{D}\colon\longrightarrow \mathrm{X}$ ein vollstetiger Operator. Sei $y \in D$ ein solcher Punkt, daß $x + \lambda T(x) \neq y$ für alle $x \in \partial D$ und $\lambda \in [0,1]$ gilt, wobei ∂D den Rand der Menge D bezeichnet. Dann hat die Gleichung $(I + T)(x) = y$ wenigstens eine Lösung. In Anwendungen erweist sich häufig auch die folgende Variante dieses Satzes als vorteilhaft. Sei T ein vollstetiger Operator auf dem BANACH–Raum X. Wenn die Lösungen der Gleichungsschar

$$x = \lambda T(x) \quad \lambda \in [0,1] \tag{12.198}$$

eine gleichmäßige *a priori*–Abschätzung gestatten, d. h. $\exists c > 0$, so daß $\forall\lambda$ und $\forall x$, die (12.198) genügen, die Ungleichung $\|x\| \le c$ gilt, dann besitzt die Gleichung $x = T(x)$ eine Lösung.

12.8.6 Positive nichtlineare Operatoren

Der erfolgreiche Einsatz des SCHAUDERschen Fixpunktsatzes erfordert die Auswahl einer Menge mit den entsprechenden Eigenschaften, die vom betrachteten Operator in sich abgebildet wird. In Anwendungen, insbesondere in der Lösungstheorie nichtlinearer Randwertprobleme, handelt es sich meistens um geordnete normierte (aus Funktionen bestehende) Räume und nicht selten um positive, d.h. den betreffenden Kegel invariant lassende, oder *isoton wachsende* Operatoren, d.h. solche T, für die $x \leq y \Rightarrow T(x) \leq T(y)$ gilt. Wenn Verwechslungen (s. etwa Abschnitt 12.8.7) ausgeschlossen sind, nennt man solche Operatoren auch *monoton*. Seien jetzt $\mathrm{X} = (\mathrm{X}, \mathrm{X}_+, \|\cdot\|)$ ein geordneter BANACH–Raum mit abgeschlossenen Kegel X_+ und $[a, b]$ ein Ordnungsintervall aus X. Ist X_+ normal und gilt $T([a, b]) \subset [a, b]$ für einen vollstetigen (nicht notwendigerweise isotonen) Operator T, dann besitzt T wenigstens einen Fixpunkt in $[a, b]$ **(Abb.12.6b)**. Ein weiterer Vorteil der Betrachtungen in geordneten Räumen besteht

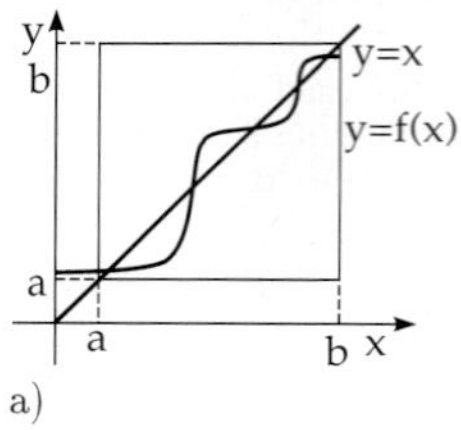

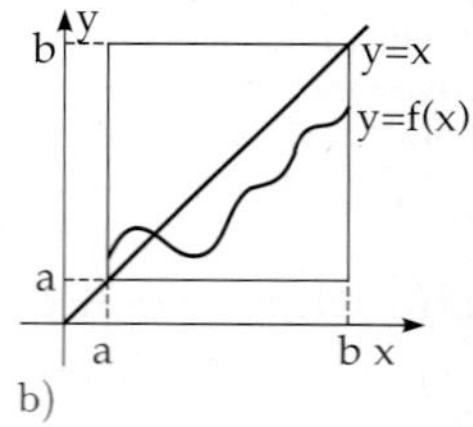

Abbildung 12.6

darin, daß für einen isoton wachsenden Operator T, der auf einem (o)-Interval $[a, b]$ des Raumes X definiert ist und (lediglich) die Eckpunkte a, b in $[a, b]$ abbildet, also den beiden Bedingungen $T(a) \geq a$ und $T(b) \leq b$ genügt, automatisch $T([a, b]) \subset [a, b]$ gilt. Darüber hinaus sind die beiden durch

$$x_0 = a \quad \text{und} \quad x_{n+1} = T(x_n),\ n \geq 0 \qquad \text{bzw.} \quad y_0 = b \quad \text{und} \quad y_{n+1} = T(y_n),\ n \geq 0 \qquad (12.199)$$

wohldefinierten (d.h. $x_n, y_n \in [a, b],\ n \geq 0$) Folgen monoton wachsend bzw. fallend, d.h. $a = x_0 \leq x_1 \leq \ldots \leq x_n \leq \ldots$ und $b = y_0 \geq y_1 \geq \ldots y_n \geq \ldots$ Ein Fixpunkt x_* bzw. x^* des Operators T heißt *minimal* bzw. *maximal*, wenn für jeden Fixpunkt z von T die Ungleichung $x_* \leq z$ bzw. $z \leq x^*$ gilt. Es gelten nun die folgenden Aussagen (**Abb.12.6a**)): Seien X ein geordneter BANACH–Raum mit abgeschlossenem Kegel X_+ und $T\colon D \longrightarrow \mathrm{X},\ D \subset \mathrm{X}$ ein stetiger isoton wachsender Operator. Sei $[a, b] \subset D$ mit $T(a) \geq a$ und $T(b) \leq b$. Dann gilt $T([a, b]) \subset [a, b]$, und der Operator T besitzt einen Fixpunkt in $[a, b]$, wenn eine der folgenden Bedingungen erfüllt ist: a) X_+ ist normal und T kompakt. b) X_+ ist regulär. Die wie in (12.199) definierten Folgen $\{x_n\}_{n=0}^{\infty}$ und $\{y_n\}_{n=0}^{\infty}$ konvergieren dann zum minimalen bzw. maximalen Fixpunkt von T in $[a, b]$. Das Konzept der *Ober- und Unterlösungen* basiert auf diesen Resultaten (s. Lit [12.16], [12.12], [12.13]).

12.8.7 Monotone Operatoren in Banach–Räumen

1. Spezielle Eigenschaften Ein beliebiger Operator $T\colon D \subset \mathrm{X} \longrightarrow \mathrm{Y}$, (X, Y normierte Räume) heißt *demistetig* im Punkt $x_0 \in D$, wenn für jede (in der Norm von X) zu x_0 konvergente Folge $\{x_n\}_{n=1}^{\infty} \subset D$ die Folge $\{T(x_n)\}_{n=1}^{\infty}$ in Y schwach zu $T(x_0)$ konvergiert. T heißt *demistetig* auf der Menge D, wenn T in jedem Punkt von D demistetig ist.

In diesem Abschnitt wird eine andere Verallgemeinerung des aus der reellen Analysis bekannten Monotoniebegriffs eingeführt. Seien jetzt X ein reeller BANACH–Raum, X^* sein Dual, $D \subset \mathrm{X}$ und $T\colon D \longrightarrow \mathrm{X}^*$ ein nichtlinearer Operator. Dann heißt T *monoton*, wenn für $\forall x, y \in D$ die Ungleichung $(T(x) - T(y), x - y) \geq 0$ gilt. Ist $\mathrm{X} = \mathbf{H}$ ein HILBERT–Raum, dann ist das Skalarprodukt gemeint, während im Falle eines BANACH–Raumes bzgl. der Bezeichnung auf Abschnitt 12.5.5 verwiesen wird. Der Operator T heißt *streng monoton*, wenn es eine Konstante $c > 0$ gibt, so daß $(T(x) - T(y), x - y) > c\|x - y\|^2$ für $\forall x, y \in D$ gilt. Ein Operator $T\colon \mathrm{X} \longrightarrow \mathrm{X}^*$ heißt *koerzitiv*, wenn $\lim_{\|x\| \to \infty} \dfrac{(T(x), x)}{\|x\|} = \infty$

gilt.

2. Existenzaussagen für Lösungen von Operatorengleichungen mit monotonem Operator können hier nur exemplarisch angegeben werden: Ist der Operator T, der einen reellen separablen BANACH–Raum X in X*, $(D_T = \mathrm{X})$ abbildet, monoton, demistetig und koerzitiv, dann hat die Gleichung $T(x) = f$ für beliebiges $f \in \mathrm{X}^*$ eine Lösung. Ist zudem der Operator T streng monoton, dann ist die Lösung sogar eindeutig, in diesem Falle existiert also der inverse Operator T^{-1}. Für einen monotonen demistetigen Operator $T\colon \mathbf{H} \longrightarrow \mathbf{H}$ im HILBERT–Raum $\mathbf{H}$ mit $D_T = \mathbf{H}$ gilt $Im(I+T) = \mathbf{H}$, wobei $(I+T)^{-1}$ stetig ist. Wenn T als streng monoton vorausgesetzt wird, dann ist T^{-1} bijektiv mit stetigem T^{-1}. Konstruktive Näherungsmethoden für die Lösung der Gleichung $T(x) = 0$ mit monotonem Operator T im HILBERT–Raum basieren auf der Idee des GALERKIN–Verfahrens (s. Lit. [12.10], [12.20]). Mit dieser Theorie kann man ebenfalls mehrdeutige Operatoren $T\colon \mathrm{X} \longrightarrow 2^{X^*}$ behandeln, auf die der Monotoniebegriff durch $(f-g, x-y) \geq 0,\ \forall x, y \in D_T$ und $f \in T(x), g \in T(y)$ verallgemeinert wird (s. Lit. [12.13]).

12.9 Maß und Lebesgue–Integral

12.9.1 Sigma-(σ-)–Algebren und Maße

Ausgangspunkt für den Begriff eines Maßes ist eine Verallgemeinerung der Begriffe der Länge eines Intervalls in $\mathbb{R}$, des Flächeninhalts und des Volumens einiger Teilmengen aus $\mathbb{R}^2$ und $\mathbb{R}^3$,. Diese Verallgemeinerung wird benötigt, um möglichst viele Funktionen integrierbar zu machen. Beispielsweise hat das Volumen eines n–dimensionalen Quaders $Q = \{x \in \mathbb{R}^n\colon a_k \leq x_k \leq b_k,\ k = 1, 2, \ldots, n\}$ den Wert $\prod_{k=1}^{n}(b_k - a_k)$.

Sei X eine beliebige Menge. Ein nichtleeres System $\mathcal{A}$ von Teilmengen aus X heißt *σ-Algebra,* wenn

1. $A \in \mathcal{A}$ impliziert $\mathrm{X} \setminus A \in \mathcal{A}$ und

2. $A_1, A_2, \ldots, A_n, \ldots \in \mathcal{A}$ impliziert $\bigcup\limits_{n=1}^{\infty} A_n \in \mathcal{A}$.

Jede σ–Algebra enthält die Mengen $\emptyset$ und X, mit abzählbar vielen Mengen auch deren Durchschnitt sowie mit zwei Mengen auch jeweils deren Differenzmengen.

Im weiteren bezeichne $\overline{\mathbb{R}}$ die durch die Elemente $\{-\infty\}$ und $\{+\infty\}$ erweiterte Menge (Zahlengerade) $\mathbb{R}$, wobei die Rechenregeln und Ordnungseigenschaften aus $\mathbb{R}$ in natürlicher Weise auf $\overline{\mathbb{R}}$ übertragen werden. Die Ausdrücke $(\pm\infty) + (\mp\infty)$ und $\frac{\infty}{\infty}$ sind dabei nicht zugelassen, während $0 \cdot (+\infty)$ und $0 \cdot (-\infty)$ den Wert 0 erhalten.

Eine auf einer σ–Algebra $\mathcal{A}$ definierte Funktion $\mu\colon \mathcal{A} \longrightarrow \overline{\mathbb{R}}_+ = \mathbb{R} \cup +\infty$ heißt *Maß,* wenn

a) $\mu(A) \geq 0, \quad \forall A \in \mathcal{A}$

b) $\mu(\emptyset) = 0$

c) $A_1, A_2, \ldots A_n, \ldots \in \mathcal{A},\ A_k \cap A_l = \emptyset,\ k \neq l$ impliziert $\mu\left(\bigcup\limits_{n=1}^{\infty} A_n\right) = \sum\limits_{n=1}^{\infty} \mu(A_n)$.

Die Eigenschaft c) heißt *σ–Additivität* des Maßes. Ist μ ein Maß auf $\mathcal{A}$ und sind $A, B \in \mathcal{A},\ A \subset B$, dann ist $\mu(A) \leq \mu(B)$ (Monotonie). Wenn $A_n \in \mathcal{A},\ n = 1, 2, \ldots$ und $A_1 \subset A_2 \subset \cdots$, dann $\mu\left(\bigcup_{n=1}^{\infty} A_n\right) = \lim_{n\to\infty} \mu(A_n)$ (Stetigkeit von unten).

Seien $\mathcal{A}$ eine σ–Algebra von Teilmengen aus X und μ ein Maß auf $\mathcal{A}$. Das Tripel $\mathrm{X} = (\mathrm{X}, \mathcal{A}, \mu)$ heißt *Maßraum* und die Mengen aus $\mathcal{A}$ *meßbar* oder *$\mathcal{A}$-meßbar.*

■ **A:** Seien X eine endliche Menge $\{x_1, x_2, \ldots, x_N\}$, $\mathcal{A}$ die σ–Algebra aller Teilmengen von X, und sei jedem $x_k,\ k = 1, \ldots, N$ eine nichtnegative Zahl p_k zugeordnet. Dann ist die für jede Menge $A \in \mathcal{A}$, $A = \{x_{n_1}, x_{n_2}, \ldots, x_{n_k}\}$ durch $\mu(A) = p_{n_1} + p_{n_2} + \cdots + p_{n_k}$ auf $\mathcal{A}$ definierte Funktion ein Maß, das (wegen $\mu(\mathrm{X}) = p_1 + \cdots + p_N < \infty$) nur endliche Werte annehmende sogenannte Zählmaß.

■ **B:** DIRAC–Maß. Seien $\mathcal{A}$ eine σ–Algebra von Teilmengen einer Menge X und a ein beliebig fixierter Punkt aus X. Durch

$$\delta_a(A) = \begin{cases} 1, & \text{falls} \quad a \in A \\ 0, & \text{falls} \quad a \notin A \end{cases}$$

ist auf $\mathcal{A}$ ein Maß definiert. Es heißt (auf a konzentrierte) *δ-Funktion.* Offensichtlich gilt $\delta_a(A) = \delta_a(\chi_A) = \chi_A(a)$, (s.12.5.4), wobei χ_A die charakteristische Funktion der Menge A bezeichnet .

■ **C:** Seien X ein metrischer Raum und $\mathcal{B}(\mathrm{X})$ die kleinste σ–Algebra von Teilmengen aus X, die alle offenen Mengen von X enthält. $\mathcal{B}(\mathrm{X})$ existiert als der Durchschnitt aller σ–Algebren, die die Gesamtheit aller offenen Mengen enthalten, und heißt die BORELsche σ–Algebra von X. Jedes Element aus $\mathcal{B}(\mathrm{X})$ heißt BOREL–Menge (s. Lit. [12.5]). Sei jetzt $\mathrm{X} = \mathbf{R}^n$, $(n \geq 1)$. Mit Hilfe einer Erweiterungsprozedur kann man eine σ–Algebra und darauf ein Maß konstruieren, das auf der Menge aller Quader aus $\mathbf{R}^n$ mit dem Volumen übereinstimmt. Genauer: es existiert eine eindeutig bestimmte σ–Algebra $\mathcal{A}$ von Teilmengen aus $\mathbf{R}^n$ und ein eindeutig bestimmtes Maß λ auf $\mathcal{A}$ mit den folgenden Eigenschaften:

a) Jede offene Menge aus $\mathbf{R}^n$ gehört zu $\mathcal{A}$, mit anderen Worten $\mathcal{B}(\mathbf{R}^n) \subset \mathcal{A}$.

b) Aus $A \in \mathcal{A}$, $\lambda(A) = 0$ und $B \subset A$ folgen $B \in \mathcal{A}$ und $\lambda(B) = 0$.

c) Ist Q ein Quader, dann ist $Q \in \mathcal{A}$, und es gilt $\lambda(Q) = \prod_{k=1}^{n}(b_k - a_k)$.

d) λ ist translationsinvariant, d.h. für jeden Vektor $x \in \mathbf{R}^n$ und jede Menge $A \in \mathcal{A}$ gelten
$$x + A = \{x + y\colon y \in A\} \in \mathcal{A} \text{ und } \lambda(x + A) = \lambda(A).$$

Die Elemente aus $\mathcal{A}$ heißen LEBESGUE-*meßbare* Teilmengen von $\mathbf{R}^n$ und λ das (n–dimensionale) LEBESGUE-*Maß* in $\mathbf{R}^n$.

Man sagt in der Maß- und Integrationstheorie, daß eine Behauptung (Eigenschaft, Bedingung) bzgl. eines Maßes μ *fast überall* oder *μ-fast überall* auf einer Menge X gilt, wenn die Menge, auf der sie nicht erfüllt ist, das Maß Null hat. Man schreibt dafür f.ü. bzw. μ-f.ü.¶ Also, ist etwa λ das LEBESGUE-Maß auf $\mathbf{R}$, sind A, B zwei disjunkte Mengen mit $\mathbf{R} = A \cup B$ und ist f eine Funktion auf $\mathbf{R}$ mit $f(x) = 1$, $\forall x \in A$ und $f(x) = 0$, $\forall x \in B$, dann ist $f = 1$, λ-f.ü. auf $\mathbf{R}$ genau dann, wenn $\lambda(B) = 0$.

12.9.2 Meßbare Funktionen

1. Meßbare Funktion Sei $\mathcal{A}$ eine σ–Algebra von Teilmengen einer Menge X. Eine Funktion f: $\mathrm{X} \longrightarrow \overline{\mathbf{R}}$ heißt *meßbar,* wenn für beliebiges $\alpha \in \mathbf{R}$ die Menge $f^{-1}((\alpha, +\infty]) = \{x : x \in \mathrm{X},\ f(x) > \alpha\}$ in $\mathcal{A}$ liegt.

Eine komplexwertige Funktion $g + ih$ heißt meßbar, wenn beide Funktionen g und h meßbar sind.

Ist $\mathcal{A}$ die σ–Algebra der LEBESGUE–meßbaren Mengen aus $\mathbf{R}^n$ und $f\colon \mathbf{R}^n \longrightarrow \mathbf{R}$ eine stetige Funktion, dann ist die Menge $f^{-1}((\alpha, +\infty]) = f^{-1}((\alpha, +\infty))$ nach (12.2.3) für jedes $\alpha \in \mathbf{R}$ offen und f damit meßbar.

2. Eigenschaften der Klasse der meßbaren Funktionen Der Begriff der meßbaren Funktion erfordert kein Maß sondern eine σ–Algebra. Seien $\mathcal{A}$ eine σ–Algebra von Teilmengen der Menge X und $f, g, f_n : \mathrm{X} \longrightarrow \overline{\mathbf{R}}$ meßbare Funktionen. Dann sind auch die folgenden Funktionen (s. 12.1.7.4) meßbar:

a) αf für jedes $\alpha \in \mathbf{R}$; $f \cdot g$;

b) f_+, f_-, $|f|$, $f \vee g$ und $f \wedge g$;

c) $f + g$, falls in keinem Punkt von X ein Ausdruck der Form $(\pm\infty) + (\mp\infty)$ vorkommt;

d) $\sup f_n$, $\inf f_n$, $\limsup f_n (= \lim_{n\to\infty} \sup_{k\geq n} f_k)$, $\liminf f_n$;

e) der punktweise Grenzwert $\lim f_n$, im Falle seiner Existenz.

Eine Funktion $f : \mathrm{X} \longrightarrow \mathbf{R}$ heißt *elementar* oder *simpel,* wenn es eine (endliche) Anzahl von paarweise disjunkten Mengen $A_1, \ldots, A_n \in \mathcal{A}$ und reelle Zahlen $\alpha_1, \ldots, \alpha_n$ gibt, so daß $f = \sum_{k=1}^{n} \alpha_k \chi_k$ gilt, wobei χ_k die charakteristische Funktion der Menge A_k bezeichnet. Offenbar ist jede charakteristische Funktion einer meßbaren Menge und somit jede elementare Funktion meßbar. Interessant ist, daß jede meßbare Funktion beliebig genau durch Elementarfunktionen approximiert werden kann: Für jede meßbare Funktion $f \geq 0$ existiert eine monoton wachsende Folge von nichtnegativen Elementarfunktionen, die punktweise zu f konvergiert.

12.9.3 Integration

1. Definition des Integrals

Sei $\mathrm{X} = (\mathrm{X}, \mathcal{A}, \mu)$. Das Integral $\int_{\mathrm{X}} f\, d\mu$ (oder auch mit $\int f\, d\mu$ bezeichnet) für meßbare Funktionen f wird schrittweise wie folgt definiert:

¶Hier und im weiteren ist f.ü. eine Abkürzung für „fast überall“.

1. f sei eine Elementarfunktion $f = \sum_{k=1}^{n} \alpha_k \chi_k$, dann setzt man

$$\int f \, d\mu = \sum_{k=1}^{n} \alpha_k \mu(A_k). \tag{12.200}$$

2. Ist $f\colon \mathrm{X} \longrightarrow \overline{\mathbf{R}},\ f \geq 0$, dann setzt man

$$\int f \, d\mu = \sup \left\{ \int g \, d\mu : \quad g \text{ Elementarfunktion mit } \quad 0 \leq g(x) \leq f(x),\ \forall x \in \mathrm{X} \right\}. \tag{12.201}$$

3. Ist $f\colon \mathrm{X} \longrightarrow \overline{\mathbf{R}}$ und f_+, f_- positiver bzw. negativer Teil von f, dann setzt man

$$\int f \, d\mu = \int f_+ \, d\mu - \int f_- \, d\mu \tag{12.202}$$

unter der Bedingung, daß wenigstens eines der Integrale auf der rechten Seite endlich ist, um den unbestimmten Ausdruck $\infty - \infty$ zu vermeiden.
4. Für eine komplexwertige Funktion $f = g + \mathrm{i}h$ setzt man, falls für die Funktionen g, h die nach (12.200) definierten Integrale endlich sind,

$$\int f \, d\mu = \int g \, d\mu + \mathrm{i} \int h \, d\mu. \tag{12.203}$$

5. Kann für eine meßbare Menge A und eine Funktion f nach den angegebenen Festlegungen das Integral der Funktion $f\chi_A$ definiert werden, dann setzt man

$$\int_A f \, d\mu = \int f \chi_A \, d\mu. \tag{12.204}$$

Das Integral einer meßbaren Funktion ist i.allg. eine Zahl aus $\overline{\mathbf{R}}$. Eine Funktion $f\colon \mathrm{X} \longrightarrow \overline{\mathbf{R}}$ nennt man *integrierbar* oder *summierbar* über X bzgl. μ, wenn sie meßbar ist und $\int |f| \, d\mu < \infty$ gilt.

2. Einige Eigenschaften des Integrals

Sei $(\mathrm{X}, \mathcal{A}, \mu)$ ein Maßraum. und seien $f, g : \mathrm{X} \longrightarrow \overline{\mathbf{R}}$ meßbare Funktionen und $\alpha, \beta \in \mathbf{R}$.

- Ist f integrierbar, dann ist f f.ü. endlich, d.h. $\mu\{x \in \mathrm{X}\colon |f(x)| = +\infty\} = 0$.
- Ist f integrierbar, dann gilt $|\int f \, d\mu| \leq \int |f| \, d\mu$.
- Ist f integrierbar und $f \geq 0$, dann gilt $\int f \, d\mu \geq 0$.
- Ist $0 \leq g(x) \leq f(x)$ auf X und f integrierbar, dann ist g integrierbar, und es gilt $\int g \, d\mu \leq \int f \, d\mu$.
- Sind f, g integrierbar, dann ist $\alpha f + \beta g$ integrierbar, und es gilt $\int (\alpha f + \beta g) \, d\mu = \alpha \int f \, d\mu + \beta \int g \, d\mu$.
- Sind f, g integrierbar auf $A \in \mathcal{A}$ mit $\int_A f \, d\mu = \int_A g \, d\mu$, dann gilt $f = g$ μ-f.ü. auf A.

Ist $\mathrm{X} = \mathbf{R}^n$ und λ das LEBESGUE–Maß, dann spricht man vom (n–dimensionalen) LEBESGUE–*Integral.* Im Falle $n = 1$ und $A = [a, b]$ ist für jede stetige Funktion f auf $[a, b]$ sowohl das RIEMANN–Integral $\int_a^b f(x) \, dx$ als auch das LEBESGUE–Integral $\int_{[a,b]} f \, d\lambda$ definiert. Beide Werte sind endlich und stimmen überein. Mehr noch, ist f eine auf $[a, b]$ beschränkte RIEMANN–integrierbare Funktion, dann ist sie auch LEBESGUE–integrierbar, wobei die Werte beider Integrale identisch sind (Natürlichkeit des LEBESGUE–Integrals). Die Menge der LEBESGUE–integrierbaren Funktionen ist aber wesentlich umfassender und besitzt eine Reihe von Vorteilen, die sich insbesondere bei Grenzübergängen unter dem Integral zeigen.

3. Konvergenzsätze

1. Satz von B. LEVI **über die monotone Konvergenz** Sei $\{f_n\}_{n=1}^{\infty}$ eine f.ü. monoton wachsende Folge nichtnegativer integrierbarer Funktionen mit Werten in $\overline{\mathbf{R}}$. Dann gilt die Beziehung $\lim \int f_n \, d\mu = \int \lim f_n \, d\mu$.

2. Satz von FATOU Sei $\{f_n\}$ eine Folge nichtnegativer $\overline{\mathbf{R}}$-wertiger meßbarer Funktionen. Dann gilt $\int \liminf f_n \, d\mu \leq \liminf \int f_n \, d\mu$.

3. Satz von LEBESGUE über dominante oder majorisierte Konvergenz Sei $\{f_n\}$ eine Folge von meßbaren Funktionen, die auf X f.ü. konvergiert. Wenn es eine solche integrierbare Funktion g mit $|f_n| \leq g$ f.ü. gibt, dann ist f integrierbar und $\lim \int f_n \, d\mu = \int (\lim f_n) \, d\mu$.

4. Satz von RADON–NIKODYM

1. Voraussetzungen Seien $(X, \mathcal{A}, \mu)$ ein σ–endlicher Maßraum, d.h., es existiert eine Folge $\{A_n\}$, $A_n \in \mathcal{A}$, so daß $X = \bigcup_{n=1}^{\infty} A_n$ und $\mu(A_n) < \infty$, $\forall n$ gilt. In diesem Falle heißt das Maß *σ–endlich*. Es heißt *endlich* wenn $\mu(X) < \infty$ und *Wahrscheinlichkeitsmaß*, wenn $\mu(X) = 1$ gilt. Eine auf $\mathcal{A}$ gegebene reelle Funktion φ heißt *absolutstetig* bzgl. μ, wenn $\mu(A) = 0$ die Gleichung $\varphi(A) = 0$ impliziert. Die Bezeichnung dafür ist $\varphi \prec \mu$. Für eine integrierbare Funktion f ist die auf $\mathcal{A}$ definierte Funktion $\varphi(A) = \int_A f \, d\mu$ σ–additiv und absolutstetig bzgl. des Maßes μ. Fundamental für viele theoretische Untersuchungen und praktische Anwendungen ist die Umkehrung dieses Fakts:

2. Satz von RADON–NIKODYM

Seien eine σ-additive Funktion φ und ein Maß μ auf einer σ–Algebra $\mathcal{A}$ gegeben und sei $\varphi \prec \mu$. Dann existiert eine μ–integrierbare Funktion f so, daß für jede Menge $A \in \mathcal{A}$ die Beziehung

$$\varphi(A) = \int_A f \, d\mu \tag{12.205}$$

gilt. Die Funktion f ist dabei bis auf ihre Äquivalenzklasse eindeutig bestimmt, und φ ist nichtnegativ genau dann, wenn $f \geq 0$ μ-f.ü.

12.9.4 L^p–Räume

Sei $(X, \mathcal{A}, \mu)$ ein Maßraum und p eine reelle Zahl $1 \leq p < \infty$. Für eine meßbare Funktion f ist $|f|^p$ ebenfalls meßbar, so daß

$$N_p(f) = \left(\int |f|^p \, d\mu \right)^{\frac{1}{p}} \tag{12.206}$$

definiert (und möglicherweise gleich $+\infty$) ist. Eine meßbare Funktion $f : X \longrightarrow \overline{\mathbf{R}}$ heißt *zur p–ten Potenz integrierbar*, *p–fach integrierbar* oder *p–fach summierbar*, wenn $N_p(f) < +\infty$ oder, äquivalent dazu, wenn $|f|^p$ integrierbar ist, gilt. Für jedes p mit $1 \leq p < +\infty$ bezeichnet man mit $\mathcal{L}^p(\mu)$, oder $\mathcal{L}^p(X)$ oder ganz ausführlich mit $\mathcal{L}^p(X, \mathcal{A}, \mu)$ die Menge aller zur p–ten Potenz bzgl. μ auf X summierbaren Funktionen, wobei für $p = 1$ die vereinfachte Bezeichnung $\mathcal{L}(X)$ vereinbart wird und für $p = 2$ die Funktionen *quadratisch summierbar* heißen. Mit $\mathcal{L}^\infty(\mu)$ bezeichnet man die Menge aller meßbaren μ-f.ü. beschränkten Funktionen auf X und definiert

$$N_\infty(f) = \text{vrai sup} f = \inf\{a \in \mathbf{R} : |f(x)| \leq a \ \ \mu\text{-f.ü.}\}. \tag{12.207}$$

Mit den üblichen Operationen für meßbare Funktionen und unter Berücksichtigung der MINKOWSKI–Ungleichung für Integrale (s. S. 21) ist $\mathcal{L}^p(\mu)$ für alle p, $1 \leq p \leq \infty$, ein Vektorraum und $N_p(\cdot)$ eine Halbnorm auf $\mathcal{L}^p$. Mit der Vereinbarung, $f \leq g$ zu schreiben, wenn $f(x) \leq g(x)$, μ-f.ü. gilt, wird $\mathcal{L}^p$ sogar ein Vektorverband. Zwei Funktionen $f, g \in \mathcal{L}^p(\mu)$ nennt man *äquivalent* (oder deklariert man als gleich), wenn $f = g$ μ-f.ü. auf X. Auf diese Weise werden Funktionen, die μ-f.ü. übereinstimmen, identifiziert. Somit gewinnt man (mittels Faktorisierung der Menge $\mathcal{L}^p(X)$ nach dem linearen Teilraum $N_p^{-1}(0)$) eine Menge von Äquivalenzklassen, auf die kanonisch die algebraischen Operationen und die Ordnung übertragen werden können, so daß sich wieder ein Vektorverband ergibt, der jetzt mit $L^p(\mu)$ (und entsprechend ausführlicher) bezeichnet wird. Seine Elemente heißen nach wie vor Funktionen, obwohl sie in Wirklichkeit Klassen äquivalenter Funktionen sind. Von entscheidender Bedeutung ist nun, daß $\|\hat{f}\|_p = N_p(f)$ auf $L^p(\mu)$ eine Norm ist ($\hat{f}$ steht dabei für die aus der Funktion f hervorgegange Äquivalenzklasse, die im weiteren einfach wieder mit f bezeichnet wird), und $(L^p(\mu), \|f\|_p)$ für alle p mit $1 \leq p \leq +\infty$ ein BANACH–Verband mit vielen guten Verträglichkeitsbedingungen zwischen Norm und Ordnung, bei $p = 2$ mit $(f, g) = \int f\overline{g} \, d\mu$ als Skalarprodukt sogar ein HILBERT–Raum wird (s. Lit. [12.14]). Häufig wird für eine meßbare Teilmenge $\Omega \subset \mathbf{R}^n$ der Raum $L^p(\Omega)$ betrachtet. Seine Definition bereitet wegen Schritt 5. bei der Einführung des Integrals aber keine Schwierigkeiten. Die Räume $L^p(\Omega, \lambda)$ ergeben sich auch als die Vervollständigung (s. 12.2.2.3 und 12.3.2) des mit der

Integralnorm $\|x\|_p = (\int |x|^p\, d\lambda)^{\frac{1}{p}}$, $1 \leq p < \infty$ versehenen nichtvollständigen normierten Raumes $\mathcal{C}(\Omega)$ aller stetigen Funktionen auf der Menge $\Omega \subset \mathbb{R}^n$ (s. Lit. [12.20]). Sei X eine Menge von endlichem Maß, d.h. $\mu(\mathrm{X}) < +\infty$, und gelte für p_1, p_2 die Beziehung $1 \leq p_1 < p_2 \leq +\infty$. Dann gelten $L^{p_2}(\mathrm{X}, \mu) \subset L^{p_1}(\mathrm{X}, \mu)$ und mit einer nicht von x abhängenden Konstanten $C = C(p_1, p_2, \mu(T)) > 0$ für $x \in L^{p_2}$ die Abschätzung $\|x\|_1 \leq C\|x\|_2$, wobei $\|x\|_k$ die Norm des Raums $L^{p_k}(\mathrm{X}, \mu)$ $k = 1, 2$ bezeichnet.

12.9.5 Distributionen

1. Formeln der partiellen Integration

Für ein beliebiges (offenes) Gebiet $\Omega \subseteq \mathbb{R}^n$ bezeichnet $\mathcal{C}_0^\infty(\Omega)$ die Menge aller in Ω beliebig oft differenzierbaren Funktionen mit kompakten Träger, d.h. die Menge $\mathrm{supp}(\varphi) = \overline{\{x \in \Omega : \varphi(x) \neq 0\}}$ ist kompakt in $\mathbb{R}^n$ und liegt in Ω, während mit $L^1_{loc}(\Omega)$ die Menge aller bzgl. des LEBESGUE–Maßes im $\mathbb{R}^n$ *lokalsummierbaren* Funktionen, d.h. aller (Klassen von äquivalenten) auf Ω meßbaren Funktionen f mit $\int_\omega |f|\, d\lambda < +\infty$ für jedes beschränkte Gebiet $\omega \subset \Omega$, bezeichnet wird. Die beiden Mengen sind (mit den natürlichen algebraischen Operationen) Vektorräume. Es gilt $L^p(\Omega) \subset L^1_{loc}(\Omega)$ für $(1 \leq p \leq \infty)$ und für beschränktes Ω auch $L^1_{loc}(\Omega) = L^1(\Omega)$. Faßt man die Elemente aus $\mathcal{C}^k(\overline{\Omega})$ als die von ihnen in $L^p(\Omega)$ erzeugten Klassen auf, so gilt bei beschränktem Ω die Inklusion $\mathcal{C}^k(\overline{\Omega}) \subset L^p(\Omega)$, wobei $\mathcal{C}^k(\overline{\Omega})$ sogar dicht liegt. Ist Ω unbeschränkt, so liegt (in diesem Sinn) die Menge $\mathcal{C}_0^\infty(\Omega)$ dicht in $L^p(\Omega)$. Die Formel der partiellen Integration hat für eine vorgegebene feste Funktion $f \in \mathcal{C}^k(\overline{\Omega})$ und eine beliebige Funktion $\varphi \in \mathcal{C}_0^\infty(\Omega)$ wegen $D^\alpha \varphi\,|_{\partial\Omega} = 0$ die Gestalt

$$\int_\Omega f(x) D^\alpha \varphi(x)\, d\lambda = (-1)^{|\alpha|} \int_\Omega \varphi(x) D^\alpha f(x)\, d\lambda$$

für $\forall \alpha$ mit $|\alpha| \leq k$, die man als Ausgangspunkt für den Begriff der verallgemeinerten Ableitung einer Funktion $f \in L^1_{loc}(\Omega)$ nehmen kann.

2. Verallgemeinerte Ableitung

Sei $f \in L^1_{loc}(\Omega)$. Wenn es eine Funktion g aus $L^1_{loc}(\Omega)$ gibt, so daß für $\forall \varphi \in \mathcal{C}_0^\infty(\Omega)$ bzgl. eines Multiindex α die Gleichung

$$\int_\Omega f(x) D^\alpha \varphi(x)\, d\lambda = (-1)^{|\alpha|} \int_\Omega g(x)\varphi(x)\, d\lambda \tag{12.208}$$

gilt, dann heißt g *verallgemeinerte Ableitung*, *Ableitung* im Sinne von SOBOLEW oder *Distributionsableitung* der Ordnung α von f, wofür man, wie im klassischen Falle, $g = D^\alpha f$ schreibt.
Im Vektorraum $\mathcal{C}_0^\infty(\Omega)$ definiert man die Konvergenz einer Folge $\{\varphi_k\}_{k=1}^\infty$ zu $\varphi \in \mathcal{C}_0^\infty(\Omega)$ wie folgt:

$$\varphi_k \longrightarrow \varphi \text{ genau dann, wenn } \quad \begin{cases} \text{(a) } \exists \text{ eine kompakte Menge } K \subset \Omega \text{ mit } \mathrm{supp}(\varphi_k) \subset K,\ \forall n \\ \text{(b) } \partial^\alpha \varphi_k \to \partial^\alpha \varphi \text{ gleichmäßig auf } K \text{ für jeden Multiindex } \alpha \end{cases}$$

Die Menge $\mathcal{C}_0^\infty(\Omega)$ mit dieser Konvergenz von Folgen nennt man Grundraum, bezeichnet ihn mit $\mathcal{D}(\Omega)$ und nennt seine Elemente häufig Testfunktionen.

3. Distribution

Ein lineares Funktional ℓ auf $\mathcal{D}(\Omega)$, das im folgenden Sinne stetig (s.S 494) ist:

$$\varphi_k,\ \varphi \in \mathcal{D}(\Omega) \text{ und } \varphi_k \longrightarrow \varphi \quad \text{implizieren} \quad \ell(\varphi_k) \longrightarrow \ell(\varphi)$$

heißt *verallgemeinerte Funktion* oder *Distribution.*

■ **A:** Ist $f \in L^1_{loc}(\Omega)$, dann ist

$$\ell_f(\varphi) = (f, \varphi) = \int_\Omega f(x)\varphi(x)\, d\lambda \quad \varphi \in \mathcal{D}(\Omega) \tag{12.209}$$

eine Distribution. Derartige mit Hilfe von lokalsummierbaren Funktionen gemäß (12.207) erzeugte Distributionen nennt man *regulär.* Zwei reguläre Distributionen sind genau dann gleich, d.h. $\ell_f(\varphi) = \ell_g(\varphi)\ \forall \varphi \in \mathcal{D}(\Omega)$, wenn $f = g$ f.ü. bzgl. λ.

■ **B:** Sei $a \in \Omega$ ein beliebig fixierter Punkt. Dann ist $\ell_{\delta_a}(\varphi) = \varphi(a)$, $\varphi \in \mathcal{D}(\Omega)$ ebenfalls ein lineares stetiges Funktional auf $\mathcal{D}(\Omega)$, also eine Distribution, die man DIRACsche Distribution, δ–Distribution oder δ–Funktion nennt. Da ℓ_{δ_a} von keiner lokalsummierbaren Funktion erzeugt werden kann (s. Lit.

[12.11], [11.27]), stellt sie ein Beispiel einer nichtregulären Distribution dar.
Die Gesamtheit aller Distributionen bezeichnet man mit $\mathcal{D}'(\Omega)$. Aus einer allgemeineren als der in (12.5.4) angedeuteten Dualitätstheorie ergibt sich $\mathcal{D}'(\Omega)$ als der Dualraum von $\mathcal{D}(\Omega)$. Streng genommen wäre also $\mathcal{D}^*(\Omega)$ zu schreiben. Im Raum $\mathcal{D}'(\Omega)$ lassen sich viele Operationen unter seinen Elementen und mit Funktionen aus $\mathcal{C}^\infty(\Omega)$ definieren, u.a. die Ableitung einer Distribution oder die Faltung zweier Distributionen, die ihn nicht nur für theoretische Untersuchungen, sondern vor allem auch für viele Anwendungen aus Elektrotechnik, Mechanik usw. prädestinieren. Wegen eines Überblicks und einfacher Beispiele für zahlreiche Verwendungsmöglichkeiten verallgemeinerter Funktionen s. Lit. [12.11], [12.27]. Hier wird lediglich der Begriff der Ableitung einer verallgemeinerten Funktion betrachtet.

4. Ableitung einer Distribution

Ist ℓ eine gegebene Distribution, dann heißt die Distribution $D^\alpha \ell$, definiert durch

$$(D^\alpha \ell)(\varphi) = (-1)^{|\alpha|}\ell(D^\alpha \varphi) \quad \varphi \in D(\Omega), \tag{12.210}$$

die *(distributionelle) Ableitung* der Ordnung α von ℓ.

Seien f eine stetig differenzierbare Funktion, etwa auf $\mathbf{R}$ (damit ist f lokalsummierbar auf $\mathbf{R}$ und f als Distribution auffaßbar), f' ihre klassische Ableitung und $D^1 f$ ihre distributionelle Ableitung der Ordnung 1. Dann gilt $(D^1 f, \varphi) = \int_{\mathbf{R}} f'(x)\varphi(x)\,dx$, woraus durch partielle Integration $(D^1 f, \varphi) = -\int_{\mathbf{R}} f(x)\varphi'(x)\,dx = -(f, \varphi')$ folgt. Im Falle einer regulären Distribution ℓ_f, $f \in L^1_{loc}(\Omega)$ erhält man wegen $(D^\alpha \ell_f)(\varphi) = (-1)^{|\alpha|}\ell_f(D^\alpha\varphi) = (-1)^{|\alpha|}\int_\Omega f(x) D^\alpha \varphi\, d\lambda$ die verallgemeinerte Ableitung der Funktion f im Sinne von SOBOLEW.

■ **A:** Für die der offenbar lokalsummierbaren HEAVISIDE–Funktion

$$\Theta(x) = \begin{cases} 1 & , \quad x \geq 0 \\ 0 & , \quad x < 0 \end{cases} \tag{12.211}$$

zugeordnete reguläre Distribution erhält man als Ableitung die nichtreguläre δ–Distribution.

■ **B:** Bei der mathematischen Modellierung von technischen und physikalischen Problemen treten häufig (in gewisser Hinsicht idealisierte) auf einen Punkt konzentrierte Einwirkungen, wie „punktförmige“ Kräfte, Nadelimpulse, Stoßvorgänge usw. auf, die mathematisch ihren Ausdruck in der Verwendung der δ– oder HEAVISIDE–Funktion finden, beispielsweise in der Form $m\delta_a$ als Massendichte für eine im Punkt a $(0 \leq a \leq l)$ eines Balkens der Länge l konzentrierte Punktmasse m.
Die Bewegungsgleichung eines Feder–Masse–Systems, auf das zum Zeitpunkt t_0 eine momentane äußere Kraft der Größe F einwirkt, hat die Form $\ddot{x} + \omega^2 x = F\delta_{t_0}$. Mit den Anfangsbedingungen $x(0) = \dot{x}(0) = 0$ ist $x(t) = \dfrac{F}{\omega}\sin(\omega(t - t_0))\Theta(t - t_0)$ die Lösung.

13 Vektoranalysis und Feldtheorie

13.1 Grundbegriffe der Feldtheorie

13.1.1 Vektorfunktion einer skalaren Variablen

13.1.1.1 Definitionen

1. Vektorfunktion einer skalaren Variablen t wird ein Vektor $\vec{\mathbf{a}}$ genannt, wenn seine Komponenten Funktionen von t sind:

$$\vec{\mathbf{a}} = \vec{\mathbf{a}}(t) = a_x(t)\vec{\mathbf{e}}_x + a_y(t)\vec{\mathbf{e}}_y + a_z(t)\vec{\mathbf{e}}_z. \tag{13.1}$$

Die Begriffe Grenzwert, Stetigkeit und Differenzierbarkeit lassen sich von den Komponenten des Vektors $\vec{\mathbf{a}}(t)$ auf den Vektor selbst übertragen.

2. Hodograph einer Vektorfunktion Faßt man die Vektorfunktion $\vec{\mathbf{a}}(t)$ als Orts- oder Radiusvektor $\vec{\mathbf{r}} = \vec{\mathbf{r}}(t)$ eines Punktes M auf, dann beschreibt dieser bei Änderung von t eine Raumkurve **(Abb.13.1)**. Man bezeichnet diese Raumkurve auch als Hodograph der Vektorfunktion $\vec{\mathbf{a}}(t)$.

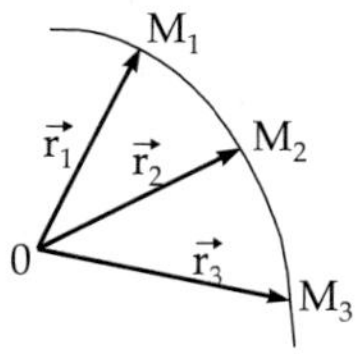

Abbildung 13.1

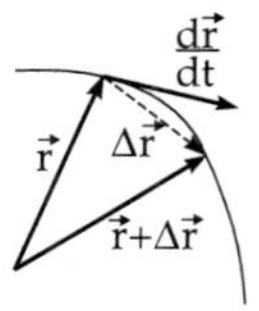

Abbildung 13.2

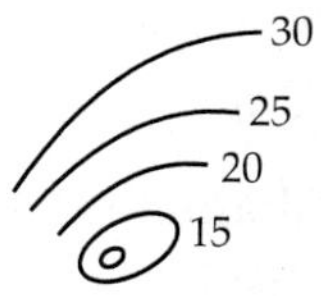

Abbildung 13.3

13.1.1.2 Ableitung einer Vektorfunktion

Die Ableitung von (13.1) nach t ist eine neue Vektorfunktion von t:

$$\frac{d\vec{\mathbf{a}}}{dt} = \lim_{\Delta t \to 0} \frac{\vec{\mathbf{a}}(t+\Delta t) - \vec{\mathbf{a}}(t)}{\Delta t}. \tag{13.2}$$

Die Ableitung $\dfrac{d\vec{\mathbf{r}}}{dt}$ des Radiusvektors stellt geometrisch betrachtet einen Vektor dar, der in die Richtung der Tangente des Hodographen im Punkt M weist **(Abb.13.2)**. Seine Länge hängt von der Wahl des Parameters t ab. Wenn t die Zeit ist, dann beschreibt $\vec{\mathbf{r}}(t)$ die Bewegung des Punktes M im Raum, während $\dfrac{d\vec{\mathbf{r}}}{dt}$ Größe und Richtung der Geschwindigkeit dieser Bewegung angibt. Ist $t = s$ die Bogenlänge der Raumkurve, gemessen von einem bestimmten Kurvenpunkt an, dann gilt $\left|\dfrac{d\vec{\mathbf{r}}}{ds}\right| = 1$.

13.1.1.3 Differentiationsregeln für Vektoren

$$\frac{d}{dt}(\vec{\mathbf{a}} \pm \vec{\mathbf{b}} \pm \vec{\mathbf{c}}) = \frac{d\vec{\mathbf{a}}}{dt} \pm \frac{d\vec{\mathbf{b}}}{dt} \pm \frac{d\vec{\mathbf{c}}}{dt}, \tag{13.3a}$$

$$\frac{d}{dt}(\varphi\vec{\mathbf{a}}) = \frac{d\varphi}{dt}\vec{\mathbf{a}} + \varphi\frac{d\vec{\mathbf{a}}}{dt} \qquad (\varphi \text{ - skalare Funktion von } t), \tag{13.3b}$$

$$\frac{d}{dt}(\vec{\mathbf{a}}\vec{\mathbf{b}}) = \frac{d\vec{\mathbf{a}}}{dt}\vec{\mathbf{b}} + \vec{\mathbf{a}}\frac{d\vec{\mathbf{b}}}{dt}, \tag{13.3c}$$

$$\frac{d}{dt}(\vec{\mathbf{a}} \times \vec{\mathbf{b}}) = \frac{d\vec{\mathbf{a}}}{dt} \times \vec{\mathbf{b}} + \vec{\mathbf{a}} \times \frac{d\vec{\mathbf{b}}}{dt} \qquad (\text{die Faktoren dürfen nicht vertauscht werden}), \tag{13.3d}$$

$$\frac{d}{dt}\,\vec{\mathbf{a}}[\varphi(t)] = \frac{d\vec{\mathbf{a}}}{d\varphi}\cdot\frac{d\varphi}{dt} \qquad \text{(Kettenregel)}. \tag{13.3e}$$

Ist $|\vec{\mathbf{a}}(t)| = \text{const}$, d.h. $\vec{\mathbf{a}}^2(t) = \vec{\mathbf{a}}(t)\cdot\vec{\mathbf{a}}(t) = \text{const}$, dann folgt aus (13.3c) $\vec{\mathbf{a}}\cdot\frac{d\vec{\mathbf{a}}}{dt} = 0$, d.h. $\frac{d\vec{\mathbf{a}}}{dt}$ und $\vec{\mathbf{a}}$ stehen senkrecht zueinander. Beispiele für diesen Sachverhalt sind:

a) Radius- und Tangentenvektor eines Kreises in der Ebene und

b) Orts- und Tangentenvektor einer Kurve auf der Kugel. Der Hodograph ist dann eine *sphärische Kurve*.

13.1.1.4 Taylor–Entwicklung für Vektorfunktionen

$$\vec{\mathbf{a}}(t+h) = \vec{\mathbf{a}}(t) + h\frac{d\vec{\mathbf{a}}}{dt} + \frac{h^2}{2}\frac{d^2\vec{\mathbf{a}}}{dt^2} + \cdots + \frac{h^n}{n!}\frac{d^n\vec{\mathbf{a}}}{dt^n}. \tag{13.4}$$

Die Entwicklung einer Vektorfunktion in eine TAYLOR-Reihe hat nur Sinn, wenn die Reihe konvergiert. Die Konvergenz dieser Reihe wird ebenso wie die jeder beliebigen anderen Reihe mit vektoriellen Gliedern nach der gleichen Methode bestimmt wie die Konvergenz einer Reihe mit komplexen Gliedern (s. S. 570). Man kann die Konvergenz einer Reihe mit vektoriellen Gliedern auf die Konvergenz von Reihen mit skalaren Gliedern zurückführen. Das Differential einer Vektorfunktion $\vec{\mathbf{a}}(t)$ wird durch

$$d\vec{\mathbf{a}} = \frac{d\vec{\mathbf{a}}}{dt}\Delta t \qquad \text{definiert}. \tag{13.5}$$

13.1.2 Skalarfelder

13.1.2.1 Skalares Feld oder skalare Punktfunktion

Wird jedem Punkt M eines Raumteiles ein Zahlenwert (Skalar) U zugeordnet, dann schreibt man

$$U = U(M) \tag{13.6a}$$

und bezeichnet (13.6a) als *Skalarfeld*. Beispiele für Skalarfelder sind Temperatur, Dichte, Potential usw. eines Körpers. Man kann ein skalares Feld $U = U(M)$ auch durch

$$U = U(\vec{\mathbf{r}}) \tag{13.6b}$$

beschreiben, wobei $\vec{\mathbf{r}}$ der Ortsvektor des Punktes M bei fest gewähltem Pol 0 ist (s. S. 150).

13.1.2.2 Wichtige Fälle skalarer Felder

1. Ebenes Feld wird ein Feld genannt, das ausschließlich für die Punkte einer Ebene im Raum definiert ist.

2. Zentralfeld Wenn eine Funktion in allen Punkten M gleichen Abstandes von einem Mittelpunkt $C(\vec{\mathbf{r}}_1)$, dem Feldpol, gleiche Werte annimmt, dann spricht man von einem *zentralsymmetrischen Feld* oder auch *Zentral- bzw. Kugelfeld*. Die Funktion U hängt dann lediglich vom Abstand $\overline{CM} = |\vec{\mathbf{r}}|$ ab:

$$U = f(\vec{\mathbf{r}}). \tag{13.7a}$$

■ Das Feld der Intensität einer punktförmigen Strahlungsquelle, z.B. das Feld der Lichtstärke, wird mit $|\vec{\mathbf{r}}|$ als Abstand von der Strahlungsquelle durch

$$U = \frac{c}{r^2} \qquad \text{beschrieben}. \tag{13.7b}$$

3. Axialfeld Wenn eine Funktion in allen Punkten gleichen Abstandes von einer Geraden, der Feldachse, den gleichen Wert besitzt, dann spricht man von einem *zylindersymmetrischen* bzw. *axialsymmetrischen Feld*, oder kurz von einem *Axialfeld*.

13.1.2.3 Koordinatendarstellung von Skalarfeldern

Wenn die Punkte eines Raumteiles durch ihre Koordinaten gegeben werden, z. B. durch kartesische, Zylinder- oder Kugelkoordinaten, dann erhält man zur Beschreibung des zugehörigen skalaren Feldes (13.6a) im allgemeinen eine Funktion dreier Veränderlicher:

$$U = \Phi(x, y, z), \qquad U = \Psi(\varrho, \varphi, z) \qquad \text{oder} \qquad U = X(r, \vartheta, \varphi). \tag{13.8a}$$

Im Falle eines ebenen Feldes genügt eine Funktion zweier Veränderlicher. Für kartesische oder Polarkoordinaten hat sie die Form:

$$U = \Phi(x, y) \qquad \text{oder} \qquad U = \Psi(\varrho, \varphi). \tag{13.8b}$$

Es wird vorausgesetzt, daß die Funktionen in (13.8a) und (13.8b) im allgemeinen stetig sind, ausgenommen einige Unstetigkeitspunkte, -kurven oder -flächen. Die Funktionen lauten

a) für ein Zentralfeld: $U = U(\sqrt{x^2 + y^2 + z^2}) = U(\sqrt{\varrho^2 + z^2}) = U(r),$ (13.9a)

b) für ein Axialfeld: $U = U(\sqrt{x^2 + y^2}) = U(\varrho) = U(r \sin\vartheta).$ (13.9b)

Die Untersuchung von zentralen Feldern führt man am besten unter Zuhilfenahme von Kugelkoordinaten durch, von axialen Feldern mit Hilfe von Zylinderkoordinaten.

13.1.2.4 Niveauflächen und Niveaulinien

1. Niveaufläche nennt man die Gesamtheit aller Punkte im Raum, für die die Funktion (13.6a) einen konstanten Wert

$$U = \text{const} \tag{13.10a}$$

annimmt. Unterschiedliche Konstanten $U_0, U_1, U_2, \ldots$ liefern unterschiedliche Niveauflächen. Durch jeden Punkt verläuft genau eine Niveaufläche, ausgenommen Punkte, in denen die Funktion nicht eindeutig definiert ist. In den drei bisher benutzten Koordinatensystemen lauten die Niveauflächengleichungen

$$U = \phi(x, y, z) = \text{const}, \qquad U = \Psi(\varrho, \varphi, z) = \text{const}, \qquad U = X(r, \vartheta, \varphi) = \text{const}. \tag{13.10b}$$

Beispiele für Niveauflächen verschiedener Felder:

■ **A:** $U = \vec{\mathbf{c}}\vec{\mathbf{r}} = c_x x + c_y y + c_z z$: Parallele Ebenen;
B: $U = x^2 + 2y^2 + 4z^2$: Ähnliche Ellipsoide in Ähnlichkeitslage;
C: Zentralfeld: Konzentrische Kugeln;
D: Axialfeld: Koaxiale Zylinder.

2. Niveaulinien ergeben sich in ebenen Feldern anstelle der Niveauflächen. Sie genügen der Gleichung

$$U = \text{const}. \tag{13.11}$$

Es ist üblich, die Niveaulinien in bestimmten gleichmäßigen U–Abständen darzustellen, wobei der betreffende U–Wert an die zugehörige U–Linie geschrieben wird (**Abb.13.3**). Bekannte Beispiele sind die Isobaren auf Wetterkarten und die Höhenlinien auf geographischen Karten. In speziellen Fällen können die Niveauflächen in Punkte oder Linien entarten, die Niveaulinien in isolierte Punkte.

■ Die Niveaulinien der Felder a) $U = xy$, b) $U = \dfrac{y}{x^2}$, c) $U = r^2$, d) $U = \dfrac{1}{r}$ sind in **Abb.13.4** dargestellt.

13.1.3 Vektorfelder

13.1.3.1 Vektorielles Feld oder vektorielle Punktfunktion

Wird jedem Punkt M eines Raumteiles ein Vektor $\vec{\mathbf{V}}$ zugeordnet, so schreibt man

$$\vec{\mathbf{V}} = \vec{\mathbf{V}}(M). \tag{13.12a}$$

und bezeichnet (13.12a) als *Vektorfeld*. Beispiele für Vektorfelder sind das Geschwindigkeitsfeld der Teilchen einer strömenden Flüssigkeit sowie Kraft- und Feldstärkefelder. Ein Vektorfeld $\vec{\mathbf{V}} = \vec{\mathbf{V}}(M)$ kann auch durch

$$\vec{\mathbf{V}} = \vec{\mathbf{V}}(\vec{\mathbf{r}}). \tag{13.12b}$$

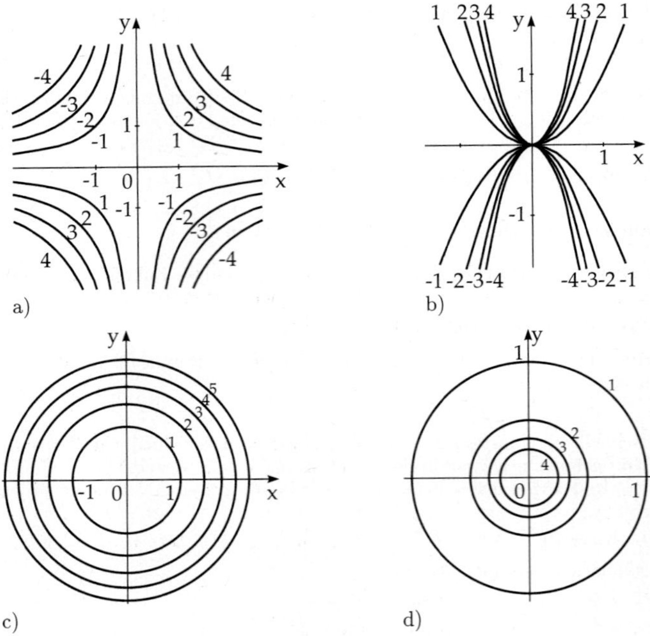

Abbildung 13.4

beschrieben werden, wobei $\vec{\mathbf{r}}$ der Ortsvektor des Punktes M bei fest gewähltem Pol 0 ist. Ein ebene Vektorfeld zeichnet sich dadurch aus, daß alle $\vec{\mathbf{r}}$–Werte und alle $\vec{\mathbf{V}}$–Werte jeweils in einer Ebene liegen (s. S. 158).

13.1.3.2 Wichtige Fälle vektorieller Felder

1. Zentrales Vektorfeld Alle Vektoren $\vec{\mathbf{V}}$ liegen auf Geraden, die durch einen bestimmten Punkt, das *Zentrum*, verlaufen **(Abb.13.5a)**. Wird der Koordinatenursprung in das Zentrum gelegt, dann kann das Feld mit Hilfe von

$$\vec{\mathbf{V}} = f(\vec{\mathbf{r}}) \cdot \vec{\mathbf{r}} \tag{13.13a}$$

definiert werden, da alle Vektoren die Richtung des Radiusvektors $\vec{\mathbf{r}}$ besitzen. Oft ist es von Vorteil dieses Feld durch die Formel

$$\vec{\mathbf{V}} = \varphi(\vec{\mathbf{r}})\frac{\vec{\mathbf{r}}}{r} \tag{13.13b}$$

zu beschreiben, wobei $\varphi(\vec{\mathbf{r}})$ die Länge des Vektors $\vec{\mathbf{V}}$ angibt und $\dfrac{\vec{\mathbf{r}}}{r}$ der Einheitsvektor ist.

2. Sphärisches Vektorfeld ist der Spezialfall des zentralen Vektorfeldes, in dem die Länge des Vektors $\vec{\mathbf{V}}$ nur vom Abstand $|\vec{\mathbf{r}}|$ abhängt **(Abb.13.5b)**. Beispiele sind das NEWTON*sche* und das COULOMB*sche Kraftfeld*:

$$\vec{\mathbf{V}} = \frac{c}{r^3}\vec{\mathbf{r}} = \frac{c}{r^2}\frac{\vec{\mathbf{r}}}{r}. \tag{13.14}$$

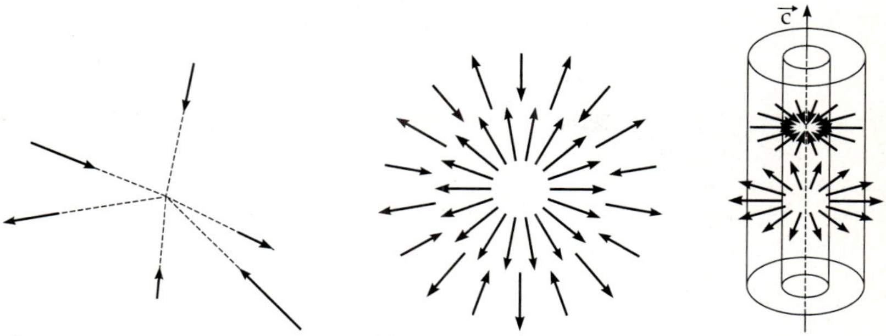

a) b) c)

Abbildung 13.5

Der Spezialfall eines ebenen sphärischen Vektorfeldes wird *Kreisfeld* genannt.

3. Zylindrisches Vektorfeld

a) Alle Vektoren $\vec{\mathbf{V}}$ liegen auf Geraden, die auf einer bestimmten Geraden, der Achse, senkrecht stehen und durch diese hindurchgehen, und

b) alle Vektoren $\vec{\mathbf{V}}$ für Punkte, die gleichen Abstand von der Achse haben, besitzen gleiche Beträge und sind entweder auf die Achse hin- oder von ihr weggerichtet **(Abb.13.5c)**. Wird der Koordinatenursprung auf die durch den Vektor $\vec{\mathbf{c}}$ bestimmte Achse gelegt, dann kann dieses Feld durch die Formel

$$\vec{\mathbf{V}} = \varphi(\varrho)\frac{\vec{\mathbf{r}}^*}{\varrho} \tag{13.15a}$$

beschrieben werden. Dabei ist $\vec{\mathbf{r}}^*$ die Projektion von $\vec{\mathbf{r}}$ auf die auf der Achse senkrecht stehende Ebene:

$$\vec{\mathbf{r}}^* = \vec{\mathbf{c}} \times (\vec{\mathbf{r}} \times \vec{\mathbf{c}}). \tag{13.15b}$$

Jeder Schnitt dieses Feldes mit Ebenen, die senkrecht auf der Achse stehen, ergibt gleichartige Kreisfelder.

13.1.3.3 Koordinatendarstellung von Vektorfeldern

1. Vektorfeld in kartesischen Koordinaten Das Vektorfeld (13.12a) kann mit Hilfe dreier skalarer Felder $V_1(\vec{\mathbf{r}})$, $V_2(\vec{\mathbf{r}})$ und $V_3(\vec{\mathbf{r}})$ definiert werden, die als Koeffizienten des Vektors $\vec{\mathbf{V}}$ bei seiner Zerlegung in drei beliebige inkomplanare Vektoren $\vec{\mathbf{e}}_1$, $\vec{\mathbf{e}}_2$, $\vec{\mathbf{e}}_3$ aufzufassen sind:

$$\vec{\mathbf{V}} = V_1\vec{\mathbf{e}}_1 + V_2\vec{\mathbf{e}}_2 + V_3\vec{\mathbf{e}}_3. \tag{13.16a}$$

Wählt man für diese drei Vektoren die Einheitsvektoren der drei Koordinatenachsen $\vec{\mathbf{i}}, \vec{\mathbf{j}}, \vec{\mathbf{k}}$, und drückt man die Koeffizienten V_1, V_2, V_3 in kartesischen Koordinaten aus, dann gilt

$$\vec{\mathbf{V}} = V_x(x,y,z)\vec{\mathbf{i}} + V_y(x,y,z)\vec{\mathbf{j}} + V_z(x,y,z)\vec{\mathbf{k}}. \tag{13.16b}$$

Somit kann das Vektorfeld mit Hilfe dreier skalarer Funktionen von drei skalaren Veränderlichen definiert werden.

2. Vektorfeld in Zylinder- und Kugelkoordinaten Die Einheitsvektoren der Zylinder- und Kugelkoordinaten

$$\vec{\mathbf{e}}_\varrho, \quad \vec{\mathbf{e}}_\varphi, \quad \vec{\mathbf{e}}_z\ (= \vec{\mathbf{k}}), \qquad \text{bzw.} \qquad \vec{\mathbf{e}}_r\ (= \frac{\vec{\mathbf{r}}}{r}), \quad \vec{\mathbf{e}}_\varphi, \quad \vec{\mathbf{e}}_\vartheta \tag{13.17a}$$

sind Tangenten an die Koordinatenlinien in jedem Punkt **(Abb.13.6, 13.7)**. Die Koeffizienten müssen dann als Funktionen der entsprechenden Koordinaten gegeben sein:

$$\vec{\mathbf{V}} = V_\varrho(\varrho,\varphi,z)\vec{\mathbf{e}}_\varrho + V_\varphi(\varrho,\varphi,z)\vec{\mathbf{e}}_\varphi + V_z(\varrho,\varphi,z)\vec{\mathbf{e}}_z, \tag{13.17b}$$

$$\vec{\mathbf{V}} = V_r(r,\varphi,\vartheta)\vec{\mathbf{e}}_r + V_\varphi(r,\varphi,\Theta)\vec{\mathbf{e}}_\varphi + V_\vartheta(r,\varphi,\Theta)\vec{\mathbf{e}}_\vartheta. \tag{13.17c}$$

Beim Übergang von einem Punkt zu einem anderen ändern zwar die Koordinatenvektoren ihre Richtung, sie stehen aber stets senkrecht aufeinander.

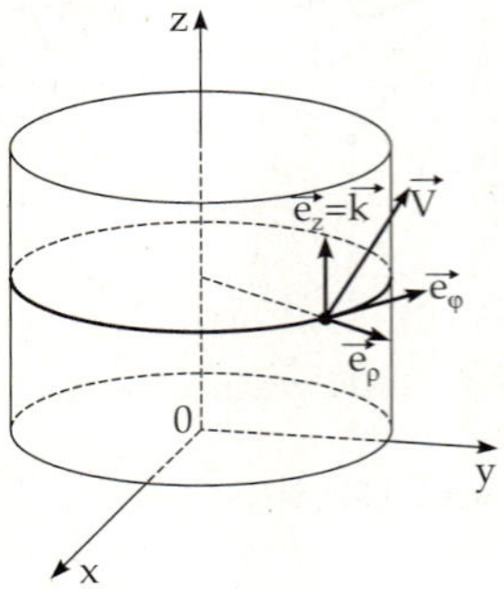

Abbildung 13.6

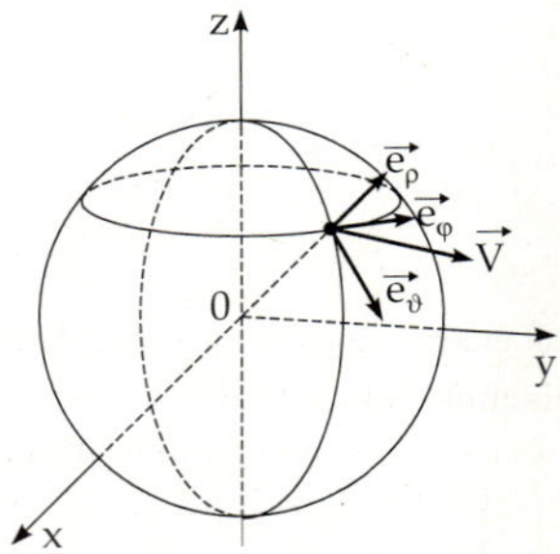

Abbildung 13.7

13.1.3.4 Übergang von einem Koordinatensystem zu einem anderen

1. Darstellung der kartesischen Koordinaten durch Zylinderkoordinaten

$$V_x = V_\varrho\cos\varphi - V_\varphi\sin\varphi, \qquad V_y = V_\varrho\sin\varphi + V_\varphi\cos\varphi, \qquad V_z = V_z. \tag{13.18}$$

2. Darstellung der Zylinderkoordinaten durch kartesische Koordinaten

$$V_\varrho = V_x\cos\varphi + V_y\sin\varphi, \qquad V_\varphi = -V_x\sin\varphi + V_y\cos\varphi, \qquad V_z = V_z. \tag{13.19}$$

3. Darstellung der kartesischen Koordinaten durch Kugelkoordinaten

$$\begin{aligned} V_x &= V_r\sin\vartheta\cos\varphi - V_\varphi\sin\varphi + V_\vartheta\cos\varphi\cos\vartheta,\\ V_y &= V_r\sin\vartheta\sin\varphi + V_\varphi\cos\varphi + V_\vartheta\sin\varphi\cos\vartheta,\\ V_z &= V_r\cos\vartheta - V_\vartheta\sin\vartheta. \end{aligned} \tag{13.20}$$

4. Darstellung der Kugelkoordinaten durch kartesische Koordinaten

$$\begin{aligned} V_r &= V_x\sin\vartheta\cos\varphi + V_y\sin\vartheta\sin\varphi + V_z\cos\vartheta,\\ V_\vartheta &= V_x\cos\vartheta\cos\varphi + V_y\cos\vartheta\sin\varphi - V_z\sin\vartheta.\\ V_\varphi &= -V_x\sin\varphi + V_y\cos\varphi, \end{aligned} \tag{13.21}$$

5. Darstellung des sphärischen Vektorfeldes durch kartesische Koordinaten

$$\vec{\mathbf{V}} = \varphi(\sqrt{x^2+y^2+z^2})(x\vec{\mathbf{i}} + y\vec{\mathbf{j}} + z\vec{\mathbf{k}}). \tag{13.22}$$

6. Darstellung des zylindrischen Vektorfeldes durch kartesische Koordinaten

$$\vec{\mathbf{V}} = \varphi(\sqrt{x^2+y^2})(x\vec{\mathbf{i}} + y\vec{\mathbf{j}}). \tag{13.23}$$

Untersuchungen in Kugelfeldern führt man vorteilhafterweise unter Verwendung von Kugelkoordinaten $[\vec{\mathbf{V}} = V(r)\vec{\mathbf{e}}_r]$ durch, Untersuchungen in Zylinderfeldern unter Verwendung von Zylinderkoordinaten

$[\vec{\mathbf{V}} = V(\varphi)\vec{\mathbf{e}}_\varphi]$. Für ebene Felder **(Abb.13.8)** gilt

$$\vec{\mathbf{V}} = V_x(x,y)\vec{\mathbf{i}} + V_y(x,y)\vec{\mathbf{j}} = V_\varrho(x,y)\vec{\mathbf{e}}_\varrho + V_\varphi(x,y)\vec{\mathbf{e}}_\varphi, \tag{13.24}$$

für Kreisfelder

$$\vec{\mathbf{V}} = \varphi(\sqrt{x^2+y^2})(x\vec{\mathbf{i}} + y\vec{\mathbf{j}}) = \varphi(\varrho)\vec{\mathbf{e}}_\varrho. \tag{13.25}$$

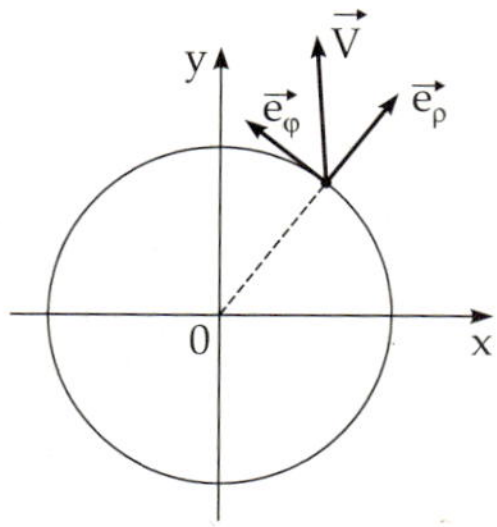

Abbildung 13.8

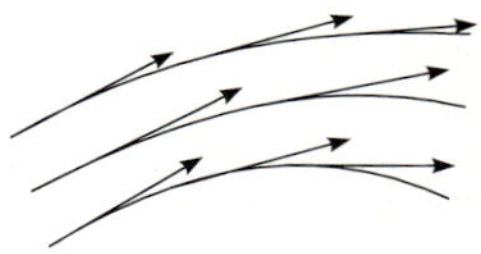

Abbildung 13.9

13.1.3.5 Feldlinien

Für das Vektorfeld $\vec{\mathbf{V}}(\vec{\mathbf{r}})$ **(Abb.13.9)** heißt eine Kurve C *Feldlinie*, wenn der Vektor $\vec{\mathbf{V}}(\vec{\mathbf{r}})$ in jedem Kurvenpunkt M ein Tangentenvektor ist. Durch jeden Punkt eines Feldes verläuft eine Feldlinie. Die Feldlinien schneiden einander nicht, ausgenommen solche Punkte, in denen die Funktion $\vec{\mathbf{V}}$ nicht definiert ist oder verschwindet. Die Differentialgleichungen der Feldlinien eines Vektorfeldes $\vec{\mathbf{V}}$, das in kartesischen Koordinaten gegeben ist, lauten

a) allgemein: $\dfrac{dx}{V_x} = \dfrac{dy}{V_y} = \dfrac{dz}{V_z}$; (13.26a) **b) für ein ebenes Feld:** $\dfrac{dx}{V_x} = \dfrac{dy}{V_y}$. (13.26b)

Zur Lösung dieser Differentialgleichungen s.S. 377 bzw. 405.

■ **A:** Die Feldlinien eines Zentralfeldes sind Geraden, die vom Zentrum zum Feldpunkt verlaufen.

B: Die Feldlinien des Vektorfeldes $\vec{\mathbf{V}} = \vec{\mathbf{c}} \times \vec{\mathbf{r}}$ sind Kreise, die in einer senkrecht auf dem Vektor $\vec{\mathbf{c}}$ stehenden Ebene liegen. Ihr Mittelpunkt liegt auf einer zu $\vec{\mathbf{c}}$ parallelen Achse.

13.2 Räumliche Differentialoperationen

13.2.1 Richtungs- und Volumenableitung

13.2.1.1 Richtungsableitung eines skalaren Feldes

Die Richtungsableitung des skalaren Feldes $U = U(\vec{\mathbf{r}})$ in einem Punkt M mit dem Ortsvektor $\vec{\mathbf{r}}$ nach einem Vektor $\vec{\mathbf{c}}$ **(Abb.13.10)** ist definiert als Grenzwert des Quotienten

$$\frac{\partial U}{\partial \vec{\mathbf{c}}} = \lim_{\varepsilon\to 0} \frac{U(\vec{\mathbf{r}} + \varepsilon\vec{\mathbf{c}}) - U(\vec{\mathbf{r}})}{\varepsilon}. \tag{13.27}$$

Wenn die Ableitung des Feldes $U = U(\vec{\mathbf{r}})$ in einem Punkt $\vec{\mathbf{r}}$ nach der Richtung des Einheitsvektors $\vec{\mathbf{c}}^0$ von $\vec{\mathbf{c}}$ mit $\dfrac{\partial U}{\partial \vec{\mathbf{c}}^0}$ bezeichnet wird, dann besteht zwischen den Ableitungen der Funktion nach dem Vektor $\vec{\mathbf{c}}$ und nach seinem Einheitsvektor $\vec{\mathbf{c}}^0$ in ein und demselben Punkt die Beziehung

$$\frac{\partial U}{\partial \vec{\mathbf{c}}} = |\vec{\mathbf{c}}| \frac{\partial U}{\partial \vec{\mathbf{c}}^0}. \tag{13.28}$$

Die Ableitung $\frac{\partial U}{\partial \vec{\mathbf{c}}^0}$ nach dem Einheitsvektor ist ein Maß für die Stärke, mit der die Funktion U in Richtung $\vec{\mathbf{c}}^0$ vom Punkt $\vec{\mathbf{r}}$ aus anwächst. Unter allen Ableitungen in einem Punkt nach den verschiedenen Richtungen der Einheitsvektoren besitzt die Ableitung $\frac{\partial U}{\partial \vec{\mathbf{n}}}$ den größten Wert. Dabei ist $\vec{\mathbf{n}}$ der Normaleneinheitsvektor zur Niveaufläche, auf der der Punkt $\vec{\mathbf{r}}$ liegt. Zwischen den Richtungsableitungen bezüglich $\vec{\mathbf{n}}$ und einer beliebigen Richtung $\vec{\mathbf{c}}^0$ besteht der Zusammenhang

$$\frac{\partial U}{\partial \vec{\mathbf{c}}^0} = \frac{\partial U}{\partial \vec{\mathbf{n}}} \cos(\vec{\mathbf{c}}^0, \vec{\mathbf{n}}) = \frac{\partial U}{\partial \vec{\mathbf{n}}} \cos \varphi. \tag{13.29}$$

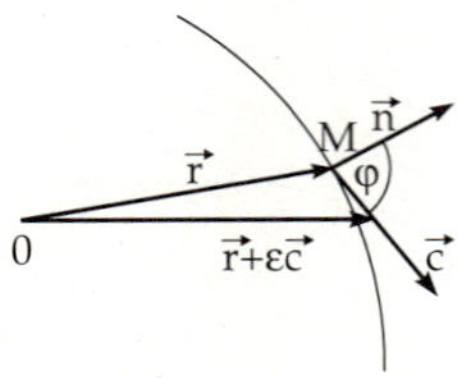

Abbildung 13.10

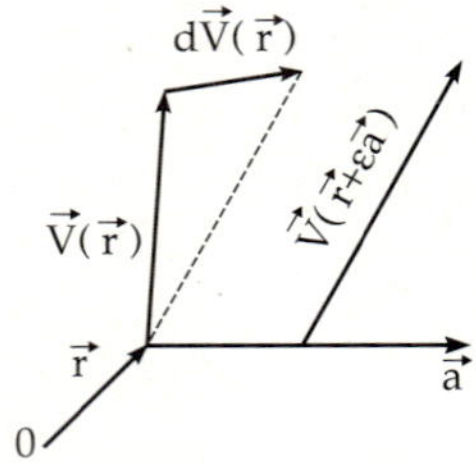

Abbildung 13.11

13.2.1.2 Richtungsableitung eines vektoriellen Feldes

In Analogie zur Richtungsableitung eines skalaren Feldes gibt es die Richtungsableitung eines Vektorfeldes. Die Richtungsableitung des Vektorfeldes $\vec{\mathbf{V}} = \vec{\mathbf{V}}(\vec{\mathbf{r}})$ in einem Punkt M mit dem Ortsvektor $\vec{\mathbf{r}}$ **(Abb.13.11)** nach einem Vektor $\vec{\mathbf{a}}$ ist definiert als Grenzwert des Quotienten

$$\frac{\partial \vec{\mathbf{V}}}{\partial \vec{\mathbf{a}}} = \lim_{\varepsilon \to 0} \frac{\vec{\mathbf{V}}(\vec{\mathbf{r}} + \varepsilon \vec{\mathbf{a}}) - \vec{\mathbf{V}}(\vec{\mathbf{r}})}{\varepsilon}. \tag{13.30}$$

Wenn die Ableitung des Vektorfeldes $\vec{\mathbf{V}} = \vec{\mathbf{V}}(\vec{\mathbf{r}})$ in einem Punkt $\vec{\mathbf{r}}$ nach der Richtung des Einheitsvektors $\vec{\mathbf{a}}^0$ von $\vec{\mathbf{a}}$ mit $\frac{\partial \vec{\mathbf{V}}}{\partial \vec{\mathbf{a}}^0}$ bezeichnet wird, dann gilt

$$\frac{\partial \vec{\mathbf{V}}}{\partial \vec{\mathbf{a}}} = |\vec{\mathbf{a}}| \frac{\partial \vec{\mathbf{V}}}{\partial \vec{\mathbf{a}}^0}, \tag{13.31}$$

wobei $\frac{\partial \vec{\mathbf{V}}}{\partial \vec{\mathbf{a}}}$ als *Richtungsableitung* des Vektorfeldes $\vec{\mathbf{V}}(\vec{\mathbf{r}})$ in Richtung von $\vec{\mathbf{a}}$ bezeichnet wird. In kartesischen Koordinaten, d.h. $\vec{\mathbf{V}} = V_x\vec{\mathbf{e}}_x + V_y\vec{\mathbf{e}}_y + V_z\vec{\mathbf{e}}_z$, $\vec{\mathbf{a}} = a_x\vec{\mathbf{e}}_x + a_y\vec{\mathbf{e}}_y + a_z\vec{\mathbf{e}}_z$ gilt

$$(\vec{\mathbf{a}} \cdot \operatorname{grad})\vec{\mathbf{V}} = (\vec{\mathbf{a}} \cdot \operatorname{grad} V_x)\vec{\mathbf{e}}_{\mathbf{x}} + (\vec{\mathbf{a}} \cdot \operatorname{grad} V_y)\vec{\mathbf{e}}_{\mathbf{y}} + (\vec{\mathbf{a}} \cdot \operatorname{grad} V_z)\vec{\mathbf{e}}_{\mathbf{z}}, \tag{13.32a}$$

oder in allgemeinen Koordinaten

$$(\vec{\mathbf{a}} \cdot \operatorname{grad})\vec{\mathbf{V}} = \frac{1}{2}(\operatorname{rot}(\vec{\mathbf{V}} \times \vec{\mathbf{a}}) + \operatorname{grad}(\vec{\mathbf{a}} \cdot \vec{\mathbf{V}}) + \vec{\mathbf{a}} \cdot \operatorname{div} \vec{\mathbf{V}} - \vec{\mathbf{V}} \cdot \operatorname{div} \vec{\mathbf{a}}$$
$$- \vec{\mathbf{a}} \times \operatorname{rot} \vec{\mathbf{V}} - \vec{\mathbf{V}} \times \operatorname{rot} \vec{\mathbf{a}}). \tag{13.32b}$$

13.2.1.3 Volumenableitung oder räumliche Ableitung

Die Volumenableitung eines skalaren oder eines Vektorfeldes in einem Punkt $\vec{\mathbf{r}}$ ist ein Begriff, der zur Definition von drei wichtigen Differentialoperationen erforderlich ist, die folgendermaßen gewonnen

werden:
1. Einhüllung des Punktes $\vec{\mathbf{r}}$ eines skalaren Feldes oder eines Vektorfeldes durch ein geschlossenes Flächenstück Σ;
2. Integration über die geschlossene Fläche Σ:

$$\oint\limits_{(\Sigma)} U\,dS = \oiint_{(\Sigma)} U\,dS, \qquad \oint\limits_{(\Sigma)} \vec{\mathbf{V}}\cdot d\vec{\mathbf{S}} = \oiint_{(\Sigma)} \vec{\mathbf{V}}\cdot d\vec{\mathbf{S}}, \qquad \oint\limits_{(\Sigma)} \vec{\mathbf{V}}\times d\vec{\mathbf{S}} = \oiint_{(\Sigma)} \vec{\mathbf{V}}\times d\vec{\mathbf{S}}. \tag{13.33}$$

3. Bestimmung des Grenzwertes des Quotienten aus diesem Integral und dem gegen Null strebenden Volumen Δv, das von der Fläche Σ eingeschlossen wird (s. (13.35)).
Auf den Begriff *Gradient* führt die Volumenableitung eines skalaren Feldes, auf die Begriffe *Divergenz* und *Rotation* die Volumenableitungen eines Vektorfeldes.

13.2.2 Gradient eines Skalarfeldes

13.2.2.1 Definition des Gradienten

Gradient wird ein Vektor genannt, der jedem Punkt eines Skalarfeldes $U = U(\vec{\mathbf{r}})$ zugeordnet werden kann (in Zeichen $\operatorname{grad} U$), und der die folgenden Eigenschaften hat:
1. $\operatorname{grad} U$ hat die Richtung der Normalen der jeweiligen Niveaufläche $U = \text{const}$,
2. $\operatorname{grad} U$ ist in Richtung wachsender Funktionswerte von U orientiert,
3. $|\operatorname{grad} U| = \dfrac{\partial U}{\partial \vec{\mathbf{n}}}$, d.h., der Betrag von $\operatorname{grad} U$ stimmt mit der Richtungsableitung der Funktion U in Normalenrichtung überein.
Es werden hier zwei verschiedene Definitionen betrachtet.

13.2.2.2 Gradient und Richtungsableitung

Die *Richtungsableitung* der skalaren Feldfunktion U nach dem Einheitsvektor $\vec{\mathbf{c}}^{\,0}$ ist gleich der Projektion des Vektors $\operatorname{grad} U$ auf die Richtung des Einheitsvektors $\vec{\mathbf{c}}^{\,0}$:

$$\frac{\partial U}{\partial \vec{\mathbf{c}}^{\,0}} = \vec{\mathbf{c}}^{\,0}\cdot \operatorname{grad} U, \tag{13.34}$$

d.h., die Richtungsableitung ist als Skalarprodukt des Richtungsvektors mit dem Gradienten des Feldes beschreibbar.

13.2.2.3 Gradient und Volumenableitung

Jedem Punkt $\vec{\mathbf{r}}$ eines skalaren Feldes $U = U(\vec{\mathbf{r}})$ kann der Vektor *Gradient U* als *Volumenableitung* des skalaren Feldes zugeordnet werden:

$$\operatorname{grad} U = \lim_{\Delta v \to 0} \frac{\oint\limits_{(\Sigma)} U\,d\vec{\mathbf{S}}}{\Delta v}. \tag{13.35}$$

Dabei ist Δv ein Volumenteil des Skalarfeldes, der den betrachteten Punkt $\vec{\mathbf{r}}$ enthält, während das Integral über die Oberfläche Σ des umschlossenenen Raumteils darstellt.

13.2.2.4 Weitere Eigenschaften des Gradienten

1. Der absolute Betrag des Gradienten ist in den Punkten größer, in deren Umgebung die Feldliniendichte größer ist.
2. Der Gradient verschwindet ($\operatorname{grad} U = 0$), wenn sich in dem betrachteten Feldpunkt ein Maximum oder Minimum von U befindet. Dort entarten die Niveauflächen bzw. Niveaulinien zu einem Punkt.

13.2.2.5 Gradient des Skalarfeldes in verschiedenen Koordinaten

1. Gradient in kartesischen Koordinaten

$$\operatorname{grad} U = \frac{\partial U(x,y,z)}{\partial x}\vec{\mathbf{i}} + \frac{\partial U(x,y,z)}{\partial y}\vec{\mathbf{j}} + \frac{\partial U(x,y,z)}{\partial z}\vec{\mathbf{k}}. \tag{13.36}$$

2. Gradient in Zylinderkoordinaten ($x = y = \varrho \sin\varphi,\ z = z$)

$$\operatorname{grad} U = \operatorname{grad}_\varrho U \vec{\mathbf{e}}_\varrho + \operatorname{grad}_\varphi U \vec{\mathbf{e}}_\varphi + \operatorname{grad}_z U \vec{\mathbf{e}}_z; \qquad (13.37)$$

$$\text{mit } \operatorname{grad}_\varrho U = \frac{\partial U}{\partial \varrho},\ \operatorname{grad}_\varphi U = \frac{1}{\varrho}\frac{\partial U}{\partial \varphi},\ \operatorname{grad}_z U = \frac{\partial U}{\partial z}.$$

3. Gradient in Kugelkoordinaten ($x = r\sin\vartheta\cos\varphi,\ y = r\sin\vartheta\sin\varphi,\ z = r\cos\vartheta$)

$$\operatorname{grad} U = \operatorname{grad}_r U \vec{\mathbf{e}}_r + \operatorname{grad}_\vartheta U \vec{\mathbf{e}}_\vartheta + \operatorname{grad}_\varphi U \vec{\mathbf{e}}_\varphi; \qquad (13.38)$$

$$\text{mit } \operatorname{grad}_r U = \frac{\partial U}{\partial r},\ \operatorname{grad}_\vartheta U = \frac{1}{r}\frac{\partial U}{\partial \vartheta},\ \operatorname{grad}_\varphi U = \frac{1}{r\sin\vartheta}\frac{\partial U}{\partial \varphi};$$

4. Gradient in allgemeinen orthogonalen Koordinaten (ξ, η, ζ)

Mit $\vec{\mathbf{r}}(\xi,\eta,\zeta) = x(\xi,\eta,\zeta)\vec{\mathbf{i}} + y(\xi,\eta,\zeta)\vec{\mathbf{j}} + z(\xi,\eta,\zeta)\vec{\mathbf{k}}$ gilt:

$$\operatorname{grad} U = \operatorname{grad}_\xi U \vec{\mathbf{e}}_\xi + \operatorname{grad}_\eta U \vec{\mathbf{e}}_\eta + \operatorname{grad}_\zeta U \vec{\mathbf{e}}_\zeta; \qquad (13.39)$$

wobei sich $\operatorname{grad}_\xi U = \frac{1}{\left|\frac{\partial \vec{\mathbf{r}}}{\partial \xi}\right|}\frac{\partial U}{\partial \xi}$, $\operatorname{grad}_\eta U = \frac{1}{\left|\frac{\partial \vec{\mathbf{r}}}{\partial \eta}\right|}\frac{\partial U}{\partial \eta}$, $\operatorname{grad}_\zeta U = \frac{1}{\left|\frac{\partial \vec{\mathbf{r}}}{\partial \zeta}\right|}\frac{\partial U}{\partial \zeta}$ ergibt.

13.2.2.6 Rechenregeln

Im folgenden wird angenommen, daß $\vec{\mathbf{c}}$ und c konstant sind.

$$\operatorname{grad} c = 0, \quad \operatorname{grad}(U_1 + U_2) = \operatorname{grad} U_1 + \operatorname{grad} U_2, \quad \operatorname{grad}(cU) = c \operatorname{grad} U. \qquad (13.40)$$

$$\operatorname{grad}(U_1 U_2) = U_1 \operatorname{grad} U_2 + U_2 \operatorname{grad} U_1, \quad \operatorname{grad}\varphi(U) = \frac{d\varphi}{dU}\operatorname{grad} U. \qquad (13.41)$$

$$\operatorname{grad}(\vec{\mathbf{V}}_1\vec{\mathbf{V}}_2) = (\vec{\mathbf{V}}_1 \cdot \operatorname{grad})\vec{\mathbf{V}}_2 + (\vec{\mathbf{V}}_2 \cdot \operatorname{grad})\vec{\mathbf{V}}_1 + \vec{\mathbf{V}}_1 \times \operatorname{rot}\vec{\mathbf{V}}_2 + \vec{\mathbf{V}}_2 \times \operatorname{rot}\vec{\mathbf{V}}_1. \qquad (13.42)$$

$$\operatorname{grad}\vec{\mathbf{r}} \cdot \vec{\mathbf{c}} = \vec{\mathbf{c}}. \qquad (13.43)$$

1. Differential eines skalaren Feldes als totales Differential der Funktion U

$$dU = \operatorname{grad} U\, d\vec{\mathbf{r}} = \frac{\partial U}{\partial x}dx + \frac{\partial U}{\partial y}dy + \frac{\partial U}{\partial z}dz. \qquad (13.44)$$

2. Ableitung einer Funktion U längs einer Raumkurve $\vec{\mathbf{r}}(t)$

$$\frac{dU}{dt} = \frac{\partial U}{\partial x}\frac{dx}{dt} + \frac{\partial U}{\partial y}\frac{dy}{dt} + \frac{\partial U}{\partial z}\frac{dz}{dt}. \qquad (13.45a)$$

Diese Formel entspricht der Differentialformel (13.38) in der Form

$$dU = \operatorname{grad} U\, d\vec{\mathbf{r}}, \qquad (13.45b)$$

in der $d\vec{\mathbf{r}}$ das vektorielle Linienelement der Kurve ist.

3. Gradient des Zentralfeldes

$$\operatorname{grad} U(r) = U'(r)\frac{\vec{\mathbf{r}}}{r} \quad \text{(Kugelfeld)}, \qquad (13.46a)$$

$$\operatorname{grad} r = \frac{\vec{\mathbf{r}}}{r} \quad \text{(Feld von Einheitsvektoren)}. \qquad (13.46b)$$

13.2.3 Vektorgradient

Der Zusammenhang (13.32a) legt die Bezeichnung

$$\frac{\partial \vec{\mathbf{V}}}{\partial \vec{\mathbf{a}}} = \vec{\mathbf{a}} \cdot \operatorname{grad}(V_x\vec{\mathbf{e}}_x + V_y\vec{\mathbf{e}}_y + V_z\vec{\mathbf{e}}_z) = \vec{\mathbf{a}} \cdot \operatorname{grad}\vec{\mathbf{V}} \qquad (13.47a)$$

nahe, wobei grad $\vec{\mathbf{V}}$ *Vektorgradient* heißt. Aus der Matrizenschreibweise von (13.47a) folgt, daß der Vektorgradient als Tensor mit Hilfe einer Matrix darstellbar ist:

$$(\vec{\mathbf{a}}\cdot\mathrm{grad}\,)\vec{\mathbf{V}} = \begin{pmatrix} \frac{\partial V_x}{\partial x} & \frac{\partial V_x}{\partial y} & \frac{\partial V_x}{\partial z} \\ \frac{\partial V_y}{\partial x} & \frac{\partial V_y}{\partial y} & \frac{\partial V_y}{\partial z} \\ \frac{\partial V_z}{\partial x} & \frac{\partial V_z}{\partial y} & \frac{\partial V_z}{\partial z} \end{pmatrix} \begin{pmatrix} a_x \\ a_y \\ a_z \end{pmatrix}, \quad (13.47\mathrm{b}) \qquad \mathrm{grad}\,\vec{\mathbf{V}} = \begin{pmatrix} \frac{\partial V_x}{\partial x} & \frac{\partial V_x}{\partial y} & \frac{\partial V_x}{\partial z} \\ \frac{\partial V_y}{\partial x} & \frac{\partial V_y}{\partial y} & \frac{\partial V_y}{\partial z} \\ \frac{\partial V_z}{\partial x} & \frac{\partial V_z}{\partial y} & \frac{\partial V_z}{\partial z} \end{pmatrix}. \quad (13.47\mathrm{c})$$

Tensoren dieser Art spielen in den Ingenieurwissenschaften, z.B. bei der Beschreibung von Spannungen(S.232) und Elastizitäten, eine Rolle (S.232) eine Rolle.

13.2.4 Divergenz des Vektorfeldes

13.2.4.1 Definition der Divergenz

Zu einem Vektorfeld $\vec{\mathbf{V}}(\vec{\mathbf{r}})$ läßt sich ein skalares Feld, das Feld seiner *Divergenz*, angeben. Im Punkt $\vec{\mathbf{r}}$ ist die Divergenz als Volumenableitung des Vektorfeldes definiert:

$$\mathrm{div}\,\vec{\mathbf{V}} = \lim_{v\to 0} \frac{\oint\limits_{(\Sigma)} \vec{\mathbf{V}}\,d\vec{\mathbf{S}}}{v}. \tag{13.48}$$

Man bezeichnet die Divergenz eines Vektorfeldes auch als spezifische Ergiebigkeit oder Quelldichte, denn sie gibt, falls $\vec{\mathbf{V}}$ ein Strömungsfeld beschreibt, die Flüssigkeitsmenge an, die in dem betreffenden Punkt des Feldes $\vec{\mathbf{V}}$ je Volumen- und Zeiteinheit neu entsteht. Im Fall div $\vec{\mathbf{V}} > 0$ spricht man vom Vorhandensein einer *Quelle*, im Fall div $\vec{\mathbf{V}} < 0$ vom Vorhandensein einer *Senke*.

13.2.4.2 Divergenz in verschiedenen Koordinaten

1. Divergenz in kartesischen Koordinaten

$$\mathrm{div}\,\vec{\mathbf{V}} = \frac{\partial V_x}{\partial x} + \frac{\partial V_y}{\partial y} + \frac{\partial V_z}{\partial z} \quad (13.49\mathrm{a}) \qquad \text{mit} \quad \vec{\mathbf{V}}(x,y,z) = V_x\vec{\mathbf{i}} + V_y\vec{\mathbf{j}} + V_z\vec{\mathbf{k}}. \quad (13.49\mathrm{b})$$

Das Skalarfeld div vec**V** ist durch das Skalarprodukt aus Nablaoperator und Vektor $\vec{\mathbf{V}}$ gemäß

$$\mathrm{div}\,\vec{\mathbf{V}} = \nabla\cdot\vec{\mathbf{V}} \tag{13.49c}$$

darstellbar und zeichnet sich daher durch Translations- und Drehungsinvarianz, also skalare Invarianz aus (s.S.234).

2. Divergenz in Zylinderkoordinaten

$$\mathrm{div}\,\vec{\mathbf{V}} = \frac{1}{\varrho}\frac{\partial(\varrho V_\varrho)}{\partial\varrho} + \frac{1}{\varrho}\frac{\partial V_\varphi}{\partial\varphi} + \frac{\partial V_z}{\partial z} \quad (13.50\mathrm{a}) \qquad \text{mit} \quad \vec{\mathbf{V}}(\varrho,\varphi,z) = V_\varrho\vec{\mathbf{e}}_\varrho + V_\varphi\vec{\mathbf{e}}_\varphi + V_z\vec{\mathbf{e}}_z. \quad (13.50\mathrm{b})$$

3. Divergenz in Kugelkoordinaten

$$\mathrm{div}\,\vec{\mathbf{V}} = \frac{1}{r^2}\frac{\partial(r^2V_r)}{\partial r} + \frac{1}{r\sin\vartheta}\frac{\partial(\sin\vartheta V_\vartheta)}{\partial\vartheta} + \frac{1}{r\sin\vartheta}\frac{\partial V_\varphi}{\partial\varphi} \tag{13.51a}$$

$$\text{mit} \quad \vec{\mathbf{V}}(r,\vartheta,\varphi) = V_r\vec{\mathbf{e}}_r + V_\vartheta\vec{\mathbf{e}}_\vartheta + V_\varphi\vec{\mathbf{e}}_\varphi. \tag{13.51b}$$

4. Divergenz in allgemeinen orthogonalen Koordinaten

$$\mathrm{div}\,\vec{\mathbf{V}} = \frac{1}{\mathrm{D}}\left\{\frac{\partial}{\partial\xi}\left(\left|\frac{\partial\vec{\mathbf{r}}}{\partial\eta}\right|\left|\frac{\partial\vec{\mathbf{r}}}{\partial\zeta}\right|V_\xi\right) + \frac{\partial}{\partial\eta}\left(\left|\frac{\partial\vec{\mathbf{r}}}{\partial\zeta}\right|\left|\frac{\partial\vec{\mathbf{r}}}{\partial\xi}\right|V_\eta\right) + \frac{\partial}{\partial\zeta}\left(\left|\frac{\partial\vec{\mathbf{r}}}{\partial\xi}\right|\left|\frac{\partial\vec{\mathbf{r}}}{\partial\eta}\right|V_\zeta\right)\right\} \tag{13.52a}$$

$$\text{mit} \quad \vec{\mathbf{r}}(\xi,\eta,\zeta) = x(\xi,\eta,\zeta)\vec{\mathbf{i}} + y(\xi,\eta,\zeta)\vec{\mathbf{j}} + z(\xi,\eta,\zeta)\vec{\mathbf{k}}, \qquad (13.52\text{b})$$

$$\mathrm{D} = \left|\left(\frac{\partial\vec{\mathbf{r}}}{\xi}\frac{\partial\vec{\mathbf{r}}}{\eta}\frac{\partial\vec{\mathbf{r}}}{\zeta}\right)\right| = \left|\frac{\partial\vec{\mathbf{r}}}{\xi}\right|\cdot\left|\frac{\partial\vec{\mathbf{r}}}{\eta}\right|\cdot\left|\frac{\partial\vec{\mathbf{r}}}{\zeta}\right|, \qquad (13.52\text{c})$$

$$\text{und} \quad \vec{\mathbf{V}}(\xi,\eta,\zeta) = V_\xi\vec{\mathbf{e}}_\xi + V_\eta\vec{\mathbf{e}}_\eta + V_\zeta\vec{\mathbf{e}}_\zeta. \qquad (13.52\text{d})$$

$$\mathrm{D} = \det\begin{pmatrix} \dfrac{\partial x}{\partial\xi} & \dfrac{\partial x}{\partial\eta} & \dfrac{\partial x}{\partial\zeta} \\ \dfrac{\partial y}{\partial\xi} & \dfrac{\partial y}{\partial\eta} & \dfrac{\partial y}{\partial\zeta} \\ \dfrac{\partial z}{\partial\xi} & \dfrac{\partial z}{\partial\eta} & \dfrac{\partial z}{\partial\zeta} \end{pmatrix}. \qquad (13.52\text{e})$$

Hierbei ist D die JACOBI*sche Determinante* oder *Funktionaldeterminante*.

13.2.4.3 Regeln zur Berechnung der Divergenz

$$\operatorname{div}\vec{\mathbf{c}} = 0, \quad \operatorname{div}(\vec{\mathbf{V}}_1 + \vec{\mathbf{V}}_2) = \operatorname{div}\vec{\mathbf{V}}_1 + \operatorname{div}\vec{\mathbf{V}}_2, \quad \operatorname{div}(c\vec{\mathbf{V}}) = c\operatorname{div}\vec{\mathbf{V}}. \qquad (13.53)$$

$$\operatorname{div}(U\vec{\mathbf{V}}) = U\operatorname{div}\vec{\mathbf{V}} + \vec{\mathbf{V}}\operatorname{grad}U \qquad \left(\text{insbesondere } \operatorname{div}\vec{\mathbf{r}}\vec{\mathbf{c}} = \frac{\vec{\mathbf{r}}\vec{\mathbf{c}}}{r}\right). \qquad (13.54)$$

$$\operatorname{div}(\vec{\mathbf{V}}_1 \times \vec{\mathbf{V}}_2) = \vec{\mathbf{V}}_2\operatorname{rot}\vec{\mathbf{V}}_1 - \vec{\mathbf{V}}_1\operatorname{rot}\vec{\mathbf{V}}_2. \qquad (13.55)$$

13.2.4.4 Divergenz eines Zentralfeldes

$$\operatorname{div}\vec{\mathbf{r}} = 3, \quad \operatorname{div}\varphi(r)\vec{\mathbf{r}} = 3\varphi(r) + r\varphi'(r). \qquad (13.56)$$

13.2.5 Rotation des Vektorfeldes

13.2.5.1 Definitionen der Rotation

1. Definition Zu einem Vektorfeld $\vec{\mathbf{V}}(\vec{\mathbf{r}})$ läßt sich durch Bildung der negativ genommenen Volumenableitung ein vektorielles Feld, das Feld seiner Rotation bilden (in Zeichen: rot $\vec{\mathbf{V}}$, curl $\vec{\mathbf{V}}$, $\nabla \times \vec{\mathbf{V}}$):

$$\operatorname{rot}\vec{\mathbf{V}} = \lim_{v\to 0}\frac{-\oint\limits_{(\Sigma)}\vec{\mathbf{V}}\times d\vec{\mathbf{S}}}{v} = \lim_{v\to 0}\frac{\oint\limits_{(\Sigma)}d\vec{\mathbf{S}}\times\vec{\mathbf{V}}}{v}. \qquad (13.57)$$

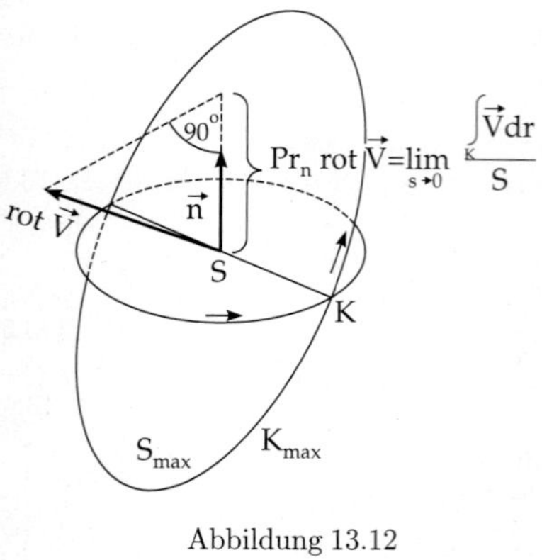

Abbildung 13.12

2. Definition Zu einem Vektorfeld $\vec{\mathbf{V}}(\vec{\mathbf{r}})$ läßt sich ein zweites Vektorfeld, seine Rotation bilden, indem die folgenden Schritte durchgeführt werden:

a) Aufspannen eines kleinen Flächenstückes $\vec{\mathbf{S}}$ **(Abb.13.12)** durch den Punkt $\vec{\mathbf{r}}$;

b) Berechnung des Umlaufintegrals $\oint\vec{\mathbf{V}}\,d\vec{\mathbf{r}}$ längs der Randkurve K dieses Flächenstücks;

c) Untersuchung des Quotienten dieses Umlaufintegrals zum Flächeninhalt von $\vec{\mathbf{S}}$, für $\vec{\mathbf{S}} \to 0$, wobei sich $\vec{\mathbf{S}}$ auf den Punkt $\vec{\mathbf{r}}$ zusammenzieht, aber die Lage des Flächenstückes unverändert bleibt;

d) Änderung der Lage des Flächenstückes mit dem Ziel, den Maximalwert des gewonnenen Grenzwertes zu ermitteln;

e) Bestimmung des Vektors rot $\vec{\mathbf{r}}$ im Punkt $\vec{\mathbf{r}}$, dessen Betrag gleich dem gefundenen Maximalwert ist und dessen Richtung mit der Richtung des Vektors der Flächengröße $S_{\max}$ zusammenfällt:

$$\left|\operatorname{rot}\vec{\mathbf{V}}\right| = \lim_{S\to 0}\frac{\oint\limits_{(K_{\max})}\vec{\mathbf{V}}\,d\vec{\mathbf{r}}}{S_{\max}}. \qquad (13.58a)$$

Die Projektion von rot $\vec{\mathbf{V}}$ auf die Flächennormale von $\vec{\mathbf{S}}$, d.h., die Komponente des Vektors rot $\vec{\mathbf{V}}$ in beliebig vorgegebener Richtung $\vec{\mathbf{l}}$ ergibt sich zu

$$\operatorname{rot}_l\vec{\mathbf{V}} = \lim_{S\to 0}\frac{\oint\limits_{(K)}\vec{\mathbf{V}}\,d\vec{\mathbf{r}}}{S}. \qquad (13.58b)$$

Die Feldlinien des Feldes rot $\vec{\mathbf{V}}$ werden *Wirbellinien des Vektorfeldes* $\vec{\mathbf{V}}$ genannt.

13.2.5.2 Rotation in verschiedenen Koordinaten

1. Rotation in kartesischen Koordinaten

$$\operatorname{rot}\vec{\mathbf{V}} = \vec{\mathbf{i}}\left(\frac{\partial V_z}{\partial y}-\frac{\partial V_y}{\partial z}\right)+\vec{\mathbf{j}}\left(\frac{\partial V_x}{\partial z}-\frac{\partial V_z}{\partial x}\right)+\vec{\mathbf{k}}\left(\frac{\partial V_y}{\partial x}-\frac{\partial V_x}{\partial y}\right) = \begin{vmatrix}\vec{\mathbf{i}} & \vec{\mathbf{j}} & \vec{\mathbf{k}}\\ \dfrac{\partial}{\partial x} & \dfrac{\partial}{\partial y} & \dfrac{\partial}{\partial z}\\ V_x & V_y & V_z\end{vmatrix}. \qquad (13.59a)$$

Das Vektorfeld rot $\vec{\mathbf{V}}$ ist durch das Vektorprodukt aus Nablaoperator und Vektor $\vec{\mathbf{V}}$ gemäß

$$\operatorname{rot}\vec{\mathbf{V}} = \nabla\times\vec{\mathbf{V}} \qquad (13.59b)$$

darstellbar.

2. Rotation in Zylinderkoordinaten

$$\operatorname{rot}\vec{\mathbf{V}} = \operatorname{rot}_\varrho\vec{\mathbf{V}}\vec{\mathbf{e}}_\varrho + \operatorname{rot}_\varphi\vec{\mathbf{V}}\vec{\mathbf{e}}_\varphi + \operatorname{rot}_z\vec{\mathbf{V}}\vec{\mathbf{e}}_z \qquad (13.60a)$$

mit $$\operatorname{rot}_\varrho\vec{\mathbf{V}} = \frac{1}{\varrho}\frac{\partial V_z}{\partial\varphi}-\frac{\partial V_\varphi}{\partial z},\quad \operatorname{rot}_\varphi\vec{\mathbf{V}} = \frac{\partial V_\varrho}{\partial z}-\frac{\partial V_z}{\partial\varrho},\quad \operatorname{rot}_z\vec{\mathbf{V}} = \frac{1}{\varrho}\left\{\frac{\partial}{\partial\varrho}(\varrho V_\varphi)-\frac{\partial V_\varrho}{\partial\varphi}\right\}. \qquad (13.60b)$$

3. Rotation in Kugelkoordinaten

$$\operatorname{rot}\vec{\mathbf{V}} = \operatorname{rot}_r\vec{\mathbf{V}}\vec{\mathbf{e}}_r + \operatorname{rot}_\vartheta\vec{\mathbf{V}}\vec{\mathbf{e}}_\vartheta + \operatorname{rot}_\varphi\vec{\mathbf{V}}\vec{\mathbf{e}}_\varphi \qquad (13.61a)$$

mit $$\left.\begin{aligned}\operatorname{rot}_r\vec{\mathbf{V}} &= \frac{1}{r\sin\vartheta}\left\{\frac{\partial}{\partial\vartheta}(\sin\vartheta V_\varphi)-\frac{\partial V_\vartheta}{\partial\varphi}\right\},\\ \operatorname{rot}_\vartheta\vec{\mathbf{V}} &= \frac{1}{r\sin\vartheta}\frac{\partial V_r}{\partial\varphi}-\frac{1}{r}\frac{\partial}{\partial r}(rV_\varphi),\\ \operatorname{rot}_\varphi\vec{\mathbf{V}} &= \frac{1}{r}\left\{\frac{\partial}{\partial r}(rV_\vartheta)-\frac{V_r}{\partial\vartheta}\right\}.\end{aligned}\right\} \qquad (13.61b)$$

4. Rotation in allgemeinen orthogonalen Koordinaten

$$\operatorname{rot}\vec{\mathbf{V}} = \operatorname{rot}_\xi\vec{\mathbf{V}}\vec{\mathbf{e}}_\xi + \operatorname{rot}_\eta\vec{\mathbf{V}}\vec{\mathbf{e}}_\eta + \operatorname{rot}_\zeta\vec{\mathbf{V}}\vec{\mathbf{e}}_\zeta \qquad (13.62a)$$

$$\left.\begin{aligned} \text{rot}_\xi \vec{\mathbf{V}} &= \frac{1}{\mathrm{D}}\left|\frac{\partial \vec{\mathbf{r}}}{\partial \xi}\right| \left[\frac{\partial}{\partial \eta}\left(\left|\frac{\partial \vec{\mathbf{r}}}{\partial \zeta}\right| V_\zeta\right) - \frac{\partial}{\partial \zeta}\left(\left|\frac{\partial \vec{\mathbf{r}}}{\partial \eta}\right| V_\eta\right)\right], \\ \text{mit}\quad \text{rot}_\eta \vec{\mathbf{V}} &= \frac{1}{\mathrm{D}}\left|\frac{\partial \vec{\mathbf{r}}}{\partial \eta}\right| \left[\frac{\partial}{\partial \zeta}\left(\left|\frac{\partial \vec{\mathbf{r}}}{\partial \xi}\right| V_\xi\right) - \frac{\partial}{\partial \xi}\left(\left|\frac{\partial \vec{\mathbf{r}}}{\partial \zeta}\right| V_\zeta\right)\right], \\ \text{rot}_\zeta \vec{\mathbf{V}} &= \frac{1}{\mathrm{D}}\left|\frac{\partial \vec{\mathbf{r}}}{\partial \zeta}\right| \left[\frac{\partial}{\partial \xi}\left(\left|\frac{\partial \vec{\mathbf{r}}}{\partial \eta}\right| V_\eta\right) - \frac{\partial}{\partial \eta}\left(\left|\frac{\partial \vec{\mathbf{r}}}{\partial \xi}\right| V_\xi\right)\right], \end{aligned}\right\} \tag{13.62b}$$

$$\vec{\mathbf{r}}(\xi,\eta,\zeta) = x(\xi,\eta,\zeta)\vec{\mathbf{i}} + y(\xi,\eta,\zeta)\vec{\mathbf{j}} + z(\xi,\eta,\zeta)\vec{\mathbf{k}}; \qquad \mathrm{D} = \left|\frac{\partial \vec{\mathbf{r}}}{\partial \xi}\right| \cdot \left|\frac{\partial \vec{\mathbf{r}}}{\partial \eta}\right| \cdot \left|\frac{\partial \vec{\mathbf{r}}}{\partial \zeta}\right|. \tag{13.62c}$$

13.2.5.3 Regeln zur Berechnung der Rotation

$$\text{rot}\,(\vec{\mathbf{V}}_1 + \vec{\mathbf{V}}_2) = \text{rot}\,\vec{\mathbf{V}}_1 + \text{rot}\,\vec{\mathbf{V}}_2, \quad \text{rot}\,(c\vec{\mathbf{V}}) = c\,\text{rot}\,\vec{\mathbf{V}}; \tag{13.63}$$

$$\text{rot}\,(U\vec{\mathbf{V}}) = U\,\text{rot}\,\vec{\mathbf{V}} + \text{grad}\,U \times \vec{\mathbf{V}}; \tag{13.64}$$

$$\text{rot}\,(\vec{\mathbf{V}}_1 \times \vec{\mathbf{V}}_2) = (\vec{\mathbf{V}}_2\,\text{grad}\,)\vec{\mathbf{V}}_1 - (\vec{\mathbf{V}}_1\,\text{grad}\,)\vec{\mathbf{V}}_2 + \vec{\mathbf{V}}_1\,\text{div}\,\vec{\mathbf{V}}_2 - \vec{\mathbf{V}}_2\,\text{div}\,\vec{\mathbf{V}}_1. \tag{13.65}$$

13.2.5.4 Rotation des Potentialfeldes

Aus dem Integralsatz von STOKES (s. S. 545) folgt, daß die Rotation eines Potentialfeldes gleich Null ist:

$$\text{rot}\;\vec{\mathbf{V}} = \text{rot}\,(\text{grad U}) = 0. \tag{13.66a}$$

Das folgt auch aus (13.59a) für $\vec{\mathbf{V}} = \text{grad}\,U$, wenn die Voraussetzungen des SCHWARZschen Vertauschungssatzes erfüllt sind (s.S. 291).

■ Für $\vec{\mathbf{r}} = x\vec{i} + y\vec{\mathbf{j}} + z\vec{\mathbf{k}}$ mit $r = |\vec{\mathbf{r}}| = \sqrt{x^2+y^2+z^2}$ gilt:

$$\text{rot}\;\vec{\mathbf{r}} = 0 \quad \text{und} \quad \text{rot}\;(\varphi(r)\vec{\mathbf{r}}) = 0, \tag{13.66b}$$

wobei $\varphi(r)$ eine differenzierbare Funktion von r ist.

13.2.6 Nabla–Operator, Laplace–Operator

13.2.6.1 Nablaoperator

Nablaoperator wird ein symbolischer Vektor ∇ genannt, der häufig zur Darstellung von räumlichen Differentialoperationen benutzt wird und dessen Einführung Berechnungen in der Vektoranalysis vereinfacht. Für die Operatoren Gradient, Vektorgradient, Divergenz und Rotation gilt:

$$\text{grad}\;U = \nabla\,U \quad (\text{Gradient von } U \text{ (s.S.531)}) \tag{13.67a}$$

$$\text{grad}\;\vec{\mathbf{V}} = \nabla\,\vec{\mathbf{V}} \quad (\text{Vektogradient von } \vec{\mathbf{V}} \text{ (s.S.532)}), \tag{13.67b}$$

$$\text{div}\;\vec{\mathbf{V}} = \nabla\cdot\vec{\mathbf{V}} \quad (\text{Divergenz von } \vec{\mathbf{V}} \text{ (s.S.533)}) \tag{13.67c}$$

$$\text{rot}\;\vec{\mathbf{V}} = \nabla\times\vec{\mathbf{V}} \quad (\text{Rotation von } \vec{\mathbf{V}} \text{ (s.S.534)}. \tag{13.67d}$$

In kartesischen Koordinaten gilt:

$$\nabla = \frac{\partial}{\partial x}\vec{\mathbf{i}} + \frac{\partial}{\partial y}\vec{\mathbf{j}} + \frac{\partial}{\partial z}\vec{\mathbf{k}}. \tag{13.67e}$$

Die Komponenten des Nablaoperators sind als partielle Ableitungsoperatoren aufzufassen, d.h., das Symbol $\frac{\partial}{\partial x}$ schreibt die partielle Ableitung nach x vor, wobei die anderen Variablen als Konstanten betrachtet werden. Die Formeln für die räumlichen Differentialoperatoren in kartesischen Koordinaten ergeben sich durch formale Multiplikation dieses Vektoroperators mit dem Skalar U oder dem Vektor $\vec{\mathbf{V}}$.

13.2.6.2 Rechenregeln für den Nablaoperator

1. Wenn ∇ vor einer Linearkombination $\sum a_i X_i$ steht, in der die a_i Konstanten und die X_i Punktfunktionen sind, und zwar unabhängig davon, ob es sich um skalare oder vektorielle Punktfunktionen handelt, dann gilt

$$\nabla\left(\sum a_i X_i\right) = \sum a_i \nabla X_i. \tag{13.68}$$

2. Wenn ∇ vor einem Produkt aus skalaren oder vektoriellen Punktfunktionen steht, dann wird der Operator auf jede dieser Funktionen nacheinander angewendet, über die der Operation unterworfene Funktion wird das Zeichen $\downarrow$ gesetzt und anschließend das Ergebnis gemäß

$$\nabla(XYZ) = \nabla(\overset{\downarrow}{X}YZ) + \nabla(X\overset{\downarrow}{Y}Z) + \nabla(XY\overset{\downarrow}{Z}) \tag{13.69}$$

addiert. Daraufhin werden die auf diese Weise erhaltenen Produkte nach den Regeln der Vektoralgebra derart umgeformt, daß nach dem Operator ∇ nur der mit dem Zeichen $\downarrow$ gekennzeichnete Faktor steht. Nach Abschluß der Rechnung wird das Zeichen weggelassen.

■ **A:** $\operatorname{div}(U\vec{\mathbf{V}}) = \nabla(U\vec{\mathbf{V}}) = \nabla(\overset{\downarrow}{U}\vec{\mathbf{V}}) + \nabla(U\overset{\downarrow}{\vec{\mathbf{V}}}) = \vec{\mathbf{V}}\cdot\nabla U + U\cdot\nabla\vec{\mathbf{V}} = \vec{\mathbf{V}}\operatorname{grad}U + U\operatorname{div}\vec{\mathbf{V}}$.

B: $\operatorname{grad}(\vec{\mathbf{V}}_1\vec{\mathbf{V}}_2) = \nabla(\vec{\mathbf{V}}_1\vec{\mathbf{V}}_2) = \nabla(\overset{\downarrow}{\vec{\mathbf{V}}_1}\vec{\mathbf{V}}_2) + \nabla(\vec{\mathbf{V}}_1\overset{\downarrow}{\vec{\mathbf{V}}_2})$.

Gemäß $\vec{\mathbf{b}}(\vec{\mathbf{a}}\vec{\mathbf{c}}) = (\vec{\mathbf{a}}\vec{\mathbf{b}})\vec{\mathbf{c}} + \vec{\mathbf{a}}\times(\vec{\mathbf{b}}\times\vec{\mathbf{c}})$ erhält man

$$\begin{aligned}\operatorname{grad}(\vec{\mathbf{V}}_1\vec{\mathbf{V}}_2) &= (\vec{\mathbf{V}}_2\nabla)\vec{\mathbf{V}}_1 + \vec{\mathbf{V}}_2\times(\nabla\times\vec{\mathbf{V}}_1) + (\vec{\mathbf{V}}_1\nabla)\vec{\mathbf{V}}_2 + \vec{\mathbf{V}}_1\times(\nabla\times\vec{\mathbf{V}}_2)\\ &= (\vec{\mathbf{V}}_2\operatorname{grad})\vec{\mathbf{V}}_1 + \vec{\mathbf{V}}_2\times\operatorname{rot}\vec{\mathbf{V}}_1 + (\vec{\mathbf{V}}_1\operatorname{grad})\vec{\mathbf{V}}_2 + \vec{\mathbf{V}}_1\times\operatorname{rot}\vec{\mathbf{V}}_2.\end{aligned}$$

13.2.6.3 Vektorgradient

Der Vektorgradient $\operatorname{grad}\vec{\mathbf{V}}$ kann mit Hilfe des Nablaoperators gemäß

$$\operatorname{grad}\vec{\mathbf{V}} = \nabla\vec{\mathbf{V}} \tag{13.70a}$$

dargestellt werden. Für den im Zusammenhang mit dem Vektorgradienten vorkommenden Ausdruck $(\vec{\mathbf{a}}\nabla)\cdot\vec{\mathbf{V}}$ gilt:

$$2(\vec{\mathbf{a}}\nabla)\cdot\vec{\mathbf{V}} = \operatorname{rot}(\vec{\mathbf{V}}\times\vec{\mathbf{a}}) + \operatorname{grad}(\vec{\mathbf{a}}\vec{\mathbf{V}}) + \vec{\mathbf{a}}\operatorname{div}\vec{\mathbf{V}} - \vec{\mathbf{V}}\operatorname{div}\vec{\mathbf{a}} - \vec{\mathbf{a}}\times\operatorname{rot}\vec{\mathbf{V}} - \vec{\mathbf{V}}\times\operatorname{rot}\vec{\mathbf{a}}. \tag{13.70b}$$

Außerdem gilt für $\vec{\mathbf{r}} = x\vec{\mathbf{i}} + y\vec{\mathbf{j}} + z\vec{\mathbf{k}}$

$$(\vec{\mathbf{a}}\cdot\nabla)\vec{\mathbf{r}} = \vec{\mathbf{a}}. \tag{13.70c}$$

13.2.6.4 Zweifache Anwendung des Nablaoperators

Es gilt für jedes Feld $\vec{\mathbf{V}}$:

1. $\nabla(\nabla\times\vec{\mathbf{V}}) = \operatorname{div}\operatorname{rot}\vec{\mathbf{V}} = 0,$ (13.71)

2. $\nabla\times(\nabla U) = \operatorname{rot}\operatorname{grad}U = 0,$ (13.72)

3. $\nabla(\nabla U) = \operatorname{div}\operatorname{grad}U = \Delta U.$ (13.73)

13.2.6.5 Laplace–Operator

1. Definition

Das Skalarprodukt des Nablaoperators mit sich selbst wird LAPLACE–Operator genannt:

$$\Delta = \nabla\cdot\nabla = \nabla^2. \tag{13.74}$$

Der LAPLACE–Operator ist kein Vektor. Er schreibt die Summierung der zweiten partiellen Ableitungen vor und kann sowohl auf skalare als auch auf vektorielle Funktionen angewandt werden. Der LAPLACE–Operator ist ein *skalar invarianter Vektor*, d.h., seine Form bleibt bei Translation und/oder Rotation des Koordinatensystems unverändert.

2. Darstellung des LAPLACE–Operators in verschiedenen Koordinaten

In den folgenden Formeln erfolgt die Anwendung des LAPLACE–Operators auf die skalare Ortsfunktion $U(\vec{\mathbf{r}})$. Das Ergebnis der Anwendung ist dann ein Skalar. Bei Anwendungen auf vektorielle Ortsfunktionen $\vec{\mathbf{V}}(\vec{\mathbf{r}})$ ist das Ergebnis der Anwendung $\Delta\vec{\mathbf{V}}$ ein Vektor mit den Komponenten ΔV_x, ΔV_y, ΔV_z.

1. LAPLACE–Operator in kartesischen Koordinaten

$$\Delta U(x,y,z) = \frac{\partial^2 U}{\partial x^2} + \frac{\partial^2 U}{\partial y^2} + \frac{\partial^2 U}{\partial z^2}. \tag{13.75}$$

2. LAPLACE–Operator in Zylinderkoordinaten

$$\Delta U(\varrho,\varphi,z) = \frac{1}{\varrho}\frac{\partial}{\partial\varrho}\left(\varrho\frac{\partial U}{\partial\varrho}\right) + \frac{1}{\varrho^2}\frac{\partial^2 U}{\partial\varphi^2} + \frac{\partial^2 U}{\partial z^2}. \tag{13.76}$$

3. LAPLACE–Operator in Kugelkoordinaten

$$\Delta U(r,\vartheta,\varphi) = \frac{1}{r^2}\frac{\partial}{\partial r}\left(r^2\frac{\partial U}{\partial r}\right) + \frac{1}{r^2\sin\vartheta}\frac{\partial}{\partial\vartheta}\left(\sin\vartheta\frac{\partial U}{\partial\vartheta}\right) + \frac{1}{r^2\sin^2\vartheta}\frac{\partial^2 U}{\partial\varphi^2}. \tag{13.77}$$

4. LAPLACE–Operator in allgemeinen orthogonalen Koordinaten

$$\Delta U(\xi,\eta,\zeta) = \frac{1}{\mathrm{D}}\left[\frac{\partial}{\partial\xi}\left(\frac{\mathrm{D}}{\left|\frac{\partial\vec{\mathbf{r}}}{\partial\xi}\right|^2}\frac{\partial U}{\partial\xi}\right) + \frac{\partial}{\partial\eta}\left(\frac{\mathrm{D}}{\left|\frac{\partial\vec{\mathbf{r}}}{\partial\eta}\right|^2}\frac{\partial U}{\partial\eta}\right) + \frac{\partial}{\partial\zeta}\left(\frac{\mathrm{D}}{\left|\frac{\partial\vec{\mathbf{r}}}{\partial\zeta}\right|^2}\frac{\partial U}{\partial\zeta}\right)\right] \tag{13.78a}$$

mit $\vec{\mathbf{r}}(\xi,\eta,\zeta) = x(\xi,\eta,\zeta)\vec{\mathbf{i}} + y(\xi,\eta,\zeta)\vec{\mathbf{j}} + z(\xi,\eta,\zeta)\vec{\mathbf{k}}$, (13.78b) $\qquad \mathrm{D} = \left|\frac{\vec{\mathbf{r}}}{\partial\xi}\right|\cdot\left|\frac{\vec{\mathbf{r}}}{\partial\eta}\right|\cdot\left|\frac{\vec{\mathbf{r}}}{\partial\zeta}\right|$. (13.78c)

3. Spezielle Verknüpfungen von Nabla- und LAPLACE-Operator

$$\nabla(\nabla\vec{\mathbf{V}}) = \operatorname{grad}\operatorname{div}\vec{\mathbf{V}}, \tag{13.79}$$

$$\nabla\times(\nabla\times\vec{\mathbf{V}}) = \operatorname{rot}\operatorname{rot}\vec{\mathbf{V}}, \tag{13.80}$$

$$\nabla(\nabla\vec{\mathbf{V}}) - \nabla\times(\nabla\times\vec{\mathbf{V}}) = \Delta\vec{\mathbf{V}}, \tag{13.81}$$

wobei

$$\Delta\vec{\mathbf{V}} = (\nabla\nabla)\vec{\mathbf{V}} = \Delta V_x\vec{\mathbf{i}} + \Delta V_y\vec{\mathbf{j}} + \Delta V_z\vec{\mathbf{k}} = \left(\frac{\partial^2 V_x}{\partial x^2} + \frac{\partial^2 V_x}{\partial y^2} + \frac{\partial^2 V_x}{\partial z^2}\right)\vec{\mathbf{i}}$$
$$+ \left(\frac{\partial^2 V_y}{\partial x^2} + \frac{\partial^2 V_y}{\partial y^2} + \frac{\partial^2 V_y}{\partial z^2}\right)\vec{\mathbf{j}} + \left(\frac{\partial^2 V_z}{\partial x^2} + \frac{\partial^2 V_z}{\partial y^2} + \frac{\partial^2 V_z}{\partial z^2}\right)\vec{\mathbf{k}}. \tag{13.82}$$

13.2.7 Übersicht zu den räumlichen Differentialoperationen

13.2.7.1 Spezielle Rechenregeln

Siehe **Tabelle13.1**

13.2.7.2 Prinzipielle Verknüpfungen und Ergebnisse

Siehe **Tabelle13.2**

Tabelle 13.1 Rechenregeln für Differentialoperatoren

$\operatorname{grad}(U_1 + U_2) = \operatorname{grad} U_1 + \operatorname{grad} U_2$	(U, U_1, U_2 skalare Funktionen);	(13.83)
$\operatorname{grad}(cU) = c \operatorname{grad} U$	(c Konstante);	(13.84)
$\operatorname{grad}(U_1 U_2) = U_1 \operatorname{grad} U_2 + U_2 \operatorname{grad} U_1;$		(13.85)
$\operatorname{grad} F(U) = F'(U) \operatorname{grad} U;$		(13.86)
$\operatorname{div}(\vec{\mathbf{V}}_1 + \vec{\mathbf{V}}_2) = \operatorname{div} \vec{\mathbf{V}}_1 + \operatorname{div} \vec{\mathbf{V}}_2$	($\vec{\mathbf{V}}$, $\vec{\mathbf{V}}_1$, $\vec{\mathbf{V}}_2$ vektorielle Funktionen);	(13.87)
$\operatorname{div}(c\vec{\mathbf{V}}) = c \operatorname{div} \vec{\mathbf{V}};$		(13.88)
$\operatorname{div}(U\vec{\mathbf{V}}) = \vec{\mathbf{V}} \cdot \operatorname{grad} U + U \operatorname{div} \vec{\mathbf{V}};$		(13.89)
$\operatorname{rot}(\vec{\mathbf{V}}_1 + \vec{\mathbf{V}}_2) = \operatorname{rot} \vec{\mathbf{V}}_1 + \operatorname{rot} \vec{\mathbf{V}}_2;$		(13.90)
$\operatorname{rot}(c\vec{\mathbf{V}}) = c \operatorname{rot} \vec{\mathbf{V}};$		(13.91)
$\operatorname{rot}(U\vec{\mathbf{V}}) = U \operatorname{rot} \vec{\mathbf{V}} - \vec{\mathbf{V}} \times \operatorname{grad} U;$		(13.92)
$\operatorname{div} \operatorname{rot} \vec{\mathbf{V}} \equiv 0;$		(13.93)
$\operatorname{rot} \operatorname{grad} U \equiv \vec{\mathbf{0}}$	(Nullvektor);	(13.94)
$\operatorname{div} \operatorname{grad} U = \Delta U;$		(13.95)
$\operatorname{rot} \operatorname{rot} \vec{\mathbf{V}} = \operatorname{grad} \operatorname{div} \vec{\mathbf{V}} - \Delta \vec{\mathbf{V}};$		(13.96)
$\operatorname{div}(\vec{\mathbf{V}}_1 \times \vec{\mathbf{V}}_2) = \vec{\mathbf{V}}_2 \cdot \operatorname{rot} \vec{\mathbf{V}}_1 - \vec{\mathbf{V}}_1 \cdot \operatorname{rot} \vec{\mathbf{V}}_2.$		(13.97)

Tabelle 13.2 Prinzipielle Verknüpfungen bei den Differentialoperatoren

Operator	Symbol	Verknüpfung	Argument	Ergebnis	Bedeutung
Gradient	$\operatorname{grad} U$	∇U	Skalar	Vektor	maximaler Anstieg
Vektorgradient	$\operatorname{grad} \vec{\mathbf{V}}$	$\nabla \vec{\mathbf{V}}$	Vektor	Tensor 2. Stufe	
Divergenz	$\operatorname{div} \vec{\mathbf{V}}$	$\nabla \cdot \vec{\mathbf{V}}$	Vektor	Skalar	Quellen bzw. Senken
Rotation	$\operatorname{rot} \vec{\mathbf{V}}$	$\nabla \times \vec{\mathbf{V}}$	Vektor	Vektor	Wirbel
LAPLACE-	ΔU	$(\nabla \cdot \nabla) U$	Skalar	Skalar	Potentialfeld-
Operator	$\Delta \vec{\mathbf{V}}$	$(\nabla \cdot \nabla) \vec{\mathbf{V}}$	Vektor	Vektor	quellen

13.3 Integration in Vektorfeldern

13.3.1 Kurvenintegral und Potential im Vektorfeld

13.3.1.1 Kurvenintegral im Vektorfeld

1. Definition Kurven- oder Linienintegral einer Vektorfunktion $\vec{\mathbf{V}}(\vec{\mathbf{r}})$, genommen über ein Bogenstü $\widehat{AB}$ **(Abb.13.13)**, nennt man den Skalar

$$P = \int\limits_{\widehat{AB}} \vec{\mathbf{V}}(\vec{\mathbf{r}})d\vec{\mathbf{r}}. \tag{13.98a}$$

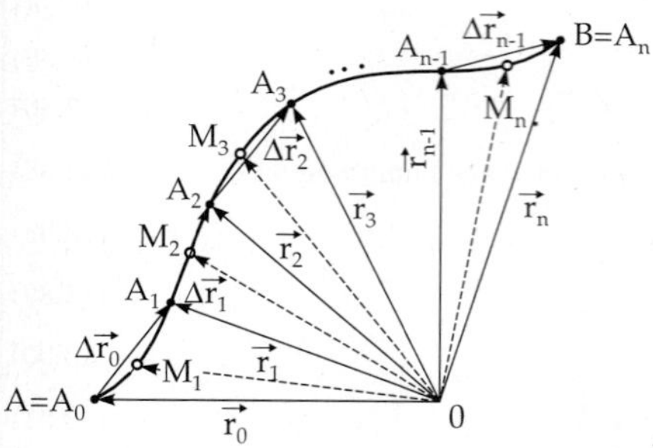

Abbildung 13.13

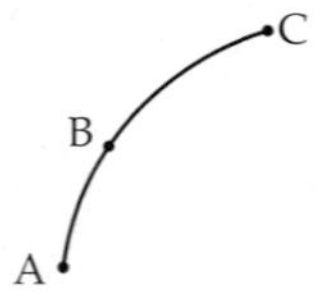

Abbildung 13.14

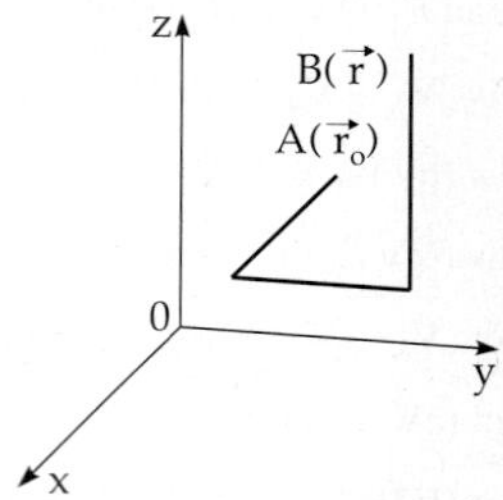

Abbildung 13.15

2. Berechnung dieses Kurvenintegrals in fünf Schritten

1. Einteilung des Weges $\widehat{AB}$ **(Abb.13.13)** durch Zwischenpunkte $A_1(\vec{\mathbf{r}}_1), A_2(\vec{\mathbf{r}}_2), \ldots, A_{n-1}(\vec{\mathbf{r}}_{n-1})$ $(A \equiv A_0, B \equiv A_n)$ in n kleinere Teilbogenstücke, die durch die Vektoren $\vec{\mathbf{r}}_i - \vec{\mathbf{r}}_{i-1} = \Delta\vec{\mathbf{r}}_{i-1}$ angenähert werden.
2. Wahl von Punkten M_i mit den Radiusvektoren $\vec{\mathbf{r}}_i$, die im Innern oder auf dem Rande eines jeden Teilbogenstückes liegen können.

3. Skalare Multiplikation der Funktionswerte $\vec{\mathbf{V}}(\vec{\mathbf{r}}_i)$ in den so ausgewählten Punkten mit $\Delta\vec{\mathbf{r}}_{i-1}$.
4. Addition aller auf diese Weise erhaltenen n Produkte.

5. Berechnung des Grenzwertes der erhaltenen Summe $\sum\limits_{i=1}^{n} \tilde{\vec{\mathbf{V}}}(\vec{\mathbf{r}}_i)\Delta\vec{\mathbf{r}}_{i-1}$ für $\Delta\vec{\mathbf{r}}_{i-1} \to 0$, also für $n \to \infty$.

Wenn der Grenzwert existiert und von der Wahl der Punkte A_i und M_i unabhängig ist, dann wird er als Kurvenintegral

$$\int\limits_{\widehat{AB}} \vec{\mathbf{V}}\, d\vec{\mathbf{r}} = \lim_{\substack{\Delta\vec{\mathbf{r}} \to 0 \\ n \to \infty}} \sum_{i=1}^{n} \tilde{\vec{\mathbf{V}}}(\vec{\mathbf{r}}_i)\Delta\vec{\mathbf{r}}_{i-1} \tag{13.98b}$$

bezeichnet. Die Existenz des Kurvenintegrals (13.98a,b) ist gesichert, wenn die Vektorfunktion $\vec{\mathbf{V}}(\vec{\mathbf{r}})$ und das Bogenstück $\widehat{AB}$ stetig sind und wenn letzteres stetige Tangenten besitzt. Eine Vektorfunktion $\vec{\mathbf{V}}(\vec{\mathbf{r}})$ ist stetig, wenn die zu ihrer Beschreibung notwendigen drei skalaren Funktionen, ihre Komponenten, stetig sind.

13.3.1.2 Bedeutung des Kurvenintegrals in der Mechanik

Wenn $\vec{\mathbf{V}}(\vec{\mathbf{r}})$ ein Kraftfeld darstellt, d.h. $\vec{\mathbf{V}}(\vec{\mathbf{r}}) = \vec{\mathbf{F}}(\vec{\mathbf{r}})$, dann ist (13.98a) die Arbeit, die die Kraft $\vec{\mathbf{F}}$ verrichtet, wenn ein Massenpunkt m längs des Weges $\overset{\frown}{AB}$ bewegt wird **(Abb. 13.13,13.14)**.

13.3.1.3 Eigenschaften des Kurvenintegrals

$$\int\limits_{\overset{\frown}{ABC}} \vec{\mathbf{V}}(\vec{\mathbf{r}})\,d\vec{\mathbf{r}} = \int\limits_{\overset{\frown}{AB}} \vec{\mathbf{V}}(\vec{\mathbf{r}})\,d\vec{\mathbf{r}} + \int\limits_{\overset{\frown}{BC}} \vec{\mathbf{V}}(\vec{\mathbf{r}})\,d\vec{\mathbf{r}}; \tag{13.99}$$

$$\int\limits_{\overset{\frown}{AB}} \vec{\mathbf{V}}(\vec{\mathbf{r}})\,d\vec{\mathbf{r}} = -\int\limits_{\overset{\frown}{BA}} \vec{\mathbf{V}}(\vec{\mathbf{r}})\,d\vec{\mathbf{r}} \qquad \textbf{(Abb. 13.14)}; \tag{13.100}$$

$$\int\limits_{\overset{\frown}{AB}} \left[\vec{\mathbf{V}}(\vec{\mathbf{r}}) + \vec{\mathbf{W}}(\vec{\mathbf{r}})\right] d\vec{\mathbf{r}} = \int\limits_{\overset{\frown}{AB}} \vec{\mathbf{V}}(\vec{\mathbf{r}})\,d\vec{\mathbf{r}} + \int\limits_{\overset{\frown}{AB}} \vec{\mathbf{W}}(\vec{\mathbf{r}})\,d\vec{\mathbf{r}}; \tag{13.101}$$

$$\int\limits_{\overset{\frown}{AB}} c\vec{\mathbf{V}}(\vec{\mathbf{r}})\,d\vec{\mathbf{r}} = c\int\limits_{\overset{\frown}{AB}} \vec{\mathbf{V}}(\vec{\mathbf{r}})\,d\vec{\mathbf{r}}. \tag{13.102}$$

13.3.1.4 Berechnung des Kurvenintegrals als Kurvenintegral zweiter Gattung allgemeiner Art

In kartesischen Koordinaten gilt:

$$\int\limits_{\overset{\frown}{AB}} \vec{\mathbf{V}}(\vec{\mathbf{r}})\,d\vec{\mathbf{r}} = \int\limits_{\overset{\frown}{AB}} (V_x\,dx + V_y\,dy + V_z\,dz)\,. \tag{13.103}$$

13.3.1.5 Umlaufintegral eines Vektorfeldes

Umlaufintegral eines Vektorfeldes nennt man ein Kurvenintegral dieses Feldes, das über einen geschlossenen Integrationsweg genommen wird. Wird der skalare Wert mit P und der Weg auf der geschlossenen Kurve mit K bezeichnet, dann gilt:

$$P = \oint\limits_{(K)} \vec{\mathbf{V}}(\vec{\mathbf{r}})\,d\vec{\mathbf{r}}. \tag{13.104}$$

13.3.1.6 Konservatives oder Potentialfeld

1. Definition Von einem *konservativen Feld* oder einem *Potentialfeld* spricht man, wenn der Wert P des Kurvenintegrals (13.98a) in einem Vektorfeld nur von der Lage der Punkte A und B abhängt und nicht vom konkreten Integrationsweg zwischen diesen beiden Punkten.
Der Zahlenwert des Umlaufintegrals in einem konservativen Feld ist stets gleich Null:

$$\oint \vec{\mathbf{V}}(\vec{\mathbf{r}})\,d\vec{\mathbf{r}} = 0. \tag{13.105}$$

Ein konservatives Feld zeichnet sich immer durch Wirbelfreiheit aus:

$$\operatorname{rot}\vec{\mathbf{V}} = 0. \tag{13.106}$$

Umgekehrt ist diese Gleichung die notwendige und hinreichende Bedingung dafür, daß – Stetigkeit der partiellen Ableitungen der Feldfunktion nach den enthaltenen Koordinaten vorausgesetzt – das Feld konservativ ist. Für ein dreidimensionales Feld hat dieser, *Integrabilitätsbedingung* genannte Zusammenhang (s. S. 359) in kartesischen Koordinaten die Form

$$\frac{\partial V_x}{\partial y} = \frac{\partial V_y}{\partial x}, \quad \frac{\partial V_y}{\partial z} = \frac{\partial V_z}{\partial y}, \quad \frac{\partial V_z}{\partial x} = \frac{\partial V_x}{\partial z}. \tag{13.107}$$

2. Potential eines konservativen Feldes, seine Potentialfunktion oder kurz sein Potential nenn man die skalare Stammfunktion

$$\varphi(\vec{\mathbf{r}}) = \int\limits_{\vec{\mathbf{r}}_0}^{\vec{\mathbf{r}}} \vec{\mathbf{V}}(\vec{\mathbf{r}})\, d\vec{\mathbf{r}}. \quad (13.108a)$$

Sie ergibt sich in einem konservativem Feld bei fixiertem Anfangspunkt $A(\vec{\mathbf{r}}_0)$ und veränderlichem End punkt $B(\vec{\mathbf{r}})$ als Integral

$$\varphi(\vec{\mathbf{r}}) = \int\limits_{\widehat{AB}} \vec{\mathbf{V}}(\vec{\mathbf{r}})\, d\vec{\mathbf{r}}. \quad (13.108b)$$

Zu beachten ist, daß im Unterschied dazu in der Physik als Potential $\varphi^*(\vec{\mathbf{r}})$ einer Funktion $\vec{\mathbf{V}}(\vec{\mathbf{r}})$ in Punkt $\vec{\mathbf{r}}$ eine Größe verstanden wird, die das entgegengesetzte Vorzeichen besitzt:

$$\varphi^*(\vec{\mathbf{r}}) = -\int\limits_{\vec{\mathbf{r}}_0}^{\vec{\mathbf{r}}} \vec{\mathbf{V}}(\vec{\mathbf{r}})\, d\vec{\mathbf{r}} = -\varphi(\vec{\mathbf{r}}). \quad (13.109)$$

3. Zusammenhang zwischen Gradient, Kurvenintegral und Potential Wenn die Beziehung $\vec{\mathbf{V}}(\vec{\mathbf{r}}) = \operatorname{grad} U(\vec{\mathbf{r}})$ gilt, dann ist $U(\vec{\mathbf{r}})$ das Potential des Feldes $\vec{\mathbf{V}}(\vec{\mathbf{r}})$, und umgekehrt ist $\vec{\mathbf{V}}(\vec{\mathbf{r}})$ ein Potentialfeld oder konservatives Feld. In der Physik ist in Übereinstimmung mit (13.109) das negative Vorzeichen zu berücksichtigen.

4. Berechnung des Potentials eines konservativen Feldes Ist die Funktion $\vec{\mathbf{V}}(\vec{\mathbf{r}})$ in kartesischen Koordinaten gegeben, $\vec{\mathbf{V}} = V_x\vec{\mathbf{i}} + V_y\vec{\mathbf{j}} + V_z\vec{\mathbf{k}}$, dann gilt für das vollständige Differential ihrer Potentialfunktion:

$$dU = V_x\, dx + V_y\, dy + V_z\, dz. \quad (13.110a)$$

Dabei müssen die Koeffizienten V_x, V_y, V_z der Integrabilitätsbedingung (13.107) genügen. Die Bestimmung von U erfolgt über das Gleichungssystem

$$\frac{\partial U}{\partial x} = V_x, \quad \frac{\partial U}{\partial y} = V_y, \quad \frac{\partial U}{\partial z} = V_z. \quad (13.110b)$$

Praktischerweise berechnet man das Potential durch Integration über drei zu den Koordinatenachsen parallele, Anfangs- und Endpunkt der Integration miteinander verbindende Strecken (Abb.13.15):

$$U = \int\limits_{\vec{\mathbf{r}}_0}^{\vec{\mathbf{r}}} \vec{\mathbf{V}}\, d\vec{\mathbf{r}}$$

$$= U(x_0, y_0, z_0) + \int_{x_0}^{x} V_x(x, y_0, z_0)\, dx + \int_{y_0}^{y} V_y(x, y, z_0)\, dy + \int_{z_0}^{z} V_z(x, y, z)\, dz. \quad (13.111)$$

13.3.2 Oberflächenintegrale

13.3.2.1 Vektor eines ebenen Flächenstückes

Die vektorielle Darstellung des Oberflächenintegrals zweiter Gattung allgemeiner Art (s. S. 372) erfordert die Zuordnung eines Vektors $\vec{\mathbf{S}}$ zu einem ebenen Flächenstück S, der senkrecht auf dieser Fläche steht **(Abb.13.16a)**. Sein Betrag ist gleich dem Flächeninhalt von S. Seine positive Richtung wird gemäß der *Rechte–Hand–Regel* (auch *Rechtsschraube* genannt) mit dem der geschlossenen Umrandungskurve K bei gegebenen Umlaufsinn festgelegt: Blickt man vom Vektorursprung in Richtung Vektorspitze, dann soll der *Drehsinn der Umrandungskurve* mit dem des Uhrzeigers übereinstimmen. Durch diese Wahl des positiven Umlaufsinnes auf der Umrandungskurve wird gleichzeitig festgelegt, welche Fläche die Außenseite ist, d. h. die Seite, von der aus der Vektor abgetragen wird. Diese Festlegungen können auf beliebig gekrümmte Flächenstücke übertragen werden, die von einer geschlossenen Umrandungskurve eingegrenzt sind **(Abb.13.16b,c)**.

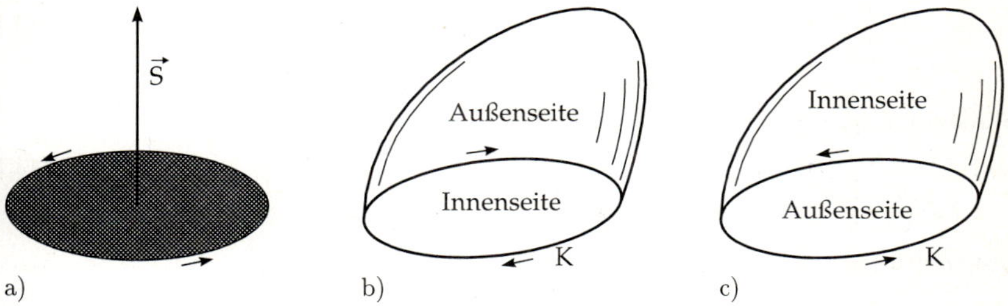

Abbildung 13.16

13.3.2.2 Berechnung von Oberflächenintegralen

Die Berechnung von Oberflächenintegralen in Skalar- oder Vektorfeldern kann unabhängig davon, ob S von einer geschlossenen Kurve umrandet ist oder selbst eine geschlossene Fläche darstellt, in fünf Schritten erfolgen:

1. Einteilung des Flächenstückes S, auf dem die Außenseite durch den Umlaufsinn der Umrandungskurve bestimmt ist **(Abb.13.17)**, in beliebige n Teilflächenstücke dS_i derart, daß jedes dieser Teilflächenstücke näherungsweise als ebenes Flächenstück betrachtet werden kann. Im Falle einer geschlossenen Fläche wird der positive Umlaufsinn der Umrandungskurve so festgelegt, daß die positive Seite, auf der der Vektor $d\vec{\mathbf{S}}_i$ beginnt, die Außenfläche ist.

2. Auswahl eines beliebigen Punktes mit dem Ortsvektor $\vec{\mathbf{r}}_i$ im Innern oder auf dem Rande jedes Teilflächenstückes.

3. Bildung des Produktes $U(\vec{\mathbf{r}}_i)\, d\vec{\mathbf{S}}_i$ im Falle des skalaren Feldes und $\vec{\mathbf{V}}(\vec{\mathbf{r}}_i)\, d\vec{\mathbf{S}}_i$ oder $\vec{\mathbf{V}}(\vec{\mathbf{r}}_i) \times d\vec{\mathbf{S}}_i$ im Falle eines vektoriellen Feldes.

4. Addition der für die Teilflächenstücke gebildeten Produkte.

5. Bildung des Grenzüberganges $d\vec{\mathbf{S}} \to 0$ für $n \to \infty$. Dabei sollen die Teilflächenstücke in dem auf S. 361 angegebenen Sinne gegen Null streben.

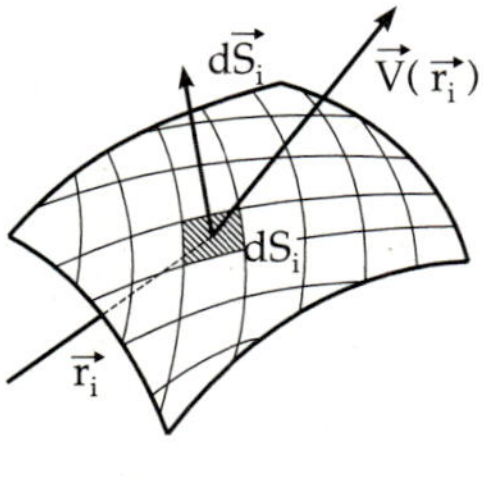

Abbildung 13.17

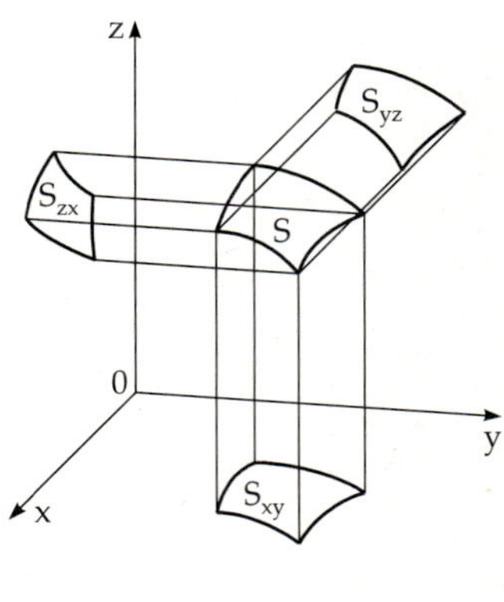

Abbildung 13.18

13.3.2.3 Oberflächenintegrale und Fluß von Feldern

1. Fluß eines skalaren Feldes

$$\vec{\mathbf{P}} = \lim_{\substack{dS_i \to 0 \\ n \to \infty}} \sum_{i=1}^{n} U(\vec{\mathbf{r}}_i)\, d\vec{\mathbf{S}}_i = \int_{(S)} U(\vec{\mathbf{r}})\, d\vec{\mathbf{S}}. \quad (13.112)$$

2. Skalarer Fluß eines Vektorfeldes

$$Q = \lim_{\substack{dS_i \to 0 \\ n \to \infty}} \sum_{i=1}^{n} \vec{\mathbf{V}}(\vec{\mathbf{r}}_i)\, d\vec{\mathbf{S}}_i = \int_{(S)} \vec{\mathbf{V}}(\vec{\mathbf{r}})\, d\vec{\mathbf{S}}. \quad (13.113)$$

3. Vektorfluß eines Vektorfeldes

$$\vec{\mathbf{R}} = \lim_{\substack{dS_i \to 0 \\ n \to \infty}} \sum_{i=1}^{n} \vec{\mathbf{V}}(\vec{\mathbf{r}}_i) \times d\vec{\mathbf{S}}_i = \int_{(S)} \vec{\mathbf{V}}(\vec{\mathbf{r}}) \times d\vec{\mathbf{S}}. \quad (13.114)$$

13.3.2.4 Berechnung von Oberflächenintegralen in kartesischen Koordinaten mit Hilfe von Oberflächenintegralen zweiter Art

$$\int_{(S)} U\, d\vec{\mathbf{S}} = \iint_{(S_{yz})} U\, dy\, dz\, \vec{\mathbf{i}} + \iint_{(S_{zx})} U\, dz\, dx\, \vec{\mathbf{j}} + \iint_{(S_{xy})} U\, dx\, dy\, \vec{\mathbf{k}}. \quad (13.115)$$

$$\int_{(S)} \vec{\mathbf{V}}\, d\vec{\mathbf{S}} = \iint_{(S_{yz})} V_x\, dy\, dz + \iint_{(S_{zx})} V_y\, dz\, dx + \iint_{(S_{xy})} V_z\, dx\, dy. \quad (13.116)$$

$$\int_{(S)} \vec{\mathbf{V}} \times d\vec{\mathbf{S}} = \iint_{(S_{yz})} (V_z\vec{\mathbf{j}} - V_y\vec{\mathbf{k}})\, dy\, dz + \iint_{(S_{zx})} (V_x\vec{\mathbf{k}} - V_z\vec{\mathbf{i}})\, dz\, dx + \iint_{(S_{xy})} (V_y\vec{\mathbf{i}} - V_x\vec{\mathbf{j}})\, dx\, dy. \quad (13.117)$$

Die Existenzsätze für diese Integrale können in Analogie zu dem auf S. 371 angegebenen formuliert werden.
Bei der Berechnung der Zweifachintegrale werden zunächst die Projektionen von S auf die Koordinatenebenen gebildet **(Abb.13.18)**, wobei eine der Variablen x, y oder z durch die beiden anderen mit Hilfe der Flächengleichung für S ausgedrückt werden muß.

■ **A:** Es ist $\vec{\mathbf{V}} = \int_{(S)} xyz\, d\vec{\mathbf{S}}$ zu berechnen, wobei über das Ebenenstück $x + y + z = 1$ zu integrieren ist, das zwischen den drei Koordinatenebenen eingeschlossen ist. Die obere Seite soll die positive sein:

$$\vec{\mathbf{P}} = \iint_{(S_{yz})} (1-y-z)yz\, dy\, dz\, \vec{\mathbf{i}} + \iint_{(S_{zx})} (1-x-z)xz\, dz\, dx\, \vec{\mathbf{j}} + \iint_{(S_{xy})} (1-x-y)xy\, dx\, dy\, \vec{\mathbf{k}}$$

$$\iint_{(S_{yz})} (1-y-z)yz\, dy\, dz = \int_0^1 \int_0^{1-z} (1-y-z)yz\, dy\, dz = \frac{1}{120}.$$

In Analogie dazu berechnet man die beiden anderen Integrale. Das Ergebnis lautet $\vec{\mathbf{P}} = \frac{1}{120}(\vec{\mathbf{i}} + \vec{\mathbf{j}} + \vec{\mathbf{k}})$.

■ **B:** Es ist $Q = \int_{(S)} \vec{\mathbf{r}}\, d\vec{\mathbf{S}} = \iint_{(S_{yz})} x\, dy\, dz + \iint_{(S_{zx})} y\, dz\, dx + \iint_{(S_{xy})} z\, dx\, dy$ über das gleiche Ebenenstück wie in A zu integrieren: $\iint_{(S_{yz})} x\, dy\, dz = \int_0^1 \int_0^{1-x} (1-x-y)\, dy\, dx = \frac{1}{6}$.

Die beiden anderen Integrale werden in Analogie dazu berechnet. Das Ergebnis lautet

$$Q = \frac{1}{6} + \frac{1}{6} + \frac{1}{6} = \frac{1}{2}.$$

■ **C:** Es ist $\vec{\mathbf{R}} = \int\limits_{(S)} \vec{\mathbf{r}} \times d\vec{\mathbf{S}} = \int\limits_{(S)} (x\vec{\mathbf{i}} + y\vec{\mathbf{j}} + z\vec{\mathbf{k}}) \times (dy\,dz\,\vec{\mathbf{i}} + dz\,dx\,\vec{\mathbf{j}} + dx\,dy\,\vec{\mathbf{k}})$ zu berechnen, wobei über das gleiche Ebenenstück wie in A zu integrieren ist:
Die Ausführung der Rechnung liefert $\vec{\mathbf{R}} = 0$.

Integrale über eine geschlossene Fläche werden durch die Darstellungsweise

$$\oint\limits_{(S)} U\,d\vec{\mathbf{S}} = \oiint\limits_{(S)} U\,d\vec{\mathbf{S}}, \qquad \oint\limits_{(S)} \vec{\mathbf{V}}\,d\vec{\mathbf{S}} = \oiint\limits_{(S)} \vec{\mathbf{V}}\,d\vec{\mathbf{S}}, \qquad \oint\limits_{(S)} \vec{\mathbf{V}} \times d\vec{\mathbf{S}} = \oiint\limits_{(S)} \vec{\mathbf{V}} \times d\vec{\mathbf{S}}. \tag{13.118}$$

gekennzeichnet.

13.3.3 Integralsätze

13.3.3.1 Integralsatz und Integralformel von Gauß

1. Der Integralsatz von GAUSS liefert den Zusammenhang zwischen einem Volumenintegral über ein Volumen v, das von einem Feld $\vec{\mathbf{V}}$ durchsetzt ist, und einem Oberflächenintegral über die dieses Volumen umschließende Fläche S. Die Orientierung der Fläche sei so festgelegt (s. S. 370), daß die Außenseite die positive Seite ist. Die vektorielle Feldfunktion $\vec{\mathbf{V}}$ soll stetig sein, ihre ersten partiellen Ableitungen sollen existieren und stetig sein.

$$\oint\limits_{(S)} \vec{\mathbf{V}}\,d\vec{\mathbf{S}} = \iiint\limits_{(v)} \operatorname{div} \vec{\mathbf{V}}\,dv. \tag{13.119a}$$

Der skalare Fluß des Feldes $\vec{\mathbf{V}}$ durch die geschlossene Fläche S ist gleich dem Integral der Divergenz von $\vec{\mathbf{V}}$ über das von S umschlossene Volumen v. In kartesischen Koordinaten gilt

$$\oiint\limits_{(S)} (V_x\,dy\,dz + V_y\,dz\,dx + V_z\,dx\,dy) = \iiint\limits_{(v)} \left(\frac{\partial V_x}{\partial x} + \frac{\partial V_y}{\partial y} + \frac{\partial V_z}{\partial z} \right) dx\,dy\,dz. \tag{13.119b}$$

2. Integralformel von GAUSS Im ebenen Falle der Einschränkung auf die x, y–Ebene geht der Integralsatz von GAUSS in die Integralformel von GAUSS über. Sie liefert den Zusammenhang zwischen einem Linienintegral und dem dazugehörigen Flächenintegral:

$$\iint\limits_{(B)} \left[\frac{\partial Q(x,y)}{\partial x} - \frac{\partial P(x,y)}{\partial y} \right] dx\,dy = \oint\limits_{(K)} [P(x,y)\,dx + Q(x,y)\,dy]\,. \tag{13.120}$$

Mit B ist eine ebene Fläche bezeichnet, die die Berandung K besitzt. P und Q sind stetige Funktionen mit stetigen partiellen Ableitungen 1. Ordnung.

3. Sektorformel wird ein wichtiger Spezialfall der GAUSSschen Intergralformel genannt, mit dessen Hilfe ebene Flächen berechnet werden können. Für $Q = x$, $P = -y$ folgt

$$F = \iint\limits_{(B)} dx\,dy = \frac{1}{2} \oint\limits_{(K)} [x\,dy - y\,dx]. \tag{13.121}$$

13.3.3.2 Integralsatz von Stokes

Der Integralsatz von STOKES liefert den Zusammenhang zwischen einem Oberflächenintegral über die gekrümmte und orientierte Fläche S, in der das Vektorfeld $\vec{\mathbf{V}}$ definiert ist, und dem Umlaufintegral über die Umrandungskurve K der Fläche S. Der Umlaufsinn von K wird so gewählt, daß der Umlaufsinn der Berandung des Oberflächenelements mit der Flächennormalen eine *Rechtsschraube* bildet (s. S. 542). Die vektorielle Feldfunktion $\vec{\mathbf{V}}$ sei stetig und besitze stetige partielle Ableitungen 1. Ordnung.

$$\iint\limits_{(S)} \operatorname{rot} \vec{\mathbf{V}} \cdot d\vec{\mathbf{S}} = \oint\limits_{(K)} \vec{\mathbf{V}} \cdot d\vec{\mathbf{r}}. \tag{13.122a}$$

Der vektorielle Fluß der Rotation durch eine Fläche S, die von der geschlossenen Kurve K umrandet wird, ist gleich dem Umlaufintegral des vektoriellen Feldes $\vec{\mathbf{V}}$ über die Kurve K.
In kartesischen Koordinaten gilt

$$\oint\limits_{(K)} (V_x\,dx + V_y\,dy + V_z\,dz) = \iint\limits_{(S)} \left[\left(\frac{\partial V_z}{\partial y} - \frac{\partial V_y}{\partial z} \right) dy\,dz + \left(\frac{\partial V_x}{\partial z} - \frac{\partial V_z}{\partial x} \right) dz\,dx + \left(\frac{\partial V_y}{\partial x} - \frac{\partial V_x}{\partial y} \right) dx\,dy \right]. \tag{13.122b}$$

Im ebenen Falle geht der Integralsatz von STOKES ebenso wie der von GAUSS in die Integralformel (13.120) von GAUSS über.

13.3.3.3 Integralsätze von Green

Die GREENschen Integralsätze liefern Zusammenhänge zwischen jeweils einem Raum- und einem Flächenintegral. Sie ergeben sich aus der Anwendung des GAUSSschen Satzes auf die Funktion $\vec{\mathbf{V}} = U_1 \operatorname{grad} U_2$, wobei U_1 und U_2 skalare Feldfunktionen sind und v das von der Fläche S eingeschlossene Volumen.

$$\iiint\limits_{(v)} (U_1 \Delta U_2 + \operatorname{grad} U_2 \cdot \operatorname{grad} U_1)\,dv = \oiint\limits_{(S)} U_1 \operatorname{grad} U_2 \cdot d\vec{\mathbf{S}}, \tag{13.123}$$

$$\iiint\limits_{(v)} (U_1 \Delta U_2 - U_2 \Delta U_1)\,dv = \oiint\limits_{(S)} (U_1 \operatorname{grad} U_2 - U_2 \operatorname{grad} U_1) \cdot d\vec{\mathbf{S}}. \tag{13.124}$$

Speziell für $U_1 = 1$ gilt

$$\iiint\limits_{(v)} \Delta U\,dv = \oiint\limits_{(S)} \operatorname{grad} U \cdot d\vec{\mathbf{S}}. \tag{13.125}$$

In kartesischen Koordinaten hat der 3. GREENsche Satz die folgende Form:

$$\iiint\limits_{(v)} \left(\frac{\partial^2 U}{\partial x^2} + \frac{\partial^2 U}{\partial y^2} + \frac{\partial^2 U}{\partial z^2} \right) dv = \oiint\limits_{(S)} \left(\frac{\partial U}{\partial x}\,dy\,dz + \frac{\partial U}{\partial y}\,dz\,dx + \frac{\partial U}{\partial z}\,dx\,dy \right). \tag{13.126}$$

■ **A:** Berechnung des Linienintegrals:
$I = \oint\limits_{(K)} (x^2y^3\,dx + dy + z\,dz)$ mit K als Schnittkurve zwischen dem Zylinder $x^2 + y^2 = a^2$ und der Ebene $z = 0$. Nach dem Satz von STOKES erhält man:

$$I = \oint\limits_{(K)} \vec{\mathbf{V}}\,d\vec{\mathbf{r}} = \iint\limits_{(S)} \operatorname{rot} \vec{\mathbf{V}}\,d\vec{\mathbf{S}} = -\iint\limits_{(S)^*} 3x^2y^2\,dx\,dy = -3 \int\limits_{\varphi=0}^{2\pi} \int\limits_{r=0}^{a} r^5 \cos^2\varphi \sin^2\varphi\,dr\,d\varphi$$

$= -\dfrac{a^6}{8}\pi$ mit $\operatorname{rot} \vec{\mathbf{V}} = -3x^2y^2\vec{\mathbf{k}}$, $d\vec{\mathbf{S}} = \vec{\mathbf{k}}\,dx\,dy$ und der Kreisfläche S^*: $x^2 + y^2 \le a^2$.

■ **B:** Gesucht ist der Fluß $I = \oint\limits_{(S)} \vec{\mathbf{V}}\,d\vec{\mathbf{S}}$ im Strömungsfeld $\vec{\mathbf{V}} = x^3\vec{\mathbf{i}} + y^3\vec{\mathbf{j}} + z^3\vec{\mathbf{k}}$ durch die Oberfläche Σ der Kugel $x^2 + y^2 + z^2 = a^2$. Der Satz von GAUSS liefert:

$$I = \oint\limits_{(S)} \vec{\mathbf{V}}\, d\vec{\mathbf{S}} = \iiint\limits_{(v)} \operatorname{div} \vec{\mathbf{V}}\, dv = 3 \iiint\limits_{(v)} (x^2 + y^2 + z^2)\, dx\, dy\, dz$$

$$= 3 \int\limits_{\varphi=0}^{2\pi} \int\limits_{\delta=0}^{\pi} \int\limits_{r=0}^{a} r^4 \sin\delta\, dr\, d\delta\, d\varphi = \frac{12}{5} a^5 \pi.$$

C: Wärmeleitungsgleichung: Die zeitliche Änderung des Wärmeinhaltes Q eines Raumteiles v, der keine Wärmequellen enthalten soll, ergibt sich zu:

$$\frac{dQ}{dt} = \iiint\limits_{(v)} c\varrho \frac{\partial T}{\partial t}\, dv \quad (c \text{ spezifische Wärmekapazität, } \varrho \text{ Dichte, } T \text{ Temperatur}),$$

während die damit verbundene zeitliche Änderung des Wärmeflusses durch die Oberfläche S von v durch

$$\frac{dQ}{dt} = \iint\limits_{(S)} \lambda \operatorname{grad} T \cdot d\vec{\mathbf{S}} \quad (\lambda \text{ Wärmeleitzahl})$$

angegeben wird. Nach Anwendung des Satzes von GAUSS auf das Oberflächenintegral erhält man aus

$$\iiint\limits_{(v)} \left[c\varrho \frac{\partial T}{\partial t} - \operatorname{div}(\lambda \operatorname{grad} T) \right] dv = 0$$

die Wärmeleitungsgleichung $c\lambda \dfrac{\partial T}{\partial t} = \operatorname{div}(\lambda \operatorname{grad} T)$, die im Falle eines homogenen Körpers (c, ϱ, λ Konstanten) die Gestalt $\dfrac{\partial T}{\partial t} = a^2 \Delta T$ hat.

13.4 Berechnung von Feldern

13.4.1 Reines Quellenfeld

Reines Quellenfeld oder *wirbelfreies Quellenfeld* wird ein Feld $\vec{\mathbf{V}}_1$ genannt, dessen Rotation überall Null ist. Ist die Quelldichte $q(\vec{\mathbf{r}})$, dann gilt

$$\operatorname{div} \vec{\mathbf{V}}_1 = q(\vec{\mathbf{r}}), \qquad \operatorname{rot} \vec{\mathbf{V}}_1 = 0. \tag{13.127}$$

In diesem Falle besitzt das Feld ein Potential U, das in jedem beliebigen Punkt M bestimmt ist durch die POISSONsche Differentialgleichung

$$\vec{\mathbf{V}}_1 = \operatorname{grad} U, \qquad \operatorname{div} \operatorname{grad} U = \Delta U = -q(\vec{\mathbf{r}}). \tag{13.128a}$$

(In der Physik gilt meist $\vec{\mathbf{V}}_1 = -\operatorname{grad} U$.) Die Berechnung von U erfolgt über

$$U = -\frac{1}{4\pi} \iiint\limits_{(v)} \frac{\operatorname{div} \vec{\mathbf{V}}(\vec{\mathbf{r}}^*)\, dv(\vec{\mathbf{r}}^*)}{|\vec{\mathbf{r}} - \vec{\mathbf{r}}^*|}. \tag{13.128b}$$

Die Integration erfaßt den gesamten Raum **(Abb.13.19)**. Die Divergenz von $\vec{\mathbf{V}}$ muß differenzierbar sein und hinreichend schnell für sehr große Abstände abnehmen.

13.4.2 Reines Wirbelfeld oder quellenfreies Wirbelfeld

Reines Wirbelfeld wird ein Feld $\vec{\mathbf{V}}_2$ genannt, manchmal auch *solenoides Vektorfeld*, dessen Divergenz überall gleich Null ist; dieses Feld ist also quellenfrei. Ist die Wirbeldichte $\vec{\mathbf{w}}(\vec{\mathbf{r}})$, dann gilt

$$\operatorname{div} \vec{\mathbf{V}}_2 = 0, \qquad \operatorname{rot} \vec{\mathbf{V}}_2 = \vec{\mathbf{w}}(\vec{\mathbf{r}}). \tag{13.129a}$$

Die Wirbeldichte $\vec{\mathbf{w}}(\vec{\mathbf{r}})$ kann nicht beliebig gegeben sein, sondern muß der Gleichung $\operatorname{div} \vec{\mathbf{w}} = 0$ genügen. Mit dem Ansatz

$$\vec{\mathbf{V}}_2(\vec{\mathbf{r}}) = \operatorname{rot} \vec{\mathbf{A}}(\vec{\mathbf{r}}), \qquad \operatorname{div} \vec{\mathbf{A}} = 0, \quad \text{d.h.} \quad \operatorname{rot}\operatorname{rot} \vec{\mathbf{A}} = \vec{\mathbf{w}} \tag{13.129b}$$

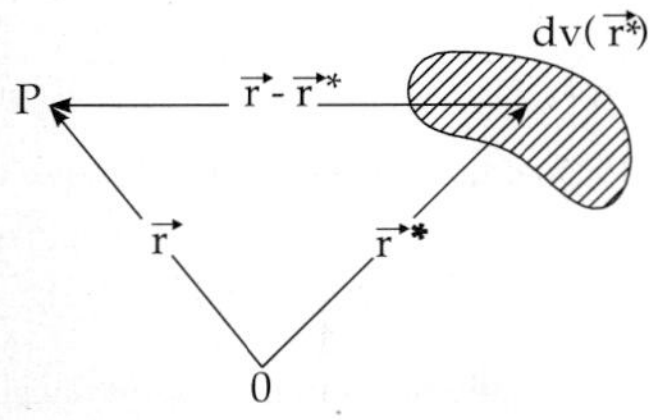

Abbildung 13.19

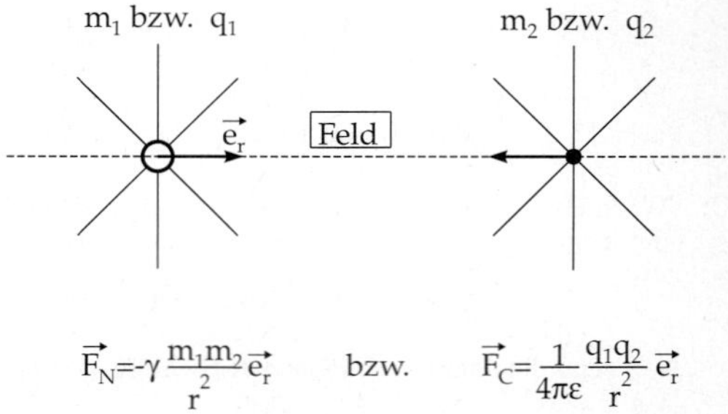

Abbildung 13.20

ergibt sich gemäß (13.96)

$$\operatorname{grad}\operatorname{div}\vec{\mathbf{A}} - \Delta\vec{\mathbf{A}} = \vec{\mathbf{w}}, \quad \text{d.h.} \quad \Delta\vec{\mathbf{A}} = -\vec{\mathbf{w}}. \tag{13.129c}$$

Somit genügt $\vec{\mathbf{A}}(\vec{\mathbf{r}})$ formal der POISSONschen Differentialgleichung wie das Potential U eines wirbelfreien Feldes $\vec{\mathbf{V}}_1$ und heißt deshalb *Vektorpotential*. Für jeden beliebigen Punkt M gilt dann

$$\vec{\mathbf{V}}_2 = \operatorname{rot}\vec{\mathbf{A}}, \qquad \text{mit} \quad \vec{\mathbf{A}} = \frac{1}{4\pi}\iiint\limits_{(v)} \frac{\vec{\mathbf{w}}(\vec{\mathbf{r}}^*)}{|\vec{\mathbf{r}} - \vec{\mathbf{r}}^*|}\, dv(\vec{\mathbf{r}}^*). \tag{13.129d}$$

Die Bedeutung von $\vec{\mathbf{r}}$ ist die gleiche wie in (13.128b); die Integration erfolgt über den gesamten Raum.

13.4.3 Vektorfelder mit punktförmigen Quellen

13.4.3.1 Coulomb–Feld der Punktladung

Das COULOMB–Feld ist ein wichtiges Beispiel für ein wirbelfreies Feld, das überall, ausgenommen den Ort der Punktladung, den Quellort, auch solenoid, d.h. quellenfrei ist **(Abb.13.20)**. Die Feld- und die Potentialgleichungen lauten:

$$\vec{\mathbf{E}} = \frac{e}{r^3}\vec{\mathbf{r}}, \qquad U = -\frac{e}{r} \quad \text{in der Physik auch} \quad \frac{e}{r}. \tag{13.130a}$$

Der skalare Fluß ist $4\pi e$ bzw. 0, je nachdem, ob die Fläche S eine Quelle e einschließt oder nicht:

$$\oint\limits_{(S)} \vec{\mathbf{E}}\, d\vec{\mathbf{S}} = \begin{cases} 4\pi e \\ 0 \end{cases}. \tag{13.130b}$$

Die Größe e wird Ergiebigkeit oder Intensität der Quelle genannt.

13.4.3.2 Gravitationsfeld der Punktmasse

Das Gravitationsfeld der Punktmasse ist ein zweites Beispiel für ein wirbelfreies und gleichzeitig überall, außer am Ort der Punktmasse, solenoides Feld. Man spricht auch vom NEWTONschen Feld. Alle Überlegungen, die für das COULOMB–Feld gelten, sind analog auf das NEWTONsche Feld anwendbar.

13.4.4 Superposition von Feldern

13.4.4.1 Diskrete Quellenverteilung

In Analogie zur Überlagerung physikalischer Felder überlagern sich auch die Vektorfelder der Mathematik. Der *Superpositionssatz* lautet: Haben die Vektorfelder $\vec{\mathbf{V}}_\nu$ die Potentiale U_ν, so hat das Vektorfeld $\vec{\mathbf{V}} = \Sigma\vec{\mathbf{V}}_\nu$ das Potential $U = \Sigma U_\nu$.

Für n diskrete Quellpunkte mit den Ergiebigkeiten e_ν ($\nu = 1, 2, \ldots, n$), deren Felder sich überlagern, kann man daher das resultierende Feld durch algebraische Addition der Potentiale U_ν bestimmen:

$$\vec{\mathbf{V}}(\vec{\mathbf{r}}) = -\operatorname{grad} \sum_{\nu=1}^{n} U_\nu \qquad \text{mit} \qquad U_\nu = \frac{e_\nu}{|\vec{\mathbf{r}} - \vec{\mathbf{r}}_\nu|}. \tag{13.131a}$$

Dabei ist $\vec{\mathbf{r}}$ wieder der Ortsvektor des Aufpunktes, während $\vec{\mathbf{r}}_\nu$ die Ortsvektoren der Quellpunkte sind. Treten wirbelfreie Felder $\vec{\mathbf{V}}_1$ und quellenfreie Felder $\vec{\mathbf{V}}_2$ gemeinsam auf und handelt es sich dabei um überall stetige Felder, dann gilt

$$\vec{\mathbf{V}} = \vec{\mathbf{V}}_1 + \vec{\mathbf{V}}_2 = -\frac{1}{4\pi}\left[\operatorname{grad} \iiint\limits_{(v)} \frac{q(\vec{\mathbf{r}}^*)}{|\vec{\mathbf{r}} - \vec{\mathbf{r}}^*|}\, dv(\vec{\mathbf{r}}^*) - \operatorname{rot} \iiint\limits_{(v)} \frac{\vec{\mathbf{w}}(\vec{\mathbf{r}}^*)}{|\vec{\mathbf{r}} - \vec{\mathbf{r}}^*|}\, dv(\vec{\mathbf{r}}^*)\right]. \tag{13.131b}$$

Erstreckt sich das Vektorfeld ins Unendliche, dann ist die Bestimmung von $\vec{\mathbf{V}}(\vec{\mathbf{r}})$ eindeutig, wenn $\vec{\mathbf{V}}(\vec{\mathbf{r}})$ für $r = |\vec{\mathbf{r}}| \to \infty$ genügend stark verschwindet.

13.4.4.2 Kontinuierliche Quellenverteilung

Wenn die Quellen über Linien, Flächen oder räumliche Bereiche kontinuierlich verteilt sind, dann treten an die Stelle der endlichen Ergiebigkeiten e_ν infinitesimale, die der Dichte der Quellverteilung entsprechen, und an die Stelle der Summen Integrale über die Quellbereiche. Im Falle einer stetigen räumlichen Verteilung der Quellergiebigkeit ist die Quelldichte $q(\vec{\mathbf{r}}) = \operatorname{div} \vec{\mathbf{V}}$. Ähnliches gilt für das Potential eines durch Wirbel erzeugten Feldes. Im Falle einer stetigen räumlichen Wirbelverteilung ist die Wirbelflußdichte durch $\vec{\mathbf{w}}(\vec{\mathbf{r}}) = \operatorname{rot} \vec{\mathbf{V}}$ festgelegt.

13.4.4.3 Zusammenfassung

Ein Vektorfeld ist durch die Angabe seiner Quellen und Wirbel im gesamten Raum vollständig und eindeutig bestimmt, falls alle diese Quellen und Wirbel im Endlichen liegen.

13.5 Differentialgleichungen der Feldtheorie

13.5.1 Laplacesche Differentialgleichung

Die Aufgabe der Bestimmung des Potentials U eines skalaren Feldes $\vec{\mathbf{V}}_1$, in dem keine Quellen enthalten sind, führt gemäß (13.127) mit $q(\vec{\mathbf{r}}) = 0$ auf

$$\operatorname{div} \operatorname{grad} U = \Delta U = 0, \tag{13.132a}$$

d.h. auf die LAPLACE*sche Differentialgleichung*. In kartesischen Koordinaten gilt

$$\frac{\partial^2 U}{\partial x^2} + \frac{\partial^2 U}{\partial y^2} + \frac{\partial^2 U}{\partial z^2} = 0. \tag{13.132b}$$

Alle Funktionen, die dieser Differentialgleichung genügen, stetig sind und stetige partielle Ableitungen erster und zweiter Ordnung besitzen, werden LAPLACE*sche* oder *harmonische Funktionen* genannt.

Es werden drei grundlegende Fälle von Randwertaufgaben unterschieden:

1. Randwertaqufgabe (für das Innengebiet) oder DIRICHLET*sches Problem*: Gesucht wird eine Funktion $U(x, y, z)$, die im Inneren eines gegebenen räumlichen bzw. ebenen Gebietes harmonisch ist und auf dem Rand des Gebietes vorgegebene Werte annimmt.
2. Randwertaufgabe (für das Innengebiet) oder NEUMANN*sches Problem*: Gesucht wird eine Funktion $U(x, y, z)$, die im Inneren eines gegebenen Gebietes harmonisch ist und deren Normalenableitung $\dfrac{\partial U}{\partial n}$ auf dem Rand des Gebietes vorgegebene Werte annimmt.
3. Randwertaufgabe (für das Innengebiet): Gesucht wird eine Funktion $U(x, y, z)$, die im Inneren eines Gebietes harmonisch ist, wobei auf dem Rand des Gebietes der Ausdruck $\alpha U + \beta \dfrac{\partial U}{\partial n}$ ($\alpha, \beta =$ const, $\alpha^2 + \beta^2 \neq 0$) vorgegebene Werte annimmt.

13.5.2 Poissonsche Differentialgleichung

Die Aufgabe der Bestimmung des Potentials U eines Vektorfeldes $\vec{\mathbf{V}}_1$, in dem Quellen enthalten sin[d], d.h. für dessen Divergenz gilt

$$\operatorname{div} \vec{\mathbf{V}}_1 = q(\vec{\mathbf{r}}) \neq 0, \qquad (13.133a)$$

führt gemäß (13.129a) auf die POISSON*sche Differentialgleichung*

$$\Delta U = q(\vec{\mathbf{r}}) = \frac{\partial^2 U}{\partial x^2} + \frac{\partial^2 U}{\partial y^2} + \frac{\partial^2 U}{\partial z^2}. \qquad (13.133b)$$

Die Lösung ist das NEWTONsche oder COULOMBsche Potential

$$U = -\frac{1}{4\pi} \iiint\limits_{(v)} \frac{q(\vec{\mathbf{r}}^*)\, dv(\vec{\mathbf{r}}^*)}{|\vec{\mathbf{r}} - \vec{\mathbf{r}}^*|}, \qquad (13.133c)$$

wenn das Potential $U(\vec{\mathbf{r}})$ für größer werdende $\vec{\mathbf{r}}$–Werte hinreichend stark gegen Null strebt [8.34].

14 Funktionentheorie

14.1 Funktionen einer komplexen Veränderlichen

14.1.1 Stetigkeit, Differenzierbarkeit

14.1.1.1 Definition der komplexen Funktion

Analog zu den reellen Funktionen kann man komplexen Werten $z = x + iy$ ebenfalls komplexe Werte $w = u + iv$ zuordnen, wobei $u = u(x, y)$ und $v = v(x, y)$ Funktionen zweier reeller Veränderlicher sind. Man schreibt $w = f(z)$. Durch die Funktion $w = f(z)$ wird die komplexe z–Ebene in die komplexe w–Ebene abgebildet.
Die Begriffe Grenzwert, Stetigkeit und Ableitung einer Funktion $w = f(z)$ einer komplexen Veränderlichen werden formal in Analogie zu den Funktionen einer reellen Veränderlichen definiert.

14.1.1.2 Grenzwert der komplexen Funktion

Grenzwert einer Funktion $f(z)$ heißt eine komplexe Zahl A, wenn für z gegen z_0 die Funktion $f(z)$ gegen w_0 strebt:

$$w_0 = \lim_{z \to z_0} f(z) . \qquad (14.1a)$$

Dazu ist erforderlich, daß sich eine beliebig kleine positive Zahl ε angeben läßt, für die es eine reelle positive Zahl δ derart gibt, daß für jede beliebige komplexe Zahl z, ausgenommen höchstens die Zahl z_0 selbst, die Ungleichungen

$$|z_0 - z| < \delta , \qquad (14.1b) \qquad\qquad |w_0 - f(z)| < \varepsilon \qquad (14.1c)$$

erfüllt sind. Die geometrische Bedeutung geht aus **Abb.14.1** hervor: Einem beliebigen Punkt z, ausgenommen höchstens den Punkt z_0 selbst, der innerhalb eines Kreises mit dem Mittelpunkt z_0 und dem Radius δ liegt, entspricht in der w–Ebene, in die die Funktion $w = f(z)$ abbildet, ein Punkt w, der in einem Kreis mit dem Mittelpunkt w_0 und dem Radius ε liegt. Die Flächen mit den beliebig kleinen Radien nennt man auch die beliebig kleinen Umgebungen $U_\varepsilon(w_0)$ und $U_\delta(z_0)$.

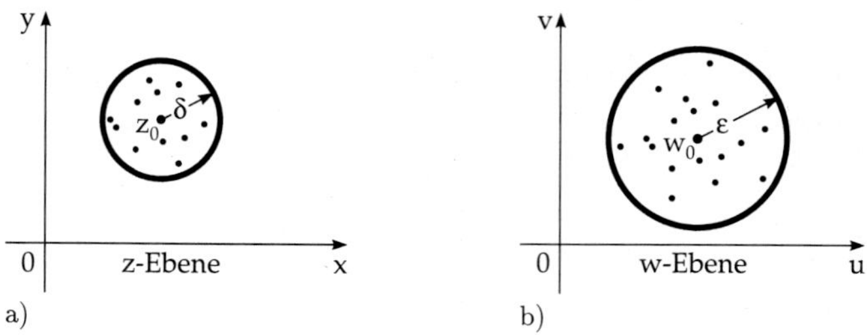

Abbildung 14.1

14.1.1.3 Stetigkeit der komplexen Funktion

Eine Funktion $w = f(z)$ heißt an der Stelle z_0 stetig, wenn es zu jeder vorgegebenen, beliebig kleinen Umgebung $U_\varepsilon(w_0)$ eines Punkte $w_0 = f(z_0)$ der w–Ebene eine Umgebung $U_\delta(z_0)$ des Punktes z_0 der z–Ebene gibt, deren durch $w = f(z)$ vermittelte Bildpunkte ganz in $U_\varepsilon(w_0)$ liegen. Wie in **Abb.14.1** dargestellt, ist $U_\varepsilon(w_0)$ z.B. ein Kreis mit dem Radius ε um den Punkt w_0. Es gilt dann

$$\lim_{z \to z_0} f(z) = f(z_0) \qquad \text{oder} \qquad \lim_{\delta \to 0} f(z_0 + \delta) = f(z_0) . \qquad (14.2)$$

Der Grenzwert der Funktion w ist gleich dem Funktionswert der unabhängigen Variablen.

14.1.1.4 Differenzierbarkeit der komplexen Funktion

Eine Funktion $w = f(z)$ heißt an der Stelle z differenzierbar, wenn der Differenzenquotient

$$\frac{\Delta w}{\Delta z} = \frac{f(z + \Delta z) - f(z)}{\Delta z} \tag{14.3}$$

für $\Delta z \to 0$ einem vom Annäherungsweg unabhängigen Grenzwert zustrebt. Dieser Grenzwert wir mit $f'(z)$ bezeichnet und Ableitung der Funktion $f(z)$ genannt.

■ Die Funktion $f(z) = \mathrm{Re}\, z = x$ ist im Punkt $z = z_0$ nicht differenzierbar; denn bei Annäherung a den Punkt z_0 längs einer Parallelen zur x–Achse strebt der Differenzenquotient gegen den Wert Ein dagegen bei Annäherung längs einer Parallelen zur y–Achse gegen den Wert Null.

14.1.2 Analytische Funktionen

14.1.2.1 Definition der analytischen Funktion

Eine Funktion $f(z)$ heißt in einem Gebiet G *analytisch*, *regulär* oder *holomorph*, wenn sie in allen Punk ten von G differenzierbar ist. Randpunkte von G, in denen $f'(z)$ nicht existiert, sind singuläre Punkt von $f(z)$.

Die Funktion $f(z) = u(x,y) + \mathrm{i}v(x,y)$ ist genau dann in G differenzierbar, wenn u und v stetige partiell Ableitungen nach x und y in G besitzen und dort die CAUCHY–RIEMANN*schen Differentialgleichunge* gelten:

$$\frac{\partial u}{\partial x} = \frac{\partial v}{\partial y}\,, \quad \frac{\partial u}{\partial y} = -\frac{\partial v}{\partial x}\,. \tag{14.4}$$

Real- und Imaginärteil einer analytischen Funktion genügen für sich der LAPLACEschen Differentia gleichung

$$\Delta u(x,y) = \frac{\partial^2 u}{\partial x^2} + \frac{\partial^2 u}{\partial y^2} = 0\,, \quad (14.5\mathrm{a}) \qquad \Delta v(x,y) = \frac{\partial^2 v}{\partial x^2} + \frac{\partial^2 v}{\partial y^2} = 0\,. \quad (14.5\mathrm{b})$$

Die Ableitungen der elementaren Funktionen einer komplexen Veränderlichen werden nach den gle chen Formeln berechnet wie die Ableitungen der entsprechenden Funktionen einer reellen Veränderl chen.

■ **A:** $f(z) = z^3\,, \quad f'(z) = 3z^2\,;$ **B:** $f(z) = \sin z\,, \quad f'(z) = \cos z\,.$

14.1.2.2 Beispiele analytischer Funktionen

4. Funktionenklassen Die elementaren algebraischen und transzendenten Funktionen sind m Ausnahme einzelner isolierter singulärer Punkte in der gesamten z–Ebene analytisch. Sie besitze in allen regulären Punkten Ableitungen beliebig hoher Ordnung.

■ **A:** Die Funktion $w = z^2 (u = x^2 - y^2,\ v = 2xy)$ ist überall analytisch.
B: Die Funktion $w = u + \mathrm{i}v$, definiert durch die Gleichungen $u = 2x + y$, $v = x + 2y$, ist in keinem Punkt analytisch.
C: Die Funktion $f(z) = z^3$ mit $f'(z) = 3z^2$ ist analytisch.
D: Die Funktion $f(z) = \sin z$ mit $f'(z) = \cos z$ ist analytisch.

5. Ermittlung der Funktionen *u* oder *v* Wenn die Funktionen u und v jede für sich der LAPLACEschen Differentialgleichung genügen, sind sie *harmonische Funktionen* (s. S. 549). Ist eine d beiden harmonischen Funktionen bekannt, z.B. u, dann kann die zweite bis auf eine additive Konstant als konjugierte harmonische Funktion v mit Hilfe der CAUCHY–RIEMANN*schen Differentialgleichu* ermittelt werden:

$$v = \int \frac{\partial u}{\partial x}\,dy + \varphi(x) \quad \text{mit} \quad \frac{d\varphi}{dx} = -\left(\frac{\partial u}{\partial y} + \frac{\partial}{\partial x}\int \frac{\partial u}{\partial x}\,dy\right)\,. \tag{14.6}$$

Analog kann u ermittelt werden, wenn v bekannt ist.

14.1.2.3 Eigenschaften analytischer Funktionen

1. Betrag einer analytischen Funktion, auch *Modul* genannt, wird ihr Absolutbetrag

$$|w| = |f(z)| = \sqrt{[u(x,y)]^2 + [v(x,y)]^2} = \varphi(x,y) \tag{14.7}$$

genannt. Die Fläche $|w| = \varphi(x,y)$ heißt ihr *Relief*, d.h., $|w|$ ist die Applikate zu jedem Punkt $z = x+iy$, also der Abstand von der z–Ebene.

■ **A:** Der Modul der Funktion $\sin z = \sin x \cosh y + i \cos x \sinh y$ ergibt sich zu $|\sin z| = \sqrt{\sin^2 x + \sinh^2 y}$, ihr Relief zeigt die **Abb.14.2a**.

B: Das Relief der Funktion $w = e^{1/z}$ zeigt die **Abb.14.2b**.

Die Reliefs vieler analytischer Funktionen sind in [14.9] abgebildet.

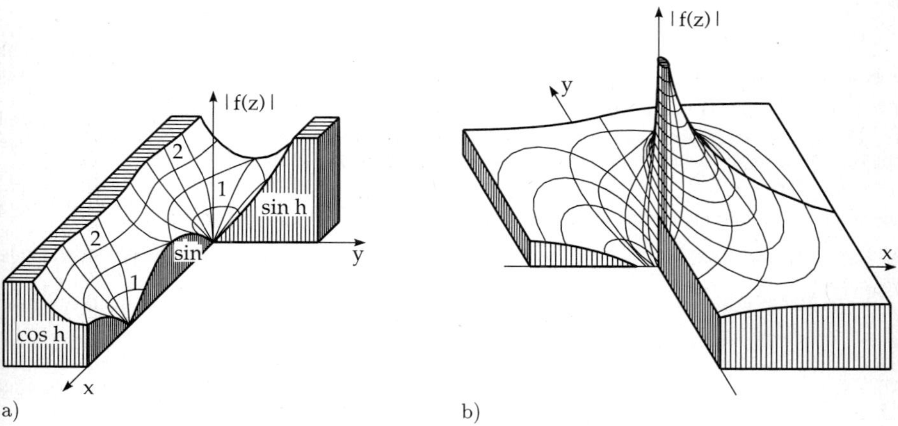

Abbildung 14.2

2. Nullstellen: Da der Absolutbetrag einer Funktion positiv ist, liegt das Relief stets oberhalb der z–Ebene, ausgenommen alle Punkte, in denen gilt $|f(z)| = 0$, also $f(z) = 0$. Man nennt z–Werte, für die $f(z) = 0$ ist, die *Nullstellen der Funktion* $f(z)$.

3. Beschränktheit: Eine Funktion heißt in einem gegebenen Gebiet *beschränkt*, wenn die Bedingung $|f(z)| < N$ erfüllt werden kann, wobei N eine konstante positive Zahl N ist. Im entgegengesetzten Falle, wenn es keine derartige Zahl N gibt, heißt die Funktion nicht beschränkt.

4. Satz über den Maximalwert: Wenn $w = f(z)$ in einem abgeschlossenen Gebiet eine analytische Funktion ist, dann liegt das Maximum ihres Betrages auf dem Rande.

5. Satz über die Konstanz (*Satz von* LIOUVILLE): Wenn $w = f(z)$ in der gesamten Ebene analytisch und beschränkt ist, dann ist diese Funktion eine Konstante: $f(z) = \text{const}$.

14.1.2.4 Singuläre Punkte

Wenn eine Funktion $w = f(z)$ in der Umgebung eines Punktes $z = a$ analytisch und beschränkt ist, d.h., im Innern eines beliebig kleinen Kreises mit dem Mittelpunkt a, ausgenommen höchstens a selbst, dann sind hinsichtlich der Singularität die folgenden Fälle möglich:

1. Es gilt $f(a) = \lim\limits_{z \to a} f(z)$, d.h., die Funktion $f(z)$ ist auch im Punkt a analytisch.

2. Die Funktion $f(a)$ besitzt einen anderen Wert oder sie ist im Punkt a nicht definiert, d.h., der Punkt a ist singulär. Man spricht aber von *hebbarer Singularität*, weil die Funktion $f(z)$ beim Einsetzen des

Wertes $\lim\limits_{z\to a} f(z)$ im Punkt a analytisch wird. (Analogie zur hebbaren Unstetigkeit einer Funktion einer reellen Veränderlichen s. S. 44).
3. Wenn die Funktion $w = f(z)$ in der Umgebung des Punktes $z = a$ zwar analytisch, aber nicht beschränkt ist, dann handelt es sich um einen singulären Punkt a.
4. Gilt bei Annäherung von z an den Punkt a auf beliebigem Wege $|f(z)| \to \infty$, dann nennt man den Punkt a einen *Pol* und schreibt $f(a) = \infty$. Über Pole verschiedener Ordnung s.S. 572.
5. Wenn $|f(z)|$ bei Annäherung an einen Punkt a keinem Grenzwert zustrebt, sondern je nach der Wahl der Ausgangspunkte z_n, von denen aus die Annnäherung an a erfolgt, die Folgen $f(z_1), f(z_2), \ldots, f(z_n), \ldots$ verschiedene Grenzwerte besitzen, dann spricht man von einem *wesentlich singulären Punkt*. In diesem Falle gibt es Möglichkeiten der Annäherung von z an den Punkt a, die zur Konvergenz von $f(z)$ gegen eine beliebig vorgegebene komplexe Zahl führen.

■ **A:** Die Funktion $w = \dfrac{1}{z-a}$ besitzt im Punkt a einen Pol.

B: Die Funktion $w = e^{1/z}$ besitzt im Punkt 0 einen wesentlich singulären Punkt **(Abb.14.2,b)**.

14.1.3 Konforme Abbildung

14.1.3.1 Begriff und Eigenschaften der konformen Abbildung

1. Definition Unter einer konformen Abbildung versteht man die Abbildung der z- in die w–Ebene mit Hilfe einer analytischen Funktion $w = f(z)$ in allen Punkten z, in denen $f'(z) \neq 0$ ist.

$$w = f(z) = u + \mathrm{i}v\,, \quad f'(z) \neq 0\,. \tag{14.8}$$

Die konforme Abbildung besitzt die folgende Haupteigenschaft:

Alle Linienelemente $dz = \begin{pmatrix} dx \\ dy \end{pmatrix}$ im Punkt z erfahren bei der Überführung in Linienelemente $dw = \begin{pmatrix} du \\ dv \end{pmatrix}$ im Punkt w dieselbe Streckung im Verhältnis $\sigma = |f'(z)|$ und dieselbe Drehung um den Winkel $\alpha = \arccos f'(z)$. Dadurch werden geometrische Gebilde in einem infinitesimalen Gebiet in ähnliche Figuren transformiert, behalten also ihre Form bei **(Abb.14.3)**. Geometrische Gebilde endlicher Abmessungen werden zwar verzerrt dargestellt, die Schnittwinkel zwischen den Kurven bleiben aber erhalten, u.a. auch die Orthogonalität der Kurvenscharen **(Abb.14.4)**.

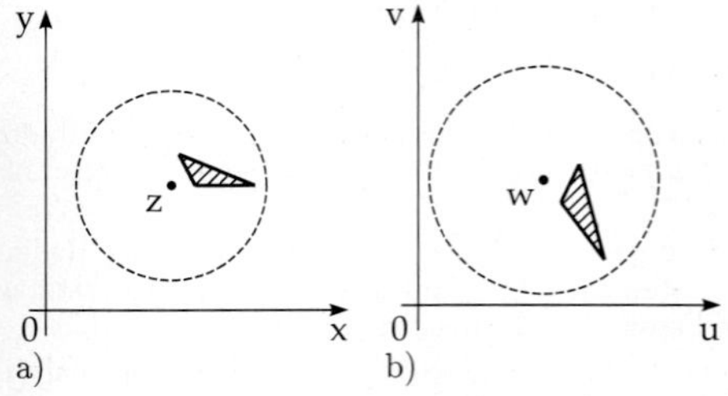

Abbildung 14.3

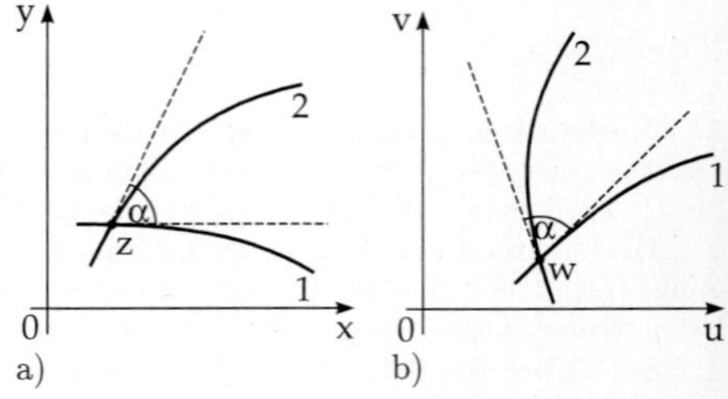

Abbildung 14.4

2. Konforme Abbildung durch affine Differentialtransformation Die Zuordnung zwischen dz und dw geschieht durch die affine Differentialtransformation

$$du = \frac{\partial u}{\partial x}\,dx + \frac{\partial u}{\partial y}\,dy\,, \qquad dv = \frac{\partial v}{\partial x}\,dx + \frac{\partial v}{\partial y}\,dy \tag{14.9a}$$

und in Matrizenschreibweise

$$dw = \mathbf{A}\,dz \qquad \text{mit} \qquad \mathbf{A} = \begin{pmatrix} u_x & u_y \\ v_x & v_y \end{pmatrix}. \tag{14.9b}$$

Wegen der CAUCHY–RIEMANNschen Differentialgleichungen hat **A** die Gestalt der Dreh–Streckungsmatrix (s.S. 160):

$$\mathbf{A} = \begin{pmatrix} u_x & -v_x \\ v_x & u_x \end{pmatrix} = \sigma \begin{pmatrix} \cos\alpha & -\sin\alpha \\ \sin\alpha & \cos\alpha \end{pmatrix}, \qquad (14.10a)$$

$$u_x = v_y = \sigma\cos\alpha \qquad (14.10b) \qquad \sigma = |f'(z)| = \sqrt{u_x^2 + u_y^2} = \sqrt{v_x^2 + v_y^2}, \qquad (14.10c)$$

$$-u_y = v_x = \sigma\sin\alpha, \qquad (14.10d) \qquad \alpha = \arccos f'(z) = \arccos(u_x + \mathrm{i}v_x). \qquad (14.10e)$$

3. Orthogonale Systeme Die Koordinatenlinien x = const und y = const der z–Ebene werden durch konforme Abbildungen in zwei orthogonale Kurvenscharen transformiert. Allgemein kann mit Hilfe der analytischen Funktionen eine Vielfalt orthogonaler Systeme krummliniger Koordinaten generiert werden. In der Umkehrung gilt, daß zu jeder konformen Abbildung ein orthogonales Kurvennetz existiert, das in ein orthogonales kartesisches Koordinatensystem abgebildet wird.

■ **A:** Im Falle $u = 2x + y,\ v = x + 2y$ **(Abb.14.5)** ist die Orthogonalität gestört.

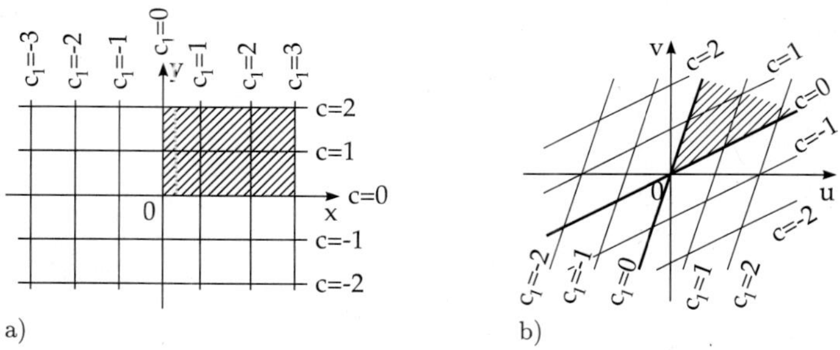

Abbildung 14.5

■ **B:** Im Falle $w = z^2$ bleibt die Orthogonalität erhalten, ausgenommen den Punkt $z = 0$ wegen $w' = 0$. Die Koordinatenlinien gehen in zwei Scharen konfokaler Parabeln über **(Abb.14.6)**, der 1. Quadrant der z–Ebene in die obere Hälfte der w–Ebene.

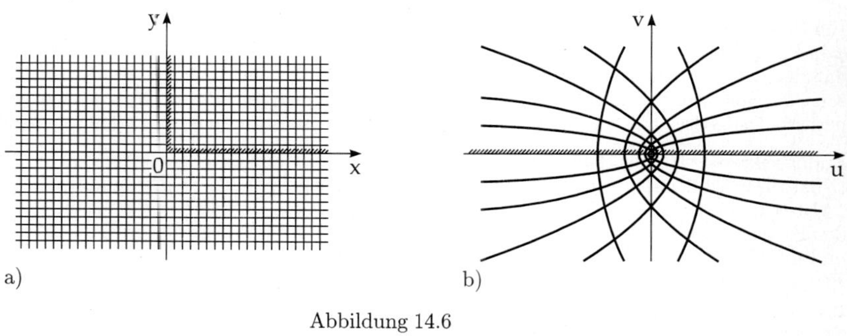

Abbildung 14.6

4. Anwendungen Konforme Abbildungen haben in der Physik, Elektrotechnik, Hydro- und Aerodynamik sowie in anderen Anwendungsgebieten der Mathematik weite Verbreitung gefunden.

14.1.3.2 Einfachste konforme Abbildungen

In diesem Abschnitt werden neben den Transformationen und ihren wichtigsten Eigenschaften die Kurvenbilder *isometrischer Netze* angegeben, d.h. solcher Netze, die in ein orthogonales kartesisches Netz übergehen. Dabei sind die Ränder solcher z–Gebiete durch Schraffur gekennzeichnet, die auf die obere Hälfte der w–Ebene abgebildet werden. Schwarz dargestellte Gebiete gehen durch die konforme Abbildung in ein Quadrat der w–Ebene mit den Koordinateneckpunkten $(0,0)$, $(0,1)$, $(1,0)$ und $(1,1)$ über **(Abb.14.7)**.

1. Lineare Funktion: $\boldsymbol{w = az + b}$ (14.11a)

Die Transformation kann in den drei Schritten durchgeführt werden:

1. Drehung der Ebene um den Winkel $\alpha = \arccos a$ gemäß: $w_1 = e^{i\alpha} z$, (14.11b)

2. Streckung mit dem Faktor $|a|$: $w_2 = |a| w_1$, (14.11c)

3. Parallelverschiebung um b: $w = w_2 + b$. (14.11d)

Insgesamt geht dabei jede Figur in eine geometrisch ähnliche Figur über. Die Punkte $z_1 = \infty$ und $z_2 = \frac{b}{1-a}$ für $a \neq 1$, $b \neq 0$ gehen in sich selbst über und heißen deshalb *Fixpunkte*. Die **Abb.14.8** zeigt das orthogonale Netz, das in das orthogonale kartesische Netz übergeht.

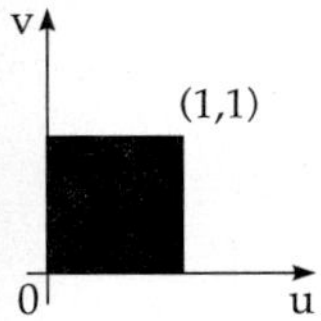

Abbildung 14.7

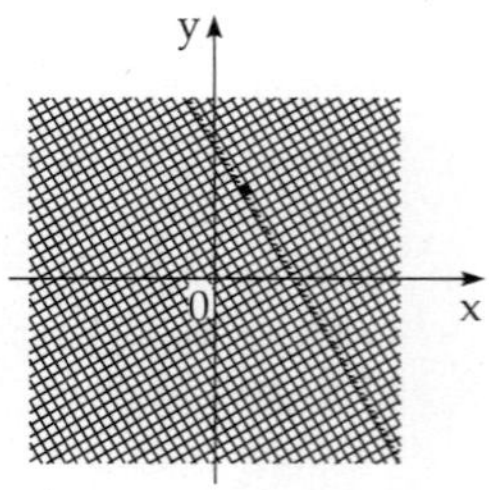

Abbildung 14.8

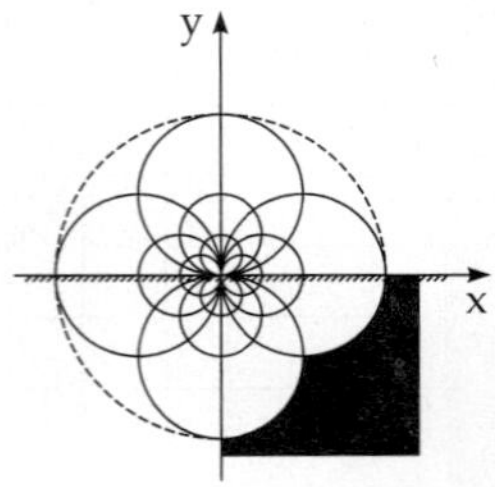

Abbildung 14.9

2. Inversion: $\boldsymbol{w = \frac{1}{z}}$ (14.12)

Ein Punkt z mit dem Radiusvektor r geht in einen Punkt mit dem Radiusvektor $1/r$ über, ein Winkel φ in einen Winkel $-\varphi$. Die orthogonalen Netze der Transformation zeigt die **Abb.14.9**. Daraus folgt, daß die Transformation eine Spiegelung an einem Kreis mit dem Radius r bewirkt. Die **Abb.14.10** zeigt die Spiegelung am Einheitskreis. Bei der Inversion geht ein Punkt M_1 mit dem Radius r_1 innerhalb des Kreises mit dem Radius r in einen Punkt M_2 über, der auf der Verlängerung des gleichen Radiusvektors $\overrightarrow{OM_1}$ außerhalb des Kreises liegt und den Abstand $\overline{OM_2} = r_2 = r^2/r_1$ vom Mittelpunkt O hat. Der Einheitskreis der z–Ebene geht in den Einheitskreis der w–Ebene mit $|w| = 1/|z|$ über **(Abb.14.11)**. Allgemein gehen Kreise in Kreise über, wobei Geraden als Grenzfälle mit $r \to \infty$ zu den Kreisen gerechnet werden. Punkte, die im Innern des Kreises liegen, werden zu äußeren Punkten und umgekehrt. Der Punkt $z = 0$ geht in $w = \infty$ über, d.h., die Konformität ist hier gestört. Die *Fixpunkte* der konformen Abbildung sind $z = -1$ und $z = 1$.

3. Gebrochen lineare Funktion: $\boldsymbol{w = \frac{az + b}{cz + d}}$ (14.13a)

Die Transformation kann in drei Schritten zerlegt werden:

1. Lineare Funktion: $w_1 = cz + d$, (14.13b)

2. Inversion: $w_2 = \frac{1}{w_1}$, (14.13c)

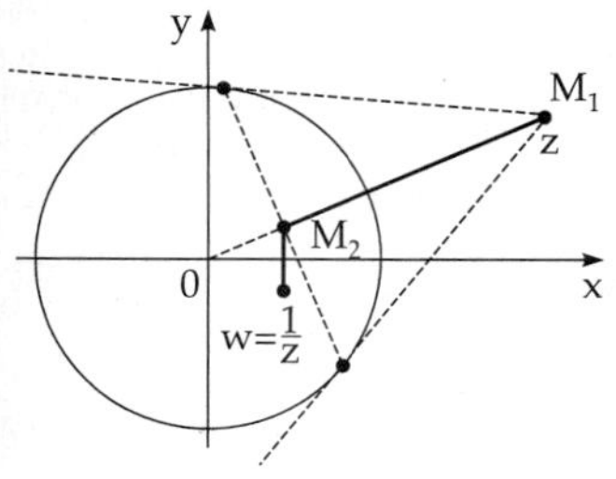

Abbildung 14.10

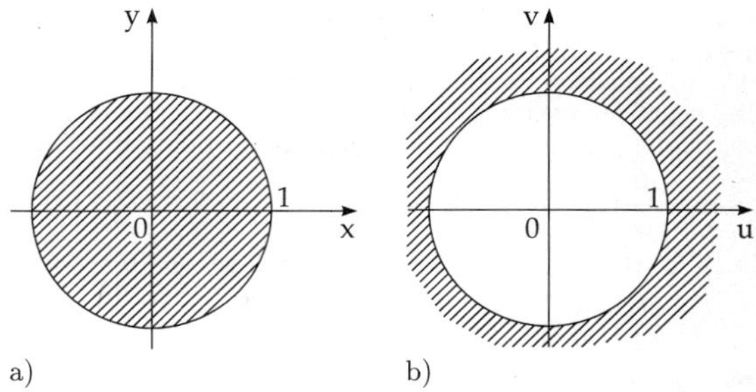

Abbildung 14.11

3. Lineare Funktion: $w = \frac{a}{c} + \frac{bc - ad}{c} w_2$. (14.13d)

Es werden wieder Kreise in Kreise übergeführt (*Kreisverwandtschaft*), wobei Geraden als Kreise mit $r \to \infty$ aufgefaßt werden. Fixpunkte dieser konformen Abbildung sind die beiden Punkte, die der quadratischen Gleichung $z = \frac{az + b}{cz + d}$ genügen. Sind die Punkte z_1 und z_2 Spiegelpunkte in bezug auf den Kreis K_1 der z–Ebene, dann sind ihre Bildpunkte w_1 und w_2 in der w–Ebene ebenfalls Spiegelpunkte in bezug auf den Bildkreis K_2 von K_1.
Das orthogonale Netz, das in das orthogonale kartesische Netz zurückführt, ist in **Abb.14.12** dargestellt.

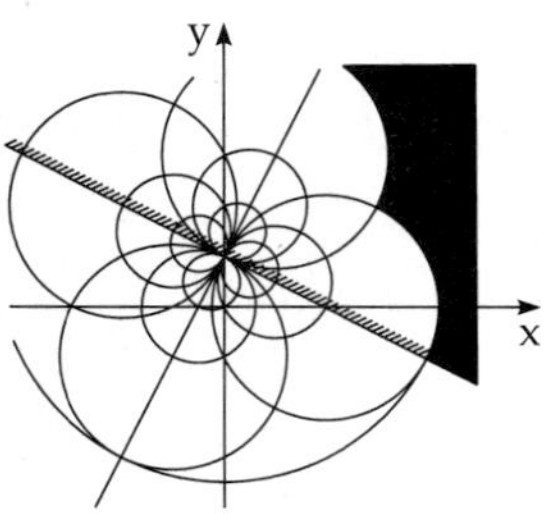

Abbildung 14.12

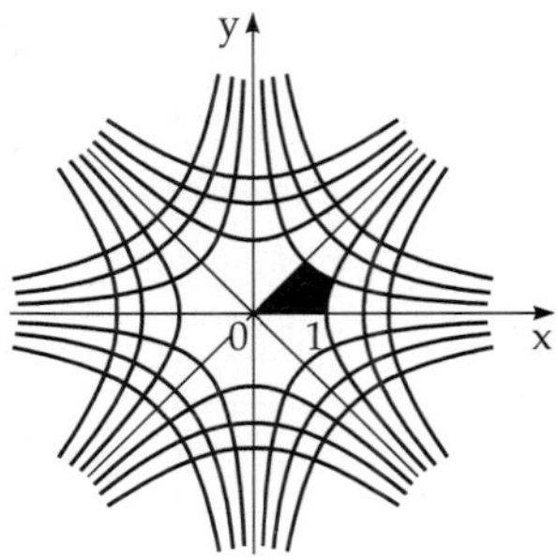

Abbildung 14.13

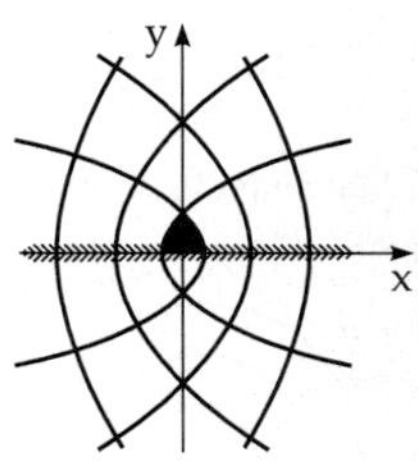

Abbildung 14.14

4. Quadratische Funktion: $w = z^2$ (14.14a)

$$w = r^2 e^{i2\varphi} , \quad (14.14b) \qquad w = u + iv = x^2 - y^2 + 2ixy . \quad (14.14c)$$

Aus der Darstellung in Polarkoordinaten ist ersichtlich, daß bereits die obere Hälfte der z–Ebene auf die volle w–Ebene abgebildet wird, d.h., die gesamte z–Ebene geht in die zweifach überdeckte w–Ebene über.
Die Darstellung in kartesischen Koordinaten zeigt, daß die Koordinaten der w–Ebene $u = \text{const}$ und $v = \text{const}$ aus den in der z–Ebene zueinander orthogonalen Hyperbelscharen $x^2 - y^2 = u$ und $2xy = v$ hervorgehen (**Abb.14.13**). Fixpunkte dieser konformen Abbildung sind $z = 0$ und $z = 1$. An der Stelle $z = 0$ ist die Abbildung nicht konform.

5. Quadratwurzel: $w = \sqrt{z}$ (14.15)

Die gesamte z–Ebene geht entweder in die obere oder untere Halbebene der w–Ebene über, d.h., die Funktion ist doppeldeutig. Die Koordinaten der w–Ebene gehen aus zwei zueinander orthogonalen Scharen konfokaler Parabeln mit dem Brennpunkt im Nullpunkt der z–Ebene und mit der positiven bzw. negativen reellen Koordinatenhalbachse als Achse hervor **(Abb.14.14)**. Fixpunkte der Abbildung sind $z = 0$ und $z = 1$. Im Punkt $z = 0$ ist die Abbildung nicht konform.

6. $\boldsymbol{w = \frac{k}{2}\left(z + \frac{1}{z}\right)\,, \quad k = \mathrm{const} > 0}$: (14.16a)

Mit Hilfe von $z = re^{i\varphi}$ und Trennung von Real- und Imaginärteil gemäß (14.9a) erhält man

$$u = \frac{k}{2}\left(r + \frac{1}{r}\right)\cos\varphi\,, \quad v = \frac{k}{2}\left(r - \frac{1}{r}\right)\sin\varphi\,. \tag{14.17}$$

Kreise mit $r = r_0 = \mathrm{const}$ der z–Ebene **(Abb.14.15a)** gehen in die konfokalen Ellipsen

$$\frac{u^2}{a^2} + \frac{v^2}{b^2} = 1 \quad \text{mit} \quad a = \frac{k}{2}\left(r_0 + \frac{1}{r_0}\right)\,, \quad b = \frac{k}{2}\left|r_0 - \frac{1}{r_0}\right| \tag{14.18}$$

der w–Ebene über **(Abb.14.15b)**. Brennpunkte sind die Punkte $\pm k$ der reellen Achse. Für den Einheitskreis mit $r = r_0 = 1$ entartet die Ellipse der w–Ebene in die zweifach durchlaufene Strecke $(-k, +k)$
der reellen Achse. Sowohl das Innere als auch das Äußere des Einheitskreises wird auf die volle w–Ebene mit dem Schnitt $(-k, +k)$ abgebildet, so daß die Umkehrfunktion zweideutig ist:

$$z = \frac{w + \sqrt{w^2 - k^2}}{k}\,. \tag{14.19}$$

Die Geraden $\varphi = \varphi_0$ der z–Ebene **(Abb.14.15c)** werden in die konfokalen Hyperbeln

$$\frac{u^2}{\alpha^2} - \frac{v^2}{\beta^2} = 1 \quad \text{mit} \quad \alpha = k\cos\varphi_0\,, \quad \beta = k\sin\varphi_0 \tag{14.20}$$

mit den Brennpunkten $\pm k$ abgebildet **(Abb.14.15d)**. Die den Koordinatenhalbachsen der z–Ebene $\left(\varphi = 0\,, \frac{\pi}{2}\,, \pi\,, \frac{3}{2}\pi\right)$ entsprechenden Hyperbeln arten in die Achse $u = 0$ und in die hin und zurück durchlaufenen Intervalle $(-\infty, +\infty)$ der reellen Achse aus.

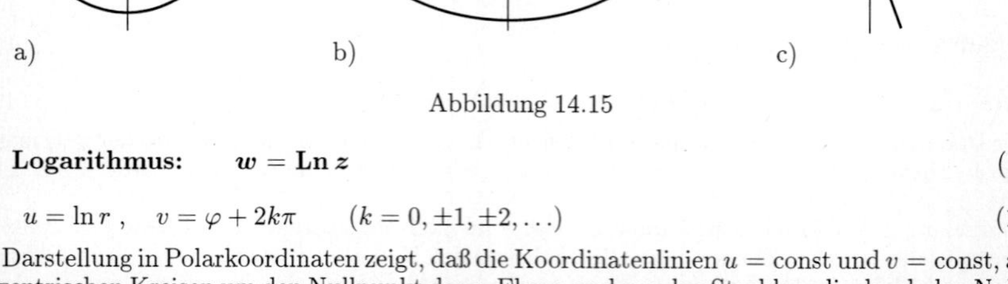

Abbildung 14.15

7. Logarithmus: $\boldsymbol{w = \mathrm{Ln}\, z}$ (14.17a)

$$u = \ln r\,, \quad v = \varphi + 2k\pi \qquad (k = 0, \pm 1, \pm 2, \ldots) \tag{14.17b}$$

Die Darstellung in Polarkoordinaten zeigt, daß die Koordinatenlinien $u = \mathrm{const}$ und $v = \mathrm{const}$, aus den konzentrischen Kreisen um den Nullpunkt der z–Ebene und aus den Strahlen, die durch den Nullpunkt der z–Ebene verlaufen, hervorgehen **(Abb.14.16)**. Das isometrische Netz ist ein polares Netz.
Die Logarithmusfunktion $\mathrm{Ln}\, z$ ist unendlich vieldeutig. Beschränkt man sich auf den Hauptwert von

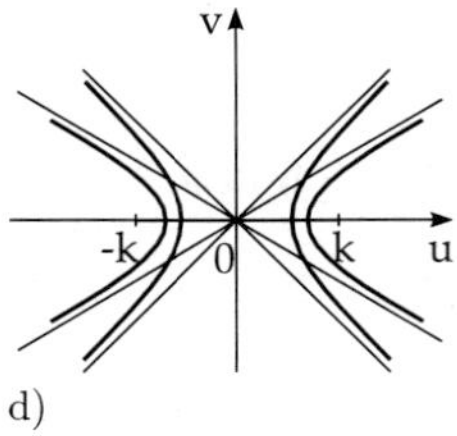

Abbildung 14.15

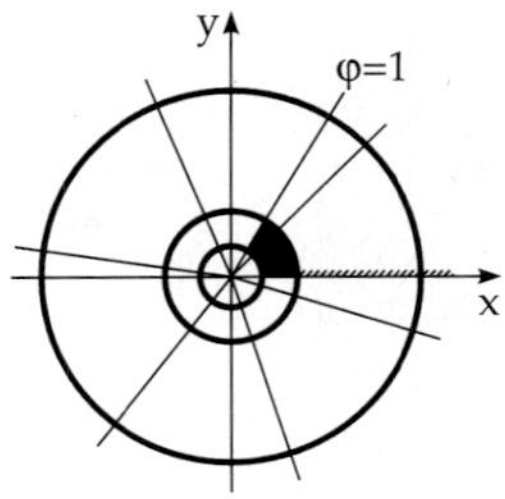

Abbildung 14.16

$\ln z$ in $(-\pi < v \leq +\pi)$, dann geht die gesamte z–Ebene in einen Streifen der w–Ebene über, der von den Geraden $v = \pm\pi$ begrenzt wird, wobei die letztere mit eingeschlossen ist.

8. Exponentialfunktion: $\quad w = e^z \qquad (14.18a)$

oder in Polarkoordinaten

$$w = \varrho e^{i\psi}\,, \quad \text{d.h., mit } z = x + iy \text{ folgt:} \quad \varrho = e^x \quad \text{und} \quad \psi = y\,. \qquad (14.18b)$$

Wenn y die Werte von $-\pi$ bis $+\pi$ durchläuft und x von $-\infty$ bis $+\infty$ variiert, dann durchläuft ϱ die Werte 0 bis ∞ und ψ von $-\pi$ bis π. Ein Parallelstreifen der Breite 2π der z–Ebene wird auf die gesamte w–Ebene abgebildet **(Abb.14.17)**.

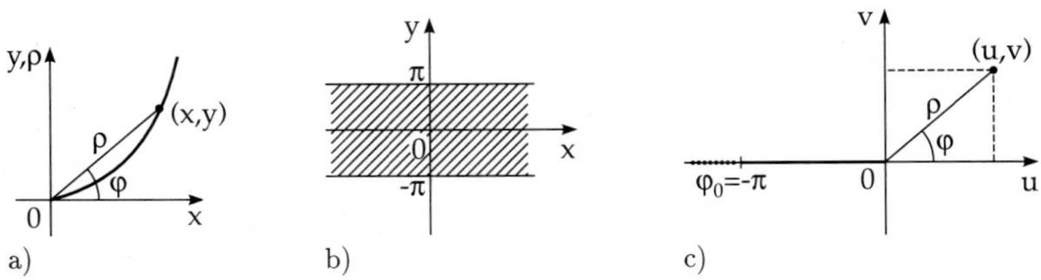

Abbildung 14.17

9. SCHWARZ–CHRISTOFFELsche Formel:

Durch die Formel

$$z = C_1 \int_0^w \frac{dt}{(t-w_1)^{\alpha_1}(t-w_2)^{\alpha_2}\cdots(t-w_n)^{\alpha_n}} + C_2 \qquad (14.19a)$$

wird das Innere eines Polygons mit den n Außenwinkeln $\alpha_1\pi, \alpha_2\pi, \ldots, \alpha_n\pi$ der z–Ebene auf die obere w–Halbebene abgebildet **(Abb.14.18,a,b)**. Mit w_i sind die den Ecken des Polygons zugeordneten Punkte der reellen Achse der w–Ebene bezeichnet, mit t die Integrationsvariable. Der orientierte, also durch eine Richtung ausgezeichnete Rand des Polygons geht bei der Abbildung in die orientierte reelle Achse der w–Ebene über. Für große Werte von t verhält sich der Integrand wie $1/t^2$ und ist im Unendlichen regulär.

Da die Summe aller Außenwinkel eines n-Ecks gleich 2π ist, gilt

$$\sum_{\nu=1}^{n} \alpha_\nu = 2\,. \qquad (14.19b)$$

Die komplexen Konstanten C_1 und C_2 bewirken eine Drehstreckung und eine Verschiebung, hängen aber nicht von der Form, sondern nur von Größe und Lage des Polygons in der z–Ebene ab.

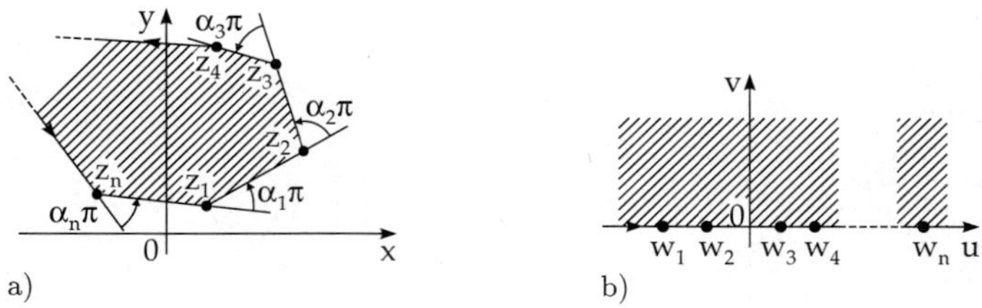

Abbildung 14.18

Drei Punkte der z–Ebene (z_1, z_2, z_3) dürfen frei drei beliebigen Punkten der w–Ebene (w_1, w_2, w_3) zugeordnet werden. Ordnet man einem Eckpunkt des Polygons in der z–Ebene, z.B. $z = z_1$, einen unendlich fernen Punkt der w–Ebene, also $w_1 = \pm\infty$ zu, dann ist der Faktor $(t - w_1)^{\alpha_1}$ wegzulassen. Wenn das Polygon ausartet, z.B. dadurch, daß sich ein Eckpunkt im Unendlichen befindet, dann ist der zugehörige Außenwinkel gleich π, also $\alpha_\infty = 1$, d.h., das Polygon wird zum Halbstreifen.

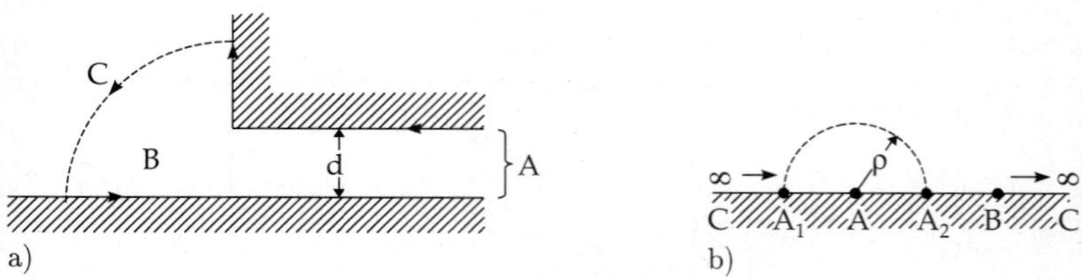

Abbildung 14.19

■ **A:** Für die Abbildung des in **Abb.14.19a** skizzierten Gebietes der z–Ebene wird die in der nebenstehenden Tabelle für $\sum \alpha_\nu = 2$ angegebene Zuordnung dreier Punkte gewählt **(Abb.14.19a,b)**:

	z_ν	α_ν	w_ν
A	∞	1	-1
B	0	$-1/2$	0
C	∞	$3/2$	∞

Die Abbildungsformel lautet

$$z = C_1 \int_0^w \frac{dt}{(t+1)t^{-1/2}} = 2C_1\left(\sqrt{w} - \arctan\sqrt{w}\right) = \mathrm{i}\frac{2d}{\pi}\left(\sqrt{w} - \arctan\sqrt{w}\right) .$$

Bei der Bestimmung von C_1 ist $t = \varrho e^{\mathrm{i}\varphi} - 1$ zu setzen:

$$\mathrm{i}d = C_1 \lim_{\varrho\to 0} \int_\pi^0 \frac{\left(-1 + \varrho e^{\mathrm{i}\varphi}\right)^{1/2} \mathrm{i}\varrho e^{\mathrm{i}\varphi} d\varphi}{\varrho e^{\mathrm{i}\varphi}} = C_1\pi \, ; \qquad \text{d.h.,} \quad C_1 = \mathrm{i}\frac{d}{\pi} .$$

Daß im Beispiel (■ A) und (■ B) die Konstante $C_2 = 0$ ist, geht sofort aus der Zuordnung „$z = 0 \to w = 0$“ hervor.

■ **B:** Abbildung eines Rechtecks: Eckpunkte des abzubildenden Rechtecks seien $z_{1,4} = \pm K$, $z_{2,3} = \pm K + \mathrm{i}K'$. Die Punkte z_1 und z_2 sollen in die Punkte $w_1 = 1$ und $w_2 = 1/k$ mit $(0 < k < 1)$ der reellen Achse übergehen, z_4 und z_3 sind Spiegelpunkte zu z_1 und z_2 bezüglich der imaginären Achse. Nach dem Spiegelungsprinzip (s.S. 561) müssen ihnen die Punkte $w_4 = -1$ und $w_3 = -1/k$ entsprechen **(Abb.14.20a,b)**. Damit lautet die Abbildungsformel für ein Rechteck $(\alpha_1 = \alpha_2 = \alpha_3 = \alpha_4 = 1/2)$

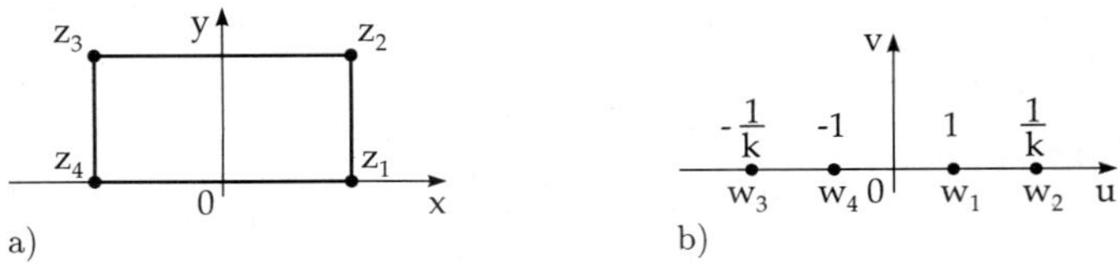

Abbildung 14.20

der oben skizzierten Lage $z = C_1 \int\limits_0^w \frac{dt}{\sqrt{(t-w_1)(t-w_2)(t-w_3)(t-w_4)}} = C_1 \int\limits_0^w \frac{dt}{\sqrt{(t^2-1)\left(t^2-\frac{1}{k^2}\right)}}$. Dem Punkt $z = 0$ entspricht der Punkt $w = 0$ und dem Punkt $z = \mathrm{i}K$ der Punkt $w = \infty$. Mit $C_1 = 1/k$ wird $z = \int\limits_0^w \frac{dt}{\sqrt{(1-t^2)(1-k^2t^2)}} = \int\limits_0^\varphi \frac{d\vartheta}{\sqrt{1-k^2\sin^2\vartheta}} = F(\varphi, k)$ (Subst.: $t = \sin\vartheta$, $w = \sin\varphi$) .$F(\varphi, k)$ ist das elliptische Integral 1. Gattung (s.S. 329).

14.1.3.3 Schwarzsches Spiegelungsprinzip

1. Sachverhalt Ist eine komplexe Funktion $f(z)$ in einem Gebiet G analytisch, zu dessen Rand ein Stück einer Geraden g_1 gehört, ist sie auf g_1 stetig und bildet sie die Gerade g_1 auf eine Gerade g_1' ab, dann werden Punkte, die symmetrisch zu g_1 liegen, auf Punkte abgebildet, die symmetrisch zu g_1' liegen (**Abb.14.21**).

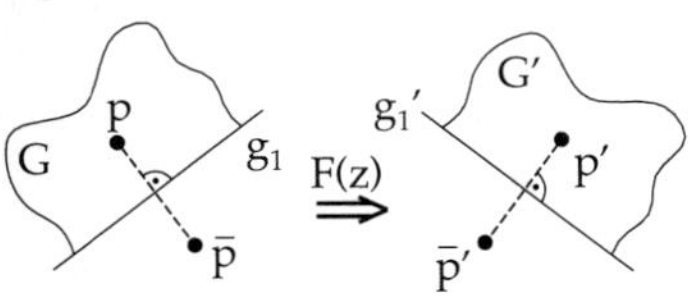

Abbildung 14.21

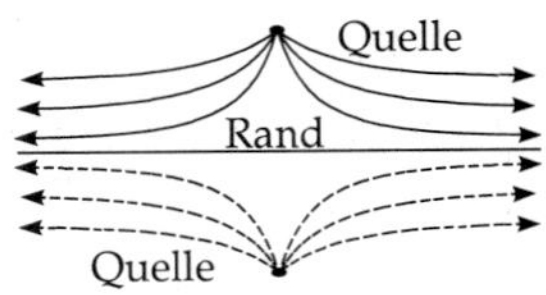

Abbildung 14.22

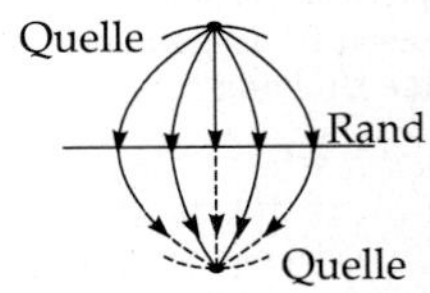

Abbildung 14.23

2. Anwendungen Die Anwendung dieses Prinzips vereinfacht die Berechnung und Darstellung von ebenen Feldern mit geradlinigen Begrenzungen: Ist der gerade Rand eine Stromlinie (isolierender Rand in **Abb.14.22**), dann sind alle Quellen als Quellen, alle Senken als Senken und alle Wirbel als entgegengesetzt drehende Wirbel zu spiegeln. Ist der gerade Rand eine Potentiallinie (stark leitender Rand in **Abb.14.23**), dann sind alle Quellen als Senken, alle Senken als Quellen und alle Wirbel als gleichsinnig drehende Wirbel zu spiegeln.

14.1.3.4 Komplexe Potentiale

1. Begriff des komplexen Potentials Es wird ein Feld $\vec{\mathbf{V}} = \vec{\mathbf{V}}(x, y)$ in der x, y–Ebene mit den stetigen und differenzierbaren Komponenten $V_x(x, y)$ und $V_y(x, y)$ des Vektors $\vec{\mathbf{V}}$ für den quellenfreien und den wirbelfreien Fall betrachtet.

a) Quellenfreies Feld mit div $\vec{\mathbf{V}} = 0$, d.h. $\frac{\partial v_x}{\partial x} + \frac{\partial v_y}{\partial y} = 0$: Die Integrabilitätsbedingung lautet für diese Differentialgleichung mit der *Feld-* oder *Stromfunktion* $\Psi(x, y)$

$$d\Psi = -v_y dx + v_x dy = 0\ , \text{(14.20a)} \qquad \text{und es gilt} \quad v_x = \frac{\partial \Psi}{\partial y}\ , \qquad v_y = -\frac{\partial \Psi}{\partial x}\ . \tag{14.2}$$

Für zwei Punkte P_1, P_2 des Feldes $\vec{\mathbf{V}}$ ist die Differenz $\Psi(P_2) - \Psi(P_1)$ ein Maß für den Vektorfluß durch eine Kurve, die die Punkte P_1 und P_2 verbindet, falls diese Kurve ganz im Feld verläuft.

b) Wirbelfreies Feld mit rot $\vec{\mathbf{V}} = 0$, d.h. $\frac{\partial v_y}{\partial x} - \frac{\partial v_x}{\partial y} = 0$: Die Integrabiltätsbedingung lautet für diese Differentialgleichung mit der Potentialfunktion $\Phi(x, y)$

$$d\Phi = v_x dx + v_y dy = 0\ , \quad (14.21a) \qquad \text{und es gilt} \quad v_x = \frac{\partial \Phi}{\partial x}\ , \qquad v_y = \frac{\partial \Phi}{\partial y}\ . \tag{14.21b}$$

Die Funktionen Φ und Ψ genügen den CAUCHY- RIEMANNschen Differentialgleichungen (s. S. 552) und jede für sich erfüllt die LAPLACEsche Differential gleichung ($\Delta\,\Phi = 0,\ \Delta\,\Psi = 0$). Man faßt Φ und Ψ zu der analytischen Funktion

$$W = f(z) = \Phi(x, y) + \mathrm{i}\,\Psi(x, y) \tag{14.22}$$

zusammen und bezeichnet diese Funktion als komplexes Potential des Feldes $\vec{\mathbf{V}}$. Danach ist $-\Phi(x, y)$ das Potential des Vektorfeldes $\vec{\mathbf{V}}$ im Sinne der in der Physik und Elektrotechnik üblichen Bezeichnungsweise (s.S. 542). Die Linien Ψ und Φ bilden ein orthogonales Netz. Für die Ableitung des komplexen Potentials und den Feldvektor $\vec{\mathbf{V}}$ gelten die Beziehungen:

$$\frac{dW}{dz} = \frac{\partial \Phi}{\partial x} - \mathrm{i}\frac{\partial \Phi}{\partial y} = v_x - \mathrm{i}v_y\ , \qquad \overline{\frac{dW}{dz}} = \overline{f'(z)} = v_x + \mathrm{i}v_y\ . \tag{14.23}$$

2. Komplexes Potential des homogenen Feldes

Die Funktion $\quad W = az$ (14.24)

liefert bei reellem a das komplexe Potential eines Feldes, dessen Potentiallinien parallel zur y–Achse und dessen Feldlinien parallel zur x-Achse verlaufen **(Abb.14.24)**. Für komplexes a ergibt sich lediglich eine Drehung des Feldes **(Abb.14.25)**.

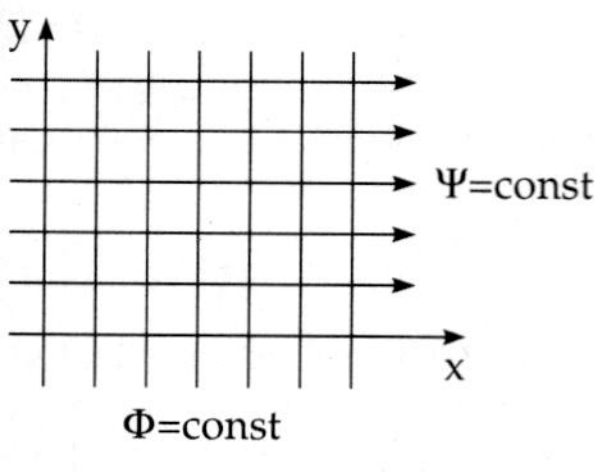

Abbildung 14.24

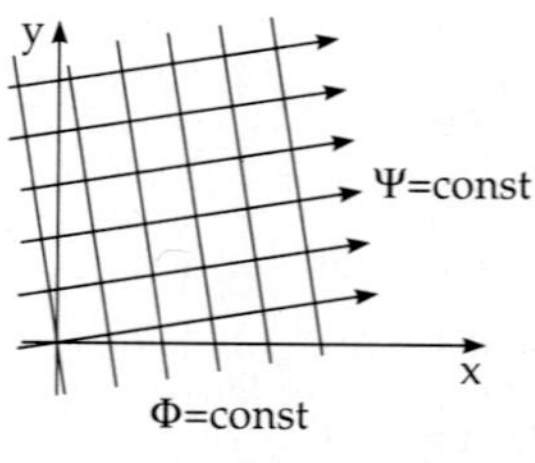

Abbildung 14.25

3. Komplexes Potential von Quelle und Senke Das komplexe Potential eines Feldes, das durch eine Quelle der Ergiebigkeit $e > 0$ im Punkt $z = z_0$ erzeugt wird, lautet

$$W = \frac{e}{2\pi}\ln(z - z_0)\ . \tag{14.25}$$

Für eine Senke der gleichen Intensität gilt

$$W = -\frac{e}{2\pi}\ln(z - z_0)\ . \tag{14.26}$$

Die Feldlinien verlaufen radial vom Punkt $z = z_0$ aus, während die Potentiallinien konzentrische Kreise um den Punkt z_0 bilden **(Abb.14.26)**.

4. Komplexes Potential eines Quelle–Senke–Systems Für eine Quelle im Punkt z_1 und eine Senke im Punkt z_2, beide mit gleicher Intensität, erhält man durch Überlappung das komplexe Potential

$$W = \frac{e}{2\pi}\ln\frac{z - z_1}{z - z_2}\ . \tag{14.27}$$

Die Potentiallinien $\Phi = \text{const}$ bilden *Apollonische Kreise* bezüglich z_1 und z_2, die Feldlinien $\Psi = \text{const}$ stellen Kreise durch z_1 und z_2 dar **(Abb.14.27)**.

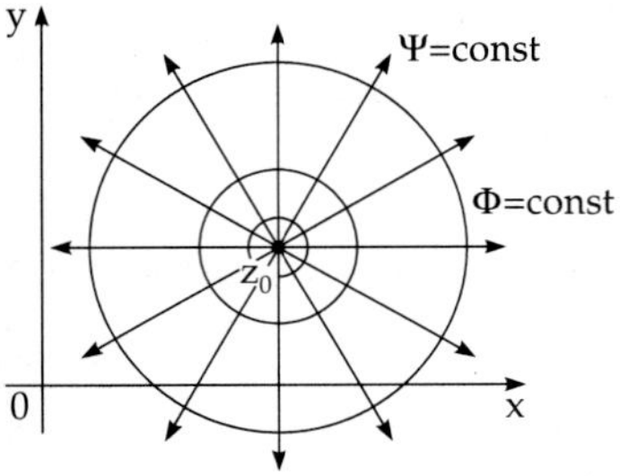

Abbildung 14.26

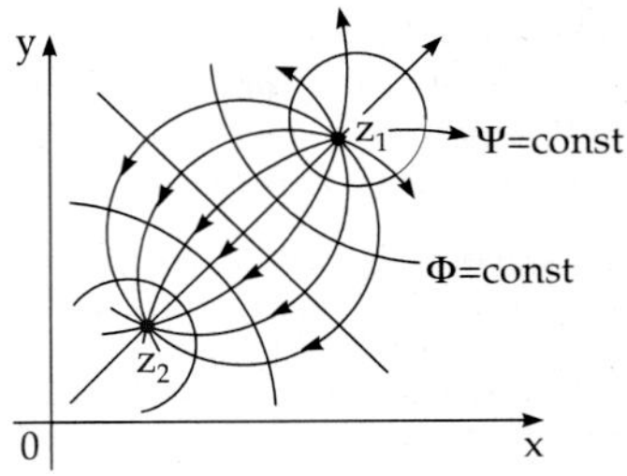

Abbildung 14.27

5. Komplexes Potential des Dipols Das komplexe Potential eines Dipols $M > 0$ im Punkt z_0, dessen Achse mit der reellen Achse den Winkel α bildet **(Abb.14.28)**, lautet

$$W = \frac{M e^{\mathrm{i}\alpha}}{2\pi(z - z_0)} . \tag{14.28}$$

6. Komplexes Potential eines Wirbels Wenn $|\Gamma|$ die Intensität des Wirbels mit Γ reell ist und sich sein Zentrum im Punkt z_0 befindet, gilt

$$W = \frac{\Gamma}{2\pi \mathrm{i}} \ln(z - z_0) . \tag{14.29}$$

Im Vergleich zu **Abb.14.26** sind die Rollen von Feld- und Potentiallinien vertauscht. Für komplexes Γ ergibt (14.29) das Potential einer Wirbelquelle, deren Feld- und Potentiallinien je eine Spiralenschar liefern, die zueinander orthogonal verlaufen **(Abb.14.29)**.

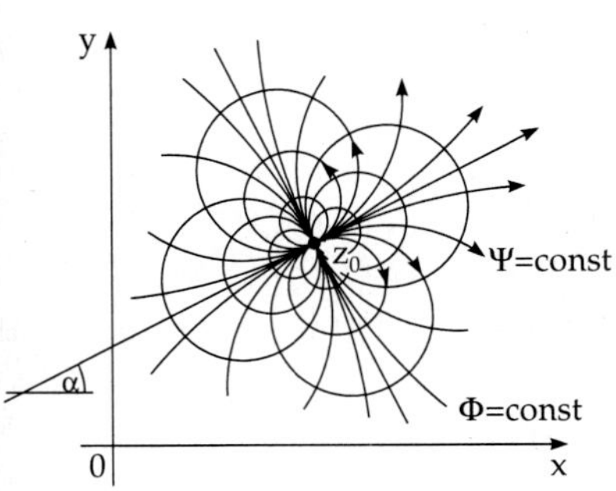

Abbildung 14.28

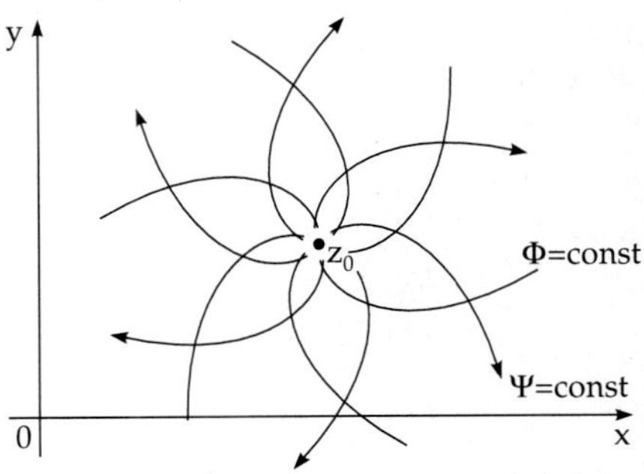

Abbildung 14.29

14.1.3.5 Superpositionsprinzip

1. Superposition komplexer Potentiale

Ein von mehreren Quellen, Senken und Wirbeln erzeugtes Feld ergibt sich rechnerisch durch additive Überlagerung der durch sie erzeugten Einzelfelder, d.h. durch Addition ihrer komplexen Potentiale bzw. Stromfunktionen. Mathematisch gesehen ist das durch die Linearität der LAPLACEschen Differentialgleichung $\Delta\,\Phi = 0$ und $\Delta\,\Psi = 0$ möglich.

2. Erzeugung neuer Felder

1. durch Integration Die Erzeugung neuer Felder aus den komplexen Grundpotentialen kann außer durch Addition auch durch Integration mit Hilfe von Belegungsfunktionen erfolgen.

■ Auf einem Linienstück l sei eine Wirbelbelegung mit der Dichte $\varrho(s)$ vorgegeben. Für die Ableitung des komplexen Potentials ergibt sich dann ein Integral vom CAUCHYschen Typ (s.S. 568):

$$\frac{dw}{dz} = \frac{1}{2\pi \mathrm{i}} \int\limits_l \frac{\varrho(s)\,ds}{z-\zeta(s)} = \frac{1}{2\pi \mathrm{i}} \int\limits_l \frac{\varrho^*(\zeta)}{z-\zeta}\,d\zeta\,, \tag{14.30}$$

wobei $\zeta(s)$ die komplexe Parameterdarstellung der Kurve l mit der Bogenlänge s als Parameter ist.

2. mit dem MAXWELLschen Diagonalverfahren Sind zwei Felder mit den Potentialen Φ_1 und Φ_2 zu überlagern, dann zeichnet man ihre Potentiallinienbilder $[[\Phi_1]]$ und $[[\Phi_2]]$ derart, daß von einer Potentiallinie zur nächsten der Wert des Potentials in beiden Systemen um denselben Wert h springt und orientiert die Linien so, daß die höheren Φ–Werte jeweils zur Linken liegen. In dem von $[[\Phi_1]]$ und $[[\Phi_2]]$ gebildeten Netz ergeben die Linien, die im Zuge der Maschendiagonalen verlaufen, das Potentiallinienbild $[[\Phi]]$ eines Feldes, dessen Potential $\Phi = \Phi_1 + \Phi_2$ oder $\Phi = \Phi_1 - \Phi_2$ ist. Das Bild $[[\Phi_1 + \Phi_2]]$ erhält man, wenn die orientierten Maschenseiten gemäß **Abb.14.30a** wie Vektoren addiert werden, das Bild $[[\Phi_1 - \Phi_2]]$, wenn sie wie Vektoren subtrahiert werden **(Abb.14.30,b)**. Der Stufenwert im zusammengesetzten Bild ist wiederum gleich h.

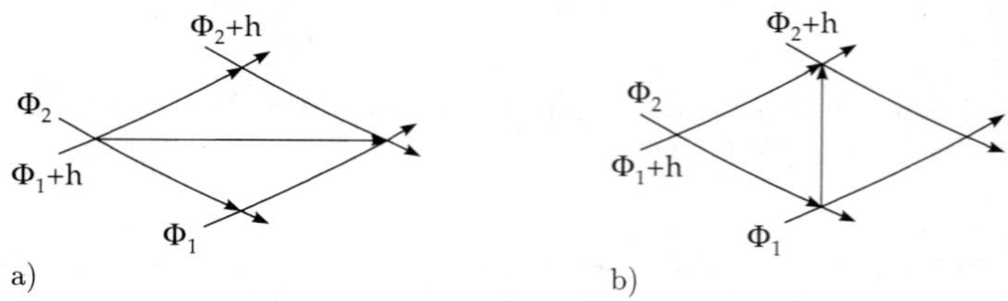

Abbildung 14.30

■ Feld- und Potentiallinienbild einer Quelle und einer Senke mit dem Intensitsverhältnis $|e_1|/|e_2| = 3/2$ **(Abb.14.31a,b)**.

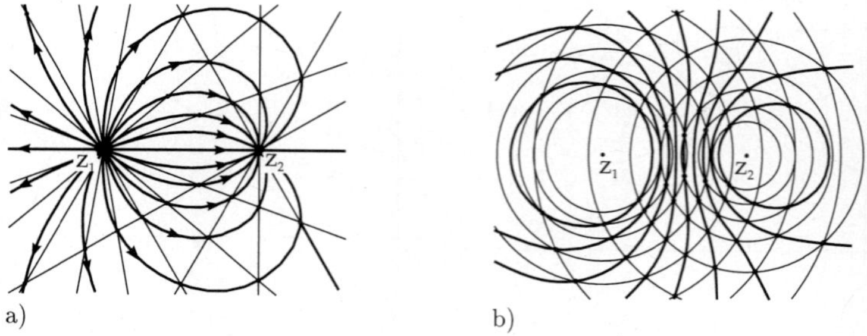

Abbildung 14.31

14.2 Integration im Komplexen

14.2.1 Bestimmtes und unbestimmtes Integral

14.2.1.1 Definition des Integrals im Komplexen

1. Bestimmtes komplexes Integral Die Funktion $f(z)$ sei stetig in einem Gebiet G, in dem eine Kurve K die Punkte A und B verbinden soll. Die Kurve K wird zwischen den Punkten A und B durch beliebige Teilpunkte z_i in n Teilbogen zerlegt **(Abb.14.32)**. Auf jedem Teilbogenstück greift man einen Punkt ξ_i heraus und bildet

$$\sum_{i=1}^{n} f(\xi_i)\,\Delta z_i \quad \text{mit} \quad \Delta z_i = z_i - z_{i-1}\,. \tag{14.31a}$$

Existiert der Grenzwert

$$\lim_{n\to\infty} \sum_{i=1}^{n} f(\xi_i)\,\Delta z_i \tag{14.31b}$$

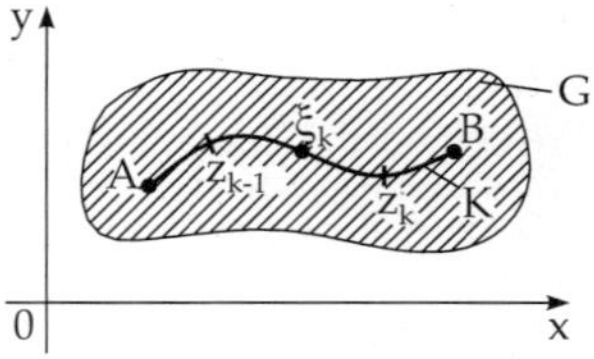

Abbildung 14.32

für $\Delta z_i \to 0$ und $n \to \infty$ unabhängig von der Wahl der Zwischenpunkte ξ_i, dann wird durch diesen Grenzwert das *bestimmte komplexe Integral*

$$I = \int_{\widehat{AB}} f(z)\,dz = (K)\int_A^B f(z)\,dz \tag{14.32}$$

längs der Kurve K zwischen den Punkten A und B, dem Integrationsweg definiert.

2. Unbestimmtes komplexes Integral Ist das bestimmte Integral vom Integrationsweg unabhängig (s.S. 567), so gilt

$$F(z) = \int f(z)\,dz + C \quad \text{mit} \quad F'(z) = f(z)\,. \tag{14.33}$$

Dabei ist C eine im allgemeinen komplexe Integrationskonstante. Die Funktion $F(z)$ wird *unbestimmtes komplexes Integral* genannt.
Die unbestimmten Integrale der elementaren Funktionen einer komplexen Veränderlichen werden nach den gleichen Formeln berechnet wie die Integrale der entsprechenden Elementarfunktionen einer reellen Veränderlichen.

■ **A:** $\int \sin z\,dz = -\cos z + C$, **B** : $\int e^z\,dz = e^z + C$

3. Zusammenhang von bestimmtem und unbestimmtem komplexen Integral Der Zusammenhang zwischen dem bestimmten und unbestimmten komplexen Integral wird durch die Formel

$$\int_{\widehat{AB}} f(z)\,dz = \int_A^B f(z)\,dz = F(z_B) - F(z_A) \qquad \text{vermittelt.} \tag{14.34}$$

14.2.1.2 Eigenschaften und Berechnung komplexer Integrale

1. Vergleich mit dem Kurvenintegral 2Art Das bestimmte komplexe Integral besitzt die gleichen Eigenschaften wie das Kurvenintegral zweiter Art (s. S. 355):
Umkehrung der Richtung des Integrationesweges führt zur Vorzeichenänderung des Integrals.
Bei Zerlegung des Integrationsweges in mehrere Teilabschnitte ist der Wert des gesamten Integrals gleich der Summe der Integralwerte über die einzelnen Teilwege.

2. Abschätzung des Integralwertes Wenn die Funktion $f(z)$ für die z–Werte des Integrationsweges $\overset{\frown}{AB}$ mit der Länge s eine positive Zahl M nicht übertrifft, dann gilt

$$\left| \int\limits_{\overset{\frown}{AB}} f(z)\,dz \right| \leq M s \qquad \text{mit} \qquad |f(z)| \leq M\,. \tag{14.35}$$

3. Berechnung komplexer Integrale in Parameterdarstellung Sind der Integrationsweg $\overset{\frown}{AB}$ (oder die Kurve K) in der Form

$$x = x(t)\,, \qquad y = y(t) \tag{14.36}$$

und die t–Werte für den Anfangs- und den Endpunkt als t_A und t_B gegeben, dann kann das komplexe bestimmte Integral über zwei reelle Kurvenintegrale berechnet werden. Dazu wird der Integrand in Real- und Imaginärteil aufgespaltet, und man erhält:

$$(K)\int\limits_A^B f(z)\,dz = \int\limits_A^B (u\,dx - v\,dy) + \mathrm{i}\int\limits_A^B (v\,dx + u\,dy)$$

$$= \int\limits_{t_0}^{t_1} [u(t)x'(t) - v(t)y'(t)]dt + \mathrm{i}\int\limits_{t_0}^{t_1} [v(t)x'(t) + u(t)y'(t)]dt \tag{14.37a}$$

$$\text{mit} \quad f(z) = u(x,y) + \mathrm{i}v(x,y)\,;, \quad z = x + \mathrm{i}y\,. \tag{14.37b}$$

Die Schreibweise $(K)\int\limits_A^B f(z)\,dz$ bedeutet, daß das bestimmte komplexe Integral längs der Kurve K zwischen den Punkten A und B zu berechnen ist. Häufig wird für denselben Sachverhalt die Schreibweise $\int\limits_{(K)} f(z)\,dz$ bzw. $\int\limits_{\overset{\frown}{AB}} f(z)\,dz$ verwendet.

■ $I = \int\limits_{(K)} (z - z_0)^n\,dz$ (n ganz). Die Kurve K sei ein Kreis mit dem Radius r_0 um den Punkt z_0: $x = x_0 + r_0\cos t\,,\quad y = y_0 + r_0\sin t \quad \text{mit} \quad (0 \leq t \leq 2\pi)$. Dann gilt für alle Punkte z der Kurve K: $z = x + \mathrm{i}y = z_0 + r_0(\cos t + \mathrm{i}\sin t), dz = r_0(-\sin t + \mathrm{i}\cos t)dt$. Durch Einsetzen dieser Werte und eine Umformung nach dem Satz von MOIVRE erhält man:

$$I = r_0^{n+1}\int\limits_0^{2\pi} (\cos nt + \mathrm{i}\sin nt)(-\sin t + \mathrm{i}\cos t)\,dt$$

$$= r_0^{n+1}\int\limits_0^{2\pi} [\mathrm{i}\cos(n+1)t - \sin(n+1)t]\,dt = \begin{cases} 0 & \text{für } n \neq -1 \\ 2\pi\mathrm{i} & \text{für } n = -1 \end{cases}$$

4. Unabhängigkeit vom Integrationsweg Das Integral (14.32) einer Funktion einer komplexen Veränderlichen, die in einem einfach zusammenhängenden Gebiet definiert ist und die zwei feste Punkte $A(z_A)$ und $B(z_B)$ miteinander verbindet, kann unabhängig vom Integrationsweg sein. Notwendige und hinreichende Bedingung dafür ist, daß die Funktion in diesem Gebiet analytisch ist, d.h., daß sie den CAUCHY–RIEMANNschen Differentialgleichungen (14.4) genügt. Dann gilt (14.34). Ein *einfach zusammenhängendes Gebiet* besitzt eine einzige geschlossene, doppelpunktfreie Randkurve.

5. Komplexes Integral über einen geschlossenen Weg Wenn die Integration einer Funktion $f(z)$, die in einem einfach zusammenhängenden Gebiet analytisch ist, über einen geschlossenen Integrationsweg K erfolgt, der dieses Gebiet begrenzt, dann ist der Wert des Integrals gemäß dem Integralsatz von CAUCHY gleich Null (s. S. 567):

$$\oint f(z)\,dz = 0\,. \tag{14.38}$$

Wenn dieses Gebiet singuläre Punkte enthält, dann ist der Wert des Integrals mit Hilfe des Residuensatzes zu berechnen (s.S. 573).

■ Für die Funktion $f(z) = \frac{1}{z-a}$, die bei $z = a$ einen singulären Punkt besitzt, ergibt sich der Wert des Integrals für den geschlossenen, im gegen den Uhrzeigersinn durchlaufenen Weg **(Abb.14.33)** zu

$$\oint_{(K)} \frac{dz}{z-a} = 2\pi \mathrm{i} \,.$$

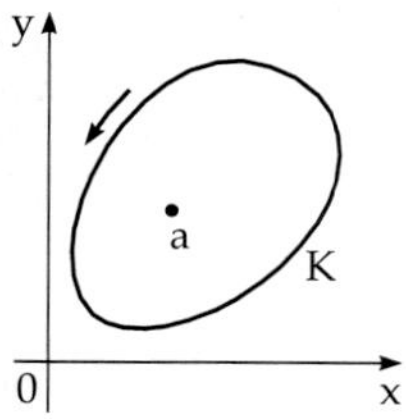

Abbildung 14.33

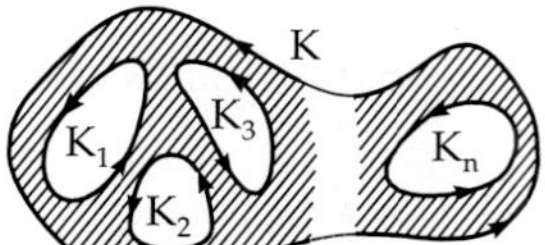

Abbildung 14.34

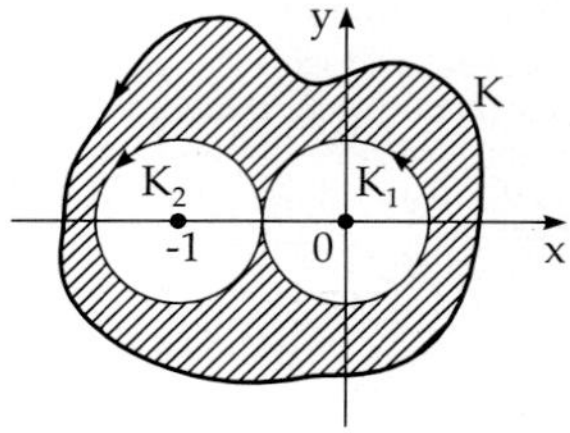

Abbildung 14.35

14.2.2 Integralsatz von Cauchy

14.2.2.1 Integralsatz von Cauchy für einfach zusammenhängende Gebiete

Wenn eine Funktion $f(z)$ in einem einfach zusammenhängenden Gebiet analytisch ist, dann gelten die folgenden zwei äquivalenten Aussagen:

1. Das über eine geschlossene Kurve K erstreckte Integral ist gleich Null:

$$\oint f(z)\, dz = 0 \,. \tag{14.39}$$

2. Der Wert des Integrals $\int_A^B f(z)\, dz$ ist unabhängig von der die Punkte A und B verbindenden Kurve.

Dieser Sachverhalt wird *Integralsatz von Cauchy*, auch *Hauptsatz der Funktionentheorie* genannt.

14.2.2.2 Integralsatz von Cauchy für mehrfach zusammenhängende Gebiete

Wenn K, K_1, K_2, ..., K_n einfach geschlossene Kurven derart sind, daß die Kurve K alle K_ν ($\nu = 1, 2, \ldots, n$) einschließt, aber die K_ν sich nicht gegenseitig einschließen oder schneiden, und wenn ferner $f(z)$ in einem Gebiet G analytisch ist, das alle K_ν und das Gebiet zwischen K und den K_ν enthält, d.h. mindestens in dem in **Abb.14.34** schraffiert gezeichneten Gebiet, dann gilt

$$\oint_{(K)} f(z)\, dz = \oint_{(K_1)} f(z)\, dz + \oint_{(K_2)} f(z)\, dz + \ldots + \oint_{(K_n)} f(z)\, dz \,, \tag{14.40}$$

falls die Kurven K, K_1, ..., K_n sämtlich im gleichen Sinne, z.B. gegen den Uhrzeigersinn durchlaufen werden.

Dieser Satz dient zur Berechnung von Integralen über geschlossene Kurven K, die auch singuläre Punkte der Funktion $f(z)$ einschließen (s.S. 573).

■ Das Integral $\oint_{(K)} \frac{z-1}{z(z+1)}\, dz$ ist zu berechnen, wobei K eine den Nullpunkt und den Punkt $z = -1$ umschließende Kurve sein soll **(Abb.14.35)**. Nach dem Integralsatz von CAUCHY kann man zunächst das Integral über K durch die Summe der Integrale über K_1 und K_2 ersetzen,wobei K_1 ein Kreis um den Nullpunkt mit dem Radius $r_1 = 1/2$ und K_2 ein Kreis um den Punkt $z = -1$ mit dem Radius $r_2 = 1/2$ sein soll. Der Integrand läßt sich durch Partialbruchzerlegung vereinfachen, und man erhält

$$\oint_{(K)} \frac{z-1}{z(z+1)}\,dz = \oint_{(K_1)} \frac{2\,dz}{z+1} + \oint_{(K_2)} \frac{2\,dz}{z+1} - \oint_{(K_1)} \frac{dz}{z} - \oint_{(K_2)} \frac{dz}{z} = 0 + 4\pi\mathrm{i} - 2\pi\mathrm{i} - 0 = 2\pi\mathrm{i}\,.$$

(Zur Integration vergleiche man das Beispiel auf S. 566.)

14.2.3 Integralformeln von Cauchy

14.2.3.1 Analytische Funktion innerhalb eines Gebietes

Ist $f(z)$ auf einer geschlossenen Kurve K und in dem von ihr umschlossenen einfach zusammenhängenden Gebiet analytisch, dann gilt für jeden inneren Punkt z dieses Gebietes **(Abb.14.36)** die Darstellung

$$f(z) = \frac{1}{2\pi\mathrm{i}} \oint_{(K)} \frac{f(\xi)}{\xi - z}\,d\xi \qquad \text{CAUCHY}\textit{sche Integralformel,} \tag{14.41}$$

wenn ξ die Kurve K im Gegenuhrzeigersinn durchläuft. Somit lassen sich die Funktionswerte einer analytischen Funktion im Innern eines Gebietes durch die Funktionswerte auf dem Rande des Gebietes ausdrücken.
Aus (14.41) ergeben sich Existenz und Integraldarstellung der n–ten Ableitung einer in einem Gebiet G analytischen Funktion:

$$f^{(n)}(z) = \frac{n!}{2\pi\mathrm{i}} \oint_{(K)} \frac{f(\xi)}{(\xi - z)^{n+1}}\,d\xi\,. \tag{14.42}$$

Eine analytische Funktion ist demnach beliebig oft differenzierbar. Im Unterschied dazu folgt im Reellen aus der einmaligen Differenzierbarkeit nicht die wiederholte Differenzierbarkeit.
Die Gleichungen (14.41) und (14.42) werden Cauchy*sche Integralformeln* genannt.

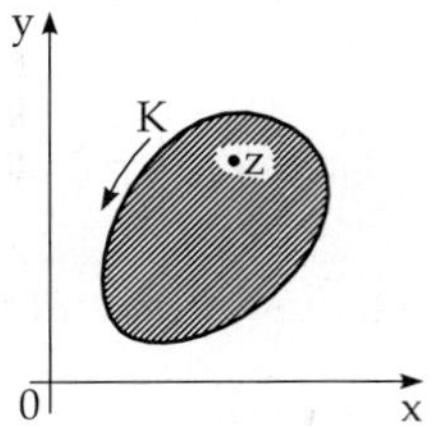

Abbildung 14.36

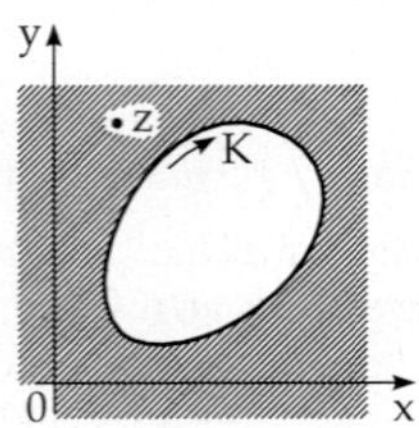

Abbildung 14.37

14.2.3.2 Analytische Funktion außerhalb eines Gebietes

Wenn eine Funktion $f(z)$ im gesamten Teil der Ebene außerhalb des geschlossenen Integrationsweges K analytisch ist, dann werden die Werte der Funktion $f(z)$ und ihrer Ableitungen in einem Punkt z dieses Gebietes mit Hilfe der gleichen CAUCHYschen Formeln (14.41, 14.42) dargestellt, aber die Kurve des geschlossenen Integrationsweges K ist nunmehr im Uhrzeigersinn zu durchlaufen **(Abb.14.37)**.
Mit Hilfe der CAUCHYschen Integralformeln können die Werte einiger bestimmter Integrale berechnet werden (s.S. 573).

14.2.4 Konvergenz von Reihen mit komplexen Gliedern

14.2.4.1 Konvergenz einer Zahlenfolge mit komplexen Gliedern

Eine unendliche Folge komplexer Zahlen $z_1, z_2, \ldots, z_n, \ldots$ hat den Grenzwert z $(z = \lim\limits_{n\to\infty} z_n)$, wenn beginnend bei einem gewissen n, die Ungleichung $|z - z_n| < \varepsilon$ für eine beliebig kleine positive Zahl erfüllt werden kann. D.h. von einem gewissen n an liegen alle Punkte, die die Zahlen $z_n, z_{n+1}, \ldots$ darstellen, innerhalb eines Kreises mit dem Radius ε und dem Mittelpunkt in z.

Der Grenzwert $\lim\limits_{n\to\infty} \{\sqrt[n]{a}\} = 1$ gilt für beliebiges a. Unter dem Ausdruck $\{\sqrt[n]{a}\}$ versteht man den Wert der Wurzel, der das kleinste Argument besitzt **(Abb.14.38)**.

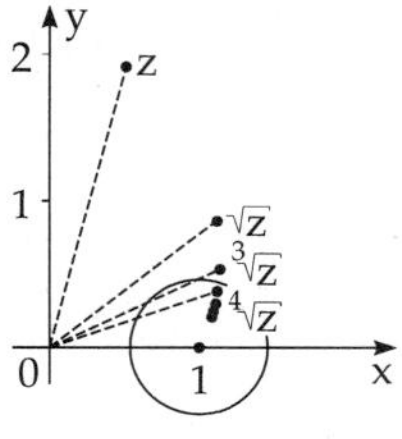

Abbildung 14.38

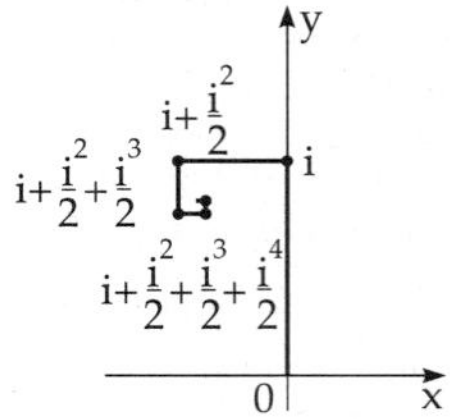

Abbildung 14.39

14.2.4.2 Konvergenz einer unendlichen Reihe mit komplexen Gliedern

Eine Reihe $a_1 + a_2 + \cdots + a_n + \cdots$ konvergiert gegen eine Zahl s, die Summe der Reihe, wenn gilt

$$s = \lim_{n\to\infty} (a_1 + a_2 + \cdots + a_n) . \qquad (14.43)$$

Verbindet man die Punkte, die durch die Zahlen $s_n = a_1 + a_2 + \cdots + a_n$ in der z–Ebene gegeben sind, durch einen Polygonzug miteinander, dann bedeutet Konvergenz der Reihe die Annäherung des Polygonzugendes an die Zahl s.

■ **A:** $\mathrm{i} + \frac{\mathrm{i}^2}{2} + \frac{\mathrm{i}^3}{3} + \frac{\mathrm{i}^4}{4} + \cdots$, **B** : $\mathrm{i} + \frac{\mathrm{i}^2}{2} + \frac{\mathrm{i}^3}{2^2} + \cdots$ **(Abb.14.39)**

Man spricht von *absoluter Konvergenz* (■ B), wenn auch die Reihe der Absolutbeträge ihrer Glieder $|a_1| + |a_2| + |a_3| + \cdots$ konvergiert, von *bedingter Konvergenz* (■ A), wenn die Reihe konvergiert, die Reihe ihrer Absolutglieder jedoch divergiert.

Wenn die Glieder einer Reihe gemäß $f_1(z) + f_2(z) + \cdots + f_n(z) + \cdots$ (14.44)
variable Funktionen $f_i(z)$ sind, dann wird durch die Reihe für die z–Werte eine Funktion von z definiert, für die die Reihe konvergiert.

14.2.4.3 Potenzreihen im Komplexen

1. **Konvergenz** Eine Potenzreihe im Komplexen hat die Gestalt

$$P(z - z_0) = a_0 + a_1(z - z_0) + a_2(z - z_0)^2 + \cdots + a_n(z - z_0)^n + \cdots , \qquad (14.45a)$$

wobei z_0 ein fester Punkt der Zahlenebene ist und die Koeffizienten a_ν reelle oder komplexe Konstanten sind. Für $z_0 = 0$ geht die Potenzreihe in die Form

$$P(z) = a_0 + a_1 z + a_2 z^2 + \cdots + a_n z^n + \cdots \qquad (14.45b)$$

über. Konvergiert die Potenzreihe $P(z - z_0)$ für einen Wert z_1, dann konvergiert sie absolut und gleichmäßig für alle Punkte z jedes abgeschlossenen Kreises innerhalb des Kreises um z_0 mit dem Radius $r = |z_1 - z_0|$.

2. **Konvergenzkreis** Die Grenze zwischen dem Konvergenzbereich und dem Divergenzbereich einer Potenzreihe ist ein eindeutig bestimmter Kreis, der Konvergenzkreis. Man bestimmt seinen Radius wie im Reellen, falls die Grenzwerte

$$r = \lim_{n\to\infty} \frac{1}{\sqrt[n]{|a_n|}} \qquad \text{oder} \qquad r = \lim_{n\to\infty} \left| \frac{a_n}{a_{n+1}} \right| \qquad (14.46)$$

existieren. Wenn die Reihe überall divergiert, ausgenommen den Punkt $z = z_0$, dann ist $r = 0$, konvergiert sie überall, dann ist $r = \infty$. Das Verhalten der Potenzreihe für Punkte auf dem Rand des Konvergenzkreises ist von Fall zu Fall zu untersuchen.

■ Die Potenzreihe $P(z) = \sum_{n=1}^{\infty} \frac{z^n}{n}$ mit dem Konvergenzkreisradius $r = 1$ divergiert für $z = 1$ (harm nische Reihe) und konvergiert für $z = -1$ (nach dem Kriterium von LEIBNIZ für alternierende Reihen Auch für alle weiteren Punkte des Einheitskreises $|z| = 1$ mit Ausnahme des Punktes $z = 1$ ist die Reih konvergent.

3. Ableitungen von Potenzreihen und Konvergenzkreis Jede Potenzreihe stellt innerhalb i res Konvergenzkreises eine analytische Funktion $f(z)$ dar. Die Ableitungen dieser Funktion erhä man durch gliedweise Differentiation der Potenzreihe. Die abgeleiteten Reihen haben denselben Ko vergenzkreisradius wie die ursprüngliche Reihe.

4. Integrale von Potenzreihen und Konvergenzkreis Die Potenzreihenentwicklung des Int grals $\int_{z_0}^{z} f(\xi)\, d\xi$ erhält man durch gliedweise Integration der Potenzreihe von $f(z)$. Der Konvergenzra dius bleibt dabei erhalten.

14.2.5 Taylor–Reihe

Jede im Innern eines Gebietes G analytische Funktion $f(z)$ kann für jeden Punkt z_0 in G eindeutig i eine Potenzreihe der Form

$$f(z) = \sum_{n=0}^{\infty} a_n (z - z_0)^n \qquad \text{TAYLOR-}\textit{Reihe} \tag{14.47a}$$

entwickelt werden, wobei der Konvergenzkreis der größte Kreis um z_0 ist, der noch ganz dem Gebiet angehört **(Abb.14.40)**. Für die im allgemeinen komplexen Koeffizienten a_n der Potenzreihe gilt

$$a_n = \frac{f^{(n)}(z_0)}{n!}\,. \tag{14.47b}$$

Die TAYLOR–Reihe kann daher in der Form

$$f(z) = f(z_0) + \frac{f'(z_0)}{1!}(z - z_0) + \frac{f''(z_0)}{2!}(z - z_0)^2 + \cdots + \frac{f^{(n)}(z_0)}{n!}(z - z_0)^n + \cdots \tag{14.47c}$$

geschrieben werden. Innerhalb ihres Konvergenzkreises ist jede Potenzreihe die TAYLOR–Entwicklun ihrer Summenfunktion.

Beispiele für TAYLOR–Entwicklungen sind die Reihendarstellungen der Funktionen e^z, $\sin z$, cos sinh z und $\cosh z$ in 14.2.10.2.

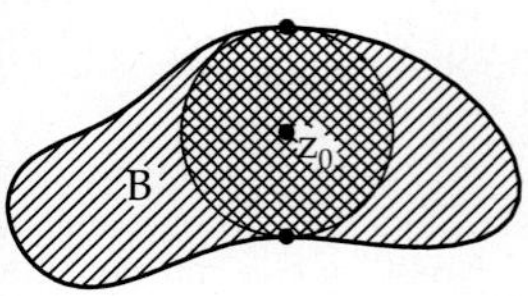

Abbildung 14.40

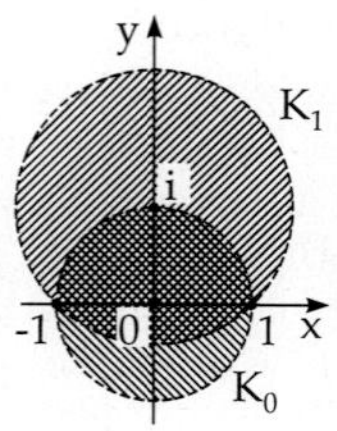

Abbildung 14.41

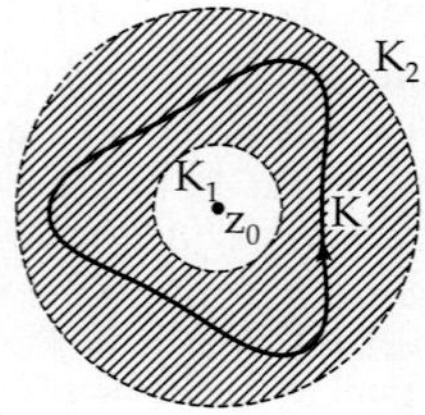

Abbildung 14.42

14.2.6 Prinzip der analytischen Fortsetzung

Es wird der Fall betrachtet, daß die Konvergenzkreise K_0 um z_0 und K_1 um z_1 zweier Potenzreihen

$$f_0(z) = \sum_{n=0}^{\infty} a_n (z - z_0)^n \qquad \text{und} \qquad f_1(z) = \sum_{n=0}^{\infty} b_n (z - z_1)^n \tag{14.48a}$$

ein gewisses Gebiet gemeinsam haben **(Abb.14.41)** und daß in diesem gilt

$$f_0(z) = f_1(z)\,. \tag{14.48b}$$

Dann sind die beiden Potenzreihen die zu den Punkten z_0 und z_1 gehörenden TAYLOR–Entwicklungen ein- und derselben analytischen Funktion $f(z)$. Die Funktion $f_1(z)$ heißt *analytische Fortsetzung* der nur in K_0 definierten Funktion $f_0(z)$ in das Gebiet K_1 hinein.

■ Die geometrischen Reihen $f_0(z) = \sum_{n=0}^{\infty} z^n$ mit dem Konvergenzkreis K_0 ($r_0 = 1$) um $z_0 = 0$ und $f_1(z) = \frac{1}{1-\mathrm{i}} \sum_{n=0}^{\infty} \left(\frac{z-\mathrm{i}}{1-\mathrm{i}}\right)^n$ mit dem Konvergenzkreis K_1 ($r_1 = \sqrt{2}$) um $z_1 = \mathrm{i}$ haben jede in ihrem Konvergenzkreis und in dem gemeisamen **(in Abb.14.41** doppelt schraffierten) Konvergenzgebiet dieselbe für $z \neq 1$ analytische Funktion $f(z) = 1/(1-z)$ als Summe. Daher ist $f_1(z)$ analytische Fortsetzung von $f_0(z)$ aus K_0 in K_1 hinein (und umgekehrt).

14.2.7 Laurent–Entwicklung

Jede Funktion $f(z)$, die im Innern eines Kreisringes zwischen zwei konzentrischen Kreisen mit dem Mittelpunkt z_0 und den Radien r_1 und r_2 analytisch ist, kann in eine verallgemeinerte Potenzreihe, die LAURENT–Reihe, entwickelt werden:

$$f(z) = \sum_{n=-\infty}^{\infty} a_n (z-z_0)^n = \cdots + \frac{a_{-k}}{(z-z_0)^k} + \frac{a_{-k+1}}{(z-z_0)^{k-1}} + \cdots$$
$$+ \frac{a_{-1}}{z-z_0} + a_0 + a_1(z-z_0) + a_2(z-z_0)^2 + \cdots + a_k(z-z_0)^k + \cdots . \tag{14.49a}$$

Die im allgemeinen komplexen Koeffizienten a_n sind eindeutig durch die Formel

$$a_n = \frac{1}{2\pi\mathrm{i}} \oint_{(K)} \frac{f(\xi)}{(\xi-z_0)^{n+1}}\, d\xi \qquad (n = 0, \pm 1, \pm 2, \ldots) \tag{14.49b}$$

bestimmt. Mit K ist irgend ein geschlossener Integrationsweg bezeichnet, der innerhalb des Kreisringgebiets $r_1 < |z| < r_2$ liegt und im Gegenuhrzeigersinn durchlaufen wird **(Abb.14.42)**. Ist das Gebiet G der Funktion $f(z)$ umfassender als der Kreisring, dann ist der Konvergenzbereich der LAURENT–*Reihe* der größte in G enthaltene Kreisring um z_0.

■ Für die Funktion $f(z) = \frac{1}{(z-1)(z-2)}$, die im Ringgebiet $1 < |z| < 2$ analytisch ist, soll eine Potenzreihenentwicklung angegeben werden. Dazu kann man die Funktion $f(z)$ durch Partialbruchzerlegung auf die Form $f(z) = \frac{1}{z-2} - \frac{1}{z-1}$ bringen. Durch einfache Umformung können diese beiden Terme als geometrische Reihen dargestellt werden, die gemeinsam in dem Ringgebiet $1 < |z| < 2$ konvergieren. Man erhält

$$f(z) = \frac{1}{(z-1)(z-2)} = -\frac{1}{z\left(1-\frac{1}{z}\right)} - \frac{1}{2\left(1-\frac{z}{2}\right)} = -\underbrace{\sum_{n=1}^{\infty} \frac{1}{z^n}}_{|z|>1} - \frac{1}{2}\underbrace{\sum_{n=0}^{\infty}\left(\frac{z}{2}\right)^n}_{|z|<2} .$$

14.2.8 Isolierte singuläre Stellen und der Residuensatz

14.2.8.1 Isolierte singuläre Stellen

Wenn eine Funktion $f(z)$ in der Umgebung eines Punktes z_0 analytisch ist, nicht aber in z_0 selbst, dann heißt z_0 eine *isolierte singuläre Stelle* der Funktion $f(z)$. Ist $f(z)$ in der Umgebung von z_0 in die LAURENT–Reihe

$$f(z) = \sum_{n=-\infty}^{\infty} a_n (z-z_0)^n \tag{14.50}$$

entwickelbar, dann können die isolierten singulären Stellen nach dem Verhalten der LAURENT–Reihe eingeteilt werden:

1. Enthält die LAURENT–Reihe keine Glieder mit negativen Potenzen von $(z - z_0)$, wobei $a_n = 0$ für $n < 0$ gilt, dann geht die LAURENT–Entwicklung in die TAYLOR–Reihe mit den aus der CAUCHYschen Integralformel folgenden Koeffizienten

$$a_n = \frac{1}{2\pi \mathrm{i}} \oint_{(K)} (\xi - z_0)^{-n-1} f(\xi)\, d\xi = \frac{f^{(n)}(z_0)}{n!} \tag{14.51}$$

über. Die Funktion $f(z)$ ist dann auch im Punkt z_0 analytisch, selbst wenn $f(z_0) = a_0$ ist oder wenn z_0 eine hebbare Singularität ist.

2. Enthält die LAURENT–Reihe endlich viele Glieder mit negativen Potenzen von $(z - z_0)$, wobei gelten soll $a_m \neq 0$, alle $a_n = 0$ für $n < m < 0$, dann spricht man von einer *außerwesentlichen Singularität* im Punkt z_0 oder einem *Pol der Ordnung m* oder *Pol der Vielfachheit m*; durch Multiplikation mit $(z - z_0)^m$, aber keiner niedrigeren Potenz, geht $f(z)$ in eine Funktion über, die in z_0 und Umgebung analytisch ist.

■ $f(z) = \dfrac{1}{2}\left(z + \dfrac{1}{z}\right)$ hat an der Stelle $z = 0$ einen Pol 1. Ordnung.

3. Enthält die LAURENT–Reihe unendlich viele Glieder mit negativen Potenzen von $(z - z_0)$, dann ist z_0 ein *wesentlich singulärer Punkt* der Funktion $f(z)$.

Bei Annäherung an einen Pol wächst $|f(z)|$ über alle Grenzen. Bei Annäherung an eine wesentlich singuläre Stelle kommt $f(z)$ jeder beliebigen komplexen Zahl c beliebig nahe.

■ Die Funktion $f(z) = e^{1/z}$, deren LAURENT–Reihe $f(z) = \sum\limits_{n=0}^{\infty} \dfrac{1}{n!}\dfrac{1}{z^n}$ lautet, hat an der Stelle $z =$ eine wesentliche Singularität.

14.2.8.2 Meromorphe Funktionen

Hat eine sonst holomorphe Funktion für endliche Werte von z nur Pole als singuläre Stellen, dann heißt sie *meromorph.* Eine meromorphe Funktion läßt sich immer als Quotient analytischer Funktionen darstellen. Beispiele für in der ganzen Ebene meromorphe Funktionen sind die rationalen Funktionen, die nur eine endliche Zahl von Polen besitzen, sowie solche transzententen Funktionen, wie tan und $\cot z$.

14.2.8.3 Elliptische Funktionen

sind doppeltperiodische Funktionen, deren einzige Singularitäten Pole sind, d.h., es sind meromorphe Funktionen mit zwei unabhängigen Perioden (s.S.580). Sind die beiden Perioden ω_1 und ω_2, die in einem nichtreellen Verhältnis stehen, dann gilt

$$f(z + m\omega_1 + n\omega_2) = f(z), \quad m, n = 0, \pm 1, \pm 2, \ldots, \operatorname{Im}\left(\frac{\omega_1}{\omega_2}\right) \neq 0. \tag{14.52}$$

Der Wertevorrat von $f(z)$ liegt in einem Periodenparallelogramm mit den Punkten $0, \omega_1, \omega_1 + \omega_2, \omega_2$.

14.2.8.4 Residuum

Den Koeffizienten a_{-1} der Potenz $(z - z_0)^{-1}$ in der LAURENT–Entwicklung von $f(z)$ bezeichnet man als *Residuum der Funktion* $f(z)$ im singulären Punkt z_0:

$$a_{-1} = \operatorname{Res} f(z)|_{z=z_0} = \frac{1}{2\pi \mathrm{i}} \oint_{(K)} f(\xi)\, d\xi\,. \tag{14.53a}$$

Das zu einem Pol m-ter Ordnung gehörende Residuum kann mit der Formel

$$a_{-1} = \operatorname{Res} f(z)|_{z=z_0} = \lim_{z \to z_0} \frac{1}{(m-1)!} \frac{d^{m-1}}{dz^{m-1}} [f(z)(z - z_0)^m] \tag{14.53b}$$

berechnet werden.
Wenn die Funktion als Quotient gemäß $f(z) = \varphi(z)/\psi(z)$ dargestellt werden kann, wobei die Funktionen $\varphi(z)$ und $\psi(z)$ im Punkt $z = z_0$ analytisch und z_0 eine einfache Wurzel der Gleichung $\psi(z) = 0$ sein soll, so daß $\psi(z_0) = 0$, $\psi'(z_0) \neq 0$ ist, dann ist der Punkt $z = z_0$ ein Pol 1. Ordnung der Funktion $f(z)$. Mit (14.53b) ergibt sich

$$\operatorname{Res}\left[\frac{\varphi(z)}{\psi(z)}\right]_{z=z_0} = \frac{\varphi(z_0)}{\psi'(z_0)}\,. \tag{14.53c}$$

Wenn z_0 eine m-fache Wurzel der Gleichung $\psi(z) = 0$ ist, d.h. wenn $\psi(z_0) = \psi'(z_0) = \cdots = \psi^{(m-1)}(z_0) = 0$, $\psi^{(m)}(z_0) \neq 0$ ist, dann ist der Punkt $z = z_0$ ein m-facher Pol der Funktion $f(z)$.

14.2.8.5 Residuensatz

Mit Hilfe der Residuen kann man den Wert eines Integrals über einen geschlossenen Weg berechnen, der isolierte singuläre Punkte umschließt **(Abb.14.43)**.
Ist die Funktion $f(z)$ in einem einfach zusammenhängenden Gebiet G, das von der geschlossenen Kurve K begrenzt wird, mit Ausnahme der endlich vielen Punkte $z_0, z_1, z_2, \ldots, z_n$ eindeutig und analytisch, dann ist der Wert des im Gegenuhrzeigersinn über den geschlossenen Weg genommenen Integrals gleich dem Produkt aus $2\pi\mathrm{i}$ und der Summe der Residuen in allen diesen singulären Punkten:

$$\oint_{(K)} f(z)\,dz = 2\pi\mathrm{i}\sum_{k=0}^{n} \operatorname{Res} f(z)\,|_{z=z_k}\,. \tag{14.54}$$

■ Die Funktion $f(z) = e^z/(z^2+1)$ hat die Pole 1. Ordnung $z_{1,2} = \pm\mathrm{i}$. Die zugehörigen Residuen haben die Summe $\sin 1$. Daher gilt, wenn K ein Kreis um den Nullpunkt mit dem Radius $r > 1$ ist,

$$\oint_{(K)} \frac{e^z}{z^2+1}\,dz = 2\pi\mathrm{i}\sin 1\,.$$

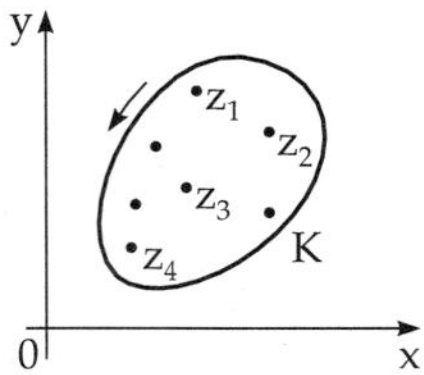

Abbildung 14.43

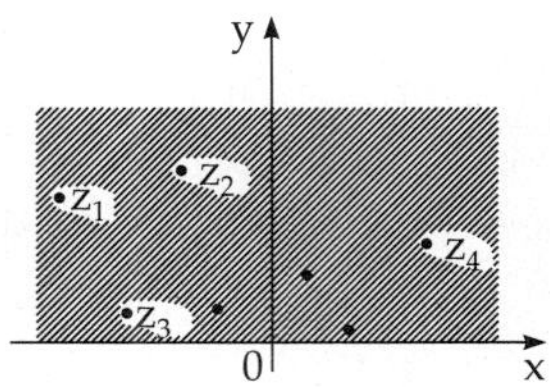

Abbildung 14.44

14.2.9 Berechnung reeller Integrale mit Hilfe der Integration im Komplexen

14.2.9.1 Anwendung der Cauchyschen Integralformeln

Mit Hilfe der CAUCHYschen Integralformeln kann man die Werte einiger bestimmter Integrale bestimmen.
■ Die Funktion $f(z) = e^z$, die in der gesamten z–Ebene analytisch ist, wird gemäß CAUCHYscher Integralformel (14.41) dargestellt, wobei der Integrationsweg K ein Kreis mit dem Mittelpunkt in z und dem Radius r sein soll. Die Kreisgleichung lautet $\xi = z + re^{\mathrm{i}\varphi}$. Man erhält gemäß (14.41)

$$e^z = \frac{n!}{2\pi\mathrm{i}}\oint_{(K)} \frac{e^\xi}{(\xi-z)^{n+1}}\,d\xi = \frac{n!}{2\pi\mathrm{i}}\int_{\varphi=0}^{\varphi=2\pi} \frac{e^{(z+re^{\mathrm{i}\varphi})}}{r^{n+1}e^{\mathrm{i}\varphi(n+1)}}\mathrm{i}re^{\mathrm{i}\varphi}\,d\varphi = \frac{n!}{2\pi r^n}\int_0^{2\pi} e^{z+r\cos\varphi+\mathrm{i}r\sin\varphi-\mathrm{i}n\varphi}\,d\varphi\,,$$

woraus folgt

$$\frac{2\pi r^n}{n!} = \int\limits_0^{2\pi} e^{r\cos\varphi + \mathrm{i}(r\sin\varphi - n\varphi)}\, d\varphi$$

$$= \int\limits_0^{2\pi} e^{r\cos\varphi}[\cos(r\sin\varphi - n\varphi)]\, d\varphi + \mathrm{i}\int\limits_0^{2\pi} e^{r\cos\varphi}[\sin(r\sin\varphi - n\varphi)]\, d\varphi\,.$$

Der Imaginärteil ist gleich Null, so daß sich für den Wert des Integrals ergibt

$$\int\limits_0^{2\pi} e^{r\cos\varphi}\cos(r\sin\varphi - n\varphi)\, d\varphi = \frac{2\pi r^n}{n!}\,.$$

14.2.9.2 Anwendung des Residuensatzes

Mit Hilfe des Residuensatzes können eine Reihe bestimmter Integrale von Funktionen einer Veränderl chen berechnet werden. Wenn $f(z)$ eine Funktion ist, die in der gesamten oberen Halbebene einschlie lich der reellen Achse analytisch ist, ausgenommen die singulären Punkte $z_1, z_2, \ldots, z_n$, die oberha der reellen Achse liegen sollen **(Abb.14.44)**, und wenn eine Wurzel der Gleichung $f(1/z) = 0$ von de Vielfachheit $m > 2$ ist (s.S. 31), dann gilt:

$$\int\limits_{-\infty}^{+\infty} f(x)\, dx = 2\pi\mathrm{i}\sum_{i=1}^{n} \mathrm{Res}\, f(z)|_{z=z_0}\,. \qquad (14.5$$

■ Berechnung des Integrals $\int\limits_{-\infty}^{+\infty}\frac{dx}{(1+x^2)^3}$: Die Gleichung $f\left(\frac{1}{x}\right) = \frac{1}{\left(1+\frac{1}{x^2}\right)^3} = \frac{x^6}{(x^2+1)^3} =$ besitzt die sechsfache Wurzel $x = 0$. Die Funktion $w = \frac{1}{(1+z^2)^3}$ hat in der oberen Halbebene de einzigen singulären Punkt $z = \mathrm{i}$, der ein Pol mit der Vielfachheit 3 ist, denn die Gleichung $(1+z^2)^3 =$ hat zwei dreifache Wurzeln bei i und $-$i.

Das Residuum berechnet sich gemäß (14.53b) zu $\mathrm{Res}\,\frac{1}{(1+z^2)^3|_{z=\mathrm{i}}} = \frac{1}{2!}\frac{d^2}{dz^2}\left[\frac{(z-\mathrm{i})^3}{(1+z^2)^3}\right]_{z=\mathrm{i}}$.

Aus $\frac{d^2}{dz^2}\left(\frac{z-\mathrm{i}}{1+z^2}\right)^3 = \frac{d^2}{dz^2}(z+\mathrm{i})^{-3} = 12(z+\mathrm{i})^{-5}$ folgt $\mathrm{Res}\,\frac{1}{(1+z^2)^3|_{z=\mathrm{i}}} = 6(z+\mathrm{i})^{-5}|_{z=\mathrm{i}}$ $= \frac{6}{(2\mathrm{i})^5} = -\frac{3}{16}\mathrm{i}$ und mit Hilfe von (14.55)

$$\int\limits_{-\infty}^{+\infty} f(x)\, dx = 2\pi\mathrm{i}\left(-\frac{3}{16}\mathrm{i}\right) = \frac{3}{8}\pi\,.$$

Weitere Anwendungen der Residuentheorie s. z.B. Lit. [14.16].

14.2.9.3 Anwendungen des Lemmas von Jordan

In vielen Fällen lassen sich reelle uneigentliche Integrale mit unbeschränktem Integrationsgebiet durc komplexe Integrale über geschlossene Wege berechnen. Um dabei immer wiederkehrende Abschätzun gen zu vermeiden, benutzt man das *Lemma von* JORDAN :

Es sei K_R der in der oberen Halbebene der z–Ebene gelegene Halbkreisbogen um den Nullpunkt m dem Radius R **(Abb.14.45)**. Folgende Fälle sind zu unterscheiden:

1. $\alpha > 0$: Strebt $f(z)$ in der oberen Halbebene und auf der reellen Achse für $z \to \infty$ gleichmäßi egen Null und ist $\alpha > 0$ eine positive Zahl, dann gilt für $R \to \infty$

$$\int\limits_{(K_R)} f(z)e^{i\alpha z}\,dz \to 0\,. \qquad (14.56a)$$

. $\alpha = 0$: Strebt der Ausdruck $z \cdot f(z)$ für $z \to \infty$ gleichmäßig gegen Null, dann gilt diese Aussage uch im Falle $\alpha = 0$.

. $\alpha < 0$: Liegt der Halbkreis unterhalb der reellen Achse, dann gilt die enstsprechende Aussage auch ir $\alpha < 0$.

. Der Satz gilt auch, wenn es sich statt um einen vollen Halbkreis um einen Teilbogen handelt.

. Der entsprechende Sachverhalt liegt für Integrale der Form

$$\int\limits_{(K_R^*)} f(z)e^{\alpha z}\,dz \qquad \text{mit} \quad \alpha > 0 \qquad (14.56b)$$

or, wenn K_R^* einen Halbkreis bzw. Teilbogen in der linken Halbebene mit $\alpha > 0$ darstellt, bzw in der echten mit $\alpha < 0$.

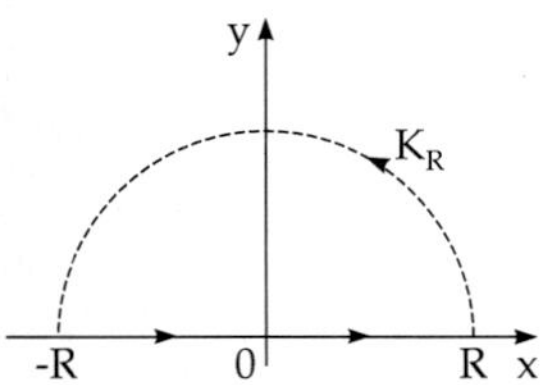

Abbildung 14.45

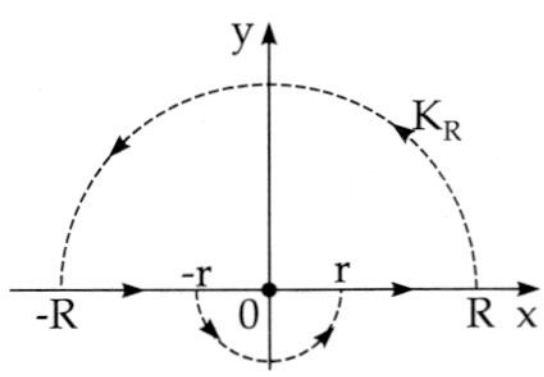

Abbildung 14.46

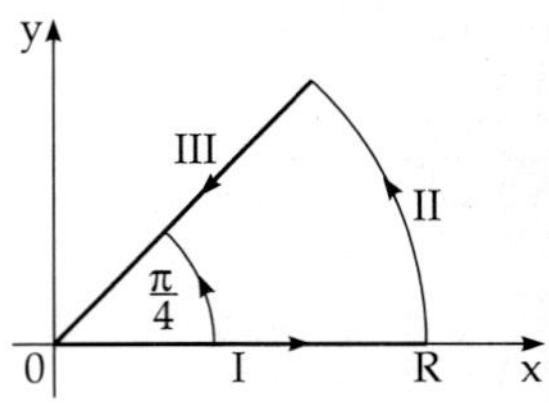

Abbildung 14.47

A: $\displaystyle\int\limits_0^\infty \frac{x \sin \alpha x}{x^2 + a^2}\,dx$: $\quad \displaystyle 2i \int\limits_0^R \underbrace{\frac{x \sin \alpha x}{x^2 + a^2}}_{\text{gerade Funktion}}\,dx = i \int\limits_{-R}^R \frac{x \sin \alpha x}{x^2 + a^2}\,dx + \underbrace{\int\limits_{-R}^R \frac{x \cos \alpha x}{x^2 + a^2}\,dx}_{= 0,\ \text{da Integrand ungerade Fkt.}} = \int\limits_{-R}^R \frac{x e^{i\alpha x}}{x^2 + a^2}\,dx\,.$

Daher Untersuchung des komplexen Integrals $\displaystyle\oint\limits_{(K)} \frac{z e^{i\alpha z}}{z^2 + a^2}\,dz$. K setzt sich zusammen aus dem oben definierten Halbkreisbogen K_R und dem Stück der reellen Achse zwischen $-R$ und R $(R > |a|)$. Der komplexe Integrand hat in der oberen Halbebene nur die singuläre Stelle $z = ai$. Dann gilt nach dem Residuensatz:

$$I = \oint\limits_{(K)} \frac{z e^{i\alpha z}}{z^2 + a^2}\,dz = 2\pi i \lim_{z \to ai} \left[\frac{z e^{i\alpha z}}{z^2 + a^2}(z - ai)\right] = 2\pi i \lim_{z \to ai} \frac{z e^{i} \alpha z}{z + ai} = \pi i e^{-\alpha a}\,,$$

$$I = \int\limits_{(K_R)} \frac{z e^{i\alpha z}}{z^2 + a^2}\,dz + \int\limits_{-R}^R \frac{x e^{i\alpha x}}{x^2 + a^2}\,dx = \pi i e^{-\alpha a}\,.$$

Aus $\lim\limits_{R \to \infty} I$ ergibt sich $\displaystyle\int\limits_0^\infty \frac{x \sin \alpha x}{x^2 + a^2}\,dx = \frac{\pi}{2} e^{-\alpha a} \qquad (\alpha > 0,\ a \geq 0)$.

Auf ähnliche Weise wurden weitere Integrale der **Tabelle 21.6** berechnet.

B: *Integralsinus* $\displaystyle\int\limits_0^\infty \frac{\sin x}{x}\,dx$: $\quad$ Untersuchung des Integrals $\displaystyle\int\limits_K \frac{e^{iz}}{z}\,dz$, wobei die Kurve K den in

Abb.14.46 skizzierten Kurvenzug darstellt. Der Integrand des komplexen Integrals hat an der Stel $z = 0$ einen Pol 1. Ordnung, d.h.,

$$I = 2\pi \mathrm{i} \lim_{z \to 0} \left[\frac{\mathrm{e}^{\mathrm{i}z}}{z} z \right] = 2\pi \mathrm{i}\,, \quad \text{also} \quad I = 2\mathrm{i} \int_r^R \frac{\sin x}{x} dx + \mathrm{i} \int_\pi^{2\pi} \mathrm{e}^{\mathrm{i}r(\cos\varphi + \mathrm{i}\sin\varphi)}\, d\varphi + \int_{K_R} \frac{\mathrm{e}^{\mathrm{i}z}}{z}\, dz = 2\pi \mathrm{i}\,.$$

Führt man die Grenzübergänge $R \to \infty$, $r \to 0$ durch, wobei der Integrand des zweiten Integrals f $r \to 0$ bezüglich φ gleichmäßig gegen 1 konvergiert (d.h. der Grenzübergang $r \to 0$ kann unter de Integralzeichen vollzogen werden), dann erhält man

$$2\mathrm{i} \int_0^\infty \frac{\sin x}{x}\, dx + \pi \mathrm{i} = 2\pi \mathrm{i}\,, \qquad \text{also} \qquad \int_0^\infty \frac{\sin x}{x}\, dx = \frac{\pi}{2}\,.$$

■ **C:** *Stoßfunktion*: Unstetige, reelle Funktionen kann man mit Hilfe komplexer Integrale (so „*Hakenintegrale*“ nach der Form des Integrationsweges) darstellen.

$$F(t) = \frac{1}{2\pi \mathrm{i}} \int_{-\smile\to} \frac{\mathrm{e}^{\mathrm{i}tz}}{z}\, dz = \begin{cases} 1 & & t > 0 \\ 1/2 & \text{für} & t = 0\,, \\ 0 & & t < 0 \end{cases}$$

wobei das Symbol $-\smile\to$ einen Integrationsweg längs der reellen Achse ($|\ R\ | \to \infty$) unter Umgehur des Nullpunktes bezeichnen soll **(Abb.14.46)**. Deutet man t als Zeit, dann stellt die Funktion $\Phi(t)$ $cF(t - t_0)$ eine Größe dar, die zur Zeit $t = t_0$ von 0 über den Wert $c/2$ auf den Wert c springt. Sie wi als Stoßfunktion bezeichnet und in der Elektrotechnik zur Darstellung plötzlich auftretender Stror oder Spannungsstöße verwendet.

■ **D:** *Rechteckimpuls*: Entsprechend erhält man für den Rechteckimpuls

$$\Psi(t) = \begin{cases} 0 & & t < a \quad \text{und} \quad t > b \\ 1 & \text{für} & a < t < b \\ 1/2 & & t = a \quad \text{und} \quad t = b \end{cases}$$

die Darstellung

$$\Psi(t) = \frac{1}{2\pi \mathrm{i}} \int_{-\smile\to} \frac{\mathrm{e}^{\mathrm{i}(b-t)z}}{z}\, dz - \frac{1}{2\pi \mathrm{i}} \int_{-\smile\to} \frac{\mathrm{e}^{\mathrm{i}(a-t)z}}{z}\, dz\,.$$

■ **E:** FRESNEL*sche Integrale*: $\displaystyle\int_0^\infty \sin(x^2)\, dx = \int_0^\infty \cos(x^2)\, dx = \frac{1}{2}\sqrt{\pi/2}\,.$ Zur Herleitung unte sucht man das Integral $I = \int_K \mathrm{e}^{-z^2}\, dz$ und benutzt als Integrationsweg den in **Abb.14.47** skizzierte geschlossenen Kurvenzug. Nach dem Integralsatz von CAUCHY gilt: $I = I_{\mathrm{I}} + I_{\mathrm{II}} + I_{\mathrm{III}} = 0$ mit

$$I_{\mathrm{I}} = \int_0^R \mathrm{e}^{-x^2}\, dx\,, \qquad I_{\mathrm{II}} = \mathrm{i}R \int_0^{\pi/4} \mathrm{e}^{-R^2(\cos 2\varphi + \mathrm{i}\sin 2\varphi) + \mathrm{i}\varphi} d\varphi\,,$$

$$I_{\mathrm{III}} = \mathrm{e}^{\frac{\mathrm{i}\pi}{4}} \int_R^0 \mathrm{e}^{\mathrm{i}r^2} dr = \frac{1}{2}\sqrt{2}(1 + \mathrm{i}) \left[\mathrm{i} \int_0^R \sin r^2\, dr - \int_0^R \cos r^2\, dr \right]\,.$$

Abschätzung von I_{II}: Unter Beachtung von $|\mathrm{i}| = |\mathrm{e}^{\mathrm{i}\tau}| = 1$ (τ reell) gilt:

$$|I_{\mathrm{II}}| < R \int_0^{\pi/4} \mathrm{e}^{-R^2 \cos 2\varphi}\, d\varphi = \frac{R}{2} \int_0^\alpha \mathrm{e}^{-R^2 \cos\varphi}\, d\varphi + \frac{R}{2} \int_\alpha^{\pi/2} \mathrm{e}^{-R^2 \cos\varphi}\, d\varphi$$

$$< \frac{R}{2}\int\limits_0^{\alpha} e^{-R^2\cos\alpha}\,d\varphi + \frac{R}{2}\int\limits_{\alpha}^{\pi/2} \frac{\sin\varphi}{\sin\alpha} e^{-R^2\cos\varphi}\,d\varphi$$

$$< \frac{\alpha R}{2} e^{-R^2\cos\alpha} + \frac{1-e^{-R^2\cos\alpha}}{2R\sin\alpha} \qquad \left(0<\alpha<\frac{\pi}{2}\right).$$

Führt man den Grenzübergang $\lim\limits_{R\to\infty} I$ durch, dann lassen sich die Integrale I_{I} und I_{II} auswerten: $\lim_{R\to\infty} I_{\mathrm{I}} = \frac{1}{2}\sqrt{\pi}$, $\lim\limits_{R\to\infty} I_{\mathrm{II}} = 0$, und durch Trennung von Real- und Imaginärteil erhält man die angegebenen Formeln.

14.2.10 Algebraische und elementare transzendente Funktionen

14.2.10.1 Algebraische Funktionen

1. Definition Von einer algebraischen Funktion spricht man, wenn die Funktion das Ergebnis endlich vieler algebraischer Operationen mit diesen Veränderlichen und eventuell noch mit endlich vielen Konstanten ist. Ganz allgemein kann eine komplexe algebraische Funktion $w(z)$ wie ihr reelles Analogon implizit als Polynom

$$a_1 z^{m_1} w^{n_1} + a_2 z^{m_2} w^{n_2} + \cdots + a_k z^{m_k} w^{n_k} = 0 \qquad (14.57)$$

definiert werden. Solche Funktionen müssen sich durchaus nicht immer nach w auflösen lassen.

2. Beispiele algebraischer Funktionen

Lineare Funktion: $w = az + b$, (14.58) Inverse Funktion: $w = \frac{1}{z}$, (14.59)

Quadratische Funktion: $w = z^2$, (14.60) Quadratwurzelfunktion: $w = \sqrt{z^2 - a^2}$, (14.61)

Gebrochen lineare Funktion: $w = \frac{z+\mathrm{i}}{z-\mathrm{i}}$. (14.62)

14.2.10.2 Elementare transzendente Funktionen

Die komplexen transzendenten Funktionen werden ebenso wie die algebraischen Funktionen in Analogie zu den entsprechenden reellen transzendenten Funktionen definiert.

1. Natürliche Exponentialfunktion

$$e^z = 1 + \frac{z}{1!} + \frac{z^2}{2!} + \frac{z^3}{3!} + \cdots \qquad (14.63)$$

Die Reihe konvergiert in der gesamten z–Ebene.

a) Rein imaginärer Exponent $\mathrm{i}y$: Gemäß der EULER*schen Formel* gilt

$$e^{\mathrm{i}y} = \cos y + \mathrm{i}\sin y \quad \text{mit} \quad e^{\pi\mathrm{i}} = -1. \qquad (14.64)$$

b) Allgemeiner Fall $z = x + \mathrm{i}y$:

$$e^z = e^{x+\mathrm{i}y} = e^x e^{\mathrm{i}y} = e^x(\cos y + \mathrm{i}\sin y), \quad \text{d.h.,} \qquad (14.65a)$$

$$\mathrm{Re}\,(e^z) = e^x\cos y, \quad \mathrm{Im}\,(e^z) = e^x\sin y, \quad |e^z| = e^x, \quad \arg(e^z) = y. \qquad (14.65b)$$

c) Exponentialform einer komplexen Zahl:

$$a + \mathrm{i}b = \varrho e^{\mathrm{i}\varphi}. \qquad (14.66a)$$

Die Periode der Funktion e^z ist $2\pi\mathrm{i}$: $e^z = e^{z+2k\pi\mathrm{i}}$. (14.66b)

Speziell gilt: $e^0 = e^{2k\pi\mathrm{i}} = 1$, $\quad e^{(2k+1)\pi\mathrm{i}} = -1$. (14.66c)

d) EULER*sche Formel für komplexe Zahlen*:

$$e^{iz} = \cos z + i \sin z\,, \quad (14.67a) \qquad e^{-iz} = \cos z - i \sin z\,. \quad (14.67b)$$

2. Natürlicher Logarithmus

$$w = \operatorname{Ln} z\,, \quad \text{falls} \quad z = e^{w}\,. \quad (14.68a)$$

Wegen $z = \varrho e^{iz}$ kann man schreiben

$$\operatorname{Ln} z = \ln \varrho + i(\varphi + 2k\pi) \quad \text{und} \quad (14.68b)$$

$$\operatorname{Re}(\operatorname{Ln} z) = \ln \varrho\,, \quad \operatorname{Im}(\operatorname{Ln} z) = \varphi + 2k\pi \qquad (k = 0, \pm 1, \pm 2, \ldots)\,. \quad (14.68c)$$

Da $\operatorname{Ln} z$ eine mehrdeutige periodische Funktion ist (s.S. 71), gibt man gewöhnlich nur den *Hauptwert des Logarithmus* $\ln z$ an:

$$\ln z = \ln \varrho + i\varphi \qquad (-\pi < \varphi \leq +\pi)\,. \quad (14.68d)$$

Die Funktion $\operatorname{Ln} z$ ist für alle komplexen Zahlen definiert, ausgenommen die Null.

3. Allgemeine Exponentialfunktion

$$a^z = e^{z \operatorname{Ln} a} \qquad \text{mit} \quad (a \neq 0) \quad (14.69a)$$

ist a^z eine mehrdeutige periodische Funktion mit dem Hauptwert

$$a^z = e^{z \ln a}\,. \quad (14.69b)$$

4. Trigonometrische Funktionen und Hyperbelfunktionen

$$\sin z = z - \frac{z^3}{3!} + \frac{z^5}{5!} - \cdots = \frac{e^{zi} - e^{-zi}}{2i}\,, \quad (14.70a)$$

$$\cos z = 1 - \frac{z^2}{2!} + \frac{z^4}{4!} - \cdots = \frac{e^{zi} + e^{-zi}}{2}\,, \quad (14.70b)$$

$$\sinh z = z + \frac{z^3}{3!} + \frac{z^5}{5!} + \cdots = \frac{e^{z} - e^{-z}}{2}\,, \quad (14.71a)$$

$$\cosh z = 1 + \frac{z^2}{2!} + \frac{z^4}{4!} + \cdots = \frac{e^{z} + e^{-z}}{2}\,. \quad (14.71b)$$

Alle vier Reihen konvergieren in der gesamten Ebene, alle vier Funktionen sind periodisch. Die Periode der Funktionen (14.70a,b) ist 2π, die der Funktionen (14.71a,b) $2\pi i$.

Für rein imaginäres Argument lauten die Ausdrücke dieser Funktionen

$$\sin yi = i \sinh y\,, \quad (14.72a) \qquad \cos yi = \cosh y\,, \quad (14.72b)$$

$$\sinh yi = i \sin y\,, \quad (14.73a) \qquad \cosh yi = \cos y\,. \quad (14.73b)$$

Die Umrechnungsformeln für die trigonometrischen Funktionen und die Hyperbelfunktionen einer reellen Veränderlichen (2.6.2), (2.8.3) gelten auch für Funktionen einer komplexen Veränderlichen. So erfolgt die Berechnung der Funktionen $\sin z$, $\cos z$, $\sinh z$ und $\cosh z$ für das Argument $z = x + iy$ mit Hilfe der Formeln $\sin(a+b)$, $\cos(a+b)$, $\sinh(a+b)$ und $\cosh(a+b)$. Als Beispiel sei genannt

$$\cos(x + yi) = \cos x \cos yi - \sin x \sin yi = \cos x \cosh y - i \sin x \sinh y\,. \quad (14.74a)$$

Daraus folgt

$$\operatorname{Re}(\cos z) = \cos \operatorname{Re}(z) \cosh \operatorname{Im}(z)\,, \quad (14.74b)$$

$$\operatorname{Im}(\cos z) = -\sin \operatorname{Re}(z) \sinh \operatorname{Im}(z)\,. \quad (14.74c)$$

Die Funktionen $\tan z$, $\cot z$, $\tanh z$ und $\coth z$ werden mit Hilfe der folgenden Formeln bestimmt:

$$\tan z = \frac{\sin z}{\cos z}\,, \quad \cot z = \frac{\cos z}{\sin z}\,, \quad (14.75a) \qquad \tanh z = \frac{\sinh z}{\cosh z}\,, \quad \coth z = \frac{\cosh z}{\sinh z}\,. \quad (14.75b)$$

5. Inverse trigonometrische Funktionen und inverse Hyperbelfunktionen Diese Funktionen sind ebenso wie ihr reelles Analogon vieldeutig und können mit Hilfe des Logarithmus durch die folgenden Formeln dargestellt werden:

$$\operatorname{Arcsin} z = -\mathrm{i}\operatorname{Ln}(\mathrm{i}z + \sqrt{1-z^2}), \quad (14.76a) \qquad \operatorname{Arsinh} z = \operatorname{Ln}(z + \sqrt{z^2+1}), \quad (14.76b)$$

$$\operatorname{Arccos} z = -i\operatorname{Ln}(z + \sqrt{z^2-1}), \quad (14.77a) \qquad \operatorname{Arcosh} z = \operatorname{Ln}(z + \sqrt{z^2-1}), \quad (14.77b)$$

$$\operatorname{Arctan} z = \frac{1}{2\mathrm{i}}\operatorname{Ln}\frac{1+\mathrm{i}z}{1-\mathrm{i}z}, \quad (14.78a) \qquad \operatorname{Artanh} z = \frac{1}{2}\operatorname{Ln}\frac{1+z}{1-z}, \quad (14.78b)$$

$$\operatorname{Arccot} z = -\frac{1}{2\mathrm{i}}\operatorname{Ln}\frac{\mathrm{i}z+1}{\mathrm{i}z-1}, \quad (14.79a) \qquad \operatorname{Arcoth} z = \frac{1}{2}\operatorname{Ln}\frac{z+1}{z-1}. \quad (14.79b)$$

Die *Hauptwerte* der inversen trigonometrischen und inversen Hyperbelfunktionen drückt man mit denselben Formeln und mit Hilfe des Hauptwertes des Logarithmus $\ln z$ aus:

$$\arcsin z = -\mathrm{i}\ln(\mathrm{i}z + \sqrt{1-z^2}), \quad (14.80a) \qquad \operatorname{Arsinh} z = \ln(z + \sqrt{z^2+1}), \quad (14.80b)$$

$$\arccos z = -\mathrm{i}\ln(z + \sqrt{z^2-1}), \quad (14.81a) \qquad \operatorname{Arcosh} z = \ln(z + \sqrt{z^2-1}), \quad (14.81b)$$

$$\arctan z = \frac{1}{2\mathrm{i}}\ln\frac{1+\mathrm{i}z}{1-\mathrm{i}z}, \quad (14.82a) \qquad \operatorname{Artanh} z = \frac{1}{2}\ln\frac{1+z}{1-z}, \quad (14.82b)$$

$$\operatorname{arccot} z = -\frac{1}{2\mathrm{i}}\ln\frac{\mathrm{i}z+1}{\mathrm{i}z-1}, \quad (14.83a) \qquad \operatorname{Arcoth} z = \frac{1}{2}\ln\frac{z+1}{z-1}. \quad (14.83b)$$

6. Tabellarische Darstellung der Real- und Imaginärteile sowie Absolutbeträge und Argumente der trigonometrischen Funktionen und Hyperbelfunktionen Siehe (**Tabelle14.1** und **Tabelle14.2**).

Tabelle 14.1 Real- und Imaginärteile der trigonometrischen und Hyperbelfunktionen

Funktion $w = f(x+\mathrm{i}y)$	Realteil $\operatorname{Re}(w)$	Imaginärteil $\operatorname{Im}(w)$
$\sin(x \pm \mathrm{i}y)$	$\sin x \cosh y$	$\pm\cos x \sinh y$
$\cos(x \pm \mathrm{i}y)$	$\cos x \cosh y$	$\mp\sin x \sinh y$
$\tan(x \pm \mathrm{i}y)$	$\dfrac{\sin 2x}{\cos 2x + \cosh 2y}$	$\pm\dfrac{\sinh 2y}{\cos 2x + \cosh 2y}$
$\sinh(x \pm \mathrm{i}y)$	$\sinh x \cos y$	$\pm\cosh x \sin y$
$\cosh(x \pm \mathrm{i}y)$	$\cosh x \cos y$	$\pm\sinh x \sin y$
$\tanh(x \pm \mathrm{i}y)$	$\dfrac{\sinh 2x}{\cosh 2x + \cos 2y}$	$\pm\dfrac{\sin 2y}{\cosh 2x + \cos 2y}$

14.2.10.3 Kurvengleichungen in komplexer Form

Eine komplexe Funktion von einer reellen Veränderlichen t kann auch in Parameterform dargestellt werden:

$$z = x(t) + \mathrm{i}y(t) = f(t). \quad (14.84)$$

Bei Änderungen von t durchlaufen die Punkte z eine Kurve $z(t)$. In **Tabelle14.3** sind einige Beispiele solcher Gleichungen aufgeführt; die dazugehörige Grafik ist als **Abb.11.48** an der entsprechenden Stelle beigegeben.

14.2.10.4 Abbildung der komplexen Zahlenebene

Eine Funktion

$$w = f(z = x + \mathrm{i}y) = u(x,y) + \mathrm{i}v(x,y) \quad (14.85a)$$

Tabelle 14.2 Absolutbeträge und Argumente der trigonometrischen und Hyperbelfunktionen

Funktion $w = f(x+iy)$	Betrag $\lvert w \rvert$	Argument $\arg w$
$\sin(x \pm iy)$	$\sqrt{\sin^2 x + \sinh^2 y}$	$\pm \arctan(\cot x \tanh y)$
$\cos(x \pm iy)$	$\sqrt{\cos^2 x + \sinh^2 y}$	$\mp \arctan(\tan x \tanh y)$
$\sinh(x \pm iy)$	$\sqrt{\sinh^2 x + \sin^2 y}$	$\pm \arctan(\coth x \tan y)$
$\cosh(x \pm iy)$	$\sqrt{\sinh^2 x + \cos^2 y}$	$\pm \arctan(\tanh x \tan y)$

gilt als definiert, wenn die zwei Funktionen $u(x,y)$ und $v = v(x,y)$ reeller Veränderlicher definiert und bekannt sind. Die Funktion w definiert eine neue komplexe Zahlenebene. Man sagt, sie bildet die z–Ebene in die w–Ebene ab, d.h., jeder Punkt z_ν wird in einem ihm entsprechenden Punkt w_ν abgebildet.
a) Koordinatenlinien transformieren sich gemäß:

$$y = c \longrightarrow u = u(x,c)\,, \quad v = v(x,c)\,, \quad x \text{ ist Parameter ;}$$
$$x = c_1 \rightarrow u = u(c_1,y)\,, \quad v = v(c_1,y)\,, \quad y \text{ ist Parameter .} \tag{14.85b}$$

b) Geometrische Gebilde wie Kurven oder Gebiete der z–Ebene transformieren sich zu Kurven oder Gebieten der w–Ebene, also zu gleichartigen geometrischen Gebilden:

$$x = x(t), \quad y = y(t) \quad \rightarrow \quad u = u(x(t), y(t)), \quad v = v(x(t), y(t))\,, \quad t \text{ ist Parameter .} \tag{14.85c}$$

■ Für $u = 2x + y$, $v = x + 2y$ gehen die Geraden $y = c$ über in $u = 2x + c$, $v = x + 2c$, also in die Geraden $v = \frac{u}{2} + \frac{3}{2}c$. Die Geraden $x = c_1$ gehen über in die Geraden $v = 2u - 3c_1$ **(Abb.14.5)**.
Die schraffierte Fläche in **Abb.14.5a** wird auf die schraffierte Fläche in **Abb.14.5b** abgebildet.

Ist die Funktion $w = f(z)$ mehrdeutig, wie z.B. die Funktionen $\sqrt[n]{z}$, $\operatorname{Ln} z$, $\operatorname{Arcsin} z$, $\operatorname{Arctan} z$, so erfolgt die Abbildung auf eine entsprechende Anzahl übereinander liegender Ebenen. Jedem Funktionswert der z–Ebene entspricht ein Punkt auf einer dieser Ebenen. Die Ebenen sind durch Kurven miteinander verbunden; ihre Gesamtheit wird *mehrblättrige* RIEMANN*sche Fläche* genannt (s. Lit. [14.14].

14.3 Elliptische Funktionen

14.3.1 Zusammenhang mit elliptischen Integralen

Integrale der Form (8.20), mit dem Integranden $R(x, \sqrt{P(x)})$, lassen sich, abgesehen von Ausnahmefälle nicht in geschlossener Form integrieren, wenn $P(x)$ ein Polynom dritten oder vierten Grades ist, sondern sind als elliptische Integrale numerisch zu berechnen (s.S.329). Die Umkehrfunktionen der elliptischen Integrale sind die *elliptischen Funktionen.* Sie sind den trigonometrischen Funktionen ähnlich und können als deren Verallgemeinerung angesehen werden. Um das am speziellen Fall zu zeigen, wird

$$\int_0^u (1-t^2)^{-\frac{1}{2}} dt = x\,; \quad (|u| \le 1) \tag{14.86}$$

gesetzt und beachtet, daß
1. zwischen der trigonometrischen Funktion $u = \sin x$ und dem Hauptwert ihrer Umkehrfunktion der Zusammenhang

$$u = \sin x \Leftrightarrow x = \arcsin u \quad \text{für} \quad -\frac{\pi}{2} \le x \le \frac{\pi}{2},\ -1 \le u \le 1 \tag{14.87}$$

Tabelle 14.3 Beispiele einiger Kurven in komplexer Form

Kurve	Gleichung	Zeichnung
1. *Eine Gerade* a) die durch einen Punkt z_1 hindurchgeht und mit der x–Achse den Winkel φ bildet b) die durch zwei Punkte z_1 und z_2 hindurchgeht	$z = z_1 + te^{\mathrm{i}\varphi}$ $z = z_1 + t(z_2 - z_1)$	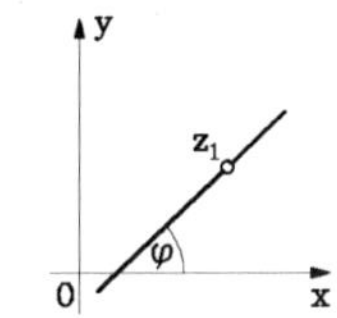 a) 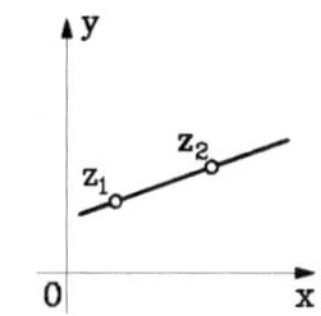 b)
2. *Ein Kreis* c) mit dem Radius r und dem Mittelpunkt im Koordinatenursprung d) mit dem Radius r und dem Mittelpunkt im Punkt z_1	$z = re^{\mathrm{i}t}$ $z = z_1 + re^{\mathrm{i}t}$	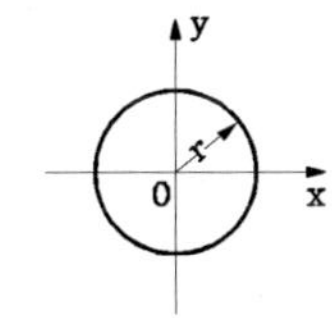 c) 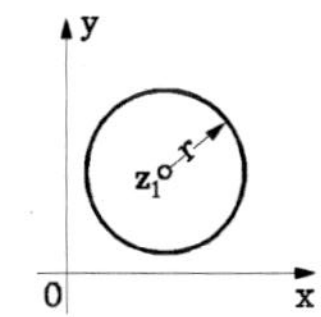 d)
3. *Hyperbel* e) in der Normalform $\frac{x^2}{a^2} - \frac{y^2}{b^2} = 1$	$z = a\cosh t + \mathrm{i}b\sinh t$ oder $z = ce^t + \bar{c}e^{-t}$, wobei c und $\bar{c}$ konjugiert komplexe Zahlen sind: $c = \frac{a + \mathrm{i}b}{2}, \quad \bar{c} = \frac{a - \mathrm{i}b}{2}$	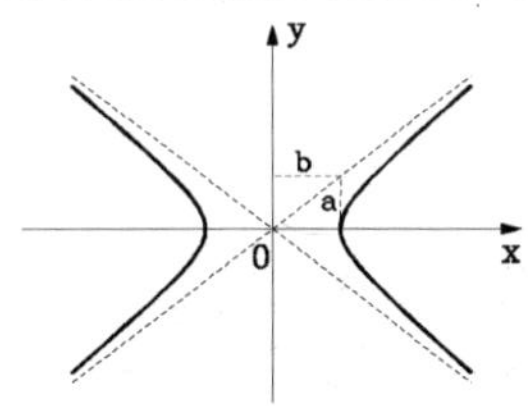 e)

Kurve	Gleichung	Zeichnung
4. *Ellipse* f) in der Normalform $\frac{x^2}{a^2}+\frac{y^2}{b^2}=1$	$z = a\cos t + ib\sin t$ oder $z = ce^{it} + de^{-it}$ mit $c = \frac{a+b}{2}$, $d = \frac{a-b}{2}$, d.h., c und d sind beliebige reelle Zahlen	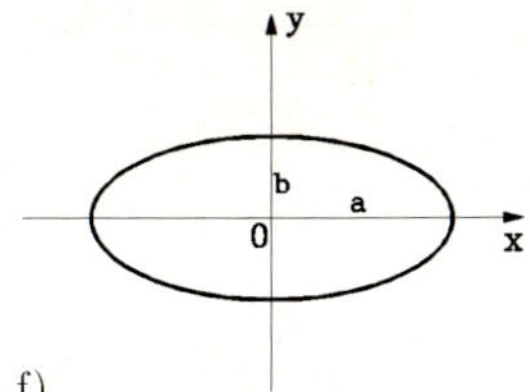 f)
g) in der allgemeinen Form (Mittelpunkt in z_1, die Achsen sind um einen Winkel gedreht)	$z = z_1 + ce^{it} + de^{-it}$, wobei c und d beliebige komplexe Zahlen sind, die die Länge und die Drehung der Achsen bestimmen	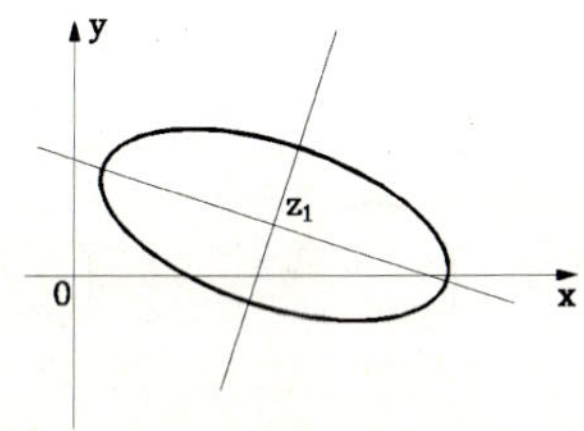 g)
5. *Logarithmische Spirale*	$z = ae^{ib}$, wobei a und b beliebige komplexe Zahlen sind	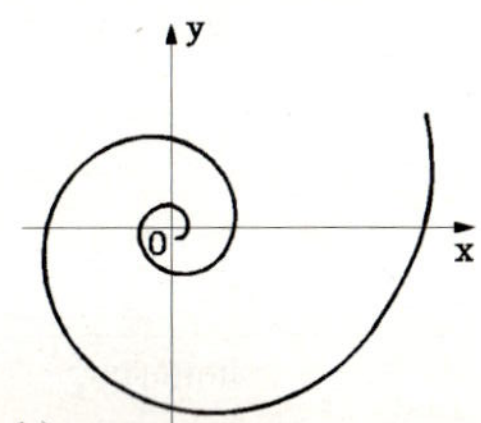 h)

Abbildung 11.48

besteht und daß

2. das Integral (14.86) gleich $\arcsin u$ ist. Die Sinusfunktion kann somit als Umkehrfunktion des Integrals (14.86) aufgefaßt werden. Analoges gilt für die elliptischen Integrale.

■ Das *mathematische Pendel* wird durch die nichtlineare Differentialgleichung 2. Ordnung

$$\frac{d^2\vartheta}{dt^2} + \frac{g}{l}\sin\vartheta = 0 \quad \text{mit} \quad \vartheta(0) = \vartheta_0,\ \dot{\vartheta}(0) = 0 \tag{14.88}$$

beschrieben. Sie beschreibt die Bewegung einer punktförmigen Masse m, die an einem masselosen, nicht dehnbaren Faden der Länge l hängt und gezwungen wird, sich auf einer senkrechten Kreisbahn zu bewegen **(Abb.14.48)**.Die Differentialgleichung (14.88) entsteht dadurch, daß die Normalkomponente der Schwerkraft mg (g Fallbeschleunigung) von der Fadenspannung im Gleichgewicht gehalten wird, während ihre Tangentialkomponente $mg\sin\varphi$ der Tangentialkraft entgegengesetzt gleich ist. Die Differentialgleichung (14.88) kann in der Form

$$\frac{d}{dt}\left[\left(\frac{d\vartheta}{dt}\right)^2\right] = 2\cdot\frac{g}{l}\cdot\frac{d}{dt}(\cos\vartheta) \tag{14.89}$$

geschrieben werden, aus der man schließlich durch Trennung der Variablen

$$t - t_0 = \sqrt{\frac{l}{g}}\int_0^{\vartheta}\frac{d\Theta}{\sqrt{2(\cos\Theta - \cos\vartheta_0)}} \tag{14.90}$$

erhält. Dabei bedeutet t_0 die Zeit, bei der das Pendel zum ersten Mal durch die tiefste Lage geht, d.h., es gilt $\vartheta(t_0) = 0$. Mit Θ ist die Integrationsvariable bezeichnet. Aus (14.90) erhält man nach einigen Umformungen mit Hilfe der Substitution

$$\sin\frac{\Theta}{2} = k\sin\psi,\quad k = \sin\frac{\Theta}{2} \quad (14.91) \qquad t - t_0 = \sqrt{\frac{l}{g}}\int_0^{\varphi}\frac{d\psi}{\sqrt{1-k^2\sin^2\psi}} = \sqrt{\frac{l}{g}}\cdot F(k,\varphi), \quad (14.92)$$

wobei $F(k,\varphi)$ ein *elliptisches Integral 1. Gattung* ist (8.23a) auf S. 330). Der Ausschlagwinkel $\vartheta = \vartheta(t)$ ist eine periodische Funktion der Periode $2T$ mit

$$T = \sqrt{\frac{l}{g}}\,F\left(k,\frac{\pi}{2}\right) = \sqrt{\frac{l}{g}}K \tag{14.93}$$

wobei K ein *vollständiges elliptisches Integral 1. Gattung* darstellt **(Tabelle21.7)**. T heißt *Schwingungsdauer* des Pendels und ist die Zeit zwischen zwei Umkehrpunkten, für die $\frac{d\vartheta}{dt} = 0$ gilt.

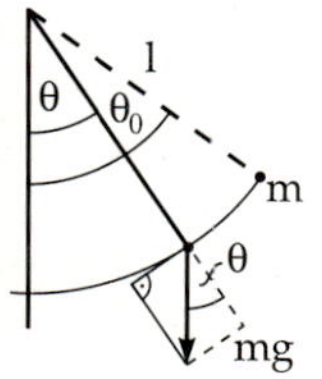

Abbildung 14.48

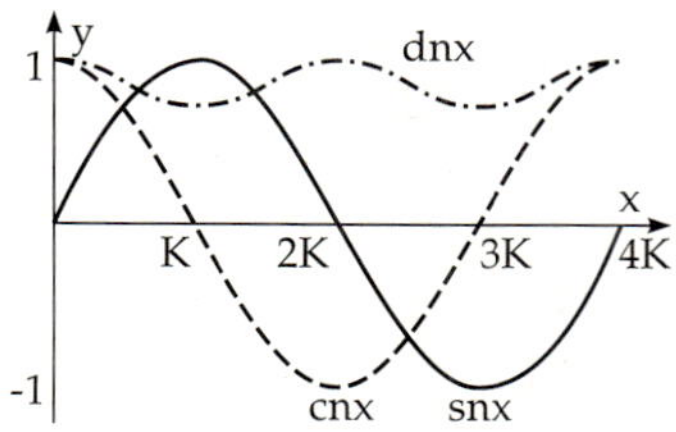

Abbildung 14.49

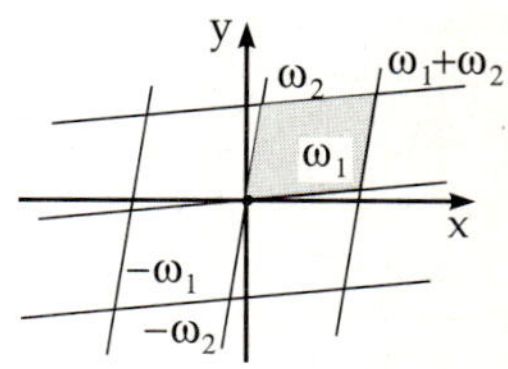

Abbildung 14.50

14.3.2 Jacobische Funktionen

1. Definition

Aus der Darstellung (8.23a) für das elliptische Integral 1. Gattung $F(k, \varphi)$ folgt für $0 < k < 1$

$$\frac{dF}{d\varphi} = (1 - k^2 \sin^2 \varphi)^{-\frac{1}{2}} > 0 \tag{14.94}$$

d.h., $F(k, \varphi)$ ist bezüglich φ streng monoton, so daß die zu

$$u = \int_0^\varphi \frac{d\psi}{\sqrt{1 - k^2 \sin^2 \psi}} = u(\varphi) (14.95a) \quad \text{inverse Funktion } \varphi = \text{am}(k, u) = \varphi(u) \tag{14.2}$$

existiert. Sie wird als *Amplitudenfunktion* bezeichnet. Mit ihrer Hilfe werden die sogenannten JACOBI*schen Funktionen* wie folgt definiert:

$$\text{sn}u = \sin \varphi = \sin \text{am}(k, u) \quad \text{(sinus amplitudinus)}, \tag{14.96a}$$

$$\text{cn}u = \cos \varphi = \cos \text{am}(k, u) \quad \text{(cosinus amplitudinus)}, \tag{14.96b}$$

$$\text{dn}u = \sqrt{1 - k^2 \text{sn}^2 u} \quad \text{(delta amplitudinus)}. \tag{14.96c}$$

2. Doppeltperiodische Funktionen

Man kann die JACOBIschen Funktionen in die komplexe Z-Ebene analytisch fortsetzen. Die Funktionen $\text{sn}z$, $\text{cn}z$ und $\text{dn}z$ sind dann *meromorphe* Funktionen (s. S.572), d.h., sie besitzen außer Polstellen keine weiteren Singularitäten. Außerdem sind sie *doppelperiodisch*: Jede dieser Funktionen $f(z)$ hat genau 2 Perioden ω_1 und ω_2 mit

$$f(z + \omega_1) = f(z), \quad f(z + \omega_2) = f(z). \tag{14.97}$$

Dabei sind ω_1 und ω_2 zwei beliebige komplexe Zahlen, deren Quotient nicht reell ist. Aus (14.97) folgt die allgemeine Formel

$$f(z + m\omega_1 + n\omega_2) = f(z), \tag{14.98}$$

wobei m und n beliebige ganze Zahlen sind. Meromorphe doppelperiodische Funktionen heißen *elliptische Funktionen*. Die Menge

$$\{z_0 + \alpha_1\omega_1 + \alpha_2\omega_2 : \ 0 \le \alpha_1, \alpha_2 < 1\} \tag{14.99}$$

mit beliebigen festen $z_0 \in \mathbb{C}$ heißt *Periodenparallelogramm* der elliptischen Funktion. Ist diese im Periodenparallelogramm **(Abb.14.50)** beschränkt, dann ist sie eine Konstante.

■ Die JACOBIschen Funktionen (14.96a) und (14.96b) sind elliptische Funktionen. Die Amplitudenfunktion (14.2) ist keine elliptische Funktion.

3. Eigenschaften der JACOBIschen Funktionen

Mit den Substitutionen

$$k'^2 = 1 - k^2 \quad K' = F\left(k', \frac{\pi}{2}\right), \ K = F\left(k, \frac{\pi}{2}\right) \tag{14.100}$$

lassen sich für die JACOBIschen Funktionen die in **Tabelle14.4** aufgeführten Eigenschaften angeben, wobei m und n beliebige ganze Zahlen sind. Den Verlauf von $\text{sn}z$, $\text{cn}z$ und $\text{dn}z$ findet man in **Abb.14.49**. Außerhalb ihrer Polstellen gelten für die JACOBIschen Funktionen die folgenden Beziehungen:

1. $$\text{sn}^2 z + \text{cn}^2 z = 1\,, \quad k^2\text{sn}^2 z + \text{dn}^2 z = 1; \tag{14.101}$$

2. $$\text{sn}(u + v) = \frac{(\text{sn}u)(\text{cn}v)(\text{dn}v) + (\text{sn}v)(\text{cn}u)(\text{dn}u)}{1 - k^2(\text{sn}^2 u)(\text{sn}^2 v)}\,, \tag{14.102a}$$

$$\text{cn}(u + v) = \frac{(\text{cn}u)(\text{cn}v) - (\text{sn}u)(\text{dn}u)(\text{sn}v)(\text{dn}v)}{1 - k^2(\text{sn}^2 u)(\text{sn}^2 v)}\,, \tag{14.102b}$$

Tabelle 14.4 Perioden, Nullstellen und Pole der JACOBIschen Funktionen

	Perioden ω_1, ω_2	Nullstellen	Pole
$\mathrm{sn}z$	$4K, 2\mathrm{i}K'$	$2mK + 2n\mathrm{i}K'$	
$\mathrm{cn}z$	$4K, 2(K + \mathrm{i}K')$	$(2m+1)K + 2n\mathrm{i}K'$	$\}2mK + (2n+1)\mathrm{i}K'$
$\mathrm{dn}z$	$2K, 4\mathrm{i}K'$	$(2m+1)K + (2n+1)\mathrm{i}K'$	

$$\mathrm{dn}(u+v) = \frac{(\mathrm{dn}u)(\mathrm{dn}v) - k^2(\mathrm{sn}u)(\mathrm{cn}u)(\mathrm{sn}v)(\mathrm{cn}v)}{1 - k^2(\mathrm{sn}^2u)(\mathrm{sn}^2v)}, \qquad (14.102c)$$

3. $(\mathrm{sn}z)' = (\mathrm{cn}z)(\mathrm{dn}z),$ (14.103a) $\qquad (\mathrm{cn}z)' = -(\mathrm{sn}z)(\mathrm{dn}z),$ (14.103b)

$$(\mathrm{dn}z)' = -k^2(\mathrm{sn}z)(\mathrm{cn}z). \qquad (14.103c)$$

Weitere Eigenschaften der JACOBIschen und weiterer elliptischer Funktionen s. Lit. [14.16], [14.21].

14.3.3 Thetafunktionen

Zur Berechnung der JACOBIschen Funktionen verwendet man die *Thetafunktionen*

$$\vartheta_1(z,q) = 2q^{\frac{1}{4}} \sum_{n=0}^{\infty} (-1)^n q^{n(n+1)} \sin(2n+1)z, \qquad (14.104)$$

$$\vartheta_2(z,q) = 2q^{\frac{1}{4}} \sum_{n=0}^{\infty} q^{n(n+1)} \cos(2n+1)z, \qquad (14.105)$$

$$\vartheta_3(z,q) = 1 + 2\sum_{n=1}^{\infty} q^{n^2} \cos 2nz, \qquad (14.106)$$

$$\vartheta_4(z,q) = 1 + 2\sum_{n=1}^{\infty} (-1)^n q^{n^2} \cos 2nz. \qquad (14.107)$$

Ist $|q| < 1$ (q komplex), dann konvergiern die Reihen (14.104) bis (14.107) für alle komplexen Argumente z. Bei konstantem q verwendet man häufig die Abkürzungen

$$\vartheta_k(z) := \vartheta_k(\pi z, q) \quad (k = 1,2,3,4). \qquad (14.108)$$

Damit haben die JACOBIschen Funktionen die folgenden Darstellungen:

$$\mathrm{sn}z = 2K\frac{\vartheta_4(0)}{\vartheta_1'(0)} \frac{\vartheta_1\left(\frac{z}{2K}\right)}{\vartheta_4\left(\frac{z}{2K}\right)}, \quad (14.109a) \qquad \mathrm{cn}z = \frac{\vartheta_4(0)}{\vartheta_2(0)} \frac{\vartheta_2\left(\frac{z}{2K}\right)}{\vartheta_4\left(\frac{z}{2K}\right)}, \quad (14.109b)$$

$$\mathrm{dn}z = \frac{\vartheta_4(0)}{\vartheta_3(0)} \frac{\vartheta_3\left(\frac{z}{2K}\right)}{\vartheta_4\left(\frac{z}{2K}\right)}, \quad (14.109c) \quad \text{mit} \quad q = \exp\left(-\pi\frac{K'}{K}\right), \quad k = \left(\frac{\vartheta_2(0)}{\vartheta_3(0)}\right)^2 \qquad (14.110)$$

und K, K' gemäß (14.100).

14.3.4 Weierstrasssche Funktionen

Von WEIERSTRASS sind die Funktionen

$$\wp(z) = \wp(z, \omega_1, \omega_2), \quad (14.111a) \qquad \zeta(z) = \zeta(z, \omega_1, \omega_2), \quad (14.111b)$$

$$\sigma(z) = \sigma(z, \omega_1, \omega_2), \quad (14.111c)$$

eingeführt worden, wobei ω_1 und ω_2 zwei beliebige komplexe Zahlen darstellen, deren Quotient nicht reell ist. Man setzt

$$\omega_{mn} = 2(m\omega_1 + n\omega_2), \quad (14.112)$$

wobei m und n beliebige ganze Zahlen sind, und definiert

$$\wp(z, \omega_1, \omega_2) = z^{-2} + \sum_{m,n}{}' \left[(z - \omega_{mn})^{-2} - \omega_{mn}^{-2}\right]. \quad (14.113)$$

Dabei deutet der Strich am Summenzeichen an, daß das Wertepaar $m = n = 0$ ausgenommen ist. Die Funktion $\wp(z, \omega_1, \omega_2)$ hat folgende Eigenschaften:

1. Sie ist eine elliptische Funktion mit den Perioden ω_1 und ω_2.
2. Die Reihe (14.113) konvergiert für alle $z \neq \omega_{mn}$.
3. Die Funktion $\wp(z, \omega_1, \omega_2)$ genügt der Differentialgleichung

$$\wp'^2 = 4\wp^3 - g_2\wp - g_3 \quad (14.114)$$

mit

$$g_2 = 60 \sum_{m,n}{}' \omega_{mn}^{-4}, \quad g_3 = 140 \sum_{m,n}{}' \omega_{mn}^{-6}. \quad (14.115)$$

Die Größen g_2 und g_3 werden als *Invarianten* von $\wp(z, \omega_1, \omega_2)$ bezeichnet.
4. Die Funktion $u = \wp(z, \omega_1, \omega_2)$ ist die Umkehrfunktion zu dem Integral

$$z = \int_u^\infty \frac{dt}{\sqrt{4t^3 - g_2 t - g_3}}. \quad (14.116)$$

5. $$\wp(u + v) = \frac{1}{4}\left[\frac{\wp'(u) - \wp'(v)}{\wp(u) - \wp(v)}\right]^2 - \wp(u) - \wp(v). \quad (14.117)$$

Die WEIERSTRASSschen Funktionen

$$\zeta(z) = z^{-1} + \sum_{m,n}{}' \left[(z - \omega_{mn})^{-1} + \omega_{mn}^{-1} + \omega_{mn}^{-2} z\right], \quad (14.118a)$$

$$\sigma(z) = z\exp\left(\int_0^z \left[\zeta(t) - t^{-1}\right] dt\right) = z \prod_{m,n}{}' \left(1 - \frac{z}{\omega_{mn}}\right) \exp\left(\frac{z}{\omega_{mn}} + \frac{z^2}{2\omega_{mn}^2}\right) \quad (14.118b)$$

sind nicht doppelperiodisch, also keine elliptischen Funktionen. Es gelten folgende Beziehungen:

1. $$\zeta'(z) = -\wp(z), \quad \zeta(z) = (\ln \sigma(z)), \quad (14.119)$$

2. $$\zeta(-z) = -\zeta(z), \quad \sigma(-z) = -\sigma(z), \quad (14.120)$$

3. $$\zeta(z + 2\omega_1) = \zeta(z) + 2\zeta(\omega_1), \quad \zeta(z + 2\omega_2) = \zeta(z) + 2\zeta(\omega_2), \quad (14.121)$$

4. $$\zeta(u + v) = \zeta(u) + \zeta(v) + \frac{1}{2}\frac{\wp'(u) - \wp'(v)}{\wp(u) - \wp(v)}. \quad (14.122)$$

5. Jede elliptische Funktion ist eine rationale Funktion der WEIERSTRASSschen Funktionen $\wp(z)$ und $\zeta(z)$.

15 Integraltransformationen

15.1 Begriff der Integraltransformation

15.1.1 Allgemeine Definition der Integraltransformationen

Unter einer *Integraltransformation* versteht man einen Zusammenhang zwischen zwei Funktionen $f(t)$ und $F(p)$ der Form

$$F(p) = \int\limits_{-\infty}^{+\infty} K(p,t)f(t)dt. \tag{15.1a}$$

Die Funktion $f(t)$ heißt *Originalfunktion*, ihr Definitionsbereich *Originalbereich*. Die Funktion $F(p)$ nennt man *Bildfunktion*, ihren Definitionsbereich *Bildbereich*.
Die Funktion $K(p,t)$ heißt der *Kern* der Transformation. Während es sich bei t um eine reelle Veränderliche handelt, ist $p = \sigma + \mathrm{i}\omega$ eine komplexe Variable.
Eine abgekürzte Schreibweise erhält man durch Einführung des Symbols $\mathcal{T}$ für die Integraltransformation mit dem Kern $K(p,t)$:

$$F(p) = \mathcal{T}\{f(t)\}. \tag{15.1b}$$

Man spricht kurz von $\mathcal{T}$–Transformation.

15.1.2 Spezielle Integraltransformationen

Für unterschiedliche Kerne $K(p,t)$ und unterschiedliche Definitionsbereiche erhält man unterschiedliche Integraltransformationen. Die verbreitetsten sind die LAPLACE–Transformation, die LAPLACE–CARSON–Transformation sowie die FOURIER–Transformation. In **Tabelle15.1** ist ein Überblick über Integraltransformationen von Funktionen einer Veränderlichen gegeben.

15.1.3 Umkehrtransformationen

In den Anwendungen ist die Rücktransformation einer Bildfunktion in die Originalfunktion von unmittelbarem Interesse. Man spricht auch von *Umkehrtransformation* oder *inverser Transformation*. Bei Benutzung des Symbols $\mathcal{T}^{-1}$ schreibt sich die Umkehrung der Integraltransformation (15.1a) gemäß

$$f(t) = \mathcal{T}^{-1}\{F(p)\}. \tag{15.2a}$$

Der Operator $\mathcal{T}^{-1}$ heißt der zu $\mathcal{T}$ *inverse Operator*, so daß gilt:

$$\mathcal{T}^{-1}\{\mathcal{T}\{f(t)\}\} = f(t). \tag{15.2b}$$

Die Bestimmung der Umkehrtransformation bedeutet, die Lösung der Integralgleichung (15.1a) zu suchen, in der die Funktion $F(p)$ gegeben ist und die Funktion $f(t)$ gesucht wird. Wenn eine Lösung existiert, kann sie in der Form

$$f(t) = \mathcal{T}^{-1}\{F(p)\} \tag{15.2c}$$

geschrieben werden. Die explizite Bestimmung der *inversen Operatoren* für die verschiedenen Integraltransformationen, d. h. für verschiedene Kerne $K(p,t)$, gehört zu den grundlegenden Problemen der Theorie der Integraltransformationen. Der Anwender benutzt zur Lösung seiner Probleme vor allem die in entsprechenden Tabellen angegebenen *Korrespondenzen* von zusammengehörigen Bild- und Originalfunktionen (**Tabelle21.11**, 21.12 und 21.13).

15.1.4 Linearität der Integraltransformationen

Sind $f_1(t)$ und $f_2(t)$ transformierbare Funktionen, dann gilt

$$\mathcal{T}\{k_1 f_1(t) + k_2 f_2(t)\} = k_1\mathcal{T}\{f_1(t)\} + k_2\mathcal{T}\{f_2(t)\}, \tag{15.3}$$

wobei die k_1 und k_2 beliebige Zahlen sein können. Das bedeutet, daß eine Integraltransformation eine lineare Operation auf der Menge T der $\mathcal{T}$–transformierbaren Funktionen darstellt.

Tabelle 15.1 Übersicht über Integraltransformationen von Funktionen einer Veränderlichen

Transformation	Kern $K(p,t)$	Symbol	Bemerkung
Laplace–Transformation	$\begin{cases} 0 & \text{für } t < 0 \\ e^{-pt} & \text{für } t > 0 \end{cases}$	$\mathcal{L}\{f(t)\} = \int\limits_0^{\infty} e^{-pt} f(t) dt$	$p = \sigma + \mathrm{i}\omega$
Zweiseitige Laplace–Transformation	e^{-pt}	$\mathcal{L}_{\mathrm{II}}\{f(t)\} = \int\limits_{-\infty}^{+\infty} e^{-pt} f(t) dt$	$\mathcal{L}_{\mathrm{II}}\{f(t)\mathit{1}(t)\} = \mathcal{L}\{f(t)\}$ wobei $\mathit{1}(t) = \begin{cases} 0 & \text{für } t < 0 \\ 1 & \text{für } t > 0 \end{cases}$
Endliche Laplace–Transformation	$\begin{cases} 0 & \text{für } t < 0 \\ e^{-pt} & \text{für } 0 < t < a \\ 0 & \text{für } t > a \end{cases}$	$\mathcal{L}_a\{f(t)\} = \int\limits_0^{a} e^{-pt} f(t) dt$	
Laplace–Carson–Transformation	$\begin{cases} 0 & \text{für } t < 0 \\ pe^{-pt} & \text{für } t > 0 \end{cases}$	$\mathcal{C}\{f(t)\} = \int\limits_0^{\infty} pe^{-pt} f(t) dt$	Die Carson–Transformation kann auch als zweiseitige oder endliche Transformation auftreten.
Fourier–Transformation	$e^{-\mathrm{i}\omega t}$	$\mathcal{F}\{f(t)\} = \int\limits_{-\infty}^{+\infty} e^{-\mathrm{i}\omega t} f(t) dt$	$p = \sigma + \mathrm{i}\omega \quad \sigma = 0$
Einseitige Fourier–Transformation	$\begin{cases} 0 & \text{für } t < 0 \\ e^{-\mathrm{i}\omega t} & \text{für } t > 0 \end{cases}$	$\mathcal{F}_{\mathrm{I}}\{f(t)\} = \int\limits_0^{\infty} e^{-\mathrm{i}\omega t} f(t) dt$	$p = \sigma + \mathrm{i}\omega \quad \sigma = 0$
Endliche Fourier–Transformation	$\begin{cases} 0 & \text{für } t < 0 \\ e^{-\mathrm{i}\omega t} & \text{für } 0 < t < a \\ 0 & \text{für } t > a \end{cases}$	$\mathcal{F}_a\{f(t)\} = \int\limits_0^{a} e^{-\mathrm{i}\omega t} f(t) dt$	$p = \sigma + \mathrm{i}\omega \quad \sigma = 0$
Fourier–Kosinus–Transformation	$\begin{cases} 0 & \text{für } t < 0 \\ \mathrm{Re}\,[e^{\mathrm{i}\omega t}] & \text{für } t > 0 \end{cases}$	$\mathcal{F}_c\{f(t)\} = = \int\limits_0^{\infty} f(t) \cos \omega t dt$	$p = \sigma + \mathrm{i}\omega \quad \sigma = 0$
Fourier–Sinus–Transformation	$\begin{cases} 0 & \text{für } t < 0 \\ \mathrm{Im}\,[e^{\mathrm{i}\omega t}] & \text{für } t > 0 \end{cases}$	$\mathcal{F}_s\{f(t)\} = = \int\limits_0^{\infty} f(t) \sin \omega t dt$	$p = \sigma + \mathrm{i}\omega \quad \sigma = 0$
Mellin–Transformation	$\begin{cases} 0 & \text{für } t < 0 \\ t^{p-1} & \text{für } t > 0 \end{cases}$	$\mathcal{M}\{f(t)\} = \int\limits_0^{\infty} t^{p-1} f(t) dt$	
Hankel–Transformation ν–ter Ordnung	$\begin{cases} 0 & \text{für } t < 0 \\ tJ_\nu(\sigma t) & \text{für } t > 0 \end{cases}$	$\mathcal{H}_\nu\{f(t)\} = \int\limits_0^{\infty} tJ_\nu(\sigma t) f(t) dt$	$p = \sigma + \mathrm{i}\omega \quad \omega = 0$ $J_\nu(\sigma t) =$ Bessel–Funktion erster Art ν–ter Ordnung
Stieltjes–Transformation	$\begin{cases} 0 & \text{für } t < 0 \\ \dfrac{1}{p+t} & \text{für } t > 0 \end{cases}$	$\mathcal{S}\{f(t)\} = \int\limits_0^{\infty} \dfrac{f(t)}{p+t} dt$	

15.1.5 Integraltransformationen für Funktionen von mehreren Veränderlichen

Integraltransformationen für Funktionen von mehreren Veränderlichen werden auch *Mehrfach–Integraltransformationen* genannt [15.12]. Am verbreitetsten sind die zweifache LAPLACE–Transformation, d.h. die LAPLACE–Transformation für eine Funktion von zwei Veränderlichen, die zweifache LAPLACE–CARSON–Transformation und die zweifache FOURIER–Transformation. Mit dem Symbol $\mathcal{L}$ für die LAPLACE–Transformation lautet die Definitionsgleichung

$$F(p,q) = \mathcal{L}^2\{f(x,y)\} \equiv \iint e^{-px-qy} f(x,y)\,dx\,dy. \tag{15.4}$$

15.1.6 Anwendungen der Integraltransformationen

1. Prinzipielle Bedeutung Neben der großen theoretischen Bedeutung, die Integraltransformationen in solchen grundlegenden Gebieten der Mathematik wie der Theorie der Integralgleichungen und der Theorie der linearen Operatoren besitzen, haben sie ein breites Anwendungsfeld bei der Lösung praktischer Probleme in Physik und Technik gefunden. Methoden mit dem Einsatz von Integraltransformationen werden häufig *Operatorenmethoden* genannt. Sie eignen sich zur Lösung von gewöhnlichen und partiellen Differentialgleichungen, von Intergralgleichungen und Differenzengleichungen.

2. Schema der Operatorenmethode Das allgemeine Schema des Einsatzes der Operatorenmethode mit Integraltransformation ist in **Abb.15.1** dargestellt. Die Lösung eines Problems wird nicht auf direktem Wege durch unmittelbare Lösung der Ausgangsgleichung gesucht; man strebt sie vielmehr über eine Integraltransformation an. Die Rücktransformation der Lösung der transformierten Lösung führt dann auf die Lösung der Ausgangsgleichung.

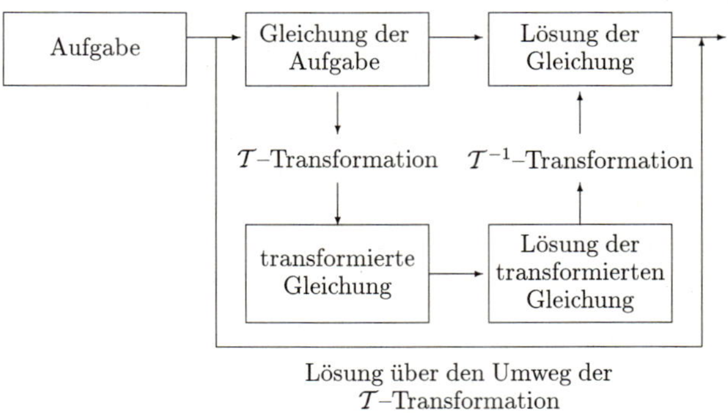

Abbildung 15.1

Die Anwendung der Operatorenmethode zur Lösung gewöhnlicher Differentialgleichungen besteht in den folgenden drei Schritten:

1. Übergang von einer Differentialgleichung für die unbekannte Funktion zu einer Gleichung für ihre Transformierte.

2. Auflösung der erhaltenen Gleichung im Bildbereich, die im allgemeinen keine Differentialgleichung mehr ist, sondern eine algebraische Gleichung, nach der Bildfunktion.

3. Rücktransformation der Bildfunktion mit Hilfe von $\mathcal{T}^{-1}$ in den Originalbereich, d.h. Bestimmung der Originalfunktion.

Die Schwierigkeit der Operatorenmethode liegt oft nicht in der Lösung der Gleichung, sondern im Übergang von der Funktion zur Transformierten und umgekehrt.

15.2 Laplace–Transformation

15.2.1 Eigenschaften der Laplace–Transformation

15.2.1.1 Laplace–Transformierte, Original- und Bildbereich

1. Definition der LAPLACE–Transformation Die LAPLACE–Transformation

$$\mathcal{L}\{f(t)\} = \int_0^\infty e^{-pt} f(t)\, dt = F(p) \tag{15.5}$$

ordnet einer gegebenen Funktion $f(t)$ der reellen Veränderlichen t, *Originalfunktion* genannt, eine andere Funktion $F(p)$ der komplexen Veränderlichen p zu, die *Bildfunktion* genannt wird. Dabei wird vorausgesetzt, daß die Originalfunktion $f(t)$ in ihrem Definitionsbereich $t \geq 0$, dem *Originalbereich* stückweise glatt ist und für $t \to \infty$ nicht stärker als $e^{\alpha t}$ mit $\alpha > 0$ gegen ∞ strebt. Der Definitionsbereich der Bildfunktion $F(p)$ wird *Bildbereich* genannt.
Häufig wird in der Literatur die LAPLACE–Transformierte auch in der WAGNERschen oder LAPLACE–CARSONschen Form

$$\mathcal{L}_W\{f(t)\} = p\int_0^\infty e^{-pt} f(t)\, dt = p\,F(p) \tag{15.6}$$

eingeführt [15.13].

2. Konvergenz Das LAPLACE–Integral $\mathcal{L}\{f(t)\}$ konvergiert in der rechten Halbebene $\mathrm{Re}\,p > \alpha$ **(Abb.15.2)**. Die Bildfunktion $F(p)$ ist dann dort eine analytische Funktion mit den Eigenschaften

1. $\lim\limits_{\mathrm{Re}\,p\to\infty} F(p) = 0.$ (15.7a)

Jede Bildfunktion muß diese notwendige Bedingung erfüllen.

2. $\lim\limits_{\substack{p\to 0\\(p\to\infty)}} pF(p) = A,$ (15.7b)

falls die Originalfunktion $f(t)$ einen endlichen Grenzwert $\lim\limits_{\substack{t\to\infty\\(t\to 0)}} f(t) = A$ besitzt.

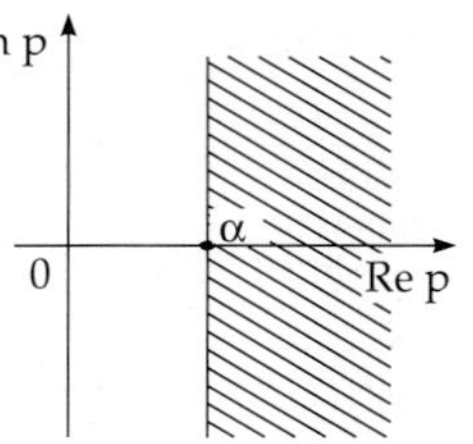

Abbildung 15.2

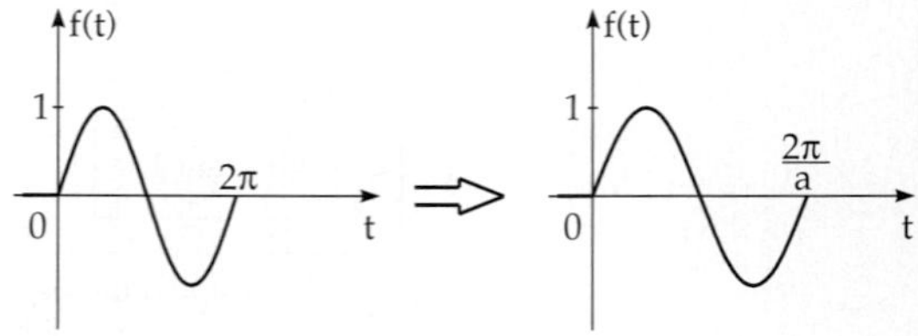

Abbildung 15.3

3. Inverse LAPLACE–Transformation (Rücktransformation) Aus der Bildfunktion erhält man die Originalfunktion mit Hilfe der *Umkehrformel*

$$\mathcal{L}^{-1}\{F(p)\} = \frac{1}{2\pi \mathrm{i}} \int_{c-\mathrm{i}\infty}^{c+\mathrm{i}\infty} e^{pt} F(p) dp = \begin{cases} f(t) & \text{für } t > 0, \\ 0 & \text{für } t < 0. \end{cases} \tag{15.8}$$

Der Integrationsweg dieses komplexen Integrals ist die Parallele $\mathrm{Re}\,p = c$ zur imaginären Achse, wobei $\mathrm{Re}\,p = c > \alpha$ gilt. Ist die Stelle $t = 0$ eine Sprungstelle, d.h. ist $\lim\limits_{t\to+0} f(t) \neq 0$, dann gibt das Integral dort den Mittelwert $\frac{1}{2} f(+0)$ an.

15.2.1.2 Rechenregeln zur Laplace–Transformation

Unter Rechenregeln versteht man im Zusammenhang mit Integraltransformationen die Abbildung von Operationen im Originalbereich auf andere Operationen im Bildbereich.
Im folgenden werden Originalfunktionen stets mit kleinen Buchstaben bezeichnet, die jeweils zugehörigen Bildfunktionen mit den entsprechenden großen Buchstaben.

1. Additions- oder Linearitätssatz

Die LAPLACE–Transformation einer Summe ist gleich der Summe der LAPLACE–Transformierten, wobei konstante Faktoren vor das LAPLACE–Integral gezogen werden können ($\lambda_1, \ldots, \lambda_n$ Konstanten):

$$\mathcal{L}\{\lambda_1 f_1(t) + \lambda_2 f_2(t) + \cdots + \lambda_n f_n(t)\} = \lambda_1 F_1(p) + \lambda_2 F_2(p) + \cdots + \lambda_n F_n(p). \tag{15.9}$$

2. Ähnlichkeitssätze

Die LAPLACE–Transformierte von $f(at)$ ($a > 0$, a reell) ergibt eine LAPLACE–Transformierte, die gleich der Transformierten der durch a dividierten Originalfunktion ist, aber mit dem Argument p/a:

$$\mathcal{L}\{f(at)\} = \frac{1}{a} F\left(\frac{p}{a}\right) \quad (a > 0, \quad \text{reell}). \tag{15.10a}$$

In Analogie dazu gilt für die Rücktransformation

$$F(ap) = \frac{1}{a} \mathcal{L}\left\{f\left(\frac{t}{a}\right)\right\}. \tag{15.10b}$$

Die **Abb.15.3** zeigt die Anwendung des Ähnlichkeitssatzes am Beispiel einer Sinusfunktion.

3. Verschiebungssätze

1. Verschiebung nach rechts Die LAPLACE–Transformierte einer um a ($a > 0$) nach rechts verschobenen Originalfunktion ist gleich der LAPLACE–Transformierten der nicht verschobenen Originalfunktion, multipliziert mit dem Faktor e^{-ap}:

$$\mathcal{L}\{f(t-a)\} = e^{-ap} F(p). \tag{15.11a}$$

2. Verschiebung nach links Die LAPLACE–Transformierte einer um a nach links verschobenen Originalfunktion ist gleich der mit dem Faktor e^{ap} multiplizierten Differenz aus der LAPLACE–Transformierten der nichtverschobenen Originalfunktion und dem Integral $\int\limits_0^a f(t)\, e^{-pt}\, dt$:

$$\mathcal{L}\{f(t+a)\} = e^{ap} \left[F(p) - \int\limits_0^a e^{-pt} f(t)\, dt \right]. \tag{15.11b}$$

Die **Abb.15.4 und 15.5** zeigen die Rechtsverschiebung einer Kosinusfunktion und die Linksverschiebung einer Geraden.

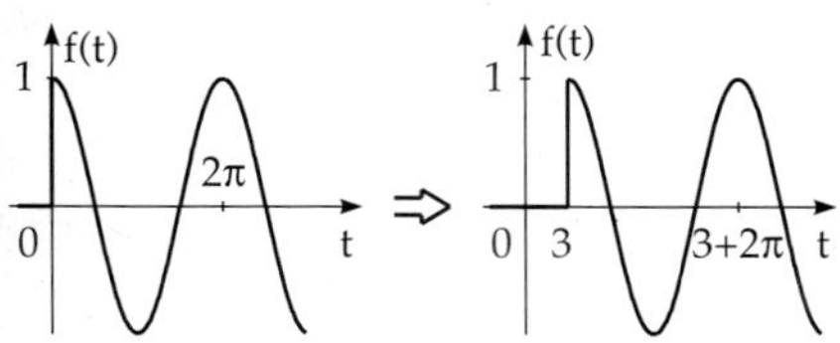

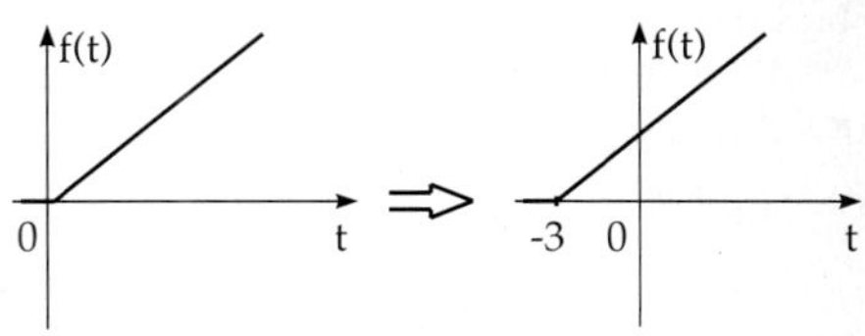

Abbildung 15.4 hfill Abbildung 15.5

4. Dämpfungssatz

Die LAPLACE–Transformierte einer mit dem Faktor e^{-bt} gedämpften Originalfunktion ist gleich der LAPLACE–Transformierten mit dem Argument $p + b$ (b beliebig komplex):

$$\mathcal{L}\{e^{-bt} f(t)\} = F(p+b). \tag{15.12}$$

5. Differentiation im Originalbereich

Wenn die Ableitungen $f'(t), f''(t), \ldots, f^{(n)}(t)$ für $t > 0$ existieren und die höchste auftretende Ablei-tung von $f(t)$ eine Bildfunktion besitzt, dann haben auch die niedrigeren Ableitungen einschließlich $f(t)$ eine Bildfunktion, und es gilt:

$$\left.\begin{aligned} \mathcal{L}\{f'(t)\} &= p\,F(p) - f(+0), \\ \mathcal{L}\{f''(t)\} &= p^2\,F(p) - f(+0)\,p - f'(+0), \\ &\cdots\cdots\cdots\cdots\cdots\cdots \\ \mathcal{L}\{f^{(n)}(t)\} &= p^n\,F(p) - f(+0)\,p^{n-1} - f'(+0)\,p^{n-2} - \cdots \\ &\quad - f^{(n-2)}(+0)\,p - f^{(n-1)}(+0). \\ f^{(\nu)}(+0) &= \lim_{t \to +0} f^{(\nu)}(t) \end{aligned}\right\} \qquad (15.13)$$

Aus der Gleichung (15.13) ergibt sich die folgende Darstellung des LAPLACE–Integrals, die zur genäherten Berechnung von LAPLACE–Integralen genutzt werden kann:

$$\mathcal{L}\{f(t)\} = \frac{f(+0)}{p} + \frac{f'(+0)}{p^2} + \frac{f''(+0)}{p^3} + \cdots + \frac{1}{p^n}\mathcal{L}\{f^{(n)}(t)\}. \qquad (15.14)$$

6. Differentiation im Bildbereich

$$\mathcal{L}\{t^n f(t)\} = (-1)^n F^{(n)}(p). \qquad (15.15)$$

Die n–te Ableitung der Bildfunktion ist gleich der LAPLACE–Transformierten der mit $(-t)^n$ multiplizierten Originalfunktion $f(t)$:

$$\mathcal{L}\{(-1)^n\, t^n\, f(t)\} = F^{(n)}(p) \qquad (n = 1, 2, \ldots). \qquad (15.16)$$

7. Integration im Originalbereich

Die Bildfunktion eines Integrals über die Originalfunktion ist gleich der Bildfunktion der Originalfunktion, multipliziert mit $1/p^n$ $(n > 0)$:

$$\mathcal{L}\left\{\int\limits_0^t d\tau_1 \int\limits_0^{\tau_1} d\tau_2 \ldots \int\limits_0^{\tau_{n-0}} f(\tau_n)\,d\tau_n\right\} = \frac{1}{(n-1)\,!}\,\mathcal{L}\left\{\int\limits_0^t (t-\tau)^{(n-1)}\,f(\tau)\,d\tau\right\} = \frac{1}{p^n}F(p). \qquad (15.17a)$$

Im Spezialfall des gewöhnlichen einfachen Integrals gilt:

$$\mathcal{L}\left\{\int\limits_0^t f(\tau)\,d\tau\right\} = \frac{1}{p}F(p). \qquad (15.17b)$$

Im Originalbereich heben sich Differentiation und Integration gegenseitig auf, wenn die Anfangswerte verschwinden.

8. Integration im Bildbereich

$$\mathcal{L}\left\{\frac{f(t)}{t^n}\right\} = \int\limits_p^\infty dp_1 \int\limits_{p_1}^\infty dp_2 \ldots \int\limits_{p_{n-1}}^\infty F(p_n)\,dp_n = \frac{1}{(n-1)\,!}\int\limits_p^\infty (z-p)^{n-1}F(z)\,dz. \qquad (15.18a)$$

Diese Formel gilt nur, wenn $f(t)/t^n$ eine LAPLACE–Transformierte besitzt. Dazu muß $f(x)$ für $t \to$ genügend stark gegen Null streben. Als Integrationsweg kann ein beliebiger, von p ausgehender Strahl gewählt werden, der mit der reellen Achse einen spitzen Winkel bildet.
Im Spezialfall des gewöhnlichen einfachen Integrals gilt:

$$\mathcal{L}\left\{\frac{f(t)}{t}\right\} = \int\limits_p^\infty f(z)\,dz. \qquad (15.18b)$$

9. Divisionssatz

$$\mathcal{L}\left\{\frac{f(t)}{t}\right\} = \int_s^{\infty} F(u)\,du. \tag{15.19}$$

Damit das Integral existiert, muß der Grenzwert $\lim\limits_{t\to 0}\dfrac{f(t)}{t}$ existieren.

10. Differentiation und Integration nach einem Parameter

$$\mathcal{L}\left\{\frac{\partial f(t,\alpha)}{\partial\alpha}\right\} = \frac{\partial F(p,\alpha)}{\partial\alpha}\,, \quad (15.20\text{a}) \qquad \mathcal{L}\left\{\int_{\alpha_1}^{\alpha_2} f(t,\alpha)\,d\alpha\right\} = \int_{\alpha_1}^{\alpha_2} F(t,\alpha)\,d\alpha\,. \quad (15.20\text{b})$$

Mit Hilfe dieser Formeln kann man manchmal LAPLACE–Integrale aus bereits bekannten berechnen.

11. Faltung

1. Faltung im Originalbereich Als Faltung zweier Funktionen $f_1(x)$ und $f_2(x)$ bezeichnet man das Integral

$$f_1 * f_2 = \int_0^t f_1(\tau)\cdot f_2(t-\tau)\,d\tau. \tag{15.21}$$

Die Gleichung (15.21) wird auch einseitige Faltung im Intervall $(0,t)$ genannt. Eine *zweiseitige Faltung* tritt bei der FOURIER–Transformation (Faltung im Intervall $(-\infty,\infty)$) auf (S. 608). Die Faltung (15.21) besitzt die Eigenschaften

a) Kommutatives Gesetz: $\quad f_1 * f_2 = f_2 * f_1,$ (15.22a)

b) Assoziatives Gesetz: $\quad (f_1 * f_2) * f_3 = f_1 * (f_2 * f_3),$ (15.22b)

c) Distributives Gesetz: $\quad (f_1 + f_2) * f_3 = f_1 * f_3 + f_2 * f_3.$ (15.22c)

Im Bildbereich entspricht der Faltung die gewöhnliche Multiplikation:

$$\mathcal{L}\{f_1 * f_2\} = F_1(p)\cdot F_2(p). \tag{15.23}$$

In **Abb.15.6** ist die Faltung zweier Funktionen graphisch dargestellt. Man kann den Faltungssatz zur Bestimmung der Originalfunktion wie folgt benutzen:

1. Faktorisierung der Bildfunktion $F(p) = F_1(p)\cdot F_2(p)$.

2. Ermittlung der Originalfunktionen $f_1(t)$ und $f_2(t)$ der Bildfunktionen $F_1(p)$ und $F_2(p)$ gemäß Tabelle.

3. Bildung der Originalfunktion durch Faltung von $f_1(t)$ mit $f_2(t)$ im Originalbereich gemäß $f(t) = f_1(t) * f_2(t)$, die zur gegebenen Bildfunktion $F(p)$ gehört.

2. Faltung im Bildbereich (komplexe Faltung)

$$\mathcal{L}\{f_1(t)\cdot f_2(t)\} = \begin{cases} \dfrac{1}{2\pi\mathrm{i}}\displaystyle\int_{x_1-\mathrm{i}\infty}^{x_1+\mathrm{i}\infty} F_1(z)\cdot F_2(p-z)\,dz\,, \\[2ex] \dfrac{1}{2\pi\mathrm{i}}\displaystyle\int_{x_2-\mathrm{i}\infty}^{x_2+\mathrm{i}\infty} F_1(p-z)\cdot F_2(p)\,dz\,. \end{cases} \tag{15.24}$$

Die Integration erfolgt längs einer Parallelen zur imaginären Achse. Im ersten Integral müssen x_1 und p so gewählt werden, daß z in der Konvergenzhalbebene von $\mathcal{L}\{f_1\}$ liegt und $p-z$ in der Konvergenzhalbebene von $\mathcal{L}\{f_2\}$. Entsprechendes gilt für das zweite Integral.

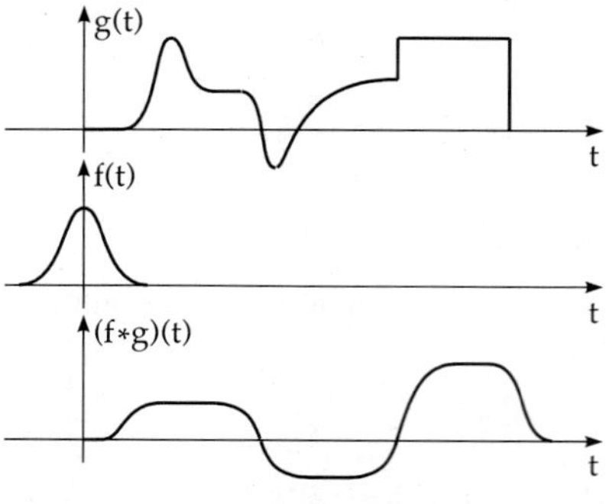

Abbildung 15.6

15.2.1.3 Bildfunktionen spezieller Funktionen

1. Sprungfunktion Der Einheitssprung bei $t = t_0$ wird durch die Sprungfunktion **(Abb.15.7)**, auch HEAVISIDE*sche Einheitsfunktion* genannt,

$$u(t-t_0) = \begin{cases} 1 & \text{für} \quad t > t_0 \\ 0 & \phantom{\text{für}} \quad t < t_0 \end{cases} \quad (t_0 > 0) \tag{15.25}$$

vermittelt.

■ **A:** $f(t) = u(t-t_0)\sin\omega t$, $\quad F(p) = e^{-t_0 p}\,\dfrac{\omega\,\cos\omega\, t_0 + p\,\sin\omega\, t_0}{p^2+\omega^2}$ **(Abb.15.8)**.

B: $f(t) = u(t-t_0)\sin\omega\,(t-t_0)$, $\quad F(p) = e^{-t_0 p}\,\dfrac{\omega}{p^2+\omega^2}$ **(Abb.15.9)**.

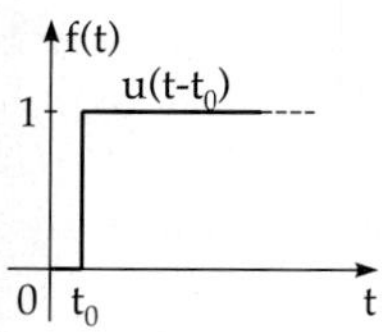

Abbildung 15.7

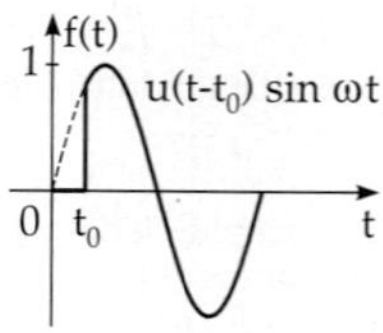

Abbildung 15.8

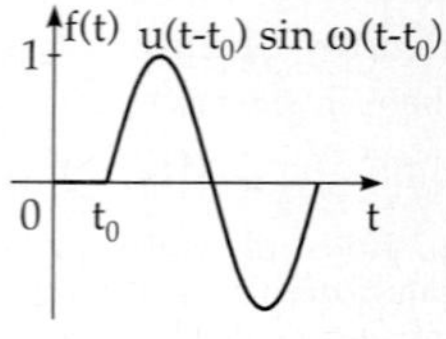

Abbildung 15.9

2. Rechteckimpuls Ein Rechteckimpuls der Höhe 1 und der Breite T **(Abb.15.10)** entsteht durch Überlagerung zweier Sprungfunktionen in der Form

$$u_T(t-t_0) = u(t-t_0) - u(t-t_0-T) = \begin{cases} 0 & \text{für } t < t_0\,, \\ 1 & \text{für } t_0 < t < t_0 + T\,, \\ 0 & \text{für } t > t_0 + T\,; \end{cases} \tag{15.26}$$

$$\mathcal{L}\{u_T(t-t_0)\} = \frac{e^{-t_0 p}(1-e^{-Tp})}{p}\,. \tag{15.27}$$

3. Impulsfunktion (DIRACsche δ –Funktion), s. auch S.522) Die Impulsfunktion $\delta(t-t_0)$ ist anschaulich als Grenzfall eines Rechteckimpulses der Breite T und der Höhe $1/T$ an der Stelle $t = t_0$ interpretierbar **(Abb.15.11)**

$$\delta(t-t_0) = \lim_{T\to 0}\frac{1}{T}[\,u(t-t_0) - u(t-t_0-T)\,]. \tag{15.28}$$

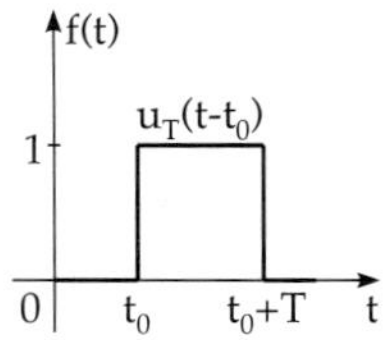

Abbildung 15.10

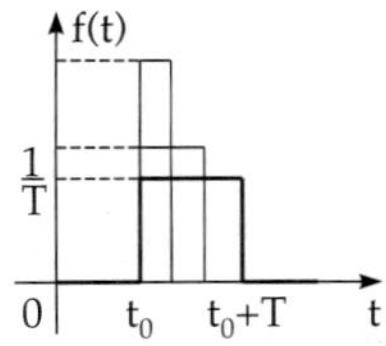

Abbildung 15.11

Für eine stetige Funktion $h(t)$ gilt:

$$\int_a^b h(t)\,\delta(t-t_0)\,dt = \begin{cases} h(t_0), & \text{falls } t_0 \text{ innerhalb } (a,b) \\ 0, & \text{falls } t_0 \text{ außerhalb } (a,b) \end{cases}. \tag{15.29}$$

Beziehungen der Art

$$\delta(t-t_0) = \frac{du(t-t_0)}{dt}, \qquad \mathcal{L}\{\,\delta(t-t_0)\} = e^{-t_0 p} \qquad (t_0 \geq 0) \tag{15.30}$$

werden im allgemeineren Sinne in der *Distributionstheorie* untersucht(s. S.521).
Bei der Beschreibung gewisser technischer Systeme durch lineare Differentialgleichungen treten häufig $u(t)$ und $\delta(t)$ als Stör- oder Eingangsfunktion auf, obwohl die auf Seite 590 geforderten Voraussetzungen für die eindeutige Lösbarkeit nicht erfüllt sind: $u(t)$ ist unstetig, $\delta(t)$ ist im Sinne der klassischen Analysis nicht definierbar. Einen Ausweg zeigt die Distributionstheorie, die sogenannte *verallgemeinerte Funktionen (Distributionen)*, unter die sich z.B. die bekannten stetigen, reellen Funktionen und $\delta(t)$ einordnen lassen, einführt und für sie die notwendigen Differenzierbarkeitseigenschaften gewährleistet. Die Distributionen gestatten verschiedene Darstellungen. Zu den bekanntesten gehört die von L. SCHWARTZ eingeführte stetige reelle Linearform [12.13]. Periodischen Distributionen lassen sich analog zu den reellen Funktionen FOURIER–Koeffizienten und FOURIER–Reihen eindeutig zuordnen (s. S. 315).
Die Bildfunktionen stückweise differenzierbarer Funktionen lassen sich mit Hilfe der δ–Funktion leicht angeben:
Wenn $f(t)$ stückweise differenzierbar ist und an den Stellen t_ν ($\nu = 1, 2, ..., n$) die Sprünge a_ν hat, dann ist ihre erste Ableitung in der Form

$$\frac{df(t)}{dt} = f_s'(t) + a_1\delta(t-t_1) + a_2\delta(t-t_2) + \cdots + a_n\delta(t-t_n) \tag{15.31}$$

darstellbar, wobei in den Bereichen, in denen $f(t)$ differenzierbar ist, $f_s'(t)$ die gewöhnliche Ableitung von $f(t)$ bedeutet.
Wenn Sprünge erst in den Ableitungen auftreten, gelten für diese ganz entsprechende Formeln. Auf diese Weise lassen sich die Bildfunktionen zu Kurvenzügen, die sich aus Parabelbögen beliebig hoher Ordnung zusammensetzen (empirisch gefundene Kurven wird man meist durch solche einfachen Funktionen annähern), ohne großen Rechenaufwand angeben. Bei formaler Anwendung von (15.16) sind im Falle einer Sprungstelle die Werte $f(+0), f'(+0), \ldots$ gleich Null zu setzen:

■ **A:** $f(t) = \begin{cases} at+b & \text{für } \ 0 < t < t_0 \\ 0 & \text{sonst} \end{cases}$ **(Abb.15.12)**

$$f'(t) = a\,u_{t_0}(t) + b\,\delta(t) - (at_0+b)\,\delta(t-t_0)$$

$$\mathcal{L}\{f'(t)\} = \frac{a}{p}(1-e^{-t_0 p}) + b - (at_0+b)\,e^{-t_0 p}$$

$$\mathcal{L}\{f(t)\} = \frac{1}{p}\left[\frac{a}{p} + b - e^{-t_0 p}\left(\frac{a}{p} + at_0 + b\right)\right]$$

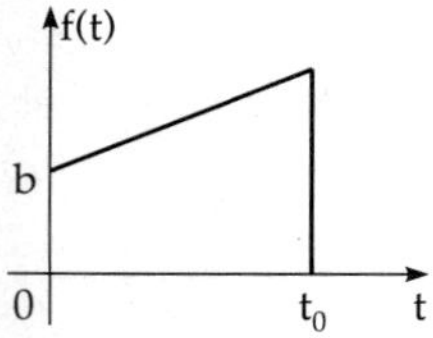

Abbildung 15.12

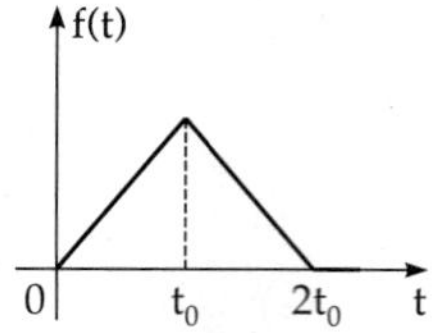

Abbildung 15.13

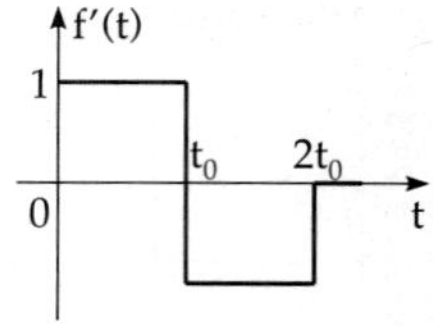

Abbildung 15.14

■ **B:** $f(t) = \begin{cases} t & \text{für } 0 < t < t_0 \\ 2t_0 - t & \text{für } t_0 < t < 2t_0 \\ 0 & \text{für } t > 2t_0 \end{cases}$ **(Abb.15.13)**

$f'(t) = \begin{cases} 1 & \text{für } 0 < t < t_0 \\ -1 & \text{für } t_0 < t < 2t_0 \\ 0 & \text{für } t > 2t_0 \end{cases}$ **(Abb.15.14)**

$$f''(t) = \delta(t) - \delta(t - t_0) - \delta(t - t_0) + \delta(t - 2t_0)$$

$$\mathcal{L}\{f''(t)\} = 1 - 2e^{-t_0 p} + e^{-2t_0 p}$$

$$\mathcal{L}\{f(t)\} = \frac{(1 - e^{-t_0 p})^2}{p^2}$$

■ **C:** $f(t) = \begin{cases} E\,t/t_0 & \text{für } 0 < t < t_0 \\ E & \text{für } t_0 < t < T - t_0 \\ -E(t - T)/t_0 & \text{für } T - t_0 < t < T \\ 0 & \text{sonst} \end{cases}$ **(Abb.15.15)**

$f'(t) = \begin{cases} E/t_0 & \text{für } 0 < t < t_0 \\ 0 & \text{für } t_0 < t < T - t_0,\ t > T \\ -E/t_0 & \text{für } T - t_0 < t < T \\ 0 & \text{sonst} \end{cases}$ **(Abb.15.16)**

$$f''(t) = \frac{E}{t_0}\delta(t) - \frac{E}{t_0}\delta(t - t_0) - \frac{E}{t_0}\delta(t - T + t_0) + \frac{E}{t_0}\delta(t - T)$$

$$\mathcal{L}\{f''(t)\} = \frac{E}{t_0}\left[1 - e^{-t_0 p} - e^{-(T - t_0)p} + e^{-Tp}\right]$$

$$\mathcal{L}\{f(t)\} = \frac{E}{t_0} \cdot \frac{(1 - e^{-t_0 p})(1 - e^{-(T - t_0)p})}{p^2}$$

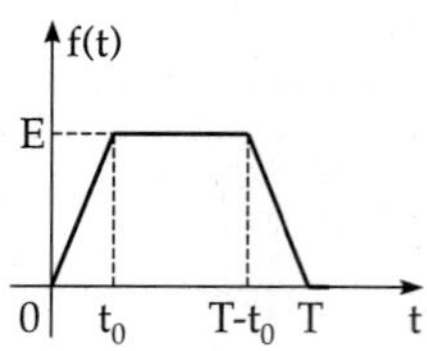

Abbildung 15.15

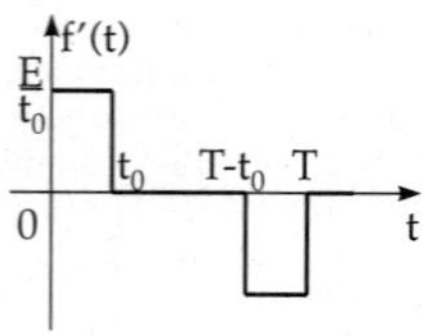

Abbildung 15.16

■ **D:** $f(t) = \begin{cases} t - t^2 & \text{für } 0 < t < 1 \\ 0 & \text{sonst} \end{cases}$ **(Abb.15.17)**

$f'(t) = \begin{cases} 1 - 2t & \text{für } 0 < t < 1 \\ 0 & \text{sonst} \end{cases}$ **(Abb.15.18)**

$$f''(t) = -2u_1(t) + \delta(t) + \delta(t-1)$$
$$\mathcal{L}\{f''(t)\} = -\frac{2}{p}(1-e^{-p}) + 1 + e^{-p}$$
$$\mathcal{L}\{f(t)\} = \frac{1+e^{-p}}{p^2} - \frac{2\,(1-e^{-p})}{p^3}$$

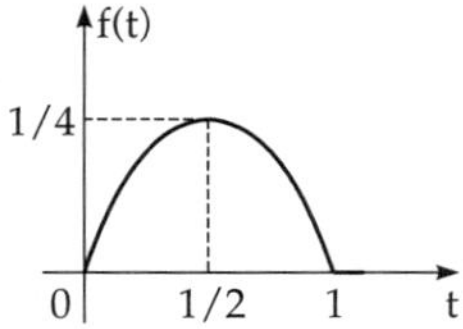

Abbildung 15.17

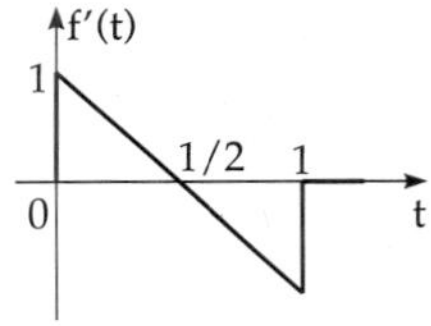

Abbildung 15.18

4. Periodische Funktionen Die Bildfunktion einer periodischen Funktion $f^*(t)$ mit der Periode T, die durch periodische Fortsetzung einer Funktion $f(t)$ entsteht, ergibt sich aus der LAPLACE-Transformierten von $f(t)$, multipliziert mit dem *Periodisierungsfaktor*

$$(1-e^{-Tp})^{-1}. \tag{15.32}$$

■ **A:** Die periodische Fortsetzung von $f(t)$ aus dem Beispiel B (s. oben) mit der Periode $T = 2t_0$ ergibt $f^*(t)$ mit

$$\mathcal{L}\{f^*(t)\} = \frac{(1-e^{-t_0p})^2}{p^2} \cdot \frac{1}{1-e^{-2t_0p}} = \frac{1-e^{-t_0p}}{p^2(1+e^{-t_0p})}.$$

■ **B:** Die periodische Fortsetzung von $f(t)$ aus dem Beispiel C (s. oben) mit der Periode T ergibt $f^*(t)$ mit

$$\mathcal{L}\{f^*(t)\} = \frac{E\,(1-e^{-t_0p})\,(1-e^{-(T-t_0)p})}{t_0\,p^2\,(1-e^{-Tp})}.$$

15.2.2 Rücktransformation in den Originalbereich

Für die Rücktransformation in den Originalbereich stehen folgende Wege zur Verfügung:
1. Benutzung einer Tabelle zusammengehöriger Original- und Bildfunktionen, auch Korrespondenzen genannt (s. Tabelle 21.11).
2. Zurückführung auf bekannte Korrespondenzen durch Umformung (s. 15.2.2.2, 15.2.2.3).
3. Auswertung der Umkehrformel (s. 15.2.2.4).

15.2.2.1 Rücktransformation mit Hilfe von Tabellen

Die Benutzung der Tafeln wird hier an einem Beispiel aus Tabelle 21.11 demonstriert. Weitere ausführliche Tafeln sind in [12.3] enthalten.

■ $F(p) = \dfrac{1}{(p+c)(p^2+\omega^2)} = F_1(p)\cdot F_2(p),$

$$\mathcal{L}^{-1}\{F_1(p)\} = \mathcal{L}^{-1}\left\{\frac{1}{p^2+\omega^2}\right\} = \frac{1}{\omega}\sin\omega t = f_1(t), \quad \mathcal{L}^{-1}\{F_2(p)\} = \mathcal{L}^{-1}\left\{\frac{1}{p+c}\right\} = e^{-ct} = f_2(t).$$

Durch Anwendung des Faltungssatzes (15.23) erhält man

$$f(t) = \mathcal{L}^{-1}\{F_1(p)\cdot F_2(p)\} = \int_0^t f_1(\tau)\cdot f_2(t-\tau)\,d\tau$$

$$= \int_0^t e^{-c(t-\tau)} \frac{\sin \omega\tau}{\omega} \, d\tau = \frac{1}{c^2+\omega^2} \left(\frac{c \sin \omega t - \omega \cos \omega t}{\omega} + e^{-ct} \right).$$

15.2.2.2 Partialbruchzerlegung

1. Prinzip Häufig treten in den Anwendungen Bildfunktionen der Form $F(p) = H(p)/G(p)$ auf, wobei $G(p)$ ein Polynom in p darstellt. Hat man die Originalfunktionen zu $H(p)$ und $1/G(p)$ gefunden, dann erhält man die gesuchten Originalfunktionen zu $F(p)$ durch Anwendung des Faltungssatzes.

2. Einfache reelle Nullstellen von $G(p)$ Hat die Bildfunktion $1/G(p)$ nur einfache Pole p_ν ($\nu = 1, 2, \ldots, n$), dann gilt für sie die Partialbruchzerlegung

$$\frac{1}{G(p)} = \sum_{\nu=1}^{n} \frac{1}{G'(p_\nu)(p-p_\nu)}. \qquad (15.33)$$

Daher lautet die zugehörige Originalfunktion

$$q(t) = \mathcal{L}^{-1} \left\{ \frac{1}{G(p)} \right\} \sum_{\nu=1}^{n} \frac{1}{G'(p_\nu)} e^{p_\nu t}. \qquad (15.34)$$

3. HEAVYSIDEscher Entwicklungssatz Ist die Zählerfunktion $H(p)$ ebenfalls ein Polynom von p, aber von niedrigerem Grade als $G(p)$, dann erhält man die Originalfunktion zu $F(p)$ nach der nach HEAVYSIDE benannten Formel

$$f(t) = \sum_{\nu=1}^{n} \frac{H(p_\nu)}{G'(p_\nu)} e^{p_\nu t}. \qquad (15.35)$$

4. Komplexe Nullstellen Treten komplexe Wurzeln im Nenner auf, dann kann man den HEAVYSIDEschen Entwicklungssatz in der gleichen Weise anwenden. Man kann auch jeweils konjugiert komplexe Glieder, die im Falle komplexer Nullstellen stets vorhanden sein müssen, zu einem quadratischen Ausdruck zusammenfassen, dessen Rücktransformation wie auch im Falle mehrfacher Nullstellen von $G(p)$ mit Hilfe der Tabelle der Korrespondenzen durchgeführt werden kann.

■ $F(p) = \dfrac{1}{(p+c)(p^2+\omega^2)}$, d.h. $H(p) = 1$, $G(p) = (p+c)(p^2+\omega^2)$, $G'(p) = 3p^2 + 2pc + \omega^2$.

Die Pole $p_1 = -c$, $p_2 = \mathrm{i}\omega$, $p_3 = -\mathrm{i}\omega$ sind sämtlich einfach. Nach dem HEAVISIDEschen Satz erhält man

$$f(t) = \frac{1}{\omega^2+c^2} e^{-ct} - \frac{1}{2\omega(\omega - \mathrm{i}c)} e^{\mathrm{i}\omega t} - \frac{1}{2\omega(\omega+\mathrm{i}c)} e^{-\mathrm{i}\omega t}$$

oder durch Partialbruchzerlegung und Korrespondenztafel

$$F(p) = \frac{1}{\omega^2+c^2} \left[\frac{1}{p+c} + \frac{c-p}{p^2+\omega^2} \right], \quad f(t) = \frac{1}{\omega^2+c^2} \left[e^{-ct} + \frac{c}{\omega} \sin \omega t - \cos \omega t \right].$$

Die beiden Ausdrücke für $f(t)$ sind identisch.

15.2.2.3 Reihenentwicklungen

Um $f(t)$ aus $F(p)$ zu gewinnen, versucht man bisweilen, $F(p)$ in eine Reihe $F(p) = \sum\limits_{n=0}^{\infty} F_n(p)$ zu entwickeln, deren Glieder $F_n(p)$ bekannte Bildfunktionen sind, d.h. $F_n(p) = \mathcal{L}[f_n(t)]$.

1. $F(p)$ – eine absolut konvergente Reihe Wenn $F(p)$ in eine für $|p| > R$ absolut konvergente Reihe der Form

$$F(p) = \sum_{n=0}^{\infty} \frac{a_n}{p^{\lambda_n}} \qquad (15.36)$$

entwickelt werden kann, wobei die λ_n eine beliebig aufsteigende Zahlenfolge $0 < \lambda_0 < \lambda_1 < \cdots < \lambda_n < \cdots < \cdots \to \infty$ bilden, so ist eine gliedweise Rücktransformation möglich:

$$f(t) = \sum_{n=0}^{\infty} a_n \frac{t^{\lambda_n - 1}}{\Gamma(\lambda_n)} . \tag{15.37}$$

Mit Γ ist die Gammafunktion (s.S. 351) bezeichnet. Speziell erhält man für $\lambda_n = n+1$, d.h. $F(p) = \sum_{n=0}^{\infty} \frac{a_{n+1}}{p^{n+1}}$, die Reihe $f(t) = \sum_{n=0}^{\infty} \frac{a_{n+1}}{n\,!} t^n$, die für alle reellen und komplexen t konvergiert. Außerdem ist eine Abschätzung in der Form $|f(t)| < C\, e^{c|t|}$, (C, c reelle Konstanten) möglich.

$$F(p) = \frac{1}{\sqrt{1+p^2}} = \frac{1}{p}\left(1 + \frac{1}{p^2}\right)^{-1/2} = \sum_{n=0}^{\infty} \binom{-\frac{1}{2}}{n} \frac{1}{p^{2n+1}} .$$

Nach gliedweiser Transformation in den Oberbereich erhält man

$$f(t) = \sum_{n=0}^{\infty} \binom{-\frac{1}{2}}{n} \frac{t^{2n}}{(2n)\,!} = \sum_{n=0}^{\infty} \frac{(-1)^n}{(n\,!)^2} \left(\frac{t}{2}\right)^{2n} = J_0(t) \qquad \text{(Besselfunktion nullter Ordnung).}$$

2. $F(p)$ – eine meromorphe Funktion Ist $F(p)$ ist eine *meromorphe Funktion*, die sich als Quotient zweier ganzer, also in überall konvergente Potenzreihen entwickelbare Funktionen ohne gemeinsame Nullstellen darstellen läßt, und die daher in eine Summe aus einer ganzen Funktion und unendlich vielen Partialbrüchen zerlegbar ist, dann gilt der Zusammenhang

$$\frac{1}{2\pi \mathrm{i}} \int_{c-\mathrm{i}y_n}^{c+\mathrm{i}y_n} e^{tp}\, F(p)\, dp = \sum_{\nu=1}^{n} b_\nu e^{p_\nu t} - \frac{1}{2\pi \mathrm{i}} \int_{(K_n)} e^{tp} F(p)\, dp. \tag{15.38}$$

Dabei sind die p_ν ($\nu = 1, 2, \ldots, n$) Pole 1. Ordnung der Funktion $F(p)$, die b_ν die zugehörigen Residuen (s.S. 572), die y_ν gewisse Ordinaten und K_ν gewisse Kurvenzüge, etwa Halbkreise in der in **Abb.15.19** angedeuteten Art. Die Lösung $f(t)$ erhält man in der Form

$$f(t) = \sum_{\nu=1}^{\infty} b_\nu e^{p_\nu t}, \qquad \text{wenn} \qquad \frac{1}{2\pi \mathrm{i}} \int_{(K_n)} e^{tp} F(p)\, dp \to 0 \tag{15.39}$$

für $y \to \infty$ strebt, was allerdings nicht immer leicht nachzuweisen ist.

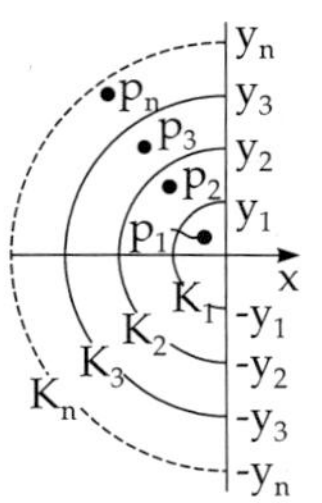

Abbildung 15.19

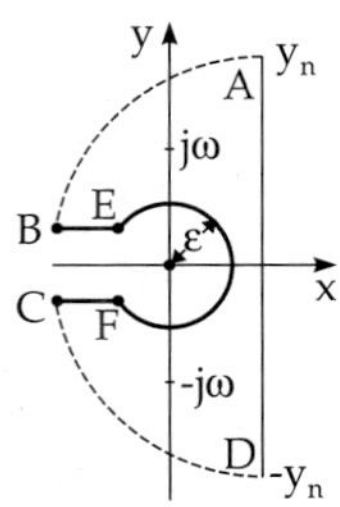

Abbildung 15.20

In manchen Fällen, wenn z.B. der rationale Anteil der meromorphen Funktion $F(p)$ identisch Null ist, bedeutet das eben gewonnene Ergebnis eine formale Übertragung des HEAVYSIDEschen Entwicklungssatzes auf meromorphe Funktionen.

15.2.2.4 Umkehrintegral

Die Umkehrformel

$$f(t) = \lim_{y_n \to \infty} \frac{1}{2\pi \mathrm{i}} \int_{c-\mathrm{i}y_n}^{c+\mathrm{i}y_n} e^{tp} F(p)\, dp \qquad (15.40$$

stellt ein Integral mit komplexem Weg über eine in gewissen Gebieten analytische Funktion dar, au das solche Methoden der Integration im Komplexen wie die Residuenrechnung oder die Verformun des Integrationsweges nach dem Satz von CAUCHY anwendbar sind.

■ $F(p) = \dfrac{p}{p^2+\omega^2} e^{-\sqrt{p\alpha}}$ ist wegen des Anteiles $\sqrt{p}$ doppeldeutig.

Deshalb wird folgender Integrationsweg gewählt **(Abb.15.20)**:

$$\frac{1}{2\pi \mathrm{i}} \oint_{(K)} e^{tp} \frac{p}{p^2+\omega^2} e^{-\sqrt{p\alpha}}\, dp = \int_{\overset{\frown}{AB}} \cdots + \int_{\overset{\frown}{CD}} \cdots + \int_{\overset{\frown}{EF}} \cdots + \int_{\overline{DA}} \cdots + \int_{\overline{BE}} \cdots + \int_{\overline{FC}} \cdots +$$

$$= \sum \operatorname{Res} e^{tp} F(p) = e^{-\alpha\sqrt{\omega/2}} \cos(\omega t - \alpha\sqrt{\omega/2}).$$

Nach der Lemma von JORDAN (s. S. 574) verschwinden die Integralteile über $\overset{\frown}{AB}$ und $\overset{\frown}{CD}$ für $y_n \to \infty$

Auf dem Kreisbogen $\overset{\frown}{EF}$ (Radius ε) bleibt der Integrand beschränkt, und die Länge des Integrationswe ges konvergiert gegen Null für $\varepsilon \to 0$; daher verschwindet dieser Integralbeitrag. Es bleibt das Integra über die beiden horizontalen Strecken $\overline{BE}$ und $\overline{FC}$ zu untersuchen, wobei das obere ($p = re^{\mathrm{i}\pi}$) un untere ($p = re^{-\mathrm{i}\pi}$) Ufer der negativen reellen Achse zu berücksichtigen sind:

$$\int_{-\infty}^{0} F(p)e^{tp}\, dp = -\int_{0}^{\infty} e^{-tr} \frac{r}{r^2+\omega^2} e^{-\mathrm{i}\alpha\sqrt{r}}\, dr, \qquad \int_{0}^{-\infty} F(p)e^{tp}\, dp = \int_{0}^{\infty} e^{-tr} \frac{r}{r^2+\omega^2} e^{\mathrm{i}\alpha\sqrt{r}}\, dr.$$

Damit erhält man endgültig:

$$f(t) = e^{-\alpha\sqrt{\omega/2}} \cos\left(\omega t - \alpha\sqrt{\frac{\omega}{2}}\right) - \frac{1}{\pi} \int_{0}^{\infty} e^{-tr} \frac{r \sin \alpha\sqrt{r}}{r^2+\omega^2}\, dr.$$

15.2.3 Lösung von Differentialgleichungen mit Hilfe der Laplace-Transformation

Schon aus den Rechenregeln für die LAPLACE–Transformation (s.S. 591) ist zu erkennen, daß durch An wendung der LAPLACE–Transformation komplizierte Operationen im Originalbereich wie Differentia tion oder Integration durch einfache algebraische Operationen im Bildbereich ersetzt werden könner Dabei müssen allerdings, z.B. bei der Differentiation, noch Anfangsbedingungen berücksichtigt wer den. Von dieser Tatsache macht man bei der Lösung von Differentialgleichungen Gebrauch.

15.2.3.1 Gewöhnliche Differentialgleichungen mit konstanten Koeffizienten

1. Prinzip Die Differentialgleichung n–ter Ordnung

$$y^{(n)}(t) + c_{n-1}\, y^{(n-1)}(t) + \cdots + c_1\, y'(t) + c_0\, y(t) = f(t) \qquad (15.41a$$

mit den Anfangswerten $y(+0) = y_0$, $y'(+0) = y_0', \ldots, y^{(n-1)}(+0) = y_0^{(n-1)}$ geht durch LAPLACE Transformation in die Gleichung

$$\sum_{k=0}^{n} c_k p^k Y(p) - \sum_{k=1}^{n} c_k \sum_{\nu=0}^{k-1} p^{k-\nu-1} y_0^{(\nu)} = F(p) \qquad (c_n = 1) \qquad (15.41b$$

über. Dabei ist $G(p) = \sum_{k=0}^{n} c_k p^k = 0$ die charakteristische Gleichung der Differentialgleichung (s.S. 248).

2. Differentialgleichung 1. Ordnung Original- und Bildgleichung lauten

$$y'(t) + c_0 y(t) = f(t), \quad y(+0) = y_0, \qquad (15.42a) \qquad (p + c_0)\,Y(p) - y_0 = F(p), \qquad (15.42b)$$

wobei $c_0 =$const. Für $Y(p)$ ergibt sich dann

$$Y(p) = \frac{F(p) + y_0}{p + c_0}. \tag{15.42c}$$

Spezialfall: Für $f(t) = \lambda\, e^{\mu t} \quad (\lambda, \mu \text{ const})$ erhält man (15.43a)

$$Y(p) = \frac{\lambda}{(p-\mu)(p+c_0)} + \frac{y_0}{p+c_0}, \tag{15.43b}$$

$$y(t) = \frac{\lambda}{\mu + c_0} e^{\mu t} + \left(y_0 - \frac{\lambda}{\mu + c_0}\right) e^{-c_0 t}. \tag{15.43c}$$

3. Differentialgleichung 2. Ordnung Original- und Bildgleichung lauten

$$y''(t) + 2ay'(t) + by(t) = f(t), \qquad y(+0) = y_0, \qquad y'(+0) = y'_0. \tag{15.44a}$$

$$(p^2 + 2ap + b)\,Y(p) - 2ay_0 - (py_0 + y'_0) = F(p). \tag{15.44b}$$

Für $Y(p)$ ergibt sich dann

$$Y(p) = \frac{F(p) + (2a + p)\,y_0 + y'_0}{p^2 + 2ap + b}. \tag{15.44c}$$

Fallunterscheidungen:

a) $b < a^2: \quad G(p) = (p - \alpha_1)(p - \alpha_2) \quad (\alpha_1,\ \alpha_2 \text{ reell},\ \alpha_1 \neq \alpha_2),$ (15.45a)

$$q(t) = \frac{1}{\alpha_1 - \alpha_2}(e^{\alpha_1 t} - e^{\alpha_2 t}). \tag{15.45b}$$

b) $b = a^2: \quad G(p) = (p - \alpha)^2,$ (15.46a) $\qquad q(t) = t\,e^{\alpha t}.$ (15.46b)

c) $b > a^2: \quad G(p)$ hat komplexe Nullstellen (15.47a)

$$q(t) = \frac{1}{\sqrt{b - a^2}}\, e^{-at} \sin \sqrt{b - a^2}\,t. \tag{15.47b}$$

Die Lösung $y(t)$ erhält man dann durch Faltung der Originalfunktionen des Zählers von $Y(p)$ mit $q(t)$. Die Anwendung der Faltung wird man zu vermeiden und die rechte Seite möglichst direkt zu transformieren suchen.

■ Die Bildgleichung für die Differentialgleichung $y''(t) + 2y'(t) + 10y(t) = 37 \cos 3t + 9e^{-t}$ mit $y_0 = 1$ und $y'_0 = 0$ lautet

$$Y(p) = \frac{p+2}{p^2 + 2p + 10} + \frac{37p}{(p^2+9)(p^2+2p+10)} + \frac{9}{(p+1)(p^2+2p+10)}.$$

Durch Partialbruchzerlegung des zweiten und dritten Terms der rechten Seite, wobei man die quadratischen Ausdrücke nicht in Linearfaktoren zerlegt, erhält man die Darstellung

$$Y(p) = \frac{-p}{p^2 + 2p + 10} - \frac{19}{(p^2 + 2p + 10)} + \frac{p}{(p^2+9)} + \frac{18}{(p^2+9)} + \frac{1}{(p+1)}$$

und nach gliedweiser Transformation (s. Tafel der Korrespondenzen, S. 950) die Lösung

$$y(t) = (-\cos 3t - 6 \sin 3t)e^{-t} + \cos 3t + 6 \sin 3t + e^{-t}.$$

4. Differentialgleichung n–ter Ordnung Die charakteristische Gleichung $G(p) = 0$ dieser Differentialgleichung habe nur einfache Wurzeln $\alpha_1, \alpha_2, \ldots, \alpha_n$, von denen keine gleich Null ist. Für die Störfunktion $f(t)$ können zwei Fälle betrachtet werden.
1. Ist die Störfunktion $f(t)$ gleich der in der Praxis häufig auftretenden Sprungfunktion $u(t)$, dann lautet die Lösung:

$$u(t) = \begin{cases} 1 & \text{für } t > 0 \\ 0 & \text{für } t < 0 \end{cases} \quad (15.48a) \qquad y(t) = \frac{1}{G(0)} + \sum_{\nu=1}^{n} \frac{1}{\alpha_\nu G'(\alpha_\nu)} e^{\alpha_\nu t}. \quad (15.48b)$$

2. Für eine allgemeine Störfunktion $f(t)$ erhält man die Lösung $\tilde{y}(t)$ aus (15.48b) mit Hilfe der DUHAMELschen Formel:

$$\tilde{y}(t) = \frac{d}{dt} \int_0^t y(t-\tau) f(\tau)\, d\tau = \frac{d}{dt}[\, y * f\,]. \quad (15.49)$$

15.2.3.2 Gewöhnliche Differentialgleichungen mit veränderlichen Koeffizienten

Differentialgleichungen, deren Koeffizienten Polynome in t sind, eignen sich besonders für die Anwendung der LAPLACE–Transformation. Nach Anwendung der Gleichung (15.16) erhält man zwar im Bildbereich wieder eine Differentialgleichung, ihre Ordnung kann jedoch niedriger sein.
Sind speziell die Koeffizienten Polynome 1. Grades, dann ist die Differentialgleichung im Bildbereich von 1. Ordnung und dadurch meist leicht lösbar.

■ Besselsche Differentialgleichung nullter Ordnung: $t\dfrac{d^2 f}{dt^2} + \dfrac{d f}{dt} + tf = 0.$
Die Transformation im Bildbereich ergibt

$$-\frac{d}{dp}[\, p^2 F(p) - pf(0) - f'(0)\,] + pF(p) - f(0) - \frac{dF(p)}{dp} = 0 \quad \text{oder} \quad \frac{dF}{dp} = -\frac{p}{p^2+1} F(p).$$

Trennung der Veränderlichen und Integration liefert

$$\log F(p) = -\int \frac{p\, dp}{p^2+1} = -\log\sqrt{p^2+1} + \log C,$$

$$F(p) = \frac{C}{\sqrt{p^2+1}} \quad (C \text{ Integrationskonstante}), \quad F(t) = CJ_0(t) \qquad \text{(s. Beispiel S. 599).}$$

15.2.3.3 Partielle Differentialgleichungen

1. Allgemeine Vorgehensweise

Die Lösung einer partiellen Differentialgleichung ist eine Funktion mindestens zweier Variabler: $u = u(x,t)$. Da die LAPLACE–Transformation eine Integration bezüglich einer Variablen darstellt, ist die andere Variable bei der Transformation als konstant zu betrachten:

$$\mathcal{L}\{u(x,t)\} = \int_0^\infty e^{-pt} u(x,t)\, dt = U(x,p). \quad (15.50)$$

Auch bei der Transformation von Ableitungen bleibt x fest:

$$\begin{aligned} \mathcal{L}\left\{\frac{\partial u(x,t)}{\partial t}\right\} &= p\,\mathcal{L}\{u(x,t)\} - u(x,+0), \\ \mathcal{L}\left\{\frac{\partial^2 u(x,t)}{\partial t^2}\right\} &= p^2\mathcal{L}\{u(x,t)\} - u(x,+0)p - u_t(x,+0). \end{aligned} \quad (15.51)$$

Für die Ableitungen nach x ist vorauszusetzen, daß sie mit dem LAPLACE–Integral vertauschbar sind:

$$\mathcal{L}\left\{\frac{\partial u(x,t)}{\partial t}\right\} = \frac{\partial}{\partial x}\mathcal{L}\{u(x,t)\} - \frac{\partial}{\partial x}U(x,p). \tag{15.52}$$

Damit erhält man im Unterbereich eine gewöhnliche Differentialgleichung. Außerdem sind die Rand- und Anfangsbedingungen in den Bildbereich zu transformieren.

2. Lösung der eindimensionalen Wärmeleitungsgleichung für ein homogenes Medium

1. Problemstellung Die eindimensionale Wärmeleitungsgleichung mit verschwindendem Störglied und für ein homogenes Medium sei in der Form

$$u_{xx} - a^{-2}u_t = u_{xx} - u_y = 0 \tag{15.53a}$$

in dem Grundgebiet $0 < t < \infty$, $0 < x < l$ und mit den Anfangs- und Randbedingungen

$$u(x,+0) = u_0(x), \quad u(+0,t) = a_0(t), \quad u(l-0,t) = a_1(t) \tag{15.53b}$$

gegeben. Die Zeitkoordinate wurde durch die Substitution $y = at$ ersetzt. Wie die dreidimensionale Wärmeleitungsgleichung (9.2.3.3) auf S. 426, so ist auch (15.91a) vom parabolischen Typ.

2. LAPLACE–**Transformation** Die Bildgleichung lautet

$$\frac{d^2U}{dx^2} = pU - u_0(x), \tag{15.54a}$$

die Randbedingungen sind

$$U(+0,p) = A_0(p), \quad U(l-0,p) = A_1(p). \tag{15.54b}$$

Die Lösung der Bildgleichung lautet dann

$$U(x,p) = c_1 e^{x\sqrt{p}} + c_2 e^{-x\sqrt{p}}. \tag{15.54c}$$

Es ist von Vorteil, zunächst zwei Partikulärlösungen U_1 und U_2 mit der Eigenschaft

$$U_1(0,p) = 1, \quad U_1(l,p) = 0, \tag{15.55a}$$
$$U_2(0,p) = 0, \quad U_2(l,p) = 1, \tag{15.55b}$$

herzustellen, d.h.

$$U_1(x,p) = \frac{e^{(l-x)\sqrt{p}} - e^{-(l-x)\sqrt{p}}}{e^{l\sqrt{p}} - e^{-l\sqrt{p}}}, \tag{15.55c}$$
$$U_2(x,p) = \frac{e^{x\sqrt{p}} - e^{-x\sqrt{p}}}{e^{l\sqrt{p}} - e^{-l\sqrt{p}}}. \tag{15.55d}$$

Die gesuchte Lösung der Bildgleichung hat dann die Form

$$U(x,p) = A_0(p)\,U_1(x,p) + A_1(p)\,U_2(x,p). \tag{15.56}$$

3. Rücktransformation Die Rücktransformation ist im Falle $l \to \infty$ besonders einfach und liefert:

$$U(x,p) = a_0(p)e^{-x\sqrt{p}}, \tag{15.57a}$$
$$u(x,t) = \frac{x}{2\sqrt{\pi}}\int_0^t \frac{a_0(t-\tau)}{\tau^{3/2}}\exp\left(-\frac{x^2}{4\tau}\right)d\tau. \tag{15.57b}$$

15.3 Fourier–Transformation

15.3.1 Eigenschaften der Fourier–Transformation

15.3.1.1 Fourier–Integral

1. FOURIER–**Integral in komplexer Darstellung** Grundlage der FOURIER–Transformation ist das FOURIER–Integral, auch *Integralformel von* FOURIER genannt: Falls eine nichtperiodische Funktion $f(t)$ in einem beliebigen endlichen Intervall den DIRICHLETschen Bedingungen genügt (s.S. 316) und außerdem das Integral

$$\int_{-\infty}^{+\infty} |f(t)|\,dt \quad (15.58a) \qquad \text{konvergiert, dann gilt} \quad f(t) = \frac{1}{2\pi}\int_{-\infty}^{+\infty}\int_{-\infty}^{+\infty} e^{\mathrm{i}\omega(t-\tau)} f(\tau)\,d\omega\,d\tau \quad (15.58b)$$

in jedem Punkt, in dem die Funktion $f(t)$ stetig ist, und

$$\frac{f(t+0)+f(t-0)}{2} = \frac{1}{\pi}\int_0^{\infty} d\omega \int_{-\infty}^{+\infty} f(\tau)\cos\omega\,(t-\tau)\,d\tau \tag{15.58c}$$

in den Unstetigkeitsstellen.

2. Äquivalente Darstellungen Andere äquivalente Formen der Darstellung des FOURIER–Integrals (15.58b) sind:

1. $$f(t) = \frac{1}{2\pi}\int_{-\infty}^{+\infty}\int_{-\infty}^{+\infty} f(\tau)\cos\left[\,\omega\,(t-\tau)\,\right] d\omega\,d\tau, \tag{15.59}$$

2. $$f(t) = \int_0^{\infty} \left[\,a(\omega)\cos\omega t + b(\omega)\sin\omega t\,\right] d\omega \qquad \text{mit den Koeffizienten} \tag{15.60a}$$

$$a(\omega) = \frac{1}{\pi}\int_{-\infty}^{+\infty} f(t)\cos\omega t\,dt \quad (15.60b) \qquad b(\omega) = \frac{1}{\pi}\int_{-\infty}^{+\infty} f(t)\sin\omega t\,dt, \quad (15.60c)$$

3. $$f(t) = \int_0^{\infty} A(\omega)\cos\left[\,\omega t + \psi(\omega)\,\right] d\omega, \tag{15.61}$$

4. $$f(t) = \int_0^{\infty} A(\omega)\sin\left[\,\omega t + \varphi(\omega)\,\right] d\omega. \tag{15.62}$$

Dabei gelten die folgenden Beziehungen:

$$\Delta(\omega) = \sqrt{a^2(\omega)+b^2(\omega)}, \quad (15.63a) \qquad \varphi(\omega) = \psi(\omega) + \frac{\pi}{2}, \quad (15.63b)$$

$$\cos\psi(\omega) = \frac{a(\omega)}{A(\omega)}, \quad (15.63c) \qquad \sin\psi(\omega) = \frac{b(\omega)}{A(\omega)}, \quad (15.63d)$$

$$\cos\varphi(\omega) = \frac{b(\omega)}{A(\omega)}, \quad (15.63e) \qquad \sin\varphi(\omega) = \frac{a(\omega)}{A(\omega)}. \quad (15.63f)$$

15.3.1.2 Fourier–Transformation und Umkehrtransformation

1. Definition der FOURIER–Transformation

Die FOURIER–Transformation ist eine Integraltransformation der Form (15.1a), die aus dem FOURIER-Integral (15.58b) dadurch entsteht, daß man

$$F(\omega) = \int_{-\infty}^{+\infty} e^{-\mathrm{i}\omega\tau} f(\tau)\,d\tau \tag{15.64}$$

substituiert. Damit erhält man den folgenden Zusammenhang zwischen der reellen Originalfunktion $f(t)$ und der im allgemeinen komplexen Bildfunktion $F(\omega)$:

$$f(t) = \frac{1}{2\pi} \int_{-\infty}^{+\infty} e^{\mathrm{i}\omega t} F(\omega)\, d\omega. \tag{15.65}$$

In der Kurzschreibweise verwendet man das Zeichen $\mathcal{F}$:

$$F(\omega) = \mathcal{F}\{\, f(t)\,\} \equiv \int_{-\infty}^{+\infty} e^{-\mathrm{i}\omega t} f(t)\, dt. \tag{15.66}$$

Die Originalfunktion $f(t)$ heißt FOURIER–transformierbar, wenn das Integral (15.64), also ein uneigentliches Integral mit dem Parameter ω existiert. Wenn das FOURIER–Integral nicht als gewöhnliches uneigentliches Integral existiert, ist es als CAUCHYscher Hauptwert zu verstehen (s. S. 348). Die Bildfunktion $F(\omega)$ nennt man auch FOURIER–*Transformierte*; sie ist beschränkt, stetig und strebt für $|\omega| \to \infty$ gegen Null:

$$\lim_{|\omega| \to \infty} F(\omega) = 0. \tag{15.67}$$

Existenz und Beschränktheit von $F(\omega)$ folgen direkt aus der offensichtlich gültigen Ungleichung

$$|F(\omega)| \le \int_{-\infty}^{+\infty} |e^{-\mathrm{i}\omega t} f(t)|\, dt \le \int_{-\infty}^{+\infty} |f(t)|\, dt. \tag{15.68}$$

Für die Stetigkeit von $F(\omega)$ und die Eigenschaft $F(\omega) \to 0$ für $|\omega| \to \infty$ ist die Existenz der FOURIER–Transformierten eine hinreichende Bedingung. Diese Aussage wird häufig in folgender Form benutzt: Wenn die Funktion $f(t)$ in $(-\infty, \infty)$ absolut integrierbar ist, dann ist ihre FOURIER–Transformierte eine stetige Funktion von ω, und es gilt (15.67).
Die folgenden Funktionen sind nicht FOURIER–transformierbar: Konstante Funktionen, beliebige periodische Funktionen (z. B. $\sin \omega t, \cos \omega t$), Potenzfunktionen, Polynome, Exponentialfunktionen (z. B. $e^{\alpha t}$, Hyperbelfunktionen).

2. FOURIER–Sinus- und FOURIER–Kosinus–Transformation

Im Unterschied zur FOURIER–Transformation (15.66), die auch als exponentielle FOURIER–Transformation bezeichnet wird, kann der Integrand von (15.65) in Sinus- und Kosinusfunktionen zerlegt werden. Dann ergibt sich die Sinus- bzw. Kosinus–FOURIER–Transformation.

1. FOURIER–Sinus–Transformation

$$F_s(\omega) = \mathcal{F}_s\{\, f(t)\,\} = \int_0^{\infty} f(t) \sin(\omega t)\, dt, \tag{15.69}$$

2. FOURIER–Kosinus–Transformation

$$F_c(\omega) = \mathcal{F}_c\{\, f(t)\,\} = \int_0^{\infty} f(t) \cos(\omega t)\, dt. \tag{15.70}$$

Zwischen diesen beiden speziellen und der FOURIER–Transformation (15.58a) bestehen die folgenden Umrechnungsformeln:

$$F(\omega) = \mathcal{F}\{\, f(t)\,\} = \mathcal{F}_c\{\, f(t) + f(-t)\,\} - \mathrm{i}\mathcal{F}_s\{\, f(t) - f(-t)\,\}, \tag{15.71a}$$

$$F_s(\omega) = \frac{\mathrm{i}}{2}\mathcal{F}\{\, f(|t|) \operatorname{sign} t\,\}, \quad (15.71\text{b}) \qquad F_c(\omega) = \frac{1}{2}\mathcal{F}\{\, f(t)\,\}. \tag{15.71c}$$

Für gerade bzw. ungerade Funktionen f(t) ergibt sich die Darstellung

$$f(t) \text{ gerade:} \qquad \mathcal{F}\{\, f(t)\,\} = 2\mathcal{F}_c\{\, f(t)\,\} \tag{15.72a}$$

$$f(t) \text{ ungerade:} \qquad \mathcal{F}\{\, f(t)\,\} = -2\mathrm{i}\mathcal{F}_s\{\, f(t)\,\}. \tag{15.72b}$$

3. Tabellen der Fourier–Transformation

Auf Grund der Formeln (15.71a,b,c) brauchen entweder keine speziellen Tabellen für Korrespondenzen der Fourier–Sinus- und Fourier–Kosinus–Transformation bereitgestellt zu werden, oder man tabelliert die Fourier–Sinus- und Fourier–Kosinus–Transformationen und berechnet daraus mit Hilfe von (15.71a,b,c) $F(\omega)$. In **Tabelle21.12.1** (s. S. 956) und 21.12.2 (s. S. 962) sind $\mathcal{F}_c$ und $\mathcal{F}_s$ tabelliert und für einige Funktionen $F(\omega)$ (**Tabelle21.12.3**, S. 967).

■ **A:** Die Funktion des unipolaren Rechteckimpulses

$$f(t) = 1 \quad \text{für} \quad |t| < t_0, \quad f(t) = 0 \quad \text{für} \quad |t| > t_0. \tag{A.1}$$

(**Abb.15.21**) erfüllt die Voraussetzungen der Definition des Fourier–Integrals (15.58a). Man erhält für die Koeffizienten gemäß (15.55a,b)

$$a(\omega) = \frac{1}{\pi}\int_{-t_0}^{+t_0} \cos\omega t\, dt = \frac{2}{\pi\omega}\sin\omega t_0 \qquad \text{und} \qquad b(\omega) = \frac{1}{\pi}\int_{-t_0}^{+t_0} \sin\omega t\, dt = 0 \tag{A.2}$$

und damit gemäß (15.60a)

$$f(t) = \frac{2}{\pi}\int_0^{\infty} \frac{\sin\omega t_0 \cos\omega t}{\omega}\, d\omega. \tag{A.3}$$

Bei Berücksichtigung der Sprungstellen erhält man gemäß (15.58c)

$$f(t) = \frac{f(t+0)+f(t-0)}{2}\int_{-\infty}^{+\infty} e^{\mathrm{i}\omega t}F(\omega)\, d\omega. \tag{A.4}$$

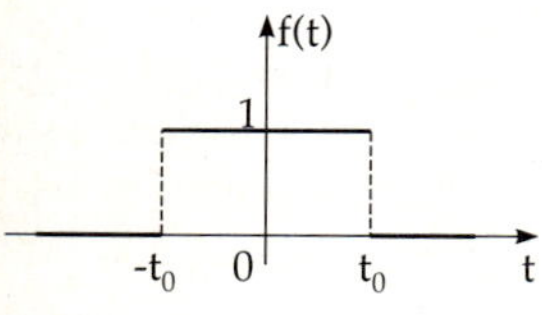

Abbildung 15.21

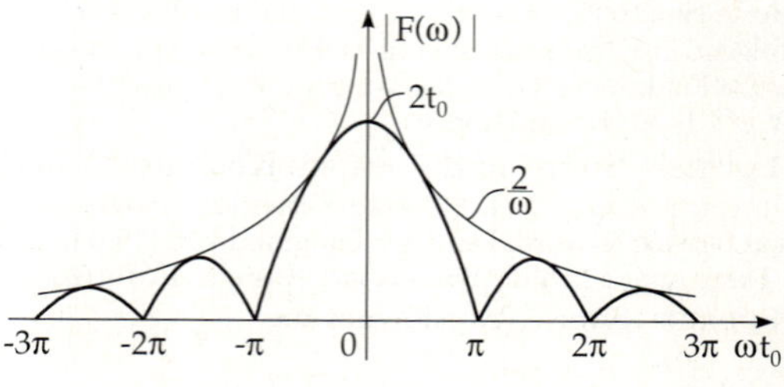

Abbildung 15.22

4. Spektralinterpretation der Fourier–Transformation

In Analogie zur Fourier–Reihe einer periodischen Funktion erfährt das Fourier–Integral für eine nichtperiodische Funktion eine einfache physikalische Interpretation. Eine Funktion $f(t)$, für die das Fourier–Integral existiert, kann gemäß (15.61,b) als Summe sinusoidaler Schwingungen mit der sich stetig ändernden Frequenz ω in der Form

$$A(\omega)\, d\omega \, \sin[\,\omega t + \varphi(\omega)\,] \quad (15.73\text{a}) \qquad\qquad A(\omega)\, d\omega\, \cos[\,\omega t + \psi(\omega)\,] \quad (15.73\text{b})$$

dargestellt werden. Dabei gibt der Ausdruck $A(\omega)\, d\omega$ die Amplitude der Teilschwingungen an und $\varphi(\omega)$ und $\psi(\omega)$ ihre Phasen. Für die komplexe Schreibweise trifft die gleiche Interpretation zu: Die Funktion $f(t)$ ist eine Summe (Integral) von ω abhängigen Summanden des Typs

$$\frac{1}{2\pi}F(\omega)\, d\omega\, e^{\mathrm{i}\omega t}, \tag{15.74}$$

wobei die Größe $\frac{1}{2\pi}F(\omega)$ sowohl die Amplitude als auch die Phase aller Teilvorgänge festlegt.
Diese *spektrale Interpretation* des FOURIER–Integrals und der FOURIER–Transformation bedeutet einen großen Vorteil für die Anwendung in Physik und Technik. Die Bildfunktion

$$F(\omega) = |F(\omega)|e^{\mathrm{i}\psi(\omega)} \qquad \text{bzw.} \qquad |F(\omega)|e^{\mathrm{i}\varphi(\omega)} \tag{15.75a}$$

nennt man *Spektrum oder Frequenzspektrum der Funktion* $f(t)$, die Größe

$$|F(\omega)| = \pi\, A(\omega) \tag{15.75b}$$

das *Amplitudenspektrum* und $\varphi(\omega)$ bzw. $\psi(\omega)$ das *Phasenspektrum* der Funktion $f(t)$. Zwischen dem Spektrum $F(\omega)$ und den Koeffizienten (15.60b,c) besteht die Beziehung

$$F(\omega) = \pi[\,a(\omega) - \mathrm{i}b(\omega)\,], \tag{15.76}$$

woraus sich die folgenden Aussagen ergeben:
1. Ist $f(t)$ eine reelle Funktion, dann ist das Amplitudenspektrum $F(\omega)$ eine gerade und das Phasenspektrum eine ungerade Funktion von ω.
2. Ist $f(t)$ eine reelle und gerade Funktion, dann ist ihr Spektrum $F(\omega)$ reell, ist $f(t)$ reell und ungerade, dann ist das Spektrum $F(\omega)$ imaginär.
■ Setzt man das Ergebnis (A.2) für den unipolaren Rechteckimpuls auf S.606 in (15.76) ein, dann ergibt sich für die Bildfunktion $F(\omega)$ und für das Amplitudenspektrum $|F(\omega)|$ **(Abb.15.22)**

$$F(\omega) = \mathcal{F}[\,f(t)\,] = \pi a(\omega) = 2\frac{\sin\,\omega\, t_0}{\omega}\,, \quad \text{(A.3)} \qquad\qquad |F(\omega)| = 2\left|\frac{\sin\,\omega\, t_0}{\omega}\right|. \quad \text{(A.4)}$$

Die Berührungspunkte des Amplitudenspektrums $|f(\omega)|$ mit der Hyperbel $\frac{2}{\omega}$ ergeben sich für $\omega\; t_0 = \pm(2n+1)\frac{\pi}{2}\,, \quad n = 0, 1, 2, \ldots$.

15.3.1.3 Rechenregeln zur Fourier–Transformation

Wie bei der LAPLACE–Transformation bereits bemerkt, versteht man unter Rechenregeln im Zusammenhang mit Integraltransformationen die Abbildung gewisser Operationen im Originalbereich auf andere Operationen im Bildbereich. Wenn vorausgesetzt wird, daß die beiden Funktionen $f(t)$ und $g(t)$ im Intervall $(-\infty,\ \infty)$ absolut integrierbar sind und ihre FOURIER–Transformierten

$$F(\omega) = \mathcal{F}\{\,f(t)\,\} \qquad \text{und} \qquad G(\omega) = \mathcal{F}\{\,g(t)\,\} \tag{15.77}$$

gebildet werden können, dann gelten die im folgenden formulierten Regeln.

1. Additions- oder Linearitätssatz

Sind α und β zwei Koeffizienten aus $(-\infty, \infty)$, dann gilt:

$$\mathcal{F}\{\,\alpha f(t) + \beta g(t)\,\} = \alpha F(\omega) + \beta G(\omega). \tag{15.78}$$

2. Ähnlichkeitssatz oder Maßstabsveränderung

Für $\alpha \neq 0$ und reell gilt

$$\mathcal{F}\{\,f(t/\alpha)\,\} = |\alpha|\,F(\alpha\omega). \tag{15.79}$$

3. Verschiebungssatz

Für $\alpha \neq 0$, reell und β reell gilt

$$\mathcal{F}\{\,f(\alpha t + \beta)\,\} = (1/\alpha)\,e^{\mathrm{i}\beta\omega/\alpha}F(\omega/\alpha) \qquad \text{oder} \tag{15.80a}$$

$$\mathcal{F}\{\,f(t - t_0)\,\} = e^{-\mathrm{i}\omega t_0}F(\omega). \tag{15.80b}$$

Ersetzt man in (15.80b) t_0 durch $-t_0$, dann ergibt sich

$$\mathcal{F}\{\,f(t + t_0)\,\} = e^{\mathrm{i}\omega t_0}F(\omega). \tag{15.80c}$$

4. Dämpfungssatz

Für $\alpha > 0$, reell und β in $(-\infty, \infty)$ gilt

$$\mathcal{F}\{\,e^{\mathrm{i}\beta t}f(\alpha t)\,\} = (1/\alpha)F((\omega - \beta)/\alpha) \qquad \text{oder} \tag{15.81a}$$

$$\mathcal{F}\{\,e^{i\omega_0 t}f(t)\,\} = F(\omega - \omega_0). \qquad (15.81b)$$

5. Differentiation im Bildbereich

Ist $t^n f(t)$ FOURIER–transformierbar, dann gilt

$$\mathcal{F}\{\,t^n f(t)\} = i^n F^{(n)}(\omega), \qquad (15.82)$$

wobei mit $F^{(n)}(\omega)$ die n–te Ableitung von $F(\omega)$ bezeichnet ist.

6. Differentiation im Originalbereich

1. Erste Ableitung Ist eine Funktion $f(t)$ stetig und absolut integrierbar in $(-\infty, \infty)$ und strebt sie für $t \to \pm\infty$ gegen Null und existiert, ausgenommen gewisse Punkte überall die Ableitung $f'(t)$, die in $(-\infty, \infty)$ absolut integrierbar sein muß, dann gilt

$$\mathcal{F}\{\,f'(t)\,\} = i\omega\,\mathcal{F}\{\,f(t)\,\}. \qquad (15.83a)$$

2. n–te Ableitung Stellt man in der Verallgemeinerung des Satzes für die 1. Ableitung an alle weiteren Ableitungen bis zur $(n-1)$-ten $f^{(n-1)}$ die gleichen Anforderungen, dann gilt

$$\mathcal{F}\{\,f^{(n)}(t)\,\} = (i\omega)^n \mathcal{F}\{\,f(t)\,\}. \qquad (15.83b)$$

Diese Differentiationsregeln werden bei der Lösung von Differentialgleichungen angewendet (s.S. 612).

7. Integration im Bildbereich

Wenn die Funktion $t^n f(t)$ in $(-\infty, \infty)$ absolut integrierbar ist, dann besitzt die FOURIER–Transformierte der Funktion $f(t)$ n stetige Ableitungen, die mit Hilfe von

$$\frac{d^k F(\omega)}{d\omega^k} = \int\limits_{-\infty}^{+\infty} \frac{\partial^k}{\partial\omega^k}\left[e^{-i\omega t} f(t)\right] dt = (-1)^k \int\limits_{-\infty}^{+\infty} e^{-i\omega t} t^k f(t)\, dt \qquad (15.84a)$$

bestimmt werden. Dabei ist $k = 1, 2, \ldots, n$ und es gilt

$$\lim_{\omega\to\pm\infty} \frac{d^k F(\omega)}{d\omega^k} = 0. \qquad (15.84b)$$

Unter den gemachten Voraussetzungen folgt aus diesen Beziehungen

$$\mathcal{F}\{\,t^n f(t)\,\} = i^n \frac{d^n F(\omega)}{d\omega^n}. \qquad (15.84c)$$

8. Integration im Originalbereich und PARSEVALsche Formel

1. Integrationssatz Wenn die Voraussetzung

$$\int\limits_{-\infty}^{+\infty} f(t)\, dt = 0 \qquad (15.85a)$$

erfüllt ist, dann gilt

$$\mathcal{F}\left\{\int\limits_{-\infty}^{t} f(t)\, dt\right\} = \frac{1}{i\omega} F(\omega). \qquad (15.85b)$$

2. PARSEVALsche Formel Wenn die Funktion $f(t)$ sowie ihre Quadrate im Intervall $(-\infty, \infty)$ integrierbar ist, dann gilt

$$\int\limits_{-\infty}^{+\infty} |f(t)|^2\, dt = \frac{1}{2\pi} \int\limits_{-\infty}^{+\infty} |F(\omega)|^2\, d\omega. \qquad (15.86)$$

9. Faltung

Die sogenannte *zweiseitige Faltung*

$$f_1(t) * f_2(t) = \int\limits_{-\infty}^{+\infty} f_1(\tau) f_2(t-\tau)\, d\tau \qquad (15.87)$$

existiert unter der Voraussetzung, daß die Funktionen $f_1(t)$ und $f_2(t)$ im Intervall $(-\infty, \infty)$ absolut integrierbar sind. Wenn $f_1(t)$ und $f_2(t)$ beide für $t < 0$ verschwinden, dann ergibt sich aus (15.87)

$$f_1(t) * f_2(t) = \begin{cases} \int\limits_0^t f_1(\tau) f_2(t-\tau)\, d\tau & \text{für } t \geq 0, \\ 0 & \text{für } t < 0. \end{cases} \tag{15.88}$$

Die einseitige Faltung ist somit ein Spezialfall der zweiseitigen Faltung. Während die FOURIER–Transformation mit der zweiseitigen Faltung in Verbindung steht, ist die LAPLACE–Transformation mit der einseitigen Faltung verbunden.

Für die FOURIER–Transformation der zweiseitigen Faltung gilt

$$\mathcal{F}\{ f_1(t) * f_2(t) \} = \mathcal{F}\{ f_1(t) \} \cdot \mathcal{F}\{ f_2(t) \}, \tag{15.89}$$

wenn die Integrale

$$\int\limits_{-\infty}^{+\infty} |f_1(t)|^2\, dt \qquad \text{und} \qquad \int\limits_{-\infty}^{+\infty} |f_2(t)|^2\, dt \tag{15.90}$$

existieren, d.h. die Funktionen und ihre Quadrate im Intervall $(-\infty, \infty)$ integrierbar sind.

■ **A:** Es ist die zweiseitige Faltung

$$\psi(t) = f(t) * f(t) = \int\limits_{-\infty}^{+\infty} f(\tau) f(t-\tau)\, dt \tag{A.1}$$

für die Funktion des unipolaren Rechteckimpulses (A.1) auf S. 606 zu berechnen. Da

$$\psi(t) = \int\limits_{-t_0}^{t} f(t-\tau)\, d\tau = \int\limits_{t-t_0}^{t+t_0} f(\tau)\, d\tau \tag{A.2}$$

gilt, ergibt sich für $t < -2t_0$ und für $t > 2t_0$ $\psi(\omega) = 0$ und für $-2t_0 \leq t \leq 0$

$$\psi(t) = \int\limits_{-t_0}^{t+t_0} d\tau = t + 2t_0. \tag{A.3}$$

In Analogie dazu ergibt sich für $0 < t \leq 2t_0$

$$\psi(t) = \int\limits_{t-t_0}^{t_0} d\tau = -t + 2t_0. \tag{A.4}$$

Zusammengefaßt erhält man für diese Faltung **(Abb.15.23)**

$$\psi(t) = f(t) * f(t) = \begin{cases} t + 2t_0 & \text{für } -2t_0 \leq t \leq 0 \\ -t + 2t_0 & \text{für } 0 < t \leq 2t_0 \\ 0 & \text{für } |t| > 2t_0. \end{cases} \tag{A.5}$$

Für die FOURIER–Transformierte erhält man mit (A.1) von S. 607

$$\Psi(\omega) = \mathcal{F}\{ \psi(t) \} = \mathcal{F}\{ f(t) * f(t) \} = [\, F(\omega) \,]^2 = 4 \frac{\sin^2 \omega\, t_0}{\omega^2} \tag{A.6}$$

und für das Amplitudenspektrum der Funktion $f(t)$

$$|F(\omega)| = 2 \left| \frac{\sin\, \omega\, t_0}{\omega} \right| \qquad \text{und} \qquad |F(\omega)|^2 = 4 \frac{\sin^2 \omega\, t_0}{\omega^2}. \tag{A.7}$$

10. Vergleich von FOURIER- und LAPLACE–Transformation

Zwischen FOURIER- und LAPLACE–Transformation besteht ein enger Zusammenhang, der dadurch gegeben ist, daß sich die FOURIER–Transformation als Spezialfall der LAPLACE–Transformation für den

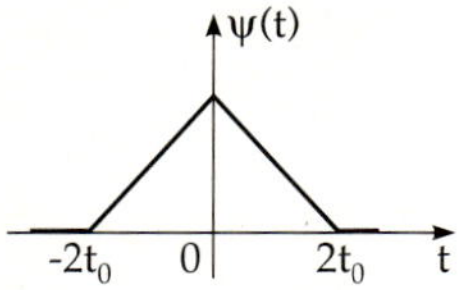

Abbildung 15.23

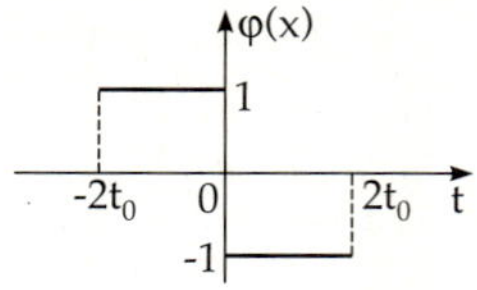

Abbildung 15.24

Fall $p = \mathrm{i}\omega$ ergibt. Daraus folgt, daß jede FOURIER–transformierbare Funktion auch LAPLACE–transformierbar ist, während das Umgekehrte nur für einen kleineren Kreis von Funktionen $f(t)$ möglich ist. **Tabelle15.2** enthält einen Vergleich einer Reihe von Eigenschaften der beiden Integraltransformationen.

Tabelle 15.2 Vergleich der Eigenschaften von FOURIER– und LAPLACE–Transformation

FOURIER–Transformation	LAPLACE–Transformation
$F(\omega) = \mathcal{F}\{\, f(t)\,\} = \int\limits_{-\infty}^{+\infty} e^{-\mathrm{i}\omega t} f(t)\,dt$ ω ist reell, physikalisch deutbar, z.B. als Frequenz	$F(p) = \mathcal{L}\{\, f(t), p\,\} = \int\limits_{0}^{\infty} e^{-pt} f(t)\,dt$ p ist komplex, $p = r + \mathrm{i}x$
Ein Verschiebungssatz	Zwei Verschiebungssätze
Intervall: $(-\infty, +\infty)$ Lösung von Differentialgleichungen, die Probleme mit diesem zweiseitigem Definitionsbereich beschreiben, z.B. die Wellen–Gleichung	Intervall: $[\,0, \infty)$ Lösung von Differentialgleichungen, die Probleme mit diesem einseitigen Definitionsbereich beschreiben, z.B. die Wärmeleitungs–Gleichung
Differentationssatz enthält keine Anfangswerte	Differentationssatz enthält Anfangswerte
Konvergenz des FOURIER–Integrals hängt nur von $f(t)$ ab	Konvergenz des FOURIER–Integrals wird durch den Faktor e^{-pt} verbessert
Genügt der zweiseitigen Faltung	Genügt der einseitigen Faltung

15.3.1.4 Bildfunktionen spezieller Funktionen

■ **A:** Welche Bildfunktion gehört zur Originalfunktion

$$f(t) = e^{-|a|t}, \quad \operatorname{Re} a > 0 \tag{A.1}$$

Unter Berücksichtigung von $|t| = -t$ für $t < 0$ und $|t| = t$ für $t > 0$ findet man mit (15.66)

$$\begin{aligned}\int\limits_{-A}^{+A} e^{-\mathrm{i}\omega t - a|t|} dt &= \int\limits_{-A}^{0} e^{-(\mathrm{i}\omega - a)t} + \int\limits_{0}^{+A} e^{-(\mathrm{i}\omega + a)t} \\ &= -\frac{e^{-(\mathrm{i}\omega - a)t}}{\mathrm{i}\omega - a}\Bigg|_{-A}^{0} - \frac{e^{-(\mathrm{i}\omega + a)t}}{\mathrm{i}\omega + a}\Bigg|_{0}^{+A} = \frac{-1 + e^{(\mathrm{i}\omega - a)A}}{\mathrm{i}\omega - a} + \frac{-e^{-(\mathrm{i}\omega + a)A}}{\mathrm{i}\omega + a}\,.\end{aligned} \tag{A.2}$$

Da $|e^{-aA}| \le e^{-A \operatorname{Re} a}$ und $\operatorname{Re} a > 0$ ist, existiert der Grenzwert für $A \to \infty$, so daß sich ergibt

$$F(\omega) = \mathcal{F}\{\, e^{-a|t|}\,\} = \frac{2a}{a^2 + y^2}\,. \tag{A.3}$$

■ **B:** Welche Bildfunktion gehört zur Originalfunktion $f(t) = e^{-at}$, $\operatorname{Re} a > 0$? (B.1)
Die Funktion ist nicht FOURIER–transformierbar, weil der Grenzwert $A \to \infty$ nicht existiert.

■ **C:** Es ist die FOURIER–Transformierte für den bipolaren Rechteckimpuls **(Abb.15.24)**

$$\varphi(t) = \begin{cases} 1 & \text{für } -2t_0 < t < 0 \\ -1 & \text{für } 0 < t < 2t_0 \\ 0 & \text{für } |t| > 2t_0 \end{cases} \tag{C.1}$$

;esucht, wobei $\varphi(t)$ durch die im Beispiel auf S. 606 für den unipolaren Rechteckimpuls als (A.1) ange- ;ebene Gleichung ausgedrückt werden soll. Es ist

$$\varphi(t) = f(t + t_0) - f(t - t_0). \tag{C.2}$$

)urch die FOURIER–Transformation gemäß (15.80b,15.80c) erhält man

$$\Phi(\omega) = \mathcal{F}\{\,\varphi(t)\,\} = e^{\mathrm{i}\omega\, t_0} F(\omega) - e^{-\mathrm{i}\omega\, t_0} F(\omega), \tag{C.3}$$

voraus mit (A.1) folgt

$$\phi(\omega) = (e^{\mathrm{i}\omega\, t_0} - e^{-\mathrm{i}\omega\, t_0}) \frac{2 \sin\, \omega\, t_0}{\omega} = 4\mathrm{i} \frac{\sin^2 \omega\, t_0}{\omega}. \tag{C.4}$$

D: Bildfunktion einer gedämpften Schwingung: Die in **Abb.15.25a** dargestellte gedämpfte Schwin- ;ung wird durch die Funktion

$$f(t) = \begin{cases} 0 & \text{für } t < 0 \\ e^{-\alpha t} \cos\, \omega_0 t & \text{für } t \geq 0 \end{cases}$$

›eschrieben. Zur Vereinfachung der Rechnung wird die FOURIER–Transformation der komplexen Funk- ion $f^*(t) = e^{(-\alpha + \mathrm{i}\omega_0)t}$ ermittelt. Es gilt $f(t) = \mathrm{Re}\,(f^*(t))$. Die FOURIER–Transformation liefert

$$\mathcal{F}\{\, f^*(t)\,\} = \int\limits_0^\infty e^{-\mathrm{i}\omega\, t} e^{(-\alpha + \mathrm{i}\omega_0 t)} dt = \int\limits_0^\infty e^{(-\alpha + (\omega - \omega_0)\mathrm{i}\omega\, t} dt$$

$$= \left. \frac{e^{-\alpha t} e^{\mathrm{i}\omega - \omega_0)t}}{-\alpha + \mathrm{i}\omega_0 - \omega)} \right|_0^\infty = \frac{1}{\alpha - \mathrm{i}\omega_0 - \omega)} = \frac{\alpha + \mathrm{i}\omega_0 - \omega)}{\alpha^2 + (\omega - \omega_0)}.$$

)as Ergebnis ist die LORENTZ–Kurve (s. auch S. 81)

$$\mathcal{F}\{\, f(t)\,\} = \frac{\alpha}{\alpha^2 + (\omega - \omega_0)^2},$$

lie in **Abb.15.25b** dargestellt ist. Einer gedämpften Schwingung im Zeitbereich entspricht ein einziger ᵓeak im Frequenzbereich.

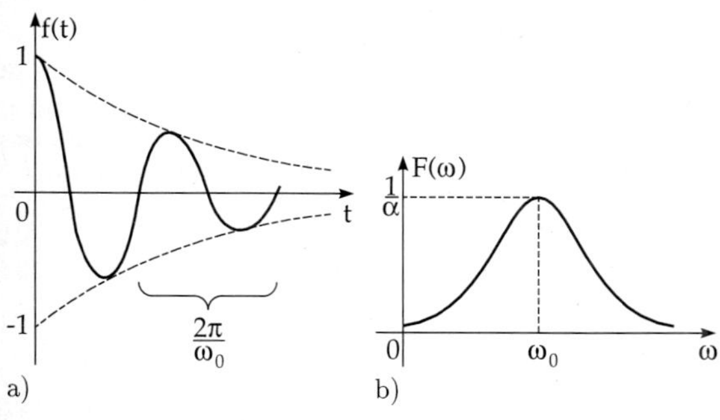

Abbildung 15.25

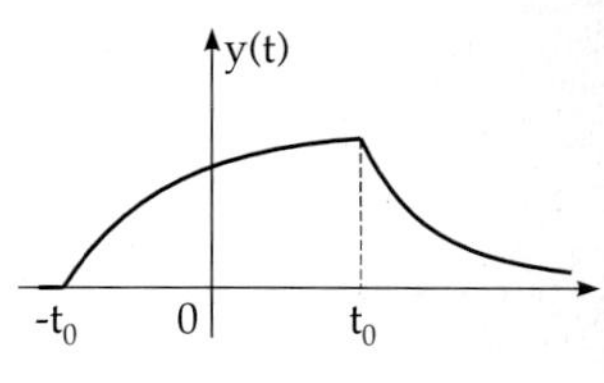

Abbildung 15.26

15.3.2 Lösung von Differential–Gleichungen mit Hilfe der Fourier Transformation

Ein wichtiger Anwendungsbereich der FOURIER–Transformation ist analog zur LAPLACE–Transformation die Lösung von Differentialgleichungen, weil diese durch die genannten Integraltransformationen eine einfache Form erhalten. Im Falle von gewöhnlichen Differentialgleichungen entstehen algebraische Gleichungen, im Falle von partiellen Differentialgleichungen gewöhnliche.

15.3.2.1 Gewöhnliche lineare Differentialgleichungen

Die Differentialgleichung

$$y'(t)+a\,y(t) = f(t) \quad (15.91a) \qquad \text{mit} \quad f(t) = \begin{cases} 1 & \text{für } |t| < t_0 \\ 0 & \text{für } |t| \geq t_0\,, \end{cases} \quad (15.91b)$$

d.h. mit der Funktion $f(t)$ von **Abb.15.21**, wird durch die FOURIER–Transformation

$$\mathcal{F}\{\,y(t)\,\} = Y(\omega) \quad (15.91c)$$

in die algebraische Gleichung

$$\mathrm{i}\omega\,Y + aY = \frac{2\sin\,\omega\,t_0}{\omega}, \quad (15.91d) \quad \text{überführt, so daß sich} \quad Y(\omega) = 2\,\frac{\sin\,\omega t_0}{\omega(a+\mathrm{i}\omega)} \quad (15.91e)$$

ergibt. Die Rücktransformation führt auf

$$y(t) = \mathcal{F}^{-1}\{\,Y(\omega)\,\} = \mathcal{F}^{-1}\left\{2\,\frac{\sin\,\omega t_0}{\omega(a+\mathrm{i}\omega)}\right\} = \frac{1}{\pi}\int\limits_{-\infty}^{+\infty}\frac{e^{\mathrm{i}\omega t}\sin\,\omega t_0}{\omega(a+\mathrm{i}\omega)}d\omega \quad (15.91f)$$

und

$$y(t) = \begin{cases} 0 & \text{für } -\infty < t < -t_0 \\ \dfrac{1}{a}\left[1 - e^{-a(t+t_0)}\right] & \text{für } -t_0 \leq t \leq +t_0 \\ \dfrac{1}{a}\left[e^{-a(t-t_0)} - e^{-a(t-t_0)}\right] & \text{für } \ t_0 < t < \infty\,. \end{cases} \quad (15.91g)$$

Die Funktion (15.91g) ist in **Abb.15.26** graphisch dargestellt.

15.3.2.2 Partielle Differentialgleichungen

1. Allgemeine Vorgehensweise

Die Lösung einer partiellen Differentialgleichung ist eine Funktion mindestens zweier Variablen: $u = u(x,t)$. Da die FOURIER–Transformation eine Integration bezüglich einer Variablen darstellt, ist die andere Variable bei der Transformation als konstant zu betrachten. Hier wird x variabel und t fest gewählt:

$$\mathcal{F}\{\,u(x,t)\,\} = \int\limits_{-\infty}^{+\infty} e^{-\mathrm{i}\omega\tau}u(x,\tau)\,d\tau = U(x,\omega)\,. \quad (15.92)$$

Auch bei der Transformation von Ableitungen bleibt eine Variable fest, hier wieder t:

$$\mathcal{F}\left\{\frac{\partial^{(n)}u(x,t)}{\partial t^n}\right\} = (\mathrm{i}\omega)^n\mathcal{F}\{\,u(x,t)\,\}\,. \quad (15.93)$$

Für die Ableitungen nach x ist vorauszusetzen, daß sie mit dem FOURIER–Integral vertauschbar sind:

$$\mathcal{F}\left\{\frac{\partial u(x,t)}{\partial x}\right\} = \frac{\partial}{\partial x}[\,u(x,t)\,] = \frac{\partial}{\partial x}U(x,\omega)\,. \quad (15.94)$$

Damit erhält man im Bildbereich eine gewöhnliche Differentialgleichung. Außerdem sind die Rand- und Anfangsbedingungen in den Bildbereich zu transformieren.

2. Lösung der eindimensionalen Wellengleichung für ein homogenes Medium

1. Problemstellung Die eindimensionale Wellengleichung mit verschwindendem Störglied und für ein homogenes Medium lautet:

$$u_{xx} - u_{tt} = 0. \tag{15.95a}$$

Wie die dreidimensionale Wellengleichung (9.2.3.3) auf S. 426, so ist auch 15.95a eine partielle Differentialgleichung vom hyperbolischen Typ. Das CAUCHYsche Problem sei durch die Anfangsbedingungen

$$u(x,0) = f(x) \quad (-\infty < x < \infty), \quad u_t(x,0) = g(x) \quad (0 \le t < \infty) \tag{15.95b}$$

korrekt gestellt.

2. FOURIER–Transformation Zur Lösung wird die FOURIER–Transformation bezüglich x durchgeführt, wobei die Zeitkoordinate konstant gehalten wird:

$$\mathcal{F}\{\, u(x,t)\,\} = U(\omega, t). \tag{15.96a}$$

Daraus ergibt sich:

$$(\mathrm{i}\omega)^2 u(\omega,t) - \frac{d^2u(\omega,t)}{dt^2} = 0 \qquad \text{mit} \tag{15.96b}$$

$$\mathcal{F}\{\, u(x,0)\,\} = u(\omega,0) = \mathcal{F}\{\, f(x)\,\} = F(\omega), \tag{15.96c}$$

$$\mathcal{F}\{\, u_t(x,0)\,\} = u'(\omega,0) = \mathcal{F}\{\, g(x)\,\} = G(\omega). \tag{15.96d}$$

$$\omega^2 u + u'' = 0. \tag{15.96e}$$

Das Ergebnis ist eine gewöhnliche Differentialgleichung für die nun wieder als Veränderliche zu betrachtende Zeitkoordinate t mit dem Parameter ω der Bildfunktion.

Die allgemeine Lösung dieser bekannten Differentialgleichung mit konstanten Koeffizienten lautet

$$u(\omega,t) = C_1 e^{\mathrm{i}\omega t} + C_2 e^{-\mathrm{i}\omega t}. \tag{15.97a}$$

Mit Hilfe der Anfangsbedingungen

$$u(\omega,0) = C_1 + C_2 = F(\omega), \quad u'(\omega,0) = \mathrm{i}\omega\, C_1 - \mathrm{i}\omega\, C_2 = G(\omega) \tag{15.97b}$$

lassen sich die Konstanten C_1 und C_2 bestimmen:

$$C_1 = \frac{1}{2}[\, F(\omega) + \frac{1}{\mathrm{i}\omega}G(\omega)\,], \quad C_2 = \frac{1}{2}[\, F(\omega) - \frac{1}{\mathrm{i}\omega}G(\omega)\,]\,. \tag{15.97c}$$

Die Lösung ergibt sich zu

$$u(\omega,t) = \frac{1}{2}[\, F(\omega) + \frac{1}{\mathrm{i}\omega}G(\omega)\,]e^{\mathrm{i}\omega t} + \frac{1}{2}[\, F(\omega) - \frac{1}{\mathrm{i}\omega}G(\omega)\,]e^{-\mathrm{i}\omega t}. \tag{15.97d}$$

3. Rücktransformation Zur Rücktransformation der Funktion $F(\omega)$ kann der Verschiebungssatz,

$$\mathcal{F}\{\, f(ax+b)\,\} = 1/a \cdot e^{\mathrm{i}b\omega/a} F(\omega/a), \tag{15.98a}$$

mit Vorteil eingesetzt werden, woraus sich ergibt

$$\mathcal{F}^{-1}\{\, e^{\mathrm{i}\omega t} F(\omega)\,\} = f(x+t), \quad \mathcal{F}^{-1}[\, e^{-\mathrm{i}\omega t} F(\omega)\,] = f(x-t). \tag{15.98b}$$

Die Anwendung der Integrationsregel

$$\mathcal{F}\left\{\int\limits_{-\infty}^{x} f(\tau)\,d\tau\right\} = \frac{1}{\mathrm{i}\omega}F(\omega) \qquad \text{liefert} \tag{15.98c}$$

$$\mathcal{F}^{-1}\left\{\frac{1}{\mathrm{i}\omega}G(\omega)e^{\mathrm{i}\omega t}\right\} = \int\limits_{-\infty}^{x} \mathcal{F}^{-1}\{\, G(\omega)e^{\mathrm{i}\omega t}\}\,d\tau = \int\limits_{-\infty}^{x} g\,(\tau+t)\,d\tau = \int\limits_{-\infty}^{x+t} g\,(z)\,dz \tag{15.98d}$$

nach Substitution $s + t = z$ und analog

$$\mathcal{F}^{-1}\left\{-\frac{1}{\mathrm{i}\omega}G(\omega)e^{-\mathrm{i}\omega t}\right\} = -\int_{-\infty}^{x-t} g(z)\,dz\,. \qquad (15.98$$

Die endgültige Lösung im Originalbereich lautet somit

$$u(x,t) = \frac{1}{2}f(x+t) + \frac{1}{2}f(x-t) + \int_{x-t}^{x+t} g(z)\,dz\,. \qquad (15.9$$

15.4 Z–Transformation

In Natur und Technik kann man zwischen kontinuierlichen und diskreten Vorgängen unterscheide Während sich von den kontinuierlichen Vorgängen viele durch Differentialgleichungen beschreiben la sen, führen diskrete Vorgänge häufig auf *Differenzengleichungen.* Zur Lösung von Differentialgleichu gen eignen sich besonders FOURIER- und LAPLACE–Transformationen, zur Lösung von Differenze gleichungen wurden andere, angepaßte Operatorenmethoden entwickelt. Die bekannteste ist die Z Transformation, die in engem Zusammenhang mit der LAPLACE–Transformation steht.

15.4.1 Eigenschaften der Z–Transformation

15.4.1.1 Diskrete Funktionen

Ist eine Funktion $f(t)$ $(0 \le t < \infty)$ nur für diskrete Argumente $t_n = nT$ $(n = 0, 1, 2, \ldots;\ T > 0,\ T$ const.) bekannt, so setzt man $f(nT) = f_n$ und bildet die Folge $\{f_n\}$. Eine solche entsteht z.B. in der Elektrotechnik durch „Abtastung" einer Funktion $f(t)$ in den diskreten Zeitpunkten t_n. Ihre Wiedergabe erfolgt dann häufig als *Treppenfunktion* **(Abb.15.27)**. Die Folge $\{f_n\}$ und die nur für diskrete Argumente definierte Funktion $f(nT)$, die als *diskrete Funktion* bezeichnet wird, sind äquivalent. Für die Folge $\{f_n\}$ wird keine Konvergenz für $n \to \infty$ gefordert.

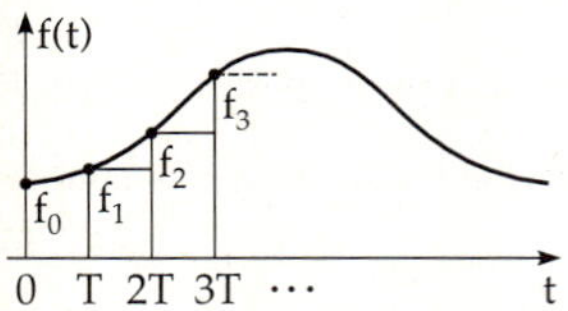

Abbildung 15.27

15.4.1.2 Definition der Z–Transformation

1. Originalfolge und Bildfunktion Der Folge $\{f_n\}$ wird die unendliche Reihe

$$F(z) = \sum_{n=0}^{\infty} f_n \left(\frac{1}{z}\right)^n \qquad (15.10$$

zugeordnet. Falls diese Reihe konvergiert, sagt man, die Folge $\{f_n\}$ ist *Z–transformierbar*, und schrei

$$F(z) = \mathcal{Z}\{f_n\}. \qquad (15.10$$

Man nennt $\{f_n\}$ *Originalfolge* , $F(z)$ *Bildfunktion.* Mit z ist eine komplexe Variable bezeichnet, m $F(z)$ eine komplexwertige Funktion.

■ $f_n = 1$ $(n = 0, 1, 2, \ldots)$. Die zugehörige unendliche Reihe lautet

$$F(z) = \sum_{n=0}^{\infty} \left(\frac{1}{z}\right)^n. \qquad (15.10$$

Sie stellt bezüglich $1/z$ eine geometrische Reihe dar, die für $\left|\frac{1}{z}\right| < 1$ gegen die Reihensumme $F(z)$ $\frac{z}{z-1}$ konvergiert, für $\left|\frac{1}{z}\right| > 1$ aber divergiert. Das bedeutet, die Folge $\{1\}$ ist Z–transformierbar f $\left|\frac{1}{z}\right| < 1$, d.h. für alle Punkte außerhalb des Einheitskreises $|z| = 1$ der z–Ebene.

2. **Eigenschaften** Da die Bildfunktion $F(z)$ gemäß (15.100) eine Potenzreihe bezüglich der komplexen Veränderlichen $1/z$ ist, folgt aus den Eigenschaften von Potenzreihen im Komplexen (s.S. 569):
1. Für eine Z–transformierbare Folge $\{f_n\}$ gibt es eine reelle Zahl R, so daß die Reihe (15.100) absolut konvergiert für $|z| > 1/R$ und divergiert für $|z| < 1/R$. Für $|z| \geq 1/R_0 > 1/R$ ist die Reihe sogar gleichmäßig konvergent. R ist der Konvergenzradius der Potenzreihe (15.100) bezüglich $1/z$. Konvergiert die Reihe für alle $|z| > 0$, so setzt man $R = \infty$. Für nicht Z–transformierbare Folgen setzt man $R = 0$.
2. Ist $\{f_n\}$ Z–transformierbar für $|z| > 1/R$, dann ist die zugehörige Bildfunktion $F(z)$ eine analytische Funktion für $|z| > 1/R$ und gleichzeitig die einzige Bildfunktion von $\{f_n\}$. Für die Umkehrung gilt: Ist $F(z)$ eine analytische Funktion für $|z| > 1/R$ und auch für $z = \infty$ regulär, dann gibt es zu $F(z)$ genau eine Originalfolge $\{f_n\}$. Dabei heißt $F(z)$ regulär für $z = \infty$, wenn $F(z)$ eine Potenzreihenentwicklung der Form (15.100) besitzt und $F(\infty) = f_0$ gilt.

3. **Grenzwertsätze** Analog zu den Grenzwerteigenschaften der Bildfunktion der LAPLACE–Transformation ((15.7b), S. 590) gelten für die Z–Transformation die folgenden Grenzwertsätze:
1. Wenn $F(z) = \mathcal{Z}\{f_n\}$ existiert, dann ist

$$f_0 = \lim_{z\to\infty} F(z). \tag{15.103}$$

Dabei kann z auf der reellen Achse oder längs eines beliebigen Weges nach ∞ verlaufen. Da die Reihen

$$\mathcal{Z}\{F(z) - f_0\} = f_1 + f_2\frac{1}{z} + f_3\frac{1}{z^2} + \cdots, \tag{15.104}$$

$$\mathcal{Z}^2\left\{F(z) - f_0 - f_1\frac{1}{z}\right\} = f_2 + f_3\frac{1}{z} + f_4\frac{1}{z^2} + \cdots, \tag{15.105}$$

$$\vdots$$

offensichtlich ebenfalls Z–Transformierte sind, erhält man analog zu (15.103):

$$f_1 = \lim_{z\to\infty} \mathcal{Z}\{F(z) - f_0\}, \qquad f_2 = \lim_{z\to\infty} \mathcal{Z}^2\left\{f(z) - f_0 - f_1\frac{1}{z}\right\}, \ldots \tag{15.106}$$

Auf diese Weise kann man die Originalfunktion $\{f_n\}$ aus ihrer Bildfunktion $F(z)$ bestimmen.
2. Wenn $\lim\limits_{n\to\infty} f_n$ existiert, so ist

$$\lim_{n\to\infty} f_n = \lim_{z\to 1+0}(z-1)F(z). \tag{15.107}$$

Man kann den Wert von $\lim\limits_{n\to\infty} f_n$ aus (15.107) aber nur ermitteln, wenn man weiß, das der Grenzwert existiert, denn die obige Aussage ist nicht umkehrbar.

■ $f_n = (-1)^n \quad (n = 0, 1, 2, \ldots)$. Daraus folgt $\mathcal{Z}\{f_n\} = \dfrac{z}{z+1}$ und $\lim\limits_{z\to 1+0}(z-1)\dfrac{1}{z+1} = 0$, aber $\lim\limits_{n\to\infty}(-1)^n$ existiert nicht.

15.4.1.3 Rechenregeln

Für die Anwendung der Z–Transformation ist es wichtig zu wissen, wie sich gewisse Operationen an den Originalfolgen in entsprechenden Operationen an den Bildfunktionen wiederspiegeln und umgekehrt. Im folgenden sei $F(z) = \mathcal{Z}\{f_n\}$ für $|z| > 1/R$.

1. **Translation**
Man unterscheidet eine Vorwärts- und eine Rückwärtsverschiebung.
1. **Erster Verschiebungssatz:** $\quad \mathcal{Z}\{f_{n-k}\} = z^{-k}F(z) \quad$ für $k = 0, 1, 2, \ldots$, (15.108)

Dabei wird $f_{n-k} = 0$ für $n - k < 0$ festgelegt.

2. **Zweiter Verschiebungssatz:** $\quad \mathcal{Z}\{f_{n+k}\} = z^k\left[F(z) - \sum\limits_{\nu=0}^{k-1} f_\nu \left(\dfrac{1}{z}\right)^\nu\right] \quad$ für $k = 1, 2, \ldots$ (15.109)

2. Summation

Für $|z| > \max\left(1, \frac{1}{R}\right)$ gilt: $$\mathcal{Z}\left\{\sum_{\nu=0}^{n-1} f_\nu\right\} = \frac{1}{z-1}F(z). \tag{15.110}$$

3. Differenzenbildung

Für die *Differenzen*

$$\Delta f_n = f_{n+1} - f_n, \quad \Delta^m f_n = \Delta(\Delta^{m-1} f_n) \qquad (m = 1, 2, \ldots;\ \Delta^0 f_n = f_n) \tag{15.111}$$

gilt die Regel:

$$\begin{aligned} \mathcal{Z}\{\Delta f_n\} &= (z-1)F(z) - zf_0 \\ \mathcal{Z}\{\Delta^2 f_n\} &= (z-1)^2 F(z) - z(z-1)f_0 - z\Delta f_0 \\ \vdots \quad &= \quad \vdots \\ \mathcal{Z}\{\Delta^k f_n\} &= (z-1)^k F(z) - z\sum_{\nu=0}^{k-1}(z-1)^{k-\nu-1}\Delta^\nu f_0\,. \end{aligned} \tag{15.112}$$

4. Dämpfung

Für $\alpha \neq 0$ beliebig komplex, $|z| > \frac{|\lambda|}{R}$ gilt: $$\mathcal{Z}\{\lambda^n f_n\} = F\left(\frac{z}{\lambda}\right). \tag{15.113}$$

5. Faltung

Als *Faltung* zweier Folgen $\{f_n\}$ und $\{g_n\}$ bezeichnet man die Operation

$$f_n * g_n = \sum_{\nu=0}^{n} f_\nu\, g_{n-\nu}. \tag{15.114}$$

Existieren die Z–Transformierten $\mathcal{Z}\{f_n\} = F(z)$ für $|\lambda| > 1/R_1$ und $\mathcal{Z}\{g_n\} = G(z)$ für $|z| > 1/R_2$ dann gilt

$$\mathcal{Z}\{f_n * g_n\} = F(z)G(z) \tag{15.115}$$

für $|z| > \max\left(\frac{1}{R_1}, \frac{1}{R_2}\right)$. Die Beziehung (15.115) wird auch als *Faltungssatz* der Z–Transformation bezeichnet. Er entspricht der Vorschrift für die Multiplikation zweier Potenzreihen.

6. Differentiation der Bildfunktion

$$\mathcal{Z}\{nf_n\} = -z\frac{dF(z)}{dz}\,. \tag{15.116}$$

Durch wiederholte Anwendung von (15.116) lassen sich auch Ableitungen höherer Ordnung von $F(z)$ bestimmen.

7. Integration der Bildfunktion

Unter der Voraussetzung $f_0 = 0$ gilt $$\mathcal{Z}\left\{\frac{f_n}{n}\right\} = \int_z^\infty \frac{F(\xi)}{\xi}\,d\xi. \tag{15.117}$$

15.4.1.4 Zusammenhang mit der Laplace–Transformation

Beschreibt man eine diskrete Funktion $f(t)$ (s.S. 614) als Treppenfunktion, dann gilt

$$f(t) = f(nT) = f_n \qquad \text{für} \quad nT \leq t < (n+1)T \quad (n = 0, 1, 2, \ldots;\ T > 0,\ T \text{ const}). \tag{15.118}$$

Auf diese stückweise konstante Funktion läßt sich die LAPLACE–Transformation (s.S. 590) anwenden und man erhält für $T = 1$:

$$\mathcal{L}\{f(t)\} = F(p) = \sum_{n=0}^{\infty}\int_n^{n+1} f_n e^{-pt}\,dt = \sum_{n=0}^{\infty} f_n \frac{e^{-np} - e^{-(n+1)p}}{p} = \frac{1-e^{-p}}{p}\sum_{n=0}^{\infty} f_n e^{-np}. \tag{15.119}$$

Die unendliche Reihe in (15.119) wird auch als *diskrete* LAPLACE–*Transformation* bezeichnet und mit dem Symbol $\mathcal{D}$ gekennzeichnet:

$$\mathcal{D}\{f(t)\} = \mathcal{D}\{f_n\} = \sum_{n=0}^{\infty} f_n e^{-np}. \tag{15.120}$$

Setzt man in (15.120) $e^p = z$, dann stellt $\mathcal{D}\{f_n\}$ eine Reihe nach absteigenden Potenzen von z dar, eine sogenannte LAURENT–*Reihe* (s.S. 571). Mit der Substitution $e^p = z$, die zu dem Namen Z–Transformation geführt hat, erhält man schließlich aus (15.119) den folgenden Zusammenhang zwischen LAPLACE- und Z–Transformation im Falle von Treppenfunktionen:

$$pF(p) = \left(1 - \frac{1}{z}\right) F(z) \quad (15.121a) \qquad \text{bzw.} \quad p\mathcal{L}\{f(t)\} = \left(1 - \frac{1}{z}\right) \mathcal{Z}\{f_n\}. \quad (15.121b)$$

Auf diese Weise lassen sich Korrespondenzen der Z–Transformation **(Tabelle21.13)** in Korrespondenzen der LAPLACE–Transformation **(Tabelle21.11)** für Treppenfunktionen umrechnen und umgekehrt.

15.4.1.5 Umkehrung der Z–Transformation

Die Umkehrung der Z–Transformation oder kurz Rücktransformation besteht darin, zu einer gegebenen Bildfunktion $F(z)$ die zugehörige, eindeutige Originalfolge $\{f_n\}$ zu finden. Man schreibt dann

$$\mathcal{Z}^{-1}\{F(z)\} = \{f_n\}. \tag{15.122}$$

Für die Rücktransformation gibt es verschiedene Möglichkeiten.

1. Benutzung von Tabellen Wenn die Funktion $F(z)$ in der Tabelle explizit nicht vorkommt, kann man versuchen, durch Umformungen und durch Anwendung der Rechenregeln zu Funktionen zu gelangen, die in **Tabelle21.13** vorhanden sind.

2. LAURENT-Reihe von $F(z)$ Wegen der Definition (15.100) gelingt eine Rücktransformation sofort, wenn für $F(z)$ eine Reihenentwicklung in $1/z$ bekannt ist oder sich leicht ermitteln läßt.

3. TAYLOR–Reihe von $F\left(\frac{1}{z}\right)$ Da $F\left(\frac{1}{z}\right)$ eine Reihe nach aufsteigenden Potenzen von z ist, ergibt sich wegen (15.100) nach der TAYLOR-Formel

$$f_n = \frac{1}{n!}\frac{d^n}{dz^n} F\left(\frac{1}{z}\right)\bigg|_{z=0} \quad (n = 0, 1, 2, \ldots). \tag{15.123}$$

4. Anwendung eines Grenzwertsatzes Mit Hilfe der Grenzwerte (15.103) und (15.106) kann man die Originalfolge $\{f_n\}$ aus ihrer Bildfunktion $F(z)$ unmittelbar bestimmen.

■ $F(z) = \dfrac{2z}{(z-2)(z-1)^2}$. Es sollen die voranstehenden vier Methoden angewendet werden.

1. Durch Partialbruchzerlegung (s.S. 12) von $F(z)/z$ erhält man Funktionen, die in der **Tabelle21.13** enthalten sind.

$$\frac{F(z)}{z} = \frac{2}{(z-2)(z-1)^2} = \frac{A}{z-2} + \frac{B}{(z-1)^2} + \frac{C}{z-1}. \qquad \text{Daraus folgt}$$

$$F(z) = \frac{2z}{z-2} - \frac{2z}{(z-1)^2} - \frac{2z}{z-1} \qquad \text{und} \qquad \{f_n\} = 2(2^n - n - 1) \quad \text{für } n \geq 0.$$

2. Durch Division geht $F(z)$ in die folgende Reihe nach absteigenden Potenzen von z über:

$$F(z) = \frac{2z}{z^3 - 4z^2 + 5z - 2} = 2\frac{1}{z^2} + 8\frac{1}{z^3} + 22\frac{1}{z^4} + 52\frac{1}{z^5} + 114\frac{1}{z^6} + \ldots$$

Daraus liest man unmittelbar $f_0 = f_1 = 0,\ f_2 = 2,\ f_3 = 8,\ f_4 = 22,\ f_5 = 52,\ f_6 = 114,\ \ldots$ ab, aber man erhält keinen geschlossenen Ausdruck für das allgemeine Glied f_n.

3. Zur Bildung von $F\left(\frac{1}{z}\right)$ und den in (15.123) benötigten Ableitungen geht man zweckmäßigerweise von der Partialbruchzerlegung von $F(z)$ aus und erhält:

$$F\left(\frac{1}{z}\right) = \frac{2}{1-2z} - \frac{2z}{(1-z)^2} - \frac{2}{1-z}, \quad \text{d.h.} \quad F\left(\frac{1}{z}\right) = 0 \quad \text{für } z = 0$$

$$\frac{dF\left(\frac{1}{z}\right)}{dz} = \frac{4}{(1-2z)^2} - \frac{4z}{(1-z)^3} - \frac{4}{(1-z)^2}, \quad \text{d.h.} \quad \frac{dF\left(\frac{1}{z}\right)}{dz} = 0 \quad \text{für } z = 0$$

$$\frac{d^2F\left(\frac{1}{z}\right)}{dz^2} = \frac{16}{(1-2z)^3} - \frac{12z}{(1-z)^4} - \frac{12}{(1-z)^3}, \quad \text{d.h.} \quad \frac{d^2F\left(\frac{1}{z}\right)}{dz^2} = 4 \quad \text{für } z = 0$$

$$\frac{d^3F\left(\frac{1}{z}\right)}{dz^3} = \frac{96}{(1-2z)^4} - \frac{48z}{(1-z)^5} - \frac{48}{(1-z)^4}, \quad \text{d.h.} \quad \frac{d^3F\left(\frac{1}{z}\right)}{dz^3} = 48 \quad \text{für } z = 0$$

$$\vdots$$

unter Berücksichtigung der Fakultäten in (15.123) ergibt sich $f_0,\ f_1,\ f_2,\ f_3,\ \ldots$.
4. Die Anwendung der Grenzwertsätze (s.S. 615) unter Beachtung der BERNOULLI*schen Regel* (s.S. 41) ergibt:

$$f_0 = \lim_{z\to\infty} F(z) = \lim_{z\to\infty} \frac{2z}{z^3 - 4z^2 + 5z - 2} = 0,$$

$$f_1 = \lim_{z\to\infty} z(F(z) - f_0) = \lim_{z\to\infty} \frac{2z^2}{z^3 - 4z^2 + 5z - 2} = 0,$$

$$f_2 = \lim_{z\to\infty} z^2\left(F(z) - f_0 - f_1\frac{1}{z}\right) = \lim_{z\to\infty} \frac{2z^3}{z^3 - 4z^2 + 5z - 2} = 2,$$

$$f_3 = \lim_{z\to\infty} z^3\left(F(z) - f_0 - f_1\frac{1}{z} - f_2\frac{1}{z^2}\right) = \lim_{z\to\infty} z^3\left(\frac{2z}{z^3 - 4z^2 + 5z - 2} - \frac{2}{z^2}\right) = 8, \ \ldots$$

Auf diese Weise läßt sich die Originalfolge $\{f_n\}$ sukzessiv bestimmen.

15.4.2 Anwendungen der Z–Transformation

15.4.2.1 Allgemeine Lösung linearer Differenzengleichungen

Eine lineare Differenzengleichung k–ter Ordnung mit konstanten Koeffizienten hat die Form

$$a_k y_{n+k} + a_{k-1} y_{n+k-1} + \cdots + a_2 y_{n+2} + a_1 y_{n+1} + a_0 y_n = g_n \qquad (n = 0,\ 1,\ 2\ \ldots)\,. \tag{15.124}$$

Dabei ist k eine natürliche Zahl. Die Koeffizienten a_i $(i = 0, 1, \ldots, k)$ sind gegebene reelle oder komplexe Zahlen und hängen nicht von n ab. Es gelte $a_0 \neq 0$ und $a_k \neq 0$. Die Folge $\{g_n\}$ ist gegeben, die Folge $\{y_n\}$ ist gesucht.
Zur Festlegung einer bestimmten Lösung von (15.124) werden die Werte $y_0, y_1, \ldots, y_{k-1}$ vorgegeben. Dann kann man aus (15.124) für $n = 0$ den nächsten Wert y_k ausrechnen. Aus $y_1,\ y_2,\ \ldots,\ y_k$ ergibt sich dann aus (15.124) für $n = 1$ der Wert y_{k-1}. Auf diese Weise kann man alle Werte y_n rekursiv ausrechnen. Mit Hilfe der Z–Transformation läßt sich jedoch für y_n eine allgemeine Darstellung angeben. Dazu wendet man den zweiten Verschiebungssatz (15.109) auf (15.124) an und erhält:

$$a_k z^k \left[Y(z) - y_0 - y_1 z^{-1} - \cdots - y_{k-1} z^{-(k-1)}\right] + \cdots + a_1 z[Y(z) - y_0] + a_0 Y(z) = G(z). \tag{15.125}$$

Dabei bedeutet $Y(z) = Z(y_n)$, $G(z) = Z(g_n)$. Setzt man weiterhin $a_k z^k + a_{k-1} y^{k-1} + \cdots + a_1 z + a_0 = p(z)$, so lautet die Lösung der sogenannten Bildgleichung (15.125)

$$Y(z) = \frac{1}{p(z)} G(z) + \frac{1}{p(z)} \sum_{i=0}^{k-1} y_i \sum_{j=i+1}^{k} a_j z^{j-i}. \tag{15.126}$$

Wie bei der Behandlung von linearen Differentialgleichungen mit der LAPLACE–Transformation hat man auch bei der Z–Transformation den Vorteil, daß die Anfangswerte in die Bildgleichung eingehen und daher bei der Lösung automatisch berücksichtigt werden. Aus (15.126) gewinnt man dann die gesuchte Lösung $\{y_n\} = \mathcal{Z}^{-1}\{Y(z)\}$ durch Rücktransformation gemäß 15.4.1.5.

15.4.2.2 Differenzengleichung zweiter Ordnung (Anfangswertaufgabe)

Die Differenzengleichung zweiter Ordnung lautet:

$$y_{n+2} + a_1 y_{n+1} + a_0 y_n = g_n \tag{15.127}$$

Als Anfangswerte sind y_0 und y_1 gegeben. Mit Hilfe des zweiten Verschiebungssatzes erhält man zu (15.127) die Bildgleichung

$$z^2\left[Y(z) - y_0 - y_1\frac{1}{z}\right] + a_1 z[Y(z) - y_0] + a_0 Y(z) = G(z). \tag{15.128}$$

Setzt man $z^2 + a_1 z + a_0 = p(z)$, dann lautet die Bildfunktion

$$Y(z) = \frac{1}{p(z)}G(z) + y_0\frac{z(z+a_1)}{p(z)} + y_1\frac{z}{p(z)}. \tag{15.129}$$

$p(z)$ habe die Nullstellen α_1 und α_2, für die $\alpha_1 \neq 0$ und $\alpha_2 \neq 0$ gelte, weil sonst $a_0 = 0$ wäre und sich die Differenzengleichung auf eine solche erster Ordnung reduzieren würde. Durch Partialbruchzerlegung und Anwendung der **Tabelle 21.13** der Z–Transformation ergibt sich aus

$$\frac{z}{p(z)} = \begin{cases} \dfrac{1}{\alpha_1 - \alpha_2}\left(\dfrac{z}{z-\alpha_1} - \dfrac{z}{z-\alpha_2}\right) & \text{für } \alpha_1 \neq \alpha_2 \\ \dfrac{z}{(z-\alpha_1)^2} & \text{für } \alpha_1 = \alpha_2 \end{cases}$$

$$\mathcal{Z}^{-1}\left\{\frac{z}{p(z)}\right\} = \{p_n\} = \begin{cases} \dfrac{\alpha_1^n - \alpha_2^n}{\alpha_1 - \alpha_2} & \text{für } \alpha_1 \neq \alpha_2 \\ n\alpha_1^{n-1} & \text{für } \alpha_1 = \alpha_2 \,. \end{cases} \tag{15.130}$$

Wegen $p_0 = 0$ ist nach dem zweitem Verschiebungssatz

$$\mathcal{Z}^{-1}\left\{\frac{z^2}{p(z)}\right\} = \mathcal{Z}^{-1}\left\{z\,\frac{z}{p(z)}\right\} = \{p_{n+1}\}$$

und nach dem ersten Verschiebungssatz

$$\mathcal{Z}^{-1}\left\{\frac{1}{p(z)}\right\} = \mathcal{Z}^{-1}\left\{\frac{1}{z}\,\frac{z}{p(z)}\right\} = \{p_{n-1}\}\,.$$

Dabei ist $p_{-1} = 0$ zu setzen. Mit Hilfe des Faltungssatzes erhält man die Originalfolge mit

$$y_n = \sum_{\nu=0}^{n} p_{n-1} q_{n-\nu} + y_0(p_{n+1} + a_1 p_n) + y_1 p_1.$$

Wegen $p_{-1} = p_0 = 0$ ergibt sich daraus mit (15.130)

$$y_n = \sum_{\nu=2}^{n} g_{n-\nu}\frac{\alpha_1^{\nu-1} - \alpha_2^{\nu-1}}{\alpha_1 - \alpha_2} - y_0\left(\frac{\alpha_1^{n+1} - \alpha_2^{n+1}}{\alpha_1 - \alpha_2} + a_1\frac{\alpha_1^n - \alpha_2^n}{\alpha_1 - \alpha_2}\right) + y_1\frac{\alpha_1^n - \alpha_2^n}{\alpha_1 - \alpha_2}\,.$$

Diese Form läßt sich noch wegen $a_1 = -(\alpha_1 + \alpha_2)$ und $a_0 = \alpha_1\alpha_2$ (s. Wurzelsätze von VIËTA) noch zu

$$y_n = \sum_{\nu=2}^{n} g_{n-\nu}\frac{\alpha_1^{\nu-1} - \alpha_2^{\nu-1}}{\alpha_1 - \alpha_2} - y_0 a_0\frac{\alpha_1^{n-1} - \alpha_2^{n-1}}{\alpha_1 - \alpha_2} + y_1\frac{\alpha_1^n - \alpha_2^n}{\alpha_1 - \alpha_2} \tag{15.131}$$

vereinfachen. Für $\alpha_1 = \alpha_2$ erhält man analog

$$y_n = \sum_{\nu=2}^{n} g_{n-\nu}(\nu - 1)\alpha_1^{\nu-2} - y_0 a_0(n-1)\alpha_1^{n-2} + y_1 n\alpha_1^{n-1}\,. \tag{15.132}$$

Bei der Differenzengleichung zweiter Ordnung läßt sich die Rücktransformation der Bildfunktion $Y(z)$ auch ohne Partialbruchzerlegung durchführen, wenn man Korrespondenzen wie z. B.

$$\mathcal{Z}^{-1}\left\{\frac{z}{z^2 - 2az\cosh b + a^2}\right\} = a^{n-1}\frac{\sinh bn}{\sinh n}$$

benutzt und auch hier den zweiten Verschiebungssatz anwendet. Mit der Substitution $a_1 = -2a\cosh b$, $a_0 = a^2$ lautet die Originalfolge zu (15.129):

$$y_n = \frac{1}{\sinh b}\left[\sum_{\nu=2}^{n} g_{n-\nu}a^{\nu-2}\sinh(\nu-1)b - y_0 a^n \sinh(n-1)b + y_1 a^{n-1}\sinh nb\right]. \quad (15.133)$$

Diese Formel ist günstig für eine numerische Auswertung besonders dann, wenn a_0 und a_1 komplexe Zahlen sind. Die hyperbolischen Funktionen sind auch für komplexe Argumente definiert.

15.4.2.3 Differenzengleichung zweiter Ordnung (Randwertaufgabe)

In den Anwendungen kommt es häufig vor, daß die Werte y_n der Differenzengleichung nur für endlich viele Indizes $0 \leq n \leq N$ gesucht sind. Im Falle einer Differenzengleichung zweiter Ordnung (15.127) werden dann in der Regel die beiden sog. *Randwerte* y_0 und y_N vorgegeben. Zur Lösung dieser Randwertaufgabe geht man von der Lösung (15.131) der entsprechenden Anfangswertaufgabe aus, wobei an Stelle des unbekannten Wertes y_1 jetzt y_N einzuführen ist. Dazu setzt man in (15.131) $n = N$, dann kann man y_1 in Abhängigkeit von y_0 und y_N ausrechnen:

$$y_1 = \frac{1}{\alpha_1^N - \alpha_2^N}\left[y_0 a_0(\alpha_1^{N-1} - \alpha_2^{N-1}) + y_N(\alpha_1 - \alpha_2) - \sum_{\nu=2}^{N}(\alpha_1^{\nu-1} - \alpha_2^{\nu-1})g_{N-\nu}\right]. \quad (15.134)$$

Man setzt diesen Wert in (15.131) ein und erhält

$$\begin{aligned} y_1 = {} & \frac{1}{\alpha_1 - \alpha_2}\sum_{\nu=2}^{n}(\alpha_1^{\nu-1} - \alpha_2^{\nu-1})g_{n-\nu} - \frac{1}{\alpha_1 - \alpha_2}\frac{\alpha_1^n - \alpha_2^n}{\alpha_1^N - \alpha_2^N}\sum_{\nu=2}^{N}(\alpha_1^{\nu-1} - \alpha_2^{\nu-1})g_{N-\nu} \\ & + \frac{1}{\alpha_1^N - \alpha_2^N}[y_0(\alpha_1^N\alpha_2^n - \alpha_1^n\alpha_2^N) + y_N(\alpha_1^n - \alpha_2^n)]. \end{aligned} \quad (15.135)$$

Die Lösung (15.135) hat nur dann einen Sinn, wenn $\alpha_1^N - \alpha_2^N \neq 0$ gilt. Andernfalls hat das Randwertproblem keine allgemeine Lösung, sondern es treten in Analogie zu den Randwertaufgaben bei Differentialgleichungen Eigenwerte und Eigenfunktionen auf.

16 Wahrscheinlichkeitsrechnung und mathematische Statistik

Wahrscheinlichkeitsrechnung und mathematische Statistik befassen sich mit den Gesetzmäßigkeiten des zufälligen Eintretens bestimmter Ereignisse aus einer vorgegebenen Ereignismenge bei Versuchen im allgemeinsten Sinne. Dabei wird vorausgesetzt, daß diese Versuche unter unveränderten Bedingungen beliebig oft wiederholt werden können. Ihre Anwendung finden diese Gebiete der Mathematik bei der statistischen Beurteilung von Massenerscheinungen. Die mathematische Behandlung von *Zufallserscheinungen* wird auch unter dem Begriff *Stochastik* zusammengefaßt.

16.1 Kombinatorik

Aus den Elementen einer Menge lassen sich häufig auf eine bestimmte Weise neue Mengen zusammenstellen. Die Art und Weise einer solchen Zusammenstellung führt auf die Begriffe *Permutation* (Anordnung), *Kombination* (Auswahl) und *Variation*. Beim Begriff der Variation werden Anordnung und Auswahl vereinigt, indem bei der Auswahl von Elementen auf deren Reihenfolge geachtet wird. Die Grundaufgabe der Kombinatorik besteht darin, die Anzahl der Auswahl- oder Anordnungsmöglichkeiten zu ermitteln.

16.1.1 Permutationen

1. Definition

Permutation P_n nennt man eine Anordnung von n Elementen in einer bestimmten Reihenfolge.

2. Anzahl der Permutationen ohne Wiederholung

Für die Anzahl P_n der Permutationen von n verschiedenen Elementen gilt

$$P_n = n!\,. \tag{16.1}$$

■ In einem Hörsaal wurde eine Reihe mit 16 Sitzplätzen von genau 16 Studenten besetzt. Es gibt 16! Möglichkeiten für die Sitzordnung.

3. Anzahl der Permutationen mit Wiederholung

Für die Anzahl $P_n^{(k)}$ der Permutationen von n Elementen, darunter k gleichen ($k \leq n$) gilt

$$P_n^{(k)} = \frac{n!}{k!}\,. \tag{16.2}$$

■ Eine Reihe von 16 Sitzplätzen im Hörsaal wird von 16 Studenten mit ihren Taschen belegt. Unter den 16 Taschen befinden sich 4 gleiche. Dann gibt es 16!/4! Möglichkeiten für die Anordnung der Taschen.

4. Verallgemeinerung

Für die Anzahl $P_n^{(k_1,k_2,\ldots,k_m)}$ der Permutationen von n Elementen, eingeteilt in m Gruppen mit jeweils $k_1, k_2, \ldots, k_m$ gleichen Elementen ($k_1 + k_2 + \ldots + k_m = n$), gilt

$$P_n^{(k_1,k_2,\ldots,k_m)} = \frac{n!}{k_1!k_2!\ldots k_m!}\,. \tag{16.3}$$

■ Aus den fünf Ziffern 4, 4, 5, 5, 5 können $P_2^{(2,3)} = \frac{5!}{2!3!} = 10$ verschiedene fünfstellige Zahlen gebildet werden.

16.1.2 Kombinationen

1. Definition

Kombination nennt man eine Auswahl von k Elementen aus n Elementen ohne Beachtung der Reihenfolge. Man spricht auch von einer Kombination k–ter Klasse und unterscheidet zwischen Kombinationen ohne und mit Wiederholung.

2. Anzahl der Kombinationen ohne Wiederholung

Für die Anzahl ${C_n}^{(k)}$ der Möglichkeiten, aus n verschiedenen Elementen k Elemente ohne Beachtung der Reihenfolge auszuwählen, gilt

$$ {C_n}^{(k)} = \binom{n}{k} \quad \text{mit} \quad k \leq n \,, \tag{16.4} $$

wobei jedes der n Elemente höchstens einmal in einer Kombination auftreten darf. Man spricht deshalb auch von einer Kombination ohne Wiederholung.

■ Es gibt $\binom{30}{4} = 27405$ Möglichkeiten, aus 30 Teilnehmern einer Wahlversammlung einen 4köpfigen Wahlvorstand ohne Zuordnung der Funktionen zusammenzustellen.

3. Anzahl der Kombinationen mit Wiederholung

Für die Anzahl der Möglichkeiten, aus n verschiedenen Elementen k Elemente ohne Beachtung der Reihenfolge, aber bei Zulassung beliebig vieler Wiederholungen jedes der Elemente auszuwählen, gilt

$$ {C_n}^{(k)} = \binom{n+k-1}{k} . \tag{16.5} $$

Eine andere Formulierung lautet, daß die Anzahl der Möglichkeiten betrachtet wird, aus n verschiedenen Elementen je k zusammenzustellen, wobei die k Elemente nicht verschieden zu sein brauchen.

■ Mit k Würfeln sind ${C_6}^{(k)} = \binom{k+6-1}{k}$ verschiedene Würfe möglich. Für 2 Würfel gilt demzufolge ${C_6}^{(2)} = \binom{7}{2} = 21.$

16.1.3 Variationen

1. Definition

Variation nennt man eine Auswahl von k Elementen aus n verschiedenen Elementen unter Beachtung der Reihenfolge. Das bedeutet: Variationen sind Kombinationen mit Beachtung der Reihenfolge. Deshalb ist auch bei den Variationen zwischen Variation ohne und mit Wiederholung zu unterscheiden.

2. Anzahl der Variationen ohne Wiederholung

Für die Anzahl ${V_n}^{(k)}$ der Möglichkeiten, aus n verschiedenen Elementen k unter Beachtung der Reihenfolge auszuwählen, gilt

$$ {V_n}^{(k)} = k!\binom{n}{k} = n(n-1)(n-2)\ldots(n-k+1) \quad \text{mit} \quad k \leq n \,. \tag{16.6} $$

■ Wieviel Möglichkeiten gibt es, in einer Wahlversammlung mit 30 Teilnehmern einen 4köpfigen Wahlvorstand, bestehend aus dem Vorsitzenden, seinem Stellvertreter und dem 1. und 2. Wahlhelfer zusammenzustellen? Die Antwort lautet $\binom{30}{4}4! = 657720.$

3. Anzahl der Variationen mit Wiederholung

Wenn von den n verschiedenen Ausgangselementen in einer Variation einzelne auch mehrfach auftreten dürfen, dann spricht man von einer Variation mit Wiederholung. Für ihre Anzahl gilt

$$ {V_n}^{(k)} = n^k \,. \tag{16.7} $$

■ **A:** Beim Fußball-Toto sind für 12 Spiele 3^{12} verschiedene Tips möglich.
B: Mit der digitalen Einheit Byte, die aus 8 Bits besteht, können $2^8 = 256$ verschiedene Zeichen dargestellt werden, was in der bekannten ASCII–Tabelle zum Ausdruck kommt.

16.1.4 Zusammenstellung der Formeln der Kombinatorik

Tabelle 16.1 Zusammenstellung der Formeln der Kombinatorik

Art der Auswahl bzw. Zusammenstellung von k aus n Elementen	Anzahl der Möglichkeiten ohne Wiederholungen ($k \leq n$)	Anzahl der Möglichkeiten mit Wiederholungen ($k \leq n$)
Permutationen	$P_n = n!\ (n = k)$	$P_n(k) = \frac{n!}{k!}$
Kombinationen	$C_n{}^{(k)} = \binom{n}{k}$	$C_n{}^{(k)} = \binom{n+k-1}{k}$
Variationen	$V_n{}^{(k)} = k!\binom{n}{k}$	$V_n{}^{(k)} = n^k$

16.2 Wahrscheinlichkeitsrechnung

16.2.1 Ereignisse, Häufigkeiten und Wahrscheinlichkeiten

16.2.1.1 Ereignisse

1. Ereignisarten

Alle Ergebnisse eines Versuches, bei dem bestimmte Bedingungen eingehalten werden und bei dessen Ablauf das Resultat im Rahmen verschiedener Möglichkeiten ungewiß ist, werden in der Wahrscheinlichkeitsrechnung als *Ereignisse* bezeichnet und in der sogenannten *Ereignismenge* **A** zusammengefaßt. Man unterscheidet das *sichere*, das *unmögliche* und das *zufällige Ereignis.* Das sichere Ereignis tritt

Tabelle 16.2 Verknüpfungen zwischen Ereignissen

Bezeichnung	Schreibweise	Bedeutung
Entgegengesetztes Ereignis zu A	$\overline{A}$	$\overline{A}$ tritt genau dann ein, wenn A nicht eintritt
Summe der Ereignisse A und B	$A+B$	$A+B$ tritt genau dann ein, wenn entweder A oder B eintritt, oder wenn beide Ereignisse zusammen eintreten
Produkt der Ereignisse A und B	AB	AB tritt genau dann ein, wenn sowohl A als auch B eintritt
Differenz der Ereignisse A und B	$A-B$	$A-B$ tritt genau dann ein, wenn A eintritt und B nicht einritt
Auseinander folgende Ereignisse	$A \subseteq B$	$A \subseteq B$ heißt, daß das Eintreten des Ereignisses A das Eintreten des Ereignisses B zur Folge hat
Elementares Ereignis	E	E läßt sich nicht als Summe $A+B$ mit $E \neq A$ und $E \neq B$ darstellen
Zusammengesetztes Ereignis		Ereignis ist nicht elementar
Einander ausschließende Ereignisse A und B	$AB = O$	Die Ereignisse A und B können nicht gemeinsam auftreten

bei jeder Wiederholung eines gegebenen Versuches innerhalb einer Ereignismenge ein, das unmögliche bei keinem Versuch; das zufällige Ereignis kann eintreten oder auch nicht. Alle möglichen einander ausschließenden Ausgänge eines Versuches heißen seine *Elementarereignisse*. Bezeichnet man die Ereignisse innerhalb einer Ereignismenge **A** mit $A, B, C, \ldots$, insbesondere das sichere Ereignis mit I, das unmögliche Ereignis mit O, so gelten die in **Tabelle16.2** definierten Verknüpfungen.

2. Rechenregeln

Es gelten die folgenden Rechenregeln, die den Rechenregeln der Schaltalgebra (BOOLEsche Algebra) analog sind:

1. $A + B = B + A,$ (16.8a) $AB = BA,$ (16.8b)

2. $A + A = A,$ (16.9a) $AA = A,$ (16.9b)

3. $A + (B + C) = (A + B) + C,$ (16.10a) $A(BC) = (AB)C,$ (16.10b)

4. $A + \overline{A} = I,$ (16.11a) $A\overline{A} = O,$ (16.11b)

5. $A(B + C) = AB + AC,$ (16.12a) $A + BC = (A + B)(A + C),$ (16.12b)

6. $\overline{A + B} = \overline{A}\,\overline{B},$ (16.13a) $\overline{AB} = \overline{A} + \overline{B},$ (16.13b)

7. $B - A = B\overline{A},$ (16.14a) $\overline{A} = I - A,$ (16.14b)

8. $A(B - C) = AB - AC,$ (16.15a) $AB - C = (A - C)(B - C),$ (16.15b)

9. $O \subseteq A,$ (16.16a) $A \subseteq I,$ (16.16b)

10. Aus $A \subseteq B$ folgt $A = AB$ und $B = A + B\overline{A}$ und umgekehrt. (16.17)

11. Vollständiges System: Ein Ereignis von n Ereignissen A_i $(i = 1, 2, \ldots, n)$ heißt vollständig wenn $A_i \neq O$ $(i = 1, 2, \ldots, n)$, $A_iA_k = O$ $(i \neq k)$ und $A_1 + A_2 + \cdots + A_k = I$ gilt.

■ **A:** Werfen zweier Münzen

Tabelle der möglichen Elementarereignisse:

	Zahl	Wappen
1. Münze	A_{11}	A_{12}
2. Münze	A_{21}	A_{22}

Beispiele für zusammengesetzte Ereignisse:
1. Erste Münze zeigt Zahl oder Wappen: $A_{11} + A_{12} = I$.
2. Gleichzeitiges Auftreten von Zahl und Wappen bei der ersten Münze: $A_{11}A_{12} = O$.
3. Erste Münze Zahl, zweite Münze Wappen: $A_{11}A_{22}$.

■ **B:** Bestimmung der Brenndauer von Glühlampen

Elementarereignis A_n: Brenndauer t genügt der Ungleichung $(n - 1)\Delta t < t \leq n\Delta t$ $(n = 1, 2, \ldots$ $\Delta t > 0$, beliebige Zeiteinheit).

Zusammengesetztes Ereignis A: Brenndauer ist höchstens gleich $n\Delta t$, d.h. $A = \sum\limits_{\nu=1}^{n} A_\nu$.

16.2.1.2 Häufigkeiten und Wahrscheinlichkeiten

1. Häufigkeiten

Es sei A ein Ereignis der zu einem Versuch gehörenden Ereignismenge **A**. Tritt bei n-maliger Wiederholung des Versuches das Ereignis A n_A-mal ein, so heißt n_A die *Häufigkeit*, $n_A/n = h_A$ die *relative Häufigkeit* des Ereignisses A. Die relative Häufigkeit genügt gewissen einfachen Gesetzmäßigkeiten die man als Grundlage für eine axiomatische Definition des Begriffes Wahrscheinlichkeit $P(A)$ des Ereignisses A in der Ereignismenge $\mathbf{A}$ benutzt. (Der Buchstabe P steht für „probability", das englische Wort für Wahrscheinlichkeit.)

2. Definition der Wahrscheinlichkeit

1. Für jedes Ereignis $A \in \mathbf{A}$ gilt:

$$0 \leq h_A \leq 1, \quad 0 \leq P(A) \leq 1. \tag{16.18}$$

2. Für das unmögliche Ereignis O und das sichere Ereignis I gilt

$$h_O = 0, \;\; h_I = 1, \quad P(O) = 0, \;\; P(I) = 1. \tag{16.19}$$

3. Schließen die Ereignisse $A \in \mathbf{A}$ und $B \in \mathbf{A}$ einander aus ($AB = O$), so ist

$$h_{A+B} = h_A + h_B, \quad P(A+B) = P(A) + P(B). \tag{16.20}$$

3. Rechenregeln für Wahrscheinlichkeiten

1. Aus $B \subseteq A$ folgt $P(B) \leq P(A)$. (16.21)

2. $P(A) + P(\overline{A}) = 1$. (16.22)

3. Für endlich viele, paarweise einander ausschließende Ereignisse A_i ($i = 1, \ldots, n$; $A_iA_k = O, i \neq k$), gilt

$$P(A_1 + \cdots + A_n) = P(A_1) + \cdots + P(A_n). \tag{16.23}$$

4a. Für beliebige Ereignisse A_i ($i = 1, \ldots, n$) gilt

$$\begin{aligned} P(A_1 + \cdots + A_n) = \; & P(A_1) + \cdots + P(A_n) - P(A_1A_2) - \cdots - P(A_1A_n) \\ & -P(A_2A_3) - \cdots - P(A_2A_n) - \cdots - P(A_{n-1}A_n) \\ & +P(A_1A_2A_3) + \cdots + P(A_1A_2A_n) + \cdots + P(A_{n-2}A_{n-1}A_n) - \\ & \vdots \\ & +(-1)^{n-1}P(A_1A_2 \ldots A_n). \end{aligned} \tag{16.24}$$

4b. Speziell für $n = 2$: $\quad P(A_1 + A_2) = P(A_1) + P(A_2) - P(A_1A_2)$. (16.25)

5. Gleichwahrscheinliche Ereignisse: Sind alle Ereignisse A_i ($i = 1, 2, \ldots, n$) eines vollständigen Ereignissystems gleichwahrscheinlich, so gilt

$$P(A_i) = \frac{1}{n}. \tag{16.26}$$

6. Ist A als Summe von m ($m \leq n$) der Ereignisse A_i ($i = 1, 2, \ldots, n$) darstellbar, so sagt man, daß m Ereignisse für das Eintreten von A günstig sind, und es gilt dann

$$P(A) = \frac{m}{n}. \tag{16.27}$$

16.2.1.3 Bedingte Wahrscheinlichkeiten, Satz von Bayes

1. Bedingte Wahrscheinlichkeit

Die Wahrscheinlichkeit für das Eintreten des Ereignisses B unter der Bedingung, daß das Ereignis A bereits eigetreten ist, die sogenannte *bedingte Wahrscheinlichkeit* $P(B/A)$ oder $P_A(B)$ wird definiert durch

$$P(B/A) = \frac{P(AB)}{P(A)}, \quad P(A) \neq 0. \tag{16.28}$$

Es gilt

1. Falls $P(A) \neq 0$ und $P(B) \neq 0$, so ist

$$\frac{P(B/A)}{P(B)} = \frac{P(A/B)}{P(A)}. \tag{16.29}$$

2. Falls $P(A_1A_2A_3\ldots A_n) \neq 0$, so ist

$$P(A_1A_2\ldots A_n) = P(A_1)P(A_2/A_1)\ldots P(A_n/A_1A_2\ldots A_{n-1}). \quad (16.30)$$

2. Unabhängige Ereignisse

A und B liegen vor, wenn

$$P(A/B) = P(A) \quad \text{und} \quad P(B/A) = P(B) \quad (16.31)$$

erfüllt ist. Für sie gilt

$$P(AB) = P(A)P(B). \quad (16.32)$$

3. Ereignisse in einem vollständigen Ereignissystem

Wenn $\mathbf{A}$ eine Ereignismenge und die Ereignisse $B_i \in \mathbf{A}$ mit $P(B_i) > 0$ $(i = 1, 2, \ldots, n)$ ein vollständiges Ereignissystem bilden, dann gilt für jedes Ereignis $A \in \mathbf{A}$:

1. Satz von der vollständigen Wahrscheinlichkeit

$$P(A) = \sum_{i=1}^{n} P(A/B_i)P(B_i). \quad (16.33)$$

2. Satz von Bayes

$$P(B_k/A) = \frac{P(A/B_k)P(B_k)}{\sum\limits_{i=1}^{n} P(A/B_i)P(B_i)}. \quad (16.34)$$

■ Von 3 gleichartigen Maschinen eines Betriebes produziert die erste 20 %, die zweite 30 % und die dritte 50 % der Gesamtproduktion. Dabei verursacht die erste 5 %, die zweite 4 % und die dritte 2 % Ausschuß ihrer eigenen Produktion. Zwei typische Fragen der Qualitätskontrolle sind dann:
a) Mit welcher Wahrscheinlichkeit ist ein zufällig dem Lager entnommenes Stück Ausschuß?
b) Wie groß ist die Wahrscheinlichkeit dafür, daß ein zufällig gefundenes Ausschußstück z. B. von der ersten Maschine produziert wurde?
Man wählt folgende Bezeichnungen:
A_i: Produkt der i-ten Maschine $(i = 1, 2, 3)$ mit $P(A_1) = 0,2$, $P(A_2) = 0,3$, $P(A_3) = 0,5$. Weiter gilt $A_iA_j = 0$, $A_1 + A_2 + A_3 = I$.
A: Ausschußstück aus der gesamten Produktion. $P(A/A_1)$ (Ausschußwahrscheinlichkeit der ersten Maschine $= 0,05$; analog gilt $P(A/A_2) = 0,04$ und $P(A/A_3) = 0,02$). Damit können die gestellten Fragen wie folgt beantwortet werden:
a) $P(A) = P(A_1)P(A/A_1) + P(A_2)P(A/A_2) + P(A_3)P(A/A_3)$
$= 0,2 \cdot 0,05 + 0,3 \cdot 0,04 + 0,5 \cdot 0,02 = 0,032.$
b) $P(A_1/A) = P(A_1)\dfrac{P(A/A_1)}{P(A)} = 0,2\dfrac{0,05}{0,032} = 0,31.$

16.2.2 Zufallsgrößen und ihre Verteilungsfunktionen

Um die Methoden der Analysis in der Wahrscheinlichkeitsrechnung einsetzen zu können, braucht man die Begriffe Variable und Funktion.

16.2.2.1 Zufallsveränderliche

Eine Menge von Elementarereignissen möge sich dadurch beschreiben lassen, daß eine Größe X unter Zufallsbedingungen Werte x aus einem reellen Bereich R annehmen kann. D. h., jedes zufällige Ereignis eines gewissen Versuches soll durch eine reelle Zahl x charakterisiert werden. Dann werden alle zufälligen Ereignisse dieses Versuches durch die Variable X beschrieben, die *Zufallsgröße* oder *Zufallsveränderliche* genannt wird.
Besteht R aus endlich oder abzählbar unendlich vielen Werten, dann spricht man von einer *diskreten Zufallsgröße*; besteht R aus der ganzen reellen Zahlengeraden oder aus Teilintervallen, dann spricht man von einer *kontinuierlichen Zufallsgröße*.

■ **A:** Ordnet man im Beispiel **A** auf Seite 624 den Ereignissen A_{11}, A_{12}, A_{21} bzw. A_{22} die Werte 1, 2

3 bzw. 4 zu, so ist damit eine diskrete Zufallsgröße X definiert.

■ **B:** Die Brenndauer T einer aus einem Produktionsvorrat willkürlich herausgegriffenen Glühlampe ist eine kontinuierliche Zufallsveränderliche. Das Elementarereignis $T = t$ tritt ein, wenn die Brenndauer T gleich der Zeit t ist.

16.2.2.2 Verteilungsfunktion

Die Verteilung der Zufallsveränderlichen X wird durch die Verteilungsfunktion beschrieben:

$$F(x) = P(X < x). \tag{16.35}$$

Sie gibt an, mit welcher Wahrscheinlichkeit die Zufallsgröße X einen Wert zwischen $-\infty$ und x annimmt. Die Verteilungsfunktion hat die folgenden Eigenschaften:

3. $F(-\infty) = 0$, $F(+\infty) = 1$,

4. $F(x)$ ist eine nicht fallende Funktion von x,

5. $F(x)$ ist linksseitig stetig.

Eine diskrete Zufallsveränderliche X, die die Werte x_i $(i = 1, 2, \ldots)$ mit den Wahrscheinlichkeiten $P(X = x_i) = p_i$ $(i = 1, 2, \ldots)$ annimmt, hat die Verteilungsfunktion

$$F(x) = \sum_{x_i < x} p_i. \tag{16.36}$$

Bei einer kontinuierlichen Zufallsgröße ist die Wahrscheinlichkeit dafür, daß sie einen bestimmten Wert x_i annimmt, gleich 0. Man betrachtet daher die Wahrscheinlichkeit dafür, daß X in einem endlichen Intervall $[a, b]$ liegt. Läßt sich diese mit Hilfe einer Funktion $f(t)$, der *Wahrscheinlichkeitsdichte* in der Form

$$P(a \leq X < b) = \int_a^b f(t)\,dt \tag{16.37}$$

darstellen, dann spricht man von einer *stetigen Verteilungsfunktion*

$$F(x) = P(X < x) = \int_{-\infty}^{x} f(t)\,dt \tag{16.38}$$

und einer *stetigen Zufallsgröße*. Damit kann die Wahrscheinlichkeit $P(X < x) = F(x)$ als Flächeninhalt interpretiert werden, und zwar als Inhalt der Fläche zwischen Dichtefunktion $f(t)$ und der Abszisse im Intervall $-\infty < t \leq x$ **(Abb.16.1a)**. Häufig wird eine Wahrscheinlichkeit α vorgegeben. Gilt

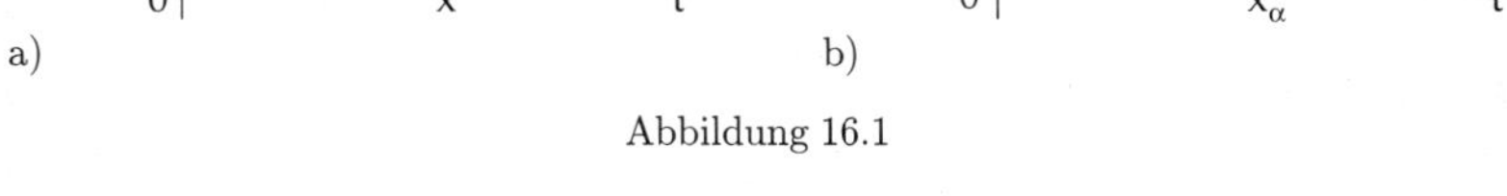

Abbildung 16.1

$$P(X \geq x) = \alpha, \tag{16.39}$$

dann nennt man die zugehörige Abszisse $x = x_\alpha$ *Quantil* der Verteilung **(Abb.16.1b)**. Das bedeutet: Der Flächeninhalt unter der Dichtefunktion $f(x)$ rechts von x_α ist gleich α. In der Literatur wird allerdings auch die Fläche links von x_α zur Definition des Quantils verwendet.

In der mathematischen Statistik wird für kleine Werte α (z. B. $\alpha = 5\%$ oder $\alpha = 1\%$) manchmal der Begriff *Irrtumswahrscheinlichkeit* verwendet. Die dazugehörigen Quantile sind für die wichtigsten praktischen Verteilungen tabelliert worden (**Tabellen21.14 bis 21.18**).

16.2.2.3 Mehrdimensionale Zufallsveränderliche

Ein *Zufallsvektor* $X = (X_1, X_2, \ldots, X_n)$ liegt vor, wenn jedes Elementarereignis darin besteht, daß n Zufallsveränderliche $X_1, \ldots, X_n$ n reelle Zahlenwerte $x_1, \ldots, x_n$ annehmen. Die zugehörige Verteilungsfunktion wird durch

$$F(x_1, \ldots, x_n) = P(X_1 < x_1, \ldots, X_n < x_n) \tag{16.40}$$

beschrieben. Sie heißt stetig, wenn eine Funktion $f(t_1, \ldots, t_n)$ existiert, so daß

$$F(x_1, \ldots, x_n) = \int_{-\infty}^{x_1} \cdots \int_{-\infty}^{x_n} f(t_1, \ldots, t_n)\, dt_1 \ldots dt_n \tag{16.41}$$

gilt. Die Funktion $f(t_1, \ldots, t_n)$ heißt die Dichte der Verteilung oder *Verteilungsdichte.* Läßt man einige der Variablen $x_1, \ldots, x_n$ nach Unendlich streben, so erhält man sogenannte *Randverteilungen* Genauere Untersuchungen und Beispiele findet man in Lit. [16.3] und [16.20].
Von *unabhängigen Zufallsveränderlichen* $X_1, \ldots, X_n$ spricht man, wenn gilt:

$$F(x_1, \ldots, x_n) = F_1(x_1)F_2(x_2) \ldots F_n(x_n), \quad f(t_1, \ldots, t_n) = f_1(t_1) \ldots f_n(t_n). \tag{16.42}$$

16.2.2.4 Erwartungswert und Streuung, Tschebyscheffsche Ungleichung

Zur groben Charakterisierung einer Verteilung werden vor allem die beiden Parameter μ (Mittelwert) und σ^2 (Streuung) einer Zufallsgröße X verwendet. In Anlehnung an die Mechanik kann dabei der Mittelwert als Abszisse des Schwerpunktes einer Fläche interpretiert werden, die von der Kurve der Dichtefunktion $f(x)$ und der x-Achse begrenzt wird. Die Streuung stellt dann ein Maß für die Abweichung der Zufallsgröße X vom Mittelwert μ dar.
Beide Parameter ergeben sich als Spezialfälle einer etwas allgemeineren Definition.

1. Erwartungswert

Wenn $g(X)$ eine eindeutige Funktion der Zufallsveränderlichen X ist, so ist auch $g(X)$ eine Zufallsveränderliche. Als ihr *Erwartungswert* wird definiert:

$$\text{diskreter Fall:} \quad E(g(X)) = \sum_k g(x_k)p_k \tag{16.43a}$$

$$\text{stetiger Fall:} \quad E(g(X)) = \int_{-\infty}^{+\infty} g(x)f(x)\, dx. \tag{16.43b}$$

Vorauszusetzen ist dabei die Konvergenz der Reihe $\sum_{k=1}^{\infty} |g(x_k)|p_k$ bzw. des Integrals $\int_{-\infty}^{+\infty} |g(x)|f(x)\, dx$.
Den Erwartungswert der Zufallsgröße X selbst erhält man mit $g(X) = X$ zu

$$\mu_X = E(X) = \sum_k x_k p_k \quad \text{bzw.} \quad \int_{-\infty}^{+\infty} x f(x)\, dx, \tag{16.44a}$$

so daß wegen (...) u. a. auch gilt

$$E(aX + b) = a\mu_X + b \quad (a, b \text{ const}). \tag{16.44b}$$

2. Momente n-ter Ordnung

Man führt weiter ein:

1. das *Moment n-ter Ordnung* $E(X^n)$, (16.45a)

2. das *zentrale Moment n-ter Ordnung* $E((X - \mu_X)^n)$. (16.45b)

3. Streuung und Standardabweichung

Speziell für $n = 2$ wurden die äquivalenten Ausdrücke *Streuung, Varianz* und *Dispersion* eingeführt:

$$D^2(X) = \sigma_X^2 = E((X - \mu_X)^2) = \begin{cases} \sum_k (x_k - \mu_X)^2 p_k & \text{bzw.} \\ \int_{-\infty}^{+\infty} (x - \mu_X)^2 f(x)\, dx. \end{cases} \tag{16.46}$$

Die Größe σ_X wird *Standardabweichung* genannt. Es gelten die folgenden Beziehungen:

$$D^2(X) = \sigma_X^2 = E(X^2) - \mu_X^2, \quad D^2(aX+b) = a^2 D^2(X). \tag{16.47}$$

4. Gewogenes und arithmetisches Mittel

Bei Anwendung auf den diskreten Fall ergibt sich als Erwartungswert das *gewogene Mittel*

$$E(X) = p_1 x_1 + \ldots + p_n x_n \tag{16.48}$$

der Werte $x_1, \ldots, x_n$ mit den Wahrscheinlichkeiten p_k $(k = 1, \ldots n)$, *Gewichte* genannt. Bei Gleichverteilung ist $p_1 = p_2 = \ldots = p_n = 1/n$ und $E(X)$ wird zum arithmetischen Mittel der Werte x_k:

$$E(X) = \frac{x_1 + x_2 + \ldots + x_n}{n}. \tag{16.49}$$

Bei Anwendung auf den kontinuierlichen Fall erhält man bei Gleichverteilung über dem endlichen Intervall $[a, b]$ die Dichtefunktion

$$f(x) = \begin{cases} \dfrac{1}{b-a} & \text{für } a \le x \le b \\ 0 & \text{sonst} \end{cases} \tag{16.50}$$

und daraus

$$E(X) = \frac{1}{b-a}\int_a^b x\,dx = \frac{a+b}{2}, \quad \sigma_X^2 = \frac{(b-a)^2}{12}. \tag{16.51}$$

5. Tschebyscheffsche Ungleichung

Hat die Zufallsveränderliche X den Erwartungswert μ und die Standardabweichung σ, so gilt für beliebiges $\lambda > 0$ die Tschebyscheff*sche Ungleichung*:

$$P(|X - \mu| > \lambda\sigma) < \frac{1}{\lambda^2}. \tag{16.52}$$

Danach ist es sehr unwahrscheinlich, daß Werte der Zufallsveränderlichen X um ein Vielfaches der Standardabweichung vom Erwartungswert μ entfernt liegen (λ groß).

16.2.2.5 Diskrete Verteilungen

1. Zweistufige Grundgesamtheit und Urnenmodell

Handelt es sich um eine zweistufige Grundgesamtheit mit zwei Klassen von Elementen, von denen die eine Klasse M Elemente mit der Eigenschaft A enthält, die andere $N - M$ Elemente, die die Eigenschaft A nicht besitzen, dann lassen sich bei der Frage nach den Wahrscheinlichkeiten $P(A) = p$ und $P(\overline{A}) = 1 - p$ zwei Fälle der zufälligen Entnahme von Elementen betrachten, der eine mit Zurücklegen der n gezogenen Elemente, der andere ohne Zurücklegen der gezogenen n Elemente. Die gezogenen n Elemente, darunter k mit der Eigenschaft A, werden *Stichprobe* genannt, n ist der *Umfang der Stichprobe*. Man kann diesen Sachverhalt mit Hilfe des Urnenmodells illustrieren.

2. Urnenmodell

In einem Gefäß befindet sich eine große Anzahl schwarzer und weißer Kugeln. Gefragt ist nach der Wahrscheinlichkeit dafür, daß sich unter n gezogenen Kugeln k schwarze befinden. Wird jede gezogene Kugel nach der Feststellung ihrer Farbe wieder zurückgelegt, dann ergibt sich für die Wahrscheinlichkeit dafür, daß sich unter den gezogenen n Kugeln k schwarze befinden, eine *Binomialverteilung*. Werden die gezogenen n Kugeln nicht zurückgelegt, dann ergibt sich eine *hypergeometrische Verteilung*.

3. Binomialverteilung

Sind bei einem Versuch nur die beiden Ereignisse A und $\overline{A}$ möglich und sind die zugehörigen Wahrscheinlichkeiten $P(A) = p$ und $P(\overline{A}) = 1 - p$, so ist

$$W_p^n(k) = \binom{n}{k} p^k (1-p)^{n-k} \quad (k = 0, 1, 2, \ldots, n) \tag{16.53}$$

die Wahrscheinlichkeit dafür, daß bei n–maliger Wiederholung des Versuches das Ereignis A genau k-mal eintritt.
Bei jedem Ziehen eines Elements aus der Grundgesamtheit gilt

$$P(A) = \frac{M}{N}, \quad P(\overline{A}) = \frac{N-M}{N} = 1 - p = q. \tag{16.54}$$

Die Wahrscheinlichkeit, bei den ersten k Ziehungen ein Element mit der Eigenschaft A zu ziehen und bei den darauffolgenden $n-k$ ein Element mit der Eigenschaft $\overline{A}$, ist $p^k(1-p)^{n-k}$. Dabei ist die Reihenfolge der Ziehung der Elemente ohne Bedeutung, da die Kombinationen

$$\binom{n}{k} = \frac{n!}{k!(n-k)!} \tag{16.55}$$

die gleiche Wahrscheinlichkeit haben und auch zu einer Stichprobe mit dem Umfang n mit k Elementen der Eigenschaft A führen. Eine Zufallsveränderliche X_n, bei der $P(X_n = k) = W_p^n(k)$ ist, heißt *binomialverteilt* mit den Parametern n, p. Es gilt:

1. $E(X_n) = \mu = n \cdot p,$ (16.56a) $\qquad D^2(X_n) = \sigma^2 = n \cdot p(1-p)$ (16.56b)

2. Ist X_n binomialverteilt, so ist

$$\lim_{n\to\infty} P\left(\frac{X_n - E(X_n)}{D(X_n)} \leq \lambda\right) = \frac{1}{\sqrt{2\pi}} \int_{-\infty}^{\lambda} \exp\left(\frac{-t^2}{2}\right) dt. \tag{16.56c}$$

Demnach läßt sich die Binomialverteilung für große n näherungsweise durch eine Normalverteilung mit den Parametern $\mu_X = E(X_n)$ und $\sigma^2 = D^2(X_n)$ ersetzen. Dies ist mit im allgemeinen ausreichender Genauigkeit möglich, wenn $np > 4$ und $n(1-p) > 4$ ist.

3. Rekursionsformel: Für praktische Rechnungen ist die folgende Rekursionsformel der Binomialverteilung nützlich:

$$W_p^n(k+1) = \frac{n-k}{k+1} \cdot \frac{p}{q} \cdot W_p^n(k). \tag{16.56d}$$

4. Sind X_n und X_m mit den Parametern n, p bzw. m, p binomialverteilte Zufallsveränderliche, so ist die Zufallsveränderliche $X = X_n + X_m$ ebenfalls binomialverteilt, und zwar mit den Parametern $n+m$, p.
In **Abb.16.2a,b,c** sind drei Binomialverteilungen für die Fälle $n = 5$, $p = 0,5;\ 0,25$ und $0,1$ dargestellt. Die Abbildung zeigt auch, daß sich in Übereinstimmung mit der Symmetrie der Binomialkoeffizienten für $p = q = 0,5$ eine Symmetrie der Binomialverteilung ergibt. Mit der Entfernung des Wertes p von $0,5$ nimmt diese Symmetrie ab.

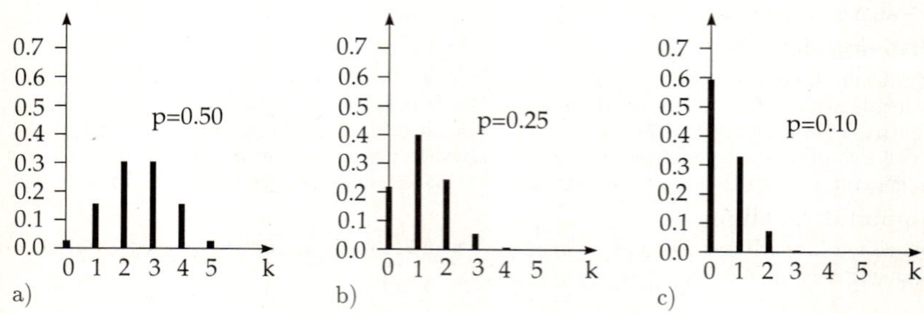

Abbildung 16.2

4. Hypergeometrische Verteilung

Wie bei der Betrachtung der Binomialverteilung liege eine zweistufige Grundgesamtheit mit zwei Klassen von Elementen vor, von denen die eine Klasse M Elemente mit der Eigenschaft A enthält, die andere $N-M$ Elemente, die die Eigenschaft A nicht besitzen. Im Unterschied zu dem auf die Binomialverteilung führenden Fall mit Zurücklegen der gezogenen Kugeln des Urnenmodells wird jetzt der Fall ohne Zurücklegen betrachtet.
Die Wahrscheinlichkeit dafür, daß sich unter n gezogenen Kugeln k schwarze befinden, ist durch

$$P(X=k)=W^n_{M,N}(k)=\frac{\binom{M}{k}\binom{N-M}{n-k}}{\binom{N}{n}} \tag{16.57a}$$

mit

$$0\le k\le n,\quad k\le M,\quad n-k\le N-M. \tag{16.57b}$$

gegeben. Die Wahrscheinlichkeiten p und q berechnet man gemäß (16.54).
Eine Zufallsgröße X, die der Verteilung (16.57a) genügt, heißt *hypergeometrisch* verteilt. Es gilt

1. $$\mu=E(X)=\sum_{k=0}^{n}k\frac{\binom{M}{k}\binom{N-M}{n-k}}{\binom{N}{k}}=n\frac{M}{N}, \tag{16.58a}$$

2. $$\sigma^2=D^2(X)=E(X^2)-[E(X)]^2=\sum_{k=0}^{n}k^2\frac{\binom{M}{k}\binom{N-M}{n-k}}{\binom{N}{k}}-\left(n\frac{M}{N}\right)^2$$

$$=n\frac{M}{N}\left(1-\frac{M}{N}\right)\frac{N-n}{N-1}. \tag{16.58b}$$

3. Rekursionsformel:

$$P(X=k+1)=W^n_{M,N}(k+1)=\frac{(n-k)(M-k)}{(k+1)(N-M-n+k+1)}P(X=k). \tag{16.58c}$$

In **Abb.16.3a,b,c** sind drei hypergeometrische Verteilungen für die Fälle $N=100$, $M=50$, 25 und 10 für $n=5$ dargestellt, was den Fällen $p=0,5$; $0,25$ und $0,1$ der **Abb. 16.2a,b,c** entspricht. In diesen Beispielen sind keine signifikanten Unterschiede zwischen Binomial- und hypergeometrischer Verteilung zu erkennen.

5. Poisson-Verteilung

Die Verteilung einer diskreten Zufallsveränderlichen X, bei der

$$P(X=k)=\frac{\lambda^k}{k!}e^{-\lambda}\qquad(k=0,1,2,\dots;\ \lambda>0) \tag{16.59}$$

ist, heißt Poisson–*Verteilung* mit den Parametern λ. Es gilt

1. $$E(X)=\lambda, \tag{16.60a}$$ $$D^2(X)=\lambda. \tag{16.60b}$$

Eine Zufallsveränderliche X_n, bei der (16.60a,b) gilt, heißt Poisson–*verteilt.*

2. Sind X_1 und X_2 unabhängige, poissonverteilte Zufallsveränderliche mit den Parametern λ_1 bzw. λ_2, so ist auch $X=X_1+X_2$ eine poissonverteilte Zufallsveränderliche mit dem Parameter $\lambda=\lambda_1+\lambda_2$.

3. Rekursionsformel : $$P\left(\frac{k+1}{\lambda}\right)=\frac{\lambda}{k+1}P\left(\frac{k}{\lambda}\right). \tag{16.60c}$$

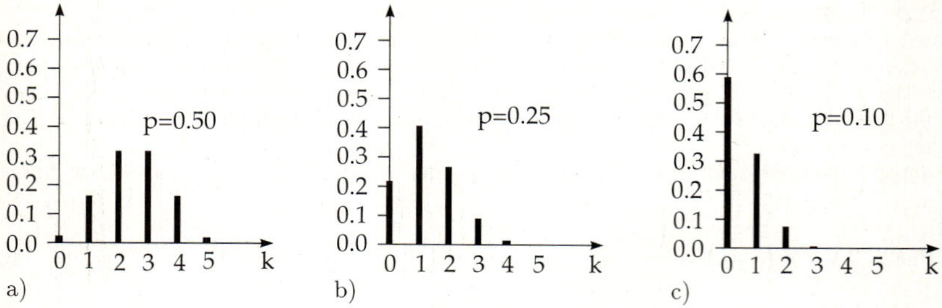

Abbildung 16.3

Die POISSON–Verteilung geht aus einer Folge von binomialverteilten Zufallsveränderlichen X_n mit den Parametern n, p durch den Grenzübergang $n \to \infty$ hervor, wenn man p ($p \to 0$) mit n so variiert, daß $np = k =$ const bleibt. Für $p \leq 0,08$, $n \geq 1500p$ kann die Binomialverteilung mit im allgemeinen ausreichender Genauigkeit durch die POISSON–Verteilung ersetzt werden, deren Auswertung einfacher ist. Zahlenwerte für die POISSON–Verteilung enthält die **Tabelle21.14**, S. 972. In **Abb.16.4a,b,c** sind drei POISSON–Verteilungen für $\lambda = np = 2,5;\ 1,25$ und $0,5$ dargestellt, d.h. für Parameter, die denen der **Abb.16.2** und **Abb.16.3** entsprechen.

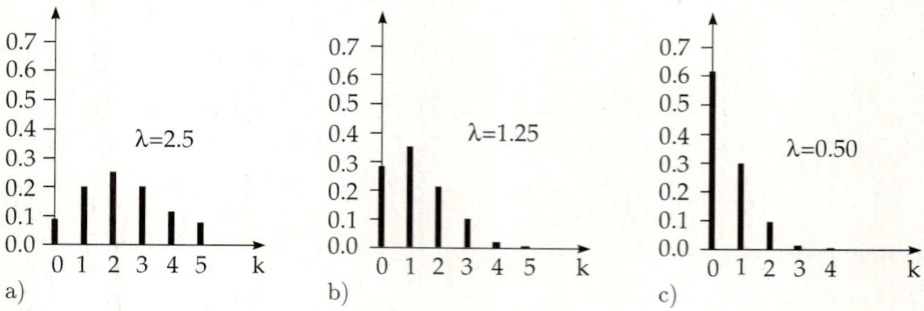

Abbildung 16.4

16.2.2.6 Stetige Verteilungen

1. Normalverteilung

Eine Zufallsveränderliche X mit der Verteilungsfunktion

$$P(X < x) = F(x) = \frac{1}{\sigma\sqrt{2\pi}} \int_{-\infty}^{x} e^{-\frac{(t-\mu)^2}{2\sigma^2}}\, dt \tag{16.61}$$

heißt *normalverteilt*, genauer (μ, σ)-*normalverteilt*. Die Funktion

$$f(t) = \frac{1}{\sigma\sqrt{2\pi}} e^{-\frac{(t-\mu)^2}{2\sigma^2}} \tag{16.62}$$

heißt die Dichte der Normalverteilung. Sie nimmt an der Stelle $t = \mu$ ihr Maximum an und hat Wendepunkte bei $\mu \pm \sigma$ (s. (2.61) und **Abb.16.5a**). Für die Parameter μ und σ^2 der Normalverteilung gilt:

$$E(X) = \frac{1}{\sigma\sqrt{2\pi}} \int_{-\infty}^{+\infty} x e^{-\frac{(x-\mu)^2}{2\sigma^2}}\, dx = \mu \tag{16.63a}$$

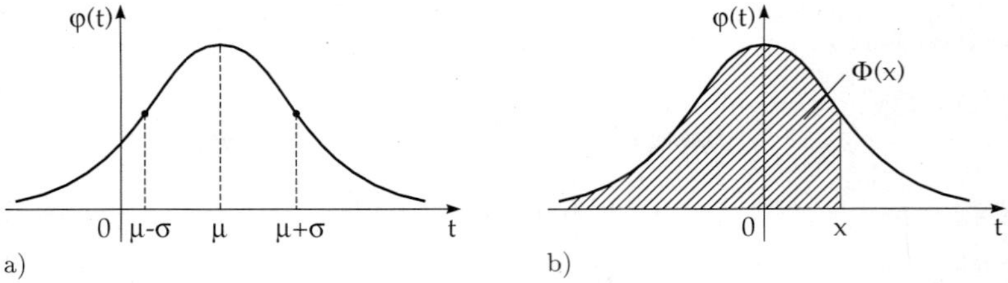

Abbildung 16.5

und

$$D(X) = E[(X-\mu)^2] = \frac{1}{\sigma\sqrt{2\pi}} \int_{-\infty}^{+\infty} (x-\mu)^2 e^{-\frac{(x-\mu)^2}{2\sigma^2}}\, dx = \sigma^2. \tag{16.63b}$$

Sind die Zufallsveränderlichen X_1 und X_2 unabhängig und normalverteilt mit den Parametern μ_1, σ_1 bzw. μ_2, σ_2, so ist auch die Zufallsveränderliche $X = k_1X_1 + k_2X_2$ (k_1, k_2 reell, const.) normalverteilt mit den Parametern $\mu = k_1\mu_1 + k_2\mu_2$, $\sigma = \sqrt{{k_1}^2{\sigma_1}^2 + {k_2}^2{\sigma_2}^2}$.

Die Berechnung der Wahrscheinlichkeit $P(a \le X < b)$ erfolgt mit Hilfe der normierten Normalverteilung $\Phi(x)$ gemäß

$$P(a \le X < b) = \Phi\left(\frac{b-\mu}{\sigma}\right) - \Phi\left(\frac{a-\mu}{\sigma}\right). \tag{16.64}$$

2. Normierte Normalverteilung, GAUSSsches Fehlerintegral

Aus (16.61) erhält man für $\mu = 0$ und $\sigma^2 = 1$ die Verteilungsfunktion

$$P(X < x) = \Phi(x) = \frac{1}{\sqrt{2\pi}} \int_{-\infty}^{x} e^{-\frac{t^2}{2}}\, dt = \int_{-\infty}^{x} \varphi(t)\, dt. \tag{16.65a}$$

der *normierten Normalverteilung*. Ihre Dichtefunktion

$$\varphi(t) = \frac{1}{\sqrt{2\pi}} e^{-\frac{t^2}{2}} \tag{16.65b}$$

beschreibt die GAUSS*sche Glockenkurve* (**Abb.16.5b**).

Die $(0,1)$-Normalverteilung $\Phi(x)$ liegt tabelliert vor (**Tabelle21.15**, S. 974), und zwar hier nur für positive Argumente x, da für negative Argumente der Zusammenhang

$$\Phi(-x) = 1 - \Phi(x) \tag{16.66}$$

genutzt werden kann. Das Integral $\Phi(x)$ wird auch *Wahrscheinlichkeitsintegral* oder GAUSS*sches Fehlerintegral* genannt. In der Literatur findet man dafür auch die folgenden Definitionen:

$$\Phi_0(x) = \frac{1}{\sqrt{2\pi}} \int_0^x e^{-\frac{t^2}{2}}\, dt = \Phi(x) - \frac{1}{2}, \tag{16.67}$$

$$\operatorname{erf}(x) = \frac{2}{\sqrt{\pi}} \int_0^x e^{-t^2}\, dt = 2 \cdot \Phi_0(\sqrt{2}x). \tag{16.68}$$

3. χ^2–Verteilung

Es seien $X_1, X_2, \ldots, X_n$ n unabhängige, $(0,1)$–normalverteilte Zufallsveränderliche. Dann heißt die Verteilung der Zufallsveränderlichen

$$\chi^2 = {X_1}^2 + {X_2}^2 + \cdots + {X_n}^2 \tag{16.69}$$

χ^2–Verteilung mit dem Freiheitsgrad n. Ihre Verteilungsfunktion wird mit $F_{\chi^2}(x)$ bezeichnet, die zugehörige Dichtefunktion mit $f_{\chi^2}(x)$. Es gilt:

1. $$F_{\chi^2}(x) = P(\chi^2 < x) = \frac{1}{2^{n/2}\Gamma\left(\frac{n}{2}\right)} \int_0^x v^{\frac{n}{2}-1} e^{-\frac{v}{2}}\, dv \quad (x > 0). \tag{16.70}$$

2. $$E(\chi^2) = n, \tag{16.71a}$$ $$D^2(\chi^2) = 2n. \tag{16.71b}$$

3. Sind X_1 und X_2 unabhängige Zufallsveränderliche, die je einer χ^2–Verteilung mit n bzw. m Freiheitsgraden genügen, so ist die Zufallsveränderliche $X = X_1 + X_2$ χ^2–verteilt mit $n+m$ Freiheitsgraden.

4. Sind $X_1, X_2, \ldots, X_n$ unabhängige, $(0,\sigma)$–normalverteilte Zufallsveränderliche, so besitzt

$$X = \sum_{i=1}^{n} X_i^2 \tag{16.72a}$$ die Dichte $$f(x) = \frac{1}{\sigma^2} f_{\chi^2}\left(\frac{x}{\sigma^2}\right), \tag{16.72b}$$

$$X = \frac{1}{n}\sum_{i=1}^{n} X_i^2 \tag{16.73a}$$ die Dichte $$f(x) = \frac{n}{\sigma^2} f_{\chi^2}\left(\frac{nx}{\sigma^2}\right), \tag{16.73b}$$

$$X = \sqrt{\frac{1}{n}\sum_{i=1}^{n} X_i^2} \tag{16.74a}$$ die Dichte $$f(x) = \frac{2x}{\sigma^2} f_{\chi^2}\left(\frac{x^2}{\sigma^2}\right). \tag{16.74b}$$

5. Für die Quantile $\chi^2_{\alpha,m}$ der χ^2–Verteilung (**Abb.16.6**) gilt

$$P(X \geq \chi^2_{\alpha,m}) = \alpha. \tag{16.75}$$

Quantile der χ^2–Verteilung sind in **Tabelle21.16**, S. 975, zu finden.

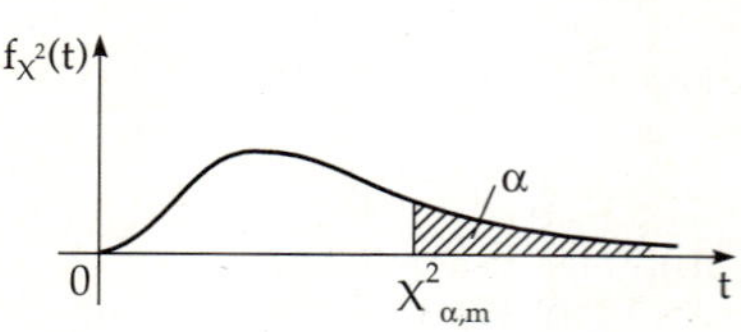

Abbildung 16.6

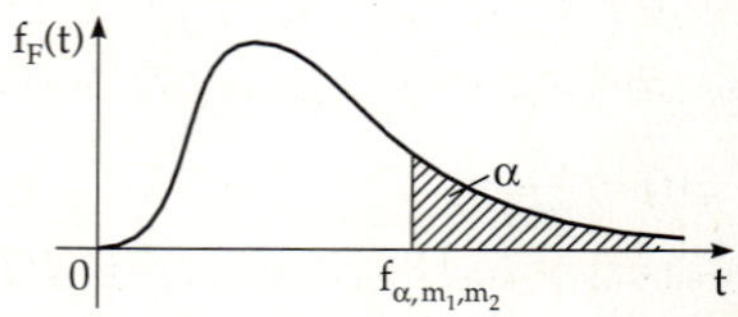

Abbildung 16.7

4. Fisher–Verteilung

Sind X_1 und X_2 unabhängige, χ^2–verteilte Zufallsveränderliche mit m_1 bzw. m_2 Freiheitsgraden, dann heißt die Verteilung der Zufallsveränderlichen

$$F_{m_1,m_2} = \frac{X_1}{m_1} \Big/ \frac{X_2}{m_2} \tag{16.76}$$

Fisher– oder *F–Verteilung* mit den Freiheitsgraden m_1, m_2 . Sie ist gekennzeichnet durch die Dichte

$$f_{m_1,m_2}(u) = \begin{cases} \left(\frac{m_1}{2}\right)^{m_1/2} \left(\frac{m_2}{2}\right)^{m_2/2} \dfrac{\Gamma\left(\frac{m_1}{2}+\frac{m_2}{2}\right)}{\Gamma\left(\frac{m_1}{2}\right)\Gamma\left(\frac{m_2}{2}\right)} \dfrac{u^{\frac{m_1}{2}-1}}{\left(\frac{m_1}{2}u + \frac{m_2}{2}\right)^{\frac{m_1}{2}+\frac{m_2}{2}}} & \text{für } u > 0 \\ 0 & \text{für } u \leq 0. \end{cases} \tag{16.77}$$

Es gilt:

$$E(F_{m_1,m_2}) = \frac{m_2}{m_2 - 2}, \quad (16.78a) \qquad D^2(F_{m_1,m_2}) = \frac{2{m_2}^2(m_1 + m_2 - 2)}{m_1(m_2 - 2)^2(m_2 - 4)}. \quad (16.78b)$$

Die Quantile der FISHER–Verteilung (**Abb.16.7**) sind in **Tabelle21.17**, S. 976) zu finden.

5. STUDENT–Verteilung

Ist X eine $(0,1)$–normalverteilte Zufallsveränderliche und Y eine von X unabhängige Zufallsveränderliche, die χ^2–verteilt ist mit $m = n - 1$ Freiheitsgraden, so heißt die Verteilung der Zufallsgröße T

$$T = \frac{X}{\sqrt{Y/m}} \qquad (16.79)$$

STUDENT–*Verteilung* oder t–*Verteilung* mit m Freiheitsgraden. Ihre Verteilungsfunktion wird mit $F_S(t)$, die zugehörige Dichte mit $f_S(t)$ bezeichnet. Es gilt:

1. $$P(T < t) = F_S(t) = \int_{-\infty}^{t} f_S(v)\,dv = \frac{1}{\sqrt{m\pi}} \frac{\Gamma\left(\frac{m+1}{2}\right)}{\Gamma\left(\frac{m}{2}\right)} \int_{-\infty}^{t} \frac{dv}{\left(1 + \frac{v^2}{m}\right)^{\frac{m+1}{2}}} \qquad (16.80)$$

2. $$E(T) = 0, \quad (16.81a) \qquad D^2(T) = \frac{m}{m-2} \quad (m > 2). \quad (16.81b)$$

Für die Quantile der t–Verteilung (**Abb.16.8a,b**) gilt

$$P(X \geq t_{\alpha,m}) = \alpha \quad (16.82a) \qquad \text{oder} \qquad P(\,|X| \geq t_{\alpha/2,m}) = \alpha. \quad (16.82b)$$

Die Quantile der STUDENT–Verteilung sind in **Tabelle21.18**, S.978 zu finden.

Das Einsatzgebiet der STUDENT–Verteilung, die von GOSSET unter dem Pseudonym STUDENT eingeführt wurde, sind Stichproben mit geringem Umfang n, für die nur Schätzwerte des Mittelwertes und der Standardabweichung angegeben werden können. Die Standardabweichung der Grundgesamtheit ist in (16.81b) nicht mehr enthalten.

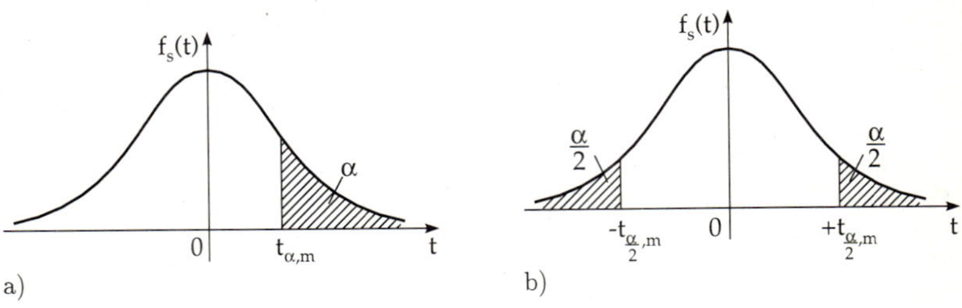

Abbildung 16.8

16.2.3 Gesetze der großen Zahlen, Grenzwertsätze

Die Gesetze der großen Zahlen geben Zusammenhänge zwischen der relativen Häufigkeit n_A/n eines zufälligen Ereignisses A und deren Wahrscheinlichkeit $P(A)$ bei einer großen Anzahl von Wiederholungen des Versuches wieder.

1. Gesetz der großen Zahlen von Bernoulli
Bei beliebig vorgegebenen Zahlen $\varepsilon > 0$ und $\eta > 0$ ist

$$P\left(\left|\frac{n_A}{n} - P(A)\right| < \varepsilon\right) \geq 1 - \eta, \qquad (16.83a)$$

wenn

$$n \geq \frac{1}{4\varepsilon^2\eta}. \qquad (16.83b)$$

Weitere Gesetze dieser Art s. Lit. [16.7], [16.16].

■ Wievielmal muß man würfeln, um mit einer Wahrscheinlichkeit von mindestens 95 % darauf schließen zu können, daß sich die Wahrscheinlichkeit des Auftretens der Augenzahl Sechs von der beobachteten relativen Häufigkeit höchstens um den Betrag 0,01 unterscheidet?
Es ist $\varepsilon = 0,01$ und $\eta = 0,05$, also $4\varepsilon^2\eta = 2 \cdot 10^{-5}$, und somit muß nach dem Bernoullischen Gesetz der großen Zahlen $n \geq 5 \cdot 10^4$ sein. Diese Zahl ist sehr hoch. Man kann n verkleinern, wenn man die Verteilungsfunktion kennt (s. Lit. [16.9]).

2. Grenzwertsatz von Lindeberg-Levy
Wenn die unabhängigen Zufallsveränderlichen $X_1, \ldots, X_n$ derselben Verteilung mit dem Erwartungswert μ und der Streuung σ^2 genügen, dann strebt die Verteilungsfunktion $F_n(y)$ der zufälligen Veränderlichen

$$Y_n = \frac{\frac{1}{n}\sum_{i=1}^{n} X_i - \mu}{\sigma/\sqrt{n}} \qquad (16.84)$$

für $n \to \infty$ gegen eine $(0,1)$-Normalverteilung, d. h., es ist

$$\lim_{n\to\infty} F_n(y) = \frac{1}{\sqrt{2\pi}} \int_{-\infty}^{y} e^{-\frac{t^2}{2}}\, dt. \qquad (16.85)$$

Die Ersetzung von $F_n(y)$ durch die $(0,1)$-Normalverteilung ist praktisch für $n > 30$ möglich [13.1]. Weitere Grenzwertsätze s. Lit. [16.7], [16.9], [16.16].

■ Einer laufenden Produktion von Widerständen werden 100 Stück entnommen. Es sei bekannt, daß sämtliche Widerstandswerte unabhängig sind und derselben Verteilung mit der Streuung $\sigma^2 = 150$ genügen. Der Mittelwert der 100 Widerstände sei $\overline{x} = 1050\,\Omega$. In welchem Bereich liegt mit einer Wahrscheinlichkeit von 99 % der Erwartungswert μ der Verteilung?
Es ist $P(|Y| < \lambda) = P(-\lambda < Y < \lambda)$ und, da die Ereignisse $-\lambda \geq Y$ und $-\lambda < Y < \lambda$ einander ausschließen, $P(Y < \lambda) = P(Y \leq -\lambda) + P(-\lambda < Y < \lambda)$, also $P(|Y| < \lambda) = P(Y < \lambda) - P(Y \leq -\lambda)$. Man kann annehmen (s. (16.84)), daß die Zufallsveränderliche

$$Y = \frac{\overline{X} - \mu}{\sigma/\sqrt{n}}$$

einer $(0,1)$–Normalverteilung genügt. Somit ist $P(Y \leq -\lambda) = 1 - P(Y < \lambda)$ und damit $P(|Y| < \lambda) = 2P(Y < \lambda) - 1$.
Diese Wahrscheinlichkeit soll 99 % sein, somit ist $P(Y < \lambda) = \Psi(\lambda) = 0,995$. Aus der Tabelle für die normierte Normalverteilung entnimmt man dazu $\lambda = 2,58$ (**Tabelle 21.15**, S. 974). Wegen $\sigma/\sqrt{100} = 1,225$ gilt daher mit der Wahrscheinlichkeit 99 %: $|1050 - \mu| < 2,58 \cdot 1,225$, d. h. $1046,8\,\Omega < \mu < 1053,2\,\Omega$.

16.3 Mathematische Statistik

Die mathematische Statistik stellt eine Anwendung der Wahrscheinlichkeitstheorie auf konkrete Massenerscheinungen dar. Ihre Sätze ermöglichen Wahrscheinlichkeitsaussagen über Eigenschaften einer bestimmten Menge aus den Ergebnissen von Versuchen, deren Anzahl aus ökonomischen Gründen möglichst klein zu halten ist.

16.3.1 Stichprobenfunktionen

16.3.1.1 Grundgesamtheit, Stichproben, Zufallsvektor

1. Grundgesamtheit

nennt man eine Menge von Elementen, die auf gewisse Merkmale hin untersucht werden sollen. Man kann darunter eine Gesamtheit gleichartiger Elemente verstehen, z. B. alle Stücke einer bestimmten Produktion oder alle Meßwerte einer Meßreihe, die bei ständiger Wiederholung desselben Versuchs auftreten können. Die Anzahl N der Elemente einer Grundgesamtheit kann sehr groß, sogar unendlich sein.

2. Stichprobe

Um nicht die gesamte Grundgesamtheit auf die betreffenden Merkmale hin untersuchen zu müssen, entnimmt man ihr eine Teilmenge, eine sogenannte *Stichprobe*, vom Umfang n $(n \leq N)$. Erfolgt die Auswahl zufallsgemäß, d. h., jedes Element der Grundgesamtheit muß die gleiche Chance haben, ausgewählt zu werden, dann spricht man von einer *zufälligen Stichprobe.* Die zufällige Auswahl kann durch Mischen oder blindes Ziehen bzw. durch Festlegung der auszuwählenden Elemente mit Hilfe von *Zufallszahlen* erfolgen.

3. Zufallsauswahl mit Hilfe von Zufallszahlen

Bei gehortetem oder geschichtetem Material, z. B. Betonplatten, ist eine zufällige Entnahme besonders schwierig oder sogar unmöglich. Dann kann eine Tafel von Zufallszahlen verwendet werden.

■ Aus einer Lieferung von 70 gestapelten Rohren soll eine zufällige Stichprobe vom Umfang 10 entnommen werden. Dazu werden die Rohre von 00 bis 69 nummeriert. Mit Hilfe einer zweistelligen Zufallszahlentafel wird das System festgelegt, nach dem die Auswahl geschehen soll, z. B. horizontal, vertikal oder diagonal. Sollten sich dabei Zufallszahlen wiederholen oder treten Zahlen auf, die größer als 69 sind, dann werden diese weggelassen. Die Rohre mit den Nummern der entsprechenden Zufallszahlen gehören dann zur Stichprobe. Steht nur eine Tafel mehrstelliger Zufallszahlen zur Verfügung, dann werden bestimmte Zweiergruppen ausgewählt.

4. Zufallsvektor

Beschreibt man ein Merkmal durch eine Zufallsgröße X, dann stellen die Werte des i-ten Stichprobenelements eine Zufallsvariable dar, die mit X_i $(i = 1, 2, \ldots, n)$ bezeichnet wird. Die so entstehenden n Zufallsvariablen werden zu dem Zufallsvektor $(X_1, X_2, \ldots, X_n)$ zusammengefaßt.
Jede konkrete Stichprobe vom Umfang n mit den Elementen x_i, die einer Grundgesamtheit entnommen wurden, kann als Vektor $(x_1, x_2, \ldots, x_n)$ zusammengefaßt und als eine Realisierung des Zufallsvektors angesehen werden.

16.3.1.2 Stichprobenfunktionen

Eine Funktion des Zufallsvektors $(X_1, X_2, \ldots, X_n)$ ist wieder eine Zufallsgröße und heißt *Stichprobenfunktion.* Die wichtigsten sind:

1. Mittelwert

$$\overline{X} = \frac{1}{n} \sum_{i=1}^{n} X_i. \tag{16.86a}$$

Häufig ist es vorteilhaft, zur Berechnung des Mittelwertes einen runden *Schätzwert* x_0 einzuführen, der beliebig gewählt werden kann, aber nach Möglichkeit in der Nähe des zu erwartenden Mittelwertes $\overline{x}$ liegen soll. Wenn z. B. in großen Meßreihen die x_i mehrstellige Zahlen sind, bei denen sich lediglich die letzten Stellen von Meßwert zu Meßwert ändern, ist es einfacher, mit den kleineren Zahlen

$$z_i = x_i - x_0 \tag{16.86b}$$

zu rechnen. Es gilt dann

$$\overline{x} = x_0 + \frac{1}{n} \sum_{i=1}^{n} z_i = x_0 + \overline{z}. \tag{16.86c}$$

2. Streuung

$$S^2 = \frac{1}{n-1}\sum_{i=1}^{n}(X_i - \overline{X})^2. \qquad (16.87a)$$

Mit dem Schätzwert x_0 ergibt sich

$$s^2 = \frac{\sum_{i=1}^{n} {z_i}^2 - \overline{z}\sum_{i=1}^{n} z_i}{n-1} = \frac{\sum_{i=1}^{n} {z_i}^2 - n(\overline{x} - x_0)}{n-1}. \qquad (16.87b)$$

Für $\overline{x} = x_0$ wird wegen $\overline{z} = 0$ die Korrektur $\overline{z}\sum_{i=1}^{n} z_i = 0$.

3. Median (Zentralwert)

Sind n Elemente einer Stichprobe der Größe nach geordnet, so heißt *Median* $\tilde{X}$ im Falle n ungerade de[r] an $\frac{n+1}{2}$-ter Stelle stehende Wert, im Falle n gerade der Mittelwert aus den an $\frac{n}{2}$-ter und $\left(\frac{n}{2}+1\right)$-te[r] Stelle stehenden Werten.

4. Spannweite

$$R = \max_i X_i - \min_i X_i \qquad (i = 1, 2, \ldots, n). \qquad (16.88)$$

Jede spezielle Realisierung einer Stichprobenfunktion wird mit Ausnahme der Spannweite R mit kle[i]nen Buchstaben bezeichnet, d.h., im konkreten Fall werden zur Stichprobe $(x_1, x_2, \ldots, x_n)$ die Wert[e] x, s^2, $\tilde{x}$ und R berechnet.

i	X_i	i	X_i	i	X_i
1	1,01	6	1,00	11	1,00
2	1,02	7	0,99	12	1,00
3	1,00	8	1,01	13	1,02
4	0,98	9	1,01	14	1,00
5	0,99	10	1,00	15	1,01

■ Der laufenden Produktion von permanentdynamischen Lautsprechern wird eine Stichprobe von 15 Lautsprechern entnommen. Das interessierende Merkmal X sei die Luftspaltinduktion B, gemessen in Tesla. Daraus berechnet man:
$\overline{x} = 1,0027$ bzw. $\overline{x} = 1,0027$ mit $x_0 = 1,00$;
$s^2 = 1,2095 \cdot 10^{-4}$ bzw. $s^2 = 1,2076 \cdot 10^{-4}$ mit $x_0 = 1,00$;
$\tilde{x} = 1,00$; $R = 0,04$.

16.3.2 Beschreibende Statistik

16.3.2.1 Statistische Erfassung gegebener Meßwerte

Um eine Eigenschaft eines Elements statistisch zu untersuchen, ist diese durch eine Zufallsgröße X z[u] charakterisieren. In der Regel bilden dann n Meß- oder Beobachtungsparameter x_i des Merkmals X den Ausgangspunkt für eine statistische Untersuchung, die vor allem darin besteht, Angaben über di[e] Verteilung von X zu machen.
Jede Meßreihe vom Umfang n kann in diesem Zusammenhang als eine zufällige Stichprobe aus eine[r] unendlichen Grundgesamtheit aufgefaßt werden, die entsteht, wenn der Versuch oder die Messung unte[r] gleichen Bedingungen unendlich oft wiederholt würde.
Da der Umfang n einer Meßreihe sehr groß sein kann, geht man zur statistischen Erfassung der Date[n] wie folgt vor:

1. Protokoll, Urliste Protokollierung der Meß- oder Beobachtungswerte x_i, die eine Stichprob[e] oder Meßreihe darstellen, in einem Meßprotokoll, der *Urliste*.

2. Intervalle oder Klassen Einteilung der gegebenen n Meßwerte x_i $(i = 1, 2, \ldots, n)$ in k Intervalle, auch *Klassen* genannt, der Breite h. Man wählt ca. 10 bis 20 Klassen und ordnet die n Meßwerte i[n] diese Klassen ein. Es entsteht die *Strichliste*.

3. Häufigkeiten und Häufigkeitsverteilung Eintragen der *absoluten Häufigkeiten* h_j, $(j = 1, 2, \ldots, k)$, d.h. der Anzahl n_i von Meßwerten (Besetzungszahl), die auf ein bestimmtes Meßintervall Δx_i entfällt und Bestimmung der *relativen Häufigkeiten* h_j/n (in %). Werden die Werte h_j/n al[s]

Rechtecke über den Klassen aufgetragen, dann ergibt die graphische Darstellung der so entstehenden *Häufigkeitsverteilung* ein *Histogramm* (**Abb.16.9a**). Die Werte h_j/n können als empirische Werte der Wahrscheinlichkeitsdichte $f(x)$ interpretiert werden.

4. **Summenhäufigkeiten** Durch Summation der absoluten bzw. relativen Häufigkeiten erhält man die *absoluten* bzw. *relativen Summenhäufigkeiten*

$$F_j = \frac{h_1 + h_2 + \cdots + h_j}{n} \quad (\text{in } \%;\ j = 1, 2, \ldots, k). \tag{16.89}$$

Werden die Werte F_j in den oberen Klassengrenzen aufgetragen und als Parallele nach rechts fortgesetzt, dann ergibt sich eine graphische Darstellung für die empirische Verteilungsfunktion, die als Näherung für die unbekannte Verteilungsfunktion $F(x)$ aufgefaßt werden kann (**Abb.16.9b**).

■ Bei einem Versuch wurden $n = 125$ Messungen durchgeführt. Die Meßergebnisse streuten über den Bereich 50 bis 270, so daß sich eine Einteilung in $k = 11$ Klassen der Breite $h = 20$ als zweckmäßig erwies. Es ergab sich die nebenstehende *Häufigkeitstabelle* **Tabelle16.3**.

Tabelle 16.3 Häufigkeitstabelle

Klasse	h_i	$h_i/n(\%)$	F_i (%)
50 – 70	1	0,8	0,8
71 – 90	1	0,8	1,6
91 – 110	2	1,6	3,2
111 – 130	9	7,2	10,4
131 – 150	15	12,0	22,4
151 – 170	22	17,6	40,0
171 – 190	30	24,0	64,0
191 – 210	27	21,6	85,6
211 – 230	9	7,2	92,8
231 – 250	6	4,8	97,6
251 – 270	3	2,4	100,0

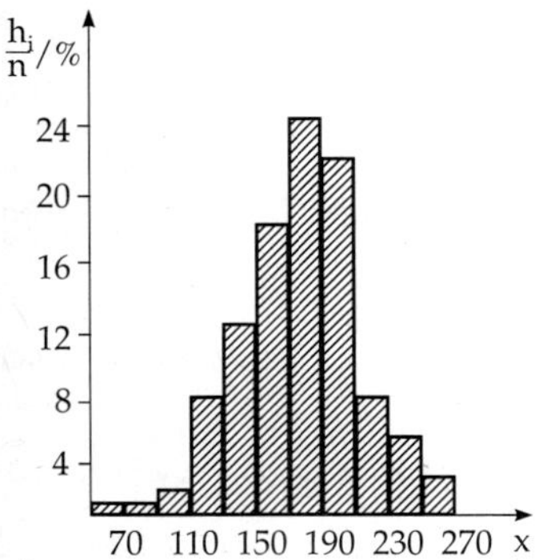

a)

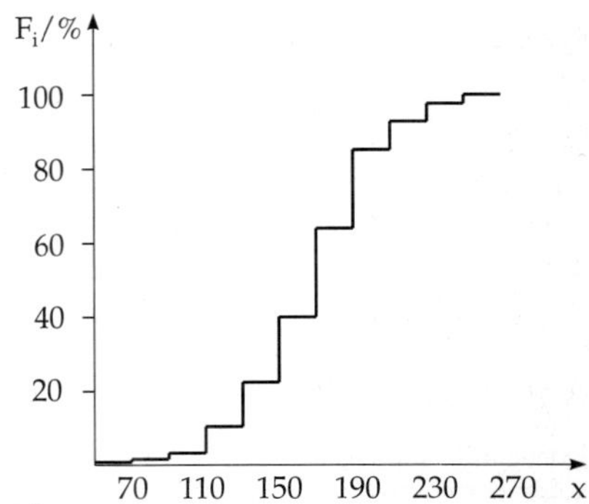

b)

Abbildung 16.9

16.3.2.2 Statistische Parameter

Wenn Meßwerte gemäß 16.3.2.1 bearbeitet worden sind, können die folgenden Parameter zur Charakterisierung der Verteilung, die den Meßwerten zu Grunde liegt, bestimmt werden:

1. Mittelwert

Wenn sämtliche Meßwerte unmittelbar berücksichtigt werden, gilt

$$\overline{x} = \frac{1}{n} \sum_{i=1}^{n} x_i. \tag{16.90a}$$

Wenn die Mittelwerte $\overline{x}_j$ und Häufigkeiten h_j der Klassen j benutzt werden, gilt

$$\overline{x} = \frac{1}{n} \sum_{j=1}^{k} h_j \overline{x}_j. \tag{16.90b}$$

2. Streuung

Wenn sämtliche Meßwerte unmittelbar berücksichtigt werden, gilt

$$s^2 = \frac{1}{n-1}\sum_{i=1}^{n}(x_i - \overline{x})^2. \quad (16.91a)$$

Wenn die Mittelwerte $\overline{x}_j$ und Häufigkeiten h_j der Klassen j benutzt werden, gilt

$$s^2 = \frac{1}{n-1}\sum_{j=1}^{k} h_j(\overline{x}_j - \overline{x})^2. \quad (16.91b)$$

Häufig wird auch die *Klassenmitte* u_j an Stelle von $\overline{x}_j$ benutzt.

3. Median

Dieser Parameter $\tilde{x}$ ist definiert durch

$$P(X < x) = \frac{1}{2} \quad (16.92a)$$

und wird im diskreten Falle durch

$$\tilde{x} = \begin{cases} x_{m+1}, & \text{falls } n = 2m+1, \\ \dfrac{x_{m+1} + x_m}{2}, & \text{falls } n = 2m, \end{cases} \quad (16.92b)$$

bestimmt.

4. Spannweite

$$R = x_{\max} - x_{\min}. \quad (16.93)$$

5. Modalwert oder Dichtemittel

heißt der Meßwert, der in einer Häufigkeitsverteilung am häufigsten auftritt. Er wird mit D bezeichnet.

16.3.3 Wichtige Prüfverfahren

Eine der Hauptaufgaben der mathematischen Statistik besteht darin, aus Stichproben Rückschlüss auf die Grundgesamtheit zu ziehen. Da

1. eine Verteilung ganz wesentlich durch die Parameter μ und σ^2 charakterisiert werden kann (im Fall von Meßwerten würde man sich unter μ den exakten Wert oder den Sollwert und unter σ^2 ein Maß fü die Abweichung von diesem Sollwert vorstellen),

2. bei der Verteilung von Beobachtungs- und Meßwerten die GAUSSsche Normalverteilung das entscheidende mathematische Modell darstellt, stehen bei den Prüfverfahren die folgenden zwei Fragen im Vordergrund:

1. Liegt den Meßwerten eine Normalverteilung zu Grunde?

2. Wie gut geben die Stichprobenparameter $\overline{x}$ und s^2 die Grundgesamtheit wieder?

16.3.3.1 Prüfen auf Normalverteilung

In der mathematischen Statistik sind verschiedene Tests zum Prüfen auf Normalverteilung entwickel worden. Von den beiden gebräuchlichsten wird einer graphisch mit Hilfe von Wahrscheinlichkeitspapie durchgeführt, der andere erfolgt rechnerisch als „χ^2–Test“.

1. Prüfen mit Hilfe des Wahrscheinlichkeitspapiers

1. Prinzip des Wahrscheinlichkeitspapiers In einem rechtwinkligen Koordinatensystem ist die x-Achse gleichabständig unterteilt, während die y-Achse die folgende Skala darstellt: Sie ist gleichabständig bezüglich Z unterteilt, wird aber mit

$$y = \Phi(Z) = \frac{1}{\sqrt{2\pi}}\int_{-\infty}^{Z} e^{-\frac{t^2}{2}}\,dt \quad (16.94)$$

beziffert. Falls eine Zufallsgröße X einer Normalverteilung mit Mittelwert μ und Streuung σ^2 genügt, dann gilt für ihre Verteilungsfunktion (s. S. 633)

$$F(x) = \Phi\left(\frac{x-\mu}{\sigma}\right) = \Phi(Z), \tag{16.95a}$$

d. h., es muß

$$Z = \frac{x-\mu}{\sigma} \tag{16.95b}$$

gelten und damit ein linearer Zusammenhang zwischen x und Z bestehen. Aus der Substitution (16.95b) liest man außerdem die nebenstehende Zuordnung ab.

Z	x
0	μ
1	$\mu+\sigma$
-1	$\mu-\sigma$

2. Anwendung des Wahrscheinlichkeitspapiers Entnimmt man einer normalverteilten Grundgesamtheit eine Stichprobe, berechnet deren relative Summationshäufigkeiten gemäß (16.89) und trägt diese in das Wahrscheinlichkeitspapier als Ordinaten zu den entsprechenden oberen Klassengrenzen als Abszissen ein, dann liegen diese Punkte annähernd (bis auf zufällige Abweichungen) auf einer Geraden (**Abb.16.10**).
Aus der **Abb.16.10** ist ersichtlich, daß für das vorliegende Beispiel eine Normalverteilung angenommen werden kann. Außerdem liest man ab: $\mu \approx 176$, $\sigma \approx 37,5$.
Bemerkung: Die Werte F_i der relativen Summenhäufigkeiten lassen sich einfacher in das Wahrscheinlichkeitspapier eintragen, wenn dessen Bezifferung der Ordinate bezüglich y gleichabständig ist, was ungleichabständige Ordinaten zur Folge hat.

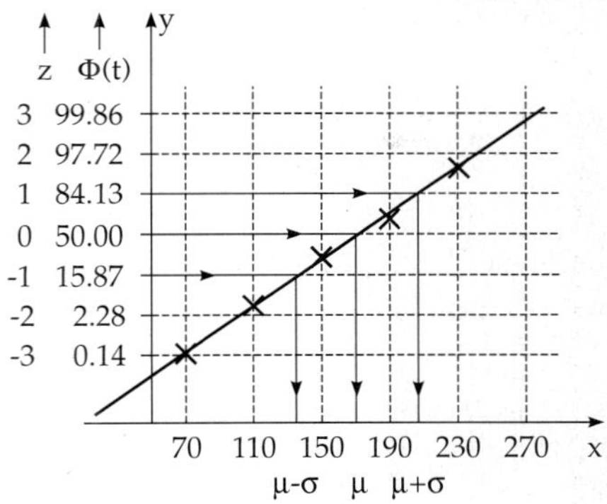

Abbildung 16.10

2. χ^2–Test

Es ist zu prüfen, ob eine Zufallsgröße X einer Normalverteilung genügt. Daher wird der Wertebereich von X in k Klassen eingeteilt und die obere Grenze der j-ten Klasse ($j = 1, 2, \ldots, k$) mit ξ_j bezeichnet. Die „theoretische“ Wahrscheinlichkeit, daß X in die j-te Klasse fällt, sei p_j, d. h., es gilt

$$p_j = F(\xi_j) - F(\xi_{j-1}), \tag{16.96a}$$

wobei $F(X)$ die Verteilungsfunktion von X ist ($j = 1, 2, \ldots, k$; ξ_0 ist die untere Grenze der 1. Klasse mit $F(\xi_0) = 0$). Da X normalverteilt sein soll, muß

$$F(\xi_j) = \Phi\left(\frac{\xi_j - \mu}{\sigma}\right) \tag{16.96b}$$

sein. Mit $\Phi(x)$ ist die Verteilungsfunktion der normierten Gaussschen Normalverteilung bezeichnet (s. S. 633). Die Parameter μ und σ^2 der Grundgesamtheit sind in der Regel nicht bekannt. Deshalb werden $\overline{x}$ und s^2 als Näherungswerte einer Stichprobe verwendet.
Wurde der Grundgesamtheit eine Stichprobe $(x_1, x_2, \ldots, x_n)$ vom Umfang n entnommen und deren Häufigkeit h_j bezüglich der oben festgelegten Klasseneinteilung ermittelt, dann genügt die Zufallsgröße

$$\chi_S^2 = \sum_{j=1}^{k} \frac{(h_j - np_j)^2}{np_j} \tag{16.96c}$$

näherungsweise einer χ^2-Verteilung mit $m = n - 1$ Freiheitsgraden. Dazu ist notwendig, daß $np_j \geq 5$ gilt, was durch Zusammenfassen einiger Klassen erreicht werden kann.

Die Prüfung auf Normalverteilung (man spricht auch von χ^2 *–Anpassungstest*) besteht darin, daß man nach Vorgabe einer *statistischen Sicherheit* $1-\alpha$ oder *Irrtumswahrscheinlichkeit* α das Quantil $\chi^2_{\alpha;k-1}$ der **Tabelle21.16** entnimmt, für das $P(\chi^2 \geq \chi^2_{\alpha;k-1}) = \alpha$ gilt. Ergibt sich für den nach (16.96c) ermittelten speziellen Wert χ^2_S

$$\chi^2_S < \chi^2_{\alpha;k-1}, \tag{16.96d}$$

dann besteht kein Widerspruch zu der Annahme, daß die Stichprobe aus einer Grundgesamtheit stammt, die normalverteilt ist.

■ Dem folgenden χ^2–Test liegen die Zahlenwerte des Beispiels von S. 639 zu Grunde. Ausgangspunkt ist eine Stichprobe vom Umfang $n = 125$, aus der bereits Mittelwert $x = 176,32$ und Streuung $s^2 = 36,70$ ermittelt worden sind. Diese Werte werden als Schätzwerte für die unbekannten Parameter μ und σ^2 der Grundgesamtheit verwendet. Damit kann die Testgröße χ^2_S gemäß (16.96c) unter Beachtung von (16.96a) und (16.96b), wie in **Tabelle16.4** dargestellt, ermittelt werden.

Tabelle 16.4 χ^2–Test

ξ_j	h_j		$\frac{\xi_j-\mu}{\sigma}$	$\Phi\left(\frac{\xi_j-\mu}{\sigma}\right)$	p_j	np_j		$\frac{(h_j-np_j)^2}{np_j}$
70	1		−2,90	0,0019	0,0019	0,2375		
90	1	13	−2,35	0,0094	0,0075	0,9375	12,9750	0,00005
110	2		−1,81	0,0351	0,0257	3,2125		
130	9		−1,26	0,1038	0,0687	8,5857		
150	15		−0,72	0,2358	0,1320	16,6500		0,1635
170	22		−0,17	0,4325	0,1967	24,5875		0,2723
190	30		0,37	0,6443	0,2118	26,4750		0,4693
210	27		0,92	0,8212	0,1769	22,1125		1,0803
230	9		1,46	0,9279	0,1067	13,3375		1,4106
250	6	9	2,01	0,9778	0,0499	6,2375	8,3375	0,0526
270	3		2,55	0,9946	0,0168	2,1000		
								$\chi^2_S = 3,4486$

Aus der letzten Spalte folgt $\chi^2_S = 3,4486$. Wegen der Forderung $np_j \geq 5$ reduziert sich die Anzahl der Klassen von $k = 11$ auf $k^* = k - 4 = 7$. Da zur Berechnung der theoretischen Häufigkeit np_j die beiden Schätzwerte $\overline{x}$ und s^2 der Stichprobe an Stelle von μ und σ^2 der Grundgesamtheit verwendet werden, verringert sich die Anzahl der Freiheitsgrade der betreffenden χ^2–Verteilung um weitere zwei. Damit muß als kritischer Wert das Quantil $\chi^2_{\alpha;k^*-1-2}$ verwendet werden. Für $\alpha = 0,05$ erhält man aus **Tabelle21.16** $\chi^2_{0,05;4} = 9,5$, so daß wegen $\chi^2_S < \chi^2_{0,05;4}$ kein Widerspruch zu der Annahme besteht, daß die Grundgesamtheit normalverteilt ist.

16.3.3.2 Verteilung der Stichprobenmittelwerte

Es sei X eine kontinuierliche Zufallsgröße. Der zugehörigen Grundgesamtheit kann man beliebig viele Stichproben vom Umfang n entnehmen. Dann beschreiben die zugehörigen Stichprobenmittelwerte eine neue Zufallsgröße X, die ebenfalls kontinuierlich ist. Für deren statistische Sicherheit und Normalverteilung gelten die im folgenden dargelegten Aussagen.

1. Statistische Sicherheit des Stichprobenmittelwertes

Wenn X normalverteilt ist mit den Parametern μ und σ^2, dann ist $\overline{X}$ normalverteilt mit den Parametern μ und σ^2/n, d. h., die Dichtefunktion $\overline{f}(x)$ von $\overline{X}$ ist stärker um den Mittelwert μ konzentriert als die Dichtefunktion $f(x)$ der Grundgesamtheit. Es gilt für einen vorgegebenen Wert $\varepsilon > 0$:

$$P(|X-\mu| \leq \varepsilon) = 2\Phi\left(\frac{\varepsilon}{\sigma}\right) - 1, \quad P(|\overline{X}-\mu| \leq \varepsilon) = 2\Phi\left(\frac{\varepsilon\sqrt{n}}{\sigma}\right) - 1. \tag{16.97}$$

99%

→ 1,36

Tabelle 16.5 Statistische Sicherheit des Stichprobenmittelwertes

n	$P\left(\lvert X-\mu\rvert \le \frac{1}{2}\sigma\right)$
1	38,29 %
4	68,27 %
16	95,45 %
25	98,76 %
49	99,96 %

Daraus folgt, daß mit wachsendem Umfang n der Stichprobe die Wahrscheinlichkeit größer wird, daß der Stichprobenmittelwert eine gute Näherung für μ ist.

■ Für $\varepsilon = \frac{1}{2}\sigma$ erhält man aus (16.97) $P\left(\lvert X-\mu\rvert \le \frac{1}{2}\sigma\right) = 2\Phi\left(\frac{1}{2}\sqrt{n}\right) - 1$, und für verschiedene Werte von n folgen daraus die Werte in **Tabelle16.5**. Man liest aus **Tabelle16.5** z. B. ab, daß bei einer Stichprobe vom Umfang $n = 49$ der Stichprobenmittelwert x mit einer Sicherheit von 99,95 % um höchstens $\pm\frac{1}{2}\sigma$ vom Mittelwert μ der Grundgesamtheit abweicht.

2. Normalverteilung der Stichprobenmittelwerte

Die Zufallsgröße $\overline{X}$ ist auch annähernd normalverteilt mit den Parametern μ und σ^2/n, wenn die dazugehörige Grundgesamtheit einer beliebigen Verteilung mit Mittelwert μ und Streuung σ^2 genügt.

16.3.3.3 Vertrauensgrenzen für den Mittelwert

1. Vertrauensgrenzen für den Mittelwert bei bekannter Streuung σ^2

Es sei X eine kontinuierliche Zufallsgröße, normalverteilt mit den Parametern μ und σ^2. Nach 16.3.3.2 ist dann $\overline{X}$ ebenfalls eine kontinuierliche Zufallsgröße, normalverteilt mit den Parametern μ und σ^2/n. Durch die Substitution

$$\overline{Z} = \frac{\overline{X}-\mu}{\sigma}\sqrt{n} \tag{16.98}$$

erhält man eine Zufallsgröße $\overline{Z}$, die der normierten Normalverteilung genügt. Für diese gilt

$$P(\lvert\overline{Z}\rvert \le \varepsilon) = \int_{-\varepsilon}^{\varepsilon} \varphi(x)\,dx = 2\Phi(\varepsilon) - 1. \tag{16.99}$$

Gibt man jetzt eine Irrtumswahrscheinlichkeit α vor und verlangt

$$P(\lvert\overline{Z}\rvert \le \varepsilon) = 1 - \alpha, \tag{16.100}$$

dann kann man $\varepsilon = \varepsilon(\alpha)$ aus (16.99) numerisch bestimmen bzw. aus der **Tabelle21.15** der normierten Normalverteilung ablesen und erhält aus $|Z| \le \varepsilon(\alpha)$ unter Beachtung von (16.98) die Beziehung

$$\mu = \overline{x} \pm \frac{\sigma}{\sqrt{n}}\varepsilon(\alpha). \tag{16.101}$$

Die Werte $\overline{x} \pm \frac{\sigma}{\sqrt{n}}\varepsilon(\alpha)$ in (16.101) heißen *Vertrauensgrenzen für den Mittelwert* μ der Grundgesamtheit bei bekannter Streuung σ^2 und vorgegebener Irrtumswahrscheinlichkeit α. Man kann auch sagen: Der Mittelwert μ liegt mit der statistischen Sicherheit $1-\alpha$ zwischen den Vertrauensgrenzen (16.101).

Hinweis: Ist der Stichprobenumfang hinreichend groß ($n > 100$), dann kann in (16.101) an Stelle der in der Regel unbekannten Streuung σ^2 der Grundgesamtheit die Stichprobenstreuung s^2 verwendet werden. Anderenfalls müssen die Vertrauensgrenzen mit Hilfe der t–Verteilung gemäß (16.104) ermittelt werden.

2. Vertrauensgrenzen für den Mittelwert bei unbekannter Streuung σ^2

Wenn die Streuung σ^2 der Grundgesamtheit unbekannt ist, dann ersetzt man sie durch die Stichprobenstreuung s^2 und erhält an Stelle von (16.98) die Zufallsvariable

$$T = \frac{\overline{X}-\mu}{s}\sqrt{n}, \tag{16.102}$$

die der t–Verteilung (s. S. 635) mit $m = n - 1$ Freiheitsgraden genügt. Dabei ist n der Umfang de Stichprobe. Mit einer vorgegebenen Irrtumswahrscheinlichkeit α gilt dann

$$P(\,|T| \le \varepsilon) = \int_{-\varepsilon}^{\varepsilon} f_t(x)\,dx = P\left(\frac{|\overline{X} - \mu|}{s}\sqrt{n} \le \varepsilon\right) = 1 - \alpha. \qquad (16.103$$

Aus (16.103) folgt $\varepsilon = \varepsilon(\alpha, n) = t_{\alpha/2;n-1}$, wobei $t_{\alpha/2;n-1}$ das Quantil der t–Verteilung (mit $n -$ Freiheitsgraden) zur Irrtumswahrscheinlichkeit $\alpha/2$ darstellt (**Tabelle21.18**). Aus $|T| = t_{\alpha/2;n-1}$ folg

$$\mu = \overline{x} \pm \frac{s}{\sqrt{n}} t_{\alpha/2;n-1}. \qquad (16.104$$

Die Werte $\overline{x} \pm \frac{s}{\sqrt{n}} t_{\alpha/2;n-1}$ heißen *Vertrauensgrenzen für den Mittelwert* μ der Grundgesamtheit be unbekannter Streuung σ^2 und vorgegebener Irrtumswahrscheinlichkeit α.

■ Eine Stichprobe bestehe aus den folgenden 6 Meßwerten: 0,842; 0,846; 0,835; 0,839; 0,843; 0,838 Daraus erhält man $\overline{x} = 0,8405$ und $s = 0,00394$. Wie groß ist höchstens die Abweichung des Stich probenmittelwertes $\overline{x}$ vom Mittelwert μ der Grundgesamtheit, wenn eine Irrtumswahrscheinlichkeit α von 5 % bzw. 1 % zugelassen wird?

1. $\alpha = 0,05$: Aus **Tabelle21.18** liest man $t_{\alpha/2;5} = 2,57$ ab und erhält $|\overline{X} - \mu| \le 2,57\frac{0,00394}{\sqrt{6}} = 0,0042$, d. h., mit 95 % Wahrscheinlichkeit weicht der Stichprobenmittelwert $\overline{x} = 0,8405$ höchsten um $\pm 0,0042$ vom Mittelwert μ ab.

2. $\alpha = 0,01$: $t_{\alpha/2;5} = 4,03$; $|\overline{X} - \mu| \le 4,03\frac{0,00394}{\sqrt{6}} = 0,0065$, d.h., mit 99 % Sicherheit weicht $\overline{x}$ un höchstens $\pm 0,0065$ von μ ab.

16.3.3.4 Vertrauensgrenzen für die Streuung

Die Zufallsgröße X sei normalverteilt mit den Parametern μ und σ^2. Dann genügt die neue Zufallsgröß

$$\chi^2 = (n-1)\frac{s^2}{\sigma^2} \qquad (16.105)$$

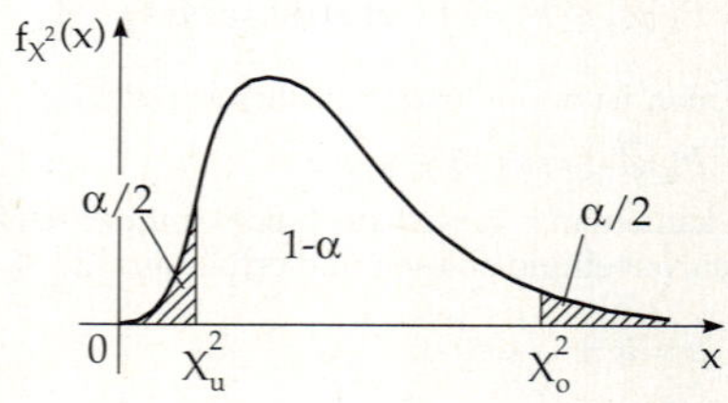

Abbildung 16.11

einer χ^2–Verteilung mit $m = n-1$ Freiheitsgraden, wobei n der Umfang einer Stichprobe ist und s^2 deren Streuung. Aus **Abb.16.11**, in der $f_{\chi^2}(x)$ die Wahrscheinlichkeitsdichte der χ^2–Verteilung bedeutet, folgt

$$P(\chi^2 < \chi_u^2) = P(\chi^2 > \chi_0^2) = \frac{\alpha}{2}, \qquad (16.106)$$

d.h., mit den Quantilen der χ^2–Verteilung besteht der Zusammenhang (**Tabelle21.16**):

$$\chi_u^2 = \chi^2_{1-\alpha/2;n-1}, \quad \chi_0^2 = \chi^2_{\alpha/2;n-1}. \qquad (16.107$$

Unter Beachtung von (16.105) erhält man damit die folgende Abschätzung für die unbekannte Streuung σ^2 der Grundgesamtheit bei einer Irrtumswahrscheinlichkeit α:

$$\frac{(n-1)s^2}{\chi^2_{\alpha/2;n-1}} \le \sigma^2 \le \frac{(n-1)s^2}{\chi^2_{1-\alpha/2;n-1}}. \qquad (16.108$$

Das durch (16.108) beschriebene Vertrauensintervall für σ^2 wird bei kleinem Stichprobenumfang noch sehr grob sein.

■ Für die Zahlenwerte des Beispiels auf S. 644 und $\alpha = 5\%$ liest man aus **Tabelle21.16** $\chi^2_{0,025;5} = 0,831$ und $\chi^2_{0,975;5} = 12,8$ ab, so daß aus (16.108) folgt: $0,625 \cdot s \le \sigma \le 2,453 \cdot s$ mit $s = 0,00394$.

16.3.3.5 Prinzip der Prüfverfahren

Ein statistisches Prüfverfahren hat grundsätzlich folgenden Aufbau:

1. Es wird eine Hypothese H aufgestellt, daß die Stichprobe einer Grundgesamtheit von vorgegebenen Eigenschaften angehört, z. B.
H: Grundgesamtheit ist normalverteilt mit den Parametern μ und σ^2 oder
H: Für das unbekannte μ wird ein Näherungswert μ_0, in diesem Zusammenhang auch *Schätzwert* genannt, eingesetzt, der z. B. durch Rundung des Stichprobenmittelwertes $\overline{x}$ gewonnen wird.

2. Man ermittelt in der angenommenen Grundgesamtheit ein Vertrauensintervall B (im allgemeinen mit Hilfe von Tabellen), in dem der Wert einer bestimmten Stichprobenfunktion mit einer vorgegebenen Sicherheit (z. B. $\alpha = 0,01$ oder $\alpha = 0,05$) liegt.

3. Man berechnet den Wert der Stichprobenfunktion und lehnt die Hypothese ab, wenn dieser Wert nicht in B liegt.

■ Prüfen des Mittelwertes mit der Hypothese H: $\mu = \mu_0$ bei vorgegebener Irrtumswahrscheinlichkeit α.

Nach 16.3.3.3 genügt die Zufallsgröße $T = \frac{\overline{X} - \mu}{s}\sqrt{n}$ einer t–Verteilung mit $m = n-1$ Freiheitsgraden. Daraus folgt, daß man die Hypothese ablehnen muß, wenn μ_0 nicht in dem durch (16.104) festgelegten Vertrauensintervall liegt, d. h., wenn sich

$$|\overline{X} - \mu_0| \geq \frac{s}{\sqrt{n}} t_{\alpha;n-1} \tag{16.109}$$

ergibt. Man sagt dann, es handelt sich um eine *signifikante Abweichung* und spricht von *Signifikanz*. Weitere Angaben über die Durchführung von Prüfverfahren s. Lit. [16.18].

16.3.4 Korrelation und Regression

Bei der *Korrelationsanalyse* geht es um die Feststellung von Abhängigkeiten zwischen zwei oder mehreren Merkmalen einer Grundgesamtheit an Hand von Meßwerten. Mit Hilfe der *Regressionsanalyse* wird dann die Form der Abhängigkeit zwischen diesen Merkmalen untersucht.

16.3.4.1 Lineare Korrelation bei zwei meßbaren Merkmalen

1. Zweidimensionale Zufallsgrößen

Zwei Merkmale X und Y sollen zu einer zweidimensionalen Zufallsgröße (X, Y) mit folgenden Verteilungsfunktionen zusammengefaßt werden:

$$F(x,y) = P(X < x, Y < y) = \int_{-\infty}^{x}\int_{-\infty}^{y} f(x,y)\,dx\,dy, \tag{16.110a}$$

$$F_1(x) = P(X < x, Y < \infty), \quad F_2(y) = P(X < \infty, Y < y). \tag{16.110b}$$

Die Zufallsgrößen X und Y heißen *unabhängig voneinander*, wenn

$$F(x,y) = F_1(x) \cdot F_2(y) \tag{16.111}$$

gilt. Die wichtigsten Parameter einer zweidimensionalen Verteilung sind:

1. Mittelwerte

$$\mu_X = E(X) = \int_{-\infty}^{\infty}\int_{-\infty}^{\infty} x\, f(x,y)\,dx\,dy \tag{16.112a}$$

$$\mu_Y = E(Y) = \int_{-\infty}^{\infty}\int_{-\infty}^{\infty} y\, f(x,y)\,dx\,dy; \tag{16.112b}$$

2. Streuungen

$$\sigma_X^2 = E((X - \mu_X)^2), \tag{16.113a}$$ $$\sigma_Y^2 = E((Y - \mu_Y)^2); \tag{16.113b}$$

3. Kovarianz

$$\sigma_{XY} = E\left((X - \mu_X)(Y - \mu_Y)\right); \tag{16.114}$$

4. Korrelationskoeffizient

$$\varrho_{XY} = \frac{\sigma_{XY}}{\sigma_X \sigma_Y}. \tag{16.115}$$

Der Korrelationskoeffizient ist ein Maß für die Abhängigkeit von X und Y, denn es gilt: Alle Punkte (X, Y) liegen genau dann mit der Wahrscheinlichkeit 1 auf einer Geraden, wenn $\varrho_{XY}^2 = 1$ ist. Wenn X und Y unabhängige Zufallsveränderliche sind, dann ist $\varrho_{XY} = 0$. Aus $\varrho_{XY} = 0$ kann man nur dann auf die Unabhängigkeit der Merkmale X und Y schließen, wenn diese einer *zweidimensionalen Normalverteilung* genügen, die durch die Dichtefunktion

$$f(x,y) = \frac{1}{2\pi\sigma_X\sigma_Y\sqrt{1-\varrho_{XY}^2}} \exp\left[-\frac{1}{2(1-\varrho_{XY}^2)}\left(\frac{(x-\mu_X)^2}{\sigma_X^2} - 2\frac{\varrho_{XY}(x-\mu_X)(y-\mu_Y)}{\sigma_X\sigma_Y} + \frac{(y-\mu_Y)^2}{\sigma_Y^2}\right)\right] \tag{16.116}$$

definiert ist.

2. Test auf Unabhängigkeit zweier Merkmale

Bei praktischen Aufgaben ist zu untersuchen, ob eine Stichprobe, die aus n Meßpunkten (x_i, y_i) $(i = 1, 2, \ldots, n)$ besteht, aus einer zweidimensionalen, normalverteilten Grundgesamtheit mit dem Korrelationskoeffizienten $\varrho_{XY} = 0$ stammt, so daß die beiden Zufallsgrößen X und Y als unabhängig angesehen werden können. Der Test läuft wie folgt ab:

1. Aufstellen der Hypothese H: $\varrho_{XY} = 0$,

2. Vorgabe einer Irrtumswahrscheinlichkeit α und Ermittlung des Quantils $t_{\alpha,m}$ der t–Verteilung aus **Tabelle21.18** für $m = n - 2$,

3. Berechnung der Testgröße

$$t = \frac{r_{xy}\sqrt{n-2}}{\sqrt{1-r_{xy}^2}} \tag{16.117a}$$

$$\text{mit} \quad r_{xy} = \frac{\sum\limits_{i=1}^{n}(x_i - \overline{x})(y_i - \overline{y})}{\sqrt{\sum\limits_{i=1}^{n}(x_i - \overline{x})^2 \sum\limits_{i=1}^{n}(y_i - \overline{y})^2}} \tag{16.117b}$$

4. Ablehnung der Hypothese, falls $|t| \geq t_{\alpha,m}$ ist. Die Größe r_{xy} heißt *empirischer Korrelationskoeffizient.*

16.3.4.2 Lineare Regression bei zwei meßbaren Merkmalen

1. Bestimmung der Regressionsgeraden

Wenn zwischen den Merkmalen X und Y mit Hilfe des Korrelationskoeffizienten eine Abhängigkeit festgestellt wurde, dann besteht die nächste Aufgabe in der Ermittlung des funktionalen Zusammenhanges $Y = f(X)$. Im einfachsten Falle der *linearen Regression* wird dabei vorausgesetzt, daß bei beliebigem, aber festem x-Wert die Zufallsgröße Y in der Grundgesamtheit normalverteilt ist mit dem Erwartungswert

$$E(Y) = a + bx \tag{16.118}$$

und der von x unabhängigen Streuung σ^2. Die Beziehung (16.118) bedeutet, daß die Zufallsgröße Y im Mittel von dem festen x-Wert linear abhängt. Für die in der Regel unbekannten Parameter a, b und σ^2 der Grundgesamtheit werden mit Hilfe der Stichprobenwerte (x_i, y_i) $(i = 1, 2, \ldots, n)$ Näherungswerte nach der *Fehlerquadratmethode* bestimmt. Aus der Forderung

$$\sum_{i=1}^{n}[y_i - (a + bx_i)]^2 = \text{Min} \tag{16.119}$$

erhält man für a, b und σ^2 die Schätzwerte (Näherungswerte)

$$\tilde{b} = \frac{\sum_{i=1}^{n}(x_i - \overline{x})(y_i - \overline{y})}{\sum_{i=1}^{n}(x_i - \overline{x})^2}, \quad (16.120a) \qquad \tilde{a} = \overline{y} - \tilde{b}\overline{x}, \quad (16.120b)$$

$$\tilde{\sigma}^2 = \frac{n-1}{n-2} s_y^2 (1 - r_{xy}^2) \quad (16.120c)$$

mit

$$\overline{x} = \frac{1}{n}\sum_{i=1}^{n} x_i, \quad (16.120d) \qquad \overline{y} = \frac{1}{n}\sum_{i=1}^{n} y_i, \quad (16.120e)$$

$$s_y^2 = \frac{1}{n-1}\sum_{i=1}^{n}(y_i - \overline{y})^2 \quad (16.120f)$$

und dem empirischen Korrelationskoeffizienten r_{xy} gemäß (16.117b). Die Koeffizienten $\tilde{a}$ und $\tilde{b}$ nennt man *Regressionskoeffizienten.* Die Gerade $y(x) = \tilde{a} + \tilde{b}x$ heißt *Regressionsgerade* .

2. Vertrauensgrenzen für den Regressionskoeffizienten

Nach der Bestimmung der Regressionskoeffizienten $\tilde{a}$ und $\tilde{b}$ erhebt sich die Frage, wie gut diese Schätzwerte die theoretischen Parameter a und b wiedergeben. Dazu bildet man die Testgrößen

$$t_b = (\tilde{b} - b)\frac{s_x\sqrt{n-2}}{s_y\sqrt{1-r_{xy}^2}} \quad (16.121a) \qquad \text{und} \qquad t_a = (\tilde{a} - a)\frac{s_x\sqrt{n-2}}{s_y\sqrt{1-r_{xy}^2}} \cdot \frac{\sqrt{n}}{\sqrt{\sum_{i=1}^{n} {x_i}^2}}. \quad (16.121b)$$

Diese stellen die Realisierung von Zufallsgrößen dar, die einer t–Verteilung mit $m = n - 2$ Freiheitsgraden genügen. Demzufolge kann man zu einer vorgegebenen Irrtumswahrscheinlichkeit α das Quantil $t_{\alpha;m}$ aus **Tabelle21.18** ablesen, und aus $P(\,|t| < t_{\alpha;m}) = 1 - \alpha$ folgt für $t = t_a$ bzw. $t = t_b$:

$$|\tilde{b} - b| < t_{\alpha;n-2} \cdot \frac{s_y\sqrt{1-r_{xy}^2}}{s_x\sqrt{n-2}}, \quad (16.122a) \qquad |\tilde{a} - a| < t_{\alpha;n-2} \cdot \frac{s_y\sqrt{1-r_{xy}^2} \cdot \sqrt{\sum_{i=1}^{n} {x_i}^2}}{s_x\sqrt{n-2} \cdot \sqrt{n}}. \quad (16.122b)$$

Mit Hilfe der durch (16.122a,b) beschriebenen sogenannten *Konfidenzintervalle* für a und b kann man auch einen *Konfidenzbereich* für die unbekannte Regressionsgerade $y = a + bx$ angeben (s. Lit. [16.18]).

16.3.4.3 Mehrdimensionale Regression

1. Funktionaler Zusammenhang

Zwischen den Merkmalen X_1, $X_2, \ldots$, X_n und Y bestehe ein funktionaler Zusammenhang, der durch die theoretische Regressionsfunktion

$$y = f(x_1, x_2, \ldots, x_n) = \sum_{j=0}^{s} a_j g_j(x_1, x_2, \ldots, x_n) \quad (16.123)$$

beschrieben werden soll. Die Funktionen $g_j(x_1, x_2, \ldots, x_n)$ sind bekannte Funktionen von n unabhängigen Variablen. Die Koeffizienten a_j sind konstant und treten in (16.123) linear auf. Man spricht deshalb im Falle von (16.123) auch von *linearer Regression*, obwohl die Funktionen g_j beliebig sein können.

■ Die Funktion $f(x_1, x_2) = a_0 + a_1x_1 + a_2x_2 + a_3{x_1}^2 + a_4{x_2}^2 + x_1x_2$, ein vollständiges quadratisches

Polynom in zwei Variablen mit $g_0 = 1$, $g_1 = x_1$, $g_2 = x_2$, $g_3 = {x_1}^2$, $g_4 = {x_2}^2$ und $g_5 = x_1x_2$, ist ein Beispiel für eine theoretische Regressionsfunktion der linearen Regression.

2. Vektorschreibweise

Es ist zweckmäßig, im mehrdimensionalen Fall zur vektoriellen Schreibweise

$$\underline{\mathbf{x}} = (x_1, x_2, \ldots, x_n)^{\mathbf{T}} \tag{16.124}$$

überzugehen, so daß (16.123) jetzt

$$y = f(\underline{\mathbf{x}}) = \sum_{j=0}^{s} a_j g_j(\underline{\mathbf{x}}) \tag{16.125}$$

lautet.

3. Lösungsansatz und Normalgleichungssystem

Der theoretische Zusammenhang (16.123) wird durch Meßwerte

$$(\underline{\mathbf{x}}^{(i)}, f_i), \quad (i = 1, 2, \ldots, N) \tag{16.126a}$$

auf Grund zufälliger Meßfehler nicht exakt wiedergegeben. Man macht deshalb den Ansatz

$$y = \tilde{f}(\underline{\mathbf{x}}) = \sum_{j=0}^{s} \tilde{a}_j g_j(\underline{\mathbf{x}}) \tag{16.126b}$$

und bestimmt nach der *Fehlerquadratmethode* (s. S. 646) gemäß

$$\sum_{i=1}^{N} \left[f_i - \tilde{f}\left(\underline{\mathbf{x}}^{(i)}\right)\right]^2 = \text{Min} \tag{16.126c}$$

die Koeffizienten $\tilde{a}_j$, die als Schätzwerte für die theoretischen Koeffizienten a_j dienen. Mit den Bezeichnungen

$$\underline{\tilde{\mathbf{a}}} = \begin{pmatrix} \tilde{a}_0 \\ \tilde{a}_1 \\ \vdots \\ \tilde{a}_s \end{pmatrix}, \quad \underline{\mathbf{f}} = \begin{pmatrix} f_1 \\ f_2 \\ \vdots \\ f_N \end{pmatrix}, \quad \mathbf{G} = \begin{pmatrix} g_0\left(\underline{\mathbf{x}}^{(1)}\right) & g_1\left(\underline{\mathbf{x}}^{(1)}\right) & \ldots & g_s\left(\underline{\mathbf{x}}^{(1)}\right) \\ g_0\left(\underline{\mathbf{x}}^{(2)}\right) & g_1\left(\underline{\mathbf{x}}^{(2)}\right) & \ldots & g_s\left(\underline{\mathbf{x}}^{(2)}\right) \\ \vdots & \vdots & \ddots & \vdots \\ g_0\left(\underline{\mathbf{x}}^{(N)}\right) & g_1\left(\underline{\mathbf{x}}^{(N)}\right) & \ldots & g_s\left(\underline{\mathbf{x}}^{(N)}\right) \end{pmatrix} \tag{16.126d}$$

erhält man aus der Forderung (16.126c) das sogenannte *Normalgleichungssystem*

$$\mathbf{G}^{\mathbf{T}}\mathbf{G}\underline{\tilde{\mathbf{a}}} = \mathbf{G}^{\mathbf{T}}\underline{\mathbf{f}} \tag{16.126e}$$

zur Bestimmung von $\underline{\tilde{\mathbf{a}}}$. Die Matrix $\mathbf{G}^{\mathbf{T}}\mathbf{G}$ ist symmetrisch, so daß sich zur Lösung von (16.126e) das CHOLESKY–Verfahren (s. S. 754) besonders eignet.

■ Mit Hilfe einer Stichprobe, deren Ergebnisse die nebenstehende Wertetabelle enthält, sind die Koeffizienten der Regressionsfunktion

x_1	5	3	5	3
x_2	0,5	0,5	0,3	0,3
$f(x_1, x_2)$	1,5	3,5	6,2	3,2

$$\tilde{f}(x_1, x_2) = a_0 + a_1x_1 + a_2x_2 \tag{16.127}$$

zu bestimmen. Aus (16.126d) folgt

$$\underline{\tilde{\mathbf{a}}} = \begin{pmatrix} \tilde{a}_0 \\ \tilde{a}_1 \\ \tilde{a}_2 \end{pmatrix}, \quad \underline{\mathbf{f}} = \begin{pmatrix} 1,5 \\ 3,5 \\ 6,2 \\ 3,2 \end{pmatrix}, \quad \mathbf{G} = \begin{pmatrix} 1 & 5 & 0,5 \\ 1 & 3 & 0,5 \\ 1 & 5 & 0,3 \\ 1 & 3 & 0,3 \end{pmatrix} \tag{16.128}$$

und (16.126e) lautet

$$\begin{aligned} 4\tilde{a}_0 + 16\,\tilde{a}_1 + 1,6\,\tilde{a}_2 &= 14,4 \\ 16\tilde{a}_0 + 68\,\tilde{a}_1 + 6,4\,\tilde{a}_2 &= 58,6 \\ 1,6\tilde{a}_0 + 6,4\tilde{a}_1 + 0,68\tilde{a}_2 &= 5,32 \end{aligned} \quad \text{d. h.} \quad \begin{aligned} \tilde{a}_0 &= 7,5 \\ \tilde{a}_1 &= 0,25 \\ \tilde{a}_2 &= -11 \end{aligned} \qquad (16.129)$$

4. Bemerkungen

1. Zur Bestimmung der Regressionskoeffizienten hätte man auch von der Interpolationsbedingung $\tilde{f}\left(\underline{\mathbf{x}}^{(i)}\right) = f_i$ $(i = 1, 2, \ldots, N)$, d. h. von

$$\mathbf{G}\underline{\tilde{\mathbf{a}}} = \underline{\mathbf{f}} \qquad (16.130)$$

ausgehen können. Im Falle $s < N$ stellt (16.130) ein überbestimmtes lineares Gleichungssystem dar, zu dessen genäherter Lösung das HOUSEHOLDER–Verfahren (s. S. 778) verwendet werden kann. Der Übergang von (16.130), d. h. Multiplikation von (16.130) mit $\mathbf{G}^{\mathrm{T}}$ wird auch als GAUSS–*Transformation* bezeichnet. Wenn die Spalten der Matrix $\mathbf{G}$ linear unabhängig sind, also Rang $\mathbf{G} = s + 1$ ist, dann hat das Normalgleichungssystem (16.126e) eine eindeutige Lösung, die mit der nach HOUSEHOLDER ermittelten Näherungslösung von (16.130) übereinstimmt.

2. Auch im mehrdimensionalen Fall lassen sich mit Hilfe der t–Verteilung Vertrauensgrenzen für die Regressionskoeffizienten analog zu (16.122a,b) angeben (s. Lit. [16.8]).

3. Mit Hilfe der F–Verteilung kann man einen sogenannten *Adäquatheitstest* für den Ansatz (16.126b) durchführen. Dieser Test gibt Auskunft darüber, ob ein Ansatz der Form (16.126b), aber mit weniger Gliedern, schon eine hinreichend gute Approximation der theoretischen Regressionsfunktion (16.123) liefert (s. Lit. [16.8]).

16.4 Theorie der Meßfehler

Bei jeder wissenschaftlichen Messung — unabhängig davon, wie sorgfältig sie durchgeführt wird — sind *Beobachtungs-* oder *Meßwerte* mit unvermeidlichen *Meßfehlern* behaftet. Nach DIN werden die Meßfehler, also alle während einer Messung auftretenden Fehler, *Abweichungen* genannt. *Unsicherheiten* nennt man dagegen die Fehler bei der Angabe von Meßergebnissen. Mit diesen beiden Begriffen kann man die Zielstellung der Theorie der Meßfehler wie folgt formulieren:

1. Die Abweichungen sind so klein wie möglich zu halten, d.h., für den Wert, der durch die Messung bestimmt werden soll, ist eine möglichst gute Näherung zu ermitteln. Dafür eignet sich besonders die *Ausgleichsrechnung*, die auf GAUSS zurückgeht, und die im wesentlichen aus der *Fehlerquadratmethode* besteht.

2. Die Unsicherheit ist so gut wie möglich abzuschätzen oder zu berechnen, wozu die *Methoden der mathematischen Statistik* eingesetzt werden.

16.4.1 Meßfehler und ihre Verteilung

16.4.1.1 Meßfehlereinteilung nach qualitativen Merkmalen

Teilt man die Meßfehler nach ihrer Ursache ein, dann können die folgenden drei Meßfehlerarten unterschieden werden:

1. Grobe Meßfehler beruhen auf falschen Ablesungen und Verwechslungen.

2. Systematische Meßfehler beruhen auf falsch geeichten oder schlecht justierten Meßgeräten und auf der Art der Meßmethode, wobei die Art des Ablesens sowie systemimmanente Meßfehler eine Rolle spielen können. Sie sind nicht immer vermeidbar.

3. Statistische oder zufällige Meßfehler beruhen einerseits auf nicht oder nur wenig beeinflußbaren zufälligen Veränderungen der Meßbedingungen sowie andererseits auf der Zufälligkeit gewisser Eigenschaften der betrachteten Ereignisse.

In der Theorie der Meßfehler geht man davon aus, daß alle groben und systematischen Meßfehler ausgeschlossen werden und lediglich die statistischen Eigenschaften und zufälligen Meßfehler in die Berechnung der Unsicherheiten eingehen.

16.4.1.2 Fehlerverteilung, wichtige Parameter

1. Meßprotokoll

Die Berechnung der Unsicherheiten setzt voraus, daß die Meßergebnisse in einem *Meßprotokoll* als *Urliste* tabelliert und durch die Angabe der relativen Häufigkeiten oder der Dichtefunktion $f(x)$ bzw. durch die Angabe der relativen Summenhäufigkeiten oder der Verteilungsfunktion $F(x)$ verfügbar sind (s.16.3.2.1). Unter der Variablen x ist die Realisierung der Zufallsveränderlichen X zu verstehen, durch welche die zu bestimmende Größe beschrieben wird.

2. Fehlerverteilungsdichte

Spezielle Annahmen über die Eigenschaften der Meßfehler bedingen bestimmte Eigenschaften der Dichtefunktion der Fehlerverteilung:

1. Stetige Dichtefunktion Da zufällige Meßfehler beliebige Werte aus einem bestimmten Intervall annehmen können, sind sie durch eine stetige Dichte $f(x)$ zu beschreiben.

2. Gerade Dichtefunktion Wenn Meßfehler mit gleichem Absolutbetrag, aber verschiedenem Vorzeichen gleichwahrscheinlich sind, muß die Dichtefunktion eine gerade Funktion sein: $f(-x) = f(x)$.

3. Monoton fallende Dichtefunktion Wenn Meßfehler mit großem Absolutbetrag weniger wahrscheinlich sind als Fehler mit kleinem Absolutbetrag, muß $f(x)$ für $x > 0$ eine monoton fallende Funktion sein.

4. Endlicher Erwartungswert Der Erwartungswert des Absolutbetrages des Fehlers muß eine endliche Größe sein, d.h., es muß gelten:

$$E(|X|) = 2\int_0^\infty x f(x)\, dx < \infty. \qquad (16.131)$$

Durch Zugrundelegung unterschiedlicher Fehlereigenschaften kommt man zu verschiedenen Fehlerdichtefunktionen.

3. Fehlernormalverteilung

1. Dichte und Verteilungsfunktion In den meisten Fällen der Praxis kann davon ausgegangen werden, daß die Meßfehler normalverteilt sind, und zwar mit dem Mittelwert $\mu = 0$ und einer Streuung σ^2, d.h., für die Dichtefunktion $f(x)$ und die Verteilungsfunktion $F(x)$ von Meßfehlern soll gelten:

$$f(x) = \frac{1}{\sigma\sqrt{2\pi}} e^{-\frac{x^2}{2\sigma^2}} \quad (16.132a) \qquad \text{und} \quad F(x) = \frac{1}{\sigma\sqrt{2\pi}} \int_{-\infty}^{x} e^{-\frac{t^2}{2\sigma^2}}\, dt = \Phi\left(\frac{x}{\sigma}\right). \qquad (16.132b)$$

Dabei ist $\Phi(x)$ die Verteilungsfunktion der normierten Normalverteilung (s. (16.65a) und **Tabelle 21.15**). Im Falle von (16.132a,b) spricht man auch von der *Fehlernormalverteilung*.

In **Abb.16.12** ist die Dichte der Fehlernormalverteilung (16.132a) mit Wende- und Schwerpunkt dargestellt, in **Abb.16.13** das Verhalten bei drei verschiedenen Werten der Streuung. Die Wendepunkte liegen bei den Abszissenwerten $\pm\sigma$, die Schwerpunkte der Flächenhälften bei $\pm\eta$. Der Maximalwert der Kurve bei $x = 0$ beträgt $1/(\sigma\sqrt{2\pi})$. Mit wachsendem σ^2 verbreitert sich die Kurve, wobei der Flächeninhalt unter ihr konstant gleich Eins bleibt. Die Verteilung besagt, daß, gemessen am absoluten Betrag, kleine Fehler häufig vorkommen, große selten. Zur Charakterisierung der Fehlernormalverteilung werden außer der Streuung σ^2 bzw. der Standardabweichung σ, auch mittlerer quadratischer Fehler genannt, noch andere Parameter verwendet, wie das Genauigkeitsmaß h, der mittlere Fehler η und der wahrscheinliche Fehler γ.

2. Genauigkeitsmaß Neben der Streuung σ^2 wird zur Charakterisierung der Breite der Normalverteilung auch der Begriff *Genauigkeitsmaß* oder *Genauigkeit*

$$h = \frac{1}{\sigma\sqrt{2\pi}} \qquad (16.133)$$

benutzt. Je schmaler die GAUSS–Kurve ist, desto größer ist die Genauigkeit (**Abb.16.13**). Wenn für σ die experimentell mit Hilfe von Meßwerten ermittelte Größe $\tilde{\sigma}$ bzw. $\tilde{\sigma}_x$ eingesetzt wird, charakterisiert das Genauigkeitsmaß die Genauigkeit der Meßmethode.

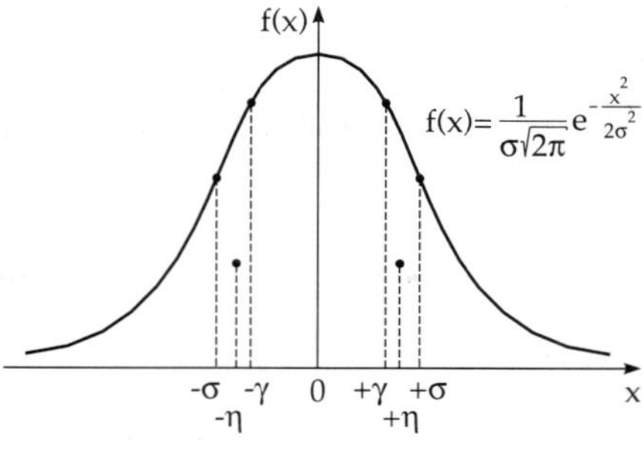

Abbildung 16.12

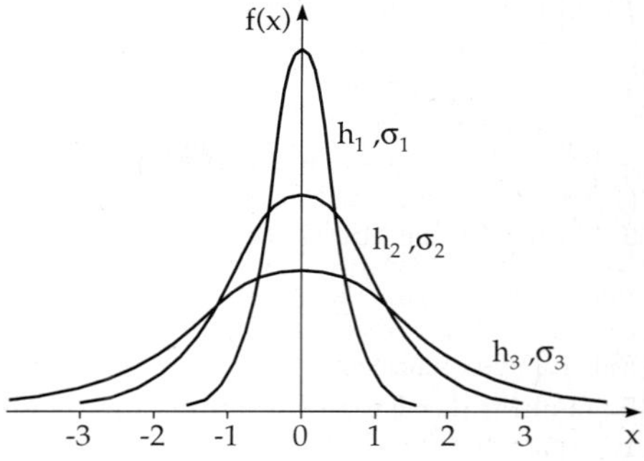

Abbildung 16.13

3. Einfacher mittlerer Fehler η heißt der Erwartungswert des absoluten Betrages des Fehlers:

$$\eta = E(|X|) = 2\int_0^\infty x f(x)\,dx. \tag{16.134}$$

4. Wahrscheinlicher Fehler γ nennt man eine Schranke für den absoluten Betrag des Fehlers mit der Eigenschaft

$$P(|X| \leq \gamma) = \frac{1}{2}. \tag{16.135a}$$

Daraus folgt

$$\int_{-\gamma}^{+\gamma} f(x)\,dx = 2\Phi\left(\frac{\gamma}{\sigma}\right) - 1 = \frac{1}{2}, \tag{16.135b}$$

wobei $\Phi(x)$ die Verteilungsfunktion der normierten Normalverteilung ist.

5. Vorgabe einer Fehlergrenze Wenn eine obere Fehlergrenze $a > 0$ vorgegeben wird, die nicht überschritten werden soll, dann kann mit der Formel

$$P(|X| \leq a) = 2\Phi\left(\frac{a}{\sigma}\right) - 1 \tag{16.136}$$

die Wahrscheinlichkeit ausgerechnet werden, mit der der Fehler in das Intervall $[-a, a]$ fällt.

6. Zusammenhang zwischen σ, η und γ im Falle der Fehlernormalverteilung

$$\eta = \frac{1}{\sqrt{\pi}h} = \sqrt{\frac{2}{\pi}}\sigma = \frac{\gamma}{\varrho\sqrt{\pi}}, \tag{16.137}$$

$$\sigma = \frac{1}{\sqrt{2}h} = \sqrt{\frac{\pi}{2}}\eta = \frac{\gamma}{\sqrt{2}\varrho}, \tag{16.138}$$

$$\gamma = \frac{\varrho}{h} = \varrho\sqrt{2}\sigma = \varrho\sqrt{\pi}\eta, \tag{16.139}$$

$$h = \frac{1}{\sqrt{\pi}\eta} = \frac{1}{\sqrt{2}\sigma} = \frac{\varrho}{\gamma}, \tag{16.140}$$

$$\varrho = 0,4769\,, \tag{16.141}$$

$$\Phi(\varrho\sqrt{2}) = \frac{1}{2}. \tag{16.142}$$

16.4.1.3 Meßfehlereinteilung nach quantitativen Merkmalen

1. Wahrer Wert und seine Näherungen

Der wahre Wert x_w einer meßbaren Größe ist im allgemeinen unbekannt. Als Schätzwert für x_w wird man den Erwartungswert der Zufallsvariablen wählen, deren Realisierung durch die Meßwerte x_i ($i = 1, 2, \ldots, n$) erfolgt. Demzufolge bieten sich als Näherungswerte für x_w die folgenden Mittelwerte an:

1. Gleichgewichteter Mittelwert:

$$\overline{x} = \frac{1}{n}\sum_{i=1}^{n} x_i \quad (16.143a) \qquad \text{bzw.} \qquad \overline{x} = \sum_{j=1}^{k} h_j \overline{x}_j, \quad (16.143b)$$

wenn die Meßwerte in k Klassen mit den absoluten Häufigkeiten h_j und den Klassenmittelwerten $\overline{x}_j$ $(j = 1, 2, \ldots, k)$ eingeteilt worden sind.

2. Gewichteter Mittelwert:

$$\overline{x}^{(g)} = \sum_{i=1}^{n} g_i x_i \Big/ \sum_{i=1}^{n} g_i. \quad (16.144)$$

Dabei sind die einzelnen Meßwerte mit dem *Gewichtsfaktor* g_i $(g_i > 0)$ gewichtet worden.

2. Fehler der Einzelmessung einer Meßreihe

1. Wahrer Fehler der Einzelmessung einer Meßreihe wird die Abweichung des Meßergebnisses vom wahren Wert x_w genannt. Da dieser meist unbekannt ist, bleibt auch der *wahre Fehler* ε_i der i–ten Messung mit dem Ergebnis x_i unbekannt:

$$\varepsilon_i = x_w - x_i. \quad (16.145a)$$

2. Scheinbarer Fehler der Einzelmessung einer Meßreihe wird die Abweichung des Meßergebnisses x_i vom arithmetischen Mittelwert genannt:

$$v_i = \overline{x} - x_i. \quad (16.145b)$$

3. Mittlerer quadratischer Fehler der Einzelmessung oder Standardabweichung der Einzelmessung Da der Erwartungswert der Summe der wahren Fehler ε_i und der Erwartungswert der Summe der scheinbaren Fehler v_i von n Messungen einer Größe verschwindet, werden die verschiedenen Fehler mit Hilfe der Fehlerquadratsummen berechnet:

$$\varepsilon^2 = \sum_{i=1}^{n} {\varepsilon_i}^2, \quad (16.146a) \qquad v^2 = \sum_{i=1}^{n} {v_i}^2. \quad (16.146b)$$

Für die praktische Auswertung ist nur (16.146b) von Interesse, weil nur die Werte v_i aus den Meßergebnissen ermittelt werden können. Deshalb definiert man

$$\tilde{\sigma} = \sqrt{\sum_{i=1}^{n} {v_i}^2 \Big/ (n-1)} \quad (16.147)$$

als mittleren quadratischen Fehler der Einzelmessung der Meßreihe. Der Wert $\tilde{\sigma}$ ist ein Näherungswert für die Standardabweichung σ der Fehlerverteilung.
Im Falle der Fehlernormalverteilung gilt für $\tilde{\sigma} = \sigma$

$$P(|\varepsilon| \le \tilde{\sigma}) = 2\Phi(1) - 1 = 0,68. \quad (16.148)$$

Das bedeutet: Die Wahrscheinlichkeit, daß der wahre Fehler betragsmäßig den Wert σ nicht übersteigt, beträgt ca. 68 %.

4. Wahrscheinlicher Fehler ist die Bezeichnung für eine Zahl γ, für die gilt:

$$P(|\varepsilon| \le \gamma) = \frac{1}{2}. \quad (16.149)$$

Das bedeutet: Die Wahrscheinlichkeit, daß der Fehler den Wert γ nicht übersteigt, beträgt in diesem Falle 50 %. Die Abszissenwerte $\pm\gamma$ teilen die linke und rechte Fläche unter der Dichtefunktion in je zwei gleich große Hälften (**Abb.16.12**).
Im Falle der Fehlernormalverteilung besteht zwischen $\tilde{\gamma}$ und $\tilde{\sigma}$ der Zusammenhang

$$\tilde{\gamma} = 0,6745\tilde{\sigma} \approx \frac{2}{3}\tilde{\sigma} = \frac{2}{3}\sqrt{\sum_{i=1}^{n} {v_i}^2 \Big/ (n-1)}. \quad (16.150)$$

5. Mittlerer Fehler ist die Bezeichnung für eine Zahl η, die als Erwartungswert des absoluten Betrages des Fehlers definiert wird:

$$\tilde{\eta} = E(|\varepsilon|) = 2\int_0^\infty x f(x)\, dx. \tag{16.151}$$

Im Falle der Fehlernormalverteilung ergibt sich $\eta = 0,798$. Auf Grund der Beziehung

$$P(|\varepsilon| \le \eta) = 2\Phi\left(\frac{\eta}{\sigma}\right) - 1 = 0,576. \tag{16.152}$$

folgt daraus: Die Wahrscheinlichkeit, daß der Fehler den Wert η nicht übersteigt, beträgt ca. 57,6 %. Bei den Abszissenwerten $\pm\eta$ liegen die Schwerpunkte der rechten bzw. linken Fläche unter der Dichtefunktion (**Abb.16.12**).
Im Falle der Fehlernormalverteilung gilt

$$\tilde{\eta} = \sqrt{\frac{2}{\pi}}\tilde{\sigma} = 0,7978\tilde{\sigma} \approx 0,8\tilde{\sigma} = 0,8\sqrt{\sum_{i=1}^{n} {v_i}^2 \Big/ (n-1)}. \tag{16.153}$$

3. Fehler des arithmetischen Mittelwertes einer Meßreihe

Die Fehler des arithmetischen Mittelwertes $\overline{x}$ einer Meßreihe werden mit Hilfe der Fehler der Einzelmessung wie folgt definiert:

1. Mittlerer quadratischer Fehler oder Standardabweichung

$$\tilde{\sigma}_{AM} = \sqrt{\sum_{i=1}^{n} {v_i}^2 \Big/ n(n-1)} = \frac{\tilde{\sigma}}{\sqrt{n}}. \tag{16.154}$$

2. Wahrscheinlicher Fehler

$$\tilde{\gamma}_{AM} \approx \frac{2}{3}\sqrt{\sum_{i=1}^{n} {v_i}^2 \Big/ n(n-1)} = \frac{2}{3}\frac{\tilde{\sigma}}{\sqrt{n}}. \tag{16.155}$$

3. Mittlerer Fehler

$$\tilde{\eta}_{AM} \approx 0,8\sqrt{\sum_{i=1}^{n} {v_i}^2 \Big/ n(n-1)} = 0,8\frac{\tilde{\sigma}}{\sqrt{n}}. \tag{16.156}$$

4. Sättigung des erreichbaren Fehlerniveaus Da die drei definierten Fehler (16.154–16.156) des arithmetischen Mittels proportional zum entsprechenden Fehler der Einzelmessung (16.147, 16.150, 16.153) und umgekehrt proportional zur Wurzel aus n sind, ist es nicht sinnvoll, mit der Anzahl der Einzelmessungen über einen gewissen Wert hinauszugehen. Eine merkliche Verringerung des Fehlers kann nur durch Verbesserung des Genauigkeitsmaßes h der Meßmethode (16.133) erreicht werden.

4. Absoluter und relativer Fehler

1. Absolute Unsicherheit, absoluter Fehler Die Unsicherheit eines Meßergebnisses, angegeben als Fehler ε_i, v_i, σ_i, γ_i oder η_i bzw. ε, v, σ, γ oder η, ist ein Maß für die Zuverlässigkeit der Messungen. Der Begriff der *absoluten Unsicherheit*, angegeben als *absoluter Fehler*, steht für alle diese Fehlergrößen und die ihnen entsprechenden Ergebnisse von Fehlerfortpflanzungsrechnungen. Sie zeichnen sich durch die gleiche Dimension aus wie die zu messende Größe. Der absolute Fehler wurde eingeführt, um Verwechslungen mit dem Begriff des relativen Fehlers zu vermeiden. Als Formelzeichen wird häufig Δx_i bzw. Δx verwendet. Das Wort „absolut“ hat hier eine andere Bedeutung als im Begriff Absolutwert: Es bezieht sich lediglich auf den Zahlenwert der Meßgröße (z. B. Länge, Ladung, Energie), ohne auf ihr Vorzeichen Bezug zu nehmen.

2. Relative Unsicherheit, relativer Fehler Die *relative Unsicherheit*, angegeben durch den *relativen Fehler*, ist ein Maß für die Qualität der Messungen, bezogen auf den Zahlenwert der Meßgröße im oben definierten Sinne. Im Unterschied zum absoluten Fehler ist der *relative Fehler* dimensionslos, weil er als Quotient aus dem absoluten Fehler und dem Zahlenwert der Meßgröße gebildet wird. Ist letzterer nicht bekannt, dann setzt man den Mittelwert der Meßgröße x ein:

$$\delta x_i = \frac{\Delta x_i}{x}. \tag{16.157a}$$

Der relative Fehler wird meist in Prozenten angegeben und heißt daher auch *prozentualer Fehler*:

$$\delta x_i/\% = \delta x_i \cdot 100\,\%. \tag{16.157b}$$

5. Absoluter und relativer Maximalfehler

1. Absoluter Maximalfehler Ist die zu bestimmende Größe eine Funktion der Meßgrößen, dann muß der resultierende absolute Fehler unter Berücksichtigung dieser Funktion berechnet werden. Das geschieht entweder mit Hilfe des Fehlerfortpflanzungsgesetzes, wodurch ein Ausgleich der Messungen vorgenommen wird, weil nach der Fehlerquadratmethode ein Minimum von $\sum(x_i - x)^2$ gesucht wird, oder man verzichtet auf den Ausgleich der Meßwerte und berechnet lediglich eine obere Fehlerschranke, die *absoluter Maximalfehler* $\Delta z_{\max}$ genannt wird. Für den Fall, daß es sich um n unabhängige Veränderliche x_i handelt, gilt:

$$\Delta z_{\max} = \sum_{i=1}^{n} \left| \frac{\partial}{\partial x_i} f(x_1, x_2, \ldots, x_n) \right| \Delta x_i, \tag{16.158}$$

wobei für die x_i der jeweilige Mittelwert $\overline{x}_i$ einzusetzen ist.

2. Relativer Maximalfehler Der relative Maximalfehler wird gebildet, indem der absolute Maximalfehler durch den Zahlenwert der Meßgröße (meist ist das der Mittelwert z) dividiert wird:

$$\delta z_{\max} = \frac{\Delta z_{\max}}{z}. \tag{16.159}$$

16.4.1.4 Angabe von Meßergebnissen mit Fehlergrenzen

Eine realistische Einschätzung eines Meßergebnisses ist nur möglich, wenn der zu erwartende Fehler mit angegeben wird; Fehlerangaben sind unverzichtbarer Bestandteil eines Meßergebnisses. Aus den Angaben muß zu erkennen sein, welche Fehlerart mit welchen Vertrauensgrenzen und bei welcher Irrtumswahrscheinlichkeit angegeben wird.

1. Angabe der definierten Fehler Die Angabe des Meßergebnisses erfolgt für die Einzelmessung in der Form

$$x = x_i \pm \Delta x = x_i \pm \tilde{\sigma}, \tag{16.160a}$$

für den Mittelwert in der Form

$$x = \overline{x} \pm \Delta x_{AM} = \overline{x} \pm \tilde{\sigma}_{AM}. \tag{16.160b}$$

Dabei wurde für Δx jeweils die mit Abstand am häufigsten verwendete Standardabweichung eingesetzt. Es können aber auch $\tilde{\gamma}$ und $\tilde{\eta}$ benutzt werden.

2. Vorgabe beliebiger Vertrauensgrenzen Die Größe $t = \dfrac{x - x_w}{\sigma}$ genügt gemäß (16.79) im Falle einer $N(\mu, \sigma)$ verteilten Grundgesamtheit der t–Verteilung (16.80) mit dem Freiheitsgrad $f = n - 1$. Für eine geforderte Irrtumswahrscheinlichkeit α oder statistische Sicherheit $S = 1 - \alpha$ ergeben sich für den unbekannten wahren Wert $x_w = \mu$ mit Hilfe der t–Fraktile $t_{\alpha;f}$ die Vertrauensgrenzen

$$\mu = \overline{x} \pm t_{\alpha;f} \cdot \tilde{\sigma}_{AM}. \tag{16.161}$$

Somit liegt der wahre Wert x_w mit der statistischen Sicherheit $S = 1 - \alpha$, d. h. mit der Wahrscheinlichkeit $1 - \alpha$, innerhalb dieses Intervalls mit den angegebenen Vertrauensgrenzen.

Meist ist man daran interessiert, den Meßreihenumfang n so gering wie möglich zu halten. Das Vertrauensintervall $2t_{\alpha;f}\tilde{\sigma}_{AM}$ ist um so enger, je kleiner $1 - \alpha$ gewählt wird und je größer die Anzahl n der Messungen ist. Da $\tilde{\sigma}_{AM}$ mit $1/\sqrt{n}$ abnimmt und die Fraktile $t_{\alpha,f}$ mit $f = n - 1$ abnehmen (bei n von 5 bis 10 ebenfalls mit $1/\sqrt{n}$ (s. Tabelle 21.18), verringert sich die Breite des Vertrauensintervalls hier mit $1/n$.

16.4.1.5 Fehlerrechnung für direkte Messungen gleicher Genauigkeit

x_i	$v_i \cdot 10^3$	$v_i{}^2 \cdot 10^6$
1,592	− 12	144
1,581	− 1	1
1,574	+ 6	36
1,566	+ 14	196
1,603	− 23	529
1,580	0	0
1,591	− 11	121
1,583	− 3	9
1,571	+ 9	81
1,559	+ 21	441

Bei direkten Messungen gleicher Genauigkeit, d. h., wenn für alle n Messungen die gleiche Streuung σ_i realisiert werden kann, spricht man von Messungen mit gleicher Genauigkeit $h = \text{const}$. In diesem Falle führt die Methode der kleinsten Quadrate auf die in (16.147, 16.150, 16.152) angegebenen Fehlergrößen.

■ Es ist das Endergebnis für eine Meßreihe anzugeben, die aus $n = 10$ direkten Messungen gleicher Genauigkeit besteht. Ergebnisse:
$\overline{x} = 1,580$,

$$\tilde{\sigma}_i = \sqrt{\sum_{i=1}^{n} v_i{}^2/(n-1)} = 0,0131,$$

$\tilde{\sigma}_{AM} = \tilde{\sigma}_i\sqrt{n} = 0,041$;
$\overline{x} = x \pm \tilde{\sigma}_{AM} = 1,580 \pm 0,041$.

16.4.1.6 Fehlerrechnung für direkte Messungen ungleicher Genauigkeit

1. Gewicht einer Messung

Wenn die direkten Meßergebnisse x_i aus verschiedenen Meßverfahren stammen oder Mittelwerte von Einzelmessungen darstellen, die zu dem gleichen Mittelwert $\overline{x}$ mit verschiedenen Streuungen $\tilde{\sigma}_i{}^2$ gehören, setzt man an die Stelle des gleichgewogenen Mittels das *gewogene Mittel*

$$\overline{x}^{(g)} = \sum_{i=1}^{n} g_i x_i \Big/ \sum_{i=1}^{n} g_i \qquad (16.162)$$

und an die Stelle der Streuungen $\sigma_i{}^2$ die Streuungsverhältnisse

$$g_i = \frac{\tilde{\sigma}^2}{\tilde{\sigma}_i{}^2}. \qquad (16.163)$$

Für $\tilde{\sigma}$ steht ein beliebiger Wert $\tilde{\sigma}_i$ (meist der mit dem geringsten Fehler), der aus dem Zahlenbereich der Meßwerte ausgewählt wird. Er dient als Standardabweichung der Gewichtseinheit, d. h., für $\tilde{\sigma}_i = \tilde{\sigma}$ ist $g_i = 1$. Aus (16.161) folgt: Das Gewicht einer Messung ist um so größer, je kleiner ihr Fehler $\tilde{\sigma}_i$ ist.

2. Standardabweichungen

Die Standardabweichung der Gewichtseinheit ergibt sich als Schätzwert zu

$$\tilde{\sigma}^{(g)} = \sqrt{\sum_{i=1}^{n} g_i v_i{}^2 \Big/ (n-1)}. \qquad (16.164)$$

Es ist darauf zu achten, daß $\tilde{\sigma}^{(g)} < \tilde{\sigma}$ ist, im entgegengesetzten Falle $\tilde{\sigma}^{(g)} > \tilde{\sigma}$ sind x_i mit systematischen Abweichungen enthalten.
Die Standardabweichung der Einzelmessung lautet

$$\tilde{\sigma}_i{}^{(g)} = \frac{\tilde{\sigma}^{(g)}}{\sqrt{g_i}} = \frac{\tilde{\sigma}^{(g)}}{\tilde{\sigma}}\tilde{\sigma}_i, \qquad (16.165)$$

wobei $\tilde{\sigma}_i{}^{(g)} < \tilde{\sigma}_i$ erwartet werden kann.
Die Standardabweichung des gewogenen arithmetischen Mittels lautet:

$$\tilde{\sigma}_{AM}^{(g)} = \tilde{\sigma}^{(g)} \Big/ \sqrt{\sum_{i=1}^{n} g_i} = \sqrt{\sum_{i=1}^{n} g_i v_i{}^2 \Big/ (n-1)\sum_{i=1}^{n} g_i}. \qquad (16.166)$$

3. Fehlerangabe

Die Fehlerangaben können wie in 16.4.1.4 dargestellt, entweder mit Hilfe der definierten Fehler oder mit Hilfe der t–Fraktile des Freiheitsgrades f erfolgen.

■ Es ist das Endergebnis für $n = 5$ $(i = 1, 2, \ldots, 5)$ Meßreihen mit den verschiedenen Mittelwerten $\overline{x}_i$ und den verschiedenen Standardabweichungen $\tilde{\sigma}_{AM_i}$ anzugeben. Eine der Meßreihen stammt aus dem Beispiel auf Seite 655.

$\overline{x}_i$	$\tilde{\sigma}_{AM_i}$	$\tilde{\sigma}^2_{AM_i}$	g_i	z_i	$g_i z_i$	${z_i}^2$	$g_i {z_i}^2$
1,573	0,010	$1{,}0 \cdot 10^{-4}$	0,81	$-1{,}2 \cdot 10^{-2}$	$-9{,}7 \cdot 10^{-3}$	$1{,}44 \cdot 10^{-4}$	$1{,}16 \cdot 10^{-4}$
1,580	0,004	$1{,}6 \cdot 10^{-5}$	5,06	$-5{,}0 \cdot 10^{-3}$	$-2{,}5 \cdot 10^{-2}$	$2{,}50 \cdot 10^{-5}$	$1{,}26 \cdot 10^{-4}$
1,582	0,005	$2{,}5 \cdot 10^{-5}$	3,24	$-3{,}0 \cdot 10^{-3}$	$-9{,}7 \cdot 10^{-3}$	$9{,}0 \cdot 10^{-6}$	$2{,}91 \cdot 10^{-5}$
1,589	0,009	$8{,}1 \cdot 10^{-5}$	1,00	$+4{,}0 \cdot 10^{-3}$	$4{,}0 \cdot 10^{-3}$	$1{,}6 \cdot 10^{-5}$	$1{,}6 \cdot 10^{-5}$
1,591	0,011	$1{,}21 \cdot 10^{-4}$	0,66	$+6{,}0 \cdot 10^{-3}$	$3{,}9 \cdot 10^{-3}$	$3{,}6 \cdot 10^{-5}$	$2{,}37 \cdot 10^{-5}$
$(\overline{x}_i)_m$ =1,583	$\tilde{\sigma}$ =0,009		$\sum\limits_{i=1}^{n} g_i$ =10,7		$\sum\limits_{i=1}^{n} g_i z_i$ $=3{,}6 \cdot 10^{-2}$		$\sum\limits_{i=1}^{n} g_i {z_i}^2$ $=3{,}1 \cdot 10^{-4}$

Man berechnet $(\overline{x}_i)_m = 1,5830$ und wählt $x_0 = 1,585$ sowie $\tilde{\sigma} = 0,009$. Mit $z_i = x_i - x_0$, $g_i = \tilde{\sigma}^2/{\tilde{\sigma}_i}^2$ berechnet man $\overline{z} = -0,0036$ und erhält $\overline{x} = x_0 + \overline{z} = 1,582$. Für die Standardabweichungen ergibt sich $\tilde{\sigma}^{(g)} = \sqrt{\sum\limits_{i=1}^{n} g_i {v_i}^2 \Big/ (n-1)} = 0,0088 < \tilde{\sigma}$ und $\tilde{\sigma}_x = \tilde{\sigma}_{AM} = 0,0027$. Das Endergebnis lautet $x = \overline{x} \pm \tilde{\sigma}_x = 1,585 \pm 0,0027$.

16.4.2 Fehlerfortpflanzung und Fehleranalyse

Häufig gehen die gemessenen Größen über eine funktionale Abhängigkeit in ein Endresultat ein. Wenn die Fehler klein sind, kann eine TAYLOR–Entwicklung nach den Fehlern durchgeführt werden, in der man die Glieder zweiter Ordnung vernachlässigt. Man spricht dann von *Fehlerfortpflanzung.*

16.4.2.1 Gaußsches Fehlerfortpflanzungsgesetz

1. Problemstellung

Zu bestimmen sind Zahlenwert und Fehler einer Größe z, die über die Funktion $z = f(x_1, x_2, \ldots, x_k)$ von den unabhängigen Variablen x_j $(j = 1, 2, \ldots, k)$ abhängt. Die Werte x_j können als Realisierungen von Zufallsgrößen angesehen werden und lassen sich als Mittelwerte $\overline{x}_j$ je einer Meßreihe mit n_j Meßwerten bestimmen. Ihre Streuung ist ${\sigma_j}^2$. Es ist zu untersuchen, wie sich die Fehler der Variablen auf die Funktion $f(x_1, x_2, \ldots, x_k)$ auswirken. Die Funktion $f(x_1, x_2, \ldots, x_k)$ muß differenzierbar sein, ihre Variablen müssen stochastisch unabhängig sein, sie dürfen aber beliebigen Verteilungen mit unterschiedlichen Streuungen ${\sigma_j}^2$ genügen.

2. TAYLOR–Entwicklung

Da die Fehler relativ kleine Änderungen der unabhängigen Variablen darstellen, kann die Funktion $f(x_1, x_2, \ldots, x_k)$ in der Nähe der Mittelwerte $\overline{x}_j$ durch den Linearanteil ihrer TAYLOR–Entwicklung mit den Koeffizienten a_j angenähert werden, so daß für ihren Fehler Δf gilt:

$$\Delta f = f(x_1, x_2, \ldots, x_k) - f(\overline{x}_1, \overline{x}_2, \ldots, \overline{x}_k), \tag{16.167a}$$

$$\Delta f \approx df = \frac{\partial f}{\partial x_1} dx_1 + \frac{\partial f}{\partial x_2} dx_2 + \cdots + \frac{\partial f}{\partial x_k} dx_k = \sum_{j=1}^{k} \frac{\partial f}{\partial x_j} dx_j = \sum_{j=1}^{k} a_j dx_j, \tag{16.167b}$$

wobei die partiellen Ableitungen $\partial f/\partial x_j$ an der Stelle $(x_1, x_2, \ldots, x_k)$ zu nehmen sind. Streuung und Standardabweichung der Funktion ergeben sich zu

$$\sigma_f{}^2 = a_1{}^2\sigma_{x_1}{}^2 + a_2{}^2\sigma_{x_2}{}^2 + \cdots + a_k{}^2\sigma_{x_k}{}^2 = \sum_{j=1}^{k} a_j{}^2\sigma_{x_j}{}^2. \qquad (16.168)$$

3. Näherung für die Streuung $\sigma_f{}^2$

Da die Streuungen der unabhängigen Variablen x_j unbekannt sind, ersetzt man sie durch Streuungen ihrer Mittelwerte, die aus den Meßwerten x_{jl} $(l = 1, 2, \ldots, n_{jl})$ der einzelnen Variablen wie folgt ermittelt werden:

$$\tilde{\sigma}^2_{\overline{x}_j} = \frac{\sum\limits_{l=1}^{n_j} (x_{jl} - \overline{x}_j)^2}{n_j(n_j - 1)}. \qquad (16.169)$$

Mit diesen Werten bildet man als Näherung für $\sigma_f{}^2$:

$$\tilde{\sigma_f}^2 = \sum_{j=1}^{k} a_j{}^2\tilde{\sigma}^2_{\overline{x}_j}. \qquad (16.170)$$

Formel (16.170) wird GAUSS*sches Fehlerfortpflanzungsgesetz* genannt.

4. Spezialfälle

1. Linearer Fall Ein häufig auftretender Fall ist die Addition der Fehlerbeiträge linear eingehender Fehlergrößen mit $a_j = 1$:

$$\tilde{\sigma}_f = \sqrt{\tilde{\sigma}_1{}^2 + \tilde{\sigma}_2{}^2 + \cdots + \tilde{\sigma}_k{}^2}. \qquad (16.171)$$

■ Am Ausgang des Impulsverstärkers eines Detektorkanals zur Spektrometrierung von Strahlungen wird eine Impulsbreite festgestellt, die auf drei Anteile zurückgeführt werden kann: 1. Statistische Energieverteilung der Strahlung des zu spektrometrierenden Übergangs einer Energie E_0, charakterisiert durch $\tilde{\sigma}_{\text{Str}}$, 2. Statistische Umsetzungsprozesse im Detektor mit $\tilde{\sigma}_{\text{Det}}$, 3. Elektronisches Rauschen des Verstärkers der Detektorimpulse $\tilde{\sigma}_{\text{el}}$. Für die Gesamtimpulsbreite ergibt sich

$$\sigma_f = \sqrt{\tilde{\sigma}^2_{\text{Str}} + \tilde{\sigma}^2_{\text{Det}} + \tilde{\sigma}^2_{\text{el}}}.$$

2. Potenzgesetz Oft treten die Variablen x_j in der Form

$$z = f(x_1, x_2, \ldots, x_k) = a x_1{}^{b_1} \cdot x_2{}^{b_2} \cdot \ldots \cdot x_k{}^{b_k} \qquad (16.172)$$

auf. Durch logarithmische Differentiation ergibt sich der relative Fehler zu

$$\frac{df}{f} = b_1\frac{dx_1}{x_1} + b_2\frac{dx_2}{x_2} + \cdots + b_k\frac{dx_k}{x_k}, \qquad (16.173)$$

und hieraus ergibt sich nach dem Fehlerfortpflanzungsgesetz für den mittleren relativen Fehler

$$\frac{\tilde{\sigma}_f}{f} = \sqrt{\sum_{j=1}^{k}\left(b_j\frac{\tilde{\sigma}_{\overline{x}_j}}{\overline{x}_j}\right)^2}. \qquad (16.174)$$

■ Die Funktion $f(x_1, x_2, x_3)$ habe die Form $f(x_1, x_2, x_3) = \sqrt{x_1} + x_2{}^2 + x_3{}^3$, die Standardabweichungen sind $\sigma_{x_1}, \sigma_{x_2}, \sigma_{x_3}$. Der relative Fehler ergibt sich dann zu

$$\delta z = \frac{\tilde{\sigma_f}}{f} = \sqrt{\left(\frac{1}{2}\frac{\tilde{\sigma_{x_1}}}{x_1}\right) + \left(2\frac{\tilde{\sigma_{x_2}}}{x_2}\right)^2 + \left(3\frac{\tilde{\sigma_{x_3}}}{x_3}\right)^2}.$$

5. Unterschied zum Maximalfehler

Die Angabe des absoluten oder relativen Maximalfehlers (16.158, 16.159) bedeutet, daß kein Ausgleich zwischen den Meßergebnissen durchgeführt wird. Bei der Ermittlung des absoluten oder relativen Fehlers mit Hilfe des Fehlerfortpflanzungsgesetzes (16.170) oder (16.172) wird mit einer vorgegebenen Wahrscheinlichkeit innerhalb eines festgelegten Vertrauenintervalls zwischen den Meßergebnissen x_j ausgeglichen. Die Vorgehensweise erfolgt in der in 16.4.1.4 angegebenen Weise.

16.4.2.2 Fehleranalyse

Unter Fehleranalyse versteht man allgemein die Analyse der Fortpflanzung von Fehlern bei der Berechnung einer Funktion $\varphi(x_i)$, wenn Größen höherer Ordnung vernachlässigt werden. Im Rahmen der Theorie der Fehleranalyse wird mit Hilfe eines Algorithmus untersucht, wie sich ein Eingangsfehler Δx_i im Endergebnis $\varphi(x_i)$ auswirkt. Man spricht in diesem Zusammenhang auch von differentieller Fehleranalyse.

In der numerischen Mathematik versteht man unter Fehleranalyse die Untersuchung des Einflusses von Verfahrens-, Rundungs- und Eingangsfehlern auf das Ergebnis (s. Lit. [19.24], [19.28]).

17 Dynamische Systeme und Chaos

17.1 Gewöhnliche Differentialgleichungen und Abbildungen

17.1.1 Dynamische Systeme

17.1.1.1 Grundbegriffe

1. Typen dynamischer Systeme, Orbits

Ein *dynamisches System* ist ein mathematisches Objekt zur Beschreibung der Zeitentwicklung physikalischer, biologischer und anderer real existierender Systeme. Es wird definiert durch einen *Phasenraum* M, der im weiteren oft der $\mathbf{R}^n$, eine Teilmenge davon oder ein metrischer Raum ist, und eine einparametrige Familie von Abbildungen $\varphi^t\colon M \to M$, wobei der Parameter t (*Zeit*) aus $\mathbf{R}$ (*zeitkontinuierlich*) oder Z bzw. Z_+ (*zeitdiskret*) ist. Für beliebiges $x \in M$ muß dabei

a) $\varphi^0(x) = x$ und

b) $\varphi^t(\varphi^s(x)) = \varphi^{t+s}(x)$ für alle t, s gelten. Die Abbildung φ^1 wird kurz als φ geschrieben.

Im weiteren wird die Zeitmenge mit Γ bezeichnet. Dabei kann $\Gamma = \mathbf{R}, \Gamma = \mathbf{R}_+, \Gamma = \mathrm{Z}$ oder $\Gamma = \mathrm{Z}_+$ sein. Ist $\Gamma = \mathbf{R}$, so nennt man das dynamische System auch *Fluß*; ist $\Gamma = \mathrm{Z}$ oder $\Gamma = \mathrm{Z}_+$, liegt ein *diskretes* dynamisches System vor. Da bei $\Gamma = \mathbf{R}$ und $\Gamma = \mathrm{Z}$ wegen **a)** und **b)** für jedes $t \in \Gamma$ neben φ^t auch die inverse Abbildung $(\varphi^t)^{-1} = \varphi^{-t}$ existiert, spricht man hier von *invertierbaren* dynamischen Systemen.

Ist das dynamische System nicht invertierbar, versteht man für eine beliebige Menge $A \subset M$ und beliebiges $t > 0$ unter $\varphi^{-t}(A)$ das Urbild von A bzgl. φ^t, d.h. die Menge $\varphi^{-t}(A) = \{x \in M\colon \varphi^t(x) \in A\}$. Ist für jedes $t \in \Gamma$ die Abbildung $\varphi^t : M \to M$ stetig bzw. k–mal stetig differenzierbar (dabei sei $M \subset \mathbf{R}^n$), so heißt das dynamische System *stetig* bzw. C^k*–glatt*. Für beliebiges festes $x \in M$ definiert die Abbildung $t \longmapsto \varphi^t\,(x)$, $t \in \Gamma$, eine *Bewegung* des dynamischen Systems mit Anfang x zur Zeit $t = 0$. Das Bild $\gamma(x)$ einer Bewegung mit Anfang x ist der *Orbit* (oder die *Trajektorie*) durch x, d.h. $\gamma(x) = \{\varphi^t(x)\}_{t\in\Gamma}$. Analog wird der *positive Semiorbit* durch x als $\gamma^+\,(x) = \{\varphi^t(x)\}_{t\geq 0}$ und, falls $\Gamma \neq \mathbf{R}_+$ oder $\Gamma \neq \mathrm{Z}_+$ ist, der *negative Semiorbit* durch x als $\gamma^-\,(x) = \{\varphi^t(x)\}_{t\leq 0}$ definiert.

Der Orbit $\gamma(x)$ heißt *Ruhelage* , wenn $\gamma(x) = x$ ist, und T*–periodisch*, wenn ein $T \in \Gamma$ existiert, so daß $\varphi^{t+T}(x) = \varphi^t(x)$ für alle $t \in \Gamma$ und $T \in \Gamma$ die kleinste positive Zahl mit dieser Eigenschaft ist. Die Zahl T heißt *Periode.*

2. Fluß einer Differentialgleichung

Gegeben sei eine gewöhnliche Differentialgleichung

$$\dot{x} = f(x), \tag{17.1}$$

wobei $f\colon M \to \mathbf{R}^n$ *(Vektorfeld)* eine r–mal stetig differenzierbare Abbildung ist und $M = \mathbf{R}^n$ oder eine offene Teilmenge des $\mathbf{R}^n$ darstellt. Im weiteren wird im $\mathbf{R}^n$ stets die EUKLIDische Norm $\|\cdot\|$ benutzt, d.h., für beliebiges $x \in \mathbf{R}^n$, $x = (x_1, \ldots, x_n)$, ist $\|x\| = \sqrt{\sum_{i=1}^n x_i^2}$. Schreibt man die Abbildung f in Komponenten als $f = (f_1, \ldots, f_n)$, so ist (17.1) das System aus den n skalaren Differentialgleichungen $\dot{x}_i = f_i(x_1, \ldots, x_n)$, $i = 1, 2, \ldots, n$.

Die Sätze über die lokal eindeutige Lösbarkeit von PICARD–LINDELÖF und über die r–malige Differenzierbarkeit nach den Anfangsbedingungen (s. Lit. [17.6]) garantieren, daß für jedes $x_0 \in M$ eine Zahl $\varepsilon > 0$, eine Kugel $B_\delta(x_0) = \{x\colon \|x - x_0\| < \delta\}$ aus M und eine Abbildung $\varphi\colon (-\varepsilon, \varepsilon) \times B_\delta(x_0) \to M$ existieren, so daß gilt:

1. $\varphi(\cdot,\cdot)$ ist $(r+1)$–mal stetig differenzierbar bzgl. des ersten Arguments (Zeit) und r–mal stetig differenzierbar bzgl. des zweiten Arguments (Ortsvariable);

2. $\varphi\,(\cdot, x)$ ist für jedes fixierte $x \in B_\delta(x_0)$ eine *lokal eindeutige Lösung* von (17.1) auf dem Zeitintervall $(-\varepsilon, \varepsilon)$ mit Anfang x zur Zeit $t = 0$, d.h., es gilt $\frac{\partial \varphi}{\partial t}(t, x) = \dot{\varphi}(t, x) = f(\varphi(t, x))$ für alle $t \in (-\varepsilon, \varepsilon)$, $\varphi\,(0, x) = x$, und jede andere Lösung mit Anfang x zur Zeit $t = 0$ stimmt für kleine Zeiten $|t|$ mit $\varphi(t, x)$ überein.

Alle lokalen Lösungen von (17.1) seien eindeutig auf ganz $\mathbf{R}$ fortsetzbar. Dann gibt es zu jeder Differentialgleichung (17.1) eine Abbildung $\varphi\colon \mathbf{R} \times M \to M$ mit folgenden Eigenschaften:

1. $\varphi(0, x) = x$ für alle $x \in M$;

2. $\varphi(t + s, x) = \varphi(t, \varphi\,(s, x))$ für alle $t,\ s \in \mathbf{R}$ und alle $x \in M$;

3. $\varphi(\cdot, \cdot)$ ist bzgl. des ersten Arguments $(r + 1)$–mal und bzgl. des zweiten Arguments r–mal stetig differenzierbar;

4. $\varphi(\cdot, x)$ ist für jedes fixierte $x \in M$ eine Lösung von (17.1) auf ganz $\mathbf{R}$.

Der zu (17.1) gehörige C^r–glatte Fluß läßt sich dann durch die Beziehung $\varphi^t := \varphi(t, \cdot)$ definieren. Die Bewegungen $\varphi(\cdot, x)\colon \mathbf{R} \to M$ eines Flusses von (17.1) heißen *Integralkurven*.

■ Das System

$$\dot{x} = \sigma(y - x), \quad \dot{y} = rx - y - xz, \quad \dot{z} = xy - bz \tag{17.2}$$

heißt LORENZ–*System der konvektiven Turbulenz* (s. auch S.689). Dabei sind $\sigma > 0$, $r > 0$ und $b > 0$ Parameter. Dem LORENZ–System entspricht ein C^∞–Fluß in $M = \mathbf{R}^3$.

3. Diskrete dynamische Systeme

Gegeben sei die Differenzengleichung

$$x_{t+1} = \varphi(x_t), \tag{17.3}$$

die auch als Zuordnung $x \longmapsto \varphi(x)$ geschrieben werden kann. Dabei ist $\varphi : M \to M$ eine stetige oder r–mal stetig differenzierbare Abbildung, wobei im letzten Fall $M \subset \mathbf{R}^n$ sei. Ist φ invertierbar, so definiert (17.3) durch die Festlegung

$$\varphi^t = \underbrace{\varphi \circ \cdots \circ \varphi}_{t\text{–mal}}, \text{ falls } t > 0, \qquad \varphi^t = \underbrace{\varphi^{-1} \circ \cdots \circ \varphi^{-1}}_{-t\text{–mal}}, \text{ falls } t < 0,\ \varphi^0 = id \tag{17.4}$$

ein invertierbares diskretes dynamisches System. Ist φ nicht invertierbar, so sind die Abbildungen φ^t nur für $t \geq 0$ erklärt.

■ **A:** Die Differenzengleichung

$$x_{t+1} = \alpha x_t\,(1 - x_t), \quad t = 0, 1, \ldots, \tag{17.5}$$

mit einem Parameter $\alpha \in (0, 4]$ heißt *logistische Gleichung*. Hierbei ist $M = [0, 1]$, und $\varphi\colon [0, 1] \to [0, 1]$ ist bei fixiertem α die Funktion $\varphi(x) = \alpha x(1 - x)$. Offenbar ist φ unendlich oft differenzierbar, aber nicht umkehrbar. Also definiert (17.5) kein invertierbares dynamisches System.

B: Die Differenzengleichung

$$x_{t+1} = y_t + 1 - a x_t^2, \quad y_{t+1} = b x_t, \quad t = 0, \pm 1, \ldots, \tag{17.6}$$

mit Parametern $a > 0$ und $b \neq 0$ heißt HÉNON–*Abbildung*. Die (17.6) entsprechende Abbildung $\varphi\colon \mathbf{R}^2 \to \mathbf{R}^2$ ist durch $\varphi\,(x, y) = (y+1-ax^2, bx)$ definiert, unendlich oft differenzierbar und umkehrbar.

4. Volumenschrumpfende und volumenerhaltende Systeme

Das invertierbare dynamische System $\{\varphi^t\}_{t\in\Gamma}$ auf $M \subset \mathbf{R}^n$ heißt *volumenschrumpfend* oder *dissipativ* (bzw. *volumenerhaltend* oder *konservativ*), wenn für jede Menge $A \subset M$ mit einem positiven n–dimensionalen Volumen $\mathrm{vol}(A)$ und jedes $t > 0\ (t \in \Gamma)$ die Beziehung $\mathrm{vol}(\varphi^t(A)) < \mathrm{vol}(A)$ bzw. $\mathrm{vol}(\varphi^t(A)) = \mathrm{vol}(A)$ gilt.

■ **A:** Sei φ in (17.3) ein C^r*–Diffeomorphismus* (d.h. $\varphi\colon M \to M$ ist invertierbar, $M \subset \mathbb{R}^n$ offen, φ und φ^{-1} sind C^r–glatte Abbildungen) und sei $D\varphi(x)$ die JACOBI–Matrix von φ in $x \in M$. Dann ist das diskrete System (17.3) dissipativ, falls $|\det D\varphi(x)| < 1$ für alle $x \in M$ ist, und konservativ, falls $|\det D\varphi(x)| \equiv 1$ in M ist.

B: Für das System (17.6) ist $D\varphi(x,y) = \begin{pmatrix} -2ax & 1 \\ b & 0 \end{pmatrix}$ und damit $|\det D\varphi(x,y)| \equiv b$. Also ist (17.6) dissipativ, falls $|b| < 1$, und konservativ, falls $|b| = 1$.
Die HÉNON–Abbildung läßt sich aus drei Teilabbildungen zusammensetzen **(Abb.17.1)**: Zunächst wird der Ausgangsbereich durch die Abbildung $x' = x, y' = y + 1 - ax^2$ flächenerhaltend gedehnt und gebogen, dann durch $x'' = bx', y'' = y'$ in Richtung der x'-Achse kontrahiert (bei $|b| < 1$) und abschließend durch die Abbildung $x''' = y'', y''' = x''$ an der Geraden $y'' = x''$ gespiegelt.

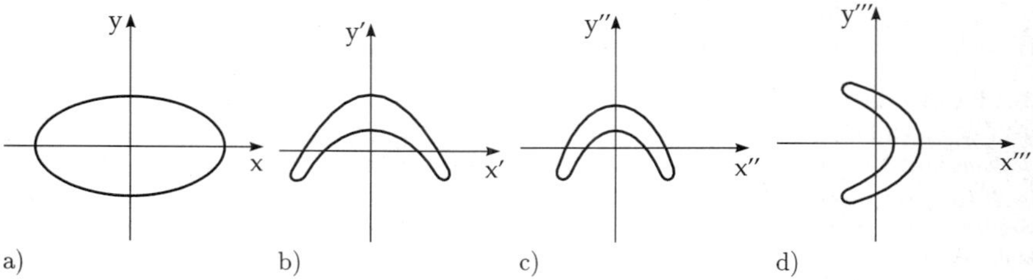

Abbildung 17.1

17.1.1.2 Invariante Mengen

1. α–und ω–Grenzmenge, absorbierende Menge

Sei $\{\varphi^t\}_{t\in\Gamma}$ ein dynamisches System auf M. Die Menge $A \subset M$ heißt *invariant unter* $\{\varphi^t\}$, falls $\varphi^t(A) = A$ für alle $t \in \Gamma$ ist, und *positiv invariant unter* $\{\varphi^t\}$, falls $\varphi^t(A) \subset A$ für alle $t \geq 0$ aus Γ ist.
Für jedes $x \in M$ ist die ω*–Grenzmenge* des Orbits durch x die Menge

$$\omega(x) = \{y \in M\colon \exists\, t_n \in \Gamma, \quad t_n \to +\infty, \quad \varphi^{t_n}(x) \to y \quad \text{für } n \to +\infty\}. \tag{17.7}$$

Die Elemente von $\omega(x)$ heißen ω*–Grenzpunkte* des Orbits. Liegt ein invertierbares dynamisches System vor, so heißt für jedes $x \in M$ die Menge

$$\alpha(x) = \{y \in M\colon \exists\, t_n \in \Gamma, \quad t_n \to -\infty, \quad \varphi^{t_n}(x) \to y \quad \text{für } n \to +\infty\} \tag{17.8}$$

α*–Grenzmenge des Orbits durch* x*;* die Elemente von $\alpha(x)$ heißen α*–Grenzpunkte* des Orbits.
Die lokale Eigenschaft des Volumenschrumpfens führt bei vielen Systemen zur Existenz einer beschränkten Menge im Phasenraum, in die alle Orbits für wachsende Zeiten gelangen und dort verbleiben. Eine beschränkte, offene und zusammenhängende Menge $U \subset M$ heißt *absorbierend* bzgl. $\{\varphi^t\}_{t\in\Gamma}$, falls $\varphi^t(\overline{U}) \subset U$ für alle positiven t aus Γ ist. ($\overline{U}$ ist die Abschließung von U.)

■ Gegeben sei in der Ebene das Differentialgleichungssystem

$$\dot{x} = -y + x\,(1 - x^2 - y^2), \quad \dot{y} = x + y\,(1 - x^2 - y^2). \tag{17.9a}$$

Unter Verwendung von Polarkoordinaten $x = r\cos\vartheta$, $y = r\sin\vartheta$ läßt sich die Lösung von (17.9a) mit Anfang (r_0, ϑ_0) zur Zeit $t = 0$ in der Form

$$r(t, r_0) = [1 + (r_0^{-2} - 1)\,e^{-2t}]^{-1/2}, \ \vartheta(t, \vartheta_0) = t + \vartheta_0 \tag{17.9b}$$

schreiben. Aus dieser Lösungsdarstellung folgt, daß der Fluß von (17.9a) einen 2π–periodischen Orbit besitzt, der als $\gamma((1,0)) = \{(\cos t, \sin t), t \in [0, 2\pi]\}$ dargestellt werden kann. Für die Grenzmengen der Orbits durch p gilt

$$\alpha(p) = \begin{cases} (0,0) & \| p \| < 1, \\ \gamma((1,0)), & \| p \| = 1, \\ \emptyset, & \| p \| > 1. \end{cases} \quad \text{und} \quad \omega(p) = \begin{cases} \gamma((1,0)), & p \neq (0,0) \\ (0,0), & p = (0,0). \end{cases}$$

Jede offene Kugel $B_r = \{(x,y): x^2 + y^2 < r^2\}$ mit $r > 1$ ist eine absorbierende Menge für (17.9a).

2. Stabilität von invarianten Mengen

Sei A eine unter dem dynamischen System $\{\varphi^t\}_{t\in\Gamma}$ auf (M,ρ) invariante Menge. Die Menge A heißt *stabil*, wenn jede Umgebung U von A eine andere Umgebung $U_1 \subset U$ von A enthält, so daß $\varphi^t(U_1) \subset U$ für alle $t > 0$ gilt. Die unter $\{\varphi^t\}$ invariante Menge A heißt *asymptotisch stabil*, wenn sie stabil ist und folgende Beziehung gilt:

$$\exists\, \Delta > 0 \quad \left.\begin{matrix} \forall x \in M \\ \operatorname{dist}(x,A) < \Delta \end{matrix}\right\} : \quad \operatorname{dist}(\varphi^t(x), A) \longrightarrow 0 \quad \text{für} \quad t \to +\infty. \tag{17.10}$$

Dabei ist dist $(x,A) \;=\; \inf\limits_{y\in A} \rho(x,y)$.

3. Kompakte Mengen

Sei (M,ρ) ein metrischer Raum. Ein Mengensystem $\{U_i\}_{i\in I}$ aus offenen Mengen heißt *offene Überdeckung* von M, wenn jeder Punkt aus M in mindestens einem U_i liegt. Der metrische Raum (M,ρ) heißt *kompakt*, wenn aus jeder offenen Überdeckung $\{U_i\}_{i\in I}$ von M endlich viele $U_{i_1}, \dots, U_{i_r}$ ausgewählt werden können, so daß $M = U_{i_1} \cup \cdots \cup U_{i_r}$ ist. Die Menge $K \subset M$ heißt kompakt, wenn sie als Teilraum kompakt ist.

4. Attraktor, Einzugsgebiet

Sei $\{\varphi^t\}_{t\in\Gamma}$ ein dynamisches System auf (M,ρ) und A eine unter $\{\varphi^t\}$ invariante Menge. Dann heißt $W(A) = \{x \in M: \omega(x) \subset A\}$ *Einzugsgebiet* von A.

Eine kompakte Menge $\Lambda \subset M$ heißt *Attraktor* von $\{\varphi^t\}_{t\in\Gamma}$ auf M, wenn Λ invariant unter $\{\varphi^t\}$ ist und es eine offene Umgebung U von Λ gibt, so daß $\omega(x) = \Lambda$ für fast alle (im Sinne des LEBESGUE–Maßes) $x \in U$ gilt.

■ $\Lambda = \gamma((1,0))$ ist ein Attraktor des Flusses von (17.9a). Dabei ist $W(\Lambda) = \mathbf{R}^2 \setminus \{(0,0)\}$.

Für manche dynamischen Systeme ist ein allgemeinerer Attraktorbegriff sinnvoll. So gibt es invariante Mengen Λ, die in jeder Umgebung periodische Orbits besitzen, die nicht von Λ angezogen werden (z.B. der FEIGENBAUM–Attraktor). Die Menge Λ muß auch nicht unbedingt durch eine einzige ω-Grenzmenge aufgespannt werden.

Eine kompakte Menge Λ heißt *Attraktor im Sinne von* MILNOR von $\{\varphi^t\}_{t\in\Gamma}$ auf M, wenn Λ invariant unter $\{\varphi^t\}$ ist und das Einzugsgebiet von Λ eine Menge mit positivem LEBESGUE–Maß enthält.

17.1.2 Qualitative Theorie gewöhnlicher Differentialgleichungen

17.1.2.1 Existenz des Flusses und Phasenraumstruktur

1. Fortsetzbarkeit der Lösungen

Neben der Differentialgleichung (17.1), die wir *autonom* nennen, treten auch Differentialgleichungen auf, deren rechte Seite explizit von der Zeit abhängt und die deshalb *nichtautonom* heißen:

$$\dot{x} = f(t,x). \tag{17.11}$$

Dabei sei $f: \mathbf{R} \times M \to M$ mit $M \subset \mathbf{R}^n$ eine C^r–Abbildung. Durch die neue Variable $x_{n+1} := t$ läßt sich (17.11) als autonome Differentialgleichung $\dot{x} = f(x_{n+1}, x)$, $\dot{x}_{n+1} = 1$ interpretieren. Die Lösung von (17.11) mit Anfang x_0 zur Zeit t_0 wird mit $\varphi(\cdot, t_0, x_0)$ bezeichnet.

Um die globale Existenz der Lösungen und damit die Existenz eines Flusses von (17.1) zu zeigen, sind folgende Sätze oft hilfreich.

1. Kriterium von WINTNER **und** CONTI Ist in (17.1) $M = \mathbf{R}^n$ und existiert eine stetige Funktion $\omega: [0,+\infty) \to [1,+\infty)$, so daß $\|f(x)\| \le \omega(\|x\|)$ für alle $x \in \mathbf{R}^n$ gilt und ist $\int\limits_0^{+\infty} \frac{1}{\omega(r)} dr = +\infty$, so läßt sich jede Lösung von (17.1) auf ganz $\mathbf{R}_+$ fortsetzen.

■ Für das Kriterium von WINTER und CONTI sind folgende Funktionen: $\omega(r) = Cr + 1$ und $\omega(r) = Cr|\ln r| + 1$, wobei $C > 0$ eine Konstante ist.

2. Fortsetzungsprinzip Bleibt eine Lösung von (17.1) für wachsende Zeiten beschränkt, so existiert sie für alle positiven Zeiten und damit auf ganz $\mathbf{R}_+$.

Voraussetzung: Im weiteren wird stets die Existenz eines Flusses $\{\varphi^t\}_{t\in\mathrm{R}}$ von (17.1) vorausgesetzt.

2. Phasenporträt

a) Ist $\varphi(t)$ eine Lösung von (17.1), so ist mit einer beliebigen Konstanten c die Funktion $\varphi(t+c)$ ebenfalls eine Lösung.

b) Zwei beliebige Orbits von (17.1) haben keinen gemeinsamen Punkt oder stimmen überein. Der Phasenraum von (17.1) zerfällt also in disjunkte Orbits. Die Zerlegung des Phasenraumes in disjunkte Orbits heißt *Phasenporträt.*

c) Jeder Orbit, verschieden von einer Ruhelage, ist eine reguläre glatte Kurve, die geschlossen oder nicht geschlossen sein kann.

3. Satz von LIOUVILLE

Seien $\{\varphi^t\}_{t\in\mathrm{R}}$ der Fluß von (17.1), $D \subset M \subset \mathbf{R}^n$ eine beliebige beschränkte und meßbare Menge, $D_t := \varphi^t(D)$ und $V_t :=$ vol(D_t) das n–dimensionale Volumen von D_t **(Abb.17.2a)**. Dann gilt für

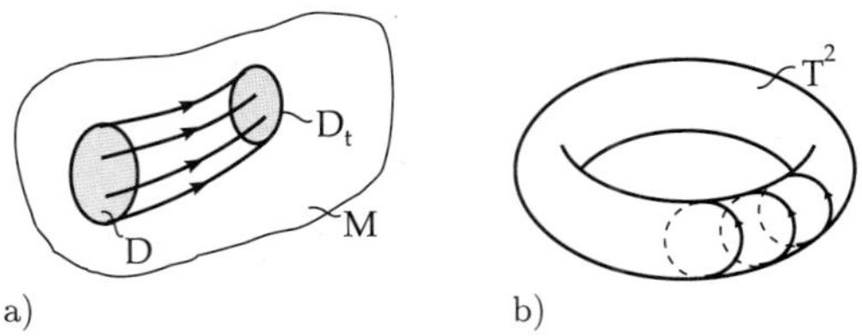

Abbildung 17.2

beliebiges $t \in \mathbf{R}$ die Beziehung $\frac{d}{dt} V_t = \int_{D_t} \operatorname{div} f(x)\, dx$. Für $n = 3$ lautet der Satz von LIOUVILLE:

$$\frac{d}{dt} V_t = \iiint_{D_t} \operatorname{div} f(x_1, x_2, x_3)\, dx_1\, dx_2\, dx_3. \tag{17.12}$$

Folgerung: Gilt für (17.1) $\operatorname{div} f(x) < 0$ in M, so ist der Fluß von (17.1) volumenschrumpfend. Gilt $\operatorname{div} f(x) \equiv 0$ in M, so ist der Fluß von (17.1) volumenerhaltend.

■ **A:** Für das LORENZ–System (17.2) ist $\operatorname{div} f(x,y,z) \equiv -(\sigma + 1 + b)$. Wegen $\sigma > 0$ und $b > 0$ ist also $\operatorname{div} f(x,y,z) < 0$. Mit dem Satz von LIOUVILLE folgt für eine beliebige beschränkte und meßbare Menge $D \subset \mathbf{R}^3$ offenbar $\frac{d}{dt} V_t = \iiint_{D_t} -(\sigma + 1 + b)\, dx_1\, dx_2\, dx_3 = -(\sigma + 1 + b)\, V_t$. Für die lineare Differentialgleichung $\dot{V}_t = -(\sigma + 1 + b)\, V_t$ lautet die Lösung $V_t = V_0 \cdot e^{-(\sigma+1+b)t}$, so daß $V_t \to 0$ für $t \to +\infty$ folgt.

■ **B:** Sei $U \subset \mathbf{R}^n \times \mathbf{R}^n$ eine offene Teilmenge und $H\colon U \to \mathbf{R}$ eine C^2–Funktion. Dann heißt $\dot{x}_i = \frac{\partial H}{\partial y_i}(x,y)$, $\quad \dot{y}_i = -\frac{\partial H}{\partial x_i}(x,y) \quad (i = 1, 2, \ldots, n)$ HAMILTONsche *Differentialgleichung.* Die Funktion H heißt HAMILTON–*Funktion* des Systems. Bezeichnet f die rechte Seite dieser Differentialgleichung, so gilt offenbar

$\operatorname{div} f(x,y) = \sum_{i=1}^{n} \left[\frac{\partial^2 H}{\partial x_i \partial y_i}(x,y) - \frac{\partial^2 H}{\partial y_i \partial x_i}(x,y) \right] \equiv 0$. HAMILTONsche Differentialgleichungen sind also volumenerhaltend.

17.1.2.2 Lineare Differentialgleichungen

1. Allgemeine Aussagen

Es sei $A(t) = [a_{ij}(t)]_{i,j=1}^n$ eine Matrix–Funktion auf $\mathbf{R}$, wobei jede Komponente $a_{ij}\colon \mathbf{R} \to \mathbf{R}$ als stetig Funktion vorausgesetzt wird, und es sei $b\colon \mathbf{R} \to \mathbf{R}^n$ eine stetige Vektorfunktion auf $\mathbf{R}$. Dann heißt

$$\dot{x} = A(t)x + b(t) \tag{17.13a}$$

inhomogene lineare Differentialgleichung erster Ordnung im $\mathbf{R}^n$ und

$$\dot{x} = A(t)x \tag{17.13b}$$

die zugehörige *homogene lineare Differentialgleichung erster Ordnung.*
Jede Lösung von (17.13a) existiert auf ganz $\mathbf{R}$. Die Gesamtheit aller Lösungen von (17.13b) bilde einen n–dimensionalen Untervektorraum L_H der C^1–glatten Vektorfunktionen über $\mathbf{R}$ (*Hauptsatz übe homogene lineare Differentialgleichungen*). Die Gesamtheit aller Lösungen L_I von (17.13a) ist ein n dimensionaler affiner Unterraum der C^1–glatten Vektorfunktionen über $\mathbf{R}$ in der Form $L_I = \varphi_0 + L_H$ wobei φ_0 eine beliebige Lösung von (17.13a) ist (*Hauptsatz über inhomogene lineare Differentialgle chungen*).
Seien $\varphi_1, \ldots, \varphi_n$ beliebige Lösungen von (17.13b) und $\Phi = [\varphi_1, \ldots, \varphi_n]$ die zugehörige *Lösungsmatri* Dann genügt Φ auf $\mathbf{R}$ der *Matrix–Differentialgleichung* $\dot{Z}(t) = A(t)Z(t)$, wobei $Z \in \mathbf{R}^{n\cdot n}$ ist. Bilde die Lösungen $\varphi_1, \ldots, \varphi_n$ eine Basis von L_H, so heißt $\Phi = [\varphi_1, \ldots, \varphi_n]$ *Fundamentalmatrix* von (17.13b) Bezüglich einer Lösungsmatrix Φ von (17.13b) ist $W(t) = \det \Phi(t)$ die WRONSKI–*Determinante.* Fü sie gilt die *Formel von* LIOUVILLE: $\dot{W}(t) = \operatorname{Sp} A(t)\, W(t) \quad (t \in \mathbf{R})$. Für eine Lösungsmatrix is $W(t) \equiv 0$ auf $\mathbf{R}$ oder $W(t) \neq 0$ für alle $t \in \mathbf{R}$. Das System $\varphi_1, \ldots, \varphi_n$ ist also genau dann ein Basis von L_H, wenn $\det[\varphi_1(t), \ldots, \varphi_n(t)] \neq 0$ für ein t (und damit für alle) ist. Sei Φ eine beliebig Fundamentalmatrix von (17.13b). Dann läßt sich die Lösung φ von (17.13a) mit Anfang p zur Zei $t = \tau$ in der Form

$$\varphi(t) = \Phi(t)\Phi(\tau)^{-1}\, p + \int_\tau^t \Phi(t)\Phi(s)^{-1}\, b(s)ds \quad (t \in \mathbf{R}) \tag{17.13c}$$

darstellen *(Satz über die Variation der Konstanten).*

2. Autonome lineare Differentialgleichungen

Gegeben sei im $\mathbf{R}^n$ die Differentialgleichung

$$\dot{x} = A\,x, \tag{17.14}$$

wobei A eine konstante Matrix vom Typ (n, n) ist.
Die *Operator–Norm* einer Matrix A ist durch
$\|A\| = \max\{\|A\,x\|,\ x \in \mathbf{R}^n,\ \|x\| \le 1\}$ gegeben, wobei für die Vektoren des $\mathbf{R}^n$ wieder die EUKLIDisch Norm vereinbart sei.
Seien A und B zwei beliebige Matrizen vom Typ (n, n). Dann gilt:

a) $\|A + B\| \le \|A\| + \|B\|$; **b)** $\|\lambda A\| = |\lambda|\, \|A\|\ (\lambda \in \mathbf{R})$;

c) $\|Ax\| \le \|A\|\|x\|\ (x \in \mathbf{R}^n)$; **d)** $\|AB\| \le \|A\|\|B\|$;

e) $\|A\| = \sqrt{\lambda_{\max}}$, wobei $\lambda_{\max}$ der größte Eigenwert von $A^T A$ ist.

Die Fundamentalmatrix mit Anfang E_n zur Zeit $t = 0$ von (17.14) ist die *Matrix–Exponentialfunktio*

$$e^{At} = E_n + \frac{At}{1!} + \frac{A^2t^2}{2!} + \cdots = \sum_{i=0}^{\infty} \frac{A^i t^i}{i!} \tag{17.15}$$

mit folgenden Eigenschaften:

a) Die Reihe für e^{At} konvergiert bezüglich t auf einem beliebigen kompakten Zeitintervall gleichmäßi und für jedes t absolut;

b) $\|e^{At}\| \le e^{\|A\|t} \quad (t \ge 0)$;

c) $\frac{d}{dt}(e^{At}) = (e^{At})^{\cdot} = Ae^{At} = e^{At}A \quad (t \in \mathbf{R});$

d) $e^{(t+s)A} = e^{tA}\,e^{sA} \quad (s, t \in \mathbf{R});$

e) e^{At} ist für alle t regulär und $(e^{At})^{-1} = e^{-At}$;

f) sind A und B kommutative Matrizen vom Typ (n, n), d.h. gilt $AB = BA$, so ist $B\,e^A = e^A\,B$ und $e^{A+B} = e^A\,e^B$;

g) sind A und B Matrizen vom Typ (n, n) und ist B regulär, so ist $e^{BAB^{-1}} = B\,e^A\,B^{-1}$.

3. Lineare Differentialgleichungen mit periodischen Koeffizienten

Betrachtet wird die homogene lineare Differentialgleichung (17.13b), wobei $A(t) = [a_{ij}(t)]_{i,j=1}^n$ eine *T–periodische Matrix–Funktion* ist, d.h.,es gilt $a_{ij}(t) = a_{ij}\,(t+T) \quad (\forall t \in \mathbf{R},\ i, j = 1, \ldots, n)$. In diesem Falle nennt man (17.13b) eine *lineare T–periodische Differentialgleichung*. Dann läßt sich jede Fundamentalmatrix Φ von (17.13b) in der Form $\Phi(t) = G(t)e^{tR}$ darstellen, wobei $G(t)$ eine glatte, reguläre T–periodische Matrix–Funktion ist und R eine konstante Matrix vom Typ (n, n) darstellt (*Satz von* FLOQUET). Sei $\Phi(t)$ die bei $t = 0$ normierte Fundamentalmatrix ($\Phi(0) = E_n$) der T–periodischen Differentialgleichung (17.13b) und $\Phi(t) = G(t)e^{tR}$ eine Darstellung laut Satz von FLOQUET. Die Matrix $\Phi(T) = e^{RT}$ heißt *Monodromie–Matrix* von (17.13b); die Eigenwerte ρ_j von $\Phi(T)$ sind die *Multiplikatoren* von (17.13b). Eine Zahl $\rho \in \mathbf{C}$ ist genau dann Multiplikator von (17.13b), wenn es eine Lösung φ von (17.13b) gibt, so daß $\varphi(t+T) = \rho\,\varphi(t) \quad (t \in \mathbf{R})$ gilt.

17.1.2.3 Stabilitätstheorie

1. LYAPUNOV–Stabilität und orbitale Stabilität

Betrachtet wird die nichtautonome Differentialgleichung (17.11). Die Lösung $\varphi(t, t_0, x_0)$ von (17.11) heißt LYAPUNOV*–stabil*, wenn gilt:

$$\forall t_1 \geq t_0\ \forall \varepsilon > 0\quad \exists\, \delta = \delta(\varepsilon, t_1) \quad \left.\begin{matrix} \forall x_1 \in M \\ \|x_1 - \varphi(t_1, t_0, x_0)\| < \delta \end{matrix}\right\}: \|\varphi(t, t_1, x_1) - \varphi(t, t_0, x_0)\| < \varepsilon \quad \forall t \geq t_1.$$

Die Lösung $\varphi(t, t_0, x_0)$ heißt *asymptotisch stabil im Sinne von* LYAPUNOV, wenn sie stabil ist und gilt:

$$\forall t_1 \geq t_0\ \exists\, \Delta = \Delta(t_1) \quad \left.\begin{matrix} \forall x_1 \in M \\ \|x_1 - \varphi(t_1, t_0, x_0)\| < \Delta \end{matrix}\right\}: \|\varphi(t, t_1, x_1) - \varphi(t, t_0, x_0)\| \to 0 \quad \text{für } t \to +\infty.$$

Für die autonome Differentialgleichung (17.1) läßt sich neben der LYAPUNOV–Stabilität der Lösungen auch die orbitale Stabilität betrachten. Die Lösung $\varphi(t, x_0)$ von (17.1) heißt *orbital stabil* (*asymptotisch orbital stabil)*, wenn der Orbit $\gamma(x_0) = \{\varphi(t, x_0), t \in \mathbf{R}\}$ stabil (asymptotisch stabil) im Sinne einer invarianten Menge ist. Eine Lösung von (17.1), die eine Ruhelage repräsentiert, ist genau dann LYAPUNOV–stabil, wenn sie orbital stabil ist. Schon für periodische Lösungen von (17.1) können sich beide Stabilitätsarten unterscheiden.

■ Gegeben sei ein Fluß in $\mathbf{R}^3$, der den Torus T^2 als invariante Menge besitzt. Lokal sei in Winkelkoordinaten der Fluß beschrieben durch $\dot{\Theta}_1 = 0,\ \dot{\Theta}_2 = f_2(\Theta_1)$, wobei $f_2\colon \mathbf{R} \to \mathbf{R}$ eine 2π–periodische glatte Funktion sei, für die gilt:

$$\forall \Theta_1 \in \mathbf{R} \quad \exists\, U_{\Theta_1}\ (\text{Umgebung von}\Theta_1) \quad \left.\begin{matrix} \forall \delta_1, \delta_2 \in U_{\Theta_1} \\ \delta_1 \neq \delta_2 \end{matrix}\right\}: f_2(\delta_1) \neq f_2(\delta_2).$$

Eine beliebige Lösung mit Anfang $(\Theta_1(0), \Theta_2(0))$ auf dem Torus ist gegeben durch

$$\Theta_1(t) \equiv \Theta_1(0),\ \Theta_2(t) = \Theta_2(0) + f_2(\Theta_1(0)t\ (t \in \mathbf{R}).$$

An dieser Darstellung erkennt man, daß jede Lösung orbital stabil ist, aber nicht LYAPUNOV–stabil (**Abb.17.2b**).

Eine skalarwertige Funktion V heißt *positiv definit* in einer Umgebung U des Punktes $p \in M \subset \mathbf{R}^n$, wenn gilt:

1. $V\colon U \subset M \to \mathbf{R}$ ist stetig;

2. $V(x) > 0$ für alle $x \in U \setminus \{p\}$ und $V(p) = 0$.

Sei $U \subset M$ eine offene Teilmenge und $V : U \to \mathbb{R}$ eine stetige Funktion. Die Funktion V heißt LYAPUNOV–*Funktion* von (17.1) in U, falls $V(\varphi(t))$ nicht wächst, solange für die Lösung $\varphi(t) \in U$ gilt.

Satz von LYAPUNOV **über asymptotische Stabilität:** Sei $V : U \to \mathbb{R}$ eine LYAPUNOV–Funktion von (17.1) und sei V positiv definit in einer Umgebung Um von p. Dann ist p stabil. Gilt außerdem, daß aus $V(\varphi(t, x_0)) = \text{const}\ (t \geq 0)$ für eine Lösung φ von (17.1) mit $\varphi(t, x) \in U \quad (t \geq 0)$ immer $\varphi(t, x_0) \equiv p$ folgt, so ist die Ruhelage p sogar asymptotisch stabil.

■ Der Punkt $(0, 0)$ ist Ruhelage der ebenen Differentialgleichung $\dot{x} = y$, $\dot{y} = -x - x^2 y$. Mit $V(x, y) = x^2 + y^2$ liegt eine Funktion vor, die positiv definit in jeder Umgebung von $(0, 0)$ ist und für deren Ableitung entlang einer beliebigen Lösung $\dfrac{d}{dt}V(x(t), y(t)) = -2x(t)^2 y(t)^2 < 0$ für $x(t)y(t) \neq 0$ gilt. Also ist $(0, 0)$ asymptotisch stabil.

2. Klassifizierung und Stabilität der Ruhelagen

Sei x_0 eine Ruhelage von (17.1). Das lokale Verhalten der Orbits von (17.1) nahe x_0 wird, unter gewissen Voraussetzungen, durch die *Variationsgleichung* $\dot{y} = Df\,(x_0)y$ beschrieben, wobei $Df\,(x_0)$ die JACOBI–Matrix von f in x_0 ist. Besitzt $Df\,(x_0)$ keinen Eigenwert λ_j mit $\operatorname{Re} \lambda_j = 0$, so heißt die Ruhelage x_0 *hyperbolisch*. Die hyperbolische Ruhelage x_0 ist vom Typ (m, k), wenn $Df\,(x_0)$ genau m Eigenwerte mit negativem Realteil und $k = n - m$ Eigenwerte mit positivem Realteil besitzt. Die hyperbolische Ruhelage vom Typ (m, k) heißt *Senke*, wenn $m = n$ ist, *Quelle*, wenn $k = n$ ist, und *Sattel* wenn $m \neq 0$ und $k \neq 0$ ist **(Abb.17.3)**. Eine Senke ist asymptotisch stabil; Quellen und Sattel sind instabil *(Satz über Stabilität in der ersten Näherung)*. Im Rahmen der drei topologischen Grundtypen von hyperbolischen Ruhelagen (Senke, Quelle und Sattelpunkte) sind weitere algebraische Unterscheidungen üblich. So heißt eine Senke (Quelle) *stabiler Knoten* (*instabiler Knoten*), wenn alle Eigenwerte der JACOBI–Matrix reell sind, und *stabiler Strudel* (*instabiler Strudel*), wenn Eigenwerte mit nicht verschwindendem Imaginärteil vorliegen. Für $n = 3$ ergibt sich daraus eine Einteilung der Sattelpunkte im Sattelknoten und Sattelstrudel.

Typ der Ruhelage	Senke	Quelle	Sattelpunkt
Eigenwerte der JACOBI–Matrix	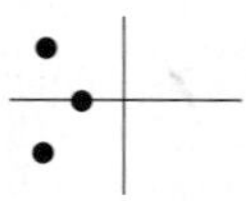	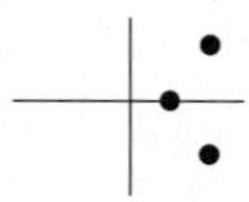	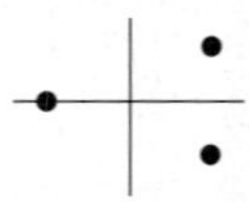
Phasenporträt		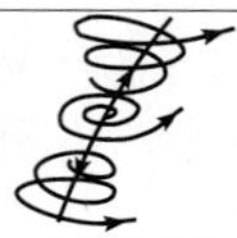	

Abbildung 17.3

3. Stabilität periodischer Orbits

Sei $\varphi(t, x_0)$ eine T–periodische Lösung von (17.1) und $\gamma(x_0) = \{\varphi(t, x_0),\ t \in [0, T]\}$ ihr Orbit. Das Phasenporträt nahe $\gamma(x_0)$ wird, unter gewissen Voraussetzungen, durch die *Variationsgleichung* $\dot{y} = Df\,(\varphi(t, x_0))\, y$ beschrieben. Da $A(t) = Df\,(\varphi(t, x_0))$ eine T–periodische stetige Matrixfunktion vom Typ (n, n) ist, folgt aus dem Satz von FLOQUET, daß die bei $t = 0$ normierte Fundamentalmatrix $\Phi_{x_0}(t)$ der Variationsgleichung darstellbar als $\Phi_{x_0}(t) = G(t)e^{Rt}$ ist, wobei G eine T–periodische reguläre glatte Matrixfunktion mit $G(0) = E_n$ ist und R eine konstante Matrix vom Typ (n, n) darstellt, die nicht eindeutig festliegt. Die Matrix $\Phi_{x_0}(T) = e^{RT}$ heißt *Monodromie–Matrix des periodischen Orbits* $\gamma(x_0)$, die Eigenwerte $\rho_1, \dots, \rho_n$ von e^{RT} sind die *Multiplikatoren des periodischen Orbits* $\gamma(x_0)$. Wird der Orbit $\gamma(x_0)$ durch eine andere Lösung $\varphi(t, x_1)$ repräsentiert, d.h.ist $\gamma(x_0) = \gamma(x_1)$, so stimmen die Multiplikatoren von $\gamma(x_0)$ und $\gamma(x_1)$ überein. Einer der Multiplikatoren eines periodischen Orbits ist immer gleich Eins *(Satz von* ANDRONOV–WITT).

Seien $\rho_1, \dots, \rho_{n-1}, \rho_n = 1$ die Multiplikatoren des periodischen Orbits $\gamma(x_0)$ und sei $\Phi_{x_0}(T)$ die Monodromie–Matrix von $\gamma(x_0)$. Dann gilt

$$\sum_{j=1}^{n} \rho_j = \mathrm{Sp}\Phi_{x_0}(T) \text{ und } \prod_{j=1}^{n} \rho_j = \det \Phi_{x_0}(T) = e^{\int_0^T \mathrm{Sp}Df(\varphi(t,x_0))dt}$$
$$= e^{\int_0^T \mathrm{div}f(\varphi(t,x_0))dt}. \tag{17.16}$$

Ist also $n = 2$, so ist $\rho_2 = 1$ und $\rho_1 = e^{\int_0^T \mathrm{div}f(\varphi(t,x_0))dt}$.

■ Sei $\varphi(t,(1,0)) = (\cos t, \sin t)$ eine 2π–periodische Lösung von (17.9a). Die Matrix $A(t)$ der Variationsgleichung lautet

$$A(t) = Df(\varphi(t,(1,0))) = \begin{pmatrix} -2\cos^2 t & -1 - \sin 2t \\ 1 - \sin 2t & -2\sin^2 t \end{pmatrix}.$$

Die bei $t = 0$ normierte Fundamentalmatrix $\Phi_{(1,0)}(t)$ ist

$$\Phi_{(1,0)}(t) = \begin{pmatrix} e^{-2t}\cos t & -\sin t \\ e^{-2t}\sin t & \cos t \end{pmatrix} = \begin{pmatrix} \cos t & -\sin t \\ \sin t & \cos t \end{pmatrix} \begin{pmatrix} e^{-2t} & 0 \\ 0 & 1 \end{pmatrix},$$

wobei das letzte Produkt eine FLOQUET–Darstellung von $\Phi_{(1,0)}(t)$ darstellt. Also ist $\rho_1 = e^{-4\pi}$ und $\rho_2 = 1$. Die Multiplikatoren lassen sich auch ohne FLOQUET–Darstellung bestimmen. Für System (17.9a) ist $\mathrm{div}f(x,y) = 2 - 4x^2 - 4y^2$. Damit ergibt sich $\mathrm{div}f(\cos t, \sin t) \equiv -2$. Nach obiger Formel ist $\rho_1 = e^{\int_0^{2\pi} -2dt} = e^{-4\pi}$.

4. Klassifizierung periodischer Orbits

Hat der periodische Orbit γ von (17.1) außer $\rho_n = 1$ keinen weiteren Multiplikator auf dem komplexen Einheitskreis, so heißt γ *hyperbolisch.* Der hyperbolische periodische Orbit heißt vom *Typ* (m,k), wenn m Multiplikatoren innerhalb und $k = n - 1$ Multiplikatoren außerhalb des Einheitskreises liegen. Ist $m > 0$ und $k > 0$, so heißt der periodische Orbit vom Typ (m,k) *sattelartig.*

Nach einem Satz von ANDRONOV und WITT ist ein hyperbolischer periodischer Orbit γ von (17.1) vom Typ $(n-1, 0)$ asymptotisch stabil. Hyperbolische periodische Orbits vom Typ (m,k) mit $k > 0$ sind instabil.

■ **A:** Ein periodischer Orbit $\gamma = \{\varphi(t), t \in [0,T]\}$ in der Ebene mit den Multiplikatoren ρ_1 und $\rho_2 = 1$ ist asymptotisch stabil, wenn $|\rho_1| < 1$, d.h. wenn $\int_0^T \mathrm{div}f(\varphi(t))dt < 0$ ist.

B: Liegt außer $\rho_n = 1$ noch ein weiterer Multiplikator auf dem komplexen Einheitskreis, so ist der Satz von ANDRONOV–WITT nicht anwendbar. Zur Stabilitätsanalyse des periodischen Orbits reichen die Informationen über die Multiplikatoren nicht aus.

Als Beispiel sei das ebene System $\dot{x} = -y + x\, f(x^2+y^2)$, $\dot{y} = x + y\, f(x^2+y^2)$ mit der glatten Funktion $f\colon (0,+\infty) \to \mathbf{R}$ gegeben, die zusätzlich den Eigenschaften $f(1) = f'(1) = 0$ und $f(r)(r-1) < 0$ für alle $r \neq 1, r > 0$, genügt. Offenbar ist $\varphi(t) = (\cos t, \sin t)$ eine 2π–periodische Lösung des betrachteten Systems und

$\Phi_{(1,0)}(t) = \begin{pmatrix} \cos t & -\sin t \\ \sin t & \cos t \end{pmatrix} \begin{pmatrix} 1 & 0 \\ 0 & 1 \end{pmatrix}$ die FLOQUET–Darstellung der Fundamentalmatrix. Aus ihr erkennt man, daß $\rho_1 = \rho_2 = 1$ ist. Die Verwendung von Polarkoordinaten führt zum System $\dot{r} = rf(r^2)$, $\dot{\vartheta} = 1$. Aus dieser Darstellung folgt sofort, daß der periodische Orbit $\gamma((1,0))$ asymptotisch stabil ist.

5. Eigenschaften von Grenzmengen, Grenzzyklen

Die in (17.1.1.2) definierten α– und ω–Grenzmengen besitzen für den Fluß der Differentialgleichung (17.1) mit $M \subset \mathbb{R}^n$ die folgenden Eigenschaften. Sei $x \in M$ ein beliebiger Punkt. Dann gilt:
a) Die Mengen $\alpha(x)$ und $\omega(x)$ sind abgeschlossen.
b) Ist $\gamma^+(x)$ bzw. $\gamma^-(x)$ beschränkt, so ist $\omega(x) \neq \emptyset$ bzw. $\alpha(x) \neq \emptyset$. Außerdem ist $\omega(x)$ bzw. $\alpha(x)$ in diesem Fall invariant unter dem Fluß von (17.1) und zusammenhängend.
■ Ist z. B. $\gamma^+(x)$ unbeschränkt, muß $\omega(x)$ nicht unbedingt zusammenhängend sein **(Abb.17.4a)**.
Für eine ebene autonome Differentialgleichung (17.1) (d.h.$M \subset \mathbb{R}^2$) gilt der

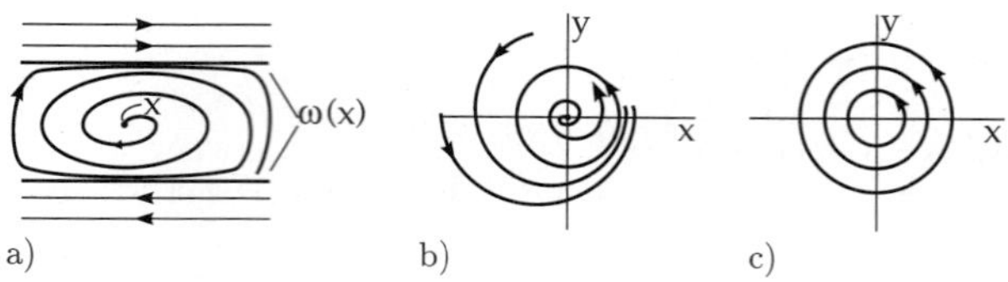

Abbildung 17.4

Satz von Poincaré–Bendixson: Sei $\varphi(\cdot, p)$ eine nicht periodische Lösung von (17.1), für die $\gamma^+(p)$ beschränkt ist. Enthält $\omega(p)$ keine Ruhelagen von (17.1), so ist $\omega(p)$ ein periodischer Orbit von (17.1). Für autonome Differentialgleichungen in der Ebene sind also Attraktoren, die komplizierter als eine Ruhelage oder ein periodischer Orbit sind, nicht möglich.
Ein periodischer Orbit γ von (17.1) heißt *Grenzzyklus*, wenn es ein $x \notin \gamma$ gibt, so daß entweder $\gamma \subset \omega(x)$ oder $\gamma \subset \alpha(x)$ gilt. Ein Grenzzyklus heißt *stabiler Grenzzyklus*, wenn eine Umgebung U von γ existiert, so daß $\gamma = \omega(x)$ für alle $x \in U$ ist, und *instabiler Grenzzyklus*, wenn eine Umgebung U von γ existiert, so daß $\gamma = \alpha(x)$ für alle $x \in U$ ist.
■ **A:** Für den Fluß von (17.9a) gilt für den periodischen Orbit $\gamma = \{(\cos t, \sin t), t \in [0, 2\pi)\}$ die Eigenschaft $\gamma = \omega(p)$ für alle $p \neq (0,0)$. Also ist $U = \mathbb{R}^2 \setminus \{0,0\}$ eine Umgebung von γ, mit der γ zum stabilen Grenzzyklus wird **(Abb.17.4b)**.

B: Für die lineare Differentialgleichung $\dot{x} = -y$, $\dot{y} = x$ ist dagegen $\gamma = \{(\cos t, \sin t), t \in [0, 2\pi]\}$ ein periodischer Orbit, aber kein Grenzzyklus **(Abb.17.4c)**.

6. m–dimensionale eingebettete Tori als invariante Mengen

Eine Differentialgleichung (17.1) kann einen m–dimensionalen Torus als invariante Menge besitzen. Ein in den Phasenraum $M \subset \mathbb{R}^n$ *eingebetteter m–dimensionaler Torus T^m* wird durch eine differenzierbare Abbildung $g\colon \mathbb{R}^m \to \mathbb{R}^n$, die als Funktion $(\Theta_1, \ldots, \Theta_m) \mapsto g(\Theta_1, \ldots, \Theta_m)$ in jeder Koordinate Θ_i als 2π–periodisch vorausgesetzt wird, definiert.
■ In einfachen Fällen läßt sich die Bewegung des Systems (17.1) auf dem Torus in Winkelkoordinaten durch die Differentialgleichungen $\dot{\Theta}_i = \omega_i \quad (i = 1, 2, \ldots, m)$ beschreiben. Die Lösung dieses Systems mit Anfang $(\Theta_1(0), \ldots, \Theta_m(0))$ zur Zeit $t = 0$ ist $\Theta_i(t) = \omega_i t + \Theta_i(0) \quad (i = 1, 2, \ldots, m; t \in \mathbb{R})$.
Eine stetige Funktion $f\colon \mathbb{R} \to \mathbb{R}^n$ heißt *quasiperiodisch*, wenn f eine Darstellung in der Form $f(t) = g(\omega_1 t, \omega_2 t, \ldots, \omega_n t)$, wobei g wieder wie oben eine differenzierbare Funktion, die 2π–periodisch in jeder Komponente ist, besitzt und die Frequenzen ω_i *inkommensurabel* sind, d.h. es keine ganzen Zahlen n_i mit $\sum\limits_{i=1}^{m} n_i^2 > 0$ gibt, so daß $n_1\omega_1 + \cdots + n_m\omega_m = 0$ ist.

17.1.2.4 Invariante Mannigfaltigkeiten

1. Definition, Separatrixflächen

Sei γ eine hyperbolische Ruhelage oder ein hyperbolischer periodischer Orbit von (17.1). Die *stabile Mannigfaltigkeit $W^s(\gamma)$* (*instabile Mannigfaltigkeit $W^u(\gamma)$*) von γ ist die Menge aller der Punkte des Phasenraumes, durch die Orbits verlaufen, die für $t \to +\infty \quad (t \to -\infty)$ gegen γ streben:
$W^s(\gamma) = \{x \in M\colon \omega(x) = \gamma\}$ und $W^u(\gamma) = \{x \in M\colon \alpha(x) = \gamma\}$.

Stabile bzw. instabile Mannigfaltigkeiten bezeichnet man auch als *Separatrixflächen*.

■ In der Ebene wird die Differentialgleichung

$$\dot{x} = -x, \quad \dot{y} = y + x^2 \tag{17.17a}$$

betrachtet. Die Lösung von (17.17a) mit Anfang (x_0, y_0) zur Zeit $t = 0$ ist durch

$$\varphi(t, x_0, y_0) = (e^{-t}x_0, e^t y_0 + \frac{x_0^2}{3}(e^t - e^{-2t})) \tag{17.17b}$$

explizit gegeben. Für die stabile bzw. instabile Mannigfaltigkeit der Ruhelage $(0,0)$ von (17.17a) erhalten wir:

$$W^s((0,0)) = \{(x_0, y_0) \colon \lim_{t\to+\infty} \varphi(t, x_0, y_0) = (0,0)\} = \{(x_0, y_0) \colon y_0 + \frac{x_0^2}{3} = 0\},$$

$$W^u((0,0)) = \{(x_0, y_0) \colon \lim_{t\to-\infty} \varphi(t, x_0, y_0) = (0,0)\} = \{(x_0, y_0) \colon x_0 = 0,\ y_0 \in \mathbf{R}\}$$ **(Abb.17.5a)**.

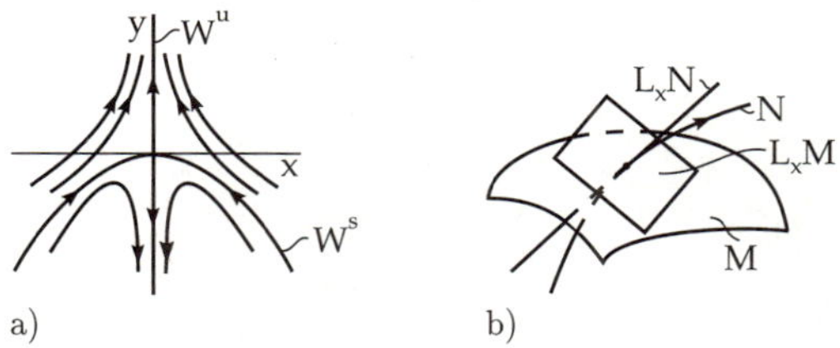

Abbildung 17.5

Es seien M und N zwei glatte Flächen des $\mathbf{R}^n$ und L_xM bzw. L_xN die entsprechenden Tangentialebenen durch x an M bzw. N. Die Flächen M und N heißen *transversal* zueinander, wenn für alle $x \in M \cap N$ die Beziehung

$\dim L_xM + \dim L_xN - n = \dim (L_xM \cap L_xN)$ gilt.

■ Für den in **Abb.17.5b** dargestellten Schnitt gilt $\dim L_xM = 2$, $\dim L_xN = 1$ und $\dim(L_xM \cap L_xN) = 0$. Also ist der in **Abb.17.5b** dargestellte Schnitt transversal.

2. Satz von Hadamard und Perron

Wichtige Eigenschaften der Separatrixflächen werden durch den *Satz von* HADAMARD *und* PERRON beschrieben:

Sei γ eine hyperbolische Ruhelage oder ein hyperbolischer periodischer Orbit von (17.1).

a) $W^s(\gamma)$ und $W^u(\gamma)$ sind verallgemeinerte C^r–Flächen (d.h. immersierte C^r–Mannigfaltigkeiten), die lokal wie C^r–glatte Elementarflächen aussehen. Jeder Orbit von (17.1), der für $t \to +\infty$ oder $t \to -\infty$ nicht gegen γ strebt, verläßt eine hinreichend kleine Umgebung von γ für $t \to +\infty$ oder $t \to -\infty$.

b) Ist $\gamma = x_0$ eine Ruhelage vom Typ (m, k), so sind $W^s(x_0)$ und $W^u(x_0)$ Flächen der Dimension m bzw. k. Die Fläche $W^s(x_0)$ bzw. $W^u(x_0)$ tangiert in x_0 den *stabilen Unterverktorraum*

$$E^s = \{y \in \mathbf{R}^n \colon e^{Df(x_0)t}y \to 0 \text{ für } t \to +\infty\} \text{ von } \dot{y} = Df(x_0)y \tag{17.18a}$$

bzw. den *instabilen Unterverktorraum*

$$E^u = \{y \in \mathbf{R}^n \colon e^{Df(x_0)t}y \to 0 \text{ für } t \to -\infty\} \text{ von } \dot{y} = Df(x_0)y. \tag{17.18b}$$

c) Ist γ ein hyperbolischer periodischer Orbit vom Typ (m, k), so sind $W^s(\gamma)$ und $W^u(\gamma)$ Flächen der Dimension $m + 1$ bzw. $k + 1$, die sich längs γ transversal schneiden **(Abb.17.6a)**.

■ **A:** Wir betrachten nochmals die Differentialgleichung (17.17a) und benutzen für die Bestimmung einer lokalen stabilen Mannigfaltigkeit der Ruhelage $(0,0)$ von (17.17a) den Ansatz $W^s_{loc}((0,0)) = \{(x,y) \colon y = h(x), |x| < \Delta, h \colon (-\Delta, \Delta) \to \mathbf{R}$ differenzierbar $\}$. Sei $(x(t), y(t))$ eine Lösung von (17.17a), die in $W^s_{loc}((0,0))$ liegt. Aufgrund der Invarianz für zu t benachbarten Zeiten s ergibt sich $y(s) = h(x(s))$. Durch Differentiation und Darstellung von $\dot{x}$ und $\dot{y}$ über das System (17.17a),

ergibt sich für die unbekannte Funktion $h(x)$ das Anfangswertproblem $h'(x)(-x) = h(x)+x^2, h(0) =$ (
Über den Reihenansatz $h(x) = \frac{a_2}{2}x^2 + \frac{a_3}{3!}x^3 + \cdots$, in dem $h'(0) = 0$ beachtet wurde, ergibt sich durc Einsetzen und Koeffizientenvergleich $a_2 = -\frac{2}{3}$ und $a_k = 0$ für $k \geq 3$.

■ **B:** Für das System

$$\dot{x} = -y + x(1 - x^2 - y^2),\ \dot{y} = x + y(1 - x^2 - y^2),\ \dot{z} = \alpha z, \tag{17.19}$$

mit einem Parameter $\alpha > 0$ ist $\gamma = \{(\cos t, \sin t, 0),\ t \in [0, 2\pi]\}$ ein periodischer Orbit mit den Multiplikatoren $\rho_1 = e^{-4\pi}$, $\rho_2 = e^{\alpha 2\pi}$ und $\rho_3 = 1$. In Zylinderkoordinaten $x = r\cos\vartheta,\ y = r\sin\vartheta, z = z$ hat die Lösung von (17.19) mit Anfang (r_0, ϑ_0, z_0) zur Zeit $t = 0$ die Darstellung $(r(t, r_0),\ \vartheta(t, \vartheta_0), e^{\alpha t} z_0$ wobei $r(t, r_0)$ und $\vartheta(t, \vartheta_0)$ die Lösung von (17.9a) in Polarkoordinaten ist. Damit ist

$$W^s(\gamma) = \{(x, y, z){:}\ z = 0\} \setminus \{(0,0,0)\} \quad \text{und} \quad W^u(\gamma) = \{(x, y, z){:}\ x^2 + y^2 = 1\} \text{ (Zylinder)}.$$

Die beiden Separatrixflächen sind in **Abb.17.6b** zu sehen.

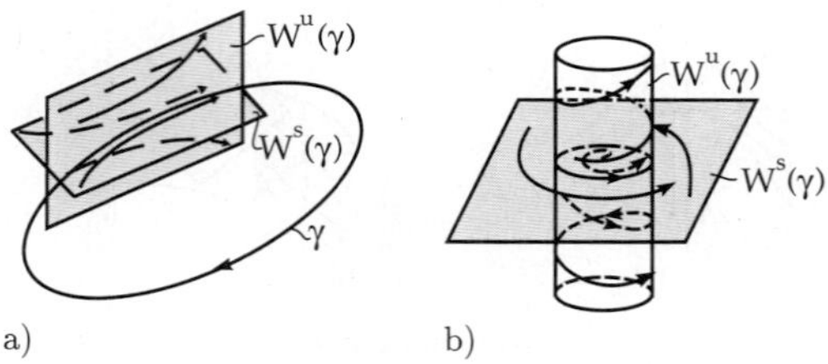

Abbildung 17.6

3. Lokale Phasenporträts nahe Ruhelagen für $n = 3$

Wir betrachten die Differentialgleichung (17.1) mit der hyperbolischen Ruhelage 0 für $n = 3$. Sei $A =$ $Df(0)$ und $\det[\lambda E - A] = \lambda^3 + p\lambda^2 + q\lambda + r$ das charakteristische Polynom von A. Mit den Bezeichnunge $\delta = pq - r$ und $\Delta = -p^2q^2 + 4p^3r + 4q^3 - 18pqr + 27r^2$ (Diskriminante des charakteristischen Polynoms sind die verschiedenen Ruhelagetypen in **Tabelle17.1** aufgeführt.

4. Homokline und heterokline Orbits

Es seien γ_1 und γ_2 zwei hyperbolische Ruhelagen oder periodische Orbits von (17.1). Die Separatrixflächen $W^s(\gamma_1)$ und $W^s(\gamma_2)$ können sich schneiden. Der Schnitt besteht dann aus ganzen Orbit Für zwei Ruhelagen oder periodische Orbits heißt jeder Orbit $\gamma \subset W^s(\gamma_1) \cap W^u(\gamma_2)$ *heteroklin*, fal $\gamma_1 \neq \gamma_2$ ist **(Abb.17.7a)**, und *homoklin*, falls $\gamma_1 = \gamma_2$. Homokline Orbits von Ruhelagen heißen auc *Separatrixschleifen* **(Abb.17.7b)**.

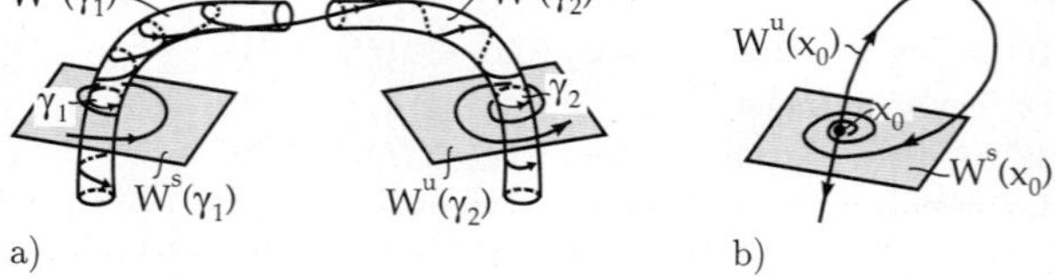

Abbildung 17.7

Tabelle 17.1 Ruhelagetypen im dreidimensionalen Phasenraum

Parameter-bereich	Δ	Typ der Ruhelage	Nullstellen des char. Polynoms	Dimension von W^s bzw. W^u	Phasenporträt nahe 0
$\delta > 0$	$\Delta < 0$	Stabiler Knoten	$\text{Im } \lambda j = 0$ $\lambda_j < 0,\ j = 1,2,3$	$\dim W^s = 3$	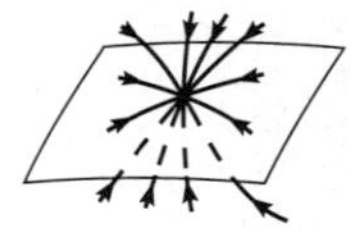
$q > 0$ $r > 0$	$\Delta > 0$	Stabiler Strudel	$\text{Re } \lambda_{1,2} < 0$ $\lambda_3 < 0$	$\dim W^u = 0$	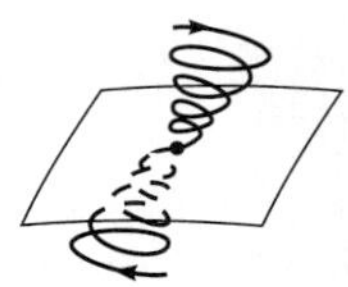
$\delta < 0$	$\Delta < 0$	Instabiler Knoten	$\text{Im } \lambda j = 0$ $\lambda_j > 0,\ j = 1,2,3$	$\dim W^s = 0$	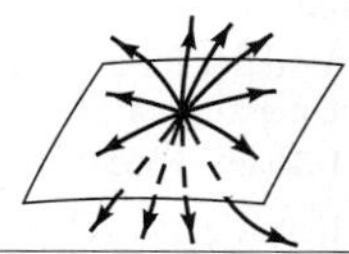
$r < 0$ $q > 0$	$\Delta > 0$	Instabiler Strudel	$\text{Re } \lambda_{1,2} > 0$ $\lambda_3 > 0$	$\dim W^u = 3$	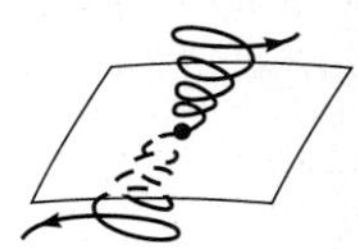
$r < 0,\ q \leq 0$ oder	$\Delta < 0$	Sattel-knoten	$\text{Im } \lambda_j = 0$ $\lambda_{1,2} < 0,\ \lambda_3 > 0$	$\dim W^s = 2$	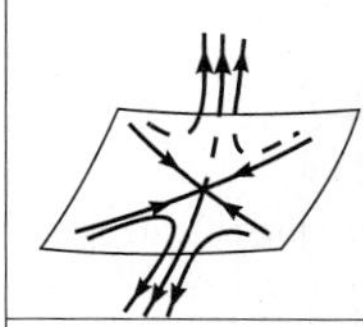
$r < 0,\ q > 0,$ $\delta > 0$	$\Delta > 0$	Sattel-strudel	$\text{Re } \lambda_{1,2} < 0$ $\lambda_3 > 0$	$\dim W^u = 1$	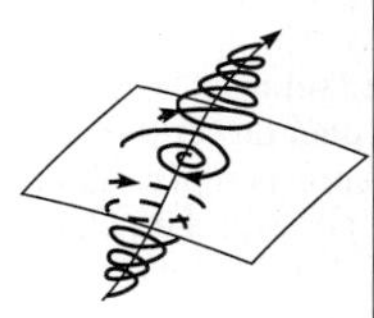

Parameterbereich	Δ	Typ der Ruhelage	Nullstellen des char. Polynoms	Dimension von W^s bzw. W^u	Phasenporträt nahe 0
$r > 0,\ q \leq 0$ oder	$\Delta < 0$	Sattelknoten	$\text{Im}\ \lambda_j = 0$ $\lambda_{1,2} > 0,\ \lambda_3 < 0$	$\dim W^s = 1$	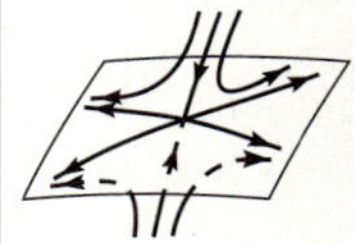
$r > 0,\ q > 0,$ $\delta < 0$	$\Delta > 0$	Sattelstrudel	$\text{Re}\ \lambda_{1,2} > 0,$ $\lambda_3 < 0$	$\dim W^u = 2$	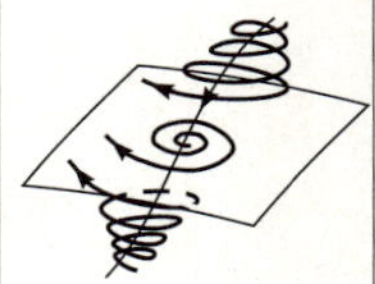

■ Das LORENZ–System (17.2) wird bei festen Parametern $\sigma = 10, b = \frac{8}{3}$ und veränderlichem r betrachtet. Die Ruhelage $(0,0,0)$ von (17.2) ist für $1 < r < 13.926\ldots$ ein Sattel, der durch eine zweidimensionale stabile Mannigfaltigkeit W^s und eine eindimensionale instabile Mannigfaltigkeit W^u charakterisiert wird. Bei $r = 13.926\ldots$ bilden sich in $(0,0,0)$ zwei Separatrixschleifen, d.h., die beiden Äste der instabilen Mannigfaltigkeit kehren für $t \to +\infty$ über die stabile Mannigfaltigkeit in den Ursprung zurück (s. Lit. [17.4], [17.14]).

17.1.2.5 Poincaré–Abbildung

1. POINCARÉ–Abbildung für autonome Differentialgleichungen

Sei $\gamma = \{\varphi(t, x_0),\ t \in [0, T]\}$ ein T–periodischer Orbit von (17.1) und $\sum$ eine $(n-1)$–dimensionale glatte Hyperfläche, die in x_0 den Orbit γ transversal schneidet **(Abb.17.8a)**.

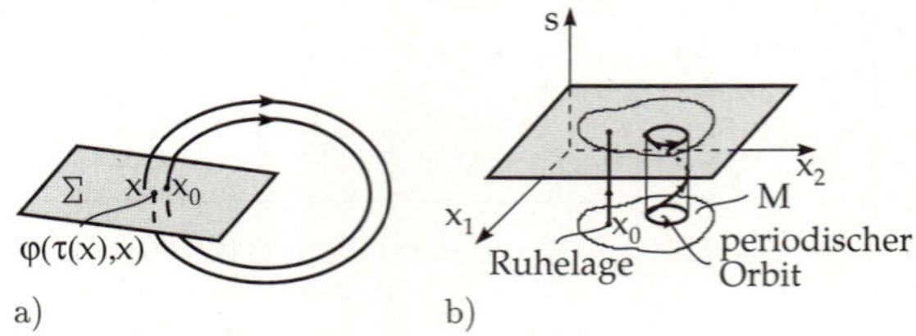

Abbildung 17.8

Dann gibt es eine Umgebung U von x_0 und eine glatte Funktion $\tau : U \to \mathbb{R}$ mit $\tau(x_0) = T$ und $\varphi(\tau(x), x) \in \sum$ für alle $x \in U$. Die Abbildung $P\colon U \cap \sum \to \sum$ mit $P(x) = \varphi(\tau(x), x)$ heißt POINCARÉ–*Abbildung* für γ in x_0. Ist die rechte Seite f von (17.1) r–mal stetig differenzierbar, so ist P ebenfalls so oft differenzierbar. Die Eigenwerte der JACOBI–Matrix $DP(x_0)$ sind die *Multiplikatoren* $\rho_1, \ldots, \rho_{n-1}$ *des periodischen Orbits,* hängen also nicht von der Wahl des x_0 auf γ und der Wahl der transversalen Fläche ab. Der POINCARÉ–Abbildung kann ein System (17.3) in $M = U$ zugeordnet werden, das erklärt ist, solange die Bildpunkte in U bleiben. Den Ruhelagen dieses diskreten Systems entsprechen periodische Orbits von (17.1), und der Stabilität dieser Ruhelagen entspricht die Stabilität der periodischen Orbits von (17.1).

■ Für das System (17.9a) wird in Polarkoordinaten die transversale Hyperebene

$$\sum = \{(r, \vartheta)\colon r > 0, \vartheta = \vartheta_0\}$$

betrachtet. Für diese Ebene kann $U = \sum$ gewählt werden. Offenbar ist $\tau(r) = 2\pi$ $(\forall r > 0)$ und damit

$$P(r) = [1 + (r^{-2} - 1)\, e^{-4\pi}]^{-1/2},$$

wobei die Lösungsdarstellung von (17.9a) genutzt wurde. Es gilt weiter $P(\sum) = \sum$, $P(1) = 1$ und $P'(1) = e^{-4\pi} < 1$.

2. POINCARÉ–**Abbildung für nichtautonome zeitperiodische Differentialgleichungen**

Eine nichtautonome Differentialgleichung (17.11), deren rechte Seite f bzgl. t die Periode T besitzt, d.h., für die $f(t+T, x) = f(t, x)\, \forall t \in \mathbb{R}$, $\forall x \in M$ gilt, wird interpretiert als autonome Differentialgleichung $\dot{x} = f(s, x)$, $\dot{s} = 1$ mit zylindrischem Phasenraum $M \times \{s \bmod T\}$. Sei $s_0 \in \{s \bmod T\}$ beliebig. Dann ist $\sum = M \times \{s_0\}$ eine transversale Ebene **(Abb.17.8b)**. Die POINCARÉ–Abbildung ist global als $P\colon \sum \to \sum$ über $x_0 \longmapsto \varphi(s_0 + T, s_0, x_0)$ gegeben, wobei $\varphi(t, s_0, x_0)$ die Lösung von (17.11) mit Anfang x_0 zur Zeit s_0 ist.

17.1.2.6 Topologische Äquivalenz von Differentialgleichungen

1. Definition

Gegeben sei neben (17.1) mit dem zugehörigen Fluß $\{\varphi^t\}_{t\in\mathbb{R}}$ eine weitere autonome Differentialgleichung

$$\dot{x} = g(x), \tag{17.20}$$

wobei $g\colon N \to \mathbb{R}^n$ eine auf der offenen Menge $N \subset \mathbb{R}^n$ gegebene C^r–Abbildung ist. Der Fluß $\{\psi^t\}_{t\in\mathbb{R}}$ von (17.20) möge ebenfalls existieren.

Die Differentialgleichungen (17.1) und (17.20) (bzw. deren Flüsse) heißen *topologisch äquivalent*, wenn es einen *Homöomorphismus* $h\colon M \to N$ (d.h., h ist bijektiv, h und h^{-1} sind stetig) gibt, der die Orbits von (17.1) in Orbits von (17.20) unter Beibehaltung der Orientierung, aber nicht unbedingt der Parametrisierung überführt. Die Systeme (17.1) und (17.20) sind also topologisch äquivalent, wenn es neben dem Homöomorphismus $h\colon M \to N$ eine stetige Abbildung $\tau\colon \mathbb{R} \times M \to \mathbb{R}$ gibt, die bei jedem fixierten $x \in M$ streng monoton wachsend ist, $\mathbb{R}$ auf $\mathbb{R}$ abbildet, für die $\tau(0, x) = 0$ für alle $x \in M$ ist und die der Beziehung $h(\varphi^t(x)) = \psi^{\tau(t,x)}(h(x))$ für alle $x \in M$ und $t \in \mathbb{R}$ genügt.

Bei topologischer Äquivalenz gehen Ruhelagen von (17.1) in Ruhelagen von (17.20) und periodische Orbits von (17.1) in periodische Orbits von (17.20) über, wobei die Perioden nicht unbedingt übereinstimmen. Sind also zwei Systeme (17.1) und (17.20) topologisch äquivalent, so stimmt die topologische Struktur der Zerlegung des Phasenraumes in Orbits überein. Sind zwei Systeme (17.1) und (17.20) topologisch äquivalent über den Homöomorphismus $h\colon M \to N$ und erhält h sogar die Parametrisierung, d.h. gilt $h(\varphi^t(x)) = \psi^t(h(x))\ \forall t, x$, so heißen (17.1) und (17.20) *topologisch konjugiert*.

Topologische Äquivalenz bzw. Konjugiertheit kann sich auch auf Teilmengen der Phasenräume M und N beziehen. Ist z.B.(17.1) auf $U_1 \subset M$ und (17.20) auf $U_2 \subset N$ definiert, so heißt (17.1) *auf* U_1 *topologisch äquivalent zu (17.20) auf* U_2, wenn ein Homöomorphismus $h\colon U_1 \to U_2$ existiert, der die Schnitte der Orbits von (17.1) mit U_1 in Schnitte der Orbits von (17.20) mit U_2 unter Beibehaltung der Orientierung überführt.

■ **A:** Homöomorphismen für (17.1) und (17.20) sind Abbildungen, bei denen z.B. Strecken und Stauchen der Orbits erlaubt ist, Aufschneiden und Schließen der Orbits dagegen nicht. Die zu den Phasenporträts von **Abb.17.9a** und **Abb.17.9b** gehörenden Flüsse sind topologisch äquivalent; die zu **Abb.17.9a** und **Abb.17.9c** gehörenden Flüsse dagegen nicht.

■ **B:** Gegeben seien die beiden linearen ebenen Differentialgleichungen (s. Lit. [17.19])

$\dot{x} = Ax$ und $\dot{x} = Bx$ mit $A = \begin{pmatrix} -1 & -3 \\ -3 & -1 \end{pmatrix}$ und $B = \begin{pmatrix} 4 & 0 \\ 0 & -8 \end{pmatrix}$. Die Phasenporträts dieser Systeme nahe $(0, 0)$ sind in **Abb.17.9d** bzw. **Abb.17.9e** zu sehen.

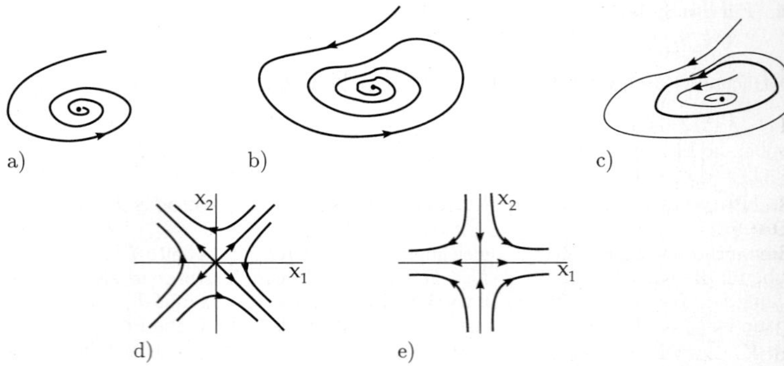

Abbildung 17.9

Der Homöomorphismus $h\colon \mathbf{R}^2 \to \mathbf{R}^2$ mit $h(x) = Rx$, wobei $R = \frac{1}{\sqrt{2}} \begin{pmatrix} 1 & -1 \\ 1 & 1 \end{pmatrix}$ ist, und die Funktio
$\tau\colon \mathbf{R} \times \mathbf{R}^2 \to \mathbf{R}$ mit $\tau(t, x) = \frac{1}{2}\, t$ überführen die Orbits des ersten Systems in Orbits des zweite Systems, so daß eine topologische Äquivalenz vorliegt.

2. Satz von Grobman und Hartman

Sei p eine hyperbolische Ruhelage von (17.1). Dann ist die Differentialgleichung (17.1) nahe p topolo gisch äquivalent zu ihrer Linearisierung $\dot{y} = Df(p)y$.

17.1.3 Diskrete dynamische Systeme

17.1.3.1 Ruhelagen, periodische Orbits und Grenzmengen

1. Typen der Ruhelagen

Es sei x_0 eine Ruhelage von (17.3) mit $M \subset \mathbf{R}^n$. Das lokale Verhalten der Iteration (17.3) nahe x_0 wir unter gewissen Voraussetzungen, durch die *Variationsgleichung* $y_{t+1} = D\varphi(x_0)y_t$, $t \in \Gamma$, bestimmt Besitzt $D\varphi(x_0)$ keinen Eigenwert λ_i mit $|\lambda_i| = 1$, so heißt die Ruhelage x_0, analog zum Differentia gleichungfall, *hyperbolisch*. Die hyperbolische Ruhelage x_0 ist *vom Typ* (m, k), wenn $Df(x_0)$ genau m Eigenwerte innerhalb und $k = n - m$ Eigenwerte außerhalb des komplexen Einheitskreises besitzt. Di hyperbolische Ruhelage vom Typ (m, k) heißt für $m = n$ *Senke*, für $k = n$ *Quelle* und für $m > 0$ un $k > 0$ *Sattel*. Eine Senke ist asymptotisch stabil; Quellen und Sattel sind instabil *(Satz über Stabilit in der ersten Näherung für diskrete Systeme)*.

2. Periodische Orbits

Sei $\gamma(x_0) = \{\varphi^k(x_0),\ k = 0, \cdots, T-1\}$ ein T–periodischer Orbit ($T \geq 2$) von (17.3). Dann heißt $\gamma(x_0$ *hyperbolisch*, wenn x_0 eine hyperbolische Ruhelage der Abbildung φ^T ist.
Die Matrix $D\varphi^T(x_0) = D\varphi^T(\varphi^{T-1}(x_0)) \cdots D\varphi(x_0)$ heißt *Monodromie*–Matrix; die Eigenwerte ρ_i vo $D\varphi^T(x_0)$ sind die *Multiplikatoren* von $\gamma(x_0)$.
Sind alle Multiplikatoren ρ_i von $\gamma(x_0)$ vom Betrag kleiner 1, so ist der periodische Orbit $\gamma(x_0)$ asym ptotisch stabil.

3. Eigenschaften der ω–Grenzmenge

Jede ω–Grenzmenge $\omega(x)$ von (17.3) mit $M = \mathbf{R}^n$ ist abgeschlossen, und es gilt $\omega(\varphi(x)) = \omega(x)$. Is der Semiorbit $\gamma^+(x)$ beschränkt, so ist $\omega(x) \neq \emptyset$ und $\omega(x)$ ist invariant unter φ. Analoge Eigenschafte gelten für α–Grenzmengen.

■ Gegeben sei auf $\mathbf{R}$ die Differenzengleichung $x_{t+1} = -x_t$, $t = 0, \pm 1, \cdots$, mit $\varphi(x) = -x$. Offenba sind für $x = 1$ die Beziehungen $\omega(1) = \{1, -1\}$, $\omega(\varphi(1)) = \omega(-1) = \omega(1)$, und $\varphi(\omega(1)) = \omega(1)$ erfüllt. Zu beachten ist, daß $\omega(1)$, im Unterschied zum Differentialgleichungsfall, nicht zusammenhängend ist.

17.1.3.2 Invariante Mannigfaltigkeiten

1. Definition

Sei x_0 eine Ruhelage von (17.3). Dann heißt $W^s(x_0) = \{y \in M: \varphi^i(y) \to x_0 \text{ für } i \to +\infty\}$ *stabile Mannigfaltigkeit* und $W^u(x_0) = \{y \in M: \varphi^i(y) \to x_0 \text{ für } i \to -\infty\}$ *instabile Mannigfaltigkeit* von x_0. Stabile und instabile Mannigfaltigkeiten heißen auch *Separatrixflächen.*

Der Satz von HADAMARD und PERRON für diskrete Systeme in $M \subset \mathbf{R}^n$ beschreibt Eigenschaften der Separatrixflächen:

Ist x_0 eine hyperbolische Ruhelage von (17.3) vom Typ (m, k), so sind $W^s(x_0)$ und $W^u(x_0)$ verallgemeinerte C^r–glatte Flächen der Dimension m bzw. k, die lokal wie C^r–glatte Elementarflächen aussehen. Die Orbits von (17.3), die für $i \to +\infty$ oder $i \to -\infty$ nicht gegen x_0 streben, verlassen hinreichend kleine Umgebungen von x_0 für $i \to +\infty$ oder $i \to -\infty$. Die Fläche $W^s(x_0)$ bzw. $W^u(x_0)$ tangiert in x_0 den *stabilen Untervektorraum* $E^s = \{y \in \mathbf{R}^n : [D\varphi(x_0)]^i\, y \to 0 \text{ für } i \to -\infty\}$ von $y_{i+1} = D\varphi(x_0)y_i$ bzw. den *instabilen Untervektorraum* $E^u = \{y \in \mathbf{R}^n : [D\varphi(x_0)]^i y \to 0 \text{ für } i \to -\infty\}$.

■ Wir betrachten das folgende zeitdiskrete dynamische System

$$x_{i+1} = x_i^2 + y_i - 2,\; y_{i+1} = x_i,\; i \in \mathbf{Z}, \tag{17.21}$$

aus der Familie der HÉNON–Abbildungen. Die beiden hyperbolischen Ruhelagen von (17.21) sind $P_1 = (\sqrt{2}, \sqrt{2})$ und $P_2 = (-\sqrt{2}, -\sqrt{2})$. Wir wollen lokale stabile und instabile Mannigfaltigkeiten von P_1 bestimmen. Mit der Variablentransformation $x_i = \xi_i + \sqrt{2}$, $y_i = \eta_i + \sqrt{2}$ geht (17.21) in das System $\xi_{i+1} = \xi_i^2 + 2\sqrt{2}\,\xi_i + \eta_i$, $\eta_{i+1} = \xi_i$ mit der Ruhelage $(0,0)$ über. Den Eigenwerten $\lambda_{1,2} = \sqrt{2} \pm \sqrt{3}$ der JACOBI–Matrix $Df((0,0))$ entsprechen die Eigenvektoren $a_1 = (\sqrt{2}+\sqrt{3}, 1)$ bzw. $a_2 = (\sqrt{2}-\sqrt{3}, 1)$, so daß $E^s = \{ta_2, t \in \mathbf{R}\}$ und $E^u = \{ta_1, t \in \mathbf{R}\}$ ist. In dem Ansatz $W^u_{loc}((0,0)) = \{(\xi,\eta)\colon \eta = \beta(\xi), |\xi| < \Delta, \beta\colon (-\Delta, \Delta) \to \mathbf{R}$ differenzierbar $\}$ wird β als Potenzreihe $\beta(\xi) = (\sqrt{3} - \sqrt{2})\,\xi + k\xi^2 + \cdots$ gesucht. Aus $(\xi_i, \eta_i) \in W^u_{loc}((0,0))$ folgt $(\xi_{i+1}, \eta_{i+1}) \in W^u_{loc}((0,0))$. Dies führt zu einer Bestimmungsgleichung für die Koeffizienten der Zerlegung von β, wobei $k < 0$ ist. Der prinzipielle Verlauf der stabilen und instabilen Mannigfaltigkeit ist in **Abb.17.10a** zu sehen (s. Lit. [17.6]).

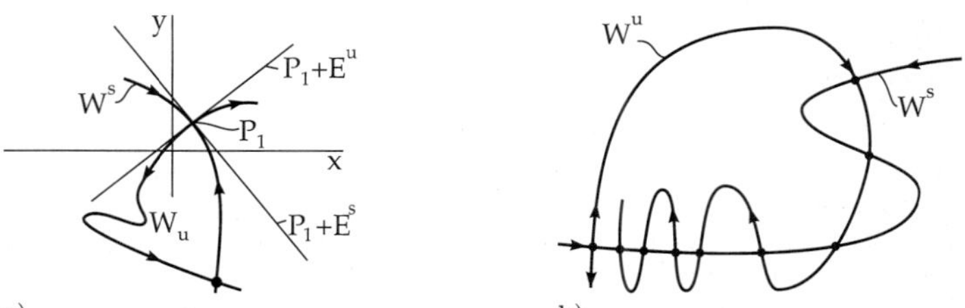

Abbildung 17.10

2. Transversale homokline Punkte

Die Separatrixflächen $W^s(x_0)$ und $W^u(x_0)$ einer hyperbolischen Ruhelage x_0 von (17.3) können sich schneiden. Ist der Schnitt $W^s(x_0) \cap W^u(x_0)$ transversal, so heißt jeder Punkt $y \in W^s(x_0) \cap W^u(x_0)$ *transversaler homokliner Punkt.* Dabei gilt: Ist y transversaler homokliner Punkt, so besteht der Orbit $\{\varphi^i(y)\}$ des invertierbaren System (17.3) nur aus transversalen homoklinen Punkten **(Abb. 17.10b)**.

17.1.3.3 Topologische Konjugiertheit von diskreten Systemen

1. Definition
Gegeben sei neben (17.3) ein weiteres diskretes System

$$x_{t+1} = \psi(x_t) \qquad (17.22$$

mit $\psi : N \to N$, wobei $N \subset \mathbb{R}^n$ eine beliebige Menge ist und ψ stetig ist (M und N können auc allgemein metrische Räume sein). Die diskreten Systeme (17.3) und (17.22) (bzw. die Abbildunge φ und ψ) heißen *topologisch konjugiert*, wenn ein Homöomorphismus (*konjugierender Homöomorphis mus*) h: $M \to N$ existiert, so daß $\varphi = h^{-1} \circ \psi \circ h$ ist. Sind (17.3) und (17.22) topologisch konjugiert so überführt der konjugierende Homöomorphismus h die Orbits von (17.3) in Orbits von (17.22).

2. Satz von GROBMAN und HARTMAN
Ist φ in (17.3) ein Diffeomorphismus φ: $\mathbb{R}^n \to \mathbb{R}^n$, x_0 eine hyperbolische Ruhelage von (17.3), so is (17.3) nahe x_0 topologisch konjugiert zur Linearisierung $y_{t+1} = D\varphi(x_0)y_t$.

17.1.4 Strukturelle Stabilität (Robustheit)

17.1.4.1 Strukturstabile Differentialgleichungen

1. Definition
Die Differentialgleichung (17.1), d.h. das Vektorfeld f: $M \to \mathbb{R}^n$, heißt *strukturstabil* (oder *robust*) wenn bei kleinen Störungen von f topologisch äquivalente Differentialgleichungen entstehen. Die präzi se Definition der Strukturstabilität erfordert einen Abstandsbegriff zwischen zwei Vektorfeldern auf M Wir beschränken uns auf die Betrachtung solcher glatter Vektorfelder auf M, die alle eine feste offene beschränkte und zusammenhängende Menge $U \subset M$ als absorbierende Menge besitzen. Der Rand ∂U von U sei eine glatte $(n-1)$–dimensionale Hyperfläche und sei darstellbar als $\partial U = \{x \in \mathbb{R}^n\colon h(x) = 0\}$, wobei h: $\mathbb{R}^n \to \mathbb{R}$ eine C^1-Funktion mit grad $h(x) \neq 0$ in einer Umgebung von ∂U ist. Sei $X^1(U)$ der metrische Raum aller glatten Vektorfelder auf M, versehen mit der C^1-*Metrik*

$$\rho(f, g) = \sup_{x\in U} \| f(x) - g(x)\| + \sup_{x\in U} \| Df(x) - Dg(x)\|. \qquad (17.23$$

(Im ersten Term der rechten Seite bedeutet $\|\cdot\|$ die EUKLIDische Vektornorm, im zweiten die Opera tornorm.) Diejenigen glatten Vektorfelder f, die transversal den Rand ∂U in Richtung U schneiden d.h., für die grad $h(x)^T f(x) \neq 0$, $(x \in \partial U)$ und $\varphi^t(x) \in U$ $(x \in \partial U, t > 0)$ gilt, bilden die Meng $X^1_+(U) \subset X^1(U)$. Das Vektorfeld $f \in X^1_+(U)$ heißt *strukturstabil*, wenn es ein $\delta > 0$ gibt, so daß jede andere Vektorfeld $g \in X^1_+(U)$ mit $\rho(f, g) < \delta$ topologisch äquivalent zu f ist.

■ Betrachtet wird die ebene Differentialgleichung $g(\cdot, \alpha)$

$$\dot{x} = -y + x(\alpha - x^2 - y^2), \quad \dot{y} = x + y(\alpha - x^2 - y^2) \qquad (17.24$$

mit einem Parameter α, wobei $|\alpha| < 1$ sei. Die Differentialgleichung g gehört z.B. zu $X^1_+(U)$ mi $U = \{(x, y)\colon x^2 + y^2 < 2\}$ **(Abb.17.11a)**. Offenbar gilt $\rho(g(\cdot, 0), g(\cdot, \alpha)) = |\alpha|(\sqrt{2}+1)$. Das Vektorfel $g(\cdot, 0)$ ist strukturell instabil, da beliebig nahe von $g(\cdot, 0)$ Vektorfelder existieren, die topologisch nich äquivalent zu $g(\cdot, 0)$ sind **(Abb.17.11b,c)**. Dies wird klar, wenn man zur Polarkoordinatendarstellun $\dot{r} = -r^3 + \alpha r$, $\dot{\vartheta} = 1$ von (17.24) übergeht. Für $\alpha > 0$ existiert immer der stabile Grenzzyklus $r = \sqrt{\alpha}$

2. Strukturstabile Systeme in der Ebene
Die ebene Differentialgleichung (17.1) mit $f \in X^1_+(U)$ sei strukturstabil. Dann gilt:
a) (17.1) hat nur eine endliche Anzahl von Ruhelagen und periodischer Orbits;
b) Alle ω–Grenzmengen $\omega(x)$ mit $x \in \overline{U}$ von (17.1) bestehen nur aus Ruhelagen und periodische Orbits.
Satz von ANDRONOV und PONTRYAGIN Die ebene Differentialgleichung (17.1) mit $f \in X^1_+(U)$ is genau dann strukturstabil, wenn gilt:

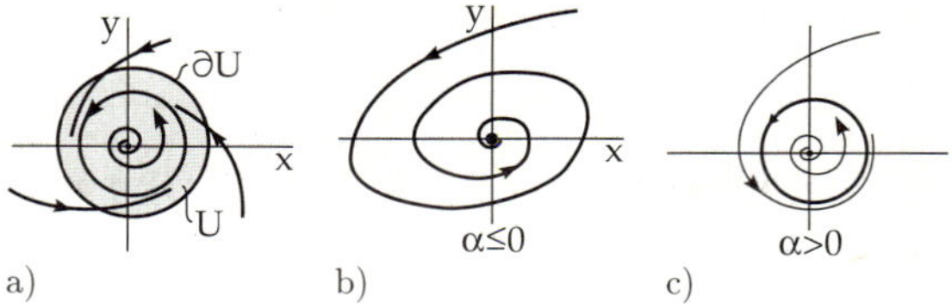

Abbildung 17.11

a) Alle Ruhelagen und periodische Orbits in $\overline{U}$ sind hyperbolisch;
b) Es gibt keine Separatrizen (d.h. heterokline und homokline Orbits), die aus einem Sattel kommen und in einen Sattel münden.

17.1.4.2 Strukturstabile diskrete Systeme

Im Falle von diskreten Systemen (17.3), d.h. von Abbildungen $\varphi\colon M \to M$, sei $U \subset M \subset \mathbb{R}^n$ eine beschränkte, offene und zusammenhängende Menge mit glattem Rand. Sei $\mathrm{Diff}^1(U)$ der metrische Raum aller Diffeomorphismen auf M, versehen mit der bzgl. U definierten C^1-Metrik. Die Menge $\mathrm{Diff}^1_+(U) \subset \mathrm{Diff}(U)$ bestehe aus denjenigen Diffeomorphismen φ, für die $\varphi(\overline{U}) \subset U$ gilt. Die Abbildung $\varphi \in \mathrm{Diff}^1_+(U)$ (und damit das dynamische System (17.3)) heißt *strukturstabil*, wenn es ein $\delta > 0$ gibt, so daß jede andere Abbildung $\psi \in \mathrm{Diff}^1_+(U)$ mit $\rho(\varphi, \psi) < \delta$ topologisch konjugiert zu φ ist.

17.1.4.3 Generische Eigenschaften

1. Definition

Eine Eigenschaft von Elementen eines metrischen Raumes (M, ρ) heißt *generisch* (oder *typisch*), wenn die Gesamtheit der Elemente B von M mit dieser Eigenschaft eine *Menge der zweiten* BAIRE*schen Kategorie* bildet, d.h. darstellbar ist als $B = \bigcap_{m=1,2\ldots} B_m$, wobei jede Menge B_m offen und dicht in M ist.

■ **A:** Die Mengen $\mathbb{R}$ und $\mathbb{I} \subset \mathbb{R}$ (irrationale Zahlen) sind Mengen der zweiten BAIREschen Kategorie, $\mathbb{Q} \subset \mathbb{R}$ dagegen nicht.

B: Dichtheit allein als Merkmal des „Typischen“ reicht nicht aus: $\mathbb{Q} \subset \mathbb{R}$ und $\mathbb{I} \subset \mathbb{R}$ sind beide dicht, können aber nicht gleichzeitig typisch sein.

C: Zwischen LEBESGUE–Maß λ einer Menge aus $\mathbb{R}$ und der BAIREschen Kategorie dieser Menge besteht kein Zusammenhang. So ist (s. Lit. [17.7]) die Menge $B = \bigcap\limits_{k=1,2,\ldots} B_k$ mit $B_k = \bigcup\limits_{n\geq 0} (a_n - \frac{1}{k\,2^n}, a_n + \frac{1}{k\,2^n})$, wobei $\mathbb{Q} = \{a_n\}_{n=0}^{\infty}$ die rationalen Zahlen darstellt, eine Menge der zweiten BAIREschen Kategorie. Andererseits gilt wegen $B_k \supset B_{k+1}$ und $\lambda(B_k) < +\infty$ auch $\lambda(B) = \lim\limits_{k\to\infty} \lambda(B_k) \leq \lim\limits_{k\to\infty} \frac{2}{k}\,\frac{1}{1-1/2} = 0$.

2. Generische Eigenschaften von ebenen Systemen, HAMILTON–Systeme

Für ebene Differentialgleichungen ist die Menge aller strukturstabilen Systeme aus $X^1_+(U)$ offen und dicht in $X^1_+(U)$. Strukturstabile Systeme sind für die Ebene also typisch. Typisch ist also auch, daß jeder Orbit eines ebenen Systems aus $X^1_+(U)$ für wachsende Zeiten gegen eine endliche Anzahl von Ruhelagen und periodischer Orbits geht. Quasiperiodische Orbits sind nicht typisch. Unter bestimmten Voraussetzungen bleiben aber bei HAMILTON–Systemen quasiperiodische Orbits bei kleinen Störungen der Differentialgleichung erhalten. HAMILTON–Systeme sind also keine typischen Systeme.

■ Gegeben sei im $\mathbb{R}^4$ das HAMILTON–System (in Winkel–Wirkungsvariablen)

$$\dot{j}_1 = 0,\ \dot{j}_2 = 0;\ \dot{\Theta}_1 = \frac{\partial H_0}{\partial j_1},\ \dot{\Theta}_2 = \frac{\partial H_0}{\partial j_2},$$

wobei die HAMILTON–Funktion $H_0(j_1, j_2)$ analytisch ist. Offenbar hat dieses System die Lösunge $j_1 = c_1, j_2 = c_2, \Theta_1 = \omega_1 t + c_3, \Theta_2 = \omega_2 t + c_4$, mit Konstanten $c_1, \ldots, c_4$, wobei ω_1 und ω_2 von c_1 und c abhängen können. Die Beziehung $(j_1, j_2) = (c_1, c_2)$ definiert einen invarianten Torus T^2. Es wird nu anstelle von H_0 die gestörte HAMILTON– Funktion

$$H_0(j_1, j_2) + \varepsilon H_1(j_1, j_2, \Theta_1, \Theta_2)$$

betrachtet, wobei H_1 analytisch und $\varepsilon > 0$ ein kleiner Parameter sei.
Das *Theorem von* KOLMOGOROV–ARNOLD–MOSER (KAM–*Theorem*) sagt in dieser Situation au daß, falls H_0 nichtdegeneriert ist, d.h. $\det(\frac{\partial^2 H_0}{\partial^2 j_k}) \neq 0$ gilt, für hinreichend kleine $\varepsilon > 0$ im gestörte HAMILTON–System die Mehrzahl der invarianten nichtresonanten Tori nicht verschwindet, sonder nur leicht deformiert wird. Mehrzahl ist in dem Sinne zu verstehen, daß das LEBESGUE–Maß der bzg der Tori gebildeten Komplementmenge gegen Null geht, wenn ε gegen 0 geht. Ein oben definiert Torus, charakterisiert durch ω_1 und ω_2, heißt nichtresonant, wenn es eine Konstante $c > 0$ gibt, so da für alle positiven ganzen Zahlen p und q die Ungleichung $|\frac{\omega_1}{\omega_2} - \frac{p}{q}| \geq \frac{c}{q^{2.5}}$ gilt.

3. Nichtwandernde Punkte, MORSE–SMALE–Systeme

Sei $\{\varphi^t\}_{t\in\mathbb{R}}$ ein dynamisches System auf der n–dimensionalen kompakten orientierbaren Mannigfalti keit M. Der Punkt $p \in M$ heißt *nichtwandernd* bzgl. $\{\varphi^t\}$, wenn für eine beliebige Umgebung $U_p \subset M$ von p gilt:

$$\forall T > 0 \quad \exists t, \quad |t| \geq T,: \quad \varphi^t(U_p) \cap U_p \neq \emptyset. \qquad (17.2$$

■ Ruhelagen und periodische Orbits bestehen nur aus nichtwandernden Punkten.
Die Menge $\Omega(\varphi^t)$ aller nichtwandernden Punkte des von (17.1) erzeugten dynamischen Systems i abgeschlossen, invariant unter $\{\varphi^t\}$ und enthält alle periodischen Orbits und alle ω–Grenzmengen vo Punkten aus M.
Das dynamische System $\{\varphi^t\}_{t\in\mathbb{R}}$ auf M, erzeugt durch ein glattes Vektorfeld, heißt MORSE–SMALE System, wenn folgende Bedingungen erfüllt sind:
1. Das System hat endlich viele Ruhelagen und periodische Orbits und alle sind hyperbolisch;
2. Alle stabilen und instabilen Mannigfaltigkeiten von Ruhelagen bzw. periodischen Orbits sind tran versal zueinander;
3. Die Menge aller nichtwanderenden Punkte besteht nur aus Ruhelagen und periodischen Orbits.
Satz von PALIS und SMALE: MORSE-SMALE–Systeme sind strukturstabil.
Die Umkehrung des Satzes von PALIS und SMALE gilt nicht: Es existieren für $n \geq 3$ strukturstabi Systeme mit unendlich vielen periodischen Orbits.
Für $n \geq 3$ sind strukturstabile Systeme nicht typisch.

17.2 Quantitative Beschreibung von Attraktoren

17.2.1 Wahrscheinlichkeitsmaße auf Attraktoren

17.2.1.1 Invariantes Maß

1. Definition, auf dem Attraktor konzentrierte Maße

Gegeben sei das dynamische System $\{\varphi^t\}_{t\in\Gamma}$ auf (M, ρ). Sei $\mathcal{B}$ die σ–Algebra der BOREL–Mengen a M und sei μ: $\mathcal{B} \to [0, +\infty]$ ein Maß auf $\mathcal{B}$. Jede Abbildung φ^t wird als μ-meßbar vorausgesetzt. D Maß μ heißt *invariant* unter $\{\varphi^t\}_{t\in\Gamma}$, wenn $\mu(\varphi^{-t}(A)) = \mu(A)$ für alle $A \in \mathcal{B}$ und $t > 0$ gilt. Ist d dynamische System $\{\varphi^t\}_{t\in\Gamma}$ invertierbar, so läßt sich die Eigenschaft eines Maßes, invariant unter de dynamischen System zu sein, auch als $\mu(\varphi^t(A)) = \mu(A) \quad (A \in \mathcal{B}, t > 0)$ ausdrücken. Das Maß μ hei *auf der* BOREL–*Menge* $A \subset M$ *konzentriert*, wenn $\mu(M \setminus A) = 0$ ist. Ist also Λ ein Attraktor vo $\{\varphi^t\}_{t\in\Gamma}$ und μ ein unter $\{\varphi^t\}$ invariantes Maß, so ist dieses auf Λ konzentriert, wenn $\mu(B) = 0$ für je BOREL–Menge B mit $\Lambda \cap B = \emptyset$ ist.

Der *Träger* eines Maßes $\mu\colon \mathcal{B} \to [0,+\infty]$, bezeichnet mit supp μ, ist die kleinste abgeschlossene Teilmenge von M, auf der das Maß μ konzentriert ist.

■ **A:** Betrachtet wird auf $M = [0,1]$ die *Modulo–Abbildung*

$$x_{t+1} = 2x_t \pmod 1. \tag{17.26}$$

In diesem Fall ist $\varphi\colon [0,1] \to [0,1]$ mit $\varphi(x) = \begin{cases} 2x, & 0 \le x \le 1/2, \\ 2x-1, & 1/2 < x \le 1. \end{cases}$

Anhand der Definition sieht man, daß das LEBESGUE–Maß invariant unter der Modulo–Abbildung ist. Schreibt man eine Zahl $x \in [0,1)$ als Dualzahl $x = \sum\limits_{n=1}^{\infty} a_n \cdot 2^{-n}$ $(a_n = 0$ oder $1)$, so kann man diese Darstellung mit $x = .\,a_1a_2a_3\ldots$ identifizieren. Das Ergebnis der Operation $2x \pmod 1$ läßt sich schreiben als $.\,a'_1a'_2a'_3\ldots$ mit $a'_i = a_{i+1}$, d.h., alle Ziffern a_k werden um eine Stelle nach links verschoben und die erste Ziffer fällt weg.

Die Abbildung $\Psi\colon [0,1] \to [0,1]$ mit

$$\Psi(y) = \begin{cases} 2y, & 0 \le y < 1/2, \\ 2(1-y), & 1/2 \le y \le 1 \end{cases} \tag{17.27}$$

heißt *Zelt–Abbildung* und hat ebenfalls das LEBESGUE–Maß als invariantes Maß. Der Homöomorphismus $h\colon [0,1) \to [0,1)$ mit $y = \frac{2}{\pi}\arcsin\sqrt{x}$ überführt die Abbildung φ aus (17.5) mit $\alpha = 4$ in (17.27). Damit besitzt (17.5) bei $\alpha = 4$ ebenfalls ein invariantes Maß, das absolut stetig ist. Für die Dichten $\rho_1(y) \equiv 1$ von (17.27) und $\rho(x)$ von (17.5) bei $\alpha = 4$ gilt dabei $\rho_1(y) = \rho(h^{-1}(y))\,|(h^{-1})'(y)|$. Hieraus ergibt sich sofort $\rho(x) = \dfrac{1}{\pi\sqrt{x(1-x)}}$.

■ **B:** Ist x_0 ein stabiler Periodenpunkt der Periode T des invertierbaren diskreten dynamischen Systems $\{\varphi^i\}$, so ist $\mu = \dfrac{1}{T}\sum\limits_{i=0}^{T-1} \delta_{\varphi^i(x_0)}$ ein invariantes Wahrscheinlichkeitsmaß für $\{\varphi^i\}$. Dabei ist δ_{x_0} das in x_0 konzentrierte DIRAC–Maß.

2. Das natürliche Maß

Sei Λ ein Attraktor von $\{\varphi^t\}_{t\in\Gamma}$ in M mit Einzugsgebiet W. Für eine beliebige BOREL–Menge $A \subset W$ und einen beliebigen Punkt $x_0 \in W$ wird die Größe

$$\mu(A; x_0) := \lim_{T\to\infty} \frac{t(T, A, x_0)}{T} \tag{17.28}$$

gebildet, wobei $t(T, A, x_0)$ jeweils der Teil der Gesamtzeit $T > 0$ ist, in dem der Orbitabschnitt $\{\varphi^t(x_0)\}_{t=0}^{T}$ in der Menge A liegt. Wenn für λ-fast alle x_0 aus W sogar $\mu(A; x_0) = \alpha$ ist, wird $\mu(A) := \mu(A; x_0)$ gesetzt. Da fast alle Orbits mit Anfang $x_0 \in W$ für $t \to +\infty$ gegen Λ streben, ist μ ein Wahrscheinlichkeitsmaß, das auf Λ konzentriert ist.

17.2.1.2 Elemente der Ergodentheorie

1. Ergodische dynamische Systeme

Ein dynamisches System $\{\varphi^t\}_{t\in\Gamma}$ auf (M, ρ) mit invariantem Maß μ heißt *ergodisch* (man sagt auch, das Maß ist ergodisch), wenn für jede BOREL–Menge A mit $\varphi^{-t}(A) = A$ $(\forall t > 0)$ entweder $\mu(A) = 0$ oder $\mu(M \setminus A) = 0$ ist.

Ist $\{\varphi^t\}$ ein diskretes dynamisches System (17.3), $\varphi\colon M \to M$ ein Homöomorphismus, M ein kompakter metrischer Raum, so existiert immer ein invariantes ergodisches Maß.

■ **A:** Gegeben sei die *Rotationsabbildung des Kreises* S^1

$$x_{t+1} = x_t + \Phi \pmod{2\pi}, \quad t = 0, 1, \ldots, \tag{17.29}$$

mit $\varphi\colon [0, 2\pi) \to [0, 2\pi)$, definiert durch $\varphi(x) = x + \Phi \pmod{2\pi}$. Das LEBESGUE–Maß ist invariant unter φ. Ist $\frac{\Phi}{2\pi}$ irrational, so ist (17.29) ergodisch; ist $\frac{\Phi}{2\pi}$ rational, so ist (17.29) nicht ergodisch.

■ **B:** Dynamische Systeme mit stabilen Ruhelagen oder stabilen periodischen Orbits als Attraktoren sind bzgl. des natürlichen Maßes ergodisch.

Ergodensatz von BIRKHOFF: Das dynamische System $\{\varphi^t\}_{t\in\Gamma}$ sei ergodisch bzgl. des invarianten Wahrscheinlichkeitsmaßes μ. Dann stimmen für jede integrierbare Funktion $h \in L^1(M, \mathcal{B}, \mu)$ die Zeitmittel entlang des positiven Semiorbits $\{\varphi^t(x_0)\}_{t=0}^{\infty}$, d.h. $\overline{h}(x_0) = \lim\limits_{T\to+\infty} \frac{1}{T}\int_0^T h\left(\varphi^t(x_0)\right) dt$ für Flüsse und

$\overline{h}(x_0) = \lim\limits_{n\to\infty} \frac{1}{n}\sum\limits_{i=0}^{n-1} h\left(\varphi^i(x_0)\right)$ für diskrete Systeme, für μ-fast alle Punkte $x_0 \in M$ mit dem Raummittel $\int\limits_M h\,d\mu$ überein.

2. Physikalische oder SBR-Maße

Die Aussage des Ergodensatzes ist nur dann brauchbar, wenn der Träger des Maßes μ möglichst groß ist. Seien $\varphi\colon M \to M$ eine stetige Abbildung, $\mu\colon \mathcal{B} \to \mathbb{R}$ ein invariantes Maß. Man sagt (s. Lit. [17.9]), daß μ ein SBR–*Maß* ist (nach SINAI, BOWEN und RUELLE), wenn für jede stetige Funktion $h\colon M \to \mathbb{R}$ die Menge aller der Punkte $x_0 \in M$, für die

$$\lim_{n\to\infty} \frac{1}{n}\sum_{i=0}^{n-1} h(\varphi^i(x_0)) = \int\limits_M h d\mu \tag{17.30a}$$

gilt, ein positives LEBESGUE–Maß hat. Dafür ist ausreichend, daß die Folge der Maße

$$\mu_n := \frac{1}{n}\sum_{i=0}^{n-1} \delta_{\varphi^i(x)} \tag{17.30b}$$

für fast alle $x \in M$ schwach gegen μ konvergiert, d.h. für jede stetige Funktion $\int\limits_M hd\mu_n \to \int\limits_M hd\mu$ für $n \to +\infty$ gilt.

■ Für einige wichtige Attraktoren, so für den HÉNON–Attraktor, wurde die Existenz eines SBR-Maßes nachgewiesen.

3. Mischende dynamische Systeme

Ein dynamisches System $\{\varphi^t\}_{t\in\Gamma}$ auf (M, ρ) mit invariantem Wahrscheinlichkeitsmaß μ heißt *mischend*, wenn $\lim\limits_{t\to+\infty} \mu\left(A \cap \varphi^{-t}(B)\right) = \mu(A)\mu(B)$ für beliebige BOREL–Mengen $A, B \subset M$ gilt. Für ein mischendes System hängt also das Maß der Menge aller Punkte, die bei $t = 0$ in A und für große t in B liegen, nur vom Produkt $\mu(A)\mu(B)$ ab.

Ein mischendes System ist auch ergodisch: Seien $\{\varphi^t\}$ ein mischendes System und A eine BOREL-Menge mit $\varphi^{-t}(A) = A$ $(t > 0)$. Dann gilt $\mu(A)^2 = \lim\limits_{t\to\infty} \mu(\varphi^{-t}(A) \cap A) = \mu(A)$ und $\mu(A)$ ist 0 oder 1.

Ein Fluß $\{\varphi^t\}$ von (17.1) ist genau dann mischend, wenn für beliebige quadratisch integrierbare Funktionen $g, h \in L^2(M, \mathcal{B}, \mu)$ die Beziehung

$$\lim_{t\to+\infty} \int_M [g(\varphi^t(x)) - \overline{g}\,][h(x) - \overline{h}\,]d\mu = 0 \tag{17.31}$$

gilt. Dabei bezeichnen $\overline{g}$ und $\overline{h}$ die räumlichen Mittel, die durch die zeitlichen Mittel ersetzt werden.

■ Die Modulo–Abbildung (17.26) ist mischend. Die Rotationsabbildung (17.29) ist bzgl. des Wahrscheinlichkeitsmaßes $\frac{\lambda}{2\pi}$ nicht mischend.

4. Autokorrelationsfunktion, Leistungsspektrum

Das dynamische System $\{\varphi^t\}_{t\in\Gamma}$ auf M mit invariantem Maß μ sei ergodisch. Es seien $h\colon M \to \mathbb{R}$ eine beliebige stetige Funktion, $\{\varphi^t(x)\}_{t\geq 0}$ ein beliebiger Semiorbit und das räumliche Mittel $\overline{h}$ sei ersetzt durch das zeitliche Mittel, d.h. durch $\lim\limits_{T\to\infty}\dfrac{1}{T}\displaystyle\int_0^T h\left(\varphi^t(x)\right)dt$ im zeitkontinuierlichen Fall und durch $\lim\limits_{n\to\infty}\frac{1}{n}\sum_{i=0}^{n-1} h\left(\varphi^i(x)\right)$ im zeitdiskreten Fall. Bezüglich h wird die *Autokorrelationsfunktion* längs des Semiorbits $\{\varphi^t(x)\}_{t\geq 0}$ zu einem Zeitpunkt $\tau \geq 0$ für einen Fluß durch

$$C_h(\tau) = \lim_{T\to\infty}\frac{1}{T}\int_0^T h\left(\varphi^{t+\tau}(x)\right)h\left(\varphi^t(x)\right)dt - \overline{h}^{\,2} \tag{17.32a}$$

und für ein diskretes System durch

$$C_h(\tau) = \lim_{n\to\infty}\frac{1}{n}\sum_{i=0}^{n-1} h\left(\varphi^{i+\tau}(x)\right)h\left(\varphi^i(x)\right) - \overline{h}^{\,2} \tag{17.32b}$$

definiert. Die Autokorrelationsfunktion wird auch für negative Zeiten erklärt, indem $C_h(\cdot)$ als gerade Funktion auf $\mathbb{R}$ bzw. $\mathbb{Z}$ aufgefaßt wird.

Periodische oder quasiperiodische Orbits führen zu einem periodischen bzw. quasiperiodischen Verhalten von C_h. Ein schneller Abfall von $C_h(\tau)$ für wachsende τ und beliebiger Testfunktion h deutet auf chaotisches Verhalten hin. Fällt $C_h(\tau)$ für wachsende τ sogar mit exponentieller Geschwindigkeit, so ist dies ein Anzeichen für mischendes Verhalten.

Die FOURIER–Transformierte von $C_h(\tau)$ heißt *Leistungsspektrum* (s. auch S.606) und wird mit $P_h(\omega)$ bezeichnet. Im zeitkontinuierlichen Fall ist, unter der Voraussetzung $\int_{-\infty}^{+\infty}|C_h(\tau)|d\tau < \infty$,

$$P_h(\omega) = \int_{-\infty}^{+\infty} C_h(\tau)e^{-\mathrm{i}\omega\tau}d\tau = 2\int_0^{\infty} C_h(\tau)\cos(\omega\tau)d\tau. \tag{17.33a}$$

Im zeitdiskreten Fall ist, falls $\sum_{k=-\infty}^{+\infty}|C_h(k)| < +\infty$ gilt,

$$P_h(\omega) = C_h(0) + 2\sum_{k=1}^{\infty} C_h(k)\cos\omega k. \tag{17.33b}$$

Liegt die absolute Integrierbarkeit bzw. Summierbarkeit von $C_h(\cdot)$ nicht vor, kann in wichtigen Fällen P_h als Distribution aufgefaßt werden. Periodischen Bewegungen eines dynamischen System entspricht ein Leistungsspektrum, das durch äquidistante Impulse charakterisiert ist. Bei quasiperiodischen Bewegungen treten im Leistungsspektrum Impulse auf, die sich aus ganzzahligen Linearkombinationen der Grundimpulse der quasiperiodischen Bewegung ergeben. Ein „breitbandiges Spektrum mit einzelnen Spitzen" kann dagegen als Indikator für chaotisches Verhalten gelten.

■ **A:** Seien φ ein T–periodischer Orbit von (17.1), h eine Testfunktion, so daß das zeitliche Mittel von $h(\varphi(t))$ Null ist, und habe $h(\varphi(t))$ die FOURIER–Darstellung $h(\varphi(t)) = \sum_{k=-\infty}^{+\infty}\alpha_k e^{\mathrm{i}k\omega_0 t}$ mit $\omega_0 = \frac{2\pi}{T}$. Dann ist $C_h(\tau) = \sum_{k=-\infty}^{+\infty}|\alpha_k|^2\cos(k\omega_0\tau)$ und $P_h(\omega) = 2\pi\sum_{k=-\infty}^{+\infty}|\alpha_k|^2\delta(\omega - k\omega_0)$, wobei δ die δ-Distribution bezeichnet.

■ **B:** Seien φ ein quasiperiodischer Orbit von (17.1), h eine Testfunktion, so daß das zeitliche Mittel entlang φ Null ist, und habe $h(\varphi(t))$ die Darstellung (zweifache FOURIER–Reihe)
$h(\varphi(t)) = \sum_{k_1=-\infty}^{+\infty}\sum_{k_2=-\infty}^{+\infty}\alpha_{k_1k_2}e^{\mathrm{i}(k_1\omega_1+k_2\omega_2)t}$. Dann ist $C_h(\tau) = \sum_{k_1=-\infty}^{+\infty}\sum_{k_2=-\infty}^{+\infty}|\alpha_{k_1k_2}|^2\cos(k_1\omega_1 + k_2\omega_2)\tau$
und $P_h(\omega) = 2\pi\sum_{k_1=-\infty}^{+\infty}\sum_{k_2=-\infty}^{+\infty}|\alpha_{k_1k_2}|^2\delta(\omega - k_1\omega_1 - k_2\omega_2)$.

17.2.2 Entropien

17.2.2.1 Topologische Entropie

Sei (M, ρ) ein kompakter metrischer Raum und $\{\varphi^k\}_{k\in\Gamma}$ ein stetiges dynamisches System mit diskreter Zeit auf M. Für beliebiges $n \in \mathbb{N}$ wird eine Abstandsfunktion ρ_n auf M durch

$$\rho_n(x,y) := \max_{0\le i\le n} \rho\left(\varphi^i(x), \varphi^i(y)\right) \tag{17.34}$$

definiert. Sei weiter $N(\varepsilon, \rho_n)$ die größte Anzahl von Punkten aus M, die mindestens einen Abstand in der Metrik ρ_n von ε zueinander haben. Die *topologische Entropie* des diskreten dynamischen Systems (17.3) bzw. der Abbildung φ ist $h(\varphi) = \lim\limits_{\varepsilon\to 0} \limsup_{n\to\infty} \frac{1}{n} \ln N(\varepsilon, \rho_n)$. Die topologische Entropie ist ein Maß für die Komplexität der Abbildung. Sei (M_1, ρ_1) ein weiterer kompakter metrischer Raum und $\varphi_1\colon M_1 \to M_1$ eine stetige Abbildung. Sind dann die beiden Abbildungen φ und φ_1 topologisch konjugiert, so stimmen ihre topologischen Entropien überein. Insbesondere hängt die topologische Entropie nicht von der Metrik ab. Für beliebiges $n \in \mathbb{N}$ gilt $h(\varphi^n) = nh(\varphi)$. Ist φ sogar ein Homöomorphismus, so gilt $h(\varphi^k) = |k|\, h(\varphi)$ für alle $k \in \mathbf{Z}$. Aufgrund der letzten Eigenschaft definiert man für einen Fluß $\varphi^t = \varphi(t,\cdot)$ von (17.1) auf $M \subset \mathbb{R}^n$ die topologische Entropie über $h(\varphi^t) := h(\varphi^1)$.

17.2.2.2 Metrische Entropie

Sei $\{\varphi^t\}_{t\in\Gamma}$ ein dynamisches System auf M mit dem Attraktor Λ und einem auf Λ konzentrierten invarianten Wahrscheinlichkeitsmaß μ. Für beliebiges $\varepsilon > 0$ seien $Q_1(\varepsilon), \ldots, Q_{n(\varepsilon)}(\varepsilon)$ die Würfel der Form $\{(x_1, \ldots, x_n)\colon k_i\varepsilon \le x_i < (k_i+1)\varepsilon,\ i = 1, 2, \ldots, n\}$ mit $k_i \in \mathbf{Z}$, für die $\mu(Q_i) > 0$ ist. Für beliebiges x aus einem Q_i wird der Semiorbit $\{\varphi^t(x)\}_{t=0}^{\infty}$ für wachsende t verfolgt. In Zeitabständen von $\tau > 0$ ($\tau = 1$ in diskreten Systemen) werden jeweils N–mal hintereinander die Nummern $i_1, \ldots, i_N$ der Würfel notiert, in denen sich der Semiorbit befindet. Sei $E_{i_1\ldots i_N}$ die Menge aller Startwerte nahe Λ, deren Semiorbits zu den Zeitpunkten $t_i = i\tau$, $i = 1, 2, \ldots, N$, jeweils in $Q_{i_1}, \ldots, Q_{i_N}$ liegen und sei $p(i_1, \cdots, i_N) = \mu(E_{i_1,\cdots,i_N})$ die Wahrscheinlichkeit dafür, daß ein (typischer) Startwert in $E_{i_1,\cdots,i_N}$ liegt. Die Entropie gibt den Zuwachs an Information an, den ein Versuch im Mittel liefert, der anzeigt, welches Ereignis aus einer endlichen Anzahl disjunkter Ereignisse wirklich eingetreten ist. In der vorliegenden Situation ist dies

$$H_N = -\sum_{(i_1,\cdots,i_N)} p(i_1,\cdots,i_N)\, \ln p(i_1,\cdots,i_N), \tag{17.35}$$

wobei über alle Symbolfolgen $(i_1, \cdots, i_N)$ der Länge N summiert wird, die durch Orbits in der oben beschriebenen Weise realisiert werden.

Die *metrische Entropie* oder KOLMOGOROV–SINAI–*Entropie* h_μ *des Attraktors* Λ von $\{\varphi^t\}$ bzgl. des invarianten Maßes μ ist die Größe $h_\mu = \lim\limits_{\tau\to 0} \lim\limits_{N\to\infty} \frac{H_N}{\tau N}$ (Für diskrete Systeme entfällt der Grenzwert für $\tau \to \infty$). Für die topologische Entropie $h(\varphi)$ von $\varphi\colon \Lambda \to \Lambda$ gilt $h_\mu \le h(\varphi)$. In vielen Fällen ist $h(\varphi) = \sup\{h_\mu\colon \mu\text{– invariantes Wahrscheinlichkeitsmaß auf } \Lambda\}$.

■ **A:** Sei $\Lambda = \{x_0\}$ eine stabile Ruhelage von (17.1) als Attraktor, versehen mit dem in x_0 konzentrierten natürlichen Maß μ. Bezüglich dieses Attraktors ist $h_\mu = 0$.

B: Für die Shift–Abbildung (17.26) gilt $h(\varphi) = h_\mu = \ln 2$, wobei μ das invariante LEBESGUE–Maß sei.

17.2.3 Lyapunov-Exponenten

1. Singulärwerte einer Matrix

Sei L eine beliebige Matrix vom Typ (n,n). Die *Singulärwerte* $\sigma_1 \ge \sigma_2 \ge \cdots \ge \sigma_n$ von L sind die nichtnegativen Wurzeln der Eigenwerte $\alpha_1 \ge \cdots \ge \alpha_n \ge 0$ der positivsemidefiniten Matrix $L^T L$. Die Eigenwerte α_i sind, ihrer Vielfachheit entsprechend, angeführt.

Die Singulärwerte lassen sich geometrisch interpretieren. Ist K_ε eine Kugel mit Mittelpunkt in 0 und Radius $\varepsilon > 0$, so ist das Bild $L(K_\varepsilon)$ ein Ellipsoid mit den Halbachsenlängen $\sigma_i\varepsilon$ $(i = 1, 2, \ldots, n)$ **(Abb.17.12a)**.

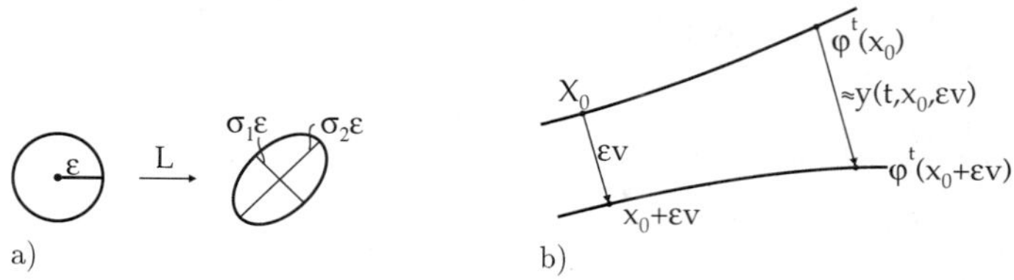

Abbildung 17.12

2. Definition der Lyapunov–Exponenten

Sei $\{\varphi^t\}_{t\in\Gamma}$ ein glattes dynamisches System auf $M \subset \mathbb{R}^n$, das einen Attraktor Λ mit einem dort konzentrierten invarianten ergodischen Wahrscheinlichkeitsmaß μ hat. Für beliebige $t \geq 0$ und $x \in \Lambda$ seien $\sigma_1(t,x) \geq \cdots \geq \sigma_n(t,x)$ die Singulärwerte der Jacobi–Matrix $D\varphi^t(x)$ von φ^t im Punkt x. Dann existiert eine Folge von Zahlen $\lambda_1 \geq \cdots \geq \lambda_n$, (Lyapunov–*Exponenten*), so daß $\frac{1}{t} \ln \sigma_i(t,x) \to \lambda_i$ für $t \to +\infty$ μ-fast überall im Sinne von L^1 gilt. Nach dem Satz von Oseledec existiert μ–fast überall eine Folge von Teilräumen des $\mathbb{R}^n$

$$\mathbb{R}^n = E^x_{s_1} \supset E^x_{s_2} \supset \cdots \supset E^x_{s_{r+1}} = \{0\}, \tag{17.36}$$

so daß für μ–fast alle x die Größe $\frac{1}{t} \ln \|D\varphi^t(x)v\|$ gleichmäßig bzgl. $v \in E^x_{s_j} \setminus E^x_{s_{j+1}}$ gegen ein Element $\lambda_{s_j} \in \{\lambda_1, \ldots, \lambda_n\}$ strebt.

Die Formel $\chi_i(x) = \lim\limits_{t\to\infty} \sup \frac{1}{t} \ln \sigma_i(t,x)$, wobei $\sigma_i(t,x)$ wieder als Halbachsenlängen eines aus der Einheitskugel mit Mittelpunkt x durch Deformation mit $D\varphi^t(x)$ hervorgegangenen Ellipsoids interpretiert werden können, kann zur Berechnung der Lyapunov–Exponenten benutzt werden, wenn außerdem noch Reorthonormalisierungsverfahren, wie das von Housholder, herangezogen werden. Die Funktion $y(t,x,v) = D\varphi^t(x)v$ ist Lösung der zum Semiorbit $\gamma^+(x)$ des Flusses $\{\varphi^t\}$ gehörigen Variationsgleichung mit Anfang v zur Zeit $t = 0$. In der Tat, ist $\{\varphi^t\}_{t\in\mathbb{R}}$ der Fluß von (17.1), so lautet die Variationsgleichung $\dot{y} = Df(\varphi^t(x))y$. Die Lösung dieser Gleichung mit Anfang v zur Zeit $t = 0$ ist darstellbar als $y(t,x,v) = \Phi_x(t)v$, wobei $\Phi_x(t)$ die bei $t = 0$ normierte Fundamentalmatrix der Variationsgleichung ist, die, nach dem Satz über die Differenzierbarkeit nach den Anfangszuständen, Lösung der Matrix-Differentialgleichung $\dot{Z} = Df(\varphi^t(x))Z$ mit Anfang $Z(0) = E_n$ ist.

Die Zahl $\chi(x,v) = \lim\limits_{t\to\infty} \sup \dfrac{1}{t} \ln \|D\varphi^t(x)v\|$ beschreibt das Verhalten der Orbits $\gamma(x+\varepsilon v), 0 < \varepsilon \ll 1$, mit Anfang $x + \varepsilon v$ bzgl. des Ausgangsorbits $\gamma(x)$ in der Richtung v. Ist $\chi(x,v) < 0$, so heißt dies, daß in Richtung v für wachsende t eine Annäherung der Orbits stattfindet; ist dagegen $\chi(x,v) > 0$, so entfernen sich die Orbits **(Abb.17.12b)**.

Für die Summe aller Lyapunov–Exponenten von $\{\varphi^t\}_{t\in\Gamma}$ mit dem Attraktor Λ und dem dort konzentrierten invarianten Maß μ gilt für μ-fast alle $x \in \Lambda$ im Falle eines Flusses von (17.1)

$$\sum_{i=1}^{n} \lambda_i = \lim_{t\to\infty} \frac{1}{t} \int_0^t \operatorname{div} f(\varphi^s(x))ds \tag{17.37a}$$

und für ein diskretes System (17.3)

$$\sum_{i=1}^{n} \lambda_i = \lim_{k\to\infty} \frac{1}{k} \sum_{i=0}^{k-1} \ln|\det D\varphi(\varphi^i(x))|. \tag{17.37b}$$

In dissipativen Systemen gilt also $\sum_{i=1}^{n} \lambda_i < 0$. Dies, zusammen mit der Tatsache, daß für Flüsse einer der LYAPUNOV–Exponenten Null ist, falls der Attraktor keine Ruhelage ist, gestattet Vereinfachungen bei der Berechnung der LYAPUNOV–Exponenten (s. Lit. [17.16]).

■ **A:** Sei x_0 eine Ruhelage des Flusses von (17.1) und seien α_i die Eigenwerte der JACOBI–Matrix in x_0. Mit dem in x_0 konzentrierten Maß gilt für die LYAPUNOV–Exponenten $\lambda_i = \mathrm{Re}\alpha_i$ $(i = 1, \ldots, n)$.

B: Sei $\gamma(x_0) = \{\varphi^t(x_0),\ t \in [0, T]\}$ ein T–periodischer Orbit von (17.1) und es seien ρ_i die Multiplikatoren von $\gamma(x_0)$. Mit dem in $\gamma(x_0)$ konzentrierten Maß gilt $\lambda_i = \frac{1}{T} \ln |\rho_i|$ für $i = 1, 2 \ldots, n$.

3. Metrische Entropie und LYAPUNOV–Exponenten

Ist $\{\varphi^t\}_{t \in \Gamma}$ ein dynamisches System auf $M \subset \mathbb{R}^n$ mit dem Attraktor Λ und einem auf Λ konzentrierten ergodischen Wahrscheinlichkeitsmaß μ, so gilt für die metrische Entropie h_μ die Ungleichung $h_\mu \leq \sum\limits_{\lambda_i > 0} \lambda_i$, wobei die LYAPUNOV–Exponenten entsprechend ihrer Vielfachheit aufgeführt werden.
Die Gleichheit $h_\mu = \sum\limits_{\lambda_i > 0} \lambda_i$ (PESINsche Formel) gilt i.allg. nicht. Ist das Maß μ allerdings absolut stetig bzgl. des LEBESGUE–Maßes und $\varphi\colon M \to M$ ein C^2–Diffeomorphismus, so gilt die PESINsche Formel.

17.2.4 Dimensionen

17.2.4.1 Metrische Dimensionen

1. Fraktale

Attraktoren oder andere invariante Mengen von dynamischen Systemen können geometrisch komplizierter als Punkt, Linie oder Torus aufgebaut sein. *Fraktale* sind, auch unabhängig von einer Dynamik, Mengen, die sich durch eines oder mehrere Merkmale wie Ausfransung, Porösität, Komplexität, Selbstähnlichkeit auszeichnen. Da der übliche Dimensionsbegriff, wie er für glatte Flächen und Kurven gebraucht wird, für Fraktale nicht anwendbar ist, müssen verallgemeinerte Definitionen der Dimension herangezogen werden. Eine ausführlichere Darstellung der Dimensionstheorie s. Lit. [17.9], [17.5].

■ Das Intervall $G_0 = [0, 1]$ wird in drei Teilintervalle gleicher Länge geteilt und das mittlere offene Drittel entfernt, so daß die Menge $G_1 = [0, \frac{1}{3}] \cup [\frac{2}{3}, 1]$ entsteht. Dann werden von den beiden Teilintervallen von G_1 die jeweils mittleren offenen Drittel entfernt, so daß die Menge $G_2 = \left[0, \frac{1}{9}\right] \cup \left[\frac{2}{9}, \frac{1}{3}\right] \cup \left[\frac{2}{3}, \frac{7}{9}\right] \cup \left[\frac{8}{9}, 1\right]$ entsteht. Diese Prozedur wird mit G_k fortgesetzt, indem aus jedem Teilintervall von G_{k-1} das mittlere offene Drittel entfernt wird. Dadurch entsteht eine Folge von Mengen $G_0 \supset G_1 \supset \cdots \supset G_n \supset \cdots$, wobei jedes G_n aus 2^n Intervallen der Länge $\frac{1}{3^n}$ besteht. Die CANTOR–Menge C ist definiert als Menge aller der Punkte, die allen G_n angehören, d.h., $C = \bigcap\limits_{n=1}^{\infty} G_n$. Die Menge C ist kompakt, überabzählbar, hat das LEBESGUE–Maß Null und ist perfekt (d.h., C ist abgeschlossen und jeder Punkt ist Häufungspunkt). Die CANTOR–Menge kann als Beispiel für ein Fraktal dienen.

2. HAUSDORFF–Dimension

Die Motivation für diese Dimension ergibt sich aus der Volumenberechnung durch das LEBESGUE–Maß. Wird eine beschränkte Menge $A \subset \mathbb{R}^3$ mit einer Überdeckung aus einer endlichen Anzahl Kugeln B_{r_i} mit Radius $r_i \leq \varepsilon$ versehen, so daß also $\bigcup_i B_{r_i} \supset A$ gilt, erhält man für A das „Rohvolumen “$\sum\limits_i \frac{4}{3}\pi r_i^3$.
Bildet man nun über alle endlichen Überdeckungen von A durch Kugeln mit Radius $r_i \leq \varepsilon$ die Größe $\mu_\varepsilon(A) = \inf\{\sum\limits_i \frac{4}{3}\pi r_i^3\}$ und läßt ε gegen Null gehen, so ergibt sich das äußere LEBESGUE–Maß $\overline{\lambda}(A)$ von A, das für meßbare Mengen mit dem Volumen vol (A) übereinstimmt.
Es seien M der EUKLIDische Raum $\mathbb{R}^n$ oder, allgemeiner, ein separabler metrischer Raum mit Metrik

ρ und $A \subset M$ eine Teilmenge. Für beliebige Parameter $d \geq 0$ und $\varepsilon > 0$ wird die Größe

$$\mu_{d,\varepsilon}(A) = \inf\left\{\sum_i (\mathrm{diam} B_i)^d : A \subset \bigcup B_i,\ \mathrm{diam} B_i \leq \varepsilon\right\} \quad (17.38a)$$

gebildet, wobei $B_i \subset M$ beliebige Teilmengen mit Durchmesser $\mathrm{diam}\, B_i = \sup\limits_{x,y \in B_i} \rho(x,y)$ sind. Das äußere HAUSDORFF–*Maß zur Dimension d von A* wird durch

$$\mu_d(A) = \lim_{\varepsilon \to 0} \mu_{d,\varepsilon}(A) = \sup_{\varepsilon > 0} \mu_{d,\varepsilon}(A) \quad (17.38b)$$

definiert und kann endlich oder unendlich sein. Die HAUSDORFF–*Dimension* $d_H(A)$ der Menge A ist dann der (einzige) kritische Wert des HAUSDORFF–Maßes:

$$d_H(A) = \begin{cases} +\infty, & \text{falls } \mu_d(A) \neq 0 \text{ für alle } d \geq 0 \text{ ist;} \\ \inf\{d \geq 0\colon \mu_d(A) = 0\}. \end{cases} \quad (17.38c)$$

Bemerkung: Die Größen $\mu_{d,\varepsilon}(A)$ können auch mit Hilfe von Überdeckungen aus Kugeln vom Radius $r_i \leq \varepsilon$ oder, im Falle des $\mathbb{R}^n$, aus Würfeln der Kantenlänge $\leq \varepsilon$ gebildet werden.

Wichtige Eigenschaften der HAUSDORFF–*Dimension*:

1. $d_H(\emptyset) = 0$.
2. Ist $A \subset \mathbb{R}^n$, so gilt $0 \leq d_H(A) \leq n$.
3. Aus $A \subset B$ folgt $d_H(A) \leq d_H(B)$.
4. Ist $A = \bigcup_{i=1}^{\infty} A_i$, so gilt $d_H(A) = \sup_i d_H(A_i)$.
5. Ist A endlich oder abzählbar, so ist $d_H(A) = 0$.
6. Ist $\varphi : M \to M$ LIPSCHITZ–stetig (d.h. existiert eine Konstante $L > 0$ mit $\rho(\varphi(x), \varphi(y)) \leq L\rho(x,y), \forall x, y \in M$), so gilt $d_H(\varphi(A)) \leq d_H(A)$. Existiert die inverse Abbildung φ^{-1} und ist diese ebenfalls LIPSCHITZ–stetig, so ist sogar $d_H(A) = d_H(\varphi(A))$.

■ Für die Menge $\mathbb{Q}$ aller rationalen Zahlen gilt wegen 5. $d_H(\mathbb{Q}) = 0$. Für die CANTOR–Menge C ist $d_H(C) = \dfrac{\ln 2}{\ln 3} \approx 0.6309\ldots$.

3. Kapazitätsdimension

Sei A eine kompakte Menge des metrischen Raumes (M, ρ) und sei $N_\varepsilon(A)$ die minimale Anzahl von Mengen vom Durchmesser $\leq \varepsilon$, die nötig ist, um A zu überdecken. Die Größe

$$\overline{d}_C(A) = \limsup_{\varepsilon \to 0} \frac{\ln N_\varepsilon(A)}{\ln \frac{1}{\varepsilon}} \quad (17.39a)$$

heißt *obere Kapazitätsdimension*, die Größe

$$\underline{d}_C(A) = \liminf_{\varepsilon \to 0} \frac{\ln N_\varepsilon(A)}{\ln \frac{1}{\varepsilon}} \quad (17.39b)$$

heißt *untere Kapazitätsdimension* von A. Gilt $\overline{d}_C(A) = \underline{d}_C(A) =: d_C(A)$, so heißt $d_C(A)$ *Kapazitätsdimension* von A. Im $\mathbb{R}^n$ kann die Kapazitätsdimension auch für beschränkte Mengen betrachtet werden, die nicht abgeschlossen sind.

Für eine beschränkte Menge $A \subset \mathbb{R}^n$ kann in den obigen Definitionen die Zahl $N_\varepsilon(A)$ auch folgendermaßen definiert werden: Der $\mathbb{R}^n$ wird mit einem Gitter aus n–dimensionalen Würfeln der Seitenlänge ε überdeckt. Dann kann für $N_\varepsilon(A)$ die Anzahl der Würfel des Gitters, die A schneiden, genommen werden.

Wichtige Eigenschaften der Kapazitätsdimension:

1. Es gilt immer $d_H(A) \leq d_C(A)$.
2. Für m–dimensionale Flächen $F \subset \mathbb{R}^n$ ist $d_H(F) = d_C(F) = m$.
3. Mit der Abschließung $\overline{A}$ von A gilt $d_C(A) = d_C(\overline{A})$, während oft $d_H(A) < d_H(\overline{A})$ ist.
4. Ist $A = \bigcup\limits_n A_n$ so gilt für die Kapazitätsdimension i.allg. nicht $d_C(A) = \sup\limits_n d_C(A_n)$.

■ Sei $A = \{0, 1, \frac{1}{2}, \frac{1}{3}, \ldots\}$. Dann gilt $d_H(A) = 0$ und $d_C(A) = \frac{1}{2}$.
Ist A die Menge aller rationalen Punkte in $[0,1]$, so gilt wegen 2. und 3. $d_c(A) = 1$. Andererseits ist $d_H(A) = 0$.

4. Selbstähnlichkeit

Einer Reihe geometrischer Figuren, die man *selbstähnlich* nennt, liegt folgende Entstehungsprozedur zugrunde: Eine Ausgangsfigur wird durch eine neue Figur ersetzt, die aus p mit dem Faktor $q > 1$ linear skalierten Kopien der Ausgangsfigur besteht. Alle im k–ten Schritt vorhandenen k–fach skalierten Ausgangsfiguren werden jeweils wie im ersten Schritt behandelt.

■ **A:** CANTOR–Menge: $p = 2$, $q = 3$.
B: KOCHsche Kurve: $p = 4$, $q = 3$. Die ersten 3 Schritte sind in **Abb.17.13** zu sehen.
C: SIERPINSKI–Drachen: $p = 3$, $q = 2$. Die ersten 3 Schritte zeigt **Abb.17.14**. (Die weißen Dreiecke werden jeweils entfernt).
D: SIERPINSKI–Teppich: $p = 8$, $q = 3$. Die ersten 3 Schritte zeigt **Abb.17.15**. (Die weißen Quadrate werden entfernt).

Für die unter $A - D$ genannten Mengen gilt $d_C = d_H = \dfrac{\ln p}{\ln q}$.

Abbildung 17.13

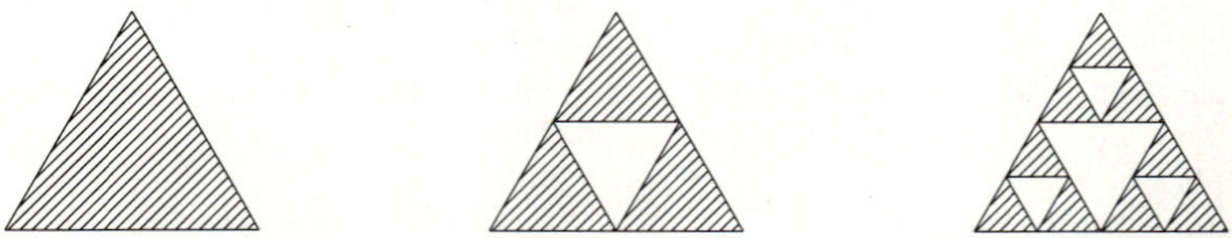

Abbildung 17.14

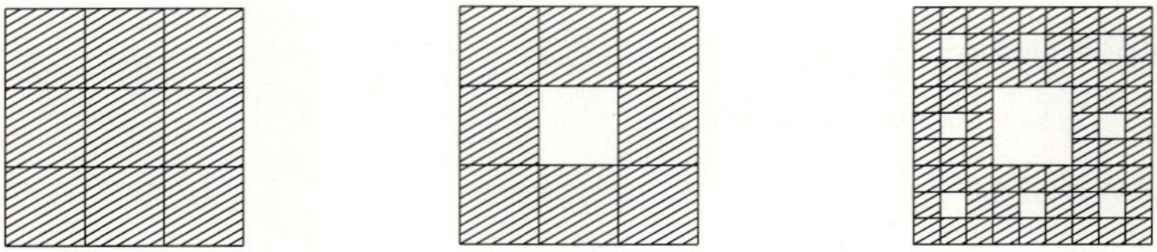

Abbildung 17.15

17.2.4.2 Auf invariante Maße zurückgehende Dimensionen

1. Dimension eines Maßes

Sei μ ein Wahrscheinlichkeitsmaß in (M, ρ), konzentriert auf Λ. Ist $x \in \Lambda$ ein beliebiger Punkt, $B_\delta(x)$ die Kugel mit Radius δ und Mittelpunkt x, so bezeichnen

$$\overline{d}_\mu(x) = \limsup_{\delta \to 0} \frac{\ln \mu(B_\delta(x))}{\ln \delta} \tag{17.40a}$$

die *obere* und

$$\underline{d}_\mu(x) = \liminf_{\delta \to 0} \frac{\ln \mu(B_\delta(x))}{\ln \delta} \tag{17.40b}$$

die *untere punktweise Dimension.*
Ist $\underline{d}_\mu(x) = \overline{d}_\mu(x) := d_\mu(x)$, so heißt $d_\mu(x)$ *Dimension des Maßes* μ in x.

Satz von YOUNG: Gilt für μ–fast alle $x \in \Lambda$ die Beziehung $d_\mu(x) = \alpha$, so ist $\alpha = d_H(\mu) := \inf\limits_{X\subset\Lambda,\mu(X)=1} d_H(X)$. Die Größe $d_H(\mu)$ heißt HAUSDORFF–*Dimension des Maßes* μ.

■ Es sei $M = \mathbb{R}^n$ und es sei $\Lambda \subset \mathbb{R}^n$ eine kompakte Kugel mit dem LEBESGUE–Maß $\lambda(\Lambda) > 0$. Für die Einschränkung von μ auf Λ gelte $\mu_\Lambda = \dfrac{\lambda}{\lambda(\Lambda)}$. Dann ist $\mu(B_\delta(x)) \sim \delta^n$ und $d_H(\mu) = n$.

2. Informationsdimension

Der Attraktor Λ von $\{\varphi^t\}_{t\in\Gamma}$ sei wie in (17.2.2.2) mit Würfeln $Q_1(\varepsilon), \ldots, Q_{n(\varepsilon)}(\varepsilon)$ der Seitenlänge ε überdeckt. Sei μ ein invariantes Wahrscheinlichkeitsmaß auf Λ.
Die *Entropie* der Zerlegung $Q_1(\varepsilon), \ldots, Q_{n(\varepsilon)}(\varepsilon)$ ist

$$H(\varepsilon) = -\sum_{i=1}^{n(\varepsilon)} p_i(\varepsilon) \ln p_i(\varepsilon), \quad \text{wobei} \quad p_i(\varepsilon) = \mu(Q_i(\varepsilon)), i = 1, \ldots, n(\varepsilon) \text{ gesetzt wurde.} \tag{17.41}$$

Existiert der Grenzwert $d_I(\mu) = -\lim\limits_{\varepsilon\to 0} \dfrac{H(\varepsilon)}{\ln \varepsilon}$, so hat diese Größe die Eigenschaft einer Dimension und wird *Informationsdimension* genannt.

Satz von YOUNG: Gilt für μ–fast alle $x \in \Lambda$ die Beziehung $d_\mu(x) = \alpha$, so ist $\alpha = d_H(\mu) = d_I(\mu)$.

■ **A:** Das Maß μ sei auf einer Ruhelage x_0 von $\{\varphi^t\}$ konzentriert. Da für $\varepsilon > 0$ immer $H_\varepsilon(\mu) = -1 \ln 1 = 0$ ist, gilt $d_I(\mu) = 0$.

B: Das Maß μ sei auf einem Grenzzyklus von $\{\varphi^t\}$ konzentriert. Für $\varepsilon > 0$ ist $H_\varepsilon(\mu) = -\ln \varepsilon$ und deshalb $d_I(\mu) = 1$.

3. Korrelationsdimension

Sei $\{y_i\}_{i=1}^\infty$ eine Folge von Punkten des Attraktors $\Lambda \subset \mathbb{R}^n$ von $\{\varphi^t\}_{t\in\Gamma}$, μ ein invariantes Wahrscheinlichkeitsmaß auf Λ und sei $m \in \mathbb{N}$ beliebig. Für Vektoren $x_i := (y_i, \ldots, y_{i+m})$ sei der Abstand $\operatorname{dist}(x_i, x_j) := \max\limits_{0\le s\le m} \|y_{i+s} - y_{j+s}\|$, wobei $\|\cdot\|$ die Euklidische Vektornorm ist, definiert. Wird mit Θ die HEAVISIDE–Funktion $\Theta(x) = \begin{cases} 0, & x \le 0, \\ 1, & x > 0, \end{cases}$ bezeichnet, so heißt der Ausdruck

$$C^m(\varepsilon) = \limsup_{N\to+\infty} \frac{1}{N^2} \operatorname{card}\{(x_i, x_j)\colon \operatorname{dist}(x_i, x_j) < \varepsilon\} = \limsup_{N\to\infty} \frac{1}{N^2} \sum_{i,j=1}^{N} \Theta(\varepsilon - \operatorname{dist}(x_i, x_j)) \tag{17.42a}$$

Korrelationsintegral. Die Größe

$$d_K = \lim_{\varepsilon\to 0} \frac{\ln C^m(\varepsilon)}{\ln \varepsilon} \tag{17.42b}$$

(falls diese existiert) ist die *Korrelationsdimension.*

4. Verallgemeinerte Dimension

Der Attraktor Λ von $\{\varphi^t\}_{t\in\Gamma}$ auf M mit invariantem Wahrscheinlichkeitsmaß μ wird wie in (17.2.2.2) mit Würfeln der Seitenlänge ε überdeckt. Für einen beliebigen Parameter $q \in \mathbb{R}, q \neq 1$, heißt

$$H_q(\varepsilon) = \frac{1}{1-q} \ln \sum_{i=1}^{n(\varepsilon)} p_i(\varepsilon)^q \quad \text{mit} \quad p_i(\varepsilon) = \mu(Q_i(\varepsilon)) \tag{17.43a}$$

verallgemeinerte Entropie q–ter *Ordnung* bzgl. der Zerlegung $Q_1(\varepsilon), \ldots, Q_{n(\varepsilon)}(\varepsilon)$.
Die RÉNYI–*Dimension* q–ter Ordnung ist

$$d_q = -\lim_{\varepsilon\to 0} \frac{H_q(\varepsilon)}{\ln \varepsilon}, \tag{17.43b}$$

falls dieser Grenzwert existiert.

Sonderfälle der RÉNYI–Dimension:

1. $q = 0: \quad d_0 \;= d_C(\operatorname{supp}\mu);$
2. $q = 1: \quad d_1 := \lim\limits_{q\to 1} d_q = d_I(\mu);$
3. $q = 2: \quad d_2 \;= d_K.$

5. LYAPUNOV–Dimension

Sei $\{\varphi^t\}_{t\in\Gamma}$ ein glattes dynamisches System auf $M \subset \mathbb{R}^n$ mit Attraktor Λ (bzw. invarianter Menge) und mit auf Λ konzentriertem invariantem ergodischem Wahrscheinlichkeitsmaß. Sind $\lambda_1 \geq \lambda_2 \geq \cdots \geq \lambda_n$ die LYAPUNOV–Exponenten bzgl. μ und ist k der größte Index, für den $\sum\limits_{i=1}^{k} \lambda_i \geq 0$ und $\sum\limits_{i=1}^{k+1} \lambda_i < 0$ ist, so heißt die Größe

$$d_L(\mu) = k + \frac{\sum_{i=1}^{k} \lambda_i}{|\lambda_{k+1}|} \tag{17.44}$$

LYAPUNOV–*Dimension des Maßes* μ.

Ist $\sum\limits_{i=1}^{n} \lambda_i \geq 0$, so wird $d_L(\mu) = n$ gesetzt; ist $\lambda_1 < 0$, wird $d_L(\mu) = 0$ definiert.

Satz von LEDRAPPIER: Es seien $\{\varphi^t\}$ ein diskretes System (17.3) auf $M \subset \mathbb{R}^n$ mit einer C^2-Funktion φ und μ, wie oben, ein auf dem Attraktor Λ von $\{\varphi^t\}$ konzentriertes invariantes ergodisches Wahrscheinlichkeitsmaß. Dann gilt $d_H(\mu) \leq d_L(\mu)$.

■ **A:** Der Attraktor $\Lambda \subset \mathbb{R}^2$ eines glatten dynamischen Systems $\{\varphi^t\}$ werde mit N_ε Quadraten der Seitenlänge ε überdeckt. Es seien $\sigma_1 > 1 > \sigma_2$ die gemittelten Singulärwerte von $D\varphi$. Dann gilt für das d_C−dimensionale Volumen des Attraktors $m_{d_C} \simeq N_\varepsilon \cdot \varepsilon^{d_C}$. Aus jedem Quadrat der Seitenlänge ε entsteht unter φ näherungsweise ein Parallelogramm mit $\sigma_2\varepsilon$ und $\sigma_1\varepsilon$ als Seitenlänge. Nimmt man Überdeckungen aus Rhomben mit der Seitenlänge $\sigma_2\varepsilon$, so ist $N_{\sigma_2\varepsilon} \simeq N_\varepsilon \dfrac{\sigma_1}{\sigma_2}$. Aus der Beziehung $N_\varepsilon \varepsilon^{d_C} \simeq N_{\sigma_2\varepsilon}(\varepsilon\sigma_2)^{d_C}$ erhält man sofort $d_C \simeq 1 - \dfrac{\ln\sigma_1}{\ln\sigma_2} = 1 + \dfrac{\lambda_1}{|\lambda_2|}$. Diese heuristischen Überlegungen geben also einen Hinweis auf die Herkunft der Formel für die LYAPUNOV–Dimension.

■ **B:** Gegeben sei das HÉNON–System(17.6) mit $a = 1{,}4$ und $b = 0{,}3$. Das System (17.6) besitzt bei diesen Parametern einen Attraktor Λ (HÉNON–*Attraktor*) mit komplizierter Struktur. Die numerisch bestimmte Kapazitätsdimension ist $d_C(\Lambda) \simeq 1{,}26$. Für den HÉNON–Attraktor Λ läßt sich ein SBR-Maß nachweisen. Für die LYAPUNOV–Exponenten λ_1 und λ_2 gilt $\lambda_1 + \lambda_2 = \ln|\det D\varphi(x)| = \ln b = \ln 0{,}3 \simeq -1{,}204$. Mit dem numerisch ermittelten Wert $\lambda_1 \simeq 0{,}42$ ergibt sich $\lambda_2 \simeq -1{,}62$. Damit ist $d_L(\mu) \simeq 1 + \dfrac{0{,}42}{1{,}62} \simeq 1{,}26$.

17.2.4.3 Lokale Hausdorff–Dimension nach Douady–Oesterlé

Sei $\{\varphi^t\}_{t\in\Gamma}$ ein glattes dynamisches System auf $M \subset \mathbb{R}^n$ und Λ eine kompakte invariante Menge. Ein beliebiges $t_0 \geq 0$ werde fixiert und $\Phi := \varphi^{t_0}$ gesetzt.

Satz von DOUADY und OESTERLÉ: Seien $\sigma_1(x) \geq \cdots \geq \sigma_n(x)$ die Singulärwerte von $D\Phi(x)$ und sei $d \in (0, n]$ eine Zahl in der Darstellung $d = d_0 + s$ mit $d_0 \in \{0, 1, \ldots, n-1\}$ und $s \in [0, 1]$.
Ist $\sup\limits_{x\in\Lambda} [\sigma_1(x)\sigma_2(x)\ldots\sigma_{d_0}(x)\sigma_{d_0+1}^s(x)] < 1$, so gilt $d_H(\Lambda)] < d$.

Spezielle Version für Differentialgleichungen: Seien $\{\varphi^t\}_{t\in\mathbb{R}}$ der Fluß von (17.1), Λ eine kompakte invariante Menge und seien $\alpha_1(x) \geq \cdots \geq \alpha_n(x)$ die Eigenwerte der *symmetrisierten* JACOBI–*Matrix* $\frac{1}{2}[Df(x)^T + Df(x)]$ in einem beliebigen Punkt $x \in \Lambda$. Ist $d \in (0, n]$ eine Zahl in der Form $d = d_0 + s$

mit $d_0 \in \{0, \ldots, n-1\}$ sowie $s \in [0,1]$ und gilt $\sup\limits_{x\in\Lambda}[\alpha_1(x) + \cdots + \alpha_{d_0}(x) + s\alpha_{d_0+1}(x)] < 0$, so ist $d_H(\Lambda) < d$.
Die Größe

$$d_{D0}(x) = \begin{cases} 0, \text{ falls } \alpha_1(x) < 0; \\ \sup\{d\colon 0 \le d \le n,\ \alpha_1(x) + \cdots + \alpha_{[d]}(x) + (d-[d])\alpha_{[d]+1}(x) \ge 0\} \quad \text{sonst,} \end{cases} \tag{17.45}$$

wobei $x \in \Lambda$ beliebig ist und $[d]$ den ganzzahligen Anteil von d bedeutet, heißt DOUADY–OESTERLÉ–*Dimension* im Punkt x. Unter den Voraussetzungen des oben formulierten Satzes von DOUADY–OESTERLÉ für Differentialgleichungen gilt dann $d_H(\Lambda) \le \sup\limits_{x\in\Lambda} d_{DO}(x)$.

■ Das LORENZ–System (17.2) besitzt für $\sigma = 10$, $b = \frac{8}{3}$, $r = 28$ einen Attraktor Λ (LORENZ–*Attraktor*) mit numerisch ermittelter Dimension $d_H(\Lambda) \approx 2{,}06$ **(Abb.17.16)**. Mit dem Satz von DOUADY–OESTERLÉ erhält man für beliebige $b > 1, \sigma > 0$ und $r > 0$ die Abschätzung $d_H(\Lambda) \le 3 - \dfrac{\sigma + b + 1}{\kappa}$ mit

$$\kappa = \frac{1}{2}\left[\sigma + b + \sqrt{(\sigma - b)^2 + \left(\frac{b}{\sqrt{b-1}} + 2\right)\sigma r}\,\right].$$

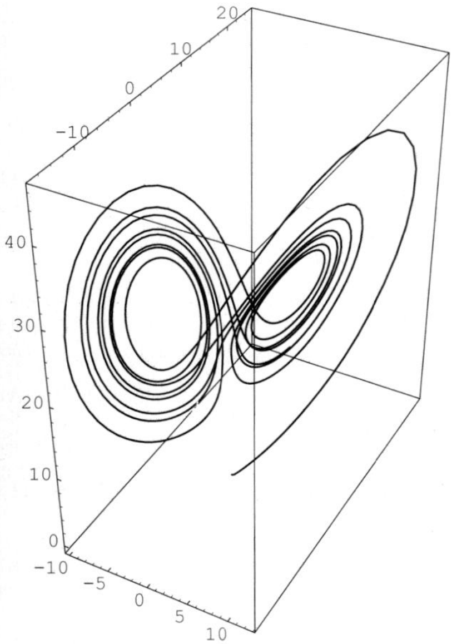

Abbildung 17.16

17.2.4.4 Beispiele von Attraktoren

■ **A:** Die *Hufeisenabbildung* φ tritt in Verbindung mit POINCARÉ–Abbildungen auf, die transversale Schnitte von stabilen und instabilen Mannigfaltigkeiten beinhalten. Das Einheitsquadrat $M = [0,1] \times [0,1]$ wird zunächst in einer Koordinatenrichtung linear gestreckt und in der anderen Richtung gestaucht. Anschließend wird das erhaltene Rechteck in der Mitte gebogen **(Abb.17.17)**.

Wiederholt man diese Prozedur ständig, entsteht eine Folge von Mengen $M \supset \varphi(M) \supset \cdots$, für die $\Lambda = \bigcap\limits_{k=0}^{\infty} \varphi^k(M)$ eine kompakte unter φ invariante Menge darstellt, die alle Punkte aus M anzieht. Mit Ausnahme eines Punktes läßt sich Λ lokal als Produkt „Linie × CANTOR–Menge“beschreiben.

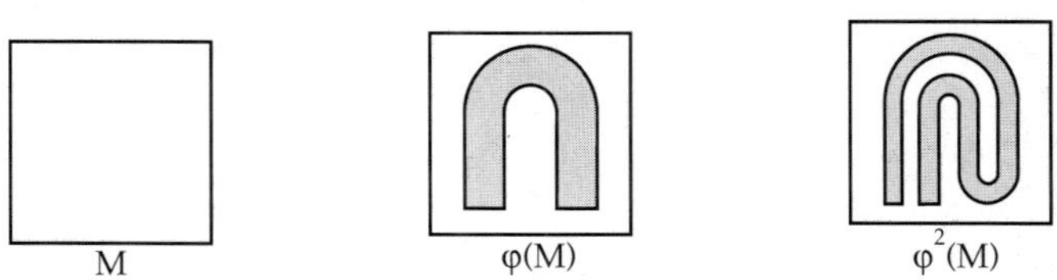

Abbildung 17.17

■ **B:** Sei $\alpha \in (0, \frac{1}{2})$ ein Parameter und $M = [0,1] \times [0,1]$ das Einheitsquadrat. Die Abbildung $\varphi\colon M \to M$ mit

$$\varphi(x,y) = \begin{cases} (2x, \alpha y), & \text{falls } 0 \le x \le 1/2,\ y \in [0,1]; \\ (2x-1, \alpha y + 1/2), & \text{falls } 1/2 < x \le 1,\ y \in [0,1], \end{cases}$$

heißt dissipative *Bäcker–Abbildung.* Zwei Iterationen der *Bäcker*–Abbildung sind in **Abb.17.18** zu sehen. Man erkennt die entstehende „*Blätterteigstruktur*“.

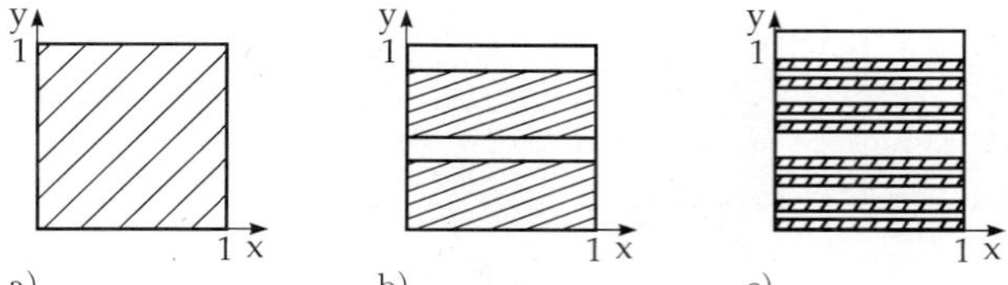

Abbildung 17.18

Die Menge $\Lambda = \bigcap\limits_{k=0}^{\infty} \varphi^k(M)$ ist invariant unter φ und alle Punkte aus M werden von Λ angezogen. Der Wert für die HAUSDORFF–Dimension ist $d_H(\Lambda) = 1 + \dfrac{\ln 2}{-\ln\alpha}$. Für das dynamische System $\{\varphi^k\}$ existiert auf M ein invariantes Maß μ, verschieden vom LEBESGUE–Maß. In den Punkten, wo die Ableitungen existieren, erhält man die JACOBI–Matrizen $D\varphi^k((x,y)) = \begin{pmatrix} 2^k & 0 \\ 0 & \alpha^k \end{pmatrix}$. Hieraus ergeben sich die Singulärwerte $\sigma_1(k,(x,y)) = 2^k, \sigma_2(k,(x,y)) = \alpha^k$ und, demzufolge, die LYAPUNOV–Exponenten (bzgl. des invarianten Maßes μ) $\lambda_1 = \ln 2, \lambda_2 = \ln\alpha$. Damit gilt für die LYAPUNOV–Dimension $d_L(\mu) = 1 + \dfrac{\ln 2}{-\ln\alpha} = d_H(\Lambda)$. PESINsche Formel für die metrische Entropie stimmt hier, d.h., es gilt $h_\mu = \sum\limits_{\lambda_i > 0} \lambda_i = \ln 2$.

■ **C:** Gegeben sei ein Volltorus T mit den lokalen Koordinaten (Θ, x, y), wie er in **Abb.17.19a** zu sehen ist.

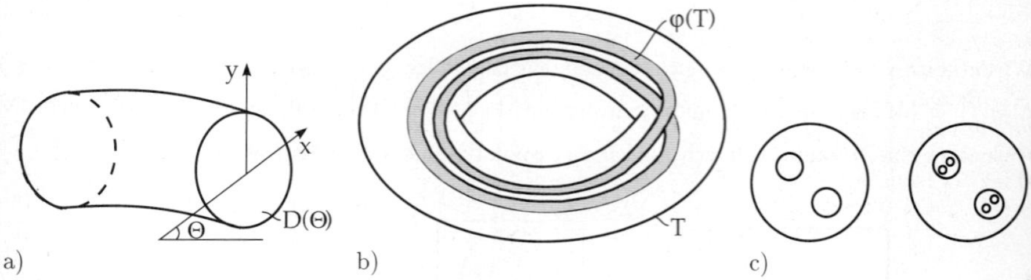

Abbildung 17.19

Eine Abbildung $\varphi\colon T \to T$ wird durch

$$\Theta_{k+1} = 2\Theta_k,\ \begin{pmatrix} x_{k+1} \\ y_{k+1} \end{pmatrix} = \frac{1}{2}\begin{pmatrix} \cos\Theta_k \\ \sin\Theta_k \end{pmatrix} + \alpha \begin{pmatrix} x_k \\ y_k \end{pmatrix}, k = 0, 1, \dots,$$

mit einem Parameter $\alpha \in (0, 1/2)$ erklärt. Das Bild $\varphi(T)$, zusammen mit den Schnitten $\varphi(T) \cap D(\Theta)$ und $\varphi^2(T) \cap D(\Theta)$, ist in **Abb.17.19b** und **Abb.17.19c** zu sehen. Im Ergebnis der Iterationen entsteht die Menge $\Lambda = \bigcap_{k=0}^{\infty} \varphi^k(T)$, die *Solenoid* heißt. Der Attraktor Λ besteht in Längsrichtung aus einem Kontinuum von Kurven, von denen jede dicht in Λ ist und die alle instabil sind. Der Schnitt von Λ transversal zu diesen Kurven ist eine CANTOR–Menge. Für die HAUSDORFF–Dimension gilt $d_H(\Lambda) = 1 - \dfrac{\ln 2}{\ln \alpha}$. Die Menge Λ besitzt eine ganze Umgebung als Einzugsgebiet. Außerdem ist der Attraktor Λ strukturstabil, d.h., die oben formulierten qualitativen Eigenschaften ändern sich nicht bei C^1–kleinen Störungen von φ.

Das Solenoid ist ein Beispiel für einen *hyperbolischen Attraktor.*

17.2.5 Seltsame Attraktoren und Chaos

1. Chaotischer Attraktor Sei $\{\varphi^t\}_{t\in\Gamma}$ ein dynamisches System im metrischen Raum (M, ρ). Der Attraktor Λ dieses Systems heißt *chaotisch,* wenn auf Λ eine *sensitive Abhängigkeit von den Anfangszuständen* vorliegt.
Die Eigenschaft „sensitive Abhängigkeit von den Anfangszuständen“ wird in unterschiedlicher Weise präzisiert. Sie ist z.B. gegeben, wenn eine der beiden folgenden Bedingungen erfüllt ist:
a) Alle Bewegungen von $\{\varphi^t\}$ auf Λ sind in gewisser Weise instabil.
b) Der größte LYAPUNOV–Exponent von $\{\varphi^t\}$ bzgl. eines auf Λ konzentrierten invarianten ergodischen Wahrscheinlichkeitsmaßes ist positiv.

■ Sensitive Abhängigkeit im Sinne von **a)** liegt beim Solenoid vor. Die Eigenschaft **b)** ist z.B. beim HÉNON–Attraktor zu finden.

2. Fraktale und seltsame Attraktoren Ein Attraktor Λ von $\{\varphi^t\}_{t\in\Gamma}$ heißt *fraktal,* wenn er weder eine endliche Anzahl von Punkten, eine stückweise differenzierbare Kurve oder Fläche noch eine Menge, die von einer geschlossenen stückweise differenzierbaren Fläche umgeben wird, darstellt. Ein Attraktor heißt *seltsam,* wenn er chaotisch, fraktal oder beides ist. Die Begriffe chaotisch, fraktal und seltsam werden für kompakte invariante Mengen, die keine Attraktoren sind, analog benutzt. Ein dynamisches System heißt *chaotisch,* wenn es eine kompakte invariante chaotische Menge besitzt.

■ Im Einheitsquadrat wird die Abbildung

$$x_{n+1} = 2x_n + y_n \pmod 1, \quad y_{n+1} = x_n + y_n \pmod 1 \tag{17.46}$$

(ANOSOV–*Diffeomorphismus*) betrachtet. Das System ist in Wirklichkeit auf dem Torus T^2 als adäquater Phasenraum definiert. Es ist konservativ, besitzt das LEBESGUE–Maß als invariantes Maß, hat abzählbar unendlich viele periodische Orbits, deren Vereinigung dicht liegt, und ist mischend. Andererseits ist $\Lambda = T^2$ eine invariante Menge mit ganzzahliger Dimension 2.

3. Chaotisches System nach DEVANEY Sei $\{\varphi^t\}_{t\in\Gamma}$ ein dynamisches System im metrischen Raum (M, ρ) mit kompakter invarianter Menge Λ. Das System $\{\varphi^t\}_{t\in\Gamma}$ (bzw. die Menge Λ) heißt *chaotisch im Sinne* von DEVANEY, wenn gilt:
a) $\{\varphi^t\}_{t\in\Gamma}$ ist *topologisch transitiv* auf Λ, d.h., es gibt einen positiven Semiorbit, der dicht in λ liegt.
b) Die periodischen Orbits von $\{\varphi^t\}_{t\in\Gamma}$ liegen dicht in Λ.
c) $\{\varphi^t\}_{t\in\Gamma}$ ist auf Λ *sensitiv bzgl. der Anfangswerte im Sinne von* GUCKENHEIMER, d.h.,

$$\exists\, \varepsilon > 0 \quad \forall x \in \Lambda \quad \forall \delta > 0 \quad \exists\, y \in \Lambda \cap U_\delta(x) = \{z\colon \rho(x,z) < \delta\} \quad \exists\, t \geq 0\colon \rho(\varphi^t(x), \varphi^t(y)) \geq \varepsilon.$$

■ Gegeben sei der Raum der 0-1-Folgen

$$\sum = \{s = s_0 s_1 s_2 \ldots, s_i \in \{0,1\},\ i = 0, 1 \ldots\}.$$

Für zwei Folgen $s = s_0 s_1 s_2 \ldots$ und $s' = s'_0 s'_1 s'_2 \ldots$ sei der Abstand

$$\rho(s, s') = \begin{cases} 0, & \text{falls} \quad s = s'; \\ 2^{-j}, & \text{falls} \quad s \neq s' \end{cases}$$ ist, wobei j der kleinste Index mit $s_j \neq s'_j$,definiert.

Damit wird $(\sum, \rho)$ ein vollständiger metrischer Raum, der außerdem kompakt ist. Die Abbildung ρ: $s = s_0 s_1 s_2 \ldots \longmapsto \sigma(s) = s' = s_1 s_2 s_3 \ldots$ heißt BERNOULLI–*Shift–Abbildung*. Die Shift-Abbildung ist chaotisch im Sinne von DEVANEY.

17.2.6 Chaos in eindimensionalen Abbildungen

Für stetige Abbildungen eines kompakten Intervalls in sich gibt es zahlreiche hinreichende Bedingungen für die Existenz chaotischer invarianter Mengen. Drei Beispiele sollen genannt werden.

Satz von SHINAI: Sei φ: $I \to I$ eine stetige Abbildung eines kompakten Intervalls I (z.B. $I = [0,1]$) in sich. Dann ist das System $\{\varphi^k\}$ auf I genau dann chaotisch im Sinne von DEVANEY, wenn die topologische Entropie von φ auf I, d. h. $h(\varphi)$, positiv ist.

Satz von SHARKOVSKY: Die positiven ganzen Zahlen seien folgendermaßen geordnet:

$$3 \succ 5 \succ 7 \succ \ldots \succ 2 \cdot 3 \succ 2 \cdot 5 \succ \ldots \succ 2^2 \cdot 3 \succ 2^2 \cdot 5 \succ \ldots\ldots \succ 2^3 \succ 2^2 \succ 2 \succ 1. \qquad (17.47)$$

Sei $\varphi: I \to I$ eine stetige Abbildung eines kompakten Intervalls in sich und habe $\{\varphi^k\}$ auf I einen n–periodischen Orbit. Dann hat $\{\varphi^k\}$ auch einen m–periodischen Orbit, wenn $n \succ m$ ist.

Satz von BLOCK, GUCKENHEIMER und MISIURIEWICZ: Sei $\varphi: I \to I$ eine stetige Abbildung des kompakten Intervalls I in sich, so daß $\{\varphi^k\}$ einen $2^n m$–periodischen Orbit ($m > 1$, ungerade) besitzt. Dann ist $h(\varphi) \geq \dfrac{\ln 2}{2^{n+1}}$.

17.3 Bifurkationstheorie und Wege zum Chaos

17.3.1 Bifurkationen in Morse–Smale–Systemen

Gegeben sei auf $M \subset \mathbf{R}^n$ ein von einer Differentialgleichung oder einer Abbildung erzeugtes dynamisches System $\{\varphi_\varepsilon^t\}_{t \in \Gamma}$, das zusätzlich von einem Parameter $\varepsilon \in V \subset \mathbf{R}^l$ abhängt. Jede Änderung der topologischen Struktur des Phasenporträts des dynamischen Systems bei kleiner Änderung des Parameters heißt *Bifurkation*. Der Parameter $\varepsilon = 0 \in V$ heißt *Bifurkationswert*, wenn in jeder Umgebung von 0 Parameterwerte $\varepsilon \in V$ existieren, so daß die dynamischen Systeme $\{\varphi_\varepsilon^t\}$ und $\{\varphi_0^t\}$ auf M topologisch nicht äquivalent bzw. nicht konjugiert sind. Die kleinste Dimension eines Parameterraumes, bei der eine Bifurkation beobachtbar ist, heißt *Kodimension* der Bifurkation.

Man unterscheidet *lokale* Bifurkationen, die nahe einzelner Orbits des dynamischen Systems ablaufen und *globale* Bifurkationen, die sofort einen großen Teil des Phasenraumes betreffen.

17.3.1.1 Lokale Bifurkationen nahe Ruhelagen

1. Satz über die Zentrumsmannigfaltigkeit

Betrachtet wird eine parameterabhängige Differentialgleichung

$$\dot{x} = f(x, \varepsilon) \quad \text{bzw.} \quad \dot{x}_i = f_i(x_1, \ldots, x_n, \varepsilon_1, \ldots, \varepsilon_l) \quad (i = 1, 2, \ldots, n) \qquad (17.48)$$

mit f: $M \times V \to \mathbf{R}^n$, wobei $M \subset \mathbf{R}^n$ und $V \subset \mathbf{R}^l$ offene Mengen darstellen und f als r–mal stetig differenzierbar vorausgesetzt wird. Die Gleichung (17.48) läßt sich als parameterfreie Differentialgleichung $\dot{x} = f(x, \varepsilon)$, $\dot{\varepsilon} = 0$ im Phasenraum $M \times V$ interpretieren. Aus dem Satz von PICARD–LINDELÖF und dem Satz über die Differenzierbarkeit nach den Anfangswerten folgt, daß (17.48) für beliebige $p \in M$ und $\varepsilon \in V$ eine lokal eindeutige Lösung $\varphi(\cdot, p, \varepsilon)$ mit Anfang p zur Zeit $t = 0$ besitzt, die bzgl. p und ε dann r–mal stetig differenzierbar ist. Alle Lösungen mögen auf ganz $\mathbf{R}$ existieren.

Es wird weiter vorausgesetzt, daß System (17.48) bei $\varepsilon = 0$ die Ruhelage $x = 0$ besitzt, d.h., es gelte $f(0,0) = 0$. Es seien $\lambda_1, \ldots, \lambda_s$ die Eigenwerte von $D_x f(0,0) = \left[\dfrac{\partial f_i}{\partial x_j}(0,0)\right]_{i,j=1}^n$ mit $\mathrm{Re}\lambda_j = 0$. Außerdem habe $D_x f(0,0)$ genau m Eigenwerte mit negativem und $k = n - s - m$ Eigenwerte mit positivem Realteil.

Nach dem *Satz über die Zentrumsmannigfaltigkeit* für Differentialgleichungen (*Satz von* SHOSHITAISHVILI) (s. Lit. [17.12]) ist die Differentialgleichung (17.48) für ε mit hinreichend kleiner Norm $\|\varepsilon\|$ in einer Umgebung von 0 topologisch äquivalent zu einem System

$$\dot{x} = F(x, \varepsilon) \equiv Ax + g(x, \varepsilon), \quad \dot{y} = -y, \quad \dot{z} = z \tag{17.49}$$

mit $x \in \mathbf{R}^s, y \in \mathbf{R}^m$ und $z \in \mathbf{R}^k$, wobei A eine Matrix vom Typ (s, s) ist, die $\lambda_1, \ldots, \lambda_s$ als Eigenwerte hat, und g eine C^r-Funktion mit $g(0,0) = 0$ sowie $D_x g(0,0) = 0$ darstellt.
Aus der Darstellung (17.49) folgt, daß Bifurkationen von (17.48) in einer Umgebung von 0 ausschließlich durch die Differentialgleichung

$$\dot{x} = F(x, \varepsilon) \tag{17.50}$$

beschrieben werden. Die Gleichung (17.50) stellt die auf die *lokale Zentrumsmannigfaltigkeit* $W^c_{loc} = \{x, y, z \colon y = 0, z = 0\}$ von (17.49) *reduzierte Differentialgleichung* dar. Die reduzierte Differentialgleichung (17.50) kann oft durch eine nichtlineare parameterabhängige Koordinatentransformation, die die topologische Struktur ihres Phasenporträts nahe der untersuchten Ruhelage nicht ändert, auf eine relativ einfache Form (z.B. mit Polynomen auf der rechten Seite) gebracht werden, die *Normalform* heißt. Eine Normalform läßt sich nicht eindeutig bestimmen; in der Regel wird eine Bifurkation durch unterschiedliche Normalformen äquivalent beschrieben.

2. Sattelknoten–Bifurkation und transkritische Bifurkation

Gegeben sei (17.48) mit $l = 1$, wobei f mindestens zweimal stetig differenzierbar ist und $D_x f(0,0)$ den Eigenwert $\lambda_1 = 0$ und $n-1$ Eigenwerte λ_j mit $\mathrm{Re}\lambda_j \neq 0$ habe. Nach dem Satz über die Zentrumsmannigfaltigkeit werden in diesem Fall alle Bifurkationen von (17.48) nahe 0 durch eine eindimensionale reduzierte Differentialgleichung (17.50) beschrieben. Offenbar ist dabei $F(0,0) = \dfrac{\partial F}{\partial x}(0,0) = 0$. Wird zusätzlich $\dfrac{\partial^2}{\partial x^2} F(0,0) \neq 0$ und $\dfrac{\partial F}{\partial \varepsilon}(0,0) \neq 0$ vorausgesetzt und die rechte Seite von (17.50) nach der TAYLOR–Formel entwickelt, so läßt sich diese Darstellung nach [17.13] durch Koordinatentransformation umformen zur Normalform

$$\dot{x} = \alpha + x^2 + \cdots \tag{17.51}$$

(bei $\dfrac{\partial^2 F}{\partial x^2}(0,0) > 0$) bzw. $\dot{x} = \alpha - x^2 + \cdots$ (bei $\dfrac{\partial^2 F}{\partial x^2}(0,0) < 0$), wobei $\alpha = \alpha(\varepsilon)$ eine differenzierbare Funktion mit $\alpha(0) = 0$ ist und die Punkte Terme höherer Ordnung bedeuten. Für $\alpha < 0$ hat (17.51) nahe $x = 0$ zwei Ruhelagen, von denen eine stabil, die andere instabil ist. Bei $\alpha = 0$ verschmelzen diese zur Ruhelage $x = 0$, die instabil ist. Für $\alpha > 0$ hat (17.51) keine Ruhelage nahe 0 **(Abb. 17.20b)**.

Die Übertragung auf den mehrdimensionalen Fall liefert eine *Sattelknoten–Bifurkation* nahe 0 in (17.48). Für $n = 2$ und $\lambda_1 = 0, \lambda_2 < 0$ ist diese Bifurkation in **Abb.17.20** zu sehen. Die Darstellung der Sattelknoten–Bifurkation im erweiterten Phasenraum ist in **Abb.17.20a** zu sehen. Für hinreichend glatte Vektorfelder (17.48) sind Sattelknoten-Bifurkationen generisch.

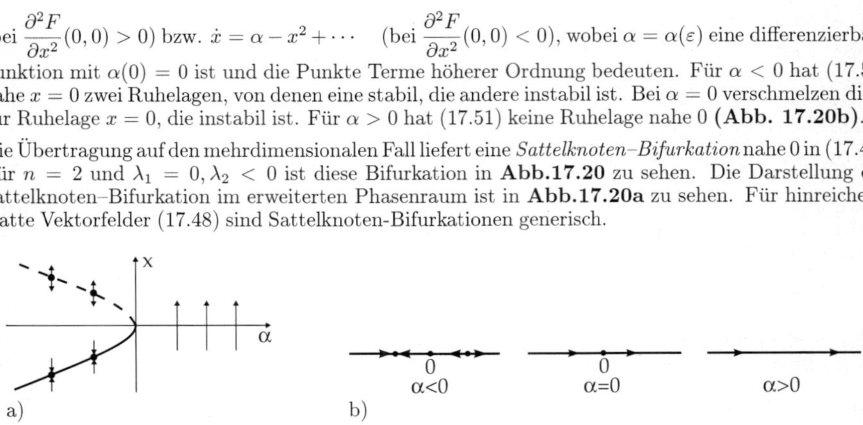

Abbildung 17.20

c)

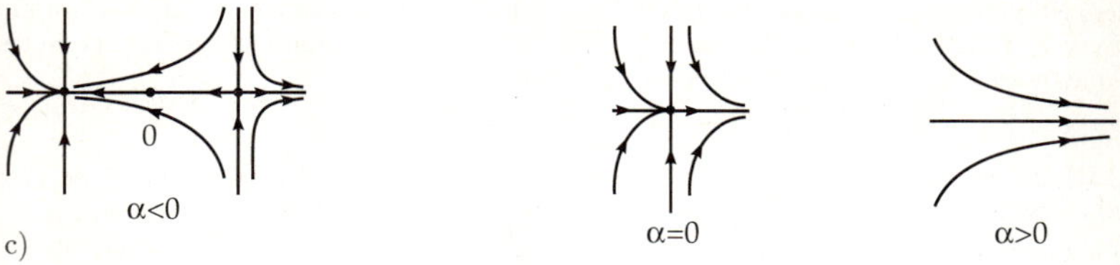

Abbildung 17.20

Wird in den Bedingungen an F für eine Sattelknoten–Bifurkation die Voraussetzung $\frac{\partial F}{\partial \varepsilon}(0,0) \neq 0$ durch die Forderungen $\frac{\partial F}{\partial \varepsilon}(0,0) = 0$ und $\frac{\partial^2 F}{\partial x \partial \varepsilon}(0,0) \neq 0$ ersetzt, so ergibt sich aus (17.50) die verkürzte Normalform (ohne Glieder höherer Ordnung) $\dot{x} = \alpha x - x^2$ einer *transkritischen Bifurkation.* Für $n = 2$ und $\lambda_2 < 0$ ist die transkritische Bifurkation, zusammen mit dem Bifurkationsdiagramm, in **Abb.17.21** zu sehen. Sattelknoten- und transkritische Bifurkation gehören zu den Kodimension–1–Bifurktionen.

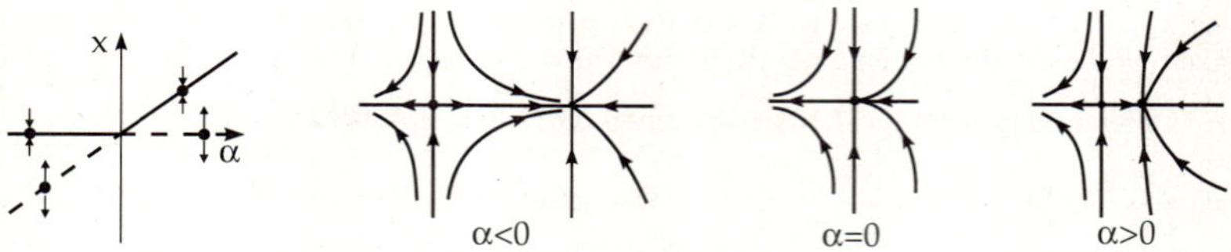

Abbildung 17.21

3. Hopf–Bifurkation

Gegeben sei (17.48), mit $n \geq 2$, $l = 1$ und $r \geq 4$. Für alle ε mit $|\varepsilon| \leq \varepsilon_0$ ($\varepsilon_0 > 0$ hinreichend klein) gelte $f(0, \varepsilon) = 0$. Die JACOBI–Matrix $D_x f(0,0)$ habe die Eigenwerte $\lambda_1 = \overline{\lambda_2} = \mathrm{i}\omega$ mit $\omega \neq 0$ und $n-2$ Eigenwerte λ_j mit $\mathrm{Re}\lambda_j \neq 0$. Nach dem Satz über die Zentrumsmannigfaltigkeit wird die Bifurkation durch eine zweidimensionale reduzierte Differentialgleichung (17.50) in der Form

$$\dot{x} = \alpha(\varepsilon)x - \omega(\varepsilon)y + g_1(x, y, \varepsilon), \quad \dot{y} = \omega(\varepsilon)x + \alpha(\varepsilon)y + g_2(x, y, \varepsilon) \tag{17.52}$$

beschrieben, wobei α, ω, g_1 und g_2 differenzierbare Funktionen sind und $\omega(0) = \omega$ sowie $\alpha(0) = 0$ gilt. Durch eine nichtlineare Koordinatentransformation im Komplexen und Einführung von Polarkoordinaten (r, ϑ) läßt sich (17.52) auf die Normalform

$$\dot{r} = \alpha(\varepsilon)r + a(\varepsilon)r^3 + \cdots, \quad \dot{\vartheta} = \omega(\varepsilon) + b(\varepsilon)r^2 + \cdots \tag{17.53}$$

bringen, in der mit Punkten die Glieder höherer Ordnung angedeutet werden. Die TAYLOR–Entwicklung der Koeffizientenfunktionen von (17.53) führt auf die verkürzte Normalform

$$\dot{r} = \alpha'(0)\varepsilon r + a(0)r^3, \quad \dot{\vartheta} = \omega(0) + \omega'(0)\varepsilon + b(0)r^2. \tag{17.54}$$

Der Satz von ANDRONOV und HOPF garantiert, daß (17.54) die Bifurkationen von (17.53) nahe der Ruhelage bei $\varepsilon = 0$ beschreibt.

Unter der Annahme $\alpha'(0) > 0$ ergeben sich für (17.54) folgende Fälle:

1. $a(0) < 0$ **(Abb.17.22a).**

- $(a)\ \varepsilon > 0:$ Stabiler Grenzzyklus und instabile Ruhelage.
- $(b)\ \varepsilon = 0:$ Zyklus und Ruhelage verschmelzen in eine Ruhelage, die stabil wird.
- $(c)\ \varepsilon < 0:$ Alle Orbits nahe $(0,0)$ streben wie in (b) für $t \to +\infty$ spiralartig gegen die Ruhelage $(0,0)$.

2. $a(0) > 0$ **(Abb.17.22b).**

- $(a)\ \varepsilon < 0:$ Instabiler Grenzzyklus.
- $(b)\ \varepsilon = 0:$ Zyklus und Ruhelage verschmelzen in eine instabile Ruhelage.
- $(c)\ \varepsilon > 0:$ Spiralartige instabile Ruhelage wie in (b).

Abbildung 17.22

Die Interpretation der obigen Fälle für das Ausgangssystem (17.48) zeigt die Bifurkation eines Grenzzyklus aus einer zusammengesetzten Ruhelage *(zusammengesetzter Strudel der Vielfachheit 1)*, die HOPF–*Bifurkation* (oder auch ANDRONOV–HOPF– *Bifurkation*) genannt wird. Der Fall $a(0) < 0$ heißt dabei *superkritisch*, der Fall $a(0) > 0$ *subkritisch* (unter der Annahme $\alpha'(0) > 0$). Für $n = 3, \lambda_1 = \overline{\lambda_2} = \mathrm{i}$, $\lambda_3 < 0, \alpha'(0) > 0$ und $a(0) < 0$ ist die Situation auf **Abb.17.23** zu sehen.

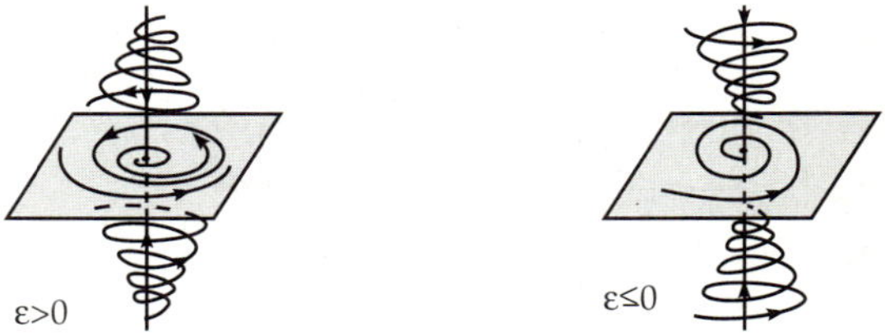

Abbildung 17.23

HOPF–Bifurkationen sind generisch und gehören zu den Kodimension–1–Bifurkationen. Die angeführten Fallunterscheidungen illustrieren die Tatsache, daß eine superkritische HOPF–Bifurkation unter den oben formulierten Voraussetzungen anhand der Stabilität eines Strudels erkannt werden kann: Die Eigenwerte $\lambda_1(\varepsilon)$ und $\lambda_2(\varepsilon)$ der JACOBI–Matrix der rechten Seite von (17.48) in 0 bei $\varepsilon = 0$ seien rein imaginär, und für die restlichen Eigenwerte λ_j gelte $\mathrm{Re}\lambda_j \neq 0$. Sei weiter $\dfrac{d}{d\varepsilon}\,\mathrm{Re}\lambda_1(\varepsilon)_{|\varepsilon=0} > 0$ und sei 0 ein asymptotisch stabiler Strudel für (17.48) bei $\varepsilon = 0$. Dann findet in (17.48) bei $\varepsilon = 0$ eine superkritische HOPF–Bifurkation statt.

■ Die VAN–DER–POLsche Differentialgleichung $\ddot{x} + \varepsilon(x^2 - 1)\dot{x} + x = 0$ mit dem Parameter ε kann als ebene Differentialgleichung

$$\dot{x} = y, \quad \dot{y} = -\varepsilon(x^2 - 1)y - x \tag{17.55}$$

geschrieben werden. Bei $\varepsilon = 0$ geht (17.55) in die Gleichung des harmonischen Oszillators über und hat deshalb nur periodische Lösungen und eine Ruhelage, die stabil, aber nicht asymptotisch stabil ist.

Mit der Transformation $u = \sqrt{\varepsilon}\, x$, $v = \sqrt{\varepsilon}\, y$ für $\varepsilon > 0$ geht (17.55) in die ebene Differentialgleichung

$$\dot{u} = v, \quad \dot{v} = -u - (u^2 - \varepsilon)v \tag{17.56}$$

über. Für die Eigenwerte der JACOBI–Matrix in der Ruhelage $(0,0)$ von (17.56) gilt

$$\lambda_{1,2}(\varepsilon) = \frac{\varepsilon}{2} \pm \sqrt{\frac{\varepsilon^2}{4} - 1}$$

und damit $\lambda_{1,2}(0) = \pm \mathrm{i}$ sowie $\dfrac{d}{d\varepsilon}\,\mathrm{Re}\lambda_1(\varepsilon)_{|\varepsilon=0} = \dfrac{1}{2} > 0$. Wie im Beispiel von 17.1.2.3,1. gezeigt wurde, ist $(0,0)$ eine asymptotisch stabile Ruhelage von (17.56) bei $\varepsilon = 0$. Bei $\varepsilon = 0$ findet eine superkritische HOPF–Bifurkation statt, und $(0,0)$ ist für kleine $\varepsilon > 0$ ein instabiler Strudel, der von einem Grenzzyklus umgeben ist, dessen Amplitude mit ε wächst.

4. Bifurkationen in zweiparametrigen Differentialgleichungen

1. Spitzen–Bifurkation Gegeben sei die Differentialgleichung (17.48) mit $r \geq 4$ und $l = 2$. Die JACOBI–Matrix $D_x f(0,0)$ habe den Eigenwert $\lambda_1 = 0$ und $n-1$ Eigenwerte λ_j mit $\mathrm{Re}\lambda_j \neq 0$. Für die reduzierte Differentialgleichung (17.50) gelte $F(0,0) = \dfrac{\partial F}{\partial x}(0,0) = \dfrac{\partial^2 F}{\partial x^2}(0,0) = 0$ und $l_3 := \dfrac{\partial^3 F}{\partial x^3}(0,0) \neq 0$. Die TAYLOR–Zerlegung von F nahe $(0,0)$ führt auf die verkürzte Normalform (ohne Glieder höherer Ordnung) (s. Lit. [17.1])

$$\dot{x} = \alpha_1 + \alpha_2 x + \operatorname{sign} l_3 x^3 \tag{17.57}$$

mit den Parametern α_1 und α_2. Die Menge $\{(\alpha_1, \alpha_2, x)\colon \alpha_1 + \alpha_2 x + \operatorname{sign} l_3 x^3 = 0\}$ stellt im erweiterten Phasenraum eine Fläche dar und wird *Falte* genannt **(Abb.17.24a)**.

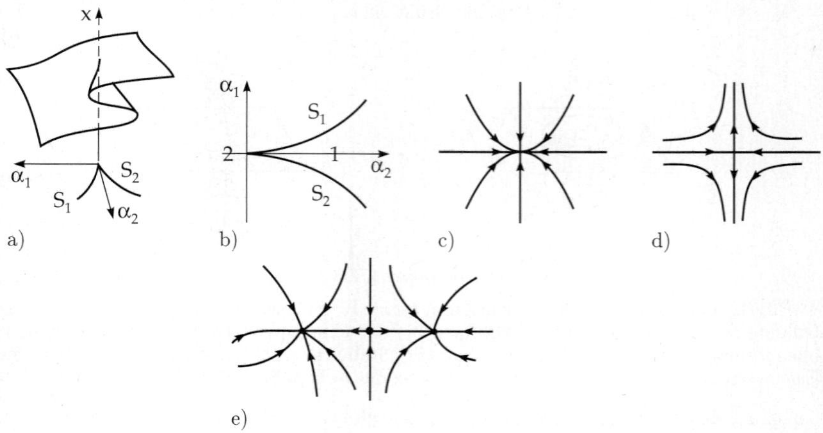

Abbildung 17.24

Im weiteren sei $l_3 < 0$. Die nicht hyperbolischen Ruhelagen von (17.57) werden durch das Gleichungssystem $\alpha_1 + \alpha_2 x - x^3 = 0$, $\alpha_2 - 3x^2 = 0$ definiert und liegen auf den Kurven S_1 und S_2, die durch die Menge $\{(\alpha_1, \alpha_2)\colon 27\alpha_1^2 - 4\alpha_2^3 = 0\}$ bestimmt werden und zusammen eine *Spitze (cusp)* bilden **(Abb.17.24b)**. Bei $(\alpha_1, \alpha_2) = (0,0)$ ist die Ruhelage 0 von (17.57) stabil. Das Phasenporträt von (17.48) nahe 0, z.B. für $n = 2$, $l_3 < 0$ und $\lambda_1 = 0$ ist für $\lambda_2 < 0$ (*dreifach zusammengesetzter Knoten*) in **Abb.17.24c** und für $\lambda_2 > 0$ (*dreifach zusammengesetzter Sattel*) in **Abb.17.24d** zu sehen (s. Lit. [17.13]).

Beim Übergang von $(\alpha_1, \alpha_2) = (0, 0)$ in das Innere des Gebietes 1 **(Abb.17.24b)** spaltet sich die nicht hyperbolische Ruhelage 0 von (17.48) vom Typ eines zusammengesetzten Knotens in drei hyperbolische Ruhelagen (zwei stabile Knoten und ein Sattel) auf (*superkritische Gabelbifurkation*). Im Falle des zweidimensionalen Phasenraumes von (17.48) sind die Phasenporträts in **Abb.17.24c,e** zu sehen. Beim Durchqueren des Parameterpaares von $S_i \setminus \{(0,0)\}$ $(i = 1, 2)$ aus 1 in 2 bildet sich eine zweifach zusammengesetzte Ruhelage vom Sattelknoten–Typ, die sich anschließend aufhebt. Eine stabile hyperbolische Ruhelage verbleibt.

2. BOGDANOV–TAKENS–**Bifurkation** Für (17.48) gelte $n \geq 2$, $l = 2$, $r \geq 2$, und die Matrix $D_x f(0,0)$ habe die beiden Eigenwerte $\lambda_1 = \lambda_2 = 0$ und $n-2$ Eigenwerte λ_j mit $\mathrm{Re}\lambda_j \neq 0$. Die reduzierte zweidimensionale Differentialgleichung (17.50) sei topologisch äquivalent zum ebenen System

$$\dot{x} = y, \quad \dot{y} = \alpha_1 + \alpha_2 x + x^2 - xy. \tag{17.58}$$

Dann findet auf der Kurve $S_1 = \{(\alpha_1, \alpha_2) \colon \alpha_2^2 - 4\alpha_1 = 0\}$ eine Sattelknoten–Bifurkation statt. Auf $S_2 = \{(\alpha_1, \alpha_2) \colon \alpha_1 = 0, \alpha_2 < 0\}$ entsteht beim Übergang aus dem Gebiet $\alpha_1 < 0$ in das Gebiet $\alpha_1 > 0$ durch eine HOPF–Bifurkation ein stabiler Grenzzyklus und auf $S_3 = \{(\alpha_1, \alpha_2) \colon \alpha_1 = -k\alpha_2^2 + \cdots\}$ $(k > 0$, const) existiert für das Ausgangssystem eine Separatrixschleife **(Abb.17.25)**, die im Gebiet 3 in einen stabilen Grenzzyklus bifurkiert (s. Lit. [17.1], [17.17]). Diese Bifurkation ist von globaler Natur und wird als *Entstehung eines einzigen periodischen Orbits aus dem homoklinen Orbit eines Sattels* oder *Auflösung einer Separatrixschleife* bezeichnet.

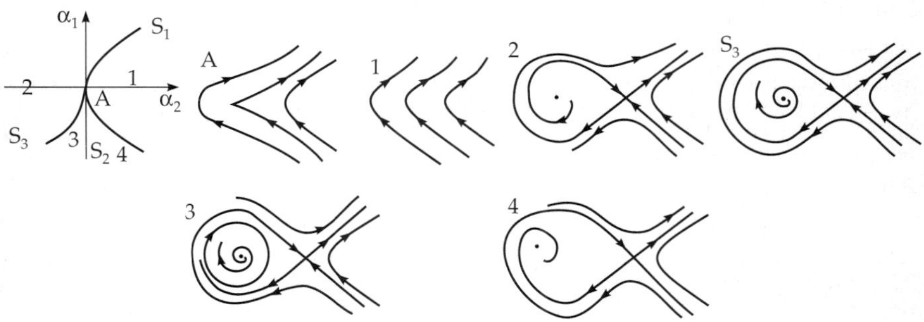

Abbildung 17.25

3. Verallgemeinerte HOPF–**Bifurkation** Für (17.48) seien die Voraussetzungen der HOPF–Bifurkation mit $r \geq 6$ erfüllt und die zweidimensionale reduzierte Differentialgleichung habe nach einer Koordinatentransformation in Polarkoordinaten die Normalform $\dot{r} = \varepsilon_1 r + \varepsilon_2 r^3 - r^5 + \cdots$, $\dot{\vartheta} = 1 + \cdots$. Das Bifurkationsdiagramm **(Abb.17.26)** dieses Systems enthält die Linie $S_1 = \{(\varepsilon_1, \varepsilon_2) \colon \varepsilon_1 = 0,\ \varepsilon_2 \neq 0\}$, deren Punkte HOPF–Bifurkationen repräsentieren (s. Lit. [17.1]). Im Gebiet 3 existieren zwei periodische Orbits, von denen einer stabil, der andere instabil ist. Auf der Kurve $S_2 = \{(\varepsilon_1, \varepsilon_2) \colon\ \varepsilon_2^2 + 4\varepsilon_2 > 0,\ \varepsilon_1 < 0\}$ verschmelzen diese beiden nicht hyperbolischen Zyklen in einen zusammengesetzten Zyklus, der im Gebiet 2 verschwindet.

5. Symmetriebrechung

Manche Differentialgleichungen (17.48) besitzen *Symmetrien* im folgenden Sinne: Es existiert eine lineare Transformation T (oder sogar eine Gruppe von Transformationen), so daß $f(Tx, \varepsilon) = T f(x, \varepsilon)$ für alle $x \in M$ und $\varepsilon \in V$ ist. Ein Orbit γ von (17.48) heißt *symmetrisch bzgl. T*, falls $T\gamma = \gamma$ ist. Von einer *symmetriebrechenden* Bifurkation bei $\varepsilon = 0$ spricht man z.B. in (17.48) (bei $l = 1$), wenn für $\varepsilon < 0$ eine stabile Ruhelage oder ein stabiler Grenzzyklus vorliegt, die jeweils symmetrisch bzgl. T sind, und bei $\varepsilon = 0$ zwei weitere stabile Ruhelagen oder Grenzzyklen entstehen, die nicht mehr symmetrisch bzgl. T sind.

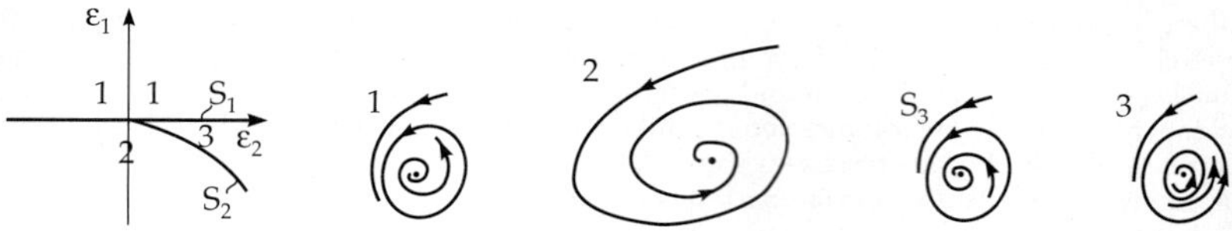

Abbildung 17.26

■ Für System (17.48) mit $f(x,\varepsilon) = \varepsilon x - x^3$ definiert $T\colon x \mapsto -x$ eine Symmetrie, denn $f(-x,\varepsilon) = -f(x,\varepsilon)$ ($x \in \mathbb{R}, \varepsilon \in \mathbb{R}$). Bei $\varepsilon < 0$ ist $x_1 = 0$ eine stabile Ruhelage. Bei $\varepsilon > 0$ gibt es neben $x_1 = 0$ die beiden anderen Ruhelagen $x_{2,3} = \pm\sqrt{\varepsilon}$, die beide nicht symmetrisch sind.

17.3.1.2 Lokale Bifurkationen nahe einem periodischen Orbit

1. Satz über die Zentrumsmannigfaltigkeit für Abbildungen

Gegeben sei ein periodischer Orbit γ von (1.21) bei $\varepsilon = 0$ mit den Multiplikatoren $\rho_1, \ldots, \rho_{n-1}, \rho_n = 1$. Eine Bifurkation nahe γ ist möglich, wenn bei Änderung von ε mindestens einer der Multiplikatoren auf den komplexen Einheitskreis trifft. Die Verwendung einer zu γ transversalen Fläche führt auf eine parameterabhängige POINCARÉ–Abbildung

$$x \longmapsto P(x,\varepsilon). \tag{17.59}$$

Dabei sei $P\colon E \times V \to \mathbb{R}^{n-1}$, wobei $E \subset \mathbb{R}^{n-1}$ und $V \subset \mathbb{R}^l$ offene Mengen sind, eine C^r–Abbildung, wobei die Abbildung $\tilde{P}\colon E \times V \to \mathbb{R}^{n-1} \times \mathbb{R}^l$ mit $\tilde{P}(x,\varepsilon) = (P(x,\varepsilon),\varepsilon)$ sogar ein C^r–Diffeomorphismus sei. Es sei weiter $P(0,0) = 0$ und die JACOBI–Matrix $D_xP(0,0)$ habe s Eigenwerte $\rho_1, \ldots, \rho_s$ mit $|\rho_i| = 1$, m Eigenwerte $\rho_{s+1}, \ldots, \rho_{s+m}$ mit $|\rho_i| < 1$ und $k = n - s - m - 1$ Eigenwerte $\rho_{s+m+1}, \ldots, \rho_{n-1}$ mit $|\rho_i| > 1$. Dann ist nach dem *Satz über die Zentrumsmannigfaltigkeit für Abbildungen* (s. Lit. [17.12]) $\tilde{P}$ nahe $(0,0) \in E \times V$ topologisch konjugiert zur Abbildung

$$(x,y,z,\varepsilon) \longmapsto (F(x,\varepsilon), A^s y, A^u z, \varepsilon) \tag{17.60}$$

nahe $(0,0) \in \mathbb{R}^{n-1} \times \mathbb{R}^l$ mit $F(x,\varepsilon) = A^c x + g(x,\varepsilon)$. Dabei ist g eine C^r–differenzierbare Abbildung, die den Bedingungen $g(0,0) = 0$ und $D_xg(0,0) = 0$ genügt. Außerdem sind A^c, A^s bzw. A^u Matrizen vom Typ $(s,s), (m,m)$ bzw. (k,k).

Aus (17.60) folgt, daß Bifurkationen von (17.59) nahe $(0,0)$ ausschließlich durch die *reduzierte Abbildung*

$$x \longmapsto F(x,\varepsilon) \tag{17.61}$$

auf der *lokalen Zentrumsmannigfaltigkeit* $W^c_{loc} = \{(x,y,z)\colon\ y = 0,\ z = 0\}$ beschrieben werden.

2. Bifurkation eines zweifach zusammengesetzten semistabilen periodischen Orbits

Gegeben sei das System (17.48) mit $n \geq 2, r \geq 3$ und $l = 1$. Das System (17.48) habe bei $\varepsilon = 0$ den periodischen Orbit γ mit den Multiplikatoren $\rho_1 = +1$, $|\rho_i| \neq 1$ $(i = 2, 3, \ldots, n-1)$ und $\rho_n = 1$. Nach dem Satz über die Zentrumsmannigfaltigkeit für Abbildungen werden Bifurkationen in der POINCARÉ-Abbildung (17.59) durch die eindimensionale reduzierte Abbildung (17.61) mit $A^c = 1$ beschrieben. Wird dabei $\dfrac{\partial^2 F}{\partial x^2}(0,0) \neq 0$ und $\dfrac{\partial F}{\partial \varepsilon}(0,0) \neq 0$ vorausgesetzt, so führt dies auf die Normalformen

$$x \longmapsto \tilde{F}(x,\alpha) = \alpha + x + x^2 \tag{17.62}$$

(bei $\dfrac{\partial^2 F}{\partial x^2}(0,0) > 0$) bzw. $x \longmapsto \alpha + x - x^2$ (bei $\dfrac{\partial^2 F}{\partial x^2}(0,0) < 0$). Die Iterationsverläufe von (17.62) nahe 0 und die zugehörigen Phasenporträts sind für verschiedene α in **Abb.17.27a** bzw. **Abb.17.27b** zu sehen (s. Lit. [17.1]). Für $\alpha < 0$ liegen eine stabile und eine instabile Ruhelage nahe $x = 0$ vor, die für

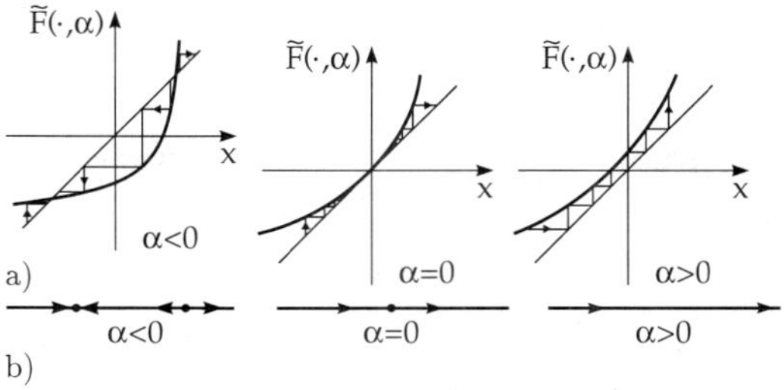

Abbildung 17.27

ɑ $= 0$ in der instabilen Ruhelage $x = 0$ verschmelzen. Für $\alpha > 0$ existiert keine Ruhelage nahe $x = 0$.)ie durch (17.62) beschriebene Bifurkation in (17.61) heißt *subkritische Sattelknoten–Bifurkation für Abbildungen.*

Für die Differentialgleichung (17.48) beschreiben die Eigenschaften der Abbildung (17.62) die *Bifurkation eines zweifach zusammengesetzten semistabilen periodischen Orbits:* Bei $\alpha < 0$ existieren ein stabiler periodischer Orbit γ_1 und ein instabiler periodischer Orbit γ_2, die bei $\alpha = 0$ zu einem semistabilen Orbit γ verschmelzen, der sich bei $\alpha > 0$ auflöst **(Abb.17.28b)**.

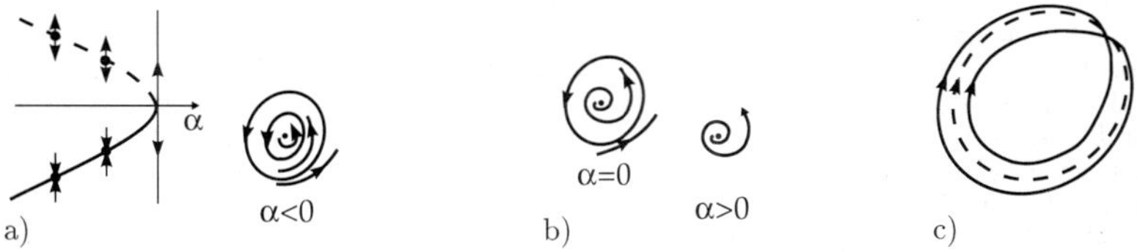

Abbildung 17.28

3. Periodenverdopplung oder Flip–Bifurkation

Gegeben sei das System (17.48) mit $n \geq 2, r \geq 4$ und $l = 1$. Betrachtet wird ein periodischer Orbit γ von (17.48) bei $\varepsilon = 0$ mit den Multiplikatoren $\rho_1 = -1$, $|\rho_i| \neq 1$, $i = 2, \ldots, n-1$, und $\rho_n = 1$. Das Bifurkationsverhalten der POINCARÉ–Abbildung nahe 0 wird durch die eindimensionale Abbildung (17.61) mit $A^c = -1$ beschrieben, von der die Normalform

$$x \longmapsto \tilde{F}(x, \alpha) = (-1 + \alpha)x + x^3 \tag{17.63}$$

angenommen werden soll. Die Ruhelage $x = 0$ von (17.63) ist für kleine $\alpha \geq 0$ stabil und für $\alpha < 0$ instabil. Die zweite iterierte Abbildung $\tilde{F}^2$ hat bei $\alpha < 0$ außer $x = 0$ noch die beiden stabilen Fixpunkte $x_{1,2} = \pm\sqrt{-\alpha} + o(|\alpha|)$, die keine Fixpunkte von $\tilde{F}$ sind. Demzufolge müssen sie Punkte der Periode 2 von (17.63) sein.

Allgemein formuliert, kommt es in einer C^4–Abbildung (17.61) zur Entstehung eines zweiperiodischen Orbits bei $\varepsilon = 0$, wenn folgende Bedingungen erfüllt sind (s. Lit. [17.2]):

$$F(0,0) = 0, \qquad \frac{\partial F}{\partial x}(0,0) = -1, \qquad \frac{\partial F^2}{\partial \varepsilon}(0,0) = 0,$$

$$\frac{\partial^2 F^2}{\partial x \partial \varepsilon}(0,0) \neq 0, \qquad \frac{\partial^2 F^2}{\partial x^2}(0,0) = 0, \qquad \frac{\partial^3 F^2}{\partial x^3}(0,0) \neq 0. \tag{17.64}$$

Da wegen $\frac{\partial F}{\partial x}(0,0) = -1$ auch $\frac{\partial F^2}{\partial x}(0,0) = +1$ ist, sind damit für die Abbildung F^2 die Bedingungen für eine *Gabelbifurkation* formuliert.
Die Eigenschaften der Abbildung (17.63) implizieren für die Differentialgleichung (17.48), daß sich bei $\alpha = 0$ von γ ein stabiler periodischer Orbit mit etwa doppelter Periode abspaltet (*Periodenverdopplung*), wobei γ seine Stabilität verliert **(Abb.17.28c)**.

■ Die logistische Abbildung φ_α: $[0,1] \to [0,1]$ ist für $0 < \alpha \le 4$ durch $\varphi_\alpha(x) = \alpha x(1-x)$, d.h. durch das diskrete dynamische System

$$x_{t+1} = \alpha x_t(1 - x_t) \tag{17.65}$$

gegeben. Die Abbildung besitzt nach [17.10] folgendes Bifurkationsverhalten: Für $0 < \alpha \le 1$ hat (17.65) die Ruhelage 0 mit dem Einzugsgebiet $[0,1]$. Für $1 < \alpha < 3$ besitzt (17.65) die instabile Ruhelage 0 und die stabile Ruhelage $1 - \frac{1}{\alpha}$, wobei letztere das Einzugsgebiet $(0,1)$ besitzt. Bei $\alpha_1 = 3$ wird die Ruhelage $1 - \frac{1}{\alpha}$ instabil und zerfällt in einen stabilen 2periodischen Orbit. Beim Wert $\alpha_2 = 1 + \sqrt{6}$ wird auch der 2periodische Orbit instabil und durch einen stabilen 2^2–periodischen Orbit ersetzt. Die Periodenverdopplung setzt sich fort, und es entstehen stabile 2^q–periodische Orbits bei $\alpha = \alpha_q$. Numerische Untersuchungen belegen für $q \to +\infty$ die Konvergenz $\alpha_q \to \alpha_\infty \approx 3,570\ldots$. Bei $\alpha = \alpha_\infty$ liegt ein Attraktor F vor (FEIGENBAUM–*Attraktor*), der die Struktur einer CANTOR–ähnlichen Menge hat. In beliebiger Nähe des Attraktors liegen Punkte, die nicht in den Attraktor, sondern auf instabile periodische Orbits iteriert werden. Der Attraktor F hat dichte Orbits und eine HAUSDORFF–Dimension $d_H(F) \approx 0,538\ldots$. Andererseits liegt keine sensitive Abhängigkeit von den Anfangszuständen vor. Im Bereich $\alpha_\infty < \alpha < 4$ existiert eine Parametermenge A mit positivem LEBESGUE–Maß, so daß für $\alpha \in A$ das System (17.65) einen chaotischen Attraktor positiven Maßes besitzt. Die Menge A ist von Fenstern durchsetzt, in denen Periodenverdopplung auftritt. Das Bifurkationsverhalten der logistischen Abbildung ist auch in einer Klasse von *unimodalen Abbildungen*, d.h. von Abbildungen des Intervalls I in sich, die in I ein einfaches Maximum besitzen, zu finden. Obwohl die Parameterwerte α_i, bei denen Periodenverdopplung auftritt, für verschiedene solche unimodale Abbildungen sich voneinander unterscheiden, ist die Konvergenzrate, mit der diese Parameter gegen den jeweiligen Wert α_∞ streben, gleich: $\alpha_k - \alpha_\infty \approx C\delta^{-k}$, wobei $\delta = 4,6692\ldots$ die FEIGENBAUM–Konstante ist (C hängt von der konkreten Abbildung ab). Gleich sind auch die HAUSDORFF–Dimensionen der Attraktoren F bei $\alpha = \alpha_\infty$: $d_H(F) \approx 0,538\ldots$.

4. Abspaltung eines Torus

Gegeben sei (17.48) mit $n \ge 3, r \ge 6$ und $l = 1$. Für alle ε nahe 0 habe (17.48) einen periodischen Orbit γ_ε. Die Multiplikatoren von γ_0 seien $\rho_{1,2} = e^{\pm i\Psi}$ mit $\Psi \notin \{0, \frac{\pi}{2}, \frac{2\pi}{3}, \pi\}$, ρ_j $(j = 3, \ldots, n-1)$ mit $|\rho_j| \ne 1$ und $\rho_n = 1$.
Nach dem Satz über die Zentrumsmannigfaltigkeit ergibt sich in der vorliegenden Situation eine zweidimensionale reduzierte C^6–Abbildung

$$x \longmapsto F(x,\varepsilon) \tag{17.66}$$

mit $F(0,\varepsilon) = 0$ für ε nahe 0.
Hat die JACOBI–Matrix $D_xF(0,\varepsilon)$ für alle ε nahe 0 die konjugiert komplexen Eigenwerte $\rho(\varepsilon)$ und $\overline{\rho}(\varepsilon)$ mit $|\rho(0)| = 1$, ist $d := \frac{d}{d\varepsilon}|\rho(\varepsilon)|_{|\varepsilon=0} > 0$ und ist $\rho(0)$ für $q = 1,2,3,4$ keine q-te Wurzel aus 1, so läßt sich (17.66) durch eine glatte ε-abhängige Koordinatentransformation auf die Form $x \mapsto \tilde{F}(x,\varepsilon) = \tilde{F}_o(x,\varepsilon) + 0(\|x\|^5)$ bringen, wobei $\tilde{F}_o$ in Polarkoordinaten durch

$$\begin{pmatrix} r \\ \vartheta \end{pmatrix} \longmapsto \begin{pmatrix} |\rho(\varepsilon)|r + a(\varepsilon)r^3 \\ \vartheta + \omega(\varepsilon) + b(\varepsilon)r^2 \end{pmatrix} \tag{17.67}$$

gegeben ist. Dabei sind α, ω und b differenzierbare Funktionen. Sei $a(0) < 0$. Dann ist die Ruhelage $r = 0$ von (17.67) für alle $\varepsilon < 0$ asymptotisch stabil und für $\varepsilon > 0$ instabil. Außerdem existiert bei

$\varepsilon > 0$ der Kreis $r = \sqrt{-\dfrac{d\varepsilon}{a(0)}}$, der invariant unter der Abbildung (17.67) und asymptotisch stabil ist **(Abb.17.29a)**.

Der Satz von NEIMARK **und** SACKER (s. Lit. [17.18], [17.3]) sagt aus, daß das Bifurkationsverhalten von (17.67) auch auf $\tilde{F}$ zutrifft (*Superkritische* HOPF*–Bifurkation für Abbildungen*).

■ In der Abbildung (17.66), gegeben durch

$$\begin{pmatrix} x \\ y \end{pmatrix} \longmapsto \frac{1}{\sqrt{2}} \begin{pmatrix} (1+\varepsilon)x + y + x^2 - 2y^2 \\ -x + (1+\varepsilon)y + x^2 - x^3 \end{pmatrix},$$

findet bei $\varepsilon = 0$ eine superkritische HOPF–Bifurkation statt.

Bezogen auf die Differentialgleichung (17.48) bedeutet die Existenz einer geschlossenen invarianten Kurve der Abbildung (17.66), daß bei $a(0) < 0$ der periodische Orbit γ_0 instabil wird und sich bei $\varepsilon > 0$ ein bzgl. (17.48) invarianter stabiler Torus abspaltet **(Abb.17.29b)**.

Abbildung 17.29

17.3.1.3 Globale Bifurkationen

Neben der Entstehung eines periodischen Orbits durch Auflösung einer Separatrixschleife kann es in (17.48) zu weiteren globalen Bifurkationen kommen. Zwei davon sollen am Beispiel erläutert werden (s. Lit. [17.12]).

1. Entstehung eines periodischen Orbits durch Verschwinden eines Sattelknotens

■ Das parameterabhängige System

$$\dot{x} = x(1 - x^2 - y^2) + y(1 + x + \alpha),\ \dot{y} = -x(1 + x + \alpha) + y(1 - x^2 - y^2)$$

hat in Polarkoordinaten $x = r\cos\vartheta,\ y = r\sin\vartheta$ die Form

$$\dot{r} = r(1 - r^2),\ \dot{\vartheta} = -(1 + \alpha + r\cos\vartheta). \tag{17.68}$$

Offenbar ist bei beliebigem Parameter α der Kreis $r = 1$ invariant unter (17.68), und alle Orbits (außer der Ruhelage $(0,0)$) streben für $t \to +\infty$ zu diesem Kreis. Für $\alpha < 0$ liegen ein Sattel und ein stabiler Knoten auf dem Kreis, die bei $\alpha = 0$ zu einer zusammengesetzten Ruhelage vom Sattelknoten–Typ verschmelzen. Für $\alpha > 0$ liegt keine Ruhelage mehr auf der Kreislinie, die dann einen periodischen Orbit repräsentiert **(Abb.17.30)**.

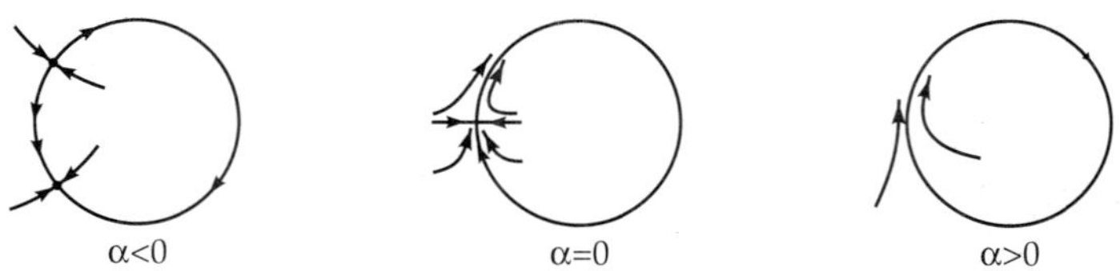

Abbildung 17.30

2. Auflösung einer Sattel–Sattel–Separatrix in der Ebene

■ Gegeben sei die parameterabhängige ebene Differentialgleichung

$$\dot{x} = \alpha + 2xy, \; \dot{y} = 1 + x^2 - y^2. \qquad (17.69$$

Für $\alpha = 0$ hat (17.69) die beiden Sattel $(0, 1)$ und $(0, -1)$ und die y-Achse als invariante Menge. Te dieser invarianten Menge ist der heterokline Orbit. Für kleine $|\alpha| \neq 0$ bleiben die Sattelpunkte erhalter während der heterokline Orbit zerfällt **(Abb.17.31)**.

Abbildung 17.31

17.3.2 Übergänge zum Chaos

Ein seltsamer Attraktor entsteht häufig nicht abrupt, sondern im Ergebnis einer Reihe von Bifurkatic nen, von denen die typischen in Punkt (17.3.1) dargestellt wurden. Die wichtigsten Wege zur Bildun seltsamer Attraktoren bzw. seltsamer invarianter Mengen sollen im weiteren beschrieben werden.

17.3.2.1 Kaskade von Periodenverdopplungen

Analog zur logistischen Gleichung (17.65) kann es auch in zeitkontinuierlichen Systemen zu einer Kas kade von Periodenverdopplungen nach folgendem Szenario kommen. Das System (17.48) besitzt fü $\varepsilon < \varepsilon_1$ den stabilen periodischen Orbit $\gamma_\varepsilon^{(1)}$. Bei $\varepsilon = \varepsilon_1$ findet nahe $\gamma_{\varepsilon_1}^{(1)}$ eine Periodenverdopplun statt, bei der der periodische Orbit $\gamma_\varepsilon^{(1)}$ für $\varepsilon > \varepsilon_1$ seine Stabilität verliert. Von ihm spaltet sich ei periodischer Orbit $\gamma_{\varepsilon_1}^{(2)}$ mit etwa doppelter Periode ab. Bei $\varepsilon = \varepsilon_2$ findet erneut eine Periodenver dopplung statt, wobei $\gamma_{\varepsilon_2}^{(2)}$ seine Stabilität verliert und ein stabiler Orbit $\gamma_{\varepsilon_2}^{(4)}$ mit nahezu doppelte Periode entsteht. Für wichtige Klassen von Systemen(17.48) setzt sich dieser Prozeß der Perioder verdopplung fort, so daß eine Folge von Parameterwerten $\{\varepsilon_j\}$ entsteht. Numerische Berechnunge für bestimmte Differentialgleichungen (17.48) (z.B. bei hydrodynamischen Differentialgleichungen wi dem LORENZ–System) belegen die Existenz des Grenzwertes $\lim\limits_{j\to+\infty} \dfrac{\varepsilon_{j+1} - \varepsilon_j}{\varepsilon_{j+2} - \varepsilon_{j+1}} = \delta$, wobei δ wiede die FEIGENBAUM–Konstante ist. Bei $\varepsilon_* = \lim\limits_{j\to\infty} \varepsilon_j$ verliert der Zyklus mit unendlicher Periode sein Stabilität, und es kommt zur Bildung eines seltsamen Attraktors.

Der geometrische Hintergrund der Entstehung dieses seltsamen Attraktors in (17.48) durch eine Kas kade von Periodenverdopplungen ist in **Abb.17.32a** zu sehen. Der POINCARÉ–Schnitt zeigt dabe näherungsweise eine Bäcker–Abbildung, die auf die Entstehung einer CANTOR–Mengen-ähnliche Stru tur hindeutet.

17.3.2.2 Intermittenz

Gegeben sei ein stabiler periodischer Orbit von (17.48), der bei $\varepsilon = 0$ seine Stabilität verliert, inder genau einer der Multiplikatoren, die innerhalb des Einheitskreises lagen, den Wert $+1$ annimmt. Nac dem Satz über über die Zentrumsmannigfaltigkeit läßt sich die entsprechende Sattelknoten–Bifurkatio der POINCARÉ-Abbildung durch eine eindimensionale Abbildung in der Normalform $x \mapsto \tilde{F}(x, \alpha) = \alpha + x + x^2 + \cdots$, beschreiben. Dabei ist α ein Parameter, für den $\alpha = \alpha(\varepsilon)$ mit $\alpha(0) =$ gilt. Für positives α ist der Graph von $\tilde{F}(\cdot, \alpha)$ in **Abb.17.32b** zu sehen.

Wie die **Abb. 17.32b** zeigt, verweilen für $\alpha \gtrsim 0$ die Iterierten von $\tilde{F}(\cdot, \alpha)$ relativ lange in der Tur nelzone. Für die Gleichung (17.48) bedeutet dies, daß die entsprechenden Orbits relativ lange in de

a) b)

Abbildung 17.32

Umgebung des ursprünglichen periodischen Orbits bleiben. In dieser Zeit ist das Verhalten von (17.49) nahezu periodisch (*laminare Phase*). Ist die Tunnelzone durchlaufen, entflieht der betrachtete Orbit, was zu irregulären Bewegungen führt (*turbulente Phase*). Nach einem gewissen Zeitraum wird der Orbit eingefangen und erneut eine laminare Phase eingeleitet. Ein seltsamer Attraktor entsteht in der beschriebenen Situation dann, wenn der periodische Orbit verschwindet und seine Stabilität an die chaotische Menge vererbt. Die Sattelknoten–Bifurkation ist nur eine der generischen lokalen Bifurkationen, die im Intermittenz-Szenario eine Rolle spielen. Zwei weitere sind die Periodenverdopplung und die Abspaltung eines Torus.

17.3.2.3 Globale homokline Bifurkationen

1. Satz von SMALE

Die invarianten Mannigfaltigkeiten der POINCARÉ–Abbildung einer Differentialgleichung (17.48) im $\mathbb{R}^3$ nahe dem periodischen Orbit γ seien wie in **Abb.17.10b**. Die transversalen homoklinen Punkte $P^j(x_0)$ korrespondieren mit einem bzgl. γ homoklinen Orbit von (17.48). Die Existenz eines solchen homoklinen Orbits in (17.48) führt zu einer sensitiven Abhängigkeit von den Anfangswerten. In Verbindung mit der betrachteten POINCARÉ–Abbildung lassen sich die auf SMALE zurückgehenden Hufeisen-Abbildungen konstruieren, die zu folgenden Aussagen führen:

Satz von SMALE. In jeder Umgebung eines transversalen homoklinen Punktes der POINCARÉ–Abbildung (17.61) existiert ein periodischer Punkt dieser Abbildung. Darüber hinaus existiert in jeder Umgebung eines transversalen homoklinen Punktes eine für $P^m (m \in \mathbb{N})$ invariante Menge Λ, die vom CANTOR–Typ ist. Die Einschränkung von P^m auf Λ ist topologisch konjugiert zu einem BERNOULLI–Shift, d.h. zu einem mischenden System.

Die invariante Menge der Differentialgleichung (17.48) nahe des homoklinen Orbits sieht aus wie das Produkt einer CANTOR–Menge mit dem Einheitskreis. Ist diese invariante Menge anziehend, stellt sie für (17.48) einen seltsamen Attraktor dar.

2. Satz von SHILNIKOV

Betrachtet wird die Differentialgleichung (17.48) im $\mathbb{R}^3$ mit einem skalaren Parameter ε. Das System (17.48) habe bei $\varepsilon = 0$ die hyperbolische Ruhelage 0 vom Sattelknoten–Typ, die für kleine $|\varepsilon|$ erhalten bleibe. Die JACOBI–Matrix $D_x f(0,0)$ habe den Eigenwert $\lambda_3 > 0$ und die konjugiert komplexen Eigenwerte $\lambda_{1;2} = a \pm \mathrm{i}\,\omega$ mit $a > 0$. Weiter habe (17.48) bei $\varepsilon = 0$ eine Separatrixschleife γ_0, d.h. einen homoklinen Orbit, der für $t \to -\infty$ und $t \to +\infty$ gegen 0 geht **(Abb.17.33a)**.

Dann hat (17.48) nahe der Separatrixschleife folgende Phasenporträts:

a) Sei $\lambda_3 + a < 0$. Bricht die Separatrixschleife bei $\varepsilon \neq 0$ in der mit A gekennzeichneten Variante **(Abb.17.33a)** auf, so setzt bei $\varepsilon = 0$ genau ein periodischer Orbit von (17.48) ein. Bricht die Separatrixschleife bei $\varepsilon \neq 0$ in der mit B gekennzeichneten Variante **(Abb.17.33a)** auf, so entsteht kein periodischer Orbit.

b) Sei $\lambda_3 + a > 0$. Dann existieren bei $\varepsilon = 0$ (bzw. für kleine $|\varepsilon|$) nahe der Separatrixschleife γ_0 (bzw. nahe der zerfallenen Schleife γ_0) abzählbar unendlich viele sattelartige periodische Orbits. Die POINCARÉ–Abbildung bzgl. einer zu γ_0 transversalen Ebene erzeugt bei $\varepsilon = 0$ eine abzählbar unendliche Menge von Hufeisenabbildungen, von denen bei kleinen $|\varepsilon| \neq 0$ eine endliche Anzahl bleibt.

Abbildung 17.33

3. Melnikov–Methode

Gegeben sei die ebene Differentialgleichung

$$\dot{x} = f(x) + \varepsilon g(t, x), \qquad (17.70$$

wobei ε ein kleiner Parameter ist. Für $\varepsilon = 0$ sei (17.70) ein Hamilton–System, d.h. für $f = (f_1, f_2$ gelte $f_1 = \dfrac{\partial H}{\partial x_2}$ und $f_2 = -\dfrac{\partial H}{\partial x_1}$, wobei $H\colon U \subset \mathbb{R}^2 \to \mathbb{R}$ eine C^3–Funktion sei. Das zeitabhängig Vektorfeld $g\colon \mathbb{R} \times U \to \mathbb{R}^2$ sei zweimal stetig differenzierbar und T–periodisch bzgl. des ersten Argu ments. Außerdem seien f und g beschränkt auf beschränkten Mengen. Bei $\varepsilon = 0$ existiere in (17.70) ei homokliner Orbit bzgl. des Sattelpunktes 0. Der Poincaré–Schnitt $\sum_{t_0}$ von (17.70) im Phasenraum $\{(x_1, x_2, t)\}$ bei $t = t_0$ sehe aus wie in **Abb.17.33b**. Die Poincaré–Abbildung $P_{\varepsilon,t_0}\colon \sum_{t_0} \to \sum_{t_0}$ ha für kleine $|\varepsilon|$ einen Sattel p_ε nahe $x = 0$ mit den invarianten Mannigfaltigkeiten $W^s(p_\varepsilon)$ und $W^u(p_\varepsilon)$ Ist der homokline Orbit des ungestörten Systems durch $\varphi(t - t_0)$ gegeben, so läßt sich der Abstan der Mannigfaltigkeiten $W^s(p_\varepsilon)$ und $W^u(p_\varepsilon)$, gemessen entlang der Geraden, die durch $\varphi(0)$ verläuf und senkrecht auf $f(\varphi(0))$ steht, durch die Formel $d(t_0) = \varepsilon \dfrac{M(t_0)}{\| f(\varphi(0)) \|} + 0(\varepsilon^2)$ berechnen. Dabe ist $M(\cdot)$ die Melnikov–*Funktion*, die durch $M(t_0) = \int\limits_{-\infty}^{+\infty} f(\varphi(t - t_0)) \wedge g(t, \varphi(t - t_0))dt$ definiert ist (Für $a = (a_1, a_2)$ und $b = (b_1, b_2)$ ist $a \wedge b = a_1 b_2 - a_2 b_1$.) Besitzt die Melnikov–Funktion M in t eine einfache Nullstelle (d.h. gilt $M(t_0) = 0$ und $M'(t_0) \neq 0$), so schneiden sich die Mannigfaltigkeite $W^s(p_\varepsilon)$ und $W^u(p_\varepsilon)$ für genügend kleine $\varepsilon > 0$ transversal. Wenn M keine Nullstellen besitzt, gil $W^s(p_\varepsilon) \cap W^u(p_\varepsilon) = \emptyset$, d.h., es gibt keine homoklinen Punkte.

Bemerkung: Das ungestörte System (17.70) besitze einen heteroklinen Orbit, gegeben durch $\varphi(t - t_0)$ der aus einem Sattel 0_1 in einen Sattel 0_2 läuft. Seien p_ε^1 und p_ε^2 die Sattel der Poincare–Abbildun P_{ε,t_0} für kleine $|\varepsilon|$. Besitzt M, berechnet wie oben, in t_0 eine einfache Nullstelle, so schneiden sich $W^s(p_\varepsilon^1$ und $W^u(p_\varepsilon^2)$ für kleine $\varepsilon > 0$ transversal.

■ Betrachtet wird die periodisch gestörte Pendelgleichung $\ddot{x} + \sin x = \varepsilon \sin \omega t$, d.h. das System $\dot{x} = y, \quad \dot{y} = -\sin x + \varepsilon \sin \omega t$, in der ε ein kleiner Parameter und ω ein weiterer Parameter ist. Da ungestörte System $\dot{x} = y, \quad \dot{y} = -\sin x$ ist ein Hamilton–System mit $H(x, y) = \frac{1}{2}y^2 - \cos x$. Das un gestörte System besitzt (u.a.) ein Paar heterokliner Orbits durch $(-\pi, 0)$ und $(\pi, 0)$ (im zylindrische Phasenraum $S^1 \times \mathbb{R}$ sind dies homokline Orbits), gegeben durch $\varphi^{\pm}(t) = (\pm 2 \arctan(\sinh t), \pm 2 \dfrac{1}{\cosh t}$ $(t \in \mathbb{R})$. Die direkte Berechnung der Melnikov–Funktion liefert $M(t_0) = \mp \dfrac{2\pi \sin \omega t_0}{\cosh(\pi\omega/2)}$. Da M be $t_0 = 0$ eine einfache Nullstelle besitzt, hat die Poincaré–Abbildung des gestörten Systems für klein $\varepsilon > 0$ transversale homokline Punkte.

17.3.2.4 Auflösung eines Torus

1. Vom Torus zum Chaos

1. HOPF–LANDAU–**Modell der Turbulenz** Die Frage des Übergangs von einem regulären (laminaren) Verhalten zu einem irregulären (turbulenten) Verhalten ist besonders für Systeme mit verteilten Parametern, die z.B. durch partielle Differentialgleichungen beschrieben werden, von Interesse. Aus dieser Sicht läßt sich *Chaos* als zeitlich irreguläres, aber räumlich geordnetes Verhalten interpretieren. *Turbulenz* dagegen ist ein Systemverhalten, das sowohl zeitlich als auch räumlich irregulär ist. Das HOPF–LANDAU–Modell erklärt die Entstehung der Turbulenz über eine unendliche Kaskade von HOPF–Bifurkationen: Bei $\varepsilon = \varepsilon_1$ entsteht aus einer Ruhelage ein Grenzzyklus, der bei $\varepsilon_2 > \varepsilon_1$ instabil wird und zu einem Torus T^2 führt. Bei der k-ten Bifurkation entsteht ein k–dimensionaler Torus, der durch nicht geschlossene Orbits aufgewickelt wird. Das HOPF–LANDAU–Modell führt i. allg. nicht zu einem Attraktor, der durch sensitive Abhängigkeit von den Anfangsbedingungen und Durchmischung gekennzeichnet ist.

2. RUELLE–TAKENS–NEWHOUSE–**Szenario** Im System (17.48) sei $n \geq 4$ und $l = 1$. Bei Änderung des Parameters ε sei die Bifurkationssequenz Ruhelage $\rightarrow$ Periodischer Orbit $\rightarrow$ Torus T^2 $\rightarrow$ Torus T^3 über drei aufeinander folgende HOPF–Bifurkationen realisiert.
Der auf T^3 gegebene quasiperiodische Fluß sei strukturell instabil. Dann können schon bestimmte kleine Störungen von (17.48) zum Zerfall von T^3 und zur Bildung eines seltsamen Attraktors führen, der strukturell stabil ist.

3. Satz über den Glattheitsverlust und die Zerstörung eines Torus T^2 von AFRAIMOVICH **und** SHILNIKOV Gegeben sei das hinreichend glatte System (17.48) bei $n \geq 3$ und $l = 2$. Beim Parameterwert ε_0 habe System (17.48) einen anziehenden glatten Torus $T^2(\varepsilon_0)$, der aufgespannt wird durch einen stabilen periodischen Orbit γ_s, einen sattelartigen periodischen Orbit γ_u und dessen instabile Mannigfaltigkeit $W^u(\gamma_u)$ (*Resonanz-Torus*). Die invarianten Mannigfaltigkeiten der Ruhelagen der POINCARÉ-Abbildung bzgl. einer Fläche, die transversal zur Längsrichtung den Torus schneidet, sind in **Abb.17.34a** zu sehen. Der Multiplikator ρ von γ_s, der dem Einheitskreis am nächsten liegt, sei reell und einfach. Es sei weiter $\varepsilon(\cdot)\colon [0,1] \rightarrow V$ eine beliebige stetige Kurve im Parameterraum, für die $\varepsilon(0) = \varepsilon_0$ und für die das System (17.48) bei $\varepsilon = \varepsilon(1)$ keinen invarianten Resonanz–Torus besitzt. Dann gelten folgende Aussagen:
a) Es existiert ein Wert $s_* \in (0,1)$, bei dem $T^2(\varepsilon(s_*))$ seine Glattheit verliert . Dabei wird entweder der Multiplikator $\rho(s_*)$ komplex oder die instabile Mannigfaltigkeit $W^u(\gamma_u)$ verliert ihre Glattheit nahe γ_s.
b) Es existiert ein weiterer Parameterwert $s_{**} \in (s_*, 1)$, so daß das System (17.48) für $s \in (s_{**}, 1]$ keinen resonanten Torus besitzt. Der Torus zerfällt dabei nach einem der folgenden Szenarien:
α) Der periodische Orbit γ_s verliert seine Stabilität bei $\varepsilon = \varepsilon(s_{**})$. Es kommt zu einer lokalen Bifurkation wie der Periodenverdopplung oder der Abspaltung eines Torus.
β) Die periodischen Orbits γ_u und γ_s fallen bei $\varepsilon = \varepsilon(s_{**})$ zusammen (Sattelknoten–Bifurkation) und heben sich dabei auf.
γ) Die stabilen und instabilen Mannigfaltigkeiten von γ_u schneiden sich bei $\varepsilon = \varepsilon(s_{**})$ nicht transversal.
Bifurkationsdiagramm **(Abb.17.34c)**. Die Punkte auf der schnabelförmigen Kurve S_1 entsprechen dem Verschmelzen von γ_s und γ_u (Sattelknoten–Bifurkation). Die Schnabelspitze C_1 liegt auf einer Kurve S_0, die der Abspaltung eines Torus entspricht.
Auf der Kurve S_2 liegen die Parameterpunkte, bei denen ein Glattheitsverlust eintritt, während die Punkte auf S_3 die Auflösung eines T^2–Torus charakterisieren. Auf S_4 liegen die Parameterpunkte, für die sich stabile und instabile Mannigfaltigkeiten von γ_u nicht transversal schneiden. Sei P_0 ein beliebiger Punkt in der Schnabelspitze, so daß bei diesem Parameterwert ein Resonanz–Torus T^2 vorliegt. Der Übergang von P_0 nach P_1 entspricht dem Fall α) des Satzes. Wird dabei auf S_2 der Multiplikator ρ zu -1, so findet eine Periodenverdopplung statt. Eine sich anschließende Kaskade von weiteren Periodenverdopplungen kann zum Entstehen eines seltsamen Attraktors führen. Trifft beim Überqueren von S_2 ein Paar konjugiert komplexer Multiplikatoren $\rho_{1,2}$ auf den Einheitskreis, kann es zur Abspaltung eines weiteren Torus kommen, für den der Satz von AFRAIMOVICH und SHILNIKOV erneut anwendbar ist.

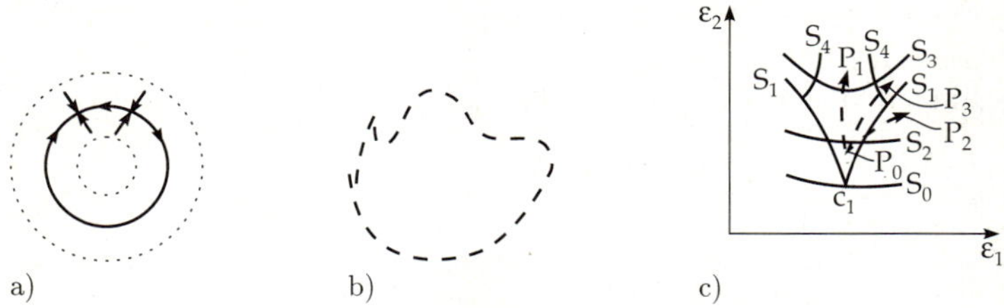

Abbildung 17.34

Der Übergang von P_0 nach P_2 repräsentiert den Fall β) des Satzes: Der Torus verliert die Glattheit, und beim Überqueren von S_1 findet eine Sattelknoten-Bifurkation statt. Der Torus zerfällt, und ein Übergang zum Chaos über Intermittenz kann stattfinden. Der Übergang von P_0 nach P_3 schließlich entspricht Fall γ): Nach dem Verlust der Glattheit bildet sich beim Überqueren von S_4 eine nicht robuste homokline Kurve. Der stabile Zyklus γ_s bleibt, und es entsteht eine zunächst nicht anziehende hyperbolische Menge. Wenn γ_s verschwindet, kann aus dieser Menge ein seltsamer Attraktor entstehen.

2. Abbildungen auf dem Einheitskreis und Rotationszahl

Beim Glattheitsverlust und Zerfall eines Torus spielen die Eigenschaften invarianter Kurven der POINCARÉ–Abbildung eine wichtige Rolle. Stellt man die POINCARÉ–Abbildung in Polarkoordinaten dar, so erhält man unter gewissen Voraussetzungen losgekoppelte Abbildungen der Winkelvariablen als aussagefähige Hilfsabbildungen auf dem Einheitskreis. Diese sind im Falle glatter invarianter Kurven **(Abb.17.34a)** umkehrbar und im Falle nichtglatter Kurven **(Abb.17.34b)** nicht umkehrbar. Eine Abbildung $F\colon \mathbb{R} \to \mathbb{R}$ mit $F(\Theta + 1) = F(\Theta) + 1$, für alle $\Theta \in \mathbb{R}$, die das dynamische System

$$\Theta_{n+1} = F(\Theta_n) \qquad (17.71)$$

erzeugt, heißt *äquivariant.* Jeder solcher Abbildungen läßt sich auch eine Abbildung auf dem Einheitskreis $f\colon S^1 \to S^1$ mit $S^1 = \mathbb{R}/\mathrm{Z} = \{\Theta \bmod 1, \Theta \in \mathbb{R}\}$ zuordnen. Dabei ist $f(x) := F(\Theta)$, wenn für die Äquivalenzklasse $[\Theta]$ die Beziehung $x = [\Theta]$ gilt. Man bezeichnet F als *eine von f geliftete Abbildung.* Offenbar ist diese Zuordnung nicht eindeutig. Sei

$$x_{t+1} = f(x_t) \qquad (17.72)$$

das zu f gehörige dynamische System.

■ Sind ω und K zwei Parameter, so sei die Abbildung $\tilde{F}(\cdot\,;\omega, K)$ für alle $\tau \in \mathbb{R}$ durch $\tilde{F}(\sigma;\omega,K) = \sigma + \omega - K \sin\sigma$ definiert. Das zugeordnete dynamische System

$$\sigma_{n+1} = \sigma_n + \omega - K \sin\sigma_n \qquad (17.73)$$

läßt sich durch die Transformation $\sigma_n = 2\pi\Theta_n$ auf das System

$$\Theta_{n+1} = \Theta_n + \Omega - \frac{K}{2\pi} \sin 2\pi\Theta_n \qquad (17.74)$$

mit $\Omega = \dfrac{\omega}{2\pi}$ überführen. Mit $F(\Theta;\Omega,K) = \Theta + \Omega - \frac{K}{2\pi}\sin 2\pi\Theta$ liegt eine äquivariante Abbildung vor, die die *Standardform der Kreisabbildung* erzeugt.

Der Orbit $\gamma(\Theta) = \{F^n(\Theta)\}$ von (17.71) ist genau dann ein *q–periodischer Orbit* von (17.72) in S^1, wenn er ein *p/q−Zyklus* von (17.71) ist, d.h., wenn eine ganze Zahl p existiert, so daß $\Theta_{n+q} = \Theta_n + p$, $(n \in \mathrm{Z})$ gilt. Die Abbildung $f\colon S^1 \to S^1$ heißt *orientierungstreu*, wenn es eine zugehörige geliftete Abbildung F gibt, die monoton wachsend ist. Ist F aus (17.71) ein monoton wachsender Homöomorphismus, so existiert für jedes $x \in \mathbb{R}$ der Grenzwert $\lim\limits_{|n|\to\infty} \dfrac{F^n(x)}{n}$, und dieser Grenzwert hängt nicht von x ab. Es

kann deshalb der Ausdruck $\rho(F) := \lim\limits_{|n|\to\infty} \frac{F^n(x)}{n}$ definiert werden. Ist $f\colon S^1 \to S^1$ ein Homöomorphismus und sind F sowie $\tilde{F}$ zwei von f geliftete Abbildungen, so gilt $\rho(F) = \rho(\tilde{F}) + k$, wobei k eine ganze Zahl ist. Aufgrund der letzten Eigenschaft läßt sich die *Rotationszahl* (oder *Windungszahl*) $\rho(f)$ eines orientierungstreuen Homöomorphismus $f\colon S^1 \to S^1$ als $\rho(f) = \rho(F) \bmod 1$ definieren, wobei F eine beliebige von f geliftete Abbildung ist.
Ist $f\colon S^1 \to S^1$ in (17.72) ein orientierungstreuer Homöomorphismus, so hat die Rotationszahl folgende Eigenschaften (s. Lit. [17.12]):

a) Hat (17.72) einen q–periodischen Orbit, so existiert eine ganze Zahl p, so daß $\rho(f) = \frac{p}{q}$ ist.
b) Ist $\rho(f) = 0$, so hat (17.72) eine Ruhelage.
c) Ist $\rho(f) = \frac{p}{q}$, wobei $p \neq 0$ ganzzahlig und q eine natürliche Zahl ist (p und q teilerfremd), so hat (17.72) einen q–periodischen Orbit.
d) $\rho(f)$ ist genau dann irrational, wenn (17.72) weder einen periodischen Orbit noch eine Ruhelage besitzt.

Satz von DENJOY: Ist $f\colon S^1 \to S^1$ ein orientierungstreuer C^2–Diffeomorphismus und ist die Rotationszahl $\alpha = \rho(f)$ irrational, so ist f topologisch konjugiert zu einer reinen Drehung, deren geliftete Abbildung $F(x) = x + \alpha$ lautet.

3. Differentialgleichungen auf dem Torus T^2

Sei

$$\dot{\Theta}_1 = f_1(\Theta_1, \Theta_2), \quad \dot{\Theta}_2 = f_2(\Theta_1, \Theta_2) \tag{17.75}$$

eine ebene Differentialgleichung, in der f_1 und f_2 differenzierbare und 1periodische Funktionen in beiden Argumenten sind. In diesem Fall definiert (17.75) einen Fluß, der auch als Fluß auf dem Torus $T^2 = S^1 \times S^1$ bzgl. Θ_1 und Θ_2 interpretiert werden kann. Ist $f_1(\Theta_1, \Theta_2) > 0$ für alle (Θ_1, Θ_2), so besitzt (17.75) keine Ruhelage und ist äquivalent zur skalaren Differentialgleichung 1. Ordnung

$$\frac{d\Theta_2}{d\Theta_1} = \frac{f_2(\Theta_1, \Theta_2)}{f_1(\Theta_1, \Theta_2)}. \tag{17.76}$$

Mit den Bezeichnungen $\Theta_1 = t$, $\Theta_2 = x$ und $f = \frac{f_2}{f_1}$ läßt sich (17.76) als nichtautonome Differentialgleichung

$$\dot{x} = f(t, x) \tag{17.77}$$

schreiben, deren rechte Seite 1periodisch bzgl. t und x ist. Es sei $\varphi(\cdot, x_0)$ die Lösung von (17.77) mit Anfang x_0 zur Zeit $t = 0$. Damit kann man (17.77) eine Abbildung $\varphi^1(\cdot) = \varphi(1, \cdot)$ zuordnen, die als geliftete Abbildung einer Abbildung $f\colon S^1 \to S^1$ gelten kann.

■ Seien $\omega_1, \omega_2 \in \mathbb{R}$ Konstanten und $\dot{\Theta}_1 = \omega_1$, $\dot{\Theta}_2 = \omega_2$ eine Differentialgleichung auf dem Torus, die für $\omega_1 \neq 0$ der skalaren Differentialgleichung $\dot{x} = \frac{\omega_2}{\omega_1}$ äquivalent ist. Damit ist $\varphi(t, x_0) = \frac{\omega_2}{\omega_1} t + x_0$ und $\varphi^1(x) = \frac{\omega_2}{\omega_1} + x$.

4. Standardform einer Kreisabbildung

Die Abbildung F aus (17.74) ist für $0 \leq K < 1$ ein orientierungstreuer Diffeomorphismus, da $\frac{\partial F}{\partial \vartheta} = 1 - K \cos 2\pi\vartheta > 0$ ist. Bei $K = 1$ ist F kein Diffeomorphismus mehr, aber noch ein Homöomorphismus, während für $K > 1$ die Abbildung nicht mehr invertierbar und damit auch kein Homöomorphismus mehr ist. Im Parameterbereich $0 \leq K \leq 1$ ist für $F(\cdot, \Omega, K)$ die Rotationszahl $\rho(\Omega, K) := \rho(F(\cdot; \Omega, K))$ definiert. Sei $K \in (0, 1)$ fixiert. Dann hat $\rho(\cdot, K)$ auf [0,1] folgende Eigenschaften:

a) Die Funktion $\rho(\cdot, K)$ ist nicht fallend, stetig, aber nicht differenzierbar.

b) Für jede rationale Zahl $\dfrac{p}{q} \in [0,1)$ existiert ein Intervall $I_{p/q}$, dessen Inneres nicht leer ist und für das $\rho(\Omega, K) = \frac{p}{q}$ für alle $\Omega \in I_{p/q}$ gilt.

c) Für jede irrationale Zahl $\alpha \in (0,1)$ gibt es genau ein Ω mit $\rho(\Omega, K) = \alpha$. Für jedes $K \in (0,1)$ ist $\rho(\cdot, K)$ also eine CANTOR–Funktion. Der Graph von $\rho(\cdot, K)$, der auf **Abb. 17.35b** zu sehen ist, heißt *Teufelstreppe (devil's staircase)*. Das Bifurkationsdiagramm von (17.74) ist auf **Abb.17.35a** zu sehen. Von jeder rationalen Zahl auf der Ω-Achse geht ein schnabelförmiges Gebiet (ARNOLD–*Zunge*) mit nicht leerem Inneren aus, in dem die Rotationszahl konstant und gleich der rationalen Zahl ist. Ursache für das Entstehen der Zungen ist eine Synchronisation der Frequenzen (*Frequenzkopplung* oder *frequency locking*). Für $0 \leq K < 1$ überlappen sich diese Gebiete nicht. Von jeder irrationalen Zahl auf der $\Omega-$Achse geht eine stetige Kurve aus, die immer die Gerade $K = 1$ erreicht. In der ersten ARNOLD–Zunge mit $\rho = 0$ hat das dynamische System (17.74) Ruhelagen. Ist K fixiert und wächst Ω an, so verschmelzen auf dem Rand der ersten ARNOLD–Zunge zwei dieser Ruhelagen und heben sich dabei gleichzeitig auf. Im Ergebnis einer solchen Sattelknoten-Bifurkation entsteht ein auf S^1 dichter Orbit. Ähnliche Erscheinungen lassen sich beim Verlassen der anderen ARNOLD–Zungen beobachten. Für $K > 1$ ist die Theorie der Rotationszahlen nicht mehr anwendbar. Die Dynamik wird komplizierter, und es findet ein Übergang zum Chaos statt. Dabei treten, ähnlich wie im Falle der FEIGENBAUM–Konstante, weitere Konstanten auf, die für bestimmte Klassen von Abbildungen, zu denen auch die Standardkreisabbildung gehört, gleich sind. Eine davon wird im folgenden beschrieben.

Die irrationale Zahl $\frac{\sqrt{5}-1}{2}$ heißt *Goldenes Mittel* und besitzt die einfache Kettenbruchdarstellung $\dfrac{\sqrt{5}-1}{2} = \dfrac{1}{1+\frac{1}{1+\frac{1}{1+\cdots}}}$. Durch sukzessives Abschneiden des Kettenbruches erhält man eine Folge $\{r_n\}$ von rationalen Zahlen, die gegen $\frac{\sqrt{5}-1}{2}$ konvergiert. Die Zahlen r_n lassen sich in der Form $r_n = \dfrac{F_n}{F_{n+1}}$ darstellen, wobei F_n FIBONACCI–Zahlen sind, die sich durch die Iterationsvorschrift $F_{n+1} = F_n + F_{n-1}$, $n = 1, 2, \cdots$, mit den Startwerten $F_0 = 0$ und $F_1 = 1$ bestimmen lassen. Sei nun Ω_∞ der Parameterwert von (17.74), für den $\rho(\Omega_\infty, 1) = \frac{\sqrt{5}-1}{2}$ ist und sei jeweils Ω_n der Ω_∞ am nächsten liegende Wert, für den $\rho(\Omega_n, 1) = r_n$ ist. Eine numerische Analyse ergibt den Grenzwert $\lim\limits_{n\to\infty} \dfrac{\Omega_n - \Omega_{n-1}}{\Omega_{n+1} - \Omega_n} = -2{,}8336\ldots$.

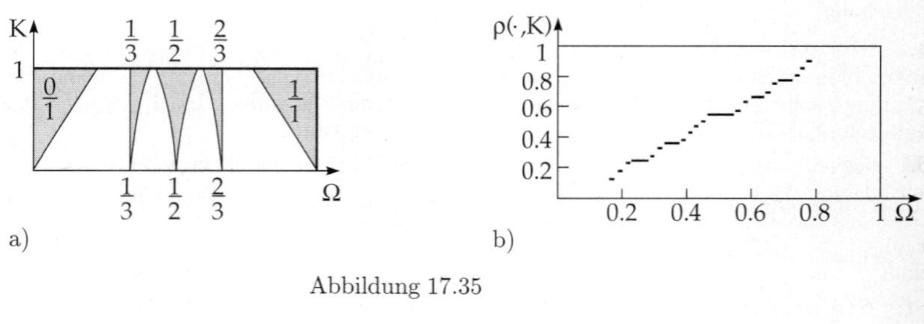

Abbildung 17.35

18 Optimierung

18.1 Lineare Optimierung

18.1.1 Problemstellung und geometrische Darstellung

18.1.1.1 Formen der linearen Optimierung

1. Gegenstand der Optimierung ist die Minimierung oder Maximierung einer *linearen Zielfunktion* (**ZF**) von endlich vielen Variablen unter Einhaltung einer endlichen Anzahl von *Nebenbedingungen* (**NB**) oder *Restriktionen*, die als lineare Gleichungen bzw. Ungleichungen vorliegen.
Die Bedeutung der linearen Optimierung besteht darin, daß viele praktische Aufgabenstellungen direkt auf lineare Optimierungsprobleme führen bzw. durch lineare Modelle näherungsweise als lineare Optimierungsprobleme beschrieben werden können und daß Theorie und Lösungsverfahren anschaulich und übersichtlich dargestellt werden können.

2. Allgemeine Form Ein lineares Optimierungsproblem besitzt die folgende allgemeine Form:

ZF: $$f(\underline{\mathbf{x}}) = c_1x_1 + \cdots + c_rx_r + c_{r+1}x_{r+1} + \cdots + c_nx_n = \text{Max!} \tag{18.1a}$$

NB: $$\left.\begin{array}{lllllllll} a_{1,1}x_1 & + \cdots + & a_{1,r}x_r & + & a_{1,r+1}x_{r+1} & + \cdots + & a_{1,n}x_n & \leq & b_1 \\ \vdots & & \vdots & & \vdots & & \vdots & & \vdots \\ a_{s,1}x_1 & + \cdots + & a_{s,r}x_r & + & a_{s,r+1}x_{r+1} & + \cdots + & a_{s,n}x_n & \leq & b_s \\ a_{s+1,1}x_1 & + \cdots + & a_{s+1,r}x_r & + & a_{s+1,r+1}x_{r+1} & + \cdots + & a_{s+1,n}x_n & = & b_{s+1} \\ \vdots & & \vdots & & \vdots & & \vdots & & \vdots \\ a_{m,1}x_1 & + \cdots + & a_{m,r}x_r & + & a_{m,r+1}x_{r+1} & + \cdots + & a_{m,n}x_n & = & b_m \\ & & & & & & & & \\ \multicolumn{9}{l}{x_1 \geq 0, \ldots, x_r \geq 0; \qquad x_{r+1}, \ldots, x_n \quad \text{frei}} \end{array}\right\} \tag{18.1b}$$

Die abgekürzte Schreibweise wird Kurzform genannt:

ZF : $$f(\underline{\mathbf{x}}) = \underline{\mathbf{c}}^{1\mathrm{T}}\underline{\mathbf{x}}^1 + \underline{\mathbf{c}}^{2\mathrm{T}}\underline{\mathbf{x}}^2 = \text{Max!} \tag{18.2a}$$

NB : $$\left.\begin{array}{l} \mathbf{A}_{11}\underline{\mathbf{x}}^1 + \mathbf{A}_{12}\underline{\mathbf{x}}^2 \leq b^1 \\ \mathbf{A}_{21}\underline{\mathbf{x}}^1 + \mathbf{A}_{22}\underline{\mathbf{x}}^2 = b^2 \\ \underline{\mathbf{x}}^1 \geq 0, \ \underline{\mathbf{x}}^2 \quad \text{frei.} \end{array}\right\} \tag{18.2b}$$

3. Vorzeichenfestlegung Nebenbedingungen mit „$\geq$“–Zeichen werden durch Multiplikation mit (-1) auf die obige Form gebracht.

4. Minimumaufgabe Eine Minimumaufgabe $f(\underline{\mathbf{x}}) = \text{Min!}$ wird in die äquivalente Maximumaufgabe $-f(\underline{\mathbf{x}}) = \text{Max!}$ übergeführt.

5. Ganzzahligkeitsforderungen Mitunter werden an einige Variable zusätzlich Ganzzahligkeitsforderungen gestellt. Auf derartige diskrete Probleme soll hier nicht näher eingegangen werden.

6. Formulierung mit vorzeichenbeschränkten Variablen und Schlupfvariablen Für die Herleitung eines Lösungsverfahrens ist es günstig, das System der Nebenbedingungen (18.1b; 18.2b) als Gleichungssystem mit vorzeichenbeschränkten Variablen zu schreiben. Dazu wird jede freie Variable x_k durch die Differenz von jeweils zwei nichtnegativen Variablen $x_k = x_k^1 - x_k^2$ ersetzt. Die Ungleichungsbedingungen werden durch Addition einer nichtnegativen Variablen, der *Schlupfvariablen*, in Gleichungen überführt. Damit nimmt das lineare Optimierungsproblem die folgende Form an:

ZF: $$f(\underline{\mathbf{x}}) = c_1x_1 + \cdots + c_nx_n = \text{Max!} \tag{18.3a}$$

NB: $$\left.\begin{array}{lllll} a_{1,1}x_1 & + \cdots + & a_{1,n}x_n & = & b_1 \\ \vdots & & \vdots & & \vdots \\ a_{m,1}x_1 & + \cdots + & a_{m,n}x_n & = & b_m \\ & & & & \\ \multicolumn{5}{c}{x_1 \geq 0, \ldots, x_n \geq 0} \end{array}\right\} \tag{18.3b}$$

Die Kurzform lautet:

ZF: $f(\underline{\mathbf{x}}) = \underline{\mathbf{c}}^{\mathrm{T}}\underline{\mathbf{x}} = \text{Max!}$ (18.4a) **NB:** $\mathbf{A}\underline{\mathbf{x}} = \underline{\mathbf{b}}\,, \quad \underline{\mathbf{x}} \geq \underline{\mathbf{0}}\,.$ (18.4b

Es kann vorausgesetzt werden, daß $m \leq n$, da anderenfalls das Gleichungssystem linear abhängig bzw. widersprüchliche Gleichungen enthält.

7. Zulässiger Bereich Die Menge aller nichtnegativen Vektoren $\underline{\mathbf{x}} \geq \underline{\mathbf{0}}$, die allen Nebenbedingungen genügen, bilden den *zulässigen Bereich* M:

$$M = \{\underline{\mathbf{x}} \in \mathbb{R}^n : \underline{\mathbf{x}} \geq \underline{\mathbf{0}},\ \mathbf{A}\underline{\mathbf{x}} = \underline{\mathbf{b}}\}. \qquad (18.5a)$$

Ein Punkt $\underline{\mathbf{x}}^* \in M$ mit der Eigenschaft

$$f(\underline{\mathbf{x}}^*) \geq f(\underline{\mathbf{x}}) \quad \text{für alle } \underline{\mathbf{x}} \in M \qquad (18.5b)$$

heißt *Maximalpunkt* oder *Lösungspunkt* des linearen Optimierungsproblems.

18.1.1.2 Beispiele und graphische Lösungen

1. ■ Für die Herstellung zweier Produkte E_1 und E_2 werden die Ausgangsstoffe R_1, R_2 und R benötigt. Aus dem Schema 18.1 sind die für die Erzeugung einer Produkteinheit (PE) der Produkte E_1 und E_2 erforderlichen Mengeneinheiten (ME) der Ausgangsstoffe sowie die verfügbaren Materialkontingente zu entnehmen. Der Verkauf einer Produkteinheit von E_1 bzw. E_2 erbringt einen Gewinn von 20 bzw. 60 Gewinneinheiten (GE). Gesucht ist ein Produktionsprogramm, das maximalen Gewinn sichert, wobei mindestens 10 Produktionseinheiten von E_1 erzeugt werden sollen.

Schema 18.1

	ME R_1 pro PE	ME R_2 pro PE	ME R_3 pro PE
E_1	12	8	0
E_2	6	12	10
Kontigent	630	620	350

Bezeichnet man mit x_1 bzw. x_2 die Anzahl der Produkteinheiten von E_1 bzw. E_2, dann ergibt sich die folgende Aufgabe:

ZF: $f(\underline{\mathbf{x}}) = 20x_1 + 60x_2 = \text{Max!}$

NB:
$$\begin{aligned} 12x_1 + 6x_2 &\leq 630 \\ 8x_1 + 12x_2 &\leq 620 \\ 10x_2 &\leq 350 \\ x_1 &\geq 10 \end{aligned}$$

Einführung von Schlupfvariablen x_3, x_4, x_5, x_6 führt auf:

ZF : $f(\underline{\mathbf{x}}) = 20x_1 + 60x_2 + 0\cdot x_3 + 0\cdot x_4 + 0\cdot x_5 + 0\cdot x_6 = \text{Max!}$

NB :
$$\begin{aligned} 12x_1 + 6x_2 + x_3 &= 630 \\ 8x_1 + 12x_2 + x_4 &= 620 \\ 10x_2 + x_5 &= 350 \\ -x_1 + x_6 &= -10 \end{aligned}$$

2. Eigenschaften linearer Optimierungsprobleme An Hand des Beispiels können einige Eigenschaften linearer Optimierungsprobleme graphisch veranschaulicht werden. Dazu kann auf die Einführung von Schlupfvariablen verzichtet werden.

1. Eine Gerade $a_1x_1 + a_2x_2 = b$ teilt die x_1, x_2–Ebene in zwei Halbebenen. Somit liegen alle Punkte (x_1, x_2), die die Ungleichung $a_1x_1 + a_2x_2 \leq b$ erfüllen, auf dieser Geraden bzw. in einer der Halbebenen. Die graphische Darstellung der Punktmenge in einem kartesischen Koordinatensystem erfolgt durch Einzeichnen der trennenden Geraden, und die Halbebene, die die Lösungsmenge der Ungleichung enthält, wird mit Pfeilen gekennzeichnet. Die Ausführung der graphischen Darstellung aller Nebenbe dingungen liefert eine Menge von Halbebenen, deren Durchschnitt den zulässigen Bereich M bildet **(Abb.18.1)**.

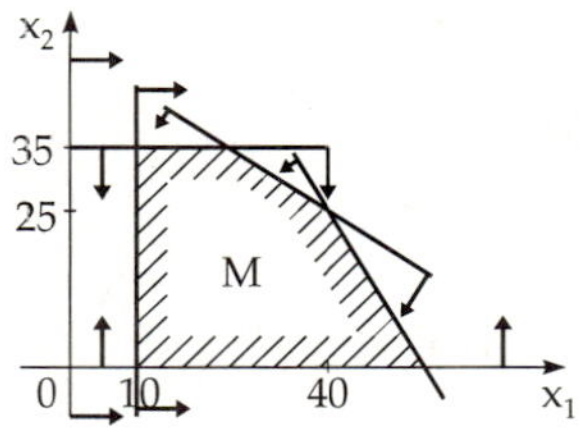

Abbildung 18.1

Im Beispiel bilden die Punkte von M eine Polygonfläche. Es kann auch vorkommen, daß M unbeschränkt oder leer ist. Treffen in einer Ecke des Polygons mehr als zwei begrenzende Geraden aufeinander, dann spricht man von einer entarteten Ecke **(Abb.18.2)**.

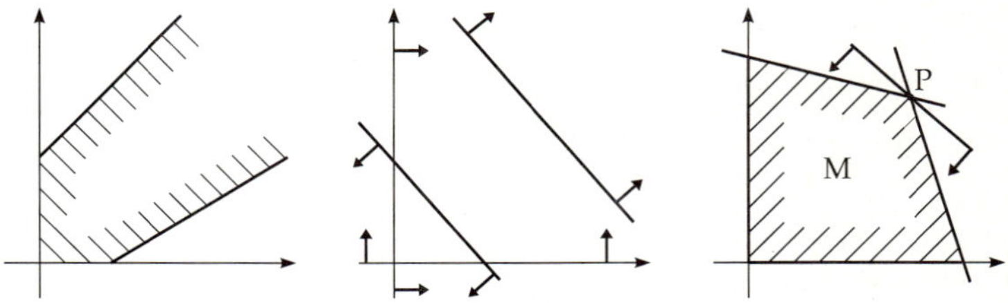

Abbildung 18.2

2. Alle Punkte in der x_1, x_2–Ebene, die der Beziehung $f(x) = 20x_1 + 60x_2 = c_0$ genügen, liegen auf einer gemeinsamen Geraden, der Niveaulinie zum Funktionswert c_0. Bei verschiedener Wahl von c_0 wird eine Schar paralleler Geraden definiert, auf denen der Zielfunktionswert jeweils konstant ist. Geometrisch sind alle diejenigen Punkte Lösungen des Optimierungsproblems, die sowohl zum zulässigen Bereich M als auch zu einer Niveaulinie $20x_1 + 60x_2 = c_0$ mit einem maximalen c_0 gehören. Im konkreten Fall ergibt sich auf der Niveaulinie $20x_1 + 60x_2 = 2600$ der Maximalpunkt $(x_1, x_2) = (25; 35)$. Die Niveaulinien sind in **Abb.18.3** dargestellt, wobei die Pfeile in die Richtung wachsender Funktionswerte zeigen.

Man erkennt, daß bei beschränktem zulässigen Bereich M das Maximum in mindestens einer Ecke von M eingenommen wird. Dagegen ist bei unbeschränktem M denkbar, daß der Zielfunktionswert gegen unendlich strebt.

18.1.2 Grundbegriffe der linearen Optimierung, Normalform

Betrachtet wird die Aufgabe (18.4a,b) mit dem zulässigen Bereich M.

18.1.2.1 Ecke und Basis

1. Definition der Ecke Ein Punkt $\underline{\mathbf{x}} \in M$ heißt *Ecke* von M, wenn für alle $\underline{\mathbf{x}}_1, \underline{\mathbf{x}}_2 \in M$ mit $\underline{\mathbf{x}}_1 \neq \underline{\mathbf{x}}_2$ gilt:

$$\underline{\mathbf{x}} \neq \lambda \underline{\mathbf{x}}_1 + (1 - \lambda)\underline{\mathbf{x}}_2, \quad 0 < \lambda < 1,$$

d.h., $\underline{\mathbf{x}}$ liegt nicht auf der Verbindungsgeraden zweier verschiedener Punkte aus M.

2. Satz über den Eckpunkt Der Punkt $\underline{\mathbf{x}} \in M$ ist genau dann ein *Eckpunkt* von M, wenn die zu den positiven Komponenten von $\underline{\mathbf{x}}$ gehörenden Spalten der Matrix $\mathbf{A}$ linear unabhängig sind.

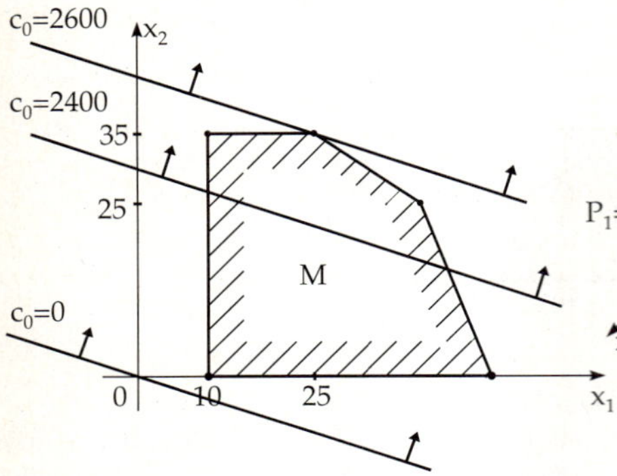

Abbildung 18.3

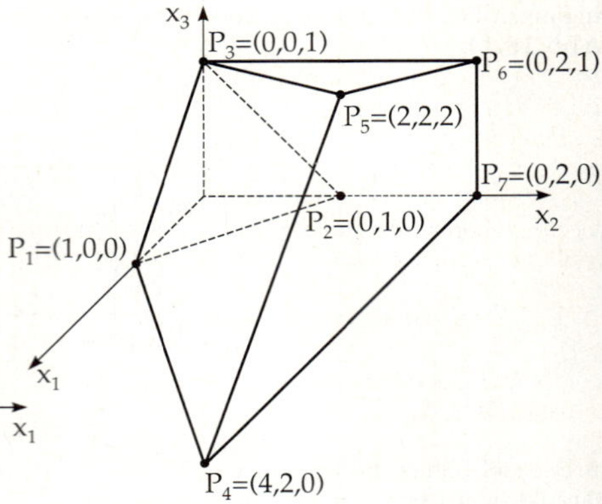

Abbildung 18.4

Unter der Annahme, daß der Rang von **A** gleich m ist, können nur maximal m Spalten von **A** linear unabhängig sein. Deshalb kann ein Eckpunkt höchstens m positive Komponenten besitzen. Die restlichen $n-m$ Komponenten sind gleich Null. Im Normalfall sind genau m Komponenten positiv. Ist die Anzahl der positiven Komponenten jedoch kleiner als m, dann spricht man von einer *entarteten Ecke*.

3. Basis Jeder Ecke können m linear unabhängige Spaltenvektoren der Matrix **A** zugeordnet werden, so daß darunter die zu positiven Komponenten gehörenden Spalten enthalten sind. Dieses System der linear unabhängigen Spaltenvektoren nennt man eine *Basis der Ecke*. Im Normalfall ist einer Ecke eindeutig eine Basis zugeordnet. Einer entarteten Ecke hingegen können im allgemeinen mehrere Basen zugeordnet werden. Es gibt höchstens $\binom{n}{m}$ Möglichkeiten, aus den n Spalten von **A** m linear unabhängige auszuwählen. Demzufolge ist die Anzahl verschiedener Basen und somit auch der Ecken höchstens gleich $\binom{n}{m}$. Ist M nicht leer, so hat M mindestens eine Ecke.

■

ZF: $f(\underline{\mathbf{x}}) = 2x_1 + 3x_2 + 4x_3 = \text{Max!}$

NB:
$$\begin{aligned} x_1 + x_2 + x_3 &\geq 1 \\ x_2 &\leq 2 \\ -x_1 + 2x_3 &\leq 2 \\ 2x_1 - 3x_2 + 2x_3 &\leq 2 \end{aligned}$$

Der durch die Nebenbedingungen festgelegte zulässige Bereich M ist in Abbildung 18.4 dargestellt. Einführung von Schlupfvariablen x_4, x_5, x_6, x_7 führt auf:

NB :
$$\begin{aligned} x_1 + x_2 + x_3 - x_4 &= 1 \\ x_2 + x_5 &= 2 \\ -x_1 + 2x_3 + x_6 &= 2 \\ 2x_1 - 3x_2 + 2x_3 + x_7 &= 2 \end{aligned}$$

Dem Endpunkt des Polyeders $P_2 = (0,1,0)$ entspricht im erweiterten System der Punkt $\underline{\mathbf{x}} = (x_1, x_2, x_3, x_4, x_5, x_6, x_7) = (0,1,0,0,1,2,5)$. Die Spalten 2, 5, 6 und 7 von **A** bilden die zugehörige Basis. Der entarteten Ecke entspricht P_1 mit $(1,0,0,0,2,3,0)$. Eine Basis dieser Ecke besteht aus den Spalten 1, 5, 6 und einer der Spalten 2, 4 oder 7.

4. Ecke mit maximalem Funktionswert Die Bedeutung der Aussagen über die Ecken des zulässi

gen Bereiches M wird im folgenden Satz deutlich.
Ist M nicht leer und die Zielfunktion $f(\underline{\mathbf{x}}) = \underline{\mathbf{c}}^{\mathrm{T}}\underline{\mathbf{x}}$ auf M nach oben beschränkt, so ist mindestens eine Ecke von M ein Maximalpunkt.
Eine lineare Optimierungsaufgabe kann somit gelöst werden, indem unter allen Ecken eine mit maximalem Funktionswert bestimmt wird. Da aber die Anzahl der Ecken von M in praktischen Problemstellungen sehr hoch sein kann, ist eine Methode erforderlich, die eine optimale Ecke zielsicher ansteuert. Eine solche Methode ist das *Simplexverfahren*, auch *Simplexalgorithmus* genannt. Zu seinem Einsatz ist eine geeignete Darstellung der linearen Optimierungsaufgabe erforderlich, aus der eine Ecke direkt abgelesen werden kann.

18.1.2.2 Normalform der linearen Optimierungsaufgabe

1. Normalform und Basislösung Die lineare Optimierungsaufgabe kann immer, eventuell durch Umbenennung der Variablen folgendermaßen umgeformt werden:

ZF: $$f(\underline{\mathbf{x}}) = c_1x_1 + \cdots + c_{n-m}x_{n-m} + c_0 = \text{Max!} \tag{18.6a}$$

NB: $$\left.\begin{array}{l} a_{1,1}x_1 + \cdots + a_{1,n-m}x_{n-m} + x_{n-m+1} \qquad\qquad = b_1 \\ \quad\vdots \qquad\quad \vdots \qquad\qquad\qquad\qquad \ddots \qquad\qquad \vdots \\ a_{m,1}x_1 + \cdots + a_{m,n-m}x_{n-m} \qquad\qquad\qquad + x_n = b_m \\ x_1, \ldots, x_{n-m}, x_{n-m+1}, \ldots, x_n \geq 0. \end{array}\right\} \tag{18.6b}$$

Die letzten m Spalten der Koeffizientenmatrix sind offensichtlich linear unabhängig und bilden eine Basis. Die *Basislösung* $(x_1, x_2, \ldots, x_{n-m}, x_{n-m+1}, \ldots, x_n) = (0, \ldots, 0, b_1, \ldots, b_m)$ kann sofort aus dem Gleichungssystem abgelesen werden. Ist $\underline{\mathbf{b}} \geq \underline{\mathbf{0}}$, dann heißt (18.6a,b) eine *Normalform* oder *kanonische Form des linearen Optimierungsproblems*. In diesem Falle ist die Basislösung zulässig, d.h., sie ist $\underline{\mathbf{x}} \geq 0$, und somit eine Ecke von M. In der Normalform bezeichnet man die Variablen $x_1, \ldots, x_{n-m}$ als *Nichtbasisvariable* und $x_{n-m+1}, \ldots, x_n$ als *Basisvariable*. Der zur Ecke gehörende Zielfunktionswert ist c_0, da die in der Zielfunktion auftretenden x–Komponenten, die Nichtbasisvariablen, verschwinden.

2. Ermittlung der Normalform Ist eine Ecke von M bekannt, dann kann eine Normalform des linearen Optimierungsproblems wie folgt ermittelt werden. Man wählt eine zur Ecke gehörende Basis aus Spalten von $\mathbf{A}$. Die Basisvariablen werden zum Vektor $\underline{\mathbf{x}}_B$ und die Nichtbasisvariablen zum Vektor $\underline{\mathbf{x}}_N$ zusammengefaßt. Die zur Basis gehörenden Spalten bilden die Basismatrix $\mathbf{A}_B$, die restlichen Spalten die Matrix $\mathbf{A}_N$. Dann gilt

$$\mathbf{A}\underline{\mathbf{x}} = \mathbf{A}_N\underline{\mathbf{x}}_N + \mathbf{A}_B\underline{\mathbf{x}}_B = \underline{\mathbf{b}}\,. \tag{18.7}$$

Die Matrix $\mathbf{A}_B$ ist regulär und besitzt die Inverse $\mathbf{A}_B^{-1}$, die sogenannte *Basisinverse*. Multiplikation von (18.7) mit $\mathbf{A}_B^{-1}$ und Umstellung der Zielfunktion nach den Nichbasisvariablen liefert eine kanonische Form des Linearen Optimierungsproblems:

ZF : $$f(\underline{\mathbf{x}}) = \underline{\mathbf{c}}_N^{\mathrm{T}}\underline{\mathbf{x}}_N + c_0 \tag{18.8a}$$

NB : $$\mathbf{A}_B^{-1}\mathbf{A}_N\underline{\mathbf{x}}_N + \underline{\mathbf{x}}_B = \mathbf{A}_B^{-1}\underline{\mathbf{b}} \qquad \text{mit} \quad \underline{\mathbf{x}}_N \geq \underline{\mathbf{0}},\ \ \underline{\mathbf{x}}_B \geq \underline{\mathbf{0}}\,. \tag{18.8b}$$

■ Im obigen Beispiel ist $\underline{\mathbf{x}} = (0, 1, 0, 0, 1, 2, 5)$ eine Ecke. Somit ist:

$$\mathbf{A}_B = \underset{x_2\ x_5\ x_6\ x_7}{\begin{pmatrix} 1 & 0 & 0 & 0 \\ 1 & 1 & 0 & 0 \\ 0 & 0 & 1 & 0 \\ -3 & 0 & 0 & 1 \end{pmatrix}} \qquad \mathbf{A}_B^{-1} = \begin{pmatrix} 1 & 0 & 0 & 0 \\ -1 & 1 & 0 & 0 \\ 0 & 0 & 1 & 0 \\ 3 & 0 & 0 & 1 \end{pmatrix} \qquad \mathbf{A}_N = \underset{x_1\ x_3\ x_4}{\begin{pmatrix} 1 & 1 & -1 \\ 0 & 0 & 0 \\ -1 & 2 & 0 \\ 2 & 2 & 0 \end{pmatrix}} \tag{18.9a}$$

und

$$\mathbf{A}_B^{-1}\mathbf{A}_N = \begin{pmatrix} 1 & 1 & -1 \\ -1 & -1 & 1 \\ -1 & 2 & 0 \\ 5 & 5 & -3 \end{pmatrix} \qquad \mathbf{A}_B^{-1}\underline{\mathbf{b}} = \begin{pmatrix} 1 \\ 1 \\ 2 \\ 5 \end{pmatrix} \tag{18.9b}$$

$$\quad x_1 \;\; x_3 \;\; x_4$$

Es ergibt sich das System

$$\left.\begin{array}{llllll} x_1 + x_2 + & x_3 - & x_4 & & & = 1 \\ -x_1 & - & x_3 + & x_4 + x_5 & & = 1 \\ -x_1 & + & 2x_3 & & + x_6 & = 2 \\ 5x_1 & + & 5x_3 - & 3x_4 & & + x_7 = 5 \end{array}\right\} . \tag{18.10}$$

Aus $f(\underline{\mathbf{x}}) = 2x_1 + 3x_2 + 4x_3$ erhält man durch Subtraktion der mit 3 multiplizierten ersten Nebenbedingung eine auf Nichtbasisvariablen umgerechnete Zielfunktion

$$f(\underline{\mathbf{x}}) = -x_1 + x_3 + 3x_4 + 3 . \tag{18.11}$$

18.1.3 Simplexverfahren

18.1.3.1 Simplextableau

Mit dem *Simplexverfahren* wird eine Folge von Eckpunkten des zulässigen Bereiches mit wachsenden Zielfunktionswerten ermittelt. Der Übergang zu einer neuen Ecke wird vollzogen, indem eine zur gegebenen Ecke gehörende Normalform zu einer Normalform der neuen Ecke umgewandelt wird. Zur übersichtlichen Darstellung dieses Vorganges sowie zur Formalisierung der rechentechnischen Umsetzung wird eine als bekannt vorausgesetzte Normalform (18.6a,b) in das Simplextableau (Schema 18.2a 18.2b) eingetragen:

Schema 18.2a

	x_1	$\cdots$	x_{n-m}	
x_{n-m+1}	$a_{1,1}$	$\cdots$	$a_{1,n-m}$	b_1
$\vdots$	$\vdots$		$\vdots$	$\vdots$
x_n	$a_{m,1}$	$\cdots$	$a_{m,n-m}$	b_m
	c_1	$\cdots$	c_{n-m}	$-c_0$

oder kürzer

Schema 18.2b

	$\underline{\mathbf{x}}_N$	
$\underline{\mathbf{x}}_B$	$\mathbf{A}_N$	$\underline{\mathbf{b}}$
	$\underline{\mathbf{c}}$	$-c_0$

Die k–te Zeile des Tableaus ist zu lesen als

$$x_{n-m+k} + a_{k,1}x_1 + \cdots + a_{k,n-m}x_{n-m} = b_k . \tag{18.12a}$$

Für die Zielfunktion gilt

$$c_1x_1 + \cdots + c_{n-m}x_{n-m} = f(\underline{\mathbf{x}}) - c_0 . \tag{18.12b}$$

Aus dem Simplextableau wird die Ecke $(\underline{\mathbf{x}}_N, \underline{\mathbf{x}}_B) = (\underline{\mathbf{0}}, \underline{\mathbf{b}})$ abgelesen. Gleichzeitig ist der Zielfunktionswert dieser Ecke durch $f(\underline{\mathbf{x}}) = c_0$ bestimmt.

Auf jedes Tableau trifft genau einer der drei Fälle zu:

1. $c_j \le 0,\ j = 1, \ldots, n-m$: Das Tableau ist optimal. Der Punkt $(\underline{\mathbf{x}}_N, \underline{\mathbf{x}}_B) = (\underline{\mathbf{0}}, \underline{\mathbf{b}})$ ist der Maximalpunkt.

2. Für mindestens ein j gilt $c_j > 0$ und $a_{ij} \le 0,\ i = 1, \ldots, m$: Das Lineare Optimierungsproblem besitzt keine Lösung, da die Zielfunktion in Richtung wachsender x_j–Werte unbeschränkt wächst.

3. Für alle j mit $c_j > 0$ gibt es mindestens ein i mit $a_{ij} > 0$: Man kann von einer Ecke $\underline{\mathbf{x}}$ zu einer Ecke $\tilde{\underline{\mathbf{x}}}$ übergehen mit $f(\tilde{\underline{\mathbf{x}}}) \ge f(\underline{\mathbf{x}})$. Für eine nichtentartete Ecke $\underline{\mathbf{x}}$ gilt immer das „>“–Zeichen.

18.1.3.2 Übergang zum neuen Simplextableau

1. Nichtentarteter Fall Ist ein Tableau nicht entscheidbar (Fall 3), dann wird ein neues Tableau (Schema 18.3) bestimmt, indem eine Basisvariable x_q ausgewählt und gegen eine Nichtbasisvariable x_p

unter Beachtung folgender Austauschregeln ausgetauscht wird:

1. $\tilde{a}_{pq} = \dfrac{1}{a_{pq}}$; (18.13a)

2. $\tilde{a}_{pj} = a_{pj} \cdot \tilde{a}_{pq}, \quad j \neq q, \quad \tilde{b}_p = b_p \cdot \tilde{a}_{pq}$; (18.13b)

3. $\tilde{a}_{iq} = -a_{iq} \cdot \tilde{a}_{pq}, \quad i \neq p, \quad \tilde{c}_q = -c_q \cdot \tilde{a}_{pq}$; (18.13c)

4. $\tilde{a}_{ij} = a_{ij} + a_{pj} \cdot \tilde{a}_{iq}, \quad i \neq p, \quad j \neq q$,

$$\tilde{b}_i = b_i + b_p \cdot \tilde{a}_{iq}, \quad i \neq p, \quad \tilde{c}_j = c_j + a_{pj} \cdot \tilde{c}_q, \quad j \neq q, \tilde{c}_0 = c_0 + b_q \cdot \tilde{c}_q \, . \tag{18.13d}$$

Das Element a_{pq} heißt *Pivotelement*, die p–te Zeile *Pivotzeile* und die q–te Spalte *Pivotspalte*. Bei der Auswahl von Pivotzeile und Pivotspalte sind zwei Bedingungen zu berücksichtigen:

1. Das neue Tableau muß zulässig sein, d.h., es muß gelten $\underline{\tilde{\mathbf{b}}} \geq \underline{\mathbf{0}}$;
2. Es muß gelten $\tilde{c}_0 \geq c_0$.

Dann ist $(\underline{\tilde{\mathbf{x}}}_N, \underline{\tilde{\mathbf{x}}}_B) = (\underline{\mathbf{0}}, \underline{\tilde{\mathbf{b}}})$ eine neue Ecke mit nicht kleinerem Zielfunktionswert $f(\underline{\tilde{\mathbf{x}}}) = \tilde{c}_0$. Die angegebenen Bedingungen werden mit der folgenden Wahl des Pivotelementes erfüllt:
1. Wähle ein q mit $c_q < 0$ als Pivotspalte;
2. wähle die Pivotzeile p so, daß gilt

$$\frac{b_p}{a_{pq}} = \min_{\substack{1 \leq i \leq m \\ a_{iq} > 0}} \left\{ \frac{b_i}{a_{iq}} \right\} . \tag{18.14}$$

Sind die Ecken des zulässigen Bereiches nicht entartet, dann bricht das Simplexverfahren nach einer endlichen Anzahl von von Simplexschritten mit einem entscheidbaren Tableau ab (Fall 1 oder Fall 2).

■ Die zum Beispiel in 18.1.2 gefundene Normalform kann direkt in ein Simplextableau übertragen werden (Schema 18.4a).

Schema 18.3

	$\underline{\tilde{\mathbf{x}}}_N$	
$\underline{\tilde{\mathbf{x}}}_B$	$\underline{\tilde{\mathbf{A}}}_N$	$\underline{\tilde{\mathbf{b}}}$
	$\underline{\tilde{\mathbf{c}}}$	$-\tilde{c}_0$

Schema 18.4a

	x_1	x_3	x_4		
x_2	1	1	−1	1	
x_5	−1	−1	1	1	1 : 1
x_6	−1	2	0	2	
x_7	5	5	−3	5	
	−1	1	3	−3	

Schema 18.4b

	x_1	x_3	x_5		
x_2	0	0	1	2	
x_4	−1	−1	1	1	
x_6	−1	2	0	2	2 : 2
x_7	2	2	3	8	8 : 2
	2	4	−3	−6	

Das Tableau ist nicht optimal, da in der letzten Zeile noch positive Koeffizienten der Zielfunktion auftreten. Die dritte Spalte wird als Pivotspalte festgelegt (auch die zweite Spalte wäre denkbar). Mit allen positiven Koeffizienten der Pivotspalte bildet man die Quotienten b_i/a_{iq}. Die Quotienten wurden hinter der letzten Spalte des Tableaus notiert. Der kleinste Quotient legt die Pivotzeile fest. Ist die Pivotzeile nicht eindeutig zu bestimmen, dann ist die durch das neue Tableau bestimmte Ecke entartet. Mit den Austauschregeln erhält man das Tableau in Schema 18.4b. Dieses Tableau bestimmt die Ecke $(0, 2, 0, 1, 0, 2, 8)$, die dem Punkt P_7 in **Abb.18.4** entspricht. Da das neue Tableau nicht optimal ist, wird jetzt x_6 gegen x_3 getauscht (Schema 18.4c). Die Ecke des 3. Tableaus entspricht dem Punkt P_6 in **Abb.18.4**. Nach einem weiteren Tausch erhält man ein optimales Tableau (Schema 18.4d) mit dem Maximalpunkt $\underline{\mathbf{x}}^* = (2, 2, 2, 5, 0, 0, 0)$, der dem Punkt P_5 mit dem maximalen Zielfunktionswert $f(\underline{\mathbf{x}}^*) = 18$ entspricht.

2. Entarteter Fall Ist in einem Simplextableau nach erfolgter Pivotspaltenwahl die Festlegung der Pivotzeile nicht eindeutig möglich, dann wird das neue Tableau eine entartete Ecke darstellen. Geometrisch ist eine entartete Ecke als Zusammenfallen mehrerer Ecken in einem Punkt interpretierbar. Für eine solche Ecke gibt es mehrere Basen. Somit kann der Fall eintreten, daß einige Austauschschritte

ausgeführt werden, ohne zu einer neuen Ecke zu gelangen. Es sind sogar Beispiele konstruierbar, die nach einigen Schritten ein bereits betrachtetes Tableau ergeben, so daß unendlich viele Zyklen auftreten können.
Beim Auftreten einer entarteten Ecke ist es möglich, das Gleichungssystem durch Addition von ε^i (mit einem geeigneten $\varepsilon > 0$) zu den Restriktionskonstanten b_i so zu stören, daß diese und alle folgenden Ecken des gestörten Systems nicht mehr entartet sind und das Optimum des gestörten Problems mit dem des ungestörten Problems übereinstimmt, wenn man in der Lösung $\varepsilon = 0$ setzt. Algorithmisch wird diese Störung durch einen Zusatz zum Simplextableau erreicht, worauf hier nicht eingegangen werden soll.
Werden die Pivotspalte und im nicht eindeutigen Fall die Pivotzeile „zufällig" gewählt, dann ist eine Zyklenbildung in den meisten praktischen Fällen unwahrscheinlich.

Schema 18.4c

	x_1	x_6	x_5		
x_2	$\underline{0}$	0	1	2	
x_4	$-\frac{3}{2}$	$\frac{1}{2}$	1	2	
x_3	$-\frac{1}{2}$	$\frac{1}{2}$	0	1	
x_7	$\underline{\underline{3}}$	$-\underline{1}$	$\underline{3}$	$\underline{6}$	$6:3$
	$\underline{4}$	-2	-3	-10	

Schema 18.4d

	x_7	x_6	x_5	
x_2	0	0	1	2
x_4	$\frac{1}{2}$	0	$\frac{5}{2}$	5
x_3	$\frac{1}{6}$	$\frac{1}{3}$	$\frac{1}{2}$	2
x_1	$\frac{1}{3}$	$-\frac{1}{3}$	1	2
	$-\frac{4}{3}$	$-\frac{2}{3}$	-7	-18

Schema 18.5

	x_1	$\cdots$	x_n	
y_1	$a_{1,1}$	$\cdots$	$a_{1,n}$	b_1
$\vdots$	$\vdots$		$\vdots$	$\vdots$
y_m	$a_{m,1}$	$\cdots$	$a_{m,n}$	b_m
ZF	c_1	$\cdots$	c_n	0
ZF*	$\sum_{j=1}^{m} a_{j,1}$	$\cdots$	$\sum_{j=1}^{m} a_{j,n}$	$\sum_{j=1}^{m} b_j = -g(\underline{\mathbf{0}}, \underline{\mathbf{b}})$

18.1.3.3 Bestimmung eines ersten Simplextableaus

1. Hilfsprogramm und künstliche Variable Häufig ist es besonders bei einer großen Anzahl von Nebenbedingungen schwierig, sofort eine Ecke und damit ein Simplextableau anzugeben. Daher stellt man zunächst ein *Hilfsprogramm* auf, aus dessen Lösung sich ein Simplextableau der ursprünglichen Aufgabe ergibt. Dazu wird auf der linken Seite jeder Gleichung von $\mathbf{A}\underline{\mathbf{x}} = \underline{\mathbf{b}}$ mit $\underline{\mathbf{b}} \geq \underline{\mathbf{0}}$ eine *künstliche Variable* $y_k \geq 0$, $k = 1, 2, \ldots, m$ addiert und das folgende Hilfsproblem formuliert:

$$\textbf{ZF}^*: \quad g(\underline{\mathbf{x}}, \underline{\mathbf{y}}) = -y_1 - \cdots - y_m = \text{Max!} \tag{18.15a}$$

$$\textbf{NB}^*: \quad \left.\begin{array}{llllll} a_{1,1}x_1 & + \cdots + & a_{1,n}x_n & + y_1 & & = b_1 \\ \vdots & & \vdots & & \ddots & \vdots \\ a_{m,1}x_1 & + \cdots + & a_{m,n}x_n & & + y_n & = b_m \\ \multicolumn{6}{l}{x_1, \ldots, x_n \geq 0; \quad y_1, \ldots, y_m \geq 0.} \end{array}\right\} \tag{18.15b}$$

Mit $y_1, \ldots, y_m$ als Basisvariable kann sofort ein erstes Simplextableau angegeben werden (Schema 18.5). Die letzte Zeile des Tableaus enthält die auf Nichtbasisvariable umgerechneten Koeffizienten der Hilfszielfunktion **ZF***. Offensichtlich ist $g(\underline{\mathbf{x}}, \underline{\mathbf{y}}) \leq 0$. Ist für einen Maximalpunkt $(\underline{\mathbf{x}}^*, \underline{\mathbf{y}}^*)$ des Hilfsproblems $g(\underline{\mathbf{x}}^*, \underline{\mathbf{y}}^*) = 0$, dann ist $\underline{\mathbf{y}}^* = 0$ und folglich $\underline{\mathbf{x}}^*$ eine Lösung von $\mathbf{A}\underline{\mathbf{x}} = \underline{\mathbf{b}}$. Andererseits besitzt $\mathbf{A}\underline{\mathbf{x}} = \underline{\mathbf{b}}$ bei $g(\underline{\mathbf{x}}^*, \underline{\mathbf{y}}^*) < 0$ keine Lösung.

2. Fallunterscheidung Ziel der Lösung des Hilfsprogramms mit dem Simplexverfahren ist es, die künstlichen Variablen aus der Basis zu entfernen. Wird eine künstliche Variable zur Nichtbasisvariable, dann kann die zugehörige Spalte im Tableau gestrichen werden. Man ermittelt so einen Maximalpunkt $(\underline{\mathbf{x}}^*, \underline{\mathbf{y}}^*)$ und unterscheidet:

1. $g(\underline{\mathbf{x}}^*, \underline{\mathbf{y}}^*) < 0$: Das System $\mathbf{A}\underline{\mathbf{x}} = \underline{\mathbf{b}}$ besitzt keine Lösung.

2. $g(\underline{\mathbf{x}}^*, \underline{\mathbf{y}}^*) = 0$: Falls sich unter den Basisvariablen keine künstlichen Variablen befinden, ist sofort ein Tableau für die ursprüngliche Aufgabe gegeben. Anderenfalls wird so lange aus einer zu einer künstlichen Variablen gehörenden Zeile ein Pivotelement $\neq 0$ gewählt, ein Austauschschritt ausgeführt und anschließend die Pivotspalte gestrichen, bis alle künstlichen Variablen aus dem Tableau entfernt worden sind.

Durch die Einführung von künstlichen Variablen kann die Dimension des Hilfsproblems stark anwachsen. Mitunter ist es nicht notwendig, zu jeder Gleichung eine künstliche Variable zu addieren. War das System der Nebenbedingungen vor der Einführung von Schlupfvariablen gegeben durch $\mathbf{A}_1\underline{\mathbf{x}} \geq \underline{\mathbf{b}}_1$, $\mathbf{A}_2\underline{\mathbf{x}} = \underline{\mathbf{b}}_2$, $\mathbf{A}_3\underline{\mathbf{x}} \leq \underline{\mathbf{b}}_3$ mit $\underline{\mathbf{b}}_1, \underline{\mathbf{b}}_2, \underline{\mathbf{b}}_3 \geq 0$, dann sind nur in den ersten beiden Systemen künstliche Variable erforderlich. Für das dritte System können die Schlupfvariablen als erste Basisvariable gewählt werden.

■ Im Beispiel von Abschnitt 18.1.2 ist nur in der ersten Gleichung eine künstliche Variable erforderlich:

$$\begin{array}{lrcl}
\textbf{ZF}^*\textbf{:} & g(\underline{\mathbf{x}}, \underline{\mathbf{y}}) = & -\, y_1 & = \text{Max!} \\
\textbf{NB}^*\textbf{:} & & x_1 + x_2 + x_3 - x_4 + y_1 & = 1 \\
& & x_2 + x_5 & = 2 \\
& & -x_1 + 2x_3 + x_6 & = 2 \\
& & 2x_1 - 3x_2 + 2x_3 + x_7 & = 2
\end{array}$$

Das ermittelte Tableau (Schema 18.6b) ist mit $g(\underline{\mathbf{x}}^*, \underline{\mathbf{y}}^*) = 0$ optimal. Durch Streichen der zweiten Spalte erhält man ein erstes Tableau für das Ausgangsproblem.

Schema 18.6a

	x_1	x_2	x_3	x_4		
y_1	1	1	1	-1	1	1 : 1
x_5	0	1	0	0	2	2 : 1
x_6	-1	0	2	0	2	
x_7	2	-3	2	0	2	
ZF	2	3	4	0	0	
ZF*	1	1	1	-1	1	

Schema 18.6b

	x_1	y_1	x_3	x_4	1
x_2	1	1	1	-1	1
x_5	-1	-1	-1	1	1
x_6	-1	0	2	0	2
x_7	5	3	5	-3	5
ZF	-1	-3	1	3	-3
ZF*	0	-1	0	0	0

18.1.3.4 Revidiertes Simplexverfahren

1. Revidiertes Simplextableau Das Lineare Optimierungsproblem sei in einer Normalform gegeben:

$$\textbf{ZF} \quad f(\underline{\mathbf{x}}) = c_1x_1 + \cdots + c_{n-m}x_{n-m} + c_0 = \text{Max!} \tag{18.16a}$$

$$\textbf{NB:} \quad \left.\begin{array}{lllcl}
\alpha_{1,1}x_1 + \cdots + \alpha_{1,n-m}x_{n-m} & + x_{n-m+1} & & = & \beta_1 \\
\vdots \qquad\qquad \vdots & & \ddots & & \vdots \\
\alpha_{m,1}x_1 + \cdots + \alpha_{m,n-m}x_{n-m} & & + x_n & = & \beta_m \\
x_1 \geq 0, \ldots, x_n \geq 0\,. & & & &
\end{array}\right\} \tag{18.16b}$$

Um zu einer anderen Normalform und damit zu einer anderen Ecke zu wechseln, genügt es, das Gleichungssystem (18.16b) mit der entsprechenden Basisinversen zu multiplizieren. Das Simplexverfahren kann also dahingehend modifiziert werden, daß in jedem Schritt anstatt eines neuen Tableaus nur die Basisinverse ermittelt wird. Vom eigentlichen Tableau sind nur die zur Bestimmung des neuen Pivotelements erforderlichen Größen zu berechnen. Ist die Anzahl der Variablen sehr groß im Vergleich zur Anzahl der Nebenbedingungen ($n > 3m$), dann erreicht man mit der revidierten Simplexmethode eine beachtliche Verringerung an Rechenaufwand und Speicherplatz bei gleichzeitiger Erhöhung der Rechengenauigkeit.

Die allgemeine Form eines revidierten Simplextableaus zeigt das Schema 18.7.

Schema 18.7

	$x_1 \cdots x_{n-m}$	$x_{n-m+1} \cdots x_n$		x_q
x_1^B		$a_{1,n-m+1} \cdots a_{1,n}$	b_1	r_1
$\vdots$		$\vdots \quad \vdots$	$\vdots$	$\vdots$
x_m^B		$a_{m,n-m+1} \cdots a_{m,n}$	b_m	r_m
	$c_1 \cdots c_{n-m}$	$c_{n-m+1} \cdots c_n$	$-c_0$	c_q

Die eingetragenen Größen haben die folgende Bedeutung:

$x_1^B, \ldots, x_m^B$: aktuelle Basisvariable;
$c_1, \ldots, c_n$: auf Nichtbasisvariable umgerechnete Koeffizienten der Zielfunktion;
$b_1, \ldots, b_m$: rechte Seite der aktuellen Normalform;
c_0 : Wert der Zielfunktion in der Ecke $(x_1^B, \ldots, x_m^B) = (b_1, \ldots, b_m)$;

$\mathbf{A}^* = \begin{pmatrix} a_{1,n-m+1} & \cdots & a_{1,n} \\ \vdots & & \vdots \\ a_{m,n-m+1} & \cdots & a_{m,n} \end{pmatrix}$: aktuelle Basisinverse, wobei die Spalten von $\mathbf{A}^*$ die zu den Variablen $x_{n-m+1}, \ldots, x_n$ gehörenden Spalten der aktuellen Normalform sind;

$\underline{\mathbf{r}} = (r_1, \ldots, r_m)^{\mathrm{T}}$: aktuelle Pivotspalte.

2. Revidierter Simplexschritt

1. Das Tableau ist nicht optimal, solange wenigstens ein $c_j > 0$ ist $(j = 1, 2, \ldots, n)$.
Auswahl der Pivotspalte q für ein $c_q > 0$.
2. Berechnung der Pivotspalte r durch Multiplikation der q–ten Spalte der Koeffizientenmatrix von (18.16b) mit $\mathbf{A}^*$ und Eintragen des ermittelten Vektors in die letzte Spalte des Tableaus.
Ermittlung der Pivotzeile wie beim Simplexalgorithmus gemäß (18.14).
3. Berechnung des neuen Tableaus mit den Austauschregeln (18.13a–d), wobei formal a_{iq} durch r_i ersetzt wird und die Indizes im Bereich $n-m+1 \leq j \leq n$ liegen. Die Größen $\tilde{r}_i$ werden nicht eingetragen. Mit $\underline{\tilde{\mathbf{c}}} = (\tilde{c}_{n-m+1}, \ldots, \tilde{c}_n)^{\mathrm{T}}$ ermittelt man für $j = 1, \ldots, n-m$: $\tilde{c}_j = c_j + \underline{\alpha}_j^{\mathrm{T}} \underline{\tilde{\mathbf{c}}}$, wobei $\underline{\alpha}_j$ die j–te Spalte der Koeffizientenmatrix von (18.16b) darstellt.

■ In die Normalform des Beispiels von 18.1.2 soll x_4 aufgenommen werden. Die zugehörige Pivotspalte $\underline{\alpha}_4$ wird in das Tableau (Schema 18.8a) eingetragen.

Schema 18.8a

	x_1	x_3	x_4	x_2	x_5	x_6	x_7		x_4	
x_2				1	0	0	0	1	$-\underline{1}$	
x_5				$\underline{0}$	$\underline{1}$	$\underline{0}$	$\underline{0}$	$\underline{1}$	$\underline{\underline{1}}$	1 : 1
x_6				0	0	1	0	2	$\underline{0}$	
x_7				0	0	0	1	5	$\underline{3}$	
	−1	1	$\underline{3}$	0	0	0	0	−3	$\underline{3}$	

Schema 18.8b

	x_1	x_3	x_4	x_2	x_5	x_6	x_7		x_3	
x_2				1	1	0	0	2	$\underline{0}$	
x_5				0	1	0	0	1	$-\underline{1}$	
x_6				$\underline{0}$	$\underline{0}$	$\underline{1}$	$\underline{0}$	$\underline{2}$	$\underline{\underline{2}}$	2 : 2
x_7				0	3	0	1	8	$\underline{2}$	8 : 2
	2	$\underline{4}$	0	0	−3	0	0	−6	$\underline{4}$	

Für $j = 1, 3, 4$ erhält man $\tilde{c}_j = c_j - 3\alpha_{2j}$: $(c_1, c_3, c_4) = (2, 4, 0)$.
Der ermittelte Eckpunkt $\underline{\mathbf{x}} = (0, 2, 0, 1, 0, 2, 2)$ entspricht dem Punkt P_7 in **Abb.18.4**. Als nächste Pivotspalte wird $j = 3$ bestimmt. Die Größe $\underline{\mathbf{r}}$ mit

$$\underline{\mathbf{r}} = (r_1, \ldots, r_m) = \mathbf{A}^* \underline{\alpha}_3 = \begin{pmatrix} 1\,1\,0\,0 \\ 0\,1\,0\,0 \\ 0\,0\,1\,0 \\ 0\,3\,0\,1 \end{pmatrix} \cdot \begin{pmatrix} 1 \\ -1 \\ 2 \\ 5 \end{pmatrix} = \begin{pmatrix} 0 \\ -1 \\ 2 \\ 2 \end{pmatrix}$$

ist im 2. Tableau (Schema 18.8b) bereits eingetragen. Der weitere Rechengang erfolgt in Analogie zum Beispiel von 18.1.3.2 auf Seite 715.

18.1.3.5 Dualität in der linearen Optimierung

1. Zuordnung Jeder linearen Optimierungsaufgabe (primales Problem) läßt sich umkehrbar eindeutig ein zweites Optimierungsproblem (duales Problem) zuordnen :

Primales Problem

ZF: $f(\underline{\mathbf{x}}) = \underline{\mathbf{c}}_1^{\mathrm{T}}\underline{\mathbf{x}}_1 + \underline{\mathbf{c}}_2^{\mathrm{T}}\underline{\mathbf{x}}_2 = \mathrm{Max!}$ (18.17a)

NB:
$$\begin{aligned} &\mathbf{A}_{1,1}\underline{\mathbf{x}}_1 + \mathbf{A}_{1,2}\underline{\mathbf{x}}_2 \le \underline{\mathbf{b}}_1 \\ &\mathbf{A}_{2,1}\underline{\mathbf{x}}_1 + \mathbf{A}_{2,2}\underline{\mathbf{x}}_2 = \underline{\mathbf{b}}_2 \\ &\underline{\mathbf{x}}_1 \ge 0 \;, \quad \underline{\mathbf{x}}_2 \text{ frei} \end{aligned} \tag{18.17b}$$

Duales Problem

ZF*: $g(\underline{\mathbf{u}}) = \underline{\mathbf{b}}_1^{\mathrm{T}}\underline{\mathbf{u}}_1 + \vec{b}_2^{\mathrm{T}}\underline{\mathbf{u}}_2 = \mathrm{Min!}$ (18.18a)

NB*:
$$\begin{aligned} &\mathbf{A}_{1,1}^{\mathrm{T}}\underline{\mathbf{u}}_1 + \mathbf{A}_{2,1}^{\mathrm{T}}\underline{\mathbf{u}}_2 \ge \underline{\mathbf{c}}_1 \\ &\mathbf{A}_{1,2}^{\mathrm{T}}\underline{\mathbf{u}}_1 + \mathbf{A}_{2,2}^{\mathrm{T}}\underline{\mathbf{u}}_2 = \underline{\mathbf{c}}_2 \\ &\underline{\mathbf{u}}_1 \ge 0 \;, \quad \underline{\mathbf{u}}_2 \text{ frei} \end{aligned} \tag{18.18b}$$

Die Koeffizienten der Zielfunktion des einen Problems bilden die rechte Seite der Nebenbedingungen des anderen Problems. Jeder freien Variablen entspricht eine Gleichungs- und jeder vorzeichenbeschränkten Variablen eine Ungleichungsbedingung des jeweiligen anderen Problems.

2. Dualitätsaussagen
1. Besitzen beide Probleme zulässige Punkte, d.h., $M \ne \emptyset$, $M^* \ne \emptyset$, dann gilt

$$f(\underline{\mathbf{x}}) \le g(\underline{\mathbf{u}}) \qquad \text{für alle } \underline{\mathbf{x}} \in M,\ \ \underline{\mathbf{u}} \in M^*, \tag{18.19a}$$

und für beide Probleme existieren Optimalpunkte.
2. Die Punkte $\underline{\mathbf{x}} \in M$ und $\underline{\mathbf{u}} \in M^*$ sind genau dann Optimalpunkte des jeweiligen Problems, wenn gilt:

$$f(\underline{\mathbf{x}}) = g(\underline{\mathbf{u}}). \tag{18.19b}$$

3. Ist $f(\underline{\mathbf{x}})$ über M nach oben bzw. $g(\underline{\mathbf{u}})$ über M^* nach unten unbeschränkt, so ist $M^* = \emptyset$ bzw. $M = \emptyset$.
4. Die Punkte $\underline{\mathbf{x}} \in M$ und $\underline{\mathbf{u}} \in M^*$ sind genau dann Optimalpunkte der jeweiligen Aufgaben, wenn gilt:

$$\underline{\mathbf{u}}_1^{\mathrm{T}}(\mathbf{A}_{1,1}\underline{\mathbf{x}}_1 + \mathbf{A}_{1,2}\underline{\mathbf{x}}_2 - \underline{\mathbf{b}}_1) = 0 \quad \text{und} \quad \underline{\mathbf{x}}_1^{\mathrm{T}}(\mathbf{A}_{1,1}^{\mathrm{T}}\underline{\mathbf{u}}_1 + \mathbf{A}_{2,1}^{\mathrm{T}}\underline{\mathbf{u}}_2 - \underline{\mathbf{c}}_1) = 0\,. \tag{18.19c}$$

An Hand der letzten beiden Beziehungen kann man aus einer nicht entarteten Optimallösung $\underline{\mathbf{u}}$ des dualen Problems eine Lösung $\underline{\mathbf{x}}$ des primalen Problems aus dem folgenden linearen Gleichungssystem ermitteln:

$$\mathbf{A}_{2,1}\underline{\mathbf{x}}_1 + \mathbf{A}_{2,2}\underline{\mathbf{x}}_2 - \underline{\mathbf{b}}_2 = \underline{\mathbf{0}}\,; \tag{18.20a}$$

$$(\mathbf{A}_{1,1}\underline{\mathbf{x}}_1 + \mathbf{A}_{1,2}\underline{\mathbf{x}}_2 - \underline{\mathbf{b}}_1)_i = \underline{\mathbf{0}} \qquad \text{für } u_i > 0\,; \tag{18.20b}$$

$$x_i = 0 \qquad \text{für } (\mathbf{A}_{1,1}^{\mathrm{T}}\underline{\mathbf{u}}_1 + \mathbf{A}_{2,1}^{\mathrm{T}}\underline{\mathbf{u}}_2 - \underline{\mathbf{c}}_1)_i \ne 0\,. \tag{18.20c}$$

Zur Lösung des dualen Problems kann das Simplexverfahren verwendet werden.

3. Einsatzgebiete der dualen Aufgabe Die Bearbeitung des dualen Problems kann in den folgenden Fällen von Vorteil sein:
1. Wenn für das duale Problem eine Normalform leichter zu finden ist, geht man von der primalen zur dualen Aufgabe über.
2. Wenn im primalen Problem die Anzahl der Restriktionen groß gegenüber der Anzahl der Variablen ist, so kann bei der Lösung des dualen Problems mit dem revidierten Simplexverfahren der Rechenaufwand verringert werden.

■ Für das Beispiel aus 18.1.2 gilt ohne Schlupfvariablen

Primales Problem

ZF: $f(\underline{\mathbf{x}}) = 2x_1 + 3x_2 + 4x_3 = \mathrm{Max!}$

Duales Problem

ZF*: $g(\underline{\mathbf{u}}) = -u_1 + 2u_2 + 2u_3 + 2u_4 = \mathrm{Min!}$

NB:

$$\begin{aligned} -x_1 - x_2 - x_3 &\le -1 \\ x_2 &\le 2 \\ -x_1 + 2x_3 &\le 2 \\ 2x_1 - 3x_2 + 2x_3 &\le 2 \\ x_1, x_2, x_3 &\ge 0 \end{aligned}$$

NB*:

$$\begin{aligned} -u_1 - u_3 + 2u_4 &\ge 2 \\ -u_1 + u_2 - 3u_4 &\ge 3 \\ -u_1 + 2u_3 + 2u_4 &\ge 4 \\ u_1, u_2, u_3, u_4 &\ge 0 \end{aligned}$$

Wird das duale Problem nach Einführung von Schlupfvariablen und Aufstellung eines ersten Simplextableaus mit dem Simplexverfahren gelöst, dann ergibt sich unter Vernachlässigung der Schlupfvariablen in der Lösung: $\underline{\mathbf{u}}^* = (u_1, u_2, u_3, u_4) = (0, 7, 2/3, 4/3)$ mit $g(\underline{\mathbf{u}}) = 18$. Daraus kann eine Lösung $\underline{\mathbf{x}}^*$ des primalen Problems über das System $(\mathbf{A}\underline{\mathbf{x}} - \underline{\mathbf{b}})_i = 0$ für $u_i > 0$ ermittelt werden, d.h., $x_2 = 2$, $-x_1 + 2x_3 = 2$, $2x_1 - 3x_2 + 2x_3 = 2$, so daß schließlich folgt $\underline{\mathbf{x}}^* = (2, 2, 2)$ mit $f(\underline{\mathbf{x}}) = 18$.

18.1.4 Spezielle lineare Optimierungsprobleme

18.1.4.1 Transportproblem

1. Modell

Ein von m Erzeugern $E_1, E_2, \ldots, E_m$ in den Mengen $a_1, a_2, \ldots, a_m$ produziertes Erzeugnis soll zu n Verbrauchern $V_1, V_2, \ldots, V_n$ mit dem Bedarf $b_1, b_2, \ldots, b_n$ transportiert werden. Die Kosten des Transportes einer Produkteinheit vom Erzeugnis E_i zum Verbraucher V_j betragen c_{ij}. Von E_i werden x_{ij} Produkteinheiten zu V_j transportiert. Gesucht ist eine, die Transportkosten minimierende Aufteilung der Erzeugnisse auf die Verbraucher. Es wird vorausgesetzt, daß die Gesamtkapazität der Erzeuger gleich dem Gesamtverbrauch ist, d.h.

$$\sum_{i=1}^{m} a_i = \sum_{j=1}^{n} b_j \,. \tag{18.21}$$

Man bildet die Kostenmatrix $\mathbf{C}$ und die Verteilungsmatrix $\mathbf{X}$:

$$\mathbf{C} = \begin{pmatrix} c_{1,1} & \cdots & c_{1,n} \\ \vdots & & \vdots \\ c_{m,1} & \cdots & c_{m,n} \end{pmatrix} \begin{matrix} E: \\ E_1 \\ \vdots \\ E_m \end{matrix} \quad V: \; V_1 \cdots V_n \tag{18.22a}$$

$$\mathbf{X} = \begin{pmatrix} x_{1,1} & \cdots & x_{1,n} \\ \vdots & & \vdots \\ x_{m,1} & \cdots & x_{m,n} \end{pmatrix} \begin{matrix} \sum: \\ a_1 \\ \vdots \\ a_m \end{matrix} \quad \sum: \; b_1 \cdots b_n \tag{18.22b}$$

Ist die Bedingung (18.21) nicht erfüllt, dann werden zwei Fälle unterschieden:

1. Für $\sum a_i > \sum b_j$ wird ein fiktiver Verbraucher V_{n+1} mit dem Bedarf $b_{n+1} = \sum a_i - \sum b_j$ und den Transportkosten $c_{i,n+1} = 0$ eingeführt.

2. Für $\sum a_i < \sum b_j$ wird ein fiktiver Erzeuger E_{m+1} mit der Kapazität $a_{m+1} = \sum b_j - \sum a_i$ und den Transportkosten $c_{m+1,j} = 0$ eingeführt. Zur Bestimmung eines optimalen Verteilungsplanes ist das folgende Optimierungsproblem zu lösen:

$$\mathbf{ZF}: \quad f(\mathbf{X}) = \sum_{i=1}^{m} \sum_{j=1}^{n} c_{ij} x_{ij} = \text{Min!}\,, \tag{18.23a}$$

$$\mathbf{NB}: \quad \sum_{j=1}^{n} x_{ij} = a_i; \;\; i = 1, \ldots, m; \;\; \sum_{i=1}^{m} x_{ij} = b_j; \;\; j = 1, \ldots, n; \;\; x_{ij} \ge 0\,. \tag{18.23b}$$

Das Minimum dieses Problems wird in einer Ecke des zulässigen Bereiches angenommen. Von den $m+n$ Nebenbedingungen sind $m+n-1$ linear unabhängig, so daß eine Ecke im nicht entarteten Fall, der hier vorausgesetzt werden soll, $m+n-1$ positive Komponenten x_{ij} besitzt. Die folgende Bestimmung eines optimalen Verteilungsplanes wird als Transportalgorithmus bezeichnet.

2. Ermittlung einer zulässigen Basislösung

Mit der „*Nordwestecken-Regel*“ kann immer eine erste zulässige Basislösung (Ecke) ermittelt werden

1. Setze $\quad x_{11} = \min(a_1, b_1)\,.$ $\qquad$ (18.24a)

2. Ist $a_1 < b_1$, streicht man die erste Zeile von $\mathbf{X}$. (18.24b)

Ist $a_1 > b_1$, streicht man die erste Spalte von $\mathbf{X}$. (18.24c)

Ist $a_1 = b_1$, streicht man wahlweise die erste Zeile oder die erste Spalte von $\mathbf{X}$. (18.24d)

Liegen nur noch eine Zeile, aber mehrere Spalten vor, dann ist eine Spalte zu streichen und umgekehrt.
3. Ersetze a_1 durch $a_1 - x_{11}$ und b_1 durch $b_1 - x_{11}$ und wiederhole den Vorgang mit dem reduzierten Schema.
Alle bei diesem Verfahren besetzten Variablen sind Basisvariable, alle anderen sind Nichtbasisvariable und erhalten den Wert 0.

■

$$\begin{array}{rcl} & & E: \\ \mathbf{C} = & \begin{pmatrix} 5 & 3 & 2 & 7 \\ 8 & 2 & 1 & 1 \\ 9 & 2 & 6 & 3 \end{pmatrix} & \begin{array}{l} E_1 \\ E_2 \\ E_3 \end{array} \\ V: & \begin{array}{cccc} V_1 & V_2 & V_3 & V_4 \end{array} & \end{array} \qquad \begin{array}{rcl} & & \sum: \\ \mathbf{X} = & \begin{pmatrix} x_{1,1} & x_{1,2} & x_{1,3} & x_{1,4} \\ x_{2,1} & x_{2,2} & x_{2,3} & x_{2,4} \\ x_{3,1} & x_{3,2} & x_{3,3} & x_{3,4} \end{pmatrix} & \begin{array}{l} a_1 = 9 \\ a_2 = 10 \\ a_3 = 3 \end{array} \\ \sum: & b_1 = 4\ b_2 = 6\ b_3 = 5\ b_4 = 7 & \end{array}$$

Ermittlung einer ersten Ecke mit der Nordwestecken-Regel:

1.Schritt

$$\begin{array}{rcl} \mathbf{X} = & \begin{pmatrix} 4 & & & \\ | & & & \\ | & & & \end{pmatrix} & \begin{array}{l} \cancel{9}\ \ 5 \\ 10 \\ 3 \end{array} \\ & \begin{array}{cccc} \cancel{4} & 6 & 5 & 7 \\ 0 & & & \end{array} & \end{array}$$

weitere Schritte

$$\begin{array}{rcl} \mathbf{X} = & \begin{pmatrix} 4 & 5 & — & \\ | & 1 & 5 & 4 \\ | & | & | & 3 \end{pmatrix} & \begin{array}{l} \cancel{5}\ 0 \\ 1\cancel{0}\ \cancel{9}\ \cancel{4}\ 0 \\ 3 \end{array} \\ & \begin{array}{cccc} 0 & \cancel{6} & \cancel{5} & \cancel{7} \\ & \cancel{1} & 0 & 3 \\ & 0 & & \end{array} & \end{array}$$

Verfahren zur Aufstellung eines ersten Verteilungsplanes, die auch die anfallenden Transportkosten berücksichtigen (z. B. VOGELsche Approximationsmethode [18.15]), liefern im allgemeinen bessere Erstlösungen.

3. Lösung des Transportproblems mit der Potentialmethode

Die Basisvariable werden iterativ gegen die Nichtbasisvariablen ausgetauscht, um so jeweils eine zugehörige modifizierte Kostenmatrix zu berechnen. Der Rechengang wird am Beispiel erläutert.

1. Ermittlung der modifizierten Kostenmatrix $\tilde{\mathbf{C}}$ aus $\mathbf{C}$ mittels

$$\tilde{c}_{ij} = c_{ij} + p_i + q_j\ ;\quad i = 1, \ldots, m\ ;\quad j = 1, \ldots, n\ , \tag{18.25a}$$

unter den Bedingungen

$$\tilde{c}_{ij} = 0 \text{ für } (i,j) \text{mit: } x_{ij} \text{ ist aktuelle Basisvariable.} \tag{18.25b}$$

Dazu werden in $\mathbf{C}$ die zu Basisvariablen gehörenden Kosten markiert und $p_1 = 0$ gesetzt. Die weiteren Größen p_i und q_j, auch Potentiale bzw. Simplexmultiplikatoren genannt, werden so errechnet, daß zu markierten Kosten gehörende p_i und q_j zusammen mit den Kosten c_{ij} die Summe 0 ergeben:

■

$$\begin{array}{rcl} \mathbf{C} = & \begin{pmatrix} (5) & (3) & 2 & 7 \\ 8 & (2) & (1) & (1) \\ 9 & 2 & 6 & (3) \end{pmatrix} & \begin{array}{l} p_1 = 0 \\ p_2 = 1 \\ p_3 = -1 \end{array} \\ & q_1 = -5\ q_2 = -3\ q_3 = -2\ q_4 = -2 & \end{array} \Longrightarrow \tilde{\mathbf{C}} = \begin{pmatrix} 0 & 0 & 0 & 5 \\ 4 & 0 & 0 & 0 \\ 3 & \boxed{-2} & 3 & 0 \end{pmatrix} \tag{18.25c}$$

2. Berechnung von: $\tilde{c}_{pq} = \min\limits_{i,j}\{\tilde{c}_{ij}\}$. (18.25d)

Ist $\tilde{c}_{pq} \geq 0$, dann ist der gegebene Verteilungsplan $\mathbf{X}$ optimal; anderenfalls wird x_{pq} als neue Variable gewählt. Im Beispiel ist $\tilde{c}_{pq} = \tilde{c}_{32} = -2$.

3. In $\tilde{\mathbf{C}}$ werden $\tilde{c}_{pq}$ und die zu Basisvariablen gehörenden Kosten markiert. Enthält $\tilde{\mathbf{C}}$ eine Zeile oder Spalte mit maximal einem markierten Element, dann wird diese Spalte oder Zeile gestrichen. Mit der verbleibenden Restmatrix wird dieser Vorgang wiederholt, bis keine Streichungen mehr möglich sind.

$$\tilde{\mathbf{C}} = \begin{pmatrix} (0) & (0) & 0 & 5 \\ 4 & (0) & (0) & (0) \\ 3 & (-2) & 3 & (0) \end{pmatrix} \tag{18.25e}$$

4. Die zu verbleibenden markierten Elementen $\tilde{c}_{ij}$ gehörenden x_{ij} bilden einen Zyklus. Man setzt zunächst $\tilde{x}_{pq} = \delta > 0$. Alle weiteren zu markierten $\tilde{c}_{ij}$ gehörenden $\tilde{x}_{ij}$ werden so bestimmt, daß die Nebenbedingungen erfüllt bleiben. Die Größe δ errechnet sich aus

$$\delta = x_{rs} = \min\{x_{ij} :\ \tilde{x}_{ij} = x_{ij} - \delta\}\,, \tag{18.25f}$$

wobei x_{rs} Nichtbasisvariable wird. Im Beispiel ist $\delta = \min\{1, 3\} = 1$.

$$\tilde{\mathbf{X}} = \begin{pmatrix} 4 & 5 & & \\ & & \longleftarrow & \\ & 1-\delta & 5 & 4+\delta \\ & \downarrow & & \uparrow \\ & \delta & \longrightarrow & 3-\delta \end{pmatrix} \begin{matrix} \sum \\ 9 \\ \\ 10 \\ \\ 3 \end{matrix} \qquad \Longrightarrow \quad \tilde{\mathbf{X}} = \begin{pmatrix} 4 & 5 & & \\ & & 5 & 5 \\ & 1 & & 2 \end{pmatrix}, \quad f(\underline{\mathbf{x}}) = 53\,. \tag{18.25g}$$

$$\sum \quad 4 \quad 6 \quad 5 \quad 7$$

Danach wird das Verfahren ab Schritt 1 und $\mathbf{X} = \tilde{\mathbf{X}}$ wiederholt.

$$\mathbf{C} = \begin{pmatrix} (5) & (3) & 2 & 7 \\ 8 & 2 & (1) & (1) \\ 9 & (2) & 6 & (3) \end{pmatrix} \begin{matrix} p_1 = 0 \\ p_2 = 3 \\ p_3 = 1 \end{matrix} \quad \Longrightarrow \quad \tilde{\mathbf{C}} = \begin{pmatrix} (0) & (0) & (\underline{-2}) & 3 \\ 6 & 2 & (0) & (0) \\ 5 & (0) & 3 & (0) \end{pmatrix} \tag{18.25h}$$

$$q_1 = -5 \quad q_2 = -3 \quad q_3 = -4 \quad q_4 = -4$$

$$\tilde{\mathbf{X}} = \begin{pmatrix} 4 & 5-\delta & \longleftarrow & \delta & & \\ & & & \uparrow & & \\ & \downarrow & & 5-\delta & \longleftarrow & 5+\delta \\ & & & & & \uparrow \\ & 1+\delta & & \longrightarrow & & 2+\delta \end{pmatrix}, \quad \overset{\delta = 2}{\Longrightarrow} \quad \tilde{\mathbf{X}} = \begin{pmatrix} 4 & 3 & 2 & \\ & & 3 & 7 \\ & 3 & & \end{pmatrix}, \quad f(\mathbf{X}) = 49\,. \tag{18.25i}$$

Die nächste zu bestimmende Matrix $\tilde{\mathbf{C}}$ enthält keine negativen Elemente. Deshalb ist $\tilde{\mathbf{X}}$ ein optimaler Verteilungsplan.

18.1.4.2 Zuordnungsproblem

Die Darlegung erfolgt an Hand eines Beispiels.

■ Es sollen n Transportaufträge an n Transportunternehmen so vergeben werden, daß jedes Unternehmen genau einen Auftrag erhält. Gesucht ist die kostengünstigste Zuordnung, wenn das i–te Unternehmen für die Ausführung des j–ten Auftrages die Kosten c_{ij} berechnet.

Ein Zuordnungsproblem ist ein spezielles Transportproblem mit $m = n$ und $a_i = b_j = 1$ für alle i, j.

$$\mathbf{ZF}: \quad f(\underline{\mathbf{x}}) = \sum_{i=1}^{n} \sum_{j=1}^{n} c_{ij} x_{ij} = \text{Min!} \tag{18.26a}$$

$$\mathbf{NB}: \quad \sum_{j=1}^{n} x_{ij} = 1;\ i = 1, \ldots, n; \qquad \sum_{i=1}^{n} x_{ij} = 1;\ j = 1, \ldots, n; \qquad x_{ij} \in \{0, 1\}\,. \tag{18.26b}$$

Jede zulässige Verteilungsmatrix enthält in jeder Zeile und jeder Spalte genau eine 1 und sonst Nullen. Ausgehend von einer zulässigen Verteilungsmatrix $\mathbf{X}$ kann das Zuordnungsproblem ohne Beachtung der Ganzzahligkeitsforderungen mit dem Transportalgorithmus gelöst werden. Dabei ist jede zulässige Basislösung (Ecke) entartet, da $n-1$ Basisvariable gleich Null sind. Es sind daher Maßnahmen zur Vermeidung von Zyklen zu treffen.

18.1.4.3 Verteilungsproblem

Das Problem wird an Hand eines Beispiels dargelegt.

■ Die m Produkte $E_1, E_2, \ldots, E_m$ sind in den Mengen $a_1, a_2, \ldots, a_m$ herzustellen. Jedes Produkt kann auf jeder der n Maschinen $M_1, M_2, \ldots, M_n$ produziert werden. Zur Herstellung einer Produkteinheit des Produktes E_i benötigt die Maschine M_j die Bearbeitungszeit b_{ij} und verursacht dabei die Kosten c_{ij}. Die insgesamt für die Maschine M_j zur Verfügung stehende Maschinenzeit sei b_j. Die auf jeder Maschine M_j von jedem Produkt E_i herzustellenden Mengen x_{ij} sollen so festgelegt werden, daß die verursachten Gesamtkosten möglichst gering sind.

Aus der Aufgabe ergibt sich das folgende allgemeine Modell eines Verteilungsproblems:

$$\textbf{ZF}: \quad f(\underline{\mathbf{x}}) = \sum_{i=1}^{m}\sum_{j=1}^{n} c_{ij}x_{ij} = \text{Min!} \tag{18.27a}$$

$$\textbf{NB}: \quad \sum_{j=1}^{m} x_{ij} = a_i;\ i=1,\ldots,m; \quad \sum_{i=1}^{n} b_{ij}x_{ij} \le b_j;\ j=1,\ldots,n; \qquad x_{ij} \ge 0 \text{ für alle } i,j\,. \tag{18.27b}$$

Das Verteilungsproblem ist eine Verallgemeinerung des Transportproblems und kann mit dem Simplexverfahren gelöst werden. Sind alle $b_{ij} = 1$, dann kann nach Einführung eines fiktiven Produktes E_{m+1} (s.S. 720) der effektivere Transportalgorithmus (s.S. 720) zur Lösung herangezogen werden.

18.1.4.4 Rundreiseproblem

Gegeben sind n Orte $O_1, O_2, \ldots, O_n$. Um von O_i nach O_j zu gelangen, muß ein Reisender die Entfernung c_{ij} zurücklegen. Dabei kann $c_{ij} \neq c_{ji}$ möglich sein.

Es ist eine kürzeste Reiseroute so zu wählen, daß ein Reisender jeden Ort genau einmal besucht und am Ende zum Ausgangsort zurückkehrt.

Wie beim Zuordnungsproblem ist wiederum in jeder Zeile und jeder Spalte der Entfernungsmatrix **C** genau ein Element auszuwählen, so daß die Gesamtsumme der ausgewählten Elemente minimal wird. Allerdings wird die numerische Lösung des Rundreiseproblems beträchtlich durch die Einschränkung erschwert, daß eine Anordnung der markierten Elemente c_{ij} in folgender Form möglich sein muß:

$$c_{i_1,i_2}, c_{i_2,i_3}, \ldots, c_{i_n,i_{n+1}} \qquad \text{mit } i_k \neq i_l \text{ für } k \neq l \text{ und } i_{n+1} = i_1. \tag{18.28}$$

Das Rundreiseproblem kann durch die Anwendung von Verzweigungsverfahren (branch and bound) gelöst werden.

18.1.4.5 Reihenfolgeproblem

Die Bearbeitung von n verschiedenen Produkten erfolgt in einer vom Produkt abhängigen Reihenfolge an m verschiedenen Maschinen. An jeder Maschine können nicht mehrere Produkte gleichzeitig bearbeitet werden. Zur Bearbeitung eines jeden Produktes wird an jeder Maschine eine vorgegebene Arbeitszeit benötigt. Im Produktionsablauf können dabei sowohl Wartezeiten, in denen auf Grund belegter Maschinen Produkte nicht bearbeitet werden können, als auch Maschinenstillstandszeiten auftreten.

Gesucht ist eine Reihenfolge der auf den einzelnen Maschinen nacheinander zu bearbeitenden Produkte, die je nach ökonomischer Zielsetzung die Gesamtdurchlaufzeit aller Produkte, die Gesamtwartezeit oder die Gesamtstillstandszeit aller Maschinen minimiert. Ein weiteres Ziel kann in der Minimierung der Gesamtdurchlaufzeit bestehen, wenn zusätzlich entweder keine Wartezeiten oder keine Stillstandszeiten nach der ersten Arbeitsaufnahme auftreten sollen.

18.2 Nichtlineare Optimierung

18.2.1 Problemstellung und theoretische Grundlagen

18.2.1.1 Problemstellung

1. Nichtlineares Optimierungsproblem Unter einem nichtlinearen Optimierungsproblem werden Aufgaben der Grundform

$$f(\underline{\mathbf{x}}) = \text{Min!} \qquad \text{für} \quad \underline{\mathbf{x}} \in \mathbb{R}^n \quad \text{mit} \tag{18.29a}$$

$$g_i(\underline{\mathbf{x}}) \le 0\,, \quad i \in I = \{1, \ldots, m\}\,, \qquad h_j(\underline{\mathbf{x}}) = 0\,, \quad j \in J = \{1, \ldots, r\} \tag{18.29b}$$

verstanden, wenn mindestens eine der Funktionen f, g_i, h_j nicht linear ist. Die Menge M aller zulässigen Punkte wird beschrieben durch

$$M = \{\underline{\mathbf{x}} \in \mathbb{R}^n : \; g_i(\underline{\mathbf{x}}) \le 0, \; i \in I, \; h_j(\underline{\mathbf{x}}) = 0, \; j \in J\}\,. \tag{18.30}$$

Die Aufgabe besteht in der Bestimmung von Minimalpunkten.

2. Minimalpunkte Ein Punkt $\underline{\mathbf{x}}^* \in M$ heißt *globaler Minimalpunkt* , wenn $f(\underline{\mathbf{x}}^*) \le f(\underline{\mathbf{x}})$ für alle $\underline{\mathbf{x}} \in M$ gilt. Ist diese Beziehung nur für zulässige Punkte $\underline{\mathbf{x}}$ aus einer Umgebung U von $\underline{\mathbf{x}}^*$ erfüllt, dann ist $\underline{\mathbf{x}}^*$ ein *lokaler Minimalpunkt.* Aus den Kriterien für die Minimalpunkte ergeben sich die Optimalitätsbedingungen.

Da die Gleichungsrestriktionen $h_j(\underline{\mathbf{x}}) = 0$ durch die zwei Ungleichungen

$$-h_j(\underline{\mathbf{x}}) \le 0\,, \qquad h_j(\underline{\mathbf{x}}) \le 0 \tag{18.31}$$

beschrieben werden können, kann im folgenden von einer leeren Menge $J(J = \emptyset)$ ausgegangen werden.

18.2.1.2 Optimalitätsbedingungen

1. Spezielle Richtungen

1. Der Kegel der zulässigen Richtungen in $\underline{\mathbf{x}} \in M$ ist definiert durch

$$Z(\underline{\mathbf{x}}) = \{\underline{\mathbf{d}} \in \mathbb{R}^n : \; \exists \bar{\alpha} > 0 : \; \underline{\mathbf{x}} + \alpha\underline{\mathbf{d}} \in M, \; 0 \le \alpha \le \bar{\alpha}\}\,, \qquad \underline{\mathbf{x}} \in M\,, \tag{18.32}$$

wobei Richtungen mit $\underline{\mathbf{d}}$ bezeichnet sind. Ist $\underline{\mathbf{d}} \in Z(\underline{\mathbf{x}})$, dann liegen alle Punkte des Strahls $\underline{\mathbf{x}} + \alpha\underline{\mathbf{d}}$ für hinreichend kleine α–Werte in M.

2. Eine Abstiegsrichtung im Punkt $\underline{\mathbf{x}}$ ist ein Vektor $\underline{\mathbf{d}} \in \mathbb{R}^n$, für den es ein $\bar{\alpha} > 0$ gibt mit:

$$f(\underline{\mathbf{x}} + \alpha\underline{\mathbf{d}}) < f(\underline{\mathbf{x}})\,, \qquad \forall \alpha \in (0, \bar{\alpha})\,. \tag{18.33}$$

In einem Minimalpunkt existiert keine Abstiegsrichtung, die zugleich auch zulässig ist.
Ist f differenzierbar, so folgt aus $\nabla f(\underline{\mathbf{x}})^{\mathrm{T}}\underline{\mathbf{d}} < 0$ die Abstiegseigenschaft der Richtung $\underline{\mathbf{d}}$. Mit ∇ ist der Nablaoperator bezeichnet, so daß $\nabla f(\underline{\mathbf{x}})$ den Gradienten der skalaren Funktion f an der Stelle $\underline{\mathbf{x}}$ darstellt.

2. Notwendige Optimalitätsbedingung

Ist f differenzierbar und $\underline{\mathbf{x}}^*$ ein lokaler Minimalpunkt, dann gilt

$$\nabla f(\underline{\mathbf{x}}^*)^{\mathrm{T}}\underline{\mathbf{d}} \ge 0 \qquad \text{für alle} \quad \underline{\mathbf{d}} \in \overline{Z}(\underline{\mathbf{x}}^*)\,. \tag{18.34a}$$

Insbsondere gilt

$$\nabla f(\underline{\mathbf{x}}^*) = \underline{\mathbf{0}}\,, \tag{18.34b}$$

falls $\underline{\mathbf{x}}^*$ im Innern von M liegt.

3. Lagrange–Funktion und Sattelpunkt

Unter der Annahme von Zusatzvoraussetzungen soll die Optimalitätsbedingung (18.34a,b) auf eine für die praktische Anwendung geeignete Form gebracht werden. Dazu wird entsprechend der *Lagrangeschen Multiplikatorenmethode* zur Ermittlung der Extremwerte von Funktionen unter Gleichheitsnebenbedingungen (s.S. 297) die Lagrange–Funktion gebildet:

$$L(\underline{\mathbf{x}}, \vec{u}) = f(\underline{\mathbf{x}}) + \sum_{i=1}^{m} u_i g_i(\underline{\mathbf{x}}) = f(\underline{\mathbf{x}}) + \underline{\mathbf{u}}^{\mathrm{T}} g(\underline{\mathbf{x}})\,, \qquad \underline{\mathbf{x}} \in \mathbb{R}, \; \underline{\mathbf{u}} \in \mathbb{R}^m_+\,. \tag{18.35}$$

Ein Punkt $(\underline{\mathbf{x}}^*, \underline{\mathbf{u}}^*) \in \mathbb{R}^n \times \mathbb{R}_+^m$ heißt *Sattelpunkt* von L, wenn gilt

$$L(\underline{\mathbf{x}}^*, \underline{\mathbf{u}}) \leq L(\underline{\mathbf{x}}^*, \underline{\mathbf{u}}^*) \leq L(\underline{\mathbf{x}}, \underline{\mathbf{u}}^*) \qquad \text{für alle} \quad \underline{\mathbf{x}} \in \mathbb{R}^n,\ \underline{\mathbf{u}} \in \mathbb{R}_+^m . \tag{18.36}$$

4. Globale KUHN–TUCKER–**Bedingungen**

Ein Punkt $\underline{\mathbf{x}}^* \in \mathbb{R}^n$ genügt den globalen KUHN–TUCKER–Bedingungen, wenn ein $\underline{\mathbf{u}}^* \in \mathbb{R}_+^m$, d.h. ein $\underline{\mathbf{u}}^* \geq 0$ existiert, so daß $(\underline{\mathbf{x}}^*, \underline{\mathbf{u}}^*)$ ein Sattelpunkt von L ist.

5. Hinreichende Optimalitätsbedingung

Ist $(\underline{\mathbf{x}}^*, \underline{\mathbf{u}}^*) \in \mathbb{R}^n \times \mathbb{R}_+^m$ ein Sattelpunkt von L, dann ist $\underline{\mathbf{x}}^*$ ein globaler Minimalpunkt von (18.29a,b). Sind die Funktionen f und g_i differenzierbar, dann können lokale Optimalitätsbedingungen abgeleitet werden.

6. Lokale KUHN–TUCKER–**Bedingungen**

Ein Punkt $\underline{\mathbf{x}}^* \in M$ genügt den lokalen KUHN–TUCKER–Bedingungen, wenn Zahlen $u_i \geq 0$, $i \in I_0(\underline{\mathbf{x}}^*)$, existieren, für die gilt

$$-\nabla f(\underline{\mathbf{x}}^*) = \sum_{i \in I_0(\underline{\mathbf{x}}^*)} u_i \nabla g_i(\underline{\mathbf{x}}^*) , \qquad \text{wobei} \tag{18.37a}$$

$$I_0(\underline{\mathbf{x}}) = \{i \in \{1, \ldots, m\} : \ g_i(\underline{\mathbf{x}}) = 0\} \tag{18.37b}$$

die Indexmenge der in $\underline{\mathbf{x}}$ aktiven Restriktionen ist.

Der Punkt $\underline{\mathbf{x}}^*$ heißt dann auch KUHN-TUCKER-*Punkt* oder *stationärer Punkt*. Geometrisch betrachtet erfüllt ein Punkt $\underline{\mathbf{x}}^* \in M$ die lokalen KUHN–TUCKER–Bedingungen, wenn der negative Gradient $-\nabla f(\underline{\mathbf{x}}^*)$ in dem durch die Gradienten der in $\underline{\mathbf{x}}^*$ aktiven Nebenbedingungen $\nabla g_i(\underline{\mathbf{x}}^*)$, $i \in I_0(\underline{\mathbf{x}}^*)$, aufgespannten Kegel liegt **(Abb.18.5)**. Oft wird die folgende äquivalente Formulierung für (18.37a,b) verwendet: $\underline{\mathbf{x}}^* \in \mathbb{R}^n$ genügt den lokalen KUHN–TUCKER–Bedingungen, wenn ein $\underline{\mathbf{u}}^* \in \mathbb{R}_+^m$ existiert, so daß gilt

$$g(\underline{\mathbf{x}}^*) \leq 0 , \tag{18.38a}$$

$$u_i g_i(\underline{\mathbf{x}}^*) = 0 , \quad i = 1, \ldots, m , \tag{18.38b}$$

$$\nabla f(\underline{\mathbf{x}}^*) + \sum_{i=1}^{m} u_i \nabla g_i(\underline{\mathbf{x}}^*) = 0 . \tag{18.38c}$$

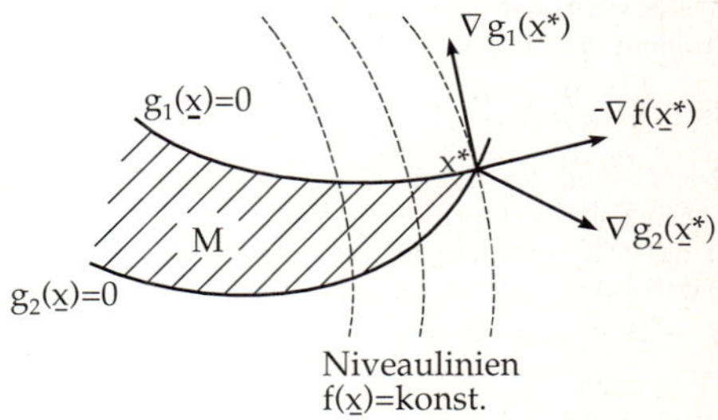

Abbildung 18.5

7. Notwendige Optimalitätsbedingung und KUHN–TUCKER–**Bedingungen**

Ist $\underline{\mathbf{x}}^* \in M$ ein lokaler Minimalpunkt von (18.29a,b) und erfüllt der zulässige Bereich in $\underline{\mathbf{x}}^*$ die *Regularitätsbedingung* $\exists\, \underline{\mathbf{d}} \in \mathbb{R}^n : \ \nabla g_i(\underline{\mathbf{x}}^*)^{\mathrm{T}} \underline{\mathbf{d}} < 0$ für alle $i \in I_0(\underline{\mathbf{x}}^*)$, dann genügt $\underline{\mathbf{x}}^*$ den lokalen KUHN–TUCKER–Bedingungen.

18.2.1.3 Dualität in der Optimierung

1. Duales Problem Zu (18.29a,b) wird unter Verwendung der LAGRANGE–Funktion (18.35) das folgende duale Problem gebildet:

$$L(\underline{\mathbf{x}}, \underline{\mathbf{u}}) = \text{Max!} \qquad \text{für} \quad (\underline{\mathbf{x}}, \underline{\mathbf{u}}) \in M^* \quad \text{mit} \tag{18.39a}$$

$$M^* = \{(\underline{\mathbf{x}}, \underline{\mathbf{u}}) \in \mathbb{R}^n \times \mathbb{R}_+^m : \ L(\underline{\mathbf{x}}, \underline{\mathbf{u}}) = \min_{\underline{\mathbf{z}} \in \mathbb{R}^n} L(\underline{\mathbf{z}}, \underline{\mathbf{u}})\} \tag{18.39b}$$

2. Dualitätsaussagen Sind $\underline{\mathbf{x}}_1 \in M$ und $(\underline{\mathbf{x}}_2, \underline{\mathbf{u}}_2) \in M^*$, dann gilt

1. $L(\underline{\mathbf{x}}_2, \underline{\mathbf{u}}_2) \leq f(\underline{\mathbf{x}}_1)$.

2. Ist $L(\underline{\mathbf{x}}_2, \underline{\mathbf{u}}_2) = f(\underline{\mathbf{x}}_1)$, dann ist $\underline{\mathbf{x}}_1$ Minimalpunkt von (18.29a,b) und $(\underline{\mathbf{x}}_2, \underline{\mathbf{u}}_2)$ Maximalpunkt von (18.39a).

18.2.2 Spezielle nichtlineare Optimierungsaufgaben

18.2.2.1 Konvexe Optimierung

1. Konvexe Aufgabe wird die Optimierungsaufgabe

$$f(\underline{\mathbf{x}}) = \text{Min!} \qquad \text{bei} \quad g_i(\underline{\mathbf{x}}) \leq 0\,, \quad i = 1, \ldots, m, \tag{18.40}$$

genannt, wenn die Funktionen f und g_i konvex sind. Insbesondere können f und g_i lineare Funktionen sein. Für konvexe Aufgaben gilt:

1. Jedes lokale Minimum von f über M ist auch globales Minimum.
2. Ist M nicht leer und beschränkt, dann existiert mindestens eine Lösung von (18.40).
3. Ist f streng konvex, dann existiert höchstens eine Lösung von (18.40).

2. Optimalitätsbedingungen

1. Ist f stetig partiell differenzierbar, dann ist $\underline{\mathbf{x}}^* \in M$ genau dann Lösung von (18.40), wenn gilt

$$(\underline{\mathbf{x}} - \underline{\mathbf{x}}^*)^{\mathrm{T}} \nabla f(\underline{\mathbf{x}}^*) \geq 0 \qquad \text{für alle} \quad \underline{\mathbf{x}} \in M\,. \tag{18.41}$$

2. Die SLATER–*Bedingung* ist eine Regularitätsbedingung für den zulässigen Bereich M. Sie ist erfüllt, wenn ein $\underline{\mathbf{x}} \in M$ mit $g_i(\underline{\mathbf{x}}) < 0$ für alle nicht affin linearen Funktionen g_i existiert.
3. Ist die SLATER–Bedingung erfüllt, dann ist $\underline{\mathbf{x}}^*$ genau dann ein Minimalpunkt von (18.40), wenn ein $\underline{\mathbf{u}}^* \geq 0$ existiert, so daß $(\underline{\mathbf{x}}^*, \underline{\mathbf{u}}^*)$ ein Sattelpunkt der LAGRANGE–Funktion ist. Sind darüber hinaus die Funktionen f, g_i differenzierbar, dann ist $\underline{\mathbf{x}}^*$ genau dann eine Lösung von (18.40), wenn $\underline{\mathbf{x}}^*$ den lokalen KUHN–TUCKER–Bedingungen genügt.
4. Für ein konvexes Optimierungsproblem mit differenzierbaren Funktionen f und g_i kann das duale Problem (18.39a) einfacher formuliert werden:

$$L(\underline{\mathbf{x}}, \underline{\mathbf{u}}) = \text{Max!} \qquad (\underline{\mathbf{x}}, \underline{\mathbf{u}}) \in M^* \quad \text{mit} \tag{18.42a}$$

$$M^* = \{(\underline{\mathbf{x}}, \underline{\mathbf{u}}) \in \mathbf{R}^n \times \mathbf{R}^m_+ :\ \nabla_{\underline{\mathbf{x}}} L(\underline{\mathbf{x}}, \underline{\mathbf{u}}) = \underline{\mathbf{0}}\}\,. \tag{18.42b}$$

Der Gradient von L wird hier nur bezüglich $\underline{\mathbf{x}}$ gebildet.
5. Für konvexe Optimierungsaufgaben gilt der *starke Dualitätsatz* :
Erfüllt M die SLATER–Bedingung und ist $\underline{\mathbf{x}}^* \in M$ eine Lösung von (18.40), dann existiert ein $\underline{\mathbf{u}}^* \in \mathbf{R}^m_+$, so daß $(\underline{\mathbf{x}}^*, \underline{\mathbf{u}}^*)$ eine Lösung des dualen Problems (18.42a,b) ist, und es gilt

$$f(\underline{\mathbf{x}}^*) = \min_{\underline{\mathbf{x}} \in M} f(\underline{\mathbf{x}}) = \max_{(\underline{\mathbf{x}}, \underline{\mathbf{u}}) \in M^*} L(\underline{\mathbf{x}}, \underline{\mathbf{u}}) = L(\underline{\mathbf{x}}^*, \underline{\mathbf{u}}^*)\,. \tag{18.43}$$

18.2.2.2 Quadratische Optimierung

1. Aufgabenstellung Die quadratische Optimierung umfaßt Aufgaben der Form

$$f(\underline{\mathbf{x}}) = \underline{\mathbf{x}}^{\mathrm{T}} \mathbf{C} \underline{\mathbf{x}} + \underline{\mathbf{p}}^{\mathrm{T}} \underline{\mathbf{x}} = \text{Min!} \qquad \underline{\mathbf{x}} \in M \subset \mathbf{R}^n \quad \text{mit} \tag{18.44a}$$

$$M = M_I : \quad M = \{\underline{\mathbf{x}} \in \mathbf{R}^n :\ \mathbf{A}\underline{\mathbf{x}} \leq \underline{\mathbf{b}},\ \underline{\mathbf{x}} \geq \underline{\mathbf{0}}\}\,. \tag{18.44b}$$

Dabei ist $\mathbf{C}$ eine symmetrische (n, n)–Matrix, $\underline{\mathbf{p}} \in \mathbf{R}^n$, $\mathbf{A}$ eine (m, n)–Matrix und $\underline{\mathbf{b}} \in \mathbf{R}^m$.
Der zulässige Bereich M kann alternativ in folgende Darstellungen überführt werden:

$$M = M_{II} : \quad M = \{\underline{\mathbf{x}} :\ \mathbf{A}\underline{\mathbf{x}} = \underline{\mathbf{b}},\ \underline{\mathbf{x}} \geq \underline{\mathbf{0}}\}\,, \tag{18.45a}$$

$$M = M_{III} : \quad M = \{\underline{\mathbf{x}} :\ \mathbf{A}\underline{\mathbf{x}} \leq \underline{\mathbf{b}}\}\,. \tag{18.45b}$$

2. LAGRANGE–**Funktion und** KUHN–TUCKER–**Bedingungen**
Die LAGRANGE–Funktion zum Problem (18.44a,b) ist

$$L(\underline{\mathbf{x}}, \underline{\mathbf{u}}) = \underline{\mathbf{x}}^{\mathrm{T}} \mathbf{C} \underline{\mathbf{x}} + \underline{\mathbf{p}}^{\mathrm{T}} \underline{\mathbf{x}} + \underline{\mathbf{u}}^{\mathrm{T}} (\mathbf{A}\underline{\mathbf{x}} - \underline{\mathbf{b}})\,. \tag{18.46}$$

Die KUHN–TUCKER–Bedingungen lauten mit

$$\underline{\mathbf{v}} = \frac{\partial L}{\partial \underline{\mathbf{x}}} = \underline{\mathbf{p}} + 2\mathbf{C}\underline{\mathbf{x}} + \mathbf{A}^{\mathrm{T}} \underline{\mathbf{u}} \qquad \text{und} \qquad \underline{\mathbf{y}} = \frac{\partial L}{\partial \underline{\mathbf{u}}} = -\mathbf{A}\underline{\mathbf{x}} + \underline{\mathbf{b}} \tag{18.47}$$

für den zulässigen Bereich:

Fall I:	Fall II:	Fall III:	
a) $\mathbf{A}\underline{\mathbf{x}} + \underline{\mathbf{y}} = \underline{\mathbf{b}}$	a) $\mathbf{A}\underline{\mathbf{x}} = \underline{\mathbf{b}}$	a) $\mathbf{A}\underline{\mathbf{x}} + \underline{\mathbf{y}} = \underline{\mathbf{b}}$	(18.48a)
b) $2\mathbf{C}\underline{\mathbf{x}} - \underline{\mathbf{v}} + \mathbf{A}^{\mathrm{T}}\underline{\mathbf{u}} = -\underline{\mathbf{p}}$	b) $2\mathbf{C}\underline{\mathbf{x}} - \underline{\mathbf{v}} + \mathbf{A}^{\mathrm{T}}\underline{\mathbf{u}} = -\underline{\mathbf{p}}$	b) $2\mathbf{C}\underline{\mathbf{x}} + \mathbf{A}^{\mathrm{T}}\underline{\mathbf{u}} = -\underline{\mathbf{p}}$	(18.48b)
c) $\underline{\mathbf{x}} \geq \underline{\mathbf{0}},\ \underline{\mathbf{v}} \geq \underline{\mathbf{0}},\ \underline{\mathbf{y}} \geq \underline{\mathbf{0}},\ \underline{\mathbf{u}} \geq \underline{\mathbf{0}}$	c) $\underline{\mathbf{x}} \geq \underline{\mathbf{0}},\ \underline{\mathbf{v}} \geq \underline{\mathbf{0}}$	c) $\underline{\mathbf{u}} \geq \underline{\mathbf{0}},\ \underline{\mathbf{y}} \geq \underline{\mathbf{0}}$	(18.48c)
d) $\underline{\mathbf{x}}^{\mathrm{T}}\underline{\mathbf{v}} + \underline{\mathbf{y}}^{\mathrm{T}}\underline{\mathbf{u}} = 0$	d) $\underline{\mathbf{x}}^{\mathrm{T}}\underline{\mathbf{v}} = 0$	d) $\underline{\mathbf{y}}^{\mathrm{T}}\underline{\mathbf{u}} = 0$	(18.48d)

3. Konvexität Die Funktion $f(\underline{\mathbf{x}})$ ist genau dann konvex (streng konvex), wenn die Matrix $\mathbf{C}$ positiv semidefinit (positiv definit) ist. Alle Aussagen über konvexe Optimierungsprobleme können für quadratische Aufgaben mit positiv semidefiniter Matrix $\mathbf{C}$ übertragen werden, insbesondere ist die SLATER–Bedingung immer erfüllt, und deshalb ist für die Optimalität eines Punktes $\underline{\mathbf{x}}^*$ notwendig und hinreichend, daß ein Punkt $(\underline{\mathbf{x}}^*, \underline{\mathbf{y}}, \underline{\mathbf{u}}, \underline{\mathbf{v}})$ existiert, der das entsprechende System der lokalen KUHN–TUCKER–Bedingungen erfüllt.

4. Duales Problem Ist $\mathbf{C}$ positiv definit, dann kann das zu (18.44a) duale Problem (18.42a) explizit in folgender Weise formuliert werden:

$$L(\underline{\mathbf{x}}, \underline{\mathbf{u}}) = \text{Max!} \qquad (\underline{\mathbf{x}}, \underline{\mathbf{u}}) \in M^*\,, \tag{18.49a}$$

$$M^* = \{(\underline{\mathbf{x}}, \underline{\mathbf{u}}) \in \mathbb{R}^n \times \mathbb{R}^m_+ :\ \underline{\mathbf{x}} = -\frac{1}{2}\mathbf{C}^{-1}(\mathbf{A}^{\mathrm{T}}\underline{\mathbf{u}} + \underline{\mathbf{p}})\}\,. \tag{18.49b}$$

Setzt man den Ausdruck $-\frac{1}{2}\mathbf{C}^{-1}(\mathbf{A}^{\mathrm{T}}\underline{\mathbf{u}} + \underline{\mathbf{p}})$ für $\underline{\mathbf{x}}$ in die duale Zielfunktion $L(\underline{\mathbf{x}}, \underline{\mathbf{u}})$ ein, dann ensteht das äquivalente Problem

$$\varphi(\underline{\mathbf{u}}) = -\frac{1}{4}\underline{\mathbf{u}}^{\mathrm{T}}\mathbf{A}\mathbf{C}^{-1}\mathbf{A}^{\mathrm{T}}\underline{\mathbf{u}} - \left(\frac{1}{2}\mathbf{A}\mathbf{C}^{-1}\underline{\mathbf{p}} + \underline{\mathbf{b}}\right)^{\mathrm{T}}\underline{\mathbf{u}} - \frac{1}{4}\underline{\mathbf{p}}^{\mathrm{T}}\underline{\mathbf{C}}^{-1}\underline{\mathbf{p}} = \text{Max!}\,, \qquad \underline{\mathbf{u}} \geq \underline{\mathbf{0}}\,, \tag{18.50}$$

für das gilt: Ist $\underline{\mathbf{x}}^* \in M$ eine Lösung von (18.44a,b), dann besitzt (18.50) eine Lösung $\underline{\mathbf{u}}^* \geq \underline{\mathbf{0}}$, und es gilt

$$f(\underline{\mathbf{x}}^*) = \varphi(\underline{\mathbf{u}}^*)\,. \tag{18.51}$$

Das Problem (18.50) kann durch die äquivalente Formulierung

$$\psi(\underline{\mathbf{u}}) = \underline{\mathbf{u}}^{\mathrm{T}}\mathbf{E}\underline{\mathbf{u}} + \underline{\mathbf{h}}^{\mathrm{T}}\underline{\mathbf{u}} = \text{Min!} \qquad \underline{\mathbf{u}} \geq \underline{\mathbf{0}} \quad \text{mit} \tag{18.52a}$$

$$\mathbf{E} = \frac{1}{4}\mathbf{A}\mathbf{C}^{-1}\mathbf{A}^{\mathrm{T}} \qquad \text{und} \qquad \underline{\mathbf{h}} = \frac{1}{2}\mathbf{A}\mathbf{C}^{-1}\underline{\mathbf{p}} + \underline{\mathbf{b}} \tag{18.52b}$$

ersetzt werden.

18.2.3 Lösungsverfahren für quadratische Optimierungsverfahren

18.2.3.1 Verfahren von Wolfe

1. Aufgabenstellung und Lösungsprinzip Das Verfahren von WOLFE ist zur Lösung von quadratischen Problemen der folgenden speziellen Form geeignet:

$$f(\underline{\mathbf{x}}) = \underline{\mathbf{x}}^{\mathrm{T}}\mathbf{C}\underline{\mathbf{x}} + \underline{\mathbf{p}}^{\mathrm{T}}\underline{\mathbf{x}} = \text{Min!} \qquad \mathbf{A}\underline{\mathbf{x}} = \underline{\mathbf{b}}\,, \quad \underline{\mathbf{x}} \geq \underline{\mathbf{0}} \tag{18.53}$$

Für die hier beschriebene Version des Verfahrens wird $\mathbf{C}$ als positiv definit vorausgesetzt. Die Grundidee besteht in der Ermittlung einer Lösung $(\underline{\mathbf{x}}^*, \underline{\mathbf{u}}^*, \underline{\mathbf{v}}^*)$ des dem Problem (18.53) zugeordneten Systems der KUHN–TUCKER–Bedingungen:

$$\mathbf{A}\underline{\mathbf{x}} = \underline{\mathbf{b}}\,, \tag{18.54a}$$

$$2\mathbf{C}\underline{\mathbf{x}} - \underline{\mathbf{v}} + \mathbf{A}^{\mathrm{T}}\underline{\mathbf{u}} = -\underline{\mathbf{p}}\,, \tag{18.54b}$$

$$\underline{\mathbf{x}} \geq \underline{\mathbf{0}}\,, \quad \underline{\mathbf{v}} \geq \underline{\mathbf{0}}\,; \tag{18.54c}$$

$$\underline{\mathbf{x}}^{\mathrm{T}}\underline{\mathbf{v}} = 0\,. \tag{18.55}$$

Die Formeln (18.54a,b,c) stellen ein lineares Ungleichungssystem mit $m+n$ Ungleichungen und $2n+m$ Variablen dar. Auf Grund der Bedingung (18.55) muß entweder $\underline{\mathbf{x}}_i = 0$ oder $\underline{\mathbf{v}}_i = 0$ $(i = 1, 2, \ldots, n)$ gelten. Daher besitzt jede Lösung von (18.54a,b,c,18.55) höchstens $m+n$ von Null verschiedene Komponenten und muß folglich eine Basislösung von (18.54a,b,c) sein.

2. Lösungsgang Mit Hilfe des Simplexverfahrens wird zunächst eine zulässige Basislösung (Ecke) $\bar{\underline{\mathbf{x}}}$ des Systems $\mathbf{A}\underline{\mathbf{x}} = \underline{\mathbf{b}}$ bestimmt. Die zu den Basisvariablen von $\bar{\underline{\mathbf{x}}}$ gehörenden Indizes bilden die Indexmenge I_B. Um eine Lösung des Systems (18.54a,b,c) zu finden, die auch (18.55) erfüllt, formuliert man das Hilfsproblem

$$-\mu = \text{Min!}, \qquad (\mu \in \mathbb{R}) \; ; \tag{18.56}$$

$$\mathbf{A}\underline{\mathbf{x}} = \underline{\mathbf{b}} \, , \tag{18.57a}$$

$$2\mathbf{C}\underline{\mathbf{x}} - \underline{\mathbf{v}} + \mathbf{A}^{\mathrm{T}}\underline{\mathbf{u}} - \mu\underline{\mathbf{q}} = -\underline{\mathbf{p}} \quad \text{mit} \quad \underline{\mathbf{q}} = 2\mathbf{C}\bar{\underline{\mathbf{x}}} + \underline{\mathbf{p}} \, , \tag{18.57b}$$

$$\underline{\mathbf{x}} \geq \underline{\mathbf{0}} \, , \quad \underline{\mathbf{v}} \geq \underline{\mathbf{0}} \, , \quad \mu \geq 0 \; ; \tag{18.57c}$$

$$\underline{\mathbf{x}}^{\mathrm{T}}\underline{\mathbf{v}} = 0 \, . \tag{18.58}$$

Für eine Lösung $(\underline{\mathbf{x}}, \underline{\mathbf{v}}, \underline{\mathbf{u}}, \mu)$ dieses Problems, die gleichzeitig (18.54a,b,c) und (18.55) erfüllt, muß $\mu = 0$ gelten.

Als zulässige Basislösung für das System (18.57a,b,c) ist $(\underline{\mathbf{x}}, \underline{\mathbf{v}}, \underline{\mathbf{u}}, \mu) = (\bar{\underline{\mathbf{x}}}, \underline{\mathbf{0}}, \underline{\mathbf{0}}, 1)$ bekannt, die gleichzeitig der Bedingung (18.58) genügt. Eine zu dieser Basislösung gehörende Basis wird aus den folgenden Spalten der Koeffizientenmatrix

$$\begin{pmatrix} \mathbf{A} & \mathbf{0} & \mathbf{0} & \underline{\mathbf{0}} \\ 2\mathbf{C} & -\mathbf{I} & \mathbf{A}^{\mathrm{T}} & -\underline{\mathbf{q}} \end{pmatrix} \tag{18.59}$$

zusammengesetzt. In (18.59) bedeuten $\mathbf{I}$ Einheitsmatrix, $\mathbf{0}$ Nullmatrix und $\underline{\mathbf{0}}$ Nullvektor entsprechender Dimension.

1. m Spalten, die zu x_i mit $i \in I_B$ gehören,
2. $n - m$ Spalten, die zu v_i mit $i \notin I_B$ gehören,
3. alle m Spalten zu u_i,
4. die letzte Spalte, dafür wird aber eine geeignete der unter 2. und 3. bestimmten Spalten wieder weggelassen.

Ist $\underline{\mathbf{q}} = \underline{\mathbf{0}}$, dann ist zwar der Austausch nach 4. nicht möglich, es ist dann aber $\bar{\underline{\mathbf{x}}}$ bereits ein Lösungspunkt.

Man kann nunmehr ein erstes Simplextableau aufstellen. Die Minimierung der Zielfunktion erfolgt mit dem Simplexverfahren unter der folgenden Zusatzregel, die $\underline{\mathbf{x}}^{\mathrm{T}}\underline{\mathbf{v}} = 0$ sichert:
Bleibt in einem Austauschschritt x_i $(i = 1, 2, \ldots, n)$, Basisvariable, dann darf v_i nicht Basisvariable werden und umgekehrt.

Für positiv definites $\mathbf{C}$ führt das Simplexverfahren unter Beachtung der Zusatzregel zu einer Lösung des Problems (18.56,18.57a,b,c,18.58) mit $\mu = 0$. Für positiv semidefinites $\mathbf{C}$ kann auf Grund der eingeschränkten Pivotelementwahl der Fall eintreten, daß kein Austauschschritt mehr ausgeführt werden kann, ohne die Zusatzregel zu verletzen, obwohl $\mu > 0$ gilt. Man kann zeigen, daß in diesem Fall μ überhaupt nicht verkleinert werden kann.

■ $f(\underline{\mathbf{x}}) = x_1^2 + 4x_2^2 - 10x_1 - 32x_2 = \text{Min!}$ mit $x_1 + 2x_2 + x_3 = 7$, $2x_1 + x_2 + x_4 = 8$.

$$\mathbf{A} = \begin{pmatrix} 1 & 2 & 1 & 0 \\ 2 & 1 & 0 & 1 \end{pmatrix}, \quad \underline{\mathbf{b}} = \begin{pmatrix} 7 \\ 8 \end{pmatrix}, \quad \mathbf{C} = \begin{pmatrix} 1 & 0 & 0 & 0 \\ 0 & 4 & 0 & 0 \\ 0 & 0 & 0 & 0 \\ 0 & 0 & 0 & 0 \end{pmatrix}, \quad \underline{\mathbf{p}} = \begin{pmatrix} -10 \\ -32 \\ 0 \\ 0 \end{pmatrix}.$$

In diesem Falle ist $\mathbf{C}$ lediglich positiv semidefinit. Eine zulässige Basislösung von $\mathbf{A}\underline{\mathbf{x}} = \underline{\mathbf{b}}$ ist $\bar{\underline{\mathbf{x}}} = (0, 0, 7, 8)^{\mathrm{T}}$, $\underline{\mathbf{q}} = 2\mathbf{C}\bar{\underline{\mathbf{x}}} + \underline{\mathbf{p}} = (-10, -32, 0, 0)^{\mathrm{T}}$. Als Basisvektoren werden gewählt:

1. die Spalten 3 und 4 von $\begin{pmatrix} \mathbf{A} \\ 2\mathbf{C} \end{pmatrix}$, **2.** die Spalten 1 und 2 von $\begin{pmatrix} \mathbf{0} \\ -\mathbf{I} \end{pmatrix}$,

3. die Spalten von $\begin{pmatrix} \mathbf{0} \\ \mathbf{A}^{\mathrm{T}} \end{pmatrix}$ und **4.** die Spalte $\begin{pmatrix} \mathbf{0} \\ -\underline{\mathbf{q}} \end{pmatrix}$ anstelle der 1. Spalte von $\begin{pmatrix} \mathbf{0} \\ -\mathbf{I} \end{pmatrix}$.

Aus diesen Spalten wird die Basismatrix gebildet und die Basisinverse errechnet (s. 18.1). Durch Multiplikation mit der Matrix (18.59) sowie des Vektors $\begin{pmatrix} \underline{\mathbf{b}} \\ -\underline{\mathbf{p}} \end{pmatrix}$ mit der Basisinversen ergibt sich ein erstes Simplextableau (Schema 18.9).

Auf Grund der Zusatzregel kann in diesem Tableau nur x_1 gegen v_2 ausgetauscht werden. Als Lösung erhält man nach einigen Austauschschritten $\underline{\mathbf{x}}^* = (2, 5/2, 0, 3/2)^{\mathrm{T}}$. Die letzten zwei Gleichungen von $2\mathbf{C}\underline{\mathbf{x}} - \underline{\mathbf{v}} + \mathbf{A}^{\mathrm{T}}\underline{\mathbf{u}} - \mu\underline{\mathbf{q}} = -\underline{\mathbf{p}}$ lauten: $v_3 = u_1,\ v_4 = u_2$. Man kann deshalb den Umfang des Problems zu Beginn der Rechnung reduzieren, indem man die freien Variablen u_1 und u_2 aus dem System eliminiert.

Schema 18.9

	x_1	x_2	v_1	v_3	v_4	
x_3	1	2	0	0	0	7
x_4	2	1	0	0	0	8
v_2	$\boxed{\frac{64}{10}}$	-8	$-\frac{32}{10}$	$\frac{12}{10}$	$\frac{54}{10}$	0
u_1	0	0	0	-1	0	0
u_2	0	0	0	0	-1	0
μ	$\frac{2}{10}$	0	$-\frac{1}{10}$	$\frac{1}{10}$	$\frac{2}{10}$	1
	$-\frac{2}{10}$	0	$\frac{1}{10}$	$-\frac{1}{10}$	$-\frac{2}{10}$	-1

18.2.3.2 Verfahren von Hildreth–d'Esopo

1. Prinzip Dem streng konvexen Optimierungsproblem

$$f(\underline{\mathbf{x}}) = \underline{\mathbf{x}}^{\mathrm{T}}\mathbf{C}\underline{\mathbf{x}} + \underline{\mathbf{p}}^{\mathrm{T}}\underline{\mathbf{x}} = \text{Min!} \qquad \mathbf{A}\underline{\mathbf{x}} \leq \underline{\mathbf{b}} \tag{18.60}$$

ist das duale Problem (s. 18.2.2.2)

$$\psi(\underline{\mathbf{u}}) = \underline{\mathbf{u}}^{\mathrm{T}}\mathbf{E}\underline{\mathbf{u}} + \underline{\mathbf{h}}^{\mathrm{T}}\underline{\mathbf{u}} = \text{Min!} \qquad \underline{\mathbf{u}} \geq 0 \quad \text{mit} \tag{18.61a}$$

$$\mathbf{E} = \frac{1}{4}\mathbf{A}\mathbf{C}^{-1}\mathbf{A}^{\mathrm{T}}, \qquad \underline{\mathbf{h}} = \frac{1}{2}\mathbf{A}\mathbf{C}^{-1}\underline{\mathbf{p}} + \underline{\mathbf{b}} \tag{18.61b}$$

zugeordnet. Die Matrix $\mathbf{E}$ ist positiv definit und besitzt positive Diagonalelemente $e_{ii} > 0$, $(i = 1, 2, \ldots, m)$. Die Variablen $\underline{\mathbf{x}}$ und $\underline{\mathbf{u}}$ sind über die folgende Beziehung miteinander verknüpft:

$$\underline{\mathbf{x}} = -\frac{1}{2}\mathbf{C}^{-1}(\mathbf{A}^{\mathrm{T}}\underline{\mathbf{u}} + \underline{\mathbf{p}}). \tag{18.62}$$

2. Iterationslösung Das duale Problem (18.61a), das nur die Nebenbedingung $\underline{\mathbf{u}} \geq \underline{\mathbf{0}}$ enthält, kann mit Hilfe des folgenden einfachen Iterationsverfahrens in Schritten gelöst werden:

1. Setze $\underline{\mathbf{u}}^1 \geq \underline{\mathbf{0}}$ (z.B. $\underline{\mathbf{u}}^1 = \underline{\mathbf{0}}$), $k = 1$.

2. Berechne u_i^{k+1} für $i = 1, 2, \ldots, m$ gemäß

$$w_i^{k+1} = -\frac{1}{e_{ii}}\left(\sum_{j=1}^{i-1} e_{ij}u_j^{k+1} + \frac{h_i}{2} + \sum_{j=i+1}^{m} e_{ij}u_j^k\right), \tag{18.63a}$$

$$u_i^{k+1} = \max\left\{0, w_i^{k+1}\right\}. \tag{18.63b}$$

3. Falls ein Abbruchkriterium, z.B. $\left|\psi(\underline{\mathbf{u}}^{k+1}) - \psi(\underline{\mathbf{u}}^k)\right| < \varepsilon$, $\varepsilon > 0$, nicht erfüllt ist, wird Schritt 2 mit $k + 1$ an Stelle von k wiederholt.

Unter der Voraussetzung daß ein $\underline{\mathbf{x}}$ mit $\mathbf{A}\underline{\mathbf{x}} < \underline{\mathbf{b}}$ existiert, konvergiert die Folge $\{\psi(\underline{\mathbf{u}}^k)\}$ gegen den Minimalwert $\psi_{\min}$ und die mittels (18.62) gebildete Folge $\{\underline{\mathbf{x}}^k\}$ gegen die Lösung $\underline{\mathbf{x}}^*$ des Ausgangsproblems. Dagegen konvergiert die Folge $\{\underline{\mathbf{u}}^k\}$ nicht immer.

18.2.4 Numerische Suchverfahren

Suchverfahren ermöglichen für eine Reihe von Optimierungsproblemen, mit geringem Rechenaufwand akzeptable Näherungslösungen zu ermitteln. Sie beruhen prinzipiell auf dem Vergleich von Funktionswerten.

18.2.4.1 Eindimensionale Suche

Viele Optimierungsverfahren beinhalten als Teilaufgabe die Minimierung einer Funktion $f(x)$ für $x \in [a,b]$. Oft ist dabei eine Näherung $\overline{x}$ für den Minimalpunkt x^* ausreichend.

1. Aufgabenstellung Es sei f auf $[a,b]$ unimodal und x^* ein globaler Minimalpunkt. Dann soll ein Intervall $[c,d] \subseteq [a,b]$ mit $x^* \in [c,d]$ und $d-c<\varepsilon$, $\varepsilon>0$, bestimmt werden. Dabei heißt $f(x)$, $x \in \mathbf{R}$, eine unimodale Funktion im Intervall $[a,b]$, falls f auf jedem abgeschlossenen Teilintervall $J \subseteq [a,b]$ genau einen lokalen Minimalpunkt besitzt.

2. Gleichmäßige Suche Man wählt n (n ganzzahlig) so, daß $\delta = \dfrac{b-a}{n+1} < \dfrac{\varepsilon}{2}$ gilt, und berechnet die Werte $f(x^k)$ für $x^k = a + k\delta$, $k=1,\ldots,n$. Ist $f(x)$ unter diesen Funktionswerten ein kleinster Wert , dann liegt der Minimalpunkt x^* im Intervall $[x-\delta, x+\delta]$. Die für die geforderte Genauigkeit notwendige Anzahl von Funktionswertberechnungen kann mittels

$$n > \frac{2(b-a)}{\varepsilon} - 1 \tag{18.64}$$

abgeschätzt werden.

3. Verfahren des Goldenen Schnittes Das Intervall $[a,b] = [a_1,b_1]$ wird schrittweise so verkleinert, daß das jeweils neue Teilintervall den Minimalpunkt x^* enthält. Im Intervall $[a_1,b_1]$ werden die Punkte

$$\lambda_1 = a_1 + (1-\tau)(b_1 - a_1)\,, \qquad \mu_1 = a_1 + \tau(b_1 - a_1) \quad \text{mit} \tag{18.65a}$$

$$\tau = \frac{1}{2}(\sqrt{5}-1) \approx 0,618 \tag{18.65b}$$

ermittelt. Das entspricht einer Teilung nach dem Goldenen Schnitt.
Es sind zwei Fälle zu unterscheiden:

a) $f(\lambda_1) < f(\mu_1)$: Man setzt $\quad a_2 = a_1\,,\quad b_2 = \mu_1 \quad \text{und} \quad \mu_2 = \lambda_1\,.$ (18.66)

b) $f(\lambda_1) \geq f(\mu_1)$: Man setzt $\quad a_2 = \lambda_1\,,\quad b_2 = b_1 \quad \text{und} \quad \lambda_2 = \mu_1\,.$ (18.67)

Ist $b_2 - a_2 \geq \varepsilon$, dann wird das Verfahren mit dem Intervall $[a_2,b_2]$ wiederholt, wobei aber nunmehr einer der Werte $f(\lambda_2)$ (Fall **a)**) bzw. $f(\mu_2)$ (Fall **b)**) aus dem ersten Schritt verwendet werden kann. Zur Berechnung eines Intervalls $[a_n,b_n]$, in dem der Minimalpunkt x^* liegt, sind somit insgesamt n Funktionswertberechnungen erforderlich. Aus der Forderung

$$\varepsilon > b_n - a_n = \tau^{n-1}(b_1 - a_1) \tag{18.66}$$

kann eine Abschätzung der notwendigen Schrittzahl n gewonnen werden.
Mit dem Verfahren des Goldenen Schnittes wird höchstens eine Funktiuonswertberechnung mehr benötigt als mit dem FIBONACCI–*Verfahren.* An Stelle einer Intervallunterteilung gemäß dem Goldenen Schnitt erfolgt hier eine Unterteilung mit Hilfe der FIBONACCI–*Zahlen* (s. S. 708).

18.2.4.2 Minimumsuche im n-dimensionalen euklidischen Vektorraum

Die Suche nach einer Näherung für einen Minimalpunkt $\underline{\mathbf{x}}^*$ des Problems $f(\underline{\mathbf{x}}) = \text{Min!}$, $\underline{\mathbf{x}} \in \mathbf{R}^n$, kann auf die Lösung einer Folge eindimensionaler Optimierungsprobleme zurückgeführt werden.
Man setzt

1. $\underline{\mathbf{x}} = \underline{\mathbf{x}}^1\,, \qquad k = 1\,,$ wobei $\underline{\mathbf{x}}_1$ eine geeignete Ausgangsnäherung für $\underline{\mathbf{x}}^*$ ist. (18.67a)

2. Man löst für $r = 1,2,\ldots,n$ die eindimensionalen Probleme

$$\varphi(\alpha_r) = f(x_1^{k+1},\ldots,x_{r-1}^{k+1}, x_r^k + \alpha_r, x_{r+1}^k,\ldots,x_n^k) = \text{Min!}\,, \qquad \alpha_r \in \mathbf{R}\,. \tag{18.67b}$$

Ist $\bar{\alpha}_r$ ein Minimalpunkt bzw. eine Näherung des r–ten Problems, dann setzt man $x_r^{k+1} = x_r^k + \bar{\alpha}_r$.

3. Unterscheiden sich zwei aufeinander folgende Näherungen hinreichend wenig, d.h. gilt für die Norm

$$||\underline{\mathbf{x}}^{k+1} - \underline{\mathbf{x}}^k|| < \varepsilon_1 \qquad \text{oder} \qquad f(\underline{\mathbf{x}}^{k+1}) - f(\underline{\mathbf{x}}^k) < \varepsilon_2\,, \tag{18.67c}$$

dann ist $\underline{\mathbf{x}}^{k+1}$ eine Näherung für $\underline{\mathbf{x}}^*$. Anderenfalls geht man mit $k+1$ an Stelle von k zu Schritt 2 über. Die eindimensionalen Probleme im Schritt 2 können unter anderem mit den in (18.2.4.1) beschriebenen Suchverfahren gelöst werden.

18.2.5 Verfahren für unrestringierte Aufgaben

Es wird das allgemeine Optimierungsproblem

$$f(\underline{\mathbf{x}}) = \text{Min!} \qquad \text{für} \quad \underline{\mathbf{x}} \in \mathbf{R}^n \tag{18.68}$$

mit einer stetig differenzierbaren Funktion f betrachtet. Mit den in diesem Abschnitt beschriebenen Verfahren wird eine im allgemeinen unendliche Punktfolge $\{\underline{\mathbf{x}}^k\} \in \mathbf{R}^n$ konstruiert, deren Häufungspunkte stationäre Punkte sind. Die Punktfolge wird ausgehend von $\underline{\mathbf{x}}^1 \in \mathbf{R}^n$ nach der Vorschrift

$$\underline{\mathbf{x}}^{k+1} = \underline{\mathbf{x}}^k + \alpha_k \underline{\mathbf{d}}^k\,, \qquad k = 1, 2, \ldots \tag{18.69}$$

berechnet, d.h., in $\underline{\mathbf{x}}^k$ wird eine Richtung $\underline{\mathbf{d}}^k \in \mathbf{R}^n$ bestimmt und mittels des *Schrittweitenparameters* $\alpha_k \in \mathbf{R}$ festgelegt, wie weit $\underline{\mathbf{x}}^{k+1}$ in Richtung $\underline{\mathbf{d}}^{k+1}$ von $\underline{\mathbf{x}}^k$ entfernt liegt. Ein so konstruiertes Verfahren heißt *Abstiegsverfahren* , wenn gilt

$$f(\underline{\mathbf{x}}^{k+1}) < f(\underline{\mathbf{x}}^k)\,, \qquad k = 1, 2, \ldots\,. \tag{18.70}$$

Die Bedingung $\nabla f(\underline{\mathbf{x}}) = 0$, wobei ∇ der Nablaoperator ist (s.S. 536), charakterisiert einen stationären Punkt und kann als Abbruchtest für die Iterationsverfahren herangezogen werden.

18.2.5.1 Verfahren des steilsten Abstieges (Gradientenverfahren)

Ausgehend vom aktuellen Punkt $\underline{\mathbf{x}}^k$, wird $\underline{\mathbf{d}}^k$ als Richtung des lokal steilsten Abstieges festgelegt durch

$$\underline{\mathbf{d}}^k = -\nabla f(\underline{\mathbf{x}}^k)\,. \tag{18.71}$$

Es ist also

$$\underline{\mathbf{x}}^{k+1} = \underline{\mathbf{x}}^k - \alpha_k \nabla f(\underline{\mathbf{x}}^k)\,. \tag{18.72}$$

Eine schematische Darstellung des Gradientenverfahrens mit den Niveaulinien $f(\underline{\mathbf{x}}) = f(\underline{\mathbf{x}}^i)$ zeigt **Abb.18.6**.

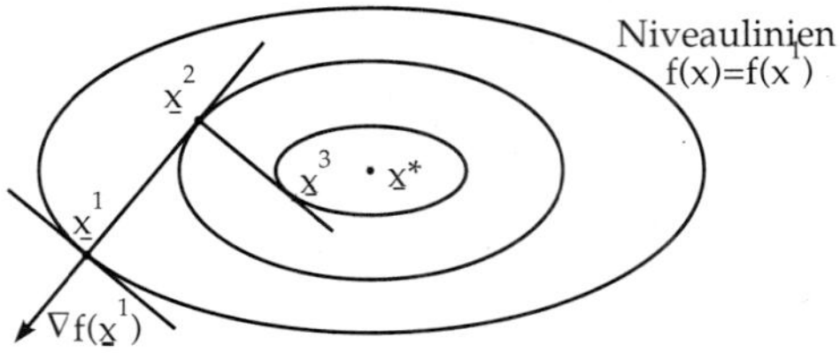

Abbildung 18.6

Die Schrittweite α_k wird nach dem CAUCHY–Prinzip, auch *Prinzip der Strahlminimierung* genannt, ermittelt, d.h., α_k löst die eindimensionale Aufgabe

$$f(\underline{\mathbf{x}}^k + \alpha\underline{\mathbf{d}}^k) = \text{Min!}\,, \qquad \alpha \geq 0\,. \tag{18.73}$$

Dazu können Verfahren aus 18.2.4 herangezogen werden.

Das *Gradientenverfahren* (18.72) konvergiert relativ langsam. Für jeden Häufungspunkt $\underline{\mathbf{x}}^*$ der Folge $\{\underline{\mathbf{x}}^k\}$ gilt $\nabla f(\underline{\mathbf{x}}^*) = 0$. Für eine quadratische Zielfunktion, d.h. $f(\underline{\mathbf{x}}) = \underline{\mathbf{x}}^{\mathrm{T}}\mathbf{C}\underline{\mathbf{x}} + \underline{\mathbf{p}}^{\mathrm{T}}\underline{\mathbf{x}}$, besitzt das Verfahren die Form:

$$\underline{\mathbf{x}}^{k+1} = \underline{\mathbf{x}}^k + \alpha_k \underline{\mathbf{d}}^k \qquad \text{mit} \tag{18.74a}$$

$$\underline{\mathbf{d}}^k = -(2\mathbf{C}\underline{\mathbf{x}}^k + \underline{\mathbf{p}}) \qquad \text{und} \qquad \alpha_k = \frac{\underline{\mathbf{d}}^{k\,\mathrm{T}}\underline{\mathbf{d}}^k}{2\underline{\mathbf{d}}^{k\,\mathrm{T}}\mathbf{C}\underline{\mathbf{d}}^k}\,. \tag{18.74b}$$

18.2.5.2 Newton–Verfahren

Die Funktion f wird im aktuellen Näherungspunkt $\underline{\mathbf{x}}^k$ durch eine quadratische Funktion approximiert:

$$q(\underline{\mathbf{x}}) = f(\underline{\mathbf{x}}^k) + (\underline{\mathbf{x}} - \underline{\mathbf{x}}^k)^{\mathrm{T}}\nabla f(\underline{\mathbf{x}}^k) + \frac{1}{2}(\underline{\mathbf{x}} - \underline{\mathbf{x}}^k)^{\mathrm{T}}\mathbf{H}(\underline{\mathbf{x}}^k)(\underline{\mathbf{x}} - \underline{\mathbf{x}}^k)\,. \tag{18.75}$$

Dabei ist $\mathbf{H}(\underline{\mathbf{x}}^k)$ die HESSE–Matrix , d.h. die Matrix der zweiten partiellen Ableitung von f im Punkt $\underline{\mathbf{x}}^k$. Ist $\mathbf{H}(\underline{\mathbf{x}}^k)$ positiv definit, dann hat $q(\underline{\mathbf{x}})$ an der Stelle $\underline{\mathbf{x}}^{k+1}$ mit $\nabla q(\underline{\mathbf{x}}^{k+1}) = 0$ ein globales Minimum, und man erhält für das NEWTON–Verfahren die Iterationsvorschrift

$$\underline{\mathbf{x}}^{k+1} = \underline{\mathbf{x}}^k - \mathbf{H}^{-1}(\underline{\mathbf{x}}^k)\nabla f(\underline{\mathbf{x}}^k)\,, \qquad k = 1, 2, \ldots \quad \text{d.h., es ist} \tag{18.76a}$$

$$\underline{\mathbf{d}}^k = -\mathbf{H}^{-1}(\underline{\mathbf{x}}^k)\nabla f(\underline{\mathbf{x}}^k) \qquad \text{und} \qquad \alpha_k \equiv 1\,. \tag{18.76b}$$

Das NEWTON–Verfahren hat eine hohe Konvergenzgeschwindigkeit, der aber folgende Nachteile gegenüberstehen:

1. Die Matrix $\mathbf{H}(\underline{\mathbf{x}}^k)$ muß positiv definit sein.
2. Das Verfahren konvergiert nur für hinreichend gute Startwerte.
3. Es gibt keine Schrittweitensteuerung.
4. Das Verfahren ist im allgemeinen kein Abstiegsverfahren.
5. Der Aufwand zur Berechnung von $\mathbf{H}^{-1}(\underline{\mathbf{x}}^k)$ ist mitunter recht groß.

Einige Nachteile können durch die folgende Version eines *gedämpften* NEWTON-*Verfahrens* behoben werden:

$$\underline{\mathbf{x}}^{k+1} = \underline{\mathbf{x}}^k - \alpha_k\mathbf{H}^{-1}(\underline{\mathbf{x}}^k)\nabla f(\underline{\mathbf{x}}^k)\,, \qquad k = 1, 2, \ldots\,. \tag{18.77}$$

Der Dämpfungsfaktor α_k kann unter anderem durch Strahlminimierung ermittelt werden (s. 18.2.5.1).

18.2.5.3 Verfahren der konjugierten Gradienten

Zwei Vektoren $\underline{\mathbf{d}}^1, \underline{\mathbf{d}}^2 \in \mathbb{R}^n$ heißen *konjugierte Vektoren* bezüglich einer symmetrischen, positiv definiten Matrix $\mathbf{C}$, wenn gilt

$$\underline{\mathbf{d}}^{1\mathrm{T}}\mathbf{C}\underline{\mathbf{d}}^2 = 0\,. \tag{18.78}$$

Sind $\underline{\mathbf{d}}^1, \underline{\mathbf{d}}^2, \ldots, \underline{\mathbf{d}}^n$ paarweise konjugierte Vektoren bezüglich einer Matrix $\mathbf{C}$, dann ist das konvexe quadratische Problem $q(\underline{\mathbf{x}}) = \underline{\mathbf{x}}^{\mathrm{T}}\mathbf{C}\underline{\mathbf{x}} + \underline{\mathbf{p}}^{\mathrm{T}}\underline{\mathbf{x}}$, $\underline{\mathbf{x}} \in \mathbb{R}^n$, in n Schritten lösbar, wenn ausgehend von einem beliebigen $\underline{\mathbf{x}}^1$ die Folge $\underline{\mathbf{x}}^{k+1} = \underline{\mathbf{x}}^k + \alpha_k\underline{\mathbf{d}}^k$ gebildet wird, wobei α_k als optimale Schrittweite in Abstiegsrichtung gewählt wird. Unter der Annahme, daß $f(\underline{\mathbf{x}})$ in der Nähe des Minimalpunktes $\underline{\mathbf{x}}^*$ annähernd quadratisch ist, d.h. $\mathbf{C} \approx \frac{1}{2}\mathbf{H}(\underline{\mathbf{x}}^*)$, kann das für quadratische Zielfunktionen resultierende Verfahren auch auf allgemeinere Funktionen $f(\underline{\mathbf{x}})$ angewendet werden, ohne daß dabei explizit die Matrix $\mathbf{H}(\underline{\mathbf{x}}^*)$ benutzt wird.

Das Verfahren der konjugierten Gradienten besteht aus folgenden Schritten:

1. $$\underline{\mathbf{x}}^1 \in \mathbb{R}^n\,, \quad \underline{\mathbf{d}}^1 = -\nabla f(\underline{\mathbf{x}}^1)\,, \tag{18.79}$$

wobei $\underline{\mathbf{x}}^1$ eine geeignete Ausgangsnäherung für $\underline{\mathbf{x}}^*$ ist.

2. $$\underline{\mathbf{x}}^{k+1} = \underline{\mathbf{x}}^k + \alpha_k\underline{\mathbf{d}}^k\,, \quad k = 1, \ldots, n \quad \text{mit } \alpha_k \geq 0 \text{ so, daß } f(\underline{\mathbf{x}}^k + \alpha\underline{\mathbf{d}}^k) \text{ minimiert wird.} \tag{18.80a}$$

$$\underline{\mathbf{d}}^{k+1} = -\nabla f(\underline{\mathbf{x}}^{k+1}) + \mu_k\underline{\mathbf{d}}^k\,, \qquad k = 1, \ldots, n-1 \quad \text{mit} \tag{18.80b}$$

$$\mu_k = \frac{\nabla f(\underline{\mathbf{x}}^{k+1})^{\mathrm{T}}\nabla f(\underline{\mathbf{x}}^{k+1})}{\nabla f(\underline{\mathbf{x}}^k)^{\mathrm{T}}\nabla f(\underline{\mathbf{x}}^k)} \qquad \text{und} \qquad \underline{\mathbf{d}}^{n+1} = -\nabla f(\underline{\mathbf{x}}^{n+1})\,. \tag{18.80c}$$

3. Wiederholung des Schrittes 2 mit $\underline{\mathbf{x}}^{n+1}$ und $\underline{\mathbf{d}}^{n+1}$ an Stelle von $\underline{\mathbf{x}}^1$ und $\underline{\mathbf{d}}^1$.

18.2.5.4 Verfahren von Davidon, Fletcher und Powell (DFP)

Mit dem DFP–Verfahren ermittelt man ausgehend von $\underline{\mathbf{x}}^1 \in \mathbb{R}^n$ eine Punktfolge nach der Vorschrift

$$\underline{\mathbf{x}}^{k+1} = \underline{\mathbf{x}}^k - \alpha_k\mathbf{M}_k\nabla f(\underline{\mathbf{x}}^k)\,, \qquad k = 1, 2, \ldots\,. \tag{18.81}$$

Dabei ist $\mathbf{M}_k$ eine symmetrische, positiv definite Matrix. Die Idee des Verfahrens besteht in einer schrittweisen Approximation der inversen HESSE–Matrix durch die Matrizen $\mathbf{M}_k$ in dem Falle, daß $f(\underline{\mathbf{x}})$ eine quadratische Funktion ist. Ausgehend von einer symmetrischen, positiv definiten Matrix $\mathbf{M}_1$, z.B.

$\mathbf{M}_1 = \mathbf{I}$ ($\mathbf{I}$ Einheitsmatrix), wird $\mathbf{M}_k$ aus $\mathbf{M}_{k-1}$ durch Addition einer Rang–Zwei–Korrekturmatrix

$$\mathbf{M}_k = \mathbf{M}_{k-1} + \frac{\underline{\mathbf{v}}^k \underline{\mathbf{v}}^{k\mathrm{T}}}{\underline{\mathbf{v}}^{k\mathrm{T}} \underline{\mathbf{v}}^k} - \frac{(\mathbf{M}_{k-1}\underline{\mathbf{w}}^k)(\mathbf{M}_{k-1}\underline{\mathbf{w}}^k)^{\mathrm{T}}}{\underline{\mathbf{w}}^{k\mathrm{T}} \mathbf{M}_k \underline{\mathbf{w}}^k} \tag{18.82}$$

mit $\underline{\mathbf{v}}^k = \underline{\mathbf{x}}^k - \underline{\mathbf{x}}^{k-1}$ und $\underline{\mathbf{w}}^k = \nabla f(\underline{\mathbf{x}}^k) - \nabla f(\underline{\mathbf{x}}^{k-1})$, $k = 2, 3, \ldots$ ermittelt. Die Schrittweite α_k erhält man durch Strahlminimierung aus

$$f(\underline{\mathbf{x}}^k - \alpha \mathbf{M}_k \nabla f(\underline{\mathbf{x}}^k)) = \mathrm{Min!}\,, \qquad \alpha \geq 0\,. \tag{18.83}$$

Ist $f(\underline{\mathbf{x}})$ eine quadratische Funktion, dann geht das DFP–Verfahren für $\mathbf{M}_1 = \mathbf{I}$ in das Verfahren der konjugierten Gradienten über.

18.2.6 Gradientenverfahren für Probleme mit Ungleichungsrestriktionen

Wenn das Problem

$$f(\underline{\mathbf{x}}) = \mathrm{Min!} \qquad \text{bei} \quad g_i(\underline{\mathbf{x}}) \leq 0\,, \quad i = 1, \ldots, m \tag{18.84}$$

mit einem Iterationsverfahren der Art

$$\underline{\mathbf{x}}^{k+1} = \underline{\mathbf{x}}^k + \alpha_k \underline{\mathbf{d}}^k\,, \qquad k = 1, 2, \ldots \tag{18.85}$$

gelöst werden soll, dann sind auf Grund des eingeschränkten zulässigen Bereiches zwei Voraussetzungen zu beachten:

1. Die Richtung $\underline{\mathbf{d}}^k$ muß eine in $\underline{\mathbf{x}}^k$ zulässige Abstiegsrichtung sein.
2. Die Schrittweite α_k ist so zu bestimmen, daß auch $\underline{\mathbf{x}}^{k+1}$ in M liegt.

Die verschiedenen Verfahren gemäß Vorschrift (18.85) unterscheiden sich in der Konstruktion der Richtung $\underline{\mathbf{d}}^k$. Um die Zulässigkeit der Folge $\{\underline{\mathbf{x}}^k\} \subset M$ zu sichern, werden α'_k bzw. α''_k folgendermaßen bestimmt.

$$\alpha'_k \text{ aus } f(\underline{\mathbf{x}}^k + \alpha \underline{\mathbf{d}}^k) = \mathrm{Min!} \quad \alpha \geq 0\,; \qquad \text{bzw.} \qquad \alpha''_k = \max\{\alpha \in \mathbb{R} : \underline{\mathbf{x}}^k + \alpha \underline{\mathbf{d}}^k \in M\}. \tag{18.86}$$

Daraus resultiert

$$\alpha_k = \min\{\alpha'_k, \alpha''_k\}. \tag{18.87}$$

Wenn in einem Schritt k keine zulässige Abstiegsrichtung $\underline{\mathbf{d}}^k$ existiert, dann ist $\underline{\mathbf{x}}^k$ ein stationärer Punkt.

18.2.6.1 Verfahren der zulässigen Richtungen

1. Richtungssuchprogramm Eine zulässige Abstiegsrichtung $\underline{\mathbf{d}}^k$ im Punkt $\underline{\mathbf{x}}^k$ kann durch Lösung des folgenden Optimierungsproblems gewonnen werden:

$$\sigma = \mathrm{Min!} \tag{18.88}$$

$$\nabla g_i(\underline{\mathbf{x}}^k)^{\mathrm{T}} \underline{\mathbf{d}} \leq \sigma\,, \qquad i \in I_0(\underline{\mathbf{x}}^k)\,; \tag{18.89a}$$

$$\nabla f(\underline{\mathbf{x}}^k)^{\mathrm{T}} \underline{\mathbf{d}} \leq \sigma\,, \tag{18.89b}$$

$$||\underline{\mathbf{d}}|| \leq 1\,. \tag{18.89c}$$

Gilt für die Lösung $\underline{\mathbf{d}} = \underline{\mathbf{d}}^k$ dieses *Richtungssuchprogrammes* $\sigma < 0$, dann sichert (18.89a) die Zulässigkeit und (18.89b) die Abstiegseigenschaft von $\underline{\mathbf{d}}^k$. Mit der Normierungsbedingung (18.89c) wird der zulässige Bereich für das Richtungssuchprogramm beschränkt. Ist $\sigma = 0$, dann ist $\underline{\mathbf{x}}^k$ ein stationärer Punkt, da in $\underline{\mathbf{x}}^k$ keine zulässige Abstiegsrichtung existiert.

Ein gemäß (18.89a,b,c) definiertes Richtungssuchprogramm kann innerhalb der Folge der beschränkten $\underline{\mathbf{x}}^k$ ein Zickzack–Verhalten verursachen. Das kann vermieden werden, wenn die Indexmenge $I_0(\underline{\mathbf{x}}^k)$ durch die Indexmenge

$$I_{\varepsilon_k}(\underline{\mathbf{x}}^k) = \{i \in \{1, \ldots, m\} : \; -\varepsilon_k \leq g_i(\underline{\mathbf{x}}^k) \leq 0\}\,, \quad \varepsilon_k \geq 0 \tag{18.90}$$

der sogenannten in $\underline{\mathbf{x}}^k$ ε_k–aktiven Restriktionen ersetzt wird. Dadurch werden lokal Abstiegsrichtungen ausgeschlossen, die von $\underline{\mathbf{x}}^k$ ausgehend näher an den von ε_k–aktiven Restriktionen gebildeten Rand von M heranführen (**Abb.18.7**).

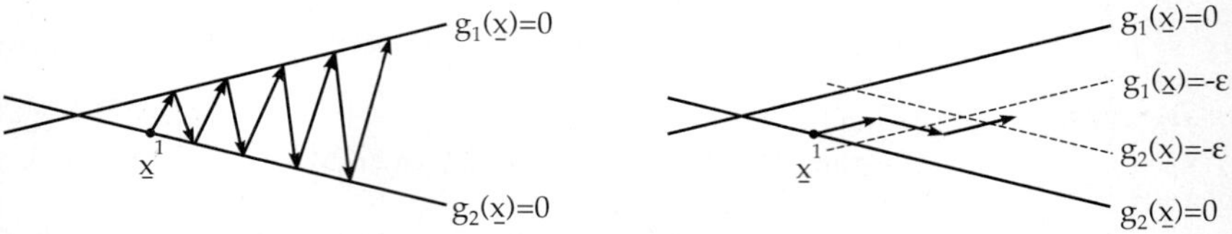

Abbildung 18.7

Ist nach dieser Modifizierung $\sigma = 0$ Lösung von (18.89a,b,c), dann ist $\underline{\mathbf{x}}^k$ nur dann ein stationärer Punkt, wenn $I_0(\underline{\mathbf{x}}^k) = I_{\varepsilon_k}(\underline{\mathbf{x}}^k)$ erfüllt ist. Anderenfalls ist ε_k geeignet zu verkleinern und das Richtungssuchprogramm zu wiederholen.

2. Spezialfall linearer Restriktionen Sind die Funktionen $g_i(\underline{\mathbf{x}})$ linear, d.h. $g_i(\underline{\mathbf{x}}) = \underline{\mathbf{a}}_i{}^{\mathrm{T}}\underline{\mathbf{x}} - b_i$, dann kann ein einfacheres Richtungssuchprogramm aufgestellt werden:

$$\sigma = \nabla f(\underline{\mathbf{x}}^k)^{\mathrm{T}}\underline{\mathbf{d}} = \text{Min!} \qquad \text{bei} \tag{18.91}$$

$$\underline{\mathbf{a}}_i{}^{\mathrm{T}}\underline{\mathbf{d}} \le 0\,, \qquad i \in I_0(\underline{\mathbf{x}}^k) \quad \text{bzw.} \quad i \in I_{\varepsilon_k}(\underline{\mathbf{x}}^k)\,, \tag{18.92a}$$

$$||\underline{\mathbf{d}}|| \le 1\,. \tag{18.92b}$$

Die Wirkung der Wahl verschiedener Normen $||\underline{\mathbf{d}}|| = \max\{|d_i|\} \le 1$ bzw. $||\underline{\mathbf{d}}|| = \sqrt{\underline{\mathbf{d}}^{\mathrm{T}}\underline{\mathbf{d}}} \le 1$ ist in **Abb.18.8a,b** gezeigt.

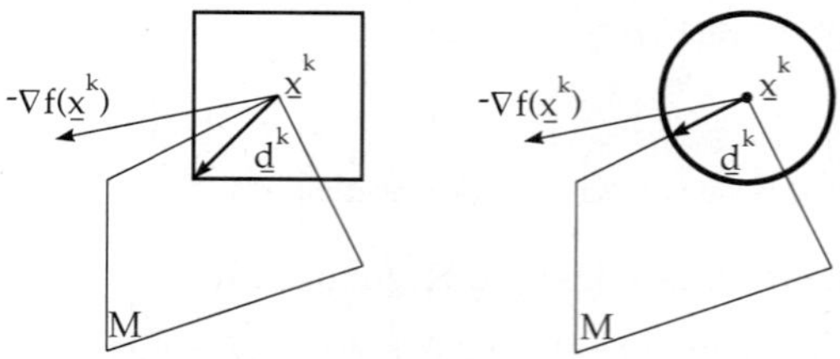

Abbildung 18.8

Die in einem gewissen Sinne beste Wahl der Norm ist $||\underline{\mathbf{d}}|| = ||\underline{\mathbf{d}}||_2 = \sqrt{\underline{\mathbf{d}}^{\mathrm{T}}\underline{\mathbf{d}}}$, denn mit dem Richtungssuchprogramm ermittelt man das $\underline{\mathbf{d}}^k$, das den kleinsten Winkel mit $-\nabla f(\underline{\mathbf{x}}^k)$ bildet. Dann ist das Richtungssuchprogramm jedoch nicht linear und erfordert einen höheren Rechenaufwand. Dagegen ergibt sich mit $||\underline{\mathbf{d}}|| = ||\underline{\mathbf{d}}||_\infty = \max\{|d_i|\} \le 1$ ein System linearer Nebenbedingungen $-1 \le d_i \le 1$, $i = 1, \ldots, n$, so daß das Richtungssuchprogramm z.B. mit dem Simplexverfahren gelöst werden kann. Um zu sichern, daß das Verfahren der zulässigen Richtungen für quadratische Optimierungsprobleme $f(\underline{\mathbf{x}}) = \underline{\mathbf{x}}^{\mathrm{T}}\mathbf{C}\underline{\mathbf{x}} + \underline{\mathbf{p}}^{\mathrm{T}}\underline{\mathbf{x}} = \text{Min!}$ mit $\mathbf{A}\underline{\mathbf{x}} \le \underline{\mathbf{b}}$, in endlich vielen Schritten zum Ziel führt, wird das Richtungssuchprogramm durch die folgende Konjugationsvorschrift ergänzt: Ist in einem Schritt $\alpha_{k-1} = \alpha'_{k-1}$, d.h. $\underline{\mathbf{x}}^k$ ist ein „innerer" Punkt, dann wird dem Richtungssuchprogramm die Bedingung

$$\underline{\mathbf{d}}^{k-1\,\mathrm{T}}\mathbf{C}\underline{\mathbf{d}} = 0 \tag{18.93}$$

hinzugefügt. Weiterhin werden entsprechende Bedingungen aus vorhergehenden Schritten beibehalten. Die Bedingungen (18.93) werden erst fallengelassen, wenn ein Schritt $\alpha_k = \alpha''_k$ gesetzt wird.

■ $f(\underline{\mathbf{x}}) = x_1^2 + 4x_2^2 - 10x_1 - 32x_2 = \text{Min!}$

$$g_1(\underline{\mathbf{x}}) = -x_1 \le 0\,,\ g_2(\underline{\mathbf{x}}) = -x_2 \le 0\,,\ g_3(\underline{\mathbf{x}}) = x_1 + 2x_2 - 7 \le 0\,,\ g_4(\underline{\mathbf{x}}) = 2x_1 + x_2 - 8 \le 0\,.$$

1. Schritt: Start mit $\underline{\mathbf{x}}^1 = (3,0)^{\mathrm{T}}\,,\ \nabla f(\underline{\mathbf{x}}^1) = (-4,-32)^{\mathrm{T}}\,,\ I_0(\underline{\mathbf{x}}^1) = \{2\}\,.$

Richtungssuchprogramm: $\left\{\begin{array}{l} -4d_1 - 32d_2 = \text{Min!} \\ -d_2 \le 0\,,\ ||\underline{\mathbf{d}}||_\infty \le 1 \end{array}\right\} \implies \underline{\mathbf{d}}^1 = (1,1)^{\mathrm{T}}\,.$

Strahlmimierung: $\alpha'_k = -\dfrac{\underline{\mathbf{d}}^{k\mathrm{T}} \nabla f(\underline{\mathbf{x}}^k)}{2\underline{\mathbf{d}}^{k\mathrm{T}} \mathbf{C} \underline{\mathbf{d}}^k}$ mit $\mathbf{C} = \begin{pmatrix} 1 & 0 \\ 0 & 4 \end{pmatrix}.$

Maximal zulässige Schrittweite:

$$\alpha''_k = \min\left\{ \frac{-g_i(\underline{\mathbf{x}}^k)}{\underline{\mathbf{a}}_i{}^{\mathrm{T}} \underline{\mathbf{d}}^k} :\ \text{für } i \text{ mit } \ \underline{\mathbf{a}}_i{}^{\mathrm{T}} \underline{\mathbf{d}}^k > 0 \right\},$$

$$\alpha'_1 = \frac{18}{5}\,,\ \alpha''_1 = \frac{2}{3} \implies \alpha_1 = \min\left\{\frac{18}{5}, \frac{2}{3}\right\} = \frac{2}{3}\,,\ \underline{\mathbf{x}}^2 = \left(\frac{11}{3}, \frac{2}{3}\right)^{\mathrm{T}}.$$

2. Schritt: $\nabla f(\underline{\mathbf{x}}^2) = \left(-\frac{8}{3}, -\frac{80}{3}\right)^{\mathrm{T}}\,,\quad I_0(\underline{\mathbf{x}}^2) = \{4\}\,.$

Richtungssuchprogramm: $\left\{\begin{array}{l} -\frac{8}{3}d_1 - \frac{80}{3}d_2 = \text{Min!} \\ 2d_1 + d_2 \le 0\,,\ ||\underline{\mathbf{d}}||_\infty \le 1 \end{array}\right\} \implies \underline{\mathbf{d}}^2 = \left(-\frac{1}{2}, 1\right)^{\mathrm{T}},$

$$\alpha'_2 = \frac{152}{51}\,,\ \alpha''_2 = \frac{4}{3} \implies \alpha_2 = \frac{4}{3}\,,\ \underline{\mathbf{x}}^3 = (3,2)^{\mathrm{T}}\,.$$

3. Schritt: $\nabla f(\underline{\mathbf{x}}^3) = (-4,-16)^{\mathrm{T}}\,,\quad I_0 = (\underline{\mathbf{x}}^3) = \{3,4\}\,.$

Richtungssuchprogramm: $\left\{\begin{array}{l} -4d_1 - 16d_2 = \text{Min!} \\ d_1 + 2d_2 \le 0\,,\ 2d_1 + d_2 \le 0\,,\ ||\underline{\mathbf{d}}||_\infty \le 1 \end{array}\right\} \implies \underline{\mathbf{d}}^3 = \left(-1, \frac{1}{2}\right)^{\mathrm{T}},$

$$\alpha'_3 = 1\,,\ \alpha''_3 = 3 \implies \alpha^3 = 1\,,\ \underline{\mathbf{x}}^4 = \left(2, \frac{5}{2}\right)^{\mathrm{T}}.$$

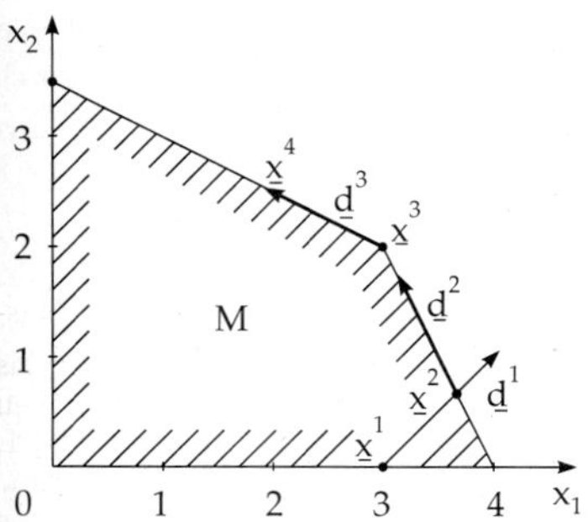

Abbildung 18.9

Das nächste Richtungssuchprogramm liefert $\sigma = 0$. Daher ist $\underline{\mathbf{x}}^* = \underline{\mathbf{x}}^4$ der Minimalpunkt **(Abb.18.9)**.

18.2.6.2 Verfahren der projizierten Gradienten

1. Aufgabenstellung und Lösungsprinzip Gegeben ist das konvexe Optimierungsproblem

$$f(\underline{\mathbf{x}}) = \text{Min!} \qquad \text{bei} \qquad \underline{\mathbf{a}}_i{}^{\mathrm{T}} \underline{\mathbf{x}} \le b_i\,, \tag{18.94}$$

mit $i = 1,\ldots,m$. Eine zulässige Abstiegsrichtung $\underline{\mathbf{d}}^k$ im Punkt $\underline{\mathbf{x}}^k \in M$ wird auf folgende Weise ermittelt. Ist $-\nabla f(\underline{\mathbf{x}}^k)$ eine zulässige Richtung, dann wird $\underline{\mathbf{d}}^k = -\nabla f(\underline{\mathbf{x}}^k)$ gesetzt. Anderenfalls liegt $\underline{\mathbf{x}}^k$ auf dem Rand von M und $-\nabla f(\underline{\mathbf{x}}^k)$ zeigt aus M hinaus. Mittels einer linearen Abbildung $\mathbf{P}_k$ wird der Vektor $-\nabla f(\underline{\mathbf{x}}^k)$ auf eine lineare Teilmannigfaltigkeit des Randes von M projiziert, die von einer Teilmenge der in $\underline{\mathbf{x}}^k$ aktiven Restriktionen gebildet wird. Die Projektion auf eine Kante zeigt die **Abb.18.10a**, die Projektion auf eine Seitenfläche die **Abb.18.10b**. Unter der Voraussetzung der Nichtentartungsbedingung, d.h. für alle $\underline{\mathbf{x}} \in \mathbb{R}^n$ sind die Vektoren $\underline{\mathbf{a}}_i$, $i \in I_0(\underline{\mathbf{x}})$, linear unabhängig, ist eine solche Projektion gegeben durch

$$\underline{\mathbf{d}}^k = -\mathbf{P}_k \nabla f(\underline{\mathbf{x}}^k) = -\left(\mathbf{I} - \mathbf{A}_k{}^{\mathrm{T}} (\mathbf{A}_k \mathbf{A}_k{}^{\mathrm{T}})^{-1} \mathbf{A}_k\right) \nabla f(\underline{\mathbf{x}}^k)\,. \tag{18.95}$$

Dabei besteht $\mathbf{A}_k$ aus allen den $\underline{\mathbf{a}}_i{}^{\mathrm{T}}$, deren entsprechende Nebenbedingungen die lineare Teilmannigfaltigkeit bilden, in die $-\nabla f(\underline{\mathbf{x}}_k)$ projiziert werden soll.

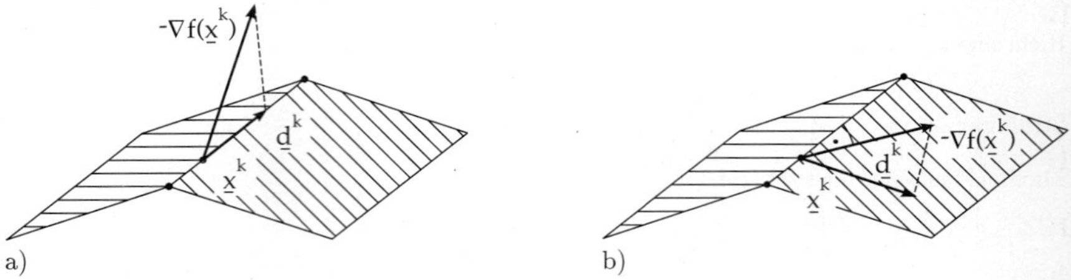

Abbildung 18.10

2. Algorithmus Das Verfahren der projizierten Gradienten besteht aus folgendem Algorithmus: Starte mit $\underline{\mathbf{x}}^1 \in M$, setze $k = 1$ und gehe nach folgendem Schema vor:

I: Ist $-\nabla f(\underline{\mathbf{x}}^k)$ zulässige Richtung, dann wird $\underline{\mathbf{d}}^k = -\nabla f(\underline{\mathbf{x}}^k)$ gesetzt und mit **III** fortgesetzt. Andernfalls wird $\mathbf{A}_k$ aus den Vektoren $\underline{\mathbf{a}}_i{}^{\mathrm{T}}$ mit $i \in I_0(\underline{\mathbf{x}}^k)$ gebildet und zu **II** übergegangen.

II: Es wird $\underline{\mathbf{d}}^k = -\left(\mathbf{I} - \mathbf{A}_k{}^{\mathrm{T}}(\mathbf{A}_k\mathbf{A}_k{}^{\mathrm{T}})^{-1}\mathbf{A}_k\right)\nabla f(\underline{\mathbf{x}}^k)$ gesetzt. Ist $\underline{\mathbf{d}}^k \neq \underline{\mathbf{0}}$, wird mit **III** fortgesetzt. Ist $\underline{\mathbf{d}}^k = 0$ und gilt $\underline{\mathbf{u}} = -(\mathbf{A}_k\mathbf{A}_k{}^{\mathrm{T}})^{-1}\mathbf{A}_k\nabla f(\underline{\mathbf{x}}^k) \geq 0$, dann ist $\underline{\mathbf{x}}^k$ ein Minimalpunkt. Die lokalen KUHN–TUCKER–Bedingungen $-\nabla f(\underline{\mathbf{x}}^k) = \sum\limits_{i \in I_0(\underline{\mathbf{x}}^k)} u_i\underline{\mathbf{a}}_i = \mathbf{A}_k{}^{\mathrm{T}}\underline{\mathbf{u}}$ sind offensichtlich erfüllt.

Ist $\underline{\mathbf{u}} \not\geq \underline{\mathbf{0}}$, dann ist ein i mit $u_i < 0$ zu wählen, die i–te Zeile aus $\mathbf{A}_k$ zu streichen und **II** zu wiederholen.

III: Berechnung von α_k sowie von $\underline{\mathbf{x}}^{k+1} = \underline{\mathbf{x}}^k + \alpha_k\underline{\mathbf{d}}^k$ und Übergang mit $k = k+1$ zu **I**.

3. Bemerkungen zum Algorithmus Wenn $-\nabla f(\underline{\mathbf{x}}^k)$ nicht zulässig ist, wird dieser Vektor zunächst in die Teilmannigfaltigkeit geringster Dimension, auf der $\underline{\mathbf{x}}^k$ liegt, abgebildet. Ist $\underline{\mathbf{d}}^k = \underline{\mathbf{0}}$, dann steht $-\nabla f(\underline{\mathbf{x}}^k)$ senkrecht auf dieser Teilmannigfaltigkeit. Gilt nicht $\underline{\mathbf{u}} \geq \underline{\mathbf{0}}$, dann wird durch Weglassen einer aktiven Nebenbedingung die Teilmannigfaltigkeit um eine Dimension erweitert, wodurch $\underline{\mathbf{d}}^k \neq \underline{\mathbf{0}}$ eintreten kann **(Abb.18.10b)** mit Projektion auf eine Seitenfläche). Da $\mathbf{A}_k$ häufig aus $\mathbf{A}_{k-1}$ durch Hinzufügen bzw. Streichen einer Zeile entsteht, kann die aufwendige Berechnung von $(\mathbf{A}_k\mathbf{A}_k{}^{\mathrm{T}})^{-1}$ erleichtert werden, indem die Kenntnis von $(\mathbf{A}_{k-1}\mathbf{A}_{k-1}{}^{\mathrm{T}})^{-1}$ genutzt wird.

■ Lösung des Problems im vorangegangenen Beispiel auf S. 734.

1. Schritt: $\underline{\mathbf{x}}^1 = (3,0)^{\mathrm{T}}$,

I: $\nabla f(\underline{\mathbf{x}}^1) = (-4,-32)^{\mathrm{T}}$, $-\nabla f(\underline{\mathbf{x}}^1)$ ist zulässig, $\underline{\mathbf{d}}^1 = (4,32)^{\mathrm{T}}$.

III: Die Schrittweite wird wie im vorangegangenen Beispiel ermittelt:

$$\alpha_1 = \frac{1}{20}, \qquad \underline{\mathbf{x}}^2 = \left(\frac{16}{5},\frac{8}{5}\right)^{\mathrm{T}}.$$

2. Schritt:

I: $\nabla f(\underline{\mathbf{x}}^2) = \left(-\frac{18}{5},-\frac{96}{5}\right)^{\mathrm{T}}$ (nicht zulässig), $I_0(\underline{\mathbf{x}}^2) = \{4\}$, $\mathbf{A}_2 = (2\ 1)$.

II: $\mathbf{P}_2 = \frac{1}{5}\begin{pmatrix} 1 & -2 \\ -2 & 4 \end{pmatrix}$, $\underline{\mathbf{d}}^2 = \left(-\frac{8}{25},\frac{16}{25}\right)^{\mathrm{T}} \neq \underline{\mathbf{0}}$.

III: $\alpha_2 = \frac{5}{8}$, $\underline{\mathbf{x}}^3 = (3,2)^{\mathrm{T}}$.

3. Schritt:

I: $\nabla f(\underline{\mathbf{x}}^3) = (-4, -16)^{\mathrm{T}}$ (nicht zulässig), $I_0(\underline{\mathbf{x}}^3) = \{3, 4\}$, $\mathbf{A}_3 = \begin{pmatrix} 1 & 2 \\ 2 & 1 \end{pmatrix}$.

II: $\mathbf{P}_3 = \begin{pmatrix} 0 & 0 \\ 0 & 0 \end{pmatrix}$, $\underline{\mathbf{d}}^3 = (0, 0)^{\mathrm{T}}$,

$$\underline{\mathbf{u}} = \left(\frac{28}{3}, -\frac{8}{3}\right)^{\mathrm{T}}, \quad u_2 < 0: \ \mathbf{A}_3 = (1\ 2) .$$

II: $\mathbf{P}_3 = \frac{1}{5}\begin{pmatrix} 4 & -2 \\ -2 & 1 \end{pmatrix}$, $\underline{\mathbf{d}}^3 = \left(-\frac{16}{5}, \frac{8}{5}\right)^{\mathrm{T}}$.

III: $\alpha_3 = \frac{5}{16}$, $\underline{\mathbf{x}}^4 = \left(2, \frac{5}{2}\right)^{\mathrm{T}}$.

4. Schritt:

I: $\nabla f(\underline{\mathbf{x}}^4) = (-6, -12)^{\mathrm{T}}$ (nicht zulässig), $I_0(\underline{\mathbf{x}}^4) = \{3\}$, $\mathbf{A}_4 = \mathbf{A}_3$.

II: $\mathbf{P}_4 = \mathbf{P}_3$, $\underline{\mathbf{d}}^4 = (0, 0)^{\mathrm{T}}$, $u = 6 \geq 0$.

Daraus folgt, daß $\underline{\mathbf{x}}^4$ Minimalpunkt ist.

18.2.7 Straf– und Barriereverfahren

Das Grundprinzip dieser Verfahrensklasse besteht darin, daß ein Optimierungsproblem mit Nebenbedingungen durch Modifikation der Zielfunktion in eine Folge von Optimierungsaufgaben ohne Nebenbedingungen umgeformt wird. Die modifizierten Probleme können z.B. mit Verfahren aus (18.2.5) gelöst werden. Bei geeigneter Konstruktion der modifizierten Zielfunktionen ist jeder Häufungspunkt der Folge der Lösungspunkte dieser Ersatzprobleme eine Lösung der ursprünglichen Aufgabe.

18.2.7.1 Strafverfahren

Das Problem

$$f(\underline{\mathbf{x}}) = \text{Min!} \quad \text{bei} \quad g_i(\underline{\mathbf{x}}) \leq 0\,, \quad i = 1, 2, \ldots, m \tag{18.96}$$

wird durch die Folge unrestringierter Minimumsaufgaben

$$H(\underline{\mathbf{x}}, p_k) = f(\underline{\mathbf{x}}) + p_k S(\underline{\mathbf{x}}) = \text{Min!} \quad \text{mit} \quad \underline{\mathbf{x}} \in \mathbb{R}^n\,, \ p_k > 0\,, \ k = 1, 2, \ldots \tag{18.97}$$

ersetzt. Dabei ist p_k ein positiver Parameter und für $S(\underline{\mathbf{x}})$ gilt

$$S(\underline{\mathbf{x}}) = \begin{cases} = 0 & \underline{\mathbf{x}} \in M \\ > 0 & \underline{\mathbf{x}} \notin M\,, \end{cases} \tag{18.98}$$

d.h., das Verlassen des zulässigen Bereiches M wird mit einer „Strafe“ $p_k S(\underline{\mathbf{x}})$ geahndet. Das Problem (18.97) wird mit einer gegen ∞ wachsenden Folge von Strafparametern p_k gelöst. Es gilt

$$\lim_{k\to\infty} H(\underline{\mathbf{x}}, p_k) = f(\underline{\mathbf{x}})\,, \quad \underline{\mathbf{x}} \in M\,. \tag{18.99}$$

Ist $\underline{\mathbf{x}}^k$ die Lösung des k–ten Strafproblems, dann gilt:

$$H(\underline{\mathbf{x}}^k, p_k) \geq H(\underline{\mathbf{x}}^{k-1}, p_{k-1})\,, \qquad f(\underline{\mathbf{x}}^k) \geq f(\underline{\mathbf{x}}^{k-1})\,, \tag{18.100}$$

und jeder Häufungspunkt $\underline{\mathbf{x}}^*$ der Folge $\{\underline{\mathbf{x}}^k\}$ ist eine Lösung von (18.96). Ist es ein $\underline{\mathbf{x}}^k \in M$, so löst $\underline{\mathbf{x}}^k$ das Ausgangsproblem.

Als Realisierungen für $S(\underline{\mathbf{x}})$ sind z.B. geeignet:

$$S(\underline{\mathbf{x}}) = \max{}^r\{0, g_1(\underline{\mathbf{x}}), \ldots, g_m(\underline{\mathbf{x}})\}\,, \qquad (r = 1, 2, \ldots) \quad \text{oder} \tag{18.101a}$$

$$S(\underline{\mathbf{x}}) = \sum_{i=1}^{m} \max{}^r\{0, g_i(\underline{\mathbf{x}})\}\,, \qquad (r = 1, 2, \ldots)\,. \tag{18.101b}$$

Sind die Funktionen $f(\underline{\mathbf{x}})$ und $g_i(\underline{\mathbf{x}})$ differenzierbar, so erreicht man im Falle $r > 1$ auch auf dem Rand von M Differenzierbarkeit der Straffunktion $H(\underline{\mathbf{x}}, p_k)$, so daß analytische Hilfsmittel zur Lösung des Hilfsproblems (18.97) herangezogen werden können.

Abb.18.11 zeigt eine Veranschaulichung des Strafverfahrens.

■ $f(\underline{\mathbf{x}}) = x_1^2 + x_2^2 = \text{Min!}$ bei $x_1 + x_2 \geq 1$,

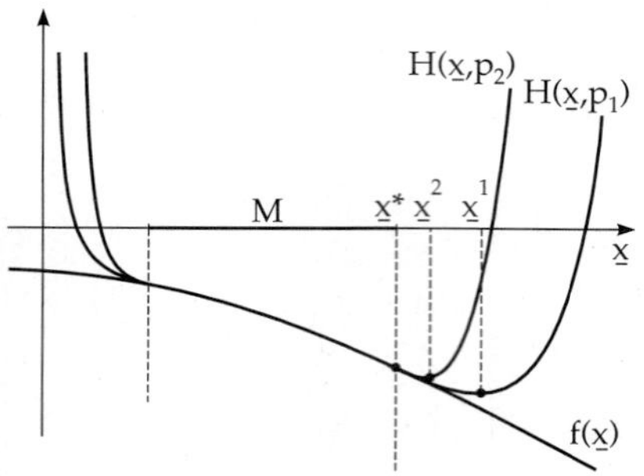

Abbildung 18.11

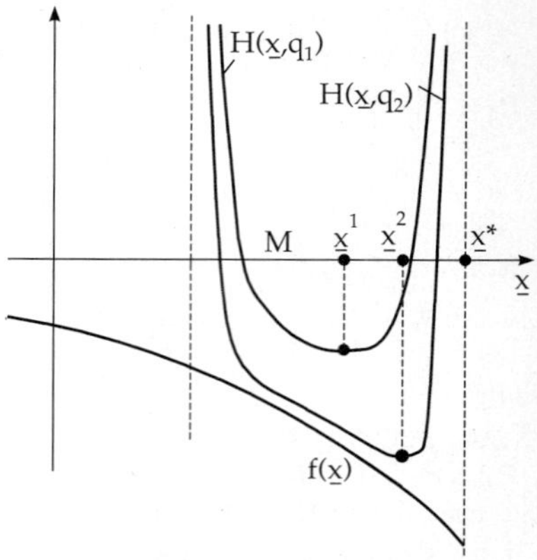

Abbildung 18.12

$$H(\underline{\mathbf{x}}, p_k) = x_1^2 + x_2^2 + p_k \max^2\{0, 1 - x_1 - x_2\}\,.$$

Die notwendige Optimalitätsbedingung lautet

$$\nabla H(\underline{\mathbf{x}}, p_k) = \begin{pmatrix} 2x_1 - 2p_k \max\{0, 1 - x_1 - x_2\} \\ 2x_2 - 2p_k \max\{0, 1 - x_1 - x_2\} \end{pmatrix} = \begin{pmatrix} 0 \\ 0 \end{pmatrix}.$$

Der Gradient von H wird hier nur bezüglich $\underline{\mathbf{x}}$ gebildet. Durch Subtraktion beider Gleichungen folgt $x_1 = x_2$. Die Gleichung $2x_1 - 2p_k \max\{0, 1 - 2x_1\} = 0$ besitzt die eindeutige Lösung $x_1^k = x_2^k = \dfrac{p_k}{1 + 2p_k}$.

Durch den Grenzübergang $k \to \infty$ ergibt sich als Lösung $x_1^* = x_2^* = \lim\limits_{k \to \infty} \dfrac{p_k}{1 + 2p_k} = \dfrac{1}{2}$.

18.2.7.2 Barriereverfahren

Es wird eine Folge von Ersatzproblemen der Form

$$H(\underline{\mathbf{x}}, q_k) = f(\underline{\mathbf{x}}) + q_k B(\underline{\mathbf{x}}) = \text{Min!}\,, \qquad q_k > 0\,. \tag{18.102}$$

betrachtet. Der Term $q_k B(\underline{\mathbf{x}})$ verhindert, daß der zulässige Bereich M bei der Lösung von (18.102) verlassen wird, indem die Zielfunktion bei Annäherung an den Rand von M unbeschränkt wächst. Die *Regularitätsbedingung*

$$M^0 = \{\underline{\mathbf{x}} \in M:\ g_i(\underline{\mathbf{x}}) < 0,\ i = 1, 2, \ldots, m\} \neq \emptyset \qquad \text{und} \qquad \overline{M^0} = M \tag{18.103}$$

sei erfüllt, d.h., das Innere von M ist nicht leer und der Abschluß von M^0 ist gleich M.
Die Funktion $B(\underline{\mathbf{x}})$ ist auf M^0 definiert und stetig. Sie wächst auf dem Rand von M nach ∞. Das Ersatzproblem (18.102) wird mit einer gegen Null fallenden Folge von Barriereparametern q_k gelöst. Für die Lösung $\underline{\mathbf{x}}^k$ des k–ten Problems (18.102) gilt

$$f(\underline{\mathbf{x}}^k) \leq f(\underline{\mathbf{x}}^{k-1}) \tag{18.104}$$

und jeder Häufungspunkt $\underline{\mathbf{x}}^*$ der Folge $\{\underline{\mathbf{x}}^k\}$ ist eine Lösung von (18.96).
Abb.18.12 zeigt eine Veranschaulichung des Barriereverfahrens.
Als Realisierungen für die Funktion $B(\underline{\mathbf{x}})$ sind z.B. geeignet

$$B(\underline{\mathbf{x}}) = -\sum_{i=1}^{m} - \ln(-g_i(\underline{\mathbf{x}}))\,, \qquad \underline{\mathbf{x}} \in M^0 \quad \text{oder} \tag{18.105a}$$

$$B(\underline{\mathbf{x}}) = \sum_{i=1}^{m} \frac{1}{[-g_i(\underline{\mathbf{x}})]^r}\,, \qquad r = 1, 2, \ldots \quad \underline{\mathbf{x}} \in M^0\,. \tag{18.105b}$$

■ $f(\underline{\mathbf{x}}) = x_1^2 + x_2^2 = \text{Min!}$ bei $x_1 + x_2 \geq 1$,
$H(\underline{\mathbf{x}}, q_k) = x_1^2 + x_2^2 + q_k(-\ln(x_1 + x_2 - 1))\,, \quad x_1 + x_2 > 1\,,$

$$\nabla H(\underline{\mathbf{x}}, q_k) = \begin{pmatrix} 2x_1 - q_k \dfrac{1}{x_1 - x_2 - 1} \\ 2x_2 - q_k \dfrac{1}{x_1 + x_2 - 1} \end{pmatrix} = \begin{pmatrix} 0 \\ 0 \end{pmatrix}, \qquad x_1 + x_2 > 1\,.$$

Der Gradient von H wird hier nur bezüglich $\underline{\mathbf{x}}$ gebildet. Subtraktion beider Gleichungen ergibt $x_1 = x_2$,

$$2x_1 - q_k \frac{1}{2x_1 - 1} = 0\,, \quad x_1 > \frac{1}{2}\,, \qquad \Longrightarrow \qquad x_1^2 - \frac{x_1}{2} - \frac{q_k}{4} = 0\,, \quad x_1 > \frac{1}{2}\,,$$

$$x_1^k = x_2^k = \frac{1}{4} + \sqrt{\frac{1}{16} + \frac{1}{4} q_k}\,, \qquad k \to \infty\,, \quad q_k \to 0: \;\; x_1^* = x_2^* = \frac{1}{2}\,.$$

Die Lösung der Aufgaben (18.97) und (18.102) im k–ten Schritt hängt nicht von den Lösungen der vorangegangenen Schritte ab. Bei der Verwendung großer Straf- bzw. kleiner Barriereparameter treten bei der Lösung von (18.97) und (18.102) mittels numerischer Verfahren, z.B. Verfahren aus (18.2.4), häufig Konvergenzprobleme auf, falls keine gute Startnäherung verfügbar ist. Praktisch nutzt man deshalb den Lösungspunkt des k–ten Ersatzproblems als Startwert der Lösung des $k+1$–ten Problems.

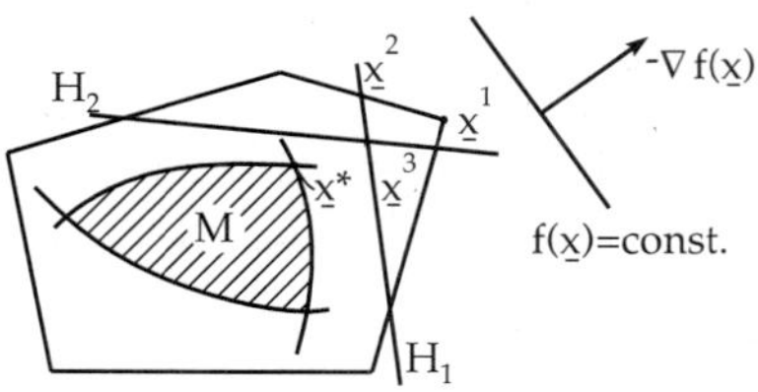

Abbildung 18.13

18.2.8 Schnittebenenverfahren

1. Aufgabenstellung und Lösungsprinzip Es wird das Optimierungsproblem

$$f(\underline{\mathbf{x}}) = \underline{\mathbf{c}}^{\mathrm{T}} \underline{\mathbf{x}} = \text{Min!}\,, \qquad \underline{\mathbf{c}} \in \mathbb{R}^n \tag{18.106}$$

über dem beschränkten Bereich $M \subset \mathbb{R}^n$, der mit konvexen Funktionen $g_i(\underline{\mathbf{x}})$, $i = 1, 2, \ldots, m$, durch $g_i(\underline{\mathbf{x}}) \leq 0$ beschrieben ist, betrachtet. Ein Problem mit nichtlinearer, aber konvexer Zielfunktion $f(\underline{\mathbf{x}})$ wird in diese Form übergeführt, indem

$$f(\underline{\mathbf{x}}) - x_{n+1} \leq 0\,, \qquad x_{n+1} \in \mathbb{R} \tag{18.107}$$

als weitere Nebenbedingung aufgenommen und

$$\overline{f}(\overline{\underline{\mathbf{x}}}) = x_{n+1} = \text{Min!} \qquad \text{für alle} \quad \overline{\underline{\mathbf{x}}} = (\underline{\mathbf{x}}, x_{n+1}) \in \mathbb{R}^{n+1} \tag{18.108}$$

mit $\overline{g}_i(\underline{\mathbf{x}}) = g_i(\underline{\mathbf{x}}) \leq 0$ gelöst wird.
Die Grundidee des Verfahrens besteht in der iterativen linearen Approximation von M in der Nähe des Minimalpunktes $\underline{\mathbf{x}}^*$ durch konvexe Polyeder, womit das Ausgangsproblem auf eine Folge linearer Programme zurückgeführt wird.
Zunächst wird ein Polyeder

$$P_1 = \{\underline{\mathbf{x}} \in \mathbb{R}^n : \; \underline{\mathbf{a}}_i^{\mathrm{T}} \underline{\mathbf{x}} \leq b_i,\; i = 1, \ldots, s\} \tag{18.109}$$

bestimmt. Aus dem linearen Programm

$$f(\underline{\mathbf{x}}) = \text{Min!} \qquad \text{bei} \quad \underline{\mathbf{x}} \in P_1 \tag{18.110}$$

wird ein bezüglich $f(\underline{\mathbf{x}})$ optimaler Eckpunkt $\underline{\mathbf{x}}^1$ von P_1 erhalten. Ist $\underline{\mathbf{x}}^1 \in M$, dann ist die Optimallösung des Ausgangsproblems gefunden. Anderenfalls wird eine Hyperebene $H_1 = \{\underline{\mathbf{x}} : \ \underline{\mathbf{a}}_{s+1}{}^{\mathrm{T}}\underline{\mathbf{x}} = b_{s+1}, \ \underline{\mathbf{a}}_{s+1}{}^{\mathrm{T}}x^1 > b_{s+1}\}$, die den Punkt $\underline{\mathbf{x}}^1$ von M trennt, ermittelt, so daß das neue Polyeder

$$P_2 = \{\underline{\mathbf{x}} \in P_1 : \ \underline{\mathbf{a}}_{s+1}{}^{\mathrm{T}}\underline{\mathbf{x}} \le b_{s+1}\} \tag{18.111}$$

erhalten wird.

Abb.18.13 zeigt eine schematische Darstellung des Schnittebenenverfahrens.

2. Verfahren von KELLEY Die verschiedenen Verfahren unterscheiden sich in der Wahl der trennenden Hyperebenen H_k. Beim Verfahren von Kelley wird H_k auf folgende Weise bestimmt: Es wird j_k derart gewählt, daß gilt

$$g_{j_k}(\underline{\mathbf{x}}^k) = \max\{g_i(\underline{\mathbf{x}}^k), \ i = 1, \ldots, m\}\,. \tag{18.112}$$

Die Funktion $g_{jk}(\underline{\mathbf{x}})$ besitzt im Punkt $\underline{\mathbf{x}} = \underline{\mathbf{x}}^k$ die Tangentialebene

$$T(\underline{\mathbf{x}}) = g_{j_k}(\underline{\mathbf{x}}^k) + (\underline{\mathbf{x}} - \underline{\mathbf{x}}^k)^{\mathrm{T}} \nabla g_{j_k}(\underline{\mathbf{x}}^k)\,. \tag{18.113}$$

Die Hyperebene $H_k = \{\underline{\mathbf{x}} \in \mathbb{R}^n : \ T(\underline{\mathbf{x}}) = 0\}$ trennt den Punkt $\underline{\mathbf{x}}^k$ von den Punkten $\underline{\mathbf{x}}$ mit $g_{j_k}(\underline{\mathbf{x}}) \le 0$. Daher wird als weitere Restriktion für das $(k+1)$-te lineare Programm $T(\underline{\mathbf{x}}) \le 0$ gesetzt. Jeder Häufungspunkt $\underline{\mathbf{x}}^*$ der Folge $\{\underline{\mathbf{x}}^k\}$ ist ein Minimalpunkt des Ausgangsproblems.
In der praktischen Rechnung zeigt das Verfahren eine geringe Konvergenzgeschwindigkeit. Außerdem steigt die Restriktionszahl ständig an.

18.3 Diskrete dynamische Optimierung

18.3.1 Diskrete dynamische Entscheidungsmodelle

Mit den Methoden der dynamischen Optimierung kann eine breite Klasse verschiedenartigster Optimierungsaufgaben gelöst werden. Die Probleme werden dabei als natürlich oder formal in der Zeit ablaufende *Prozesse* betrachtet, die über zeitabhängige Entscheidungen gesteuert werden. Läßt sich der Prozeß in endlich bzw. abzählbar unendlich viele Stufen einteilen, dann spricht man von *diskreter dynamischer Optimierung*, anderenfalls von *kontinuierlicher dynamischer Optimierung*. Im Rahmen dieses Abschnittes werden nur n-stufige diskrete Prozesse untersucht.

18.3.1.1 n–stufige Entscheidungsprozesse

Ein n-stufiger Prozeß P startet in der Stufe 0 mit einem Anfangszustand $\underline{x}_a = \underline{x}_0$ und führt über die Zwischenzustände $\underline{x}_1, \underline{x}_2, \ldots, \underline{x}_{n-1}$ in den Stufen $1, 2, \ldots, n-1$ in einen Endzustand $\underline{x}_n = \underline{x}_e \in X_e \subseteq \mathbb{R}^m$. Die *Zustandsvektoren* $\underline{x}_j$ liegen in Zustandsbereichen $X_j \subseteq \mathbb{R}^m$. Zur Überführung eines Zustandes $\underline{x}_{j-1}$ in den Zustand $\underline{x}_j$ ist eine *Entscheidung* $\underline{u}_j$ zu treffen. Alle möglichen *Entscheidungsvektoren* $\underline{u}_j$ bei Vorliegen des Zustandes $\underline{x}_{j-1}$ bilden den Entscheidungsbereich $U_j(\underline{x}_{j-1}) \subseteq \mathbb{R}^s$. Aus $\underline{x}_{j-1}$ ergibt sich der Folgezustand $\underline{x}_j$ über die Transformation **(Abb.18.14)**

$$\underline{x}_j = g_j(\underline{x}_{j-1}, \underline{u}_j)\,, \qquad j = 1(1)n\,. \tag{18.114}$$

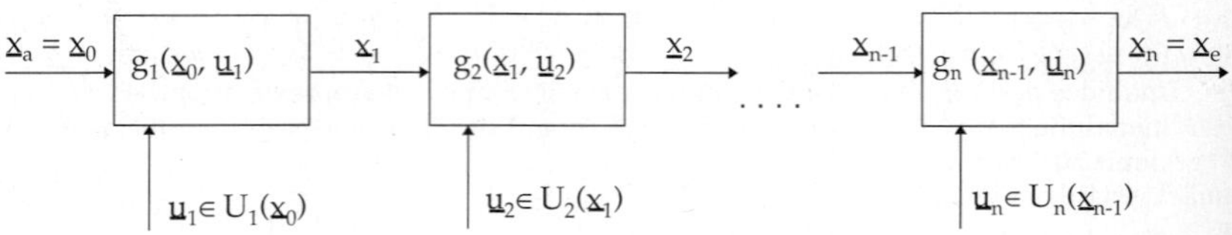

Abbildung 18.14

18.3.1.2 Dynamische Optimierungsprobleme

Das Ziel besteht nun in der Ermittlung einer *Politik* $(\underline{u}_1, \ldots, \underline{u}_n)$, die unter Beachtung aller Nebenbedingungen den Zustand $\underline{x}_a$ in den Zustand $\underline{x}_e$ überführt und dabei eine Zielfunktion bzw. *Kostenfunktion* $f(f_1(\underline{x}_0, \underline{u}_1), \ldots, f_n(\underline{x}_{n-1}, \underline{u}_n))$ minimiert. Die Funktionen $f_j(\underline{x}_{j-1}, \underline{u}_j)$ werden als *Stufenkosten* bezeichnet. Damit lautet das dynamische Optimierungsproblem in der Standardform

$$\textbf{ZF:} \quad f(f_1(\underline{x}_0, \underline{u}_1), \ldots, f_n(\underline{x}_{n-1}, \underline{u}_n)) \longrightarrow \text{Min!} \tag{18.115a}$$

$$\textbf{NB:} \quad \left.\begin{array}{ll} \underline{x}_j = g_j(\underline{x}_{j-1}, \underline{u}_j)\,, & j = 1(1)n, \\ \underline{x}_0 = \underline{x}_a\,,\ \underline{x}_n = \underline{x}_e \in X_e\,,\ \underline{x}_j \in X_j \subseteq \mathbf{R}^m, & j = 1(1)n, \\ u_j \in U_j(x_{j-1}) \subseteq \mathbf{R}^m, & j = 1(1)n. \end{array}\right\} \tag{18.115b}$$

Die Beziehungen $\underline{x}_j$) heißen *dynamische* und die Beziehungen $\underline{x}_0, u_j$) *statische Nebenbedingungen.* Alternativ zu (18.115a) kann auch ein Maximumproblem vorliegen. Eine Politik $(\underline{u}_1, \ldots, \underline{u}_n)$, die alle Nebenbedingungen erfüllt, wird als *zulässig* bezeichnet. Um die Methoden der dynamischen Optimierung anwenden zu können, werden in Abschnitt 18.3.3 einige Forderungen an die Form der Kostenfunktion gestellt.

18.3.2 Beispiele diskreter Entscheidungsmodelle

18.3.2.1 Ein Einkaufsproblem

In der j-ten Periode eines in n Stufen unterteilbaren Zeitraumes benötigt ein Betrieb v_j Mengeneinheiten eines bestimmten Ausgangsstoffes. Zu Beginn einer Periode j sei dieser Stoff in der Menge x_{j-1} vorrätig, speziell sei $x_0 = x_a$ vorgegeben. Davon ausgehend ist eine Entscheidung darüber zu treffen, welche Menge u_j zum Preis c_j pro Mengeneinheit einzukaufen ist. Dabei darf die vorhandene Lagerkapazität K nicht überschritten werden, d.h. $x_{j-1} + u_j \leq K$. Gesucht ist eine Einkaufspolitik $(u_1, \ldots, u_n)$, die die Gesamtkosten minimiert. Dies führt auf das dynamische Problem

$$\textbf{ZF:} \quad f(u_1, \ldots, u_n) = \sum_{j=1}^{n} f_j(u_j) = \sum_{j=1}^{n} c_j u_j \longrightarrow \text{Min!} \tag{18.116a}$$

$$\textbf{NB:} \quad \left.\begin{array}{ll} x_j = x_{j-1} + u_j - v_j & j = 1(1)n, \\ x_0 = x_a\,, \quad 0 \leq x_j \leq K & j = 1(1)n, \\ U_j(x_{j-1}) = \{u_j : \max\{0, v_j - x_{j-1}\} \leq u_j \leq K - x_{j-1}\} & j = 1(1)n. \end{array}\right\} \tag{18.116b}$$

In (18.116b) ist berücksichtigt, daß der Bedarf immer gedeckt ist und die Lagerkapazität nicht überschritten wird. Enstehen zusätzlich Lagerkosten l pro Mengeneinheit und Periode, dann betragen die mittleren Lagerkosten in der j-ten Periode $(x_{j-1} + u_j - v_j/2)l$, und die modifizierte Kostenfunktion lautet

$$f(x_0, u_1, \ldots, x_{n-1}, u_n) = \sum_{j=1}^{n} (c_j u_j + (x_{j-1} + u_j - v_j/2) \cdot l)\,. \tag{18.117}$$

18.3.2.2 Rucksackproblem

Von den Artikeln $A_1, \ldots, A_n$ mit den Gewichten $w_1, \ldots, w_n$ und den Werten $c_1, \ldots, c_n$ sind einige so auszuwählen, daß ein Gesamtgewicht W nicht überschritten wird. Die getroffene Auswahl soll einen maximalen Gesamtwert erreichen. Dieses Problem hängt nicht unmittelbar von der Zeit ab. Es wird auf folgende Weise „künstlich" dynamisiert. In jeder Stufe wird eine Entscheidung u_j über die Auswahl des Artikels A_j getroffen. Dabei ist für ein ausgewähltes A_j $u_j = 1$, anderenfalls ist $u_j = 0$. Wird die zu Beginn einer Stufe noch verfügbare Kapazität mit x_{j-1} bezeichnet, dann ergibt sich das dynamische Problem

$$\textbf{ZF:} \quad f(u_1, \ldots, u_n) = \sum_{j=1}^{n} c_j u_j \longrightarrow \text{Max!} \tag{18.118a}$$

NB:
$$\left.\begin{array}{ll} x_j = x_{j-1} - w_j u_j, & j = 1(1)n. \\ x_0 = W\,, \quad 0 \le x_j \le W, & j = 1(1)n. \\ \left.\begin{array}{ll} u_j \in \{0,1\}, & \text{falls } x_{j-1} \ge w_j\,, \\ u_j = 0\,, & \text{falls } x_{j-1} < w_j, \end{array}\right\} & j = 1(1)n. \end{array}\right\} \tag{18.118b}$$

18.3.3 Bellmannsche Funktionalgleichungen

18.3.3.1 Eigenschaften der Kostenfunktion

Voraussetzung für die Aufstellung der BELLMANNschen Funktionalgleichungen sind zwei Forderunge an die Kostenfunktion.

1. Separierbarkeit Die Funktion $f(f_1(\underline{x}_0, \underline{u}_1), \ldots, f_n(\underline{x}_{n-1}, \underline{u}_n))$ heißt *separierbar*, wenn sie mi zweiargumentigen Funktionen $H_1, \ldots, H_{n-1}$ und mit Funktionen $F_1, \ldots, F_n$ in folgender Form geschrie ben werden kann.

$$\begin{aligned} f(f_1(\underline{x}_0, \underline{u}_1), \ldots, f_n(\underline{x}_{n-1}, \underline{u}_n)) &= F_1(f_1(\underline{x}_0, \underline{u}_1), \ldots, f_n(\underline{x}_{n-1}, \underline{u}_n)) \\ F_1(f_1(\underline{x}_0, \underline{u}_1), \ldots, f_n(\underline{x}_{n-1}, \underline{u}_n)) &= H_1\left(f_1(\underline{x}_0, \underline{u}_1), F_2(f_2(\underline{x}_1, \underline{u}_2), \ldots, f_n(\underline{x}_{n-1}, \underline{u}_n))\right) \\ &\cdots\cdots\cdots\cdots\cdots\cdots \\ F_{n-1}(f_{n-1}(\underline{x}_{n-2}, \underline{u}_{n-1}), f_n(\underline{x}_{n-1}, \underline{u}_n)) &= H_{n-1}\left(f_{n-1}(\underline{x}_{n-2}, \underline{u}_{n-1}), F_n(f_n(\underline{x}_{n-1}, \underline{u}_n))\right) \\ F_n(f_n(\underline{x}_{n-1}, \underline{u}_n)) &= f_n(\underline{x}_{n-1}, \underline{u}_n)\,. \end{aligned} \tag{18.11}$$

2. Minimumvertauschbarkeit Eine Funktion $H(\tilde{f}(\underline{a}), \tilde{F}(\underline{b}))$ heißt *minimumvertauschbar*, fal gilt:

$$\min_{(\underline{a},\underline{b}) \in A \times B} H\left(\tilde{f}(\underline{a}), \tilde{F}(\underline{b})\right) = \min_{\underline{a} \in A} H\left(\tilde{f}(\underline{a}), \min_{\underline{b} \in B} \tilde{F}(\underline{b})\right). \tag{18.12}$$

Diese Eigenschaft ist zum Beispiel dann erfüllt, wenn H für jedes $\underline{a} \in A$ bezüglich des zweiten Arg mentes monoton wachsend ist, d.h., wenn für alle $\underline{a} \in A$ gilt:

$$H\left(\tilde{f}(\underline{a}), \tilde{F}(\underline{b}_1)\right) \le H\left(\tilde{f}(\underline{a}), \tilde{F}(\underline{b}_2)\right) \quad \text{für} \quad \tilde{F}(\underline{b}_1) \le \tilde{F}(\underline{b}_2)\,. \tag{18.12}$$

Für die Kostenfunktion des dynamischen Optimierungsproblems wird nun die Separierbarkeit von und die Minimumvertauschbarkeit aller Funktionen H_j, $j = 1(1)n-1$, gefordert. Folgende häuf Verwendung findende Klassen von Kostenfunktionen genügen beiden Bedingungen.

$$f^{sum} = \sum_{j=1}^{n} f_j(\underline{x}_{j-1}, \underline{u}_j) \quad \text{bzw.} \quad f^{max} = \max_{j=1(1)n} f_j(\underline{x}_{j-1}, \underline{u}_j) \tag{18.12}$$

Die Funktionen H_j lauten

$$H_j^{sum} = f_j(\underline{x}_{j-1}, \underline{u}_j) + \sum_{k=j+1}^{n} f_k(\underline{x}_{k-1}, \underline{u}_k) \qquad \text{bzw.} \tag{18.12}$$

$$H_j^{max} = \max\left\{ f_j(\underline{x}_{j-1}, \underline{u}_j)\,, \max_{k=j+1(1)n} f_k(\underline{x}_{k-1}, \underline{u}_k) \right\}. \tag{18.12}$$

18.3.3.2 Formulierung der Funktionalgleichungen

Es werden die folgenden Funktionen definiert.

$$\phi_j(\underline{x}_{j-1}) = \min_{\substack{\underline{u}_k \in U_k(\underline{x}_{k-1}) \\ k=j(1)n}} F_j(f_j(\underline{x}_{j-1}, \underline{u}_j), \ldots, f_n(\underline{x}_{n-1}, \underline{u}_n))\,, \quad j = 1(1)n\,, \tag{18.12}$$

$$\phi_{n+1}(\underline{x}_n) = 0\,. \tag{18.12}$$

Falls keine Politik $(\underline{u}_1, \ldots, \underline{u}_n)$ existiert, die den Zustand $\underline{x}_{j-1}$ in einen Endzustand $\underline{x}_e \in X_e$ überführt, wird $\phi_j(\underline{x}_{j-1}) = \infty$ gesetzt. Die Ausnutzung von Separierbarkeit und Minimumvertauschbarkeit sowie der dynamischen Nebenbedingungen liefert für $j = 1(1)n$:

$$\phi_j(\underline{x}_{j-1}) = \min_{\underline{u}_j \in U_j(\underline{x}_{j-1})} H_j(f_j(\underline{x}_{j-1}, \underline{u}_j), \min_{\substack{\underline{u}_k \in U_k(\underline{x}_{k-1}) \\ k=j+1(1)n}} F_{j+1}(f_{j+1}(\underline{x}_j, \underline{u}_{j+1}), \ldots, f_n(\underline{x}_{n-1}, \underline{u}_n)))$$

$$= \min_{\underline{u}_j \in U_j(\underline{x}_{j-1})} H_j\left(f_j(\underline{x}_{j-1}, \underline{u}_j), \phi_{j+1}(\underline{x}_j)\right)$$

$$\phi_j(\underline{x}_{j-1}) = \min_{\underline{u}_j \in U_j(\underline{x}_{j-1})} H_j\left(f_j(\underline{x}_{j-1}, \underline{u}_j), \phi_{j+1}(g_j(\underline{x}_{j-1}, \underline{u}_j))\right) \tag{18.127}$$

Die Gleichungen (18.127) zusammen mit Gleichung (18.126) werden als BELLMAN*sche Funktionalgleichungen* bezeichnet. $\phi_1(\underline{x}_0)$ ist der Optimalwert der Kostenfunktion f.

18.3.4 Bellmannsches Optimalitätsprinzip

Die Berechnung der Funktionalgleichung

$$\phi_j(\underline{x}_{j-1}) = \min_{\underline{u}_j \in U_j(\underline{x}_{j-1})} H_j\left(f_j(\underline{x}_{j-1}, \underline{u}_j), \phi_{j+1}(\underline{x}_j)\right) \tag{18.128}$$

entspricht der Bestimmung einer optimalen Politik $(\underline{u}_j^*, \ldots, \underline{u}_n^*)$ für den mit dem Zustand $\underline{x}_{j-1}$ startende Teilprozeß P_j , welcher aus den letzten $n - j + 1$ Stufen des Gesamtprozesses P besteht und dem die Kostenfunktion

$$F_j(f_j(\underline{x}_{j-1}, \underline{u}_j), \ldots, f_n(\underline{x}_{n-1}, \underline{u}_n)) \longrightarrow \text{Min!} \tag{18.129}$$

zugrunde liegt. Die optimale Politik des Prozesses P_j mit dem Anfangszustand $\underline{x}_{j-1}$ ist unabhängig von den Entscheidungen $\underline{u}_1, \ldots, \underline{u}_{j-1}$ in den ersten $j-1$ Stufen von P, die zum Zustand $\underline{x}_{j-1}$ führten. Für die Ermittlung von $\phi_j(\underline{x}_{j-1})$ wird die Größe $\phi_{j+1}(\underline{x}_j)$ benötigt. Ist nun $(\underline{u}_j^*, \ldots, \underline{u}_n^*)$ eine optimale Politik für P_j , dann ist offensichtlich $(\underline{u}_{j+1}^*, \ldots, \underline{u}_n^*)$ eine optimale Politik für den Teilprozeß P_{j+1} zum Anfangszustand $\underline{x}_j = g_j(\underline{x}_{j-1}, \underline{u}_j^*)$. Diese Aussage wird im BELLMAN*schen Optimalitätsprinzip* verallgemeinert. BELLMAN**sches Prinzip:** Ist $(\underline{u}_1^*, \ldots, \underline{u}_n^*)$ eine optimale Politik eines Prozesses P und $(\underline{x}_0^*, \ldots, \underline{x}_n^*)$ die zugehörige Zustandsfolge, dann ist für jeden Teilprozeß P_j , $j = 1(1)n$, mit dem Startzustand $\underline{x}_{j-1}^*$ die Politik $(\underline{u}_j^*, \ldots, \underline{u}_n^*)$ ebenfalls optimal.

18.3.5 Bellmannsche Funktionalgleichungsmethode

18.3.5.1 Bestimmung der minimalen Kosten

Mittels der Funktionalgleichungen (18.126,18.127) werden mit $\phi_{n+1}(\underline{x}_n) = 0$ beginnend für abnehmende j alle Funktionswerte $\phi_j(\underline{x}_{j-1})$ mit $\underline{x}_{j-1} \in X_{j-1}$ bestimmt. Dies erfordert für jedes $\underline{x}_{j-1} \in X_{j-1}$ die Lösung eines Optimierungsproblems über dem Entscheidungsbereich $U_j(\underline{x}_{j-1})$. Für jedes $\underline{x}_{j-1}$ ergibt sich dabei eine Minimalstelle $\underline{u}_j$ als optimale Entscheidung für die erste Stufe eines mit $\underline{x}_{j-1}$ beginnenden Teilprozesses P_j . Sind die Mengen X_j nicht endlich oder auch sehr groß, dann können die Werte ϕ_j unter Umständen an ausgewählten Stützstellen $\underline{x}_{j-1} \in X_{j-1}$ berechnet werden, woraus mittels Interpolation gegebenenfalls Zwischenwerte ermittelt werden können. Mit $\phi_1(\underline{x}_0)$ ist der Optimalwert der Kostenfunktion für den Prozeß P gefunden. Die Ermittlung einer optimalen Politik $(\underline{u}_1^*, \ldots, \underline{u}_n^*)$ sowie einer zugehörigen Zustandsfolge $(\underline{x}_0^*, \ldots, \underline{x}_n^*)$ kann auf 2 Arten erfolgen.

18.3.5.2 Bestimmung der optimalen Politik

1. **Variante 1** Mit der Auswertung der Funktionalgleichungen wird für jedes $\underline{x}_{j-1} \in X_{j-1}$ die ermittelte Minimalstelle $\underline{u}_j$ abgespeichert. Nach der Berechnung von $\phi_1(\underline{x}_0)$ ist eine optimale Politik einfach dadurch zu erhalten, daß zunächst aus dem für $\underline{x}_0 = \underline{x}_0^*$ gespeicherten $\underline{u}_1 = \underline{u}_1^*$ der Folgezustand $\underline{x}_1^* = g_1(\underline{x}_0^*, \underline{u}_1^*)$ errechnet wird. Die für diesen Zustand $\underline{x}_1^*$ gespeicherte Entscheidung $\underline{u}_2^*$ liefert $\underline{x}_2^*$ usw.

2. Variante 2 Zu jedem $\underline{x}_{j-1} \in X_{j-1}$ wird lediglich der Wert $\phi_j(\underline{x}_{j-1})$ gespeichert. Nachdem alle $\phi_j(\underline{x}_{j-1})$ bekannt sind, schließt sich eine Vorwärtsrechnung an. Beginnend mit $j = 1$ und $\underline{x}_0 = \underline{x}_0^*$ wird $\underline{u}_j^*$ für wachsendes j durch Auswertung der Funktionalgleichung

$$\phi_j(\underline{x}_{j-1}^*) = \min_{\underline{u}_j \in U_j(\underline{x}_{j-1}^*)} H_j\left(f_j(\underline{x}_{j-1}^*, \underline{u}_j), \phi_{j+1}(g_j(\underline{x}_{j-1}^*, \underline{u}_j))\right) \qquad (18.130)$$

bestimmt. Daraus ergibt sich jeweils $\underline{x}_j^* = g_j(\underline{x}_{j-1}^*, \underline{u}_j^*)$. In der Vorwärtsrechnung ist somit auf jeder Stufe nochmals ein Optimierungsproblem zu lösen.

3. Vergleich beider Varianten Bei Variante 1 ist der Rechenaufwand etwas geringer, da die bei der Variante 2 erforderliche Vorwärtsrechnung entfällt. Dagegen muß für jeden Zustand $\underline{x}_{j-1}$ eine Entscheidung $\underline{u}_j$ abgespeichert werden, was für höherdimensionale Entscheidungsräume $U_j(\underline{x}_{j-1})$ zu einem wesentlich höheren Speicherplatzbedarf, verglichen mit Variante 2, führt, bei welcher nur die Größen $\phi_j(\underline{x}_{j-1})$ zu speichern sind. Für die Computerlösung wird deshalb in vielen Fällen Variante 2 vorzuziehen sein.

18.3.6 Beispiele zur Anwendung der Funktionalgleichungsmethod

18.3.6.1 Optimale Einkaufspolitik

1. Problemstellung Das Problem der Bestimmung einer optimalen Einkaufspolitik aus Abschnitt 18.3.2.1

$$f(u_1, \ldots, u_n) = \sum_{j=1}^{n} c_j u_j \longrightarrow \text{Min!}$$

$$x_j = x_{j-1} + u_j - v_j\,, \qquad j = 1(1)n\,,$$

$$x_0 = x_a\,,\ 0 \le x_j \le K\,, \qquad j = 1(1)n\,,$$

$$U_j(x_{j-1}) = \{u_j : \max\{0, v_j - x_{j-1}\} \le u_j \le K - x_{j-1}\}\,, \quad j = 1(1)n\,.$$

führt auf die Funktionalgleichungen

$$\phi_{n+1}(x_n) = 0\,,$$

$$\phi_j(x_{j-1}) = \min_{u_j \in U_j(x_{j-1})} (c_j u_j + \phi_{j+1}(x_{j-1} + u_j - v_j))\,, \quad j = 1(1)n\,.$$

2. Zahlenbeispiel

$$n = 6\,, \quad K = 10\,, \quad x_a = 2 \quad \begin{matrix} c_1 = 4, & c_2 = 3, & c_3 = 5, & c_4 = 3, & c_5 = 4, & c_6 = 2 \\ v_1 = 6, & v_2 = 7, & v_3 = 4, & v_4 = 2, & v_5 = 4, & v_6 = 3 \end{matrix}$$

1. Rückwärtsrechnung: Die Funktionswerte $\phi_j(x_{j-1})$ werden an den Stützstellen $x_{j-1} = 0, 1, \ldots, 10$ bestimmt. Es genügt dann, die Minimumsuche nur für ganzzahlige Entscheidungen u_j durchzuführen.

$$j = 6: \quad \phi_6(x_5) = \min_{u_6 \in U_6(x_5)} c_6 u_6 = c_6 \max\{0, v_6 - x_5\} = 2 \max\{0, 3 - x_5\}$$

Gemäß Variante 2 der BELLMANNschen Funktionalgleichungsmethode werden nur die Werte $\phi_6(x_5)$ in die letzte Zeile der Tabelle eingetragen. Exemplarisch wird $\phi_4(0)$ bestimmt.

$$\phi_4(0) = \min_{2 \le u_4 \le 10} (3u_4 + \phi_5(u_4 - 2))$$

$$= \min(28, 27, 26, 25, 24, 25, 26, 27, 30) = 24$$

	x_j=0	1	2	3	4	5	6	7	8	9	10
j=1			75								
2	59	56	53	50	47	44	41	38	35	32	29
3	44	39	34	29	24	21	18	15	12	9	6
4	24	21	18	15	12	9	6	4	2	0	0
5	22	18	14	10	6	4	2	0	0	0	0
6	6	4	2	0	0	0	0	0	0	0	0

2. Vorwärtsrechnung:

$$\phi_1(2) = 75 = \min_{4 \le u_1 \le 8} (4u_1 + \phi_2(u_1 - 4))$$

Als Minimalstelle ergibt sich $u_1^* = 4$ und somit $x_1^* = x_0^* + u_1^* - v_1 = 0$. Dieses Verfahren wird für $\phi_2(0)$ und alle nachfolgenden Stufen wiederholt. Die optimale Politik lautet

$$(u_1^*, u_2^*, u_3^*, u_4^*, u_5^*, u_6^*) = (4, 10, 1, 6, 0, 3)\,.$$

18.3.6.2 Das Rucksackproblem

1. Problemstellung Gegeben sei das Problem aus Abschnitt 18.3.2.2

$$\sum_{j=1}^{n} c_j u_j \longrightarrow \text{Max!}$$

$$\left.\begin{array}{l} x_j = x_{j-1} - w_j u_j\,;\ 0 \le x_j \le W\,;\ x_0 = W \\ u_j \in \{0,1\}\,,\ x_{j-1} \ge w_j\,;\quad u_j = 0\,,\ x_j < w_j \end{array}\right\} \qquad j = 1(1)n\,.$$

Da ein Maximumproblem vorliegt, lauten die BELLMANNschen Funktionalgleichungen jetzt

$$\phi_{n+1}(x_n) = 0\,,$$

$$\phi_j(x_{j-1}) = \max_{u_j \in U_j(x_{j-1})} (c_j u_j + \phi_{j+1}(x_{j-1} - w_j u_j))\,, \quad j = 1(1)n\,.$$

Da lediglich die Entscheidungen 0 und 1 auftreten, empfiehlt sich die Anwendung der Variante 1 der Funktionalgleichungsmethode. Es ergibt sich für $j = n, n-1, \ldots, 1$:

$$\phi_j(x_{j-1}) = \begin{cases} c_j + \phi_{j+1}(x_{j-1} - w_j)\,, \text{ für } x_{j-1} \ge w_j \text{ und} \\ \qquad\qquad\qquad\qquad c_j + \phi_{j+1}(x_{j-1} - w_j) > \phi_{j+1}(x_{j-1}) \\ \phi_{j+1}(x_{j-1})\,, \qquad\qquad \text{sonst} \end{cases}$$

$$u_j(x_{j-1}) = \begin{cases} 1\,, \text{ für } x_{j-1} \ge w_j \text{ und } c_j + \phi_{j+1}(x_{j-1} - w_j) > \phi_{j+1}(x_{j-1}) \\ 0\,, \text{ sonst} \end{cases}$$

2. Zahlenbeispiel $W = 10\,,\quad n = 6$ $\quad \begin{array}{llllll} c_1 = 1, & c_2 = 2, & c_3 = 3, & c_4 = 1, & c_5 = 5, & c_6 = 4 \\ w_1 = 2, & w_2 = 4, & w_3 = 6, & w_4 = 3, & w_5 = 7, & w_6 = 6 \end{array}$

Aufgrund der Ganzzahligkeit der Gewichte w_j ist $x_j \in \{0, 1, \ldots, 10\}$, $j = 1(1)n$, $x_0 = 10$. Die Tabelle enthält für alle Stufen und alle Zustände x_{j-1} die Funktionswerte $\phi_j(x_{j-1})$ und die jeweilige Entscheidung $u_j(x_{j-1})$. Exemplarisch werden die Größen $\phi_6(x_5)$, $\phi_3(2)$, $\phi_3(6)$, und $\phi_3(8)$ berechnet.

$$\phi_6(x_5) = \begin{cases} 0, & x_5 < w_6 = 4 \\ c_6 = 6\,, & \text{sonst} \end{cases} \quad ; \quad u_6(x_5) = \begin{cases} 0\,, & x_5 < 4 \\ 0\,, & \text{sonst} \end{cases}$$

$\phi_3(2)$: $\quad x_2 = 2 < w_3 = 3$: $\quad \phi_3(2) = \phi_4(2) = 3\,,\ u_3(2) = 0\,.$

$\phi_3(6)$: $\quad x_2 > w_3$ und $c_3 + \phi_3(x_2 - w_3) = 6 + 3 < \phi_4(x_2) = 10$: $\quad \phi_3(6) = 10\,,\ u_3(6) = 0\,.$

$\phi_3(8)$: $\quad x_2 > w_3$ und $c_3 + \phi_3(x_2 - w_3) = 6 + 9 > \phi_4(x_2) = 10$: $\quad \phi_3(8) = 15\,,\ u_3(8) = 1\,.$

Die optimale Politik lautet

$$(u_1^*, u_2^*, u_3^*, u_4^*, u_5^*, u_6^*) = (0, 1, 1, 1, 0, 1)\,, \quad \phi_1(10) = 19\,.$$

	$x_j = 0$	1	2	3	4	5	6	7	8	9	10
$j = 1$											19 ; 0
2	0 ; 0	3 ; 0	4 ; 1	7 ; 1	9 ; 0	10 ; 1	13 ; 1	13 ; 1	15 ; 0	16 ; 0	19 ; 1
3	0 ; 0	3 ; 0	3 ; 0	6 ; 1	9 ; 1	9 ; 0	10 ; 0	12 ; 1	15 ; 1	16 ; 1	16 ; 0
4	0 ; 0	3 ; 1	3 ; 1	3 ; 1	6 ; 0	9 ; 1	10 ; 1	10 ; 1	10 ; 1	13 ; 0	16 ; 1
5	0 ; 0	0 ; 0	0 ; 0	0 ; 0	6 ; 0	7 ; 1	7 ; 1	7 ; 1	7 ; 1	13 ; 1	13 ; 1
6	0 ; 0	0 ; 0	0 ; 0	0 ; 0	6 ; 1	6 ; 1	6 ; 1	6 ; 1	6 ; 1	6 ; 1	6 ; 1

19 Numerische Mathematik

In diesem Kapitel werden häufig nur die Grundprinzipien numerischer Verfahren beschrieben. Ihre Anwendung zur Lösung praktischer Aufgaben auf dem Computer erfordert in der Regel den Einsatz von *Numerik–Bibliotheken* der kommerziellen Software. Einige dieser Bibliotheken werden in 19.8.3 vorgestellt. Die speziellen Computeralgebrasysteme Mathematica, Maple und Axiom und deren Numerikprogramme sind in Kapitel 20 und in 19.8.4 beschrieben. Der Einfluß von Fehlern, die beim numerischen Rechnen auf Computern auftreten, wird in 19.9 behandelt.

19.1 Numerische Lösung nichtlinearer Gleichungen mit einer Unbekannten

Jede Gleichung mit einer Unbekannten läßt sich auf eine der beiden Normalformen

Nullstellengleichung: $f(x) = 0$ (19.1)

Fixpunktgleichung: $x = \varphi(x)$ (19.2)

bringen. Die Gleichungen (19.1) und (19.2) seien lösbar. Lösungen sollen mit x^* bezeichnet werden. Zur Gewinnung einer ersten Näherung für x^* versucht man, die zu lösende Gleichung auf die Form $f_1(x) = f_2(x)$ zu bringen, bei der der Verlauf der Kurven $y = f_1(x)$ und $y = f_2(x)$ leicht zu übersehen ist.

■ $f(x) = x^2 - \sin x = 0$. Aus dem Kurvenverlauf von $y = x^2$ und $y = \sin x$ ist $x_1^* = 0$ und $x_2^* \approx 0,87$ ablesbar (**Abb.19.1**).

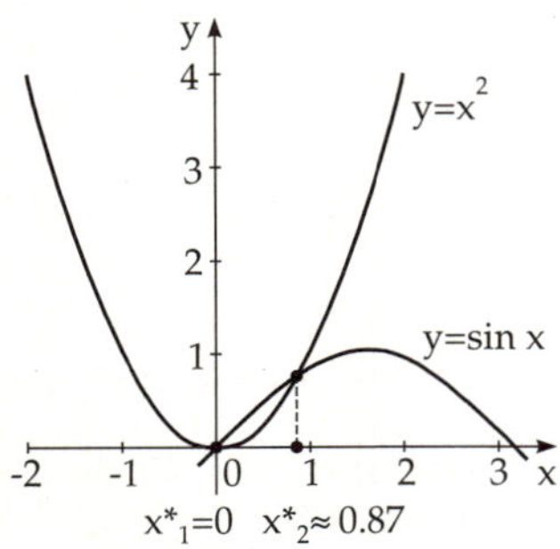

Abbildung 19.1

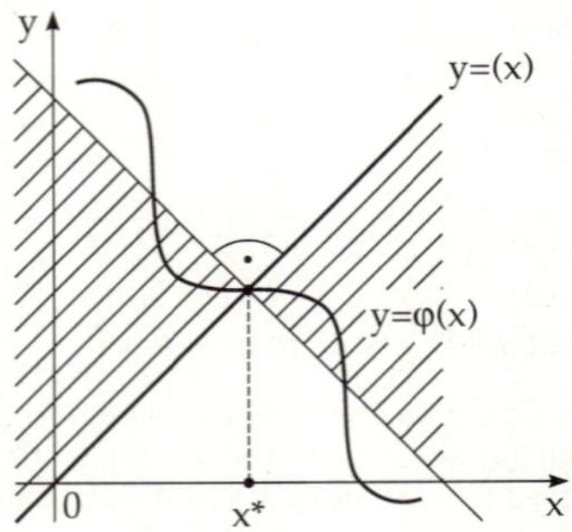

Abbildung 19.2

19.1.1 Iterationsverfahren

Das allgemeine Prinzip der iterativen Methoden zur genäherten Lösung von Gleichungen besteht darin, ausgehend von bekannten Näherungswerten x_k $(k = 0, 1, \ldots, n)$ für eine Lösung, eine Folge von weiteren Näherungswerten zu erzeugen, die möglichst schnell gegen die betreffende Lösung der gegebenen Gleichung konvergiert.

19.1.1.1 Gewöhnliches Iterationsverfahren

Zur Lösung einer Gleichung, die auf die Fixpunktform $x = \varphi(x)$ gebracht worden ist, verwendet man die naheliegende Iterationsvorschrift

$$x_{n+1} = \varphi(x_n) \quad (n = 0, 1, 2, \ldots; x_0 \text{ gegeben}), \tag{19.3}$$

die als *gewöhnliches Iterationsverfahren* bezeichnet wird. Es konvergiert gegen eine Lösung x^*, wenn es eine Umgebung von x^* (**Abb.19.2**) mit

$$\left|\frac{\varphi(x) - \varphi(x^*)}{x - x^*}\right| \le K < 1 \quad (K = \text{const.}) \tag{19.4}$$

gibt und die Ausgangsnäherung x_0 in dieser Umgebung liegt. Ist $\varphi(x)$ differenzierbar, dann lautet die entsperechende Bedingung

$$|\varphi'(x)| \leq K < 1. \tag{19.5}$$

Die Konvergenz des gewöhnlichen Iterationsverfahrens ist um so besser, je kleiner die Zahl K ist.

■ $x^2 = \sin x$, d. h. $x_{n+1} = \sqrt{\sin x_n}$.

n	0	1	2	3	4	5
x_n	0,87	0,8742	0,8758	0,8764	0,8766	0,8767
$\sin x_n$	0,7643	0,7670	0,7681	0,7684	0,7686	0,7686

Im Falle komplexer Lösungen setzt man $x = u + iv$. Durch Trennung von Real- und Imaginärteil geht die zu lösende Gleichung in ein System zweier Gleichungen für die reellen Unbekannten u und v über. Die iterative Lösung nichtlinearer Gleichungssysteme findet man in 19.2.2.

19.1.1.2 Newton–Verfahren

Zur Lösung der Nullstellengleichung $f(x) = 0$ verfährt das NEWTON–*Verfahren* nach der Vorschrift

$$x_{n+1} = x_n - \frac{f(x_n)}{f'(x_n)} \quad (n = 0, 1, 2, \ldots; x_0 \text{ gegeben}), \tag{19.6}$$

d. h., es benötigt zur Berechnung des neuen Näherungswertes x_{n+1} die Werte der Funktion $f(x)$ und ihrer 1. Ableitung $f'(x)$ an der Stelle x_n. Für die Konvergenz des NEWTON–Verfahrens ist die Bedingung

$$f'(x) \neq 0 \tag{19.7a}$$

notwendig, die Bedingung

$$\left|\frac{f(x)f''(x)}{f'^2(x)}\right| \leq K < 1 \quad (K = \text{const.}) \tag{19.7b}$$

hinreichend. Die Bedingungen (19.7a,b) müssen in einer Umgebung von x^*, die alle Punkte x_n sowie x^* enthält, erfüllt sein. Falls das NEWTON–Verfahren konvergiert, dann konvergiert es so gut, daß sich bei jedem Iterationsschritt die Anzahl der genauen Stellen etwa verdoppelt. Man spricht in diesem Fall auch von quadratischer Konvergenz.

■ Zur Lösung der Gleichung $f(x) = x^2 - a = 0$, d. h. speziell zur Berechnung der Werte $x = \sqrt{a}$ ($a > 0$ gegeben) liefert das NEWTON–Verfahren die Iterationsvorschrift

$$x_{n+1} = \frac{1}{2}\left(x_n + \frac{a}{x_n}\right). \tag{19.8}$$

Für $a = 2$ erhält man:

n	0	1	2	3
x_n	1,5	1,4166666	1,4142157	1,4142136

Die geometrische Interpretation des NEWTON–Verfahrens ist in **Abb.19.3** dargestellt: Die Grundidee des NEWTON– Verfahrens besteht in der lokalen Approximation der Kurve $y = f(x)$ durch eine Tangente. Wenn sich im Laufe der Iteration die Werte von $f'(x_n)$ nur noch unwesentlich ändern, kann man diese konstant lassen und mit dem sogenannten modifizierten NEWTON–Verfahren

$$x_{n+1} = x_n - \frac{f(x_n)}{f'(x_m)} \quad (m \text{ fest}, m < n) \tag{19.9}$$

weiterrechnen. Die Güte der Konvergenz wird durch diese Vereinfachung nicht wesentlich beeinflußt. Das NEWTON–Verfahren ist auch auf differenzierbare Funktionen komplexen Arguments anwendbar.

19.1.1.3 Regula falsi

Zur Lösung der Nullstellengleichung $f(x) = 0$ verfährt die *Regula falsi* nach der Vorschrift

$$x_{n+1} = x_n - \frac{x_n - x_m}{f(x_n) - f(x_m)} f(x_n) \quad (n = 1, 2, \ldots; m < n; x_0, x_1 \text{ gegeben}), \tag{19.10}$$

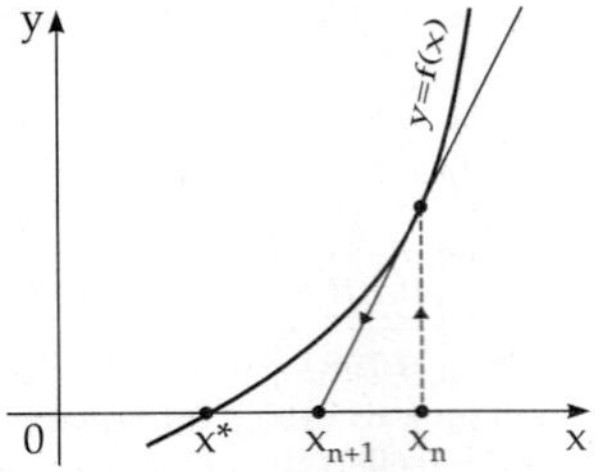

Abbildung 19.3

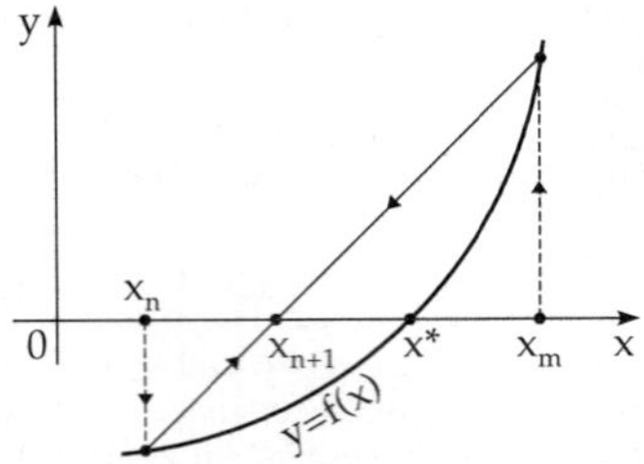

Abbildung 19.4

d.h., sie benutzt nur Funktionswerte und geht aus dem NEWTON–Verfahren (19.6) dadurch hervor, daß die Ableitung $f'(x_n)$ durch den Differenzenquotienten von $f(x)$ zwischen x_n und einem vorhergehenden Näherungswert x_m $(m < n)$ ersetzt wird. Ihre geometrische Interpretation ist in **Abb.19.4** dargestellt: Die Grundidee der Regula falsi besteht in der lokalen Approximation der Kurve $y = f(x)$ durch eine Sekante.

Das Verfahren (19.10) konvergiert sicher, wenn man m jeweils so wählt, daß $f(x_m)$ und $f(x_n)$ verschiedene Vorzeichen haben. Ist bei fortgeschrittener Iteration die Konvergenz bereits gesichert, so wird sie beschleunigt, wenn man ohne Rücksicht auf die Vorzeichenbedingung $x_m = x_{n-1}$ setzt.

■ $f(x) = x^2 - \sin x = 0$

n	$\Delta x_n = x_n - x_{n-1}$	x_n	$f(x_n)$	$\Delta y_n = f(x_n) - f(x_{n-1})$	$\frac{\Delta x_n}{\Delta y_n}$
0		0,9	0,0267		
1	−0,3	0,87	−0,0074	−0,0341	0,8798
2	0,0065	0,8765	−0,000252	0,007148	0,9093
3	0,000229	0,876729	0,000003	0,000255	0,8980
4	−0,000003	0,876726			

Falls sich im Verlaufe der Rechnung die Werte $\Delta x_n/\Delta y_n$ nur noch unwesentlich ändern, kann auf ihre Neuberechnung verzichtet werden.

Durch Anwendung der Regula falsi mit $x_m = x_{n-1}$ auf die Gleichung $f(x) = x - \varphi(x) = 0$ läßt sich häufig die Konvergenz wesentlich beschleunigen oder im Falle $\varphi'(x) < -1$ sogar erzwingen. Diese Vorgehensweise ist unter dem Namen STEFFENSEN-*Verfahren* bekannt geworden.

■ Zur Lösung der Gleichung $x^2 - \sin x = 0$ mit Hilfe des STEFFENSEN–Verfahrens soll die Gleichung $f(x) = x - \sqrt{\sin x} = 0$ benutzt werden.

n	$\Delta x_n = x_n - x_{n-1}$	x_n	$f(x_n)$	$\Delta y = f(x_n) - f(x_{n-1})$	$\frac{\Delta x_n}{\Delta y_n}$
0		0,9	0,014942		
1	−0,03	0,87	−0,004259	−0,019201	1,562419
2	0,006654	0,876654	−0,000046	0,004213	1,579397
3		0,876727	0,000001		

19.1.2 Lösung von Polynomgleichungen

Polynomgleichungen n-ten Grades haben die Form

$$f(x) = p_n(x) = a_n x^n + a_{n-1} x^{n-1} + \cdots + a_1 x + a_0 = 0. \tag{19.11}$$

Zu ihrer effektiven Lösung benötigt man zunächst Verfahren zur Berechnung von Funktions- und Ableitungswerten des Polynoms $p_n(x)$ sowie eine erste Orientierung über die Lage seiner Nullstellen.

19.1.2.1 Horner–Schema

1. Reelle Argumentwerte

Zur Berechnung des Funktionswertes $p_n(x)$ eines Polynoms n-ten Grades an der Stelle $x = x_0$ aus seinen Koeffizienten geht man von der Beziehung

$$p_n(x) = a_n x^n + a_{n-1}x^{n-1} + \cdots + a_2 x^2 + a_1 x + a_0 = (x - x_0)p_{n-1}(x) + p_n(x_0) \tag{19.12}$$

aus, wobei $p_{n-1}(x)$ ein Polynom vom Grade $n-1$ ist:

$$p_{n-1}(x) = a'_{n-1}x^{n-1} + a'_{n-2}x^{n-2} + \cdots + a'_1 x + a'_0. \tag{19.13}$$

Durch Koeffizientenvergleich in (19.12) bezüglich x^k erhält man die Rekursionsformel

$$a'_{k-1} = x_0 a'_k + a_k, \quad (k = n, n-1, \ldots, 0;\ a'_n = 0), \quad a'_{-1} = p_n(x_0). \tag{19.14}$$

Auf diese Weise werden aus den Koeffizienten a_k von $p_n(x)$ die Koeffizienten a'_k von $p_{n-1}(x)$ sowie der gesuchte Funktionswert $p_n(x_0)$ bestimmt. Durch Wiederholung dieser Vorgehensweise, d.h., im nächsten Schritt wird das Polynom $p_{n-1}(x)$ mit dem Polynom $p_{n-2}(x)$ gemäß

$$p_{n-1}(x) = (x - x_0)p_{n-2}(x) + p_{n-1}(x_0) \tag{19.15}$$

verknüpft usw., erhält man schließlich eine Folge von Polynomen $p_n(x), p_{n-1}(x), \ldots, p_1(x), p_0(x)$. Die Berechnung der Koeffizienten und Funktionswerte dieser Polynome ist in (19.16) schematisch dargestellt.

$$\begin{array}{c|cccccccc}
 & a_n & a_{n-1} & a_{n-2} & \ldots\, a_3 & a_2 & a_1 & a_0 & \\
x_0 & & x_0 a'_{n-1} & x_0 a'_{n-2} & \ldots\, x_0 a'_3 & x_0 a'_2 & x_0 a'_1 & x_0 a'_0 & \\
\hline
 & a'_{n-1} & a'_{n-2} & a'_{n-3} & \ldots\, a'_2 & a'_1 & a'_0 & \multicolumn{1}{|c}{p_n(x_0)} & \\
x_0 & & x_0 a''_{n-2} & x_0 a''_{n-3} & \ldots\, x_0 a''_2 & x_0 a''_1 & x_0 a''_0 & & \\
\hline
 & a''_{n-2} & a''_{n-3} & a''_{n-4} & \ldots\, a''_1 & a''_0 & \multicolumn{1}{|c}{p_{n-1}(x_0)} & & \\
 & & \cdots & \cdots & \cdots & \cdots & & & \\
x_0 & & x_0 a_0^{(n-1)} & & & & & & \\
\hline
 & a_0^{(n-1)} & \multicolumn{1}{|c}{p_1(x_0)} & & & & & & \\
x_0 & & & & & & & & \\
\hline
 & a_0^{(n)} = p_0(x_0) & & & & & & &
\end{array} \tag{19.16}$$

Aus (19.16) liest man $p_n(x_0)$ unmittelbar ab. Darüber hinaus gilt:

$$p'_n(x_0) = 1!\,p_{n-1}(x_0), \quad p''_n(x_0) = 2!\,p_{n-2}(x_0), \ldots, p_n^{(n)}(x_0) = n!\,p_0(x_0). \tag{19.17}$$

■ $p_4(x) = x^4 + 2x^3 - 3x^2 - 7$. Der Funktionswert und die Ableitungswerte von $p_4(x)$ an der Stelle $x_0 = 2$ sind gemäß (19.16) zu berechnen.

	1	2	−3	0	−7
2		2	8	10	20
	1	4	5	10	**13**
2		2	12	34	
	1	6	17	**44**	
2		2	16		
	1	8	**33**		
2		2			
	1	**10**			
2					
	1				

Man liest ab:

$p_4(2) = 13$,
$p'_4(2) = 44$,
$p''_4(2) = 66$,
$p'''_4(2) = 60$,
$p_4^{(4)}(2) = 24$.

Das Horner–Schema läßt sich auch für komplexe Koeffizienten a_k durchführen, indem man für jeden Koeffizienten eine reelle und eine imaginäre Spalte gemäß (19.16) berechnet.

2. Komplexe Argumentwerte

Sind die Koeffizienten a_k in (19.11) reell, so kann die Berechnung von $p_n(x_0)$ für komplexe Werte $x_0 = u_0 + iv_0$ ganz im Reellen ablaufen. Dazu wird $p_n(x)$ wie folgt zerlegt:

$$\begin{aligned} p_n(x) &= a_n x^n + a_{n-1}x^{n-1} + \cdots + a_1 x + a_0 \\ &= (x^2 - px - q)(a'_{n-2}x^{n-2} + \cdots + a'_0) + r_1 x + r_0 \end{aligned} \qquad (19.18a)$$

mit

$$x^2 - px - q = (x - x_0)(x - \overline{x}_0), \quad \text{d. h. } p = 2u_0, \quad q = -({u_0}^2 + {v_0}^2). \qquad (19.18b)$$

Es ist dann

$$p_n(x_0) = r_1 x + r_0 = (r_1 u_0 + r_0) + \mathrm{i} r_1 v_0. \qquad (19.18c)$$

Zur Realisierung von (19.18a) kann man nach COLLATZ das folgende sogenannte *zweizeilige* HORNER–*Schema* aufstellen:

	a_n	a_{n-1}	a_{n-2}	$\ldots$	a_3	a_2	a_1	a_0
q			qa'_{n-2}	$\ldots$	qa'_3	qa'_2	qa'_1	qa'_0
p		pa'_{n-2}	pa'_{n-3}	$\ldots$	pa'_2	pa'_1	pa'_0	
	$a'_{n-2} = a_n$	a'_{n-3}	a'_{n-4}	$\ldots$	a'_1	a'_0	r_1	r_0

(19.18d)

■ $p_4(x) = x^4 + 2x^3 - 3x^2 - 7$. Der Funktionswert für $x_0 = 2 - \mathrm{i}$, d.h. $p = 4$ und $q = -5$, ist zu berechnen.

	1	2	−3	0	−7
−5			−5	−30	−80
4		4	24	64	
	1	6	16	34	−87

Man liest ab:
$p_4(x_0) = 34x_0 - 87 = -19 - 34\mathrm{i}$.

19.1.2.2 Lage der Nullstellen

1. Reelle Nullstellen

Mit der *Kartesischen Zeichenregel* kann man einen ersten Hinweis darauf bekommen, ob die Polynomgleichung (19.11) reelle Nullstellen hat. Es gilt:

1. Die Anzahl der positiven Nullstellen ist gleich der Anzahl der Vorzeichenwechsel in der Koeffizientenfolge

$$a_n,\ a_{n-1}, \ldots,\ a_1,\ a_0 \qquad (19.19a)$$

oder um eine gerade Anzahl kleiner.

2. Die Anzahl der negativen Nullstellen ist gleich der Anzahl der Vorzeichenwechsel in der Koeffizientenfolge

$$a_0,\ -a_1,\ a_2, \ldots,\ (-1)^n a_n \qquad (19.19b)$$

oder um eine gerade Anzahl kleiner.

■ $p_5(x) = x^5 - 6x^4 + 10x^3 + 13x^2 - 15x - 16$ hat 1 oder 3 positive Wurzeln und 0 oder 2 negative Wurzeln.

Mit der STURM*schen Kette* (s. S. 32) kann man genaue Auskunft über die Anzahl der reellen Nullstellen zwischen zwei Stellen $x = a$ und $x = b$ bekommen.

Einen Überblick über den Verlauf der Kurve $y = p_n(x)$ und damit auch über die Lage ihrer Nullstellen verschafft man sich dadurch, daß man mit Hilfe des HORNER–Schemas für gleichabständige Argumentwerte $x_\nu = x_0 + \nu \cdot h$ (h const.) die Funktionswerte ermittelt. Hat man zwei Stellen $x = a$ und $x = b$ gefunden, an denen $p_n(x)$ entgegengesetzte Vorzeichen hat, dann liegt zwischen ihnen mindestens eine reelle Nullstelle.

2. Komplexe Nullstellen

Zur Eingrenzung des Bereichs, der in der komplexen Zahlenebene für die reellen oder komplexen Nullstellen in Frage kommt, geht man von der Polynomgleichung (19.11) zu der Gleichung

$$f^*(x) = |a_{n-1}|r^{n-1} + |a_{n-2}|r^{n-2} + \cdots + |a_1|r + |a_0| = |a_n|r^n \tag{19.20}$$

über und bestimmt z. B. durch systematisches Probieren eine obere Schranke r_0 für die positiven Nullstellen von (19.20). Es gilt dann für alle Nullstellen x_k^* $(k = 1, 2, \ldots, n)$ von (19.11):

$$|x_k^*| \leq r_0. \tag{19.21}$$

■ $f(x) = p_4(x) = x^4 + 4,4x^3 - 20,01x^2 - 50,12x + 29,45 = 0$,
$f^*(x) = 4,4r^3 + 20,01r^2 + 50,12r + 29,45 = r^4$. Man erhält für

$$\begin{aligned} r = 6&: \quad f^*(6) = 2000,93 > 1296 = r^4, \\ r = 7&: \quad f^*(7) = 2869,98 > 2401 = r^4, \\ r = 8&: \quad f^*(8) = 3963,85 < 4096 = r^4. \end{aligned}$$

Daraus folgt $|x_k^*| < 8$ $(k = 1, 2, 3, 4)$. Tatsächlich gilt für die betragsgrößte Nullstelle x_1^*: $-7 < x_1^* < -6$.

Für die Bestimmung der Anzahl der komplexen Nullstellen mit negativem Realteil sind z. B. in der Elektrotechnik in der sogenannten *Ortskurventheorie* spezielle Verfahren entwickelt worden, die dort als Stabilitätskriterien bezeichnet werden (s. Lit.[19.8], [19.33]).

19.1.2.3 Numerische Verfahren

1. Allgemeine Verfahren

Alle in 19.1.1 angegebenen Verfahren sind zur Bestimmung reeller Wurzeln von Polynomgleichungen anwendbar. Das NEWTON–Verfahren ist bei Polynomgleichungen besonders geeignet, da es rasch konvergiert und die benötigten Werte $f(x_n)$ und $f'(x_n)$ mit Hilfe des HORNER–Schemas schnell berechnet werden können. Ist der Näherungswert x_n für eine Nullstelle x^* der Polynomgleichung $f(x) = 0$ schon ziemlich genau, dann kann die Korrekturgröße $\delta = x^* - x_n$ mit Hilfe der Fixpunktgleichung

$$\delta = -\frac{1}{f'(x_n)}\left[f(x_n) + \frac{1}{2!}f''(x_n)\delta^2 + \cdots\right] = \varphi(\delta) \tag{19.22}$$

iterativ verbessert werden.

2. Spezielle Verfahren

Das BAIRSTOW–*Verfahren* ist ein Iterationsverfahren zur Bestimmung von Wurzelpaaren, auch konjugiert komplexen. Es geht von der Abspaltung eines quadratischen Faktors vom gegebenen Polynom wie beim HORNER–Schema (19.18a,d) aus und hat die Ermittlung von Koeffizienten p und q zum Ziel, die die Restkoeffizienten r_0 und r_1 zu Null machen (s. Lit [19.32], [19.8], [19.33]).
Falls nur die betragsgrößte oder betragskleinste reelle Wurzel gesucht ist, so kann diese nach der *Methode von* BERNOULLI recht einfach ermittelt werden (s. Lit. [19.32]).
Vor allem aus historischer Sicht soll noch das GRAEFFE–*Verfahren* erwähnt werden, das alle Wurzeln gleichzeitig liefert, auch die konjugiert komplexen, aber mit erheblichen Rechenaufwand (s. Lit. [19.8], [19.33]).

19.2 Numerische Lösung von Gleichungssystemen

Bei vielen praktischen Aufgaben werden für n unbekannte Größen x_i $(i = 1, 2, \ldots, n)$ m Bedingungen in Gleichungsform gestellt:

$$\begin{aligned} F_1(x_1, x_2, \ldots, x_n) &= 0, \\ F_2(x_1, x_2, \ldots, x_n) &= 0, \\ &\vdots \\ F_m(x_1, x_2, \ldots, x_n) &= 0. \end{aligned} \tag{19.23}$$

Die Unbekannten x_i sind so zu bestimmen, daß sie eine Lösung des Gleichungssystems (19.23) darstellen. In der Regel ist $m = n$, d. h., die Anzahl der Unbekannten stimmt mit der Anzahl der Gleichungen

überein. Im Falle $m > n$ bezeichnet man (19.23) als *überbestimmtes System*, im Falle $m < n$ als *unterbestimmtes System*.
Überbestimmte Systeme haben in der Regel keine Lösung. Man formuliert deshalb die zu (19.23) gehörende *Quadratmittelaufgabe*

$$\sum_{i=1}^{m} F_i^2(x_1, x_2, \ldots, x_n) = \text{Min} \tag{19.24}$$

als Ersatzaufgabe. Im unterbestimmten Fall können im allgemeinen $n - m$ Unbekannte frei gewählt werden, so daß die Lösung von (19.23) von $n - m$ Parametern abhängt. Man spricht dann von einer $(n - m)$-dimensionalen *Lösungsmannigfaltigkeit.*
Man unterscheidet *lineare* und *nichtlineare Gleichungssysteme*, je nachdem, ob in (19.23) die Unbekannten nur linear oder auch nichtlinear auftreten.

19.2.1 Lineare Gleichungssysteme

Gegeben sei das lineare Gleichungssystem

$$\begin{aligned} a_{11}x_1 + a_{12}x_2 + \cdots + a_{1n}x_n &= b_1, \\ a_{21}x_1 + a_{22}x_2 + \cdots + a_{2n}x_n &= b_2, \\ &\vdots \\ a_{n1}x_1 + a_{n2}x_2 + \cdots + a_{nn}x_n &= b_n. \end{aligned} \tag{19.25}$$

Das System (19.25) lautet in Matrixschreibweise

$$\mathbf{A}\,\underline{\mathbf{x}} = \underline{\mathbf{b}}. \tag{19.26}$$

Die quadratische Matrix $\mathbf{A} = (a_{ik})$ $(i, k = 1, 2, \ldots, n)$ sei regulär, so daß das System (19.25) eine eindeutige Lösung besitzt (s. S. 241). Bei der numerischen Lösung von (19.25) kann man im wesentlichen zwei Verfahrensklassen unterscheiden:

1. Direkte Verfahren, die durch elementare Umformungen das Gleichungssystem auf eine Form bringen, aus der die Lösungen unmittelbar abzulesen oder leicht zu bestimmen sind. Dazu gehören das Austauschverfahren (s. S. 240) und die in 19.2.1.1–3 beschriebenen Verfahren.

2. Iterationsverfahren, die von einer bekannten Startnäherung aus eine Folge von Näherungslösungen erzeugen, die gegen die Lösung von (19.25) konvergiert (s. 19.2.1.4).

19.2.1.1 Dreieckszerlegung einer Matrix

1. Prinzip des Gaussschen Eliminationsverfahrens

Durch die elementaren Umformungen

1. Vertauschen von Zeilen
2. Multiplikation einer Zeile mit einer von Null verschiedenen Zahl
3. Addition eines Vielfachen einer Zeile zu einer anderen Zeile

wird das System $\mathbf{A}\,\underline{\mathbf{x}} = \underline{\mathbf{b}}$ in ein sogenanntes *gestaffeltes Gleichungssystem*

$$\mathbf{R}\,\underline{\mathbf{x}} = \underline{\mathbf{c}} \quad \text{mit} \quad \mathbf{R} = \begin{pmatrix} r_{11} & r_{12} & r_{13} & \cdots & r_{1n} \\ & r_{22} & r_{23} & \cdots & r_{2n} \\ & & r_{33} & \cdots & r_{3n} \\ & 0 & & \ddots & \vdots \\ & & & & r_{nn} \end{pmatrix} \tag{19.27}$$

überführt. Da dabei nur äquivalente Umformungen vorgenommen werden, besitzt $\mathbf{R}\,\underline{\mathbf{x}} = \underline{\mathbf{c}}$ dieselbe Lösung wie $\mathbf{A}\,\underline{\mathbf{x}} = \underline{\mathbf{b}}$. Man erhält sie aus (19.27):

$$x_i = \frac{1}{r_{ii}}\left(c_i - \sum_{k=i+1}^{n} r_{ik}x_k\right) \quad \left(i = n-1, n-2, \ldots, 1;\ x_n = \frac{c_n}{r_{nn}}\right). \tag{19.28}$$

Die durch (19.28) angegebene Vorschrift nennt man *Rückwärtseinsetzen*, da die Gleichungen von (19.27) in der umgekehrten Reihenfolge ihrer Entstehung benutzt werden.

Der Übergang von $\mathbf{A}$ zu $\mathbf{R}$ erfolgt in $n-1$ sogenannten *Eliminationsschritten*, deren Durchführung am ersten Schritt gezeigt werden soll. Dieser überführt die Matrix $\mathbf{A}$ in die Matrix $\mathbf{A}_1$:

$$\mathbf{A} = \begin{pmatrix} a_{11} & a_{12} & \dots & a_{1n} \\ a_{21} & a_{22} & \dots & a_{2n} \\ a_{31} & a_{32} & \dots & a_{3n} \\ \vdots & & & \\ a_{n1} & a_{n2} & \dots & a_{nn} \end{pmatrix}, \qquad \mathbf{A}_1 = \begin{pmatrix} a_{11}^{(1)} & a_{12}^{(1)} \dots a_{1n}^{(1)} \\ 0 & \boxed{\begin{matrix} a_{22}^{(1)} \dots a_{2n}^{(1)} \\ a_{32}^{(1)} \dots a_{3n}^{(1)} \\ \vdots \\ a_{n2}^{(1)} \dots a_{nn}^{(1)} \end{matrix}} \\ 0 & \\ \vdots & \\ 0 & \end{pmatrix} \tag{19.29}$$

Dabei ist wie folgt vorzugehen:

1. Man bestimme ein $a_{r1} \neq 0$. Falls kein solches existiert, stop: $\mathbf{A}$ ist singulär. Andernfalls heißt a_{r1} *Pivot.*

2. Man vertausche die 1. und die r-te Zeile von $\mathbf{A}$. Das Ergebnis ist die Matrix $\overline{\mathbf{A}}$.

3. Man subtrahiere für $i = 2, 3, \dots, n$ das l_{i1}-fache der 1. Zeile von der i-ten Zeile der Matrix $\overline{\mathbf{A}}$.

Als Ergebnis erhält man die Matrix $\mathbf{A}_1$ und analog die neue rechte Seite $\underline{\mathbf{b}}_1$ mit folgenden Elementen:

$$a_{ik}^{(1)} = \overline{a}_{ik} - l_{i1}\overline{a}_{1k}, \quad l_{i1} = \frac{\overline{a}_{i1}}{\overline{a}_{11}},$$

$$b_i^{(1)} = \overline{b}_i - l_{i1}\overline{b}_1 \qquad (i, k = 2, 3, \dots, n). \tag{19.30}$$

Die in $\mathbf{A}_1$ (s. (19.29)) eingerahmte Teilmatrix ist vom Typ $(n-1, n-1)$ und wird analog zu $\mathbf{A}$ behandelt; usw. Diese Vorgehensweise bezeichnet man als GAUSS*sches Eliminationsverfahren* oder GAUSS*schen Algorithmus*(s. S. 244).

2. Dreieckszerlegung

Das Ergebnis des GAUSSschen Eliminationsverfahrens kann wie folgt formuliert werden: Zu jeder regulären Matrix $\mathbf{A}$ existiert eine sogenannte *Dreieckszerlegung* oder *LR–Faktorisierung* der Form

$$\mathbf{P\,A} = \mathbf{L\,R} \tag{19.31}$$

mit

$$\mathbf{R} = \begin{pmatrix} r_{11} & r_{12} & r_{13} & \dots & r_{1n} \\ & r_{22} & r_{23} & \dots & r_{2n} \\ & & r_{33} & \dots & r_{3n} \\ & 0 & & \ddots & \vdots \\ & & & & r_{nn} \end{pmatrix}, \quad \mathbf{L} = \begin{pmatrix} 1 & & & & \\ l_{21} & 1 & & 0 & \\ l_{31} & l_{32} & 1 & & \\ \vdots & \vdots & & \ddots & \\ l_{n1} & l_{n2} & \dots & l_{n,n-1} & 1 \end{pmatrix} \tag{19.32}$$

$\mathbf{R}$ heißt *Rechtsdreiecksmatrix*, $\mathbf{L}$ *Linksdreiecksmatrix* und $\mathbf{P}$ ist eine sogenannte *Permutationsmatrix*. Sie ist eine quadratische Matrix, die in jeder Zeile und in jeder Spalte genau eine 1 und sonst Nullen enthält. Sie beschreibt die Zeilenvertauschungen in der Matrix $\mathbf{A}$, die sich durch die Pivotwahl in den Eliminationsschritten ergeben.

■ Das GAUSSsche Eliminationsverfahren soll auf das System

$$\begin{pmatrix} 3 & 1 & 6 \\ 2 & 1 & 3 \\ 1 & 1 & 1 \end{pmatrix} \begin{pmatrix} x_1 \\ x_2 \\ x_3 \end{pmatrix} = \begin{pmatrix} 2 \\ 7 \\ 4 \end{pmatrix}$$

angewendet werden. In einer schematischen Schreibweise, bei der die Koeffizientenmatrix und der Vektor der rechten Seite zu einer sogenannten *erweiterten Koeffizientenmatrix* zusammengefaßt werden, erhält man:

$$(\mathbf{A}, \underline{\mathbf{b}}) = \left(\boxed{\begin{matrix} \boxed{3} & 1 & 6 \\ 2 & 1 & 3 \\ 1 & 1 & 1 \end{matrix}} \left| \begin{matrix} 2 \\ 7 \\ 4 \end{matrix} \right.\right) \Rightarrow \left(\begin{matrix} 3 & 1 & 6 \\ 2/3 & \boxed{1/3} & -1 \\ 1/3 & \boxed{2/3} & -1 \end{matrix} \left| \begin{matrix} 2 \\ 17/3 \\ 10/3 \end{matrix} \right.\right) \Rightarrow \left(\begin{matrix} 3 & 1 & 6 \\ 1/3 & 2/3 & -1 \\ 2/3 & 1/2 & \boxed{-1/2} \end{matrix} \left| \begin{matrix} 2 \\ 10/3 \\ 4 \end{matrix} \right.\right),$$

d. h.

$$\mathbf{P} = \begin{pmatrix} 1 & 0 & 0 \\ 0 & 0 & 1 \\ 0 & 1 & 0 \end{pmatrix} \quad \Rightarrow \quad \mathbf{P\,A} = \begin{pmatrix} 3 & 1 & 6 \\ 1 & 1 & 1 \\ 2 & 1 & 3 \end{pmatrix},$$

$$\mathbf{L} = \begin{pmatrix} 1 & 0 & 0 \\ 1/3 & 1 & 0 \\ 2/3 & 1/2 & 1 \end{pmatrix}, \qquad \mathbf{R} = \begin{pmatrix} 3 & 1 & 6 \\ 0 & 2/3 & -1 \\ 0 & 0 & -1/2 \end{pmatrix}.$$

In den erweiterten Koeffizientenmatrizen sind die Matrizen $\mathbf{A}$, $\mathbf{A}_1$ und $\mathbf{A}_2$ sowie die Pivots gekennzeichnet worden.

3. Anwendung der Dreieckszerlegung

Mit Hilfe der Dreieckszerlegung kann die Lösung des linearen Gleichungssystems $\mathbf{A}\,\underline{\mathbf{x}} = \underline{\mathbf{b}}$ in 3 Schritten beschrieben werden:

1. $\mathbf{P\,A} = \mathbf{L\,R}$: Durchführung der Dreieckszerlegung und Substitution $\mathbf{R}\,\underline{\mathbf{x}} = \underline{\mathbf{c}}$,

2. $\mathbf{L}\,\underline{\mathbf{c}} = \mathbf{P}\,\underline{\mathbf{b}}$: Bestimmung des Hilfsvektors $\underline{\mathbf{c}}$ durch Vorwärtseinsetzen,

3. $\mathbf{R}\,\underline{\mathbf{x}} = \underline{\mathbf{c}}$: Bestimmung der Lösung $\underline{\mathbf{x}}$ durch Rückwärtseinsetzen.

Wird zur Lösung eines linearen Gleichungssystems die erweiterte Koeffizientenmatrix $(\mathbf{A}, \underline{\mathbf{b}})$ wie im obigen Beispiel nach dem GAUSSschen Eliminationsverfahren behandelt, dann wird die Linksdreiecksmatrix $\mathbf{L}$ explizit nicht benötigt. Sie wird aber besonders dann wirksam, wenn mehrere lineare Gleichungssysteme mit derselben Koeffizientenmatrix, aber verschiedenen rechten Seiten gelöst werden müssen.

4. Wahl der Pivots

Bei der Durchführung des k-ten Eliminationsschrittes kommt jedes von Null verschiedene Element $a_{i1}^{(k-1)}$ der ersten Spalte der Matrix $\mathbf{A}_{k-1}$ als Pivot in Frage. Im Hinblick auf die Genauigkeit der berechneten Lösung sind jedoch die folgenden Strategien zweckmäßig.

1. Diagonalstrategie Als Pivots werden sukzessive die Diagonalelemente gewählt, d. h., es werden keine Zeilenvertauschungen vorgenommen. Diese Pivotwahl ist in der Regel nur dann sinnvoll, wenn die Elemente der Hauptdiagonalen gegenüber den übrigen Elementen der betreffenden Zeile betragsmäßig sehr groß sind.

2. Spaltenpivotisierung Vor Ausführung des k-ten Eliminationsschrittes wird ein Zeilenindex r so bestimmt, daß gilt:

$$|a_{rk}^{(k-1)}| = \max_{i \geq k} |a_{ik}^{(k-1)}|. \tag{19.33}$$

Falls $r \neq k$ ist, dann werden die r-te und die k-te Zeile vertauscht. Es läßt sich zeigen, daß durch diese Strategie die Fortpflanzung von Rundungsfehlern gedämpft wird.

19.2.1.2 Cholesky–Verfahren bei symmetrischer Koeffizientenmatrix

In vielen Fällen ist in (19.26) die Koeffizientenmatrix $\mathbf{A}$ nicht nur symmetrisch, sondern auch *positiv definit*, d.h., für die zugehörige quadratische Form $Q(\underline{\mathbf{x}})$ gilt:

$$Q(\underline{\mathbf{x}}) = \underline{\mathbf{x}}^{\mathrm{T}}\mathbf{A}\,\underline{\mathbf{x}} = \sum_{i=1}^{n}\sum_{k=1}^{n} a_{ik}x_i x_k > 0 \tag{19.34}$$

für alle $\underline{\mathbf{x}} \in \mathbb{R}^n$, $\underline{\mathbf{x}} \neq \underline{\mathbf{0}}$. Da es zu jeder symmetrischen positiv definiten Matrix $\mathbf{A}$ eine eindeutige Dreieckszerlegung

$$\mathbf{A} = \mathbf{L\,L}^{\mathrm{T}} \tag{19.35}$$

mit

$$\mathbf{L} = \begin{pmatrix} l_{11} & & & & \\ l_{21} & l_{22} & & 0 & \\ l_{31} & l_{32} & l_{33} & & \\ \vdots & & & \ddots & \\ l_{n1} & l_{n2} & l_{n3} & \dots & l_{nn} \end{pmatrix}, \tag{19.36a}$$

$$l_{kk} = \sqrt{a_{kk}^{(k-1)}}, \quad l_{ik} = \frac{a_{ik}^{(k-1)}}{l_{kk}} \quad (i = k, k+1, \dots, n); \tag{19.36b}$$

$$a_{ij}^{(k)} = a_{ij}^{(k-1)} - l_{ik} l_{jk} \quad (i, j = k+1, k+2, \dots, n) \tag{19.36c}$$

gibt, kann die Lösung des zugehörigen linearen Gleichungssystems $\mathbf{A}\,\underline{\mathbf{x}} = \underline{\mathbf{b}}$ nach dem CHOLESKY–*Verfahren* in folgenden Schritten durchgeführt werden:

1. $\mathbf{A} = \mathbf{L}\,\mathbf{L}^{\mathrm{T}}$: Ermittlung der sogenannten CHOLESKY–*Zerlegung* und Substitution $\mathbf{L}^{\mathrm{T}}\underline{\mathbf{x}} = \underline{\mathbf{c}}$,

2. $\mathbf{L}\,\underline{\mathbf{c}} = \underline{\mathbf{b}}$: Bestimmung des Hilfsvektors $\underline{\mathbf{c}}$ durch Vorwärtseinsetzen,

3. $\mathbf{L}^{\mathrm{T}}\underline{\mathbf{x}} = \underline{\mathbf{c}}$: Bestimmung der Lösung $\underline{\mathbf{x}}$ durch Rückwärtseinsetzen.

Für große Werte von n ist der Aufwand beim CHOLESKY–Verfahren etwa halb so groß wie bei der LR–Zerlegung gemäß (19.31).

19.2.1.3 Orthogonalisierungsverfahren

1. Lineare Ausgleichsaufgaben

Gegeben sei das *überbestimmte lineare Gleichungssystem*

$$\sum_{k=1}^{n} a_{ik} x_k = b_i \quad (i = 1, 2, \dots, m;\; m > n), \tag{19.37}$$

in Matrixschreibweise

$$\mathbf{A}\underline{\mathbf{x}} = \underline{\mathbf{b}}. \tag{19.38}$$

Die Koeffizientenmatrix $\mathbf{A} = (a_{ik})$, die vom Typ (m, n) ist, habe den Maximalrang n, d. h., ihre Spalten sind linear unabhängig. Da ein überbestimmtes lineares Gleichungssystem in der Regel keine Lösung hat, geht man von (19.37) zu den sogenannten *Fehlergleichungen*

$$r_i = \sum_{k=1}^{n} a_{ik} x_k - b_i \quad (i = 1, 2, \dots, m;\; m > n) \tag{19.39}$$

mit den *Residuen* r_i über und verlangt, daß die Summe der Quadrate der Residuen minimal wird:

$$\sum_{i=1}^{m} {r_i}^2 = \sum_{i=1}^{m} \left[\sum_{k=1}^{n} a_{ik} x_k - b_i \right]^2 = F(x_1, x_2, \dots, x_n) = \mathrm{Min.} \tag{19.40}$$

Die Aufgabe (19.40) wird als *lineare Ausgleichsaufgabe* oder *lineares Quadratmittelproblem* bezeichnet. Die notwendigen Bedingungen dafür, daß die *Fehlerquadratsumme* $F(x_1, x_2, \dots, x_n)$ ein relatives Minimum annimmt, lauten

$$\frac{\partial F}{\partial x_k} = 0 \quad (k = 1, 2, \dots, n) \tag{19.41}$$

und führen auf das lineare Gleichungssystem

$$\mathbf{A}^{\mathrm{T}}\mathbf{A}\underline{\mathbf{x}} = \mathbf{A}^{\mathrm{T}}\underline{\mathbf{b}}. \tag{19.42}$$

Der Übergang von (19.38) zu (19.42) wird als GAUSS–*Transformation* bezeichnet, da das System (19.42) durch Anwendung der GAUSS*schen Fehlerquadratmethode* (s. S. 92, S. 770) aus (19.38) enstanden ist. Da für $\mathbf{A}$ Maximalrang vorausgesetzt wurde, ist $\mathbf{A}^{\mathrm{T}}\mathbf{A}$ eine positiv definite Matrix vom Typ (n, n), und die sogenannten *Normalgleichungen* (19.42) können mit Hilfe des CHOLESKY–Verfahrens (s. S. 754) numerisch gelöst werden.

Bei der Lösung des Normalgleichungssystems (19.42) können numerische Probleme auftreten, wenn die *Konditionszahl* [19.24] der Matrix $\mathbf{A}^{\mathrm{T}}\mathbf{A}$ sehr groß ist. Die Lösung $\underline{\mathbf{x}}$ kann dann große relative Fehler haben. Deshalb ist es numerisch günstiger, zur Lösung linearer Ausgleichsaufgaben Orthogonalisierungsverfahren zu verwenden.

2. Orthogonalisierungsverfahren

Grundlage der folgenden Orthogonalisierungsverfahren zur Lösung der linearen Quadratmittelaufgabe (19.40) sind die folgenden Aussagen:

1. Die Länge eines Vektors bleibt unter orthogonalen Transformationen invariant, d. h., die Vektoren $\underline{\mathbf{x}}$ und $\tilde{\underline{\mathbf{x}}} = \mathbf{Q}_0\underline{\mathbf{x}}$ mit

$$\mathbf{Q}_0^{\mathrm{T}}\mathbf{Q}_0 = \mathbf{E} \tag{19.43}$$

haben dieselbe Länge.

2. Zu jeder Matrix $\mathbf{A}$ vom Typ (m, n) mit Maximalrang n $(n < m)$ existiert eine orthogonale Matrix $\mathbf{Q}$ vom Typ (m, m), so daß

$$\mathbf{A} = \mathbf{Q}\hat{\mathbf{R}}\ (19.44) \qquad \text{gilt, mit} \quad \mathbf{Q}^{\mathrm{T}}\mathbf{Q} = \mathbf{E} \quad \text{und} \quad \hat{\mathbf{R}} = \begin{pmatrix} \mathbf{R} \\ \mathbf{O} \end{pmatrix} = \left(\begin{array}{cccc} r_{11} & r_{12} & \dots & r_{1n} \\ & r_{22} & \dots & r_{2n} \\ & & \ddots & \vdots \\ & & & r_{nn} \\ \hline & & \mathbf{O} & \end{array}\right). \tag{19.45}$$

$\mathbf{R}$ ist eine Rechtsdreiecksmatrix vom Typ (n, n), $\mathbf{O}$ eine Nullmatrix vom Typ $(m-n, n)$. Die Faktorisierung (19.44) der Matrix $\mathbf{A}$ wird als *QR–Zerlegung* bezeichnet. Damit können die Fehlergleichungen (19.39) in das äquivalente System

$$\begin{array}{rcl} r_{11}x_1 + r_{12}x_2 + \ldots + r_{1n}x_n - \hat{b}_1 & = & \hat{r}_1 \\ r_{22}x_2 + \ldots + r_{2n}x_n - \hat{b}_2 & = & \hat{r}_2 \\ \ddots \quad \vdots \quad \vdots & = & \vdots \\ r_{nn}x_n - \hat{b}_n & = & \hat{r}_n \\ -\hat{b}_{n+1} & = & \hat{r}_{n+1} \\ \vdots & & \vdots \\ -\hat{b}_m & = & \hat{r}_m \end{array} \tag{19.46}$$

überführt werden, ohne daß dabei die Summe der Quadrate der Residuen verändert wird. Aus (19.46) folgt, daß diese Quadratsumme für $\hat{r}_1 = \hat{r}_2 = \cdots = \hat{r}_n = 0$ minimal wird und der Minimalwert gleich der Summe der Quadrate von $\hat{r}_{n+1}$ bis $\hat{r}_m$ ist. Die gesuchte Lösung $\underline{\mathbf{x}}$ erhält man durch Rückwärtseinsetzen aus

$$\mathbf{R}\underline{\mathbf{x}} = \hat{\underline{\mathbf{b}}}_0, \tag{19.47}$$

wobei $\hat{\underline{\mathbf{b}}}_0$ der Vektor ist, der aus den Werten $\hat{b}_1, \hat{b}_2, \ldots, \hat{b}_n$ aus (19.46) gebildet wird.

Zur schrittweisen Überführung von (19.39) in (19.46) werden vor allem zwei Methoden verwendet:
1. GIVENS–Transformation,
2. HOUSEHOLDER–Transformation.
Die erste erzeugt eine QR–Zerlegung der Matrix $\mathbf{A}$ durch *Drehungen*, die zweite durch *Spiegelungen*. Die numerischen Realisierungen findet man in Lit. [19.23].
Praktische Aufgaben der linearen Quadratmittelapproximation werden vorwiegend mit der HOUSEHOLDER–Transformation gelöst, wobei man in vielen Fällen noch die spezielle Struktur der Koeffizientenmatrix $\mathbf{A}$ wie *Bandstruktur* oder *schwache Besetztheit* ausnutzen kann.

19.2.1.4 Iteration in Gesamt- und Einzelschritten

1. JACOBI–**Verfahren**

In der Koeffizientenmatrix des linearen Gleichungssystems (19.25) seien sämtliche Diagonalelemente a_{ii} $(i = 1, 2, \ldots, n)$ von Null verschieden. Dann kann die i-te Zeile nach der Unbekannten x_i aufgelöst werden, und man erhält unmittelbar die folgende Iterationsvorschrift, in der μ der Iterationsindex ist:

$$x_i^{(\mu+1)} = \frac{b_i}{a_{ii}} - \sum_{\substack{k=1 \\ (k \neq i)}}^{n} \frac{a_{ik}}{a_{ii}} x_k^{(\mu)} \quad (i = 1, 2, \ldots, n) \tag{19.48}$$

$$(\mu = 0, 1, 2, \ldots;\ x_1^{(0)}, x_2^{(0)}, \ldots, x_n^{(0)} \text{ gegebene Startwerte}).$$

Die Vorschrift (19.48) wird als JACOBI-*Verfahren* oder auch als *Gesamtschrittverfahren* bezeichnet, da sämtliche Komponenten des neuen Vektors $\underline{\mathbf{x}}^{(\mu+1)}$ allein aus den Komponenten von $\underline{\mathbf{x}}^{(\mu)}$ berechnet werden. Das JACOBI–Verfahren konvergiert für beliebige Startvektoren $\underline{\mathbf{x}}^{(0)}$, falls

$$\max_k \sum_{\substack{i=1 \\ (i \neq k)}}^{n} \left| \frac{a_{ik}}{a_{ii}} \right| < 1 \qquad \textit{Spaltensummenkriterium} \tag{19.49}$$

oder

$$\max_i \sum_{\substack{k=1 \\ (k \neq i)}}^{n} \left| \frac{a_{ik}}{a_{ii}} \right| < 1 \qquad \textit{Zeilensummenkriterium} \tag{19.50}$$

gilt.

2. GAUSS–SEIDEL–**Verfahren**

Hat man die 1. Komponente $x_1^{(\mu+1)}$ nach dem JACOBI–Verfahren berechnet, dann liegt es nahe, diesen Wert bei der Berechnung von $x_2^{(\mu+1)}$ bereits zu verwenden. Geht man entsprechend bei der Berechnung aller übrigen Komponenten vor, dann erhält man die Iterationsvorschrift

$$x_i^{(\mu+1)} = \frac{b_i}{a_{ii}} - \sum_{k=1}^{i-1} \frac{a_{ik}}{a_{ii}} x_k^{(\mu+1)} - \sum_{k=i+1}^{n} \frac{a_{ik}}{a_{ii}} x_k^{(\mu)} \tag{19.51}$$

$$(i = 1, 2, \ldots, n;\ x_1^{(0)}, x_2^{(0)}, \ldots, x_n^{(0)} \text{ gegebene Startwerte; } \mu = 0, 1, 2, \ldots).$$

Die Vorschrift (19.51) wird als GAUSS–SEIDEL-*Verfahren* oder *Einzelschrittverfahren* bezeichnet. Das GAUSS–SEIDEL–Verfahren konvergiert im allgemeinen schneller als das JACOBI–Verfahren, sein Konvergenzsatz ist aber etwas komplizierter.

■
$$\begin{aligned}
10x_1 - 3x_2 - 4x_3 + 2x_4 &= 14 \\
-3x_1 + 26x_2 + 5x_3 - x_4 &= 22 \\
-4x_1 + 5x_2 + 16x_3 + 5x_4 &= 17 \\
2x_1 + 3x_2 - 4x_3 - 12x_4 &= -20
\end{aligned}$$

Die dazugehörige Iterationsvorschrift gemäß (19.51), liefert einige Näherungen und die Lösungen lauten:

$$\begin{aligned}
x_1^{(\mu+1)} &= \frac{1}{10}\left(14 + 3x_2^{(\mu)} + 4x_3^{(\mu)} - 2x_4^{(\mu)}\right) \\
x_2^{(\mu+1)} &= \frac{1}{26}\left(22 + 3x_1^{(\mu+1)} - 5x_3^{(\mu)} + x_4^{(\mu)}\right) \\
x_3^{(\mu+1)} &= \frac{1}{16}\left(17 + 4x_1^{(\mu+1)} - 5x_2^{(\mu+1)} - 5x_4^{(\mu)}\right) \\
x_4^{(\mu+1)} &= \frac{1}{12}\left(-20 + 2x_1^{(\mu+1)} + 3x_2^{(\mu+1)} - 4x_3^{(\mu+1)}\right)
\end{aligned}$$

$\underline{\mathbf{x}}^{(0)}$	$\underline{\mathbf{x}}^{(1)}$	$\underline{\mathbf{x}}^{(4)}$	$\underline{\mathbf{x}}^{(5)}$	$\underline{\mathbf{x}}$
0	1,4	1,5053	1,5012	1,5
0	1,0077	0,9946	0,9989	1
0	1,0976	0,5059	0,5014	0,5
0	1,7861	1,9976	1,9995	2

3. Relaxationsverfahren

Die Iterationsvorschrift des GAUSS–SEIDEL–Verfahrens (19.51) läßt sich auch in der sogenannten *Korrekturform*

$$x_i^{(\mu+1)} = x_i^{(\mu)} + \left(\frac{b_i}{a_{ii}} - \sum_{k=1}^{i-1} \frac{a_{ik}}{a_{ii}} x_k^{(\mu+1)} - \sum_{k=i}^{n} \frac{a_{ik}}{a_{ii}} x_k^{(\mu)} \right), \quad \text{d. h.}$$

$$x_i^{(\mu+1)} = x_i^{(\mu)} + d_i^{(\mu)} \quad (i = 1, 2, \ldots, n;\ \mu = 0, 1, 2, \ldots) \tag{19.52}$$

schreiben. Durch geeignete Wahl eines *Relaxationsparameters* ω, so daß (19.52) in

$$x_i^{(\mu+1)} = x_i^{(\mu)} + \omega d_i^{(\mu)} \quad (i = 1, 2, \ldots, n;\ \mu = 0, 1, 2, \ldots) \tag{19.53}$$

übergeht, kann man versuchen, die Konvergenzeigenschaften des Einzelschrittverfahrens zu verbessern. Es läßt sich zeigen, daß Konvergenz nur für

$$0 < \omega < 2 \tag{19.54}$$

möglich ist. Für $\omega = 1$ erhält man das Einzelschrittverfahren. Im Fall $\omega > 1$ spricht man von Überrelaxation, die zugehörigen Iterationsverfahren werden als *SOR–Verfahren* (**s**uccessive **o**ver **r**elaxation) bezeichnet. Die Bestimmung optimaler Relaxationsparameter ist nur für einige spezielle Matrizentypen explizit möglich.
Die Anwendung iterativer Methoden zur Lösung linearer Gleichungssysteme ist vor allem angebracht, wenn die Hauptdiagonalelemente a_{ii} der Koeffizientenmatrix gegenüber den übrigen Elementen a_{ik} $(i \neq k)$ betragsmäßig stark überwiegen oder wenn durch Umstellung oder geeignete Kombination der einzelnen Gleichungen eine solche Anordnung erreicht werden kann.

19.2.2 Nichtlineare Gleichungssysteme

Das System der n nichtlinearen Gleichungen

$$F_i(x_1, x_2, \ldots, x_n) = 0 \quad (i = 1, 2, \ldots, n) \tag{19.55}$$

für die n Unbekannten x_1, x_2, ..., x_n habe eine Lösung. Diese kann in der Regel nur numerisch mit Hilfe von Iterationsverfahren bestimmt werden.

19.2.2.1 Gewöhnliches Iterationsverfahren

Das gewöhnliche Iterationsverfahren geht davon aus, daß sich die Gleichungen (19.55) auf eine Fixpunktform

$$x_i = f_i(x_1, x_2, \ldots, x_n) \quad (i = 1, 2, \ldots, n) \tag{19.56}$$

bringen lassen. Dann erhält man, von den geschätzten Näherungswerten $x_1^{(0)}$, $x_2^{(0)}$,..., $x_n^{(0)}$ ausgehend, verbesserte Werte durch

1. Iteration in Gesamtschritten

$$x_i^{(\mu+1)} = f_i\left(x_1^{(\mu)}, x_2^{(\mu)}, \ldots, x_n^{(\mu)}\right) \quad (i = 1, 2, \ldots, n;\ \mu = 0, 1, 2, \ldots) \tag{19.57}$$

oder

2. Iteration in Einzelschritten

$$x_i^{(\mu+1)} = f_i\left(x_1^{(\mu+1)}, \ldots, x_{i-1}^{(\mu+1)}, x_i^{(\mu)}, x_{i+1}^{(\mu)}, \ldots, x_n^{(\mu)}\right) \quad (i = 1, 2, \ldots, n;\ \mu = 0, 1, 2, \ldots). \tag{19.58}$$

Für die Güte der Konvergenz dieser Verfahren ist ausschlaggebend, daß die Funktionen f_i in der Umgebung einer Lösung möglichst schwach von den Unbekannten abhängen, d. h., falls die f_i differenzierbar sind, müssen die Beträge der partiellen Ableitungen möglichst klein sein. Als *Konvergenzbedingung* erhält man

$$K < 1 \quad \text{mit} \quad K = \max_i \left(\sum_{k=1}^{n} \max \left| \frac{\partial f_i}{\partial x_k} \right| \right). \tag{19.59}$$

Mit dieser Größe K gilt die *Fehlerabschätzung*

$$\max_i \left| x_i^{(\mu+1)} - x_i \right| \leq \frac{K}{1-K} \max_i \left| x_i^{(\mu+1)} - x_i^{(\mu)} \right| . \tag{19.60}$$

Dabei sind x_i die Komponenten der gesuchten Lösung, $x_i^{(\mu)}$ und $x_i^{(\mu+1)}$ die zugehörigen μ-ten und $(\mu+1)$-ten Näherungen.

19.2.2.2 Newton–Verfahren

Das NEWTON–Verfahren geht von der Nullstellenaufgabe (19.55) aus. Nach Vorgabe von geschätzten Näherungswerten $x_1^{(0)}$, $x_2^{(0)}$, ..., $x_n^{(0)}$ werden die Funktionen F_i als Funktionen von n unabhängigen Variablen x_1, x_2,..., x_n nach TAYLOR (s. S. 311) entwickelt. Durch Abbruch dieser Entwicklungen nach den linearen Gliedern erhält man aus (19.55) ein lineares Gleichungssystem, mit dessen Hilfe man iterativ Verbesserungen nach folgender Vorschrift ermitteln kann:

$$F_i \left(x_1^{(\mu)}, x_2^{(\mu)}, \ldots, x_n^{(\mu)} \right) + \sum_{k=1}^{n} \frac{\partial F_i}{\partial x_k} \left(x_1^{(\mu)}, \ldots x_n^{(\mu)} \right) \left(x_k^{(\mu+1)} - x_k^{(\mu)} \right) = 0 \tag{19.61}$$

$$(i = 1, 2, \ldots, n;\ \mu = 0, 1, 2, \ldots).$$

Die Koeffizientenmatrix des linearen Gleichungssystems (19.61), das in jedem Iterationsschritt zu lösen ist, ist

$$\mathbf{F}'(\underline{\mathbf{x}}^{(\mu)}) = \left(\frac{\partial F_i}{\partial x_k} \left(x_1^{(\mu)}, x_2^{(\mu)}, \ldots, x_n^{(\mu)} \right) \right) \quad (i, k = 1, 2, \ldots, n). \tag{19.62}$$

und wird als JACOBI–*Matrix* bezeichnet. Das NEWTON–Verfahren ist lokal quadratisch konvergent, d. h., seine schnelle Konvergenz ist wesentlich von der Güte der Startnäherungen abhängig. Setzt man in (19.61) $x_k^{(\mu+1)} - x_k^{(\mu)} = d_k^{(\mu)}$, dann kann das NEWTON–Verfahren in der Korrekturform

$$x_k^{(\mu+1)} = x_k^{(\mu)} + d_k^{(\mu)} \quad (i = 1, 2, \ldots, n;\ \mu = 0, 1, 2, \ldots) \tag{19.63}$$

geschrieben werden. Zur Herabsetzung der Startwertempfindlichkeit kann man dann analog zum Relaxationsverfahren einen sogenannten *Dämpfungs-* oder *Schrittweitenparameter* γ einführen:

$$x_k^{(\mu+1)} = x_k^{(\mu)} + \gamma d_k^{(\mu)} \quad (i = 1, 2, \ldots, n;\ \mu = 0, 1, 2, \ldots;\ \gamma > 0). \tag{19.64}$$

Angaben zur Bestimmung von γ findet man in [19.24].

19.2.2.3 Ableitungsfreies Gauß–Newton–Verfahren

Zur Lösung der Quadratmittelaufgabe (19.24) geht man im nichtlinearen Fall iterativ wie folgt vor:

1. Ausgehend von geeigneten Startnäherungen $x_1^{(0)}, x_2^{(0)}, \ldots, x_n^{(0)}$ approximiert man wie beim NEWTON– Verfahren, siehe (19.61), die nichtlinearen Funktionen $F_i(x_1, x_2, \ldots, x_n)$ $(i = 1, 2, \ldots, m)$ durch lineare Näherungen $\tilde{F}_i(x_1, x_2, \ldots, x_n)$, die in jedem Iterationsschritt gemäß

$$\tilde{F}_i(x_1, \ldots, x_n) = F_i \left(x_1^{(\mu)}, x_2^{(\mu)}, \ldots, x_n^{(\mu)} \right) + \sum_{k=1}^{n} \frac{\partial F_i}{\partial x_k} \left(x_1^{(\mu)}, \ldots x_n^{(\mu)} \right) \left(x_k - x_k^{(\mu)} \right) \tag{19.65}$$

$$(i = 1, 2, \ldots, n;\ \mu = 0, 1, 2, \ldots).$$

berechnet werden.

2. Man setzt in (19.65) $d_k^{(\mu)} = x_k - x_k^{(\mu)}$ und ermittelt die Verbesserungen $d_k^{(\mu)}$ nach der GAUSSschen Fehlerquadratmethode, d. h. durch Lösung der linearen Quadratmittelaufgabe

$$\sum_{i=1}^{m} \tilde{F}_i^2(x_1, \ldots, x_n) = \text{Min} \tag{19.66}$$

z.B. mit Hilfe der Normalgleichungen, s. (19.42), oder des HOUSEHOLDER–Verfahrens (s. S. 778).

3. Man erhält Näherungen für die gesuchte Lösung durch

$$x_k^{(\mu+1)} = x_k^{(\mu)} + d_k^{(\mu)} \quad \text{bzw.} \tag{19.67a}$$

$$x_k^{(\mu+1)} = x_k^{(\mu)} + \gamma d_k^{(\mu)} \qquad (k = 1, 2, \ldots, n), \tag{19.67b}$$

wobei γ ($\gamma > 0$) ein Schrittweitenparameter wie beim NEWTON–Verfahren ist.

Durch Wiederholung der Schritte 2 und 3 mit $x_k^{(\mu+1)}$ an Stelle von $x_k^{(\mu)}$ erhält man das GAUSS–NEWTON-*Verfahren.* Es liefert eine Folge von Näherungswerten, deren Konvergenz sehr stark von der Güte der Startnäherungen abhängt. Mit Hilfe des Schrittweitenparameters γ läßt sich jedoch ein sogenannter *Abstieg*, d.h. eine Verkleinerung der Fehlerquadratsumme, erzielen.

Wenn die Berechnung der partiellen Ableitungen $\frac{\partial F_i}{\partial x_k}\left(x_1^{(\mu)}, \ldots, x_n^{(\mu)}\right)$ $(i = 1, 2, \ldots, m;\ k = 1, 2, \ldots, n)$ mit großem Aufwand verbunden ist, kann man die partiellen Ableitungen durch Differenzenquotienten sehr einfach approximieren:

$$\frac{\partial F_i}{\partial x_k}\left(x_1^{(\mu)}, \ldots, x_k^{(\mu)}, \ldots, x_n^{(\mu)}\right) \approx \frac{1}{h_k^{(\mu)}}\Big[F_i\left(x_1^{(\mu)}, \ldots, x_{k-1}^{(\mu)}, x_k^{(\mu)} + h_k^{(\mu)}, x_{k+1}^{(\mu)}, \ldots, x_n^{(\mu)}\right)$$

$$-F_i\left(x_1^{(\mu)}, \ldots, x_k^{(\mu)}, \ldots, x_n^{(\mu)}\right)\Big] \quad (i = 1, 2, \ldots, m;\ k = 1, 2, \ldots, n;\ \mu = 0, 1, 2, \ldots). \tag{19.68}$$

Die sogenannten *Diskretisierungsschrittweiten* $h_k^{(\mu)}$ können in Abhängigkeit von Iterationsschritt und Variablen speziell gewählt werden.
Verwendet man die Näherungen (19.68), dann müssen bei der Durchführung des GAUSS–NEWTON-Verfahrens nur Funktionswerte F_i berechnet werden, d.h., das Verfahren ist dann *ableitungsfrei.*

19.3 Numerische Integration

19.3.1 Allgemeine Quadraturformel

Die numerische Auswertung des bestimmten Integrals

$$I(f) = \int_a^b f(x)\,dx \tag{19.69}$$

muß näherungsweise erfolgen, wenn der Integrand $f(x)$ sich nicht elementar integrieren läßt, sehr kompliziert ist oder nur an ausgewählten Stellen x_ν, den *Stützstellen*, aus dem Integrationsintervall $[a, b]$ bekannt ist. Zur genäherten Berechnung von (19.69) werden sogenannte *Quadraturformeln* benutzt. Sie haben die allgemeine Form

$$Q(f) = \sum_{\nu=0}^{n} c_{0\nu} y_\nu + \sum_{\nu=0}^{n} c_{1\nu} y'_\nu + \cdots + \sum_{\nu=0}^{n} c_{p\nu} y_\nu^{(p)} \tag{19.70}$$

mit $y_\nu^{(\mu)} = f^{(\mu)}(x_\nu)$ $(\mu = 1, 2, \ldots, p;\ \nu = 1, 2, \ldots, n)$, $y_\nu = f(x_\nu)$, $c_{\mu\nu}$ const. Es gilt

$$I(f) = Q(f) + R. \tag{19.71}$$

R ist der Quadraturformelfehler. Die Anwendung von Quadraturformeln setzt voraus, daß die benötigten Werte des Integranden $f(x)$ und seiner Ableitungen an den Stützstellen als numerische Werte verfügbar sind. Formeln, die nur Funktionswerte benutzen, werden als *Mittelwertformeln*, solche, die auch Ableitungswerte benutzen, als HERMITE*sche Quadraturformeln* bezeichnet.

19.3.2 Interpolationsquadraturen

Die folgenden Formeln stellen sogenannte *Interpolationsquadraturen* dar. Dabei wird der Integrand $f(x)$ bezüglich einiger (möglichst weniger) Stützstellen durch ein Polynom $p(x)$ entsprechenden Grades interpoliert, und das Integral über $f(x)$ wird durch das über $p(x)$ ersetzt. Die Formel für das Integral über das gesamte Integrationsintervall ergibt sich dann durch Summation. Es werden nur die praktisch wichtigsten Formeln für den Fall angegeben, daß die Stützstellen *gleichabständig* sind:

$$x_\nu = x_0 + \nu h \quad (\nu = 0, 1, 2, \ldots, n), \quad x_0 = a, \;\; x_n = b, \;\; h = \frac{b-a}{n}. \tag{19.72}$$

Zu jeder Quadraturformel wird eine obere Schranke für den Fehlerbetrag $|R|$ angegeben. Dabei bedeutet M_μ eine für den gesamten Bereich der Stützstellen gültige obere Schranke für $|f^{(\mu)}(x)|$.

19.3.2.1 Trapezformel

Im Intervall $[x_0, x_0 + h]$ wird $f(x)$ durch ein Polynom 1. Grades ersetzt, das $f(x)$ an den Stützstellen x_0 und $x_1 = x_0 + h$ interpoliert. Man erhält:

$$\int_{x_0}^{x_0+h} f(x)\,dx \approx \frac{h}{2}(y_0 + y_1), \quad |R| \le \frac{h^3}{12}M_2. \tag{19.73}$$

Durch Summation ergibt sich die sogenannte zusammengesetzte Trapezformel oder *Trapezsumme*:

$$\int_a^b f(x)\,dx \approx h\left(\frac{y_0}{2} + y_1 + y_2 + \cdots + y_{n-1} + \frac{y_n}{2}\right), \quad |R| \le \frac{(b-a)h^2}{12}M_2. \tag{19.74}$$

Der Fehler der Trapezsumme verhält sich wie h^2, d. h., die Trapezsumme hat die Fehlerordnung 2. Daraus folgt für $h \to 0$ (also $n \to \infty$) ihre Konvergenz gegen das bestimmte Integral, wenn Rundungsfehler nicht berücksichtigt werden.

19.3.2.2 Hermitesche Trapezformel

Im Intervall $[x_0, x_0 + h]$ wird $f(x)$ durch ein Polynom 3. Grades ersetzt, das $f(x)$ und $f'(x)$ an den Stützstellen x_0 und $x_1 = x_0 + h$ interpoliert:

$$\int_{x_0}^{x_0+h} f(x)\,dx \approx \frac{h}{2}(y_0 + y_1) + \frac{h^2}{12}(y_0' - y_1'), \quad |R| \le \frac{h^5}{720}M_4. \tag{19.75}$$

Durch Summation ergibt sich die HERMITE*sche Trapezsumme*:

$$\int_a^b f(x)\,dx \approx h\left(\frac{y_0}{2} + y_1 + y_2 + \cdots + y_{n-1} + \frac{y_n}{2}\right) + \frac{h^2}{12}(y_0' - y_n'), \quad |R| \le \frac{(b-a)h^4}{720}M_4. \tag{19.76}$$

Die HERMITEsche Trapezsumme hat die Fehlerordnung 4 und ist für Polynome bis zum Grade 3 exakt.

19.3.2.3 Simpson–Formel

Im Intervall $[x_0, x_0 + 2h]$ wird $f(x)$ durch ein Polynom 2. Grades ersetzt, das $f(x)$ an den Stützstellen x_0, $x_1 = x_0 + h$ und $x_2 = x_0 + 2h$ interpoliert:

$$\int_{x_0}^{x_0+2h} f(x)\,dx \approx \frac{h}{3}(y_0 + 4y_1 + y_2), \quad |R| \le \frac{h^5}{90}M_4. \tag{19.77}$$

Für die zusammengesetzte SIMPSON–Formel muß n gerade sein. Man erhält:

$$\int_a^b f(x)\,dx \approx \frac{h}{3}(y_0 + 4y_1 + 2y_2 + 4y_3 + \cdots + 2y_{n-2} + 4y_{n-1} + y_n), \tag{19.78}$$

$$|R| \le \frac{(b-a)h^4}{180}M_4.$$

Die zusammengesetzte SIMPSON–Formel hat die Fehlerordnung 4 und ist für Polynome bis zum Grad 3 exakt.

19.3.3 Quadraturformeln vom Gauß–Typ

Quadraturformeln vom GAUSS–Typ sind Mittelwertformeln, aber im Ansatz

$$\int_a^b f(x)\,dx \approx \sum_{\nu=0}^{n} c_\nu y_\nu \quad \text{mit} \quad y_\nu = f(x_\nu) \tag{19.79}$$

werden nicht nur die Koeffizienten c_ν, sondern auch die Stützstellen x_ν als freie Parameter aufgefaßt. Diese werden so bestimmt, daß die Formel (19.79) für Polynome möglichst hohen Grades exakt ist. Die Erfahrung zeigt, daß Quadraturformeln vom GAUSS–Typ meist sehr genaue Näherungen liefern, dafür müssen aber ihre Stützstellen sehr speziell gwählt werden.

19.3.3.1 Gaußsche Quadraturformeln

Setzt man in (19.79) als Integrationsintervall $[a,b] = [-1,1]$, und wählt man als Stützstellen die Nullstellen der LEGENDREschen Polynome (s. S. 400, S. 949), dann können die Koeffizienten c_ν so bestimmt werden, daß die Formel (19.79) Polynome bis zum Grad $2n+1$ exakt integriert. Die Nullstellen der LEGENDREschen Polynome liegen symmetrisch zum Nullpunkt. Für die Fälle $n = 1, 2$ und 3 erhält man:

$$\begin{array}{lll}
n=1: & x_0 = -x_1, & c_0 = 1, \\
& x_1 = \dfrac{1}{\sqrt{3}} = 0{,}577\,350\,269\ldots, & c_1 = 1. \\
n=2: & x_0 = -x_2, & c_0 = \dfrac{5}{9}, \\
& x_1 = 0, & c_1 = \dfrac{8}{9}, \\
& x_2 = \sqrt{\dfrac{3}{5}} = 0{,}774\,596\,669\ldots, & c_2 = c_0. \\
n=3: & x_0 = -x_3, & c_0 = 0{,}347\,854\,854\ldots, \\
& x_1 = -x_2, & c_1 = 0{,}652\,145\,154\ldots, \\
& x_2 = 0{,}339\,981\,043\ldots, & c_2 = c_1, \\
& x_4 = 0{,}861\,136\,311\ldots, & c_3 = c_0.
\end{array} \qquad (19.80)$$

Hinweis: Durch die Transformation $t = \dfrac{b-a}{2}x + \dfrac{a+b}{2}$ läßt sich das allgemeine Integrationsintervall auf das Intervall $[-1,1]$ transformieren. Mit den obigen für das Intervall $[-1,1]$ gültigen Werten für x_ν und c_ν gilt dann:

$$\int_a^b f(x)\,dx \approx \frac{b-a}{2}\sum_{\nu=0}^{n} c_\nu f\left(\frac{b-a}{2}x_\nu + \frac{a+b}{2}\right). \qquad (19.81)$$

19.3.3.2 Lobattosche Quadraturformeln

In einigen Fällen ist es zweckmäßig, auch die Randpunkte des Integrationsintervalls als Stützstellen zu wählen. Dann treten in (19.79) nur noch $2n$ freie Parameter auf. Diese können so bestimmt werden, daß Polynome bis zum Grad $2n-1$ exakt integriert werden. Für die Fälle $n = 2$ und $n = 3$ erhält man:

$n = 2$:

$$x_0 = -1,\ c_0 = \frac{1}{3},\quad x_1 = 0,\ c_1 = \frac{4}{3},\quad x_2 = 1,\ c_2 = c_0. \qquad (19.82a)$$

$n = 3$:

$$\begin{array}{ll}
x_0 = -1, & c_0 = \dfrac{1}{6}, \\
x_1 = -x_2, & c_1 = \dfrac{5}{6}, \\
x_2 = \dfrac{1}{\sqrt{5}} = 0{,}447\,213\,595\ldots, & c_2 = c_1, \\
x_3 = 1, & c_3 = c_0.
\end{array} \qquad (19.82b)$$

Der Fall $n = 2$ stellt die SIMPSON–Formel dar.

19.3.4 Verfahren von Romberg

Zur Erhöhung der Genauigkeit bei der numerischen Integration empfiehlt sich das Verfahren von ROMBERG, bei dem von einer Folge von Trapezsummen ausgegangen wird, die sich bei fortgesetzter Halbierung des Integrationsintervalls ergibt.

19.3.4.1 Algorithmus des Romberg–Verfahrens

Das Verfahren besteht aus den folgenden Schritten:

1. Als Näherung für das Integral $\int_a^b f(x)\,dx$ werden nach (19.74) für die Schrittweiten

$$h_i = \frac{b-a}{2^i} \quad (i = 0, 1, 2, \ldots, m) \tag{19.83}$$

die Trapezsummen $T(h_i)$ bestimmt. Dabei beachte man die rekursive Beziehung

$$\begin{aligned} T(h_i) = T\left(\frac{h_{i-1}}{2}\right) &= \frac{h_{i-1}}{2}\left[\frac{1}{2}f(a) + f\left(a + \frac{h_{i-1}}{2}\right) + f(a + h_{i-1}) + f\left(a + \frac{3}{2}h_{i-1}\right)\right. \\ &\left. + f(a + 2h_{i-1}) + \cdots + f\left(a + \frac{2n-1}{2}h_{i-1}\right) + \frac{1}{2}f(b)\right] \\ &= \frac{1}{2}T(h_{i-1}) + \frac{h_{i-1}}{2}\sum_{j=0}^{n-1} f\left(a + \frac{h_{i-1}}{2} + jh_{i-1}\right) \qquad (i = 1, 2, \ldots, m;\ n = 2^{i-1}). \end{aligned} \tag{19.84}$$

Die Rekursionsformel (19.84) besagt, daß für die Berechnung von $T(h_i)$ aus $T(h_{i-1})$ nur die Funktionswerte an den neu hinzukommenden Stützstellen benötigt werden.

2. Man setzt $T_{0i} = T(h_i)$ $(i = 0, 1, 2, \ldots)$ und berechnet rekursiv die Werte

$$T_{ki} = T_{k-1,i} + \frac{T_{k-1,i} - T_{k-1,i-1}}{4^k - 1} \quad (k = 1, 2, \ldots, m;\ i = k, k+1, \ldots). \tag{19.85}$$

Die Anordnung der nach (19.85) berechneten Werte erfolgt am günstigsten in einem Dreieckschema, dessen Berechnung spaltenweise durchgeführt wird:

$$\begin{array}{llll} T(h_0) = T_{00} & & & \\ T(h_1) = T_{01} & T_{11} & & \\ T(h_2) = T_{02} & T_{12} & T_{22} & \\ T(h_3) = T_{03} & T_{13} & T_{23} & T_{33} \\ \cdots\cdots & & & \end{array} \tag{19.86}$$

Man wählt m nicht zu groß, etwa 4 bis 7. Das Schema wird dann nach unten mit fester Spaltenzahl so weit fortgesetzt, bis die Werte rechts unten im Schema hinreichend gut übereinstimmen. Die Werte T_{1i} $(i = 1, 2, \ldots)$ der zweiten Spalte entsprechen den nach der SIMPSON–Formel berechneten.

19.3.4.2 Extrapolationsprinzip

Das ROMBERG–Verfahren stellt eine Anwendung des sogenannten *Extrapolationsprinzips* dar. Es soll an der Herleitung der Formel (19.85) für den Fall $k = 1$ demonstriert werden. Mit I werde das gesuchte Integral, mit $T(h)$ die zugehörige Trapezsumme (19.74) bezeichnet. Ist der Integrand von I im Integrationsintervall $(2m+2)$-mal stetig differenzierbar, dann läßt sich zeigen, daß für den Quadraturformelfehler R der Trapezsumme eine *asymptotische Entwicklung* bezüglich h der Form

$$R(h) = I - T(h) = a_1h^2 + a_2h^4 + \cdots + a_mh^{2m} + O(h^{2m+2}) \tag{19.87a}$$

oder

$$T(h) = I - a_1h^2 - a_2h^4 - \cdots - a_mh^{2m} + O(h^{2m+2}) \tag{19.87b}$$

gilt. Die Koeffizienten a_1, a_2,…,a_m sind von h unabhängige Konstanten.

Man bildet $T(h)$ und $T\left(\frac{h}{2}\right)$ gemäß (19.87b) und betrachtet die Linearkombination

$$T_1(h) = \alpha_1 T(h) + \alpha_2 T\left(\frac{h}{2}\right) = (\alpha_1 + \alpha_2)I - a_1\left(\alpha_1 + \frac{\alpha_2}{4}\right)h^2 - a_2\left(\alpha_1 + \frac{\alpha_2}{16}\right)h^4 - \cdots. \tag{19.88}$$

Setzt man $\alpha_1 + \alpha_2 = 1$ und $\alpha_1 + \frac{\alpha_2}{4} = 0$, dann hat $T_1(h)$ die Fehlerordnung 4, während $T(h)$ und $T\left(\frac{h}{2}\right)$ beide nur die Fehlerordnung 2 haben. Es ergibt sich

$$T_1(h) = -\frac{1}{3}T(h) + \frac{4}{3}T\left(\frac{h}{2}\right) = T\left(\frac{h}{2}\right) + \frac{T\left(\frac{h}{2}\right) - T(h)}{3}. \tag{19.89}$$

Das ist die Formel (19.85) für $k = 1$. Fortgesetzte Wiederholung des eben beschriebenen Vorgehens führt auf die Näherung T_{ki} gemäß (19.85), und es gilt

$$T_{ki} = I + O(h_i^{2k+2}). \tag{19.90}$$

■ Für das bestimmte Integral $I = \int_0^1 \frac{\sin x}{x}\,dx$ (Integralsinus, s. S. 351), das sich nicht elementar integrieren läßt, sind Näherungswerte zu ermitteln (8stellige Rechnung).

1. ROMBERG–**Verfahren:**

$k=0$	$k=1$	$k=2$	$k=3$
0,92073549			
0,93979328	0,94614588		
0,94451352	0,94608693	0,94608300	
0,94569086	0,94608331	0,94608307	0,94608307

Für $k = 3$ liefert das ROMBERG–Verfahren den Näherungwert 0,94608307. Der auf 10 Stellen genaue Wert lautet 0,9460830704. Die Größenordnung $O\left((1/8)^8\right) \approx 6 \cdot 10^{-8}$ des Fehlers gemäß (19.90) wird bestätigt.

2. Trapez- und SIMPSON–**Formel:** Aus dem Schema zum ROMBERG– Verfahren liest man unmittelbar ab, daß für $h_3 = 1/8$ die Trapezformel den Näherungswert 0,94569086 und die SIMPSON–Formel den Wert 0,94608331 ergibt.

Die Verbesserung der Trapezformel nach HERMITE gemäß (19.75) liefert

$$I \approx 0,94569086 + \frac{0,30116868}{64 \cdot 12} = 0,94608301.$$

3. GAUSS–**Formel:** Nach Formel (19.81) erhält man für

$$n = 1:\quad I \approx \frac{1}{2}\left[c_0 f\left(\frac{1}{2}x_0 + \frac{1}{2}\right) + c_1 f\left(\frac{1}{2}x_1 + \frac{1}{2}\right)\right] = 0,94604113;$$

$$n = 2:\quad I \approx \frac{1}{2}\left[c_0 f\left(\frac{1}{2}x_0 + \frac{1}{2}\right) + c_1 f\left(\frac{1}{2}x_1 + \frac{1}{2}\right) + c_2 f\left(\frac{1}{2}x_2 + \frac{1}{2}\right)\right] = 0,94608313;$$

$$n = 3:\quad I \approx \frac{1}{2}\left[c_0 f\left(\frac{1}{2}x_0 + \frac{1}{2}\right) + \cdots + c_3 f\left(\frac{1}{2}x_3 + \frac{1}{2}\right)\right] = 0,94608307.$$

Man sieht, daß die GAUSS–Formel im Fall $n = 3$, d. h. mit nur 4 Funktionswerten, einen auf 8 Dezimalen genauen Näherungswert liefert. Diese Genauigkeit würde mit der Trapezsumme erst mit einer sehr hohen Zahl (> 1000) von Funktionswerten erreicht.

Hinweise:

1. Eigenständige Bedeutung hat die Integration periodischer Funktionen im Zusammenhang mit der FOURIER–*Analyse* erlangt (s. S. 315). Ihre numerische Realisierung findet man unter dem Stichwort *Harmonische Analyse* (s. S. 784), die auf dem Rechner mit Hilfe der sogenannten *Schnellen* FOURIER-*Transformation* FFT (Fast FOURIER Transformation) durchgeführt wird (s. S. 786).

2. In vielen Fällen ist es zweckmäßig, bei der numerischen Integration spezielle Eigenschaften des Integranden auszunutzen. Auf diese Weise sind neben den oben vorgestellten Quadraturformeln noch viele

andere entwickelt worden, und die Literatur zu Fragen der Konvergenz, der Abschätzung des Quadraturformelfehlers oder zur Konstruktion optimaler Quadraturformeln ist sehr umfangreich (s. Lit [19.2]).
3. Zur numerischen Integration *mehrfacher Integrale* muß auf die Literatur verwiesen werden (s. Lit. [19.27].

19.4 Genäherte Integration von gewöhnlichen Differentialgleichungen

In vielen Fällen ist die Lösung einer gewöhnlichen Differentialgleichung nicht mehr durch einen geschlossenen Formelausdruck, der bekannte elementare und höhere Funktionen enthält, darstellbar. Die dennoch unter sehr allgemeinen Voraussetzungen (s. S. 376) vorhandene Lösung muß dann durch numerische Verfahren bestimmt werden. Diese liefern nur partikuläre Lösungen, ermöglichen aber eine sehr hohe Genauigkeit. Da man bei Differentialgleichungen von höherer als 1. Ordnung zwischen Anfangswertaufgaben und Randwertaufgaben unterscheidet, sind für diese beiden Aufgabenklassen auch unterschiedliche Verfahren entwickelt worden.

19.4.1 Anfangswertaufgaben

Das Prinzip der im folgenden dargestellten Verfahren zur Lösung der Anfangswertaufgabe

$$y' = f(x, y), \quad y(x_0) = y_0 \tag{19.91}$$

besteht darin, für die gesuchte Funktion $y(x)$ an ausgewählten Stützstellen x_i Näherungswerte y_i zu ermitteln. In der Regel werden *äquidistante Stützstellen* mit der vorgegebenen *Schrittweite* h verwendet:

$$x_i = x_0 + ih \quad (i = 0, 1, 2, \ldots) \tag{19.92}$$

19.4.1.1 Eulersches Polygonzugverfahren

Durch Integration erhält man aus der Anfangswertaufgabe zu (19.91) die Integraldarstellung

$$y(x) = y_0 + \int_{x_0}^{x} f(x, y(x))\, dx. \tag{19.93}$$

Diese ist Ausgangspunkt für die Näherung

$$y(x_1) = y_0 + \int_{x_0}^{x_0+h} f(x, y(x))\, dx \approx y_0 + hf(x_0, y_0) = y_1, \tag{19.94}$$

die zu der folgenden Vorschriftdes EULER*schen Polygonzugverfahrens* verallgemeinert wird:

$$y_{i+1} = y_i + hf(x_i, y_i) \quad (i = 0, 1, 2, \ldots;\ y(x_0) = y_0) \tag{19.95}$$

Zur geometrischen Interpretation siehe **Abb.19.5**. Vergleicht man (19.94) mit der TAYLORentwicklung

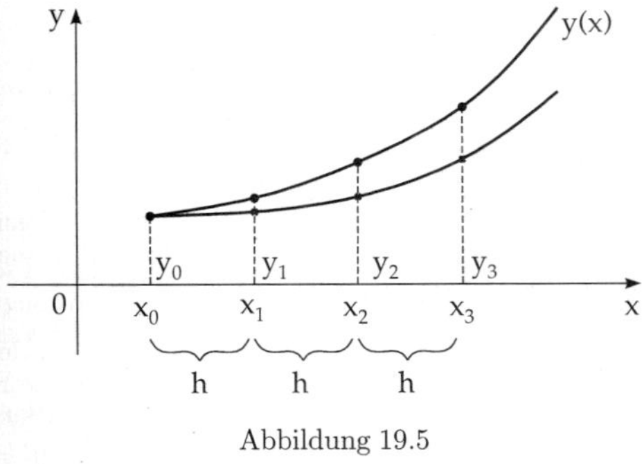

Abbildung 19.5

$$y(x_1) = y(x_0 + h) = y_0 + f(x_0, y_0)h + \frac{y''(\xi)}{2}h^2 \tag{19.96}$$

mit $(x_0 < \xi < x_0 + h)$, dann sieht man, daß die Näherung y_1 für den exakten Wert $y(x_1)$ einen Fehler von der Größenordnung h^2 hat. Die Genauigkeit kann durch Verkleinerung der Schrittweite h erhöht werden. Praktische Rechnungen zeigen, daß sich bei Halbierung der Schrittweite h auch der Fehler der Näherungen y_i etwa halbiert.
Mit Hilfe des EULERschen Polygonzugverfahrens kann man sich sehr schnell einen Überblick über den ungefähren Verlauf der Lösungskurve verschaffen.

19.4.1.2 Runge–Kutta–Verfahren

Das Rechenschema für den Schritt von x_0 nach $x_1 = x_0 + h$ zur genäherten Lösung der Anfangswert-aufgabe (19.91) lautet:

x	y	$k = h \cdot f(x, y)$
x_0	y_0	k_1
$x_0 + h/2$	$y_0 + k_1/2$	k_2
$x_0 + h/2$	$y_0 + k_2/2$	k_3
$x_0 + h$	$y_0 + k_3$	k_4
$x_1 = x_0 + h$	$y_1 = y_0 + \frac{1}{6}(k_1 + 2k_2 + 2k_3 + k_4)$	

(19.97)

Die weiteren Schritte erfolgen nach demselben Schema. Der Fehler des RUNGE–KUTTA–Verfahrens gemäß (19.97) ist von der Größenordnung h^5, so daß bei geeigneter Wahl der Schrittweite eine sehr hohe Genauigkeit erziehlt wird.

■ $y' = \frac{1}{4}(x^2+y^2)$ mit $y(0) = 0$. $y(0,5)$ ist in einem Schritt, d. h. $h = 0,5$, zu bestimmen. Der auf 8 Dezimalen genaue Wert lautet 0,01041860.

x	y	$k = \frac{1}{8}(x^2 + y^2)$
0	0	0
0,25	0	0,00781250
0,25	0,00390625	0,00781441
0,5	0,00781441	0,03125763
0,5	0,01041858	

Hinweise:
1. Für die spezielle Differentialgleichung $y' = f(x)$ geht das RUNGE–KUTTA–Verfahren in die SIMPSON-Formel (s. S. 761) über.
2. Bei einer sehr großen Anzahl von Integrationsschritten kann sich ein Wechsel der Schrittweite als zweckmäßig oder sogar notwendig erweisen. Über einen Schrittweitenwechsel kann mit Hilfe einer Fehlerschätzung entschieden werden, die dadurch gewonnen wird, daß man die Rechnung etwa mit doppelter Schrittweite $2h$ wiederholt. Hat man z. B. für $y(x_0 + 2h)$ die Näherungswerte $y_2(h)$ (Rechnung mit einfacher Schrittweite) und $y_2(2h)$ (Rechnung mit doppelter Schrittweite) bestimmt, dann gilt für den Fehler $R_2(h) = y(x_0 + 2h) - y_2(h)$ die Schätzung

$$R_2(h) \approx \frac{1}{15}[y_2(h) - y_2(2h)]. \qquad (19.98)$$

Informationen über die Realisierung der sogenannten *Schrittweitensteuerung* findet man in der Literatur (s. Lit. [19.24]).
3. RUNGE–KUTTA–Schemata für Differentialgleichungen höherer Ordnung (s. Lit. [19.24]). Andererseits können Differentialgleichungen höherer Ordnung in ein System von Differentialgleichungen 1. Ordnung überführt werden (s. S. 386). Dann besteht das Näherungsverfahren aus parallel durchgeführten Rechnungen gemäß (19.97), die durch die Differentialgleichungen miteinander gekoppelt sind.

19.4.1.3 Mehrschrittverfahren

Das EULERsche Polygonzugverfahren (19.95) und das RUNGE–KUTTA–Verfahren (19.97) stellen sogenannte *Einschrittverfahren* dar, da sie bei der Berechnung von y_{i+1} auf das Ergebnis y_i des vorangegangenen Schrittes zurückgreifen. Allgemeine *lineare Mehrschrittverfahren* sind dagegen von der Form

$$\begin{aligned} &y_{i+k} + \alpha_{k-1}y_{i+k-1} + \alpha_{k-2}y_{i+k-2} + \cdots + \alpha_1 y_{i+1} + \alpha_0 y_i \\ &= h(\beta_k f_{i+k} + \beta_{k-1} f_{i+k-1} + \cdots + \beta_1 f_{i+1} + \beta_0 f_i) \end{aligned} \qquad (19.99)$$

mit geeignet gewählten Konstanten α_j und β_j ($j = 0, 1, \ldots, k$; $\alpha_k = 1$). Die Vorschrift (19.99) wird als *k-Schrittverfahren* bezeichnet, falls $|\alpha_0| + |\beta_0| \neq 0$ ist. Es heißt *explizit*, falls $\beta_k = 0$ ist, weil dann in den Werten $f_{i+j} = f(x_{i+j}, y_{i+j})$ der rechten Seite von (19.99) nur die bereits bekannten Näherungswert

$y_i, y_{i+1}, \ldots, y_{i+k-1}$ auftreten. Ist $\beta_0 \neq 0$, so heißt das Verfahren *implizit*, da dann der gesuchte neue Wert y_{i+k} auf beiden Seiten von (19.99) auftritt. Bei der Anwendung eines k- Schrittverfahrens ist die Kenntnis von k Startwerten $y_0, y_1, \ldots, y_{k-1}$ notwendig. Diese verschafft man sich z. B. mit Hilfe eines Einschrittverfahrens.

Spezielle Mehrschrittverfahren zur Lösung der Anfangswertaufgabe (19.91) kann man dadurch gewinnen, daß man in (19.91) die Ableitung $y'(x_i)$ durch *Differenzenformeln* (s. S. 385) ersetzt oder in (19.93) das Integral durch *Quadraturformeln* (s. S. 760) approximiert.

Beispiele für spezielle Mehrschrittverfahren sind:

1. Mittelpunktsregel Die Ableitung $y'(x_{i+1})$ in (19.91) wird durch die Sekantensteigung bezüglich der Stützstellen x_i und x_{i+2} ersetzt. Man erhält:

$$y_{i+2} - y_i = 2hf_{i+1}. \tag{19.100}$$

2. Regel von MILNE Das Integral in (19.93) wird durch die SIMPSON–Formel approximiert. Man erhält:

$$y_{i+2} - y_i = \frac{h}{3}(f_i + 4f_{i+1} + f_{i+2}). \tag{19.101}$$

3. Regel von ADAMS–BASHFORTH Der Integrand in (19.93) wird durch das Interpolationspolynom von LAGRANGE (s. S. 776) bezüglich der k Stützstellen $x_i, x_{i+1}, \ldots, x_{i+k-1}$ ersetzt. Man integriert zwischen x_{i+k-1} und x_{i+k} und erhält:

$$y_{i+k} - y_{i+k-1} = \sum_{j=0}^{k-1} \left[\int_{x_{i+k-1}}^{x_{i+k}} L_j(x)\,dx \right] f(x_{i+j}, y_{i+j}) = h \sum_{j=0}^{k-1} \beta_j f(x_{i+j}, y_{i+j}). \tag{19.102}$$

Das Verfahren (19.102) ist explizit bezüglich y_{i+k}. Zur Berechnung des Koeffizienten β_j s. Lit. [19.1].

19.4.1.4 Prediktor–Korrektor-Verfahren

In der Praxis sind implizite Mehrschrittverfahren gegenüber expliziten vorzuziehen, da sie bei gleicher Genauigkeit wesentlich größere Schrittweiten erlauben. Dafür erfordert aber ein implizites Mehrschrittverfahren zur Berechnung des Näherungswertes y_{i+k} die Lösung einer im allgemeinen nichtlinearen Gleichung. Diese folgt aus (19.99) und ist von der Form:

$$y_{i+k} = h \sum_{j=0}^{k} \beta_j f_{i+j} - \sum_{j=0}^{k-1} \alpha_j y_{i+j} = F(y_{i+k}). \tag{19.103}$$

Die Lösung von (19.103) erfolgt iterativ. Dabei geht man wie folgt vor: Ein Startwert $y_{i+k}^{(0)}$ wird durch ein explizites Mehrschrittverfahren, dem sogenannten *Prediktor*, bestimmt und anschließend durch die Iterationsvorschrift

$$y_{i+k}^{(\mu+1)} = F(y_{i+k}^{(\mu)}) \quad (\mu = 0, 1, 2, \ldots), \tag{19.104}$$

dem sogenannten *Korrektor*, der aus dem impliziten Verfahren hervorgeht, verbessert. Spezielle Prediktor–Korrektor–Formeln sind:

1.
$$y_{i+1}^{(0)} = y_i + \frac{h}{12}(5f_{i-2} - 16f_{i-1} + 23f_i), \tag{19.105a}$$

$$y_{i+1}^{(\mu+1)} = y_i + \frac{h}{12}(-f_{i-1} + 8f_i + 5f_{i+1}^{(\mu)}) \qquad (\mu = 0, 1, \ldots); \tag{19.105b}$$

2.
$$y_{i+1}^{(0)} = y_{i-2} + 9y_{i-1} - 9y_i + 6h(f_{i-1} + f_i), \tag{19.106a}$$

$$y_{i+1}^{(\mu+1)} = y_{i-1} + \frac{h}{3}(f_{i-1} + 4f_i + f_{i+1}^{(\mu)}) \qquad (\mu = 0, 1, \ldots). \tag{19.106b}$$

Die SIMPSON–Formel als Korrektor in (19.106b) ist numerisch instabil und kann z. B. durch

$$y_{i+1}^{(\mu+1)} = 0,9y_{i-1} + 0,1y_i + \frac{h}{24}(0,1f_{i-2} + 6,7f_{i-1} + 30,7f_i + 8,1f_{i+1}^{(\mu)}) \tag{19.107}$$

ersetzt werden.

19.4.1.5 Konvergenz, Konsistenz, Stabilität

1. Globaler Diskretisierungsfehler und Konvergenz

Einschrittverfahren kann man allgemein in der Form

$$y_{i+1} = y_i + hF(x_i, y_i, h) \quad (i = 0, 1, 2, \ldots;\ y_0 \text{ gegeben}) \tag{19.108}$$

darstellen. Dabei wird $F(x, y, h)$ *Zuwachsfunktion* oder Fortschreitrichtung des Einschrittverfahrens genannt. Die durch (19.108) gewonnene Näherungslösung hängt von der Schrittweite h ab und soll deshalb mit $y(x, h)$ bezeichnet werden. Ihre Abweichung von der exakten Lösung $y(x)$ der Anfangswertaufgabe (19.91) ergibt den *globalen Diskretisierungsfehler* $g(x, h)$, s. (19.109), und man sagt: Das Einschrittverfahren (19.108) ist *konvergent mit der Ordnung* p, falls p die größte natürliche Zahl mit

$$g(x, h) = y(x, h) - y(x) = O(h^p) \tag{19.109}$$

ist. (19.109) besagt, daß für jedes x aus dem Definitionsbereich der Anfangswertaufgabe die mit der Schrittweite $h = \dfrac{x - x_0}{n}$ bestimmte Näherung $y(x, h)$ für jede Verfeinerung der Einteilung mit $h \to 0$ gegen die Lösung $y(x)$ konvergiert.

■ Das EULERsche Polygonzugverfahren (19.95) hat die Konvergenzordnung $p = 2$. Für das RUNGE–KUTTA–Verfahren (19.97) gilt $p = 5$.

2. Lokaler Diskretisierungsfehler und Konsistenz

Die Konvergenzordnung gemäß (19.109) gibt an, wie gut die Näherungslösung $y(x, h)$ die exakte Lösung $y(x)$ approximiert. Darüber hinaus ist auch die Frage interessant, wie gut die Zuwachsfunktion $F(x, y, h)$ die Ableitung $y' = f(x, y)$ annähert. Dazu führt man den sogenannten *lokalen Diskretisierungsfehler* $l(x, h)$, s.(19.110), ein und sagt: Das Einschrittverfahren (19.108) ist *konsistent mit der Ordnung* p, falls p die größte natürliche Zahl mit

$$l(x, h) = \frac{y(x + h) - y(x)}{h} - F(x, y, h) = O(h^p) \tag{19.110}$$

ist. Für ein konsistentes Einzelschrittverfahren folgt aus (19.110) unmittelbar

$$\lim_{h \to 0} F(x, y, h) = f(x, y). \tag{19.111}$$

■ Das EULERsche Polygonzugverfahren hat die Konsistenzordnung $p = 1$, das RUNGE –KUTTA–Verfahren die Konsistenzordnung $p = 4$.

3. Stabilität gegenüber Störung der Anfangswerte

Bei der praktischen Durchführung von Einschrittverfahren kommt zum globalen Diskretisierungsfehler $O(h^p)$ noch ein Rundungsfehleranteil $O(1/h)$ hinzu. Das hat zur Folge, daß mit einer nicht zu kleinen, endlichen Schrittweite $h > 0$ gerechnet werden muß. Dabei ist die Frage wichtig, wie sich die numerische Lösung y_i eines Einschrittverfahrens gegenüber Störungen des Anfangswertes verhält, und zwar auch für den Fall $t_i \to \infty$.

In der Theorie der gewöhnlichen Differentialgleichungen heißt eine Anfangswertaufgabe (19.91) *stabil bezüglich Störungen ihrer Anfangswerte*, wenn

$$|\tilde{y}(t) - y(t)| \le |\tilde{y}_0 - y_0| \tag{19.112}$$

gilt. Dabei ist $\tilde{y}(t)$ die Lösung von (19.91) mit der gegenüber y_0 gestörten Anfangsbedingung $\tilde{y}(t_0) = \tilde{y}_0$. Die Abschätzung (19.112) besagt, daß die Lösungsänderung betragsmäßig nicht größer ist als die Störung des Anfangswertes.

Im allgemeinen läßt sich (19.112) nur schwer überprüfen. Deshalb führt man die *lineare Testaufgabe*

$$y' = \lambda y \quad \text{mit} \quad y(t_0) = y_0 \quad (\lambda \text{ const.}, \lambda \le 0) \tag{19.113}$$

ein, die stabil ist, und prüft ein Einschrittverfahren an dieser speziellen Anfangswertaufgabe. Man sagt: Ein konsistentes Einzelschrittverfahren heißt für die Schrittweite $h > 0$ *absolut stabil* bezüglich Störungen des Anfangswertes, wenn alle damit für das lineare Testproblem (19.113) berechneten Näherungen

y_i der Abschätzung

$$|y_i| \leq |y_0| \tag{19.114}$$

genügen.

■ Für (19.113) ergibt das EULERsche Polygonzugverfahren $y_{i+1} = (1 + \lambda h)y_i$ $(i = 0, 1, \ldots)$. Man sieht, daß (19.114) für $|1+\lambda h| \leq 1$ gilt, und erhält dadurch die Schrittweitenbeschränkung $-2 \leq \lambda h \leq 0$.

4. Steife Differentialgleichungen

Bei vielen Anwendungen, z.B. in der chemischen Kinetik, führen die mathematische Modelle auf Differentialgleichungen, deren Lösungen sich aus verschieden stark exponentiell abklingenden Anteilen zusammensetzen. Solche Differentialgleichungen werden als *steif* bezeichnet. In dem Beispiel

$$y(x) = C_1 e^{\lambda_1 x} + C_2 e^{\lambda_2 x} \quad (C_1, C_2, \lambda_1, \lambda_2 \text{ const.}) \tag{19.115}$$

mit $\lambda_1 < 0$, $\lambda_2 < 0$ und $|\lambda_1| \ll |\lambda_2|$ leistet für den Fall $\lambda_1 = -1$, $\lambda_2 = -1000$ der zu λ_2 gehörende Term keinen Beitrag zur Lösung, er beeinflußt aber ganz wesentlich die Wahl der Schrittweite h eines Näherungsverfahrens, so daß der Einfluß der Rundungsfehler sehr stark anwächst. Dann ist die Auswahl geeigneter Näherungsverfahren unbedingt notwendig (s. Lit. [19.23]).

19.4.2 Randwertaufgaben

Die wichtigsten Methoden zur Lösung von Randwertaufgaben bei gewöhnlichen Differentialgleichungen sollen an der folgenden einfachen Randwertaufgabe für eine Differentialgleichung 2. Ordnung beschrieben werden:

$$y''(x) + p(x)y'(x) + q(x)y(x) = f(x) \quad (a \leq x \leq b) \quad \text{mit} \quad y(a) = \alpha,\ y(b) = \beta. \tag{19.116}$$

Die Funktionen $p(x)$, $q(x)$ und $f(x)$ sowie die Zahlen α und β sind gegeben.
Die beschriebenen Methoden lassen sich sinngemäß auf Randwertaufgaben bei Differentialgleichungen höherer Ordnung übertragen.

19.4.2.1 Differenzenverfahren

Man unterteilt das Intervall $[a, b]$ durch gleichabständige Stützstellen $x_\nu = x_0 + \nu h$ $(\nu = 0, 1, 2, \ldots, n;$ $x_0 = a,\ x_n = b)$ und ersetzt in der für die inneren Stützstellen angesetzten Differentialgleichung

$$y''(x_\nu) + p(x_\nu)y'(x_\nu) + q(x_\nu)y(x_\nu) = f(x_\nu) \quad (\nu = 1, 2, \ldots, n-1) \tag{19.117}$$

die Werte der Ableitungen durch sogenannte *finite Ausdrücke*, z.B.:

$$y'(x_\nu) \approx y'_\nu = \frac{y_{\nu+1} - y_{\nu-1}}{2h}, \tag{19.118a}$$

$$y''(x_\nu) \approx y''_\nu = \frac{y_{\nu+1} - 2y_\nu + y_{\nu-1}}{h^2}. \tag{19.118b}$$

Man erhält auf diese Weise $n - 1$ lineare Gleichungen für die $n - 1$ Näherungswerte $y_\nu \approx y(x_\nu)$ im Inneren des Integrationsintervalls $[a, b]$, wenn man $y_0 = \alpha$ und $y_n = \beta$ beachtet. Enthalten die Randbedingungen Ableitungen, dann werden diese ebenfalls durch finite Ausdrücke ersetzt.
Eigenwertprobleme bei Differentialgleichungen (s. S. 403) werden ganz analog behandelt. Die Anwendung des *Differenzenverfahrens*, beschrieben durch (19.117) und (19.118a,b), führt dann auf ein Matrizeneigenwertproblem (s. S. 247).

■ Die Lösung der homogenen Differentialgleichung $y'' + \lambda^2 y = 0$ mit den Randbedingungen $y(0) = y(1) = 0$ führt auf ein Eigenwertproblem. Das Differenzenverfahren überführt die Differentialgleichung in die Differenzengleichung

$$y_{\nu+1} - 2y_\nu + y_{\nu-1} + h^2\lambda^2 y_\nu = 0.$$

Wählt man drei innere Punkte, also $h = 1/4$, dann erhält man das Gleichungssystem

$$\begin{aligned} \left(-2+\frac{\lambda^2}{16}\right)y_1 + \quad & y_2 & &= 0 \\ y_1 + \left(-2+\frac{\lambda^2}{16}\right) & y_2 + & y_3 &= 0 \\ & y_2 + \left(-2+\frac{\lambda^2}{16}\right) & y_3 &= 0 \end{aligned}$$

unter Beachtung von $y_0 = y(0) = 0$, $y_4 = y(1) = 0$. Dieses homogene System ist nur bei verschwindender Koeffizientendeterminante lösbar. Aus dieser Bedingung erhält man die Eigenwerte ${\lambda_1}^2 = 9{,}37$; ${\lambda_2}^2 = 32$ und ${\lambda_3}^2 = 54{,}63$, von denen allerdings nur der kleinste dem ihm entsprechenden wahren Wert 9,87 nahekommt.

Die Genauigkeit des Differenzenverfahrens kann erhöht werden durch

1. Verkleinerung der Schrittweite h,

2. Verwendung finiter Ausdrücke höherer Approximation (die Näherungen (19.118a,b) haben die Fehlerordnung $O(h^2)$),

3. Anwendung des Mehrschrittverfahrens (s. S. 766).

Ist eine nichtlineare Randwertaufgabe zu lösen, dann führt das Differenzenverfahren auf ein System nichtlinearer Gleichungen für die unbekannten Näherungswerte y_ν (s. 19.2.2).

19.4.2.2 Ansatzverfahren

Als Näherungslösung für die Randwertaufgabe (19.116) wird eine Linearkombination geeignet gewählter Funktionen $g_i(x)$ verwendet, die einzeln die Randbedingungen erfüllen und linear unabhängig sind:

$$y(x) \approx g(x) = \sum_{i=1}^{n} a_i g_i(x). \tag{19.119}$$

Setzt man $g(x)$ in die Differentialgleichung von (19.116) ein, dann wird ein Fehler, der sogenannte *Defekt*

$$\varepsilon(x; a_1, a_2, \ldots, a_n) = g''(x) + p(x)g'(x) + q(x)g(x) - f(x), \tag{19.120}$$

auftreten. Die Bestimmung der Ansatzkoeffizienten a_i kann nach folgenden Prizipien erfolgen:

1. Kollokationsmethode

Der Defekt soll an n Stellen x_ν, den *Kollokationsstellen*, verschwinden. Die Bedingungen

$$\varepsilon(x_\nu; a_1, a_2, \ldots, a_n) = 0 \quad (\nu = 1, 2, \ldots, n), \qquad a < x_1 < x_2 < \ldots < x_n < b \tag{19.121}$$

liefern ein lineares Gleichungssystem für die Ansatzkoeffizienten.

2. Fehlerquadratmethode

Man fordert, daß das Integral

$$F(a_1, a_2, \ldots, a_n) = \int_a^b \varepsilon^2(x; a_1, a_2, \ldots, a_n)\, dx \tag{19.122}$$

in Abhängigkeit von den Koeffizienten minimal wird. Die notwendigen Bedingungen

$$\frac{\partial F}{\partial a_i} = 0 \quad (i = 1, 2, \ldots, n) \tag{19.123}$$

ergeben ein lineares Gleichungssystem für die Koeffizienten a_i.

3. GALERKIN–**Verfahren**

Man fordert die sogenannte *Fehlerorthogonalität*, d.h., es muß

$$\int_a^b \varepsilon(x; a_1, a_2, \ldots, a_n) g_i(x)\, dx = 0 \quad (i = 1, 2, \ldots, n) \tag{19.124}$$

gelten, und erhält auch auf diese Weise ein lineares Gleichungssystem zur Bestimmung der Ansatzkoeffizienten.

4. Ritz–Verfahren

Bei vielen Randwertaufgaben hat die Lösung $y(x)$ die Eigenschaft, auch Lösung einer sogenannten *Variationsaufgabe* zu sein, d.h., $y(x)$ macht ein Integral der Form

$$I[y] = \int_a^b H(x, y, y')\, dx \tag{19.125}$$

zum Minimum (s. (10.4)). Kennt man die Funktion $H(x, y, y')$, so ersetzt man $y(x)$ gemäß (19.119) näherungsweise durch $g(x)$ und macht $I[y] = I(a_1, a_2, \ldots, a_n)$ zum Minimum. Die dafür notwendigen Bedingungen

$$\frac{\partial I}{\partial a_i} = 0 \quad (i = 1, 2, \ldots, n) \tag{19.126}$$

liefern n Gleichungen für die Koeffizienten a_i.

■ Unter bestimmten Voraussetzungen an die Funktionen p, q, f und y sind die Randwertaufgabe

$$-[p(x)y'(x)]' + q(x)y(x) = f(x), \quad y(a) = \alpha,\ y(b) = \beta \tag{19.127}$$

und die Variationsaufgabe

$$I[y] = \int_a^b [p(x)y'^2(x) + q(x)y^2(x) - 2f(x)y(x)]\, dx = \text{Min} \quad \text{bei } y(a) = \alpha,\ y(b) = \beta \tag{19.128}$$

äquivalent, so daß man für Randwertaufgaben der Form (19.127) die Funktion $H(x, y, y')$ aus (19.128) unmittelbar ablesen kann.

An Stelle des Ansatzes (19.119) wird häufig auch

$$g(x) = g_0(x) + \sum_{i=1}^{n} a_i g_i(x) \tag{19.129}$$

verwendet, wobei $g_0(x)$ die Randbedingungen erfüllt und die Funktionen $g_i(x)$ den Bedingungen

$$g_i(a) = g_i(b) = 0 \quad (i = 1, 2, \ldots, n) \tag{19.130}$$

genügen müssen. So kann z. B. im Falle der Randwertaufgabe (19.116)

$$g_0(x) = \alpha + \frac{\beta - \alpha}{b - a}(x - a) \tag{19.131}$$

gewählt werden.

Bei linearen Randwertaufgaben führen die Ansätze (19.119) und (19.129) auf lineare Gleichungssysteme zur Bestimmung der Ansatzkoeffizienten. Im Falle nichtlinearer Randwertaufgaben erhält man nichtlineare Gleichungssysteme, die nach den in 19.2.2 angegebenen Verfahren zu lösen sind.

19.4.2.3 Schießverfahren

Mit dem Schießverfahren wird die Lösung von Randwertaufgaben auf die Lösung von Anfangswertaufgaben zurückgeführt. Das Prinzip soll am sogenannten *einfachen Schießverfahren*, auch *Einzielverfahren* genannt, beschrieben werden. Der Randwertaufgabe (19.116) wird die Anfangswertaufgabe

$$y'' + p(x)y' + q(x)y = f(x) \quad \text{mit} \quad y(a) = \alpha,\ y'(a) = s \tag{19.132}$$

zugeordnet. Dabei ist s ein Parameter, von dem die Lösung y der Anfangswertaufgabe (19.132) abhängt, d. h., es gilt $y = y(x, s)$. Die Funktion $y(x, s)$ erfüllt gemäß (19.132) die erste Randbedingung $y(a, s) = \alpha$. Der Parameter s ist so zu bestimmen, daß $y(x, s)$ auch die zweite Randbedingung $y(b, s) = \beta$ erfüllt. Dazu ist die Gleichung

$$F(s) = y(b, s) - \beta \tag{19.133}$$

zweckmäßigerweise mit Hilfe der Regula falsi zu lösen. Diese benötigt nur Funktionswerte $F(s)$, aber jede Funktionswertberechnung erfordert die Lösung der Anfangswertaufgabe (19.132) nach einem der in 19.4.1 angegebenen Verfahren bis $x = b$ für den speziellen Parameterwert s.

Bei der sogenannten *Mehrzielmethode* wird das Integrationsintervall $[a, b]$ in Teilintervalle zerlegt und auf jedem Teilintervall die Einzielmethode angewendet. Damit setzt sich die gesuchte Lösung aus

Teillösungen zusammen, deren stetiger Übergang an den Teilintervallgrenzen zu sichern ist. Diese Forderung ergibt zusätzliche Bedingungen. Zur numerischen Realisierung der Mehrzielmethode, die vor allem bei nichtlinearen Randwertaufgaben verwendet wird (s. Lit. [19.9]).

19.5 Genäherte Integration von partiellen Differentialgleichungen

Im folgenden wird nur das Prinzip der numerischen Lösung partieller Differentialgleichungen am Beispiel linearer partieller Differentialgleichungen 2. Ordnung mit zwei unabhängigen Variablen unter passenden Rand- oder/und Anfangsbedingungen gezeigt.

19.5.1 Differenzenverfahren

Das Integrationsgebiet wird durch ausgewählte Punkte (x_μ, y_ν) gitterförmig unterteilt. Gewöhnlich wird das Gitter rechteckig gewählt:

$$x_\mu = x_0 + \mu h, \quad y_\nu = y_0 + \nu l \quad (\mu, \nu = 1, 2, \ldots). \tag{19.134}$$

Für $l = h$ erhält man ein quadratisches Gitter. Bezeichnet man die gesuchte Lösung mit $u(x, y)$, dann werden die in der Differentialgleichung und in den Rand- bzw. Anfangsbedingungen auftretenden partiellen Ableitungen durch *finite Ausdrücke* der folgenden Art ersetzt, wobei unter $u_{\mu\nu}$ ein Näherungswert für den Funktionswert $u(x_\mu, y_\nu)$ zu verstehen ist:

partielle Ableitung	finiter Ausdruck	Fehlerordnung	
$\frac{\partial u}{\partial x}(x_\mu, y_\nu)$	$\frac{1}{h}(u_{\mu+1,\nu} - u_{\mu,\nu})$ oder $\frac{1}{2h}(u_{\mu+1,\nu} - u_{\mu-1,\nu})$	$O(h)$ oder $O(h^2)$	
$\frac{\partial u}{\partial y}(x_\mu, y_\nu)$	$\frac{1}{l}(u_{\mu,\nu+1} - u_{\mu,\nu})$ oder $\frac{1}{2l}(u_{\mu,\nu+1} - u_{\mu,\nu-1})$	$O(l)$ oder $O(l^2)$	
$\frac{\partial^2 u}{\partial x \partial y}(x_\mu, y_\nu)$	$\frac{1}{4hl}(u_{\mu+1,\nu+1} - u_{\mu+1,\nu-1} - u_{\mu-1,\nu+1} + u_{\mu-1,\nu-1})$	$O(hl)$	(19.135)
$\frac{\partial^2 u}{\partial x^2}(x_\mu, y_\nu)$	$\frac{1}{h^2}(u_{\mu+1,\nu} - 2u_{\mu,\nu} + u_{\mu-1,\nu})$	$O(h^2)$	
$\frac{\partial^2 u}{\partial y^2}(x_\mu, y_\nu)$	$\frac{1}{l^2}(u_{\mu,\nu+1} - 2u_{\mu,\nu} + u_{\mu,\nu-1})$	$O(l^2)$	

In manchen Fällen ist es günstiger, die Näherung

$$\frac{\partial^2 u}{\partial x^2}(x_\mu, y_\nu) \approx \sigma \frac{u_{\mu+1,\nu+1} - 2u_{\mu,\nu+1} + u_{\mu-1,\nu+1}}{h^2} + (1-\sigma)\frac{u_{\mu+1,\nu} - 2u_{\mu,\nu} + u_{\mu-1,\nu}}{h^2} \tag{19.136}$$

mit einem festen Parameter σ $(0 \le \sigma \le 1)$ zu verwenden. Die Formel (19.136) stellt eine Konvexkombination zweier finiter Ausdrücke dar, die aus der entsprechenden Formel von (19.135) für die Werte $y = y_\nu$ und $y = y_{\nu+1}$ enstanden sind.
Mit den Formeln (19.135) kann eine partielle Differentialgleichung für jeden inneren Gitterpunkt in eine *Differenzengleichung* übergeführt werden, wobei die Rand- und Anfangsbedingungen zu beachten sind. Das so entstehende Gleichungssystem für die Näherungswerte $u_{\mu,\nu}$, das für kleine Schrittweiten h und l von großer Dimension ist, muß in der Regel iterativ gelöst werden (s. 19.2.1.4).

■ **A:** Die Funktion $u(x, y)$ erfülle die Differentialgleichung

$$\Delta u = u_{xx} + u_{yy} = -1$$

für alle Punkte (x, y) mit $|x| < 1$, $|y| < 2$, d. h. im Innern eines Rechtecks, und genüge der Randbedingung $u = 0$ für $|x| = 1$ und $|y| = 2$. Die der Differentialgleichung entsprechende Differenzengleichung für ein quadratisches Gitter mit der Schrittweite h lautet:

$$4u_{\mu,\nu} = u_{\mu+1,\nu} + u_{\mu,\nu+1} + u_{\mu-1,\nu} + u_{\mu,\nu-1} + h^2.$$

Die Schrittweite $h = 1$ (**Abb.19.6**) liefert eine erste grobe Näherung für die Funktionswerte in den drei

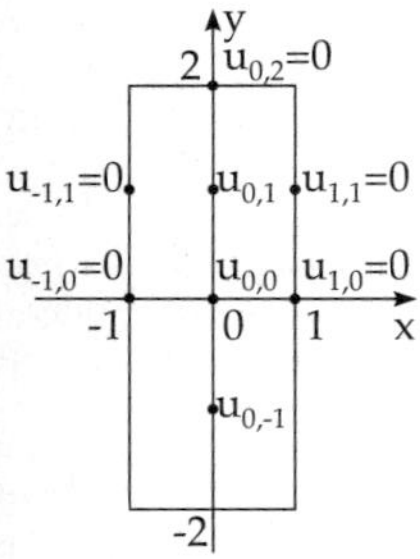

Abbildung 19.6

inneren Gitterpunkten:
$4u_{0,1} = 0 + 0 + 0 + u_{0,0} + 1,\ 4u_{0,0} = 0 + u_{0,1} + 0 + u_{0,-1} + 1,$
$4u_{0,-1} = 0 + u_{0,0} + 0 + 0 + 1\,.$

Man erhält: $u_{0,0} = \frac{3}{7} \approx 0,429,\ u_{0,1} = u_{0,-1} = \frac{5}{14} \approx 0,357.$

■ **B:** Die Gleichungssysteme, die bei der Anwendung des Differenzenverfahrens auf partielle Differentialgleichungen entstehen, haben in der Regel eine sehr spezielle Struktur. Das soll am Beispiel der folgenden, etwas allgemeineren Randwertaufgabe gezeigt werden.
Integrationsgebiet sei das Quadrat G: $0 \le x \le 1,\ 0 \le y \le 1$. Gesucht ist eine Funktion $u(x,y)$ mit

$$\Delta u = u_{xx} + u_{yy} = f(x,y) \quad \text{im Innern von } G,$$

$$u(x,y) = g(x,y) \quad \text{auf dem Rand von } G.$$

Die Funktionen f und g sind gegeben. Die zu dieser Differentialgleichung gehörende Differenzengleichung lautet für $h = l = 1/n$:

$$u_{\mu+1,\nu} + u_{\mu,\nu+1} + u_{\mu-1,\nu} + u_{\mu,\nu-1} - 4u_{\mu,\nu} = \frac{1}{n^2} f(x_\mu, y_\nu) \quad (\mu, \nu = 1, 2, \ldots, n-1).$$

Im Falle $n = 5$ hat die linke Seite dieses Differenzengleichungssystems für die Näherungswerte $u_{\mu,\nu}$ in den 4×4 inneren Punkten die folgende Gestalt, wenn man das Gitter zeilenweise von links nach rechts durchläuft und dabei beachtet, daß die Funktionswerte auf dem Rand bekannt sind:

$$\left(\begin{array}{cccc}
\boxed{\begin{array}{cccc}-4&1&0&0\\1&-4&1&0\\0&1&-4&1\\0&0&1&-4\end{array}} & \boxed{\begin{array}{cccc}1&0&0&0\\0&1&0&0\\0&0&1&0\\0&0&0&1\end{array}} & & 0\\
\boxed{\begin{array}{cccc}1&0&0&0\\0&1&0&0\\0&0&1&0\\0&0&0&1\end{array}} & \boxed{\begin{array}{cccc}-4&1&0&0\\1&-4&1&0\\0&1&-4&1\\0&0&1&-4\end{array}} & \boxed{\begin{array}{cccc}1&0&0&0\\0&1&0&0\\0&0&1&0\\0&0&0&1\end{array}} & \\
 & \boxed{\begin{array}{cccc}1&0&0&0\\0&1&0&0\\0&0&1&0\\0&0&0&1\end{array}} & \boxed{\begin{array}{cccc}-4&1&0&0\\1&-4&1&0\\0&1&-4&1\\0&0&1&-4\end{array}} & \boxed{\begin{array}{cccc}1&0&0&0\\0&1&0&0\\0&0&1&0\\0&0&0&1\end{array}}\\
0 & & \boxed{\begin{array}{cccc}1&0&0&0\\0&1&0&0\\0&0&1&0\\0&0&0&1\end{array}} & \boxed{\begin{array}{cccc}-4&1&0&0\\1&-4&1&0\\0&1&-4&1\\0&0&1&-4\end{array}}
\end{array}\right)
\left(\begin{array}{c}u_{11}\\u_{21}\\u_{31}\\u_{41}\\\hline u_{12}\\u_{22}\\u_{32}\\u_{42}\\\hline u_{13}\\u_{23}\\u_{33}\\u_{43}\\\hline u_{14}\\u_{24}\\u_{34}\\u_{44}\end{array}\right)$$

Man sieht: Die Koeffizientenmatrix ist symmetrisch und *schwach besetzt.* Ihre Gestalt wird als *blocktridiagonal* bezeichnet. Man beachte aber, daß die Gestalt der Koeffizientenmatrix davon abhängig ist, wie die Gitterpunkte durchlaufen werden.
Für die verschiedenen Aufgabenklassen bei partiellen Differentialgleichungen 2. Ordnung, insbesondere bei elliptischen, parabolischen und hyperbolischen Differentialgleichungen, ist eine Vielzahl angepaßter Differenzenverfahren entwickelt und auf Konvergenz und Stabilität hin untersucht worden. Die Spezialliteratur dazu ist umfangreich, Standardwerke s. Lit. [19.22], [19.23].

19.5.2 Ansatzverfahren

Man macht für die gesuchte Lösung $u(x, y)$ einen Näherungsansatz der Art

$$u(x, y) \approx v(x, y) = v_0(x, y) + \sum_{i=1}^{n} a_i v_i(x, y). \tag{19.137}$$

Dabei soll z.B.
1. $v_0(x, y)$ die vorgelegte inhomogene Differentialgleichung und alle übrigen Ansatzfunktionen $v_i(x, y)$ $(i = 1, 2, \ldots, n)$ sollen die zugehörige homogene Differentialgleichung erfüllen (*Randmethode*) oder
2. $v_0(x, y)$ den inhomogenen Randbedingungen und alle übrigen $v_i(x, y)$ $(i = 1, 2, \ldots, n)$ sollen den homogenen Randbedingungen genügen (*Gebietsmethode*).
Setzt man die Näherungsfunktion $v(x, y)$ gemäß (19.137) im ersten Fall in die Randbedingungen, im zweiten Fall in die Differentialgleichung ein, so wird in beiden Fällen ein Fehler, der sogenannte *Defekt*

$$\varepsilon = \varepsilon(x, y; a_1, a_2, \ldots, a_n), \tag{19.138}$$

auftreten. Zur Bestimmung der Ansatzkoeffizienten a_i kann man nach folgenden Prinzipien verfahren:

1. Kollokationsmethode

Der Defekt ε wird in n möglichst günstig verteilten Punkten, den *Kollokationsstellen* (x_ν, y_ν) $(\nu = 1, 2, \ldots, n)$, zum Verschwinden gebracht:

$$\varepsilon(x_\nu, y_\nu; a_1, a_2, \ldots, a_n) = 0 \quad (\nu = 1, 2, \ldots, n). \tag{19.139}$$

Die Kollokationsstellen sind im 1. Fall Randpunkte (man spricht dann von *Randkollokaktion*), im 2. Fall innere Punkte des Integrationsgebietes (man spricht dann von *Gebietskollokation*).
Es ergeben sich aus (19.139) n Gleichungen für die Koeffizienten. Die Randkollokation ist in der Regel der Gebietskollokation vorzuziehen.

■ Für das in 19.5.1 mit dem Differenzenverfahren behandelte Beispiel werde ein Ansatz verwendet, der bereits die Differentialgleichung erfüllt:

$$v(x, y; a_1, a_2, a_3) = -\frac{1}{4}(x^2 + y^2) + a_1 + a_2(x^2 - y^2) + a_3(x^4 - 6x^2y^2 + y^4).$$

Die Koeffizienten werden dadurch bestimmt, daß die Randbedingung in den Randpunkten $(x_1; y_1) = (1; 0,5)$, $(x_2; y_2) = (1; 1,5)$ und $(x_3; y_3) = (0,5; 2)$ erfüllt ist (Randkollokation). Man erhält das lineare Gleichungssystem

$$\begin{aligned} -0,3125 + a_1 + 0,75a_2 - 0,4375a_3 &= 0, \\ -0,8125 + a_1 - 1,25a_2 - 7,4375a_3 &= 0, \\ -1,0625 + a_1 - 3,75a_2 + 10,0625a_3 &= 0 \end{aligned}$$

mit der Lösung $a_1 = 0,4562$; $a_2 = -0,2000$; $a_3 = -0,0143$. Mit Hilfe der Näherungsfunktion können Näherungswerte für die Lösung in beliebigen Punkten des Integrationsgebietes berechnet werden. Zum Vergleich mit dem Differenzenverfahren seien die Werte $v(0; 1) = 0,3919$ und $v(0; 0) = 0,4562$ angegeben.

2. Fehlerquadratmethode

Je nachdem, ob die Ansatzfunktion (19.137) die Differentialgleichung oder die Randbedingungen erfüllt, verlangt man, daß

1. das über den Rand C erstreckte Linienintegral

$$I = \int_{(C)} \varepsilon^2(x(t), y(t);\, a_1, \ldots, a_n)\, dt, \tag{19.140}$$

wobei die Randkurve C durch die Parameterdarstellung $x = x(t)$, $y = y(t)$ beschrieben wird, oder

2. das über den Bereich G erstreckte Doppelintegral

$$I = \iint_{(G)} \varepsilon^2(x, y;\, a_1, \ldots, a_n)\, dx dy \tag{19.141}$$

minimal wird. Aus den dafür notwendigen Bedingungen $\frac{\partial I}{\partial a_i} = 0$ $(i = 1, 2, \ldots, n)$ erhält man n Bestimmungsgleichungen für die Parameter $a_1, a_2, \ldots, a_n$.

19.5.3 Methode der finiten Elemente (FEM)

Seitdem leistungsfähige Computer zur Verfügung stehen, ist die FEM zur wichtigsten Methode für die numerische Lösung partieller Differentialgleichungen geworden. Sie ermöglicht es, in vielen Anwendungsbereichen, über Mechanik und Baustatik hinaus, anspruchsvollere und damit aussagekräftigere mathematische Modelle einzusetzen.
Entsprechend den vielfältigen Anwendungen wird die FEM ganz unterschiedlich realisiert, so daß hier nur ihre Grundidee skizziert werden kann. Aus Analogiegründen sei auf das RITZ–Verfahren (s. S. 771) zur numerischen Lösung von Randwertaufgaben bei gewöhnlichen Differentialgleichungen und an die Splines (s. S. 786) erinnert.
Die Methode der finiten Elemente besteht aus folgenden Schritten:

1. Aufstellung einer Variationsaufgabe Zu der vorgegebenen Randwertaufgabe ist eine Variationsaufgabe zu formulieren.

■ $\Delta u = u_{xx} + u_{yy} = f$ im Innern eines Gebietes G, $u = 0$ auf dem Rand von G. (19.142)

Multipliziert man die Differentialgleichung in (19.142) mit einer hinreichend glatten Funktion $v(x, y)$, die auf dem Rand von G verschwindet, und integriert man anschließend über G, dann erhält man

$$\iint\limits_{(G)} \left(\frac{\partial^2 u}{\partial x^2} + \frac{\partial^2 u}{\partial y^2} \right) v \, dxdy = \iint\limits_{(G)} f v \, dxdy. \tag{19.143}$$

Durch partielle Integration folgt aus (19.143) die *Variationsgleichung*

$$a(u, v) = b(v) \tag{19.144}$$

mit

$$a(u, v) = -\iint\limits_{(G)} \left(\frac{\partial u}{\partial x}\frac{\partial v}{\partial x} + \frac{\partial u}{\partial y}\frac{\partial v}{\partial y} \right) dxdy, \quad b(v) = \iint\limits_{(G)} f v \, dxdy. \tag{19.145}$$

2. Triangulierung Das Integrationsgebiet G wird in einfache Teilgebiete zerlegt. In der Regel nimmt man eine *Triangulierung* vor, bei der G durch Dreiecke so überdeckt wird, daß einander angrenzende Dreiecke eine ganze Seite oder nur einen Eckpunkt gemeinsam haben. Ein krummlinig begrenztes Gebiet kann durch Dreiecke recht gut approximiert werden.

3. Ansatz Für die gesuchte Funktion $u(x, y)$ wird in jedem Dreieck ein Ansatz gemacht. Ein Dreieck mit zugehörigem Ansatz wird als *finites Element* bezeichnet. Dafür eignen sich Polynome in x und y. In vielen Fällen reicht der lineare Ansatz

$$\tilde{u}(x, y) = a_1 + a_2 x + a_3 y \tag{19.146}$$

aus. Die Ansatzfunktionen müssen beim Übergang von einem Dreieck ins benachbarte zumindest stetig sein, damit eine stetige Gesamtlösung entsteht.
Die Koeffizienten a_1, a_2 und a_3 in (19.146) lassen sich eindeutig durch die drei Funktionswerte u_1, u_2 und u_3 in den Eckpunkten des zugehörigen Dreiecks ausdrücken. Dadurch ist gleichzeitig der stetige Übergang in die benachbarten Dreiecke gesichert. Der Ansatz (19.146) enthält damit als unbekannte Parameter die Näherungen u_i für die gesuchten Funktionswerte.

4. Extremwertaufgabe Zur Lösung der Variationsaufgabe, die zur Randwertaufgabe (19.142) gehört, muß der Ausdruck

$$I(u) = a(u, u) - b(u) \tag{19.147}$$

minimal werden. Der Ausdruck (19.146) wird in (19.147) eingesetzt. I hängt jetzt nur noch von den gesuchten Näherungswerten u_i ab. Beim Einsetzen sind die Beiträge aller Dreieckselemente sowie die Randbedingungen zu berücksichtigen.

Die notwendigen Bedingungen für ein relatives Extremum der Funktion I führen auf ein lineares Gleichungssystem zur Bestimmung der Näherungswerte u_i. Ist das System gelöst, dann ist die Näherungslösung für jedes Dreieckselement bekannt.
Bei der Lösung praktischer Probleme entstehen Aufgaben sehr großer Dimension. Deshalb wurden viele spezielle Verfahren entwickelt, z.B. auch für eine automatische Triangulierung und für eine günstige Numerierung der Elemente (davon hängt die Struktur der Gleichungssysteme ab, die gelöst werden müssen). Eine ausführliche Darstellung der FEM s. Lit. [19.10], [19.6].

19.6 Approximation, Ausgleichsrechnung, Harmonische Analyse

19.6.1 Polynominterpolation

Die Grundaufgabe der Interpolation besteht darin, durch eine Reihe von Punkten (x_ν, y_ν) (ν =0, 1, ..., n) eine geeignete Kurve hindurchzulegen. Graphisch geschieht das mit Hilfe eines Kurvenlineals, rechnerisch mit Hilfe einer Funktion $g(x)$, die an den Stellen x_ν, den sogenannten *Stützstellen*, die gegebenen Werte y_ν als Funktionswerte annimmt, d. h., $g(x)$ erfüllt die *Interpolationsbedingung*

$$g(x_\nu) = y_\nu \quad (\nu = 0, 1, 2, \dots, n). \tag{19.148}$$

Als Interpolationsfunktionen sind in erster Linie Polynome gebräuchlich bzw. bei periodischen Funktionen sogenannte trigonometrische Polynome. Im letzteren Fall spricht man von *trigonometrischer Interpolation* (s. S. 785). Werden $n + 1$ Stützstellen benutzt, so heißt n die Ordnung der Interpolation, und der Grad des Interpolationspolynoms ist dann höchstens gleich n. Da mit zunehmendem Polynomgrad die Interpolationspolynome starke Oszillationen aufweisen, die in der Regel unerwünscht sind, zerlegt man zweckmäßigerweise das Interpolationsintervall in Teilintervalle und geht zur *Spline-Interpolation* über (s. S. 786).

19.6.1.1 Newtonsche Interpolationsformel

Zur Lösung der Interpolationsaufgabe (19.148) wird ein Polynom vom Grade n in der folgenden Form angesetzt:

$$g(x) = p_n(x) = a_0 + a_1(x-x_0) + a_2(x-x_0)(x-x_1) + \cdots + a_n(x-x_0)(x-x_1)\dots(x-x_{n-1}). \tag{19.149}$$

Dieser Ansatz, auch NEWTON*sche Interpolationsformel* genannt, ermöglicht die einfache Berechnung der Koeffizienten a_i ($i = 0, 1, \dots, n$), da die Interpolationsbedingung (19.148) unmittelbar auf ein gestaffeltes lineares Gleichungssystem führt.

■ Für $n = 2$ erhält man aus (19.148):

$$\begin{aligned} p_2(x_0) &= a_0 && = y_0 \\ p_2(x_1) &= a_0 + a_1(x_1 - x_0) && = y_1 \\ p_2(x_2) &= a_0 + a_1(x_2 - x_0) + a_2(x_2 - x_0)(x_2 - x_1) && = y_2 \end{aligned}$$

Das Interpolationspolynom $p_n(x)$ ist durch die Interpolationsbedingung (19.148) eindeutig bestimmt. Die Berechnung von Funktionswerten kann in einfacher Weise mit Hilfe des HORNER–Schemas (s. S. 749) erfolgen.

19.6.1.2 Interpolation nach Aitken–Neville

In vielen praktischen Fällen wird das Interpolationspolynom $p_n(x)$ explizit nicht benötigt, sondern nur sein Funktionswert an einer vorgegebenen Stelle x des Interpolationsgebietes. Zur Berechnung dieses Funktionswertes kann man nach AITKEN/NEVILLE rekursiv vorgehen. Dazu verwendet man zweckmäßigerweise die Bezeichnung

$$p_n(x) = p_{0,1,\dots,n}(x), \tag{19.150}$$

in der die Indizierung die verwendeten Stützstellen und damit auch den Grad des Interpolationspolynoms angibt. Es gilt

$$p_{0,1,\dots,n}(x) = \frac{(x - x_0)p_{1,2,\dots,n}(x) - (x - x_n)p_{0,1,2,\dots,n-1}(x)}{x_n - x_0}, \tag{19.151}$$

d. h., der Funktionswert $p_{0,1,\ldots,n}(x)$ ergibt sich durch lineare Interpolation aus den Funktionswerten von $p_{1,2,\ldots,n}(x)$ und $p_{0,1,2,\ldots,n-1}(x)$, zwei Interpolationspolynomen vom Grad $\leq n-1$. Die gezielte Anwendung von (19.151) führt auf ein Schema, das für den Fall $n = 4$ angegeben werden soll:

$$\begin{array}{c|l} x_0 & y_0 = p_0 \\ x_1 & y_1 = p_1 \; p_{01} \\ x_2 & y_2 = p_2 \; p_{12} \; p_{012} \\ x_3 & y_3 = p_3 \; p_{23} \; p_{123} \; p_{0123} \\ x_4 & y_4 = p_4 \; p_{34} \; p_{234} \; p_{1234} \; \underline{p_{01234} = p_4(x).} \end{array} \qquad (19.152)$$

Die Elemente von (19.152) werden spaltenweise berechnet. Ein neuer Wert im Schema entsteht jeweils aus dem links daneben stehenden und dem unmittelbar über diesem stehenden Wert, z. B.

$$p_{23} = \frac{(x-x_2)p_3 - (x-x_3)p_2}{x_3 - x_2} = p_3 + \frac{x-x_3}{x_3-x_2}(p_3 - p_2), \qquad (19.153a)$$

$$p_{123} = \frac{(x-x_1)p_{23} - (x-x_3)p_{12}}{x_3 - x_1} = p_{23} + \frac{x-x_3}{x_3-x_1}(p_{23} - p_{12}), \qquad (19.153b)$$

$$p_{1234} = \frac{(x-x_1)p_{234} - (x-x_4)p_{123}}{x_4 - x_1} = p_{234} + \frac{x-x_4}{x_4-x_1}(p_{234} - p_{123}). \qquad (19.153c)$$

Für die Durchführung des *Algorithmus von* AITKEN/NEVILLE auf dem Computer braucht man nach [19.2] nur einen Vektor $\underline{\mathbf{p}}$ mit $n+1$ Komponenten, der nacheinander die einzelnen Spalten von (19.152) aufnimmt. Dazu wird vereinbart, daß der Wert $p_{i-k,i-k+1,\ldots,i}$ $(i = k, k+1, \ldots, n)$ der k-ten Spalte die i-te Komponente p_i von $\underline{\mathbf{p}}$ wird. Damit sind die Spalten von (19.152) von oben nach unten zu berechnen, um die noch benötigten Werte zur Verfügung zu haben. Der Algorithmus besteht dann aus folgenden zwei Schritten:

1. Für $i = 0, 1, \ldots, n$ setze $p_i = y_i$.

2. Für $k = 1, 2, \ldots, n$ und für $i = n, n-1, \ldots, k$ setze $p_i = p_i + \dfrac{x - x_i}{x_i - x_{i-k}}(p_i - p_{i-1})$. (19.154)

Nach Abschluß von (19.154) stellt p_n den gesuchten Funktionswert von $p_n(x)$ an der Stelle x dar.

19.6.2 Approximation im Mittel

Das Prinzip der Approximation im Mittel, bei dem zwischen stetigen und diskreten Aufgaben unterschieden werden soll, wird auch als GAUSS*sche Fehlerquadratmethode* bezeichnet oder unter dem Begriff *Ausgleichsrechnung* zusammengefaßt.

19.6.2.1 Stetige Aufgabe, Normalgleichung

Eine Funktion $f(x)$ ist über dem Intervall $[a, b]$ durch eine Funktion $g(x)$ in dem Sinne zu approximieren, daß der Ausdruck

$$F = \int_a^b \omega(x)[f(x) - g(x)]^2 \, dx \qquad (19.155)$$

minimal wird, und zwar in Abhängigkeit von den Parametern, die die Funktion $g(x)$ enthält. $\omega(x)$ ist eine gegebene Gewichtsfunktion, für die $\omega(x) > 0$ im Integrationsintervall gelten soll.
Macht man für die Näherungsfunktion $g(x)$ den Ansatz

$$g(x) = \sum_{i=0}^{n} a_i g_i(x) \qquad (19.156)$$

mit den geeigneten, linear unabhängigen Funktionen $g_0(x)$, $g_1(x)$,..., $g_n(x)$, dann führen die notwendigen Bedingungen

$$\frac{\partial F}{\partial a_i} = 0 \quad (i = 0, 1, \ldots, n) \qquad (19.157)$$

für ein relatives Minimum von (19.155) auf das sogenannte *Normalgleichungssystem*

$$\sum_{i=0}^{n} a_i(g_i, g_k) = (f, g_k) \quad (k = 0, 1, \ldots, n) \tag{19.158}$$

zur Bestimmung der Ansatzkoeffizienten a_i. Dabei werden die Abkürzungen

$$(g_i, g_k) = \int_a^b \omega(x) g_i(x) g_k(x)\, dx \tag{19.159a}$$

$$(f, g_k) = \int_a^b \omega(x) f(x) g_k(x)\, dx \quad (i, k = 0, 1, \ldots, n), \tag{19.159b}$$

die auch als *Skalarprodukte* der betreffenden zwei Funktionen bezeichnet werden, verwendet.
Das System der Normalgleichungen ist eindeutig lösbar, da für die Ansatzfunktionen $g_0(x)$, $g_1(x), \ldots$, $g_n(x)$ lineare Unabhängigkeit vorausgesetzt war. Die Koeffizientenmatrix des Systems (19.158) ist symmetrisch, so daß zur Lösung das CHOLESKY–Verfahren (s. S. 754) verwendet werden sollte. Die Ansatzkoeffizienten a_i können direkt berechnet werden, ohne Lösung eines Gleichungssystems, wenn das System der Ansatzfunktionen *orthogonal* ist, d. h. wenn

$$(g_i, g_k) = 0 \quad \text{für} \quad i \neq k \tag{19.160}$$

gilt. Darüber hinaus spricht man von einem *orthonormierten* System, wenn

$$(g_i, g_k) = \begin{cases} 0 & \text{für } i \neq k \\ 1 & \text{für } i = k \end{cases} \quad (i, k = 0, 1, \ldots, n) \tag{19.161}$$

gilt. Mit (19.161) vereinfachen sich die Normalgleichungen (19.158) zu

$$a_i = (f, g_i) \quad (i = 0, 1, \ldots, n). \tag{19.162}$$

Linear unabhängige Funktionensysteme können orthogonalisiert werden. Aus den Potenzfunktionen $g_i(x) = x^i$ $(i = 0, 1, \ldots, n)$ erhält man je nach Wahl der Gewichtsfunktion und des Integrationsintervalls die folgenden *Orthogonalpolynome*:

$[a, b]$	$\omega(x)$	Bezeichung der Orthogonalpolynome	s. Seite
$[-1, 1]$	1	LEGENDREsche Polynome $P_n(x)$	400
$[-1, 1]$	$\frac{1}{\sqrt{1-x^2}}$	TSCHEBYSCHEFFsche Polynome $T_n(x)$	781
$[0, \infty)$	e^{-x}	LAGUERREsche Polynome $L_n(x)$	402
$(-\infty, \infty)$	$e^{-x^2/2}$	HERMITEsche Polynome $H_n(x)$	402

(19.163)

Mit dieser Auswahl können die wichtigsten Anwendungsfälle berücksichtigt werden:
1. endliches Approximationsintervall,
2. einseitig unendliches Approximationsintervall, z.B. bei zeitabhängigen Problemen,
3. zweiseitig unendliches Approximationsintervall, z.B. bei Strömungsproblemen.
Man beachte, daß jedes endliche Intervall $[a, b]$ durch die Substitution

$$x = \frac{b+a}{2} + \frac{b-a}{2} t \quad (x \in [a, b],\ t \in [-1, 1]) \tag{19.164}$$

auf das Intervall $[-1, 1]$, für das viele Ansatzfunktionen definiert sind, transformiert werden kann.

19.6.2.2 Diskrete Aufgabe, Normalgleichung, Householder–Verfahren

Es seien N Wertepaare (x_ν, y_ν), z.B. durch Messung gefundene Werte, vorgegeben. Gesucht wird eine Funktion $g(x)$, deren Funktionswerte $g(x_\nu)$ von den gegebenen Werten y_ν in dem Sinne möglichst wenig abweichen, daß der quadratische Ausdruck

$$F = \sum_{\nu=1}^{N} [y_\nu - g(x_\nu)]^2 \tag{19.165}$$

minimal wird, und zwar in Abhängigkeit von den Parametern, die die Funktion $g(x)$ enthält. (19.165) stellt die klassische *Fehlerquadratsumme* dar. Mit dem Ansatz (19.156) und den notwendigen Bedingungen $\frac{\partial F}{\partial a_i} = 0$ $(i = 0, 1, \ldots, n)$ für ein relatives Minimum von (19.165) erhält man zur Bestimmung der Ansatzkoeffizienten das lineare Gleichungssystem der *Normalgleichungen*

$$\sum_{i=0}^{n} a_i[g_i g_k] = [y g_k] \quad (k = 0, 1, \ldots, n) \tag{19.166}$$

im diskreten Fall. Dabei werden in Anlehnung an die GAUSS*sche Summensymbolik* die folgenden Abkürzungen verwendet:

$$[g_i g_k] = \sum_{\nu=1}^{N} g_i(x_\nu) g_k(x_\nu) \tag{19.167a}$$

$$[y g_k] = \sum_{\nu=1}^{N} y_\nu g_k(x_\nu) \quad (i, k = 0, 1, \ldots, n). \tag{19.167b}$$

In der Regel gilt $n < N$.

■ Für den Polynomansatz $g(x) = a_0 + a_1 x + \cdots + a_n x^n$ lauten die Normalgleichungen

$$a_0[x^k] + a_1[x^{k+1}] + \cdots + a_n[x^{k+n}] = [x^k y] \quad (k = 0, 1, \ldots, n)$$

$$\text{mit } [x^k] = \sum_{\nu=1}^{N} {x_\nu}^k, \quad [x^0] = N, \quad [x^k y] = \sum_{\nu=1}^{N} {x_\nu}^k y_\nu, \quad [y] = \sum_{\nu=1}^{N} y_\nu.$$

Die Koeffizientenmatrix des Normalgleichungssystems (19.166) ist symmetrisch, so daß für die numerische Lösung das CHOLESKY–Verfahren in Frage kommt.

In Matrizenschreibweise haben die Normalgleichungen (19.166) und die Fehlerquadratsumme (19.165) die folgende übersichtliche Form

$$\mathbf{G}^{\mathrm{T}}\mathbf{G}\underline{\mathbf{a}} = \mathbf{G}^{\mathrm{T}}\underline{\mathbf{y}}, \quad F = (\underline{\mathbf{y}} - \mathbf{G}\underline{\mathbf{a}})^{\mathrm{T}}(\underline{\mathbf{y}} - \mathbf{G}\underline{\mathbf{a}}) \tag{19.168}$$

mit

$$\mathbf{G} = \begin{pmatrix} g_0(x_1) & g_1(x_1) & g_2(x_1) & \ldots & g_n(x_1) \\ g_0(x_2) & g_1(x_2) & g_2(x_2) & \ldots & g_n(x_2) \\ g_0(x_3) & g_1(x_3) & g_2(x_3) & \ldots & g_n(x_3) \\ \vdots & & & & \\ g_0(x_N) & g_1(x_N) & g_2(x_N) & \ldots & g_n(x_N) \end{pmatrix}, \quad \underline{\mathbf{y}} = \begin{pmatrix} y_1 \\ y_2 \\ y_3 \\ \vdots \\ y_N \end{pmatrix}, \quad \underline{\mathbf{a}} = \begin{pmatrix} a_0 \\ a_1 \\ a_2 \\ \vdots \\ a_n \end{pmatrix}. \tag{19.169}$$

Würde man an Stelle der Forderung, die Fehlerquadratsumme zu minimieren, in den N Punkten (x_ν, y_ν) die Interpolationsforderung stellen, dann ergäbe sich das Gleichungssystem

$$\mathbf{G}\underline{\mathbf{a}} = \underline{\mathbf{y}}, \tag{19.170}$$

ein überbestimmtes lineares Gleichungssystem im Fall $n < N - 1$, das in der Regel keine Lösung hat. Durch Multiplikation mit $\mathbf{G}^{\mathrm{T}}$ erhält man aus (19.170) das Normalgleichungssystem (19.166) bzw. (19.168). Aus numerischer Sicht ist es jedoch günstiger, zur Lösung von Ausgleichsaufgaben auf (19.170) das HOUSEHOLDER–Verfahren (s. S. 247) anzuwenden, das eine Lösung im Sinne der minimalen Fehlerquadratsumme (19.165) liefert.

19.6.2.3 Mehrdimensionale Aufgaben

Es soll die folgende diskrete mehrdimensionale Ausgleichsaufgabe behandelt werden:

Eine Funktion $f(x_1, x_2, \ldots, x_n)$ der n unabhängigen Variablen x_1, x_2, …, x_n sei formelmäßig nicht bekannt, aber es seien N Funktionswerte f_ν, i. allg. Meßwerte, in einer Wertetabelle gegeben:

$$\begin{array}{c|cccc} x_1 & x_1^{(1)} & x_1^{(2)} & \ldots & x_1^{(N)} \\ x_2 & x_2^{(1)} & x_2^{(2)} & \ldots & x_2^{(N)} \\ \vdots & \vdots & \vdots & & \vdots \\ x_n & x_n^{(1)} & x_n^{(2)} & \ldots & x_n^{(N)} \\ \hline f & f_1 & f_2 & \ldots & f_N \end{array} \tag{19.171}$$

Die Schreibweise wird übersichtlicher und die Analogie zur eindimensionalen Ausgleichsaufgabe deutlicher, wenn man folgende Vektoren einführt:

$\underline{\mathbf{x}} = (x_1, x_2, \ldots, x_n)^{\mathrm{T}}$: Vektor der n unabhängigen Variablen,
$\underline{\mathbf{x}}^{(\nu)} = (x_1^{(\nu)}, x_2^{(\nu)}, \ldots, x_n^{(\nu)})^{\mathrm{T}}$: Vektor der ν-ten Stützstelle $(\nu = 1, \ldots, N)$,
$\underline{\mathbf{f}} = (f_1, f_2, \ldots f_N)^{\mathrm{T}}$: Vektor der N Funktionswerte in den N Stützstellen.

Zur Approximation von $f(x_1, x_2, \ldots, x_n) = f(\underline{\mathbf{x}})$ werde ein Ansatz der Form

$$g(x_1, x_2, \ldots, x_n) = \sum_{i=0}^{m} a_i g_i(x_1, x_2, \ldots, x_n) \tag{19.172}$$

verwendet. Dabei sind die $m + 1$ Funktionen $g_i(x_1, x_2, \ldots, x_n) = g_i(\underline{\mathbf{x}})$ geeignet gewählte Ansatzfunktionen.

■ **A:** Linearer Ansatz in n Variablen: $g(x_1, x_2, \ldots, x_n) = a_0 + a_1x_1 + a_2x_2 + \cdots + a_nx_n$.
B: Vollständiger quadratischer Ansatz in 3 Variablen:

$$g(x_1, x_2, x_3) = a_0 + a_1x_1 + a_2x_2 + a_3x_3 + a_4{x_1}^2 + a_5{x_2}^2 + a_6{x_3}^2 + a_7x_1x_2 + a_8x_1x_3 + a_9x_2x_3.$$

Bildet man analog zu (19.169) die Matrix $\mathbf{G}$, indem man formal die Stützstellen x_ν durch die vektoriellen Stützstellen $\underline{\mathbf{x}}^{(\nu)}$ $(\nu = 1, 2, \ldots, N)$ ersetzt, dann kann man auch im vorliegenden mehrdimensionalen Fall zur Bestimmung der Ansatzkoeffizienten das Normalgleichungssystem

$$\mathbf{G}^{\mathrm{T}}\mathbf{G}\underline{\mathbf{a}} = \mathbf{G}^{\mathrm{T}}\underline{\mathbf{f}} \tag{19.173}$$

oder das überbestimmte lineare Gleichungssystem

$$\mathbf{G}\underline{\mathbf{a}} = \underline{\mathbf{f}} \tag{19.174}$$

verwenden.

■ Beispiel zur mehrdimensionalen Regression s. S. 648.

19.6.2.4 Nichtlineare Quadratmittelaufgaben

Der prinzipielle Lösungsweg soll am eindimensionalen diskreten Fall gezeigt werden. Die Ansatzfunktion $g(x)$ hänge nichtlinear von einigen Parametern ab.

■ **A:** $g(x) = a_0e^{a_1x} + a_2e^{a_3x}$. In dieser Exponentialsumme treten die Parameter a_1 und a_3 nichtlinear auf.
B: $g(x) = a_0e^{a_1x} \cos a_2x$. In diesem Ansatz sind a_1 und a_2 die nichtlinearen Paramter.

Die Abhängigkeit der Ansatzfunktion $g(x)$ von einem Parametervektor $\underline{\mathbf{a}} = (a_0, a_1, \ldots, a_n)^{\mathrm{T}}$ soll durch die Bezeichnung

$$g = g(x, \underline{\mathbf{a}}) = g(x;\, a_0, a_1, \ldots, a_n) \tag{19.175}$$

zum Ausdruck gebracht werden. Es seien N Wertepaare (x_ν, y_ν) $(\nu = 1, 2, \ldots, N)$ gegeben. Zur Minimierung der Fehlerquadratsumme

$$\sum_{\nu=1}^{N} [y_\nu - g(x_\nu;\, a_0, a_1, \ldots, a_n)]^2 = F(a_0, a_1, \ldots, a_n) \tag{19.176}$$

führen die notwendigen Bedingungen $\dfrac{\partial F}{\partial a_i} = 0$ $(i = 0, 1, \ldots, n)$ auf ein nichtlineares Normalgleichungssystem, das iterativ z.B. mit Hilfe des NEWTON–Verfahrens (s. S.759) gelöst werden muß.

Einen anderen Lösungsweg, der bei praktischen Aufgaben in der Regel gegangen wird, vermittelt das GAUSS–NEWTON–Verfahren (s. S. 759), das zur Lösung der nichtlinearen Quadratmittelaufgabe (19.24) beschrieben worden ist. Die Übertragung auf die jetzt vorliegende nichtlineare Approximationsaufgabe (19.176) erfordert die folgenden Schritte:

1. Linearisierung der Ansatzfunktion $g(x, \underline{\mathbf{a}})$ nach TAYLOR bezüglich der Parameter a_i. Dazu müssen Näherungswerte $a_i^{(0)}$ $(i = 0, 1, \ldots, n)$ bekannt sein:

$$g(x, \underline{\mathbf{a}}) \approx \tilde{g}(x, \underline{\mathbf{a}}) = g(x, \underline{\mathbf{a}}^{(0)}) + \sum_{i=0}^{n} \frac{\partial g}{\partial a_i}(x, \underline{\mathbf{a}}^{(0)})(a_i - a_i^{(0)}). \tag{19.177}$$

2. Lösung der linearen Ausgleichaufgabe

$$\sum_{\nu=1}^{N} [y_\nu - \tilde{g}(x_\nu, \underline{\mathbf{a}})]^2 = \text{Min} \tag{19.178}$$

mit Hilfe des Normalgleichungssystems

$$\tilde{\mathbf{G}}^{\mathrm{T}} \tilde{\mathbf{G}} \underline{\boldsymbol{\Delta}\mathbf{a}} = \tilde{\mathbf{G}}^{\mathrm{T}} \underline{\boldsymbol{\Delta}\mathbf{y}} \tag{19.179}$$

oder nach dem HOUSEHOLDER–Verfahren. In (19.179) sind die Komponenten der Vektoren $\underline{\boldsymbol{\Delta}\mathbf{a}}$ und $\underline{\boldsymbol{\Delta}\mathbf{y}}$ durch

$$\Delta a_i = a_i - a_i^{(0)} \qquad (i = 0, 1, 2, \ldots, n) \quad \text{und} \tag{19.180a}$$

$$\Delta y_\nu = y_\nu - g(x_\nu, \underline{\mathbf{a}}^{(0)}) \quad (\nu = 1, 2, \ldots, N) \tag{19.180b}$$

gegeben.

3. Berechnung einer neuen Näherung durch

$$a_i^{(1)} = a_i^{(0)} + \Delta a_i \ \text{ bzw. } \ a_i^{(1)} = a_i^{(0)} + \gamma \Delta a_i \quad (i = 0, 1, 2, \ldots, n), \tag{19.181}$$

wobei $\gamma > 0$ ein Schrittweitenparameter ist.

Durch Wiederholung der Schritte 2 und 3 mit $a_i^{(1)}$ an Stelle von $a_i^{(0)}$ usw. erhält man für die gesuchten Parameter Folgen von Näherungswerten, deren Konvergenz sehr stark von der Güte der Startnäherung abhängt. Mit Hilfe des Schrittweitenparameters γ läßt sich aber zunächst eine Verkleinerung der Fehlerquadratsumme erzielen.

19.6.3 Tschebyscheff–Approximation

19.6.3.1 Aufgabenstellung und Alternantensatz

Unter TSCHEBYSCHEFF–*Approximation* oder *gleichmäßiger Approximation* versteht man im stetigen Fall die folgende Aufgabe: In einem Intervall $a \le x \le b$ ist die Funktion $f(x)$ durch eine Näherungsfunktion $g(x) = g(x; a_0, a_1, \ldots, a_n)$ so zu approximieren, daß der größte Fehlerbetrag

$$\max_{a \le x \le b} |f(x) - g(x; a_0, a_1, \ldots, a_n)| = \Phi(a_0, a_1, \ldots, a_n) \tag{19.182}$$

durch geeignete Wahl der Parameter a_i $(i = 0, 1, \ldots, n)$ möglichst klein wird. Existiert für $f(x)$ eine solche Näherungsfunktion, dann wird der Maximalwert der Abweichung in mindestens $n + 2$ Punkten x_ν des Intervalls, den sogenannten *Alternantenpunkten*, mit abwechselndem Vorzeichen angenommen (**Abb.19.7**). Das ist der wesentliche Inhalt des sogenannten *Alternantensatzes* zur Charakterisierung der Lösung einer TSCHEBYSCHEFFschen Approximationsaufgabe.

■ Approximiert man auf dem Intervall $[-1, 1]$ die Funktion $f(x) = x^n$ durch ein Polynom vom Grade $\le n - 1$ im TSCHEBYSCHEFFschen Sinne, dann erhält man als Fehlerfunktion, wenn auf den Maximalwert 1 normiert wird, das TSCHEBYSCHEFF*sche Polynom* $T_n(x)$. Die Alternantenpunkte, die sich aus den Randpunkten und genau $n - 1$ Punkten im Innern des Intervalls zusammensetzen, entsprechen den Extremstellen von $T_n(x)$ (**Abb. 19.8a–f**). Im folgenden sind die wichtigsten Eigenschaften der TSCHEBYSCHEFFschen Polynome zusammengestellt:

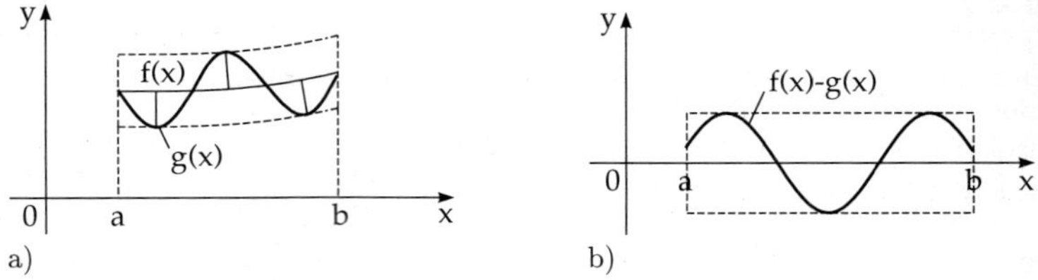

Abbildung 19.7

1. Darstellungen

$$T_n(x) = \cos(n \arccos x) \tag{19.183a}$$

$$T_n(x) = \frac{1}{2}\left[\left(x+\sqrt{x^2-1}\right)^n + \left(x-\sqrt{x^2-1}\right)^n\right] \tag{19.183b}$$

$$T_n(x) = \begin{cases} \cos nt,\ x = \cos t & \text{für } |x|<1 \\ \cosh nt,\ x = \cosh t & \text{für } |x|>1 \end{cases} \qquad (n = 1, 2, \ldots) \tag{19.183c}$$

2. Nullstellen von $T_n(x)$

$$x_\mu = \cos\frac{(2\mu-1)\pi}{2n} \quad (\mu = 1, 2, \ldots, n) \tag{19.184}$$

3. Extremstellen von $T_n(x)$ für $x \in [-1, 1]$

$$x_\nu = \cos\frac{\nu\pi}{n} \quad (\nu = 0, 1, 2, \ldots, n) \tag{19.185}$$

4. Rekursionsformel

$$T_{n+1} = 2xT_n(x) - T_{n-1}(x) \quad (n = 1, 2, \ldots;\ T_0(x) = 1,\ T_1(x) = x) \tag{19.186}$$

Daraus folgt z. B.

$$\begin{aligned}
T_2(x) &= 2x^2 - 1, \quad T_3(x) = 4x^3 - 3x,\\
T_4(x) &= 8x^4 - 8x^2 + 1, \quad T_5(x) = 16x^5 - 20x^3 + 5x,\\
T_6(x) &= 32x^6 - 48x^4 + 18x^2 - 1,\\
T_7(x) &= 64x^7 - 112x^5 + 56x^3 - 7x,\\
T_8(x) &= 128x^8 - 256x^6 + 160x^4 - 32x^2 + 1,\\
T_9(x) &= 256x^9 - 576x^7 + 432x^5 - 120x^3 + 9x,\\
T_{10}(x) &= 512x^{10} - 1280x^8 + 1120x^6 - 400x^4 + 50x^2 - 1.
\end{aligned}$$

19.6.3.2 Remes–Algorithmus

Der Alternantensatz ist der Ausgangspunkt für die numerische Lösung der stetigen TSCHEBYSCHEFFschen Approximationsaufgabe. Wählt man als Näherungsfunktion

$$g(x) = \sum_{i=0}^{n} a_i g_i(x) \tag{19.187}$$

mit $n+1$ linear unabhängigen, bekannten Ansatzfunktionen, dann sollen mit $a_i{}^*$ $(i = 0, 1, \ldots, n)$ die Koeffizienten der Lösung der TSCHEBYSCHEFFschen Aufgabe und mit $\varrho = \Phi(a_0{}^*, a_1{}^*, \ldots, a_n{}^*)$ die zugehörige Minimalabweichung gemäß (19.182) bezeichnet werden. In dem Fall, daß die Funktionen f

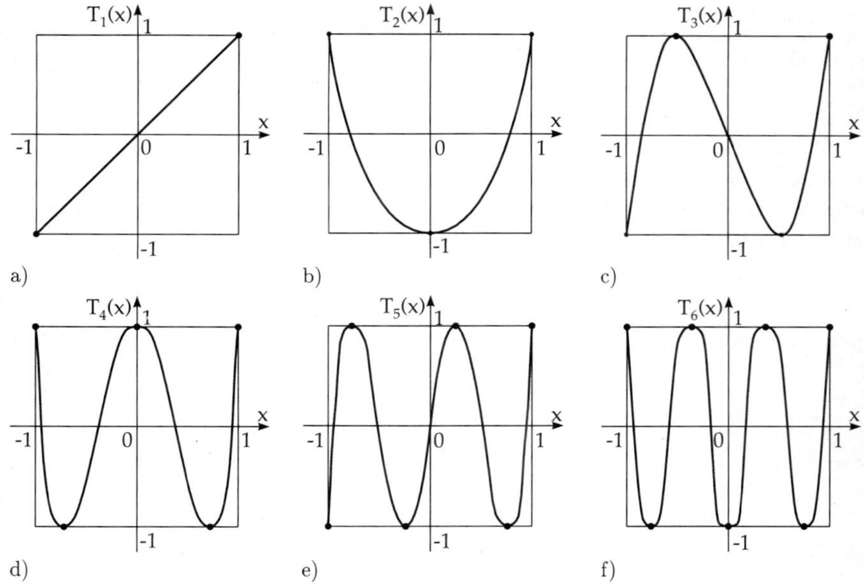

Abbildung 19.8

und g_i $(i = 0, 1, \ldots, n)$ differenzierbar sind, folgt aus dem Alternantensatz

$$\sum_{i=0}^{n} a_i{}^* g_i(x_\nu) + (-1)^\nu \varrho = f(x_\nu), \qquad \sum_{i=0}^{n} a_i{}^* g'(x_\nu) = f'(x_\nu) \qquad (\nu = 1, 2, \ldots, n+2). \tag{19.188}$$

Die Stellen x_ν sind Alternantenpunkte mit

$$a \leq x_1 < x_2 < \ldots < x_{n+2} \leq b. \tag{19.189}$$

Die Gleichungen (19.188) stellen $2n + 4$ Bedingungen für die $2n + 4$ unbekannten Größen der TSCHEBYSCHEFFschen Approximationsaufgabe dar: $n+1$ Ansatzkoeffizienten, $n+2$ Alternantenpunkte und die Minimalabweichung ϱ. Falls die Intervallrandpunkte zu den Alternantenpunkten gehören, brauchen dort die Bedingungen für die Ableitung nicht zu gelten.

Nach REMES geht man zur numerischen Bestimmung der Minimallösung wie folgt vor:

1. Man bestimmt eine Alternantennäherung $x_\nu{}^{(0)}$ $(\nu = 1, 2, \ldots, n+2)$ gemäß (19.189), z.B. gleichabständig oder als Extremstellen von $T_{n+1}(x)$ (s.S. 781).

2. Man löst das lineare Gleichungssystem

$$\sum_{i=0}^{n} a_i g_i(x_\nu{}^{(0)}) + (-1)^\nu \varrho = f(x_\nu{}^{(0)}) \qquad (\nu = 1, 2, \ldots, n+2)$$

und erhält als Lösung die Näherungen $a_i{}^{(0)}$ $(i = 0, 1, \ldots, n)$ und ϱ_0.

3. Man ermittelt eine neue Alternantennäherung $x_\nu{}^{(1)}$ $(\nu = 1, 2, \ldots, n+2)$, z.B. als Extremstellen der Fehlerfunktion $f(x) - \sum\limits_{i=0}^{n} a_i{}^{(0)} g_i(x)$. Dabei genügt es, Näherungen für diese Extremstellen zu verwenden.

Durch Wiederholung der Schritte **2.** und **3.** mit $x_\nu{}^{(1)}$ und $a_i{}^{(1)}$ an Stelle von $x_\nu{}^{(0)}$ und $a_i{}^{(0)}$ usw. erhält man Folgen von Näherungen für die Koeffizienten und die Alternantenpunkte, für deren Konvergenz Bedingungen angegeben werden können (s. Lit [19.26]). Man kann das Verfahren, das die Grundidee des sogenannten REMES–Algorithmus wiedergibt, abbrechen, wenn z.B. von einem gewissen Iterationsindex μ an

$$|\varrho_\mu| = \max_{a\le x\le b}\left|f(x) - \sum_{i=0}^{n} a_i{}^{(\mu)} g_i(x)\right| \tag{19.190}$$

mit hinreichender Genauigkeit gilt.

19.6.3.3 Diskrete Tschebyscheff–Approximation und Optimierung

Von der stetigenTSCHEBYSCHEFFschen Approximationsaufgabe

$$\max_{a\le x\le b}\left|f(x) - \sum_{i=0}^{n} a_i g_i(x)\right| = \text{Min} \tag{19.191}$$

kommt man zur zugehörigen diskreten Aufgabe, indem man N Stützstellen x_ν ($\nu = 1, 2, \ldots, N$; $N \ge n+2$) mit der Eigenschaft $a \le x_1 < x_2 \cdots < x_N \le b$ wählt und

$$\max_{\nu=1,2,\ldots,N}\left|f(x_\nu) - \sum_{i=0}^{n} a_i g_i(x_\nu)\right| = \text{Min} \tag{19.192}$$

fordert. Substituiert man

$$\gamma = \max_{\nu=1,2,\ldots,N}\left|f(x_\nu) - \sum_{i=0}^{n} a_i g_i(x_\nu)\right| , \tag{19.193}$$

dann folgt daraus unmittelbar

$$\left|f(x_\nu) - \sum_{i=0}^{n} a_i g_i(x_\nu)\right| \ge \gamma \qquad (\nu = 1, 2, \ldots, N) . \tag{19.194}$$

Durch Auflösen der Beträge in (19.194) erhält man ein System von linearen Ungleichungen für die Koeffizienten a_i und γ, so daß aus (19.192) die lineare Optimierungsaufgabe (s.S. 709)

$$\gamma = \text{Min} \qquad \text{bei} \quad \begin{cases} \gamma + \sum\limits_{i=0}^{n} a_i g_i(x_\nu) \ge f(x_\nu) \\ \gamma - \sum\limits_{i=0}^{n} a_i g_i(x_\nu) \ge -f(x_\nu) \end{cases} \qquad (\nu = 1, 2, \ldots, N) \tag{19.195}$$

wird. (19.195) besitzt eine Minimallösung mit $\gamma > 0$. Für eine hinreichend große Anzahl N von Stützstellen kann unter bestimmten Bedingungen die Lösung der diskreten Aufgabe als Näherung für die Lösung der stetigen Aufgabe angesehen werden.

Verwendet man an Stelle der linearen Näherungsfunktion $g(x) = \sum\limits_{i=0}^{n} a_i g_i(x)$ eine Näherungsfunktion $g(x) = g(x; a_0, a_1, \ldots, a_n)$, die nichtlinear von den Parametern $a_0, a_1, \ldots, a_n$ abhängt, dann erhält man in analoger Weise eine Optimierungsaufgabe, und zwar eine *nichtlineare Optimierungsaufgabe*, die in der Regel schon bei einfachen nichtlinearen Ansätzen nicht konvex ist. Das ist eine wesentliche Einschränkung im Hinblick auf die Wahl numerischer Lösungsverfahren für nichtlineare Optimierungsaufgaben (s.S. 726).

19.6.4 Harmonische Analyse

Eine formelmäßig oder empirisch gegebene periodische Funktion $f(x)$ mit der Periode 2π ist durch ein *trigonometrisches Polynom* der Form

$$g(x) = \frac{a_0}{2} + \sum_{k=1}^{n}(a_k \cos kx + b_k \sin kx) , \tag{19.196}$$

wobei die Koeffizienten a_0, a_k und b_k reell sein sollen, zu approximieren. Die Bestimmung der Ansatzkoeffizienten ist Gegenstand der harmonischen Analyse.

19.6.4.1 Formeln zur trigonometrischen Interpolation

1. Formeln für die FOURIER–Koeffizienten

Da das Funktionensystem $1, \cos kx, \sin kx$ $(k = 1, 2, \ldots, n)$ bzgl. des Intervalls $[0, 2\pi]$ und bzgl. der Gewichtsfunktion $\omega \equiv 1$ orthogonal ist, erhält man durch Anwendung der Fehlerquadratmethode im stetigen Fall gemäß (19.158) für die Ansatzkoeffizienten die Formeln

$$a_k = \frac{1}{\pi}\int_0^{2\pi} f(x)\cos kx\,dx\,, \quad b_k = \frac{1}{\pi}\int_0^{2\pi} f(x)\sin kx\,dx\,, \qquad (k = 0, 1, 2, \ldots, n). \tag{19.197}$$

Die Koeffizienten a_k, b_k, die nach der Formel (19.197) berechnet werden, heißen FOURIER–*Koeffizienten* der periodischen Funktion $f(x)$ (s. S.315).
Lassen sich die in (19.197) auftretenden Integrale nicht mehr elementar oder nur mit großem Rechenaufwand integrieren oder ist die Funktion $f(x)$ nur punktweise bekannt, dann kann man die FOURIER–Koeffizienten näherungsweise durch numerische Integration ermitteln.
Durch die Anwendung der Trapezformel (s.S. 761) mit den gleichabständigen N Stützstellen

$$x_\nu = \nu h \qquad (\nu = 0, 1, \ldots, N), \quad h = \frac{2\pi}{N} \tag{19.198}$$

erhält man die Näherungsformeln

$$a_k \approx \tilde{a}_k = \frac{2}{N}\sum_{\nu=1}^{N} f(x_\nu)\cos kx_\nu\,, \quad b_i \approx \tilde{b}_k = \frac{2}{N}\sum_{\nu=1}^{N} f(x_\nu)\sin kx_\nu\,, \quad (k = 0, 1, 2, \ldots, n). \tag{19.199}$$

Im vorliegenden Fall periodischer Funktionen ist die Trapezformel in die sehr einfache Rechteckregel übergegangen. Diese ist hier von großer Genauigkeit, denn es gilt:
Ist $f(x)$ periodisch und $(2m + 2)$–mal stetig differenzierbar, dann hat die Trapezformel die Fehlerordnung $O(h^{2m+2})$.

2. Trigonometrische Interpolation

Einige spezielle trigonometrische Polynome, die mit den Näherungskoeffizienten $\tilde{a}_k$ und $\tilde{b}_k$ gebildet werden, haben wichtige Approximationseigenschaften. Zwei davon sind:

1. Interpolation Es sei $N = 2n$. Das spezielle trigonometrische Polynom

$$\tilde{g}_1(x) = \frac{1}{2}\tilde{a}_0 + \sum_{k=1}^{n-1}(\tilde{a}_k\cos kx + \tilde{b}_k\sin kx) + \frac{1}{2}\tilde{a}_n\cos nx \tag{19.200}$$

mit den Koeffizienten (19.199) erfüllt an den Stützstellen x_ν (19.198) die Interpolationsbedingung

$$\tilde{g}_1(x_\nu) = f(x_\nu) \qquad (\nu = 1, 2, \ldots, N). \tag{19.201}$$

Infolge der Periodizität von $f(x)$ ist $f(x_0) = f(x_N)$.

2. Approximation im Mittel Es sei $N = 2n$. Das spezielle trigonometrische Polynom

$$\tilde{g}_2(x) = \frac{1}{2}\tilde{a}_0 + \sum_{k=1}^{m}(\tilde{a}_k\cos kx + \tilde{b}_k\sin kx) \tag{19.202}$$

mit $m < n$ und den Koeffizienten (19.199) approximiert die Funktion $f(x)$ im diskreten quadratischen Mittel bzgl. der N Stützstellen x_ν (19.198), d.h., die Fehlerquadratsumme

$$\sum_{\nu=1}^{N}\left[f(x_\nu) - \tilde{g}_2(x_\nu)\right]^2 \qquad \text{ist minimal.} \tag{19.203}$$

Die Formeln (19.199) bilden den Ausgangspunkt für verschiedene Verfahren zur effektiven Berechnung der FOURIER–Koeffizienten.

19.6.4.2 Schnelle Fourier–Transformation (FFT)

Die Summen, die in den Formeln (19.199) auftreten, kommen auch im Zusammenhang mit der diskreten FOURIER–Transformation, z.B. in der Elektrotechnik, in der Impuls- und vor allem in der Bildverarbeitung, vor. Dabei kann N sehr groß sein, so daß die betreffenden Summen äußerst rationell berechnet werden müssen, denn die Berechnung der N Näherungswerte (19.199) für die FOURIER–Koeffizienten erfordert etwa N^2 Additionen und Multiplikationen. Für den Spezialfall $N = 2^p$ läßt sich jedoch mit Hilfe der sogenannten *Schnellen* FOURIER–*Transformation FFT* (Fast FOURIER Transformation) die Anzahl der Multiplikationen von $N^2 = 2^{2p}$ auf $pN = p2^p$ senken. Die Größenordnung dieser Reduzierung erkennt man an dem Zahlenbeispiel

p	N^2	pN
10	$\sim 10^6$	$\sim 10^4$
20	$\sim 10^{12}$	$\sim 10^7$

(19.204)

Dadurch sinkt der Rechenaufwand und damit auch die Rechenzeit so stark ab, daß für einige wichtige Anwendungsgebiete bereits der Einsatz kleinerer Computer ausreicht.
Die FFT nutzt die Eigenschaften der N–ten Einheitswurzel, d.h. der Lösungen der Gleichung $z^N = 1$, aus, um die Summanden in (19.199) suksessiv zusammenzufassen.
Eine ausführliche Darstellung dieser Vorgehensweise s. Lit. [19.23], [19.13], [19.12].

19.7 Darstellung von Kurven und Flächen mit Hilfe von Splines

19.7.1 Kubische Splines

Da Interpolations- und Ausgleichspolynome höheren Grades in der Regel unerwünschte Oszillationen zeigen, ist es zweckmäßig, das Approximationsintervall durch sog. *Knoten* in Teilintervalle zu zerlegen und auf jedem dieser Teilintervalle die Approximation durch relativ einfache Funktionen vorzunehmen. In der Praxis werden dazu vor allem kubische Polynome verwendet. Bei dieser stückweisen Approximation ist ein glatter Übergang der Teilfunktionen an den Knoten zu gewährleisten.

19.7.1.1 Interpolationssplines

1. Definition der kubischen Interpolationssplines

Es seien N Interpolationspunkte (x_i, f_i) $(i = 1, 2, \ldots, N)$ gegeben. Der *kubische Interpolationsspline* $S(x)$ ist durch folgende Eigenschaften eindeutig festgelegt:
1. $S(x)$ erfüllt die Interpolationsbedingung $S(x_i) = f_i$ $(i = 1, 2, \ldots, N)$.
2. $S(x)$ ist in jedem Teilintervall $[x_i, x_{i+1}]$ $(i = 1, 2, \ldots, N-1)$ ein Polynom vom Grad≤ 3.
3. $S(x)$ ist 2mal stetig differenzierbar im gesamten Approximationsintervall $[x_1, x_N]$.
4. $S(x)$ erfüllt spezielle Randbedingungen:
  a) $S''(x_1) = S''(x_N) = 0$ (man spricht dann von *natürlichen Splines*) oder
  b) $S'(x_1) = f_1{}'$, $S'(x_N) = f_N{}'$ ($f_1{}'$ und $f_N{}'$ sind gegebene Werte) oder
  c) $S(x_1) = S(x_N)$, falls $f_1 = f_N$, und $S'(x_1) = S'(x_N)$ sowie $S''(x_1) = S''(x_N)$ (man spricht dann von *periodischen Splines*).

Aus diesen Eigenschaften folgt, daß $S(x)$ unter allen 2mal stetig differenzierbaren Funktionen $g(x)$, die die Interpolationsbedingung $g(x_i) = f_i$ $(i = 1, 2, \ldots, N)$ erfüllen, dadurch ausgezeichnet ist, daß

$$\int_{x_1}^{x_N} [S''(x)]^2\,dx \leq \int_{x_1}^{x_N} [g''(x)]^2\,dx \tag{19.205}$$

gilt *(Satz von* HOLLADAY*)*. Man sagt auf Grund von (19.205), $S(x)$ hat *minimale Gesamtkrümmung*, da für die Krümmung κ einer ebenen Kurve in erster Näherung $\kappa \approx S''$ gilt (s.S. 197). Darüber hinaus läßt sich zeigen: Legt man durch die Punkte (x_i, f_i) $(i = 1, 2, \ldots, N)$ ein dünnes, elastisches Lineal (engl. Spline), so wird seine Biegelinie durch den kubischen Interpolationsspline $S(x)$ beschrieben.

2. Bestimmung der Spline–Koeffizienten

Für den kubischen Interpolationsspline $S(x)$ wird der Ansatz für $x \in [x_i, x_{i+1}]$

$$S(x) = S_i(x) = a_i + b_i(x - x_i) + c_i(x - x_i)^2 + d_i(x - x_i)^3 \qquad (i = 1, 2, \ldots, N-1) \tag{19.206}$$

gemacht. Die Länge der Teilintervalle wird mit $h_i = x_{i+1} - x_i$ bezeichnet. Zur Bestimmung der Ansatzkoeffizienten für den natürlichen Spline kann man wie folgt vorgehen:

1. Aus der Interpolationsforderung folgt

$$a_i = f_i \qquad (i = 1, 2, \ldots, N-1). \tag{19.207}$$

Es ist zweckmäßig, den im Ansatz nicht auftretenden Koeffizienten a_N einzuführen und $a_N = f_N$ zu setzen.

2. Die Stetigkeit von $S''(x)$ an den inneren Knoten führt zu

$$d_{i-1} = \frac{c_i - c_{i-1}}{3h_{i-1}} \qquad (i = 2, 3, \ldots, N-1). \tag{19.208}$$

Aus den natürlichen Randbedingungen folgt $c_1 = 0$, und (19.208) gilt auch für $i = N$, wenn man c_N einführt und $c_N = 0$ setzt.

3. Die Stetigkeit von $S(x)$ an den inneren Knoten führt zu

$$b_{i-1} = \frac{a_i - a_{i-1}}{h_{i-1}} - \frac{2c_{i-1} + c_i}{3} h_{i-1} \qquad (i = 2, 3, \ldots, N). \tag{19.209}$$

4. Die Stetigkeit von $S'(x)$ an den inneren Knoten ergibt

$$c_{i-1}h_{i-1} + 2(h_{i-1} + h_i)c_i + c_{i+1}h_i = 3\left(\frac{a_{i+1} - a_i}{h_i} - \frac{a_i - a_{i-1}}{h_{i-1}}\right) \qquad (i = 2, 3, \ldots, N-1). \tag{19.210}$$

Wegen (19.207) ist die rechte Seite des linearen Gleichungssystems (19.210) zur Bestimmung der Koeffizienten c_i $(i = 2, 3, \ldots, N-1;\ c_1 = c_N = 0)$ bekannt. Die linke Seite hat folgende Gestalt:

$$\begin{pmatrix} 2(h_1+h_2) & h_2 & & & & \\ h_2 & 2(h_2+h_3) & h_3 & & \mathbf{0} & \\ & h_3 & 2(h_3+h_4) & h_4 & & \\ & & \ddots & \ddots & \ddots & \\ & \mathbf{0} & & & & h_{N-2} \\ & & & & h_{N-2} & 2(h_{N-2}+h_{N-1}) \end{pmatrix} \begin{pmatrix} c_2 \\ c_3 \\ c_4 \\ \vdots \\ \\ c_{N-1} \end{pmatrix} \tag{19.211}$$

Die Koeffiientenmatrix ist *tridiagonal*, so daß sich das Gleichungssystem (19.210) durch eine LR–Zerlegung (s.S. 753) sehr einfach numerisch lösen läßt. Aus den Koeffizienten c_i erhält man über (19.209) und (19.208) die restlichen Koeffizienten.

19.7.1.2 Ausgleichssplines

In der Praxis sind die gegebenen Werte f_i häufig Meßwerte, also fehlerbehaftet. In diesem Fall ist die Interpolationsforderung unzweckmäßig. Man führt deshalb den *kubischen Ausgleichsspline* ein. Er entsteht, wenn man beim kubischen Interpolationsspline die Interpolationsforderung durch

$$\sum_{i=1}^{N} \left[\frac{f_i - S(x_i)}{\sigma_i}\right]^2 + \lambda \int_{x_1}^{x_N} [S''(x)]^2\, dx = \text{Min} \tag{19.212}$$

ersetzt. Die Forderung nach Stetigkeit von S, S' und S'' bleibt erhalten, so daß sich zur Bestimmung der Spline–Koeffizienten eine Extremwertaufgabe mit Nebenbedingungen in Gleichungsform ergibt. Die Lösung erfolgt mit Hilfe einer LAGRANGE–Funktion (s.S. 297). Einzelheiten s. Lit. [19.27], [19.28].

In (19.212) stellt λ $(\lambda \geq 0)$ einen *Glättungsparameter* dar, der vorgegeben werden muß. Für $\lambda = 0$ ergibt sich als Spezialfall der kubische Interpolationsspline, für „große" λ erhält man eine glatte Näherungskurve, die dafür aber die Meßpunkte nur ungenau wiedergibt, und für $\lambda = \infty$ ergibt sich schließlich als weiterer Spezialfall die Ausgleichsgerade. Eine geeignete Wahl von λ kann am Computer im

Bildschirmdialog erfolgen.
Die Parameter σ_i ($\sigma_i > 0$) in (19.212) stellen die *Standardabweichungen* (s.S. 652) der Meßfehler dar, mit denen die Meßwerte f_i ($i = 1, 2, \ldots, N$) evtl. behaftet sind.
Bei den bisher betrachteten kubischen Interpolations- und Ausgleichssplines waren die Abszissen der Interpolations- bzw. Meßpunkte identisch mit den Knoten der Spline–Funktion. Das hat zur Folge, daß bei großem N der Spline aus einer sehr großen Anzahl von kubischen Ansatzfunktionen (19.206) besteht. Es liegt nahe, Anzahl und Lage der Knotenpunkte frei zu wählen, da man in der Praxis meist mit wesentlich weniger Spline–Stücken auskommt. Darüber hinaus ist es numerisch günstiger, an Stelle des Ansatzes (19.206) Splines in der Form

$$S(x) = \sum_{i=1}^{r+2} a_i N_{i,4}(x) \tag{19.213}$$

anzusetzen. Dabei ist r die Anzahl der frei gewählten Knoten, und mit $N_{i,4}(x)$ werden die sog. *normalisierten B–Splines* (*Basis–Splines*) der Ordnung 4, d.h. vom Polynomgrad 3, zum i–ten Knoten bezeichnet. Ausführungen dazu s. Lit. [19.3].

19.7.2 Bikubische Splines

Bikubische Splines werden zur Lösung der folgenden Aufgabe verwendet:
Ein Rechtecksbereich R der x, y–Ebene, gegeben durch $a \le x \le b$, $c \le y \le d$, werde durch die *Gitterpunkte* (x_i, y_i) ($i = 0, 1, \ldots, n$; $j = 0, 1, \ldots, m$) mit

$$a = x_0 < x_1 < \cdots < x_n \le b, \qquad c = y_0 < y_1 < \cdots < y_m = b \tag{19.214}$$

in die *Maschen* R_{ij} zerlegt, wobei die Masche R_{ij} aus den Punkten (x, y) mit $x_i \le x \le x_{i+1}$, $y_i \le y \le y_{i+1}$ ($i = 0, 1, \ldots, n-1$; $j = 0, 1, \ldots, m-1$) besteht. In den Gitterpunkten seien von der Funktion $f(x, y)$ die Funktionswerte

$$f(x_i, y_i) = f_{ij} \qquad (i = 0, 1, \ldots, n;\ j = 0, 1, \ldots, m) \tag{19.215}$$

gegeben. Gesucht ist eine möglichst einfache, glatte Fläche über R, welche die Punkte (19.215) approximiert.

19.7.2.1 Bikubische Interpolationssplines

Der bikubische Interpolationsspline $S(x, y)$ ist durch folgende Eigenschaften eindeutig festgelegt:
1. $S(x, y)$ erfüllt die Interpolationsbedingung

$$S(x_i, y_i) = f_{ij} \qquad (i = 0, 1, \ldots, n;\ j = 0, 1, \ldots, m). \tag{19.216}$$

2. Auf jeder Masche R_{ij} des Rechteckbereiches R ist $S(x, y)$ identisch mit einem bikubischen Polynom, d.h., es gilt die Darstellung

$$S(x, y) = S_{ij}(x, y) = \sum_{k=0}^{3} \sum_{l=0}^{3} a_{ijkl}(x - x_i)^k (y - y_j)^l\,. \tag{19.217}$$

Damit wird $S_{ij}(x, y)$ durch 16 Ansatzkoeffizienten repräsentiert, und für die Beschreibung von $S(x, y)$ sind $16 \cdot m \cdot n$ Koeffizienten notwendig.
3. Die Ableitungen

$$\frac{\partial S}{\partial x}, \quad \frac{\partial S}{\partial y}, \quad \frac{\partial^2 S}{\partial x \partial y} \tag{19.218}$$

sind stetig auf R. Damit wird eine gewisse Glattheit der gesuchten Fläche gewährleistet.
4. $S(x, y)$ erfüllt spezielle Randbedingungen:

$$\begin{aligned} &\frac{\partial S}{\partial x}(x_i, y_i) = p_{ij} \qquad \text{für} \quad i = 0, n;\ j = 0, 1, \ldots, m; \\ &\frac{\partial S}{\partial y}(x_i, y_i) = q_{ij} \qquad \text{für} \quad i = 0, 1, \ldots, n;\ j = 0, m; \end{aligned} \tag{19.219}$$

$$\frac{\partial^2 S}{\partial x \partial y}(x_i, y_i) = r_{ij} \qquad \text{für} \quad i = 0, n;\ j = 0, m.$$

Dabei sind p_{ij}, q_{ij} und r_{ij} vorgegebene Zahlenwerte.
Bei der Bestimmung der Ansatzkoeffizienten a_{ijkl} können die Ergebnisse der eindimensionalen kubischen Spline–Interpolation ganz entscheidend ausgenutzt werden. Es zeigt sich:
1. Es ist eine sehr große Anzahl $(2n + m + s)$ linearer Gleichungssyteme, aber nur mit tridiagonaler Koeffizientenmatrix, zu lösen.
2. Die linearen Gleichungssysteme unterscheiden sich im wesentlichen nur durch ihre rechten Seiten.
Man kann im allgemeinen sagen, bikubische Interpolationssplines sind günstig bzgl. Rechenzeit und Genauigkeit und damit recht gut geeignet für viele praktische Anwendungen. Zur rechentechnischen Realisierung der Koeffizientenbestimmung s. Lit. [19.5], [19.25].

1. Tensorprodukt–Ansätze

Der bikubische Spline–Ansatz (19.217) ist ein Beispiel für einen sog. *Tensorprodukt*–Ansatz, der die Form

$$S(x, y) = \sum_{i=0}^{n} \sum_{j=0}^{m} a_{ij} g_i(x) h_j(y) \tag{19.220}$$

hat und vor allem für Approximationen über Rechteckgittern geeignet ist. Die Funktionen $g_i(x)$ $(i = 0, 1, \ldots, n)$ und $h_j(y)$ $(j = 0, 1, \ldots, m)$ bilden zwei linear unabhängige Funktionssysteme. Tensorprodukt–Ansätze haben in numerischer Hinsicht den großen Vorteil, daß sich z.B. die Lösung der zweidimensionalen Interpolationsaufgabe (19.216) auf die Lösung von eindimensionalen Aufgaben zurückführen läßt. Darüber hinaus gilt: Die zweidimensionale Interpolationsaufgabe (19.216) ist mit dem Ansatz (19.220) eindeutig lösbar, wenn
1. die eindimensionalen Interpolationsaufgaben mit den Ansatzfunktionen $g_i(x)$ bzgl. der Stützstellen $x_0, x_1, \ldots, x_n$ und
2. die eindimensionalen Interpolationsaufgaben mit den Ansatzfunktionen $h_j(y)$ bzgl. der Stützstellen $y_0, y_1, \ldots, y_n$ eindeutig lösbar sind.
Ein wichtiger Tensorprodukt–Ansatz ist der mit kubischen B–Splines:

$$S(x, y) = \sum_{i=1}^{r+2} \sum_{j=1}^{p+2} a_{ij} N_{i,4}(x) N_{j,4}(y)\,. \tag{19.221}$$

Dabei sind die Funktionen $N_{i,4}(x)$ und $N_{j,4}(y)$ normalisierte B–Splines der Ordnung 4. Mit r wird die Anzahl der Knoten bzgl. x, mit p die Anzahl der Knoten bzgl. y bezeichnet. Die Knoten sind frei wählbar, aber für die Lösbarkeit der Interpolationsaufgabe müssen gewisse Bedingungen an die Lage der Knoten und die der Stützstellen der Interpolation gestellt werden.
B–Spline–Ansätze führen bei der Lösung von Interpolationsaufgaben auf Gleichungssysteme, deren Koeffizientenmatrizen Bandstruktur haben, also von numerisch günstiger Struktur sind.
Lösungen für verschiedene Interpolationsaufgaben mit Hilfe von bikubischen B–Spline–Ansätzen s. Lit. [19.12].

19.7.2.2 Bikubische Ausgleichssplines

Der eindimensionale kubische Ausgleichsspline wird im wesentlichen durch die Extremalforderung (19.212) charakterisiert. Für den zweidimensionalen Fall könnte eine ganze Reihe entsprechender Extremalforderungen aufgestellt werden, aber nur ganz bestimmte ermöglichen die eindeutige Existenz einer Lösung.
Geeignete Extremalforderungen und Algorithmen zur Lösung von Ausgleichsaufgaben mit bikubischen B–Splines s. Lit [19.18], [19.17].

19.7.3 Bernstein–Bézier–Darstellung von Kurven und Flächen

Die BERNSTEIN–BÉZIER–Darstellung (kurz B–B–Darstellung) von Kurven und Flächen verwendet die BERNSTEIN*schen Grundpolynome*

$$B_{i,n}(t) = \binom{n}{i} t^i(1-t)^{n-i} \qquad (i = 0, 1, \ldots, n) \tag{19.222}$$

und nutzt vor allem die folgenden Eigenschaften aus:

1. $0 \le B_{i,n}(t) \le 1 \quad$ für $\quad 0 \le t \le 1\,,$ (19.223)

2. $\sum\limits_{i=0}^{n} B_{i,n}(t) = 1\,.$ (19.224)

Die Formel (19.224) folgt unmittelbar aus dem Binomischen Satz.
Im folgenden werde eine Raumkurve, deren Parameterdarstellung $x = x(t)$, $y = y(t)$, $z = z(t)$ lautet, vektoriell durch

$$\vec{\mathbf{r}} = \vec{\mathbf{r}}(t) = x(t)\,\vec{\mathbf{e}}_x + y(t)\,\vec{\mathbf{e}}_y + z(t)\,\vec{\mathbf{e}}_z \tag{19.225}$$

beschrieben. Dabei ist t der Kurvenparaneter. Die entsprechende Darstellung für eine Fläche lautet

$$\vec{\mathbf{r}} = \vec{\mathbf{r}}(u,v) = x(u,v)\,\vec{\mathbf{e}}_x + y(u,v)\,\vec{\mathbf{e}}_y + z(u,v)\,\vec{\mathbf{e}}_z\,. \tag{19.226}$$

Dabei sind u und v die Flächenparameter.

19.7.3.1 Prinzip der B–B–Kurvendarstellung

Gegeben seien $n+1$ Eckpunkte P_i $(i = 0, 1, \ldots, n)$ mit den Ortsvektoren $\vec{\mathbf{P}}_i$ eines räumlichen Polygons, das in diesem Zusammenhang als *Stützpolygon* bezeichnet wird. Durch die Vorschrift

$$\vec{\mathbf{r}}(t) = \sum_{i=0}^{n} B_{i,n}(t)\vec{\mathbf{P}}_i \tag{19.227}$$

wird diesen Punkten eine Raumkurve, die sog. B–B–Kurve zugeordnet. Wegen (19.224) kann (19.227) als „variable Konvexkombination“ der gegebenen Punkte aufgefaßt werden. Die Raumkurve (19.227) hat folgende wichtige Eigenschaften:

1. Die Punkte P_0 und P_n werden interpoliert.

2. Die Vektoren $\overrightarrow{P_0P_1}$ und $\overrightarrow{P_{n-1}P_n}$ sind Tangenten von $\vec{\mathbf{r}}(t)$ in P_0 bzw. P_n.

Den Zusammenhang zwischen Stützpolygon und B–B–Kurve zeigt **Abb.19.9**.

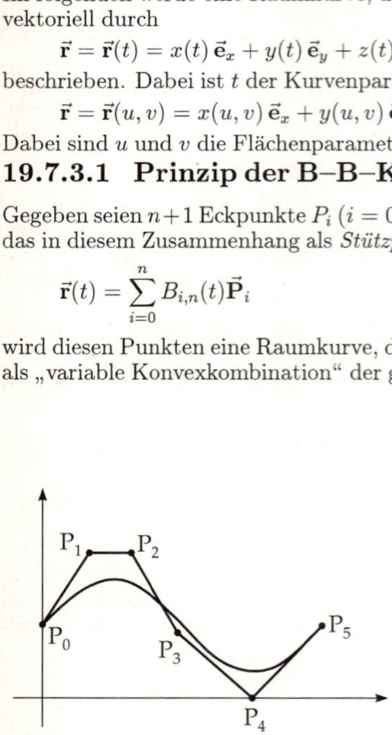

Abbildung 19.9

Die B–B–Darstellung wird vor allem für den Entwurf von Kurven eingesetzt, da man durch die Änderung von Polygonecken den Kurvenverlauf auf sehr einfache Weise beeinflussen kann.
Häufig werden an Stelle der BERNSTEINschen Grundpolynome normalisierte B–Splines verwendet. Die zugehörigen Raumkurven heißen dann B–Spline–Kurven. Ihr Verlauf entspricht prinzipiell dem der B–B–Kurven, aber sie haben folgende Vorteile gegenüber diesen:

1. Das Stützpolygon wird besser approximiert.
2. Bei Änderung von Polygoneckpunkten ändert sich die B–Spline–Kurve nur lokal.
3. Neben der lokalen Änderung des Kurvenverlaufs kann auch die Differenzierbarkeit beeinflußt werden. So lassen sich z.B. auch Knicke und Geradenstücke erzeugen.

19.7.3.2 B–B–Flächendarstellung

Gegeben seien Punkte P_{ij} $(i = 0, 1, \ldots, n;\ j = 0, 1, \ldots, m)$ mit den Ortsvektoren $\vec{\mathbf{P}}_{ij}$, die als Netzpunkte einer Fläche längs Parameterlinien aufgefaßt werden können. Analog zu den B–B–Kurven

(19.227) ordnet man den Netzpunkten durch

$$\vec{\mathbf{r}}(u,v) = \sum_{i=0}^{n}\sum_{j=0}^{m} B_{i,n}(u)B_{j,m}(v)\vec{\mathbf{P}}_{ij} \tag{19.228}$$

eine Fläche zu. Die Darstellung (19.228) ist für den Flächenentwurf geeignet, da auf einfache Weise durch die Veränderung von Netzpunkten eine Variation der Fläche möglich ist. Allerdings ist der Einfluß aller Netzpunkte global, so daß man auch in (19.228) von den BERNSTEINschen Grundpolynomen zu B–Splines übergehen sollte.

19.8 Nutzung von Computern

19.8.1 Interne Zeichendarstellung

Computer sind zeichenverarbeitende Maschinen. Die Interpretation und Verarbeitung dieser Zeichen wird durch die verwendete Software (Programm) festgelegt und gesteuert. Die externen Zeichen, Buchstaben, Ziffern und Sonderzeichen werden intern im Binärcode in Form von Bitfolgen dargestellt. Ein *Bit* (Binary Digit) ist die kleinste darstellbare Informationseinheit mit den Werten 0 und 1. Acht Bit werden zur nächsthöheren Einheit, dem *Byte*, zusammengefaßt. In einem Byte können 2^8 Bitkombinationen erzeugt werden, die ihrerseits 256 Zeichen zugeordnet werden können. Eine solche Zuordnung bezeichnet man als *Code*. Es gibt verschiedene Codes, einer der weit verbreiteten ist der erweiterte *ASCII* (**A**merican **S**tandard **C**ode for **I**nformation **I**nterchange).

19.8.1.1 Zahlensysteme

1. Bildungsgesetz

Zahlen werden in Computern in mehreren aufeinanderfolgenden Bytes dargestellt. Basis für die interne Darstellung bildet das Dualsystem, welches, wie auch das Dezimalsystem, zu den polyadischen Zahlensystemen gehört.
Das Bildungsgesetz für polyadische Zahlensysteme lautet

$$a = \sum_{i=-m}^{n} z_i B^i \qquad m > 0,\ n \geq 0,\ \text{ganz} \tag{19.229}$$

mit B als Basis und z_i ($0 \leq z_i < B$) als zugelassene Ziffern des Zahlensystems. Die Stellen $i \geq 0$ bilden den ganzen, die mit $i < 0$ den gebrochenen Teil der Zahl.
Im Zusammenhang mit der Nutzung von Computern sind die in **Tabelle19.1** aufgeführten *Zahlensysteme* gebräuchlich.

Tabelle 19.1 Zahlensysteme

Zahlensystem	Basis	zulässige Ziffern
Dualsystem	2	0,1
Oktalsystem	8	0,1,2,3,4,5,6,7
Hexadezimalsystem (Sedezimalsystem)	16	0,1,2,3,4,5,6,7,8,9,A,B,C,D,E,F (Die Buchstaben A–F stehen für die Werte 10–15)
Dezimalsystem	10	0,1,2,3,4,5,6,7,8,9

2. Konvertierung

Die Umrechnung von einem Zahlensystem in ein anderes wird als *Konvertierung* bezeichnet. Werden mehrere Zahlensysteme gleichzeitig benutzt, so ist es zur Vermeidung von Irrtümern üblich, die Basis als Index anzuhängen.

■ Für die Dezimalzahl 139.8125 ergibt sich dann
$139.8125_{10} = 10001011.1101_2 = 213.64_8 = 8B.D_{16}$.

Hinweis: Die Konvertierung von Dualzahlen in Oktal- bzw. Hexadezimalzahlen ist einfach dadurch möglich, daß man vom Punkt ausgehend nach links und rechts Gruppen von drei bzw. vier Bits bildet und den Wert derselben bestimmt. Diese Werte sind dann die Ziffern des Oktal- bzw. Hexadezimalsystems.

Für die Konvertierung vom Dezimal- in eines der anderen Systeme gelten für den ganzen und den gebrochenen Teil der Dezimalzahl folgende Algorithmen:

1. Ganzer Teil Ist G die ganze Zahl im Dezimalsystem, dann gilt für das Zahlensystem mit der Basis B das bereits genannte Bildungsgesetz

$$G = \sum_{i=0}^{n} z_i B^i \qquad (n \geq 0). \tag{19.230}$$

Dividiert man G durch B, so erhält man einen ganzzahligen Teil (die Summe) und einen Rest:

$$\frac{G}{B} = \sum_{i=1}^{n} z_i B^{i-1} + \frac{z_0}{B}. \tag{19.231}$$

Dabei nimmt z_0 die Werte $0, 1, \ldots, B-1$ an und ist die niederwertige Ziffer des Zahlensystems. Wendet man das Verfahren jetzt auf die abgespaltete Summe wiederholt an, so ergeben sich die weiteren Ziffern.

2. Gebrochener Teil Ist g ein echter Dezimalbruch, so lautet die Vorschrift für die Konvertierung in das Zahlensystem mit der Basis B jetzt

$$gB = z_{-1} + \sum_{i=2}^{m} z_{-i} B^{-i+1}. \tag{19.232}$$

Die wiederholte Anwendung auf die entstehenden Summen liefert die Werte $z_{-2}, z_{-3}, \ldots$

■ **A:** Umwandlung der Dezimalzahl 139 in eine Dualzahl.

$139:2=69$	Rest	1	$(1=z_0)$
$69:2=34$	Rest	1	$(1=z_1)$
$34:2=17$	Rest	0	$(0=z_2)$
$17:2=8$	Rest	1	:
$8:2=4$	Rest	0	:
$4:2=2$	Rest	0	:
$2:2=1$	Rest	0	:
$1:2=0$	Rest	1	$(1=z_7)$

$139_{10} = 10001011_2$

■ **B:** Umwandlung des Dezimalbruchs 0.8125 in einen Dualbruch.

$0.8125 \cdot 2 = 1.625$	$(1=z_{-1})$
$0.625 \cdot 2 = 1.25$	$(1=z_{-2})$
$0.25 \cdot 2 = 0.5$	$(0=z_{-3})$
$0.5 \cdot 2 = 1.0$	$(1=z_{-4})$
$0.0 \cdot 2 = 0.0$	

$0.8125_{10} = 0.1101_2$

Der Algorithmus für die Umwandlung eines Wertes aus dem Dual-, Oktal- oder Hexadezimalsystem in das Dezimalsystem lautet, wobei der Dezimalpunkt nach z_0 einzufügen ist:

$$a = \sum_{i=-m}^{n} z_i B^i \qquad (m > 0,\ n \geq 0,\ \text{ganz}) \tag{19.233}$$

Die Auflösung erfolgt dabei zweckmäßig mit dem HORNER–Schema.

19.8.1.2 Interne Zahlendarstellung

Dualzahlen werden im Computer in einem oder in mehreren Bytes dargestellt. Man unterscheidet dabei zwei Darstellungsformen, die *Festpunktzahlen* (Festkommazahlen) und die *Gleitpunktzahlen* (Gleitkommazahlen). Im ersten Fall steht der Dezimalpunkt an einer festen Stelle (bei ganzen Zahlen also nach der Einerstelle), im zweiten Fall „gleitet“ er mit der Änderung des Exponenten.

1. Festpunktzahlen

Der Wertebereich für Festpunktzahlen mit den angegebenen Parametern ergibt sich zu

$$0 \leq |\, a \,| \leq 2^t - 1. \tag{19.234}$$

Festpunktzahlen können in der folgenden Form dargestellt werden:

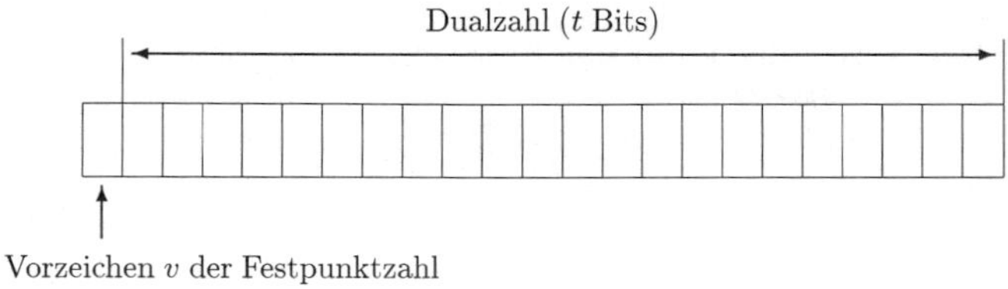

2. Gleitpunktzahlen

Für die Darstellung von Gleitpunktzahlen sind prinzipiell zwei verschiedene Formen üblich, wobei die interne Realisierung im Detail variieren kann.

1. Normalisierte halblogarithmische Form Bei der ersten Form werden die Vorzeichen für den Exponenten E und für die Mantisse M der Zahl a

$$a = \pm M B^{\pm E} \tag{19.235}$$

gesondert gespeichert. Dabei wird meist der Exponent E so gewählt, daß für die Mantisse die Bedingung $1/B \leq M < 1$ gilt. Man spricht dann von der *normalisierten halblogarithmischen Form.*

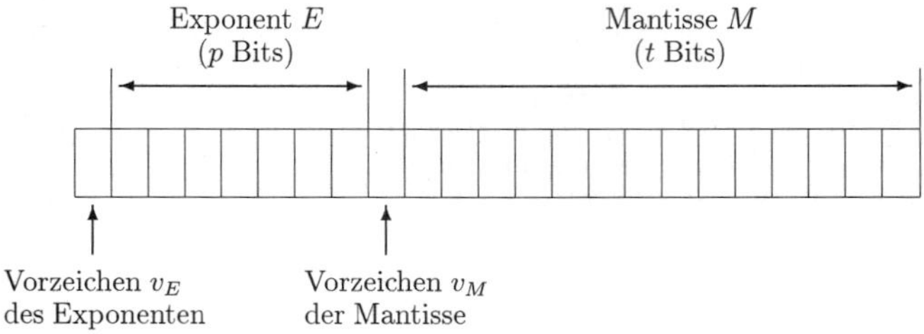

Mit den angegebenen Parametern ergibt sich folgender absoluter Wertebereich für die Gleitpunktzahlen:

$$2^{-2^p} \leq |\, a \,| \leq \left(1 - 2^{-t}\right) \cdot 2^{(2^p - 1)}\,. \tag{19.236}$$

2. IEEE–Standard Die zweite (heute übliche) Form der Gleitpunktdarstellung entspricht dem 1985 verabschiedeten *IEEE–Standard* (**I**nstitute of **E**lectrical and **E**lectronics **E**ngineers). Dieser befaßt sich mit der Normung der Rechnerarithmetik und enthält Festlegungen zu den Formaten, dem Rundungsverhalten, den arithmetischen Operatoren, der Konvertierung von Zahlenwerten, zu Vergleichsoperatoren und zur Behandlung von Ausnahmefällen, wie Bereichsüberschreitungen. Dort wird für die Gleitpunktzahl folgende Form festgelegt:

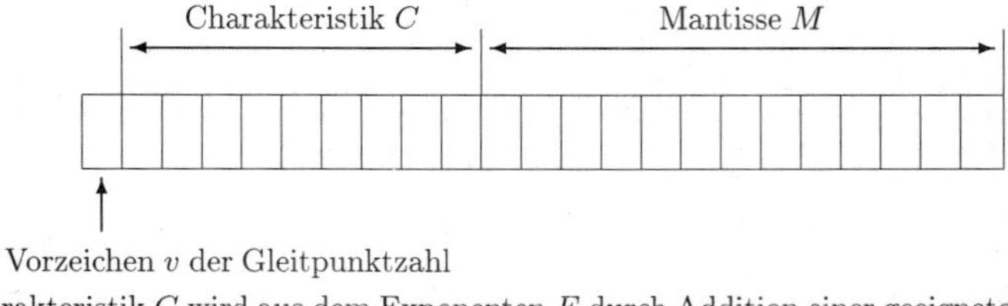

Die Charakteristik C wird aus dem Exponenten E durch Addition einer geeigneten Konstanten K gebildet. Diese wird so gewählt, daß für die Charakteristik nur positive Werte auftreten. Die darstellbare

Zahl lautet:

$$a = (-1)^v \cdot 2^E \cdot 1.b_1b_2 \ldots b_{t-1} \qquad \text{mit} \quad E = C - K\,. \tag{19.237}$$

Der Standard gibt zwei Basisformate (einfachgenaue und doppeltgenaue Gleitpunktzahlen) vor, läßt aber auch erweiterte Formate zu. **Tabelle19.2** enthält die Parameter für die Basisformate.

Tabelle 19.2 Parameter für die Basisformate

Parameter	einfachgenau	doppeltgenau
Wortlänge in Bits	32	64
maximaler Exponent E_{max}	+127	+1023
minimaler Exponent E_{min}	−127	−1022
Konstante K	+127	+1023
Anzahl Bits des Exponenten	8	11
Anzahl Bits der Mantisse	24	53

19.8.2 Numerische Probleme beim Rechnen auf Computern

19.8.2.1 Einführung

Für das Rechnen auf Computern gelten zwar prinzipiell die gleichen Gesichtspunkte wie beim Rechnen von Hand, jedoch werden diese durch die vorhandene begrenzte und feste Stellenzahl, durch die interne duale Darstellung der Zahlen und durch die fehlende Kritikfähigkeit des Computers gegenüber Fehlern verstärkt. Hinzu kommt noch, daß auf Computern im allgemeinen wesentlich umfangreichere Rechenprozesse ablaufen, als sie manuell möglich wären.

Daraus ergeben sich Fragen nach der Beurteilung und der Beeinflussung von Fehlern, nach der Auswahl des numerisch günstigsten Verfahrens unter mathematisch gleichwertigen, aber auch nach den Abbruchbedingungen eines Iterationsverfahrens.

In den folgenden Ausführungen werden für die Angabe von Fehlern die folgenden Bezeichnungen benutzt:

$$\Delta x = x - \tilde{x} = \epsilon(x), \quad (19.238) \qquad \text{absoluter Fehler:} \quad |\Delta x| = |x - \tilde{x}|. \tag{19.239}$$

$$\frac{\Delta x}{x} = \frac{x - \tilde{x}}{x} = \epsilon_{rel}(x), \quad (19.240) \qquad \text{relativer Fehler:} \quad \left|\frac{\Delta x}{x}\right| = \left|\frac{x - \tilde{x}}{x}\right|. \tag{19.241}$$

Dabei sind x die exakte Größe und $\tilde{x}$ ein Näherungswert derselben.

19.8.2.2 Normalisierte Dezimalzahlen und Rundung

1. Normalisierte Dezimalzahlen

Jede reelle Zahl $x \neq 0$ läßt sich als Dezimalzahl in der Form

$$x = \pm 0, b_1b_2 \ldots \cdot 10^E \quad (b_1 \neq 0) \tag{19.242}$$

darstellen. Dabei wird $0, b_1b_2 \ldots$ als *Mantisse* bezeichnet, die aus den Ziffern $b_i \in \{0, 1, 2, \ldots, 9\}$ gebildet wird. Die Zahl E ist eine ganze Zahl, der sogenannte Exponent zur Basis 10. Wegen $b_1 \neq 0$ bezeichnet man (19.242) als *normalisierte Dezimalzahl.*

Da in einem realen Computer nur mit endlich vielen Ziffern gearbeitet werden kann, muß man sich auf eine feste Zahl t von Mantissenziffern und auf einen festen Wertebereich für den Exponenten E beschränken. Dadurch wird aus der Zahl x gemäß (19.242) durch *Rundung*, wie sie beim praktischen Rechnen üblich ist, die Zahl

$$\tilde{x} = \begin{cases} \pm 0, b_1b_2 \cdots b_t \cdot 10^E & \text{für} \quad b_{t+1} \leq 5 \ \text{(Abrunden)}, \\ \pm(0, b_1b_2 \cdots b_t + 10^{-t})10^E & \text{für} \quad b_{t+1} > 5 \ \text{(Aufrunden)}, \end{cases} \tag{19.243}$$

d.h., für den durch Rundung verursachten absoluten Fehler gilt:

$$|\Delta x| = |x - \tilde{x}| \leq 0,5 \cdot 10^{-t} 10^E. \tag{19.244}$$

2. Grundoperationen des numerischen Rechnens

Jeder numerische Prozeß setzt sich letztlich aus einer Folge von Grundrechenoperationen zusammen. Probleme ergeben sich insbesondere durch die endliche Stellenzahl bei der Gleitpunktarithmetik. Diese sollen kurz betrachtet werden. Es sei vorausgesetzt, daß x und y normalisierte fehlerfreie Gleitkommazahlen gleichen Vorzeichens mit einem Wert $\neq 0$ sind.

$$x = m_1 B^{E_1}\,, \qquad y = m_2 B^{E_2} \qquad (19.245a)$$

$$\text{mit} \quad m_i = \sum_{k=1}^{t} a_{-k}^{(i)} B^{-k}\,, \quad a_{-1}^{(i)} \neq 0\,, \qquad (19.245b)$$

$$\text{und} \quad a_{-k}^{(i)} = 0 \quad \text{oder 1 oder} \ldots \text{ oder} \quad B-1 \quad \text{für} \quad k > 1 \quad (i = 1, 2). \qquad (19.245c)$$

1. Addition Für $E_1 > E_2$ erfolgt der Exponentenangleich an E_1, da wegen der Normalisierung nur eine Linksverschiebung des Punktes möglich ist. Die Mantissen werden addiert.

Ist $B^{-1} \leq | m_1 + m_2 B^{-(E_1 - E_2)} | < 2$ (19.246a) und $| m_1 + m_2 B^{-(E_1 - E_2)} | \geq 1$, (19.246b)

so erfolgt die Punktverschiebung um eine Stelle nach links bei gleichzeitiger Erhöhung des Exponenten um eins (Additionsüberlauf).

■ $0,9604 \cdot 10^3 + 0,5873 \cdot 10^2 = 0,9604 \cdot 10^3 + 0,05873 \cdot 10^3 = 1,01913 \cdot 10^3 = 0,1019 \cdot 10^4$

2. Subtraktion Der Exponentenangleich erfolgt wie bei der Addition, die Mantissen werden subtrahiert.

Ist $| m_1 - m_2 B^{-(E_1 - E_2)} | < 1 - B^{-t}$ (19.247a) und $| m_1 - m_2 B^{-(E_1 - E_2)} | < B^{-1}$, (19.247b)

so erfolgt die Punktverschiebung um maximal t Stellen nach rechts mit entsprechender Erniedrigung des Exponenten.

■ $0,1004 \cdot 10^3 - 0,9988 \cdot 10^2 = 0,1004 \cdot 10^3 - 0,09988 \cdot 10^3 = 0,00052 \cdot 10^3 = 0,5200 \cdot 10^0$

Das Beispiel zeigt den kritischen Fall der *Auslöschung* führender Nullen. Durch die beschränkte Stellenzahl (hier 4) werden außerdem von rechts Nullen eingeschleppt, die eine erhöhte Anzahl gültiger Ziffern vortäuschen.

3. Multiplikation Die Exponenten werden addiert und die Mantissen multipliziert. Ist

$$m_1 m_2 < B^{-1}\,, \qquad (19.248)$$

so wird der Dezimalpunkt bei gleichzeitiger Erniedrigung des Exponenten um eins um eine Stelle nach rechts verschoben (Multiplikationsunterlauf).

■ $0,3176 \cdot 10^3 \cdot 0,2504 \cdot 10^5 = 0,07952704 \cdot 10^8 = 0,7953 \cdot 10^7$

4. Division Die Exponenten werden subtrahiert und die Mantissen dividiert. Ist

$$\frac{m_1}{m_2} \geq B^{-1}\,, \qquad (19.249)$$

so wird der Dezimalpunkt bei gleichzeitiger Erhöhung des Exponenten um eins um eine Stelle nach links verschoben (Divisionsüberlauf).

■ $0,3176 \cdot 10^3 / 0,2504 \cdot 10^5 = 1,2683706 \ldots 10^{-2} = 0,1268 \cdot 10^{-1}$

5. Resultatfehler Der Resultatfehler bei den vier Grundrechenarten mit vorausgesetzten fehlerfreien Operanden resultiert dann lediglich aus der Rundung. Für den relativen Fehler gilt mit der Stellenzahl t und der Basis B die Schranke

$$\frac{B}{2} B^{-t}\,. \qquad (19.250)$$

6. Vermeidung der Auslöschung Es ist ersichtlich, daß die Subtraktion nahezu gleich großer Gleitkommazahlen die kritische Operation ist. Wenn möglich sollte in solchen Fällen durch Prioritätenänderungen oder andere Anordnung der Operanden die Reihenfolge der Operationen geändert werden.

19.8.2.3 Genauigkeitsfragen beim numerischen Rechnen

1. Fehlerarten

Numerische Verfahren sind fehlerbehaftet. Es gibt die folgenden Fehlerarten, aus denen sich der akkumulierte Fehler (Gesamtfehler) des Ergebnisses zusammensetzt **(Abb. 19.10)**:

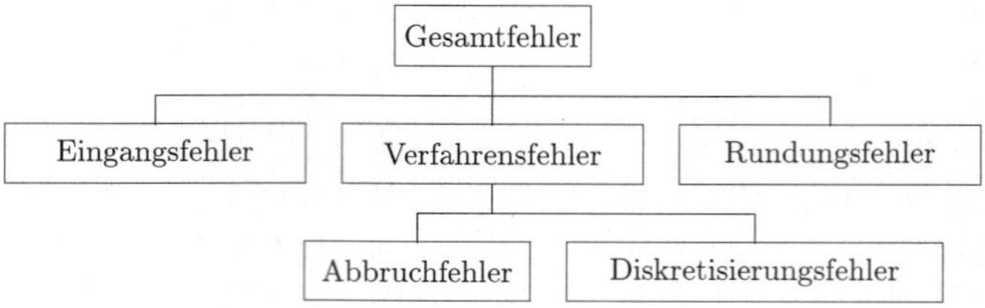

Abbildung 19.10

1. **Eingangsfehler** heißt der Fehler des Ergebnisses, der durch fehlerbehaftete Eingangsdaten verursacht wird. Die Bestimmung des *Eingangsfehlers* aus den Fehlern der Eingangsdaten wird *direkte Aufgabe der Fehlertheorie* genannt. Als *inverse Aufgabe* wird jene bezeichnet, die untersucht, welche Fehler die Eingangsdaten besitzen dürfen, damit ein zugelassener Eingangsfehler des Resultats nicht überschritten wird. Die Abschätzung des Eingangsfehlers ist bei komplexeren Aufgaben sehr kompliziert und kaum durchführbar.
Allgemein gilt für eine zu berechnende reellwertige Funktion $y = f(x)$ mit $x = (x_1, x_2, \ldots, x_n)^{\mathrm{T}}$ für den absoluten Eingangfehler

$$\begin{aligned}|\Delta y| &= |f(x_1, x_2, \ldots, x_n) - f(\tilde{x}_1, \tilde{x}_2, \ldots, \tilde{x}_n)| \\ &= |\sum_{i=1}^{n} (\frac{\partial f}{\partial x_i}(\xi_1, \xi_2, \ldots, \xi_n)(x_i - \tilde{x}_i)| \le \sum_{i=1}^{n} \left(\max_x |\frac{\partial f}{\partial x_i}(x)| \right) |\Delta x_i|, \end{aligned} \qquad (19.251)$$

wenn man für $y = f(x) = f(x_1, x_2, \ldots, x_n)$ die TAYLOR–Formel (s. S. 311) mit linearem Restglied verwendet. Mit $\xi_1, \xi_2, \ldots, \xi_n$ werden dabei Zwischenstellen, mit $\tilde{x}_1, \tilde{x}_2, \ldots, \tilde{x}_n$ Näherungswerte für $x_1, x_2, \ldots, x_n$ bezeichnet. Unter den Näherungswerten sind hier die fehlerhaften Eingangswerte zu verstehen. Man beachte in diesem Zusammenhang auch das GAUSSsche Fehlerfortpflanzungsgesetz (s. S. 656).
Für einfache arithmetische Operationen sind die Eingangsfehler bekannt. Mit den Bezeichnungen

$$\epsilon(x) = \Delta x = x - \tilde{x}, \quad \epsilon_{rel}(x) = \frac{\Delta x}{x} = \frac{x - \tilde{x}}{x} \qquad (19.252)$$

erhält man für die vier Grundrechenoperationen:

$$\epsilon(x \pm y) = \epsilon(x) \pm \epsilon(y), \qquad (19.253)$$

$$\epsilon(xy) = y\epsilon(x) + x\epsilon(y) + \epsilon(x)\epsilon(y), \qquad (19.254)$$

$$\epsilon(\frac{x}{y}) = \frac{1}{y}\epsilon(x) - \frac{x}{y^2}\epsilon(y) + \text{ Glieder höherer Ordnung,} \qquad (19.255)$$

$$\epsilon_{rel}(x \pm y) = \frac{x\epsilon_{rel}(x) \pm y\epsilon_{rel}(y)}{x \pm y}, \qquad (19.256)$$

$$\epsilon_{rel}(xy) = \epsilon_{rel}(x) + \epsilon_{rel}(y) + \epsilon_{rel}(x)\epsilon_{rel}(y), \qquad (19.257)$$

$$\epsilon_{rel}(\frac{x}{y}) = \epsilon_{rel}(x) - \epsilon_{rel}(y) + \text{ Glieder höherer Ordnung.} \qquad (19.258)$$

Die Formeln zeigen: Kleine relative Fehler der Eingangsdaten bewirken bei Multiplikation und Division nur kleine relative Fehler des Ergebnisses. Bei Addition und Subtraktion kann dagegen der relative Fehler von Summe und Differenz groß werden, wenn $|x \pm y| \ll |x| + |y|$ gilt. Dann besteht die Gefahr der Stellenauslöschung.

2. Verfahrensfehler haften dem gewählten numerischen Verfahren an. Sie leiten sich aus der Tatsache ab, daß Kontinuum und Grenzwert numerisch approximiert werden müssen. Daraus ergeben sich *Abbrechfehler* bei Grenzprozessen (s. Beispiel Iterationsverfahren) und Diskretisierungsfehler bei der Approximation des Kontinuums durch ein endliches diskretes System (s. Beispiel Numerische Integration). Verfahrensfehler existieren unabhängig von Eingangs- und Rundungsfehlern, sie können deshalb nur im Zusammenhang mit dem verwendeten Lösungsverfahren untersucht werden.
Wird ein Iterationsverfahren zur Lösung eingesetzt, so muß man sich dessen bewußt sein, daß prinzipiell die beiden Fälle Ausgabe einer richtigen Lösung und Ausgabe einer falschen Lösung möglich sind. Es kann jedoch auch der kritische Fall auftreten, daß keine Lösung gefunden wurde, obwohl eine existiert.
Um Iterationsverfahren transparenter und sicherer zu machen, sollten folgende Empfehlungen beachtet werden:
1. Um „endlose" Iterationen zu verhindern, sollte die Anzahl der Iterationsschritte gezählt und in die Abbruchbedingung einbezogen werden (Abbruch nach einer bestimmten Anzahl von Iterationszyklen auch dann, wenn die geforderte Genauigkeit noch nicht erreicht wurde).
2. Verfolgung der Lösungsentwicklung auf dem Bildschirm durch die numerische oder graphische Ausgabe von Zwischenergebnissen.
3. Nutzung evtl. bekannter Eigenschaften der Problemlösung, wie Gradient, Monotonie usw.
4. Untersuchung der Möglichkeit der Skalierung von Variablen bzw. Funktionen.
5. Durchführung mehrerer Tests durch Variation von Schrittweite, Abbruchbedingung, Startwerten usw.

3. Rundungsfehler sind eine zwangsläufige Begleiterscheinung jeder numerischen Rechnung. Sie sind demnach für die Beurteilung eines mathematischen Verfahrens bezüglich der erzielbaren Genauigkeit der Resultate von wesentlicher Bedeutung. Sie entscheiden neben den Eingangs- und Verfahrensfehlern darüber, ob ein numerisches Verfahren stark stabil, schwach stabil oder instabil ist. Starke und schwache *Stabilität* oder *Instabilität* liegen vor, wenn der Rechnungsfehler mit wachsender Schrittzahl abnimmt, von gleicher Größenordnung bleibt oder anwächst.
Bei der Instabilität unterscheidet man die Anfälligkeit gegen Rundungs- und *Diskretisierungsfehler* (numerische Instabilität) und gegen Fehler in den Ausgangsdaten bei exakter Rechnung (natürliche Instabilität). Ein Rechenprozeß ist dann sinnvoll, wenn die numerische Instabilität nicht größer als die natürliche Instabilität ist.
Für die lokale Fortpflanzung von Rundungsfehlern, d.h., es werden die Rundungsfehler betrachtet, die beim Übergang von einem Rechenschritt zum nächsten auftreten, gelten dieselben Überlegungen und Abschätzungen, wie sie für die Eingangsfehler angestellt worden sind.

2. Beispiele zum numerischen Rechnen

An einigen Beispielen sei die Problematik des zweckmäßigen Vorgehens beim numerischen Rechnen verdeutlicht.

■ **A: Wurzeln der quadratischen Gleichung** $ax^2 + bx + c = 0$ mit reellen Koeffizienten a, b, c und $D = b^2 - 4ac \geq 0$ (reelle Wurzeln). Kritische Situationen ergeben sich für
a) $| 4ac | \ll b^2$, **b)** $4ac \approx b^2$.
Vorgehen:

a) $x_1 = -\dfrac{b + \operatorname{sign}(b)\sqrt{D}}{2a}, \qquad x_2 = \dfrac{c}{a}x_1$ (Vietascher Wurzelsatz).

b) Durch das direkte Auflösungsverfahren ist die Auslöschung bei der Berechnung von D nicht zu beseitigen. Da jedoch der Summand b betragsmäßig überwiegt, tritt eine erhebliche Fehlerdämpfung bei $(b + \operatorname{sign}(b) \cdot \sqrt{D})$ ein.

■ **B: Volumen der dünnen Kugelschale** für $h \ll r$.

$V = 4\pi\dfrac{(r+h)^3 - r^3}{3}$ ergibt wegen $(r+h) \approx r$ starke Auslöschung,

$V = 4\pi\dfrac{3r^2h + 3rh^2 + h^3}{3}$ ergibt jedoch keine Auslöschung.

■ **C: Bildung der Summe** $S = \sum\limits_{k=1}^{\infty} \dfrac{1}{k^2+1}$ $(S = 1,07667\ldots)$ mit einer geforderten Genauigkeit von drei Stellen. Bei 8stelliger Rechnung müßten annähernd 6000 Summanden berücksichtigt werden.

Nach der identischen Umformung $\dfrac{1}{k^2+1} = \dfrac{1}{k^2} - \dfrac{1}{k^2(k^2+1)}$ erhält man

$$S = \sum_{k=1}^{\infty} \frac{1}{k^2} - \sum_{k=1}^{\infty} \frac{1}{k^2(k^2+1)} \quad \text{und} \quad S = \frac{\pi^2}{6} - \sum_{k=1}^{\infty} \frac{1}{k^2(k^2+1)} .$$

Mit dieser Umformung sind nur noch acht Summenglieder zu berücksichtigen.

■ **D: Beseitigung der 0/0–Situation** der Funktion $z = (1 - \sqrt{1+x^2+y^2})\dfrac{x^2-y^2}{x^2+y^2}$ für $x = y = 0$. Die Erweiterung mit $(1 + \sqrt{1+x^2+y^2})$ beseitigt diese Situation.

■ **E: Beispiel eines instabilen rekursiven Prozesses.**
Algorithmen der allgemeinen Form $y_{n+1} = ay_n + by_{n-1}$ $(n = 1, 2, \ldots)$ sind dann stabil, wenn die Bedingung

$$\left|\frac{a}{2} \pm \sqrt{\frac{a^2}{4} + b}\right| < 1$$

erfüllt ist. Für den speziellen Fall $y_{n+1} = -3y_n + 4y_{n-1}$ $(n = 1, 2, \ldots)$ liegt Instabilität vor. Besitzen nämlich y_0 und y_1 die Fehler ε und $-\varepsilon$, so ergeben sich für $y_2, y_3, y_4, y_5, y_6, \ldots$ die Fehler 7ε, -25ε, 103ε, -409ε, $1639\varepsilon, \ldots$ Damit ist für die Parameter $a = -3$ und $b = 4$ der Rechenprozeß instabil.

■ **F: Numerische Integration einer Differentialgleichung.**
Für die gewöhnliche Differentialgleichung 1. Ordnung

$$y' = f(x,y) \quad \text{mit} \quad f(x,y) = ay$$

mit der Anfangsbedingung $y(x_0) = y_0$ sollen die Probleme bei der numerischen Berechnung etwas ausführlicher dargestellt werden.

a) Natürliche Instabilität
Neben der exakten Lösung $y(x)$ sei $u(x)$ die Lösung zu einer gegenüber der exakten Anfangsbedingung $y(x_0) = y_0$ fehlerbehafteten Anfangsbedingung. Für die gestörte Lösung wird ohne Beschränkung der Allgemeinheit der Ansatz

$$u(x) = y(x) + \varepsilon \cdot \eta(x)$$

gemacht, wobei ε ein Parameter mit $0 < \varepsilon < 1$ und $\eta(x)$ eine sogenannte Störfunktion ist. Unter Beachtung von $u'(x) = f(x,u)$ ergibt sich bei Anwendung der Taylor–Entwicklung

$$u'(x) = f(x, y(x) + \varepsilon \cdot \eta(x)) = f(x,y) + \varepsilon \cdot \eta(x) \cdot f_y(x,y) + \text{ Glieder höherer Ordnung}$$

die sogenannte Differentialvariationsgleichung

$$\eta'(x) = f_y(x,y) \cdot \eta(x) .$$

Die Lösung des Problems mit $f(x,y) = ay$ lautet dann $\eta(x) = \eta_0 \cdot e^{a(x-x_0)}$ mit $\eta_0 = \eta(x_0)$. Für $a > 0$ führt eine kleine Anfangsstörung η_0 zu unbeschränkt wachsender Störung $\eta(x)$. Damit liegt natürliche Instabilität vor.

b) Untersuchung des Verfahrensfehlers bei der Trapezregel
Mit $a = -1$ ergibt sich die stabile Differentialgleichung $y'(x) = -y(x)$ mit der exakten Lösung

$$y(x) = y_0 e^{-(x-x_0)}, \quad \text{wobei} \quad y_0 = y(x_0) \quad \text{gilt.}$$

Die Trapezregel lautet

$$\int_{x_1}^{x_{i+1}} y(x)dx \approx \frac{y_i + y_{i+1}}{2}h \quad \text{mit} \quad h = x_{i+1} - x_i .$$

Angewendet auf die angegebene Differentialgleichung erhält man

$$\tilde{y}_{i+1} = \tilde{y}_i + \int_{x_i}^{x_{i+1}} (-y)dx = \tilde{y}_i - \frac{\tilde{y}_i + \tilde{y}_{i+1}}{2}h \quad \text{oder} \quad \tilde{y}_{i+1} = \frac{2-h}{2+h}\tilde{y}_i \quad \text{bzw.} \quad \tilde{y}_i = \left(\frac{2-h}{2+h}\right)^i \tilde{y}_0 .$$

Mit $x_i = ih$ und daraus $i = x_i/h$ erhält man für $0 \le h < 2$

$$\tilde{y}_i = \left(\frac{2-h}{2+h}\right)^{x_i/h} \tilde{y}_0 = \tilde{y}_0 e^{c(h)x_i} \quad \text{mit} \quad c(h) = \frac{\ln\left(\frac{2-h}{2+h}\right)}{h} = -1 - \frac{h^2}{12} - \frac{h^4}{80} - \cdots$$

Unter der Voraussetzung $\tilde{y}_0 = y_0$ gilt dann $\tilde{y}_i < y_i$ und damit strebt für $h \to 0$ auch $\tilde{y}_i$ gegen die exakte Lösung $y_0 e^{-(x_i - x_0)}$.

c) Eingangsfehler
Unter **b)** war vorausgesetzt worden, daß exakter und näherungsweiser Anfangswert übereinstimmen. Jetzt soll das Verhalten untersucht werden, wenn $y_0 \neq \tilde{y}_0$ mit $|\tilde{y}_0 - y_0| < \varepsilon_0$ gilt.

Wegen $(\tilde{y}_{i+1} - y_{i+1}) \le \frac{2-h}{2+h}(\tilde{y}_i - y_i)$ folgt $(\tilde{y}_{i+1} - y_{i+1}) \le \left(\frac{2-h}{2+h}\right)^{i+1} (\tilde{y}_0 - y_0)$.

Damit ist ε_{i+1} höchstens von der gleichen Größenordnung wie ε_0, und das Verfahren ist bezüglich des Anfangswertes stabil.
Es sei jedoch darauf hingewiesen, daß für den Fall der numerischen Lösung obiger Differentialgleichung mit dem Simpson–Verfahren künstlich Instabilitäten eingeführt werden. So würde sich in diesem Fall beispielsweise die allgemeine Lösung

$$\tilde{y}_i = C_1 e^{-x_i} + C_2(-1)^i e^{x_i/3}$$

für $h \to 0$ ergeben. Der Grund besteht darin, daß das numerische Lösungsverfahren Differenzen höherer Ordnung benutzt, als es der Ordnung der Differentialgleichung entspricht.

19.8.3 Bibliotheken numerischer Verfahren

Im Laufe der Zeit sind unabhängig voneinander *Bibliotheken* von Funktionen und Prozeduren für numerische Verfahren in unterschiedlichen Programmiersprachen entwickelt worden. Bei ihrer Entwicklung wurden umfangreiche Computerfahrungen berücksichtigt, so daß bei der Lösung praktischer numerischer Aufgaben unbedingt die Programme einer solchen Bibliothek genutzt werden sollten. Sie stehen meist für alle Rechnerklassen zur Verfügung und sind bei Einhaltung bestimmter Konventionen mehr oder weniger einfach zu nutzen.
Die Anwendung von Verfahren aus Programmbibliotheken entbindet den Nutzer nicht, sich Gedanken über die zu erwartende Lösung seines Problems zu machen. Darin ist auch der Hinweis eingeschlossen, sich gegebenenfalls über Schwächen und Stärken des verwendeten mathematischen Verfahrens näher zu informieren.

19.8.3.1 NAG–Bibliothek

Die *NAG-Bibliothek* (Numerical Algorithms Group) ist eine umfangreiche Sammlung numerischer Verfahren in Form von Funktionen und Subroutinen/Prozeduren in den Programmiersprachen Pascal, Ada, ALGOL 68 und FORTRAN 77. Hier ein Inhaltsüberblick:

1. Komplexe Arithmetik
2. Nullstellen von Polynomen
3. Wurzeln transzendenter Gleichungen
4. Reihen
5. Integration
6. Gewöhnliche Differentialgleichungen
7. Partielle Differentialgleichungen
8. Numerische Differentiation
9. Integralgleichungen
10. Interpolation
11. Approximation von Daten durch Kurven und Flächen
12. Minima/Maxima einer Funktion
13. Matrixoperationen, Inversion
14. Eigenwerte und Eigenvektoren
15. Determinanten
16. Simultane lineare Gleichungen
17. Orthogonalisierung
18. Lineare Algebra
19. Einfache Berechnungen von statistischen Daten
20. Korrelation und Regressionsanalyse
21. Zufallszahlengeneratoren
22. Nichtparametrische Statistik
23. Zeitreihenanalyse
24. Operationsforschung
25. Spezielle Funktionen
26. Mathematische und Maschinenkonstanten

19.8.3.2 IMSL–Bibliothek

Die *IMSL–Bibliothek* (International Mathematical and Statistical Library) besteht aus drei aufeinander abgestimmten Teilen:

IMSL MATH/LIBRARY für allgemeine mathematische Verfahren,
IMSL STAT/LIBRARY für statistische Probleme,
IMSL SFUN/LIBRARY für spezielle Funktionen.

Die Teilbibliotheken enthalten Funktionen und Subroutinen in der Sprache FORTRAN 77. Hier eine Inhaltsübersicht:

MATH/LIBRARY

1. Lineare Systeme
2. Eigenwerte
3. Interpolation und Approximation
4. Integration und Differentiation
5. Differentialgleichungen
6. Transformationen
7. Nichtlineare Gleichungen
8. Optimierung
9. Vektor- und Matrixoperationen
10. Hilfsfunktionen

STAT/LIBRARY

1. Grundlegende Kennzahlen
2. Regression
3. Korrelation
4. Varianzanalyse
5. Kategoriale und diskrete Datenanalyse
6. Nichtparametrische Statistik
7. Anpassungstests und Test auf Zufälligkeit
8. Zeitreihenanalyse und Vorhersage
9. Kovarianz- und Faktoranalyse
10. Diskriminanz–Analyse
11. Cluster–Analyse
12. Stichprobenerhebung
13. Lebensdauerverteilungen und Zuverlässigkeit
14. Mehrdimensionale Skalierung
15. Schätzung der Dichte- und Hasard- bzw. Risikofunktion
16. Zeilendrucker–Graphik
17. Wahrscheinlichkeitsverteilungen
18. Zufallszahlen–Generatoren
19. Hilfsalgorithmen
20. Mathematische Hilfsmittel

SFUN/LIBRARY

1. Elementare Funktionen
2. Trigonometrische und hyperbolische Funktionen
3. Exponentialfunktion und verwandte Funktionen
4. Gamma–Funktionen und verwandte Funktionen
5. Fehler–Funktionen und verwandte Funktionen
6. Bessel–Funktionen
7. Kelvin–Funktionen
8. Bessel–Funktionen gebrochener Ordnung
9. Elliptische Integrale
10. Elliptische Funktionen, Funktionen von Weierstraß und verwandte Funktionen
11. Wahrscheinlichkeitsverteilungen
12. Verschiedene Funktionen

19.8.3.3 FORTRAN SSL II

Die *SSL II–Bibliothek* (Scientific Subroutine Library II) enthält Unterprogramme in der Sprache FORTRAN 77. Hier eine Inhaltsübersicht:

1. Lineare Algebra
2. Eigenwerte und Eigenvektoren
3. Nichtlineare Gleichungen
4. Extremwerte
5. Interpolation und Approximation
6. Transformationen
7. Numerische Differentiation und Integration
8. Differentialgleichungen
9. Spezielle Funktionen
10. Pseudozufallszahlen

19.8.3.4 Aachener Bibliothek

Die *Aachener Bibliothek* basiert auf der Formelsammlung zur Numerischen Mathematik von G. ENGELN–MÜLLGES (Fachhochschule Aachen) und F. REUTTER (Rheinisch–Westfälische Technische Hochschule Aachen). Sie existiert in den Programmiersprachen BASIC, Turbo BASIC, FORTRAN 77, PL/1, APL, C, MODULA 2 und Turbo Pascal. Hier ein Inhaltsüberblick:

1. Numerische Verfahren zur Lösung nichtlinearer und speziell algebraischer Gleichungen
2. Direkte und iterative Verfahren zur Lösung linearer Gleichungssysteme
3. Systeme nichtlinearer Gleichungen
4. Eigenwerte und Eigenvektoren von Matrizen
5. Lineare und nichtlineare Approximation
6. Polynomiale und rationale Interpolation sowie Polynomsplines
7. Numerische Differentiation
8. Numerische Quadratur
9. Anfangswertprobleme bei gewöhnlichen Differentialgleichungen
10. Randwertprobleme bei gewöhnlichen Differentialgleichungen

19.8.4 Anwendung von Computeralgebrasystemen

19.8.4.1 Mathematica

Mathematica verfügt über einen mächtigen Apparat für die numerische Lösung vielfältiger mathematischer Aufgaben. Die Vorgehensweise von Mathematica ist jedoch hierbei ganz anders als im Falle symbolischer Berechnungen. Mathematica ermittelt nach bestimmten, voreingestellten Prinzipien eine Werteliste der beteiligten Funktionen ähnlich wie auch für graphische Darstellungen, und bestimmt dann aus diesen Werten die jeweilige Lösung. Da die Anzahl der benutzten Punkte endlich sein muß, kann es bei „schlechten“ Funktionen zu Problemen kommen. Mathematica wird zwar auch hier versuchen, an problematischen Stellen mehr Stützpunkte zu wählen, aber schließlich muß es Annahmen über die Stetigkeit in bestimmten Bereichen machen. Hier kann die Ursache für Fehler im Resultat

liegen. Es ist in jedem Fall sinnvoll, so viel wie möglich qualitative Informationen über die beteiligten Objekte einzuholen und, wenn irgend möglich, symbolische Berechnungen, zumindest in Teilbereichen der Aufgabe durchzuführen.
In **Tabelle19.3** sind Operationen für die numerische Auswertung dargestellt:

Tabelle 19.3 Operationen der numerischen Berechnung

`NIntegrate`	berechnet bestimmte Integrale
`NSum`	berechnet Summen $\sum_{i=1}^{n} f(i)$
`NProduct`	desgleichen für Produkte
`NSolve`	löst numerisch algebraische Gleichungen
`NDSolve`	löst Differentialgleichungen numerisch

1. Kurvenanpassung und Interpolationsverfahren

1. Kurvenanpassung Mit Hilfe der Methode der kleinsten Quadrate (s. 16.7.3) kann Mathematica die Anpassung von ausgewählten Funktionen an einen Datensatz durchführen. Die allgemeine Anweisung dafür lautet:

$$\texttt{Fit}[\{y_1, y_2, \ldots\}, funkt, x] \tag{19.259}$$

Dabei bilden die y_i die Liste der Daten, $funkt$ ist die Liste der ausgewählten Funktionen, die die Anpassung bewerkstelligen sollen, und x steht für den zugehörigen Wertebereich der unabhängigen Variablen. Wählt man $funkt$ z.B. als $\texttt{Table}[x\hat{\ }i, \{i, 0, n\}]$, so wird die Anpassung durch ein Polynom n–ten Grades durchgeführt.

■ Es sei die folgende Liste von Daten gegeben:

In[1] $:= l = \{1.70045, 1.2523, 0.638803, 0.423479, 0.249091, 0.160321, 0.0883432, 0.0570776, 0.0302744, 0.0212794\}$

Mit der Eingabe

In[2] $:= f1 = \texttt{Fit}[l, \{1, x, x\hat{\ }2, x\hat{\ }3, x\hat{\ }4\}, x]$

erhält man ein Approximationspolynom 4.Grades

Out[2] $= 2.48918 - 0.853487x + 0.0998996x^2 - 0.00371393x^3 - 0.0000219224x^4$

Mit dem Aufruf

In[3] $:= \texttt{Plot}[\texttt{ListPlot}[l, \{x, 10\}], f1, \{x, 1, 10\}, \texttt{AxesOrigin->}\ \{0, 0\}]$

erhält man eine Darstellung der Daten und der Approximationskurve **(Abb.16.17a)**. Für die gegebenen Daten ist diese völlig ausreichend. Sie ergeben sich aus den ersten vier Gliedern der Reihenentwicklung von $e^{1-0.5x}$.

2. Interpolation Mathematica stellt spezielle Algorithmen für die Bestimmung von Näherungsfunktionen zur Verfügung. Näherungsfunktionen werden als sogenannte `InterpolatingFunction` Objekte dargestellt, die ähnlich wie reine Funktionen aufgebaut sind. Folgende Anweisungen sind vorhanden

$\texttt{Interpolation}[\{y_1, y_2, \ldots\}]$	erstellt eine Näherungsfunktion mit den Werten y_i für die jeweiligen $x_i = i$ als ganze Zahlen
$\texttt{Interpolation}[\{\{x_1, y_1\}, \{x_2, y_2\}, \ldots\}]$	erstellt eine Näherungsfunktion für die Punktfolge (x_i, y_i)

Anstelle der Funktionswerte y_i kann eine Liste aus Funktionswert und spezifizierten Ableitungen an der jeweiligen Stelle eingegeben werden.

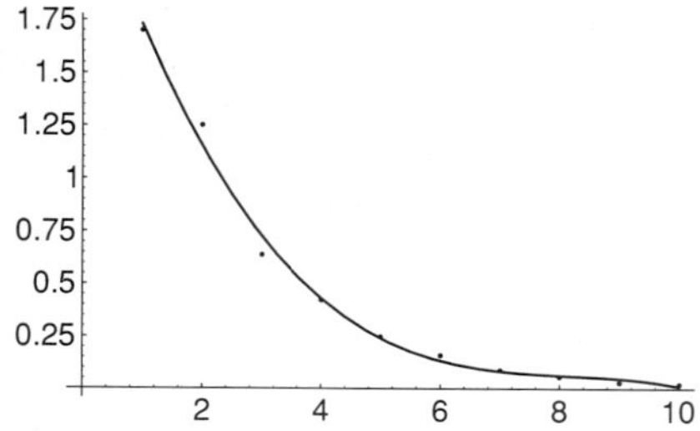

a)

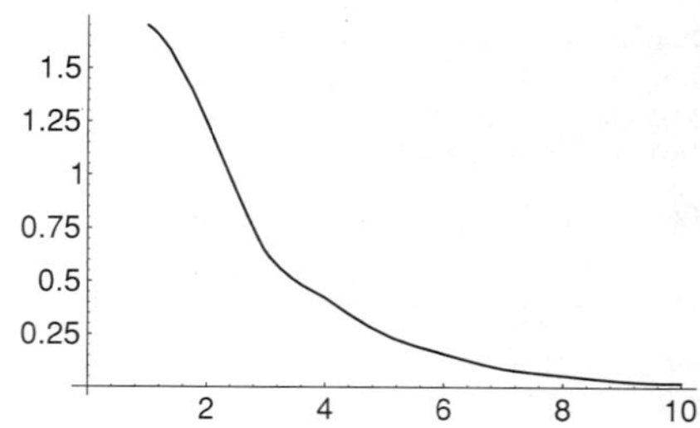

b)

Abbildung 19.11

■ Mit

In[3] := `Plot[Interpolation[l][x], {x, 1, 10}]`

erhält man **Abb.17.17b**. Man erkennt, daß Mathematica versucht hat, die Datenliste präzise nachzubilden.

2. Numerische Lösung von Polynomgleichungen

Wie in 20.2.2.1 erwähnt, kann Mathematica die Nullstellen von Polynomen numerisch bestimmen. Die geschieht mit der Anweisung `NSolve[p[x] == 0, x, n]`, wobei n die Präzision vorgibt, mit der dies geschehen soll; läßt man n weg, so wird mit Maschinenpräzision gerechnet. Man erhält stets den vollständigen Satz der Lösungen, also m, wenn es sich um ein Polynom m–ter Ordnung handelt.

■ So wird

In[1] := `NSolve[x^6 + 3x^2 - 5 == 0]`

Out[1] = {{x-> −1.07432}, {x-> −0.867262 − 1.15292I}, {x-> −0.867262 + 1.15292I}, {x-> 0.867262 − 1.15292I}, {x-> 0.867262 + 1.15292I}, {x-> 1.07432}}

3. Numerische Integration

Für die numerische Integration stellt Mathematica die Anweisung `NIntegrate` zur Verfügung. Anders als bei der symbolischen Methode wird bei dieser Anweisung mit einer Datenliste der zu integrierenden Funktion gearbeitet. Für die Beispiele aus 17.2.3.3 erhält man

■ **A:**

In[1] := `NIntegrate[Exp[-x^2], {x, -Infinity, Infinity}]` *Out[1]* = 1.77245

B:

In[2] := `NIntegrate[1/x^2, {x, -1, 1}]`

Power::infy: Infinite expression $\frac{1}{0}$ encountered.

NIntegrate::inum: Integrand ComplexInfinity is not numerical at$\{x\} = \{0\}$.

Mathematica erkennt die Unstetigkeit an der Stelle $x = 0$ und gibt die entsprechende Warnung zurück. Dies hängt mit der Tatsache zusammen, daß Mathematica eine Datenliste mit erhöhter Stützstellenzahl im problematischen Bereich anlegt und dabei den Pol erfaßt. Dennoch kann die Antwort in manchen Fällen fehlerhaft sein. Mathematica verwendet bei der numerischen Integration Voreinstellungen gewisser Optionen, die für spezielle Fälle nicht ausreichend sind. So wird mit den Parametern

`MinRecursion` und `MaxRecursion` die minimale bzw. die maximale Anzahl der Rekursionsschritte, mit denen Mathematica jeweils in problematischen Bereichen arbeitet, bestimmt. Die Voreinstellungen sind jeweils 0 und 6. Erhöht man diese, so wird Mathematica zwar langsamer arbeiten, jedoch auch bessere Resultate liefern.

■ *In[3]* := `NIntegrate[Exp[-x^2], {x, -1000, 1000}]`

Mathematica ist nicht in der Lage, die Spitze bei $x = 0$ zu erfassen, da der Integrationsbereich sehr groß ist, und antwortet

NIntegrate::ploss:

Numerical integration stopping due to loss of precision. Achieved neither the requested

PrecisionGoal nor AccuracyGoal;suspect one of the following:highly oscillatory integrand

or the true value of the integral is 0.

Out[3] = $1.34946\ 10^{-26}$

Verlangt man jedoch

In[4] := `NIntegrate[Exp[-x^2], {x, -1000, 1000}, MinRecursion-> 3, MaxRecursion-> 10]`,

so erhält man

Out[4] = 1.77245

Das gleiche Resultat wie im letzten Beispiel erhält man mit der erweiteten Anweisung:

$$\texttt{NIntegrate}[fun, \{x, x_a, x_1, x_2, \ldots, x_e\}] \qquad (19.260)$$

Hier können neben unterer und oberer Grenze des Integrals weitere Stellen des Integrationsweges x_i angegeben werden, die das problematische Stück einengen und so Mathematica zwingen, hier genauer zu evaluieren.

4. Numerische Lösung von Differentialgleichungen

Bei der numerischen Lösung von gewöhnlichen Differentialgleichungen oder auch von Systemen von Differentialgleichungen stellt Mathematica die Ergebnisse mittels eines `InterpolatingFunction` Objektes dar. Dies gestattet, den Wert der numerischen Lösung an beliebigen Punkten im gegebenen Intervall zu bestimmen oder aber auch die Lösungskurve zu zeichnen. Die gebräuchlichsten Anweisungen sind in **Tabelle19.4** dargestellt.

Tabelle 19.4 Anweisungen zur numerischen Lösung von Differentialgleichungen

`NDSolve`$[dgl, y, \{x, x_a, x_e\}]$	liefert eine numerische Lösung der Gleichung im Bereich zwischen x_a und x_e
`InterpolatingFunction`$[liste][x]$	gibt die Lösung im Punkt x
`Plot[Evaluate`$[y[x]/.\ lös]], \{x, x_a, x_e\}]$	zeichnet die Lösung

■ Lösung der Differentialgleichungen für die Bewegung eines schweren Körpers in einem Medium mit Reibung. Im Zweidimensionalen lauten die Bewegungsgleichungen

$$\ddot{x} = -\gamma\sqrt{\dot{x}^2 + \dot{y}^2} \cdot \dot{x}$$

$$\ddot{y} = -g - \gamma\sqrt{\dot{x}^2 + \dot{y}^2} \cdot \dot{y}$$

Die Reibung wird hier proportional der Geschwindigkeit angenommen. Setzt man $g = 10, \gamma = 0.1$, so kann mit den Anfangswerten $x(0) = y(0) = 0$ und $\dot{x}(0) = 100, \dot{y}(0) = 200$ folgende Eingabe zur Lösung der Bewegungsgleichungen gemacht werden:

$$\textit{In[1]} := dg = \texttt{NDSolve}[\{x''[t] == -0.1\texttt{Sqrt}[x'[t]\hat{}2 + y'[t]\hat{}2]\ x'[t], y''[t] == -10$$

$$-0.1\texttt{Sqrt}[x'[t]\hat{}2 + y'[t]\hat{}2]\ y'[t], x[0] == y[0] == 0, x'[0] == 100, y'[0] == 200\},$$

$$\{x, y\}, \{t, 15\}]$$

Mathematica antwortet mit der Aufstellung der zugehörigen Interpolationsfunktionen:

$$\textit{Out[1]} = \{\{x\text{->}\ \texttt{InterpolatingFunction}[\{0., 15.\}, <>],$$

$$y\text{->}\ \texttt{InterpolatingFunction}[\{0., 15.\}, <>]\}\}$$

Man kann die Lösung mit

$$\textit{In[2]} := \texttt{ParametricPlot}[\{x[t], y[t]\}/.dg, \{t, 0, 2\}, \texttt{PlotRange}\text{->}\ \texttt{All}]$$

als Parameterkurve darstellen (**Abb. 20.18 a**).

`NDSolve` akzeptiert eine Reihe von Optionen, die die Genauigkeit der Resultate beeinflussen.
Mit `AccuracyGoal` kann die Genauigkeit für die Berechnung der numerischen Lösungen vorgegeben werden. Entsprechendes gilt für `PrecisionGoal`. Bei der internen Abarbeitung richtet sich Mathematica jedoch nach der sogenannten `WorkingPrecision`, diese sollte bei erhöhter Genauigkeit noch um weitere 5 Einheiten erhöht werden.
Die Anzahl der Schritte, mit denen Mathematica den geforderten Bereich bearbeitet, ist auf 500 voreingestellt. Im allgemeinen wird Mathematica in der Nähe von problematischen Bereichen adaptiv die Zahl der Stützpunkte erhöhen. Dies kann in der Umgebung von Singularitäten jedoch zur Erschöpfung der Schrittreserven führen. In solchen Fällen ist es möglich mit `MaxSteps` größere Schrittzahlen vorzugeben. Die Einstellung `Infinity` für `MaxSteps` ist möglich.

■ Lösung der Gleichungen für das FOUCAULTsche Pendel:

$$\textit{In[3]} := dg3 = \texttt{NDSolve}[\{x''[t] == -x[t] + 0.05y'[t], y''[t] == -y[t] - 0.05x'[t],$$

$$x[0] == 0, y[0] == 10, x'[0] == y'[0] == 0\}, \{x, y\}, \{t, 0, 40\}]$$

$$\textit{Out[3]} = \{\{x\text{->}\ \texttt{InterpolatingFunction}[\{0., 40.\}, <>],$$

$$y\text{->}\ \texttt{InterpolatingFunction}[\{0., 40.\}, <>]\}\}$$

Mit

$$\textit{In[4]} := \texttt{ParametricPlot}[\{x[t], y[t]\}/.dg3, t, 0, 40, \texttt{AspectRatio}\text{->}\ 1]$$

erhält man **Abb.17.18b**.

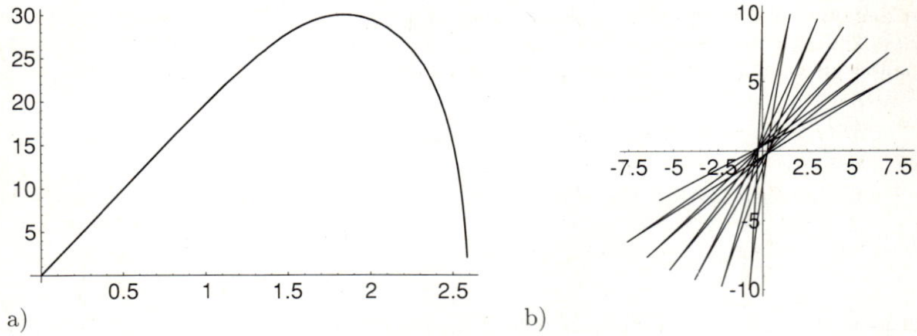

Abbildung 19.12

19.8.4.2 Maple

Maple ist in der Lage, eine Vielzahl von Aufgaben der numerischen Mathematik mit Hilfe eingebauter Näherungsverfahren zu lösen. Dabei kann die Stellenzahl, mit der die Berechnung zu erfolgen hat, durch die Einstellung der globalen Variablen `Digits` zu einem beliebigen n vorgenommen werden. Hierbei ist zu beachten, daß größere n als die Voreinstellung auf Kosten der Rechengeschwindigkeit gehen.

1. Numerische Berechnung von Ausdrücken und Funktionen

Für die numerische Bestimmung von Werten von Ausdrücken, die ganz allgemein eingebaute und nutzerdefinierte Funktionen enthalten und die zu einer reellen Zahl auswertbar sind, steht der Befehl

$$\texttt{evalf}(ausdr, n) \tag{19.261}$$

zur Verfügung. Hier ist *ausdr* der numerisch auszuwertende Ausdruck, das optionale Argument n kann verwendet werden, um bei der jeweiligen Berechnung abweichend von der Einstellung `Digits` mit n-stelliger Gleitpunktarithmetik zu arbeiten.

■ Anlegen einer Tabelle der Funktionswerte der Funktion $y = f(x) = \sqrt{x} + \ln x$.

Zunächst wird die Funktion definiert, dies kann mit dem Pfeiloperator erfolgen:

$$> f := z \;\texttt{->}\; \texttt{sqrt}(z) + \texttt{ln}(z); \longrightarrow f := z \;\texttt{->}\; \sqrt{x} + \ln x$$

Danach sind die benötigten Funktionswerte mit dem Aufruf $\texttt{evalf}(f(x))$;, wobei für x die numerischen Werte einzusetzen sind, zu bestimmen.

Eine Tabelle von Funktionswerten in Schritten von 0,2 zwischen 1 und 4 kann man mit

$$> \texttt{for}\; x \;\texttt{from}\; 1 \;\texttt{by}\; 0.2 \;\texttt{to}\; 4 \;\texttt{do}\; \texttt{print}(f[x] = \texttt{evalf}(f(x), 12))\; \texttt{od};$$

erzeugen. Hier wird z.B. gefordert, mit zwölf Ziffern zu arbeiten.

Maple gibt das Ergebnis in Form einer einspaltigen Tabelle mit Eintragungen der Art

$f_{[3.2]} = 2.95200519181$ aus.

Neben `evalf` existiert der Operator `evalhf`. Er kann auf ähnliche Art wie `evalf` angewendet werden. Sein Argument sind ebenfalls Funktionen, die zu einer reellen Zahl auswertbar sind. Hier wird jedoch von Maple die maschinenspezifische Gleitpunktzahlgenauigkeit genutzt, alle Rechnungen mit dieser durchgeführt und abschließend das Ergebnis in das Maple-eigene Gleitpunktzahlsystem überführt. Bei der Nutzung dieses Befehls kann ein beträchtlicher Zeitgewinn bei umfangreichen numerischen Rechnungen eintreten. Es ist jedoch zu beachten, daß die in 20.4.1 beschriebenen Probleme zu beträchtlichen Fehlern führen können.

2. Numerische Lösung von Gleichungen

Wie in 20.2.2.2 erwähnt, kann Maple in vielen Fällen Gleichungen und Gleichungssysteme numerisch lösen. Dies ist insbesondere dann von Bedeutung, wenn es sich um transzendente Gleichungen oder um algebraische Gleichungen handelt, die nur im Bereich der reellen Zahlen auflösbar sind.
Hierfür wird der Befehl `fsolve` eingesetzt. Er ist in der Syntax

$$\texttt{fsolve}(gln, var, option) \tag{19.262}$$

zu verwenden (dies unterscheidet sich nicht von `solve`). In der Regel wird der Befehl für allgemeine Gleichungen eine einzelne Wurzel bestimmen. Für Polynomgleichungen jedoch liefert er alle reellen Wurzeln. Die in **Tabelle19.5** angebenen Optionen sind verfügbar.

Tabelle 19.5 Optionen des Befehls `fsolve`

`complex`	bestimmt eine einzelne komplexe Wurzel (bzw. alle Wurzeln eines Polynoms)
`maxsols` $= n$	bestimmt zumindest n Wurzeln (gilt nur für Polynomgleichungen)
`fulldigits`	verhindert die Verkleinerung der Genauigkeit unter die voreingestellte in Zwischenrechnungen
`intervall`	sucht nach Lösungen im angegebenen Intervall

■ Bestimmung aller Lösungen der Polynomgleichung $x^6 + 3x^2 - 5 = 0$. Mit

$> eq := x\hat{}6 + 3 * x\hat{}2 - 5 = 0:$ erhält man

$> \texttt{fsolve}\,(eq, x); \longrightarrow -1.074323739\,,\, 1.074323739$

Maple hat nur die beiden reellen Wurzeln bestimmt. Mit der Option `complex` erhält man auch die komplexen Wurzeln:

$> \texttt{fsolve}\,(eq, x, \texttt{complex});$
$-1.074323739, -0.8672620244 - 1.152922012\texttt{I}, -0.8672620244 + 1.152922012\texttt{I},$
$0.8672620244 - 1.152922012\texttt{I}, 0.8672620244 + 1.152922012\texttt{I}, 1.074323739$

■ Bestimmung der beiden Lösungen der transzendenten Gleichung $e^{-x^3} - 4x^2 = 0$. Nach Festlegung

$> eq := \texttt{exp}(-x\hat{}3) - 4 * x\hat{}2 = 0$ erhält man mit

$> \texttt{fsolve}\,(eq, x); \longrightarrow 0.4740623572$

die positive Lösung. Mit

$> \texttt{fsolve}\,(eq, x, x = -2..0); \longrightarrow -0.5412548544$

bestimmt Maple auch die zweite (negative) Wurzel.

3. Numerische Integration

Die Berechnung bestimmter Integrale ist oft nur numerisch möglich, wenn nämlich der Integrand sehr komplex ist bzw. die Stammfunktion durch elementare Funktionen nicht ausdrückbar ist. In diesem Fall wird in Maple der Befehl `evalf` dem Integrationsbefehl für die Berechnung des bestimmten Integrals vorangestellt:

$$\texttt{evalf}(\texttt{int}(f(x), x = a..b), n) \tag{19.263}$$

Maple wird nun nach eingebauten Näherungsverfahren das Integral mit der geforderten Genauigkeit bestimmen. In der Regel funktioniert diese Methode.

■ Berechnung des bestimmten Integrals $\int\limits_{-2}^{2} \mathrm{e}^{-x^3}\,dx$. Dies ergibt zunächst, da die Stammfunktion nicht bekannt ist:

$$> \texttt{int}\ (\texttt{exp}(-x\hat{\ }2), x = -2..2); \longrightarrow \int\limits_{-2}^{2} e^{-x^3}\,dx$$

Gibt man jedoch ein:

$> \texttt{evalf}\ (\texttt{int}(\texttt{exp}(-x\hat{\ }3), x = -2..2), 15);$ so kommt 277.745841695583.

Maple hat unter Benutzung des eingebauten Näherungsverfahrens die numerische Integration auf 15 Ziffern genau vorgenommen.

In gewissen Fällen versagt diese Methode, insbesondere wenn über große Intervalle zu integrieren ist. In solch einem Fall kann man versuchen, mit dem Bibliotheksaufruf

```
readlib(`evalf/int`):
```

eine andere Näherungsprozedur aufzurufen, die ein adaptives Newtonverfahren verwendet.

■ Die Eingabe

$> \texttt{evalf}(\texttt{int}(\texttt{exp}(-x\hat{\ }2), x = -1000..1000));$

führt zu einer Fehlermeldung. Mit

```
> readlib(`evalf/int`):
> `evalf/int`(exp(-x^2), x = -1000..1000, 10, _NCrule);
  1.772453851
```

erhält man das richtige Resultat. Hier ist das dritte Argument die Angabe der Genauigkeit und das letzte die interne Bezeichnung des Näherungsverfahrens.

4. Numerische Lösung von Differentialgleichungen

In 20.2.4.2 wird die Lösung von gewöhnlichen Differentialgleichungen mit der Operation dsolve behandelt. In den meisten Fällen ist es jedoch nicht möglich, die Lösung in geschlossener Form anzugeben. In diesen Fällen kann man versuchen, die Gleichung numerisch zu lösen, wobei entsprechende Anfangsbedingungen gegeben sein müssen.
Dafür wird der Befehl mhddsolve in der Form

$$\texttt{dsolve}(dgln, var, \texttt{numeric}) \qquad (19.264)$$

mit der Option numeric als drittes Argument verwendet. Hier enthält das Argument *dgln* neben der eigentlichen Differentialgleichung auch die Anfangsbedingungen. Das Resultat dieser Operation ist eine Prozedur, die, wenn man sie etwa mit f bezeichnet, durch den Aufruf $f(t)$ den Wert der Lösung für den Wert t der unabhängigen Variablen berechnet.
Maple benutzt für diesen Prozeß die RUNGE–KUTTA–Methode. Die voreingestellte Genauigkeit für den relativen und den absoluten Fehler beträgt $10^{-\texttt{Digits}+3}$. Mit den globalen Symbolen _RELERR und _ABSERR kann der Nutzer diese Einstellungen ändern.
Wenn Maple mit der Berechnung Probleme bekommt, so tut es diese durch verschiedenartige Meldungen kund.

■ Behandlung des Beispiels aus 19.4.1.2 mit Maple. Man erhält

> $r :=$ `dsolve({diff(`$y(x), x$`) = (1/4) * (`x`^2 + `$y(x)$`^2), `$y(0) = 0$`}, `$y(x)$`, numeric);`
$r :=$ `proc `dsolve/numeric/result2`` $(x, 1592392, [1])$ `end`

Nun kann man mit

> `r (0.5);` $\longrightarrow$ $\{x(.5) = .5000000000, y(x)(.5) = .01041860472\}$

z.B. den Wert der Lösung im Punkt $x = 0.5$ bestimmen.

19.8.4.3 Axiom

Axiom kann wie andere Computeralgebrasysteme neben der Formelmanipulation auch numerische Berechnungen durchführen und darüber hinaus Numerik–Bibliotheken für die verschiedensten Aufgaben der numerischen Mathematik nutzen. Auf diese Möglichkeit kann jedoch in diesem Beitrag nicht eingegangen werden.
Prinzipiell ist bei numerischen Berechnungen zu beachten, daß Axiom über den Systembefehl `digits` die Möglichkeit bietet, die Präzision beim Arbeiten mit Zahlen vom Typ `Float` (d.h. die Anzahl der Stellen beim Umgang mit Gleitpunktzahlen) beliebig einzustellen. Arbeitet man mit Zahlen vom Typ `SmallFloat`, so wird die jeweilige Maschinenpräzision benutzt. Dann hat man zwar eine hohe Rechengeschwindigkeit, aber bezüglich der Genauigkeit können die bekannten Probleme auftreten.
Einige Befehle von Axiom erlauben ein optionales Argument ϵ, welches, als Gleitkommazahl angegeben, Axiom darüber informiert, das Ergebnis als Gleitkommazahl mit der durch ϵ bestimmten *Genauigkeit* zu berechnen. Hierzu gehören:
`solve(`gln, ϵ`)` bzw. `solve(`$[gln1, gln2, \ldots]\epsilon$`)` für die numerische Lösung von Gleichungen bzw. Gleichungssystemen rationaler Funktionen der Unbekannten. Es werden die reellen Lösungen mit der geforderten Genauigkeit bestimmt.
In der Form `complexSolve` liefert der Befehl *alle* Lösungen.

Ähnlich wirken die Operationen `eigenvalues` und `eigenvectors`, auch hier kann durch Angabe des optionalen Arguments ϵ eine Berechnung mit der entsprechenden Genauigkeit erzielt werden.
Eine weitere Möglichkeit besteht in der Darstellung der Ergebnisse in Form von Potenzreihen und die anschließende numerische Auswertung dieser durch Einsetzen entsprechenden Zahlenwerte in Form von Gleitpunktzahlen.

20 Computeralgebrasysteme

20.1 Computeralgebra – Allgemeine Bemerkungen

20.1.1 Kurzcharakteristik von Computeralgebrasystemen

In in der mathematischen Praxis werden zunehmend sogenannte Computeralgebrasysteme – Softwaresysteme, die "Mathematik machen können" – eingesetzt. Solche Systeme wie *Macsyma, Reduce, Derive, Maple, Mathcad, Mathematica* gestatten heute auch auf relativ kleinen Rechnern (PC) die Lösung mathematischer Aufgaben wie z.B. die Umformung komplizierter Ausdrücke, die Bestimmung von Ableitungen und Integralen, die Lösung von Gleichungen und Gleichungssystemen, die grafische Darstellung von Funktionen einer und mehrerer Veränderlicher und vieles andere mehr. Sie können mathematische Ausdrücke *manipulieren*, d.h., nach mathematischen Regeln Ausdrücke umformen oder vereinfachen, sofern dies in geschlossener Form möglich ist. Sie sind in der Lage, mit der geforderten Genauigkeit numerische Lösungen anzubieten und funktionale Zusammenhänge grafisch darzustellen.
Computeralgebrasysteme sind in der Lage, mit externen Dateisystemen und Dateien zu kommunizieren, d.h. Daten zu ex- und importieren. Neben einem Grundvorrat an Definitionen und Befehlen, der bei jedem Start des Systems geladen wird, bieten die meisten Systeme umfangreiche Bibliotheken mit Zusatzpaketen spezieller mathematischer Gebiete an, die nach Bedarf zugeladen und genutzt werden können [20.1].
Computeralgebrasyteme verfügen über die Möglichkeit der Programmierung, so daß der Aufbau eigener Programmpakete möglich ist.
Natürlich sollte man die Möglichkeiten dieser Systeme nicht überschätzen. Dort, wo der Mathematiker keine geschlossenen Ausdrücke für ein Integral finden kann, ist dies auch mit Computeralgebra nicht möglich. Numerische Berechnungen sind bezüglich ihrer Fehler genau so einzustufen, wie numerische Berechnungen auf Computern allgemein (s. 19.8).
Alle heute in Anwendung befindlichen Systeme unterliegen der Weiterentwicklung. Insofern kann jede konkrete Darstellung nur den aktuellen Stand reflektieren. Im folgenden soll eine Einführung in die grundlegende Struktur solcher Systeme und ihre Anwendung in wichtigen mathematischen Bereichen gegeben werden. Damit diese Einführung gleichzeitig als Anleitung für erste praktische Schritte in Computeralgebrasystemen dienen kann, werden alle Darlegungen konkret auf die drei Systeme Maple (V), Axiom und Mathematica bezogen. Diese Auswahl ist willkürlich, jedoch erscheint damit das Spektrum der Leistungsfähigkeit von Computeralgebrasystemen am besten erfaßt zu sein.
In dieser Darstellung wird die konkrete Einbindung des jeweiligen Computeralgebrasystems in das Betriebssystem des Computers nicht behandelt. Es wird davon ausgegangen, daß das Computeralgebrasystem über ein Kommando aus dem Betriebssystem heraus gestartet wird und danach über eine Kommandozeile oder auf einer Window-ähnlichen Arbeitsoberfläche ansprechbar ist.
Die Darstellung von Ein- und Ausgaben erfolgt in jeweils abgesetzten Zeilen, um sie deutlich von anderen Textpassagen abzuheben, etwa in der Form

-> `integrate`$(1/x, x)$	in Axiom,
> `solve`$(3 * x - 5 = 0, x)$	in Maple,
In[1] := `Solve`$[3\ \ x - 5 == 0, x]$	in Mathematica.

Systemspezifische Symbole (Befehle, Typbezeichnungen u.ä.) werden durch Darstellung in Schreibmaschinenschrift hervorgehoben.
Aus Gründen der Platzersparnis werden zusammenhängende Ein- und Ausgaben oft durch Zusammenziehen in eine Zeile (evtl. durch das Zeichen $\longrightarrow$ getrennt) dargestellt.

20.1.2 Einführende Beispiele für die Hauptanwendungsgebiete

20.1.2.1 Formelmanipulation

Unter *Formelmanipulation* wird hier im weitesten Sinn die Umformung mathematischer Ausdrücke zwecks ihrer Vereinfachung oder ihrer Darstellung in einer für weitere Manipulationen zweckmäßigen Form, die Lösung von Gleichungen und Gleichungssystemen durch algebraische Ausdrücke, die (partielle) Differentiation von Funktionen, die Berechnung des unbestimmten Integrals, die Lösung von Differentialgleichungen, die Bildung unendlicher Reihen usw. verstanden.

■ Es wird die Lösung der folgenden quadratischen Gleichung gesucht

$$x^2 + ax + b = 0, \qquad \text{mit} \quad a, b \in \mathbf{R} \tag{20.1}$$

In Mathematica wird eingegeben:

$$\texttt{Solve}[x\hat{\ }2 + a \ \ x + b == 0, x] \tag{20.2}$$

Nach Betätigen des entsprechenden Eingabeabschlußbefehls (EINF oder SHIFT+ENTER) ersetzt Mathematica diese Zeile durch

$$\textit{In[1]} := \texttt{Solve}[x\hat{\ }2 + a \ \ x + b == 0; x] \tag{20.3}$$

und beginnt danach sofort mit der Abarbeitung. Nach kurzer Zeit erscheint eine neue Zeile mit dem Inhalt

$$\textit{Out[1]} = \{\{x \text{->} \frac{-a + \texttt{Sqrt}[a^2 - 4b]}{2}\}, \{x \text{->} \frac{-a - \texttt{Sqrt}[a^2 - 4b]}{2}\}\} \tag{20.4}$$

Mathematica hat die Gleichung gelöst und die beiden Wurzeln in Form einer *Liste* aus zwei Unterlisten, die jeweils eine Lösung enthalten, dargestellt. `Sqrt` ist das Symbol für die Quadratwurzel.

In Maple erfolgt die Eingabe in folgender Form

$$> \texttt{solve}(x\hat{\ }2 + a * x + b = 0, x); \tag{20.5}$$

Wichtig ist hier das Semikolon nach dem letzten Symbol. Nach Eingabebestätigung mit ENTER bearbeitet Maple die Eingabe und liefert in der nächsten Zeile

$$1/2(-a + (a^2 - 4b)^{1/2}),\ 1/2(-a - (a^2 - 4b)^{1/2}) \tag{20.6}$$

zurück. Das Ergebnis ist in Form einer *Folge* von zwei Ausdrücken, den beiden Lösungen, dargestellt.

In Axiom lautet die Eingabe nach der schon vorhandenen laufenden Nummer

$$-> \texttt{radicalSolve}(x * *2 + a * x + b = 0, [x]) \tag{20.7}$$

Nach Abschluß der Eingabe mit ENTER liefert Axiom folgende Zeilen zurück:

$$\left[\left[x = \frac{-a + \sqrt{a^2 - 4b}}{2}\right], \left[x = \frac{-a - \sqrt{a^2 - 4b}}{2}\right]\right] \qquad (1) \tag{20.8}$$

Type: List Equation Expression Integer

In der ersten Zeile dieser Ausgabe steht das Ergebnis in Form einer *Liste* mit zwei Elementen, die jeweils eine Gleichung darstellen. Am Ende der Zeile erscheint die laufende Nummer des Ergebnisses. In der zweiten Zeile gibt Axiom den Typ des Ergebnisses wieder (s. 20.1.3.4).

Abgesehen von den speziellen Zeichen für das jeweilige Computeralgebrasystem, besteht vom grundsätzlichen Aufbau her große Ähnlichkeit. Am Anfang steht ein *Symbol*, welches vom System als *Operator* verstanden wird, der auf einen in Klammern stehenden *Operanden* anzuwenden ist. Das Ergebnis wird als Liste oder Folge der Lösungen wiedergegeben. Ganz ähnlich werden viele Operationen der Formelmanipulation dargestellt.

20.1.2.2 Numerische Berechnungen

Alle Computeralgebrasysteme besitzen umfangreiche Prozeduren für die Behandlung von Aufgaben der numerischen Mathematik. Das betrifft sowohl die Lösung algebraischer Gleichungen, linearer Gleichungssysteme, die Lösung transzendeter Gleichungen, aber auch die Berechnung bestimmter Integrale, die numerische Lösung von Differentialgleichungen, Interpolationsprobleme und vieles andere mehr.

■ Es sollen die Lösungen der Gleichung

$$x^6 - 2x^5 - 30x^4 + 36x^3 + 190x^2 - 36x - 150 = 0$$

gefunden werden. Diese Gleichung 6. Grades ist geschlossen nicht lösbar, sie hat jedoch 6 reelle Lösungen, die numerisch zu finden sind.

In Mathematica wird eingegeben

```
In[2] := NSolve[x^6 - 2x^5 - 30x^4 + 36x^3 + 190x^2 - 36x - 150 == 0, x]
```

Als Antwort erhält man

```
Out[2] = {{x-> -4.42228}, {x-> -2.14285}, {x-> -0.937397}, {x-> 0.972291},
          {x-> 3.35802}, {x-> 5.17217}}
```

Dies ist eine Liste mit den 6 Lösungen mit einer bestimmten Genauigkeit, die später erläutert wird.

In Maple sieht die entsprechende Eingabe folgendermaßen aus

```
> fsolve(x^6 - 2*x^5 - 30*x^4 + 36*x^3 + 190*x^2 - 36*x - 150 = 0, x);
```

Hier darf in der Eingabe "= 0" fehlen, und die zusätzliche Angabe "x" ist wegen der Eindeutigkeit auch nicht nötig. Maple setzt den eingegebenen Ausdruck automatisch Null. Als Ausgabe erhält man die Folge der 6 Lösungen. Die Benutzung des Befehls `fsolve` sagt Maple, daß Fließkommazahlen als Ergebnis erwartet werden.

In Axiom lautet die Eingabe

```
solve(x**6 - 2*x**5 - 30*x**4 + 36*x**3 + 190*x**2 - 36*x - 150 = 0, .00001)
```

Hier muß nach der Gleichung ein zweites Argument eingegeben werden. Diesem entnimmt Axiom die Genauigkeit, mit der die reellen Wurzeln der Gleichung zu liefern sind. Ist unbekannt, ob alle Wurzeln der Gleichung reell sind, benutzt man `complexSolve`. Dann werden auch die komplexen Lösungen bestimmt. Im gegebenen Fall lautet die Ausgabe

$$[x = 5.17217,\ x = 3.35802,\ x = 0.97229,\ x = -0.93740,\ x = -2.14285,\ x = -4.42228] \quad (2)$$

Type: `List Equation Polynomial Float`

20.1.2.3 Graphische Darstellungen

Die meisten Computeralgebrasysteme gestatten die graphische Darstellung der eingebauten wie auch der selbstdefinierten Funktionen. In der Regel betrifft dies die Darstellung von Funktionen einer Veränderlichen in kartesischen und Polarkoordinaten, die Parameterdarstellung und die Darstellung impliziter Funktionen. Funktionen von zwei Variablen lassen sich als räumliche Flächen darstellen, auch hier sind Parameterdarstellungen möglich. Es können Kurven im dreidimensionalen Raum erzeugt werden. Darüber hinaus gibt es in den unterschiedlichen Systemen weitere graphische Darstellungsmöglichkeiten von funktionalen Zusammenhängen z.B. in Form von Diagrammen. Alle Systeme verfügen über ein reichhaltiges Angebot von Darstellungsoptionen, die von Linienform und -dicke über den Einbau zusätzlicher Graphikelemente wie Vektoren und ähnlichem bis zur Beschriftung und der Farbgestaltung reichen.
In der Regel lassen sich erzeugte Graphiken als Dateien in gängigen Formaten (Postscript, Raster oder Plotter) exportieren und damit in andere Programme einbinden bzw. direkt auf Drucker und Plotter ausgeben.

20.1.2.4 Programmierung in Computeralgebrasystemen

Alle Systeme bieten Möglichkeiten für den Aufbau eigener Programmblöcke zur Lösung spezieller Aufgaben. Es handelt sich dabei einerseits um die bekannten Handwerkzeuge für den Aufbau von Prozeduren (Schleifenkonstrukte und Kontrollstrukturen wie DO, IF – THEN, WHILE, FOR usw.), andererseits um mehr oder weniger ausgeprägte Methoden der funktionalen Programmierung, die für viele Probleme elegante Lösungen anbieten.
Selbsterstellte Programmblöcke können den bestehenden Bibliotheken hinzugefügt und bei Bedarf jederzeit zugeladen werden.

20.1.3 Aufbau und Umgang mit Computeralgebrasystemen

20.1.3.1 Hauptstrukturelemente

Computeralgebrasysteme arbeiten mit einer Vielzahl von Objekttypen. *Objekte* sind die dem jeweiligen System bekannten Zahlen, Variablen, Operatoren, Funktionen usw., die mit dem Start des Systems latent geladen sind und angesprochen werden können bzw. vom Nutzer entsprechend der Syntax definiert werden können.
Klassen von Objekten (wie etwa Zahlenarten oder Listen usw.) werden als *Typen* bezeichnet.
Die meisten Objekte selbst werden durch ihren Namen identifiziert, welchen man sich zur Objektklasse Symbol zugehörig denken kann und der bestimmten grammatikalischen Regeln genügen muß.
Der Nutzer gibt in die Eingabezeile eine Folge von Objekten (d.h. deren Namen) entsprechend der vorgeschriebenen Syntax ein, schließt die Eingabe mit einem dafür vorgesehenen Sonderzeichen und/oder einem speziellen Systemkommando ab, worauf das System mit der Abarbeitung beginnt und in weiteren Zeilen das Ergebnis darstellt (Eingaben können sich über mehrere Zeilen erstrecken).
Die nachfolgend beschriebenen Objekte bzw. Objekttypen und -klassen stehen in der Regel in allen Computeralgebrasystemen zur Verfügung, wobei auf Besonderheiten bei der Besprechung der einzelnen Systeme eingegangen wird.

1. Zahlen

Die Systeme kennen in der Regel die Zahlentypen *ganze Zahlen, rationale Zahlen, reelle Zahlen (Gleitpunktzahlen), komplexe Zahlen*, manche Systeme *algebraische Zahlen, Wurzelzahlen* und weitere.
Mit einer Vielzahl von Typprüfoperationen können Eigenschaften konkreter Zahlen, wie *nichtnegativ, Primzahl* usw., festgestellt werden.
Gleitpunktzahlen beliebiger Präzision können genutzt werden. In der Regel arbeiten die Systeme mit einer Voreinstellung für die Präzision, die nach Bedarf verändert werden kann.
Die Systeme kennen spezielle Zahlen, die für die Mathematik von fundamentaler Bedeutung sind wie e, π und ∞. Sie gehen mit diesen Zahlen symbolisch um, können sie jedoch für numerische Berechnungen auch in beliebiger Präzision verwenden.

2. Variable und Zuweisungsoperatoren

Variable haben einen Namen, werden in der Regel also durch ein vom Nutzer bestimmtes Symbol repräsentiert. Vom System vergebene Namen, d.h. reservierte Begriffe, sind dabei verboten. Solange der Variablen kein Wert zugewiesen ist, steht das jeweilige Symbol für die Variable selbst.
Variablen können mit Hilfe spezieller *Zuweisungsoperatoren* Werte zugewiesen werden. Werte von Variablen dürfen sowohl Zahlen, andere Variable als auch spezielle Sequenzen von Objekten (oft als Ausdrücke bezeichnet) sein. In der Regel existieren mehrere Zuweisungsoperatoren, die sich insbesondere durch den Zeitpunkt ihrer Auswertung (sofort bei Eingabe der Zuweisung oder erst beim späteren Aufruf der Variablen) unterscheiden.

3. Operatoren

Alle Systeme verfügen über einen Grundvorrat von *Operatoren*. Dazu gehören die für die Mathematik üblichen Operatoren $+$, $-$, $*$, $/$, ^ (oder $**$), $>$, $<$, $=$, für die die bekannte Rangordnung bei der Abarbeitung gilt (stehen die Operatoren zwischen den Operanden, so bezeichnet man diese Schreibweise als *Infix-Form*).
Die Palette der Operatoren, die in Präfix-Form vorliegen (in diesem Falle steht der Operator vor den Operanden), ist in allen Systemen beträchtlich. Hierzu gehören in der Regel Operatoren, die auf speziellen Objektklassen (Zahlen, Polynomen, Mengen, Listen, Matrizen, Gleichungssystemen usw.) wirken, wie auch Funktionaloperatoren (Differentiation, Integration). Darüber hinaus sind in der Regel Operatoren für die Gestaltung der Ausgaberesultate, die Manipulation von Zeichenketten und weiteren dem System bekannten Objekten vorhanden. Manche Systeme gestatten die Darstellung einiger Operatoren in Suffix-Schreibweise (d.h., der Operator steht hinter den Operanden). Häufig benutzen Operatoren optionale Argumente, die spezielle Anwendungssituationen steuern.

4. Terme und Funktionen

Unter dem Begriff *Term* wird eine Anordnung von Objekten verstanden, die durch mathematische Operatoren (in der Regel in der Infix-Form) verknüpft sind, also Basiselemente, die in der Mathematik ständig auftreten. Ein Grundanliegen von Computeralgebrasystemen ist die Umformung von Termen sowie die Lösung von Gleichungen.
Die folgende Sequenz

$$x\hat{}4 - 5 * x\hat{}3 + 2 * x\hat{}2 - 8 \qquad (20.9)$$

ist z.B. ein Term, in welchem x eine Variable ist.
Computeralgebrasysteme kennen die üblichen elementaren Funktionen wie Exponentialfunktion, Logarithmusfunktion, trigonometrische Funktionen und deren Umkehrfunktionen sowie eine Reihe spezieller Funktionen. Diese Funktionen lassen sich wiederum anstelle von Variablen in Terme einbauen. Auf diese Weise werden neue, komplizierte Terme (oder Funktionen) erzeugt.

5. Listen und Mengen

Alle Systeme kennen die Objektklasse *Liste*, die als Aneinanderreihung von Objekten verstanden wird. Mit speziellen Operatoren kann auf die Elemente einer Liste zugegriffen werden. In der Regel sind Listen als Elemente von Listen zulässig. So entstehen *verschachtelte Listen*, die zur Konstruktion spezieller Objekttypen wie Matrizen und Tensoren benützt werden können (alle Systeme bieten hierfür spezielle Objektklassen an). Hieraus ergibt sich die Möglichkeit, symbolisch in Vektorräumen Objekte wie Vektoren und Tensoren zu manipulieren und lineare Algebra zu betreiben.
Auch der Begriff Menge ist den Systemen bekannt. Die Operatoren der Mengentheorie sind definiert.

In der Folge werden die Hauptstrukturelemente und ihre Syntax für die drei ausgewählten Computeralgebrasysteme erläutert.

20.1.3.2 Mathematica

Mathematica ist ein Computeralgebrasystem, das von der Firma Wolfram-Research, Inc, entwickelt wurde. Eine umfassende Darstellung der neuesten Version 2.2 findet man in [20.2].
Im System Mathematica werden die Hauptstrukturelemente einheitlich als *Ausdrücke* bezeichnet, und ihre Syntax lautet (es sei nochmals betont, daß die jeweiligen Objekte durch ihr zugehöriges Symbol,

also ihren Namen, anzugeben sind):

$$\texttt{obj}_0[\texttt{obj}_1, \texttt{obj}_2, \ldots, \texttt{obj}_n] \tag{20.10}$$

$\texttt{obj}_0$ wird als *Kopf* (`Head`) des Audruckes bezeichnet, ihm ist die laufende Nummer 0 zugeordnet. Die Teile $\texttt{obj}_i$, $(i = 1, \ldots, n)$ sind die *Elemente* des Ausdrucks und unter ihren laufenden Nummern $1, \ldots, n$ ansprechbar.
In vielen Fällen ist der Kopf des Ausdrucks ein Operator oder eine Funktion, die Elemente sind die Operanden oder die Variablen, auf die der Kopf wirkt.
Sowohl Kopf als auch Elemente eines Ausdrucks selbst können wieder Ausdrücke sein. Eckige Klammern sind in Mathematica für die Darstellung von Ausdrücken reserviert, sie dürfen nur in diesem Zusammenhang verwendet werden.

■ Der Term $x\hat{}2 + 2 * x + 1$, der in Mathematica auch in dieser Infix-Form eingeben werden darf, hat die vollständige Form (`FullForm`)

$$\texttt{Plus}[1, \texttt{Times}[2, x], \texttt{Power}[x, 2]],$$

ist also ebenfalls ein Ausdruck. (Hier sind `Plus` , `Power` und `Times` die Namen der entsprechenden arithmetischen Operatoren.)

Man erkennt hieran, daß alle einfachen mathematischen Operatoren in der Prefix-Form existieren und daß die Schreibweise als Term in Mathematica nur eine Vereinfachung ist.
Teile von Ausdrücken können extrahiert werden. Dies erfolgt mit der Konstruktion $\texttt{Part}[ausdr, i]$, wobei i die laufende Nummer des entspechenden Elements ist. Insbesondere wird mit $i = 0$ der Kopf des Ausdrucks wiedergegeben.

■ Gibt man in Mathematica ein

$$\textit{In[1]} := x\hat{}2 + 2 * x + 1$$

(das Zeichen $*$ kann auch fortgelassen werden) und betätigt die Taste EINF, so antwortet Mathematica mit

$$\textit{Out[1]} = 1 + 2x + x^2$$

Mathematica hat die Eingabe zur Kenntnis genommen und sie in der mathematischen Standardform wiedergegeben. Hätte man die Eingabe mit einem Semikolon abgeschlossen, so wäre die Ausgabe unterdrückt worden.

Gibt man

$\textit{In[2]} := \texttt{FullForm}[\%]$ ein, so erhält man $\textit{Out[2]} = \texttt{Plus}[1, \texttt{Times}[2, x], \texttt{Power}[x, 2]]$

zurück. Das Zeichen % in der eckigen Klammer sagt Mathematica, daß die letzte Ausgabe als Argument für die neue Eingabe zu verwenden ist. Aus diesem Ausdruck kann man mit

$\textit{In[3]} := \texttt{Part}[\%, 3]$ z.B. $\textit{Out[3]} = \texttt{Power}[x, 2]$

das dritte Element herausziehen, das in diesem Fall wiederum ein Ausdruck ist.

Tabelle 20.1 Zahlenarten in Mathematica

Zahlenart	Kopf	Charakteristik	Eingabe
Ganze Zahlen	`Integer`	exakte ganze Zahl beliebiger Länge	*nnnnn*
Rationale Zahlen	`Rational`	teilerfremder Bruch der Form `Integer`/`Integer`	*pppp*/*qqqq*
Reelle Zahlen	`Real`	Gleitpunktzahl beliebiger spezifierter Präzision	*nnnn.mmmm*
Komplexe Zahlen	`Complex`	komplexe Zahl der Form *zahl* + *zahl* ∗`I`	

Symbole sind in Mathematica die Bezeichner der Grundobjekte, sie können beliebige Folgen von Buchstaben und Zahlen sein und dürfen nicht mit einer Zahl beginnen. Das Sonderzeichen $ ist zulässig. Es wird zwischen Groß- und Kleinbuchstaben unterschieden. Systemimmanente Symbole beginnen mit einem Großbuchstaben, bei zusammengesetzten Worten beginnt auch der zweite Teil mit einem Großbuchstaben. Der Nutzer sollte deshalb zur Unterscheidung seine selbstdefinierten Symbole nur mit Kleinbuchstaben schreiben.

1. Zahlenarten in Mathematica

Mathematica kennt vier Arten von Zahlen, die in der **Tabelle20.1** dargestellt sind.
Reelle Zahlen, d.h. Gleitpunktzahlen, dürfen beliebige Länge haben. Wird eine ganze Zahl *nnn* in der Form *nnn.* geschrieben, so faßt Mathematica sie als Gleitpunktzahl, also vom Typ `Real`, auf. Mit `Head`$[x]$ kann man den Typ einer Zahl x festsstellen. So liefert *In[1]* := `Head`[51] *Out[1]* = `Integer`, während *In[2]* := `Head`[51.] *Out[2]* = `Real` ergibt. Die reellen und imaginären Komponenten einer komplexen Zahl können beliebigen Zahlentypen angehören. Eine Zahl wie $5.731 + 0$ `I` wird Mathematica dem Typ `Real` zuordnen, während $5.731 + 0.$ I vom Typ `Complex` ist, da 0. ja als Gleitpunktzahl mit dem genäherten Wert 0 aufgefaßt wird.
Mit `Head`$[x]$ kann man also den Typ einer Zahl x feststellen. Es gibt einige weitere Operationen, um Auskünfte über Zahlen zu erhalten. So liefert

In[3] := `NumberQ`$[x]$ *Out[3]* = `True`, wenn x eine Zahl ist, anderenfalls *Out[3]* = `False`

Hier sind `True` und `False` die Symbole für die *Bool*schen Werte "Wahr" und "Falsch". `IntegerQ`$[x]$ testet, ob x eine ganze Zahl ist, weshalb

In[4] := `IntegerQ`[2.] *Out[4]* = `False`

ergibt. Ähnliche Tests für Zahlen sind mit den Köpfen `EvenQ` , `OddQ` und `PrimeQ` durchführbar. Ihr Sinn ist selbsterklärend. So ergibt

In[5] := `PrimeQ`[1075643] *Out[5]* = `True` , während

In[6] := `PrimeQ`[1075641] *Out[6]* = `False`

liefert.
Die zuletzt genannten Tests gehören zu einer ganzen Gruppe von Testoperatoren, die alle mit `Q` enden und jeweils mit `True` oder `False` im Sinne eines logischen Tests antworten (u.a. Typprüfung).
In Mathematica sind einige spezielle Zahlen enthalten, die häufig benötigt werden und mit beliebiger Genauigkeit aufgerufen werden können. Dazu gehören π mit dem Symbol `Pi` , e mit dem Symbol `E`, $\frac{\pi}{180^\circ}$ als Umrechnungsfaktor von Gradmaß in Bogenmaß mit dem Symbol `Degree` , `Infinity` als Symbol für ∞ sowie die schon benutzte imaginäre Einheit `I` .
Zahlen sind in verschiedenen Formen darstellbar, die sich ineinander konvertieren lassen. So läßt sich jede reelle Zahl x mit `N`$[x,\ n]$ in eine Gleitpunktzahl mit n-stelliger Präzision konvertieren.

In[7] := `N`$[E,\ 20]$ liefert *Out[7]* = 2.718281828459045235 (20.11)

Mit `Rationalize`$[x,\ dx]$ kann die Zahl x mit der Genauigkeit dx in eine rationale Zahl gewandelt werden. So ergibt

In[8] := `Rationalize`[%, 10^ − 5] *Out[8]* = $\frac{1457}{536}$ (20.12)

Mit der Genauigkeit 0 übermittelt Mathematica die bestmögliche Näherung der Zahl x durch eine rationale Zahl.
Zahlen verschiedener Zahlensysteme können ineinander konvertiert werden. Mit `BaseForm`$[x,\ b]$ wird die Zahl x im 10–System in die entsprechende Zahl im System mit der Basis b umgewandelt. Ist $b > 10$, so werden für die Darstellung der weiteren Ziffern wie üblich die fortlaufenden Buchstaben $a, b, c, \ldots$ benutzt. So wird z.B.

$$\mathtt{In[15]} := \mathtt{BaseForm}[255,\ 16] \quad \text{zu} \quad \mathtt{Out[15]} = //\mathtt{BaseForm} = ff_{16} \tag{20.13}$$

oder

$$\mathtt{In[16]} := \mathtt{BaseForm}[\mathtt{N}[E,\ 10],\ 8] \quad \mathtt{Out[16]} = //\mathtt{BaseForm} = 2.557605213_8 \tag{20.14}$$

Die umgekehrte Transformation wird mit b^^$mmmm$ bewerkstelligt.

■ In diesem Sinne liefert

In[17] := 8 ^^735 *Out[17]* = 477

Die Darstellung der Zahlen erfolgt mit der jeweiligen Präzision (voreingestellt hierfür ist die Maschinenpräzision) und bei großen Zahlen in der sogenannten wissenschaftlichen Schreibweise, d.h. in der Form $nnnn.mmmm10^\wedge \pm qq$.

2. Wichtige Operatoren

Für viele Grundoperatoren gibt es eine vereinfachte Schreibweise mit der in der Mathematik üblichen Infix-Form $< symb_1\ op\ symb_2 >$. Jedoch ist in jedem Fall diese nur ein vereinfachendes Synonym für die vollständige Schreibweise als Ausdruck. Eine Reihe häufig vorkommender Operatoren und ihre vollständige Form enthält **Tabelle20.2**.

Tabelle 20.2 Wichtige Operatoren

$a + b$	`Plus`$[a,\ b]$	$u == v$	`Equal`$[u,\ v]$
$a\ \ b$ oder $a * b$	`Times`$[a,\ b]$	$w! = v$	`Unequal`$[w,\ v]$
a^b	`Power`$[a,\ b]$	$r > t$	`Greater`$[r,\ t]$
a/b	`Times`$[a,$ `Power`$[b,\ -1]]$	$r >= t$	`GreaterEqual`$[r,\ t]$
$u{-}{>}\ v$	`Rule`$[u,\ v]$	$s < t$	`Less`$[s,\ t]$
$r = s$	`Set`$[r,\ s]$	$s <= t$	`LessEqual`$[s,\ t]$

Die meisten Bezeichnungen in **Tabelle20.2** sind selbsterklärend. Bei der Multiplikation in der Form $a\ \ b$ ist unbedingt auf das Leerzeichen zwischen den Faktoren zu achten. Es sei auf die Ausdrücke mit den Köpfen `Rule` und `Set` hingewiesen. `Set` weist dem Ausdruck r auf der linken Seite, z.B. eine Variable, den Wert des Ausdrucks s auf der rechten Seite, z.B. eine Zahl, zu. Von nun an wird r bis zum Zeitpunkt der Aufhebung dieser Zuordnung durch den zugewiesenen Wert dargestellt. Die Aufhebung erfolgt entweder durch die Zuweisung eines neuen Wertes oder durch $x = .$, bzw. `Clear`$[x]$, d.h. durch Löschen aller bisherigen Zuweisungen. Die Konstruktion `Rule` dagegen ist als Transformationsregel aufzufassen. Sie tritt oft im Zusammenhang mit dem Ersetzungsoperator /. auf.
`Replace`$[t,\ u\ {-}{>}\ v]$ oder $t/.\ u{-}{>}\ v$ bedeutet, alle im Ausdruck t enthaltenen Elemente u durch den Ausdruck v zu ersetzen.

■ *In[5]* := $x + y^2\ /.\ y{-}{>}\ a + b$

Out[5] = $x + (a + b)^2$

Für beide Operatoren ist typisch, daß sofort nach Aufstellung der Zuweisung oder der Transformationsregel die rechte Seite ausgewertet wird. Damit werden die linken Seiten bei jedem nachfolgenden Aufruf durch die festgelegten rechten Seiten ersetzt.
Daneben gibt es zwei weitere Operatoren, die verzögert wirken.

$u := v$ `FullForm` = `SetDelayed`$[u, v]$ und $u :> v$ `FullForm` = `RuleDelayed`$[u, v]$

Auch hier gilt bis zur Aufhebung der Zuweisung bzw. der Transformationsregel, daß für die linke Seite immer die rechte eingesetzt wird, jedoch erfolgt die Auswertung der rechten Seite erst zum Zeitpunkt des Aufrufes der linken.
$u == v$ oder `Equal`$[u,\ v]$ sagt, daß u und v identisch sind. `Equal` wird z.B. benutzt, um Gleichungen zu manipulieren.

3. Listen

Listen sind in Mathematica wichtige Instrumente für die Manipulation ganzer Gruppen von Größen, die vor allem in der höherdimensionalen Algera und Analysis von großem Wert sind. Da auch allgemein Ausdrücke vielfach Ähnlichkeiten mit Listen besitzen, wird der Umgang mit Listen zu einem Musterbeispiel für Manipulationen auf bestimmten Klassen von Ausdrücken.
Unter einer *Liste* versteht man die Zusammenfassung mehrerer Objekte zu einem neuen Objekt, der Liste, wobei in der Liste zunächst alle Objekte gleichwertig sind und sich nur durch ihren Standort in der Liste voneinander unterscheiden. Die Aufstellung einer Liste erfolgt mit der Angabe

$$\texttt{List}[a1,\ a2,\ a3,\ \ldots] \equiv \{a1,\ a2,\ a3,\ \ldots\} \qquad (20.15)$$

Zur Erläuterung der Arbeit mit Listen wird eine konkrete Liste benutzt, die mit $l1$ bezeichnet wird:

$$\textit{In[1]} := l1 = \texttt{List}[a1,\ a2,\ a3,\ a4,\ a5,\ a6] \qquad \textit{Out[1]} = \{a1,\ a2,\ a3,\ a4,\ a5,\ a6\} \qquad (20.16)$$

(Mathematica benutzt bei der Wiedergabe der Liste die Kurzform Einschluß in geschweifte Klammern.)
In **Tabelle20.3** sind Befehle dargestellt, die auf Elemente bzw. mehrere Elemente zugreifen, die dann eine "Unterliste" ausgeben.

Tabelle 20.3 Befehle für die Auswahl von Listenelementen

`First`$[l]$	wählt das erste Element aus
`Last`$[l]$	wählt das letzte Element aus
`Part`$[l,\ n]$ oder $l[[n]]$	wählt das n–te Element aus
`Part`$[l,\ \{n1,\ n2,\ \ldots\}]$	erstellt eine Liste aus den Elementen mit den angegebenen Nummern
$l[[\{n1,\ n2,\ \ldots\}]]$	äquivalent zur vorherigen Operation
`Take`$[l,\ m]$	ergibt die Liste der ersten m Elemente von l
`Take`$[l,\ \{m,\ n\}]$	ergibt die Liste der Elemente von m bis n
`Drop`$[l,\ n]$	ergibt die Liste ohne die ersten n Elemente
`Drop`$[l,\ \{m,\ n\}]$	ergibt die Liste ohne Elemente von m bis n

■ Für die Liste $l1$ in 20.16 gilt z.B.

$$\textit{In[2]} := \texttt{First}[l1] \quad \textit{Out[2]} = a1 \qquad \textit{In[3]} := l1[[3]] \quad \textit{Out[3]} = a3$$

$$\textit{In[4]} := l1[[\{2,\ 4,\ 6\}]] \quad \textit{Out[4]} = \{a2,\ a4,\ a6\} \quad \textit{In[5]} := \texttt{Take}[l1,\ 2] \quad \textit{Out[5]} = \{a1,\ a2\}$$

Die Elemente von Listen können wiederum Listen sein, so daß verschachtelte Listen entstehen. Setzt man z.B.

$$\textit{In[6]} := a1 = \{b11,\ b12,\ b13,\ b14,\ b15\}$$

$$\textit{In[7]} := a2 = \{b21,\ b22,\ b23,\ b24,\ b25\}$$

$$\textit{In[8]} := a3 = \{b31,\ b32,\ b33,\ b34,\ b35\}$$

und analog für $a4$, $a5$ und $a6$, so entsteht eine verschachtelte Liste, die hier wegen ihres Umfanges nicht explizit dargestellt werden soll. Mit `Part`$[l,\ i,\ j]$ greift man auf das j–te Element der i–ten Unterliste zu. Das gleiche Resultat erhält man mit $l[[i,\ j]]$. Im betrachteten Beispiel wird

$$\textit{In[12]} := l1[[3,\ 4]] \quad \textit{Out[12]} = b34$$

Des weiteren liefert `Part`$[l,\ \{i1,\ i2\ \ldots\},\ \{j1,\ j2\ \ldots\}]$ oder $l[[\{i1,\ i2,\ \ldots\},\ \{j1,\ j2,\ \ldots\}]]$ eine Liste, die aus den mit $i1, i2, \ldots$ numerierten Listen besteht, welche jeweils die mit $j1, j2 \ldots$ numerierten Elemente enthalten. Für obiges Beispiel etwa

$$\textit{In[13]} := l1[[\{3,\ 5\},\ \{2,\ 3,\ 4\}]] \quad \textit{Out[13]} = \{\{b32,\ b33,\ b34\},\ \{b52,\ b53,\ b54\}\}$$

Aus diesen Darlegungen ist das Prinzip der Verschachtelung von Listen ablesbar. Es macht keine Mühe, Listen mit der Verschachtelungsstufe 3 und höher zu entwerfen und auf diese mit entsprechenden Auswahloperationen zu wirken.
Mathematica bietet eine Reihe weiterer Operationen, mit denen Listen abgefragt, erweitert oder verkürzt werden können (**Tabelle20.4**).

Tabelle 20.4 Operationen mit Listen

`Position`[l, a]	liefert eine Liste der Positionen, an denen a in der Liste auftritt
`MemberQ`[l, a]	prüft, ob a Element der Liste ist
`FreeQ`[l, a]	prüft, ob a nirgendwo in der Liste auftritt
`Prepend`[l, a]	fügt a an den Anfang der Liste hinzu
`Append`[l, a]	fügt a am Ende der Liste hinzu
`Insert`[l, a, i]	fügt a an der Stelle i zur Liste hinzu
`Delete`[l, $\{i, j, \ldots\}$]	löscht die Elemente mit den Nummern $i, j, \ldots$ aus der Liste
`ReplacePart`[l, a, i]	ersetzt das Element an der Stelle i durch a

■ Mit `Delete` kann man z.B. die Liste $l1$ um das Glied $a6$ verringern:

In[14] := $l2$ = `Delete`[$l1$, 6] *Out[14]* = $\{a1, a2, a3, a4, a5\}$,

wobei jedoch in der Ausgabe die ai durch ihre Werte – sie sind ja selber Listen – ersetzt erscheinen.

Mathematica stellt eine Reihe von Operationen bereit, die spezielle Listen aufbauen. Eine dieser Operationen, die häufig bei der Arbeit mit mathematischen Funktionen eine Rolle spielt, ist `Table` (s. **Tabelle20.5**)

Tabelle 20.5 Die Operation `Table`

`Table`[f, $\{imax\}$]	erzeugt eine Liste mit $imax$ Werten von $f = f(i)$
`Table`[f, $\{i, imin, imax\}$]	erzeugt eine Liste von Werten von f von $imin$ bis $imax$
`Table`[f, $\{i, imin, imax, di\}$]	das gleiche wie letztes, nur in Schritten di

■ Tabelle der Binominalkoeffizienten zu $n = 7$:

In[15] := `Table`[`Binomial`[7, i], $\{i, 0, 7\}$]] *Out[15]* = $\{1, 7, 21, 35, 35, 21, 7, 1\}$

Mit `Table` können auch mehrdimensionele Tabellen hergestellt werden. So erhält man mit

`Table`[f, $\{i, i1, i2\}$, $\{j, j1, j2\}$, ...]

mehrstufige verschachtelte Tabellen, so etwa aus

In[16] := `Table`[`Binomial`[i, j], $\{i, 1, 7\}$, $\{j, 0, i\}$]

die Binominalkoeffizienten bis zur Stufe 7:

Out[16] = $\{\{1, 1\}, \{1, 2, 1\}, \{1, 3, 3, 1\}, \{1, 4, 6, 4, 1\},$

$\{1, 5, 10, 10, 5, 1\}, \{1, 6, 15, 20, 15, 6, 1\}, \{1, 7, 21, 35, 35, 21, 7, 1\}\}$

Mit der Operation `Range` lassen sich speziell fortlaufende Zahlenlisten erzeugen:

`Range`[n] erzeugt die Liste $\{1, 2, \ldots, n\}$

Entsprechend wirken `Range`[$n1$, $n2$] und `Range`[$n1$, $n2$, dn], die Zahlenlisten von $n1$ bis $n2$ in den Stufen 1 bzw. dn erstellen.

4. Vektoren und Matrizen als Listen

Eine Reihe spezieller (Listen–) Anweisungen steht für die Definition von Vektoren und Matrizen bereit. Eine einstufige Liste der Art

$$v = \{v1,\ v2,\ \ldots,\ vn\} \tag{20.17}$$

läßt sich jederzeit als Vektor im n-dimensionalen Raum mit den Komponenten $v1, v2, \ldots, vn$ auffassen. Die spezielle Operation `Array`[v, n] erzeugt die Liste (den Vektor) $\{v[1], v[2], \ldots, v[n]\}$. Mit Vektoren dieser Art kann symbolische Vektorrechnung betrieben werden.
Die oben eingeführten zweistufigen Listen $l1$ und $l2$ können als Matrizen mit den Zeilen i und den Spalten j aufgefaßt werden. In diesem Falle wäre bij das Element der Matrix in der i–ten Zeile und der j–ten Spalte. $l1$ ist eine Rechteckmatrix vom Typ (6,5), $l2$ eine quadratische Matrix vom Typ (5,5). Mit der Operation `Array`[b, $\{n,\ m\}$] wird eine Matrix vom Typ (n, m) erzeugt, deren Elemente mit $b[i,\ j]$ gekennzeichnet werden. i numeriert die Zeilen und läuft von 1 bis n, j numeriert die Spalten und läuft von 1 bis m. In dieser symbolischen Form läßt $l1$ sich darstellen:

$l1 =$ `Array`[b, $\{6,\ 5\}$] , wobei für die Elemente gilt:

$b[i,\ j] = bij \qquad i = 1, \ldots, 6 \;\; j = 1, \ldots, 5$

`IdentityMatrix`[n] erzeugt die n–stufige Einheitsmatrix, `DiagonalMatrix`[*liste*] eine Diagonalmatrix mit den Elementen von *liste* auf der Hauptdiagonalen. `Dimension`[*liste*] gibt die Dimension einer Matrix, deren Struktur durch *liste* gegeben ist. Schließlich erhält man mit `MatrixForm`[*liste*] eine matrixartige Darstellung von *liste*. Mathematica ermöglicht die formale Manipulation von Matrizen und Vektoren. Dafür stehen die in **Tabelle20.6** aufgeführten algebraischen Operationen zur Verfügung.

Tabelle 20.6 Operationen mit Matrizen

$c\ a$	die Matrix a wird mit dem Skalar c multipliziert
$a\ .\ b$	das Produkt der Matrizen a und b
`Det`[a]	die Determinante der Matrix a
`Inverse`[a]	die inverse Matrix zu a
`Transpose`[a]	die zu a transponierte Matrix
`MatrixPower`[a, n]	die n–te Potenz der Matrix a
`Eigenvalues`[a]	die Eigenwerte der Matrix a
`Eigenvectors`[a]	die Eigenvektoren der Matrix a

■ **A:** Es sei

In[18] := r = `Array`[a, $\{4,\ 4\}$]

```
Out[18] = { { a[1, 1], a[1, 2], a[1, 3], a[1, 4] } ,
            { a[2, 1], a[2, 2], a[2, 3], a[2, 4] } ,
            { a[3, 1], a[3, 2], a[3, 3], a[3, 4] } ,
            { a[4, 1], a[4, 2], a[4, 3], a[4, 4] } }
```

Mit

In[19] := `Transpose`[r] erhält man

```
Out[19] = { { a[1, 1], a[2, 1], a[3, 1], a[4, 1] } ,
            { a[1, 2], a[2, 2], a[3, 2], a[4, 2] } ,
            { a[1, 3], a[2, 3], a[3, 3], a[4, 3] } ,
            { a[1, 4], a[2, 4], a[3, 4], a[4, 4] } }
```

die zu r transponierte Matrix r^T.

Definiert man den allgemeinen vierdimensionalen Vektor v mit

In[20] := v = `Array`$[u,\ 4]$, so erhält man

Out[20] = $\{u[1],\ u[2],\ u[3],\ u[4]\}$

Nun kann das Produkt der Matrix r mit dem Vektor v gebildet werden, was bekanntlich einen neuen Vektor liefert (s. 4.1.4.).

In[21] := $r\ .\ v$

$$\textit{Out[21]} = \begin{array}{l} \{\ a[1,\ 1]\ u[1] + a[1,\ 2]\ u[2] + a[1,\ 3]\ u[3] + a[1,\ 4]\ u[4]\ , \\ \quad a[2,\ 1]\ u[1] + a[2,\ 2]\ u[2] + a[2,\ 3]\ u[3] + a[2,\ 4]\ u[4]\ , \\ \quad a[3,\ 1]\ u[1] + a[3,\ 2]\ u[2] + a[3,\ 3]\ u[3] + a[3,\ 4]\ u[4]\ , \\ \quad a[4,\ 1]\ u[1] + a[4,\ 2]\ u[2] + a[4,\ 3]\ u[3] + a[4,\ 4]\ u[4]\ \}. \end{array}$$

Eine Unterscheidung von Spaltenvektoren und Zeilenvektoren gibt es in Mathematica nicht. Im allgemeinen ist die Matrixmultiplikation nicht kommutativ (s. 4.4.2). Der Ausdruck $r\ .\ v$ entspricht in der linearen Algebra dem Produkt einer Matrix mit einem nachfolgenden Spaltenvektor, während $v\ .\ r$ dem Produkt eines Zeilenvektors mit einer nachfolgenden Matrix entspricht.

B: In 4.4.2.3. ist das lineare Gleichungssystem $pt = b$ mit der Matrix

In[22] := p = `MatrixForm`$[\{\{2,\ 1,\ 3\},\ \{1,\ -2,\ 1\},\ \{3,\ 2,\ 2\}\}]$

$$\textit{Out[22]} = //\texttt{MatrixForm} = \begin{array}{rrr} 2 & 1 & 3 \\ 1 & -2 & 1 \\ 3 & 2 & 2 \end{array}$$

und den Vektoren

In[23] := t = `Array`$[x,\ 3]$ *Out[23]* = $\{x[1],\ x[2],\ x[3]\}$

In[24] := b = $\{9,\ -2,\ 7\}$ *Out[24]* = $\{9,\ -2,\ 7\}$

behandelt worden. Da in diesem Fall
$\det(p) \neq 0$ ist, kann man das System gemäß $t = p^{-1}b$ sofort lösen. Das geschieht durch

In[25] := `Inverse`$[p]\ .\ b$ mit der Ausgabe des Lösungsvektors *Out[25]* = $\{-1,\ 2,\ 3\}$.

Es wird noch eine weitere Möglichkeit zur Definition von Matrizen angegeben: Es sei $f(i,j)$ eine Funktion der ganzen Zahlen i und j. Dann kann mit `Table`$[f,\ \{i,\ n\},\ \{j,\ m\}]$ eine Matrix vom Typ (n,m) definiert werden, deren Elemente die jeweiligen $f(i,j)$ sind.

5. Funktionen

Mathematica kennt eine Vielzahl mathematischer Standardfunktionen. Dies sind neben der Exponential- und den Logarithmusfunktionen `Exp`$[x]$ und `Log`$[x]$, `Log`$[b,x]$ vor allem die trigonometrischen Funktionen und ihre Inversen:
`Sin`$[x]$, `Cos`$[x]$, `Tan`$[x]$, `Cot`$[x]$, `Sec`$[x]$, `Csc`$[x]$; `ArcSin`$[x]$, `ArcCos`$[x]$, `ArcTan`$[x]$, `ArcCot`$[x]$, `ArcSec`$[x]$, `ArcCsc`$[x]$ und `ArcTan`$[x,\ y]$ als Argument von $x + iy$, die hyperbolischen Funktionen `Sinh`$[x]$, `Cosh`$[x]$, `Tanh`$[x]$, `Coth`$[x]$, `Sech`$[x]$, `Csch`$[x]$ und ihre Inversen `ArcSinh`$[x]$, `ArcCosh`$[x]$, `ArcTanh`$[x]$, `ArcCoth`$[x]$, `ArcSech`$[x]$, `ArcCsc`$[x]$. Diese Funktionen sind auch für komplexe Argumente verfügbar. Es muß jedoch beachtet werden, daß die Eindeutigkeit immer gewährleistet ist, das betrifft z.B. viele irrationale Funktionen. Um Eindeutigkeit zu erhalten, muß in solchen Fällen *ein Zweig* der Funktion ausgewählt werden. Dies gilt auch oft bei Funktionen mit komplexen Variablen, hier sind die *Hauptwerte* der Funktionen zu wählen (s. 14.1.1).

Mathematica kennt eine Anzahl spezieller Funktionen wie etwa Besselfunktionen $J_n(z)$, `BesselJ` [n,z], $Y_n(z)$, `BesselY` [n,z], modifizierte Besselfunktionen $I_n(z)$, `BesselI` [n,z], $K_n(z)$, `BesselK` [n,z], Legendresche Polynome $P_n(x)$, `LegendrP` [n,x], Kugelfunktionen $Y_l^m(\vartheta, \phi)$, `SphericalHarmonicY`[$l, m, theta, phi$] und andere (s.[17.1]). Weitere spezielle Funktionen können mit entsprechenden Spezialpaketen zugeladen werden.
Mathematica bietet die Möglichkeit, sogenannte reine Funktionen zu nutzen. Dies sind Funktionen ohne spezielle Namen. Man bezeichnet sie mit `Function`[x, *rumpf*]. *rumpf* ist der Ausdruck für die Funktion in der Variablen x.

$$\texttt{In[1]} := \texttt{Function}[x,\ x\hat{}3 + x\hat{}2] \quad \texttt{Out[1]} = \texttt{Function}[x,\ x^3 + x^2] \tag{20.18}$$

und mit

$$\texttt{In[2]} := \texttt{Function}[x,\ x\hat{}3 + x\hat{}2][c] \quad \text{wird} \quad \texttt{Out[2]} = c^3 + c^2. \tag{20.19}$$

Man kann für reine Funktionen eine vereinfachte Schreibweise nutzen, sie lautet *rumpf* &, wobei die zu benutzende Variable mit # gekennzeichnet wird. Anstelle der vorhergehenden zwei Zeilen kann man also schreiben

$$\texttt{In[3]} := (\#\hat{}3\ +\ \#\hat{}2)\ \&\ [c] \quad \texttt{Out[3]} = c^3 + c^2 \tag{20.20}$$

Ebenso lassen sich reine Funktionen mehrerer Veränderlicher definieren:
`Function`[$\{x_1, x_2, \ldots\}$, *rumpf*] oder in Kurzform *rumpf* &, wobei die Variablen in *rumpf* durch die Elemente #1, #2, ... bezeichnet werden. Die Benutzung des Zeichens & zum Abschuß ist sehr wichtig, da hieran erkannt wird, daß der vorstehende Ausdruck als reine Funktion zu betrachten ist.

6. Muster

Mathematica gestattet dem Nutzer, eigene Funktionen zu definieren und sie in seinen Berechnungen zu nutzen.
Mit

$$\texttt{In[1]} := \texttt{f}[x\_]\ := \text{Polynom}(x) \tag{20.21}$$

mit Polynom(x) als beliebigem Polynom der Variablen x, wird eine spezielle Funktion durch den Anwender definiert.
In der Definition der Funktion `f` steht nicht x, sondern x_ (gesprochen x–blank) mit _ als Symbol für das Leerzeichen. Das Symbol x_ steht für "Irgendetwas mit dem Namen x". Von nun an wird Mathematica jedesmal, wenn ein Ausdruck `f`[*Irgendetwas*] erscheint, dies durch seine obige Definition ersetzen. Diese Art der Definition erweist sich als ein mächtiges Instrument von Mathematica für die unterschiedlichsten Aufgaben. Man bezeichnet diese Art der Definition als *Muster*. Das *blank* _ ist das Grundelement eines Musters, y_ steht für: ein Muster namens y. Es kann aber auch nur ein _ in der entsprechenden Definition stehen, also etwa y^_. Dieses Muster steht für beliebige Potenzen von y mit irgendwelchen Exponenten, also für eine ganze Klasse von Ausdrücken mit der gleichen Struktur. Entscheidend an einem Muster ist, daß es eine *Struktur* festlegt. Wenn Mathematica einen Audruck bezüglich eines Musters prüft, vergleicht es die Struktur der Elemente des Ausdrucks mit der Struktur des Musters, Mathematica prüft nicht auf mathematische Gleichheit! Dies wird folgendermaßen deutlich: Sei l folgende Liste

$$\texttt{In[2]} := l\ =\ \{\ 1,\ y,\ y\hat{}a,\ y\hat{}\texttt{Sqrt}[x],\ \{\texttt{f}[y\hat{}(r/q)],\ 2\hat{}y\ \}\ \} \tag{20.22}$$

Setzt man

$$\texttt{In[3]} := l\ /.\ y\hat{}\_\ {->}\ ja \tag{20.23}$$

so antwortet Mathematica mit der Liste

$$\texttt{Out[3]} = \{\ 1,\ y,\ ja,\ ja,\ \{\texttt{f}[ja],\ 2^y\ \}\} \tag{20.24}$$

Mathematica hat die Elemente der Liste in bezug auf ihre Strukturidentität mit dem Muster y^_ untersucht und in allen Fällen, in denen Übereinstimmung festgestellt wurde, das jeweilige Element durch ja ersetzt. Die Elemente 1 und y wurden nicht ersetzt, da sie nicht von der vorgegeben Struktur sind, obwohl natürlich $y^0 = 1, y^1 = y$ gilt.

Bemerkung: Der Mustervergleich erfolgt immer über die `FullForm`. Prüft man

In[4] := b/y /. y^_ -> ja so wird *Out[4]* = $b\ ja$

Dies wird klar, wenn man bedenkt, daß die `FullForm` von b/y `Times`[b, `Power`[y, -1]] lautet und beim Strukturvergleich natürlich das zweite Argument von `Times` als zur Struktur des Musters passend erkannt wird.

Mit der Definition

In[5] := `f`[x_] := x^3

ersetzt Mathematica in Zukunft entsprechend dem vorgegebenen Muster

In[6] := `f`[r] durch *Out[6]* = r^3 usw.

In[7] := `f`[a] + `f`[x] ergibt *Out[7]* = $a^3 + x^3$

Hätte man definiert

In[8] := `f`[x] := x^3 , so wäre bei gleicher Eingabe *In[7]* := ...

die Ausgabe

Out[7] = `f`[a] + x^3

entstanden. In diesem Fall spricht also nur die "identische" Eingabe auf die Definition an.

7. Funktionaloperationen

Bekanntlich operieren Funktionen auf Zahlen oder algebraischen Ausdrücken. Der symbolische Charakter von Mathematica gestattet jedoch ebenso Operationen auf Funktionen, da die Namen von Funktionen wie Ausdrücke behandelt und damit auch wie Ausdrücke manipuliert werden können.

1. Inverse Funktion. Die Bestimmung der inversen Funktion zu einer gegebenen Funktion $f(x)$ erreicht man mit mit `InverseFunction`.

■ **A:** *In[1]* := `InverseFunction`[f] [x] *Out[1]* = f^{-1} [x]

B: *In[2]* := `InverseFunction`[`Exp`] *Out[2]* = `Log`

2. Differentiation. Mathematica nutzt die Möglichkeit, die Differentiation von Funktionen als Abbildung im Raum der Funktionen aufzufassen. Der Operator der Differentiation lautet in Mathematica `Derivative`[1][f] oder abgekürzt `f'`. Ist die Funktion `f` definiert, so erhält man mit `f'` ihre Ableitung.

■ *In[3]* := `f`[x_] := `Sin`[x] `Cos`[x]

Mit *In[4]* := `f'` wird *Out[4]* = `Cos`[#1]^2 − `Sin`[#1]^2 &,

also `f'` als reine Funktion dargestellt und entsprechend

In[5] := % [x] *Out[5]* = `Cos`[x]^2 − `Sin`[x]^2

3. Nest. `Nest`[f, x, n] bedeutet, daß die Funktion `f` n-mal verschachtelt auf x anzuwenden ist. Das Resultat lautet `f`[`f`[... `f`[x]] ...].

4. NestList. `NestList`[f, x, n] erzeugt eine Liste {x, `f`[x], `f`[`f`[x]], ...}, wobei bis einschließlich zur Stufe n verschachtelt wird.

5. FixedPoint. `FixedPoint`[f, x] wendet die Funktion wiederholt an, bis das Ergebnis sich nicht mehr ändert.

6. FixedPointList. `FixedPointList`[f, x] erzeugt die fortlaufende Liste mit den Anwendungsergebnissen von `f`, bis sich der Wert nicht mehr ändert.

■ Zur Demonstration dieser Art von Funktionaloperationen wird `Nest` auf die Newtonsche Näherungsformel für Wurzeln der Gleichung $f(x) = 0$ (s. 16.1.3.) angewendet. Es sei eine Wurzel der Gleichung $x \cos x = \sin x$ in der Nähe von $\frac{3}{2}\pi$ zu finden:

In[6] := f[x_] := x − Tan[x]

In[7] := f′[x] *Out[7]* = 1 − Sec[x]^2

In[8] := g[x_] := x − f[x]/f′[x]

In[9] := NestList[g, 4.6, 4] // N

Out[9] = {4.6, 4.54573, 4.50615, 4.49417, 4.49341}

In[10] := FixedPoint[g, 4.6] *Out[10]* = 4.49341.

Man hätte auch eine größere Präzision des Ergebnisses verlangen können.

7. Apply. Es sei f eine Funktion, die im Zusammenhang mit einer Liste $\{a,\ b,\ c,\ \ldots\}$ erklärt ist. Dann ergibt

Apply[f, $\{a,\ b,\ c,\ \ldots\}$] $f[a,\ b,\ c,\ldots]$ (20.25)

■ *In[1]* := Apply[Plus, $\{u,\ v,\ w\}$] *Out[1]* = $u+\ v+\ w$

In[2] := Apply[List, $a+\ b+\ c$] *Out[2]* = $\{a,\ b,\ c\}$

Man erkennt hier gut das allgemeine Schema, wie Mathematica mit Ausdrücken von Ausdrücken umgeht. Dazu schreibt man die letzte Operation in FullForm :

In[3] := Apply[List, Plus[a, b, c]] *Out[3]* = List[a, b, c]

Apply ersetzt offensichtlich den Kopf des zu behandelnden Ausdruckes Plus durch den geforderten List .

8. Map. Die Operation Map führt, bei entsprechend definierter Funktion f, zu dem Ergebnis

Map[f, $\{a,\ b,\ c,\ldots\}$] $\{f[a],\ f[b],\ f[c],\ldots\}$ (20.26)

Map erstellt eine neue Liste, deren Elemente durch die Anwendung der Funktion f auf die Elemente der Ausgangsliste entstehen.

■ Es sei f die Funktion $f(x) = x^2$. Sie wird durch

In[4] := f[x_] := x^2

definiert. Mit diesem f erhält man

In[5] := Map[f, $\{u,\ v,\ w\}$] *Out[5]* = $\{u^2,\ v^2,\ w^2\}$

Auch Map kann im oben genannten Sinn auf allgemeinere Ausdrücke angewendet werden. So erhält man

In[6] := Map[f, Plus[a, b, c]] *Out[6]* = $a^2 +\ b^2 +\ c^2$

8. Programmierung

Mathematica kennt die auch von anderen Programmiersprachen bekannten Schleifenkonstruktionen für die prozedurale Programmierung. Hierzu gehören u.a. die beiden Grundbefehle

Do[$ausdr$, $\{i, i1, i2, di\}$] (20.27)

und

While[$test$, $ausdr$] (20.28)

Der erste Befehl bewirkt die Evaluierung des Ausdruckes $ausdr$, wobei i den Wertebereich von $i1$ bis $i2$ in Schritten di durchläuft. Läßt man di weg, so werden Einer-Schritte verwendet. Fehlt noch $i1$, so wird bei 1 begonnen.

Der zweite Befehl evaluiert den Ausdruck, solange $test$ den Wert True besitzt.

■ Zur Berechnung eines Näherungswertes von e^2 werde die Reihenentwicklung der e-Funktion benutzt

$$In[1]:= sum = 1.0;\quad \texttt{Do}\,[sum = sum + (2\verb|^|i/i!), \{i, 1, 10\}];\quad sum$$
$$Out[1]= 7.38899$$

Die `Do` -Schleife evaluiert entsprechend einer vorgegebenen Anzahl, die `While` -Schleife dagegen solange, bis die vorgebene Bedingung ungültig wird.
Mathematica bietet insbesondere für die Programmierung die Möglichkeit, Variable lokal zu definieren und zu nutzen. Dies geschieht mit der Anweisung

$$\texttt{Module}[\{t1, t2, \ldots\}, proced] \tag{20.29}$$

Die in der Liste eingeschlossenen Variablen oder Konstanten sind bezüglich ihrer Nutzung im Modul lokal, die ihnen zugewiesenen Werte sind außerhalb des Moduls nicht bekannt.

■ Es ist eine Prozedur (Funktion) zu definieren, die die Summe der Quadratwurzeln von 1 bis n berechnet.

```
In[1]:= sumq[n_] :=
            Module[{sum = 1.},
                Do[sum = sum + N[Sqrt[i]], {i, 2, n}];
                sum   ];
```

Der Aufruf `sumq`[30] liefert dann z.B. 112.083

Die eigentliche Stärke der Programmiermöglichkeiten in Mathematica liegt allerdings in der Nutzung funktionaler Methoden der Programmierung, die mit den Operationen `Nest`, `Apply`, `Map` und weiteren möglich werden.

■ Das letzte Beispiel läßt sich funktional folgendermaßen schreiben:

```
sumq[n_] := N[Apply[Plus, Table[Sqrt[i], {i, 1, n}]], 10],
```

wenn man eine Präzision von 10 Ziffern erhalten will.

sumq[30] liefert dann 112.0828452.

Für Einzelheiten muß auf [20.3] verwiesen werden.

9. Ergänzungen zur Syntax, Informationen, Meldungen

1. Kontexte, Attribute Mathematica muß mit einer Vielzahl von Symbolen umgehen, darüber hinaus lassen sich weitere Programmoduln je nach Bedarf hinzuladen. Um Mehrdeutigkeiten zu vermeiden, bestehen die Namen von Symbolen in Mathematica aus zwei Teilen, dem Kontext und dem Kurznamen.
Als Kurznamen bezeichnet man die in 20.1.3.2 beschriebenen Benennungen von Köpfen und Elementen der Ausdrücke. Darüber hinaus benötigt Mathematica für die Benennung von Symbolen Angaben über die Zugehörigkeit des Symbols zum jeweiligen Programmteil. Dies wird durch die Angabe des *Kontext* gewährleistet, der den entsprechenden Programmteil benennt. Der vollständige Name eines Symbols besteht daher aus dem Kontext und dem Kurznamen, die durch ein ' verbunden werden.
Beim Start von Mathematica sind immer zwei Kontexte präsent: *System'* sowie *Global'*. Über die Verfügbarkeit weiterer Programmoduln kann man sich mit dem Befehl `Contexts`[ ] informieren lassen.

Alle in Mathematica eingebauten Funktionen laufen unter dem Kontext *System'*, während die vom Nutzer definierten unter dem Kontext *Global'* abgelegt werden.
Ist ein gegebener Kontext aktuell, also der entsprechende Programmteil geladen, so können die Symbole mit ihrem Kurznamen angesprochen werden.
Beim Einlesen eines weiteren Mathematica-Programmoduls mit << `Name Package` werden die dazugehörigen Kontexte geöffnet und der schon vorhandenen Liste vorn hinzugefügt. Es kann vorkommen, daß vor dem Zuladen des neuen Moduls ein Symbol mit einem Namen eingeführt wurde, der jetzt in dem neu eröffneten Kontext unter einer anderen Definition ebenfalls vorhanden ist. In diesem Falle informiert Mathematica in einer Meldung darüber. Nun muß man entweder mit `Remove[Global'name]` den vorher definierten Namen wieder löschen, oder aber man verwendet für das zugeladene Symbol den *vollständigen* Namen.
Neben den Eigenschaften, die Symbole per Definition besitzen und die in der Regel spezieller Natur sind, kann man ihnen allgemeinere Eigenschaften, nämlich Attribute wie `Orderless` (d.h. ungeordnet, kommutativ), `Protected` (Werte können nicht geändert werden) oder `Locked` (Attribute können nicht geändert werden) u.a. zuordnen. Auskunft über die für das jeweilige Objekt zutreffenden Attribute erhält man mit `Attributes`[f]. Eigene Symbole können mit `Protect[eigenes Symbol]` geschützt werden, so daß keine anderen Definitionen für diese Symbol eingeführt werden können. Mit `Unprotect` kann das Attribut wieder entfernt werden.

2. Informationen. Informationen über eingebaute Objekte und deren Haupteigenschaften kann man mit folgenden Befehlen ausgeben lassen:

?*symbol*	Information über das Objekt mit dem Namen *symbol* ausgeben
??*symbol*	ausführlichere Information über das Objekt geben
?*B*∗	Informationen über alle Mathematica-Objekte, deren Namen mit B beginnen

Es ist auch möglich, über spezielle Operatoren Informationen zu erhalten, z.B. mit ? := über den Zuweisungsoperator.

3. Meldungen. Mathematica verfügt über einen Meldeformalismus, der für verschiedenen Zwecke eingesetzt werden kann. Die Meldungen werden während der Berechnungen erzeugt. Ihre Ausgabe erfolgt in einer einheitlichen Form: *symbol* : : *tag*, so daß die Möglichkeit besteht, sich im weiteren auf diese Meldung zu beziehen. Zur Illustration werden folgende Fälle betrachtet:

■ **A:** *In[1]* := `f`[$x\_$] := $1/x$; *In[2]* := `f`[0]

`Power: :infy:Infinite expression` $\frac{1}{0}$ `encountered.` *Out[2]* = `ComplexInfinity`

B: *In[3]* := Log[3, 16, 25]

`Log: :argt:Log called with 3 arguments; 1 or 2 arguments are expected.`

Out[3] = Log[3, 16, 25]

C: *In[4]* := `Multply`[x, x^n]

`General: :spell1: Possible spelling Error: new symbol name ''Multply''is similar`

`to existing symbol ''Multiply''.` *Out[4]* = `Multply`[x, x^n]

Im Beispiel **A** warnt Mathematica nur, im Verlaufe der Abarbeitung ist ein Ausdruck mit dem Wert ∞ aufgetaucht. Die Berechnung selbst kann durchgeführt werden. Im Beispiel **B** ist der Aufruf des Logarithmus mit drei Argumenten erfolgt, was entsprechend der Definition nicht zulässig ist. Mathematica tut nichts. Im Beispiel **C** stößt Mathematica auf einen Symbolnamen, der neu ist, jedoch einem bekannten ähnelt. Mathematica weist darauf hin und tut nichts.
Der Nutzer ist in der Lage, mit `Off`[s : : *tag*] eine Meldung abzuschalten. In diesem Falle wird sie nicht ausgegeben. Mit `On` läßt sich die Meldung wieder zuschalten.

Mit `Messages`[*symbol*] können alle Meldungen angezeigt werden, die sich auf das Symbol mit dem Namen *symbol* beziehen.

20.1.3.3 Maple

Das Computeralgebrasystem Maple wurde an der Waterloo-Universität (Ontario Canada) entwickelt. Es wird in der Version V, release 2 von Waterloo Maple Software vertrieben. Eine gute Einführung findet man neben den Handbüchern in [20.5].
In Maple haben alle Objekte einen Typ, der ihre Zugehörigkeit zu einer Objektklasse bestimmt. Ein Objekt kann durchaus mehreren Typen zugeordnet sein, so z.B., wenn eine bestimmte Objektklasse eine durch zusätzliche Relationen definierte Unterklasse enthält. Als Beispiel sei erwähnt, daß die Zahl 6 vom Typ `integer` und vom Typ `posint` ist. Mit Hilfe der Typisierung (und damit auch einer Hierarchisierung) aller Objekte wird die widerspruchsfreie Formulierung und Abarbeitung bestimmter Klassen von mathematischen Aufgaben garantiert.
Der Nutzer kann jederzeit den Typ eines Objektes mit der Anfrage

$>$ `whattype`(*obj*); (20.30)

erfragen (nach Abschluß der Eingabe ist unbedingt das Semikolon zu setzen). Die Rückgabe ist der Basistyp des Objektes. Maple kennt folgende, in **Tabelle20.7** dargestellten Basistypen:

Tabelle 20.7 Basistypen in Maple

\` + \`	\` * \`	\`^\`	\` = \`	\` <> \`	\` < \`	\` ≤ \`	\`.\`	\` and \`
\` or\`	\` not\`	exprseq	float	fraction	function	indexed	integer	list
procedure	series	set	string	table	uneval			

Die weitergehende Typstruktur kann mit Abfragen der Art `type` (obj,`typname`), deren Werte die Boolschen Funktionen `true` oder `false` sind, ermittelt werden. In **Tabelle20.8** sind alle Maple bekannten Typnamen dargestellt.

Tabelle 20.8 Typenübersicht

*	**	+	.	..	<	≤	<>
=	^	PLOT	PLOT3D	RootOf	algebraic	algext	algfun
algn	algnumext	and	anything	array	biconnect	bipartite	boolean
colourabl	connected	constant	cubic	digraph	equation	even	evenfunc
expanded	facint	float	fraction	function	graph	indexed	integer
intersect	laurent	linear	list	listlist	logical	mathfunc	matrix
minus	monomial	name	negative	negint	nonneg	nonnegint	not
numeric	odd	oddfunc	operator	or	planar	point	polynom
posint	positive	primeint	procedure	quadratic	quartic	radext	radfun
radfunext	radical	radnum	radnumext	range	rational	ratpoly	realcons
relation	scalar	series	set	sqrt	square	string	subgraph
symmfunc	taylor	tree	trig	type	undigraph	uneval	union
vector							

Man erkennt hieraus, daß die Typprüffunktionen selbst einen Typ besitzen, nämlich `type` . Grob gesprochen, charakterisieren die Basistypen Klassen von grundlegenden Datenstrukturen (Zahlenarten, strukturierte Datentypen) und Basisoperatoren, während die übrigen tiefergehende Klassifizierungen der Basistypen bzw. Sachverhalte algebraischer Natur widerspiegeln bzw. mit bestimmten Prozeduren von Maple verknüpft sind.
Im System Maple haben Eingaben die Form

$\texttt{obj}_0(\texttt{obj}_1, \texttt{obj}_2, \dots, \texttt{obj}_n);$ (20.31)

Auch hier ist der erste Teil des Terms (der vor der öffnenden Klammer) in der Regel ein Operator, eine Anweisung oder eine Funktion, die auf die in der Klammer stehenden Teile wirken. In bestimmten Fällen sind als Argumente spezielle Optionen zulässig, die spezifische Anwendungen des Operators oder der Funktion steuern. Wichtig ist das abschließende Semikolon, hierdurch erfährt Maple, daß die Eingabe beendet ist. Wird die Eingabe mit einem : beendet, so folgt daraus für Maple, die Eingabe zwar abzuarbeiten, das Ergebnis jedoch nicht darzustellen.
Symbole, d.h. Namen in Maple können aus Buchstaben, Zahlen und dem *Blank* (_) bestehen. An erster Stelle darf keine Zahl stehen. Zwischen Groß- und Kleinbuchstaben wird immer unterschieden. Das Blank wird von Maple für interne Symbole verwendet, es sollte deshalb in selbstdefinierten Symbolen vermieden werden.
Zeichenketten (d.h. Objekte vom Typ `string`) sind in Hochkommata gefaßt einzugeben:

> S := 'dies ist ein String'
S := dies ist ein String

Die Ausgabe erfolgt dann jedoch ohne Hochkomma, die Typprüfung mit `whattype` ergibt `string`. Solange einem Symbol kein Wert zugewiesen ist, ist das Symbol vom Typ `string` bzw. `name` , das heißt, die Typprüfung

> `type`(*symb*, `name`); bzw. > `type`(*symb*, `string`);

ergibt `true` .
Ist dem Nutzer nicht bekannt, ob ein Symbol in Maple schon mit einem Wert belegt ist, so läßt sich dies mit der Eingabe ?`Name` erfahren. Antwortet Maple mit dem Hinweis, daß es diesen Namen nicht kennt, so ist das Symbol frei verfügbar.
Nachdem dem Symbol ein Wert mit dem Zuweisungsoperator := zugewiesen wurde, nimmt das Symbol automatisch den Typ des zugewiesenen Wertes an.

■ Es sei $x1$ ein Symbol, das hier als Variable dienen soll. Gibt man ein

> `whattype`($x1$); so antwortet Maple mit `string`

Wird nun eine Wertzuweisung etwa mit einer ganzen Zahl vorgenommen:

> $x1 := 5;$ $\longrightarrow$ $x1 := 5$

und danach > `whattype`($x1$); eingegeben, so lautet nunmehr die Antwort `integer`.

Maple kennt je nach Version eine beträchtliche Anzahl von Anweisungen, Funktionen und Operatoren. Nicht alle sind beim Start des Systems resident. Eine Vielzahl spezieller Funktionen und Operationen ist in Fachgebietspaketen in der Maple-Bibliothek vorhanden (es gibt z.B. Pakete zur linearen Algebra, zur Statistik, usw.). Diese Pakete müssen bei Bedarf mit dem Befehl > `with`(*paketname*); zugeladen werden (s. 20.1.3.8). Danach stehen ihre Operationen und Funktionen dem Nutzer in der üblichen Art zur Verfügung.

1. Zahlenarten in Maple

Maple kennt die in **Tabelle20.9** aufgeführten Grundtypen von Zahlen.

Tabelle 20.9 Zahlenarten in Maple

Zahlenart	Typ	Darstellungsform
Ganze Zahl	`integer`	*nnnnnn* Kette beliebig vieler Ziffern
Bruchzahlen	`fraction`	*ppp/qqq* Bruch zweier ganzer Zahlen
Gleitpunktzahlen	`float`	*nn.mmm* oder in wissenschaftlicher Notation $n.mm * 10$^(pp)

Mit Hilfe der Typprüfungsfunktionen aus **Tabelle20.8** können z.B. weitere Eigenschaften ganzer Zahlen erfragt werden.
Rationale Zahlen (Typ: `rational`) sind in Maple die ganzen Zahlen und die Brüche, wobei ein Bruch, der zur ganzen Zahl vereinfacht werden kann, von Maple nicht als Bruch (`fraction`) erkannt wird.
Setzt man hinter eine ganze Zahl den Dezimalpunkt (*nnn.*), so wird sie automatisch als Gleitpunktzahl interpretiert.
Alle drei Zahlenarten haben die Typen `realcons` , `numeric` und `constant` . Die letzten beiden Typen treffen auch für komplexe Zahlen zu. Diese werden mit der imaginären Einheit `I` wie üblich gebildet. Die Zahl `I` ist vom Typ `radnum` , also die Wurzel einer rationalen Zahl. Ihre Definition lautet intern

$$\texttt{alias(I} = (-1)\hat{}(1/2)) \tag{20.32}$$

Der hier verwendete Befehl `alias` bietet die Möglichkeit, abkürzende Benennungen für Funktionen, Definitionen und andere mathematische Symbole einzuführen. Er ist in der Form

$$> \texttt{alias}(gl1, gl2, \ldots); \tag{20.33}$$

aufzurufen. Hier sind die *gli* Gleichungen, die das abkürzende Symbol über vorhandenen Maple-Funktionen definieren. Beim Aufruf der Funktion zeigt Maple neben der gerade definierten Abkürzung auch alle anderen schon vorhandenen `alias` an. Will man die Abkürzung wieder aufheben, so ist `alias`$(sym = sym)$ aufzurufen.
Maple kennt eine Reihe spezieller Zahlen der Mathematik wie z.B. `Pi` , `E` , `gamma`.
Der Befehl `evalf`$(zahl)$; wandelt rationale Zahlen oder zunächst symbolisch dargestellte Zahlen und Ergebnisse von Berechnungen in Gleitpunktzahlen mit der voreingestellten Präzision (in der Regel 20 Stellen) um.

■ $>$ `eval` (E);

2.7182818284590452354

Die Präzision wird in Maple durch die Umgebungsvariable `Digits` gesteuert. Ist die Voreinstellung für die konkrete Aufgabe nicht geeignet, so läßt sich mit

$$> \texttt{Digits} := m; \qquad m \text{ gewünschte Ziffernanzahl} \tag{20.34}$$

eine Änderung herbeiführen. Diese gilt bis zur nächsten Neufestlegung.
Die Umwandlung von Zahlen im Zehnersystem in Zahlen einer anderen Basis erfolgt mit dem Befehl `convert`. Dieser Befehl ist in seiner Grundform

$$\texttt{convert}(ausdr, form, opt) \tag{20.35}$$

von spezieller Bedeutung, da er Ausdrücke von einer Form in eine andere umwandelt (sofern dies sinnvoll ist). *form* kann einer der in **Tabelle20.10** aufgezählten Typen sein.

Tabelle 20.10 Argumente der Funktion `convert`

\`+\`	\`*\`	D	array	base	binary	confrac	decimal
degrees	diff	double	eqnlist	equality	exp	expln	expsincos
factorial	float	fraction	GAMMA	hex	horner	hostfile	hypergeom
lessthan	lessequal	list	listlist	ln	matrix	metric	mod2
multiset	name	octal	parfrac	polar	polynom	radians	radical
rational	ratpoly	RootOf	series	set	sincos	sqrfree	tan
vector							

Dieser Tabelle entnimmt man, daß speziell für die Umwandlung von Zahlen eine Vielzahl von Formfunktionen zur Verfügung stehen.

■ > `convert` (73, `binary`); ⟶ 1001001
> `convert` (73, `octal`); ⟶ 111
> `convert` (79, `hex`); ⟶ $4F$
> `convert` (1.45, `rational`); ⟶ $\frac{29}{20}$
> `convert` (11001101, `decimal`, `binary`); ⟶ 205
> `convert` (\`$FFA2$\`, `decimal`, `hex`); ⟶ 65442

Im letzten Beispiel ist die Hexadezimalzahl in Linksakzenten einzuschließen.

Mit dem Befehl `convert`($list$, `base`, $bas1$, $bas2$) erfolgt die Umwandlung einer Zahl zur Basis $bas1$, die in Listenform einzugeben ist, in eine Zahl zur Basis $bas2$, die in Listenform ausgegeben wird. Eingabe in Listenform heißt, daß die Zahl in der Form

$$z = z_1 * (bas)^0 + z_2 * (bas)^1 + z_3 * (bas)^3 + \ldots$$

zu schreiben ist und die Liste

$$[\ldots, z_3, z_2, z_1]$$

einzugeben ist.

■ Die Oktalzahl 153 soll in eine Hexadezimalzahl umgewandelt werden:

> `convert` ([1, 5, 3], `base`, 8, 16); ⟶ [9, 14]

Die Ausgabe erfolgt als Liste.

2. Wichtige Operatoren in Maple

Wichtige Operatoren sind +, −, ∗, /, ^ als die bekannten arithmetischen Operationen;
=, <, <=, >, >=, <> als relationale Operatoren.
Von spezieller Bedeutung ist der `cat` -Operator, der abgekürzt in Infixform auch als Punktoperator '.' geschrieben wird. Mit diesem Operator können zwei Symbole (Namen) miteinander verknüpft werden.

■ > $x := variable : h := hilfs :$

> `cat`(h, x); ⟶ $hilfsvariable$

Anstelle der Eingabe `cat`(h, x) kann man schreiben ' '.$h.x$; , das Resultat ist wieder $hilfsvariable$. Es ist zu beachten, daß zu Beginn der Verknüpfung die leere Zeichenkette stehen muß, sonst löst Maple den ersten Operanden nicht auf. Mit dieser Konstruktion kann man indizierte Variable sehr günstig bereitstellen.

■ > $i := 1, 2, 3, 4, 5 :$ eine Folge ganzer Zahlen

> $y.i$; Verknüpfung der Folge mit einer Variablen ⟶ $y1, y2, y3, y4, y5$

Im Ergebnis hat man eine Folge indizierter Variablen.

3. Algebraische Ausdrücke

Mit Hilfe der arithmetischen Operatoren lassen sich aus Variablen (Symbolen) in der üblichen Art und Weise algebraische Ausdrücke konstruieren. Sie alle haben den Typ `algebraic` , zu welchem die "Untertypen" `integer, fraction, float, string, indexed, series, function, uneval` sowie die arithmetischen Operatortypen und der Punktoperatortyp gehören.
Man erkennt, daß eine einzelne Variable (ein String) auch vom Typ `algebraic` ist. Die Basiszahlentypen gehören ebenfalls dazu, denn zu ihnen lassen sich algebraische Ausdrücke in der Regel mit den Befehl `subs` auswerten.

■ $> p := x\hat{\ }3 - 4 * x\hat{\ }2 + 3 * x + 5 :$

Hier wird ein Ausdruck, in diesem Fall ein Polynom dritten Grades in x, definiert. Mit dem Substitutionsoperator `subs` kann man der Variablen x im Polynom (Ausdruck) Werte (Zahlen) zuweisen und die Auswertung veranlassen:

$> \texttt{subs}(x = 3, p); \quad \longrightarrow 5 \qquad > \texttt{subs}(x = 3/4, p); \longrightarrow \frac{347}{64}$

$> \texttt{subs}(x = 1.54, p); \longrightarrow 3.785864$

Der Operator `op` dient zur Extraktion von Unterausdrücken aus einem Ausdruck. Mit

$$\texttt{op}(p); \tag{20.36}$$

erhält man die Folge (s. 20.1.3.3.4) der Teilausdrücke auf der ersten Ebene, also

$$x^3, -4x^2, 3x, 5 \tag{20.37}$$

in der Form $\texttt{op}(i, p)$; wird der i-te Term zurückgegeben, also liefert z.B. $\texttt{op}(2, p)$ den Term $-4x^2$. Die Anzahl der Terme (Operanden) des Ausdrucks ermittelt man mit $\texttt{nops}(p)$;.

4. Folgen und Listen

Maple versteht unter einer *Folge* die Aneinanderreihung von Ausdrücken, die durch Kommas getrennt sind. Die Reihenfolge der Elemente ist signifikant, Folgen mit gleichen Elementen in unterschiedlicher Reihenfolge sind verschiedene Objekte. Die Folge ist ein Basistyp von Maple: `exprseq` .

■ $> f1 := x\hat{\ }3, -4 * x\hat{\ }2, 3 * x, 5 :$

definiert eine Folge, denn

$> \texttt{type}(f1, \texttt{exprseq});$ liefert `true`.

Mit dem Befehl

$$> \texttt{seq}(f(i), i = 1..n); \quad \text{wird die Folge} \quad f(1), f(2), \ldots, f(n) \tag{20.38}$$

erzeugt.

■ Mit $> \texttt{seq}(i^2, i = 1..5)$; erhält man $1, 4, 9, 16, 25$.

Die Bereichsfunktion `range` definiert Laufbereiche von ganzzahligen Variablen, die in der Form $i = n..m$ dargestellt werden, und bewirkt, daß die Indexvariable i nacheinander die Werte $n, n+1, n+2, \ldots, m$ annimmt. Der Typ dieser Struktur lautet \`..\` .
Eine äquivalente Form der Erzeugung von Folgen bietet die vereinfachte Schreibweise

$$> f(i)\$i = n..m; \tag{20.39}$$

die ebenfalls $f(n), f(n+1), \ldots, f(m)$ erzeugt. Entsprechend liefert $\$n..m$; die Folge $n, n+1, \ldots, m$ und $x\$i$; die Folge mit i Gliedern x.
Folgen können durch Anhängen weiterer Glieder ergänzt werden:

$$folge, a, b, \ldots \tag{20.40}$$

Klammert man eine Folge f in eckige Klammern, so entsteht eine *Liste*, diese ist vom Typ `list` .

■ $$> l := [i\$i = 1..6)]; \quad \longrightarrow \quad l := [1, 2, 3, 4, 5, 6] \tag{20.41}$$

Mit dem schon bekannten Operator `op` erhält man über $\texttt{op}(liste)$; die der Liste zugrundeliegende Folge zurück.
Um Listen zu erweitern, sind sie zunächst in Folgen umzuwandeln, diese dann entsprechend zu erweitern und mit eckigen Klammern neu in Listen umzuwandeln.

Listen können als Elemente wiederum Listen enthalten, ihr Typ ist `listlist` . Strukturen dieser Art spielen bei der Konstruktion von Matrizen eine Rolle.
Der Zugriff auf Elemente einer Liste erfolgt mit dem Befehl $\texttt{op}(n, liste)$;. Dies liefert das n-te Element der Liste. Einfacher geht dies, wenn der Liste ein Name gegeben wurde, etwa L, und dann $L[n]$; aufgerufen wird. Bei einer zweifachen Liste findet man die Elemente auf der unteren Ebene mit $\texttt{op}(m, \texttt{op}(n, L))$; oder mit dem gleichbedeutenden Aufruf $L[n][m]$;.
Es bereitet keine Schwierigkeit, Listen mit höherem Verschachtelungsgrad aufzubauen.

■ Erzeugung einer einfachen Liste:

$$> L1 := [a, b, c, d, e, f]; \quad \longrightarrow \quad L1 := [a, b, c, d, e, f]$$

Extraktion des 4. Elements dieser Liste:

$$> \texttt{op}(4, L); \quad \text{oder} \quad > L[4]; \quad \longrightarrow \quad d$$

Erzeugung einer zweifach verschachtelten Liste: $> L2 := [[a, b, c], [d, e, f]]$:
(Ausgabe unterdrückt!) Der Zugriff auf das 3. Element der 2. Unterliste:

$$> \texttt{op}(3, \texttt{op}(2, L)); \quad \text{oder} \quad L[2][3]; \quad \longrightarrow \quad f$$

Erzeugung einer dreifach verschachtelten Liste:

$$> L3 := [[[a, b, c], [d, e, f]], [[s, t], [u, v]], [[x, y], [w, z]]] :$$

5. Die Strukturen `table`, `array` , Vektoren und Matrizen

Maple besitzt zur Konstruktion tabellen- und feldartiger Strukturen die beiden Befehle `table` und `array`.
Mit

$$\texttt{table}(ifc, liste) \tag{20.42}$$

erzeugt Maple eine tabellenartige Struktur, in der ifc eine Indexfunktion ist und $liste$ eine Liste von Ausdrücken, die Gleichungen als Elemente enthält. In diesem Fall benutzt Maple die linken Seiten der Gleichungen als Numerierung der Tabelleneinträge und die rechten Seiten als die jeweiligen Tabelleneinträge. Enthält die Liste nur Elemente, so nimmt Maple die natürliche Numerierung der Tabelleneinträge, beginnend mit der 1, an.

■ $> T := \texttt{table}([a, b, c]); \quad \longrightarrow \quad T := \texttt{table}\,([$
$1 = a$
$2 = b$
$3 = c$
$])$

$> R := \texttt{table}([a = x, b = y, c = z]); \quad \longrightarrow \quad R := \texttt{table}\,([$
$a = x$
$b = y$
$c = z$
$])$

Ein erneuter Aufruf von T oder R liefert jedoch nur die Symbole T oder R zurück. Erst mit `op`(T); gibt Maple die Tabelle zurück, beim Aufruf `op(op`(T)`)`; erhält man die Komponenten der Tabelle in der Form fnc,Liste der Gleichungen für die Tabellenwerte. Hieran erkennt man, daß das Evaluierungsprinzip für diese Strukturen von der Regel abweicht. In der Regel evaluiert Maple einen Ausdruck bis zum Ende, d.h. bis keine weiteren Umformungen mehr möglich sind. Im gegebenen Fall wird die Definition zwar zur Kenntnis genommen, jedoch die weitere Auswertung unterdrückt, bis sie mit der speziellen Anweisung `op` ausdrücklich gefordert wird.
Die Indizees von T erhält man als Folge mit dem Befehl `indices`(T);, eine Folge der Glieder mit `entries`(T);.

■ Für die obigen Beispiele gilt

$> \texttt{indices}(T);$ liefert $[1],[2],[3]$ $> \texttt{indices}(R);$ liefert $[a],[b],[c]$

und entsprechend z.B.

$> \texttt{entries}(R);$ liefert $[x],[y],[z]$

Mit dem Befehl

$$\texttt{array}(ifc, list); \tag{20.43}$$

lassen sich spezielle Tabellen (Felder) erzeugen, die mehrdimensional sein können und ganzzahlige Laufbereiche für jede Dimension besitzen. Mit `array`(1..5); erzeugt man z.B. ein eindimensionales Feld der Länge 5 ohne explizite Elemente, mit $v := \texttt{array}(1..5,[a(1),a(2),a(3),a(4),a(5)])$; ebenfalls, jedoch mit den angegebenen Komponenten. Solche eindimensionalen Felder interpretiert Maple auch als Vektoren. Mit der Typprüfungsfunktion `type`$(v,$ `vector`$)$; erhält man `true` , fragt man jedoch `whattype`(v);, so wird daraus `string` . Dies hängt mit der schon erwähnten Spezialform der Evaluierung zusammen. Erst nach $v1 := \texttt{eval}(v)$; bekommt man mit `whattype`$(v1)$; die gesuchte Antwort `table` .
Entsprechend definiert man zweidimensionale Felder, etwa mit

$$A := \texttt{array}(1..m, 1..n, [[a(1,1),\ldots,a(1,n)],\ldots,[a(m,1),\ldots,a(m,n)]]); \tag{20.44}$$

Die so definierte Struktur versteht Maple als Matrix der Dimension $n \times m$. Die Werte von $a(i,j)$ sind die entsprechenden Matrixelemente.

■ $> x := \texttt{array}(1..3,[x1,x2,x3]);$

$$x := [x1\ x2\ x3]$$

ergibt einen Vektor. Eine Matrix bekommt man z.B. mit

$> A := \texttt{array}(1..3, 1..4, []);$

$$A := \texttt{array}(1..3, 1..4, [])$$

Diese wird mit

$> \texttt{eval}(A);$ zu $\begin{bmatrix} ?_{[1,1]} & ?_{[1,2]} & ?_{[1,3]} & ?_{[1,4]} \\ ?_{[2,1]} & ?_{[2,2]} & ?_{[2,3]} & ?_{[2,4]} \\ ?_{[3,1]} & ?_{[3,2]} & ?_{[3,3]} & ?_{[3,4]} \end{bmatrix}$

Maple hat hier die nicht festgelegten Werte des Feldes (der Matrix) durch die Einträge $?_{[i,j]}$ charakterisiert. Weist man jetzt allen oder einigen dieser Einträge durch Zuweisungen Werte zu, etwa durch

$> A[1,1] := 1 : A[2,2] := 1 : A[3,3] := 0 :$

so führt ein erneuter Aufruf von A zur Ausgabe der Matrix mit den nunmehr festgelegten Werten:

$$> \texttt{eval}(A); \quad \longrightarrow \quad \begin{bmatrix} 1 & ?_{[1,2]} & ?_{[1,3]} & ?_{[1,4]} \\ ?_{[2,1]} & 1 & ?_{[2,3]} & ?_{[2,4]} \\ ?_{[3,1]} & ?_{[3,2]} & 0 & ?_{[3,4]} \end{bmatrix}$$

Mit dem Aufruf

$> B := \texttt{array}([[b11, b12, b13], [b21, b22, b23], [b31, b32, b33]]);$

$$B := \begin{bmatrix} b11 & b12 & b13 \\ b21 & b22 & b23 \\ b31 & b32 & b33 \end{bmatrix}$$

stellt Maple die erzeugte Matrix mit ihren Elementen dar, da diese in der Definition explizit angegeben sind. Die optionalen Dimensionsangaben sind hier nicht nötig, da durch die vollständige Angabe der Matrixelemente die Definition eindeutig ist. Kennt man allerdings von einer Matrix nur einige Werte, so muß der jeweilige Laufbereich angegeben werden, Maple ersetzt die nichtdefinierten Werte durch ihren formalen Wert:

$> C := \texttt{array}(1..3, 1..4, [[c11, c12, c13], [c21, c22], []]);$

$$C := \begin{bmatrix} c11 & c12 & c13 & C_{[1,4]} \\ c21 & c22 & C_{[2,3]} & C_{[c24]} \\ C_{[3,1]} & C_{[3,2]} & C_{[3,3]} & C_{[3,4]} \\ C_{[4,1]} & C_{[4,2]} & C_{[4,3]} & C_{[4,4]} \end{bmatrix}$$

Als optionale Argumente können Indexfunktionen der Art `diagonal, identity, symmetric`, `antisymmetric, sparse` benutzt werden, man erhält damit die entsprechenden Matrizen.

■ $> \texttt{array}(1..3, 1..3, \texttt{antisymmetric}); \quad \longrightarrow \quad \begin{bmatrix} 0 & ?_{[1,2]} & ?_{[1,3]} \\ -?_{[1,2]} & 0 & ?_{[2,3]} \\ -?_{[1,3]} & -?_{[2,3]} & 0 \end{bmatrix}$

Maple stellt darüber hinaus die speziellen Erzeugungsanweisungen `vector, matrix` zur Verfügung, die allerdings mit dem Spezialpaket `linalg` zugeladen werden müssen.
Dieses Spezialpaket erlaubt die Arbeit mit einer Vielzahl von Operationen der linearen Algebra. Hier soll nur erwähnt werden, daß die Multiplikation von Matrizen mit der Operation &* ausgeführt werden kann und alle Operationen mit der Evaluierungsfunktion `evalm` aufgerufen werden müssen.

■ Mit der Matrix B und dem Vektor X aus dem vorigen Beispiel wird

$> \texttt{evalm}(B\& * x);$

$$[b11\,x1 + b12\,x2 + b13\,x3 \;\; b21\,x1 + b22\,x2 + b23\,x3 \;\; b31\,x1 + b32\,x2 + b33\,x3]$$

Die Multiplikation einer Matrix mit einem Spaltenvektor ergibt wieder einen Spaltenvektor. Eine Multiplikation in der umgekehrten Reihenfolge hätte natürlich zu einer Fehlermeldung geführt.

6. Funktionen und Operatoren

1. Funktionen Maple enthält eine große Anzahl vordefinierter Funktionen, die beim Start des Systems sofort resident sind bzw. aus Spezialpaketen zugeladen werden können. Alle diese Funktionen gehören zum Typ `mathfunc` . Eine Auflistung aller kann man mit `?inifcns` erhalten.
Hier ist eine Übersicht über die vordefinierten elementaren Funktionen:

`exp, log, ln, sin, cos, tan, cot, sec, csc, sinh, cosh, tanh, coth, sech, csch,`
`arcsin, arccos, arctan, arccot, arcsinh, arccosh, arctanh, arccoth` usw.

Spezielle nichtelementare Funktionen wie die verschiedenen Arten von Besselfunktionen `BesselI` , `BesselK` und `BesselJ`, `BesselY` sind in der Form `Bessel..`(v, z) verfügbar, des weiteren die Gamma-Funktion `GAMMA`(x), die Integralexponentialfunktion `Ei`(x) sowie die Fresnelschen Funktionen.
Das Paket für orthogonale Polynome enthält u.a. Hermitesche-, Laguerre-, Legendre-, Jacobi- und Tschebyscheffpolynome. Für Einzelheiten wird auf [20.5] verwiesen.

2. Operatoren In Maple verhalten sich Funktionen wie die sogenannten λ-Funktionen in der Programmiersprache Lisp (s. auch 20.1.3.2.5, reine Funktionen). Etwas vereinfacht heißt dies: der Name einer Funktion (sofern sie in Maple definiert ist) wird als Operator aufgefaßt. Mit anderen Worten, `type`(sin, `operator`); liefert `true` . Hängt man an den Operator das Argument (oder auch mehrere, sofern dies nötig ist) in runden Klammern an, so entsteht die entsprechende Funktion von der angegebenen Variablen.

■ > `type`(cos, `operator`); liefert `true` und > `type`(cos, `function`); liefert `false`. Setzt man als zu prüfendes Argument jedoch $\cos(x)$ ein, so liefert die Typprüfung genau die umgekehrte Aussage.

Maple bietet die Möglichkeit, selbstdefinierte Funktionen in Form von Operatoren zu erzeugen. Dazu dient der Erzeugungsoperator $->$. Mit

$$> F := x-> \texttt{mathausdr} : \tag{20.45}$$

mit `mathausdr` als algebraischer Ausdruck in der Variablen x, wird eine neue Funktion in Operatorform mit dem Namen F festgelegt. Der algebraische Ausdruck kann dabei schon vorher definierte und/oder eingebaute Funktionen enthalten. Hängt man an das so erzeugte Operatorsymbol eine unabhängige Variable in runden Klammern an, so entsteht die zugehörige Funktion dieser unabhängigen Variablen.

■ $> F := x-> \sin(x) * \cos(x) + x\hat{\ }3 * \tan(x) + x\hat{\ }2 :$

$> F(y); \quad \longrightarrow \quad F(y) := \sin(y)\cos(y) + y^3 \tan(y) + y^2$

Mit der Übergabe von Zahlenwerten (etwa als Gleitpunktzahlen) an dieses Argument, also durch Aufrufe der Art

$> F(nn.mmm);$

liefert Maple den Funktionswert für diesen Wert.

Umgekehrt erzeugt man aus einer Funktion (man denke etwa an ein Polynom in der Variablen x) den zugehörigen Operator mit der Anweisung `unapply`$(function, var)$. So entsteht aus $F(y)$ mit

> `unapply`$(F(y), y); \quad \longrightarrow \quad F$

wieder der Operator mit dem Symbol F.
Mit Operatoren kann man nach den üblichen Regeln arbeiten. Summe und Differenz zweier Operatoren sind wieder Operatoren. Bei der Multiplikation ist zu beachten, daß hierunter die Hintereinanderanwendung beider Operatoren zu verstehen ist. Maple benutzt dafür das spezielle Multiplikationssymbol `@` . Diese Multiplikation ist i.allg. natürlich nichtkommutativ.

■ Es sei $F := x-> \cos(2 * x)$ und $G := x-> x\hat{\ }2$. Dann gilt

$> (G \,@\, F)(x); \quad \longrightarrow \quad \cos^2(2x),$

während

$> (F \,@\, G)(x); \quad \longrightarrow \quad \cos(2x^2)$

liefert.

Will man das Produkt zweier Funktionen bilden, die in Operatordarstellung gegeben sind, so benutzt man die Schreibweise $(F * G)(x) = (G * F)(x)$, diese liefert dann $F(x) * G(x)$.

3. Differentialoperatoren Der Operator der Differentiation lautet in Maple `D`. Seine Anwendung erfolgt auf Funktionen in Operatorform entsprechend `D`(F) bzw. `D`$[i](G)$. Im ersten Fall wird die Ableitung einer Funktion von einer Variablen in Operatorform bestimmt. Das Anhängen der geklammerten Variablen ergibt die Ableitung als Funktion. In anderer Form läßt sich dies als `D`$(F)(x) =$ `diff`$(F(x), x))$ schreiben. Höhere Ableitungen erhält man durch Mehrfachanwendung des Operators `D` , dies läßt sich vereinfacht als (`D` @ @ $n)(F)$ schreiben, wobei @@n die n-te "Potenz" des Differentialoperators bedeutet.

Ist G eine Funktion mehrerer Variabler, so erzeugt `D`$[i](G)$ die partielle Ableitung von G nach der i-ten Variablen. Auch dieses Ergebnis ist wieder ein Operator. Mit `D`$[i, j](G)$ erhält man `D`$[i]$(`D`$[j](G))$, d.h. die zweite partielle Ableitung nach der j-ten und i-ten Variablen. Entsprechend kann man höhere Ableitungen bilden.

Für den Diffentialoperator `D` gelten die aus der Differentialrechnung bekannten Regeln:

`D`$(F + H) =$ `D`$(F) +$ `D`(H), `D`$(F * H) = ($`D`$(F) * H) + (F *$ `D`$(H))$, `D`$(F$ @ $H) =$ `D`(F) @ $H *$ `D`(H).

4. Der Funktionaloperator `map` Der Operator `map` kann in Maple benutzt werden, um einen Operator bzw. eine Funktion auf einen Ausdruck bzw. dessen Komponenten anzuwenden. Sei z.B. F ein Operator, der eine Funktion repräsentiert, dann liefert `map`$(F, x + x$^$2 + x * y)$ den Aussdruck $F(x) + F(x^2) + F(x\ y)$. Entsprechend erhält man mit `map`$(F; y * z)$ das Resultat $F(y) * F(z)$.

■ `map`$(f, [a, b, c, d])$; $\longrightarrow$ $[f(a), f(b), f(c), f(d)]$

7. Programmieren in Maple*

Maple stellt für den Aufbau eigener Prozeduren und Programme die üblichen Kontroll- und Schleifenstrukturen in spezifischer Form bereit.

Fallunterscheidungen werden mit dem `if` -Befehl vorgenommen. Seine Grundstruktur ist

```
if bed. then anw1 else anw2 fi
```
(20.46)

Der `else` -Zweig kann fehlen.

Vor dem `else` -Zweig können beliebig viele weitere Zweige mit der Struktur

```
elif bedi then anwi fi
```
(20.47)

eingefügt werden.

Schleifen erzeugt man mit `for` bzw. `while` , die den Anweisungsteil in der Form `do` ... *anw* ... *od* verlangen.

In der `for`-Schleife ist der Laufindex in der Form

```
i from n to m by di
```

zu schreiben, hier ist *di* die Schrittweite. Fehlen Anfangswert und Schrittweite, so werden diese automatisch auf 1 gesetzt.

In der `while`-Schleife lautet der erste Teil

```
for ind while bed
```

Auch Schleifen können mehrfach ineinander verschachtelt werden.

Um in sich abgeschlossene Programme zu gestalten, benutzt man in Maple die Prozeduranweisung. Sie kann sich über viele Zeilen erstrecken, entsprechend abgespeichert und unter ihrem Namen in die laufende Arbeit eingefügt werden. Ihre Grundstruktur lautet

```
proc (args)
    local ...
    options ...
    anw
end ;
```
(20.48)

Die Anzahl der Argumente der Prozedur muß nicht mit der im eigentlichen Körper benutzten Anzahl übereinstimmen, speziell kann die Angabe ganz fehlen. Alle mit `local` definierten Variablen sind nur intern bekannt.

■ Es soll eine Prozedur geschrieben werden, die die Summe der Quadratwurzeln aus den ersten n natürlichen Zahlen bestimmt:

```
> sumqw := proc(n)
>         local s, i;
>         s[0] := 0;
>         for i to n
>         do s[i] := s[i - 1] + sqrt(i) od;
>         evalf (s[n]);
> end ;
```

Maple liefert die so definierte Prozedur zurück.

Nun wird die Prozedur über ihren Namen mit dem gewünschten Argument n aufgerufen:

```
> sumqw(30);
```

$$112.0828452$$

8. Ergänzungen zur Syntax, Informationen und Hilfe

1. Nutzung der Maple-Bibliothek. Neben den nach dem Start von Maple für den Nutzer uneingeschränkt verfügbaren Befehlen existieren sogenannte vermischte Bibliotheksfunktionen und Befehle, die zunächst durch den Befehl `readlib`(f) verfügbar gemacht werden müssen. Erst danach stehen sie zur Verwendung bereit. Eine Aufzählung und Kurzbeschreibung dieser Befehle ist in [20.6], Abschnitt 2.2 enthalten.
Maple besitzt eine umfangreiche Bibliothek von Spezialpaketen.
Will man ein Spezialpaket generell zuladen, d.h. die in diesem Paket vorhandenen Befehle im gegebenen Abschnitt der Maple-Sitzung ständig verfügbar machen, so kann dies mit dem Befehl

> `with`(*name*); (20.49)

erfolgen. Hier ist *name* der Name des jeweiligen Pakets, also etwa *linalg* für das Spezialpaket Lineare Algebra. Nach dem Aufruf listet Maple alle Befehle des Spezialpakets auf und warnt, falls im Paket Neudefinitionen schon vorher verfügbarer Befehle vorliegen.
Soll nur ein spezieller Befehl aus einen Bibliothekspaket genutzt werden, so erfolgt dies mit dem Aufruf

paket[`befehl`] (20.50)

2. Umgebungsvariable. Die Ausgaben von Maple lassen sich mit einer Reihe von Umgebungsvariablen steuern. Schon vorgestellt wurde die Variable `Digits`, mit der die Anzahl der auszugebenden Ziffern von Gleitpunktzahlen festgelegt werden kann.
Die allgemeine Art der Resultatausgabe wird durch `prettyprint` festgelegt. Voreinstellung ist hier

> `interface(prettyprint=true)` (20.51)

Diese sorgt für die zentrierte Ausgabe im mathematischen Druckstil. Setzt man diese Option auf `false`, so beginnt die Ausgabe am linken Rand und nutzt die Eingabeschreibweise.

3. Informationen und Hilfe Hilfe zur Bedeutung von Befehlen und Schlüsselwörtern erhält man durch die Eingabe

> ?*begriff*;

Anstelle des Fragezeichens kann auch `help`(*begriff*) verwendet werden. Dies führt zu einem Hilfsbildschirm, der die entsprechenden Aussagen des Bibliothekshandbuches zum geforderten Begriff enthält.

Läuft Maple unter Windows, so fördert ein Aufruf von HELP ein sich jeweils nach rechts erweiterndes Menü zutage, durch das man sich durch Anklicken mit der Maus bis zur Erläuterung des gewünschten Begriffs auf dem Hilfsbildschirm hindurchbewegen kann.

20.1.3.4 Axiom

Das Computeralgebrasystem Axiom ist eine Weiterentwicklung des Systems Scratchpad von IBM, es wird heute über The Numerical Algorithms Group, Ltd. (NAG) vertrieben. Gegenwärtig ist es jedoch nicht für PC verfügbar. Eine gute Einführung in das System gibt [20.6].
Das System Axiom kann hier aufgrund seiner Komplexität nur aus der Sicht der interaktiven Nutzung beschrieben werden. Für alle Probleme der inneren Organisationsstruktur und die Nutzung als Programmiersprache muß auf die Spezialliteratur verwiesen werden.
Axiom ist ein objektorientiertes System und daher nach Prinzipien einer strengen Typisierung aufgebaut, die durch Einführung von Überstrukturen mit Hierarchisierung nach mathematischen Gesichtspunkten (mathematische Kategorien) eine weitgehende Anpassung an den strukturellen Aufbau der Mathematik sichert. Dies ermöglicht, eigene Strukturen auf natürliche Art und Weise in das System einzufügen.
Die beiden Grundbegriffe für dieses Konzept sind *Domäne* und *Kategorie.*
Klassen bestimmter Objekte des Systems werden als Domänen bezeichnet. Sie sind durch die folgende syntaktische Struktur definiert:

`Name(...) : Exports == Implementation` (20.52)

Mit `Name` wird die Bezeichnung der Domäne festgelegt. Sie beginnt immer mit einem Großbuchstaben. Der auf den Namen folgende geklammerte Teil kann mehrere Parameter enthalten, die selbst wieder Domänen (oder Kategorien) sein können. In manchen Fällen ist dieses Feld leer, die Domäne `Integer` gehört dazu. Mit `Matrix(Integer)` z.B. wird die Domäne der Matrizen über den ganzen Zahlen bezeichnet.
Der Teil `Export` spezifiziert die für die Objekte der Domäne definierten Operationen. Schließlich gibt der Teil `Implementation` Funktionen wieder, die die Operationen auf der Domäne spezifizieren.
Wie auch in den anderen Systemen können Unterklassen von Domänen existieren, die über Zugehörigkeitsprädikate definiert sind. Domänen in Axiom entsprechen etwa dem Begriff Typ in anderen Computeralgebrasystemen. Domänen werden entsprechend ihren algebraischen Eigenschaften Kategorien zugeordnet. Die Zuordnungskriterien werden maßgeblich von der mathematischen Axiomatik der jeweiligen algebraischen Kategorie bestimmt. Daher können Domänen entsprechend ihren Eigenschaften unterschiedlichen Kategorien zugeordnet sein.
Kategorien sind syntaktisch gegeben durch

`Name(...) : Category == Exports` (20.53)

Die Bedeutungen der einzelnen Elemente sind ganz analog den weiter oben beschriebenen. Die Einteilung in hierarchisch geordneten Kategorien sorgt für eine korrekte mathematische Strukturierung der im System vorhandenen Objekte.
In **Abb.20.1** ist ein Ausschnitt aus den in Axiom definierten algebraischen Kategorien in hierarchischer Struktur dargestellt. Aus dieser Abbildung erkennt man, daß am oberen Ende der Hierarchie die Kategorie Menge (set) steht und daß tieferliegende Kategorien entsprechend ihrer mathematischen Axiomatik eingeordnet sind.
Um das Zusammenspiel der beiden Grundbegriffe zu erläutern, wird die Domäne `PositiveInteger` betrachtet. Ihre Objekte sind, wie der Name sagt, die positiven ganzen Zahlen. Diese Domäne ist Element der Kategorien `AbelianSemiGroup`, `Monoid` und `OrderedSet`. Sie ist jedoch nicht Element der Kategorie `Ring` oder `Field`. Dadurch ist automatisch gesichert, daß die Operationen $+, *, ^\wedge, <, =, min, max$ korrekt benutzt werden können. Korrekt heißt hier auch, daß gesichert sein muß, daß die Multiplikation kommutativ und assoziativ ist. Dies wird durch die Zuordnung zur Kategorie `AbelianSemiGroup` gewährleistet. Dagegen sind die Umkehroperationen von $+$ und $*$ nicht zugelassen, dazu wäre die Zugehörigkeit zu `Ring` und `Field` nötig.
Neben den algebraischen Kategorien kennt Axiom entsprechende Kategorien für die Vielfalt der verfügbaren strukturierten Datentypen. Auch diese sind hierarchisch geordnet. An der Spitze deren Hier-

Abbildung 20.1 Algebraische Kategorien

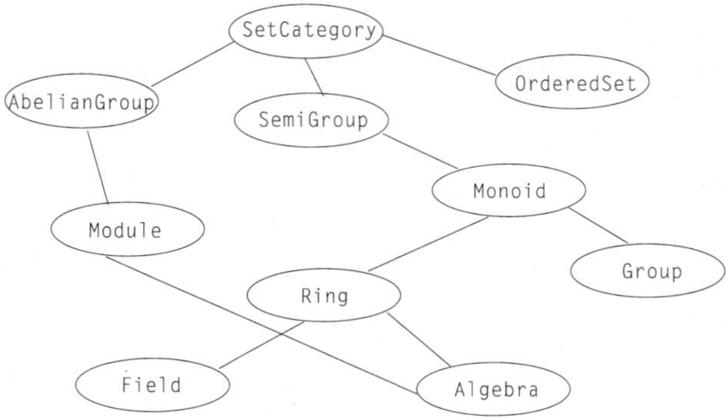

archie steht die Kategorie **Aggregate**. Hingewiesen werden soll hier nur auf solche Kategorien wie **TwoDimensionalArray** , **Matrix** , **Vector** , **List** und **Stream** . Auf einige dieser Strukturen wird später eingegangen.
Wenn Axiom eine Eingabe des Nutzers im interaktiven Modus abarbeitet, wird neben dem Resultat auch immer der Typ des Ergebnisses in einer zweiten Zeile ausgegeben. Gibt man z.B. ein

$x := 4$, so antwortet Axiom

4 (1)

`Type: PositivInteger`

Ist allerdings eine Funktion oder eine Variable in der Form

a : `SquareMatrix`(5, `Complex Fraction Integer`)

definiert, so erwartet Axiom bei der Eingabe einer konkreten Matrix exakte Typeinhaltung. Entspricht der Typ der Eingabe nicht dem erwarteten Typ, so antwortet Axiom mit einer Fehlermeldung.
In der Angabe von Typen (Domänen) kann anstelle eines Arguments das Zeichen ? stehen. Es steht stellvertretend für alle hier möglichen Typen. Schreibt man etwa `SquareMatrix`$(n, ?)$, so sind die Domänen aller quadratischen Matrizen angesprochen, d.h., das Fragezeichen steht für alle möglichen Domänen, deren Elemente für die Konstruktion quadratischer Matrizen überhaupt zugelassen sind. Dieses Zeichen darf jedoch nicht an erster Stelle stehen und auch nicht dort, wo Werte (z.B. Zahlen) erwartet werden.
Objekte eines bestimmten Typs können mit Hilfe des ::-Operators in gewisse andere Typen übergeführt werden. So läßt sich z.B. eine ganze Zahl (Typ `Integer`) in eine Zahl vom Typ `Fraction Integer` umwandeln. Das umgekehrte ist nicht möglich. Hierfür sorgt die Kategorisierung, da rationale Zahlen zur Kategorie Feld gehören, ganze Zahlen jedoch nicht.
Symbole (Namen von Variablen und Operationen) beginnen mit Buchstaben (zwischen Groß- und Kleinbuchstaben wird unterschieden) oder dem %- und dem !-Zeichen. Nachfolgen können beliebige der soeben genannten, Ziffern und das ?-Zeichen.
Der Zuweisungsoperator ist wie üblich :=. Er veranlaßt die sofortige Auswertung des zugewiesenen Ausdrucks. Davon zu unterscheiden ist die Zuweisung mit verzögerter Auswertung, diese erfolgt mit dem Operator ==.
Pakete (packages) in der Axiom-Bibliothek enthalten in der Regel Gruppen von Operationen, die über den entsprechenden Datenstrukturen ausgeführt werden können. Ihr Spektrum reicht von numerischen Algorithmen bis hin zu symbolischen Methoden der Integration und Reihenentwicklung.

Systemkommandos werden mit dem Symbol) eingeleitet. Hierzu gehören solche wie z.B. `what`. Dieses Kommando liefert in der Form

`)what operations` *begriff*

eine Liste aller Operationen in der Axiom-Bibliothek. Da dies sehr viele sind, ist es ratsam, für das optionale *begriff* die gesuchte Operation zu benennen. Entsprechend kann `what` für die Darstellung von Kategorie- und Domänendefinitionen benutzt werden. Ein wichtiges Kommando ist `)help` *befehl*, welches Hilfe zu dem geforderten Systemkommando liefert. Für die Auflistung aller Systemkommandos muß auf [20.6] verwiesen werden.

1. Zahlen in Axiom

Axiom kennt eine Vielzahl von Zahlentypen. Dazu gehören die ganzen Zahlen (Typ `Integer`) mit den Untertypen `PositiveInteger` , `NonNegativeInteger` und weiteren. Arithmetik mit ganzen Zahlen ist immer exakt. Mit dem Befehl `factor` lassen sich ganze Zahlen in faktorisierter Form darstellen. Einen weiteren Zahlentyp stellen die rationalen Zahlen dar (Typ `Fraction Integer`). Auch mit diesen liefern arithmetische Operationen immer exakte Resultate.
Gleitpunktzahlen sind vom Typ `Float` . Die Präzision für arithmetische Operationen mit diesen läßt sich mit dem Befehl `digits`(nn) einstellen, hierbei ist nn die Anzahl der geforderten Ziffern. Rationale Zahlen lassen sich in Dezimalform durch den Befehl `decimal` umwandeln.
Axiom kennt einige für die Mathematik bedeutungsvolle Konstanten, die mit dem vorangesetzten Prozentzeichen geschrieben werden:

$\%i$	Wurzel aus -1
$\%e$	die Zahl e
$\%pi$	die Zahl π
$\%infinity$	∞
$\%plusInfinity$	$+\infty$
$\%minusInfinity$	$-\infty$

Unter Benutzung der imaginären Einheit $\%i$ lassen sich komplexe Zahlen von Typ `Complex Integer` , `Complex Fraction Integer` und `Complex Float` darstellen. Mit den Operation `conjugate` erzeugt man die komplex konjugierte Zahl.
Schließlich kennt Axiom den Begriff der algebraischen Zahl (Typ `AlgebraicNumber`), mit denen arithmetische Operationen durchgeführt werden können.

■ So liefert z.B.

(`sqrt` 40 − `sqrt` 15) ∗ ∗(1/5)

$$\sqrt[5]{\sqrt{40}-\sqrt{15}} \tag{2}$$

Type AlgebraicNumber

Mit dem Befehl `rootOf`($polgl, var$) kann eine algebraische Zahl als Wurzel einer Polynomgleichung definiert werden (sofern dies möglich ist). Mit so definierten Zahlen kann dann wiederum Arithmetik getrieben werden.
Schließlich sei erwähnt, daß Axiom in der Lage ist, mit endlichen Zahlenfeldern (ganze Zahlen modulo einer Primzahl) zu arbeiten.
Die Umwandlung von Zahlen in verschiedenen Basen ineinander erfolgt mit dem Befehl `radix`($zahl, bas$).
Axiom realisiert zwei Arten von Gleitpunktzahlen. Der Typ `Float` umfaßt Gleitpunktzahlen beliebiger Präzision. Ihre Darstellung kann in der üblichen Dezimaldarstellung oder in Exponentialform $nn.mmm$Ep mit Ep als Abkürzung für 10^p erfolgen. Daneben existiert der Typ `SmallFloat` . Die Präzision beim Rechnen mit diesem Typ ist vom Rechner abhängig z.B. 14 Stellen. Man gewinnt Rechenzeit auf Kosten der Genaugkeit der Resultate (Faktor 20 bis 200). Auch komplexe Gleitpunktzahlen sind mit beiden Typen verfügbar.

2. Operatoren

Wichtige Operatoren sind in **Tabelle20.11** dargestellt.

Tabelle 20.11 Wichtige Operatoren in Axiom

+	Operator der Addition
−	Operator des additiv Inversen
*	Operator der binären Multiplikation
**	Operator des Potenzierens
/	Operator der binären Division
0	additives Einselement
1	multiplikatives Einselement
<	Operator "kleiner als"
=	erzeugt eine Gleichung

Es ist zu beachten, daß diese Operatoren eine sehr unterschiedliche Bedeutung haben können. Diese hängt von dem Typ der Objekte ab, die mit dem jeweiligen Operator verknüpft werden. Die strenge Hierarchie von Kategorien sorgt dafür, daß jeweils die richtige mathematische Eigenschaft der Operation gewährleistet wird. Wenn der Multiplikationsoperator auf Objekte angewendet wird, die zur Kategorie Ring gehören, so ist die Multiplikation im üblichen Sinne zu verstehen. Sind jedoch die Faktoren Angehörige der Kategorie Quadratische Matrizen, so ist die Multiplikation nicht mehr kommutativ und liefert das Matrixprodukt. Ähnliches gilt für alle binären Operatoren.
Der Boolsche Operator $<$ prüft, falls die Objekte Elemente einer vollständig geordneten Menge sind, auf übliche Art. Sind die zu vergleichenden Elemente jedoch selbst Mengen, so wird geprüft, ob die erste Menge in der zweiten enthalten ist.
Operatoren in der Prefix-Form verlangen in der Regel Argumente, d.h. Operanden oder Variable, auf die sie wirken.
Von besonderer Bedeutung sind die Operatoren `elt` und `setelt` . Der Operator `elt`(s,t) oder vereinfacht geschrieben $s\,.\,t$ bzw. auch $s(t)$ liefert aus indizierten Aggregaten s das t-te Element zurück, wenn t ein Index in der Struktur ist. Allgemein betrachtet der Operator `elt` s als Funktion und wendet sie auf das Argument t an. In diesem Sinne ist $s.t$ oder $s(t)$ die Anwendung eines einstelligen Operators s auf das Argument t, entsprechend ist $s.[t1, t2, \ldots, tn]$ die Anwendung eines n-stelligen Operators auf die Argumente $t1$ bis tn.
Der Operator `setelt`, angewendet auf ein zweidimensionales Array m:

`setelt`(m,i,j,c) oder $m(i,j) := c$,

legt das Element mit den Indizes i,j als c fest. Allgemein legt `setelt`(s,t,v) oder $s.t := v$ die Abbildung von t auf v unter der Wirkung von s fest.
Die Anzahl der eingebauten Operationen ist sehr groß. Das Spektrum reicht von Operatoren, die die Zugehörigkeit zu einem Typ prüfen, über eine Vielzahl von Funktionen im eigentlichen Sinne bis zu solchen, die die Ausgabe von Graphik und anderen Ergebnissen steuern bzw. veranlassen.

3. Algebraische Ausdrücke

Mit Hilfe der arithmetischen Operationen lassen sich wie üblich Terme über Variablen erzeugen, die entsprechend manipuliert werden können. Allerdings ist der jeweilige Typ der verwendeten Variablen und Zahlen zu beachten. Unter Umständen muß der Nutzer entsprechende Festlegungen treffen.

■ Gibt man einen polynominalen Ausdruck in einer Variablen x ein, so identifiziert Axiom diesen entsprechend der Art der Koeffizienten:

$$x**5 + (3/5)*x**3 - (1/2)*x$$

$$x^5 + \frac{3}{5}x^3 - \frac{1}{2}x$$ `Type: Polynomial Fraction Integer`

■ Will man z.B. mit Polynomen zweier Veränderlicher über dem Körper der komplexen Zahlen arbeiten, so gibt man bei der Definition des konkreten Polynoms die entsprechende Konstruktionsfunktion für den gewünschten Typ (Domäne) an:

p : `MPOLY`($[x, y]$, `Float`) $:= polynom$
$p := polynom$ `Type: MultivariatePolynomial(x,Float)`

Enthalten Terme Funktionen, die in Axiom definiert sind, so stuft Axiom den Term als vom Typ `Expression` ein. Unter diesem Typ ordnet Axiom Terme ein, die Funktionen beliebiger Art enthalten. Diese Domäne gehört zur Kategorie des algebraisch abgeschlossenen Funktionenraumes (diese wiederum gehört zu den Kategorien Algebraisch abgeschlossenes Feld und Funktionenraum). In Abhängigkeit von den verwendeten Koeffizienten wird deren Typ an `Expression` angehängt.

■ $q :=$ `sin`$a * x + b *$ `sinh`$2 * x$
$\sin ax + b \sinh 2x$ `Type: Expression Integer`

Axiom hat hier die unbestimmten Koeffizienten zunächst als `Integer` betrachtet.

4. Wichtige Datenstrukturen

1. Listen Listen sind in Axiom wichtige Strukturen. Ihre Elemente müssen alle vom gleichenTyp sein. Die entsprechende Konstruktionsfunktion ist `list`. Listen sind dynamische Strukturen, d.h., sie sind erweiterbar.

■ $l :=$ `list`$(3, 5, 7, 11, 13)$
$[3, 5, 7, 11, 13]$ `Type: List PositiveInteger`

Einfacher definiert man eine Liste durch Angabe ihrer Elemente, eingeschlossen in eckige Klammern. Listen von Listen sind zugelassen.
Mit `empty?`l prüft man, ob eine Liste leer ist. Wendet man den Befehl `append` auf zwei Listen an, so entsteht eine neue Liste mit Elementen, die aus Aneinanderreihung der ursprünglichen Listenelemente entstehen. Mit `cons`$(j, [\ldots])$ wird das Element j am Anfang der Liste hinzugefügt. Mit $l.i$ bzw. $l(i)$ wird das i-te Element aus der Liste l extrahiert. Mit $l.i := t$ wird das i-te Element in der Liste l durch das Element t ersetzt.
Mit Hilfe des Zweipunktoperators .. können Laufbereiche ganzer Zahlen angegeben werden $n..m$ bedeutet, daß alle ganzzahligen Werte zwischen n und m angenommen werden. Mit dieser Konstruktion lassen sich vereinfacht Listen erzeugen.

■ `expand`$([4..9, 10, 11..14])$
$[4, 5, 6, 7, 8, 9, 10, 11, 12, 13, 14]$ `Type: List Segment PositivInteger`

Mit dem Befehl `expand` werden die Segmente (d.h. die mit Zweipunktoperatoren dargestellten Bereiche) in der Definition aufgelöst und die Liste vollständig dargestellt.

2. Eindimensionales Array Eindimensionale Arrays sind Strukturen mit Elementen gleichen Typs, die jedoch fest vorgegebenen Speicherplatz belegen (nicht erweiterbar). Ihr Vorteil besteht im schnelleren Zugriff auf ihre Elemente. Die Elemente sind automatisch indiziert, das erste Element hat als Index die 1.

■ `OneDimensionalArray` $[j * *2$ `for` j `in` $2..6]$
$[4, 9, 16, 25, 36]$ `Typ: OneDimensionalArray PositivInteger`

3. Zweidimensionale Arrays Mit diesem Typ lassen sich zweidimensionale Datenstrukturen erzeugen, die in Zeilen und Spalten organisiert sind. Ihre Elemente müssen alle vom gleichen Typ sein. Die Länge von Zeilen und Spalten wird vom Nutzer festgelegt und läßt sich nicht ändern. Die Indizierung beginnt mit der 1 jeweils für die erste Zeile und erste Spalte.

■ a : `TwoDimensionalArray Integer` := `new`$(4, 3, 0)$

$$\begin{bmatrix} 0 & 0 & 0 & 0 \\ 0 & 0 & 0 & 0 \\ 0 & 0 & 0 & 0 \end{bmatrix}$$ `Type: TwoDimensionalArray Integer`

Mit Hilfe der Operation `setelt` in der Form

`setelt`(a, i, j, c_{ij}) oder $a(i, j) := c_{ij}$

können Werte für die Elemente festgelegt werden.

4. Streams `Stream` definiert eine Datenstruktur, die bei Bedarf bis zu einer beliebigen Länge ausgedehnt werden kann. Dazu muß natürlich eine Bildungsvorschrift angegeben werden, nach der aus einem beliebigen Element das nachfolgende bestimmt werden kann. In gewissem Sinne ist die Struktur Stream eine Liste mit unendlich vielen Elementen. Bei der Definition bestimmt Axiom in der Regel die ersten zehn Elemente.

■ $ung := [2 * n + 1,$ `for` n `in ints`$]$

$[1, 3, 5, 7, 9, 11, 13, 15, \ldots]$ `Type: Stream NonNegativeInteger`

5. Weitere Datenstrukturen Der Typ `Record` erzeugt eine Datenstruktur, deren Elemente verschiedenen Typs sein können. Jedes Element hat seinen Selektor, d.h. seinen Typbezeichner.
Der Typ `Set` bezeichnet Datenstrukturen, bei denen Mehrfachelemente nur einmal gezählt werden und die Reihenfolge keine Rolle spielt. Axiom schließt die Folge in geschweifte Klammern ein.
Der Typ `MultiSet` ist dem Typ `Set` ähnlich, in der Darstellung werden jedoch Mehrfachelemente mit ihre Vielfachheit angegeben.
Mit Ausnahme der Domäne `Record` sind alle Datenstrukturen in Axiom homogen, d.h. verlangen Elemente desselben Typs. Mit Hilfe des Typkonstruktors `Any` kann man jedoch Axiom mitteilen, daß Elemente beliebigen Typs in der jeweiligen Struktur zugelassen sein sollen. Allerdings gilt dies nicht für algebraische Domänen.

5. Vektoren und Matrizen

Wegen der besonderen mathematischen Bedeutung von Vektoren und Matrizen stellt Axiom spezielle Kategorien (und entsprechend Domänen) für diese mathematischen Objekte bereit.
Der Typ `Vector` ist im Prinzip ähnlich dem Typ Eindimensionales Array, jedoch wird zusätzlich erwartet, daß die Elemente zu der Kategorie `Ring` gehören müssen. Damit werden automatisch arithmetische Operationen auf Vektoren impliziert.

v : `Vector Integer` := `vector`$([a_1, a_2, a_3, a_4])$

$[a_1, a_2, a_3, a_4]$ `Typ: Vector Integer`

Der Befehl `vector` konvertiert eine Liste in den Typ `Vector`

w : `Vector Integer` := `vector`$([b_1, b_2, b_3, b_4])$

$[b_1, b_2, b_3, b_4]$ `Typ: Vector Integer`

Nunmehr sind solche Operationen wie die Multiplikation mit einem Skalar (vom Typ `Integer`) sowie die Addition und Subtraktion von Vektoren möglich:

$c * v + d * w$

$[ca_1 + db_1, ca_2 + db_2, ca_3 + db_3, ca_4 + db_4]$ `Typ: Vector Integer`

Die Vektoren müssen die gleiche Dimension besitzen, sonst meldet Axiom einen Fehler.
In Analogie zum Zweidimensionalen Array existiert der Typ `Matrix`. Auch hier erwartet Axiom Elemente aus der Kategorie `Ring`. Die Art der Definition einer Matrix ist ähnlich der in 20.1.3.4.4 beschriebenen. Man kann jedoch auch eine Liste von gleichlangen Listen (oder Vektoren) explizit mit dem Befehl `matrix` eingeben.

■ `matrix` $[[a_{11}, a_{12}], [a_{21}, a_{22}], [a_{31}, a_{32}]]$

$$\begin{bmatrix} a_{11} & a_{12} \\ a_{21} & a_{22} \\ a_{31} & a_{32} \end{bmatrix}$$ Typ: `Matrix Integer`

Die Eigenschaft `Ring` überträgt die arithmetischen Operationen auf die Matrizen. Allerdings sind dabei, wie bei den Vektoren, die Dimensionen zu beachten.
Axiom kennt eine beträchtliche Anzahl von speziellen Operationen, die den Umgang mit Matrizen und die Manipulationen der linearen Algebra ermöglichen. Darauf wird in 20.2.3.3 eingegangen.
Für eine Reihe mathematischer Gebiete ist die Anwendung quadratischer Matrizen wichtig. Deshalb bietet Axiom die zusätzlich zu ladende Domänenkonstruktionsfunktion `SquareMatrix`. Diese hat die Form `SqareMatrix`(n, R) und liefert den Ring der quadratischen Matrizen der Dimension n über dem Ring R.

■ $p :=$ `squareMatrix` $[[1/2, \%i/2], [-\%i/2, -1/2]]$

$$\begin{bmatrix} \frac{1}{2} & \frac{\%i}{2} \\ -\frac{\%i}{2} & -\frac{1}{2} \end{bmatrix}$$ Typ: `SquareMatrix Complex Fraction Integer`

6. Funktionen und Funktionaloperatoren

Die meisten in Axiom bekannten Funktionen gehören als Operatoren zu den Domänen `Float`, `Expression` oder auch `Complex`. Nachfolgend sind einige wichtige aufgelistet:
`sin, cos, tan, cot, sec, csec, asin, acos, atan, acot, asec, acsec,`
`sinh, cosh, tanh, coth, sech, csch, asinh, acosh, atanh, acoth, asech, acsch,`
`exp, log, dilog, factorial, sqrt, nthRoot, Gamma, Beta, Ci, Di,`
`besselI, besselJ, besselK, besselY, airyAi, airyBi`
Die Bedeutung der Funktionen geht in den meisten Fällen aus der Bezeichnung hervor (die inversen zu den trigonometrischen und den Hyperbelfunktionen werden durch Voranstellen von `a` gekennzeichnet). Mit dem schon besprochenen Operator `elt` wird der Funktionsoperator auf das entsprechende Argument angewendet

$$f(x) \text{ im üblichen Sinne} \quad \equiv \quad \texttt{elt}(op, x) \quad \text{bzw. } op(x) \tag{20.54}$$

Wenn der Operator mehrere Argumente verlangt, so sind diese als Liste anzugeben. Es entstehen Funktionen mehrerer Veränderlicher.
Der Nutzer kann seine eigenen Funktionen mit Hilfe der arithmetischen Operationen erzeugen.
Ganz allgemein ist eine Funktion in Axiom eine Abbildung der Art

$$\texttt{Quelle} \;{-}{>}\; \texttt{Ziel} \tag{20.55}$$

wobei `Quelle` und `Ziel` beliebige Typen sein können. Für Funktionen mehrerer Argumente ist als `Quelle` ein entsprechendes Tupel $(t_1, t_2, \ldots)$ zu verwenden.
Axiom bietet die Möglichkeit, mit Hilfe des Operators `function` aus einem Ausdruck in einer oder mehreren Variablen ein Funktionsobjekt zu erzeugen:

`function`$(expr, f, x)$

f Type: `Symbol`

Durch Übergabe von Argumenten (z.B. Zahlen vom Typ `Float`) liefert Axiom den Wert der Funktion. Axiom kennt den Begriff der reinen Funktion (Funktion ohne Namen). Diese Struktur bildet eine Liste von Parametern (Argumenten) mit Hilfe des +–> Operators in einen Ausdruck mit diesen Parametern ab.

$$(arg1, arg2, \ldots, argn) \ +\!\!-\!\!> \ ausdr \tag{20.56}$$

■ x +–> `if` $x < 0$ `then` $-x$ `else` x

$x \mapsto$ if $x < 0$ then $-x$ else x `Type: AnonymousFunction`

Gibt man mit `absm` := % dieser Funktion eine Bezeichnung, so kann sie auch unter diesem Namen verwendet werden.

Eine Reihe von Operatoren, die von der jeweiligen Domäne ausgeführt (exportiert) werden, haben die Bedeutung von Funktionaloperatoren. Die Domäne `Expression` z.B. kennt unter anderem folgende: `map, differentiate, integral, inv`.
Die Differential- und Integraloperatoren werden später behandelt. Der Operator `inv` liefert mit `inv`(x) das zu x multiplikativ Inverse. Der Operator `map` bildet in der Form `map`(f, u) die Funktion f auf die Komponenten der Struktur u ab. So ist z.B.

$$\mathtt{map}(f, \mathtt{op}(a_1, a_2, \ldots)) \ \rightarrow \ \mathtt{op}(f(a_1), f(a_2), \ldots) \tag{20.57}$$

Mit der Anweisung

`operator`(f, n)

f `Type: BasicOperator`

kann man ein Symbol f zu einem Operator deklarieren. Das optionale Argument n ist ganzzahlig und definiert f zum n-stelligen Operator. Fehlt es, so nimmt Axiom beliebige Stelligkeit an. Eine alternative Schreibweise für den letzten Fall ist

f := `operator` \`f

f `Type: BasicOperator`

So deklarierte Operatoren werden von Axiom als formale Operatoren zur Nutzung in Ausdrücken interpretiert.

7. Programmierung in Axiom

Axiom kennt eine Vielzahl von Schleifenkonstruktionen und Iteratoren.
Eine wichtige Konstruktion ist die `if -- then -- else` Struktur. Wie auch in anderen Programmiersprachen ist der `else` -Zweig optional.
Axiom kennt verschiedene Arten der `For` -Schleife. Die generelle Syntax lautet

`for` *iterator* `repeat` *ausdr* (20.58)

Hier kann der *iterator* verschiedene Formen annehmen. So ist die Konstruktion i `in` $n..m$ zulässig. Sie gibt der Variablen i im Ausdruck nacheinander die Werte $n, n+1, \ldots, m$. Fügt man die Sequenz `by` s an, so wird die Schrittweite auf s gesetzt. Andere Möglichkeiten sind `for` x `in` *list* und

`for` *iterator* | *predicate* `repeat` *ausdr* (20.59)

Schließlich kennt Axiom die `While` -Schleife:

`while` *predicate* `repeat` *ausdr* (20.60)

Axiom läßt die Konstruktion von Blöcken zu, die in ihrer einfachsten Form die Gestalt

$$(ausdr_1; ausdr_2; \ldots; ausdr_n) \tag{20.61}$$

haben. Bei der Abarbeitung des Blocks wird der letzte Ausdruck in evaluierter Form ausgegeben.

8. Hilfe und Informationen

Axiom beinhaltet eine umfangreiche Dokumentation, die sowohl für die Bereitstellung von Hilfen in speziellen Situationen als auch zur Information über das System dienen kann. Sie ist unter dem Namen HyperDoc in das System eingebunden und steht bei der Nutzung von Axiom mit X-Windows zur Verfügung. In einem eigenen Fenster kann man sich mit der Maus durch HyperDoc bewegen.

20.2 Anwendungen von Computeralgebrasystemen

In diesem Abschnitt wird die Behandlung mathematischer Problemkreise mit Computeralgebrasystemen vorgestellt. Die Auswahl der behandelten Problemkreise wurde sowohl nach ihrer Häufigkeit in Praxis und Ausbildung als auch nach den Möglichkeiten für ihre Bearbeitung mit Computeralgebrasystemen getroffen. Es werden Funktionen, Anweisungen, Operationen und ergänzende Syntaxhinweise für das jeweilige Computeralgebrasystem angegeben sowie Beispiele behandelt. Wo nötig, werden zugehörige Spezialpakete kurz erläutert.

20.2.1 Manipulation algebraischer Ausdrücke

In 2.1.6.1 ist der Begriff der algebraischen Funktion erläutert und eine Klassifizierung vorgenommen worden. Im folgenden sollen unter einem algebraischen Ausdruck ganzrationale Ausdrücke in der Variablen x, gebrochen rationale Ausdrücke und irrationale Ausdrücke sowie ihre algebraische Kombination verstanden werden. In der Praxis treten häufig solche Ausdrücke auf, die vereinfacht oder für die weitere Arbeit (Integration, Reihendarstellung, Grenzwertbildung oder numerische Auswertung) umgeformt werden müssen. In der Regel werden diese Ausdrücke als über dem Ring der ganzen oder dem Körper der rationalen Zahlen gebildet verstanden. Es sei aber betont, daß Computeralgebrasysteme z.B. auch mit Polynomen über endlichen Körpern, bzw. über Erweiterungskörpern der gebrochen rationalen Zahlen umgehen können. Für Interessenten muß dazu auf die Spezialliteratur verwiesen werden. Eine besondere Rolle spielen algebraische Operationen auf Polynomen über dem Körper der rationalen Zahlen.

20.2.1.1 Mathematica

Mathematica stellt die in **Tabelle20.12** dargestellten Funktionen und Operatoren für die Umformung algebraischer Ausdrücke zur Verfügung.

Tabelle 20.12 Anweisungen zur Manipulation algebraischer Ausdrücke

`Expand`[p]	löst die Potenzen und Produkte in einem Polynom p durch Ausmultiplikation auf
`Expand`[p, r]	multipliziert nur die Anteile in p aus, die r enthalten
`PowerExpand`[a]	löst auch Potenzen von Produkten und Potenzen von Potenzen auf
`Factor`[p]	faktorisiert ein Polynom vollständig
`Collect`[p, x]	ordnet das Polynom nach Potenzen von x
`Collect`[$p, \{x, y, \ldots\}$]	das gleiche wie vorstehend, nur mit mehreren Variablen
`ExpandNumerator`[r]	entwickelt nur den Zähler eines rationalen Ausdrucks
`ExpandDenominator`[r]	entwickelt nur den Nenner
`ExpandAll`[r]	multipliziert sowohl Zähler als auch Nenner vollständig aus
`Together`[r]	stellt den Ausdruck mit einem gemeinsamen Nenner dar
`Apart`[r]	stellt den Ausdruck als Summe von Termen mit einfachen Nennern dar (Partialbruchzerlegung)
`Cancel`[r]	kürzt gemeinsame Faktoren in den jeweiligen Termen

1. Ausmultiplikation von Ausdrücken

Diese Operation ist in jedem Falle durchführbar, hierbei können Koeffizienten auch unbestimmte Ausdr sein.

■ $In[1]:=$ `Expand` $[(x+y-z)\^{}4]$ liefert
$Out[1]= x^4+4\,x^3\,y+6\,x^2\,y^2+4\,x\,y^3+y^4-4\,x^3\,z-12\,x^2\,y\,z-12\,x\,y^2\,z-4\,y^3\,z$
$+6\,x^2\,z^2+12\,x\,y\,z^2+6\,y^2\,z^2-4\,x\,z^3-4\,y\,z^3+z^4$

Entsprechend wird

$In[2]:=$ `Expand` $[(a\,x+b\,y\^{}2)(c\,x\^{}3-d\,y\^{}2)]$
$Out[2]= a\,c\,x^4-a\,d\,x\,y^2+b\,c\,x^3\,y^2-b\,d\,y^4$

2. Faktorzerlegung von Polynomen

Die Faktorzerlegung von Polynomen über ganzen (oder rationalen) Zahlen wird von Mathematica nur ausgeführt, wenn sie im Bereich der ganzen oder rationalen Zahlen möglich ist. Anderenfalls gibt Mathematica den Ausdruck unverändert zurück.

■ $In[2]:= p=x\^{}6+7x\^{}5+12x\^{}4+6x\^{}3-25x\^{}2-30x-25;$
$In[3]:=$ `Factor` $[p]$, dies liefert
$Out[3]= ((5+x)\,(1+x+x^2)\,(-5+x^2+x^3))$

Mathematica hat das Polynom in drei über dem Körper der rationalen Zahlen irreduzible Faktoren zerlegt.

Wenn ein Polynom über dem Körper der komplexen rationalen Zahlen vollständig reduzibel ist, kann man mit der Option `GaussianIntegers` eine vollständige Zerlegung erreichen.

■ $In[4]:=$ `Factor` $[x^2-2x+5]$ $\longrightarrow$ `Out[4]` $=5-2x+x^2$, aber
$In[5]:=$ `Factor` $[\%,$ `GaussianIntegers->` `True`$]$
$Out[5]= (-1-2\mathrm{I}+x)(-1+2\mathrm{I}+x)$

3. Operationen auf Polynomen

In **Tabelle20.13** ist eine Auswahl von Operationen dargestellt, mit denen sich Polynome über dem Körper der rationalen Zahlen algebraisch manipulieren lassen.

Tabelle 20.13 Algebraische Polynomoperationen

`PolynomialGCD`$[p1,p2]$	bestimmt den größten gemeinsamen Teiler der beiden Polynome $p1$ und $p2$
`PolynomialLCM`$[p1,p2]$	bestimmt das kleinste gemeinsame Vielfache der Polynome $p1$ und $p2$
`PolynomialQuotient`$[p1,p2,x]$	Division von $p1$ (als Funktion von x) durch $p2$ unter Fortlassung des Restes
`PolynomialRemainder`$[p1,p2,x]$	Bestimmung des Restes bei der Division von $p1$ durch $p2$

■ Es werden zwei Polynome definiert:

$In[1]:= p=x\^{}6+7x\^{}5+12x\^{}4+6x\^{}3-25x\^{}2-30x-25;$
$q=x\^{}4+x\^{}3-6x\^{}2-7x-7;$

Mit diesen Polynomen ergeben die nachfolgenden Operationen:

$In[2]:=$ `PolynomialGCD` $[p,q]$ $\longrightarrow$ ***Out[2]*** $= 1 + x + x^2$
$In[3]:=$ `PolynomialLCM` $[p,q]$
$Out[3] = (-7+x)(1+x+x^2)(-25-5x+5x^2+6x^3+x^4)$
$In[4]:=$ `PolynomialQuotient` $[p,q,x]$ $\longrightarrow$ ***Out[4]*** $= 12 + 6x + x^2$
$In[5]:=$ `PolynomialRemainder` $[p,q,x]$ $\longrightarrow$ ***Out[5]*** $= 59 + 96x + 96x^2 + 37x^3$

Unter Berücksichtigung der letzten beiden Ergebnisse gilt also

$$\frac{x^6+7x^5+12x^4+6x^3-25x^2-30x-25}{x^4+x^3-6x^2-7x-7} = x^2+6x+12+\frac{37x^3+96x^2+96x+59}{x^4+x^3-6x^2-7x-7}$$

4. Partialbruchzerlegung

Mathematica zerlegt Quotienten zweier Polynome in Partialbrüche. Auch dies ist nur über dem Körper der rationalen Zahlen möglich.

■ Unter Nutzung der beiden Polynome p und q des voranstehenden Beispiels erhält man

$In[6]:=$ `Apart` $[q/p]$ $\longrightarrow$ ***Out[6]*** $= \dfrac{-6}{35\,(5+x)} + \dfrac{-55+11\,x+6\,x^2}{35\,(-5+x^2+x^3)}$

5. Manipulation nichtpolynomialer Ausdrücke

Mit dem Befehl `Simplify` werden oft komplizierte Ausdrücke, die nicht polynomialer Natur zu sein brauchen, vereinfacht. Mathematica wird immer versuchen, algebraische Ausdrücke unabhängig von der Natur der symbolischen Größen zu manipulieren. Dabei verwendet es eingebaute Kenntnisse. So kennt Mathematica z.B. Regeln der Potenzrechnung:

In[1] := `Simplify`$[a\^{}(n/m)]$ $\longrightarrow$ ***Out[1]*** $= a^{(-m+n)}$

Mit der Option `Trig-> True` können die Anweisungen `Expand` und `Factor` Potenzen von trigonometrischen Funktionen durch die trigonometrischen Funktionen mit mehrfachen Argumenten ausdrücken und umgekehrt. So lassen sich einige der Formeln aus 2.6.4 mit folgender Eingabe erzeugen:

$In[2]:=$ `Factor [Sin[4x], Trig-> True]` $\longrightarrow$ ***Out[2]*** $= 4\cos(x)^3\,\sin(x) - 4\,\cos(x)\sin(x)^3$
$In[3]:=$ `Factor [Cos[5x], Trig-> True]` $\longrightarrow$ ***Out[3]*** $= \cos(x)\,(1 - 2\,\cos(2\,x) + 2\,\cos(4\,x))\,.$

Ab Version 2.2 von Mathematica ist die Option `Trig-> True` über den Befehl `TrigExpand` direkt erreichbar. Dies gilt für eine Vielzahl von Befehlen aus dem zuladbaren Paket `Algebra'Trigonometry'`. Schließlich sei darauf hingewiesen, daß mit dem Befehl `ComplexExpand`[*ausdr*] *ausdr* unter der Annahme entwickelt wird, daß alle Variablen reell sind, während `ComplexExpand`[*ausdr*, $\{x1, x2, \ldots\}$] dies unter der Annahme komplexer Variablen xi tut.

■ $In[1]:=$ `ComplexExpand [Sin[2 x], {x}]`
$Out[1] = \cosh(2\,\mathrm{Im}(x))\,\sin(2\,\mathrm{Re}(x)) + i\,\cos(2\,\mathrm{Re}(x))\,\mathrm{Sinh}(2\,\mathrm{Im}(x))$

20.2.1.2 Maple

Maple stellt die in **Tabelle20.14** dargestellten Operationen für die Umformung und Vereinfachung algebraischer Ausdrücke bereit.

Tabelle 20.14 Operationen zur Manipulation algebraischer Ausdrücke

`expand`$(p, q1, q2, \ldots)$	löst die Potenzen und Produkte in einem algebraischen Ausdruck p auf. Die optionalen Argumente qi verhindern die weitergehende Auflösung der Unterausdrücke qi
`factor`(p, K)	faktorisiert den Ausdruck p. K ist ein optionales `RootOf` Argument
`simplify`$(p, q1, q2, \ldots)$	wendet eingebaute Vereinfachungsregeln auf p an. Bei Anwesenheit der optionalen Argumente werden nur diese zur Anwendung gebracht
`radsimp`(p)	vereinfacht p bezüglich seiner Wurzelanteile
`normal`(p)	stellt p in der Normalform einer rationalen Funktion dar
`sort`(p)	sortiert die Glieder des Polynoms p nach fallenden Potenzen
`coeff`(p, x, i)	liefert den Koeffizienten des Gliedes mit x^i
`collect`(p, v)	faßt Glieder mit der Variablen v eines Polynoms mehrerer Veränderlicher zusammen

1. Ausmultiplikation von Ausdrücken

Im einfachsten Fall zerlegt Maple den Ausdruck in eine Summe von Potenzen der Variablen:

$> \texttt{expand}\,((x+y-z)\verb|^|4);$

$$4\,x^3y - 4\,x^3z + 6\,x^2y^2 + 6\,x^2z^2 + 4\,xy^3 - 4\,xz^3 - 4\,y^3z + 6\,y^2z^2 - 4\,yz^3 + x^4 + y^4 + z^4 \\ -12\,x^2yz - 12\,xy^2z + 12\,xyz^2$$

■ Hier erkennt man das Vorgehen von Maple bei Ab- und Anwesenheit eines optionalen Arguments.

$> \texttt{expand}\,((a*x\verb|^|3 + b*y\verb|^|4)*sin(3*x)*cos(2*x));$

$$8\,ax^3\sin(x)\cos(x)^4 - 6\,ax^3\sin(x)\cos(x)^2 + ax^3\sin(x) + 8\,by^4\sin(x)\cos(x)^4 \\ -6\,by^4\sin(x)\cos(x)^2 + by^4\sin(x)$$

Der Ausdruck wird vollständig ausmultipliziert.

$> \texttt{expand}\,((a*x\verb|^|2 - b*y\verb|^|3)*sin(3*x)*cos(2*x), a*x\verb|^|2 - b*y\verb|^|3);$

$$8\,(ax^2 - by^3)\sin(x)\cos(x)^4 - 6\,(ax^2 - by^3)\sin(x)\cos(x)^2 + (ax^2 - by^3)\sin(x)$$

Maple hat den Ausdruck des optionalen Arguments unverändert beibehalten.

■ Dies demonstriert die Fähigkeiten von Maple:

$> \texttt{expand}\,(exp(2*a*x)*sinh(2*x) + ln(x^3)*sin(4*x));$

$$2\,\mathrm{e}^{ax2}\sinh(x)\cosh(x) + 24\,\ln(x)\sin(x)\cos(x)^3 - 12\,\ln(x)\sin(x)\cos(x)$$

2. Faktorzerlegung von Polynomen

Maple ist in der Lage (sofern dies überhaupt möglich ist), Polynome über algebraischen Erweiterungskörpern zu zerlegen.

■ $> p := x\verb|^|6 + 7*x\verb|^|5 + 12*x\verb|^|4 + 6*x\verb|^|3 - 25*x\verb|^|2 - 30*x - 25:$

$q := x\verb|^|4 + x\verb|^|3 - 6*x\verb|^|2 - 7*x - 7:$

$> p1 := \texttt{factor}(p);$

$(x+5)\,(x^2+x+1)\,(x^3+x^2-5)$ und

$> q1 := \texttt{factor}(q);$

$(x^2+x+1)\,(x^2-7)$

Zunächst hat Maple eine Faktorzerlegung der beiden Polynome in irreduzible Faktoren bezüglich dem Körper der rationalen Zahlen durchgeführt. Will man eine weitere Zerlegung über einem algebraischen Erweiterungskörper, so ist folgendermaßen vorzugehen:

■ $> p2 := \texttt{factor}(p, (-3)\hat{}(1/2));$

$$\frac{(x^3+x^2-5)\left(2\,x+1-\sqrt{-3}\right)\left(2\,x+1+\sqrt{-3}\right)(x+5)}{4}$$

Maple hat den zweiten Faktor weiter zerlegt (in diesem Fall nach einer formalen Erweiterung des Körpers mit $\sqrt{-3}$).
In der Regel weiß man nicht, ob eine solche Erweiterung möglich ist. Sind die Grade der gefundenen Faktoren ≤ 4, so ist dies immer möglich. Mit der Operation `RootOf` lassen sich dann die Wurzeln als algebraische Ausdrücke darstellen.

■ $> r := \texttt{RootOf}(x^3+x^2-5)\ :\ \ k := \texttt{allvalues}(r)\ :$

$> k[1];$

$$\sqrt[3]{\frac{133}{54}+\frac{\sqrt{655}\sqrt{3}}{18}}+\frac{1}{9\sqrt[3]{\frac{133}{54}+\frac{\sqrt{655}\sqrt{3}}{18}}}-1/3$$

$> k[2];$

$$-\frac{\sqrt[3]{\frac{133}{54}+\frac{\sqrt{655}\sqrt{3}}{18}}}{2}-\frac{1}{18\sqrt[3]{\frac{133}{54}+\frac{\sqrt{655}\sqrt{3}}{18}}}-1/3$$
$$+\frac{\sqrt{-1}\sqrt{3}\left(\sqrt[3]{\frac{133}{54}+\frac{\sqrt{655}\sqrt{3}}{18}}-\frac{1}{9\sqrt[3]{\frac{133}{54}+\frac{\sqrt{655}\sqrt{3}}{18}}}\right)}{2}$$

Der Aufruf von $k[3]$ ergibt den komplex konjugierten Wert von $k[2]$.

Die in diesem Beispiel beschriebene Prozedur liefert im Falle eines Polynoms, das nur über dem Körper der reellen (oder komplexen) Zahlen reduzibel ist, eine Folge der Wurzeln als Gleitpunktzahlen.

3. Operationen auf Polynomen

Neben den schon bekannten Operationen sind vor allem die Operationen `gcd` und `lcm` von Bedeutung. Sie finden den größten gemeinsamen Teiler bzw. das kleinste gemeinsame Vielfache zweier Polynome. Entsprechend liefern $\texttt{quo}(p, q, x)$ den ganzen Anteil der Division der Polynome p und q und $\texttt{rem}(p, q, x)$ den Rest.

■ $> p := x^6 + 7*x^5 + 12*x^4 + 6*x^3 - 25*x^2 - 30*x - 25\ :$

$q := x^4 + x^3 - 6*x^2 - 7*x - 7\ :$

$> \texttt{gcd}\ (p, q);$

$$x^2+x+1$$

$> \texttt{lcm}\ (p, q);$

$$210\,x+5\,x^6-43\,x^5-109\,x^4-72\,x^3+150\,x^2+175+7\,x^7+x^8$$

Mit dem Befehl `normal` kann man Polynome über dem Körper der rationalen Zahlen in Normalform bringen, d.h. als Quotienten zweier Polynome darstellen.

■ Mit den Polynomen des voranstehenden Beispiels wird

$> \texttt{normal}\ (p/q);$

$$\frac{x^4+6\,x^3+5\,x^2-5\,x-25}{x^2-7}$$

Mit `numer` und `denom` lassen sich Zähler und Nenner getrennt darstellen.

> `factor` (`denom`("), (7)^(1/2));

$\left(x+\sqrt{7}\right)\left(x-\sqrt{7}\right)$

4. Partialbruchzerlegung

Die Partialbruchzerlegung erfolgt in Maple mit dem Befehl `convert` , der mit der Option `parfrac` aufzurufen ist.

■ Unter Benutzung der Polynome p und q der voranstehenden Beispiele erhält man

> `convert` (p/q, `parfrac`, x);

$$x^2+6\,x+12+\frac{37\,x+59}{x^2-7} \qquad \text{und}$$

> `convert` (q/p, `parfrac`, x);

$$-\frac{6}{35\,x+175}+\frac{-55+11\,x+6\,x^2}{35\,x^3+35\,x^2-175}$$

5. Manipulation allgemeiner Ausdrücke

Die in Tabelle 20.14 angeführten Operationen sind in der Lage, auch algebraische und transzendente Ausdrücke (rationale und algebraische Funktionen, die in Maple eingebaute oder selbstdefinierte Funktionen enthalten) umzuformen. In der Regel lassen sich dabei optionale Argumente angeben, die die Umformung unter bestimmten Bedingungen ausführen.
Der Befehl `simplify` kann hierfür exemplarisch eingesetzt werden. In der einfachen Form `simplify`(*ausdr*) versucht Maple eingebaute Vereinfachungsregeln auf den Ausdruck anzuwenden.

■ > $t := sinh(3*x)+cosh(4*x)$:

> `simplify` (t);

$4\sinh(x)\cosh(x)^2-\sinh(x)+8\cosh(x)^4-8\cosh(x)^2+1$

Entsprechend wird

> $r := sin(2*x)*cos(3*x)$:

> `simplify` (r);

$8\sin(x)\cos(x)^4-6\sin(x)\cos(x)^2$

Darüber hinaus existiert der Befehl `combine`, der im gewissen Sinne die Umkehrung von `expand` ist.

■ > $t := tan(2*x)^2$:

> $t1 :=$ `expand`(t);

$$t1 := \frac{4\sin(x)^2\cos(x)^2}{\left(2\cos(x)^2-1\right)^2}$$

> `combine` ($t1$, $trig$);

$\cos(2\,x)^{-2}-1$

Hier wurde `combine` mit der Option `trig` aufgerufen, die dafür sorgt, daß trigonometrische Grundregeln angewendet werden. Benutzt man den Befehl `simplify` , so wird

> $t2 :=$ `simplify`(t); $\longrightarrow\ -\dfrac{\cos(2\,x)^2-1}{\cos(2\,x)^2}$

Hier hat Maple die Tangensfunktion auf die Kosinusfunktion zurückgeführt.

Umformungen lassen sich auch mit Exponentialfunktionen, Logarithmus- und weiteren Funktionen durchführen.

20.2.1.3 Axiom

1. Polynome mit einer Variablen

Axiom bietet für die Domäne `UnivariatePolynomial` eine Vielzahl von Operationen, von denen nachfolgend einige in **Tabelle20.15** aufgeführt sind.

Tabelle 20.15 Operationen für die Manipulation von Polynomen

Operator	Bedeutung
`coefficient`(p, n)	liefert den Koeffizienten des Monoms mit dem Exponenten n
`coefficients`(p)	liefert die Liste der von Null verschiedenen Koeffizienten der Monome in p
`composite`(p, q)	liefert f, wenn $p = f(q)$ und Fehler sonst
`discriminant`(p)	liefert die Diskriminate des Polynoms
`expand`(p)	liefert p in ausmultiplizierter Form
`factor`(p)	faktorisiert p über dem jeweiligen Zahlenbereich
`factor`(p, l)	faktorisiert p über den Erweiterungsfeldern der in der Liste l angegebenen algebraischen Zahlen
`gcd`(p, q)	liefert den größten gemeinsamen Teiler der Polynome p und q
`lcm`(p, q)	liefert das kleinste gemeinsame Vielfache der beiden Polynome
`irreducible?`(p)	testet, ob das Polynom p irreduzibel ist
`divide`(p, q)	liefert den Record mit dem Quotienten und dem Rest
`partialFraction`(p, q)	nimmt die Partialbruchzerlegung von p/q vor

Die aufgeführten Operationen sind in der Regel selbsterklärend. Die Operation `divide` ist nur auf Polynome über den rationalen Zahlen anwendbar.

■ Es seien die beiden Polynome p und q definiert als

$$p = x^6 + 7x^5 + 12x^4 + 6x^3 - 25x^2 - 30x - 25 \text{ und } q = x^4 + x^3 - 6x^2 - 7x - 7$$

Dann erhält man mit `factor`

`factor`(p)

$(x^3 + x^2 - 5)(x^2 + x + 1)(x + 5)$ `Type: UnivariatePolynomial(x,Integer)`

Das Resultat der Polynomdivision erhält man mit

`divide`(p, q)

$$[quotient : x^2 + 6x + 12, remainder : 37x^3 + 96x^2 + 96x + 59] \qquad (2)$$

`Type: Record(quotient: UP(x,Integer),remainder:UP(x,Integer))`

Hier steht `UP` als Kurzbezeichnung für `UnivariatePolynomial`.

Für den größten gemeinsamen Teiler erhält man

`gcd`(p, q)

$x^2 + x + 1$ `Type: UnivariatePolynomial(x,Integer)`

Mit der Operation `rootOf`(p, x) erhält man eine symbolische Wurzel des Polynoms p. Dies wird in der Regel eine algebraische Zahl sein (zumindest wenn der Grad des Polynoms ≤ 4 ist).
Mit `rootsOf`(p, x) erhält man eine Liste aller Wurzeln in symbolischer Form. Diese Liste kann benutzt werden, um mit dem Operator `factor`(p, l) eine vollständige Zerlegung des Polynoms über den entsprechenden Erweiterungskörpern vorzunehmen.

■ $l :=$ `rootsOf`$(x**4+1, x)$
$[\%x0, \%x1, \%x2, -\%x2 - \%x1 - \%x0]$ Type: `List Expression Integer`

Dann liefert

`factor`$(x**4+1, x, l)$
$(x - \%x0)(x - \%x1)(x - \%x2)(x + \%x0 + \%x1 + \%x2)$ Type: `Epression Integer`

Mit dem Befehl `zerosOf`(p, x) liefert Axiom in einigen Fällen die Wurzeln als algebraische Zahlen zurück.

2. Polynome mehrerer Variabler

Polynome mit mehreren Variablen gehören zur Domäne `MultivariatePolynomial`. In der Regel sind die Operatoren über diesen Polynomen die gleichen wie für Polynome einer Variablen. Benutzt man die Konstruktionsfunktion `DistributedMultivariatePolynomial`$([x1, x2],$ `Integer`$)$, so ordnet Axiom die Terme lexikographisch.

3. Manipulation allgemeiner Ausdrücke

Für die Umformung allgemeiner Ausdrücke vom Typ `Expression` steht der Befehl `expand`$(expr)$ zur Verfügung. Er nimmt folgende Umformungen vor:

- Logarithmen von Produkten werden in Summen von Logarithmen umgewandelt
- Trigonometrische und hyperbolische Funktionen von Summen werden in Summen von Produkten trigonometrischer und hyperbolischer Funktionen umgewandelt
- Formale Potenzen $(a/b)^{-c}$ werden in $a^{-c}b^c$ umgeformt.

■ `expand(sin`$(4*x)$`)`
$4\cos^3 x \sin x - 4\cos x \sin^3 x$ Type: `Expression Integer`

Der Nutzer kann eigene Regeln für die Umformung von Ausdrücken festlegen. Dies erfolgt mit der Operation `rule`. Die allgemeine Definition lautet

`rule` $lhs == rhs$ (20.62)

Hier ist die linke Seite lhs ein Muster, nach dem in den zu behandelnden Ausdrücken gesucht werden soll und die rechte Seite der dafür einzusetzende Ausdruck. Gibt man der Regel einen Namen, so wird dieser im Sinne eines Operators interpretiert. Bei seiner Anwendung auf einen Ausdruck versucht Axiom, die Regel ins Spiel zu bringen.

■ $r1 :=$ `rule log`(x/y) $==$ `log`(x) $-$ `log`(y)
$$\{\log(\frac{x}{y}) == \log(x) - \log(y)\} \qquad \text{(n)}$$
Type: `RewriteRule(Expression Integer, Integer,Integer`

Wendet man nun $r1$ auf einen Ausdruck an, der entsprechende Terme enthält, so ersetzt Axiom diese durch ihren Wert.

$r1$`(log(sin`$(x)/(2*x)$`))`
$\log\sin x - 2\log x$ Type: `Expression Integer`

20.2.2 Lösung von Gleichungen und Gleichungssystemen

Alle Computeralgebrasysteme kennen Befehlsroutinen zur Lösung von Gleichungen und Gleichungssystemen. Sofern Gleichungen im Bereich der algebraischen Zahlen explizit lösbar sind, werden die Lösungen mit Hilfe von Wurzelausdrücken dargestellt. Ist es nicht möglich, Lösungen in geschlossener Form anzugeben, so lassen sich zumindest numerische Lösungen (im Rahmen festlegbarer Genauigkeit) finden. Im folgenden werden einige Grundbefehle vorgestellt. Der Lösung linearer Gleichungssysteme ist ein spezieller Abschnitt gewidmet.

20.2.2.1 Mathematica

1. Gleichungen

Mathematica ist in der Lage, Gleichungen zu manipulieren und in einem breiten Rahmen zu lösen. Eine Gleichung wird in Mathematica als ein logischer Ausdruck aufgefaßt. Wenn man schreibt

$$\texttt{In[1]} := g = x\hat{\ }2 + 2x - 9 == 0, \tag{20.63}$$

so interpretiert Mathematica dies als die Aufstellung einer Identität. Gibt man ein

$\texttt{In[2]} := \%/.\ x{-}{>}\ 2,$ so wird $\texttt{Out[2]} = \texttt{False},$

weil mit diesem Wert von x linke und rechte Seite nicht identisch sind.
Die Anweisung $\texttt{Roots}[g, x]$ veranlaßt, die obige Identität in eine Form zu bringen, die x explizit enthält. Mathematica stellt das Ergebnis wieder in Form einer logischen Aussage dar:

$$In[2]{:=}\ \texttt{Roots}\ [g, x] \quad \text{liefert} \quad \texttt{Out[2]} = x == \frac{-2 + \texttt{Sqrt}[40]}{2}\ ||\ x == \frac{-2 - 2\texttt{Sqrt}[40]}{2}$$

mit dem logischen Oder. In diesem Sinne können logische Operationen mit Gleichungen durchgeführt werden.
Mit der Operation `ToRules` können nachfolgend Gleichungen des logischen Typs wie oben in Transformationsregeln umgewandelt werden. So ergibt

$$In[3]{:=}\ \{\texttt{ToRules}[\%]\} \longrightarrow \texttt{Out[3]} = \{\{x{-}{>}\ \frac{-2 + \texttt{Sqrt}[40]}{2}\}, \{x{-}{>}\ \frac{-2 - 2\texttt{Sqrt}[40]}{2}\}\}$$

2. Lösung von Gleichungen

Mathematica stellt die Anweisung `Solve` für die Lösung von Gleichungen zur Verfügung. In gewissem Sinne führt `Solve` nacheinander die Operationen `Roots` und `ToRules` durch.
Natürlich ist Mathematica nur in der Lage, Gleichungen symbolisch zu lösen, wenn dies in Form algebraischer Ausdrücke überhaupt möglich ist, d.h. höchstens Gleichungen vierten Grades. Wenn jedoch Gleichungen höheren Grades durch algebraische Manipulationen wie Faktorisierung in einfachere algebraische Ausdrücke umgeformt werden können, dann ist Mathematica auch hier in der Lage, Lösungen zu bieten. `Solve` versucht in solchen Fällen, mit den eingebauten Operationen `Expand` und `Decompose` entsprechende Zerlegungen vorzunehmen.
Prinzipiell kann Mathematica unter bestimmten Voraussetzungen numerische Lösungen anbieten.

■ Allgemeine Lösung einer Gleichung dritten Grades:

$$\texttt{In[4]} := \texttt{Solve}[x\hat{\ }3 + a\ x\hat{\ }2 + b\ x + c == 0, x]$$

Mathematica liefert

$$Out[4]{=}\ \{\{x{-}{>}\ \frac{-a}{3} - \frac{2^{\frac{1}{3}}\,(-a^2 + 3\,b)}{3\left(-2\,a^3 + 9\,a\,b - 27\,c + 3^{\frac{3}{2}}\sqrt{-(a^2\,b^2) + 4\,b^3 + 4\,a^3\,c - 18\,a\,b\,c + 27\,c^2}\right)^{\frac{1}{3}}} + \frac{\left(-2\,a^3 + 9\,a\,b - 27\,c + 3^{\frac{3}{2}}\sqrt{-(a^2\,b^2) + 4\,b^3 + 4\,a^3\,c - 18\,a\,b\,c + 27\,c^2}\right)^{\frac{1}{3}}}{3\,2^{\frac{1}{3}}}\}, \ldots\}$$

Wegen der Länge ihrer Terme wurde in der Lösungsliste nur die erste Lösung explizit aufgeführt. Will man eine Gleichung mit gegebenen Koeffizienten a, b, c lösen, so ist es besser, die Gleichung selbst mit `Solve` zu behandeln, als die Werte von a, b, c der formalen Lösung zuzuweisen.

■ **A:** Für die in 1.5.2.3. behandelte kubische Gleichung $x^3 + 6x + 2 = 0$ wird:

In[5] := `Solve`$[x\wedge 3 + 6\ x + 2 == 0, x]$

Out[5] = $\{\{x{-}{>}\ -0.32748\}, \{x{-}{>}\ 0.16374 + 2.46585\,\mathtt{I}\}, \{x{-}{>}\ 0.16374 - 2.46585\,\mathtt{I}\}\}$

B: Dies ist eine Gleichung 6. Ordnung:

In[6] := `Solve`$[x\wedge 6 - 6x\wedge 5 + 6x\wedge 4 - 4x\wedge 3 + 65x\wedge 2 - 38x - 120 == 0, x]$

Out[6] = $\{\{x{-}{>}\ -1\}, \{x{-}{>}\ 4\}, \{x{-}{>}\ 3\}, \{x{-}{>}\ 2\}, \{x{-}{>}\ -1 - 2\,\mathtt{I}\}, \{x{-}{>}\ -1 + 2\,\mathtt{I}\}\}$

Mathematica ist es gelungen, die Gleichung in Beispiel **B** mit internen Mitteln zu faktorisieren, danach wird sie problemlos gelöst.
Wenn es um numerische Lösungen geht, sollte man von vornherein die Anweisung `NSolve` benutzen, sie ist meist schneller.

■ Die folgende komplizierte Gleichung löst man mit `NSolve`

In[7] := `NSolve`$[x\wedge 6 - 4x\wedge 5 + 6x\wedge 4 - 5x\wedge 3 + 3x\wedge 2 - 4x + 2 == 0, x]$

Out[7] = $\{\{x{-}{>}\ -0.379567 - 0.76948\,\mathtt{I}\}, \{x{-}{>}\ -0.379567 + 0.76948\,\mathtt{I}\},$

$\{x{-}{>}\ 0.641445\}, \{x{-}{>}\ 1. - 1.\,\mathtt{I}\}, \{x{-}{>}\ 1. + 1.\,\mathtt{I}\}, \{x{-}{>}\ 2.11769\}\}$

3. Lösung transzendenter Gleichungen

Mathematica ist in der Lage, transzendente Gleichungen zu lösen. In der Regel ist dies symbolisch nicht möglich. Außerdem können solche Gleichungen oft unendlich viele Lösungen haben. Daher sollte man Mathematica in solchen Fällen eine Vorgabe für die Umgebung machen, in der eine Lösung gefunden werden soll. Dies ist mit der Anweisung `FindRoot`$[g, \{x, x_s\}]$ möglich. Hier ist x_s der Startwert für die Lösungssuche.

■ *In[8]* := `FindRoot`$[x + $ `ArcCoth`$[x] - 4 == 0, \{x, 1.1\}]$

Out[8] = $\{x{-}{>}\ 1.00502 + 0.\mathtt{I}\}$ und

In[9] := `FindRoot`$[x + $ `ArcCoth`$[x] - 4 == 0, \{x, 5\}]$ $\longrightarrow$ *Out[9]* = $\{x{-}{>}\ 3.72478 + 0.\mathtt{I}\}$

4. Lösung von Gleichungssystemen

Mathematica kann simultan mehrere Gleichungen lösen. Die dafür eingebauten Operationen sind in **Tabelle20.16** dargestellt und betreffen die symbolische, nicht die numerische Lösung von Gleichungssystemen.

Tabelle 20.16 Lösung von Gleichungssystemen

`Solve`$[\{l_1 == r_1, l_2 == r_2, \ldots\}, \{x, y, \ldots\}]$	löst das gegebene Gleichungssystem nach den Unbekannten auf
`Eleminate`$[\{l_1 == r_1, \ldots\}, \{x, \ldots\}]$	eliminiert die Elemente $x, \ldots$ aus dem Gleichungssystem
`Reduce`$[\{l_1 == r_1, \ldots\}, \{x, \ldots\}]$	vereinfacht das Gleichungssystem und liefert alle möglichen Lösungen

Wie im Falle einer Unbekannten, erhält man eine numerische Lösung mit der Anweisung `NSolve`. Beispiele für die Lösung von linearen Gleichungssystemen werden im Abschnitt lineare Algebra behandelt.

20.2.2.2 Maple

1. Grundlegende Operationen

Die beiden grundsätzlichen Operationen zur symbolischen Lösung von Gleichungen in Maple sind `solve` und `RootOf` bzw. `roots` . Mit diesen Operationen und ihren möglichen Variationen durch bestimmte optionale Argumente gelingt es, eine Vielzahl von Gleichungen (auch transzendente) zu lösen. Wenn eine Gleichung nicht in geschlossener Form lösbar ist, kann Maple nur numerische Näherungslösungen anbieten.
Die Funktion `RootOf` ist das Symbol für alle Wurzeln einer Gleichung einer Variablen. Mit

$$> k := \texttt{RootOf}(x\hat{\ }3 - 5*x + 7, x); \longrightarrow \quad k := \texttt{RootOf}(\_Z^3 - 5\,\_Z + 7)$$

versteht Maple unter k die Gesamtheit der Wurzeln der Gleichung $x^3 - 5x + 7 = 0$, dabei wird der eingegebene Ausdruck, wenn möglich, in eine primitive Form gebracht und mit der globalen Variablen $\_Z$ dargestellt. Der Aufruf $\texttt{allvalues}(k)$ liefert eine Folge der Wurzeln.
Der Befehl `solve` liefert die Lösung einer Gleichung, sofern diese vorhanden ist.

■ $$> k := \texttt{solve}(x\hat{\ }4 + x\hat{\ }3 - 6*x\hat{\ }2 - 7*x - 7, x);$$
$$k := -\frac{1}{2} + \frac{1}{2}\mathrm{I}\sqrt{3}, -\frac{1}{2} - \frac{1}{2}\mathrm{I}\sqrt{3}, \sqrt{7}, -\sqrt{7}\,,$$

während

$$> r := \texttt{solve}(x\hat{\ }6 + 4*x\hat{\ }5 - 3*x + 2, x); \longrightarrow r := \texttt{RootOf}(\_Z^6 + 4\,\_Z^5 - 3\,\_Z + 2)$$

ergibt. Diese Gleichung besitzt im Bereich der rationalen Zahlen keine Lösungen. Mit `allvalues` erhält man genäherte numerische Lösungen.

2. Lösung von Gleichungen mit einer Unbekannten

Gleichungen mit einer Unbekannten, deren Grad ≤ 4 ist, kann Maple symbolisch lösen.

■ $$> \texttt{solve}\ (x\hat{\ }4 - 5*x\hat{\ }2 - 6); \longrightarrow \quad \mathrm{I}, -\mathrm{I}, \sqrt{6}, -\sqrt{6}$$

Maple ist in der Lage, die allgemeine Gleichung dritten Grades mit allgemeinen Koeffizienten geschlossen zu lösen.

$$> r := solve(x\hat{\ }3 + a*x\hat{\ }2 + b*x + c, x):$$
$$> r[1];$$
$$\sqrt[3]{\frac{ba}{6} - \frac{c}{2} - \frac{a^3}{27} + \frac{\sqrt{4\,b^3 - b^2a^2 - 18\,bac + 27\,c^2 + 4\,ca^3}\sqrt{3}}{18}} - \frac{\dfrac{b}{3} - \dfrac{a^2}{9}}{\sqrt[3]{\dfrac{ba}{6} - \dfrac{c}{2} - \dfrac{a^3}{27} + \dfrac{\sqrt{4\,b^3 - b^2a^2 - 18\,bac + 27\,c^2 + 4\,ca^3}\sqrt{3}}{18}}} - \frac{a}{3}$$

Man erhält entsprechende Ausdrücke für $r[2], r[3]$, die wegen ihrer Länge hier nicht explizit angegeben werden. Auch die allgemeine Gleichung vierten Grades wird von Maple ohne Probleme bewältigt.
Benutzt man in `solve` eine Gleichung, in der Koeffizienten als Gleitpunktzahlen geschrieben sind, so löst Maple die Gleichung numerisch.

■ $$> \texttt{solve}\ (1.*x\hat{\ }3 + 6.*x + 2., x);$$
$$-3.27480002, .1637400010 - 2.46585327\,\mathrm{I}, .1637400010 + 2.46585327\,\mathrm{I}$$

Maple kann auch Gleichungen lösen, die Wurzelausdrücke der Unbekannten enthalten. Allerdings ist hier Vorsicht geboten, da Maple natürlich quadriert (eventuell mehrfach) und dabei Gleichungen entstehen, deren Lösungen keine Lösung der ursprünglichen Gleichung sind (Scheinlösungen). Deshalb muß jede Lösung, die Maple anbietet, in die Ausgangsgleichung eingesetzt werden, um zu prüfen, ob sie wirklich eine Lösung ist.

■ Die Lösung der Gleichung $\sqrt{x+7}+\sqrt{2x-1}-1=0$ soll bestimmt werden. Dazu wird eingegeben

$$> p := \texttt{sqrt}(x+7) + \texttt{sqrt}(2*x-1) - 1 : \; l := \texttt{solve}(p=0, x) :$$

Mit $> \; s := \texttt{allvalues}(l)$: erhält man nach Aufruf von $s[1]$ und $s[2]$ die beiden Werte

$$s[1] := \frac{1}{2} + \frac{1}{2}(2+\sqrt{17})^2 \quad \text{und} \quad s[2] := \frac{1}{2} + \frac{1}{2}(2-\sqrt{17})^2$$

Durch $> \; \texttt{subs}(x = s[i], p); \quad i = 1,2$ überzeugt man sich, daß nur der Wert für $s[2]$ eine Lösung darstellt.

3. Lösung von transzendenten Gleichungen

Gleichungen, die transzendente Teile enthalten, lassen sich im allgemeinen nur numerisch lösen. Maple bietet für die numerische Lösung von Gleichungen beliebiger Art den Befehl `fsolve`. Mit seiner Hilfe versucht Maple, reelle Wurzeln der untersuchten Gleichung zu finden. Dabei wird in der Regel nur eine Wurzel angegeben. Oft haben jedoch transzendente Gleichungen viele Wurzeln. Deshalb läßt der Befehl `fsolve` als drittes Argument die optionale Angabe des zu betrachtenden Bereichs für die Suche nach einer Wurzel zu.

■ $> \; \texttt{fsolve}(x + \texttt{arccoth}(x) - 4 = 0, x); \longrightarrow 3.724783628$

aber

$$> \; \texttt{fsolve}(x + \texttt{arccoth}(x] - 4 = 0, x, 1..1.5); \longrightarrow 1.005020099$$

4. Lösung von Gleichungssystemen

Systeme von Gleichungen lassen sich mit denselben Befehlen `solve` und `fsolve` lösen. Hierzu sind als erstes Argument des Befehls alle Gleichungen in geschweifte Klammern zu fassen, als zweites Argument erwartet der Befehl die Unbekannten, nach denen aufgelöst werden soll (ebenfalls in geschweiften Klammern):

$$> \texttt{solve}(\{gl\,1, gl\,2, \ldots\}, \{x1, x2, \ldots\}); \tag{20.64}$$

■ $> \; \texttt{solve}(\{x\hat{}2 - y\hat{}2 = 2, x\hat{}2 + y\hat{}2 = 4\}, \{x, y\});$

$$\{y=1, x=\sqrt{3}\}, \{y=1, x=-\sqrt{3}\}, \{y=-1, x=\sqrt{3}\}, \{y=-1, -\sqrt{3}\}$$

20.2.2.3 Axiom

Axiom stellt mit dem Befehl `solve` in seinen verschiedenen Varianten eine Vielzahl von Möglichkeiten zur Lösung von Gleichungen und Gleichungssystemen zur Verfügung.

1. Gleichungen mit rationalen Funktionen einer Unbekannten

Mit $\texttt{solve}(eq, x)$, wobei eq eine Gleichung mit rationalen Funktionen darstellt und x die Variable, nach der zu lösen ist, liefert Axiom eine oder mehrere symbolische Lösungen. Wird anstelle von eq einfach ein Polynom p verwendet, so setzt Axiom automatisch $p = 0$. Die Variable x kann fortgelassen werden, wenn die Variable aus der Gleichung eindeutig erkennbar ist.

■ `solve`$(x**3-8=0,x)$

$[x=2, x^2+2x+4=0]$ Type: `List Equation Fraction Polynominal Integer`

Unter symbolischer Lösung ist hier zu verstehen, daß Axiom die Lösungen irreduzibel über den rationalen Zahlen darstellt, d.h. die zwei Wurzellösungen durch die Ausgabe einer quadratischen Gleichung symbolisiert.

Will man auch Lösungen in Wurzelform dargestellt haben (falls dies überhaupt möglich ist), so ist der Befehl `radicalSolve`(eq, x) zu verwenden. Er liefert im obigen Beispiel die Liste

$[x=-\sqrt{-3}-1, x=\sqrt{-3}-1, x=2]$

Im allgemeinen Fall ist jedoch die Lösung von Polynomgleichungen (Grad > 4) nur im Bereich der reellen oder komplexen Zahlen möglich. Hierfür bietet Axiom den `solve`-Befehl mit einem zusätzlichen Argument an, das die Präzision der numerischen Lösung festlegt. Wird dieses Argument als Bruch (etwa 1/1000) eingeben, so werden die Lösungen im Bereich der rationalen Zahlen angegeben, in diesem Falle mit einer Genauigkeit von 1/1000. Ist es eine Gleitpunktzahl, so erhält man die Lösungen als Gleitpunktzahlen mit der angegebenen Genauigkeit. Sollen alle Lösungen, auch die eventuellen komplexen gefunden werden, so ist der Befehl `complexSolve`(eq, x, ϵ) zu benutzen.

■ `complexSolve`$(x**3-2=0, x, .0001)$

$$[x=1.259\ldots, x=-0.629\ldots-1.09\ldots\%i, x=-0.629\ldots+1.09\ldots\%i] \quad (2)$$

Type: `List Equation Polynomial Complex Float`

Hier wurden wegen der Länge nur die ersten Ziffern von jeweils 20 ausgeschrieben.

2. Gleichungen mit rationalen Funktionen mehrerer Unbekannter

Für ein Gleichungssystem rationaler Funktionen mit mehreren Unbekannten sind die vorgestellten Befehle in der Form

`solve`$([eq_1, eq_2, \ldots], [x, y, \ldots], \epsilon)$

zu benutzen. Stehen in der Liste der Gleichungen einfach Polynome, so setzt Axiom diese gleich 0. Bei der Suche nach symbolischen Lösungen (ohne den optionalen Parameter ϵ) wird Axiom zunächst eine Darstellung der Gleichungen in irreduzibler Form durchführen und danach die Gesamtlösung schrittweise durch Substitution von Lösungen aus Gleichungen mit einer Unbekannten anbieten.

■ `solve`$([x=y**2-19, y=z**2+x+3, z=3*x], [x,y,z])$

$$\left[\left[x=\frac{z}{3}, y=\frac{3z^2+z+9}{3}, 9z^4+6z^3+55z^2+15z-90=0\right]\right] \quad (3)$$

Type: `List List Equation Fraction Polynomial Integer`

Für die Behandlung von linearen Gleichungssystemen stehen die Befehle `solve` in spezieller Form zur Verfügung. Darauf wird im Unterabschnitt lineare Algebra eingegangen.

3. Lösung transzendenter Gleichungen

Der Befehl `solve` kann auch Gleichungen lösen, die vom Typ `Expression` sind, also algebraische oder transzendente Funktionen enthalten. Hier ist jedoch in der Regel nur nach numerischen Lösungen zu suchen, da exakt darstellbare Lösungen nur in den seltensten Fällen vorhanden sind.

20.2.3 Elemente der linearen Algebra

20.2.3.1 Mathematica

Im Abschnitt 20.1.3.2 wurden mit Hilfe von Listen der Begriff der Matrix und eine Reihe von Operationen auf Matrizen eingeführt. Nun soll erläutert werden, wie Mathematica im Rahmen der Theorie linearer Gleichungssysteme eingesetzt werden kann. Es sei im folgenden

$$p = \texttt{Array}[p, \{m, n\}] \quad (20.65)$$

eine Matrix vom Typ (m, n) mit den Elementen $p_{ij} = \mathtt{p}[[i, j]]$, des weiteren seien

$$x = \mathtt{Array}[x, \{n\}] \quad \text{und} \quad b = \mathtt{Array}[b, \{m\}] \tag{20.66}$$

zwei n- bzw. m-dimensionale Vektoren. Mit diesen Definitionen läßt sich das allgemeine System linearer inhomogener bzw. homogener Gleichungen schreiben (s. 4.4.2.1.)

$$p\,.\,x == b \qquad p\,.\,x == 0 \tag{20.67}$$

1. Spezialfall $n = m$, $\det p \neq 0$

In diesem Fall hat das inhomogene System eine eindeutige Lösung, die mit

$$x = \mathtt{Inverse}[p]\,.\,b \tag{20.68}$$

sofort gefunden werden kann. Mathematica ist in der Lage, Systeme dieser Art mit etwa 50 Unbekannten in verträglicher Zeit in Abhängigkeit vom Computersystem zu lösen. Eine äquivalente, jedoch vielleicht schneller ermittelbare Lösung kann mit `LinearSolve`$[p, b]$ erreicht werden.

2. Allgemeiner Fall

Die Anweisungen `LinearSolve` und `NullSpace` sind geeignet, alle in 4.4.2.1. beschriebenem Fälle zu behandeln, also festzustellen, ob eine Lösung überhaupt existiert, und wenn ja, diese zu ermitteln. Wir betrachten deshalb einige der Beispiele aus 4.4.2.1.

■ **A:** Das Beispiel aus 4.4.2.1.2.2 hat als homogenes System nichttriviale Lösungen, die aus Linearkombinationen von Basisvektoren des Nullraumes der Matrix p bestehen. Dies ist jener Teilraum des n-dimensionalen Vektorraumes, der bei Transformationen mit p auf die Null abgebildet wird. Ein Satz solcher Basisvektoren läßt sich mit der Anweisung `NullSpace`$[p]$ erzeugen. Mit der Eingabe

In[1] $:= p = \{\{1, -1, 5, -1\}, \{1, 1, -2, 3\}, \{3, -1, 8, 1\}, \{1, 3, -9, 7\}\}$

erzeugt man die für das System zuständige Matrix, deren Determinante tatsächlich Null ist, was sich mit `Det`$[p]$ überprüfen läßt. Nun wird eingegeben

In[2] := `NullSpace`$[p]$ und als Ausgabe erscheint

Out[2] $= \{\{-\frac{3}{2}, \frac{7}{2}, 1, 0\}, \{-1, -2, 0, 1\}\}$

eine Liste mit zwei linear unabhängigen Vektoren des vierdimensionalen Raumes, die im zweidimensionalen Nullraum der Matrix p eine Basis bilden. Beliebige Linearkombinationen dieser liegen ebenfalls im Nullraum, sind also Lösungen des homogenen Gleichungssystems. Ein Vergleich mit der Lösung von Beispiel E aus 4.4.2.1 zeigt die Identität.

■ **B:** Man erzeugt gemäß Beispiel **A** aus 4.4.2.1 die Matrix $m1$, welche vom Typ $(3, 5)$ ist und den Vektor $b1$

In[3] $:= m1 = \{\{1, -2, 3, -1, 2\}, \{3, -1, 5, -3, -1\}, \{2, 1, 2, -2, -3\}\};$

In[4] $:= b1 = \{2, 6, 8\};$

Auf die Anweisung

In[4] := `LinearSolve`$[m1, b1]$

erscheint die Meldung

`LinearSolve` : : nosol: Linear equation encountered which has no solution.

Danach wird die Eingabe nochmals ausgegeben.

■ **C:** Gemäß dem Beispiel **B** aus 4.4.2.1 wird eingegeben:

In[5] $:= m2 = \{\{1, -1, 2\}, \{1, -2, -1\}, \{3, -1, 5\}, \{-2, 2, 3\}\};$

In[6] $:= b2 = \{1, 2, 3, -4\};$

Da in diesem Fall das System überbestimmt ist, wird geprüft, ob sich die Matrix $m2$ aufgrund linearer Abhängigkeiten der Zeilen reduzieren läßt. Mit

In[7] := `RowReduce`$[m2]$ $\longrightarrow$ *Out[7]* $= \{\{1,0,0\},\{0,1,0\},\{0,0,1\},\{0,0,0\}\}$

geschieht dies. Danach gibt man ein

In[8] := `LinearSolve`$[m2, b2]$ $\longrightarrow$ *Out[8]* $= \{\frac{10}{7}, -\frac{1}{7}, -\frac{2}{7}\}$

Die Ausgabe enthält die bekannte Lösung.

3. Eigenwerte und Eigenvektoren

In 4.5. sind Eigenwerte und Eigenvektoren von Matrizen definiert worden. Mathematica bietet die Möglichkeit, diese mit speziellen Anweisungen zu bestimmen. So liefert `Eigenvalues`$[m]$ eine Liste der Eigenvektoren der quadratischen Matrix m, `Eigenvectors`$[m]$ eine Liste der Eigenvektoren von m. Benutzt man anstelle von m `N`$[m]$, so erhält man die numerischen Eigenwerte. Bei Matrizen mit der Ordnung $n > 4$ kann man natürlich im allgemeinen keine algebraischen Ausdrücke mehr erwarten, da die zu lösende Polynomgleichung höher als vierten Grades ist, deshalb kann man in diesen Fällen nur nach numerischen Werten fragen.

■ *In[9]* := $h =$ `Table`$[1/(i+j-1), \{i,5\}, \{j,5\}]$

Dies erzeugt eine 5dimensionale sogenannte Hilbertmatrix.

Out[9] $= \{\{1,\frac{1}{2},\frac{1}{3},\frac{1}{4},\frac{1}{5}\},\{\frac{1}{2},\frac{1}{3},\frac{1}{4},\frac{1}{5},\frac{1}{6}\},\{\frac{1}{3},\frac{1}{4},\frac{1}{5},\frac{1}{6},\frac{1}{7}\},\{\frac{1}{4},\frac{1}{5},\frac{1}{6},\frac{1}{7},\frac{1}{8}\},\{\frac{1}{5},\frac{1}{6},\frac{1}{7},\frac{1}{8},\frac{1}{9}\}\}$

Mit der Anweisung

In[10] := `Eigenvalues`$[h]$

antwortet Mathematica

Eigenvalues::eival: Unable to find all roots of the characteristic polynomial.

Gibt man aber ein

In[11] := `Eigenvalues`$[N[h]]$,

so erhält man

Out[11] $= \{1.56705, 0.208534, 0.0114075, 0.000305898, 3.28793\,10^{-6}\}$

20.2.3.2 Maple

Die Maple-Bibliothek verfügt über das Spezialpaket `linalg`. Mit dem Befehl

> `with(linalg)` :

sind alle 100 Befehle und Operationen dieses Pakets für die Anwendung vorhanden. Für eine vollständige Auflistung und ihre Beschreibung muß auf [20.3] verwiesen werden. Wichtig ist, daß bei Nutzung dieses Pakets Matrizen und Vektoren mit den speziellen Anweisungen `matrix` und `vector` erzeugt werden sollten und nicht mit den allgemeineren Strukturen `array`.
Mit `matrix`(m,n,s) wird eine $m \times n$-Matrix erzeugt. Fehlt s, so sind die Elemente dieser Matrix nicht spezifiziert, können jedoch nachträglich durch Zuweisungen der Art $A[i,j] := \ldots$ festgelegt werden. Ist s eine Funktion $f = f(i,j)$ der Indizes, so erzeugt Maple die Matrix mit diesen Elementen. Schließlich kann s eine Liste mit Listen der Elemente bzw. Vektoren sein. Die Definition von Vektoren erfolgt analog mit `vector`(n,e). Ein Vektor ist eine $1 \times n$-Matrix, wird jedoch als Spaltenvektor interpretiert.
Tabelle20.17 gibt einen Überblick über einige wesentliche Operationen mit Matrizen und Vektoren.

Tabelle 20.17 Matrizenoperationen

`transpose`(A)	bestimmt die zu A transponierte Matrix
`det`(A)	bestimmt die Determinante der quadratischen Matrix A
`inverse`(A)	bestimmt die zur quadratischen Matrix A inverse Matrix
`adjoint`(A)	bestimmt die zur quadratischen Matrix A adjungierte Matrix, d.h. A &* `adjoint`(A) = `det`(A).
`mulcol`($A, s, ausdr$)	multipliziert die s-Spalte der Matrix A mit *ausdr*
`mulrow`($A, r, audr$)	multipliziert die r-te Zeile mit *ausdr*

Für die Addition von Vektoren und Matrizen steht der Befehl `add`(u, v, k, l) zur Verfügung. Er addiert die jeweils mit k und l skalar multiplizierten Matrizen (oder Vektoren) u und v. Die optionalen Argumente k und l können fehlen. Natürlich funktioniert dies nur, wenn die entsprechenden Matrizen wirklich arithmetisch verknüpfbar sind.
Die Matrizenmultiplikation bewerkstelligt man mit `multiply`(u, v) oder mit der schon erwähnten Kurzform &* als Infix-Operator.

1. Lösung von linearen Gleichungssystemen

Für die Behandlung linearer Gleichungssysteme stellt Maple spezielle Operationen bereit, die im Paket für linare Algebra enthalten sind. Speziell handelt es sich um `linsolve`(A, c), hier ist A die Matrix des linearen Gleichungssystems

$$A \cdot x = c,$$

wobei c der Vektor der rechten Seiten des Gleichungssystems ist.
Wenn das System keine Lösung besitzt, wird die Null-Sequenz `Null` zurückgegeben. Hat das System mehrere linear unabhängige Lösungen, so werden die Lösungen in Parameterdarstellung wiedergegeben.
Die Operation `nullspace`(A) findet eine Basis im Nullraum der Matrix A (dieser ist von Null verschieden, wenn die Matrix singulär ist).
Natürlich kann man für die Lösung von Gleichungssystemen auch die Operationen der Matrixmultiplikation und die Bestimmung von inversen Matrizen nutzen.

■ **A:** Es wird das Beispiel aus (4.4.2.1.2) betrachtet. Das dort untersuchte System (homogen) hat nichttriviale Lösungen. Folgendes Vorgehen liefert die Lösung. Zunächst wird die Matrix A definiert:

$$> A := \texttt{matrix}([[1,-1,5,-1],[1,1,-2,3],[3,-1,8,1],[1,3,-9,7]]):$$

Nun kann man sich mit `det`(A) überzeugen, daß diese Matrix singulär ist, und über

$$> a := \texttt{nullspace}\ (A) \longrightarrow a := \left\{\left[-\frac{3}{2}, \frac{7}{2}, 1, 0\right], [-1,-2,0,1]\right\}$$

die Liste von zwei linear unabhängigen Vektoren bestimmen. Diese bilden eine Basis im zweidimensionalen Nullraum der Matrix A.

Für den allgemeinen Fall stellt Maple Operationen zur Anwendung des GAUSSschen Algorithmus zur Verfügung. Diese sind in **Tabelle20.18** angegeben.
Hat man ein Gleichungssystem mit gleicher Anzahl von Gleichungen und Unbekannten und nichtsingulärer Matrix, so löst man das System mit `linsolve`

Tabelle 20.18 Operationen des Gaußschen Algorithmus

pivot(A, i, j)	erzeugt aus A durch Addition von Vielfachen der i-ten Zeile zu allen anderen Zeilen eine Matrix, deren j-te Spalte außer A_{ij} aus Nullen besteht
gausselim(A)	erzeugt die durch Zeilenpivotisierung entstehende Gaußsche Dreiecksmatrix. Die Matrixelemente müssen rationale Zahlen sein
gaussjord(A)	erzeugt eine Diagonalmatrix nach dem Gauß-Jordan-Verfahren, die Matrixelemente können Gleitpunktzahlen sein
augment(A, u)	erzeugt die Matrix, die durch Anfügung einer Spalte (gegeben durch den Vektor u aus A entsteht

■ Das System aus (19.2.1.4.2) sei zu lösen. Hier ist

$> A := \texttt{matrix}([[10, -3, -4, 2], [-3, 26, 5, -1], [-4, 5, 16, 5], [2, 3, -4, -12]]) :$

$> v := \texttt{vector}([14, 22, 17, -20]) :$

Mit `linsolve` erhält man

$$> \texttt{linsolve}\ (A, v); \longrightarrow \begin{bmatrix} \frac{3}{2} & 1 & \frac{1}{2} & 2 \end{bmatrix}$$

Der Gaußalgorithmus wird mit

$$> F := \texttt{gaussjord}\ (\texttt{augment}(A, v)); \longrightarrow F := \begin{bmatrix} 1 & 0 & 0 & 0 & \frac{3}{2} \\ 0 & 1 & 0 & 0 & 1 \\ 0 & 0 & 1 & 0 & \frac{1}{2} \\ 0 & 0 & 0 & 1 & 2 \end{bmatrix}$$

angewendet.

■ Das Gleichungssystem gemäß dem Beispiel **B** aus (4.4.2.1) soll gelöst werden. Zunächst werden die zugehörige Matrix und der Vektor definiert:

$> A := \texttt{matrix}([[1, -1, 2], [1, -2, -1], [3, -1, 5], [-2, 2, 3]]) :$

$> v := \texttt{vector}([1, 2, 3, -4]) :$

Das System ist überbestimmt. Um es zu lösen, kann `linsolve` nicht benutzt werden. Daher bestimmt man zunächst

$$> F := \texttt{augment}\ (A, v); \longrightarrow F := \begin{bmatrix} 1 & -1 & 2 & 1 \\ 1 & -2 & -1 & 2 \\ 3 & -1 & 5 & 3 \\ -2 & 2 & 3 & -4 \end{bmatrix}$$

Nun kann mit `gaussjord` die Matrix F in eine obere Dreiecksform gebracht werden:

$$> F1 := \texttt{gaussjord}(F); \longrightarrow F1 := \begin{bmatrix} 1 & 0 & 0 & \frac{10}{7} \\ 0 & 1 & 0 & -\frac{1}{7} \\ 0 & 0 & 1 & -\frac{2}{7} \\ 0 & 0 & 0 & 0 \end{bmatrix}$$

Der Lösungsvektor ist unmittelbar aus $F1$ ablesbar.

2. Eigenwerte und Eigenvektoren

Maple stellt spezielle Operatoren für die Bestimmung von Eigenwerten und Eigenvektoren quadratischer Matrizen bereit. Diese sind `eigenvals` und `eigenvects`. Zu beachten ist hierbei, daß die Eigenwertgleichung bei Matrizen der Ordnung $n > 4$ im allgemeinen nicht mehr geschlossen lösbar ist. Daher liefert Maple in diesem Fall die Eigenwerte als genäherte Gleitpunktzahlen.

■ Es sind die Eigenwerte der 5dimensionalen Hilbertmatrix zu finden.

Im Paket `linalg` ist eine spezielle Anweisung zur Erzeugung n-dimensionaler Hilbertmatrizen vorhanden. Sie lautet `hilbert`(n, x). Ihre Matrixelemente sind $1/(i + j - x)$. Wird x nicht angegeben, so setzt Maple automatisch $x = 1$. Die Aufgabe wird daher mit der Eingabe

```
> eigenvals(hilbert(5));
```

gelöst. Maple antwortet mit

$$\texttt{RootOf}(-1 + 307505\_Z - 1022881200\_Z^2 + 92708406000\_Z^3$$
$$-476703360000\_Z^4 + 266716800000\_Z^5)$$

Mit `allvalues` kann man dies in eine Folge genäherter Eigenwerte umwandeln.

20.2.3.3 Axiom

Die Behandlung von Problemen der linearen Algebra erfolgt in Axiom durch die Operationen, die die Domäne `matrix` bereitstellt. Neben den schon erwähnten Operationen zur Definition von Matrizen und Vektoren enthält diese Domäne vor allem Operationen mit Matrizen und Hilfsmittel zur Lösung linearer Gleichungssysteme. **Tabelle20.19** zeigt einen Teil dieser Operationen.

Tabelle 20.19 Operationen der Domäne `matrix`

`transpose`(A)	transponiert die Matrix A
`rank`(A)	bestimmt den Rang der Matrix A
`determinant`(A)	bestimmt die Determinante der quadratischen Matrix A
`inverse`(A)	berechnet die zur quadratischen Matrix A inverse Matrix
`nullSpace`(A)	bestimmt eine Basis im Nullraum der Matrix A
`nullity`(A)	gibt die Dimension des Nullraumes der Matrix A
`rowEchelon`(A)	stellt die Matrix A als obere Dreiecksmatrix dar

Die Operationen mit Matrizen werden durch die üblichen arithmetischen Operatoren verwirklicht. Axiom kann durch die Zuordnung von Objekten zu den entsprechenden Kategorien bzw. Domänen entscheiden, welche Bedeutung der Operator jeweils hat. Steht das $*$-Zeichen zwischen zwei Objekten, die beide der Domäne `matrix` angehören, so interpretiert Axiom es als Operator für die Matrizenmultiplikation. Ist nur eines der beiden Objekte vom Typ Matrix und das andere eine Zahl, so wird es von Axiom als Operator der skalaren Multiplikation der Zahl mit einer Matrix aufgefaßt.

■ Für die Matrix A

$$A := \texttt{matrix}([[1,2,3,4],[5,6,7,8],[9,10,11,12],[13,14,15,16]])$$

$$\begin{bmatrix} 1 & 2 & 3 & 4 \\ 5 & 6 & 7 & 8 \\ 9 & 10 & 11 & 12 \\ 13 & 14 & 15 & 16 \end{bmatrix}$$ `Type: Matrix Integer`

erhält man

determinant(A)
0 Type: NonNegativeInteger

inverse(A)
" failed " Type: Union(" failed ")

rank(A)
2 Type: PositiveInteger

nullSpace(A)
$[[1,-2,1,0],[2,-3,0,1]]$ Type: List Vector Integer

Mit der letzten Operation werden die Basisvektoren des Nullraumes von A bestimmt.

1. Lösung linearer Gleichungssysteme

Die Lösung von linearen Gleichungssystemen erfolgt wie die Lösung beliebiger Systeme mit dem Operator `solve`. Als erster Parameter ist die Liste mit dem System der Gleichungen, als zweiter die Liste der Unbekannten einzugeben. Wenn das System mehrere unabhängige Lösungen besitzt, gibt Axiom diese parametrisiert wieder.
Eine andere Möglichkeit besteht in der Verwendung des Befehls `solve` mit der Eingabe der Koeffizientenmatrix des Gleichungssystems als ersten Parameter und der rechten Seite als Vektor als zweiten Parameter. In diesem Falle werden die Lösungen als `Record` zurückgegeben. Als Bezeichner treten die Begriffe *particular* und *basis* auf. Die erste Komponente enthält eine spezielle Lösung des Systems oder `failed` , wenn das System keine Lösungen besitzt. Die zweite Komponente enthält eine Liste von Vektoren, die den Lösungsraum des Systems aufspannen, also das korrespondierende homogene System lösen. Damit sind alle bei der Behandlung linearer Gleichungssysteme auftretenden Fälle bearbeitbar.

■ $A :=$ solve($[[1,1,1],[3,-2,1],[1,2,2]],[8,0,17]$)
$[particular = [-1,2,7], basis = [[0,0,0]]]$ (1)
Type: Record(particular: Union(Vector)

Die erste Komponente enthält eine spezielle Lösung, die zweite den Nullvektor. Hieraus folgt, daß das System eine Lösung besitzt.

Homogene Syteme löst man am besten mit dem Operator `nullSpace`.

■ nullSpace($[[1,2,3],[2,3,4],[3,4,5]]$)
$[[1,-2,1]]$ Type: List Vector Integer

2. Eigenwerte und Eigenvektoren

Mit dem Operator `eigenvalues`(A) wird eine Liste der Eigenwerte der quadratischen Matrix A angegeben, man erhält jedoch nur die rationalen Werte. Mit `eigenvectors`(A) erhält man die Eigenvektoren von A in der Form einer Liste von `Records`, jeweils mit den drei Komponenten *eigval* =, *eigmul* = und *eigvec* =. Sind Eigenwerte nichtrational, so liefert Axiom für diese die definierende algebraische Gleichung zurück.
Man kann versuchen, mit dem Operator `radicalEigenvectors` eine explizite Darstellung in Wurzelausdrücken zu erhalten. Auch hier wird eine Liste von `Records` zurückgegeben.
Benutzt man die Operatoren `realEigenvectors` bzw. `complexEigenvektors` mit dem weiteren Argument ϵ, so liefert Axiom die Eigenwerte und Eigenvektoren als Liste von Records mit angenäherten Werten im Rahmen des vorgegebenen Fehlers $\pm\epsilon$.

■ Es sei

$$A := matrix([[1,2,1],[2,1,-2],[1,-2,4]])$$

$$\begin{bmatrix} 1 & 2 & 1 \\ 2 & 1 & -2 \\ 1 & -2 & 4 \end{bmatrix}$$ `Type: Matrix Integer`

Mit

`eigenvalues`(A)

$[5]$ `Type: List Fraction Polynomial Fraction Integer`

erhält man nur einen Eigenwert, da die anderen nichtrational sind.

Ruft man die Operation `eigenvectors` auf, so liefert Axiom eine Liste, die an erster Stelle ein Record des Inhalts

$$\left[eigval = 5, eigmult = 1, eigvec = \left[\begin{bmatrix} 0 \\ -\frac{1}{2} \\ 1 \end{bmatrix}\right]\right]$$

liefert. Dies sind der schon bekannte rationale Eigenwert, seine Vielfachheit und der zugehörige Eigenvektor. Als zweites Argument der Liste erhält man ein Record mit den Elementen

$$\left[algrel = \%C^2 - \%C - 5, algmult = 1, algvec = \left[\begin{bmatrix} \%C \\ 2 \\ 1 \end{bmatrix}\right]\right]$$

Hier ist die erste Komponente also die Gleichung, die die beiden anderen Eigenwerte definiert, die Eigenvektoren sind in der symbolischen Form gegeben.

Mit `radicalEigenvectors` läßt sich in diesem Falle eine Liste von drei Records mit den jeweiligen Eigenwerten und den zugehörigen Eigenvektoren erzeugen. Diese zweite Methode hat jedoch nur dann Erfolg, wenn sich die Eigenwerte als Wurzelzahlen darstellen lassen.

Mit `realEigenvectors`$(A, 1/1000)$ schließlich wird eine Liste mit drei Records ausgegeben, die alle Eigenwerte und Eigenvektoren in der Darstellung rationaler Zahlen mit einer Genauigkeit von $\pm 1/1000$ enthalten

20.2.4 Differential- und Integralrechnung

20.2.4.1 Mathematica

Im Abschnitt 20.1.3.2 war der Begriff der Ableitung als Funktionaloperator erläutert worden. Mathematica verfügt über eine Vielzahl von Möglichkeiten, um Operationen der Analysis wie die Bestimmung von Differentialquotienten beliebiger Ordnung, partieller Ableitungen, die Bildung vollständiger Differentiale, unbestimmter und bestimmter Integrale, Reihenentwicklung von Funktionen u.a.m. durchzuführen.

1. Berechnung von Differentialquotienten

1. Operator der Differentiation Der Operator der Differentiation war bereits in 20.1.3.2.7 als `Derivative` eingeführt worden. Seine vollständige Schreibweise lautet

`Derivative`$[n_1, n_2, \ldots]$ (20.69)

Die Argumente geben an, wie oft nach der jeweiligen Variablen differenziert werden soll. In diesem Sinne ist er ein Operator der partiellen Differentiation. Bei der Anwendung dieses Operators auf eine Funktion wird eine neue Funktion erzeugt, nämlich jene, welche aus der ursprünglichen durch entsprechende Differentiation hervorgeht. Mathematica versucht die Darstellung des Ergebnisses als reine Funktion.

2. Differentiation von Funktionen

Wenn eine vorgegebene Funktion differenziert werden soll, kann man auch vereinfachend den Operator D benutzen. Mit $\mathtt{D}[f[x], x]$ wird die Ableitung der Funktion $f(x)$ angegeben.
D gehört zu einer Gruppe von Differentialoperationen, die in **Tabelle20.20** aufgeführt sind.

Tabelle 20.20 Operationen der Differentiation

$\mathtt{D}[f[x], \{x, n\}]$	liefert die n–te Ableitung der Funktion $f(x)$. Entsprechend liefern:
$\mathtt{D}[f, \{x_1, n_1\}, \{x_2, n_2\}, \cdots]$	mehrfache Ableitungen jeweils n_i mal nach $x_i, i = 1, 2, \cdots$)
$\mathtt{Dt}[f]$	das vollständige Differential der Funktion f
$\mathtt{Dt}[f, x]$	die vollständige Ableitung $\frac{df}{dx}$ der Funktion
$\mathtt{Dt}[f, x_1, x_2, \ldots]$	die vollständige Ableitung einer Funktion mehrerer Veränderlicher $\frac{d}{dx_1}\frac{d}{dx_2}\cdots f$

■ Für die beiden Beispiele aus 5.1.2.2. erhält man

A: $\mathit{In[1]} := \mathtt{D}[\mathtt{Sqrt}[x\verb|^|3\ \mathtt{Exp}[4x]\ \mathtt{Sin}[x]], x]$

$$\mathit{Out[1]} = \frac{\mathtt{E}^{4x}\, x^2\, (x\, \mathtt{Cos}[x] + 3\, \mathtt{Sin}[x] + 4\, x\, \mathtt{Sin}[x])}{2\, \mathtt{Sqrt}[\mathtt{E}^{4x}\, x^3\, \mathtt{Sin}[x]]}$$

B: $\mathit{In[2]} := \mathtt{D}[(2x + 1)\verb|^|(3x), x]$

$$\mathit{Out[2]} = 6\, x\, (1 + 2\, x)^{-1+3\, x} + 3\, (1 + 2\, x)^{3\, x}\, \mathtt{Log}[1 + 2\, x]$$

Die Anweisung Dt liefert die vollständige Ableitung bzw. das vollständige Differential.

■ **C:** $\mathit{In[3]} := \mathtt{Dt}[x\verb|^|3 + y\verb|^|3] \longrightarrow \mathit{Out[3]} = 3x^2\mathtt{Dt}[x] + 3y^2\mathtt{Dt}[y]$

D: $\mathit{In[4]} := \mathtt{Dt}[x\verb|^|3 + y\verb|^|3, x] \longrightarrow \mathit{Out[4]} = 3x^2 + 3y^2\mathtt{Dt}[y, x]$

Mathematica nimmt in diesen letzten Beispielen an, daß y eine Funktion von x ist, die es jedoch nicht kennt, und schreibt den zweiten Teil der Ableitung deshalb wieder symbolisch.
Wenn Mathematica bei der Differentiation auf eine symbolische Funktion stößt, beläßt es diese in der allgemeinen Form und drückt die Ableitung in der Form f' aus.

■ **E:** $\mathit{In[5]} := \mathtt{D}[x\ \mathtt{f}[x]\verb|^|3, x] \longrightarrow \mathit{Out[5]} = \mathtt{f}[x]^3 + 3x\mathtt{f}[x]^2\mathtt{f'}[x]$

Mathematica kennt die Regeln für die Differentiation von Produkten, Quotienten und die Kettenregel und kann diese auch formal anwenden:

$$\mathit{In[6]} := \mathtt{D}[\mathtt{f}[\mathtt{u}[x]]\ x] \quad \mathit{Out[6]} = \mathtt{f}'[\mathtt{u}[x]]\ \mathtt{u}'[x] \tag{20.70}$$

$$\mathit{In[7]} := \mathtt{D}[\mathtt{u}[x]/\mathtt{v}[x], x] \quad \mathit{Out[7]} = \frac{\mathtt{u}'[x]}{\mathtt{v}[x]} - \frac{\mathtt{u}[x]\ \mathtt{v}'[x]}{\mathtt{v}[x]^2} \tag{20.71}$$

2. Unbestimmte Integrale

Mit der Anweisung $\mathtt{Integrate}[f, x]$ versucht Mathematica, das unbestimmte Integral $\int f(x)dx$ zu bestimmen. Wenn das Integral Mathematica bekannt ist, gibt es dieses ohne die Integrationskonstante wieder. Mathematica nimmt an, daß jeder Ausdruck, der die Integrationsvariable nicht enthält, auch nicht von dieser abhängt. Den bekannten Problemen bei der Integration (siehe 7.1.2) kann Mathematica natürlich auch nicht ausweichen. Im allgemeinen findet es unbestimmte Integrale, wenn sich diese durch elementare Funktionen, wie rationale Funktionen, Exponential– und Logarithmusfunktionen sowie den trigonometrischen und deren inversen Funktionen ausdrücken lassen. Wenn Mathematica nicht in der Lage ist, das Integral zu finden, gibt es die Eingabe zurück. Allerdings kennt Mathematica einige spezielle Funktionen, die durch nicht elementar bestimmbare Integrale definiert sind, wie z.B. die elliptischen Funktionen und andere. Zur Demonstration der Möglichkeiten von Mathematica werden einige Beispiele betrachtet, die in 7.1 behandelt wurden.

1. Integrale gebrochen rationaler Funktionen
(siehe 7.1.2.3)

■ **A:** *In[1]* $:=$ `Integrate`$[(2x+3)/(x\hat{}3+x\hat{}2-2x),x]$

$$\textit{Out[1]} = \frac{5\,\texttt{Log}[-1+x]}{3} - \frac{3\,\texttt{Log}[x]}{2} - \frac{\texttt{Log}[2+x]}{6}$$

B: *In[2]* $:=$ `Integrate`$[(x\hat{}3+1)/(x(x-1)\hat{}3),x]$

$$\textit{Out[2]} = -(-1+x)^{-2} - \frac{1}{-1+x} + 2\,\texttt{Log}[-1+x] - \texttt{Log}[x]$$

2. Integration trigonometrischer Funktionen
(siehe 7.1.5.2)

■ **A:** *In[3]* $:=$ `Integrate`$[\texttt{Sin}[x]\hat{}2\texttt{Cos}[x]\hat{}5,x]$

$$\textit{Out[3]} = \frac{5\,\texttt{Sin}[x]}{64} - \frac{\texttt{Sin}[3\,x]}{192} - \frac{3\,\texttt{Sin}[5\,x]}{320} - \frac{\texttt{Sin}[7\,x]}{448}$$

B: *In[4]* $:=$ `Integrate`$[\texttt{Sin}[x]/\texttt{Sqrt}[\texttt{Cos}[x]],x]$

Out[4] $= -2\texttt{Sqrt}[\texttt{Cos}[x]]$

In[5] $:=$ `Integrate`$[x\hat{}x,x] \longrightarrow$ *Out[5]* $=$ `Integrate`$[x^x,x]$

3. Bestimmte Integrale, Mehrfachintegrale

1. Bestimmte Integrale Mit der Anweisung `Integrate`$[f,\{x,x_a,x_e\}]$ kann Mathematica das bestimmte Integral der Funktion $f(x)$ mit der unteren Grenze x_a und der oberen Grenze x_e bestimmen.

■ **A:** *In[1]* $:=$ `Integrate`$[\texttt{Exp}[-x^2],\{x,-\texttt{Infinity},\texttt{Infinity}\}]$

`General::intinit:  Loading integration packages.`

Out[1] $=$ `Sqrt[Pi]`

Nachdem Mathematica ein Spezialpaket für die Integration zugeladen hat, liefert es das bekannte Ergebnis.

■ **B:** Gibt man aber ein

In[2] $:=$ `Integrate`$[1/x\hat{}4,\{x,-1,1\}]$, so wird *Out[2]* $= -\dfrac{2}{3}$

was falsch ist, da ein uneigentliches Integral vorliegt.

Mathematica nimmt die Stammfunktion von $\dfrac{1}{x^2}$, also $-\dfrac{1}{x}$, und setzt die Grenzen ein, wonach es die beiden Ergebnisse voneinander subtrahiert. Daß der Integrand unendlich wird, ist nicht berücksichtigt worden. Mit der Version 2.2 von Mathematica ist dieser Fehler beseitigt. Nach längerer Bearbeitungszeit meldet Mathematica, daß dieses Integral nicht bestimmbar ist, da es uneigentlich ist.

Bei der Berechnung bestimmter Integrale ist Vorsicht geboten. Wenn man die Eigenschaften des Integranden nicht kennt, sollte man sich vor der Integration eine Graphik der Funktion im interessierenden Bereich anfertigen.

2. Mehrfachintegrale

Zweifache bestimmte Integrale ruft man mit der Anweisung

$$\texttt{Integrate}[\texttt{f}[x,y],\{x,x_a,x_e\},\{y,y_a,y_e\}]$$

auf. Die Abarbeitung erfolgt von rechts nach links, zunächst wird also die Integration über y durchgeführt. Die Grenzen y_a und y_e können daher Funktionen von x sein, die in die Stammfunktion eingesetzt werden. Danach wird das Integral über x bestimmt.

■ Für das Integral A aus 7.4.1.2.1 erhält man

$$\textit{In[3]} := \texttt{Integrate}[x\ y\hat{}2,\{x,0,2\},\{y,x\hat{}2,2x\}] \longrightarrow \textit{Out[3]} = \frac{32}{5}$$

Auch hier ist Aufmerksamkeit in bezug auf Unstetigkeiten der beteiligten Funktionen geboten.

4. Lösung von Differentialgleichungen

Mit Mathematica können gewöhnliche Differentialgleichungen symbolisch behandelt werden, wenn eine Lösung in geschlossener Form möglich ist. In diesem Fall liefert Mathematica die Lösung in der Regel. Die hierfür zutreffenden Befehle kann man der **Tabelle20.21** entnehmen.

Tabelle 20.21 Anweisungen zur Lösung von Differentialgleichungen

DSolve[$dgl, y[x], x$]	löst die Differentialgleichung nach $y[x]$ auf
DSolve[dgl, y, x]	liefert die Lösung der Differentialgleichung in Form einer reinen Funktion
DSolve[$\{dgl_1, dgl_2, \ldots\}, y, x$]	löst ein System gewöhnlicher Differentialgleichungen

Die Lösungen werden (s. 8.1.) mit den entsprechenden willkürlichen Konstanten, bezeichnet mit $C[i]$, als allgemeine Lösungen dargestellt. Anfangswerte oder Randbedingungen können in den Teil der Liste, der die Gleichung bzw. Gleichungen enthält, miteingefügt werden. In diesem Falle erhält man eine spezielle Lösung.

Als Beispiele werden einige Differentialgleichungen aus 8.1.1.2. betrachtet.

■ **A:** *In[1]* := DSolve[$y'[x] - y[x]$ Tan[x] == Cos[x]$, y, x$]

Mathematica löst diese Gleichung und gibt die Lösung als reine Funktion mit einer Integrationskonstanten $C[1]$ wieder

$$\textit{Out[1]} = \{\{y \rightarrow \texttt{Function}[\frac{\texttt{Sec}[\texttt{Slot}[1]]\ (4\,\mathrm{C}(1) + \texttt{Sin}[2\,\texttt{Slot}[1]] + 2\,\texttt{Slot}[1])}{4}]\}\}$$

Das Symbol `Slot` steht für #, es ist dessen `FullForm` .

Verlangt man, daß die Lösung für $y[x]$ bestimmt wird, dann liefert Mathematica

$$\textit{In[2]} := y[x]/.\ \%1 \longrightarrow \textit{Out[2]} = \{\frac{\texttt{Sec}[x]\ (2\,x + 4\,\mathrm{C}(1) + \texttt{Sin}[2\,x])}{4}\}$$

Man hätte in diesem Beispiel die Substitution auch für andere Größen, wie etwa $y'[x]$ oder $y[1]$ durchführen können. Hier wird der Vorteil der Benutzung reiner Funktionen deutlich.

■ **B:** Verlangt man

In[3] := DSolve[$y'[x]\ x(x - y[x]) + y[x]\hat{}2 == 0, y[x], x$]

so gibt Mathematica die Eingabe ohne Kommentar zurück. Dies liegt daran, daß Mathematica die Lösung der Differentialgleichung, die in impliziter Form in 8.1.1.2 angegeben ist, nicht nach y auflösen kann.

In solchen Fällen kann man nach numerischen Lösungen suchen (s. 20.4.2.4). Auch im Falle der symbolischen Lösung von Differentialgleichungen darf man wie bei der Berechnung unbestimmter Integrale Mathematica nicht überfordern. Wenn die Resultate nicht als algebraischer Ausdruck elementarer Funktionen darstellbar sind, bleibt nur der Weg, numerische Lösungen zu suchen.
Es sei hier darauf hingewiesen, daß mit der Version 2.2 Mathematica auch ein Spezialpaket enthält, das partielle Differentialgleichungen mit partiellen ersten Ableitungen einer einzelnen gesuchten Funktion lösen kann.

20.2.4.2 Maple

Maple verfügt über eine Vielzahl von Möglichkeiten zur Behandlung von Aufgaben der Analysis. Neben der Differentiation von Funktionen gehören dazu die Berechnug unbestimmter und bestimmter Integrale, die Berechnung mehrfacher Integrale und die Entwicklung von Funktionen in Potenzreihen. Grundelemente der Theorie analytischer Funktionen werden zur Nutzung angeboten. Differentialgleichungen können gelöst werden.

1. Differentiation

Im Abschnitt 20.1.3.3.6 wurde der Operator der Differentiation `D` eingeführt. Seine Anwendung mit verschiedenen optionalen Argumenten gibt die Möglichkeit, Funktionen in Operatordarstellung zu differenzieren.
Seine vollständige Syntax lautet

$$\mathtt{D}[i](f) \qquad (20.72)$$

Hierdurch wird die partielle Ableitung der (Operator-) Funktion f nach der i-ten Variablen bestimmt. Das Resultat ist wiederum eine Funktion in Operatordarstellung. $\mathtt{D}[i,j](f)$ ist äquivalent zu $\mathtt{D}[i](\mathtt{D}[j](f))$ und $\mathtt{D}[](f) = f$.
Das Argument f ist dabei ein in Operatorform dargestellter Funktionsausdruck. Dieser kann neben vordefinierten Funktionen auch selbstdefinierte Funktionsnamen, mit Pfeiloperatoren definierte Funktionen usw. enthalten.

■ Es sei $> f := (x, y) -> \mathtt{exp}(x * y) + \mathtt{sin}(x + y)$:. Dann wird

$> \mathtt{D}\,[](f); \longrightarrow f$
$> \mathtt{D}\,[1](f); \longrightarrow (x, y) -> y\,\mathtt{exp}(x\,y) + \mathtt{cos}(x + y)$
$> \mathtt{D}\,[2](f); \longrightarrow (x, y) -> y\,\mathtt{exp}(x\,y) + \mathtt{cos}(x + y)$
$> \mathtt{D}\,[1,2](f); \longrightarrow (x, y) -> \mathtt{exp}(x\,y) + x\,y\,\mathtt{exp}(x\,y) - \mathtt{sin}(x + y)$

Neben dem Operator der Differentiation existiert die Operation `diff`. Diese hat die Syntax

$$\mathtt{diff}(ausdr, x1, x2, \ldots, xn) \qquad (20.73)$$

Hier ist *ausdr* ein algebraischer Ausdruck in den Variablen $x1, x2, \ldots$. Das Resultat ist die partielle Ableitung des Ausdrucks nach den Variablen $x1, \ldots, xn$. Wenn $n > 1$ ist, dann erhält man das gleiche Resultat durch Mehrfachanwendung der Operation `diff`:

$$\mathtt{diff}(a, x1, x2) = \mathtt{diff}(\mathtt{diff}(a, x1), x2) \qquad (20.74)$$

Mehrfache Differentiation nach ein und demselben Argument kann mit dem Folgenoperator $ dargestellt werden.

■ $> \mathtt{diff}\ (\mathtt{sin}(x), x\$5);\ (\equiv \mathtt{diff}(\mathtt{sin}(x), x, x, x, x, x)) \longrightarrow \mathtt{cos}(x)$

Wenn die Funktion $f(x)$ nicht definiert ist, liefert die Operation `diff` die auftretenden Ableitungen symbolisch mit $\frac{\partial}{\partial x} f(x)$ zurück.

■ $> \texttt{diff}\ (f(x)/g(x));\ \longrightarrow\ \dfrac{\frac{\partial}{\partial x}f(x)}{g(x)} - \dfrac{f(x)\frac{\partial}{\partial x}g(x)}{g(x)^2}$

$> diff(x * f(x), x);\ \longrightarrow\ f(x) + x\ \dfrac{\partial}{\partial x}f(x)$

2. Unbestimmte Integrale

Wenn zu einer gegebenen Funktion $f(x)$ die Stammfunktion $F(x)$ als Ausdruck elementarer Funktionen darstellbar ist, kann Maple diese nach dem Aufruf $\texttt{int}(f, x)$ in der Regel finden. Die Integrationskonstante wird nicht ausgegeben. Ist die Stammfunktion Maple in geschlossener Form nicht bekannt, so gibt es den Integranden zurück. Anstelle des Operators `int` kann auch die Langform `integrate` benutzt werden.

1. Integrale gebrochen rationaler Funktionen

■ **A:** $> \texttt{int}((2 * x + 3)/(x\hat{\ }3 + x\hat{\ }2 - 2 * x), x);\ \longrightarrow\ -\frac{3}{2}\ln(x) - \frac{1}{6}\ln(x+2) + \frac{5}{3}\ln(x-1)$

B: $> \texttt{int}((x\hat{\ }3 + 1)/(x * (x-1)\hat{\ }3), x);\ \longrightarrow\ -\ln(x) - \dfrac{1}{(x-1)^2} - \dfrac{1}{x-1} + 2\ln(x-1)$

2. Integrale von Wurzelfunktionen

Maple ist in der Lage, die in den Tabellen des Kapitels 21 dargestellten Integrale entsprechend zu bestimmen.

■ Setzt man $> X := \texttt{sqrt}(x\hat{\ }2 - a\hat{\ }2)$: so findet man

$$> \texttt{int}\ (X, x);\ \longrightarrow\ \frac{1}{2}x\sqrt{x^2 - a^2} - \frac{1}{2}a^2\ln(x + \sqrt{x^2 - a^2})$$

$$> \texttt{int}\ (X/x, x);\ \longrightarrow\ \sqrt{x^2 - a^2} - a\mathrm{arcsec}\left(\frac{x}{a}\right)$$

$$> \texttt{int}\ (X * x, x);\ \longrightarrow\ \frac{1}{3}(x^2 - a^2)^{3/2}$$

3. Integrale mit trigonometrischen Funktionen

■ **A:** $> \texttt{int}(x\hat{\ }3 * \texttt{sin}(a * x), x);$

$$\frac{-a^3x^3\cos(ax) + 3a^2x^2\sin(ax) - 6\sin(ax) + 6ax\cos(ax)}{a^4}$$

B: $> \texttt{int}(1/(\texttt{sin}(a * x))\hat{\ }3, x);\ \longrightarrow\ -\dfrac{1}{2}\dfrac{\cos(ax)}{a\sin(ax)^2} + \dfrac{1}{2}\dfrac{\ln(\csc(ax) - \cot(ax))}{a}$

Gibt man allerdings ein

$> \texttt{int}\ (x\hat{\ }x, x);$ so erhält man nur $\int x^x\,\mathrm{d}x,$

denn dieses Integral ist elementar nicht darstellbar.

3. Bestimmte Integrale, Mehrfachintegrale

1. Bestimmte Integrale

Zur Berechnung bestimmter Integrale ist der Befehl `int` mit dem zweiten Argument $x = a\,..\,b$ zu verwenden. Hier ist x die Integrationsvariable, und $a\,..\,b$ gibt die untere und obere Grenze des Integrationsbereiches an.

■ **A:** > `int`$(x\hat{}2, x = a..b)$; $\longrightarrow \ \frac{1}{3}b^3 - \frac{1}{3}a^3$

> `int`$(x\hat{}2, x = 1..3)$; $\longrightarrow \ \frac{26}{3}$

B: > `int(exp`$(-x\hat{}2), x = -infinity..infinity)$; $\longrightarrow \ \sqrt{\pi}$

C: > `int`$(1/x\hat{}4, x = -1..1)$; $\longrightarrow \ \infty$

Wenn Maple das Integral symbolisch nicht lösen kann, gibt es die Eingabe zurück. In diesem Fall kann man versuchen, eine numerische Integration durchzuführen.

2. Mehrfachintegrale

Auch Mehrfachintegrale können, soweit überhaupt möglich, mit Maple berechnet werden, indem man die Operation `int` entsprechend oft (verschachtelt) anwendet.

■ **A:** > `int(int`$(x\hat{}2 + y\hat{}2 *$ `exp`$(x + y), x), y)$;

$$\frac{1}{3}x^3y + e^{x+y}(x+y)^2 - 2(x+y)e^{x+y} + 2e^{x+y} - 2\left((x+y)e^{x+y} - e^{x+y}\right)x + e^{x+y}x^2$$

B: > `int(int`$(x * y\hat{}2, y = x\hat{}2..2 * x), x = 0..2)$; $\longrightarrow \ \frac{32}{5}$

4. Lösung von Differentialgleichungen

Mit der Operation `dsolve` in ihren verschiedenen Formen bietet Maple die Möglichkeit, gewöhnliche Differentialgleichungen und Systeme symbolisch zu lösen. Die Lösung kann sowohl als allgemeine Lösung als auch als spezielle Lösung für vorgegebene Anfangsbedingungen erhalten werden. Die Lösung wird entweder explizit oder implizit als Funktion eines Parameters angegeben. Der Operator `dsolve` erlaubt als letztes Argument die in **Tabelle20.22** dargestellten Optionen.

Tabelle 20.22 Optionen der Operation `dsolve`

`explicit`	liefert die Lösung, wenn irgend möglich, in expliziter Form
`laplace`	verwendet die Laplace-Transformation zur Lösung
`series`	benutzt die Zerlegung in Potenzreihen zur Lösung
`numeric`	liefert als Ergebnis eine Prozedur zur Berechnung numerischer Lösungswerte

1. Allgemeine Lösung

> `dsolve` (`diff`$(y(x), x) - y(x) *$ `tan`$(x) =$ `cos`$(x), y(x))$;

$$y(x) = \frac{1}{2}\frac{\cos(x)\sin(x) + x + 2\_C1}{\cos(x)}$$

Maple liefert die allgemeine Lösung mit einer Konstanten in expliziter Form. Im folgenden Beispiel wird die Lösung implizit angegeben, da die Auflösung der definierenden Gleichung nach $y(x)$ nicht möglich ist. Die zusätzliche Option `explicit` führt hier zu keinem Ergebnis.

> `dsolve` (`diff`$(y(x), x) * (x - y(x)) + y(x)\hat{}2, y(x))$;

$$e^{-\frac{1}{y(x)}}x - \mathrm{Ei}\left(1, \frac{1}{y(x)}\right) = \_C1$$

2. Lösung mit Anfangsbedingungen

Es wird die Gleichung aus Beispiel **A** in 8.1.1.5.2 betrachtet. Hier wird die Option `series` eingesetzt. Dabei ist zu beachten, daß diese Option die Anfangsbedingungen bei $x = 0$ erwartet. Das gleiche gilt für die Option `laplace`.

$> \texttt{dsolve}\ (\{\texttt{diff}(y(x), x) - \texttt{exp}(x) - y(x)\text{^}2, y(0) = 0\}, y(x), \texttt{series});$

$$y(x) = x + \frac{1}{2}x^2 + \frac{1}{2}x^3 + \frac{7}{24}x^4 + \frac{31}{120}x^5 + O(x^6)$$

Man erkennt, daß Gleichung und Anfangsbedingungen in geschweifte Klammern einzuschließen sind. Das gleiche gilt für die Behandlung von Systemen von Differentialgleichungen.

20.2.4.3 Axiom

Axiom gestattet dem Nutzer eine Vielzahl von Anwendungen aus dem Bereich der Analysis. Neben der symbolischen Differentiation von Funktionen ist vor allem der Apparat der symbolischen Integration beachtlich. Axiom stellt dafür ein Paket `FunctionSpaceIntegration` zur Verfügung. Ein weiteres Paket ist speziell für die Integration von Funktionen komplexer Variabler gedacht. Darüber hinaus liefert Axiom eine Anzahl von Routinen für die Entwicklung von Funktionen in Potenzreihen sowohl für reelle als auch für komplexe Variable.

Auch für Axiom gilt die Beschränkung der symbolischen Methoden auf jene Funktionen, bei denen das Ergebnis in geschlossener Form darstellbar ist. Die Lösung von Differentialgleichungen ist symbolisch und durch Potenzreihenentwicklung möglich.

1. Differentiation

Für das Differentialkalkül stellt Axiom die Operation `D` zur Verfügung, in Langform `differentiate`. Sie liefert in der Syntax

$$\texttt{D}(a, [x_1, x_2, \ldots, x_n], [n_1, n_2, \ldots, n_m]) \tag{20.75}$$

die partielle Ableitung des Ausdrucks (der Funktion) a n_1-mal nach x_1, n_2-mal nach x_2 usw.

In der einfachsten Form, zur Bestimmung der ersten Ableitung einer Funktion einer Variablen kann man

$$\texttt{D}(a) \tag{20.76}$$

benutzen. Gibt man die Funktion in symbolischer Form ein, so erhält man $\texttt{D}(f, n) \longrightarrow f^{[n]}$.

■ Es seien folgende Funktionen definiert

$f := x * \texttt{exp}(x);\ g := \texttt{cos}(y + x * *2);$

Dann ermittelt Axiom

$\texttt{D}(f, x)$

$\%\texttt{exp}(x) + x\ \%\texttt{exp}(x)$ Type: `Expression Integer`

$\texttt{D}(g, [x, y], [2, 2])$

$4x^2 \sin(y + x^2) - 2\cos(y + x^2)$ Type: `Expression Integer`

Axiom kann formale Funktionen (also nicht konkret definierte), die etwa in Operatorform vorliegen, differenzieren und beachtet dabei alle Regeln des Differentialkalküls.

■ Es werden die nachfolgenden Operatoren definiert:

$F := \texttt{operator}(F);\ G := \texttt{operator}(G); x := \texttt{operator}(x); y := \texttt{operator}(y)$

y Type: `BasicOperator`

Mit diesen Operatoren kann man nun in der Domäne vom Typ `Expression` neue Ausdrücke erzeugen:

$u := F(x(z), y(z), z**2) + x(y(z+1))$

$x(y(z+1)) + F(x(z), y(z), z^2)$ `Type: Expression Integer`

Man beachte, daß durch das Anhängen der Klammern mit dem Argument z x und y Funktionen von z werden, während F eine Funktion dreier Argumente wird. Nun erhält man mit

$\mathtt{D}(a, z)$

$2zF_{,3} + y'(z)F_{,2} + x'(z)F_{,1} + x'(y(z+1))y'(z+1)$ `Type: Expression Integer`

Hier ist unter $F_{,i}$ die Ableitung der Funktion F nach dem i-ten Argument zu verstehen.
Mit

$\mathtt{D}(F(z)/G(z), z)$

$$\frac{G(z)F'(z)}{G(z)^2} - \frac{F(z)G'(z)}{G(z)^2}$$ `Type: Expression Integer`

reproduziert Axiom die Quotientenregel der Differentiation.

2. Unbestimmte Integrale

Die schon erwähnten Bibliothekspakete stellen die Anweisungen `integrate` und `complexIntegrate` für die Auffindung des unbestimmten Integrals von Funktionen zur Verfügung. Die zweite Anweisung ist für den Fall komplexer Integranden zu benutzen.

1. Integrale gebrochen rationaler Funktionen

■ $\mathtt{integrate}((x**2 + 2*x + 1)/((x+1)**6 + 1), x)$

$$\frac{\arctan(x^3 + 3x^2 + 3x + 1)}{3}$$ `Type: Union(Expression Integer,...`

Im Integranden können auch reelle Parameter enthalten sein, Axiom unterscheidet in entsprechenden Fällen nach den Vorzeichen dieser Parameter.

■ $\mathtt{integrate}(1/x**2 + a), x)$

$$\left[\frac{\log((x^2 - a)\sqrt{-a} + 2ax) - \log(x^2 + a)}{2\sqrt{-a}}, \frac{\arctan\left(\frac{x}{\sqrt{a}}\right)}{\sqrt{a}}\right] \tag{2}$$

`Type: Union(List Expression Integer,...`

Hier liefert Axiom eine Liste mit zwei Ergebnissen, die für das jeweilige Vorzeichen von a gelten.

2. Integrale algebraischer und transzendenter Funktionen Die strenge hierarchische Ordnung und die Strukturprüfung, die Axiom automatisch durchführt, liefert daher auch Resultate, wenn zusätzliche Beziehungen für den Integranden existieren. Diese berücksichtigt Axiom bei der Abarbeitung. Andere Computeralgebrasysteme haben hier Probleme.

■ $\mathtt{integrate}(\mathtt{tan}(\mathtt{atan}(x)/3), x)$

Es sei $x = \tan t$ und $g = \tan(t/3)$, dann gilt $g^3 - 3xg^2 - 3g + x = 0$. Unter Nutzung dieser Beziehung kann Axiom das Integral

$$\int g\,dg$$

bestimmen und danach die Resubstitution der Variablen g vornehmen. Wegen seiner Länge soll das Endresultat hier nicht dargestellt werden.

Aber auch komplizierte Wurzelausdrücke von transzendenten Funktionen integriert Axiom.

■ integrate$((x+1)/(x*(x+\log(x))**(3/2)), x)$

$$-\frac{2\sqrt{\log(x)+x}}{\log(x)+x}$$ Type: Union(Expression Integer,...

3. Bestimmte Integrale

Für die Berechnung bestimmter Integrale stellt Axiom im entsprechenden Paket die Anweisung

integrate$(r(x), x = a..b)$ (20.77)

zur Verfügung. Hier ist $r(x)$ die zu integrierende (gebrochen) rationale Funktion, $x = a..b$ gibt die Integrationvariable und den Integrationsbereich an. Wenn der Integrand im Integrationsbereich eine Polstelle hat, so erzeugt Axiom eine Fehlermeldung und kehrt auf die Arbeitsebene zurück. Enthält die Funktion Parameter, die bei Annahme gewisser Werte zu einer Polstelle im Integrationsbereich führen könnten, so warnt Axiom mit *potentialPole*. Deshalb läßt die Integrationsanweisung ein drittes optionales Argument "*noPole*" zu. Wenn dieses hinzugefügt wird, berechnet Axiom das Integral mit dem Parameter.

■ integrate $(1/(x**2-a), x = 1..2,$ "noPole")

$$\left[\frac{\begin{pmatrix}-\log((-4a^2-4a)\sqrt{a}+a^3+6a^2+a)+\\ \log((-8a^2-32a)\sqrt{a}+a^3+24a^2+16a)+\\ \log(a^2-2a+1)-\log(a^2-8a+16)\end{pmatrix}}{4\sqrt{a}}, \frac{\arctan(\frac{2}{\sqrt{-a}})-\arctan(\frac{1}{\sqrt{-a}})}{\sqrt{-a}}\right]$$

Type : Union(f2 : ListOrderedCompletionExpressionInteger...

Der Wert dieses Integrals ist jedoch nicht korrekt im Intervall $1 \le \sqrt{a} \le 2$, da hier der Integrand eine Polstelle besitzt. In solchen Fällen muß der Anwender selbst auf Korrektheit achten.

4. Lösung von Differentialgleichungen

Axiom bietet Routinen zur Lösung von gewöhnlichen Differentialgleichungen, sofern dies in geschlossener Form möglich ist. Dabei können die Gleichungen durchaus höheren Grades und nichtlinear sein. Als Operator dient hier die Anweisung `solve` . Einschränkend muß jedoch darauf hingewiesen werde, daß nicht in jedem Fall Lösungen gefunden werden, auch wenn unter Umständen eine geschlossene Lösungsform existiert. Wenn jedoch die Koeffizienten konstant sind, findet Axiom alle Lösungen. Sind die Koeffizienten rationale Funktionen der unabhängigen Variablen, so findet Axiom alle Lösungen, die keine algebraischen Funktionen enthalten. Bei der Suche nach Lösungen anderer Gleichungen kann es passieren, daß Axiom die Gleichung ungelöst zurückgibt.

1. Allgemeine Lösung Zunächst muß die gesuchte Funktion formal als Operator definiert werden:

$y :=$ operator `y

y Type: BasicOperator

Danach ist die Differentialgleichung zu erstellen, dies erfolgt mit dem Operator D. So sei etwa

$dg := x**3*\mathtt{D}(y(x), x, 3) + x**2*\mathtt{D}(y(x), x, 2) - 2*x*\mathtt{D}(y(x), x) + 2*y(x) = 2*x**4$

$x^3y'''(x) + x^2y''(x) - 2xy'(x) + 2y(x) = 2x^4$ Type: Equation Expression Integer

Dies ist eine gewöhnliche Differentialgleichung dritter Ordnung. Nun kann mit dem Operator `solve` die Lösung angefordert werden:

$$\texttt{solve}(dg, y, x)$$

$$\left[particular = \frac{x^4}{15}, basis = \left[\frac{1}{x}, x, x^2\right]\right]$$ Type: Union(Record(particular.....

Hier ist das erste Argument in `solve` die Differentialgleichung, das zweite die gesuchte Funktion und das dritte die unabhängige Variable. Die Lösung wird von Axiom als `Record` geliefert. Dessen erste Komponente ist eine partikuläre Lösung, die zweite Komponente liefert eine Basis der Lösung der entsprechenden homogenen Gleichung. Damit ist die allgemeine Lösung gefunden.
Löst man eine homogene Gleichung, so erhält man natürlich nur eine von Null verschiedene Basis.

2. Lösungen mit Anfangsbedingungen Zur Bestimmung von Lösungen, die bestimmten Anfangsbedingungen genügen, benutzt man ebenfalls den Operator `solve`. Als drittes Argument ist der entsprechende Wert der unabhängigen Variablen anzugeben und als viertes Argument die Liste der Funktionswerte und deren Ableitungen (wenn von der Ordnung der Gleichung her erforderlich) für diesen Wert der unabhängigen Variablen.

■ Es sei

$$dq := \texttt{D}(y(x), x, 2) + y(x) = 0$$

$$y''(x) + y(x) = 0$$ Type: Equation Expression Integer

Dann liefert

$$\texttt{solve}(dq, y, x = 0, [1, 1])$$

$$\sin(x) + \cos(x)$$ Type: Equation Expression Integer

Hier wurde die Lösung gesucht, die bei $x = 0$ den Wert 1 annimmt und deren erste Ableitung ebenfalls den Wert 1 besitzt.

Es sei darauf hingewiesen, daß Axiom einen Befehl `seriesSolve` bereitstellt, der beliebige, auch nichtlineare, gewöhnliche Differentialgleichungen in Form von Potenzreihen um einen Anfangswertpunkt mit vorgegebenen Anfangsbedingungen in diesem Punkt löst. Für Einzelheiten muß auf die Spezialliteratur verwiesen werden.

20.3 Graphik in Computeralgebrasytemen

Mit der Bereitstellung von Routinen für die graphische Darstellung mathematischer Zusammenhänge in Form von Funktionsgraphen, räumlichen Kurven und räumlichen Flächen bieten moderne Computeralgebrasysteme vielschichtige Möglichkeiten zur Kombination von Formelmanipulation, speziell im Bereich der Analysis und Vektorrechnung bis zur Differentialgeometrie und graphischen Darstellungen. Graphik ist eine besondere Stärke von Mathematica.

20.3.1 Graphik mit Mathematica

1. Grundlagen des Graphikaufbaus

Mathematica baut graphische Objekte aus eingebauten *Graphik–Primitiven* auf. Dies sind Objekte wie Punkte (`Point`), Linien (`Line`) und Polygone (`Polygon`) sowie Eigenschaften dieser Objekte wie Dicke und Farben.
Des weiteren verfügt Mathematica über viele Optionen, die angeben, in welcher Umgebung und in welcher Art die graphischen Objekte dargestellt werden sollen.
Mit dem Befehl `Graphics`[*liste*], wobei *liste* eine Liste graphischer Primitiven ist, wird Mathematica aufgefordert, eine Graphik aus den aufgelisteten Objekten zu erstellen. Der Objektliste kann eine Liste von Optionen für die Art der Darstellung folgen.
Mit der folgenden Eingabe

```
In[1] := g = Graphics[{Line[{{0,0}, {5,5}, {10,3}}], Circle[{5,5}, 4],
  Text[FontForm[" Beispiel" , " Helvetica-Bold" , 25], {5,6}]}, AspectRatio-> Automatic]
```

wird eine Graphik aus folgenden Elementen aufgebaut:

1. Linienzug von zwei Linien, beginnend im Punkt $(0, 0)$ über den Punkt $(5, 5)$ zum Punkt $(10, 3)$.
2. Kreis mit dem Mittelpunkt im Punkt $(5, 5)$ und dem Radius 4
3. Text mit dem Inhalt "Beispiel", geschrieben in dem Schriftfont Helvetica-Bold (der Text erscheint zum Bezugspunkt $(5, 6)$ zentriert).

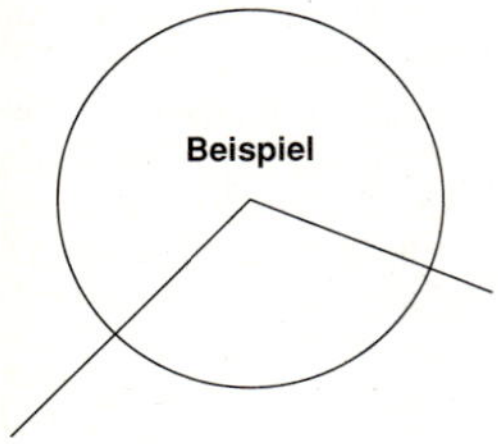

Abbildung 20.2

Mit dem Aufruf `Show`$[g]$ liefert Mathematica das Bild der erzeugten Graphik **(Abb.20.2)**.
Hierbei werden gewisse Voreinstellungen der Graphikoptionen benutzt. Im gegebenen Fall wurde die Option `AspectRatio` auf `Automatic` gesetzt. Ihre Voreinstellung lautet 1/`GoldenRatio`. Dies entspricht einem Verhältnis zwischen der Ausdehnung in der x-Richtung zu dem der y-Richtung von $1 : 1/1,618 = 1 : 0,618$. Mit dieser Einstellung wäre der Kreis verzerrt als Ellipse dargestellt worden. Die Einstellung dieser Option auf `Automatic` bewirkt, daß die Darstellung unverzerrt erfolgt.

2. Graphik-Primitive

Mathematica stellt die in **Tabelle20.23** aufgelisteten zweidimensionalen Graphikobjekte zur Nutzung bereit.

Tabelle 20.23 Zweidimensionale Graphikobjekte

`Point`$[\{x,\ y\}]$	Punkt an der Position x, y
`Line`$[\{\{x_1, y_1\}, \{x_2, y_2\}, \ldots\}]$	Linienzug durch die angegebenen Punkte
`Rectangle`$[\{x_{lu}, y_{lu}\}, \{x_{ro}, y_{ro}\}]$	ausgefülltes Rechteck mit den angegebenen Koordinaten links unten, rechts oben
`Polygon`$[\{\{x_1, y_1\}, \{x_2, y_2\}, \ldots\}]$	ausgefülltes Polygon mit den angegebenen Eckpunkten
`Circle`$[\{x, y\}, r]$	Kreis mit dem Radius r um den Mittelpunkt x, y
`Circle`$[\{x, y\}, r, \{\alpha_1, \alpha_2\}]$	Kreisbogen mit den jeweiligen Begrenzungswinkeln
`Circle`$[\{x, y\}, \{a, b\}]$	Ellipse mit den Halbachsen a und b
`Circle`$[\{x, y\}, \{a, b\}, \{\alpha_1, \alpha_2\}]$	elliptischer Bogen
`Disk`$[\{x, y\}, r]$	ausgefüllte Kreise bzw. Ellipsen (anstelle von r Halbachsenangabe)
`Text`$[text, \{x, y\}]$	ergibt *text* zentriert auf den Punkt x, y

Neben diesen Objekten bietet Mathematica für die Art der Darstellung weitere Primitiven, die Graphikanweisungen. Sie legen fest, wie die Graphikobjekte dargestellt werden. Zu ihnen gehören die in **Tabelle20.24** dargestellten Graphikanweisungen.
Darüber hinaus gibt es Anweisungen für Farbeinstellungen, auf die hier jedoch nicht eingegangen werden soll.

3. Graphikoptionen

Mathematica bietet eine Vielzahl von Graphikoptionen, die die Gestaltung des Bildes als Gesamtheit betreffen. In **Tabelle20.25** ist eine Auswahl der wichtigsten gegeben. Für eine umfassende Darstellung wird auf [20.2] verwiesen.

20.3.1.1 Syntax der Graphikdarstellung

1. Aufbau von Graphikobjekten

Wenn ein graphisches Objekt aus den Primitiven aufgebaut werden soll, ist zunächst eine Liste der entsprechenden Objekte mit ihren Hauptangaben zu erstellen, etwa in der Form

$$\{objekt_1, objekt_2, \ldots\}, \tag{20.78}$$

Tabelle 20.24 Graphikanweisungen

`PointSize`$[a]$	Punkte werden mit dem Radius a als Bruchteil der Geamtbildgröße gezeichnet
`AbsolutePointSize`$[b]$	zeichnet die Punkte mit dem absoluten Radius b (gemessen in Druckerpunkten pt)
`Thickness`$[a]$	zeichnet Linien mit der relativen Breite a
`AbsoluteThickness`$[b]$	zeichnet Linien mit der absoluten Breite b (ebenfalls in pt)
`Dashing`$[\{a_1, a_2, a_3, \ldots\}]$	zeichnet Linien als sich wiederholende Folge von Strichen der angegebenen Länge (in relativem Maß)
`AbsoluteDashing`$[\{b_1, b_2, \ldots\}]$	das gleiche wie vorstehend, aber in absolutem Maß
`GrayLevel`$[p]$	bestimmt die Graustufe des Objekts ($p = 0$ ergibt schwarz, $p = 1$ weiß

Tabelle 20.25 Einige Graphikoptionen

`AspectRatio ->` w	setzt das Verhältnis w von Höhe zu Breite. `Automatic` bestimmt w aus den absoluten Koordinaten, Voreinstellung ist $w = 1/$`GoldenRatio`
`Axes -> True`	setzt Koordinatenachsen
`Axes -> False`	setzt keine Koordinatenachsen
`Axes -> {True, False}`	zeichnet nur die x–Achse
`Frame -> True`	erzeugt Rahmen
`GridLines -> Automatic`	erzeugt Gitterlinien
`AxesLabel ->` $\{x_{symbol}, y_{symbol}\}$	beschriftet die Achsen mit dem angegebenen Symbol
`Ticks -> Automatic`	setzt Skalierungsstriche automatisch, mit `None` werden diese unterdrückt
`Ticks ->` $\{\{x_1, x_2, \ldots\}, \{y_1, y_2, \ldots\}\}$	an den angegebenen Stellen werden Skalenmarken gesetzt

wobei die Objekte selbst wieder Listen von Graphikobjekten sein können. So sei Objekt 1 z.B.

In[1] $:= o1 = \{$`Circle`$[\{5,5\},\{5,3\}]$, `Line`$[\{\{0,5\},\{10,5\}\}]\}$

und entsprechend

In[2] $:= o2 = \{$`Circle`$[\{5,5\},3]\}$.

Will man eines der Graphikobjekte, etwa $o2$, mit speziellen Graphikanweisungen versehen, so ist es mit der entsprechenden Anweisung in einer Liste zusammenzufassen

In[3] $:= o3 = \{$`Thickness`$[0.01], o2\}$.

Die Anweisung gilt für alle nachfolgenden Objekte in der *gleichen* Klammer, auch für eventuell weiter verschachtelte, jedoch nicht für solche außerhalb der Listenklammer.
Aus den erzeugten Objekten werden zwei unterschiedliche Graphiklisten festgelegt:

In[4] $:= g1 =$ `Graphics`$[\{o1, o2\}]$; $g2 =$ `Graphics`$[\{o1, o3\}]$; ,

die sich im zweiten Objekt durch die Strichdicke des Kreises unterscheiden. Mit dem Aufruf

`Show`$[g1]$ und `Show`$[g2,$ `Axes -> True`$]$ (20.79)

erhält man die in **Abb.20.3** dargestellten Bilder.
Beim Aufruf des Bildes **Abb.20.3b** wurde die Option `Axes -> True` eingefügt. Dies führt zur Ausgabe des Achsenkreuzes mit einer von Mathematica gewählten Markierung auf den Achsen und der entsprechenden Skalierung.

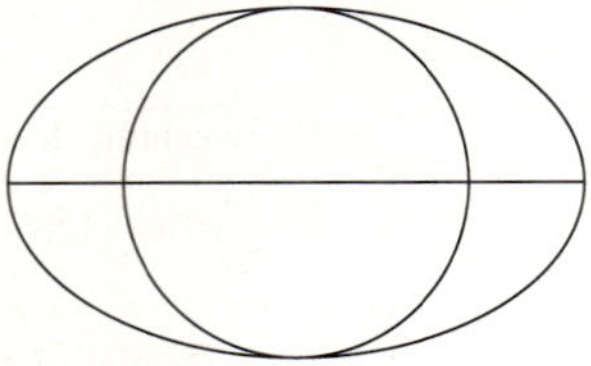

a)

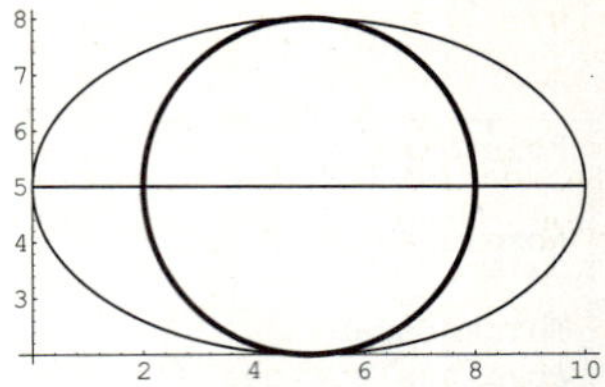

b)

Abbildung 20.3

2. Graphische Darstellung von Funktionen

Mathematica stellt spezielle Anweisungen für die graphische Darstellung von Funktionen zur Verfügung. Mit

$$\texttt{Plot}[\texttt{f}[x], \{x, x_{min}, x_{max}\}] \tag{20.80}$$

wird die Funktion $f(x)$ im Bereich zwischen $x = x_{min}$ und $x = x_{max}$ graphisch dargestellt. Mathematica erstellt nach internen Algorithmen eine Funktionstabelle und gibt die sich daraus ergebende Graphik über die Graphikprimitiven zurück.

■ Wenn die Funktion $\sin 2x$ im Bereich zwischen -2π und 2π graphisch dargestellt werden soll, ist einzugeben

In[5] := Plot[Sin[$2x$], {x, −2Pi, 2Pi}]

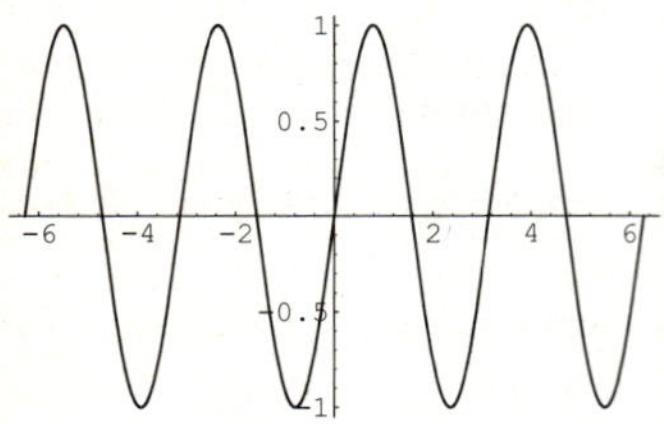

Abbildung 20.4

Mathematica liefert die in **Abbildung 20.4** dargestellte Kurve.
Am Bild ist zu erkennen, daß Mathematica bei der Darstellung gewisse voreingestellte Graphikoptionen benutzt. So werden automatisch Achsen gezeichnet, diese entsprechend skaliert und mit x- und y-Werten versehen. An diesem Beispiel erkennt man auch die Wirkung der Voreinstellung von `AspectRatio` . Das Verhältnis der Gesamtbreite zur Gesamthöhe entspricht 1 : 0,618.

Mit dem Befehl `InputForm`[%] kann man sich die volle Darstellung des Graphikobjektes anzeigen lassen. Man erhält für das betrachtete Beispiel den Output:

Graphics[{{Line[{{−6.283185307179587, 4.90059381963448 ∗ 10^ − 16},

Liste vieler Punkte aus der von Mathematica berechneten Funktionstabelle

{6.283185307179587, −(4.90059381963448 ∗ 10^ − 16)}}]}},

{PlotRange−> Automatic, AspectRatio−> GoldenRatio^(−1),

DisplayFunction :> $DisplayFunction, ColorOutput−> Automatic,

Axes−> Automatic, AxesOrigin−> Automatic, PlotLabel−> None,

AxesLabel−> None, Ticks−> Automatic, GridLines−> None, Prolog−> {},

Epilog−> {}, AxesStyle−> Automatic, Background−> Automatic,

DefaultColor−> Automatic, DefaultFont :> $DefaultFont,

RotateLabel-> True, Frame-> False, FrameStyle-> Automatic,

FrameTicks-> Automatic, FrameLabel-> None, PlotRegion-> Automatic}]

Das Graphikobjekt besteht demzufolge aus zwei Unterlisten. Die erste enthält die Graphikprimitive Line, mit welcher die nach dem internen Algorithmus berechneten Kurvenpunkte durch Linien miteinander verbunden werden. Die zweite Unterliste enthält die für die gegebene Graphik benutzten Optionen. Diese sind die Voreinstellung. Will man das Bild in bestimmten Positionen bei der Wiedergabe verändern, so sind die veränderten Optionseinstellungen in die Plot–Anweisung nach den beiden Haupteingaben anzuschließen. Mit

In[6] := Plot[Sin[2x], {x, −2Pi, 2Pi}, AspectRatio-> 1]

würde die Wiedergabe mit absolut gleichgroßen x– und y–Bereichen erfolgen. Man kann mehrere Optionen gleichzeitig hintereinander angeben.
Mit der Eingabe

Plot[{$f_1[x]$, $f_2[x]$, . . .}, {x, x_{min}, x_{max}}] (20.81)

werden mehrere Funktionen in eine Graphik gezeichnet.
Mit der Anweisung

Show[*plot*, *optionen*] (20.82)

kann ein früher erzeugtes Bild erneut, wenn gewünscht mit veränderten Optionen, dargestellt werden. Mit

Show[GraphicsArray[*liste*]], (20.83)

können (mit *liste* als Liste von Graphikobjekten) Bilder nebeneinander, untereinander und matrixförmig zueinander angeordnet werden.

20.3.1.2 Zweidimensionale Kurven

Es sollen eine Reihe von Kurven, die im Kapitel 2 eine Rolle spielen, als Beispiele erzeugt werden.

1. Exponentialfunktionen

In Abbildung 2.25 sind mehrere Exponentialfunktionen dargestellt. Mit folgenden Eingaben erzeugt Mathematica dieses Bild (**Abbildung 20.5a**):

In[1] := f[x_] := 2^x; g[x_] := 10^x;

In[2] := h[x_] := (1/2)^x; j[x_] := (1/E)^x; k[x_] := (1/10)^x;

Dies sind die Definitionen der beteiligten Funktionen. e^x braucht nicht definiert zu werden, da diese Funktion ja in Mathematica eingebaut ist. In einem zweiten Schritt werden die folgenden Graphiken erzeugt:

In[3] := $p1$ = Plot[{f[x], h[x]}, {x, −4, 4}, *PlotStyle*-> Dashing[{0.01, 0.02}]]

In[4] := $p2$ = Plot[{Exp[x], j[x]}, {x, −4, 4}]

In[5] := $p3$ = Plot[{g[x], k[x]}, {x, −4, 4}, PlotStyle-> Dashing[{0.005, 0.02, 0.01, 0.02}]]

Das gesamte Bild erhält man dann mit:

In[6] := Show[{$p1$, $p2$, $p3$}, PlotRange-> {0, 18}, AspectRatio-> 1.2]

Auf die Anbringung von Text an den Kurven wurde hier verzichtet. Das wäre mit der Graphikprimitiven Text möglich gewesen.

2. Funktion $y = x + \operatorname{Arcoth} x$

Unter Berücksichtigung der in 2.9.1.4. dargestellten Eigenschaften der Funktion $\operatorname{Arcoth} x$ läßt sich $y = x + \operatorname{Arcoth} x$ folgendermaßen graphisch darstellen:

In[1] := $f1$ = Plot[x + ArcCoth[x], {x, 1.000000000005, 7}]

In[2] := $f2 =$ `Plot`$[x +$ `ArcCoth`$[x], \{x, -7, -1.000000000005\}]$

In[3] := `Show`$[\{f1, f2\},$ `PlotRange`$-> \{-10, 10\},$ `AspectRatio`$-> 1.2,$ `Ticks`$->$
$\{\{\{-6, -6\}, \{-1, -1\}, \{1, 1\}, \{6, 6\}\}, \{\{2.5, 2.5\}, \{10, 10\}\}\}$

Die große Präzision der x–Werte nahe 1 und -1 wurde gewählt, um ausreichend große Funktionswerte für den gewünschten y–Bereich zu erhalten. Als Resultat erhält man **Abbildung 20.5b**.

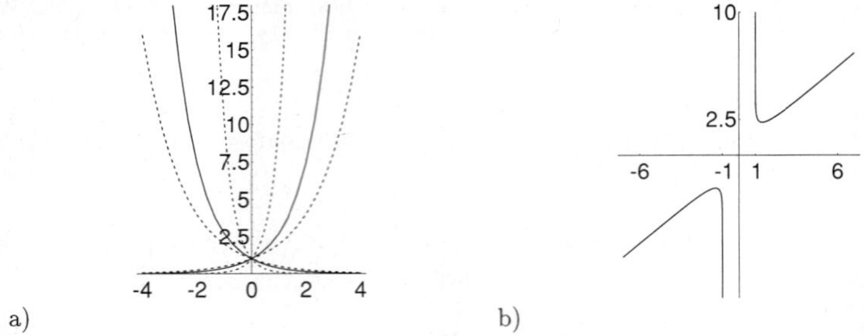

Abbildung 20.5

3. Besselfunktionen

Mit den Aufrufen

In[1] := $bj0 =$ `Plot`$[\{$`BesselJ`$[0, z],$ `BesselJ`$[2, z],$ `BesselJ`$[4, z]\}, \{z, 0, 10\},$
`PlotLabel`$->$ "$J(n, z)\ n = 0, 2, 4$"]

In[2] := $bj1 =$ `Plot`$[\{$`BesselJ`$[1, z],$ `BesselJ`$[3, z],$ `BesselJ`$[5, z]\}, \{z, 0, 10\},$
`PlotLabel`$->$ "$J(n, z)\ n = 1, 3, 5$"]

werden Graphiken der Besselfunktion $J_n(z)$ für $n = 0, 2, 4$ und $n = 1, 3, 5$ erzeugt, die danach mit dem Aufruf

In[3] := `Show`$[$`GraphicsArray`$[\{bj0, bj1\}]]$

nebeneinander dargestellt werden können **(Abb.20.6)**.

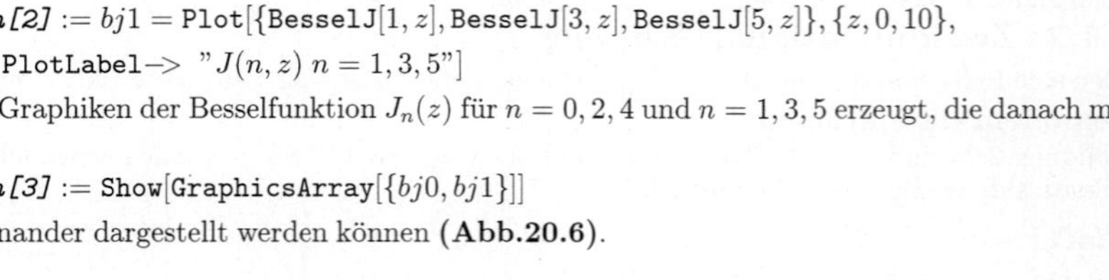

Abbildung 20.6

20.3.1.3 Parameterdarstellung von Kurven

Mathematica verfügt über eine spezielle Graphikanweisung, mit der Kurven in Parameterform dargestellt werden können. Der grundlegende Befehl dafür lautet:

$$\texttt{ParametricPlot}[\{f_x(t), f_y(t)\}, \{t, t_1, t_2\}]. \qquad (20.84)$$

Es besteht die Möglichkeit, mehrere Parameterkurven in eine Graphik zu zeichnen. Dazu ist in der Anweisung eine Liste von mehreren Kurven einzugeben. Mit der Option **AspectRatio-> Automatic** zeichnet Mathematica die Kurven in ihrer natürlichen Form.
Die in **Abb.20.7** dargestellten Parameterkurven archimedische Spirale und logarithmische Spirale (s. auch **Abb.2.73 und 2.75**) sind mit den Eingaben

In[1] := `ParametricPlot[{t Cos[t], t Sin[t]}, {t, 0, 3Pi}, AspectRatio-> Automatic]`

und

In[2] := `ParametricPlot[{Exp[0.1t] Cos[t], Exp[0.1t] Sin[t]}, {t, 0, 3Pi},`
`AspectRatio-> Automatic]`

aufgerufen worden.
Mit

In[3] := `ParametricPlot[{t - 2 Sin[t], 1 - 2 Cos[t]}, {t, -Pi, 11Pi}, AspectRatio-> 0.3]`

kann eine der in 2.12.2 beschriebenen Trochoiden erzeugt werden **(Abb.20.8)**.

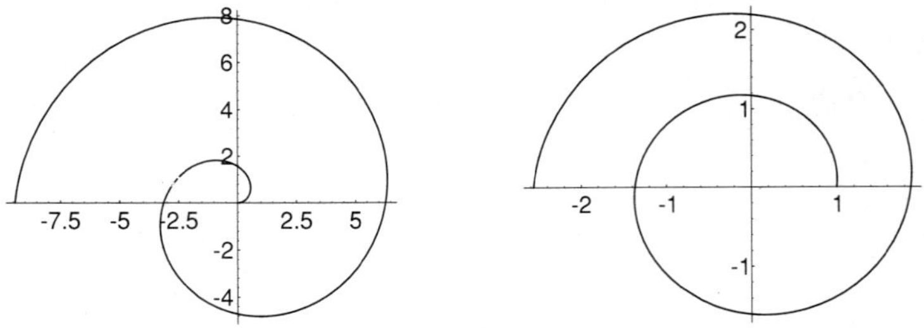

a) b)

Abbildung 20.7

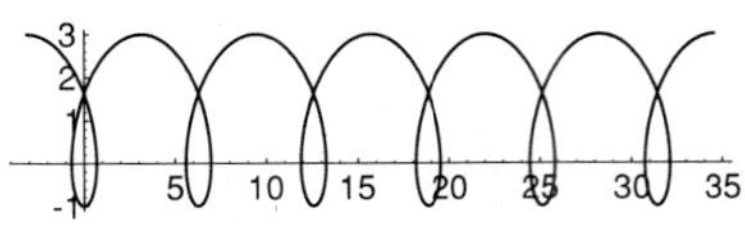

Abbildung 20.8

20.3.1.4 Darstellung von Flächen und Raumkurven

Mathematica bietet die Möglichkeit, dreidimensionale Graphikprimitive darzustellen. Dadurch lassen sich, ganz ähnlich wie im zweidimensionalen Fall, dreidimensionale Graphiken aufbauen und mit der Anwendung verschiedener Optionen aus unterschiedlichster Perspektive betrachten. Insbesondere ist deshalb die graphische Darstellung gekrümmter Flächen im dreidimensionalen Raum möglich, d.h. die graphische Darstellung von Funktionen zweier Veränderlicher. Genau so ist es aber auch möglich, Kurven im dreidimensionalen Raum, z.B. in Parameterdarstellung, zeichnen zu lassen. Für eine ausführliche Beschreibung der dreidimensionalen Graphikprimitive muß auf [20.2] verwiesen werden. Der Umgang mit ihnen erfolgt analog zu dem mit den zweidimensionalen Primitiven.

1. Graphische Darstellung von Oberflächen

Es wird zunächst der Befehl `Plot3D` betrachtet. Er verlangt in seiner Grundform die Angabe einer Funktion zweier Variablen und die Wertebereiche dieser Variablen, für die die Darstellung erfolgen soll:

$$In[\,] := \texttt{Plot3D[f}[x, y], \{x, x_a, x_e\}, \{y, y_a, y_e\}] \tag{20.85}$$

Alle Optionen sind zunächst mit der Voreinstellung belegt.
So erhält man für die Funktion $z = x^2 + y^2$ mit der Eingabe

$$In[1] := \texttt{Plot3D}[x\hat{\ }2 + y\hat{\ }2, \{x, -5, 5\}, \{y, -5, 5\}, \texttt{PlotRange->}\ \{0, 25\}]$$

Abb.20.9a, während **Abb.20.9b** mit

$$In[2] := \texttt{Plot3D}[(1 - \texttt{Sin}[x])\ (2 - \texttt{Cos}[2\ y]), \{x, -2, 2\}, \{y, -2, 2\}]$$

erzeugt wurde.

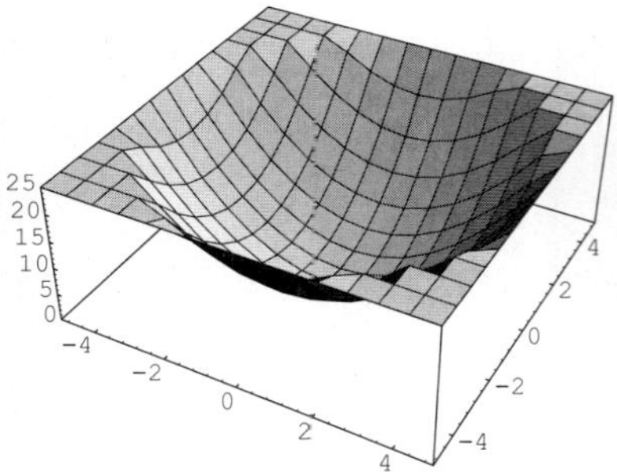

a)

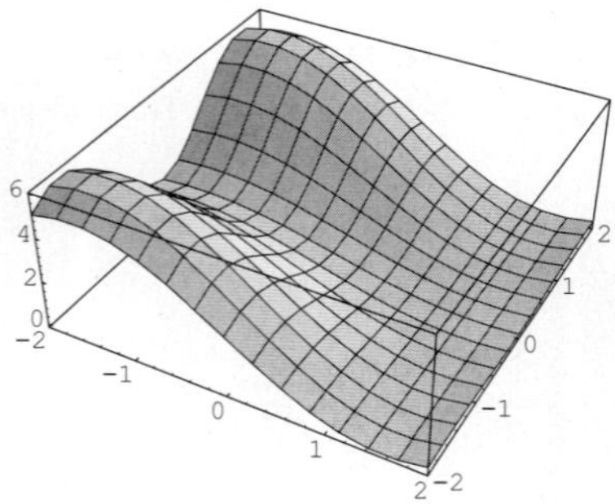

b)

Abbildung 20.9

Bei der Halbkugel wurde die Option `PlotRange` mit den gewünschten z–Werten eingegeben, um das Objekt an der Ebene $z = 25$ abzuschneiden.

2. Optionen für 3D-Graphik

Die Zahl der Optionen für 3D–Graphik ist groß. Es werden nur einige in **Tabelle20.26** aufgelistet, wobei solche aus der 2D–Graphik nicht mehr mit aufgeführt werden. Diese lassen sich sinngemäß übertragen.

Tabelle 20.26 Optionen zur 3D-Graphik

`Boxed`	voreingestellt ist `True`, dies zeichnet einen dreidimensionalen Rahmen um die Fläche
`HiddenSurface`	bestimmt die Undurchsichtigkeit der Oberfläche, voreingestellt ist `True`
`ViewPoint`	bestimmt den Punkt (x, y, z) im Raum, von dem aus die Oberfläche betrachtet wird. Voreingestellt ist $\{1.3, -2.4, 2\}$
`Shading`	voreingestellt ist `True`, damit wird die Oberfläche schattiert, `False` liefert weiße Oberflächen
`PlotRange`	ist hier für die Werte `All`, $\{z_a, z_e\}$, $\{\{x_a, x_e\}, \{y_a, y_e\}, \{z_a, z_e\}\}$ wählbar. Voreinstellung ist `Automatic`

Hier sei besonders auf die Option `ViewPoint` hingewiesen, mit der sehr unterschiedliche Ansichtsperspektiven für die jeweilige Oberfläche ausgewählt werden können.

3. Dreidimensionale Objekte in Parameterdarstellung

Ähnlich wie bei 2D–Graphik können auch dreidimensionale Objekte, die in Parameterdarstellung gegeben sind, gezeichnet werden. Mit

$$\texttt{ParametricPlot3D}[\{f_x[t,u], f_y[t,u], f_z[t,u]\}, \{t, t_a, t_e\}, \{u, u_a, u_e\}] \qquad (20.86)$$

wird eine parametrisch vorgegebene Oberfläche gezeichnet, mit

$$\texttt{ParametricPlot3D}[\{f_x[t], f_y[t], f_z[t]\}, \{t, t_a, t_e\}] \qquad (20.87)$$

wird eine dreidimensionale Kurve parametrisch erzeugt.
Die Objekte in **Abb.20.10a und b** wurden mit den Befehlen

In[3] := $\texttt{ParametricPlot3D}[\{\texttt{Cos}[t]\ \texttt{Cos}[u], \texttt{Sin}[t]\ \texttt{Cos}[u], \texttt{Sin}[u]\}, \{t, 0, \texttt{2Pi}\},$
$\{u, -\texttt{Pi}/2, \texttt{Pi}/2\}]$

In[4] := $\texttt{ParametricPlot3D}[\{\texttt{Cos}[t], \texttt{Sin}[t], t/4\}, \{t, 0, 20\}]$

erstellt.

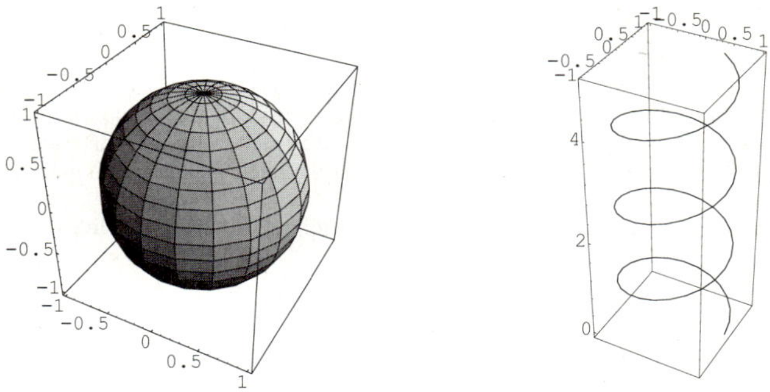

a) b)

Abbildung 20.10

Mathematica stellt weitere Anweisungen zur Verfügung, mit denen Dichte– und Konturdiagramme, Balken– und Sektordiagramme und Kombinationen aller möglichen Arten von Diagrammen erzeugt werden können.

20.3.2 Graphik mit Maple

20.3.2.1 Zweidimensionale Graphik

Maple kann über `plot` -Befehle mit einer Vielzahl von Optionen Funktionen graphisch darstellen. Als Eingabefunktionen sind sowohl explizite Funktionen einer Variablen, Funktionen in Parameterdarstellung und Listen von zweidimensionalen Punkten zugelassen. Maple berechnet aus der Eingabefunktion nach bestimmten internen Algorithmen eine Wertetabelle, deren Punkte nach einem Spline-Verfahren zu einer glatten Kurve verbunden werden. Mit Hilfe einer Reihe von Optionen kann die Gestaltung der Graphik beeinflußt werden. Die Graphik selbst wird in einer eigenständigen Umgebung dargestellt und kann mit entsprechenden Systembefehlen in Arbeitsdokumente eingebunden bzw. in entsprechenden Formaten auf Drucker oder Plotter ausgegeben werden. Die Ausgabe in Dateien verschiedenen Formats einschließlich Postscript ist möglich.

1. Syntax zweidimensionaler Graphik

Der zweidimensionale Plot-Befehl hat die prinzipielle Struktur

$$\texttt{plot}(funct, hb, vb, options); \qquad (20.88)$$

Das erste Argument *funct* kann folgende Bedeutung besitzen:

- eine reelle Funktion einer unabhängigen Variablen, etwa $f(x)$,
- ein Operator einer Funktion, der z.B. mit dem Pfeilsymbol erzeugt wurde,
- die Parameterdarstellung einer reellen Funktion in Form einer Liste $[u(t), v(t), t = a..b]$, wobei $t = a..b$ den Laufbereich des Parameters angibt,
- mehrere, in geschweifte Klammern eingeschlossene Funktionen, die gemeinsam dargestellt werden sollen,
- eine Liste von Zahlen (gerade Anzahl), die fortlaufend als (x, y)-Koordinaten von Punkten interpretiert werden.

Der Vollständigkeit halber sei hinzugefügt, daß auch durch Prozeduren erzeugte Funktionen das erste Argument im Befehl sein können.
Das zweite Argument *hb* ist der Laufbereich der unabhängigen Variablen, er ist in der Form $x = a..b$ einzugeben. Wird kein Argument eingegeben, so nimmt Maple automatisch den Laufbereich $-10..10$ an. Es ist möglich, einer oder beiden Grenzen den Wert $-\infty$ und/oder ∞ zuzuordnen. In diesem Fall wählt Maple eine Darstellung der x-Achse mit arctan.
Das dritte Argument *vb* steuert den Darstellungsbereich der abhängigen (vertikalen) Variablen. Auch er ist in der Form $y = a..b$ einzugeben. Wird er fortgelassen, so nimmt Maple die sich aus der Funktionsgleichung ergebenden Werte für den jeweiligen Bereich der unabhängigen Variablen. Dies kann problematisch werden, wenn in diesem Bereich z.B. eine Polstelle liegt. Daher sollte man, wenn nötig, diesen Bereich begrenzen.
Als weitere Argumente können eine oder mehrere Optionen folgen, die in **Tabelle20.27** dargestellt sind.

Tabelle 20.27 Optionen des Plot-Befehls

`coords` = `polar`	bewirkt die Darstellung einer parametrischen Eingabe in Polarkoordinaten (der erste Parameter ist der Radius, der zweite das Argument)
`numpoints` = n	legt die minimale Anzahl der generierten Punkte fest (Voreinstellung 49).
`resolution` = m	Setzt die horizontale Auflösung der Darstellung in pixel (Voreinstellung $m = 200$)
`xtickmarks` = p	Setzt die Anzahl der Skalenstriche auf der x-Achse
`style` = `SPLINE`	veranlaßt die Verbindung mit kubischer Spline-Interpolation (Voreinstellung)
`style` = `LINE`	veranlaßt lineare Interpolation
`style` = `POINT`	zeichnet nur die Punkte
`title` = T	Setzt den Titel für die Graphik, T muß ein String sein

Wenn Maple mehrere Funktionen in einer Graphik darstellen soll, werden diese in der Regel in verschiedenen Farben oder in unterschiedlicher Linienstruktur dargestellt.
Die auf der Windowoberfläche laufende Version von Maple V/2 bietet die Möglichkeit, direkt an der Graphik über entsprechende Menüs Veränderungen wie z.B. das Verhältnis von horizontaler zu vertikaler Abmessung, die Rahmung des Bildes usw. vorzunehmen.

2. Beispiele für zweidimensionale Graphiken

Die folgenden Graphiken wurden mit Maple erzeugt, danach mit CORELTRACE vektorisiert und mit CORELDRAW! nachbearbeitet. Dies war notwendig, weil die unmittelbare Konversion einer Maple-Graphik in eine EPS-Datei nur sehr kleine Liniendicken ergibt und damit unansehliche Bilder liefert.

1. Exponential- und Hyperbelfunktionen Mit der Konstruktion

> $>$ `plot`$(\{2\hat{\ }x, 10\hat{\ }x, (1/2)\hat{\ }x, (1/10)\hat{\ }x, \mathtt{exp}(x), 1/\mathtt{exp}(x)\}, x = -4..4, y = 0..20,$

> $\texttt{xtickmarks} = 2, \texttt{ytickmarks} = 2)$;

erhält man die in **Abb.20.11a** dargestellten Exponentialfunktionen.
Ähnlich liefert der Befehl

> $\texttt{plot}(\{\texttt{sinh}(x), \texttt{cosh}(x), \texttt{tanh}(x), \texttt{coth}(x)\}, x = -2.1..2.1, y = -2.5..2.5)$;

die gemeinsame Darstellung der vier Hyperbelfunktionen **(Abb.20.11b)**, wie sie auch in **Abb.2.48** zu sehen sind. Es wird hier darauf verwiesen, daß in Graphiken zusätzliche Strukturen, wie Beschriftungen, Achsenpfeile und anderes durch nachträgliche Bearbeitung mit Graphikprogrammen hinzugefügt werden müssen.

2. Besselfunktionen Mit den beiden Aufrufen

> $\texttt{plot}(\{\texttt{BesselJ}(0, z), \texttt{BesselJ}(2, z), \texttt{BesselJ}(4, z)\}, z = 0..10)$;

und

> $\texttt{plot}(\{\texttt{BesselJ}(1, z), \texttt{BesselJ}(3, z), \texttt{BesselJ}(5, z)\}, z = 0..10)$;

erhält man die ersten drei Besselfunktionen $J(n, z)$ mit geradem n **(Abb.20.12a)** und mit ungeradem n **(Abb.20.12b)** zurück. In ähnlicher Art und Weise lassen sich die anderen in Maple vordefinierten speziellen Funktionen darstellen.

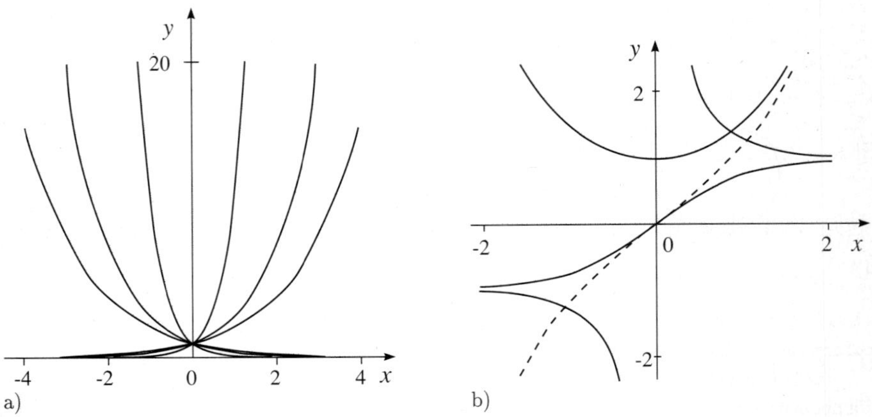

Abbildung 20.11

3. Parameterdarstellung Mit dem Aufruf

> $\texttt{plot}([t * \texttt{cos}(t), t * \texttt{sin}(t), t = 0..3 * Pi])$;

erhält man die in **Abb.20.13a** dargestellte Kurve.

> $\texttt{plot}([t - \texttt{sin}(2 * t), 1 - \texttt{cos}(2 * t), t = -2 * Pi..2 * Pi])$;

liefert **Abb.20.13b** und

> $\texttt{plot}([1/t, t, t = 0..2 * Pi], x = -.5..2, \texttt{coords} = \texttt{polar})$;

die hyperbolische Spirale in **Abb.20.13c**.
Durch die Einfügung der Option `coords` in die Anweisung interpretiert Maple die Parameterdarstellung als Polarkoordinaten.

3. Spezialpaket `plots`

In der Bibliothek von Maple findet man das Spezialpaket `plots` mit zusätzlichen graphischen Operationen. Im zweidimensionalen Fall sind hier besonders die beiden Anweisungen `conformal` und

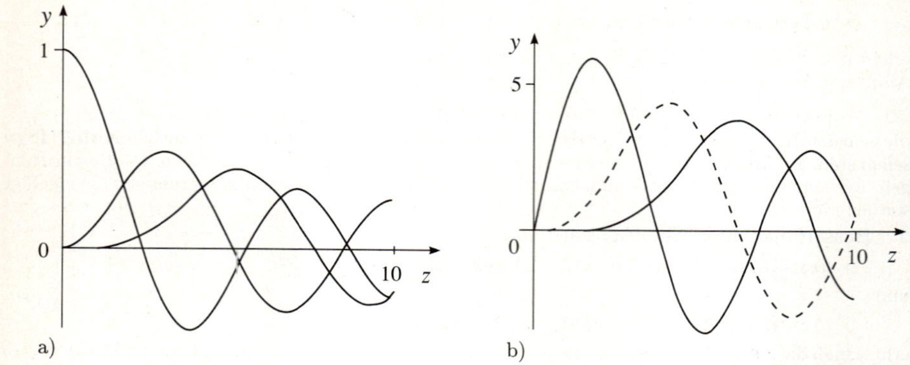

Abbildung 20.12

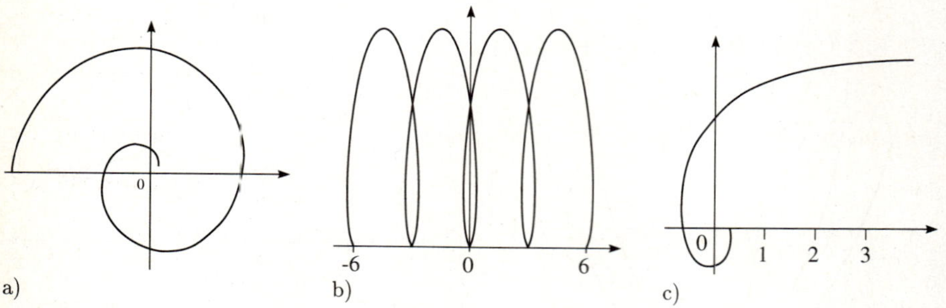

Abbildung 20.13

`polarplot` von Interesse. Mit

$$\texttt{polarplot}(L, \mathit{options}) \tag{20.89}$$

können Kurven in Polarkoordinatenform gezeichnet werden. L kann eine Menge (in geschweifte Klammern eingeschlossen) mehrerer Funktionen $r(\varphi)$ sein. Maple interpretiert die eingehende Variable φ als Winkel und zeichnet die Kurven im Bereich zwischen $-\pi \leq \varphi \leq \pi$, wenn nicht ein davon abweichender Bereich explizit eingegeben wird.
Der Befehl

$$\texttt{conformal}(F, r1, r2, \mathit{options}) \tag{20.90}$$

bildet mit Hilfe der komplexen Funktion F die Gitterlinien eines rechteckigen Gitters in ein Kurvengitter ab. Die neuen Gitterlinien schneiden sich ebenfalls rechtwinklig. Mit dem Bereich $r1$ werden die ursprünglichen Gitterlinien festgelegt. Er ist voreingestellt auf $0..1 + (-1)^{1/2}$. Der Bereich $r2$ legt die Größe des Fensters fest, in welchem die Abbildung liegt. Hier werden als Voreinstellung die sich aus der Abbildung ergebenden Maxima und Minima benutzt.

20.3.2.2 Dreidimensionale Graphik

Für die Darstellung von Funktionen zweier unabhängiger Variablen als räumliche Flächen oder auch zur Darstellung räumlicher Kurven stellt Maple den Befehl `plot3d` zur Verfügung. Die mit diesem Befehl erzeugten Objekte werden von Maple ganz analog wie auch die zweidimensionalen in einem eigenen Fenster dargestellt. Die Anzahl der Optionen zur Darstellung ist wesentlich größer, insbesondere sind zusätzliche Optionen zur Betrachtungsperspektive von besonderer Bedeutung.

1. Syntax des `plot3d` -Befehls

Der Befehl ist in vier verschiedenen Formen verfügbar:

1. `plot3d`($funct, x = a..b, y = c..d$). In dieser Form ist $funct$ eine Funktion zweier unabhängiger Variabler, deren jeweilige Laufbereiche von $x = a..b$ und $y = c..d$ festgelegt werden. Das Ergebnis ist eine räumliche Fläche.

2. `plot3d`($f, a..b, c..d$). Hier ist f ein Operator oder eine Prozedur mit zwei Argumenten (etwa mit dem Pfeiloperator erzeugt), die Laufbereiche beziehen sich auf diese Argumente.

3. `plot3d`($[u(s,t), v(s,t), w(s,t)], s = a..b, t = c..d$). Die drei Funktionen u, v, w der beiden Parameter s und t definieren die Parameterdarstellung einer räumlichen Fläche, begrenzt durch die Laufbereiche der beiden Parameter.

4. `plot3d`($[f, g, h], a..b, c..d$). Dies ist die äquivalente Form der Parameterdarstellung, wobei f, g, h Operatoren oder Prozeduren in zwei Argumenten sein müssen.

Alle weiteren Argumente des Operators `plot3d` interpretiert Maple als Optionen. Die möglichen Optionen sind in der **Tabelle20.28** dargestellt. Sie sind in der Form `option` = *wert* zu benutzen.

Tabelle 20.28 Optionen des Befehhls `plot3d`

`numpoints` = n	setzt die minimale Zahl der generierten Punkte (Voreinstellung ist $n = 625$).
`grid`$[m, n]$	legt die Dimension des Rechteckgitters fest, auf dem die Punkte generiert werden
`labels` = $[x, y, z]$	spezifiziert die Achsenbezeichnungen (string erforderlich)
`style` = s	s ist ein Wert von `POINT`, `HIDDEN` , `PATCH` , `WIREFIRE` . Hiermit wird die Art der Darstellung der Oberfläche festgelegt
`axes` = f	f kann die Werte `BOXED` , `NORMAL` , `FRAME` oder `NONE` annehmen. Hiermit wird die Darstellung der Achsen spezifiziert
`coords` = c	spezifiziert das zu benutzende Koordinatensystem. Werte sind `cartesian` , `sperical` , `cylindrical` . Voreinstellung ist `cartesian`
`projection` = p	p nimmt Werte zwischen 0 und 1 an und bestimmt die Betrachtungsperspektive. Voreinstellung ist 1 (orthogonale Projektion)
`orientation` = $[theta, phi]$	spezifiziert die Winkel des Raumpunktes im sphärischen Koordinatensystem, von dem aus die Oberfläche betrachtet wird
`view` = $z1..z2$	gibt den Bereich der z-Werte, für die die Oberfläche dargestellt wird. Voreinstellung ist die gesamte Oberfläche

In der Regel sind fast alle Optionen über die entsprechenden Menüs im Zeichnungsfenster erreichbar und entsprechend einstellbar. Auf diese Art und Weise kann man nachträglich die Anschaulichkeit der darzustellenden Oberfläche wesentlich verbessern.

2. Zusätzliche Operationen aus dem Paket `plots`

Das schon erwähnte Bibliothekspaket `plots` liefert weitere Möglichkeiten für die Darstellung räumlicher Strukturen. Besonders soll hier die Darstellung von Raumkurven mit dem Befehl `spacecurve` erwähnt werden. Dieser erwartet als erstes Argument eine Liste mit drei Funktionen eines Parameters, das zweite Argument muß den Laufbereich dieses Parameters festlegen. Darüber hinaus sind die Optionen des Befehls `plot3d` zugelassen, sofern sie für diesen Fall sinnvoll sind. Für weitere Informationen zu diesem Paket muß auf die Literatur verwiesen werden.

Abschließend sollen die beiden mit

> $> \texttt{plot3d}([\texttt{cos}(t) * \texttt{cos}(u), \texttt{sin}(t) * \texttt{cos}(u), \texttt{sin}(u)], t = 0..2 * Pi, u = 0..2 * Pi)$

und

> $> \texttt{spacecurve}([\texttt{cos}(t), \texttt{sin}(t), t/4], t = 0..7 * Pi)$

erzeugten Graphiken vorgestellt werden. Sie sind in **Abb.20.14a und b** zu finden.

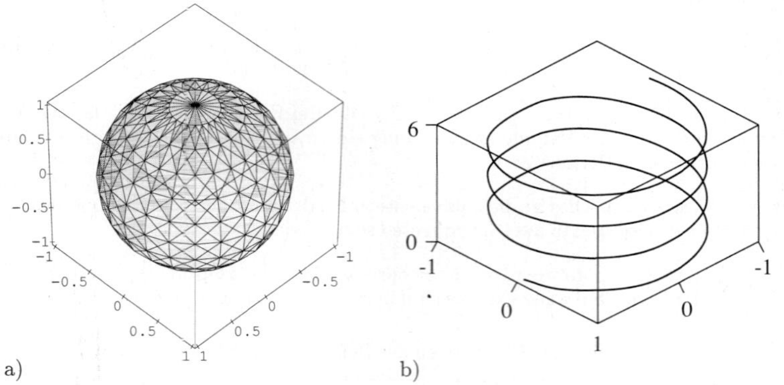

Abbildung 20.14

20.3.3 Graphik mit Axiom

Axiom besitzt umfangreiche Strukturen zur Erzeugung zwei- und dreidimendionaler Graphik sowie zur Ausgestaltung, Transformation in unterschiedliche Darstellungsformen und zur Kombination dieser graphischen Darstellungen. Graphiken werden, nachdem ihre inneren Strukturen durch Axiom erzeugt wurden, in einem eigenen Fenster dargestellt. Dieses Fenster verfügt über ein zusätzliches Befehlsfenster, welches sowohl die Manipulation der Darstellungsart als auch die Kommunikation mit äußeren Strukturen gestattet und mit der Maus zu bedienen ist.

20.3.3.1 Zweidimensionale graphische Strukturen

1. Befehle für zweidimensionale Graphik

Die Anweisungen des Pakets für zweidimensionale Graphik gestatten die Erzeugung folgender graphischer Strukturen

- Kurven, die durch Funktionen einer reellen Variablen erzeugt werden
- Kurven, die durch Parameterdarstellung erzeugt werden
- implizit durch Polynomgleichungen erzeugte Kurven, die nicht singulär sind (algebraische Kurven),
- Kurven, die aus Listen von Punkten erzeugt werden.

Die erste Art zweidimensionaler Kurven wird mit

$$\texttt{draw}(f(x), x = a.\,b, options) \qquad (20.91)$$

erzeugt. $f(x)$ ist die zu zeichnende Funktion einer reellen Variablen. Der Laufbereich wird durch das zweite Argument $x = a\,.b$ festgelegt (zu den Optionen siehe unten). Axiom erzeugt bei diesem Aufruf eine kompilierte Funktion, die dann zur graphischen Darstellung benutzt wird.

Kurven in Parameterdarstellung werden durch die Anweisung

$$\texttt{draw}(\texttt{curve}(u(t), v(t)), t = a..b, options) \tag{20.92}$$

generiert. Hier sind $u(t)$ und $v(t)$ die jeweiligen Funktionen des Parameters t, dessen Laufbereich im zweiten Argument anzugeben ist. Auch hier generiert Axiom nach dem Aufruf zunächst zwei kompilierte Funktionen, die danach graphisch dargestellt werden.
Die dritte Art ist die Lösungskurve einer Polynomgleichung der Art $p(x, y) = 0$, wobei gefordert ist, daß für jeden Punkt der Kurve die partiellen Ableitungen

$$\frac{\partial}{\partial x} p(x, y) \quad \text{und} \quad \frac{\partial}{\partial y} p(x, y) \tag{20.93}$$

nicht gleichzeitig Null sein dürfen. Die Syntax des Befehls lautet jetzt:

$$\texttt{draw}(p(x, y) = 0, x, y, \texttt{range} == [a..b, c..d], options) \tag{20.94}$$

Hier wird mit `range` das Rechteck der x-y-Ebene festgelegt, für das die Kurve zu zeichnen ist.
Die vierte Art verbindet vorgegebene Punkte, bereitgestellt in einer Liste, durch einen zusammenhängenden Kurvenzug, der mit Optionen gestaltet werden kann.

2. Optionen für zweidimensionale Graphik

Die zweidimensionalen Graphikanweisungen lassen eine Vielzahl von Optionen zur Steuerung der Bildausgabe zu. Ihre grundsätzliche Struktur ist

$$\texttt{name} == \texttt{wert} \tag{20.95}$$

Die **Tabelle20.29** enthält eine kleine Auswahl dieser Optionen.

Tabelle 20.29 Auswahl von Optionen des `draw` -Befehls

`adaptive`	Werte sind `true` , `false`, Voreinstellung ist `true` . Hierbei wählt Axiom automatisch mehr Approximationspunkte an Stellen, an denen die Kurve starken Veränderungen unterliegt
`clip`	Werte sind `true` oder `false`. Ist `true` eingestellt, so werden große Funktionswerte entsprechend einer Voreinstellung abgeschnitten
`clip` $== [xrange, yrange]$	liefert nur den Ausschnitt der Kurve, der innerhalb der angegebenen Grenzen liegt
`unit` $== [x\,intv, y\,intv]$	bestimmt das Intervall für die jeweiligen Skalenmarken auf den Achsen

Darüber hinaus existieren Optionen, die die Farbgestaltung steuern.

3. Beispiele

In **Abb.20.15a** ist eine Kurve dargstellt, die in Parameterform erzeugt wurde. Ihre Eingabegleichung lautet

$$\texttt{draw}(\texttt{curve}(\texttt{sin}(t) * \texttt{sin}(2 * t) * \texttt{sin}(3 * t), \texttt{sin}(4 * t) * \texttt{sin}(5 * t) * \texttt{sin}(6 * t)), t = 0..2 * \%pi)$$

Axiom erzeugt zwei kompilierte Funktionen, die bei der Ausgabe kombiniert werden.
Mit

$$p := ((x * *2 + y * *2 + 1) - 8 * x) * *2 - (*(x * *2 + y * *2 + 1) - 4 * x - 1)$$

und

$$\texttt{draw}(p == 0, x, y, \texttt{range}[-1..11, -7..7])$$

zeichnet Axiom die beiden in **Abb.20.15b** dargestellten Kurvenzüge als implizit definierte algebraische Kurve, die den Glattheitsbedingungen (20.93) genügt.

20.3.3.2 Dreidimensionale Graphik

Axiom verfügt über einen großen Apparat zur graphischen Darstellung räumlicher Flächen und von Raumkurven in den verschiedensten Aspekten. Insbesondere können dabei unterschiedliche räumliche Koordinatensysteme dabei verwendet werden. Axiom gestattet darüber hinaus die Konstruktion dreidimensionaler Räume mit Graphikelementen, die über Gaphikprimitive erzeugt werden.

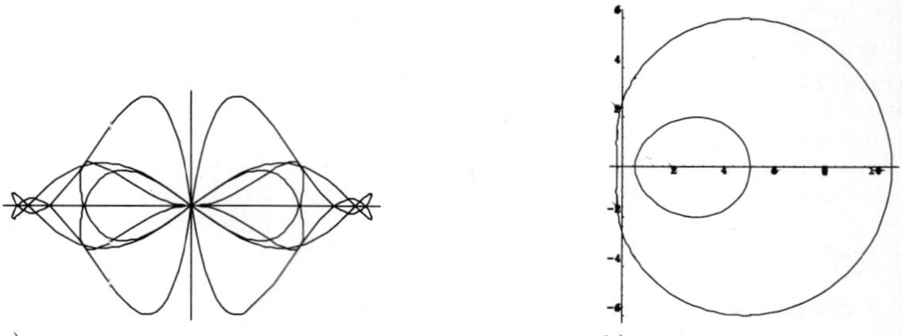

a) b)

Abbildung 20.15

1. Befehle zur Erzeugung von Oberflächen und Raumkurven
Mit Hilfe der Befehle des Pakets für dreidimensionale Graphik kann Axiom

- Oberflächen als Funktionen zweier reeller Variabler generieren,
- Raumkurven und Röhren aus Parameterdarstellungen erzeugen,
- Oberflächen aus Erzeugenden in Parameterdarstellung darstellen.

Für die erste Art der Darstellung von Oberflächen lautet die Anweisung

$$\texttt{draw}(f(x,y), x = a..b, y = c..d, options) \tag{20.96}$$

Hier ist $f(x,y)$ eine Funktion zweier reeller Variabler, deren Laufbereiche durch das zweite und dritte Argument des Aufrufs gegeben sind. Auch hier erzeugt Axiom eine kompilierte Funktion, die zur Darstellung verwendet wird.
Für die Erzeugung von Flächen mit Parameterdarstellung lautet die Anweisung

$$\texttt{draw}(\texttt{surface}(f(u,v), g(u,v), h(u,v)), u = a..b, v = c..d, options) \tag{20.97}$$

Die Bedeutung der einzelnen Argumente ist aus der Darstellung ersichtlich.
Schließlich kann man mit

$$\texttt{draw}(\texttt{curve}(f(t), g(t), h(t)), t = a..b, options) \tag{20.98}$$

Raumkurven erzeugen. Auch hier ist die Bedeutung der Argumente offensichtlich.

2. Optionen für die dreidimensionale Graphik
Die Anzahl der Optionen für dreidimensionale Graphik ist beträchtlich. Auch hier findet man im Darstellungsfenster ein Befehlsfenster, mit welchem eine Vielzahl von Optionen verändert werden kann. Die Nutzung der Optionen erfolgt wie im zweidimensionalen Fall in der Syntax

```
option == wert
```

Eine Reihe wichtiger Optionen ist in **Tabelle20.30** dargestellt.
Auf die vielfältigen Optionen zur Farbgestaltung kann hier nicht eingegangen werden.

20.3.3.3 Konstruktion dreidimensionaler Objekte

Axiom stellt Möglichkeiten zur Erzeugung eigener dreidimensionaler Objekte mit Punkten, Polygonen und Kurven bereit. Dazu dient die Domäne `ThreeSpace`. Die Erzeugung eines dreidimensionalen Objekts erfolgt mit `create3Space` etwa in der Form

$sp :=$ `create3Space()$(ThreeSpace SF)`

3-Space with 0 components (1)

Type: `ThreeSpace SmallFloat`

Tabelle 20.30 Optionen dreidimensionaler Graphik

`coordinates`	zur Verfügung stehen mehr als 15 Koordinatensysteme u.a. bipolar, cartesian, cylindrical, spherical und toroidal (diese stehen in einem Paket mit einer Reihe von Operationen bereit). Voreinstellung ist cartesian.
`style`	bestimmt die Darstellungsart: solid, shade, smooth, wireMesh sind zulässig (Eingabe muß als String erfolgen)
`tubeRadius`	hiermit wird der Radius einer eine Raumkurve einhüllenden Röhre festgelegt
`tubePoints`	bestimmt die Anzahl der Ecken des Polygons, das zur Röhrenkonstruktion benutzt wird
`var1Steps`	spezifiziert die Anzahl der Intervalle, in die der Variablenbereich des ersten Parameters aufgeteilt wird
`var2Steps`	desgleichen für den zweiten Parameter

Hier wurde festgelegt, daß alle Zahlen, die für die Konstruktion der Objekte benutzt werden, vom Typ `SmallFloat` sein sollen.
Mit Hilfe der von der Domäne `ThreeSpace` bereitgestellten Operatoren können nun Objekte erzeugt werden. Zu diesen Operatoren gehören u.a. `point` (Eingabe von drei Zahlen in eckigen Klammern, eine vierte optional wird als Farbwert interpretiert), `polygon` und `closedCurve` mit der Syntax

`closedCurve`$(sp, [[x1, y1, z1], [x2, y2, z2], \ldots])$

Als erstes Argument ist der erzeugte Raum anzugeben, in dem die Kurve liegen soll, als zweites eine Liste mit den Punkten, durch die die Kurve geht. Nachdem die erzeugten Objekte dem Raum zugeordnet wurden, kann nunmehr das so entstandedene Objekt mit dem Befehl

`makeViewport3D`$(sp, options)$

dargestellt werden. Auch hier kann wiederum mit dem zugeordneten Befehlsfenster an der Darstellungsart gearbeitet werden.
Abschließend sei erwähnt, daß im File .Xdefaults für die jeweiligen 2D- und 3D-Darstellungen Voreinstellungen wie zu benutzende Schriftfonts, Hintergrundfarbe usw. festgelegt sind. Diese können dort geändert werden.

21 Tabellen

21.1 Häufig gebrauchte Konstanten

π	3,141592654	
$1^\circ = \dfrac{\pi}{180}$	0,017453293	
$1' = \dfrac{\pi}{10800}$	0,000290888	
$1'' = \dfrac{\pi}{648000}$	0,000004848	
1 rad=1	57,29577951°	
$1^\circ/_\circ$	0,01	
$1^\circ/_{\circ\circ}$	0,001	
e	2,718281828	
$\lg e = M$	0,434294482	
$\ln 10 = \dfrac{1}{M}$	2,302585093	
C	0,577215665	Eulersche Konstante

21.2 Naturkonstanten

Die Tabelle enthält diejenigen physikalischen Werte, die in der Veröffentlichung „Die Festlegung der fundamentalen physikalischen Konstanten 1986" (E.R. Cohen und B.N. Taylor, Review of Modern Physics, Vol. 59, No. 4, Oktober 1987) enthalten sind und auf dem CODATA Bulletin No. 63, November 1986 basieren.

Die Zahlen in den runden Klammern stellen die Standardabweichung der letzten Ziffern des Wertes dar.

Avogadro–Konstante	N_A	$= 6,022\,136\,7(36) \cdot 10^{23}\,\mathrm{mol}^{-1}$
Atomare Masseneinheit	m_u	$= 1\mathrm{u} = (\mathrm{g\,mol}^{-1})/N_A = 1,660\,540\,2(10) \cdot 10^{-27}\,\mathrm{kg}$
		$= 931,494\,32(28)\,\mathrm{MeV}c^{-2} = 1822{,}89\,m_e$
Bohrsches Magneton	μ_B	$= e\hbar/2m_e = 9,274\,015\,4(31) \cdot 10^{-24}\,\mathrm{JT}^{-1}$
		$= 5,788\,382\,63(52) \cdot 10^{-5}\,\mathrm{eVT}^{-1}$
Bohrscher Radius	a_0	$= \hbar^2/E_0(e)e^2 = r_e/\alpha^2 = 0,529\,177\,249(24) \cdot 10^{-10}\,\mathrm{m}$
Boltzmann–Konstante	k	$= R_0/N_A = 1,380\,658(12) \cdot 10^{-23}\,\mathrm{JK}^{-1}$
		$= 8,617\,385(73) \cdot 10^{-5}\,\mathrm{eVK}^{-1}$
Compton–Wellenlänge	$\lambda\!\!\!^{-}_c$	$= \hbar/mc$
des Elektrons	$\lambda\!\!\!^{-}_e$	$= 3,861\,593\,23(35) \cdot 10^{-13}\,\mathrm{m}$
des Neutrons	$\lambda\!\!\!^{-}_n$	$= 2,100\,194\,45(19) \cdot 10^{-16}\,\mathrm{m}$
des Protons	$\lambda\!\!\!^{-}_p$	$= 2,103\,089\,37(19) \cdot 10^{-16}\,\mathrm{m}$
Elementarladung	e	$= 1,602\,177\,33(49) \cdot 10^{-19}\,\mathrm{C}$
	e/h	$= 2,417\,988\,36(72) \cdot 10^{14}\,\mathrm{AJ}^{-1}$
Fallbeschleunigung	g_n	$= 9,806\,65\,\mathrm{ms}^{-2}$
Faraday–Konstante	F	$= N_A e = 96\,485,309(29)\,\mathrm{Cmol}^{-1}$
Feinstrukturkonstante	α	$= \mu_0 c e^2/2h = 7,297\,353\,08(33) \cdot 10^{-3}$
	$1/\alpha$	$= 137,035\,989\,5(61)$
Gaskonstante, universelle	R_0	$= N_A k = 8,314\,510(70)\,\mathrm{Jmol}^{-1}\mathrm{K}^{-1}$
Gravitationskonstante	G	$= 6,672\,59(85) \cdot 10^{-11}\,\mathrm{m}^3\mathrm{kg}^{-1}\mathrm{s}^{-2}$
Induktionskonstante	μ_0	$= 4\pi \times 10^{-7}\,\mathrm{NA}^{-2} = 12,566\,370\,614\ldots \cdot 10^{-7}\,\mathrm{NA}^{-2}$

Influenzkonstante	ε_0	$= 1/\mu_0 c^2 = 8,854\,187\,817\ldots \cdot 10^{-12}$ Fm^{-1}
Kernmagneton	μ_k	$= e\hbar/2m_p = 5,050\,786\,6(17) \cdot 10^{-27}$ JT^{-1}
		$= 3,152\,451\,66(28) \cdot 10^{-8}$ eVT^{-1}
Kernradius	R	$= r_0 A^{1/3}$; $r_0 = (1,2\ldots 1,4)$ fm; $1 \leq A \leq 250$: $r_0 \leq R \leq 9$ fm
klassischer Elektronenradius	r_e	$= \alpha^2 a_0 = 2,817\,940\,92(38) \cdot 10^{-15}$ m
Lichtgeschwindigkeit im Vakuum	c	$= 299\,792\,458$ ms^{-1}
Loschmidt–Konstante	n_0	$= N_A/V_m = 2,686\,763(23) \cdot 10^{25}$ m^{-3}
Magische Zahlen	N_m, Z_m	$= 2, 8, 20, 28, 50, 82$;
	N_m	$= 126$, eventuell 184; $Z_m =$ eventuell 114, 126
Magnetisches Moment		
des Elektrons	μ_e	$= 1,001\,159\,652\,193(10)\mu_B = 928,477\,01(31) \cdot 10^{-26}$ JT^{-1}
des Protons	μ_p	$= +2,792\,847\,386(63)\mu_k = 1,410\,607\,61(47) \cdot 10^{-26}$ JT^{-1}
des Neutrons	μ_n	$= -1,913\,042\,75(45)\mu_k = 0,966\,237\,07(40) \cdot 10^{-26}$ JT^{-1}
Molarvolumen	V_m	$= R_0 T_0/p_0 = 0,022\,414\,10(19)$ m^{3}mol^{-1}
Plancksches Wirkungsquantum	h	$= 6,626\,075\,5(40) \cdot 10^{-34}$ Js $= 4,135\,669\,2(12) \cdot 10^{-15}$ eVs
	$\hbar$	$= h/2\pi = 1,054\,572\,66(63) \cdot 10^{-34}$ Js
		$= 6,582\,122\,0(20) \cdot 10^{-16}$ eVs
Ruhemasse		
des Elektrons	m_e	$= 9,109\,389\,7(54) \cdot 10^{-31}$ kg $= 5,485\,799\,03(13) \cdot 10^{-4}$ u
des Protons	m_p	$= 1,672\,623\,1(10) \cdot 10^{-27}$ kg $= 1\,836,152\,701(37)m_e$
		$= 1,007\,276\,470(12)$ u
des Neutrons	m_n	$= 1,674\,928\,6(10) \cdot 10^{-27}$ kg $= 1\,838,683\,662(40)m_e$
		$= 1,008\,664\,904(14)$ u
des Myons	$m_{\mu^\pm}$	$= 1,883\,532\,7(11) \cdot 10^{-28}$ kg $= 206,768\,262(30)m_e$
		$= 0,113\,428\,913(17)$ u
des Pions	$m_{\pi^\pm}$	$= 2,488 \cdot 10^{-28}$ kg $= 273,19m_e$
	m_{π^0}	$= 2,406 \cdot 10^{-28}$ kg $= 264,20m_e$
Ruhenergie		
des Elektrons	$E_0(e)$	$= 0,510\,999\,06(15)$ MeV
des Protons	$E_0(p)$	$= 938,272\,31(28)$ MeV
des Neutrons	$E_0(n)$	$= 939,565\,63(28)$ MeV
des Myons	$E_0(\mu^\pm)$	$= 105,658\,389(34)$ MeV
des Pions	$E_0(\pi^\pm)$	$= 139,57$ MeV
	$E_0(\pi^0)$	$= 134,972$ MeV
der atomaren Masseneinheit	$E_0(u)$	$= 931,494\,32(28)$ MeV
Rydberg–Konstante	R_∞	$= {\mu_0}^2 me^4 c^3/8h^3 = 10\,973\,731,534(13)$ m^{-1}
Rydberg–Energie	hcr_∞	$= 13,605\,698\,1(40)$ eV
Stefan–Boltzmann–Konstante	σ	$= (\pi^2/60)k^4/\hbar^3 c^2 = 5,670\,51(19) \cdot 10^{-8}$ Wm^{-2}K^{-4}
Thomson–Querschnitt	σ_0	$= 8\pi {r_e}^2/3 = 0,665\,246\,16(18) \cdot 10^{-28}$ m^2
Wechselwirkungskonstanten		
der starken Wechselwirkung	α_k	$= 0,08\ldots 14$
der elektrom. Wechselwirkung	α_C	$= 1/137$
der schwachen Wechselwirkung	α_F	$= 3 \cdot 10^{-12}$
der Gravitationswechselwirkung	α_G	$= 5,1 \cdot 10^{-39}$
Wellenwiderstand des Vakuums	Z_0	$= 376,730\,3\,\Omega$

21.3 Potenzreihenentwicklungen

Funktion	Potenzreihenentwicklungen	Konvergenzbereich
	Algebraische Funktionen	
	Binomische Reihe	
$(a \pm x)^m$	Nach Umformung auf die Gestalt $a^m\left(1 \pm \frac{x}{a}\right)^m$ wird man auf die nachfolgenden Reihen geführt:	$\lvert x\rvert \le a$ für $m > 0$ $\lvert x\rvert < a$ für $m < 0$
	Binomische Reihe mit positiven Exponenten	
$(1 \pm x)^m$ $(m > 0)$	$1 \pm mx + \frac{m(m-1)}{2!}x^2 \pm \frac{m(m-1)(m-2)}{3!}x^3 + \cdots$ $+ (\pm 1)^n \frac{m(m-1)\ldots(m-n+1)}{n!}x^n + \cdots$	$\lvert x\rvert \le 1$
$(1 \pm x)^{\frac{1}{4}}$	$1 \pm \frac{1}{4}x - \frac{1 \cdot 3}{4 \cdot 8}x^2 \pm \frac{1 \cdot 3 \cdot 7}{4 \cdot 8 \cdot 12}x^3 - \frac{1 \cdot 3 \cdot 7 \cdot 11}{4 \cdot 8 \cdot 12 \cdot 16}x^4 \pm \cdots$	$\lvert x\rvert \le 1$
$(1 \pm x)^{\frac{1}{3}}$	$1 \pm \frac{1}{3}x - \frac{1 \cdot 2}{3 \cdot 6}x^2 \pm \frac{1 \cdot 2 \cdot 5}{3 \cdot 6 \cdot 9}x^3 - \frac{1 \cdot 2 \cdot 5 \cdot 8}{3 \cdot 6 \cdot 9 \cdot 12}x^4 \pm \cdots$	$\lvert x\rvert \le 1$
$(1 \pm x)^{\frac{1}{2}}$	$1 \pm \frac{1}{2}x - \frac{1 \cdot 1}{2 \cdot 4}x^2 \pm \frac{1 \cdot 1 \cdot 3}{2 \cdot 4 \cdot 6}x^3 - \frac{1 \cdot 1 \cdot 3 \cdot 5}{2 \cdot 4 \cdot 6 \cdot 8}x^4 \pm \cdots$	$\lvert x\rvert \le 1$
$(1 \pm x)^{\frac{3}{2}}$	$1 \pm \frac{3}{2}x + \frac{3 \cdot 1}{2 \cdot 4}x^2 \mp \frac{3 \cdot 1 \cdot 1}{2 \cdot 4 \cdot 6}x^3 + \frac{3 \cdot 1 \cdot 1 \cdot 3}{2 \cdot 4 \cdot 6 \cdot 8}x^4 \mp \cdots$	$\lvert x\rvert \le 1$
$(1 \pm x)^{\frac{5}{2}}$	$1 \pm \frac{5}{2}x + \frac{5 \cdot 3}{2 \cdot 4}x^2 \pm \frac{5 \cdot 3 \cdot 1}{2 \cdot 4 \cdot 6}x^3 - \frac{5 \cdot 3 \cdot 1 \cdot 1}{2 \cdot 4 \cdot 6 \cdot 8}x^4 \mp \cdots$	$\lvert x\rvert \le 1$
	Binomische Reihe mit negativen Exponenten	
$(1 \pm x)^{-m}$ $(m > 0)$	$1 \mp mx + \frac{m(m+1)}{2!}x^2 \mp \frac{m(m+1)(m+2)}{3!}x^3 + \cdots$ $+ (\mp 1)^n \frac{m(m+1)\ldots(m+n-1)}{n!}x^n + \cdots$	$\lvert x\rvert < 1$
$(1 \pm x)^{-\frac{1}{4}}$	$1 \mp \frac{1}{4}x + \frac{1 \cdot 5}{4 \cdot 8}x^2 \mp \frac{1 \cdot 5 \cdot 9}{4 \cdot 8 \cdot 12}x^3 + \frac{1 \cdot 5 \cdot 9 \cdot 13}{4 \cdot 8 \cdot 12 \cdot 16}x^4 \mp \cdots$	$\lvert x\rvert < 1$
$(1 \pm x)^{-\frac{1}{3}}$	$1 \mp \frac{1}{3}x + \frac{1 \cdot 4}{3 \cdot 6}x^2 \mp \frac{1 \cdot 4 \cdot 7}{3 \cdot 6 \cdot 9}x^3 + \frac{1 \cdot 4 \cdot 7 \cdot 10}{3 \cdot 6 \cdot 9 \cdot 12}x^4 \mp \cdots$	$\lvert x\rvert < 1$
$(1 \pm x)^{-\frac{1}{2}}$	$1 \mp \frac{1}{2}x + \frac{1 \cdot 3}{2 \cdot 4}x^2 \mp \frac{1 \cdot 3 \cdot 5}{2 \cdot 4 \cdot 6}x^3 + \frac{1 \cdot 3 \cdot 5 \cdot 7}{2 \cdot 4 \cdot 6 \cdot 8}x^4 \mp \cdots$	$\lvert x\rvert < 1$
$(1 \pm x)^{-1}$	$1 \mp x + x^2 \mp x^3 + x^4 \mp \cdots$	$\lvert x\rvert < 1$
$(1 \pm x)^{-\frac{3}{2}}$	$1 \mp \frac{3}{2}x + \frac{3 \cdot 5}{2 \cdot 4}x^2 \mp \frac{3 \cdot 5 \cdot 7}{2 \cdot 4 \cdot 6}x^3 + \frac{3 \cdot 5 \cdot 7 \cdot 9}{2 \cdot 4 \cdot 6 \cdot 8}x^4 \mp \cdots$	$\lvert x\rvert < 1$
$(1 \pm x)^{-2}$	$1 \mp 2x + 3x^2 \mp 4x^3 + 5x^4 \mp \cdots$	$\lvert x\rvert < 1$

Funktion	Potenzreihenentwicklungen	Konvergenzbereich
$(1 \pm x)^{-\frac{5}{2}}$	$1 \mp \frac{5}{2}x + \frac{5 \cdot 7}{2 \cdot 4}x^2 \mp \frac{5 \cdot 7 \cdot 9}{2 \cdot 4 \cdot 6}x^3 + \frac{5 \cdot 7 \cdot 9 \cdot 11}{2 \cdot 4 \cdot 6 \cdot 8}x^4 \mp \cdots$	$\|x\| < 1$
$(1 \pm x)^{-3}$	$1 \mp \frac{1}{1 \cdot 2}(2 \cdot 3x \mp 3 \cdot 4x^2 + 4 \cdot 5x^3 \mp 5 \cdot 6x^4 + \cdots)$	$\|x\| < 1$
$(1 \pm x)^{-4}$	$1 \mp \frac{1}{1 \cdot 2 \cdot 3}(2 \cdot 3 \cdot 4x \mp 3 \cdot 4 \cdot 5x^2$ $+4 \cdot 5 \cdot 6x^3 \mp 5 \cdot 6 \cdot 7x^4 + \cdots)$	$\|x\| < 1$
$(1 \pm x)^{-5}$	$1 \mp \frac{1}{1 \cdot 2 \cdot 3 \cdot 4}(2 \cdot 3 \cdot 4 \cdot 5x \mp 3 \cdot 4 \cdot 5 \cdot 6x^2$ $+4 \cdot 5 \cdot 6 \cdot 7x^3 \mp 5 \cdot 6 \cdot 7 \cdot 8x^4 + \cdots)$	$\|x\| < 1$
	Trigonometrische Funktionen	
$\sin x$	$x - \frac{x^3}{3!} + \frac{x^5}{5!} - \cdots + (-1)^n \frac{x^{2n+1}}{(2n+1)!} \pm \cdots$	$\|x\| < \infty$
$\sin(x+a)$	$\sin a + x \cos a - \frac{x^2 \sin a}{2!} - \frac{x^3 \cos a}{3!}$ $+\frac{x^4 \sin a}{4!} + \cdots + \frac{x^n \sin\left(a + \frac{n\pi}{2}\right)}{n!} \cdots$	$\|x\| < \infty$
$\cos x$	$1 - \frac{x^2}{2!} + \frac{x^4}{4!} - \frac{x^6}{6!} + \cdots + (-1)^n \frac{x^{2n}}{(2n)!} \pm$	$\|x\| < \infty$
$\cos(x+a)$	$\cos a - x \sin a - \frac{x^2 \cos a}{2!} + \frac{x^3 \sin a}{3!}$ $+\frac{x^4 \cos a}{4!} - \cdots + \frac{x^n \cos\left(a + \frac{n\pi}{2}\right)}{n!} \pm \cdots$	$\|x\| < \infty$
$\tan x$	$x + \frac{1}{3}x^3 + \frac{2}{15}x^5 + \frac{17}{315}x^7 + \frac{62}{2835}x^9 + \cdots$ $+\frac{2^{2n}(2^{2n}-1)B_n}{(2n)!}x^{2n-1} + \cdots$	$\|x\| < \frac{\pi}{2}$
$\cot x$	$\frac{1}{x} - \left[\frac{x}{3} + \frac{x^3}{45} + \frac{2x^5}{945} + \frac{x^7}{4725} + \cdots \right.$ $\left. + \frac{2^{2n} B_n}{(2n)!}x^{2n-1} + \cdots\right]$	$0 < \|x\| < \pi$
$\sec x$	$1 + \frac{1}{2}x^2 + \frac{5}{24}x^4 + \frac{61}{720}x^6 + \frac{277}{8064}x^8 + \cdots$ $+\frac{E_n}{(2n)!}x^{2n} + \cdots$	$\|x\| < \frac{\pi}{2}$

Funktion	Potenzreihenentwicklungen	Konvergenzbereich
$\operatorname{cosec} x$	$\frac{1}{x}+\frac{1}{6}x+\frac{7}{360}x^3+\frac{31}{15120}x^5+\frac{127}{604800}x^7+\cdots+\frac{2(2^{2n-1}-1)}{(2n)!}B_n x^{2n-1}$	$0<\|x\|<\pi$
	Exponentialfunktionen	
e^x	$1+\frac{x}{1!}+\frac{x^2}{2!}+\frac{x^3}{3!}+\cdots+\frac{x^n}{n!}+\cdots$	$\|x\|<\infty$
$a^x=e^{x\ln a}$	$1+\frac{x\ln a}{1!}+\frac{(x\ln a)^2}{2!}+\frac{(x\ln a)^3}{3!}+\cdots+\frac{(x\ln a)^n}{n!}+\cdots$	$\|x\|<\infty$
$\frac{x}{e^x-1}$	$1-\frac{x}{2}+\frac{B_1x^2}{2!}-\frac{B_2x^4}{4!}+\frac{B_3x^6}{6!}-\cdots+(-1)^{n+1}\frac{B_nx^{2n}}{(2n)!}\pm\cdots$	$\|x\|<2\pi$
	Logarithmische Funktionen	
$\ln x$	$2\left[\frac{x-1}{x+1}+\frac{(x-1)^3}{3(x+1)^3}+\frac{(x-1)^5}{5(x+1)^5}+\cdots+\frac{(x-1)^{2n+1}}{(2n+1)(x+1)^{2n+1}}+\cdots\right]$	$x>0$
$\ln x$	$(x-1)-\frac{(x-1)^2}{2}+\frac{(x-1)^3}{3}-\frac{(x-1)^4}{4}+\cdots+(-1)^{n+1}\frac{(x-1)^n}{n}\pm\cdots$	$0<x\le 2$
$\ln x$	$\frac{x-1}{x}+\frac{(x-1)^2}{2x^2}+\frac{(x-1)^3}{3x^3}+\cdots+\frac{(x-1)^n}{nx^n}+\cdots$	$x>\frac{1}{2}$
$\ln(1+x)$	$x-\frac{x^2}{2}+\frac{x^3}{3}-\frac{x^4}{4}+\cdots+(-1)^{n+1}\frac{x^n}{n}\pm\cdots$	$-1<x\le 1$
$\ln(1-x)$	$-\left[x+\frac{x^2}{2}+\frac{x^3}{3}+\frac{x^4}{4}+\frac{x^5}{5}+\cdots+\frac{x^n}{n}+\cdots\right]$	$-1\le x<1$
$\ln\left(\frac{1+x}{1-x}\right)$ $=2\operatorname{Artanh} x$	$2\left[x+\frac{x^3}{3}+\frac{x^5}{5}+\frac{x^7}{7}+\cdots+\frac{x^{2n+1}}{2n+1}+\cdots\right]$	$\|x\|<1$

Funktion	Potenzreihenentwicklungen	Konvergenzbereich
$\ln\left(\frac{x+1}{x-1}\right)$ $= 2\,\mathrm{Arcoth}\,x$	$2\left[\frac{1}{x}+\frac{1}{3x^3}+\frac{1}{5x^5}+\frac{1}{7x^7}+\cdots+\frac{1}{(2n+1)\,x^{2n+1}}+\cdots\right]$	$\|x\| > 1$
$\ln\|\sin x\|$	$\ln\|x\| - \frac{x^2}{6} - \frac{x^4}{180} - \frac{x^6}{2835} - \cdots - \frac{2^{2n-1}\,B_n\,x^{2n}}{n\,(2n)\,!} - \cdots$	$0 < \|x\| < \pi$
$\ln\cos x$	$-\frac{x^2}{2} - \frac{x^4}{12} - \frac{x^6}{45} - \frac{17x^8}{2520} - \cdots - \frac{2^{2n-1}(2^{2n}-1)B_n\,x^{2n}}{n(2n)\,!} - \cdots$	$\|x\| < \frac{\pi}{2}$
$\ln\|\tan x\|$	$\ln\|x\| + \frac{1}{3}\,x^2 + \frac{7}{90}\,x^4 + \frac{62}{2835}\,x^6 + \cdots + \frac{2^{2n}(2^{2n-1}-1)B_n}{n(2n)\,!}\,x^{2n} + \cdots$	$0 < \|x\| < \frac{\pi}{2}$
	Inverse trigonometrische Funktionen	
$\arcsin x$	$x + \frac{x^3}{2\cdot 3} + \frac{1\cdot 3\,x^5}{2\cdot 4\cdot 5} + \frac{1\cdot 3\cdot 5\,x^7}{2\cdot 4\cdot 6\cdot 7} + \cdots + \frac{1\cdot 3\cdot 5\cdots(2n-1)\,x^{2n+1}}{2\cdot 4\cdot 6\cdots(2n)(2n+1)} + \cdots$	$\|x\| < 1$
$\arccos x$	$\frac{\pi}{2} - \left[x + \frac{x^3}{2\cdot 3} + \frac{1\cdot 3\,x^5}{2\cdot 4\cdot 5} + \frac{1\cdot 3\cdot 5\,x^7}{2\cdot 4\cdot 6\cdot 7} + \cdots + \frac{1\cdot 3\cdot 5\cdots(2n-1)\,x^{2n+1}}{2\cdot 4\cdot 6\cdots(2n)(2n+1)} + \cdots\right]$	$\|x\| < 1$
$\arctan x$	$x - \frac{x^3}{3} + \frac{x^5}{5} - \frac{x^7}{7} + \cdots + (-1)^n\,\frac{x^{2n+1}}{2n+1} \pm \cdots$	$\|x\| < 1$
$\arctan x$	$\pm\frac{\pi}{2} - \frac{1}{x} + \frac{1}{3\,x^3} - \frac{1}{5\,x^5} + \frac{1}{7\,x^7} - \cdots + (-1)^{n+1}\,\frac{1}{(2n+1)\,x^{2n+1}} \pm \cdots$	$\|x\| > 1$
$\mathrm{arccot}\,x$	$\frac{\pi}{2} - \left[x - \frac{x^3}{3} + \frac{x^5}{5} - \frac{x^7}{7} + \cdots + (-1)^n\,\frac{x^{2n+1}}{2n+1} \pm \cdots\right]$	$\|x\| < 1$

Funktion	Potenzreihenentwicklungen	Konvergenzbereich
	Hyperbelfunktionen	
$\sinh x$	$x+\frac{x^3}{3\,!}+\frac{x^5}{5\,!}+\frac{x^7}{7\,!}+\cdots+\frac{x^{2n+1}}{(2n+1)\,!}+\cdots$	$\vert x\vert<\infty$
$\cosh x$	$1+\frac{x^2}{2\,!}+\frac{x^4}{4\,!}+\frac{x^6}{6\,!}+\cdots+\frac{x^{2n}}{(2n)\,!}+\cdots$	$\vert x\vert<\infty$
$\tanh x$	$x-\frac{1}{3}x^3+\frac{2}{15}x^5-\frac{17}{315}x^7+\frac{62}{2835}x^9-\cdots$ $+\frac{(-1)^{n+1}\,2^{2n}(2^{2n}-1)}{(2n)\,!}\,B_n x^{2n-1}\pm\cdots$	$\vert x\vert<\frac{\pi}{2}$
$\coth x$	$\frac{1}{x}+\frac{x}{3}-\frac{x^3}{45}+\frac{2x^5}{945}-\frac{x^7}{4725}+\cdots$ $+\frac{(-1)^{n+1}\,2^{2n}}{(2n)\,!}\,B_n x^{2n-1}\pm\cdots$	$0<\vert x\vert<\pi$
$\operatorname{sech} x$	$1-\frac{1}{2\,!}x^2+\frac{5}{4\,!}x^4-\frac{61}{6\,!}x^6+\frac{1385}{8\,!}x^8-\cdots$ $+\frac{(-1)^n}{(2n)\,!}\,E_n x^{2n}\pm\cdots$	$\vert x\vert<\frac{\pi}{2}$
$\operatorname{cosech} x$	$\frac{1}{x}-\frac{x}{6}+\frac{7\,x^3}{360}-\frac{31\,x^5}{15120}+\cdots$ $+\frac{2(-1)^n\,(2^{2n-1}-1)}{(2n)\,!}\,B_n x^{2n-1}+\cdots$	$0<\vert x\vert<\pi$
	Areafunktionen	
$\operatorname{Arsinh} x$	$x-\frac{1}{2\cdot 3}x^3+\frac{1\cdot 3}{2\cdot 4\cdot 5}x^5-\frac{1\cdot 3\cdot 5}{2\cdot 4\cdot 6\cdot 7}x^7+\cdots$ $+(-1)^n\cdot\frac{1\cdot 3\cdot 5\cdots(2n-1)}{2\cdot 4\cdot 6\cdots 2n\,(2n+1)}\,x^{2n+1}\pm\cdots$	$\vert x\vert<1$
$\operatorname{Arcosh} x$	$\pm\left[\ln(2x)-\frac{1}{2\cdot 2x^2}-\frac{1\cdot 3}{2\cdot 4\cdot 4x^4}-\frac{1\cdot 3\cdot 5}{2\cdot 4\cdot 6x^6}-\cdots\right]$	$x>1$
$\operatorname{Artanh} x$	$x+\frac{x^3}{3}+\frac{x^5}{5}+\frac{x^7}{7}+\cdots+\frac{x^{2n+1}}{2n+1}+\cdots$	$\vert x\vert<1$
$\operatorname{Arcoth} x$	$\frac{1}{x}+\frac{1}{3x^3}+\frac{1}{5x^5}+\frac{1}{7x^7}+\cdots+\frac{1}{(2n+1)\,x^{2n+1}}+\cdots$	$\vert x\vert>1$

21.4 Fourier–Entwicklungen

1. $y = x$ für $0 < x < 2\pi$

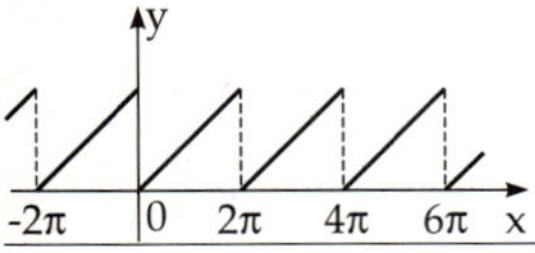

$$y = \pi - 2\left(\frac{\sin x}{1} + \frac{\sin 2x}{2} + \frac{\sin 3x}{3} + \cdots\right)$$

2. $y = x$ für $0 \leq x \leq \pi$

$y = 2\pi - x$ für $\pi < x \leq 2\pi$

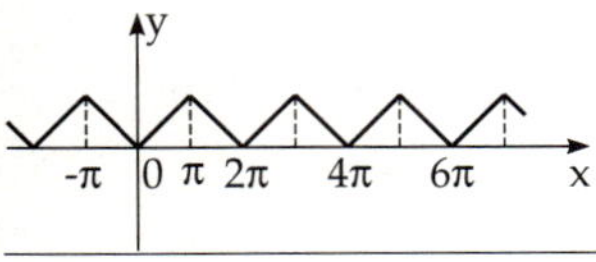

$$y = \frac{\pi}{2} - \frac{4}{\pi}\left(\cos x + \frac{\cos 3x}{3^2} + \frac{\cos 5x}{5^2} + \cdots\right)$$

3. $y = x$ für $-\pi < x < \pi$

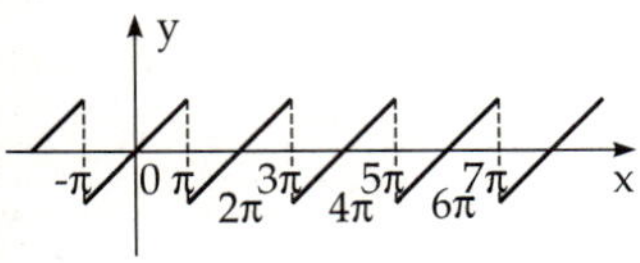

$$y = 2\left(\frac{\sin x}{1} - \frac{\sin 2x}{2} + \frac{\sin 3x}{3} - \cdots\right)$$

4. $y = x$ für $-\frac{\pi}{2} \leq x \leq \frac{\pi}{2}$

$y = \pi - x$ für $\frac{\pi}{2} \leq x \leq \frac{3\pi}{2}$

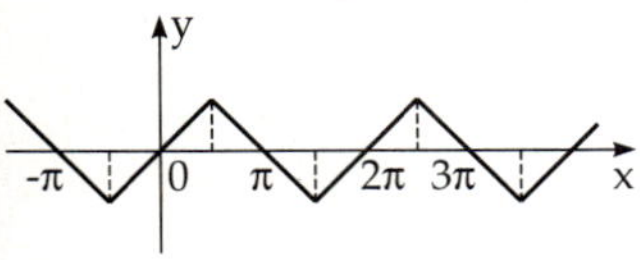

$$y = \frac{4}{\pi}\left(\sin x - \frac{\sin 3x}{3^2} + \frac{\sin 5x}{5^2} - \cdots\right)$$

5. $y = a$ für $0 < x < \pi$

$y = -a$ für $\pi < x < 2\pi$

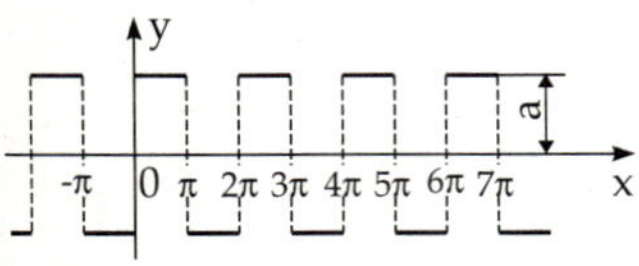

$$y = \frac{4a}{\pi}\left(\sin x + \frac{\sin 3x}{3} + \frac{\sin 5x}{5} + \cdots\right)$$

6. $y = 0$ für $0 \leq x < \alpha$ und für $\pi - \alpha < x \leq \pi + \alpha$ und $2\pi - \alpha < x \leq 2\pi$

$y = a$ für $\alpha < x < \pi - \alpha$; $y = -a$ für $\pi + \alpha < x \leq 2\pi - \alpha$

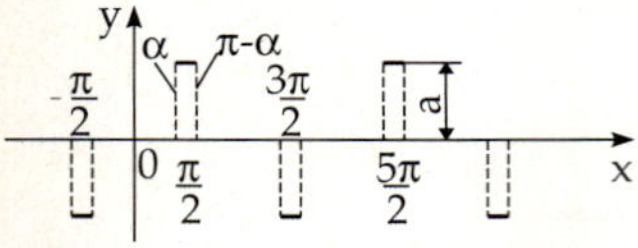

$$y = \frac{4a}{\pi}\left(\cos\alpha \sin x + \frac{1}{3}\cos 3\alpha \sin 3x + \frac{1}{5}\cos 5\alpha \sin 5x + \cdots\right)$$

---

7. $y = \dfrac{ax}{\alpha}$ für $-a \leq x \leq a$

$y = a$ für $\alpha \leq x \leq \pi - \alpha$,

$y = \dfrac{a(\pi - x)}{\alpha}$ für $\pi - \alpha \leq x \leq \pi + \alpha$,

$y = -a$ für $\pi + \alpha \leq x \leq 2\pi - \alpha$

$$y = \frac{4}{\pi}\frac{a}{\alpha}\left(\sin\alpha \sin x + \frac{1}{3^2}\sin 3\alpha \sin 3x + \frac{1}{5^2}\sin 5\alpha \sin 5x + \cdots\right)$$

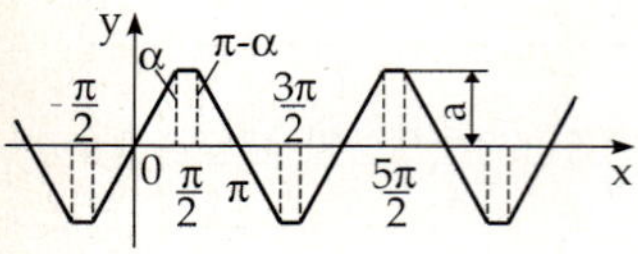

Insbesondere gilt für $\alpha = \dfrac{\pi}{3}$:

$$y = \frac{6\sqrt{3}a}{\pi^2}\left(\sin x - \frac{1}{5^2}\sin 5x + \frac{1}{7^2}\sin 7x - \frac{1}{11^2}\sin 11x + \cdots\right)$$

---

8. $y = x^2$ für $-\pi \leq x \leq \pi$

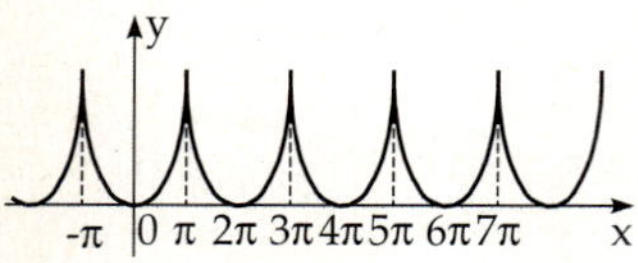

$$y = \frac{\pi^2}{3} - 4\left(\frac{\cos x}{1} - \frac{\cos 2x}{2^2} + \frac{\cos 3x}{3^2} - \cdots\right)$$

---

9. $y = x(\pi - x)$ für $0 \leq x \leq \pi$

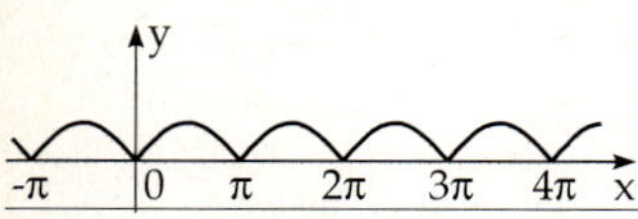

$$y = \frac{\pi^2}{6} - \left(\frac{\cos 2x}{1^2} + \frac{\cos 4x}{2^2} + \frac{\cos 6x}{3^2} + \cdots\right)$$

---

10. $y = x(\pi - x)$ für $0 \leq x \leq \pi$

$y = (\pi - x)(2\pi - x)$ für $\pi \leq x \leq 2\pi$

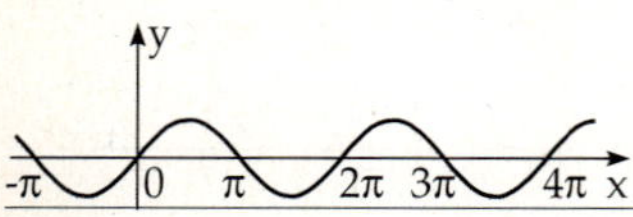

$$y = \frac{8}{\pi}\left(\sin x + \frac{1}{3^3}\sin 3x + \frac{1}{5^3}\sin 5x + \cdots\right)$$

11. $y = \sin x$ für $0 \leq x \leq \pi$

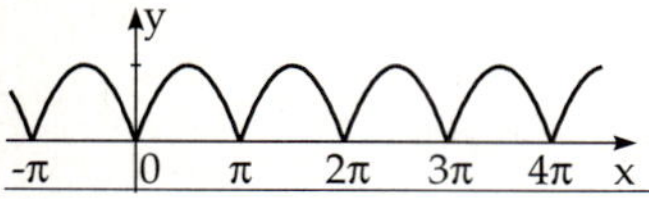

$$y = \frac{2}{\pi} - \frac{4}{\pi}\left(\frac{\cos 2x}{1 \cdot 3} + \frac{\cos 4x}{3 \cdot 5} + \frac{\cos 6x}{5 \cdot 7} + \cdots\right)$$

12. $y = \cos x$ für $0 < x < \pi$

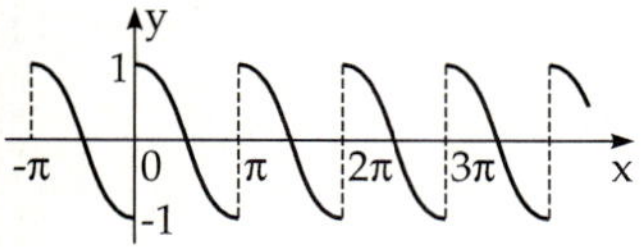

$$y = \frac{4}{\pi}\left(\frac{2 \sin 2x}{1 \cdot 3} + \frac{4 \sin 4x}{3 \cdot 5} + \frac{6 \sin 6x}{5 \cdot 7} + \cdots\right)$$

13. $y = \sin x$ für $0 \leq x \leq \pi$

$y = 0$ für $\pi \leq x \leq 2\pi$

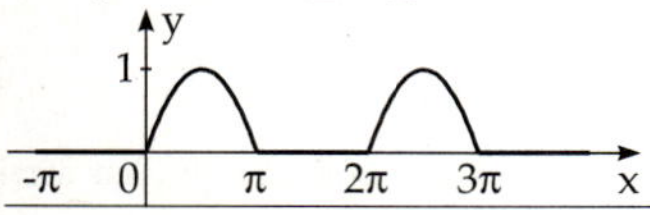

$$y = \frac{1}{\pi} + \frac{1}{2}\sin x - \frac{2}{\pi}\left(\frac{\cos 2x}{1 \cdot 3} + \frac{\cos 4x}{3 \cdot 5} + \frac{\cos 6x}{5 \cdot 7} + \cdots\right)$$

14. $y = \cos ux$ für $-\pi \leq x \leq \pi$

$$y = \frac{2u \sin u\pi}{\pi}\left[\frac{1}{2u^2} - \frac{\cos x}{u^2 - 1} + \frac{\cos 2x}{u^2 - 4} - \frac{\cos 3x}{u^2 - 9} + \cdots\right]$$

(u eine beliebige, jedoch nicht ganze Zahl)

15. $y = \sin ux$ für $-\pi < x < \pi$

$$y = \frac{2 \sin u\pi}{\pi}\left(\frac{\sin x}{1 - u^2} - \frac{2 \sin 2x}{4 - u^2} + \frac{3 \sin 3x}{9 - u^2} + \cdots\right)$$

(u eine beliebige, jedoch nicht ganze Zahl)

16. $y = x \cos x$ für $-\pi < x < \pi$

$$y = -\frac{1}{2}\sin x + \frac{4 \sin 2x}{2^2 - 1} - \frac{6 \sin 3x}{3^2 - 1} + \frac{8 \sin 4x}{4^2 - 1} - \cdots$$

17. $y = -\ln\left(2 \sin \frac{x}{2}\right)$ für $0 < x \leq \pi$

$$y = \cos x + \frac{1}{2}\cos 2x + \frac{1}{3}\cos 3x + \cdots$$

18. $y = \ln\left(2 \cos \frac{x}{2}\right)$ für $0 \leq x < \pi$

$$y = \cos x - \frac{1}{2}\cos 2x + \frac{1}{3}\cos 3x - \cdots$$

19. $y = \frac{1}{2}\ln\,\cot\frac{x}{2}$ für $0 < x < \pi$

$$y = \cos x + \frac{1}{3}\cos 3x + \frac{1}{5}\cos 5x + \cdots$$

21.5 Unbestimmte Integrale *

21.5.1 Integrale rationaler Funktionen

21.5.1.1 Integrale, die $ax + b$ enthalten

Bezeichnung: $X = ax + b$

1. $\int X^n\,dx = \frac{1}{a(n+1)}X^{n+1}$ $\quad (n \neq -1$; für $n = -1$ siehe Nr.2).

2. $\int \frac{dx}{X} = \frac{1}{a}\ln X.$

3. $\int xX^n\,dx = \frac{1}{a^2(n+2)}X^{n+2} - \frac{b}{a^2(n+1)}X^{n+1}$

$(n \neq -1, \neq -2;$ für $n = -1, = -2$ siehe Nr.5 und 6).

4. $\int x^m X^n\,dx = \frac{1}{a^{m+1}}\int (X-b)^m X^n\,dx$

(wird für $m < n$ oder bei ganzzahligem m und gebrochenem n angewandt; in diesem Fällen wird $(X-b)^m$ nach dem binomischen Lehrsatz entwickelt, s. S. 9)
$(n \neq -1, \neq -2, \dots, \neq -m)$.

5. $\int \frac{x\,dx}{X} = \frac{x}{a} - \frac{b}{a^2}\ln X.$

6. $\int \frac{x\,dx}{X^2} = \frac{b}{a^2 X} + \frac{1}{a^2}\ln X.$

7. $\int \frac{x\,dx}{X^3} = \frac{1}{a^2}\left(-\frac{1}{X} + \frac{b}{2X^2}\right).$

8. $\int \frac{x\,dx}{X^n} = \frac{1}{a^2}\left(\frac{-1}{(n-2)X^{n-2}} + \frac{b}{(n-1)X^{n-1}}\right)$ $\quad (n \neq 1, \neq 2).$

9. $\int \frac{x^2\,dx}{X} = \frac{1}{a^3}\left(\frac{1}{2}X^2 - 2bX + b^2\ln X\right).$

10. $\int \frac{x^2\,dx}{X^2} = \frac{1}{a^2}\left(X - 2b\ln X - \frac{b^2}{X}\right).$

11. $\int \frac{x^2\,dx}{X^3} = \frac{1}{a^3}\left(\ln X + \frac{2b}{X} - \frac{b^2}{2X^2}\right).$

12. $\int \frac{x^2\,dx}{X^n} = \frac{1}{a^3}\left[\frac{-1}{(n-3)X^{n-3}} + \frac{2b}{(n-2)X^{n-2}} - \frac{b^2}{(n-1)X^{n-1}}\right]$

$(n \neq 1, \neq 2, \neq 3).$

*Hinweise zur Nutzung der Tabelle s. S. 324

13. $\displaystyle\int \frac{x^3\,dx}{X} = \frac{1}{a^4}\left(\frac{X^3}{3} - \frac{3bX^2}{2} + 3b^2X - b^3\ln X\right).$

14. $\displaystyle\int \frac{x^3\,dx}{X^2} = \frac{1}{a^4}\left(\frac{X^2}{2} - 3bX + 3b^2\ln X + \frac{b^3}{X}\right).$

15. $\displaystyle\int \frac{x^3\,dx}{X^3} = \frac{1}{a^4}\left(X - 3b\ln X - \frac{3b^2}{X} + \frac{b^3}{2x^2}\right).$

16. $\displaystyle\int \frac{x^3\,dx}{X^4} = \frac{1}{a^4}\left(\ln X + \frac{3b}{X} - \frac{3b^2}{2X^2} + \frac{b^3}{3X^3}\right).$

17. $\displaystyle\int \frac{x^3\,dx}{X^n} = \frac{1}{a^4}\left[\frac{-1}{(n-4)X^{n-4}} + \frac{3b}{(n-3)X^{n-3}} - \frac{3b^2}{(n-2)X^{n-2}} + \frac{b^3}{(n-1)X^{n-1}}\right]$
$(n \neq 1, \neq 2, \neq 3, \neq 4).$

18. $\displaystyle\int \frac{dx}{xX} = -\frac{1}{b}\ln\frac{X}{x}.$

19. $\displaystyle\int \frac{dx}{xX^2} = -\frac{1}{b^2}\left(\ln\frac{X}{x} + \frac{ax}{X}\right).$

20. $\displaystyle\int \frac{dx}{xX^3} = -\frac{1}{b^3}\left(\ln\frac{X}{x} + \frac{2ax}{X} - \frac{a^2x^2}{2X^2}\right).$

21. $\displaystyle\int \frac{dx}{xX^n} = -\frac{1}{b^n}\left[\ln\frac{X}{x} - \sum_{i=1}^{n-1}\binom{n-1}{i}\frac{(-a)^i x^i}{iX^i}\right]$ $(n \geq 1).$

22. $\displaystyle\int \frac{dx}{x^2X} = -\frac{1}{bx} + \frac{a}{b^2}\ln\frac{X}{x}.$

23. $\displaystyle\int \frac{dx}{x^2X^2} = -a\left[\frac{1}{b^2X} + \frac{1}{ab^2x} - \frac{2}{b^3}\ln\frac{X}{x}\right].$

24. $\displaystyle\int \frac{dx}{x^2X^3} = -a\left[\frac{1}{2b^2X^2} + \frac{2}{b^3X} + \frac{1}{ab^3x} - \frac{3}{b^4}\ln\frac{X}{x}\right].$

25. $\displaystyle\int \frac{dx}{x^2X^n} = -\frac{1}{b^{n+1}}\left[-\sum_{i=2}^{n}\binom{n}{i}\frac{(-a)^i x^{i-1}}{(i-1)X^{i-1}} + \frac{X}{x} - na\ln\frac{X}{x}\right]$ $(n \geq 2).$

26. $\displaystyle\int \frac{dx}{x^3X} = -\frac{1}{b^3}\left[a^2\ln\frac{X}{x} - \frac{2aX}{x} + \frac{X^2}{2x^2}\right].$

27. $\displaystyle\int \frac{dx}{x^3X^2} = -\frac{1}{b^4}\left[3a^2\ln\frac{X}{x} + \frac{a^3x}{X} + \frac{X^2}{2x^2} - \frac{3aX}{x}\right].$

28. $\displaystyle\int \frac{dx}{x^3X^3} = -\frac{1}{b^5}\left[6a^2\ln\frac{X}{x} + \frac{4a^3x}{X} - \frac{a^4x^2}{2X^2} + \frac{X^2}{2x^2} - \frac{4aX}{x}\right].$

29. $$\int \frac{dx}{x^3X^n} = -\frac{1}{b^{n+2}}\left[-\sum_{i=3}^{n+1}\binom{n+1}{i}\frac{(-a)^i x^{i-2}}{(i-2)X^{i-2}} + \frac{a^2X^2}{2x^2} - \frac{(n+1)aX}{x} + \frac{n(n+1)a^2}{2}\ln\frac{X}{x}\right] \quad (n \geq 3).$$

30. $$\int \frac{dx}{x^mX^n} = -\frac{1}{b^{m+n-1}}\sum_{i=0}^{m+n-2}\binom{m+n-2}{i}\frac{X^{m-i-1}(-a)^i}{(m-i-1)x^{m-i-1}}$$

(wenn der Nenner des Gliedes unter dem Summenzeichen verschwindet, so ist ein solches Glied durch das folgende zu ersetzen: $\binom{m+n-2}{m-1}(-a)^{m-1}\ln\frac{X}{x}$).

Bezeichnung: $\Delta = bf - ag$

31. $$\int \frac{ax+b}{fx+g}dx = \frac{ax}{f} + \frac{\Delta}{f^2}\ln(fx+g).$$

32. $$\int \frac{dx}{(ax+b)(fx+g)} = \frac{1}{\Delta}\ln\frac{fx+g}{ax+b} \quad (\Delta \neq 0).$$

33. $$\int \frac{x\,dx}{(ax+b)(fx+g)} = \frac{1}{\Delta}\left[\frac{b}{a}\ln(ax+b) - \frac{g}{f}\ln(fx+g)\right] \quad (\Delta \neq 0).$$

34. $$\int \frac{dx}{(ax+b)^2(fx+g)} = \frac{1}{\Delta}\left(\frac{1}{ax+b} + \frac{f}{\Delta}\ln\frac{fx+g}{ax+b}\right) \quad (\Delta \neq 0).$$

35. $$\int \frac{x\,dx}{(a+x)(b+x)^2} = \frac{b}{(a-b)(b+x)} - \frac{a}{(a-b)^2}\ln\frac{a+x}{b+x} \quad (a \neq b).$$

36. $$\int \frac{x^2\,dx}{(a+x)(b+x)^2} = \frac{b^2}{(b-a)(b+x)} + \frac{a^2}{(b-a)^2}\ln(a+x) + \frac{b^2-2ab}{(b-a)^2}\ln(b+x) \quad (a \neq b).$$

37. $$\int \frac{dx}{(a+x)^2(b+x)^2} = \frac{-1}{(a-b)^2}\left(\frac{1}{a+x} + \frac{1}{b+x}\right) + \frac{2}{(a-b)^3}\ln\frac{a+x}{b+x} \quad (a \neq b).$$

38. $$\int \frac{x\,dx}{(a+x)^2(b+x)^2} = \frac{1}{(a-b)^2}\left(\frac{a}{a+x} + \frac{b}{b+x}\right) + \frac{a+b}{(a-b)^3}\ln\frac{a+x}{b+x} \quad (a \neq b).$$

39. $$\int \frac{x^2\,dx}{(a+x)^2(b+x)^2} = \frac{-1}{(a-b)^2}\left(\frac{a^2}{a+x} + \frac{b^2}{b+x}\right) + \frac{2ab}{(a-b)^3}\ln\frac{a+x}{b+x} \quad (a \neq b).$$

21.5.1.2 Integrale, die $ax^2 + bx + c$ enthalten

Bezeichnungen: $X = ax^2 + bx + c$; $\Delta = 4ac - b^2$

40. $\displaystyle\int \frac{dx}{X} = \frac{2}{\sqrt{\Delta}} \arctan \frac{2ax+b}{\sqrt{\Delta}}$ (für $\Delta \geq 0$).

$\displaystyle = -\frac{2}{\sqrt{-\Delta}} \operatorname{Artanh} \frac{2ax+b}{\sqrt{-\Delta}}$ (für $\Delta < 0$),

$\displaystyle = \frac{1}{\sqrt{-\Delta}} \ln \frac{2ax+b-\sqrt{-\Delta}}{2ax+b+\sqrt{-\Delta}}$ (für $\Delta < 0$).

41. $\displaystyle\int \frac{dx}{X^2} = \frac{2ax+b}{\Delta X} + \frac{2a}{\Delta} \int \frac{dx}{X}$ (siehe Nr.40).

42. $\displaystyle\int \frac{dx}{X^3} = \frac{2ax+b}{\Delta} \left(\frac{1}{2X^2} + \frac{3a}{\Delta X} \right) + \frac{6a^2}{\Delta^2} \int \frac{dx}{X}$ (siehe Nr.40).

43. $\displaystyle\int \frac{dx}{X^n} = \frac{2ax+b}{(n-1)\Delta X^{n-1}} + \frac{(2n-3)2a}{(n-1)\Delta} \int \frac{dx}{X^{n-1}}.$

44. $\displaystyle\int \frac{x\,dx}{X} = \frac{1}{2a} \ln X - \frac{b}{2a} \int \frac{dx}{X}$ (siehe Nr.40).

45. $\displaystyle\int \frac{x\,dx}{X^2} = -\frac{bx+2c}{\Delta X} - \frac{b}{\Delta} \int \frac{dx}{X}$ (siehe Nr.40).

46. $\displaystyle\int \frac{x\,dx}{X^n} = -\frac{bx+2c}{(n-1)\Delta X^{n-1}} - \frac{b(2n-3)}{(n-1)\Delta} \int \frac{dx}{X^{n-1}}.$

47. $\displaystyle\int \frac{x^2\,dx}{X} = \frac{x}{a} - \frac{b}{2a^2} \ln X + \frac{b^2-2ac}{2a^2} \int \frac{dx}{X}$ (siehe Nr.40).

48. $\displaystyle\int \frac{x^2\,dx}{X^2} = \frac{(b^2-2ac)x+bc}{a\Delta X} + \frac{2c}{\Delta} \int \frac{dx}{X}$ (siehe Nr.40).

49. $\displaystyle\int \frac{x^2\,dx}{X^n} = \frac{-x}{(2n-3)aX^{n-1}} + \frac{c}{(2n-3)a} \int \frac{dx}{X^n} - \frac{(n-2)b}{(2n-3)a} \int \frac{x\,dx}{X^n}$

(siehe Nr.43 u. 46).

50. $\displaystyle\int \frac{x^m\,dx}{X^n} = -\frac{x^{m-1}}{(2n-m-1)aX^{n-1}} + \frac{(m-1)c}{(2n-m-1)a} \int \frac{x^{m-2}\,dx}{X^n}$

$\displaystyle - \frac{(n-m)b}{(2n-m-1)a} \int \frac{x^{m-1}\,dx}{X^n}$ ($m \neq 2n-1$; für $m = 2n-1$ siehe Nr.51).

51. $\displaystyle\int \frac{x^{2n-1}\,dx}{X^n} = \frac{1}{a} \int \frac{x^{2n-3}\,dx}{X^{n-1}} - \frac{c}{a} \int \frac{x^{2n-3}\,dx}{X^n} - \frac{b}{a} \int \frac{x^{2n-2}\,dx}{X^n}.$

52. $\displaystyle\int \frac{dx}{xX} = \frac{1}{2c} \ln \frac{x^2}{X} - \frac{b}{2c} \int \frac{dx}{X}$ (siehe Nr.40).

53. $$\int \frac{dx}{xX^n} = \frac{1}{2c(n-1)X^{n-1}} - \frac{b}{2c}\int \frac{dx}{X^n} + \frac{1}{c}\int \frac{dx}{xX^{n-1}}.$$

54. $$\int \frac{dx}{x^2X} = \frac{b}{2c^2}\ln\frac{X}{x^2} - \frac{1}{cx} + \left(\frac{b^2}{2c^2} - \frac{a}{c}\right)\int \frac{dx}{X} \qquad \text{(siehe Nr.40)}.$$

55. $$\int \frac{dx}{x^mX^n} = -\frac{1}{(m-1)cx^{m-1}X^{n-1}} - \frac{(2n+m-3)a}{(m-1)c}\int \frac{dx}{x^{m-2}X^n} - \frac{(n+m-2)b}{(m-1)c}\int \frac{dx}{x^{m-1}X^n} \qquad (m>1).$$

56. $$\int \frac{dx}{(fx+g)X} = \frac{1}{2(cf^2-gbf+g^2a)}\left[f\ln\frac{(fx+g)^2}{X}\right] + \frac{2ga-bf}{2(cf^2-gbf+g^2a)}\int \frac{dx}{X} \qquad \text{(siehe Nr.40)}.$$

21.5.1.3 Integrale, die $a^2 \pm x^2$ enthalten

Bezeichnungen:
$X = a^2 \pm x^2$,

$$Y = \begin{cases} \arctan\frac{x}{a} & \text{für das Vorzeichen „+“,} \\ \operatorname{Artanh}\frac{x}{a} = \frac{1}{2}\ln\frac{a+x}{a-x} & \text{für das Vorzeichen „–“ und } |x|<a, \\ \operatorname{Arcoth}\frac{x}{a} = \frac{1}{2}\ln\frac{x+a}{x-a} & \text{für das Vorzeichen „–“ und } |x|>a. \end{cases}$$

Im Falle eines Doppelvorzeichens in einer Formel gehört das obere Vorzeichen zu $X = a^2 + x^2$, das untere zu $X = a^2 - x^2$.

57. $$\int \frac{dx}{X} = \frac{1}{a}Y.$$

58. $$\int \frac{dx}{X^2} = \frac{x}{2a^2X} + \frac{1}{2a^3}Y.$$

59. $$\int \frac{dx}{X^3} = \frac{x}{4a^2X^2} + \frac{3x}{8a^4X} + \frac{3}{8a^5}Y.$$

60. $$\int \frac{dx}{X^{n+1}} = \frac{x}{2na^2X^n} + \frac{2n-1}{2na^2}\int \frac{dx}{X^n}.$$

61. $$\int \frac{x\,dx}{X} = \pm\frac{1}{2}\ln X.$$

62. $$\int \frac{x\,dx}{X^2} = \mp\frac{1}{2X}.$$

63. $$\int \frac{x\,dx}{X^3} = \mp\frac{1}{4X^2}.$$

64. $\int \frac{x\,dx}{X^{n+1}} = \mp\frac{1}{2nX^n}$ $(n \neq 0)$.

65. $\int \frac{x^2\,dx}{X} = \pm x \mp aY.$

66. $\int \frac{x^2\,dx}{X^2} = \mp\frac{x}{2X} \pm \frac{1}{2a}Y.$

67. $\int \frac{x^2\,dx}{X^3} = \mp\frac{x}{4X^2} \pm \frac{x}{8a^2X} \pm \frac{1}{8a^3}Y.$

68. $\int \frac{x^2\,dx}{X^{n+1}} = \mp\frac{x}{2nX^n} \pm \frac{1}{2n}\int\frac{dx}{X^n}$ $(n \neq 0)$.

69. $\int \frac{x^3\,dx}{X} = \pm\frac{x^2}{2} - \frac{a^2}{2}\ln X.$

70. $\int \frac{x^3\,dx}{X^2} = \frac{a^2}{2X} + \frac{1}{2}\ln X.$

71. $\int \frac{x^3\,dx}{X^3} = -\frac{1}{2X} + \frac{a^2}{4X^2}.$

72. $\int \frac{x^3\,dx}{X^{n+1}} = -\frac{1}{2(n-1)X^{n-1}} + \frac{a^2}{2nX^n}$ $(n > 1)$.

73. $\int \frac{dx}{xX} = \frac{1}{2a^2}\ln\frac{x^2}{X}.$

74. $\int \frac{dx}{xX^2} = \frac{1}{2a^2X} + \frac{1}{2a^4}\ln\frac{x^2}{X}.$

75. $\int \frac{dx}{xX^3} = \frac{1}{4a^2X^2} + \frac{1}{2a^4X} + \frac{1}{2a^6}\ln\frac{x^2}{X}.$

76. $\int \frac{dx}{x^2X} = -\frac{1}{a^2x} \mp \frac{1}{a^3}Y.$

77. $\int \frac{dx}{x^2X^2} = -\frac{1}{a^4x} \mp \frac{x}{2a^4X} \mp \frac{3}{2a^5}Y.$

78. $\int \frac{dx}{x^2X^3} = -\frac{1}{a^6x} \mp \frac{x}{4a^4X^2} \mp \frac{7x}{8a^6X} \mp \frac{15}{8a^7}Y.$

79. $\int \frac{dx}{x^3X} = -\frac{1}{2a^2x^2} \mp \frac{1}{2a^4}\ln\frac{x^2}{X}.$

$$X = a^2 \pm x^2,$$

$$Y = \begin{cases} \arctan\frac{x}{a} \text{ gehört für „+“}, \\ \operatorname{Artanh}\frac{x}{a} = \frac{1}{2}\ln\frac{a+x}{a-x} \text{ gehört für „–“ für } |x| < a, \\ \operatorname{Arcoth}\frac{x}{a} = \frac{1}{2}\ln\frac{x+a}{x-a} \text{ gehört für „–“ für } |x| > a. \end{cases}$$

80. $\displaystyle\int \frac{dx}{x^3X^2} = -\frac{1}{2a^4x^2} \mp \frac{1}{2a^4X} \mp \frac{1}{a^6}\ln\frac{x^2}{X}.$

81. $\displaystyle\int \frac{dx}{x^3X^3} = -\frac{1}{2a^6x^2} \mp \frac{1}{a^6X} \mp \frac{1}{4a^4X^2} \mp \frac{3}{2a^8}\ln\frac{x^2}{X}.$

82. $\displaystyle\int \frac{dx}{(b+cx)X} = \frac{1}{a^2c^2 \pm b^2}\left[c\ln(b+cx) - \frac{c}{2}\ln X \pm \frac{b}{a}Y\right].$

21.5.1.4 Integrale, die $a^3 \pm x^3$ enthalten

> Bezeichnungen: $a^3 \pm x^3 = X$; im Falle eines Doppelvorzeichens in einer Formel gehört das obere Vorzeichen zu $X = a^3 + x^3$, das untere zu $X = a^3 - x^3$.

83. $\displaystyle\int \frac{dx}{X} = \pm\frac{1}{6a^2}\ln\frac{(a \pm x)^2}{a^2 \mp ax + x^2} + \frac{1}{a^2\sqrt{3}}\arctan\frac{2x \mp a}{a\sqrt{3}}.$

84. $\displaystyle\int \frac{dx}{X^2} = \frac{x}{3a^3X} + \frac{2}{3a^3}\int\frac{dx}{X}$ (siehe Nr.83).

85. $\displaystyle\int \frac{x\,dx}{X} = \frac{1}{6a}\ln\frac{a^2 \mp ax + x^2}{(a \pm x^2)} \pm \frac{1}{a\sqrt{3}}\arctan\frac{2x \mp a}{a\sqrt{3}}.$

86. $\displaystyle\int \frac{x\,dx}{X^2} = \frac{x^2}{3a^3X} + \frac{1}{3a^3}\int\frac{x\,dx}{X}$ (siehe Nr.85).

87. $\displaystyle\int \frac{x^2\,dx}{X} = \pm\frac{1}{3}\ln X.$

88. $\displaystyle\int \frac{x^2\,dx}{X^2} = \mp\frac{1}{3X}.$

89. $\displaystyle\int \frac{x^3\,dx}{X} = \pm x \mp a^3\int\frac{dx}{X}$ (siehe Nr.83).

90. $\displaystyle\int \frac{x^3\,dx}{X^2} = \mp\frac{x}{3X} \pm \frac{1}{3}\int\frac{dx}{X}$ (siehe Nr.83).

91. $\displaystyle\int \frac{dx}{xX} = \frac{1}{3a^3}\ln\frac{x^3}{X}.$

92. $\displaystyle\int \frac{dx}{xX^2} = \frac{1}{3a^3X} + \frac{1}{3a^6}\ln\frac{x^3}{X}.$

93. $\displaystyle\int \frac{dx}{x^2X} = -\frac{1}{a^3x} \mp \frac{1}{a^3}\int\frac{x\,dx}{X}$ (siehe Nr.85).

94. $\displaystyle\int \frac{dx}{x^2X^2} = -\frac{1}{a^6x} \mp \frac{x^2}{3a^6X} \mp \frac{4}{3a^6}\int\frac{x\,dx}{X}$ (siehe Nr.85).

95. $\int \frac{dx}{x^3 X} = -\frac{1}{2a^3x^2} \mp \frac{1}{a^3} \int \frac{dx}{X}$ (siehe Nr.83).

96. $\int \frac{dx}{x^3 X^2} = -\frac{1}{2a^6x^2} \mp \frac{x}{3a^6 X} \mp \frac{5}{3a^6} \int \frac{dx}{X}$ (siehe Nr.83).

21.5.1.5 Integrale, die $a^4 + x^4$ enthalten

97. $\int \frac{dx}{a^4 + x^4} = \frac{1}{4a^3\sqrt{2}} \ln \frac{x^2 + ax\sqrt{2} + a^2}{x^2 - ax\sqrt{2} + a^2} + \frac{1}{2a^3\sqrt{2}} \arctan \frac{ax\sqrt{2}}{a^2 - x^2}.$

98. $\int \frac{x\,dx}{a^4 + x^4} = \frac{1}{2a^2} \arctan \frac{x^2}{a^2}.$

99. $\int \frac{x^2\,dx}{a^4 + x^4} = -\frac{1}{4a\sqrt{2}} \ln \frac{x^2 + ax\sqrt{2} + a^2}{x^2 - ax\sqrt{2} + a^2} + \frac{1}{2a\sqrt{2}} \arctan \frac{ax\sqrt{2}}{a^2 - x^2}.$

100. $\int \frac{x^3\,dx}{a^4 + x^4} = \frac{1}{4} \ln(a^4 + x^4).$

21.5.1.6 Integrale, die $a^4 - x^4$ enthalten

101. $\int \frac{dx}{a^4 - x^4} = \frac{1}{4a^3} \ln \frac{a + x}{a - x} + \frac{1}{2a^3} \arctan \frac{x}{a}.$

102. $\int \frac{x\,dx}{a^4 - x^4} = \frac{1}{4a^2} \ln \frac{a^2 + x^2}{a^2 - x^2}.$

103. $\int \frac{x^2\,dx}{a^4 - x^4} = \frac{1}{4a} \ln \frac{a + x}{a - x} - \frac{1}{2a} \arctan \frac{x}{a}.$

104. $\int \frac{x^3\,dx}{a^4 - x^4} = -\frac{1}{4} \ln(a^4 - x^4).$

21.5.1.7 Einige Fälle der Partialbruchzerlegung

105. $\frac{1}{(a + bx)(f + gx)} \equiv \frac{1}{fb - ag} \left(\frac{b}{a + bx} - \frac{g}{f + gx} \right).$

106. $\frac{1}{(x + a)(x + b)(x + c)} \equiv \frac{A}{x + a} + \frac{B}{x + b} + \frac{C}{x + c},$

wo $A = \frac{1}{(b - a)(c - a)},\ B = \frac{1}{(a - b)(c - b)},\ C = \frac{1}{(a - c)(b - c)}.$

107. $\frac{1}{(x + a)(x + b)(x + c)(x + d)} \equiv \frac{A}{x + a} + \frac{B}{x + b} + \frac{C}{x + c} + \frac{D}{x + d},$

wo $A = \frac{1}{(b - a)(c - a)(d - a)},\ B = \frac{1}{(a - b)(c - b)(d - b)}$ usw.

108. $$\frac{1}{(a+bx^2)(f+gx^2)} \equiv \frac{1}{fb-ag}\left(\frac{b}{a+bx^2} - \frac{g}{f+gx^2}\right).$$

21.5.2 Integrale irrationaler Funktionen

21.5.2.1 Integrale, die $\sqrt{x}$ und $a^2 \pm b^2x$ enthalten

Bezeichnungen:

$$X = a^2 \pm b^2x,\ Y = \begin{cases} \arctan\dfrac{b\sqrt{x}}{a} & \text{für das Vorzeichen „+ ",} \\ \dfrac{1}{2}\ln\dfrac{a+b\sqrt{x}}{a-b\sqrt{x}} & \text{für das Vorzeichen „–".} \end{cases}$$

Im Falle eines Doppelvorzeichens in einer Formel gehört das obere Vorzeichen
zu $X = a^2 + b^2x$, das untere zu $X = a^2 - b^2x$.

109. $$\int \frac{\sqrt{x}\,dx}{X} = \pm\frac{2\sqrt{x}}{b^2} \mp \frac{2a}{b^3}Y.$$

110. $$\int \frac{\sqrt{x^3}\,dx}{X} = \pm\frac{2}{3}\frac{\sqrt{x^3}}{b^2} - \frac{2a^2\sqrt{x}}{b^4} + \frac{2a^3}{b^5}Y.$$

111. $$\int \frac{\sqrt{x}\,dx}{X^2} = \mp\frac{\sqrt{x}}{b^2X} \pm \frac{1}{ab^3}Y.$$

112. $$\int \frac{\sqrt{x^3}\,dx}{X^2} = \pm\frac{2\sqrt{x^3}}{b^2X} + \frac{3a^2\sqrt{x}}{b^4X} - \frac{3a}{b^5}Y.$$

113. $$\int \frac{dx}{X\sqrt{x}} = \frac{2}{ab}Y.$$

114. $$\int \frac{dx}{X\sqrt{x^3}} = -\frac{2}{a^2\sqrt{x}} \mp \frac{2b}{a^3}Y.$$

115. $$\int \frac{dx}{X^2\sqrt{x}} = \frac{\sqrt{x}}{a^2X} + \frac{1}{a^3b}Y.$$

116. $$\int \frac{dx}{X^2\sqrt{x^3}} = -\frac{2}{a^2X\sqrt{x}} \mp \frac{3b^2\sqrt{x}}{a^4X} \mp \frac{3b}{a^5}Y.$$

21.5.2.2 Andere Integrale, die $\sqrt{x}$ enthalten

117. $$\int \frac{\sqrt{x}\,dx}{a^4+x^2} = -\frac{1}{2a\sqrt{2}}\ln\frac{x+a\sqrt{2x}+a^2}{x-a\sqrt{2x}+a^2} + \frac{1}{a\sqrt{2}}\arctan\frac{a\sqrt{2x}}{a^2-x}.$$

118. $$\int \frac{dx}{(a^4+x^2)\sqrt{x}} = \frac{1}{2a^3\sqrt{2}}\ln\frac{x+a\sqrt{2x}+a^2}{x-a\sqrt{2x}+a^2} + \frac{1}{a^3\sqrt{2}}\arctan\frac{a\sqrt{2x}}{a^2-x}.$$

119. $\displaystyle\int \frac{\sqrt{x}\,dx}{a^4 - x^2} = \frac{1}{2a}\ln\frac{a+\sqrt{x}}{a-\sqrt{x}} - \frac{1}{a}\arctan\frac{\sqrt{x}}{a}.$

120. $\displaystyle\int \frac{dx}{(a^4 - x^2)\sqrt{x}} = \frac{1}{2a^3}\ln\frac{a+\sqrt{x}}{a-\sqrt{x}} + \frac{1}{a^3}\arctan\frac{\sqrt{x}}{a}.$

21.5.2.3 Integrale, die $\sqrt{ax+b}$ enthalten

Bezeichnung: $X = ax + b$

121. $\displaystyle\int \sqrt{X}\,dx = \frac{2}{3a}\sqrt{X^3}.$

122. $\displaystyle\int x\sqrt{X}\,dx = \frac{2(3ax-2b)\sqrt{X^3}}{15a^2}.$

123. $\displaystyle\int x^2\sqrt{X}\,dx = \frac{2(15a^2x^2 - 12abx + 8b^2)\sqrt{X^3}}{105a^3}.$

124. $\displaystyle\int \frac{dx}{\sqrt{X}} = \frac{2\sqrt{X}}{a}.$

125. $\displaystyle\int \frac{x\,dx}{\sqrt{X}} = \frac{2(ax-2b)}{3a^2}\sqrt{X}.$

126. $\displaystyle\int \frac{x^2\,dx}{\sqrt{X}} = \frac{2(3a^2x^2 - 4abx + 8b^2)\sqrt{X}}{15a^3}.$

127. $\displaystyle\int \frac{dx}{x\sqrt{X}} = \begin{cases} -\dfrac{2}{\sqrt{b}}\operatorname{Arcoth}\sqrt{\dfrac{X}{b}} = -\dfrac{1}{\sqrt{b}}\ln\dfrac{\sqrt{X}-\sqrt{b}}{\sqrt{X}+\sqrt{b}} & \text{für } b > 0, \\ \dfrac{2}{\sqrt{-b}}\arctan\sqrt{\dfrac{X}{-b}} & \text{für } b < 0. \end{cases}$

128. $\displaystyle\int \frac{\sqrt{X}}{x}dx = 2\sqrt{X} + b\int\frac{dx}{x\sqrt{X}}$ (siehe Nr.127).

129. $\displaystyle\int \frac{dx}{x^2\sqrt{X}} = -\frac{\sqrt{X}}{bx} - \frac{a}{2b}\int\frac{dx}{x\sqrt{X}}$ (siehe Nr.127).

130. $\displaystyle\int \frac{\sqrt{X}}{x^2}dx = -\frac{\sqrt{X}}{x} + \frac{a}{2}\int\frac{dx}{x\sqrt{X}}$ (siehe Nr.127).

131. $\displaystyle\int \frac{dx}{x^n\sqrt{X}} = -\frac{\sqrt{X}}{(n-1)bx^{n-1}} - \frac{(2n-3)a}{(2n-2)b}\int\frac{dx}{x^{n-1}\sqrt{X}}.$

132. $\displaystyle\int \sqrt{X^3}\,dx = \frac{2\sqrt{X^5}}{5a}.$

133. $\displaystyle\int x\sqrt{X^3}\,dx = \frac{2}{35a^2}\left(5\sqrt{X^7} - 7b\sqrt{X^5}\right).$

134. $\displaystyle\int x^2\sqrt{X^3}\,dx = \frac{2}{a^3}\left(\frac{\sqrt{X^9}}{9} - \frac{2b\sqrt{X^7}}{7} + \frac{b^2\sqrt{X^5}}{5}\right).$

135. $\displaystyle\int \frac{\sqrt{X^3}}{x}dx = \frac{2\sqrt{X^3}}{3} + 2b\sqrt{X} + b^2\int\frac{dx}{x\sqrt{X}}$ (siehe Nr.127).

136. $\displaystyle\int \frac{x\,dx}{\sqrt{X^3}} = \frac{2}{a^2}\left(\sqrt{X} + \frac{b}{\sqrt{X}}\right).$

137. $\displaystyle\int \frac{x^2\,dx}{\sqrt{X^3}} = \frac{2}{a^3}\left(\frac{\sqrt{X^3}}{3} - 2b\sqrt{X} - \frac{b^2}{\sqrt{X}}\right).$

138. $\displaystyle\int \frac{dx}{x\sqrt{X^3}} = \frac{2}{b\sqrt{X}} + \frac{1}{b}\int\frac{dx}{x\sqrt{X}}$ (siehe Nr.127).

139. $\displaystyle\int \frac{dx}{x^2\sqrt{X^3}} = -\frac{1}{bx\sqrt{X}} - \frac{3a}{b^2\sqrt{X}} - \frac{3a}{2b^2}\int\frac{dx}{x\sqrt{X}}$ (siehe Nr.127).

140. $\displaystyle\int X^{\pm n/2}\,dx = \frac{2X^{(2n\pm n)/2}}{a(2\pm n)}.$

141. $\displaystyle\int xX^{\pm n/2}\,dx = \frac{2}{a^2}\left(\frac{X^{(4\pm n)/2}}{4\pm n} - \frac{bX^{(2\pm n)/2}}{2\pm n}\right).$

142. $\displaystyle\int x^2X^{\pm n/2}\,dx = \frac{2}{a^3}\left(\frac{X^{(6\pm n)/2}}{6\pm n} - \frac{2bX^{(4\pm n)/2}}{4\pm n} + \frac{b^2X^{(2\pm n)/2}}{2\pm n}\right).$

143. $\displaystyle\int \frac{X^{n/2}\,dx}{x} = \frac{2X^{n/2}}{n} + b\int\frac{X^{(n-2)/2}}{x}dx.$

144. $\displaystyle\int \frac{dx}{xX^{n/2}} = \frac{2}{(n-2)bX^{(n-2)/2}} + \frac{1}{b}\int\frac{dx}{xX^{(n-2)/2}}.$

145. $\displaystyle\int \frac{dx}{x^2X^{n/2}} = -\frac{1}{bxX^{(n-2)/2}} - \frac{na}{2b}\int\frac{dx}{xX^{n/2}}.$

21.5.2.4 Integrale, die $\sqrt{ax+b}$ und $\sqrt{fx+g}$ enthalten

Bezeichnungen: $X = ax + b,\ Y = fx + g,\ \Delta = bf - ag$

146. $$\int\frac{dx}{\sqrt{XY}} = \begin{cases} -\dfrac{2}{\sqrt{-af}}\arctan\sqrt{-\dfrac{fX}{aY}} & \text{für } af < 0,\\ \dfrac{2}{\sqrt{af}}\operatorname{Artanh}\sqrt{\dfrac{fX}{aY}} & \text{für } af > 0.\\ \dfrac{2}{\sqrt{af}}\ln\left(\sqrt{aY} + \sqrt{fX}\right) & \text{für } af > 0.\end{cases}$$

147. $\int \frac{x\,dx}{\sqrt{XY}} = \frac{\sqrt{XY}}{af} - \frac{ag+bf}{2af}\int \frac{dx}{\sqrt{XY}}$ (siehe Nr.146).

148. $\int \frac{dx}{\sqrt{X}\sqrt{Y^3}} = -\frac{2\sqrt{X}}{\Delta\sqrt{Y}}.$

149. $\int \frac{dx}{Y\sqrt{X}} = \begin{cases} \frac{2}{\sqrt{-\Delta f}}\arctan\frac{f\sqrt{X}}{\sqrt{-\Delta f}} & \text{für } \Delta f < 0, \\ \frac{1}{\sqrt{\Delta f}}\ln\frac{f\sqrt{X}-\sqrt{\Delta f}}{f\sqrt{X}+\sqrt{\Delta f}} & \text{für } \Delta f > 0. \end{cases}$

150. $\int \sqrt{XY}\,dx = \frac{\Delta + 2aY}{4af}\sqrt{XY} - \frac{\Delta^2}{8af}\int\frac{dx}{\sqrt{XY}}$ (siehe Nr.146).

151. $\int \sqrt{\frac{Y}{X}}dx = \frac{1}{a}\sqrt{XY} - \frac{\Delta}{2a}\int\frac{dx}{\sqrt{XY}}$ (siehe Nr.146).

152. $\int \frac{\sqrt{X}\,dx}{Y} = \frac{2\sqrt{X}}{f} + \frac{\Delta}{f}\int\frac{dx}{Y\sqrt{X}}$ (siehe Nr.149).

153. $\int \frac{Y^n\,dx}{\sqrt{X}} = \frac{2}{(2n+1)a}\left(\sqrt{X}Y^n - n\Delta\int\frac{Y^{n-1}\,dx}{\sqrt{X}}\right).$

154. $\int \frac{dx}{\sqrt{X}Y^n} = -\frac{1}{(n-1)\Delta}\left\{\frac{\sqrt{X}}{Y^{n-1}} + \left(n-\frac{3}{2}\right)a\int\frac{dx}{\sqrt{X}Y^{n-1}}\right\}.$

155. $\int \sqrt{X}Y^n\,dx = \frac{1}{(2n+3)f}\left(2\sqrt{X}Y^{n+1} + \Delta\int\frac{Y^n\,dx}{\sqrt{X}}\right)$ (siehe Nr.153).

156. $\int \frac{\sqrt{X}\,dx}{Y^n} = \frac{1}{(n-1)f}\left(-\frac{\sqrt{X}}{Y^{n-1}} + \frac{a}{2}\int\frac{dx}{\sqrt{X}Y^{n-1}}\right).$

21.5.2.5 Integrale, die $\sqrt{a^2-x^2}$ enthalten

Bezeichnung: $X = a^2 - x^2$

157. $\int \sqrt{X}\,dx = \frac{1}{2}\left(x\sqrt{X} + a^2\arcsin\frac{x}{a}\right).$

158. $\int x\sqrt{X}\,dx = -\frac{1}{3}\sqrt{X^3}.$

159. $\int x^2\sqrt{X}\,dx = -\frac{x}{4}\sqrt{X^3} + \frac{a^2}{8}\left(x\sqrt{X} + a^2\arcsin\frac{x}{a}\right).$

160. $\int x^3\sqrt{X}\,dx = \frac{\sqrt{X^5}}{5} - a^2\frac{\sqrt{X^3}}{3}.$

161. $\int \frac{\sqrt{X}}{x}dx = \sqrt{X} - a\ln\frac{a+\sqrt{X}}{x}.$

162. $\int \frac{\sqrt{X}}{x^2}dx = -\frac{\sqrt{X}}{x} - \arcsin\frac{x}{a}.$

163. $\int \frac{\sqrt{X}}{x^3}dx = -\frac{\sqrt{X}}{2x^2} + \frac{1}{2a}\ln\frac{a+\sqrt{X}}{x}.$

164. $\int \frac{dx}{\sqrt{X}} = \arcsin\frac{x}{a}.$

165. $\int \frac{x\,dx}{\sqrt{X}} = -\sqrt{X}.$

166. $\int \frac{x^2\,dx}{\sqrt{X}} = -\frac{x}{2}\sqrt{X} + \frac{a^2}{2}\arcsin\frac{x}{a}.$

167. $\int \frac{x^3\,dx}{\sqrt{X}} = \frac{\sqrt{X^3}}{3} - a^2\sqrt{X}.$

168. $\int \frac{dx}{x\sqrt{X}} = -\frac{1}{a}\ln\frac{a+\sqrt{X}}{x}.$

169. $\int \frac{dx}{x^2\sqrt{X}} = -\frac{\sqrt{X}}{a^2x}.$

170. $\int \frac{dx}{x^3\sqrt{X}} = -\frac{\sqrt{X}}{2a^2x^2} - \frac{1}{2a^3}\ln\frac{a+\sqrt{X}}{x}.$

171. $\int \sqrt{X^3}\,dx = \frac{1}{4}\left(x\sqrt{X^3} + \frac{3a^2x}{2}\sqrt{X} + \frac{3a^4}{2}\arcsin\frac{x}{a}\right).$

172. $\int x\sqrt{X^3}\,dx = -\frac{1}{5}\sqrt{X^5}.$

173. $\int x^2\sqrt{X^3}\,dx = -\frac{x\sqrt{X^5}}{6} + \frac{a^2x\sqrt{X^3}}{24} + \frac{a^4x\sqrt{X}}{16} + \frac{a^6}{16}\arcsin\frac{x}{a}.$

174. $\int x^3\sqrt{X^3}\,dx = \frac{\sqrt{X^7}}{7} - \frac{a^2\sqrt{X^5}}{5}.$

175. $\int \frac{\sqrt{X^3}}{x}dx = \frac{\sqrt{X^3}}{3} + a^2\sqrt{X} - a^3\ln\frac{a+\sqrt{X}}{x}.$

176. $\int \frac{\sqrt{X^3}}{x^2}dx = -\frac{\sqrt{X^3}}{x} - \frac{3}{2}x\sqrt{X} - \frac{3}{2}a^2\arcsin\frac{x}{a}.$

177. $\int \frac{\sqrt{X^3}}{x^3}dx = -\frac{\sqrt{X^3}}{2x^2} - \frac{3\sqrt{X}}{2} + \frac{3a}{2}\ln\frac{a+\sqrt{X}}{x}.$

178. $\int \frac{dx}{\sqrt{X^3}} = \frac{x}{a^2\sqrt{X}}.$

179. $\int \frac{x\,dx}{\sqrt{X^3}} = \frac{1}{\sqrt{X}}.$

180. $\int \frac{x^2\,dx}{\sqrt{X^3}} = \frac{x}{\sqrt{X}} - \arcsin\frac{x}{a}.$

181. $\int \frac{x^3\,dx}{\sqrt{X^3}} = \sqrt{X} + \frac{a^2}{\sqrt{X}}.$

182. $\int \frac{dx}{x\sqrt{X^3}} = \frac{1}{a^2\sqrt{X}} - \frac{1}{a^3}\ln\frac{a+\sqrt{X}}{x}.$

183. $\int \frac{dx}{x^2\sqrt{X^3}} = \frac{1}{a^4}\left(-\frac{\sqrt{X}}{x} + \frac{x}{\sqrt{X}}\right).$

184. $\int \frac{dx}{x^3\sqrt{X^3}} = -\frac{1}{2a^2x^2\sqrt{X}} + \frac{3}{2a^4\sqrt{X}} - \frac{3}{2a^5}\ln\frac{a+\sqrt{X}}{x}.$

21.5.2.6 Integrale, die $\sqrt{x^2+a^2}$ enthalten

Bezeichnung: $X = x^2 + a^2$

185. $\int \sqrt{X}\,dx = \frac{1}{2}\left(x\sqrt{X} + a^2 \operatorname{Arsinh}\frac{x}{a}\right) + C,$
$= \frac{1}{2}\left[x\sqrt{X} + a^2\ln\left(x+\sqrt{X}\right)\right] + C_1.$

186. $\int x\sqrt{X}\,dx = \frac{1}{3}\sqrt{X^3}.$

187. $\int x^2\sqrt{X}\,dx = \frac{x}{4}\sqrt{X^3} - \frac{a^2}{8}\left(x\sqrt{X} + a^2\operatorname{Arsinh}\frac{x}{a}\right) + C$
$= \frac{x}{4}\sqrt{X^3} - \frac{a^2}{8}\left[x\sqrt{X} + a^2\ln\left(x+\sqrt{X}\right)\right] + C_1.$

188. $\int x^3\sqrt{X}\,dx = \frac{\sqrt{X^5}}{5} - \frac{a^2\sqrt{X^3}}{3}.$

189. $\int \frac{\sqrt{X}}{x}dx = \sqrt{X} - a\ln\frac{a+\sqrt{X}}{x}.$

190. $\int \frac{\sqrt{X}}{x^2}dx = -\frac{\sqrt{X}}{x} + \operatorname{Arsinh}\frac{x}{a} + C = -\frac{\sqrt{X}}{x} + \ln\left(x+\sqrt{X}\right) + C_1.$

191. $\int \frac{\sqrt{X}}{x^3}dx = -\frac{\sqrt{X}}{2x^2} - \frac{1}{2a}\ln\frac{a+\sqrt{X}}{x}.$

192. $$\int \frac{dx}{\sqrt{X}} = \operatorname{Arsinh}\frac{x}{a} + C = \ln\left(x + \sqrt{X}\right) + C_1.$$

193. $$\int \frac{x\,dx}{\sqrt{X}} = \sqrt{X}.$$

194. $$\int \frac{x^2\,dx}{\sqrt{X}} = \frac{x}{2}\sqrt{X} - \frac{a^2}{2}\operatorname{Arsinh}\frac{x}{a} + C = \frac{x}{2}\sqrt{X} - \frac{a^2}{2}\ln\left(x + \sqrt{X}\right) + C_1.$$

195. $$\int \frac{x^3\,dx}{\sqrt{X}} = \frac{\sqrt{X^3}}{3} - a^2\sqrt{X}.$$

196. $$\int \frac{dx}{x\sqrt{X}} = -\frac{1}{a}\ln\frac{a + \sqrt{X}}{x}.$$

197. $$\int \frac{dx}{x^2\sqrt{X}} = -\frac{\sqrt{X}}{a^2 x}.$$

198. $$\int \frac{dx}{x^3\sqrt{X}} = -\frac{\sqrt{X}}{2a^2x^2} + \frac{1}{2a^3}\ln\frac{a + \sqrt{X}}{x}.$$

199. $$\begin{aligned}\int \sqrt{X^3}\,dx &= \frac{1}{4}\left(x\sqrt{X^3} + \frac{3a^2x}{2}\sqrt{X} + \frac{3a^4}{2}\operatorname{Arsinh}\frac{x}{a}\right) + C\\ &= \frac{1}{4}\left(x\sqrt{X^3} + \frac{3a^2x}{2}\sqrt{X} + \frac{3a^4}{2}\ln\left(x + \sqrt{X}\right)\right) + C_1.\end{aligned}$$

200. $$\int x\sqrt{X^3}\,dx = \frac{1}{5}\sqrt{X^5}.$$

201. $$\begin{aligned}\int x^2\sqrt{X^3}\,dx &= \frac{x\sqrt{X^5}}{6} - \frac{a^2x\sqrt{X^3}}{24} - \frac{a^4x\sqrt{X}}{16} - \frac{a^6}{16}\operatorname{Arsinh}\frac{x}{a} + C\\ &= \frac{x\sqrt{X^5}}{6} - \frac{a^2x\sqrt{X^3}}{24} - \frac{a^4x\sqrt{X}}{16} - \frac{a^6}{16}\ln\left(x + \sqrt{X}\right) + C_1.\end{aligned}$$

202. $$\int x^3\sqrt{X^3}\,dx = \frac{\sqrt{X^7}}{7} - \frac{a^2\sqrt{X^5}}{5}.$$

203. $$\int \frac{\sqrt{X^3}}{x}dx = \frac{\sqrt{X^3}}{3} + a^2\sqrt{X} - a^3\ln\frac{a + \sqrt{X}}{x}.$$

204. $$\begin{aligned}\int \frac{\sqrt{X^3}}{x^2}dx &= -\frac{\sqrt{X^3}}{x} + \frac{3}{2}x\sqrt{X} + \frac{3}{2}a^2\operatorname{Arsinh}\frac{x}{a} + C\\ &= -\frac{\sqrt{X^3}}{x} + \frac{3}{2}x\sqrt{X} + \frac{3}{2}a^2\ln\left(x + \sqrt{X}\right) + C_1.\end{aligned}$$

205. $$\int \frac{\sqrt{X^3}}{x^3}dx = -\frac{\sqrt{X^3}}{2x^2} + \frac{3}{2}\sqrt{X} - \frac{3}{2}a\ln\left(\frac{a + \sqrt{X}}{x}\right).$$

206. $$\int \frac{dx}{\sqrt{X^3}} = \frac{x}{a^2\sqrt{X}}.$$

207. $\int \frac{x\,dx}{\sqrt{X^3}} = -\frac{1}{\sqrt{X}}.$

208. $\int \frac{x^2\,dx}{\sqrt{X^3}} = -\frac{x}{\sqrt{X}} + \operatorname{Arsinh}\frac{x}{a} + C = -\frac{x}{\sqrt{X}} + \ln\left(x + \sqrt{X}\right) + C_1.$

209. $\int \frac{x^3\,dx}{\sqrt{X^3}} = \sqrt{X} + \frac{a^2}{\sqrt{X}}.$

210. $\int \frac{dx}{x\sqrt{X^3}} = \frac{1}{a^2\sqrt{X}} - \frac{1}{a^3}\ln\frac{a+\sqrt{X}}{x}.$

211. $\int \frac{dx}{x^2\sqrt{X^3}} = -\frac{1}{a^4}\left(\frac{\sqrt{X}}{x} + \frac{x}{\sqrt{X}}\right).$

212. $\int \frac{dx}{x^3\sqrt{X^3}} = -\frac{1}{2a^2x^2\sqrt{X}} - \frac{3}{2a^4\sqrt{X}} + \frac{3}{2a^5}\ln\frac{a+\sqrt{X}}{x}.$

21.5.2.7 Integrale, die $\sqrt{x^2 - a^2}$ enthalten

Bezeichnung: $X = x^2 - a^2$

213. $\int \sqrt{X}\,dx = \frac{1}{2}\left(x\sqrt{X} - a^2\operatorname{Arcosh}\frac{x}{a}\right) + C$
$= \frac{1}{2}\left[x\sqrt{X} - a^2\ln\left(x+\sqrt{X}\right)\right] + C_1.$

214. $\int x\sqrt{X}\,dx = \frac{1}{3}\sqrt{X^3}.$

215. $\int x^2\sqrt{X}\,dx = \frac{x}{4}\sqrt{X^3} + \frac{a^2}{8}\left(x\sqrt{X} - a^2\operatorname{Arcosh}\frac{x}{a}\right) + C$
$= \frac{x}{4}\sqrt{X^3} + \frac{a^2}{8}\left[x\sqrt{X} - a^2\ln\left(x+\sqrt{X}\right)\right] + C_1.$

216. $\int x^3\sqrt{X}\,dx = \frac{\sqrt{X^5}}{5} + \frac{a^2\sqrt{X^3}}{3}.$

217. $\int \frac{\sqrt{X}}{x}dx = \sqrt{X} - a\arccos\frac{a}{x}.$

218. $\int \frac{\sqrt{X}}{x^2}dx = -\frac{\sqrt{X}}{x} + \operatorname{Arcosh}\frac{x}{a} + C = -\frac{\sqrt{X}}{x} + \ln\left(x+\sqrt{X}\right) + C_1.$

219. $\int \frac{\sqrt{X}}{x^3}dx = -\frac{\sqrt{X}}{2x^2} + \frac{1}{2a}\arccos\frac{a}{x}.$

220. $\int \frac{dx}{\sqrt{x}} = \operatorname{Arcosh}\frac{x}{a} + C = \ln\left(x+\sqrt{X}\right) + C_1.$

221. $\int \frac{x\,dx}{\sqrt{X}} = \sqrt{X}.$

222. $\int \frac{x^2\,dx}{\sqrt{X}} = \frac{x}{2}\sqrt{X} + \frac{a^2}{2}\operatorname{Arcosh}\frac{x}{a} + C = \frac{x}{2}\sqrt{X} + \frac{a^2}{2}\ln\left(x + \sqrt{X}\right) + C_1.$

223. $\int \frac{x^3\,dx}{\sqrt{X}} = \frac{\sqrt{X^3}}{3} + a^2\sqrt{X}.$

224. $\int \frac{dx}{x\sqrt{X}} = \frac{1}{a}\arccos\frac{a}{x}.$

225. $\int \frac{dx}{x^2\sqrt{X}} = \frac{\sqrt{X}}{a^2 x}.$

226. $\int \frac{dx}{x^3\sqrt{X}} = \frac{\sqrt{X}}{2a^2x^2} + \frac{1}{2a^3}\arccos\frac{a}{x}.$

227. $$\int \sqrt{X^3}\,dx = \frac{1}{4}\left(x\sqrt{X^3} - \frac{3a^2x}{2}\sqrt{X} + \frac{3a^4}{2}\operatorname{Arcosh}\frac{x}{a}\right) + C$$
$$= \frac{1}{4}\left(x\sqrt{X^3} - \frac{3a^2x}{2}\sqrt{X} + \frac{3a^4}{2}\ln\left(x + \sqrt{X}\right)\right) + C_1.$$

228. $\int x\sqrt{X^3}\,dx = \frac{1}{5}\sqrt{X^5}.$

229. $$\int x^2\sqrt{X^3}\,dx = \frac{x\sqrt{X^5}}{6} + \frac{a^2x\sqrt{X^3}}{24} - \frac{a^4x\sqrt{X}}{16} + \frac{a^6}{16}\operatorname{Arcosh}\frac{x}{a} + C$$
$$= \frac{x\sqrt{X^5}}{6} + \frac{a^2x\sqrt{X^3}}{24} - \frac{a^4x\sqrt{X}}{16} + \frac{a^6}{16}\ln\left(x + \sqrt{X}\right) + C_1.$$

230. $\int x^3\sqrt{X^3}\,dx = \frac{\sqrt{X^7}}{7} + \frac{a^2\sqrt{X^5}}{5}.$

231. $\int \frac{\sqrt{X^3}}{x}dx = \frac{\sqrt{X^3}}{3} - a^2\sqrt{X} + a^3\arccos\frac{a}{x}.$

232. $$\int \frac{\sqrt{X^3}}{x^2}dx = -\frac{\sqrt{X^3}}{2} + \frac{3}{2}x\sqrt{X} - \frac{3}{2}a^2\operatorname{Arcosh}\frac{x}{a} + C$$
$$= -\frac{\sqrt{X^3}}{2} + \frac{3}{2}x\sqrt{X} - \frac{3}{2}a^2\ln\left(x + \sqrt{X}\right) + C_1.$$

233. $\int \frac{\sqrt{X^3}}{x^3}dx = -\frac{\sqrt{X^3}}{2x^2} + \frac{3\sqrt{X}}{2} - \frac{3}{2}a\arccos\frac{a}{x}.$

234. $\int \frac{dx}{\sqrt{X^3}} = -\frac{x}{a^2\sqrt{X}}.$

235. $\int \frac{x\,dx}{\sqrt{X^3}} = -\frac{1}{\sqrt{X}}.$

236. $\int \frac{x^2\,dx}{\sqrt{X^3}} = -\frac{x}{\sqrt{X}} + \operatorname{Arcosh}\frac{x}{a} + C = -\frac{x}{\sqrt{X}} + \ln\left(x + \sqrt{X}\right) + C_1.$

237. $\int \frac{x^3\,dx}{\sqrt{X^3}} = \sqrt{X} - \frac{a^2}{\sqrt{X}}.$

238. $\int \frac{dx}{x\sqrt{X^3}} = -\frac{1}{a^2\sqrt{X}} - \frac{1}{a^3}\arccos\frac{a}{x}.$

239. $\int \frac{dx}{x^2\sqrt{X^3}} = -\frac{1}{a^4}\left(\frac{\sqrt{X}}{x} + \frac{x}{\sqrt{X}}\right).$

240. $\int \frac{dx}{x^3\sqrt{X^3}} = \frac{1}{2a^2x^2\sqrt{X}} - \frac{3}{2a^4\sqrt{X}} - \frac{3}{2a^5}\arccos\frac{a}{x}.$

21.5.2.8 Integrale, die $\sqrt{ax^2+bx+c}$ enthalten

Bezeichnungen: $X = ax^2 + bx + c$, $\Delta = 4ac - b^2$, $k = \frac{4a}{\Delta}$

241. $$\int \frac{dx}{\sqrt{X}} = \begin{cases} \frac{1}{\sqrt{a}}\ln\left(2\sqrt{aX} + 2ax + b\right) + C & \text{für } a > 0, \\ \frac{1}{\sqrt{a}}\operatorname{Arsinh}\frac{2ax+b}{\sqrt{\Delta}} + C_1 & \text{für } a > 0,\ \Delta > 0, \\ \frac{1}{\sqrt{a}}\ln(2ax+b) & \text{für } a > 0,\ \Delta = 0, \\ -\frac{1}{\sqrt{-a}}\arcsin\frac{2ax+b}{\sqrt{-\Delta}} & \text{für } a < 0,\ \Delta < 0. \end{cases}$$

242. $\int \frac{dx}{X\sqrt{X}} = \frac{2(2ax+b)}{\Delta\sqrt{X}}.$

243. $\int \frac{dx}{X^2\sqrt{X}} = \frac{2(2ax+b)}{3\Delta\sqrt{X}}\left(\frac{1}{X} + 2k\right).$

244. $\int \frac{dx}{X^{(2n+1)/2}} = \frac{2(2ax+b)}{2(n-1)\Delta X^{(2n-1)/2}} + \frac{2k(n-1)}{2n-1}\int \frac{dx}{X^{(2n-1)/2}}.$

245. $\int \sqrt{X}\,dx = \frac{(2x+b)\sqrt{X}}{4a} + \frac{1}{2k}\int \frac{dx}{\sqrt{X}}$ (siehe Nr.241).

246. $\int X\sqrt{X}\,dx = \frac{(2ax+b)\sqrt{X}}{8a}\left(X + \frac{3}{2k}\right) + \frac{3}{8k^2}\int \frac{dx}{\sqrt{X}}$ (siehe Nr.241).

247. $\int X^2\sqrt{X}\,dx = \frac{(2ax+b)\sqrt{X}}{12a}\left(X^2 + \frac{5X}{4k} + \frac{15}{8k^2}\right) + \frac{5}{16k^3}\int \frac{dx}{\sqrt{X}}$

(siehe Nr.241).

248. $$\int X^{(2n+1)/2}\,dx = \frac{(2ax+b)X^{(2n+1)/2}}{4a(n+1)} + \frac{2n+1}{2k(n+1)}\int X^{(2n-1)/2}\,dx.$$

249. $$\int \frac{x\,dx}{\sqrt{X}} = \frac{\sqrt{X}}{a} - \frac{b}{2a}\int \frac{dx}{\sqrt{X}}$$ (siehe Nr.241).

250. $$\int \frac{x\,dx}{X\sqrt{X}} = -\frac{2(bx+2c)}{\Delta\sqrt{X}}.$$

251. $$\int \frac{x\,dx}{X^{(2n+1)/2}} = -\frac{1}{(2n-1)aX^{(2n-1)/2}} - \frac{b}{2a}\int \frac{dx}{X^{(2n+1)/2}}$$ (siehe Nr.244).

252. $$\int \frac{x^2\,dx}{\sqrt{X}} = \left(\frac{x}{2a} - \frac{3b}{4a^2}\right)\sqrt{X} + \frac{3b^2-4ac}{8a^2}\int \frac{dx}{\sqrt{X}}$$ (siehe Nr.241).

253. $$\int \frac{x^2\,dx}{X\sqrt{X}} = \frac{(2b^2-4ac)x+2bc}{a\Delta\sqrt{X}} + \frac{1}{a}\int \frac{dx}{\sqrt{X}}$$ (siehe Nr.241).

254. $$\int x\sqrt{X}\,dx = \frac{X\sqrt{X}}{3a} - \frac{b(2ax+b)}{8a^2}\sqrt{X} - \frac{b}{4ak}\int \frac{dx}{\sqrt{X}}$$ (siehe Nr.241).

255. $$\int xX\sqrt{X}\,dx = \frac{X^2\sqrt{X}}{5a} - \frac{b}{2a}\int X\sqrt{X}\,dx$$ (siehe Nr.246).

256. $$\int xX^{(2n+1)/2}\,dx = \frac{X^{(2n+3)/2}}{(2n+3)a} - \frac{b}{2a}\int X^{(2n+1)/2}\,dx$$ (siehe Nr.248).

257. $$\int x^2\sqrt{X}\,dx = \left(x - \frac{5b}{6a}\right)\frac{X\sqrt{X}}{4a} + \frac{5b^2-4ac}{16a^2}\int \sqrt{X}\,dx$$ (siehe Nr.245).

258. $$\int \frac{dx}{x\sqrt{X}} = \begin{cases} -\frac{1}{\sqrt{c}}\ln\left(\frac{2\sqrt{cX}}{x} + \frac{2c}{x} + b\right) + C & \text{für } c > 0, \\ -\frac{1}{\sqrt{c}}\operatorname{Arsinh}\frac{bx+2c}{x\sqrt{\Delta}} + C_1 & \text{für } c > 0,\ \Delta > 0, \\ -\frac{1}{\sqrt{c}}\ln\frac{bx+2c}{x} & \text{für } c > 0,\ \Delta = 0, \\ \frac{1}{\sqrt{-c}}\arcsin\frac{bx+2c}{x\sqrt{-\Delta}} & \text{für } c < 0,\ \Delta < 0. \end{cases}$$

259. $$\int \frac{dx}{x^2\sqrt{X}} = -\frac{\sqrt{X}}{cx} - \frac{b}{2c}\int \frac{dx}{x\sqrt{X}}$$ (siehe Nr.258).

260. $$\int \frac{\sqrt{X}\,dx}{x} = \sqrt{X} + \frac{b}{2}\int \frac{dx}{\sqrt{X}} + c\int \frac{dx}{x\sqrt{X}}$$ (siehe Nr.241 und 258).

261. $$\int \frac{\sqrt{X}\,dx}{x^2} = -\frac{\sqrt{X}}{x} + a\int \frac{dx}{\sqrt{X}} + \frac{b}{2}\int \frac{dx}{x\sqrt{X}}$$ (siehe Nr.241 und 258).

262. $\int \frac{X^{(2n+1)/2}}{x} dx = \frac{X^{(2n+1)/2}}{2n+1} + \frac{b}{2} \int X^{(2n-1)/2} \, dx + c \int \frac{X^{(2n-1)/2}}{x} dx$

(siehe Nr.248 und 260).

263. $\int \frac{dx}{x\sqrt{ax^2+bx}} = -\frac{2}{bx}\sqrt{ax^2+bx}.$

264. $\int \frac{dx}{\sqrt{2ax-x^2}} = \arcsin \frac{x-a}{a}.$

265. $\int \frac{x\,dx}{\sqrt{2ax-x^2}} = -\sqrt{2ax-x^2} + a \arcsin \frac{x-a}{a}.$

266. $\int \sqrt{2ax-x^2} \, dx = \frac{x-a}{2}\sqrt{2ax-x^2} + \frac{a^2}{2} \arcsin \frac{x-a}{a}.$

267. $\int \frac{dx}{(ax^2+b)\sqrt{fx^2+g}}$

$$= \frac{1}{\sqrt{b}\sqrt{ag-bf}} \arctan \frac{x\sqrt{ag-bf}}{\sqrt{b}\sqrt{fx^2+g}} \qquad (ag-bf>0)$$

$$= \frac{1}{2\sqrt{b}\sqrt{bf-ag}} \ln \frac{\sqrt{b}\sqrt{fx^2+g}+x\sqrt{bf-ag}}{\sqrt{b}\sqrt{fx^2+g}-x\sqrt{bf-ag}} \quad (ag-bf<0).$$

21.5.2.9 Integrale, die andere irrationale Ausdrücke enthalten

268. $\int \sqrt[n]{ax+b} \, dx = \frac{n(ax+b)}{(n+1)a} \sqrt[n]{ax+b}.$

269. $\int \frac{dx}{\sqrt[n]{ax+b}} = \frac{n(ax+b)}{(n-1)a} \frac{1}{\sqrt[n]{ax+b}}.$

270. $\int \frac{dx}{x\sqrt{x^n+a^2}} = -\frac{2}{na} \ln \frac{a+\sqrt{x^n+a^2}}{\sqrt{x^n}}.$

271. $\int \frac{dx}{x\sqrt{x^n-a^2}} = \frac{2}{na} \arccos \frac{a}{\sqrt{x^n}}.$

272. $\int \frac{\sqrt{x}\,dx}{\sqrt{a^3-x^3}} = \frac{2}{3} \arcsin \sqrt{\left(\frac{x}{a}\right)^3}.$

21.5.2.10 Rekursionsformeln für das Integral eines binomischen Differentials

273. $\int x^m (ax^n+b)^p \, dx =$

$$= \frac{1}{m+np+1}\left[x^{m+1}(ax^n+b)^p + npb\int x^{m}(ax^n+b)^{p-1}\,dx\right],$$
$$= \frac{1}{bn(p+1)}\left[-x^{m+1}(ax^n+b)^{p+1} + (m+n+np+1)\int x^m(ax^n+b)^{p+1}\,dx\right],$$
$$= \frac{1}{(m+1)b}\left[x^{m+1}(ax^n+b)^{p+1} - a(m+n+np+1)\int x^{m+n}(ax^n+b)^p\,dx\right],$$
$$= \frac{1}{a(m+np+1)}\left[x^{m-n+1}(ax^n+b)^{p+1} - (m-n+1)b\int x^{m-n}(ax^n+b)^p\,dx\right].$$

21.5.3 Integrale trigonometrischer Funktionen †

21.5.3.1 Integrale, die die Sinusfunktion enthalten

274. $\int \sin ax\,dx = -\frac{1}{a}\cos ax.$

275. $\int \sin^2 ax\,dx = \frac{1}{2}x - \frac{1}{4a}\sin 2ax.$

276. $\int \sin^3 ax\,dx = -\frac{1}{a}\cos ax + \frac{1}{3a}\cos^3 ax.$

277. $\int \sin^4 ax\,dx = \frac{3}{8}x - \frac{1}{4a}\sin 2ax + \frac{1}{32a}\sin 4ax.$

278. $\int \sin^n ax\,dx = -\frac{\sin^{n-1} ax \cos ax}{na} + \frac{n-1}{n}\int \sin^{n-2} ax\,dx$ (n ganzzahlig, > 0).

279. $\int x \sin ax\,dx = \frac{\sin ax}{a^2} - \frac{x\cos ax}{a}.$

280. $\int x^2 \sin ax\,dx = \frac{2x}{a^2}\sin ax - \left(\frac{x^2}{a} - \frac{2}{a^3}\right)\cos ax.$

281. $\int x^3 \sin ax\,dx = \left(\frac{3x^2}{a^2} - \frac{6}{a^4}\right)\sin ax - \left(\frac{x^3}{a} - \frac{6x}{a^3}\right)\cos ax.$

282. $\int x^n \sin ax\,dx = -\frac{x^n}{a}\cos ax + \frac{n}{a}\int x^{n-1}\cos ax\,dx$ ($n > 0$).

283. $\int \frac{\sin ax}{x}dx = ax - \frac{(ax)^3}{3\cdot 3!} + \frac{(ax)^5}{5\cdot 5!} - \frac{(ax)^7}{7\cdot 7!} + \cdots$ ‡.

† Integrale der Funktionen, die neben Hyperbelfunktionen und e^{ax} die Funktionen $\sin x$ und $\cos x$ enthalten s.S. 933 bis 935

‡ Das bestimmte Integral $\int_0^x \frac{\sin t}{t}dt$ nennt man *Integralsinus* und bezeichnet es mit $\mathrm{si}(x)$:

$$\mathrm{si}(x) = x - \frac{x^3}{3\cdot 3!} + \frac{x^5}{5\cdot 5!} - \frac{x^7}{7\cdot 7!} + \cdots$$

(s. S. 575 und 351).

284. $\int \frac{\sin ax}{x^2}dx = -\frac{\sin ax}{x} + a\int \frac{\cos ax\,dx}{x}$ (siehe Nr.322).

285. $\int \frac{\sin ax}{x^n}dx = -\frac{1}{n-1}\frac{\sin ax}{x^{n-1}} + \frac{a}{n-1}\int \frac{\cos ax}{x^{n-1}}dx$ (siehe Nr.324).

286. $\int \frac{dx}{\sin ax} = \int \operatorname{cosec} ax\,dx = \frac{1}{a}\ln\tan\frac{ax}{2} = \frac{1}{a}\ln(\operatorname{cosec} ax - \cot ax).$

287. $\int \frac{dx}{\sin^2 ax} = -\frac{1}{a}\cot ax.$

288. $\int \frac{dx}{\sin^3 ax} = -\frac{\cos ax}{2a\sin^2 ax} + \frac{1}{2a}\ln\tan\frac{ax}{2}.$

289. $\int \frac{dx}{\sin^n ax} = -\frac{1}{a(n-1)}\frac{\cos ax}{\sin^{n-1} ax} + \frac{n-2}{n-1}\int \frac{dx}{\sin^{n-2} ax}$ $(n > 1).$

290. $$\int \frac{x\,dx}{\sin ax} = \frac{1}{a^2}\left(ax + \frac{(ax)^3}{3\cdot 3!} + \frac{7(ax)^5}{3\cdot 5\cdot 5!} + \frac{31(ax)^7}{3\cdot 7\cdot 7!} + \frac{127(ax)^9}{3\cdot 5\cdot 9!} + \cdots + \frac{2(2^{2n-1}-1)}{(2n+1)!}B_n(ax)^{2n+1} + \cdots\right)^{\S}.$$

291. $\int \frac{x\,dx}{\sin^2 ax} = -\frac{x}{a}\cot ax + \frac{1}{a^2}\ln\sin ax.$

292. $\int \frac{x\,dx}{\sin^n ax} = -\frac{x\cos ax}{(n-1)a\sin^{n-1} ax} - \frac{1}{(n-1)(n-2)a^2\sin^{n-2} ax} + \frac{n-2}{n-1}\int \frac{x\,dx}{\sin^{n-2} ax}$ $(n > 2).$

293. $\int \frac{dx}{1+\sin ax} = -\frac{1}{a}\tan\left(\frac{\pi}{4} - \frac{ax}{2}\right).$

294. $\int \frac{dx}{1-\sin ax} = \frac{1}{a}\tan\left(\frac{\pi}{4} + \frac{ax}{2}\right).$

295. $\int \frac{x\,dx}{1+\sin ax} = -\frac{x}{a}\tan\left(\frac{\pi}{4} - \frac{ax}{2}\right) + \frac{2}{a^2}\ln\cos\left(\frac{\pi}{4} - \frac{ax}{2}\right).$

296. $\int \frac{x\,dx}{1-\sin ax} = \frac{x}{a}\cot\left(\frac{\pi}{4} - \frac{ax}{2}\right) + \frac{2}{a^2}\ln\sin\left(\frac{\pi}{4} - \frac{ax}{2}\right).$

297. $\int \frac{\sin ax\,dx}{1\pm\sin ax} = \pm x + \frac{1}{a}\tan\left(\frac{\pi}{4} \mp \frac{ax}{2}\right).$

298. $\int \frac{dx}{\sin ax(1\pm\sin ax)} = \frac{1}{a}\tan\left(\frac{\pi}{4} \mp \frac{ax}{2}\right) + \frac{1}{a}\ln\tan\frac{ax}{2}.$

299. $\int \frac{dx}{(1+\sin ax)^2} = -\frac{1}{2a}\tan\left(\frac{\pi}{4} - \frac{ax}{2}\right) - \frac{1}{6a}\tan^3\left(\frac{\pi}{4} - \frac{ax}{2}\right).$

§ B_n sind die BERNOULLIschen Zahlen (s.S. 305).

300. $\int \frac{dx}{(1-\sin ax)^2} = \frac{1}{2a}\cot\left(\frac{\pi}{4}-\frac{ax}{2}\right) + \frac{1}{6a}\cot^3\left(\frac{\pi}{4}-\frac{ax}{2}\right).$

301. $\int \frac{\sin ax\,dx}{(1+\sin ax)^2} = -\frac{1}{2a}\tan\left(\frac{\pi}{4}-\frac{ax}{2}\right) + \frac{1}{6a}\tan^3\left(\frac{\pi}{4}-\frac{ax}{2}\right).$

302. $\int \frac{\sin ax\,dx}{(1-\sin ax)^2} = -\frac{1}{2a}\cot\left(\frac{\pi}{4}-\frac{ax}{2}\right) + \frac{1}{6a}\cot^3\left(\frac{\pi}{4}-\frac{ax}{2}\right).$

303. $\int \frac{dx}{1+\sin^2 ax} = \frac{1}{2\sqrt{2}a}\arcsin\left(\frac{3\sin^2 ax-1}{\sin^2 ax+1}\right).$

304. $\int \frac{dx}{1-\sin^2 ax} = \int \frac{dx}{\cos^2 ax} = \frac{1}{a}\tan ax.$

305. $\int \sin ax \sin bx\,dx = \frac{\sin(a-b)x}{2(a-b)} - \frac{\sin(a+b)x}{2(a+b)}$

($|a| \neq |b|$; für $|a| = |b|$ siehe Nr.275).

306. $\int \frac{dx}{b+c\sin ax} = \frac{2}{a\sqrt{b^2-c^2}}\arctan\frac{b\tan ax/2+c}{\sqrt{b^2-c^2}}$ (für $b^2 > c^2$),

$= \frac{1}{a\sqrt{c^2-b^2}}\ln\frac{b\tan ax/2+c-\sqrt{c^2-b^2}}{b\tan ax/2+c+\sqrt{c^2-b^2}}$ (für $b^2 < c^2$).

307. $\int \frac{\sin ax\,dx}{b+c\sin ax} = \frac{x}{c} - \frac{b}{c}\int\frac{dx}{b+c\sin ax}$ (siehe Nr.306).

308. $\int \frac{dx}{\sin ax(b+c\sin ax)} = \frac{1}{ab}\ln\tan\frac{ax}{2} - \frac{c}{b}\int\frac{dx}{b+c\sin ax}$ (siehe Nr.306).

309. $\int \frac{dx}{(b+c\sin ax)^2} = \frac{c\cos ax}{a(b^2-c^2)(b+c\sin ax)} + \frac{b}{b^2-c^2}\int\frac{dx}{b+c\sin ax}$

(siehe Nr.306).

310. $\int \frac{\sin ax\,dx}{(b+c\sin ax)^2} = \frac{b\cos ax}{a(c^2-b^2)(b+c\sin ax)} + \frac{c}{c^2-b^2}\int\frac{dx}{b+c\sin ax}$

(siehe Nr.306).

311. $\int \frac{dx}{b^2+c^2\sin^2 ax} = \frac{1}{ab\sqrt{b^2+c^2}}\arctan\frac{\sqrt{b^2+c^2}\tan ax}{b}$ $(b > 0)$.

312. $\int \frac{dx}{b^2-c^2\sin^2 ax} = \frac{1}{ab\sqrt{b^2-c^2}}\arctan\frac{\sqrt{b^2-c^2}\tan ax}{b}$ $(b^2 > c^2,\ b > 0)$,

$= \frac{1}{2ab\sqrt{c^2-b^2}}\ln\frac{\sqrt{c^2-b^2}\tan ax+b}{\sqrt{c^2-b^2}\tan ax-b}$ $(c^2 > b^2,\ b > 0)$.

21.5.3.2 Integrale, die die Kosinusfunktion enthalten

313. $\int \cos ax\,dx = \frac{1}{a}\sin ax.$

314. $\int \cos^2 ax\,dx = \frac{1}{2}x + \frac{1}{4a}\sin 2ax.$

315. $\int \cos^3 ax\,dx = \frac{1}{a}\sin ax - \frac{1}{3a}\sin^3 ax.$

316. $\int \cos^4 ax\,dx = \frac{3}{8}x + \frac{1}{4a}\sin 2ax + \frac{1}{32a}\sin 4ax.$

317. $\int \cos^n ax\,dx = \frac{\cos^{n-1} ax \sin ax}{na} + \frac{n-1}{n}\int \cos^{n-2} ax\,dx.$

318. $\int x\cos ax\,dx = \frac{\cos ax}{a^2} + \frac{x\sin ax}{a}.$

319. $\int x^2\cos ax\,dx = \frac{2x}{a^2}\cos ax + \left(\frac{x^2}{a} - \frac{2}{a^3}\right)\sin ax.$

320. $\int x^3\cos ax\,dx = \left(\frac{3x^2}{a^2} - \frac{6}{a^4}\right)\cos ax + \left(\frac{x^3}{a} - \frac{6x}{a^3}\right)\sin ax.$

321. $\int x^n\cos ax\,dx = \frac{x^n\sin ax}{a} - \frac{n}{a}\int x^{n-1}\sin ax\,dx.$

322. $\int \frac{\cos ax}{x}dx = \ln(ax) - \frac{(ax)^2}{2\cdot 2!} + \frac{(ax)^4}{4\cdot 4!} - \frac{(ax)^6}{6\cdot 6!} + \cdots$ ¶.

323. $\int \frac{\cos ax}{x^2}dx = -\frac{\cos ax}{x} - a\int\frac{\sin ax\,dx}{x}$ (siehe Nr.283).

324. $\int \frac{\cos ax}{x^n}dx = -\frac{\cos ax}{(n-1)x^{n-1}} - \frac{a}{n-1}\int\frac{\sin ax\,dx}{x^{n-1}}$ $(n \neq 1)$ (siehe Nr.285).

325. $\int \frac{dx}{\cos ax} = \frac{1}{a}\operatorname{Artanh}(\sin ax) = \frac{1}{a}\ln\tan\left(\frac{ax}{2} + \frac{\pi}{4}\right) = \frac{1}{a}\ln(\sec ax + \tan ax).$

326. $\int \frac{dx}{\cos^2 ax} = \frac{1}{a}\tan ax.$

327. $\int \frac{dx}{\cos^3 ax} = \frac{\sin ax}{2a\cos^2 ax} + \frac{1}{2a}\ln\tan\left(\frac{\pi}{4} + \frac{ax}{2}\right).$

328. $\int \frac{dx}{\cos^n ax} = \frac{1}{a(n-1)}\frac{\sin ax}{\cos^{n-1} ax} + \frac{n-2}{n-1}\int\frac{dx}{\cos^{n-2} ax}$ $(n > 1).$

¶Das bestimmte Integral $-\int_x^\infty \frac{\cos x}{x}dx$ nennt man *Integralkosinus* und bezeichnet es mit $\operatorname{Ci}(x)$ (s. S. 351).

$\operatorname{Ci}(x) = C - \ln x - \frac{x^2}{2\cdot 2!} + \frac{x^4}{4\cdot 4!} - \frac{x^6}{6\cdot 6!} + \cdots,$
dabei ist C die EULERsche Konstante (s.S. 351).

329. $$\int \frac{x\,dx}{\cos ax} = \frac{1}{a^2}\left(\frac{(ax)^2}{2} + \frac{(ax)^4}{4\cdot 2!} + \frac{5(ax)^6}{6\cdot 4!} + \frac{61(ax)^8}{8\cdot 6!} + \frac{1385(ax)^{10}}{10\cdot 8!} + \cdots + \frac{E_n(ax)^{2n+2}}{(2n+2)(2n!)} + \cdots\right)^{\|}.$$

330. $$\int \frac{x\,dx}{\cos^2 ax} = \frac{x}{a}\tan ax + \frac{1}{a^2}\ln\cos ax.$$

331. $$\int \frac{x\,dx}{\cos^n ax} = \frac{x\sin ax}{(n-1)a\cos^{n-1}ax} - \frac{1}{(n-1)(n-2)a^2\cos^{n-2}ax} + \frac{n-2}{n-1}\int\frac{x\,dx}{\cos^{n-2}ax} \quad (n>2).$$

332. $$\int \frac{dx}{1+\cos ax} = \frac{1}{a}\tan\frac{ax}{2}.$$

333. $$\int \frac{dx}{1-\cos ax} = -\frac{1}{a}\cot\frac{ax}{2}.$$

334. $$\int \frac{x\,dx}{1+\cos ax} = \frac{x}{a}\tan\frac{ax}{2} + \frac{2}{a^2}\ln\cos\frac{ax}{2}.$$

335. $$\int \frac{x\,dx}{1-\cos ax} = -\frac{x}{a}\cot\frac{ax}{2} + \frac{2}{a^2}\ln\sin\frac{ax}{2}.$$

336. $$\int \frac{\cos ax\,dx}{1+\cos ax} = x - \frac{1}{a}\tan\frac{ax}{2}.$$

337. $$\int \frac{\cos ax\,dx}{1-\cos ax} = -x - \frac{1}{a}\cot\frac{ax}{2}.$$

338. $$\int \frac{dx}{\cos ax(1+\cos ax)} = \frac{1}{a}\ln\tan\left(\frac{\pi}{4}+\frac{ax}{2}\right) - \frac{1}{a}\tan\frac{ax}{2}.$$

339. $$\int \frac{dx}{\cos ax(1-\cos ax)} = \frac{1}{a}\ln\tan\left(\frac{\pi}{4}+\frac{ax}{2}\right) - \frac{1}{a}\cot\frac{ax}{2}.$$

340. $$\int \frac{dx}{(1+\cos ax)^2} = \frac{1}{2a}\tan\frac{ax}{2} + \frac{1}{6a}\tan^3\frac{ax}{2}.$$

341. $$\int \frac{dx}{(1-\cos ax)^2} = -\frac{1}{2a}\cot\frac{ax}{2} - \frac{1}{6a}\cot^3\frac{ax}{2}.$$

342. $$\int \frac{\cos ax\,dx}{(1+\cos ax)^2} = \frac{1}{2a}\tan\frac{ax}{2} - \frac{1}{6a}\tan^3\frac{ax}{2}.$$

343. $$\int \frac{\cos ax\,dx}{(1-\cos ax)^2} = \frac{1}{2a}\cot\frac{ax}{2} - \frac{1}{6a}\cot^3\frac{ax}{2}.$$

344. $$\int \frac{dx}{1+\cos^2 ax} = \frac{1}{2\sqrt{2}a}\arcsin\left(\frac{1-3\cos^2 ax}{1+\cos^2 ax}\right).$$

‖ E_n sind die EULERschen Zahlen (s.S. 306).

345. $\int \frac{dx}{1-\cos^2 ax} = \int \frac{dx}{\sin^2 ax} = -\frac{1}{a}\cot ax.$

346. $\int \cos ax \cos bx \, dx = \frac{\sin(a-b)x}{2(a-b)} + \frac{\sin(a+b)x}{2(a+b)}$ ($|a| \neq |b|$; für $|a| = |b|$ siehe Nr.314).

347. $\int \frac{dx}{b + c\cos ax} = \frac{2}{a\sqrt{b^2-c^2}} \arctan \frac{(b-c)\tan ax/2}{\sqrt{b^2-c^2}}$ (für $b^2 > c^2$)
$= \frac{1}{a\sqrt{c^2-b^2}} \ln \frac{(c-b)\tan ax/2 + \sqrt{c^2-b^2}}{(c-b)\tan ax/2 - \sqrt{c^2-b^2}}$ (für $b^2 < c^2$).

348. $\int \frac{\cos ax \, dx}{b + c\cos ax} = \frac{x}{c} - \frac{b}{c}\int \frac{dx}{b + c\cos ax}$ (siehe Nr.347).

349. $\int \frac{dx}{\cos ax(b + c\cos ax)} = \frac{1}{ab} \ln \tan\left(\frac{ax}{2} + \frac{\pi}{4}\right) - \frac{c}{b}\int \frac{dx}{b + c\cos ax}$ (siehe Nr.347).

350. $\int \frac{dx}{(b + c\cos ax)^2} = \frac{c\sin ax}{a(c^2-b^2)(b + c\cos ax)} - \frac{b}{c^2-b^2}\int \frac{dx}{b + c\cos ax}$ (siehe Nr.347).

351. $\int \frac{\cos ax \, dx}{(b + c\cos ax)^2} = \frac{b\sin ax}{a(b^2-c^2)(b + c\cos ax)} - \frac{c}{b^2-c^2}\int \frac{dx}{b + c\cos ax}$ (siehe Nr.347).

352. $\int \frac{dx}{b^2 + c^2\cos^2 ax} = \frac{1}{ab\sqrt{b^2+c^2}} \arctan \frac{b\tan ax}{\sqrt{b^2+c^2}}$ ($b > 0$).

353. $\int \frac{dx}{b^2 - c^2\cos^2 ax} = \frac{1}{ab\sqrt{b^2-c^2}} \arctan \frac{b\tan ax}{\sqrt{b^2-c^2}}$ ($b^2 > c^2$, $b > 0$)
$= \frac{1}{2ab\sqrt{c^2-b^2}} \ln \frac{b\tan ax - \sqrt{c^2-b^2}}{b\tan ax + \sqrt{c^2-b^2}}$ ($c^2 > b^2$, $b > 0$).

21.5.3.3 Integrale, die die Sinus- und die Kosinusfunktion enthalten

354. $\int \sin ax \cos ax \, dx = \frac{1}{2a}\sin^2 ax.$

355. $\int \sin^2 ax \cos^2 ax \, dx = \frac{x}{8} - \frac{\sin 4ax}{32a}.$

356. $\int \sin^n ax \cos ax \, dx = \frac{1}{a(n+1)}\sin^{n+1} ax$ ($n \neq -1$).

357. $\int \sin ax \cos^n ax \, dx = -\frac{1}{a(n+1)}\cos^{n+1} ax$ ($n \neq -1$).

358. $\int \sin^n ax \cos^m ax \, dx =$

$$= -\frac{\sin^{n-1} ax \cos^{m+1} ax}{a(n+m)} + \frac{n-1}{n+m}\int \sin^{n-2} ax \cos^m ax\, dx$$
(Erniedrigung der Potenz n; m und $n > 0$),

$$= \frac{\sin^{n+1} ax \cos^{m-1} ax}{a(n+m)} + \frac{m-1}{n+m}\int \sin^n ax \cos^{m-2} ax\, dx$$
(Erniedrigung der Potenz m; m und $n > 0$).

359. $$\int \frac{dx}{\sin ax \cos ax} = \frac{1}{a} \ln \tan ax.$$

360. $$\int \frac{dx}{\sin^2 ax \cos ax} = \frac{1}{a}\left[\ln\tan\left(\frac{\pi}{4} + \frac{ax}{2}\right) - \frac{1}{\sin ax}\right].$$

361. $$\int \frac{dx}{\sin ax \cos^2 ax} = \frac{1}{a}\left(\ln\tan\frac{ax}{2} + \frac{1}{\cos ax}\right).$$

362. $$\int \frac{dx}{\sin^3 ax \cos ax} = \frac{1}{a}\left(\ln\tan ax - \frac{1}{2\sin^2 ax}\right).$$

363. $$\int \frac{dx}{\sin ax \cos^3 ax} = \frac{1}{a}\left(\ln\tan ax + \frac{1}{2\cos^2 ax}\right).$$

364. $$\int \frac{dx}{\sin^2 ax \cos^2 ax} = -\frac{2}{a}\cot 2ax.$$

365. $$\int \frac{dx}{\sin^2 ax \cos^3 ax} = \frac{1}{a}\left[\frac{\sin ax}{2\cos^2 ax} - \frac{1}{\sin ax} + \frac{3}{2}\ln\tan\left(\frac{\pi}{4} + \frac{ax}{2}\right)\right].$$

366. $$\int \frac{dx}{\sin^3 ax \cos^2 ax} = \frac{1}{a}\left(\frac{1}{\cos ax} - \frac{\cos ax}{2\sin^2 ax} + \frac{3}{2}\ln\tan\frac{ax}{2}\right).$$

367. $$\int \frac{dx}{\sin ax \cos^n ax} = \frac{1}{a(n-1)\cos^{n-1} ax} + \int \frac{dx}{\sin ax \cos^{n-2} ax} \quad (n \neq 1)$$
(siehe Nr.361 und 363).

368. $$\int \frac{dx}{\sin^n ax \cos ax} = -\frac{1}{a(n-1)\sin^{n-1} ax} + \int \frac{dx}{\sin^{n-2} ax \cos ax} \quad (n \neq 1)$$
(siehe Nr.360 und 362).

369. $$\int \frac{dx}{\sin^n ax \cos^m ax} =$$
$$= -\frac{1}{a(n-1)} \cdot \frac{1}{\sin^{n-1} ax \cos^{m-1} ax} + \frac{n+m-2}{n-1}\int \frac{dx}{\sin^{n-2} ax \cos^m ax}$$
(Erniedrigung der Potenz n; $m > 0$, $n > 1$),
$$= \frac{1}{a(m-1)} \cdot \frac{1}{\sin^{n-1} ax \cos^{m-1} ax} + \frac{n+m-2}{n-1}\int \frac{dx}{\sin^n ax \cos^{m-2} ax}$$
(Erniedrigung der Potenz m; $n > 0$, $m > 1$).

370. $$\int \frac{\sin ax\, dx}{\cos^2 ax} = \frac{1}{a\cos ax} = \frac{1}{a}\sec ax.$$

371. $\int \frac{\sin ax\,dx}{\cos^3 ax} = \frac{1}{2a\cos^2 ax} + C = \frac{1}{2a}\tan^2 ax + C_1.$

372. $\int \frac{\sin ax\,dx}{\cos^n ax} = \frac{1}{a(n-1)\cos^{n-1} ax}.$

373. $\int \frac{\sin^2 ax\,dx}{\cos ax} = -\frac{1}{a}\sin ax + \frac{1}{a}\ln\tan\left(\frac{\pi}{4} + \frac{ax}{2}\right).$

374. $\int \frac{\sin^2 ax\,dx}{\cos^3 ax} = \frac{1}{a}\left[\frac{\sin ax}{2\cos^2 ax} - \frac{1}{2}\ln\tan\left(\frac{\pi}{4} + \frac{ax}{2}\right)\right].$

375. $\int \frac{\sin^2 ax\,dx}{\cos^n ax} = \frac{\sin ax}{a(n-1)\cos^{n-1} ax} - \frac{1}{n-1}\int \frac{dx}{\cos^{n-2} ax}$ $(n \neq 1)$

(siehe Nr.325, 326, 328).

376. $\int \frac{\sin^3 ax\,dx}{\cos ax} = -\frac{1}{a}\left(\frac{\sin^2 ax}{2} + \ln\cos ax\right).$

377. $\int \frac{\sin^3 ax\,dx}{\cos^2 ax} = \frac{1}{a}\left(\cos ax + \frac{1}{\cos ax}\right).$

378. $\int \frac{\sin^3 ax\,dx}{\cos^n ax} = \frac{1}{a}\left[\frac{1}{(n-1)\cos^{n-1} ax} - \frac{1}{(n-3)\cos^{n-3} ax}\right]$ $(n \neq 1,\ n \neq 3).$

379. $\int \frac{\sin^n ax}{\cos ax}dx = -\frac{\sin^{n-1} ax}{a(n-1)} + \int \frac{\sin^{n-2} ax\,dx}{\cos ax}$ $(n \neq 1).$

380. $\int \frac{\sin^n ax}{\cos^m ax}dx =$

$$= \frac{\sin^{n+1} ax}{a(m-1)\cos^{m-1} ax} - \frac{n-m+2}{m-1}\int \frac{\sin^n ax}{\cos^{m-2} ax}dx \quad (m \neq 1),$$

$$= -\frac{\sin^{n-1} ax}{a(n-m)\cos^{m-1} ax} + \frac{n-1}{n-m}\int \frac{\sin^{n-2} ax\,dx}{\cos^m ax} \quad (m \neq n),$$

$$= \frac{\sin^{n-1} ax}{a(m-1)\cos^{m-1} ax} - \frac{n-1}{m-1}\int \frac{\sin^{n-1} ax\,dx}{\cos^{m-2} ax} \quad (m \neq 1).$$

381. $\int \frac{\cos ax\,dx}{\sin^2 ax} = -\frac{1}{a\sin ax} = -\frac{1}{a}\operatorname{cosec} ax.$

382. $\int \frac{\cos ax\,dx}{\sin^3 ax} = -\frac{1}{2a\sin ax} + C = -\frac{\cot^2 ax}{2a} + C_1.$

383. $\int \frac{\cos ax\,dx}{\sin^n ax} = -\frac{1}{a(n-1)\sin^{n-1} ax}.$

384. $\int \frac{\cos^2 ax\,dx}{\sin ax} = \frac{1}{a}\left(\cos ax + \ln\tan\frac{ax}{2}\right).$

385. $$\int \frac{\cos^2 ax\,dx}{\sin^3 ax} = -\frac{1}{2a}\left(\frac{\cos ax}{\sin^2 ax} - \ln\tan\frac{ax}{2}\right).$$

386. $$\int \frac{\cos^2 ax\,dx}{\sin^n ax} = -\frac{1}{(n-1)}\left(\frac{\cos ax}{a\sin^{n-1} ax} + \int \frac{dx}{\sin^{n-2} ax}\right) \qquad (n \neq 1)$$

(siehe Nr.289).

387. $$\int \frac{\cos^3 ax\,dx}{\sin ax} = \frac{1}{a}\left(\frac{\cos^2 ax}{2} + \ln\sin ax\right).$$

388. $$\int \frac{\cos^3 ax\,dx}{\sin^2 ax} = -\frac{1}{a}\left(\sin ax + \frac{1}{\sin ax}\right).$$

389. $$\int \frac{\cos^3 ax\,dx}{\sin^n ax} = \frac{1}{a}\left[\frac{1}{(n-3)\sin^{n-3} ax} - \frac{1}{(n-1)\sin^{n-1} ax}\right] \qquad (n \neq 1, n \neq 3).$$

390. $$\int \frac{\cos^n ax}{\sin ax}dx = \frac{\cos^{n-1} ax}{a(n-1)} + \int \frac{\cos^{n-2} ax\,dx}{\sin ax} \qquad (n \neq 1).$$

391. $$\begin{aligned}\int \frac{\cos^n ax\,dx}{\sin^m ax} &= -\frac{\cos^{n+1} ax}{a(m-1)\sin^{m-1} ax} - \frac{n-m+2}{m-1}\int \frac{\cos^n ax\,dx}{\sin^{m-2} ax} \quad (m \neq 1),\\ &= \frac{\cos^{n-1} ax}{a(n-m)\sin^{m-1} ax} + \frac{n-1}{m-1}\int \frac{\cos^{n-2} ax\,dx}{\sin^m ax} \quad (m \neq n),\\ &= -\frac{\cos^{n-1} ax}{a(m-1)\sin^{m-1} ax} - \frac{n-1}{m-1}\int \frac{\cos^{n-2} ax\,dx}{\sin^{m-2} ax} \quad (m \neq 1).\end{aligned}$$

392. $$\int \frac{dx}{\sin ax(1 \pm \cos ax)} = \pm\frac{1}{2a(1 \pm \cos ax)} + \frac{1}{2a}\ln\tan\frac{ax}{2}.$$

393. $$\int \frac{dx}{\cos ax(1 \pm \sin ax)} = \mp\frac{1}{2a(1 \pm \sin ax)} + \frac{1}{2a}\ln\tan\left(\frac{\pi}{4} + \frac{ax}{2}\right).$$

394. $$\int \frac{\sin ax\,dx}{\cos ax(1 \pm \cos ax)} = \frac{1}{a}\ln\frac{1 \pm \cos ax}{\cos ax}.$$

395. $$\int \frac{\cos ax\,dx}{\sin ax(1 \pm \sin ax)} = -\frac{1}{a}\ln\frac{1 \pm \sin ax}{\sin ax}.$$

396. $$\int \frac{\sin ax\,dx}{\cos ax(1 \pm \sin ax)} = \frac{1}{2a(1 \pm \sin ax)} \pm \frac{1}{2a}\ln\tan\left(\frac{\pi}{4} + \frac{ax}{2}\right).$$

397. $$\int \frac{\cos ax\,dx}{\sin ax(1 \pm \cos ax)} = -\frac{1}{2a(1 \pm \cos ax)} \pm \frac{1}{2a}\ln\tan\frac{ax}{2}.$$

398. $$\int \frac{\sin ax\,dx}{\sin ax \pm \cos ax} = \frac{x}{2} \mp \frac{1}{2a}\ln(\sin ax \pm \cos ax).$$

399. $$\int \frac{\cos ax\,dx}{\sin ax \pm \cos ax} = \pm\frac{x}{2} + \frac{1}{2a}\ln(\sin ax \pm \cos ax).$$

400. $\int \frac{dx}{\sin ax \pm \cos ax} = \frac{1}{a\sqrt{2}} \ln \tan \left(\frac{ax}{2} \pm \frac{\pi}{8} \right).$

401. $\int \frac{dx}{1 + \cos ax \pm \sin ax} = \pm \frac{1}{a} \ln \left(1 \pm \tan \frac{ax}{2} \right).$

402. $\int \frac{dx}{b \sin ax + c \cos ax} = \frac{1}{a\sqrt{b^2 + c^2}} \ln \tan \frac{ax + \Theta}{2},$ mit $\sin \Theta = \frac{c}{\sqrt{b^2 + c^2}}$ und $\tan \Theta = \frac{c}{b}$.

403. $\int \frac{\sin ax\, dx}{b + c \cos ax} = -\frac{1}{ac} \ln(b + c \cos ax).$

404. $\int \frac{\cos ax\, dx}{b + c \sin ax} = \frac{1}{ac} \ln(b + c \sin ax).$

405. $\int \frac{dx}{b + c \cos ax + f \sin ax} = \int \frac{d\left(x + \frac{\Theta}{a} \right)}{b + \sqrt{c^2 + f^2} \sin(ax + \Theta)},$

mit $\sin \Theta = \frac{c}{\sqrt{c^2 + f^2}}$ und $\tan \Theta = \frac{c}{f}$ (siehe Nr.306).

406. $\int \frac{dx}{b^2 \cos^2 ax + c^2 \sin^2 ax} = \frac{1}{abc} \arctan \left(\frac{c}{b} \tan ax \right).$

407. $\int \frac{dx}{b^2 \cos^2 ax - c^2 \sin^2 ax} = \frac{1}{2abc} \ln \frac{c \tan ax + b}{c \tan ax - b}.$

408. $\int \sin ax \cos bx\, dx = -\frac{\cos(a+b)x}{2(a+b)} - \frac{\cos(a-b)x}{2(a-b)}$

($a^2 \neq b^2$, für $a = b$, siehe Nr.354).

21.5.3.4 Integrale, die die Tangensfunktion enthalten

409. $\int \tan ax\, dx = -\frac{1}{a} \ln \cos ax.$

410. $\int \tan^2 ax\, dx = \frac{\tan ax}{a} - x.$

411. $\int \tan^3 ax\, dx = \frac{1}{2a} \tan^2 ax + \frac{1}{a} \ln \cos ax.$

412. $\int \tan^n ax\, dx = \frac{1}{a(n-1)} \tan^{n-1} ax - \int \tan^{n-2} ax\, dx.$

413. $\int x \tan ax\, dx = \frac{ax^3}{3} + \frac{a^3x^5}{15} + \frac{2a^5x^7}{105} + \frac{17a^7x^9}{2835} + \cdots + \frac{2^{2n}(2^{2n}-1)B_n a^{2n-1} x^{2n+1}}{(2n+1)!} + \cdots$ §.

414. $\int \frac{\tan ax\, dx}{x} = ax + \frac{(ax)^3}{9} + \frac{2(ax)^5}{75} + \frac{17(ax)^7}{2205} + \cdots + \frac{2^{2n}(2^{2n}-1)B_n (ax)^{2n-1}}{(2n-1)(2n!)} + \cdots$ §

§ B_n sind die BERNOULLIschen Zahlen (s.S. 305).

415. $\int \frac{\tan^n ax}{\cos^2 ax}dx = \frac{1}{a(n+1)}\tan^{n+1} ax \qquad (n \neq -1).$

416. $\int \frac{dx}{\tan ax \pm 1} = \pm\frac{x}{2} + \frac{1}{2a}\ln(\sin ax \pm \cos ax).$

417. $\int \frac{\tan ax\, dx}{\tan ax \pm 1} = \frac{x}{2} \mp \frac{1}{2a}\ln(\sin ax \pm \cos ax).$

21.5.3.5 Integrale, die die Kotangensfunktion enthalten

418. $\int \cot ax\, dx = \frac{1}{a}\ln\sin ax.$

419. $\int \cot^2 ax\, dx = -\frac{\cot ax}{a} - x.$

420. $\int \cot^3 ax\, dx = -\frac{1}{2a}\cot^2 ax - \frac{1}{a}\ln\sin ax.$

421. $\int \cot^n ax\, dx = -\frac{1}{a(n-1)}\cot^{n-1} ax - \int \cot^{n-2} ax\, dx \qquad (n \neq 1).$

422. $\int x\cot ax\, dx = \frac{x}{a} - \frac{ax^3}{9} - \frac{a^3x^5}{225} - \cdots - \frac{2^{2n}B_n a^{2n-1}x^{2n+1}}{(2n+1)!} - \cdots$ §.

423. $\int \frac{\cot ax\, dx}{x} = -\frac{1}{ax} - \frac{ax}{3} - \frac{(ax)^3}{135} - \frac{2(ax)^5}{4725} - \cdots - \frac{2^{2n}B_n(ax)^{2n-1}}{(2n-1)(2n)!} - \cdots$ § B_n sind die Bernoullischen Zahlen (vgl.S.254)..

424. $\int \frac{\cot^n ax}{\sin^2 ax}dx = -\frac{1}{a(n+1)}\cot^{n+1} ax \qquad (n \neq -1).$

425. $\int \frac{dx}{1 \pm \cot ax} = \int \frac{\tan ax\, dx}{\tan ax \pm 1}$ (siehe Nr.417).

21.5.4 Integrale anderer transzendenter Funktionen

21.5.4.1 Integrale der Hyperbelfunktionen

426. $\int \sinh ax\, dx = \frac{1}{a}\cosh ax.$

427. $\int \cosh ax\, dx = \frac{1}{a}\sinh ax.$

428. $\int \sinh^2 ax\, dx = \frac{1}{2a}\sinh ax\cosh ax - \frac{1}{2}x.$

429. $\int \cosh^2 ax\, dx = \frac{1}{2a}\sinh ax\cosh ax + \frac{1}{2}x.$

§ B_n sind die Bernoullischen Zahlen (vgl.S.254).

430. $\int \sinh^n ax\,dx =$

$$= \frac{1}{an}\sinh^{n-1} ax \cosh ax - \frac{n-1}{n}\int \sinh^{n-2} ax\,dx \qquad (\text{für } n > 0),$$
$$= \frac{1}{a(n+1)}\sinh^{n+1} ax \cosh ax - \frac{n+2}{n+1}\int \sinh^{n+2} ax\,dx \ (\text{für } n < 0)\ (n \neq -1).$$

431. $\int \cosh^n ax\,dx =$

$$= \frac{1}{an}\sinh ax \cosh^{n-1} ax + \frac{n-1}{n}\int \cosh^{n-2} ax\,dx \qquad (\text{für } n > 0),$$
$$= -\frac{1}{a(n+1)}\sinh ax \cosh^{n+1} ax + \frac{n+2}{n+1}\int \cosh^{n+2} ax\,dx \ (\text{für } n < 0)\ (n \neq -1).$$

432. $\int \frac{dx}{\sinh ax} = \frac{1}{a}\ln\tanh\frac{ax}{2}.$

433. $\int \frac{dx}{\cosh ax} = \frac{2}{a}\arctan e^{ax}.$

434. $\int x\sinh ax\,dx = \frac{1}{a}x\cosh ax - \frac{1}{a^2}\sinh ax.$

435. $\int x\cosh ax\,dx = \frac{1}{a}x\sinh ax - \frac{1}{a^2}\cosh ax.$

436. $\int \tanh ax\,dx = \frac{1}{a}\ln\cosh ax.$

437. $\int \coth ax\,dx = \frac{1}{a}\ln\sinh ax.$

438. $\int \tanh^2 ax\,dx = x - \frac{\tanh ax}{a}.$

439. $\int \coth^2 ax\,dx = x - \frac{\coth ax}{a}.$

440. $\int \sinh ax \sinh bx\,dx = \frac{1}{a^2-b^2}(a\sinh bx\cosh ax - b\cosh bx\sinh ax) \qquad (a^2 \neq b^2).$

441. $\int \cosh ax \cosh bx\,dx = \frac{1}{a^2-b^2}(a\sinh ax\cosh bx - b\sinh bx\cosh ax) \qquad (a^2 \neq b^2).$

442. $\int \cosh ax \sinh bx\,dx = \frac{1}{a^2-b^2}(a\sinh bx\sinh ax - b\cosh bx\cosh ax) \qquad (a^2 \neq b^2).$

443. $\int \sinh ax \sin ax\,dx = \frac{1}{2a}(\cosh ax\sin ax - \sinh ax\cos ax).$

444. $\int \cosh ax \cos ax\,dx = \frac{1}{2a}(\sinh ax\cos ax + \cosh ax\sin ax).$

445. $\int \sinh ax \cos ax\,dx = \frac{1}{2a}(\cosh ax\cos ax + \sinh ax\sin ax).$

446. $\int \cosh ax \sinh ax \, dx = \frac{1}{2a}(\sinh ax \sin ax - \cosh ax \cos ax).$

21.5.4.2 Integrale von Exponentialfunktionen

447. $\int e^{ax} \, dx = \frac{1}{a} e^{ax}.$

448. $\int x e^{ax} \, dx = \frac{e^{ax}}{a^2}(ax - 1).$

449. $\int x^2 e^{ax} \, dx = e^{ax} \left(\frac{x^2}{a} - \frac{2x}{a^2} + \frac{2}{a^3} \right).$

450. $\int x^n e^{ax} \, dx = \frac{1}{a} x^n e^{ax} - \frac{n}{a} \int x^{n-1} e^{ax} \, dx.$

451. $\int \frac{e^{ax}}{x} dx = \ln x + \frac{ax}{1 \cdot 1!} + \frac{(ax)^2}{2 \cdot 2!} + \frac{(ax)^3}{3 \cdot 3!} + \cdots$ **.

452. $\int \frac{e^{ax}}{x^n} dx = \frac{1}{n-1} \left(-\frac{e^{ax}}{x^{n-1}} + a \int \frac{e^{ax}}{x^{n-1}} dx \right) \qquad (n \neq 1).$

453. $\int \frac{dx}{1 + e^{ax}} = \frac{1}{a} \ln \frac{e^{ax}}{1 + e^{ax}}.$

454. $\int \frac{dx}{b + c e^{ax}} = \frac{x}{b} - \frac{1}{ab} \ln(b + c e^{ax}).$

455. $\int \frac{e^{ax} \, dx}{b + c e^{ax}} = \frac{1}{ac} \ln(b + c e^{ax}).$

456. $$\int \frac{dx}{b e^{ax} + c e^{-ax}} = \frac{1}{a\sqrt{bc}} \arctan \left(e^{ax} \sqrt{\frac{b}{c}} \right) \qquad (bc > 0),$$
$$= \frac{1}{2a\sqrt{-bc}} \ln \frac{c + e^{ax}\sqrt{-bc}}{c - e^{ax}\sqrt{-bc}} \qquad (bc < 0).$$

457. $\int \frac{x e^{ax} \, dx}{(1 + ax)^2} = \frac{e^{ax}}{a^2(1 + ax)}.$

458. $\int e^{ax} \ln x \, dx = \frac{e^{ax} \ln x}{a} - \frac{1}{a} \int \frac{e^{ax}}{x} dx$ (siehe Nr.451).

**Das bestimmte Integral $\int\limits_{-\infty}^{x} \frac{e^t}{t} dt$ nennt man *Integralexponentialfunktion* und bezeichnet es mit $\mathrm{Ei}(x)$. Für $x > 0$ divergiert dieses Integral im Punkt $t = 0$; in diesem Falle versteht man unter $\mathrm{Ei}(x)$ den Hauptwert des uneigentlichen Integrals (s.S. 351).

$$\int\limits_{-\infty}^{x} \frac{e^t}{t} dt = C + \ln|x| + \frac{x}{1 \cdot 1!} + \frac{x^2}{2 \cdot 2!} + \frac{x^3}{3 \cdot 3!} + \cdots + \frac{x^n}{n \cdot n!} + \cdots$$

(C ist die EULERsche Konstante, s.S. 351).

459. $\int e^{ax} \sin bx\, dx = \frac{e^{ax}}{a^2+b^2}(a \sin bx - b \cos bx).$

460. $\int e^{ax} \cos bx\, dx = \frac{e^{ax}}{a^2+b^2}(a \cos bx + b \sin bx).$

461. $\int e^{ax} \sin^n x\, dx = \frac{e^{ax} \sin^{n-1} x}{a^2+n^2}(a \sin x - n \cos x)$
$+ \frac{n(n-1)}{a^2+n^2} \int e^{ax} \sin^{n-2} x\, dx$ (siehe Nr.447 und 459).

462. $\int e^{ax} \cos^n x\, dx = \frac{e^{ax} \cos^{n-1} x}{a^2+n^2}(a \cos x + n \sin x)$
$+ \frac{n(n-1)}{a^2+n^2} \int e^{ax} \cos^{n-2} x\, dx$ (siehe Nr.447 und 460).

463. $\int xe^{ax} \sin bx\, dx = \frac{xe^{ax}}{a^2+b^2}(a \sin bx - b \cos bx) - \frac{e^{ax}}{(a^2+b^2)^2}[(a^2-b^2) \sin bx - 2ab \cos bx].$

464. $\int xe^{ax} \cos bx\, dx = \frac{xe^{ax}}{a^2+b^2}(a \cos bx + b \sin bx) - \frac{e^{ax}}{(a^2+b^2)^2}[(a^2-b^2) \cos bx + 2ab \sin bx].$

21.5.4.3 Integrale logarithmischer Funktionen

465. $\int \ln x\, dx = x \ln x - x.$

466. $\int (\ln x)^2\, dx = x(\ln x)^2 - 2x \ln x + 2x.$

467. $\int (\ln x)^3\, dx = x(\ln x)^3 - 3x(\ln x)^2 + 6x \ln x - 6x.$

468. $\int (\ln x)^n\, dx = x(\ln x)^n - n \int (lnx)^{n-1}\, dx$ $(n \neq -1).$

469. $\int \frac{dx}{\ln x} = \ln \ln x + \ln x + \frac{(\ln x)^2}{2 \cdot 2!} + \frac{(\ln x)^3}{3 \cdot 3!} + \ldots$ [††].

470. $\int \frac{dx}{(\ln x)^n} = -\frac{x}{(n-1)(\ln x)^{n-1}} + \frac{1}{n-1} \int \frac{dx}{(\ln x)^{n-1}}$ $(n \neq 1)$ (siehe Nr.469).

471. $\int x^m \ln x\, dx = x^{m+1} \left[\frac{\ln x}{m+1} - \frac{1}{(m+1)^2} \right]$ $(m \neq -1).$

472. $\int x^m (\ln x)^n\, dx = \frac{x^{m+1}(\ln x)^n}{m+1} - \frac{n}{m+1} \int x^m (\ln x)^{n-1}\, dx$ $(m \neq -1,\ n \neq -1;$ siehe Nr.470).

[††]Das bestimmte Integral $\int\limits_0^x \frac{dt}{\ln t}$ nennt man *Integrallogarithmus* und bezeichnet es mit $\mathrm{Li}\,(x)$. Für $x > 1$ divergiert dieses Integral im Punkt $t = 1$. In diesem Fall versteht man unter $\mathrm{Li}\,(x)$ den Hauptwert des uneigentlichen Integrals (s.S. 351). Der Integrallogarithmus hängt mit der Integralexponentialfunktion zusammen (s. S. 351): $\mathrm{Li}\,(x) = \mathrm{Ei}\,(\ln x)$.

473. $\int \frac{(\ln x)^n}{x} dx = \frac{(\ln x)^{n+1}}{n+1}.$

474. $\int \frac{\ln x}{x^m} dx = -\frac{\ln x}{(m-1)x^{m-1}} - \frac{1}{(m-1)^2 x^{m-1}}$ $(m \neq 1).$

475. $\int \frac{(\ln x)^n}{x^m} dx = -\frac{(\ln x)^n}{(m-1)x^{m-1}} + \frac{n}{m-1} \int \frac{(\ln x)^{n-1}}{x^m} dx$ $(m \neq 1)$ (siehe Nr.474).

476. $\int \frac{x^m\, dx}{\ln x} = \int \frac{e^{-y}}{y} dy$ mit $y = -(m+1)\ln x$ (siehe Nr.451).

477. $\int \frac{x^m\, dx}{(\ln x)^n} = -\frac{x^{m+1}}{(n-1)(\ln x)^{n-1}} + \frac{m+1}{n-1} \int \frac{x^m\, dx}{(\ln x)^{n-1}}$ $(n \neq 1).$

478. $\int \frac{dx}{x \ln x} = \ln \ln x.$

479. $\int \frac{dx}{x^n \ln x} = \ln \ln x - (n-1)\ln x + \frac{(n-1)^2(\ln x)^2}{2 \cdot 2!} - \frac{(n-1)^3(\ln x)^3}{3 \cdot 3!} + \cdots.$

480. $\int \frac{dx}{x(\ln x)^n} = \frac{-1}{(n-1)(\ln x)^{n-1}}$ $(n \neq 1).$

481. $\int \frac{dx}{x^p(\ln x)^n} = \frac{-1}{x^{p-1}(n-1)(\ln x)^{n-1}} - \frac{p-1}{n-1} \int \frac{dx}{x^p(\ln x)^{n-1}}$ $(n \neq 1).$

482. $\int \ln \sin x\, dx = x \ln x - x - \frac{x^3}{18} - \frac{x^5}{900} - \cdots - \frac{2^{2n-1} B_n x^{2n+1}}{n(2n+1)!} - \cdots$ §.

483. $\int \ln \cos x\, dx = -\frac{x^3}{6} - \frac{x^5}{60} - \frac{x^7}{315} - \cdots - \frac{2^{2n-1}(2^{2n}-1)B_n}{n(2n+1)!} x^{2n+1} - \cdots$ §

484. $\int \ln \tan x\, dx = x \ln x - x + \frac{x^3}{9} + \frac{7x^5}{450} + \cdots + \frac{2^{2n}(2^{2n-1}-1)B_n}{n(2n+1)!} x^{2n+1} + \cdots$ §

485. $\int \sin \ln x\, dx = \frac{x}{2}(\sin \ln x - \cos \ln x).$

486. $\int \cos \ln x\, dx = \frac{x}{2}(\sin \ln x + \cos \ln x).$

487. $\int e^{ax} \ln x\, dx = \frac{1}{a} e^{ax} \ln x - \frac{1}{a} \int \frac{e^{ax}}{x} dx$ (siehe Nr.451).

21.5.4.4 Integrale der inversen trigonometrischen Funktionen

488. $\int \arcsin \frac{x}{a} dx = x \arcsin \frac{x}{a} + \sqrt{a^2 - x^2}.$

§ B_n sind die BERNOULLIschen Zahlen (s.S. 305).

489. $\int x \arcsin\frac{x}{a}\,dx = \left(\frac{x^2}{2} - \frac{a^2}{4}\right)\arcsin\frac{x}{a} + \frac{x}{4}\sqrt{a^2 - x^2}.$

490. $\int x^2 \arcsin\frac{x}{a}\,dx = \frac{x^3}{3}\arcsin\frac{x}{a} + \frac{1}{9}(x^2 + 2a^2)\sqrt{a^2 - x^2}.$

491. $\int \frac{\arcsin\frac{x}{a}\,dx}{x} = \frac{x}{a} + \frac{1}{2\cdot 3\cdot 3}\frac{x^3}{a^3} + \frac{1\cdot 3}{2\cdot 4\cdot 5\cdot 5}\frac{x^5}{a^5} + \frac{1\cdot 3\cdot 5}{2\cdot 4\cdot 6\cdot 7\cdot 7}\frac{x^7}{a^7} + \cdots.$

492. $\int \frac{\arcsin\frac{x}{a}\,dx}{x^2} = -\frac{1}{x}\arcsin\frac{x}{a} - \frac{1}{a}\ln\frac{a + \sqrt{a^2 - x^2}}{x}.$

493. $\int \arccos\frac{x}{a}\,dx = x\arccos\frac{x}{a} - \sqrt{a^2 - x^2}.$

494. $\int x \arccos\frac{x}{a}\,dx = \left(\frac{x^2}{2} - \frac{a^2}{4}\right)\arccos\frac{x}{a} - \frac{x}{4}\sqrt{a^2 - x^2}.$

495. $\int x^2 \arccos\frac{x}{a}\,dx = \frac{x^3}{3}\arccos\frac{x}{a} - \frac{1}{9}(x^2 + 2a^2)\sqrt{a^2 - x^2}.$

496. $\int \frac{\arccos\frac{x}{a}\,dx}{x} = \frac{\pi}{2}\ln x - \frac{x}{a} - \frac{1}{2\cdot 3\cdot 3}\frac{x^3}{a^3} - \frac{1\cdot 3}{2\cdot 4\cdot 5\cdot 5}\frac{x^5}{a^5} - \frac{1\cdot 3\cdot 5}{2\cdot 4\cdot 6\cdot 7\cdot 7}\frac{x^7}{a^7} - \cdots.$

497. $\int \frac{\arccos\frac{x}{a}\,dx}{x^2} = -\frac{1}{x}\arccos\frac{x}{a} + \frac{1}{a}\ln\frac{a + \sqrt{a^2 - x^2}}{x}.$

498. $\int \arctan\frac{x}{a}\,dx = x\arctan\frac{x}{a} - \frac{a}{2}\ln(a^2 + x^2).$

499. $\int x \arctan\frac{x}{a}\,dx = \frac{1}{2}(x^2 + a^2)\arctan\frac{x}{a} - \frac{ax}{2}.$

500. $\int x^2 \arctan\frac{x}{a}\,dx = \frac{x^3}{3}\arctan\frac{x}{a} - \frac{ax^2}{6} + \frac{a^3}{6}\ln(a^2 + x^2).$

501. $\int x^n \arctan\frac{x}{a}\,dx = \frac{x^{n+1}}{n+1}\arctan\frac{x}{a} - \frac{a}{n+1}\int\frac{x^{n+1}\,dx}{a^2 + x^2}$ $\quad (n \neq -1).$

502. $\int \frac{\arctan\frac{x}{a}\,dx}{x} = \frac{x}{a} - \frac{x^3}{3^2a^3} + \frac{x^5}{5^2a^5} - \frac{x^7}{7^2a^7} + \cdots$ $\quad (|x| < |a|).$

503. $\int \frac{\arctan\frac{x}{a}\,dx}{x^2} = -\frac{1}{x}\arctan\frac{x}{a} - \frac{1}{2a}\ln\frac{a^2 + x^2}{x^2}.$

504. $\int \frac{\arctan\frac{x}{a}\,dx}{x^n} = -\frac{1}{(n-1)x^{n-1}}\arctan\frac{x}{a} + \frac{a}{n-1}\int\frac{dx}{x^{n-1}(a^2 + x^2)}$ $\quad (n \neq 1).$

505. $\int \operatorname{arccot}\frac{x}{a}dx = x\operatorname{arccot}\frac{x}{a} + \frac{a}{2}\ln(a^2+x^2).$

506. $\int x\operatorname{arccot}\frac{x}{a}dx = \frac{1}{2}(x^2+a^2)\operatorname{arccot}\frac{x}{a} + \frac{ax}{2}.$

507. $\int x^2\operatorname{arccot}\frac{x}{a}dx = \frac{x^3}{3}\operatorname{arccot}\frac{x}{a} + \frac{ax^2}{6} - \frac{a^3}{6}\ln(a^2+x^2).$

508. $\int x^n\operatorname{arccot}\frac{x}{a}dx = \frac{x^{n+1}}{n+1}\operatorname{arccot}\frac{x}{a} + \frac{a}{n+1}\int\frac{x^{n+1}dx}{a^2+x^2}$ $(n \neq -1).$

509. $\int\frac{\operatorname{arccot}\frac{x}{a}dx}{x} = \frac{\pi}{2}\ln x - \frac{x}{a} + \frac{x^3}{3^2a^3} - \frac{x^5}{5^2a^5} - \frac{x^7}{7^2a^7} - \cdots.$

510. $\int\frac{\operatorname{arccot}\frac{x}{a}dx}{x^2} = -\frac{1}{x}\operatorname{arccot}\frac{x}{a} + \frac{1}{2a}\ln\frac{a^2+x^2}{x^2}.$

511. $\int\frac{\operatorname{arccot}\frac{x}{a}dx}{x^n} = -\frac{1}{(n-1)x^{n-1}}\operatorname{arccot}\frac{x}{a} - \frac{a}{n-1}\int\frac{dx}{x^{n-1}(a^2+x^2)}$ $(n \neq 1).$

21.5.4.5 Integrale der inversen Hyperbelfunktion

512. $\int \operatorname{Arsinh}\frac{x}{a}dx = x\operatorname{Arsinh}\frac{x}{a} - \sqrt{x^2+a^2}.$

513. $\int \operatorname{Arcosh}\frac{x}{a}dx = x\operatorname{Arcosh}\frac{x}{a} - \sqrt{x^2-a^2}.$

514. $\int \operatorname{Artanh}\frac{x}{a}dx = x\operatorname{Artanh}\frac{x}{a} + \frac{a}{2}\ln(a^2-x^2).$

515. $\int \operatorname{Arcoth}\frac{x}{a}dx = x\operatorname{Arcoth}\frac{x}{a} + \frac{a}{2}\ln(x^2-a^2).$

21.6 Bestimmte Integrale

21.6.1 Integrale von trigonometrischen Funktionen

Für natürliche Zahlen m, n gilt:

1. $\int_0^{2\pi} \sin nx\,dx = 0$

2. $\int_0^{2\pi} \cos nx\,dx = 0$

3. $\int_0^{2\pi} \sin nx \cos mx\,dx = 0$

4. $\int_0^{2\pi} \sin nx \sin mx\,dx = \begin{cases} 0 & \text{für } m \neq n, \\ \pi & \text{für } m = n \end{cases}$

5. $\int_0^{2\pi} \cos nx \cos mx = \begin{cases} 0 & \text{für } m \neq n, \\ \pi & \text{für } m = n \end{cases}$

6. $\int_0^{\frac{\pi}{2}} \sin^n x\,dx = \begin{cases} \frac{2}{3}\frac{4}{5}\frac{6}{7}\frac{8}{9}\cdots\frac{n-1}{n} & \text{für } n \quad \text{ungerade} \\ \frac{\pi}{2}\frac{1}{2}\frac{3}{4}\frac{5}{6}\cdots\frac{n-1}{n} & \text{für } n \quad \text{gerade} \end{cases} \qquad n \geq 2$

21.6.2 Integrale von Exponentialfunktionen

(kombiniert mit algebraischen, trigonometrischen und logarithmischen Funktionen)

7. $\int_0^{\infty} x^n e^{-ax}\,dx = \frac{\Gamma(n+1)}{a^{n+1}}$ * für $a > 0,\ n > -1.$

Insbesondere ist dieses Integral für ein ganzzahliges $n > 0$ gleich $\frac{n!}{a^{n+1}}$.

8. $\int_0^{\infty} x^n e^{-ax^2}\,dx = \frac{\Gamma\left(\frac{n+1}{2}\right)}{2a\left(\frac{n+1}{2}\right)}$ * für $a > 0,\ n > -1.$

Insbesondere ist dieses Integral bei ganzzahligem geradem $n\ (n = 2k)$ gleich $\frac{1\cdot 3\cdots(2k-1)\sqrt{\pi}}{2^{k+1}a^{k+1/2}}$ und bei ungeradem $n\ (n = 2k+1)$ gleich $\frac{k!}{2a^{k+1}}$.

9. $\int_0^{\infty} e^{-a^2x^2}\,dx = \frac{\sqrt{\pi}}{2a}$ für $a > 0.$

10. $\int_0^{\infty} x^2 e^{-a^2x^2}\,dx = \frac{\sqrt{\pi}}{4a^3}$ für $a > 0.$

11. $\int_0^{\infty} e^{-a^2x^2}\cos bx\,dx = \frac{\sqrt{\pi}}{2a}\cdot e^{-b^2/4a^2}$ für $a > 0.$

12. $\int_0^{\infty} \frac{x\,dx}{e^x - 1} = \frac{\pi^2}{6}.$

*Gammafunktion $\Gamma(n)$ s.S. 351, Tabelle s.S. 946.

13. $\int\limits_0^\infty \frac{x\,dx}{e^x+1} = \frac{\pi^2}{12}.$

14. $\int\limits_0^\infty \frac{e^{-ax}\sin x}{x}\,dx = \operatorname{arccot} a = \arctan\frac{1}{a}$ für $a > 0$.

15. $\int\limits_0^\infty e^{-x}\ln x\,dx = -C \approx -0{,}5772$ *.

16. $\int\limits_0^{\pi/2} \sin^{2\alpha+1} x\cos^{2\beta+1} x\,dx = \frac{\Gamma(\alpha+1)\,\Gamma(\beta+1)}{2\,\Gamma(\alpha+\beta+2)} = \frac{1}{2}\mathrm{B}(\alpha+1,\beta+1)$ †.

$= \frac{\alpha!\beta!}{2(\alpha+\beta+1)!}$ (bei ganzzahligen positiven α und β).

Diese Formel gilt für beliebige α und β; man verwendet sie zur Bestimmung von

$$\int\limits_0^{\pi/2} \sqrt{\sin x}\,dx,\ \int\limits_0^{\pi/2} \sqrt[3]{\sin x}\,dx,\ \int\limits_0^{\pi/2} \frac{dx}{\sqrt[3]{\cos x}}\ \text{usw.}$$

17. $\int\limits_0^\infty \frac{\sin ax}{x}\,dx = \begin{cases} \frac{\pi}{2} & \text{für } a > 0, \\ -\frac{\pi}{2} & \text{für } a < 0. \end{cases}$

18. $\int\limits_0^\alpha \frac{\cos ax\,dx}{x} = \infty$ (α beliebig).

19. $\int\limits_0^\infty \frac{\tan ax\,dx}{x} = \begin{cases} \frac{\pi}{2} & \text{für } a > 0, \\ -\frac{\pi}{2} & \text{für } a < 0. \end{cases}$

20. $\int\limits_0^\infty \frac{\cos ax - \cos bx}{x}\,dx = \ln\frac{b}{a}.$

21. $\int\limits_0^\infty \frac{\sin x\cos ax}{x}\,dx = \begin{cases} \frac{\pi}{2} & \text{für } |a| < 1, \\ \frac{\pi}{4} & \text{für } |a| = 1, \\ 0 & \text{für } |a| > 1. \end{cases}$

22. $\int\limits_0^\infty \frac{\sin x}{\sqrt{x}}\,dx = \int\limits_0^\infty \frac{\cos x}{\sqrt{x}}\,dx = \sqrt{\frac{\pi}{2}}.$

---

* C ist die EULERsche Konstante (s.S. 351).

† Mit $\mathrm{B}(x,y) = \frac{\Gamma(x)\cdot\Gamma(y)}{\Gamma(x+y)}$ ist die Betafunktion oder das EULERsche Integral erster Gattung bezeichnet, mit $\Gamma(x)$ die Gammafunktion oder das EULERsche Integral zweiter Gattung (s.S. 351).

23. $\int\limits_0^\infty \frac{x \sin bx}{a^2+x^2} dx = \pm\frac{\pi}{2} e^{-|ab|}$ (das Vorzeichen stimmt mit dem Vorzeichen von b überein).

24. $\int\limits_0^\infty \frac{\cos ax}{1+x^2} dx = \frac{\pi}{2} e^{-|a|}$.

25. $\int\limits_0^\infty \frac{\sin^2 ax}{x^2} dx = \frac{\pi}{2}|a|$.

26. $\int\limits_{-\infty}^{+\infty} \sin(x^2)\, dx = \int\limits_{-\infty}^{+\infty} \cos(x^2)\, dx = \sqrt{\frac{\pi}{2}}$.

27. $\int\limits_0^{\pi/2} \frac{\sin x\, dx}{\sqrt{1-k^2\sin^2 x}} = \frac{1}{2k} \ln \frac{1+k}{1-k}$ für $|k| < 1$.

28. $\int\limits_0^{\pi/2} \frac{\cos x\, dx}{\sqrt{1-k^2\sin^2 x}} = \frac{1}{k} \arcsin k$ für $|k| < 1$.

29. $\int\limits_0^{\pi/2} \frac{\sin^2 x\, dx}{\sqrt{1-k^2\sin^2 x}} = \frac{1}{k^2}(\mathrm{K}-\mathrm{E})$ * für $|k| < 1$.

30. $\int\limits_0^{\pi/2} \frac{\cos^2 x\, dx}{\sqrt{1-k^2\sin^2 x}} = \frac{1}{k^2}[\mathrm{E}-(1-k^2)\mathrm{K}]$ *

31. $\int\limits_0^{\pi} \frac{\cos ax\, dx}{1-2b\cos x+b^2} = \frac{\pi b^a}{1-b^2}$ bei ganzzahligem $a \geq 0$, $|b| < 1$.

21.6.3 Integrale logarithmischer Funktionen

(kombiniert mit algebraischen und trigonometrischen Funktionen)

32. $\int\limits_0^1 \ln|\ln x|\, dx = -C = -0,5772$ † (wird zurückgeführt auf Nr.15).

33. $\int\limits_0^1 \frac{\ln x}{x-1} dx = \frac{\pi^2}{6}$ (wird zurückgeführt auf Nr.12).

34. $\int\limits_0^1 \frac{\ln x}{x+1} dx = -\frac{\pi^2}{12}$ (wird zurückgeführt auf Nr.13).

*E und K sind vollständige elliptische Integrale: E= $E\left(k, \frac{\pi}{2}\right)$, K= $F\left(k, \frac{\pi}{2}\right)$ (s.S.330 und Tabelle auf S. 944).
†C ist die EULERsche Konstante (s.S. 351).

35. $\int\limits_0^1 \frac{\ln x}{x^2-1}\,dx = \frac{\pi^2}{8}.$

36. $\int\limits_0^1 \frac{\ln(1+x)}{x^2+1}\,dx = \frac{\pi}{8}\ln 2.$

37. $\int\limits_0^1 \left(\frac{1}{x}\right)^a dx = \Gamma(a+1)\,^*$ $(-1 < a < \infty).$

38. $\int\limits_0^{\pi/2} \ln\sin x\,dx = \int\limits_0^{\pi/2} \ln\cos x\,dx = -\frac{\pi}{2}\ln 2.$

39. $\int\limits_0^{\pi} x\ln\sin x\,dx = -\frac{\pi^2\ln 2}{2}.$

40. $\int\limits_0^{\pi/2} \sin x\ln\sin x\,dx = \ln 2 - 1.$

41. $\int\limits_0^{\pi} \ln(a \pm b\cos x)dx = \pi\ln\frac{a+\sqrt{a^2-b^2}}{2}$ für $a \geq b.$

42. $\int\limits_0^{\pi} \ln(a^2 - 2ab\cos x + b^2)dx = \begin{cases} 2\pi\ln a & (a \geq b > 0), \\ 2\pi\ln b & (b \geq a > 0). \end{cases}$

43. $\int\limits_0^{\pi/2} \ln\tan x\,dx = 0.$

44. $\int\limits_0^{\pi/4} \ln(1+\tan x)dx = \frac{\pi}{8}\ln 2.$

21.6.4 Integrale algebraischer Funktionen

45. $\int\limits_0^1 x^a(1-x)^\beta\,dx = 2\int\limits_0^1 x^{2\alpha+1}(1-x^2)^\beta\,dx = \frac{\Gamma(\alpha+1)\,\Gamma(\beta+1)}{\Gamma(\alpha+\beta+2)} = \mathrm{B}(\alpha+1,\,\beta+1)\,^\dagger$

(wird zuückgeführt auf Nr.16).

* $\Gamma(x)$ ist die Gammafunktion (vgl.S. 351 und Tabelle auf S. 946).

† $\mathrm{B}(x,y) = \frac{\Gamma(x)\cdot\Gamma(y)}{\Gamma(x+y)}$ ist die Betafunktion oder das EULERsche Integral erster Gattung, $\Gamma(x)$ ist die Gammafunktion oder das EULERsche Integral zweiter Gattung (s.S. 351).

46. $$\int_0^\infty \frac{dx}{(1+x)x^a} = \frac{\pi}{\sin a\pi}$$ für $a < 1$.

47. $$\int_0^\infty \frac{dx}{(1-x)x^a} = -\pi \cot a\pi$$ für $a < 1$.

48. $$\int_0^\infty \frac{x^{a-1}}{1+x^b}dx = \frac{\pi}{b \sin \frac{a\pi}{b}}$$ für $0 < a < b$.

49. $$\int_0^1 \frac{dx}{\sqrt{1-x^a}} = \frac{\sqrt{\pi}\;\Gamma\left(\frac{1}{a}\right)}{a\;\Gamma\left(\frac{2+a}{2a}\right)} *.$$

50. $$\int_0^1 \frac{dx}{1+2x\cos a + x^2} = \frac{a}{2\sin a}$$ $\left(0 < a < \frac{\pi}{2}\right)$.

51. $$\int_0^\infty \frac{dx}{1+2x\cos a + x^2} = \frac{a}{\sin x}$$ $\left(0 < a < \frac{\pi}{2}\right)$.

* $\Gamma(x)$ ist die Gammafunktion (s.S. 351 und Tabelle auf S. 946).

21.7 Elliptische Integrale

21.7.1 Elliptische Integrale 1. Art $F(\varphi, k)$, $k = \sin\alpha$

φ /°	α /°									
	0	10	20	30	40	50	60	70	80	90
0	0,0000	0,0000	0,0000	0,0000	0,0000	0,0000	0,0000	0,0000	0,0000	0,0000
10	0,1745	0,1746	0,1746	0,1748	0,1749	0,1751	0,1752	0,1753	0,1754	0,1754
20	0,3491	0,3493	0,3499	0,3508	0,3520	0,3533	0,3545	0,3555	0,3561	0,3564
30	0,5236	0,5243	0,5263	0,5294	0,5334	0,5379	0,5422	0,5459	0,5484	0,5493
40	0,6981	0,6997	0,7043	0,7116	0,7213	0,7323	0,7436	0,7535	0,7604	0,7629
50	0,8727	0,8756	0,8842	0,8982	0,9173	0,9401	0,9647	0,9876	1,0044	1,0107
60	1,0472	1,0519	1,0660	1,0896	1,1226	1,1643	1,2126	1,2619	1,3014	1,3170
70	1,2217	1,2286	1,2495	1,2853	1,3372	1,4068	1,4944	1,5959	1,6918	1,7354
80	1,3963	1,4056	1,4344	1,4846	1,5597	1,6660	1,8125	2,0119	2,2653	2,4362
90	1,5708	1,5828	1,6200	1,6858	1,7868	1,9356	2,1565	2,5046	3,1534	∞

21.7.2 Elliptische Integrale 2. Art $E(\varphi, k)$, $k = \sin\alpha$

φ /°	α /°									
	0	10	20	30	40	50	60	70	80	90
0	0,0000	0,0000	0,0000	0,0000	0,0000	0,0000	0,0000	0,0000	0,0000	0,0000
10	0,1745	0,1745	0,1744	0,1743	0,1742	0,1740	0,1739	0,1738	0,1737	0,1736
20	0,3491	0,3489	0,3483	0,3473	0,3462	0,3450	0,3438	0,3429	0,3422	0,3420
30	0,5236	0,5229	0,5209	0,5179	0,5141	0,5100	0,5061	0,5029	0,5007	0,5000
40	0,6981	0,6966	0,6921	0,6851	0,6763	0,6667	0,6575	0,6497	0,6446	0,6428
50	0,8727	0,8698	0,8614	0,8483	0,8317	0,8134	0,7954	0,7801	0,7697	0,7660
60	1,0472	1,0426	1,0290	1,0076	0,9801	0,9493	0,9184	0,8914	0,8728	0,8660
70	1,2217	1,2149	1,1949	1,1632	1,1221	1,0750	1,0266	0,9830	0,9514	0,9397
80	1,3963	1,3870	1,3597	1,3161	1,2590	1,1926	1,1225	1,0565	1,0054	0,9848
90	1,5708	1,5589	1,5238	1,4675	1,3931	1,3055	1,2111	1,1184	1,0401	1,0000

21.7.3 Vollständige elliptische Integrale, $k = \sin\alpha$

α /°	K	E	α /°	K	E	α /°	K	E
0	1,5708	1,5708	**30**	1,6858	1,4675	**60**	2,1565	1,2111
1	1,5709	1,5707	31	1,6941	1,4608	61	2,1842	1,2015
2	1,5713	1,5703	32	1,7028	1,4539	62	2,2132	1,1920
3	1,5719	1,5697	33	1,7119	1,4469	63	2,2435	1,1826
4	1,5727	1,5689	34	1,7214	1,4397	64	2,2754	1,1732
5	1,5738	1,5678	**35**	1,7312	1,4323	**65**	2,3088	1,1638
6	1,5751	1,5665	36	1,7415	1,4248	66	2,3439	1,1545
7	1,5767	1,5649	37	1,7522	1,4171	67	2,3809	1,1453
8	1,5785	1,5632	38	1,7633	1,4092	68	2,4198	1,1362
9	1,5805	1,5611	39	1,7748	1,4013	69	2,4610	1,1272
10	1,5828	1,5589	**40**	1,7868	1,3931	**70**	2,5046	1,1184
11	1,5854	1,5564	41	1,7992	1,3849	71	2,5507	1,1096
12	1,5882	1,5537	42	1,8122	1,3765	72	2,5998	1,1011
13	1,5913	1,5507	43	1,8256	1,3680	73	2,6521	1,0927
14	1,5946	1,5476	44	1,8396	1,3594	74	2,7081	1,0844
15	1,5981	1,5442	**45**	1,8541	1,3506	**75**	2,7681	1,0764
16	1,6020	1,5405	46	1,8691	1,3418	76	2,8327	1,0686
17	1,6061	1,5367	47	1,8848	1,3329	77	2,9026	1,0611
18	1,6105	1,5326	48	1,9011	1,3238	78	2,9786	1,0538
19	1,6151	1,5283	49	1,9180	1,3147	79	3,0617	1,0468
20	1,6200	1,5238	**50**	1,9356	1,3055	**80**	3,1534	1,0401
21	1,6252	1,5191	51	1,9539	1,2963	81	3,2553	1,0338
22	1,6307	1,5141	52	1,9729	1,2870	82	3,3699	1,0278
23	1,6365	1,5090	53	1,9927	1,2776	83	3,5004	1,0223
24	1,6426	1,5037	54	2,0133	1,2681	84	3,6519	1,0172
25	1,6490	1,4981	**55**	2,0347	1,2587	**85**	3,8317	1,0127
26	1,6557	1,4924	56	2,0571	1,2492	86	4,0528	1,0080
27	1,6627	1,4864	57	2,0804	1,2397	87	4,3387	1,0053
28	1,6701	1,4803	58	2,1047	1,2301	88	4,7427	1,0026
29	1,6777	1,4740	59	2,1300	1,2206	89	5,4349	1,0008
						90	∞	1,0000

21.8 Gammafunktion

x	$\Gamma(x)$	x	$\Gamma(x)$	x	$\Gamma(x)$	x	$\Gamma(x)$
1,00	1,00000	**1,25**	0,90640	**1,50**	0,88623	**1,75**	0,91906
01	0,99433	26	0,90440	51	0,88659	76	0,92137
02	0,98884	27	0,90250	52	0,88704	77	0,92376
03	0,98355	28	0,90072	53	0,88757	78	0,92623
04	0,97844	29	0,89904	54	0,88818	79	0,92877
1,05	0,97350	**1,30**	0,89747	**1,55**	0,88887	**1,80**	0,93138
06	0,96874	31	0,89600	56	0,88964	81	0,93408
07	0,96415	32	0,89464	57	0,89049	82	0,93685
08	0,95973	33	0,89338	58	0,89142	83	0,93969
09	0,95546	34	0,89222	59	0,89243	84	0,94261
1,10	0,95135	**1,35**	0,89115	**1,60**	0,89352	**1,85**	0,94561
11	0,94740	36	0,89018	61	0,89468	86	0,94869
12	0,94359	37	0,88931	62	0,89592	87	0,95184
13	0,93993	38	0,88854	63	0,89724	88	0,95507
14	0,93642	39	0,88785	64	0,89864	89	0,95838
1,15	0,93304	**1,40**	0,88726	**1,65**	0,90012	**1,90**	0,96177
16	0,92980	41	0,88676	66	0,90167	91	0,96523
17	0,92670	42	0,88636	67	0,90330	92	0,96877
18	0,92373	43	0,88604	68	0,90500	93	0,97240
19	0,92089	44	0,88581	69	0,90678	94	0,97610
1,20	0,91817	**1,45**	0,88566	**1,70**	0,90864	**1,95**	0,97988
21	0,91558	46	0,88560	71	0,91057	96	0,98374
22	0,91311	47	0,88563	72	0,91258	97	0,98768
23	0,91075	48	0,88575	73	0,91467	98	0,99171
24	0,90852	49	0,88592	74	0,91683	99	0,99581
1,25	0,90640	**1,50**	0,88623	**1,75**	0,91906	**2,00**	1,00000

Die Werte der Gammafunktion für $x < 1$ $(x \neq 0, -1, -2, \ldots)$ und $x > 2$ lassen sich mit Hilfe der folgenden Formeln berechnen:

$$\Gamma(x) = \frac{\Gamma(x+1)}{x}, \quad \Gamma(x) = (x-1)\,\Gamma(x-1).$$

■ **A:** $\Gamma(0,7) = \frac{\Gamma(1,7)}{0,7} = \frac{0,90864}{0,7} = 1,2981$

B: $\Gamma(3,5) = 2,5 \cdot \Gamma(2,5) = 2,5 \cdot 1,5 \cdot \Gamma(1,5) = 2,5 \cdot 1,5 \cdot 0,88623$
$= 3,32336$

21.9 Besselsche Funktionen (Zylinderfunktionen)

x	$J_0(x)$	$J_1(x)$	$N_0(x)$	$N_1(x)$	$I_0(x)$	$I_1(x)$	$K_0(x)$	$K_1(x)$
0,0	+1,0000	+0,0000	$-\infty$	$-\infty$	+1,000	0,0000	∞	∞
0,1	0,9975	0,0499	−1,5342	−6,4590	1,003	+0,0501	2,4271	9,8538
0,2	0,9900	0,0995	1,0181	3,3238	1,010	0,1005	1,7527	4,7760
0,3	0,9776	0,1483	0,8073	2,2931	1,023	0,1517	1,3725	3,0560
0,4	0,9604	0,1960	0,6060	1,7809	1,040	0,2040	1,1145	2,1844
0,5	+0,9385	+0,2423	−0,4445	−1,4715	1,063	0,2579	0,9244	1,6564
0,6	0,9120	0,2867	0,3085	1,2604	1,092	0,3137	0,7775	1,3028
0,7	0,8812	0,3290	0,1907	1,1032	1,126	0,3719	0,6605	1,0503
0,8	0,8463	0,3688	−0,0868	0,9781	1,167	0,4329	0,5653	0,8618
0,9	0,8075	0,4059	+0,0056	0,8731	1,213	0,4971	0,4867	0,7165
1,0	+0,7652	+0,4401	+0,0883	−0,7812	1,266	0,5652	0,4210	0,6019
1,1	0,7196	0,4709	0,1622	0,6981	1,326	0,6375	0,3656	0,5098
1,2	0,6711	0,4983	0,2281	0,6211	1,394	0,7147	0,3185	0,4346
1,3	0,6201	0,5220	0,2865	0,5485	1,469	0,7973	0,2782	0,3725
1,4	0,5669	0,5419	0,3379	0,4791	1,553	0,8861	0,2437	0,3208
1,5	+0,5118	+0,5579	+0,3824	−0,4123	1,647	0,9817	0,2138	0,2774
1,6	0,4554	0,5699	0,4204	0,3476	1,750	1,085	0,1880	0,2406
1,7	0,3980	0,5778	0,4520	0,2847	1,864	1,196	0,1655	0,2094
1,8	0,3400	0,5815	0,4774	0,2237	1,990	1,317	0,1459	0,1826
1,9	0,2818	0,5812	0,4968	0,1644	2,128	1,448	0,1288	0,1597
2,0	+0,2239	+0,5767	+0,5104	−0,1070	2,280	1,591	0,1139	0,1399
2,1	0,1666	0,5683	0,5183	−0,0517	2,446	1,745	0,1008	0,1227
2,2	0,1104	0,5560	0,5208	+0,0015	2,629	1,914	0,08927	0,1079
2,3	0,0555	0,5399	0,5181	0,0523	2,830	2,098	0,07914	0,09498
2,4	0,0025	0,5202	0,5104	0,1005	3,049	2,298	0,07022	0,08372
2,5	−0,0484	+0,4971	+0,4981	+0,1459	3,290	2,517	0,06235	0,07389
2,6	0,0968	0,4708	0,4813	0,1884	3,553	2,755	0,05540	0,06528
2,7	0,1424	0,4416	0,2605	0,2276	3,842	3,016	0,04926	0,05774
2,8	0,1850	0,4097	0,4359	0,2635	4,157	3,301	0,04382	0,05111
2,9	0,2243	0,3754	0,4079	0,2959	4,503	3,613	0,03901	0,04529
3,0	−0,2601	+0,3391	+0,3769	+0,3247	4,881	3,953	0,03474	0,04016
3,1	0,2921	0,3009	0,3431	0,3496	5,294	4,326	0,03095	0,03563
3,2	0,3202	0,2613	0,3070	0,3707	5,747	4,734	0,02759	0,03164
3,3	0,3443	0,2207	0,2691	0,3879	6,243	5,181	0,02461	0,02812
3,4	0,3643	0,1792	0,2296	0,4010	6,785	5,670	0,02196	0,02500
3,5	−0,3801	+0,1374	+0,1890	+0,4102	7,378	6,206	0,01960	0,02224
3,6	0,3918	0,0955	0,1477	0,4154	8,028	6,793	0,01750	0,01979
3,7	0,3992	0,0538	0,1061	0,4167	8,739	7,436	0,01563	0,01763
3,8	0,4026	+0,0128	0,0645	0,4141	9,517	8,140	0,01397	0,01571
3,9	0,4018	−0,0272	+0,0234	0,4078	10,37	8,913	0,01248	0,01400
4,0	−0,3971	−0,0660	−0,0169	+0,3979	11,30	9,759	0,01116	0,01248
4,1	0,3887	0,1033	0,0561	0,3846	12,32	10,69	0,009980	0,01114
4,2	0,3766	0,1386	0,0938	0,3680	13,44	11,71	0,008927	0,009938
4,3	0,3610	0,1719	0,1296	0,3484	14,67	12,82	0,007988	0,008872
4,4	0,3423	0,2028	0,1633	0,3260	16,01	14,05	0,007149	0,007923
4,5	−0,3205	−0,2311	−0,1947	+0,3010	17,48	15,39	0,006400	0,007078
4,6	0,2961	0,2566	0,2235	0,2737	19,09	16,86	0,005730	0,006325
4,7	0,2693	0,2791	0,2494	0,2445	20,86	18,48	0,005132	0,005654
4,8	0,2404	0,2985	0,2723	0,2136	22,79	20,25	0,004597	0,005055
4,9	0,2097	0,3147	0,2921	0,1812	24,91	22,20	0,004119	0,004521

x	$J_0(x)$	$J_1(x)$	$N_0(x)$	$N_1(x)$	$I_0(x)$	$I_1(x)$	$K_0(x)$	$K_1(x)$
							0,00	0,00
5,0	−0,1776	−0,3276	−0,3085	+0,1479	27,24	24,34	3691	4045
5,1	0,1443	0,3371	0,3216	0,1137	29,79	26,68	3308	3619
5,2	0,1103	0,3432	0,3313	0,0792	32,58	29,25	2966	3239
5,3	0,0758	0,3460	0,3374	0,0445	35,65	32,08	2659	2900
5,4	0,0412	0,3453	0,3402	+0,0101	39,01	35,18	2385	2597
5,5	−0,0068	−0,3414	−0,3395	−0,0238	42,69	38,59	2139	3226
5,6	+0,0270	0,3343	0,3354	0,0568	46,74	42,33	1918	2083
5,8	0,0917	0,3110	0,3177	0,1192	56,04	50,95	1544	1673
5,9	0,1220	0,2951	0,3044	0,1481	61,38	55,90	1386	1499
6,0	+0,1506	−0,2767	−0,2882	−0,1750	67,23	61,34	1244	1344
6,1	0,1773	0,2559	0,2694	0,1998	73,66	67,32	1117	1205
6,2	0,2017	0,2329	0,2483	0,2223	80,72	73,89	1003	1081
6,3	0,2238	0,2081	0,2251	0,2422	88,46	81,10	09001	09691
6,4	0,2433	0,1816	0,1999	0,2596	96,96	89,03	08083	08693
6,5	+0,2601	−0,1538	−0,1732	−0,2741	106,3	97,74	07259	07799
6,6	0,2740	0,1250	0,1452	0,2857	116,5	107,3	06520	06998
6,7	0,2851	0,0953	0,1162	0,2945	127,8	117,8	05857	06280
6,8	0,2931	0,0652	0,0864	0,3002	140,1	129,4	05262	05636
6,9	0,2981	0,0349	0,0563	0,3029	153,7	142,1	04728	05059
7,0	+0,3001	−0,0047	−0,0259	−0,3027	168,6	156,0	04248	04542
7,1	0,2991	+0,0252	+0,0042	0,2995	185,0	171,4	03817	04078
7,2	0,2951	0,0543	0,0339	0,2934	202,9	188,3	03431	03662
7,3	0,2882	0,0826	0,0628	0,2846	222,7	206,8	03084	03288
7,4	0,2786	0,1096	0,0907	0,2731	244,3	227,2	02772	02953
7,5	+0,2663	+0,1352	+0,1173	−0,2591	268,2	249,6	02492	02653
7,6	0,2516	0,1592	0,1424	0,2428	294,3	274,2	02240	02383
7,7	0,2346	0,1813	0,1658	0,2243	323,1	301,3	02014	02141
7,8	0,2154	0,2014	0,1872	0,2039	354,7	331,1	01811	01924
7,9	0,1944	0,2192	0,2065	0,1817	389,4	363,9	01629	01729
8,0	+0,1717	+0,2346	+0,2235	−0,1581	427,6	399,9	01465	01554
8,1	0,1475	0,2476	0,2381	0,1331	469,5	439,5	01317	01396
8,2	0,1222	0,2580	0,2501	0,1072	515,6	483,0	01185	01255
8,3	0,0960	0,2657	0,2595	0,0806	566,3	531,0	01066	01128
8,4	0,0692	0,2708	0,2662	0,0535	621,9	583,7	009588	01014
8,5	+0,0419	+0,2731	+0,2702	−0,0262	683,2	641,6	008626	009120
8,6	+0,0146	0,2728	0,2715	+0,0011	750,5	705,4	007761	008200
8,7	−0,0125	0,2697	0,2700	0,0280	824,4	775,5	006983	007374
8,8	0,0392	0,2641	0,2659	0,0544	905,8	852,7	006283	006631
8,9	0,0653	0,2559	0,2592	0,0799	995,2	937,5	005654	005964
9,0	−0,0903	+0,2453	+0,2499	+0,1043	1094	1031	005088	005364
9,1	0,1142	0,2324	0,2383	0,1275	1202	1134	004579	004825
9,2	0,1367	0,2174	0,2245	0,1491	1321	1247	004121	004340
9,3	0,1577	0,2004	0,2086	0,1691	1451	1371	003710	003904
9,4	0,1768	0,1816	0,1907	0,1871	1595	1508	003339	003512
9,5	−0,1939	+0,1613	+0,1712	+0,2032	1753	1658	003036	003160
9,6	0,2090	0,1395	0,1502	0,2171	1927	1824	002706	002843
9,7	0,2218	0,1166	0,1279	0,2287	2119	2006	002436	002559
9,8	0,2323	0,0928	0,1045	0,2379	2329	2207	002193	002302
9,9	0,2403	0,0684	0,0804	0,2447	2561	2428	001975	002072
10,0	−0,2459	+0,0435	+0,0557	+0,2490	2816	2671	001778	001865

21.10 Legendresche Polynome (Kugelfunktionen)

$P_0(x) = 1;$ $\qquad P_1(x) = x;$

$P_2(x) = \frac{1}{2}(3x^2 - 1);$ $\qquad P_3(x) = \frac{1}{2}(5x^3 - 3x);$

$P_4(x) = \frac{1}{8}(35x^4 - 30x^2 + 3);$ $\qquad P_5(x) = \frac{1}{8}(63x^5 - 70x^3 + 15x)$

$P_6(x) = \frac{1}{16}(231x^6 - 315x^4 + 105x^2 - 5);$ $\qquad P_7(x) = \frac{1}{16}(429x^7 - 693x^5 + 315x^3 - 35x).$

$x = P_1(x)$	$P_2(x)$	$P_3(x)$	$P_4(x)$	$P_5(x)$	$P_6(x)$	$P_7(x)$
0,00	−0,3000	0,0000	0,3750	0,0000	−0,3125	0,0000
0,05	−0,4962	−0.0747	0,3657	0,0927	−0,2962	−0,1069
0,10	−0,4850	−0,1475	0,3379	0,1788	−0,2488	−0,1995
0,15	−0,4662	−0,2166	0,2928	0,2523	−0,1746	−0,2649
0,20	−0,4400	−0,2800	0,2320	0,3075	−0,0806	−0,2935
0,25	−0,4062	−0,3359	0,1577	0,3397	+0,0243	−0,2799
0,30	−0,3650	−0,3825	+0,0729	0,3454	0,1292	−0,2241
0,35	−0,3162	−0,4178	−0,0187	0,3225	0,2225	−0,1318
0,40	−0,2600	−0,4400	−0,1130	0,2706	0,2926	−0,0146
0,45	−0,1962	−0,4472	−0,2050	0,1917	0,3290	+0,1106
0,50	−0,1250	−0,4375	−0,2891	+0,0898	0,3232	0,2231
0,55	−0,0462	−0,4091	−0,3590	−0,0282	0,2708	0,3007
0,60	+0,0400	−0,3600	−0,4080	−0,1526	0,1721	0,3226
0,65	0,1338	−0,2884	−0,4284	−0,2705	+0,0347	0,2737
0,70	0,2350	−0,1925	−0,4121	−0,3652	−0,1253	+0,1502
0,75	0,3438	−0,0703	−0,3501	−0,4164	−0,2808	−0,0342
0,80	0,4600	+0,0800	−0,2330	−0,3995	−0,3918	−0,2397
0,85	0,5838	0,2603	−0,0506	−0,2857	−0,4030	−0,3913
0,90	0,7150	0,4725	+0,2079	−0,0411	−0,2412	−0,3678
0,95	0,8538	0,7184	0,5541	+0,3727	+0,1875	+0,0112
1,00	1,0000	1,0000	1,0000	1,0000	1,0000	1,0000

21.11 Laplace–Transformationen

$$F(p) = \int_0^\infty e^{-pt} f(t)dt\,, \quad f(t) = 0 \text{ für } t < 0$$

Die in der Tabelle auftretende Konstante C ist die EULERsche Konstante $C = 0,577216$

$F(p)$	$f(t)$
0	0
$\frac{1}{p}$	1
$\frac{1}{p^n}$	$\frac{t^{n-1}}{(n-1)!}$
$\frac{1}{(p-\alpha)^n}$	$\frac{t^{n-1}}{(n-1)!}e^{\alpha t}$
$\frac{1}{(p-\alpha)(p-\beta)}$	$\frac{e^{\beta t} - e^{\alpha t}}{\beta - \alpha}$
$\frac{p}{(p-\alpha)(p-\beta)}$	$\frac{\beta e^{\beta t} - \alpha e^{\alpha t}}{\beta - \alpha}$
$\frac{1}{p^2 + 2\alpha p + \beta^2}$	$\frac{e^{-\alpha t}}{\sqrt{\beta^2 - \alpha^2}} \sin \sqrt{\beta^2 - \alpha^2}\, t$
$\frac{\alpha}{p^2 + \alpha^2}$	$\sin \alpha t$
$\frac{\alpha \cos \beta + p \sin \beta}{p^2 + \alpha^2}$	$\sin(\alpha t + \beta)$
$\frac{p}{p^2 + 2\alpha p + \beta^2}$	$\left(\cos \sqrt{\beta^2 - \alpha^2}\, t - \frac{\alpha}{\sqrt{\beta^2 - \alpha^2}} \sin \sqrt{\beta^2 - \alpha^2}\, t\right) e^{-\alpha t}$
$\frac{p}{p^2 + \alpha^2}$	$\cos \alpha t$
$\frac{p \cos \beta - \alpha \sin \beta}{p^2 + \alpha^2}$	$\cos(\alpha t + \beta)$
$\frac{\alpha}{p^2 - \alpha^2}$	$\sinh \alpha t$
$\frac{p}{p^2 - \alpha^2}$	$\cosh \alpha t$

$F(p)$	$f(t)$
$\dfrac{1}{(p-\alpha)(p-\beta)(p-\gamma)}$	$-\dfrac{(\beta-\gamma)\mathrm{e}^{\alpha t}+(\gamma-\alpha)\mathrm{e}^{\beta t}+(\alpha-\beta)\mathrm{e}^{\gamma t}}{(\alpha-\beta)(\beta-\gamma)(\gamma-\alpha)}$
$\dfrac{1}{(p-\alpha)(p-\beta)^2}$	$\dfrac{\mathrm{e}^{\alpha t}-[1+(\alpha-\beta)t]\,\mathrm{e}^{\beta t}}{(\alpha-\beta)^2}$
$\dfrac{p}{(p-\alpha)(p-\beta)^2}$	$\dfrac{\alpha\,\mathrm{e}^{\alpha t}-[\alpha+\beta(\alpha-\beta)t]\mathrm{e}^{\beta t}}{(\alpha-\beta)^2}$
$\dfrac{p^2}{(p-\alpha)(p-\beta)^2}$	$\dfrac{\alpha^2\mathrm{e}^{\alpha t}-[2\alpha-\beta+\beta(\alpha-\beta)t]\,\beta\mathrm{e}^{\beta t}}{(\alpha-\beta)^2}$
$\dfrac{1}{(p^2+\alpha^2)(p^2+\beta^2)}$	$\dfrac{\alpha\sin\beta t-\beta\sin\alpha t}{\alpha\beta(\alpha^2-\beta^2)}$
$\dfrac{p}{(p^2+\alpha^2)(p^2+\beta^2)}$	$\dfrac{\cos\beta t-\cos\alpha t}{(\alpha^2-\beta^2)}$
$\dfrac{p^2+2\alpha^2}{p(p^2+4\alpha^2)}$	$\cos^2\alpha t$
$\dfrac{2\alpha^2}{p(p^2+4\alpha^2)}$	$\sin^2\alpha t$
$\dfrac{p^2-2\alpha^2}{p(p^2-4\alpha^2)}$	$\cosh^2\alpha t$
$\dfrac{2\alpha^2}{p(p^2-4\alpha^2)}$	$\sinh^2\alpha t$
$\dfrac{2\alpha^2 p}{p^4+4\alpha^4}$	$\sin\alpha t\cdot\sinh\alpha t$
$\dfrac{\alpha(p^2+2\alpha^2)}{p^4+4\alpha^4}$	$\sin\alpha t\cdot\cosh\alpha t$
$\dfrac{\alpha(p^2-2\alpha^2)}{p^4+4\alpha^4}$	$\cos\alpha t\cdot\sinh\alpha t$
$\dfrac{p^3}{p^4+4\alpha^4}$	$\cos\alpha t\cdot\cosh\alpha t$
$\dfrac{\alpha p}{(p^2+\alpha^2)^2}$	$\dfrac{t}{2}\sin\alpha t$

$F(p)$	$f(t)$
$\frac{\alpha p}{(p^2-\alpha^2)^2}$	$\frac{t}{2}\sinh \alpha t$
$\frac{\alpha\beta}{(p^2-\alpha^2)(p^2-\beta^2)}$	$\frac{\beta\sinh\alpha t-\alpha\sinh\beta t}{\alpha^2-\beta^2}$
$\frac{p}{(p^2-\alpha^2)(p^2-\beta^2)}$	$\frac{\cosh\alpha t-\cosh\beta t}{\alpha^2-\beta^2}$
$\frac{1}{\sqrt{p}}$	$\frac{1}{\sqrt{\pi t}}$
$\frac{1}{p\sqrt{p}}$	$2\sqrt{\frac{t}{\pi}}$
$\frac{1}{p^n\sqrt{p}}$	$\frac{n!}{(2n)!}\frac{4^n}{\sqrt{\pi}}t^{n-\frac{1}{2}} \quad (n>0\,,\ \text{ganz})$
$\frac{1}{\sqrt{p+\alpha}}$	$\frac{1}{\sqrt{\pi t}}\mathrm{e}^{-\alpha t}$
$\sqrt{p+\alpha}-\sqrt{p+\beta}$	$\frac{1}{2t\sqrt{\pi t}}\left(\mathrm{e}^{-\beta t}-\mathrm{e}^{-\alpha t}\right)$
$\sqrt{\sqrt{p^2+\alpha^2}-p}$	$\frac{\sin\alpha t}{t\sqrt{2\pi t}}$
$\sqrt{\frac{\sqrt{p^2+\alpha^2}-p}{p^2+\alpha^2}}$	$\sqrt{\frac{2}{\pi t}}\sin\alpha t$
$\sqrt{\frac{\sqrt{p^2+\alpha^2}+p}{p^2+\alpha^2}}$	$\sqrt{\frac{2}{\pi t}}\cos\alpha t$
$\sqrt{\frac{\sqrt{p^2-\alpha^2}-p}{p^2-\alpha^2}}$	$\sqrt{\frac{2}{\pi t}}\sinh\alpha t$
$\sqrt{\frac{\sqrt{p^2-\alpha^2}+p}{p^2-\alpha^2}}$	$\sqrt{\frac{2}{\pi t}}\cosh\alpha t$
$\frac{1}{p\sqrt{p+\alpha}}$	$\frac{2}{\sqrt{\alpha\pi}}\cdot\int\limits_0^{\sqrt{\alpha t}}\mathrm{e}^{-\tau^2}\mathrm{d}\tau$
$\frac{1}{(p+\alpha)\sqrt{p+\beta}}$	$\frac{2\mathrm{e}^{-\alpha t}}{\sqrt{\pi(\beta-\alpha)}}\cdot\int\limits_0^{\sqrt{(\beta-\alpha)t}}\mathrm{e}^{-\tau^2}\mathrm{d}\tau$

$F(p)$	$f(t)$
$\dfrac{\sqrt{p+\alpha}}{p}$	$\dfrac{e^{-\alpha t}}{\sqrt{\pi t}} + 2\sqrt{\dfrac{\alpha}{\pi}} \cdot \int\limits_0^{\sqrt{\alpha t}} e^{-\tau^2} d\tau$
$\dfrac{1}{\sqrt{p^2+\alpha^2}}$	$J_0(\alpha t)$ (Besselsche Funktion der Ordnung 0)
$\dfrac{1}{\sqrt{p^2-\alpha^2}}$	$I_0(\alpha t)$ (modifizierte Besselsche Funktion der Ordnung 0)
$\dfrac{1}{\sqrt{(p+\alpha)(p+\beta)}}$	$e^{-\frac{\alpha+\beta}{2}t} \cdot I_0\left(\dfrac{\alpha-\beta}{2}t\right)$
$\dfrac{1}{\sqrt{p^2+2\alpha p+\beta^2}}$	$e^{-\alpha t} \cdot J_0\left(\sqrt{\alpha^2-\beta^2}\,t\right)$
$\dfrac{e^{1/p}}{p\sqrt{p}}$	$\dfrac{\sinh 2\sqrt{t}}{\sqrt{\pi}}$
$\arctan\dfrac{\alpha}{p}$	$\dfrac{\sin\alpha t}{t}$
$\arctan\dfrac{2\alpha p}{p^2-\alpha^2+\beta^2}$	$\dfrac{2}{t}\sin\alpha t \cdot \cos\beta t$
$\arctan\dfrac{p^2-\alpha p+\beta}{\alpha\beta}$	$\dfrac{e^{\alpha t}-1}{t}\sin\beta t$
$\dfrac{\ln p}{p}$	$-C-\ln t$
$\dfrac{\ln p}{p^{n+1}}$	$\dfrac{t^n}{n!}[\psi(n)-\ln t]\,,\quad \psi(n) = 1+\dfrac{1}{2}+\cdots+\dfrac{1}{n}-C$
$\dfrac{(\ln p)^2}{p}$	$(\ln t+C)^2-\dfrac{\pi^2}{6}$
$\ln\dfrac{p-\alpha}{p-\beta}$	$\dfrac{1}{t}\left(e^{\beta t}-e^{\alpha t}\right)$
$\ln\dfrac{p+\alpha}{p-\alpha} = 2\operatorname{artanh}\dfrac{\alpha}{p}$	$\dfrac{2}{t}\sinh\alpha t$
$\ln\dfrac{p^2+\alpha^2}{p^2+\beta^2}$	$2\cdot\dfrac{\cos\beta t-\cos\alpha t}{t}$
$\ln\dfrac{p^2-\alpha^2}{p^2-\beta^2}$	$2\cdot\dfrac{\cosh\beta t-\cosh\alpha t}{t}$

$F(p)$	$f(t)$
$e^{-\alpha\sqrt{p}}, \quad \operatorname{Re}\alpha > 0$	$\dfrac{\alpha}{2\sqrt{\pi}}\dfrac{e^{-\alpha^2/4t}}{t\sqrt{t}}$
$\dfrac{1}{\sqrt{p}}e^{-\alpha\sqrt{p}}, \quad \operatorname{Re}\alpha \geq 0$	$\dfrac{e^{-\alpha^2/4t}}{\sqrt{\pi t}}$
$\dfrac{\left(\sqrt{p^2+\alpha^2}-p\right)^\nu}{\sqrt{p^2+\alpha^2}}, \quad \operatorname{Re}\nu > -1$	$\alpha^\nu J_\nu(\alpha t)$ (s. S. 398)
$\dfrac{\left(p-\sqrt{p^2-\alpha^2}\right)^\nu}{\sqrt{p^2-\alpha^2}}, \quad \operatorname{Re}\nu > -1$	$\alpha^\nu I_\nu(\alpha t)$ (s. S. 399)
$\dfrac{1}{p}e^{-\beta p} \quad (\beta > 0,\ \text{reell})$	$\begin{cases} 0 & \text{für } t < \beta \\ 1 & \text{für } t > \beta \end{cases}$
$\dfrac{e^{-\beta\sqrt{p^2+\alpha^2}}}{\sqrt{p^2+\alpha^2}}$	$\begin{cases} 0 & \text{für } t < \beta \\ J_0\left(\alpha\sqrt{t^2-\beta^2}\right) & \text{für } t > \beta \end{cases}$
$\dfrac{e^{-\beta\sqrt{p^2-\alpha^2}}}{\sqrt{p^2-\alpha^2}}$	$\begin{cases} 0 & \text{für } t < \beta \\ I_0\left(\alpha\sqrt{t^2-\beta^2}\right) & \text{für } t > \beta \end{cases}$
$\dfrac{e^{-\beta\sqrt{(p+\alpha)(p+\beta)}}}{\sqrt{(p+\alpha)(p+\beta)}}$	$\begin{cases} 0 & \text{für } t < \beta \\ e^{-(\alpha+\beta)\frac{t}{2}} I_0\left(\dfrac{\alpha-\beta}{2}\sqrt{t^2-\beta^2}\right) & \text{für } t > \beta \end{cases}$
$\dfrac{e^{-\beta\sqrt{p^2+\alpha^2}}}{p^2+\alpha^2}\left(\beta+\dfrac{1}{\sqrt{p^2+\alpha^2}}\right)$	$\begin{cases} 0 & \text{für } t < \beta \\ \dfrac{\sqrt{t^2-\beta^2}}{\alpha} J_1\left(\alpha\sqrt{t^2-\beta^2}\right) & \text{für } t > \beta \end{cases}$
$\dfrac{e^{-\beta\sqrt{p^2-\alpha^2}}}{p^2-\alpha^2}\left(\beta+\dfrac{1}{\sqrt{p^2-\alpha^2}}\right)$	$\begin{cases} 0 & \text{für } t < \beta \\ \dfrac{\sqrt{t^2-\beta^2}}{\alpha} I_1\left(\alpha\sqrt{t^2-\beta^2}\right) & \text{für } t > \beta \end{cases}$
$e^{-\beta p} - e^{-\beta\sqrt{p^2+\alpha^2}}$	$\begin{cases} 0 & \text{für } t < \beta \\ \dfrac{\beta\alpha}{\sqrt{t^2-\beta^2}} J_1\left(\alpha\sqrt{t^2-\beta^2}\right) & \text{für } t > \beta \end{cases}$
$e^{-\beta\sqrt{p^2-\alpha^2}} - e^{-\beta p}$	$\begin{cases} 0 & \text{für } t < \beta \\ \dfrac{\beta\alpha}{\sqrt{t^2-\beta^2}} I_1\left(\alpha\sqrt{t^2-\beta^2}\right) & \text{für } t > \beta \end{cases}$

$F(p)$	$f(t)$
$\dfrac{1-\mathrm{e}^{-\alpha p}}{p}$	$\begin{cases} 0 & \text{für } t > \alpha \\ 1 & \text{für } 0 < t < \alpha \end{cases}$
$\dfrac{\mathrm{e}^{-\alpha p}-\mathrm{e}^{-\beta p}}{p}$	$\begin{cases} 0 & \text{für } 0 < t < \alpha \\ 1 & \text{für } \alpha < t < \beta \\ 0 & \text{für } t > \beta \end{cases}$

21.12 Fourier–Transformationen

In den Tabellen vorkommende Symbole sind wie folgt definiert:

C : EULERsche Konstante ($C = 0{,}577215\ldots$)

$$\Gamma(z) = \int_0^\infty e^{-t}t^{z-1}\,dt \quad , \quad \operatorname{Re} z > 0 \qquad \text{(Gamma-Funktion)},$$

$$J_\nu(z) = \sum_{n=0}^\infty \frac{(-1)^n(\frac{1}{2}z)^{\nu+2n}}{n!\,\Gamma(\nu+n+1)} \qquad \text{(BESSEL-Funktionen)},$$

$$K_\nu(z) = \tfrac{1}{2}\pi(\sin(\pi\nu))^{-1}[I_{-\nu}(z) - I_\nu(z)] \quad \text{mit}$$

$$I_\nu(z) = e^{-\frac{1}{2}i\pi\nu}J_\nu(z\,e^{\frac{1}{2}i\pi}) \qquad \text{(modifizierte BESSEL-Funktionen)},$$

$$\left.\begin{aligned} C(x) &= \frac{1}{\sqrt{2\pi}}\int_0^x \frac{\cos t}{\sqrt{t}}\,dt \\ S(x) &= \frac{1}{\sqrt{2\pi}}\int_0^x \frac{\sin t}{\sqrt{t}}\,dt \end{aligned}\right\} \qquad \text{(FRESNEL-Integrale)},$$

$$\left.\begin{aligned} \operatorname{Si}(x) &= \int_0^x \frac{\sin t}{t}\,dt \\ \operatorname{si}(x) &= -\int_x^\infty \frac{\sin t}{t}\,dt = \operatorname{Si}(x) - \frac{\pi}{2} \end{aligned}\right\} \qquad \text{(Integralsinus)},$$

$$\operatorname{Ci}(x) = -\int_x^\infty \frac{\cos t}{t}\,dt \qquad \text{(Integralkosinus)}.$$

In der Tabelle vorkommende Abkürzungen für Funktionen entsprechen den in den Kapiteln eingeführten Definitionen.

21.12.1 Kosinus–Fourier–Transformationen

$f(t)$		$F_c(\omega) = \int_0^\infty f(t)\,\cos(t\,\omega)\,dt$
$1\,,$ $0\,,$	$0 < t < a$ $t > a$	$\dfrac{\sin(a\,\omega)}{\omega}$
$t,$ $2-t,$ $0,$	$0 < t < 1$ $1 < t < 2$ $t > 2$	$4\left(\cos\omega\sin^2\dfrac{\omega}{2}\right)\omega^{-2}$
$0\,,$ $\dfrac{1}{t}\,,$	$0 < t < a$ $t > a$	$-\operatorname{Ci}(a\,\omega)$: Ci Integralkosinus
$\dfrac{1}{\sqrt{t}}$		$\sqrt{\dfrac{\pi}{2}}\,\dfrac{1}{\sqrt{\omega}}$
$\dfrac{1}{\sqrt{t}}\,,$ $0\,,$	$0 < t < a$ $t > a$	$\sqrt{\dfrac{\pi}{2}}\,\dfrac{2\,C\,(a\omega)}{\sqrt{\omega}}$

$f(t)$		$F_c(\omega) = \int\limits_0^\infty f(t)\,\cos(t\,\omega)\,dt$
$0\,,$ $\dfrac{1}{\sqrt{t}}\,,$	$0<t<a$ $t>a$	$\sqrt{\dfrac{\pi}{2}}\quad \dfrac{1-2\,C\,(a\omega)}{\sqrt{\omega}}$
$(a+t)^{-1}\,,$	$a>0$	$[-\,\mathrm{si}\,(a\omega)\sin\,(a\omega)-\mathrm{Ci}\,(a\omega)\cos\,(a\omega)]$
$(a-t)^{-1}\,,$	$a>0$	$\left[\cos\,(a\omega)\,\mathrm{Ci}\,(a\omega)+\sin\,(a\omega)\left(\dfrac{\pi}{2}+\mathrm{Si}\,(a\omega)\right)\right]$
$(a^2+t^2)^{-1}$		$\dfrac{\pi}{2}\quad\dfrac{e^{-a\omega}}{a}$
$(a^2-t^2)^{-1}$		$\dfrac{\pi}{2}\quad\dfrac{\sin\,(a\omega)}{\omega}$
$\dfrac{b}{b^2+(a-t)^2}+\dfrac{b}{b^2+(a+t)^2}$		$\pi\quad e^{-b\omega}\cos\,(a\omega)$
$\dfrac{a+t}{b^2+(a+t)^2}+\dfrac{a-t}{b^2+(a-t)^2}$		$\pi\,e^{-b\omega}\,\sin(a\omega)$
$(a^2+t^2)^{-\frac{1}{2}}$		$K_0\,(a\omega)$
$(a^2-t^2)^{-\frac{1}{2}}\,,$ $0\,,$	$0<t<a$ $t>a$	$\dfrac{\pi}{2}\quad J_0\,(a\omega)$
$t^{-\nu}\,,$	$0<\mathrm{Re}\,\nu<1$	$\sin\left(\dfrac{\pi\,\nu}{2}\right)\quad\Gamma\,(1-\nu)\,\omega^{\nu-1}$
$e^{-a\,t}$		$\dfrac{a}{a^2+\omega^2}$
$\dfrac{e^{-bt}-e^{-at}}{t}$		$\dfrac{1}{2}\quad\ln\left(\dfrac{a^2+\omega^2}{b^2+\omega^2}\right)$
$\sqrt{t}\,e^{-at}$		$\dfrac{\sqrt{\pi}}{2}\quad(a^2+\omega^2)^{-\frac{3}{4}}\cos\left(\dfrac{3}{2}\arctan\left(\dfrac{\omega}{a}\right)\right)$
$\dfrac{e^{-at}}{\sqrt{t}}$		$\sqrt{\dfrac{\pi}{2}}\quad\left(\dfrac{a+(a^2+\omega^2)^{\frac{1}{2}}}{a^2+\omega^2}\right)^{\frac{1}{2}}$

$f(t)$	$F_c(\omega) = \int_0^\infty f(t)\cos(t\,\omega)\,dt$
$t^n\, e^{-at}$	$n!\, a^{n+1}(a^2+\omega^2)^{-(n+1)} \sum_{0\le 2m\le n+1} (-1)^m \binom{n+1}{2m} \left(\frac{\omega}{a}\right)^{2m}$
$t^{\nu-1}\, e^{-at}$	$\Gamma(\nu)\,(a^2+\omega^2)^{-\frac{\nu}{2}} \cos\left(\nu \arctan\left(\frac{\omega}{a}\right)\right)$
$\frac{1}{t}\left(\frac{1}{2}-\frac{1}{t}+\frac{1}{e^t-1}\right)$	$-\frac{1}{2}\ln(1-e^{-2\pi\omega})$
e^{-at^2}	$\frac{\sqrt{\pi}}{2} a^{-\frac{1}{2}} e^{-\frac{\omega^2}{4a}}$
$t^{-\frac{1}{2}} e^{-\frac{a}{t}}$	$\sqrt{\frac{\pi}{2}}\ \frac{1}{\sqrt{\omega}} e^{-\sqrt{2a\omega}}(\cos\sqrt{2a\omega}-\sin\sqrt{2a\omega})$
$t^{-\frac{3}{2}} e^{-\frac{a}{t}}$	$\sqrt{\frac{\pi}{a}}\ e^{-\sqrt{2a\omega}} \cos\sqrt{2a\omega}$
$\ln t\,, \quad 0<t<1$ $0\,, \quad t>1$	$-\frac{\operatorname{Si}(\omega)}{\omega}$
$\frac{\ln t}{\sqrt{t}}$	$-\sqrt{\frac{\pi}{2\omega}}\left(C+\frac{\pi}{2}+\ln 4\omega\right)$
$(t^2-a^2)^{-1}\ln\left(\frac{t}{a}\right)$	$\frac{\pi}{2}\ \frac{1}{a}(\sin(a\omega)\ \operatorname{Ci}(a\omega)-\cos(a\omega)\operatorname{si}(a\omega))$
$(t^2-a^2)^{-1}\ln(bt)$	$\frac{\pi}{2}\cdot\frac{1}{a}\ \{\sin(a\omega)\ [\operatorname{Ci}(a\omega)-\ln(ab)]-\cos(a\omega)\operatorname{si}(a\omega)\}$
$\frac{1}{t}\ln(1+t)$	$\frac{1}{2}\ \left[\left(\operatorname{Ci}\left(\frac{\omega}{2}\right)\right)^2+\left(\operatorname{si}\left(\frac{\omega}{2}\right)\right)^2\right]$
$\ln\left\lvert\frac{a+t}{b-t}\right\rvert$	$\frac{1}{\omega}\left\{\frac{\pi}{2}\ [\cos(b\omega)-\cos(a\omega)] + \cos(b\omega)\operatorname{Si}(b\omega)+\cos(a\omega)\operatorname{Si}(a\omega) - \sin(a\omega)\ \operatorname{Ci}(a\omega)-\sin(b\omega)\ \operatorname{Ci}(b\omega)\right\}$
$e^{-at}\ \ln t$	$-\frac{1}{a^2+\omega^2}\ \left[aC+\frac{a}{2}\ln(a^2+\omega^2)+\omega\ \arctan\left(\frac{\omega}{a}\right)\right]$

$f(t)$	$F_c(\omega) = \int\limits_0^\infty f(t)\,\cos(t\,\omega)\,dt$
$\ln\left(\frac{a^2+t^2}{b^2+t^2}\right)$	$\frac{\pi}{\omega}\quad(e^{-b\omega}-e^{-a\omega})$
$\ln\left\lvert\frac{a^2+t^2}{b^2-t^2}\right\rvert$	$\frac{\pi}{\omega}\quad(\cos(b\omega)-e^{-a\omega})$
$\frac{1}{t}\ln\left(\frac{a+t}{a-t}\right)^2$	$-2\pi\ \mathrm{si}(a\omega)$
$\frac{\ln(a^2+t^2)}{\sqrt{a^2+t^2}}$	$-\left[\left(C+\ln\left(\frac{2\omega}{a}\right)\right)\ K_0(a\omega)\right]$
$\ln\left(1+\frac{a^2}{t^2}\right)$	$\pi\,\frac{1-e^{-a\omega}}{\omega}$
$\ln\left\lvert 1-\frac{a^2}{t^2}\right\rvert$	$\pi\,\frac{1-\cos(a\omega)}{\omega}$
$\frac{\sin(at)}{t}$	$\frac{\pi}{2},\quad \omega<a$ $\frac{\pi}{4},\quad \omega=a$ $0,\quad \omega>a$
$\frac{t\,\sin(at)}{t^2+b^2}$	$\frac{\pi}{2}\,e^{-ab}\cosh(b\omega),\quad \omega<a$ $-\frac{\pi}{2}\,e^{-b\omega}\sinh(ab),\quad \omega>a$
$\frac{\sin(at)}{t\,(t^2+b^2)}$	$\frac{\pi}{2}\,b^{-2}\,(1-e^{-ab}\cosh(b\omega)),\quad \omega<a$ $\frac{\pi}{2}\,b^{-2}\,e^{-b\omega}\sinh(ab),\quad \omega>a$
$e^{-bt}\sin(at)$	$\frac{1}{2}\left[\frac{a+\omega}{b^2+(a+\omega)^2}+\frac{a-\omega}{b^2+(a-\omega)^2}\right]$
$\frac{e^{-t}\sin t}{t}$	$\frac{1}{2}\arctan\left(\frac{2}{\omega^2}\right)$
$\frac{\sin^2(at)}{t}$	$\frac{1}{4}\ln\left\lvert 1-4\,\frac{a^2}{\omega^2}\right\rvert$
$\frac{\sin(at)\ \sin(bt)}{t}$	$\frac{1}{2}\ln\left\lvert\frac{(a+b)^2-\omega^2}{(a-b)^2-\omega^2}\right\rvert$

$f(t)$	$F_c(\omega) = \int\limits_0^\infty f(t)\cos(t\,\omega)\,dt$
$\dfrac{\sin^2(at)}{t^2}$	$\dfrac{\pi}{2}\left(a-\dfrac{1}{2}\omega\right), \quad \omega < 2a$ $0, \quad \omega > 2a$
$\dfrac{\sin^3(at)}{t^2}$	$\dfrac{1}{8}\Big\{(\omega+3a)\ln(\omega+3a)$ $+(\omega-3a)\ln\lvert\omega-3a\rvert-(\omega+a)\ln(\omega+a)$ $-(\omega-a)\ln\lvert\omega-a\rvert\Big\}$
$\dfrac{\sin^3(at)}{t^3}$	$\dfrac{\pi}{8}(3a^2-\omega^2), \quad 0<\omega<a$ $\dfrac{\pi}{4}\omega^2, \quad \omega=a$ $\dfrac{\pi}{16}(3a-\omega)^2, \quad a<\omega<3a$ $0, \quad \omega>3a$
$\dfrac{1-\cos(at)}{t}$	$\dfrac{1}{2}\ln\left\lvert 1-\dfrac{a^2}{\omega^2}\right\rvert$
$\dfrac{1-\cos(at)}{t^2}$	$\dfrac{\pi}{2}(a-\omega), \quad \omega<a$ $0, \quad \omega>a$
$\dfrac{\cos(at)}{b^2+t^2}$	$\dfrac{\pi}{2}\dfrac{e^{-ab}\cosh(b\omega)}{b}, \quad \omega<a$ $\dfrac{\pi}{2}\dfrac{e^{-b\omega}\cosh(ab)}{b}, \quad \omega>a$
$e^{-bt}\cos(at)$	$\dfrac{b}{2}\left[\dfrac{1}{b^2+(a-\omega)^2}+\dfrac{1}{b^2+(a+\omega)^2}\right]$
$e^{-bt^2}\cos(at)$	$\dfrac{1}{2}\sqrt{\dfrac{\pi}{b}}\,e^{-\dfrac{a^2+\omega^2}{4b}}\cosh\left(\dfrac{a\omega}{2b}\right)$
$\dfrac{t}{b^2+t^2}\tan(at)$	$\pi\cosh(b\omega)\,(1+e^{2ab})^{-1}$
$\dfrac{t}{b^2+t^2}\cot(at)$	$\pi\cosh(b\omega)\,(e^{2ab}-1)^{-1}$

$f(t)$	$F_c(\omega) = \int_0^\infty f(t)\,\cos(t\,\omega)\,dt$
$\sin(at^2)$	$\frac{1}{2}\sqrt{\frac{\pi}{2a}}\left(\cos\left(\frac{\omega^2}{4a}\right)-\sin\left(\frac{\omega^2}{4a}\right)\right)$
$\sin[a(1-t^2)]$	$-\frac{1}{2}\sqrt{\frac{\pi}{a}}\cos\left(a+\frac{\pi}{4}+\frac{\omega^2}{4a}\right)$
$\frac{\sin(at^2)}{t^2}$	$\frac{\pi}{2}\,\omega\left[S\left(\frac{\omega^2}{4a}\right)-C\left(\frac{\omega^2}{4a}\right)\right]+\sqrt{2a}\,\sin\left(\frac{\pi}{4}+\frac{\omega^2}{4a}\right)$
$\frac{\sin(at^2)}{t}$	$\frac{\pi}{2}\left\{\frac{1}{2}-\left[C\left(\frac{\omega^2}{4a}\right)\right]^2-\left[S\left(\frac{\omega^2}{4a}\right)\right]^2\right\}$
$e^{-at^2}\sin(bt^2)$	$\frac{\sqrt{\pi}}{2}(a^2+b^2)^{-\frac{1}{4}}\,e^{-\frac{1}{4}a\omega^2(a^2+b^2)^{-1}} \cdot \sin\left[\frac{1}{2}\arctan\left(\frac{b}{a}\right)-\frac{b\omega^2}{4(a^2+b^2)}\right]$
$\cos(at^2)$	$\frac{1}{2}\sqrt{\frac{\pi}{2a}}\left[\cos\left(\frac{\omega^2}{4a}\right)+\sin\left(\frac{\omega^2}{4a}\right)\right]$
$\cos[a(1-t^2)]$	$\frac{1}{2}\sqrt{\frac{\pi}{a}}\sin\left(a+\frac{\pi}{4}+\frac{\omega^2}{4a}\right)$
$e^{-at^2}\cos(bt^2)$	$\frac{\sqrt{\pi}}{2}(a^2+b^2)^{-\frac{1}{4}}\,e^{-\frac{1}{4}a\omega^2(a^2+b^2)^{-1}} \cdot \cos\left[\frac{b\omega^2}{4(a^2+b^2)}-\frac{1}{2}\arctan\left(\frac{b}{a}\right)\right]$
$\frac{1}{t}\sin\left(\frac{a}{t}\right)$	$\frac{\pi}{2}J_0(2\sqrt{a\omega})$
$\frac{1}{\sqrt{t}}\sin\left(\frac{a}{t}\right)$	$\frac{1}{2}\sqrt{\frac{\pi}{2\omega}}\left[\sin(2\sqrt{a\omega})+\cos(2\sqrt{a\omega})-e^{-2\sqrt{a\omega}}\right]$
$\left(\frac{1}{\sqrt{t}}\right)^3\sin\left(\frac{a}{t}\right)$	$\frac{1}{2}\sqrt{\frac{\pi}{2a}}\left[\sin(2\sqrt{a\omega})+\cos(2\sqrt{a\omega})+e^{-2\sqrt{a\omega}}\right]$
$\frac{1}{\sqrt{t}}\cos\left(\frac{a}{t}\right)$	$\frac{1}{2}\sqrt{\frac{\pi}{2\omega}}\left[\cos(2\sqrt{a\omega})-\sin(2\sqrt{a\omega})+e^{-2\sqrt{a\omega}}\right]$
$\left(\frac{1}{\sqrt{t}}\right)^3\cos\left(\frac{a}{t}\right)$	$\frac{1}{2}\sqrt{\frac{\pi}{2a}}\left[\cos(2\sqrt{a\omega})-\sin(2\sqrt{a\omega})+e^{-2\sqrt{a\omega}}\right]$

$f(t)$	$F_c(\omega) = \int\limits_0^\infty f(t)\,\cos(t\,\omega)\,dt$
$\frac{1}{\sqrt{t}}\,\sin\left(a\sqrt{t}\right)$	$2\sqrt{\frac{\pi}{2\omega}}\left[C\left(\frac{a^2}{4\omega}\right)\,\sin\left(\frac{a^2}{4\omega}\right) - S\left(\frac{a^2}{4\omega}\right)\,\cos\left(\frac{a^2}{4\omega}\right)\right]$
$e^{-bt}\,\sin(a\sqrt{t})$	$\frac{a}{2}\,\sqrt{\pi}\,(a^2+b^2)^{\frac{3}{4}}\,e^{-\frac{1}{4}\,a^2b\,(b^2+\omega^2)^{-1}}$ $\cdot x\cos\left[\frac{a^2\omega}{4\,(b^2+\omega^2)} - \frac{3}{2}\,\arctan\left(\frac{\omega}{b}\right)\right]$
$\frac{\sin(a\sqrt{t})}{t}$	$\pi\left[S\left(\frac{a^2}{4\omega}\right) + C\left(\frac{a^2}{4\omega}\right)\right]$
$\frac{1}{\sqrt{t}}\,\cos(a\sqrt{t})$	$\sqrt{\frac{\pi}{\omega}}\,\sin\left(\frac{\pi}{4}+\frac{a^2}{4\omega}\right)$
$\frac{e^{-at}}{\sqrt{t}}\,\cos(b\sqrt{t})$	$\sqrt{\pi}\,(a^2+\omega^2)^{-\frac{1}{4}}\,e^{-\frac{1}{4}\,ab^2\,(a^2+b^2)^{-1}}$ $\cdot\cos\left[\frac{b^2\omega}{4\,(a^2+\omega^2)} - \frac{1}{2}\,\arctan\left(\frac{\omega}{a}\right)\right]$
$e^{-a\sqrt{t}}\,\cos(a\sqrt{t})$	$\sqrt{\pi}\,a\,(2\omega)^{-\frac{3}{2}}\,e^{-\frac{a^2}{2\omega}}$
$\frac{e^{-a\sqrt{t}}}{\sqrt{t}}\,[\cos(a\sqrt{t}) - \sin(a\sqrt{t})]$	$\sqrt{\frac{\pi}{2\omega}}\,e^{-\frac{a^2}{2\omega}}$

21.12.2 Sinus–Fourier–Transformationen

$f(t)$		$F_s(\omega) = \int\limits_0^\infty f(t)\,\sin(t\,\omega)\,dt$
1, 0,	$0<t<a$ $t>a$	$\frac{1-\cos(a\omega)}{\omega}$
t, $2-t$, 0,	$0<t<1$ $1<t<2$ $t>2$	$4\omega^{-2}\,\sin\omega\,\sin^2\left(\frac{\omega}{2}\right)$
$\frac{1}{t}$		$\frac{\pi}{2}$
$\frac{1}{t}$, 0,	$0<t<a$ $t>a$	$\mathrm{Si}\,(a\omega)$

$f(t)$	$F_s(\omega) = \int\limits_0^\infty f(t)\,\sin(t\,\omega)\,dt$
$0\,, \quad 0<t<a$ $\frac{1}{t}\,, \quad t>a$	$-\operatorname{si}(a\omega)$
$\frac{1}{\sqrt{t}}$	$\sqrt{\frac{\pi}{2}}\;\frac{1}{\sqrt{\omega}}$
$\frac{1}{\sqrt{t}}\,, \quad 0<t<a$ $0\,, \quad t>a$	$\sqrt{\frac{\pi}{2}}\;\frac{2\,S(a\omega)}{\sqrt{\omega}}$
$0\,, \quad 0<t<a$ $\frac{1}{\sqrt{t}}\,, \quad t>a$	$\sqrt{\frac{\pi}{2}}\;\frac{1-2\,S(a\omega)}{\sqrt{\omega}}$
$\left(\frac{1}{\sqrt{t}}\right)^3$	$\sqrt{\pi\,2\,\omega}$
$(a+t)^{-1} \quad (a>0)$	$[\sin(a\omega)\;\operatorname{Ci}(a\omega)-\cos(a\omega)\;\operatorname{si}(a\omega)]$
$(a-t)^{-1} \quad (a>0)$	$\left[\sin(a\omega)\;\operatorname{Ci}(a\omega)-\cos(a\omega)\;\left(\frac{\pi}{2}+\operatorname{Si}(a\omega)\right)\right]$
$\frac{t}{a^2+t^2}$	$\frac{\pi}{2}\,e^{-a\omega}$
$(a^2-t^2)^{-1}$	$\frac{1}{a}\,[\sin(a\omega)\;\operatorname{Ci}(a\omega)-\cos(a\omega)\operatorname{Si}(a\omega)]$
$\frac{b}{b^2+(a-t)^2}-\frac{b}{b^2+(a+t)^2}$	$\pi\quad e^{-b\omega}\sin(a\omega)$
$\frac{a+t}{b^2+(a+t)^2}-\frac{a-t}{b^2+(a-t)^2}$	$\pi\quad e^{-b\omega}\cos(a\omega)$
$\frac{t}{a^2-t^2}$	$-\frac{\pi}{2}\;\cos(a\omega)$
$\frac{1}{t\,(a^2-t^2)}$	$\frac{\pi}{2}\,\frac{1-\cos(a\omega)}{a^2}$
$\frac{1}{t\,(a^2+t^2)}$	$\frac{\pi}{2}\,\frac{1-e^{-a\omega}}{a^2}$

$f(t)$	$F_s(\omega) = \int_0^\infty f(t)\,\sin(t\,\omega)\,dt$
$t^{-\nu}, \qquad 0 < \operatorname{Re}\nu < 2$	$\cos\left(\frac{\pi\,\nu}{2}\right) \quad \Gamma\,(1-\nu)\,\omega^{\nu-1}$
e^{-at}	$\frac{\omega}{a^2+\omega^2}$
$\frac{e^{-at}}{t}$	$\arctan\left(\frac{\omega}{a}\right)$
$\frac{e^{-at}-e^{-bt}}{t^2}$	$\left[\frac{1}{2}\,\omega\,\ln\left(\frac{b^2+\omega^2}{a^2+\omega^2}\right) + b\,\arctan\left(\frac{\omega}{b}\right) - a\,\arctan\left(\frac{\omega}{a}\right)\right]$
$\sqrt{t}\,e^{-at}$	$\frac{\sqrt{\pi}}{2}\,(a^2+\omega^2)^{-\frac{3}{4}}\,\sin\left[\frac{3}{2}\,\arctan\left(\frac{\omega}{a}\right)\right]$
$\frac{e^{-at}}{\sqrt{t}}$	$\left(\frac{(a^2+\omega^2)^{\frac{1}{2}}-a}{a^2+\omega^2}\right)^{\frac{1}{2}}$
$t^n\,e^{-at}$	$n\,!a^{n+1}(a^2+\omega^2)^{-(n+1)} \quad \sum_{m=0}^{[\frac{1}{2}n]}(-1)^m\binom{n+1}{2m+1}\left(\frac{\omega}{a}\right)^{2m+1}$
$t^{\nu-1}\,e^{-at}$	$\Gamma(\nu)\,(a^2+\omega^2)^{-\frac{\nu}{2}}\,\sin\left[\nu\,\arctan\left(\frac{\omega}{a}\right)\right]$
$e^{-\frac{1}{2}t}\,(1-e^{-t})^{-1}$	$-\frac{1}{2} \quad \tanh(\pi\omega)$
$t\,e^{-at^2}$	$\sqrt{\frac{\pi}{a}} \quad \frac{\omega}{4a}\,e^{-\frac{\omega^2}{4a}}$
$t^{-\frac{1}{2}}\,e^{-\frac{a}{t}}$	$\sqrt{\frac{\pi}{2\omega}}\,e^{-\sqrt{2a\omega}}\,[\cos\sqrt{2a\omega}+\sin\sqrt{2a\omega}]$
$t^{-\frac{3}{2}}\,e^{-\frac{a}{t}}$	$\sqrt{\frac{\pi}{\omega}}\,e^{-\sqrt{2a\omega}}\,\sin\sqrt{2a\omega}$
$\ln t, \qquad 0 < t < 1$ $0, \qquad t > 1$	$\frac{\operatorname{Ci}(\omega) - C - \ln\omega}{\omega}$

$f(t)$	$F_s(\omega) \;=\int\limits_0^\infty f(t)\,\sin(t\,\omega)\,dt$
$\dfrac{\ln t}{t}$	$-\dfrac{\pi}{2}\,(C+\ln\,\omega)$
$\dfrac{\ln t}{\sqrt{t}}$	$\sqrt{\dfrac{\pi}{2\omega}}\,\left[\dfrac{\pi}{2}-C-\ln\,4\omega\right]$
$t\,(t^2-a^2)^{-1}\,\ln\,(bt)$	$\dfrac{\pi}{2}\quad[\cos\,(a\omega)\,(\ln\,(ab)-\mathrm{Ci}(a\omega))-\sin(a\omega)\cdot\mathrm{si}(a\omega)]$
$t\,(t^2-a^2)^{-1}\,\ln\,(\dfrac{t}{a})$	$-\dfrac{\pi}{2}\quad[\cos\,(a\omega)\;\;\mathrm{Ci}(a\omega)+\sin\,(a\omega)\;si\;(a\omega)]$
$e^{-at}\,\ln\,t$	$\dfrac{1}{a^2+\omega^2}\quad\left[a\,\arctan\,\left(\dfrac{\omega}{a}\right)-C\omega-\dfrac{1}{2}\,\omega\,\ln\,(a^2+\omega^2)\right]$
$\ln\,\left\vert\dfrac{a+t}{b-t}\right\vert$	$\dfrac{1}{\omega}\,\Big\{\ln\,\left(\dfrac{a}{b}\right)+\cos\,(b\omega)\;\;\mathrm{Ci}(b\omega)-\cos\,(a\omega)\;\;\mathrm{Ci}(a\omega)$ $+\sin\,(b\omega)\;\mathrm{Si}(b\omega)-\sin\,(a\omega)\;\mathrm{Si}(a\omega)$ $+\dfrac{\pi}{2}\,[\sin\,(b\omega)+\sin\,(a\omega)]\Big\}$
$\ln\,\left\vert\dfrac{a+t}{a-t}\right\vert$	$\dfrac{\pi}{\omega}\quad\sin\,(a\omega)$
$\dfrac{1}{t^2}\,\ln\,\left(\dfrac{a+t}{a-t}\right)^2$	$\dfrac{2\pi}{a}\quad[1-\cos\,(a\omega)-a\omega\;\;\mathrm{si}(a\omega)]$
$\ln\,\left(\dfrac{a^2+t^2+t}{a^2+t^2-t}\right)$	$\dfrac{2\pi}{\omega}\quad e^{-\omega\sqrt{a^2-\frac{1}{4}}}\;\sin\,\left(\dfrac{\omega}{2}\right)$
$\ln\,\left\vert 1-\dfrac{a^2}{t^2}\right\vert$	$\dfrac{2}{\omega}\quad[C+\ln\,(a\omega)-\cos\,(a\omega)\;\;\mathrm{Ci}(a\omega)-\sin\,(a\omega)\;\mathrm{Si}(a\omega)]$
$\ln\,\left(\dfrac{a^2+(b+t)^2}{a^2+(b-t)^2}\right)$	$\dfrac{2\pi}{\omega}\quad e^{-a\omega}\;\sin\,(b\omega)$
$\dfrac{1}{t}\;\ln\,\vert 1-a^2t^2\vert$	$-\,\pi\;\mathrm{Ci}\,\left(\dfrac{\omega}{a}\right)$
$\dfrac{1}{t}\;\ln\,\left\vert 1-\dfrac{a^2}{t^2}\right\vert$	$\pi\,[C+\ln\,(a\omega)-\mathrm{Ci}(a\omega)]$

$f(t)$	$F_s(\omega) = \int\limits_0^\infty f(t)\,\sin(t\,\omega)\,dt$
$\frac{\sin(at)}{t}$	$\frac{1}{2}\ln\left\lvert\frac{\omega+a}{\omega-a}\right\rvert$
$\frac{\sin(at)}{t^2}$	$\frac{\pi}{2}\omega\,, \quad 0<\omega<a$ $\frac{\pi}{2}a\,, \quad \omega>a$
$\frac{\sin(\pi t)}{1-t^2}$	$\sin\omega\,, \quad 0\le\omega\le\pi$ $0\,, \quad \omega\ge\pi$
$\frac{\sin(at)}{b^2+t^2}$	$\frac{\pi}{2}\frac{e^{-ab}}{b}\sinh(b\omega)\,, \quad 0<\omega<a$ $\frac{\pi}{2}\frac{e^{-b\omega}}{b}\sinh(ab)\,, \quad \omega>a$
$e^{-bt}\sin(at)$	$\frac{1}{2}b\left[\frac{1}{b^2+(a-\omega)^2}-\frac{1}{b^2+(a+\omega)^2}\right]$
$\frac{e^{-bt}\sin(at)}{t}$	$\frac{1}{4}\ln\left(\frac{b^2+(\omega+a)^2}{b^2+(\omega-a)^2}\right)$
$e^{-bt^2}\sin(at)$	$\frac{1}{2}\sqrt{\frac{\pi}{b}}\,e^{-\frac{1}{4}\frac{a^2+\omega^2}{b}}\sinh\left(\frac{a\omega}{2b}\right)$
$\frac{\sin^2(at)}{t}$	$\frac{\pi}{4}\,, \quad 0<\omega<2a$ $\frac{\pi}{8}\,, \quad \omega=2a$ $0\,, \quad \omega>2a$
$\frac{\sin(at)\,\sin(bt)}{t}$	$0\,, \quad 0<\omega<a-b$ $\frac{\pi}{4}\,, \quad a-b<\omega<a+b$ $0\,, \quad \omega>a+b$
$\frac{\sin^2(at)}{t^2}$	$\frac{1}{4}\Big[(\omega+2a)\ln(\omega+2a)$ $+(\omega-2a)\ln\lvert\omega-2a\rvert-\frac{1}{2}\omega\ln\omega\Big]$

$f(t)$	$F_s(\omega) = \int\limits_0^\infty f(t)\,\sin(t\,\omega)\,dt$
$\frac{\sin^2(at)}{t^3}$	$\frac{\pi}{4}\,\omega\left(2a - \frac{\omega}{2}\right)$, $\quad 0 < \omega < 2a$ $\frac{\pi}{2}\,a^2$, $\quad \omega > 2a$
$\frac{\cos(at)}{t}$	0, $\quad 0 < \omega < a$ $\frac{\pi}{4}$, $\quad \omega = a$ $\frac{\pi}{2}$, $\quad \omega > a$
$\frac{t\,\cos(at)}{b^2 + t^2}$	$-\frac{\pi}{2}\,e^{-ab}\,\sinh(b\omega)$, $\quad 0 < \omega < a$ $\frac{\pi}{2}\,e^{-b\omega}\,\cosh(ab)$, $\quad \omega > a$
$\sin(at^2)$	$\sqrt{\frac{\pi}{2a}}\left[\cos\left(\frac{\omega^2}{4a}\right)C\left(\frac{\omega^2}{4a}\right) + \sin\left(\frac{\omega^2}{4a}\right)S\left(\frac{\omega^2}{4a}\right)\right]$
$\frac{\sin(at^2)}{t}$	$\frac{\pi}{2}\left[C\left(\frac{\omega^2}{4a}\right) - S\left(\frac{\omega^2}{4a}\right)\right]$
$\cos(at^2)$	$\sqrt{\frac{\pi}{2a}}\left[\sin\left(\frac{\omega^2}{4a}\right)C\left(\frac{\omega^2}{4a}\right) - \cos\left(\frac{\omega^2}{4a}\right)S\left(\frac{\omega^2}{4a}\right)\right]$
$\frac{\cos(at^2)}{t}$	$\frac{\pi}{2}\left[C\left(\frac{\omega^2}{4a}\right) + S\left(\frac{\omega^2}{4a}\right)\right]$
$e^{-a\sqrt{t}}\,\sin(a\sqrt{t})$	$\sqrt{\frac{\pi}{2}}\,\frac{a}{2\omega\,\sqrt{\omega}}\,e^{-\frac{a^2}{2\omega}}$

21.12.3 Exponentielle Fourier–Transformationen

Obwohl $F(\omega)$ gemäß (15.71a) durch F_c und F_s darstellbar ist, sind hier noch einige Transformationen direkt angegeben, für die $F(\omega) = 2F_e(-\omega)$ gilt.

$f(t)$	$F_e(\omega) = \frac{1}{2}\int\limits_{-\infty}^{\infty} f(t)\,e^{it\omega}\,dt$
A, $\quad a \le t \le b$ 0, $\quad$ sonst	$\frac{i\,A}{2\omega}\left(e^{ia\omega} - e^{ib\omega}\right)$

$f(t)$		$F_e(\omega) = \frac{1}{2} \int\limits_{-\infty}^{\infty} f(t)\, e^{it\omega}\, dt$
t^n , 0 ,	$0 \le t \le b$ sonst $(n = 1, 2, 3, \ldots)$	$\frac{1}{2} \left[n!\,(-i\omega)^{-(n+1)} - e^{ib\omega} \sum\limits_{m=0}^{n} \frac{n!}{m!}\,(-i\omega)^{m-n-1}\, b^m \right]$
$\frac{1}{(a+it)^\nu}$,	$\mathrm{Re}\nu > 0$	$\frac{\pi}{\Gamma(\nu)}\, \omega^{\nu-1}\, e^{-a\omega}$, $\omega > 0$ 0 , $\omega < 0$
$\frac{1}{(a-it)^\nu}$,	$\mathrm{Re}\nu > 0$	0 , $\omega > 0$ $\frac{\pi}{\Gamma(\nu)}\, (-\omega)^{\nu-1}\, e^{a\omega}$, $\omega < 0$

21.13 Z-Transformationen

Definition s. S. 614, Rechenregeln s. S. 615, Umkehrung s. S. 617

Nr.	Originalfolge f_n	Bildfunktion $F(z) = Z(f_n)$	Konvergenzbereich
1	1	$\frac{z}{z-1}$	$\lvert z\rvert > 1$
2	$(-1)^n$	$\frac{z}{z+1}$	$\lvert z\rvert > 1$
3	n	$\frac{z}{(z-1)^2}$	$\lvert z\rvert > 1$
4	n^2	$\frac{z(z+1)}{(z-1)^3}$	$\lvert z\rvert > 1$
5	n^3	$\frac{z(z+4z+1)}{(z-1)^4}$	$\lvert z\rvert > 1$
6	e^{an}	$\frac{z}{z-e^a}$	$\lvert z\rvert > \lvert e^a\rvert$
7	a^n	$\frac{z}{z-a}$	$\lvert z\rvert > \lvert a\rvert$
8	$\frac{a^n}{n!}$	$e^{\frac{a}{z}}$	$\lvert z\rvert > 0$
9	$n\,a^n$	$\frac{za}{(z-a)^2}$	$\lvert z\rvert > \lvert a\rvert$
10	$n^2\,a^n$	$\frac{az(z+a)}{(z-a)^3}$	$\lvert z\rvert > \lvert a\rvert$
11	$\binom{n}{k}$	$\frac{z}{(z-1)^{k+1}}$	$\lvert z\rvert > 1$
12	$\binom{k}{n}$	$\left(1+\frac{1}{z}\right)^k$	$\lvert z\rvert > 0$
13	$\sin bn$	$\frac{z\sin b}{z^2-2z\cos b+1}$	$\lvert z\rvert > 1$
14	$\cos bn$	$\frac{z(z-\cos b)}{z^2-2z\cos b+1}$	$\lvert z\rvert > 1$

Nr.	Originalfolge f_n	Bildfunktion $F(z) = Z(f_n)$	Konvergenzbereich
15	$e^{an} \sin bn$	$\dfrac{ze^a \sin b}{z^2 - 2ze^a \cos b + e^{2a}}$	$\|z\| > \|e^a\|$
16	$e^{an} \cos bn$	$\dfrac{z(z - e^a \cos b)}{z^2 - 2ze^a \cos b + e^{2a}}$	$\|z\| > \|e^a\|$
17	$\sinh bn$	$\dfrac{z \sinh b}{z^2 - 2z \cosh b + 1}$	$\|z\| > \max(\|e^b\|, \|e^{-b}\|)$
18	$\cosh bn$	$\dfrac{z(z - \cosh b)}{z^2 - 2z \cosh b + 1}$	$\|z\| > \max(\|e^b\|, \|e^{-b}\|)$
19	$a^n \sinh bn$	$\dfrac{za \sinh b}{z^2 - 2za \cosh b + a^2}$	$\|z\| > \max(\|ae^b\|, \|ae^{-b}\|)$
20	$a^n \cosh bn$	$\dfrac{z(z - a \cosh b)}{z^2 - 2za \cosh b + a^2}$	$\|z\| > \max(\|ae^b\|, \|ae^{-b}\|)$
21	$f_n = 0 \quad \text{für} \quad n \neq k,$ $f_k = 1$	$\dfrac{1}{z^k}$	$\|z\| > 0$
22	$f_{2n} = 0, \quad f_{2n+1} = 2$	$\dfrac{2z}{z^2 - 1}$	$\|z\| > 1$
23	$f_{2n} = 0,$ $f_{2n+1} = 2(2n + 1)$	$\dfrac{2z(z^2 + 1)}{(z^2 - 1)^2}$	$\|z\| > 1$
24	$f_{2n} = 0,$ $f_{2n+1} = \dfrac{2}{2n + 1)}$	$\ln \dfrac{z - 1}{z + 1}$	$\|z\| > 1$
25	$\cos \dfrac{n\pi}{2}$	$\dfrac{z^2}{z^2 + 1}$	$\|z\| > 1$
26	$(n + 1)\, e^{an}$	$\dfrac{z^2}{(z - e^a)^2}$	$\|z\| > \|e^a\|$
27	$\dfrac{e^{b(n+1)} - e^{a(n+1)}}{e^b - e^a}$	$\dfrac{z^2}{(z - e^a)(z - e^b)}$	$\|z\| > \max(\|e^a\|, \|e^b\|),\ a \neq b$
28	$\dfrac{1}{6}(n - 1)\, n(n + 1)$	$\dfrac{z^2}{(z - 1)^4}$	$\|z\| > 1$

Nr.	Originalfolge f_n	Bildfunktion $F(z) = Z(f_n)$	Konvergenzbereich
29	$f_0 = 0, \quad f_n = \frac{1}{n}, \quad n \geq 1$	$\ln \frac{z}{z-1}$	$\|z\| > 1$
30	$\frac{(-1)^n}{(2n+1)!}$	$\sqrt{z} \sin \frac{1}{\sqrt{z}}$	$\|z\| > 0$
31	$\frac{(-1)^n}{(2n)!}$	$\cos \frac{1}{\sqrt{z}}$	$\|z\| > 0$

21.14 Poisson–Verteilung

Wertetabelle der Poissonverteilung $P(X=k)=\frac{\lambda^k}{k\,!}\,e^{-\lambda}$:

k	λ					
	0,1	0,2	0,3	0,4	0,5	0,6
0	0,904837	0,818731	0,740818	0,670320	0,606531	0,548812
1	0,090484	0,163746	0,222245	0,268128	0,303265	0,329287
2	0,004524	0,016375	0,033337	0,053626	0,075816	0,098786
3	0,000151	0,001091	0,003334	0,007150	0,012636	0,019757
4	0,000004	0,000055	0,000250	0,000715	0,001580	0,002964
5		0,000002	0,000015	0,000057	0,000158	0,000356
6			0,000001	0,000004	0,000013	0,000035
7					0,000001	0,000003

k	λ					
	0,7	0,8	0,9	1,0	2,0	3,0
0	0,496585	0,449329	0,406570	0,367879	0,135335	0,049787
1	0,347610	0,359463	0,365913	0,367879	0,270671	0,149361
2	0,121663	0,143785	0,164661	0,183940	0,270671	0,224042
3	0,028388	0,038343	0,049398	0,061313	0,180447	0,224042
4	0,004968	0,007669	0,011115	0,015328	0,090224	0,168031
5	0,000696	0,001227	0,002001	0,003066	0,036089	0,100819
6	0,000081	0,000164	0,000300	0,000511	0,012030	0,050409
7	0,000008	0,000019	0,000039	0,000073	0,003437	0,021604
8	0,000001	0,000002	0,000004	0,000009	0,000859	0,008102
9				0,000001	0,000191	0,002701
10					0,000038	0,000810
11					0,000007	0,000221
12					0,000001	0,000055
13						0,000013
14						0,000003
15						0,000001

(Fortsetzung)

k	λ					
	4,0	5,0	6,0	7,0	8,0	9,0
0	0,018316	0,006738	0,002479	0,000912	0,000335	0,000123
1	0,073263	0,033690	0,014873	0,006383	0,002684	0,001111
2	0,146525	0,084224	0,044618	0,022341	0,010735	0,004998
3	0,195367	0,140374	0,089235	0,052129	0,028626	0,014994
4	0,195367	0,175467	0,133853	0,091126	0,057252	0,033737
5	0,156293	0,175467	0,160623	0,127717	0,091604	0,060727
6	0,104194	0,146223	0,160623	0,149003	0,122138	0,091090
7	0,059540	0,104445	0,137677	0,149003	0,139587	0,117116
8	0,029770	0,065278	0,103258	0,130377	0,139587	0,131756
9	0,013231	0,036266	0,068838	0,101405	0,124077	0,131756
10	0,005292	0,018133	0,041303	0,070983	0,099262	0,118580
11	0,001925	0,008242	0,022529	0,045171	0,072190	0,097020
12	0,000642	0,003434	0,011264	0,026350	0,048127	0,072765
13	0,000197	0,001321	0,005199	0,014188	0,029616	0,050376
14	0,000056	0,000472	0,002228	0,007094	0,016924	0,032384
15	0,000015	0,000157	0,000891	0,003311	0,009026	0,019431
16	0,000004	0,000049	0,000334	0,001448	0,004513	0,010930
17	0,000001	0,000014	0,000118	0,000596	0,002124	0,005786
18		0,000004	0,000039	0,000232	0,000944	0,002893
19		0,000001	0,000012	0,000085	0,000397	0,001370
20			0,000004	0,000030	0,000159	0,000617
21			0,000001	0,000010	0,000061	0,000264
22				0,000003	0,000022	0,000108
23				0,000001	0,000008	0,000042
24					0,000003	0,000016
25					0,000001	0,000006
26						0,000002
27						0,000001

21.15 Normierte Normalverteilung

x	$\Phi(x)$	x	$\Phi(x)$	x	$\Phi(x)$	x	$\Phi(x)$	x	$\Phi(x)$	x	$\Phi(x)$	x	$\Phi(x)$
0.00	**0.5000**	**0.50**	**0.6915**	**1.00**	**0.8413**	**1.50**	**0.9332**	**2.00**	**0.9773**	**2.50**	**0.9938**	**3.0**	**0.9987**
0.01	0.5040	0.51	0.6950	1.01	0.8438	1.51	0.9345	2.01	0.9778	2.51	0.9940	3.1	0.9990
0.02	0.5080	0.52	0.6985	1.02	0.8461	1.52	0.9357	2.02	0.9783	2.52	0.9941	3.2	0.9993
0.03	0.5120	0.53	0.7019	1.03	0.8485	1.53	0.9370	2.03	0.9788	2.53	0.9943	3.3	0.9995
0.04	0.5160	0.54	0.7054	1.04	0.8508	1.54	0.9382	2.04	0.9793	2.54	0.9945	3.4	0.9997
0.05	0.5199	0.55	0.7088	1.05	0.8531	1.55	0.9394	2.05	0.9798	2.55	0.9946	3.5	0.9998
0.06	0.5239	0.56	0.7123	1.06	0.8554	1.56	0.9406	2.06	0.9803	2.56	0.9948	3.6	0.9998
0.07	0.5279	0.57	0.7157	1.07	0.8577	1.57	0.9418	2.07	0.9808	2.57	0.9949	3.7	0.9999
0.08	0.5319	0.58	0.7190	1.08	0.8599	1.58	0.9429	2.08	0.9812	2.58	0.9951	3.8	0.9999
0.09	0.5359	0.59	0.7224	1.09	0.8621	1.59	0.9441	2.09	0.9817	2.59	0.9952	3.9	0.9999
0.10	**0.5398**	**0.60**	**0.7257**	**1.10**	**0.8643**	**1.60**	**0.9452**	**2.10**	**0.9821**	**2.60**	**0.9953**		
0.11	0.5438	0.61	0.7291	1.11	0.8665	1.61	0.9463	2.11	0.9826	2.61	0.9955		
0.12	0.5478	0.62	0.7324	1.12	0.8686	1.62	0.9474	2.12	0.9830	2.62	0.9956		
0.13	0.5517	0.63	0.7357	1.13	0.8708	1.63	0.9484	2.13	0.9834	2.63	0.9957		
0.14	0.5557	0.64	0.7389	1.14	0.8729	1.64	0.9495	2.14	0.9838	2.64	0.9959		
0.15	0.5596	0.65	0.7422	1.15	0.8749	1.65	0.9505	2.15	0.9842	2.65	0.9960		
0.16	0.5636	0.66	0.7454	1.16	0.8770	1.66	0.9515	2.16	0.9846	2.66	0.9961		
0.17	0.5675	0.67	0.7486	1.17	0.8790	1.67	0.9525	2.17	0.9850	2.67	0.9962		
0.18	0.5714	0.68	0.7517	1.18	0.8810	1.68	0.9535	2.18	0.9854	2.68	0.9963		
0.19	0.5753	0.69	0.7549	1.19	0.8830	1.69	0.9545	2.19	0.9857	2.69	0.9964		
0.20	**0.5793**	**0.70**	**0.7580**	**1.20**	**0.8849**	**1.70**	**0.9554**	**2.20**	**0.9861**	**2.70**	**0.9965**		
0.21	0.5832	0.71	0.7611	1.21	0.8869	1.71	0.9564	2.21	0.9864	2.71	0.9966		
0.22	0.5871	0.72	0.7642	1.22	0.8888	1.72	0.9573	2.22	0.9868	2.72	0.9967		
0.23	0.5910	0.73	0.7673	1.23	0.8907	1.73	0.9582	2.23	0.9871	2.73	0.9968		
0.24	0.5948	0.74	0.7704	1.24	0.8925	1.74	0.9591	2.24	0.9875	2.74	0.9969		
0.25	0.5987	0.75	0.7734	1.25	0.8944	1.75	0.9599	2.25	0.9878	2.75	0.9970		
0.26	0.6026	0.76	0.7764	1.26	0.8962	1.76	0.9608	2.26	0.9881	2.76	0.9971		
0.27	0.6064	0.77	0.7794	1.27	0.8980	1.77	0.9616	2.27	0.9884	2.77	0.9972		
0.28	0.6103	0.78	0.7823	1.28	0.8997	1.78	0.9625	2.28	0.9887	2.78	0.9973		
0.29	0.6141	0.79	0.7852	1.29	0.9015	1.79	0.9633	2.29	0.9890	2.79	0.9974		
0.30	**0.6179**	**0.80**	**0.7881**	**1.30**	**0.9032**	**1.80**	**0.9641**	**2.30**	**0.9893**	**2.80**	**0.9974**		
0.31	0.6217	0.81	0.7910	1.31	0.9049	1.81	0.9649	2.31	0.9896	2.81	0.9975		
0.32	0.6255	0.82	0.7939	1.32	0.9066	1.82	0.9656	2.32	0.9898	2.82	0.9976		
0.33	0.6293	0.83	0.7967	1.33	0.9082	1.83	0.9664	2.33	0.9901	2.83	0.9977		
0.34	0.6331	0.84	0.7995	1.34	0.9099	1.84	0.9671	2.34	0.9904	2.84	0.9977		
0.35	0.6368	0.85	0.8023	1.35	0.9115	1.85	0.9678	2.35	0.9906	2.85	0.9978		
0.36	0.6406	0.86	0.8051	1.36	0.9131	1.86	0.9686	2.36	0.9909	2.86	0.9979		
0.37	0.6443	0.87	0.8079	1.37	0.9147	1.87	0.9693	2.37	0.9911	2.87	0.9979		
0.38	0.6480	0.88	0.8106	1.38	0.9162	1.88	0.9699	2.38	0.9913	2.88	0.9980		
0.39	0.6517	0.89	0.8133	1.39	0.9177	1.89	0.9706	2.39	0.9916	2.89	0.9981		
0.40	**0.6554**	**0.90**	**0.8159**	**1.40**	**0.9192**	**1.90**	**0.9713**	**2.40**	**0.9918**	**2.90**	**0.9981**		
0.41	0.6591	0.91	0.8186	1.41	0.9207	1.91	0.9719	2.41	0.9920	2.91	0.9982		
0.42	0.6628	0.92	0.8212	1.42	0.9222	1.92	0.9726	2.42	0.9922	2.92	0.9983		
0.43	0.6664	0.93	0.8238	1.43	0.9236	1.93	0.9732	2.43	0.9925	2.93	0.9983		
0.44	0.6700	0.94	0.8264	1.44	0.9251	1.94	0.9738	2.44	0.9927	2.94	0.9984		
0.45	0.6736	0.95	0.8289	1.45	0.9265	1.95	0.9744	2.45	0.9929	2.95	0.9984		
0.46	0.6772	0.96	0.8315	1.46	0.9279	1.96	0.9750	2.46	0.9931	2.96	0.9985		
0.47	0.6808	0.97	0.8340	1.47	0.9292	1.97	0.9756	2.47	0.9932	2.97	0.9985		
0.48	0.6844	0.98	0.8365	1.48	0.9306	1.98	0.9761	2.48	0.9934	2.98	0.9986		
0.49	0.6879	0.99	0.8389	1.49	0.9319	1.99	0.9767	2.49	0.9936	2.99	0.9986		

21.16 χ^2-Verteilung

χ^2-Verteilung: Quantile $\chi^2_{\alpha,m}$

Anzahl der Freiheitsgrade	Wahrscheinlichkeit α					
m	0,99	0,975	0,95	0,05	0,025	0,01
1	0,00016	0,00098	0,0039	3,8	5,0	6,6
2	0,020	0,051	0,103	6,0	7,4	9,2
3	0,115	0,216	0,352	7,8	9,4	11,3
4	0,297	0,484	0,711	9,5	11,1	13,3
5	0,554	0,831	1,15	11,1	12,8	15,1
6	0,872	1,24	1,64	12,6	14,4	16,8
7	1,24	1,69	2,17	14,1	16,0	18,5
8	1,65	2,18	2,73	15,5	17,5	20,1
9	2,09	2,70	3,33	16,9	19,0	21,7
10	2,56	3,25	3,94	18,3	20,5	23,2
11	3,05	3,82	4,57	19,7	21,9	24,7
12	3,57	4,40	5,23	21,0	23,3	26,2
13	4,11	5,01	5,89	22,4	24,7	27,7
14	4,66	5,63	6,57	23,7	26,1	29,1
15	5,23	6,26	7,26	25,0	27,5	30,6
16	5,81	6,91	7,96	26,3	28,8	32,0
17	6,41	7,56	8,67	27,6	30,2	33,4
18	7,01	8,23	9,39	28,9	31,5	34,8
19	7,63	8,91	10,1	30,1	32,9	36,2
20	8,26	9,59	10,9	31,4	34,2	37,6
21	8,90	10,3	11,6	32,7	35,5	38,9
22	9,54	11,0	12,3	33,9	36,8	40,3
23	10,2	11,7	13,1	35,2	38,1	41,6
24	10,9	12,4	13,8	36,4	39,4	43,0
25	11,5	13,1	14,6	37,7	40,6	44,3
26	12,2	13,8	15,4	38,9	41,9	45,6
27	12,9	14,6	16,2	40,1	43,2	47,0
28	13,6	15,3	16,9	41,3	44,5	48,3
29	14,3	16,0	17,7	42,6	45,7	49,6
30	15,0	16,8	18,5	43,8	47,0	50,9
40	22,2	24,4	26,5	55,8	59,3	63,7
50	29,7	32,4	34,8	67,5	71,4	76,2
60	37,5	40,5	43,2	79,1	83,3	88,4
70	45,4	48,8	51,7	90,5	95,0	100,4
80	53,5	57,2	60,4	101,9	106,6	112,3
90	61,8	65,6	69,1	113,1	118,1	124,1
100	70,1	74,2	77,9	124,3	129,6	135,8

21.17 Fishersche F–Verteilung

FISHERsche F-Verteilung: Quantile f_{α,m_1,m_2} für $\alpha = 0,05$

m_2	m_1											
	1	2	3	4	5	6	8	12	24	30	40	∞
1	161,4	199,5	215,7	224,6	230,2	234,0	238,9	243,9	249,0	250,0	251,0	254,3
2	18,51	19,00	19,16	19,25	19,30	19,33	19,37	19,41	19,45	19,46	19,47	19,50
3	10,13	9,55	9,28	9,12	9,01	8,94	8,85	8,74	8,64	8,62	8,59	8,53
4	7,71	6,94	6,59	6,39	6,26	6,16	6,04	5,91	5,77	5,75	5,72	5,63
5	6,61	5,79	5,41	5,19	5,05	4,95	4,82	4,68	4,53	4,50	4,46	4,36
6	5,99	5,14	4,76	4,53	4,39	4,28	4,15	4,00	3,84	3,81	3,77	3,67
7	5,59	4,74	4,35	4,12	3,97	3,87	3,73	3,57	3,41	3,38	3,34	3,23
8	5,32	4,46	4,07	3,84	3,69	3,58	3,44	3,28	3,12	3,08	3,05	2,93
9	5,12	4,26	3,86	3,63	3,48	3,37	3,23	3,07	2,90	2,86	2,83	2,71
10	4,96	4,10	3,71	3,48	3,33	3,22	3,07	2,91	2,74	2,70	2,66	2,54
11	4,84	3,98	3,59	3,36	3,20	3,09	2,95	2,79	2,61	2,57	2,53	2,40
12	4,75	3,89	3,49	3,26	3,11	3,00	2,85	2,69	2,51	2,47	2,43	2,30
13	4,67	3,81	3,41	3,18	3,03	2,92	2,77	2,60	2,42	2,38	2,34	2,21
14	4,60	3,74	3,34	3,11	2,96	2,85	2,70	2,53	2,35	2,31	2,27	2,13
15	4,54	3,68	3,29	3,06	2,90	2,79	2,64	2,48	2,29	2,25	2,20	2,07
16	4,49	3,63	3,24	3,01	2,85	2,74	2,59	2,42	2,24	2,19	2,15	2,01
17	4,45	3,59	3,20	2,96	2,81	2,70	2,55	2,38	2,19	2,15	2,10	1,96
18	4,41	3,55	3,16	2,93	2,77	2,66	2,51	2,34	2,15	2,11	2,06	1,92
19	4,38	3,52	3,13	2,90	2,74	2,63	2,48	2,31	2,11	2,07	2,03	1,88
20	4,35	3,49	3,10	2,87	2,71	2,60	2,45	2,28	2,08	2,04	1,99	1,84
21	4,32	3,47	3,07	2,84	2,68	2,57	2,42	2,25	2,05	2,01	1,96	1,81
22	4,30	3,44	3,05	2,82	2,66	2,55	2,40	2,23	2,03	1,98	1,94	1,78
23	4,28	3,42	3,03	2,80	2,64	2,53	2,37	2,20	2,00	1,96	1,91	1,76
24	4,26	3,40	3,01	2,78	2,62	2,51	2,36	2,18	1,98	1,94	1,89	1,73
25	4,24	3,39	2,99	2,76	2,60	2,49	2,34	2,16	1,96	1,92	1,87	1,71
26	4,23	3,37	2,98	2,74	2,59	2,47	2,32	2,15	1,95	1,90	1,85	1,69
27	4,21	3,35	2,96	2,73	2,57	2,46	2,31	2,13	1,93	1,88	1,84	1,67
28	4,20	3,34	2,95	2,71	2,56	2,45	2,29	2,12	1,91	1,87	1,82	1,65
29	4,18	3,33	2,93	2,70	2,55	2,43	2,28	2,10	1,90	1,85	1,80	1,64
30	4,17	3,32	2,92	2,69	2,53	2,42	2,27	2,09	1,89	1,84	1,79	1,62
40	4,08	3,23	2,84	2,61	2,45	2,34	2,18	2,00	1,79	1,74	1,69	1,51
60	4,00	3,15	2,76	2,53	2,37	2,25	2,10	1,92	1,70	1,65	1,59	1,39
125	3,92	3,07	2,68	2,44	2,29	2,17	2,01	1,83	1,60	1,55	1,49	1,25
∞	3,84	3,00	2,60	2,37	2,21	2,10	1,94	1,75	1,52	1,46	1,39	1,00

FISHERsche F-Verteilung: Quantile f_{α,m_1,m_2} für $\alpha = 0,01$

m_2	m_1											
	1	2	3	4	5	6	8	12	24	30	40	∞
1	4052	4999	5403	5625	5764	5859	5981	6106	6235	6261	6287	6366
2	98,50	99,00	99,17	99,25	99,30	99,33	99,37	99,42	99,46	99,47	99,47	99,50
3	34,12	30,82	29,46	28,71	28,24	27,91	27,49	27,05	26,60	26,50	26,41	26,12
4	21,20	18,00	16,69	15,98	15,52	15,21	14,80	14,37	13,93	13,84	13,74	13,46
5	16,26	13,27	12,06	11,39	10,97	10,67	10,29	9,89	9,47	9,38	9,29	9,02
6	13,74	10,92	9,78	9,15	8,75	8,47	8,10	7,72	7,31	7,23	7,14	6,88
7	12,25	9,55	8,45	7,85	7,46	7,19	6,84	6,47	6,07	5,99	5,91	5,65
8	11,26	8,65	7,59	7,01	6,63	6,37	6,03	5,67	5,28	5,20	5,12	4,86
9	10,56	8,02	6,99	6,42	6,06	5,80	5,47	5,11	4,73	4,65	4,57	4,31
10	10,04	7,56	6,55	5,99	5,64	5,39	5,06	4,71	4,33	4,25	4,17	3,91
11	9,65	7,21	6,22	5,67	5,32	5,07	4,74	4,40	4,02	3,94	3,86	3,60
12	9,33	6,93	5,95	5,41	5,06	4,82	4,50	4,16	3,78	3,70	3,62	3,36
13	9,07	6,70	5,74	5,21	4,86	4,62	4,30	3,96	3,59	3,51	3,43	3,16
14	8,86	6,51	5,56	5,04	4,70	4,46	4,14	3,80	3,43	3,35	3,27	3,00
15	8,68	6,36	5,42	4,89	4,56	4,32	4,00	3,67	3,29	3,21	3,13	2,87
16	8,53	6,23	5,29	4,77	4,44	4,20	3,89	3,55	3,18	3,10	3,02	2,75
17	8,40	6,11	5,18	4,67	4,34	4,10	3,79	3,46	3,08	3,00	2,92	2,65
18	8,29	6,01	5,09	4,58	4,25	4,01	3,71	3,37	3,00	2,92	2,84	2,57
19	8,18	5,93	5,01	4,50	4,17	3,94	3,63	3,30	2,92	2,84	2,76	2,49
20	8,10	5,85	4,94	4,43	4,10	3,87	3,56	3,23	2,86	2,78	2,69	2,42
21	8,02	5,78	4,87	4,37	4,04	3,81	3,51	3,17	2,80	2,72	2,64	2,36
22	7,95	5,72	4,82	4,31	3,99	3,76	3,45	3,12	2,75	2,67	2,58	2,31
23	7,88	5,66	4,76	4,26	3,94	3,71	3,41	3,07	2,70	2,62	2,54	2,26
24	7,82	5,61	4,72	4,22	3,90	3,67	3,36	3,03	2,66	2,58	2,49	2,21
25	7,77	5,57	4,68	4,18	3,86	3,63	3,32	2,99	2,62	2,54	2,45	2,17
26	7,72	5,53	4,64	4,14	3,82	3,59	3,29	2,96	2,58	2,50	2,42	2,13
27	7,68	5,49	4,60	4,11	3,78	3,56	3,26	2,93	2,55	2,47	2,38	2,10
28	7,64	5,45	4,57	4,07	3,76	3,53	3,23	2,90	2,52	2,44	2,35	2,06
29	7,60	5,42	4,54	4,04	3,73	3,50	3,20	2,87	2,49	2,41	2,33	2,03
30	7,56	5,39	4,51	4,02	3,70	3,47	3,17	2,84	2,47	2,38	2,30	2,01
40	7,31	5,18	4,31	3,83	3,51	3,29	2,99	2,66	2,29	2,20	2,11	1,80
60	7,08	4,98	4,13	3,65	3,34	3,12	2,82	2,50	2,12	2,03	1,94	1,60
125	6,84	4,78	3,94	3,48	3,17	2,95	2,66	2,33	1,94	1,85	1,75	1,37
∞	6,63	4,60	3,78	3,32	3,02	2,80	2,51	2,18	1,79	1,70	1,59	1,00

21.18 STUDENTsche *t*–Verteilung

STUDENTsche *t*-Verteilung: Quantile $t_{\alpha,m}$ bzw. $t_{\alpha/2,m}$

Anzahl der Freiheitsgrade m	Wahrscheinlichkeit α für zweiseitige Fragestellung					
	0,10	0,05	0,02	0,01	0,002	0,001
1	6,31	12,7	31,82	63,7	318,3	637,0
2	2,92	4,30	6,97	9,92	22,33	31,6
3	2,35	3,18	4,54	5,84	10,22	12,9
4	2,13	2,78	3,75	4,60	7,17	8,61
5	2,01	2,57	3,37	4,03	5,89	6,86
6	1,94	2,45	3,14	3,71	5,21	5,96
7	1,89	2,36	3,00	3,50	4,79	5,40
8	1,86	2,31	2,90	3,36	4,50	5,04
9	1,83	2,26	2,82	3,25	4,30	4,78
10	1,81	2,23	2,76	3,17	4,14	4,59
11	1,80	2,20	2,72	3,11	4,03	4,44
12	1,78	2,18	2,68	3,05	3,93	4,32
13	1,77	2,16	2,65	3,01	3,85	4,22
14	1,76	2,14	2,62	2,98	3,79	4,14
15	1,75	2,13	2,60	2,95	3,73	4,07
16	1,75	2,12	2,58	2,92	3,69	4,01
17	1,74	2,11	2,57	2,90	3,65	3,96
18	1,73	2,10	2,55	2,88	3,61	3,92
19	1,73	2,09	2,54	2,86	3,58	3,88
20	1,73	2,09	2,53	2,85	3,55	3,85
21	1,72	2,08	2,52	2,83	3,53	3,82
22	1,72	2,07	2,51	2,82	3,51	3,79
23	1,71	2,07	2,50	2,81	3,49	3,77
24	1,71	2,06	2,49	2,80	3,47	3,74
25	1,71	2,06	2,49	2,79	3,45	3,72
26	1,71	2,06	2,48	2,78	3,44	3,71
27	1,71	2,05	2,47	2,77	3,42	3,69
28	1,70	2,05	2,46	2,76	3,40	3,66
29	1,70	2,05	2,46	2,76	3,40	3,66
30	1,70	2,04	2,46	2,75	3,39	3,65
40	1,68	2,02	2,42	2,70	3,31	3,55
60	1,67	2,00	2,39	2,66	3,23	3,46
120	1,66	1,98	2,36	2,62	3,17	3,37
∞	1,64	1,96	2,33	2,58	3,09	3,29
	0,05	0,025	0,01	0,005	0,001	0,0005
	Wahrscheinlichkeit α für einseitige Fragestellung					

22 Literatur

1. Arithmetik

[1.1] ASSER, G.: Grundbegriffe der Mathematik. Mengen, Abbildungen, natürliche Zahlen. — Deutscher Verlag der Wissenschaften 1980.

[1.2] BOSCH, K.: Finanzmathematik. — Oldenbourg-Verlag 1991.

[1.3] DÜCK, W.; KÖRTH, H.; RUNGE, W.; WUNDERLICH, L.: Mathematik für Ökonomen Bd. 1–2.— H. Deutsch 1989.

[1.4] Fachlexikon ABC Mathematik. — H. Deutsch 1978.

[1.5] GELLRICH, R.; GELLRICH, C.: Mathematik Bd. 1. — H. Deutsch 1993.

[1.6] GOTTWALD, S.; KÜSTNER, H.; HELLWICH, M.; KÄSTNER, H.: Mathematik Ratgeber. — H. Deutsch 1988.

[1.7] NICKEL, H. (HRSG.): Algebra und Geometrie für Ingenieure. — H. Deutsch 1990.

[1.8] WISLICENY, J.: Grundbegriffe der Mathematik. Rationale, reelle und komplexe Zahlen. — H. Deutsch 1988.

2. Funktionen und ihre Darstellung

[2.1] ASSER, G.: Einführung in die mathematische Logik, Teil I–III. — H. Deutsch 1976–1982.

[2.2] FETZER, A.; FRÄNKEL, H.: Mathematik Lehrbuch für Fachhochschulen Bd. 1. — VDI-Verlag 1985–1986.

[2.3] GELLRICH, R.; GELLRICH, C.: Mathematik Bd. 1. — H. Deutsch 1993.

[2.4] GÖRKE, L.: Mengen – Relationen – Funktionen. — H. Deutsch 1974.

[2.5] HASSE, M.: Grundbegriffe der Mengenlehre und Logik (Deutsch TB. Nr. 9). — H. Deutsch 1970.

[2.6] PAPULA, L.: Mathematik für Ingenieure Bd. 1–2. — Vieweg 1991.

[2.7] SIEBER, N.; SEBASTIAN, H.J.; ZEIDLER, G.: Grundlagen der Mathmatik, Abbildungen, Funktionen, Folgen (MINÖA Bd. 1). — H. Deutsch 1978.

[2.8] SMIRNOW, W.I.: Lehrgang der höheren Mathematik Bd. 1. — H. Deutsch 1993.

[2.9] STÖCKER, H. (HRSG.): Analysis für Ingenieurstudenten. — H. Deutsch 1993.

3. Geometrie

[3.1] BAULE, B.: Die Mathematik des Naturforschers und Ingenieurs Bd. 1–2. — H. Deutsch 1979.

[3.2] BÖHM, J.: Geometrie Bd. 1–2. — H. Deutsch 1988.

[3.3] DRESZER, J.: Mathematik–Handbuch für Technik und Naturwissenschaft. — H. Deutsch 1975.

[3.4] EFIMOW, N.V.: Höhere Geometrie Bd. 1–2. — Vieweg 1970.

[3.5] FISCHER, G.: Analytische Geometrie. — Vieweg 1988.

[3.6] KLINGENBERG, W.: Lineare Algebra und Geometrie. — Springer–Verlag 1993.

[3.7] KLOTZEK, B.: Einführung in die Differentialgeometrie Bd. 1–2. — H. Deutsch 1983.

[3.8] KOECKER, M.: Lineare Algebra und analytische Geometrie. — Springer–Verlag 1992.

[3.9] MANGOLDT, H. V.; KNOPP, K.: Einführung in die höhere Mathematik Bd. II. — S. Hirzel 1978.

[3.10] MATTHEWS, V.: Vermessungskunde T. 1–2. — B. G. Teubner 1993.

[3.11] NICKEL, H. (HRSG.): Algebra und Geometrie für Ingenieure. — H. Deutsch 1990.

[3.12] PAULI, W. (HRSG.): Lehr- und Übungsbuch Mathematik, Bd. 2 Planimetrie, Stereometrie und Trigonometrie der Ebene. — H. Deutsch 1989.

[3.13] RASCHEWSKI, P.K.: Riemannsche Geometrie und Tensoranalysis. — H. Deutsch 1993.

[3.14] SCHÖNE, W.: Differentialgeometrie (MINÖA Bd. 6). — H. Deutsch 1979.

[3.15] SCHRÖDER, E.: Darstellende Geometrie. — H. Deutsch 1980.

[3.16] STEINERT, K.-G.: Sphärische Trigonometrie. — B. G. Teubner 1977.

4. Lineare Algebra

[4.1] BAULE, B.: Die Mathematik des Naturforschers und Ingenieurs Bd. 1–2. — H. Deutsch 1979.
[4.2] BERENDT, G.; WEIMAR, E.: Mathematik für Physiker Bd. 1. — VCH 1990.
[4.3] BOSECK, H.: Einführung in die Theorie der linearen Vektorräume. — H. Deutsch 1984.
[4.4] BUNSE, W.; BUNSE–GERSTNER, A.: Numerische lineare Algebra. — B.G. Teubner 1985.
[4.5] FADDEJEW, D.K.; FADDEJEWA, W.N.: Numerische Methoden der linearen Algebra. — Deutscher Verlag der Wissenschaften 1970.
[4.6] GELLRICH, R.;GELLRICH, C.: Mathematik Bd. 1 — H. Deutsch 1993.
[4.7] JÄNISCH, K.: Lineare Algebra. — Springer–Verlag 1993.
[4.8] KIEŁBASIŃSKI, A.; SCHWETLICK, H.: Numerische lineare Algebra. Eine computerorientierte Einführung. — H. Deutsch 1988.
[4.9] KLIN, M.CH.; PÖSCHEL, R.; ROSENBAUM, K.: Angewandte Algebra. — H. Deutsch 1988.
[4.10] KLINGENBERG, W.: Lineare Algebra und Geometrie. — Springer–Verlag 1993.
[4.11] KOECKER, M.: Lineare Algebra und analytische Geometrie. — Springer–Verlag 1992.
[4.12] LIPPMANN, H.: Angewandte Tensorrechnung. Für Ingenieure, Physiker und Mathematiker. — Springer–Verlag 1993.
[4.13] MANTEUFFEL, K.; SEIFFART, E.; VETTERS, K.: Lineare Algebra (MINÖA Bd. 13). — H. Deutsch 1978.
[4.14] NICKEL, H. (HRSG.): Algebra und Geometrie für Ingenieure. — H. Deutsch 1990.
[4.15] OSE, G. (HRSG.): Lehr- und Übungsbuch Mathematik, Bd. 4 — H. Deutsch 1991.
[4.16] PFENNINGER, H.R.: Lineare Algebra. — H. Deutsch 1991.
[4.17] RASCHEWSKI, P.K.: Riemannsche Geometrie und Tensoranalysis. — H. Deutsch 1993.
[4.18] REICHARDT, H.: Vorlesungen über Vektor- und Tensorrechnung. — Deutscher Verlag der Wissenschaften 1968.
[4.19] SCHULTZ–PISZACHICH, W.: Tensoralgebra und -analysis (MINÖA Bd. 11). — H. Deutsch 1979.
[4.20] SMIRNOW, W.I.: Lehrgang der höheren Mathematik Teil III,1. — H. Deutsch 1991.
[4.21] ZURMÜHL, R.; FALK, S.: Matrizen und ihre Anwendung - 1. Grundlagen. — Springer–Verlag 1992.

5. Algebraische Strukturen

[5.1] ALEXANDROFF, P.S.: Einführung in die Gruppentheorie. — H. Deutsch 1992.
[5.2] BANDEMER, H.; GOTTWALD, S.: Einführung in Fuzzy - Methoden. — Akademie–Verlag, Berlin 1993.
[5.3] BELKNER, H.: Determinanten und Matrizen. — H. Deutsch 1988.
[5.4] BURRIS, S.; SANKAPPANAVAR, H. P.: A Course in Universal Algebra. — Springer 1981.
[5.5] DÖRFLER, W.; PESCHEK, W.: Einführung in die Mathematik für Informatiker. — C. Hanser 1988.
[5.6] EHRIG, H.; MAHR, B.: Fundamentals of Algebraic Specification 1. — Springer 1985.
[5.7] METZ, J.; MERBETH, G.: Schaltalgebra. — H. Deutsch 1970.
[5.8] WECHLER, W.: Universal Algebra for Computer Scientists. — Springer 1992.

6. Differentialrechnung

[6.1] BAULE, B.: Die Mathematik des Naturforschers und Ingenieurs Bd. 1–2. — H. Deutsch 1979.
[6.2] COURANT, R.: Vorlesungen über Differential- und Integralrechnung Bd. 1–2. — Springer–Verlag 1971–72.
[6.3] FETZER, A.; FRÄNKEL, H.: Mathematik Lehrbuch für Fachhochschulen Bd. 1–3. — VDI–Verlag 1985–1986.
[6.4] FICHTENHOLZ, G.M.: Differential- und Integralrechnung Bd. 1–3. — H. Deutsch 1989–92.

[6.5] GELLRICH, R.; GELLRICH, C.: Mathematik Bd. 1,3 — H. Deutsch 1993.
[6.6] HARBARTH, K.; RIEDRICH, T.: Differentialrechnung für Funktionen mit mehreren Variablen (MINÖA Bd. 4). — H. Deutsch 1978.
[6.7] JOOS, G.E.; RICHTER, E.: Höhere Mathematik. Ein kompaktes Lehrbuch für Studium und Beruf. — H. Deutsch 1994.
[6.8] KNOPP, K.: Theorie und Anwendung der unendlichen Reihen. — Springer–Verlag 1964.
[6.9] KÖRBER, K.-H.; PFORR, E.A.: Integralrechnung für Funktionen mit mehreren Variablen (MINÖA Bd. 5). — H. Deutsch 1979.
[6.10] MANGOLDT, H. V.; KNOPP, K.: Einführung in die höhere Mathematik Bd. 2–3. — S. Hirzel 1978–81.
[6.11] PAPULA, L.: Mathematik für Ingenieure Bd. 1–2. — Vieweg 1991.
[6.12] PFORR, E.A.; SCHIROTZEK, W.: Differential- und Integralrechnung für Funktionen mit einer Variablen (MINÖA Bd. 2). — H. Deutsch 1978.
[6.13] SMIRNOW, W.I.: Lehrgang der höheren Mathematik Bd. II–III. — H. Deutsch 1987–91.
[6.14] STÖCKER, H. (HRSG.): Analysis für Ingenieurstudenten. — H. Deutsch 1993.
[6.15] TRIEBEL, H.: Höhere Analysis. — H. Deutsch 1980.
[6.16] ZACHMANN, H.G.: Mathematik für Chemiker. — VCH 1990.

7. Unendliche Reihen

[7.1] BAULE, B.: Die Mathematik des Naturforschers und Ingenieurs Bd. 1–2. — H. Deutsch 1979.
[7.2] COURANT, R.: Vorlesungen über Differential- und Integralrechnung Bd. 1–2. — Springer–Verlag 1971–72.
[7.3] FETZER, A.; FRÄNKEL, H.: Mathematik Lehrbuch für Fachhochschulen Bd. 1–3. — VDI–Verlag 1985–1986.
[7.4] FICHTENHOLZ, G.M.: Differential- und Integralrechnung Bd. 1–3. — H. Deutsch 1989–92.
[7.5] GELLRICH, R.; GELLRICH, C.: Mathematik Bd. 1, 3. — H. Deutsch 1993.
[7.6] HARBARTH, K.; RIEDRICH, T.: Differentialrechnung für Funktionen mit mehreren Variablen (MINÖA Bd. 4). — H. Deutsch 1978.
[7.7] KNOPP, K.: Theorie und Anwendung der unendlichen Reihen. — Springer–Verlag 1964.
[7.8] KÖRBER, K.-H.; PFORR, E.A.: Integralrechnung für Funktionen mit mehreren Variablen (MINÖA Bd. 5). — H. Deutsch 1979.
[7.9] MANGOLDT, H. V.; KNOPP, K.: Einführung in die höhere Mathematik Bd. 1–3. — S. Hirzel 1978–81.
[7.10] PAPULA, L.: Mathematik für Ingenieure Bd. 1–2. — Vieweg 1991.
[7.11] PLASCHKO, P.; BROD, K.: Höhere mathematische Methoden für Ingenieure und Physiker. —Springer 1989.
[7.12] PFORR, E.A.; SCHIROTZEK, W.: Differential- und Integralrechnung für Funktionen mit einer Variablen (MINÖA Bd. 2). — H. Deutsch 1978.
[7.13] SCHELL, H.-J.: Unendliche Reihen (MINÖA Bd. 3). — H. Deutsch 1978.
[7.14] SMIRNOW, W.I.: Lehrgang der höheren Mathematik Bd. II–III. — H. Deutsch 1987-90.
[7.15] STÖCKER, H.(HRSG.):Analysis für Ingenieurstudenten. — H. Deutsch 1993.
[7.16] TRIEBEL, H.: Höhere Analysis. — H. Deutsch 1980.

8. Integralrechnung

[8.1] BAULE, B.: Die Mathematik des Naturforschers und Ingenieurs Bd. 1–2 . — H. Deutsch 1979.
[8.2] BRYTSCHKOW, J.A.; MARITSCHEW, O.I.; PRUDNIKOV, A.P.: Tabellen unbestimmter Integrale. — H. Deutsch 1992.
[8.3] COURANT, R.: Vorlesungen über Differential- und Integralrechnung Bd. 1–2. — Springer–Verlag 1971–72.

[8.4] FETZER, A.; FRÄNKEL, H.: Mathematik Lehrbuch für Fachhochschulen Bd. 1–3. — VDI–Verlag 1985–1986.
[8.5] FICHTENHOLZ, G.M.: Differential- und Integralrechnung Bd. 1–3. — H. Deutsch 1989–92.
[8.6] GELLRICH, R.; GELLRICH, C.: Mathematik Bd. 1, 3. — H. Deutsch 1993–94.
[8.7] GÜNTHER, P. (HRSG.): Grundkurs Analysis Bd. 3. — B. G. Teubner 1973.
[8.8] HARBARTH, K.; RIEDRICH, T.: Differentialrechnung für Funktionen mit mehreren Variablen (MINÖA Bd. 4). — H. Deutsch 1978.
[8.9] JOOS, G.E.; RICHTER, E.: Höhere Mathematik. Ein kompaktes Lehrbuch für Studium und Beruf. — H. Deutsch 1994.
[8.10] KAMKE, E.: Das LEBESGUE–STIELTJES–Integral. — B. G. Teubner 1960.
[8.11] KNOPP, K.: Theorie und Anwendung der unendlichen Reihen. — Springer–Verlag 1964.
[8.12] KÖRBER, K.-H.; PFORR, E.A.: Integralrechnung für Funktionen mit mehreren Variablen (MINÖA Bd. 5). — H. Deutsch 1979.
[8.13] MANGOLDT, H. V.; KNOPP: Einführung in die höhere Mathematik Bd. 1–3. — S. Hirzel 1978–81.
[8.14] MANGOLDT, H. V.; KNOPP; LÖSCH: Einführung in die höhere Mathematik Bd. IV. — S. Hirzel 1975.
[8.15] PAPULA, L.: Mathematik für Ingenieure Bd. 1–2. — Vieweg 1991.
[8.16] PFORR, E.A.; SCHIROTZEK, W.: Differential- und Integralrechnung für Funktionen mit einer Variablen (MINÖA Bd. 2). — H. Deutsch 1978.
[8.17] SCHELL, H.-J.: Unendliche Reihen (MINÖA Bd. 3). — H. Deutsch 1978.
[8.18] SMIRNOW, W.I.: Lehrgang der höheren Mathematik Bd. II–III. — H. Deutsch 1987–90.
[8.19] STÖCKER, H. (HRSG.): Analysis für Ingenieurstudenten. — H. Deutsch 1993.
[8.20] TRIEBEL, H.: Höhere Analysis. — H. Deutsch 1980.
[8.21] ZACHMANN, H.G.: Mathematik für Chemiker. — VCH 1990.

9. Differentialgleichungen

[9.1] ARNOLD, V.I.: Gewöhnliche Differentialgleichungen. — Deutscher Verlag der Wissenschaften 1979.
[9.2] BAULE, B.: Die Mathematik des Naturforschers und Ingenieurs Bd. 1–2 . — H. Deutsch 1979.
[9.3] BRAUN, M.: Differentialgleichungen und ihre Anwendungen. — Springer - Verlag 1991.
[9.4] COLLATZ, L.: Differentialgleichungen. — B. G. Teubner 1990.
[9.5] COLLATZ, L.: Eigenwertaufgaben mit technischen Anwendungen. — Akademische Verlagsgesellschaft 1963.
[9.6] COURANT, R.; HILBERT, D.: Methoden der mathematischen Physik Bd. 1–2. — Springer–Verlag 1968.
[9.7] FETZER, A.; FRÄNKEL, H.: Mathematik Lehrbuch für Fachhochschulen Bd. 1–3. — VDI–Verlag 1985–1986.
[9.8] FRANK, PH.; MISES, R. V.: Die Differential- und Integralgleichungen der Mechanik und Physik Bd. 1–2. — Vieweg 1961.
[9.9] GOLUBEW, V.V.: Differentialgleichungen im Komplexen. — Deutscher Verlag der Wissenschaften 1958.
[9.10] GREINER, W.: Quantenmechanik, Teil 1. — H. Deutsch 1992.
[9.11] GREINER, W.; MÜLLER, B.: Quantenmechanik, Teil 2. — H. Deutsch 1990.
[9.12] HEUSER, H.: Gewöhnliche Differentialgleichungen: Einführung in Lehre und Gebrauch. — B. G. Teubner 1991.
[9.13] KAMKE, E.: Differentialgleichungen Bd. 1–2. — B. G. Teubner 1969, 1965.
[9.14] KAMKE, E.: Differentialgleichungen, Lösungsmethoden und Lösungen Teil 1–2. — B. G. Teubner 1977.
[9.15] KUNTZMANN, J: Systeme von Differentialgleichungen. — Berlin 1970.
[9.16] LANDAU, L.D.; LIFSCHITZ, E.M.: Quantenmechanik. — H. Deutsch 1979

[9.17] MAGNUS, K.: Schwingungen. — B. G. Teubner 1986.

[9.18] MEINHOLD, P.; WAGNER, E.: Partielle Differentialgleichungen (MINÖA Bd. 8). — H. Deutsch 1979.

[9.19] MICHLIN, S.G.: Partielle Differentialgleichungen in der mathematischen Physik. — H. Deutsch 1978.

[9.20] PETROWSKI, I.G.: Vorlesungen über die Theorie der gewöhnlichen Differentialgleichungen.— B. G. Teubner 1954.

[9.21] PETROWSKI, I.G.: Vorlesungen über partielle Differentialgleichungen. — B. G. Teubner 1955.

[9.22] REISSIG, R.; SANSONE, G.; CONTI, R.: Nichtlineare Differentialgleichungen höherer Ordnung. — Edizioni Cremonese 1969.

[9.23] SAIZEW, V.F.; POLJANIN, A.D.: Tabellen gewöhnlicher Differentialgleichungen. — H. Deutsch 1993.

[9.24] SMIRNOW, W.I.: Lehrgang der höheren Mathematik Teil 2. — H. Deutsch 1990.

[9.25] SOMMERFELD, A.: Partielle Differentialgleichungen der Physik. — H. Deutsch 1978.

[9.26] STEPANOW, W.W.: Lehrbuch der Differentialgleichungen. — Deutscher Verlag der Wissenschaften 1982.

[9.27] WENZEL, H.: Gewöhnliche Differentialgleichungen 1 und 2 (MINÖA Bd. 7/1, 7/2). — H. Deutsch 1979.

[9.28] WLADIMIROW, V.S.: Gleichungen der mathematischen Physik. — Deutscher Verlag der Wissenschaften 1972.

10. Variationsrechnung

[10.1] BLANCHARD, P.; BRÜNING, E.: Variational methods in mathematical physics. — Springer-Verlag 1992

[10.2] KLINGBEIL, E.: Variationsrechnung. — BI - Verlag 1988.

[10.3] KLÖTZLER, R.: Mehrdimensionale Variationsrechnung. — Birkhäuser Verlag 1970.

[10.4] KOSMOL, P.: Optimierung und Approximation. — De Gruyter 1991.

[10.5] MICHLIN, S.G.: Numerische Realisierung von Variationsmethoden. — Akademieverlag 1969.

[10.6] ROTHE, R.: Höhere Mathematik für Mathematiker, Physiker, Ingenieure Teil VII. — B. G. Teubner 1960.

[10.7] SCHWANK, F.: Randwertprobleme. — B. G. Teubner 1951.

11. Integralgleichungen

[11.1] FENYÖ, S.; STOLLE, H.W.: Theorie und Praxis der linearen Integralgleichungen 1–4. Deutscher Verlag der Wissenschaften 1984.

[11.2] FRANK, PH.; MISES, R. V.: Die Differential- und Integralgleichungen der Mechanik und Physik Bd. 1–2. — Vieweg 1961.

[11.3] HACKBUSCH, W.: Integralgleichungen. — B. G. Teubner 1989.

[11.4] KANTOROWITSCH, L.W.; KRYLOW, W.I.: Näherungsmethoden der höheren Analysis. — Deutscher Verlag der Wissenschaften 1956.

[11.5] KUPRADSE, W.D.: Randwertaufgaben der Schwingungstheorie und Integralgleichungen. — Deutscher Verlag der Wissenschaften 1956.

[11.6] MICHLIN, S.G.: Vorlesungen über lineare Integralgleichungen. — Berlin 1962.

[11.7] MICHLIN, S.G.; SMOLIZKI, CH., L.: Näherungsmethoden zur Lösung von Differential- und Integralgleichungen.— Leipzig: 1969.

[11.8] MUSCHELISCHWILI, N.I.: Singuläre Integralgleichungen. — Akademieverlag 1965.

[11.9] SCHMEIDLER, W.: Integralgleichungen mit Anwendungen in Physik und Technik. — Akademische Verlagsgesellschaft 1950.

[11.10] SMIRNOW, W.I.: Lehrgang der höheren Mathematik Bd. IV/1. — H. Deutsch 1981.

12. Funktionalanalysis

[12.1] ACHIESER, N.I.:; GLASMANN, I.M.: Theorie der linearen Operatoren im Hilbert-Raum, Berlin 1975.
[12.2] ALIPRANTIS, C.D.; BURKINSHAW, O.: Positive Operators. — Academic Press Inc., Orlando 1985.
[12.3] ALIPRANTIS, C.D.; BORDER, K.C.; LUXEMBURG, W.A.J.: Positive Operators, Riesz Spaces and Economics. — Springer 1991.
[12.4] BALAKRISHNAN, A.V.: Applied Functional Analysis. — Springer 1976.
[12.5] BAUER, H.: Maß- und Integrationstheorie. — De Gruyter 1990.
[12.6] BRONSTEIN, I.N.; SEMENDAJEW, K.A.: Ergänzende Kapitel zum Taschenbuch der Mathematik. — B. G. Teubner, H. Deutsch 1990.
[12.7] COLLATZ, L.: Funktionalanalysis und Numerische Mathematik. — Springer 1964.
[12.8] DUNFORD, N.; SCHWARTZ, J.T.: Linear Operators I, II, III. — New York - London 1958, 1963, 1971.
[12.9] EDWARDS, R.E.: Functional Analysis. — Holt, Rinehart and Winston, New York 1965.
[12.10] GAJEWSKI, H.; GRÖGER, K.; ZACHARIAS, K.: Nichtlineare Operatorengleichungen und Operatordifferentialgleichungen. — Akademieverlag 1974.
[12.11] GÖPFERT, A.; RIEDRICH, T.: Funktionalanalysis (MINÖA), Bd. 22. — H. Deutsch 1980.
[12.12] HALMOS, P.R.: A Hilbert Space Problem Book. — Van Nostrand Comp. Princeton 1967.
[12.13] HEUSER, H.: Funktionalanalysis. — B. G. Teubner 1986.
[12.14] HUTSON, V.C.L.; PYM, J.S.: Applications of Functional Analysis and Operator Theory. — Acad. Press, London 1980.
[12.15] HEWITT, E.; STROMBERG, K.: Real and Abstract Analysis. — Springer 1965
[12.16] JOSHI, M.C.; BOSE, R.K.: Some Topics in Nonlinear Functional Analysis. — Wiley Eastern Limited, New Delhi 1985.
[12.17] KANTOROWITSCH, L.V.; AKILOW, G.P.: Funktionalanalysis (Russisch) — Nauka, Moskau 1977.
[12.18] KOLMOGOROW, A.N.; FOMIN, S.W.: Reelle Funktionen und Funktionalanalysis Berlin 1975.
[12.19] KRASNOSEL'SKIJ, M.A.; LIFSHITZ, J.A., SOBOLEV, A.V.: Positive Linear Systems. — Heldermann Verlag Berlin 1989.
[12.20] LJUSTERNIK, L.A.; SOBOLEW, W.I.: Elemente der Funktionalanalysis Akademieverlag 1968.
[12.21] MEYER-NIEBERG, P.: Banach Lattices. — Springer 1991.
[12.22] NEUMARK, M.A.: Normierte Algebren. Berlin 1959.
[12.23] RUDIN, W.: Functional Analysis. — McGraw - Hill, New York 1973.
[12.24] SCHAEFER, H.H.: Topological Vector Spaces. — Macmillan, New York 1966.
[12.25] SCHAEFER, H.H.: Banach Lattices and Positive Operators. — Springer 1974.
[12.26] TRENOGIN, W.A.: Funktionalanalysis (Russisch) — Nauka, Moskau 1980.
[12.27] YOSIDA, K.: Functional Analysis. — Springer 1965.

13. Vektoranalysis und Feldtheorie

[13.1] BAULE, B.: Die Mathematik des Naturforschers und Ingenieurs Bd. 1–2 . — H. Deutsch 1979.
[13.2] BREHMER, S.; HAAR, H.: Differentialformen und Vektoranalysis. — Berlin: 1972.
[13.3] DOMKE, E.: Vektoranalysis: Einführung für Ingenieure und Naturwissenschaftler. — BI–Verlag 1990.
[13.4] FOCK, V.: Theorie von Raum, Zeit und Gravitation. — Berlin: 1960.
[13.5] KÄSTNER, S.: Vektoren, Tensoren, Spinoren. — Berlin 1964.

[13.6] REICHARDT, H.: Vorlesungen über Vektor- und Tensorrechnung. — Deutscher Verlag der Wissenschaften 1968.
[13.7] SCHARK, R.: Vektoranalysis für Ingenieurstudenten. — H. Deutsch 1992.
[13.8] SCHMUTZER, E.: Relativistische Physik. — Leipzig 1968.
[13.9] WUNSCH, G.: Feldtheorie. — Verlag Technik 1971.

14. Funktionentheorie

[14.1] ALBRING, W.: Angewandte Strömungslehre. — Theodor Steinkopff Verlag 1970.
[14.2] BAULE, B.: Die Mathematik des Naturforschers und Ingenieurs Bd. 1–2 . — H. Deutsch 1979.
[14.3] BEHNKE, H.; SOMMER, F.: Theorie der analytischen Funktionen einer komplexen Veränderlichen. — Springer–Verlag 1976.
[14.4] BETZ, A.: Konforme Abbildung. — Springer–Verlag 1964.
[14.5] FICHTENHOLZ, G.M.: Differential- und Integralrechnung Bd. 2. — H. Deutsch 1990.
[14.6] FISCHER, W.; LIEB, I.: Funktionentheorie. — Vieweg 1992.
[14.7] FREITAG, E.; BUSAM, R.: Funktionentheorie. — Springer - Verlag 1993.
[14.8] GREUEL, O.: Komplexe Funktionen und konforme Abbildungen (MINÖA Bd. 9). — H. Deutsch 1978.
[14.9] JAHNKE, E.; EMDE, F.: Tafeln höherer Funktionen. — B. G. Teubner 1960.
[14.10] JÄNISCH, K.: Funktionentheorie. Eine Einführung. — Springer - Lehrbuch 1993.
[14.11] KNOPP: Funktionentheorie. — De Gruyter 1976.
[14.12] LAWRENTJEW, M.A.; SCHABAT, B.W.: Methoden der komplexen Funktionentheorie. — Deutscher Verlag der Wissenschaften 1966.
[14.13] OBERHETTINGER, F.; MAGNUS, W.: Anwendung der elliptischen Funktionen in Physik und Technik. — Springer–Verlag 1949.
[14.14] RÜHS, F.: Funktionentheorie. — Deutscher Verlag der Wissenschaften 1976.
[14.15] SCHARK, R.: Funktionentheorie für Ingenieurstudenten. — H. Deutsch 1993.
[14.16] SMIRNOW: Lehrgang der höheren Mathematik Bd. III. — H. Deutsch 1987–91.
[14.17] WUNSCH, G.: Feldtheorie. — Verlag Technik 1975.

15. Integraltransformationen

[15.1] BERG, L.: Operatorenrechnung Bd. 1–2. — Deutscher Verlag der Wissenschaften 1972–74.
[15.2] DOETSCH, G.: Handbuch der LAPLACE– Transformation Bd. 1–3. — Birkhäuser Verlag 1950–1958.
[15.3] DOETSCH, G.: Anleitung zum praktischen Gebrauch der LAPLACE–Transformation. — Oldenbourg Verlag 1967.
[15.4] FETZER, V.: Integral–Transformationen. — Hüthig Verlag 1977.
[15.5] GELFAND, I.M.; SCHILOW, G.E.: Verallgemeinerte Funktionen (Distributionen) Bd. 1–4. — Deutscher Verlag der Wissenschaften 1962–66.
[15.6] JENNISON, R.C.: FOURIER Transforms and convolutions for the experimentalist. — Pergamon Press 1961.
[15.7] OBERHETTINGER, F.: Tabellen zur FOURIERtransformation. — Springer–Verlag 1957.
[15.8] OBERHETTINGER, F.; BADIL, L.: Tables of LAPLACE Transforms. — Springer–Verlag 1973.
[15.9] PAPOULIS, A.: The FOURIER Integral and its Applications. — McGraw–Hill 1962.
[15.10] STOPP, F.: Operatorenrechnung (MINÖA Bd. 10). — H. Deutsch 1978.
[15.11] VICH, R.: Z–Transformation, Theorie und Anwendung. — Verlag Technik 1964.
[15.12] VOELKER, D.; DOETSCH, G.: Die zweidimensionale LAPLACE–Transformation. — Birkhäuser Verlag 1950.
[15.13] WAGNER, K.W.: Operatorenrechnung und LAPLACEsche Transformation. — J.A. Barth Verlag 1950.

[15.14] ZYPKIN, J.S.: Theorie der linearen Impulssysteme. — Verlag Technik 1967.

16. Wahrscheinlichkeitsrechnung und mathematische Statistik

[16.1] BANDEMER, H.; BELLMANN, A.: Statistische Versuchsplanung (MINÖA Bd. 19/2). — H. Deutsch 1980.
[16.2] BAULE, B.: Die Mathematik des Naturforschers und Ingenieurs Bd. 1–2 . — H. Deutsch 1979.
[16.3] BEYER, O. ET AL.: Wahrscheinlichkeitsrechnung und mathematische Statistik (MINÖA Bd. 17). — H. Deutsch 1980.
[16.4] BEYER, O. ET. AL.: Stochastische Prozesse und Modelle (MINÖA Bd. 19/1). — H. Deutsch 1980.
[16.5] CLAUSS; FINZE; PARTZSCH: Statistik für Soziologen, Pädagogen, Psychologen und Mediziner Bd. 1. — H. Deutsch 1993.
[16.6] DÜCK, W.; KÖSTH, H.; RUNGE, W.; WUNDERLICH, L.: Mathematik für Ökonomen Bd. 1. — H. Deutsch 1989.
[16.7] FISZ, M.: Wahrscheinlichkeitsrechnung und mathematische Statistik. — Deutscher Verlag der Wissenschaften 1965.
[16.8] HARTMANN; LEZKI; SCHÄFER: Mathematische Methoden in der Stoffwirtschaft. — Deutscher Verlag für Grundstoffindustrie.
[16.9] HEINHOLD, J.; GAEDE, K.–W.: Ingenieurstatistik. — Oldenbourg Verlag 1964.
[16.10] KOLMOGOROFF: Grundbegriffe der Wahrscheinlichkeitsrechnung. — Springer–Verlag 1977.
[16.11] LAHRES: Einführung in die diskreten Markoff–Prozesse und ihre Anwendungen. — Vieweg 1964.
[16.12] MANTEUFFEL, K.; STUMPE, D.: Spieltheorie (MINÖA Bd. 21/1). — H. Deutsch 1980.
[16.13] OSE, G. (HRSG.): Lehr- und Übungsbuch Mathematik, Bd. 4. — H. Deutsch 1991.
[16.14] PISCHLER, J.; ZSCHIESCHE, H.–U.: Simulationsmethoden (MINÖA Bd. 20). — H. Deutsch 1980.
[16.15] PRECHT, M.; VOIT, K.; KRAFT, R.: Mathematik 1 für Nichtmathematiker. — Oldenbourg Verlag 1990.
[16.16] RÈNY, A.: Wahrscheinlichkeitsrechnung. — Deutscher Verlag der Wissenschaften 1966.
[16.17] SOBOL, I.M.: Die Monte–Carlo–Methode. — H. Deutsch 1991.
[16.18] STORM, R.: Wahrscheinlichkeitsrechnung, mathematische Statistik und statistische Qualitätskontrolle. — Fachbuchverlag 1988.
[16.19] TAYLOR, J.R.: Fehleranalyse. — VCH 1988.
[16.20] WEBER, E.: Grundriß der biologischen Statistik für Naturwissenschaftler, Landwirte und Mediziner. — Gustav Fischer Verlag 1972.
[16.21] WEBER, H.: Einführung in die Wahrscheinlichkeitsrechnung und Statistik für Ingenieure. — B. G. Teubner 1992.
[16.22] ZURMÜHL, R.: Praktische Mathematik für Ingenieure und Physiker. — Springer–Verlag 1984.

17 Dynamische Systeme und Chaos

[17.1] AFRAIMOVICH, V.S.; GAVRILOV, N.K.; LUKYANOV, V.I.; SHILNIKOV, L.P.: Grundlegende Bifurkationen dynamischer Systeme (in Russisch). — Universitätsverlag Gorki 1985.
[17.2] ARGYRIS, J.; FAUST, G.; HAASE, M.: Die Erforschung des Chaos. — Vieweg 1994.
[17.3] ARROWSMITH, D.K.; PLACE, C.M.: An introduction to Dynamical Systems. — Cambridge University Press 1990.
[17.4] BELYKH, V.N.: Qualitative Methoden der Theorie nichtlinearer Schwingungen von konzentrierten Systemen. — Universitätsverlag Gorki 1980.
[17.5] BOTHE, H.G.; SCHMELING, J.; SIEGMUND-SCHULTZE, R.: Studie zur Dynamik differenzierbarer Abbildungen. — Weierstraß - Institut Berlin 1989.

[17.6] BRÖCKER, TH.: Analysis III. — Wissenschaftsverlag Zürich 1992.
[17.7] DE MALO, W.; VAN STRIEN, S.: One-Dimensional Dynamics. — Springer - Verlag 1993
[17.8] EDGAR, G.A.: Measure, Topology and Fractal Geometry. — Springer–Verlag 1990.
[17.9] FALCONER, K.: Fractal Geometry. — Wiley 1990.
[17.10] GREBOGI, C.; OTT, E.; PELIKAN, S.; YORKE, J.A.: Strange attractors that are not chaotic. — Physica 13 D 1984.
[17.11] GUCKENHEIMER, J.; HOLMES, P.: Nonlinear Oscillations, Dynamical Systems and Bifurcations of Vector Fields. — Springer– Verlag 1990.
[17.12] HALE, J.; KOÇAK, H.: Dynamics and Bifurcations. — Springer–Verlag 1991.
[17.13] KIRCHGRABER, U.: Chaotisches Verhalten in einfachen Systemen. — Elemente der Mathematik 1992.
[17.14] LEONOV, G.A., REITMANN, V.: Attraktoreingrenzung für nichtlineare Systeme. — B. G. Teubner 1992.
[17.15] LEONOV, G.A., REITMANN, V.; SMIRNOVA, V.B.: Non-Local Methods for Pendulum-Like Feedback Systems — B. G. Teubner 1987.
[17.16] LEVEN, R.W.; KOCH, B.-P.; POMPE, B.: Chaos in dissipativen Systemen. — Akademieverlag 1994.
[17.17] MAREK, M.; SCHREIBER, I.: Chaotic Behaviour of Deterministic Dissipative Systems. — Cambridge University Press 1991.
[17.18] MEDVED', M.: Fundamentals of Dynamical Systems and Bifurcations Theory. — Adam Hilger 1992.
[17.19] PERKO, L.: Differential Equations and Dynamical Systems. — Springer - Verlag 1991.
[17.20] PILYUGIN, S. YU.: Einführung in robuste Systeme von Differentialgleichungen. — Universitätsverlag Leningrad 1988.
[17.21] RABINOVICH, M. I.; TRUBEZKOV, D. I.: Einführung in die Theorie der Schwingungen und Wellen. — Nauka Moskau 1984.

18. Optimierung

[18.1] BECKMANN, M.J.: Spieltheorie, dynamische Optimierung, Lagerhaltung, Warteschlangentheorie, Simulation, unscharfe Entscheidungen. In: Grundlagen des Operations - Research (Hrsg. TOMASGAL). — Springer–Verlag 1992.
[18.2] BIESS, G.: Graphentheorie (MINÖA Bd. 21/2). — H. Deutsch 1980.
[18.3] DÜCK, W.; KÖSTH, H.; RUNGE, W.; WUNDERLICH, L.: Mathematik für Ökonomen Bd. 2. — H. Deutsch 1980.
[18.4] ELSTER, K.-H.: Einführung in die nichtlineare Optimierung. — B. G. Teubner 1978.
[18.5] GOEBEL: Variationsrechnung in BANACH–Raümen (Beiträge zur Analysis 2). — Deutscher Verlag der Wissenschaften 1971.
[18.6] GROSSMANN, C.; KLEINMICHEL, H.: Verfahren der nichtlinearen Optimierung. — B. G. Teubner 1976.
[18.7] KASMAL: Methoden zur numerischen Behandlung nichtlinearer Gleichungen und Optimierungsaufgaben. — B. G. Teubner.
[18.8] KLÖTZLER, R.: Mehrdimensionale Variationsrechnung. — Birkhäuser Verlag 1970.
[18.9] KRABS, W.: Optimierung und Approximation. — B. G. Teubner.
[18.10] KRELLE, W.; KÜNZI, H.P.; RANDOW, R. V.: Nichtlineare Programmierung. — Springer–Verlag 1979.
[18.11] Optimierung und optimale Steuerung. Lexikon der Optimierung. — Akademie–Verlag 1986.
[18.12] OSE, G. (FEDERFÜHRUNG): Lehr- und Übungsbuch Mathematik, Bd. 4. — H. Deutsch 1991.
[18.13] PIEHLER, J.: Einführung in die lineare Optimierung — 1970.
[18.14] PONTRJAGIN, L.S. ET AL: Mathematische Theorie der optimalen Prozesse. — Deutscher Verlag der Wissenschaften 1964.

[18.15] SEIFFART, E.; MANTEUFFEL, K.: Lineare Optimierung (MINÖA bd. 14). — H. Deutsch 1979.

19. Numerische Mathematik

[19.1] CHAPRA, S.C.; CANALE, R.P.: Numerical Methods for Engineers. — McGraw–Hill Book Co. 1989.
[19.2] DAVIS, P.J.; RABINOWITZ, P: Methods of numerical integration. — Academic Press 1984.
[19.3] DE BOOR, C.: A practical guide to splines. — Springer–Verlag 1978.
[19.4] ENGELN–MÜLLGES, G.; REUTTER, F.: Formelsammlung zur Numerischen Mathematik mit FORTRAN 77–Programmen. — Bibliographisches Institut 1988.
[19.5] ENGELN–MÜLLGES, G.; REUTTER, F.: Numerische Mathematik für Ingenieure. — Bibliographisches Institut 1987.
[19.6] GROSSMANN, CH.; ROOS, H.-G.: Numerik partieller Differentialgleichungen. — B. G. Teubner 1992.
[19.7] HÄMMERLIN, G.; HOFFMANN, K.–H.: Numerische Mathematik. — Springer–Verlag 1989.
[19.8] HEITZINGER, W.; TROCH, I.; VALENTIN, G.: Praxis nichtlinearer Gleichungen. — Carl Hanser Verlag 1984.
[19.9] KIEŁBASIŃSKI, A.; SCHWETLICK, H.: Numerische lineare Algebra. Eine computerorientierte Einführung. — H. Deutsch 1988.
[19.10] KNOTHE, K.; WESSELS, H.: Finite Elemente. Eine Einführung für Ingenieure. — Springer–Verlag 1992.
[19.11] LANCASTER, P; SALKAUSKA, S.K.: Curve and Surface Fitting. — Academic Press 1986.
[19.12] LOCHER, F.: Numerische Mathematik für Informatiker. — Springer–Verlag 1992.
[19.13] MAESS, G.: Vorlesungen über numerische Mathematik Bd. 1–2. — Akademie–Verlag 1984–1988.
[19.14] MEINHARDUS, G.: Approximation von Funktionen und ihre numerische Behandlung. — Springer–Verlag 1964.
[19.15] MEINHARDUS, G.; MERZ, G.: Praktische Mathematik. Für Ingenieure, Mathematiker und Physiker Bd. 1–2. — Bibliographisches Institut 1979-82.
[19.16] MEIS, T.; MARKOWITZ, U.: Numerische Behandlung partieller Differentialgleichungen. — Springer–Verlag 1978.
[19.17] MÜHLIG, H.; STEFAN, F.: Approximation von Flächen mit Hilfe von B–Splines. — (Wiss. Z. TU Dresden 1991).
[19.18] MULANSKY, B.: Glättung mittels zweidimensionaler Tensorprodukt-Spline-Funktionen. — (Wiss. Z. TU Dresden 1990).
[19.19] MYSCHKIS, A.D.: Angewandte Mathematik für Physiker und Ingenieure. — H. Deutsch 1981.
[19.20] REINSCH, CHR.: Smoothing by Spline Functions. — (Numer. Math. 1967).
[19.21] SAMARSKII, A.A.: Theorie der Differenzenverfahren. — Akademische Verlagsgesellschaft 1984.
[19.22] SCHWARZ, H.R.: Methode der finiten Elemente. — B. G. Teubner 1984.
[19.23] SCHWARZ, H.R.: Numerische Mathematik. — B. G. Teubner 1986.
[19.24] SCHWETLICK, H.; KRETZSCHMAR, H.: Numerische Verfahren für Naturwissenschaftler und Ingenieure. — Fachbuchverlag 1991.
[19.25] SPÄTH, H.: Spline–Algorithmen zur Konstruktion glatter Kurven und Flächen. — Oldenbourg Verlag 1983.
[19.26] STOER, J.; BULIRSCH, R.: Numerische Mathematik Bd. 1– 2. — Springer–Verlag 1989–90.
[19.27] STROUD, A.H.: Approximate calculation of multiple integrals. — Prentice Hall 1971.
[19.28] STUMMEL, F.; HAINER, K.: Praktische Mathematik. — B. G. Teubner.
[19.29] TÖRNIG, W.: Numerische Mathematik für Ingenieure und Physiker Bd. 1–2. — Springer–Verlag 1990.

[19.30] WERNER, J.: Numerische Mathematik Bd. 1–2. — Vieweg 1992.
[19.31] WILLERS, F.A.: Mathematische Maschinen und Instrumente. — Akademie–Verlag 1951.
[19.32] WILLERS, F.A.: Methoden der praktischen Analysis. — Akademie–Verlag 1951.
[19.33] ZURMÜHL, R.: Praktische Mathematik für Ingenieure und Physiker. — Springer–Verlag 1984.

20. Computeralgebrasysteme

[20.1] CHAR, GEDDES, GONNET, LEONG, MONAGAN, WATT: Maple V Library Reference Manual. — Springer - Verlag 1991.
[20.2] DAVENPORT, J.H., SIRET, Y.; TOURNIER, E.: Computer Algebra. — Academic Press 1993.
[20.3] GLOGGENGIESSER, H.: Maple V. — Markt & Technik 1993.
[20.4] JENKS, R.D.; SUTOR, R.S.: Axiom. — Springer - Verlag 1992.
[20.5] MAEDER, R.: Programmierung in Mathematica, Second Edition. — Addison Wesley 1991.
[20.6] WOLFRAM, S.: Mathematica, Second Edition. — Addison Wesley 1992.

21. Tabellen

[21.1] ABRAMOWITZ, M.; STEGUN, I. A.: Pocketbook of Mathematical Functions. — H. Deutsch 1984.
[21.2] BRYTSCHKOW, JU.A.; MARITSCHEW, O.I.; PRUDNIKOW, A.P.: Tabellen unbestimmter Integrale. — H. Deutsch 1992.
[21.3] EMDE, F.: Tafeln elementarer Funktionen. — B. G. Teubner 1959.
[21.4] GRADSTEIN,I.S.; RYSHIK, I.M.: Summen-, Produkt- und Integraltafeln Bd. 1–2. — H. Deutsch 1981.
[21.5] GRÖBNER, W.; HOFREITER, N.: Integraltafel T. 1–2. — Springer–Verlag 1949/50.
[21.6] JAHNKE, E.; EMDE, F.; LÖSCH, F.: Tafeln höherer Funktionen. — B. G. Teubner 1960.
[21.7] MADELUNG, E.: Die mathematischen Hilfsmittel des Physikers. — Springer–Verlag 1950.
[21.8] MAGNUS, W.; OBERHETTINGER, F.: Formeln und Sätze für die speziellen Funktionen der mathematischen Physik. — Springer–Verlag 1948.
[21.9] MEYER ZUR CAPELLEN, W.: Integraltafeln. — Springer–Verlag 1950.
[21.10] MÜLLER, H.P.; NEUMANN, P.; STORM, R.: Tafeln der mathematischen Statistik. — Carl Hanser Verlag 1979.
[21.11] SAIZEW, V.F.; POLJANIN, A.D.: Tabellen gewöhnlicher Differentialgleichungen. — H. Deutsch 1993.
[21.12] SCHÜLER: Acht- und neunstellige Tabelle zu den elliptischen Funktionen, dargestellt mittels des JACOBIschen Parameters *q*. — Springer–Verlag 1955.
[21.13] SCHULER, M.; GEBELEIN, H.: Acht- und neunstellige Tabellen zu den elliptischen Funktionen. — Springer– Verlag 1955.
[21.14] SCHÜTTE, K.: Index mathematischer Tafelwerke und Tabellen. — München 1966.

22. Gesamtdarstellungen der höheren Mathematik

[22.1] ABRAMOWITZ, M.; STEGUN, I. A.: Pocketbook of Mathematical Functions. — H. Deutsch 1984.
[22.2] BAULE, B.: Die Mathematik des Naturforschers und Ingenieurs Bd. 1–2. — H. Deutsch 1979.
[22.3] BERENDT, G.; WEIMAR, E.: Mathematik für Physiker Bd. 1–2. — VCH 1990.
[22.4] BRONSTEIN, J.N.; SEMENDJAJEW, K.A.: Taschenbuch der Mathematik. — H. Deutsch 1977.
[22.5] BRONSTEIN, J.N.; SEMENDJAJEW, K.A.: Taschenbuch der Mathematik. — H. Deutsch 1989.
[22.6] BRONSTEIN, J.N.; SEMENDJAJEW, K.A.: Taschenbuch der Mathematik, Ergänzende Kapitel. — H. Deutsch 1991.

[22.7] Dallmann, H.; Elster, K.–H.; Elster, R.: Einführung in die höhere Mathematik Bd. 1–3. — Gustav Fischer Verlag 1991.

[22.8] Dreszer, J.: Mathematik–Handbuch für Technik und Naturwissenschaft. — H. Deutsch 1975.

[22.9] Dück, W.; Körth, H.; Runge, W.; Wunderlich, L.: Mathematik für Ökonomen Bd. 1–2. — H. Deutsch 1989.

[22.10] Fachlexikon ABC Mathematik. — H. Deutsch 1978.

[22.11] Fichtenholz, G.M.: Differential- und Integralrechnung Bd. 1–3. — H. Deutsch 1989 - 92.

[22.12] Fischer, H.; Kaul, H.: Mathematik für Physiker 1. — B. G. Teubner 1990.

[22.13] Hainzl, J.: Mathematik für Naturwissenschaftler. — B. G. Teubner 1985.

[22.14] Joos, G.; Richter, E.W.: Höhere Mathematik für den Praktiker. — H. Deutsch 1985.

[22.15] Mangoldt, H. v.; Knopp, K.; Lösch, F.: Einführung in die höhere Mathematik Bd. I–IV. — S. Hirzel 1975.

[22.16] Margenau, H.; Murphy, G.M.: Die Mathematik für Physik und Chemie Bd. 1–2. — H. Deutsch 1965–67.

[22.17] Mathematik für Ingenieure, Naturwissenschaftler, Ökonomen und sonstige anwendungsorientierte Berufe (MINÖA Bd. 1–23). — H. Deutsch 1978-1981.

[22.18] Netz, H.; Rast, J.: Formeln der Mathematik. — Carl Hanser Verlag 1986.

[22.19] Papula, L.: Mathematik für Ingenieure Bd. 1–2. — Vieweg 1991.

[22.20] Philippow, E.: Taschenbuch Elektrotechnik — Verlag Technik 1968.

[22.21] Plaschko, P.; Brod, K.: Höhere mathematische Methoden für Ingenieure und Physiker. — Springer–Verlag 1989.

[22.22] Precht, M.; Voit, K.; Kraft, R.: Mathematik für Nichtmathematiker Bd. 1–2. — Odenbourg Verlag 1991.

[22.23] Rothe, R.: Höhere Mathematik für Mathematiker, Physiker Ingenieure Teil I - IV. — B. G. Teubner 1958 - 1964.

[22.24] Smirnow, W.I.: Lehrgang der höheren Mathematik Bd. 1- 5.— H. Deutsch 1987 - 91

[22.25] Stöcker, H.: Taschenbuch mathematischer Formeln und moderner Verfahren. — H. Deutsch 1993.

Stichwortverzeichnis

Aus unserem Verlagsprogramm

W. Smirnow

Lehrbuch der höheren Mathematik

Teil 1
16. Auflage 1990, 449 Seiten, 190 Abbildungen, geb., DM 28,-
ISBN 3-8171-1297-1

Teil 2
17. Auflage 1990, 618 Seiten, 136 Abbildungen, geb., DM 38,-
ISBN 3-8171-1298-X

Teil 3/1
12. Auflage 1991, 283 Seiten, 3 Abbildungen, geb., DM 25,-
ISBN 3-8171-1299-8

Teil 3/2
13. Auflage 1987, 599 Seiten, 85 Abbildungen, geb., DM 38,-
ISBN 3-8171-1300-5

Teil 4/1
6. Auflage1988, 300 Seiten, 4 Abbildungen, geb., DM 28,-
ISBN 3-8171-1301-3

Teil 4/2
6. Auflage 1989, 469 Seiten, 16 Abbildungen, geb., DM 38,-
ISBN 3-8171-1302-1

Teil 5
11. Auflage 1991, 545 Seiten, 3 Abbildungen, geb., DM 48,-
ISBN 3-8171-1303-X

Satzpreis
alle Bände zusammen: DM 198,- (statt DM 243,-)
ISBN 3-8171-1419-2

- Irrtümer und Preisänderungen vorbehalten -

$\triangle$	Dreieck	$\sphericalangle$	Winkel, z.B.: $\sphericalangle ABC$
$\frown$	Bogenstück, z.B.: $\overset{\frown}{AB}$	rad	Radiant
$^\circ$	Grad		
$'$	Minute		
$''$	Sekunde		

Grad, Minute, Sekunde: als Maß für Winkel und Kreisbogen, z.B.: $32^\circ\ 14'\ 11,5''$

Kreisfunktionen, Hyperbelfunktionen

sin	Sinus	cos	Kosinus	tan	Tangens
cot	Kotangens	sec	Sekans	cosec	Kosekans
Arsinh	Areasinus	Arcosh	Areakosinus	Artanh	Areatangens
Arcoth	Areakotangens	Arsech	Areasekans	Arcosech	Areakosekans

arcsin	Hauptwert von Arkussinus	arccos	Hauptwert von Arkuskosinus
arctan	Hauptwert von Arkustangens	arccot	Hauptwert von Arkuskotangens
arcsec	Hauptwert von Arkussekans	arccosec	Hauptwert von Arkuskosekans
sinh	Hyperbelsinus	cosh	Hyperbelkosinus
tanh	Hyperbeltangens	coth	Hyperbelkotangens
sech	Hyperbelsekans	cosech	Hyperbelkosekans

Konstanten

const	konstante Größe (Konstante)	$C = 0,57722\ldots$	Eulersche Konstante
$\pi = 3,14159\ldots$	Verhältnis des Kreisumfanges zum Kreisdurchmesser	$e = 2,71828\ldots$	Basis der natürlichen Logarithmen

Analysis

lim	Grenzwert
$\to$	strebt gegen
∞	unendlich
	(Grenzwert, strebt gegen, unendlich) z.B.: $\lim\limits_{n\to\infty}\left(1+\frac{1}{n}\right)^n = e$
$\sum\limits_{i=1}^{n}$, $\sum_{i=1}^{n}$	Summe, in der i (der Laufindex) von 1 bis n läuft
$\prod\limits_{k=1}^{n}$, $\prod_{i=1}^{n}$	Produkt, in der i (der Laufindex) von 1 bis n läuft
$f(\ )$, $\varphi(\ )$	Bezeichnung einer Funktion, z.B.: $y = f(x)$, $u = \varphi(x,y,z)$
Δ	Differenz oder Zuwachs, z.B.: Δx
d	Differential, z.B.: dx
$\frac{d}{dx}, \frac{d^2}{dx^2}, \ldots, \frac{d^n}{dx^n}$	Bildung der ersten, zweiten, ..., n-ten Ableitung
$f'(x), f''(x), f'''(x), f^{(4)}(x), \ldots, f^{(n)}$ oder $\dot{y}, \ddot{y}, \dddot{y}, y^{(4)}, \ldots, y^{(n)}$	erste, zweite, ... , n-te Ableitung der Funktion $f(x)$ oder y
$\frac{\partial}{\partial x}, \frac{\partial}{\partial y}, \frac{\partial^2}{\partial x^2}, \frac{\partial^2}{\partial x \partial y}, \frac{\partial^2}{\partial y^2}, \ldots$	Bildung der ersten, zweiten, ... partiellen Ableitung
$f_x, f_y, f_{xx}, f_{xy}, f_{yy}, \ldots$	erste, zweite, ... partielle Ableitung der Funktion $f(x,y)$
M	beliebiger Kurvenpunkt mit den Koordinaten x, y, z oder anderen
D	Differentialoperator, z.B.: $Dy = y'$, $D^2y = y''$
„groß O“, „klein o“	LANDAU–Symbole
$\int\limits_a^b$, $\int_a^b$	Bestimmtes Integral zwischen den Grenzen a und b

Vorwort zur Neubearbeitung des „BRONSTEIN"

Der „BRONSTEIN" ist im deutschsprachigen Raum für Generationen von Ingenieuren und Naturwissenschaftlern und darüber hinaus für viele, die in Ausbildung und Beruf mit Anwendungen der Mathematik befaßt sind, zu einem festen Begriff geworden. Warum also eine Neubearbeitung auf der Basis der letzten russischen Ausgabe, die bis 1977 erschien?

Abgesehen von verlagsrechtlichen Gründen wird mit der vorliegenden Neubearbeitung vor allem das Ziel verfolgt, dem „BRONSTEIN" einen zeitgerechten praxisnahen Bezug zu geben, wie ihn zahlreiche befragte Nutzer sich wünschen.

So werden im vorliegenden Buch die Gebiete der Mathematik, die im Hinblick auf die zunehmende mathematische Modellierung und Durchdringung technischer und naturwissenschaftlicher Prozesse an Bedeutung gewonnen haben, stärker betont. Dazu gehören die numerische Mathematik, die Wahrscheinlichkeitsrechnung und die Informatik. Das neue Taschenbuch enthält einen Querschnitt der Ingenieurmathematik, der sowohl für den Studenten als auch für den praktisch arbeitenden Ingenieur, Naturwissenschaftler und Mathematiker erforderlich ist. Dabei stehen — dem Anliegen der Autoren I. N. BRONSTEIN und K. A. SEMENDJAJEW folgend — Anschaulichkeit und leichte Verständlichkeit im Vordergrund, während der Forderung nach mathematischer Strenge bei der gebotenen Kürze der Darstellung nur in angemessenem Umfang Rechnung getragen ist. Für weitergehende Bedürfnisse sei auf die spezielle Fachliteratur verwiesen.

Neu aufgenommen wurden Kapitel, die für den heutigen Einsatz der Mathematik wichtig geworden sind. Es sind dies die Kapitel „Nutzung von Computern" von Prof. Dr. D. Orlamünder, Dresden, sowie „Mathematica" von Prof. Dr. G. Flach, Dresden. Darüber hinaus schien es zweckmäßig, das Profil des „BRONSTEIN" mit dem Kapitel „Mathematische Grundlagen der Chaostheorie" von Prof. Dr. Ju. A. Danilov, Moskau, abzurunden. Neben der Modernisierung der anderen Kapitel wird hier besonders deutlich, daß auch in der Mathematik immer wieder neue Entwicklungsrichtungen und Anwendungen zu erwarten sind.

Die Kapitel „Integralgleichungen" und „Optimierung" basieren auf Beiträgen von Dipl.-Math. I. Steinert, Düsseldorf.

Umfangreiche Tafeln elementarer Funktionen wurden weggelassen, da diese durch die weite Verbreitung von Taschenrechnern und Personalcomputern überflüssig geworden sind.

Zur effektiven Arbeit mit dem Nachschlagewerk wurde versucht, Übersichtlichkeit und schnellen Zugriff durch deutliche Gliederung, ansprechende optische Hervorhebungen sowie durch ein ausführliches Sachwortverzeichnis und farbige Lesezeichen zu erhöhen.

Besonderer Dank gilt dem russischen Originalverlag FIZMATLIT und den Rechtsnachfolgern der Originalautoren dafür, daß sie die Zustimmung zur notwendigen Anpassung an die heutigen Ansprüche des Nutzerkreises und der damit verbundenen freien Überarbeitung gaben.

Die Autoren der Neubearbeitung danken dem Verlag Harri Deutsch für die ausgezeichnete Zusammenarbeit und umfangreiche Unterstützung und den Herren Dr. H. Nickel und Dipl.-Ing. H. Waurick für die kritische Durchsicht und wertvollen Hinweise zu inhaltlichen und didaktischen Problemen. Der Physikstudentengruppe, die den LaTeX-Satz unter der Leitung von Herrn cand. phys. D. Küchler, Dresden, erstellt hat, gilt ebenfalls unser Dank.

Dresden, im Juni 1993

Prof. Dr. Gerhard Musiol | Prof. Dr. Heiner Mühlig

Vorwort zur zweiten Auflage

In Anbetracht der großen Nachfrage war die erste Auflage der Neubearbeitung des „BRONSTEIN“ schnell vergriffen. Die nunmehr vorliegende Version ist eine berichtigte und wesentlich erweiterte Auflage.

Unter Berichtigung verstehen wir die Beseitigung von Formulierungs-, Formel- und Druckfehlern sowie die Berücksichtigung vieler Hinweise von Lesern und Fachkollegen, denen wir für ihre wertvollen Stellungnahmen, Bemerkungen und Anregungen an dieser Stelle unseren herzlichen Dank sagen.

Eine Erweiterung erfolgte vor allem durch die Aufnahme der neuen Kapitel:

Algebraische Strukturen von Dr. J. BRUNNER, Dresden.
Variationsrechnung.
Funktionalanalysis von Prof. Dr. M. WEBER, Dresden.
Dynamische Systeme und Chaos von Dr. V. REITMANN, Dresden.
Computeralgebrasysteme von Prof. Dr. G. FLACH, Dresden.

Wesentliche Ergänzungen erfolgten in den folgenden, bereits vorhandenen Kapiteln:

Anwendungen der Ebenen Trigonometrie in der Geodäsie.
Erweiterung der Sphärischen Trigonometrie auf der Grundlage von Lehrbriefen, die dankenswerterweise von Herrn Dr. H. NICKEL, Dresden, zur Verfügung gestellt wurden.
Einbeziehung der Elliptischen Funktionen, basierend auf einer Zuarbeit von Herrn Dr. N. M. FLEISCHER, Moskau.
Erweiterungen des Kapitels Integralgleichungen, insbesondere durch die Berücksichtigung der Singulären Integralgleichungen durch Herrn Dipl.-Math. I. STEINERT, Düsseldorf.
Erweiterung des Kapitels Optimierung durch die Aufnahme der Dynamischen Optimierung, ebenfalls durch Herrn Dipl.-Math. I. STEINERT, Düsseldorf.
Einbeziehung konkreter Computeralgebrasysteme zur Lösung numerischer Probleme in das Kapitel Numerische Mathematik.

Allen Beteiligten möchten wir herzlich danken, besonders Herrn Dr. H. NICKEL für die kritische Durchsicht des Kapitels Geometrie.

Auch die zweite Auflage erforderte umfangreiche technische Vorbereitungen. Wir danken in diesem Zusammenhang besonders Herrn Prof. Dr. G. FLACH für Hilfestellungen beim Umgang mit dem Computersatzsystem LaTeXund dem Verlag Harri Deutsch für die ausgezeichnete Zusammenarbeit.

Dresden, im August 1994

Prof. Dr. Gerhard Musiol　　　　Prof. Dr. Heiner Mühlig